U0288611

《控制工程手册》目录

上册

第**1**篇 自动检测仪表

第**2**篇 计算机控制系统

第**3**篇 控制工程方法

第**4**篇 控制工程技术

下册

第**5**篇 工业过程控制

第**6**篇 工业装备控制

第**7**篇 企业能源管理

第**8**篇 智能工程控制

"十二五"
国家重点图书

控制工程手册

下 册

孙优贤 等编著

Handbook of
Control
Engineering

化学工业出版社
·北京·

《控制工程手册》分上、下两册，本书是下册，包括 4 篇内容。第 5 篇工业过程控制，内容包括典型单元过程控制以及炼油、石化、发电、钢铁、冶金、造纸、轻工、制药等生产过程控制。第 6 篇工业装备控制，内容包括数控系统、工业机器人、工程机械自动控制、轨道交通控制。第 7 篇企业能源管理，内容包括企业能源管理技术及其在钢铁、石化、水泥、有色冶金等企业的应用。第 8 篇智能工程控制，内容包括智能电网、智能交通、智能楼宇、智能矿山。

本手册着力创新，突破了自动控制在流程工业中应用的限制，首次将装备自动化、企业能源管理、公用工程自动化纳入控制工程体系中来。本手册注重发展，既有传统专业知识的介绍，更有在探索和研究中的新技术、新方法。

本书是面向控制领域工程技术人员和高校师生的实用型手册，旨在启迪相关行业从业人员的创新思维。

图书在版编目（CIP）数据

控制工程手册．下册/孙优贤等编著．—北京：化学工业
出版社，2015.11
"十二五"国家重点图书

ISBN 978-7-122-24173-3

Ⅰ．①控… Ⅱ．①孙… Ⅲ．①自动控制理论-技术
手册 Ⅳ．①TP13-62

中国版本图书馆 CIP 数据核字（2015）第 118276 号

责任编辑：刘哲 宋辉　　　　　　　　　　　装帧设计：王晓宇
责任校对：王素芹

出版发行：化学工业出版社（北京市东城区青年湖南街 13 号 邮政编码 100011）
印 刷：北京永鑫印刷有限责任公司
装 订：三河市胜利装订厂
787mm×1092mm 1/16 印张 86¼ 字数 2323 千字 2016 年 2 月北京第 1 版第 1 次印刷

购书咨询：010-64518888（传真：010-64519686） 售后服务：010-64518899
网 址：http://www.cip.com.cn
凡购买本书，如有缺损质量问题，本社销售中心负责调换。

定 价：298.00 元

《控制工程手册》

编写委员会

主　任　　孙优贤

副主任　　桂卫华　　钱锋

编委（按姓氏音序排列）

曹一家	高福荣	桂卫华	韩　璞	黄道平	黄文君
金建祥	李少远	刘　飞	卢建刚	宁　滨	钱　锋
荣　冈	邵惠鹤	苏宏业	孙彦广	孙优贤	谭　民
田学民	王化祥	王文海	王耀南	阳春华	杨慧中
于海滨	俞金寿	袁景淇	张广明	张化光	周东华
朱群雄	朱学锋				

《控制工程手册》（下册）
编写人员

第5篇

第1章　　孙洪程
第2章　　田学民　　王　平
第3章　　钱　锋　　杜文莉　　钟伟民　　罗　娜　　杨明磊
第4章　　李大字
第5章　　钱　锋　　钟伟民　　杜文莉　　孔祥东　　李朝春
第6章　　韩　璞
第7章　　韩　璞　　黄文君
第8章　　马竹梧　　薛兴昌　　孙彦广
第9章　　桂卫华　　阳春华　　王雅琳　　陈晓方
第10章　　孙优贤　　潘　刚
第11章　　刘　飞
第12章　　袁景淇
第13章　　史步海　　李　艳　　黄道平
第14章　　颜文俊　　郑　军

第6篇

第1章　　王耀南　　梁桥康
第2章　　谭　民　　徐　德　　王　硕　　景奉水　　童上高
第3章　　周　翔　　谢秀芬　　王绍丽　　何　爱　　袁庆国
第4章　　董海荣

第7篇

第1章　　孙彦广
第2章　　孙彦广　　王会芝
第3章　　孙彦广　　杜　涛　　徐化岩
第4章　　李岐强　　吴　敏　　杨春节　　孙彦广　　徐化岩
第5章　　苏宏业　　张高博　　张冰剑　　刘克平　　姜长泓　　谢慕君
第6章　　于海斌　　苑明哲　　王　卓　　刘　钊

序

控制工程以控制论、信息论、系统论为基础，以工程领域为背景，主要研究工业控制系统的理论、方法、技术及装备，以及工业控制系统的工程实现方法与技术，其应用已遍及工业、农业、交通、环境、军事、生物、医学、经济、金融等社会各个行业，为实现安全、优质、高效、低耗和环保的生产过程提供了有效手段，对我国国民经济起着越来越重要的作用。

《控制工程手册》是我国第一套全面、系统、专门研究控制工程的专著。该书突破了流程工业的限制，统一将生产装备自动化、工程机械自动化、公用工程自动化、企业能源管理纳入到手册体系之中，包括数控系统、工业机器人、轨道交通、智能电网、智能楼宇、智能交通、智能矿山等与国民经济建设密切相关的行业，极大地丰富了手册的内容。这套手册着力创新、注重发展、体现特色，既有传统专业知识的介绍，更有应用和探索中的新技术、新方法，能够启迪相关行业从业人员的创新思维，可为运用工业控制技术推动我国信息化与工业化的深度融合做出重要贡献。

孙优贤院士是我国工业控制领域的著名专家，他在现代控制工程技术领域成就卓著，开创了我国第一个国家工程研究中心。此次他主编这部具有里程碑意义的《控制工程手册》，明显增强了整个手册的先进性和权威性。

这套手册的 80 余位编写人员均为相关领域的领军人物，可谓阵容强大。这些专家对控制工程理论和技术进行过系统深入的研究，积累有十分丰富的实践经验，故保证了这套手册不但结构严谨、文字流畅，而且具有较高的理论水平和学术价值。

这套手册的内容系统完整，包括自动检测仪表、计算机控制系统、控制工程方法、控制工程技术、工业过程控制、工业装备控制、企业能源管理、智能工程控制共 8 篇内容，详细介绍了集散控制系统、安全控制系统、专用控制系统、现场总线控制系统、工业以太网和物联网等常用与新型的控制系统，还介绍了先进控制、智能控制、伺服控制、间歇控制、信号处理技术、建模技术、软测量技术、过程优化技术、性能评估技术、故障诊断技术以及安全性技术等控制方法和前沿技术，为广大自控技术人员学习新技术、新方法提供了系统的指导。其中性能评估技术、故障诊断技术以及安全性技术目前尚未形成系统的完整理论，该手册将这些技术涉及的方方面面进行了汇集和总结，给科研院所和院校的理论研究者提供了良好的参考平台。这些先进理论将促进我国控制理论的发展，应用到实际中，将会带来使工业生产更加安全、更加节能的技术创新。

这套手册立足于国内技术现状，突出新设备、新方法、新技术、新应用，提供国内外最新研究进展和成果，引用最新的标准和数据，因而具有更丰富的技术与知识内涵。

相信这套手册能够对读者全面了解控制工程并提升技术水平提供独特的帮助。

2015 年 10 月

▌前言 ▌

工业控制系统是现代工业的神经中枢、运行中心和安全屏障，是确保重大工程和重大装备安全可靠和高效优化运行的根本保证，是实现各个工程领域节能、降耗、减排的有效手段。控制工程主要研究工程领域工业控制系统的理论、方法、技术及装备，以及工业控制系统的工程实现方法和技术，在工程科学技术领域具有十分重要的地位。

控制工程学科领域涉及现代数学方法，传感器与自动检测、人工智能与模式识别、自动测试与故障诊断、计算机应用与系统集成、自动控制理论与方法、计算机辅助设计与仿真、工业机器人与泛在网络等；应用领域涉及各种工业过程，数控装备、工程机械、轨道交通、工业机器人、企业能源管理，以及智能电网、智能交通、智能楼宇、智能矿山等公用工程；主要技术内容包括工业控制系统建模、控制、优化、调度、管理、故障诊断、远程维护等。

工业自动化技术如今已广泛应用于电力、化工、石化、冶金、建材、环保、机械、电子、建筑、交通、国防等领域，已成为提高劳动生产率、增加产量、提高质量、节约能源、降低能耗、减少排放、确保安全等的主要手段。控制工程主要技术手段包括先进检测技术、系统建模技术、软测量技术、先进控制技术、实时优化技术、故障诊断技术、仪器仪表技术、生产管理技术、优化调度技术、能源管理技术、生产制造执行系统等，这些技术对提升企业创新能力、提高综合经济效益、增强国际竞争力发挥着重要作用。

我国至今还没有一本涉及各个工程领域的控制工程手册。改革开放以来，我国国民经济健康快速发展，工业控制技术取得丰硕成果，工业控制系统在各个工程领域开花结果。为推动工业控制系统在现代工业生产中发挥更大的作用，我们编写了这套《控制工程手册》，它对于促进我国流程工业、装备制造业、国防工业的发展具有重要的指导意义。

我们提供给我国控制工程领域的高等院校、科研机构和工矿企业的广大专家学者、工程技术人员和研发人员的这套手册，不仅是一套具有实用性、指导性的手册，而且还是一套具有先进性、前瞻性的手册。纵览全书，其中涉及的工业控制系统全部在各个工业领域获得成功应用，显示出先进的技术经济指标，取得了重大的经济效益、社会效益和军事效益，具有很强的实用性。本手册的工程系统检测、建模、控制、优化、调度、管理、决策、诊断、运行等技术，系统、全面、先进，这些技术对其他领域的控制系统研究和应用具有重要的指导性。本手册还全面总结了三十多年来我国工业控制领域的最新研究成果，概括了最近我国工业自动化领域的 39 项国家技术发明奖和国家科学技术进步奖，彰显了手册的先进性。同时，本手册在所有篇章的最后，都指出了技术的发展趋势，预测了可能出现的技术突破，显示了其前瞻性。

本手册总体架构以自动检测仪表与执行器、计算机控制系统等自动化工具为基础，以控制工程方法和控制工程技术为核心，以各种工业生产过程和机器装备的控制系统设计、分析、综合、运行为特色，全书共8篇59章，包括：

第1篇 自动检测仪表，包括测量技术基础，温度、压力、流量、物位测量仪表，在线分析仪表，机械量测量仪表，显示仪表，执行机构和控制阀，最后还介绍了防爆安全仪表。

第2篇 计算机控制系统，包括可编程控制器PLC、集散控制系统DCS、安全仪表系统SIS、成套专用控制系统、监控软件、现场总线与工业以太网以及工业物联网。

第3篇 控制工程方法，包括单回路控制器、先进控制、智能控制、伺服控制和间歇控制。

第4篇 控制工程技术，包括信号处理和数据校正技术、系统建模技术、软测量技术、过程优化技术、性能评估技术、故障诊断技术、安全性技术。

第5篇 工业过程控制，包括典型单元生产过程控制、炼油生产过程控制、石化生产过程控制、氯碱与化肥生产过程控制、煤化工过程自动控制、火力发电过程控制、新能源发电自动控制、钢铁生产过程控制、有色冶金生产过程控制、造纸生产自动控制、食品加工过程控制、生物制药过程自动控制、水泥生产过程自动控制、城市供水与污水处理过程自动控制。

第6篇 工业装备控制，包括数控系统、工业机器人、工程机械控制系统、轨道交通列车运行控制系统。

第7篇 企业能源管理，包括企业能源管理模式与能源管理系统、企业能源管理主要功能、企业能源管理关键技术、钢铁企业能源管理系统、石化企业能源管理系统、水泥企业能源管理系统、有色企业能源管理系统、电力企业能源管理系统。

第8篇 智能工程控制，包括智能电网、智能交通、智能建筑、智能矿山。

本套手册的编写，从2011年开始启动，集聚了我国控制工程领域80多位深孚众望的专家学者，历经4年时间，召开了5次编委会全体会议，确定了本书的架构及主要内容，总结了控制工程的主要方法和技术，汇集了工程领域100多个控制系统的成功应用案例，并将39个工业控制系统及装备的国家技术发明奖和国家科学技术进步奖的应用案例搜集其中，所以这套《控制工程手册》是我国工业控制技术几十年来的工作总结，是我国控制工程未来的展望，是一套中国工业自动化领域的百科全书。

在本手册的编写过程中，所有编委所在单位以及工程应用单位给予了大力帮助与支持，在此谨表示衷心的感谢。

书中不足之处在所难免，恳请批评指正。

2015年9月

《控制工程手册》中涵盖的国家科学技术奖

序号	成果名称	单位	主要完成人	年份	奖项名称	等级
1	高端控制装备及系统的设计开发平台研究与应用	浙江大学等	孙优贤	2013	国家科学技术进步奖	一
2	立体视频重建与显示技术及装置	清华大学	戴琼海	2012	国家技术发明奖	一
3	炼油化工重大装备控制与优化一体化关键技术及应用	浙江大学	金建祥	2012	国家科学技术进步奖	二
4	大型精对苯二甲酸装置节能降耗的优化运行技术	华东理工大学	钱锋	2011	国家科学技术进步奖	二
5	面向节能的复杂配电网监测控制与故障诊断关键技术研发及应用	东北大学	张化光	2010	国家科学技术进步奖	二
6	铜冶炼生产全流程自动化关键技术及应用	中南大学	李贻煌	2010	国家科学技术进步奖	二
7	以国际标准为核心的自动化关键技术创新工程	浙江中控技术股份有限公司	金建祥	2010	国家科学技术进步奖	二
8	大型水电站泵站高效运行优化控制与成套自动化装备及应用	湖南大学	王耀南	2009	国家科学技术进步奖	二
9	大型乙烯装置优化运行技术与工业应用	中石化扬子公司	蒋勇	2009	国家科学技术进步奖	二
10	高速冷轧带钢多功能在线检测技术	宝山钢铁股份有限公司	王康健	2009	国家科学技术进步奖	二
11	冷带轧机高精度液压厚度自动控制系统关键技术	燕山大学	王益群	2009	国家科学技术进步奖	二
12	流程工业现场总线核心芯片、互操作技术及集成控制系统开发	中科院沈阳自动化所	于海斌	2009	国家科学技术进步奖	二
13	大型高强度铝合金构件置备重大装备智能控制技术及应用	中南大学	桂卫华	2007	国家科学技术进步奖	二
14	大规模复杂生产过程智能调度与优化技术	清华大学	刘民	2006	国家科学技术进步奖	二
15	混合智能优化控制技术及应用	东北大学	柴天佑	2006	国家科学技术进步奖	二
16	火电厂厂级运行性能在线诊断与优化控制系统	华北电力大学	刘吉臻	2006	国家科学技术进步奖	二
17	全集成新一代工业自动化系统	浙江大学	孙优贤	2006	国家科学技术进步奖	二
18	大型精对苯二甲酸生产过程智能建模、控制与优化技术	华东理工大学	钱锋	2005	国家科学技术进步奖	二
19	大型乙烯装置优化运行技术与工业应用	华东理工大学	钱锋	2002	国家科学技术进步奖	二
20	现场总线分布控制系统开发及应用	中科院沈阳自动化所	王天然	2002	国家科学技术进步奖	二

序号	成果名称	单位	主要完成人	年份	奖项名称	等级
21	现场总线控制系统	浙江大学	金建祥	2002	国家科学技术进步奖	二
22	铝电解槽高效节能控制技术及推广应用	中南大学	李劼	2014	国家科学技术进步奖	二
23	智能集成优化控制技术及其在锌电解和炼焦配煤过程中的应用	中南大学	桂卫华	2004	国家科学技术进步奖	二
24	金矿企业综合自动化系统	东北大学	柴天佑	2001	国家科学技术进步奖	二
25	高性能谐振式传感器关键技术及其应用	北京航空航天大学	樊尚春	2013	国家技术发明奖	二
26	耗能设备智能运行反馈控制技术	东北大学	柴天佑	2013	国家技术发明奖	二
27	基于异构信息融合的非线性动态系统估计技术及应用	西安交通大学	韩崇昭	2011	国家技术发明奖	二
28	基于神经网络逆的软测量与控制技术	东南大学	戴先中	2009	国家技术发明奖	二
29	新一代控制系统高性能现场总线 EPA	浙江大学	金建祥	2009	国家技术发明奖	二
30	流体输送管道的实时数据采集分析方法和高精度泄漏检测定位技术	东北大学	张化光	2007	国家技术发明奖	二
31	耐高温压力传感器设计、制造关键技术及系列产品开发	西安交通大学	蒋庄德	2006	国家技术发明奖	二
32	黑体空腔钢水连续测量方法与传感器	东北大学	谢植	2005	国家技术发明奖	二
33	控制系统实时故障检测、分离与估计理论和方法	清华大学	周东华	2012	国家自然科学奖	二
34	离散事件动态系统的优化理论与方法	香港科学技术大学	曹希仁	2009	国家自然科学奖	二
35	电力大系统非线性控制学	清华大学	卢强	2008	国家自然科学奖	二
36	鲁棒控制系统设计参数化方法及应用	哈尔滨工业大学	段广仁	2008	国家自然科学奖	二
37	智能控制理论与方法的研究	中科院自动化所	王飞跃	2007	国家自然科学奖	二
38	离散与混合生产制造系统的优化理论与方法	西安交通大学	管晓宏	2005	国家自然科学奖	二
39	复杂非线性电力系统的稳定控制与智能优化理论与方法的研究	浙江大学	曹一家	2007	国家自然科学奖	二

目录

第5篇
工业过程控制

目 录

第1章 典型单元生产过程控制

过程工业中物料通常是以流体形态（气态、液态、多相混合流体）在密闭的管路和容器中进行物质的、能量的传递与交换。生产过程参数大多是随时间延续发生连续变化的，这样的生产过程中，这样的工业过程具有下面一些特点：

① 物质形态与能量形态的改变是不可见的，因此自动控制与检测就成为过程工业中不可缺少的技术手段；

② 生产环节间关联强，生产过程中的变化可向上游、下游扩散，如果不及时调整，其影响范围将会扩大，可能使整个生产变得不正常；

③ 流体形态下物质、能量的传递与交换，具有明显的时间滞后性；

④ 生产过程状态多样性，如化学反应过程，主反应进行时还可能伴随副反应，又如换热过程，根据温差的不同，热量会有不同的传递方向；

⑤ 现代过程工业往往是在大负荷、高强度下生产的，生产状况的反映既有不及时的特点，同时又变化剧烈，难以控制。

根据现代过程工业的这些特点，靠人为观察、操作是难以控制生产过程的，所以自动检测与自动控制就变得非常重要了，已经变成现代过程工业不可缺少的组成部分。显然生产过程中需要对物料流、能量流进行管理，但是仅仅有这些还是不够的，生产过程中还要对生产过程信息进行实时、在线管理。可用图 5-1-1 表示生产过程中的信息流。

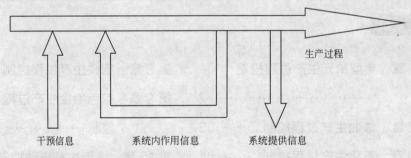

图 5-1-1 生产过程中的信息流

具有这些特点的工业过程有很多，如石油、化工、天然气、煤化工、食品、环境等，其中石油、化工是具有代表性的过程工业，并且相对较为复杂。石油、化工等生产过程是由一系列基本单元操作的设备和装置组成的生产线来完成的。按照石油、化工生产过程中的物理和化学变化来分，这些单元操作主要有流体输送过程、传热过程、传质过程和化学反应过程等几类。本章将以上述几种基本单元操作中的若干代表性装置为例，给出一些典型的控制方案。

在讨论各典型单元操作的控制时，应对各典型单元操作的工艺机制有概要的了解，然后从控制的需要，对它的动静特性做必要的分析，最后结合过程控制系统的知识，视各单元操作的控制要求，确定整体控制方案。

单元操作[2,3]中的控制方案，一般来说，主要从四个方面考虑：

① 物料平衡控制；

② 能量平衡控制；

③ 质量控制；

④ 约束条件控制。

其中①、②两个方面的控制主要是为了保证单元操作能平稳地进行，而③是满足单元操作规定的质量要求，至于④是从确保单元操作的生产安全出发的。

1.1 流体输送过程控制

石油、化工等生产过程中，生产装置之间是通过管道相互连接的，物料以流体形态在各装置中进行化学反应，这期间伴随着各种物理、化学变化。由于这个特点，往往需要通过加压设备将流体由低处送至高处，由低压设备送到高压设备，或克服管道阻力由某一设备送往其他设备。为了达到这些目的，必须对流体做功以提高流体的能量，完成输送任务。流体通常有液体和气体之分，有时固体物料也通过流态化在管道中输送。用于输送流体和提高流体压头的机械设备，通称为流体输送设备。其中，输送液体和提高其压力的机械称为泵，而输送气体并提高其压力的机械称为风机和压缩机。

流体输送设备[3]的控制，重点是物料平衡的流量和压力控制。此外，还有一些诸如离心式压缩机的防喘振等控制系统，主要是为了保护设备安全。

由于流体输送设备的控制主要是流量的控制，因此流量控制系统中的一些特殊性和需要注意的问题都会在此出现。为此，需把流量控制中的有关问题再做简要的叙述。

首先流量控制中，被控对象的被控变量与操纵变量是同一物料的流量，因此控制通道的时间常数很小，基本上是一个放大倍数接近于 1 的放大环节。流量信号的测量常用节流装置，由于流体通过节流装置时喘动加大，常伴有流动噪声，为此在测量时应考虑对信号进行滤波，而在控制系统中最好不加入微分作用，避免对高频噪声放大而影响系统的平稳工作。在工程上，有时还在变送器与控制器之间接入反微分器，以提高系统的控制质量。

此外还需注意，流量系统的广义对象静态特性呈现非线性，尤其是采用节流装置而不加开方器的流量测量变送，此时更为严重。因此常通过控制阀的流量特性正确选择，对非线性特性进行补偿。

至于对流量信号的测量精度要求，除直接作为经济核算外，无需过高精度，只要测量稳定，变差小就行。有时为防止上游压力造成的干扰，需采用适当的稳压措施。

1.1.1 泵和压缩机的控制

泵按作用原理可分为往复运动方式、旋转运动方式、离心三种。其中，往复运动方式的泵有活塞泵、柱塞泵、隔膜泵、计量泵和比例泵等；旋转运动方式的泵有齿轮泵、螺杆泵、转子泵和叶片泵等；离心泵是使用最广泛的一种。

根据泵的特性可分为离心泵和容积泵两大类，往复泵和旋转泵均属于容积泵。在石油、化工等生产过程中，离心泵的使用最为广泛，因此下面侧重介绍离心泵的特性及其控制方案。对其他类型泵的控制，将在此基础上，就其特殊的方面进行简要的讨论。

(1) 离心泵的控制方案

离心泵[3]的结构，主要由叶轮和机壳组成，在原动机带动下叶轮做高速旋转运动，作用于液体而产生离心力，于是建立起出口压头，叶轮转速越快，离心力越大，压头也越高。因为离心泵的叶轮与机壳之间存在空隙，所以当泵的出口阀完全关闭时，液体将在泵体内循环，泵的排量为零，压头接近最高值。此时对泵所做的功被转化为热能向外散发，同时泵内液体也发热升温，故离心泵的出口阀可以关闭，但不宜长时间关闭。随着出口阀的逐步开启，排出量也随之增大，而出口压力将慢慢下降。泵的压头 H、排量 Q 和转速 n 之间的函数关系，称为泵的特性，可用图 5-1-2 来表示。

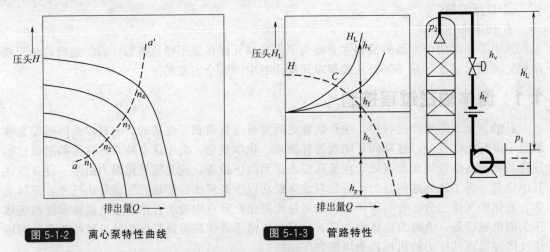

图 5-1-2　离心泵特性曲线　　　图 5-1-3　管路特性

离心泵的特性也可用下列经验公式来表示：

$$H = R_1 n^2 - R_2 Q^2 \tag{5-1-1}$$

式中，R_1、R_2 为比例常数。

泵总是与工艺管路系统连接在一起的，因此要分析泵的实际排量与出口压头，除了与泵本身的特性有关之外，还需考虑到与其相连接的管路特性，所以有必要对管路特性做一些分析。管路特性就是管路系统中流体流量与管路系统阻力之间的关系。通常管路系统的阻力包含四项内容，如图 5-1-3 所示。

① 管路两端的静压压头 h_p：

$$h_p = \frac{p_2 - p_1}{\rho g} \tag{5-1-2}$$

式中，p_1、p_2 分别是管路系统的入口压力与出口处的压力；ρ 为流体密度；g 为重力加速度。由于正常情况下工艺系统 p_1、p_2 基本稳定，所以 h_p 项也是比较平稳的。

② 管路两端的静液柱高度 h_L，即升扬高度。在实际工艺系统中，管路和设备安装就绪后，这项将是恒定的。

③ 管路中的摩擦损失压头 h_f。h_f 与流量的平方值近似成比例关系。

④ 控制阀两端节流损失压头 h_v。在阀门开度一定时，h_v 也与流量的平方值成正比关系。当阀门的开度变化时，h_v 也跟着变化。

管路总阻力为 H_L，则：

$$H_L = h_p + h_L + h_v + h_f \tag{5-1-3}$$

式 (5-1-3) 即为管路特性的表达式，图 5-1-3 中画出了它的特性曲线。

当系统达到稳定工作状态时，泵的压头 H 必然等于 H_L，这是建立平衡的条件。图 5-1-2 中泵的特性曲线与管路特性曲线的交点 C，即是泵的一个平衡工作点。

工作点 C 的流量应符合工艺预定的要求，可以通过改变 h_v 或其他的手段来满足这一要求，这也是离心泵的压力（流量）的控制方案的主要依据。

① 直接节流法　改变直接节流[3]阀的开度，即改变了管路特性，从而改变了平衡工作点 C 的位置，达到控制的目的。图 5-1-4 表示了系统工作点的移动情况及控制方案的实施。图 5-1-4 中在泵出口管道上安装控制阀，假定泵转速恒定。假定控制阀初始开度为 50%，

对应图 5-1-4 中 H_{L2} 管道阻力曲线,与泵特性相交于 C_2 点。C_2 点所对应的流量与压头即为泵管路系统的工作点。当控制阀开度变小,管道阻力增加,管道阻力曲线变为 H_{L1},与泵特性相交于 C_1 点。C_1 点所对应的流量减小了,对应的压头升高了,C_1 点即为泵管路系统的新工作点。同理,阀门开度变大,管道阻力见效,管道阻力曲线变为 H_{L3},与泵特性相交于 C_3 点。C_3 点所对应的流量增加了,对应的压头降低了,C_3 点即为泵管路系统的新工作点。

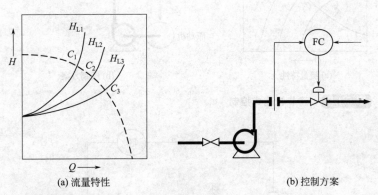

(a) 流量特性　　　　　　　　　(b) 控制方案

图 5-1-4　直接节流法控制流量

采用节流方式进行泵流量控制的时候需要注意一点,当流体处于临界或亚临界状态时,节流元件(孔板、阀门等)前后压力变化的时候,特别是节流元件后压力降低的时候,临界或亚临界状态流体会出现"空化"现象。当流体处在临界状态或亚临界状态,温度不变,当压力降低到饱和蒸汽压之下的时候,液体内部或液固交界面上出现的蒸气或气体空泡,流体呈现出汽液双相流状态。随压力的逐渐恢复,这些空泡又会溃灭。空泡产生、溃灭过程会在管道内部产生冲击,致使材料剥蚀,机械效率降低,并产生振动和噪声。

因为控制阀是一个可变阻力节流元件,控制阀不能装在泵的吸入管道上。由于叶轮中心压力低,有可能出现液体空化,此时泵体内不能充满液体而有可能使泵形成"气缚"。当汽液混合流体被离心力甩到叶轮边缘的时候,由于压力的增高,这些空泡迅速溃破,对泵体和叶轮形成冲凿,出现"汽蚀"现象,从而影响泵的正常运行和使用寿命。基于以上的原因,直接节流阀必须安装在离心泵的出口管线上。

直接节流法控制方案的优点是简便而易行。但在小流量运行时,能量部分消耗在节流阀上,使总的机械效率较低。这种方案在离心泵的控制中是较为常用的,但当流量低于正常排量 30% 时,不宜采用本方案。

② 改变泵的转速 n　这种控制方案以改变泵的特性曲线,移动工作点,来达到控制流量的目的。图 5-1-5 表示这种控制方案及泵特性变化改变工作点的情况。

从图 5-1-5(b)可知,管道阻力是恒定的,图 5-1-5(a)中的管道阻力曲线是固定的,假定泵初始转速为 50%,对应曲线是 n_2,泵管路系统的工作点是管路曲线与泵曲线的交点 C_2。

改变泵的转速常用的方法有两类。一类是调节原动机的转速,例如以汽轮机作原动机时,可调节蒸汽流量或导向叶片角度,燃气轮机可调整燃气量控制转速。图 5-1-6 是蒸汽轮机或燃气轮机驱动的控制方案。

如果电动机作原动机,则可采用变频器改变电动机转速进行调速。图 5-1-7 是变频调速调整流量的控制方案。

另一类是调整原动机与泵之间的偶合机构调速,如液力偶合器可调整液体循环量;磁力

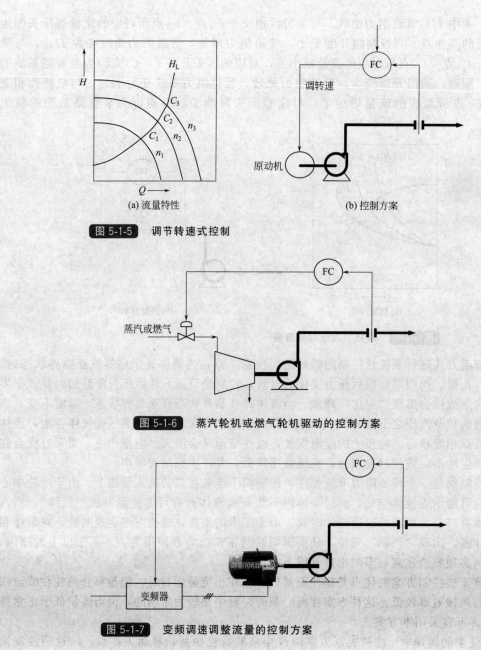

图 5-1-5 调节转速式控制

图 5-1-6 蒸汽轮机或燃气轮机驱动的控制方案

图 5-1-7 变频调速调整流量的控制方案

偶合机构可调整激励电流,改变转速比来控制泵转速。图 5-1-8 是液力偶合调速控制方案。图 5-1-9 是磁力偶合调速控制方案。

改变泵转速来控制离心泵的排量或压头,这种控制方式具有很大的优越性。主要是管路上无需安装控制阀,因此管路系统总阻力 H_L 中 h_V 等于零,减少了管路阻力的损耗,泵的机械效率高,从节能角度是有利的。所以对于大功率的离心泵,以及重要的泵装置,这种方案得到了应用。

③ 改变旁路回流量 图 5-1-10 所示为改变旁路回流量的控制方案。它是在泵的出口与入口之间加一旁路管道,让一部分排出量重新回到泵的入口。这种控制方式实质也是改变管路特性来达到控制流量的目的。当旁路控制阀开度增大时,离心泵的整个出口阻力下降,排量增加,但与此同时,回流量也随之加大,最终导致送往管路系统的实际排量减少。

显然，采用这种控制方式必有一部分能量损耗在旁路管路和阀上，所以机械效率也是较低的。但它具有可采用小口径控制阀的优点，因此在实际生产过程中还有一定的应用。

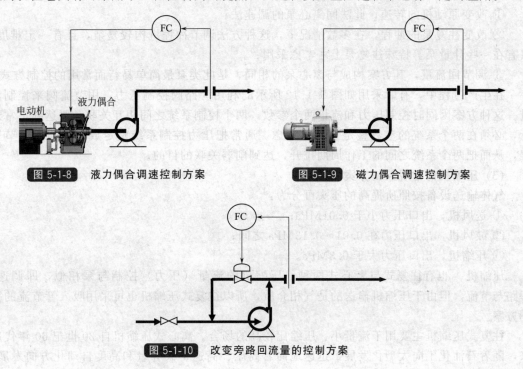

图 5-1-8　液力偶合调速控制方案　　　图 5-1-9　磁力偶合调速控制方案

图 5-1-10　改变旁路回流量的控制方案

（2）容积式泵的控制方案

容积式泵[3]是通过机械运动每次将若干体积的液体排出泵体。容积式泵有两类：一类是往复式，通过连杆往复运动，将一个冲程的容积液体推压出泵体，例如活塞泵式、柱塞泵等；另一类是通过机械旋转，将一定容积的液体推压出泵体，例如齿轮泵、腰轮泵、螺杆泵等。这些类型的泵有一个共同的结构特点，泵的运动部件与机壳之间几乎没有空隙，机械运动的结果一定要将若干容积的液体压排出去而不管出口阻力有多大，也就是泵的排量大小与管路系统基本无关。如往复泵只取决于单位时间内的往复次数及冲程的大小，而旋转泵仅取决于转速。它们的特性曲线大体如图 5-1-11 所示。

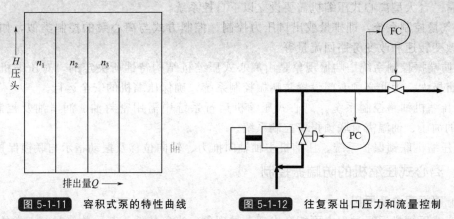

图 5-1-11　容积式泵的特性曲线　　　图 5-1-12　往复泵出口压力和流量控制

基于这类泵的排量与管路阻力基本无关，故不能采用出口处直接节流的方法来控制排量，这是因为容积式泵出口流量与出口管道阻力无关，而且一旦出口阀关死，将造成控制阀损坏，甚至造成泵体损坏。

容积式泵常用的控制方式有：

① 改变原动机的转速，此法同离心泵的调速法；

② 改变往复泵的冲程，在多数情况下，这种方法调节冲程机构较复杂，且有一定难度，只有在一些计量泵等特殊往复泵上才考虑采用；

③ 调节回流量，其方案构成与离心泵的相同，是此类泵最简单易行而常用的控制方式。

在生产过程中，有时采用如图 5-1-12 所示的利用旁路阀控制压力，用节流阀来控制流量。这种方案因同时控制压力和流量两个参数，两个控制系统之间相互关联，要达到正常运行，必须在两个系统的参数整定上加以考虑。通常把压力控制系统整定成非周期的调节过程，从而把两个系统之间的工作周期拉开，达到削弱关联的目的。

（3）压缩机的常规控制方案

气体输送设备按照所提高的压头可分为：

① 送风机，出口压力小于 0.01MPa；

② 鼓风机，出口压力在 0.01～0.13MPa 之间；

③ 压缩机，出口压力大于 0.3MPa。

压缩机[3]也有往复式与离心式两种。压缩机的流量（压力）控制与泵相似，即调速、旁路与节流。但由于压缩机输送的是气相介质，所以往复式压缩机也可采用吸入管节流的控制方案。

往复式压缩机主要用于流量小、压缩比较高的场合。离心式压缩机自 20 世纪 60 年代以来，随着石油化工向大型化发展，迅速地向着高压、高速、大容量和高度自动化方向发展。与往复式压缩机相比较，离心式压缩机具有如下优点：

① 体积小，重量轻，流量大。

② 易损件少，维修简单方便。

③ 运转平稳，供气均匀，气量调整范围大。

④ 输送的气体不容易被污染。

⑤ 经济性能较好。

离心式压缩机优点很多，但受其本身结构特性所致，有一些固有的缺点，例如喘振、轴向推力大等。生产过程中，常常是处于大功率、高速运转，因而确保安全运行是极为重要的。通常一台大型离心式压缩机需要设立以下自控系统。

① 气量控制系统，即排量或出口压力控制。控制方式与离心泵的控制类似，如直接节流法，改变转速和改变旁路回流量等。

② 防喘振控制系统。喘振现象是由离心式压缩机结构特性所决定的，对压缩机的正常运行危害极大。为此必须专门设置防喘振控制系统，确保压缩机的安全运行。

③ 压缩机油路控制系统。离心式压缩机运行系统中需用密封油、润滑油及控制油等，这些油的油压、油温需有联锁报警控制系统。

④ 压缩机联锁保护系统。压缩机主轴轴向推力、轴向位移及振动指示与联锁保护。

1.1.2　离心式压缩机的防喘振控制

（1）喘振现象及原因

离心式压缩机运行过程中可能会出现一种现象，当负荷低于某一数值时，正常的气体输送被破坏，气体的排出量忽多忽少、忽进忽出，此时离心式压缩机出口压力、流量大幅度波动，随之压缩机机身会剧烈振动，如不及时采取措施，将使压缩机遭到严重破坏。这种现象就是离心式压缩机的喘振。

离心式压缩机吸入口流量与压缩比之间具有驼峰型特性。在某一转速下离心式压缩机如果工作在驼峰右侧，则压缩机工作在稳定区域，如果压缩机工作在驼峰左侧，则压缩机工作在不稳定区域。将不同转速下的驼峰点连接起来，就划分出离心式压缩机的工作区与喘振区。图 5-1-13 是离心式压缩机特性与工作区和喘振区示意图。

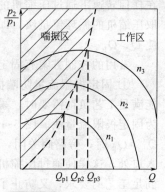

图 5-1-13　离心式压缩机特性与工作区和喘振区

离心式压缩机出现喘振[3]的根本原因是吸入口流量太小，此时的气量不能建立起压缩机的稳定输送工况。由于压缩机轴一直在运转，当机壳内气量积累到一定程度，就会从出口喷射出去。由于积累气量已经被喷射出去，吸入口管道阻力大，不能及时输送气量到压缩机内，所以压缩机出口流量又会突然降低，直到又积累了足够的气量，再喷射出去。所以要使压缩机工作在稳定区域内，首要条件就是保证压缩机入口吸入流量大于临界数值。这就是离心式压缩机防喘振的重点。

离心式压缩机在不同转速 n 下，临界点对应的极限流量 Q_p 是不一样的，转速 n 越高，极限流量 Q_p 也越大。把不同转速 n 下特性曲线的极值点连接起来，所得曲线称为喘振极限线，左侧部分为不稳定的喘振区，即图 5-1-13 中的阴影部分。由图中可看出，因为 $n_3 > n_2 > n_1$，所以 $Q_{p3} > Q_{p2} > Q_{p1}$。

离心式压缩机工作流量 Q_1 小于极限流量 Q_p，从工作区域进入到喘振区内形成喘振。这是造成喘振的最主要原因。除此以外，还有工艺上的原因，也容易使工作点靠近或进入喘振区。引起压缩机的喘振，主要有如下一些因素。

① 气体吸入状态变化，使特性曲线发生变化，从而工作点可能靠近或进入喘振区。吸入状态主要是指吸入口气体的压力、温度和分子量等参数。在实际工作状态中，由于工艺上的一些原因，会引起吸入气体这些物性参数的变化。在相同的管道特性下，因吸入口气体的压力 p_1 下降，分子量 M_1 下降，温度 T_1 上升，都将使特性曲线下移，两者相交的工作点将如图 5-1-14 所示的那样，接近或进入到喘振区，导致压缩机的喘振。

② 管路阻力变化使管路特性发生改变，工作点也有可能接近或进入喘振区。如图 5-1-15 所示，因管路中出现物料或杂质的堵塞、结焦等原因，有可能使管网阻力增大，管路特性发生变化，使相交的工作点接近或进入喘振区。

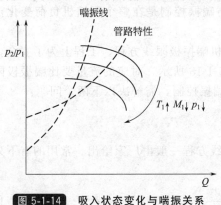

图 5-1-14　吸入状态变化与喘振关系

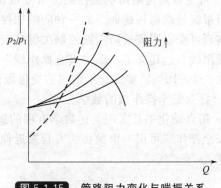

图 5-1-15　管路阻力变化与喘振关系

（2）防喘振控制系统

一般情况下负荷减少是压缩机喘振的主要原因。因此，要确保压缩机不出现喘振，必须在任何转速下通过压缩机的实际流量都不小于喘振极限线所对应的极限流量 Q_p。因此可采取压缩机的循环流量法，即当负荷减小时，采取部分回流的方法，既满足工艺负荷要求，又使 $Q > Q_p$。

常用的控制方案有固定极限流量法和可变极限流量法两种防喘振控制系统。

① 固定极限流量防喘振控制　压缩机工作时通过的流量总是大于某一定值流量，当不能满足工艺负荷需要时，采取输出流量部分回流，防止进入喘振区运行。这种防喘振控制称为固定极限流量法。图 5-1-16 为固定极限流量防喘振控制的实施方案。压缩机的吸入气量 $Q_1 > Q_p$ 时，旁路阀关闭，当 $Q_1 < Q_p$ 时，打开旁路阀，压缩机出口气体部分经旁路返回到入口处，这样使通过压缩机的气量增大到大于 Q_p 值，实际向管网系统的供气量减少了，既满足工艺的要求，又防止了喘振现象的出现。

固定极限流量防喘振控制方案设定的极限流量值 Q_p 是一定值。即在任何转速下流过压缩机的流量都大于极限流量 Q_p。正确选定 Q_p 值是该方案正常运行的关键。对于压缩机处于变转速的情况，为保证在各转速下压缩机均不会产生喘振，则需选最大转速时的喘振极限流量作为流量控制器 FC 的给定值，如图 5-1-17 中选定的 Q_p 值。

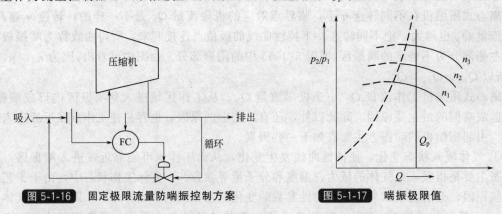

图 5-1-16　固定极限流量防喘振控制方案　　　图 5-1-17　喘振极限值

固定极限流量防喘振控制[3]具有方案简单、使用仪表少、可靠性高的优点。但当压缩机低速运行时，虽然压缩机并未进入喘振区，而吸入气量也有可能小于设置的固定极限值（按最大转速极限流量值设定），此时也可造成旁路阀打开，部分气体回流，造成能量的浪费。因此这种防喘振控制适用于固定转速的场合或负荷不经常变化的生产装置。

② 可变极限流量防喘振控制　可变极限流量防喘振控制是在整个压缩机负荷变化范围内，极限流量跟随转速而变的一种防喘振控制。

实现可变极限流量防喘振控制关键是确定压缩机喘振极限线方程。工程上为了安全，在喘振极限线右边建立了一条"安全操作线"，如图 5-1-18 所示，对应的流量要比喘振极限流量略大 5%～10%。要完成压缩机的变极限流量防喘振控制，需解决以下两个问题：

a. 建立安全操作线的数学方程；

b. 用自动化工具实现上述数学方程的运算。

安全操作线可用一个抛物线方程来近似，操作线方程一般由厂家给出。常用的有下列几种形式：

$$\frac{p_2}{p_1} = a + b\frac{Q_1^2}{T_1} \tag{5-1-4}$$

$$\frac{p_2}{p_1} = a_0 + a_1 Q_1 + a_2 Q_1^2 \tag{5-1-5}$$

$$H_{多变} = \varphi Q_1^2 \tag{5-1-6}$$

式中　p_1、p_2 —— 分别为吸入口、排出口的绝对压力；

$\quad\quad Q_1$ —— 吸入口气体的体积流量；

$\quad\quad T_1$ —— 吸入口气体的热力学温度；

a、b、a_0、a_1、a_2、φ —— 均为常数，一般由制造厂提供；

$\quad\quad H_{多变}$ —— 反映压缩比的一个指标，称为压缩机的多变压头。

下面以式(5-1-4)操作线方程为例，说明如何组成一个可变极限流量防喘振控制系统。

式(5-1-4)中 a、b 两个常数由制造厂供给，其中对于常数 a，有三种不同的情况，可分为 a 等于零、大于零和小于零，所对应的安全操作线如图 5-1-19 所示。

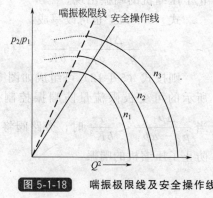

图 5-1-18　喘振极限线及安全操作线

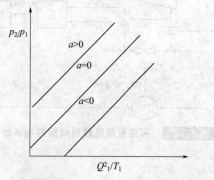

图 5-1-19　式(5-1-4)的安全操作线

工程上通常采用差压法测量气体流量，因此需对式(5-1-4)做进一步的推导。把式中流量 Q_1 以差压法测得的 Δp_1 来代替：

$$Q_1 = K \sqrt{\frac{\Delta p_1}{\rho_1}} \tag{5-1-7}$$

式中　K —— 流量系数；

$\quad\quad \rho_1$ —— 入口处气体的密度。

根据气体方程：

$$\rho_1 = \frac{M p_1 T_0}{Z R T_1 p_0} \tag{5-1-8}$$

式中　M —— 气体分子量；

$\quad\quad Z$ —— 气体压缩修正系数；

$\quad\quad R$ —— 气体常数；

$\quad\quad p_1$、T_1 —— 入口处气体的绝对压力和热力学温度；

$\quad\quad p_0$、T_0 —— 标准状态下的绝对压力和热力学温度。

把式(5-1-8)代入式(5-1-7)并化简后得：

$$Q_1^2 = \frac{K^2}{r} \times \frac{\Delta p_1 T_1}{p_1} \tag{5-1-9}$$

式中，$r = \dfrac{M T_0}{Z R p_0}$。

把式(5-1-9)代入式(5-1-4)可得：

$$\frac{p_2}{p_1} = a + b \frac{K^2}{r} \times \frac{\Delta p_1}{p_1} \tag{5-1-10}$$

式(5-1-10)即为用差压法测量入口处气体流量时，喘振安全操作线方程的表达式。

根据式(5-1-10)，可以演化出多种表达形式，从而组成不同形式的可变极限流量防喘振控制系统。例如将式(5-1-10)改写为：

$$\Delta p_1 = \frac{r}{bK^2}(p_2 - ap_1) \tag{5-1-11}$$

则按式（5-1-11）组成图 5-1-20 所示的可变极限流量防喘振控制系统。

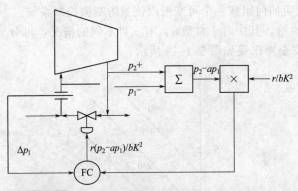

图 5-1-20　可变极限流量防喘振控制系统之一

图 5-1-20 所示系统中，当 $\Delta p_1 < \frac{r}{bK^2}(p_2 - ap_1)$ 时，旁路阀将打开，防止了压缩机的喘振出现。

式（5-1-11）也可改写成：

$$\frac{\Delta p_1}{p_2 - ap_1} = \frac{r}{bK^2} \tag{5-1-12}$$

则按式（5-1-12）可组成如图 5-1-21 所示的可变极限流量防喘振控制系统。当 $\frac{\Delta p_1}{p_2 - ap_1} < \frac{r}{bK^2}$ 时，旁路阀将打开，防止了压缩机的喘振。

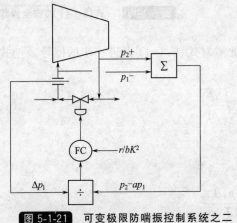

图 5-1-21　可变极限防喘振控制系统之二

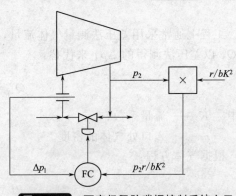

图 5-1-22　可变极限防喘振控制系统之三

比较图 5-1-20 和图 5-1-21 可以看出，图 5-1-20 所示运算部分在闭环控制回路之外，因此系统可按单回路流量系统进行整定，比较简单。

在某些引进装置中，有时也对式（5-1-11）采用简化形式。如合成氨装置，令 $a = 0$，此时安全操作线方程简化为：

$$\Delta p_1 = \frac{r}{bK^2}p_2 \tag{5-1-13}$$

此时的可变极限流量防喘振控制系统如图 5-1-22 所示。

同样，也可令 $a = 1$，操作线方程为：

$$\Delta p_1 = \frac{r}{bK^2}(p_2 - p_1) \tag{5-1-14}$$

此时也能组成相应的系统，在此不再一一列举。

实施防喘振控制系统时需要注意一点，某些工业设备上往往不能在压缩机入口管线上测量流量。例如当压缩机入口压力较低，压缩比又较大时，在入口管线上安装节流装置而造成压力降，为达到相同的排出压力，可能需增加压缩级，这是不经济的。此时可在出口管线上安装节流装置，并根据进、出口质量流量相同的情况，列出 Δp_1 与出口流量的差压值 Δp_2 之间的关系式，然后把安全操作线方程中 Δp_1 替换掉，再用此方程组成防喘振控制系统。例如对安全操作线方程为式（5-1-11）的情况，在压缩机的出口端测流量时，其质量流量 G_{m2} 与入口管线上的质量流量 G_{m1} 应相等，即

$$G_{m1}=G_{m2}$$

或为

$$\rho_1 Q_1 = \rho_2 Q_2 \tag{5-1-15}$$

式（5-1-15）也可改写成：

$$K_1\sqrt{\frac{\Delta p_1 p_1 M}{ZRT_1}}=K_2\sqrt{\frac{\Delta p_2 p_2 M}{ZRT_2}} \tag{5-1-16}$$

如果两个节流装置的流量系数 $K_1=K_2$，则式（5-1-16）可化为：

$$\Delta p_1=\frac{\Delta p_2 p_2 T_1}{p_1 T_2} \tag{5-1-17}$$

把式（5-1-17）代入式（5-1-16）可得：

$$\Delta p_1=\frac{\Delta p_2 p_2 T_1}{p_1 T_2}=\frac{r}{bK^2}(p_2-ap_1)$$

则有：

$$\Delta p_2=\frac{r}{bK^2}\times\frac{p_1 T_2}{p_2 T_1}(p_2-ap_1) \tag{5-1-18}$$

按照式（5-1-18）可组成在压缩机的出口端测流量时的防喘振控制系统。

对式（5-1-18）也可以简化，如 $a=0$ 时：

$$\Delta p_2=\frac{r}{bK^2}\times\frac{T_2}{T_1}p_1 \tag{5-1-19}$$

式中，进出口温度比 $\dfrac{T_2}{T_1}$ 一般情况下也是一恒值。根据式（5-1-19）可构成节流装置安装在出口管线上的可变极限流量防喘振控制系统，如图 5-1-23 所示。

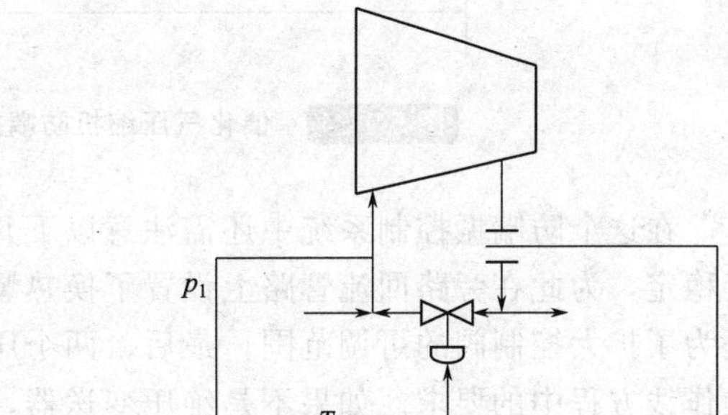

当图 5-1-23 中的 $\Delta p_2<\dfrac{r}{bK^2}\times\dfrac{T_2}{T_1}p_1$ 时，旁路阀被打开，防止压缩机喘振现象的出现。

图 5-1-23　节流装置在出口管线上的防喘振控制系统

(3) 应用实例

图 5-1-24 为某催化裂化装置上输送催化气的离心式压缩机的防喘振控制方案。这台压缩机是由蒸汽透平来带动的。图中所示共有两套控制系统。

① 压缩机入口压力控制系统。这个系统是由压力控制器（P_1C）去控制蒸汽透平的进汽量，以改变压缩机的转速，调整负荷，使入口压力保持工艺要求的定值。

② 压缩机可变极限防喘振控制系统。这个防喘振系统是按操作线方程为式（5-1-11）组成的。将式（5-1-11）：

$$\Delta p_1 = \frac{r}{bK^2}(p_2 - ap_1)$$

两边除以 p_1 得：

$$\frac{\Delta p_1}{p_1} = \frac{r}{bK^2} \times \frac{p_2}{p_1} - a\frac{r}{bK^2} \qquad (5\text{-}1\text{-}20)$$

防喘振控制的控制器（FC）以 $\frac{r}{bK^2} \times \frac{p_2}{p_1} - a\frac{r}{bK^2}$ 为给定值，以 $\frac{\Delta p_1}{p_1}$ 作为测量值，当出现 $\frac{\Delta p_1}{p_1} < \frac{r}{bK^2} \times \frac{p_2}{p_1} - a\frac{r}{bK^2}$ 时，旁路阀打开，对压缩机进行防喘振的保护。

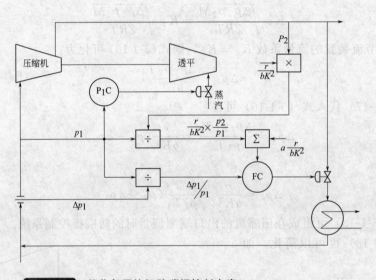

图 5-1-24 催化气压缩机防喘振控制方案

在这个防喘振控制系统中还需注意以下几点：首先，为确保控制有效，应使入口气温保持稳定，为此在旁路回流管路上设置了换热装置；其次，旁路控制阀采用了分程阀，其目的是为了扩大控制阀的可调范围；最后，两个压力测量变送应当采用绝压变送器，以满足安全操作线方程中的要求。如果不是绝压变送器，则还需进行表压与绝压的转换。

(4) 压缩机串、并联运行及防喘振控制

在一些生产过程中，有时需两台或两台以上的离心压缩机做串联、并联运行。通常，当一台离心式压缩机的压头不能满足生产要求时，就需将两台或两台以上离心式压缩机串联运行。而当一台离心式压缩机的流量不能满足负荷要求时，就需要两台或两台以上的离心式压缩机并联运行。

压缩机串联运行时，其防喘振控制对每台压缩机而言与单机运行时是一样的。但如果串联运行的两台压缩机只有一个旁路阀时，防喘振控制方案就需另行考虑了。图 5-1-25 所示为串联运行时只有一个旁路阀的情况下组成的防喘振控制系统。

在这个防喘振控制系统中，每台压缩机均设置有一个防喘振控制器，它们的输出信号送到一个低选择器 LS，LS 从 F_1C 和 F_2C 的输出信号中选取低信号作为其输出，送到旁路阀，不论哪个压缩机要出现喘振，都将打开旁路阀，以防止喘振的发生。考虑到 F_1C 和 F_2C 均有积分饱和的可能，需采取必要的防积分饱和的措施。

处于并联运行的压缩机，如果各台压缩机分别装有旁路阀，则防喘振控制方案与单台压

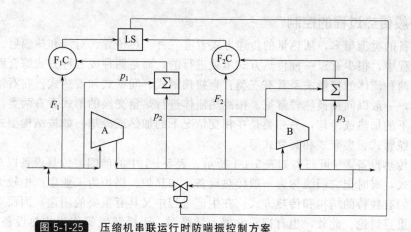

图 5-1-25　压缩机串联运行时防喘振控制方案

缩机时一样。若两台压缩机共同使用一个旁路阀时，同样需另行设置其防喘振控制方案。图 5-1-26 为两台压缩机并联运行时的防喘振控制方案。两台压缩机的入口管线上各设置流量变送器，流量变送信号送到低选器 LS，经 LS 比较后送至防喘振控制器 FC，若出现喘振就打开旁路阀，防止喘振的发生。图中的切换开关用于生产过程在减负荷时，如只需单机运行，通过切换选择工作的那台压缩机的入口流量直接送到防喘振控制器，实现单台压缩机的防喘振控制。采用本方案实现并联运行防喘振，必须是两台压缩机的特性相同或十分接近。

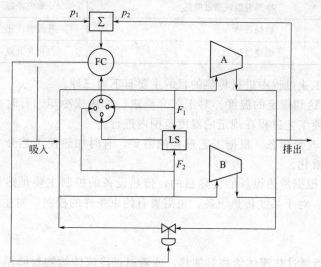

图 5-1-26　压缩机并联运行时防喘振控制方案

1.2　传热过程的控制

　　在工业生产过程中会根据需要对生产物料进行加热或冷却，使物料达到生产要求的规定温度，或产生相应的变化，例如发生相变（汽化或冷凝），使其黏度变化（黏度增加或降低）。生产过程中有时会利用换热来回收热量，例如用反应生成物加热进料，利用进料的原始温度使某些组分冷凝下来。因此，传热过程是工业生产过程中重要的组成部分。为保证工艺过程的正常、平稳、安全运行，对传热设备进行有效的控制是十分必要的。

1.2.1　一般传热过程的控制

传热设备的类型很多,从热量的传递方式看有三种:热传导、对流和热辐射。在实际进行的传热过程中,很少有以一种传热方式单独进行的,而是两种或三种方式综合而成。从进行热交换的两种流体的接触关系看有三类:直接接触式、间壁式和蓄热式。在石油、化工等工业过程中,一般以间接换热较常见。按冷热流体进行热量交换的形式看有两类:一类是在无相变情况下的加热或冷却,另一类是在相变情况下的加热或冷却。如按结构型式来分,则有列管式、蛇管式、夹套式和套管式等。

主要的传热设备[2,3]可归类如表 5-1-1 所示。表 5-1-1 中的前四类传热设备以对流传热为主要传热方式,有时把它们统称为一般传热设备。加热炉、锅炉为工业生产中较为特殊的传热设备,它们有独特的结构和传热方式,在生产过程中又具有重要的用途,因而对这些传热设备本章将重点讨论。此外,也有把蒸发器、结晶器、干燥装置等作为传热设备来考虑的,这里将对蒸发器的控制作简要介绍。

表 5-1-1　传热设备的类型

设备类型	载热体（冷、热源）情况	工艺介质情况
换热器	不起相变化,显热变化	温度变化,不起相变化
蒸汽加热器	蒸汽冷凝放热	升温,不起相变化
再沸器	蒸汽冷凝放热	有相变化
冷凝冷却器	冷剂升温或蒸发吸热	冷却或冷凝
加热炉	燃烧放热	升温或汽化
锅炉	燃烧放热	汽化并升温

石油、化工等工业过程中进行传热的目的主要有下列三种。

① 使工艺介质达到规定的温度。对工艺介质进行加热或冷却。有时在工艺过程进行中加入或除去热量,使工艺过程在规定的温度范围内进行。

② 使工艺介质改变相态。根据工艺过程的需要,有时加热使工艺介质汽化,也有冷凝除热,使气相物料液化。

③ 回收热量。根据传热设备的传热目的,传热设备的控制主要是热量平衡的控制,取温度作为被控变量。对于某些传热设备,也需要有约束条件的控制,对生产过程和设备起保护作用。

（1）换热器

换热器[2,3]是指通过热流体给物料加热,或者通过冷流体给物料降温。加热过程或冷却过程中两个流体都不发生相变,换热过程中热量的传递结果类似温度发生变化。换热器中用于加温的流体或用于冷却的流体都叫做载热体。换热器的控制基本方案有两类:一是以载热体的流量为操纵变量,另一个是对工艺介质的旁路控制。

① 控制载热体流量　该方案的控制流程如图 5-1-27 所示。当换热器受到干扰,使得物料出口温度发生变化,例如干扰使得物料出口温度降低了,温度变送器检测到温度减低的信号送往温度控制器,与温度控制器设定温度进行比较,通过控制器控制算法,控制器的输出会加大控制阀的开度,从而使载热体流量增加,带入热量增加,换热器物料出口温度就会回升。

从传热机理分析载热体流量 G_2。换热器内载热体流速增加,导致传热系数增加,同时也使得传热温差增加,导致载热体传递给物料的热量增加。需要注意的是载热体流量与物料出口温度之间的通道特性具有饱和特性，即当载热体流量已经很大的时候，再通过提高载热体流量，对物料出口温度的影响就已经变得很弱了。所以该方案适用于换热器裕量较大且工作点在 50% 左右的情况。该方案的特点是简单，所用仪表设备较少，实施方便，在换热器温度控制方案中最为常用。

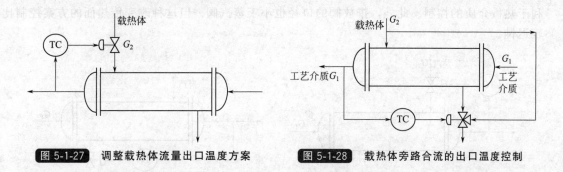

图 5-1-27　调整载热体流量出口温度方案　　　图 5-1-28　载热体旁路合流的出口温度控制

生产过程中有时候载热体也是一种生产物料，也不希望载热体流量波动，例如热量回收换热器。为此可对载热体采用旁路合流形式对物料出口温度进行控制，图 5-1-28 所示即为载热体旁路合流形式的物料出口温度控制方案。

② 工艺介质的旁路控制　工艺介质旁路同样可分为分流与合流形式，图 5-1-29 为分流形式工艺介质旁路控制，其中一部分工艺介质经换热器，另一部分走旁路。这种方案从控制机理来看，实际上是一个混合过程，所以反应迅速及时，适用于停留时间长的换热器。但需注意的是，换热器必须有富裕的传热面，而且载热体流量一直处于高负荷下，这在采用专门的热剂或冷剂时是不经济的。然而对于某些热量回收系统，载热体是某种工艺介质，总量本来不好调节，这时便不成为缺点了。

上述是换热器的两种基本控制方案，实际生产过程中可以应用一些复杂控制系统。图 5-1-30 即为换热器的前馈-串级控制系统，用于及时克服工艺介质的入口温度和流量两个扰动因素。

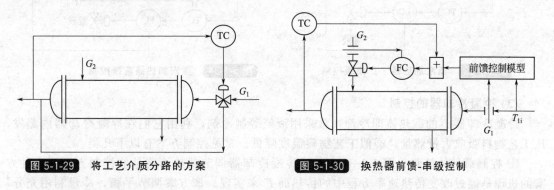

图 5-1-29　将工艺介质分路的方案　　　　图 5-1-30　换热器前馈-串级控制

（2）蒸汽加热器

蒸汽加热器[3]的载热体是蒸汽，通过蒸汽冷凝释放热量来加热工艺介质。水蒸气是最常用的载热体。根据加热温度不同，也可采用其他介质的蒸汽作为载热体。

① 控制载热体蒸汽的流量　图 5-1-31 所示为调节蒸汽流量的温度控制方案。蒸汽在传热过程中起相变化，其传热机理是同时改变传热速率方程中的 ΔT 和传热面积 F。当加热器的传热面没有富裕时，以改变 ΔT 为主；而在传热面有富裕时，以改变传热面 F 为主。这

种控制方案控制灵敏，但是当采用低压蒸汽作为热源时，进入加热器内的蒸汽一侧会产生负压，此时冷凝液将不能连续排出，采用此方案就需谨慎。

② 控制冷凝液排量　图 5-1-32 所示为调节冷凝液流量的控制方案。该方案的机理是通过冷凝液排放量，改变加热器内凝液的液位，导致传热面 F 的变化，从而改变传热量，以达到对出口温度的控制。这种方案利于凝液的排放，传热变化较平缓，可防止局部过热，有利于热敏介质的控制。此外，排放阀的口径也小于蒸汽阀。但这种改变传热面的方案控制比较迟钝。

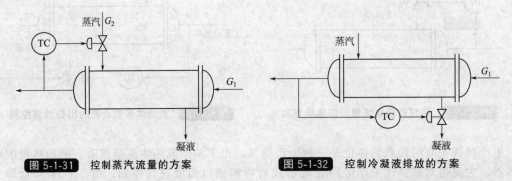

图 5-1-31　控制蒸汽流量的方案　　　　图 5-1-32　控制冷凝液排放的方案

　　为了改善控制冷凝液排量方案的迟钝性，可以组成图 5-1-33 所示的串级控制方案。在这个串级控制系统中，以工艺介质出口温度 T 作为主参数，以冷凝液液位 L 作为副参数。
　　有时也可采用图 5-1-34 所示的控制方案。这个方案看起来好似一个串级控制系统，实质上是一个前馈-反馈控制系统，使用中需按照前馈控制系统有关说明加以实施。

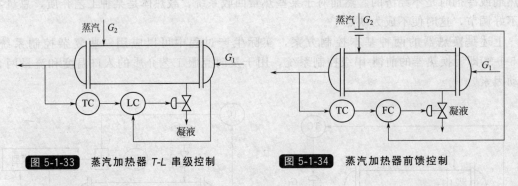

图 5-1-33　蒸汽加热器 T-L 串级控制　　　　图 5-1-34　蒸汽加热器前馈控制

(3) 冷凝冷却器的控制

冷凝冷却器[3]的载热体即冷剂，常采用液氨等制冷剂，利用它们在冷凝冷却器内蒸发，从工艺物料吸收大量热量，类似工艺物料温度降低。常见控制方案有以下几类。

① 控制载热体流量　图 5-1-35 所示为冷凝冷却器调节载热体流量的控制方案。这种方案的机理是通过改变传热速率方程中的传热面 F 来实现。该方案调节平稳，冷量利用充分，且对压缩机入口压力无影响。但这种方案控制不够灵活，另外蒸发空间不能得到保证，当冷凝冷却器内液氨液位偏高时，易引起气氨带液，损坏压缩机。为此可采用图 5-1-36 所示的出口温度与液位的串级控制系统，或图 5-1-37 所示的选择性控制系统。

② 控制气氨排量　冷凝冷却器（氨冷器）控制气氨排量的方案如图 5-1-38 所示。

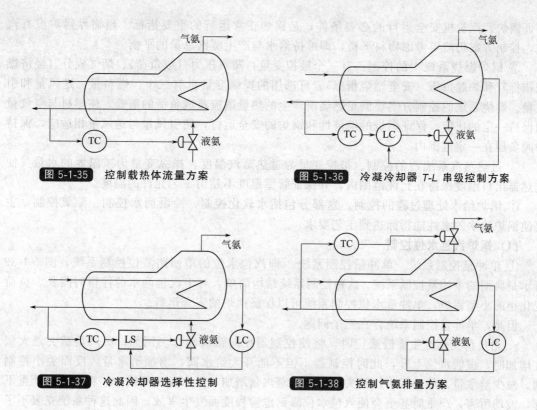

图 5-1-35 控制载热体流量方案

图 5-1-36 冷凝冷却器 *T-L* 串级控制方案

图 5-1-37 冷凝冷却器选择性控制

图 5-1-38 控制气氨排量方案

该方案的机理是调节传热速率方程中的平均温差 ΔT。采用这种方案控制灵敏迅速，但制冷系统必须许可压缩机入口压力波动，另外冷量的利用不充分。为确保系统的正常运行，还需设置一个液位控制系统。

1.2.2 锅炉设备的控制

锅炉[2,3]是工业生产常用的动力设备，给锅炉输入能量，经过锅炉转换，向外输出具有一定热能的蒸汽、高温水或有机热载体。锅炉能量有燃料中的化学能、电能、高温烟气的热能等形式。锅炉中产生的热水或蒸汽可直接为工业生产和人民生活提供所需热能，也可通过蒸汽动力装置转换为机械能，或再通过发电机将机械能转换为电能。产生蒸汽的锅炉称为蒸汽锅炉，多用于火电站、船舶、机车和工矿企业。

工业生产中所用锅炉大多是蒸汽锅炉，多是以煤、石油、天然气等为燃料，还有一些锅炉以生产过程中的废气、废油为燃料。根据蒸汽压力的不同，蒸汽锅炉可分为：

① 低压锅炉；压力小于或等于 2.45MPa，蒸汽温度多为饱和温度或不高于 400℃；

② 中压锅炉，压力 2.94～4.90MPa，蒸汽温度为 450℃；

③ 高压锅炉，压力 7.84～10.8MPa，蒸汽温度多为 540℃；

④ 超高压锅炉，压力 11.8～14.7MPa，蒸汽出口温度为 540℃，少数为 555℃；

⑤ 亚临界锅炉，压力 15.7～19.6MPa，出口蒸汽温度为 540℃ 或 555℃，少数为 570℃；

⑥ 超临界锅炉，压力为 22.1MPa 以上，温度为 374.15℃。

锅炉控制的任务是根据生产负荷的需要，保证供应符合压力、温度要求的蒸汽，同时保证锅炉在安全、经济的条件下运行。按照这些控制要求，锅炉设备将有如下主要的控制系统。

① 锅炉汽包水位[3]控制。被控变量是汽包水位，操纵变量是给水量。目的是保持汽包内部的物料平衡，使给水量适应锅炉的蒸汽量，维持汽包中水位在工艺允许的范围内。这是

保证锅炉、汽轮机安全运行的必要条件，是锅炉正常运行的重要指标。超临界锅炉没有汽包，控制方案仍然要考虑物料平衡，即维持给水与产生蒸汽总量的平衡。

② 锅炉燃烧系统[3]的控制。有三个被控变量：蒸汽压力（或负荷）、烟气成分（经济燃烧指标）和炉膛负压（安全燃烧指标）。可选用的操纵变量也有三个：燃料量、送风量和引风量。燃烧系统的控制方案要满足燃烧所产生的热量适应蒸汽负荷的需要，使燃料与空气量间保持一定的比值，保证燃烧的经济性和锅炉的安全运行，使引风量与送风量相适应，保持炉膛负压在一定范围内。

③ 过热蒸汽系统[3]的控制。被控变量为过热蒸汽温度，操纵变量为减温器的水量。使过热器出口温度保持在允许范围内，并保证管壁温度不超出工艺允许的温度。

④ 锅炉给水处理过程的控制。这部分包括水软化控制、冷凝回水控制、除氧控制，主要使锅炉给水的水性能指标达到工艺要求。

(1) 锅炉汽包水位控制

① 单冲量控制系统　单冲量控制系统[3]即汽包水位的单回路液位控制系统，图 5-1-39 所示是典型的单冲量控制系统。这种控制系统结构简单，对于汽包内水的停留时间长、负荷变化小的小型锅炉，单冲量水位控制系统可以保证锅炉的安全运行。

但是，单冲量控制系统存在三个问题。

a. 当负荷变化产生虚假液位时，将使控制器反向错误动作。例如，蒸汽负荷突然大幅度增加时，虚假水位上升，此时控制器不但不能开大给水阀，增加给水量，反而关小控制阀，减少给水量。等到假水位消失时，由于蒸汽量增加，送水量反而减少，将使水位严重下降，波动厉害，严重时甚至会使汽包水位降到危险程度而发生事故。因此这种系统克服不了虚假水位带来的严重后果。

b. 对负荷变化不灵敏。负荷改变需引起汽包水位变化后才起控制作用，由于控制缓慢，控制质量不高。

c. 对给水干扰不能及时克服。当给水系统出现扰动时需等水位发生变化时才起控制作用，干扰克服不及时。

② 双冲量控制系统　针对单冲量控制系统不能克服假水位的影响，引入蒸汽流量作为校正作用，以纠正虚假水位引起的影响，从而大大改善了控制品质。图 5-1-40 是双冲量控制系统[3]的原理图。

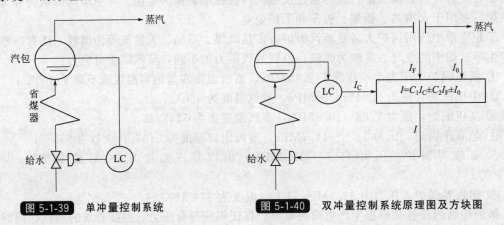

图 5-1-39　单冲量控制系统　　　图 5-1-40　双冲量控制系统原理图及方块图

图 5-1-40 所示双冲量控制系统实质上是一个前馈（蒸汽流量）加单回路反馈控制的前馈-反馈控制系统。此处前馈为静态前馈，若要考虑两通道在动态上的差异，则还需引入动态补偿环节。

a. 加法器系数的确定。图 5-1-40 中的加法器，其运算式为：

$$I = C_1 I_C \pm C_2 I_F \pm I_0$$

式中　I_C——液位控制器的输出；

　　　I_F——蒸汽流量变送器（经开方）的输出；

　　　I_0——初始偏置值；

　C_1、C_2——加法器系数。

C_1 的设置一般取 1，也可小于 1。

C_2 的值应考虑到静态前馈补偿，可现场凑试，也可按下面关系估算：

$$C_2 = \frac{\alpha D_{max}}{K_v (z_{max} - z_{min})}$$

式中　D_{max}——蒸汽流量变送器量程；

　　　α——排污系数，$\alpha > 1$；

　　　K_v——给水阀放大系数，$K_v = \Delta W / \Delta I$；

$z_{max} - z_{min}$——变送器输出的最大变化范围。

初始偏置值 I_0 设置的目的，是在正常负荷下使控制器和加法器的输出都有一个比较适中的数值，最好在正常负荷下 I_0 值与 $C_2 I_F$ 项互相抵消。

b. 阀的开闭形式、控制器正反作用及运算器符号决定。从工艺安全角度来考虑，若以保护锅炉安全为主，选气闭式；如以保护汽轮机用户安全为主，则选气开式。把控制系统视为负反馈系统，因此当气闭阀时为正作用，气开阀时则为反作用。

c. 运算器符号。首先确定 C_2 项是取正号还是负号，它取决于控制阀的开闭形式。若选用气闭阀，当蒸汽流量加大，给水量亦需加大，I 应减小，即应该取负号；若采用气开阀，I 应增加，即应取正号。而 I_0 的符号与 C_2 相反。这样，加法器的运算应该为：

气闭阀时　　　　　　　　　$I = C_1 I_C - C_2 I_F + I_0$

气开阀时　　　　　　　　　$I = C_1 I_C + C_2 I_F - I_0$

③ 三冲量控制系统　双冲量控制系统考虑了蒸汽负荷波动。如果给水压力也经常有较大波动，则还需要考虑给水波动影响。于是除了检测汽包液位和锅炉主干管蒸汽压力之外，还检测锅炉给水的流量，从而构成锅炉汽包液位三冲量控制系统[3]。图 5-1-41 所示的三冲量控制系统本质上是前馈（蒸汽流量）-串级控制系统。

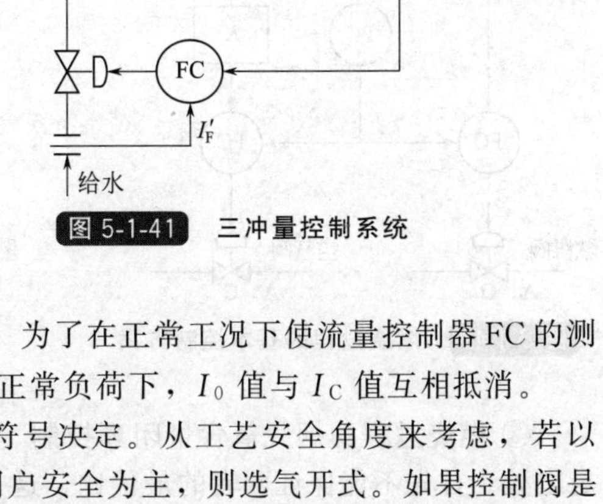

a. 加法器系数的确定。系数按下式确定：

$$C = \frac{\Delta I'_F}{\Delta I_F} = \frac{\alpha D_{max}}{W_{max}}$$

式中　D_{max}——蒸汽流量变送器量程；

　　　W_{max}——给水流量变送器量程；

　　　α——排污系数，$\alpha > 1$。

图 5-1-41　三冲量控制系统

至于 I_0 的设置，与双冲量控制系统有所不同。为了在正常工况下使流量控制器 FC 的测量值 I'_F 与给定值 CI_F 相等，因此 I_0 的设置是在正常负荷下，I_0 值与 I_C 值互相抵消。

b. 阀的开闭形式、控制器正反作用及运算器符号决定。从工艺安全角度来考虑，若以保护锅炉安全为主，选气闭式；如以保护汽轮机用户安全为主，则选气开式。如果控制阀是气闭阀，则流量控制器为正作用；如果控制阀是气开阀，则流量控制器为反作用。由于液位控制器与流量控制器构成了一个串级回路，当汽包液位升高的时候，液位控制器的输出应当调低流量控制器的给定，所以液位控制器为反作用控制器（与控制阀气开、气闭无关）。

c. 加法器符号。I_0 的设置是为了在正常负荷下抵消 I_C，所以 I_0 前的符号永远是负号。C 项符号与流量控制器的作用方式无关。因为 CI_F 值将作为流量控制器的给定值，CI_F 的增大即蒸汽负荷增加，应当提高流量控制器的给定值，使给水量也随之提高，所以 C 取正号。

通过以上分析可知加法器运算式总是：

$$I = I_C + CI_F - I_0$$

（2）锅炉燃烧系统的控制

燃烧过程的控制与燃料种类、燃烧设备以及锅炉形式等有很大关系，现侧重以燃油锅炉来讨论燃烧过程的控制。

燃烧过程的控制基本要求有三个。

a. 保证出口蒸汽压力稳定，按负荷要求自动增减燃料量。

b. 保证燃烧处于良好状态，既要防止由空气不足使烟囱冒黑烟，也不要因空气过量而增加热量损失。

c. 保证锅炉安全运行，保持炉膛内形成一定的负压（负压太小甚至为正，可造成炉膛内炽热烟气往外冒，影响设备和工作人员的安全；负压过大，会使大量冷空气漏进炉内，使热量损失增加）。此外，还需防止燃烧嘴背压（对于气相燃料）太高时脱火，燃烧嘴背压（气相燃料）太低时回火。

① 蒸汽压力控制和燃料与空气比值控制系统　蒸汽压力的主要扰动是蒸汽负荷、燃料量、燃料热值的变化与波动。当蒸汽负荷、燃料量、燃料热值波动较小时，可采用蒸汽压力来控制燃料量的单回路控制系统；当燃料量波动较大时，可组成蒸汽压力对燃料流量的串级控制系统。

燃料流量是根据蒸汽负荷而变化的，因此作为主流量与空气流量组成比值控制系统，使燃料与空气保持一定比例，有充足的空气量保证良好燃烧。图 5-1-42 所示是燃烧过程的基本控制方案。有时为了使燃料完全燃烧，在提负荷时要求先提空气量，后提燃料量；在降负荷时，要求先降燃料量，后降空气量。图 5-1-43 即在基本控制方案的基础上，增加两个选择器组成的具有逻辑提量/减量功能的燃烧过程控制系统。

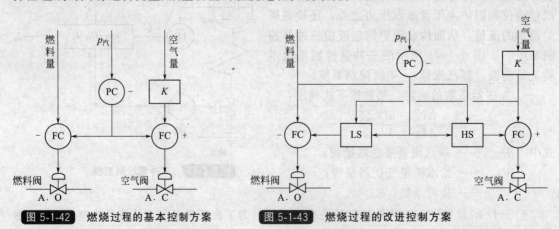

图 5-1-42　燃烧过程的基本控制方案　　　图 5-1-43　燃烧过程的改进控制方案

② 燃烧过程的烟气氧含量闭环控制　锅炉燃烧过程的燃料与空气比值控制存在两个不足之处。首先不能保证两者的最优比，这是由于流量测量的误差以及燃料的质量（水分、灰分等）的变化所造成的。另外，锅炉负荷不同时，两者的最优比也应有所不同。为此，要有

一个检验燃料与空气适宜配比的指标，作为送风量的校正信号。通常用烟气中的氧含量作为送风量的校正信号。

　　锅炉的热效率最简便的检测方法是用烟气中的氧含量来表示。根据燃烧方程式，可以计算出燃料完全燃烧时所需的氧量，从而可得出所需的空气量，称为理论空气量 Q_T。但是，实际上完全燃烧所需的空气量 Q_p 要超过理论空气量 Q_T，即需有一定的空气过剩量。当过剩空气量增多时，不仅使炉膛温度下降，而且也使最重要的烟气热损失增加。因此，对不同的燃料，过剩空气量都有一个最优值，即所谓最经济燃烧，如图 5-1-44 所示。

　　根据上述可知，只要在图 5-1-43 的控制方案上对进风量用烟气氧含量加以校正，就可构成图 5-1-45 所示的烟气中氧含量的闭环控制方案。在此烟气氧含量闭环控制系统中，只要把氧含量成分控制器的给定值按正常负荷下烟气氧含量的最优值设定，就能保证锅炉燃烧最经济，热效率最高。

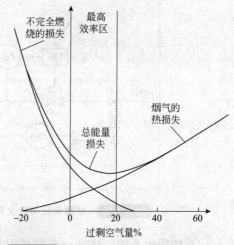

图 5-1-44　过剩空气量与能量损失的关系

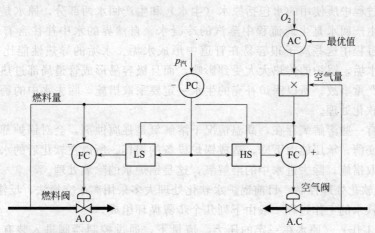

图 5-1-45　烟气中氧含量的闭环控制方案

（3）炉膛负压控制与有关安全保护系统

　　图 5-1-46 所示是一个典型的锅炉燃烧过程的炉膛负压及有关安全保护控制系统。在这个控制方案中共有三个控制系统，分别叙述如下。

　　① 炉膛负压控制系统　这是一个前馈-反馈控制系统。炉膛负压控制一般可通过控制引风量来实现，但当锅炉负荷变化较大时，单回路控制系统较难控制。因负荷变化后燃料及送风量均将变化，但引风量只有在炉膛负压产生偏差时，才能由引风控制器去加以控制，这样引风量的变化落后于送风量，从而造成炉膛负压的较大波动。为此用反映负荷变化的主干管蒸汽压力作为前馈信号，组成前馈-反馈控制系统，K 是静态前馈放大系数。一般情况下通常把炉膛负压控制在 -20Pa 左右。

　　② 防脱火系统　这是一个选择性控制系统。在燃烧嘴背压正常的情况下，由蒸汽压力控制器控制燃料阀，维持锅炉出口蒸汽压力稳定。当燃烧嘴背压过高时，为避免造成脱火危险，此时背压控制器 P_2C 通过低选器 LS 控制燃料阀，把阀关小，使背压下降，防止脱火。

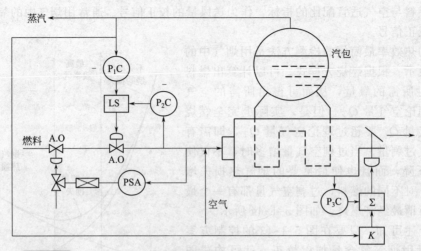

图 5-1-46 炉膛负压与安全保护控制系统

③ 防回火系统　这是一个联锁保护系统。在燃烧嘴背压过低时，为防止回火的危险，由 PSA 系统带动联锁装置，把燃料的上游阀切断，以免回火现象发生。

（4）锅炉水处理系统控制

锅炉运行过程中所使用的水包括原水（生水）和生产回水两部分，原水是来自于水源的未处理的水，生产回水是生产流程中蒸汽的冷凝水。自然界的水中往往含有一些钙、镁离子，锅炉运行过程中这些离子很容易在管道中形成水垢。水垢的导热性能比金属相差几百倍，一旦形成水垢，锅炉的传热大大受到影响，而且极容易形成管道局部过热，会出现管道变形、爆管等严重事故。所以锅炉补充的生水一定要采取措施，除去水中的钙、镁离子，这就是锅炉水的软化处理。

水中还会有一些溶解氧存在，高温情况下溶解氧是强腐蚀剂，会对锅炉部件产生腐蚀作用，使得管壁变薄，承压能力下降，造成锅炉设备的损坏。所以在软化后的水进锅炉管路系统之前必须采取措施，除去进水中的溶解氧，这是锅炉水的除氧处理。

① 锅炉水软化处理控制　目前锅炉水软化处理大多采用离子交换法、反渗透法。

离子交换软水的工作过程一般由下列几个步骤循环组成。

a. 运行（工作）　原水在一定的压力、流量下，通过控制器阀进入装有离子交换树脂的容器内，树脂中所含的 Na^+ 与水中的阳离子（Ca^{2+}、Mg^{2+}、Fe^{2+} 等）进行交换，使容器出水的 Ca^{2+}、Mg^{2+} 含量达到既定的要求，实现了硬水的软化。

b. 反洗　树脂失效后，在进行再生之前，先用水自下而上地进行反洗。反洗的目的有两个：一是通过反洗，使运行中压紧的树脂层松动，有利于树脂颗粒与再生液充分接触；二是使树脂表面积累的悬浮物及碎树脂随反洗水排出，从而使交换器的水流阻力不会越来越大。

c. 再生　再生用盐液在一定浓度、流量下流经失效的树脂层，使其恢复原有的交换能力。

d. 置换（慢速清洗）　在再生液进完后，交换器内尚有未参与再生交换的盐液，采用小于或等于再生液流速的清水进行清洗（慢速清洗），以充分利用盐液的再生作用并减轻正洗的负荷。

e. 正洗（快速清洗）　目的是清除树脂层中残留的再生废液，通常以正常流速清洗至出水合格为止。

离子交换水软化处理一般采用多套设备轮换工作，一些设备在工作状态，另外一些设备处在再生或后备状态。设备运行状态控制有两种：流量控制或时间控制。流量控制方式是从该设备工作时刻开始累计流过流量（流过水总量），当达到设计数值时自动脱离产水状态进入再生状态。时间控制方式是从该设备工作时刻开始计时，当达到设计时间时自动脱离产水状态进入再生状态。

锅炉水软化流程的控制是顺序控制系统，自动化软化水设备大多采用单片机、嵌入系统、PLC 等进行控制。图 5-1-47 是一个双离子柱的带有自动切换功能的控制方案。

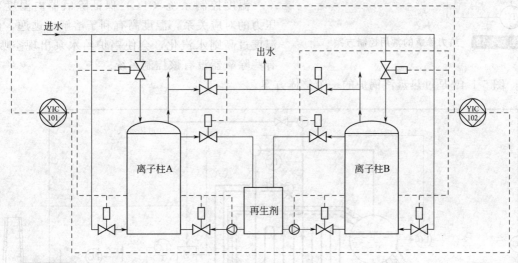

图 5-1-47　双离子柱的带有自动切换功能的控制方案

经过物理过滤处理的生水进入软化处理工序，正常产水的时候由上部进入离子柱，经过离子交换产生的软化水由上部离开离子柱。启动再生过程后，生水从下部进入离子柱进行反冲洗，冲洗一定时间之后启动再生泵，对离子柱进行再生，一定时间后关闭再生泵，关闭再生管道阀门，进入慢冲洗和快冲洗阶段，冲洗结束后该柱进入准备就绪状态。

反渗透软化水处理工艺是以高压水（2MPa 左右）通过反渗透膜产生软化水的。运行中可能造成膜污染，达到一定程度就需要进行清洗。工艺上常常表现为膜差压增大、出水电导率增大等现象。反渗透软化水装置都会有临界参数，达到临界参数就需要进行膜冲洗了。此外，反渗透软化水装置运行中如果出现膜差压过高，可能造成膜寿命降低，甚至出现膜损坏。基于上述运行要求，反渗透软化水控制主要是监测设备运行中的膜差压、出水电导率，达到规定数值时进入膜清洗环节，同时控制系统应当有报警和联锁系统，以保证反渗透软化水的安全。

② 锅炉软化水除氧控制　氧是锅炉给水中的主要腐蚀性物质，它会腐蚀锅炉的给水系统部件，腐蚀性物质氧化渣会进入锅炉内，沉积或附着在锅炉管壁和受热面上，形成难溶而传热不良的污垢，会造成管道内壁出现点坑，阻力系数增大。管道腐蚀严重时，甚至会发生管道爆炸事故。国家规定蒸发量大于等于 2t/h 的蒸汽锅炉和水温大于等于 95℃的热水锅炉都必须除氧。

热除氧原理是将锅炉给水加热至沸点，使氧的溶解度减小，水中氧不断逸出，再将水面上产生的氧气连同水蒸气一道排除，这样能除掉水的溶解氧和其他游离气体。除氧后的水不会增加含盐量，也不会增加其他气体溶解量，操作控制相对容易，而且运行稳定、可靠。热力除氧是目前应用最多的一种除氧方法。图 5-1-48 是二级别热力除氧的常用控制方案。

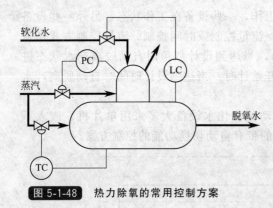

图 5-1-48　热力除氧的常用控制方案

方案中液位控制系统（LC）保证除氧器内水量的固定，保证足够的气体逃逸空间。如果软化水来水压力不稳定，可改为除氧器液位与软化水来水流量串级控制。

压力控制系统（PC）保证除氧器内的压力恒定，压力增加不利于溶解氧的逃逸。该系统用除氧头蒸汽入口流量控制除氧头内压力。

温度控制系统（TC）保证除氧器内温度与压力的对应关系，温度高有利于溶解氧逃逸，而温度过高则水汽化，会使锅炉给水泵出现空吸。有些除氧器没有该控制系统。

图 5-1-49 是过热蒸汽锅炉的一个整体方案。

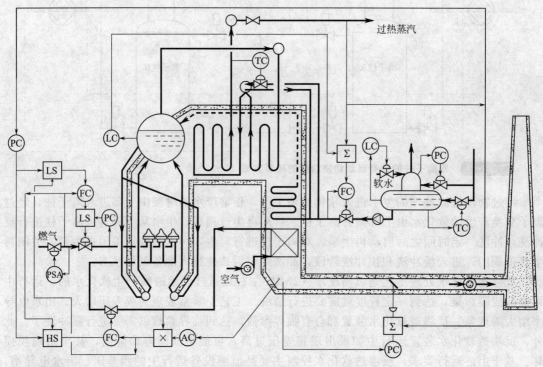

图 5-1-49　过热蒸汽锅炉的一个整体方案

1.2.3　加热炉的控制

加热炉[3,7]在炼油、化工中是较为重要的加热设备，工艺介质在加热炉中受热升温或同时进行汽化，它的温度高低将直接影响到后工序的工艺操作。如果炉温过高，不仅会使工艺介质在炉内分解、结焦，甚至可烧坏炉。因此炉温控制是加热炉控制的重要内容。

加热炉是传热设备的一种，属于火力加热设备，由燃料燃烧产生炽热的火焰和高温气流，向工艺介质提供热量。因此加热炉的燃烧控制与锅炉设备相似。

加热炉物料出口温度是该生产环节的重要被控变量，加热炉基础控制方案如图 5-1-50 所示的物料出口温度单回路控制系统。如果燃料油压力不稳定，可采取图 5-1-51 的物料出口温度与燃料油压力串级控制系统。

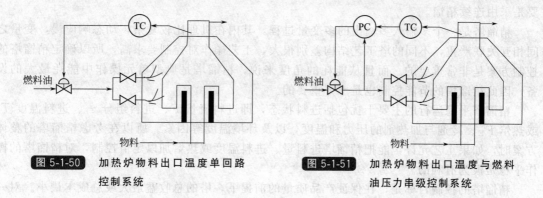

图 5-1-50　加热炉物料出口温度单回路
　　　　　 控制系统

图 5-1-51　加热炉物料出口温度与燃料
　　　　　 油压力串级控制系统

　　如果燃料热值不稳定，可采取图 5-1-52 的物料出口温度与炉膛温度串级控制系统。如果物料流量不稳定，可采取图 5-1-53 加热炉物料出口温度与物料流量前馈-反馈控制系统。

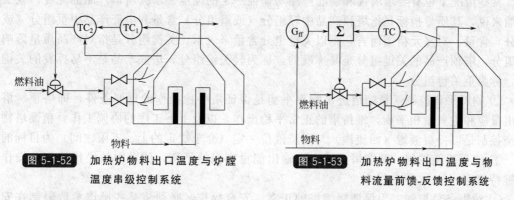

图 5-1-52　加热炉物料出口温度与炉膛
　　　　　 温度串级控制系统

图 5-1-53　加热炉物料出口温度与物
　　　　　 料流量前馈-反馈控制系统

1.3　精馏过程控制

　　精馏过程是石油化工等众多生产过程中广泛应用的传质过程，通过精馏过程使混合物料中的各组分分离，分别达到规定的纯度要求。分离的机理是利用混合物中各组分的沸点不同，也就是在同一温度下各组分的蒸气分压不同这一性质，使液相中的轻组分（低沸物）和气相中的重组分（高沸物）互相转移，从而实现分离。一般精馏装置由精馏塔、再沸器、冷凝（冷却）器、回流罐及回流泵等设备所组成，如图 5-1-54 所示。

　　精馏塔[2,3]从结构上分，有板式塔和填料塔两大类。而板式塔根据塔结构不同，又有泡罩塔、浮阀塔、筛板塔、穿流板塔、浮喷塔、浮舌塔等。各种塔板的改进趋势是提高设备的生产能力，简化结构，降低造价，同时提高分离效率。填料塔是另外

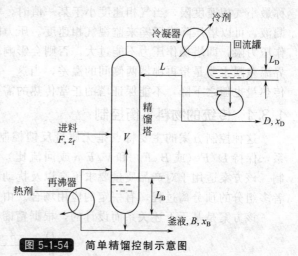

图 5-1-54　简单精馏控制示意图

一类传质设备，主要特点是结构简单，可用耐蚀材料制作填料，流动阻力小，一般适用于直径小的塔。生产过程精馏操作可分为间歇精馏和连续精馏两种。石油化工等大型生产过程主

要是采用连续精馏。

精馏塔是一个多输入多输出的多变量过程，其内在机理比较复杂，动态响应慢，变量之间相互关联严重，不同的塔工艺结构差别很大，工艺操作对控制要求高，所以确定精馏塔的控制方案是非常重要的。而且从能耗的角度来说，精馏塔是典型单元操作中能耗最大的设备，因此精馏塔的节能控制也是十分重要的。

精馏塔平稳运行的主要干扰包括进料状态，即进料流量 F、进料组分 z_f、进料温度 T_f 或热焓 F_E、冷剂与加热剂的压力和温度，以及环境温度等因素。所以在考虑精馏塔的整体方案时，如果工艺允许，能把精馏塔进料量、进料温度或热焓加以定值控制，对精馏塔的操作平稳是极为有利的。

精馏塔的控制目标是，在保证产品质量的前提下，塔的总收益最大或总成本最小。对一个具体的精馏塔来说需从四个方面考虑，设置必要的控制系统。

① 产品质量控制　塔顶或塔底产品之一符合纯度要求，另一端成品维持在规定的范围内。某些情况下也有要求塔顶和塔底产品均保证一定的纯度要求。所谓产品的纯度，就二元精馏来说，其质量指标是指塔顶产品中轻组分（或重组分）含量和塔底产品中重组分（或轻组分）含量。对多元精馏而言，则以关键组分含量来表示。关键组分是指对产品质量影响大的组分，塔顶产品的关键组分是易挥发的，称为轻关键组分，塔底产品是不易挥发的关键组分，称为重关键组分。

② 物料平衡控制　精馏塔进出物料平衡是保证塔平稳操作的重要条件，即塔顶、塔底采出量应和进料量相平衡，维持塔的正常平稳操作，以及上下工序的协调工作。精馏塔物料平衡控制是以冷凝液罐（回流罐）与塔釜液位一定（介于规定的上、下限之间）为目标的。

③ 能量平衡控制　精馏塔的输入、输出能量应保持平衡，使塔内的操作温度、操作压力维持稳定。

④ 约束条件控制　为保证精馏塔的正常、安全操作，必须将某些操作参数限制在安全范围之内，即精馏塔的操作约束条件。常用的精馏塔约束条件为液泛限、漏液限、压力限及临界温差限等生产参数。所谓液泛限，也称气相速度限，即塔内气相速度过高时，雾沫夹带十分严重，实际上液相将从下面塔板倒流到上面塔板，产生液泛，破坏正常操作。漏液限也称最小气相速度限，当气相速度小于某一值时，将产生塔板漏液，板效率下降。防止液泛和漏液，可以塔压降或压差来监视气相速度。压力限是指塔的操作压力的限制，一般是最大操作压力限，即塔操作压力不能过大，否则会影响塔内的气液平衡，甚至会影响安全生产。临界温差限主要是指再沸器两侧间的温差，当这一温差低于临界温差时，传热系数急剧下降，传热量也随之下降，不能保证塔的正常传热的需要。

1.3.1　传统的物料平衡控制

这种控制方案的主要特点是无质量反馈控制，只是根据精馏塔物料平衡和能量平衡关系，保持 D/F（或 B/F）和 V/F（或回流比）一定，完全按物料及能量平衡关系进行控制。该方案适用于对产品质量要求不高以及扰动不多的情况。方案简单方便，对于粗分离或者多组分的预分离过程，有一定的应用场合。由于没有质量指标反馈，所以控制精度不高。

该方案是基于下述关系而设计的，根据精馏物料平衡原理有下述关系：

$$\frac{D}{F} = \frac{z_f - x_B}{x_D - x_B}$$

式中　F、D、B——分别为塔进料、塔顶馏出液和塔底馏出液流量；

　　　z_f、x_D、x_B——分别为塔进料、塔顶和塔底馏出液中轻组分含量。

同样也有：

$$\frac{B}{F} = \frac{x_\mathrm{D} - z_\mathrm{f}}{x_\mathrm{D} - x_\mathrm{B}}$$

从上述关系可看出，D/F 增加时，将引起塔顶、塔底馏出液中轻组分含量减少，即 x_D、x_B 下降；而当 B/F 增加时，将引起塔顶、塔底馏出液中轻组分含量增大，即 x_D、x_B 上升。

D/F 或 B/F 一定且 z_f 一定的条件下并不能完全决定 x_D、x_B，只能确定 x_D 与 x_B 之间的一个比例关系。要确定 x_D 与 x_B 两个参数，还必须建立另一个能量平衡关系：

$$\frac{V}{F} = \beta \ln \frac{x_\mathrm{D}(1 - x_\mathrm{B})}{x_\mathrm{B}(1 - x_\mathrm{D})}$$

式中，β 为塔的特性因子。

根据上述原理所构造的控制方案如图 5-1-55 和图 5-1-56 两种类型。

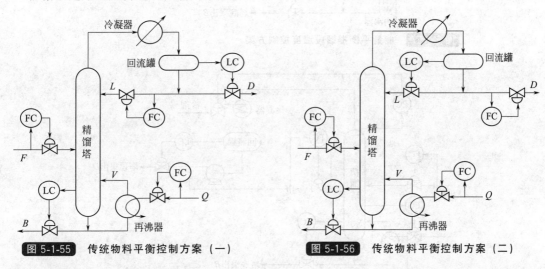

图 5-1-55　传统物料平衡控制方案（一）　　　　图 5-1-56　传统物料平衡控制方案（二）

1.3.2　按提馏段质量指标控制

图 5-1-57 是基于能量平衡的提馏段温度控制的方案。该方案采用能量平衡控制方法，即按提馏段质量指标来控制加热蒸汽量 Q，对回流量采用定值控制。本方案的优点是质量控制回路滞后小，反应迅速，有利于克服进入提馏段的扰动和保证塔底产品的质量。本方案也是精馏塔控制中应用广泛的方案，仅在 $V/F \geqslant 0$ 时不采用。本方案的缺点为物料平衡与能量平衡关系之间有一定的关联。

图 5-1-58 是基于物料平衡的提馏段温度控制方案，采用物料平衡控制方法，即按提馏段的质量指标控制塔底产品采出量 B 并保持回流量恒定。

1.3.3　按精馏段质量指标控制

图 5-1-59 是基于物料平衡的精馏段温度控制方案，采用物料平衡控制方法，即按精馏段质量指标控制馏出液 D 并保持 $Q(V)$ 不变。本方案的优点是物料平衡与能量平衡之间的关联最小，同时内回流在环境温度变化时基本保持不变。例如当环境温度下降时，将使回流温度下降，内回流短时有所增加，但因使塔顶上升蒸汽减少，冷凝液也减少，回流罐液位下降，经 LC 控制使 L 减小，内回流基本保持不变。这对精馏塔的平稳操作是有利的。此外，本方案精馏段质量指标直接控制 D，一旦塔顶产品质量不合格，由温度控制器自动关闭出料阀，切断不合格产品的排放。

本方案的主要缺点是质量反馈的控制回路滞后较大，从 D 的改变到精馏段温度的变化，需间接地通过液位控制回路来实现，尤其在回流罐容积大时，反应更缓慢，不利于质量控

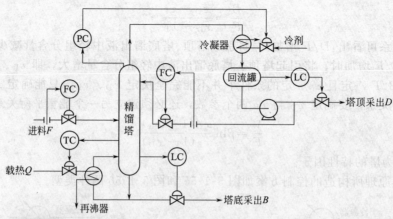

图 5-1-57 能量平衡提馏段温度控制方案

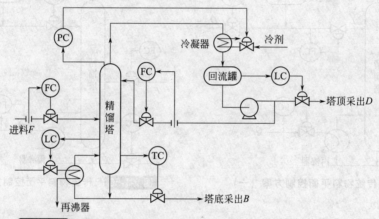

图 5-1-58 物料平衡提馏段温度控制方案

制。因此，本方案适用于馏出液很小（或回流比较大）且回流罐容积适中的精馏塔。

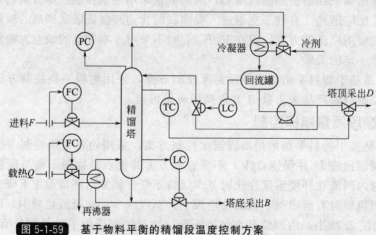

图 5-1-59 基于物料平衡的精馏段温度控制方案

图 5-1-60 是基于能量平衡的精馏段温度控制方案，采用能量平衡控制方法，即按精馏段的质量指标来控制回流量 L，保持加热蒸汽 Q 为定值。本方案的优点是质量反馈回路的

控制作用滞后小，反应迅速，因而对克服进入精馏段的扰动及保证塔顶产品是较为有利的。这种方案是精馏塔控制中最为常用的方案。

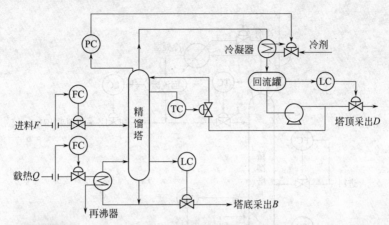

图 5-1-60　基于能量平衡的精馏段温度控制方案

本方案的缺点恰是图 5-1-59 所示方案的优点。首先是环境温度变化会改变内回流的量，这是由于本方案的回流量 L 是由温度控制器来控制的。同时物料与能量之间关联较大，不利于精馏塔的平稳操作。本方案主要适用于 $L/D < 0.8$ 的场合，以及要求质量控制滞后小的精馏塔。

1.3.4　两端产品都有质量要求的控制

精馏塔的质量指标控制中，当塔顶和塔底产品均需达到规定的质量要求时，就需要按两端质量指标进行控制。与一端质量指标控制相比，可以达到节省能量消耗目的。两端质量指标都需要控制时不能采用两端均用物料平衡控制的方案，因为两个液位控制回路之间的关联相当严重，所以可选用以下两类按两端质量指标控制的方案。

（1）两端指标均采用能量控制

图 5-1-61 是两端质量指标按能量平衡控制方案，精馏段指标（仍以温度为间接质量指标）用回流量 L 控制，提馏段指标（仍以温度为间接质量指标）用再沸器加热量 Q 来控制。

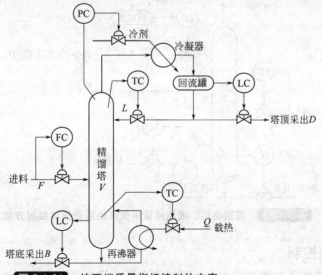

图 5-1-61　按两端质量指标控制的方案

（2）一端指标用能量平衡控制，另一端指标用物料平衡控制

图 5-1-62 是塔顶能量平衡、塔底物料平衡的两端质量指标控制方案。

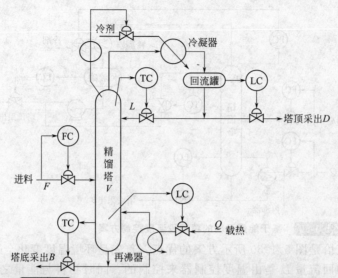

图 5-1-62　塔顶能量、塔底物料平衡两端质量指标控制方案

在图 5-1-62 的方案中，提馏段指标（仍以温度为间接质量指标）用塔釜产品量 B 控制，精馏段指标（仍以温度为间接质量指标）用回流量 L 控制，其优缺点和适用范围与图 5-1-58 所示的按提馏段指标的物料平衡控制方案相同。

在 5-1-63 的方案中，提馏段指标（仍以温度为间接质量指标）用再沸器加热量 Q 控制，精馏段指标（仍以温度为间接质量指标）用塔顶馏出液 D 控制，其优缺点和适用范围和图 5-1-59 所示的按精馏段指标的物料平衡控制方案相同。

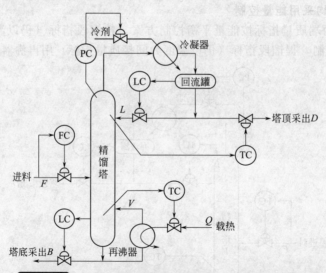

图 5-1-63　塔顶物料、塔底能量平衡两端质量指标控制方案

1.3.5　按内回流控制

内回流量是指精馏塔的精馏段内上一层塔盘向下一层塔盘流下的液体量。内回流与外回流之间的关系如图 5-1-64 所示。外回流是塔顶蒸汽经冷凝器冷凝后，从塔外再送回精馏塔

的回流液量 L_o。因为外回流往往处于过冷状态，所以外回流液的温度 T_R 通常要比回流层塔盘的温度 T_{OH} 低。这样在这一层塔盘上，除了正常精馏过程的汽化和冷凝外，尚需把外回流液加热到 T_{OH}，而这部分热能只能由这一层塔盘的上升蒸汽中的一部分冷凝所释放的汽化热来提供。因此，从这一层塔盘向下流的内回流量应等于外回流量与这部分冷凝液量之和，即：

$$L_i = L_o + \Delta L$$

式中　L_i——内回流量；

　　　L_o——外回流量；

　　　ΔL——冷凝液量。

由此可看出内回流与外回流的关系：

若 $T_R = T_{OM}$，则 $\Delta L = 0$，$L_i = L_o$；

若 $T_R \neq T_{OM}$（一般 $T_R < T_{OM}$），则 $\Delta L \neq 0$，$L_i > L_o$；

当 $T_{OH} - T_R =$ 恒值，L_o 增大，则 ΔL 增大，L_i 也随之增大，而 $L_i/L_o =$ 固定比值。

所以，当 $T_R \approx T_{OH}$ 或（$T_{OH} - T_R$）变化不大时，可以由 L_o 代替 L_i；当 $T_{OH} - T_R$ 变化较大时，

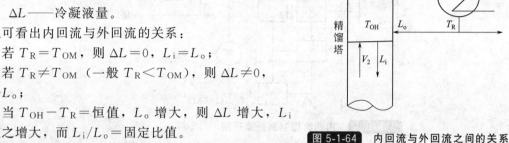

图 5-1-64　内回流与外回流之间的关系

如塔顶蒸汽采用风冷式冷凝器时，则受外界环境的影响很大。昼夜或暴风雨前后，气温变化甚大，则 L_i 不能用 L_o 代替，而需采用内回流控制。

因为内回流难于测量和控制，必须通过测量与其有关的其他一些变量，经过计算得到内回流作为被控变量，方可实现内回流控制。

内回流计算的数学模型可以通过列写回流层的物料平衡和能量平衡关系式得到。物料平衡关系式如式：

$$L_i = L_o + \Delta L$$

热量平衡关系式为：

$$\Delta L \lambda = L_o c_p (T_{OH} - T_R)$$

式中　λ——冷凝液的汽化潜热；

　　　c_p——外回流液的比热容；

　　T_{OH}——回流层塔板温度；

　　　T_R——外回流液温度。

由此可得：

$$L_i = L_o \left[1 + \frac{c_p}{\lambda} (T_{OH} - T_R) \right] = L_o (1 + K \Delta T)$$

式中　　　　　　　　　　$K = c_p / \lambda$，$\Delta T = T_{OH} - T_R$

该式即内回流的计算式。因为 c_p 和 λ 值可查有关物性数据图表得到，外回流量 L_o 及温差 ΔT 可以直接测量得到，这样通过该式即可间接算得内回流量 L_i。

内回流控制系统的原理图如图 5-1-65 所示。由图可知，内回流计算装置（图中以虚线框表示）可以由开方器、乘法器和加法器组成。由于内回流控制在石油、化工等生产过程中应用较为广泛，因此人们已设计出内回流计算的专用仪表，以利于方便地使用。

图 5-1-65 所示方案是通过改变外回流量 L_o 来保证内回流量 L_i 的，从理论上讲也可以通过改变外回流液的温度 T_R 来实现。此外，如果精馏工艺中需要内回流按其他变量如进料量做一定比例变化时，只要把上述方案中流量控制器的给定值由其他变量来决定就可以了。

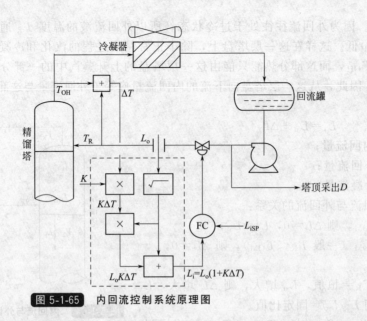

图 5-1-65　内回流控制系统原理图

1.3.6　按双温差控制

（1）温差控制[2,3]

精馏塔中组分浓度是温度和塔压的函数，当塔压恒定时，温度与组分浓度有一一对应关系。但精密精馏时产品纯度要求很高，微小的塔压变化将引起组分浓度波动。例如苯-甲苯分离时，压力变化 6.67kPa，苯的沸点变化为 2℃。温差控制的原理是以保持塔顶（或塔底）

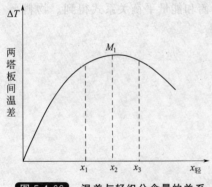

图 5-1-66　温差与轻组分含量的关系

产品纯度不变为目的，塔压变化对两个塔板上的温度都有影响，且有几乎相同的变化，因此温度差可保持不变。通常选择一块特定的塔板，该塔板上的温度和成分基本保持不变，以该塔板上的温度作为基准温度。另一点温度选择灵敏板温度。温差与组分含量之间的关系如图 5-1-66 所示。

由图 5-1-66 可见温差与产品浓度并非单值对应关系，曲线有个最高点 M_1，在 M_1 点两侧温差与浓度之间的关系是反向的。所以温差选得过大或操作不平稳，均能引起温差失控的现象。在使用温差作为被控变量时，需要注意温差给定值合理，以及操作工况稳定。

图 5-1-67 是一个塔顶温差控制方案。

分离要求较高的精密精馏常常采用温差控制，例如苯-甲苯-二甲苯、乙烯-乙烷、丙烯-丙烷等精密精馏。采用温差控制时要注意选择合适的温度检测点位置，合理设置温差设定值，操作工况要平稳。

（2）双温差控制[2,3]

精馏塔温差控制也有一些缺点，当进料流量变化时会引起塔内组分变化，引起塔压降变化，这些都会引起温差改变。塔板间浓度差变小，使温差减小；塔板间压降增大，使温差增大。双温差控制的设计思想是进料对精馏段温差的影响和对提馏段温差的影响相同，因此可用双温差控制来补偿因进料流量变化造成的对温差的影响。采用双温差控制时，除了要合理选择温度检测点位置外，对双温差的设定值也要合理设置。

　　双温差控制可以克服由于塔压波动对塔顶（或塔底）产品质量的影响。当负荷变化，塔板的压降发生变化，随着负荷递增，由于两块板的压力变化值不相同，由压降引起的温差也将增大，这时温差和组分之间就不成单值对应关系了，在这种情况下需采用双温差控制或称温度差值控制。图 5-1-68 是塔两端双温差与轻组分含量之间的关系。

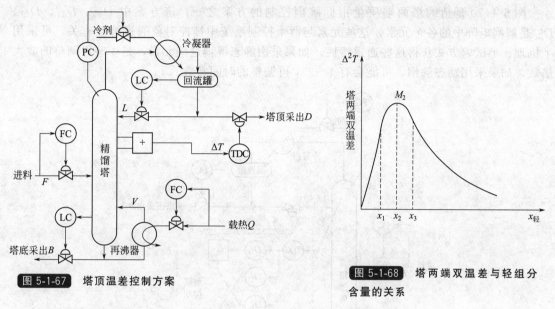

图 5-1-67　塔顶温差控制方案

图 5-1-68　塔两端双温差与轻组分含量的关系

　　图 5-1-69 是双温差控制方案，需要分别在精馏段和提馏段上选取温差信号，然后以两者之差作为被控变量。由于塔压降变化所引起的温差变化不仅出现在塔的上段，同时也出现在塔的下段，这样因负荷引起的变化相减后就可相互抵消。双温差法是一种控制精馏塔进料板附近的组分，以保证工艺上最好的温度分布曲线而实现对精馏操作的稳定控制，并获得更纯的塔顶产品和塔底产品的方法。

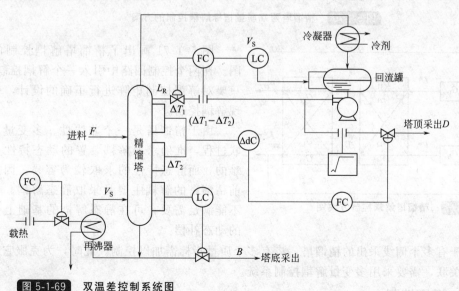

图 5-1-69　双温差控制系统图

1.3.7　解耦控制

　　当精馏塔精馏段和提馏段双端都有质量要求的时候，可以采用精馏塔双端质量指标控制方案，但条件是双端质量指标有一端要求不严格，或者两端控制系统的工作频率有明显差别，此时精馏塔双端质量指标控制系统相互影响比较小，两个控制系统都能工作。如果精馏塔双端质量指标都要求严格，或者两个控制系统工作频率比较接近，此时两个控制系统相互耦合严重，会有较大的相互影响，此时可考虑采用解耦控制[3]。

图 5-1-70 是精馏塔两端质量指标解耦控制的方案之一，该方案中 D_{11}、D_{12}、D_{21}、D_{22} 是解耦矩阵中的各个元素，这些元素与两个控制系统中被控对象通道特性有关，可采用半机理、半试验方式获得这些通道特性。如果采用静态解耦这些元素，是一些可调整的放大倍数，如果采用动态解耦，可能会有 1~2 个可调整的时间常数。

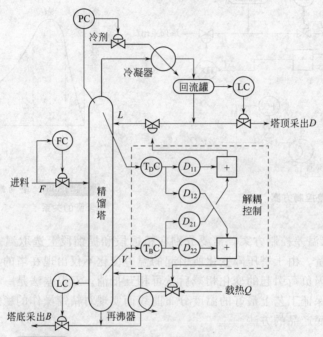

图 5-1-70 精馏塔两端质量指标解耦控制的方案

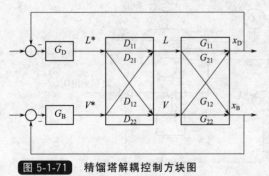

图 5-1-71 精馏塔解耦控制方块图

图 5-1-71 画出了精馏塔解耦控制的方块图。在两个控制回路中引入一个解耦控制装置，只要对解耦控制矩阵进行正确的设计，就能实现解耦控制。

由于精馏塔是一个非线性、多变量、强关联过程，准确求取解耦装置的动态特性是很困难的，而静态特性的求取较为容易。因此，目前精馏塔的解耦主要是采取静态解耦。如果尚不能满足需要，可在静态解耦的基础上做适当的动态补偿。

对于有多个侧线采出的精馏塔，将有多个质量指标需加以控制。此时，为克服它们之间的相互关联，需要采用多变量解耦控制系统。

1.3.8 塔压控制

精馏塔的操作大多要求塔内压力维持恒定。在精馏操作过程中，进料流量、进料组分和进料温度的变化，再沸器加热蒸汽量的变化，回流量、回流液温度及冷却剂压力的波动，都可能引起塔压波动。塔压波动，必将引起每块塔板上汽液平衡条件的改变，使整个塔正常操作被破坏，影响产品的质量。此外，塔压的波动也将影响间接质量指标温度与成分之间的对应关系。所以在精馏操作中，整体控制方案必须考虑塔压控制，精馏塔可在常压、减压及加压下操作。例如在混合液沸点较高时，减压可以降低沸点，避免分解。在混合液沸点很低时，加压可以提高沸点，减少冷量。由于压力不同，压力控制方案也有所不同，但总的来说应用能量平衡来控制塔压。

（1）常压塔

常压塔的塔压控制简单，可在回流罐或冷凝器上设置一个通大气的管道来平衡压力，以保持塔内压力接近环境压力。只有在对操作压力的稳定性要求较高时设置压力控制系统，使塔内压力略高于大气压力。控制方案可采用下述的加压塔控制方案。

（2）加压塔

加压塔的操作压力大于大气压，其控制方案的确定与塔顶馏出物状态是气相还是液相有密切关系。此外，也与馏出物中含不凝性气体量的多少有关。

① 气相采出　气相出料的压力控制系统可采用在出口管线上直接节流的方案，如图 5-1-72 所示。如果气相出料为下一工序进料，也可设计成压力-流量均匀控制系统。

② 液相出料

a. 液相出料，馏出物中含有微量不凝物。当塔顶气体全部冷凝或只含有微量不凝性气体时，可通过改变传热量的方式来控制塔顶压力。图 5-1-73 所示为具体实施的三种控制方案。

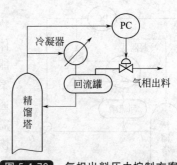

图 5-1-72　气相出料压力控制方案

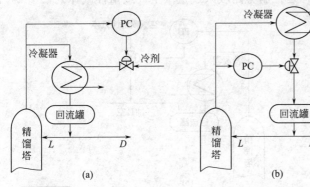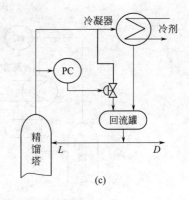

图 5-1-73　加压塔压力控制方案（馏出物含微量不凝物）

图 5-1-73（a）改变冷剂的流量来控制塔压，这种方案冷剂量最为节省。图 5-1-73（b）让凝液部分地浸没冷凝器，改变传热面积来控制塔压，这种方案较迟钝。图 5-1-73（c）采用热旁路的方法，其实质是改变气体进入冷凝器的推动力。该方案较为灵敏，在炼油厂中应用较多。

b. 液相出料，馏出物中含有大量不凝物。当塔顶馏出物中含不凝性气体较多时，塔压控制是通过改变气相排出量来实现的。图 5-1-74（a）表示这种控制方案。需要注意的是，图中测压点设置在回流罐上，这种方案反应较快，但必须是塔顶气体流经冷凝器的阻力变化不大，塔顶压力能以回流罐压力来间接反映。如果冷凝器阻力变化较大，回流罐压力不能代表塔内压力时，则应把取压点设置在塔顶上，此时压力控制相对迟钝一些，如图 5-1-74（b）所示。

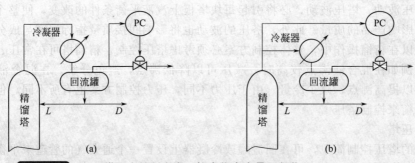

图 5-1-74　加压塔压力控制方案（馏出物含大量不凝物）

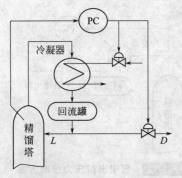

图 5-1-75　加压塔压力控制方案（馏出物中含有少量不凝物）

c. 液相出料，馏出物中含有少量不凝物。这种情况馏出物中不凝物含量介于 a、b 两种情况之间，其气相中不凝性气体量小于塔顶气相总流量的 2%，此时控制塔压的操纵变量不能单纯采用不凝物的排放量，而需采用图 5-1-75 所示的控制方案，即塔压控制器同时控制两个控制阀：冷剂量阀和放空阀。通常由改变传热量来控制塔压。如传热量小于全部蒸汽冷凝所需热量，蒸汽则积聚，使塔压升高，此时打开放空阀，使塔压恢复正常。这个塔压控制系统是一个分程控制系统。

（3）减压塔

减压塔的真空度控制主要是在抽真空系统上加以控制的，其控制方案如图 5-1-76 所示。其中（a）是抽气管路上控制节流，而（b）是控制旁路吸入气量（空气或惰性气体）。

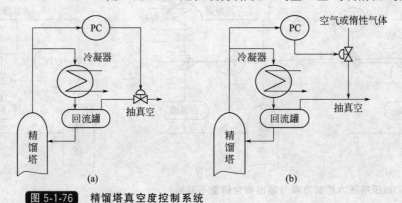

图 5-1-76　精馏塔真空度控制系统

1.4　反应过程的控制

化学反应器[2,3]在石油、化工生产中占有很重要的地位。首先化学反应器是整个生产流程中的源头，提高产率，减少后处理的负荷，从而降低生产成本，化学反应器起着关键作用。其次，化学反应器经常处在高温、高压、易燃、易爆条件下进行反应，且许多化学反应伴有强烈的热效应，因此整个石油、化工生产的安全与化学反应器密切相关。

① 按反应器的进出物料状况，可以分为间歇式和连续式。间歇式反应器是将反应物料分次或一次加入反应器中，经过一定反应时间后，取出反应器中所有的物料，然后重新加料再进行反应。间歇式反应器通常适用于小批量、反应时间长或对反应全过程的反应温度有严

格程序要求的场合。连续反应器则是物料连续加入，反应连续不断地进行，产品不断地取出，是工业生产中最常用的一种。一些大型的、基本化工产品的反应器都采用连续的形式。

② 从物料流程的排列来分，可分为单程与循环两类。按照单程的排列，物料在通过反应器后不再进行循环。当反应的转化率和产率都较高时，可采用单程的排列。如果反应速率较慢，或受化学平衡的限制，物料一次通过反应器，转化很不完全，则必须在产品进行分离之后，把没有反应的物料循环与新鲜物料混合后，再送入反应器进行反应，这种流程称为循环流程。需要指出的是，在进料中若含有惰性物质，则在多次循环后，惰性物将在系统中大量积聚，影响进一步的反应，为此需把循环物料部分放空。循环反应器有时也有溶剂的循环，或某些过于剧烈的化学反应需在进料中并入一部分反应产物。

③ 如从反应器的结构形式来分，可以分为釜式、管式、塔式、固定床、流化床反应器等多种形式，如图 5-1-77 所示。

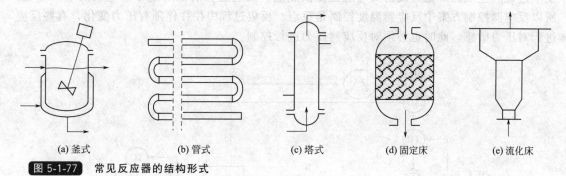

(a) 釜式　　　(b) 管式　　　(c) 塔式　　　(d) 固定床　　　(e) 流化床

图 5-1-77　常见反应器的结构形式

图 5-1-77（a）为连续聚合釜，釜式反应器也有间歇操作的；（b）为管式结构反应器，实际上就是一根管道；（c）为塔式反应器，从机理上分析，塔式反应器与管式反应器十分相似。固定床反应器是一种比较古老的反应器，如图 5-1-77（d）所示。为了增加反应物之间的接触，强化反应，可以将固相催化剂悬浮于流体之中，成为流化床反应器，如图 5-1-77（e）所示。

④ 化学反应过程可分为放热反应过程和吸热反应过程。放热反应过程具有正反馈反应机理，具有天然的热不稳定性，控制难度较大。吸热反应过程的反应机理具有负反馈特点，反应过程加快，吸收的热量越多，使得反应温度下降，从而减缓反应过程速度。

⑤ 从传热情况分，可分为绝热式反应器和非绝热式反应器。绝热式反应器不与外界进行热量交换，非绝热式反应器与外界进行热量交换。一般当反应过程的热效应大时，必须对反应器进行换热，其换热方式有夹套式、蛇管式、列管式等。

对于一个化学反应器，需要从四个方面加以控制。

(1) 物料平衡控制

对化学反应器来说，从稳态角度出发，流入量应等于流出量，如有可能常常对主要物料进行流量控制。另外，在有一部分物料循环的系统内，应定时排放或放空系统中的惰性物料。

(2) 能量平衡控制

要保持化学反应器的热量平衡，应使进入反应器的热量加上反应生成热，与带出反应器的热量之间相互平衡。能量平衡控制对化学反应器来说是非常重要的，它决定反应器的安全生产，也间接保证化学反应器的产品质量达到工艺的要求。

(3) 约束条件控制

为防止工艺参数进入危险区域或避免不正常工况，应当设置一些报警、联锁和选择性控制系统，进行安全保护控制。

(4) 质量控制

保证反应过程平稳安全进行的同时，还应使反应达到规定的转化率，或使产品达到规定的成分，因此必须对反应过程进行质量控制。质量指标的选取，即被控变量的选择可分为两类：以出料的成分或反应的转化率等指标作为被控变量；以反应过程的工艺状态参数（间接质量指标）作为被控变量。

1.4.1 夹套式反应器的控制

夹套式反应器是通过夹套与反应器内物料进行热量交换（冷却或加热），通过换热，将反应过程的生成热带走，或为反应过程提供热量。反应过程的温度是非常重要的生产参数，所以反应器控制方案中反应器温度控制是重点。反应过程中往往伴随有压力变化，有些反应过程对压力敏感，此时也必须对反应器压力进行控制。

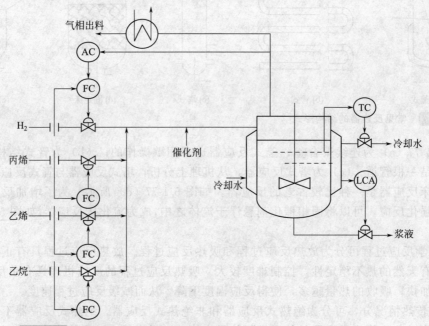

图 5-1-78 丙烯聚合反应工艺流程示意图

现以丙烯聚合反应釜为例，说明这些控制系统的设置情况。图 5-1-78 为丙烯聚合反应工艺的流程示意图。

① 物料平衡控制 所有进入反应器的物料，等于所有离开反应器物料之和。聚合反应主要原料丙烯、H_2、乙烯、乙烷分别设置流量定值控制。另外，聚合反应物浆液采出有液位控制。

② 能量平衡控制 所有带入反应器的热量，等于所有带出反应器的热量。反应釜的釜温控制冷却水量，使进、出釜及反应生成热达到平衡。

③ 质量控制 图中以气相出料中 H_2 含量为质量指标，组成 H_2 含量与加 H_2 流量的串级控制系统，通过调整 H_2 的加入量，保持反映聚合反应过程质量的气相中 H_2 含量为恒定值。

④ 约束条件控制 工艺流程无爆炸危险，故控制较为简单。设有浆液液位报警系统，

在釜内浆液液位过高、过低时发出报警信号。

图 5-1-79 是一个反应器的控制方案。该方案中设计了 SIS 系统[4]，当反应器压力升高到安全限时，首先停掉搅拌，如果温度进一步升高，则打开放空阀，迅速降低反应器压力，确保生产安全。

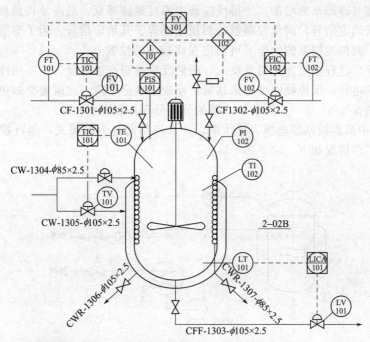

图 5-1-79   带有 SIS 系统的反应器的控制方案

该方案中进料采用双闭环比值控制，确保进料比例关系，与反应器液位单回路控制系统构成物料平衡控制。采用夹套冷却水流量控制反应器内温度，反应器内蛇管冷却水流量没有自动控制，便于操作人员人工干预反应过程。现场反应压力指示、反应温度指示是给现场巡视时提供观察。

某些热效应强烈的反应过程，会采取将反应器内反应物抽出，通过外部冷却手段再送回反应器内，以此来强化反应热移出效果。图 5-1-80 是夹套反应器的阀位控制方案。

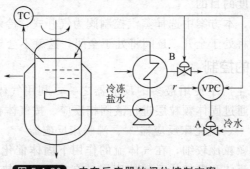

图 5-1-80   夹套反应器的阀位控制方案

该反应过程是一个具有强反应热效应的反应过程。出于生产安全考虑，冷水控制阀 A 选择气闭式控制阀，冷冻盐水控制阀 B 选择气闭式控制阀。当出现故障使得控制阀失去信号时，两个控制阀开到最大，使得反应过程停下来。温度控制器 TC 为反作用控制器，阀位控制器 VPC 为正作用控制器。图 5-1-80 中反应器内温度控制器输出一路直接送给控制阀 B，一路送给阀位控制器 VPC 作测量。当系统受到扰动使得反应温度升高时，温度控制器的输出减小，使得控制阀 B 开度变大，流过更多的冷冻盐水，同时阀位控制的测量信号减小（因为是温度控制器的输出），阀位控制器输出减小，控制阀 A 开度变大，流入更多的冷水。冷冻盐水的增加与冷却水的增加，使得反应器内温度迅速降低，最终使得温度控制器 TC 的测量信号等于其给定信号，阀位控制器的测量信号等于其给定信号。为了节省能源，减少冷冻盐水的消耗，阀位控制器的给定 r 可给定在比较小的位置上。

    某些间歇反应过程需要加热引发反应，随后反应过程产生热量，需要用冷却剂带走反应热。随着反应的进行，反应物浓度越来越低，反应温度会下降，此时需要加热保持温度，直至反应结束。图 5-1-81 是一个间歇反应器的分程分程控制方案。

    图 5-1-81 中温度控制器选择为反作用，冷水控制阀选为气闭式，蒸汽控制阀选择为气开式。该系统工作情况如下。

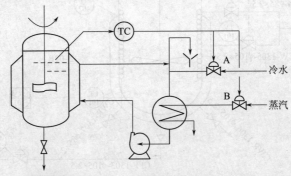

图 5-1-81   间歇式化学反应器分程控制系统

    在进行化学反应前的升温阶段，由于温度测量值小于给定值，因此控制器输出逐渐增大，A 阀逐渐关小至完全关闭，而 B 阀则逐渐打开，此时蒸汽通过热交换器使循环水被加热，以便使反应物温度慢慢升高。当温度达到反应温度时，化学反应发生，于是就有热量放出，反应物的温度将逐渐升高。当温升使测量值大于给定值时，控制器的输出将减小（由于控制阀是反作用）。随着控制器输出的减小，B 阀将逐渐关小乃至完全关闭，而 A 阀则逐渐打开。这时反应釜夹套中流过的将不再是热水而是冷水，反应所产生的热量就为冷水所带走，从而达到维持反应温度的目的。

    从生产安全角度考虑，本方案中选择蒸汽控制阀为气开式，冷水控制阀为气闭式，一旦出现供气中断情况，A 阀将处于全开，B 阀将处于全闭，这就不会导致发生事故。

1.4.2   沸腾床反应器的控制

    床式反应器[5]是化工生产中使用最多的反应器之一，利用气体通过固体颗粒层而进行气固相反应，或利用液体通过固体颗粒层进行液固相反应。按气体在反应器内的流动速度划分，可分为固定床反应器[6]、流化床反应器[6]、沸腾床反应器[6]。

    沸腾床反应器催化剂颗粒比较细，在气体流的作用下固体催化剂呈现出"沸腾"状态。沸腾床反应器的优点是，流体和颗粒的运动使床层具有良好的传热性能，床层内温度均匀，易于控制，特别适用于强放热反应，便于进行催化剂的连续再生和循环操作，适合催化剂失活速率高的过程。沸腾床反应器的不足：由于固体颗粒和气泡在连续流动过程中的剧烈循环和搅动，气相或固相都存在着相当广的停留时间分布，导致不适当的产品分布，降低了目的产物的收率；反应物以气泡形式通过床层，减少了气-固相之间的接触机会，降低了反应转化率；由于固体催化剂在流动过程中的剧烈撞击和摩擦，使催化剂加速粉化，加上床层顶部气泡的爆裂和高速运动、大量细粒催化剂的带出，造成催化剂流失严重。图 5-1-82 是沸腾床反应器的控制方案，其中流量控制回路恒定进入反应器的气体流量，既是保证反应器内催化剂的沸腾状态，也是恒定反应器负荷。温度控制回路保证及时移走反应热，使得反应器内温度保持在最佳反应温度上。温度检测点是反应器床层中可能的最高温度点，如果不能确定，可检测多个温度点，然后通过高选器选出其中最高温度点作为温度控制器的测量输入。

　　某些反应过程采取多段反应方式，反应器中有多段沸腾床。图 5-1-83 是多段沸腾床控制方案。

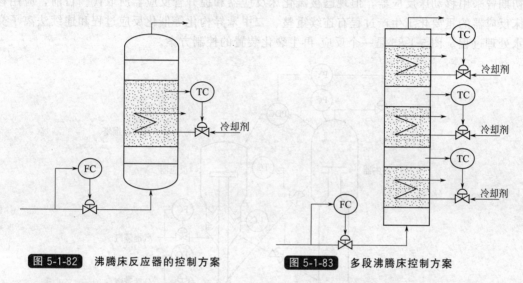

图 5-1-82　沸腾床反应器的控制方案　　　　图 5-1-83　多段沸腾床控制方案

　　对于有进料预热的沸腾床反应过程，其进料温度对反应过程是很重要的。图 5-1-84 是醋酸合成沸腾床反应器的控制方案。由于该过程是绝热反应过程，对外没有热量交换，所以只能采用调整反应气入口温度来控制反应器内的反应温度。由于预热器具有明显的非线性特点，所以采用了反应器内反应温度与反应气入口温度的串级控制系统，其中副回路采取经过两级预热器的反应气与未预热反应气的分程控制系统。方案中的蒸汽压力控制系统保证进入预热器的蒸汽压力恒定。

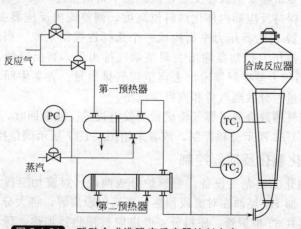

图 5-1-84　醋酸合成沸腾床反应器控制方案

1.4.3   移动床反应器的控制

移动床反应器是一种用以实现气固相反应过程或液固相反应过程的反应器。在反应器中连续加入颗粒状催化剂，随着反应的进行，颗粒状催化剂自下而上（或自上而下）移动，最后自底部连续卸出。流体则自下而上（或自上而下）通过固体床层进行反应。由于床层是移动的，所以叫做移动床反应器。

钢铁工业和城市煤气工业发展之初，移动床反应器就曾被用于煤的气化。1934 年研制成功的移动床加压气化器（鲁奇炉）[1]，至今仍是规模最大的煤气化装置。石油催化裂化发展初期曾采用移动床反应器，但现已被流化床反应器和提升管反应器所取代。目前，应用移动床反应器的重要化工生产过程有连续重整、二甲苯异构化等催化反应过程和连续法离子交换水处理过程。图 5-1-85 是一个反应-再生裂化装置的控制方案。

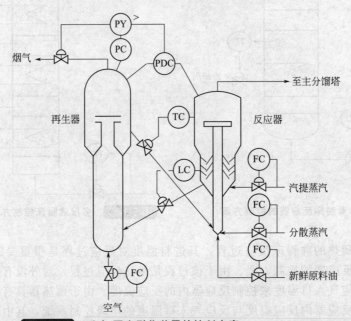

图 5-1-85   反应-再生裂化装置的控制方案

反应器反应温度是最重要的被控变量，该方案中是调整进入反应器的催化剂量来控制反应器反应温度。为了保持反应器内催化剂料位高度，调整流出反应器去再生器的催化剂量。再生器内压力与反应器-再生器压力平衡构成一个选择性控制系统，当反应器、再生器压力相差不大时，由再生器压力控制器输出去调整烟气排出量，当反应器、再生器压力差过大时，由反应器-再生器压力差控制器输出去调整烟气排出量。方案中同时恒定进入再生器的空气量、新鲜原料油量、分散蒸汽量和汽提蒸汽量。

有些工艺流程烟气排放会通过燃气轮机带动发电机进行能量回收，此时再生器顶部压力控制系统可采用图 5-1-86 所示分程控制，或者采用图 5-1-87 所示阀位控制。

1.4.4   提升管催化裂化反应器控制

裂解炉[6]是石油化工的龙头设备，裂解炉分成两段：对流加温段和辐射裂解段。原料（石脑油）、轻柴油、加 H$_2$ 尾油在对流段预热，在辐射段裂解，将大分子物质裂解成小分子物质。裂解炉有 4 组共 32 根炉管。原料分 4 股进原料预热器加热，稀释蒸汽分 4 股进稀释蒸汽过热器过热。进混合过热器的过热到工艺要求的温度，经文丘里管流量分配器，使油汽混合物均匀分配到裂解炉管中进行裂解反应。裂解气经急冷器冷却后去下游装置急冷、压

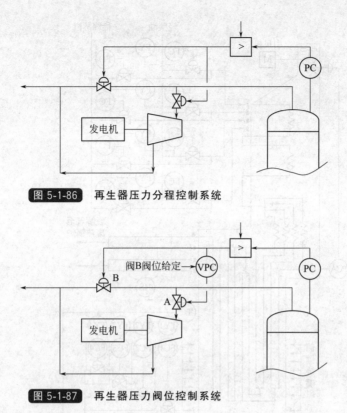

图 5-1-86 再生器压力分程控制系统

图 5-1-87 再生器压力阀位控制系统

缩、分离后，获得高质量的乙烯、丙烯等产品。图 5-1-88 是一个裂解炉控制方案。

(1) 炉膛负压控制[5]

燃烧过程中如果炉膛负压过高，火焰或燃烧物可能从看火孔、管线穿过炉墙喷出，危及设备和人身安全；如果炉膛负压过低，漏风严重，降低了温度且氧含量不足，导致热效率降低。

(2) 进料和稀释蒸汽比值控制[7]

为了降低裂解烃分压，加入稀释蒸汽，同时稀释蒸汽能够同炉管沉积的碳反应生成一氧化碳，除去炉管上的碳，因此设进料和稀释蒸汽比值控制。进料和稀释蒸汽是裂解炉的生产负荷，生产负荷的稳定对整个生产线的平稳生产是非常重要的。负荷稳定，有助于裂解深度的稳定，有助于产乙烯收率的稳定。

(3) 裂解气出口温度控制[5]

裂解炉燃烧设有侧壁燃烧喷嘴和底部燃烧喷嘴。通常底部烧嘴热负荷为裂解炉所需热负荷的 70%，侧壁烧嘴热负荷为裂解炉所需热负荷的 30%。裂解炉共有 4 组炉管分布在炉体当中。乙烯的转化率随温度升高而增大，乙烯收率相应增大。乙烯收率随温度升高而增大有一定范围。高温下，轻烯烃反应生成甲烷、双烯烃及重有机物的二次反应增加，降低了乙烯收率，产生过度裂解；二次反应又导致了焦油和焦炭的生成，因此裂解炉出口温度必须严格控制。该方案中检测 4 路裂解气出口管路温度，通过选择器选择某一管路为基准管，送给温度控制器作为测量信号，温度控制器输出经过 4 个计算器，计算出各个管路与基准管温度的偏差，送给 4 路燃料气流量控制器作为给定。该方案下面有一个切换，温度控制器可选择送给燃油流量控制器作为给定，通过燃油流量控制底部烧嘴燃烧情况，同时恒定底部燃烧的燃气压力，与侧壁烧嘴燃烧控制，保证各组炉管出口温度稳定在给定值上。为了使燃后雾化良好，根据燃油管线与蒸汽管线压力差控制喷入的蒸汽量，从而保证燃油完全燃烧。

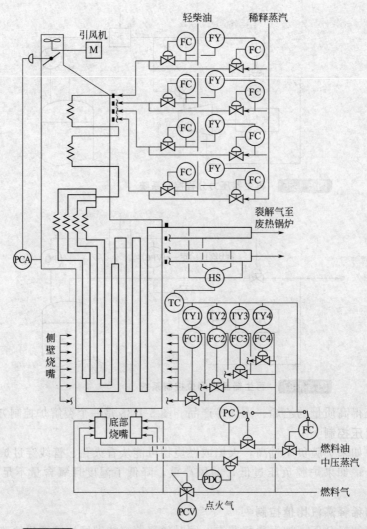

图 5-1-88　裂解炉控制方案

　　裂解炉的 4 组炉管由于某种原因可能会出现进料流量偏差，而这些流量偏差可能造成加热情况发生变化，从而造成裂解深度发生变化，有可能形成炉管结垢，甚至出现局部过热点。此时应当采用炉管均衡控制系统，以保证各个炉管的温度一致。炉管均衡控制是根据各个炉管之间温度的差，去微调各个支路的进料流量，从而纠正炉管的温度偏差。图 5-1-89 是一个 4 炉管温度均衡控制方案。

　　该方案的约束条件是进料流入总量保持恒定，即进料流入总量 Q_m 等于各个支路流入量 Q_{mi} 之和，即 $Q_m = Q_{m1} + Q_{m2} + Q_{m3} + Q_{m4}$，4 个支路各个流量控制器的给定分别为 Q_{m1}、Q_{m2}、Q_{m3}、Q_{m4}。对于 1、2 支路，检测其温度，经过计算得出温度差为 $\Delta T_{12} = T_1 - T_2$ 送给温差控制器 TDC_1，温差控制器 TDC_1 的输出为 ΔQ_{m12}，经过计算修订流量控制器 FC_1、FC_2 的给定。同理对于 3、4 支路，检测其温度，经过计算得出温度差为 $\Delta T_{34} = T_3 - T_4$ 送给温差控制器 TDC_2，温差控制器 TDC_2 的输出为 ΔQ_{m34}，经过计算修订流量控制器 FC_3、FC_4 的给定。方案中还设置了一个平均温差控制器 TDC。平均温差控制器 TDC 的测量输入是 4 管路温度的平均温差，其输出 ΔQ_m 与 TDC_1、TDC_2 的输出相加，最终形成对各个流量控制器给定的修正。最终的修正关系为：

$$Q_m = (Q_{m1} + \Delta Q_{m12} + \Delta Q_m) + (Q_{m2} - \Delta Q_{m12} + \Delta Q_m) + (Q_{m3} + \Delta Q_{m34} - \Delta Q_m) +$$
$$(Q_{m4} - \Delta Q_{m34} - \Delta Q_m) = Q_{m1} + Q_{m2} + Q_{m3} + Q_{m4}$$

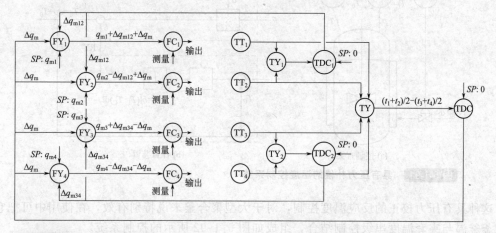

图 5-1-89　4 炉管温度均衡控制方案

1.4.5　聚合反应器控制

聚合反应器[2,3]通常都采取冷却手段，一般采用夹套冷却和内部蛇管两种冷却方式。控制手段与夹套式反应器大致相同。某些聚合反应釜容积大、反应过程放热效应强、传热效果较差，为克服这类反应器的滞后特性，提高对其反应温度的控制精度，有时采用一般的单回路控制和串级控制尚难以满足工艺的要求。为此可采用图 5-1-90 所示的聚合釜温度-压力串级控制系统。

在这个聚合釜串级控制系统中，采用釜内压力作为副参数，因为大部分聚合反应釜是一个封闭容器，温度变化之前往往压力先改变，而压力的变化及其测量都要比温度来得快，这样以压力为副参数的串级控制系统能够及时感受到扰

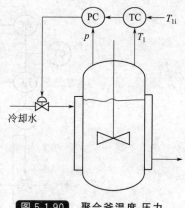

图 5-1-90　聚合釜温度-压力串级控制系统

动的影响，提前产生控制作用，克服反应釜的滞后，从而提高了反应温度的控制精度。

为了确保这种系统的有效性能，在系统设计前，应对反应器的日常操作数据进行分析，观察其压力与温度变化的规律。如果压力变化超前于温度的变化，则设置本控制系统有效。

当反应釜的温度测量精度要求很高时，可采用压力测量信号去补偿温度的测量，补偿后的控制质量比一般串级方案更好。图 5-1-91 所示为具有压力补偿的温度控制系统[3,5]。

图 5-1-91（a）为控制系统的结构原理图，温度控制系统的测量信号 T_C 不是釜内的温度测量值，而是经过釜压校正后的数值。校正计算装置如图 5-1-91（b）所示，由 RY_1 及 RY_2 两个运算装置组成。其中 RY_1 是计算温度的，运算式为：

$$T_C = ap + T_0$$

而 RY_2 是校正计算值用的，其运算式为：

$$T_0 = b \int (T_1 - T_C) \, \mathrm{d}t$$

压力校正的思路是首先假定温度 T 与压力 p 具有线性关系，可根据压力计算出对应的温度值。实际上 T-p 之间存在非线性关系，所以再按非线性加以校正。由于压力、温度关系改变得比较缓慢，故进行逐步校正。

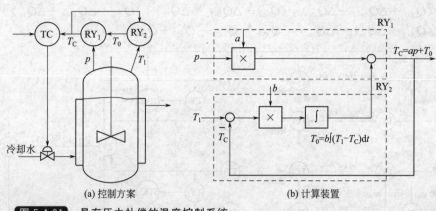

图 5-1-91 具有压力补偿的温度控制系统

这种具有压力校正的反应温度控制，对于大型聚合釜来说特别有效，在使用中可把它同反应釜釜温与夹套温度串级控制结合，组成如图 5-1-92 所示的控制系统。

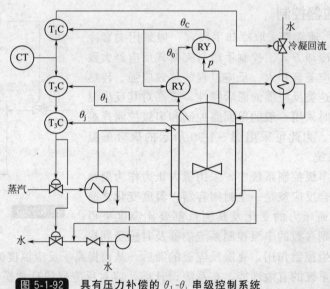

图 5-1-92 具有压力补偿的 θ_1-θ_j 串级控制系统

在这一控制方案中，根据反应过程的要求，由程序给定器 CT 送出温度变化规律。开始阶段反应釜夹套中的循环水用蒸汽加热，使反应釜升温，然后在循环水中加入冷水，在釜顶部应用冷凝回流对反应釜除热，使釜内反应温度按程序要求变化。其中 T_1C 温度控制器的测量信号采用有压力补偿的温度计算值，而 T_2C 与 T_3C 两个温度控制器组成通常的釜温 θ_1 对夹套温度 θ_j 的串级控制系统，它以分程方式控制蒸汽阀与冷水阀。

1.5　煤气化过程控制

煤气化[1]是煤炭的热化学加工过程。以煤或煤焦为原料，以氧气（空气、氧）、水蒸气作为气化剂[1]，在高温高压下通过化学反应，将煤或煤焦中的可燃部分转化为可燃性气体。煤气化时所得的可燃气体称为煤气[1]，对于作化工原料用的煤气一般称为合成气[1]，进行煤气化的设备称为煤气发生炉[1]或气化炉[1]。

1.5.1　煤气化工艺原理

煤气化过程经历一系列物理、化学的变化，一般包括干燥、热解、气化和燃烧四个阶段。干燥属于物理变化，随着温度的升高，煤中的水分受热蒸发。热解、气化和燃烧属于化学变化。煤在气化炉中干燥以后，随着温度的进一步升高，煤分子发生热分解反应，生成大量挥发性物质，同时煤粘结成半焦。煤热解后形成的半焦在更高的温度下与通入气化炉的气化剂发生化学反应，生成以一氧化碳、氢气、甲烷及二氧化碳、氮气、硫化氢、水等为主要成分的气态产物，即粗煤气。气化过程包括很多化学反应，主要是碳、水、氧、氢、一氧化碳、二氧化碳相互间的反应。其中碳与氧的反应又称燃烧反应。燃烧反应提供气化过程的热量。

主要反应如下。

（1）水蒸气转化反应

$$C + H_2O = CO + H_2 - 131 kJ/mol$$

（2）水煤气变换反应

$$CO + H_2O = CO_2 + H_2 + 42 kJ/mol$$

（3）部分氧化反应

$$C + 0.5O_2 = CO + 111 kJ/mol$$

（4）完全氧化（燃烧）反应

$$C + O_2 = CO_2 + 394 kJ/mol$$

（5）甲烷化反应

$$CO + 3H_2 = CH_4 + H_2O + 206 kJ/mol$$

（6）Boudouard 反应

$$C + CO_2 = 2CO - 172 kJ/mol$$

1.5.2　煤气化工艺

煤气化从进煤状态可划分为湿式法和干式法两种。湿式法是以煤浆状态进煤，干式法是以碎煤或煤粉进煤。

煤气化按操作特点可划分为间歇气化流程和连续气化流程。目前使用最多的是连续气化流程。煤气化连续气化流程主要工艺分为固定床气化工艺[1]、气流床工艺[1]与流化床工艺[1]。

（1）固定床气化工艺

固定床气化工艺以鲁奇移动床加压气化为代表，鲁奇移动床加压气化反应器称为鲁奇气化炉。其主要优点包括：

① 可以使用劣质煤进行气化；

② 加压气化生产能力比较高；

③ 氧耗量较低，是目前三类气化方法中氧耗量最低的方法；

④ 鲁奇炉是逆向气化，煤在炉内停留时间长达 1h，反应炉的操作温度和炉出口煤气温度偏低，碳效率高，气化效率高。

由于固定床气化工艺的特点，鲁奇气化工艺只能以不粘块煤为原料，不仅原料昂贵，气化强度低，而且气-固逆流换热，粗煤气中含酚类、焦油等较多，使净化流程加长，增加了投资和成本。

（2）气流床气化工艺

德士古炉、K-T 炉、Shell 炉等以粉煤为原料的气流床在 1300～1500℃高温下运行，气化强度极高，单炉能力已达 2500t/d，我国进口的德士古炉也达 400～700t/d，气体中不含焦油、酚类，非常适合化工生产和先进发电系统的要求。

气流床气化工艺的优点：煤种适应范围较宽，工艺灵活，合成气质量高，产品气可适用于化工合成、制氢和联合循环发电等；气化压力高，生产能力高，不污染环境，三废处理较方便。缺点是为使灰渣易于排出，要求所用煤灰熔点低（小于 1300℃），含灰量低（低于 10%～15%），否则需加入助熔剂（CaO 或 Fe_2O_3）并增加运行成本。此外，高温气化炉耐火材料和喷嘴均在高温下工作，寿命短、价格昂贵、投资高，气化炉在高温运行，氧耗高，也提高了煤气生产成本。

（3）流化床气化工艺

流化床气化以空气或氧气和蒸汽为气化剂，在适当的煤粒度和气速下，使床层中粉煤沸腾，气固两相充分混合接触，在部分燃烧产生的高温下进行煤的气化。工艺流程包括备煤、进料、供气、气化、除尘、废热回收等系统，将原煤破碎至 8mm 以下，烘干后经螺旋加料器加入气化炉内，在炉内与经过预热的气化剂（氧气/蒸汽或空气/蒸汽）发生气化反应，携带细颗粒的粗煤气由气化炉逸出，在旋风分离器中分离出较粗的颗粒并返回气化炉，除去粉尘的煤气经废热回收系统进入水洗塔，使煤气最终冷却和除尘。

1.5.3　影响煤气化的主要参数

工艺条件是影响煤气化过程的重要因素，这些工艺条件包括氧/煤比[1]、气化温度、气化压力、升温速率等。

氧/煤比是影响煤气化过程的重要因素，不同煤种需要不同的氧/煤比。氧/煤比会影响气化炉内温度、气化炉内成分浓度，对出口合成气有效成分影响很大。氧/煤比升高，会促进气化炉内燃烧反应，特别是完全燃烧反应，使得气化炉内 CO 和 H_2 浓度减低，CO_2 和 H_2O 浓度增加，气化炉内温度增加。氧/煤比增加还会促使 CO 和 H_2 向 CO_2 和 H_2O 转化，使得出口合成气有效成分（CO＋H_2）浓度降低，合成气质量变差。氧/煤比同时也是一个技术经济指标，降低氧/煤比可降低运行成本，且可提高合成气有效成分浓度。

气化温度是影响煤气化反应的一个重要因素。反应温度提高，气化反应活性增加。由于煤本身是由数量不等且不均的芳香环组成，芳香环中的碳键受热后断裂，和气化剂结合生成 CO 等产物，随温度升高，碳键得到能量越多越容易断裂，反应程度也就越深。另外，煤/水蒸气气化反应过程是典型的非均相吸热反应，随着反应温度的升高，反应速率常数增大，反应速度增加，反应活性增强。同时由于温度升高，气化剂与煤的碰撞、接触机会增加，也是造成煤反应性增加。

气化压力也影响气化过程。从热力学平衡上分析，增加压力有利于甲烷化反应，但不利于体积增大的气化反应。随着压力的增加，反应气体浓度增加，气化反应速率随气体浓度的增加近似线性增加，但随着压力的增加，对反应速率的影响越来越小。

升温速率对煤气化反应有明显的影响。升温速率越大，相同温度间隔气化反应时间缩短，煤转化率越高；但是其升温速率存在一上限值，当升温速率达到该值以后，煤转化率将不再增加，并且这一上限值随煤种的不同而不同。

1.5.4　氧/煤比控制

煤气化工艺不同，进煤方式也不同。碎煤进料[1]通常采用煤锁定时进煤[1]，这种工艺提供煤量信号比较困难，生产中只能根据设计煤量计算出氧/煤比。煤粉进料是通过气吹方式，将煤粉带进炉内，通过测量输送速度、输送密度、载气压力、载气温度＋测点管线参数＋煤粉真密度进行计算得出，或采用一体化微波流量计测量。可通过控制阀调节煤粉流量。

水煤浆[1]工艺通过水煤浆连续进煤[1]，这种方式可实现水煤浆流量的测量，也可调整水煤浆的流量。

图 5-1-93 是采用水煤浆气化工艺的氧/煤比控制系统。水煤浆流量信号采取中值选择方式，将水煤浆流量三选二后取中值，送流量控制器调节水煤浆调节阀的开度，进而调整水煤浆流量。

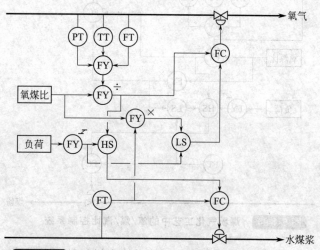

图 5-1-93　水煤浆气化工艺中的氧/煤比控制系统

测量氧气流量、温度、压力并进行氧气流量温压补偿，然后再进行氧纯度校正。入炉氧气流量和适量是影响气化炉温度的关键因素，氧气流量的准确性尤为重要。

氧/煤比控制采用双闭环比值控制，通过比例计算保证氧/煤比的稳定。氧/煤比给出值经过乘法器计算氧气流量 O_{SP} 作为氧气流量控制器的给定，取倒数后计算出粉煤流量，作为水煤浆流量控制器的给定。水煤浆流量发生变化，通过氧/煤比自动控制，通过实测的水煤浆流量计算氧气流量，通过 PID 调节输出值，控制氧气自调阀动作。

氧气流量发生变化，通过氧/煤比自动控制，计算对应水煤浆量，通过 PID 调节后的输出值控制水煤浆调节阀，使水煤浆流量按氧/煤比变化。

气化炉负荷控制由负荷给定单元给出。为了防止气化炉负荷过大，设置了速度限制器，将负荷的每分钟变化限制在一定的范围内。为防止氧气过量，设置高、低选择器。假定系统是稳定的，如果提升负荷，高选选中提升负荷信号送给水煤浆流量控制器作给定，提升水煤浆流量。由于水煤浆流量的提升，其信号经过乘法器后通过低选（因为负荷提升信号是高信号，所以低选选中经过乘法器的水煤浆流量信号）送给氧气流量控制器作给定。如果降低负荷，低选选中降负荷信号送给氧气流量控制器作给定，降低氧气流量。由于氧气流量的降低，其信号经过除法器后通过高选（因为负荷降低信号是低信号，所以高选选中经过除法器的氧气流量信号）送给水煤浆液流量控制器作给定。这就保证了升负荷先提升水煤浆流量后升氧气流量，降负荷先降氧气流量后降水煤浆流量，从而保证燃烧过程中氧气不过量。

图 5-1-94 是一个煤粉气化工艺[1]流程中的氧/煤/汽比例控制系统。其工艺过程是煤粉经常压煤粉仓、加压煤粉仓及给料仓，由高压氮气或二氧化碳气将煤粉送至气化炉煤烧嘴。来自空分的高压氧气经预热后与中压过热蒸汽混合后导入煤烧嘴。煤粉、氧气及蒸汽在气化炉高温加压条件下发生碳的氧化及各种转化反应。

该控制系统中的氧/煤比控制与水煤浆工艺相似，不同点在于煤粉量的测量。目前常用

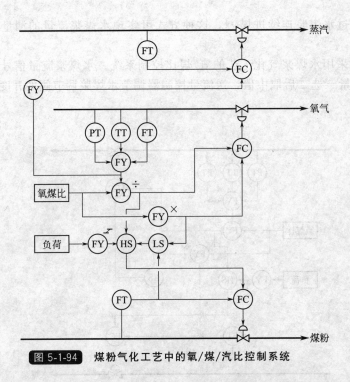

图 5-1-94　煤粉气化工艺中的氧/煤/汽比控制系统

的方法是测量煤粉管道中的煤粉流速和质量，然后算出煤粉的质量流量，或者采用一体化煤粉质量流量计。

控制系统的思路是根据氧气决定煤粉流量和蒸汽流量。将经过温度、压力补偿后再经过氧纯度修正后的氧气流量信号，分别按工艺要求比例送给煤粉流量控制器、蒸汽流量控制器作给定。

1.5.5　气化炉温度控制

图 5-1-95 是碎煤加压气化工艺[1]，该炉子（鲁奇炉）属于移动床气化炉。碎煤从煤仓中落下，经过煤锁控制进入到气化炉中。气化剂（氧气与高压蒸汽）从炉子下部吹入。碎煤在炉子内部从上到下，分别进行干燥、热解、气化、燃烧反应过程，最后变为煤灰，经过灰锁排出。炉子水冷壁中通锅炉给水，于气化炉内壁换热产生蒸汽，经过分离器的蒸汽返回与高压蒸汽汇合，再与氧气按比例形成气化剂。气化炉产生的煤气经过初步除尘进入废热锅炉，一方面回收热量，一方面进一步净化煤气。经过净化后的即为粗煤气，送到后续工序。粗煤气还有一个支路，当产生的粗煤气过多时，可送往城市煤气或送火炬燃烧。

气化炉生产过程中炉温是非常重要的参数。由于气化炉内温度很高（450～1100℃），炉子内部各点温度不一样，而且随生产进行，各层慢慢地向下移动，这就造成用温度传感器（热电偶）直接测温度有一定的困难。目前大多通过采用分析粗煤气中 CO_2 或 CH_4 含量来估算炉子内部温度，或者测量水冷室分离器的压力估算炉子内部温度。这些都是间接方法。分析粗煤气中 CO_2 或 CH_4 含量易影响煤组分且信号滞后。粗煤气中 CO_2 或 CH_4 含量、水冷室分离器的压力，都需要经过计算才能估算出气化炉内的温度。根据生产的不同情况，可选择其中的某一种作为控制依据。

操纵变量为气化剂的氧气/蒸汽比、氧/煤比，进煤量由煤锁控制。可由上述三个控制依据之一来调整氧气/蒸汽比。

图 5-1-96 是 Shell 气化炉[1]工艺流程。煤粉经常压煤粉仓、加压煤粉仓及给料仓，由高

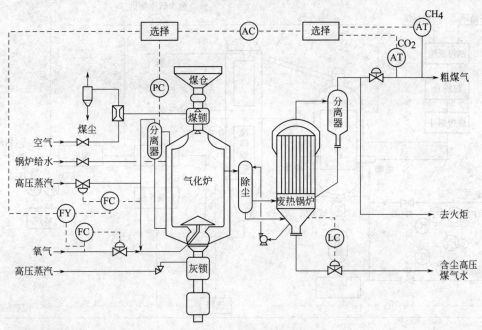

图 5-1-95　碎煤加压气化工艺中的炉温间接控制系统

压氮气或二氧化碳气送至气化炉煤烧嘴。高压氧气经预热后与中压过热蒸汽混合后导入煤烧嘴。煤粉、氧气及蒸汽在气化炉高温加压条件下发生碳的氧化及各种转化反应。气化炉顶部约 1500℃ 的高温煤气，经除尘冷却后的冷煤气急冷至 900℃ 左右进入合成气冷却器。经合成气冷却器回收热量后的煤气进入干式除尘及湿法洗涤系统，处理后的煤气送后续工序。

气化炉内气化产生的高温熔渣，流入气化炉下部的渣池进行急冷，高温熔渣经急冷后形成数毫米大小的玻璃体，可作为建筑材料或用于路基。

该炉（Shell 炉）属于气流床气化炉。炉子由内套与外壳组成，内套与外壳形成水冷室，内套内壁不砌耐火材料。煤粉与气化剂（氧气与高压蒸汽）从炉子下部喷射炉内。在气流作用下，煤粉与气化剂在炉子内部混合，经过干燥、热解、气化、燃烧反应过程，形成熔融的状态炉渣，直接在水冷壁上形成炉渣挂壁层。由于炉渣是熔融状态，向下流动到炉子底部，经过熔渣激冷、破渣排出。炉子上部为燃烧室，下部为熔渣激冷室。煤粉与气化剂在燃烧室反应，温度在 1700℃ 左右。

Shell 气化炉生产控制主要控制氧/煤比、氧气/蒸汽比。炉温控制与鲁奇炉控制非常相似，也是以粗煤气中 CO_2 或 CH_4 含量或废热锅炉压力为控制依据，调整氧/煤比、氧气/蒸汽比。

1.5.6　气化炉出口压力控制

气化炉压力高，不利于煤的气化，所以生产过程中应当对炉压进行控制。炉压控制的思路就是通过粗煤气流量来控制炉子压力。图 5-1-97 是碎煤加压气化工艺中的炉压控制系统。检测气化炉压力，调整出界区的粗煤气流量，由于中间经过了废热锅炉系统，该系统控制通道相对长些。也可以采用出界区粗煤气与去火炬剩余煤气流量的压力分程控制。

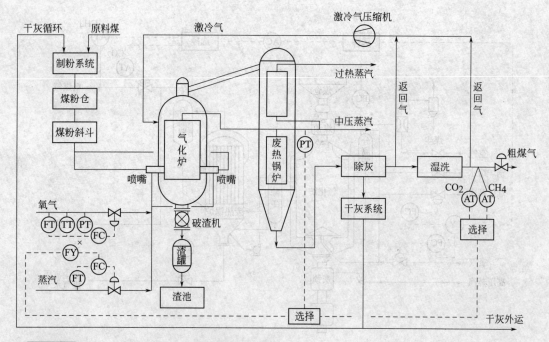

图 5-1-96 Shell 气化工艺中的炉温间接控制系统

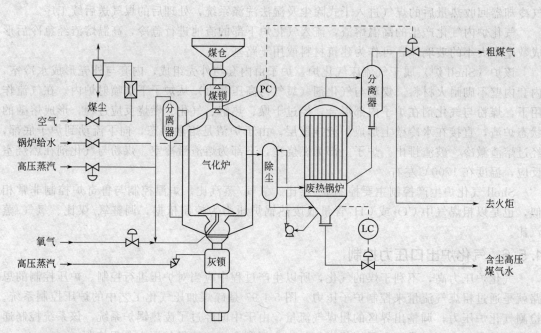

图 5-1-97 碎煤加压气化工艺中的炉压控制系统

图 5-1-98 是 Shell 气化工艺中的炉压控制系统，原理与图 5-1-97 碎煤加压气化工艺中的炉压控制系统大同小异。

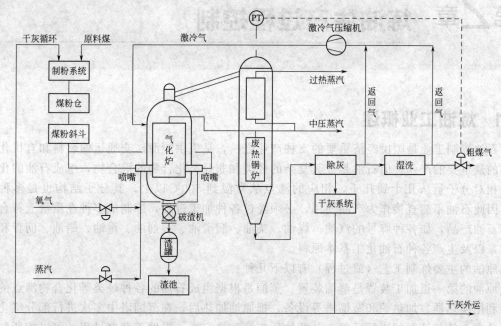

图 5-1-98　Shell 气化工艺中的炉压控制系统

参 考 文 献

[1] 廖汉湘. 现代煤炭转化与煤化工新技术新工艺全书 [M]. 安徽：安徽文化音像出版社，2004.
[2] 张井冈. 过程控制与自动化仪表 [M]. 北京：北京大学出版社，2007.
[3] 孙洪程，李大字. 过程控制工程 [M]. 北京：化学工业出版社，2006.
[4] 孙洪程，马昕，谢非. 控制工程项目指南 [M]. 北京：机械工业出版社，2011.
[5] 陆德民，张振基，黄步余. 石油化工自动控制设计手册 [M]. 第 3 版. 北京：化学工业出版社，2000.
[6] 陈俊武. 催化裂化工艺与工程 [M]. 第 2 版. 北京：中国石化出版社，2005.
[7] 陈欣. 加热炉均衡控制的几种方案 [J]. 石油化工自动化，2011（47）.

第2章 炼油生产过程控制

2.1 炼油工业概述

石油炼制工业是国民经济重要的支柱产业之一，是提供能源、交通运输燃料和有机化工原料的最重要的产业。但石油是极其复杂的烃类和非烃类化合物的混合物，组成石油的化合物的相对分子量从几十到几千，相应的沸点从常温到 500℃ 以上，其分子结构也是多种多样，因此石油不能直接作为产品使用，必须经过各种加工过程，炼制成多种在质量上符合要求的石油产品，如各种牌号的汽油、煤油、柴油、润滑油、溶剂油、重油、蜡油、沥青和石油焦，以及生产各种石油化工基本原料。

原油的主要炼制工艺（或过程）有以下几种。

原油的第一道加工装置是蒸馏装置。蒸馏是根据组成石油的各种烃类等化合物沸点的不同，利用换热器、加热炉和蒸馏塔等设备，把原油加热后，在蒸馏塔中多次进行部分气化和部分冷凝，使气液两相进行反复充分的物质交换和热交换。借助于蒸馏过程，可以按所制定的产品方案将原油分割成相应的直馏汽油、煤油、轻柴油或重柴油馏分、润滑油馏分或各种二次加工原料等。

催化裂化是炼油工业中最重要的二次加工过程，是重质油轻质化的重要过程。原料在催化剂存在下，在 470～530℃ 和 0.1～0.3MPa 的条件下，发生裂解等一系列化学反应，转化成气体、汽油、柴油等轻质产品和焦炭。催化裂化的原料一般是重质馏分油，如减压馏分油（减压蜡油）和焦化重馏分油等，部分或全部的渣油也可以作为催化裂化原料。

催化重整也属于石油加工过程的二次加工手段，是用以生产高辛烷值汽油组分或苯、甲苯、二甲苯等重要化工原料的工艺过程，副产品氢气是加氢装置用氢的重要来源。重整为烃类分子重新排列成新的分子结构的工艺过程，催化重整即是在催化剂作用下进行的重整。

加氢精制是催化加氢工艺的一种，催化加氢过程是石油馏分（包括渣油）在氢气存在下的催化加工过程，是炼油工业中重要的二次加工过程。催化加氢可分为加氢精制、加氢裂化、加氢处理、临氢降凝和润滑油加氢等工艺。催化加氢对于提高原油的加工深度、合理利用石油资源、改善产品质量、提高轻质油收率以及减少大气污染等，都具有重要意义。

延迟焦化是一种热破坏加工方法。它主要以贫轻的重质油如减压渣油为原料，在高温下进行深度热裂化和缩合反应，加工生产出轻质燃料油，同时得到大量石油焦（也称焦炭）供冶金工业作电极和石墨制品。

此外，为了达到产品质量要求，通常需要进行馏分油之间的调和（有时也包括渣油），并且加入各种提高油品性能的添加剂。油品调和方案优化，对提高现代炼厂的效益具有重要作用。

根据生产产品的不同，各炼油厂采用了不同的加工方案和工艺流程，可分为燃料型、燃料-润滑油型和燃料-化工型三种。图 5-2-1 至图 5-2-3 分别为三种加工方案的典型流程。近年来，为了合理利用石油资源和提高经济效益，许多炼油厂的加工方案已经由燃料型逐渐向另外两种类型转变。

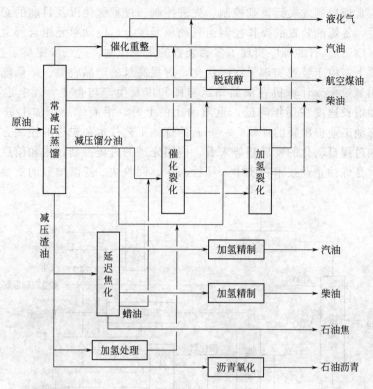

图 5-2-1 燃料型炼油厂加工方案典型流程

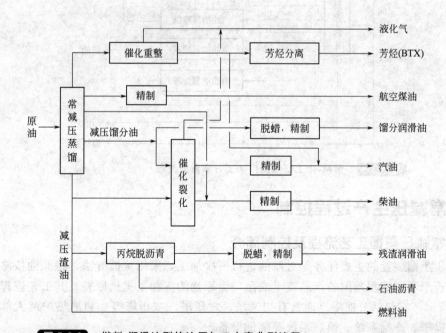

图 5-2-2 燃料-润滑油型炼油厂加工方案典型流程

近年来，随着生产工艺技术的发展，我国炼油工业在石油产品的数量、品种和质量上，以及在生产过程的能量节约、污染防治、过程控制等方面，获得了全面的发展和提高，尤其在过程控制方面，由于市场对石油产品质量的要求日渐提高，工艺过程变得更加复杂，过程控制也由简单的常规控制发展到复杂控制、先进控制、过程优化以及目前的 CIMS 等集成系统。从硬件上看，各炼油装置的操作控制由气动单元组合、电动单元组合等常规仪表发展到集散控制系统（DCS）。有的炼厂实现了多套装置的集中控制，进一步提高了控制管理水平。在主要炼油装置上，由于装置实现了在线优化，对提高目的产品收率、降低能耗和提高经济效益等方面有明显效果。计算机在油品储运与调和以及生产与企业管理上也得到了广泛应用。然而，原油增长速度在逐年降低，重质油比例上升，沿海炼油厂加工进口高硫原油增多，这些都为炼油工业提出新的课题，一些新的炼油工艺技术和先进的控制方法有待于开发和发展。从炼油过程自动化的发展趋势来看，应用先进的过程控制技术和信息技术解决生产中的实际问题，是炼油企业技术进步中一项投入少、回收快、挖潜增效的重要措施。

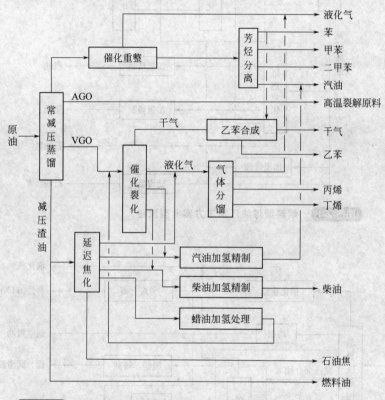

图 5-2-3　燃料-化工型炼油厂加工方案典型流程

2.2　常减压生产过程控制

2.2.1　常减压蒸馏工艺流程及控制简介

常减压蒸馏装置的主要任务是对原油进行一次加工，采用蒸馏方法，将原油按沸点不同分割成为若干不同馏程范围的产品或半成品，为原油的深加工提供原料。其工艺流程一般如图 5-2-4 所示。它包括分馏塔（通常有初馏塔、常压塔、减压塔等）和加热炉两大部分，其他还有汽提塔、冷凝系统、换热系统等辅助设备。

原油经过脱盐、脱水（含水量＜0.5%、含盐量＜10mg/L），由泵输送，与温度较高的蒸馏产品换热后，温度达到 200～250℃，此时原油中所含水分已全部气化，轻组分部分气化。油气、水蒸气和尚未气化的原油一起进入初馏塔进行蒸馏，水蒸气和油的轻组分从塔顶馏出。

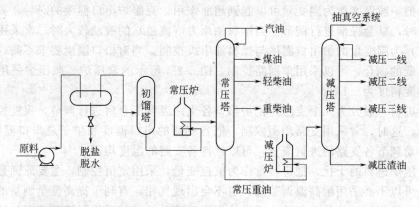

图 5-2-4 原油常减压蒸馏装置工艺流程图

初馏塔塔底泵将液相油经常压加热炉加热至 370℃ 左右，通过转油线进入常压（精馏）塔，在常压下进行精馏。塔顶馏出汽油馏分，一线馏出航空煤油，塔侧引出煤油和轻、重柴油等馏分，塔底产物是沸点高于 350℃ 的重组分，称为常压重油。

为了得到润滑油或催化裂化原料，必须将常压重油加热至 400～500℃ 的高温，这将导致常压重油发生分解、缩合反应。因此将常压重油在减压条件下蒸馏，温度条件限制在 420℃ 以下。重油经过减压炉加热，进入减压塔进行分馏，减压塔的真空度一般为 700mm Hg。塔顶产品主要是裂化气、水蒸气以及少量的油气，馏分油从侧线抽出。减压塔底是沸点很高的减压渣油，原油中绝大部分的胶质、沥青质都集中于其中。

常减压分馏从工艺原理上看并不复杂，加工过程只是不同物系的分离过程，但从装置的结构上看，它是一个典型的复杂的多侧线系统。因此对这一装置控制系统的开发发展较迟，多数装置为单回路或串级控制，以平稳操作为控制目标。常减压蒸馏装置的常规控制方案如图 5-2-5 所示。

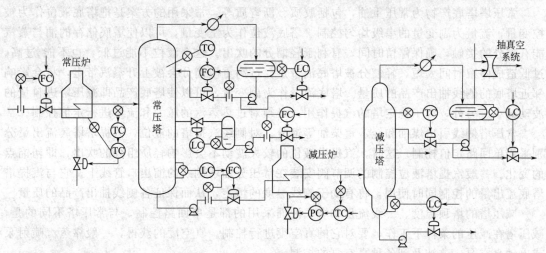

图 5-2-5 原油常减压蒸馏装置常规控制流程示意图

2.2.2 加热炉的控制

加热炉主要的质量指标是炉出口温度，所以把炉出口温度作为被控变量，常采用的控制方案是把炉膛温度作为副变量的炉出口温度与炉膛温度串级控制。此时，燃料的压力、流量和热值等干扰因素的影响都反映在炉膛温度上，即炉膛温度比炉出口温度提前感受干扰作用，因此，把炉膛温度作为副变量可以起到超前作用，克服炉出口温度的滞后，当干扰反应到炉膛温度时，就会提前进行调节。当燃料油压力（流量）的波动较大时，常采用以燃料油压力（流量）为副变量的炉出口温度与燃料油串级控制。当对出口温度要求不高，外来干扰小或负荷较低的场合，可以采用单回路控制。图 5-2-5 所示的常压炉、减压炉采用的都是串级控制，温度精度为 $\pm 1℃$。

常压炉进料一般分为几个支路，把炉出口各支路温度汇合后进行调节，仅能控制温度在规定范围内，这时，常采用支路均衡控制，把各支路的出口温度和炉子总出口温度相比较，通过计算自动调节各支路的进料流量，可以维持各支路的温度均衡。

对于常压炉进料的干扰，把进料量作为被控变量，采用定值控制，主要原因是此处原油温度较低，可以不必采用耐高温调节阀，也不会出现气相，有利于提高流量测量的准确性。

此外，考虑到加热炉的安全性，需设计安全联锁系统，其常规联锁项主要包括进料流量过低或中断、燃料压力低、燃烧器熄火、雾化蒸汽压力低、烟风系统失灵等。

2.2.3 常压塔及减压塔的控制

常压塔总体上采用的是精馏塔的精馏段控制方案，常用的是按塔顶温度来控制顶回流量，以达到间接平稳产品质量的目的。塔底液位和流量构成串级均匀控制，以保证操作安全。塔底蒸汽流量设置定值控制，以稳定全塔热负荷。

常压塔塔顶馏出的是汽油馏分，一线馏出航空煤油，塔顶（一线）温度可以决定塔顶（一线）产品的质量，是产品质量的间接控制指标。因此把温度作为主要的被控变量，可以采用如图 5-2-5 所示的塔顶温度和顶回流量的串级控制，当顶回流量有较大波动时，副回路可以进行超前调节，把顶回流量的波动控制在一定范围内，使对温度测量的影响减小。温度的设定值是由已知的原油和塔的各侧线产品实时沸点蒸馏曲线，塔上各部位的温度、压力以及入塔出塔各物流的流量等实时参数，通过物料平衡和热平衡计算得出。由于工艺对塔顶（一线）产品质量要求较高，所以这部分的控制是常压塔控制的关键。

常压塔塔底产物为常压重油，包括胶质、沥青质等。常采用的方案是把塔底液位作为被控变量，流量为副变量的串级均匀控制。塔底液位作为主变量，可以使塔底储存的油与蒸汽能有充分的接触，确保停留时间，有利于轻馏分的吹出。这个液位不能过低，也不能过高。过低造成停留时间太短，轻馏分被塔底油带走，过高重质馏分会被上升蒸汽带走，将会影响邻近塔底的侧线抽出产品的质量。塔底流量作为副变量，可以使塔底产品即减压塔进料量的波动减小。另外，为了稳定塔的汽提作用，必须对过热蒸汽的压力和流量进行定值控制。

常压塔侧线引出煤油和轻、重柴油等馏分。对侧线汽提塔的液位，汽提塔塔底流出量分别采用单回路定值控制。这时，汽提塔液位的较大波动不会影响轻质组分的吹出，即初馏点的变化。一般汽提塔液位控制的调节阀安装在常压分馏塔侧线的馏出口管线上，它与汽提塔塔底流出量的控制同时使用，将有助于侧线温度的恒定，从而保证各侧线抽出产品的质量。

减压塔的塔顶温度、一线流量和塔底液面采用的都是单回路控制，与常压塔不同的是，减压塔在减压的条件下工作，要对它的真空度进行控制。真空度的获得，一般靠蒸汽喷射泵或电动真空泵，这涉及到各种真空泵的控制。

2.2.4 常压塔塔底液位非线性区域控制

常压塔塔底产物为常压重油，包括胶质、沥青质等。常压塔底的液位由塔底抽出量控制，对常压塔而言，需要通过改变塔底抽出量来保持液位相对稳定；同时，常压塔底的抽出量又是减压炉的进料，对减压炉来讲，希望进料尽量保持稳定，不能有大的波动。这样，常压塔液位控制的目标就是要求将液位保持在一定的上下界之中，同时尽可能使输出流量变化缓和，此控制属于均匀液位控制。传统的液位控制多采用比例、比例积分或串级调节等控制方案，这些方案仅凭经验人工地对参数进行调节，未充分考虑对象的特性，只能勉强兼顾液位和流量，控制效果不是很理想。这里介绍一种以罐中液体体积变化为依据的新型均匀液位控制方案——基于内膜控制结构和预估优化相结合的非线性液位控制方法。此方法既可处理截面积固定的立罐，又可处理水平截面积并非固定值的卧罐的液位控制问题，控制效果比传统的方案有了明显的提高。此先进控制方案的基本控制步骤如下。

（1）建立罐的体积特性

对于直立柱形罐，底面积为 A，高为 h，其体积可以表示为

$$V(t) = Ah$$

对于水平放置的圆柱形罐，长度为 L，底面半径为 R，液位高度为 h，其体积可以表示为

$$V(t) = L\left[\arccos\left(\frac{R-h}{R}\right)R^2 - (R-h)\sqrt{R^2 - (R-h)^2}\right]$$

（2）对罐入口流量扰动的预估 $d(k)$

设系统采样时间为 T，则在 $t-1$ 时刻罐入口流量的扰动量为

$$d(t-1) = \frac{V(t) - V(t-1)}{T} + Q(t-1)$$

式中，$Q(t-1)$ 表示在 $t-1$ 时刻的输出流量。假设在 t 时刻和未来时刻没有新的扰动，则可以得到对入口流量扰动的预估值 $d(t+k) = d(t-1)$。

（3）输出流量的调节规则

当液位位于上下限范围之间时，输出流量的调节可以根据下式获得：

$$Q(t) = \begin{cases} Q(t-1) + \Delta Q & |\Delta Q| \leqslant \Delta Q^* \\ Q(t-1) + \Delta Q^* & |\Delta Q| > \Delta Q^* \end{cases}$$

式中，ΔQ 是满足终点约束条件的出口流量变化值；ΔQ^* 是对出口流量变化值违反约束条件时给出的最小值。它们的计算公式分别表示为

$$\Delta Q = \frac{2[d(t-1) - Q(t-1)]}{P+1} + \frac{2[V(t) - V_s]}{TP(P+1)}$$

$$\Delta Q^* = \frac{d(t-1) - Q(t-1)}{K^*}$$

式中，P 表示液位调节的品质因子，即决定以多大的速度将液位拉回到一定的约束范围内。$K^* = \frac{2[V_{\lim} - V(t)]}{T[d(t-1) - Q(t-1)]}$，$V_s$ 和 $V_{\lim}$ 分别表示罐稳定时液体的体积和罐中液体体积的最大、最小约束范围，其中 $V_{\lim} = \begin{cases} V_{\max} & d(t-1) > Q(t-1) \\ V_{\min} & d(t-1) \leqslant Q(t-1) \end{cases}$。

（4）输出流量的约束控制

由于在实际控制作用中，控制系统的输出流量变化一定会受到物理设备的约束，因此有必要对控制器的输出进行限幅处理。一般采用的输出限幅方法表示如下：

$$Q = \begin{cases} Q_{\min} & Q < Q_{\min} \\ Q & \text{otherwise} \\ Q_{\max} & Q > Q_{\max} \end{cases}$$

此方法设计简单，易于工程化实施，而且物理参数意义明确。经过现场测试，这种均匀液位的控制方法取得了较好的控制效果。

还有一种新型非线性均匀液位控制器的设计方法——变周期的单值预测控制。该方法引

入了专家控制的思想，实现了非等周期的控制策略，即并不一定每个周期都控制，而是只有对被控变量的变化情况判断准确时才发生调节作用，因此这种控制策略在一定程度上能克服测量仪表存在的滞环和死区现象。此方法在实际装置上应用亦取得了良好的控制效果。

2.2.5　支路平衡控制

常压炉或减压炉进料一般分为几个支路。常规的控制方法是在各支路上都安装各自的流量变送器和调节阀，而用炉出口汇合后的温度来调节炉用燃料量。这种调节方法仅能将炉子的总出口温度保持在规定的范围内，而各支路的出口温度则有较大的变化，某一路炉管有可能因局部过热而结焦。为了改善和克服这种情况，可采用支路平衡控制。

加热炉支路平衡控制器根据被加热支路的温度，通过调整各支路流量的分配，来控制常压炉和减压炉中被加热支路间的温度平衡。调节方法为：保持通过炉子的总流量一定，而允许支路流量有变化；各支路的出口温度和炉总出口温度比较，通过计算，自动调节各支路的进料量，维持各支路的温度均衡。在加热炉支路平衡控制中，同时调整加热炉各支路流量的设定值，以保证各支路的温度平衡。其控制原理如图 5-2-6 所示。

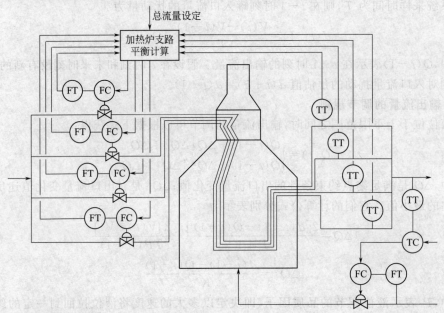

图 5-2-6　加热炉支路平衡控制原理图

控制算法如下：

$$\Delta F_i = K F_i \left(\frac{T_i}{T_{wa}} - 1 \right)$$

$$T_{wa} = \frac{\sum F_i T_i}{\sum F_i}$$

$$F'_{\text{TRAG}i} = F_{\text{TRAG}i} + \Delta F_i$$

式中，F_i 为第 i 个支路的流量值；T_i 为第 i 个支路的温度；K 为整定常数；T_{wa} 为加权平均出口温度；ΔF_i 为第 i 个支路的流量修正值；$F_{\text{TRAG}i}$ 为第 i 个支路旧的流量设定值；$F'_{\text{TRAG}i}$ 为第 i 个支路新的流量设定值。

整定常数 K 为一大于零的常数，通过它可以调整控制器调节的幅度，通常选择 $K=1$。

在执行支路平衡计算时，有以下约束条件：

① 每个控制周期最大允许的流量变化；

② 各支路流量调整之和应等于零，以保证总的流量不变；

③ 支路流量的最大值和最小值保证加热炉工作在最合适的范围内。

也可以用模型预测控制或差动方法实现加热炉支路平衡控制。

2.2.6 常减压蒸馏的先进控制

目前，国内外企业正在大规模地进行生产装置的改造或控制系统更新，DCS 已逐步取代常规控制仪表，以多变量预估控制为代表的先进控制技术应用逐渐广泛。精馏过程控制亦是这样。许多著名的过程控制软件公司和工厂把先进过程控制的软件，成功地用于常减压蒸馏生产装置，并取得了显著的经济效益。比较具有代表性的先进控制软件有 DMC 公司的 DMCplus，Honeywell 公司的鲁棒多变量预测控制技术（RMPCT），清华大学开发的 SMART 控制器、中国石油大学开发的 PACROS 控制器、Setpoint 公司的多变量预测控制技术（IDCOM）等。现以 IDCOM 为例介绍先进控制软件在常减压控制中的应用。

常压塔塔顶出汽油，产品质量指标是干点（质量仪表或工艺计算）；常一线出航空煤油，产品质量指标有初馏点、闪点、干点和冰点；常二线出轻柴油，质量指标主要是 90％点；常三线出变压器油原料，质量指标主要有黏度和闪点；常四线处催化裂化原料，无主要的产品质量指标。

塔顶汽油质量控制一般采用调节塔温度，而一、二、三线产品质量控制分别采用调节一线流量、二线流量、三线流量，控制效果并不理想，为此采用多变量预测控制，其原理如图 5-2-7 所示。

SMCA（setpoint model control algorithm）中的多变量预估器 IDCOM 的模型预估控制，是用过程的脉冲响应模型预估过程行为。假设有一个 m 个输入、m 个输出的 MIMO 模型，无扰动作用，被控变量和操纵变量间的预估控制关系为：

$$\begin{cases} y_p^l(k+n) = \sum_{j=1}^{m} \sum_{i=1}^{N_1} h_{lj}(i) u_j(k+n) b^l(k) \\ b^l(k) = y_m^l(k) - \sum_{j=1}^{m} \sum_{i=1}^{N_1} h_{lj}(i) u_j(k-i) \end{cases}$$

式中，被控变量维数 $l = 1，2，\cdots，m$；操纵变量维数 $j = 1，2，\cdots，m$；N_1 为模型长度；k 为当前采样时间；u 为操纵变量；y_m 为被控变量模型的实测值；y_p 为被控变量的预估值；h 为脉冲响应系数；b^l 为模型误差。

预估控制算法（选用二次型指标）：

$$J_P = \frac{1}{2} \left\{ \sum_{i=1}^{m} w_l [y_r^l(k+n) - y_p^l(k+n)]^2 + \sum_{j=1}^{m} w_j [u_j(k)]^2 \right\}$$

式中　　$w_l，w_j$ —— 被控变量预测误差和操纵变量的加权系数；

y_r —— 被控变量设定值。

计算出使 J_P 最小的 $u_j(k)$ 为当前操纵变量。

根据生产装置的实际情况，控制目标如下：

① 控制汽油的干点，℃；

② 控制航煤的初馏点、闪点和干点，℃；

③ 控制器轻柴油的 90％点，℃；

④ 控制变料的黏度，$\times 10^{-6} m^2/s$；

⑤ 使附加值最高的航煤产率（质量分率）最大，％；

⑥ 使常压加热炉能耗最小；

⑦ 使常压蒸馏塔的处理量最大；

⑧ 保证常压蒸馏塔的操作在操作极限之内。

在 I/A 系统的上位机 VAX-4100 上，采用 3 个多变量预估控制器 IDCOMs 实现上述控制目标。

(1) 产品质量控制器

产品质量控制器的被控变量（CV）是：

① 航煤的初馏点，℃；

② 航煤的闪点，℃；

③ 航煤的干点，℃；

④ 轻柴油的 90% 点，℃；

⑤ 变料的黏度，$\times 10^{-6} \mathrm{m}^2/\mathrm{s}$。

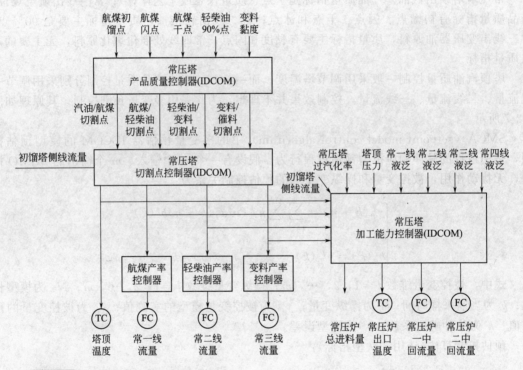

图 5-2-7 常压塔的多边量预测控制框图

被控变量的实测值来自在线质量分析仪表，CV 都是要求保持在某个范围内的约束形变量。控制目标由人工设定。

产品质量控制器的操纵变量（MV）有：

① 汽油/航煤切割点的设定值，℃；

② 航煤/轻柴油切割点的设定值，℃；

③ 轻柴油/变料切割点的设定值，℃；

④ 变料/催料切割点的设定值，℃。

利用 SMCA 软件的模型辨识工具包，测出产品质量控制过程的传递函数矩阵模型为（时间以分钟为单位）：

$$\boldsymbol{G}_Q(s)=\begin{bmatrix} \dfrac{0.4\mathrm{e}^{-53s}}{1+13s} & \dfrac{0.3\mathrm{e}^{-41s}}{1+15s} & 0 & 0 \\[2mm] \dfrac{0.8\mathrm{e}^{-24s}}{1+9s} & \dfrac{0.4\mathrm{e}^{-31s}}{1+14s} & 0 & 0 \\[2mm] \dfrac{0.4\mathrm{e}^{-47s}}{1+16s} & \dfrac{0.7\mathrm{e}^{-37s}}{1+18s} & 0 & 0 \\[2mm] 0 & \dfrac{0.4\mathrm{e}^{-37s}}{1+15s} & \dfrac{0.45\mathrm{e}^{-20s}}{1+18s} & 0 \\[2mm] 0 & 0 & \dfrac{0.05\mathrm{e}^{-54s}}{1+17s} & \dfrac{0.02\mathrm{e}^{-50s}}{1+19s} \end{bmatrix}$$

显然它是一个大时滞、多变量、强关联的过程，采用 IDCOM 将多变量预估控制和实时优化控制结合在一起，使航煤的产率最大，即使航煤的馏分最宽。因此对第一个 MV 设置了一个最小的 IRV（ideal rest value），对第二个 MV 设置了一个最大的 IRV，在每个控制周期，控制器根据违约的被控变量个数 N_{CV} 和可调节的操纵变量个数 N_{MV}，确定采取下面的某一种控制策略：

① $N_{\mathrm{CV}}>N_{\mathrm{MV}}$ 时，对 CV 实现最小二乘法的多变量预估控制；

② $N_{\mathrm{CV}}=N_{\mathrm{MV}}$ 时，对 CV 实现无偏差的多变量预估控制；

③ $N_{\mathrm{CV}}<N_{\mathrm{MV}}$ 时，首先对 CSV 实现无偏差的多变量预估控制，然后采用下述方法实现航煤产率的实时优化控制。

令 $N_{\mathrm{d}}=N_{\mathrm{MV}}-N_{\mathrm{CV}}$，称作操纵变量的自由度；

a. 当 $N_{\mathrm{d}}\geqslant 2$ 时，第一个和第二个操纵变量跟踪相应的 IRV；

b. 当 $N_{\mathrm{d}}<2$ 时，对第一个和第二个操纵变量实现最小二乘法的优化控制。

(2) 切割点控制器

切割点控制器的被控变量是：

① 汽油/航煤切割点，℃；

② 航煤/轻柴油的切割点，℃；

③ 轻柴油/变料切割点，℃；

④ 变料/催料切割点，℃。

上述 4 个被控变量的实测值由实时工艺计算得到，CV 都是保持在设定点的线性变量。而切割点控制器的操纵变量是：

① 塔顶温度设定值，℃；

② 航煤产率（质量分率）设定值，%；

③ 轻柴油产率（质量产率）设定值，%；

④ 变料产率（质量分率）设定值，%。

利用模型辨识工具包，测出切割点控制过程的传递函数矩阵模型为：

$$G_c(s) = \begin{bmatrix} \dfrac{2.0}{1+6s} & 0 & 0 & 0 & \dfrac{-1.0e^{-8s}}{1+15s} \\[3mm] \dfrac{1.8}{1+10s} & \dfrac{8.5}{1+8s} & 0 & 0 & \dfrac{-1.0e^{-13s}}{1+19s} \\[3mm] \dfrac{1.5}{1+15s} & \dfrac{6.5}{1+12s} & \dfrac{7.5}{1+7s} & 0 & 0 \\[3mm] \dfrac{1.2}{1+20s} & \dfrac{3.5}{1+17s} & \dfrac{4.0}{1+13s} & \dfrac{5.5}{1+12s} & 0 \end{bmatrix}$$

在这一级，控制器 IDCOM 只实现多变量预估控制，即在每个控制周期，根据可调节的操纵变量数 N_{MV}，确定采用下述之一的控制策略：

① $N_{MV} < 4$ 时，对 CV 实现最小二乘法的多变量预估控制；

② $N_{MV} = 4$ 时，对 CV 实现无偏差的多变量预估控制。

（3）加工能力控制器

加工能力控制器的被控变量是：

① 常压塔的过汽化率，%；

② 常压塔顶压力，kPa；

③ 常一线液泛，%；

④ 常二线液泛，%；

⑤ 常三线液泛，%；

⑥ 常四线液泛，%。

上述 6 个被控变量中塔顶压力由测量仪表直接得到，其余 5 个被控变量的实测值来自实时工艺计算软件包。这些被控变量都是要求保持在一定范围内的约束型变量。加工能力控制器的操纵变量是：

① 常压炉的总进料量设定值，t/h；

② 常压炉的出口温度设定值，℃；

③ 常压塔的一中流量设定值，t/h；

④ 常压塔的二中流量设定值，t/h。

该控制器的扰动变量是：

① 初馏塔的侧线流量设定值，t/h；

② 航煤产率（质量分率）设定值，%；

③ 轻柴油产率（质量分率）设定值，%；

④ 变料产率（质量分率）设定值，%；

⑤ 常压塔顶温度设定值，℃。

4 个操纵变量，除常压炉的总进料量设定值经一个分配器送至常压炉的 4 路流量控制器（I/A 系统中的 PID 控制器）外，其余 3 个操纵变量直接送至 I/A 系统的相应控制器上。

加工能力控制器将多变量预测控制和实时优化控制结合在一起。为使常压塔的处理量最大，能耗最小，对第一个和第二个操纵变量分别设置了最大和最小 IRV。在每个控制周期，控制器根据违约的被控变量个数 N_{CV} 和可调节的操纵变量个数 N_{MV}，确定采取合适的控制策略。

多变量预测控制器 IDCOM 能成功地解决过程模型的大延时和多个变量间具有强关联作用等控制应用难题，且对模型的精度要求不高，适于石化行业大型生产装置的过程控制。

2.3　催化裂化

2.3.1　FCCU工艺流程简述

催化裂化技术是重油轻质化的重要手段之一。从经济效益而言，炼油企业中一半以上的效益是靠催化裂化取得的。因此，催化裂化装置（Fluid Catalytic Cracking Unit，FCCU）在石油加工过程中占有十分重要的地位，是当今石油炼制的核心装置之一。催化裂化是指高分子烃类在高温且采用催化剂的条件下裂解的化学反应。FCCU 的原料通常是常压馏分、减压馏分或焦化蜡油等重质馏分油。通过催化裂化，这些重质油裂解为轻质油品。

下面以高低并列式提升管催化裂化装置为例，简单介绍反应-再生系统的工艺流程（图5-2-8）。

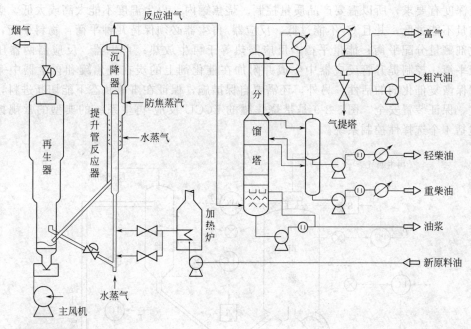

图 5-2-8　FCCU工艺流程

新鲜原料（以馏分油为例）经换热后与回炼油混合，经加热炉预热，由喷嘴喷入提升管反应器底部（油浆不进加热炉，直接进提升管），与高温再生催化剂相遇，立即汽化反应，油气与雾化蒸汽及预提升蒸汽一起携带催化剂沿提升管出口，经快速分离器进入沉降器，携带少量催化剂的油气与蒸汽的混合气经两级旋风分离器，进入集气室，通过沉降器顶部出口进入分馏系统。

经快速分离器分出的催化剂，自沉降器下部进入汽提段，经旋风分离器回收的催化剂也流入汽提段。进入汽提段的待生催化剂用水蒸气吹脱吸附的油气，经待生斜管、待生单动滑阀以切线方式进入再生器。再生催化剂经淹流管、再生斜管和再生单动滑阀进入提升管反应器。

烧焦产生的再生烟气，经再生器稀相段进入旋风分离器。经两级旋风分离出去携带的大部分催化剂，烟气通过集气室（或集气管）和双动滑阀排入烟囱（或去能量回收系统），回收的催化剂返回床层。

再生烧焦所需空气由主风机供给，通过辅助燃烧室及分布板（或管）进入再生器。

在生产过程中催化剂会有损失，为了维持系统内的催化剂藏量，需要定期地或经常地向系统补充新鲜催化剂。为此装置内应设两个催化剂储罐，一个是供加料用的新鲜催化剂储罐，一个是供卸料用的热平衡催化剂储罐。

由沉降器顶部出来的反应产物油气进入分馏塔下部，经装有挡板的脱过热段后，油气自下而上通过分馏塔，经分馏后得到富气、粗汽油、轻柴油、重柴油（也可以不出重柴油）、回炼油及油浆。轻柴油和重柴油分别经汽 提塔后再经换热、冷却，然后出装置。轻柴油有一部分经冷却后送至再吸收塔，作为吸收剂，然后返回分馏塔。

2.3.2 催化裂化过程的常规控制

（1）反应-再生系统常规控制

反应器/再生器系统是催化裂化装置中最重要的部分，其反应机理和工艺动态过程错综复杂，对控制系统提出了很高的要求。在反应器内部，因为裂化反应是吸热反应，产品质量对反应深度有要求，所以需要产品质量控制。烧焦罐内，再生温度不能太高或太低，必须控制含焦量不能过低，并且 O_2 不能过低。反应器/再生器必须保持几种平衡：物料平衡，两器的催化剂藏量分配平衡；能量平衡，反应需热等于再生放热；再生器、反应器两器压力平衡；炭平衡，控制提升管反应器中生成并附加在催化剂上的炭在烧焦罐和再生器中完全燃烧，确保恢复催化剂的活性。另外，还需要自保措施，保证在事故状态下能切断进料，使两器独立，保证装置安全。图 5-2-9 是带烧焦罐的 FCCU 反应-再生系统的典型的常规控制方案，包括 4 个选择性控制系统。

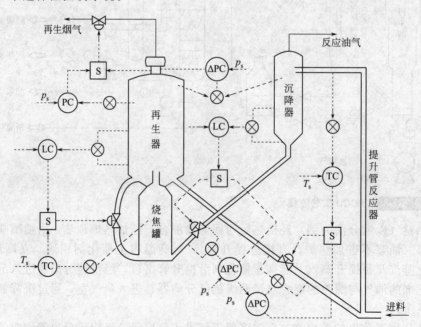

图 5-2-9 FCCU 反应-再生系统常规控制方案

① 反应器的控制 提升管出口温度和再生滑阀两端差压的选择性控制。正常工况下，根据提升管出口温度来控制阀的开度，以调节温度来控制产品质量；当出现异常，$\Delta p = p_1 - p_2$ 较小时，为了防止催化剂倒流，采用差压选择控制滑阀。

② 沉降器的控制 沉降器物位与待生阀压降构成选择性系统，保持两器物料平衡。正常情况下根据沉降器物位变化调节待生阀达到平衡；异常情况，选择根据待生阀压降调节。

③ 压力平衡 沉降器与再生器的压差和再生器压力构成选择性控制。为了尽可能快地调节压力平衡，通过调节双动滑阀，控制再生器压力来实现。正常情况下根据两器差压的变

化来实现；出现异常时，选择直接根据再生器压力变化来调节压力平衡。

④ 再生器藏量与烧焦罐的温度选择性控制　正常情况下根据再生器藏量调节；异常时选择烧焦罐的温度来进行控制。

（2）主分馏塔常规控制

FCCU 的主分馏塔是一个多侧线的分馏塔，不同于常压塔，其特点是进料直接来自反应器，进料组成和状态由反应器工况所决定，而非独立变量。进料组分包括干气、液化气、汽油、柴油、循环油和油浆，还有催化剂粉末。进料是约 460～510℃ 的高温过热油气，这决定了主分馏塔热量过剩，需要通过循环回流取走多余的热量。另外，主分馏塔的循环回流量还是吸收稳定部分的热源，前后关联，增加了控制的难度。

对 FCCU 主分馏塔，主要应解决装置平稳操作、产品质量控制和热量平衡优化的问题。FCCU 主要的质量指标是粗汽油干点、柴油的凝固点和闪点。一般以塔顶循环取热和中段取热负荷作为调节分离品质的手段。图 5-2-10 是 FCCU 主分馏塔典型的常规控制方案。

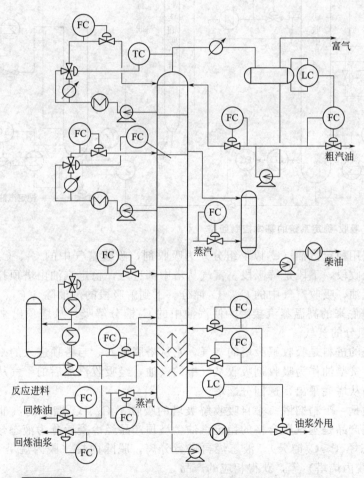

图 5-2-10　FCCU 主分馏塔的典型常规控制方案

① 主分馏塔塔底液位控制　液位调节器通过调整油浆外甩量的大小来控制分馏塔塔底液位，也有的主分馏塔通过调整油浆取热量来控制塔底液位。

② 轻柴油抽出温度控制　轻柴油凝固点主要由轻柴油抽出层以下的一中回流调节取热量来控制，一般以调节返塔温度为主，调节返塔流量为辅。

③ 轻柴油闪点通过调节轻柴油汽提塔汽提蒸汽量来控制。

④ 主分馏塔塔顶温度控制　粗汽油干点主要由分馏塔顶循环回流调节取热量来控制，一般以调节返塔温度为主，调节返塔流量为辅。

⑤ 分馏塔顶回流罐液位与粗汽油至稳定流量串级控制。

2.3.3　吸收-稳定系统常规控制

吸收-稳定系统包括吸收解吸塔和稳定塔。吸收-稳定系统的控制系统简图如图 5-2-11 所示。

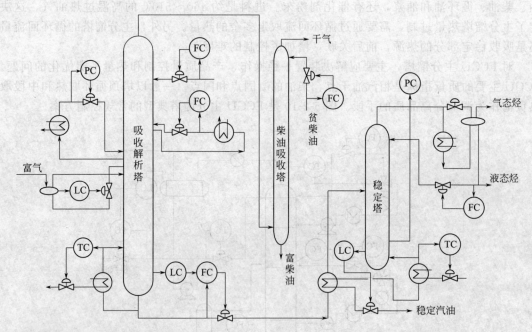

图 5-2-11　吸收-稳定系统的基本控制回路

吸收解吸塔用稳定汽油（C_3 以上组分）为吸收剂，吸收富气中的 C_3、C_4 馏分，全塔分两段，上段是吸收段，下段是解吸段。富气从塔中部进入，稳定汽油由塔顶打入，在塔内逆向接触，稳定汽油，吸收富气中的 C_3、C_4 馏分。下到解吸段的汽油除含 C_3、C_4 馏分，还含 C_2 馏分，它与塔底来的高温蒸汽接触，使汽油中的 C_2 馏分解吸，从塔顶出来的馏出物是基本脱除 C_3 以上组分的贫气。

柴油解吸塔的进料是吸收解吸塔的贫气，它从塔底进入，与塔顶进入的来自分馏塔的贫柴油逆向接触，贫柴油作为吸收剂吸收贫气中的汽油，经吸收汽油后的干气从塔顶引出，吸收汽油后的柴油从塔底采出，送回分馏塔。

稳定塔实质是一个精馏塔。来自吸收解吸塔的吸收了 C_3、C_4 馏分的汽油，从稳定塔的中部进入，塔底产品是蒸汽压合格的稳定汽油，塔顶产品经冷凝后分为液态烃（主要是 C_3、C_4 馏分）和气态烃（$\leqslant C_2$ 馏分）。液态烃再进行分离，脱除丙烷（脱丙烷塔）、丁烷（脱丁烷塔）、丙烯（脱丙烯塔）等，获得相应的产品。

吸收解吸塔的吸收段设置两个循环回流，一般采用定回流量控制。塔顶加入的稳定汽油量也采用定值控制。进塔的富气分气相和液相进入不同的塔板，液相进料量采用液位均匀控制。再沸器的控制采用恒定塔釜温度调节再沸器加热量的控制方式。塔底采出采用塔釜液位和出料的串级均匀控制。

2.3.4　FCCU 先进控制

FCCU 过程工艺机理极为复杂，具有多变量且相互关联，存在多种约束，控制难度很大，先进控制的应用能显著提高装置的经济效益。一些著名控制软件公司开发的 FCCU 先进控制优化软件，可以方便地在 DCS 或其上位机以及其他计算机平台上使用。

(1) 反应-再生系统先进控制

Honeywell 的 FCCU 反应-再生系统先进控制方案（图 5-2-12）使用基于鲁棒多变量预测控制技术（RMPCT），利用控制器进行在线控制和经济优化。

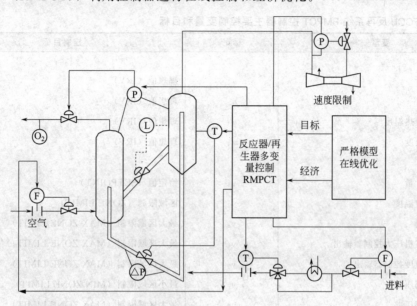

图 5-2-12　反应-再生先进控制方案

这种先进算法对调节要求最小，即使在一定的条件变化和模型误差时也能保持很好的控制。利用 RMPCT，可以实现反应器产品价值优化或使进料量最大。RMPCT 反应-再生系统多变量预测控制器框图如图 5-2-13 所示。

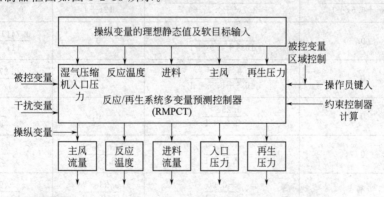

图 5-2-13　反应-再生系统多变量预测控制器框图

在提升管中，原料裂化成轻质油品并生成油浆、干气、焦炭。决定反应深度和产品分布的变量有空速、剂油比、反应温度等，选取它们作为主要被控变量。

高温催化剂进入烧焦罐，与烧焦罐主风反应，烧掉催化剂表面的部分炭和大部分氢，这样烧焦罐就有较高的水蒸气分压。为使催化剂免于水热失活，烧焦罐床温控制成为关键。因此，选取烧焦罐和再生器烧焦比、烧焦罐床温作为首选控制目标。

从烧焦罐出来的半再生催化剂进入再生器，将剩余炭用过量氧完全燃烧。因为已经烧掉几乎全部的氢，降低了再生器中的水蒸气分压，再生器可以在更高的温度下操作而不会造成催化剂的水热失活，因此，控制器设计的重点在设备安全约束内保证操作状态良好，将再生器烟气氧含量、再生器床温等作为被控变量。出于设备约束考虑，还加入再生器稀相最高温度约束、再生器旋风入口线速约束等被控变量。

表 5-2-1 和表 5-2-2 分别列出了 FCCU 反再系统 RMPCT 控制器的主要控制变量和目标，以及通过阶跃测试数据得到的一个 FCCU 反应-再生过程数学模型。

表 5-2-1　FCCU 反再系统 RMPCT 控制器主要控制变量和目标

变量	标记	控制目标
操纵变量：		
主风流量	u_1	理想值（IRV）
进料流量	u_2	理想值（IRV）
进料料预热温度	u_3	理想值（IRV）
提升管温度	u_4	理想值（IRV）
被控变量：		
烟气氧含量	y_1	给定值（SETPOINT）
再生床层温度	y_2	区域限制（ZONE LIMIT）
油气流量	y_3	最大区域限制（MAX ZONE LIMIT）
湿气压缩机压力控制器输出	y_4	最大区域限制（MAX ZONE LIMIT）
提升管温度控制器输出	y_5	最大区域限制（MAX ZONE LIMIT）
再生滑阀压差	y_6	最小区域限制（MIN ZONE LIMIT）
待生滑阀压差	y_7	最大区域限制（MAX ZONE LIMIT）

表 5-2-2　FCCU 反应-再生过程数学模型

	u_1	u_2	u_3	u_4
y_1	$\dfrac{0.097(1.7s+1)e^{-2s}}{19s^2+6.5s+1}$	$\dfrac{-0.092(0.25s+1)e^{-3s}}{3.7s^2+4.7s+1}$	$\dfrac{0.026e^{-7s}}{12s+1}$	$\dfrac{-0.074(4.8s+1)}{9.3s^2+3.4s+1}$
y_2	0	$\dfrac{0.55e^{-4s}}{10s^2+4.9s+1}$	0	$\dfrac{0.74(1.7s+1)e^{-2s}}{11s^2+7.3s+1}$
y_3	0	$\dfrac{0.14e^{-6s}}{46s^2+8.5s+1}$	0	$\dfrac{0.27(16s+1)}{53s^2+23s+1}$
y_4	0	$\dfrac{0.25e^{-7s}}{3.0s+1}$	0	$\dfrac{0.70}{3.0s+1}$
y_5	0	$\dfrac{0.66e^{-s}}{2.5s+1}$	$\dfrac{-0.9e^{-10s}}{6.0s+1}$	$\dfrac{1.0}{2.0s+1}$
y_6	0	$\dfrac{-0.90}{1.5s+1}$	$\dfrac{0.35e^{-10s}}{5.0s+1}$	$\dfrac{-(0.64s+1)}{13s^2+7.0s+1}$
y_7	0	$\dfrac{0.90}{s+1}$	$\dfrac{-0.35e^{10s}}{5.0s+1}$	0.80

（2）主分馏塔先进控制

① 工艺描述　FCCU 的主分馏塔不仅具有多侧线产品以及多个中间换热器，而且输入该塔的热量不是独立变量，而是由反应器工况所决定的。反应器工况除影响主分馏塔的输入热量外，还影响到进料性质。主分馏塔内通常有很多的蒸汽，汽/液比高，这使得产品分馏对操作的变化敏感。此外，热流量大和液体积聚多，对塔的工况会产生很不利的影响。采用

先进控制技术有望改善经济性和塔的操作。下面介绍一种能够综合考虑变量间耦合及输入输出的多变量广义预测控制器。

　　某炼油厂 140 万吨重油 FCCU 装置的主分馏塔工艺流程如图 5-2-14 所示，相关符号含义如表 5-2-3 所示。

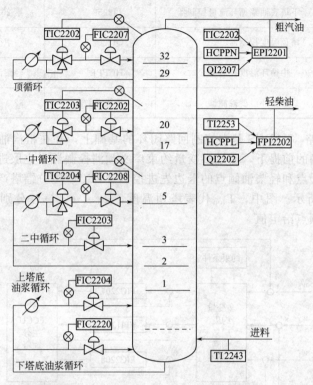

图 5-2-14　FCCU 主分馏塔工艺流程图

　　从反应器来的约 400℃ 的反应油气进入塔底，脱过热后进入第一层塔板，与从顶部返回的 275℃ 循环油浆逆流接触，油气自下而上被冷却洗涤，油气经分馏后得到气体、粗汽油、轻柴油、回炼油及油浆。为提供足够的内回流、取走塔内热量和使塔的负荷分配均匀，分馏塔设有 4 个循环取热系统，分别为塔顶、一中、二中、油浆循环取热系统。循环油浆由塔底抽出，与原料油换热后分为两部分：一部分作为油浆循环，另一部分冷却后出装置。二中循环取热系统从第 3 层塔盘抽出后分三部分：第一部分作为内回流返回第 2 层塔盘上；第二部分作为二中循环回流返回到第 5 层塔盘，第三部分作为回炼油抽出。在第 17 层至第 20 层设有一中循环取热系统，将油气进一步降温，20 层还设有轻柴油抽出线。顶循环取热系统将塔顶油气从第 29 层抽出，降至 80℃ 左右返回第 32 层塔板。分馏塔顶的油气经冷却后进入塔顶油气分离罐，分离出气相部分（富气）和液相部分（粗汽油），粗汽油的抽出线设在罐底。

表 5-2-3　主分馏塔相关符号含义

FIC2207	顶循环流量控制器	TI2243	进料温度
FIC2202	一中循环流量控制器	EPI2202	粗汽油干点软仪表
FIC2208	二中上循环流量控制器	FPI2202	轻柴油倾点软仪表

FIC2203	二中下循环流量控制器	QI2207	顶循环取热量
FIC2204	上塔底油浆循环流量控制器	HCPPN	粗汽油油气分压
FIC2220	下塔底油浆循环流量控制器	TI2253	第 20 层塔盘气相温度
TIC2202	塔顶温度控制器	QI2202	一中循环取热量
TIC2203	一中循环温度控制器	HCPPL	轻柴油油气分压
TIC2204	二中循环温度控制器	塔板总数	32

② 先进控制策略　在 DCS 基本控制回路闭环的基础上，并在粗汽油干点和轻柴油倾点
软测量仪表调校正确的前提下，通过多变量约束广义预测控制器，克服进料、压力等扰动的
影响，实现粗汽油干点和轻柴油倾点的卡边先进控制。FCCU 主分馏塔产品质量卡边先进控
制方案如图 5-2-15 所示。图中，T_{top} 代表塔顶温度，w_1、w_2、w_3 分别代表塔顶温度给定
值、干点给定值及倾点给定值。

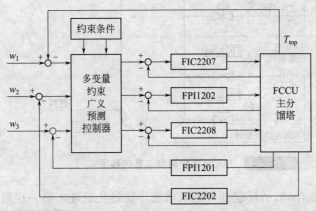

图 5-2-15　FCCU 主分馏塔产品质量卡边先进控制方案

通过分析，选取循环流量、一中流量和和二中流量为操作变量，分别以 $MV_1 \sim MV_3$ 表
示；选择塔顶温度、粗汽油干点和轻柴油倾点为被控变量，以 $CV_1 \sim CV_3$ 表示。通过输入
输出数据，辨识得到其数学模型如表 5-2-4 所示，其中各变量均经归一化处理。

表 5-2-4　FCCU 主分馏塔的动态数学模型

	CV_1	CV_2	CV_3
MV_1	$\dfrac{0.0059+0.0321q^{-1}}{1-0.9287q^{-1}}q^{-8}$	0	0
MV_2	$\dfrac{0.6369-0.53561q^{-1}}{1-0.9081q^{-1}}q^{-3}$	$\dfrac{0.1312+0.0216q^{-1}}{1-0.9144q^{-1}}q^{-5}$	0
MV_3	0	$\dfrac{0.195-0.0198q^{-1}}{1-0.9182q^{-1}}q^{-1}$	$\dfrac{0.7044-0.5191q^{-1}}{1-0.8615q^{-1}}q^{-3}$

从表 5-2-4 可以看出，不少通道具有较大的滞后，部分通道具有非最小相位特性，且操
纵变量之间存在较严重的耦合。

③ 多变量约束广义预测控制

a. 控制内模

$$A_{ii}(q^{-1})y_i(t) = \sum_{j=1}^{m} B_{ij}(q^{-1})u_j(t)$$

式中，$y_i(t)$、$u_j(t)$ 分别为 t 时刻的第 i 个输出和第 j 个输入；$i=1，2，\cdots，n$；$j=1$，$2，\cdots，m$。$A_{ii}(q^{-1})$、$B_{ij}(q^{-1})$ 由传递函数矩阵 $G_{ij}(q^{-1})$ 获得。$A_{ii}(q^{-1})$ 为对角阵，其对角线上的元素等于 $G_{ij}(q^{-1})$ 相应行的最小公分母。$B_{ij}(q^{-1}) = A_{ii}(q^{-1})G_{ij}(q^{-1})$。

b. 预测模型

$$\hat{y}_i(t+k) = \sum_{j=1}^{m} G_{ij}(q^{-1})\Delta u_j(t+k-1) + f_i(t)$$

式中
$$f_i(t) = \sum_{j=1}^{m} G_{ij}(q^{-1})\Delta u_j(t-1) + G_0(q^{-1})y_i(t)$$

c. 优化目标函数

$$\min J = \sum_{i=1}^{n} P_i \sum_{j=N_{1i}}^{N_{2i}} [\hat{y}_i(t+j) - w_i(t+j)]^2 + \sum_{i=1}^{m} Q_i \sum_{j=1}^{N_{ui}} [\Delta u_i(t+j-1)]^2$$

其中，N_{1i}、N_{2i} 分别为预测时域的初值和终值，$N_{1i}=d_i+1$，$d_i=\min_j(d_{ij})$，d_{ij} 为第 j 个输入到第 i 个输出的滞后时间；$N_{2i}=N_{1i}+N_i-1$，N_i 为预测时域的长度；$N_{ui} \leqslant \max_j(N_i-d_{ij})$，$N_{ui}$ 为控制时域；$w_i(t+j)$ 为未来的输出参考值；P_i、Q_i 为正的加权因子。

d. 当前控制作用的计算

$$u_i(t) = u_i(t-1) + \boldsymbol{d}^{\mathrm{T}}(\boldsymbol{w}_i - \boldsymbol{f}_i)$$

式中，$\boldsymbol{w}_i = [w_i(t+1)\cdots w_i(t+N)]^{\mathrm{T}}$；$\boldsymbol{f}_i = [f_i(t+1)\cdots f_i(t+N)]^{\mathrm{T}}$；$\boldsymbol{d}^{\mathrm{T}}$ 可由模型及控制器参数确定，具体计算方法见文献[21]。

2.4　催化重整

2.4.1　催化重整工艺流程概述

催化重整是一个以汽油（主要是直馏汽油）为原料生产高辛烷值汽油及轻芳烃（苯、甲苯、二甲苯，简称 BTX）的重要的炼油过程，同时也生产相当数量的副产氢气。催化重整汽油是无铅高辛烷值汽油的重要组分。苯、甲苯、二甲苯是一级基本化工原料，全世界所需的 BTX 有一半以上是来自催化重整。氢气是炼厂加氢过程的重要原料，而重整副产氢气是廉价的氢气来源。

催化重整的原料主要是直馏汽油馏分，生产中也称石脑油（Naphtha）。在生产高辛烷值汽油时，一般用 80～180℃ 的馏分。当生产以 BTX 为主时，采用 60～140℃ 馏分作原料，但在生产实际中常用 60～130℃ 馏分作原料，因为 130～145℃ 馏分在航空煤油的范围内。

目前工业重整装置广泛采用的反应系统流程可以分为两大类：固定床反应器半再生式工艺流程和移动床反应器连续再生式工艺流程。前者的主要特征是采用 3～4 个固定床反应器串联，每半年到一年停止进油，全部催化剂就地再生一次；后者的主要特征是设有专门的再生器，反应器和再生器都采用移动床反应器，催化剂在反应器和再生器之间不断地进行循环反应和再生，一般每 3 天到 7 天全部催化剂再生一遍。

固定床反应器半再生式反应系统的典型工艺流程如图 5-2-16 所示。该图是以生产高辛烷值汽油为目的产品的铂铼重整工艺原理流程。

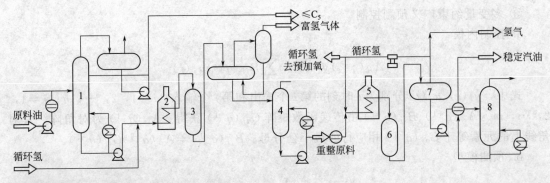

图 5-2-16 铂铼重整装置工艺流程

1—预分馏塔；2—预加氢加热炉；3—预加氢反应器；4—脱水塔；5—加垫炉；6—重整反应器；7—高压分离器；
8—稳定塔

① 原料预处理部分　包括原料的预分馏、预脱砷、预加氢三部分。预分馏是切取合适沸程的重整原料；预加氢是为了脱除原料油中对催化剂有害的杂质，使杂质含量达到限制要求，同时使烯烃饱和以减少催化剂的积炭，从而延长运转周期。原料预处理的目的是得到馏分范围、杂质含量都合乎要求的重整原料。

② 重整反应部分　经预处理的原料油与循环氢混合，再经换热、加热后进入重整反应器。重整反应是强吸热反应，反应时温度下降。为了维持较高的反应温度，一般重整反应器由 3～4 个反应器串联，反应器之间有加热炉加热到所需的反应温度。各个反应器的催化剂装入量并不相同，其间有一个合适的比例，一般是前面的反应器内装入量较小，后面的反应器装入量较大。反应器入口温度一般为 480～520℃，第一个反应器的入口温度较低，后面的反应器的入口温度较高。在使用新鲜催化剂时，反应器入口温度较低，随着生产周期的延长，催化剂活性逐渐下降，入口温度也相应逐渐提高。对铂铼重整，其他的反应条件：空速为 $1.5～2h^{-1}$；氢油比（体）约 1200：1；压力 1.5～2MPa。对连续再生重整装置的重整反应器，反应压力和氢油比都有所下降，其压力为 1.5～0.35MPa；氢油分子比为 3～5，甚至降到 1。由最后一个反应器出来的反应产物经换热、冷却后进入高压分离器，分出的气体含氢 85%～95%（体积分数），经循环氢压缩机升压后大部分作循环氢使用，少部分去预处理部分。分离出的重整生成油进入稳定塔，塔顶分出液态烃，塔底产品为满足蒸汽压要求的稳定汽油。

除上述典型流程外，国内的固定床半再生式重整装置多采用麦格纳重整流程（Magnaforming），也称分段混氢流程，如图 5-2-17 所示。

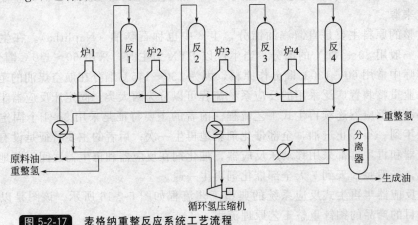

图 5-2-17 麦格纳重整反应系统工艺流程

该流程特点是将循环氢分为两路，一路从第一反应器进入，另一路则从第三反应器进入。在第一、二反应器采用高空速、较低反应温度及较低氢油比，后面的一个或两个反应器则采用低空速、高反应温度及高氢油比。这种工艺的主要优点是可以得到稍高的液体收率，装置能耗也有所降低。

移动床反应器连续再生式重整反应系统流程发展较晚，其工艺较半再生工艺复杂得多，可以使催化剂经常保持高活性，在更低的压力和氢油比下操作，产品的收率高，规格高，生产的汽油辛烷值可达到 95♯～97♯，氢纯度高，产品质量稳定，运转周期长。典型的工艺有美国 UOP（图 5-2-22）和法国 IFP（图 5-2-18）两种专利技术，也是世界上工业应用的主要两家技术。

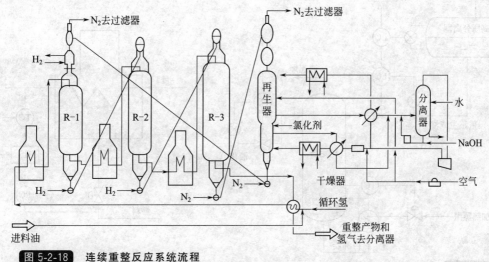

图 5-2-18 连续重整反应系统流程

在连续重整装置中，催化剂连续地依次流过串联的 3 个（或 4 个）移动床反应器，待生催化剂由重力或气体提升输送到再生器进行再生，恢复活性后的再生剂返回第一反应器进行反应。催化剂在系统内形成一个闭路循环。

2.4.2 催化重整过程常规控制

催化重整的目的是生产高辛烷值汽油及轻芳烃。影响重整反应的主要操作因素有催化剂的性能、反应温度、反应压力、氢油比、空速等。

① 预分馏塔 典型的提馏控制方案。预分馏塔用来切割轻组分，其塔底产品作为重整原料，顶回流采用定值控制，塔底的温度是产品质量的反映，通过调节塔底再沸器来控制塔底温度。

其控制与以下的稳定塔控制类似，见图 5-2-20。

② 加热炉 采用出口温度和燃料的串级控制。铂铼催化重整过程使用的加热炉大部分是箱式加热炉。加热炉的各部分分别为各反应器提供反应所需热量，各部分之间互相影响，为了保证重整反应的顺利进行，对加热炉温度进行严格控制。控制简图如 5-2-19 所示。为保证安全性，这里再介绍一种重整加热炉的改进控制方案，如图 5-2-21 所示。方案中增设了燃料气压力的安全值与温度控制器输出值高选控制器，即在正常情况下，出口温度与燃料气压力采用串级控制方案；异常情况下，温度控制器输出值低于燃料气压力的安全值，串

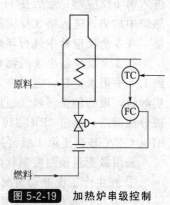

图 5-2-19 加热炉串级控制

级回路的主回路被燃料气压力的安全值代替,从而保证了加热炉在安全范围内工作。

③ 高压分离器　采用液位和抽出量的串级均匀控制。高压分离器的压力为 1.5MPa 左右,其后的稳定塔压力为 0.8MPa 左右,两个装置是相连的,为了防止高压分离器没有液位致使高压窜到稳定塔引起严重事故,同时为了保证进入稳定塔的油品流量波动不要太大,必须严格控制高压分离器的液位,故采用串级均匀控制。控制简图如 5-2-20。

④ 稳定塔　采用提馏控制方案,控制顶回流和塔底温度。顶回流采用定值控制;塔底的温度通过调节塔底再沸器的加热蒸汽量来控制。控制简图如图 5-2-20。

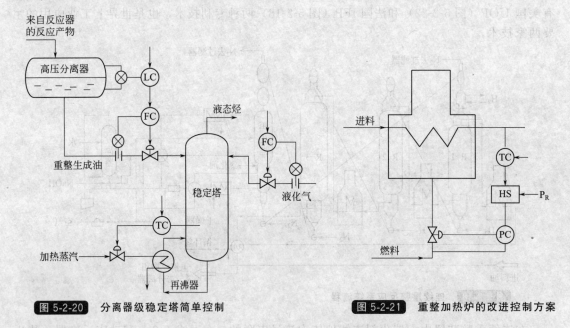

图 5-2-20　分离器级稳定塔简单控制　　　　图 5-2-21　重整加热炉的改进控制方案

2.4.3　催化重整过程先进控制

连续重整反应过程复杂,随着产品规格的提高,常规控制系统难以满足工艺要求,因此国外已开发了很多先进控制软件应用于重整装置,取得了很好的经济效益。

国内催化重整先进控制的一个例子

连续重整装置 UOP 工艺流程如图 5-2-22 所示。重整进料来自石脑油分离塔底部,在进入石脑油分离塔之前已经在预加氢装置中进行过处理,石脑油与循环氢混合后进入热交换器 E-1。去 E-1 的循环氢由 3HIC-104 控制,换热后的进料在 H-1 加热炉中进一步加热,之后进入第 1 反应器;然后在 H-2 加热炉中进一步加热,之后进入第 2 反应器;最后在 H-3 加热炉中加热,进入第 3 反应器。因为反应是吸热的,所以由 H-1、H-2 和 H-3 提供所需的热量。在 3 个反应器中进行环烷烃脱氢和形成芳烃的反应。

第 3 个反应器出来的物料在 E-1 中用进料进行冷却,然后在 E-2 中用空气进行冷却,再到 E-3 中用水冷却,之后进入产品分离器 D-1。产品分离器底部分离出的液体进入第 2 级再接触罐,顶部的循环氢通过 C-1 压缩机与石脑油混合进入 E-1 作为重整原料;另外,氢气被分成两路,通过 3PIC-249 进行分程控制,当 3PIC-249 的阀位在 0~50% 时,通过增压压缩机 C-2A/B 送至第 1 级再接触罐;在阀位>50% 时则排到火炬。

采用多变量预测控制软件 SMCA,可实现如下目标:

① 在生产工况波动情况下,将重整产品辛烷值严格控制在设定值上;

② 在生产操作约束范围内,保证一定辛烷值条件下尽量提高装置的处理量;

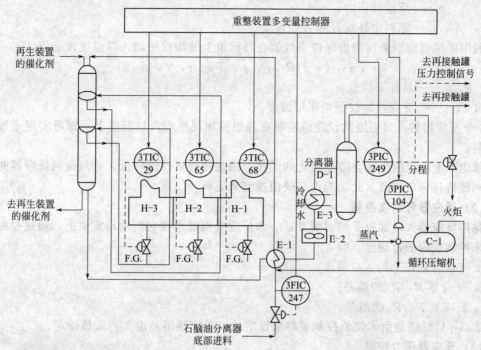

图 5-2-22　连续重整装置工艺流程及多变量控制示意图

③ 降低操作压力，提高产品收率；

④ 控制氢/油摩尔比，以减少催化剂结焦和压缩机能耗。

连续重整装置先进多变量控制系统结构示意图，如图 5-2-23 所示。

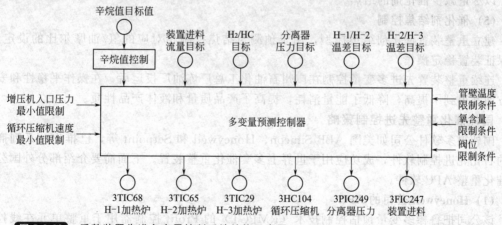

图 5-2-23　重整装置先进多变量控制系统结构示意图

其主要先进控制策略如下。

(1) 重整产品辛烷值控制

辛烷值控制基于 UOP 专利模型，利用实时采集工艺过程数据和取样分析数值估计当前辛烷值 R_{ON}：

$$R_{ON} = f(T_{WAIT}, V, p, A_{NA})$$

式中　T_{WAIT}——反应器入口加权平均温度；

　　　V——根据进料体积流量和催化剂体积计算得到的液相空速；

p——反应器压力；

A_{NA}——原料中环烷烃和芳烃含量。

利用辛烷值模型来预测为保持辛烷值在目标值上的加权平均入口温度设定值 T_{WATIS}：

$$T_{WAITS} = g(R_{ONC}, p, T_{WABT}, V, A_{NA})$$

式中　R_{ONC}——目标辛烷值；

　　　T_{WABT}——反应器加权平均床层温度。

3 个反应器的入口温度的设定值控制在理想的加权平均入口温度上，即可实现辛烷值目标控制。

催化剂上焦炭的生成会降低催化剂活性，因此随着活性的降低，必须提高反应器的入口温度来保持目标辛烷值。此功能由辛烷值模型来完成。

（2）反应器苛刻度控制

保持反应器入口加权平均温度 T_{WAIT} 和反应气温度差在它们的设定值上，通过控制反应温度来控制反应的苛刻度，即：

a. T_{WAIT} 加权平均入口温度；

b. 反应器 R_1/R_2 的温差；

c. 反应器 R_2/R_3 的温差。

T_{WAIT} 目标值是由辛烷值控制策略来设定的，反应器温差由工艺人员设定。

（3）反应器压力控制

降低反应器压力，在同样进料量下，可以增加更多汽油。在保证压缩机入口压力足够高且不影响控制系统其他性能的前提下，可以缓慢地将反应器压力调到较低的设定值。

（4）氢/油摩尔比控制

随着进料流量和循环气中氢气纯度的变化，维持氢/油摩尔比能为反应器提供足够的氢气，以尽量减少催化剂的结焦。

（5）催化剂结焦控制

建立重整装置催化剂结焦模型，用于预测与结焦控制相对应的氢/油摩尔比的设定值，以保证装置稳定操作。

连续重整装置先进多变量控制在广州石油化工总厂炼油厂投运后，在操作平稳性和安全性方面都得到了提高，降低了能量消耗，提高了产品质量和液体产品性质。

国外催化重整先进控制策略

国外很多软件公司如美国 ABB Simcon、Honeywell 和 Setpoint 等，已推出一系列商品化的石化先进控制软件，成功应用于世界上多套催化重整装置。下面简要介绍部分外国公司的催化重整 APC 软件。

（1）Honeywell 公司的 APC

该公司把鲁棒多变量预估控制技术（RMPCT）的 Profit 控制器用于重整单元在线控制和经济性优化。这种先进算法在条件变化和模型出现误差时，所需的调整最小并保持良好的控制。在 Windows 环境下对模型确认。多路 Profit 控制器能由上一层的经济收益优化器动态协调。这种反应器控制和优化技术可用于生产汽油 BTX 的单元（再生、半再生和连续重整）。如图 5-2-24 所示。

已证实计算和建模技术可在线计算加权平均床温（WAIT）、产品辛烷值和 RVP 及催化剂结焦率。

Profit 控制器有下列控制功能：①控制反应器入口温度，使 WAIT 稳定在一定范围，也可以达到希望的反应器温度分布；②当 WAIT 和温度分布不是约束条件时，可控制辛烷值；

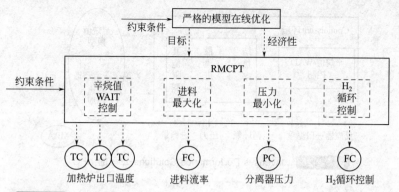

图 5-2-24　Honeywell 公司的 APC

③控制器保护最高炉膛温度和加热炉负荷等约束条件；④在约束条件下，进料量达到希望目标的最大值，苛刻度与处理量的权衡由经济优化自动决定；⑤压力在压缩机与结焦率约束条件下保持最小，使重整油及 H_2 产率最大；⑥调整 H_2 循环量，保持所选目标稳定（H_2/进料、H_2 分压或最大 H_2 循环量）。

对于在线优化和离线研究，使用基础动力学反应方程的严格动力学模型，可用于决定优化操作目标。

（2）Aspen Technology 公司的 APC

重整反应器苛刻度用 DMCplus 控制器保持稳定，反馈来自测出或推定的辛烷值，同时不超过临界的水力学、机械和催化剂减活极限。一台 DMCplus 控制器处理苛刻度的积焦相互作用问题，同时考虑到催化剂减活。Aspen 重整推定特性软件包计算苛刻度、积焦率和加热炉管表面温度。分馏塔的优化控制回流、塔底温度和塔压以符合重油的 RVP 和塔顶产品组成的规格要求。如图 5-2-25 所示。

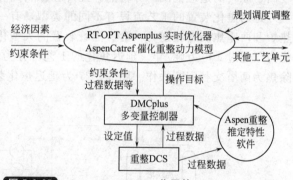

图 5-2-25　Aspen Technology 公司的 APC

连续重整再生器的控制可降低燃烧区峰值温度。Aspen Plus 优化器使用考虑了反应催化剂减活和油管工艺过程设备的 Aspen Catref 严格催化重整动力学模型来计算优化目标，以达到单元或全装置的最大获利。Aspen Catref 严格模拟反应器和氢气循环回路。作为 Aspen Plus 优化器单元操作模型家族的一个成员，Aspen Catref 能容易地在有加热炉、稳定塔模型的全流程中形成全催化重整全面集合模型。Aspen Catref 重整动力模型对于规划/线性规划矢量生成、进料和催化剂的选择、消除瓶颈、优化和在线操作性能显示也可起到重要作用。炼油人员能把预估的情况与实际操作性能比较，诊断问题，确认机械效率的趋向和瓶颈。优化模型是"自保持稳定"的，它在线自动刷新关键模型参数，保持准确的过程模型。

Aspen Plus 优化器软件的特点：它是开放方程建模系统和鲁棒性顺序二次规划 SQP 解算器的组合，能同时解算、优化反应器和全流程。优化的解决决定优化的操作轨迹，使从当前时刻直至催化剂再生的总收益最大。

（3）Invensys Performance Solutions 公司的 APC

采用 Connoisseur 多变量预估控制系统，所有的控制器均在次控制系统中组态，不需要额外的软件或界面。此模型适应方法减少更换催化剂的再次测试。如图 5-2-26 所示。

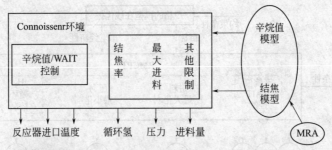

图 5-2-26 　Invensys Performance Solutions 公司的 APC

2.5 　延迟焦化

2.5.1 　延迟焦化装置的工艺流程概述

延迟焦化是一种热破坏加工方法，它以贫氢的重质油料（如减压渣油、裂化渣油等）为原料，在高温下进行深度裂化和缩合反应，在此过程中渣油的一部分转化为焦化气体、焦化汽油、焦化柴油和焦化蜡油，另一部分热缩合反应生成工业上大量需求的石油焦。

延迟焦化工艺作为一种成熟的重油加工方法，具有装置投资和操作费用低、技术可靠程度高、原料的适应范围广等特点，此外在原料的转化深度方面也具有自身的优势。

延迟焦化装置的工艺流程有不同的类型，有一炉二塔、二炉四塔、三炉六塔等，一台加热炉和两座焦炭塔相连为一套。随着装置的大型化发展，我国新建一炉两塔焦化装置的加工能力已超过 100 万吨/年。延迟焦化的工艺可分为焦化和除焦两部分，焦化为连续生产过程，除焦为两塔交替间断操作。图 5-2-27 为延迟焦化装置的工艺流程原理图。

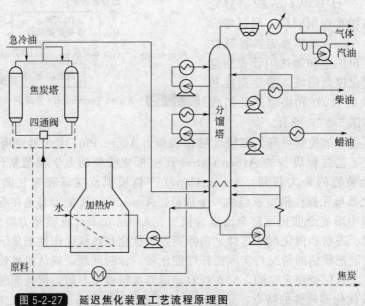

图 5-2-27 　延迟焦化装置工艺流程原理图

原料油首先送入原料缓冲罐，经过换热器后进入分馏塔下部，与来自焦炭塔顶的高温焦化油气进行直接接触换热，把原料油中的轻组分蒸发出来，原料油中的重馏分与热油气中的被冷凝的循环油一起流入塔底，经加热炉进料泵抽出后打入焦化加热炉，快速加热到 500℃左右，并通过四通阀由底部进入焦炭塔，使裂化、缩合等反应延迟到焦化塔内进行。焦炭塔中焦化反应生成的焦炭留在焦炭塔内，反应生成的油气自塔顶逸出，进入分馏塔。在分馏塔中分馏出焦化富气、焦化汽油、焦化柴油和焦化蜡油四种馏分。

延迟焦化过程的特点如下。

①"延迟"特点　高温的劣质重质原料油在加热炉炉管内会不可避免地发生结焦，从而影响装置的开工周期。为了防止原料油在加热炉管内结焦，须向炉管内注水或蒸汽，以加大管内流速，缩短油在炉管内的停留时间，使焦化反应主要在焦炭塔内进行，延迟焦化也由此得名。

②"连续-间歇生产"的特点　延迟焦化装置整个生产过程是连续的，而焦化塔是间歇式操作的。即当一个塔内的焦炭聚结到一定的程度时，用四通阀进行切换，将加热炉出来的原料切换至另一塔内进行反应，已充满焦的塔则进行除焦。目前广泛采用的除焦方法是水力除焦。

2.5.2　焦化炉的控制

加热炉是延迟焦化设备的心脏，它为整个装置提供热量，焦化加热炉进料一般分为几个支路，由于对油品流量的控制要求不高，每个支路的流量均采取单回路定值控制，同时各支路上注水（汽）点也采取单回路控制，从而实现对管内油品流速的调节。

由于加热炉出口温度的变化直接影响到加热后油品在焦炭塔内的反应深度，从而影响焦化产品的产率和质量，焦化装置对其要求非常严格，且延迟焦化生产过程具有连续-间歇的操作特点，焦化加热炉受过程干扰的影响较大且频繁，因此常采用的控制方案是把加热炉每条支路的炉出口温度作为被控变量，支路燃料流量（压力）为副变量而构成的炉出口温度与燃料流量（压力）串级控制，如图 5-2-28 所示。

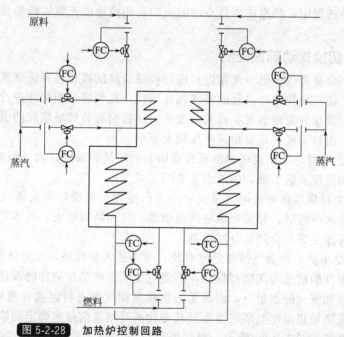

图 5-2-28　加热炉控制回路

此外，部分加热炉还包括加热炉炉膛压力和加热炉氧含量控制，前者根据加热炉炉膛压力及抽力情况自动控制风机转速或风管道挡板开度，两者通常采用单回路定值控制方案。

2.5.3 塔顶急冷温度控制

如果焦炭塔到分馏塔的油气温度过高，则容易加剧分馏塔底和加热炉炉管的结焦，其处理方法是在焦炭塔出口管线的水平段打入急冷油来控制油气的入塔温度。由于焦炭塔是轮流使用的，故选用高选器，将两塔塔顶温度进行比较，则其高者作为被控变量，并选取急冷油流量作为副变量，从而构成塔顶出口温度与急冷油流量的选择-串级控制，如图 5-2-29 所示。

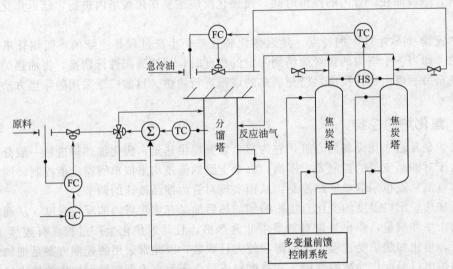

图 5-2-29 延迟焦化工艺流程图

在焦炭塔切换过程中，焦炭塔顶急冷油的流向要相应地由充焦后的焦炭塔切换到未充焦的焦炭塔。

2.5.4 焦炭塔切换扰动前馈控制

分馏塔塔底部分是通过调整与气相进料进行接触换热的液相进料流量来实现分馏塔塔底温度控制的。由于延迟焦化生产过程的特殊操作特性，焦炭塔会频繁地进行切换操作，分馏塔塔底气相进料的流量和温度会发生较大的变化，这将引起分馏塔塔底的温度发生相应的变化，从而对加热炉出口温度等重要指标产生较大影响：

① 油气预热新塔时，从焦炭塔顶部至分馏塔的油气量要减少，油气温度低于正常温度，此时分馏塔各部的温度显著下降，蜡油出装置明显减少；

② 切换时，焦炭塔顶部来的油气量又有一大的变化，切换后焦炭塔汽提，水蒸气与油气从焦炭塔顶部逸入分馏塔，导致分馏塔汽速增加，气相负荷增大，气体夹带许多液体进入上层塔板，产生雾沫夹带，会降低分馏效果；

③ 切换汽提结束后，水蒸气改往放空系统，而不进入焦炭塔，又对分馏塔产生影响。

焦炭塔切换事件的信息为离散型信息，不能直接用于前馈控制器的设计，且通常装置上没有气相进料温度和流量的测量点，因而无法直接采用气相进料温度和流量进行前馈补偿。对此可以采用焦炭塔塔顶温度与塔底温度及其变化率等测量信息来确定切换事件，设计规则触发的前馈控制器，如图 5-2-29 所示。当切换事件发生时，系统根据检测到的信息，将自动产生一个相应幅度的阶跃信号激发前馈补偿控制作用。

2.5.5 延迟焦化装置先进控制

近年来加工高硫原油带来的产品质量、设备腐蚀、环境保护等方面的问题日益严重，对延迟焦化的操作提出了越来越高的要求。常规控制往往不能满足这些要求。相对于国内，国外的过程控制公司较早推出了各自的延迟焦化装置先进控制软件。如 ABB Simcon 公司的延迟焦化装置 APC 软件包，其主要功能有加热炉支路平衡控制、辐射出口温度控制、燃烧优化控制、柴油和汽油产品质量控制、焦炭塔切塔控制、焦炭产率预测等。Setpoint 公司的 APC 软件包通过克服焦炭塔周期性的操作带来的干扰，保持加热炉辐射出口温度的稳定，从而提高焦炭产品质量。北辰-横河公司的 APC 策略包括：加热炉的燃烧优化控制和注蒸汽控制；焦炭塔塔顶急冷油控制、产品质量控制等。C. F. Picou 联合公司的 APC 系统主要致力于稳定加热炉和主分馏塔的操作，提高分馏塔产量等。

下面介绍国内某炼化公司 3 炉 6 塔延迟焦化装置的加热炉先进控制策略。该先进控制策略将预测函数控制（Predictive Function Control，PFC）与常规 PID 控制结合，采用 PFC-PID 透明控制结构，辅以基于焦炭塔的预热切换事件设计的前馈控制器，分别对加热炉的炉膛压力、加热炉辐射出口温度、氧含量进行控制。以下仅以加热炉出口温度控制系统为例进行介绍。

该炼化公司延迟焦化装置的加热炉所用燃料为自产的高压瓦斯气，从南北两侧进入加热炉，原料渣油从南北两侧送入加热炉对流室预热至 330℃ 左右，滞后合并进入分馏塔底，与焦炭塔顶来的油气接触并进行传热传质，使原料中的轻组分蒸发，上升至精馏塔段进行分离，原料中蜡油以上的馏分与来自焦炭塔顶油气中被冷凝的重组分一起流入分馏塔塔底。约 360℃ 的分馏塔塔底油经辐射进料炉分两路送至加热炉辐射室，迅速加热至 495℃ 左右，滞后进入焦炭塔进行裂解反应。加热炉受焦炭塔的频繁预热、切换操作的影响较严重。采用常规 PID 控制加热炉出口温度时，直接调节燃料阀，通过改变进炉燃料瓦斯流量来保持出口温度恒定，但由于没有考虑辐射进料温度波动及进料流量变化的影响，导致在焦炭塔预热切换时，加热炉出口温度控制一直处于波动中，严重影响了产品品质。因此本例采用如图 5-2-30 所示的以 PFC 为监督层的透明结构的先进控制策略。系统内层保留了原有 PID 控制器，外层为先进控制器，其输出用于修正内层的 PID 控制器的设定值，先进控制器的设定值输入为根据工艺要求确定的理想出口温度。为克服辐射进料流量、进料温度对炉出口温度的影响，设计了基于焦炭塔预热、切换等事件的前馈补偿器 G_{ff}，以提高出口温度的控制精度和平稳性。

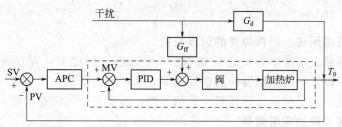

图 5-2-30 炉出口温度先进控制系统结构

（1）预测函数控制

预测函数控制保留了预测控制的模型预测、滚动优化和误差校正三个基本特征，可以克服其他模型预测控制可能出现的规律不明的控制输入问题，具有良好的跟踪能力和鲁棒性。根据实际阶跃测试结果，焦化炉温度控制回路可近似为一阶惯性加纯滞后对象，如式（5-2-1）所示。

$$G_m(s) = \frac{K_m}{T_m s + 1} e^{-\tau_m s} \tag{5-2-1}$$

离散化后得模型的差分方程为：

$$y_m(k+1)=a_m y_m(k)+K_m(1-a_m)u(k-L) \tag{5-2-2}$$

式中，$y_m(k)$ 和 $u(k)$ 分别为对象和控制器在 k 时刻的输出；$a_m=e^{-T_s/\tau_m}$；T_s 为采样周期；L 为 τ_m/T_s 的整数部分。

取控制输入为一个基函数，即

$$u(k+i)=u(k) \tag{5-2-3}$$

PFC 需要根据当前已知信息和未来加入的控制量来推导出未来预测时域内过程预测输出值。为此，先假设式(5-2-2)中 $L=0$，然后根据式(5-2-2)和式(5-2-3)可得未来 p 步的模型预测输出值为：

$$y_m(k+p)=a_m^p y_m(k)+K_m(1-a_m^p)u(k) \tag{5-2-4}$$

式中，$a_m^p y_m(k)$、$K_m(1-a_m^p)u(k)$ 分别为模型的自由响应和强迫响应。设 $k+p$ 时的参考轨迹为：

$$y_r(k+p)=c(k+p)-\lambda^p[c(k)-y(k)] \tag{5-2-5}$$

式中，$c(k)$ 为系统在 k 时刻的设定值；$y(k)$ 为系统在 k 时刻的实际输出值；$\lambda=e^{-T_s/T_r}$，T_r 为参考轨迹的等效时间常数。

采用单值预测思想，考虑到预测误差 $e(k)=y(k)-y_m(k)$ 和反馈校正，取最优化目标为：

$$\min J=\min[y_m(k+p)+e(k)-y_r(k+p)]^2 \tag{5-2-6}$$

求得 k 时刻的控制输出为：

$$u(k)=\frac{c(k+p)-\lambda^p c(k)-y(k)(1-\lambda^p)+y_m(k)(1-a_m^p)}{K_m(1-a_m^p)} \tag{5-2-7}$$

当 $L\neq0$ 时，参考 Smith 预估器的思想，PFC 仍采用 $L=0$ 的模型，但要对系统输出进行修正，即：

$$y_{pav}(k)=y(k)+y_m(k)-y_m(k-L) \tag{5-2-8}$$

式中，$y_{pav}(k)$ 为修正后的对象输出值，修正后的误差为

$$e(k)=y_{pav}(k)-y_m(k) \tag{5-2-9}$$

综合式(5-2-4)、式(5-2-6)及式(5-2-9)可得加热炉的预测函数控制输出为

$$u(k)=\frac{c(k+p)-\lambda^p c(k)-y_{pav}(k)(1-\lambda^p)+y_m(k)}{K_m(1-a_m^p)} \tag{5-2-10}$$

(2) 基于焦炭塔预热、切换事件的前馈控制

有关焦炭塔预热、切换事件的分析在 2.5.4 中已经分析过了，为克服相关的扰动的影响，采用 2.5.4 中设计的规则触发的前馈控制器。这种方法既简化了先进控制器的设计，又方便了算法的实现，同时也符合现场操作员的习惯，取得了令人满意的效果。

(3) 先进控制系统的应用效果

先进控制系统投运前后，加热炉出口温度（南北两侧）如图 5-2-31 所示，控制性能如表 5-2-5 所示。

表 5-2-5　先进控制系统投运前后的控制性能比较

	变量	标准偏差	范围
投运前	0.4443	0.6666	6.412
投运后	0.2479	0.4979	3.528
下降率	44.2%	25.3%	45.0%

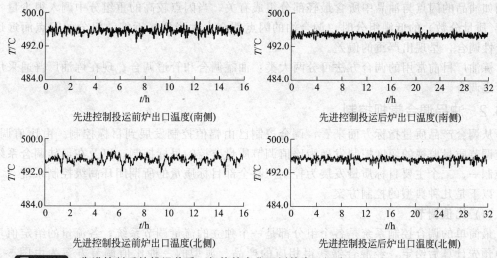

先进控制投运前炉出口温度(南侧)　　先进控制投运后炉出口温度(南侧)

先进控制投运前炉出口温度(北侧)　　先进控制投运后炉出口温度(北侧)

图 5-2-31　先进控制系统投运前后，加热炉南北两侧的出口温度

　　从图 5-2-31 及表 5-2-5 中可以看出，该先进控制策略投运后，有效克服了进料温度、流量变化对炉出口温度的影响，过程的平稳性也得到显著的提高，控制效果明显。

2.6　油品调合

2.6.1　油品调合过程简介

　　炼油厂中很难从某种加工过程中直接得到完全符合质量标准的石油产品，因此大多数燃料和润滑油等石油产品都是由不同组分调合而成的调制品。油品调合就是将两种或两种以上的油品和添加剂或掺合剂，按照一定的适当比例进行掺合，使调合产品达到某一石油产品的规格要求。例如用辛烷值较高的催化裂化汽油和辛烷值较低的直馏汽油按一定比例调合得到辛烷值符合规格要求的车用汽油。油品调合是炼油厂各种石油产品的最后一道生产工序。

　　油品调合的作用与目的在于：

① 使油品全面达到产品质量标准的要求，并保持产品质量的稳定性；

② 改善油品使用性能，提高产品质量等级，增加经济效益；

③ 合理使用各种组分，提高产品收率和产量；

④ 加入必需的添加剂。

　　油品调合通常可分为两种类型：一是油品组分的调合，是将各种油品基础组分按比例调合成基础油或成品油；二是基础油与添加剂的调合。

　　调合后油品的不同特性与调合组分间存在着线性或非线性关系，表现在组分间有无加和效应。某一特性等于其中每个组分按其浓度比例叠加的称为线性调合，亦即有加和性；反之称为非线性调合，即没有加和性。调合后的数值高于线性估算值的为正偏差，低于线性估算值的为负偏差。出现这些偏差的原因是与油品化学组成和该物性间关系不同有很大关系。油品的组成十分复杂，因此一般在调合中大多属于非线性调合。例如车用汽油，当用几种组分调合后，其燃烧的中间产物既可能使其自燃点降低，也可能使其自燃点升高，结果车用汽油的调合辛烷值不再和所含组分的辛烷值成线性关系；一般烷烃和环烷烃的辛烷值基本上是线性调合，而烯烃和芳香烃则表现为非线性调合，因此直馏汽油、催化裂化汽油、烷基化汽油和重整汽油之间调合比例或组分改变时，调合辛烷值也随之改变。在多组分调合时，各种正负偏差相互抵消，可按近似线性关系估算不同辛烷值组分的调合比例或调合汽油的辛烷值。

又例如油品的闪点与油品中所含最轻部分组成有关，当闪点较高的重组分中调入很少量（如0.5％质量分数）的低沸组分时，调合油的闪点就会大大降到接近纯沸组分的闪点而远远偏离线性调合，呈现出严重的偏差。

炼油厂目前常用的调合方法可分两大类：油罐调合和管道调合。现在炼油厂普遍采用的是管道调合。

2.6.2 油品调合常规控制

从调合产品质量指标方面来看，调合控制已由幅值控制发展到目标控制。由比值调节、比值调节质量监视的幅度控制发展为比值调节质量监控的目标控制，以及在最佳调合系统中由控制一、二个主要目标质量发展为控制产品全部目标质量的所谓闭环高级控制系统。

以下是几种典型的控制方案。

(1) 比值调节

最简单的调合控制系统是各个组分都是一个独立的流量调节系统，各流量的给定值均人为地预先计算后给定，经混合器获得相应的产品。典型的一种比值调节方案为由图 5-2-32 所示的用催化汽油、重整汽油、烷基化油和 MTBE（甲基叔丁乙醚）生产标号汽油的控制系统。

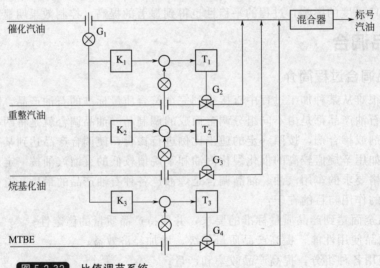

图 5-2-32 比值调节系统

在这一系统中，由于催化汽油的流量最大，所以将其作为主流量，其他组分作为副流量。主流量等于给定值时，比值器 $K_1 \cdots K_3$ 的输出稳定并作为副调节器 $T_1 \cdots T_3$ 的给定值。副流量由闭环调节系统来稳定，而且与主流量保持一定的比值。

这一类的比值调节系统结构简单，实现容易，改变调合比方便，但精度较差。

(2) 质量闭环控制

由于油品调合的主要目的是获得符合产品质量标准的各种油品，各种不同的油品按照不同的质量指标进行调合，若能采用质量闭环调合则是较理想的办法。图 5-2-33 以减压三线、四线馏分油、脱沥青油三组分和复合添加剂、降凝剂两种添加剂共 5 个管道的润滑油调合系统为例，给出了其流程及闭环质量控制示意图。

调合控制系统主要由微处理机、在线黏度和凝点分析仪、混合器及其他常规设备与仪表组成，进行轻、中、重（减压三线、四线馏分油、脱沥青油）三种基础油、复合添加剂、降凝剂共五种管道来料的自动调合。微处理机根据输入的程序自动完成调合比例计算、纯滞后

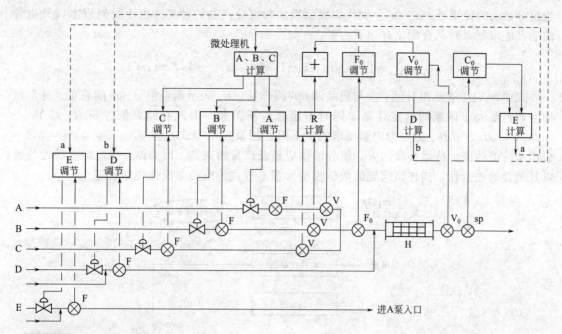

图 5-2-33　润滑油管道闭环质量控制

A—减压三线油；B—四线馏分油；C—脱沥青油；D—复合添加剂；E—降凝剂；F—分路流量计；
F₀—总流量计；V—各路流量计 ；V₀—总黏度计；C—凝点在线分析仪；H—混合器；R—目标调合比

补偿、流量调节与凝点数值控制等。添加剂按比例自动跟踪，加入闭环质量控制系统中。目前国内使用较多且质量较好的国产分析仪有汽油辛烷值分析仪、倾点分析仪等。近年来出现了近红外分析仪（NIR）测辛烷值，测量准确迅速，为质量闭环控制提供了有利条件，近红外分析仪测量辛烷值的在线控制调合系统已经获得了成功应用，但需要根据实际油品建立数学模型，当油品组分变化较大时，需要进行校正。

　　图中 A、B、C 分别表示减压三线、四线馏分油、脱沥青油三种基础油管道，均分别装有流量计和在线黏度分析仪各一台，三种基础油可同时进入混合器。混合器前有总流量计，混合器后设黏度和凝点在线分析仪各一台。D 表示复合添加剂管道，实行总流量跟踪控制。E 表示降凝剂管道，实行凝点闭环控制。

2.6.3　油品调合系统的智能控制

　　某炼油厂应用的是一个很复杂的调合自动化系统。调合控制和优化系统的目的是在调合操作的约束条件下，获得最大利润的同时生产满足所有产品质量要求的产品。

　　大多数调合自动化系统都是建立在三个层次上：离线规划；在线优化；调整控制。在线优化器决定了最终的配方和实时优化系统的性能，这是调合自动化的核心。控制方案如图 5-2-34所示。

　　对于优化调合系统的设计，国内外学者提出了许多设计方案，近年来，不少学者将智能优化技术用于配比模型的求解，实现了油品调合智能控制。下面介绍一种基于遗传算法的汽油调和非线性模型求解方案。

　　待优化问题的目标函数为：

$$f = \sum_{i=1}^{n} p_i Y_i - \sum_{j=1}^{m} c_j X_j$$

　　式中，p_i 为成品油 i 的市场价格；Y_i 为成品油 i 的产量；c_j 为组分油 j 的成本价格；X_j

为组分油 j 的使用量；n、m 分别代表成品汽油和组分汽油的种类。由于受到成本以及组分油的产能限制，对调合配比有如下约束：

$$0 \leqslant \sum_{i=1}^{n} X_j^{(i)} \leqslant B_j \quad i=1,2,\cdots,n; \quad j=1,2,\cdots,m$$

式中，$X_j^{(i)}$ 表示组分油 j 参与成品油 i 的调合量；B_j 表示调合组分油 j 的总量。炼厂汽油生产需要大于国家的给定计划，同时不超过市场需求，因此有约束条件 $ordl_i < Y_i < ordh_i$，$ordl_i$、$ordh_i$ 分别为产量要求的上下限。用系列不等式方程 $g_t(x) \leqslant 0$，$t=1,2\cdots$ 表示辛烷值约束、抗爆指数约束、组分油供应量及产量约束等。因为调合效应的非线性特性以及调合的连续性，描述该问题的数学模型为带不等式约束的非线性规划问题。

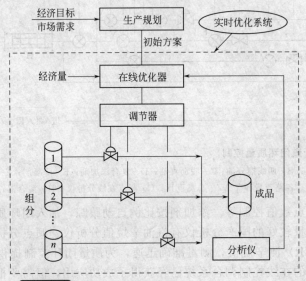

图 5-2-34 调合自动化系统图示

汽油调合可选组分油的搭配有很多，本例选用比较常规的配比进行仿真。五种组分油分别为催化裂化汽油、重整生成油、烷基化油、正丁烷、轻石脑油。它们的质量指标由于每次原油的质量不同和生产工艺流程上的些许差异有一定范围的不同，各组分油质量指标如表 5-2-6 所示。

表 5-2-6　组分油质量指标和供应量

项目	催化裂化汽油	重整生成油	烷基化油	正丁烷	轻石脑油
RON	92.9	94.1	95.0	93.8	70.7
MON	80.8	80.5	91.7	90.0	68.7
RVP	5.3	3.8	6.6	138	12.0
氧含量%	48.8	1.0	0	0	1.8
芳香烃含量%	22.8	58.0	0	0	2.7
价格/(美元/桶)	31.3	34.0	37.0	10.3	26.0
供应量/(桶/天)	12000	6500	3000	5500	800

调合目标汽油质量指标和实际订单量如表 5-2-7 所示。

表 5-2-7　成品油规定标准

油品	价格/美元/桶	需求上限/桶	需求下限/桶	最小 RON	最小抗爆指数	蒸汽压上限
普通汽油	33.0	8000	7000	88.5	82.7	10.8
优质汽油	37.0	10000	10000	91.5	82.7	10.8

(1) 空罐情况

此时不需要考虑罐中油品的质量指标和总量，遗传算法使用浮点数编码、轮盘赌选择、算数交叉、非均匀变异、每代种群中设定 50 个个体。染色体表示为 $[X_0，X_1，X_2，X_3，X_4，X_5，X_6，X_7，X_8，X_9]$，其中，$X_0$、$X_5$ 表示重整生成油参与调合量；X_1、X_6 表示轻石脑油参与调合量；X_2、X_7 表示正丁烷参与调合量；X_3、X_8 表示催化裂化汽油参与调合量；X_4、X_9 表示烷基化油参与调合量。从而可得配比模型的约束条件为：

$$\begin{cases} 0<X_0+X_5<12000 \\ 0<X_1+X_6<6500 \\ 0<X_2+X_7<3000 \\ 0<X_3+X_8<5500 \\ 0<X_4+X_9<800 \\ 7000<X_0+X_1+X_2+X_3+X_4<8000 \\ X_5+X_6+X_7+X_8=10000 \\ 88.5<RON_{nor}<89 \\ 91.5<RON_{high}<93 \\ 82.7<(RON_{nor}+MON_{nor})/2<83.7 \\ 85.7<(RON_{high}+MON_{high})/2<86.7 \\ RVP_{nor}<10.8 \\ RVP_{high}<10.8 \end{cases}$$

上述不等式分别表示重整生成油的供应量约束、轻石脑油的供应量约束、正丁烷的供应量约束、催化裂化汽油的供应量约束、烷基化油的供应量约束、按照订单需要调合的普通汽油的总量约束、优质汽油总量约束、普通汽油的辛烷值约束、优质汽油的辛烷值约束、普通汽油的抗爆指数约束、优质汽油的抗爆指数约束、普通汽油的雷德蒸汽压约束、优质汽油的雷德蒸汽压约束。

采用 C 语言编程，交叉概率设定为 0.8，变异概率设定为 0.015。通过遗传算法得到优化结果为 $[X_0，X_1，X_2，X_3，X_4，X_5，X_6，X_7，X_8，X_9]=[2108.089，2409.702，90.043，3310.185，2.088，7633.378，966.588，144.241，1150.217，106.970]$。调合模型的函数值即最终利润为 66288.7 美元，普通汽油调合量约为 7920 桶，优质汽油的调合量约为 10000 桶，辛烷值指标等均达到规定且满足卡边生产要求，所生产汽油的质量参数如表 5-2-8 所示。与文献 [32] 结果 65914.78 美元及文献 [33] 结果 66242.1 美元比较均有提高，且计算方法更为简洁，所需背景知识更少。

表 5-2-8　调合结果（一）

	调合量/桶	研究法辛烷值	抗爆指数	雷德蒸汽压
普通汽油	7920	88.6	83.04	9.623
优质汽油	10000	92.7	85.93	8.224

（2）罐底油参与调合情况

通过对某石化公司2个多月的实地调研发现，为节省一次性投资成本，同一个油罐往往要担负多种牌号油品的调合任务，且在调合油品时往往一次性将成品油罐调满。而且为了留有余量，一般每次调合都会比实际需要多生产部分成品油，出料后罐中一般都有剩余的罐底油。下一次调合周期到来时罐底油也参与调合。此时需要将染色体扩展为 $[X_0，X_1，X_2，X_3，X_4，X_5，X_6，X_7，X_8，X_9，X_{10}，X_{11}]$，式中 X_5、X_{11} 表示原有的罐底普通成品汽油量。通过遗传算法得到的最优配比为 $[X_0，X_1，X_2，X_3，X_4，X_5，X_6，X_7，X_8，X_9，X_{10}，X_{11}]$ = $[2677.877，2267.856，107.320，2544.778，0.578，400，6386.001，759.744，175.796，1262.369，815.129，600]$，普通汽油调合总量为7998桶，优质汽油调合总量为10000，辛烷值等质量指标均达到要求并实现卡边生产，具体结果如表5-2-9所示。调研中还发现由于某些特殊情况会造成调合组分油确实或供应量不足，通过实验仿真证明本方法也可在一定条件范围内完成其调合配比的计算。此两项应用体现了遗传算法的广泛的适应性，从正常调合到罐底油参与调合，整个算和进化程序不需要做较大改动即可完成。

表 5-2-9　调合结果（二）

	调合量/桶	研究法辛烷值	抗爆指数	雷德蒸汽压
普通汽油	7998	89.0	83.27	9.986
优质汽油	10000	92.9	86.02	9.306

参 考 文 献

[1] 陆德民．石油化工自动化控制设计手册．北京：化学工业出版社，1999．

[2] 周春晖．过程控制工程手册．北京：化学工业出版社，1993．

[3] 寿德清，山红红．石油加工概论．北京：石油大学出版社，1996．

[4] 袁璞．炼油过程先进控制技术的发展与应用，石油炼制与化工，1994，25（10）：28-33．

[5] 王树青．过程控制工程．北京：化学工业出版社，2002．

[6] 侯祥麟．中国炼油技术．中国石化出版社，1991．

[7] 蒋慰孙，俞金寿．过程控制工程．第二版．北京：中国石化出版社，1999．

[8] 王树青，乐嘉谦．自动化与仪表工程师手册，北京：化学工业出版社，2011．

[9] 潘立登，过程控制工程，北京：机械．工业出版社，2008．

[10] 林世雄．炼油炼制工程．第二版．北京：石油工业出版社，1988．

[11] 杨志，胡惠琴，赵子文．常压蒸馏塔的多变量预估控制，控制理论与应用．2000，17（5）：725．

[12] 贾倩蕊．先进控制技术在常减压装置中的应用［D］．天津：天津大学，2005．

[13] 孙琳娟，王树立，倪源等．先进控制技术在常减压装置中的应用［J］．石油化工自动化，2007，6B：36-39．

[14] 乔悦峰，杨文慧，金翔等．先进控制在华北石化分公司聚丙烯装置中的应用［J］．计算机与应用化学，2009，26（9）：1148-1152．

[15] 董浩．工业过程先进控制与优化策略研究［D］．杭州：浙江大学，1997．

[16] 杨马英，王树青，王骥程．FCCU 先进控制发展现状与前景．化工自动化及仪表，1997，24（5）．

[17] 孙优贤，褚健．工业过程控制技术［M］．北京：化学工业出版社，2006．

[18] 钟璇，张泉灵，王树青．催化裂化主分馏塔产品质量的广义预测控制策略［J］．控制理论与应用，2001，18（S1）：134-136，140．

[19] 徐国忠，徐惠，李振光等．先进控制技术在催化裂化分馏塔中的应用［J］．石油炼制与化工，2002，33（2）：39-42．

[20] Zhong Xuan. Researches on generalized predictive control theory andapplication [D]. Hangzhou：Zhejiang University，1999，59-75．

[21] 徐承恩．催化重整工艺与工程［M］．北京：中国石化出版社，2005．

[22] 瞿国华．延迟焦化工艺与工程［M］．北京：中国石化出版社，2008．

[23] 张建明，谢磊，苏成利等．焦化加热炉先进控制系统［J］．华东理工大学学报（自然科学版），2006，32（7）：814-817.

[24] 周猛飞．延迟焦化工业过程先进控制与性能评估［D］．杭州：浙江大学，2010.

[25] 孙根旺，赵小强，王亚玲，张敏．汽油在线优化调合系统控制模型及其应用．石油炼制与化工，1999，30（11）：33.

[26] 谢磊，张泉灵，王树青，荣岗．清洁汽油优化调合系统．化工自动化及仪表，2001，28（4）：40.

[27] P. Grosdidier, A. Mason. Computer chem. Engng. Fcc unit reactor-regenerator control，1993，17.

[28] Singh A, Forbes J F, Vermeer P J, et al. Model-based real-time optimization of automotive gasoline blending operations. Journal of Process Control，2000，10（10）：43-58.

[29] 王继东，王万良．基于遗传算法的汽油调和生产优化研究［J］．化工自动化及仪表，2005，32（1）：6-9.

[30] 张建明，冯建华．两种微粒群算法极其在油品调和优化中的应用［J］．化工学报，2008，59（7）：1721-1726.

[31] 迟天运．汽油调和非线性模型求解及在线调和研究［D］．大连：大连理工大学，2007.

[32] 彭定波．智能控制在油品调和中的研究与应用［D］．上海：东华大学，2008.

[33] 刘甲林．基于改进蚁群算法的油品调和配方优化研究［D］．大连：大连理工大学，2011.

石油化学工业简称石油化工，是指以石油和天然气为原料，生产石油产品和石油化工产品的加工工业。石油产品主要包括各种燃料油（汽油、煤油、柴油等）和润滑油以及液化石油气、石油焦炭、石蜡、沥青等。石油化工产品则是以炼油过程提供的原料油进一步化学加工，获得各种烯烃和芳烃基本有机化工原料，其产业链简图如图 5-3-1 所示。如通过石脑油裂解可以得到以"三烯"和"三苯"为代表的基本化工原料，而这些原料通过进一步加工可以得到多种有机化工原料（约 200 种）及合成材料（塑料、合成纤维、合成橡胶），并且广泛应用于农业、能源、交通、机械、电子、纺织、轻工、建筑、建材等领域，在国民经济中占有举足轻重的地位。

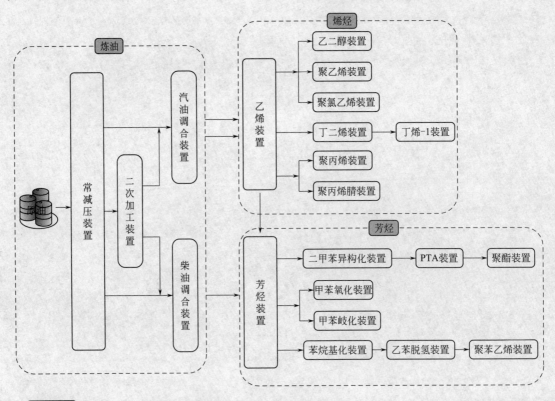

图 5-3-1 石油化工过程产业链简图

随着石油化工生产过程日趋大型化、集中化和连续化，对生产过程的优质、高产、低消耗、环境保护及技术经济等方面有了更高的要求，特别是当今全球能源紧缺的情况下，如何实现过程生产的最优化，最大限度提高生产率，节能降耗，是未来急需解决的问题。石化行业的发展与信息化密切联系，信息化的发展与自动化的实现又紧密相关。充分利用信息和自动化技术来实现石化企业的先进控制、操作优化、计划与调度的优化、资源优化，是提升企业竞争力的有效手段。

本章主要从乙烯生产过程、芳烃生产过程、精对苯二甲酸生产过程以及聚酯生产过程出发，分别介绍目前各过程的自动化技术应用状况。

3.1　乙烯生产全过程自动控制

3.1.1　乙烯生产过程工艺流程概述 [1]

乙烯生产过程包括裂解原料预处理、热裂解、裂解产物急冷和洗涤、裂解产物压缩和干燥、裂解产物深冷及氢气与甲烷低温分离、脱乙烷、乙烯精馏、双塔脱丙烷和丙烯精馏等过程。

生产乙烯的裂解原料多种多样，从乙烷到沸点达到 560℃ 的石油馏分均可作为管式裂解炉裂解制乙烯的原料。乙烯裂解原料的来源主要包括炼厂一次、二次加工的产品，如石脑油、轻柴油、加氢尾油以及炼厂液化气等；此外，其来源还包括天然气和油田伴生气。近年来，随着石油化工的迅速发展，乙烯裂解原料也相应地在进行不断的调整与改进，主要体现在原料重质化、轻质化等的多样性变化。

由于裂解原料中都含有一定量的砷化物和汞化物等杂质，因此必须在裂解原料进入反应系统之前将其脱除。对于气体碳氢化合物中砷化物的脱除，一般利用其对金属氧化物的还原能力来脱除，选用的氧化物包括氧化铜、氧化铅、氧化锌和氧化锰。对于液态烃中的砷化物，一般采用氧化铝-钠、氧化铜-氧化钴、氧化镍-三氧化二铝、氧化镍-三氧化二铝-氧化钯或者氧化镍-三氧化二铝-氧化铂等作为液体碳氢化合物的脱砷剂。对于液态烃中痕量汞的脱除，通常可采用硫化物或者铜化物等进行脱除。在使用硫化物脱除离子汞或者可电离汞化合物之后，也可以使初步液化的液态烃与一种吸附剂接触，进而脱除元素汞和有机汞化合物。该吸附剂为含有钼、钨、钒等金属的一种或者多种硫化物。

裂解原料经预处理后，被送往管式裂解炉内进行高温裂解反应。裂解工艺参数对原料消耗定额有较大影响。一般而言，高温、短停留时间和低烃分压较低温、长停留时间和高烃分压操作的原料定额消耗要低，因此，根据原料性质选择合适的操作条件对提高裂解反应的经济性具有重要的意义。在乙烯工业中，常采用简单易得的裂解产物中甲烷与乙烯的体积比作为裂解炉选择性的重要指标。决定裂解炉选择性的主要因素包括平均停留时间和平均烃分压。在实际生产中，如果以乙烯产量最大为目标，则可加深裂解深度，但这样的操作将会使得产气率增大，后续分离系统的能耗增加；反之，则产气率减少，副产品收率增加，分离系统能耗也随之降低。

裂解原料在裂解炉内经高温裂解后，需要对裂解产物进行快速冷却，即急冷。急冷系统包括急冷锅炉、急冷油、急冷水等子系统。其中急冷锅炉属于间接急冷，而急冷油和急冷水属于直接急冷。直接急冷具有冷却效果好、流程简单的特点。但是，直接急冷无法高效地回收高温裂解气的热量，经济性较差。间接急冷则是采用冷剂通过急冷器间接与裂解气接触，使裂解气迅速冷却。由于急冷热通量大，因此间接急冷换热器具有热强度高、操作条件极为苛刻、管内外必须同时承受较高的温度差和压力差的特点。

急冷换热器操作的关键点在于要控制好裂解气出口温度，使其高于裂解气的露点温度。裂解气的露点与裂解原料有关。一般而言，以炼厂气为原料的裂解气露点温度约为 300℃，以石脑油为原料的裂解气露点温度约为 350℃，以轻柴油为裂解原料的裂解气露点温度约为 420℃。上述原料对应的急冷换热器出口温度应分别控制在 350℃、400℃ 和 450℃ 以上。裂解气经过急冷换热器后，进入油洗和水洗。裂解气先进入汽油分馏塔进行油洗，其塔顶温度应以水蒸气不在塔顶冷凝为原则，一般控制在 105～110℃；在采用石脑油裂解时，塔釜温度控制在 190℃ 以下为宜；采用轻柴油进行裂解时，塔釜温度可适当提高，一般而言，采用常压柴油裂解时，其釜温可控制在 $200\sim230℃$。急冷水塔塔顶温度控制越低，则带入裂解气压缩机的水蒸气和汽油馏分越少，压缩机入口吸入量越大。但塔顶温度受冷却水温度的限制，一般可控制在 $36\sim40℃$。

裂解气通过一系列急冷工序后，需要进一步对其进行压缩，提高深冷分离的温度，同时促进裂解气中的水与重质烃的冷凝。一般而言，压缩机出口压力控制在 $3.70MPa$ 是经济上合理、技术上可行的压力。在裂解气被压缩后，还需进行碱洗和干燥操作。根据裂解原料中硫含量的不同，可以分别采用氢氧化钠碱洗或者氢氧化钠与乙醇胺联合碱洗流程。当裂解原料中硫含量低于 0.1% 时，可以单独采用氢氧化钠溶液进行碱洗；当裂解原料中的硫含量在 $0.1\%\sim0.5\%$ 之间时，需要采用乙醇胺吸收与氢氧化钠碱洗联合流程脱除裂解气中的酸性气体；当裂解原料中的硫含量高于 0.5% 时，需要对原料先进行脱硫，然后再进行高温裂解。经碱洗后的裂解气采用分子筛、活性氧化铝为干燥剂进行吸附脱水。

经干燥后的裂解气将分别采用丙烯冷剂和乙烯冷剂进行深冷，随着物料温度降低，不断有沸点高的组分被冷凝下来，将冷凝的物料进行汽液闪蒸，得到的液相作为后续分离塔的进料，气相进一步冷凝再闪蒸，由此得到多股组成由重变轻的物料在后续分离塔的不同位置作为塔的进料进行分离。

根据产物的分离序列不同，可以分为顺序流程、前脱乙烷流程和前脱丙烷流程。顺序分离流程与前脱乙烷流程是在裂解产物完成上述所有的预处理之后进行。而前脱丙烷流程是在裂解气经三段压缩后，先把比碳三轻的馏分与比碳四重的馏分分开，使碳四及其以上重组分不再进入压缩机的高压段和精馏分离系统，而碳三及其轻组分则依次被分为氢气、甲烷、乙烯和丙烯等产品。

3.1.2　石油烃裂解炉自动控制

(1) 裂解炉工艺简介

裂解炉是乙烯生产装置的核心装置，乙烯装置主要的能耗和化学反应都发生在这一单元。裂解原料［例如加氢尾油（HVGO）、常压柴油（AGO）、石脑油（NAP）和轻石脑油（LNAP）和 C_5 等］在稀释蒸汽（DS）存在的情况下，在高温炉管内发生裂解反应，生成乙烯、丙烯、甲烷、丁二烯等小分子组成的裂解气。目前国内乙烯装置裂解炉种类较多，主要包括 ABB-Lummus SRT 系列、SEI 公司的 CBL 系列、斯通-韦伯斯特公司的 USC 系列、Technip 公司的 GK 系列、KBR 公司的 SC 系列、林德公司的 Pyrocrack 系列等。

下面以 Lummus 公司的 SRT-Ⅳ型裂解炉为例，介绍裂解工艺流程。

裂解炉工艺流程如图 5-3-2 所示。烃类原料进入裂解炉后，先在预热段经过初步预热后，与稀释蒸汽（DS）混合，再进一步预热并且完全汽化，使其温度升高至稍低于裂解反应的温度，然后进入裂解炉的高温区——辐射段的反应管，在反应管内的烃类原料迅速升温，同时发生产生乙烯、丙烯、丁二烯、甲烷、乙烷等产品的裂解反应。为减少副反应造成的产品损失，裂解气必须迅速地被冷却，故先经过回收裂解气热量的废热锅炉，然后进入急冷器[1]。

裂解反应发生在辐射段，它为吸热反应，因此在此部分需要供给大量的热量。裂解炉通过侧壁烧嘴和底部烧嘴给辐射管加热。去裂解炉的燃料气来自燃料气混合罐，燃料气混合系统接受来自分离单元的部分高压和低压甲烷、裂解汽油加氢单元来的尾气用作燃料气，不足的部分由天然气或碳四补充（在特殊情况下，也可从分离单元接进乙烷、丙烷或丙烯），其中乙烯装置分离单元中产生的甲烷尾气作为燃料气的主要来源。

裂解炉的对流段，设有预热烃类原料、锅炉给水、过热稀释蒸汽等一系列的加热器，以满足工艺的需要和回收热量。

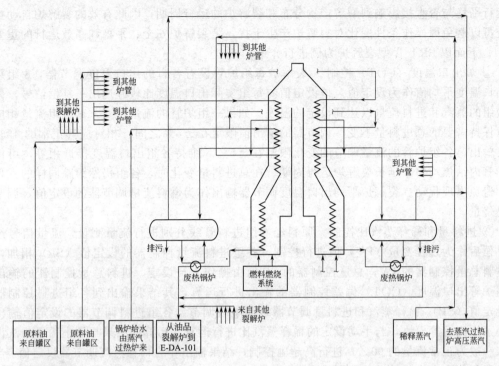

到其他
炉管

到其他
炉管

到其他
裂解炉

到其他
炉管

到其他
炉管

排污

排污

废热锅炉

燃料燃烧
系统

废热锅炉

来自其他
裂解炉

原料油
来自罐区

原料油
来自罐区

锅炉给水
由蒸汽
过热炉来

从油品
裂解炉到
E-DA-101

稀释蒸汽

去蒸汽过热
炉高压蒸汽

图 5-3-2　**裂解炉工艺流程图**

石油烃裂解过程主要是官能团的反应，它是一个十分复杂的连串、平行反应过程。通常裂解反应可以划分为一次反应和二次反应。一次反应主要是裂解原料首先进行的化学反应，一次反应使烃分子由大到小，如链烷烃的断链反应和脱氢反应、芳烃的脱氢开环和环烷烃的开环反应等，通过一次反应生成乙烯、丙烯等。二次反应主要是在一次反应基础上进行的后续反应，二次反应中相当数量的反应是使烃分子由小变大，与一次反应的特征"分解"不同，其重要特征是"化合"，如烯烃与二烯烃进行的合成反应，烯烃、炔烃的聚合、脱氢缩合反应，环烷烃和芳烃进行脱氢缩合和脱氢稠环化反应等。二次反应中的许多反应降低了一次反应生成的乙烯和丙烯等的数量，并导致结焦生炭[2]。

石油烃裂解一次反应是吸热反应，而二次反应大多为放热反应，其平衡常数随着温度升高而增大，反应速率也随着温度的升高而增大。因此，提高反应温度对提高一次反应的平衡转化率和反应速率都是有利的。但在高温下一次反应的平衡转化率只有相对的优势，二次反应中烷烃完全分解为碳和氢的反应平衡常数比一次反应更大，若反应时间过长，则包括乙烯在内的许多裂解产品将最终裂解为碳和氢。然而在反应动力学上，一次反应不仅速度较快而且发生在先，故一次反应占有更大的优势，所以应该采取短的停留时间，使速度慢的反应（如使烃完全分解的反应）以及随后发生的二次反应来不及进行。此外，从热力学的观点来看，采取低的烃分压，有利于分子数增多的一次反应，不利于分子数减少的二次反应。而且在动力学上，一次反应大多是一级反应，而二次反应其级数大多高于一级反应，故降低压力对二次反应速率的减缓高于对一次反应的减缓。由此可见，以生产乙烯为主要目标的裂解反应，其反应条件应该满足高温、短停留时间、低烃分压的要求，且在裂解生产过程中必须保证裂解温度、汽/烃比和生产负荷的稳定。

（2）裂解炉常规控制系统

裂解炉正常运行时炉膛的温度在 1000℃以上，裂解炉炉管出口温度在 800℃以上，裂解炉运行平稳与否直接影响到裂解产物分布和裂解炉的运行周期，因此有效的裂解炉自动控制系统可以避免因操作条件变化对裂解炉产生干扰，是裂解炉安全、平稳和高效运行的重要保障[3]。下面以 SRT-Ⅳ 型裂解炉为例进行介绍。

① 炉出口温度（COT）控制   裂解炉每组炉管设有各自的出口温度调节器，6 组裂解气出口温度平均值作为设定值。该设定值与每组实际出口温度比较并送出一补偿信号，修正相应组的蒸汽和进料流量以达到设定的温度。如果一组炉管的流量改变，其他组流量相应改变以保持需要的总进料量不变。调节器的输出值限定在 ±5% 之间，相对应其正常的 45%～55% 输出，各组炉管的流量调节的变化限制在 ±5%。维持各组出口温度接近相等，可使各组炉管内结焦均匀，延长裂解炉运行周期。在总进料量变化时，各组仍然跟踪同样的平均温度，避免出现扰动。裂解炉平均出口温度调节器输出作为燃料流量调节器的设定值，调节烧嘴燃烧量。

② 进料量和稀释蒸汽比控制   原料经 6 组进料管线分别进行流量测量，流量信号经密度补偿后作为过程变量（PV）值进行控制。各组进料流量控制器的设定值（SP）相加，作为进料总量控制器的 PV，总量控制器的 SP 值由操作人员设定。进料总量控制器的输出与每组炉管出口温度（COT）偏差控制器的输出进行运算，其结果输出到各组进料控制器作为设定值（SP）。稀释蒸汽和进料量调节器组成串级调节。各组进料调节器的设定值输出到稀释蒸汽比运算模块，与手动设定的稀释蒸汽比进行运算。运算的结果与最小稀释蒸汽设定值（一般为正常流量的 90%）进行高超驰控制，结果输出作为稀释蒸汽调节器设定值。当所有的稀释蒸汽和进料量调节器变为串级和预设负荷时，操作人员根据原料/稀释蒸汽比选择固定的设定值。稀释蒸汽比按基于所选原料的斜线以 1%/min 的速率变化至预设常数。装置工程师可以根据需要改变这些预设值。二次注汽的蒸汽流量作为调节器的测量值，二次注汽温差控制器的输出与二次注汽最小蒸汽设定值进行高超驰控制，结果作为二次注汽调节器的设定值。

③ 燃料系统控制   侧壁烧嘴的燃烧量通过手动设定侧壁烧嘴燃料气调节器的设定值进行控制。燃料气的流量经温度、压力补偿后与燃料气的热值进行运算。低负荷时，燃料气通过压力控制，当燃料气流量大于最小设定值时，自动选择燃料气流量调节器。裂解炉出口平均温度控制器的输出作为底部燃烧的设定值，用以控制所需的热负荷。

④ 炉膛负压控制   炉膛负压是一个重要的控制变量。如果炉膛负压过高，火焰或燃烧物可能从窥视孔、管线穿过炉墙喷出，危及设备和人身安全，且氧含量不足，容易引起燃烧不充分，降低裂解炉效率；如果炉膛负压过低，漏风严重，降低了温度，导致热效率降低。对炉膛负压进行控制，可提供稳定的正常燃烧所需要的空气量。为了避免仪表故障以及炉膛负压波动的影响，采用 3 个取压点及 3 个微差压变送器进行测量，取中间值用于调节引风机转速或烟道挡板来控制炉膛负压。

⑤ 汽包液位三冲量控制[3]   汽包液位控制为三冲量控制，即汽包液位、锅炉给水流量和高压蒸汽送出流量之间进行的补偿收缩和膨胀效应。汽包液位和高压蒸汽流量用于修正锅炉给水流量以维持准确、稳定的汽包液位。一般锅炉给水流量调节器的设定值接近高压蒸汽流量测量值。无磷锅炉给水注入量也用于三冲量控制，修正高压蒸汽输出量。在计算时汽包排污按固定的比例考虑。

⑥ 超高压蒸汽温度控制   超高压蒸汽温度通常控制在 520℃，超高压蒸汽总管设计温度为 540℃。设超高温度联锁保护，经 30s 延迟后裂解炉部分联锁停车，经 2min 延迟后裂解炉全部联锁停车。为避免超高压蒸汽温度过高，采用超高压蒸汽减温器调节注入的水流量，使超高压蒸汽温度得到稳定控制。

⑦ 急冷器出口温度控制[4]　急冷器出口温度决定了汽油分馏塔的塔釜温度。急冷器出口裂解气温度一般比汽油分馏塔塔釜的液体温度高大约 10℃。若控制汽油分馏塔的塔釜温度为 200℃，急冷器出口温度则应控制在 210℃。通过调节注入急冷器的急冷油流量，来控制急冷器出口裂解气温度。

（3）裂解炉的先进控制

裂解炉先进控制系统（APC）一般包括炉出口平均温度控制、炉出口温度均衡控制、总进料烃量控制、汽烃比控制以及裂解深度控制等。其控制的目标主要是：保持裂解深度稳定，炉出口温度快速稳定地跟踪设定值，保证汽/烃比、总投料量以及裂解深度达到要求[5]。

① 出口平均温度（COT）控制　该控制系统是将裂解炉各组炉管平均 COT 温度作为关键的被控变量。在裂解炉进料流量、DS 流量基本稳定的情况下，燃料气热值变化是影响 COT 稳定的重要因素，而燃料气热值变化通常是通过在线热值仪来分析，存在较为明显的滞后，因此直接应用于控制会产生不良效果，本方案建立了燃料气热值"软测量"模型，对燃料气热值进行"实时"测量，因此 COT 控制系统采用带有燃料气热值前馈的炉管平均出口温度（COT）控制，通过底部燃料气流量的实时调节实现 COT 的定值或跟踪控制。同时为了保持底部和侧壁烧嘴热负荷的稳定，本方案还设计了底部和侧壁燃料气负荷控制器，保持底部和侧壁热负荷的同步变化，并为热负荷比例的实时优化提供平台。

该系统功能逻辑如图 5-3-3 所示，主要包括下列功能模块：

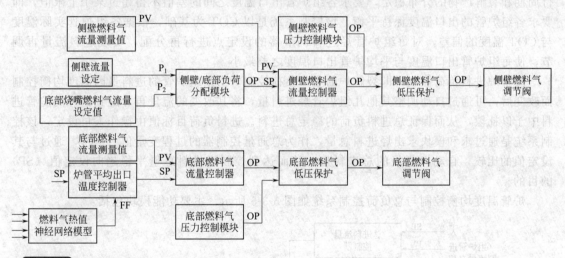

图 5-3-3　裂解炉炉管平均出口温度先进控制系统

a. COT 温度控制模块　根据设定的 COT 温度动态调节底部燃料气的流量设定值，实现温度的稳定或跟踪控制，同时考虑了燃料气热值的波动情况，采用燃料气热值前馈的方式，降低燃料气热值波动对温度的干扰；

b. 底部燃料气流量控制模块　控制底部燃料气流量调节阀，实现燃料气流量的稳定控制或跟踪控制；

c. 侧壁燃料气流量控制模块　控制侧壁燃料气流量调节阀，实现燃料气流量的稳定控制或跟踪控制；

d. 侧壁/底部比例控制模块　根据设定值（SP）的变化和底部燃料气流量变化，按照设定的负荷比例调节侧壁燃料气的流量，实现底部、侧壁流量的负荷分配和同步、同向调整。

② 汽/烃比控制　汽/烃比值控制系统的目的是实时控制裂解炉原料烃和蒸汽的质量流

量比值，它直接影响裂解炉的操作周期和裂解产品收率。该控制系统首先建立质量流量和一些工艺参数的关系式，通过测量稀释蒸汽的压力、温度以及烃进料的密度，在线计算出原料烃和蒸汽的质量流量，实现汽/烃质量流量比值控制。对设有二次注汽的裂解炉，除了汽/烃总比值外，操作人员还必须设定二次注汽汽/烃比，这个比率决定着一次注汽量和二次注汽量的分配。该系统还具有保护炉管的功能，即当提高裂解炉进料负荷时，DS 流量提前提高，当降低进料负荷时，DS 流量滞后一段时间后再降低。

控制方案如图 5-3-4 所示，主要功能模块如下：

a. 汽烃比控制模块　该模块根据预先设定的 DS 与进料量的比例（SP），根据烃流量的变化，动态调整对应炉管的 DS 流量设定值；

b. 蒸汽量高选器　为了保证炉管的操作安全，避免 DS 流量过低对系统造成的安全隐患，系统设计了炉管最小 DS 流量，该模块用来进行高选。

图 5-3-4　裂解炉汽/烃比值控制系统框图

③ 炉管出口温度均衡控制和总进料量控制　裂解炉正常运行时，为了保证裂解炉的运行周期和裂解产物的分布稳定，要求各组炉管出口温度之间的差值不得超过某个上限值，即要求各组炉管的出口温度保持平衡。该控制系统是以 COT 为基础，根据各组炉管实际温度与 COT 温度的偏差，对每组炉管烃进料调节器的设定点进行再分配，实现进料流量再调节，使每组炉管出口温度与平均炉管出口温度之差最小。

裂解炉进料负荷控制，即裂解炉的生产负荷控制，当某组炉管的进料量因温度均衡控制而改变后，可通过自动调整其他几组炉管烃进料量，将其改变的流量再分配到另外的炉管进料中予以补偿，从而保证总进料负荷的稳定总进料。进料负荷目标值由操作人员设定，该控制系统是通过求和模块求出烃进料总量，作为总通量控制器的过程变量值（PV），通过与其设定值的比较，自动调整烃的总进料量，从而达到控制烃进料总量平稳趋向设定值（SP）的目的。

炉管温度均衡控制与总负荷控制系统如图 5-3-5 所示，主要功能模块包括：

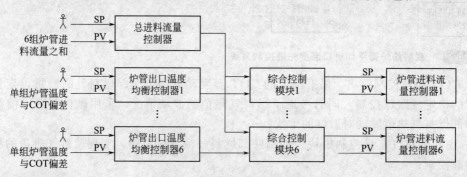

图 5-3-5　裂解炉出口温度均衡控制与总负荷控制框图

a. 炉管出口温度均衡控制模块　其设定值为该炉管与 COT 温度偏差的值，该控制模式根据温度偏差情况动态调整进入该炉管的进料量；

b. 生产负荷控制模块　该模块根据设定值，动态调整进入各组炉管的进料流量，在温度变化的情况下实现生产负荷的稳定或跟踪控制；

　　c. 综合控制模块　　该模块对温度均衡控制模块与生产负荷控制模块输入进行综合加和运算，调整各组炉管进料量的设定值。

　　④ 裂解深度控制[6]　　裂解深度就是指裂解反应进行的程度。在裂解液体原料时，因为原料中基本不含乙烯和丙烯，故分析裂解产物中主要产品乙烯和丙烯的量，可以方便地获得乙烯对丙烯的收率比。

　　裂解反应的进行程度与各主要产品的收率关系如图 5-3-6 所示。从图中可以看出，随着裂解反应的进行，乙烯收率逐步增加，而丙烯收率稍慢，到最高点后下降。因此，当裂解深度较高时，$C_3^=/C_2^=$ 收率比的大小必能正确反映裂解反应程度。

　　影响裂解深度的主要因素为进料类型及组分、烃分压、停留时间和裂解炉出口温度等。裂解炉有一套裂解气取样分析系统，可提供裂解气中甲烷、乙烯、乙烷、丙烯及丙烷等组分的体积百分比。如果直接利用在线色

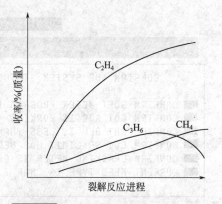

图 5-3-6　液体原料裂解产物收率与反应进程的关系

谱仪的分析值对裂解深度进行控制是不可行的，因为在线色谱仪在运行中存在两个问题：一是稳定性差，运行期间经常出现跳跃变化，分析值异常；二是存在滞后，在线分析仪每 5～15min 一个值，而裂解反应时间仅有零点几秒，因此不能实时反映裂解深度实际值的变化。因此，必须建立裂解深度软测量模型，对裂解深度进行在线估算。利用在线色谱分析值进行校正后，作为模型的输出对裂解深度进行控制。

　　由于直接利用在线分析值无法实现裂解深度的有效控制，因此采用一种基于裂解深度神经网络预测模型的 Smith 预估控制方案，该方案的原理框图如图 5-3-7 所示。通过分析油品特性、裂解炉负荷、汽烃比、COT 等主要参数与裂解深度因子（甲丙比/丙乙比）之间的关系，运用神经网络技术建立裂解深度预测模型，从而根据裂解炉的运行状况预测当前的裂解深度，并利用在线分析仪输出对裂解深度预测模型的输出进行校正，作为裂解深度控制器的 PV 值。然后通过深度控制器自动设定 COT 控制器的设定值，达到稳定裂解深度的目标。

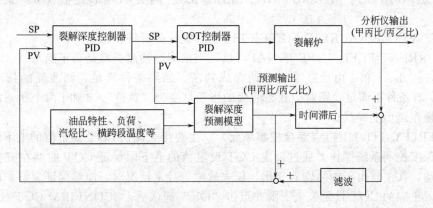

图 5-3-7　基于预测模型的裂解深度 Smith 预估控制方案

　　裂解深度操作界面如图 5-3-8 所示，操作画面由 5 部分构成，分别是"CONFIRM THE SYSTEM STATUS（确定系统状态）"、"SEVERITY CTL UNIT（深度控制单元）"、

"COIL AVERAGE TEMP（炉管平均温度）"、"FEED&DS（进料量和 DS 状态）"和
"CRACKING GAS ANYLYSIS VALUE（裂解气分析仪的值）"。

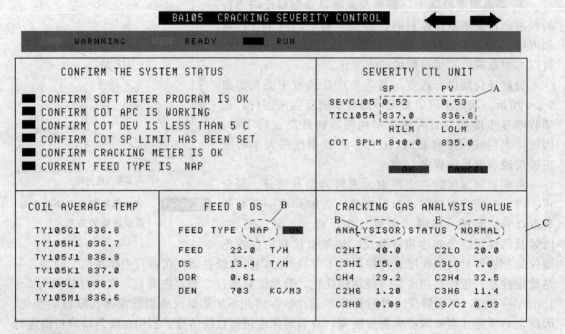

图 5-3-8　裂解炉裂解深度操作画面

CONFIRM THE SYSTEM STATUS（**确定系统状态**）　用来协助操作人员确认裂解
深度控制投用条件是否满足。一共有 6 个状态需要确认，分别为：

a. CONFIRM SOFT METER PROGRAM IS OK（软测量程序运行正常）；

b. CONFIRM COT APC IS WORKING（炉管出口平均温度 APC 处于投用状态）；

c. CONFIRM COT DEV IS LESS THAN 5 C（炉管出口平均温度的 SP 值与 PV 值的偏
差小于 5℃）；

d. CONFIRM COT SP LIMIT HAS BEEN SET［确认 COT 设定值（SP）的上下限已
经设定］；

e. CONFIRM CRACKING METER IS OK（确认分析仪状态正常）；

f. CURRENT FEED TYPE IS NAP（确认当前裂解油品类型是否正确）。

其中，a、b、c 和 e 由诊断系统自动完成判断，如果条件满足，则前面的指示灯变为
"亮绿色"，若条件不满足，则对应状态前面的指示灯变为"黄色"；d 和 f 两个状态需要操作
人员在该操作画面上确认。

SEVERITY CTL UINT（**深度控制单元**）　主要用来确认 COT 设定值的上下限以及投
用或切出深度控制系统操作。通过设定 COT 设定值的上下限保证 COT 能够在安全的温度
范围内波动，在出现由于油品剧烈变化、仪表故障等异常情况时，能够保证裂解炉的运行安
全。在输入正确的 COT 设定值上下限并点击"OK"确认后，"CONFIRM COT SP LIMIT
HAS BEEN SET"项指示灯将由黄色变成亮绿色（如果 COT 设定值上下限输入错误，在没
有确认前点"CANCEL"，则 COT 设定值上下限将恢复原先的设定，之后可以重新输入正
确的上下限）。另外，点击"A"区域能够直接进入裂解深度控制组（GROUP195）。

COIL AVERAGE TEMP（**炉管平均温度**）　用于显示当前各组炉管的出口温度。在投

用深度控制前应保证各组炉管出口温度基本一致。

FEED & DS（进料与稀释蒸汽）   用于指示当前的原料类型、总进料量、DS 量以及汽烃比、油品密度等裂解炉运行参数。对于不同的裂解原料类型，需要采用不同的裂解深度预测模型，因此在投用裂解深度控制之前，必须确认当前的裂解原料类型是否正确。如果原料类型正确，点击"OK"后，"CURRENT FEED TYPE IS 当前原料类型"前的指示灯将变成亮绿色。如果原料类型不正确，点击图 5-3-8 中标识"B"所示区域，则在画面下方会出现原料类型选择开关，通过操作台上的上下选择按钮，切换到正确的原料类型后再点"OK"以示确认。

CRACKING GAS ANALYSIS VALUE（裂解气分析值）   用于指示裂解气在线色谱分析仪运行状态以及裂解气在线分析结果。由于裂解气在线色谱分析仪结果被用于校正裂解深度预测模型输出，并作为深度控制器的 PV 值参与控制，因此它的稳定运行对于裂解深度控制长期稳定运行具有重要的作用。在具体实施过程中，后台有专门的裂解气在线色谱分析仪故障诊断程序实时地监控分析仪运行状态。在正常情况下，分析仪状态为"NORMAL"，当出现以下情况时分析仪状态将变成"ERROR"以提醒内操关注分析仪出现异常，同时自动摘除裂解深度控制，系统回归到炉管出口平均温度 APC 控制状态，COT 控制器由 CAS 状态自动切到 AUTO 状态：

a. 在线分析仪输出坏值；

b. 在线分析仪输出超过正常范围，C_2H_4 体积收率正常范围在 C2LO～C2HI，C_3H_6 体积收率正常范围在 C3LO～C3HO，C2LO/HI 和 C3LO/HI 可以在操作画面上 C 区域所在位置进行设置；

c. C_2H_4 和 C_3H_6 收率变化幅度超过 5%（例如更换载气、预处理器积液排放过程中容易出现）；

d. 丙乙比的变化幅度超过 5%。

当分析仪状态由"NORMAL"变成"ERROR"，可以点击图 5-3-8 操作画面上 D 区域，查看具体报警信息。

3.1.3 深冷与脱甲烷系统自动控制

（1）流程简介

深冷与脱甲烷系统包括原料预冷和脱甲烷塔两部分，原料预冷约占分离系统总冷负荷的 40%，脱甲烷塔占分离系统总冷负荷的 10% 以上。在顺序分离流程中，进入脱甲烷系统的裂解气除含有氢气、甲烷外，还含有碳二至碳五以上的各种烃类。在前脱丙烷的分离流程中，进入深冷与脱甲烷系统的物料除了氢气、甲烷外，还含有碳二和碳三馏分。在前脱乙烷的分离流程中，进入深冷与脱甲烷系统的物料包括氢气、甲烷和碳二馏分[7]。

深冷系统的目的，主要是实现裂解产物的冷凝并实现大部分氢气和部分甲烷与裂解产物的预分离。脱甲烷塔的目的主要是实现甲烷与乙烯之间的分离。

影响脱甲烷塔乙烯回收率的主要因素是（甲烷＋氢气）/乙烯的比值、甲烷/氢气的比值、塔的操作温度和压力。（甲烷＋氢气）/乙烯的比值越大，塔顶尾气中损失的乙烯越多；甲烷/氢气的比值越大，塔顶尾气中乙烯损失越少；塔顶温度越高，塔顶尾气中乙烯损失越多。塔的操作压力增大，温度降低，均有利于减少脱甲烷塔塔顶尾气中乙烯损失，提高分离系统乙烯收率。但是，塔的操作压力增大，使甲烷和乙烯之间的相对挥发度降低，各组分在塔内汽液两相中的浓度差异减小，不利于甲烷与乙烯之间的分离。由于深冷与脱甲烷系统是分离系统的耗能大户，冷热工艺物流换热的集成度高，塔的操作稍有不慎就会偏离最佳操作状态，冷量消耗也将变得不合理。为了确保深冷与脱甲烷系统的正常运行，减少深冷与脱甲烷系统的乙烯损失，降低冷量消耗，其控制系统必须满足如下几方面的控制要求：

① 在冷量充足的前提下，将塔顶温度控制得尽可能低，确保尾气中乙烯损失最少，同时塔釜物料中甲烷含量必须控制在后续工艺要求的范围内；

② 脱甲烷塔的操作压力平稳；

③ 脱甲烷塔进料平稳控制；

④ 塔釜甲烷浓度"卡边"控制。

现以某工业装置深冷与脱甲烷系统为例，说明其自动控制过程。

（2）脱甲烷塔进料平稳控制

裂解原料性质变化、裂解反应的裂解深度变化或者裂解负荷变化等因素，都会导致裂解产物总负荷的变化，脱甲烷塔的各进料流量也会发生相应变化，而进料负荷变化会带来脱甲烷塔内组成分布变化以及热量分布变化。裂解产物总负荷变化时，需要兼顾深冷系统各汽液闪蒸罐的液位与流量变化，实现将总负荷变化对脱甲烷塔的影响降低到最小程度，以及工况的平稳过渡。在实际的控制回路设计中，都是将各进料流量与相应汽液闪蒸罐的液位进行串级控制（即图 5-3-9 中 LIC4001 与 FIC4001 形成的串级控制、LIC4002 与 FIC4002 形成的串级控制和 LIC4004 与 FIC4004 形成的串级控制）。为了降低裂解产物负荷变化对脱甲烷系统的影响，需要将脱甲烷塔各进料流股汽液闪蒸罐液位的控制作用整定得相对弱，允许液位出现一定幅度的波动，而各进料负荷可以相对平稳地从原有物料平衡向新的物料平衡过渡[4]。

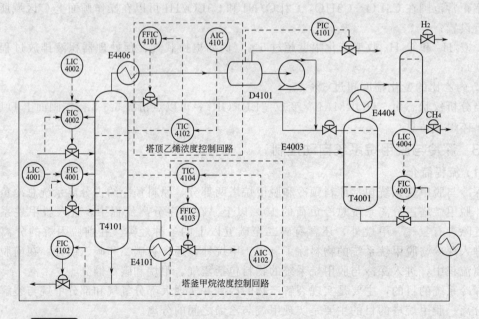

图 5-3-9　脱甲烷塔工艺流程图

① 塔顶尾气中乙烯浓度、塔釜物料中甲烷浓度控制　以脱乙烷分离流程中的深冷与脱甲烷分离单元为例，进入脱甲烷塔的物料除了少量氢气外，基本上为碳二和甲烷的混合物。塔顶和塔釜分别有在线色谱分析塔顶尾气中的乙烯含量和塔釜碳二物料中的甲烷含量。由于在线色谱对组分的分析存在一定的时间滞后，都无法及时反映塔顶尾气中乙烯和塔釜物料中甲烷浓度的变化，因此无法直接用于塔顶尾气中乙烯和塔釜物料中甲烷浓度的控制。而塔内的温度能够比较及时地反映各塔板上组分分布的相对变化，是适用于塔顶乙烯和塔釜甲烷浓

度控制的，但如果裂解原料变化或者裂解深度变化会导致进入深冷与脱甲烷系统中的非分布组分（氢气、乙烷）的浓度变化，也会带来塔内温度分布的变化。因此，当裂解产物组成分布变化时，需要对温度的设定值进行相应调整，以减少塔顶乙烯损失和保证塔釜甲烷含量满足后续工序要求。将在线分析仪与温度控制组成串级控制回路，可以很好地弥补分别由在线色谱单独控制和温度单独控制带来的不足（即图 5-3-9 中 AIC4101 与 TIC4102 形成的串级控制和 AIC4102 与 TIC4104 形成的串级控制）。

　　② 塔顶压力控制　脱甲烷塔的塔顶压力控制对保持脱甲烷塔的平稳运行非常重要。脱甲烷塔塔顶气相采用部分冷凝，塔压的波动同时受到塔顶冷凝负荷和塔顶气相采出量的影响，而塔顶气相采出量与进出脱甲烷塔甲烷组分的物料平衡密切相关。因此，需要通过塔顶压力控制回路（即图 5-3-9 中 PIC4101 的单回路控制），确保进出脱甲烷塔的甲烷物料平衡，同时能够满足脱甲烷塔塔顶甲烷回流和深冷系统乙烯吸收塔所需的甲烷回流。

3.1.4　乙烯精馏过程自动控制

(1) 乙烯精馏过程简介

　　以顺序流程中的乙烯精馏塔为例，介绍乙烯精馏过程。乙烯精馏塔是乙烯装置的关键单元，主要生产聚合级乙烯（纯度在 99.95％以上），工艺流程如图 5-3-10 所示。来自乙烯干燥器的物料进入乙烯精馏塔的进料板，在乙烯精馏塔中进行乙烯和乙烷的分割。该塔的热源由底部再沸器和中间再沸器提供，底部再沸器的热量由 2℃级的丙烯冷剂供给，中间再沸器的热量由裂解气提供，丙烯冷剂和裂解气被冷却，该塔的回流由塔顶冷凝系统提供。乙烯精馏塔塔顶气相经塔顶冷凝器，用−40℃级丙烯冷剂冷凝至气液混相后进入回流罐。乙烯回流罐中的液相经回流泵加压后作为乙烯精馏塔的回流，乙烯产品在精馏塔侧线采出。

　　由于乙烯精馏塔分离的主要组分乙烯和乙烷沸点较接近，且组分中含有丙烯、丙烷等重组分，而分离的产品又是聚合级乙烯（纯度必须大于 99.95％），是一个很复杂的精密精馏过程。

(2) 乙烯精馏过程自动控制

　　① 乙烯精馏塔控制系统的基本目标

　　a. 保证聚合级乙烯质量符合规定要求，而塔釜损失的乙烯浓度在一定范围内，不能过高。

　　b. 保持整个塔的物料和能量平衡，以使塔的操作达到稳定。

　　c. 塔的整个操作应符合约束条件，必须处在可以容许的界限之内。例如，上升蒸气量和回流量不能过大，否则会出现液泛现象。塔的处理量（进料量）也要满足一定约束。

　　d. 达到上述目标的同时，在经济上要有效。这就意味着要获得最大产品回收率和较小能量消耗，即塔的优化操作目标。

　　② 乙烯精馏塔的控制方案

　　a. 乙烯精馏塔的基本控制　精馏塔常用的基本控制方案是：产品质量开环控制、精馏段指标的控制、提馏段灵敏板温度控制、塔压控制。

　　b. 乙烯精馏塔的复杂控制　上述的精馏塔基本控制，所有的系统均以单回路系统形式表示。在实际精馏塔控制方案中，串级、均匀、比值、前馈、选择性等复杂控制系统是经常被采用的。例如，串级控制系统在精馏塔控制中常用于产品质量反馈控制系统中。另外，精馏塔在反馈控制过程中若遇到进料扰动频繁，加上调节通道滞后较大等原因，使调节质量满足不了工艺要求，此时引入前馈控制可以明显改善系统的调节品质。

　　c. 乙烯精馏塔的节能控制　长期以来，经过人们大量研究工作，提出了一系列新型控制系统，以望尽量节省和合理使用能量。另一方面，对工艺进行必要改进，配置相应控制系统，充分利用精馏操作中的能量，降低能耗。

　　d. 乙烯精馏塔的先进控制　乙烯精馏操作中干扰因素很多，及时寻找出一组最佳操作

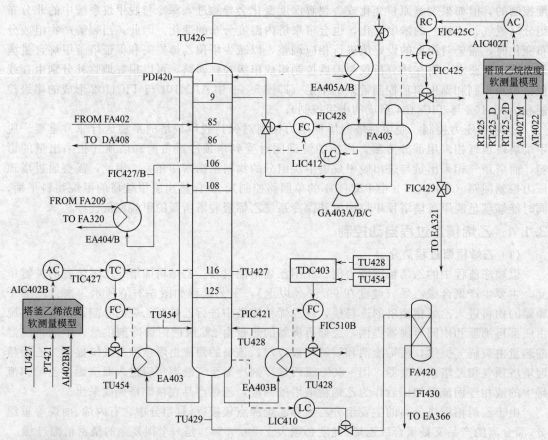

图 5-3-10   乙烯精馏塔流程简图

条件常常需要收集大量的过程数据，并做大量的计算和分析工作，这用常规的控制系统难以做到，因此需采用先进的控制策略。目前，在乙烯精馏塔的先进控制中，应用较多的是软测量和推断控制、内模控制、预测控制和专家系统等。

③ 乙烯精馏塔的先进控制[8]

a. 乙烯产品质量控制   由于乙烯产品中乙烯纯度高（＞99.95%），所以很难直接控制。在此先进控制方案中，选择控制乙烯产品中主要"杂质"——乙烷的浓度。先进控制系统构成如图 5-3-11 所示，主要由下列功能模块构成。

乙烷浓度软测量   由于产品组分色谱分析仪表存在较大的分析滞后，很难用于实时控制，因此根据流程模拟结果和现场数据信息，构建乙烷浓度神经网络软测量系统，实时预测乙烷浓度；根据对塔的流程模拟、塔的操作特性及主要影响因素相关性分析，选择乙烯采出量、塔顶回流量、塔顶温度和塔顶压力、进料流量和回流比作为关键变量预测塔顶的乙烷浓度，同时采用分析仪输出和化验室分析值对软测量预测结果进行实时校正。

乙烯产品采出量控制   根据乙烯塔乙烯流量设定值，动态调整乙烯产品采出流量。

乙烷浓度控制   根据乙烷浓度软测量在线校正值，动态调整精馏塔的回流比设定值（总回流量/乙烯产品采出量），实现乙烷浓度的实时稳定控制，进而实现乙烯纯度的稳定。

回流比控制   通过动态控制产品采出量，实现回流比的稳定控制。

回流罐液位控制   通过动态调整精馏塔的回流量，实现回流罐液位的均匀控制。

b. 塔釜乙烯浓度控制   乙烯精馏塔塔釜乙烯浓度控制方案如图 5-3-12 所示，主要包含下列控制模块。

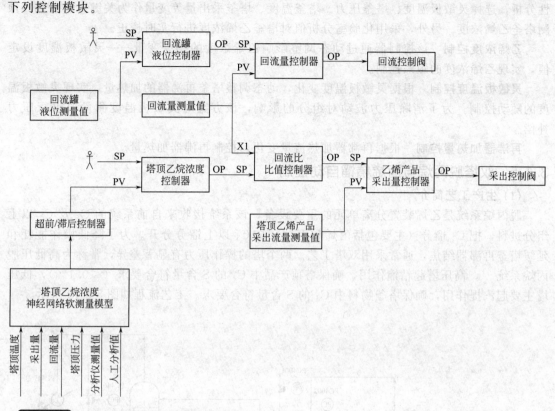

图 5-3-11 乙烯精馏塔塔顶产品质量控制方案

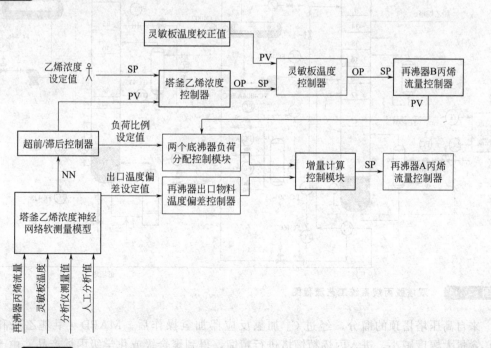

图 5-3-12 塔釜乙烯浓度控制系统方案

乙烯浓度软测量　根据工业装置现场操纵变量分析以及乙烯精馏塔的工艺机理数学模型的模拟计算，利用神经网络技术，建立塔釜乙烯浓度软测量模型；根据对塔的流程模拟和特性分析，选择灵敏板温度、塔釜压力、塔釜温度、塔釜采出量等变量作为关键影响变量，预测塔釜乙烯浓度。另外，采用化验室分析值对塔釜乙烯浓度进行实时校正。

乙烯浓度控制　该控制器通过动态调整影响乙烯浓度的操纵变量——灵敏板温度设定值，实现乙烯浓度的跟踪控制。

灵敏板温度控制　根据灵敏板温度变化，动态调整塔釜再沸器的加热量，实现灵敏板温度的随动控制。为了消除压力波动对组分的影响，该方案对灵敏板温度测量值进行压力补偿。

再沸器加热量控制　根据再沸器加热流量变化，控制再沸器加热量。

3.1.5　双塔脱丙烷与丙烯精馏自动控制

(1) 生产工艺简介

脱丙烷系统是乙烯装置分离单元的重要设备，该系统接收来自前系统的 C_3 及 C_3 以上组分进料，把 C_3 馏分（主要包括丙烯和丙烷）与 C_3 以上馏分分开。为了降低操作能耗和延缓塔釜再沸器结焦，通常采用双塔工艺。两个塔的操作压力有显著差异，常称为高低压脱丙烷系统[9]，高压塔起精馏作用，确保塔顶产品中 C_4 的 S 含量符合要求（<0.1%），低压塔主要起汽提作用，确保塔釜物料中 C_3 的 S 含量符合要求。工艺流程如图 5-3-13 所示。

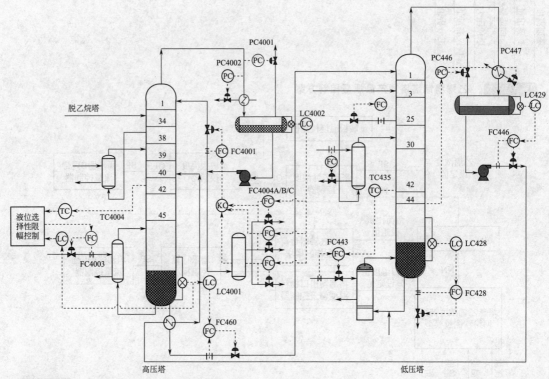

图 5-3-13　双塔脱丙烷系统工艺流程图

来自高压塔塔顶的馏分，经过 C_3 加氢反应器加氢操作后，MAPD（甲基乙炔和丙二烯）含量大幅度减小，进入丙烯精馏塔进行精馏，得到聚合级或化学级丙烯产品。由于丙烯精馏塔分离的主要组分——丙烯和丙烷沸点较接近，且组分中含有一些易聚合的重碳物质，而分离的塔顶产品又是聚合级丙烯（纯度必须大于 99.60%），是一个很复杂的精密精馏过程，工艺流程如图 5-3-14 所示。此系统的工艺操作和自动控制远比炼油厂气分装置中的丙烯精馏单元复杂得多，技术难度亦大得多。

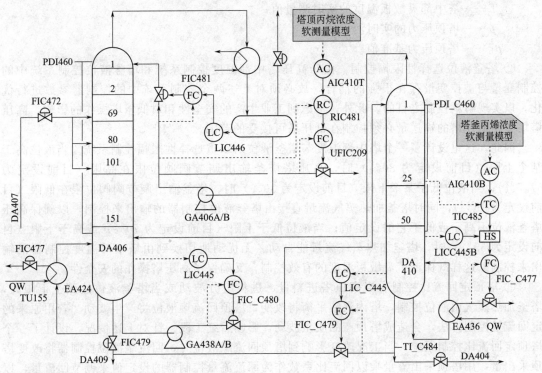

图 5-3-14 丙烯精馏塔带控制点流程图

(2) 高压脱丙烷塔控制系统设计分析

双塔脱丙烷系统中的高压塔相当于精馏段，该塔操作稳定与否直接影响低压塔的操作。设计高压塔控制系统的首要任务是，解决塔釜再沸器结焦速度快，塔顶 C_4 波动大，经常超标，以及由此引起的低压塔塔差压超标，易液泛，从而导致塔釜 C_3 超标等问题。

通过模拟计算以及对实际操作数据的统计分析，发现高压塔塔釜再沸器易结焦的主要原因是塔釜温度较高，且塔釜物料中易结焦的丁二烯浓度较高。实际操作中为了保证高压塔塔釜物料向低压塔的输送量不致过高，以致影响到低压塔，只得将高压塔塔釜温度控制在80℃以上，虽然再沸器设计进出口温差为 6℃，但由于进料负荷增加，在实际运行过程中温差为 7～11℃，再沸器挥发线温度为 87～91℃，塔釜物料中高浓度的丁二烯在此结焦速度较快，造成再沸器加热效果不良，引起系统波动和产品不合格。

① 塔中部灵敏板温度校正模块　一个关键的技术是如何根据高压塔塔顶压力的变化，及时对灵敏板温度进行自校正。在精馏塔操作过程中，当塔压恒定时，塔内的组分分布与其温度分布之间才有一一对应的关联。然而，由于高压塔塔顶冷凝器工作能力的限制，塔压波动很大，最大波动范围达 0.2MPa 有余，因此，为了使应用塔中部灵敏板温度控制塔顶 C_4 的浓度成为有效，必须消除压力变化对温度参数造成的影响。它的基本思想是，根据压力对温度的变化，找出一个基准压力下的温度值，通常它对应着某个组成的沸点。压力-温度补偿数学模型如下：

$$T_b = T - a(p - p_b) + b(p - p_b)^2$$

通常补偿时只用一次项就可以，不需要二次项，因此上式可以简化为

$$T_b = T - a(p - p_b)$$

式中　T_b——压力补偿后的塔中部灵敏板温度值；

　　　　T——塔中部灵敏板温度的实时测量值；

　　　　p——塔顶压力的实时测量值；

　　　　p_b——塔顶压力基准值。

② 塔釜液位选择性限幅控制　由于高压塔中部温度控制系统和塔釜液位控制系统中的控制变量与被控变量存在很强的耦合，故必须对上述两个控制系统中的控制器参数进行优化，以实现解耦控制之目的。此外，考虑到工业生产的安全性和对低压塔操作的影响，高压塔塔釜向低压塔的输送量必须控制在低压塔可接受的范围。

因此，这里设计了一个塔中部温度与塔釜液位的双重选择性限幅控制系统。当液位高于某个上限（目前设定为 80%）时，高压塔塔釜输出调节阀阀位限在高限（目前设定为67.5%）；当液位低于某个下限（目前设定为 30%）时，塔釜输出调节阀阀位限在低限（目前设定为 15%），同时塔釜加热蒸气流量直接由塔釜液位控制器的输出来控制，以确保高压塔塔釜液位不高于或低于它的设定值；当液位低于上限（目前设定为 70%）或高于下限（目前设定为 35%）时，塔釜加热蒸气流量能自动、无扰动地切换到由塔中部温度控制器的输出来控制。这样既保证了灵敏板温度的有效控制，又确保了高压塔操作的安全性。

③ 塔顶定回流比控制　当高压塔进料量、进料组分波动或当塔釜液位达到上下限时，塔釜加热蒸气由液位控制，塔内汽液平衡将改变，塔顶回流罐液位将产生波动。若用原来的定回流量控制方法，会造成塔顶产品质量波动，影响后续工段。针对上述情况，设计了一个塔顶定回流比控制系统，当工况改变影响到塔顶回流罐液位时，回流罐液位控制器将改变塔顶采出量，用塔顶采出流量乘以回流比系数作为回流流量控制器的设定值来调节回流量，以实现定回流比控制，保证塔顶产品质量稳定。

(3) 丙烯精馏塔先进控制技术

基于操作单元模型化结果和操作过程的深层知识库及专家知识库，根据工业装置的实时操作工况，应用新型神经网络技术和工业过程数据协调与校正技术，建立丙烯精馏系统丙烷浓度和丙烯浓度软测量系统[10]。

基于丙烯精馏系统丙烷浓度和丙烯浓度的软测量系统，可以实现丙烯精馏塔产品质量的先进控制，在能耗和丙烯质量过剩最小情况下，确保丙烯精馏塔塔顶采出合格的丙烯产品，同时塔釜丙烯浓度控制在合理范围内。

先进控制系统方案包括塔顶产品质量先进控制和塔釜液位控制两部分。

① 塔顶产品质量先进控制　该方案主要通过控制丙烯产品采出量和回流量，实现塔顶产品质量的卡边控制，如图 5-3-15 所示，具体包括下列功能模块。

a. 丙烷浓度软测量　采用神经网络软测量技术，根据对塔的流程模拟结果和现场数据信息，在线估计产品采出中丙烷含量，克服产品人工分析值滞后带来的影响；根据对塔的流程模拟和主要影响因素相关性分析，选择丙烯采出量、塔顶回流量、塔顶温度和塔顶压力和回流比作为关键变量，预测采出产品中的丙烷浓度，同时采用人工分析值对软测量预测结果进行实时校正。

b. 丙烷浓度控制　基于丙烷浓度的软测量，构建丙烷浓度控制器，动态调节回流比，根据产品质量动态调整丙烷浓度，实现产品质量稳定和"卡边"控制。

c. 回流比与回流罐液位控制　根据回流罐液位，动态调整回流量，实现回流罐液位稳定控制，同时利用回流比控制，在线调节丙烯产品采出量，实现回流比的稳定控制。

② 塔釜丙烯浓度先进控制方案[11]　先进控制系统主要通过控制灵敏板温度和塔釜液位，实现塔釜丙烯浓度的稳定控制，具体实施方案如图 5-3-16 所示，主要包含下列功能

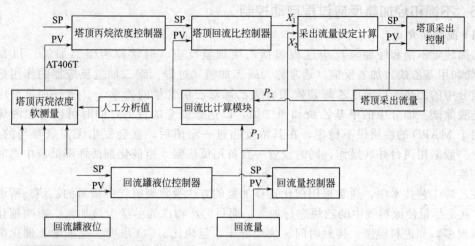

图 5-3-15　塔顶丙烷浓度推断控制系统方框图

模块。

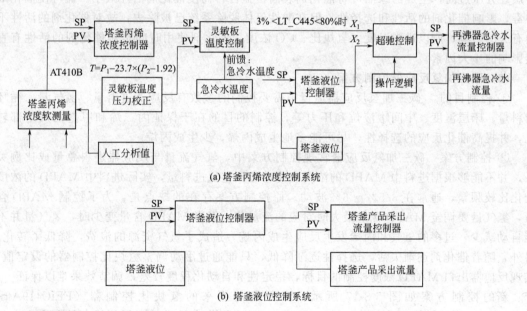

(a) 塔釜丙烯浓度控制系统

(b) 塔釜液位控制系统

图 5-3-16　塔釜丙烯浓度推断控制系统方框图

　　a. 丙烯浓度软测量　根据工业装置现场操纵变量分析以及丙烯精馏系统工艺机理数学模型的模拟计算,利用神经网络技术,建立塔釜丙烯浓度软测量模型。根据对塔的流程模拟和特性分析,选择灵敏板温度、塔釜压力、塔釜温度、塔进料量、塔釜采出量等变量作为关键影响变量,预测塔釜丙烯浓度。另外采用人工分析值对塔釜丙烯软测量输出进行实时校正。

　　b. 丙烯浓度控制　利用软测量系统输出,构建丙烯浓度控制器。通过实时调节灵敏板温度,实现对丙烯浓度设定值的实时跟踪。

　　c. 塔釜液位控制　通过动态调整侧线丙烷采出量,实现塔釜液位的稳定控制。

　　d. 塔釜再沸器加热量控制　根据丙烯浓度变化趋势,动态调整塔釜再沸器加热量,实现浓度稳定控制的目标。

3.1.6　不饱和烃加氢反应过程自动控制

(1) 流程简介

乙烯装置不饱和烃加氢反应过程包括乙炔加氢反应（通常称为碳二加氢）和 MAPD（丙二烯和甲基乙炔）加氢反应（通常称为碳三加氢）过程。碳二加氢反应器的作用是脱除碳二组分中的乙炔，以满足乙烯装置聚合级乙烯对乙炔含量的要求[1]。碳三加氢反应器的作用是脱除碳三馏分中的甲基乙炔和丙二烯，以达到安全的目的，同时可以增加丙烯的产量。由于 MAPD 的性质很不稳定，在其浓度超过一定值后，就会发生无需氧参与的爆炸。工艺上一般采用两台并联操作，同时设置一台备用反应器，当催化剂活性降低或中毒时可以在线切换[1]。

在乙烯工艺技术中，通常采用催化选择加氢的方法脱除裂解气中微量的乙炔。所谓选择加氢，就是尽量使原料气中的乙炔进行加氢，而目的产物乙烯尽量少被加氢。影响催化加氢的因素很多，如进料温度、接触时间、炔烃分压、氢炔比、CO 浓度、硫浓度及催化剂使用时间的长短等，对催化剂的活性都有影响。但对固定的反应器，进料量及进料组成基本稳定，反应接触时间基本不变，炔烃分压与绿油生成量有关，对催化剂的活性无直接影响，但若炔烃分压过高，生成的绿油可将催化剂表面覆盖住，而使催化剂活性减小。硫可使催化剂中毒，影响催化剂的活性和选择性，但在酸性气体脱除系统已被除去，故对催化剂的活性不会有大的影响，所以进料温度、氢炔比、CO 浓度、催化剂使用时间是对催化剂的活性有直接影响的 4 大因素。

(2) 碳三加氢反应器控制方案

① 控制目的　碳三加氢反应器运行中需要控制的参数有反应器进料量、氢气量、循环物料量、床层温度、中间罐液位和压力等，控制的目的在于保证丙二烯和甲基乙炔全部转化，并提高催化反应的选择性，尽可能多地生成丙烯，少生成丙烷。

② 控制方案　碳三加氢反应器常规控制方案中，氢气流量与反应器进料总量成比例关系，并不能够根据进料中 MAPD 的浓度变化动态调整氢进料量，实际进料中 MAPD 的浓度变化比较频繁，通常在 3.5%～6% 波动。原控制方案存在的缺点是，为了控制 MAPD 含量，氢气量要调至 MAPD 含量最大时对应的流量值，但当 MAPD 含量变少时，氢气量并不能自动减少，过多的氢气和丙烯发生反应生成丙烷，造成了氢气资源的浪费，降低了转化。另外，随着催化剂逐渐失活，选择性逐渐降低，只能通过手动调整氢炔比控制器的设定值，实现反应器出口 MAPD 浓度控制的目标，稳定性和自动化程度较差，调节效果难以保证。

新的控制方案如图 5-3-17 所示，该方案与原来的氢炔比控制器（FFIC419A～FFIC419C）通过切换开关 FIC419A3～FIC419C3 由操作人员进行选择切换。控制方案主要功能模块说明如下。

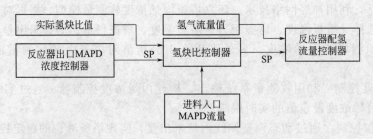

图 5-3-17　反应器出口 MAPD 浓度控制系统逻辑图

　　a. MAPD 浓度控制器　设定值（SP）为加氢反应器出口的 MAPD 浓度的目标值，当实际测量的一段出口炔烃浓度和设定值偏差超过某个限值时，控制器会自动调节氢炔比控制器的设定值，实现浓度的跟踪控制。

　　b. 氢炔比控制器　模块输出＝炔烃流量×控制器设定的比例（SP）。其输出（OP）作为氢气流量控制器的设定值。

　　c. 氢气进料流量控制器　根据设定值（SP）的变化调节反应器配氢流量。

(3) 碳二加氢反应器控制方案

　　① 控制目的　碳二加氢反应器运行中需要控制的参数有反应器进料量、氢气量、反应器处理负荷分配和床层温度等，控制的目的在于保证乙炔全部转化，并提高催化反应的选择性，尽可能多地生成乙烯，少生成乙烷。

　　② 控制方案

　　a. 一段反应器出口乙炔浓度控制方案　控制方案如图 5-3-18 所示，控制方案主要功能模块说明如下。

　　反应器负荷分配优化模块　根据加氢反应过程模型和运行的效益指标，对反应器运行负荷进行优化，以期获得最佳的选择性和乙炔转化率。

　　一段出口炔烃浓度控制器　非线性控制器，模块的设定值（SP）为一段加氢反应器出口炔烃浓度的目标值，当实际测量的一段出口炔烃浓度和设定值偏差超过某个限值时，控制器会自动调节氢炔比控制器的设定值，实现浓度的跟踪控制。

　　氢炔比控制器　模块输出＝乙炔流量×控制器设定的比例（SP）。其输出（OP）作为氢气进料流量控制器的设定值（SP）。

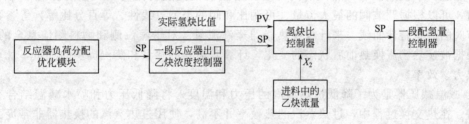

图 5-3-18　一段反应器出口炔烃浓度控制系统逻辑图

　　b. 二段反应器氢炔比控制方案　控制方案如图 5-3-19 所示，控制方案主要功能模块说明如下。

　　氢炔比控制器　模块输出＝入口炔烃流量×控制器设定的比例（SP）。其输出（OP）作为配氢流量控制器的设定值。

　　配氢流量控制器　根据设定的配氢量，调整实际配氢量，与设定值一致。

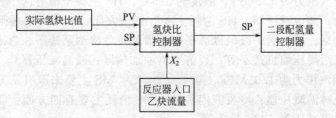

图 5-3-19　二段反应器氢炔比控制系统结构图

3.1.7 乙烯装置蒸汽管网监控与用能配置

(1) 乙烯装置蒸汽管网简介[1]

乙烯装置蒸汽管网中的设备按类型主要分为五类：锅炉（开工锅炉和废热锅炉）、压缩机、泵、换热器和减温减压器。

① 开工锅炉装置提供 SS 和除氧水，主要系统包括给水除氧及高低压锅炉给水系统、SS 锅炉及蒸汽管网系统、凝液回收系统。辅锅的主要作用是在乙烯装置开车时提供 SS 驱动裂解气压缩机透平和丙烯压缩机透平；在乙烯装置运行时，废锅产生的 SS 不够用时，辅锅发汽补充到 SS 管网系统。废锅是利用给裂解炉的裂解气换热产生 SS 的装置，由于是裂解气热量的回收利用，因此称为废热锅炉（或余热锅炉）。

② 压缩机透平用来驱动乙烯装置中的"三机"（裂解气压缩机、丙烯压缩机和乙烯压缩机）、燃料气压缩机和氢循环压缩机。其中，"三机"是乙烯装置中最关键的 3 台离心压缩机组，是乙烯装置的心脏设备，由于没有备机，对机组的要求非常高，机组必须满足安全、稳定、长周期运转。

③ 乙烯装置中泵透平的主要作用是消耗 HS、MS 和 LS 等级的蒸汽，为提高物流的压力提供动力。为了保证装置的平稳运行，每台透平泵都有备用的电泵，在透平泵出现故障时，可以自启动，避免发生停车。对于备用的透平泵，可以通过调整电泵和透平泵的运行策略，在满足生产需求和管网压力等约束条件下，减少或增加 HS、MS 和 LS 的消耗，在尽量少开减温减压器、没有蒸汽放空的情况下，减少辅锅 SS 发汽量。

④ 乙烯装置中消耗蒸汽的换热器主要用来给物流加热，大多数的换热器都是温度控制的，即通过调节换热器入口蒸汽的阀开度，来控制被换热物流的出口温度。DCS 中有阀开度的值，可以根据调节阀的最大流量、可调比和阀的类型（线性、等百分比等）等参数，以及调节阀的流量特性曲线，来计算换热器的蒸汽流量。对于蒸汽侧和物料侧信息全的用户，可以根据被换热物流换热前后状态的变化，计算其需要的热量和蒸汽提供的热量，计算换热器的热力学效率。

⑤ 减温减压器是为了降低过热蒸汽的压力和温度，将降低压力和喷水减温结合在一起的设备。在热交换过程中，过热蒸汽的热效率并不高，使用过热蒸汽的换热器非常庞大，并且要消耗大量的蒸汽，温差也大，饱和蒸汽是最适合热交换的。

乙烯装置的蒸汽管网系统包括 4 个压力等级：超高压蒸汽系统（SS 管网）、高压蒸汽系统（HS 管网）、中压蒸汽系统（MS 管网）、低压蒸汽系统（LS 管网）。

① SS 管网蒸汽压力为 11.2MPa，温度为 510℃。SS 来源有三个方面：水汽装置的两台超高压蒸汽锅炉；老区裂解炉；新区裂解炉。SS 消耗有四方面：老区裂解气压缩机透平、丙烯冷剂压缩机、裂解气干燥器再生气加热器、甲烷化反应器进料加热器；新区裂解气压缩机透平；甲烷化反应器进料加热器；减温减压器。

② HS 管网蒸汽压力为 4.2MPa，温度为 395℃。HS 主要来源有两个方面：裂解气压缩机透平的背压蒸汽；减温减压器。HS 消耗主要有三个方面：驱动高压透平，包括水汽装置高压锅炉给水泵透平、开工锅炉鼓风机透平、乙烯装置急冷油泵透平、急冷水泵透平、乙烯冷剂压缩机透平、丙烯压缩机透平等；裂解燃料油加热器；减温减压器。

③ MS 管网蒸汽压力为 1.65MPa，温度为 295℃。MS 主要来源有三方面：蒸汽透平的背压蒸汽或抽汽；减温减压器；冷凝液闪蒸罐。MS 消耗主要有四方面：驱动中压透平；作为换热器热源；减温减压器；MS 外送等。

④ LS 管网蒸汽压力为 0.38MPa，温度为 215℃。LS 主要来源有两方面：透平的背压蒸汽；减温减压器。LS 消耗主要有四个方面：去除氧器加热锅炉给水并脱氧；作为换热器

热源；减温器减温后作工艺换热器热源使用；外送其他装置。

蒸汽管网的结构示意图如图 5-3-20 所示。

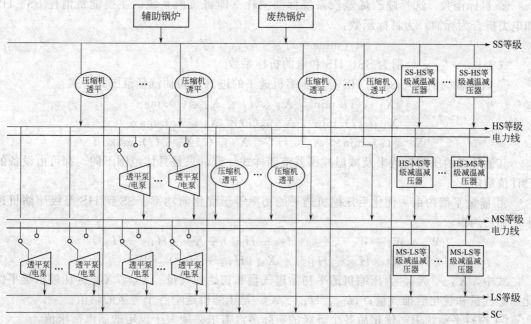

图 5-3-20　蒸汽管网结构示意图

（2）乙烯装置蒸汽流量软测量建模

针对蒸汽管网中不同类型蒸汽设备（压缩机透平、泵透平、换热器和减温减压器）的特点，结合工艺机理和智能建模方法，充分挖掘现有生产过程数据中的有用信息，基于流体流动过程的质量和能量守恒原理，利用聚类分析、人工神经网络和专家系统等智能方法，建立不同类型蒸汽设备的蒸汽流量软测量模型[12]。

① 蒸汽对透平做功，驱动压缩机压缩气体，根据被压缩气体压缩前后状态的变化，利用 Aspen 计算出压缩机需要提供的功，结合传递效率，计算透平需要提供的轴功，根据透平进汽、抽汽和排汽的状态，反算出压缩机透平的蒸汽流量。

② 蒸汽对透平做功，驱动泵运行，提高液体的压力，可根据被输送液体前后状态（压力和流量）的变化，推算出泵透平所需要提供的功，结合泵透平的做功效率，反算出泵透平的蒸汽流量。在实际工况中，由于泵透平的工艺侧信息缺乏，可采用转速与泵透平进出口状态等来估算泵透平的蒸汽流量。

③ 根据换热前后的温差，可由 $Q = KA\Delta T$ 计算出换热量。式中，Q 为换热量，K 为传热系数，ΔT 为换热前后的温差。得到换热量 Q 后，根据蒸汽换热前后的温度变化，计算需要的蒸汽流量。由于换热对象换热前后的状态变化以及其流量等信息较少，可根据阀开度信息来计算换热器的蒸汽流量。

④ 根据调节阀的流量特性曲线来计算减温减压器的蒸汽流量，在设计手册上查到调节阀的可调比等相关参数，从 DCS 上实时采集调节阀的开度，实时计算通过阀门的蒸汽流量。

（3）乙烯装置蒸汽管网用能优化策略

① 调整手段　为了减少蒸汽在传输过程中的有效功损失，采取改善管道保温和选择更合适的蒸汽流速等来减少温度降和压力降。蒸汽在使用过程中的损失，可以通过提高设备的效率，即提高蒸汽的利用效率来减少。对于压缩机透平，通过提高入口蒸汽的温度和压力，

提高排汽的真空度等手段，可以提高透平效率，减少蒸汽消耗；实现蒸汽管网的能量优化配置：调整 SS 等级、透平抽汽量和 HS、MS 等级以及备用透平泵的开备。

② 目标函数　选择吨乙烯蒸汽系统标油消耗（即将蒸汽系统的主要能量消耗 SS、HS 和电力折合为标油）为目标函数：

$$\min e = a f_{SS} + b f_{HS} + c f_E$$

式中，a、b、c 分别为 SS、HS 和电的折标系数。

③ 设备能力约束　SS 到 HS 等级压缩机透平的进汽量和抽汽量范围如下式：

$$X_{1\_SS}(i).\min < X_{1\_SS}(i) < X_{1\_SS}(i).\max$$
$$X_{1\_HS}(i).\min < X_{1\_HS}(i) < X_{1\_HS}(i).\max$$
$$X_{1\_SC}(i).\min < X_{1\_SC}(i) < X_{1\_HS}(i) X_{1\_SC}(i).\max$$

其他等级的压缩机透平及减温减压器范围样式一致，只是具体范围不同，都可由设备的设计值给出。

④ 能量平衡约束　优化后压缩机透平的功率等于优化前功率。SS 到 HS 等级压缩机透平的能量约束：

$$W_d = W_1 + W_2 = X_{0SS}(H_{SS} - H_{HS}) + X_{0SC}(H_{HS} - H_{SC})$$
$$X_{SS}(H_{SS} - H_{HS}) + X_{SC}(H_{HS} - H_{SC}) > W_d$$

式中，X_{0SS}、X_{0SC} 为压缩机透平初始进气量和初始抽气量；X_{SS}、X_{SC} 为压缩机透平优化后进气量和优化后抽气量；H_{SS}、H_{HS}、X_{SC} 是压缩机透平各个等级的焓值。

⑤ 物料平衡约束　优化后各个等级的实际蒸汽需求必须大于设定的蒸汽需求值。

(4) 蒸汽管网实时监控系统开发

乙烯装置蒸汽管网监控系统开发的主要目的：建立友好的人机界面，将实时采集到的数据显示出来，给操作人员操作提供相关数据依据；建立蒸汽管网关键设备的实时监控系统，实时监控其运行状况和热力学效率，以保证设备能长期、稳定地运行；利用采集的蒸汽管网系统的实时数据，建立数据库，实现数据的趋势图、报表生成、用能优化配置等功能；建立不同等级管网产汽和用汽的平衡，实现蒸汽管网用能实时优化；提供最优操作指导[13]。

① 数据实时显示　后台监控与优化系统将计算好的数据回写到 PHD，通过网页发布实时显示。网页显示实时数据的思路与 VB 读取 PHD 数据基本一致，采用 Javascript 和 Visual PHD 服务实时读取 PHD 中的相关数据，采用 AJAX 技术，可以实现无网页加载的数据刷新。

② 趋势图　为了能够方便用户查看数据的趋势，更好地了解生产运行变化状况，制作网页的同时，对所有在网页上显示的数据都添加了查看趋势图的链接。使用 teechart8.ocx 控件进行趋势图的开发。

③ 报表系统　工业报表主要有实时数据生成报表与历史数据查询报表，报表的核心在于对历史数据或者实时数据的调用、处理与存储。蒸汽管网后台计算与优化系统一共生成 6 个 Excel 报表。

④ 网页发布　采用 IIS 6.0 进行网页发布。Internet Information Services（IIS，互联网信息服务）是由微软公司提供的基于运行 Windows 的互联网基本服务。将 Dreamweaver 做好的网页放入文件夹 SPC 中，并且把此文件夹放到系统盘：\ Inetpub \ wwwroot 下。

蒸汽管网实时监控和优化系统的构架如图 5-3-21 所示。

3.1.8　聚烯烃生产过程自动控制

乙烯、丙烯等化工产品除直接用作原材料之外，还可以由乙烯、丙烯通过聚合反应衍生出聚合物，这类聚合物称为聚烯烃。常见的聚烯烃包括聚乙烯和聚丙烯。以聚乙烯生产过程

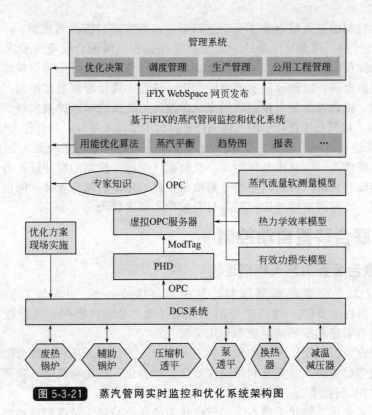

图 5-3-21　蒸汽管网实时监控和优化系统架构图

为例说明聚烯烃生产过程的自动控制情况。

聚乙烯产品分为低密度聚乙烯（LDPE）、高密度聚乙烯（HDPE）和线型低密度聚乙烯（LLDPE），生产技术可以分为高压法和低压法。目前，广泛采用的低压法生产聚乙烯的过程中，气相流化床是聚乙烯生产过程常用的设备。现以气相流化床反应器的控制方案为例，说明聚乙烯生产过程的自动控制。

① 产率控制　聚乙烯产量通过企业下达的计划确定，过程产率控制器通过调整乙烯进料来满足产率控制要求。在产率控制器投运时，由 DCS 操作员指定产率高低限和生产分配因子，在正常需要尽可能提量操作的情形下，产率的上限需放开，不应成为人为卡边条件，最终提量程度由其他约束进行卡边控制[14]。

② 熔融指数控制　氢气作为聚合物分子量的调节剂，在聚合反应中起到链终止作用，是聚乙烯产品熔融指数控制的主要手段。由于聚合反应器的气相流化床气体流速很快，催化剂在反应器内分布均匀，瞬间反应转化率极低，通过不断循环反应气的方式来提升整体的转化率，因而可认为反应器内部浓度是均一的。工艺中熔融指数每隔 4h 监测一个采样，难以做到对熔融指数的实时预测。现场气相流化床反应器中安装色谱分析仪，在此分析反应器中的氢气浓度和乙烯浓度，计算氢气乙烯摩尔比。建立熔融指数的软测量仪表，采用实验室分析数据不断地对软测量仪表进行校正。该校正结果通过模型计算得到反应器中的氢气乙烯摩尔比，进而通过串级控制的方式控制氢气的流量，从而最终实现对熔融指数的控制。

③ 产品密度的控制　密度也是关系聚乙烯最终产品质量的指标。在聚合反应中加入共聚单体（如 1-丁烯），会增加聚乙烯分子的支链数目，从而加大分子与分子的间距，使得树脂产品的密度下降。因而，对于给定的催化剂，控制共聚单体的加入量可实现聚乙烯产品的密度控制。与熔融指数的分析周期相同，工艺中密度每隔 4h 监测一个采样，可建立密度软测量仪表。通过密度软测量仪表的计算值，结合模型计算出反应器中的 1-丁烯-5 乙烯的浓

度比，采用串级控制的方式控制 1-丁烯的进料量，从而实现对密度的控制。

④ 冷却系统控制　聚合反应是一个强放热反应过程，而聚合反应又要求严格控制聚合温度，及时地撤除反应热是提高产率的关键。流化床反应器中，可采用丙烷作为撤热剂。在流化床各段布置热电偶，监测床层上的温度变化，进而实现反应器温度控制。通过换热器对循环气进行冷却，换热器的流量控制采用流化床温度与流量的串级控制实现。

⑤ 压力控制　以气相流化床中的气体循环量作为主要调节手段，放空作为辅助调节手段。

⑥ 闪蒸罐液位和离心机电流的控制　处理液固分离的离心机负荷是限制聚乙烯装置处理能力的一个重要约束，闪蒸罐是作为离心机负荷（电流）控制的缓冲罐，若离心机负荷过高，闪蒸罐可多储存浆液以缓解离心机分离负荷，但闪蒸罐的储存量和时间也有限制，若闪蒸罐液位超高限，此时闪蒸罐液位控制器只有减少乙烯进料[14]。

3.2　芳烃联合装置自动控制

3.2.1　芳烃联合装置工艺流程概述[15]

芳烃是石化工业的重要基础原料，其中苯（Benzene）、甲苯（Toluene）、二甲苯（Xylene）（以下简称为 BTX）被广泛应用于合成纤维、合成树脂和合成橡胶等工业中，在现代国民经济中有着极其重要的地位和作用[15]。

现代芳烃联合装置实现了芳烃的大规模工业生产，其目的是从石油馏分催化重整油和裂解汽油中得到的芳烃资源，并充分利用脱烷基化、异构化、歧化与烷基转移等芳烃间相互转化技术，调节 BTX 间供需的不平衡关系。

一个加工技术先进、转化手段齐全的现代化芳烃联合装置应包括石脑油加氢、催化重整或者裂解汽油加氢、芳烃抽提等生产芳烃的装置以及芳烃转化装置，如二甲苯异构化、二甲苯吸附分离、歧化及烷基转移和二甲苯精馏等，其典型的原则流程如图 5-3-22 所示。

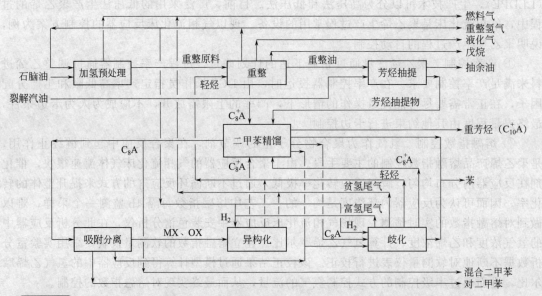

图 5-3-22　典型芳烃联合装置原则流程示意图

石脑油原料经加氢预处理装置，获得馏程适宜、杂质与水分合格的催化重整原料。预处理后的石脑油和来自歧化装置的轻烃主要含有链烷烃和环烷烃等饱和烃，也含有少量芳香烃，经催化重整反应后，链烷烃和环烷烃最大限度地转化为芳烃；催化重整装置生成物经脱戊烷塔和脱庚烷塔后去除 $C_1 \sim C_5$ 轻组分，并将苯/甲苯送芳烃抽提装置，二甲苯送二甲苯精馏装置。芳烃抽提装置利用溶剂对重整生成油中不同烃类的溶解能力不同（即溶剂对芳烃和非芳烃的选择性溶解），将其分成芳烃和非芳烃。其中芳烃再经苯塔精馏后得到高纯度的苯和甲苯，苯是芳烃联合装置的主要产品之一，而甲苯是歧化装置的原料。

歧化装置将来自芳烃抽提装置和吸附分离装置的甲苯和来自二甲苯精馏装置的 C_9^+ 芳烃，经过歧化和烷基转移反应转化生成 C_8 芳烃，反应产物通过由汽提塔、苯塔、甲苯塔、二甲苯塔、邻二甲苯塔和重芳烃塔串联组成的精馏塔系，逐级分离出轻烃、苯、甲苯、混合二甲苯、邻二甲苯、C_9 芳烃以及重芳烃，其中轻烃返回重整装置作为原料，苯、邻二甲苯和重芳烃作为成品外送，甲苯和 C_9 芳烃在本装置内循环使用，而混合二甲苯则作为二甲苯精馏装置的原料。

二甲苯精馏装置采用二甲苯再蒸馏塔、二甲苯分馏塔、邻二甲苯塔等多个精馏塔组成的塔系，实现将 C_8 以上芳烃进料逐次分离成 C_8 芳烃、邻二甲苯和 C_9 以上重芳烃。C_8 芳烃作为吸附分离装置的原料，邻二甲苯作为合格产品出装置，而 C_9 以上重芳烃则部分作为歧化装置的原料，部分出联合装置。

吸附分离装置采用由高效分子筛、吸附剂，结合模拟移动床连续逆流分离等工艺技术，在吸附塔中，利用吸附剂对 C_8A 四种异构体吸附能力的不同，其中对二甲苯（PX）优先吸附的特性，将连续进入吸附塔内的 C_8A 中的 PX 优先吸附出来，经过反复逆流传质交换，然后经过抽出液塔、抽余液塔的精制和解吸，使对二甲苯不断提纯，最终分离成两股物料：解吸剂和粗 PX 混合液以及解吸剂和含贫 PX 的 C_8A 混合液，然后经过提纯塔和脱附剂再蒸馏塔，得到高纯度的 PX 和含贫 PX 的 C_8A 以及循环解吸剂。吸附分离装置生产的 PX 纯度可达 99.7%，收率可达 95%，作为产品送出，而含贫 PX 的 C_8A 作为原料送到异构化单元，解吸剂则循环使用。

芳烃异构化装置在临氢、催化剂的作用下，通过异构化反应将含贫 PX 的 C_8A 原料转化为 PX 浓度接近平衡浓度的 C_8A 混合物，反应产物经气液分离后，气相产品大部分作为循环氢使用，尾氢送入重整装置；液相产品经脱庚烷塔分离出富含 PX 的 C_8 芳烃，作为二甲苯精馏装置的原料，脱庚烷塔塔顶分离出的庚烷以下轻组分及大部分 C_8N+P 再经循环塔分离出 C_8N+P，返回异构化反应器，循环塔塔顶不凝气排至高压燃料气管网，回收的轻烃则送至催化重整装置。

芳烃联合装置是目前国内外生产 BTX 芳烃的主要加工手段，加工流程复杂，伴有芳烃间的相互转化过程。其特点是将多种工艺技术有机组合在一起，在限定的工艺条件下达到优化产品结构、提高产品收率和降低加工能耗的效果，最终提高经济效益。芳烃联合装置不只是几个工艺生产单元的简单结合，而是多套装置各种流程优化组合的结果。联合装置内有大量的热联合，耗能量大大低于每个工艺装置单独生产时能耗之和，工艺物料的走向简单合理。从过程控制的角度看，芳烃联合装置是一个包含多种反应、分离过程和热交换过程的大型复杂工业对象，其内部的物料关联性和能量高集成度，使得装置在操作和运行中始终面临着实现多目标、多层次和多变量过程在多约束条件下协调优化控制的挑战[16]。

3.2.2　连续重整过程自动控制[17~19]

催化重整是一种石油二次加工过程，也是炼油厂芳烃联合装置的核心部分。这一过程是以含 $C_6 \sim C_{11}$ 烃的石脑油为原料，在一定的操作条件和催化剂作用下，原料（烃）分子结构发生重新排列，使环烷烃和烷烃转化成芳烃或异构烷烃，生产轻芳烃和/或高辛烷值汽油，同时副产氢气。影响重整反应的主要操作因素有催化剂的性能、反应温度、反应压力、氢油比、空速等。

催化重整装置通常包括原料预加氢处理、重整反应系统和重整分馏系统等三个单元。其中，重整反应系统流程主要有两大类：固定床反应器半再生式工艺流程和移动床反应器连续再生式工艺流程。图 5-3-23 是某连续重整装置工艺流程简图。

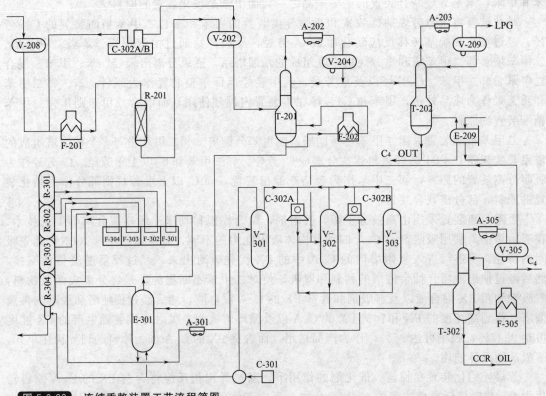

图 5-3-23　连续重整装置工艺流程简图

原料经预加氢原料罐（V-208）与循环氢混合，由反应炉（F-201）加热至 315～340℃（视原料组成而定）。经反应，脱除对重整装置催化剂有害的杂质，反应后的物料在 V202 内分离，分离的氢循环使用，油料先后进入汽提塔 T-201 和脱戊烷塔 T-202，抽掉轻组分和水，作为重整装置的原料，经测试符合要求的原料方能进入重整装置。E-301 是混合换热器，进料和循环氢在此混合并与第四反应器出料换热，混合物料逐次进入四合一反应炉和四合一反应器（分别从第一反应炉和反应器至第四反应炉和反应器）。反应后的油气在 V-301 中分离，并经二次再接触后经稳定塔（T-302）脱除戊烷等馏分，作为芳烃抽提的原料。

(1) 常规控制

连续重整装置常规控制方案主要涉及到：

① 反应系统的控制　包括反应系统温度、流量控制，反应系统压力、再接触压力分程-超驰控制等；

② 加热炉的控制　包括重整反应器入口四合一加热炉的控制，预加氢进料加热炉的控制，分馏塔底重沸炉的控制以及烟气回收余热锅炉的控制等；

③ 塔的控制　包括产品质量控制、物料平衡控制和能量平衡控制等；

④ 催化剂连续再生的控制　包括隔离系统、催化剂管线的阀组控制系统，催化剂烧焦控制系统等；

⑤ 压缩机的控制　包括预加氢循环压缩机（一般为往复式）的控制，重整循环压缩机

（一般为离心式）的控制，再接触循环压缩机（一般为往复式）的控制等。

装置的安全联锁方案已经比较成熟，主要包括加热炉的安全联锁、余热回收的安全联锁、压缩机的安全联锁和催化剂再生过程的安全联锁，这些联锁都是保证装置安全运转的重要措施。

以下简要介绍四合一加热炉、重整反应系统和稳定塔的控制方案。

① 重整反应器入口四合一加热炉　该加热炉由 4 个加热炉合为一体，但分别有各自的炉膛，对应 4 个反应器，无空气预热系统，并共用对流段和烟道。炉膛顶仍各设氧量分析仪监测烟气中氧含量。炉膛顶各设压力检测仪表，其测量值经高选器选择一路控制共同的烟道挡板。加热炉的燃料气仍分两路进入各加热炉。每台加热炉出口（反应器入口）物料温度与进入该炉的燃料气压力串级控制，并加入安全值和高选择环节。

② 反应系统温度、流量控制　经预处理后的重整原料在流量控制下按一定的氢油比与循环氢混合进入进料换热器，与重整产物换热后依次进入 F-301、R-301、F-302、R-302、F-303、R-303、F-304、R-304，反应产物在进料换热器内与重整进料换热后进入重整产物分离罐。在恒定的压力下，反应温度是控制重整反应转化深度的重要变量。重整主要反应均为吸热反应，因此反应温度的控制主要通过反应器入口温度保持稳定来实现。

③ 稳定塔（含高压分离器）的控制

图 5-3-24 给出了该过程控制系统简图，图中高压分离器采用液位和抽出量的串级均匀控制。稳定塔采用提馏段产品质量直接能量平衡控制方案，通过调节塔底再沸器的加热蒸汽量来控制间接质量控制指标塔底温度，塔顶回流采用定值控制。

（2）先进控制

重整装置反应机理复杂，过程变量的耦合作用受到各反应器之间热平衡影响，而催化剂结焦状况、燃料气热值和压力的波动以及各种工艺与设备约束条件等进一步增加了操作的难度。此外，原料性质变化给装置平稳运行和产率、能效优化等带来了更多的挑战，采用先进控制系统提高装置平稳性和主要工艺指标的控制品质，

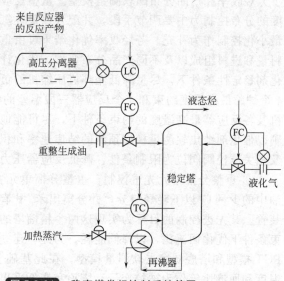

图 5-3-24　稳定塔常规控制系统简图

进而实现装置全流程模拟和优化控制，已是重整装置自动化技术的发展方向。图 5-3-25 是连续重整装置先进控制系统总体框架图。

① 预加氢处理单元先进控制　本单元先进控制的目标是保证预加氢处理单元的平稳性，在满足约束条件下使重整反应单元进料稳定并降低能耗。针对预分馏塔和预加氢脱戊烷塔建立塔顶压力补偿温度的 PCT 模型，以提高产品组分控制的精度。预分馏塔以进料、重沸炉出口温度、塔顶塔压、塔顶回流量、重沸炉空气流量以及炉膛负压等作为先进控制器的操纵变量，以塔的负荷和重沸炉限制为约束条件，实现塔顶和塔底物料组分的稳定控制，实现烟气氧含量的最小化，以节约燃料，并尽可能将进料速率最大化。脱戊烷塔的目标是尽量将塔底的 C_5 以下组分提馏出来，保证重整反应系统的原料条件，同时增加装置的液化气产量，操纵变量主要是塔的回流量、再沸器蒸汽量和进料量等。

② 重整反应单元先进控制　反应单元是连续重整装置的核心，先进控制的目标是保证

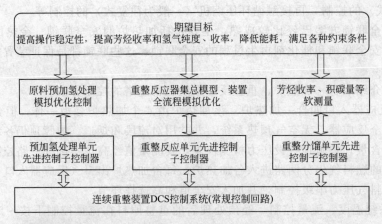

图 5-3-25　连续重整装置先进控制系统总体框架

反应系统运行平稳，在满足约束的条件下，实现芳烃收率和产品分布的控制并降低四合一加热炉的能耗。针对重整反应单元，在重整反应集总动力学模型和软测量技术的支撑下，建立了芳烃收率和产品分布的软测量模型。重整反应器以芳烃收率为目标，以 4 个反应器入口温度的分布控制为主要调节手段，并配合以最佳氢油比控制、反应器苛刻度控制和反应器压力最小化控制作为补充。芳烃收率优化结果可由重整装置全流程模拟与优化系统，针对不同进料量和进料组成以及不同产品分布要求，优化计算获得。最佳氢油比控制可在保证合适的催化剂稳定性条件下，尽量降低循环氢压缩机的负荷，以实现节能；反应器苛刻度控制可通过 4 个炉膛最高温度约束和 4 个反应器三段温差的给定控制，在保证芳烃收率不变并满足压缩机及各反应器最高温度的约束条件下，尽可能地增大反应器进料量；反应器压力最小化控制则以催化剂结焦软测量模型预测的结焦速率和积碳量为约束条件，以压缩机最低允许转速以及相关压控阀阀位为限制条件，降低反应器压力，从而提高芳烃收率和氢气产率。

③ 重整分馏单元先进控制　重整分馏单元主要利用脱戊烷塔和脱庚烷塔去除反应生成油中的少量 C_5 以下轻烃组分，并分离出苯/甲苯、二甲苯分别送芳烃抽提装置和二甲苯精馏装置。其先进控制的目标为实现这两个精馏塔的平稳控制，保证分离效果，并在满足各种约束条件下优化回流比，以降低能耗。为此，建立了脱戊烷塔和脱庚烷塔的塔顶压力补偿温度 PCT 模型和塔底初馏点软测量模型，在此基础上，选择塔顶温度、塔底温度、加热炉出口温度和回流比等作为被控变量，塔顶和塔低采出量、回流量和加热炉燃料气压力等作为操纵变量，并将分馏单元的进料量、进料温度和燃料气总管压力作为扰动变量，设计了多变量预测控制器。为更好地实现节能目标，在重整装置全流程模拟与优化系统的指导下，实现了脱戊烷塔回流比的优化。

（3）流程模拟与优化

实现催化重整装置全流程模拟的关键在于建立重整反应器工艺机理模型，并将其嵌入通用流程模拟软件，在通用流程模拟软件环境中建立包括重整反应单元和分馏单元在内的全流程模型，进而实现包括重整反应在内的装置全流程模拟。图 5-3-26 给出了催化重整反应器 17

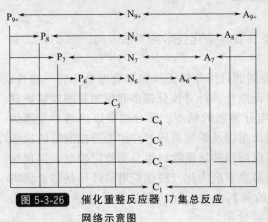

图 5-3-26　催化重整反应器 17 集总反应网络示意图

集总反应网络示意图[5,8]。

在深入了解重整反应机理的基础上，基于设计数据和设计运行数据估算出重整反应模型方程中的反应速率常数和全流程模型的装置因数等相关参数，以保证全流程模型对于芳烃收率、产品分布和催化剂结焦量等工艺指标的预测精度符合过程优化的要求。

以芳烃收率最大化为目标，可通过全流程模拟与优化系统计算出重整装置 4 个反应器的入口温度优化值。例如，某连续重整装置经流程模拟优化得到将第一、第二反应器入口温度降低 2℃、第四反应器入口温度提高 2℃ 的调优方案。经现场实施，将第一反应器入口温度实际降低 0.6℃，第二反应器入口温度实际降低 1℃，第四反应器入口温度实际提高 1℃。经长期的现场使用，取得了芳烃收率提高 0.46% 的明显效果。

此外，通过全流程模拟与优化系统对重整分馏单元脱戊烷塔回流比进行优化，确定出在保证分离要求条件下的最小回流比为 1.25，而实际回流比为 1.58，因此还有将回流比降低 0.3 的优化空间；进一步计算出回流比每降低 0.1，塔顶冷凝系统和塔底加热炉的能耗可各降低约 1GJ/h。为此，将调优方案应用于脱戊烷塔，将回流比在现有基础上降低 0.25。经长期的测试和使用，取得降低塔底加热炉能耗约 2.14GJ/h 的应用效果，并与优化预期值 2.55GJ/h 比较吻合。

3.2.3 芳烃抽提过程自动控制[21]

在炼厂中，催化重整装置的重整生成油和乙烯装置副产的裂解汽油是生产 BTX 的主要原料。由于原料中同碳数的芳烃和非芳烃沸点接近，会形成共沸物，不能用简单精馏方法获取纯的芳烃，芳烃抽提技术因此应运而生。溶剂的选择是芳烃抽提工艺的关键所在，直接影响到抽提过程的技术指标、装置的效率、操作费用及设备投资。综合选择性、溶解能力、热稳定性等重要因素，环丁砜是最佳溶剂之一。影响芳烃抽提操作的主要因素有原料油的组成和初馏点、溶剂的密度和沸点、溶剂的凝点和热稳定性，溶剂比等。

芳烃抽提装置通常包括抽提系统、溶剂回收系统和精馏系统等三个单元。其中，芳烃抽提按原理可分为两大类：液-液抽提和抽提蒸馏。图 5-3-27 是某芳烃抽提装置工艺流程简图。

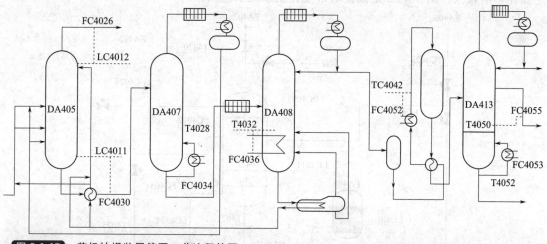

图 5-3-27 芳烃抽提装置简要工艺流程简图

催化重整装置脱庚烷塔塔顶液加压后进入抽提塔 DA-405 的第 64 或 75 块塔板。在 DA-405 中，原料与溶剂逆流接触，进行液液抽提。贫溶剂从抽提塔上部第一块塔板进入，抽提塔内形成组成不同的轻重两相，大部分的非芳烃作为抽余相由塔顶导出，溶解在溶剂中的芳烃和少量非芳烃作为抽取相由塔底抽出。为了提高抽提油纯度，在抽提塔 DA-405 下部设置了一返洗管线，返洗液来自汽提塔 DA-407 顶部回流罐。部分溶剂由进料口进入抽提塔，称为第三溶剂。抽余相自塔顶采出，进入抽余液水洗塔 DA-406。在水洗塔中，水和抽余液逆流接触。DA-405 塔底抽取相也称富溶剂，经与贫溶剂换热后自压进入汽提塔 DA-407 上部第一块塔板。汽提塔塔底产物加压后送往回收塔 DA-408。在溶剂回收塔中完成溶剂和芳烃的分离，溶剂循环使用。抽提油加热后自上而下通过白土塔，经白土塔处理后的抽提油进入苯塔 DA-413。产品苯从侧线抽出，塔底产物送后续装置进一步分离[20]。

（1）常规控制

芳烃抽提装置常规控制方案主要涉及到：

① 抽提系统的控制，包括溶剂比控制、压力控制、返洗比控制、界面控制等；

② 回收系统的控制，包括温度控制、压力控制、回流比控制等；

③ 精馏系统的控制，包括温度控制，温差控制、侧线抽出控制等。

以下简要介绍抽提塔和苯塔的常规控制方案。

① 抽提塔控制　芳烃抽提塔是完成芳烃回收和提纯的关键设备，各被控变量在工艺点的稳定操作是质量和效益的保证，该塔的控制效果决定了下游各塔的产品质量以及控制效果。溶剂比是调节芳烃回收率的主要手段。溶剂比的增加或减少，对回收率和芳烃质量都有很大的影响，其大小应由进料组成和进料量的大小来确定。抽提塔在液相状态下操作，进出料速率的变化和汽化都会影响压力的波动，采用分程控制能较好地克服压力扰动。返洗比是控制抽提油中重质非芳烃的重要手段，返洗量的控制取决于进料中的重质非芳烃的含量。返洗过高，会增加抽提塔的烃负荷，烃负荷过大，会导致溶剂选择性下降，使芳烃损失到抽余油中。相反，返洗比过小时，塔底富溶剂的重质非芳不能完全置换，造成抽提物的纯度下降。温度是影响溶剂溶解度的重要因素，温度越高，溶解度增大，选择性下降，因此在操作过程中，温度一般要保持恒定。抽提塔的界面随进料负荷、进料组成、溶剂比、温度和 pH 值变化而变化，因为受到不可预测的干扰因素影响较多，抽提塔的界面波动很大，对工艺稳定操作影响较大。图 5-3-28 是抽提塔常规控制系统示意图。

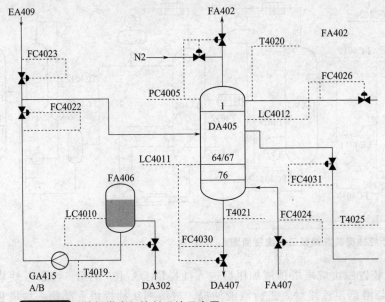

图 5-3-28　抽提塔常规控制系统示意图

② 苯塔控制 苯塔是用精馏的方法将芳烃混合物分离为苯和甲苯，塔底采出的产品是甲苯以上的成分，关键产品苯由该塔侧线采出，塔顶回流罐主要是含有非芳烃的苯和微量的水，除了部分回流，其余部分进行返洗。塔底温度是控制塔底产物甲苯品质和塔顶产品苯中不带甲苯的关键参数，塔底温度不能太高，否则造成温差升高，回流比增大，甚至导致产品不合格。因此，应该在保证苯产品不带甲苯的前提下，适当降低塔底温度。苯塔温差是控制苯产品中不带甲苯的主要手段之一，侧线抽出量应根据温差来调整。如果侧线抽出量波动大，或打破了塔内的物料平衡，将使侧线下部塔板内回流量发生变化，打破了塔内的汽液平衡，影响产品或甲苯的质量。

(2) 先进控制

芳烃抽提装置存在的过程控制难点包括装置的干扰因素多，对塔的影响大，如进料流量的变化、进料组分波动、溶剂质量的变化、溶剂温度的波动以及环境条件变化等，这些因素均影响该装置的平稳操作。由于装置中存在着溶剂循环、烃循环和水循环，并且装置中各塔是上下游关系，因此许多工艺变量之间存在着较强的关联性，这也给装置操作运行带来困难。采用先进控制来提高装置平稳性和主要工艺参数控制品质，进而实现装置的运行优化，是芳烃抽提装置自动化技术的发展方向。图 5-3-29 是芳烃抽提装置先进控制系统总体框架图。

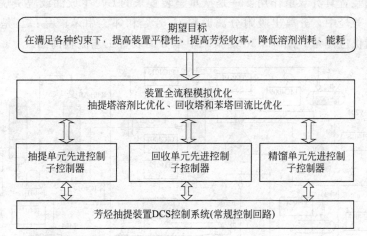

图 5-3-29 芳烃抽提装置先进控制系统总体框架

① 抽提单元先进控制 本单元先进控制的目标是克服各种干扰的影响，保证抽提塔操作的平稳性。抽提塔以进料流量、溶剂流量、返洗流量、抽余液采出、抽出液采出等作为先进控制器的操纵变量，以溶剂比、返洗比、抽余液界面、抽出液界面等作为被控变量，整体提升抽提单元的运行平稳性和经济性。其中抽余液界面和抽出液界面的平稳对于抽提塔的总体平衡至关重要。影响抽提塔界面的干扰因素比较多，例如进料量及组成的变化、溶剂量、溶剂组成及其温度的变化、返洗液量及组成的变化等，而且这些干扰对于界面的稳态和动态特性也存在很大差异，先进控制系统则通过将可测量干扰的扰动通道模型作为控制器内部模型的一部分，来提高系统的抗干扰能力。此外，先进控制系统通过区域控制策略融入了均匀控制思想，从而实现上下游工艺流程的协调控制。

② 回收单元先进控制 贫溶剂回收塔采用水蒸气蒸馏来分离溶剂和芳烃。先进控制系统的目标是保证回收系统的稳定，减少溶剂损失，降低蒸汽消耗。回收塔先进控制器以蒸汽量、回流流量等作为操纵变量，以回流比、塔底温度等作为被控变量，在实现回收塔平稳操作的基础上，通过过程优化减少汽耗和溶剂损失。

③ 精馏单元先进控制　精馏单元先进控制的目标是实现精馏塔的平稳控制，保证分离效果，并在满足各种约束条件下优化回流比，以降低能耗。选择塔顶温度、塔底温度、侧线抽出温度、加热炉出口温度和回流比等作为被控变量，以塔顶和塔底采出量、回流量和加热炉燃料气压力等作为操纵变量，并将进料量、进料温度和燃料气总管压力作为扰动变量，设计了先进控制器。为了更好地实现节能目标，可以在流程模拟优化系统的指导下，优化苯塔的回流比，实现节能降耗的目标。

(3) 流程模拟与优化

芳烃抽提装置的流程模拟与优化可以采用通用流程模拟软件作为平台，在分离平衡级模型的基础上，建立以抽提塔和精馏塔为主的装置稳态数学模型，并在流程模拟软件平台上实现装置的流程模拟。对于任一平衡级，其上的液液两相之间处于相平衡状态，描述平衡级的数学模型同样包括物料守恒、热量守恒、分子分数归一和相平衡方程等。

以苯塔为例，该塔的主要作用是分离甲苯和苯，因为甲苯和苯的物性相差不大，所以精馏分离比较困难。利用流程模拟与优化系统，可优化苯塔的回流比和侧线采出流量等。经长期使用检验，苯塔塔底产品甲苯中的苯含量明显下降，同时减少了后续装置中苯的含量。

3.2.4　二甲苯分馏过程自动控制[22,23]

二甲苯分馏装置具有双重作用：一是从重整装置来的 C_8^+ 生成油或脱庚烷馏分以及异构化装置来的 C_8^+ 芳烃中，分离出吸附分离原料 C_8 芳烃和邻二甲苯产品；二是为异构化装置和吸附分离装置供应热量。图 5-3-30 是某二甲苯分馏装置工艺流程简图。

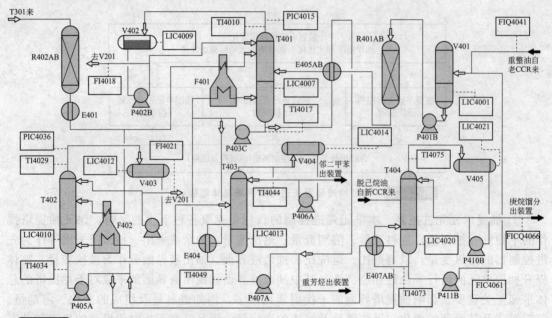

图 5-3-30　二甲苯精馏装置简要工艺流程简图

来自重整油缓冲罐的 C_8^+ 重整油，经过白土处理器脱除所含不饱和烯烃后，进入二甲苯再蒸馏塔的中下部进料口。来自重整装置的脱庚烷馏分，需事先经过重整油分馏塔分离出 C_8^+ 重整油，进入重整油缓冲罐。

来自异构化装置的 C_8^+ 芳烃经白土处理器和进料换热器后分为一大一小两股，大的一股经二甲苯再蒸馏塔重沸炉对流段预热后进入二甲苯再蒸馏塔中上部进料口，小的一股经二甲苯分馏塔重沸炉对流段预热后进入二甲苯精馏塔。

二甲苯再蒸馏塔的塔顶产物作为吸附分离装置的原料，塔底的 C_9^+ 芳烃产物与邻二甲苯塔的塔底产物一起经冷却后送出装置。二甲苯精馏塔的塔顶产物同样作为吸附分离装置的原料，而塔底产物则作为邻二甲苯塔的进料。邻二甲苯塔的任务是分离出合格的邻二甲苯作为塔顶产品，其塔底的 C_9^+ 芳烃产物与二甲苯再蒸馏塔塔底产物一起出装置。

在热量集成利用方面，二甲苯再蒸馏塔和二甲苯精馏塔均采用加压操作、热回流方案，分别为吸附分离装置抽余液塔和抽出液塔的重沸器提供热源，并发生低压蒸汽供装置内自用；二甲苯再蒸馏塔和二甲苯精馏塔塔底重沸炉均作为热载体炉集中供热，分别作为吸附分离装置脱附剂再蒸馏塔、异构化装置脱庚烷塔、循环塔和本装置邻二甲苯塔和重整油分馏塔再沸器的热源，同时对加热炉对流段实施热联合利用。

（1）常规控制

二甲苯分馏装置主要包括精馏塔系和加热炉系统两部分。随着工艺设计水平的提升，本装置通过精馏塔加压操作、热回流以及热量回收等技术，大大提高了热量集成和综合应用水平，同时也增加了二甲苯分馏装置内部及其与芳烃联合装置其他部分的关联程度。随着生产过程复杂度的提高，目前以工艺参数单回路或复杂控制为主的 DCS 常规控制系统会面临更大的挑战。

二甲苯分馏装置常规控制系统采用了如下策略：在精馏过程控制中，二甲苯精馏塔、二甲苯再蒸馏塔采用相同的塔压控制方案，即均采用塔顶热旁路控制。这两个精馏塔和邻二甲苯塔的物料平衡，均通过回流罐液位与塔顶产品流量串级控制、塔釜液位与塔底产品流量串级控制来实现，产品质量控制则采用直接能量平衡控制方案，即塔顶产品质量通过调节回流量来控制，而塔底产品质量通过调节重沸炉/器供热量来控制。在热回收系统中也通过热负荷的合理分配来保证精馏塔自身的能量平衡。图 5-3-31 给出了二甲苯精馏塔常规控制系统示意图。

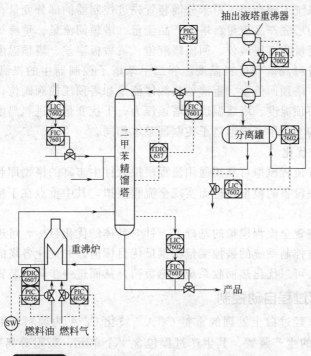

图 5-3-31　二甲苯精馏塔常规控制系统示意图

在加热炉控制方面，二甲苯精馏塔重沸炉、二甲苯再蒸馏塔重沸炉两台加热炉的出口汽化率与加热炉燃料气压力构成串级控制，这样可以稳定塔底供热量。

（2）先进控制

应用先进控制将着重解决以下问题：

① 实现二甲苯再蒸馏塔、二甲苯精馏塔、邻二甲苯塔和和重整油分馏塔等组成的精馏塔系的产品质量控制，并通过"卡边"操作，提高目标产品收率、降低能耗的控制问题，同时保证热回收系统的稳定运行；

② 实现二甲苯再蒸馏塔重沸炉、二甲苯精馏塔重沸炉的出口温度和汽化率控制，提高加热炉的热效率，降低燃料消耗。

图 5-3-32 是二甲苯分馏装置先进控制系统总体框架图。

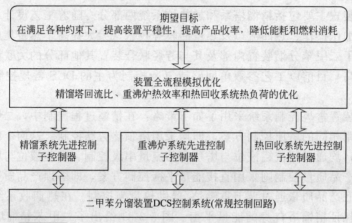

图 5-3-32   二甲苯分馏装置先进控制系统总体框架

这里，以精馏系统为例介绍二甲苯分馏装置先进控制器的部分变量。二甲苯精馏塔子控制器中的操纵变量为塔底产品流量、塔顶产品流量、塔顶回流量、重沸炉出口汽化率和塔顶压控阀阀位，被控变量为塔釜液位、回流罐液位、灵敏板温差、塔顶温度、塔底温度和塔顶压力，干扰变量为进料流量和进料温度。邻二甲苯塔子控制器中的操纵变量为塔底产品流量、塔顶产品流量、塔顶回流量、重沸器热载体流量和塔顶压控阀阀位，被控变量为塔釜液位、回流罐液位、塔顶温度、塔底温度和塔顶压力，干扰变量为进料温度。二甲苯再蒸馏塔子控制器的控制结构与二甲苯精馏塔子控制器基本相同。

（3）流程模拟与优化

二甲苯分馏装置流程模拟可利用通用流程模拟软件中丰富的模型库和物性数据库，建立装置各精馏塔及相关设备的模型，进而实现全流程模拟，其中重点在于精馏系统的模拟和热回收系统的模拟。

在二甲苯分馏装置全流程模拟的基础上，针对具体的优化目标，可进一步实现精馏系统的离线优化，为先进控制系统的被控变量提供最优目标值，并优化各塔的回流比。在热回收系统模拟的基础上，可以优化热回收系统的热负荷，从而进一步降低装置的能耗。

3.2.5   吸附分离过程自动控制

二甲苯装置是以经过白土处理的重整 C_8^+A、歧化 C_8^+A 为原料，生产对二甲苯（PX）和邻二甲苯（OX）的生产装置。其生产过程包含 4 个单元：吸附分离装置、异构化装置、二甲苯精馏装置及邻二甲苯装置。吸附分离装置以 C_8A 为原料，采用吸附剂和解吸剂，以模拟移动床工艺技术，通过吸附分离过程，制备出高纯度的对二甲苯。影响吸附分离过程的主要操作因素有解吸剂与吸附剂的性能、装置温度、装置压力等[22～27]。

吸附分离装置通常包括吸附塔、抽余液塔、抽出液塔和成品塔等 4 个单元。其中，吸附塔是利用吸附剂 ADS-7 对混合进料中 PX 优先吸附的特性，通过解吸剂解吸，最终制备成高纯度的 PX。抽余液塔实现含贫 PX 的混合 C₈A 与解吸剂 PDEB 分离。抽出液塔实现粗 PX 与解吸剂 PDEB 分离。成品塔实现甲苯和 PX 的分离。目前国际上流行的吸附分离装置主要有美国 UOP 和法国 IFP 两大系列类型，而两者的主要区别在于模拟移动床的控制问题。图 5-3-33 是某吸附分离装置工艺流程简图。

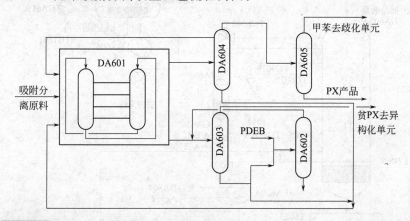

图 5-3-33　吸附分离装置简要工艺流程简图
DA601—吸附分离塔；DA602—解析剂再生塔；DA603—抽余液塔；DA604—抽出液塔；DA605—成品塔

来自二甲苯分馏塔塔顶的混合 C₈A 进入进料缓冲罐，经原料泵加压，分别送向吸附分离系统的两个系列。由于两吸附系列是完全相同的并联，此仅以Ⅰ系列为例说明。从抽余液塔底部和抽出液塔底部排出的循环解吸剂，与各自的进料换热器换热后进入解吸剂缓冲罐。为提高吸附剂的选择性，要保持吸附剂含有微量的无离子水，因此通过注水泵在解吸剂管线中注入水。离开两系列吸附塔的抽出液进入抽出液塔进料混合罐，经换热器与塔底物料换热后进入抽出液塔，塔顶采出送至成品塔，塔底物料送出装置。从抽出液塔顶排出进入成品塔的粗 PX，经成品塔精馏后，塔顶采出送到歧化装置，塔底物料冷却送到 PX 产品罐。两系列抽余液离开吸附塔进入抽余液塔，侧线采出进入异构化进料缓冲罐。

（1）常规控制

吸附分离装置常规控制方案主要涉及到：

① 加热炉的控制，包括抽余液塔再沸加热炉的控制、成品塔再沸加热炉的控制等；

② 塔的控制，包括产品质量控制、物料平衡控制和能量平衡控制等。

此外，为了在吸附塔内实现芳烃的模拟移动吸附分离，采用专门的阀组与管线配合，并用专门的 PLC 控制系统实现复杂的程序控制和安全联锁保护。

以下简要介绍成品塔加热炉、抽余液塔的控制方案。

① 成品塔加热炉　炉出口温度与燃料油或燃料气构成串级控制，当给定炉出口温度的设定值时，通过调整燃料油或燃料气流量控制炉出口温度。炉膛负压一般采用单回路定值控制，根据炉膛内压力的高低来调整烟道挡板角度，炉膛负压采用手动控制方式。同时根据烟气分析情况来手动调节空气流量蝶阀。当加热炉进料或燃料变化时，会引起炉出口温度、氧含量、炉膛压力等的变化，常规控制只有在检测到变化时才采用相应的调节手段，因此加热炉达到一个新的稳态需要较长的时间，影响加热炉的燃烧效果。

② 抽余液塔的控制　图 5-3-34 给出了抽余液塔常规控制系统简图。图中，从吸附分离

装置来的抽余液，经换热器加热后进入抽余液塔，经精馏后，回流量用塔顶受槽液位控制器与回流串级控制，经回流泵送入塔内，含贫 PX 的 C_8A 采用第 5 块与第 21 块塔板上的温差控制器与侧线采出进行串级控制。抽余液塔最上 5 块塔板为干燥板，用以除去侧线物料中的水分。抽余液塔塔底物料，在塔底液位控制器的控制下排到后续罐。塔底物料从塔釜加热炉和换热器处获得热量。

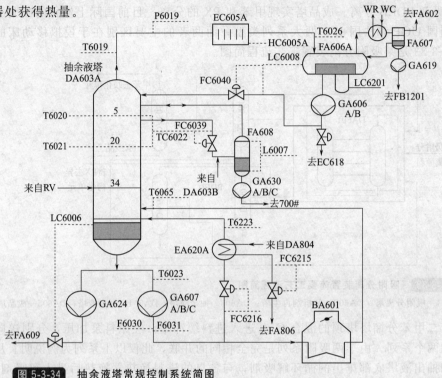

图 5-3-34 抽余液塔常规控制系统简图

（2）先进控制

吸附分离装置机理复杂，过程变量的耦合作用强烈、燃料气热值的波动以及各种工艺与设备约束条件等进一步增加了操作的难度。此外，原料性质变化给装置平稳运行和产率、能效优化等带来了更多的挑战。采用先进控制系统提高装置平稳性和主要工艺指标的控制品质，进而实现装置的优化控制，已是吸附分离装置自动化技术的发展方向。图 5-3-35 是吸附分离装置先进控制系统总体框架图。

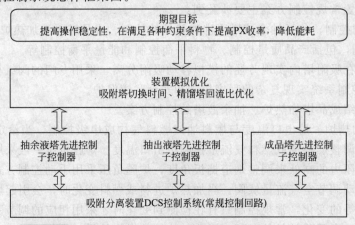

图 5-3-35 吸附分离装置先进控制系统总体框架

① 抽余液塔单元先进控制　本单元先进控制的目标是克服各种干扰的影响，保证抽余液塔操作的平稳性。抽余液塔以空冷器出口温度、灵敏板温差、塔底温度、回流罐液位作为主要的被控变量，同时可以考虑将塔顶温度、塔釜液位也作为被控变量。操作手段取塔顶塔釜的采出流量、侧线采出流量、塔顶回流量、空冷器调节阀值及再沸炉的蒸气流量。控制器将综合考虑抽余液塔的约束及目标，卡边优化调节关键操纵变量。

② 抽出液塔先进控制　抽出液塔先进控制器以灵敏板温差、空冷器出口温度、塔底温度作为主要的被控变量，同时可以考虑将回流罐和塔釜液位也作为被控变量。操作手段取塔釜的采出流量、塔顶采出流量、塔顶回流量阀值、空冷器调节阀及再沸炉的加热蒸气流量。

③ 成品塔先进控制　成品塔先进控制器以灵敏板温差、空冷器出口温度、塔底温度作为主要的被控变量，同时可以考虑将回流罐和塔釜液位也作为被控变量。操作手段取塔釜的采出流量、塔顶采出流量、塔顶回流量阀值、空冷器调节阀及再沸炉的加热蒸气流量。同时为更好地实现节能目标，在流程模拟与优化系统的指导下，实现回流比的优化控制，实现节能降耗的目标。

（3）流程模拟与优化

吸附分离系统的流程模拟主要是精馏塔流程模拟系统的建立，建立数学模型的基础是平衡级模型的概念。而对于任一平衡级，其上的液液两相之间处于相平衡状态，描述平衡级的数学模型同样包括物料守恒、热量守恒、分子分数归一和相平衡方程等。

成品塔作为精馏单元的一部分，其主要作用是实现甲苯和 PX 的分离。通过流程模拟与优化系统，对成品塔回流比、塔底加热量、侧线采出等进行优化控制。经长期的测试和使用，成品塔能耗下降 2.7%。

3.2.6　异构化过程自动控制[28~30]

芳烃异构化是以吸附分离抽余液为原料，即含贫 PX 的 C_8A，在临氢和催化剂的作用下，反应生成接近平衡的 C_8A 混合物，主要反应为：①乙苯异构化为近平衡的 C_8A；②二甲苯异构化为近平衡的 C_8A。反应产物脱除庚烷以下组分后进二甲苯精馏，是芳烃联合装置的重要组成部分。影响异构化反应的主要操作因素有催化剂的性能、反应温度、反应压力、空速等[22,28]。

芳烃异构化装置通常包括异构化反应系统和分馏系统两个部分。图 5-3-36 是异构化装置工艺流程简图。

异构化的进料由吸附分离装置的抽余液塔（DA-603A/B）侧线抽出，进入异构化进料缓冲罐后泵送进入反应加热炉（BA-701-1/2）。经加热后进入反应器 DC-701-1/2 顶部。临氢反应后经空冷器、后冷器冷凝冷却，达到所要求的工艺温度后送入分离器。顶部出来的气体一部分送往 FG 系统，大部分则进入循环氢压缩机增压后作循环氢使用，分离器底部的液相经换热后进入脱庚烷塔（DA-702）。

异构化反应产物换热后进入 DA-702 脱出庚烷以下组分。塔顶气相经空冷器、后冷器冷凝进入塔顶受槽。不凝性气体 FG 系统液相一部分由回流泵打回塔内，另一部分由采出泵送到脱戊烷塔。塔底泵抽出部分去加热炉 BA-702 获得再沸热量，另一部分经白土塔（DA701）除去不饱和烃后送至二甲苯精馏单元。

（1）常规控制

异构化装置常规控制方案主要涉及到：

① 反应系统的控制，包括反应系统温度、流量控制，反应系统压力控制等；

② 加热炉的控制，包括反应加热炉的控制、脱庚烷塔塔底重沸炉的控制等；

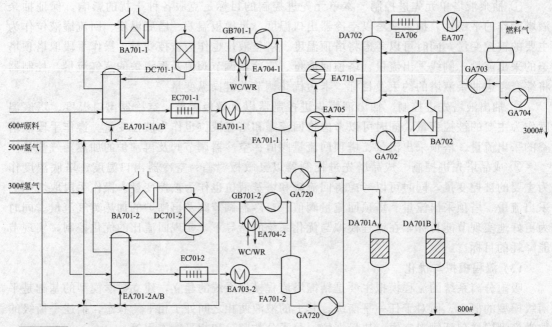

图 5-3-36 异构化装置工艺简要流程简图

③ 塔的控制，包括产品质量控制、物料平衡控制和能量平衡控制等；

④ 循环氢压缩机的控制等。

装置存在的安全联锁方案主要包括加热炉的安全联锁、压缩机的安全联锁、塔压的安全联锁、反应器联锁，这些联锁都是保证装置安全运转的重要措施。

以下简要介绍芳烃异构化的控制方案。

① 反应部分的控制　贫 PX 的 C_8A 在流量控制下，按一定的氢油比与循环氢混合加热后经顶部进入反应器。在恒定的压力下，反应温度是控制 PX 异构化率、芳烃损失以及乙苯转化率的重要变量。反应温度的控制主要通过反应器入口温度保持稳定来实现。加热炉出口（反应器入口）物料温度与进入该炉的燃料气压力串级控制，并加入安全值和高选择环节。

② 分馏部分的控制　脱庚烷塔采用提馏段产品质量直接能量平衡控制方案，通过调节塔底再沸器的加热蒸汽量来控制间接质量控制指标塔底温度，塔顶回流采用定值控制，如图 5-3-37所示。

(2) 先进控制

异构化装置反应系统的催化剂结焦状况、燃料气热值和压力的波动、各变量间互相影响以及各种工艺与设备约束条件，都极大地增加了操作难度。采用先进控制系统的主要目的，是提高装置平稳性和主要工艺指标的控制品质。图 5-3-38 是芳烃异构化装置先进控制系统总体框架图。

① 反应部分先进控制　反应部分是芳烃异构化装置的核心，先进控制的目标是保证反应系统运行平稳，完善产品质量控制，并降低燃料气消耗。先进控制系统采用模型预测控制，引入燃料气管网压力，同时结合不可测干扰控制策略，有效地解决了燃料气压力调节阀阀位与压力非线性对反应进料温度的影响，保证了反应条件的稳定。

② 分馏部分先进控制　分馏部分主要将反应产物分离出苯/甲苯、二甲苯，分别送芳烃抽提装置和二甲苯精馏装置。其先进控制目标为实现脱庚烷塔的平稳控制，保证分离效果，并在满足各种约束条件下优化回流比，以降低再沸燃料气消耗，确保塔底 C_7 含量，降低非

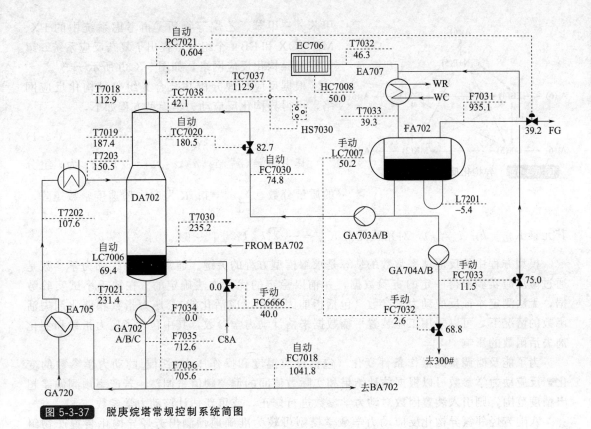

图 5-3-37　脱庚烷塔常规控制系统简图

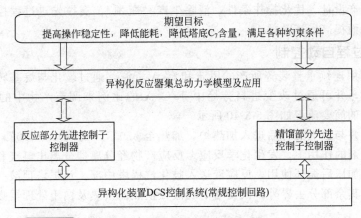

图 5-3-38　芳烃异构化装置先进控制系统总体框架

芳损失。基于此，选择脱庚烷塔塔顶灵敏板温度、塔底温度、加热炉出口温度和回流比等作为被控变量，塔顶采出量、回流量和加热炉燃料气压力和塔顶压力控制等作为操纵变量，并将脱庚烷塔进料量、进料温度和燃料气管网压力作为干扰变量，设计了多变量预测控制器，很好地改善了脱庚烷塔的操作平稳性，同时降低了燃料气消耗。

（3）异构化反应器集总动力学模型及应用

C_8 芳烃临氢异构化基本反应类型包括二甲苯异构化、乙苯加氢异构化两个主反应和芳烃歧化、临氢脱烷基、加氢开环裂解等 3 个副反应。将 C_8 环烷和 C_8 直链烷烃集总为一个组分，称为 C_8 非芳烃混合物（$C_8 N + P$），将副反应所得的产物集总成一个组分 A_6，包括苯、

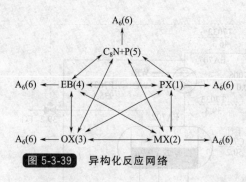

图 5-3-39 异构化反应网络

甲苯、三甲苯、乙烷等物质。再考虑系统中的 PX、MX、OX 和 EB 4 个组分，提出了复杂反应系统 6 组分临氢异构化反应网络，如图 5-3-39 所示[22,28]。

根据反应机理分析并结合 6 组分异构化反应网络，可得异构化反应动力学模型方程如下，

$$\frac{\mathrm{d}\boldsymbol{a}}{\mathrm{d}t} = \boldsymbol{K}\boldsymbol{a} \qquad (5\text{-}3\text{-}1)$$

其中，$\boldsymbol{a} = (a_1, a_2, a_3, a_4, a_5, a_6)^{\mathrm{T}}$，$a_i$ 为 i 组分的质量分数，$\sum\limits_{i=1}^{6} a_i = 1$；$\boldsymbol{K}$ 为 6×6 阶速度常数矩阵，其元素 $K_{ij} = k_{ij} (i \neq j)$，对角线元素 $K_{jj} = -\sum\limits_{i=1}^{6} k_{ij} (j = 1 \sim 6)$。

模型方程中的反应速率常数的估算是求解模型方程的关键。通常情况下，动力学参数是通过微反应实验取得一定的实验数据，并辅以稳定的优化方法确定的。在缺乏小试实验数据，无法测定本征反应动力学参数（包括指前因子和反应活化能）、压力指数和催化剂失活函数的情况下，可以采用工业装置平衡数据来估计动力学参数，其中包含了压力指数和催化剂失活函数的影响。

为了能及时调整因操作条件变化（包括反应温度和操作压力）引起的动力学参数的变化，反应动力学参数可以根据估计结果和实际数值间的偏差阈值来调整。若产率预测偏差超出精度范围，则引入装置因数对动力学参数进行修正，或重新估计该动力学参数。

八碳芳烃邻氢异构化反应动力学数学模型可较为准确地预测出芳烃异构化装置产物组成，用于指导生产设计，优化操作条件，消除生产"瓶颈"，支撑先进过程控制，改进催化剂反应性能，从而提高经济效益。

3.2.7 歧化过程自动控制

歧化装置利用连续重整装置所产的甲苯和 C_9A 资源，通过歧化与烷基转移反应生成高附加值的二甲苯，并可通过改变进料芳烃中 T/C_9A 的比例来调节产物中的二甲苯与苯比例。某歧化装置的简要流程如图 5-3-40 所示[31,32]。

原料经换热并与氢气混合后进入加热炉，加热至 350℃（初期）～470℃（末期），进入反应器，在催化剂的作用下，发生化学反应。反应产物经分离器分离出氢气和反应液，氢气经循环氢压缩机加压后循环使用，反应液送入歧化汽提塔中部。汽提塔顶液一部分经汽提塔回流罐打回流，其余部分去界外；汽提塔塔底液经换热器换热及白土处理器吸附不饱和烃后送至苯塔。

汽提塔塔底液进入苯塔中部，从精馏段第 6 层塔盘抽出成品苯，苯塔塔顶液经苯塔回流罐全回流，苯塔塔底液送至甲苯塔中部。从甲苯塔塔顶分离出甲苯，一部分去甲苯塔回流罐打回流，其余部分返回歧化进料缓冲罐；甲苯塔塔底液送至二甲苯塔。

甲苯塔塔底液进入二甲苯塔中部，从塔顶分离出二甲苯，一部分去二甲苯塔回流罐打回流，其余部分二甲苯送至 PX 装置；塔底液送至邻二甲苯塔中部。从邻二甲苯塔塔顶分离出邻二甲苯，一部分去邻二甲苯塔回流罐打回流，其余部分邻二甲苯送至邻二甲苯罐区；塔底液送至重芳烃塔中部。从重芳烃塔塔顶分离出 C_9 芳烃，一部分去重芳烃塔回流罐打回流，其余部分返回作为歧化进料，塔底重芳烃送至重芳烃罐区。

(1) 常规控制

① 歧化反应器的控制　为保证歧化反应器的平稳运行，反应进料流量采用定值流量调

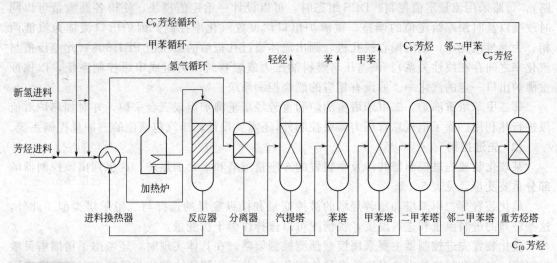

图 5-3-40　歧化装置工艺流程简图

节，反应温度采用加热炉出口温度与燃料气压力串级调节，反应压力测量点设在反应产物分离器上，其压力由补充氢气管线上的调节阀进行控制。

② 歧化白土处理器的控制　为防止白土处理器进料温度过高导致处理器中白土失效，在其进料入口处设置温度控制回路。汽提塔底的来料分两路：一路是经换热器换热后进料（A 路），另外一路直接进料（B 路），最终汇成总管。在 A、B 路上各设置一台完全相同的调节阀，采用分程控制策略实现进料入口总管温度控制的目的。在处理器出料管上设置压力检测点，在出料管上设置流量调节回路，实现白土处理器出口压力与出料流量的串级控制，从而达到稳定出口压力的作用。

③ 汽提塔的控制　歧化汽提塔的塔顶压力通过回流罐上塔顶气管线调节阀来实现稳定控制；回流罐液位与回流流量采用串级均匀调节；脱水包的液位与其底部的调节阀一起构成液位控制回路，进行自动排水。

④ 苯塔的控制　塔顶压力控制采用分程控制策略，分别控制回流罐上的放空调节阀和补氮调节阀；苯产品质量通过灵敏板温差与侧线产品抽出流量串级控制来实现；塔釜液位与塔底抽出液流量采用均匀控制，以兼顾塔底液位和下游流量两个目标的相对稳定；回流罐液位与回流流量也采用均匀控制；脱水包液位与其底部的水泵一起构成液位控制回路，进行自动排水。

⑤ 甲苯塔的控制　塔顶压力控制与苯塔塔顶压力控制方案相同；塔顶甲苯产品质量采用直接物料平衡控制方案，即通过灵敏板温差与塔顶甲苯产品采出流量串级控制来实现；其塔釜液位和回流罐液位的控制方案与汽提塔的相应控制方案相同，不再赘述。

⑥ 二甲苯塔/邻二甲苯塔/重芳烃塔的控制　塔顶压力采用热旁通差压控制策略，通过差压调节阀来稳定回流罐入口压力，进而达到了稳定塔顶压力的目的；塔顶产品质量采用直接物料平衡控制方案，即通过灵敏板温差与塔顶产品采出流量串级控制来实现；塔釜液位控制方案同苯塔（由于重芳烃塔是最后一个塔，其塔釜液位采用单参数定值控制），而回流罐液位控制方案同汽提塔，不再赘述。

⑦ 歧化进料加热炉的控制　歧化进料加热炉的进料分为两路，每路采用流量定值调节；加热炉出口温度与燃料气压力组成串级控制；另设有燃烧控制系统。

⑧ 二甲苯塔/邻二甲苯塔/重芳烃塔重沸炉的控制　重沸炉进料分为多个支路（4 或 12

路），每路采用流量定值控制。DCS 组态时，可以设计一给定值模块，使得各路流量可以同时改变以及时跟踪给定值的调整。重沸炉出口均设置汽化率控制。因炉出口流体为汽液两相，为测量汽化率，采用偏心锐孔板，测出流体通过孔板后的差压值 PDI1508（此差压值与汽化率之间存在线性关系）。该差压与燃料油压力或燃料气压力组成串级控制系统，以保证重沸炉出口一定的汽化率。另设有相应的燃烧控制系统。

邻二甲苯塔重沸炉、二甲苯塔重沸炉和重芳烃塔重沸炉组成三合一炉，并对加热炉对流段进行热利用。除了烟气总管压力需要控制外，还需要设计低压汽包液位的三冲量控制系统。

（2）先进控制

某歧化装置先进控制器共涉及本装置的 6 座精馏塔和 3 台加热炉，这里列出该控制器的部分重要变量，见表 5-3-1。

歧化装置邻二甲苯塔和重芳烃塔的被控变量和操纵变量的选择与二甲苯塔类似。此外，这些塔器的进料流量和进料温度，视情况可以选择作为干扰变量。

歧化装置先进控制器主要采用模型预测控制策略，在具体实现时，还考虑了精馏塔灵敏板温度、温差和加热炉出口温度等多种约束条件，并采用智能协调优化策略来保证精馏塔回流量与塔釜汽化量之间的能量平衡，实现加热炉汽化率对加热炉出口温度的约束控制。在加热炉方面，主要采用智能控制策略实现了支路平衡控制，以减小各支路温度差，降低能量损失；通过使烟气氧含量最小化，来达到节省燃料，并尽可能将进料速率最大化。

表 5-3-1　歧化装置先进控制器部分变量表

塔名	变量	变量描述	控制方法
苯塔	CV3	灵敏板温度	设定点控制
	CV4	塔顶回流罐液位	区域控制
	MV3	塔顶回流罐总泵出流量	约束控制
	MV4	塔顶回流流量	约束控制
	MV5	再沸器 A 加热介质流量	约束控制
	MV6	再沸器 B 加热介质流量	约束控制
甲苯塔	CV5	灵敏板温差	设定点控制
	CV6	塔顶回流罐液位	区域控制
	MV7	塔顶采出流量	约束控制
	MV8	塔顶回流流量	约束控制
	MV9	再沸器 A 加热介质流量	约束控制
	MV10	再沸器 B 加热介质流量	约束控制
二甲苯塔	CV7	灵敏板温差	设定点控制
	CV8	第 159 块板温度	设定点控制
	CV9	塔顶回流罐液位	区域控制
	CV10	加热炉出口温度	设定点控制
	MV11	塔顶回流量	约束控制
	MV12	塔顶采出量	约束控制
	MV13	加热炉出口汽化率	约束控制

（3）歧化反应器集总动力学模型及应用

甲苯歧化和 C_9 芳烃烷基转移反应体系主要包括歧化、烷基转移、异构化和加氢脱烷基等反应。对于工业反应体系，进料中的 C_9 芳烃有三甲苯、甲乙苯、正丙苯等几种同分异构体，还有少量 C_{10} 及以上芳烃。尽管这一反应体系组分较多，反应过程比较复杂，但其主反应是甲苯歧化反应与甲苯和 C_9 芳烃烷基转移反应，主产物为混合二甲苯和苯；副反应主要有烷基转移、歧化和加氢脱烷基反应，产物为 $C_6 \sim C_{11}$ 等芳烃和少量的轻烷烃。

根据以上分析，在反应网络中将乙苯和 3 个二甲苯异构体分开，考虑了 3 个二甲苯之间的异构化反应，而忽略了乙苯和二甲苯间的反应。根据反应器进料组成和反应物组成的分析结果，结合以上讨论，提出如下的简化反应网络模型[32]。

主反应：

$$(5\text{-}3\text{-}2)$$

$$(5\text{-}3\text{-}3)$$

$$(5\text{-}3\text{-}4)$$

$$(5\text{-}3\text{-}5)$$

副反应：

$$(5\text{-}3\text{-}6)$$

$$(5\text{-}3\text{-}7)$$

异构化反应：

$$(5\text{-}3\text{-}8)$$

从反应机理和工业应用需求出发，可建立简化的甲苯歧化和 C_9A 烷基转移数学模型。基于大量工业生产数据对动力学参数进行估计，并对不同操作条件下的歧化装置进行仿真计算，验证结果表明该模型的产率趋势精度满足要求。

该模型形式简单，参数估计和模型计算简洁，适用于离线拟合或在线估计。虽然通过工业数据估计得到的表观动力学参数具有经验性，但是该模型满足工业应用的精度要求，可以为该装置先进控制与优化等提供技术支撑，具有很好的应用价值。

3.3 精对苯二甲酸生产自动控制

精对苯二甲酸（purified terephthalic acid，简称 PTA）是聚酯工业的重要原料[1]，是化纤的"龙头"。

PTA 下游产业链主要包括制造薄膜、聚酯纤维、绝缘漆等产品。随着我国经济建设和出口贸易的发展，对聚酯产品的需求持续增长。又由于我国电子工业、汽车工业、食品包装业和饮料业的飞速发展，国内 PTA 产能逐年增加。近年来，在成为 PTA 生产大国的同时，我国在 PTA 装备国产化以及生产过程建模、先进控制和优化等方面进行了卓有成效的工作，提升了 PTA 行业的优化运行水平。

3.3.1 PTA 生产过程工艺流程概述

PTA 的合成经历了复杂的发展和研究过程，其历史可以一直追溯到 20 世纪 20 年代，最初采用硝酸和高锰酸钾作为氧化剂。二次世界大战以后，国外大公司开始了工业化研究与应用。英国帝国化工工业公司和美国 DU PONT 公司分别在 20 世纪 50 年代左右开始工业化生产高性能聚酯纤维，促进了聚酯纤维原料 PTA 工业的发展。早期的 PTA 生产是通过苯酐和苯甲酸原料合成的，后来采用低成本的对二甲苯（p-Xylene，简称 PX）原料合成方法[2~4]。

我国目前引进的 PTA 生产工艺主要有 AMOCO（BP）工艺、三井工艺、DU POND（INVISTA）工艺等。PTA 装置主要由 PX 氧化反应、溶剂脱水和粗对苯二甲酸（crude terephthalic acid，简称 CTA 或 TA）加氢精制等过程组成。

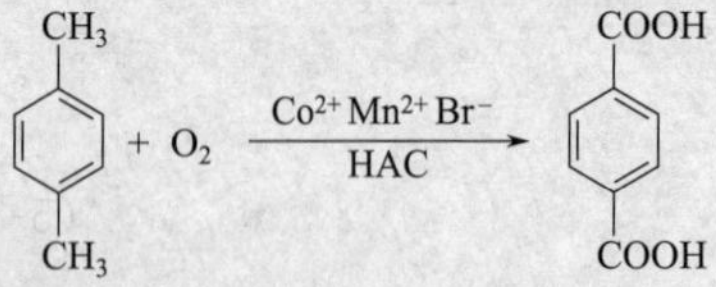

图 5-3-41 PX 氧化反应生成 CTA 简式

(1) PX 氧化反应过程

PX 氧化反应生产过程以 PX 为原料，醋酸为溶剂，在钴、锰催化剂和溴为促进剂的作用下，在高温高压下与氧气在反应器内发生一系列反应，生成 CTA，其反应简式如图 5-3-41 所示。

典型 PX 氧化反应过程主要设备的简要流程如图 5-3-42 所示。对二甲苯（PX）、空气和含催化剂、促进剂的醋酸溶剂一起进入反应器反

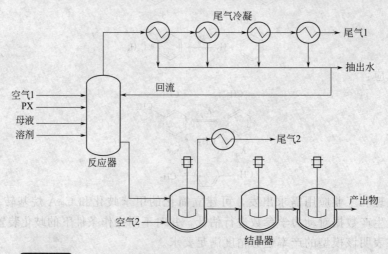

图 5-3-42 PX 氧化反应过程工艺流程图

应。PX 氧化反应中放出的大量反应热通过溶剂的蒸发带走，并采用多级尾气冷凝系统产生副产蒸汽回收这部分热量。尾气冷凝系统的液相大部分作为回流返回反应器，部分抽出水送

至溶剂脱水过程回收醋酸,反应产物经过结晶器系统进行闪蒸结晶[5]。氧化单元生产的CTA 质量含量一般在 99.5%～99.8% 之间,杂质含量约为 0.2%～0.5% 之间。杂质主要是氧化过程中形成的中间产物对羧基苯甲醛(4-carboxybenzaldehyde,简称 4-CBA)、对甲基苯甲酸(p-toluic acid,简称 PT 酸)以及副产物。副产物主要是一些有色杂质,这些杂质结构很难确定,可能是联苯酰、芴酮、蒽醌和苄基结构的化合物,即使含量极微,也足以使产品着色,影响产品的色级。

PX 氧化反应过程在整个 PTA 装置中至关重要,而其中 PX 液相催化氧化反应是氧化过程的核心,该过程非常复杂,是高温高压下的气液固三相反应,涉及到气液的传热、传质、液相中的自由基催化反应、固体结晶及淤浆悬浮等化学工程问题。

(2) 溶剂脱水过程

PX 氧化反应伴随有水的生成,溶剂醋酸随着氧化反应的发生,浓度由 95% 左右降至70% 左右。分离此较低浓度醋酸溶液,并将经脱水的高浓度醋酸返回氧化反应器,对降低溶剂醋酸消耗是十分必要的。同时醋酸溶剂中还会含有未反应的前体 PX 以及反应的副产物醋酸甲酯(methyl acetate,简称 MA)。因此 PTA 生产中溶剂脱水塔的分离效果,也在很大程度上影响 PTA 生产成本的高低以及产品质量的好坏[6]。

较早的工艺一般采用普通板式精馏塔或填料塔进行醋酸和水的分离。尽管醋酸与水不形成共沸物,但由于醋酸的非理想性特别强,容易发生缔合,故醋酸和水的相对挥发度接近于1,用普通精馏法分离时所需的理论板数和回流比较大,造成能耗较大,生产成本高。为了克服普通精馏法能耗大、生产成本高的缺陷,先进的 PTA 装置大多采用共沸精馏的方法,共沸剂通常为醋酸正丁酯、醋酸异丁酯、醋酸正丙酯。典型共沸精馏溶剂脱水过程工艺流程如图 5-3-43 所示。

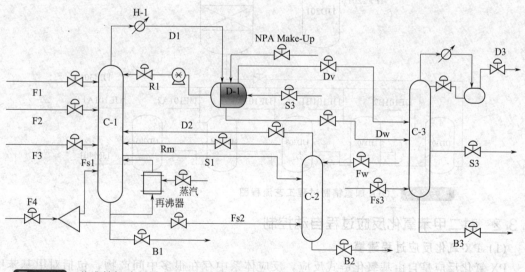

图 5-3-43 共沸精馏溶剂脱水过程工艺流程图

PX 氧化反应生成的水和装置加入的水在溶剂脱水塔中用共沸剂与醋酸进行分离,装置副产低压蒸汽提供热源,使塔顶醋酸含量达 10^{-6} 级,塔底醋酸的质量分数为 92%～95% 左右。在溶剂脱水塔中上部 PX 富集区抽出一股液相物流,送入 PX 回收塔,去除溶剂脱水塔中积存的 PX,氧化第二结晶器部分蒸汽提供 PX 回收塔所需热量,顶部气相中的共沸剂返回溶剂脱水塔,底部出料在液位控制下送母液罐返回反应器。溶剂脱水塔顶部出来的汽相在脱水塔顶部冷凝器中冷凝,冷凝液和气/汽进入冷凝器倾析器进行水相和有机相分离,有机相进入共沸剂储罐，由回流泵送回溶剂脱水塔作回流。气相送入共沸剂回收塔上部精馏段，水相送入共沸剂回收塔底部提馏段，进一步回收 MA 和共沸剂。

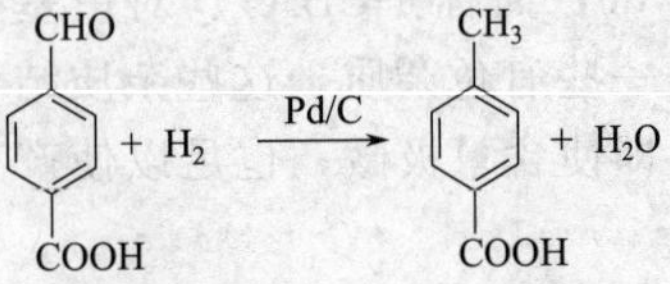

（3）CTA 加氢精制过程

PX 氧化反应单元生产的 CTA 中含有 4-CBA 和 PT 酸等杂质，很难采用传统的分离方法提纯。加氢反应的目的就是要将大部分 4-CBA 和 PT 酸除去，制得纤维级的 PTA 产品。

CTA 首先与脱离子水在配料罐内混合，配制成含$25\%\sim$$31\%$固体质量分数的浆料，然后通过输送泵加压、多级预热器加热，使 CTA 在 $281\sim288℃$、$6.8\sim7.5MPa$ 条件下溶解

图 5-3-44　4-CBA 加氢反应生成 PT 酸简式

形成透明的溶液。CTA 溶液与 H_2 从充填有钯/碳（Pd/C）催化剂的固定床反应器顶部注入，此时，CTA 中的杂质 4-CBA 在 Pd/C 催化剂的作用下与 H_2 反应，主要生成易溶解于水的 PT 酸[4]，其反应简式如图 5-3-44 所示。

加氢反应后的溶液经过四或五级结晶器连续结晶，逐步闪蒸冷却至 149℃ 左右，结晶器闪蒸汽供给浆料预热器作为部分热介质，最后一级结晶器底部物料经分离和干燥制得纤维级 PTA 产品。加氢精制后 PTA 成品中 4-CBA 含量可以达到 15mg/kg 以下，典型的 CTA 加氢精制单元反应器和结晶器工艺流程如图 5-3-45 所示。

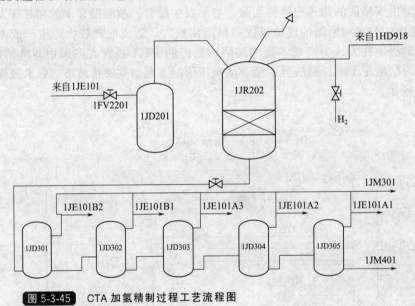

图 5-3-45　CTA 加氢精制过程工艺流程图

3.3.2　对二甲苯氧化反应过程自动控制

（1）PX 氧化反应过程建模

PX 氧化反应是自由基氧化链式反应，反应体系中存在很多中间产物，包括对甲基苯甲醇（TALC）、对甲基苯甲醛（TALD）、PT 酸和 4-CBA 等。PX 氧化反应过程中还存在一定的燃烧副反应，生成 CO_2、CO 和醋酸甲酯等。

① 宏观动力学模型

a. PX 氧化主反应　可以根据反应过程中各中间产物浓度变化情况和工业生产过程中感兴趣的组分，采用如图 5-3-46 所示的主反应步骤[7]。

图中，k_1、k_2、k_3、k_4 为连串反应各步所对应的速率常数，可采用神经网络或支持向量机模型实现[33]，二反应级数、活化能等参数可以通过实验获得。

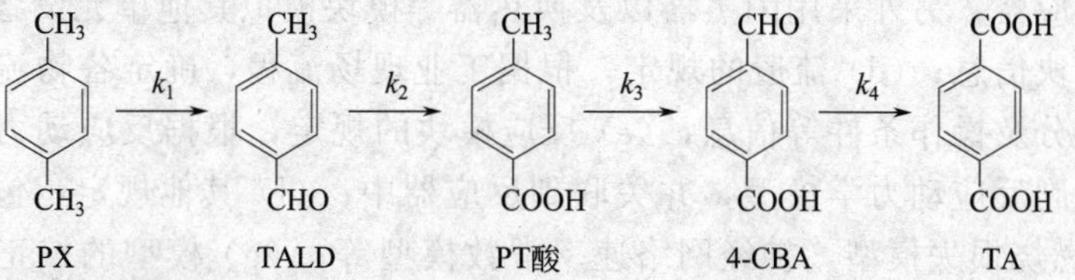

图 5-3-46 PX 氧化主反应步骤

b. PX 氧化副反应 脱羰和脱羧反应是 PX 氧化反应物和中间反应物的深度氧化，根据实验机理分析和研究，可以归结为最终产物 TA 的燃烧反应，分别生成 CO_2 和 CO：

$$TA + 7.5O_2 \longrightarrow 8CO_2 + 3H_2O \tag{5-3-9}$$

$$TA + 3.5O_2 \longrightarrow 8CO + 3H_2O \tag{5-3-10}$$

溶剂醋酸也会受到活泼自由基或高价态金属离子的攻击而失去氢，最终部分生产 CO_2 和 CO：

$$HAc + 2O_2 \longrightarrow 2CO_2 + 2H_2O \tag{5-3-11}$$

$$HAc + O_2 \longrightarrow 2CO + 2H_2O \tag{5-3-12}$$

PX 氧化反应过程会产生一定的副产物醋酸甲酯 MA 和苯甲酸 BA，根据实验小试分析，可以形成如下反应方程：

$$HAc + PX + 1.5O_2 \rightarrow MA + BA + H_2O \tag{5-3-13}$$

其反应级数和速率常数也可以通过实验和工业运行数据获得。

② 醋酸和 PX 的燃烧损失模型 PX 氧化反应过程中，醋酸和 PX 的燃烧损失是 PTA 装置主要的物耗所在，因此通过建立醋酸和 PX 的燃烧损失模型，有助于装置的操作分析和优化[8]。

已知：醋酸燃烧生成 CO_x 的量占尾气总量中 CO_x 总含量的百分比为 x_{HAc}(%)，醋酸燃烧产物中 CO_x 占副反应产物总量的百分比为 $m_{HAc}^{CO_x}$(%)，PX 燃烧生成 CO_x 的量占尾气总量中 CO_x 总含量的百分比为 x_{PX}(%)，PX 燃烧产物中 CO_x 占副反应产物总量的百分比为 $m_{PX}^{CO_x}$(%)，反应器和第一结晶器的尾气总流量为 m_{gas}(m^3/h)，CTA 产品的产量为 m_{CTA}(t/h)，则醋酸的燃烧损失模型为：

$$m_{HAc}^{consume} = \zeta_{HAc}^1 \frac{m_{gas} \times x_{CO_x} \times \dfrac{x_{HAc}}{100} \times \dfrac{60}{1000}}{2 \times \dfrac{m_{HAc}^{CO_x}}{100} \times m_{CTA}} + \zeta_{HAc}^2 \tag{5-3-14}$$

则 PX 的燃烧损失模型为[8]：

$$m_{PX}^{consume} = \zeta_{PX}^1 \frac{m_{gas} \times x_{CO_x} \times \dfrac{x_{PX}}{100} \times \dfrac{106}{1000}}{8 \times \dfrac{m_{PX}^{CO_x}}{100} \times m_{CTA}} + \zeta_{PX}^2 \tag{5-3-15}$$

其中，各参数通过实验或工业统计数据获得。

③ PX 氧化反应过程的建模 在实验室机理分析的基础上，可以采集实际工业运行数据，利用 Aspen Plus 软件建立 PX 氧化反应过程的模型，并实现流程模拟。建模过程主要包括[39]：(a) 全局物性方法的规定，可以选择 NRTL-HOC；(b) 组分的规定，应该包括 PX、TALD、PT 酸、4-CBA、TA、醋酸、催化剂钴、锰和促进剂溴、醋酸甲酯、BA 和 N_2、O_2、CO 和 CO_2 等；(c) 单元模块的规定，一般可以采用连续搅拌槽式反应器 CSTR

模块模拟工业反应器，另外采用闪蒸器以及换热器等模块模拟其他单元设备，并根据工业运行状态确定各模块信息；(d) 流股的规定，根据工业现场流程，确定各物流走向，并设置各输入物流中的组分及操作条件等信息；(e) 反应模块的规定，根据反应动力学方程，在反应模块中建立主、副反应动力学模型，并关联到反应器中；(f) 其他规定，包括在计算模块中定义醋酸、PX 燃烧损失模型，神经网络速率常数模型等；(g) 模型的校正，采集实际工业运行数据，可以采用 Aspen Plus 软件的 DATAFIT 工具或其他智能优化算法进行工业装置模型参数的校正，校正的参数主要为动力学模型参数等；(h) 模型运行收敛后，可以查看各输出流股的组分信息以及各设备模型的运行结果。

对于 PX 氧化反应过程来说，CTA 产品中的 4-CBA 和 PT 酸含量以及反应尾气中 O_2、CO 和 CO_2 含量是主要的模型性能指标。

(2) PX 氧化反应过程多变量预测控制[10]

PX 氧化反应器作为 PTA 生产的关键核心设备，其运行状况直接关系到 CTA 的质量和主要物耗，同时也影响到下游单元的稳定运行。由于 PX 氧化反应比较复杂，影响因素众多，包括催化剂浓度、反应器空气量、系统水含量和反应温度压力等，而且又没在线测量 4-CBA 的手段，目前采用常规控制的方式（主要为 PX 进料单回路控制、4 路空气进料单回路控制、反应器压力单回路控制和反应器液位单回路控制）很难保证氧化反应器的主要工艺指标，如反应温度、尾气 CO_2 浓度和尾气 CO_x 浓度等持续保持在工艺要求的范围内。因此，可以采用多变量预测控制技术，进行工业装置 PX 氧化反应过程的先进控制，实现 PX 氧化反应过程的优化运行。

① PX 氧化反应状况的主要表征　对于 PX 氧化反应器而言，主要的被控变量包括反应器尾气 O_2 浓度、产品 4-CBA 浓度、第一结晶器尾气 O_2 浓度。影响 PX 氧化反应的因素很多，包括催化剂浓度、促进剂浓度以及反应器负荷、反应器空气、反应器压力、反应器抽出水等。反应器压力虽然可以用来调节反应器温度，但是由于影响其他变量，而且会改变反应器的操作点，在控制中也仅仅把它作为扰动变量考虑。因此，针对某 PX 氧化反应过程，可以设计一个 9 操纵变量、3 被控变量的多变量预测控制方案，其输入输出变量如表 5-3-2 所示。

表 5-3-2　PX 氧化反应过程先进控制系统输入输出变量

被控变量	描述
CV1	反应器尾氧浓度
CV2	4-CBA 含量
CV3	第一结晶器尾氧浓度

操纵变量	描述
MV1	反应器空气进料 1
MV2	反应器空气进料 2
MV3	反应器空气进料 3
MV4	反应器空气进料 4
MV5	第一结晶器空气进料 1
MV6	第一结晶器空气进料 2
MV7	新鲜钴流量

续表

被控变量	描述
MV8	新鲜锰流量
MV9	新鲜溴流量
扰动变量	描述
DV1	反应器空气进料 SP 与 PV 值之差

② 模型测试及辨识　模型是预测控制实施成功与否的关键，现有一些商业化的模型测试与辨识的软件，比如 FRONT-Suite 先控软件包，其包括 3 个产品组件：多变量预测控制 FRONT-APC、多变量辨识软件 FRONT-ID、多通道测试平台 FRONT-TEST。

a. 多变量模型测试　FRONT-TEST 对各个操纵变量分别叠加不同频率的测试信号，并自动采集实时数据。由于测试信号均值为零，故对过程的工艺控制变量几乎没有任何影响，并且可实现多回路测试和辨识。同时对多达数十个变量进行测试并进行模型辨识，极大地提高了效率，能够在较短的时间完成模型测试。

b. 多变量模型辨识　通过 FRONT-ID 模型辨识，可以获取该控制系统 MV 与 CV 之间的动态模型。图 5-3-47 为部分阶跃响应的模型辨识结果。

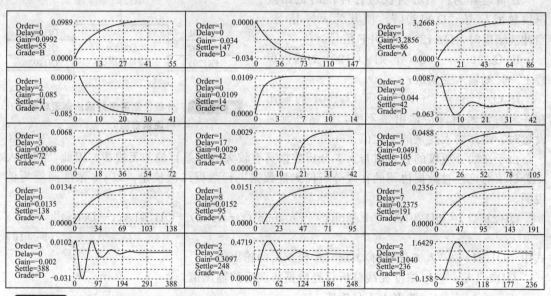

图 5-3-47　模型辨识结果——阶跃响应

③ PX 氧化反应过程多变量预测控制及效果　现有国内 PTA 装置大多采用 Honeywell 公司的 TDC3000 系统或其他公司的 DCS 系统，一般都在 APP（Application Processing Platform）上配置 OPC（OLE for Process Control）Server。FRONT-APC 控制器通过 OPC 接口与 DCS 系统通信，FRONTAPC 控制器给出各个操纵变量 MV 的设定值，然后由 DCS 层的传统 PID 控制回路对各个被控变量 CV 进行直接控制，其结构如图 5-3-48 所示。

PX 氧化反应过程的先进控制在某 PTA 装置投运后取得了理想的控制效果，关键变量反应器尾氧、结晶器尾氧、产品 4-CBA 含量波动明显下降。多变量预测控制投运前后，关键变量反应器尾气 O_2 浓度、第一结晶器尾气 O_2 浓度、产品 4-CBA 浓度波动方差降低 40% 以上。

(3) PX 氧化反应进料催化剂浓度推断控制[1]

PX 氧化反应器进料浓度中最为关注的是对氧化反应影响较大的 Co、Mn、Br 三元催化剂的离子浓度。影响配料混合罐中催化剂配比的因素很多，主要有循环母液、PX 洗涤釜液、干燥机洗涤塔釜液、脱水溶剂等。尤其是循环母液的使用，虽然提高了催化剂的利用率，却也造成配料混合罐出口物料浓度波动较大，直接影响了 PX 氧化反应器的稳定。由于在线分析仪的取样、冲洗、排放管道容易堵塞，以及分析仪定期正冲洗、反冲洗过程中的输出信号失真等因素，造成 Co、Mn、Br 仪表测量值与真实值有较大偏差，无法反映氧化反应进料的实际浓度。为此，可以对分析表测量值进行数据协调与校正。

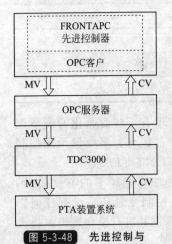

图 5-3-48 先进控制与 DCS 结构示意图

① 催化剂浓度数据的协调与校正　催化剂浓度分析仪测量值的数据协调是通过逻辑运算模块（LG1201）实现的，其模块如图 5-3-49 所示，其中，QI1201、QI1202、QI1203 为 Co、Mn、Br 仪表测量值，QI1201A、QI1202A、QI1203A 为该模块的输出变量。

逻辑运算为：当分析仪进行冲洗时送出逻辑块触发信号"QA1201"，使其为 ON 信号；当冲洗结束时，QA1201 为 OFF 信号。

IF QA1201＝"ON"，则 LG1201 的输出保持上一时刻输入变量值；

IF QA1201＝"OFF"，则 LG1201 的输出在一定的延时内保持输出值不变，当超过延时设置时，跟踪输入变量的变化值。

图 5-3-49 分析仪测量值数据协调逻辑运算模块示意图

由于在线分析仪的分析值与人工分析数据具有较大的偏差且偏差无规律，因此，利用人工分析值对已经过数据协调的在线分析仪测量数据进行数据二次校正。以 Co 浓度测量为例说明。

$$QI1215(t) = QI1201A(t) + Alpha * [Co\_man(t - Delta) - QI1201A(t - Delta)]$$

$$(5\text{-}3\text{-}16)$$

式中　QI1215——人工分析对 QI1201A 校正后的输出值；

　　QI1201A——Co 浓度在线分析仪经数据协调后的输出值；

　　Co_man——Co 浓度人工分析值；

　　　Delta——人工分析滞后时间；

　　　Alpha——校正速率参数，取 0～1 之间值。

② 催化剂浓度推断控制系统　在对在线分析仪表测量数据处理和校正基础上，可以认为校正值基本反映了反应器进料实际催化剂浓度值，并以此作为测量值（PV）进行反应进料催化剂配比的推断控制，改进原单回路催化剂流量定值控制方案。仍以 Co 浓度为例，其控制系统框图如图 5-3-50 所示。

将催化剂浓度作为被控变量，通过浓度控制器 QC1215 与催化剂流量控制器 FC1215 构成串级，实现 Co 浓度的推断控制。其中，由于循环母液的流量波动对配料罐中催化剂的影响较大，为此采用母液循环量作为前馈量，其前馈系数取负值，即当循环母液流量增加时，相应的 FC1215 的流量应当减少，以稳定 HD204 配料罐中 Co 离子浓度。控制器设为反作

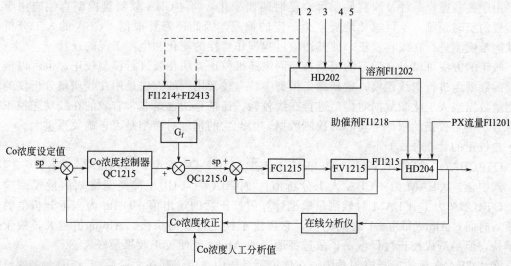

图 5-3-50 Co 浓度控制系统框图

1—循环母液；2—从精制回流的母液；3—来自 PX 洗涤塔的洗涤剂；4—脱水溶剂醋酸；5—干燥机洗涤塔釜液

用，当测量的 Co 浓度升高，输出减小，从而减小 FC1215 的设定，使 FC1215 的流量减小，反之亦然。在配料阶段，Co 和 Mn 严格按照一定的比例进行配置，因此在 Co 浓度得到控制的同时，可以实现 Mn 浓度的控制。另外，Br 促进剂浓度的控制方案与 Co 浓度催化剂类似，只是其设定值来自原子比计算模块的输出。

(4) PX 氧化反应产品质量软测量与推断控制[33]

由于 PX 氧化反应过程 4-CBA 含量人工分析测量的时滞，造成了调节手段的滞后及产品质量的波动，因此，可以开发 4-CBA 含量软测量模型，能够实时预报当前反应状况下的 4-CBA 含量，以克服人工分析值的滞后问题，为产品质量的实时控制提供依据。

① 4-CBA 含量软测量与校正　PX 氧化生成 TA 的反应过程影响因素较多，从理论上讲主要有催化剂组成、溶剂比、反应物浓度、氧化反应器反应温度、压力、氧分压以及停留时间等。考虑到第一结晶器还进行二次氧化，降低副产物的含量，因此第一结晶器的反应温度、压力、氧含量也是影响反应转化率的重要因素。为了降低模型复杂性，同时减小众多变量为模型带来过多噪声干扰，在工艺机理分析的基础上结合相关性分析，关联 4-CBA 含量模型选取如下关系式进行表述：

$$Q_{4CBA}(t) = f(F_{inlet\text{-}PX}(t-1), F_{inlet\text{-}PX}(t-2), F_{cryst\text{-}air}(t), F_{cryst\text{-}air}(t-1), Q_{cryst\text{-}o_2}(t),$$
$$Q_{cryst\text{-}o_2}(t-1)) + \xi(k) \tag{5-3-17}$$

式中，$\xi(k)$ 表示不确定因素；$f(\cdot)$ 为复杂的非线性函数关系；$F_{inlet\text{-}PX}$ 为主反应物料 PX 流量；$F_{cryst\text{-}air}$ 为第一结晶器空气进料量；$Q_{cryst\text{-}o_2}$ 为第一结晶器尾氧含量。

另外，可以采用模糊 GMDH 网络、模糊 CMAC 网络以及 BP 网络等方法，建立 PX 氧化反应产品 CTA 中 4-CBA 含量的软测量模型。

由于样本数据性能直接影响软测量模型性能，因此在进行现场数据采集时，应充分考虑采集数据的有效性、精简性和时序性，注意采集的数据尽可能覆盖整个工作范围。为了克服随机误差在采样时采用平均滤波的方法，即取一段时间（比如 1h）测量数据的平均值作为最后的采样结果，也可通过 DCS 内部模块进行滤波处理。对于显著误差，在实际应用时可以采用简单、实时性强的高低限幅和 3σ 准则进行校正。经过预处理的数据，一部分用作训练样本，用于模型的建立；另一部分用于模型预测，检验模型的泛化能力。

由于装置操作条件及原料性质都会随时间而变化，将 4-CBA 软测量模型直接应用于工业装置的实时预测，不可避免地要产生一定的偏差，因此还需要根据 4-CBA 的人工分析值对软测量模型进行在线自校正，使其适应过程操作特性的变化和生产工况的迁移。

校正的方法可以是自学习的模糊神经网络递推校正方法在线进行模型校正，也可以根据当前的数据组进行离线建模，重新确定模型参数。较常用到的方法是用在线质量分析仪的实时测量数据或人工化验数据对模型进行在线校验。递推算法也是非常有效的在线动态校正算法。数学模型校正的依据是实际的检测数据，因此它的精度对模型是否正确关系重大。

自校正的计算公式如下：

$$QT4CBA(t) = Q4CBA(t) + Alpha \times [1\_4CBAM(t) - Q4CBA(t - Delta)] \qquad (5\text{-}3\text{-}18)$$

式中，1_4CBAM 为 4-CBA 人工分析值；$Q4CBA$ 为 4-CBA 神经网络软测量模型输出值；$QT4CBA$ 为 1_4CBAM 对软测量模型计算值校正后的输出值；$Delta$ 为人工分析值的分析滞后时间；$Alpha$ 取 $0\sim1$ 之间的值，它决定了校正过程的快慢，$Alpha$ 值越大，校正过程越快，但易造成校正过程振荡，故选择适当的 $Alpha$ 值使校正效果最好。

② 4-CBA 含量的推断控制系统   在该控制系统中，由于存在大滞后（＞4h）、多变量耦合和强非线性特征，很难由一个控制器实现众多控制变量的调控，因此，PX 氧化反应过程产品质量的控制可以分成 3 个子系统实现，如图 5-3-51 所示。

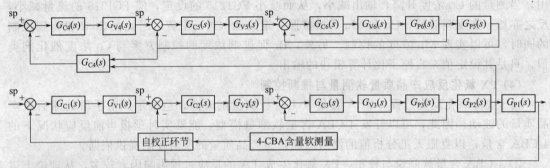

图 5-3-51   4-CBA 含量推断控制系统结构框图

利用当前 4-CBA 的软测量值建立 4-CBA 控制器，其输出直接指导催化剂中 Co 浓度的设定值，以原子比牵动 Br 浓度的改变，从源头——反应进料中的催化剂浓度来调整反应器的温度，这样反应器温度控制平稳，从而实现 4-CBA 含量的快速稳定的调整。在一工业装置应用实施表明，投运催化剂浓度推断控制系统后，Co、Mn、Br 离子浓度的控制平稳度均有明显提高，提高幅度均在 40% 以上；催化剂浓度的稳定运行，还同时提高了 PX 氧化反应过程产品质量中 4-CBA 含量的稳定性，平稳度提高了 25.18%。

(5) PX 氧化反应过程优化[39]

基于 PX 氧化反应过程机理模型，可以通过优化算法进行操作条件的寻优，优化装置操作，降低物耗。其中优化算法一般可选取序贯二次规划法、粒子群算法等群智能优化算法等。优化过程中一般包括变量选取、目标函数、约束条件。

① 变量选取   选取的变量一般应包括反应器温度、第一结晶器温度、反应器反应体积比（或停留时间）、第一结晶器反应体积比（或停留时间）、进入反应器的催化剂钴流率、催化剂锰流率、促进剂溴流率等。

② 目标函数   由于尾气中的 CO、CO_2 含量表明了反应过程中醋酸和 PX 燃烧消耗的情况，反应过程中物料、醋酸的燃烧程度增大会使得尾气中 CO、CO_2 含量增大。实际工业装置运行中，在保证反应深度（产品质量）等情况下，应尽量降低尾气中 CO、CO_2 的含量，

因此可以采用如下的优化目标函数：

$$\min(\lambda_1 CO_{x1} + \lambda_2 CO_{x2}) \tag{5-3-19}$$

式中，CO_{x1} 为反应器尾气中 CO、CO_2 总含量体积比；CO_{x2} 为第一结晶器尾气中 CO、CO_2 总含量体积比；系数 λ_1、λ_2 为权值。

③ 约束条件 约束条件主要考虑可调变量的上、下限以及产品质量约束等，包括产品中杂质 4-CBA 含量、PT 酸的含量和 PX 转化率等。

在实际工业装置优化操作中，应分阶段逐步把对应的变量调整到优化解，并观察分析调优过程中的产品质量。

(6) PX 氧化反应过程监控预警优化[41]

通过对现场反应器进料、空气量、反应器温度、压力、液位、结晶器温度和压力等操作条件的实时数据采集，通过监控系统服务端软件驱动 Aspen Plus 下的 PX 氧化反应过程机理模型进行计算，从而得出装置的实时运行数据，例如 4-CBA 浓度、酸耗、PX 单耗等，从而可以实现 PX 氧化反应过程的关键操作参数的预警优化。其监控预警优化系统服务端软件构架如图 5-3-52 所示。

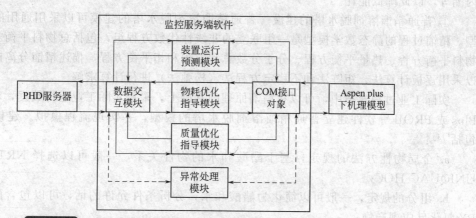

图 5-3-52 PX 氧化反应过程监控预警优化服务端软件构架

① 数据交互模块 该模块通过标准 PHD 数据接口，完成软件内部各个模块与 PHD 服务器之间的数据交换，将从 PHD 服务器读取来的现场实时操作数据写入预测模块，同时从预测模块接收模型运行状态数据，从物耗优化模块接收 PX 单耗优化、酸耗优化数据，以及从质量优化指导模块接收对 4-CBA 浓度的优化数据，将这些数据写入 PHD 服务器，为监控系统客户端提供数据服务。

② 过程运行预测模块 该模块用于预测装置运行状态，从数据交换模块读取工业过程操作条件以及进料状态，通过 COM 接口创建 Aspen Plus 对象实例，对机理模型进行操作，包括操作数据的设定，驱动机理模型进行计算，预测过程运行状态数据的读取，同时将读取来的预测过程运行状态数据写入数据交换模块。

③ 物耗优化指导模块 该模块用于提供对工业过程物耗的优化指导，通过数据交互模块提供的现场实时运行数据，以及通过机理模型计算后的现阶段工业运行状态数据，在质量达标的情况下，使用机理模型对实际过程的物耗进行优化，同时将优化后的操作数据，包括反应器温度、液位、结晶器温度；优化后的装置状态预测数据，包括酸耗、PX 单耗、4-CBA 浓度，输入数据交换模块。

④ 质量优化指导模块 该模块用于提供对现场产品指标的优化指导，在产品质量不达标时，提供相应的操作指导，确保产品质量达标。通过数据交互模块提供的现场实时运行数

据，以及通过机理模型计算后的现阶段过程状态数据，在质量不达标的情况下，使用机理模型对现场产品质量进行优化，同时将优化后的操作数据，包括反应器温度、液位、结晶器温度、优化后的过程状态预测数据，包括酸耗、PX单耗、4-CBA浓度，输入数据交换模块。

⑤ 异常处理模块　由于监控服务端软线需要与现场 PHD 服务器和 Aspen Plus 流程模拟软件进行数据通信等相关操作，而现场 PHD 服务器稳定性无法保证，Aspen Plus 在长期运行后的稳定性也无法保证，因此异常处理模块就显得相当重要。

异常处理模块实时监控数据处理模块与 PHD 服务器的通信状态，以及用于驱动 Aspen Plus 的 COM 接口对象的运行状态，一旦出现异常，将对象销毁，同时初始化数据采集模块以及 COM 接口对象，并记录出错次数，保证服务端软件在长期运行时的稳定性。

3.3.3　溶剂脱水过程自动控制

(1) 溶剂脱水过程建模

溶剂脱水过程主要担负溶剂醋酸的回收，以往的技术采用普通精馏工艺，能耗很大。最新的 PTA 装置基本采用共沸精馏的方法，共沸剂通常为醋酸正丁酯、醋酸异丁酯、醋酸正丙酯等，以此降低能耗。

① 普通精馏溶剂脱水塔的建模　普通精馏溶剂脱水塔的建模可以采用通用的精馏塔模型。精馏过程的静态数学模型是一组联立的非线性代数方程组，包括总物料平衡方程、组分物料平衡方程、热量平衡方程、分子分数总和方程和相平衡方程。描述精馏分离的方程组可以采用逐板计算法、矩阵法和不稳定方程法（松弛法）进行计算求解。

实际工业过程建模中，可以在精馏原理的基础上，采集实际工业运行数据，利用 Aspen Plus 或 PROII 等软件建立普通精馏溶剂脱水塔的模型，并实现流程模拟。建模过程主要包括[13]：

a. 全局物性方法的规定，基于醋酸和水的物性关系，一般可以选择 NRTL-HOC 或 UNIQUAC-HOC；

b. 组分的规定，一般可以简化为醋酸和水，分析条件允许的话，可以包含醋酸甲酯等 PX 氧化反应副产物；

c. 单元模块的规定，采用带冷凝器和再沸器的 RadFrac 模块模拟溶剂脱水塔，并根据工业运行状态确定各模块信息，包括理论板数、塔板效率、塔压和流股信息等；

d. 流股的规定，根据工业现场流程，确定各物流走向，并设置各输入物流中的组分及操作条件等信息；

e. 模型的校正，采集实际工业运行数据，可以采用 Aspen Plus 软件的 DATAFIT 工具进行工业装置模型参数的校正，校正的参数主要为塔板效率；

f. 模型运行收敛后，可以查看各输出流股的组分信息以及塔中逐板模拟结果，包括塔温度分布、压力分布及组分浓度分布。

对于溶剂脱水过程来说，塔顶酸含量以及塔釜水含量及温度分布是主要的模型性能指标。

② 共沸精馏溶剂脱水过程的建模　为降低溶剂脱水过程的能耗并减少醋酸消耗，可以在溶剂脱水过程中加入共沸剂，采用共沸精馏的工艺进行醋酸和水的分离。共沸精馏溶剂脱水过程一般由溶剂脱水塔、PX 回收塔、共沸剂回收塔以及冷凝倾析器等组成，低压蒸汽和 PX 氧化反应过程第二结晶器闪蒸汽可作为塔系的再沸蒸汽。

由于共沸精馏溶剂脱水过程组分复杂，各塔耦合，一般采用 Aspen Plus 软件建立共沸精馏溶剂脱水过程的模型，并实现流程模拟。建模过程主要包括：

a. 全局物性方法的规定，基于醋酸、水和共沸剂体系的物性关系，一般可以选择

NRTL-HOC 或 UNIQUAC-HOC，其二元交互参数可以选择权威文献公布的数据，或根据实验小试结果确定；

b. 组分的规定，一般应包括醋酸、水、共沸剂、对二甲苯和醋酸甲酯；

c. 单元模块的规定，根据工艺、溶剂脱水塔选择带再沸器的、无冷凝器的 RadFrac 模块，PX 回收塔选择无再沸器、无冷凝器的 RadFrac 模块，共沸剂回收塔选择无再沸器、带冷凝器的 RadFrac 模块，倾析器可以选用三相闪蒸器模块，同时按要求添加分流器、冷凝器等模块，根据工业运行状态确定各模块信息，包括理论板数、塔板效率、塔压和流股信息等；

d. 流股的规定，根据工业现场流程，确定各物流走向，并设置各输入物流中的组分及操作条件等信息；

e. 模型的校正，采集实际工业运行数据，可以采用 Aspen Plus 软件的 DATAFIT 工具进行工业装置模型参数的校正，校正的参数主要为各塔板效率；

f. 模型运行收敛后，可以查看各输出流股的组分信息以及塔中逐板模拟结果，包括各塔温度分布，压力分布和各组分浓度分布，对于溶剂脱水过程来说，塔顶酸含量以及塔釜水含量及温度分布是主要的模型性能指标。

(2) 溶剂脱水过程软测量

溶剂脱水塔在整个 PTA 生产装置中占重要地位，该塔操作的好坏直接影响到 PTA 氧化反应器的操作状况，并会影响到整个装置的醋酸消耗和能耗。在实际工业生产过程中，塔顶和塔底酸浓度难以在线测量，不能快速指导溶剂脱水塔的优化操作。

① 溶剂脱水塔顶醋酸含量软测量 在加热及进料一定的情况下，由温度和压力可以唯一地确定塔顶采出中的醋酸含量，因此塔顶温度和塔顶压力是影响塔顶采出水中醋酸含量的主要因素。但是考虑到溶剂脱水塔进料及加热的波动，这也会影响塔釜加热量，因此塔的进料及塔釜加热的变化会使塔顶的回流量变化。根据生产现场的工艺操纵变量分析，以及溶剂脱水塔系统的工艺机理数学模型的模拟仿真研究，选取塔顶压力、温度、回流温度、塔顶电导率作为塔顶醋酸含量的软测量模型输入变量，选取对应时刻的醋酸人工分析值作为模型输出变量，可以采用 4 输入的 BP 神经网络等方法建立其软测量模型：

$$A_1(k) = f(p(k), T_1(k), T_2(k), C(k)) \tag{5-3-20}$$

式中 $A_1(k)$——塔顶醋酸含量，%；

$p(k)$——塔顶压力，kPa；

$T_1(k)$——塔顶温度，℃；

$T_2(k)$——回流温度，℃；

$C(k)$——回流物流的电导率。

② 溶剂脱水塔釜水含量软测量 影响溶剂脱水塔釜水含量操作特性的因素较塔顶醋酸影响因素少，根据工业装置现场操纵变量分析以及工艺机理分析可以知道，塔釜中的水含量和塔釜压力及塔釜温度有直接的关系，同时考虑到灵敏板温度变化也间接反映塔釜水含量的变化趋势，因此选取塔釜压力、塔釜温度和灵敏板温度作为塔釜水含量软测量模型的辅助变量，同样可以得到塔釜水含量软测量模型关系式：

$$A_2(k) = f(p(k), T(k), C(k)) \tag{5-3-21}$$

式中 $A_2(k)$——塔釜水含量，%；

$p(k)$——塔釜压力，kPa；

$T(k)$——塔釜采出换热后温度，℃；

$C(k)$——塔釜采出醋酸换热后的电导率。

③ 软测量模型的校正　上述建立的溶剂脱水塔塔顶和塔釜神经网络软测量模型,直接应用于工业装置的实时预测,不可避免地要产生一定的预测偏差。另外,装置运行一段时间后,相关检测元件可能会发生一定的漂移。因此,必须对上述所建的软测量模型进行在线校正,使其适应过程操作特性的变化和生产工况的迁移,即可采用人工分析值对软测量模型计算值进行校正,校正周期是人工分析值的采样周期。校正模块的计算公式如下:

$$AIC(t) = ARC(t) + Alpha \times (SSS\text{-}ARC\_AVE) \tag{5-3-22}$$

式中,ARC 为溶剂脱水塔神经网络软测量模型输出值;SSS 为溶剂脱水塔质量指标人工分析值;AIC 为人工分析值对软测量模型校正后的输出值;ARC_AVE 为人工采样时间段内的软测量输出的平均值;Alpha 为校正速率参数。

这样经过人工值校正过的软测量模型预测值,可以用来进行装置的含量控制与指导优化操作。

(3) 普通精馏溶剂脱水塔的控制[42]

对于溶剂脱水塔,塔底水含量应尽量保持恒定,减少波动;塔顶抽出中醋酸含量应控制在工艺指标范围内,减少酸耗。常规的普通精馏溶剂脱水塔的控制系统一般如下:冷凝罐液位和塔顶抽出构成液位控制回路;塔釜液位和塔釜抽出构成液位控制回路;塔釜温度和再沸气流量构成塔釜温度控制回路。由于溶剂脱水塔的体积容量较大,使被控对象惯性大、滞后较长、控制响应慢,对象变量间的耦合程度比较严重,因此,也可以采用多变量预测控制来实现溶剂脱水塔的稳定控制。

将反映溶剂脱水塔质量指标的塔顶醋酸含量、塔釜水含量作为多变量预测控制器的被控变量,两者的含量可以通过增加电导仪测量或通过软测量模型得到。另外,溶剂脱水塔的运行受到各种约束条件的限制。为了防止液泛,将全塔压差作为安全约束引入到多变量预测控制器的被控变量中。为了防止调节阀饱和,将蒸汽调节阀位和回流调节阀位也作为被控变量。多变量预测控制可以保留原先的塔釜温度控制回路,以温度控制回路设定值、回流量作为多变量控制器的操纵变量。为了克服来自进料部分的扰动,将反应器抽出水、高压吸收塔出料和常压吸收塔出料作为多变量系统的扰动变量,因此,针对某 PTA 装置的普通精馏溶剂脱水塔,设计实施了一个 2 操纵变量、5 被控变量的多变量预测控制方案,其输入输出变量如表 5-3-3 所示。

表 5-3-3　溶剂脱水塔先进控制系统输入输出变量

被控变量	描述
CV1	塔顶醋酸含量
CV2	塔釜水含量
CV3	全塔压差
CV4	蒸汽调节阀位
CV5	回流调节阀位
操纵变量	**描述**
MV1	塔底温度回路设定值
MV2	回流量
扰动变量	**描述**
DV1	反应器抽出水

被控变量	描述
DV2	高压吸收塔出料
DV3	常压吸收塔出料

通过基础回路整定，实施阶跃测试和模型辨识，建立了多变量预测控制器，并在离线仿真和功能测试的前提下，进行了现场投运，明显减少了塔釜水含量的波动，从而极大地提高了PX氧化反应器中水含量的稳定，由此亦改善了氧化产品的品质，降低了能耗和醋酸消耗。

(4) 共沸精馏溶剂脱水过程的控制

共沸精馏溶剂脱水过程中有溶剂脱水塔、PX回收塔和共沸剂回收塔，其和普通精馏控制最大的区别在于"共沸剂界面温度"的控制。不同于常规精馏塔塔顶的单一温度控制，以溶剂脱水塔为例，一般在其中上部设置多个温度计，计算醋酸共沸剂的"界面"位置（共沸剂组分迅速下降、温度迅速上升的区域，称为"共沸剂界面位置"）。温度分布控制器通过调整脱水塔回流量的方法来实现控制共沸剂"界面"的位置，但是只仅仅调节脱水塔塔顶的回流量，响应太慢。为了克服这种滞后现象，温度分布控制通过调整塔中段的回流量来加快塔操作的快速性。顶部回流阀位控制器检测到中部回流流量控制阀阀位变化后，通过顶部回流控制器调整脱水塔塔顶回流量，使得中部回流返回其设定点。顶部回流阀位控制器对信号响应速度比较缓慢，通过逐渐改变脱水塔塔顶回流量，引起脱水塔温度分布曲线的移动，使温度分布控制器改变其输出量，中部回流阀门返回到所要求的阀位。脱水塔温度分布对来自氧化第二结晶器的蒸汽流量的变化也很敏感，为了预测这种变化，在温度分布控制回路中还包括了计算模块预测进料变化功能，根据第二结晶器压力调节阀阀位，直接改变中部回流控制器的设定点，以便及时调整结晶器蒸汽流量变化对脱水塔温度分布的影响。

(5) 溶剂脱水过程的优化

① 普通精馏溶剂脱水过程的优化　普通精馏溶剂脱水塔的优化一般包括再沸蒸汽节能优化或醋酸降耗优化，这两者是互相矛盾的，需要根据装置具体情况确定优化目标。在进料或负荷一定的情况下，调节手段一般只有回流量及塔釜再沸蒸汽量，下面以具体实例来说明溶剂脱水塔的优化。如果当前溶剂脱水塔的顶酸含量在0.5%左右，而目前该塔加热负荷还有余量，如果考虑目前加热副产蒸汽较为剩余，则可增加回流，使塔顶酸含量下降。根据一工业装置模拟结果显示，如果增加回流，把回流增加0.8t/h，则可在保持釜水含量不变的前提下，使顶酸从目前的0.5%下降到0.4%，则每小时可降低醋酸消耗16kg左右，多消耗0.9t/h加热蒸汽；如果考虑节约加热蒸汽量，可减少该塔的回流量。根据模拟结算结果显示，如果要保持顶酸在0.6%，则可在保持釜水含量不变的前提下，回流减少0.5t/h左右，节约0.6t/h左右的再沸蒸汽。另外，由于昼夜环境温度的变化，经过空冷的回流温度白天和晚上的波动差别可达5℃以上，经过模拟计算，造成的顶酸波动范围可达0.05%左右。因此，可根据回流温度进行回流量的调节，根据实际需求，进行降耗或者节能的调优，因此这点温度波动的变化，可产生降低8kg/h左右的醋酸消耗，或者减少0.45t/h左右加热蒸汽的消耗。

② 共沸精馏溶剂脱水过程的优化　对于共沸精馏溶剂脱水过程，由于采用共沸体系，溶剂脱水塔顶部汽相流股中醋酸含量非常低，因此对于这个体系的优化目标，主要包括溶剂脱水塔再沸蒸汽的节能和共沸剂的降耗。一般来说，可以基于模型，采用灵敏度分析的方法进行这方面的研究和分析。对于再沸蒸汽的节能，主要考虑以下几点：

a. 在装置允许的前提下，提高溶剂脱水塔釜水含量；

b. 尽量采用氧化反应器结晶器的副产蒸汽作为溶剂脱水塔中部再沸；

c. 减少溶剂脱水塔回流中醋酸甲酯的含量，这和溶剂脱水塔顶部汽相流股的冷凝温度相关；

d. 溶剂脱水塔顶部醋酸含量的控制。

对于共沸剂降耗，主要考虑：

① 溶剂脱水塔共沸剂界面的优化控制；

② 共沸剂回收塔的优化操作，这和溶剂脱水塔顶部汽相冷凝温度及共沸剂回收塔温度分布有关。

另外，由于溶剂脱水塔中上部会富集 PX，影响溶剂脱水塔的分离效果，因此，溶剂脱水塔的 PX 抽出量与过程的能耗和消耗紧密相关。在一个实际的案例中，通过灵敏度分析，对溶剂脱水塔的釜水含量、溶剂脱水塔顶部汽相流股的冷凝温度以及回流量进行了优化调整，溶剂脱水塔釜水含量提高了 1% 左右，溶剂脱水塔顶部汽相流股的冷凝温度提高了 2℃ 左右，回流量减少了 10% 左右，使得回流中醋酸甲酯含量下降 2%，塔系再沸蒸汽消耗和共沸剂消耗都有了显著的降低。

3.3.4　CTA 加氢精制过程自动控制

(1) 加氢反应过程的建模

① 宏观动力学模型　据最新的研究表明，CTA 加氢反应过程由两个主要的平行反应组成，即 4-CBA 加氢主反应和脱羧反应[36]。

加氢主反应：

脱羧反应：

这两个反应具有竞争性，在不同的条件下，其反应进行的程度不同。但脱羧反应的并存并不影响加氢精制的最终目的，即降低 PTA 产品中 4-CBA 的含量。加氢反应是一个串联反应，先由 4-CBA 加氢生成 4-HMBA，这一步反应速率较快，4-HMBA 进一步加氢生成 PT 酸，这一步反应速率相对较慢；脱羧反应生成 BA 和 CO，反应进行的程度与溶液中存在的微量 O_2 密切相关，溶解的微量 O_2 对脱羧反应有促进作用，而 H_2 对脱羧反应有抑制作用。基于实验室数据，可以确定反应动力学模型的参数，包括反应速率常数、活化能以及反应级数[43]。

② 反应器模型　加氢反应器采用固定床式反应器，根据反应器轴、径向混合问题的分析以及反应特性，对工业反应器做以下模型假设[44,45]：气相和液相在反应器床层截面均匀分布；反应器的高度对于所到达的转化率来说可消除轴向返混的影响；在流经床层的过程中流速保持恒定；无径向梯度；反应器在稳定状态下操作；反应过程中保持等温。这样，可以简化为一维均相平推流模型。

③ 加氢反应过程的建模　在实验室机理分析的基础上，可以采集实际工业运行数据，

利用 Aspen Plus 软件建立加氢反应过程的模型，并实现流程模拟。建模过程主要包括：

a. 全局物性方法的规定，可以选择 NRTL；

b. 组分的规定，应该包括 PT 酸、4-CBA、TA、BA、H_2 和水等；

c. 单元模块的规定，采用活塞流（平推流）反应器 RPLUG 模块模拟工业反应器，另外采用闪蒸器以及换热器等模块模拟其他单元设备，并根据工业运行状态确定各模块信息；

d. 流股的规定，根据工业现场流程确定各物流走向，并设置各输入物流中的组分及操作条件等信息；

e. 反应模块的规定，根据反应动力学方程，在反应模块中建立主、副反应动力学模型，并关联到反应器中；

f. 模型的校正，采集实际工业运行数据，可以采用 Aspen Plus 软件的 DATAFIT 工具或其他智能优化算法，进行工业装置模型参数的校正，校正的参数主要为动力学模型参数；

g. 模型运行收敛后，可以查看各输出流股的组分信息以及各设备模型的运行结果。

对于加氢反应过程来说，反应器出口流股中的 4-CBA 和 PT 酸含量是主要的模型性能指标。

（2）CTA 加氢浆料预热与结晶器系统的建模

① 结晶器建模

a. 结晶器物质平衡模型　结晶器物质与能量建模过程中，一般只考虑主要组分水和对苯二甲酸（TA），并假设结晶器气相中的 TA 物料忽略不计，则结晶器溶质 TA 的物质平衡模型为：

$$wL^i_{in} + wS^i_{in} = wL^i_{out} + wS^i_{out} \tag{5-3-23}$$

式中，wL^i_{in} 和 wS^i_{in} 分别为第 i 级结晶器进料中液相和固相 TA 的质量流量；wL^i_{out} 和 wS^i_{out} 分别为第 i 级结晶器出料中液相和固相 TA 的质量流量，量纲均为 kg/h。每级结晶器水的质量衡算方程有

$$wL^i_{in} + wL^i_{DIW} = wL^i_{out} + wV^i_{out} \tag{5-3-24}$$

式中，wL^i_{in} 和 wL^i_{out} 分别为第 i 级结晶器进料和出料中水的质量流量；wL^i_{DIW} 为第 i 级结晶器密封冲洗脱离子水的质量流量；wL^i_{out} 为第 i 级结晶器的闪蒸汽量，量纲均为 kg/h。

由于停留时间有限，结晶器出口物料为过饱和溶液，则有

$$wL^i_{out} = a_i C^T \times wL^i_{out} \tag{5-3-25}$$

式中，C^T 为对应结晶器操作温度 T 时 TA 的溶解度参数，$kgTA/kgH_2O$，$a_i > 1$ 为过饱和校正系数，可由工业现场运行分析数据获取。

b. 结晶器能量平衡模型　结晶器绝热操作，忽略热损失，则其能量平衡模型为：

$$wV^i_{out} \times r^T = wL^i_{in} \times CP^{T'}_{H_2O} \times \Delta t' + wL^i_{in} \times CP^{T'}_{TAL} \times \Delta t' + ws^i_{in} \times CP^{T'}_{TAS} \times \Delta t'$$
$$+ (wS^i_{out} - wS^i_{in}) \times R^T - WL^i_{DIW} \times CP^{T''}_{H_2O} \times \Delta t'' \tag{5-3-26}$$

式中，r^T 为水在温度 T 时的汽化焓，kJ/kg；R^T 为 TA 在温度 T 时的结晶焓，kJ/kg；$CP^{T'}_{H_2O}$ 为进料中水在结晶器进出口平均温度和压力下的热容，kJ/(kg·K)；$CP^{T'}_{TAL}$ 和 $CP^{T'}_{TAS}$ 分别为进料中液相和固相 TA 在结晶器进出口平均温度和压力下的热容，kJ/(kg·K)；$CP^{T''}_{H_2O}$ 为密封冲洗水的平均热容，kJ/(kg·K)；$\Delta t'$ 和 $\Delta t''$ 为对应的温度差，℃。

② 浆料预热器建模

a. 浆料预热器物质平衡模型　模拟计算中忽略热损失，考虑质量和热量平衡以及 TA 溶解热，对应每个换热器有下列质量守恒方程

$$w_{TA}l_{in} + w_{TA}s_{in} = w_{TA}l_{out} + w_{TA}s_{out} \tag{5-3-27}$$

$$w_{H_2O\,out} = w_{H_2O\,in} + w_{H_2O\,plus} \tag{5-3-28}$$

式中，$w_{TA\,l\,in}$ 和 $w_{TA\,s\,in}$ 分别是进入换热器冷流的液相和固相 TA 质量流量，kg/h；$w_{TA\,l\,out}$ 和 $w_{TA\,s\,out}$ 分别是换热器冷流出口处的液相和固相 TA 质量，kg/h；$w_{H_2O\,in}$ 和 $w_{H_2O\,out}$ 分别是进出换热器冷流中水的质量流量，kg/h；$w_{H_2O\,plus}$ 是注入换热器的蒸汽流量，kg/h。另外，根据溶解度有

$$w_{TA\,l\,out} = C^T \times w_{H_2O\,out} \tag{5-3-29}$$

式中，C^T 为换热器冷流出口温度时溶解度参数。

b. 浆料预热器能量平衡模型　对于热流为凝液的换热器有如下热量守恒方程

$$CP_{TAL}^{T'} \times w_{TA\,l\,in} \times \Delta T + CP_{TAS}^{T'} \times w_{TA\,s\,in} \times \Delta T + CP_{H_2O}^{T'} \times w_{H_2O\,in} \times \Delta T + (w_{TA\,l\,out} - w_{TA\,l\,in}) \times D^{T'} = CP_{H_2O}^{T''} \times w_{H_2O} \times \Delta T' \tag{5-3-30}$$

对于热流为饱和蒸汽的换热器有如下热量守恒方程

$$CP_{TAL}^{T'} \times w_{TA\,l\,in} \times \Delta T + CP_{TAS}^{T'} \times w_{TA\,s\,in} \times \Delta T + CP_{H_2O}^{T'} \times w_{H_2O\,in} \times \Delta T + (w_{TA\,l\,out} - w_{TA\,l\,in}) \times DT' = w_{H_2O} \times R^T \tag{5-3-31}$$

对于注入式换热器有如下热量守恒方程

$$CP_{TAL}^{T'} \times w_{TA\,l\,in} \times \Delta T + CP_{TAS}^{T'} \times w_{TA\,s\,in} \times \Delta T + CP_{H_2O}^{T'} \times w_{H_2O\,in} \times \Delta T + (w_{TA\,l\,out} - w_{TA\,l\,in}) \times DT' = CP_{H_2O}^{T''} \times w_{H_2O} \times \Delta T' + w_{H_2O} \times R^T \tag{5-3-32}$$

式中，$CP_{TAL}^{T'}$、$CP_{TAS}^{T'}$ 和 $CP_{H_2O}^{T'}$ 分别为冷流液相、固相 TA 以及水的平均热容，kJ/(kg·K)；$CP_{H_2O}^{T''}$ 为热流水的平均热容，kJ/(kg·K)；$D^{T'}$ 为 TA 的平均溶解热；ΔT 为冷流的温度差；$\Delta T'$ 为热流的温度差。

(3) CTA 加氢配浆浓度智能控制

CTA 和打浆水混合得到的浆料是加氢精制工艺的原料，加氢反应的条件是 CTA 必须完全溶解于水，形成均相溶液。当 CTA 浆料浓度高于操作温度下 CTA 的溶解度时，CTA 将析出或者不溶解，严重时将导致催化剂床层堵塞，甚至造成催化剂压碎或 Johnson 网压弯等操作事故。反之，如果浓度太低，则处理能力下降增加消耗。由于配浆混合罐的时间常数比较大，基础 PID 控制器需要比较弱的控制作用，但是这样在异常情况（如负荷变化时）控制品质就会很差，需要工艺人员手动调节。为了克服系统非线性和大时间常数，实现减少浆料浓度波动、提高装置处理能力的目的，可以采用前馈加预测控制的先进控制策略，并且可通过控制语言（CL）编制直接嵌入到 DCS 操作环境中运行。

整体控制方案采用 DMC-PID 串级加前馈控制。浆料浓度预测控制器作为主控制器，以浆料浓度为被控变量（CV，由质量密度计测得），以电机转速设定值为操纵变量（MV），预测控制器通过滚动优化，计算出当前最优控制增量，其控制方案如图 5-3-53 所示。

① 被控变量选择　以混合罐 CTA 浓度为被控变量（CV），以两个电机的总转速为操纵变量（MV），然后根据两个 TA 进料仓的液位高低，将 MV 合理地分配到两个电机上。

② 操纵变量选择　对两路螺旋推进器电机转速投 PID 控制回路，电机转速改为串级模式，其设定值由预测控制器给定，作为操纵变量。模型测试时，可假设总的输入变量阶跃变化加到一个电机上，在一个电机上做一转速阶跃，测得浓度的阶跃响应曲线。

③ 前馈变量选择　考虑到系统负荷变化会影响到打浆水的流量变化，进而影响到浓度的变化，如果负荷变化后不及时调整，CTA 进料会对浓度产生较大影响，因此在负荷和CTA 进料之间加一欠补偿静态前馈。将前馈量与预测控制器计算出的转速增量一起叠加到电机转速的 PID 控制回路设定值上。

④ 液位控制　将混合罐的液位保持在一个常值，有利于系统的稳定，将液位与打浆水流量投串级控制，通过调节打浆水，使液位稳定在一个恒定的值上。

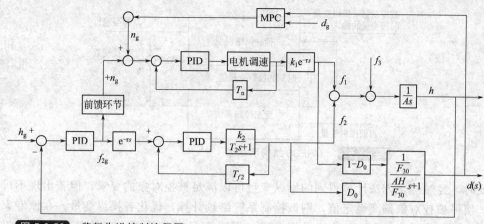

图 5-3-53 浆料先进控制流程图

与原基础回路控制状况比较,该控制器在正常工况下明显减小了浓度波动,特别在负荷发生变化和配浆浓度变化时,能够较快地将浓度恢复到设定值。同时设定值改变后,该控制器可实现无超调快速跟踪。

(4) PTA 产品粒度分布智能控制[33]

① PTA 产品粒度分布神经网络软测量模型 由于工业装置 PTA 结晶过程通常采用 4 到 5 级结晶器进行串联操作,多台结晶器组成的结晶工艺中,有诸多因素对 PTA 产品粒度分布产生影响。例如,各结晶器的温度、压力、液位、搅拌强度、进料浓度、进料负荷、反应器温度等,都会或多或少地影响 PTA 粒度。基于机理分析与实验结果,把前两级结晶器的主要影响因素作为 PTA 产品平均粒径分布软测量模型的辅助变量,并通过引入在线自校正环节进行修正。具体的辅助变量为:反应器与第一结晶器之间的温差,第一和第二结晶器之间的温差,物料在第一、二结晶器中的停留时间以及前一时刻的粒度分析值。这样通过采集实际工业装置运行数据,可以采用神经网络或支持向量机建立 PTA 产品粒度分布(平均粒径、325 目、60 目等)的软测量模型。

由于装置操作条件会随时间而变化,以及忽略了后续结晶器的影响,将 PTA 产品粒度分布软测量模型直接应用于工业装置的实时预测,不可避免地要产生一定的偏差,为此,必须根据人工化验分析值,采用在线校正技术对模型进行及时、准确的修正,使其适应过程操作特性的变化和生产工况的迁移。自校正可以采用如下形式(以平均粒径为例):

$$\text{GIAVER}(t) = \text{GAVER}(t) + \text{Alpha} \times [\text{GMAVER}(k) - \text{GAVERAV}(k)] \quad (5\text{-}3\text{-}33)$$

式中 GIAVER——平均粒径软测量模型计算值校正后的输出值;

GAVER——平均粒径软测量模型输出值;

GMAVER——平均粒径的人工分析值;

GIAVEAV——平均粒径软测量模型计算值校正后的平均值。

② PTA 结晶过程产品粒度智能控制系统 PTA 结晶过程产品粒度的控制手段较多,传统的单变量控制策略已无法实现其控制要求,为此可以通过专家控制系统的结构形式进行实现,如图 5-3-54 所示。

专家控制系统的知识规则部分来源于神经网络模型,部分来自嵌入规则库的以 "IF-THEN" 表达的浅层先验知识;专家控制系统则主要根据模型提供的信息,进行相应优化算法、推理机制的选择,并给出操纵变量的当前值和预测值;同时神经网络模型接受未来操纵变量的预测值,计算当前状态下未来被控变量的影响。通常在没有干扰的条件下或设定值保

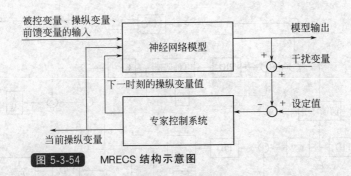

图 5-3-54　MRECS 结构示意图

持不变时，经过优化方法计算得到的操纵变量可以满足被控对象的要求；但若出现不可预测干扰，使得被控对象偏离设定值，则该控制系统继续计算，优化各操纵变量。在该专家控制系统中，控制指标为 PTA 产品的平均粒径，操纵变量定为第一、二结晶器的压力与液位（即通过压力变化调整温度分布，通过液位调整改变停留时间）。

(5) CTA 加氢精制过程的优化

在 CTA 加氢精制反应过程模型的基础上，针对 PTA 装置加氢精制反应过程的实际工况，可以以节能、降耗、减排、增产为目标，对 CTA 加氢反应过程进行优化，优化方法采用序贯二次规划法或群智能优化方法。

① 变量选取　选取的变量一般为工业反应器反应温度（x_1，℃）、H_2 流量（x_2，kg/h）。

② 目标函数　优化过程中，要使第 5 结晶器出口出的 4-CBA 浓度 $C_{4\text{-cba}}$ 接近目标设定值 $C_{4\text{-cba}}^0$，因此，可以采取式（5-3-26）的优化目标函数：

$$\min(C_{4\text{-cba}} - C_{4\text{-cba}}^0)^2 \tag{5-3-34}$$

③ 约束条件　约束条件主要考虑操纵变量的上、下限，比如在某配浆浓度范围内时，可以根据工业操作经验确定温度和 H_2 流量上、下限。

以一实际工业装置为例，根据模型优化结果，进行了工业装置的优化应用。配浆浓度提高了 1%，每小时节约打浆水 6t 左右，污水减少排放 3.5t 左右。为确保生产安全和产品质量，调优过程可以分阶段逐步提高 CTA 配浆浓度，调整相应的反应温度及 H_2 流量。

3.4　聚酯过程自动控制

3.4.1　聚酯生产过程工艺流程概述

1941 年，英国 J. R. Whenfield 和 J. T. Dikson 以对苯二甲酸和乙二醇为原料，首次合成了聚对苯二甲酸乙二酯（聚酯），并制成了聚酯纤维。聚酯具有优良的物理、化学、力学性能，因而迅速成为合成纤维中产量最大的品种，聚酯工业也成为一个与国计民生息息相关的产业，广泛应用于化纤、轻工、电子、建筑等国民经济的各个方面。作为制造聚酯纤维、涂料、薄膜以及工程塑料的原料，聚酯通常是由二元酸和二元醇经酯化和缩聚反应而制得的一种高分子缩聚物。这类缩聚物的品种随使用原料或中间体而异，品种繁多。但是，所有品种均有一个共同的特点，就是在其大分子的各个链节间都是以酯基相连。

聚酯生产过程大致可以分成两个阶段。第一阶段是由基本原料对二甲苯（p-xylene，PX）、甲苯、邻苯二甲酸酐等制取聚酯中间体对苯二甲酸二甲酯（Dimethyl Terephthalate，DMT）或对苯二甲酸（Pure Terephthalate Acid，PTA）；第二阶段是由 DMT 或 PTA 与乙二醇（Ethylene Glycol，EG）进行酯交换或酯化反应，生成聚酯单体对苯二甲酸双羟乙酯（BHET），进而缩聚成 PET。因而聚酯生产工艺技术有以 DMT 为原料的酯交换法（DMT

法）和以 PTA 为原料的直接酯化法（PTA 法）两种。在聚酯生产的早期，由于 PTA 在常用溶剂中难溶，受热时有升华及脱羧现象，精制困难，一般先制成 DMT，再提纯使用。DMT 与 EG 的酯交换法历史长、技术成熟、产品质量稳定，1964 年前生产 BHET 时几乎全都用此法。但与直接酯化法相比，该法工艺流程长，且副产物为甲醇，需增加回收设备，经济上不如直接酯化法合理。聚酯单体的缩聚一般采用熔融缩聚，为获得高黏度聚酯，也可后加固相缩聚。缩聚分间歇法和连续法两大类，间歇法适合于小批量、多品种生产，连续法适合于不经常变换品种的、大批量稳定生产。其中，DMT 法连续工艺主要有法国罗纳普朗克（Rone-Poulene）和日本帝人（Tejin）技术。PTA 法连续工艺主要有德国吉玛（Zimmer）、日本钟纺（Kanebo）、瑞士伊文达（Inventa）和美国杜邦（DuPont）技术。目前 DMT 法连续工艺已经不再发展，新建聚酯工程几乎都以 PTA 法为主。上述 4 家公司的 PTA 法连续生产工艺，代表了当今世界聚酯生产的先进水平且各具特色。

采用 PTA 直接酯化法生产聚酯的过程多为连续生产过程，以对苯二甲酸（Pure Terephthalate Acid，PTA）和乙二醇（Ethylene Glycol，EG）为原料，通过酯化合成单体对苯二甲酸双 β-羟乙酯（BHET），再缩聚为产品聚对苯二甲酸乙二酯（PET）。聚对苯二甲酸乙二酯（PET）的化学结构式可以表示为：

$$
\begin{array}{c}
\text{H} \\
\text{HOCH}_2\text{CH}_2 \\
\text{HOCH}_2\text{CH}_2\text{OCH}_2\text{CH}_2
\end{array}
\Bigg|
-\text{OOC} \!-\! \langle\bigcirc\rangle \!-\! \text{COO} \!-\!
\begin{array}{c}
\text{CH}_2\text{CH}_2 \\
\text{CH}_2\text{CH}_2\text{OCH}_2\text{CH}_2
\end{array}
\Bigg]_{n-1}
\Bigg|
-\text{OOC} \!-\! \langle\bigcirc\rangle \!-\! \text{COO} \!-\!
\begin{array}{c}
\text{H} \\
\text{CH}_2\text{CH}_2\text{OH} \\
\text{CH}_2\text{CH}_2\text{OCH}_2\text{CH}_2\text{OH}
\end{array}
$$

高分子链中的重复单元为聚酯链节 $-\text{OOC}-\langle\bigcirc\rangle-\text{COO}-\begin{smallmatrix}\text{CH}_2\text{CH}_2\\ \text{CH}_2\text{CH}_2\text{OCH}_2\text{CH}_2\end{smallmatrix}-$ ，其端基分别为端羧基$-\text{COOH}$（AV）和端羟基$-\text{OH}$（OHV），n 为其聚合度，其数值决定于链节的数量[46]。

PTA 直接酯化法合成 PET 的过程中主要包括两个过程：酯化过程和缩聚过程。发生的主反应包括酯化反应和缩聚反应，主要副反应是二甘醇生成反应。

酯化反应：

$$-\Phi\text{-COOH}+\text{HOCH}_2\text{CH}_2\text{OH} \underset{k_2}{\overset{k_1}{\rightleftharpoons}} -\Phi\text{-COOCH}_2\text{CH}_2\text{OH}+\text{H}_2\text{O}$$

$$-\Phi\text{-COOH}+-\Phi\text{-COOCH}_2\text{CH}_2\text{OH} \underset{k_2}{\overset{k_1}{\rightleftharpoons}} -\Phi\text{-COOCH}_2\text{CH}_2\text{OOC-}\Phi\text{-}+\text{H}_2\text{O}$$

缩聚反应：

$$-\Phi\text{-COOCH}_2\text{CH}_2\text{OH}+-\Phi\text{-COOCH}_2\text{CH}_2\text{OH} \underset{k_2}{\overset{k_1}{\rightleftharpoons}}$$
$$-\Phi\text{-COOCH}_2\text{CH}_2\text{OOC-}\Phi\text{-}+\text{HOCH}_2\text{CH}_2\text{OH}$$

二甘醇生成反应：

$$-\Phi\text{-COOCH}_2\text{CH}_2\text{OH}+-\Phi\text{-COOCH}_2\text{CH}_2\text{OH} \overset{k_7}{\longrightarrow}$$
$$-\Phi\text{-COOCH}_2\text{CH}_2\text{OCH}_2\text{CH}_2\text{OOC-}\Phi\text{-}+\text{H}_2\text{O}$$

$$-\Phi\text{-COOCH}_2\text{CH}_2\text{OH}+\text{HOCH}_2\text{CH}_2\text{OH} \overset{k_8}{\longrightarrow} -\Phi\text{-COOCH}_2\text{CH}_2\text{OCH}_2\text{CH}_2\text{OH}+\text{H}_2\text{O}$$

$$2(\text{HOCH}_2\text{CH}_2\text{OH}) \overset{k_9}{\longrightarrow} \text{HOCH}_2\text{CH}_2\text{OCH}_2\text{CH}_2\text{OH}+\text{H}_2\text{O}$$

酯化反应和缩聚反应都是可逆平衡反应，通常是在催化剂存在下进行。在酯化过程中，固相 PTA 首先溶解（扩散）到液相 EG 中，进行酯化反应，生成低聚物 BHET 和水。PTA 在 EG-BHET 混合物体系中快速溶解，并进一步反应。在此过程中，PTA 的溶解速度大于酯化反应的速度，故过程受反应控制。PTA 和 EG 在酯化过程中不断脱出水，体系也由非均相向均相转化，由浑浊趋向透明，达到过程的清晰点。随着酯化反应的不断进行，羧基浓度减少，羟基浓度增加，酯化反应逐渐减弱，缩聚反应不断增强。过程由酯化阶段向缩聚阶段过渡，体系逐渐增稠，并不断脱出 EG，生成较高黏度的 PET 熔体。从聚酯生产的整个过程来看，酯化和缩聚阶段并不是截然分开的，在酯化反应逐渐趋向平衡时，酯化产物BHET（单体）即已开始缩聚反应，酯化反应和缩聚反应同时进行，直到在过程的给定条件下建立动态平衡为止[47]。

缩聚反应是生成高分子聚合物的主要反应，是一种逐步完成的可逆平衡反应，通常分为三个阶段。初始阶段，单体 BHET 缩合开始形成聚酯分子链。这一阶段单体和低聚物浓度较大，逆反应速率很小，在常压条件下可以实现缩聚。中期阶段，聚酯分子链继续增长，形成可逆平衡。低聚物分子链的端基与体系中单体和低聚物进行链增长反应，其特征是靠缩聚生成的低分子物不断逸出体系，破坏平衡，促使反应向正方向移动。同时通过缩聚和降解的可逆平衡，使分子链不断均化，而有利于形成比较均一的 PET 产物。这一阶段，通过减压真空操作实现低分子 EG 的逸出，完成缩聚。终期阶段，缩聚产物几近达到给定的聚合度（黏度），即将达到反应终点。由于此时体系物料熔体黏度很高，缩聚反应生成的低分子物（EG 等）难以逸出，而且传质传热效果很差，因此必须相应提高温度，适度有效搅拌，使熔体表面不断更新，并进一步抽空，提高真空度，以达到预期的缩聚终点，终止反应。

以钟纺工艺的连续 PTA 直接酯化法法为例，其生产过程包括 5 个阶段：①第一酯化阶段（primary esterification，PE）；②第二酯化阶段（secondary esterification，SE）；③低聚酯化（low polymerization，LP）；④中聚阶段（intermediate polymerization，IP）；⑤终缩聚阶段（high polymerization，HP）。在生产过程中，包含了第一酯化反应器、第二酯化反应器、预缩聚釜、缩聚釜、终缩聚釜 5 个主要设备，简称五釜工艺，其工艺流程图如图 5-3-55 所示。

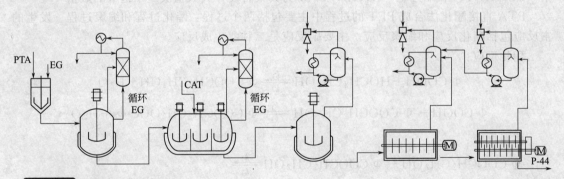

图 5-3-55 聚酯工艺流程图

在聚酯五釜工艺中，整个工艺过程由 5 个串联的反应釜组成。PTA 原料从料仓经计量秤计量后加入到浆料配制罐，与 EG 原料混合后经螺杆泵连续计量送入第一酯化釜。第一酯化釜为带搅拌轴的反应釜，PTA 和 EG 在反应釜中发生酯化反应，生成低聚物和水，与第一酯化反应釜相连的工艺塔对反应釜中的汽相（EG 和酯化反应生成的水）进行分离后，将大部分的 EG 和少量的水返回到第一酯化反应釜中，继续参加反应。第一酯化反应釜反应温度在 530～555 K 之间，压力 1.7 atm❶。相对较高的温度可以保证 PTA 在低聚物中的溶解度，保持高压力以便限制 EG 的过度蒸发，保证反应 EG 的浓度。原料 PTA 和 EG 在第一

---

❶ 1atm≈0.1MPa。

酯化釜反应后，产物的酯化率接近 92％。

第一酯化釜的低聚物利用压差进入操作压力为标准大气压的第二酯化釜，反应温度在 535～575K。为提高酯化效率，第二酯化釜为卧式反应釜，反应釜分为尺寸相等的 3 个室，每个室中配有搅拌轴。在反应器第二室加入催化剂 Sb_2O_3 或 $Sb(OC_2H_4O)_3$ 及消光剂 TiO_2，促进反应的进行，同时改变产物的光泽度。由于反应釜汽相中含有大量的 EG，与第一酯化釜相同，第二酯化釜与工艺塔相连，工艺塔对反应釜的汽相产物进行分离操作，EG 和小部分水返回第二酯化釜继续参加反应。经过第二酯化釜的反应后，酯化率可达 96％左右。

第二酯化釜的酯化产物以压差送入预缩聚釜，在真空度 50～500mmHg❶、温度 555～580K 下进行预缩聚反应。反应器的形式仍为带搅拌轴的立式反应釜，多余的乙二醇和水通过真空泵抽出预缩聚釜。在该反应釜中，传质速率高于反应速率，仍然可以作为全混釜处理。

从预缩聚釜出来的物料黏度进一步提高，传质已影响到了过程速率。为提高传质速率，与前面的反应器不同，缩聚釜和终缩聚釜分别采用单轴圆盘反应器和双轴圆盘反应器，真空度 1.5～4mmHg 和 0.5～2mmHg。多级真空泵用来提高真空度。为防止真空系统被低聚物堵塞，各段 EG 喷淋中均采用刮板冷凝器。反应釜的温度为 555～575K，不能采用过高反应温度的原因是防止产生过量的反应副产物。搅拌进行到缩聚终点（通常聚合度 100 左右），产品可以直接纺丝或铸带冷却切粒。

3.4.2 聚酯产品质量指标在线检测

聚酯生产过程自动控制首先需要相关产品质量指标的在线监测。目前聚酯生产过程中，先进的 DCS 装置除了对直接测量的参数，如温度、压力、液位、流量等，可以由计算机进行采集以外，对反映反应程度及直接和产品质量指标有关的关键参数，如端羧基、酯化率、黏度、二甘醇含量、皂化值等，只能靠每班一次采样、离线分析后送交操作人员，实际上已失去及时操作的意义。以模型为基础的软测量技术，实际上是利用计算机高速数据采集、计算和存储的功能，把生产过程中不可测量的变量（质量指标），进行模型推算和状态估计出来，对生产过程的质量指标进行在线检测和显示，提供给操作人员质量指标的瞬间检测值，并在此基础上实现对聚酯生产的优化控制。

聚酯生产过程中，端羧基浓度是指聚酯高分子链端被羧基基团所占据的数量，是表征聚酯切片品质的一个重要指标。端羧基值的高低，直接影响聚酯切片的热稳定性，从而影响切片的纺丝品质。聚酯切片的端羧基值也影响切片的色泽。影响端羧基（—COOH）的因素主要有两方面：一是聚酯高分子在长时间高温下发生热降解等副反应所产生的羧基基团；二是酯化反应不完全、剩余的羧基基团带入缩聚反应过程，最终进入产品。在聚酯的生产过程中，对酯化反应器出口的端羧基含量进行离线分析，通过分析值对工艺进行调整，以便保证聚酯最终产品的质量。生产过程的波动不能保证离线分析的结果及时用于调整生产条件，因而采用数据分析方法进行酯化过程端羧基浓度的建模，是给出中间产品分析的一个有效手段。

在实际工业过程中，可以采用基于聚类的高斯过程实现聚酯酯化段端羧基浓度软测量端羧基浓度软测量。在酯化段，影响端羧基浓度的因素有如下方面：

① 酯化反应温度的影响，酯化反应是一个可逆反应，端羧基浓度随反应温度的升高而减小；

② 压力的影响，随着反应压力的增加，端羧基浓度增加，增加的速率随着反应压力的增加而减小；

---

❶ 1mmHg≈133Pa。

③ 酯化停留时间的影响，在一定温度、压力、EG/PTA 配比下，端羧基随着停留时间的延长不断降低；

④ EG/PTA 摩尔配比（MET）的影响，随着 MET 不断增加，端羧基浓度不断降低。

在实际工业数据中，采集到的酯化釜压力数据基本保持不变，因而不把酯化釜压力数据作为输入。取反应温度、停留时间、PTA 流量、EG 流量作为端羧基浓度模型的输入变量。

对数据进行预处理，挑选接近稳态工作点的数据作为样本数据。经过以上处理，得到若干组数据，随机选择其中 2/3 组作为训练数据，1/3 组作为预测数据。建模前，对数据进行均一化处理，将所有输入输出数据置于 [0, 1] 区间。采用神经网络或其他建模方法，直接对归一化后的训练样本进行建模。如采用高斯过程对某化工企业聚酯过程端羧基浓度模型训练，预测结果如图 5-3-56 所示。从图中可以看出，高斯过程模型的训练样本较多时，完全能够保证模型的预测结果准确，预测结果的均方差也较小。这说明当有大量冗余数据时，基于数据的高斯过程能够很好地拟合非线性系统[2]。

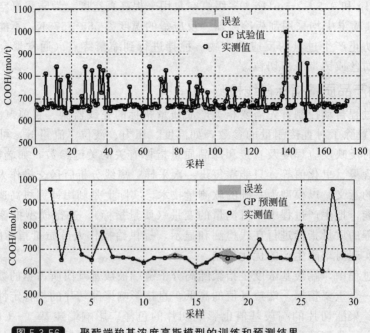

图 5-3-56　聚酯端羧基浓度高斯模型的训练和预测结果

色值是聚酯树脂质量的重要指标，它直接影响聚酯纤维产品的色泽和色彩等一系列性能。聚酯切片的色值用 L 值和 b 值表征，L 值为白度表征，L 值大表示白度大、亮度高；b 值为黄色表征，b 值大即黄色指标大。聚酯的热降解及热氧降解作用产生着色的乙烯基团和凝胶是 b 值升高的原因之一，可以通过避免氧气进入物料反应系统及降低温度解决。在工艺稳定的情况下，b 值的突发性波动往往是原料质量波动引起的，原料（含 PTA 和 EG）中杂质（4-CBA、芴酮类衍生物等）与聚酯分子链反应生成黄色基团是 b 值上升的主要原因。当原料变动不大时，温度对 EG/PTA 酯化影响较大，提高温度不仅加速反应，同时也增大了 VIA 在 EG 体系中的溶解度，从而进一步促进了酯化反应和提高酯化率。当然升高温度也加速了副反应，从而使副反应产物 DEG 和 CH_3CHO 增多，色值上升。缩聚反应是放热反应，而热效应甚微，仅 8.4kJ/mol 左右，因此温度对平衡影响不大。根据动力学定律，温度升高必将加速反应速率，欲加速反应趋向平衡，必须恰当提高温度。达到平衡后，要严格控制温度，不能超温，这样不仅能获得较高分子量的产品，而且还可防止 PET 热降解等副反应；

若超温则会导致 PET 黏度下降，端羧基增高、色黄。由于温度对缩聚反应影响的多重性，在反应过程中要严格依据温度操作线进行控制，以确保达到 PET 的质量标准。

总的来说，b 值的影响因素包括来料 PTA 的 4-CBA 含量、各个釜的反应温度、真空度等，与反应的程度有很大的关系。一般来说，由于来料 PTA 中的 4-CBA 含量无法通过仪表在线测量，因而难以得到其对 b 值的影响。考虑到 PTA 的用料为多天采用一批，因而可以通过分析值进行校正来反映当前来料中 PTA 的 4-CBA 含量的影响，其他影响因素都可以通过在线采集得到。

通过聚酯生产过程配备的数据采集服务器采集某厂的过程生产数据。根据过程分析和主元分析，考虑到连续过程中各反应釜的停留时间，选取样本测试前 3.5h 的酯化釜温度、2.5h 的缩聚釜温度、0.5h 的终缩聚釜温度、真空度作为输入变量，产品 b 值的人工分析值作为目标变量。在生产数据中，选择若干组数据，其中 2/3 组数据作为训练样本，1/3 组数据作为测试样本。在此，分别以高斯过程和支持向量机方法为例，对聚酯产品 b 值模型的预测结果进行比较，如图 5-3-57 所示。

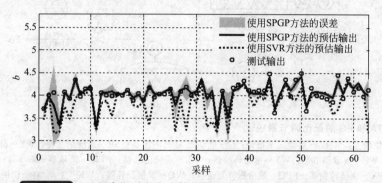

图 5-3-57　采用高斯过程和支持向量机方法的 b 值模型预测结果

从图 5-3-57 中可以看出，采用高斯过程进行 b 值软测量建模，模型的预测结果较支持向量机方法的预测结果好。尽管有少量样本点的实际测量值与高斯过程、支持向量机方法所建立的模型偏差比较大，但这些样本均在 SPGP 方法建立的模型的预测值的 95% 预测可信区间内。

3.4.3　酯化过程自动控制

酯化过程自动控制分为进料系统自动控制、酯化釜自动控制。PTA 原料与乙二醇按一定摩尔比配成浆液，用螺杆泵从釜底加入第一酯化釜。为了随时了解浆液配比情况，管道上安装了流通式放射性铯密度计。原料 PTA 和 EG 的配比调节系统如图 5-3-58 所示。当 PTA 料斗物位低于规定值时，自动打开进料蝶阀，使 PTA 从日料仓进入料斗，达到最高位置时又自动关闭蝶阀。在正常生产量时，蝶阀约数分钟动作一次。在螺旋输送器的下部安装有应变片荷重元件，根据其称得的重量与预先设定的希望值相比较，偏差信号经过放大后输出改变电动机的转速，也即改变 PTA 进入混合槽量。该信号通过比例单元作为乙二醇流量调节器的设定值，构成 PTA 与 EG 的流量配比调节回路[48]。

第一酯化釜到预缩聚釜之间的主要控制系统采用反馈控制方案，即先给定后缩聚釜出料泵的直流电动机转速，同时再用液位控制预缩聚釜的出料量，其余几个串联的反应釜均用后一釜的液位去控制前一釜的出料量。如果第一酯化釜的液位发生波动，则可控制浆料泵的直流电动机转速，也就是改变浆料进料量去调节液位，因为液位是影响反应的重要因素，只有液位恒定或流速稳定，物料在釜内的停留时间才能固定。关于各反应釜的温度控制，一般是用温度去控制每个蒸发器的液体量，也就是控制蒸气进入反应釜夹套内的数量，以维持釜温

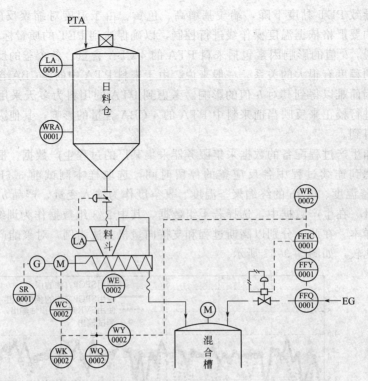

图 5-3-58 PTA 和 EG 的配比调节系统[3]

LA—料位信号；WRA—重量记录报警；G—电动机 M 的测速器；SR—速度记录器；WE—荷重元件；
WC—重量调节器；WY—重量转换器；WR—重量记录器；FFIC—流量指示调节器；
FFY—流量转换器；FFQ—流量积算发送器；WQ—重量积算器；WK—手动/自动切换器

恒定不变。釜内压力或真空度的控制方法则是用釜顶排出乙二醇蒸气量来控制。

第一酯化釜的物料石油混合槽经泵输送来。根据它的液位控制泵的转速，即控制泵打出 PTA 和 EG 的浆料量。泵是由直流电动机驱动，控制系统如图 5-3-59 所示[48]。

对于酯化反应过程的控制系统，也可采用预测控制算法对酯化反应过程的主要质量指标酯化率、端羧基含量等实现闭环优化控制，使基本 PID 控制器的设定值以滚动优化的方式平稳地逼近新的设定值。

3.4.4 缩聚过程自动控制

后缩聚釜是最后一台反应釜，反应物料通过此釜将完成最终缩聚反应，所以产品质量很大程度上取决于缩聚过程自动控制的控制条件。因为代表产品质量综合指标的特性黏度与温度、真空度、搅拌速度、液位以及停留时间等工艺变量有关，而这些变量又相互制约、相互影响，这对连续操作的后缩聚釜来说，在固定产量、固定温度、真空度与搅拌速度情况下，高液位会导致停留时间增加或残留乙二醇的蒸发表面积减小，结果是缩聚反应速率降低。如果液位太低，又会使物料排出量和反应速度不稳定。然而，缩聚釜内的物料黏度是逐渐增加的，釜内液面实际上并不能始终保持在同一水平，而是前高后低，当搅拌速度太快时，出现的情况又将是恰如其反[46,48]。

对质量指标有影响的端羧基和二甘醇杂质含量，在缩聚反应过程中是不能直接控制的，因为它们与其他变量有关。例如，温度变高，热降解将加剧，端羧基含量也相应增加。所以，要想把端羧基和二甘醇含量同时降低到最小值，是既不可能又不经济的。因此，自控方案采用的是单回路控制各变量，如反应釜的进料量用前液位控制直流电动机的转速；温度与酯化釜的控制方法相同；搅拌转速用手动远距离给定；反应釜的两台出料泵按定速半负荷同时运转，也就是定流量出料；反应釜内真空度的调节用乙二醇喷射器的抽吸量去控制补入乙二醇蒸气，同时把测量出口产品动力黏度的在线黏度调节器与真空度调节器组成串级控制系统，用黏度调节器的输出作为真空度调节器的设定值[48]。

　　缩聚反应过程的主要测量控制项目有真空、温度、搅拌器转速、反应釜液位及缩聚产物的动力黏度。缩聚反应釜的测量控制系统如图 5-3-60 所示[48]。

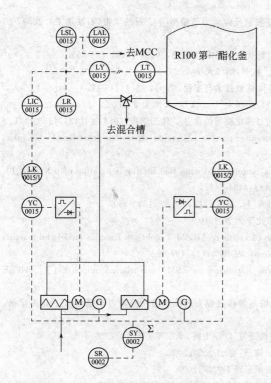

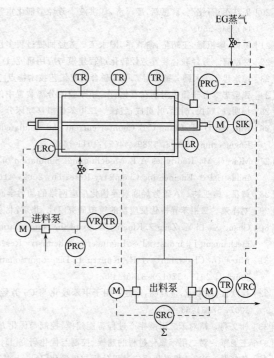

图 5-3-59　第一酯化釜的控制系统[3]

LT—液位变送器；LY—气/电信号转换器；LAL—低液位报警；LSL—低液位联锁；MCC—电动机控制中心；LR—液位记录；LIC—液位指示调节器；LK—手动/自动切换器；YC—调速信号控制；SY—转速器；SR—转速记录器

图 5-3-60　缩聚反应釜的控制系统[3]

TR—温度记录仪；PRC—真空记录调节仪；SIK—转速指示遥控；LR—液位记录仪；LRC—液位记录调节器；VR—黏度记录仪；VRC—黏度记录调节器；SRC—速度记录调节器

参 考 文 献

[1] 王松汉. 乙烯装置技术与运行[M]. 北京：中国石化出版社，2009.

[2] 钱锋，俞金寿，蒋慰孙. 石脑油裂解炉模型化的人工神经元网络方法[J]. 工业过程模型化及控制，7：185-190，1996.

[3] 邱嘉嘉. 关于乙烯裂解炉控制方案的探讨[M]. 石油化工自动化，2006，4(5)：5-10.

[4] 路德民，张振基，黄步余等. 石油化工自动控制设计手册(第三版). 北京：化学工业出版社，2000.

[5] 王振雷，杜文莉，钱锋. 乙烯装置裂解炉智能控制技术[J]. 化工进展，2006，25(12)：1454-1456.

[6] Honggang Wang(王宏刚)，Zhenlei Wang（王振雷），Hua Mei(梅华)，FengQian(钱锋). Intelligent Severity Control Stabilizes Ethylene Crackers[J]，Oil &Gas Journal，2011，109(6)：104-109.

[7] 冯利，胡红旗，李红梅. 乙烯装置中脱甲烷塔优化模拟研究[J]. 吉林化工学院学报，2004，21(4)：13-14.

[8] 钱锋，张明龙，李绍军等. 乙烯装置中乙烯精馏塔的智能控制方法. 中国发明专利，专利号：ZL 02 1 48476.7，2002.

[9] 张葛. 乙烯装置双塔脱丙烷系统的优化[J]，炼油与化工，2004，15：30-34.

[10] 钱锋，李立新，俞安然等. 乙烯装置中丙烯精馏塔的智能控制方法. 中国发明专利，专利号：ZL 02 1 11034.4，2002.

[11] 王振雷，叶贞成，钱锋. 丙烯精馏塔智能控制系统设计及应用[J]. 2010，61(2)：347-351.

[12] 汤奇峰,赵亮等. 基于协同量子粒子算法的透平蒸汽流量软测量[J]. 化工学报,2010,61(11):2855-2860.

[13] 游夏竹,杜文莉,赵亮等. 乙烯装置蒸汽管网用能配置与实时优化[J]. 化工学报,2003,64(2):641-648.

[14] 王传斌. 双层 DMCplus 控制器技术在聚乙烯装置中的应用[J]. 石油化工自动化,2007 (3):34-38.

[15] 赵仁殿等. 芳烃工学——石油化工工学丛书[M]. 北京:化学工业出版社,2001.

[16] 王树青,金晓明等. 先进控制技术应用实例[M]. 北京:化学工业出版社,2001.

[17] 梁超,张泉灵. 催化重整装置反应器的建模与仿真[J]. 化工学报,2012,63(11):3591-3596.

[18] 章鹏. 连续重整装置先进控制技术及应用研究[D]. 杭州:浙江大学,2008.

[19] 徐承恩. 催化重整工艺与工程[M]. 北京:中国石化出版社,2006.

[20] 周红军,石铭亮,翁惠新,凌泽济,江洪波. 芳烃型催化重整集总反应动力学模型[J]. 石油学报(石油加工).2009,25(4):545-550.

[21] 陈博,廖祖维,王靖岱,俞欢军,阳永荣. 芳烃抽提过程多目标优化[J]. 化工学报,2012,63(3):851-859.

[22] 徐欧官. 芳烃联合装置芳烃转化过程建模与应用研究[D]. 杭州:浙江大学,2007.

[23] 谭永忠,施大鹏. 镇海对二甲苯联合装置工艺技术特点[J]. 炼油技术与工程.2003,33(7):15-17.

[24] 张宝忠. 分子筛吸附剂在石化对二甲苯吸附分离装置中的应用研究[D]. 天津:天津大学,2006.

[25] 杨明磊,魏民,胡蓉,叶贞成,钱锋. 二甲苯模拟移动床分离过程建模与仿真[J]. 化工学报,2013,64(12):4335-4341.

[26] Ruthven D M, Ching C B. Counter-current and simulated counter-current adsorption separation processes[J]. Chemical Engineering Science, 1989, 44(5):1011-1038.

[27] Minceva M, Rodrigues A E. Modeling and Simulation of a Simulated Moving Bed for the Separation of p-Xylene[J]. Industrial & Engineering Chemistry Research, 2002, 41(14):3454-3461.

[28] 戴星,施亚钧. 八碳芳烃临氢异构化反应网络的动力学研究[J]. 化工学报,1989,3:323-330.

[29] 刘祥荣. 二甲苯异构化反应器的模拟研究[D]. 北京:北京化工大学,2010.

[30] Chang X, Li Y, Zeng Z. Kinetics study of the isomerization of xylene on HZSM-5 zeolite. 1. Kinetics model and reaction mechanism[J]. Industrial & Engineering Chemistry Research, 1992, 31(1):187-192.

[31] Mitra B, Chakraborty J P, Kunzru D. Disproportionation of toluene on ZSM5 washcoated monoliths[J]. AIChE Journal, 2011, 57(12):3480-3495.

[32] 徐欧官,苏宏业,金晓明,褚健. 用于甲苯歧化与 C9 芳烃烷基转移过程先进控制的反应动力学模型[J]. 化工学报,2007,58(3):630-637.

[33] 杜文莉. 精对苯二甲酸生产过程智能建模、控制与优化方法研究[D]. 上海:华东理工大学,2005.

[34] 王丽军. 对二甲苯氧化过程的建模、控制与优化研究[D]. 杭州:浙江大学,2005.

[35] 孙伟振. PX 液相氧化反应过程分析与模型化[D]. 上海:华东理工大学,2009.

[36] 周静红. 应用于 TA 加氢精制的 Pd/CNF 新型催化剂设计及性能研究[D]. 上海:华东理工大学,2006.

[37] 邢建良,黄秀辉,袁渭康. 工业醋酸脱水过程五元体系非均相共沸精馏的模拟研究[J]. 化工学报,2012,63(9):2681-2687.

[38] 周国华. 对二甲苯液相催化氧化动力学的研究[D]. 天津:天津大学,1988.

[39] 李鑫茂. PTA 装置 PX 氧化反应过程建模与优化技术研究[D]. 上海:华东理工大学,2012.

[40] 邢建良,赵均,蒋鹏飞,钟伟民,袁渭康. PX 氧化反应过程多变量预测控制[J]. 化工学报,2012,63(9):2726-2732.

[41] 邢建良,蒋鹏飞,钟伟民,赵均,邵之江,钱锋. PX 氧化反应过程 4CBA 浓度的实时优化[J]. 清华大学学报,2012,52(3):320-324.

[42] 徐祖华,赵均,钱积新,柳怀年. PTA 溶剂脱水塔先进控制与在线优化. 化工自动化及仪表,2003,30(6):16-18.

[43] 徐笑春. TA 加氢精制过程动力学研究[D]. 上海:华东理工大学,2006.

[44] 张少钢,周静红,隋志军,周兴贵,袁渭康. 对苯二甲酸加氢精制反应器的数学模拟[J]. 化学反应工程与工艺,2008,24(1):54-59

[45] Jianliang Xing, Weimin Zhong, Weizhen Sun, Hui Cheng, Da Jiang, feng Qian. Study on the Generalized Kinetics of Industrial Catalytic Hydrogenation Reaction of Crude Terephthalic Acid[J]. International Transactions on System Science and Applications. 2011, 7(3/4):304-313.

[46] 张师民. 聚酯的生产及应用. 北京:中国石化出版社,1997.

[47] 罗娜. 大型聚酯生产过程智能建模、控制与优化研究[D]. 上海:华东理工大学,2010.

[48] 孙静珉. 聚酯工艺. 北京:化学工业出版社,1985.

第4章 氯碱与化肥生产过程控制

4.1 大型制碱装置的过程控制

4.1.1 制碱工艺流程简介

制碱是以食盐、氨、二氧化碳为原料，利用这些原料在一定条件下发生化学反应生成纯碱，其中最有代表性的是氨碱法和联合制碱法。氨碱法是由 1862 年比利时人索尔维以食盐、氨、二氧化碳为原料，成功制得碳酸钠而命名。联合制碱法，又称侯氏制碱法，是侯德榜先生在氨碱法的基础上通过不断的实验改良，依据离子反应发生的原理制造碳酸钠的技术。

纯碱的生产方式主要为氨碱法，工艺流程主要包括：由生石灰和重碱烧制得到二氧化碳，以供氨盐水碳化使用；由原盐制得盐水，然后经过精制，再经过吸氨、碳化，析出结晶，过滤分离之后，最终煅烧得到纯碱产品。过滤得到的母液再加入石灰乳蒸馏出氨，氨气又可以回收循环利用。蒸馏后的母液称为废液，经处理后才能加以排放或综合利用，起到节约资源和保护环境的作用。其流程如图 5-4-1 所示。

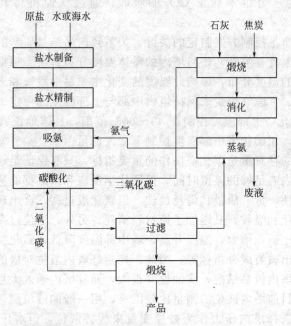

图 5-4-1　制碱工艺流程图

氨盐水（即精制盐水吸氨后的母液）的碳化过程是纯碱生产的关键工艺，目的是将氨盐水在碳化塔内吸收二氧化碳，使它们一起接触且反应制得碳酸氢钠和氯化铵，然后逐渐将液体冷却，使碳酸氢钠结晶析出，最终形成碳酸氢钠悬浮液的工艺。

4.1.2 碳化过程控制

碳化工序是纯碱生产中涉及工艺条件最多、影响因素最广、物理变化和化学反应最繁杂的一个工序，在碳化塔中反应物及生成物中又包含气、液、固相三相，同时伴随着传质、传热过程。碳化工序中要析出尽可能多的 NaHCO 结晶，达到高的 NaCl 转化率。因为在氨碱法中氨是循环使用的，而 NaCl 不能循环使用，因此为了减少盐耗，必须保证碳化过程中的碳化出碱温度和氨盐水中的氨钠比。

来自石灰窑的窑气中二氧化碳含量约 40%，温度约 80℃，压力在 0.15~0.3kPa，进入碳化塔之前必须保证气体温度、压力在合理范围内。进入碳化塔的 CO 气主要有下段气、中段气、清洗气。下段气是对煅烧重碱产生的炉气回收，其中含 CO 的浓度较高，回收的炉气中有时掺入部分窑气，以增加下段气量，一般下段气 CO 体积分数大于 80。中段气/清洗气均为窑气，其 CO 体积分数为 40 左右。由吸收工序送来的氨盐水进入清洗塔的上部，同时通入清洗气和中段气，气液在塔内逆流接触，进行清洗和预碳化作业，塔下出料为碳化中和水，由联络管直接引至中和水泵进口，送至制碱塔上部。在制碱塔内，中和水与下段气和中段气逆流接触进行反应，生成碳酸氢钠悬浮液，经碳化塔下部冷却水箱冷却后，由塔下出碱管自压至出碱槽，由碱槽自流至滤过工序，进行固液分离。清洗塔尾气和制碱塔尾气由塔顶逸出，经碳化尾气总管进入碳化净氨塔下部，与由盐水车间送来的精盐水逆流接触，吸收其中的氨和部分 CO，吸收后的溶液称为淡氨盐水，经 U 形管自流入净氨塔下部的储桶内，从净氨塔顶部出来的净氨尾气直接放空。

中段气在冷却塔用清水直接冷却，温度控制在 45℃，温度过高，含水蒸气会过多，并且冷凝热会增加制碱塔的冷却负荷，也会带入水分，稀释溶液。用中段气温度来控制清水流量，被控变量为中段气的温度，操纵变量则是清水流量。另外，中段气压力只有 0.15~0.3kPa，而且较低的压力也不利于 CO_2 的吸收，通过压缩机将其压力控制在 0.21~0.25MPa 范围内。

碳化塔温度的分布是控制方案制定的关键，关系到产品结晶质量的好坏。碳化过程的结晶质量，除了与中部温度有关外，还与塔内的整体温度分布有关。根据经验，塔内中部和上部温度可以反映塔内的温度分布，影响此温度的变化主要是中段气和下段气，所以采用的控制方案是根据中段气、下段气流量来保持塔内中部与上部温度的稳定。碳化塔中部温度控制在 60~68℃ 范围，碳化塔上部温度控制在 48~60℃ 范围，具体地说就是：根据碳化塔上部温度控制中段气流量；用碳化塔中部温度控制下段气流量。

碳化塔内碳化液的存有量是碳化塔操作的重要指标，只有保证足够的碳化液的液位，才能使碳化液在碳化塔内有足够的停留时间，保证化学反应和结晶都能达到良好的状态，从而提高食盐的转化率，使产量、质量、消耗最佳。但碳化液过高，会出现尾气带液的现象，从而影响后面的尾气净化和吸收，又增加了原材料消耗。另外，液位过高时，导致塔底压力增大，使进气量减少，出碱量增大，温度升高，塔中部温度降低，碳化反应段下移，从而影响碳酸氢钠结晶质量和出碱液成分指标等。因此，控制好塔内液位对塔的正常操作运行具有重要的意义。由于碳化塔内极易结疤，腐蚀性又很大，而且塔内通入大量的气体，碳化液呈剧烈的鼓泡状态，所以目前塔内液位的测量比较困难，用一般的液位测量仪表是不能测得其较准确的液位的，因此选择塔内压力作为被控变量来代替液位，但塔压的直接测量也难于实现，一般是用位于塔底的下段气压力来表征塔压，以防止碳化塔内液体结疤，将仪表取压管阻塞而失灵。可以采用进塔的碳化卤液流量作为操纵变量。碳化塔温度压力控制系统如图 5-4-2 所示。

4.1.3　出碱过程控制

碳酸化液的成分含量是随碳酸化的最终温度变化而变化的，如果有温度很低的冷却水提供冷却，那么碳酸化塔的取出温度可达到 20℃。但是在我国南方，特别是在炎热的夏季，无论如何是无法依靠冷却水将碳化塔的取出液冷却到如此低的温度的。由于冷却水温度及冷却面积所限，碳化塔的取出液温度一般为 28～30℃。控制系统如图 5-4-3 所示。

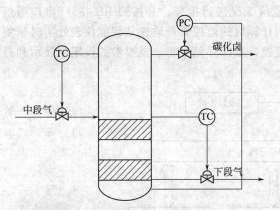

图 5-4-2　碳化塔温度压力控制系统图

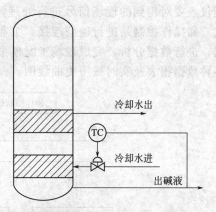

图 5-4-3　碳化塔出碱温度控制

4.1.4　炉气回收过程控制

煅烧炉炉气中的二氧化碳会被回收到碳化工序中循环利用，并且炉气中的二氧化碳浓度要维持在 90％以上，以利于碳化制碱。炉头压力不仅关系到炉气二氧化碳的回收率和回收质量，也关系到重碱的分解过程和现场劳动安全保护。从重碱分解化学过程来看，压力状态不如真空有利；从设备结构上看，压力会使炉气窜入炉头的重碱结料通道，其中的水蒸气冷凝倒流会造成炉头结碱堵塞。同时，压力偏高还会使炉气从炉体密封端逸出，从而导致两端冒气，不但会造成氨气和二氧化碳损失，还会恶化现场劳动环境。但是负压操作又会使空气漏入，降低二氧化碳浓度。因此，炉头压力应保持在微负压，一般选取 50～150Pa 为宜。炉头压力波动主要由压缩机抽气压力、重碱投入量、煅烧炉转速变化、排气蝶阀开度等因素变化引起。

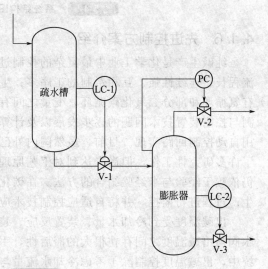

图 5-4-4　炉气回收过程控制图

炉气二氧化碳浓度自动分析仪价格非常昂贵，实际控制过程中并非完全必要。因为只要把炉头负压控制在合理范围，二氧化碳浓度自然会比较高，所以提高二氧化碳浓度的关键在于控制好炉头负压。其控制系统如图 5-4-4 所示。

液面控制回路的 LC-1 用来控制疏水槽液面保持恒定，保持水封，以减少蒸汽消耗量。液面控制回路的 LC-2 用来控制膨胀器液面，压力控制回路的压力控制器用来自动调节膨胀器的压力。

4.1.5　控制方案实施

根据工艺分析，纯碱碳化过程需要对制碱气碳化塔的温度、压力以及出碱液的温度进行控制，主要设备包括一个碳化塔、两个冷却塔，另外，现场还有其他设备和一些相关的管道等。将控制系统分操作控制站和现场控制器两级控制，采用组态软件开发，对中段气、下段气的温度、压力以及对油罐的液位、温度进行全面监控。

系统结构如图 5-4-5 所示，现场传感器采集中段气、下段气的温度、压力和油罐的液位、温度等信号并送给信号调理电路，通过信号调理，将得到的电信号经电缆传到仪表室，智能仪表要对得到的现场信号进行处理，对危险工况进行报警，并按照 RS-485（串口通信方式）和操作控制站进行通信连接。工业控制计算机的监控管理软件从智能仪表处实时采集数据，进行数据分析，完成现场工况模拟和监控、数据存储分析、重要参数设定、显示和打印各种数据报表及实时或历史曲线图。

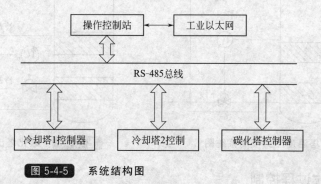

图 5-4-5　系统结构图

4.1.6　先进控制方案介绍

纯碱生产是化学工业中最复杂的控制过程之一，其生产过程的复杂性表现在：生产工艺流程长、连续性强、互相牵制的工序多；生产过程处理的气、液、固相的物料流量大，并且有氨循环和部分二氧化碳循环，变量之间有较强的关联耦合特性。近年来，随着现场仪表检测与控制装置技术问题的逐步发展以及计算机控制系统的广泛应用，纯碱生产过程已较多采用自动控制回路实现。目前，虽然国内外已经在碳化过程机理和碳化塔数学模型化方面开展了许多研究性工作，但尚未达到对工艺原理定量掌握及应用的程度。碳化塔的生产操作主要仍依赖于经验与半经验结合的方法。在碳化过程控制方面，国外较早采用计算机控制系统对生产过程进行监控，并将自适应控制技术应用于碳化塔的控制。

出碱温度受到冷却水量、装置反应、装置负荷情况及环境温度等因素的影响。由于冷却水阀与出碱温度之间存在很大的滞后性，手动调节难以达到过程平稳。在多变量预测控制系统中，出碱温度控制除了考虑冷却水流量与出碱温度之间的关系外，还统筹考虑出碱量、中段气、下段气对出碱温度的影响，计算出来的控制量具有一定的预测补偿作用，能很快地抑制外部干扰，保证出碱温度的平稳性。

模型预测控制是一种基于模型的闭环优化控制策略，其核心是：可预测过程未来行为的动态模型输出，在线反复计算、优化并滚动实施控制作用，对模型预测误差进行反馈校正。目前，工业界普遍采用的预测控制算法有模型预测算法控制、动态矩阵控制和广义预测控制等。

另一思路是引入神经网络的算法思想，提取制碱过程中碳化反应的各个实时特征参数，并以此构造碳化反应度量的神经网络模型的软仪表，从而实现了碳化反应的实时度量，为碳化塔操作提供即时信息。

4.2　聚氯乙烯过程控制

4.2.1　聚氯乙烯装置流程简介

聚氯乙烯（polyvinylchloride）又称 PVC，是世界上产量最大的塑料产品之一，价格便宜而且加工方便，应用广泛，聚氯乙烯树脂为白色或浅黄色粉末。根据不同的用途可以加入不同的添加剂，从而使聚氯乙烯塑料呈现不同的物理性能和力学性能。在聚氯乙烯树脂中加入不同量的增塑剂，可制成多种硬质、软质和透明制品。

在工业化生产 PVC 时，依据树脂的用途，一般会采用四种聚合方式：悬浮聚合、本体聚合、乳液聚合、溶液聚合。悬浮法以其生产过程简单、便于控制及大规模生产、产品适宜性强等优势，是 PVC 的主要生产方式，生产量约占 PVC 总量的 80%。其生产流程包括直接氯化、氧氯化、二氯乙烷（EDC）精制、EDC 裂解、氯乙烯（VCM）精制和聚合。流程如图 5-4-6 所示。

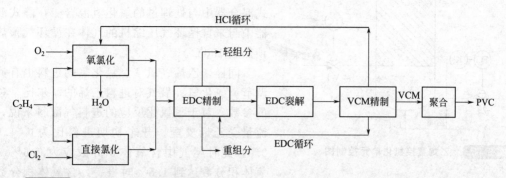

图 5-4-6　**聚氯乙烯生产流程图**

在常温下，氯乙烯（VCM）为气体（沸点为 13.4℃），加压后才能转变为液体。氯乙烯悬浮聚合是将液态 VCM 在搅拌作用下分解成液滴，悬浮于水介质中的聚合过程。溶于单体中的引发剂，在聚合温度（45～65℃）下分解成自由基，引发 VCMV。水中溶有分散剂，以防达到一定转化率之后 PVC-VCM 溶胀粒子的粘并。氯乙烯悬浮聚合过程大致如下：先将无离子水加入聚合釜中，在搅拌下连续加入分散剂、水溶液和其他助剂，然后加引发剂，密闭，抽真空，必要时以氮排除釜内空气，最后加入 VCM，升温到预定温度进行聚合。

聚氯乙烯聚合的生产过程为：开始时用高压水冲釜，涂壁，烘釜，然后密闭，定量加入参加聚合反应的各种物料。依次加入主分散剂（PVA）、助分散剂（PVALL02）、纤维素、碳胺等，然后再加入水和 VCM，经过搅拌，加热升温，然后进入正常聚合反应阶段，聚合反应期间保持釜内的温度恒定，反应经 6～8h 聚合成聚氯乙烯，然后降压排料，尾气回收。

4.2.2　直接氯化单元控制

直接氯化就是乙烯直接氯化合成二氯乙烷，根据反应温度的不同分为低温（50℃）、中温（90℃）和高温（120℃）技术，三种乙烯氯化技术的基本原理是一样的，均以液态二氯乙烷为介质，以三氯化铁为催化剂，由乙烯和氯气鼓泡通过液层进行反应，生成二氯乙烷。其不同之处是高温氯化技术在能量回收、消除废水、改善环境等方面有了进一步的发展。

原料乙烯通过乙烯混合器直接送到带有立式静态混合器的反应器中，氯气通过立式的文丘里型喷射器吸入反应器循环系统中。氯气是基准输入，加入到反应器中的氯气和乙烯摩尔比为 1:1，采用进料流量比值控制方案。反应温度和压力依据生产要求设定，采用塔顶产品流量控制压力，用冷却水流量控制塔的温度。其控制如图 5-4-7 所示。

4.2.3　氧氯化单元控制

氧氯化单元是平衡消耗裂解产生的氯化氢气体，它是将过剩的氯化氢、甲烷和氧气用来发生反应，其反应方程式如下：

$$CH_4 + 2HCl + 0.5O_2 \rightarrow CH_4Cl_2 + H_2O$$

来自 EDC 裂解单元的氯化氢经过预热器加热至 145～170℃（温度值取决于加氢催化剂

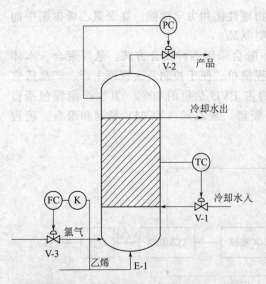

图 5-4-7 乙烯直接氯化单元控制图

的活性）后，在加氢反应器内装催化剂进行加氢处理。加氢处理的目的在于把氯化氢中含的乙炔转化成乙烯，防止乙炔在氧氯化反应中产生副产品。氯化氢进料系统设计采用从氯乙烯净化工程所得的氯化氢气体量，为保持氯化氢的进料压力，在氯化氢气体管线上装有压力控制和流量控制；氧气经过预热器预热至大约 130℃ 后，在静式混合器中与处理过的氯化氢混合。在静式混合器中与来自循环气压缩机的气体在循环气预热器预热至 150℃。

同样，乙烯、氧气、氯化氢的进料也有流量调节。氯化氢、氧气对进料乙烯的摩尔比是独立的参数，对于氧氯化反应的进料气配料来说，其流量受乙烯支配。开车初期进料比为 1:1.9:0.5，此时尾气中含氧体积分数应为 0.6%（含氧体积分数达到 1.5% 时报警，含氧体积分数为 2.8% 时联锁停车）。但在实际生产控制中发现氧含量的控制与设备提供的数值之间存在较大的差别。

氧氯化反应是一个强放热反应，反应热由反应器内立式盘管内的冷却水带走，产生中压蒸汽，产生蒸汽的水来自本装置的凝液和外界。反应器操作温度约 220℃，压力 0.32 MPa。同时脱盐水进入脱氧罐内，经过脱氧和除垢后可以作为锅炉给水，用泵加到汽包内，然后再用泵将水送到立式冷却盘管中，吸收反应热。反应器控制系统如图 5-4-8 所示。

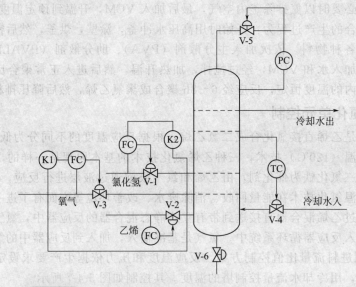

图 5-4-8 氧氯化反应器控制系统图

4.2.4　EDC 精馏单元控制

二氯乙烷精馏单元是处理直接氯化和氧氯化单元生产的二氯乙烷产品。裂解后的混合物中含有 50% 左右的二氯乙烷，经分离后会被送到二氯乙烷精馏单元处理。二氯乙烷精馏单元目前比较流行的工艺有二塔、四塔两种工艺方案。另外，国内外有部分 VCM 厂采用五塔流程。

四塔流程是最常规的流程，分别由脱水塔、低沸塔、高沸塔和回收塔构成。脱水塔是利用少量 EDC 形成共沸物的原理，在一定温度下 EDC 从液体中脱出，在塔顶冷凝，水油相分离，油相返回塔内，水相排出。低沸塔和高沸塔分别将轻组分和重组分分离，回收塔是进行进一步处理的装置，是精馏单元的核心，两者模型类似，控制方法相同。图 5-4-9 为二氯乙烷低沸塔控制图，其中塔顶压力采用塔顶产品流量控制，是串级控制系统。塔内温度选用加热蒸汽控制，液位用塔底采出控制。

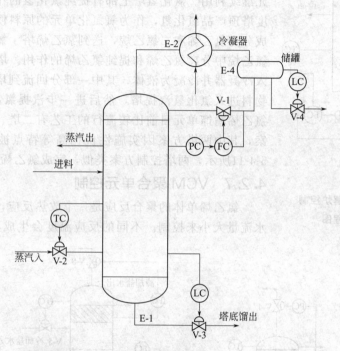

图 5-4-9　**二氯乙烷低沸塔控制图**

4.2.5　EDC 裂解单元控制

精制的 EDC 从储罐经泵送入裂解炉，部分裂解生成氯乙烯和氯化氢，然后被送入急冷塔冷却，急冷塔底部出来的产品进入氯乙烯精馏单元，而顶部出来的物料送入冷凝器冷却。来自界区外的燃料气从储罐经泵送入蒸发罐，再进入蒸发器，从蒸发器分两股进入裂解炉。

对 EDC 裂解来讲，温度控制很重要。EDC 一般在 400℃ 开始裂解，随着裂解温度的升高，其裂解速率加大，但裂解温度高于 510℃ 时，其选择性变差，所以裂解炉裂解气出口温度控制小于 510℃。因此，控制好裂解温度是保证裂解质量的关键，一般要求它保持在 490℃ 左右，达到最好的转化率。故采用改变进入裂解炉底排燃料气 C_4 流量来克服干扰对裂解温度的影响，从而保持裂解温度的恒定。但是，由于温度对象滞后比较大，燃料气流量到裂解温度的通道比较长，当燃料气压力波动比较厉害时，控制不及时，使控制质量不够理想。为解决这个问题，可以构成裂解温度与燃料气流量的串级控制系统，使裂解温度的控制质量得以提高。

燃料气分两股进入裂解炉，一股由压力控制器控制，另一股用于裂解炉底排，由裂解炉温度控制器和流量控制器组成串级控制，其中温度控制器为主控制器，主控制器输出为副控制的给定值，进料由流量控制器组成单闭环控制回路。其带控制点工艺流程见图 5-4-10。

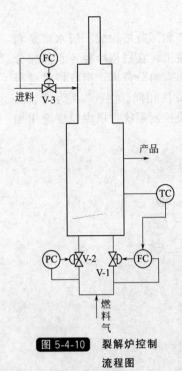

图 5-4-10   裂解炉控制流程图

4.2.6 VCM 精馏单元控制

二氯乙烷经裂解炉裂解后生成氯乙烯和氯化氢，二氯乙烷的转化率为 50%～55%，所以裂解产物中还有未裂解的二氯乙烷。氯乙烯精馏单元是把裂解单元送来的气相和液相物料精制成氯乙烯产品送到罐区供聚合用，把精制的氯化氢送到氧氯化单元，将未转化的二氯乙烷分离出来，循环到二氯乙烷精制单元继续利用。氯化氢塔上部有提纯氯化氢的作用，可获得高纯度塔顶产品氯化氢，作为氧氯化单元的原料使用。塔底液主要成分为氯乙烯和二氯乙烷，送到氯乙烯塔。氯乙烯塔起到从二氯乙烷中分离氯乙烯和提纯氯乙烯的作用。塔顶氯乙烯汽相进入冷凝器并冷凝为液体，其中一部分回流到塔的顶部，大部分物料进入氯化氢汽提塔，然后进一步汽提氯乙烯中的氯化氢。氯乙烯精馏单元目前比较流行的工艺有二塔、四塔两种工艺方案，其中两塔方案因实施性价比高等特点被广泛应用。如图 5-4-11所示，两塔控制方案类似，完成氯乙烯精馏的任务。

4.2.7 VCM 聚合单元控制

氯乙烯单体的聚合反应是一个放热反应，反应温度由冷却水流量大小来控制。不同的反应温度会生成不同型号的产品。

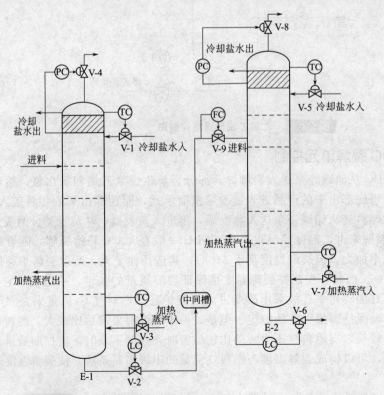

图 5-4-11   氯乙烯精馏单元控制图

为了防止产品转型和保证产品质量，必须严格控制反应釜的温度。

在升温阶段，蒸汽通过夹套水循环将夹套热量传递至聚合釜内，使釜内温度逐渐升高。

如果釜内升温太高，进入过渡阶段，则可能无法平稳过渡到恒温阶段，同时也增加了升温时间，浪费了热能；如果釜内升温太低，进入过渡阶段，则可能需要长时间才能达到设定温度，甚至有时需要二次升温，这也将会严重影响合成树脂的质量。升温阶段可以采用单回路控制，被控变量为釜内温度，操纵变量为热水流量，或者采用手动控制方式。

在过渡阶段，蒸汽阀（或热水阀）关闭，夹套通过冷水调节阀补充冷水，将多余的热量置换出去，如图 5-4-12 所示。如果夹套补充冷水加得太多，使由釜内置换出去的热量过多，从而使釜温迟迟不能达到设定反应温度；如果夹套补充冷水加得太少，夹套温度偏高，抑制不住釜内温度上升趋势，会使釜温超调，导致恒温段釜内温度波动太大，则需要长时间的控制调整。所以在过渡阶段宜采用一定的控制方式保证质量，例如调整合适的 PID 参数，实现快速无超调控制，或采用 IMC-PID 等先进控制方法。

在恒温阶段，温度波动主要是由于反应瞬间放热量与瞬间吸收热量不平衡引起的。当聚合釜温度上升时，聚合反应热会迅速增加，反过来又提高了聚合温度，如不及时补充冷却水，温度会迅速升高，即会造成爆聚。如果某一随机干扰使釜温下降时，没有及时关闭冷却水，温度则会迅速下降，即会造成僵釜，反应停止。在恒温阶段宜采用串级控制方案，选取釜内温度作为主被控变量、夹套温度作为副被控变量，冷水流量作为操纵变量。

在结束阶段，由于单体转化成聚氯乙烯，使单体量急剧减少，所以聚合釜压力开始下降。这个阶段如果控制信号仍然参与运算和实施控制，就会造成冷却水调节阀的误动作，过量地减少冷却水，使釜温上升。由于影响聚合反应是否结束的因素很多，如反应时间、釜内温度、引发剂、分散剂的数量等，此时应终止控制为宜。

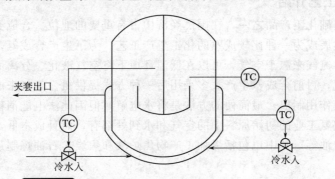

图 5-4-12　氯乙烯聚合釜温度控制图

4.2.8　先进控制方案介绍

脱除聚氯乙烯中的氯乙烯单体一般采用汽提工艺，这一过程具有高度非线性、时变性及耦合等特点，是典型的复杂工业过程。由于氯乙烯单体（VCM）具有一定的毒性，因此PVC 树脂产品中残留氯乙烯含量必须控制在一定范围内，才能保证产品对人体的安全，这就要求汽提塔温度控制精度要高。国内 PVC 汽提塔温度控制系统多采用常规的串级控制或单回路方案并采用 PID 算法，难以达到高精度的控制效果。因此，对汽提过程采用先进智能控制技术，可以提高聚氯乙烯产品质量，降低生产成本和保护环境。

根据聚氯乙烯汽提塔温度控制要求精度高的特点，可应用基于支持向量机（SVM）的汽提过程广义预测控制算法。采用支持向量机建立汽提塔数学模型，模型线性化后作为预测模型，实时在线修正参数。可采用隐式算法求解最优控制律。仿真结果也表明，基于 SVM的广义预测控制算法对汽提塔温度控制具有好的稳定性和精确度，具有工程意义。

在精馏单元，由于可能产生的工艺扰动，需要加大低沸塔釜的热水流量，低沸塔釜内的氯乙烯液体的气化量将增大，气化的氯乙烯单体将会改变低塔顶冷凝器的热量平衡，塔顶温度的控制回路为了能克服塔釜对塔顶温度的影响，将会增加塔顶冷凝器的冷冻量，回流的液相氯乙烯反过来将影响塔釜的热量平衡，塔顶和塔釜物料和能量的交换又存在一定的纯滞后性，精馏塔工艺参数的耦合作用使常规的 PID 作用已无法满足精馏生产工艺的要求。采用解耦控制方法将精馏塔的耦合关系解开，再进行调节控制，是改善精馏塔控制品质的有效手段之一。简单地讲就是：根据精馏塔的数学模型，通过解耦算法，计算出多个变量之间的影响关系模型，为了克服生产中的扰动，塔釜的热量交换发生变化的同时，DCS 计算出这一变化将对塔顶热平衡的影响量，塔顶的热量交换也随着相应地发生变化，即塔釜的热水阀和塔顶的冷水阀同时发出了动作，消除扰动的同时减少耦合带来的影响。

在安全生产方面，聚合生产过程是化工企业生产聚氯乙烯过程中危险且十分重要的过程，为了对氯乙烯单体槽爆炸事故进行有效的控制和遏制，必须对单体槽爆炸事故发生的概率有所了解。在其事故概率计算中，常用的方法是事故树分析法结合经典概率理论来确定事故发生的概率值。事故树分析是一种演绎推理的方法，该方法把系统可能发生的某种事故与导致事故发生的各种因素之间的逻辑关系，用一种称为事故树的树形图表示，通过对事故树的定性与定量分析计算，找出导致事故发生的主要原因，为确定安全对策提供可靠依据，以达到预测和预防事故发生的目的。

4.3　合成氨装置过程控制

4.3.1　合成氨工艺介绍

氨是重要的基础化工产品之一，在国民经济中占有重要的地位。合成氨生产经过多年的发展，现在已经发展成为一种比较成熟的化工生产工艺。为了生产合成氨，首先必须制得含氢和氮的原料气。氮气来源于空气，可以在低温环境下将空气液化、分离而得，也可以在制氢过程中加入空气，目前合成氨生产大多采用后一种方式提供氮。氢气来源于水，还可由高温下燃料与水蒸气作用制取。最简便的方法是将水电解，但因此法电能消耗太大且成本太高而受到限制。合成氨工业的初始原料中的空气和水到处都有，而且成本低，燃料包括煤、石油、天然气以及重油等，其中也包括煤加工产物焦炉气和焦炭、石油炼制过程中副产的炼厂气等。

合成氨的生产一般包括以下主要步骤。

① 造气：即制备含有氢气和氮气的粗制原料气，也称合成气。

② 净化：不论选择什么原料，用什么方法造气，都必须对粗制的原料气进行净化处理，除去氢、氮以外的杂质。

③ 压缩和合成：将纯净的氢、氮混合气压缩至高压，并在铁催化剂与高温条件下合成为氨。其生产工艺流程包括脱硫、转化、变换、脱碳、甲烷化、氨的合成、吸收制冷及输入氨库和氨吸收等工序。

4.3.2　间歇式固定床煤造气控制

煤气化是指煤和焦炭等固体燃料在高温常压或加压条件下，与气化剂反应转化为气体产物并产生少量残渣的过程。该过程在间歇式固定床完成，将空气中的氧与煤（碳）不完全燃烧形成一氧化碳，再与水蒸气反应产生二氧化碳和氢气，得到合成氨的原料氢气和空气中的氮气，其中二氧化碳和一氧化碳需要后续处理，与氨反应生产尿素。气化剂主要是空气、水蒸气或氧气抑或它们的混合气。所得气体产物的成分根据所用原料、气化剂的种类和气化过程不同而有不同的组成，造气炉炉内的温度控制是造气生产过程的核心。它的标准依据是炉

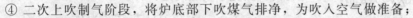

内最高温度均匀地逼近或达到原料煤的灰熔点，以使蒸汽分解率尽可能地高。所谓"均匀"，是指炉内径向温差极小，并且最高温度区域基本固定于炭层中、下部的合适位置。间歇式制半水煤气各阶段气体的流向如图 5-4-13 所示。

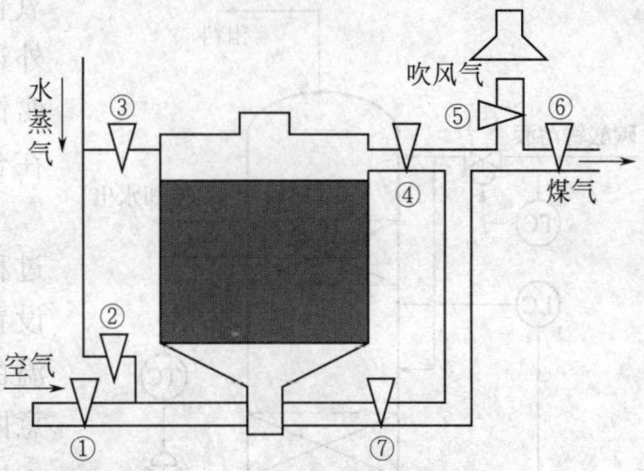

水蒸气　吹风气　煤气　空气

图 5-4-13　间歇式固定床气体流向

为达到生产过程的炉温控制要求，宜采用顺序控制：

① 吹风阶段，吹入空气，提高燃料层温度，吹风气放空；

② 上吹制气阶段，自下向上送入水蒸气进行气化反应，燃料层下部温度下降，上部升高；

③ 下吹制气阶段，水蒸气自下而上进行气化反应，使燃料层温度趋于平衡；

④ 二次上吹制气阶段，将炉底部下吹煤气排净，为吹入空气做准备；

⑤ 空气吹净阶段，此部分吹风气加以回收，作为半水煤气中氮气的主要来源。

其控制表如表 5-4-1 所示。

表 5-4-1　间歇式固定床顺序控制表

阶段	阀门开闭情况						
	①	②	③	④	⑤	⑥	⑦
吹风	○	×	×	×	○	×	×
一次上吹	×	○	×	×	○	○	×
下吹	×	×	○	×	×	○	○
二次上吹	×	○	×	×	×	×	○
空气吹净	○	×	×	×	○	×	×

注：○—阀门开启；×—阀门关闭。

生产过程五个阶段的阀门开闭必须严格按照表 5-4-1 所列出的顺序进行，否则，轻者制气不合格，重者可能会造成爆炸等严重事故。

4.3.3　脱碳工艺控制

在最终产品为尿素的合成氨中，脱碳单元处于承前启后的关键位置，其作用既是净化合成气，又是回收高纯度的尿素原料 CO_2。在合成氨生产过程中，脱除 CO_2 是一个比较重要的工序之一，其能耗占氨厂总能耗的 10% 左右。因此，脱除 CO_2 工艺的能耗高低，对氨厂总能耗的影响很大，国外一些较为先进的合成氨工艺流程，均选用了低能耗脱碳工艺。脱碳系统的能力，将影响合成氨装置和尿素装置的能力。CO_2 是一种酸性气体，对合成氨合成气中 CO_2 的脱除，一般采用溶剂吸收的方法。根据 CO_2 与溶剂结合的方式，脱除 CO_2 的方法有化学吸收法、物理吸收法和物理化学吸收法三大类。化学吸收法即利用 CO_2 是酸性气体的特点，采用含有化学活性物质的溶液对合成气进行洗涤，CO_2 与之反应生成介稳化合物或者加合物，然后在减压条件下通过加热使生成物分解并释放 CO_2，解吸后的溶液循环使用。物理洗涤是 CO_2 被溶剂吸收时不发生化学反应，溶剂减压后释放 CO_2，解析后对溶液循环使用。物理化学吸收法常用于中等 CO_2 分压的原料气处理。

低热耗苯菲尔工艺是一种常用的化学吸收脱碳方法，采用碳酸钾溶液作为一氧化碳及二

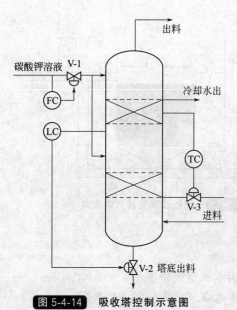

图中标注：出料、碳酸钾溶液 V-1、FC、LC、冷却水出、TC、V-3、进料、V-2 塔底出料

图 5-4-14　吸收塔控制示意图

氧化碳的吸收剂，二乙醇胺（DEA）作为活化剂，另外还需加一定量的缓蚀剂。该法具有溶剂廉价易得、腐蚀小、操作稳定简单、二氧化碳回收率高等优点，在合成氨联合装置中得到了广泛应用。

脱碳过程在吸收塔内进行，吸收反应是一个放热过程，由冷却水冷却，碳酸钾溶液分两股进料，管线设置流量控制器，吸收塔的液位由塔底出料控制，塔温由冷却水入口流量控制。图 5-4-14 为吸收塔控制示意图。

4.3.4　氢氮比控制

氢氮比是合成氨生产控制的重要指标之一，因为氨的合成是在高温、高压装有催化剂的氨合成塔内进行的，其化学反应式是：

$$N_2 + 3H_2 \Longleftrightarrow 2NH_3$$

从反应式中可以看出，这是一个可逆、放热和体积缩小的反应过程，要使合成氨的产率高，除了对催化剂、温度、压力有严格要求外，氢氮比率必须保持适宜。如果进入合成塔的氢和氮不按一定比例，必然影响合成塔的合成效率、催化剂温度等，严重时甚至要采取放空办法，排放不合比例的气体，这样不但浪费了大量的原料和动力，而且严重影响着生产的正常进行。由此可见，实行合成氨生产氢氮比自控，对于稳定工艺、降低消耗、增加氨产量、减轻工人劳动强度和促进氮肥生产过程自动化具有十分重要的意义。

合成塔是以 3:1 的关系在消耗氢气与氮气，如果惰性气的含量是稳定的，那么补充气也需按 3:1 的关系进行补充即可，那么循环气中的氢气含量也将是稳定的。但实际上这是不可能实现的，当补充气的氢氮比大于 3:1 时，就会产生氢气的累积；小于 3:1 时，就会产生氮气的累积。其累积速度与偏离 3:1 的程度有关，同时与补充气量和循环气量之比有关。只要补充气不是以 3:1 的关系补充时，随着时间的累积，就会使对象朝无自衡的方向发展。这个特性说明，如果调节一时不当，会使得主参数偏离控制值相当远，达到出事故极限值，这在生产上是相当危险的，也是决不允许的。

根据其合成原理和工艺流程，可以把氨的合成流程分为 3 个氢的变化过程。

① 造气的氢气产生阶段。造气阶段产生了约 40% 氢气和约 30% 一氧化碳的半水煤气。

② 一氧化碳的转化阶段。在变换工段等体积的一氧化碳转换为等体积的氢气，从而混合气中有 70% 的氢气。

③ 氢气的循环阶段。该阶段是将合成塔中未反应的氢气和氮气的混合气通过循环机与补充氢混合，重新进入合成塔进行反应。

造气工段是通过加减氮操作来进行氢氮比控制的，而加减氮操作又是通过调节上下吹加氮时间和吹风回收时间来实现的，从而达到控制氢氮比稳定在某一工作点的目的。因此，氢氮比控制系统最终得到的控制量要转化为上下吹加氮时间或吹风回收时间。上下吹加氮由于工艺上的限制，加氮空气流量与吹风气量相比小得多，调节作用相对来说较弱。吹风段的回收时间变化对炉况影响小、采样周期易选择、广义对象特性变化小，采用改变吹风段的回收时间，其控制系统调节作用强。

由于造气和合成之间管道多、线路长，各环节都安装有化学反应装置，控制难度大，并且具有如下特点。

① 纯滞后时间大。根据生产操作经验和现场测试可知，从造气到合成一般需要 20～50min，系统响应时间很慢。

② 非自衡性和蓄存性。

③ 干扰因素多，包括造气炉的煤质和炉况的影响；变换工段转换效率的影响；压缩机开停的影响；气柜高变化引起的系统时间常数变化；总蒸汽压力变化；合成放空（放空意味着合成塔内的压力降低）；生产负荷的加减量/造气炉开炉台数/在线仪表的漂移等。

上述特点说明被控对象是一个干扰因素多、时变和大纯滞后的复杂系统，难以建立精确的数学模型。采用基于状态空间描述的现代控制理论无法充分显示其优越性，而对象参数随时间的变化引起的模型失配，使基于理想模型的最优控制若不加以改进，也难以兼顾控制的鲁棒性。

氢氮比的控制方案有多种，针对不同的原料也有不同的控制方案，这里针对煤制气原料，举一个串级控制的例子，如图 5-4-15 所示，其他方案不再赘述。方案中主环的被控变量是合成塔入口的氢氮比，副环的被控变量是混合气的氢氮比，操纵变量是氢气与氮气的进料量。

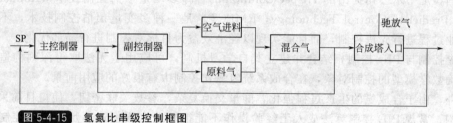

图 5-4-15　氢氮比串级控制框图

4.3.5　合成塔温度控制

经氨冷器进行热交换以后的氢氮混合气进入冷凝塔，在其上部再次进行热交换，然后经由冷凝塔二次出口分两路进入合成塔，此时混合气中的氨含量已降到最低限度，温度达到约 30℃，压力约 300kgf/cm^2，一路主线由塔顶进入，另一路副线由塔底进入合成塔，氢氮混合气在合成塔内经催化剂作用进行合成反应，同时释放热量。这是一个可逆反应过程，主副线流量对合成塔催化剂层温度均有影响，但是副线流量可使温度降低，易于用作温度控制。塔内压力约为 300 大气压，催化剂层温度约为 350～500 ℃。

合成塔主要被控变量是塔内催化剂层的温度。由于催化剂层温度是非均匀分布的，工艺上主要选取对氨合成率及生产安全有重要影响的热点进行温度控制。然而，催化剂层热点的位置可能受负荷变化、空速和催化剂作用时间的影响而变化，而热点温度又受主副线流量、循环气量、进口气温度以及含氨量的影响而变化。工艺上主要采用调节循环气量和副线流量的方案控制催化剂层敏点温度以达到稳定热点温度的目的，热点温度控制器与敏点温度控制器组成串级控制系统，如图 5-4-16 所示的合成塔温度串级控制方案。混合气中的氢氮比在造气工段进行控制，工况稳定时可认为是一个常量。

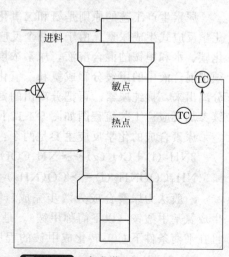

图 5-4-16　合成塔温度控制图

4.3.6 先进控制方案介绍

在合成氨生产过程中，氨合成反应很难用合理的
数学模型准确描述，且过程又具有很强的非线性、大滞后性等特点，使得各种基于模型的控制方法难以很好地应用，操作人员的经验在较大程度上决定了控制的水平，从而造成反应过程中工艺参数的波动，生产的反应率得不到可靠的保证。因此，如何将现代技术与先进控制装置结合起来并应用于生产过程实践，实现对合成氨生产过程的自动控制和自动化管理，从而提高企业效益并保证生产安全，也成为化工厂追求的重要目标之一。

合成塔是一个大容量、大惯性、带纯滞后的复杂工程对象，而且由于塔内的氨合成反应受诸如塔内压力、催化剂活性、氢氮比、进口气体成分等因素的影响，反应过程非常复杂，难以用合理的数学模型准确描述，使得各种基于模型的控制方法难以应用。另外，实际影响合成塔氨产率的因素并不是恒定不变的，反应的不同时期，热点温度应该不同，这就使得控制过程中的热点温度提取造成不准确性。在工业实际生产中，合成反应的优化控制很大一部分需要依靠人们的实际操作经验来确定。

美国霍尼韦尔公司提出的 Hispec Solution 的鲁棒多变量预估控制技术（Robust Multi-variable Predictive Control Technology，RMPCT）是一种多变量预估控制技术，不仅能对复杂工业过程进行先进控制，而且能实现以经济效益为目标对控制进行局部优化。

模糊控制与 PID 控制相结合并建立其自学习机制，可应用于无法取得深刻构造并不能建立精确数学模型的控制对象，在合成系统氢氮比控制中有很好的应用前景。

另外，由于合成氨的生产过程强化，能量交换复杂，参数关联密切，使得目前采用的双串级结构、常规 PID 控制算法或人工经验操作不能很好地克服上述不足。专家控制是以知识模型为基础的，不仅可以利用现有 PID 控制，而且还可以总结利用专家及操作工人的知识和经验，进行直觉逻辑推理，使合成氨生产过程控制系统有良好的动、稳态控制性能。

目前，先进过程控制技术（Advanced Process Control，APC）在国外一些合成氨装置上得到应用，并取得不错的控制效果，但在国内合成氨应用还比较少。

4.4 尿素装置过程控制

4.4.1 尿素工艺简介

尿素生产工艺的原则是氨和二氧化碳在合成塔中，在一定的温度、压力和配比下，按照化学反应式生成尿素。由于这两个反应是可逆反应，所以反应后合成塔中是尿素、氨、二氧化碳、水和甲铵的混合溶液，尿素浓度只有 34%。为了得到浓度为 99.8% 的尿素溶液，必须把混合液中的甲铵分解成氨和二氧化碳，再把混合液中的氨、二氧化碳、水以气态的形式分离出来，提纯尿素。再把分离出的氨、二氧化碳、水吸收冷凝成液态，回收到合成塔中继续参加反应。工艺流程图如图 5-4-17 所示。

尿素合成的化学反应主要是两个：

$$2NH_3(l) + CO_2(g) \longleftrightarrow NH_4COONH_2(l) + 32560kcal\text{❶}/kmol(在 1atm, 25℃) \tag{1}$$

$$NH_4COONH_2(l) \longleftrightarrow CO(NH_2)_2(l) + H_2O - 4200kcal/kmol \tag{2}$$

一般认为尿素合成分两步完成，第一步是反应（1），液氨和气体 CO_2 在液相中反应，生成氨基甲酸铵（以下简称甲铵），是强放热反应，反应速率很快，瞬间即可达到平衡，而且在平衡条件下 CO_2 转化成甲铵的程度很高。第二步是反应（2），在液相中甲铵脱水生成

---

❶ 1cal＝4.18J。

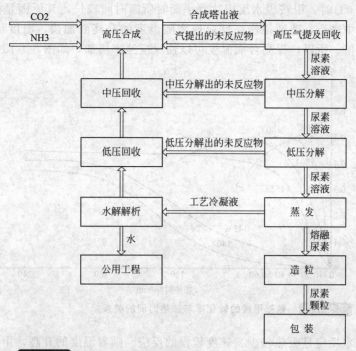

图 5-4-17　尿素生产工艺流程图

尿素，是微吸热反应，反应速率较慢，要较长时间才能达到平衡，最终也不能使全部甲铵脱水转化成尿素，且必须在液相中进行。它是合成尿素过程的控制反应。

斯纳姆氨气提尿素工艺是一种以氨为气提剂的全循环气提法，利用出合成塔溶液中所含过量氨，在操作压力与合成塔相同的并用蒸汽加热的气提塔中将二氧化碳气提出来。气提出来的二氧化碳和氨，在操作压力与合成塔相同的甲铵冷凝器中重新合成为甲铵，而后再送回合成塔转化成尿素。斯纳姆安气提尿素工艺由以下几个主要工序组成：气体的压缩；液氨的加压；高压合成与氨气提回收；中压分解与循环回收；低压分解与循环回收；中低压分解与循环回收；真空蒸发与造粒；解吸与水解系统。各工序之间的关系可用图 5-4-17 表示。尿素的合成反应是在合成塔中进行，压力为 15.6MPa，温度为 188℃。反应后尿素浓度只有34%，还有大量的甲铵需要分解，有大量的氨、二氧化碳需要回收。所以根据分解回收原理，斯纳姆氨气提尿素工艺采用高压气提及回收、中压分解及回收、低压分解及回收、真空蒸发浓缩等方法进行尿素的提纯和未反应物的回收。

4.4.2　尿素合成和高压回收控制

从实用角度考虑，在尿素工业中选择以下三个变量最为方便，即温度（T）、氨碳比（a）、水碳比（b），后两者指以 NH_3、CO_2、H_2O 三者为原料所用的配料比 $\dfrac{NH_3}{CO_2}$ 和 $\dfrac{H_2O}{CO_2}$，以摩尔比计。在实际生产中，氨碳比和水碳比是非常重要的控制参数，用合成塔出液中氨、二氧化碳、尿素和水的质量百分比来计算氨碳比和水碳比。

从生成尿素的反应式可知，液态甲铵在一定温度、压力条件下脱水生成尿素，是一个吸热可逆反应，是整个反应的控制步骤，由甲铵脱水反应速率曲线图 5-4-18 看出，反应刚开始时，甲铵脱水的速度缓慢，当有尿素及水生成时，反应速率逐渐加快，其原因是尿素和水出现后降低了甲铵的熔点，起自催化的作用，使反应速率逐步加快。

温度低于 150℃时，甲铵脱水反应达到平衡时所需时间较长，其原因是温度低于甲铵熔点，反应在固相中进行，速度很慢。反应速率随温度的升高而加快，温度每增高 10℃，反应速率约加快一倍。所以，提高合成温度可以使反应速率增加，如图 5-4-18 所示。

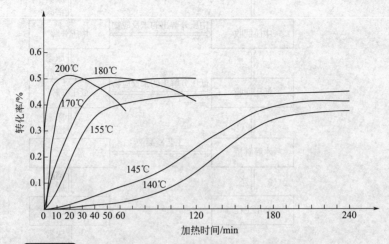

图 5-4-18　氨基甲铵的转化率与加热时间的关系

液相甲铵脱水反应是吸热较少、速度较慢的反应。随着温度的升高，甲铵脱水反应平衡常数增大，反应速率也增加，因此提高温度有利于尿素的生成。但温度不能随意升高，温度与转化率的关系如图 5-4-19 所示，表明在某一温度下转化率有极大值，当超过此温度后，平衡转化率反而下降。

尿素合成工段的工艺与控制图如图 5-4-20 所示，合成塔的顶部与底部温差是温度的控制对象，通过氢碳比控制器控制二氧化塔的输入量来保证塔的温差；合成塔的压力通过合成塔顶部出料控制，预热器的温度通过蒸汽量控制，同时在预热器的液氨输入管线实施流量控制。

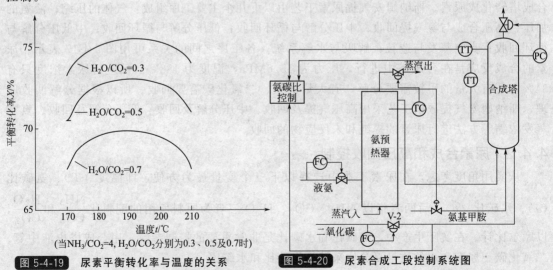

图 5-4-19　尿素平衡转化率与温度的关系
（当 $NH_3/CO_2=4$, H_2O/CO_2 分别为0.3、0.5及0.7时）

图 5-4-20　尿素合成工段控制系统图

高压分离和回收主要在汽提塔、甲铵冷凝器和甲铵分离器中进行，如图 5-4-21 所示。合成塔出液中 80% 的未反应物在汽提塔中和尿液分离，以气态形式离开汽提塔的氨、二氧化碳、水和从中压回收的甲铵混合，进入甲铵冷凝器中冷凝成液体，通过喷射器送回合成塔，同时放出大量的热量，可以产生低压蒸汽。

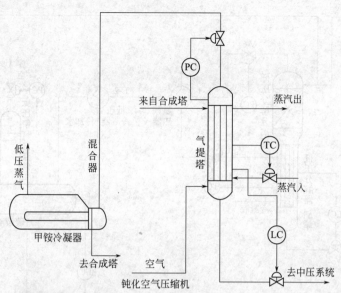

图 5-4-21　尿素高压回收工段控制系统图

4.4.3　尿素中压分解提纯控制

从合成塔出来的尿液，经汽提后所含未反应的氨和二氧化碳数量已大大减少，然而剩余这部分氨和二氧化碳仍需尽可能地完全回收，才能将整个尿素装置的原料消耗定额降到最低水平。这部分氨和二氧化碳的回收就构成了中、低压分解回收系统。中压吸收塔分为上、下两段，上段是精洗段，为板式塔，如图5-4-22所示。

中压吸收塔是一个泡罩塔，装有 4 块塔盘，上部为精馏吸收段，下部为鼓泡吸收段，中间装有锯齿形分布器。正常生产中，中压吸收塔控制在一定液位，来自中压甲铵冷凝器的碳铵液进入底部十字分布器，进行鼓泡吸收。此时，气体中的大部分二氧化碳被吸收下来，含有少量二氧化碳的气体上升到精馏段，与自上而下的液氨和氨水逆流接触，二氧化碳和水以甲铵冷凝液形式回到塔底。最后氨气和少量惰气从塔顶排出，塔底的甲铵液由高压甲铵泵送回高压系统。

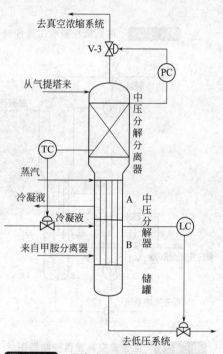

图 5-4-22　尿素中压吸收塔控制系统图

4.4.4　尿素低压分解提纯控制

低压分解是在低压分解分离器中进行的。根据分解原理，从中压来的尿液经过减压到 0.34MPa，加热到138℃，使甲铵进一步分解，尿液中未反应的氨和二氧化碳进一步分离。在低压系统，分离出的氨和二氧化碳主要是通过冷凝和加水吸收，以碳铵液的形式回收。图5-4-23为低压系统流程及控制图，加热蒸汽可用于控制分离器的温度，顶部气体出料可用于控制压力，分离器的液位可用底部出料控制。

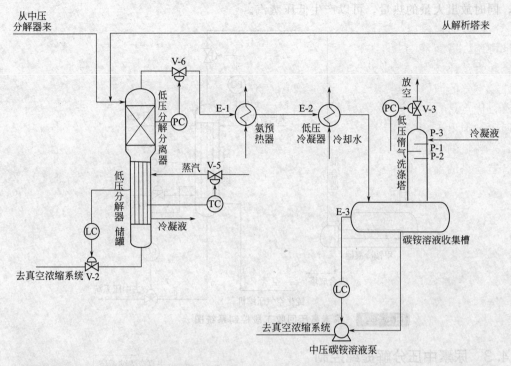

图 5-4-23 尿素低压吸收工段控制系统图

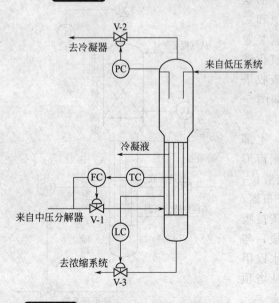

图 5-4-24 尿素真空蒸发器控制框图

4.4.5 尿素真空蒸发浓缩控制

尿素合成塔出口溶液,经汽提、减压、加热分解、闪蒸等手段,分离出大部分未反应的氨和二氧化碳,得到浓度 80% 的尿素溶液,其中 NH_3 和 CO_2 含量总和已小于 1%,此尿素溶液必须进一步浓缩,将水分降到 0.25%,将尿素溶液浓缩到 99.75%,然后加工成固体尿素颗粒。

有利于溶液的浓缩,随着蒸发压力的降低,蒸发温度也随之相应降低,能减少缩二脲的生成;采用真空蒸发,加热管内的尿液和水蒸气在真空的作用下,流速加快,缩短了蒸发时间,也有效地减少了副反应的发生。

如图 5-4-24 所示,真空蒸发器的温度与冷凝液的入口流量组成串级控制系统,液位由底部出料控制,顶部出料用于控制系统压力。

4.4.6 造粒控制

造粒工序的目的是使熔融态尿素转变为坚实的具有一定粒度的颗粒。由于颗粒的比表面积与粉末相比小且光滑,因此不宜吸潮结块,便于储藏、运输和施用。造粒过程在造粒塔中进行。温度约 138℃ 的熔融尿素通过喷头喷撒在空气中,空气为冷却介质而使尿素液滴凝固并冷却。

造粒塔的高度应保证尿素颗粒在空气中有足够的降落时间,而塔径取决于尿素的生产能力。熔融尿素先凝固（熔点 132.6℃），再冷却到 60℃，收集后即可包装。

造粒塔的通风有两种形式：机械通风和自然通风。机械通风在塔顶设抽风机，其优点是风量可调，塔高可以降低一些，可采用较完善的粉尘回收装置，塔顶劳动条件好，但设备较多，动力消耗较大，特别是设备要求耐湿空气和尿素的腐蚀。自然通风是利用塔内热空气和塔外冷空气的温差产生热压头，热空气从塔顶风窗排出，带走热量，同时冷空气从底部风窗进入，优点是省动力，可自调空气量，当空气量少时则出塔温度上升，增大了热压头而使气量增大，但由于热压头有限，不能采用阻力大的粉尘回收装置。

造粒塔的料位可根据料位差压输送给料位控制器，然后控制刮料机的抖动频率来控制料位。造粒塔的温度可通过透入空气的量来控制，如图 5-4-25 所示

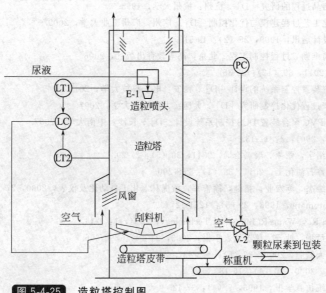

图 5-4-25　造粒塔控制图

4.4.7　先进控制方案介绍

由于尿素生产工艺流程复杂、循环多，介质多为融熔物料或含氨和二氧化碳的气体，腐蚀性大且易堵、易结晶，这给过程检测与控制均带来很大困难，一般的 PID 往往无能为力，而且很多重要的参数是物理不可测的。要发展尿素先进控制策略，必须突破这两个瓶颈。

近十年来，控制理论与实践结合，特别是计算机、通讯技术的迅速发展，在过程控制的应用发展很快也很普遍，同时也促进了尿素过程控制技术的发展，各大公司先后推出适合各自流程的尿素高级控制策略软件，这些控制软件在新建尿素工厂得到了一定的应用。

在合成单元，为了减小合成塔出料（即汽提塔进料）波动对汽提塔的影响，需要保持合成塔液面的平稳。由于合成塔-汽提塔各工艺参数（诸如合成塔出料量、操作压力、汽提塔分解率等）相互耦合的影响，使得采用常规的 PID 液位控制很难达到平稳控制合成塔液位的目的，因此，通常的做法是根据操作者的知识和经验，在控制室里通过人工手动的方法来控制尿素合成塔的液位。

虽然模糊逻辑可以综合经验和专家知识进行推理，但是目前模糊逻辑控制还没有得到广泛的应用，其原因主要是因为实用的用于指导模糊控制系统设计的原则很少，专家知识也不足，在进行尿素合成塔的模糊控制应用研究时，有的学者提出了一种新的模糊子集的定义方法，利用 Zadeh 的 max-min 推理合成理论得到了一种通用的模糊控制算法。这种算法的调试整定非常方便，利用尿素生产过程机理分析并结合生产经验，分别建立了尿素合成塔、气

提塔等的神经网络模型。以合成塔为例，其优化目标是选择一组合适的关键操作参数，使二氧化碳的转化率达到最高。

在造粒工段，尿素造粒喷头及其操作参数变化对尿素颗粒的空间分布和粒径分布有着重要的影响，有学者应用 BP 神经网络模型建立相关参数的与造粒质量有关的模型，并运用该模型对不同工况下颗粒在塔径向上的分布和颗粒粒径分布状况进行了预测，用于指导实际生产，对确保产品质量稳定有一定的作用。

参 考 文 献

[1] 邵剑. 纯碱生产煅烧过程优化控制策略研究 [D]. 杭州：杭州大学，2012.

[2] 胡维兵. 碳化反应结晶过程的研究 [D]. 杭州：杭州大学，1995.

[3] 曾莹. 纯碱生产碳化工艺过程建模与优化控制 [D]. 广州：广州工业大学，2009.

[4] 张军，李锐. 化工设计通讯，1999，25 (2)：49-51.

[5] 孙洪程，李大字，翁维勤. 过程控制工程. 北京：高等教育出版社，2006.

[6] 覃德光. 聚氯乙烯. 2011，39 (12)：33-35.

[7] 鲁小斌. 氯乙烯静流装置控制系统的设计 [D]. 西安：电子科技大学，2011.

[8] 渠晓东. 氯乙烯生产过程优化控制研究 [D]. 大连：大连理工大学，2007.

[9] 周哲民. 10 万吨/年 PVC 聚合装置 DCS 控制系统设计 [D]. 长沙：中南大学，2007.

[10] 杜寿常. 中国氯碱，2001，2：12-13.

[11] 李卓，张海雷，李绍宇，张萍. 聚氯乙烯，2011，39 (5)：27-29.

[12] 王发亮，边清. 齐鲁石油化工，2011，39 (4)：288-290.

[13] 王朝辉，古勇，毛维杰，苏宏业，褚健，徐善军，黄虎林. 化工自动化及仪表，2000，27 (6)：22-25.

[14] J. RICHALET. Automatic，1993，29 (5)：1251-1274.

[15] Wang S. Z.，Chen R.，Wang R. Industrial Technology，1994，1：1-14.

[16] 宋哲英，吴学礼，孟华，杜云. 仪器仪表学报，2003，24 (4)：394-396.

[17] 孔晨晖，丁凤德. 大氮肥，2009，32 (6)：423-427.

[18] 童秋阶. 化工设计，2000，10 (4)：16-18.

[19] 肖南峰，杨科. 系统仿真学报，1995，7 (4)：37-42.

[20] 周春晖. 过程控制工程手册 [M]. 北京：化学工业出版社，1993.

[21] 官宇寰. 合成氨生产系统的 DCS 改造 [D]. 成都：四川大学，2003.

[22] 唐俊丽. 化学工程师，2011，195 (12)：34-36.

[23] 韩志刚，蒋爱平，汪国强. 控制理论与应用，2005，22 (5)：762-765.

[24] 李主国. 煤造气集成控制系统的设计与实现 [D]. 武汉：华中科技大学，2008.

[25] 吴建军，王清泉. 中氮肥，2001，2：49-50.

[26] 周金荣，黄道，蒋慰孙. 自动化学报，1996，22 (4)：436-442.

[27] 赵智勇，王煤，王聪. 贵州化工，34 (5)：8-10.

[28] 雷跃强，王昕. 化工自动化及仪表，2009，36 (6)：84-86.

[29] 齐俊岭. 二氧化碳气提法尿素装置全流程仿真培训系统开发 [D]. 青岛：青岛科技大学，2010.

[30] 陈家威，吴和平，项文裕，王献. 化肥设计，2003，41 (4)：48-50.

[31] 胡静，冯超英. 天津化工，2004，18 (1)：43-44.

[32] 陈刚，张live新，崔海生. 化肥设计，2010，48 (1)：42-45.

[33] 田一波，何欢，赵飞. 化肥设计，2009，47 (3)：51-53.

[34] 傅群，刘立群，王雪艳. 中氮肥，2007，6：36-37.

第**5**章　煤化工过程自动控制

煤化工是指以煤炭为原料，经过一系列化工生产过程，使得煤转化为气体、液体和固体燃料及化学品的过程。煤化工主要分为煤的气化、煤的液化和煤的焦化三种方式，煤化工产业链简要框图如图 5-5-1 所示。随着高油价时代的到来，以煤气化为核心的新型煤化工系统成为全球经济发展的热点，同时也是解决我国未来可持续发展的重要方向之一。《国家中长期科学和技术发展规划纲要（2006～2020）》将"煤的清洁高效开发利用、液化及多联产"列为能源重点领域的第二个优先主题，明确指出要"大力开发煤液化以及煤气化、煤化工等转化技术，以煤气化为基础的多联产系统技术，燃煤污染物综合控制和利用的技术与装备等"。

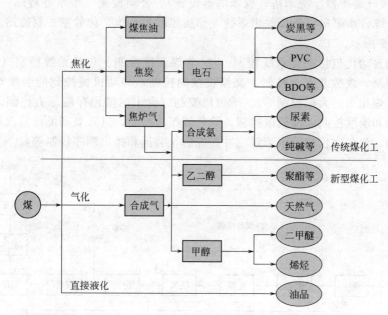

图 5-5-1　煤化工产业链简要框图

整个煤化工生产装置构成了一个多变量、强关联、非线性的大系统，但与炼油和石油化工、传统化学工业不同，目前国内外对煤化工生产过程的研发重点仍集中于新型工艺技术路线及其相关装备技术，煤化工生产过程的集成控制和优化运行技术的研发还处于初始阶段。随着全球油气资源（相对于煤资源）的日趋紧缺和油价的居高不下，研究开发和实现煤化工过程集成模拟、控制、优化等技术的综合自动化平台，通过全厂工艺流程模拟来挖掘生产过程潜能，制定不同操作负荷下的最优决策，实现不同设备条件和经济条件下，以物耗、能耗为最优目标的实时自动化与优化运行，对我国国民经济的发展具有重大的现实意义。

下面主要从煤焦化、煤气化、合成气制甲醇以及甲醇下游等几个主要的煤化工生产过程出发，分别介绍目前各过程的自动化技术应用状况。

5.1 煤焦化过程自动控制

5.1.1 煤焦化过程工艺简介

煤炭焦化又称煤炭高温干馏。该过程以煤为原料，在隔绝空气条件下，加热到950℃左右，经高温干馏生产焦炭，同时获得煤气、煤焦油并回收其他化工产品的一种煤转化工艺[1]。焦炭和煤气是钢铁生产、机械制造和化工合成工业的重要原料和燃料。煤在炼焦时，约有75%左右变成焦炭，另外25%左右则变成煤气和化工产品。从煤气中回收的化合物主要有氨、粗苯、硫黄和焦油等。为保证焦炭质量，选择炼焦用煤的最基本要求是挥发分、黏结性和结焦性。绝大部分炼焦用煤必须经过洗涤，以保证尽可能低的灰分、硫分和磷含量。选择炼焦用煤时，还必须注意煤在炼焦过程中的膨胀压力。用低挥发分煤炼焦，由于其胶质体黏度大，容易产生高膨胀压力，会对焦炉砌体造成损害，需要通过配煤炼焦来解决。

一个完整的焦化工艺主要包括备煤（煤仓、配煤室、粉碎机室、带机运输系统、煤制样室）、炼焦（煤塔、焦炉、装煤设施、推焦设施、拦焦设施、熄焦塔、筛运焦工段）、煤气净化（风机房、初冷器、电捕焦油器等设施）、脱氨工段（洗氨塔、蒸氨塔、氨分解炉等设施）、粗苯工段（终冷器、洗苯塔、脱苯塔等设施）、公辅设施（废水处理站、供配电系统、给排水系统、综合水泵房、备煤除尘系统、筛运焦除尘系统、化验室、制冷站）等，其工艺流程如图5-5-2所示。

炼焦基础自动化包括备煤系统控制、洗/选煤系统控制、焦炉系统控制（含加热控制，集气管压力控制，放散及点火控制，交换机换向控制，移动机械控制的装煤车控制，推焦车、拦焦车、熄焦车三大车控制等）、干熄焦控制（含干熄槽预存段压力控制，过热器出口蒸汽压力控制和温度控制以及放散控制，除氧器压力控制，进除氧器低压蒸汽压力控制，纯水槽液位控制，汽包水位和给水流量三冲量控制，装运和排出顺序控制等）。

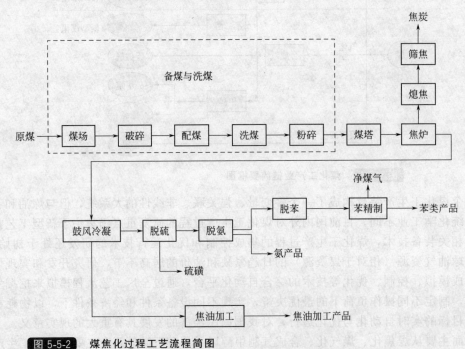

图 5-5-2 煤焦化过程工艺流程简图

焦化厂工艺控制系统主要有下列模型及人工智能的应用：①焦炉加热优化控制模型；②配煤优化数学模型；③配煤过程专家系统（包括焦炭质量预测，配煤比计算和专家自学习三大功能）；④焦炭质量预测神经元网络系统；⑤人工智能混匀配煤系统；⑥焦炉综合自动控制模型；⑦干熄焦（CDQ）最优控制模型。

炼焦过程主要检测仪表有：①备煤工序　料位计（测量各料槽料位）、定量给料装置（配料）；②成型煤工序　料位计，定量给料装置、测量成型煤反压力装置、水流量压力等仪表（原料煤加水加粘结剂控制用）；③焦炉工序　流量、压力、温度、吸力、烟道废气残氧测量（机侧、焦侧加热控制用），CO 测量（焦炉地下室煤气泄漏报警），集气管压力测量，装煤车称量，全炉平均温度及火落时间测量，焦饼温度测量，碳化室炉墙温度测量以及移动机械位置测量等；④干熄焦工序　干熄焦循环气体成分测量，干熄槽预存段、过热器出口蒸汽、除氧器和进除氧低压蒸汽压力等测量，过热器出口蒸汽温度测量，预存段料位测量，汽包水位、纯水槽液位测量以及汽包给水流量测量等。

5.1.2　备煤过程自动控制

备煤过程是焦化生产的前提，包括输煤系统和配煤系统两部分。根据煤源煤质情况，备煤车间一般采用操作方便的先配煤后粉碎的工艺流程。配煤系统一般设置多个配料槽，将各单种煤以适当的比例配合，以满足焦炉生产高质量焦炭的需要，槽内放有料位计，检测煤的料位情况。每个储煤槽内放置不同的单种煤，根据配煤试验确定的配比进行配料，使配合后的煤料能够炼制出符合质量要求的焦炭。配煤槽口设置自动配煤装置，每套装置由给料带式输送机、称量带式输送机、自动控制系统等组成。生产时按照给定值自动控制各单种煤的流量，确保配煤比连续恒定。

典型的配煤控制系统图 5-5-3 所示，配煤槽里的煤料通过输送机均匀地落到称量带式输送机上，称量和速度信号输入到皮带秤数字模块和调节器，经处理得出实际给料量，将实际的给料量与设定的给料量经过不断的比较，由变频器调整带式输送机给料速度，使之精确地以恒定的期望给料速度给料，保持给料量基本恒定[2]。

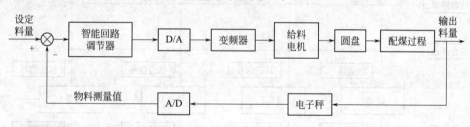

图 5-5-3　配煤控制系统示意图

5.1.3　洗/选煤过程自动控制

洗煤过程是为了降低煤的灰分和硫分，根据煤中混杂的矸石、煤矸共生的夹矸煤与煤炭按照其相对密度、外形及物理形状方面的差异加以分离。洗煤厂动力设备繁多，过程复杂，对安全性的要求很高[3]。近年来，企业一般都配置了瓦斯传感器、一氧化碳传感器和烟雾传感器等实现关键安全性能的监控与报警，采用定量给料机实现洗煤过程的物料供给，少数先进的企业还采用集散型控制系统 DCS 或 PLC 进行该过程的控制与监控，提高了洗煤过程的自动化。但总体来说我国煤焦化过程洗选过程的自动化水平还相当低，尤其缺乏一些在线的检测设备，大型洗选设备的自动化技术还比较匮乏。

洗煤过程的工艺比较复杂，其流程示意图如图 5-5-4 所示。一般情况下，对易选煤或中等可选采用跳汰—浮选工艺流程，对难选煤或极难选煤采用重介—浮选或重介—跳汰—浮选及跳汰—中煤重介—浮选工艺流程。另外，不分级、不脱泥、无压给料三产品重介质旋流器加微泡浮选成套工艺，适用于所有可选性的炼焦煤分选。

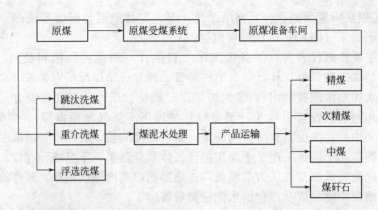

图 5-5-4　洗煤厂工艺流程图

洗/选煤过程自动化的内容十分广泛，它根据选煤工艺和设备及生产管理的要求而确定，其主要内容一般包括以下几个方面：

① 设备和生产工艺流程的自动监视、自动保护和报警　在生产过程中，对生产设备的运行状态进行监控，并设置必要的保护措施，实现事故自动排除或自动报警；

② 生产工艺参数的自动检测和自动调节　在生产过程中，对各工艺过程的生产工艺参数，如入料量、矿浆浓度、流量、悬浮液密度、黏度、药剂添加量、床层厚度、产品数量、灰分、水分、硫分、仓位和液位等进行快速自动检测、指示或记录；

③ 对生产设备自动或集中控制　在生产过程中各设备实现自动或集中控制，根据运转需要及时转换运行流程，发生故障时刻按程序紧急停车，检修或处理故障时可转换为就地操作。其涉及到的联锁/解锁控制如图 5-5-5 所示。

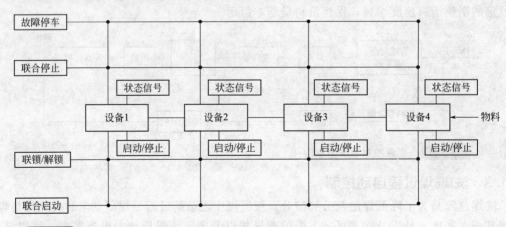

图 5-5-5　洗煤厂电机顺序启动/停止控制流程框图

联锁/解锁方案　在运行解锁状态下，允许对每台设备进行单独启动或停止。当设置为联锁状态时，按下启动按钮，设备顺序启动，后一设备的启动以前一设备的启动为条件（设备间的延时启动时间可设置），如果前一设备未启动成功，后一设备不能启动。按停止键，则设备顺序停止。在运行过程中，如果其中一台设备故障停止，例如设备 2 停止，则系统会把设备 3 和设备 4 停止，但设备 1 保持运行。

各个主要作业环节自动化的具体要求如下。

① 原煤准备车间　自动清除原煤中的大块矸石、铁器和木块等杂物，实现原煤质量均匀化设施的自动化（如自动分装、混煤和配煤等），原煤系统设备的自动或集中控制、自动

监视，原煤储量（或仓位）、原煤灰分等自动检测。

② 跳汰车间　自动启停跳汰机和跳台系统的设备，自动检测入选原煤量、灰分、精煤灰分、床层厚度，自动控制和调节跳汰机的给料、排料及跳汰制度等。

③ 重介车间　自动控制重介分选机及其他设备的入料量，悬浮液循环系统和脱介设备的运动控制和调节，悬浮液的自动准备、输送、稀释、浓缩和补充，悬浮液的密度、黏度和液面的自动检测及自动调节，重介系统设备的自动或集中控制、自动监视等。

④ 浮选车间　浮选入料流量、浓度、药剂添加量的自动检测和调节，药剂的自动准备，真空过滤机液面自动调节，浮选系统设备的自动或集中控制、自动监视等。

⑤ 火力干燥车间　火力干燥机的给料、排料、温度、压力的自动控制和调节，自动点火及防爆安全自动保护报警，干燥系统设备的自动或集中控制、自动监视等。

⑥ 辅助设备　各种泵类、风机、脱水设备及阀门等的单机自动化，如循环水泵、水源井泵、介质泵、真空泵、底流泵、浓缩机、鼓风机、压风机、过滤机、压滤机和离心脱水机等。

⑦ 生产技术检查　对选煤过程入选原煤、中间产品、终端产品（如精煤、中煤和矸石等）自动采制样及上述产品的灰分、水分、硫分和数量等的快速自动检测，并将其指示或记录、控制和指导生产操作。

⑧ 装运车间　实现产品储量（或仓位）、灰分、水分和硫分等的自动检测，产品装车、调车、计量的自动或集中控制、自动监视，并自动指示、记录装车的各种数据。

5.1.4　炼焦/出焦过程自动控制

炼焦/出焦过程自动控制为焦炉设备自动化控制及综合管理提供解决方案，主要包括焦炉炼焦过程控制、煤气鼓风冷凝控制、化工产品回收控制系统、干熄焦自动控制等。

（1）炼焦过程控制

焦炉自动控制一般采用上位机软件作为操作和监控的人机界面，利用现场总线实现现场信息采集和系统通信，或者采用 PLC，比如施耐德 UNITY QUANTUM 系列双机热备 PLC 系统[2]。目前，炼焦过程基本采用单回路控制，缺少复杂控制系统的设计与开发。其自动控制系统一般实现数据采集，包括焦炉现场各种温度、压力和流量等工艺参数，并进行数据处理，关键工艺参数检测如图 5-5-6 所示，实现对煤气流量、煤气压力、烟道吸力、集气管压力的 PID 自动调节控制，实现故障报警功能。其中，炼焦炉上升管闸板阀开度的控制比较重要，以保证炭化室温度，使焦炭不致过度烧损。同时，进入炭化室的煤量和推出焦炭的重量也是重点监控的工艺参数。

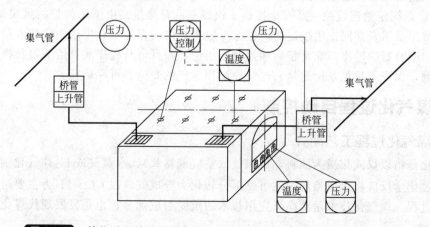

图 5-5-6　炼焦过程关键工艺参数检测示意图

（2）鼓风冷凝过程控制

在炼焦过程中，荒煤气从焦炉炭化室经上升管逸出的温度为 $650\sim750℃$，需要经过初步冷却才能往后续工段进行输送，同时煤气由炭化室出来经集气管、吸气管、冷却及净化设备直到煤气储罐或送回焦炉，要通过很长的管道及各种设备。为了克服这些设备和管道阻力及保持足够的煤气剩余压力，还要对煤气进行加压。鼓风冷凝过程控制主要实现焦炉荒煤气的不断抽取并加压送出，使整个煤气系统的吸力、压力能够满足焦炉、煤气净化的正常生产要求。鼓风机油压联锁是鼓风机安全运行的重要保证。采用鼓风机润滑油压与鼓风机供油泵联锁，保证油压的正常，一旦油压出现过低并能联锁停机，确保风机的安全。另外，鼓风冷凝过程控制中，一般还有鼓风机液力耦合器转速自动调节系统、鼓风机吸力与焦炉集气管压力 PID 平衡调节控制等。

（3）煤气净化及回收过程控制

焦炉煤气净化回收过程自动控制，是对焦炉煤气净化回收中主要工序生产设备进行生产过程的监视控制，主要包括煤气脱氨、终冷、洗苯、粗苯蒸馏、脱硫等工序。实现的功能包括对煤气净化、化工产品回收各阶段的温度、压力、流量、液位等检测控制参数；采用 PID 调节对主要温度、压力等实施自动控制；对各阶段的流量参数进行温压补偿，保证测量更精确，以及配备必要的联锁以避免生产事故的发生。

（4）干熄焦过程控制

干法熄焦是指采用惰性气体将红焦降温冷却的一种熄焦方法，是目前国内外应用广泛的熄焦技术。干熄焦工艺是利用惰性循环气体 N_2（约 $130℃$）通过鼓风装置进入干熄炉，与温度约 $1000℃$ 的红焦逆向流动进行热交换，将红焦熄灭，使焦炭温度下降到 $180℃$ 以下，而循环氮气的温度上升到约 $930℃$，循环气体经过锅炉时，本身所带的热量使锅炉产生大量的蒸汽，蒸汽经过减温减压后，送入汽轮机组用于发电。

一般工业上采用 PLC 对干熄焦生产过程和干熄焦除尘系统进行集中控制、监视和管理。主要功能如下。

① 预存室压力单回路 PID 自动控制　当装入焦炭时，预存室压力不稳会导致焦粉扩散到大气中或吸入空气而燃烧焦炭。一般在装焦过程中采用手动控制，当装焦结束后可自动投运自动控制系统。

② 循环风机数字变频调节　通过对系统气料比与循环风量的分析比较，建立系统气料比与循环风量对照表，通过设定气料比，实现对循环风量的自动控制。

③ 排焦系统定量连续控制及安全控制　预存室的存焦量是由干熄焦炉的焦炭初始存量、装入量、排焦量三者共同作用决定的，根据干熄焦炉内的存焦量和生产中的装入量，通过设定电磁振动给料器的输出，非常精确地控制排焦量，并且可与程序演算值下限及排焦温度进行联锁控制，保证了排焦系统定量、连续控制和生产的安全、可靠运行。

5.2　煤气化过程自动控制

5.2.1　煤气化过程工艺简介

煤气化是指以煤或焦炭为原料，以氧气（空气或富氧）、水蒸气或 H_2 作气化剂，在高温条件下通过化学反应将煤或焦炭中的可燃部分转化为合成气（以 CO、H_2 为主要组分）的热化学加工过程。煤气化技术是洁净煤应用技术的重要组成部分，也是发展现代煤化工重要的单元技术[4]。

煤气化的分类方法较多，但最常用的是按煤与气化剂在气化炉内的运动状态来分。

（1）固定床气化技术

固定床气化也称为移动床气化，一般采用一定块径的块煤（焦、半焦、无烟煤）或成型煤为原料，与气化剂逆流接触，用反应残渣（灰渣）和生成气的显热，分别预热入炉的气化剂和煤，固定床气化炉一般热效率较高。从宏观角度看，由于煤从炉顶加入，含有残炭的灰渣自炉底排除，气化过程中煤粒在气化炉内逐渐并缓慢往下移动，因而又被称为移动床气化。

（2）流化床气化技术

流化床气化又称为沸腾床气化，它利用流态化的原理和技术，使煤颗粒通过气化介质达到流态化。流化床的特点在于其有较高的气固之间的传热、传质速率，床层中气固两相的混合接近于理想混合反应器，其床层固体颗粒分布和温度分布比较均匀。

（3）熔融床气化技术

熔融床气化也称熔浴床气化或熔融流态床气化。它的特点是有一温度较高（一般为1600～1700℃）且高度稳定的熔池，粉煤和气化剂以切线方向高速喷入熔池内，池内熔融物保持高速旋转。此时，气、液、固三相密切接触，在高温条件下完成气化反应。熔融床有三类：熔渣床、熔盐床和熔铁床。

（4）气流床气化技术

气流床又称射流携带床，是利用流体力学中射流卷吸的原理，将煤浆或煤粉颗粒与气化介质通过喷嘴高速喷入气化炉内，射流引起卷吸并高度湍流，从而强化了气化炉内的混合，有利于气化反应的充分进行。气流床气化炉的高温、高压、混合较好的特点决定了它在单位时间、单位体积内提高生产能力的最大潜能，符合大型化工装置单系列、大型化的发展趋势，代表了煤气化技术发展的主流方向。

气流床气化炉进料方式，有干煤粉进料（Shell、GSP、Prenflo 等）和水煤浆进料（Texaco、E-Gas、多喷嘴对置气化炉等）两种方式；喷嘴设置，有上部料的单喷嘴气化炉、上部进料的多喷嘴气化炉以及下部进料的多喷嘴气化炉三种[5]。

煤气化过程的工艺流程与气化炉型关系密切，不同的气化炉对应不同的气化系统。下面以德士古水煤浆气化系统为例，简要介绍煤气化的工艺。德士古水煤浆气化工艺流程（激冷流程）主要包括气化系统、洗涤系统和灰水处理系统，其流程如图 5-5-7 所示。

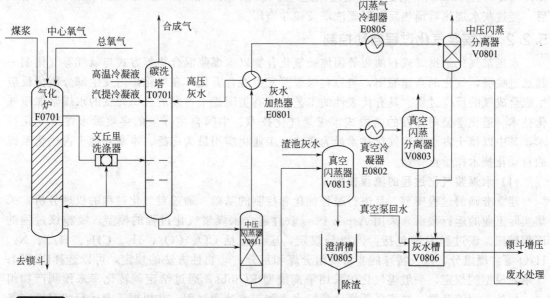

图 5-5-7　德士古水煤浆气化过程（激冷）流程简图

　　煤浆由煤浆槽经煤浆给料泵加压后，与自空分送来的经压力、温度校正后的高压氧气，按照一定的氧煤比通过三流式烧嘴进入气化炉，在高温（约 1316℃）高压（约 4.0MPa）下反应产生合成气。氧气通过烧嘴的中心管和外环管，煤浆通过烧嘴的中环进入气化炉。

　　煤中的灰分在高温下熔融，熔渣与热合成气一起离开气化炉燃烧室，从反应室顺流向下进入气化炉下段激冷室，被激冷水淬冷后合成气温度降低至约 223℃。熔渣迅速固化并产生大量蒸汽，被水蒸气饱和并夹带少量飞灰的合成气从激冷室上部出口排出。气体进入文丘里洗涤器，与从喷嘴喷出的洗涤水混合，完全润湿夹带的固体颗粒后进碳洗塔，再沿下降管进入底部水浴内。碳洗塔为板式塔，合成气穿过水层，固体就沉入水中。合成气通过 4 块泡罩式塔板，用工艺冷凝水在塔板上进一步除尘，再经除沫器除去气体夹带的雾沫后送至变换工段。合成气经灰水、变换冷凝液洗涤冷却后，温度为 212℃，压力为 3.85MPa。

　　由灰水处理来的高压灰水及变换工段送来的高温冷凝液和汽提冷凝液作为碳洗塔的洗涤水，其中塔板上的洗涤水为变换高温冷凝液，流量不足时用管网来的热密封水补充。碳洗塔中下部排出的大部分灰水经激冷水循环泵增压后进入气化炉激冷环，使合成气冷却降温，同时少部分水喷入文丘里管作为洗涤水。碳洗塔底排出的黑水经流量控制阀排至灰水处理。

　　气化炉反应中生成的熔渣进入激冷室冷却固化后排入锁斗，每 30min 排入渣池一次。渣池的渣水输送至灰水处理工段真空闪蒸器进行处理。气化炉中下部排出的黑水经流量控制阀排至灰水处理。

　　由气化炉和碳洗塔来的高温高压黑水经减压阀减压后送至中压闪蒸器，闪蒸压力 0.5MPa。黑水中溶解的 H_2、CO、CO_2 等气体闪蒸出来，进入灰水加热器，预热高压灰水。然后进入闪蒸器冷却器冷却至 120℃，进入中压闪蒸分离器。分离出的不凝气送至火炬系统，液体排至灰水槽。中压闪蒸器排出的黑水经液位控制阀减压送至真空闪蒸器。真空闪蒸器内压力为 −0.05MPa，温度为 81℃，真空闪蒸器出塔蒸汽经真空闪蒸冷凝器冷凝为水，然后送至真空闪蒸分离器分离。不凝气由真空泵抽出，真空泵密封水送至灰水槽。真空闪蒸器排出的黑水送至澄清槽中心管，黑水通过絮凝剂的作用，绝大部分悬浮固体沉降下来。澄清了的水由上部溢流槽流至灰水槽，灰水槽一侧灰水经低压灰水泵加压，一部分送气化工段冲洗水冷却器作冲渣清洗水，一部分送至焦炉息焦池进行息焦，一部分经废水冷却器用循环冷却器冷却至 40℃ 以下后送污水处理站进一步处理；灰水槽另一侧灰水经高压灰水泵增压后，经过灰水加热器预热后送至碳洗塔及锁斗增压。

5.2.2　水煤浆气化过程自动控制

　　水煤浆气化是指煤或石油焦等固体碳氢化合物以水煤浆混合物等方式与氧气等气化剂一起通过喷嘴，气化剂高速喷出，与原料煤浆等发生混合雾化，在气化炉内发生部分氧化反应生成合成气的反应过程。具有代表性的工艺技术有美国德士古发展公司开发的水煤浆加压气化技术、道化学公司开发的两段式水煤浆气化技术、中国自主开发的多喷嘴水煤浆气化技术，其中以德士古水煤浆气化技术最为成熟，工业化应用最为广泛。本章对德士古气化系统的自动化技术作重点介绍。

　　(1) 水煤浆气化过程的流程模拟

　　建立准确的过程模型，是进行过程优化和控制的基础。通过对气化过程的机理分析，采集实际工业的运行数据，采用 Aspen Plus 软件建立水煤浆气化过程的模型，实施该过程的流程模拟。该过程主要包括：①组分规定，应该包括 CO、CO_2、H_2、CH_4、H_2S、N_2、H_2O 等常规组分，以及特殊的非常规组分煤和灰分；②物性方法的规定，可以选择 PRBM；③单元模型的规定，一般煤气化炉采用平衡模型 RGibbs，通过给定碳转化率来预测产物组成，另外采用闪蒸器、精馏塔等模块模拟水洗和灰水处理过程，并根据工业运行状况确定各模块信息；④流股的规定，根据工业现场流程确定各物流走向，并设置各输入物流中的组分及操作条件等信息；⑤其他规定，包括在计算模块中定义煤质组成等；⑥模型的运行及结果查看，模型运行收敛后，可以查看各输出流股的组分信息以及各设备模型的运行结果。对于水煤浆气化炉来说，水洗塔出口的合成气组成是考察模型性能的主要指标。

（2）水煤浆气化过程的控制

水煤浆气化过程综合控制系统主要包括安全逻辑系统和锁斗顺控系统，依据现场工艺流程可以分为烧嘴冷却水系统、煤浆系统、供氧系统、氮气吹除系统、合成气洗涤系统、气化炉温度测量系统、渣水处理锁斗顺控系统、破渣机控制系统、安全逻辑系统和气动联锁系统等。气化炉综合控制系统是一个安全性和经济性的矛盾统一体，如何在保证安全性的前提下，促进煤的转化率，提高合成气质量，完善和开发水煤浆加压气化自动控制系统，是未来煤化工发展的重要课题之一。

德士古水煤浆气化的关键控制要点主要有氧煤比（氧碳比）、气化炉的压力和压差、烧嘴的冷却水、锁渣罐排渣控制、气化炉液位控制。

德士古气化炉的操作压力一般为 4.0MPa 和 6.5MPa，温度 1300～1500℃，所用原料约 62%浓度的水煤浆和 98～99.5%纯度的氧气。水煤浆、氧气经烧嘴喷出，在气化炉燃烧室内进行部分氧化燃烧。氧煤比直接影响炉温、气体的组成、碳的转化率和炉渣的流动性等。气化的目的是要尽量提高合成气中 H_2+CO 的百分含量，这就必须控制合理的氧煤比。氧煤比较低时，气化炉的炉温较低，碳的转化率随之降低，煤渣的流动性差，易堵塞气化炉的排渣口及下降管，不利于气化炉长期运转。氧煤比较高时，炉温高，炉内耐火砖加快溶蚀，气化炉的运行寿命受到影响。所以生产中必须根据煤种、氧气纯度和气化炉情况，控制最佳的氧煤比。

气化炉氧煤比控制系统在操作站上设定氧煤比和生产负荷量等数值，可根据温度状况自动控制水煤浆和氧气流量。在开车和运行初期，可分别用手动控制，也可分别对煤浆和氧气自动控制回路进行单独控制[4]。氧煤比自动控制系统原理图如图 5-5-8 所示。

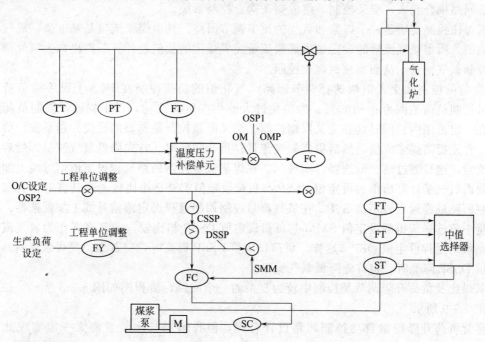

图 5-5-8　**气化炉氧煤比控制原理图**

氧煤比控制系统涉及到的主要量为：SMM—经中值选择后的煤浆流量；DSSP—煤浆负荷设定信号，也就是气化炉负荷设定信号；SSS—由煤浆量 SMM 与负荷设定信号 DSSP 在低选器中比较后所选中的值，它作为氧气比例计算乘法器（比值器）的输入值；OSP2—氧碳比设定值；K1—氧煤比设定值经工程单位调整后的数值；OSP—氧气控制回路远程设定值，它是 K1 和 SSS 经乘法器计算后的值；OMP—温压补偿后又经氧气纯度校正的氧气流量；CSSP—煤浆控制回路远程设定值，它是 K1 和 OMP 经除法器计算后的值；SSP—煤浆控制回路远程设定值 CSSP 与负荷设定信号 DSSP 在高选器中比较后所选中的值，它作为煤浆调节器的远程设定值。

氧煤比设定值标为 OSP2，经工程单位调整后分为两路，分别输入乘法器和除法器，去控制煤浆流量和氧气流量。

由图 5-5-8 可见，气化炉氧煤比控制系统包括：①煤浆流量调节回路，含煤浆流量测量、中值选择、流量调节 3 个环节；②氧气流量调节回路，含氧气流量测量、温度压力补偿、氧气纯度校正、流量调节 4 个环节；③氧煤比交叉耦合调节回路；④负荷控制和交叉限幅选择调节回路。下面分别说明各个调节回路。

① 煤浆流量调节回路　煤浆流量采用两台不同口径的电磁流量计测量，煤浆泵转速也折算成煤浆流量值，3 个煤浆流量值输入中值选择器，在 DCS 中作中值选择，选择其中间值。选中的流量信号为 SMM，输入煤浆流量控制器，与煤浆设定值比较，按 PID 规律输出调节信号至煤浆计量泵调速电机控制器，调节煤浆泵电机转速，从而调节进气化炉的煤浆流量。

② 氧气流量调节回路　在氧气管线上，氧气流量用孔板流量计测量，同时测量氧气温度和压力，在 DCS 中经温度和压力补偿后得到氧气测量值为 OM。OSP1 为氧气纯度设定值，按当时生产的氧气纯度给出。经氧气纯度校正后的氧气最终测量值为 OMP，它作为氧气流量控制器的测量值输入，与设定值比较，按 PID 规律调节进气化炉的氧气流量。

③ 氧煤比交叉耦合调节回路　通过氧气和煤浆远程给定，使煤浆和氧气流量两个单参数调节回路耦合起来，交叉控制，组成交叉耦合控制系统。

氧煤比控制实质是一个煤浆和氧气的比率调节回路，其中煤浆流量是基准值，氧气流量是随动的，所需氧气流量的设定值由煤浆流量经氧煤比的数值经计算后得出，去氧气调节器自动控制氧气流量，从而实现氧煤比控制。

④ 负荷控制和交叉限幅选择调节回路　气化炉的负荷控制在 DCS 上设手动负荷控制器，可控制负荷范围为 0～100%。为避免过大的生产负荷扰动，设限幅器，限制负荷升降速率在一定范围内。同时设立交叉限幅控制。交叉限幅控制是典型的燃烧控制系统，负荷提高时，首先提高煤浆流量，然后提高氧气流量；负荷降低时，首先降低氧气流量，然后降低煤浆流量，这是通过高、低选择器实现的。在煤浆流量控制回路远程设定值信号线上加高选器，使由氧气量计算所得的设定值 CSSP 与负荷设定值 DSSP 相比较，选其高者作为煤浆流量控制回路最终远程设定值 SSP。在氧气流量控制回路远程设定值信号线上加低选器，使煤浆流量中值选择所得的设定值 SMM 与负荷设定值 DSSP 相比较，选其高者作为氧气流量控制回路最终远程设定值 OSP。这样，负荷设定值 DSSP 提高时，将首先提高煤浆流量；负荷设定值 DSSP 降低时，将首先降低氧气流量。

氧煤比及负荷升降调节是控制中较为复杂的一个回路，流程图如图 5-5-8 所示，控制框图如图 5-5-9 所示[6]。

尽管负荷升降控制自动控制回路设计合理，但我国煤气化装置尚无一家实现此自动控制。

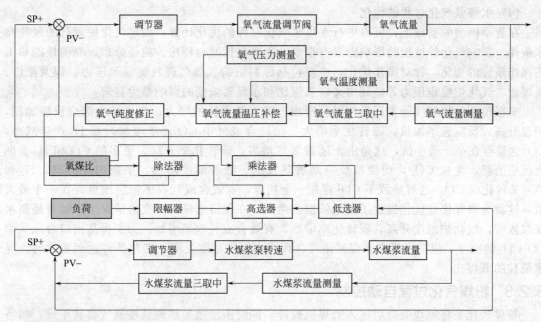

图 5-5-9　**氧煤比及负荷升降控制框图**

(3) 气化炉测温系统及炉膛温度软测量

气化炉温度测量包括炉内温度测量和炉子表面温度测量两个方面，前者控制气化炉反应温度及合成气质量和煤的转化率，后者是监测气化炉壁表面温度，防止气化炉壁温度过高受损，并间接地推测炉内反应温度。

① 炉壁测温系统——表面热电偶　气化炉壁表面热电偶是保护气化炉安全运行的主要参数之一，其测量数据可用于推断炉内温度、耐火砖厚度，是否窜火窜气，耐火砖是否塌陷、脱落等。

② 用高温热电偶测量炉内温度　气化炉反应温度一般在 $1300 \sim 1500℃$ 之间，有时高达 $1800℃$，热电偶保护管要受到高温、气蚀、渣蚀、热震 4 种考验。

③ 炉膛温度软测量　利用合成气中 CO_2 和甲烷含量判断炉内温度。利用合成气成分判断炉内温度，与通过工艺操作控制炉温及合成气质量，两者是相互的。合成气除主要成分 H_2 和 CO 外，还有少量的水蒸气、CO_2、CH_4、H_2S 和 N_2 等。其中，CO_2 和 CH_4 含量受温度影响最大。一般温度升高时，CO_2 含量相应升高，CH_4 含量相应降低。间接测温与高温热电偶直接测温相互补充，特别是当高温热电偶烧坏时，气化炉运行状态良好，生产平衡，一般不必停车，这时依靠间接测温，根据合成气中 CO_2 和 CH_4 含量来判断炉温，进行操作。

为了定量描述炉膛温度的变化，弥补热电偶直接测量时出现不准和损坏的情况，软测量技术近来被广泛应用于在气化炉炉膛温度的测量中。它是采用一定的辅助变量，根据物理特性或者数据关联，建立其与目标变量的数学关系，从而对目标变量进行测量的方法。以 BP 神经网络软测量技术为例，首先通过数据分析或者数据降维等手段，并结合长期运行数据和操作经验总结，确定了以氧煤比、氧气流量、合成气中 CO 和 CH_4 的含量等作为软测量实施的辅助变量，采集在热电偶正常工作时期炉膛温度和辅助变量的运行数据，对数据进行归一化整理，确定神经网络的结构，取归一化后的数据进行模型训练，以此可以确定神经网络的各种参数，即可建立炉膛温度的 BP 神经网络软测量模型。通过 DCS 系统实时采集的数据作为输入，即可实现对炉膛温度的在线软测量。目前，该技术已应用于工业炉的温度测量中，取得了良好的预测效果，对工业气化炉的稳定、安全操作意义重大。

（4）水煤浆气化过程的优化

在数学模型的基础上，可以进行水煤浆气化过程的优化计算，确定气化炉运行的最佳操作条件。影响气化炉性能的影响因素有很多，主要包括原料特性、粒径分布、喷嘴性能和工艺操作条件的变化。针对操作优化，主要包括原料负荷、氧气进料流量和压力、煤浆浓度、氧煤比、气化炉操作压力等，其中又以氧煤比和水煤浆浓度的影响最为显著。

根据模型计算和实际工厂操作经验发现，随着氧煤比的增大，气化炉内燃烧反应加剧，炉温升高，反应速率加快，碳转化率增大。出口合成气中 CO 逐步增加，而 H_2 逐步减小，CO_2 含量存在一个最小值，这是由于随着氧气增多，碳转化率升高，更多的 CO 和 H_2 被燃烧反应消耗，生成 CO_2，而变换反应是放热反应，随着温度增加，平衡向左移动，H_2 和 CO_2 又转化成 CO，这就导致了 CO_2 存在一个拐点，有效合成气收率相应地也存在一个最大值，这就为氧煤比的优化提供了理论依据。然而，在保持氧煤比不变的情况下，随着提高水煤浆浓度，气化炉温度升高，碳转化率增加，有效合成气收率增加。为了提高出口合成气中 $CO+H_2$ 的收率，应适当提高水煤浆浓度。而当水煤浆浓度受限于工艺条件达到最大时，寻求最佳的氧煤比。

5.2.3 粉煤气化过程自动控制

粉煤气化是将原煤除杂后送入磨煤机破碎，同时由经过加热的低压氮气将其干燥，制备出合格煤粉存于料仓中，加热用低压氮气大部分可循环利用。料仓中的煤粉先后在低压和高压输送气的输送下，通过气化喷嘴进入气化炉，与气化剂氧气、蒸汽在高温高压下进行气化反应。粉煤气化主要有流化床气化和气流床气化技术。气流床粉煤加压气化技术是目前国际上最先进的煤气化技术之一，与水煤浆气化技术相比，具有煤种适应性强、原料消耗低、碳转化率高、冷煤气效率高等技术优势，代表了煤气化技术的发展主流，有更强的市场竞争力。具有代表性的粉煤气流床气化技术有 Shell 炉、GSP 炉和 Prenflo 炉等。Shell 气化炉是目前应用较为广泛的粉煤气化炉，国内引进装置较多，具有煤种适应广、碳转化率高、设备生产能力大、清洁生产等特点。本章将着重对 Shell 气化过程的自动化技术进行介绍。

（1）粉煤流量检测与控制

粉煤在管道内成气固悬浮颗粒状，粉煤质量流量检测可通过密度和速度获取。一般检测粉煤速度可以采用 DYNA 等速度计，其工作原理是气体输送的粉煤颗粒之间互相摩擦碰撞产生静电，速度计内筒上有两个固定距离的圆环电极，检测出同一电压波形经过两个圆环电极的时间差，即可得粉煤的流速。粉煤的密度计一般采用放射性测量方法，比如同位素铯137，根据射线横穿粉煤管线后射线检测器收到的放射性信号强度来获得粉煤的密度。密度用温度、压力校正后与速度相乘即可得粉煤质量流量。工业上粉煤流量控制回路中，一般由3个粉煤流量计分别对粉煤流量进行测量，由中值选择器进行中值选择，该值送入粉煤流量 PID 控制器作为测量值进行粉煤流量的自动调节。

（2）氧气流量测量及氧煤比控制

气化炉氧流量检测一般采用双头涡街流量计，其工作原理是根据流体的自然振荡原理。入炉氧气流量是影响气化炉温度的关键因素，氧气流量的准确性尤为重要，一般需设置氧气流量的温度、压力补偿，补偿计算得到的补偿流量与氧气纯度进行校正，最终得到氧气流量来进行 PID 控制。

氧煤比控制是气化反应过程重要的控制指标。现有的工艺，氧煤比控制采用标准比例功能和内部仪表的比例计算保证氧煤比的稳定，氧煤比给出值经过乘法器计算氧气流量 OSP，作为氧气回路的远程给定，取倒数后经乘法器计算出粉煤流量，作为粉煤回路的远程给定，从而可实现交互控制。粉煤流量发生变化时，通过氧煤比自动控制，通过实测的粉煤流量计算氧气流量，通过 PID 调节输出值控制氧气自调阀动作。氧气流量发生变化，通过氧煤比自动控制，计算对应煤粉量，通过 PID 调节后的输出值控制煤粉调节阀，使粉煤流量按氧煤比变化。正常生产过程中，一般固定氧气流量，通过调节粉煤流量调整氧煤比，这和水煤浆气化反应过程是相反的。

（3）气化炉负荷控制

先进的气化反应工艺中，为了防止气化炉负荷过大，设置了速度限制器，将负荷的每分钟变化限制在一定的范围内。为防止氧气过量，设置高低选择器，在粉煤回路上设置高选器，将测出的煤粉量与负荷给定的煤粉量进行比较，取高者作为煤粉回路的远程给定的最终值，在氧气回路上设置了低选器，将测量出的煤粉量与负荷给定的煤粉量进行比较，将其低者作为氧气回路的给定值。

5.2.4 水洗过程自动控制

水煤浆气化和粉煤气化过程后续的水洗过程类似，主要作用是进行合成气的洗涤。主要包括煤气洗涤系统和黑水闪蒸系统。煤气洗涤系统主要由水洗塔和旋风分离器组成。黑水闪蒸系统主要由蒸发热水塔、真空闪蒸罐、澄清槽、灰水槽等组成。

（1）水洗过程的建模

在机理分析的基础上，可以采集实际工业运行数据，利用 ASPEN PLUS 软件建立气化水洗过程的模型，并实现流程模拟。建模过程主要包括：①全局物性方法的规定，可以选择 NRTL；②组分的规定，H_2O、H_2、CO、CO_2、H_2S 等均为常规组分，而粗合成气和灰水中的细灰、灰渣都是固体物质，故可以用非常规固体物质 Ash 来模拟，组分类型为 Non-conventional，它不参与化学平衡和相平衡，对于含有 NC 固体组分 Ash 的物流，还需设置一个子物流 NCPSD，用于模拟物流中 Ash 的分布情况（根据装置分析数据，规定 Ash 的粒径分布）；③整个水洗过程由混合与分流、气固分离、闪蒸、汽液分离等典型过程组成，一般可在 ASPEN PLUS 中选择旋风分离器模型，RadFrac 精馏塔模型模拟水洗塔、蒸发热水塔，闪蒸器模型模拟真空闪蒸罐、闪蒸分离器，换热器模型模拟冷凝器；④流股的规定，根据工业现场流程，确定各物流走向，并设置各输入物流中的组分及操作条件等信息；⑤模块的规定，主要是各个模块的温度、压力及塔设备的参数规定；⑥模型的校正，采集实际工业运行数据，可以采用 ASPEN PLUS 软件的 DATAFIT 工具或其他智能优化算法，进行工业装置模型参数的校正，校正的参数主要为塔板效率参数等；⑦模型的运行及结果查看，模型运行收敛后，可以查看各输出流股的组分信息以及各设备模型的运行结果。对于气化水洗过程，水洗塔出口合成气含量是主要的模型性能指标。

（2）水洗过程的控制

水洗过程的控制相对简单，一般只是 PID 单回路控制，控制的对象主要有水洗塔（碳洗塔）的液位、闪蒸系统的液位、除氧水槽的液位、渣池的液位以及水洗塔低温冷凝液的流量和黑水排放、回用的流量。

水洗过程最重要的控制目标就是合成气中水/干气比，一般要求在 1.2 以上。

（3）黑水排放中氯根浓度的软测量

煤在高温燃烧或热解过程中，煤中氯化合物将发生分解和转化，大部分以氯化氢 HCl 的形式析出，虽然其数量相对于硫和氮的污染物来说很少，但氯化氢会在气化炉激冷室中溶于水中，并进入系统，酸性气体可以通过后续工段的闪蒸、汽提操作除去，而氯根 Cl^- 则会通过水循环在系统中富集起来。一定浓度的氯根会对管道、塔、闪蒸器等设备产生较强的腐蚀作用，因此检测和控制系统中的氯根含量对延长设备寿命、降低设备和维修费用至关重要。

根据对气化技术工艺流程的分析，考虑到氯根的人工采样和化验周期为 24h，因此在一定的长时间运行周期内，将整个气化反应过程看成一个大型水循环系统。该水循环系统内水的总流量基本保持稳定，因此根据物料平衡分析，影响水煤浆气化装置水循环系统内当前时刻的氯根浓度变化的因素主要包括上一时刻的氯根浓度、水煤浆中氯根流量和去废水处理黑水排放量。根据机理可以决定出气化系统氯根浓度软测量模型的形式如下：

$$Cl(k)=a_1 \cdot Cl(k-1)+a_2 \cdot coal(k-1)+a_3 \cdot dw(k-1)+a_4 \qquad (5\text{-}5\text{-}1)$$

式中，变量 Cl 为氯根浓度；k 为当前时刻；$k-1$ 为上一时刻；变量 $coal$ 和 dw 分别为从 $k-1$ 时刻至 k 时刻之间煤浆总量和污水排放总量；a_1、a_2、a_3 和 a_4 为模型待定参数，可通过生产数据回归得到。另外，为增加模型的精度，可以采用二阶系统来模拟氯根浓度，模型形式如下：

$$Cl(k)=a_1 \cdot Cl(k-1)+a_2 \cdot coal(k-1)+a_3 \cdot dw(k-1)+a_4 \cdot Cl(k-2)+a_5 \cdot coal(k-2)+a_6 \cdot dw(k-2)+a_7 \qquad (5\text{-}5\text{-}2)$$

式中，$a_1 \sim a_7$ 为模型参数。根据软测量模型的输出与工艺允许排放的基准进行比较，通过增减黑水排放量来实现对氯根浓度的简单有效的调节。

(4) 水洗过程的优化

水洗过程的优化主要是水/干气比的优化。水洗塔出口合成气中水的含量必须达到一定的标准，因为合成气需进入后续变换装置进行合成工艺。水含量的大小可以用水/干气比来表示，即合成气中水与干气的体积比。影响水/干气比大小的因素很多，因此可以基于水洗过程模型，进行关键操作参数对水/干气比的灵敏度分析，考察变换冷凝液的流量和温度、水洗塔出口压力，进口粗合成气的温度、压力、负荷对出口合成气水/干气比的影响。

根据水洗过程模型与灵敏度分析结果，结合实际工业装置运行特点，在保证气化过程平稳、安全运行的前提下，主要通过调整进口粗合成气的温度和变换冷凝液的流量，对合成气中的水/干气比进行了优化，其中粗合成气温度可通过调节气化炉炉温和激冷水流量来调节。

5.3 合成气制甲醇生产过程自动控制

甲醇是最简单的脂肪醇，是重要的化工基础原料和清洁液体燃料，广泛应用于有机合成、染料、农药和涂料等工业中。甲醇是除合成氨之外，唯一由煤经气化和天然气经重整大规模合成的化学品，是重要的一碳化工基础产品和有机化工原料[7]。

合成气制甲醇的化工生产过程对工艺变量的控制要求十分严格，而且其各工序的系统控制牵连十分密切。目前我国仅有少数的以煤为原料的小装置仍在使用电动盘装仪表，新引进的煤气化工艺和新建的中、大型工厂均采用 DCS。自从 1996 年美国 Rosemount 公司推出 FF 总线控制系统以来，国内外部分大中型甲醇化工装置也逐渐开始采用现场总线控制系统 FCS（Fieldbus Control System），如鲁南化肥厂的甲醇装置等。FCS 具有以下优点：软件丰富且较通用；现场总线系统开放性较好；硬件卡件能自动识别现场总线设备；与传统的 DCS 兼容，具有 DCS 的所有优点，如冗余、自诊断等。但总的来说，合成气制甲醇的控制以简单控制为主。

5.3.1 合成气制甲醇生产过程工艺简介

合成气合成甲醇的生产过程，不论采用怎样的原料和技术路线，大致可以分为以下几个工序，如图 5-5-10 所示。

(1) 原料气制备

合成甲醇，首先是制备原料氢和碳的氧化物。一般以含碳氢或含碳的资源如天然气、石油气、石脑油、重质油、煤和乙炔尾气等，用蒸汽转化或部分氧化加以转化，使其生成主要

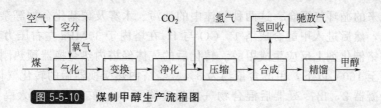

图 5-5-10　煤制甲醇生产流程图

由 H_2、CO、CO_2 组成的混合气体，甲醇合成气要求（$H_2 + CO_2$）/（$CO + CO_2$）$= 2.1$ 左右。合成气中还含有未经转化的甲烷和少量氮，显然甲烷和氮不参加甲醇合成反应，其含量越低越好，但这与制备原料气的方法有关。另外，根据原料不同，原料气中还可能含有少量有机和无机硫的化合物。

为了满足氢碳比例，如果原料气中氢碳不平衡，当氢多碳少时（如以甲烷为原料），则在制造原料气时还要补碳，一般采用二氧化碳，与原料同时进入设备；反之，如果碳多，则在以后工序要脱去多余的碳（以 CO_2 形式）。

(2) 净化

净化有两个方面。

① 脱除对甲醇合成催化剂有毒害作用的杂质，如含硫的化合物。原料气中硫的含量即使降至 1mg/ml，对铜系催化剂也有明显的毒害作用，因而缩短其使用寿命，对锌系催化剂也有一定的毒害。经过脱硫，要求进入合成塔气体中的硫含量降至小于 0.2mg/ml。脱硫的方法一般有湿法和干法两种。脱硫工序在整个制甲醇工艺流程中的位置，要根据原料气的制备方法而定。如以管式炉蒸汽转化的方法，因硫对转化用镍催化剂也有严重的毒害作用，脱硫工序需设置在原料气设备之前；其他制原料气方法，则脱硫工序设置在后面。

② 调节原料气的组成，使氢碳比例达到前述甲醇合成的比例要求。其方法有两种。

a. 变换。如果原料气中一氧化碳含量过高（如水煤气、重质油部分氧化气），则采取蒸汽部分转换的方法，使其形成如下变化反应：$CO + H_2O = H_2 + CO_2$。这样增加了有效组分氢气，提高了系统中能的利用效率。若造成 CO_2 多余，也比较容易脱除。

b. 脱碳。如果原料气中二氧化碳含量过多，使氢碳比例过小，可以采用脱碳方法除去部分 CO_2。脱碳方法一般采用溶液吸收，有物理吸收和化学吸收两种方法。

(3) 压缩

通过往复式或透平式压缩机，将净化后的气体压缩至合成甲醇所需要的压力，压力的高低主要视催化剂的性能而定。

(4) 合成

根据不同的催化剂，在不同的压力下，温度为 $240\sim270℃$ 或 $360\sim400℃$，通过催化剂进行合成反应，生成甲醇。由于受催化剂选择性的限制，生成甲醇的同时，还有许多副反应伴随发生，所以得到的产品是以甲醇为主和水以及多种有机杂质混合的溶液，即粗甲醇。

(5) 蒸馏

粗甲醇通过蒸馏方法清除其中有机杂质和水，而制得符合一定质量标准的较纯的甲醇，称精甲醇。同时，可能获得少量副产物。

工业上合成甲醇工艺流程主要有高压法和中、低压法[8]。

(1) 高压法合成甲醇的工艺流程

高压法工艺流程一般指的是使用锌铬催化剂，在高温高压下合成甲醇的流程，如图 5-5-11所示。

由压缩工段送来的具有 31.36MPa 压力的新鲜原料气，先进入铁油分离器 5，在此与循环压缩机 4 送来的循环气汇合。这两种气体中的油污、水雾及羰基化合物等杂质同时在铁油分离器中除去，然后进入甲醇合成塔 1。CO 与 H_2 在塔内于 30MPa 左右压力和 $360\sim420℃$ 温度下，在锌铬催化剂上反应生成甲醇。转化后的气体经塔内热交换器预热刚进入塔内的原料气，温度降至 160℃ 以下，甲醇含量约为 3%。经塔内热交换器后的转化气体混合物出塔，进入喷淋式冷凝器 2，出冷凝器后混合物气体温度降至 $30\sim35℃$，再进入高压甲醇分离器 3。从甲醇分离器出来的液体甲醇减压至 $0.98\sim1.568MPa$ 后送入粗甲醇中间槽 6。由甲醇分离器出来的气体压力降至 30MPa 左右，送循环压缩机以补充压力损失，使气体循环使用。

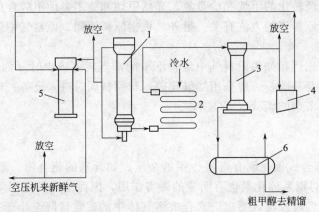

图 5-5-11　高压法合成甲醇工艺流程
1—合成塔；2—水冷凝器；3—甲醇分离器；4—循环压缩机；5—铁油分离器；6—粗甲醇中间槽

　　为避免惰性气体（N_2、Ar 及 CH_4）在反应系统中积累，在甲醇分离器后设有放空管，以维持循环气中惰性气体含量在 $15\%\sim20\%$ 左右。

　　原料气分两路进入合成塔：一路经主线（主阀）由塔顶进入，并沿塔壁与内件之间的环隙流至塔底，再经塔内下部的热交换器预热后，进入分气盒；另一路经过副线（副阀）从塔底进入，不经热交换器而直接进入分气盒。在实际生产中可用副阀来调节催化层的温度，使 H_2 和 CO 能在催化剂的活性温度范围内合成甲醇。

　　（2）低压法合成甲醇工艺流程

　　低压工艺流程是指采用低温、低压和高活性铜基催化剂，在 5MPa 左右压力下，由合成气合成甲醇的工艺流程，如图 5-5-12 所示。

　　天然气经加热炉加热后，进入转化炉发生部分氧化反应，生成合成气。合成气经废热锅炉和加热器换热后，进入脱硫器，脱硫后的合成气经水冷却和汽液分离器，分离除去冷凝水后进入合成气三段离心式压缩机，压缩至稍低于 5MPa。从压缩机第三段出来的气体不经冷却，与分离器出来的循环气混合后，在循环压缩机中压缩到稍高于 5MPa 的压力，进入合成塔。循环压缩机为单段离心式压缩机，它与合成气压缩机一样都采用汽轮机驱动。

　　合成塔顶尾气经转化后含 CO_2 量稍高，在压缩机的二段压缩后，将气体送入 CO_2 吸收塔，用 K_2CO_3 溶液吸收部分 CO_2，使合成气中 CO_2 保持在适宜值。吸收了 CO_2 的 K_2CO_3 溶液用蒸汽直接再生，然后循环使用。

　　合成塔中填充 CuO-ZnO-Al_2O_3 催化剂，于 5MPa 压力下操作。由于强烈的放热反应，必须迅速移出热量，流程中采用在催化剂层中直接加入冷原料的冷激法，保持温度在 $240\sim270℃$ 之间。经合成反应后，气体中含甲醇 $3.5\%\sim4\%$（体积），送入加热器以预热合成气，塔釜部物料在水冷器中冷却后进入分离器。粗甲醇送中间槽，未反应的气体返回循环压缩机。为防止惰性气体的积累，把一部分循环气放空。

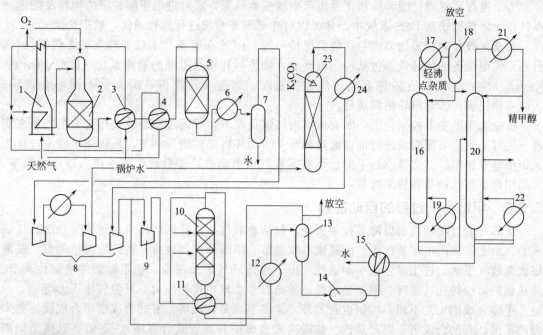

图 5-5-12 低压法甲醇合成的工艺流程

1—加热炉；2—转化炉；3—废热锅炉；4—加热器；5—脱硫器；6,12,17,21,24—水冷器；7—气液分离器；
8—合成气压缩机；9—循环气压缩机；10—甲醇合成塔；11,15—热交换器；13—甲醇分离器；
14—粗甲醇中间槽；16—脱轻组分塔；18—分离塔；19,22—再沸塔；20—甲醇精馏塔；23—CO₂吸收塔

粗甲醇中甲醇含量约 80%，其余大部分是水。此外，还含有二甲醚及可溶性气体，称为轻馏分。水、酯、醛、酮、高级醇称为重馏分。以上混合物送往脱轻组分塔，塔顶引出轻馏分，塔底物送甲醇精馏塔，塔顶引出产品精甲醇，塔底为水，接近塔釜的某一塔板处引出含异丁醇等组分的杂醇油。产品精甲醇的纯度可达 99.85%（质量）。

5.3.2 压缩工序的自动控制

合成气制甲醇工艺中，对于压缩机的控制十分重要。中型和大型甲醇装置的压缩机均采用离心式压缩机，并且是用蒸汽汽轮机驱动的。除了特大型甲醇装置外，通常是合成气压缩机与循环机共一轴，做成联合压缩机。

压缩机厂房一般不设就地控制室。压缩机的轴位移、轴振动、轴承温度、转速及其他检测和控制信号，应传到主控室的压缩机控制和检测系统。压缩机组的所有监测、启动操作和控制应通过 CRT（cathode ray tube/monitor）执行。压缩机应配备冗余的透平及压缩机一体化控制系统 ITCC（integrated turbine and compressor control），除了开车前的准备，如透平暖机及暖管以外，压缩机的开车应通过 ITCC 实现[8]。

压缩机控制和监测系统一般以厂商设计并提供的 PLC（Programmable Logic Control）为基础，主要控制和监测信号，同时传到主控室的 DCS 系统中显示，对压缩机组的正常操作进行监控，包括负荷调整、紧急停车等。压缩机组作为一个完整的系统，压缩机组的联锁应通过压缩机所带的 ITCC 来实现。就地仪表盘（包括蒸汽及工艺气压力表、油压表、转速表等）一般位于压缩机旁的机座上。

ITCC 包括如下部分：透平转速控制和超速保护，电子调速器应接入 PLC 系统；防喘振控制；振动监视系统；压缩机停车联锁系统（包括故障分析和数据管理系统）；通信口及编程软件；冗余的 CPU、电源及通信接口；I/O 卡及 20% 的裕量。

为了进行装置的性能考核和正常生产中的成本核算，应对进出甲醇装置的物料及能量加以计量，将数据送到 DCS 系统中，并可以与外部商务系统进行远程通信，数据交换。

成套包设备的仪表选型应与主装置保持一致，DCS 应配备与上位管理系统通信的接口。另外，大型设备的特殊仪表包括：①轴振动，轴位移和轴承温度的监测系统（比如 Bentley-Nevada 3500 系列），有各种振动、位移、速度、加速度、键相等探头供不同场合选用；②防喘振仪表；③蒸汽轮机调速器。

压缩工序的主要控制包括：①合成气出口流量调节，可通过调合成气排至火炬的量来实现，也可采用防喘振副线进行前馈流量调节；②循环机出口流量调节，采用循环段出口排至火炬的量来调节；③进蒸汽透平的过热高压蒸汽压力调节；④合成气压缩机入口压力调节，可采用调节蒸汽透平转速来控制。

5.3.3　甲醇合成过程的自动控制

甲醇合成过程的控制以简单控制为主，包括驰放气一次减压后压力、驰放气二次减压后压力、出工段副产中压蒸汽压、闪蒸槽液位调节、甲醇分离器液位、洗醇塔液位调节、洗醇塔底驰放气手动、进工段合成手动遥控、出工段循环气手动遥控、粗甲醇缓冲槽液位调节、废热锅炉出口转化气温度、锅炉给水预热器出口水、汽包操作压力、升温气体压力等。

甲醇合成的工艺不同，控制也有差异，主要差异是合成塔，有的合成塔用合成反应热来副产蒸汽，有的合成塔不副产蒸汽（如激冷式合成塔和冷管式合成塔）。下面将以典型的副产蒸汽的合成塔来进行说明。

（1）甲醇合成塔一般控制

合成塔是一台放热的固定床反应器，因此必须维持合成系统的压力、流量和合成塔床层温度的稳定，在催化剂的初期与末期都便于操作。对于副产蒸汽的合成塔，副产蒸汽汽包的压力还同床层的温度密切联系。循环压缩机与合成回路的压力和气量有关，而且合成气压缩机也有影响，尤其是合成气和循环气是同一轴的联合压缩机更是如此。

合成过程的控制主要包括：①进合成气压缩机一段入口的压力的调节，通常是采用改变蒸汽轮机的转速来实现；②合成压缩机进口流量的调节，可采用防喘振副线调节阀来控制；③进循环机气体的压力可采用分程控制，如图 5-5-13 所示；④合成回路的压力控制：可以采用调节驰放气的量来实现，对于大型装置也有采用驰放气排至火炬的量来调节；⑤合成甲醇分离器液位控制，可采用放到闪蒸槽的调节阀来实现，对于大型装置也有采用分程调节的，使操作更加稳定；⑥副产蒸汽的液位和压力调节，一般可采用给水流量和汽包液位的串级双冲量调节，而汽包压力是单独调节的，因为汽包压力与床层的温度有关，提高汽包压力，饱和蒸汽的温度也升高，床层的温度也会升高（如催化剂末期的操作），也有采用汽包三冲量调节的。

高压汽包液位的三冲量控制系统如图 5-5-14 所示。三冲量控制系统是克服汽包液位，避免出现"假液位"最有效的控制系统，工程上常用前馈及反馈控制系统和前馈加串级的三冲量控制系统。设有 HS 的单冲量/双冲量/三冲量的切换开关，通过切换开关可实现单冲量、双冲量及三冲量的控制：当 HS-A 切换到单冲量位置时，汽包 LIC 的输出信号直接到锅炉给水调节阀 FV；当 HS-A 切换到双冲量位置时，汽包液位 LIC 的输出信号作为蒸汽流量 FIC 的设定值，完成液位/锅炉给水串级调节；当 HS-A 切换到三冲量位置时，再把 HS-B 投入，FY 的输出作为 FIC 的设定，实现液位/锅炉给水/蒸汽流量的三冲量控制。

高压汽包除了必备的三冲量调节外，对于大型装置，高压蒸汽压力应考虑有压力分程调节。当汽包压力达到设计值时，高压过热蒸汽排至总管；当汽包压力高时，高压过热蒸汽则需放空。过热高压蒸汽调温，常可采用饱和蒸汽副线，即进蒸汽过热器的饱和蒸汽旁路至出

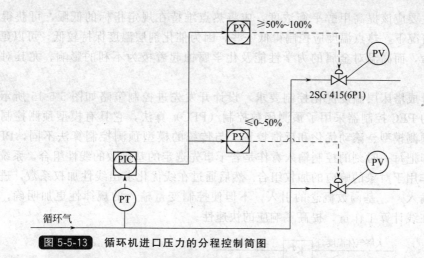

图 5-5-13 循环机进口压力的分程控制简图

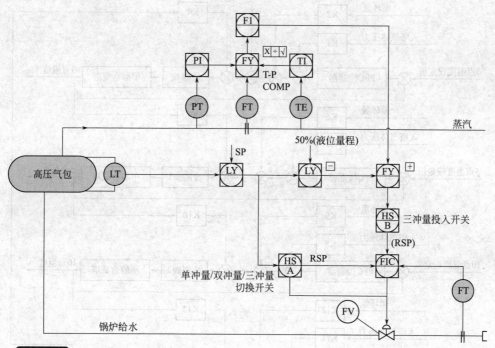

图 5-5-14 高压汽包三冲量控制系统

口；也可以采用在过热器出口的过热蒸汽中喷锅炉给水，两者都需要调温回路。

（2）甲醇合成塔催化剂床层温度优化控制

甲醇合成塔的热点虽只是催化剂层一点的温度，但却能全面反映温度操作情况，因此需严加控制。控制热点温度应根据催化剂不同时期的活性及当时操作条件等情况而有所变动。如催化剂使用初期，活性较强，热点温度可维持较低，且热点位置应在催化剂上部；催化剂使用后期，活性衰退，热点温度就应予提高以加快反应速率，而且热点下移。因此，由初期到末期热点温度会逐渐提高。

在同一时期内出于操作条件的变化，热点温度可在规定的温度指标范围内保持较高或较低。如在压力高、空速大的情况下，反应不易接近平衡，所以主要应该增加反应速率，应将热点温度维持在规定的指标上限；相反地，如在压力低、空速小的情况下，反应容易接近平衡，所以主要应该提高甲醇平衡浓度，应将热点维持在规定指标的低限，可获得较好的结果。一般情况下，热点温度应控制得低一些，因为催化剂层温度保持较低，可以延长催化剂的使用寿命，而高温对金属的力学性能及化学腐蚀起着极为不利的影响，尤其对内件更为显著。

根据合成塔床层温度优化控制要求，设计开发先进控制策略如图 5-5-15 所示。上述控制方案中的 PFC 控制器采用了预测函数控制（PFC）算法，它具有模型预测控制的 3 个基本特征：预测模型、滚动优化和反馈校正。与传统的模型预测控制算法不同，PFC 将输入结构化，即把每一时刻的控制输入看作是若干事先选定的基函数的线性组合，系统输出是上述基函数作用于对象的响应的加权组合。然后通过在线优化求出线性加权系数，进而算出未来的控制输入[9]。基函数概念的引入，不但使控制变量输入的规律性更加明确，并且有效地减少了在线计算工作量，提高了响应的快速性。

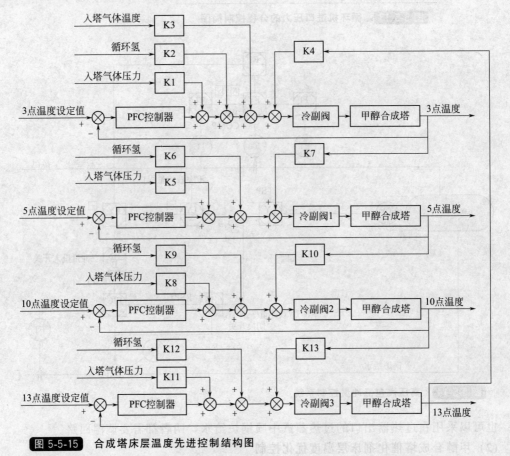

图 5-5-15　合成塔床层温度先进控制结构图

PFC 算法的鲁棒性、模型匹配性特点非常突出。通过将过程氢变化、气柜高度变化转化为基函数，通过测定碳氢比对象的数学模型。在正常工艺波动范围内，PFC 控制器都能够获得很好的控制效果。

在甲醇塔床层温度实际优化控制过程中，热点温度存在最优组合，而非一律取工艺指标上限为优，而且温度最优点在不同工况下是不同的，分布于最佳温度曲线附近，因此还需要进行实时寻优。

5.3.4　甲醇精馏过程的自动控制

将粗甲醇蒸馏成合格的精甲醇，并要使塔底的废水达到环保排放标准，是甲醇精馏的主要目的。甲醇蒸馏与通常的化工、炼油蒸馏是类似的，通常蒸馏的控制和设计原则都可作为参考或借鉴，主要包括：①塔釜液面的控制，可采用常规放液阀控制和液面交叉控制，也可用釜液位超驰控制；②塔顶温度的控制，可采用回流量的调节，或回流量与温度串级调节；③回流比的调节，可采用流量的比值调节（如单闭环及双闭环比值调节）；④塔釜温度控制，可采用再沸器的蒸汽流量的单回路调节，也可采用蒸汽流量与釜温的串级复杂调节；⑤产品和侧线采出的控制，常用采出阀的单回路控制，要求较高而干扰因素又较多时，也有用复杂的前馈控制的，如图 5-5-16 所示。

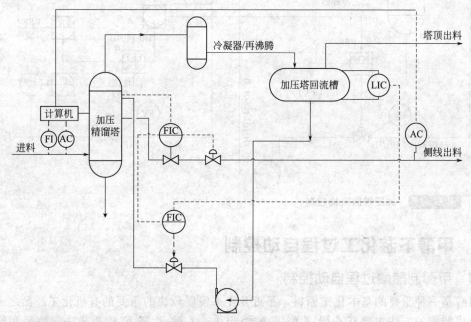

图 5-5-16　精馏塔前馈控制示意图

图中，采用了回流槽液位为主环、回流量为副环的串级调节来保证外回流稳定。塔顶产品质量分析控制，根据分析值由 DCS 计算重定流量差值控制的给定值。为了克服进料流量及组成的波动影响产品质量，将流量和在线分析的组成送入 DCS，产生校正信息，DCS 再根据质量分析的反馈信息，叠加进料量和组成的校正信息，产生送至流量差值控制 FdC 的输出信号。

生产实践表明，粗甲醇的精馏中，粗甲醇的组成是较稳定的，而且组成比较单一，产品质量稳定。因此，甲醇精馏的控制宜简不宜繁。工业上典型的甲醇精馏过程的控制，主要包括：①闪蒸槽的压力和液位控制都可以采用简单回路来完成，对于大型装置闪蒸槽的液位，也有用从粗甲醇储槽去或回来进行分程复杂回路调节；②进预蒸馏塔的粗甲醇流量调节；③预塔再沸器蒸汽冷凝液流量调节，若是采用转化气供热的再沸器，则采用工艺冷凝液的液位来调节；④预塔塔顶不凝气至火炬压力调节；⑤预塔塔底液位的调节；⑥加压精馏塔（对于三塔流程）塔釜温度的串级控制；⑦加压塔回流比的比值控制，如图 5-5-17 所示；⑧常压塔（或主精馏塔，对于二塔流程）塔底液位的调节；⑨常压塔回流量的调节；⑩常压塔侧线采出量（杂醇油）的调节；⑪常压塔产品采出量的调节；⑫常压塔回流槽压力控制，压力高时用不凝气排至洗涤塔来调节，若压力低则可加入氮气来调节。

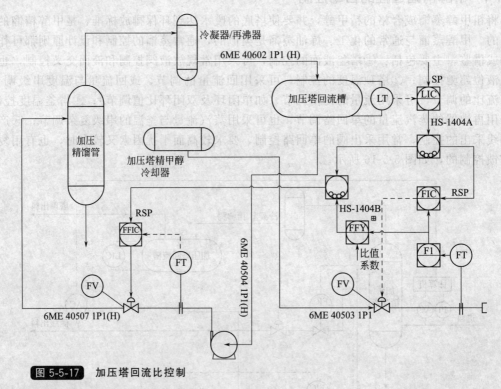

图 5-5-17 加压塔回流比控制

5.4　甲醇下游化工过程自动控制

5.4.1　甲醇制醋酸过程自动控制

醋酸是一种重要的基本化工原料，是近几年来发展较快的重要的有机化工产品之一。工业上合成醋酸的方法主要有乙烯-乙醛-醋酸两步法、乙醇-乙醛-醋酸两步法、烷烃和轻质油氧化法、甲醇羰化法。由美国孟山都（Monsanto）公司开发的甲醇低压羰基合成醋酸工艺自 20 世纪 60 年代末投产以来，目前已成为世界生产醋酸的主要生产方法。该工艺采用铑的卤化物为催化剂，碘甲烷为促进剂，在压力 2.8～3.0MPa 和温度 175～185℃下实现了甲醇和一氧化碳羰基合成醋酸。

我国西南化工研究院于 20 世纪 80 年代开发成功甲醇低压羰基法合成醋酸工艺，该工艺与孟山都工艺流程相比，增加了转化反应釜，可使不稳定的铑络合物向热稳定性较好的络合物转化；采用蒸发流程，使反应器的生产能力提高，能耗降低；尾气吸收采用甲醇为吸收剂，具有吸收效果好、产品质量好、对设备腐蚀量小等优点。下面介绍的醋酸工艺属于西南化工研究院研发的甲醇低压羰基法合成醋酸工艺。

（1）醋酸工艺简介

甲醇低压法合成醋酸工艺主要包括 CO 造气和醋酸合成工段。其中，造气工段主要包括造气、预脱硫、压缩、脱硫脱碳工序；醋酸合成工段主要包括合成、转化、蒸发、脱烃、脱水、提馏、脱烷、吸收再生、成品等工段；尾气提纯 CO 工段主要是对醋酸装置的尾气进行处理。甲醇低压羰基法合成醋酸的基本工艺流程如图 5-5-18 所示[10]。

甲醇由甲醇中间储槽经甲醇加料泵送至反应釜，精制 CO 由反应釜底部进入釜内 CO 分配管，在搅拌器的作用下，CO 在溶液中扩散溶解。在压力 2.8～3.0MPa 和温度 185～

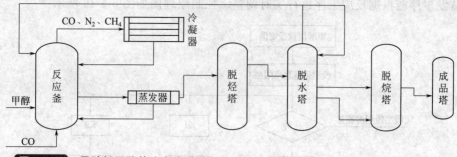

图 5-5-18 甲醇低压羰基法合成醋酸工艺流程简图

195℃下，在铑催化剂、碘甲烷促进剂及碘化锂稳定剂的作用下，CO 与甲醇在反应釜内生成醋酸。

反应釜内未反应完的 CO 及 N_2、CH_4 等惰性气体，以及副反应生成的 CO_2 和 H_2，经反应釜冷凝器冷却后进入冷凝液分离器。含有大量碘甲烷、醋酸、醋酸甲酯等的冷凝液送回反应釜，冷却后的气体进入闪蒸罐，通过排出气体流量来控制反应釜内的 CO 分压。反应釜内生成的醋酸及反应液，在闪蒸罐内降温减压闪蒸后形成气液两相。含有铑催化剂的液体经催化剂循环泵送回反应釜，维持釜内催化剂浓度的稳定，同时也是移去反应热的重要手段。含有醋酸、碘甲烷、碘化氢、水及醋酸甲酯等组分的气相去脱烃塔进行分离。

来自闪蒸罐气相物料中的碘化氢以及夹带的少量铑催化剂，在脱烃塔底部靠位差返回闪蒸罐；塔顶气相冷凝后，在塔顶回流罐内分离为轻、重两相，上层含有大量水和醋酸的轻相，一部分泵送到塔顶作为回流，另外一部分泵送到合成釜，下层含有大量甲基碘及少量醋酸及醋酸甲酯的重相直接泵送回合成釜；脱烃塔蒸馏得到的粗醋酸由塔侧第 9# 板取出，经脱水塔进料泵返回一部分到本塔第 10# 板，以维持第 10# 板下的液相负荷，另一部分粗醋酸送至脱水塔。

脱水塔塔顶气相被冷凝，在塔顶回流罐内分离为轻、重两相，上层含有大量水和醋酸的轻相，一部分泵送到塔顶作为回流，另外一部分泵送到合成釜；重相部分物流到脱烷塔，碘甲烷气相进入脱烃塔，塔底物流主要是高沸点的长链烷烃及其碘化物，一般焚烧处理。

所有工艺排放气送至吸收塔，经甲醇或醋酸吸收排放气中的碘甲烷，吸收富液泵送回系统，经过吸收后的气体排放至火炬焚烧放空。

（2）甲醇制醋酸过程的控制

① 甲醇进料控制　甲醇进料过程中，根据甲醇设定值来控制甲醇进入反应釜的量。甲醇进料有两个来源：一是来自中间罐区的甲醇，二是来自吸收工序的甲醇。在反应系统中，甲醇进料流量控制非常重要，它的稳定与否直接关系到整个系统的稳定性，一旦有波动，CO 进料流量、热交换器的负荷、稀醋酸的流量、催化剂等都要随之变化，否则不但反应过程波动大，控制困难，产品质量也会受到很大的影响，同时对下游工序也会产生连带影响。

为了保证甲醇进料流量的稳定，首先要保证甲醇流量的设定值不能突变，因此在系统中增加了对甲醇流量设定值变化率的限制，保证每次设定值增加或减少不超出某一范围。为了使得甲醇能够很好地得到利用，甲醇进料优先考虑来自吸收工序的甲醇，以中间罐区的甲醇作为补充。所以，在系统中从吸收工序来的甲醇只进行计量，不加以控制，其甲醇全部用上；然后再通过调节来自中间罐区的甲醇流量，来保证总的甲醇进料流量不变。由于经脱水工序回流的稀醋酸量必须与甲醇保持一定比率，因此甲醇流量与稀醋酸回流量采用比值控制；同时为了保证后续工序的稳定操作，甲醇进料总流量与蒸发器进料之间形成比值控制，以保证蒸发工序能根据反应工序进行实时调整。控制原理图如图 5-5-19 所示[10]。

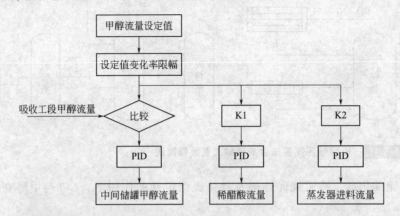

图 5-5-19 甲醇进料流量控制原理图

② 反应釜温度控制　为了保证反应釜内物料很好地进行反应,需反应釜出口物料的温度稳定。但在反应过程中,不同的阶段产生不同的热量,系统必须采取适当的措施,保证出口物料温度的稳定,因此反应釜温度的控制尤为重要。

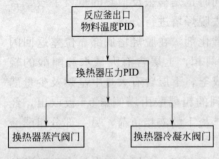

图 5-5-20 反应釜出口压力调节原理图

采用控制外循环换热器压力来控制出口物料的温度,形成串级控制。由于外循环换热器工况不同,其热负荷不同,需要对蒸汽阀和冷凝水阀进行分程控制,根据负荷计算出两调节阀的 CV 值和选用的调节阀特性计算出分程点。原理图如图 5-5-20 所示。

③ 闪蒸工序控制难点及解决方案　闪蒸工序控制难点为蒸发器进料流量的控制。蒸发器接受来自转化器的物料,而转化器的物料又来自反应釜,前后工序之间相互影响。因此,为保证整个工艺的稳定性,蒸发器必须及时跟随反应釜的进料变化,及时做出进料流量的调整。

闪蒸工序中主要控制进闪蒸釜的闪蒸液流量,其控制方法为吸收甲醇和新鲜甲醇的总流量乘以闪蒸比系数,然后再除以闪蒸液密度,其结果作为投自动时的闪蒸液流量设定值,如图 5-5-21 所示。在刚开始投运的过程中,闪蒸液流量控制波动较大,对输入值进行一阶惯性处理后,投入自动后流量控制平稳。为了保证生产过程的稳定,改变一次闪蒸比系数后,一定时间内不允许再次修改。

④ 脱水工序控制难点及方案　脱水塔的主要作用是将水与醋酸分离。为了保证分离的效果,对脱水塔压力的控制至关重要,控制此参数要把脱水塔回流罐的液位和脱水塔的塔板温度结合起来调整,这 3 个参数彼此影响,只有综合考虑,才能控制好。

该脱水塔压力控制采用分程控制,脱水塔的温度和进脱水塔再沸器的蒸汽流量采用串级控制,如图 5-5-22 所示。在控制温度前,先把塔底再沸器的蒸汽流量控制稳定,然后再将温度投入串级运行,这样可以克服由于蒸汽流量的波动引起的干扰。

⑤ 吸收工序控制难点及方案　吸收工序中高压吸收塔的主要作用是,使用新鲜甲醇将合成工序高压分离器出来的高压尾气中的碘甲烷等主要有机组分吸收下来。碘甲烷出口含量对后面工序有很大影响。例如如果碘甲烷含量过高,会导致后面变压吸附的催化剂中毒。而碘甲烷的含量是否合格,高压吸收塔中的温度控制非常关键,温度的变化与新鲜甲醇的流量

也关系密切。

采用吸收塔塔中温度与新鲜甲醇流量串级调节来实现温度的有效控制，如图 5-5-23 所示。

吸收甲醇储罐液位在允许的范围内只能有缓慢变化。在工艺设计中，吸收甲醇储罐的出料直接进入合成釜的进料系统，因此要求在吸收甲醇储罐液位受到进料量较大干扰作用下，允许液位在上下限之间缓慢均匀变化，而合成釜进料量应在一定范围内均匀变化，避免由于总进料甲醇含碘量的过大变化对合成釜造成大的干扰。吸收甲醇储罐液位与反应釜吸收甲醇进料可实行双冲量均匀控制。

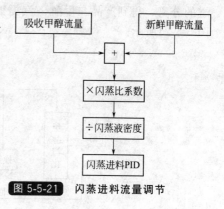

图 5-5-21　闪蒸进料流量调节

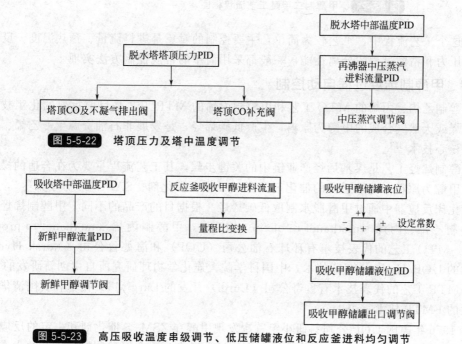

图 5-5-22　塔顶压力及塔中温度调节

图 5-5-23　高压吸收温度串级调节、低压储罐液位和反应釜进料均匀调节

5.4.2　甲醇制二甲醚过程自动控制

二甲醚也叫甲醚（CH_3OCH_3），是最简单的脂肪醚，也是重要的甲醇下游产品，主要用作燃料、冷冻剂、气雾剂、溶剂、萃取剂等。二甲醚作为燃料，可代替液化气作民用燃料，也可用作车用燃料、发电厂发电燃料等，因此，二甲醚也称为 "21 世纪清洁能源"。另外，二甲醚也是重要的有机精细化工原料，羰基化可制醋酸甲酯、醋酐，也可用于生产甲基化试剂，用于制药、农药与染料工业。

目前已经开发和正在开发的二甲醚的制备方法有甲醇液相脱水法（硫酸法）、甲醇气相转化法和煤基合成气一步法等[11]。其中，甲醇液相脱水法由于使用腐蚀性大的硫酸，以及残液和废水对环境的污染大，并且投资高、电耗高、生产成本高，已经逐步淘汰。一步法合成二甲醚目前仍处于工业化示范阶段，工业化技术尚未成熟。气相脱水法是目前工业化生产应用最广泛的二甲醚生产方法，分为反应、精馏和汽提三个阶段。反应工段主要完成甲醇的预热、气化、甲醇脱水反应及粗二甲醚的收集。精馏工段主要实现了反应工段制得的粗二甲醚的分离，得到产品二甲醚。汽提工段主要实现了未反应的甲醇的回收。其工艺流程框图如图 5-5-24 所示。

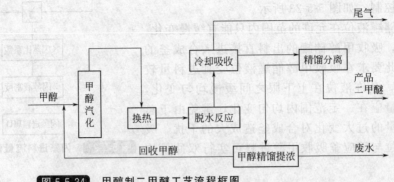

图 5-5-24 甲醇制二甲醚工艺流程框图

在这个工艺流程中，工艺较为简单，主要控制的对象是进料流量、预热温度，反应器的温度、压力和精馏过程的分离性能，一般都采用简单的常规控制方法实现。

5.4.3 甲醇制烯烃过程自动控制

甲醇制乙烯、丙烯的 MTO 工艺和甲醇制丙烯的 MTP 工艺是目前重要的化工技术。该技术以煤或天然气合成的甲醇为原料，生产低碳烯烃，是发展非石油资源生产乙烯、丙烯等产品的核心技术[12]。

甲醇制烯烃工艺是煤基烯烃产业链中的关键步骤，其工艺流程主要为在合适的操作条件下，以甲醇为原料，选取适宜的催化剂（ZSM-5 沸石催化剂、SAPO-34 分子筛等），在固定床或流化床反应器中通过甲醇脱水制取低碳烯烃。根据目的产品的不同，甲醇制烯烃工艺分为甲醇制乙烯、丙烯（methanol-to-olefin，MTO），甲醇制丙烯（methanol-to-propylene，MTP）。MTO 工艺的代表技术有环球石油公司（UOP）和海德鲁公司（Norsk Hydro）共同开发的 UOP/Hydro MTO 技术，中国科学院大连化学物理研究所自主创新研发的 DMTO 技术；MTP 工艺的代表技术有鲁奇公司（Lurgi）开发的 LurgiMTP 技术和我国清华大学自主研发的 FMTP 技术[13,14]。

自 1976 年美国 UOP 公司科研小组首次发现甲醇在 ZSM-5 催化剂和一定的反应温度下可以转化得到包括烯烃、烷烃和芳香烃在内的烃类以来，至今甲醇制烯烃工艺技术在各国工业研究和设计部门的努力研究下，已经取得了长足的进展。尤其是其关键技术催化剂的选择和反应器的开发均已比较成熟。目前，UOP/Hydro MTO 技术、DMTO 技术、LurgiMTP 均已建有示范装置，FMTP 技术也在安徽淮化集团建成了实验装置。

MTO 装置一般包含甲醇制烯烃单元、烯烃分离单元以及变压吸附（PSA）单元，全过程工艺装置采用 DCS 系统，控制回路以单参数控制为主，根据工艺过程控制需要，采用串级控制、分程控制和超驰控制等。主要的自动控制方案包括：反应器温度控制，再生器压力和温度控制，主风机出口流量控制，甲醇缓冲罐液位与进料流量串级控制，水洗塔温度压力和液位控制，汽提塔液位控制，余热锅炉汽包三冲量控制，脱丙烷、脱甲烷、脱乙烷塔的温度、液位、压力控制，乙烯、丙烯精馏塔温度、压力和液位控制等。

为了确保工艺装置和设备以及大型机组的安全，同时保证生产作业人员的安全，各生产装置需设置具有高可靠性的安全联锁仪表系统（SIS）。根据各装置的特点和安全需求，需要设置与装置安全等级相适应的 SIS，用于装置的紧急事故切断和自动联锁保护，同时保证 SIS 与 DCS 系统的通信。MTO 装置的主要安全联锁子系统有：①反-再系统安全联锁仪表系统；②主风机机组综合监控及安全联锁系统；③备用主风机机组综合监控及安全联锁系统；④余热锅炉安全联锁仪表子系统；⑤开工加热炉安全联锁仪表子系统；⑥反应压缩机安全联锁仪表系统；⑦乙烯精馏塔安全联锁仪表子系统；⑧丙烯精馏塔安全联锁仪表子系统；⑨乙炔加氢反应器安全联锁仪表子系统；⑩丙烯压缩机安全联锁仪表系统；⑪C_4 反应器、再生器差压超限安全联锁仪表子系统。

在 MTO 和 MTP 工艺中，主要的控制对象是原料的进料流量、反应过程的温度和压力、分离过程的分离性能。由于目前甲醇制 MTO 和 MTP 的技术在国内还处于工业示范阶段，自动化技术一般均采用简单的常规控制方法实现，缺乏相应的先进控制及优化运行技术。

5.4.4　甲醇制芳烃过程自动控制

芳烃是有机化学品和高分子产业的重要原材料之一，广泛应用于能源、交通、材料、家电、农药、日化等众多领域。芳烃种类繁多，其中最重要的是苯（B）、甲苯（T）、二甲苯（X）。

由甲醇、二甲醚制得芳烃，最初见于美国 Mobil 公司开发的 MTG（Methanolto Gasoline）技术，20 世纪 70 年代 Mobil 公司开发了 ZSM-5 沸石催化剂，使甲醇、二甲醚转化成高辛烷值汽油，其产品组成中含有 30% 的芳烃。2002 年，ChevronPhillips 公司公布了一种采用两种分子筛催化剂由甲醇、二甲醚出发联合生产芳烃的技术，其中第一种催化剂是硅铝磷分子筛，第二种催化剂为含有金属锌以及来自 HIA 族或 ⅥB 族元素的分子筛催化剂。采用上述两种分子筛催化剂，并以一定方式进行组合，该发明获得了甲醇、二甲醚转化制取芳烃，特别是制备 BTX 的一种有效方法。

甲醇、二甲醚芳构化技术在国内主要有中国科学院山西煤炭化学研究所的固定床甲醇、二甲醚制芳烃（MTA）技术和清华大学的甲醇、二甲醚制芳烃（FMTA）技术。山西煤化所的研究中采用甲醇、二甲醚为原料，改性 ZSM-5 为催化剂，将甲醇、二甲醚转化为以芳烃为主的产物，经冷却分离将气相产物低碳烃和液相产物分开，液相产物经萃取分离，得到芳烃和非芳烃，低碳烃类进一步芳构化。清华大学研究了一种甲醇、二甲醚芳构化过程催化剂连续反应再生的装置及其方法，采用流化床技术将甲醇、二甲醚或 C1—C2 的烃类转化为芳烃。

到目前为止，甲醇、二甲醚芳构化的研究主要集中在对催化剂的改进，除山西煤化所对甲醇、二甲醚芳构化过程的产物进行了简单的气液分离外，尚没有考虑甲醇、二甲醚芳构化过程产物分离及副产物如低碳烃类等的循环利用方式、适合工业化生产的甲醇、二甲醚芳构化的系统与工艺的报道。

参 考 文 献

[1] 高晋生. 煤的热解、炼焦和煤焦油加工. 北京：化学工业出版社，2010.
[2] 苏新新. 焦化备煤与出焦过程控制系统的设计与实现 [D]. 长沙：中南大学，2004.
[3] 李玉林，胡瑞生，白雅琴. 煤化工基础. 北京：化学工业出版社，2006.
[4] 贺永德. 现代煤化工技术手册. 北京：化学工业出版社，2004.
[5] 许世森，张东亮，任永强. 大规模煤气化技术. 北京：化学工业出版社，2006.
[6] 王玉玖. 水煤浆加压气化炉综合控制系统分析. 科技资讯. 2009，(30)：133-133.
[7] 付长亮，张爱民. 现代煤化工生产技术. 北京：化学工业出版社，2009.
[8] 谢克昌，房鼎业，曾纪龙. 甲醇工艺学. 北京：化学工业出版社，2010.
[9] 张良军，俞文光，赵峰等. 大型煤制甲醇合成主装置优化控制策略研究与实践. 世界仪表与自动化，2008，11 (11)：
　　69-71.

[10] 杜松，范怿涛，张俊杰．甲醇低压羰基合成醋酸的关键控制及其实现方法．现代化工，2010，(002)：78-80.

[11] 倪维斗，靳晖，李政等．二甲醚经济：解决中国能源与环境问题的重大关键．煤化工．2008，(4)：3-9.

[12] 朱杰，崔宇，陈元君等．甲醇制烯烃过程研究进展．化工学报．2010，(007)：1674-1684.

[13] 朱伟平，薛云鹏，李艺等．甲醇制烯烃研究进展．神华科技．2009，7 (3)：72-76.

[14] 胡浩，叶丽萍，应卫勇等．国外甲醇制烯烃生产工艺与反应器开发现状．现代化工．2008，28 (1)：82-86.

第6章 火力发电过程控制

6.1 火力发电生产过程

6.1.1 火力发电厂的构成及其工作原理

由于人类对电能的需要，电力工业的发展速度是相当惊人的。为了节能、降耗和低排放，现在普遍采用大容量、高参数机组，因此对机组的控制要求越来越高。

大型火力发电机组是典型的过程控制对象，它是由锅炉、汽轮发电机组和辅助设备组成的庞大的设备群。由于其工艺流程复杂，设备众多，管道纵横交错，有数千个参数需要监视、操作或控制，没有先进的自动化设备和控制系统要正常运行是不可能的。而且电能生产还要求高度的安全可靠性、经济性和低排放，尤其是大型骨干机组，这方面的要求更为突出。因此，大型机组的自动化水平受到特别的重视。

图 5-6-1 和图 5-6-2 是大型单元机组的生产流程示意图[8]。可以看出它是以锅炉，高压和中、低压汽轮机，泵与风机和发电机为主体设备的一个整体，它们通过管道或线路相连构成生产主系统，即燃烧系统、汽水系统和电气系统。其生产过程简介如下。

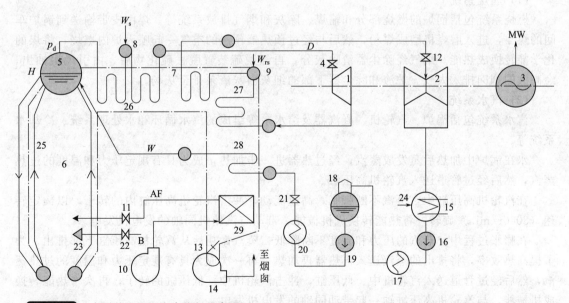

图 5-6-1 大型单元机组生产流程示意图

1—汽轮机高压缸；2—汽轮机中、低压缸；3—发电机；4—高压汽机调门；
5—汽包；6—炉膛；7—烟道；8—过热器喷水减温器；9—再热器喷水减温器；10—送风机；
11—调风门；12—中、低压汽机调汽门；13—烟道挡板；14—引风机；15—冷凝器；16—凝结水泵；
17—低压加热器；18—除氧器；19—给水泵；20—高压加热器；21—给水调节机构；22—燃料量控制机构；
23—喷燃器；24—补充水；25—水冷壁管；26—过热器；27—再热器；28—省煤器；29—空气预热器

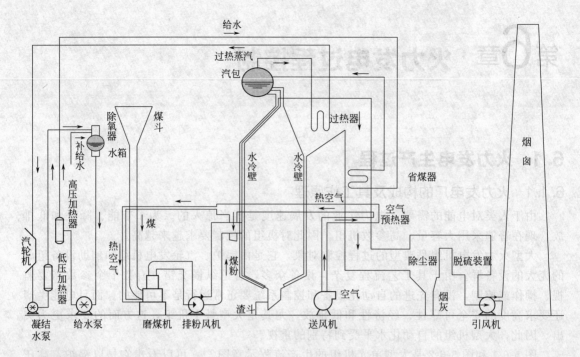

图 5-6-2 锅炉的工作过程

（1）燃烧系统

燃烧系统包括锅炉的燃烧部分和输煤、除灰和烟气排放系统等。煤由皮带输送到锅炉车间的煤斗，进入磨煤机磨成煤粉，然后与经过预热器预热的空气一起喷入炉内燃烧，将煤的化学能转换成热能。烟气经除尘器清除灰分，再经脱硫装置脱去硫化物后，由引风机抽出，经高大的烟囱排入大气。炉渣和除尘器下部的细灰由灰渣泵排至灰场。

（2）汽水系统

汽水系统包括锅炉、汽轮机、凝汽器及给水泵等组成的汽水循环和水处理系统、冷却水系统等。

水在锅炉中加热后蒸发成蒸汽，经过热器进一步加热，成为具有规定压力和温度的过热蒸汽，然后经过管道送入汽轮机高压缸。

在汽轮机高压缸中，蒸汽不断膨胀，高速流动，冲击汽轮机高压缸内的转子，以额定转速（3000r/min）旋转，将热能转换成机械能，带动与汽轮机同轴的发电机发电。

在膨胀过程中，蒸汽的压力和温度不断降低。蒸汽做功后从汽轮机高压缸下部排出。为了提高热效率，将排出的蒸汽送入再热器再加热，再一次成为具有规定压力和温度的过热蒸汽，然后经过管道送入汽轮机中、低压缸，冲击汽轮机中、低压缸的转子，再次将热能转换成机械能，与汽轮机高压缸轴一起带动同轴的发电机发电。

蒸汽在中、低压缸做功后，其压力和温度不断降低，最后从中、低压缸下部排出，此时的蒸汽称为乏汽，排入凝汽器。在凝汽器中，汽轮机的乏汽被冷却水冷却，凝结成水。

凝汽器下部所凝结的水由凝结水泵升压后进入低压加热器和除氧器，提高水温并除去水中的氧（以防止腐蚀炉管等），再由给水泵进一步升压，送入高压加热器，然后进入锅炉的省煤器，吸收烟道尾部烟气的热量后，回到汽包，完成水—蒸汽—水的循环。给水泵以后的凝结水称为给水。

汽水系统中的蒸汽和凝结水在循环过程中总有一些损失，因此必须不断向给水系统补充经过化学处理的水。补给水进入除氧器，同凝结水一块由给水泵送入锅炉。

（3）电气系统

电气系统包括发电机、励磁系统、厂用电系统和升压变电站等。

发电机的机端电压和电流随其容量不同而变化，其电压一般在 $10 \sim 20kV$ 之间，电流可达数千安至 20kA。因此，发电机发出的电一般由主变压器升高电压后，经变电站高压电气设备和输电线送往电网。极少部分电通过厂用变压器降低电压后，经厂用电配电装置和电缆供厂内风机、水泵等各种辅机设备和照明等用电。

6.1.2　火力发电厂生产过程所需要的控制

单元机组自动控制系统总称为协调控制系统（CCS），它是将机组的锅炉和汽机作为一个整体进行控制的系统，并且汽机的负荷-转速控制系统也可看作 CCS 的一个子系统。CCS 完成锅炉、汽机及其辅助设备的自动控制，其总体结构如图 5-6-3 所示。

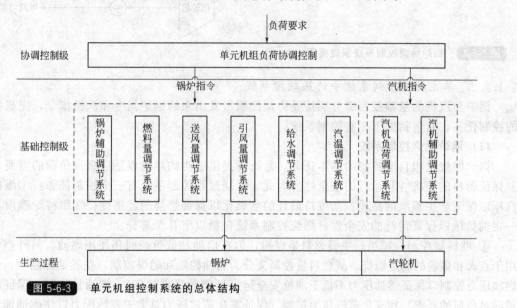

图 5-6-3　单元机组控制系统的总体结构

由图 5-6-3 可见，单元机组控制系统是一个具有二级结构的递阶控制系统，上一级为协调控制级，下一级为基础控制级。它们把自动调节、逻辑控制和联锁保护等功能有机地结合在一起，构成一个具有多种控制功能、能满足不同运行方式和不同工况的综合控制系统。

6.1.2.1　单元机组控制系统中的协调控制级

由于锅炉－汽轮机发电机组本质上是一个发电整体，所以当电网负荷要求改变时，如果分别独立地控制锅炉和汽轮机，势必难以达到理想的控制效果。CCS 把锅炉和汽轮机视为一个整体，在锅炉和汽轮机各基础控制系统之上设置协调控制级，来实施锅炉和汽轮机在响应负荷要求时的协调和配合。这种协调是由协调级的单元机组负荷控制系统来实现的，它接受电网负荷要求指令，产生锅炉指令和汽轮机指令两个控制指令，分别送往锅炉和汽轮机的有关控制系统。但目前尚很难制定一个"协调"优劣的标准，它一般根据对象的特点和控制指标的要求，选择合理的协调策略，使其既能易于实现，又能满足工程实际的要求。机炉协调控制系统的原理框图如图 5-6-4 所示。

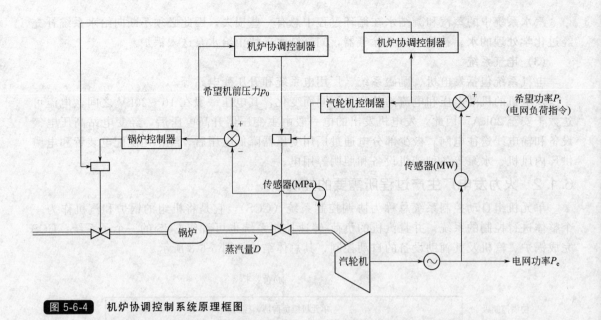

图 5-6-4　机炉协调控制系统原理框图

6.1.2.2　单元机组控制系统中的基础控制级

锅炉和汽机的基础控制级分别接受协调控制级发出来的锅炉指令和汽机指令,完成指定的控制任务,它包括如下一些控制系统。

(1) 锅炉燃烧控制系统

锅炉燃烧过程自动控制的基本任务,是既要提供适当的热量以适应蒸汽负荷的需要,又要保证燃料的经济性和运行的安全性。为此,燃烧过程控制系统有三个控制任务:①维持主汽压以保证产生蒸汽的品质;②维持最佳的空燃比以保证燃烧的经济性;③维持炉膛内具有一定的负压以保证运行的安全性。燃烧控制系统包括以下几个部分。

① 燃料量控制　机组的主要燃料是煤粉,但在启动和低负荷时还使用燃油。另外燃油也用于点火和煤粉的稳定燃烧,故燃料量控制又分为燃油控制和燃煤控制。在燃油控制中,包括燃油压力控制(保证燃油压力不低于油枪安全运行所需的最低油压)、燃油量控制(保证燃油量满足负荷的要求)和雾化蒸汽压力控制(保证雾化蒸汽压力总大于燃油压力以使燃油能充分雾化)。在燃煤控制中,主要是根据锅炉指令并与送风量相配合,产生各台给煤机的转速指令:一方面,它与风量控制系统一起,保证送入锅炉的热量满足负荷的要求和汽压的稳定;另一方面,它将需求的燃料量平均分配给各台给煤机。一般用汽机前的主蒸汽压力代替炉膛热负荷。

② 制粉系统控制　制粉系统的任务是为锅炉制备和输送细度及干度符合运行要求的煤粉。制粉系统中的主要设备有给煤机、磨煤机、粗粉分离器、细粉分离器、排粉机等。根据煤种的需要,制粉系统可分为两类:直吹式和中储式。所谓直吹式制粉系统,就是原煤经过磨煤机磨成粉后被具有一定风压的一次风直接吹入炉膛进行燃烧;而中储式制粉系统是将磨制出的煤粉先储存在煤粉仓中,然后根据锅炉负荷的需要,通过排粉机把煤粉从煤粉仓中抽出,送入炉膛进行燃烧。直吹式制粉系统适合于优质煤,其控制也比较容易。中储式制粉系统较适合劣质煤,其控制也比较难。中储式制粉系统的工艺流程如图 5-6-5 所示。经过破碎的原煤从原煤斗经过给煤机送入系统,与热空气干燥剂混合,在下降干燥管内干燥后,进入磨煤机中继续干燥并被磨制成粉,然后在排粉机的抽吸作用下随气流进入粗粉分离器进行分选。不合格的煤粉经过回粉管返回磨煤机继续磨制,合格的煤粉随气流进入细粉分离器,分离下来的煤粉存入煤粉仓内,经由排粉机送至锅炉。

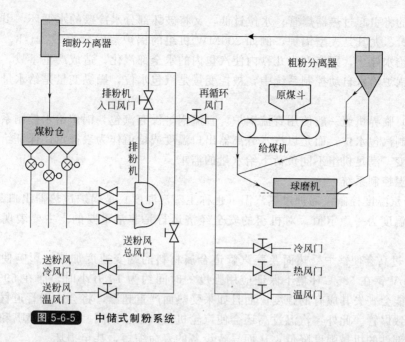

图 5-6-5　**中储式制粉系统**

　　该系统的三个重要输入变量分别是给煤量、热风流量和温风流量。三个重要被控变量分别是磨煤机出口温度、磨煤机入口负压和磨煤机进出口差压，后者是用来间接反映难以在线测量的磨煤机内存煤量。中储式制粉系统的控制目标，就是在保证运行安全的前提下，在单位时间内尽可能多地磨制出合格的煤粉。具体操作要求是，通过调整给煤量来维持磨煤机出口温度，通过改变热风流量来维持磨煤机入口负压，通过调节温风流量来维持磨煤机进出口差压，将被控变量控制在规定范围之内而又维持较高的制粉效率，否则可能造成煤粉燃烧爆炸、环境污染、堵磨或能源浪费等。当改变任一输入变量来维持对应的输出变量时，同时会对另外两个输出变量产生较大影响。三个回路之间的严重耦合，会使自动控制变得非常困难。

　　③ 风量控制　风量控制和燃料控制一起，共同保证锅炉的出力能适应外界负荷的要求，同时使燃烧过程在经济、安全的状况下进行。燃烧需要的空气由送风机提供，锅炉燃烧的总风量为送风机风量和一次风量之和。此外，在风量控制系统中还包括二次风的分配控制（燃料风、助燃风和过燃风）。

　　在风量控制系统中，被控变量是炉膛内的含氧量（O_2），操纵变量是一次风机挡板开度（即一次风量）。为了保证煤粉在炉内充分燃烧，又不使过多的剩余空气带走热量，必须保证炉膛内的氧量为一个定值。

　　④ 炉膛压力控制系统　炉膛压力控制系统的任务是调节锅炉的引风量，使之与送风量相适应，以维持炉膛具有一定的负压力，保证锅炉运行的安全性和经济性。

　　在炉膛压力控制系统中，被控变量是炉膛内的负压，操纵变量是引风机挡板开度（即引风量）。

（2）给水控制系统

　　亚临界机组一般使用汽包锅炉。汽包锅炉给水自动控制的任务，是使锅炉的给水量适应锅炉的蒸发量，以维持汽包水位在规定的范围内。

　　汽包水位是锅炉运行中一个重要的监控参数。它间接反映了锅炉蒸汽负荷与给水量之间的平衡关系，维持汽包水位正常是保证锅炉和汽轮机安全运行的必要条件。汽包水位过高，会影响汽包汽水分离装置的正常工作，造成出口蒸汽水分过多和过热器管壁结垢，影响传热效率，严重的将引起过热器爆管；水位过低，又将破坏部分水冷壁的水循环，引起水冷壁局部过热而爆管。尤其是大型锅炉，例如 300MW 机组的锅炉蒸发量为 1024t/h，而汽包容积极小，一旦给水停止，则会在十几秒内使汽包内的水全部汽化，造成严重事故。

在汽包锅炉给水自动控制系统中，被控变量是汽包水位，操纵变量是给水量，蒸汽量作为前馈信号。

超（超）临界机组一般使用直流锅炉。直流锅炉没有汽包，锅炉给水控制系统的主要任务不再是控制汽包水位，而是以汽水分离器出口温度或焓值作为表征量，保证给水量与燃料量的比例不变，满足机组不同负荷下给水量的需求。

(3) 汽温控制系统

① 主蒸汽温度控制　锅炉过热汽温（也称主蒸汽温度）是锅炉过热器出口蒸汽的温度，维持主蒸汽温度为一稳定值，对机组的安全经济运行是非常重要的。主要表现在以下几个方面。

a. 汽温过高会使锅炉受热面及蒸汽管道金属材料的蠕变速度加快，影响使用寿命。例如，12CrMoV 钢在 585℃ 环境下保证应用强度的时间约为 10 万小时，而在 595℃ 时到了 3 万小时就可能会丧失其应有的强度。而且如果受热面严重超温，将会由于管道材料强度的急剧下降而导致爆管。此外，汽温过高还会使汽轮机的汽缸、汽阀、前几级喷嘴和叶片、高压缸前轴承等部件的机械强度降低，从而导致设备的寿命缩短，甚至损坏。

b. 汽温过低会使机组循环热效率降低，煤耗增大。根据理论估算可知：过热汽温降低 10℃，会使煤耗平均增加 0.2%。同时，汽温降低还会使汽轮机尾部的蒸汽湿度增大，不仅使汽轮机的效率降低，而且造成汽轮机末几级叶片的侵蚀加剧。此外，汽温过低，汽轮机转子所受的轴向推力增大，对机组安全运行十分不利。

c. 汽温变化过大，除使管材及有关部件产生疲劳外，还将引起汽轮机汽缸的转子与汽缸的胀差变化，甚至产生剧烈振动，危及机组安全运行。

因此，工艺上对汽温控制的质量要求是非常严格的，一般要求主蒸汽温度稳定在 ±5℃ 的范围内。但是，汽温对象的复杂性给汽温控制带来了许多困难。

过热汽温是火电机组的主要参数。由于过热器是在高温、高压环境下工作，过热器出口汽温是全厂工质温度的最高点，也是金属壁温的最高处，工艺上允许的汽温变化范围又很小，汽温对象特性呈非线性，影响汽温变化的干扰因素多等，这些都使得汽温控制系统复杂化，因此正确选择控制汽温的手段及控制策略是非常重要的。

目前，电厂锅炉过热汽温控制系统多采用喷水减温的方法来维持过热汽温。

② 再热蒸汽温度控制　随着蒸汽压力提高，为了提高机组热循环的经济性，减小汽轮机末级叶片中蒸汽湿度，高参数机组一般采用中间再热循环系统，如图 5-6-1 所示。将高压缸出口蒸汽引入锅炉，重新加热至高温，然后再引入中压缸膨胀做功。一般再热汽温随负荷变化较大，当机组负荷降低 30% 时，再热汽温如不加以控制，锅炉再热器出口蒸汽温度将降低 28～35℃（相当于负荷每降低 10% 时，汽温降低 10℃）。所以大型机组必须对再热汽温进行控制。为了进一步提高机组热循环效率，目前在大型（1000MW 及以上）火电机组中正在研究试用二次再热系统，即蒸汽从中压缸做完功后，被再次引入锅炉加热至高温，然后送给低压缸（单轴）或另一台汽轮机（双轴）做功。

再热汽温的控制一般采用以烟气控制为主、以喷水减温控制为辅的方式，在紧急情况下才使用喷水减温。这种控制策略要比单纯采用喷水减温控制有较高的热经济性。实际采用的烟气控制方法有变化烟气挡板位置，采用烟气再循环，摆动喷燃器角度和采用多层布置圆形喷燃器，汽-汽热交换器和蒸汽旁通等。

（4）辅助控制系统

辅助控制系统主要有：除氧器压力-水位控制系统；空气预热器冷端温度控制系统；凝汽器水位控制系统；辅助蒸汽控制系统；汽机润滑油温度控制系统；高压旁路、低压旁路控制系统；高压加热器、低压加热器水位控制系统。此外还有氢侧、空侧密封油温度控制系统；凝结水补充水箱水位控制系统；电动给水泵液力偶合油温度控制系统；电泵、汽泵润滑油温度控制系统；发电机氢温度控制系统等。这些控制偶系统的控制结构基本上采用单回路控制，其结构比较简单，这里不再赘述。

为保证单元机组的可靠运行，除上述参数调节系统外，自动控制系统还包括：①自动检测部分，自动检查和测量反映过程进行情况的各种物理量、化学量以及生产设备的工作状态参数，以监视生产过程的进行情况和趋势；②顺序控制部分，根据预先设定的程序和条件，自动地对设备进行一系列操作，如控制单元机组的启、停及对各种辅机的控制；③自动保护部分，在发生事故时自动采用保护措施，以防止事故进一步扩大，保护生产设备使之不受严重破坏，如汽轮机的超速保护、振动保护，锅炉的超压保护、炉膛灭火保护等。

6.1.3　除尘器控制

随着国家环保政策的提升，为了减少污染物对大气的排放，对于烟气的排放标准要求更加严格，要求现在的火力发电机组必须装有除尘器。除尘器的作用是从含尘气体中分离并捕集粉尘、碳粒、雾滴，进而从气流中将粉尘予以分离，避免污染周围的大气环境。除尘器又是从含尘气体中回收物料的主要设备，因而有时又被称为收尘器。它的工作好坏直接影响排往大气中的粉尘浓度，从而影响周围环境。在负压操作系统中，风机置于除尘器后，除尘器内为负压，如果除尘器的效率不高，会导致风机叶轮迅速磨损，除了直接的经济损失外，还会影响生产的正常运行，甚至造成停产检修。

除尘器的种类很多，但现在应用最广的是高压静电除尘器。它的基本工作原理是在电场中通入高压电，在电场中形成高压静电场，利用气体的电离在电场中产生大量的电子或带电离子，当含尘气体经过电场时，粉尘经过碰撞荷电被收尘极捕集，最后从收尘极上清理，进行集中处理或综合利用。

电除尘器的控制分为高压控制系统和低压控制系统。高压电源控制系统能够实现常规的检测与控制、火花的检测与自动控制、快速搜索火花斜坡率、间歇供电节能控制、降压振打等功能；低压控制系统由各低压控制柜（或电磁振打柜或电加热控制柜）、检修配电箱、照明配电箱、顶部振打端子箱、顶部加热端子箱、料位端子箱、阳极振打操作箱、卸输灰操作箱等组成，用来控制一台炉电除尘器的顶部电磁锤振打器、保温箱加热与灰斗加热、阳极振打、卸（输）灰控制、料位检测、进出口喇叭温度显示、安全联锁控制等。

除尘器控制系统属于程序控制，控制方案是由具体的除尘设备来决定，这里不再赘述。

6.1.4　脱硫装置控制

电力工业煤炭的消耗量约为全国原煤产量的40％，燃煤火力发电装置排放的、对人类生存环境构成直接危害的主要污染物有粉尘、二氧化硫、氮氧化物及二氧化碳。我国火电厂动力用煤的特点是高灰分、高硫分煤的比例较大，而且几乎不经任何洗选等预处理，在锅炉燃烧过程中，几乎煤中所有的可燃硫分均会迅速转化为SO_2，所以火电厂硫氧化物排放的总量大且集中。因此，与除尘装置一样，在现在的火电机组中必须加装脱硫装置。

脱硫技术主要有炉内脱硫和燃煤后烟气脱硫两类技术。炉内脱硫主要是在燃煤过程中加入石灰石或白云石粉作脱硫剂，$CaCO_3$、$MgCO_3$ 受热分解生成 CaO、MgO，与烟气中部分 SO_2 反应生成硫酸盐，随炉渣排出；燃煤后烟气脱硫就是煤燃烧后所产生烟气的脱硫 （FGD），是目前世界上唯一大规模商业化应用的脱硫技术，燃煤后脱硫装置布置在锅炉尾部，对现有锅炉系统没有显著的影响，既可用于新建机组，也可用于已建成机组的升级改造。

石灰石/石膏湿法烟气脱硫技术是一种典型的燃煤后烟气脱硫技术，是目前世界上应用最广泛的控制硫氧化物排放的技术。下面主要介绍石灰石/石膏湿法烟气脱硫技术装置及其控制方式。

6.1.4.1 典型石灰石-石膏湿法烟气脱硫装置的构成

典型石灰石-石膏湿法烟气脱硫工艺如图 5-6-6 所示，烟气经 FGD 的增压风机升压后至烟气换热器（GGH），烟气降温后，进入吸收塔进行脱硫。烟气自烟气换热器进入吸收塔朝上流动，与自喷淋层喷淋而下的浆液发生反应。喷淋层上部布置两级除雾器，将吸收塔出口烟气含水量控制在 $75mg/m^3$（标准状况）以下。脱硫除雾后的干净烟气再返至烟气换热器进行加热，温度从 45℃ 左右加至 80℃，通过现有烟囱排出。

进入吸收塔的热烟气经逆向喷淋的循环浆液冷却、洗涤，生成亚硫酸氢根。在反应池中与通入吸收塔的富氧空气进行氧化反应并结晶生成石膏，通过排出泵排出吸收塔。

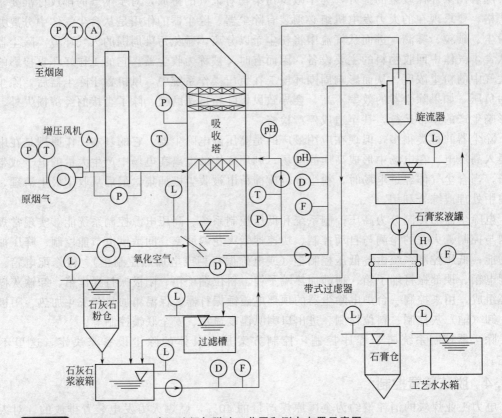

图 5-6-6 典型石灰石-石膏湿法烟气脱硫工艺图和测点布置示意图

P—压力；T—温度；pH—酸碱盐指示计；D—浓度计（密度计）；F—流量计；L—液位（物位）；

H—石膏层厚度；A—烟气成分：O_2，SO_2，CO，NO_x 粉尘

注：当石灰石浆液经在循环泵补入吸收塔，pH 计布置在浆液箱出口管道；

　　当石灰石浆液经直接补入吸收塔，pH 计可布置在再循环泵出口管道。

该脱硫装置由以下 8 个系统组成。

(1) 石灰石浆液制备系统

制备并为吸收塔提供满足要求的石灰石浆液。石灰石浆液制备系统的主要设备包括石灰石储仓、球磨机、石灰石浆液罐、浆液泵等。

(2) 烟气系统

为脱硫运行提供烟气通道，进行烟气脱硫装置的投入和切除，降低吸收塔入口的烟温和提升净化烟气的排烟温度。烟气系统的主要设备包括烟道挡板、烟气换热器、脱硫（增压）风机等。

(3) SO_2 吸收系统

通过石灰石浆液吸收烟气中的 SO_2，生成亚硫酸产物，富氧空气将其氧化，并以石膏的形式结晶析出。同时，由除雾器将烟气中的液滴除去。SO_2 吸收系统的主要设备包括吸收塔、石灰石浆液循环泵、氧化风机、除雾器等。

(4) 石膏脱水及储存系统

将来自吸收塔的石膏浆液浓缩、脱水，生产副产品石膏储存和外运。石膏脱水及储存系统的主要设备包括石膏浆液排出泵、石膏浆液箱、石膏浆液泵、水力旋流器、真空皮带脱水机、石膏储仓等。

(5) 公用系统

为脱硫系统提供各类用水和控制用气。公用系统的主要设备包括工艺水箱、工艺水泵、工业水箱、工业水泵、冷却水泵、空压机等。

(6) 事故浆液排放系统

包括事故储罐系统和地坑系统，用于储存 FCD 装置大修或发生故障时由 FGD 装置排出的浆液。事故浆液排放系统主要设备包括事故浆液储罐、地坑、搅拌器和浆液泵。

(7) 废水处理系统

处理脱硫系统产生的废水（正常情况下主要是石膏脱水系统产生的废水），以满足排放要求。系统的主要设备包括氢氧化钙制备和加药设备、澄清池、絮凝剂加药设备、过滤水箱、废水中和箱、絮凝箱、沉降箱、澄清器等。

(8) 电气与监测控制系统

主要由电气系统、监控与调节系统和联锁环节等构成，其主要功能是为系统提供动力和控制用电；通过 DCS 系统控制全系统的启停、运行工况调整、联锁保护、异常情况报警和紧急事故处理；通过在线仪表监测和采集各项运行数据，还可以完成经济分析和生产报表。电气与监测控制系统的主要设备包括各类电气设备、控制设备以及在线仪表等。

6.1.4.2　石灰石-石膏湿法烟气脱硫装置控制系统

脱硫装置已经是一个较为庞大、复杂的系统，因此一般采用独立的分散控制系统（DCS）或机组主控用的分散控制系统来进行控制。脱硫装置的主要模拟量控制系统（MCS）如下。[10]

(1) 增压风机入口压力控制

为了克服脱硫装置所产生的额外压力损失，通常需要增设一台独立的增压风机（比如动叶可调轴流式风机）。由于锅炉负荷是不断变化的，流过脱硫装置的烟气量及其造成的压力损失也随之变化，因此，需要设置专门的控制回路来控制增压风机的叶片调节机构，通过调节增压风机导向叶片的开度进行压力控制，保证增压风机入口压力的稳定。

在 FGD 烟气系统投入过程中，需协调控制烟气旁路挡板门及增压风机动叶的开度，保证增压风机入口压力稳定，在烟气旁路挡板关闭到一定程度后，压力控制闭环投入，关闭烟气旁路挡板。

　　增压风机压力（流量）控制回路采用复合控制系统，为了跟踪锅炉负荷的变化，用锅炉负荷作为控制系统的前馈信号，增压风机入口烟道压力测量值作为反馈信号，将压力测量值与不同锅炉负荷下的设定值进行比较，得到的偏差作为控制器的输入，控制器的输出与由锅炉负荷信号折算出的值相叠加，前馈作用与反馈控制共同产生一个调节信号，来控制增压风机的叶片调节机构，使增压风机入口烟道压力值维持在设定值。增压风机入口压力控制框图如图 5-6-7 所示。

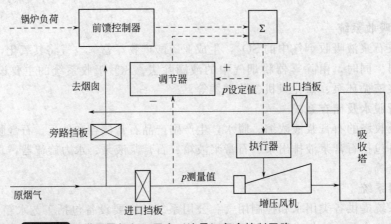

图 5-6-7　增压风机入口压力（流量）复合控制回路

（2）吸收塔 pH 值及塔出口 SO_2 浓度控制

　　测量吸收塔前未净化和塔后净化后的烟气中 SO_2 浓度、烟气浓度、压力和烟气量，通过这些测量可计算进入吸收塔中 SO_2 总量和 SO_2 脱硫效率。根据 SO_2 总量，控制加入到吸收塔中的石灰石浆液量，通过改变石灰石浆液量调节阀的开度来实现石灰石量的调节，而吸收塔排除浆液的 pH 值作为 SO_2 吸收过程的校正值参与调节。

　　吸收塔内浆液 pH 值是由送入脱硫吸收塔的石灰石浆液的流量来进行调节与控制的，也常被称为石灰石浆液补充控制，其控制的目的是获得最高的石灰石利用率，保证预期的 SO_2 脱除效率以及提高脱硫装置适应锅炉负荷变化的灵活性。吸收塔内的石灰石浆液 pH 值在一定范围内时，pH 值增大，减小输入的石灰石浆液流量；pH 值降低，需要增大输入的石灰石浆液流量。通常浆液 pH 值应维持在 5.0～5.8 范围内。

　　脱硫装置运行中，除了石灰石浆液的浓度和供给量，可能引起吸收塔浆液 pH 值变化或波动的主要因素还有烟气量与烟气中 SO_2 的浓度。

　　① 烟气量　如果送入脱硫吸收塔的石灰石浆液的流量不变，烟气量的增加会使浆液的pH 值减小，反之会使 pH 值增大。烟气量变化是吸收塔浆液 pH 值变化最主要的外界干扰因素。

　　② 烟气中 SO_2 的浓度　即使烟气量维持不变，锅炉所燃煤的含硫量发生变化，烟气中 SO_2 的浓度也将随之波动，但一般煤质变化幅度没有负荷变化程度大，烟气中 SO_2 浓度的变化通常不会很大。

　　从根本上说，决定输入吸收塔的新鲜石灰石浆液流量的是锅炉的原烟气量和烟气中 SO_2 浓度（两者乘积运算结果为送入吸收塔的 SO_2 质量流量）。吸收塔浆液 pH 值控制系统中，被控对象为吸收塔内石灰石浆液 pH 值，调节量为输入吸收塔的新鲜石灰石浆液流量，锅炉烟气量与烟气中 SO_2 的浓度作为控制系统的前馈信号。锅炉的送风量既反映锅炉负荷的变化，也反映燃烧煤质及过量空气系数的变化，与烟气量成线性关系，而且锅炉侧通常设置检测送风量的表计，因此将锅炉负荷与送风量一起连同实时检测的原烟气中 SO_2 浓度作为控制系统的前馈信号。

在吸收塔浆液 pH 值控制系统设计中采用复合控制系统。常见的复合控制系统有单回路加前馈和串级加前馈两种控制方式。

图 5-6-8 所示为吸收塔内浆液 pH 值单回路加前馈的复合控制系统，图中前馈控制器用来克服烟气量与烟气中 SO_2 浓度的变化对被控变量 pH 值的影响，而反馈控制器将浆液 pH 测量值与设定的 pH 值进行比较，得到的差值作为反馈控制器的输入，反馈控制器的输出与前馈控制器的输出相叠加，共同产生一个调节信号，来控制石灰石浆液供给阀门的开度，进而起到控制吸收塔内浆液 pH 值的作用。

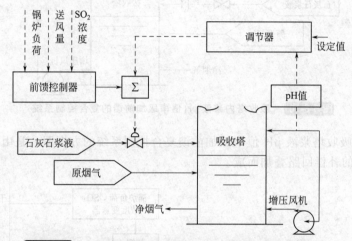

图 5-6-8 吸收塔浆液 pH 值单回路加前馈的复合控制系统

图 5-6-9 是吸收塔浆液 pH 值单回路加前馈复合控制系统的方框图，由一个反馈闭环回路和一个开环的前馈补偿回路叠加而成。

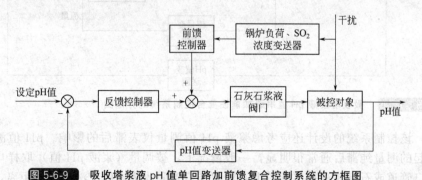

图 5-6-9 吸收塔浆液 pH 值单回路加前馈复合控制系统的方框图

图 5-6-10 所示为吸收塔内浆液 pH 值串级加前馈的复合控制系统，其主要区别在于增加了石灰石浆液流量测量仪表。石灰石浆液流量要比 pH 测量值更快、更直接。为了避免单纯依据 pH 值控制可能造成的过调，加入一个浆液流量值构成副反馈回路，pH 测量值仍作为主反馈回路。在串级系统中，有两个调节器（主、副）分别接收来自被控对象不同位置的测量信号，主调节器接收浆液 pH 测量值，副调节器接收送入吸收塔的石灰石浆液流量测量值，主调节器的输出作为副调节器的设定值，副调节器的输出与前馈信号（进入吸收塔的

SO₂质量流量）相叠加，来控制石灰石浆液供给阀门的开度，使吸收塔内浆液 pH 值维持在设定值上。串级回路由于引入了副回路，改善了对象的控制特性，使调节过程加快，并具有一定的自适应能力，从而有效地克服了控制系统滞后的缺点，提高了控制质量。

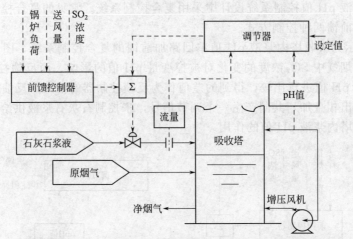

图 5-6-10 吸收塔内浆液 pH 值串级加前馈的复合控制系统

图 5-6-11 是吸收塔浆液 pH 值串级加前馈复合控制系统的方框图，是由两个闭环负反馈回路和一个开环的补偿回路叠加而成。

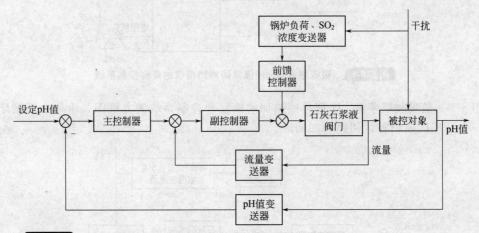

图 5-6-11 吸收塔浆液 pH 值串级加前馈复合控制系统的方框图

另外，该控制系统的设计还应考虑浆液 pH 值测量仪表滞后的影响。pH 值测量元件安装位置引起的测量纯滞后通常很明显，一般情况下，被调量（浆液 pH 值）取样口设置在循环泵的出口管道或石膏浆液排出管道上，从取样口到吸收塔内的浆液有一段距离，取样口到测量电极之间的取样管也有一段长度，因此吸收塔浆液 pH 值的分析测定需要一定的周期，这样就会产生一定的滞后，这一滞后使测量信号不能及时反映吸收塔中浆液 pH 值的变化。pH 值计电极所测得的 pH 值的时间延迟 τ_0 可按下式估计：

$$\tau_0 = \frac{l_1}{v_1} + \frac{l_2}{v_2}$$

式中　　v_1、v_2——分别为出口管道与取样管道中浆液的流速；

　　　　l_1、l_2——分别为出口管道与取样管道的长度。

（3）吸收塔液位控制

吸收塔浆池的液位是由调节工艺水进水量来控制的。由于浆液中水分蒸发和烟气携带水分的原因，流出吸收塔的烟气所携带的水分要高于进入吸收塔的烟气水分，因此需要不断地向吸收塔内补充工艺水，以维持脱硫塔的水平衡。在维持液位的同时也起到调节补水量、调节吸收塔浆液浓度的作用。控制吸收塔浆液浓度的主要手段是控制石膏浆液的排放量。

吸收塔浆池液位控制系统的被控变量为浆池液位，操纵变量为输入脱硫塔的工艺水流量，该补充水均是以除雾器冲洗水送入。吸收塔浆池液位是通过控制除雾器冲洗间隔时间来实现的，采取间歇补水方式。该控制系统为闭环断续控制系统。

吸收塔浆液池液位控制系统将烟气量（锅炉负荷）作为水位调节的前馈信号，补偿变化的烟气量对液位的影响，克服液位调节的大惯性，加快调节速度。

图 5-6-12 为吸收塔浆液池液位闭环断续控制系统原理框图。控制系统的作用是启动除雾器冲洗顺控，冲洗水阀门为电动门，接受开关量信号，在 $W=1$ 时开启补水门，进入除雾器冲洗顺控，结束后关闭补水门。

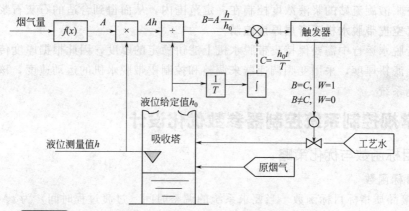

图 5-6-12　吸收塔浆液池液位闭环控制系统原理框图

运算回路首先将进入吸收塔的烟气测量值进行运算变换得到 A，A 经乘法器与液位测量值 h 相乘，再经除法器除以液位设定值，得到一个经烟气量补偿的比较值 B；液位设定值 h_0，经积分器输出值 C，比较 B 与 C 的值，当 $B=C$ 时，触发器输出 $W=1$，启动除雾器冲洗顺控，同时将 C 清零，除雾器冲洗顺控结束后进入新一轮等待时间。C 的上升速率由积分器设定的积分时间常数 T 来控制。该系统为单向补水调节，运行调整中需要根据吸收塔中水分实际消耗量调整除雾器阀门开启最长等待时间（即积分时间常数 T）。延长等待时间，可相应减少吸收塔的补充水量，避免液位上涨。

（4）石膏浆液排出量控制

脱硫吸收塔运行中，需要从浆池底部排放浓度较高的石膏浆液，以维持脱硫塔的质量平衡及合适的浆液浓度。过高的浆液浓度将会造成浆液管道堵塞，过低的浓度会降低脱硫效率。吸收塔石膏浆液为断续排放，因此石膏浆液的脱水系统也是以间歇方式运行的，吸收塔石膏浆液排放的开关指令同时送给石膏浆液脱水控制系统。该控制系统为单回路闭环断续控制系统，常采用两种石膏浆液排出流量控制方式，区别在于所依据的检测参数不同。

① 依据石灰石浆液供给量　根据进入吸收塔的石灰石浆液量与流出吸收塔的石膏浆液量的质量平衡关系，由检测的石灰石浆液质量流量计算出应排出吸收塔的石膏浆液的质量流量，依据计算得到的两者之间的线性比例关系，通过开、关石膏排出泵与阀门来控制吸收塔石膏浆液排出。

② 依据浆液浓度检测参数　需要在浆液循环泵出口的管道上或者石膏浆排放泵出口管道上布置浆液浓度计，实时检测浆液的浓度值，根据检测值与设定值的差值来控制石膏浆液排出泵及阀门的开启与关闭。还可以进一步采用进入吸收塔的石灰石浆液量作为前馈信号，构成单回路加前馈的控制系统。

也有依据吸收塔浆液的液位来控制石膏浆液排放量的，但必须同时有其他检测或计算参数作为辅助参数，如浆液浓度、石灰石浆液补给流量等。

(5) 石灰石浆液箱的液位与浓度控制

石灰石浆液箱液位是依据液位信号，采用单回路闭环控制系统进行控制的。石灰石浆液制备系统必须保证连续向吸收塔供应浓度一定的足够浆液。

湿式磨湿机磨制出的浓度很高的石灰石浆液（75%左右），在磨石机浆液箱内通过加水调节其浓度。石灰石浆液浓度的控制可通过保持石灰石给料量和工艺水（与过滤水）流量的比率恒定来实现，以开环方式控制石灰石浆液的浓度；也可以依据布置在磨石机浆液泵出口管道上的浓度计检测的浆液浓度作为反馈信号，修正磨石机浆液箱进水量，利用闭环控制使进入石灰石浆液旋流站的浆液浓度控制在一定范围内，从而得到合适的石灰石浆液浓度。

(6) 真空皮带脱水机石膏层厚度控制

在石膏脱水运行中需要保持皮带脱水机上滤饼稳定的厚度，因此根据厚度传感器检测皮带脱水机上滤饼厚度，采用变频调速器来调整和控制皮带脱水机的运动速度，该系统为单回路反馈控制系统。

6.2　常规控制系统控制器参数优化设计

6.2.1　目标函数与优化策略

(1) 目标函数

① 直接品质指标目标函数　当要求系统的调整时间（过渡过程时间）为 t_s^*，超调量不大于 M_p^* 时，可以得到目标函数：

$$Q(x) = (t_s^* - t_s)^2 \tag{5-6-1}$$

限制条件为：

$$M_p \leqslant M_p^* \tag{5-6-2}$$

式中，x 为被寻优的参数；t_s、M_p 分别为在参数 x 下的系统的调整时间及超调量。

第二种写法为：

$$Q(x) = \left(w_1 \frac{t_r}{t_r^*} + w_2 \frac{t_s}{t_s^*} \right) \left(1 + \frac{D_{max}}{0.01} \right) \tag{5-6-3}$$

式中，w_1、w_2 为权系数，要求 $w_1 + w_2 = 1$，若对上升时间 t_r（即从调节过程开始至被调量第一次达到给定值的时间）与调整时间 t_s 两个特征值同等看待，可取 $w_1 = w_2 = 0.5$；D_{max} 是表示超调量的一个数值，其要求如下：

$$D_{max} = \begin{cases} 0 & (M_p \leqslant M_p^*) \\ M_p - M_p^* & (M_p > M_p^*) \end{cases} \tag{5-6-4}$$

如果只要求衰减率，可以把目标函数写成：

$$Q(x) = (\varphi^* - \varphi)^2 \tag{5-6-5}$$

式中，φ^* 为要求的衰减率；φ 为在参数 x 下的衰减率。

中国电力行业热工自动化标委会 2006 年颁布的火电厂模拟量控制系统动态品质指标要求，如表 5-6-1 所示。

表 5-6-1　**火电厂主要控制系统动态品质指标要求**[3]

控制系统名称	被控变量	机组类型	扰动量	超调量 M_p^*（动态最大偏差）	过渡过程时间 t_s^*	衰减率 φ^*
给水控制系统	汽包水位	300MW 等级以下	40mm	<15mm（37.5%）	<3min	0.7～0.8
		300MW 等级及以上	60mm	<25mm（41.7%）	<5min	0.7～0.8
主蒸汽温度控制系统	主蒸汽温度	300MW 等级以下	±5℃	<1℃（20%）	<15min	0.75～1
		300MW 等级及以上	±5℃	<1℃（20%）	<20min	0.75～1
再热蒸汽温度控制系统	再热蒸汽温度	300MW 等级以下	±5℃	<1℃（20%）	<15min	0.75～1
		300MW 等级及以上	±5℃	<1℃（20%）	<20min	0.75～1
炉膛负压控制系统	炉膛压力	300MW 等级以下	±100Pa	<20Pa（20%）	<40s	0.7～0.9
		300MW 等级及以上	±150Pa	<30Pa（20%）	<1min	0.7～0.9
风量控制系统	风压/差压	300MW 等级以下	±100Pa	<20Pa（20%）	<30s	0.7～0.9
		300MW 等级及以上	±150Pa	<30Pa（20%）	<50s	0.7～0.9
一次风压控制系统	一次风压力	300MW 等级以下	±300Pa	<60Pa（20%）	<30s	0.75～1
		300MW 等级及以上	±300Pa	<60Pa（20%）	<50s	0.75～1
磨煤机一次风量控制系统	磨煤机入口一次风流量	—	±5%	<1%（20%）	<20s	0.7～0.9
磨煤机出口温度控制系统	磨煤机出口温度	—	±3℃	<0.6℃（20%）	<5min	0.7～0.9
磨煤机入口风压控制系统（中储式制粉系统）	磨煤机入口风压	—	±50Pa	<10Pa（20%）	<20s	0.7～0.9

② 常用的误差型目标函数

a. 绝对误差的矩的积分

$$Q = \int_0^{t_s} t \, |e(t)| \, \mathrm{d}t \approx \sum_{i=1}^{LP} i \times DT \times |e(i)| \times DT \tag{5-6-6}$$

b. 绝对误差的二阶矩的积分

$$Q = \int_0^{t_s} t^2 \, |e(t)| \, \mathrm{d}t \approx \sum_{i=1}^{LP} (i \times DT)^2 \times |e(i)| \times DT \tag{5-6-7}$$

式中，DT 仿真计算步距；LP 仿真计算点数，下同。

对于发电过程中的热工对象，一般可用下式来描述：

$$G(s) = \frac{k \, \mathrm{e}^{-\tau s}}{s^m (Ts + 1)^n} \tag{5-6-8}$$

对此，可用下式估算计算步距[1]

$$DT = \frac{nT}{10 \sim 50} \tag{5-6-9}$$

如果被控对象有若干个，则应以其中 nT 最小的为准。

用式（5-6-10）估算仿真计算点数[1]

$$LP = (5 \sim 20) nT / DT \tag{5-6-10}$$

如果被控对象有若干个，则应以其中 nT 最大的为准。

同一个控制系统，按不同的积分准则优化控制器参数，其对应的系统响应也不同。

③ 综合目标函数　综合目标函数

$$Q = \int_0^{t_s} t^2 \, |e(t)| \, \mathrm{d}t + \sum_{i=1}^{m} \beta_i f_i$$

$$= \sum_{j=1}^{LP} (j \times DT)^2 \, |e(j \times DT)| \, DT + \sum_{i=1}^{m} \beta_i f_i \tag{5-6-11}$$

其中，第一部分可以取上述误差型目标函数中的任意一种，是多种动态品质指标的综合；第二部分为其约束条件部分，通常取 β_i 为一较大常数，例如 $\beta_i = 10^{30}$，f_i 的取值如下：

$$f_1 = \begin{cases} 0 & M_p \leqslant M_p^* \\ 1 & M_p > M_p^* \end{cases} \tag{5-6-12}$$

$$f_2 = \begin{cases} 0 & t_s \leqslant t_s^* \\ 1 & t_s > t_s^* \end{cases} \tag{5-6-13}$$

$$f_3 = \begin{cases} 0 & 0.75 \leqslant \varphi \leqslant 1 \\ 1 & \text{其他} \end{cases} \tag{5-6-14}$$

在采用误差积分准则优化 PID 参数的过程中，会发现有的参数虽然能使系统具有较好的阶跃响应指标，但在调节过程中，控制器的输出呈现剧烈的振荡或过大的调节幅度。为了避免这一现象，防止操纵变量变化过大，需要对上述目标函数进行修正，将积分项中加入控制器输出量 $u(t)$ 或者其平方 $u^2(t)$。以绝对误差的矩的积分准则为例，修正后的目标函数如下：

$$Q = \int_0^{t_s} [c_1 t \, |e(t)| + c_2 \, |u(t)|] \mathrm{d}t$$

$$\approx \sum_{j=1}^{LP} [c_1 \times j \times DT \times |e(j \times DT)| + c_2 \, |u(j \times DT)|] \times DT \tag{5-6-15}$$

或

$$Q = \int_0^{t_s} [c_1 t |e(t)| + c_2 u^2(t)] dt$$

$$\approx \sum_{j=1}^{LP} [c_1 \times j \times DT \times |e(j \times DT)| + c_2 u(j \times DT) \times u(j \times DT)] DT \tag{5-6-16}$$

其中，c_1、c_2 分别为误差和控制量在目标函数中的权值。

(2) 高阶对象的降阶方法

在设计控制系统时，有时需要降低对象的阶次或去掉纯迟延。此时，如果不要求有特别高的精度，可用下面非常简单的方法进行升降阶以及纯迟延与系统阶次相互转换处理。但这里要遵守的原则是：为了能有较好的精度，当去掉纯迟延时，应该使系统升阶；如果要降低系统的阶次，最好加入纯迟延。

设被控对象如下：

$$G(s) = \frac{K}{(Ts+1)^n} e^{-\tau s} \tag{5-6-17}$$

则可以把原传递函数转化成：

$$G'(s) = \frac{K_1}{(T_1 s + 1)^{n_1}} e^{-\tau_1 s} \tag{5-6-18}$$

两式中的参数关系如下：

$$nT + \tau = n_1 T_1 + \tau_1 \tag{5-6-19}$$

例如，对于系统 $G(s) = \dfrac{0.0439 e^{-48s}}{(83.62s+1)^2}$，

如果用四阶惯性来代替，根据式（5-6-19）则有

$$G(s) \approx \frac{0.0439}{(54s+1)^4}$$

还可以进一步把它降为三阶惯性，则有

$$G(s) \approx \frac{0.0439}{(72s+1)^3}$$

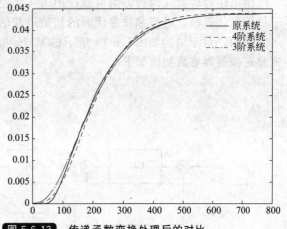

图 5-6-13　传递函数变换处理后的对比

原始传递函数与升降阶处理后的传递函数对比如图 5-6-13 所示。

(3) 经验公式优化算法

对于热工过程控制系统，可以用经验公式估算 PID 控制器的参数[2]。大量实验表明[4]，由给出的经验公式估计出的参数，能达到电力行业标准[3]给定的品质指标。

选取控制器结构如下：

$$G_c(s) = \frac{1}{\delta}(1 + \frac{1}{T_i s} + \frac{T_d s}{1 + K_d T_d s}) \tag{5-6-20}$$

式中，δ 为比例带；T_i 为积分时间；T_d 为微分时间，取 $K_d = 10$。

热工系统有自平衡对象模型如下：

$$G(s) = \frac{K}{(Ts+1)^n} e^{-\tau s} \tag{5-6-21}$$

式中，K 为对象静态增益；$e^{-\tau s}$ 代表纯迟延环节；τ 为纯迟延时间；T 为过程的时间常数；n 为对象的阶次。

控制器参数的经验整定公式如下[2]：

$$\delta = 0.3nK \tag{5-6-22}$$

$$T_i = 0.5(nT + \tau) \qquad (5\text{-}6\text{-}23)$$

$$\frac{T_d}{T_i} = \frac{1}{8} \sim \frac{1}{4} \qquad (5\text{-}6\text{-}24)$$

为防止控制器输出剧烈变化，当测量噪声较大时，切除微分作用。

热工系统无自平衡对象模型如下：

$$G(s) = \frac{K}{s(Ts+1)^n} e^{-\tau s} \qquad (5\text{-}6\text{-}25)$$

控制器参数的经验整定公式如下[2]：

$$\delta = 30nK \qquad (5\text{-}6\text{-}26)$$

$$T_i = 25(nT + \tau) \qquad (5\text{-}6\text{-}27)$$

$$\frac{T_d}{T_i} = \frac{1}{8} \sim \frac{1}{4} \qquad (5\text{-}6\text{-}28)$$

当测量噪声较大时，切除微分作用。

由上述经验公式得到的值可直接用于实际控制系统，作为粗略的整定参数；也可作为粒子群等优化算法，进行参数寻优时的初值以及估计参数区间。

例如，对于结构如图 5-6-14 所示的某 300MW 热电机组主汽温控制系统[5]。用经验公式整定控制器参数初值如下。

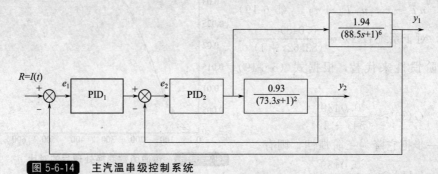

图 5-6-14　主汽温串级控制系统

图 5-6-15　经验公式整定下的主汽温控制系统的阶跃响应曲线及品质指标

根据经验公式（5-6-22）～式（5-6-24），可以得到内回路控制器的参数

$$\delta_2 = 0.3 \times 0.93 \times 2 = 0.558$$

$$T_{i2} = 0.5 \times 2 \times 73.3 = 73.3$$

$$T_{d2} = 73.3/8 = 9.16$$

内回路整定完成后，可以认为是一个快速环节，它仅仅是改善了整体被控对象的特性，所以仍可以用式（5-6-22）～式（5-6-24）来估计外回路控制器的参数

$$\delta_1 = 0.3 \times 1.94 \times 6 = 3.492$$

$$T_{i1} = 0.5 \times 6 \times 88.5 = 265.5$$

$$T_{d2} = 265.5/8 = 33.2$$

在该参数下，主汽温控制系统的阶跃响应曲线如图 5-6-15 所示。

（4）粒子群优化算法

假设在 N 维搜索空间中有 m 个粒子，粒子 $i(1，2，\cdots，m)$ 的空间位置为 $V_i = (v_{i1}，v_{i2}，\cdots，v_{iN})$，将 V_i 带入目标函数就可以计算出其适应值，根据适应值的大小衡量 V_i 的优劣。粒子 i 经历的最优位置记为 $Vbest_i = (v_{i1}，v_{i2}，\cdots，v_{iN})$，相应的适应值称为个体最优解 $Qbest_i$。对于最小化问题，目标函数值越小，对应的适应值越好。设 $Q(V_i)$ 为最小化的目标函数，则粒子 i 的当前最好位置由下式确定：

$$Vbest_i(k+1) = \begin{cases} Vbest_i(k) & Q(V_i(k+1)) > QVbest_i \\ V_i(k+1) & Q(V_i(k+1)) \leqslant QVbest_i \end{cases} \tag{5-6-29}$$

寻优过程中粒子群经历的最优位置 $Vbest_g = (v_{g1}，v_{g2}，\cdots，v_{gN})$，其对应的适应值称为全局最优解 $Qbest_g$。粒子 i 的搜索速度表示为 $DV_i = (Dv_{i1}，Dv_{i2}，\cdots，Dv_{iN})$，则粒子根据式（5-6-30）及式（5-6-31）来更新自己的速度和位置[7]：

$$DV_i(k+1) = \omega DV_i(k) + c_1 r_1[Vbest_i - V_i(k)] + c_2 r_2[Vbest_g - V_i(k)] \tag{5-6-30}$$

$$V_i(k+1) = V_i(k) + DV_i(k+1) \tag{5-6-31}$$

式中，$i = 1，2，\cdots，m$；k 表示第 k 代；ω 为遗忘因子；c_1 和 c_2 为学习因子，c_1 调节粒子飞向自身最好位置方向的步长；c_2 调节粒子向全局最好位置飞行的步长；r_1 和 r_2 是介于 [0，1] 之间两个独立的随机数；$V_i \in [V_{i\min}，V_{i\max}]$，根据实际问题来确定粒子的取值范围；$DV_i \in [-DV_{\max}，DV_{\max}]$，单步前进的最大值 $DV_{\max}$ 根据粒子的取值区间长度来确定。群体规模 m 通常取 $30 \sim 80$，便可以取得较好的效果。

6.2.2　单回路控制系统优化设计

例如，对于图 5-6-16 所示的某单回路汽温控制系统，如果要求系统响应速度快，超调量在 30% 以内，则可以构造综合目标函数如下：

$$Q = \int_0^{t_s} t|e(t)|\mathrm{d}t + \sum_{i=1}^m \beta_i f_i$$

约束条件：$M_p < 30\%$，$t_r < 100$，$t_s < 400$，$0.76 < \varphi < 0.98$。

控制器参数寻优区间：$\delta \in (0.1，2)$，$T_i \in (50，400)$。

用上述的粒子群算法，可以得到 δ 和 T_i 的优化结果如图 5-6-17 所示。

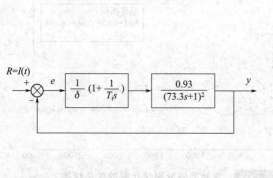

图 5-6-16　某回路汽温控制系统　　　　**图 5-6-17**　单回路的优化结果

由于智能优化算法是一种随机搜索算法，因此，每次运行程序时，会得到不同的运行结果，通过多次运行选择一组较好的参数即可（下同）。

6.2.3　双回路控制系统优化设计

在发电生产过程控制系统中，许多被控对象存在大迟延、大惯性，例如蒸汽温度系统、流化床床温系统等。在此情况下，一般选取双回路控制方案。要求导前区的动态特性要比惰性区快得多，由此可以缩短控制系统的调节时间。

双回路控制系统包含两个控制器：主控制器 PID_1 和副控制器 PID_2，如图 5-6-15 所示。对双回路控制系统进行控制器参数优化时，要求内回路响应速度快，外回路不要有过大的超调。因此，应该选择综合品质指标作为目标函数。

例如，对于图 5-6-8 所示的主汽温控制系统，可以选择下式作为目标函数：

$$Q = \int_0^{t_s} t^2 \left| e_1(t) \right| \mathrm{d}t + \sum_{i=1}^m \beta_i f_i$$

约束条件：$M_p < 15\%$，$t_r < 500$，$t_s < 1500$，$0.76 < \varphi < 0.98$。

优化参数的论域选为：

$$\delta_1 \in (1, 5)，T_{i1} \in (50, 400)$$
$$\delta_2 \in (0.1, 1)，T_{i2} \in (50, 150)$$

主、副控制器的参数 δ_1、T_{i1} 和 δ_2、T_{i2} 的优化结果如图 5-6-18 所示。

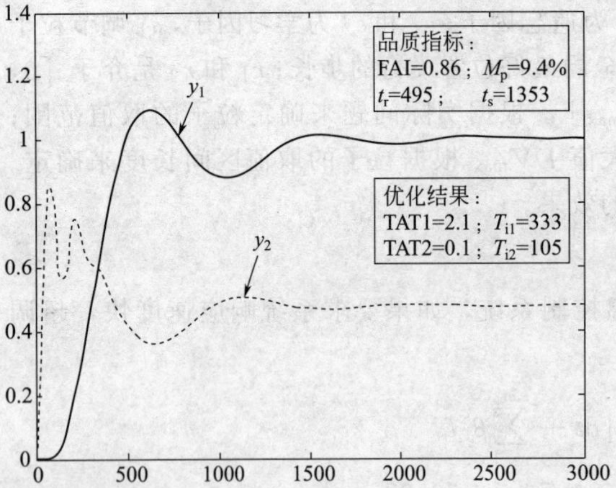

从优化结果来看，控制品质达到了设计要求，但是内回路振荡比较激烈，并不满足工程实际的要求。其原因是，在优化时对内回路没有加以任何限制，优化结果在很大程度上取决于由专家给出的优化参数的论域。为了尽量少依赖专家经验，使优化出的参数值能用于工程实际，使用综

合目标函数，例如选择式（5-6-16）作为目标函数，对控制器的输出加以限制。

对双回路控制系统进行优化时，也可以按照工程整定的作法：先根据对内回路的要求进行单独优化，得到内回路控制器参数后，再根据对外回路的要求优化主控制器参数。

例如，对于上述的例子，副控制器的参数可以选择单回路时的优化结果，只优化主控制器的参数即可。优化结果如图5-6-19所示。从图中可以看出，各品质指标均达到了设计要求，内回路的振荡大大减小，符合工程需要。

品质指标：
FAI=0.86；M_p=9.4%
t_r=495；t_s=1353

优化结果：
TAT1=2.1；T_{i1}=333
TAT2=0.1；T_{i2}=105

图 5-6-18　双回路系统的优化结果

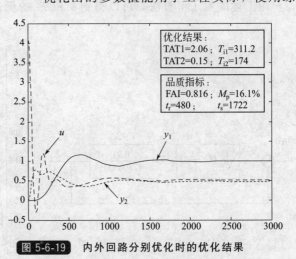

优化结果：
TAT1=2.06；T_{i1}=311.2
TAT2=0.15；T_{i2}=174

品质指标：
FAI=0.816；M_p=16.1%
t_r=480；t_s=1722

图 5-6-19　内外回路分别优化时的优化结果

6.2.4　多变量控制系统优化设计

在火电厂中，负荷控制、磨煤机控制等系统都是多变量系统。在多变量控制系统设计问题中，解耦控制是最具有价值的控制理论和实用控制技术。解耦控制的思想就是通过某种数学算法解除 n 个输入与 n 个输出之间的耦合关系。解耦后，从系统的外部看等同于 n 个完全独立的子系统，即一个输入量的变化只引起与它对应的输出量的变化，任一输出量只受与它对应的输入量的影响。于是就可以按单输入单输出控制系统的方法分别设计和调试 n 个子系统，很好地解决多变量控制系统的控制问题。

但是，并不是所有的耦合系统都可以用解耦控制方式，只有被控对象的动态特性差异不太大时才可用解耦，否则，由解耦器计算出的施加给慢通道的操纵变量会很大，这在工程中是无法实现的，也是不允许的。

遗憾的是，在单元机组负荷控制系统中，汽轮发电机负荷与锅炉负荷的动态特性存在较大的差异，因此不能采用单独的动态解耦控制方式，而是把控制和解耦放在同一组控制器中，如图 5-6-20 所示。把这种控制方案称为协调控制，其中 W_{T12} 和 W_{T21} 称为协调控制器。

为了在工程中容易实现，协调控制系统中控制器的传递函数并不是按照完全解耦原理来设计的（这会使控制器的输出过大），而是直接使用 PID 控制律，然后优化出 PID 的参数。这样并不能保证被控系统

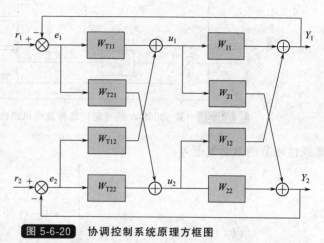

图 5-6-20　协调控制系统原理方框图

是完全解耦的，只是减小了各变量间的耦合程度。既然使用 PID 不能完全解耦，那么可以根据机炉的特性，把协调控制器 W_{T12} 和 W_{T21} 设置为一已知的非线性函数，非线性的参数通过现场试验获得，仅仅优化主控制器 $W_{T11}W_{T22}$ 的参数即可。这种方法在工程中是很有效的，是火电机组经常采用的一种优化控制方法。

例如，对于图 5-6-21 所示的某 1000MW 超（超）临界发电机组协调控制系统，三入三出的耦合系统的 3 个输入量分别是：汽机调门开度 μ_T、燃烧率 μ_B、给水流量 W；输出量分别是发电机功率 N_e、机前主汽压力 p_T、中间点温度 T。

被控对象部分的传递函数为：

$$G_{NT} = \left[4 + \frac{-5.14(1-281.8s)}{(265.5s+1)(87.8s+1)} \right] e^{-6s}, \quad G_{pT} = -0.07 - \frac{0.5144}{180.6s+1}$$

$$G_{TT} = \left[0.19 - \frac{2.16}{(210.7s+1)(26.2s+1)^2} \right] e^{-69s}, \quad G_{NB} = \frac{3.47}{(182.2s+1)(73.68s+1)}$$

$$G_{pB} = \frac{0.115}{(19.1s+1)^2(144.2s+1)} e^{-10s}, \quad G_{TB} = \left(0.35 + \frac{0.7(1+627.4s)}{(345.5s+1)(361.4s+1)} \right) e^{-20s}$$

$$G_{NW} = \frac{-0.103(1-171.3s)}{(742.3s+1)(34.87s+1)} e^{-18s}, \quad G_{pW} = \frac{0.0022(1+141.3s)}{(179.4s+1)(24.1s+1)} e^{-6s}$$

$$G_{TW} = \frac{-0.0666(1+760.9s)}{(914.4s+1)(9.7s+1)} e^{-12s}$$

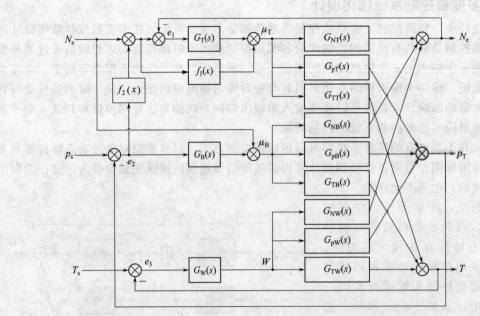

图 5-6-21 某 1000MW 超（超）临界发电机组协调控制系统方框图

非线性环节的数学模型为：

$$f_1(x) = 0.0318x, \quad f_2(x) = \begin{cases} 20 & x \leqslant -3 \\ -5(x+1)+10 & -3 < x \leqslant -1 \\ -20(x+0.5) & -1 < x \leqslant -0.5 \\ 0 & -0.5 < x < 0.5 \\ -20(x-0.5) & 0.5 \leqslant x < 1 \\ -5(x-1)-10 & 1 \leqslant x < 3 \\ -20 & x \geqslant 3 \end{cases}$$

3 个主控制器均选用 PI 控制律。

对于这样复杂的多变量系统，并不能对 3 个控制器同时寻优，这样不容易设计目标函数。建议的做法是，以每个主通道（即 $\mu_T - N_e$、$\mu_B - p_T$、$W - T$）作为被控对象，用经验公式法估计出相应通道中的控制器参数作为初始值，选择一个控制器进行优化，其他两个通道中的控制器参数固定。然后，再选择另一个控制器进行优化，固定其他两个通道中的控制器参数。以此类推。

根据式（5-6-22）和式（5-6-23）可以近似估计出控制器 $G_B(s)$ 和 $G_W(s)$ 的初始参数

$$\delta_B = 0.17, \quad T_{iB} = 131; \quad \delta_W = -0.04, \quad T_{iW} = 468$$

式（5-6-22）和式（5-6-23）不适合于通道 $\mu_T - N_e$ 中的传递函数 $G_{NT}(s)$，因此，用试探法估计出该通道的控制器 $G_T(s)$ 的参数

$$\delta_T = 400, \quad T_{iT} = 20$$

中间点温度控制通道与其他两个通道没有解耦信号连接，相对较独立，因此先优化该通道的控制器 $G_W(s)$，再优化机前压力通道的控制器 $G_B(s)$，最后优化负荷通道的控制器 $G_T(s)$。

根据对负荷控制系统的要求，优化 $G_W(s)$ 时的目标函数可以选为

$$Q_W = \int_0^{t_s} t\,|e_3(t)|\,dt + \sum_{i=1}^2 \beta_i f_i$$

约束条件　f_1：$M_{p1} < 20\%$，f_2：$0.75 < \varphi_1 < 1$　（$\beta_i = 10^{40}$）。

优化参数论域的选择如下：

$$\delta_W \in (-0.1,\ -0.01),\ T_{iW} \in (100,\ 500)$$

优化结果为

$$\delta_W = -0.086,\ T_{iW} = 129$$

优化 $G_B(s)$ 时的目标函数可以选为

$$Q_B = \int_0^{t_s} t\,|e_2(t)|\,dt + \sum_{i=1}^2 \beta_i f_i$$

约束条件　f_1：$M_{p2} < 15\%$，f_2：$0.75 < \varphi_2 < 1$（$\beta_i = 10^{40}$）。

优化参数论域的选择如下：

$$\delta_B \in (0.05,\ 0.5),\ T_{iB} \in (50,\ 150)$$

优化结果为

$$\delta_B = 0.266,\ T_{iB} = 77$$

优化 $G_T(s)$ 时的目标函数可以选为

$$Q_T = \int_0^{t_s} t\,|e_1(t)|\,dt + \sum_{i=1}^2 \beta_i f_i$$

约束条件　f_1：$M_{p1} < 15\%$，f_2：$0.75 < \varphi_1 < 1$　（$\beta_i = 10^{40}$）.

优化参数论域的选择如下：

$$\delta_T \in (300,\ 500),\ T_{iT} \in (10,\ 30)$$

优化结果为

$$\delta_T = 490,\ T_{iT} = 28$$

图 5-6-22 示出了负荷以 $dN_s/dt = 12\text{MW/min}$ 上升 100MW 时，初始参数下的响应曲线（N_{e0}，p_{T0}，T_0）和优化后的响应曲线（N_{e1}，p_{T1}，T_1）。

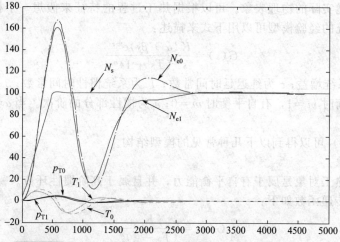

图 5-6-22　协调控制系统控制器参数优化前后的对比

6.3　发电生产过程建模方法

6.3.1　模型辨识结构

假设在时间域里，系统输入与输出的关系如下：

$$y(t) = f[u(t)] \tag{5-6-32}$$

令 $t = kT_s(k = 1, 2, \cdots, M, T_s$ 为采样周期，M 为采样点数。下同)，代入式 (5-6-32) 得到

$$y(kT_s) = f[u(kT_s)] \qquad k = 1,2,\cdots,M \tag{5-6-33}$$

当测得实际系统的 M 组输入 $u(kT_s)$ 和输出 $y(kT_s)$ 数据时，估计一个能与 f 达到合理匹配的已知函数 f_g，使采集到的数据满足

$$y(kT_s) = f_g[u(kT_s)] + e(kT_s) \qquad k = 1,2,\cdots,M \tag{5-6-34}$$

式中，$e(kT_s)$ 称为残差。当残差 $e(kT_s)$ 足够小时，f_g 即为所求的系统模型，它在一定精度上可以代表系统的真实模型 f。

定义误差指标函数如下：

$$Q = \sum_{k=1}^{M} \{y(kT_s) - f_g[u(kT_s)]\}^2 = \sum_{k=1}^{M} e^2(kT_s) \tag{5-6-35}$$

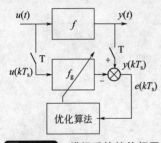

使 Q 达到极小的参数估计即为所求的过程模型，并称为最小二乘估计。

由此，可以把模型辨识的问题转化成参数优化的问题，如图 5-6-23 所示。根据工程经验，估计出模型 f_g 的结构，在系统运行的历史数据中，找出适合于辨识的 M 组输入/输出数据 $\{u(kT_s), y(kT_s)\}$，选择一种比较成熟的优化算法即可优化出系统的数学模型。

图 5-6-23　辨识系统结构框图

6.3.2　估计模型的选择

一个实际的物理表象，可以用无穷多的数学模型来描述，物理表象与数学模型不存在一一对应的关系，我们所能做的就是从各种数学模型中选择出一种来近似描述实际的物理表象。可以根据热工过程的特征来假想一个模型结构。例如，发电过程热工系统的经验模型可以用下式来描述：

$$G(s) = \frac{K(\alpha + \beta s)e^{-\tau s}}{s^m(Ts + 1)^n} \tag{5-6-36}$$

式中，K 为系统增益；τ 为纯迟延时间常数；T 为系统惯性时间常数；β 为微分时间常数；当系统为无自平衡时 $m = 1$，有自平衡时 $m = 0$；n 为惯性部分的阶次。当 $\alpha = 0, m = 0$ 时，系统为零稳态对象。

由式 (5-6-36) 可以得到以下几种常见的模型结构。

(1) 高阶对象

绝大多数的热工对象是属于有自平衡能力，并且属于高阶惯性环节。一般可认为它是等容的高阶对象，传递函数如下：

$$G(s) = \frac{K}{(Ts + 1)^n} \tag{5-6-37}$$

当求出的阶次 n 不是整数时，用近似的整数代替。

(2) 多容惯性对象

如果想描述有自平衡对象的细节，可以用多容惯性对象，传递函数如下：

$$G(s) = \frac{K}{(T_1s+1)(T_2s+1)\cdots(T_ns+1)} \tag{5-6-38}$$

（3）具有纯迟延的高阶惯性对象

当系统存在纯迟延时，可以加入纯迟延环节，传递函数如下：

$$G(s) = \frac{K}{(Ts+1)^n}e^{-\tau s} \tag{5-6-39}$$

（4）无自平衡能力对象

对于汽包水位系统等少数无自平衡能力对象，传递函数如下：

$$G(s) = \frac{K}{s(Ts+1)^n}e^{-\tau s} \tag{5-6-40}$$

（5）零稳态对象

对于具有微分作用的对象，当系统趋于稳态时，输出趋近于零，传递函数如下：

$$G(s) = \frac{KTs}{(Ts+1)^n} \tag{5-6-41}$$

（6）逆向响应系统

在工程中存在一种逆向相应系统，它的表征是，在阶跃扰动作用下，系统的输出先朝着与最终趋向相反的方向变化，然后才朝着最终趋向变化。汽包锅炉的蒸汽量阶跃扰动引起的汽包水位变化就是逆向响应过程，在热工里被称为"虚假水位"；循环流化床锅炉一次风阶跃扰动引起的床温变化也是一个典型的逆向响应过程。逆向响应系统的传递函数如下：

$$G(s) = \frac{K_1}{s}e^{-\tau_1 s} - \frac{K_2}{Ts+1}e^{-\tau_2 s} \tag{5-6-42}$$

$$G(s) = \frac{K_1}{(T_1s+1)^{n_1}}e^{-\tau_1 s} - \frac{K_2}{(T_2s+1)^{n_2}}e^{-\tau_2 s} \tag{5-6-43}$$

以上几种对象的阶跃响应曲线形状如图 5-6-24 所示。

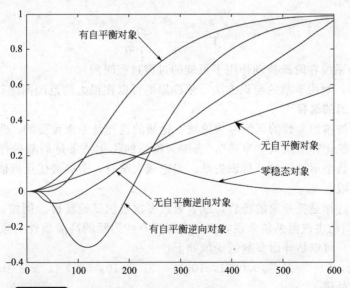

图 5-6-24　几种对象的阶跃响应曲线形状

6.3.3 模型辨识的工程问题

(1) 采样数据选取原则

并不是所有采集到的数据都是可利用的，只有当系统的输入 $u(t)$ 发生的变化（不论是人为干扰的还是自动控制的结果）能够激励系统输出 $y(t)$ 也发生变化，而且 $u(t)$ 激励的时间足够长，能激励出系统的全部状态，在这段激励时间内对系统进行连续采样所得到的数据才是可用的，这些数据蕴含着系统的全部动态信息。

用于模型辨识的数据能不能正确反映输入输出之间的关系，是辨识结果好坏的关键。利用运行数据进行模型辨识，首先需要对所关注对象的结构、特性有深刻认识，确定感兴趣和关键的变量，其次观察对比大量历史曲线，遴选出可用的数据，剔除坏的数据和无价值的数据。选择标准需要注意以下几点。

① 传递函数的定义是在某一初始状态下输出对输入的转移能力，是针对偏差的转移能力，所以输入数据应有一定的起伏，信噪比尽量大，太小的数据波动会被干扰噪声淹没。最好选取机组负荷小范围动态过程中的数据，以保证所有的数据都处于变化过程中。

② 现代工程中的生产过程一般都是由多个变量交织在一起的耦合系统组成，即它是一个较为复杂的多变量系统。对于多变量系统的辨识问题一直都没有一个很有效的方法。现在大多是选择多输入系统中的某一个输入对应系统的某一个输出进行辨识，让其他输入尽量保持不变，即把 MIMO 系统变成 SISO 系统来处理。因此，选择的输出变量的波动应该是由单一输入变量引起的，这就要求观察影响输出变量的所有因素，根据经验判断出输出变量的响应是否是对输入变量的正确反应。

③ 采样数据段最好起始于某个稳定工况点或终止于某个稳定工况点。如果起始于某个工况点，数据序列反映的是系统从某一稳态开始的动态过程，这样便于在进行辨识工作时确定所采样数据的"零初始值"点；如果是终止于某个稳定工况点，由于各状态变量的初始值不确定，就必须对各状态变量的初始值进行辨识，这样增加了辨识难度。

(2) 采样周期的选择

采样周期的选择可以用经验或试验来确定。根据经验，给出的估计采样周期的经验公式如下：

$$T_s = \frac{T_f}{500} \sim \frac{T_f}{100} \tag{5-6-44}$$

式中，T_f 为系统在阶跃扰动作用下可能的过渡过程时间。

实践表明[7]，利用本章的辨识方法，采样周期可以在很大的范围内进行选择。

(3) 参数区间的选择

把要讨论的被辨识参数的区间称为论域。论域的选择是非常重要的。当选择的论域太宽时，容易使智能优化算法陷入"早熟"，表现为得到的优化结果是局部最优，而用在参数辨识时，得到的参数是不可信的，辨识失败。当论域太窄时，全局最优点可能不在论域内，同样会导致辨识失败。

参数论域的选择是凭专家的经验，或者通过多次辨识试验获得。例如，对于 300MW 和 600MW 火电机组的主汽温系统来说，如果选择带有纯迟延的高阶惯性对象，如式（5-6-39）所示，根据经验，可以估计出参数的论域如下：

$$n \in (2,5) \qquad K \in (0.0001, 100) \qquad T \in (10, 500) \qquad \tau \in (0, 500)$$

(4) 数据预处理

① 数据滤波　对输入输出数据进行高通滤波，可以消除漂移以及一些低频段的信息。滤波器的频带应该覆盖过程的动力学特性。高通滤波器的另一个优点是，对于有斜坡和漂移

的数据，高通滤波器会使数据更平稳。

高通滤波器的传递函数如下：

$$F_h(s) = \frac{s}{s + \omega_{ch}} \tag{5-6-45}$$

式中，ω_{ch} 为高通滤波器的截止频率。

此外，从工业现场采集到的数据都含有高频干扰噪声，表现为数据曲线上有许多"毛刺"，可以用低通滤波器消减这些"毛刺"。

低通滤波器的传递函数如下：

$$F_l(s) = \frac{\omega_{cl}}{s + \omega_{cl}} \tag{5-6-46}$$

式中，ω_{cl} 为低通滤波器的截止频率。

如果数据需要高低通（带通）滤波，把上述的两个滤波器串联即可，并称为带通滤波。

但是，在辨识前还不知道系统的主要频带，因此参数 ω_{cl} 和 ω_{ch} 的选择是很困难的。在实际应用中，一般是根据对系统的先验了解，按估算仿真计算步距的方法来估计这两个参数。

由式（5-6-46）不难看出，低通滤波器就是一个惯性环节，而选择的模型结构本身就是惯性环节，因此用上述的辨识方法时，不需要对采集的数据进行低通滤波。

② 零初始值处理　在前面讲述的带通滤波中，高通滤波器已经滤掉了缓慢变化或不变（直流分量）的信号，即做到了零均值化处理。如果没进行过高通滤波，可以用下面的方法进行零初始值处理。

当系统数据采集起始于系统运动的某个平衡态，这个平衡态就能当作已知的平衡态（直流分量），即系统输入输出的"零点"。此时，零初始值后的数据根据下式求得：

$$\begin{cases} u^*(k) = u(k) - \dfrac{1}{N}\sum_{i=1}^{N} u(i) \\[2mm] y^*(k) = y(k) - \dfrac{1}{N}\sum_{i=1}^{N} y(i) \end{cases} \tag{5-6-47}$$

式中，N 为零初始点数据个数。

③ 粗大值处理　在工业生产环境中，传感器和数据采集装置的暂时失灵会导致采集到的数据幅值远超过实际信号的范围，把此时的数据称为粗大值。粗大值对辨识结果可能会造成相当大的潜在影响，必须加以剔除。粗大值处理一般有差分法、多项式逼近法和最小二乘法。低通滤波也能消除粗大值的一定影响，但不能完全剔除。

虽然低通滤波不能完全剔除粗大值，但是，选择的模型结构是高阶惯性环节，它可以完全剔除粗大值。因此，用上述的辨识方法不需要对数据进行粗大值处理。

例如，某 135MW 循环流化床机组，喷水量变化对应主蒸汽温度的变化如图 5-6-25（a）、（b）所示，读取的数据及零初值处理后的结果如图 5-6-25（c）、（d）所示。

选择高阶惯性模型结构如式（5-6-37）所示。选择论域为

$$K \in (-20, 0) \qquad T \in (5, 500) \qquad n \in (2, 5)$$

辨识结果

$$G(s) = \frac{-11.4}{(195s + 1)^3}$$

辨识结果响应曲线如图 5-6-26 所示。

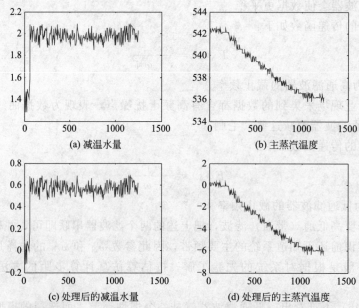

(a) 减温水量　　　　　　　　　(b) 主蒸汽温度

(c) 处理后的减温水量　　　　　(d) 处理后的主蒸汽温度

图 5-6-25　现场数据及零初始值处理后的数据曲线

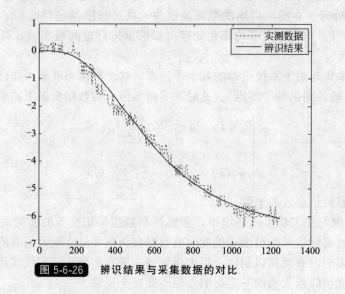

图 5-6-26　辨识结果与采集数据的对比

6.4　单元机组负荷控制系统优化设计

6.4.1　控制系统 SAMA 图

　　SAMA 图例是美国科学仪器制造协会（Scientific Apparatus Makers Association）图例的简称。这套图例易于理解，其输入/输出关系及信号流方向与控制系统组态方式比较接近，各种控制算法有比较明确的标志。无论是在模拟仪表控制系统年代，还是现在的分散控制系统年代，在发电过程控制系统工程设计中一直使用 SAMA 图。

　　从 SAMA 功能图例的外形看，大致可以分为五类：

　　〇　测量或信号读出功能；

　　□　自动信号处理，一般表示在机架上安装组件的功能，在分散控制系统（DCS）中这些组件已经变成数字算法模块；

◇　手动信号处理，一般表示在仪表盘上安装仪表的功能，在 DCS 中这些仪表已经变成了操作员界面中的图形，在显示屏上可以通过鼠标或键盘调节该仪表的输出大小；

⌂　执行机构；

▷◁　阀门。

常用的 SAMA 功能图例如表 5-6-2 所示[6]。

表 5-6-2　常用 SAMA 功能图例

符号	名称	符号	名称	符号	名称	符号	名称
(FT)	流量变送器	<	低值选择器	A/D	模数转换器	H/	高限监视器
(PT)	压力变送器	>	高值选择器	TR	跟踪器	L/	低限监视器
(LT)	液位变送器	<>	中值选择器	A/M	自动/手动转换	H/L	高低限监视器
(TT)	温度变送器	≯	高值限幅器	✕	指示灯	$f(t)$	时间函数器
(ST)	转速变送器	≮	低值限幅器	(I)	指示表	$f(x)$	函数发生器
(ZT)	位置变送器	≮≯	高低限幅器	(R)	记录表	⌐_	非线性发生器
(AT)	分析变送器	T	切换开关	(MO)	电动执行机构	◇A	模拟信号发生器
(DP)	差压变送器	V≯	速度限制器	(HO)	滚动执行机构	◇↕	手操信号发生器
(TE)	测量元件	V/I	V/I转换器	$f(x)$	未注明执行机构	URG	斜坡信号发生器
K	比例器	I/V	I/V转换器	▷◁	直行程阀	⌂	气动执行机构
∫	积分器	mV/I	电势-电流转换	▷◁	三通阀	⌂	电磁阀执行机构
d/dt	微分器	V/V	电压-电压转换器	▷◁	旋转球阀	±	偏置器
√	开方器	R/I	电阻-电流转换	◄►	截止阀（常开）	△	偏差
÷	除法器	R/V	电阻-电压转换	▷◁	截止阀（常闭）	D	开关量信号输出
×	乘法器	P/I	气压-电流转换	►◄	止回阀（左至右流向）	C	模拟量信号输出
Σ	加法器	P/V	气压-电压转换	⟋	蝶阀	◼◼	调节阀（常关）
Σ/n	求平均值	I/P	电流-气压转换	▷◁	球阀	▷◁	调节阀（常开）
Σ/t	积算	V/P	电压-气压转换	⊓	信号转换	(M)	电动自行机构

续表

	电动截止阀（常开）		气关式气动截止阀（常开）		气开式气动截止阀（常开）		电磁截止阀（常开）	
	电动截止阀（常闭）		气关式气动截止阀（常闭）		气开式气动截止阀（常闭）		电磁截止阀（常闭）	
	气动角阀（常开）		气动角阀（常闭）		电动角阀（常开）		电动角阀（常闭）	
	或		与		非		记忆/复位	
Ⓐ	本图内连接号	①	本册图内连接号	①	与逻辑图连接号	TD	正向延迟	
RD	反向延迟		逻辑控制条件		操作员指令			

　　用 SAMA 图例表达回路方框图时，常将一些符号画在一起，这表示一个具体的仪表（或组件）具有哪些功能，在回路主框图中又清楚地表达使用多少具体组件。

　　例如，常用的控制器可用图 5-6-27 表示，它具有以下功能：

① 求测量和给定信号的偏差；

② 对偏差值进行比例＋积分运算；

③ 手、自动切换功能；

④ 输出限幅。

　　再如，显示操作器可用图 5-6-28 表示，代表此操作器有以下功能：

① 指示测量值和给定值；

② 调整给定值；

③ 手/自动切换；

④ 手动输出驱动信号；

⑤ 输出值显示。

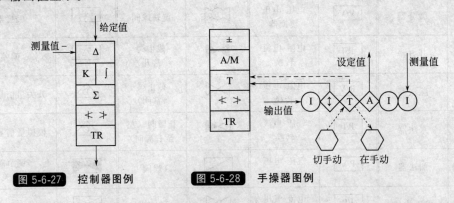

图 5-6-27　控制器图例　　　图 5-6-28　手操器图例

　　为便于理解，下面给出一个 SAMA 图例表示的典型的单回路控制系统，如图 5-6-29 所示。

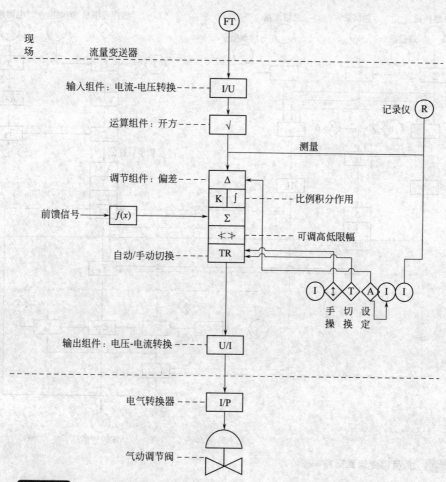

图 5-6-29　典型单回路控制系统 SAMA 图

6.4.2　机组负荷指令的形成

机炉协调控制系统可以接受 3 个负荷指令信号，即电网调度遥控的负荷指令信号、电网频差信号以及值班员发出的就地改变负荷指令信号，它们的总和反映了外界对机组负荷的要求。机组负荷指令运算回路，将这个负荷要求处理成为机组可能接受的功率指令，机组允许负荷能力运算回路再根据机组的主机、主要辅机和设备的运行状况，决定出机组负荷指令的实际值，形成机组负荷指令的一种可能实现方案，如图 5-6-30 所示。

（1）机组负荷指令运算回路

该回路的主要任务是：

① 根据负荷控制的要求选择机组负荷指令形成方式；

② 根据机组对负荷变化的跟踪能力，限制机组负荷指令的变化率；

③ 设置机组参加电网调频（一次调频）负荷指令信号的幅值及调频范围。

切换器 T_1 用来选择中调指令 ADS 或操作员指令 A，然后送往速率限制器，限制负荷指令的变化率不超过设定值。如果机组参与一次调频，则把频差信号送往非线性函数发生器，当频差大于某一死区时，函数发生器产生一个与频差成比例（此比例代表电网对本机组调频的负荷分配）的信号，通过切换器 T_2 输出调频信号，与切换器 T_1 选择的信号相加，而得到机组负荷指令信号 N_{sp}。

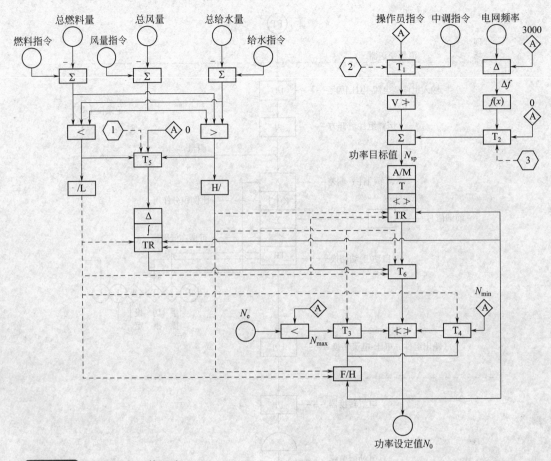

图 5-6-30　负荷指令运算回路

（2）机组允许负荷指令限制回路

该回路的主要作用是：对机组的主机、主要辅机和设备的运行状况进行监视，一旦发生故障而影响机组的实际发电负荷，或危及机组的安全运行时，要对机组的负荷要求指令进行必要的处理与限制，以保证机组能够继续安全、稳定运行。

机组允许负荷指令限制回路按其功能一般包括以下 5 个部分。

① 最大/最小允许负荷限制回路　该回路的作用是保证向机组发出的负荷指令不超过机组的最大 N_{max} 和最小 N_{min} 允许负荷值。允许负荷值可由手动设定。手动设定的机组最大允许负荷值受到机组最大可能出力值 N_p 的限制，而这个出力值由最大可能出力值计算回路确定。

② 机组最大可能出力值计算回路　该回路的作用是在线识别主要辅机的切投状况，由此计算出机组的最大可能出力值 N_p，并对该值的变化率进行限制，然后送往允许负荷限制回路。

每一种辅机的运行台数都能决定机组的最大可能出力值，通过低值选择器选出各种辅机决定的机组最大可能出力值的最小值，作为机组最大可能出力值 N_p。该回路实现方案的示意图如图 5-6-31 所示。

③ 负荷快速切断回路　该回路的作用是，当送电负荷跳闸时，由图 5-6-31 中的切换器 T_7 切至厂用电负荷，机组维持厂用电负荷继续运行；当发电机跳闸时，由切换器 T_7 切至

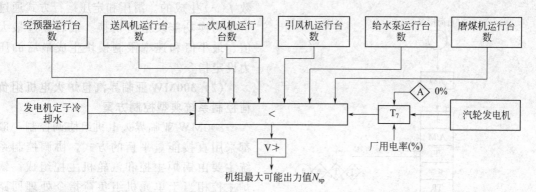

图 5-6-31　机组最大可能出力值计算回路

0% 负荷，汽轮机关闭主蒸汽门，由旁路蒸汽系统维持锅炉继续运行。

④ 负荷闭锁增/减回路　当机组出现燃烧器喷嘴堵塞、风机挡板卡涩、给水控制机构故障等设备异常时，会造成诸如燃料量、空气量、给水量等运行参数的偏差增大，该回路的任务就是监视这些运行参数的偏差，当某一偏差超过规定限制时，产生控制信号，使实际负荷指令闭锁，直至偏差回到规定的限制。

如图 5-6-31 所示，在正常情况下，跟踪/保持器（F/H）置跟踪状态，其输出跟随输入（实际负荷指令 N_0）变化。在异常情况下，某一偏差达到高限（或低限）监控器定值时，监控器发出控制信号，使跟踪/保持器（F/H）置保持状态，使其保持在动作前瞬时的输入值 $N_0(0^-)$。同时，监控器还控制切换器 T_3 或 T_4，使这个瞬时值 $N_0(0^-)$ 作为限幅器的高（或低）限，只允许负荷只减（或只增）不增（或不减）。

⑤ 负荷迫升/迫降回路　当出现上述故障时，除了采取闭锁增/减措施外，通常还进一步采取迫升/迫降措施。

如图 5-6-31 所示，在偏差都正常的情况下，自动/手动（A/M）置工作状态，切换器 T_6 让负荷指令信号 N_{sp} 进入限幅器；积分器置跟踪状态，其输出跟踪实际负荷指令 N_0。

当偏差出现异常时，监控器发出控制信号，使积分器置工作状态，A/M 置跟踪状态，其输出跟踪实际负荷指令 N_0。同时，监控器控制切换器 T_5，使积分器接受偏差信号，并保证积分器以瞬时值 $N_0(0^-)$ 为起点而下降（当正偏差信号时，即机组出力不够时）或上升（当负偏差信号时，即机组出力大于要求的负荷时）。与此同时，监控器还控制切换器 T_6，让积分器的输出信号进入限幅器。

6.4.3　大型煤粉炉机组负荷控制系统优化设计

(1) 压力设定值形成回路

单元机组的运行方式分为定压运行和滑压运行两种。定压运行是指无论机组负荷怎样变动，始终维持主蒸汽压力为额定值，通过改变汽轮机调节汽门的开度，改变机组的输出功率。滑压运行则是始终保持汽轮机调节汽门全开，通过改变主蒸汽压力改变机组的输出功率。因为机组有两种运行方式，所以相对应的压力设定值也分为滑压运行压力设定值和定压运行压力设定值。图 5-6-32 所示为压力设定值形成回路的 SAMA 图。压力设定值回路包括定压运行时的压力定值运算回路、滑压运行时的压力定值运算回路、定/滑压无扰切换回路。根据机组负荷情况，可选择定压或滑压运行。汽轮机入口压力（或主汽压力）的数值是负荷指令的函数。

从图中可以看出，在滑压运行方式下，机组的压力设定值是由负荷指令经过一个折线函

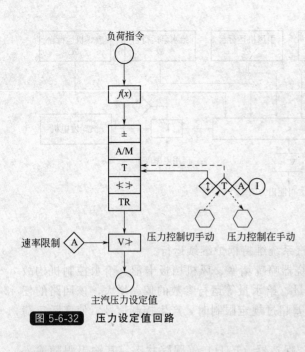

图 5-6-32 压力设定值回路

数 $f(x)$ 生成的。滑压和定压运行方式通过一个切换功能块进行切换。最后经过最大值、最小值和速率限制模块生成最后的压力设定指令。

(2) 300MW 亚临界汽包炉火电机组负荷控制系统典型控制方案

300MW 亚临界火电机组协调控制一般都采用直接能量平衡的方式，协调控制系统主要由锅炉主控和汽轮机主控组成。锅炉主控相当于单元机组负荷指令处理回路与燃烧控制系统之间的接口，其功能是将机组负荷指令信号传送到风量控制系统和燃烧控制系统，以协调锅炉出力与负荷之间的匹配关系，同时保证锅炉的安全、稳定运行。汽轮机主控包括协调控制方式的负荷控制回路和汽轮机跟随方式的压力控制回路，完成机组的能量需求控制，汽轮机主控的输出作为 DEH 控制系统的指令，从而实现对汽轮机的控制。

锅炉定值通过锅护主控设定，锅炉主控根据不同的运行方式可以分为自动或手动。

图 5-6-34 所示为 300MW 亚临界锅炉主控策略图，在炉跟机方式下，锅炉主控主要调整主汽压力。机前压力设定值和机前压力实际值经过偏差运算后进入死区环节，设置死区环节是为了实现在压力达到允许范围时不再进行调整。经过死区环节后，偏差信号进入 PID 控制器，该控制器的参数可以根据不同的工况进行调整。PID 控制器在该控制策略中主要实现的是主汽压力的微调，以使压力偏差为 0。在该控制策略中，还引入了负荷指令的前馈作用。该前馈信号由两部分组成：一部分为静态前馈，它主要保证在稳态时给煤量满足机组负荷的要求；另一部分为动态前馈。动态前馈是通过负荷指令的微分实现的，该前馈的目的是为了加快锅炉的调整速度，通过微分作用可以使在负荷指令变化的同时给煤量迅速发生变化，从而加快负荷调整的速度。需要说明的是，图 5-6-33 中的 $f(x)$ 是负荷和煤量的关系函数，该函数一般根据机组性能试验获得，不同的机组和不同的煤种会有不同的对应关系。在机跟炉方式下，锅炉主控主要调整负荷，采用的是直接能量平衡方案。

所谓"直接能量平衡"DEB（Direct Energy Balance）协调控制系统，是指锅炉的热量释放和汽轮机的能量需求保持平衡，从而解决单元机组协调控制系统的主汽压稳定性和负荷适应性这一对最基本、最主要的矛盾。即

$$p_0 \frac{p_1}{p_T} = p_1 + C_b \frac{\mathrm{d}p_b}{\mathrm{d}t}$$

式中，p_T 为机前压力；p_0 为机前压力设定值；p_1 为汽轮机调节级压力［即蒸汽通过汽轮机调节级做功后的压力，若汽轮机为节流调节、全周（一圈内的所有喷嘴）进汽运行方式，则无此级］；p_b 为汽包压力；C_b 为锅炉蓄热系数。这一公式是 DEB 协调控制系统的核心内容和设计基础，它是建立在如下三个基本概念之上的。

① $\frac{p_1}{p_T}$，表示汽轮机调节阀的实际开度 μ_T。实验证明这一比值在汽轮机运行范围内具

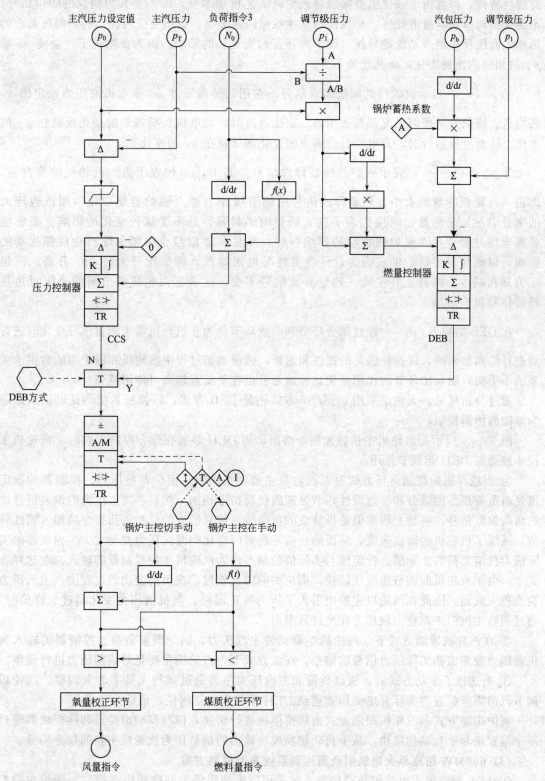

图 5-6-33　亚临界机组锅炉主控 SAMA 图

有线性特性，而且由于该比值直接取自汽轮机工艺机理本身，而不是人为构成的阀位信号，不会受到调节阀本身的死区、非线性和其他机械问题影响，也不会受内扰（锅炉侧扰动）的影响，而仅反映调节系统的外扰（调节阀开度的变化）的影响。因为在内扰下，会使 p_1 和 p_T 按相同的比例变化，而其比值不变。

② $p_0 \dfrac{p_1}{p_T}$，表示汽轮机的能量需求信号。它用调节阀开度 μ_T 乘上机前压力设定值 p_0 来构造。该信号对任何工况都是适用的。定压运行时，发电机负荷需求的变化反映在 μ_T 的变化上；而滑压运行时，发电机负荷需求的变化则反映在 p_0 的变化上。

③ $p_1 + C_b \dfrac{\mathrm{d}p_b}{\mathrm{d}t}$，表示锅炉的热量释放信号。其中，$p_1$ 代表了进入汽轮机的蒸汽量，即进入汽轮机能量的大小。热量释放信号用调节级压力加上锅炉蓄能变化（用汽包压力的微分表示）来测量，间接代表了进入锅炉的燃料量，且不受煤种变化的影响。正像能量需求信号必须免除锅炉侧扰动的影响一样，热量释放信号也必须免除汽轮机侧扰动的影响，以确切表述锅炉供应的能量。事实情况也正如此，调节阀开大时，p_1 升高，汽包压力却在减少，两者正好平衡，热量释放信号不变，这表示汽轮机调节阀的动作对热量释放信号没有影响。

在 DEB 结构下，$p_0 \dfrac{p_1}{p_T}$ 经过微分环节和乘法环节是为在汽轮机需求能量信号变化时进行动态补偿而加入的，以弥补锅炉的惯性和迟延，减缓动态过程中汽轮机和锅炉间能量供求关系的不平衡，而乘法环节的作用是使这种动态补偿在负荷点越高时作用越强。

通过分析可见，无论是采用 CCS/BF 方式还是 DEB 方式，该控制系统均是以锅炉跟随为基础的协调控制。

图 5-6-34 所示为汽轮机主控的控制策略图，当 DEH 装置在远方控制方式时，汽轮机主控才能通过 DEH 起调节作用。

① 当选择锅炉跟随运行方式时，汽轮机主要调整功率，锅炉调整压力。控制器的设定值是由负荷指令的微分和经过惯性环节处理的负荷指令相加，然后再减去压力的偏差折算成的负荷偏差信号，再加上频率偏差折算成的负荷偏差信号形成的。在负荷指令后加入惯性环节，减缓了汽轮机的调整速度，从而防止汽轮机阀门变化的时候压力波动太大。控制器的实际值为机组负荷的实际值。设定值与实际值的偏差作为汽轮机主控控制器的输入。在这种方式下，由于汽轮机的调节速度比较快，锅炉的响应比较慢，在负荷变动的过程中，主汽压力会有较大波动，因此在汽轮机主控中引入了压力校正回路，当机前压力变化超过允许值时，通过调整主汽门来调整主汽压力在允许范围内。

② 在汽轮机跟随方式下，汽轮机主要调整主汽压力，锅炉调整负荷。控制器的输入为机前压力设定值和实际压力信号的偏差，在该方式下，汽轮机主要是对机前压力进行调整。

③ 当选择了手动方式时，机组负荷和主汽压力主要通过运行人员手动来调整。汽轮机调节汽门需求位置与实际开度的偏差送到 DEH 系统去修正阀位，最后达到平衡。

锅炉跟随方式和汽轮机跟随方式由切换模块进行切换，控制器输出经过切换模块后通过一个偏置块和手自动切换块，从手自动切换模块输出的信号作为汽轮机主控的指令信号。

(3) 600MW 超临界火电机组负荷控制系统典型控制方案

600MW 超临界火电机组负荷控制系统采用以锅炉跟随为基础的协调控制。锅炉主控控制主汽压力。当锅炉主控和汽轮机主控都处于自动状态时，即 CCS 投入时，锅炉主控的输出由以下三个部分相叠加得到：

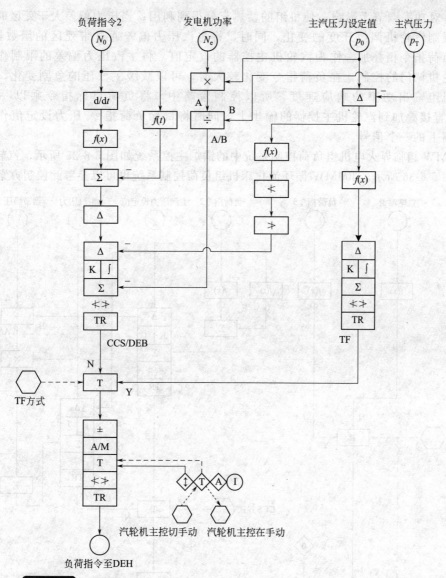

图 5-6-34　亚临界机组汽轮机主控 SAMA 图

① 锅炉主控制器 1 的输出，设定值和测量值分别为主汽压力的设定值和主汽压的测量值；

② 主汽压力的偏差在 45s 内的变化值（乘以系数 50）；

③ 目标负荷值下对应的燃料量。

其中，第③部分在锅炉主控的输出中占主导地位，①和②则起到调节压力的作用。

当 CCS 切除时，锅炉主控依然调节主汽压力。锅炉主控的输出由三个部分叠加，第①部分为锅炉主控器 2 的输出（为了满足不同状态下的控制效果，两个控制器的参数设置不一样），第②部分与 CCS 投入时的第②部分相同。此时，功率不参与调节，而是引入了热量平衡信号，即 $p_0 \dfrac{p_1}{p_T}$，热平衡信号通过函数器进入到锅炉主控中。

汽轮机主控控制负荷，同时加入主汽压力的影响。将主汽压力偏差通过函数器 $f(x)$ 与汽轮机主控器的输出相叠加，$f(x)$ 是一个带死区的比例环节，当压力偏差小于死区时，压力偏差对功率调节无影响，使机组的蓄热充分得到利用；当压力偏差大于死区时，压力偏差就限制汽轮机调门开度的变化，同时，将主汽压力偏差通过带死区的函数器 $f(x)$ 与目标负荷指令相叠加，作为汽轮机主控器的设定值。将主汽压力偏差的限制作用引入到对汽轮机调门的控制，在负荷指令变化较大时，可以减缓主汽压的急剧变化，同时也会减慢机组输出功率的响应速度。所以控制策略中，将负荷目标指令乘以一个系数（0.22）直接叠加到汽轮机主控器的输出上，同时将目标负荷指令/压力设定值作为叠加在主控器上的一个信号。

600MW 超临界火电机组负荷控制系统中的锅炉主控系统如图 5-6-35 所示，汽轮机主控系统如图 5-6-36 所示。300MW 循环流化床机组负荷控制系统也可以参考此控制方案。

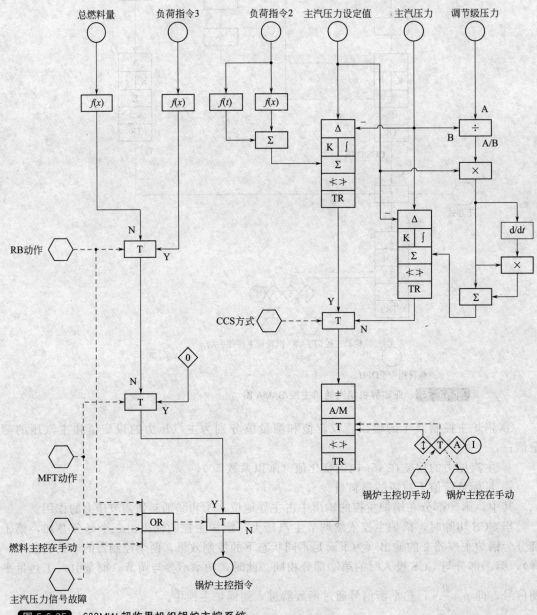

图 5-6-35　600MW 超临界机组锅炉主控系统

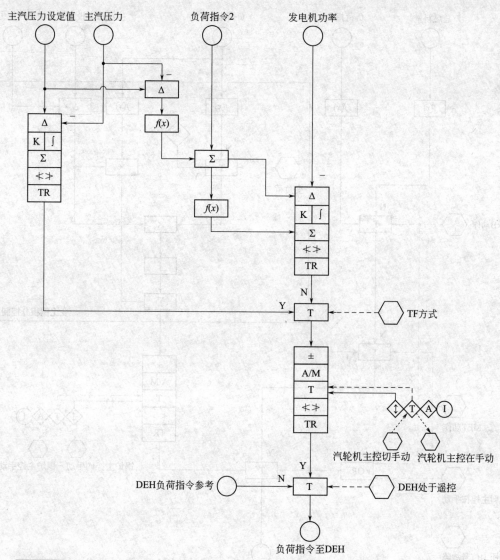

图 5-6-36　600MW 超临界机组汽轮机主控系统

　　该协调控制方案有多种控制方式可以选择。锅炉主控自动控制主蒸汽压力。可以采用按机前压力进行的反馈控制，也可以采用以热量信号进行的反馈控制。

　　在采用按机前压力进行反馈控制时，采用负荷指令的微分与负荷指令经非线性折算之和作为前馈信号。汽轮机主控可以自动控制功率。当自动控制功率时，为防止过量，利用锅炉蓄热造成的主蒸汽压力波动，对负荷指令及实际负荷都用主蒸汽压力设定值与主蒸汽压力实际值的偏差或比值进行了修正。

　　当锅炉主控手动时，汽轮机主控自动控制主蒸汽压力在额定值。

（4）1000MW 超超临界火电机组负荷控制系统典型控制方案

　　1000MW 等级超超临界火电机组负荷控制系统中的锅炉主控系统如图 5-6-37 所示，汽轮机主控系统如图 5-6-38 所示。

　　锅炉主控的作用是根据机组负荷指令来调整锅炉的燃烧率，使其满足机组负荷变化的需要，并维持锅炉主汽压力的稳定。锅炉主控的主汽压力控制器中主要是前馈信号负荷指令 2

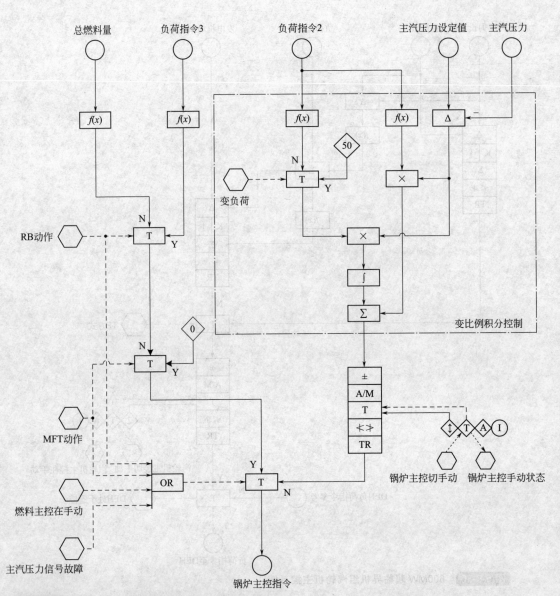

图 5-6-37 1000MW 超临界机组锅炉主控系统

在起作用，而主汽压力控制器只是为了保证主汽压力达到设定值而对负荷指令 2 的修正。为了适应锅炉主控的全程控制要求，保证控制参数的品质，锅炉主控采用了非线性 PID 控制。

汽轮机主控的作用是根据机组负荷指令与发电机实发功率的偏差进行控制，输出综合阀位指令，并通过 DEH 阀门管理系统转换成汽轮机调节阀的开度信号，以加大或减少汽轮机的进汽量来满足机组负荷变化的需要。

由于以锅炉跟随汽机方式为基础的协调控制系统的缺点是主汽压力波动大，故加入了压力拉回回路来修正机组负荷指令，使汽轮机能够参与主汽压力调节。

为了提高机组负荷和一次调频的响应特性，在 CCS 方式下，将负荷指令 2 按一定的比例直接作用于汽轮机主控 PID 的前馈环节，充分利用锅炉的蓄热、让汽轮机调节阀做适当的动态过调，以改善机组的负荷适应能力。

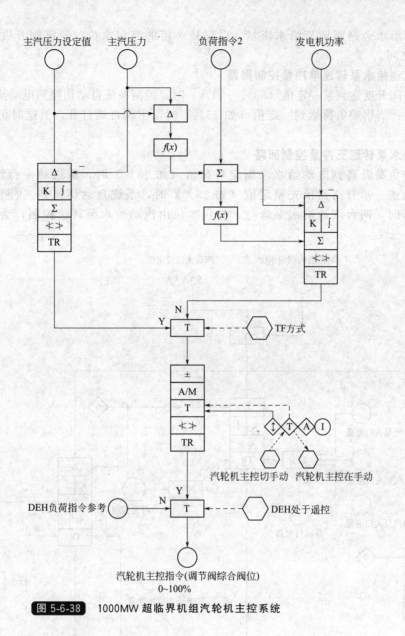

主汽压力设定值　主汽压力　　负荷指令2　　发电机功率

图 5-6-38　1000MW 超临界机组汽轮机主控系统

6.5　给水控制系统优化设计

汽包锅炉和直流锅炉的给水控制系统各有不同的任务。汽包锅炉给水控制系统的主要任务是产生用户所要求的蒸汽量，同时保证汽包水位在规定的范围内。由于直流锅炉没有汽包，以及其他结构上的不同，其给水控制的任务要比汽包炉复杂。

6.5.1　汽包炉给水控制

汽包水位控制一般设计为全程控制系统。汽包水位全程控制系统方框图如图 5-6-39 至图 5-6-41 所示。

（1）旁路阀单冲量控制回路

机组在启动和低负荷（在 0 到某一定值 x 范围内）时，由一台电动给水泵向锅炉供水，这时给水控制系统按单冲量调节方式工作。因锅炉所需给水流量很小，电动给水泵运行在最低转速，用给水旁路阀调节给水流量，以保持一定的汽包水位，旁路阀开度运行在 0 ～ 80(90)％ 之间。

（2）电动给水泵转速单冲量控制回路

当旁路阀开度达到某一定值（80％～90％）时，控制系统自动切换到电动给水泵转速控制汽包水位；当锅炉负荷达到一定值（如 25％）时，主阀自动打开，但这时仍为单冲量控制方式。

（3）给水泵转速三冲量控制回路

当锅炉负荷升高到电动给水泵额定负荷值（如 30％）时，需启动一台汽动给水泵；当锅炉负荷进一步升高到预先整定值（如 35％）时，系统自动切换到三冲量调节方式；在正常运行时，两台汽动给水泵运行，汽包水位由汽动给水泵转速控制，为三冲量调节方式。

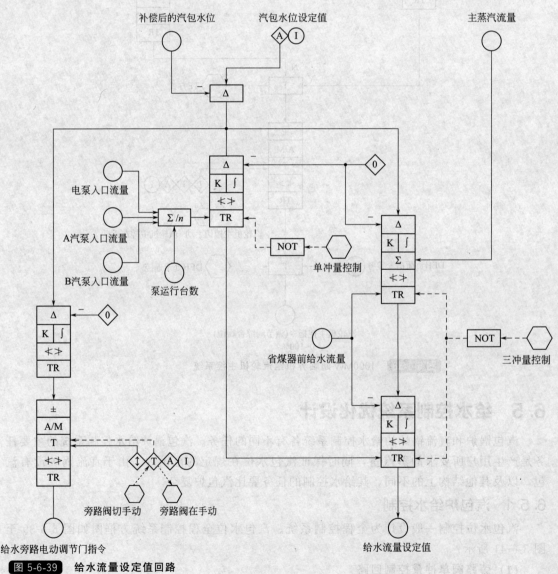

图 5-6-39 给水流量设定值回路

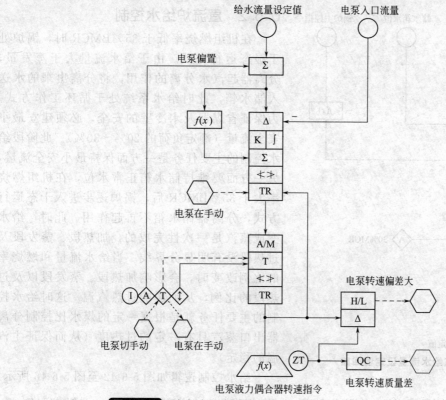

图 5-6-40　汽包水位电泵控制系统

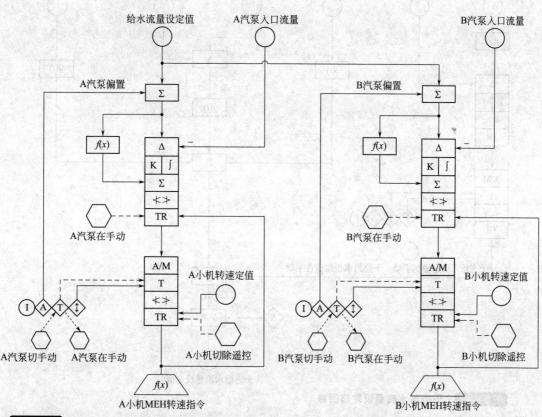

图 5-6-41　汽包水位汽泵控制系统逻辑 SAMA 图

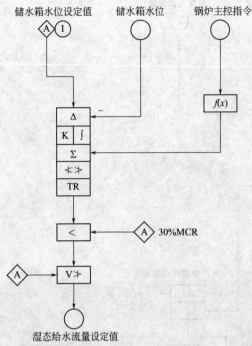

储水箱水位设定值　储水箱水位　锅炉主控指令

图 5-6-42 湿态给水流量设定值回路

6.5.2 直流炉给水控制

在机组燃烧率低于 35％BMCR 时，锅炉处于湿态运行方式。由于给水流量大于蒸发量，分离器起汽水分离的作用，将分离出来的水送入储水箱，此时给水系统处于循环工作方式。为保证省煤器及水冷壁的安全，必须建立最小安全流量（额定负荷的 20％～30％）。此阶段给水控制的主要任务是一方面保持最小安全流量，另一方面要维持储水箱正常水位，在机组燃烧率大于 35％BMCR 后，锅炉逐步进入干态运行方式，分离器储水箱不再起作用，此时，给水变成蒸汽是一次性完成的，加热段、蒸发段及过热段没有明显分界线。当给水流量和燃烧率的比例改变时，会影响加热段、蒸发段以及过热段的比例，从而影响过热汽温。这时给水控制的主要任务就是根据一定的煤水比控制分离器出口蒸汽具有一定的过热度（从而保证主汽温的稳定）。

给水控制逻辑如图 5-6-42 至图 5-6-46 所示。

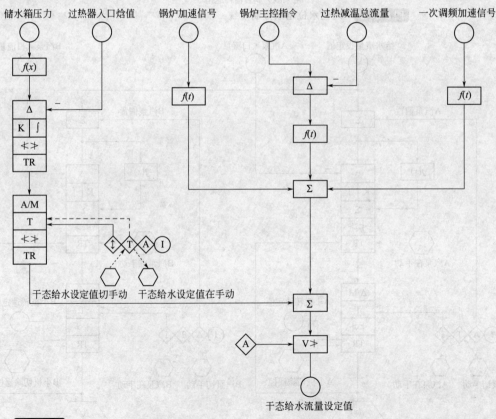

储水箱压力　过热器入口焓值　锅炉加速信号　锅炉主控指令　过热减温总流量　一次调频加速信号

干态给水设定值切手动　干态给水设定值在手动

干态给水流量设定值

图 5-6-43 干态给水流量设定值回路

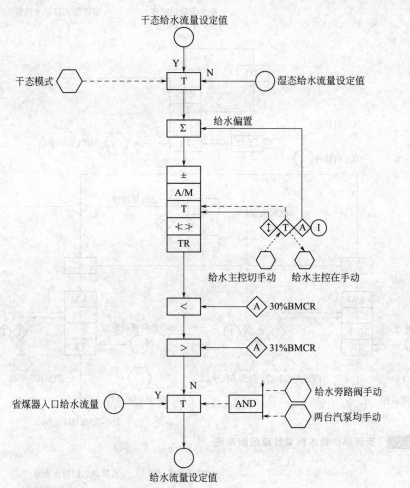

图 5-6-44　给水流量设定值回路

（1）启动及湿态运行时的给水控制

在启动运行工况时，调节给水管道上的旁路调节阀开度来控制给水流量。通过给水控制画面的"启动给水模式"投切按钮来投入"启动给水模式"。此时给水流量设定值由给水旁路阀控制面板的设定按钮直接设定给水流量定值。该定值与 35％BMCR 的给水流量定值大选后（约 800t/h），作为最终给水流量定值。在给水主阀未全开的情况下，电动给水泵投入自动来控制给水旁路调节阀前、后的差压。储水箱水位由储水箱水位调节阀及两个大小溢流阀控制。

（2）转干态之后的给水控制

当给水旁路调节阀开至约大于 75％ 而且负荷超过规定负荷后，逐步切换到主给水门，切换完成后，由电泵、汽泵调节汽动给水泵的转速来控制给水流量，电动给水泵作为备用，其勺管开到跟踪位。此时通过给水控制画面的"启动给水模式"投切按钮来切除"启动给水模式"。

此时的给水控制是由过热器一级减温温差控制器、分离器出口温度控制器及给水流量控制器组成的三级 PID 控制。给水流量设定值由三部分组成。

① 第三级 PID　根据煤水比要求，由锅炉主控输出经超前滞后模块补偿后折算的给水流量定值，经过分离器出口温度控制器输出的修正，作为最终的给水流量定值，与实际给水

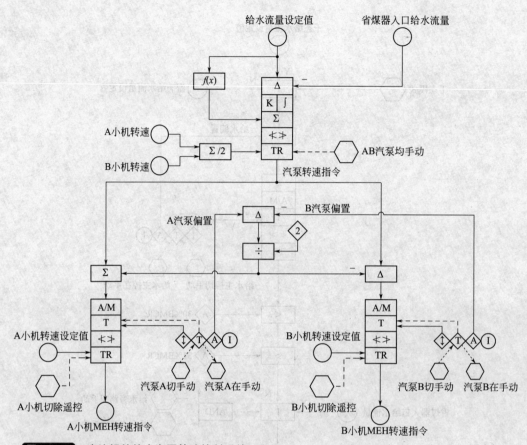

图 5-6-45 直流锅炉给水汽泵转速控制系统

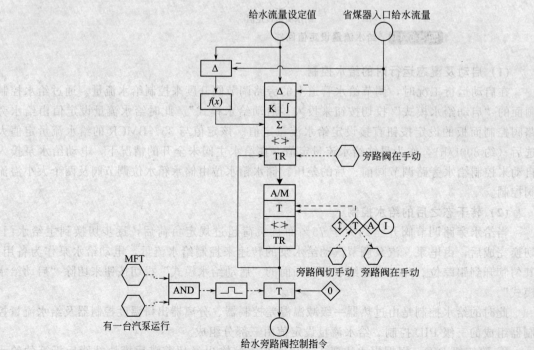

图 5-6-46 直流锅炉给水旁路阀指令形成回路

流量比较，经 PID 运算后来控制给水泵转速。

② 第二级 PID　中间点温度设定值由两部分组成：一是不同分离器出口压力对应的饱和温度，二是不同分离器出口压力对应的过热度，三是由过热器一级减温温降调节器输出的修正。第二级 PID 主要用来保证中间点温度具有一定过热度。

③ 第一级 PID　一级减温器温降设定值由两部分组成：一是由锅炉主控输出经过非线性折算块计算得到的一级温降设定值；另外一个是运行人员设定的温降偏置。该控制器的输出作为中间点温度过热度定值的修正。

6.6　汽温控制系统优化设计

6.6.1　主汽温控制

主汽温控制的重要性不言而喻。目前主要的控制方式是喷水减温（对于超临界直流锅炉来说，煤水比是汽温的粗调手段）。主汽温控制主要有以下特点：

① 在喷水量扰动下，主汽温呈现出大时延、大惯性等特征，而且具有非线性、受干扰因素多等特点，属于典型的难控对象；

② 锅炉设计中对喷水减温器、摆动火嘴及烟道挡板配置可控能力不足，也往往使调节回路很难运行好；

③ 目前常规的控制方案是采用串级控制和导前微分双回路控制，大容量机组多采用串级控制方案；

④ 主汽温控制一般采用分段控制方案，即将整个过热器分成若干段，每段分别设置减温器，分别控制各段的汽温，一级减温用来粗调主汽温，二级减温用来对主汽温进行细调，使主汽温维持在定值，对于每段减温控制系统，最常见的典型组态都采用串级加前馈控制方案。

典型二级过热器喷水减温控制系统如图 5-6-47 所示。

6.6.2　再热汽温控制

再热蒸汽温度大都采用烟气侧的调温方式，常用的方式包括摆动式燃烧器、分隔烟道挡板、烟气再循环等几种。喷水减温控制是辅助调节手段。再热器喷水会降低机组循环效率。一般再热器中每喷入 1% MCR 的减温水，将使机组循环热效率降低 0.1%～0.2%。

(1) 燃烧器倾角控制

摆动式燃烧器是利用燃烧倾角的大小来变动火焰中心位置，改变炉膛出口温度与各受热面吸热量的分配，从而调节再热汽温。由于是靠改变炉膛出口烟温来调节再热汽温，因此采用摆动式燃烧器调温的锅炉，再热器的更多级布置于炉膛内或靠近炉膛出口，以增大调温幅度。

控制策略如图 5-6-48 所示的单回路控制系统。燃烧器分上下两层，每层 4 个，系统通过改变某层燃烧器摆角指令一起去控制该层的 4 个燃烧器。

采用摆动燃烧器倾角调节再热汽温时应注意以下问题。

① 燃烧器喷嘴向上摆动时，一方面使再热汽温上升（当然也会使过热汽温上升），另一方面使煤粉在炉内停留时间缩短，导致飞灰中含碳量增加，影响锅炉效率。此外，会使炉膛出口烟温过高，而引起炉膛出口处受热面上发生结渣现象，特别对燃用高结渣性和沾污性的煤，更会产生严重的结渣问题。而向下摆动时又易造成炉膛下部冷灰斗结渣。

② 燃烧器摆动时要求各层严格同步，否则将使炉内的空气动力场紊乱，影响燃烧。实

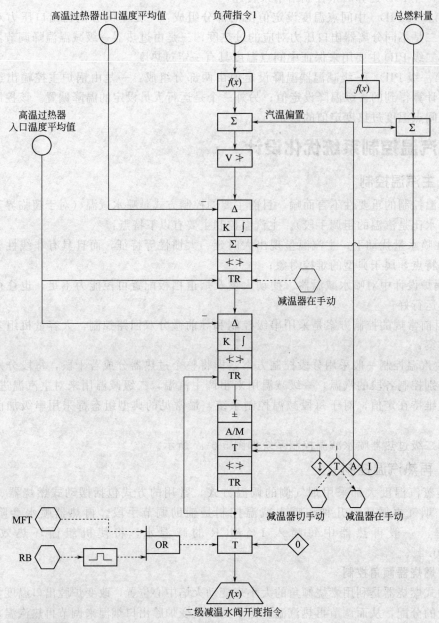

高温过热器出口温度平均值　　负荷指令1　　　总燃料量

高温过热器
入口温度平均值

汽温偏置

减温器在手动

减温器切手动　　减温器在手动

MFT

RB

二级减温水阀开度指令

图 5-6-47　二级过热器喷水减温控制系统

际运行中，由于热态运行，致使燃烧器销子断裂或机构卡死，常难以达到上述要求。目前摆动式燃烧器调节汽温的最大问题是可靠性较差。

③ 采用摆动燃烧器调节再热汽温时，也会同时影响过热汽温。

（2）烟气挡板控制

国内许多 600MW 机组都采用了这种方式进行再热汽温的调节。它的原理是，将烟道竖井分隔为主烟道和旁通烟道两个部分。在主烟道内布置再热器，在旁通烟道内布置低温过热器或省煤器。两个烟道出口均安装有烟气挡板，调节烟气挡板的开度可以改变流经两个烟通道的烟气流量分配，从而改变烟道内受热面的吸热量，实现对再热汽温的

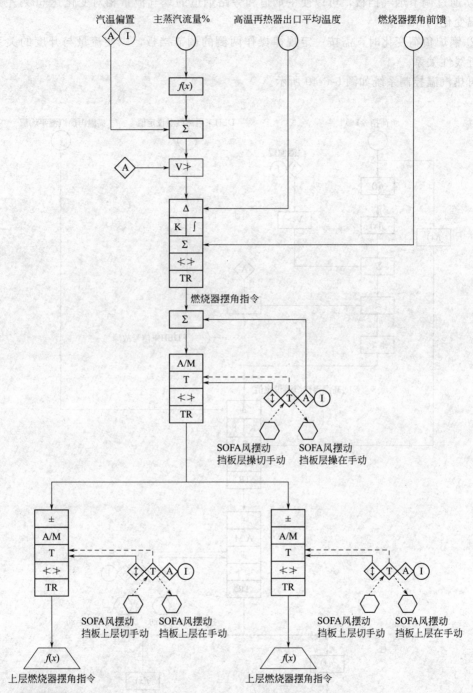

图 5-6-48　采用摆动式燃烧器倾角的再热汽温单回路控制系统

调节。

相应地，低温对流过热器的出口汽温也会受到影响。但如果旁通烟道的低温过热器热量占总过热量的比例很小，这个影响并不大，并且可通过调节减温器的喷水量加以消除。

烟气挡板再热汽温调节有以下特点：

① 通过调节烟气挡板，可以使主烟道和旁路烟道的烟气流量相对变化达 60％左右，再热汽温变化约 50℃；

② 锅炉负荷变化时，需按一定规律操作两侧的调节挡板，以使流量与开度的关系尽可能接近线性关系。

再热汽温控制系统如图 5-6-49 所示。

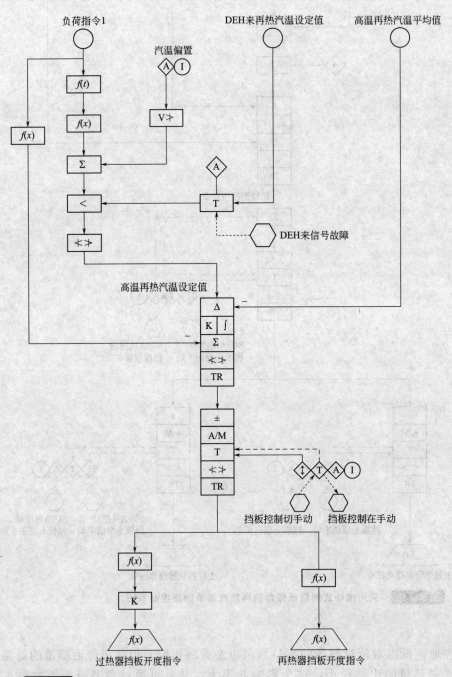

图 5-6-49   采用烟气挡板的再热汽温控制系统

(3) 再热器减温喷水控制

再热器减温喷水控制采用串级控制。第一级主调输入为再热器减温汽温设定值和再热汽温测量值，输出作为再热减温器出口温度设定值。第二级副调控制再热减温器出口温度，其输出作为减温水阀的指令去改变减温水阀的开度，从而调整减温水流量。控制策略如图 5-6-50所示。

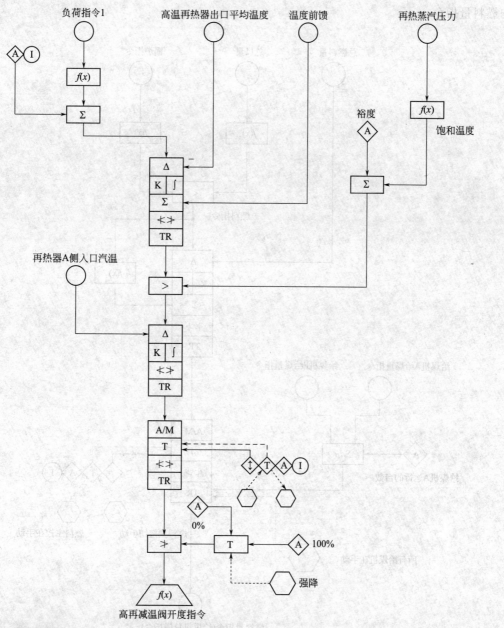

图 5-6-50　再热器 A 侧喷水减温控制

6.7 燃烧控制系统优化设计

6.7.1 燃料主控

图 5-6-51 所示为燃料主控的控制策略图，燃料量指令是锅炉主控的输出，燃料反馈分为煤燃料和油燃料两部分，用总燃料量表示。煤燃料量根据 6 台给煤机的给煤量之和来确定。燃料量指令和总燃料反馈经过偏差运算后送入燃料主控控制器，可计算出每台磨煤机平均燃料量指令。

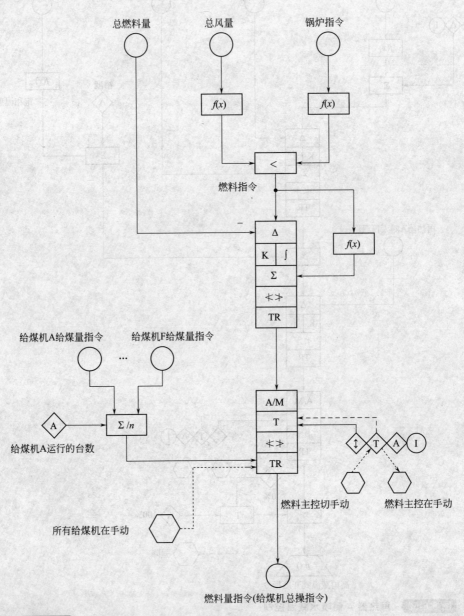

图 5-6-51 燃料主控

6.7.2　风量指令

　　锅炉在不同的负荷时，燃料量和送风量的最佳配比是不同的，因此采用烟气含氧量来校正风量指令，如图 5-6-52 所示。

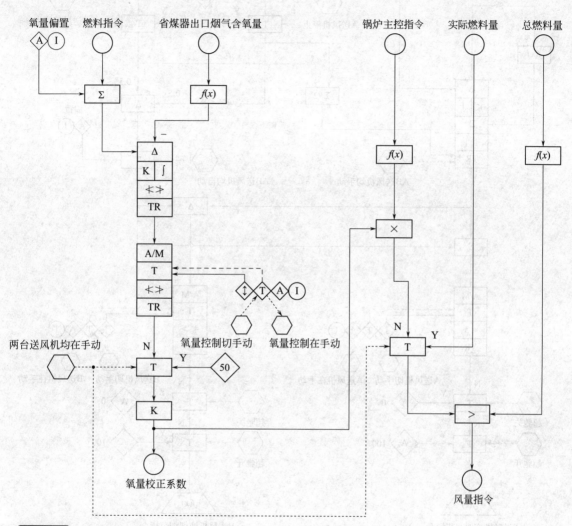

图 5-6-52　风量指令

6.7.3　送风控制

　　送风控制系统如图 5-6-53 所示。该控制是"前馈-反馈"的典型控制方案，由于平衡回路的功能，在自动投入后，可调整动叶指令，保证 AB 两台送风机的出力基本相似。

6.7.4　一次风压控制

　　一次风的主要作用是用来干燥煤粉并将磨煤机里的煤粉输送到炉膛里，为了保证输粉管内煤粉不会堆积，必须维持输粉管道内的一次风有一定的速度或足够的压力，但一次风流速太快，使磨煤机中的煤没有足够的碾磨时间，且煤粉颗粒太大。

　　一次风量的大小是根据磨煤机的负荷大小来决定的，但对一次风量的控制必须保证一次风母管具有一定的压力。

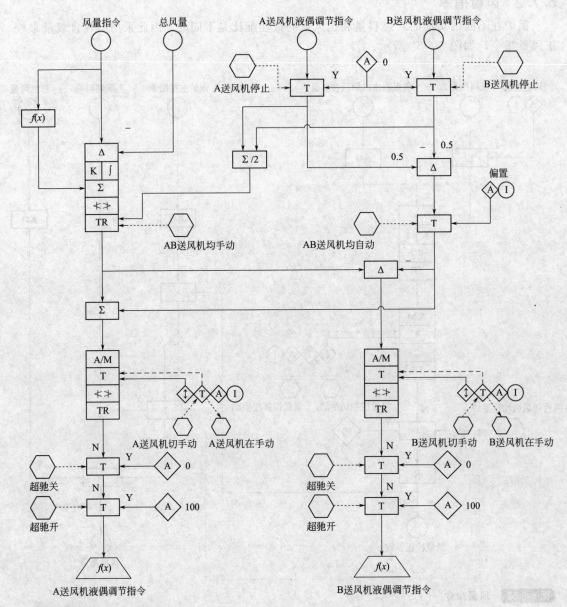

图 5-6-53 送风控制系统

一次风压力控制系统 SAMA 图如图 5-6-54 所示。一次风压力控制器的设定值和前馈值，均根据燃料主控的输出（燃料量指令）通过函数发生器得到，该控制逻辑设置了平衡回路，从而保证在自动投入时，设备可根据风压偏置和动叶偏置来自动调整。

6.7.5 炉膛压力控制

锅炉炉膛压力控制系统主要任务是维持炉膛压力在一定范围内变化，保证锅炉设备的安全运行。图 5-6-55 所示为炉膛压力控制 SAMA 图，采用了典型的"前馈-反馈"控制方案，送风机指令平均值作为前馈系统叠加到炉膛压力控制器的输出上，能快速抑制炉膛压力的波动。该控制逻辑实现了手自动无扰切换功能。

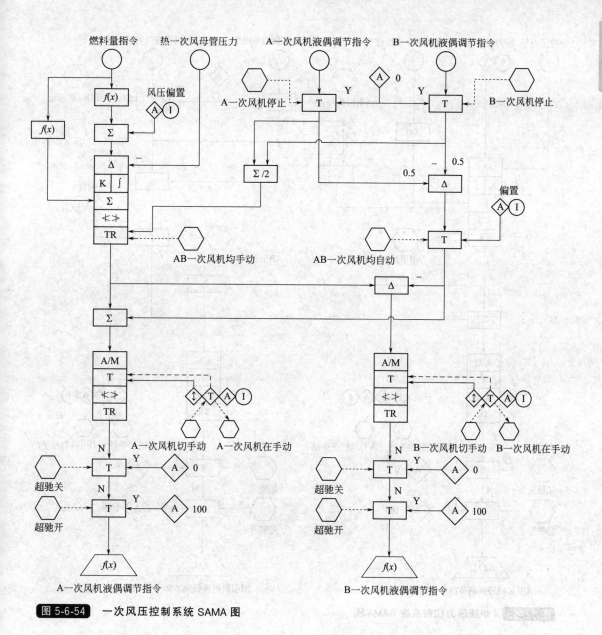

燃料量指令　热一次风母管压力　A一次风机液偶调节指令　B一次风机液偶调节指令

风压偏置

A一次风机停止　　　　　　　　　　　　　　　B一次风机停止

偏置

AB一次风机均手动　　　AB一次风机均自动

A一次风机切手动　A一次风机在手动　　　B一次风机切手动　B一次风机在手动

超驰关　　　　　　　　　　　　　　超驰关

超驰开　　　　　　　　　　　　　　超驰开

A一次风机液偶调节指令　　　　　　　　B一次风机液偶调节指令

图 5-6-54　一次风压控制系统 SAMA 图

6.8　汽轮机控制系统优化设计

6.8.1　汽轮机数字电液控制（DEH）

（1）DEH 的主要功能及运行方式

　　汽轮机数字电液控制系统 DEH（Digital electric-Hydraulic Control System）是汽轮机特别是大型汽轮机必不可少的控制系统，是电厂自动化系统最重要的组成部分之一。它集计算机控制技术与液压控制技术于一体，充分体现了计算机控制的精确与便利，以及液压控制系统的快速响应、安全、驱动力强的优点。

　　DEH 系统的主要功能有：①实现汽轮机的自动启停；②实现汽轮机负荷的自动控制；③实现汽轮机发电机组的运行监控；④实现汽轮发电机组的自动保护，即超速防护系统

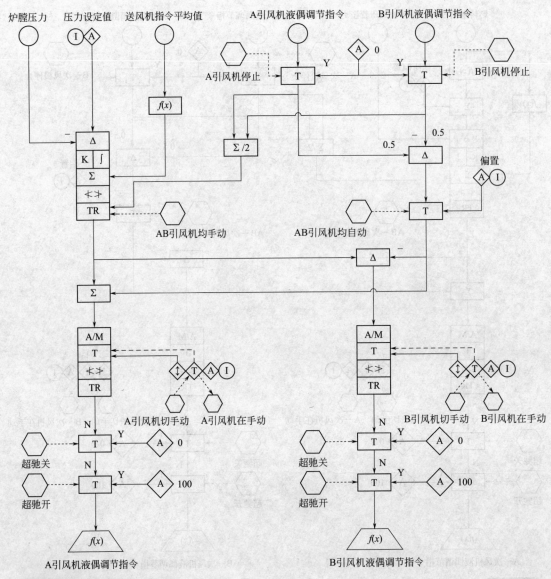

图 5-6-55 炉膛压力控制系统 SAMA 图

（OPC）、机械超速和手动脱扣系统，危急遮断控制系统（ETS）；⑤实现手动控制、无扰动切换和冗余切换。

为了确保控制的可靠，DEH 的运行方式一般设计有四种：硬手动方式、操作员自动控制、协调方式（CCS）和自动汽轮机控制（ATC）方式。机组可在其中一种方式下运行，各种方式之间互相跟踪并做到无扰切换。

① 硬手动方式 运行人员通过操作盘直接控制各个调节汽门的开度，各按钮之间逻辑互锁，避免误操作和参数的剧烈波动，同时具有超速保护、超速试验以及手动脱扣功能。它的硬件全部由成熟的常规模拟元器件组成，作为 DEH 的一种后备操作手段，一般在 DEH 系统故障的情况下运用。当 DEH 处于硬手动方式时，操作员自动指令跟踪硬手动的输出，以做到无扰切换；同理，当 DEH 处于操作员自动时，硬手动的输出跟踪操作员自动的输出，从而做到双向无扰切换，保证控制系统的设计完善和机组各种重要参数

的稳定。

② 操作员自动控制 操作员自动方式是最基本的一种控制方式。操作员设定目标转速或目标负荷，通过设定值形成回路生成相应的设定值并送到转速调节回路或功率调节回路，由控制回路形成阀位指令，送到液压伺服器。液压伺服器执行阀门位置控制功能，使实际阀位与阀位的指令相适应，最终使汽轮机的转速或负荷与给定值相平衡。

③ 协调方式（CCS） 当投入协调控制时，DEH 只需投入速率反馈回路（起到保护作用）。这时，DEH 接收来自 CCS 的负荷指令去控制汽轮机的阀位。这个指令可以是 CCS 系统中的负荷自动控制回路产生的，也可以是 CCS 系统中的主蒸汽压力自动控制回路产生的，还可以是运行人员手动设定的，具体形式根据汽轮机主控回路的手/自动状态和协调控制方式决定。

④ 自动汽轮机控制（ATC）方式 DEH 通过对汽轮机的状态检测，计算转子的应力，然后根据汽轮机的应力允许范围设定转速或负荷的设定值及其速率，使汽轮机自动进行盘车、升速、暖机和并网带负荷，从而用最大的速率和最短的时间实现机组的启动和停止。

（2）DEH 自动控制原理

在汽轮发电机组并网前，DEH 为转速闭环无差调节系统。给定转速与实际转速之差，经过 PID 调节器运算后，通过伺服系统控制油动机开度，使实际转速跟随给定转速变化。图 5-6-56 为转速控制升速率形成的逻辑组态。"设置升速率"是指操作员根据汽轮机的实际运行工况通过操作员站上的软操盘输入转速升速率，输入升速率应在允许的范围内（0～500r/min/min），以保证汽轮机转速控制的平稳和机组运行的稳定。当进入临界转速区时，自动将升速率改为大于等于 400r/min/min，使汽轮机能够快速通过临界区域，降低振动幅度，保证机组安全。

图 5-6-57 为转速控制回路的组态逻辑。目标转速由操作员在"设置升速率之前"手动输入。"转速给定进行"是指转速的目标值不等于给定值，在条件允许的情况下设定值按由图 5-6-58 得到的有效升速率向目标转速逼近。"转速给定保持"指控制系统的设定值保持不变。转速设定值与实际转速的差值经过 PID 控制器得到转速 PID 输出，进入到总阀位设定值的形成回路，对油动机的开度进行调节，使汽轮机的转速随着转

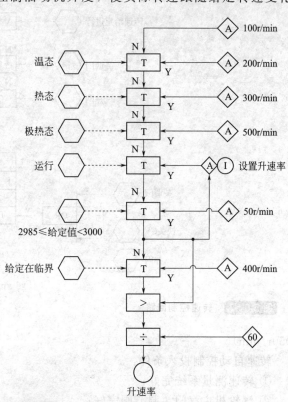

图 5-6-56 转速控制升速率的形成

速设定值变化。在升速过程中，通常需对汽轮机进行暖机，以减小热应力。汽轮机达到 3000r/min 定速后，可以进行自动同期。DEH 对自动同期装置发出增/减脉冲指令进行累加，产生转速目标值，并通过限幅器将累加后的目标值限制在同期转速允许范围内（2950～

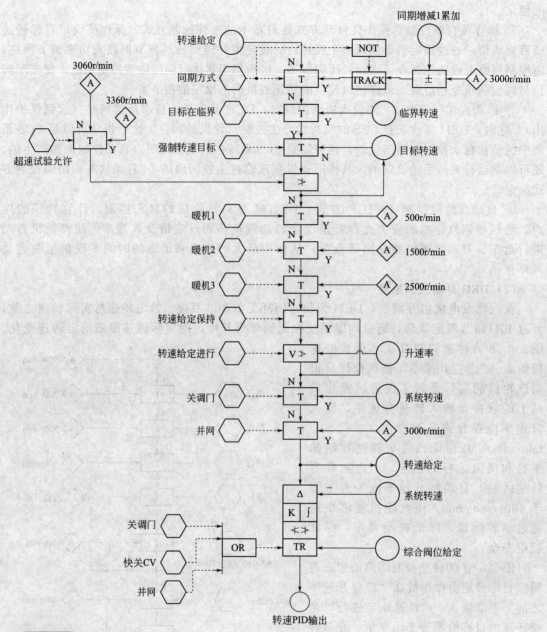

图 5-6-57   转速控制回路

3050r/min)。

转速自动控制投入条件：

① 转速测量系统完好；

② 汽轮机主汽门、调节阀完好；

③ EH 油系统正常，EH 油压达到规定值；

④ 伺服阀工作正常；

⑤ 各项冷态试验合格；

⑥ 操作站工作正常，跟踪信号正确；

⑦ 无故障信号。

在机组同期并网时，总阀位给定值立即阶跃增加 4%～6%，使发电机带上初负荷，并由转速 PI 控制方式转为阀位控制方式。并网后 DEH 的控制方式可在阀位控制、功率控制、主汽压力控制方式之间方便地无扰切换，并且可与协调控制主控器配合，完成协调控制功能。

在阀位控制方式下，操作员通过设置目标阀位或按动阀位增减按钮，控制油动机的开度。在阀位不变时，发电机功率将随蒸汽参数变化而变化。图 5-6-58 为 DEH 的阀位控制逻辑 SAMA 图。

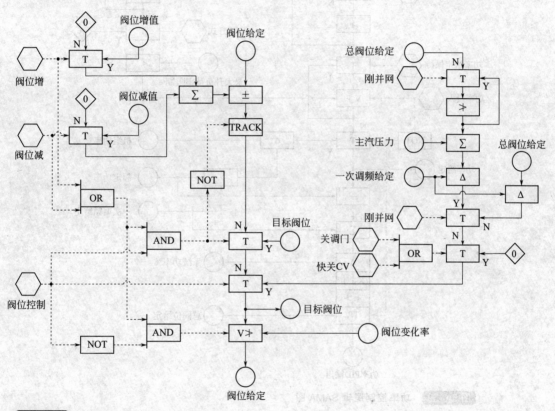

图 5-6-58　阀位控制逻辑 SAMA 图

在功率控制方式下，操作员通过设置负荷升速率、目标功率来改变功率给定值，给定功率与实际功率之差经 PI 运算后控制油动机的开度。在给定功率不变时，油动机开度自动随蒸汽参数的变化而变化，以保持发电机的功率不变。图 5-6-59 为 DEH 的功率控制逻辑 SAMA 图。

投入功率闭环回路的允许条件如下：

① 功率变送器没有故障；

② 汽轮机负荷在允许的范围内（350MW 机组为 8～300MW 之间）；

③ 网频在（50±0.5）Hz 范围以内；

④ 汽轮机调节压力回路未投入；

⑤ 阀位限制未动作；负荷高限未动作；主蒸汽压力限制未动作；

⑥ RUNBACK 未发生；

⑦ 汽轮机未跳闸；

⑧ 油开关合闸。

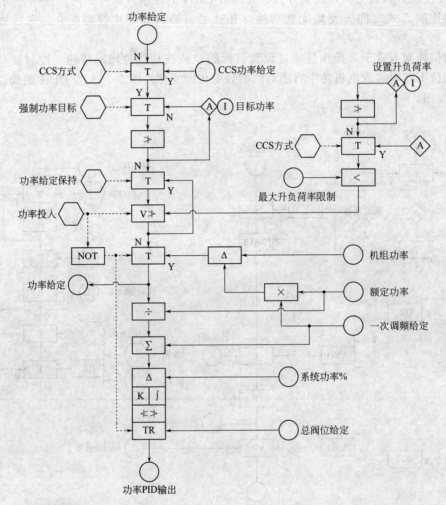

图 5-6-59　功率控制逻辑 SAMA 图

在主汽压力控制方式下，操作员通过设置压力变化率、目标压力来改变压力给定值，给定压力与实际功率之差经 PI 运算后控制油动机的开度。在给定压力不变时，油动机开度自动随蒸汽参数的变化而变化，以保持主汽压力不变。由于目前随着上网机组容量的快速增加，对供电质量的要求越来越严格，电量和网频的调节越来越重要，因此 DEH 主要用来根据调度中心的负荷指令控制机组负荷，通过调整锅炉的燃烧来调节主汽压力。所以 DEH 的主汽压力控制回路一般很少用。图 5-6-60 为压力控制回路组态逻辑。

以上几个调节回路的输出经过选择切换形成自动指令，并和手动回路的输出选择切换后形成总的基准值，即为总的流量请求值，经过各阀门特性校正后，形成各个阀门的阀门指令，送到各阀门的液压伺服器。液压伺服器执行阀门位置控制功能，最终使阀门实际开度和阀位指令相平衡。阀门开度的变化使进入汽轮机的蒸汽量改变，从而改变相应的被调量（转速、功率和主蒸汽压力），完成控制功能。图 5-6-61 和图 5-6-62 分别为总阀位给定值形成的 SAMA 图和调节阀油动机控制回路的 SAMA 图。

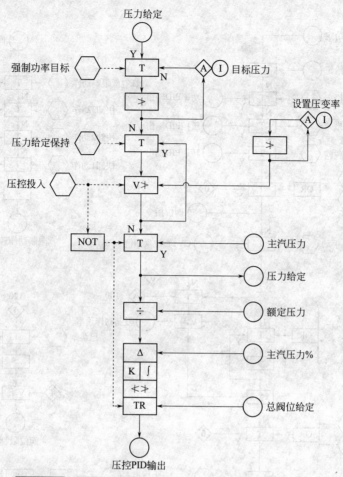

图 5-6-60 压力控制回路

（3）DEH 的自动保护功能

在汽轮机运行过程中，某些参数严重超标会造成设备损坏，因此在汽轮机 DEH 控制系统中设有超速保护和危急遮断系统，以提高机组运行的安全性。

① 超速保护控制器（OPC）　超速保护控制器（OPC）是防止汽轮机超速的第一道防线。当汽轮机由于甩负荷或其他原因使转速超过 103％的额定转速时，超速保护控制器（OPC）会发出指令并通过相应的阀门伺服系统迅速关闭高中压调门（GV 或 IV），防止汽轮机转速继续上升引起危急遮断系统动作而停机。OPC 具有以下功能：

a. 部分甩负荷引起转速上升时，快关中压调门（IV）功能；

b. 负荷下跌预测功能；

c. 103％超速保护功能。

② 危急遮断保护系统（ETS）　汽轮机 DEH 控制系统中的危急遮断保护系统，包括电气危急遮断保护系统（ETS）、电气超速遮断保护系统、机械超速危急遮断系统。在 ETS 系统检测到机组超速达到安全界限后，通过 AST 电磁阀关闭所有的主汽阀和调节汽阀，实行紧急停机。保护内容一般有电气超速保护（定值为 110％额定转速）、轴向位移保护、真空低保护、EH 油压低保护、润滑油压低保护、MFT 保护、发电机解列保护、发变组故障保护、振动大保护、差胀大保护、DEH 失电和 DEH 手动打闸等。

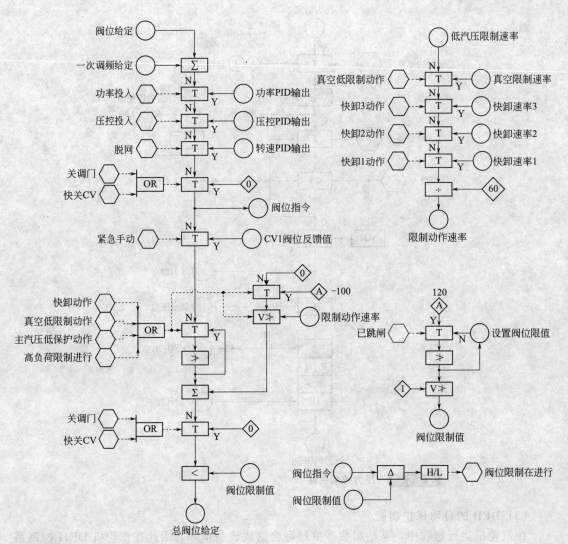

图 5-6-61　总阀位给定值形成 SAMA 图

6.8.2　再热机组旁路系统控制

汽机旁路系统的主要作用是协助机组以最短的时间完成启动，在机组甩负荷时与整个机组相配合，实现甩负荷后的一些复杂的运行方式，并进行锅炉超压防护。超（超）临界机组的汽机旁路系统容量一般选择为 100％ 高压旁路容量和 65％ 低压旁路容量，既能用于机组启动运行，也能满足机组大幅度甩负荷时机组解列、停机不停炉的运行方式，便于机组快速的再启动。

旁路系统的调节阀主要有高旁压力控制阀、高旁温度控制阀、低旁压力控制阀、低旁温度控制阀。

（1）高压旁路控制系统

图 5-6-63 至图 5-6-65 分别为高压旁路压力设定值的形成、高压旁路压力控制和温度控制的 SAMA 图，高压旁路的运行模式一般分为启动、升压、滑压跟踪、停机和停炉等。

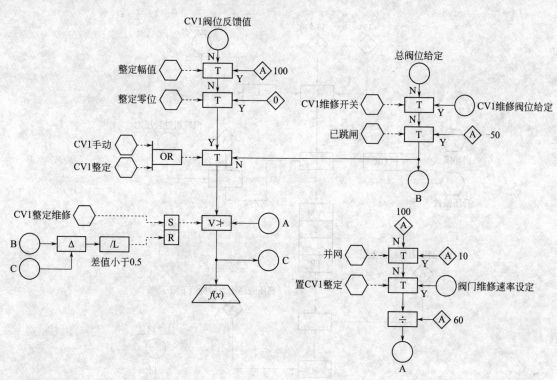

图 5-6-62　调节阀油动机控制回路 SAMA 图

高压旁路压力设定值的形成：在启动时，其设定值随主汽压力自由波动，在进入滑压跟踪模式前，高旁压力一直维持在冲转压力，当处于滑压运行模式时，高压旁路压力设定值为主汽压力设定值加 1.4MPa，保证机组正常运行时旁路压力阀全关。在停机和停炉两种模式下，其设定值均不同。

高压旁路压力控制：高压旁路控制阀 1 和 2 均接受高压旁路压力主控的输出指令，当自动投入时，两个阀的手操器上均可以设置偏置，同时高压旁路压力阀具有快开和快关的功能。

高压旁路温度控制：高压旁路减温阀 1 和 2 是单独控制，维持高压旁路出口的温度等于设定值，同时高压旁路减温阀具有快开和快关的功能。

（2）低压旁路控制系统

图 5-6-66 至图 5-6-68 分别为低压旁路压力设定值的形成、低压旁路压力控制和温度控制的 SAMA 图，低压旁路的运行模式一般分为启动、滑压跟踪、停机和停炉等。

低压旁路压力设定值的形成：在滑压运行方式下，压力设定值与主汽流量具有函数关系，当低压旁路控制处于手动时，压力设定值跟踪再热汽压力。

低压旁路压力控制：低压旁路控制阀 1 和 2 均接受低压旁路压力主控的输出指令，当自动投入时，两个阀的手操器上均可以设置偏置，同时低压旁路压力阀具有快开和快关的功能。

低压旁路温度控制：低压旁路减温阀 1 和 2 是单独控制，维持低压旁路出口的温度等于设定值，同时低压旁路减温阀具有快开和快关的功能。

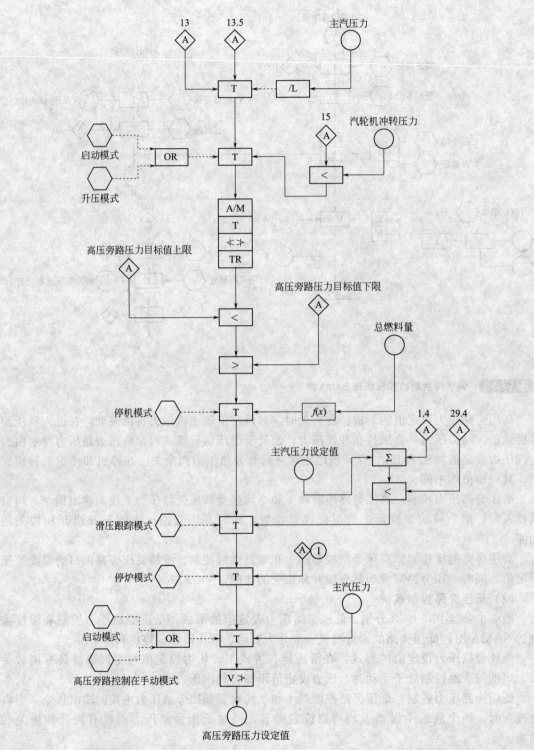

图 5-6-63　高压旁路压力设定值

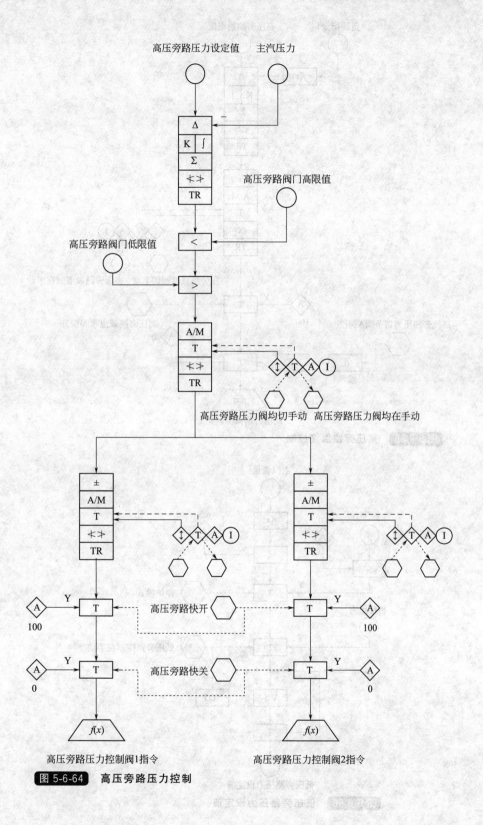

图 5-6-64 高压旁路压力控制

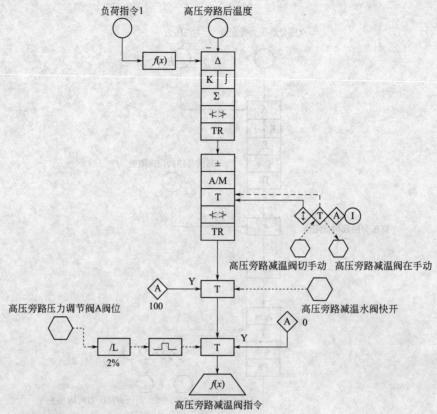

图 5-6-65   高压旁路温度控制

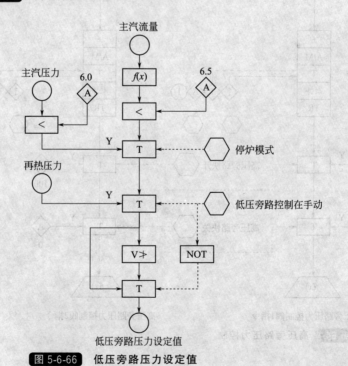

图 5-6-66   低压旁路压力设定值

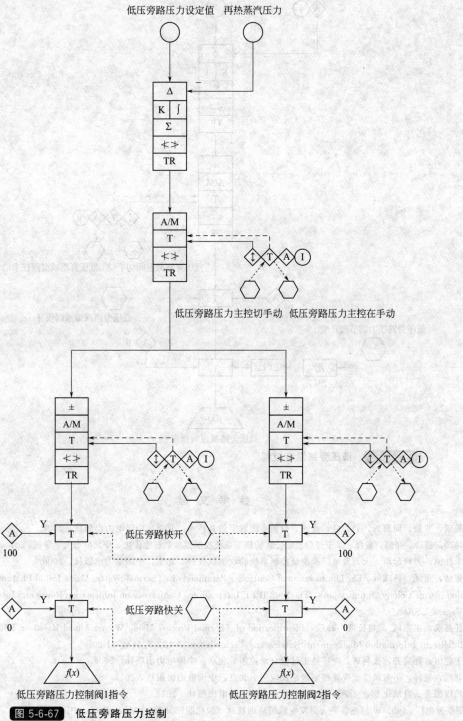

图 5-6-67　低压旁路压力控制

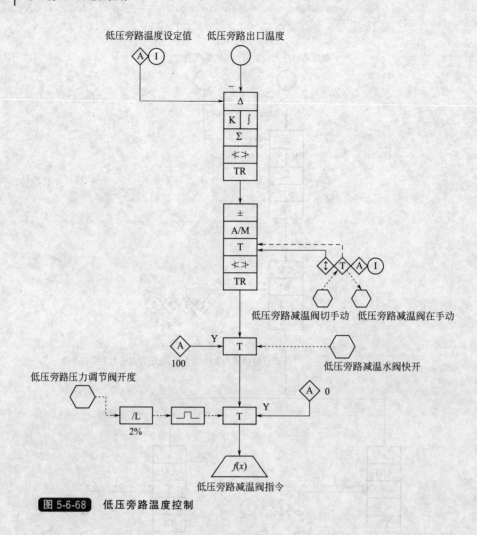

图 5-6-68 低压旁路温度控制

参 考 文 献

[1] 韩璞，罗毅，周黎辉，刘长良，董泽．控制系统数字仿真技术．北京：中国电力出版社，2007．

[2] 韩璞，吕玲，张倩，董泽．基于经验整定公式的热工系统控制器参数智能优化．华北电力大学学报．2010，5：73-77．

[3] 朱北恒，尹峰起草．火力发电厂模拟量控制系统验收测试规程．北京：中国电力出版社，2006．

[4] 张倩，董泽，韩璞等．The Optimization of Controller Parameters in Thermal System Using Initial Pheromone Distribution in Ant Colony Optimization，The 2008 IEEE International Conference on Information Reuse and Integration，Las Vegas，USA．

[5] 任燕燕，王东风，刘长良，韩璞，Identification of Thermal Process Using Wiener Model Based on PSO and DNN，Intelligent Information Management Systems and Technologies. 2012，8（1），11-20．

[6] 王建国，孙灵芳，张利辉．电厂热工过程自动控制．北京：中国电力出版社，2009．

[7] 韩璞，董泽，王东风等．智能控制理论及应用．北京：中国电力出版社，2013．

[8] 韩璞编著．自动化专业（学科）概论．北京：人民邮电出版社，2012．

[9] 望亭发电厂．660MW 超超临界火力发电机组培训教材（脱硫脱硝分册）［M］．北京：中国电力出版社，2011 年．

[10] 阎维平，刘忠，王春波，纪立国．电站燃煤锅炉石灰石湿法烟气脱硫装置运行与控制［M］．北京：中国电力出版社，2005 年．

7.1 核能发电自动控制

7.1.1 核反应堆工作原理及核能发电工艺流程

核电站是利用核裂变反应释放出的能量来发电的工厂。它通过冷却剂流过核燃料元件表面，把裂变产生的热量带出来，再产生蒸汽，推动汽轮发电机发电。图 5-7-1 所示为压水堆核电站工作原理示意图，它主要由一回路系统和二回路系统两大部分组成[1]。

一回路系统主要由核反应堆、稳压器、蒸汽发生器、主泵和冷却剂管道组成。反应堆的作用是进行核裂变，将核能转化成热能。压水堆核电厂的反应堆采用普通高纯水作慢化剂和冷却剂。冷却剂由主泵压入反应堆，流经核燃料时将裂变放出的热带走；被加热的冷却剂进入蒸汽发生器，通过蒸汽发生器中的传热管加热二回路中的水（二回路工质），使之变成蒸汽，从而驱动汽轮发电机组工作。冷却剂从蒸汽发生器出来后，又由主泵压回反应堆内循环使用。一回路也被称为核蒸汽供应系统，俗称"核岛"（NI）。为确保安全，整个一回路系统装在一个称为安全壳的密封厂房内。

二回路系统的设备和功能与常规蒸汽动力装置基本相同，主要由汽轮发电机、凝汽器、给水泵和管道组成，所以将它及其辅助系统和厂房统称为常规岛（CI）。二回路工质（汽轮机工质）在蒸汽发生器中被加热成饱和蒸汽后进入汽轮机膨胀做功，将热能转变为机械能，带动发电机发电，从而把机械能转换为电能。做完功的蒸汽被排入凝汽器，由循环冷却水进行冷却，凝结成水后由凝结水泵送入加热器预加热，再经由给水泵输入蒸汽发生器，完成了汽轮机工质的封闭循环。

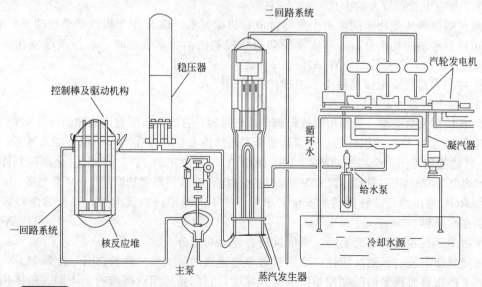

图 5-7-1 压水堆核电站工作原理示意图

综上所述，核能发电实际上是"核能→热能→机械能→电能"的能量转换过程。其中"热能→机械能→电能"的能量转换过程与常规火力发电厂的工艺过程基本相同，只是设备的技术参数略有不同。核反应堆的功能相当于常规火电厂的锅炉系统，只是由于流经堆芯的反应堆冷却剂带有放射性，不宜直接送入汽轮机，所以压水堆核电厂比常规火电厂多一套动力回路。

常规岛（CT）中的大多数控制系统（如汽轮机控制系统、旁路控制系统等），与火力发电站中的类似，仅仅是对被控变量的要求不同，因此有关此内容可以参考本篇的第 6 章。本章仅介绍一回路系统的控制问题。

7.1.2　棒控制系统

棒控制系统（RGL）由功率控制系统［G 棒组（包括 G 与 N 棒组）］、平均温度调节和停堆棒束控制系统（R 棒组）组成。

7.1.2.1　系统功能

(1) 运行功能[2]

① 平衡反应性，维持反应堆在一定功率下（稳定工况）运行。

反应堆运行中的各种反应性效应，从物理上讲，包括慢化剂温度效应、燃料温度效应（多普勒效应）、氙毒效应、燃耗、硼浓度、控制棒组以及燃料的后备反应性。

反应性稳定工况运行，即保持一定的稳定功率，就是要达到上述反应性平衡，即

$$\sum \rho = \rho_f + \rho_{\alpha T} + \rho_D + \rho_X + \rho_B + \rho_R + \rho_{bu} \tag{5-7-1}$$

式中，燃料后备反应性 ρ_f、温度效应 $\rho_{\alpha T}$、多普勒效应 ρ_D、氙毒效应 ρ_X 以及燃耗 ρ_{bu} 是物理上固有参数，而调硼反应性 ρ_B 和控制棒引入反应性 ρ_R 为引入的操纵变量。

当 $\sum \rho = 0$ 时，反应堆稳定功率运行；当 $\sum \rho < 0$ 时，功率下降；当 $\sum \rho > 0$ 时，功率上升。

控制棒用于补偿温度效应和功率效应以及快速小幅度负荷变化引起的氙毒效应。硼用于补偿氙毒消耗、燃耗等引起的反应性的慢变化。

② 按一定规律维持反应堆的平均温度与负荷的关系，保持一回路入口温度和压力为常数。二回路压力在较小范围内变化。

③ 在跟踪负荷时，反应堆功率随负荷而变，这时用灰棒补偿功率反应性效应，以保证轴向功率分布不受到较大的干扰。

④ 在功率快速变化期间，由于灰棒价值和速度关系，用 R 组黑棒辅助补偿功率效应。

⑤ 控制堆轴向功率分布，实现常轴向偏移控制法：功率变动时，运行点维持在运行图内；稳定运行时，保持运行点在 $\Delta I_{ref} \pm 5\%$ 之内。

⑥ 控制和监视安全停堆棒组 S 组棒的提升和插入。

(2) 安全功能[2]

① 反应堆紧急停堆　当保护系统得到停堆信号时，首先切断所有停堆棒组（（S 棒组）和控制棒组（R、N 和 G 棒组）的总电源，使全部停堆棒和控制棒在重力作用下插入堆芯，反应堆进入次临界而停闭。全部控制棒束组件（RCCAs）大约在 2s 内掉入堆芯。全部控制棒的驱动机构均由 RAM 系统三相交流 260V 电源独立供电，事故停堆时切断此 260V 总电源。

② RGL 系统总反应性价值的安全要求　要能引入足够的负反应性，以便紧急停堆后保持堆芯在次临界。

在功率运行和负荷跟踪期间，要能保持容许的功率分布。

限制弹棒事故引入的反应性，这意味着单个棒束的最大反应性价值有一定限制。

有 4 挡报警监视平均温度控制棒的插入深度，它们是棒组运行带的上下限、R 棒位低及 R 棒位低-低报警。插入过深应充硼，提得过高应稀释硼，以保持 R 棒在运行带内适当位置。

③ 控制棒束组件的不正常滑落和卡棒　RGL 系统提供了棒位测量和监视系统。操纵员在主控室里可以根据棒位测量所给出的棒在堆芯中的真实位置显示，与给定棒位计数器的要求棒位比较，来检查棒位的正确性。不正确的棒位包括 RCCAs 失步、RCCAs 卡住、RCCAs 滑落。

由此产生的局部中子通量变化，虽有不同的周期，但安全上是可以接受的。

停堆后，操作员还可以通过 RGL 系统检验全部棒束是否已落入底部。

棒位测量是非安全级设备，但操作员需依据堆芯运行情况增加对棒位不定期的检查次数，特别是描绘出通量分布图，以确定是否出现棒束错位失步情况。

对一个子组而言（通常 4 个棒束），允许故障率为 2.5%。然而，在满功率时这些故障的情况和发生次数是不可探测的。当用通量图和 RCCA 非故障位置做对比，仍不能探知不正常情况时，反应堆必须进入热等待工况。

④ 控制棒非正常提出　如果三组控制棒（R 棒组和两组重叠功率棒组）同时非正常提升，反应性的引入速度将达到最高值。

在运行中有时会在某一个棒组内出现一个棒束或几个棒束错位失步现象，这时必须及时校正。

7.1.2.2　系统工作原理

(1) 功率控制系统工作原理

法国为了使核电机组能较好地跟踪负荷和参与调频，开发了运行灵活性比较好的 G 模式，它是采用数组灰棒进行负荷跟踪以改变反应堆功率，灰棒的反应性价值较标准黑棒为低。所采用的驱动设备和部件被称之为"高运行灵活性装置"（DMA）或"反应堆先进运行操纵设备"（RAMP），这是法国核电站控制方面的一个特点，国内一些核电站也部分采用了这一运行模式[2]。

在该模式中，采用 G_1、G_2、N_1 和 N_2 4 个灰棒组（反应性价值在 200~1000pcm 之间）来补偿在负荷跟踪中堆功率变化的反应性效应，从而避免在采用改变硼浓度进行补偿时，因流量及废水处理带来的限制。

灰棒插入堆芯的深度是功率水平的函数。调硼只用于补偿负荷跟踪过程中氙毒引起的慢反应性变化。冷却剂平均温度控制，由独立的 R 调节棒组完成。R 组的反应性价值较高，大约为1100pcm。在功率快速变化中，由于灰棒受其反应性效率和最大速度限制，R 棒将辅助灰棒组进行控制。但 R 棒组主要用于对堆内反应性快变化进行微调，补偿二次效应即平均温度的变化。为了使 R 棒不致对轴向功率分布产生大的影响，它只在堆芯上部一个运行带内运行。此外，核电机组调频时，R棒也补偿氙毒的小变化。

灰棒（G 棒）的提插重叠控制程序是：提棒时先提效率较高组，即 $N_2 \rightarrow N_1 \rightarrow G_2 \rightarrow G_1$；插棒则相反，即 $G_1 \rightarrow G_2 \rightarrow N_1 \rightarrow N_2$；功率水平越低，棒组插入越深。这种插棒程序，能使因插棒引入的轴向功率扰动及由于重新分布效应引起的轴向扰动较好地互相抵消。控制棒位置的确定，是

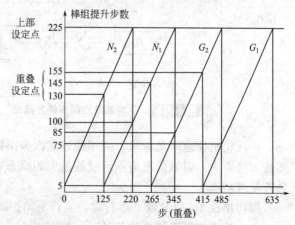

图 5-7-2　灰棒部分交叠程序

使它在任何时候都具有返回满功率的能力。图 5-7-2 为灰棒组控制程序图。

灰棒补偿的功率效应是多普勒效应和慢化剂效应的综合积累，但并不包括重新分布效

应。从燃耗初期到末期，多普勒效应变化不大，大约从 10.5pcm/％FP 到 9.5pcm/％FP，慢化剂温度效应从 11pcm/℃变到 32pcm/℃。燃耗的变化率大约是 30～40pcm/满功率日。因此，灰棒组棒位与功率对应曲线需要定期进行刻度。

（2）平均温度控制系统工作原理

反应堆冷却剂温度必须能够跟随二回路输出功率的变化进行调整，小的瞬态变化由平均温度控制棒组（R组）调节平衡；大的瞬态或低负荷工况时，还需与蒸汽旁路系统联合控制平均温度。

功率控制棒定位取决于汽机负荷要求，它补偿大的负荷变动（负荷跟踪）时堆芯功率效应引起的反应性变化，平均温度调节回路主要通过对平均温度的调节，实现反应性变化的微调。其设计应满足以下要求：

① R 棒组维持平均温度在设定值，该平均温度定值是负荷的线性函数；

② 在稳态或瞬态过程中，它可以补偿灰棒组的功率亏损或辅助灰棒组控制；

③ 参与一次调频，补偿一次调频的反应性变化及伴随而来的氙毒反应性效应，补偿硼控的时间延滞。

7.1.2.3　控制系统设计原则

（1）平均温度控制系统总体设计

它是一个闭环控制系统，由两个回路组成：平均温度控制回路和功率失配前馈回路。基本动态要求是：在下列瞬变条件下和 15％～100％FP 范围内，系统能自动地控制平均温度达到给定温度：

① 额定负荷±10％的阶跃变化；

② ±5％FP/min 的线性负荷变化。

控制回路的输入量是：反应堆芯功率的中子通量，反映汽机负荷的汽机第一级压力，实测堆平均温度。这三种参数经变换处理后，产生棒束的速度和方向信号。

汽轮机负荷是基本控制量，它产生平均温度参考定值曲线，给出不同负荷时的平均温度的定值要求，以构成温度控制回路，产生非线性增益及其与核功率的偏差，构成功率失配通道，用以校正和补偿温度控制，以改善系统的动态响应品质。两个回路综合成完整的平均温度控制系统，给出棒束驱动模拟信号和两个方向逻辑信号。控制系统方框图如图 5-7-3 所示。

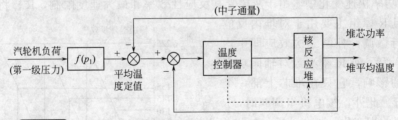

图 5-7-3　平均温度控制系统方框图

在汽轮机快速降负荷时，必须通过蒸汽旁路控制系统，将过多的一回路能量排放至凝汽器或大气中去，以减低反应堆承受的过大的瞬态幅值，当它们已充分降低时，控制系统再单独控制堆功率。

当功率在 15％FP 以下运行时，实行手动控制运行。

（2）功率控制系统总体设计

这是一个开环控制系统，由两个基本相同的回路组成：一个是控制回路；一个是监督回路。它按一个基本刻度曲线给出的负荷功率和功率控制棒的对应位置来控制棒组的定位。利用汽轮机负荷信号与棒位之间定值关系，经处理与实测位置比较，产生控制功率棒组移动的方向和速度。其输入是由汽轮机调速系统提供的 6 个模拟信号：基准负荷、一次调频控制、二次调频控制、基准蒸汽流量、汽轮机压力限定值、蒸汽流量限定值。

可以在 0％～100％FP 范围内实现控制。监督回路给出功率定值和控制棒步数监视。控制系统方框图如图 5-7-4 所示。

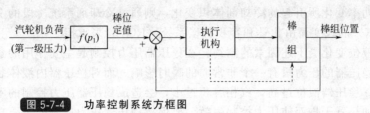

图 5-7-4　功率控制系统方框图

7.1.3　核岛（NT）中的其他主要控制系统

（1）稳压器中的冷却剂压力控制

为了防止压水反应堆冷却剂系统偏离泡核沸腾（DNB），反应堆冷却剂系统热段冷却剂的压力必须维持在高于满负荷时热段冷却剂温度所对应的饱和压力。在稳压器中，蒸汽空间（约 40％）和水空间（约 60％）保持在平衡状态，以减小由于冷却剂的胀缩而引起的压力变化。在运行瞬态过程中，反应堆产生的功率和蒸汽发生器输出的功率发生不平衡，冷却剂温度发生变化，使得反应堆和环路中的冷却剂热胀冷缩，于是冷却剂将由波动管流向稳压器或者反之，稳压器内汽、液空间相对变化引起冷却剂压力变化。

稳压器内的压力由装在汽相空间的喷淋系统和液相空间的电加热器来控制。压力下降时自动接通电加热器，使液相更多地汽化，压力上升；压力增大时，自动加大喷淋系统的冷液喷淋量而使蒸汽冷凝，压力下降。

稳压器还装有蒸汽安全释放阀，当稳压器的压力高到安全释放阀的整定压力（16.6MPa）时，第一组安全释放阀打开，蒸汽由稳压器排放到卸压罐，降低压力以保持稳压器和冷却剂系统的完整性。

系统示意图如图 5-7-5 所示。

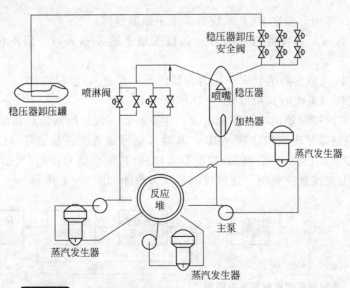

图 5-7-5　稳压器压力控制系统

（2）稳压器冷却剂的液位控制

在反应堆冷却剂系统（RCP）中，冷却剂质量装载量恒定的情况下，随着反应堆功率（P）的升降，冷却剂的平均温度（T_{avg}）发生升降，冷却剂的体积（V）也发生变化。在稳定功率运行下所发生的扰动，其冷却剂体积的变化（$\pm \Delta V$）由稳压器液位（N）控制来补偿；大范围的功率变化所引起的冷却剂体积变化，则通过冷却剂系统冷段的上充、下泄管线流入流出量（F）的改变而由化学和容积补偿系统（RCV）来承担。

稳压器的液位变化受下述因素的制约：在稳压器压力控制起主要作用的条件下，稳压器的液位变化对稳压器的压力只有一个非常弱的瞬时影响，而对稳压器内液体装载量调节起主要作用。然而，稳压器液位过高，汽相容积过小，会造成稳压器压力控制的不稳定；液位过低，将会造成加热器干烧而使压力控制失效。要保持稳压器压力控制的主要功能，液位必须维持在限定的变化范围，其吸收冷却剂体积变化的范围也同样受其限制。

冷却剂上充、下泄流量变化受下述因素制约：冷却剂上充流量在再生热交换器中吸收下泄流的热量后升温，再流入上充管路。上充管路不期望的热冲击限制了上充管路的温度变化。这个温度变化是由非再生热交换器传热的瞬态变化引起的。传热量的变化在恒定的下泄流量（从 RCP 排出到 RCV）时，通过上充流量（进入 RCP）变化来控制液位。所以上充流量变化受上充管路温度变化的制约。而控制下泄流量是受放射性液体排放的处理量的限制。显然，上充流量受下泄流量的牵制，上充管路的温度变化限制了冷却剂上充、下泄的变化范围。

稳压器的液位控制使其液位维持在设定值，实质上是对冷却剂系统（RCP）冷却剂装载容积的控制。

液位的设定值是冷却剂的定值温度（T_{ref}）和平均温度（T_{avg}）的函数，即反应堆功率的函数，可用下式表示：

$$L_{ref} = L_{ref0} + 2.28(T_{avg} - T_{avg0}) - 0.43(T_{ref} - T_{avg}) \tag{5-7-2}$$

式中　L_{ref} —— T_{avg} 温度时的定值液位；

　　　L_{ref0} —— T_{avg0} 温度时的定值液位；

　　　T_{avg0} —— 291.4℃。

液位定值的计算中，假定 RCP 系统有 3 个不同温度区：

① 热段温度区（压力容器的一部分＋热段管道＋蒸发器入口，但不包括管束），容积约 44m³；

② 平均温度区（蒸发器的管束＋压力容器的另一部分），容积约 92m³；

③ 冷段温度区（系统的其余部分），容积约为 120m³。

液位控制通道的控制器由串级控制组成：主控制器（液位控制器）和副控制器（上充流量控制器）。主控制器是比例积分型（PI），其输入信号是液位测量信号（L）和液位定值信号（L_{ref}）。副控制器也是个比例积分控制器（PI），其输出信号经电/气信号转换器转换成气压信号去控制上充流量控制阀。液位控制系统方框图如图 5-7-6 所示。

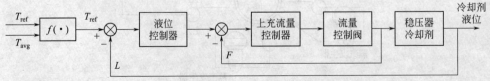

图 5-7-6 冷却剂液位控制系统方框图

（3）蒸汽发生器液位控制

反应堆冷却剂（RCP）从蒸汽发生器的下部入口进入，经 U 形管束，再从它的下部出口流出；给水（ARE）从它的上部入口进入，经管束围板外环隙向下流进管束外空间，形成汽水混合物，自下而上经汽水分离后，蒸汽从它的顶部出口流出（VVP）。显然，蒸汽发生器既把冷却剂携带的热量传给给水产生蒸汽，又使一次侧带放射性的冷却剂和二次侧不带放射性的给水很好地隔离。

蒸汽发生器的液位必须维持在给定值上。液位过高，蒸汽湿度过大，会引起汽机停机；液位过低，由于冷却剂未被充分冷却而 T_{avg} 过高，会引起停堆，还会引起管板过度热冲击和给水分配环的水击。蒸汽发生器液位变化取决于冷却剂温度、给水温度、给水流量和蒸汽流量。给水流量又是给水控制阀门开度和给水泵造成的通过阀门压差的函数。下面简单分析水位对各因素的响应。

① 水位对蒸汽发生器内给水装量的响应　水汽在蒸汽发生器内保持自然循环，给水温度升高到饱和温度约吸收冷却剂热量的 13%，可以认为管束在约 87% 的长度上开始有汽化作用。当高负荷时，汽泡含量增高，为维持定值水位，蒸汽发生器内水装量为负荷的减函数。此外，水装量还受二回路断管事故的限制，应尽量设法减少水装量。

② 水位对给水流量阶跃变化 +10% 的响应　最初的响应是在环形区内水位上升（直到 A 点），稍后水位下降（直到 B 点），这是由于有较多的冷水进入管束，使汽、液两相混合的蒸发空间遇冷收缩，使水流加速，更多的水经管束下部被吸入，因而使液位降低。与此同时，冷水使蒸汽流量降低，因而使带入再循环的水减少，这也使水位降低。水位降低后，原动力降低，管束间流量减少而导致汽化液面降低，蒸汽量增加使带入再循环的水增加，水位重新上升。水位将随给水和蒸汽质量流量偏差值的积分增加。

③ 水位对蒸汽流量阶跃变化的响应　当蒸汽流量阶跃增加时，蒸汽压力降低，汽水混合物在管束段增加，导致水位先升后降（即"虚假水位"），较长时间内水位随蒸汽和给水质量流量偏差的积分变化。

④ 水位对冷却剂平均温度变化的响应　冷却剂平均温度升高导致向给水传递的热量增加，短期内引起汽水混合物增加而水位上升，长期内因更多蒸汽的生成而水位下降。

蒸汽发生器的液位控制是通过控制给水流量控制阀的开度和给水泵的转速来实现的。与其他火力发电站一样，对蒸发器水位的控制可以采用单冲量和三冲量控制系统（参看本篇第 6 章）。冷却剂平均温度可以作为控制系统的前馈控制量。

（4）汽轮机排汽喷淋系统控制

当汽轮发电机带低负荷运行时，汽轮机末级因排汽空间的乏汽温度会超过一定限度（82℃）而可能产生热应力变形。为了排除这种风险，设置了喷淋冷却系统（CAR）。凝结水经过布置在排汽空间环形管上的喷嘴喷入乏汽以带走过多的热量，使温度降至限度以下。低压缸出口的排汽空间布置有环形管，每个环形管上布置有喷嘴。当凝结水泵正常运行时，凝结水由凝结水泵排出，流经过滤器、控制阀到环形管；当凝结水泵故障时，由一台直流供电的应急冷却水泵直接从凝汽器吸水供应。

为了确保喷水冷却，设置了喷淋冷却控制。当排汽空间的温度升到82℃时，自动按比率开启喷淋水控制阀；温度升到96℃时，控制阀开到全开位置；温度升到110℃时，控制室出现报警信号；温度升到137℃时，发出停机信号；温度低于82℃时，自动关闭控制阀。

7.2　风力发电自动控制

7.2.1　风力发电工作原理及工艺流程

　　风力发电机组的总体结构示意图如图 5-7-7 所示。

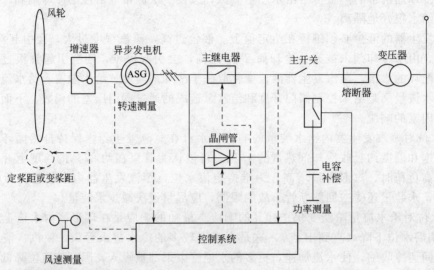

图 5-7-7　风力发电机组的总体结构示意图

　　风轮是将风能转换成为机械能的部件，当风以一定的速度和攻角作用于桨叶时，产生旋转力矩，风能转化为机械能。由于风力发电机组启停频繁，风轮的转动惯量又较大，因此其转速设计通常在 20～30r/min，机组容量越大，其转速就越低，为了达到发电机侧所需要的转速，应在风轮与发电机之间增加增速器。风力发电中的发电机组通常采用异步发电机，对于定桨距风力发电机组和一些变桨距风力发电机组，还采用了双速异步发电机，这样不仅可以解决低功率时发电机的效率问题，还可以改善低风速时叶尖速比，在提高风能利用率的同时降低运行噪声。发电机并网过程采用晶闸管恒流切入，过渡过程完毕后，主继电器闭合，晶闸管被切除，机组进入发电运行状态。

　　在风电发电系统中，对于不同类型的机型，根据其自身的特性，所采用的控制方案是不同的。我国目前的主流风电机型主要有定桨距失速型机组、全桨叶变距型机组和基于变速恒频技术的变速型机组。

　　因为自然风速的大小和方向具有随机性，风力发电机组切入和切出电网输入功率的限制，风轮的主动对风以及对运过程的故障的检测和保护，都应能够实行自动控制。同时，因风力资源较为丰富的地区一般较为偏远，分散布置的风力发电机组通常要求能够无人值班运行和远程监控。与一般的工业控制过程不同，风力发电机组的控制系统是一个综合性的控制系统，它不仅要监视电网、风况和机组的运行参数，对机组进行并网和脱网控制，还要根据风速和风向的变化，对机组进行优化控制，以提高机组的运行效率和发电量。

　　在风力发电应用的早期，机组类型主要是定桨距风力发电机组，这一时期主要解决风力发电机组的并网问题和运行的安全可靠性问题，采用了软并网技术、空气动力刹车技术、偏航和自动解缆技术。由于功率输出是由桨叶自身的性能来限制的，桨叶的节距角在安装时已经固定，而发电机的转速由电网频率限制。因此，只要在允许的风速范围内，定桨距风力发电机组的控制运行过程中对由于风速变化引起输出能量的变化是不做任何控制的。这就大大弱化了控制技术和相应的伺服传动技术，使得定桨距风力发电机组能够在较短的时间内实现商业化运行。

当变桨距风力发电机组进入风力发电市场后，采用全桨变距的风力发电机组，启动时可对转速进行控制，并网后可对功率进行控制，使风力机组的启动性能和功率输出显著地改善。风力发电机的液压系统不再是简单的执行机构，作为变桨距系统，它自身已组成闭环控制系统，采用了电液比例阀或电液伺服阀，使控制系统提高到一个新的阶段。

由于变桨距风力发电机组在额定网速以下运行时的效果仍不理想，到了 20 世纪 90 年代后期，基于变桨距技术的各种变速风力发电机组开始进入市场。变速风力发电机组的控制系统与定速风力发电机的控制系统的根本区别在于，变速风力发电机组是把风速信号作为控制系统的输入变量来进行转速和功率控制的。变速风力发电机组的主要特点是：低于额定风速时，它能跟踪最佳功率曲线，使风力发电机组具有最高的风能转换效率；高于额定风速时，它增加了传动系统的柔性，使功率输出更加稳定，特别是解决了高次谐波与功率因数等问题后，达到了高效率高质量的向电网提供电能的目的。

7.2.2　风力发电机组所需要的控制

典型的风力发电机组的控制系统，从功能上划分主要包括正常运行控制、阵风控制、最佳运行控制（最佳叶尖速比控制）、功率解耦控制、安全保护控制、变桨距控制等部分，见图 5-7-8。

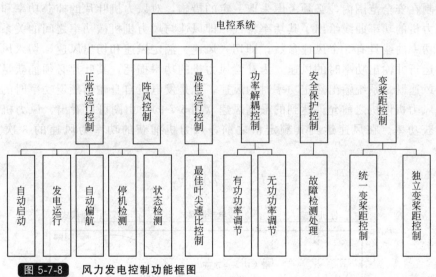

图 5-7-8　风力发电控制功能框图

在该系统中，其监测应用的传感器类型主要有温度传感器、压力传感器、转速传感器、变桨角度传感器、扭缆传感器、风速和风向传感器等，用以记录发电量参数、风速和风向参数。并根据这些测量获取的信息产生控制作用。对于较为先进的系统，还应能根据历史信息进行长期和短期风量预测。

风机所有的监视和控制功能都通过控制系统来实现，它们通过各种连接到控制模块的传感器来监视、控制和保护。控制系统给出叶片变桨角度和发电机系统转矩值，因而作用给电气系统的分散控制单元的上位机和旋转轮毂的叶片变桨调节系统，采用最优化的能量场算法，使风机不遭受没必要的动态压力。

（1）风力发电机组基本控制系统的要求与功能

风力发电机组的启动、停止、切入（电网）和切出（电网）、输入功率的限制、风轮的主动对风，以及对运行过程中故障的监测和保护，必须能够自动控制。风力资源丰富的地区通常都是在海岛或边远地区，甚至海上，发电机组通常要求能够无人值班运行和远程监控，这就要求发电机组的控制系统有很高的可靠性。

并网运行的风力发电机组的控制系统具备以下功能：

① 根据风速信号自动进入启动状态或从电网切出；

② 根据功率及风速大小自动进行转速和功率控制；

③ 根据风向信号自动偏航对风；

④ 发电机超速或转轴超速，能紧急停机；

⑤ 当电网故障，发电机脱网时，能确保机组安全停机；

⑥ 电缆扭曲到一定值后，能自动解缆；

⑦ 在机组运行过程中，能对电网、风况和机组的运行状况进行检测和记录，对出现的异常情况能够自行判断并采取相应的保护措施，并能够根据记录的数据，生成各种图表，以反映风力发电机组的各项性能；

⑧ 对在风电场中运行的风力发电机组还应具备远程通信的功能。

（2）风力机的转速与功率控制

风力发电机组中风力机叶片的空气动力学设计，应保证其能很容易地调节从风中捕获的能量。当风速大于额定值时，为保持风力机机械组件的受力在限制范围内，并将发电机的输出功率控制在安全范围内，必须考虑采取一定的措施，对风力机叶片的捕获功率和转速进行限制。风力机的功率曲线给出了其功率特性，即风速与风力机机械功率之间的关系。典型的风力机的功率曲线具有 3 个风速参数，即切入风速、额定风速和切出风速。切入风速即为风力机开始运行并输出功率时的风速。为补偿风力机的功率损耗，其叶片必须捕获足够多的功率。额定风速既是系统输出额定功率时的风速，也是发电机自身输出额定功率时的风速。切出风速是风力机停机之前允许达到的最高风速（图 5-7-9）。由图可以看出，风力机从切入风速开始捕获功率。在风速达到其额定值之前，风力机捕获的功率为风速的 3 次方函数关系，即

$$P_{\mathrm{w}} = \frac{1}{2}\rho A C_{\mathrm{p}} v_{\mathrm{w}}^3 \tag{5-7-3}$$

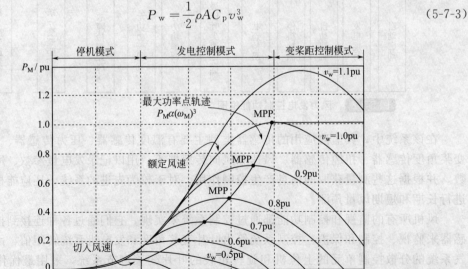

图 5-7-9 风力机转速-功率特性图

式中，P_W 为风力机产生的机械功率；v_W 为风速；ρ 为空气密度，kg/m^3，A 为风叶的扫掠面积，m^2；C_p 为叶片的功率系数（取决于风力机自身的特性，通常为 $0.2 \sim 0.5$）。

为了保证不同风速条件下发电机均能向电网中输出功率，必须对其采取合适的变速控制。当风速升高至额定风速以上时，为了将风力机输出功率保持在额定值处，必须对其采取功率控制措施，为此目前采用的技术主要有 3 个：被动失速、主动失速和变桨距技术，而变桨距技术是大中型风力发电机组采用较多的技术之一。采用变桨距技术的风力机在风轮轮毂上采用了可调节型叶片，当风速超过其额定值时，变桨距控制器将减小叶片的攻角，直至完全顺桨。随着叶片前后压力差的减小，叶片的升力也将随之减小。图 5-7-10 给出了变桨距控制的工作原理。当风速小于或等于其额定值时，叶片将被保持在最佳的攻角 α_R 处。若风速高于额定值，叶片攻角将减小，升力也将减小。当叶片完全处于顺桨状态时，叶片的攻角将对准风向，此时风力机将停止转动并被机械制动器锁住，进入保护状态。

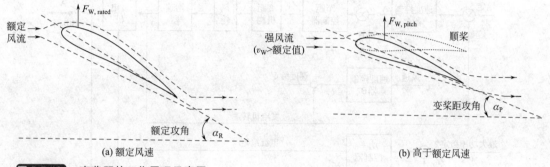

图 5-7-10　变桨距的工作原理示意图

对于运行在低于额定风速条件下的变速风力机的控制，是通过控制发电机实现的。这种控制的主要目标是在不同的风速下实现风力机捕获功率最大化，可通过将叶尖速比维持在最佳处，同时调节风力机转速的方式来实现。变桨距风力发电机组根据变距系统所起的作用可分为三种运行状态，即风力发电机组的停机模式、发电控制模式和变桨距控制模式。

① 停机模式　变距风轮的桨叶在静止时，节距角为 90°（即顺桨状态），此时气流对桨叶不产生转矩，其产生的功率低于内部消耗功率，因此风力机处于停机模式。此时叶片处于完全顺风状态，机械制动器处于开启状态。

② 发电控制模式　当风速达到额定的启动风速时，桨叶应能向增大攻角的方向转动，气流对桨叶逐渐产生一定的攻角，风轮开始启动。在发电机并入电网之前，系统的节距给定值由发电机转速信号产生。转速控制器按一定的速度上升斜率给出其速度的定值，变桨距系统根据给定的速度参考值调整节距角，进行速度控制。

③ 变桨距控制　当风速高于额定风速但低于切出风速时，在系统发电并以额定功率向电网输电的过程中，为避免风力机遭到损坏，桨叶节距向迎风面积减小的方向转动一定的角度，反之则向迎风面积增大的方向转动一定的角度。其控制系统框图如图 5-7-11 所示。

由于变桨距系统的响应速度受到限制，对于快速变化的风速，通过改变节距来控制输出功率的效果并不理想。因此，为了优化功率曲线，在进行功率控制的过程中，其功率反馈信号不再作为直接控制桨叶节距的变量。变桨距系统由风速低频分量和发电机转速控制，风速的高频分量产生的机械能产生波动，通过迅速改变发电机的转速来进行平衡，即通过转子电流控制对发电机的转差率进行控制，当风速高于额定风速时，允许发电机转速升高，将风能以风轮动能的形式储存起来，转速降低时，再将动能释放出来，使功率曲线达到理想的状态。基于这种思想的控制系统框图如图 5-7-12 所示。

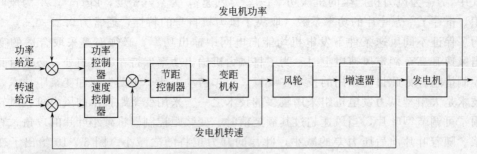

图 5-7-11 传统的变桨距风力发电机组控制框图

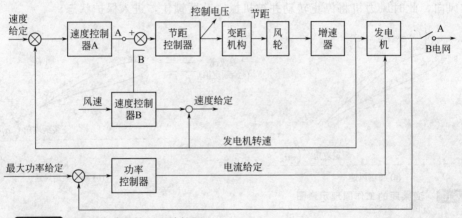

图 5-7-12 新型变桨距控制系统框图

在发电机并入电网前，发电机转速由速度控制器 A 根据发电机转速反馈信号与给定值直接控制；发电机并网后，速度控制器 B 与功率控制器起作用。功率控制器的任务主要是根据发电机转速给出相应的功率曲线，调整发电机转差率，并确定速度控制器 B 的速度给定值。节距的给定参考值由控制器根据风力发电机组的运行状态给出，即当风力发电机组并入电网前，由速度控制器 A 给出，当风力发电机并入电网后，由速度控制器 B 给出。

（3）变桨距控制系统

变桨距控制系统是一个随动控制系统，其控制系统方框图如图 5-7-13 所示。

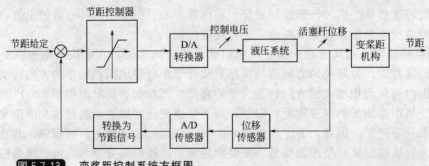

图 5-7-13 变桨距控制系统方框图

变桨距控制器是一个非线性比例控制器，它可以补偿比例阀的死区和上下限带来的非线性。变桨距控制系统的执行机构通常为液压系统，节距控制器的输出信号经 D/A 转换后变换为电压信号控制比较阀，驱动液压缸活塞，推动变桨距机构，使桨叶节距角发生变化。活塞的位移反馈信号由位移传感器测量，经转换后进入比较器。

（4）转速控制系统

转速控制系统 A 当风力发电机进入待机状态或从待机状态重新启动时投入工作，图 5-7-14所示为转速控制系统 A 的方框图。在这个过程中，通过对节距角的控制，转速将以一定的变化率上升。控制器也用于同步转速的控制（对于我国来说，为 1500r/min）。当发电机转速在同步转速正负 10r/min 内持续 1s 左右发电机将并入电网。

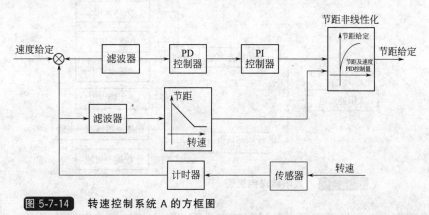

图 5-7-14　转速控制系统 A 的方框图

在这种控制结构中，使用的控制器为 PD 和 PI 控制器，控制器的输出经过非线性化环节进行非线性化处理，增益随节距角的增加而减小，以此补偿因转子空气动力学产生的非线性，这是因为当功率不变时，转矩对节距角的比是随着节距角的增加而增加的。

当风力发电机组从待机状态进入运行状态时，变桨距控制系统先将桨叶节距角快速旋转至 45°，风轮在空转状态进入同步转速。当转速从 0 增加到 500r/min 时，节距角给定值从 45°线性地减小到 15°。这一过程不仅使转子具有高启动力矩，而且在风速快速地增大时能够快速启动。发电机的转速是通过主轴上的感应传感器来测量的。

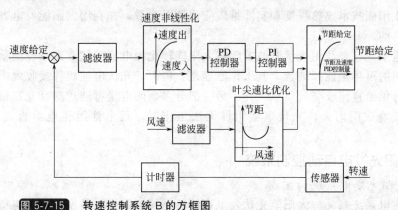

图 5-7-15　转速控制系统 B 的方框图

发电机切入电网后，转速控制系统 B 起作用（图 5-7-15）。该控制系统受发电机转速和风速的双重控制。在转速达到额定值以前，速度给定值随着功率给定值按比例增加。额定速度给定值为 1560r/min，相应的发电机的转差率是 4%。如果风速和功率输出一直低于额定值，发电机转差率将降低到 2%，节距控制将根据风速调整至最佳状态，以优化叶尖速比。

如果风速高于额定值，发电机转速通过改变节距来跟踪相应的速度给定值。功率输出将稳定在额定值上。在风速信号输入端还设置了低通滤波器，以减少瞬变风对系统的冲击。

7.3　太阳能发电自动控制

7.3.1　太阳能发电原理

利用太阳能发电有两大类型，一类是太阳光发电（亦称太阳能光发电），另一类是太阳热发电（亦称太阳能热发电），如图 5-7-16 所示。

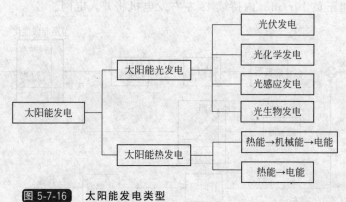

图 5-7-16　太阳能发电类型

所谓太阳光发电是指无需通过热过程就把太阳光能直接转变成电能的发电方式，它包括光伏发电、光化学发电、光感应发电和光生物发电。在光化学发电中有电化学光伏电池、光电解电池和光催化电池等。

所谓太阳能热发电是先将太阳辐射能转换成热能，再将热能转换成电能。它有两种转换方式：一种是将太阳热能直接转换成电能，如半导体或金属材料的温差发电，真空器件中的热电子和热电离子发电，碱金属热电转换，以及磁流体发电等；另一种方式是将太阳热能通过热机（如汽轮机）带动发电机发电，与常规热力发电类似，只不过是其热能不是来自燃料，而是来自太阳。

就目前太阳能技术成熟程度和实际推广应用情况来看，在利用太阳能发电方面，光伏发电是应用最广的。

光伏发电系统，是利用光伏电池方阵将太阳能转化为电能并储存到系统的蓄电池中或直接供负载使用的可再生能源装置。其工作原理是：白天，光伏电池组件接收太阳光，转换为电能，一部分供给直流或交流负载工作；另一部分多余的电量可通过防反充二极管给蓄电池组充电，在夜晚或阴雨天，光伏电池组件无法工作时，蓄电池组供电给直流或交流负载工作。

7.3.2　太阳光发电自动控制系统

7.3.2.1　太阳光发电系统的组成

太阳光发电系统（又称太阳能光伏发电系统）是指太阳光电转换部件和与负载相联系的完整体系。这个系统的配置设备因负载的不同而异，有的很简单，有的则比较复杂。若为单个农户供直流电照明，在系统中除有太阳电池组件、蓄电池以外，再需一个防反充二极管和简单的控制仪表即可；若负载用电量较大，并且需要的是交流电而不是直流电，就应该有直流→交流的逆变装置，控制装置随之也要复杂一些；若发电系统不是独立运行而是并网运行，一般要有数个太阳电池方阵（阵列）同时工作，通过系统的设计，既可供应直流电，也可供应交流电，剩余的电可输入电网。图 5-7-17 是几种太阳光发电系统的示意图。一个较完备的太阳光发电系统通常由太阳电池方阵、防反充二极管、蓄电池、充放电控制器、逆变器及测量设备等组成[3]。

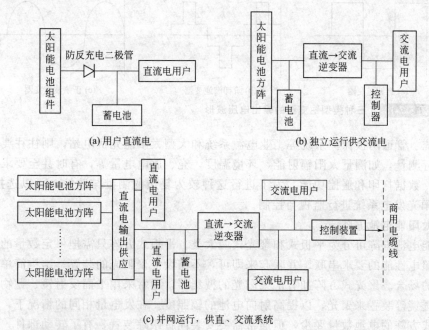

(a) 用户直流电

(b) 独立运行供交流电

(c) 并网运行，供直、交流系统

图 5-7-17　太阳光发电系统示意图

7.3.2.2　太阳光发电系统部件的功能

(1) 防反充二极管

防反充二极管又称阻塞二极管，其作用是避免由于太阳电池方阵在阴雨天和夜晚不发电或出现短路故障时，蓄电池组通过太阳电池方阵放电。防反充二极管串联在太阳电池方阵电路中，起单向导通的作用。它必须能承受足够大的电流，而且正向电压要小，反向饱和电流要小。一般可选合适的整流二极管作为防反充二极管。

(2) 充放电控制器

充放电控制器是能自动防止蓄电池组过充电和过放电的设备，一般还具有简单的测量功能。蓄电池组经过过充电或过放电后会严重影响其性能和寿命，所以充放电控制器一般是不可缺少的。充放电控制器，按照其开关器件在电路中的位置，可分为串联控制型和分流控制型；按照其控制方式，可分为开关控制型（含单路和多路开关控制）和脉宽调制（PWM）控制型（含最大功率跟踪控制）。开关器件可以是继电器，也可以是 MOS 晶体管，但脉宽调制（PWM）控制器只能用 MOS 晶体管作为开关器件。

(3) 逆变器

逆变器是将直流电变换成交流电的一种设备。由于太阳能电池和蓄电池发出的是直流电，当应用于交流负载时，逆变器是不可缺少的。逆变器按运行方式，可分为独立运行逆变器和并网逆变器。独立运行逆变器用于独立运行的太阳光发电系统中，为独立负载供电；并网逆变器用于并网运行的太阳光发电系统，它可将发出的电能输入电网。逆变器按输出波形，又可分为方波逆变器、阶梯波逆变器和正弦波逆变器（图 5-7-18）。

(4) 测量设备

对于小型太阳光发电系统来说，一般情况下只需要进行简单的测量，如测量蓄电池电压和充、放电电流，这时，测量所用的电压表和电流表一般就安装在控制器上。对于太阳能通

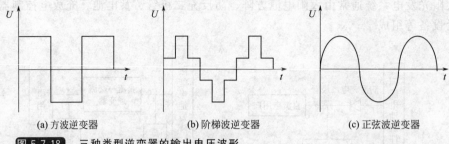

(a) 方波逆变器　　　　　　(b) 阶梯波逆变器　　　　　　(c) 正弦波逆变器

图 5-7-18　三种类型逆变器的输出电压波形

信电源系统、管道阴极保护系统等工业电源系统和大型太阳能光伏电站，则往往要求对更多的参数进行测量，如测量太阳辐射能，环境温度，充、放电电量等，有时甚至要求具有远程数据传输、数据打印和遥控功能。为了进行这种较为复杂的测量与监控，可以选择 DCS 或 FCS 对太阳光发电系统进行监视与控制。

（5）太阳能电池方阵

太阳能电池方阵可分为平板式和聚光式两大类。平板式方阵只需把一定数量的太阳能电池组件按照电性能的要求串联、并联起来即可，不需设汇聚阳光的装置，结构简单，多用于固定安装的场合。聚光式方阵加有汇聚阳光的搜集器，通常采用平面反射镜、抛物面反射镜或菲涅尔透镜等装置来聚光，以提高射向电池的辐照度。在发电量相同的情况下，聚光式方阵比平板式方阵的电池数量要少，但通常需要安装向日跟踪装置，有了转动部件，就降低了太阳能电池工作的可靠性。太阳能电池方阵要按照用户的要求，来确定方阵电池组件的数量及串联、并联的方式。串联是为了获得所需要的电压；并联是为了获得所需要的电流。方案设计时，既需要明确所选用太阳能电池的特性，又得掌握当地太阳能资源的有关具体量值。

（6）蓄电池

蓄电池是太阳光发电系统中的储能装置，它的功用是将太阳能电池方阵（或组件）发出的直流电转换成化学能储存起来，当需要时，又将化学能转换成电能，向负载供应直流电。蓄电池按电解质的化学性质分为酸性和碱性两种。酸性蓄电池仅有铅-二氧化铅蓄电池一种；而碱性蓄电池有镉-镍、锌-银及镉-银蓄电池等。酸性的铅-二氧化铅蓄电池能量低，价格便宜，产品品种多，产量也大。碱性的镉-镍、铁-镍蓄电池的能量亦不高，但维护容易，结构坚固，寿命较长；锌-银、镉-银蓄电池价格昂贵，维护较难，寿命较短，但能量高。

太阳光发电系统中对所用的蓄电池（组）的基本要求是：自放电率低，使用寿命长，充电效率高，成本低，工作温度范围宽，维护容易。目前，在太阳光发电系统中配套使用的蓄电池主要是酸性的铅-二氧化铅蓄电池和碱性的镉-镍蓄电池。蓄电池氧化和还原反应的可逆性很高，放电后用充电方法可使两极活性物质恢复到初始状态，可重复使用。

7.3.2.3　太阳能光伏发电系统优化设计

（1）太阳能光伏发电系统组成原理

光伏发电系统一般包括光伏电池板、DC-AC 变换装置、储能装置、电能输出变换装置、控制器五大部分，如图 5-7-19 所示。

① 光伏电池板　光伏电池板是系统的基本单元，当光照在电池阵列上时，电池吸收光能并产生光伏效应，将太阳能转化为直流电能。

② 太阳能控制器　由于光伏电池阵列具有强烈的非线性特性，为保证光伏电池阵列在任何日照和环境温度下始终可以输出相应的最大功率，通常引入光伏电池最大功率点跟踪（MPPT）控制。

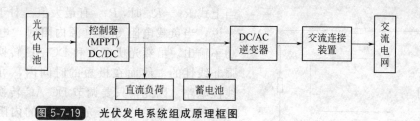

图 5-7-19　光伏发电系统组成原理框图

③ DC-DC 变换装置　通过控制回路中功率器件的导通与关断,将光伏电池阵列输出的低压直流电升压成高压直流电,为 DC-AC 逆变器的工作提供前提条件,能保证在直流输入电压大范围变化的情况下输出稳定的高压直流电,并同时实现最大功率跟踪控制功能。

④ 逆变器　逆变器的作用就是将光伏电池板和蓄电池提供的低压直流电逆变成 220V 交流电,供给交流负载使用。

⑤ 储能装置　蓄电池组一般是由一定数量的铅酸蓄电池经由串、并联组合而成,其容量的选择应与光伏电池阵列的容量相匹配。该部分的主要作用是将光伏电池阵列发出的直流电直接储存起来,供负载使用。

(2) 最大功率点跟踪方法的设计

常规恒压供电系统的运行特性可以用比较简单的数据来描述。由于太阳光强度是自然环境的函数,受天气的影响,因此光伏电池系统是一个随机的并且不稳定的供电系统,对系统的控制要比常规电网供电系统复杂得多。在常规的电气设备中,为使负载获得最大功率,通常要进行恰当的负载匹配,使负载电阻等于供电系统(或电气设备)的内阻,此时负载上就可以获得最大功率。对于一些内阻不变的供电系统,可以用外阻等于内阻的简单方法得到最大功率[4]。

然而,在光伏电池供电系统中,光伏电池的内阻不仅受日照强度的影响,而且受环境温度及负载的影响,故光伏电池本身是一种极不稳定的电源。在工作时,由于光伏电池的输出特性受负荷状态、日照量、环境温度等的影响而大幅度变化,其短路电流与日照量几乎成正比地增减,开路电压受温度变化的影响较大,约有 ±5% 程度的变化,这样就会使输出功率产生很大变化,即最大功率点随时在变化。因此,不可能用一个简单的固定电阻(或等效为一个固定的电阻)来获取最大功率。另外,由于光伏电池的输出特性具有复杂的非线性形式,难以确定其数学模型,编制算法会碰到光伏电池正确模型识别的困难,即无法用解析法求取最大功率。要想在光伏系统中高效利用太阳能获取最大功率输出,就很有必要跟踪、控制最大功率点。

光伏阵列输出特性具有非线性特征,并且其输出受光照强度、环境温度和负载情况影响。在一定的光照强度和环境温度下,光伏电池可以工作在不同的输出电压,但是只有在某一输出电压值时,光伏电池的输出功率才能达到最大值,这时光伏电池的工作点就达到了输出功率电压曲线的最高点,称之为最大功率点(Max Power Point,MPP)。因此,在光伏发电系统中,要提高系统的整体效率,一个重要的途径就是实时调整光伏电池的工作点,使之工作在最大功率点附近,这一过程就称之为最大功率点跟踪(Max Power Point Tracking,MPPT)。

① 最大功率点跟踪原理　根据图 5-7-20 所示的电路,负载上的功率为:

$$P_{R_o} = I^2 R_o = \left[\frac{U_i}{R_i + R_o} \right]^2 \times R_o \tag{5-7-4}$$

方程式两边对 R_o 求导,因为 U_i、R_i 都是常数,所以可得:

$$\frac{\mathrm{d}P_{R_o}}{\mathrm{d}R_o} = U_i^2 \frac{R_i - R_o}{(R_i + R_o)^3} \tag{5-7-5}$$

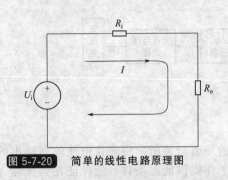

图 5-7-20　简单的线性电路原理图

当上式 $R_i = R_o$ 时，P_{Ro} 有最大值。对于线性电路来说，当负载电阻等于电源内阻时，电源有最大功率输出。虽然光伏电池和 DC-AC 转换电路都是强非线性的，然而在极短的时间内，可以认为是线性电路。因此，只要调节 DC-AC 转换电路的等效电阻，使它始终等于光伏电池的内阻，就可以实现光伏电池的最大输出，也就实现了光伏电池的 MPPT。从图 5-7-20 可以看出：当 $R_i = R_o$ 时，R_o 两端的电压为 $U_i/2$。这表明：若 R_o 两端的电压等于 $U_i/2$，P_{Ro} 同样也是最大值。

因此，在实际应用中，可以通过调节负载两端的电压，来实现光伏电池的 MPPT，其原理如图 5-7-21 所示。其中，实直线为负载电阻线；虚曲线为等功率线；I_{oc} 为光伏电池的短路电流；U_{oc} 为光伏电池的开路电压；P_m 为光伏电池的最大功率点。

将光伏电池与负载直接相连，光伏电池的工作点由负载电阻限定在 A 点。从图中可以看出，光伏电池在 A 点的输出功率远远小于在最大功率点的输出功率。通过调节输出电压的方法，将负载电压调节到 U_{Ro} 处，使负载上的功率从 A 点移到 B 点。由于 B 点与光伏电池的最大功率点在同一条等功率线上，因此光伏电池此时有最大功率输出。

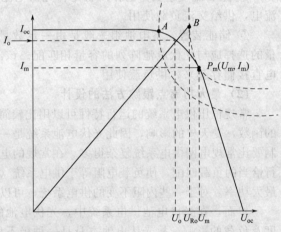

图 5-7-21　调节负载电压实现最大功率点的跟踪

② 最大功率点跟踪算法　目前，关于光伏电池的最大功率点跟踪算法有许多文献资料中都有相关探讨，使用不同的控制方法在其复杂程度及效果上是有很大差异的，依据原理与实现方法，大概可将其归纳为 6 种方法，分别为电压反馈法、功率反馈法、直线近似法、实际测量法、扰动观察法和增量电导法。以下分别说明这 6 种最大功率点跟踪算法的工作原理，并比较各自的优缺点。

a. 电压反馈法　当光照强度较大且温度恒定时，从光伏电池的 P-U 曲线上可以看到，各个曲线的最大功率点几乎分布于一条直线的两侧，这说明光伏电池的最大功率输出点对应电压大致在某个值附近，通过控制输出电压的大小，使得光伏电池始终工作在最大功率点附近。其控制原理是：从生产厂商处获得 U_m 值，通过控制使阵列的输出电压位于 U_m 值即可实现最大功率跟踪，也就是简单的稳压控制；或者经由事先的测试，得知光伏阵列在某一日照信号和温度下至最大功率点的电压大小，再调整光伏阵列的端电压，使其能与实验测试的电压相符，来达到最大功率点跟踪的效果。其控制原理如图 5-7-22 所示。

电压反馈法的优点是控制简单、易实现、可靠性高；但是它忽略了温度对光伏电池开路电压的影响，所以控制精度差（每当环境温度升高 1℃ 时，硅光伏电池的开路电压下降 0.3%～0.45%）。即此种控制方法的最大缺点是当环境条件大幅度改变时，系统不能自动地跟踪到光伏电池的另一最大功率点，造成能量的浪费，因此电压反馈法已经很少被用在最大功率跟踪上。

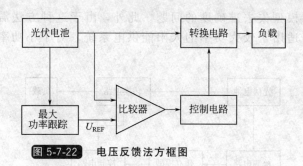

图 5-7-22　电压反馈法方框图

b. 功率反馈法　功率反馈法与电压反馈法类似，由于电压反馈法不能随着环境温度的改变自动跟踪到最大功率点，因此功率反馈法加入了输出功率对电压变化率的判断，以便能适应环境温度的变化而达到最大功率点跟踪，也就是进行输出功率判断此时是否 $dP/dU=0$。当 $dP/dU=0$ 时即为工作在最大功率点处。相对于电压反馈法而言，此方法虽然较为复杂且需较多的运算过程，但其在减少能量损耗以及提升整体效率的效果却是非常显著的。其工作原理如图 5-7-23 所示。

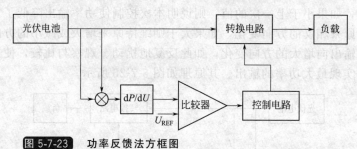

图 5-7-23　功率反馈法方框图

c. 直线近似法　直线近似法在众多的最大功率跟踪法中算是比较新的一种方法，其原理方框图如图 5-7-24 所示。其基本原理是利用 $dP/dI=0$ 这个逻辑判断式，并利用一条直线来近似在某一温度下各种不同照度的最大功率点，只要将工作点控制在此直线上，即可轻易地实现最大功率点追踪。

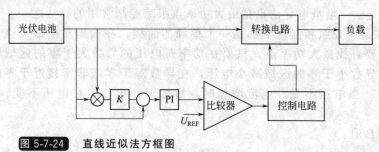

图 5-7-24　直线近似法方框图

由于此方法是以推导数学模型为出发点，来求出最大功率点的近似直线，因此光伏电池的各项参数的正确性是以此方法来实现最大功率点跟踪时的关键。

d. 实际测量法　实际测量法主要是利用一片额外的光伏电池板，每间隔一段时间即实际测量光伏电池板的开路电压与短路电流，来建立光伏电池板在这个日照强度及温度下的参考模型，并求出在此条件下的最大功率点的电压和电流，配合控制电路使光伏电池板工作在这个电压或电流下，即可实现最大功率点跟踪，工作原理如图 5-7-25 所示。此方法的最大优点在于它是由实际测量来建立参考模型，因此可以避免因光伏电池板及元件老化而导致参考模型失去准确度的问题。此外，由于这种方法需要额外的光伏电池板及一些检测电路，适用于较大功率的太阳能供电系统，对于小功率系统而言，可能不符合成本上的需求。

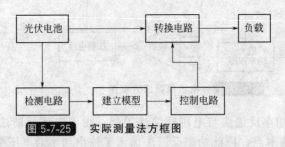

图 5-7-25　实际测量法方框图

e. 扰动观察法　扰动观察法是实现最大功率点跟踪目前常用的方法，它是通过不断扰动光伏系统的工作点来寻找最大功率点的方向。其原理是引入一个小的电压变化，然后进行观察，并与前一个状态进行比较，根据比较的结果调节光伏电池的工作点。通过改变光伏电池的输出电压，并实时地采样光伏电池的输出电压和电流，计算出功率，然后与上一次计算的功率进行比较，如果小于上一次的值，则说明本次控制使功率输出降低了，应控制使光伏电池输出电压按原来相反的方向变化，如果大于则维持原来增大或减小的方向，这样就保证了使光伏电池的输出向增大的方向变化，如此反复地扰动、观察与比较，使光伏电池板达到其最大功率点，实现最大功率的输出。其原理如图 5-7-26 所示。

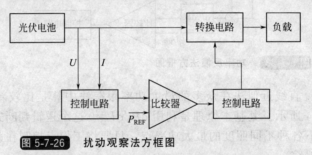

图 5-7-26　扰动观察法方框图

f. 增量电导法　增量电导法也是最大功率点跟踪控制常用的算法之一。光伏阵列的电压-功率曲线在某一光照和温度下都是一个单峰的曲线，在输出功率最大点，功率对电压的导数为零，要寻找最大功率点，只要在功率对电压的导数大于零的区域增加电压，在功率对电压的导数小于零的区域减小电压，在导数等于零或非常接近于零的时候，电压保持不变即可。当电压不变、电流增加时，增加工作电压，在电压不变、电流减小时，减小工作电压。

对于功率 P 有：

$$P = IU \tag{5-7-6}$$

将式 (5-7-6) 两端对 U 求导，并将 I 作为 U 的函数，可得：

$$\frac{\mathrm{d}P}{\mathrm{d}U} = \frac{\mathrm{d}(IU)}{\mathrm{d}U} = I + U\frac{\mathrm{d}I}{\mathrm{d}U} \tag{5-7-7}$$

由式 (5-7-7) 可知，当 $\mathrm{d}P/\mathrm{d}U > 0$ 时，U 小于最大功率点电压；当 $\mathrm{d}P/\mathrm{d}U < 0$ 时，U 大于最大功率点电压；当 $\mathrm{d}P/\mathrm{d}U = 0$ 时，U 等于最大功率点电压。将上式整理得

$$\frac{\mathrm{d}I}{\mathrm{d}U} = -\frac{I}{U} \tag{5-7-8}$$

式 (5-7-8) 即为要达到的最大功率点条件，即当输出电导的变化量等于输出电导的负值时，阵列工作于最大功率点。若不相等，则要判断 dP/dU 是大于零还是小于零。

这一跟踪法的最大优点是当太阳能电池上的照度产生变化时，其输出端电压能以平稳的方式追随其变化，其电压波动较扰动观察法小。

7.3.2.4　光伏发电系统并网逆变器

逆变技术的基本原理是通过半导体功率开关器件（例如 SCR、GTO、IGBT 和功率 MOSFET 模块等）的导通和关断，将直流电能变换得到能满足负载对电压和频率要求的、质量较高的交流电能。

当太阳能光伏发电并网系统的输出控制采用电流控制模式时，电网就相当于一个恒压源，这时就相当于一个恒压源与一个电流源并联，而现在大多数的太阳能光伏发电并网系统都设计为电流控制模式。这种情况下，太阳能光伏发电并网系统逆变器就应该控制输出的并网电流为高质量的稳定的正弦波，其控制目标为：

① 作为被控变量的并网电流与电网电压必须同频同相；

② 逆变器的输出端连接电网，而电网是一个扰动量。

(1) 光伏并网逆变器的总体设计方案

太阳能光伏发电系统根据功率结构可以分为 DC-AC 单级式并网发电系统和 DC-DC-AC 双级式并网发电系统。在双级式并网发电系统中，DC-DC 环节和 DC-AC 环节具有独立的控制目标和控制方案，可以分开进行设计。DC-DC 环节将光伏阵列电压经过升压电路进行升压，为后面的 DC-AC 逆变电路提供了足够高的母线电压，此外在此可以实现最大功率跟踪。DC-AC 环节输入电压较高且相对稳定，有利于逆变器有效工作。DC-AC 环节使逆变器输出电流与电网电压同频同相，从而为并网提供条件。该设计主电路采用两级式结构，即前级 DC-DC 变换器和后级 DC-AC 逆变器。在该系统中，光伏阵列输出直流电的平均电压为 84V，该直流电压通过 DC-DC 推挽电路升成 350V，接着经过 DC-AC 逆变后得到 220V、50Hz 的交流电，设定系统额定功率为 1000W。图 5-7-27 为双级式光伏并网逆变器结构图，图中直流、交流断路器和交流接触器为开关设备[5,10]。

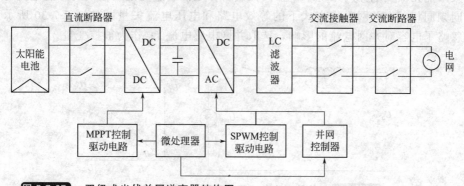

图 5-7-27　双级式光伏并网逆变器结构图

(2) 锁相控制技术

并网逆变器不仅要独立地为局域网供电，而且还要与电网连接，将其输出的电能送到电网上去。并网控制的关键是锁相技术。锁相环（PLL）可分为两种：电流锁相环和电压锁相环。电流锁相环以系统输出电流为参考，通过锁相技术调节使电网电压的相位与电流相位达到基本一致，并使其输出功率因数基本为 1，它可以实现良好的平衡负载的能力。电压锁相环主要是通过检测电网电压的幅值和相位，将其与基准电压的幅值与相位进行比较，从而调整逆变器的电压幅值与相位。当它们的相位相差 1Hz 时，锁相环控制逆变器与电网脱离，但其不能保障电流与电压相位一致，因此功率因数不高[5,10]。

锁相环是一种闭环控制系统，它能够自动跟踪输入信号的频率和相位，如图 5-7-28 所示。

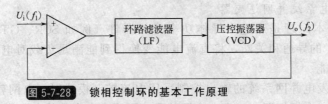

图 5-7-28 锁相控制环的基本工作原理

锁相控制技术应用于通用并网逆变器中的电路接口如图 5-7-29 所示。将电网三相电压基波信号 u_a、u_b、u_c 作为并网逆变器的实际输入参考信号。若系统输入为单相电压信号，则只采用一路输入信号即可。F_{out} 是与输入电压 u_a 零相位时刻、频率均相同的输出方波信号，它反映了电网电压的零相位时刻和频率；NF_{out} 是输出方波信号，它 N 倍频于 F_{out}，F_{out} 反映了在目前时刻电网电压的数字相位，其相位分辨率为 $2\pi/N$。

图 5-7-29 锁相同步电路的接口信号

同步锁相环要解决的关键问题在于：
① 如何在不受电网电压扰动影响的情况下，正确检测出电网电压的零相位时刻；
② 如何产生 N 倍于电网频率的等间隔相位离散信号。

(3) 光伏逆变器并网控制策略

在太阳能光伏发电并网系统中，并网控制目标是控制逆变电路输出的并网电流与公共电网电压同频同相。在并网工作方式下的等效电路和电压电流矢量图如图 5-7-30 所示，分析过程中忽略了电容对并网电流的影响，选取并网电感电流 I_L 作为被控变量。

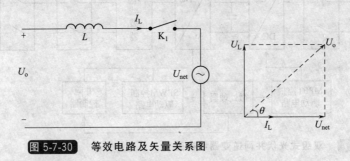

图 5-7-30 等效电路及矢量关系图

图中，U_{net} 为电网电压；U_o 为逆变电路交流侧电压。U_{net} 和 U_o 两者之间存在着相位差，是由于并网电感 L 的存在。

太阳能光伏发电并网系统的并网控制与常规的逆变器控制相比具有两个特点：
① 作为被控变量的并网电流应该与电网电压严格同频同相才能实现单位功率因数的并网电流输出；
② 由于光伏并网逆变器的输出端连接电网，所以针对太阳能光伏发电系统而言，电网

电压 U_{net} 是一个扰动量，电网电压幅值频率的波动、电网电压谐波成分的存在都会对系统的控制造成一定的影响。

因此，在太阳能光伏发电并网控制系统中，除了用同步锁相控制环（PLL）来保证并网电流与电网电压同频同相，也将常规逆变器的波形控制技术应用于太阳能光伏并网发电系统的逆变器控制之中。下面是一种基于双回路控制（有效值外回路、瞬时值内回路）与同步锁相控制相结合的串级并网控制策略，整体设计框图如图 5-7-31 所示[6]。

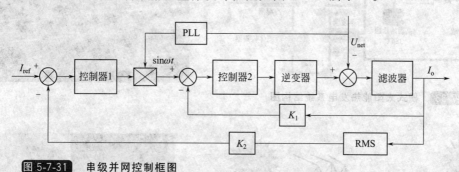

图 5-7-31 串级并网控制框图

7.3.3　太阳能热发电自动控制系统

7.3.3.1　太阳能热发电原理

太阳能热发电包括塔式太阳能热发电、槽式太阳能热发电、碟式太阳能热发电和线性菲涅耳式太阳能热发电。

塔式太阳能热发电系统，也称集中型太阳能热发电系统，利用大量的定日镜将太阳能聚焦到塔顶的吸热器上加热工质，如图 5-7-32 所示。

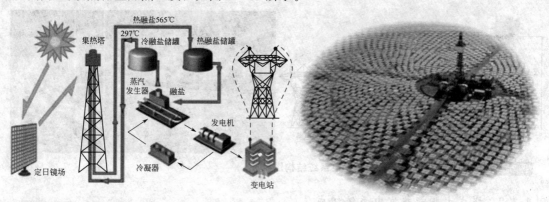

图 5-7-32 塔式太阳能热发电系统结构图

槽式太阳能热发电系统利用抛物面的聚光系统将太阳能聚焦到管状的吸收器上，将管内的传热工质加热到一定温度。槽式太阳能热发电系统以线聚焦取代了点聚焦，如图 5-7-33 所示。

碟式太阳能热发电系统如图 5-7-34 所示，是利用旋转抛物面的碟式反射镜将太阳聚焦到一个焦点上，接收器就设在抛物面的焦点上，接收器内的传热工质被加热到 750℃左右，驱动发动机进行发电。

线性菲涅耳式太阳能热发电系统通过一组平板镜来取代槽式系统抛物面型的曲面镜聚焦，调整控制平面镜的倾斜角度，将阳光反射到集热管中。为简化系统，一般采用水或水蒸气作为吸热介质，成本相对低廉，但效率也相应降低，如图 5-7-35 所示。

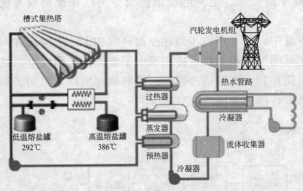

图 5-7-33　槽式太阳能热发电系统结构图

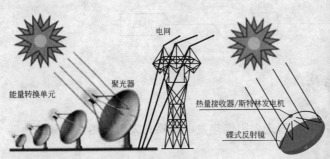

图 5-7-34　碟式太阳能热发电系统结构图

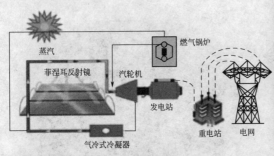

图 5-7-35　线性菲涅耳式太阳能热发电系统结构图

7.3.3.2　塔式太阳能热发电系统组成

塔式太阳能热发电系统主要由定日镜阵列、高塔、吸热器、传热介质、换热器、蓄热系统、汽轮发电系统及控制系统等部分组成。定日镜场实时跟踪太阳光，并将太阳光发射到位于高塔顶端的吸热器上去。吸热器的主要作用是吸收由定日镜系统反射的高热流密度辐射能，并将其转化为高温热能。产生的高温蒸汽推动常规汽轮机转动发电。由于太阳能的间隙性，需要加入蓄热子系统来提供足够的热能，补充云层遮挡或夜晚太阳能的不足，使系统稳定运行。

塔式太阳能热发电的传热介质主要有三类，分别是水/蒸汽、熔盐/硝酸盐、空气。无论是哪一种传热工质，塔式太阳能热发电系统都是由聚光集热子系统、储能子系统、辅助能源子系统以及汽轮机发电子系统构成，其中聚光集热子系统又可以细分为聚光子系统和集热子系统，其结构原理如图 5-7-36 所示。

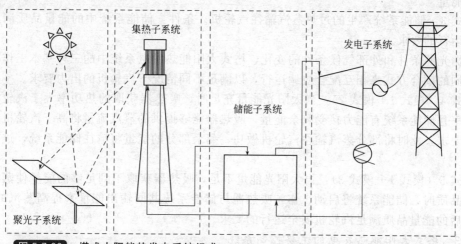

图 5-7-36　塔式太阳能热发电系统组成

其中，聚光子系统由大量定日镜组成。定日镜是塔式太阳能热发电系统中不可或缺的重要组成部分，其功能是跟踪、聚焦和反射太阳光线到接收器，为整个系统提供所需的太阳能，是实现太阳能热发电的基础。因为一天中太阳的位置随时间而变化，因此定日镜必须跟踪太阳位置，确保定日镜的反射光线方向保持不变。定日镜一般采取双轴跟踪，分别驱动方位方向和高度方向运转，实现对太阳的实时跟踪，确保反射光线进入吸热器。定日镜按照一定的排列方式布置，分布在高塔上中心吸热器四周，形成一个巨大的镜场。

集热子系统是吸收太阳辐射能转化为热能的装置，包括位于定日镜场中间的吸热塔和塔顶部的吸热器。吸热器是实现塔式太阳能热发电最为关键的核心部件，它将定日镜所反射、聚焦的太阳能转化为可以高效利用的高温热能，为发电机组提供所需的热源或动力源，从而实现太阳能热发电的过程。吸热器有腔式和外接式等类型。

储能子系统，选用传热和蓄热性能良好的材料作为蓄热工质，可以保证将多余的热量存储起来，用以在晚上或白天太阳强度不够时发电。

辅助能源子系统可以保证在系统启动时、夜间或阴雨天，整个系统可以顺利发电，也可以减少储能子系统的初期投资。它所用的常规能源可以根据塔式电站厂址所在地的能源资源情况而定，可以是天然气、石油或煤等。

汽轮机发电子系统按照发电工质的不同选用汽轮机组或燃气轮机组，一般选用的是普通汽轮机。

塔式太阳能热发电系统在一天的运行中，由于吸收的太阳能量受光照和外部气候条件的影响，系统在不同工况条件下会出现不同的耦合运行方式，其基本的运行模式如图 5-7-37 中的模式 1、模式 2、模式 3 所示[12]。

模式 1：吸热器产生过热蒸汽直接输往汽轮机。条件：吸热系统吸取的能量品质满足汽轮机安全运行的要求。

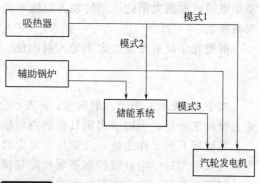

图 5-7-37　塔式太阳能热发电系统运行模式

模式 2：吸热器吸收的热能全部输往储能系统。条件：储能系统有能力接收吸热系统中送来的能量。

模式 3：储能系统产生的过热蒸汽输往汽轮机。条件：储能系统中的能量品质满足汽轮机安全运行的要求。

根据光照条件和外部气候条件的变化，塔式太阳能热发电系统中的三种基本工作模式将会以不同的耦合方式来相互配合协调运行，以满足不同情况下汽轮机的出力要求。

模式 4（模式 1＋模式 2）：当太阳光能量充足时，吸热器获取的热功率大于汽轮机最大所需功率且储能系统有能力接受剩余能量，吸热器能够提供的蒸汽流量将高于汽轮机额定工况下的要求，此时将部分蒸汽输往汽轮机做功，剩余部分的能量将输往储能系统，进行能量存储。

模式 5（模式 1＋模式 3）：当太阳光能量不足，吸热器获取不到足够的能量使蒸汽满足一定的品质时，储能系统将启动工作，吸热器与储能系统共同输出能量来提高蒸汽的品质，使补充后的能量品质满足汽轮机安全运行的要求。

7.3.3.3 塔式太阳能热发电的主要控制系统

塔式太阳能热发电系统仅仅热能产生的过程系统与常规火力发电过程系统不同。因此，塔式太阳能热发电系统只有热能生产过程的控制是特有的，本节仅介绍这一部分，其他相同的部分参阅本篇第 6 章。

由于太阳辐射本身所固有的不稳定性和间歇性，导致塔式太阳能热发电系统受环境及天气因素影响较大，很难保持系统长时间、高效、稳定地工作，这将直接影响到系统的安全运行和对太阳能的利用率，同时对电网也会产生很大的冲击。因此，对太阳热能产生的过程进行精准的控制尤为重要。

(1) 聚光子系统的自动控制

聚光子系统需要完成复杂的控制功能，包括定日镜基本单元的控制和操作、全体定日镜的调度、镜场设备的监控和维护、整个聚光子系统的通信和时间同步等。

① 定日镜基本单元控制　定日镜是以机械驱动方式使太阳辐射恒定地朝一个方向反射的反射器，通常由电控部件（定日镜控制器）、机械部件（定日镜镜体、传动部件）及定日镜附件组成。

大部分情况下，定日镜的聚光跟踪采用高度角——方位角双轴跟踪方式。定日镜具有方位轴和高度轴两个轴，其中，方位轴垂直于地面做旋转运动，转动范围为 $0°\sim360°$，高度轴平行于水平面同时垂直于方位轴做俯仰运动，转动范围为 $0°\sim90°$。工作时，定日镜控制器驱动电机，根据太阳的运动转动方位轴和高度轴，从而保证定日镜将太阳辐射准确地反射到吸热器上。

根据光学反射原理，太阳光入射向量、出射向量和镜面法向量满足

$$n = \frac{-s+r}{|-s+r|} \tag{5-7-9}$$

式中，s 表示太阳光入射向量；r 表示出射向量；n 表示镜面法向量。如图 5-7-38 所示。通过镜面法向量，可以求出定日镜的方位轴角度和高度轴角度。

在镜场开始工作之前，分别计算出定日镜场中每面定日镜当天内每个时刻的跟踪角度。当到达该时刻时，定日镜控制器驱动定日镜转动，使得定日镜将太阳光反射到吸热器上，从而达到聚光效果，完成能量收集过程。

定日镜在每天工作结束后转动到初始姿态。同时，定日镜配置有一些特殊的角度，当出现大风、雨雪、沙尘等恶劣天气条件时，定日镜转动到相应的防护状态。

② 镜场控制系统　镜场中的定日镜数量大，排布分散，镜场面积大，定日镜控制器

布置在较大的空间范围内，需要保证数据传输的可靠性。另外，由于太阳能丰富的地区普遍存在多风沙、冬季严寒、环境恶劣等问题，所以要求控制设备在复杂环境中具有很好的稳定性和抗干扰能力，确保设备长时间在露天环境下稳定工作，完成定日镜运动控制、数据监控功能，保持稳定可靠的通信。因此，多选用 FCS（现场总线控制系统）作为镜场控制系统（图5-7-39）。

镜场控制系统能够对定日镜基本单元、多面定日镜、全镜场进行调度和控制，包括转角、读取角度、故障诊断等操作。

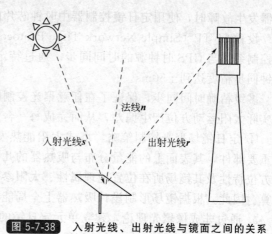

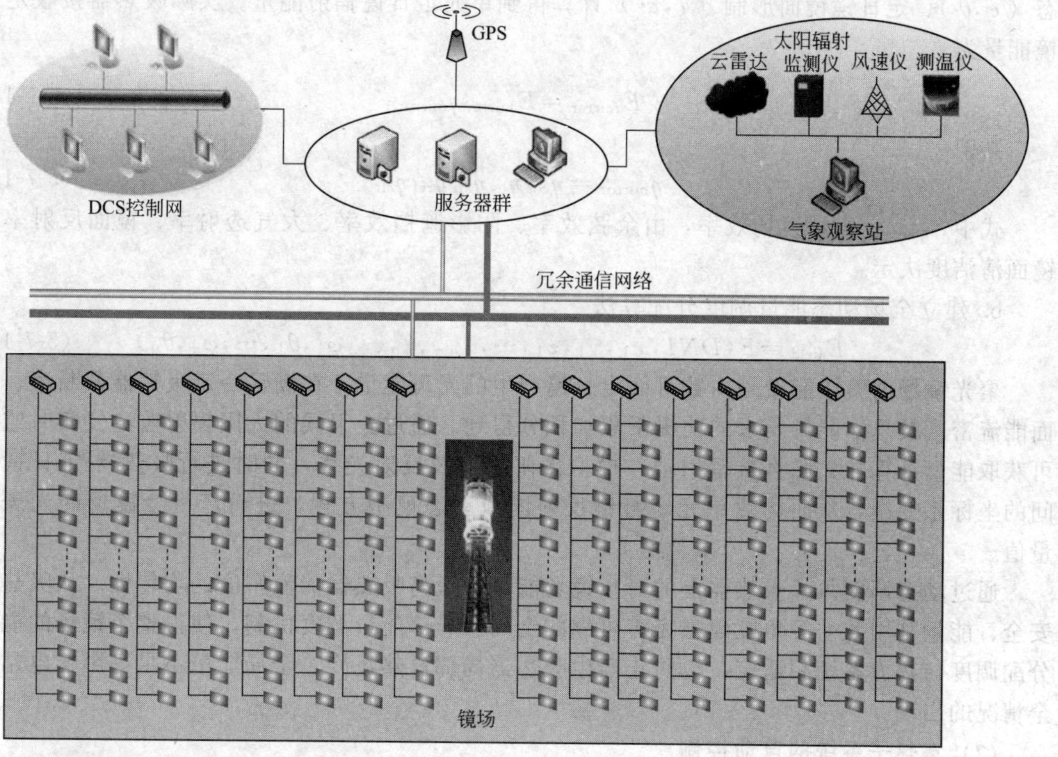

图 5-7-38　入射光线、出射光线与镜面之间的关系

镜场控制系统与气象观察站通信，实时获得云层、太阳辐射、风速风向、温度等各项重要环境信息，并提供以上信息的存储、历史趋势查询等功能。

另外，镜场控制系统通过 OPC（OLE for Process Control）接口与其他控制网通信，实现聚光子系统和集热子系统、储能子系统，汽轮机发电子系统之间的协调控制。

③ 精确时间同步技术　为了实现大规模定日镜的高精度控制，使定日镜聚光姿态调整与太阳运动同步，必须要求定日镜控制器、镜场主控制器、操作站与当地时间保持一致。

系统时钟采用 GPS 时钟服务器，以获得精确的时间信息。当与 GPS 连接失败或时钟服

图 5-7-39　分布式网络控制系统结构图

务器发生故障时，使用定日镜控制器中时钟芯片内的时间作为系统时钟。

设置 SNTP（Simple Network Time Protocol）时钟同步服务器，按固定的时间间隔进行控制系统与 GPS 时钟源的时间同步。通过特定的通信协议和同步方式，保证控制设备的时钟同步精度达到±50ms。

多级精确时间同步，保证了在任意聚光控制时刻，定日镜接收到的定日镜角度数据不会与实际太阳运动方位产生偏差，从而完成每一台定日镜的精确调度。

④ 定日镜场聚光控制策略 塔式太阳能热发电聚光集热子系统中吸热器作为光热转化的重要部件，其表面上的能量分布与吸热器的几何形状和尺寸、镜场布局、定日镜在镜场中的方位特性及其镜场所在位置地理属性、太阳参数等因素有密切关系，需进行庞大且复杂的计算。因此，根据镜场形制设计吸热器上全局能量分配优化策略尤为重要。

a. 通过非成像聚光理论，建立单元定日镜的能量模型

$$E_{mirror} = f(DNI, x_{mirror}, y_{mirror}, z_{mirror}, \varphi, \theta, l, w \cdots) \tag{5-7-10}$$

根据不同太阳辐射强度（DNI）、定日镜坐标参数（$x_{mirror}, y_{mirror}, z_{mirror}$）、定日镜姿态（$\varphi, \theta$）、定日镜镜面形制（$l, w$）计算得到单元定日镜辐射能量。实际吸热器接收定日镜能量为

$$\overline{E}_{mirror} = E_{mirror} \eta_{mirror} \tag{5-7-11}$$

其中

$$\eta_{mirror} = \eta_{cos} \eta_{bs} \eta_{att} \eta_{ref} \eta_{clr} \tag{5-7-12}$$

式中，η_{mirror} 表示镜场效率，由余弦效率、阴影遮挡效率、大气透射率、镜面反射率与镜面清洁度决定。

b. 建立全场动态能量调度分配算法

$$E_{field} = F(DNI, x_1, y_1, z_1, \cdots, x_n, y_n, z_n, \varphi_1, \theta_1, \cdots, \varphi_n, \theta_n) \tag{5-7-13}$$

聚光镜场的整体能量是由数万面定日镜产生的光斑能量，在满足一定吸热器截断率、表面能流密度及总体能量要求的前提下累加积分得到。通过全天候的太阳辐射监测仪实时监控可获取能量计算的太阳直接辐射值，模拟太阳入射及反射光线，同时进行吸热器-定日镜之间的坐标系变换，从而构建单元定日镜反射能量动态模型方程，进而产生全镜场的光斑能量值。

通过动态调度每片吸热器上的对应镜场能量，提高吸热器能流密度的均匀性。从吸热器安全、能量利用效率等角度建立完善可靠的全局及局部能量调度机制，使得整个镜场的能量分配调度与热力系统相适应，以防止产生吸热器局部过热过冷、全局能量不足等影响电站安全情况的出现。

（2）集热子系统的自动控制

① 水工质吸热器汽包水位的自动控制 吸热器是塔式太阳能热发电的关键设备之一，其性能直接影响到整个电站的安全可靠性和经济性。根据吸热介质的不同，可以分为空气吸热器、水吸热器和熔盐吸热器。下面以水工质吸热器为例介绍汽包水位控制系统。

汽包水位控制系统的目的、任务以及控制策略与常规的火力发电系统是完全相同的。但是，塔式太阳能热发电吸热器由于来自聚光系统的能量极不稳定，存在一天中不同时刻的正常变化和环境干扰引起的波动，所以塔式太阳能热发电吸热器汽包水位控制在常规锅炉水位三冲量控制系统的基础上增加镜场能量；这一输入值，成为四冲量控制系统，如图 5-7-40 所示。在该系统中，由蒸汽流量、给水流量、镜场能量（可以通过测量当前太阳辐射值计算得到）前馈与汽包水位反馈组成四冲量系统。汽包水位是被控变量，是主冲量信号，蒸汽流

量、给水流量和镜场能量是辅助冲量信号，系统将这些辅助冲量前馈到汽包水位控制系统中去，一旦它们发生波动，不是等到影响到水位才进行调节，而是在这 3 个输入改变之时就能通过副控制器立即去改变调节阀开度进行校正，故大大提高了水位这个被控变量的调节精度。有关该系统的 SAMA 图实现可参阅本篇第 6 章。

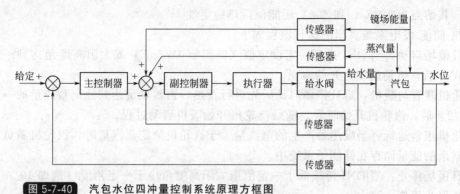

图 5-7-40　汽包水位四冲量控制系统原理方框图

② 吸热器壁面温度的自动控制　分为两个部分：吸热器温度变化率的控制；吸热器表面过冷过热温度点控制。

a. 吸热器温度变化率的控制　吸热器表面温升过快，容易造成受热面老化及应力损坏。由于太阳发电的特殊性，通常电站每天会有至少一次启动和关闭过程，加之太阳辐射本身所固有的不稳定性和间歇性，吸热器温度控制还需应对云层遮挡等外部环境影响。

目前吸热器温度变化率的控制通常采用开环方式。电站准备启动以及云层离开后，以一定速度增加投射镜场能量，电站准备关闭以及云层即将遮挡阶段，以一定速度减少投射镜场能量，通过调节能量控制表面温度变化速率，满足吸热器的安全要求。例如不锈钢材料温度变化速率要求是 20～50℃/min。

根据水吸热器和熔盐吸热器表面能流密度的不同，镜场能量投射完成通常需要 30～15s，所以太阳能热发电对于云层遮挡时间预测非常重要。

b. 吸热器表面过冷过热温度点控制　由于吸热器表面能流密度不均匀，容易导致局部区域出现过冷过热温度点，严重时出现膜态沸腾或凝结，造成吸热器损坏。塔式太阳能电站通过红外成像仪监视吸热器表面温度分布情况。

红外热成像技术是一种被动红外夜视技术，其原理是基于自然界中一切温度高于绝对零度（-273℃）的物体，每时每刻都辐射出红外线，同时这种红外线辐射都载有物体的特征信息，这就为利用红外技术判别各种被测目标的温度高低和热分布场提供了客观的基础。利用这一特性，通过光电红外探测器将物体发热部位辐射的功率信号转换成电信号后，成像装置就可以一一对应地模拟出物体表面温度的空间分布，最后经系统处理，形成热图像视频信号，传至显示屏幕上，就得到与物体表面热分布相对应的热像图，即红外热图像。

当吸热器表面出现过冷过热温度点时，控制系统查找该区域对应的定日镜列表，调整列表中定日镜的目标点，从而改善吸热器过冷过热情况。

③ 集热-储能-发电子系统能量平衡控制方法　储能技术是合理有效利用现有能源、提高效率的重要技术。太阳能热发电优于光伏发电的一项重要特点，就是能采用相对经济的蓄热技术，而蓄电则非常昂贵。太阳能热发电使用蓄热技术能够降低发电成本，提高发电的有效性，它具有容量缓冲、可调度性好、年利用率高、电力输出更平稳、高效满负荷运行等特点。

按照热能存储方式的不同，太阳能高温蓄热技术可以分为显热蓄热、潜热蓄热和化学反应热蓄热三种方式。显热蓄热是目前技术最成熟且具有商业可行性的蓄热方式。显热蓄热又分为液体显热蓄热、固体显热蓄热、液-固联合显热蓄热三种。塔式太阳能热发电通常采用熔融盐作为显热蓄热的方式，例如 Solar Two 系统采用 60% $NaNO_3$＋40% KNO_3 的硝酸盐混合物，其熔点为 220℃，到 600℃还能保持热稳定性[13]。

集热-储能-发电系统典型的运行流程如下。

定日镜场启动：当 DNI 达到一定设定值（例如 250W/m²）或太阳高度角达到一定角度（例如 10°）后，镜场启动，开始聚光。

汽轮机暖管与暖机：定日镜场启动后先进行蓄热，当蓄热量达到额定蓄热量的一定比例（例如 1/2）后，汽轮机开始暖管，随后汽轮机开始暖机启动过程。

汽轮机正常运行：当吸热器产生的蒸汽量大于汽轮机额定蒸汽量时，汽轮机满负荷正常运行，富余的能量储存在储能子系统中。

定日镜场停止：当 DNI 持续低于一定值或太阳高度角小于一定角度（例如 10°）后，聚光子系统停止工作。

储能子系统独立运行：在定日镜场停止运行后，储能子系统独自承担提供汽轮机蒸汽的作用，直至滑压运行；当蓄热量小于设定值时，储能子系统停止运行，汽轮机减速直至停止运行。

塔式太阳能热发电系统是涉及多个子系统的复杂能源动力系统，其运行的控制方式多样化，从理论上分析，在系统各个关键部件容量确定的情况下，应该对应优化的控制模式，以达到优化的热力学性能和经济性能。

在各种控制模式中，发电子系统启动前储能子系统的蓄热量是一个十分重要的参数。在汽轮机启动前，如果蓄热子系统蓄热量过多，必然使发电子系统的启动时间滞后，虽然能保证启动后汽轮机满负荷运行，但是不利于调节 DNI 高峰时系统的富余能量，不利于系统效率的提高；蓄热量过少时，动力子系统的启动时间提前，这时吸热器能产生的蒸汽量可能低于汽轮机的额定蒸汽量，汽轮机在初始阶段可能更多时间处于滑压低效率运行阶段，不利于系统发电效率的提高。总之，发电子系统启动前储能子系统蓄热量的多少影响到发电子系统启动后能否正常运行和汽轮机高效率运行的时间，从而影响到系统的年平均发电效率和发电成本。

系统运行时由于受到太阳辐射本身所固有的不稳定性和间歇性影响，汽轮机发电功率控制不仅受到储能子系统蓄热量的影响，同时需要考虑集热子系统在接下来一段时间里面的功率情况，功率预测通常通过云监测系统和功率预测系统实现。当太阳辐射出现间歇性下降时，如果汽轮机按照额定功率运行，蓄热量快速下降，最终汽轮机停机，这时候如果太阳辐射恢复到正常水平，汽轮机无法启停。根据接下来一段时间的预测功率，降低汽轮机负荷滑压运行，可以保证太阳辐射恢复到正常水平后，系统正常发电。

集热-储能-发电子系统相互影响关系如图 5-7-41 所示。

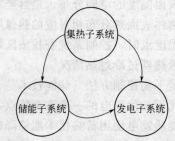

图 5-7-41 集热-储能-发电子系统相互影响关系

7.4　生物质能发电自动控制

7.4.1　生物质能发电技术

　　生物质是由植物的光合作用固定于地球上的太阳能，每年经光合作用产生的生物质约1700 亿吨，其能量约相当于世界主要燃料消耗的 10 倍，而作为能源的利用量还不到其总量的 1％。这些未加以利用的生物质，为完成自然界的碳循环，其绝大部分由自然腐解将能量和碳素释放，回到自然界中。

　　所谓生物质能发电就是通过生产技术把生物质能转换成电能，从而可以替代煤炭、石油和天然气等燃料。目前，世界各国，尤其是发达国家，都在致力于开发高效、无污染的生物质能利用技术，以达到保护矿产资源，保障国家能源安全，实现 CO_2 减排，保持国家可持续发展的目的[7]。

　　生物质能资源类型有许多种（图 5-7-42），其中秸秆发电技术备受重视，它已经被联合国列为重点推广项目。随着全球环境问题的日益严重，能源危机越来越紧迫，以及《京都议定书》的签订，世界各国开始关心生物质能对减少 CO_2 排放上的作用；另外，由于发展生物质能源作物有利于改善环境和生态平衡，对今后人类的长远发展和生存环境有重要意义，所以许多国家已把生物质能的利用作为未来的一种重要能源来发展。

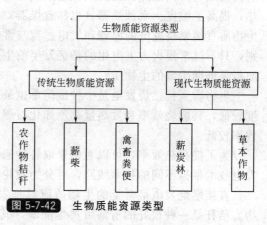

图 5-7-42　生物质能资源类型

　　生物质能发电技术主要有直接燃烧发电、混合燃烧发电、热解气化发电和沼气发电 4 个种类。

（1）直接燃烧发电

　　直接燃烧发电是指把生物质原料送入适合生物质燃烧的特定蒸汽锅炉中，生产蒸汽驱动蒸汽轮机，带动发电机发电。直接燃烧发电的关键技术包括原料的预处理技术、蒸汽锅炉的多种原料适应性、蒸汽锅炉的高效燃烧、蒸汽轮机的效率。

（2）混合燃烧发电

　　混合燃烧发电是指将生物质原料应用于燃煤电厂中，使用生物质和煤两种原料进行发电。混合燃烧发电主要有两种方式：一种是将生物质原料直接送入燃煤锅炉，与煤共同燃烧，生产蒸汽，带动蒸汽轮机发电；另一种是先将生物质原料在气化炉中气化生成可燃气体，再送入燃煤锅炉，可燃气体与煤共同燃烧生产蒸汽，带动蒸汽轮机发电。无论哪种方式，生物质原料预处理技术都是非常关键的，要将生物质原料处理成符合燃煤锅炉或气化炉要求的。混合燃烧的关键技术还包括煤与生物质混燃技术、煤与生物质可燃气体混燃技术、蒸汽轮机效率。

（3）热解气化发电

　　热解气化发电是指在气化炉中将生物质原料气化生成可燃气体，可燃气体经过净化，供给内燃机或小型燃气轮机，带动发电机发电。热解气化发电的关键技术包括原料预处理技术、高效热解气化技术、合适的内燃机和燃气轮机。其中，气化炉要求适合不同种类的生物质原料；而内燃机一般是用柴油机或是天然气机改造的，以适应生物质燃气的要求；燃气轮机要求容量小，适合于低热值的生物质燃气。

（4）沼气发电

沼气发电是指利用厌氧发酵技术，将屠宰厂或其他有机废水以及养殖场的畜禽类粪便进行发酵，生产沼气（CH_4），供给内燃机或燃气轮机，带动发电机发电；也有的供给蒸汽锅炉生产蒸汽，带动蒸汽轮机发电。沼气发电的关键技术主要是高效厌氧发酵技术、沼气内燃机技术和沼气燃气轮机技术。

7.4.2 直接燃烧生物质发电站的控制

7.4.2.1 直接燃烧发电原理及其工艺流程

生物质直接燃烧发电是目前采用较多的一种生物质发电形式。

生物质在锅炉中燃烧，产出高压过热蒸汽，通过汽轮机的涡轮膨胀做功，驱动发电机发电。由涡轮排出的蒸汽在冷凝器中凝结成水，由泵输给锅炉，在经过水预热器时，锅炉排出的高温烟气将其加热。由鼓风机送给锅炉的空气（供生物质燃烧用），在空气预热器中被预热，提高了温度。水预热器（也称省煤器）和空气预热器都属于锅炉预热回收装置。可见，生物质直接燃烧发电的原理和发电过程与常规的火力发电是一样的，所有的设备也没本质区别，只不过常规火力发电用的是亿万年前生成的能量密度很高的化石燃料，而生物质发电的原料是近期生成的生物质。

生物质直接燃烧发电是一种最简单也最直接的方法，但是由于生物质质地松散、能量密度较低，其燃烧效率和发热量都不如化石燃料，而且原料需要特殊处理，因此设备投资高，效率较低。

为了提高热效率，可以考虑采取各种回热、再热措施和各种联合循环方式。生物质燃烧发电技术根据不同的技术线路，可分为汽轮机、蒸汽机和斯特林发动机等。

直接燃烧发电最常见的生物质原料是农作物的秸秆、薪炭木材和一些农林作物的废弃物。秸秆是一种很好的清洁可再生能源，其平均含硫量只有煤的 1/10。过去，由于缺乏资源再利用渠道，秸秆都被农民白白焚烧。秸秆野外焚烧产生的烟雾不仅污染环境，还影响交通，酿成事故。实际上，秸秆是一种不容忽视的可再生能源，它的热值并不低。

以国内第一批正式投运的直燃式生物质能发电厂为例，其工艺流程如图 5-7-43 所示[8]。

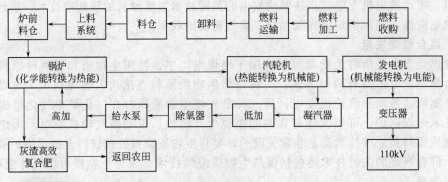

图 5-7-43　直燃式生物质发电厂主工艺流程图

燃烧生物质燃料和燃煤等矿石燃料所使用的技术类似，但燃料性质不同，致使锅炉伺服系统和燃煤机组有较大差别。由于燃料是秸秆，物料特性容重性小，且干湿状态下抛离特性差异比较大，这与煤的物料特性有较大差异。卸料和给料设备的选型是电厂建设的关键环节之一。直燃式生物质发电厂送料系统工艺流程如图 5-7-44 所示。

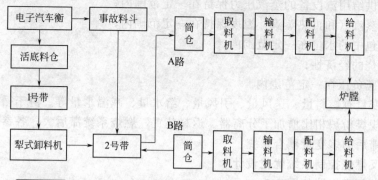

图 5-7-44　直燃式生物质发电厂送料系统工艺流程图

7.4.2.2　直燃式生物质发电站控制系统优化设计

发电站热工过程的自动控制主要是指锅炉、汽轮机及其辅助部分的自动控制。锅炉的调节任务是根据汽轮机的负荷需要，供应一定规格（压力、温度等）的蒸汽，同时使锅炉在安全、经济的条件下运行。直燃式生物质发电站的主要控制系统与燃煤发电站一样，主要有数据采集系统（DAS）、模拟量控制系统（MCS）、顺序控制系统（SCS）、炉膛安全监控系统（FSSS）、电气监控系统（ECS）、燃料输送系统（PTS）等。而绝大多数系统的功能与控制策略类同于燃煤电站，这里不再赘述，下面仅仅对不同于燃煤电站的部分作一介绍。

（1）直燃式生物质发电锅炉控制要求

生物质发电站虽然采用秸秆类的有机燃料，但由于采用直燃式锅炉，所以类似循环流化床锅炉的控制方法。直燃式生物质电站锅炉工艺图如图 5-7-45 所示，其具体控制任务主要有：

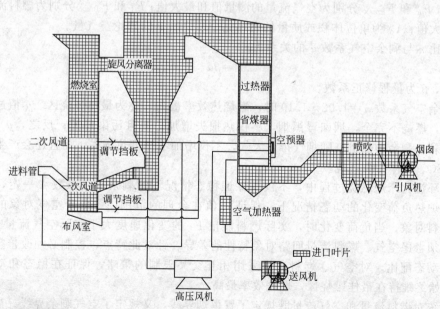

图 5-7-45　直燃式生物质电站锅炉工艺图

① 使锅炉供给的蒸汽量适应负荷变化的需要或保持给定负荷；

② 使锅炉供给用汽设备的蒸汽压力保持在一定范围内；

③ 使过热蒸汽（和再热蒸汽）温度保持在一定范围内；

④ 保持汽包中的水位在一定范围内；

⑤ 保持燃烧的经济性；

⑥ 保持炉膛负压在一定范围内。

主要操纵变量有燃料量、送风量、引风量、给水量、减温水量等。由于循环流化床锅炉燃烧系统与常规煤粉炉相比增加了分离器、返料装置，燃烧系统滞后大，各参数间耦合更为紧密，属于大滞后的多变量耦合系统。

（2）双交叉燃烧控制系统优化设计

该系统控制原理框图如图 5-7-46 所示。

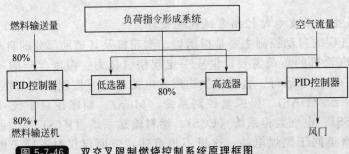

图 5-7-46 双交叉限制燃烧控制系统原理框图

为使流化床锅炉充分燃烧并提供足够的空气，应保证一定的剩余空气系数 μ 或空燃比 r。它们分别定义如下：

$$\mu = 剩余空气量 / 理论空气量 = F_\alpha / (A_o F_r) \tag{5-7-14}$$

$$r = (F_\alpha / F_{\alpha max}) / (F_f / F_{fmax}) \tag{5-7-15}$$

式中，F_α 和 $F_{\alpha max}$ 分别为空气流量的测量值和最大值；F_f 和 F_{fmax} 分别为燃料流量的测量值和最大值；A_o 为单位体积或质量的燃料完全燃烧所需的理论空气量。

空燃比 r 与剩余空气系数 μ 的关系为：

$$r = \beta \mu \tag{5-7-16}$$

式中，β 为量程修正系数。

当剩余空气系数 $\mu = 1.02 \sim 1.10$ 时，燃烧热效率最高，称为最佳燃烧区。μ 值过小，空气量不足，燃烧不完全，烟囱冒黑烟，不仅热损失增加，而且污染环境；反之，μ 值过大，空气量过剩，剩余的热空气随烟气排入大气，不仅增加了排烟热损失，而且还会产生大量的 NO_x 和 SO_x 气体污染环境。

在循环流化床炉燃烧过程中，不仅要保证稳态情况下的剩余空气系数 μ 一定，更重要的是在锅炉热负荷变化的动态情况下，保证 μ 值在合理的范围内。由于空气对象的时间常数大于燃料对象，当负荷变化时，实际燃料流量 F_f 的变化速度大于实际空气流量 F_α，在控制时必须考虑空气、燃料流量回路对象特性的差异。针对此特点，控制必须改善空气与燃料之间的动态配比，对空气、燃料流量采用相互交叉限制的策略，保证在稳态和动态情况下，μ 值始终维持在最佳燃烧区，燃烧效率最高。

该系统对燃料流量和空气流量既规定了冒黑烟界线，又规定了空气剩余界线。当系统处于稳定状态时，剩余空气系数等于给定值 μ_s。在升、降负荷的动态过程中，不但升负荷时剩余空气系数 μ 不低于防止冒黑烟的下限值，而且降负荷时剩余空气系数 μ 又不高于规定的上限值。由于该系统对剩余空气系数 μ 做了双向限幅，故为双交叉限制，使燃烧过程无论在稳定状态还是动态过程都能保持在最佳燃烧区，达到防止冒黑烟、防止污染和节能的目的。

双交叉限制燃烧控制系统的优点，是对剩余空气系数进行双向限幅，保证燃烧始终维持在最佳燃烧区，有利于节能。但是它的缺点是偏置过小，使系统对负荷响应速度变慢。对于负荷变化频繁，且变化幅度大，又要求快速响应的燃烧系统，可以采用下面讨论的改进型双交叉限制燃烧控制系统。

① 变剩余空气系数的双交叉限制燃烧控制系统　一般锅炉都是按照燃料量在 $80\%\sim100\%$ 之间，燃烧状态最佳的要求而设计的。如果燃料量减少，相应的空气量也减少，当负荷降到 50% 以下时，如果不增加 μ，则将造成燃烧不完全而冒烟。为此，在双交叉限制燃烧控制系统中，用负荷调节器的输出通过函数发生器计算 μ 值，以便根据负荷的大小动态校正剩余空气系数值。

② 氧量校正　为了节能和合理燃烧而选择小的剩余空气系数来实现低氧燃烧，μ 的理论值是 1，一般选用 $\mu=1.02\sim1.10$。决定循环流化床锅炉燃烧状况的因素很多，会有各种干扰，因此很难维持过量空气系数不变。例如，由于燃料和空气流量测量引入的误差，这两个流量控制回路的各项参数调整存在误差，燃料热值波动等，往往使剩余空气系数的实际值与给定值间有较大的差异。此外，锅炉进料和出料时空气进入、炉压变化引起炉子漏风等因素，也会引起炉内实际空气燃料配比的变化。为此，引入排烟含氧量对剩余空气系数 μ 进行校正，实现氧量闭环控制，就能严格保证炉子处于最佳燃烧状态。采用氧量控制器、上限限幅器、下限限幅器和纯滞后补偿器来动态校正剩余空气系数 μ。

(3) 主蒸汽压力控制

由于是母管制系统，需考虑母管压力对主汽压力的影响，增加母管压力控制回路，根据母管压力与给定值的偏差产生调节输出，作为主汽压力调节回路的给定值，保证主汽压力的控制品质。

(4) 床温控制

对循环流化床锅炉来说，最重要的就是保证正常运行时床温在 $850\sim950℃$。但是床温受检测点位置影响比较大，反应滞后且无法反映床层不同层面的温度。如将床温控制单独作为一个控制回路，将影响系统克服干扰的鲁棒性，所以将床温控制分散到给煤、一/二次风等控制回路中，只要将床温平稳地控制在一定范围内即可，无需控制为定值。改变一、二次风量配比对床温的影响，需综合考虑两方面因素：风对燃烧的增强作用和风的冷却作用。

当炉膛温度偏高时，开大一次风门；炉膛温度偏低时，关小一次风门。当偏差不大时，用一次风保证炉膛温度的稳定。

当炉膛温度偏差较大时，需将炉膛温度偏差作为前馈参与给煤调节，并且在超过炉膛温度上限时停止继续给燃料，在炉膛温度低于下限时启动另一台给料机，若炉膛温度继续下降，当低于下下限时系统产生报警并提示操作员停炉。

(5) 料层差压控制（排渣调节）

循环流化床锅炉的料层差压反映了由一、二次风调节的床内流化状态和料层高度的变化，工质流化状态的稳定与否将直接影响燃烧工况，所以这里用排渣调节阀控制料层差压。

根据设定的循环流化床料层差压排渣值，系统在料层差压达到该值时，通过开关量输出信号打开排渣阀，进行断续排渣。

7.5　水力发电自动控制

宏观地讲，地球上的水能可划分为两个组成部分：陆地上的水力能和海洋中的海洋能。前者是指河川径流相对于某一基准面具有的势能以及流动过程中转换成的动能；后者则包括潮汐能、海洋波浪能、海洋流能、海水温差等。水力发电通常是指把天然水流所具有的水能聚集起来，去推动水轮机，带动发电机发出电能。本节所介绍的水力发电是指陆地上的水力发电。

7.5.1　水力发电基本原理

水力发电站是把水能转化为电能的工厂。为把水能转化为电能，需修建一系列水工建筑物，在厂房内安装水轮机、发电机和附属机电设备。利用引水设备，让水流通过水轮机，推动水轮机的转轮旋转，把水的能量转化为机械能，再由水轮机带动发电机，把机械能转化为电能。

水工建筑物和机电设备的总和，称为水力发电站，简称水电站。

供给水轮机的水力能有两个要素，即水头和流量。下面介绍水电站的水头、流量和水电站的功率[9]。

(1) 水头

水头是指水流集中起来的落差，即水电站上、下游水位之间的高度差（$H_总$，单位 m），也把这个高度差称为总水头或毛水头。作用在水电站水轮机的工作水头（或称净水头）还要从总水头 $H_总$ 中扣除水流进入水闸、拦污栅、管道、弯头和闸阀等造成的水头损失 h_1，以及从水轮机出来，与下游接驳的水位降 h_2，即

$$H_净 = H_总 - h_1 - h_2 \tag{5-7-17}$$

工作水头 $H_净$ 表示单位重量的水体为水轮机提供的能量值。

(2) 流量

流量（Q）是指单位时间通过水轮机水体的容积，单位是 m^3/s。一般取枯水季节河道流量的 1～2 倍作为水电站的设计流量。

(3) 水电站的功率

水电站功率（也称出力）的理论值，等于每秒通过水轮机的水的重量与水轮机的工作水头的乘积，即

$$N_s = \rho g Q H_净（单位：W） \tag{5-7-18}$$

式中，ρ 为水的密度。

于是，水电站的理论功率值为

$$N_s = 9.81 Q H_净 \tag{5-7-19}$$

实际上，水流通过水轮机并带动发电机发电的过程中，还有一系列的能量损失，如水轮机叶轮的转动损失、发电机的转动损失、传动装置的损失等，剩下的能量才用于发电。因此，水电站的实际功率为：

$$N_0 = 9.81 \eta_s Q H_净 \tag{5-7-20}$$

$$\eta_s = \eta_t \eta_g \eta_i \tag{5-7-21}$$

式中，N_0 为水电站的实际功率（实际出力）；η_s 为机组效率；η_t 为水轮机效率；η_g 为发电机效率；η_i 为传动效率。

大型水电站的 $\eta_s = 0.8～0.9$，而小水电站的 $\eta_s = 0.6～0.8$。为了简化，把式中的 $9.81\eta_s$ 用出力系数 A 代表，于是，式（5-7-20）可改写为

$$N_0 = AQH_净 \qquad (5\text{-}7\text{-}22)$$

有的文献还提到"水电站装机容量"这个名词，它是指水电站中全部发电机组的铭牌容量的总和，也就是水电站的最大发电功率。

一般把装机容量在 50000kW 以下的水电站及其配套电网统称为小水电站。因此，小水电也包括小小型（容量在 101~500kW）和微型（小于 100kW）水电站。

水电站年发电量的单位是 kW·h，它等于电站内各发电机组年发电量的总和；每台发电机组的年发电量值，是它的实际发电功率（出力）与一年内运行小时数的乘积。

7.5.2　水力发电机组的构成

水力发电机组是实现水的位能转化为电能的能量转换装置，一般由水轮机、发电机、调速器、励磁系统、冷却系统和电站控制设备等组成。

① 水轮机　常用的水轮机有冲击式和反击式两种。

② 发电机　发电机大部分采用同步发电机，其转速较低，一般均在 750r/min 以下，有的只有几十转每分钟；由于转速低，故磁极数较多；结构尺寸和重量都较大。水力发电机组的安装形式有立式和卧式两种。

③ 调速和控制装置（包括调速器和油压装置）　调速器的作用是调节水轮机转速，以保证输出电能的频率符合供电要求，并实现机组操作（开机、停机、变速、增和减负荷）及安全经济运行。为此，调速器的性能应满足快速操作、反应灵敏、迅速稳定、运行和维修方便等要求，它还需要可靠的手动操作及事故停机装置。

④ 励磁系统　水力发电机一般为电磁式同步发电机，通过对直流励磁系统的控制，可实现电能的调压、有功功率和无功功率的调节等控制，以提高输出电能的质量。

⑤ 冷却系统　小型水力发电机的冷却主要采用空气冷却，以通风系统向发电机定、转子以及铁芯表面吹风进行冷却。但随着单机容量的增长，定、转子的热负荷不断提高，为了在一定转速下提高发电机单位体积的输出功率，大容量水力发电机采用了定、转子绕组直接水冷的方式；或者定子绕组用水冷，而转子用强风冷却。

⑥ 电站控制设备　电站控制设备目前主要以计算机为主，实现水力发电机的并网、调压、调频、功率因数的调节、保护和通信等功能。

⑦ 制动装置　额定容量超过一定值的水力发电机均设有制动装置，其作用是在发电机停机过程中，当转速降低到额定转速的 30%~40% 时，对转子实施连续制动，以避免推力轴承因低转速下油膜被破坏而烧损轴瓦。制动装置的另一作用是在安装、检修和启动前，用高压油顶起发电机的旋转部件。制动装置采用压缩空气进行制动。

7.5.3　水力发电机组的自动控制

7.5.3.1　水力发电机组自动控制系统的任务

水力发电机组自动控制系统承担的任务：水力发电机组的自动并列，自动调节励磁、频率和有功功率，无功功率的补偿，辅机的自动控制，水力发电机组的自动操作，自动保护等，其中以频率及功率控制为主[10]。

小型水力发电机组将水能转换为电能，直接供给负荷或并入电网后供负载使用。对于负载来说，不仅要求供电安全可靠，而且要求供电质量要高，即要求电能的电压和频率应为额定值，且波动小。

发电机发出电能的电压、频率或并网电压、频率的稳定度，分别取决于发电机或电网内无功与有功功率的平衡。其中频率波动的原因是发电机输入功率和输出功率之间的不平衡，同步发电机发出的电能频率与其转速之间的关系为 $f = np/60$，在发电机极对数 p

不变时，频率 f 由转速 n 决定。当发电机的负载增大时，发电机输入的机械转矩小于输出的电磁转矩，电机转速下降，从而引起电能频率的下降，反之频率将上升。而电压的波动主要由负载大小的变化和负载性质的变化（有功功率和无功功率的变化）引起。水力发电机组控制的基本任务，就是根据负载的变化不断调整水力发电机组的有功和无功功率输出，并维持机组转速（频率）和输出端电压在规定的范围内。水力发电机组频率的控制由水轮机调速器实现，而端电压的稳定可由发电机励磁调节器来完成。两者的调节相对独立，相互影响较小。

7.5.3.2 水轮机调速器的工作原理及特性

水轮机调速器是水电站的重要组成部分，主要用于控制水力发电机组的转速与出力，其品质与性能直接影响到电能品质和水电站的安全可靠运行。

(1) 水轮机调速器的调节原理

水力发电机组的运动方程式可以表示为

$$T_s - T_L = J\frac{d\omega}{dt} \tag{5-7-23}$$

式中，T_s 为水轮机的动力转矩，$N \cdot m$；T_L 为发电机阻转矩，包括发电机电磁制动转矩和摩擦等制动转矩，$N \cdot m$；J 为机组转动部分的转动飞轮总惯量，$kg \cdot m^2$；ω 为机组的角速度，rad/s，$\omega = 2\pi n/60$。

同步发电机的转速和频率之间有着严格的关系，为保证电能的频率不变，发电机的转速必须恒定，因此角速度的变化率必须为零，即 $d\omega/dt = 0$。而发电机的负载亦即 T_L 在时刻变化着，只有控制水轮机的动力转矩 T_s 时刻跟随着 T_L 变化，使 $T_s - T_L = 0$，才能维持频率和转速不变。水轮机动力转矩的表达式为

$$T_s = \frac{\rho QH\eta_s}{\omega} \tag{5-7-24}$$

式中，ρ 为水的密度，$kg \cdot m^3$；Q 为通过水轮机的流量；H 为水轮机的净水头；η_s 为水轮机总效率。

由式（5-7-24）可见，通过调速器改变水轮机导水机构导叶的开度来改变水轮机的流量，可达到调节转矩的目的，因此水力发电机频率的调整是可以由水轮机调速系统实现的，即当系统的负荷变化引起频率改变时，水轮机调速系统动作，改变水轮机的进水量，调节发电机的输入功率以适应负荷变化的需要。

(2) 频率调节

水轮机调节的基本任务是：当负载变化时，原来的稳定平衡被破坏，动力矩和阻力矩不再相等，使转速和频率与额定值之间出现偏差，这时由频率闭环控制器的调节作用，可快速、准确地消除偏差，使机组在新的平衡条件下运行。这种调节作用称为频率调节或频率控制。

电力系统的负荷是不断变化的，而水轮机输入功率的改变则较缓慢，因此系统中频率的波动是难免的。电力系统负荷瞬时变动情况如图 5-7-47 所示。从图中可以看出，负荷的变动情况可以分解成几个不同的分量：一是变化周期一般小于 10s 的随机分量，其变化幅度较小；二是变化周期在 10s～3min 之间的脉动分量，其变化幅度比随机分量要大些，如冲、延压机械、电炉和电气机车等；三是变化十分缓慢的持续分量并带有周期规律的负荷，其中大部分是由于工厂的作息制度、人们的生活习惯和气象条件的变化等原因造成的，这是负荷变化中的主体。

电力系统负荷的变化必将导致电力系统频率的变化。其中第一种负荷变化引起的频率偏

移，一般利用水力发电机组上装设的调速器来控制和调整水轮机的输入功率，以维持系统的频率，称为频率的一次调整。第二种负荷变化引起的频率偏移较大，仅仅靠调速器的控制作用往往不能将频率偏移限制在允许的范围之内，这时必须由调频器参与控制和调整，这种调整称为频率的二次调整。第三种负荷变化可以用负荷预测的方法预先估计得到。调度部门预先编制的系统日负荷曲线主要反映这部分负荷的变化规律。在满足系统有功功率平衡的条件下，将这部分负荷按照经济分配原则在各发电厂间进行分配。

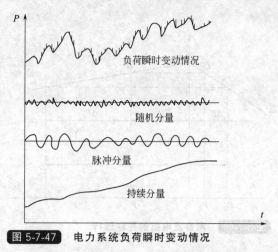

图 5-7-47 电力系统负荷瞬时变动情况

（3）有功功率调节

当水力发电机并入电网后，大多数机组带基本负荷运行，此时频率控制的作用相对降低，调速器的主要任务是根据电力系统的分配来控制机组有功功率的输出。

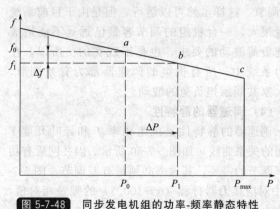

图 5-7-48 同步发电机组的功率-频率静态特性

发电机输出的有功功率和频率之间密切相关，两者的关系称为同步发电机组的功率-频率静态特性，如图 5-7-48 所示。发电机在频率 f_0 运行时，其输出功率为 P_0，相当于图中的 a 点；当电力系统负荷增大而使系统频率下降到 f_1 时，发电机组在调速器的作用下，使机组输出功率增大到 P_1；当水轮机调节的导叶开度已达到最大时，则频率再下降，发电机的输出功率也不会增加，如图中 c 点所示。

同步发电机组功率-频率特性的斜率称为发电机的频率调差系数，即

$$K = -\frac{\Delta f}{\Delta P} \tag{5-7-25}$$

式中，K 为频率调差系数；Δf 为频率差，对应有功功率 ΔP 时频率相应的增量，Hz；ΔP 为发电机有功功率增量，MW；式中负号表示发电机输出功率的变化和频率变化符号相反。

调差系数 K 的标幺值表达式为

$$K^* = \frac{\Delta f/f_N}{\Delta P/P_N} \tag{5-7-26}$$

式中，f_N、P_N 为频率和功率的额定值；K^* 为调差系数的标幺值，水力发电机组的 $K^* = (2\sim4)\%$。

发电机组功率-频率特性的调差系数主要决定于调速器的静态调节特性，与机组间有功功率的分配密切相关。

两台发电机并联运行时，其调差特性与机组间的有功功率的分配情况可用图 5-7-49 来说明。图中曲线①代表 1 号发电机组的调节特性，曲线②代表 2 号发电机组的调节特

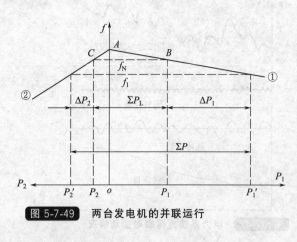

图 5-7-49   两台发电机的并联运行

性。假设此时系统总负荷为 $\sum P_L$，如线段 CB 的长度所示，系统频率为 f_N，1 号机组承担的负荷为 P_1，2 号机组承担的负荷为 P_2，于是有 $P_1 + P_2 = \sum P_L$。当系统负荷增加，经过调速器的调节后，系统频率为 f_1，这时 1 号发电机组的负荷为 P'_1，增加了 ΔP_1；2 号发电机组的负荷为 P'_2，增加了 ΔP_2，两台发电机组的增量之和等于 ΔP_L。

由式（5-7-26）可得

$$\frac{\Delta P_1^*}{\Delta P_2^*} = \frac{K_2^*}{K_1^*} \qquad (5\text{-}7\text{-}27)$$

式（5-7-27）表明，并联运行的发电机组间功率分配与机组调差系数成反比，调差系数标幺值大的机组分担的有功功率标幺值反而小。

电力系统中，多台机组的调差系数等于零时，这些机组是不能并联运行的。如果其中一台机组的调差系数等于零，其余机组均为有差调节，这样虽然可以运行，但是由于目前系统容量很大，一台机组的调节容量已远远不能适应系统负荷波动的要求，也是不现实的。所以，在电力系统中，所有机组的调速器都为有差调节，由大家共同承担负荷的波动。

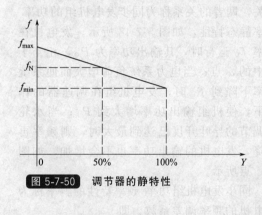

图 5-7-50   调节器的静特性

（4）调速器的静特性

调速器的静特性是机组频率 f 和导叶开度 Y 之间的关系曲线，如图 5-7-50 所示。因并网后有功功率调节的需要，其频率必须是有差调节。图 5-7-50 中对应接力器行程（0～100%）的频差相对值，称为永态转差系数 b_p，即 $b_p = (f_{max} - f_{min})/f_N$，$b_p$ 的值可根据要求进行设定。

7.5.3.3   水轮机调速器的总体结构

现代水轮机的调速器（控制器）除速度调节这一基本功能外，还具有功率调节、水轮机叶片开度调节、启停机操作及工况转换等功能。功能不同，调速器的结构也不尽相同。

调速器的总体结构主要有机械式和电子式两种，目前机械式已逐步被淘汰，电子式由电子控制器加上液压随动系统组成。电子式调速器又分为模拟式和数字式，如图 5-7-51 所示。电子控制器的任务是采集各种外部信号（状态和命令），针对被控对象的要求，根据设定的调节和控制规律，将操纵变量输出到液压随动系统，由液压随动系统将控制信号进行功率放大，实现水轮机导叶开度 Y 的控制。

图 5-7-52 为电子液压式水力发电机组调速系统原理示意图。在此调速系统中，由装在发电机轴上的齿轮、脉冲传感器和频率变送器组成转速测量部分。当转速上升时，脉冲传感器感应的脉冲频率也增大，频率变送器的输出增大，经信号整形和放大后，启动阀控，减小导叶的开度，以减少水轮机的进水量，达到减小原动机的输入功率，使发电机的转速下降的目的。

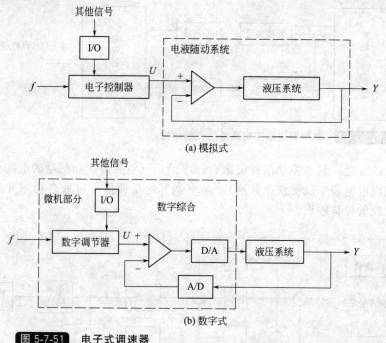

(a) 模拟式

(b) 数字式

图 5-7-51　电子式调速器

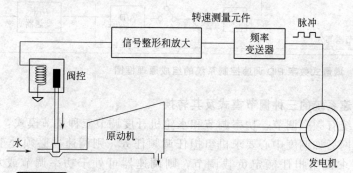

图 5-7-52　电子液压式水力发电机组调速系统原理示意图

7.5.3.4　水轮机数字式调速系统

(1) 数字调速系统的组成与功能

数字调速系统由被控对象（水轮发电机组）、检测部分、数字控制器、执行器等组成闭环控制系统，如图 5-7-53 所示。检测单元主要有频率、水头、有功功率和相位差等的检测，用于反馈信号。数字控制器可由单片机、工业控制计算机（PC）、可编程控制器（PLC）或者 DCS、FCS 来实现。执行机构主要有常规的电液随动系统、步进电动机或伺服电动机数字式电液随动系统。

数字调速系统的功能主要是对转速（频率）以及水轮机的开度、水位及发电机输出有功功率等进行控制。

(2) 数字控制器的组成原理

图 5-7-54 为带电液随动系统的增量式数字 PID 控制器的组成原理框图，图中步进电动机与电液随动系统组成数字式电液随动系统。由于步进电动机是按增量工作的，可用数字控制器输出的增量对步进电动机直接实行控制，由步进电动机带动电液随动系统调节导叶接力

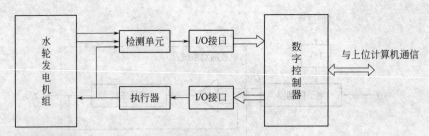

图 5-7-53 数字调速器控制系统的典型结构

器以控制导叶的开度。频率控制信号可来自频率给定（空载时）和测量的电网频率（并网时使机组频率跟踪电网频率以便快速并网）。功率调节的反馈信号可取自功率变送器，也可以取自步进电动机的位移输出。

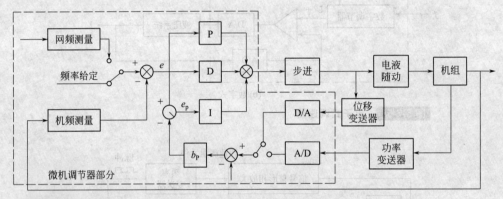

图 5-7-54 增量式数字 PID 调速控制系统的组成原理框图

（3）数字调速系统的三种调节模式及其转换

数字调速系统有频率调节、功率调节和水轮机开度调节三种调节模式：空载状态下只能是频率模式，并网后如调度中心要求机组担任调频任务，则调速器必须处于频率调节模式；如果调度中心要求机组担任额定负载调节，则调速器可处于功率调节或水轮机开度调节模式。

数字调速系统的三种调节模式间的转换关系如图 5-7-55 所示。

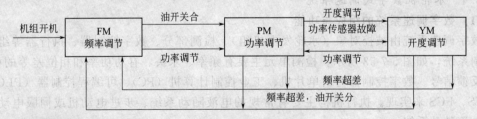

图 5-7-55 微机调速器的三种调节模式间的转换关系

① 频率调节与跟踪

a. 频率自动调节　当机组处于空载运行时，调速器在自动工况，频率跟踪功能退出，此时频率给定为 f^*，频率反馈为 f，控制策略一般为 PID 控制。频率自动调节原理框图如图 5-7-56 所示。

b. 频率跟踪　当投入频率跟踪功能时，控制器自动地将网频作为频率给定，与频率自

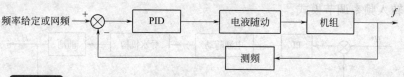

图 5-7-56　频率自动调节原理框图

动调节过程一样，在调节过程终了时，机频与网频相等，实现机组频率跟踪电网频率的功能。

c. 相位控制　调速器处于频率跟踪方式运行时，即使机组频率等于电网频率，但由于可能存在相位差，也不能使机组快速并网。为此增加相位控制功能，这时调节系统框图如图 5-7-57 所示。

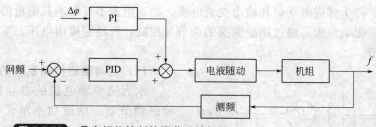

图 5-7-57　具有相位控制的调节系统框图

调速系统测量机组电压与电网电压的相位差 $\Delta\varphi$，经 PI 控制器运算后，其结果与频率经 PID 控制器运算后的值相加作为控制器输出。优化 PI 控制器的参数，可使机组电压与电网电压的相位差在 0°附近不停地摆动，使调速器控制的机组的并网机会频繁出现，可实现机组快速自动准同步并网。

② 功率调节　并网运行的发电机的调速器受电网频率及功率给定值控制。机组并网前 $b_p=0$，并网后，频率给定自动整定为 50Hz，b_p 置整定值，实现有差调节；同时切除微分作用，采用 PI 控制，并投入人工失灵区。这时，导叶开度根据整定的 b_p 值随着频差变化，并入同一电网的机组将按各自的 b_p 值自动分配功率。控制器的功率给定值由电网根据负荷情况适时调整。功率信号一方面通过前馈回路直接叠加于 PID 控制器输出，一方面与 PID 输出相比较，其差值通过 b_p 回路调整功率。由于前馈信号的作用，负荷增减较快。功率调节原理框图如图 5-7-58 所示。

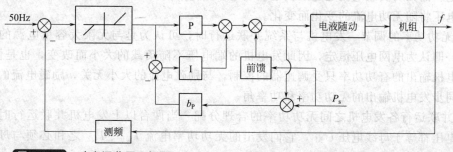

图 5-7-58　功率调节原理框图

③ 水轮机开度调节　当调速器处于水轮机开度调节运行方式时，发电状态下的调速器按水位给定值采用 PI 控制，如图 5-7-59 所示。这时，根据前池水位调整导叶开度，使前池水位维持在给定水位，从而保证在相同来水的情况下机组出力最大。机组频率超过人工失灵

区时, 自动转入频率调节模式。

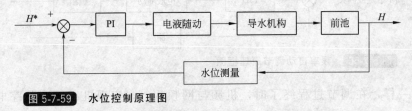

图 5-7-59   水位控制原理图

7.5.4   水力同步发电机自动励磁控制系统

7.5.4.1   同步发电机自动励磁控制系统的组成及任务

水力同步发电机在实现水能向电能转换的过程中, 借助于励磁系统中的直流电源建立的磁场作为媒介, 产生感应电动势和输出交流电流。励磁电流不仅影响其能量的转换, 而且对输出电能的质量影响很大。通过励磁电流的调节与控制, 可稳定输出电压、实现有功功率和无功功率的调节。

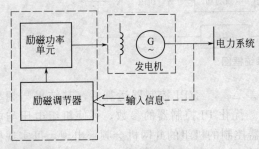

图 5-7-60   同步发电机自动励磁控制系统构成框图

(1) 自动励磁控制系统的基本组成

水力同步发电机的自动励磁控制是由励磁调节器、励磁功率单元、检测部分和同步发电机组成的闭环反馈控制系统[10], 其构成框图如图 5-7-60 所示。励磁功率单元为同步发电机励磁绕组提供直流励磁电流; 励磁调节器根据外部输入的励磁电流控制信号和实际检测的励磁电流反馈信号, 按照设定的调节规律控制励磁功率单元的输出。

(2) 自动励磁控制系统的任务

① 电压的调节   自动励磁控制系统可以看成是一个以电压为被控变量的负反馈控制系统。电力系统在正常运行时, 负载总是在不断波动的, 从同步发电机的外特性可知, 当发电机的负载发生变化时, 发电机的端电压随之变化。由同步发电机的调节特性可以看出, 为维持输出频率恒定而保持发电机转速恒定的条件下, 必须调节发电机的励磁电流, 以维持端电压的稳定。而无功负载电流是造成发电机端电压变化的主要原因, 当励磁电流不变时, 发电机的端电压将随无功电流的变化而变化。

② 无功功率的调节   发电机与系统并联运行时, 可认为是与无限大容量电源的母线并网运行, 即认为电网电压恒定, 因此发电机的端电压不随负载的大小而改变, 也是恒定值。由于发电机输出的有功功率只受调速器的控制, 与励磁电流的大小无关, 励磁电流的变化只能改变同步发电机输出的无功功率和功率角。

③ 并联运行各发电机之间无功功率的合理分配   当两台以上发电机并联运行时, 发电机的端电压都等于母线电压 U_M, 它们发出的无功功率电流 I_{Q1}、I_{Q2} 之和必须与母线中的无功电流 I_Q 值相等, 即

$$I_Q = I_{Q1} + I_{Q2} \tag{5-7-28}$$

并联运行的各发电机间无功电流的分配取决于各自的外特性, 如图 5-7-61 所示。对于上升和水平的外特性, 不能起到稳定分配无功电流的作用, 所以只分析下降的外特性。图 5-7-61 (b) 中, 发电机组 G_1 的外特性斜率比 G_2 的外特性斜率小。当母线电压为

U_{M1}、无功电流为 I_Q 时，G_1 发出的无功电流 I_{Q1} 比 G_2 发出的无功电流 I_{Q2} 小。当电网需要的无功电流增大为 I'_Q 时，电网电压下降为 U_{M2}，此时 G_1 的无功电流增大到 I'_{Q1}，G_2 的无功电流增大到 I'_{Q2}，且 $I'_{Q1} > I'_{Q2}$。其无功电流各自的增量为 ΔI_{Q1} 和 ΔI_{Q2}，显然 $\Delta I_{Q1} > \Delta I_{Q2}$ 改变了负荷增加前两机组无功电流分配的比例。由此可见，并联运行的发电机组间负荷无功电流的分配取决于发电机组的外特性，斜率越小的机组无功电流的增量就越大。

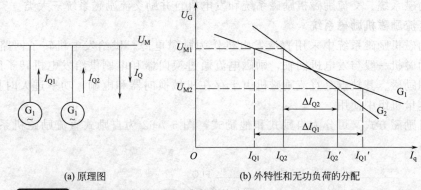

(a) 原理图　　　　　　　(b) 外特性和无功负荷的分配

图 5-7-61　并联运行发电机间无功负荷的分配

④ 提高电力系统运行的稳定性　电力系统的稳定可分为静态稳定和暂态稳定两类。电力系统的静态稳定是指电力系统在正常运行状态下，经受开关操作、负荷变化等小扰动后恢复到原来运行状态的能力。电力系统的暂态稳定是指电力系统在某一正常运行方式下突然遭受大扰动后，能否过渡到一个新的稳定运行状态或者恢复到原来运行状态的能力。这里所谓大的扰动是指电力系统发生某种事故，如高压电网发生短路或发电机被切除等。

电力系统的静态稳定和暂态稳定都与励磁调节系统有关。在实际系统中，随着负荷的变化，机端电压就会发生变化，为维持机端电压不变，需要不断地调节励磁电流。理论分析可以证明，加入励磁调节器的系统可大大提高系统的静态稳定性。对于电力系统的暂态稳定，励磁调节器可以通过强励磁来减小由于惯性作用引起的发电机暂态转速的波动。

⑤ 改善电力系统的运行条件　当电力系统由于种种原因出现短时低电压时，自动励磁控制系统可以发挥其调节功能，即大幅度地增加励磁以提高系统电压，改善系统的运行条件。

⑥ 实现强行减磁　在机组甩负荷或其他原因造成发电机过电压时，强行减磁。

（3）对励磁系统的基本要求

水力发电机组自动控制系统的任务由励磁调节器和励磁功率单元共同完成，因此对两者各自提出如下的要求。

① 对励磁调节器的要求

a. 时间常数较小，能迅速响应输入情况的变化。

b. 系统正常运行时，励磁调节器应能反映发电机电压的高低，以维持发电机电压在给定水平。

c. 励磁调节器应能合理地分配机组的无功功率；

d. 对远距离输电的发电机组，为了能在人工稳定区域运行，要求励磁调节器没有失灵区；

e. 励磁调节器应能迅速反映系统故障，具备强行励磁等控制功能，以提高暂态稳定和改善系统运行条件。

② 对励磁功率单元的要求

a. 要求励磁功率单元有足够的可靠性并具有一定的调节容量,以适应电力系统各种运行工况的要求。

b. 具有足够的励磁阈值电压和电压上升速度　励磁阈值电压是在励磁功率单元强行励磁时可能提供的最高电压。励磁电压上升速度是励磁系统快速响应的动态指标。

7.5.4.2　水力同步发电机自动励磁控制系统

水力同步发电机的励磁电源实质上是一个可控的直流电源。同步发电机的励磁系统有直流励磁机励磁系统、交流励磁机励磁系统和发电机自并励交流励磁系统三大类。

(1) 直流励磁机励磁系统

直流励磁机励磁系统中采用直流发电机作为励磁电源,供给发电机转子回路的励磁电流。直流励磁机一般与发电机同轴,励磁电流通过换向器和电刷供给发电机转子励磁电流,形成有电刷励磁。其缺点是直流励磁机由于存在机械换向器和电刷,功率过大时换向困难,只在中小容量机组中使用。

直流机励磁方式又可分为自励式和他励式,图 5-7-62 为自励式直流励磁机系统原理接线图。

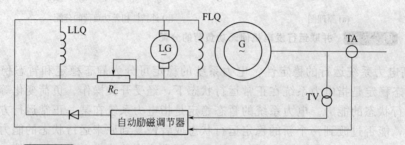

图 5-7-62　自励式直流励磁机系统原理接线图

图 5-7-62 中,直流发电机 LG 本身的励磁电流通过自励方式获得,其励磁绕组 LLQ 与直流发电机电枢绕组并联,直流发电机发出的电提供给同步发电机 G 的励磁绕组 FLQ,TV为变压器,TA 为电流互感器。

图 5-7-63 为他励式直流励磁机系统原理接线图。它是在自励系统中增加了副励磁机,用来供给励磁机的励磁电流,副励磁机 FL 为主励磁机 JL 的励磁机,副励磁机与主励磁机均与发电机同轴。他励式直流励磁机系统比自励式励磁机系统多用了一台副励磁机,所用设备增多,占用空间大,投资大,但是提高了励磁机的电压增长速度,因而减小了励磁机的时间常数。他励式直流励磁机系统主要用在水力发电机组上。

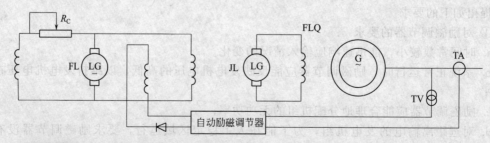

图 5-7-63　他励式直流励磁机系统原理接线图

(2) 交流励磁机励磁系统

交流励磁机励磁系统的核心设备是交流励磁机。交流励磁机容量相对较小,只占同步发电机容量的 0.3～0.5，且时间常数也较小（响应速度快）。交流励磁机系统也有他励式和自励式两种。

交流励磁机系统采用专门的交流励磁机代替了直流励磁机，并与发电机同轴。它运行发出的交流电，经整流电路后变成直流，供给发电机励磁。

（3）发电机自并励交流励磁系统（静止励磁系统）

发电机自并励交流励磁系统中发电机的励磁电源不用励磁机，直接由发电机端电压获得，经过控制整流后，送至发电机转子回路，作为发电机的励磁电流，以维持发电机端电压恒定，因此称为自并励晶闸管励磁系统，简称自并励系统。这类励磁装置采用大功率晶闸管器件，由自动励磁调节器控制励磁电流的大小。在自并励系统中，因没有转动部分，故又称静止励磁系统，如图 5-7-64 所示。

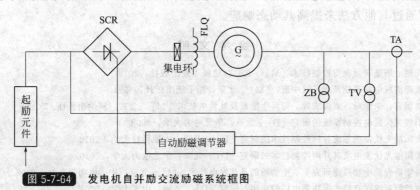

图 5-7-64　**发电机自并励交流励磁系统框图**

在发电机自并励交流励磁系统中，由机端励磁变压器 ZB 供电给整流器电源，经晶闸管三相全控整流桥（SCR）直接给发电机转子提供励磁电流，通过自动励磁调节器控制晶闸管的导通角，实现励磁电流的控制。系统起励时需要另加一个起励电源。

发电机自并励交流励磁系统的优点是不需要同轴励磁机，系统简单，运行可靠性高；缩短了机组的长度，减少了基建投资；由晶闸管直接控制转子电压，可以获得较快的励磁电压响应速度；由发电机机端获取励磁能量，与同轴励磁机励磁系统相比，发电机组甩负荷时，机组的过电压也低一些。缺点是发电机出口近端短路而故障切除时间较长时，缺乏足够的强行励磁能力，对电力系统的稳定性不如其他励磁方式有利。

（4）无刷励磁系统

在交流励磁机系统和发电机自并励交流励磁系统中，发电机的励磁电流全部由晶闸管供给，而晶闸管是静止的，要经过集电环才能向旋转的发电机转子提供励磁电流，而集电环是一种转动接触元件，使系统的可靠性降低。为了提高励磁系统的可靠性，取消集电环这一薄弱环节，使整个励磁系统都无转动接触的元件。近几年出现了无刷励磁系统，如图 5-7-65 所示。

无刷励磁系统是由一个主励磁机 JL、一个副励磁机 FL 及二极管整流器组成。副励磁机是一个永磁式中频发电机，用以提高主励磁机励磁，其永磁部分画在旋转部分的虚线框内。为实现无刷励磁，主励磁机是一台旋转电枢式同步发电机，发出的三相交流电经过二极管整流后，直接送到发电机的转子回路作励磁电源，因主励磁机的电枢与发电机的转子同轴旋转，它们之间不需要集电环与电刷等转动接触元件，这就实现了无刷励磁。主励磁机的励磁绕组 JLQ 是静止的，静止的励磁机励磁绕组便于自动励磁调节器，实现对励磁机输出电流的控制，以维持发电机端电压保持恒定。

无刷励磁系统因无电刷和集电环等接触环节，系统可靠性大大提高，维修工作量大大减

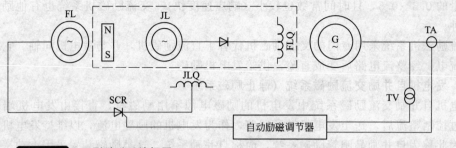

图 5-7-65   无刷励磁系统框图

小。但发电机励磁调节是通过主励磁机的励磁电流调节实现的，调节时间较长，动态响应受到影响，可通过其他方法来提高其动态响应。

参 考 文 献

[1] 惠晶，方光辉. 新能源发电与控制技术 [M]. 北京：机械工业出版社，2012.

[2] 陈济东. 大亚湾核电站系统及运行（中册）[M]. 北京：原子能出版社，1994.

[3] 姚兴佳，刘国喜，朱家玲，袁振宏等. 可再生能源及其发电技术 [M]. 北京：科学出版社，2010.

[4] 杜慧. 太阳能光伏发电控制系统的研究 [D]. 北京：华北电力大学，2008.

[5] 李文杰. 太阳能光伏发电系统并网控制技术的研究 [D]. 太原：太原科技大学，2012.

[6] 吴丽红. 太阳能光伏发电及其并网控制技术的研究 [D]. 北京：华北电力大学，2010.

[7] 中国电力科学研究院生物质能研究室. 生物质能及其发电技术 [M]. 北京：中国电力出版社，2008.

[8] 王强. 分散控制系统在直燃式生物质电厂的应用与研究 [D]. 济南：山东大学，2008.

[9] 姚兴佳，刘国喜，朱家玲，袁振宏等. 可再生能源及其发电技术 [M]. 北京：科学出版社，2010.

[10] 惠晶，方光辉. 新能源发电与控制技术. 第 2 版 [M]. 北京：机械工业出版社，2012.

[11] 王柄忠. 中国太阳能资源利用区划 [J]. 太阳能学报，1983，4（3）：221-228.

[12] 李雅哲. 塔式太阳能热发电蒸汽系统建模与控制 [D]. 北京：华北电力大学，2011.

[13] 左远志，丁静，杨晓西. 蓄热技术在聚焦式太阳能热发电系统中的应用现状 [J]. 化工进展，2006，25（9）：995-1000.

第8章 钢铁生产过程控制

8.1 概述

钢铁具有良好的物理和化学性能,生铁坚硬、耐磨,铸造性能好,但生铁脆,不能锻压。钢有较高的机械强度和韧性,耐热、耐腐蚀、耐磨、电磁性能好,容易焊接加工,可满足多方面需要和特殊性能要求。此外,钢铁价格便宜,储量丰富,加之冶炼和加工方法简便,效率高,规模大,产量高而成本低,是现代工业中应用最广、发展最快的金属材料,也是为制造各种机械设备提供的最基本的材料。

钢铁企业大都由一系列工厂组成,规模大,是联合企业形式,其工艺流程如图 5-8-1 所示,包括采矿、选矿,然后把选得的精矿烧结或制成球团,造成适合于高炉所需块度的原料,经高炉炼成生铁,再由转炉或电炉炼成钢,铸成锭以后,经各式轧机轧成板材、管材、型材和线材等。

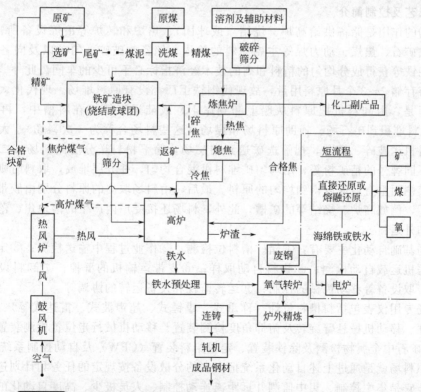

图 5-8-1 钢铁联合企业生产工艺流程图

钢材的生产可分为两个流程:烧结球团和焦化—高炉—转炉—轧机流程;直接还原或熔融还原—电炉—轧机流程。前者被称为长流程,是目前的主流程,后者则被称为短流程。两者都是由一系列分厂或车间组成的钢铁总厂，包括原料场，烧结、球团、焦化、炼铁、炼钢（含铁水预处理、转炉或电弧炉、炉外精炼、连续铸钢）和各类轧钢（钢管、热轧带钢、冷轧板带、线棒材、型钢、轨梁、中厚板等）等分厂。此外，还有一些辅助分厂，如动力部（包括发电、供电、煤气、氧气、给水等分厂）。

现代钢铁工业实际自动化系统大都包括基础自动化和过程自动化两级。

基础自动化主要是执行生产过程所必需的监控。如参数检测、自动控制（温度、流量压力、物位、成分、尺寸等控制，工艺设备动作的顺序控制等）、报警保护和联锁、监控（收集生产数据、整理、显示和打印生产报表）。一般分为过程检测及控制（亦称仪表测控）、电气传动控制与监控人机对话三部分。

过程自动化主要是执行优化和某些管理功能，如接受上位机指令并向基础自动化级发指令或 SPC 控制、过程跟踪、技术计算、数学模型运算与优化控制、某些设备或工艺参数管理、数据采集储存与整理、数据显示与记录、生产实绩向上位机反馈、数据通信等。

8.2　炼铁生产过程自动化

为了获得生铁，首先把选得的精矿烧结或制成球团，造成适合于高炉所需块度的原料，经高炉炼成生铁，故铁区包括原料场、烧结、球团、高炉。此外，炼铁需要大量焦炭，大型钢铁企业包括焦炭生产，个别钢铁企业则外购焦炭。

8.2.1　原料场生产自动化

(1) 工艺及控制简介

原料场的作用是储备供给高炉、烧结（或球团）、焦炉和转炉等冶炼设备所需的原料。承担全厂铁矿石、焦煤、动力煤等主副原料的输入、储备、破碎、匀矿以及向各生产厂供料，是使炼铁等获得成分均匀的精料和高的技术经济指标必不可少的车间。此外，钢铁生产一般需要有存储 2～3 个月原料用量，故现代钢铁工厂都设有原料堆场。现代化大型原料场的工艺流程是，由卸料机把原料从船上卸到岸上，或陆运车辆卸在料槽中，再用堆料机（ST）把原料堆积到矿石场、辅助原料场和煤场（这些料场合称为一次料场）。大块矿石等原料由取料机送破碎、筛分，把筛选矿送到精矿场，筛下粉料送分层储料场（二次料场），在那里把不同牌号的精矿粉等，用均匀矿堆料机混合均匀，并分层堆放，取料时则由均匀矿取料机从其侧面垂直截取以得到均匀的原料。最后，由料场取出的原料分别由胶带运输机送相应生产厂，例如高炉、烧结等的矿槽。此外，料场还接受厂内产生的落地焦、落地烧结矿等返原料和外运料。

原料场基础自动化主要有：①储矿槽料位检测；②作业过程中输送检测；③定量给料控制；④输送机运载自动检测；⑤物料自动取样；⑥皮带运输机的群控；⑦卸料设备顺序控制；⑧堆、取设备等移动机械的控制；⑨运转监视和设备运转的协调等。

原料场专用仪表包括料槽料位计（称重式、重锤式、超声波式、雷达式等）、电子皮带秤或核子秤、移动机械悬臂旋转及俯仰角度检测装置、移动机械行走位置检测装置（感应无线方式）、矿石中金属物检测及除铁装置、定量给料装置（CFW）及自动控制系统等。

现代原料场就是通过上述自动化系统把众多的分散设备按规定的任务和计划进行有条不紊的操作，它是集中控制、集中监测并远距离联动控制、人员极少、高度自动化的系统。

(2) 基础自动化

① 矿石中金属物检测及除铁装置　胶带运输机上金属物的检测对保护破碎设备起主要作用。金属探测装置是根据金属物体在高频磁场中能感应出较大的涡流这一特性设计而成。金属探测器的探头为平面线框，是 X 形线框探头。当铁件通过线框时，探测器便发出信号，

使除铁装置（有电磁铁式、小车式、移动皮带式或犁式等）动作，将铁件清除。

② 定量给料自动控制系统　定量排料装置按照各自的设定值，排出相应的物料。各混匀配料槽的配比设定值由过程计算机通过 PLC 系统给出。在混匀作业过程中，各定量排料装置将测得的排料量信号、运行状态信号（包括圆盘给料机运行信号和给料皮带机运行信号）和控制异常信号（累积偏差过大）通过 PLC 送到过程计算机，计算机对接收到的各个信号进行监视、判断，在确认状态完好无误后，选定所需的定量排料装置，根据本批次原料的总排料重及要求的成分计算各槽的配合比，并进行水分补正，求出各物料量作为定量排料装置排料量的设定值。这样，调节设置在混匀配料槽槽下的圆盘给料机和给料皮带机的转速，实现排料量的自动控制。为确保安全生产，定量排料控制系统设有安全联锁及异常报警系统。

③ 皮带运输机等设备群控　皮带运输机群控的目的是控制各个皮带运输机及其相关设备，按照工艺要求把原料从一个地点运送到目的地，是原料场控制的最关键部分。

目前原料的运送多按照流程来划分，大型原料输送系统一般编排百多个流程（路径），中型原料输送系统也有 40~60 个流程，每个流程对应着 PLC 的一个运转系统。皮带机群控是从诸多的皮带运输机中选出该系统的全部设备，使之按照 PLC 预先排好的程序顺序进行。

④ 堆取料机、混匀堆料机和混匀取料机等移动机械控制　包括堆料形状自动控制、防冲撞控制和移动机械通信。

⑤ 往复式卸料机控制　把各种原料通过往复式卸料机卸到相应的料仓中，在卸料过程中，随时可以测量料位。

(3) 过程自动化

① 混匀堆积智能模型　在混匀作业中，为保证混匀质量，必须在几天内完成几十万吨的料堆的堆积。在堆积前要制订细致合理的大致配槽计划，在堆积开始后的整个过程中，根据现场情况随时调整各个料槽切出速度配比以满足产量和质量要求。堆积前由计算机根据事先输入的经验、规则，通过模糊推理的方法对参加堆积的众多原料进行分析、归类，自动编制出大致计划；按照各个槽中各配槽品种的成分、产量要求等，采用复形调优法自动给出合理的各槽初始切出速度，指导操作员操作；堆积开始后，通过实时采集程序时刻跟踪现场堆积情况，监视物料变化，并在物料发生改变或槽工作状态改变（例如槽发生故障）时，即刻给出新的合理的各槽切出速度，以保证物料混合后成分稳定，同时不影响总产量，达到质量、产量并重的控制目的。

② 编制供料计划的混合式模型　大型原料场有几十种牌号的矿石，分别由上百条皮带运输机送到几十个矿槽。要保持各矿槽料位和从这些大量运输机线、牌号和输送时间的可能组合中选出合适的一个是很困难的，采用数学的动态规划和人工智能的模糊推理的混合模型，以解决计算或处理过复杂和缺少完整的最优性以及处理时间太长问题。

在编制计划中要规定：a. 要供料的各个槽；b. 要使用的运输机线；c. 输送时间（开始及终了时刻）；d. 要输送的原料量。此时还要满足下列条件：a. 保持每个烧结槽和矿石槽所设定的下限料位；b. 避免输送设备的冲突；c. 尽可能把同样牌号原料的各个小供料作业集合成一个大的连续作业；d. 取料机行走距离最短。

③ 整粒模糊控制　整粒车间产品的评价值是块率、块矿的粒度分布，而这些值将因破碎机的间隙、筛的筛目和原料粒度而异，过去是靠操作员经验判断并进行间隙和板式给矿机的给矿量调整来达到的。为了满足评价准则和节能、省力，可使用模糊控制理论来调整间隙和给矿量。

④ 运输机械智能控制　皮带运输机的顺序是按装置的条件、作业条件、皮带运输机相互关系、致命影响度等因素，并由一定规则来支配的。新型控制系统把这些因素和规则列成

规则库，运用知识工程来控制，而使系统更具柔性。

⑤ 原料场综合控制专家系统　主要原则是：大型船入港，安排尽可能大的场地卸货，把用量多的品种卸在传送效率高的场地，根据经验用一天时间作出下一个月的计划，再根据每天的作业情况，花半天的时间进行计划修正。

8.2.2　烧结生产自动化

（1）工艺及控制简介

由于天然富矿越来越少，高炉不得不使用大量贫矿，但贫矿必须经过选矿才能使用。而选矿后得到的精矿粉以及富矿加工过程中产生的富矿粉都不能直接入炉冶炼，必须经烧结或球团造成块状，然后入炉。烧结生产工艺流程（图5-8-2）：铁矿粉、熔剂和燃料按一定配比，并加入一定的返矿以改善透气性，配好的原料按一定配比加水混合，送给料槽，再到烧结机，由点火炉点火，使表面烧结，烟气由抽风机自上而下抽走。在台车移动过程中，烧结自上而下进行。当台车移动接近末端时，烧结终了，烧结块由机尾落下，经破碎、筛分和冷却后成为多孔块矿，筛上物送高炉，筛下物作为返矿和铺底料重新烧结。

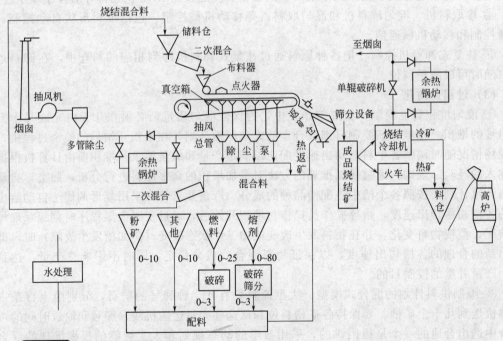

图 5-8-2　烧结生产工艺流程

烧结生产包括烧结主工艺线、抽风机、水处理和废热回收等部分，其控制系统包括：①烧结过程主工艺线过程检测和自动控制系统，实现原料系统、烧结机系统、冷却机系统监控和抽风机系统监控等；②抽风机检测仪表系统，含抽风机监控和环境保护监视；③水处理设备检测仪表系统；④废热回收系统的检测仪表和自动控制系统。

烧结专用仪表有混合料水分检测（中子式和红外线式，还有失重式和电导式等）、混合料透气率检测、料位和料层厚度检测、烧结矿FeO含量检测仪、矿石中金属物检测及除铁装置、烧结机尾图像分析，国外还有碎焦炭粒、原料中游离碳含量、烧结层内温度状态、烧结机风量分布等检测和漏风的诊断。

（2）基础自动化

① 配料自动控制系统　配料系统中的铁精矿是从集料皮带机上的电子皮带秤得出流量

信号，通过控制器改变圆盘给料机的转速以保持精矿配料量不变，辅助原料通过定量皮带给料机实现定量配料的。系统设有各种原料的配比设定和总给料量的设定，可根据各原料情况对烧结矿的要求灵活改变配比。

② 混合料添加水自动控制系统　配料后的原料，通常要经过两次混合，且每次混合都要加一定的水。一次混合加水按粗略的加水百分比进行定值控制，使混合料的含水量达到一次混合加水设定的目标值，加水量与原料量和原料的原始含水量有关；二次混合加水，使混合料的含水量达到二次混合加水设定的目标值，以利于混合料造球，保证烧结时的良好透气性，提高烧结矿的产量和质量。二次加水按前馈-反馈复合控制，计算机根据二次混合机的实际混合料输送量和含水量与目标含水量比较，算出加水量，作为二次加水流量设定值，这是前馈作用。然后由给料槽内的中子水分计测得实际水分值，其与给定值的偏差进行反馈校正。为了获得最佳透气率，它还把透气率偏差值串级控制混合料湿度自动控制系统。

③ 点火炉燃烧自动控制系统　混合料给到烧结机台车上后，首先通过点火炉将其点燃。温度过高，会使料层表面熔化，透气性变差；温度太低，料层表面点火不好，影响烧结矿的燃烧。故为了保证混合料很好烧结，要求料层有最佳的点火温度，同时为了使燃气充分的燃烧，还需要有合理的空-燃比值。

点火炉的燃烧控制是通过调节点火炉的燃气供给量和空-燃比来实现的，是一个串级的自动控制系统，包括外环温度控制回路和内环的空-燃比回路，后者采用交叉限幅方式。温度控制有两种设定值可选择（设定点火炉温度或点火强度）。

④ 烧结终点（BTP）自动控制系统　烧透点位置是烧结机尾几个风箱里的废气温度函数，用计算机根据烧透点的位置来给定烧结机台车速度，使烧透点尽量接近于机尾，这就保证了抽风面积充分利用，从而提高产量，避免料层烧不透或落到冷风机后仍在燃烧。控制台车速度，使烧透点在废气温度典型曲线的规定最高点位置。

⑤ 烧结料层厚自动控制系统　烧结层厚控制包括层厚纵向控制和横向控制。纵向控制是通过调节圆辊给料机的转速或主闸门开度来控制（圆辊排料机转速作为小范围调整，控制给料量，当不能满足层厚要求时，由主闸门作大范围控制，故它是分段控制系统）以满足层厚要求的，横向控制是通过调节辅助闸门的开度控制横向下料量，以满足台车横向均匀布料的要求。

⑥ 烧结厂各设备运转联锁系统　烧结厂的生产过程是连续性的生产过程、整个生产过程是以有一定储存能力的中间料仓将全生产过程分成若干个系统，每个系统之间有一定的独立性，各系统中有许多设备，如各类输送机等，任一设备环节故障都会引起堆料事故，有些还带从属辅机以至备用系统，其启、停与运输都有一定要求。基于上述原因，生产中对设备启动、运转、停止就有很多时序和联锁要求，由 PLC 来控制。

⑦ 熔剂子系统电气传动控制系统　如上所述，烧结厂各设备分为原料进料、生石灰进料、燃料制备等多个系统，而每个系统又分为多个子系统，如原料系统一般包括熔剂子系统、铁料子系统、燃料子系统、配料子系统和混合料子系统。每个系统的各设备都由电动机驱动，整个系统各电动机除联锁外，还有其控制系统。

(3) 过程自动化

① 配料模型和质量预测　目前有下列几种方法：a. 基于传统的配料计算，加入自适应修正的数学模型。根据"质量守恒"原理，按不同成分的平衡，列出一系列方程，然后求解；b. 神经元网络烧结矿成分预测模型，选择与烧结矿质量有直接关系的碱度、全铁和 FeO 含量作为预报值，原料参数包括混匀矿配比、石灰石配比、焦粉配比、生石灰配比等，设备参数包括风机能力、漏风率、混合制粒能力，操作参数包括一二次混合加水量、料层厚

度、台车速度等；状态参数包括烟道负压、废气温度、返矿率等，指标参数包括碱度、全铁含量、FeO 含量、转鼓指数、利用系数等；c. 自适应预报模型，把烧结过程看作是一个"灰箱"系统，用输入-输出模型来反映系统的动态特性，选择受控的自回归模型（CAR 模型）和带外生可观变量受控自回归模型（CARX 模型）作为系统模型，整个系统的输入量是原料变量，输出量是要求提前预报的烧结矿成分的化验值；d. 基于灰色系统的预报模型，烧结生产指标影响因素多而复杂，上一个化验指标值必然影响下一个化验指标值，直接从化验指标值时间序列中抽取部分连续数据，对每一种指标建立灰色模型，并用于预测下一个指标值。

② 烧结矿优化配料模型　取第 i 种原料的配入量为决策变量 $X_i (i=1, 2, 3, \cdots, m$，$m$ 为原料种类数），以烧结矿配料成本最低为目标，考虑成分约束、碱度约束、许用量约束、配成量约束。

③ 烧结 OGS 操作指导系统　采集风箱最大温度、烧透点（BTP）、混合料透气性、抽风压力等作为表征透气性的变量，并把焦比、台车速度、装入密度、混合料湿度作为操作变量，然后把产品强度（SI）、产品粒度（约 5mm 左右）、RDI（还原粉化指数）、返矿比、生产率、单位焦粒作为要控制的目标值。它判别下列参数：a. 过程判断，把表征过程状态的主抽风压力和 BTP 与基准值比较，来判定过程状态；b. 生产率和品质判断，把表征品质数据的生产率及落下强度和基准值比较以进行判断；c. 透气性判断，把烧结作业的重要指标和标准值进行比较以判断台车的总体透气性，不仅判断现在值，且按一定的公式判断将来趋向；d. 判断对过程会招致损坏设备和成品质量恶化而应采取的紧急措施的动作量。

④ 烧结机机速过程控制模型　首先推出理论的燃烧带模型，加上模型参数，自动修改使之能跟踪生产情况变化，在混合料从点火炉向机尾连续移动过程中，使燃烧带从料层顶部推进到底部，燃烧带的垂直推进速度和台车水平移动速度决定烧结终点位置，通过调整台车速度，就能使烧结终点保持在预先规定的位置。

⑤ 烧结生产质量监督和操作指导专家系统　a. 化学成分的预测及操作指导，以理论成分值作为搜索条件，以当前生产的状态参数作为限定条件，在知识库中搜索一周内与理论成分值拟合最好的一条知识，则该条知识记录所对应的成品检验的化学成分，即为当前"料流"的预测化学成分；b. 烧结终点判断及操作指导，实际最优烧结终点与理论最优烧结终点差值，就是温度测量不准所造成的误差，即为修正量，用当前料流计算出来的烧结终点加上此修正值，就可以求得实际烧结终点；c. 烧结透气性判断及操作指导，从专家知识库中过滤出具有同种精矿类型和同样配比的数据，并计算出对应于一级品的各生产参数平均值，以此数据作为该料种配比下的各生产参数的最优数据。

8.2.3　球团生产自动化

(1) 工艺及控制简介

球团生产是使用不适宜烧结的精矿粉和其他含铁粉料造块的一种方法。球团生产大致分三步：①细磨精矿粉、熔剂、燃料（1%～2%）和黏结剂（皂土等约 0.5%）等原料进行配料与混合；②在造球机（圆盘或圆筒造球机）上加适当的水，滚成 10～15mm 的生球；③生球在高温焙烧机上进行焙烧，焙烧好的球团矿经冷却、破碎、筛分得到成品球团矿。球团焙烧反应第一步是干燥生球，以免加热到高温时，水分大量蒸发而引起生球破裂；第二步是焙烧，焙烧分为预热（去除残余水分）、焙烧（高温固结，提高球团机械强度和提高氧化度及去硫）和均热三个阶段。

球团焙烧设备主要有三种：①竖炉；②带式焙烧机；③链箅机-回转窑。竖炉是按逆流原则工作的热交换设备。生球装入竖炉以均匀速度下降，燃烧室的热气体从喷火口进入炉内，自下而上与自上而下的生球进行热交换。生球经干燥、预热后进入焙烧区进行固结，球团在炉子下部冷却，然后排出。带式焙烧机基本结构形式与带式烧结机相似，但两者的生产过程完全不同，球团带式焙烧机是密封的，有多个风机，整个长度上可依次分为干燥、预热、燃料点火、焙烧、均热和冷却 6 个区，采用鼓风与抽风混合流程干燥生球，球团矿冷却采用鼓风方式，冷却后的热空气一部分直接循环，一部分借助于风机循环。循环热气一般用于抽风区，各抽风区风箱热废气根据需要作必要的温度调节后，循环到鼓风干燥区或抽风预热区。链篦机-回转窑焙烧是由链篦机、回转窑和冷却机组合成的焙烧工艺。生球的干燥、脱水和预热过程在链篦机上完成，高温焙烧在回转窑内进行，而冷却则在冷却机上完成。

(2) 基础自动化

① 装有带式焙烧机的球团厂自动化系统　a. 配料、运输及台车速度控制，包括精矿槽及返矿槽料位信号装置、皂土矿槽料位信号装置、原料称量及比例配料装置、中间矿槽料位检测及控制装置、铺底铺边矿槽及成品料槽料位信号装置、中间矿槽精矿水分测定装置、向造球盘定量给料称量装置、焙烧机台车速度控制。b. 风温风压及油量调节，包括废气温度控制系统、上抽风干燥段风温控制系统、一次风温控制系统、均热段风箱温度控制系统、上抽风干燥段罩内压力控制系统、其他压力控制系统、燃烧室温度控制系统、焙燃烧室一次空气与重油配比控制系统及燃烧自动控制信号系统。

② 装有链篦机-回转窑的球团厂自动化系统　a. 链篦机检测及自动控制。将生球瞬时流量作为指示控制器的机速设定值，即可使链篦机速度随生球瞬时流量而成比例变化；以使链篦机上的铺料厚度保持稳定值，以利于生球的干燥和预热。b. 回转窑检测和自动控制。由燃烧室的测温装置控制喷油量以保证燃烧室内温度稳定，采用空燃比控制系统，以保证充分燃烧。c. 竖冷器检测及自动控制。由称重式料位变送器监视竖冷器内部料位，由人工调节圆盘给料机转速以控制竖冷器料位，竖冷器料位亦可由控制器进行自动控制。

③ 装有竖炉的球团厂自动化系统　a. 竖炉检测及自动控制，包括炉顶烟囱废气温度检测、干燥床下温度检测、导风墙上下部和左右火道口以及冷却带温度检测、两台冷风机出口压力和流量、左右燃烧室压力以及燃烧室温度控制和空燃比控制。b. 竖冷器工艺参数检测。由两台冷却风机把冷风自竖冷器下部鼓入，热球团矿从上部加入，然后从下部排出冷球团矿。在竖冷器中部排出废气，经除尘器和引风机排入烟囱中。顶部排出的废气经除尘器送空气和煤气预热器。其检测项目有冷却风机出口流量和压力、竖冷器出入口温度、排放废气压力和温度。c. 空气和煤气预热器工艺参数检测。d. 冷却水系统工艺参数检测，在冷却水出入口处设有压力、流量检测以保证设备安全运行。

(3) 过程自动化

由于球团生产的前列工序如配料等都和烧结过程基本类似，故上节的许多模型，如配料优化数学模型、质量预测数学模型等，原理上都是相同的，稍加修改就可应用。球团生产与烧结生产最大不同在于焙烧设备。

① 竖炉焙烧过程焙烧温度数学模型　在稳定情况下，球团氧化反应的升温作用受两个主要方面的影响：一是单位产量的燃烧气体总量越多，升温越高，呈线性增长；二是燃烧气体总量越多，热量损失越多，使自燃升温的作用呈指数衰减。当产量 p 一定，燃烧气体总量为 0 时，焙烧温度 T_z 为 0；随燃烧气体总量增加，焙烧温度 T_z 增加；燃烧气体总量升到一定值时，焙烧温度 T_z 达到最大值；燃烧气总量进一步增加，则焙烧温度 T_z 降低，并逐渐趋向于零。在稳定焙烧情况下，燃烧室燃烧气体对焙烧球团的加热作用和焙烧球团的自燃升温作用可以近似看作线性叠加。球团的氧化反应有一个过程，从煤气、助燃风等量的变化到燃烧室温度变化有一定的惯性，动态焙烧温度变化要考虑惯性作用后温度。

② 造球过程模糊-PID复合控制　　主控环是物料环，控制给料量；比例环是水流环，控制加水量。物料环采用 PID 控制，操作人员根据生产需要，通过工控机中的人机交互界面设定料量给定值，作为物料环的给定输入，与电子秤的反馈值相比较得到给料量偏差，针对偏差值进行 PID 调节，使给料量实际值稳定在给定值附近。水流环采用模糊控制，根据给料量实际值、生球水分设定值、物料水分 3 个量，计算得到加水流量给定值 X，作为水流环的给定输入。

8.2.4　炼焦生产自动化

(1) 工艺及控制简介

焦炭是焦煤在焦炉内干馏得到的一种多孔碳质固体，是高炉的基本燃料，熔化矿石和将氧化铁还原成金属铁的热源，具有作为高炉料柱骨架，保证料柱透气性等作用。炼 1t 生铁需 0.4～0.6t 焦炭。

焦炉下部是蓄热室，上部是交替排列的炭化室（一组焦炉有几十个炭化室，并连成一列）和燃烧室。煤料配煤后运到储煤塔，然后从煤塔卸到煤车，分别送至各炭化室装炉，煤在炭化室内由两侧燃烧室经硅砖壁传热，进行单向供热干馏。煤加热至 100℃ 时放出水分及少量吸附气体，升温至 350℃，开始熔融，且放出焦油和以甲烷为主的煤气，再升温形成胶质体。煤的软熔大致到 500℃ 时结束，形成液相变稠与分散固体颗粒融成一体，缩聚固化为半焦，以后放出以氢气为主的煤气，开始发生焦炭收缩和产生裂纹。约 700℃ 逸出氢达最高值，以后逸出煤气减少，至 900℃ 以上成为焦炭，整个结焦周期一般为 14～18h，以后打开炭化室前后炉门，由推焦机自一侧把焦向另一侧推出。推出的焦炭，由熄焦车送去喷水熄焦、凉焦或采用干法熄焦（CDQ）。干法熄焦是用惰性气体逆流穿过红焦层进行热交换，焦冷却到 200℃ 左右，惰性气体则升温至 800℃ 左右，送余热锅炉产生蒸汽。熄焦后的焦炭还要筛分分级，分别供大中小高炉、化工部门、烧结原料等用。焦炉产生的焦炉煤气经冷却、回收各种焦化副产品后送各使用部门使用。

炼焦基础自动化包括备煤系统控制、成型煤系统控制（含定量给料控制、加水加粘结剂控制等）、焦炉系统控制（含加热控制，集气管压力控制，放散及点火控制，交换机换向控制，移动机械控制的装煤车控制和推焦车、拦焦车、熄焦车三大车控制等）、干熄焦控制（含干熄槽预存段压力控制，过热器出口蒸汽压力控制和温度控制以及放散控制，除氧气压力控制，进除氧器低压蒸汽压力控制，纯水槽液位控制，汽包水位和给水流量三冲量控制，装运和排出顺序控制等）。

炼焦过程主要检测仪表有：①备煤工序　料位计（测量各料槽料位）、定量给料装置（配料）；②成型煤工序　料位计，定量给料装置、测量成型煤的反压力装置、水流量压力等仪表（原料煤加水加粘结剂控制用）；③焦炉工序　流量、压力、温度、吸力、烟道废气残氧测量（机侧、焦侧加热控制用），CO 测量（焦炉地下室煤气泄漏报警），集气管压力测量，装煤车称量，全炉平均温度及火落时间测量，焦饼温度测量，碳化室炉墙温度测量以及移动机械位置测量等；④干熄焦工序　干熄焦循环气体成分测量，干熄槽预存段、过热器出口蒸汽、除氧器和进除氧器低压蒸汽压力等测量，过热器出口蒸汽温度测量，预存段料位测量，汽包水位、纯水槽液位测量以及汽包给水流量测量等。

(2) 基础自动化

① 煤处理系统的各设备的运转顺序控制　　煤处理系统的任务是对原料车间送来的精煤进行处理，然后通过煤塔装入焦炉冶炼成焦炭。该系统主要由配合槽、定量给料装置、粉碎机、皮带机、煤塔以及辅助装置等组成。原料车间的精煤首先由配合槽下部定量给料装置按设定给出，经皮带机送入粉碎机，在此将煤的粒度由大于 50mm 粉碎到小于 3mm，而后进

入下部混合槽混合，再由皮带机送出，30％的煤至成型煤原料槽，经成型煤工段压块成型，装入成品槽，再输送到煤塔，70％的煤则由皮带机直送煤塔。全系统按不同的起点、中间点、终点组成可选择系统。PLC 将预先把各个系统按分别的起点、中间点、终点及所需经过的设备分别组成顺序控制系统。

② 焦炉加热自动控制　有以下的五种类型：稳定加热型、燃烧室温度控制型、结焦终点控制型、热平衡控制型和总热量输入控制型。最常用的是稳定加热型，它只稳定加热用煤气压力（压力稳定意味着流量稳定）或流量（测量流量时加入温度、压力补正，有的还加入热值补正）与烟道吸力等。后四种类型的加热自动控制，也是以煤气量和烟道吸力自动控制为基础，只是自动测量炉温参数，由过程计算机按数学模型进行设定。稳定加热型的焦炉加热系统根据焦炉所用燃料及方式（燃烧发生炉煤气和焦炉煤气的混合煤气方式，单烧发生炉煤气、高炉煤气或焦炉煤气方式）不同而有不同的系统。

单烧发生炉煤气或高炉煤气的加热系统，煤气分机、焦两侧经废气盘、小烟道、蓄热室预热后再进入燃烧室，所以机、焦两侧煤气支管分别设置煤气压力控制。为控制焦炉加热所需要的空气量，在焦炉两侧分别设置了吸力控制系统。两侧分烟道还装有废气残氧量及温度检测仪表，以便进一步掌握焦炉燃烧状况。混合煤气为燃料时的焦炉稳定加热控制系统，焦炉煤气管道系统除设有煤气主管压力控制系统外，还设有混入焦炉煤气的流量的定值控制系统，以保持混入焦炉煤气的流量稳定。

③ 焦炉移动机械控制　炼焦厂的移动机械主要是装煤车、推焦车、拦焦车和熄焦车。装煤车在焦炉顶上操作，给焦炉装煤，大都采用 PLC 进行顺序控制，执行螺旋给料、电磁打盖，使煤塔自动放煤、称量。煤在焦炉干馏成焦后，便须出焦，通常由推焦车自焦炉一侧（机侧）把焦炭从焦炉另一侧推出（焦侧），经导焦车送焦罐车（使用干熄焦时）或熄焦车。

④ 交换机换向的顺序控制。焦炉加热需要定时换向，即从推焦侧送入煤气加热变为从出焦侧送入煤气加热，或反之。

⑤ 干熄焦装运和排出顺序控制。

(3) 过程自动化

现代化焦化厂主要有下列模型及人工智能的应用：①焦炉加热优化控制模型；②配煤优化数学模型；③配煤过程专家系统（包括焦炭质量预测，配煤比计算和专家自学习三大功能）；④焦炭质量预测神经元网络系统；⑤人工智能混匀配煤系统；⑥焦炉综合自动控制模型；⑦干熄焦（CDQ）最优控制模型。

焦炉加热过程优化控制控制策略大体上可分为三种类型：①反馈式加热控制模型，它根据结焦时间设定测温火道目标温度，用实测温度与目标温度的偏差，并考虑焦炉热滞后因素的补偿，来求得最佳供热量并进行调节；②前馈式加热控制模型，它先根据煤料性状计算结焦热，再用热平衡方法计算炼焦耗热量，最后按计划生产量、原料和燃料的条件等实际数据，求出煤气供给量；③前馈-反馈式加热控制模型，它利用前馈模型的优点，并用反馈系统来弥补其不准确性。

8.2.5　高炉生产自动化

(1) 工艺及控制简介

高炉是用以生产生铁的机组。现代大型高炉车间包括主体和辅助系统，主体系统如图 5-8-3（a）所示，共五部分：高炉本体、储矿槽、出铁场、除尘器和热风炉。辅助系统则有煤气清洗、炉顶煤气余压发电（TRT）、水渣、水处理和制煤粉车间等。

高炉炼铁是在筒形炉子（高炉）内进行还原反应过程，如图 5-8-3（b）所示。炉料-矿石、焦炭和熔剂从炉顶（有料钟型和无料钟型两种）装入炉内，从鼓风机来的冷风经热风炉

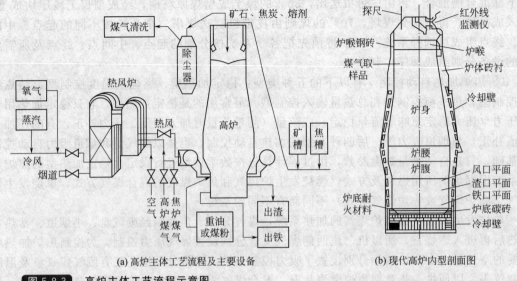

(a) 高炉主体工艺流程及主要设备   (b) 现代高炉内型剖面图

图 5-8-3   高炉主体工艺流程示意图

后形成热风,从高炉风口鼓入,随着焦炭燃烧,产生热煤气流由下而上运动,而炉料则由上而下运动,互相接触,进行热交换,并逐步进行还原,最后到炉子下部,还原成生铁,同时形成炉渣。积聚在炉缸的铁水和炉渣分别由出铁口和出渣口放出。

高炉基础自动化主要包括高炉和热风炉控制(含炉顶压力控制,放散控制,均排压控制,炉顶洒水控制,密闭循环水的膨胀罐水位和压力控制,冷风湿度和富氧控制,热风温度控制,热风炉燃烧控制、煤气混合控制,助燃风机出口压力控制,煤气压力控制,槽下配料、放料和上料及炉顶设备顺序控制、热风炉换炉顺序控制、出铁场除尘控制等)、喷吹煤粉控制(含制粉系统的干燥炉和磨煤机出口温度控制、磨煤机负荷控制、磨煤机前负压控制等;喷吹系统的中间罐和喷吹罐的煤粉重量和压力控制、煤粉吹入量控制、煤粉输送管道闭塞报警、气体混合控制、倒罐及各阀门联锁顺序控制以及喷煤安全联锁等)、煤气净化控制(含湿法煤气净化的文氏管洗涤器的水位控制和文氏管洗涤器压差控制;干法煤气净化的反吹顺序控制等)、高炉水渣生产控制(含水量、压力、水温和水位控制、闭路循环水系统及皮带机的控制、脱水转鼓的速度控制等)、给排水控制、高炉炉顶余压透平发电装置(TRT)控制(含透平转速、发电机负荷自动控制,紧急开放阀控制、N_2轴封差压控制、密封罐液位控制、透平机组自动启动控制、透平机组紧急停车控制等)、高炉鼓风机控制(含防喘振控制、防阻塞控制,风压保持控制,紧急放风减压控制,定风量和定风压控制,鼓风脱湿控制的冷冻机运转台数控制、脱湿器温度控制和冷冻机压力控制,静翼角度、氮注入和富氧系统安全联锁等)。

高炉主要检测仪表有:炉顶煤气 CO、CO_2、H_2 等成分,炉顶上升管煤气温度,炉内炉料高度及料面形状和温度,炉顶压力,大小钟间或无料钟炉顶料罐压力,炉喉半径、炉身、炉缸、炉基温度,炉内焦、矿层厚度,垂直探测器,水平探测器,炉身冷却壁温度,风口冷却水套前端温度,风口检漏,炉身、炉缸砌体烧损,热风温度、压力、冷风压力、流量、温度,各风口支管流量,炉身各层静压力,全差压、半差压,喷吹煤粉量、载气流量和压力,富氧流量和压力测量,热风炉煤气总管流量和压力,热风炉煤气、助燃空气支管流量,热风炉拱顶、格子砖、废气温度和残氧,热风阀冷却进出水温度,焦、矿槽放料重量,焦炭水分等测量。其他辅助机组基本是常规温度、流量、压力、液位等仪表。

（2）基础自动化

① 高压操作自动控制系统　a. 放散自动控制。当炉顶压力超过报警上线时自动报警，当超过报警定值 10%、15%、20% 时分别将相应的放散阀自动开启并泄压。b. 炉顶压力自动控制。由于炉顶压力很高，煤气管道直径很大，故调节阀是成组的（即由 3～5 个阀组成），由于煤气含尘量大，故除取压口采用连续吹扫以外，还在炉顶、上升管两处取压，并用手动或高值选择器选择最高压力作为控制信号。使用炉顶余压发电装置（TRT）的场合，可以全用 TRT 静叶可调的功能来自动控制炉顶压力，或只少量调节减压阀组的一两个调节阀以自动控制炉顶压力并使之稳定，但需考虑 TRT 突然故障时停车或其他处理以及为免炉顶压力突然升高而需紧急排放等。c. 均排压自动控制。原料要进入高炉，必须首先克服上料斗与称量料斗之间的差压。上密封阀开启之前，先要将称量料斗中的煤气放掉，称为排压。原料要进入高炉又必须克服称量料斗与高炉之间的差压，因而下密封阀开启之前，再将煤气充入称量料斗中，称为均压。在密封的称量料斗中充入半净煤气进行一次均压，由于半净煤气经过清洗后压力低于炉顶原煤气压力，故均压到一定程度后即充氮气进行二次均压。d. 无料钟炉顶监控。

② 热风温度自动控制　从鼓风机来的风温约 150～200℃，经过热风炉的风温可高于 1300℃，而高炉所需的热风温度约为 1000～1250℃，且须温度稳定。单炉送风时，其温度控制根据混风调节阀配置而异，有两种方式：一种是控制公用的混风调节阀位置，改变混入的冷风量以保持所需的热风温度；另一种是控制每座热风炉的混风调节阀，用一台风温控制器切换工作，不送风的热风炉其混风调节阀的开度由手动设定器设定。并联送风有两种方式，即热并联和冷并联。一般先送风的炉子输出风温较低，而后送风的炉子输出风温较高，故热并联时调节两个炉子的冷风调节阀以改变两个炉子输出热风量的比例，即可维持规定的风温，在冷并联时，两个炉子的冷风调节阀全开，和单炉送风类似控制混风管道的混风调节阀开度，改变混入冷风量以保持风温稳定。

③ 热风炉燃烧控制　热风炉燃烧控制系统主要包括拱顶温度控制、废气温度控制、空燃比控制、废气中氧含量分析。常用的有两种系统。a. 配三孔燃烧器外燃式热风炉燃烧自动控制。燃烧控制以 BFG 流量为主导，根据燃烧模型计算热风炉蓄热室的蓄热量，推算出 BFG 流量调节器的设定值，再从其中减去废气温度调节器的输出后，作为 BFG 流量最终设定值；以拱顶温度为目标值来控制 COG 量，以废气温度为目标值控制 BFG 量；以煤气燃烧所需的空气量计算空燃比，并以废气中氧含量来修正空燃比。b. 配两孔燃烧器的热风炉燃烧自动控制，不同之处在于没有焦炉煤气 COG，故拱顶温度超限时，只能靠增大助燃空气量来控制。

④ 喷吹煤粉自动控制　a. 中间罐和喷吹罐的煤粉重量和压力控制。在喷吹罐受入煤粉时，为使煤粉易于落入，经小加压阀向中间罐吹进气体以进行中间罐加压，此时喷吹罐加压调节阀处于保持状态，并由小排气调节阀进行调节。b. 煤粉吹入量控制。可选用各风口喷吹量任意分配控制方式或各风口喷吹量均等分配控制方式。c. 煤粉输送管道闭塞检测。d. 气体混合控制。e. 喷煤安全及联锁系统。

⑤ 上料设备顺序控制系统　上料设备包括称量配料、装料和上料设备等。称量配料设备要求按高炉每批料的矿石、燃料、熔剂等的需要量进行称量和配料，现代高炉都是使用固定式的称量料斗。原料从储料槽中通过可控闸门放料到称量装置上，按要求计量称量并配料后送往炉顶上料设备，送往高炉炉顶，并装入炉顶装料设备。系统是由探尺启动的，即探尺探到高炉内料位已下降到达规定料线并要求装料时启动。

⑥ 无料钟炉顶自动控制系统　整个无料钟炉顶由 PLC 来控制，可进行单罐工作和双罐

交替工作，可实现以探尺到位为启动信号的槽下-炉顶全自动上料。为适应高压炉顶的需要，料罐均排压系统设有高压操作或常压操作选择以及均压回收和排压放散等。

(3) 过程自动化

现代高炉在过程自动化系统中应用的数学模型有：①数据有效性和可靠性检验模型；②配料计算与优化数学模型；③炉热判定模型；④铁水含硅量预报模型；⑤高炉炉况预测数学模型，如日本川崎钢铁公司的炉况判定（GO-STOP）系统、新日铁的高炉操作管理系统（AGOS）、高炉冶炼状态预测模型（BRIGHT）、日本钢管福山厂的不稳定状态炉况预测系统（FLAG）、炉况诊断系统（PILOT）等；⑥无料钟布料控制数学模型；⑦热风炉优化控制数学模型；⑧软熔带形状推断数学模型；⑨高炉炉底侵蚀推断模型；⑩碳-直接还原率（C-DRR）模拟模型；⑪高炉操作预测模型；⑫热风炉操作预测模型等。

高炉人工智能的应用大致分为下列几个阶段：①建立单项（如异常炉况诊断、炉热诊断等）、或少数功能的以及仅作为操作指导的专家系统，并大多为与常规数学模型结合的混合系统，除炉况及炉热诊断以外，还有针对高炉其他过程的专家系统，如高炉炉顶余压发电操作支援系统、水渣作业专家系统、热风炉燃烧控制混合型专家系统、炉料装入及分布专家系统等；②把多个数学模型和冶炼操作和评价的多种甚至全部的实际操作经验与专家知识综合起来，建立综合的、多目标的或全面的专家系统，但仍然是操作指导性质，如芬兰罗德洛基和日本川崎专家系统等；③目前发展趋势是闭环控制，如奥钢联近年来开发的 VAIron 高炉自动化系统。

控制系统有以下两种。

① GO-STOP 高炉炉况管理系统　以高炉工艺机理和操作经验结合的方法建立。采用八类参数（参看图 5-8-4，即全炉透气性、局部透气性、炉子热状态、炉顶煤气状况、炉料下降状态、炉顶煤气分布、炉体温度和炉缸渣铁残留量）的水准和四类参数（风压、各层炉身压力、炉热指数、炉顶煤气 CO 和 N_2 浓度）的变动值进行综合判断而得出炉况的"好"、"注意"或"坏"的结论，并显示出 8 类参数和 4 类参数的蛛网圈以便操作人员及时采取措施。

系统每 2min 测一次的参数，有鼓风温度、流量、压力和富氧量、喷吹物及压力、十字测温器数据和煤气成分，炉身各层静压力及温度。此外，还要检测出渣出铁开始时间及其温度和成分，原燃料成分，料批装入开始和结束时间以及料线和下料速度。

② 芬兰罗德洛基-川崎高炉冶炼专家系统　主要的功能模块有：a. 知识库；b. 推理机；c. 数据库（存储高炉过程计算机传送来的已经预处理过的检测数据、二次处理结果、复合参数计算结果、通过人机界面手工输入的数据以及推理的结果等）；d. 人机界面（完成读取数据库中所需数据，在下拉式菜单中有趋势曲线、数据录入、模型显示信息提示、统计及参数等画面。并显示专家系统的分析结果及行动建议。在主画面上将最重要的风温、风量、炉顶煤气成分、炉热状态、铁水含［Si］及温度等参数的曲线以数字形式显示。下面的提示栏有专家系统对炉况分析和操作建议文字显示）；e. 知识获取子系统；f. 解释子系统（对高炉现象产生的原因和推理结果进行解释）。

该系统是一种基于规则的专家系统，共分为下列四部分。

a. 高炉热状态控制。通过炉热指数、炉料下降指数、直接还原度及碳溶损反应指数、煤气成分波动指数、渣皮脱落指数、透气性指数、阻力系数及操作线分析等，找到这些参数变化对炉温的影响。炉热指标 TQ 是引起炉温变化的最重要的参数，它是根据高炉下部区域热平衡计算的炉缸剩余热量。炉料下降指数与煤气成分波动指数被认为是与炉热指数同步变动的，因此，反映炉况顺行及渣铁管理对炉温影响的下料指数，和反映原料波动、化学反应及气流分布变化的煤气成分波动指数对炉温的影响，最终都可用 TQ 指数变化作为炉温走向标志。上述指数均不能直接控制，但其波动对炉温影响最大。尽早识别出这些指数的变化，结合出渣出铁温度和［Si］含量等信息，就可以及时调节，达到控制炉热稳定的目标。

b. 对高炉操作炉型的管理。• 对炉体热负荷监控，如冷却壁热负荷及炉墙热损失、炉墙衬及冷却壁体温度纵向分布等；• 对渣皮形成与脱落情况监控，如冷却壁体及炉衬温度变化点、炉顶煤气中成分变化；• 对气流分布监控，如中心气流和边缘气流分布指数、按十字测温值，F_{ZC}（中心）＝中心温度/中间环温度，F_{ZW}（边缘）＝边缘温度/中间环温度；• 对管道发生情况管理，如管道发生次数；• 对滑（崩）料情况管理，如滑料次数，并提出处理对策。

c. 专家系统的顺行控制。通过规则对炉况进行分析判断，并提出提示和指导。顺行控制有 5 个方面：• 对下料情况控制，如对滑料管理，对滑料发生可能性预报，监视顶压、顶温突然升高等；• 对煤气流分布控制，如对全天煤气流分布进行评价，如炉顶压力和顶温升高及滑料、管道异炉况；• 对压差变化的控制，如对总压差及中、长期压差的变化管理，以及异常炉况管理；• 煤气利用率变化及原因，随时分析 CO/CO_2 变化并给出导致波动的原因；• 高炉总体状态评价，除相关的主要参数外，还计算 Rist 操作线和对漏水情况进行管理。通过对炉况的跟踪，专家系统可以给出许多有关顺行的判断提示。

d. 对炉缸平衡的管理。通过物料平衡计算，实时计算炉缸中的渣铁量，并与安全出铁量相比较，将结果以规则形式显示给高炉操作人员。当炉缸过满时，软熔带会明显上移，导致炉缸变冷和炉腹煤气压力损失增加，专家系统提示及时出铁，以防止形成严重失常。

8.2.6 非高炉炼铁生产自动化

(1) 工艺及控制简介

高炉生产的铁占世界生铁总产量 90％以上，由于铁矿石资源的限制和节能环保的考虑，人们一直在探索非高炉炼铁的方法。近年来两个方法发展较快，一个为直接还原法，另一个为熔融还原法。

直接还原法是指含铁原料在固体状态下被气（气基法）、固（煤基法）还原剂还原成固体海绵铁的冶金方法。目前大都以气基为主，1992 年占直接还原总产量的 91.8％，而煤基直接还原只占直接还原总量的 8.2％，其中又以 SN/RN 法为主（约占 6.8％）。煤基直接还原工艺流程见图 5-8-4。

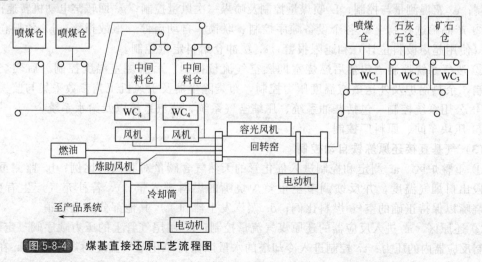

图 5-8-4 煤基直接还原工艺流程图

熔融还原法是在高温渣铁的熔融状态下，用碳把铁氧化物还原成金属铁的非高炉炼铁方法。其产品是液态生铁。现阶段熔融还原法主要采用两种形式：一步法（用一个反应器完成铁矿石的高温还原及渣铁熔化，生成的 CO 排出反应器以外再加以回收利用）、二步法（先利用 CO 能量在第一个反应器内把铁矿石预还原，而在第二个反应器内补充还原和熔化）。目前熔融还原已开发有二三十种工艺，其中 COREX 工艺最为流行。图 5-8-5 示出了 C1000-COREX 熔融还原二步法的炉子本体系统。

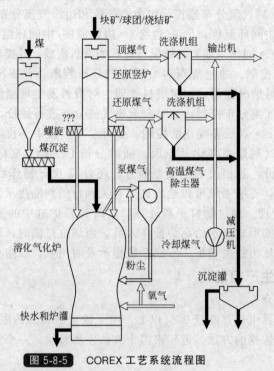

图 5-8-5 COREX 工艺系统流程图

（2）煤基直接还原炼铁自动控制

① 日用料仓、供料、窑和冷却筒控制　a. 各个设备顺序控制、联锁、自动启停及事故报警；b. 各个料仓料位测量及高低越限报警；c. 原料（煤、石灰石、矿石）配比控制；d. 窑压力控制；e. 窑温测量与控制；f. 喷煤量控制及喷煤一次风量控制；g. 回转窑电动机转速控制。

② 产品筛选控制　a. 各个设备顺序控制、联锁、自动启停、事故报警；b. 各料仓料位测量（使用超声波料位计）和越限报警；c. 缓冲仓给料定量控制。

③ 废气系统控制　包括后燃烧室助燃空气流量控制、后燃烧室温度控制、后燃烧室放散控制，余热锅炉及外送蒸汽温度压力控制，布袋除尘器及引风机工艺参数采集与监视。

④ 公用系统控制　包括柴油系统、压缩空气系统、蒸汽系统以及给水系统。

⑤ 压块车间、原料厂控制。

（3）气基直接还原炼铁自动控制

① 重整炉区　a. 测定和控制进入催化管的天然气含碳量对蒸汽的比例；b. 监测重整炉辐射段出口烟气温度，并反馈调节至重整炉烧嘴的燃料进入量；c. 若补充气产生有变化，控制烧嘴以保持正确的空气-燃料比例；d. 蒸汽发生器和工厂其他部分安全联锁。

② 还原区　a. 进入反应器的还原煤气流量控制；b. 用尾气管上的压力顺序阀（定压阀）来控制反应器内的压力；c. 控制进入冷却塔的水量以保持净化尾气温度为规定值；d. 在部分负荷运转时，进行还原煤气和冷却煤气压缩机旁路控制；e. 物料输入和运出控制；f. 物料处理系统，包括振动给料器、带式输送器、上料仓和皮带秤以及各个阀门的顺序控制与安全联锁。

(4) 熔融还原炼铁自动控制

① 电气传动控制　a. 矿槽配料自动控制；b. COREX 炉上料顺序控制与联锁（按工艺要求进行顺序控制：主塔顶部接受上料小车卸入铁矿石和白云石，每小时约 6 批料，每批料包括 11t 铁矿石和 4t 白云石。串罐密封料罐按还原竖炉的料位信号通过 12 根布料管向竖炉加料）；c. 熔化气化炉供煤顺序控制与联锁（在海绵铁落入熔化气化炉时东侧塔顶的串罐密封罐接受上煤小车供煤，并经一开一备的双螺旋机后，再经单螺旋加煤机将煤加入熔化气化炉顶部）；d. 荒煤气放散控制；e. 干煤仓上料控制；f. 配煤控制；g. 配煤皮带运输机、破碎、筛分、跳汰干燥机等顺序控制与联锁以及故障报警等。

② 检测及自动控制　a. 数据采集。包括煤的入炉水分、熔化炉煤气成分、固定床高度以及炉内压力温度等等监测。b. 海绵铁的金属化率和加入速度控制。根据海绵铁金属化率是否达到要求的约 93%，控制螺旋机转速以调节加入速度，即调节铁矿石在竖炉中的停留时间和产量。c. 加煤速度控制。按煤气参数和固定床高度调整供氧量，如煤气中氧含量大于 3%，就报警并自动切断氧气。d. 熔化炉温度和煤气化控制。温度控制在 1000～1050℃，低于 850℃ 则有焦油析出，高于 1100℃ 会引起粉尘粘结，高于或低于规定温度都会造成热旋风除尘器和煤气管道堵塞，故采用调节供煤量、供氧量和炉压来调节炉温。e. 固定床高度控制。正常高度为 2～3m，如低于 2m，说明炉温向凉，应调节加煤量和供氧量来调整高度，太高，将使风口热区影响上部的作用减小，且易烧坏粉尘喷嘴。f. 炉内压力控制。如炉温偏低，可调节还原竖炉炉顶煤气文氏管调压阀升高炉内压力以使炉温升高。g. 熔化炉煤气成分控制。气化正常，煤气成分稳定，如气化有问题，则首先反映为 CO_2 上升，表征炉温向凉，此时应首先调高压力，再不然调煤量、氧量，正常时竖炉煤气 CO_2 约为 35%。h. 辅料和炉渣成分控制。

③ 监控　由工作站执行，包括数据采集、数据显示（含趋势曲线、历史数据、报警数据、工艺流程动态画面等）、数据记录（打印班报、日报、显示屏幕硬拷贝、报警等）、数据通信、配煤优化数学模型（包括配加焦分等配料计算，以成本最低为目标函数的线性规划模型等）等。

8.3　炼钢生产过程自动化

大型钢铁联合企业的炼钢区包括铁水预处理、转炉或电炉、炉外精炼、连续铸锭四个工序或车间。

8.3.1　铁水预处理生产自动化

(1) 工艺及控制简介

铁水预处理包括三脱（脱硫、脱磷和脱硅）处理。脱硫剂主要是石灰和萤石或碳化钙。脱磷剂主要采用 $FeO\text{-}CaO\text{-}CaF_2$ 或 Na_2CO_3。脱硅剂主要采用 CaO、氧化铁粉并吹氧。脱硅可以在高炉出铁场中连续或半连续进行，也可以在运送工具如鱼雷罐车或铁水罐中进行，主要方法是喷入脱硅剂进行脱硅。脱磷一般是在运送工具如鱼雷罐车或铁水罐喷入脱磷剂进行脱磷。脱硫主要有喷吹法和搅拌法两种。喷吹法的脱硫作业是在鱼雷罐车或铁水罐车内进行，以氮气为载流气体，采用顶喷法将脱硫剂喷入铁水以进行脱硫，脱硫率可达 60%～80%。KR 搅拌脱硫法处理铁水量（50～330t）比之喷吹法要小，脱硫成本略高，但脱硫率可达 90%，适合冶炼低硫和超低硫钢种（[S] <0.005%～0.002%）。KR 搅拌脱硫法是把脱硫剂由槽车用氮气压送到储料罐内，再经压送泵通过流槽加入铁水罐的铁水中，并把搅拌桨也下降到铁水罐的铁水中进行搅拌脱硫。

铁水预处理基础自动化主要有高炉炉前脱硅、喷吹法铁水单脱硫和搅拌法铁水单脱硫等自动控制。检测仪表主要有：①铁水温度检测；②铁水成分（硅、硫、磷含量）检测；③铁水车砌体形状检测；④铁水液位检测；⑤铁水车车号检测；⑥铁水重量检测等。

（2）基础自动化

① 高炉炉前脱硅自动控制　它是在铁水沟里喷脱硅剂，按脱硅剂的重量变化除以时间得出脱硅剂的喷吹速率并加以控制。

② 喷吹法铁水单脱硫预处理自动控制　a. 单脱硫过程量自动控制，包括喷吹量控制、喷吹罐差压控制、喷吹氮气流量控制等等；b. 喷吹系统的顺序控制；c. 脱硫剂储料仓受料顺序控制。

③ 搅拌法铁水单脱硫预处理自动控制　对于搅拌法脱硫，在脱硫前后需进行扒渣，操作较为复杂。其脱硫剂储存仓受料顺序控制与喷吹法类似，脱硫部分略异于喷吹法，主要差别在搅拌和扒渣，搅拌主要是开动搅拌桨。扒渣机自动操作时，根据需要非常方便地分别构成前进、后退、上下运动三种扒渣轨迹，直到把渣子扒干净。

（3）过程自动化

① 技术计算　包括脱硫脱磷等工艺效果评定指标计算，生产统计、技术经济指标等计算。它按规定的计算公式集进行。

a. 脱硫率 η_s 计算

$$\eta_s = 100\% \times \{[S]_{前} - [S]_{后}\}/[S]_{前}$$

式中，$[S]_{前}$ 为处理前铁水原始含硫量；$[S]_{后}$ 为处理后铁水原始含硫量。

b. 脱硫剂的反应效率 $\eta_{脱硫剂}$ 计算

$$\eta_{脱硫剂} = 100\% \times Q_{理}/Q_{实}$$

以电石粉反应效率 η_{CaC_2} 计算为例：

$$CaC_2 + S = CaS + 2C$$

$$\eta_{CaC_2} = 1000 \times (64/32) \times \{[S]_{前} - [S]_{后}\}/(Q_{CaC_2} \times K_{CaC_2})$$

式中，$Q_{理}$ 为脱硫剂理论消耗量；$Q_{实}$ 为脱硫剂实际消耗量；64 为电石粉分子量；32 为硫分子量；Q_{CaC_2} 为电石粉单耗，kg/t 铁水；K_{CaC_2} 为电石粉纯度。

c. 脱硫能指数计算

$$脱硫能指数 = 100\% \times \eta_P/\eta_B$$

式中，η_P 为比较作业时的脱硫剂反应效率；η_B 为标准作业时的脱硫剂反应效率。

d. 脱硫剂 K_S 计算

$$K_S = d[S]/dW$$

式中，W 为脱硫剂总量。假设在脱硫反应过程中，脱硫剂效率 K_S 不变，则：

$$K_S = \Delta[S]/\Delta W$$

$$K_S = \{[S]_{处理前} - [S]_{处理后}\}/\Delta W$$

② 模型计算以及设定控制　包括喷粉（脱硫剂、脱磷剂、脱硅剂等）量计算、吹氧量计算、载气计算和处理时间等。以脱硫剂数量计算为例，它应按脱硫等化学反应式进行，与铁水脱硫前及目标含硫量有关。一般按做好的表格或曲线（铁水脱硫前及目标含硫量和所需脱硫剂数量关系曲线）查出或由统计得出的经验公式计算出单位铁水重量所需的脱硫剂数量。脱硫剂等数量计算模型可以是机理模型（按热平衡、物料平衡计算得出），也可以是统计模型。也有采用神经网络建模的，神经网络比之统计模型要方便和准确。

8.3.2　转炉生产自动化

（1）工艺及控制简介

转炉是炼钢主要设备，按吹炼工艺有顶吹转炉、底吹转炉、顶底复合吹炼转炉等，如图

5-8-6所示。

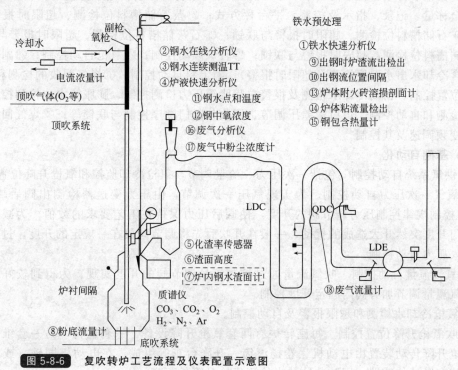

②钢水在线分析仪
③钢水连续测温TT
④炉液快速分析仪
　⑪钢水点和温度
　⑫钢中氧浓度
⑯废气分析仪
⑰废气中粉尘浓度计

铁水预处理
①铁水快速分析仪
⑨出钢时炉渣流出检出
⑩出钢流位置间隔
⑬炉体附火砖溶损剖面计
⑭炉体粘流量检出
⑮钢包含热量计

冷却水
副枪
氧枪
电流浓量计
顶吹气体(O₂等)
顶吹系统

LDC　QDC

LDE

⑤化渣率传感器
⑥渣面高度
⑦炉内钢水渣面计

⑱废气流量计

炉衬间隔
质谱仪
CO₃、CO₂、O₂
H₂、N₂、Ar
⑧粉底流量计
底吹系统

图 5-8-6　复吹转炉工艺流程及仪表配置示意图

转炉炼钢主要是将铁水中的硅、锰、磷、硫、碳等杂质氧化，使其进入废气、炉渣并排除，从而得到成分及温度合格的钢水。炼钢时，先将废钢装入炉内，兑入铁水（两者均为主原料），再加入第二批造渣料（主要是石灰，为副原料），然后下降水冷氧枪吹氧，氧气经氧枪头部的超音速喷嘴向下吹入熔池，氧化硅、锰、碳等元素并放出热量，供冶炼之用。造渣的目的是将硅、锰、磷、硫等杂质氧化成氧化物而进入渣中。到终点时（熔炼结束前），倾斜炉体，进行测温和取样工作。如温度和含碳量经测定已达要求，即可出钢。如温度或含碳量尚未达到预定值，则需将已倾斜的炉子重新摇正，继续吹炼（"后吹"）。用矿石、铁皮或转炉渣来调整温度，或改变氧枪位置和吹氧量来调整工艺过程，使钢水达到预定的温度和成分。出钢时在炉后加铝脱氧，加入铁合金，使钢水中的其他金属元素含量达到预定要求。炼钢产生的烟气由排风机抽出，清洗后放散或回收。

转炉基础自动化包括：①氧气总管压力检测；②对每个转炉氧气压力（调节阀前与后各1点）、温度检测；③对每个转炉氧气流量检测、记录与控制，流量带压力与温度补正；④对每个转炉每根氧枪（一根工作、另一根备用）氧气切断阀远程控制和联锁及阀位显示；⑤对每个转炉每根氧枪吹扫用高压氮气的氮气切断阀远程控制和联锁及阀位显示；⑥对每个转炉每根氧枪吹扫用高压氮气的氮气压力（调节阀前与后各1点）检测；⑦对每个转炉每根氧枪吹扫用高压氮气的氮气流量检测、记录与控制，流量带压力补正；⑧对每个转炉每根氧枪冷却水进出水切断阀远程控制和联锁及阀位显示；⑨对每个转炉每根氧枪冷却水进水压力检测、低压报警及联锁；⑩对每个转炉每根氧枪冷却水进水流量检测，含指示与记录；⑪对每个转炉每根氧枪冷却水出水温度检测、超限时报警；⑫设备冷却水进水压力检测、低压报警；⑬炉前钢水温度及钢水包钢水温度检测；⑭萤石料重检测、记录、指示及控制；⑮石灰料重检测、记录、指示及控制；⑯矿石料重检测、记录、指示及控制；⑰镁球料重检测、记录、指示及控制；⑱左右汇总料斗料重检测、记录与指示；⑲铁水称量、记录与指示，吊车秤方式；⑳钢水称量、记录与指示，吊车秤方式；㉑废钢称量、记录与指示，吊车秤方式；㉒铁合金称量、记录、指示及控制，平台秤方式；㉓萤石储槽料位检测、超限时报警与联锁；㉔矿石储槽料位检测、超限时报警与联锁；㉕石灰储槽料位检测、超限时报警与联锁；㉖镁球储槽料位检测、超限时报警与联锁；㉗转炉倾动控制；㉘氧枪自动控制；㉙副枪自动控制（含冷却水出水温度检测、超限时报警）；㉚上料自动控制；㉛煤气回收的检测和控制。含裙罩位置控制、密闭冷却水检测及报警、膨胀箱压力检测控制、膨胀箱水位检测控制、汽化冷却检测和自动控制、炉口微差压调节、回收各阀门顺序控制与联锁等；㉜煤气回收抽风机交流变频调速及其控制。

(2) 基础自动化

① 供氧系统自动控制　包括一次压力、流量调节，氧枪冷却监控和氧枪升降位置控制。

a. 氧气一次压力自动控制。为实现氧压一次调节，由压力变送器检测出阀后氧压力，按照 PI 控制规律控制压力调节阀的开度，使阀后压力保持在工艺要求的数值。为减少因开吹时阀门开度突然开大造成的扰动，一般在开吹后先将调节阀放在一规定的开度，过一段时间再投入压力自动控制。

b. 氧气流量自动控制　吹氧流量通过控制流量调节阀的开度实现。为得到较好的调节品质，氧流量调节加有阀门固定开度控制。

c. 氧枪冷却水检测和越限报警及自动控制。

d. 吹氧枪升降位置控制　每座转炉有两套氧枪升降设备，一套运行，另一套维修或备用。氧枪升降传动装置由电动机、卷扬滚筒、升降台车等组成。在电动机同轴（或经减速机）上装有脉冲传感器，用脉冲计数来检测氧枪升降的距离。

氧枪通常有四种控制方式：全自动、半自动、手动、机旁手动。全自动方式是由过程计算机通过模型计算给定氧枪位置设定值，并发出控制命令，由 PLC 自动控制。先通过副枪测出本炉次的液面高度，或者每班由人工测定一个炉次的液面高度，通过模型计算推出其他炉次的液面高度。然后根据工艺要求设定间隙值（氧枪喷口与液面之间的距离），间隙值与液面高度相加就是氧枪吹炼点的设定位置。PLC 对脉冲传感器发出的脉冲进行计数，得出氧枪实际位置，它与设定值比较得出偏差值，按速度-偏差控制曲线算出一个自动位置控制电压，作为晶闸管传动装置的速度给定值，控制氧枪升降。为达到氧枪准确定位和安全运转的目的，在氧枪不同的高度位置上设有多个控制点，一般设有工作上限点、快慢速转换点、等待点、基准修正点、吹炼点、开关氧阀点、工作下限点。

为保证转炉正常吹炼，氧枪控制设有下列联锁　a. 当供氧压力低于某一定值、冷却水进水压力低于某一定值、出水温度高于 50℃ 以及进水流量大于出水流量时，氧枪不能下枪吹炼。如氧枪正在吹炼，应及时提枪停氧，并发出报警。b. 当转炉位置不在 0°±2° 时不能下枪；如氧枪正在吹炼时转炉不能倾动。只有氧枪提出炉口一定距离后才允许转炉倾动。c. 当汽包水位不正常或者烟罩漏水时，不能下枪吹炼。氧枪下枪吹炼前要给汽化冷却系统、煤气回收系统发出信号，使它们进入吹炼位置。

② 副枪系统自动控制　副枪是用于测温定碳等和由数学模型进行动态控制之用。副枪由台车、升降装置、副枪本体和探头接插件等组成。

a. 氧副枪系统检测及报警，包括钢水温度、钢水定碳、钢水溶氧和钢水液位检测。

b. 副枪位置控制和探头装卸程序控制。副枪高度的位置控制与氧枪基本相似。副枪装卸装置由探头箱、起倒装置、拔取装置以及切断装置等组成。当计算机或操作员发出"测定开始"后，副枪就自动由位置控制系统进行定位控制，一般情况下副枪探头在钢水液面下500～700mm 处停数秒后便迅速上升。探头测得的信号便通过探头接插件送到仪表装置并传送到计算机。

③ 炉体倾动控制　转炉倾动可以采用交流传动，也可采用直流传动。为确保生产安全，转炉倾动都由多个电动机驱动，并考虑事故状态下的运行方式。一台工作，其余备用。

④ 底吹系统检测和自动控制　检测总管压力、流量、温度、各支管的压力和流量。进行总管压力控制、支管流量控制、供气种类切换。图 5-8-7 示出底吹供气自动控制的示意图。其压力和流量的控制原理与氧气的压力和流量调节基本上相同，底吹工艺要求根据钢种不同，底部供强度在 $0.01 \sim 0.10 m^3/t \cdot min$ 范围内改变，有的甚至达 $0.15 m^3/t \cdot min$。底吹供气制度可存于过程计算机，由过程机按钢种需要选择，由 DCS 按所选的曲线自动执行操作。

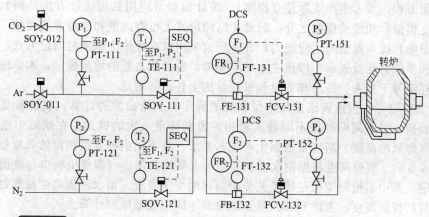

图 5-8-7　底吹供气检测及自动控制原理图

⑤ 副原料输送和投料系统的自动控制　a. 输送系统的自动控制。● 向高位料仓输送顺序控制；● 皮带机和地上或地下料仓给料器控制；● 皮带秤称量控制；● 卸料小车运行控制；● 皮带上原料跟踪。b. 投料系统自动控制。转炉投料系统（把石灰、白云石、萤石、矿石、铁皮等副原料从高位料仓经称量料斗称重后在中间料仓汇总，然后再经溜槽投入炉内）由高位料仓、电磁振动给料器、称量料斗、卸料闸门、汇总斗等组成。每个称量料斗装有一组称重传感器。电磁振动给料器可使副原料以不同的投入速度下料。为称量准确，称量动作可以用强振粗调和弱振细调两种方式。

⑥ 转炉 OG（Oxygen Converter Gas Recovery）自动化系统　采用未燃法实现转炉烟气净化的回收煤气。大型转炉 OG 系统是由裙罩、烟罩、烟气冷却装置、烟气净化装置、煤气回收装置、给水处理系统、烟气放散塔及其附属安全设施等构成。

(3) 过程自动化

终点控制模型有静态控制和动态控制两种方式。静态控制是在转炉开吹前，根据初始装料（铁水和废钢）条件计算好这一炉次的吹氧量和副原料量以及冷却剂量等，并按钢种要求确定氧流量和枪位制度以及副原料加料和底吹供气制度。在吹炼过程中按这些参数一直吹炼到停吹，中间没有任何信息反馈。静态控制的吹炼轨迹在吹炼过程中不修正，其终点同时命中率不高，一般为 $50\% \sim 60\%$。转炉动态控制是在吹炼过程中能够得到钢水温度和碳含量的信息，不断修正吹炼轨迹（图 5-8-8），使之最后命中终点，其命中率可达 90% 以上。实现动态控制的关键是要有动态检测手段。副枪是目前最成熟的方法，称为副枪法动态控制。副枪可测量钢水液面、温度、含碳量、含氧量和取钢水样。副枪法动态控制是在静态控制的基础上进行的。即吹炼前期和中期仍按静态控制，只在吹炼末期到达终点前 $2 \sim 3 min$ 时，降下副枪测试钢水温度和含碳量,通过动态模型计算,求得要补加的冷却剂量和到达终点尚需的吹氧量,以此数据吹炼到终点。

转炉吹炼终点控制模型,除了静态控制和动态控制模型外,还有合金模型。合金模型是根据钢种目标成分和预计出钢量,确定出钢时应加入钢包的各种铁合金量和脱氧用铝量,以达到钢水要求的成分。下面分别叙述这些模型。

① 静态控制模型

a. 终点控制模型　它通常选取钢水终点温度和终点碳作为目标值,以冷却剂(矿石或铁皮等)加入量和氧耗量作控制变量,即用冷却剂加入量控制终点温度,用氧耗量控制终点碳。此模型根据建模方法的不同,有机理模型(即以热力学参数反映炉内反应,根据物料平衡和热平衡方程,参考生产实际建立模型)、统计模型(应用数理统计方法,例如多元回归法等来建立模型)和经验模型之分,后者在结构形式上也有纯量和增量方式两种。为减少系统误差的影响和提高模型的适应能力,许多厂家采用以参考炉为基准的增量方式,并以单位冷却剂量和单位氧耗量表示。即建立本炉与参考炉各参数之差的增量模型,本炉的冷却剂加入量和氧耗量等于参考炉的冷却剂量和氧耗量加上各自的增量。

b. 供氧模型　它包括氧流量和枪位制度的确定和氧枪高度的计算。氧流量是总结现场工艺操作经验,对不同钢种按不同装入量和炉役期确定一定的模式,在吹炼中按此模式改变。枪位(即氧枪高度)制度是根据生产工艺要求,按不同钢种分组制定的氧枪枪位变化的模式(图 5-8-9)。氧枪高度根据钢水液面高度加上氧枪间隙值(即氧枪喷口与液面的相对距离)来确定。其中氧枪间隙值是按工艺要求制定的变更模式。钢水液面高度按照每班实测的装入铁水后的液面高度,考虑到装入量和炉役期不同用模型逐炉计算。

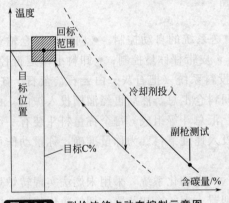

图 5-8-8　副枪法终点动态控制示意图

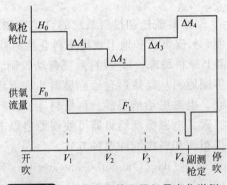

图 5-8-9　吹炼中氧枪和供氧量变化举例

c. 造渣模型　根据铁水中 Si、P 的含量和装入量以及炉渣碱度的要求,对操作数据进行统计分析,得出石灰、白云石、萤石等造渣料加入量的计算公式。副原料加料制度:总结操作经验,按不同钢种确定副原料的加入批数、时间和各批料的加入量。

d. 底吹模型　它是根据底部供气工艺研究和总结操作实践提出的底部供气制度,包括供气种类、压力、流量以及气体的切换时刻等。

② 动态控制模型

a. 脱碳速度模型　以指数曲线形式来拟合吹炼末期的脱碳速度,如下式:

$$dC/dO_2 = 2[1 - \exp(C - C_0)/\beta]$$

式中,dC/dO_2 为脱碳速度;C 为钢水含碳量;C_0 为最低限界碳;β 为系数。

所需的吹氧量由上式的积分求得，$\Delta V_{O_2} = \int_{C_e}^{C_s} \left(\dfrac{dO_2}{dC} \right) dC$。式中，$C_s$、$C_e$ 分别为副枪中间测试的含碳量和终点含碳量。

b. 钢水升温模型　由吹氧量 ΔV_{O_2} 造成的钢水温升：

$$\Delta T = a \, \Delta V_{O_2} + b$$

式中，a、b 为系数。

预测的终点温度为：

$$T_p = T_s + \Delta T$$

式中，T_s 为副枪中间测试的温度。如果 T_p 在终点目标温度范围之内，则按 ΔV_{O_2} 吹氧即可达到同时命中。如 T_p 大于终点目标温度的上限，则必须加冷却剂降温。

c. 冷却剂加入量模型　按下式计算：

$$W_{CO} = K_{CO}(T_s + \Delta T - T_e)$$

式中，T_e 为终点温度目标值。

③ 合金模型　此模型根据钢种目标成分和预计出钢量，确定出钢时应加入钢包的各种铁合金量以及脱氧用铝量。应加入钢包的各种元素量一般均按下式计算：

$$W_i = \frac{(x_{ai} - x_i)W_{sT}}{Y_i}$$

式中，W_i 为第 i 种元素量；x_{ai} 为第 i 种元素的目标含量；x_i 为第 i 种元素出钢时实际含量；W_{sT} 为出钢量；Y_i 为第 i 种元素的收得率。

应加入的铁合金量为：

$$W_{Aj} = W_i / R_{ij}$$

式中，W_{Aj} 为第 j 种牌号铁合金加入量；R_{ij} 为第 j 种铁合金对第 i 种元素的含有率。

在使用多种牌号铁合金量，可用线性规划算法选择最佳配比使铁合金成本最低。

④ 转炉吹炼控制专家系统　在原有的以静态模型、副枪动态控制模型、废气信息模型为中心的自动吹炼系统的基础上，建立预测和判断化渣状态和终点成分估计的专家系统，构成一个新型的自动吹炼控制系统。此系统的整体功能构成如图 5-8-10 所示，其特点是：能在理论上模型化的功能尽可能用数学模型表示；对定量化和模型化困难的功能，则采用专家系统模型。为此，该系统增加如下功能：a. 吹炼前根据吹炼条件决定最佳控制模式的吹炼设计功能；b. 吹炼中根据吹炼状态变化的吹炼调整功能；c. 吹炼末期的调整指示以及停吹后判定可否出钢的判定功能。

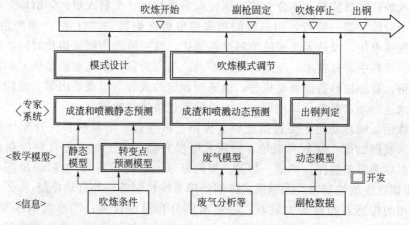

图 5-8-10　控制模型概要图

应用专家的功能有如下三个模型：a. 静态化渣喷溅预报模型；b. 动态化渣喷溅预报模型；c. 出钢判定模型。吹炼设计功能由反应转变点预报模型和应用专家系统的静态化渣喷溅预报模型构成。用前者计算控制变更的定时，根据后者得出的参数决定操作量。反应转变点预报模型将吹炼过程分为脱硅期、脱碳期、低碳期三个反应期，计算它们各自的转变点；同时将整个过程分成15点作为控制变更的定时，并用数学模型分别估计各点的钢水温度，用于静态化渣喷溅预报模型中。应用专家系统的静态化渣喷溅预报模型，根据铁水等静态吹炼的初期信息，分别用5级来评价化渣好坏与喷溅的可能性。

8.3.3　电炉生产自动化

(1) 工艺及控制简介

电炉炼钢主要是指电弧炉炼钢，是生产特合金钢、低合金钢和优质碳素钢的主要生产手段，有交流电弧炉和最近发展起来的直流电弧炉两种设备。

交流电弧炉的设备见图 5-8-11，顶盖可旋转打开，以便装料；电极可升降以调整输入。

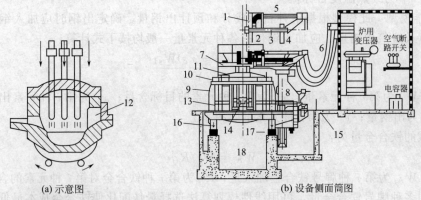

(a) 示意图　　　　　　　　　　(b) 设备侧面简图

图 5-8-11　交流电弧炉设备简图

1—电极；2—电极把持器；3—电极把持器臂；4—立柱；5—导电管；6—水冷电缆；
7—炉盖吊挂；8—回旋机械；9—炉壳；10—炉盖圈；11—炉盖；12—出渣口；13—操作口；
14—出钢口；15—炉台；16—炉床；17—倾动装置；18—渣罐坑

电弧炉炼钢一般都以废钢作为原料，在钢铁联合企业也有全部或部分用铁水为原料的。交、直流电弧炉炼钢的工艺过程相似，都是将电能转化为热能，使炉料熔化，经过吹氧、脱硫、加合金料、还原后形成合金钢。电弧炉炼钢的生产工艺过程可简单归纳为：①废钢称重配料、装料入炉；②散装料、铁合金按冶炼过程需要称重、配料入炉；③冶炼。每炉钢的冶炼大体分 3 个阶段。第一阶段，用一定的功率使电极在炉料中"打井"，即先造成熔化区。第二阶段，提高电压，以最大功率使炉料全部熔化，这一阶段为缩短熔化时间，往往另加氧燃烧嘴助熔。原料中若有铁水，在此时加入炉内。第三阶段，吹氧脱碳精炼。如果由电炉直接炼出成品钢，要加辅料造渣调整成分，冶炼到预定的成分与温度后出钢。在配有炉外精炼的车间，钢水达到预定温度后即出钢，送炉外精炼设备继续冶炼。

电弧炉炼钢基础自动化主要包括配料（废钢、散装料、喷碳粉和铁合金称量与配料）、电弧炉本体（氧燃助熔、吹氧和氧枪、炉压、电极升降、电工制度等自动控制，冷却水流量、压力、温度和温差监控，炉壁、炉盖、短网断水自动保护等）、电弧炉排烟与除尘系统（含第 4 孔排烟除尘的控制以及大烟罩式排烟处理系统控制等）等自动控制。

电弧炉用的传感器和仪表大致有：①钢水成分和温度仪表；②监视钢水和炉渣仪表；③电弧炉冷却系统仪表；④喷吹系统仪表；⑤排烟和除尘系统仪表；⑥电极升降仪表；⑦其

他（计量设备、副原料投入设备等）。

（2）基础自动化

① 电弧炉炼钢原料的称量与控制　包括：a. 废钢的配料与称量；b. 散装配料测控；c. 喷碳粉控制系统；d. 铁合金配料。

② 电弧炉本体的控制

a. 氧燃助熔系统控制，是一套燃气和氧气流量配比的调节系统，比值由比值给定器确定。燃气和氧气流量都经过温度和压力补正计算后得出。

b. 吹氧和氧枪控制。吹氧量根据熔池钢水温度和碳含量，由计算机或人工设定后给吹氧信号，使氧气切断阀开启，压力自动控制系统稳定压力，氧气流量自动控制系统按设定氧量吹氧。

③ 电弧炉的炉压控制　炉压由补偿式取压装置取压，经微差压变送器转换为统一信号至调节器，其控制输出至变频调速器，控制抽烟机的速度以调节抽力。

④ 电弧炉电极升降自动控制　如图 5-8-12 所示。

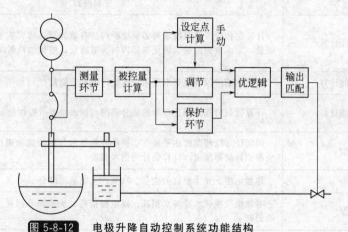

图 5-8-12　电极升降自动控制系统功能结构

a. 数据测量，主要是电弧弧压和弧流的测量。采用图 5-8-13 所示的方法，测量电极臂的电压，使用 Rogowski 线圈精确地确定二次电流弧形和相位的变化，计算出弧压瞬时值。

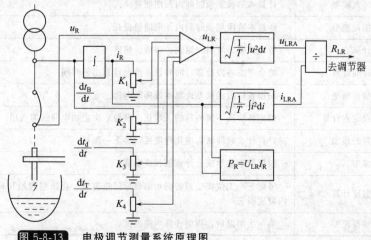

图 5-8-13　电极调节测量系统原理图

b. 设定点和被控量的计算。电炉工作点（有功、无功、功率因数）的准确设定对于充分利用变压器的容量是十分重要的。工作点取决于变压器电压级和相应的弧阻。有关工作点的设定将由过程计算机按数学模型计算。被控量的计算取决于电极升降调节的方式，根据采用的控制方案是阻抗控制、功率控制还是弧流控制，被控量的计算分别是弧压除弧流（即弧阻）、弧压乘弧流（即弧有功功率）和弧流本身。

⑤ 电弧炉排烟与除尘系统的控制　大型电炉有两种排烟方式，第 4 孔排烟和大烟罩式排烟。第 4 孔排烟除尘的自动控制包括：a. 烟气的燃烧控制；b. 烟气冷却设备的控制；c. 布袋除尘器控制，包括布袋除尘器的过滤、抖灰、反吹、沉积以及卸灰输灰等控制；d. 卸灰控制。

(3) 过程自动化

① 能量平衡模型　用来计算冶炼每炉钢所需的能量及能量输入的方式。除了电能输入以外，氧-油烧嘴供给的能量和吹氧时产生的燃烧能量也应计入。同时要考虑排除烟气、冷却水、电耗损失等能量损失。主要模型见表 5-8-1。

表 5-8-1　电弧炉炼钢能量平衡模型

编号	模型名称	主要内容
1	熔化目标储能计算	计算熔化阶段满足要求所需供给炉内的有效能量，将留钢加热到熔清温度所需能量，考虑留钢能量、熔化料篮内料所需能量、熔化加料系统加入料所需能量
2	熔清目标储能计算	计算熔清阶段满足要求所需供给炉内的有效能量
3	出钢目标储能计算	计算计划时间内满足要求的成分范围与钢水温度所需供给炉内的有效能量
4	能量平衡模型	周期计算以便跟踪热平衡。主要任务是指出与预计能量损耗的偏差。需要炉子当前估计储存能量，计算估计的钢水温度
5	能量输入模型	包括电能、元素燃烧的能量、吹氧产生能量三部分
6	能量损耗模型	考虑废气损耗、冷却水损耗、提电极损耗、炉盖提升损耗、炉盖旋出损耗、一般损耗
7	测温能量刷新计算	当有第二个或进一步测温结果收到后，对能量平衡结果进行刷新，以使估计的温度值与实测温度值相等
8	加料能量刷新计算	加料后当前储存能量的刷新
9	期望能量输入模型	计算本阶段剩余时间内预期能量输入
10	期望能量损耗模型	计算本阶段剩余时间内预期能量损耗
11	处理时间计算	考虑准备、装料、熔化、熔清、精炼等
12	预计出钢时间计算	综合考虑各段处理时间和设备情况计算出钢时间
13	各段所需能量模型	根据各段温度差计算本段所需电能
14	电能输入设定点计算	根据各阶段不同的目的（熔化、升温）决定功率曲线的选用
15	熔清动态判断模型	计算什么时间认为熔化程度可以装下一篮料
16	熔清温度模型	根据钢中化学成分计算液相线温度
17	目标出钢温度计算	考虑下一工位接受到的钢水的目标过热温度、在出钢起始和到达下一工位时间内温度损失
18	钢水温度预报模型	第一次测温后，周期计算当前温度

② 冶金模型　包括装料计算（指装入电炉中各种废钢重量或据已装入原料的重量预测钢水化学成分）和合金补加计算（指为获得目标钢水成分需要补加合金重量的计算。计算时还要考虑如何使装料和合金料成本最小）。表 5-8-2 中给出了电弧炉炼钢主要数学模型。

表 5-8-2 电弧炉炼钢主要数学模型

编号	模型名称	主要内容
1	物料平衡模型	物料平衡计算，考虑如下：留钢重量、料篮废钢重量、料篮合金重量、料篮辅料重量、合金加料重量、辅料加料重量
2	装钢水、渣重量计算	料篮废钢重量、料篮合金重量、料篮辅料重量
3	加钢水、渣重量计算	合金加料重量、辅料加料重量
4	钢水成分预报模型	根据加料重量、元素的收得率和元素在料中的含量，计算当前加料后的钢水成分
5	收得率自适应模型	元素收得率自适应模型
6	硅燃烧用氧量计算	硅燃烧用氧量计算
7	碳燃烧用氧量计算	碳燃烧用氧量计算
8	铝燃烧用氧量计算	铝燃烧用氧量计算
9	氧量计算综合模型	氧量计算综合模型
10	炉壁温度控制模型	监控炉壁冷却水的出入口温差，防止局部过热
11	废钢料单计算模型	依据冶炼钢种的成分要求、装料次序和废钢料场废钢情况，考虑到成本、重量等约束条件，计算出达到钢水中目标要求（粗调）的化学元素含量所要加入的废钢料单
12	合金补加计算模型	依据当前钢水中元素含量和可用合金料，考虑到一定约束条件，计算出达到钢水中目标要求的化学元素含量所要加入的合金料以及加料后的元素含量

③ 电能分配控制　根据当天某个周期的预设定电能值，对部分耗电设备如电炉、钢包精炼炉等进行用电负荷控制，用以减少炼钢车间的输入功率，并在生产阶段对电炉和钢包精炼炉进行电能分配，当出现用电负荷高峰时，保证不超过全厂总预设定电能消耗值。

8.3.4　炉外精炼生产自动化

（1）工艺及控制简介

炉外精炼是在一次熔炼炉（转炉、电炉等）外进行的冶炼过程，从而达到：①精确控制钢的成分；②使钢水温度和成分一致和达到规定要求；③去除钢中的气体（H_2、N_2、O_2 等）；④脱硫和脱磷到最低程度；⑤脱碳到规定程度；⑥去除钢中的杂质等。

炉外精炼有多种形式，常用的有：

① 钢包吹氩　在钢水包底部砌一块或数块透气砖，出钢后从透气砖吹入氩气而造成钢水包中钢液的搅动，使乳化渣滴和钢中夹杂上浮，部分去除钢中的气体和均匀成分；

② 喷粉　把粉料用载气通过喷枪直接加到钢液内部进行精炼，主要是脱硫；

③ RH 循环真空脱气处理　如图 5-8-14 所示，下部设有两根环流管的脱气室，脱气处理时，将环流管插入钢水，靠脱气室抽真空的压差使钢水由管子进入脱气室，同时从两根管子之一（上升管）吹入驱动气体（通常为氩气），利用气泡

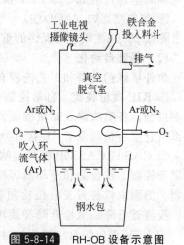

图 5-8-14 RH-OB 设备示意图

泵原理抽引钢水通过脱气室和下降管产生循环运动，并在脱气室内脱除气体；

④ CAS 法的工艺流程　如图 5-8-15 所示，吊车将钢水包运到 CAS 处理站，由台车将钢水包运到处理位置，接通钢水包底部的吹 Ar 快速接头，进行吹 Ar，当钢液面上的渣层吹开一定面积后放下浸渍管，此时管内已无钢渣，再加入铁合金或冷却剂进行成分（C、Mn、Si、Al）调整和温度调整，主要用于生产普通钢的大型钢铁厂；

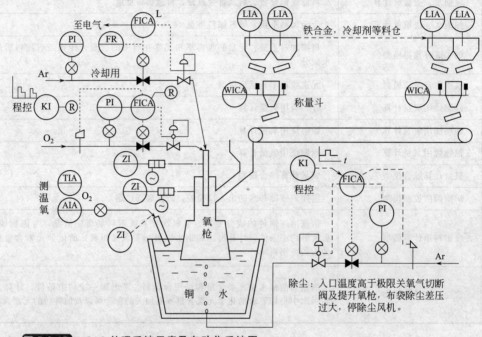

图 5-8-15　CAS 处理系统示意及自动化系统图

⑤ LF 钢包炉精炼　把盛有要处理的钢水的钢包运送到处理工位，加上带电极的盖，进行冶炼，主要靠包内的白渣，在低氧的气氛中由包底吹氩搅拌，电极加热实现冶炼。可使钢中的氧、硫含量大为降低（约为 $1 \times 10^{-5} \mu g/g$），夹杂物按 ASTM 评级为 $0 \sim 0.1$ 级（LF 炉亦可抽真空进行冶炼，即 LFV 法）；

⑥ 氩氧精炼炉（AOD 法）　是在大气压下向钢水吹氧的同时，吹入惰性气体（Ar、N_2），通过降低 p_{CO} 以实现脱碳保铬的重要精炼方法，用于生产低碳钢、超低碳钢和不锈钢等。

（2）基础自动化

炉外精炼的设备和工艺流程有多种形式，本节将叙述常用工艺流程的自动化系统。

① KIP 喷粉脱硫　自动控制包括：压送管线 N_2、Ar 总管及加压支线流量检测，粉体堵塞报警，各喷吹罐及储藏罐压力、布袋除尘器差压、上料罐压送罐压力和料位、储料仓和上部料仓温度检测及 C_2H_2 含量分析，料罐、喷枪、阀门开闭等顺序控制和喷粉量控制等。

② CAS 或 CAS-OB 密封氩吹气成分微调装置的自动控制　搅拌用氩气流量和搅拌时间设定等控制、铁合金和冷却剂等称量及投入控制、钢水升温用氧气流量和压力以及吹氧时间控制、测温取样装置及液位检测装置动作控制、除尘装置动作控制、钢包台车行走位置控制、浸渍管升降、氧枪升降和旋转控制等。

③ LFV 钢包炉真空精炼的自动控制（图 5-8-16）　搅拌用氩气流量和搅拌时间设定等控制、铁合金称量及投入控制、测温取样装置和定氧及液位检测装置和更换测量头等动作顺序控制、钢包台车行走位置（包括对真空吹氩搅拌、加热升温等工位）顺序控制、包盖升降顺序控制、真空系统操作顺序控制、喂丝机操作顺序控制、可移动弯头小车动作顺序控制、

各料仓上料控制、除尘装置动作控制、扒渣机动作顺序控制以及电极升降控制（数字阻抗调节方式，按上位机预测阻抗和电参数的数学模型进行控制或按三相电极的电流平均值进行控制）等。比较复杂的自动控制系统，如铁合金称量及投入控制、测温和定氧及液位更换测量头顺序控制、电极升降控制等与上述的转炉、电弧炉的相应系统大同小异。

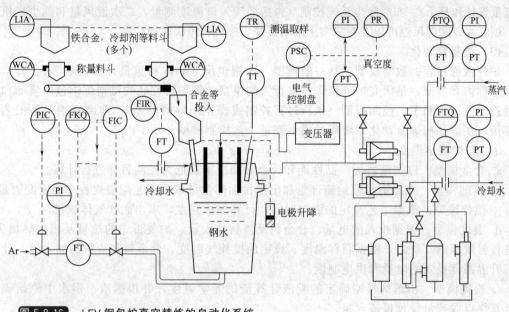

图 5-8-16　LFV 钢包炉真空精炼的自动化系统

④ RH 真空处理装置的自动控制　主真空阀后真空度控制，真空室加热温度及空燃比控制，排废气烟罩内压力控制，插入管氩气流量控制，铁合金称量控制，氧气、氩气、氮气以及焦炉煤气等总管压力控制，真空室底部烘烤加热温度控制等。如图 5-8-17 所示。

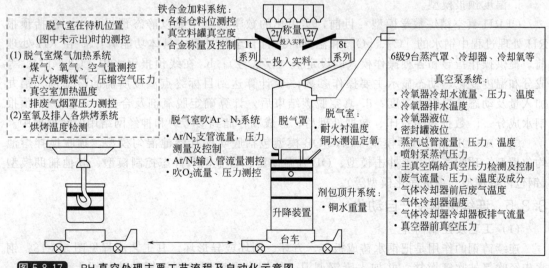

图 5-8-17　RH 真空处理主要工艺流程及自动化示意图

⑤ AOD 氩氧炉冶炼不锈钢装置的自动控制　炉体及加料系统控制（包括主枪的 O_2、Ar、N_2 气体流量测控，副枪的 O_2、Ar、压缩空气流量测控，主副枪流量配比控制及流量累计，主副枪的 O_2、Ar、N_2 气体等压力测控及气源低压报警，吹炼气体的快速切换，散装料上料及配

料控制，料量称量及料车到位指示，钢水温度测量等）、AOD 炉顶吹氧系统控制（包括 O_2、N_2 压力显示及流量累计和控制，N_2 压力测控及流量累计和控制，高中压水进水压力温度测量及流量控制和累计，高中压水出水温度测量，高压水出水流量测量及进出水流量差测量，氧枪和烟罩位置及旋转显示，热水池和冷水池水位测量，冷热水泵出口压力、流量及温度显示，补水流量累计和显示）、布袋除尘系统控制（包括烟气入口温度测量，二次混风量和除尘风机控制，烟气入口和混风温度以及布袋差压越限报警，摇炉和停吹联锁）等。

(3) 过程自动化

炉外精炼过程的数学模型包括一般模型（如钢包尺寸和耐材重量计算模型等）、模拟模型（亦称仿真模型，是研究炉外精炼过程行为的模型，例如研究底吹氩精炼钢包内流动和混合过程的模型）和工艺控制模型（执行过程控制或操作指导的模型）。前两者主要是工艺研究应用，在炉外精炼自动化系统用的模型都是工艺控制模型。

① LF 炉数学模型

a. 合金模型。以实现目标产品性能和合金补加成本最低为控制目标进行计算。

b. 溶剂模型。根据钢水原始硫含量和出钢目标硫含量以及工艺配渣规程来确定配渣量。

c. 搅拌模型。根据工艺设定的混匀时间，计算搅拌强度，求出底吹气体流量。

d. 温度模型。根据投入的电量、合金料及渣料加入量、炉气带走的热量及辐射热损失，来进行温度预测。反之，根据目标温度、设定的搅拌气制度、合金料和渣料的加入量，计算精炼升温需要投入的电量和供电制度。

e. 脱硫模型。由熔剂模型确定的配渣计算渣的光学碱度，并根据渣、钢水中原始硫含量计算终点脱硫量及预报硫含量。

f. 脱气模型。计算脱气、脱氢、脱氮处理。

g. 钢水成分预报模型。

h. 渣成分预报模型。根据配渣碱度设定值、配渣量及电炉（或转炉）出钢下渣量，近似计算渣的组成。

i. 温度预报模型。

② RH 真空精炼数学模型　目前，实用化的数学模型主要以静态预报为主，包括预报 RH 处理过程中钢水的 [C]、[O] 和温度，进行合金化计算。具体功能有：a. 在 RH 处理前，提供操作指导和各种操作模式的设定值（模式号）；b. 在线预报钢水中 [C]、[O] 等成分和温度变化，动态显示主要操作参数；c. 计算达到目标终点温度所需的冷却剂、铝丸加入量及动态预报钢水温度；d. 真空脱碳结束后，计算确定脱氧剂及合金加入量；e. 预报钢水成分；f. 数据报表打印、数据处理后，形成和存储到参考炉和神经网络用的数据库中。

③ CAS-OB 精炼数学模型　CAS-OB 模型包括底吹搅拌熔池混匀模型、顶吹搅拌熔池均匀模型、顶吹气体熔池冲击模型、OB 升温模型、合金调节静态控制模型、其他辅助模型（钢包传热模型、钢液净化模型等）。

8.3.5　连续铸钢生产自动化

(1) 工艺及控制简介

连续铸钢的作用是把钢水铸成板坯、方坯、圆坯或异形坯。其工艺流程见图 5-8-18。钢水先经吹氩站吹氩搅拌，并加入废钢调温，使钢水温度调整到该钢种液相线上 $30\sim50℃$，然后送到钢水包回转台，将钢包对准中间包，使钢水注入中间包，再通过浸入式水口注入结晶器（浸入式水口的作用是防止钢水氧化）。中间包的作用是保持一定的钢水量，从而使注入结晶器的钢水压力一定和使钢水中的夹杂物及渣子有机会上浮，还可以通过中间包进行多流连铸及多炉连铸，也可以调节钢水温度。结晶器是铜或耐较高温度的铜合金制成的方形或圆形夹层无底的筒，有的还在内表面镀铬以减少结晶器的磨损。结晶器用高压软水冷却，使钢水外层在此凝成外壳和使铸坯与结晶器脱离。浇注前，引锭装置将引锭头送入结晶器作为底部，以免钢水流出。浇注开始后，由引锭装置将初步凝成外壳的铸坯拉引出结晶器。已形成薄外壳的铸坯（内心是流体）进入二次冷却区，喷水继续冷却，直至全部凝固。当连铸坯头部进入拉矫辊后，引锭装置便被脱开，安放在固定位置，由拉矫辊直接拉铸坯，使铸坯继续前进。铸坯经拉矫辊矫直后，再经切割装置剪成一定长度的铸坯，然后打上编号，冷却、堆放。某些铸坯表面可能有缺陷，还须送精整处理，一般采用火焰清理的办法来消除。近来为节能高效，把无缺陷的热铸坯直送轧钢加热炉加热或直接轧制。

连续铸钢基础自动化见图 5-8-18 及图 5-8-19。

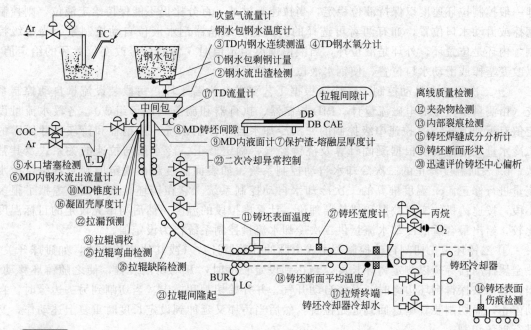

图 5-8-18　板坯连铸流程工艺示意及检测仪表配置图

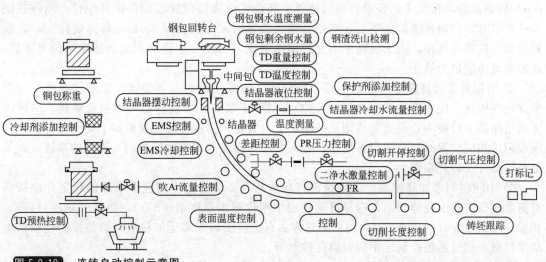

图 5-8-19　连铸自动控制示意图

(2) 基础自动化

① 中间包钢水液位自动控制 用装在中间包小车轨道上的压头测量中间包内钢水重量，然后换算成液位，与设定值比较，如果有偏差，送入控制器，经液压或电动执行器控制塞棒或滑动水口开度，改变流入中间包钢水流量，以使中间包钢水液位保持在规定高度上。由于水口侵蚀，开度位置与钢流关系是变动的，故必须改善水口质量并在控制系统采用补偿措施。

② 结晶器钢水液位自动控制 常用的有三种方法：a. 流量型，控制进入结晶器钢水流量（改变塞棒或滑动水口位置，亦有塞棒和滑动水口均控制），以保持液位稳定；b. 速度型，控制拉坯速度以保持液位稳定，这种方法喷溅较少，主要用于小方坯连铸；c. 混合型，即一般控制拉坯速度以保持液位稳定，当拉速超过某一百分比仍不能保持给定液位，则控制塞棒或滑动水口位置，亦有两者可选择的。典型的结晶器钢水液位自动控制系统为串级控制，内环是位置环，外环是液位环，当液位偏离给定值时，偏差信号改变位置环的给定值，以改变塞棒或滑动水口位置，使钢水液位回到给定值。

③ 二次冷却水自动控制 二冷区根据工艺要求分为若干段，每段装设流量自动控制系统（由测量水流量的电磁流量计、PID控制器、执行器和调节阀门等组成），各段水流量设定值有下列方式：a. 拉速串级控制的二次冷却水自动控制系统。按钢种和铸坯尺寸所需的二冷水量设定值以及根据凝固计算及浇铸经验，确定修正二冷水量与拉速的关系式及其常数；b. 表面温度修正的二次冷却水自动控制系统。如表面温度超出规定值则对各段二冷水流量进行修正。c. 温度推算的二次冷却水自动控制系统。它在铸坯长度方面，虚拟了很多小段，按连铸机的实测数据和热传导理论，计算虚拟段的温度，然后与事先设定的目标温度比较，给出最合适的冷却水流量供二次冷却水流量控制系统作为设定值。

④ 二铸坯定长切割自动控制 由光电脉冲计数器计数（或其他定长方法，如碰球开关、热金属探测器等）以测定铸坯长度，当达到设定长度时，开动切割装置，使之随铸坯移动，当位置探头探得钢坯边缘时，系统自动开气，并开始切割和横走，当切割到另一边缘时，自动停止，而切割装置则返回到起始位置，然后当铸坯又延伸到设定长度时重复上述动作，又进行钢坯切割。

⑤ 钢水包回转台旋转控制 钢水包回转台在装入位置承载装有钢水的钢水包后以约1r/min转速旋转，根据工艺要求，可以选择中间位置或浇铸位置准确停止并锁住，当停在浇铸位置上时，待钢水浇铸完毕后，当松开锁住装置时，空包再以1r/min转速旋转180°，恢复至装入位置并锁住，由于旋转中不允许钢水溅出，因此要求恒速和加、减速运转要平稳，且能准确地定位和停止。

⑥ 引锭杆及铸坯跟踪与控制 按引锭杆装入方式可分为：下装式与上装式两种（对于小方坯连铸还有使用下装式刚性引锭杆的），对于下装式，引锭杆必须通过拉矫机、二冷区再由结晶器下口装入，而上装式则从结晶器上口装入。引锭杆的控制事实上是引锭杆及铸坯跟踪到达相应位置时相应的设备动作，是人工选择操作方式并顺序控制与连锁的系统。其关键是引锭杆及铸坯跟踪。

⑦ 中间包钢水加热控制 为了保证铸坯质量，必须解决中间包钢水温度稳定并维持所需温度与低过热度浇铸问题，应尽可能稳定中间包钢水温度（±5℃），降低过热度（15℃）和保证出钢温度（约1600℃）。钢水加热方法有感应法和等离子加热法，加热控制包括供电功率控制、供气系统控制、中间包温度控制等。

⑧ 结晶器在线调宽调锥控制 基本型式和作用可分为两种：a. 调宽、调锥分离型。滚珠丝杆调宽、偏心轴调锥，互不干涉，调宽装置是电动机、减速机，通过滚珠丝杆带动窄边

前进或后退进行调宽；而调锥是通过电动机、减速机带动偏心轴转动，使整个窄边和调宽装置一起绕支点摆动以改变窄边锥度；b. 调宽、调锥复合型。两个平行丝杆同步运行进行调宽，单动实现调锥。

⑨ 结晶器振动控制　结晶器振动常采用正弦式。结晶器振动频率设定方式有两种方式，即同步方式与非同步方式。同步方式是结晶器振动频率 f 随浇铸速度 V_c 成比例变化。非同步方式是直接将结晶器振动频率设定为某规定值。

（3）过程自动化

过程控制有两种形式：动态模型控制和预设定控制。动态模型包括压缩浇铸模型、二次冷却模型，切割控制模型和质量异常判别模型。预设定控制方式是对基础自动化进行设定。

连铸过程数学模型主要有连铸漏钢预报（使用理论模型或神经元网络）、铸坯质量异常判断模型、二次冷却水控制模型、连铸最优切割模型、压缩浇铸控制模型、炼钢-连铸生产调度模型、铸坯热装热送模型、连铸作业计划专家系统、结晶器液面控制专家系统、连铸二冷水控制神经元网络预测模型、铸坯表面温度神经元网络预测模型、保护渣性能神经元网络预测模型等。

8.4　轧钢生产过程自动控制

8.4.1　轧钢生产工艺和自动化概述

（1）轧钢工艺及设备

轧钢是钢铁工业的成材工序，包括各种各样的轧制方式和轧制设备。按照所轧轧件的轧制温度可分为热轧和冷轧，在高温下轧制成材的过程称为热轧，而在室温下轧制成材的过程称为冷轧。

按照所轧成品轧件的形状，可分为板带轧机，钢管轧机和型钢轧机。型钢轧机又可细分为线棒材轧机、轨梁轧机和 H 型钢轧机等。

按照轧制过程连续性可分为连轧机组和单机架可逆轧机。

轧钢生产线的设备主要包括轧机、卷取设备、剪锯切设备、矫直、运送和翻转设备及轧钢工业炉。

轧机的辊系按照放置的方向可分为平辊轧机（辊系水平放置）和立辊轧机（辊系垂直放置）；万能轧机则配置了相互垂直的平辊和立辊。立辊轧机均是 2 辊轧机。平辊轧机有 2 辊、4 辊、6 辊、8 辊、12 辊、16 辊、18 辊，直至 20 辊或更多的多辊轧机。

按照轧辊有无孔型可分为带孔型和不带孔型的轧辊。型钢轧机均采用带孔型的轧辊，其中线棒材轧机主要采用平立交替的 2 辊轧机，而 4 辊的万能轧机主要用于轨梁、H 型钢等型材轧制。板带轧机均采用无孔型的轧辊。

卷取设备主要有用于带钢卷取的卷筒式卷取机，空心卷取的热卷箱和用于线棒材的卷取装置。剪锯切设备包括飞剪、摆式剪、圆盘剪；锯机有热锯和冷锯等。矫直机有辊式矫直机和拉伸弯曲矫直装置。轧件运送和翻转装置有辊道、运输链、步进梁和翻转机等。

（2）轧线专用检测仪表和传感器

轧制过程是快速生产过程，要实现轧制过程自动化必须在轧线上安装各种监测仪表，其中有不少是轧线专用仪表和传感器。包括用于轧线轧件跟踪的热金属检测器、冷金属检测器和对中检测器；用于轧制力和张力测量的各种力传感器；用于轧件长度、厚度、直径、宽度和形状测量的大型综合仪表；用于轧件缺陷检测、镀层厚度检测的专用仪表；用于轧机辊缝、速度等检测传感器。

(3) 轧钢自动化概述

轧制过程自动化所要解决的问题是提高和稳定产品质量，提高轧线设备的生产效率，以便达到最经济地进行生产和经营的目的。

对于型钢、线材、棒材等较小断面钢材轧机，因轧件断面愈轧愈小，在高温状态下，经不起张拉，这类轧机的关键是严格控制轧件在轧制过程中受到的张拉。采用连轧生产工艺时，同一轧件同时处在前后几架相邻机架中轧制，极易因各机架主传动速度的匹配比例偏离轧件对应的延伸率而使轧件受到推拉，因而无活套微张力控制、活套控制、主机速度设定系统是这类轧机自动化系统的核心，也是必备的基本内容。

板带轧机自动化系统，特别是带钢连轧自动化系统所要解决的主要问题，是适应于多品种和多规格的轧制规程设定计算，提高尺寸精度的自动厚度控制、自动速度控制、板形控制，保证和改善带材物理特性的轧制温度控制和卷取温度控制，稳定轧制过程的主机速度控制和张力控制。

钢管轧机自动化系统主要是运转控制和速度控制、锯切优化的控制等功能。对于无缝钢管轧机自动化系统还有尺寸控制和质量控制功能，例如荒管的尺寸控制，轧管机和张力减径机的延伸控制，壁厚控制、张力控制等功能要求。

轧钢工业炉的自动化系统主要是温度控制、燃烧控制、顺序控制等功能。发展工业炉自动化是节能、降低烧损、提高产品质量、稳定高产的必要技术手段。

一个完整的轧钢自动化系统可以按功能层次划分为 4 级，即生产管理级、生产控制级、过程控制级和基础自动化级，构成管理控制一体化的系统。按照近年来新的功能分级方式，管控一体化系统划分为 3 级，即 ERP 级、MES 级和自动化级，生产管理级和生产控制级主要功能归于 MES 级（个别部分划归 ERP 级），自动化级包括过程控制级和基础自动化级。

① 生产管理级　生产管理级首先包括合同管理，根据实际的合同订单的要求，制定每天的坯料计划、轧制计划、发货计划及库存控制，通过网络接收来自生产控制级的生产实践数据，下达生产计划指令，存储和管理历史数据。根据生产实践数据分析生产设备的薄弱环节，制定设备维修计划，管理备品备件，与连铸和冷轧厂的管理计算机进行数据交换等。

② 生产控制级　生产控制级根据生产管理级下达的以天为单位生产计划指令，执行一天内生产计划的发布和调整。主要包括物流跟踪，在线实时生产调度和质量跟踪，坯料库、热装热送、磨辊间的管理，生产实绩数据的采集等功能。

在大型轧钢厂生产管理和生产控制不仅在功能上是两个层次，在物理上也是两套计算机系统。在中小型轧钢厂这两级可以宿主在一个计算机系统内实现。对于小型轧钢广还可以将简化的两级功能下放到过程控制计算机系统内，物理上的两级自动化系统实现了 4 级系统的主要功能。

③ 过程控制级　过程控制级主要有下列 4 个方面的作用。a. 当轧件品种或规格变化时，轧制规程设定模型可以自动给出适合变化了的品种或规格的轧制规程。在热轧时，当轧件入口温度与预测入口温度不一致时，可以进行轧制规程的自动再设定；b. 由于轧制规程在线计算，是严格按照轧机的特性和轧制能力、轧件的物理和机械特性、轧件温度计算出来的规程，误轧率可以大大减少，通常比人工规程设定可以减少一半；c. 精确的设定可以改善轧件头部和尾部的尺寸精度，改善基础自动化某些环节如 AGC 等的调节控制性能，调节过程更加平滑；d. 在过程机中积累了大量的轧制工艺数据，为新产品开发、工艺改进提供参考。轧制模型参数自学习可以加快新品种、新工艺的研制，过程机中存储的大量设备运行数据，

为设备的维护提供了设备档案材料。

按照功能划分，过程控制级通常有下列 4 个子系统。

a. 数据采集和轧件跟踪子系统。数据采集的任务主要是通过网络接收来自基础自动化的实时数据，传送过程机的规程设定值到基础自动化级。对于接收到来自基础自动化的开关量进行边沿判定和状态识别，对于模拟量进行可信度检验，并作为整个系统的副进程，激活相应的处理进程。轧件跟踪任务用以保持和存放轧线上每一轧件的物理位置的映象，并根据轧件所处的物理位置激活相应的处理进程。

b. 过程监控子系统。过程监控子系统为轧机操作、维护和工艺人员提供了监视、维护系统的手段和人机会话的界面，主要包括操作指导、诊断信息、操作方式管理和报表等功能。轧机操作员可在操作室的终端上进行多种操作，查看各种显示画面；实现轧件吊销、轧制顺序变更，技术数据输入等功能。诊断信息对检测到的各种故障实时地记录、显示和打印。对于控制系统本身的软硬件故障一般仅在打印机上打印，对于与轧制过程直接有关的故障要在打印的同时，显示于操作终端上。这些故障信息存放在磁盘中可以追记打印。诊断信息的另一个重要作用，是在系统调试期间提供控制流程和重要数据的跟踪信息。报表子系统在打印机上打印各种生产报表，如工程报表、班报表、生产计划报表、故障报表等。报表可以自动打印，也可以由操作员启动打印。操作方式管理系统的各种操作方式，通常有自动、半自动和手动 3 种方式。不同的操作方式具有不同的功能范围。

c. 轧机控制子系统。轧机控制子系统是过程控制的核心，主要内容为设定模型、在线控制模型和自学习模型。设定模型如粗轧机组设定计算，精轧机组设定计算，卷取机组的设定计算，在线控制模型如穿带自适应，卷取温度在线控制。自学习模型如精轧机设定模型参数自学习，卷取温度控制参数自学习等。

d. 应用开发平台和实用工具软件子系统。上述 3 个子系统实现了过程控制级的控制和管理功能。由于过程控制计算机系统是一个复杂的软件系统，为支持系统的开发、运行和维护，提供了系统开发平台和若干实用工具软件，如进程管理、软件模拟、公用数据的生成和维护等，组成一个软件支持子系统。

④ 基础自动化级　基础自动化用于直接控制轧线设备，实现轧制过程的自动控制，按照其实现的难易程度，将其划分成如下 4 类。

第 1 类为逻辑控制和状态监视，操作控制和顺序控制等。诸如轧线设备启停逻辑，联锁逻辑，时序逻辑，液压、润滑、通风、冷却水的监视。主要是代替原来的继电器系统。在基础自动化系统中这是程序量最大，也是最容易实现的部分，只要逻辑顺序和逻辑条件符合设备和工艺及操作的要求即可。

第 2 类为位置自动控制和速度给定控制，如压下位置控制，导板位置控制和夹送辊位置控制。影响控制精度的主要因素是位置检测的精度和执行机构的精度，与其他轧制工况参数无关，而且绝大部分自动位置控制其精确定位发生在低速和爬行段，是较易实现的。只有飞剪、飞锯的精确定位发生在高速段，这是较难的自动位置控制环节。由于主传动的速度控制精度完全由传动系统来保证，因而自动化系统中的速度控制只是速度的给定，根据过程机或人工设定的轧制速度，考虑到咬钢时冲击速降补偿，张力引起的速度补偿、轧制过程中速度微调等进行速度设定值综合，不过是各瞬间所有速度分量的代数和计算。

第 3 类为活套控制和卷取张力控制，机架间的张力控制，这些都属于较为复杂的数字闭环控制。同上面两类控制相比是困难的，需要一个调试和参数匹配的过程。但是这类控制因为主自变量较突出，如活套控制中的活套角、卷取张力控制中卷径、张力控制中张力实测值等，所采用的算法是严格按照力学或运动学公式来计算，所以实现起来不十分困难，但是轧制工况参数对这类控制有明显的影响，调试是有一定难度的。

第4类为自动宽度控制、自动厚度控制、自动板形控制和卷取温度控制，这些都是复杂的综合控制功能。影响控制精度的因素很多，如来料的波动、摩擦系数的影响、轧辊的变形、油膜轴承的油膜厚度，并且很难精确计算，因此控制算法对物理过程的描述只能是近似的。这些控制环节调试需要较多的时间和综合的知识，要调到令人满意的效果是不容易的，在长期的轧制过程中要有多次反复的调整。这是轧制过程基础自动化中最难实现的控制环节。

8.4.2　板带热连轧轧制自动化

（1）轧制工艺和设备

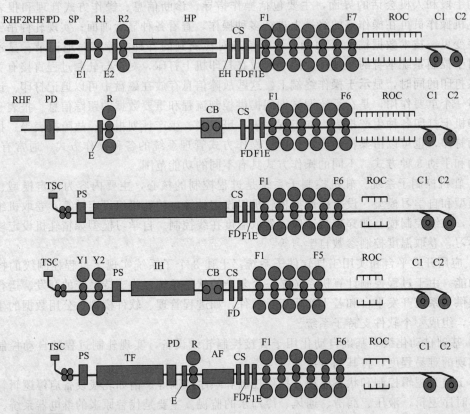

图 5-8-20　板带热连轧工艺形式图

RHF—加热炉；AF—快速加热炉；PS—摆式飞剪；CS—飞剪；F—精轧机；IH—感应加热炉；R—粗轧机；
PD—除鳞机；TF—隧道炉；C—卷取机；E—立辊轧机；FD—精轧除鳞机；HP—保温罩；ROC—层流冷却输出辊道；
TSC—薄板坯连铸机；CB—热卷箱；EH—边缘加热炉；Y—预压下轧机

图 5-8-20 中第一种工艺设备布置形式为常规厚板坯热连轧，为半连轧方式，还有全连轧或 3/4 连轧形式，但近年来新建的传统热连轧均为半连轧。主要由加热炉、粗轧除鳞箱、定宽压力机或立辊、2 架或多架粗轧机、保温罩或热卷箱、飞剪、精轧除鳞箱，边部加热（可选）、精轧前立辊（可选）、6～7 架精轧机，层流冷却和地下卷取机及多种多组的辊道组成。我国目前已有几十条此类生产线，近年来新建的有上海宝山钢铁公司 1800mm 热连轧、鞍山钢铁公司 2050mm 热连轧、武钢 2250mm 热连轧、首钢 2160mm 热连轧和宁波钢铁公司 1780mm 热连轧等。

图中第二种工艺设备布置形式为中厚板坯热连轧，坯料厚度为 150～190mm，采用 1 架2 辊或 4 辊粗轧机，可逆轧制成需要的中间坯尺寸。近几年新建的多条中宽带钢热连轧线，大都采取了这种工艺布置形式。除了粗轧机仅有 1 架外，其余同传统热连轧基本一致，为了减少中间坯的头尾温差，实现精轧机组的恒速轧制，采用热卷箱是一个好的选择。如鞍山钢铁公司老 1700mm 热连轧，采用中厚板坯和热卷箱技术，凌源 880mm 中宽带热连轧、四川川威 950mm 中宽带热连轧和山东泰山 950mm 中宽带热连轧均采用了热卷箱技术。另外一类是紧凑式常规厚板坯热连轧，粗轧仅设 1 架，采用四辊重型粗轧机，如太原钢铁公司的 1549mm 热连轧和 2250mm 热连轧。

图中第三种工艺设备布置形式为 CSP 工艺薄板坯连铸连轧。铸坯一般为 70mm 经液芯压下到 50mm，通过辊底式隧道加热炉，6～7 架的精轧机轧制成 20～1.2mm 的成品。卷重最大 33t，最高年产量 250 万吨。该工艺流程，设备相对简单，流程通畅，易于掌握，是世界范围内投产最早，应用最广泛的薄板坯连铸连轧工艺形式。我国建成的多条薄板坯连铸连轧生产线采用 CSP 工艺的居多。这种轧制方式可以单卷轧制，也可以实现半无头轧制。

图中第四种工艺设备布置形式为 ISP 工艺薄板坯连铸连轧。该工艺的主要特点是增加预压下轧机和热卷箱，生产线全长仅 180m，真正实现了短流程。近年来由于连铸技术进步，实现拉速 6m/min 以上的高速连铸；从而实现了极长铸坯（可连续浇铸 2000 多吨钢）的连铸连轧，连续轧制几十卷钢，称之为无头轧制。

图中第五种工艺设备布置形式为 FTSR 工艺薄板坯连铸连轧。该工艺为薄板坯连铸与传统热连轧的结合。铸坯为 90mm，经液芯压下成 70mm，通过辊底式隧道加热炉，进入轧区。轧区的工艺设备布置同传统热连轧相同。生产比较灵活，钢种范围广。经过改进也可实现无头轧制。

（2）轧线专用仪表和传感器布置图

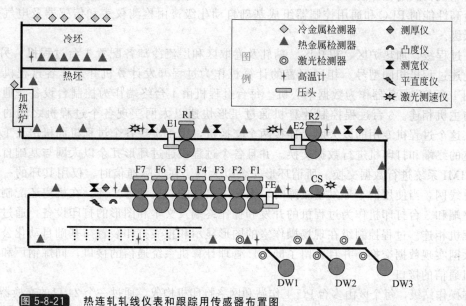

图 5-8-21　热连轧轧线仪表和跟踪用传感器布置图

热连轧轧线主要使用的跟踪传感器、力能参数、轧件温度和质量检测的轧线仪表如图 5-8-21 所示。其他各种各样的传感器并未列在其中。全线连接仪表、传感器和执行机构的接口点超过万点。

（3）热连轧自动化系统结构和功能

一个完整的热连轧自动化系统由多台高性能服务器、近 20 台大型 PLC 和高性能控制器，价值昂贵的检测仪表，上万个 I/O 点，组成大型复杂的两级自动化系统，如图 5-8-22

所示。由于篇幅所限，仅概述其结构和功能。

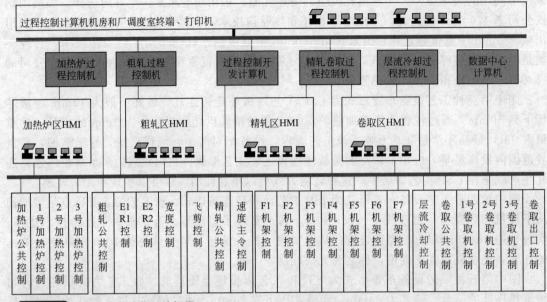

图 5-8-22　热连轧自动化系统框图

① 系统的结构和配置　系统采用层次结构，自顶向下由 6 台高档 PC 服务器及其智能终端和打印机构成过程控制计算机系统；由多台智能图形工作站及网络打印机组成操作站级；由多台高性能的 PLC 和通用控制器组成基础自动化级；由检测仪表和传感器及电气传动组成最低级。

在过程级，加热炉区、粗轧区、精轧及卷取区和层流冷却各配置 1 台过程机；另配置 1 台与上述过程机相同型号、相同配置的计算机作为过程开发计算机并兼作各过程机的冷备份，用 1 台 PC 服务器作为数据中心机。每台过程机由 1 台终端作为控制台设备，通过串行通信与主机相连。6 台过程控制计算机通过星形快速以太网实现各个过程机之间的数据交换，在这个过程机专用的以太网上连接两个交换机，用于实现各个过程机同机房及工厂计划调度室的终端和打印机进行数据交换。并且各个过程机通过环形冗余以太网与基础自动化系统和 HMI 系统进行数据交换。所谓环形冗余以太网，在实际通信时，仅用其环的一半，相当于总线网，当使用的半环发生故障时，系统可自动的切换到另半环。在机房还配制了 4 台智能终端和 3 台打印机作为过程机的开发和操作终端及文本和图形的打印设备，通过以太网与过程机相连。过程控制级在现场操作室的图形显示和报表打印装置与基础自动化公用，通过以太网实现数据交换。并且预留了同全厂管理计算机系统通信的接口，同炼钢厂和冷轧厂计算机通信的接口。

在操作站级，每个区由多台 PC 工作站和网络打印机构成，通过一个 24 口的交换器与各区的环形冗余以太子网相连，借以实现操作站级与过程控制级和基础自动化级的数据交换。

在基础自动化级，每台 PLC 或通用控制器通过 Profibus 总线，Genius 总线或直接 I/O 与传动控制器、传感器或操作台相连；各 PLC 或通用控制器通过交换机与环形冗余以太网相连，实现各 PLC 或通用控制器之间的数据交换。

测厚仪、测宽仪、凸度仪、平直度仪等大型检测仪表，将通过交换机连接到相应分区的环形冗余以太网上，实现数字化仪表与基础自动化 PLC 和操作站之间的数据交换。

在过程控制计算机机房配置一台中心交换机，该交换机不仅具有拥塞管理、通信管理和虚拟网络的功能，而且可以配置路由器的功能，以便同上下游工厂及上级公司实现多种协议的数据交换。

6 台过程控制计算机均配置采用双绞线的 100M 双端口以太网通信板，其中一个端口用于各过程机之间的数据交换，在过程机间少量数据交换时，采用 TCP/IP 协议；当有大量数据库之间的数据交换时采用数据库通信协议，例如 Oracle 的 net8，当然各过程机之间的以太子网也可以配置成 1000M 的以太网。另一个端口采用 TCP/IP 协议实现同基础自动化和HMI 的数据交换。

基础自动化系统划分为加热炉区、粗轧区、精轧区和卷取区 4 个区域子网。基础自动化级各控制器通过双绞线连接到置于主电室的交换机上。交换机的光纤端口连接到位于轧件操作室的交换机上，形成一个环形光纤以太子网。用于 HMI 的工业控制机采用双绞线连接到操作室的交换机上，实现 HMI 与基础自动化级和过程控制级的通信。

基础自动化级采用现场总线（如 Profibus）与传动和仪表控制器数据交换。有些信号需要通过直接 I/O（如紧急停车）硬接线来实现。基础自动化各控制器之间的控制数据快速交换可采用专用网络，如西门子公司的 GDM 网、ANSALDO 公司的 TPL 网和 VIMIC 公司的内存映像网等。

② 系统功能分配　自动化系统可细分为过程控制级、操作站级和基础自动化级。各级功能分配如下。

a. 过程控制级主要功能为：
- 加热炉、粗轧、精轧和卷取各分区的物料跟踪；
- 加热炉、粗轧、精轧和卷取各分区工艺规程设定计算和自动生成；
- 加热炉、粗轧、精轧和卷取各分区工艺规程的再设定和自动修正；
- 加热炉、粗轧、精轧和卷取各分区工艺模型参数的自学习和自校正；
- 加热炉、粗轧、精轧和卷取各分区模拟轧制和仿真计算；
- 全线过程数据的采集和存档；
- 轧制计划和生产指令数据的接收和存档；
- 轧辊数据的采集和存档；
- 存档数据的显示和打印；
- 质量统计和分析；
- 最佳燃烧控制的计算和设定；
- 轧制节奏控制的计算和设定；
- 钢坯数据管理。

b. 操作站级的主要功能为：
- 加热炉、粗轧、精轧和卷取各分区预设定规程和实际值的显示；
- 加热炉、粗轧、精轧和卷取各分区轧件跟踪的显示；
- 加热炉、粗轧、精轧和卷取各分区轧件原始数据的输入；
- 加热炉、粗轧、精轧和卷取各分区与设定有关的技术数据的输入；
- 加热炉、粗轧、精轧和卷取各分区设定规程的人工修改；
- 加热炉、粗轧、精轧和卷取各分区工艺参数的在线趋势显示和历史图形显示；
- 加热炉、粗轧、精轧和卷取各分区主要工艺设备的报警和预报警显示和声光报警；
- 加热炉、粗轧、精轧和卷取各分区主要工艺设备启停条件的图形显示；
- 轧件原始数据和设定规程的打印；
- 机房操作员、系统工程师和工艺技术人员的操作运行终端；

- 在半自动轧钢方式（过程控制计算机不工作）时，实现本区工艺规程输入、编辑、修改和选择并下装到基础自动化；
- 接受来自基础自动化的实测数据和状态信号。

c. 基础自动化级主要功能为：

- 加热炉公共控制；
- 加热炉燃烧控制；
- 粗轧公共控制；
- 粗轧机组压下、速度、侧导板、立辊和换辊等设备控制；
- 轧件自动宽度控制；
- 精轧公共控制；
- 飞剪控制；
- 热卷箱和保温罩控制；
- 精轧轧机组压下、速度、活套、侧导板、立辊和换辊等设备控制；
- 精轧机组机架轧辊冷却控制；
- 轧件厚度自动控制；
- 轧件终轧温度自动控制；
- 轧件板形自动控制；
- 轧件卷取温度自动控制；
- 卷取机组公共控制；
- 卷取张力控制；
- 助卷辊踏步控制；
- 卷取出口控制。

8.4.3 板带冷连轧轧制自动化

（1）轧制工艺和设备

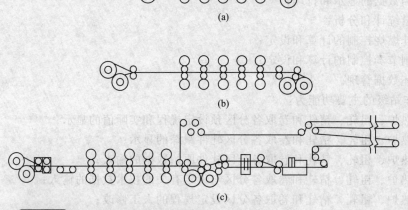

图 5-8-23 板带冷连轧的工艺形式图

图 5-8-23 中（a）为单卷轧制冷连轧机组，（b）为改进型单卷轧制冷连轧机组，（c）为全连续式冷连轧机组。而全连续式冷连轧机组又可分为图 5-8-24 所示三种。

通常把辊身长度大于 900mm 的冷轧机称为宽带钢冷轧机。连轧机是产量大、效率高，

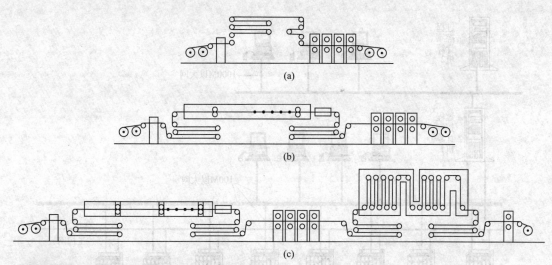

图 5-8-24 全连续冷连轧的工艺形式图

但品种单一的机型是宽带钢冷连轧生产的主要机型。轧制成品厚度较厚时可采用 4 机架连轧，成品较薄时采用 5 机架或 6 机架，实际生产中目前以 5 机架居多。全部机架可均采用 4 辊轧机或 6 辊轧机，也可以 4 辊与 6 辊轧机混用。一种新型的 8 辊 5 机架冷连轧近年来在国内也得到应用。

(2) 轧线专用仪表和传感器布置图

图 5-8-25 所示为无头轧制全连续冷连轧轧线仪表和用于轧件跟踪的传感器布置图，其他各种各样的传感器并未列在其中。全线连接仪表、传感器和执行机构的接口点有数千个之多。

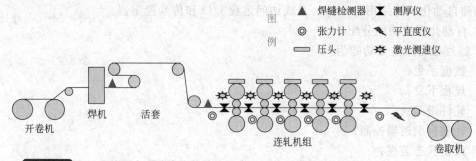

图 5-8-25 无头轧制全连续冷连轧轧线仪表和跟踪用传感器布置图

(3) 板带冷连轧自动化系统结构和功能

板带冷连轧自动化系统也是典型的大型复杂自动化系统，其自动化系统结构和功能概述如下。

① 系统结构和配置　系统采用层次结构，自顶向下由两台 PC 服务器构成整个冷轧生产线的过程控制系统计算机，一台用于数据通信、轧件跟踪等功能的实现，另一台用于轧制过程模型计算。

由高性能通用控制器和 PLC 通过现场总线连接构成轧机区基础自动化系统。参见图5-8-26。

基础自动化与过程计算机之间采用 100M 以太网进行快速数据交换。两台过程机之间采

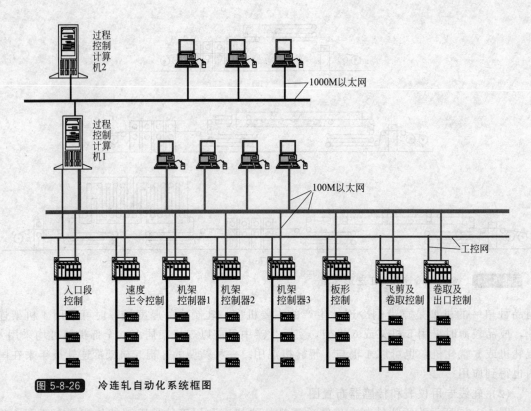

图 5-8-26 冷连轧自动化系统框图

用 1000M 以太网互联，完成两台过程计算机之间的数据交换。另外，过程机、基础自动化和用于人机交换的 HMI 之间采用 100M 的以太网互联，为过程机和基础自动化系统在 HMI 上图形显示和人机会话提供高速通信通道。

基础自动化系统采用 Profibus 总线访问远程 I/O 和传动控制器。

② 自动化系统功能分配

a. 过程控制级主要功能为：

- 数据采集；
- 规程下发；
- 轧件跟踪；
- 轧制模型逻辑控制；
- 设备状态监视；
- 操作方式管理；
- 轧辊管理；
- 报警信息；
- 模拟轧钢；
- 动态轧制规程设定计算；
- 轧制模型参数自学习；
- 轧制模型参数自校正；
- 轧件数据存档和分析；
- 轧制计划钢卷原始数据输入；
- 报表打印。

b. 操作站级主要功能为：

- 轧制计划钢卷原始数据输入、编辑、存档、显示；
- 轧辊数据的输入、编辑、存档、显示；
- 轧制过程设定数据图形显示；
- 轧制过程实测数据图形显示；
- 模型参数的调整；
- 轧件跟踪修正；
- 入口段、轧制段和出口段工艺设备设定数据和实测数据图形显示；
- 入口段、轧制段和出口段工艺参数的趋势显示；
- 入口段、轧制段和出口段工艺设备报警和预报警显示；
- 入口段、轧制段和出口段工艺设备的水、风、电、气、油介质等状态显示。

c. 基础自动化级主要功能为：上卷小车控制

- 上卷小车控制；
- 开卷机速度、张力控制；
- 双切剪控制；
- 矫直机控制；
- 入口活套的速度张力控制；
- 入口区轧件跟踪；
- 轧制段速度主令控制；
- 轧制段轧件跟踪；
- 各机架侧导板控制；
- 各机架弯辊控制；
- 各机架换辊控制；
- 各机架轧辊横移控制；
- 各机架液压 APC 控制；
- 各机架自动厚度控制；
- 出口机架监控 AGC 控制
- 1♯机架前馈 AGC 控制
- 机架间张力控制；
- 板形检测仪接口和控制；
- 板形图形显示；
- 板形自动控制；
- 飞剪控制；
- 卷取机逻辑、顺序和操作控制；
- 卷取机速度控制；
- 卷取机张力控制；
- 卷取机卷径计算；
- 卷取机卷筒涨缩控制；
- 卷取机助卷器控制；
- 卷取区速度主令控制；
- 卷取区和出口段轧件跟踪；
- 卷取出口段控制。

8.4.4 其他轧线自动化

　　板带热连轧和冷连轧自动化是轧钢自动化系统中最为复杂的超大型自动化系统，特别是热连轧自动化系统尤为复杂，包括了轧钢自动化系统的各种控制环节。其他轧线自动化系统较之上述两种要简单一些，本节对其他轧线自动化系统给以简要说明。

（1）轧制工艺和装备

　　① 连轧外的板带轧制　在板带轧制中除了热连轧和冷连轧外，热轧还有宽厚板和中厚板轧机，炉卷轧机；冷轧还有单机架可逆轧制或双机架可逆连轧，多辊轧机中辊个数从 8 个可达 20 个以上。这些轧机其机械设备、轧制原理和工艺与连轧机组十分相似。连轧机组以产能为主，单机架以品种居多为优。这些轧机所采用的传感器和控制思想也类同于连轧。

　　② 钢管轧制　钢管轧制包括无缝钢管和焊管。

　　a. 无缝钢管。热轧无缝钢管轧制可采用多种生产方式，如自动轧管机组、皮尔格轧管、狄舍尔轧管和连续轧管等。连轧无缝管工艺布置形式如图 5-8-27 所示。

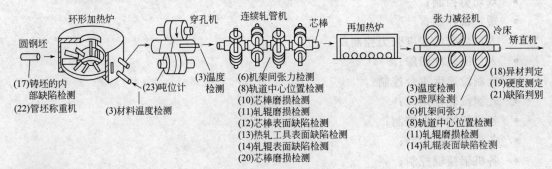

图 5-8-27　无缝钢管连轧生产线工艺布置和检测仪表及传感器图

　　钢管的冷加工是以热轧无缝钢管为原料，生产各种规格和不同用途的无缝钢管。冷加工方法有冷轧、冷拔和旋压。冷轧、冷拔在钢管冷加工中是广泛采用的加工方法。冷轧和冷拔钢管优点为：可生产薄壁、极薄壁和大直径薄壁管材；可生产小直径和毛细管；可生产高精度管材；表面光洁度高；可得到综合机械性能高的管材；可生产各种异型和变断面管材。冷轧钢管的轧机有二辊周期式和多辊式两种，前者使用最为广泛。冷拔与冷轧相比，直径和壁厚更小。直径小于 $\phi 4mm$ 的钢管只能用冷拔方法生产。冷拔的方法常见的有长芯棒拔制、短芯棒拔制和无芯棒拔制。此外还有游动芯头拔制、双模过渡拔制、滚模拔制、连续拔制、温拔和超声波振动拔制等。旋压是加工大直径薄壁管材的主要方法。

　　b. 焊管生产。焊接钢管的生产过程是将管坯（钢板或钢带）用各种成型方法弯卷成要求的横断面形状，然后用不同的焊接方法将焊缝焊合而获得钢管的过程。成型和焊接是它的基本工序，焊管生产方法就是按这两个工序的特点来分类的。目前常用的焊管生产方法有炉焊法和电焊法。炉焊法生产又可分为链式机组和连续机组；电焊法又可分为直缝、螺旋和 UOE 电焊机组。传感器分别见图 5-8-28 和图 5-8-29。

　　③ 型钢轧制　金属经过塑性加工成型具有一定断面形状和尺寸的实心直条称为型材，广义地说除了板材和管材都是型材。型钢是钢材中品种规格最多和用途广泛的钢材，我国型钢的产量 2007 年占钢材产量的 47% 左右。按照生产方法可分为热轧型钢、冷弯型钢和焊接型钢。热轧型钢具有生产规模大、效率高、能耗少和成本低等优点，故为型钢生产的主要方式。

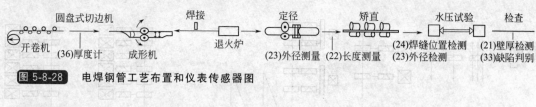

图 5-8-28 电焊钢管工艺布置和仪表传感器图

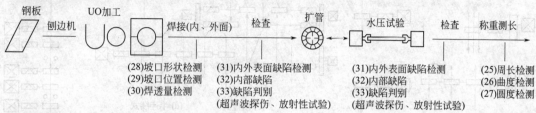

图 5-8-29 UOE 焊管工艺布置和仪表传感器图

型钢轧机的大小是以轧辊名义直径大小来命名的，通常用型钢轧机齿轮机座齿轮轴的节圆直径来表示。型钢轧机按轧辊直径大小可分为轨梁轧机（轧辊直径为 750～900mm）；大型轧机（轧辊直径为 650mm 以上）；中型轧机（轧辊直径为 350～650mm）；小型轧机（轧辊直径为 250～300mm）；线材轧机（轧辊直径为 150～280mm）。上述各类型钢轧机，其生产的品种和规格都有一定的范围。

热轧型钢按其使用的范围可分为常用型钢（如方钢、圆钢、扁钢、工字钢、槽钢、角钢等）和专用型钢（如钢轨、钢桩、球扁钢、窗框钢等）；按断面形状的不同可分为简单断面（如方钢、圆钢、扁钢等）、复杂断面（如工字钢、槽钢、钢轨等）和周期断面（如螺纹钢、犁钢等）。其中断面形状类似于普通型钢，但断面上各部分的金属分配更加合理，使用时经济效益高于普通型钢的称为经济断面型钢，如 H 型钢。

大型型钢除钢轨外，是指断面面积较大的工字钢、槽钢、大圆坯等，主要规格为 $\phi100$～350mm 的圆钢、边长大于 100mm 的方钢、20～63 号（No.20～63）工字钢［工字钢按断面形状可分为：普通工字钢、轻型工字钢和宽缘工字（H 型钢）等］和 18～45 号（No.18～45）槽钢（槽钢分为普通槽钢和轻型槽钢两种）。

大中型钢轧机有二辊式、三辊式和万能式。二辊式轧机用于开坯、轧边、中间轧制和精轧；三辊式轧机广泛用于型钢孔型轧制，轧件通过摆动台在横向和上下轧制线间移动进行多道次轧制；万能式轧机如图 5-8-30所示，有一对水平辊和一对立辊，可轧制 H 型钢、槽钢和钢轨等。至于采用哪种轧机，则按所生产的品种、产量、投资等来选择，就是生产同一品种，也有多种选择，但由于万能式轧机的优点（包括便于 AGC 控制等），新建或改造的大中型钢已越来越多使用万能式轧机。

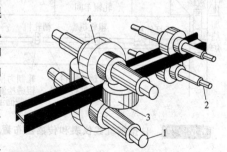

图 5-8-30 万能式轧机结构图
1—水平辊；2—轧边辊辊端；
3—立辊；4—水平辊

型钢轧机工艺布置形式主要取决于生产规模大小、轧制品种和范围以及选用的原料情况和投资成本等。其典型的布置形式有横列式（包括一列、二列和多列）、顺列式、棋盘式、半连续式和连续式，如图 5-8-31 所示。

近年来为追求高效高质生产采用全连续轧线越来越多，几乎所有的线棒材轧机均采用连轧。

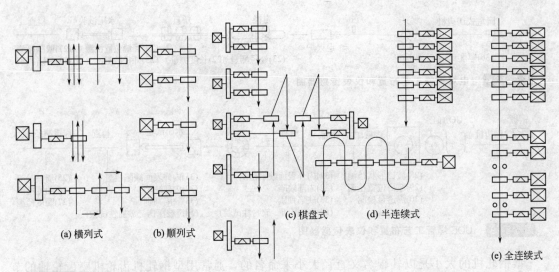

(a) 横列式　　(b) 顺列式　　(c) 棋盘式　　(d) 半连续式　　(e) 全连续式

图 5-8-31 型钢轧机典型布置图

(2) 轧线仪表和传感器

① 非连轧板带轧制所采用轧线仪表和跟踪用传感器同图 5-8-21 和图 5-8-25 连轧所述相同，安装位置也完全类似，不再赘述。

② 钢管轧机　热轧无缝钢管采用仪表和传感器如上节图 5-8-29 所示。焊管机组采用仪表和传感器如上节图 5-8-30 所示。

③ 型钢轧机中 H 型钢轧机采用仪表和传感器如图 5-8-32 所示。

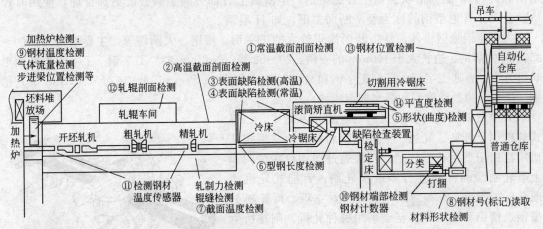

图 5-8-32 H 型钢轧线仪表和传感器布置图

(3) 自动化系统结构和功能

自动化系统采用类似于板带热连轧和冷连轧自动化系统结构和配置方式，这里不再赘述。其主要功能简述如下。

① 非连轧板带轧制自动化系统功能几乎全部包括在连轧自动化系统之内，也就是说非连轧板带轧机自动化系统的功能是连轧自动化系统功能的一个子集。仅有个别的特殊功能，如宽厚板和中厚板轧机的轧件矩形性控制，控轧控冷，炉卷轧机的卷取炉温度控制和穿带控制等；

② 钢管轧机

a. 无缝钢管轧制生产线自动化系统主要功能为：

- 热轧无缝钢管；
- 热轧无缝钢管管坯锯切区自动控制系统；
- 热轧无缝钢管穿孔机自动控制；
- 热轧无缝钢管连轧管机自动控制；
- 热轧无缝钢管张力减径机自动控制；
- 热轧无缝钢管仓库自动化；
- 冷轧无缝钢管自动控制系统；
- 冷拔无缝钢管自动控制系统；
- 无缝钢管生产质量保证系统；
- 无缝钢管管径自动控制系统；
- 精整线定尺飞锯自动控制系统；
- 精整线通径机传动及 PLC 自动控制系统；
- 钢管自动成型打捆机自动控制系统。

b. 焊管生产自动化系统主要功能为：

- 水平螺旋活套自动控制系统；
- 对头焊自动控制系统；
- 焊缝自动跟踪；
- 螺旋焊管焊缝间隙自动控制系统；
- 焊枪小车步进电机驱动自动控制系统；
- 焊缝温度自动控制系统；
- 热量输入自动控制系统；
- 自动引弧与焊缝火口部分焊接系统；
- 高频焊管焊接过程自动控制系统；
- 螺旋焊管直径自动控制系统；
- 电焊钢管平均壁厚的测量与自动控制系统；
- 焊管飞锯定尺自动控制系统；
- 水压试验自动控制系统。

③ 型钢轧机　自动化系统主要功能为：

- 微张力自动控制；
- 轧件尺寸控制；
- 活套高度控制；
- 飞剪剪切控制；
- 轧件冷却控制；
- 减定径机控制；
- 线材轧机夹送辊、吐丝机、集卷站控制；
- 风冷辊道及风机控制；
- 冷床自动控制；
- 型钢锯切控制；
- 打捆机自动控制；
- 堆垛自动控制；

- 钢轨在线热处理；
- 重轨翻钢机自动控制。

8.4.5 轧钢工业炉和处理线自动化

(1) 工艺和设备

① 轧钢工业炉 在热轧生产中，必须使用加热炉将金属锭或坯加热到一定的温度，使它具有可塑性，才能进行轧制。就是冷轧工艺，也往往需要对金属进行热处理，也要使用各种类型的热处理炉。在轧钢生产中常用的工业炉有均热炉、连续加热炉和热处理炉。

② 处理线 处理线主要包括酸洗生产线、退火生产线、平整机组、涂镀生产线。退火又包括罩式和连续式两种，涂镀线包括镀锌、镀锡、镀铝、镀铬和彩涂等。

(2) 仪表和传感器

这两类生产装置采用温度、流量和压力等通用传感器较多。轧钢工业炉特殊检测有加热炉内轧件温度跟随检测、露点检测、废气氧含量检测、燃气热值检测。处理线特殊检测有激光测速仪、镀层厚度测厚仪和张力计等。

(3) 自动化系统功能

① 轧钢工业炉自动化系统主要功能为：
- 均热炉、连续加热炉温度控制；
- 均热炉、连续加热炉燃烧控制；
- 热处理炉工艺温度曲线控制；
- 均热炉、连续加热炉和热处理炉工艺模型计算和工艺规程自动生成。

② 处理线自动化系统主要功能为：
- 酸洗线工艺规程设定计算；
- 酸洗线轧件跟踪；
- 酸洗线入口段、工艺段和出口段的速度、张力、延伸率控制；
- 退火线工艺规程设定计算；
- 退火线轧件跟踪；
- 退火线入口段、工艺段和出口段的速度、张力、延伸率控制；
- 涂镀线工艺规程设定计算；
- 涂镀线轧件跟踪；
- 涂镀线入口段、工艺段和出口段的速度、张力、延伸率控制；
- 平整规程自动设定计算；
- 平整机延伸率、张力和自动减速控制。

8.4.6 轧钢生产过程先进控制和智能控制

(1) 高精度轧制过程数学模型

板带轧制过程数学模型将轧制过程解析化，用一组数学物理方程描述轧制过程，已经达到了极高的精度。模型预测的轧制力和实际轧制力差可控制在 5% 左右，厚度在 3mm 以下热轧成品带钢预测出口厚度与实测的厚度差 $\leqslant 25\mu m$ 在 50% 以上，厚差 $\leqslant 35\mu m$ 可达 96%。宽度 1000mm 以上成品带钢模型预测值与实际值差 $\leqslant 8mm$ 可占 95%。终轧温度控制模型和卷取温度控制模型可以控制带钢全长（平均长度大于 1500m）温度差在 15℃ 左右。

高精度数学模型包括诸多的复杂计算和数以百计的参数。以热连轧精轧机组数学模型为例，其源程序（以 C 语言编写）可达几万条语句，包括钢族表、材料特性表、模型参数表、轧机通用参数表、钢卷数据表等诸多参数表格。在线使用时可依据轧制计划数据和轧线实测数据进行多次设定计算，以获得高精度设定数据。热连轧精轧机组设定模型计算流程如图 5-8-33 所示。

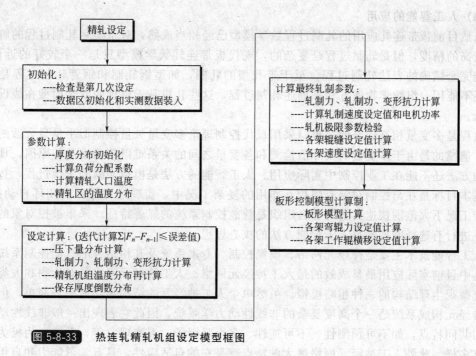

图 5-8-33　热连轧精轧机组设定模型框图

（2）模型参数自学习和自校正

模型参数自学习和自校正是模型求精的主要手段，通用的参数自学习和自校正计算流程如图 5-8-34 所示。

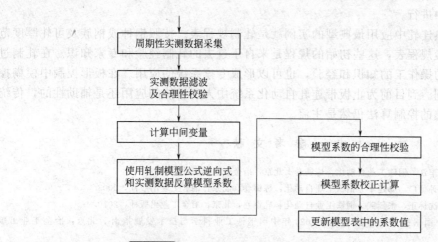

图 5-8-34　模型参数自学习和自校正

模型参数自学习可分为短期自学习和长期自学习。短期自学习是轧件到轧件的，即每块轧件自学习后即自动修改模型表中对应的参数，下一块轧件设定计算时采用的是自学习后的新参数。短期自学习主要是用于校正快速变化的一些参数，如辊缝零点和变形抗力等。而长期自学习学习的过程和方法，虽然与短期自学习并无不同，但是它并不是每次都自动修改模型表中对应的参数；通常是经过一段时间长期自学习后，由模型工程师或工艺工程师审查自学习的结果值，决定是否取代模型表中参数值。长期自学习主要用于校正一些慢变化的工艺参数。

（3）人工智能的应用

虽然目前板带连轧应用的轧制过程数学模型已经相当成熟，对于实际轧制过程的解析表达有较高的精度，但是轧制过程是复杂的，现代板带连轧数学模型只是一个较好的近似解，还不能完全精确的表达轧制过程。至于带孔型的轧制，如型钢轧制和钢管轧制过程是三维的，还不能用一组数学物理方程来描述轧制过程，这些轧机基于机理的数学模型在线设定精度较低。

过程是多变量相互耦合的过程，采用现代控制理论多变量矢量控制似乎是最合适的控制算法，遗憾的是由于多变量的实际值检测和各变量之间的关系难以精确表示等原因，现代控制论的方法还不能在工业控制中实际应用。人工智能的方法是模拟人脑的思维过程，智能控制的基本目标是在与控制对象有强相互作用的复杂工况中，实现过程任务的闭环自动控制。在复杂工况下大范围快速自适应和自组织是智能控制系统的显著特征。采集被控对象的有效数据，进行有选择的搜索是人工智能方法的核心思想。

人工智能技术主要是神经元网络、模糊控制、专家系统及其相结合的智能控制系统。在热连轧中目前实际应用最具成效的是人工神经元网络。人工神经元网络是对生物和人类脑神经系统微观生理结构的一种粗略模拟。虽然单个人工神经元的结构和功能十分简单，但是由大量神经元构成系统是一个高度复杂的非线性动力学系统，因此它表现出一般非线性动力学系统的共同特点，如不可预测性、不可逆性、多个吸因子、混沌现象等，系统行为极为复杂和丰富多样。此外人工神经元网络最大的特点就是它的自适应性，具有学习能力和自组织能力。正是由于这个特点，使人工神经元网络在热连轧过程控制轧制模型参数优化得到了广泛的应用，取得显著成效，具体实例请参见相关参考文献。如德国西门子公司对于轧件化学成分对变形抗力的影响，采用在线神经元网络学习，轧制力长期自学习采用离线神经元网络在开放备有过程机中进行。

专家系统在热连轧中应用最典型的实例就是轧制规程表。按照钢种或钢族及可轧厚度范围内层别构成经验规程表，这些初始的规程是来自于过去的轧制经验和专家知识。在轧制过程中一些有经验的操作工的知识和经验，也可以形成专家系统的应用。在板形控制中模糊控制也有应用的实例。到目前为止板带连轧自动化系统中人工智能的应用还是辅助性的，传统的数学模型和成熟的控制算法仍然是主流。

参 考 文 献

[1] 马竹梧，邱建平，李江. 钢铁工业自动化：炼铁卷. 北京：冶金工业出版社，2002.

[2] 马竹梧，邹立功，孙彦广，邱建平. 钢铁工业自动化：炼钢卷，北京：冶金工业出版社，2003.

[3] 薛兴昌，马竹梧，沈标正，张剑武. 钢铁工业自动化：轧钢卷，北京：冶金工业出版社，2010.

[4] 中国金属学会，中国钢铁工业协会. 2011—2020 年中国钢铁工业科学与技术发展指南. 北京：冶金工业出版社，2012.

[5] 中国金属学会. 冶金工程技术学科发展报告（2012—2013）. 北京：中国科学技术出版社，2013.

[6] 吴敏，周国雄，雷琪等. 多座不对称焦炉集气管压力模糊解耦控制. 控制理论与应用，2010，27（1）：94-98.

[7] 陈东辉. 唐钢高线厂加热炉燃烧模糊控制系统，河北理工学院学报，2002，S1.

[8] 耿丹，安钢，王全乐，王洪江. 550m² 烧结机智能闭环控制系统的设计与应用. 烧结球团，2010，4.

[9] 甘晓靳. 太钢 450m² 烧结机专家系统碱度控制模型. 烧结球团，2008，3.

[10] 陈令坤，周曼丽，吴男勇. 铜冷却壁高炉操作炉型诊断管理模型的开发与应用. 炼铁，2004，6.

[11] 孙彦广，王代先，陶白生等. 智能钢包精炼炉控制系统. 冶金自动化，1999，6.

[12] 孙彦广，陶百生，高克伟．基于智能技术的钢水温度软测量．仪器仪表学报，2002，S2.
[13] 王鹏飞，张殿华，刘佳伟．冷轧板形目标曲线设定模型的研究与应用．钢铁，2010，4.
[14] 王长松，张云鹏，张清东．效应函数在冷轧机板形控制中的应用．轧钢，1999，4.
[15] 李维刚，刘相华，易剑，郭朝晖．热轧带钢变行程窜辊策略优化模型．钢铁，2012，3.
[16] 黄传清，张文学．宝钢热轧带钢生产技术进步与展望．宝钢技术，2008，3.
[17] 王文为，韩占光，陈明，张剑锋．莱钢合金钢大方坯铸机自动化控制系统．自动化技术与应用，2009，5.
[18] 孙彦广．冶金自动化技术现状和发展趋势．冶金自动化，2004，1.

第9章 有色冶金生产过程控制

9.1 概述

9.1.1 我国有色金属工业的发展

我国有色金属工业发展迅速，已成为有色金属生产和消费大国。我国有色金属工业通过引进技术消化吸收再创新、自主创新和集成创新，工艺技术及装备水平都取得了明显提高。铜、铝、铅、锌等主要有色金属的冶炼工艺和生产装备已达到国际先进水平。在铜冶炼方面，先后引进了奥托昆普闪速熔炼技术、诺兰达熔池熔炼技术、奥斯迈特冶炼技术、艾萨冶炼技术，通过改造创新国外闪速熔炼、闪速吹炼技术，大大提升了我国铜冶炼技术装备水平。在铝冶炼生产方面，针对我国一水硬铝石型铝土矿的特点，自主创新了完整的一水硬铝石型铝土矿生产氧化铝的工艺技术与装备，自主研究开发的选矿-拜耳法氧化铝生产工艺和大型预焙槽电解铝生产技术达到世界先进水平，在国内得到广泛应用，成功地自主创新研发了世界上槽容量最大的 400kA 以上铝电解槽，标志着我国铝电解技术走到了世界前列。在铅冶炼生产方面，拥有自主知识产权的氧气底吹-鼓风炉炼铅技术（SKS）研发成功，标志着我国在富氧熔池炼铅工艺方面取得了突破性进展，引进的艾萨炉-鼓风炉炼铅技术得到很好的应用，液态高铅渣直接还原新工艺的试产成功，更标志着我国铅冶炼技术又上了一个新高度。在锌冶炼生产方面，我国骨干锌冶炼企业通过技术升级，引入了更多先进的锌冶炼技术，2008 年顺利投产了世界领先的常压富氧直接浸出炼锌工艺。

技术装备水平的提升，使有色金属产品质量明显提高。目前，我国有色金属冶炼产品的质量已达世界先进水平。铜、铝、铅、锌、锡、镍、银、钴、特种铝、铝合金等 10 种产品的 64 个品牌已先后在伦敦金属交易所和伦敦金银市场注册；在国家开展的历次质量抽检中，合格率始终保持在较高水平，已很大程度地改善了易出现的产品质量一致性差、表面质量差、包装质量差等问题。

9.1.2 有色金属冶炼生产的特点

与一般工业过程相比，有色金属品种多，冶炼工艺多样，其冶炼生产过程具有特殊性，主要表现在以下几方面。

(1) 工艺机理复杂，导致建模困难

有色冶金生产利用电能、热能、化学能等多种不同形式能量的相互传递与转换，完成物理化学反应和相变反应以提取有价金属。有色冶金体系中往往气、液、熔融、固多相共存，属于多元多相的复杂体系，在流场、温度场、浓度场以及应力场或/和电场、磁场等多场交互作用下，同时存在着复杂的物理和化学反应过程。这个过程不仅有复杂的宏观热平衡和物料平衡问题，还存在着微观的冶金热力学、冶金反应动力学、冶金物理化学以及物质结构等复杂关系。多数冶金生产过程往往处于非平衡（组分的化学反应处于一种非平衡状态）、非均一（各种参数场在体系中的空间分布不均匀）、非稳定（由于操作或其他因素的影响致使各种参数处于不停的变化或波动中）和强非线性（参数变化多为非线性）的状态。因此，有色冶金生产过程往往无法用机理模型准确描述，且其复杂多变的特性也导致使用单一智能建模方法难以准确反映其内部复杂的能量传递/转换情况、成分状态变化以及物理化学反应间的耦合关系。这些都给有色金属生产过程的建模工作带来了巨大挑战。

（2）生产环境恶劣，导致检测困难

有色冶金过程的生产条件及生产环境十分复杂、恶劣，多数反应在高温、高压、强酸/碱、强灰尘环境下进行，甚至存在易燃、易爆或有毒物质，使生产过程中的一些关键工艺参数难以在线直接测量；环境的动态变化，如原料成分不稳定和生产边界条件剧烈波动等，也导致检测数据存在大量噪声、干扰和误差。这些关键参数的缺失或被污染所引起的过程信息的未知性和不完全性等，导致了工业过程的不确定。因此，在部分有色金属冶炼过程中，实现关键参数的可靠在线检测，成了实现生产过程优化控制的首要难题。

（3）生产过程关联耦合严重，导致优化困难

有色冶金生产过程流程长，影响生产过程的因素众多，且工艺参数、操纵变量等因素间多存在相互耦合与交互作用，使得生产过程中某一个操纵变量的改变，往往会同时引起多个被控变量的变化。为使被控变量满足生产要求，需要合理地同时对多个操纵变量进行调整，给生产过程的操作优化带来了极大挑战。同时，由于原矿石或精矿的矿物成分极其复杂，多种金属矿物共存，实际生产中不仅要提取/提纯某种金属，还要考虑各种有价金属的综合回收，以充分利用矿物资源，降低生产成本。而同一生产过程中不同金属的回收利用同样存在着复杂的耦合关系，导致全流程的综合优化极其困难。

（4）生产工艺长且多样，导致控制困难

由矿石到最终金属产品的转化是一个漫长的过程，加之多数矿石是多金属共生矿，并多以硫化矿的形态存在，除了主流程冶金生产过程外，还有其他伴生金属的回收、制酸、烟尘与废渣处理等多个生产工序，导致实际的生产流程十分复杂。此外，不同冶炼工艺的共存，也加大了有色金属生产过程自动化的难度，如锌冶炼生产中，同时存在火法冶炼、传统湿法冶炼以及直接浸出三种工艺，各种冶炼工艺有各自不同的工艺特点及特殊问题，需有针对性地研究相应检测装置及专用优化控制策略，进一步加大了有色冶金生产的控制难度。

有色金属冶炼生产的特殊性，给有色冶金生产过程的建模、控制与优化带来了诸多困难，制约了有色金属冶炼自动化技术水平的提升。

9.1.3　有色冶金自动化技术的发展

利用现代信息技术实现有色金属生产过程自动化，是提升传统产业生产技术水平的关键。近年来，通过技术引进、消化吸收和自主创新，我国有色金属生产过程自动化水平在自动化装备、技术、功能、规模等方面都有了很大提高。概括起来有以下三个特点。

① 可编程序控制器（PLC）和集散控制系统（DCS）等先进控制装置和系统、以太网技术、现场总线技术、变频技术、智能检测与智能仪表技术以及在线分析检测技术等得到了应用，工业现场从手工操作发展到自动控制，实现了底层工艺参数的稳定控制。这些装置和技术的应用，为有色金属工业生产过程的安全与稳定运行创造了条件。

② 结合机理模型、数据建模、知识建模以及神经网络、专家系统、模糊控制、遗传算法等智能技术，建立了许多典型工艺过程的控制和优化模型。研究开发的先进控制和过程优化技术已应用于有色金属的选矿、冶炼、电解和加工等生产过程，从低层单回路控制发展到了高级的优化控制，为有色金属生产过程的节能降耗、增产增效等提供了技术支持。

③ 各企业普遍加强了信息化系统的基础建设，使我国大中型有色金属生产企业在决策管理层的网络、信息系统建设方面取得了明显成绩，逐步改变了有色金属生产企业信息的获取、处理和应用模式，为有色金属冶炼生产过程综合自动化技术的开发和企业管控一体化的

实施建立了良好的平台环境。

有色金属冶炼过程总体可分为选矿、冶炼和加工三大部分。其中，冶炼环节因金属产品、冶炼工艺的复杂多样，可进一步分为轻金属冶炼与重金属冶炼两大部分。本章将遵循这一思路，对有色金属冶炼过程的自动化应用进行介绍。

9.2　选矿自动控制

随着金属矿山浅部资源枯竭，开采的深度不断增加，矿石的品位逐渐下降，加之社会对环境的日益关注，选矿生产规模逐步扩大，选矿生产工艺与设备趋向一体化，为选矿生产过程自动化创造了条件。同时，新兴工艺（如湿法冶金工艺）的不断推进及工业化，也促进了一些选冶联合流程的出现，促进了选矿自动化的快速发展。

9.2.1　选矿工艺流程简介

刚开采出来的原矿一般品位较低且成分复杂，不能直接进行金属冶炼，需要先经过选矿提高其品位再进行金属冶炼。传统的选矿过程需经历矿石的破碎及磨矿、选别以及尾矿处理三大部分，选冶联合工艺则存在一定差异。选矿各工艺流程简要介绍如下。

（1）破碎工序

破碎工序一般由破碎作业和筛分作业组成。常用的破碎工序有两段开路流程、两段闭路流程、三段开路流程和三段闭路流程，根据矿石的硬度和破碎细度要求选择合适的流程。一般来说，粗碎在井下（地下开采）或露天采场（露天开采）中完成，中、细碎则在选矿厂内进行。破碎工序典型设备配置中，复摆颚式破碎机一般用作粗碎设备，液压圆锥破碎机用作中碎设备和细碎设备，料仓作为中间缓冲储料设备，振动筛用作粒度分级装置，将不满足工艺粒度要求的物料返回到中碎形成闭路碎矿。中、细碎工序存在粉尘污染严重、厂房占地面积大等缺点。近 10 年来，为提高处理量，降低单耗，杜绝粉尘污染，大型选矿厂多采用可调速半自磨机湿式磨矿流程来代替中、细碎流程，解决了粉尘污染问题。

（2）磨矿工序

磨矿工序为选别工序提供浓度和粒度合格的矿浆。半自磨机＋球磨机——分级机闭路磨矿系统是磨矿工序的常用流程，主要设备包括半自磨机、球磨机、渣浆泵和水力旋流器（或螺旋分级机）。以采用水力旋流器作为分级设备的闭路磨矿回路为例，半自磨机排料口的矿浆经振动筛分级，筛上矿石返回半自磨机再磨，筛下矿浆与球磨机排料口的矿浆进入同一矿浆泵池，再经渣浆泵送入水力旋流器进行分级，旋流器底流矿浆返回球磨机再磨，溢流矿浆进入选别工序。

（3）选别、脱水、过滤和干燥工序

不同选矿厂处理的矿石性质、矿物成分千差万别，选别工序亦各不相同。选别方法有多种，主要有重选、浮选、磁选、电选。主要设备有摇床、跳汰机、溜槽、浮选机、浮选柱、磁选机、电选机、搅拌槽、泡沫泵、渣浆泵等。药剂制备和添加是选矿过程的辅助工序，对于选矿的生产指标起着关键作用。浮选是矿物加工工业中一种非常重要的分离技术，亦是应用最广泛的一种选别方法。浮选的实质是通过把矿石加水磨细成矿浆，再加入浮选药剂，改善矿石颗粒的表面性质，同时在浮选机中导入空气并搅拌形成气泡。如采用正浮选，则使有价矿物颗粒黏附于气泡上而浮至矿浆表面形成泡沫，刮出泡沫产物进一步处理即获得精矿，另一部分不浮的脉石矿物颗粒因不与气泡黏附而留在矿浆中形成尾矿，从而达到分选的目的。如采用反浮选，则使脉石矿物附着于气泡上。

脱水、过滤、干燥工序用于处理精矿产品。根据各地区环境条件不同，对精矿产品有不同的水分要求，设备配置也各不相同。用于脱水的设备主要有高效浓密机、深锥浓密机和大型澄清机；过滤和干燥的主要设备则为陶瓷过滤机、筒形/水平带式真空过滤机、压力式过滤机、干燥窑等。辅助工艺设备有絮凝剂制备和添加装置。

(4) 尾矿处理工序

尾矿处理是选矿生产的重要环节，也是选矿厂建设和运营的重要组成部分。近年来，迫于环境和安全的压力，针对传统的尾矿地表堆存处理方法存在的诸多问题，国内外不断开发安全、高效的尾矿处理新技术，并逐步得到了工业化应用，主要有尾矿高效脱水技术、全尾矿充填采空区技术和膏体式尾矿干式堆存技术。

尾矿高效脱水流程大致可分为三种：

① 以水力旋流器为核心的联合高效浓缩流程，主要设备是水力旋流器和高效浓密机；

② 高效重力沉降脱水设备，核心为浓密机、立式尾砂仓和絮凝剂制备添加装置；

③ 利用压滤机实现尾矿的液固分离，主要用于黄金尾矿的处理。

高浓度全尾砂采空区充填技术、尾砂胶结充填技术已经被国内外矿山广泛应用。选厂尾矿不入库（不建尾砂库，全部用作充填料），在 20 世纪 80 年代才受到人们的重视。目前，国内的全尾矿充填采空区方法主要有全尾砂胶结充填和高水固结全尾砂充填两种。

(5) 选冶联合工艺流程

选冶联合流程主要是指选矿和湿法冶金流程的联合。湿法冶金工艺流程主要包括矿浆电解、加压浸出、生物浸出、溶剂萃取等工艺。湿法冶金工艺逐渐成熟并且迫切需要工业化推广应用。与传统的火法冶炼相比，湿法冶金技术具有高效、清洁、适用于低品位复杂金属矿产资源回收等优势。我国矿产资源贫矿多、共生复杂、杂质含量高，湿法冶金工艺工业化对提高我国矿产资源的综合利用率、降低固体废弃物产量、减少环境污染具有重要意义。

选冶联合流程的主要特点是选矿流程生产的产品——精矿或尾矿，直接或间接进入湿法冶金流程进行处理，从而获得最终的金属产品。传统的选矿厂和湿法冶炼厂分处两地，运输成本及中间损耗较大。随着整体工业水平的提高，现在很多的选矿厂在设计时已经涵盖湿法冶金工艺。以青海大柴旦滩间山金矿为例，精矿经火法冶炼后的炉渣，再磨后进入生物浸出流程，通过炭吸附的方法提取炉渣中的剩余有价金属；同时尾矿经过浓缩后也进入相同的生物浸出流程，进一步回收尾矿中的有价金属。这种联合流程的优点是最大限度地回收有价金属，提高了资源的综合利用率；没有或者仅产生少量废气、废渣；减少运输环节，减少损耗，降低成本。

9.2.2　选矿过程关键检测参数

选矿工艺过程需要检测的工艺参数很多，其中矿浆浓度、粒度和品位以及泡沫图像特征等选矿过程关键工艺参数，与生产指标密切相关；此外，还有称重、物位、压力、流量等工艺参数，这些参数的检测与控制对提高产品质量、保证设备安全和生产连续可靠运行具有重要意义。

(1) 矿浆品位检测分析

矿浆品位检测是浮选过程的重点和难点。目前用于在线分析矿浆品位的仪器绝大多数为载流型 X 射线荧光分析仪。

(2) 矿浆粒度检测

粒度是磨矿工序的关键检测和控制参数，是磨矿产品质量的重要指标。入选矿浆的粒度对选别指标的影响甚大，生产和试验都充分证实，不同粒度的颗粒在浮选中的精矿产率不同，只有粒度比较适宜的矿粒才可获得最大的精矿产率。若粒度过粗，则单体解离度低，颗粒过重无法浮起或与气泡的结合力低，影响精矿品位、回收率，反之，若粒度过细，矿石过磨会急剧增加磨矿能耗，降低磨矿产能，同时矿浆泥化，可浮性变差，也将影响精矿品位、回收率。测量矿浆粒度分布的方法或者原理大致可以分为三种：超声波吸收原理、基于机械位移式的测量原理和激光测量方法。

（3）矿浆浓度检测

矿浆浓度是保证选矿技术指标所必不可少的重要参数。选矿工艺流程中矿浆浓度检测点主要有两个。

① 入选矿浆浓度　部分情况下为了核算磨机负荷和处理效率，还会同时测量分级设备入口矿浆的浓度，将它连同分级设备入口和溢流矿浆的流量测量，用于计算干矿量，从而评估磨矿效率。

② 各种沉降、浓缩设备的底流矿浆浓度　通过检测浓密机底流矿浆浓度，与浓密机排浆设备构成闭路，可以合理调整浓密机沉降时间，保证浓缩效果和产品质量，保障设备的稳定运行。目前用于矿浆浓度测量的主要有射线浓度计和重量法浓度计。

（4）矿浆酸碱度检测

矿浆 pH 值也是选矿厂必不可少的工艺参数之一。因我国矿产资源组成复杂，对不同的矿石，矿浆 pH 值必须控制在一定的范围内，浮选药剂才能发挥最大作用。实际应用中矿浆 pH 值检测主要采用玻璃电极与金属电极的方法，其难点是解决矿浆对电极的污染问题。

（5）浮选过程泡沫图像特征提取

在浮选过程中，泡沫表面的视觉特征信息是操作人员对工况进行判断的重要状态参数之一。研究表明，泡沫的颜色、形态、纹理、尺寸分布、流动速度等泡沫表面特征，与浮选工况好坏存在着很强的关联性。泡沫本身的特性决定了无法使用接触式传感器来测量这些关键的特征参数。研究基于机器视觉的浮选过程泡沫表面特征提取方法与装备，对于获取浮选过程实时工况状态，进而实现选矿流程优化控制，具有重要意义。

（6）物位检测

物位测量对生产连续运转和设备安全都非常重要。选冶过程需要测量物位的地方主要有料仓、矿浆泵池、浮选槽、搅拌桶、药剂桶、储槽等。生产过程中，需要对这些容器类设备的液位实时监测，从而实现液位联锁。其目的一方面要预防被测容器设备中的物料产生溢出，减少事故停车；另一方面要避免容器打空，以免泵等设备因空转而损坏，或生产缺原料而造成停产及生产指标恶化。

物位测量仪表多种多样，原理各不相同，有基于浮力原理的各种浮球式液位计和开关，有基于测距原理的雷达料位计、超声波物位计，此外还有音叉、阻旋等多种方法。一般根据设备的特点及检测需要进行灵活选择。

9.2.3　选矿过程自动化

与选矿过程主要工艺相对应，选矿过程自动化技术可分为磨矿过程自动化、浮选过程自动化以及脱水过滤过程自动化三大部分。

9.2.3.1　磨矿过程自动化技术

磨矿过程自动化技术的控制目标为确保设备正常运转，在最佳给矿率条件下，提供合格的磨矿产品。磨矿过程自动化主要实现以下控制任务：

① 维持磨矿回路产品浓度、粒度稳定；

② 采用先进优化算法，在最佳给矿率条件下，实现磨矿过程优化控制。

系统主要监控操作有防止磨机过负荷或欠负荷、监视和控制循环负荷、监视和控制产品粒度、分级设备运行、处理量稳定化和最大化。图 5-9-1 是一个典型的磨矿过程控制原理图。

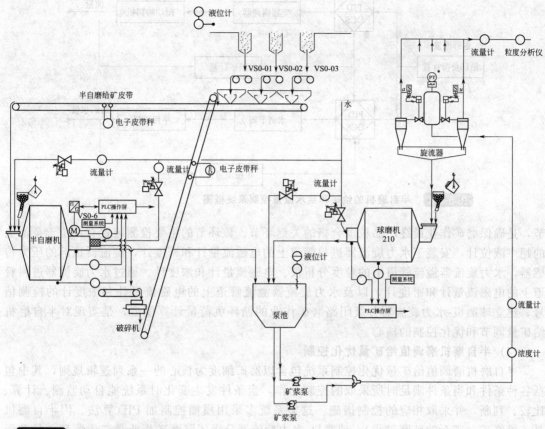

图 5-9-1　磨矿过程控制原理图

图 5-9-1 中控制系统的主要控制功能如下。

(1) 粗矿仓的料位检测和控制

粗矿仓储存原矿，原矿由粗矿仓底部的振动给料机送往半自磨机，为半自磨机提供新给矿。为了保证粗矿仓的持续给矿能力和磨矿流程的连续稳定，须对粗矿仓料位进行检测，并送入 DCS 系统，适时地控制执行机构，调整矿仓进料，实现料位的稳定控制。

(2) 半自磨机的恒定给矿和比例给水控制

半自磨机的给矿量由两部分组成，一部分是来自粗矿仓的新给矿量，一部分是经过筛分返回至给矿皮带的矿石，两者共同构成半自磨机的实际给矿量。给矿量控制思想为，用电子皮带秤同时测量给矿皮带上的新给矿石流量和筛分返回的矿石流量，将信号送入 DCS 系统，与给矿量设定值进行比较，将所得的控制信号送至振动给料机的变频调速器，控制振动给料机的转速以调节皮带传送的矿石流量，保证半自磨机入口给矿量恒定。

合理的磨矿浓度是提高半自磨机磨矿效率的关键条件。根据半自磨机给矿量实现给水量的比例控制是一种有效的控制手段。半自磨机入口给水量控制通过电磁流量计、DCS 系统的 PID 回路、调节阀构成一个比例给水闭环控制系统。由于半自磨机的磨矿产品需要满足一定的浓度要求，所以给水量必须与给矿量成比例，因此给水量的设定值受给矿量的控制。整个控制策略的系统框图如图 5-9-2 所示。

(3) 球磨机-水力旋流器分级闭路磨矿控制

球磨机-水力旋流器分级闭路磨矿作业是一个基于水力旋流器给料浓度、压力的控制环

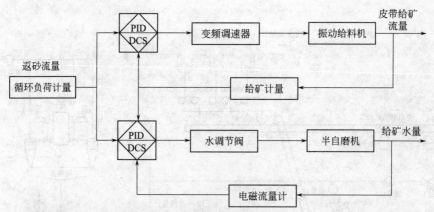

图 5-9-2 半自磨机的给矿和给水流量控制系统框图

节，是确保磨矿作业最终产品粒度合格的关键环节。该环节的主要检测装置有：位于泵池上的超声液位计，安装于水力旋流器进料管道上的电磁流量计和密度计，旋流器顶部的压力传感器，水力旋流器溢流管道上的粒度分析仪、电磁流量计和浓度计。通过水力旋流器进料管道上的电磁流量计和密度计，以及水力旋流器溢流管道上的电磁流量计和浓度计的检测信号，建立球磨机-水力旋流器分级闭路磨矿作业的循环负荷量计算模型，是实现对半自磨机给矿量调节和优化控制的核心。

(4) 半自磨机磨调值给矿量优化控制

半自磨机磨调值给矿量优化控制系统包含以磨矿细度为核心的一系列逻辑规则，其中包括各种条件和当条件满足时所采取的控制动作，当条件发生变化时系统能自动监测、计算、比较、判断，并采取相应的控制措施。这类系统多采用模糊控制加 PID 算法。因半自磨机是一段磨矿（矿石的破磨过程），球磨机-水力旋流器分级闭路磨矿作业是二段磨矿，是基于水力旋流器给料浓度、压力的控制环节，也是确保磨矿作业最终产品粒度合格的关键所在，因此在调节给矿量控制逻辑规则中，必须考虑球磨机充填率。当矿石硬度、块度发生变化时，若矿石硬度、块度均变大，需通过降低旋流器给料浓度、加大旋流器底流沉砂量来确保最终产品粒度合格。如未及时调整一段磨矿的给矿量，二段磨矿的循环负荷将不断增加，最终导致球磨机充填率过大而出现"胀肚"；相反，若二段磨矿的循环负荷过小，将会出现"过磨"。因此，需要及时调整半自磨机的给矿量，以避免磨矿流程出现过负荷或欠负荷。

9.2.3.2　浮选过程自动化技术

作为浮选过程的基本单元，浮选机应具有适合入选矿浆中所有粒级矿物有效浮选的流体动力学和化学环境条件。在浮选药剂作用下（化学环境条件），通过有效的混合及高质量的泡沫处理，可使各种不同粒级矿物在不同作业中得到充分地回收。入选矿浆包含不同粒级（粗、中、细）的矿物，每种粒级矿物在浮选过程中的行为是不同的。在粗选作业中要回收矿浆中细小粒级矿物，须要有足够的剪切力传递能量，使之突破微小气泡围绕的液体界层，黏附在浮选机上部气泡中被刮出，提高泡沫负载速率。对扫选作业中较粗粒级的矿物，要消除强烈的紊流，保持半层流运动，使矿粒免受剪切力的重复打击，从而避免从气泡上脱落下来。扫选精矿一般进入再磨系统，通过再磨，使矿浆中较粗粒级的矿物与脉石充分解离，提高回收率。

浮选过程自动控制是在稳定的矿浆粒度、浓度和合理的酸碱度条件下，确保精矿品位合格，提高有用矿物回收率，降低药剂消耗的有效手段，其工业应用取得了很好的经济效益。浮选作业是基于矿浆品位在线检测分析数据的过程控制。浮选过程底层控制回路包括浮选槽液位控制、充气量控制、矿浆酸碱度控制、加药控制和泵池液位控制等。在实现过程稳定控制的基础上，采用先进多变量模型预估控制和闭环在线实时优化技术，进行工艺参数优化，预估当前条件下最优操作设定值，验证操作稳定性，确认可靠后，下载新的设定值到控制器中，作为新的控制点，实现以在线检测分析数据为核心的优化控制。

浮选过程的主要控制系统如下。

（1）浮选机液位控制系统

浮选机充分搅拌矿浆，使矿浆与浮选药剂有效混合，矿浆中细小粒级矿物受到足够的剪切力的能量传递而突破微小气泡围绕的液体界层，在浮选药剂作用下黏附在气泡上并上浮被刮出。浮选作业是一个高质量的泡沫处理过程，通过提高泡沫负载速率，使各种不同粒级的有用矿物在不同作业中得到充分回收。

在浮选过程中，高质量的泡沫分上、中、下三层，最上层泡沫的精矿品位最高，越往下精矿品位越低。液位高低意味着被刮出的泡沫多少，液位高，被刮出的泡沫多，回收率高，精矿品位低；液位低，被刮出的泡沫少，回收率低，精矿品位高。图 5-9-3 为 BFLC-I 型矿浆液位控制系统框图。

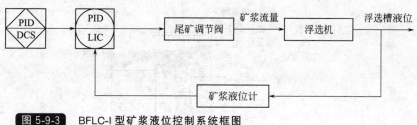

图 5-9-3 BFLC-I 型矿浆液位控制系统框图

（2）浮选充气量控制

浮选充气量控制是一种最经济有效的控制手段。它在与浮选药剂有效混合的矿浆中形成大量气泡，增大矿浆的表面张力，把被捕收剂捕获到的有价元素带到泡沫层。控制充气量的目的是提高泡沫负载速率，使各种不同粒级矿物在不同作业中得到充分回收。充气量过大，则浮选机中的矿浆"翻花"，泡沫层被破坏，有价矿粒从气泡上脱落；充气量过小，将导致泡沫负载速率慢，一些偏大的有价矿物颗粒不能及时随泡沫刮出而脱落，因此无论充气量过大或过小，矿物在不同作业中都无法得到充分回收。

浮选充气量控制系统由气体流量计、调节蝶阀和就地控制器构成闭路，工作模式与浮选液位相似，故不再赘述。

（3）加药控制

浮选药剂（如起泡剂、捕收剂、调整剂和抑制剂等）是整个选矿生产过程的灵魂。药剂添加量是确保最终产品中有价金属元素品位，提高有价金属回收率的关键参数，药剂添加失控，将带来巨大的经济损失。目前通常采用的方法是按入选干矿量比例控制各种药剂的用量。以 PLC 自动加药机对不同药剂种类的各加药点进行自动定量加药，加药阀采用低功耗、小电流、无泄漏、能长期工作的专用电磁阀。PLC 自动加药机可嵌入 DCS 系统，以现场总线形式传送数据到 DCS 系统，以小型液晶触摸屏组成现场操作站，供药剂操作人员使用。

（4）矿浆酸碱度控制

常用的 pH 值调整剂有石灰乳、碱或硫酸等。根据工艺要求，采用 DCS 系统对各浮选作业进行矿浆 pH 值自动控制。

矿浆 pH 值测量采用具有自动清洗 pH 电极功能的工业酸度计。pH 调整剂石灰乳添加，采用管夹阀或专用计量加药泵，可由 DCS 系统直接输出信号调节调整剂添加量，计量精度可达到±1‰。图 5-9-4 为 pH 值调节的控制框图。

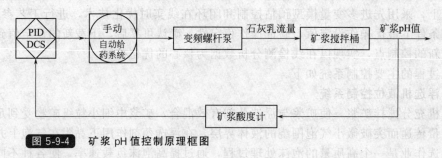

图 5-9-4　矿浆 pH 值控制原理框图

（5）浮选柱液位控制

浮选柱是一种矿浆与气泡逆向流动的设备。大量的矿化气泡不停地从捕收区向上进入分离区。捕收区与分离区的分界面是一个旋流状态的过渡带。矿化气泡（精矿）不断地流出，进料口矿浆不停地补充，过渡带一直处于动态平衡。分离区泡沫层厚度和矿浆液位是影响浮选柱精矿品位和回收率的重要参数。浮选柱的工作原理如图 5-9-5 所示。

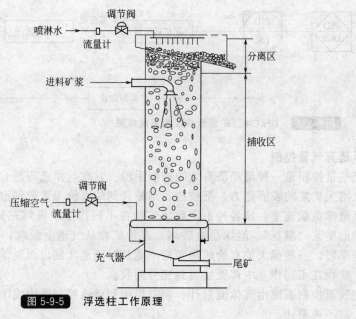

图 5-9-5　浮选柱工作原理

浮选柱液位的控制与浮选机液位的控制方法不同，由于喷淋水的影响，浮选柱的给矿流量与尾矿流量之差是不稳定的。尾矿流量大于给矿流量称正偏流，反之称负偏流。有偏流的液位控制是根据偏流量的大小调节喷淋水的流量或尾矿流量，使液位达到稳定；无偏流的液位控制只对尾矿流量进行控制。

9.2.3.3　脱水过滤过程自动化技术

脱水过滤过程自动化是选矿流程综合自动化的末端环节。以铜矿石浮选过程为例，磨浮车间的最终产品有三种：铜精矿、硫精矿、铁精矿。其中，铜精矿送到浓密机浓缩，再经陶瓷过滤机过滤送入精矿仓储藏；硫精矿经高效浓密机浓缩脱水，再经陶瓷过滤机过滤送入精矿仓储藏；磁选铁精矿经陶瓷过滤机过滤送入精矿仓储藏。

（1）铜精矿、硫精矿浓缩过程检测和控制

铜精矿、硫精矿浓缩过程的检测与控制，主要包括浓密机给矿浓度和流量检测、耙架扭矩检测和报警、浓密机泥床压力和泥水界面检测，以及浓密机底流矿浆的浓度和流量检测。

絮凝剂是影响浓密机沉降效率的重要药剂，絮凝剂添加量与浓密机的给矿量成比例关系。通过给入矿浆的浓度和流量可以计算出给入精矿的干矿量，以给入精矿的干矿量作为前馈，控制絮凝剂的添加量。絮凝剂添加控制原理框图如图5-9-6所示。

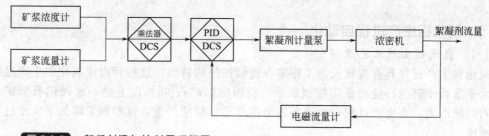

图 5-9-6　絮凝剂添加控制原理框图

（2）浓密机底流浓度控制

浓密机底流排矿浓度是浓密机生产的重要指标之一。为了得到浓度合格的产品，须避免由于排料流量小，浓密机内矿浆出现溢流"跑混"的现象。若泥床厚到一定的程度，将造成浓密机超负荷而把耙架"压死"，带来极大的经济损失；另一方面，亦需避免因排料量过大所导致的泥床被撕破，浓密机进料与出料直接短路的情况。在调节浓度的同时，要严密监测浓密机的负荷情况。为防止出现浓密机"压死"的现象，保护设备，需对浓密机的耙架扭矩、泥床压力及泥水界面进行检测。同时，相关信号及报警将作为浓度调整的前馈信号进入控制系统中。浓密机底流矿浆浓度控制主要依靠调整浓密机底流排矿速度、改变浓密机的沉降时间来实现，其控制框图如图5-9-7所示。

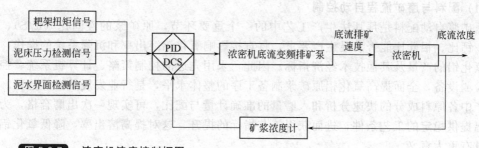

图 5-9-7　浓密机浓度控制框图

（3）铁精矿脱水作业

铁精矿采用永磁磁力脱水槽脱水，永磁场和冲洗水使矿浆中的非磁性物质和低密度物质与铁精矿分离，从而提高铁精矿品位和浓度。磁力脱水槽溢流浓度对其分离效果影响最明显，溢流浓度大其分离效果差，溢流浓度过小，将导致铁元素也被分离，影响铁的回收率。通过对磁力脱水槽溢流矿浆浓度进行检测，自动控制冲洗水，从而稳定溢流浓度是永磁磁力脱水槽脱水控制常用的方法。

9.3　轻金属冶炼自动控制

轻金属，通常指相对密度小于3.5的金属，包括铝、镁、铍和碱金属以及碱土金属，有时也将相对密度为4.5的钛以及通常称为半金属的硼和硅列为轻金属。在轻金属中，最为重要和具有代表性的是铝和镁。轻金属性能优越，且可与其他许多金属构成各种各样的合金，因此是经济建设中不可或缺的金属材料之一，在国民经济的各个领域中得到了广泛应用。

目前，我国轻金属产量位居世界前列，在轻金属冶炼工业结构调整、产业升级及经济效益攀升的过程当中，技术进步和科技创新的成效显著。轻金属冶炼自动化在全行业的整体实力攀升、国际影响力的提高以及竞争力的加强中发挥了举足轻重的作用。

本节将以占轻金属比重最大的铝的冶炼生产为主，对轻金属冶炼自动化应用情况作出介绍。

9.3.1　氧化铝生产过程自动化

9.3.1.1　氧化铝生产工艺流程

氧化铝生产过程具有流程长、工序多、连续性强的特点，这些特点使氧化铝生产过程的控制水平落后于其他行业的平均控制水平。我国的铝矿石 98% 以上是一水硬铝石型矿，这种矿石的硬度大，在生产过程中对设备的磨损严重、结疤严重，这些因素增加了生产过程控制的难度。

氧化铝生产方法大致可分为碱法、酸法、酸碱联合法和热法，但在工业上得到应用的只有碱法。碱法生产氧化铝，是用碱（NaOH 或 Na_2CO_3）来处理铝矿石，使矿石中的氧化铝转变成铝酸钠溶液，矿石中绝大部分的硅、铁、钛等杂质则成为不溶解的化合物，将不溶解的残渣（赤泥）与铝酸钠溶液分离，经洗涤后弃去或进行综合利用。纯净的铝酸钠溶液（精液）分解析出氢氧化铝，经母液分离、洗涤后焙烧，得到氧化铝产品。分解母液经蒸发后循环利用，用于溶出下批铝土矿。

碱法生产氧化铝又分拜尔法、烧结法和拜尔-烧结联合法等多种流程。

9.3.1.2　氧化铝生产自动化技术

氧化铝生产的流程较长，以下将结合具体工艺，对氧化铝生产过程自动化技术作简要介绍。

(1) 配料与磨矿流程自动控制

原矿浆自动配料是拜耳法生产工艺中的一个重要环节，原矿浆的液固比（L/S）、矿浆细度、钙比、铝硅比能否满足生产要求，将直接影响氧化铝溶出率和沉降系统的操作，从而影响氧化铝的产量及其他技术经济指标。因此，采用先进的控制策略、计算机系统、控制设备、检测设备，全面提高氧化铝原矿浆制备工序的整体水平，是行业发展的必然趋势。通过对生产中各原料成分的快速分析和入磨量的准确计量与配比，可实现一次出磨合格，为管道化溶出提供稳定的工艺条件，进而获得工艺指标的提升。这对提高溶出率，降低氧化铝生产成本具有重大意义。

配料与磨矿流程自动控制主要任务是：

① 实现对矿石、石灰（石灰乳）、循环母液的准确连续定量给料；

② 根据配比自动调节，实现入磨矿石、石灰（石灰乳）、循环母液的在线控制；

③ 实现原矿浆、矿石、石灰（石灰乳）、循环母液的科学取样、准确快速分析；

④ 板式皮带秤运行状态、各磨机和分级机溢流情况的在线监测；

⑤原矿浆制备系统主要运行设备重要参数的检测与集中监控。

(2) 熟料烧结过程自动控制

熟料窑窑内温度较高、窑体较长，熟料窑烘干带、预热分解带、烧结带、冷却带的温度分布难以检测，一般运用过程仿真推理、图像色谱分析等方法来推算和预估熟料窑烘干带、预热分解带、烧结带、冷却带的温度分布，以调节燃料为主、调节给风和大窑转速为辅的方法实现熟料烧结过程自动控制。

氧化铝熟料烧结熟料窑智能控制技术，是一种工业热工过程自动控制技术，其特征在于采用了智能预测、协调、自适应、多目标决策以及多模态控制等技术，控制系统在改善燃烧状况、维持窑操作稳定性、保证熟料质量三个方面都取得了令人满意的效果。

（3）溶出流程自动控制

溶出过程自动控制主要分为高压溶出控制及管道化溶出控制两大部分。

① 高压溶出控制　高压溶出是一个极其复杂的生产过程，需要检测和控制的变量多（例如自蒸发器的压力，预热器温度，溶出器的压力和温度，液位、矿浆流量以及蒸汽缓冲器压力等）且相互耦合，构成了一个复杂的多变量系统。根据工艺特点，可将高压溶出控制分为三部分：自蒸发器压力控制，溶出温度控制以及生产过程操作、优化管理。通过自动控制，将影响氧化铝溶出率和溶出液苛性比值的主要参数——溶出温度和压煮器的满罐率（溶出器液位）稳定在最佳状态，保证高压溶出生产的正常稳定运行。

② 管道化溶出控制　管道化溶出工艺的主体控制系统通过三个网络控制子系统，实现对整个溶出过程生产工艺参数的监视、安全联锁保护和生产管理：隔膜泵控制子系统完成隔膜泵的同步控制、转速调节及联锁保护；熔盐炉控制子系统实现对盐泵、熔盐炉的联锁保护及熔盐炉燃烧温度控制；熔盐管路电加热子系统实现熔盐管路表面温度监测和电加热温度控制。

管道化溶出是在高温高压下溶出矿浆中的铝成分的生产过程，具有能大大缩短铝矿石溶出时间、产量高、溶出指标高、节能降耗等优点，管道化溶出已成为我国氧化铝提产急需的工艺。为保证管道化系统稳定可靠运行，根据管道化溶出的生产工艺要求及现有自控系统在实际生产使用中的情况，将管道化控制系统设计为管道化主体系统、隔膜泵系统、熔盐炉系统、熔盐电加热系统四大部分，系统以主体 DCS 为核心，下挂隔膜泵、熔盐炉、电加热三个相对独立的子系统，通过控制网络相连，采用先进的计算机控制、仪表检测、电气技术，综合了集散系统、现场总线、可编程控制器及智能仪表，完成管道化综合控制。

（4）洗涤与沉降过程自动控制

洗涤与沉降过程自动控制，需要将稀释矿浆液相分析（实时）、稀释槽液位、洗液槽液位、各泵运行状态、热水温度、加热蒸汽压力和温度、蒸汽调节阀的工作状态、热水带料情况、粗液液相分析（实时）、浑浊层情况、各底流流量、L/S 和密度、末次液相分析（实时）、洗液液相分析（实时）、耙机运行状态、末次液相、絮凝剂加入量等参数注入实时监控系统。计量检测系统可自动或手动采集计量检测数据，根据原始采集数据进行统计、汇总，并编制计量报表，解决计量数据的真实性、唯一性、准确性和实时性的问题，为其他系统提供准确的基础数据。主要设备的管理分为动态和静态管理两大部分。动态管理指实时采集泵（各电机的频率、电流、运行温度、润滑情况）和搅拌（扭矩、油温、搅拌电流）的实时运行数据，结合设备的静态数据对设备进行分析，并对异常现象如超温、振动、位移等报警。静态管理则存储和管理主要设备的原始参数记录、运行记录、点检记录、设备检修记录、设备故障记录、设备报警记录，提供设备检修依据。

在洗涤与沉降过程中，引入先进控制技术（如运用专家系统优化控制参数），采用模糊控制方法控制沉降槽压缩层厚度、稀释槽液位、洗液槽液位、各底流流量、絮凝剂流量等，运用仿真技术、声呐技术和软测量技术对系统中沉降槽压缩层厚度等不能在线检测的物理量进行计算机预估和评价。

（5）分解分级流程自动控制

分解工序控制的主要任务是对分解槽溶液入口温度、溶液晶种量、精液（铝酸钠溶液）浓度及精液进料量进行控制，而精液浓度由前一道工序决定。所以分解分级流程自动化主要对种分工序分解槽生产过程参数进行控制。

氢氧化铝分解过程是一个复杂的物理化学过程，是时变、大滞后、大惯性、多干扰的非线性系统，难以建立准确的数学模型，采用常规的或单一的自动控制技术无法实现氢氧化铝分解过程的自动控制。因此，必须充分发挥人在这一生产过程中的作用，并充分利用多年来人工操作生产所积累的丰富操作经验，开发研制人机协同的控制系统，最终达到优质、高产、低耗的目的。其控制原理如图 5-9-8 所示。

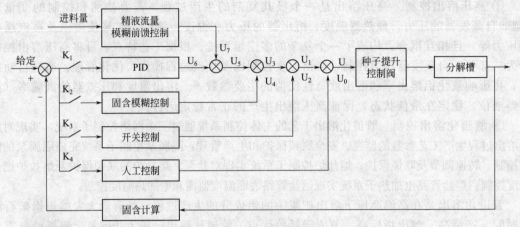

图 5-9-8　分解过程人机协同智能控制系统控制原理

分解分级过程自动控制主要包含以下两个方面。

① 固含模糊控制　固含模糊控制器是分解过程控制系统中的主要控制器之一。在生产工况基本稳定的情况下，该控制回路投入运行，对分解槽内铝酸钠溶液的固含实施自动反馈调节，使铝酸钠溶液的固含量始终趋向于给定值（最佳固含量）。固含模糊控制具有较强的适应能力和抗干扰能力。

② 精液流量模糊前馈控制　在 $Al(OH)_3$ 的分解过程中，精液不断地流入分解槽内，进行复杂的物理化学反应。精液流量的波动是影响分解槽内固含量及分解率的一个重要因素。然而，由于氧化铝生产的连续性，分解工序前后两个工序的生产工况会影响进入分解槽的精液量，使物料经常波动，构成分解过程的另一个主要干扰，导致分解过程难以控制。为了克服来料不匀对分解过程的影响，需要在精液进入分解槽前的明渠上安装一套流量计，实时检测进入分解槽的物料流量，据此流量设计"精液流量模糊前馈控制器"，旨在根据来料的当前状况及变化趋势，提前采取控制动作，使分解过程尽可能保持稳定。

(6) 蒸发过程自动控制

蒸发过程通过把溶液加热，使溶液中的部分水分汽化而使溶液浓缩，也即是使溶液的浓度升高的过程。蒸发是氧化铝生产流程中的重要环节之一，担负着维持系统水平衡和碱平衡的作用。

蒸发过程自动控制主要包含以下几个方面。

① 蒸发器是蒸发工序的重要设备，是蒸发过程进行的场所。蒸发器液位控制的目标为使蒸发器液位稳定在一定范围内，保持操作液面稳定是蒸发器组正常运转的标志。液面控制问题的关键不仅在于液面本身的控制，还在于在对液面进行控制的同时，如何保持系统其他各量的稳定，使整个系统维持在一个平衡、协调的状态。根据现场具体情况和要求，对蒸发器液位控制，在具体技术上，采用了简单的两点控制，而在控制算法上，则采用专家系统，通过规则进行控制。

② 母液浓度主要根据生产要求而定，母液浓度的高低，对氧化铝生产的影响极大，因此母液浓度必须控制在工艺要求的范围之内。实际操作中，对出料浓度的控制可以有两种方法：调整蒸发汽压，调整进、出料流量。

③ 原液流量控制通过改变回流量的方法实现，这是由现场实际情况决定的。这一过程

的时间常数较小，采用基本的 PID 算法完全可以达到理想的控制效果。

④ 通过对工艺流程的分析及现场实际生产情况可知，由原液流量到母液浓度这一过程是一个包含纯滞后因素的慢过程。为此，在母液控制回路的外环上，选用模糊-PI 复合控制，用以有效地克服复杂系统的非线性及不确定特性。同时，将模糊控制与常规控制相结合，集两种控制策略的优点，既改善了常规控制的动态过程，又保持了常规控制的稳态特性。

(7) 焙烧过程自动控制

氢氧化铝焙烧是氧化铝生产工艺中的最后一道工序，焙烧的目的是在高温下把氢氧化铝的附着水和结合水脱除，从而生产出一种 $\alpha\text{-}Al_2O_3$ 和 $\gamma\text{-}Al_2O_3$ 混合物构成的、物理化学性质符合电解要求的氧化铝。氢氧化铝焙烧工艺主要有回转窑焙烧和循环流态化焙烧两种。由于回转窑焙烧工艺与熟料烧成类似，本节仅介绍循环流态化焙烧过程自动控制。

焙烧过程中较为复杂的是炉顶温度控制，一般具有两种控制方式：

① 设定生产负荷控制喂料螺旋，由变频风机和重油调节阀与炉顶温度 PID 组成的串级调节回路控制炉顶温度；

② 设定炉顶温度控制喂料螺旋，由变频风机和重油调节阀与生产负荷组成单回路调节，实现对生产负荷的给定控制。

控制的关键在于根据最佳的风油比系数值，通过高、低选择器调节风机频率和油阀，使整个系统达到最大限度地用风而用油量最小，使系统处于最佳运行状态。控制原理如图 5-9-9 所示。

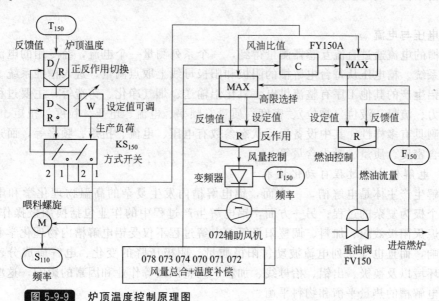

图 5-9-9　炉顶温度控制原理图

9.3.2　电解铝生产过程自动化

9.3.2.1　电解铝工艺流程

铝电解生产工艺流程是，所需的氧化铝、氟化盐从厂外运至厂内氧化铝和氟化盐仓库内，采用气力输送方式将氧化铝送入烟气净化用的新鲜氧化铝储槽。经电解烟气净化系统，使氧化铝吸氟后成为载氟氧化铝，由气力提升机送入载氟氧化铝储槽，再由超浓相气力输送系统送至每台电解槽的料箱内，根据生产过程实际情况，按需将载氟氧化铝自动加入电解槽内的电解质中。

电解槽上卸下的残极，将送到阳极组装车间进行残极处理。残极上的电解质处理后返回电解槽使用。电解槽上使用的新阳极由阳极组装车间供给。

铝电解生产用的直流电，由毗邻的整流所通过连接母线导入串联的电解槽中。电解槽产出的液态原铝，由真空抬包抽出，倒入敞口抬包后，送往铸造车间。

通常为了解预焙铝电解槽工作状态，需要对下列参数进行检测与分析。

(1) 温度与过热度

温度是电解过程中的重要参数，目前只能采用 K 型热电偶间断测量，不能在线连续测量。国内外科技人员在这方面做了大量研究工作，也有关于半连续温度测量方法的报道，但尚未工业化应用。

对过热度也只能间断测量，中铝郑州研究院（郑州轻金属研究院）、中南大学等科研单位及大学都在过热度的测量设备开发上做过很多工作，取得了一定的效果，但受测量精度和检测成本的影响，尚未广泛推广应用。

(2) 铝液高度和电解质水平

电解槽中铝液高度和电解质水平是电解过程中一个重要的控制指标，其测量只能人工间断测量。

(3) 电解质成分与氧化铝浓度

电解质成分与氧化铝浓度是电解槽的重要参数，目前只能通过人工取样分析。

(4) 阳极母线高度

电解槽阳极母线高度是控制系统的关键参数，目前通过测量阳极提升机动作的脉冲数来计算。

(5) 电压与电流

电解槽的电流通过直流互感器测量得到，一个系列测量一个电流，经专用的电流转换后进入槽控系统。槽电压从每台电解槽的阴极和阳极母线上取点测量，进入槽控系统。

电解铝生产的其他工序有整流供电、氧化铝输送、烟气净化、铸造等，主要过程参数有温度、压力、流量、液位（物位）、密度、质量、频率、电流、电压、粒度、扭矩、转速等，参数的检测具有多样性，其中设备运行状态参数有电压、电流、扭矩、频率等，而过程分析参数则包含密度、质量、粉尘含量等。

9.3.2.2 电解铝生产过程自动化技术

铝电解生产主体是电解槽，一方面，铝电解槽内发生复杂的高温物理化学和电化学反应，是一个极为复杂的过程；另一方面，铝电解生产过程中的作业包括换阳极操作、出铝、抬母线、熄灭阳极效应、加料、调整阳极等。电解过程不仅受铝电解槽内物理化学和电化学反应的影响，而且也受系列电流波动、阳极质量、阴极压降的变化、电解质成分、铝液水平、外界环境以及换极、出铝、抬母线、加料、调整阳极等作业和因素的影响，这些因素最终影响铝电解槽的热量平衡和物料平衡。

电解铝生产过程自动控制系统主要由以下部分组成。

(1) 整流供电系统自动控制

变电站和整流所是铝冶炼生产中的一个重要工序，它的运行情况直接影响到铝电解生产的安全、连续、可靠进行。供电整流技术及设备是除大型预焙电解槽、超浓相输送等技术外的主要技术之一。而供电整流控制技术水平直接影响着供电整流系统技术水平的高低，是供电整流技术的核心。电整流系统是铝电解生产过程的关键设备，能否安全、稳定、高效运行直接影响铝电解生产技术、经济指标。供电电压有 110kV、220kV，乃至 330kV 三个等级，电压等级的不断提高，对系统的自动控制提出了更高的要求。

　　一般来说，整流供电系统自动控制主要包括数据采集及通信、数据处理、安全监视、微机保护、开关操作、整流输出电压调整、自动稳流、自诊断等功能。

　　① 数据采集和实时监控功能　包括整流变、动力变及进线，母联等设备的交流测量，温度、水压等非电量测量，整流器直流电压、电流测量、开关、刀闸等遥测量信号的实时采集、保护信息的收取、现场与主控室的通信等。采集、记录、积分所有的有功电度、无功电度、交流电流、电解系列直流电压、电流、功率；采集、记录各变压器、整流柜的油温和水温；记录所有重要设备的断路器、继电保护装置、刀闸、冷却装置等的运行状态，实时监控整流变压器、晶闸管整流柜等设备的运行状况，进行事故异常报警并分析原因。

　　② 数据处理与存储　实现整流变、动力变及各进线、母联的功率及功率因数计算、电能计算、谐波计算、事件顺序记录及事故追忆等，故障记录、运行记录、后台数据记录、设备运行记录以及各种记录的统计、报表的人工与自动打印等。

　　③ 安全监控与微机保护　实现系统运行状况监视、变电站一次系统运行状况监视、遥信变位的声光报警、遥测量的越限监视、事故信号、预告信号的告警显示、整变挡位与自动稳定状况、整流器运行状况、在线自诊断等，以及整流变压器保护、动力变保护、进线保护、母线保护、滤波系统保护、整流器保护及其他保护。

　　④ 直流电压、电流的控制及自动稳流　包括手动升降、自动升降挡控制、自动稳流开环闭环控制等功能。

　　对电解系列的稳流控制功能，计算机把测量出的实际电流与理想电流曲线相比较，按PID控制整流柜触发回路的控制角，使电解系列电流运行在理想的状态。计算机控制系统可把系列总电流按一定的规律分配给每一台整流机组，确保各机组之间的电流均衡。计算机系统可以和智能型操作模拟屏相连，实现对整流所内部的重要设备进行刀闸操作。

　　⑤ 人机联系功能　主要功能有在线生成和修改各种报表及画面，在线修改数据库参数，控制闭锁与解除，多窗口显示，画面放大及缩小，远方和当地操作的防误操作闭锁等。

　　计算机控制系统还具有对现场运行操作人员的培训功能、供电系统运行方式的专家系统功能，具有显示多幅现场实时画面和模拟量历史曲线及跟踪曲线功能，具有和厂级调度网、上级供电部门调度网的联网功能，实现数据共享。

（2）电解槽自动控制

　　铝电解生产的主体设备是电解槽，其工艺是高温熔盐电解。铝电解槽内发生复杂的高温物理化学和电化学反应，并在该体系内形成互有关联的、可变的电场、磁场、温度场、熔体流动场等物理场。

　　铝电解槽自动控制的目的是使电解槽运行在最佳的能量平衡和物料平衡状态下，保证电解槽稳定运行并取得良好的技术经济指标。而对电解槽来讲，能在线检测的信号只有槽电压和系列电流，如何能达到这个目标，取得较好的技术经济指标，是电解槽控制系统所要解决的问题。在电解槽控制系统中主要有下列控制策略。

　　① 槽电压（极距与热平衡）控制策略　铝电解生产中，槽电压是一个非常重要的参数，不仅影响铝电解的电能消耗，而且对电解槽的热平衡影响很大。槽电压控制是电解槽最基本的控制，是借助于槽电阻来实现的。电解槽的槽电阻由以下基本公式计算：

$$R = \frac{U - E}{I} \tag{5-7-1}$$

式中　R——槽电阻值；

　　　　U——单台槽电压值；

　　　　E——电解槽反动势，E 为常数，一般取 1.6～1.7V；

I——系列电流。

槽电阻控制策略基本原理如下：同步测量出槽电压和系列电流值，通过式（5-7-1）计算槽电阻，并与设定槽电阻（R_s）比较，根据比较结果来控制和调整极距，实现槽电压控制。

② 电解槽氧化铝浓度控制　大型铝电解槽氧化铝浓度控制通过调整氧化铝下料周期实现，其基本依据是槽电阻随氧化铝浓度变化而变化。氧化铝浓度控制的基本要点如下。

氧化铝浓度工作区应设置在既不易产生阳极效应，又不易产生沉淀的一个较小的范围内。为了利用槽电阻斜率来推断氧化铝浓度，在氧化铝浓度工作区内槽电阻对氧化铝浓度的斜率应当足够大，以克服各种干扰的影响。在所采用的工艺技术条件下，能满足上述要求的氧化铝浓度工作区为 1.5%～3.5%。

下料控制分为三种基本模式，即浓度工作区校验、常态下料控制和非正常下料控制。浓度工作区校验模式采用较大程度的欠量、过量下料，以对电解槽起到类似于系统辨识的"激励信号"的作用，以便更可靠地利用槽电阻斜率来判断氧化铝浓度，然后调整下料速率，使氧化铝浓度进入理想的工作区。此后，进入常态下料控制模式，控制器在一个较小的范围内调节下料速率，尽可能保持电解过程的物料平衡和热平衡稳定，以获得高电流效率。当出现各种异常事件时（如阳极效应、系列停电、电流异常、采样故障、人工作业等），转入非正常下料模式。

为了确保浓度控制精确、可靠，控制器应对槽况进行综合分析，然后根据综合分析的结果选择相应的下料控制模式，在必要时调整控制器的动、静态特性，以便使电解槽稳定地运行于设定的氧化铝低浓度工作区。

③ 电解槽过热度控制　现代大型电解槽过热度控制是通过调整氟化盐的周期来实现的，电解质的过热度是电解质温度与其初晶温度之差。当前最典型的一种电解槽过热度控制策略如下。

当初晶温度大于上限时，分子比高，根据初晶温度所高出的偏差值计算基本 AlF_3 添加量。若过热度高于上限，考虑添加的 AlF_3 会降低初晶温度，使过热度进一步增大。为平缓控制，实际添加的 AlF_3 应小于计算值，同时适当降低槽电压设定值；当过热度低于下限时，考虑添加的 AlF_3 会降低初晶温度，使过热度增大而解决目前槽子过热度过低的问题，实际添加 AlF_3 量应等于计算值并保持槽电压原设定值不变。

初晶温度小于下限时，分子比过低，根据初晶温度所低出的偏差值计算出 Na_2CO_3 添加量。若过热度高于上限，考虑添加的 Na_2CO_3 会提高初晶温度，使过热度下降，可不考虑改变槽电压设定值，添加的 Na_2CO_3 等于计算值。当过热度低于下限时，电解槽运行于低初晶温度、低过热度状态，槽子不易操作，添加 Na_2CO_3 会提高初晶温度，使过热度更低，因此一般以增加槽电压设定值为主控条件，暂不添加 Na_2CO_3。若过热度处于受控范围，则不改变槽电压设定值，添加少量 Na_2CO_3。

当测得的电解质初晶温度处于控制范围，且电解槽运行正常，槽电压摆动指标处于允许范围内时，主要通过调整槽电压设定值来维持过热度的平衡。由于采样周期长，系统滞后大，该控制模型采用自动控制中最简单的位式控制。槽电压的调整量与初晶温度调整决策原理相同，均是通过经验模型选取不同档次（一般在 20～80mV）。

当过热度大于上限时，减少槽电压设定值，当过热度小于下限时，增加槽电压设定值。

9.4　重金属冶炼自动控制

重有色金属冶炼方法原则上可简单地归纳为火法与湿法两大类，主要由矿石化学成分、矿物组成及品位等条件决定。目前 90％以上冶炼厂采用火法冶炼工艺，由于湿法冶炼的成本通常比传统火法冶炼低 30％，因而未来湿法冶炼的比例将会增加。本节以铜、镍、铅、锌四种典型重金属对重金属冶炼过程自动化应用进行介绍。

9.4.1　铜冶炼自动控制

铜冶炼目前以火法冶炼为主，新的强化铜锍熔炼工艺已在工业上广泛推广应用，主要有两大类：一是悬浮熔炼，如奥托昆普闪速熔炼、INCO 氧气闪速熔炼等；另一类是熔池熔炼，如诺兰达熔炼法、奥斯麦特/艾萨法、三菱法、瓦纽柯夫法和我国自主研发的白银法等。这些工艺的共同特点是运用富氧技术强化氧化过程，充分利用炉料氧化反应热的能量在自热或接近自热熔炼的条件下进行熔炼，产出高浓度的 SO_2 烟气，可有效地回收用于生产硫酸，环境保护较好，从而使硫化矿火法冶炼逐步向节能、高效、无污染方向发展。熔炼过程和装备水平也具有大型化、连续化、密闭化和自动化的特点。本节将对铜冶炼生产中主要工艺的自动化应用进行介绍。

（1）闪速熔炼自动化技术

闪速熔炼方法是将经过深度脱水（含水量＜0.3％）的粉状精矿在闪速炉精矿喷嘴中与空气、氧气混合后以 60～70m/s 的速度从反应塔顶部喷入处于高温（1450～1550℃）的反应塔内，由于粉状精矿具有巨大的表面积，约在 2s 内即可快速完成硫化物的分解、氧化和熔化。熔融的硫化物、氧化物的混合熔体落到反应塔底部的沉淀池中，继续完成冰铜与炉渣的形成与分离。铜闪速熔炼的主要工序如图 5-9-10 所示。

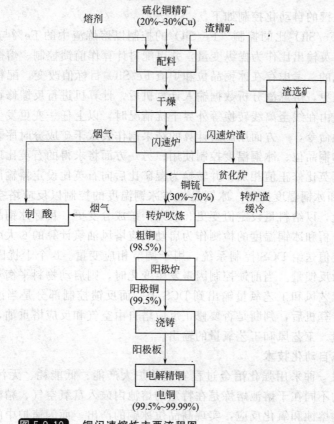

图 5-9-10　铜闪速熔炼主要流程图

　　闪速炉熔炼的最终控制目标是满足冰铜品位、冰铜温度、渣型要求及保证设备的安全运行。图 5-9-11 为闪速炉的基本控制系统。

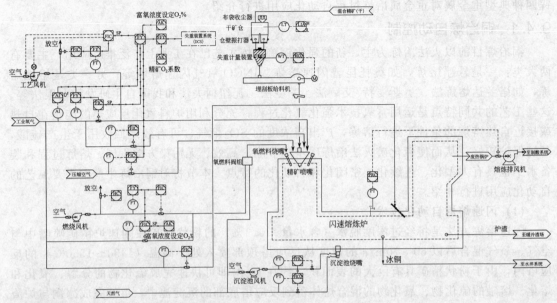

图 5-9-11　闪速炉的基本控制系统图

　　闪速炉熔炼关键的自动化控制如下。

　　① 熔炼渣中 Fe/SiO_2 比的控制　Fe/SiO_2 的控制以熔炼渣中的 $Fe\%$ 与 $SiO_2\%$ 的比值作为被控变量，以石英输出比作为操纵变量，并以配料计算作前馈控制、熔炼渣的成分分析值作反馈控制来实现的。考虑存在冰铜品位和炉渣 Fe/SiO_2 目标值改变，配料仓出料比、输出原料品种及成分变更，熔炼渣分析数据输入计算机后，计算机进行反馈修正计算，石英比设定由离线至在线或由在线至离线转换等外界干扰情况时，以上任一变更发生都应由操作人员发出配料计算启动命令，一方面用配料计算的结果制作装入干矿成分时序表，最终进入控制用成分表，以供冰铜品位、冰铜温度控制使用；另一方面将求得的石英比理论值与从渣成分分析计算得到的石英比修正值相加，并转换为湿矿比后向石英比设定器输出。

　　② 冰铜品位和冰铜温度控制　冰铜品位与冰铜温度的控制以反应塔空气量和反应塔重油量作为操纵变量，以给料量设定值变更、装入干矿成分变更、目标冰铜品位变更、过程量变化、冰铜成分分析和冰铜温度的检测作为启动反应塔风油氧计算的 6 大因素。计算得到的风油氧量作为给定值送给 DCS 控制系统，用于调节相应变量。6 个干扰因素中，前 4 个为前馈量，后 2 个为反馈量。当前馈控制因素发生变化时，则启动物料平衡和热平衡计算得到反应塔重油量、工艺风和工艺氧量输出到 DCS 上。而反馈控制部分是当冰铜分析品位、冰铜测定温度输入计算机后，判断是否要修正反应塔自由空气和反应塔重油，如需要修正，则变更反应塔重油量、工艺风和工艺氧量的输出。

　　（2）熔池熔炼自动化技术

　　熔池熔炼是另一种采用强化冶金过程实现单炉大产能、低能耗、无污染的先进熔炼技术。它与闪速炉的不同在于熔池熔炼是在特定的熔池内鼓入富氧空气、精矿，在强烈搅动着的三相流体中发生熔蚀和氧化反应，实现高品位冰铜的产出。而闪速炉中的精矿则是在悬浮状态下完成熔炼及氧化反应的。

　　熔池熔炼的炉型大多是在熔池炉型或转炉炉型的基础上改造得到的。目前采用的有诺兰达炉、澳斯麦特/艾萨炉及我国自行开发的白银炉、水口山炉。熔池熔炼过程控制的参数与闪速熔炼基本一致，即包含冰铜品位、冰铜温度及炉渣的 Fe/SiO_2 比等 3 个主要参数，但控制的方法及重点则有所区别。

① 诺兰达熔池熔炼　诺兰达熔池熔炼对精矿的要求比闪速熔炼要简单，精矿经过配料（含水<7%）即可入炉。控制目标是达到冰铜品位、渣型、熔池温度要求。通过计算机优化计算和控制系统（DCS）对给料、风量、氧量、配料、加入冷料等进行调节。其主要自动控制如下。

a. 冰铜品位控制　冰铜品位控制即氧平衡控制。任何一种控制调节只要与氧平衡相关，则均需重新进行一次氧平衡计算，正常情况下每 0.5h 一次，特殊情况下 15min 一次，从风眼或放铜锍口取铜锍样（不放铜锍时以风眼钎样为准，放铜锍时以铜口样为主），送炉前通过 X 荧光分析仪快速测定 Cu、Fe、S、SiO_2 及有关杂质元素，根据结果判定炉况。出现偏差时，生成新的加料速度或新配料比建议，经操作者确认后输入计算机执行。

b. 反应炉炉温控制　反应炉炉温是诺兰达熔炼生产控制最重要的参数之一。炉温通过安装在特定风眼的风口高温计（或 FK-A 熔体测温仪）实时测量，并直接传送到 DCS 控制系统，显示在操作计算机屏幕上。风口高温计（或 FK-A 熔体测温仪）定时用快速热电偶进行校正，防止偏差。调控炉温采取如下措施：随炉温升高（降低）而增加（减少）冷料（即返料），减少（增加）高硫精矿比例。

c. 渣型控制　渣型的控制与调整主要是通过熔剂的投入量来完成的。根据给定的精矿、冰铜与渣的成分，得出渣量、渣中的 Fe 与 SiO_2 数量。随后，按设定的 Fe/SiO_2 及石英石中的 SiO_2 含量求出需添加的石英熔剂量。

② 富氧顶吹熔炼（澳斯麦特/艾萨炉熔炼）　澳斯麦特/艾萨炉也是一种富氧（40%～50%）强化的熔池熔炼方法，其控制目标同样为熔池温度、冰铜品位以及炉渣的 Fe/SiO_2 比。该熔炼方法的优点同样为原料制备简易。

在澳斯麦特/艾萨炉中，冰铜的品位一般控制在 60% 左右，通过控制风料比实现；安置在炉衬内渣层与冰铜层之间的热电偶用于熔池温度的间接测量，通过调节辅助燃料实现对熔池温度的调节；渣型则通过调节原料中熔剂的配比来控制。熔炼过程中熔池面及喷枪的控制是关键性操作，相应的配料控制、喷枪流量控制、炉膛负压控制、喷枪位置控制等保障了熔炼过程的稳定控制。

(3) 冰铜吹炼自动化技术

PS 转炉是目前粗铜吹炼的主要炉型，其吹炼目标是生产出 98%～99% 的粗铜，并使贵金属富集。转炉吹炼控制系统一般包括转炉本体的驱动控制、事故安全驱动、活动烟罩起闭、冷料加料输送、自动捅风眼机、送风控制及鼓风机防喘振控制、转炉烟气温度、压力检测控制、熔剂输送控制及转炉余热锅炉控制，以及为防止低空烟气污染而设置的环境集烟控制（转炉的多层烟罩、空间集烟罩）。通过安装带有无线数据传输的行车秤，使转炉冰铜装入量原则上可以计量与控制。

(4) 火法精炼自动化技术

铜的火法精炼过程包括熔化、氧化、还原、除渣等过程，核心则是氧化、还原，以去除粗铜中的杂质，使阳极铜含铜达 99.5%。

大型回转式阳极炉精炼过程的控制均配有 PLC（或 DCS）集中控制系统，其功能包括为满足工艺要求的阳极炉控制，如炉位选择、炉体转动、炉位控制、离合系统、极限位置及对各种气液阀门启闭进行全方位的监测控制。

大型回转式阳极炉炉体转动控制包括正常转动（交流驱动）、直流驱动（交流停电时）

以及配合阳极浇铸的伺服驱动。

精炼过程控制则包括氧化、还原介质流量控制,炉况控制,炉内压力控制,燃烧控制。新型的回转式阳极炉还采用了通过透气耐火砖的氮气搅拌技术以加速精炼过程。

9.4.2 镍冶炼自动化

镍是一种重要的有色金属,主要作为炼制各种不锈钢和特种钢的原料,用于国防及民用工业。镍生产基本上是以硫化镍矿为原料,采用火法冶炼生产高镍锍。火法炼镍和火法炼铜工艺相似,然而炼镍的全流程比铜冶炼更复杂,主要因为产出的高冰镍同时包含镍和铜,需分离后再分别进行镍、铜精炼。目前镍冶炼主要采用闪速熔炼及奥斯麦特熔池熔炼。

(1) 镍闪速熔炼自动化技术

镍闪速熔炼过程控制主要分闪速炉、转炉和电炉控制三大部分。各部分设有控制室和机柜室,实现相应工序的控制,主要控制内容如下。

① 铜镍湿精矿经皮带输送至干燥窑内进行干燥,通过控制沉尘室干精矿温度达到脱水要求(0.3%),干燥的精矿经沉尘室、旋风收尘器,由电动双闸板阀将物料送至两条同时运行的埋刮板,送至干精矿仓内。

② 闪速炉反应塔加料 干精矿、熔剂、粉煤、烟尘经 Funken 秤给料机送至两条同时运行的给料埋刮板,再经两条同时运行的加料埋刮板进入闪速炉反应塔。由 DCS 系统完成闪速炉反应塔给料量、氧气量的控制,反应塔、沉淀池二次风加热控制,以及反应塔重油加热及压力控制。各种物料的料仓均设有超声波料位计,并设有料位上、下限报警。

③ 闪速炉贫化区配料仓及贫化电炉料仓加料 闪速炉贫化区共有 8 个配料仓,每 4 个为一组构成连体仓,焦炭、返料、石英经计量皮带给矿机、可逆配仓皮带小车、运输皮带等输料设备送入料仓内,每个仓位均设有位置开关。

④ 转炉加料 转炉有熔剂加料和冷料加料,各种物料经振动给料机、电子皮带秤、活动溜槽及闸门输送至转炉内。

⑤ 闪速炉有 6 根连续自焙式电极,由 2 台电炉变压器供电。在生产的不同阶段,对电功率有不同的要求,依靠液压伺服阀驱动电极控制电极插入深度,以满足工况要求。

⑥ 转炉吹炼作业包括冰镍加入、送风吹炼、捅风口机、加冷料和熔剂、倒渣、出冰镍等。在不同的作业期,转炉有不同的安全转动位置。

⑦ 实现工艺联锁控制及电气设备顺序控制,以实现生产流程的稳定控制。

(2) 镍熔池熔炼自动化技术

在镍熔池熔炼过程中,来自精矿制粒车间的球状颗粒炉料,由熔炼给料胶带运输机送至移动可逆加料胶带运输机上,从炉顶加料口加入炉内,含镍精矿氧化所需的氧气和空气,经顶部喷枪喷入炉内,氧气由氧气站供给,纯度为 99.6%。由于喷枪在渣面以下喷入大量空气、氧气和粉煤,熔池搅动非常剧烈,迅速完成传热和传质过程。熔炼过程中为达到目标,可控制的主要参数是熔池温度和冰镍品位,正常生产中维持熔池温度所需热量由炉料反应热、炉料中配入的燃煤燃烧热提供,操作温度控制在 1400℃ 左右,冰镍品位则通过控制料氧比来稳定,富氧浓度控制在 50%。在熔炼过程中,依据喷枪出口工艺反应风的压力变化,由喷枪驱动装置自动升降调节喷枪在熔池中的浸入深度,防止喷枪浸入过深而造成冰镍对喷枪的快速浸蚀,或避免浸入过浅而产生熔体喷溅加剧对炉况和耐火材料寿命的不利影响。正常生产中,炉顶维持微负压操作。喷枪所用粉煤由设置在炉顶的炉顶粉煤仓通过定量给料装置给入喷枪。为避免喷溅物在膜式壁炉顶烟罩上积累,在烟罩与炉体交接处设置粉煤烧嘴,烧嘴所用粉煤由炉顶粉煤仓的第二下料口通过环状天平定量给出,通过炉顶粉煤烧嘴风机产生的高压风将粉煤送入炉内燃烧。

镍熔池熔炼过程中的主要自动控制如下：

① 备料区域　湿精矿配料、湿精矿输送、精矿干燥、干精矿输送及烟尘输送等控制；

② 熔炼区域　精矿制粒、熔炼炉配加料、熔炼炉风氧油水监控系统、熔炼炉本体、熔炼炉余热锅炉、熔炼炉排烟收尘、环保排烟等控制；

③ 电炉区域　沉降电炉和贫化电炉的电炉本体以及各电炉的加料系统、液压系统、电收尘系统、水淬渣系统等控制；

④ 转炉区域　转炉及其加料系统、转炉本体、转炉供风、供油、供氧、转炉余热锅炉、转炉排烟收尘等控制；

⑤ 现场所有机组随设备附带的 PLC 控制系统以及部分智能 MCC 电气设备，则通过现场总线与主控制系统通信。

9.4.3　铅锌湿法冶炼自动化

（1）铅锌湿法冶炼工艺

湿法冶金利用化学方法使矿石在水浸溶液里分离、提纯、富集，是有色金属生产的一种主要工艺。其本质是使矿物原料在酸性介质或碱性介质的水溶液中进行化学处理或有机溶剂萃取、分离杂质、提取金属及其化合物。铅锌湿法冶炼可直接得到很纯的金属，操作所需劳动力较少，劳动条件也较好，缺点是电能消耗大。目前，湿法炼锌是主导炼锌方法，世界上约有 80％以上的锌通过湿法工艺生产。

湿法炼锌工艺过程包括焙烧、溶液浸出、溶液净化、电解沉积和熔铸等主要工序。湿法炼锌的第一个工序是沸腾焙烧，锌精矿通过沸腾焙烧，生产出含氧化锌和部分硫酸锌的焙烧砂及烟尘，其烟气余热可用来产生蒸汽并送制酸工序进行制酸。焙烧时需保留少量的硫酸盐，以补偿浸出和电解过程中损失的硫酸，同时希望尽可能少生成铁酸锌。浸出工序使物料中的锌尽可能全部溶解到浸出液中，同时使有害杂质尽可能多地进入渣中，达到杂质与锌分离的目的。在浸出过程中，将焙烧砂和烟尘用废电解液或稀酸进行两段浸出，即中性浸出和酸性浸出，浸出后的矿浆在浓缩槽内澄清，使液固分离。在中性浸出过程中通过水解法除去铁、砷、锑、锗等部分杂质，而酸性浸出则把中性浸渣中的锌化合物继续溶解，使锌进入溶液，同时控制进入溶液的杂质量，使杂质量尽可能少，浸出渣中的有价金属通过一定的方法进行综合回收。净化是将浸出溶液冷却后，把溶液中对电解有害的杂质去除至允许含量，同时对这些杂质进行综合回收。经过净化工序得到净液，通过电解方法从净液中提取锌。随着电解的进行，电解液中 Zn^{2+} 含量不断减少，硫酸浓度不断增大，因此必须连续地抽出一部分电解液送到浸出工序，同时要不断地补充新液（净液）。阴极上析出的锌每隔一段时间（一般为 24h）取出，剥下来的锌片送熔铸车间铸成锌锭。

（2）铅锌湿法冶炼自动化技术

铅锌湿法冶炼过程中的基本回路控制与其他冶炼过程中的类似环节相似，在此不再赘述，仅对铅锌湿法冶炼过程中关键的电解供电优化调度自动化技术做出介绍。

铅锌湿法冶炼电解过程供电优化调度的核心是整流机组的优化调度。整流机组智能优化运行就是在满足总调给定电流的同时，协调多台整流机组的投运组合和各机组的电流分配，使整个供电系统功率损失率最低。

整流机组智能优化系统接收来自电解过程电力负荷优化分配系统设定的各系列电流值，通过优化控制器决定机组投运组合和各机组电流分配值，再通过机组控制器控制每台机组的电流，从而改变系列电流输出值。而系列电流又反馈给优化控制器，由优化控制器进行偏差调节。

优化控制器的任务就是分配机组电流给定值，同时由反馈回来的系列电流实际值与各台机组电流给定值之和进行偏差比较，再根据偏差对机组电流给定值进行修正，从而实现整流机组智能优化。整流机组智能优化运行系统整体结构如图 5-9-12 所示。

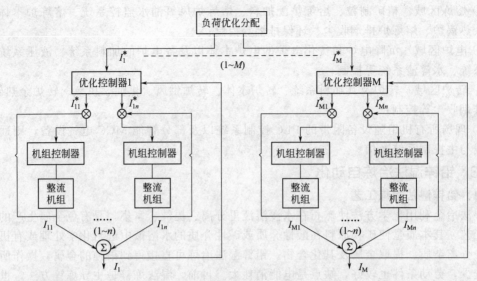

图 5-9-12　整流机组智能优化运行整体框图

图 5-9-12 中，I_M^* 表示系列电流给定值，I_M 表示系列电流实际输出值，M 表示电解槽系列数。I_{Mn}^* 表示机组电流给定值，I_{Mn} 表示机组电流实际输出值，n 表示某一系列的整流机组数。

整流机组电流智能数字化控制由上位工控机、PLC 和全数字恒流触发控制器组成，采用双闭环结构。外环为系列电流控制环，由上位工控机进行优化；内环为单台机组电流闭环控制。其中二极管整流机组经基于 PLC 的挡位控制器自动调节调变挡位，可控整流机组由挡位控制器自动进行调变挡位粗调，再由全数字恒流触发控制器进行细调，保证稳流精度，并设计欠支路和过流保护功能，确保整流供电系统安全可靠运行。

上位机优化系统完成系列电流的大闭环控制，在满足电解需电量和功率因数要求的前提下，以尽量提高整流效率、减少供电过程中的电能损耗为目标，对电力负荷优化分配的电流进行整流机组的优化，自动选择投运的整流机组组合和各投运机组的最佳电流分配值，将各台机组电流传送给基于 PLC 的挡位控制，由 PLC 与全数字恒流触发控制器进行协调控制，既保证电解槽系列供电量，又保证整流系统经济、安全运行。

9.4.4　锌冶炼直接浸出工艺自动化

硫化锌精矿富氧直接浸出炼锌是锌冶炼技术的一次重大突破，被公认为第三代锌冶炼技术。根据浸出过程中氧气的压力状态，富氧直接浸出工艺又可分为两类：富氧压力浸出和常压富氧浸出。富氧压力浸出炼锌技术于 20 世纪 80 年代在加拿大明科公司特雷尔锌厂首先实现工业化生产，此后陆续有几家厂家引进了该生产技术。但氧压生产中高压釜仪器设备制造要求高，实际操作控制难度很大，使得该技术的推广一度陷入低迷。因此，众多学者开始投入到常压富氧直接浸出工艺的研究中，并希望借此解决富氧压力直接浸出工艺的相关难题。近年来，芬兰奥托泰科公司在对富氧压力浸出炼锌工艺进行研究的基础上，开发出了常压富氧直接浸出炼锌技术，开创了富氧直接浸出炼锌技术的新篇章。我国随后也引进了这一工艺，推动了我国锌冶炼直接浸出工艺自动化的进步。

(1) 直接浸出炼锌工艺

普通的锌精矿湿法炼锌工艺流程主要包括焙烧、浸出、净化、电解和熔铸等工序。由于存在焙烧环节，这个过程不是真正意义上的湿法冶炼，而是湿法与火法冶炼的联合过程，它存在二氧化硫排放量较大、浸出渣有价金属回收率低、浸出渣量大等问题。作为真正意义上的全湿法炼锌，常压富氧浸出炼锌工艺用磨矿工序取代了焙烧工序，并改进了浸出工艺，在一定程度上解决了以上问题，展现出了极大的优势。锌精矿常压富氧直接浸出炼锌工艺，主要包括磨矿、直接浸出、净化、电解和熔铸等环节。

① 磨矿　锌精矿磨矿工序的目的是将锌精矿进行破碎、筛选和浆化，使矿石粒度得到充分的细化、有用矿物（硫化锌）与脉石进行有效的解离。锌精矿常压富氧直接浸出工艺采用湿法中性球磨，在一条用矿浆泵和漩流分级的闭合回路上将溢流进行球磨机湿磨，球磨得到的矿石粒度越小，其总面积则越大，浸出反应进行得越快。因此，产出球磨粒度满足浸出工序要求的矿浆是磨矿工序最重要的生产目标。

② 直接浸出　直接浸出工序的目的是将锌和其他有价金属尽可能地全部溶解至浸出液中，提高浸出率，同时将有害杂质排至浸出渣。它由酸浸（低酸浸出和高酸浸出）、硫浮选、沉铟、沉铁等环节构成；酸浸将锌精矿中的硫元素转化为单质硫，并通过硫浮选进行回收；由于酸浸后的硫酸锌浸出液中含有大量对电解极为有害的铁离子和铟离子，需要通过沉铁和沉铟过程将其以浸出渣的形式进行沉淀，并回收利用。

③ 净化　浸出过程中有一些杂质离子不可避免地随同锌离子浸出进入溶液中，经除铟与除铁后浸出液中仍然含有一些对电解有害的杂质离子，如铜、钴、镍、镉、砷等。为了提高电解工序的电能利用率，得到高纯度的电积锌，就要求电解液的纯度较高。因此，必须通过净化工序将这些杂质离子的浓度降低到电解要求的范围内，得到较为纯净的电解液。同时，净化过程还能将这些有价金属进行富集，达到回收利用的目的。

④ 电解　常压富氧直接炼锌技术的电解工艺与普通湿法炼锌技术的电解工艺没有本质上的差异，是浸出液中的锌离子在直流电作用下放电析出成为电积锌的电化学过程，其产物电积锌在化学意义上已经是成品锌。整个湿法炼锌系统的能耗主要集中在电解过程，因此需要电解工艺能产生高纯度的电积锌，同时降低电能的消耗。要达到这两点，需依靠上级工序提供纯度较高的电解液和本工段的优化控制。

⑤ 熔铸　为了使电积锌形状、重量等规格统一，以便储存、运输和销售，需要将电积锌进行熔铸。熔铸的本质是将电积锌投入熔化设备，通过加热熔为锌液，再将锌液重新铸成锌锭，成为真正的出厂成品。

(2) 直接浸出炼锌自动化技术

因受国外先进企业技术的封锁，我国直接浸出炼锌工艺自动化大多依靠自身开发，对基本的液位、流量稳定控制这里不再赘述，仅对过程中高层次优化控制的相应优化思想及设备进行介绍。

① 沉铁过程控制　沉铁过程是直接浸出流程中至关重要的过程。要实现其全流程优化控制，使系统的生产状态满足技术指标的要求，须根据系统入口浸出液成分和流量，合理优化分配每个反应器的 Fe^{2+} 浓度和 pH 值，即系统 Fe^{2+} 浓度梯度和各反应器 pH 值。此后，根据反应器出口 Fe^{2+} 浓度和 pH 值的优化设定值，指导各反应器氧气流量控制和中和剂添加量控制，保证系统最终沉铁效果的同时，降低铁渣中的含锌量，提高针铁矿品位，同时降低生产过程中的氧气和中和剂的消耗量。因此，Fe^{2+} 浓度梯度和 pH 值的优化是针铁矿法沉铁系统实现优化控制极为重要的基础。为了得到出口溶液离子浓度，需获取入口参数、控制参数与出口溶液成分之间的关系，建立 Fe^{2+}/Fe^{3+} 浓度预测机理模型。以此为基础，研究

入口流量、成分与沉铁效果、针铁矿铁渣品位及氧气消耗量之间的关系，并考虑生产中的各种约束条件，建立串级沉铁过程 Fe^{2+} 浓度梯度优化模型。最终建立以 Fe^{2+} 浓度梯度及 pH 值为优化变量，氧气消耗总量最小为优化目标，各反应器中的 Fe^{3+} 浓度、pH 值和其他工艺限制为约束条件的优化模型，以有效克服入口浸出液流量和成分波动对生产的影响，使系统出口全铁浓度满足生产的要求，并降低氧气消耗量。

② 净化过程控制　以下以除钴过程优化控制系统为例，对净化过程控制进行介绍。系统主要实现以下几方面的功能。

a. 除钴过程实时监控。为了方便操作人员直观地获得生产情况，采用动态模式来模拟湿法炼锌除钴工艺的实际流程，且实时显示各除钴反应器的运行工况，并给出报警提示。

b. 钴离子的预测及锌粉的优化添加。根据入口溶液离子浓度、溶液的温度、砷盐添加流量、入口溶液流量等参数，净化除钴过程优化控制系统利用钴离子预测模型及锌粉优化算法得到锌粉添加量优化值。

c. 净化除钴过程各工艺参数历史数据、曲线查询。实时工艺参数监视净化过程的工况信息，从温度、压力、流量、液位以及离子浓度的角度进行分类，并以 1 次/s 的频率实时读取并显示工况参数，供工人了解实时工况，以曲线的形式对过去的工况状态及变化趋势进行显示，用户可以在下拉列表框中选择自己需要查看的参数信息。

d. 报表统计分析及打印。报表显示及打印是对手写记录信息的一个补充，可以快捷地指定日期进行报表查询，实现无纸记录。

9.5　有色金属加工自动控制

我国自改革开放以来，不断深化改革，调整结构，取得了举世瞩目的成就。通过引进和自主开发相结合，铜、铝及其合金材料、加工技术水平不断提高。其中，自动化技术发挥着至关重要的作用。本节以铸造设备、板带设备以及模锻设备为例，介绍有色金属加工自动化的应用情况。

9.5.1　铸造设备自动化

有色金属铸造以铜带坯及铝带坯铸造为主，在此将以这两类铸造设备为主介绍我国有色金属铸造设备的自动化情况

(1) 铜带坯水平连铸自动化技术

目前我国生产铜及其合金铸锭（坯）采用的铸造设备有铜带坯水平连铸机、立式半连续铸造机、水冷模、铸铁模等。大型热轧机的铸锭多采用立式半连续或连续铸造机生产。20世纪60年代中期，国外开发了一种新水平连铸机组。采用微行程反推法，工艺制度为拉—停Ⅰ—反推Ⅰ—停Ⅱ—反推Ⅱ，可连续铸出薄而宽的高质量铜带坯。该连铸机组可同时铸出 1～4 条带坯，总宽度 200～1000mm，厚度 12～18mm。带坯铸出后，在双面铣床上铣面后成卷，直接送至冷轧工序，从而大大缩短了工艺路线，降低能耗，减少基建投资，提高企业经济效益。这种流程，尤其适合生产不易热加工的锡磷青铜带等材料。80年代中期开始，我国陆续引进水平连铸机，并持续消化所引进的机组，先后设计制造了多条水平连铸机组，基本实现了国产化。

水平连铸机组设备组成包括熔炼炉、保温炉、结晶器、二次冷却装置、引锭机、双面铣床、剪切机以及卷取机，其控制系统相应地分为熔化炉控制系统、保温炉控制系统、引锭机控制系统、剪切机及卷取机控制系统。

熔化炉和保温炉均为工频感应炉，其主要控制为温度闭环控制，主要检测参数为电压、电流、三相功率、三相电能及补偿后的单相功率因数等。根据工艺需要，熔化炉、保温炉均

有温度数字显示，并设有过负荷、过电压、接地、水超温、水欠压等保护和报警功能。

引锭机由 PLC 控制，能储存多个引拉程序及电动机动作曲线，在铸造时快速切换引拉程序。系统上位机可显示和打印多项工艺参数，具有各种事故报警功能。

剪切机和卷取机也采用 PLC 控制，设有"手动"、"自动"两种操作方式，"自动"操作时则屏蔽操作台上按钮响应，避免误操作。液压随动剪和带坯长度测量联锁，可自动剪切及自动复位。卷取机设有来料发讯装置，弯曲辊升降由电动机驱动，数码显示并控制弯曲辊的升降位置，可实现预设定的带卷内径。

(2) 铝带坯连铸轧自动化技术

经过半个多世纪的发展，国外铝带坯连铸轧技术得到了迅速发展，国内对铝带坯连铸轧机的引进消化工作也已取得卓有成效的进展，已设计制造出了倾斜式或水平式的各种规格的连铸轧机。

铝带坯连铸轧机组组成包括熔炼-保温炉组、除气过滤系统、夹送辊、铸轧机、液压剪、偏导辊、卷取机、卸卷小车等，有的还配有圆盘切边剪及其碎边机和卷取用助卷器。在铝带坯连铸生产过程中，铝锭及铝液经熔铝炉熔炼和保温炉保温后产生铝液，经过铝液流槽进入铝液除气过滤装置，经除气过滤后，通过流槽进入前箱。前箱的铝液经铸嘴进入铸轧机的辊缝。铸轧机的两轧辊通过水冷，铝熔体在其铸轧辊辊缝间受到强制冷却后结晶固化完成凝固并受到铸轧辊的热轧，且在很短的区间（铸轧区）和很短的时间（2～3s）内完成而形成铝带坯。铝带坯头部经导向辊、夹送辊送至液压剪切机进行切头，然后经由偏导辊进入卷取机。卷取机卷筒上设有一夹料钳口，铝带头部进入钳口，卷筒涨径后旋转，将铝带卷取成卷。机组中的铸轧辊、出口导辊、夹送辊、偏导辊都带有强制性的水冷却。在炉口至除气过滤装置间的流槽设有铝液液位控制。铝钛硼合金丝由送丝机送入流槽，以细化晶粒组织。

铝带坯连铸生产过程中的主要自动控制如下。

① 上、下铸轧辊电机控制 采用全数字交流调速控制系统，当上、下铸轧辊无负荷运行时，上、下铸轧辊各为速度调节系统工作。当铸轧辊带荷运行时，其中一个铸轧辊为速度调节系统（上或下铸轧辊均可）工作，另一个铸轧辊可选择速度方式或力矩方式。选择力矩方式时可按另一辊力矩的一定比例运行，以使两铸轧辊更好地协调工作。液面高度控制与全线工艺参数调控实现了自动化与计算机化。

② 卷取机电机控制 采用全数字交流调速控制系统。单动时，以给定的恒定转速运转，当带料投张后，以给定张力恒张卷取，也可在一定卷径后梯度张力卷取。液压剪切后，卷取机能快速卷取、卸卷，进行下一料卷的卷取工作。

③ 机列的辅助系统 包括辅助传动、辅助液压泵站、机列操作控制及其联锁控制系统和操作系统，采用可编程序控制器控制。PLC 控制系统采用 Profibus-DP 方式进行通信，可满足全数字交流调速系统对电机快速响应的要求。

各种所需的信号、数字在操作台触摸屏上显示出来。显示的参数有前箱温度、液位高度、冷却水温度、铸轧速度、上下辊力矩、机列速度、带材卷径。各种非频繁操作如泵站电机的合闸、分闸等，可通过操作台触摸屏进行操作，并可显示各种故障、报警信息，以便操作人员快速判断故障原因进行处理。

④ 上位计算机 作为铸轧机的工程师工作站安装组态软件，通过对软件的编程组态，对各种参数进行显示，还可对各种历史数据进行存储、打印，以便生产工艺人员积累经验改进工艺。

⑤ 轧辊冷却循环水系统 为了保证轧辊的冷却水清洁、不结垢，采用闭式冷却系统，主要由泵站、温度调节系统、阀门及管路等组成。水箱中的水由水泵加压后通过管道进入轧

辊中，轧辊出来的水经冷却装置冷却后，经水管流回水箱，完成系统循环。在轧辊冷却水入口处设置测温元件，测得的温度值送入 PLC 程控器中，与设定值比较后，根据差值大小发出信号，由流量调节阀自动控制回水流量，达到温控目的。系统中设置有非闭环软化水系统。

9.5.2　板带设备自动化

从 20 世纪 90 年代以来，我国有色金属板带箔的生产得到了迅速发展，其中铝板带箔的发展尤为迅速，在引进国外大量先进设备的同时，在自主研发方面亦取得了可喜成果。有色金属板带箔加工设备正在向着大型化、连续化、数字化、自动化和智能化方向发展。

板带箔加工设备分铜、铝和稀有金属等不同金属的热轧、冷轧和精整设备三大类。稀有金属加工工艺差别大，加工设备类型多，但其产量和设备保有量较少。以下主要介绍热轧以及冷轧设备的自动化情况。

(1) 热轧自动化技术

热轧机组有单机架两辊可逆式热轧机、单机架四辊可逆式热轧机、单机架双卷取四辊可逆式铝带热轧机、"1+1" 热轧生产线［前面为可逆式热粗轧机，后面为可逆式热精轧机（卷式生产）］、1+N 热连轧机组。热连轧机组具有生产效率高、规模大、成本低、产品质量高以及自动化控制水平高等优点，因而在国外发达国家得到了普遍采用。据不完全统计，全世界已有近 50 条从（1+2）到（1+6）四辊可逆热粗轧加多机架热连轧精轧机生产线［以（1+3）和（1+4）居多］。

当今铝带热轧机组主要的控制功能如下。

① 自动厚度控制（AGC）　厚度控制系统是应用位置传感器设定轧机液压缸位移的自动控制系统。该系统依靠高精度测厚仪测量带材出口厚度作为控制器的反馈，通过调节辊缝、压力、主机速度等多个参数，实现对带材厚度的精确控制。

② 自动凸度控制　目前多数冷轧机业已配备精良的厚度和板形控制系统，能生产出性能卓越的冷轧产品。随着用户对带材凸度控制的要求越来越高，人们越来越清晰地意识到，带材凸度实质上取决于热轧线，事实上由于凸度的遗传性，对于冷轧机而言，在获得良好板型的同时又要求其对带材凸度做大的改变是非常困难的。即在冷轧条件下，改变辊缝形状对板形的改善优于对凸度的改善。经过多年的探索与实践，铝热轧线带材的横断面应由专门的凸度控制系统来控制已取得广泛共识。

厚度和凸度控制的主要控制功能有辊缝校正（轧机调零）、轧机弹跳曲线测量、轧辊偏心补偿、弯辊力补偿、工作辊位置补偿、轧制力控制、工作辊弯辊、工作辊倾斜、工作辊分段冷却和工作辊窜动等。现代化的热轧机多使用测厚仪和凸度仪合为一体的带材厚度、凸度检测仪，同时检测带材的厚度和凸度。多数热轧机采用 X 射线厚度、凸度检测仪测定。这种厚度、凸度检测仪的 C 型架的上臂等距离地布置奇数个射线源，中间的一个用于测量带材中心的厚度，兼作带材的测厚仪。在 C 型架的下臂布置射线探测器，可实时地检测整个带材横截面上厚度的分布情况，以得到凸度值。

③ 自动温度控制　热轧机终轧温度对带材质量有直接影响，终轧温度的高低在很大程度上决定了轧后带材的内部组织结构及力学性能。带材的终轧温度取决于带材的化学成分、加热温度、板坯厚度、在辊道上的输送时间、压下制度、速度以及冷却液的压力、流量与温度等一系列因素。加热温度、冷却乳液流量及轧制速度等的调节则可作为控制终轧温度的手段。所采用的温度传感器主要分接触式和非接触式两种。

(2) 冷轧自动化技术

现代化的铝带冷轧机，大致有单机架不可逆式四辊冷轧机、多机架四辊式冷连轧机组，以及单机架不可逆式六辊冷轧机组和四、六辊混合的冷连轧机组。近年来双机架冷轧机已成为发展趋势。由于机架数目较少,仪表配置齐全,因而控制方案灵活多变,不仅可大幅减少设备投资,产品质量也得到了保证。

新型轧机以垂直配置的六辊轧机为主,采用中间辊轴横向移动来实现板形平直度的控制,大大提高了板形的调节控制能力。六辊轧机形式很多,应用较广,有 CVC 轧机、HC 轧机、VC 轧辊等机型。

CVC(连续可变凸度)轧机是将一对中间辊的辊身曲线做成腰鼓形,通过一对中间辊的相反方向的移动来改变带材(即辊缝)横断面的凹凸度,也就是平直度。CVC 轧机对辊面曲线的磨削要求比较高,而且上、下辊对合要求也高。

近年来 HC 轧机得到了迅速发展。HC 轧机的中间辊辊身是直线的,它是通过改变工作辊辊身两端支承宽度来实现平直度调节的。HC 轧机根据辊系的不同以及弯辊的不同组合方式,有不同的名称,以 UCM 和 UCMW 应用居多。UCM 轧机除了中间辊移动和工作辊为弯辊之外,又增设了上、下中间辊的弯辊,进一步增强了板形调节效果。

下面以一典型的双机架冷轧机组为例,介绍冷轧设备中的自动化应用。一般的冷轧机组控制系统按控制层次由低到高分为 4 级控制。

① 0 级控制 0 级控制即传动控制,主要完成轧机的基本驱动功能。

主传动、开卷和卷取采用全数字交流变频调速系统。主传动采用速度控制,开卷和卷取采用间接或直接张力控制,一般选用超声波或激光测距设备进行卷径检测。机列操作控制及其联锁控制采用可编程序控制器完成。PLC 控制系统采用 Profibus-DP 等方式进行通信,各种所需的信号、数字在操作台触摸屏上显示。开卷侧设有带材对中控制系统。

② 1 级控制 1 级控制即基础自动控制,包括轧制过程的各种闭环控制,具体如下。

a. 连轧自动厚度控制(AGC) 双机架连轧自动厚度控制与单机架轧机的不同点,在于连轧机的厚度控制除传统的控制方式外,还可采用前馈和物流自动厚度控制(Mass Flow AGC)。

连轧机的第一机架厚度控制精度取决于有载辊缝调控准确程度,通常厚度控制系统利用机架前后的测厚仪,采用反馈 AGC、前馈 AGC 和绝对值 BISRA AGC 等控制方式。采用速度环—张力环—压下环模式,最终达到消除厚度偏差的目的。

第二机架和后面的机架采用了反馈式 Mass Flow AGC 和前馈 AGC。辊缝中的物流自动厚度控制(Mass Flow AGC)与传统 AGC 不一样,Mass Flow AGC 根据秒流量等原理,将传统 AGC 多参量控制变成速度控制,若带材入口秒流量始终保持恒定,自动速度控制环精度越高,出口厚度偏差就越小。Mass Flow AGC 控制精度的关键是带材速度的确定。传统的带材速度确定方法都是间接式的,在没有带材测速仪情况下,根据主电机转速、轧辊直径并考虑带钢在变形区的前滑,然后按公式计算带材的线速度。由于变形区内带钢的前滑受许多因素影响,在计算时只能对一些参数作出某种假设,造成这种方法精度不高。因此,欲得到与实际量偏差很小的结果是十分困难的,激光测速仪的引入则使该问题迎刃而解,采用激光多普勒测速技术的系统可将误差控制在 $\pm 0.05\%$,使之完全满足连轧机自动控制的需求。

b. 连轧自动板形控制(AFC) 影响板形的因素很多,无论是内因(金属本性)还是外因(轧制条件)都无法得到板形与轧机辊缝对应的精确的数学关系。而轧制过程的环境恶劣,带材板形又受到多种复杂干扰,给控制系统建模带来了更大困难。在带材轧制过程中,轧件以每秒数十米的速度运行,板形仪检测到板形信息后还需经过适当的处理,待控制器发出控制指令,执行机构已经不能满足瞬时控制的要求,因此板形控制系统具有惯性并带有滞后。

一个完整的板形控制系统，是多种控制方案的综合。它不但要控制轧制力，同时还要控制液压弯辊力、轧辊横移、带钢张力、轧辊偏心及局部热凸度等，这些因素又相互影响，因此板形控制是一个多变量、强耦合的控制问题。由于板形控制系统的复杂性，传统的 PID 控制（比例控制、积分控制和微分控制）已不能满足要求，致使板形控制的研究陷入了困境。为此，研究人员在寻求建立更精确系统模型的同时，开始探讨从控制思想的角度来研究板形控制问题。随着知识处理技术的发展，智能控制日益成熟。近年来，以操作者的经验和实际生产数据为基础的智能控制（如专家系统、模糊逻辑、神经元网络等）在板形控制中的应用研究得到迅猛发展，人工智能技术在板形控制中的应用取得了较大进展。

c. 连轧机架间张力控制系统　机架间张力恒定控制，利用张力仪直接检测张力的实际值，经张力调节器送入系统中进行闭环控制。现代铝带冷轧机机架间张力控制方式随轧机类型即 AGC 的方式不同而异，一般有两种方式，即按张力偏差值调下一机架的压下量（称为辊缝式调张法）和按张力偏差值调节相应机架的速度（称为速度式调张法）。

辊缝式调张法主要用于带材较厚的前几道次轧制过程中，速度式调张法通过维持下游机架速度不变，调节上游机架速度来保证机架间张力恒定，主要用于机架速度初始设定、穿带过程、极薄带钢轧制时的张力控制。

③ 二级控制　过程控制级的主要目的是实现轧制过程最佳化，包括轧机控制模式、轧机设定、道次分配（轧制规程）、过程数据的采集与分析、过程自适应控制以及质量控制。

冷轧机组过程自动化部分采用多级计算机自动控制系统，包括轧制过程自动控制以及系统管理。为了确保装机水平和机组的技术性能，生产出高精度、高质量的冷轧卷，该自动控制系统能够提供具有高生产率和高产品质量要求的自动处理系统。多级过程计算机主要用来完成轧制过程中的相关控制及管理，如数据的调整计算、数学模型的自适应及最佳化、基本指令数据的数据管理、卷取过程的数据及轧制数据、操作记录和报告、测量数据收集和处理、数据通信和管理、操作指导（HMI）等。

通过先进的过程控制以及数学模型，系统能够提供更高质量的产品。模型控制系统能够提供下列主要功能：用数字模型进行设定控制、自动厚度控制（AGC）、轧辊偏心补偿系统（FARE），以及自动板形控制（AFC）。

多级过程计算机包括设定控制、自动计算轧制道次、轧制策略以及各种设备的设定数据。数据设定控制是预设定控制，它以数学模型为基础，融合了轧制理论和生产过程中丰富的专家经验。在线自学习功能可以在一个卷的点与点之间自学习，也可以在卷与卷之间、批与批之间自学习。通过轧制实践来提高数学模型预设定的精确性，通过短、长期的自学习获得有效、快捷、高效、可靠的自适应调节。

过程控制级还有如下功能：板形的可视化 VIS、实际数据显示、记录、数据收集和储存、记录数据的统计评价、统计数据显示、道次记录和班次记录、记录数据打印输出、工艺数据分析、预设定参考值、轧制程序记忆、操作手对话功能等。

④ 三级控制　三级控制即生产控制级，用于实现全厂生产计划最佳化，包括减少材料库存、优化材料物流和传输时间、合理化生产程序、准确跟踪关键订货、缩短交付时间、专题报表等。

9.5.3　模锻设备自动化

大型高强度铝合金构件是飞机、火箭、导弹等航空航天器的主要组成部分（如飞机大梁、机翼和尾翼的龙骨，火箭和导弹的端环等），其形状复杂、变形力大、成型精度高，制备这些构件都采用大型模锻设备。1 万吨模锻水压机和 3 万吨模锻水压机是我国唯一具备这些构件制备能力的重大设备，它们的自动化水平对构件的质量有重大影响。

大型模锻水压机的主体包括垂直部分、水平部分、移动工作台、中央顶出器、侧顶出器等可移动工作部分。在模锻生产过程中，操作人员通过操作台上的选择开关、按钮和遥控手柄，使水压机上述可移动工作部分按工艺要求，以一定的时序动作来完成模锻加工过程。

模锻过程智能优化控制电控系统采用两级计算机控制，其系统框图如图 5-9-13 所示。

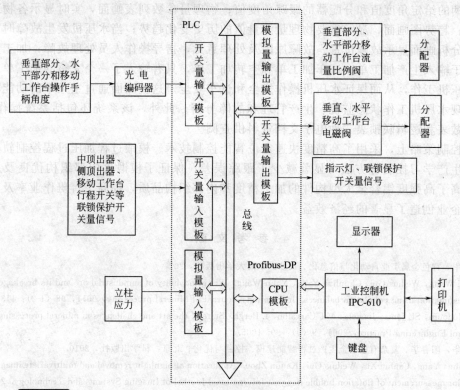

图 5-9-13　万吨水压机两级计算机控制系统框图

上位机采用工业控制计算机完成对模锻过程的状态监视、生产管理和实现控制算法学习。下位机采用可编程控制器组成基础自动化装置，直接输入模锻过程状态信号，输出控制信号给相应的开关电磁阀和流量比例伺服阀，控制模锻过程。两级计算机之间采用现场总线 Profibus-DP 交换信息。

数字电液伺服系统由绝对式光电编码器、控制器（PLC 和 I/O 模块）、液压驱动系统、分配器、水压系统和水压机组成。

系统选用绝对式光电编码器取代自整角机发送机和接收机，与 PLC 构成数字电液伺服系统，控制各可移动部分的位移和速度。各种联锁保护限位开关采用触点式接近开关和光电开关。

液压驱动系统由液压站、油缸活塞和蜗轮蜗杆变速装置组成，蜗轮安装在分配器的轴上，驱动分配器旋转。液压驱动系统的开关电磁阀和流量比例伺服阀由 PLC 输出信号控制。分配器转动惯量大、电磁阀惯性和非线性负载阻力矩等因素对可移动部分控制精度和动态特性的影响较大。而液压驱动系统是带死区的复杂 Ⅱ 型非线性系统，难以建立精确的数学模型。为此，研制了智能超差二次调整算法，该方法利用神经网络拟合计算出合适的提前量 ε_i，使伺服阀控制信号逐渐渐小，驱动系统使分配器继续旋转，判断 $\Delta\theta_i = \theta_n - \theta_i$ 是否满足 $-\delta_i < \Delta\delta_i < \delta_i$，若不满足，根据 $\Delta\delta_i$ 的符号、高压水的压力和期望的控制精度 δ_i，采用模糊推理规则确定给伺服阀通电的时间 τ_i。

水压机模锻过程的工作状态通过相应的画面在工控机的 LCD 显示器上显示，共设置 7 个画面：

水压机模拟画面，实时显示水压机的动态工作情况；梯形图画面，实时显示各操作开关、接点的开闭状态，可供技术人员检查线路故障情况；分配器阀位监视图，实时显示 3 个操作手柄的给定角度值和分配器的跟踪角度值；物理量参数列表画面，实时显示各物理量的当前值；趋势图画面，显示重要物理量测量值的历史变化趋势；当水压机发生故障时，故障列表及分析画面显示故障位置、故障原因及处理意见，指导操作人员处理故障；加工菜单画面，用于输入生产加工单、试车加工单和空转加工单，只有输入了一个完整的加工单后才能启动水压机工作，从而保证水压机操作安全和试车安全。这些画面通过主菜单的功能项来选择，实现水压机工作状态监视、生产管理和故障分析。此外，该系统还包括系统操作说明、技术参数表和逻辑联锁表三种电子文档资料供查阅。

在控制策略上，采用了高精度快速定位智能控制技术、模锻过程加压过程控制轨迹优化及批量生产学习控制等方法，显著减少了跟踪误差，保证了模锻件内部织构优良及质量稳定，提高了高强度铝合金大型构件的加工精度和内部织构品质，提高了台班作业率及年均产量，为企业创造了显著的经济效益。

参 考 文 献

[1] 桂卫华. 有色金属工业自动化与信息化. 长沙：中南大学出版社，2007.

[2] Xiaoli Wang, Weihua Gui, Chunhua Yang, Yalin Wang. Wet grindability of anindustrial ore and its breakage parameters estimation using population balances. International Journal of Mineral proeessing，2011，98（1-2）：113-117.

[3] D. Hodouin, SL Jämsä-Jounela, MT Carvalho, L Bergh. State of the art and challenges in mineral processing control. Control Engineering Practice，2001，9（9）：995-1005.

[4] 桂卫华，阳春华. 复杂有色冶金生产过程智能建模、控制与优化. 北京：科学出版社，2010.

[5] Chunhua Yang，Canhui Xu，Weihua Gui，Kaijun Zhou. Application of highlight removal and multivariate image analysis to color measurement of flotation bubble images. International Journal of Imaging Systems and Technology. 2009，19：316-322.

[6] 杨重愚. 轻金属冶金学，北京：冶金工业出版社，1991.

[7] 邓燕妮，桂卫华，阳春华，谢永芳. 氧化铝碳酸化分解动态过程建模及非线性分析. 中国有色金属学报，2008，18（9）：1736-1174.

[8] 喻寿益，王吉林，彭晓波. 基于神经网络的铜闪速熔炼过程工艺参数预测模型. 中南大学学报（自然科学版），2007，38（3）：523-527.

[9] 李勇刚，桂卫华，阳春华. 锌液流量的自适应 BP 算法软测量. 自动化仪表，2004，25（7）.

[10] M Ahmed, YA El-Nadi, JA Daoud. Cementation of copper from spent copper-pickle sulfate solution by zinc ash. Hydrometallurgy，2011，110（1-4）：62-66.

[11] 李迅，杨甫勇，桂卫华，喻寿益. 铝板带材板形和厚度解耦自适应控制策略. 控制理论与应用，2010，27（1）：116-120.

[12] 喻寿益，汪少军，贺建军，桂卫华. 1 万吨多向模锻水压机分配器转角智能控制系统. 中南大学学报（自然科学版），2009，40（1）：175-179.

第10章 造纸生产自动控制

10.1 概述

造纸是我国古代四大发明之一，纸张的出现对人类文明的发展有着不可估量的作用。从东汉蔡伦发明造纸术开始到今天已经约有两千年了，这期间造纸技术传遍了全世界。纸张和各种纸产品也已成为人类现代生活中不可或缺的日用消耗品和生产原材料。造纸工业与国民经济发展和社会文明息息相关，纸和纸板的消费水平已经成为衡量一个国家文明程度与现代化水平的重要标志之一。

10.1.1 我国制浆造纸工业的现状

建国60多年来，我国造纸工业在产量、质量、品种等方面都取得了长足的进步，有力地促进了国民经济的发展和人民生活水平的提高。目前我国纸和纸板的生产量和消费量均居世界第一位，纸和纸板人均消费量高于世界平均水平。

"十五"期间，我国造纸工业引进技术装备与国内自主创新并举，建成了一批技术起点高、装备先进、单机生产线规模大的项目。一批优秀的骨干企业率先完成由传统造纸业向现代造纸业的转变，步入世界先进行列。国内制浆造纸装备制造企业通过自主创新和引进技术消化吸收再创新，开发了一些具有我国自主知识产权的高新技术和设备。如年产10～15万吨漂白硫酸盐木制浆和碱回收成套设备，年产15～20万吨废纸浆成套设备，年产10万吨及以下的各类文化纸机，和年产20～30万吨的纸和纸板机等。同时建设了国家级重点造纸实验室和一批工程研究中心、国家级企业技术中心，对我国造纸工业结构调整和优化升级起到了引领、支撑和推动作用。

目前我国造纸工业仍然存在一些问题。

① 原料供求矛盾突出　由于国内原料林基地建设迟缓，供材有限，非木浆发展受到清洁生产新技术开发滞后的影响，加上国内废纸回收率偏低等因素的影响，造纸纤维原料的自给率难以提高，供需矛盾日益加剧。

② 自主创新能力不够　我国造纸工业自主创新能力比较薄弱，引进技术消化吸收再创新能力不足，在新工艺、新设备和新产品的开发上缺乏自主创新的产业化重大成果。大型蒸煮、洗筛、漂白设备，高得率制浆设备，高速纸机流浆箱、压光机、复卷机等关键设备基本依赖进口。

③ 节能减排任务艰巨　我国造纸工业中技术装备比较落后的产能仍占35%左右，物耗、水耗、能耗高，是造纸行业的主要污染源。其COD排放量约占行业排放总量的47%，产品质量、物耗、污染负荷均与国际先进水平存在相当大的差距，亟需加大改造或淘汰的力度。

④ 企业规模仍然偏小　我国具有国际竞争力的大型造纸企业集团和骨干企业数量少，其影响力有待提高，小企业多，行业规模效益水平低。造纸工业小而散的局面亟需改观。

10.1.2 制浆造纸生产过程介绍

制浆造纸生产线是一个十分复杂的工业过程系统，包括蒸煮、洗选、漂白、打浆、抄造、蒸发、燃烧、苛化等环节。制浆造纸生产线工艺流程如图 5-10-1 所示。

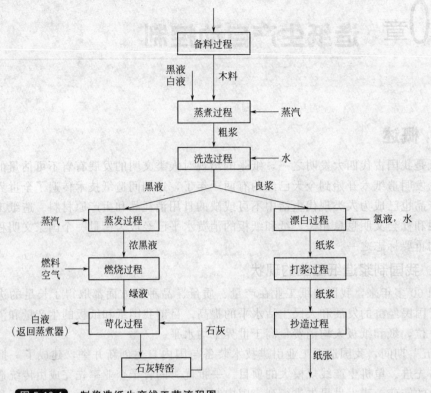

图 5-10-1   制浆造纸生产线工艺流程图

首先，植物纤维原料和蒸煮液混合装入蒸煮设备。利用化学药剂的水溶液处理植物纤维原料，将原料中的木素溶出，同时削弱纤维间的结合力，使原料纤维彼此分离成浆，并尽可能地保留纤维素。通常按照一定的工艺要求用蒸汽加压升温，蒸煮 4~6h，然后喷放送到洗选工段。洗选过程分离黑液和纤维，并洗涤纸浆。洗涤后的粗浆经漂白输送到打浆工段，通过打浆的机械作用对浆料纤维进行处理，使其发生物理化学变化而获得满足一定要求的成浆。成浆到抄造工段，经配浆、网部抄造、成型、脱水、压榨部脱水、烘干部干燥，最后成为成纸。而洗选后的稀黑液，经多效蒸发器浓缩至 50% 以上，成为浓黑液，再送入燃烧炉燃烧，将有机物烧去，并产生蒸汽供其他生产过程使用，而无机熔融物经溶解澄清后成为绿液。绿液在苛化工段加入石灰，使碳酸钠、硅酸钠苛化成为氢氧化钠，所生成的碳酸钙和硅酸钙（白泥）沉淀分离，得到氢氧化钠和硫化钠的混合溶液（白液），供制浆使用。

10.1.3 制浆造纸过程控制的特点

制浆造纸过程是一个复杂的传质传热过程，其控制对象是一个复杂的多变量控制对象。例如，造纸过程有 10 多个被控变量，但两个基本指标是定量和水分，影响这两个主要指标的因素有 30 多个。如果要将造纸机作为整体对象进行整机控制，在如此之多的影响因素中，通常选择纸浆流量（浆料阀）和蒸汽流量（蒸汽阀）作为操纵变量。对于网前部、网部和压榨部、烘干部的局部控制，被控变量与操纵变量的选择视不同纸机而异。制浆造纸过程中对象的不确定性、强耦合性、大滞后特性、非线性特性、状态不可测、检测仪表缺乏以及不可靠性等，决定了其控制的复杂与困难。

(1) 不确定性

制浆造纸工业现场存在多种多样的干扰，许多干扰严重且机理十分复杂。不仅如此，大多数干扰既无法测量，又无法消除。控制设计所基于的数学模型一般也仅是被控对象的简单近似，忽略掉许多复杂的干扰因素，如蒸煮过程中物料绝干量的变化、蒸煮初始温度、有效碱初始浓度的变化，打浆过程中盘磨机进浆浓度和流量的变化、打浆电流的变化、打浆机的磨盘磨损，造纸过程中白水的浓度波动、纸机的车速变化、铜网的老化、毛毯的磨损等，都将导致相关过程模型结构的不确定性和参数的不确定性。此外，生产纸种规格型号的改变、操作条件的变化、传感器与执行机构的特性漂移、外界的扰动等均会影响对象的特性。

（2）大纯滞后特性

制浆造纸过程的纯滞后从几分钟到几小时都有，如蒸煮中 Kappa 值的检查多在蒸煮后离线取样分析得到，存在数小时的信息反馈滞后；高浓打浆过程中，纸浆从混合泵到浓缩机，再通过输送环节完成对盘磨机的强制给料，纯滞后时间一般有 $3 \sim 5 min$；造纸机的尺寸大，容量滞后和传输延时不可避免。高定量纸机的纯滞后时间长，一般在 $5 \sim 10 min$ 的数量级；而高速纸机的纯滞后时间一般有几秒至几十秒。同时造纸过程控制系统是一个时滞不平衡的系统，定量回路和水分回路的纯滞后时间一般不相等，有些高定量纸机的纯滞后时间远大于时间常数，这是造纸过程控制系统设计和综合中面临的严重问题。

（3）非线性

几乎所有工业过程都存在非线性，制浆造纸过程也不例外，在某些局部非线性还十分严重。如精确的温度控制是蒸煮过程优化的先决条件，但蒸煮升温曲线是一条非线性曲线，很难用常规控制器对其实现完全跟踪。洗涤工段浆层黑液中溶解固形物的过滤过程十分复杂，通常要用偏微分方程来描述，整个纸浆洗涤过程的单元级子系统的数学模型由非线性方程组表示。在纸机网前部，等效网前箱的液位与出口纸浆流量呈二次方关系；在铜网部，案辊脱水方程和真空箱脱水方程都是指数关系；在压榨部，几道压榨的脱水方程也是指数关系；烘缸部的传热传质过程也是非线性的。因此造纸机的每一局部都呈非线性特性，其整机的状态方程也是非线性的。不同纸机的非线性程度是不同的，对多数而言，可在稳态工作点附近用线性方程近似，有的可用双线性方程近似。可是也有一些纸机非线性十分严重，只能用非线性方程来描述其特性。

（4）强耦合性

制浆造纸过程是一个复杂的多变量过程，变量和变量之间的相互关联、相互耦合非常严重。如打浆过程中成浆打浆度与湿重强耦合，同样工况下成浆打浆度的提高必然伴随着湿重指标值的降低，反之亦然。从整机的角度看，成纸定量由进浆量控制，成纸水分由加热蒸汽流量控制，但当成纸定量提量或降量时，成纸水分也会相应增加或减少。对于高速纸机的封闭式网前箱，总压、液位和上部空间压力分别由纸浆流量、白水流量和压缩空气量来控制，它们是严重相关联的，网前部液位升高或降低，总压和上部空间压力都会相应变化。由于过程中各变量间的耦合都是强耦合，增加了制浆造纸过程控制的困难程度和复杂程度。

（5）状态的不完全可测性

在制浆造纸过程中，不少状态变量和扰动变量无法直接测量得到。例如，在蒸煮阶段，决定所得纸浆质量的关键指标为纸浆硬度（Kappa 值），但是间歇蒸煮是在高温高压密闭的蒸煮器中进行的，不能中途对纸浆进行取样，因而无法在线测量纸浆 Kappa 值，这成为影响间歇蒸煮先进控制实现的最主要因素；在洗涤过程中，纸浆残碱量、木素量及提取黑液中总溶解固形物含量等重要参数的测量也十分困难。目前使用的纸浆和黑液质量传感器，不能全面表征洗涤纸浆的质量和提取黑液的品质；打浆过程中对成浆质量指标打浆度和湿重均很难实现在线测量，游离度控制中纸浆游离度变送器的缺乏，给打浆过程控制带来麻烦；在纸机的抄造过程中，存浆池的打浆度和湿重、白水的浓度、网前箱纸浆的浓度、填料的浓度、胶液的浓度、施胶前纸页的定量与水分，对成纸的定量和水分都有明显的影响，但却难以测量。施胶前纸页的定量和水分，是成纸定量和水分的导前信号，如果能够进行测量和控制，对于减小定量和水分的偏差，节约纸浆和节省蒸汽，具有十分重要的意义。遗憾的是目前对它们直接测量仍很困难。即使有测量，由于挂浆、腐蚀等也导致制浆造纸专用仪表故障频频。鉴于制浆造纸过程中状态的不完全性与检测仪表缺乏的现实，不加以解决就难以实现各种形式的状态反馈控制、成品质量控制和前馈补偿控制。

（6）不可靠性

制浆造纸从本质上讲是一类不可靠制造系统，具有串行生产的特点，可看成是由有序的工作站（如蒸煮器、洗选机、磨浆机、造纸机等）和一组内部缓冲区（浆池）间隔连接组成的线性网络。同其他工业领域一样，制浆造纸中存在大量不确定因素，机器故障、配置变化、工况变化等都会使该制造过程不能可靠运行，尤其是我国制浆造纸专用仪表的精度、灵敏度、稳定性、可靠性严重不佳，容易在运行中出现故障。一旦故障不能得到及时处理，控制品质将严重恶化，甚至导致事故，如纸品质量不合格，铜网因过热或积浆而损坏，磨浆机、盘磨严重受损等。

10.2 制浆过程自动控制

10.2.1 制浆过程工艺流程简介

在将造纸原料，如麦草、芦苇、木材等制成纸或纸板之前，必须先将其基本成分变成纸浆。制浆的目的就是将原料中的纤维分离，除去不需要的成分，同时采用一定的方法对纤维进行处理，以生产出适于造纸需求的纸浆。将造纸原料转变为纤维的方法有很多种，常见的有机械法制浆、化学法制浆、和半化学法制浆。

（1）机械法制浆

机械法制浆是最简单的一种制浆方法，它采用机械方法使纤维彼此分离。最普通的三类机械浆是磨石磨木浆、木片磨木浆和预热机械浆。由于没有去除木素，采用磨木浆抄造的纸不能像采用化学浆抄造的纸那样能够长期保持其白度和强度，但其具有印刷过程所需要的某些特性。因此用于印刷报纸的纸张绝大部分成分是磨木浆。低等便笺纸和其他一些不要求强度或仅打算使用很短时间的纸，也可由磨木浆抄造。随着高效漂白技术的发展，磨木浆现已成为彩印杂志以及其他高质纸张的重要原料。

（2）化学法制浆

化学法制浆过程比较复杂，主要包括备料过程、蒸煮过程、洗选过程和漂白过程，如图5-10-2 所示。

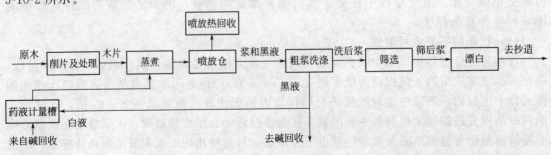

图 5-10-2 硫酸盐法制浆流程图

在化学法制浆过程中，首先将木片浸渍在某种化学药品溶液中，在一定压力下进行蒸煮，直到纤维和木素分散开为止。常见硫酸盐法制浆和亚硫酸盐法制浆所采用的化学制剂各不相同。硫酸盐法制浆采用的化学制剂是氢氧化钠和硫化钠溶液，适用于任何原料；亚硫酸盐法制浆采用亚硫酸和亚硫酸盐溶液作为蒸煮液，适用于各种软木，如云杉、冷杉、铁杉等。木片在一定压力下浸泡在很浓的蒸煮液中进行蒸煮，蒸煮结束后排放出来的混合液经洗涤工段分离为粗浆和废液。废液需要经过碱回收过程回收再利用，详细流程在碱回收部分介绍。粗浆经过筛选、漂白后送造纸工段打浆，之后抄造或制成浆板出售。

（3）半化学法制浆

半化学法制浆在制浆过程中同时采用化学和机械两种方法。首先对木材进行温和的化学处理，使木素软化并部分除掉。此时纤维间的粘结发生松懈但没有相互分离。然后采用机械方式实现纤维间的分离。半化学制浆的三种重要方法是中性亚硫酸盐法、冷碱法和化学磨木浆法。半化学制浆能生产刚度高、有弹性的纸张，可用来生产瓦楞纸板、鸡蛋盒和其他类似产品。

10.2.2　蒸煮过程自动控制

蒸煮是一个复杂的多相反应过程，影响蒸煮效果的因素有很多，包括蒸煮设备的类型和大小；原料的种类、质量、数量和水分含量；化学药品的成分、浓度和数量；蒸煮的温度、压力和持续的时间等。蒸煮过程自动控制的主要目的是生产出硬度（Kappa 值）一定且均匀的纸浆。目前没有廉价而且可靠的纸浆 Kappa 值在线测量仪表，无法用 Kappa 值的测量值作为被控变量组成质量控制系统。为了达到控制 Kappa 值的目的，常采用经验法进行控制，或利用软测量模型估计得到 Kappa 值，然后进行计算机控制。

目前，对蒸煮过程的控制可分为装锅过程控制、蒸煮温度和压力控制、Kappa 值软测量及优化等内容。

（1）装锅过程控制

对于间歇式蒸煮过程，在开始蒸煮前需要将预定量的原料和蒸煮液（白液和黑液）装入蒸煮器。在此装锅过程中需要控制原料的装锅量、蒸煮药液的浓度和送液量。

① 装锅量的控制　间歇式蒸煮过程常使用带式运输机将原料送到蒸煮器中，同时在运输机上安装称重仪用来测量原料的装锅量。来自料仓的原料经过闸门送至皮带机，皮带机上的称重仪检测出单位长度上原料的质量，送入质量调节器与设定的质量进行比较，并根据比较结果改变闸门的大小，以保证皮带单位长度质量的稳定。将检测到的皮带机传输速度与单位长度质量检测信号相乘，就可得出单位时间内的装锅质量，在整个装锅过程中进行累积就可计算得到装锅量。木片的水分含量由放射型或电容型水分仪进行检测，然后根据装锅量就可以计算出装锅木片的绝干重量。

② 送液量的控制　送液过程的主要任务是准确向蒸煮器内输送一定浓度和组成的白液和黑液。根据原料绝干量、用碱量、液比和白液浓度，可确定出所需输送的白液量和黑液量。送液量的控制有累积式流量计量法和体积计量法两种方法。

a. 累积式流量计量法。在黑液和白液管道上分别安装电磁流量计，根据计算好的送液量设定电磁流量计上积算仪的触点。当通过的流量达到预定的送液量时触点导通，送液泵自动停止送液。

b. 体积计量法。在黑液计量槽和白液计量槽上安装液位测量变送器，液位测量信号分别送入两个液位控制器。根据计算好的白液量和黑液量，分别设定两个液位控制器的设定值。打开送液阀和送液泵开始送液时，黑液和白液分别从计量槽进入蒸煮器。当计量槽液位达到设定值时，控制器自动关闭送液阀和送液泵。之后打开进液阀和进液泵，黑液和白液分别送入各自的计量槽，直到计量槽液位回到控制器的零位，停止进液并等待下一次送液。

（2）蒸煮温度和压力控制

蒸煮温度对于药液在原料中的渗透、蒸煮反应速率、纸浆质量和产量等方面都有明显的影响。又由于压力与温度相关联，压力控制不好，温度也控制不好，因此在蒸煮过程中需要实现常规的温度和压力控制。间歇蒸煮过程可分为空运转、升温、保温、大放汽和放锅 5 个阶段（这里的 5 个阶段主要是从控制的角度来划分的，与工艺操作的分法是不同的）。对全过程的控制为程序控制，对温度和压力的控制为给定温度和压力设定曲线的随动控制。

图 5-10-3 所示的立式蒸煮锅采用间接加热的方法来实现对温度的控制。蒸煮药液从锅体中间由循环泵抽出，送入换热器进行加热，然后分别从上部和下部两路返回蒸煮锅。生产实际证明加热器出口温度与蒸煮锅内的平均温度有对应关系，且出口处流速较高可有效减小温度测量的滞后时间，因此常选择出口处温度测量值进行温度控制。根据蒸煮机理的要求，间歇式蒸煮器在装锅结束开始蒸煮后首先需要进行升温。升温过程可分为三段：一段升温、慢段升温和二段升温，之后是在一定的压力下进行保温。经过一段时间的保温，当蒸煮液的质量达到要求（如 Kappa 值达到预定值）后进行大放汽，放汽结束后进行放锅。为了得到满足质量要求的纸浆，在蒸煮的升温和保温阶段需要对温度进行控制，即从开始升温起，计算机控制间接蒸汽加热阀，使实际温度按照给定的温度曲线变化。

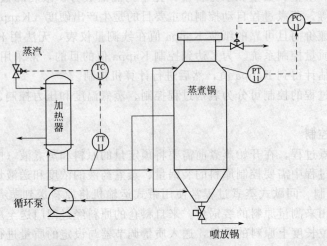

图 5-10-3　立式蒸煮锅自动控制方案

在蒸煮过程中，由于温度和压力之间存在着对应关系，压力控制也是很重要的。在开始升温后，计算机控制放汽阀使锅内压力按照既定的升压曲线上升；到了保温阶段，计算机控制放汽阀使锅内压力保持在定压；大放汽开始后，计算机控制放汽阀使得锅内压力按照预先设定好的降压曲线下降。压力控制是一个快速过程，一旦放汽阀打开，锅内压力将很快下降，但蒸煮过程中压力的回升却比较慢。如果压力下降太多，则很有可能就回升不上来，这会影响到温度，致使温度也升不上去。因此可采用变参数的 PID 压力控制方案。当压力高于设定值时，放汽阀一步步地、慢慢地打开，一旦压力低于设定值，则迅速关闭放汽阀，这样就能保证在对压力的控制中，不至于使压力降得太多而回升不上来，以至于影响了锅内的温度以及整个蒸煮过程。

（3）Kappa 值的软测量

在硫酸盐蒸煮过程中，脱木素程度与蒸煮温度、蒸煮时间和药液有效碱浓度有密切关系。由于纸浆质量指标 Kappa 值是脱木素程度的反映，而 Kappa 值又很难进行在线检测，因此可以建立 Kappa 值与蒸煮过程中的可测变量之间的数学模型，进而去预测蒸煮终点的纸浆 Kappa 值。对于间歇蒸煮过程，常用的一类 Kappa 值数学模型为

$$\text{Kappa} = \frac{\alpha D^{\beta}}{H^{\gamma} Q^{\delta}} \tag{5-10-1}$$

式中，α、β、γ 和 δ 为常系数，可根据实际蒸煮过程回归获得；D 为装锅时的液/木质量比，g/g；Q 为装锅时的有效碱浓度，%木片质量；H 为 H 因子，根据各锅实际蒸煮温度由下式计算获得：

$$H = \frac{1}{60} \int_0^{t_f} e^{43.18 - \frac{29003}{1.87 + 491.69}} dt \tag{5-10-2}$$

式中，t 为时间，s；t_f 为蒸煮结束时间，s；T 为锅内温度，℃。

式（5-10-1）中的 D 和 Q 反映了木片水分、加碱量、木液比等因素，木材品种、蒸煮设备等对蒸煮过程的影响主要在未知参数 α、β、γ 和 δ 中体现。在实际生产中，木片品种等一般不太会发生变化，因此对于某个蒸煮器来说未知参数 α、β、γ 和 δ 可看做是固定不变的。将式（5-10-1）转化为

$$\ln \text{Kappa} = \ln \alpha + \beta \ln D - \gamma \ln H - \delta \ln Q \tag{5-10-3}$$

通过现场采样数据进行线性回归，就可得到未知参数 α、β、γ 和 δ 的数值。根据预测模型得到的 Kappa 值，还需要定时与实验室测定得到的结果进行比较，根据偏差校正模型的参数。

（4）连续蒸煮过程的自动控制

连续蒸煮是制浆工业的一大进步，与间歇蒸煮相比具有单位设备容积的生产能力大、电能和蒸汽的供应量均衡、吨纸耗气量和耗药量低以及纸浆得率较高等优点。不过相较间歇蒸煮过程而言，连续蒸煮过程对自动控制的要求更高。在连续蒸煮过程中需要控制的环节如下。

① 原料净化设备的控制　由于非木材纤维原料中常含有沙子、石粒、泥土、节穗等杂物，会磨损和堵塞连蒸设备，增加化学药品的用量，降低成浆的质量，因此在进料前需对原料进行净化。原料净化设备的控制主要有：料仓料位的控制；水力碎草机的控制，包括水位控制、排渣控制和进水量控制；螺旋脱水机排渣控制；循环水槽液位控制等。

② 供料控制　供料情况决定喂料器的压缩比，来料过多、过少或者不均匀都会影响蒸煮管的正常工作和纸浆的最终质量，因此必须保证供料连续稳定。对自动控制的要求主要有料仓出料量控制、草片泵速度控制、销鼓计量器速度控制。

③ 喂料器的防反喷控制　喂料器是连续蒸煮的关键设备，主要作用是把料片加压送入带压力的蒸煮管内，同时使压缩的料片起密封作用，保证蒸煮不漏气、不反喷。螺旋给料器由进料螺旋、锥形壳体和料塞管等部件组成，它可以连续均匀地送料并挤压出多余药液，使原料逐步压缩成密封料塞进入蒸煮管。在喂料器与蒸煮管之间装有止逆阀，用于防止当料塞不紧密或操作不正常时，蒸煮管中的蒸汽与药液不会穿过进料器反喷。采用的办法是在喂料器的电机上装有负荷传感器，当料塞失效时，电机负荷低于设定值，止逆阀自动顶到料塞扩散管上以阻止反喷。这部分的控制回路有汽蒸管温度控制；喂料器电机负荷检测及止逆阀控制。

④ 用碱量控制　药液由白液和黑液配制而成，碱量的多少主要依据原料的组成和性质，以及纸浆的质量要求而定。增加用碱量，有利于加快蒸煮速度、降低纸浆硬度和提高纸浆的可漂性，但用碱量过多会降低浆的得率和物理强度；反之用碱量过低时，成浆较硬而色暗，不易漂白，而且筛渣增多。一般用碱量控制在 9%～15%。将白液和黑液按照配制比例送入

配碱槽，配好的药液经加热器加热后送药液计量槽，然后泵入喂料器。这部分的控制回路有各储槽的液位控制、各液体的流量控制、出配碱槽的流量控制、进喂料器的药液流量控制、药液温度控制等。

⑤ 蒸煮管内工况控制　主要的控制回路有蒸煮压力控制、蒸煮温度控制、蒸煮管速度控制。

⑥ 卸料器工况控制　蒸煮后的粗浆送入立式卸料器，为了顺利喷放，需要进行冷却处理。采用的办法是将冷黑液加压后送入卸料器。卸料器的液位则通过调节喷放阀的开度来进行控制。这部分的控制回路有黑液流量控制、卸料器内温度控制、卸料器液位控制。

⑦ 喷放锅工况控制　卸料器出来的粗浆进入喷放锅，之后送到洗选工段。这部分需要控制的有出喷放锅的流量、浓度控制以及稀释粗浆用的黑液流量控制。

10.2.3　洗选过程自动控制

蒸煮后的浆料中含有大量的有机物、可溶性无机物以及杂质，必须将它们从浆中去除，否则会损害漂白和抄纸过程。洗涤装置将含有可溶性固形物的黑液与浆料分离，筛选则可以除去未能蒸解的木片、木节等粗渣和砂石，净化纸浆。因此洗选是制浆造纸生产过程中非常重要的一环。

(1) 洗选过程简介

洗浆的目的是将蒸煮后的纸浆与黑液分离，得到洁净的纸浆。由于需要回收黑液中的无机盐和有机物，为了减轻碱回收蒸发过程的负荷，在洗涤时需要用最小的水量，以获得具有尽可能大浓度和尽可能高温度的黑液。目前多数工厂将多台真空洗浆机或压力洗浆机串联，采用逆流洗涤的方式，以提高洗浆效果。真空洗浆机和压力洗浆机的区别在于产生压差的方式不同，真空洗浆机是靠抽真空产生压差，而压力洗浆机是利用高压鼓风机的风压来形成压差。图5-10-4所示为4段逆流洗浆工艺流程图。

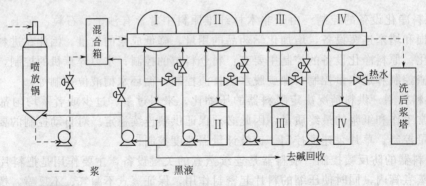

图 5-10-4　4 段逆流洗浆工艺流程图

来自蒸煮工段的粗浆存放在喷放锅中，并在喷放锅中与稀释黑液混合，之后由打浆泵送入混合箱与稀释黑液进一步混合。稀释后的粗浆首先进入Ⅰ段洗浆机内进行喷淋洗涤脱水，喷淋洗涤液是来自Ⅱ段黑液桶的黑液。Ⅰ段洗浆机排出的黑液进入Ⅰ段黑液桶，一部分用来稀释粗浆，一部分返回到蒸煮工段进行蒸煮，其余的送碱回收工段进行回收处理。Ⅰ段洗浆产生的洗后浆由压料辊送入Ⅱ段洗浆机，并由来自Ⅲ段黑液桶的黑液进行喷淋洗涤。如此进行下去，当浆进入Ⅳ段（最后一段）洗浆机时，用热水进行喷淋洗涤，洗后黑液进入Ⅳ段黑液桶，细浆则送浆塔等待进入筛选工段进行筛选。在整个洗浆过程中，浆与洗涤液的流向是相反的，因此称为逆流式洗浆。在逆流式洗浆过程中，浆从Ⅰ段流向Ⅳ段，残碱越来越少；洗涤液从Ⅳ段逆流到Ⅰ段，黑液浓度越来越高。

纸浆筛选过程一般可分为粗选、精选、净化、浆渣处理 4 个步骤，常用的筛选设备有筛浆机和锥形除渣器。影响筛选的主要因素有进浆浓度和流量，以及筛内稀释水量。进浆流量影响排渣流量和电机负荷；筛内稀释水量影响筛内粗渣的浓度，适当的稀释水量有利于良浆与粗渣的分离，减少良浆的损失。

（2）洗涤过程的常规控制

由于洗涤装置机理复杂，必须合理选择控制目标，才能同时得到满意的纸浆洗净度、黑液浓度和提取率。对洗涤工段的生产流程和机理进行分析可知：

① 细浆中的残碱含量主要与粗浆中的残碱含量、纸浆中黑液分离速率、进浆浓度及进浆流量有关；

② 黑液浓度主要由洗涤用水量和黑液分离速率决定。

其中粗浆中的残碱含量完全由蒸煮过程决定，无法控制；进浆浓度和进浆流量决定了进入洗涤过程的绝干量流量，需要进行自动控制以确保生产过程平稳、产量稳定。那么要控制细浆中的残碱含量和黑液浓度，关键在于控制黑液分离速率。对于压力洗浆机来说，黑液分离速率主要由压力差、洗涤液的温度和流量、浆层厚度等因素决定，其中浆层厚度与上网纸浆浓度、浆槽液位、洗鼓转速等因素有关，而洗鼓转速一般是稳定不变的。在绝干量流量稳定的情况下，稳定浆槽液位就可稳定纸浆上网浓度，因此浆层厚度可通过调节浆槽液位加以控制。

综上所述，纸浆洗涤装置的常规控制系统需要对进浆流量、进浆浓度、压力差、浆槽液位、洗涤水流量及温度等参数进行控制，一般采用单回路 PID 控制即可。除此之外，对于洗浆机的外围设备，如喷放锅、热水槽、温水槽、卧式浆池、立式浆池等，也需要进行监视，对有些重要参数还需要进行控制。

（3）洗涤过程的在线优化

纸浆洗涤过程中，腐蚀性介质多使得检测和控制的难度很大，而且有很多参数经常变化，使得系统常常偏离最优工作点。如喷放锅间歇接受来自不同蒸煮器的喷放锅，进浆浓度波动较大。采用 PI 单回路控制不仅产量波动较大，而且残碱度波动也很大。又如不同喷放锅之间经常需要倒锅，即从 1♯喷放锅倒到 2♯喷放锅，或从 2♯喷放锅再倒到 1♯喷放锅，这种倒锅会给进浆流量带来较大波动。若采用 PI 单回路控制方法，不仅产量及残碱度波动很大，严重时还会造成洗浆机断浆，影响正常生产。因此很有必要对该过程实现在线优化，实时监测过程运行状况，在满足所有约束条件的前提下，保证过程始终能够得到最佳的经济效益。

① 在线优化系统的结构　图 5-10-5 为洗涤装置在线优化系统结构示意图。由图可见，洗涤装置在线优化系统根据洗涤过程的输入输出变量，进行状态估计，并不断修正动态模型。多变量约束预测控制器（MPC）根据修正后的动态模型，实时更新过程的稳态非线性模型，并按照一定的周期重新进行优化计算，将优化的设定值送往控制系统。

显然，在线优化层和实时控制层构成了时标不同的双闭环回路。由于在线优化层不必等到整个装置系统处于稳态，就可以在线更新稳态非线性模型，进行优化计算，因此，该装置级在线优化系统无疑会带来更大的经济效益，具体表现为：

a. 增加产量，提高产品质量，使生产始终维持在最佳操作状况；

b. 减少原料和能源的消耗；

c. 延长设备的运行周期；

d. 对市场供求关系的变化反应及时；

e. 进一步深化对过程工艺的了解，有利于工艺的改进和操作策略的调整。

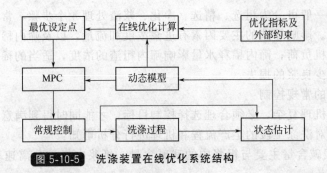

图 5-10-5 洗涤装置在线优化系统结构

② 在线优化算法 图 5-10-6 为洗涤过程在线优化计算的流程图，该算法包括系统建模、数据测量与处理、模型修正、模型评价（精度检验）、良好的寻优算法、优化结果分析及优化实施等部分。

a. 系统建模与模型校正 基于过程机理和严格物性计算的精确数学模型，是整个在线优化系统的核心。其独立变量一般是下层控制器的设定值，如温度、压力或流量回路的设定值。洗涤过程的输入为蒸煮后原浆或前段洗涤来浆和洗涤液体，输出为洗净纸浆和可回收利用的黑液。根据洗涤工段的任务要求，提高洗净度、置换比、黑液提取率及黑液浓度，降低稀释因子，是洗涤系统的控制目标。要实现控制目标，必须降低洗净

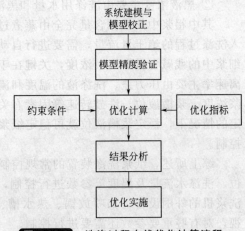

图 5-10-6 洗涤过程在线优化计算流程

纸浆中溶解固形物含量，提高黑液浓度，因此，可以选定纸浆中溶解固形物含量、黑液浓度为被控变量。那么基于纸浆纤维、水及溶解固形物的物料与机械能量平衡，可以建立单台压力式洗浆机洗涤过程的数学模型。

由于纸浆洗涤装置机理十分复杂，在建模过程中一般都做了一定的简化，所以与实际过程特性有一定差距，且纸浆洗涤过程是一个时变漂移过程，因此存在模型在线修正的问题。模型在线修正是指不断地根据现场的实测数据，对装置级系统模型中的参数甚至结构进行修正，使之能够与过程的实际操作情况保持一致。由于纸浆洗涤装置采用非线性模型来描述，可采用扩展卡尔曼滤波器来估计模型参数及状态。

b. 模型评价 由于系统常常处于动态过渡过程中，故可采用每一时刻预测误差来检验模型精度。首先计算实际测量值向量与预测值向量之间的偏差，然后将预测误差向量中的每一个元素除以相应的测量噪声标准差，便可得到新的预测误差向量，根据该向量来判断模型精度。

c. 优化算法 将洗涤过程优化问题表示为下述非线性规划问题：

$$\min_{x,u} c(x, u, d_{k|k})$$
$$\text{s.t.} \quad f(x, u, d_{k|k}) = 0$$
$$u_{\min} \leqslant u \leqslant u_{\max}$$
$$x_{\min} \leqslant x \leqslant x_{\max}$$
$$h(x, u, d_{k|k}) = 0$$

(5-10-4)

式中，$c(x, u, d_{k|k})$ 为目标函数；$d_{k|k}$ 为参数向量当前估计值；$f(x, u, d_{k|k}) = 0$ 为稳态方程；$u_{min} \leqslant u \leqslant u_{max}$ 和 $x_{min} \leqslant x \leqslant x_{max}$ 为操纵变量和状态变量的约束条件；$h(x, u, d_{k|k}) = 0$ 为附加等式约束。

洗涤过程的总体优化目标是在产量稳定的情况下，既降低纸浆中残碱含量，又提高黑液浓度，从而增加碱回收率、降低黑液蒸发的蒸汽用量、减少洗涤热水用量。因此可以适当选取碱回收、蒸发的蒸汽用量以及洗涤热水用量的经济指数，构成在线优化的目标函数。

洗涤过程在线优化中的约束有以下几类。

- 稳态模型。通过机理建模，可以得到整个洗涤过程的稳态模型。

- 变量取值范围。在洗涤过程中涉及到的变量有数十个甚至更多，其中直接影响纸浆洗涤效果的变量很多，如洗浆机转鼓内外压力差、洗涤热水温度与流量、进浆浓度、进浆流量等，它们将通过自己的工作范围相互限制和相互约束各自的变化区域，进而影响纸浆洗涤效果。因此，几乎所有的操纵变量和被控变量都有自己的取值约束。

- 附加约束条件。在洗涤过程的建模过程中，为简化起见，通常不考虑各子系统相互间的耦合，这些耦合因素将作为附加约束条件参与优化计算。

在线优化算法将在上述约束条件下进行优化，使得到的最优工作点始终在洗涤系统标准工作区域内，在保证安全生产的基础上，获得最大的经济效益。

d. 优化结果分析和实施。经过优化计算获得最优解，即为各个控制回路的最优设定点。为了避免使在线优化策略对某一瞬间或小的随机扰动做出反应，而使其对持续扰动比较灵敏，需要对最优设定点进行分析比较。一般情况下，可以将最优设定点代入目标函数进行比较

$$\text{if} \quad c(x^*, u^*, d_{k|k-1}^*) - c(x', u', d'_{k|k-1}) > \varepsilon \tag{5-10-5}$$

then 采用新的最优设定点

else 维持原有最优设定点

式中，x^*、u^*、$d_{k|k-1}^*$ 分别为原有状态向量、控制向量及参数向量；x'、u'、$d'_{k|k-1}$ 分别为新的状态向量、控制向量及参数向量。上述方法可以抑制在线优化计算引起的设定点噪声。

通常情况下，在线优化只需给设定值以较小的增量，其结果可以直接送到控制层。但是，当优化结果变化较大时，就需对新的设定值进行适当的处理，然后送到控制层执行。

10.2.4 漂白过程自动控制

(1) 漂白过程简介

纤维素是白色的，但纸浆中一般都含有一定数量的木素、有色物质以及其他的杂质，使得纸浆具有颜色，通常称之为本色浆或未漂浆。要得到一定白度的纸浆就得进行漂白。传统的漂白方法有两类：一类是氧化漂白法，是利用漂白剂的氧化作用去除纸浆中残留的木素，破坏发色基团；另一类是还原性漂白法，是使用还原性漂白剂，选择性地破坏纸浆中发色基团的结构，但不除去纸浆中的木素。这两类方法都是纸浆与漂白剂发生化学反应，常用的漂白剂有氯气（Cl_2）、二氧化氯（ClO_2）、氧气（O_2）、双氧水（H_2O_2）等。生产实践和科学研究显示，元素氯比次氯酸盐更易与木素作用，生成的氯化木素在水中的溶解度不大，但却易溶于稀碱液，且氯对纤维素和半纤维素的破坏较小。典型的三段漂白过为氯化—碱处理—次氯酸盐补充漂白或氯化—碱处理—二氧化氯漂白。目前还出现了五段漂白工艺，如图5-10-7所示。

将氯与纸浆混合后送入氯化塔中进行氯化反应。纸浆经氯化后生成氯化木素，进入真空洗浆机中进行洗涤，能去掉约 1/2 的氯化木素以及大部分酸和残氯。对于附着在纤维上的剩

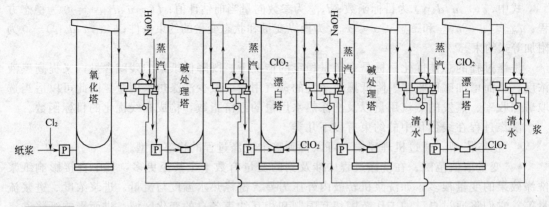

图 5-10-7   五段漂白工艺流程示意图

余氯化木素以及污物，加入适量的碱后送入碱处理塔内进行碱处理。碱处理生成能溶解于水的碱化木素，再经真空洗浆机洗涤除去残碱和溶解物。将经氯化及碱处理后的纸浆与二氧化氯混合均匀后送入 ClO_2 漂白塔进行漂白，然后进行洗涤。之后再通过一次碱处理和一次 ClO_2 漂白。每段完了都进行洗涤除去溶出的物质，以减少下一个工序中化学药品的消耗量。经五段漂白后纸浆的白度可达到约 90%。

(2) 漂白过程的常规控制

① 漂白过程的控制问题   现代化漂白过程都是由多段漂白组成的连续化学反应过程，当纸浆 Kappa 值和残留碱发生变化，或者纸浆与化学品混合不均匀、比例不适当等因素，都会干扰化学反应的进行。实现漂白过程自动控制的主要困难在于漂白过程的反应机理还不完全清楚，缺乏准确的数学模型来描述动态过程，同时过程主要变量（如 Kappa 值、白度等）的在线测量仪表还不完善或价格昂贵，很难实现快速准确的在线监测。

由于漂白过程受反应物（纸浆和漂白剂）的性质、浓度和比例、反应温度以及反应时间等几个主要因素影响，它们之间的关系可用下式表达

$$\frac{\mathrm{d}K}{\mathrm{d}t} = -\mathrm{e}^{(A-\frac{E_a}{RT})}(C_X)^\alpha K^\gamma \tag{5-10-6}$$

式中，K 是纸浆 Kappa 值；A 是反应常数；E_a 是活化能；R 是气体常数；T 是反应温度；t 是反应时间；C_X 是漂白剂的浓度；α、γ 是常数。因此漂白过程需要测量和控制的主要变量有：

- 未漂纸浆的 Kappa 值、浓度和流量；
- 各种漂白剂和化学药品的浓度和流量；
- 漂白温度；
- 各漂白塔的浆位；
- 纸浆白度；
- 真空洗浆机浆槽液位和洗涤用水量。

② 氯化工段   将来自洗选工段，存放在调浓浆池中的纸浆泵入混合器中，与氯水进行混合。混合后的未漂浆送入升流式氯化塔，进行氯化反应。反应后的产物送入洗浆机，洗涤后送碱处理工段。氯化工段多采用单回路 PID 控制，主要的控制回路包括以下方面。

- 进入混合器的纸浆的浓度控制和流量控制，这是为了确保进入漂白系统的绝干浆量稳定。
- 制造氯水的氯气用量的控制。由于氯水是在"氯水分离器"中由氯气与流量一定的

水混合而成，为确保化学药品用量与绝干浆量相匹配，氯气的用量必须精确控制。

- 氯气的流量控制，附加安全联锁控制。为了防止在无浆或无水流通时出现氯气泄漏，通过安全联锁控制方案，使得只有在同时有纸浆流量和水流量时才能加入氯气。
- 纸浆流量的控制。由于反应混合物在氯化塔的停留时间由纸浆流量决定，因此对纸浆流量的控制也使得氯化反应时间得到了控制。
- 浆槽液位控制回路。
- 其他附属设备的控制与监视。

③ 碱处理工段　将浓度稳定的碱液直接加入氯化工段洗浆机的再碎槽中，然后在混合机中用蒸汽直接加热纸浆。与碱液混合良好、温度一定的高浓纸浆送到碱化塔进行反应，从塔底流出后经稀释水稀释，送洗浆机进行洗涤。在碱处理工段的主要控制回路有以下几方面。

- 碱液流量相对绝干浆量的比值控制，如图 5-10-8 所示。由于碱液浓度一定，根据绝干浆量调节碱液流量，可实现用碱量与绝干浆量成比例。

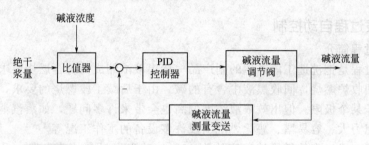

图 5-10-8　碱液流量相对绝干浆量的比值控制

- 碱处理温度控制。通过调节直接加热蒸汽流量来控制。
- 碱化塔浆位控制。通过调节碱化塔出浆流量来控制。
- 碱化塔稀释水流量控制。
- 其他附属设备的控制与监视，如洗浆过程浆槽液位控制等。

④ 次氯酸盐补充漂白工段　次氯酸盐补充漂白段与碱化工段流程类似，漂白液直接加入到碱化工段洗浆机的再碎槽中，然后在混合器中用蒸汽直接加热纸浆。纸浆进入漂白塔进行反应，漂白后的浓纸浆在塔底部用流量一定的稀释水进行稀释。漂白工段的主要控制回路有以下几方面。

- 漂液流量相对进浆绝干浆量的比值控制。
- 漂白反应温度控制。通过调节进入混合器的加热蒸汽流量来控制。
- 漂白塔浆位控制。通过调节出塔纸浆流量来控制。
- 稀释水流量控制。
- 其他附属设备的控制与监视。

10.3　碱回收过程自动控制

在碱法制浆过程中，约有 50% 的纤维原料溶解在蒸煮液中成为黑液。黑液中的固形物由 70% 左右的有机物和 30% 左右的无机物构成。其中无机物的主要成分是与有机物结合的钠盐、游离的氢氧化钠、硫化钠、硫酸钠，在草浆黑液中还有硅酸钠。碱回收的目的就是将这些钠盐转化成氢氧化钠和硫化钠，回收利用，以降低生产成本并减少环境污染。

目前国内外多采用传统的燃烧法进行碱回收，如图 5-10-9 所示。经洗涤得来的稀黑液，首先在多效蒸发器进行浓缩，到 50％以上的浓度后送入碱回收炉燃烧，将有机物（木素）、有机酸及小纤维等烧掉，剩下的无机物为碳酸钠和硫化钠。燃烧后的熔融物经溶解澄清后成为绿液。将石灰加入绿液中，使碳酸钠等苛化成为氢氧化钠，并将苛化生成的碳酸钙和硅酸钙（白泥）沉淀分离，得到氢氧化钠和硫化钠的混合溶液，称为白液，送蒸煮车间供蒸煮用。黑浓有机物在燃烧时放出的热量，可用来产生蒸汽供生产使用，碱回收炉炉尾烟气温度在 300℃左右，可用于直接蒸发浓缩黑液。

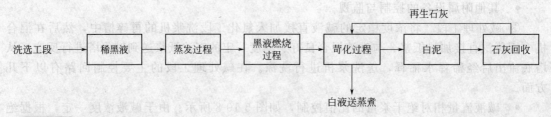

图 5-10-9 碱回收流程图

10.3.1 蒸发过程自动控制

(1) 蒸发过程简介

黑液蒸发过程是把洗选工段产生的副产品—稀黑液浓缩成为符合燃烧要求的浓黑液，然后才能送进碱回收炉燃烧，回收黑液中含有的碱。由于后续工段燃烧的要求，蒸发的出效浓液浓度不能低于某个极限。但出效浓液浓度偏高也会带来许多问题，如蒸汽消耗大、结垢速度加快、管道阻力大、容易堵、恶化燃烧工段许多设备的工作工况等。

从纸浆洗涤工段过来的稀黑液浓度约为 10％，首先经过多效蒸发器，采用蒸汽间接加热蒸发的方式，将黑液浓缩到 45％左右。然后再在圆盘蒸发器中利用烟气的热量，进一步浓缩到 50％。多效蒸发器实际上是将一系列单个蒸发器组合起来，每一效蒸发器产生的蒸汽作为下一效的加热蒸汽。蒸发器有多种形式，主要有长管升膜蒸发器（简称管式）和自由降膜板式蒸发器（简称板式）两种。通常，当黑液浓度低于 20％时可采用管式，当黑液浓度提高到 20％～25％时可采用板式蒸发器进一步蒸发到 42％～45％。多效蒸发器的原则是让一定的热量重复多次用于蒸发，采取的方式是让逐渐变浓的黑液在降低蒸汽压力的情况下不断降低沸点而沸腾。一般采用逆流式进料方法，如图 5-10-10 所示，稀黑液从最后一效进，浓黑液从第一效出。蒸汽进入第一效蒸发器的加热室冷凝，蒸发出相应比例的水蒸气。这部分水蒸气进入压力较低的第二效蒸发室。由于第二效黑液浓度较低，其沸点低于离开第一效的蒸汽冷凝温度。这个温度差就是第一效产生的蒸汽能在第二效中将相应比例的水蒸发出来的动力。

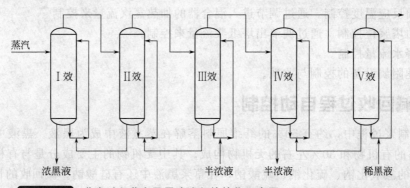

图 5-10-10 蒸发过程蒸汽及黑液流程的简化示意图

（2）蒸发过程控制问题

黑液蒸发过程的控制难点主要体现在被控对象的复杂性、严重非线性以及大时滞三个方面。黑液蒸发一般由四效或五效蒸发器组成，各效之间存在相互耦合，因此多效蒸发系统动态模型往往需要几十阶的非线性方程组来描述，同时该方程组还存在着复杂的非线性约束。由于蒸发器本身的设备管道容量大，系统的动态响应具有很大的滞后，在系统的一端某个物理量发生变化后，系统的另一端常常要在 30min 之后才能做出反应。黑液蒸发过程的常规控制一般需要实现以下功能。

① 出效浓液浓度保持稳定　为了保证后续燃烧工段正常运行，必须保证蒸发器出效浓黑液的浓度不能低于燃烧要求，否则可能会由于黑液无法燃烧而导致燃烧炉熄火。另一方面，如果黑液浓度过高，由于黏度过大，可能导致黑液无法正常流动，并加剧蒸发设备的结垢速度，导致频繁清洗。通常采用调节加热蒸汽压力的方法来实现出效浓液浓度稳定，也可采用进效流量来调节出效浓液浓度。

② 出效浓黑液流量保持稳定　出效黑液流量过高或过低，都会影响后续工段生产的正常进行。并且，由于出效黑液流量和浓度之间存在严重的耦合，流量波动势必会使得出效浓液浓度产生波动。常采用进效流量来调节出效黑液流量，也可用加热蒸汽压力来进行调节，需要与出效浓液浓度控制回路相对应。由于出效浓液浓度和流量控制回路之间存在耦合，可采用如图 5-10-11 所示的前馈方法进行解耦控制。

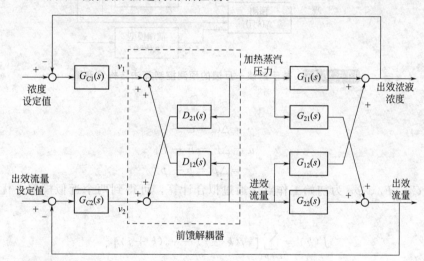

图 5-10-11　前馈解耦控制

③ 过程稳定运行　对于蒸发过程来说，由于干扰众多，必须保证各种工艺参数，如加热蒸汽压力、进效黑液流量、蒸发器内液位等的稳定，否则会导致蒸发系统运行状况恶化，进一步影响整个燃烧过程的正常运行。

（3）蒸发过程的先进控制

影响出效浓液浓度的因素很多，除蒸发器本身的内在因素外，最主要的外部因素有加热蒸汽压力、进效量、进效黑液浓度、末效真空度等。工厂出于成本原因，往往只在出效浓黑液处安装浓度计，因此通常采用调节加热蒸汽压力或进效量来控制出效浓液浓度。在许多有关黑液浓度控制的文献中，将加热蒸汽压力作为控制出效浓液浓度的操纵变量，而进效量用于调节生产能力。这种方法比较符合思维习惯，但是也可采用与之相反的方案，即用进效量 F 控制出效浓液浓度 C，用加热蒸汽压力 p 调节生产能力，同时为了消除 p 变化对 C 的影响，还引入了 p 的前馈控制，如图 5-10-12 所示。这种控制方案的好处在于：

① F 调节 C 的线性度要比 p 调节 C 的线性度好；

② p 调节生产能力的方法安全性较好（由于结垢和黑液性质变化的影响，蒸发系统的传热效果随时间改变。如果保持进效量不变，为保证出效浓液浓度不变，加热蒸汽压力必然频繁波动，这样容易出现 p 超过蒸发器的合理压力极限的情况）；

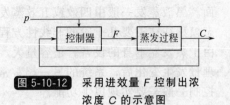

图 5-10-12 采用进效量 F 控制出浓浓度 C 的示意图

③ 采用 F 调节 C 的方法能最大限度地利用蒸发系统的生产能力（此时可将 p 调节至最大极限。而如果采用 p 调节 C，则 p 必须留有余量，由此蒸发系统不能发挥最大的生产能力）。

由于对象存在很大的时滞，采用常规的 PID 控制算法很难得到满意的控制效果，可采用预测控制的动态矩阵（DMC）算法，其结构示意如图 5-10-13 所示。整个控制算法的框架与经典 DMC 算法相似，不同之处只是在预测模型中增加了前馈预测部分。

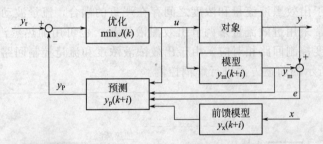

图 5-10-13 基于前馈＋反馈的预测控制算法结构示意图

图中：

$$y = \Delta C = C - C_0$$
$$u = \Delta F = F - F_0 \qquad\qquad (5\text{-}10\text{-}7)$$
$$x = \Delta p = p - p_0$$

式中，C_0、F_0、p_0 为初始工作点。通过拟合计算，可得到两个近似模型，优化目标函数可取为

$$J(k) = \sum_{i=p_1}^{p_2} [y_r(k+i) - y_p(k+i)]^2 \qquad\qquad (5\text{-}10\text{-}8)$$

DMC 算法的具体推导这里不再赘述，可参阅相关文献。

10.3.2 燃烧过程自动控制

(1) 燃烧过程简介

黑液燃烧系统是整个碱回收过程中最复杂也是最关键的工段之一。燃烧的目的是回收无机化学药品，把补充的芒硝还原为 Na_2S，同时以蒸汽方式回收有机物燃烧产生的热量，并减少废气对环境的污染。燃烧工段的最主要设备为碱回收锅炉，目前常用的碱回收炉为喷射炉，如图 5-10-14 所示。

来自蒸发工段的浓黑液与碱灰混合后送入燃烧工段的直接接触蒸发器中，利用烟气和余热进行进一步浓缩。然后加入芒硝（Na_2SO_4）处理后，由喷枪喷入燃烧炉进行燃烧。大部分黑液滴经过一段飞行后落到炉膛底部的垫层上继续燃烧，部分黑液滴落到炉墙表面形成黏附层继续燃烧，还有小部分直径较小的黑液颗粒被炉膛中的上升气流带出炉膛，进入对流传热段形成机械夹带。炉膛底部垫层由喷入的未完全燃烧黑液固形物颗粒堆积而成，其作用是让未完全燃烧的黑液颗粒继续燃烧，同时为黑液滴完全燃烧后留下的无机盐的还原反应及熔融流出提供合适的环境。为了让喷入的黑液滴能充分燃烧，垫层中的还原反应能顺利进行，沿燃烧炉炉膛不同高度依次吹入一、二、三次风。垫层底部的无机熔融物流出炉膛后进入溶解槽，形成绿液，然后送去苛化工段继续处理。黑液滴燃烧过程产生的烟气（含部分黑液夹带物和碱灰熔尘），从对流传热段出来后经电除尘器处理（回收烟气中的碱灰），然后由引风机抽出排入大气。

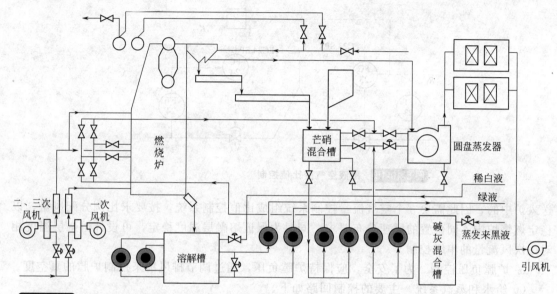

图 5-10-14 黑液燃烧系统工艺流程图

（2）燃烧过程常规控制

燃烧过程的控制与锅炉的控制有许多相同之处，可分为 4 个子系统：黑液系统、燃烧系统、给水和蒸汽系统、其他辅助系统，现分述如下。

① 黑液系统　来自蒸发工段的浓黑液进入圆盘蒸发器进一步进行浓缩，然后进入黑液槽。黑液槽中的黑液由黑液泵送至加热炉进行加热，之后喷射入燃烧炉内燃烧。黑液在燃烧前的处理有 3 个目的：进一步浓缩黑液以达到燃烧的要求；确保喷射燃烧的固形物量稳定；确保喷射时黑液分散均匀。主要控制回路如下。

- 进入喷射炉的黑液浓度控制。通过调节进入蒸发器的蒸汽量来实现黑液浓度的稳定控制。

- 进入喷射炉的黑液流量控制。调节进入喷射炉的黑液量来确保黑液流量稳定，流量和浓度稳定就可以确保喷射燃烧固形物的量稳定。

- 黑液的温度控制。调节进入二次加热器的蒸汽量来实现黑液温度的稳定控制，当黑液的温度稳定时可以确保黑液分散均匀。

② 燃烧系统　黑液燃烧过程控制的目的主要有：调节送风量，与黑液量保持合适的配比，以保证黑液充分燃烧又不致造成过多的热损失和碱流失；合理分布进风量，保证炉中熔融层温度，为芒硝的还原反应创造良好的条件；监测燃烧过程，保证生产安全。主要的控制回路如下。

a. 由烟气氧含量、送风量、和黑液量构成的变比值控制回路　如图 5-10-15 所示，控制送风量相对黑液量保持一定的比例关系，其比值参数由烟气氧含量决定。

b. 送风量的配比控制　燃烧所需的空气是由送风系统分 3 个不同的位置以不同的风量

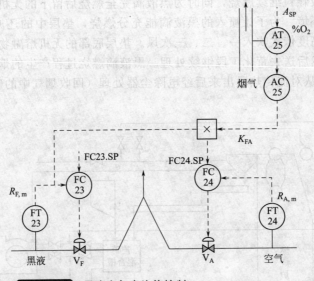

图 5-10-15　黑液空气变比值控制

送入炉中的，因此需要 3 个空气流量控制系统组成比值控制系统，按要求比例分配风量，以稳定燃烧炉中不同位置的风速分布要求。同时为保证熔融层温度稳定，可设计熔融层温度相对一次风流量的串级控制。

　　c. 炉膛负压控制　为了安全，应保持炉膛负压，通过调节排风扇来控制炉膛的真空度。

　　③ 给水和蒸汽系统　主要的控制回路如下。

　　• 汽包液位、蒸汽流量和给水流量三冲量控制。如图 5-10-16 所示，通过调节给水流量来稳定汽包液位，以保证安全运行。

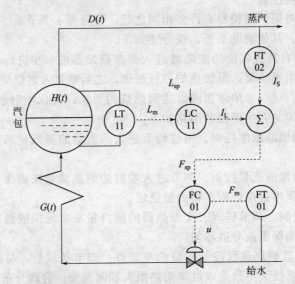

图 5-10-16　汽包水位三冲量控制

　　• 蒸汽温度控制。通过调节喷入过热器的水的流量，实现不同负荷和燃烧条件下的蒸汽温度的稳定。

　　④ 其他辅助系统　熔融物流进溶解槽，与稀白液混合溶解后变成绿液，溶解槽内设液

位和绿液相对密度控制系统，以稳定送苛化工段绿液浓度。设熔融物流槽冷却水的水温或流量监测系统以保证生产安全。

（3）燃烧过程的优化控制

根据黑液燃烧系统工艺特点可知，碱回收锅炉主要有两个作用：一是从黑液中回收化学药品以供蒸煮之用；二是以高压蒸汽的形式回收黑液中的能量。碱回收炉的这种特点决定了其优化控制策略与常规动力锅炉有所不同，除了要保持炉膛内最佳的燃烧效率以外，还必须保持垫层中的最佳还原状态，使得尽可能多的 Na_2SO_4 转化为 Na_2S，而且要尽可能地减少燃烧过程的碱灰排放，以延长炉子的操作周期和减少吹灰蒸汽的消耗量。

综上所述，在确保碱回收炉安全平稳运行的前提下，优化的目标是保证炉子的最佳热效率（过量风优化）和最大芒硝还原率（垫层表面温度优化）。可以采用"消耗空气控制策略"来实现上述优化目标。

消耗空气控制策略通过镇定与生产速率相关的热释放速率，使得垫层上的还原过程更加平稳，并导致更低的总还原硫和更低的特殊气体排放。消耗空气控制和传统的回收炉控制策略的主要区别在于：消耗空气策略用一个专门的模型（消耗空气模型）计算燃烧过程中总的空气消耗量，以此来持续监视热释放速率的变化；然后根据此变化调整喷入回收炉的黑液流量以保持恒定的热释放速率，进而保持垫层温度恒定。这种控制策略不同于只用在线分析仪结果来调整黑液流量的系统，因为在消耗空气控制策略中不可直接测量的黑液有机物和无机物含量、比率变化是通过推断得出，并通过改变黑液流量使得可燃有机物流量和燃烧空气流量，尤其是一次风流量间的比例保持恒定。

采用消耗空气控制策略，不但可以降低烟气氧含量，提高锅炉热效率，而且通过稳定炉膛底部的燃烧条件，还可以提高垫层的还原效率，减少过热器区的积灰，进而延长炉子的正常运行周期。

① 消耗空气模型　在空气消耗模型计算中，首先把测得的烟气氧含量转化为过量空气量，通过它来得到实际燃烧过程消耗的总空气量，然后根据基本热量单元（BTU）分析原理，扣除其他辅助燃料消耗的空气量，就可算出对应于喷入的黑液固形物所消耗的实际总空气量。另一方面，由事先测定的黑液固形物基本元素分析结果，可算出对应于外设定生产速率（黑液处理量）的理论空气消耗量。两者之间的偏差通过微调黑液固形物流量控制器的设定值来消除。然后长时段内由黑液固形物 BTU 变化和仪表误差引起的计算偏差，通过比较消耗空气计算值和锅炉的实际蒸汽流量来进行校正。

② 黑液流量和温度　在碱回收炉的黑液喷射控制中，维持恒定的黑液温度、黏度以及黑液液滴尺寸的狭窄分布是很重要的。通过用折射仪测定固形物含量，把黑液喷射量校正为固形物流量。将固形物流量与固形物流量控制器的设定值（由生产率决定）进行比较，再将流量控制器的输出作为喷射黑液压力控制器的设定值。压力控制器设定值的高/低限设置，可以使黑液喷射压力维持在预先由最优黑液滴尺寸确定的范围之内。压力限的设置，还可以方便喷枪口径的改变和喷枪的启/停。

黑液温度控制器的输出间接改变黑液加热器的蒸汽流量。同时，黑液流量的变化前馈到温度控制器，使得在黑液温度发生变化前就开始调整黑液加热器所需的蒸汽流量，从而保持恒定的黑液温度和黏度。

③ 生产速率（黑液处理量）控制　在低负荷或满负荷状态下，回收炉生产率（黑液固形物处理量）设定值是基于浓黑液库存量或操作者外给定的。生产速率要求直接决定了需要的固形物流量和理论消耗空气总量。通过消耗空气量的控制来达到控制生产速率的目的。

④ 氧量修正　氧量控制器通过调节二次风流量来实现烟气氧量的控制，其设定点既可

由操作者另外给定，也可通过自寻优算法确定。

⑤ 风量调节　一次风流量的测量值和一次风流量控制器设定值进行比较，控制器的输出去调节一次风机的转速。一次风的比例是操作者可以调整的总风量（此总风量对应于生产速率设定的理论空气量）百分比，也可以通过垫层表面温度的自寻最优算法来确定。一次风流量并不受消耗空气模型计算或烟气氧量修整计算的影响，一次风流量的恒定确保了垫层表面钠蒸发量的稳定。

二次风流量加上一次风流量和三次风流量就得到了总风量。由生产速率确定的总风量与二次风流量控制器中的总风量作比较，控制器输出通过调节二次风挡板以保持总风量和 BTU 流的比值。二次风对三次风的比例通过比例控制器来改变。

三次风的调节跟二次风相似。对于三次风，为了使风贯穿进入炉膛中心所需要的压力比起实际流量更重要。因此三次风流量有一个最小设定限以保证三次风压力不低于希望的水平。

10.3.3　苛化过程自动控制

回收炉出来的熔融物溶解在稀洗涤液中形成绿液。苛化就是在绿液中加入石灰，使碳酸钠（Na_2CO_3）变为氢氧化钠（$NaOH$），澄清后得到蒸煮需要的白液。苛化反应生成的沉淀物叫作白泥，其主要成分为碳酸钙（$CaCO_3$）。白泥经过洗涤、过滤、脱水后送石灰炉燃烧，即生成再生石灰（CaO），再生石灰可送回苛化器进行苛化反应。

苛化过程分为消化反应和苛化反应，消化反应的反应式为

$$CaO + H_2O \longrightarrow Ca(OH)_2 \tag{5-10-9}$$

苛化反应的反应式为

$$Ca(OH)_2 + Na_2CO_3 \rightleftharpoons 2NaOH + CaCO_3 \tag{5-10-10}$$

苛化反应是可逆的，碳酸钠不能全部变成氢氧化钠，其转变的程度称为苛化率（CE）：

$$CE\% = \frac{NaOH}{Na_2CO_3 + NaOH} \times 100\% \tag{5-10-11}$$

(1) 苛化流程简介

苛化过程的工艺流程如图 5-10-17 所示。将熔融物溶解槽内的绿液泵入绿液澄清器进行澄清分离。由绿液澄清器底部抽出的绿泥带有较多的绿液，需洗涤回收绿液中的残碱。澄清后的绿液经加热后泵入消化器，与石灰进行消化反应。之后进入串联的苛化器进行苛化反应。苛化器出来的乳液流入白液澄清器进行澄清分离，澄清的白液溢流进入浓白液槽供蒸煮用。沉集在白液澄清器底部的白泥，用隔膜泵抽出送入沉渣搅拌槽，之后送入真空洗渣机，经洗涤和脱水后送入石灰回转炉以转化成石灰，再回收用于苛化反应。

(2) 苛化过程的控制

苛化过程控制的主要目的是：

- 提高苛化率，使苛化反应向最有利于生成氢氧化钠的方向进行；
- 使白液浓度尽可能高且稳定；
- 尽可能分离碳酸钙与白液。

需要控制的变量包括：反应物的量及其比例关系，即绿液的浓度和流量、石灰的加入量以及它们的比值；反应温度；反应时间；有利苛性钠与碳酸钙分离的变量（例如过滤浓度，洗涤水温度等）。

苛化过程典型的控制回路如下。

- 通过调节稀释液流量来实现进入消化器的绿液浓度控制。
- 进入消化器的绿液流量控制。

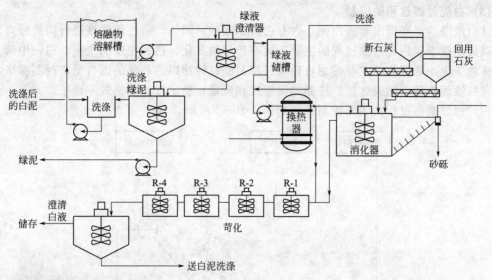

图 5-10-17　连续苛化过程工艺流程

- 　通过调节换热器加热介质流量来实现进入消化器的绿液温度控制。
- 　绿液量与石灰量的配比控制。由于消化过程是一个放热反应过程，因此可将消化器进出口的温差作为消化过程绿液与石灰加入量配比的测量参数。一种方法是当温差增大时，调节石灰进料器的速度，减少石灰进入量，直至温差稳定。另一种方法是调节绿液旁路流量以稳定温差。
- 　苛化率控制　对苛化率的控制可采用图 5-10-18 所示的变比值串级控制方案。当绿液浓度一定时，石灰给料量按照绿液流量成比例变化，比值系数由消化器进出口温差控制器进行调节。消化器进出口温差的设定值由苛化率控制器调节，而苛化率的测量值则是根据白液有效碱、出第一苛化器白液有效碱以及绿液有效碱的差值计算得来。

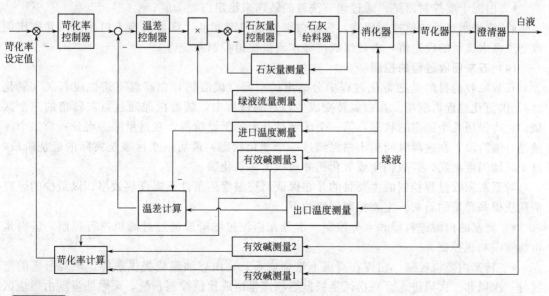

图 5-10-18　苛化率变比值串级控制方案

（3）白泥过滤过程的控制

从白液澄清器底部出来的白泥，含有白液和碳酸钙固体，需过滤洗涤进行固液分离，以提高碱的回收率。白泥过滤过程的主要干扰有产量的变化、白泥密度的变化、白泥中碱含量和固体粒子大小的变化。主要控制目标有：控制滤鼓转速以达最佳的固含量；控制洗涤水流量以保持滤泥中最低的碱含量；控制白泥密度和流量；稳定过滤洗涤效率因子。

白泥过滤洗涤过程的主要控制回路如图 5-10-19 所示，有：

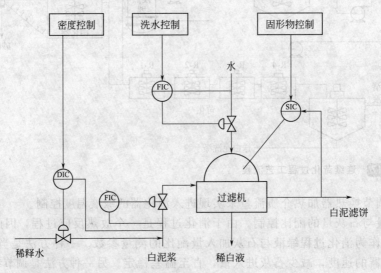

图 5-10-19　白泥过滤洗涤过程控制方案

- 白泥浆密度控制回路，通过调节稀释水流量来控制白泥密度稳定；
- 白泥浆流量控制回路；
- 过滤机洗鼓内外压力差控制回路；
- 白泥干度控制回路，通过调节洗鼓的转速来稳定白泥干度；
- 洗涤水流量比值控制回路，根据白泥流量和密度可计算得到绝干白泥量，并按比例改变洗涤水流量的设定值，由此组成洗涤水流量比值控制系统。

（4）石灰回收过程的控制

石灰回收的目的是把苛化过程中分离出的白泥（碳酸钙）在高温下焙烧成石灰（氧化钙），供苛化过程再利用。在白泥转变成生石灰的过程中，随着白泥通过石灰转窑的三个区域，它将经历几个固定的状态：第一个区域是开始的干燥阶段，在这里除去水分；第二个区域是升温阶段，在这段时间里干白泥经过一个塑化状态；最后一个区域是实际的煅烧阶段，这个区域温度很高，碳酸钙生成氧化钙并释放出二氧化碳。

对石灰回收过程控制的主要目的是在保证焙烧温度的条件下提高热效率，以最少的燃料消耗获得高质量的石灰。主要控制回路如下。

- 转窑的白泥进料量和水分控制　水分在白泥过滤阶段通过过滤机进行控制，进料量由螺旋喂料机控制。
- 转窑内燃烧控制　白泥在高温下焙烧成石灰，由燃油燃烧提供热能，燃烧所需的空气分一次风和二次风进入。一次风量根据燃油流量组成比值控制系统，而燃油量则由燃烧区的温度作为依据进行调节。在转窑喂料端安装氧气测量装置，根据氧含量调节二次风量，以避免空气的过量或不足。转窑内压力通过引风机来控制。

10.4　造纸过程自动控制

10.4.1　造纸过程工艺流程简介

纸和纸板是由悬浮在流体中（如水或空气中）的纤维在网上形成错综交织的均匀纤维层，经压榨和干燥之后所成的产品。根据纸张所需性质的不同，在制造过程中需要添加一些不同的辅助材料，如各种填料、化学药剂、染料、胶料及明矾等。纸的制造过程一般可分为3个步骤。

（1）浆料制备

根据产品需求选择适合的纸浆。在打浆设备中进行打浆，使纸浆具备适合产品性能要求的特性。将所需的胶料、填料及染料调制后加入到纸浆中去，然后将调合好的纸料进行筛选和净化，除去较大的纤维束、浆块、砂粒等杂物。

（2）纸页抄造

调合好的纸料经白水稀释后送入造纸机。在造纸机的网部脱去大量的水，形成湿纸页。湿纸页再经压榨辊压榨，进一步脱去水分，然后将纸页送入干燥部，利用蒸汽间接加热，将残余水分除去，使纸张达到产品规定的干度。最后在卷纸机上卷成纸卷。

（3）纸页整选

整选是造纸生产过程的完成阶段，包括纸的表面压光、复卷（卷筒纸）或切裁（平板纸）、选纸、检验、包装和打件等。

10.4.2　打浆过程自动化

打浆是制浆造纸生产过程中极为重要的一环。植物纤维原料经蒸煮、漂白后制成浆料，此时浆料中的纤维尚未分散成单根纤维。用这种含有大量纤维束的纸浆抄造成的纸张是粗糙且疏松的，不宜使用，需要通过打浆的机械作用，对浆料中的纤维进行处理，使其发生物理变化，从而获得一些特定的性质，以满足纸或纸板的质量要求。一般称未经打浆的浆料为原浆，已处理好的浆料为成浆。

图 5-10-20 为简化的打浆工艺流程图。来自洗选的纸浆与白水混合后送入浆池，由浆泵送入盘磨机进行打浆，打浆后的成浆送入成浆池。

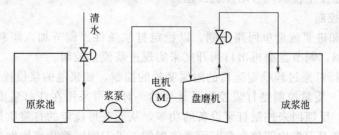

图 5-10-20　简化的打浆工艺流程图

（1）打浆的控制问题

打浆是通过机械作用改变纸浆物理特性的加工过程，需要控制的主要指标是打浆度（SR）。由于打浆度的在线分析仪测量滞后时间长、设备投资费用高、维护工作量大，常采用间接方法来实现对打浆度的控制。

① 打浆设备的负荷　在浆料浓度和流量都稳定的情况下，电机负荷大小直接与刀的间距成比例，稳定了电机负荷，就稳定了通过打浆设备的单位浆料所消耗的电能，也就稳定了打浆度。

② 打浆前后的温度差　浆料在打浆设备中经加压摩擦的打浆作用后，温度会上升。在打浆过程中，浆料温度升高的原因是打浆设备的动力大部分消耗于摩擦发热，变为热量，使纸浆温度升高。打浆度越高，温升越高，两者之间呈近似线性关系。

③ 打浆度的软测量　影响打浆度的因素很多，包括设备的种类不同、浆料的种类不同、打浆设备的数量不同、进浆流量不同、进浆浓度不同、进浆压力不同、循环打浆与连续打浆的方式不同、打浆前后的温差不同等因素。对于某个实际的打浆流程，当水温、浆温恒定时，影响打浆度的主要因素是浆料浓度和流量、消耗的电功率、打浆设备的数量，此时打浆度可用下式近似表示：

$$SR = K \frac{\sum_{i=1}^{n} W_i}{qc} + SR_0 \tag{5-10-12}$$

式中，SR 为成浆（打浆后）的打浆度；SR_0 为原浆（打浆前）的打浆度；$\sum_{i=1}^{n} W_i$ 为打浆过程消耗的电功率；n 表示打浆设备的数量；q 为进浆流量；c 为进浆浓度；K 为与其他因素有关的系数，需在线整定。

(2) 打浆的控制方案

打浆过程的控制回路可以分为三类，分别是打浆设备控制、过程稳定控制和质量控制，现叙述如下。

① 打浆设备控制

a. 为了维护设备正常运行而进行的控制，包括浆池搅拌器、各个输送泵、盘磨机的油泵、主机的启停控制等。

b. 为了保障设备安全运行而进行的控制，包括：

- 对各相关电气设备进行必要的监视、报警和联锁控制；
- 温度、液位的超限报警与联锁控制；
- 出口浆管上的压力联锁控制（为了保证盘磨机正常运行，避免定子与转子之间发生机械接触，在出口浆管上装有压力联锁装置。当压力低于某定值时，说明纸浆通过量少，定子与转子之间可能发生接触，自动停机或退刀）。

② 过程稳定控制

a. 进浆浓度和进浆流量单回路控制，以稳定打浆条件。调节加入浆料中的白水流量来实现进浆浓度控制，调节盘磨机出口阀开度来实现进浆流量控制。

b. 其他为维持打浆过程稳定运行的附属变量的控制，如浆池的浆位控制等。

③ 质量控制　质量控制是打浆控制最重要的一环，可采用在线打浆度测量仪或软测量技术测得打浆度，反馈回来控制打浆设备的功率，从而获得稳定的打浆质量。功率控制主要是利用盘磨机的进退刀机构调整磨盘间距来实现的，进刀则磨浆功率增大，退刀则磨浆功率减小。由于进刀不可能非常均匀，磨浆功率会有小幅波动，为防止频繁进退刀，功率控制时应设立控制死区。

由于在线测量打浆度存在诸多困难，通常采用简单的负荷调节或温差调节方法来实现打浆的质量控制。图 5-10-21 是盘磨机的几种自动控制方案。

图 5-10-21 中方案 a 是以盘磨机电机负荷作为测量信号的控制方案。功率传感器（KWT）测量得到盘磨机的电机负荷，测量信号送至功率调节器（KWC）与给定值进行比较。若有偏差，则调节器发出控制信号给调节电机，改变刀间距，使拖动电机负荷稳定。

图 5-10-21 中方案 b 是以温度差作为测量信号的控制方案。两支热电阻分别装在盘磨机

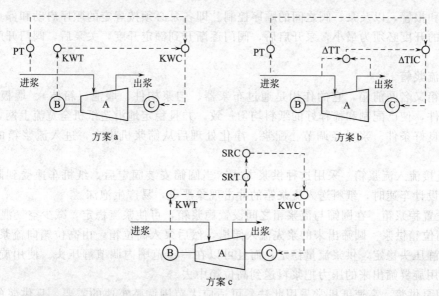

图 5-10-21 盘磨机自动控制方案

A—盘磨机；B—拖动电机；C—调节电机

进口和出口管线上，温差变送器（ΔTT）将检测得到的温差信号送至温差调节器（ΔTIC），与给定值比较。若有偏差，则调节器发出控制信号去调整调节电机，使温差稳定。

方案 a 和方案 b 中都设有联锁保护系统。装在进浆管线上的压力变送器（PT），将压力测量信号送至调节器，如果进浆压力低于某一低值时，则调节器自动控制电机使转子退出（退刀）。这两种方案较为简单，容易实施，但是它们的控制调节效果不太理想。方案 a 中电机负荷与刀间距的关系是非线性的，而方案 b 中温度测量的滞后较大。

方案 c 是在方案 a 的基础上增加了打浆度控制器（SRC）组成串级控制系统（图中省略了进浆压力联锁保护系统）。当某种干扰使得盘磨机电机负荷发生变化时，功率传感器（KWT）测量得盘磨机的电机负荷变化，并反馈给功率调节器（KWC）。KWC 迅速发出控制信号给调节电机，改变刀间距，使拖动电机负荷稳定在设定值，进而使打浆度稳定。当打浆度发生波动时，打浆度测量仪（SRT）将打浆度测量信号反馈给打浆度控制器（SRC），SRC 改变电机负荷的设定值给 KWC。KWC 根据新的设定值调节刀间距，使电机稳定在一个新的负荷值，从而使打浆度稳定。

上述几种打浆控制系统都是针对单台设备的方案。由于打浆过程往往是由多台设备串联起来完成的，除最后一台打浆设备考虑使用打浆度在线测量信号组成串级调节系统以稳定纸浆的打浆度外，其余打浆设备都采用简单的负荷调节系统或温差调节系统进行控制。

10.4.3 浆料输送与流浆箱控制

（1）浆料输送过程及控制

浆料输送过程一般由锥形除渣器、浆泵和浆筛等组成，是将纸浆成分进行混合、稀释，对纸浆进行除渣，并保持纸浆浓度和流量稳定。成浆在白水塔内稀释后送入一段除渣器进行一次除渣，获得的良浆送到一段筛。一段筛出来的良浆送入流浆箱，尾浆则由筛间泵送入二段筛。二段筛出来的良浆经过白水槽后返回到一段除渣器的进浆端，尾浆作为浆渣排掉。一段除渣的尾浆进入二段除渣器，二段良浆返回白水塔，尾浆进入三段除渣器。三段良浆返回二段除渣器的进浆端，尾浆进入四段除渣器。四段良浆返回三段除渣器，尾浆排掉。

浆料输送过程的控制主要是实现泵的启停控制和阀的开关控制，泵与泵之间、泵与阀之间的联锁和报警，以及泵、阀之间的顺序控制。即各泵必须按规定的顺序启动和停止，泵启动前阀门的开度必须为最小，泵开启后，阀门逐渐开到额定开度，关泵后，阀门开度必须为最小。

（2）流浆箱

流浆箱又名网前箱，它的作用是通过布浆器、匀浆构件、堰池（箱体）、堰板（闸板）喷口等部件，使已配制和稀释好的纸料均匀一致，并且稳定地沿造纸机全宽流上网，为纸页成形创造良好条件。浆料经调节、配浆、净化处理后从筛浆机出来，进入流浆箱的方式有四种。

① 直接流入流浆箱　采用这种供浆方式，当圆筛安装固定后，纸机车速受到限制。当车速低于设计车速时，纸料送入流浆箱的冲击现象严重，易产生泡沫。

② 设置稳浆箱　在圆筛与流浆箱之间设置稳浆箱，可使浆流稳定，减少空气混入。

③ 高位箱供浆　圆筛出来的浆先流入储槽，然后泵入高位箱，由高位箱向流浆箱供浆。这种方式静压头稳定，供浆流量稳定，而且可以在一定范围内调节静压头。使用旋翼筛时，可直接利用旋翼筛出来的压力把浆料送到高位箱中去。

④ 用泵供浆　高速纸机常采用此法，可适应大范围调整车速的需要，且供浆的调节和操作方便。这种供浆法又分为半封闭式和全封闭式两种形式。半封闭式是在旋翼筛和上浆泵之间设有稳压箱以维持稳定的浆位。全封闭式供浆不设置敞开口的稳压箱，向流浆箱供送浆料的整个系统都是封闭的，气垫式流浆箱是目前常用的一种全封闭式流浆箱。

（3）流浆箱控制

浆料在上网前必须分散均匀，然后以一定浆速喷到运行的铜网上。浆速和网速之间要有一定的比例，称之为浆网速比。浆网速比的变化会引起纸页定量性质的变化，甚至会造成生产不正常。因此，气垫式流浆箱的主要控制参数是总压、浆位和浆网速比。控制总压的目的是为了使从流浆箱喷到网上的纸浆流速和流量均匀；控制浆位的目的是为了获得适当的纸浆流量以减少横流和浓度的变化，产生和保持可控的湍流以限制纤维的絮聚；控制浆网速比的目的是为了获得稳定的纸页质量。

① 总压和浆位控制　在气垫式流浆箱中，喷浆速度 v 与流浆箱总压 p 之间有如下关系：

$$v = k\sqrt{2gp}$$

（5-10-13）

式中，k 是与浆料性质和网前箱形状有关的系数。总压是气垫压力和浆位静压之和，因此调节浆位或者调节气垫压力或者调节总压，都可以改变喷浆速度。在总压和浆位这两个参数的调节中，关键是稳定总压以稳定浆速。在总压不变的前提下，小范围的浆位波动是允许的。气垫式流浆箱的浆位和总压控制有两种不同方案。方案 1 是通过调节气垫压力来稳定总压，调节进浆量来稳定浆位。方案 2 是通过调节进浆量来稳定总压，调节气垫来稳定液位。

② 浆网速比控制　在造纸过程中，浆网速比对纸页的成形、结构和性质起着决定性的作用，它不仅影响纸页的均匀度、定量和强度，还影响网部的纤维保留率。影响浆网速比的主要因素是纸机网速和流浆箱的总压。如果把网速的变化看成是一种干扰因素，则浆网速比控制的关键就落在流浆箱的控制上。在流浆箱常规控制方案中，通常假设网速是稳定不变的，因此只要把流浆箱总压控制稳定，浆网速比也就是稳定的。然而在实际生产过程中网速并不是稳定不变的，因此需要根据网速调整浆速，使浆网速比保持稳定。

图 5-10-22 是在总压和浆位控制方案 2 的基础上进行修改，以浆网速比控制器（VC）为主控制器、总压控制器（PC）为副控制器，组成了串级控制系统。当网速发生变化后，主控制器 VC 自动改变总压调节器 PC 的设定值，使得浆网速比保持不变；而对于副回路中影响总压的干扰，可在其尚未影响浆网速比之前由副回路加以克服。因此串级控制系统能克服

各种干扰，保持浆网速比稳定。

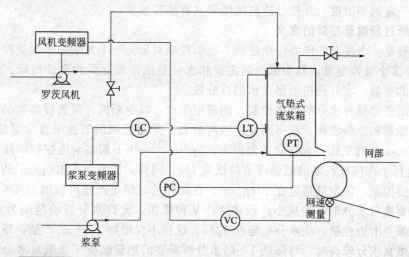

图 5-10-22　浆网速比串级控制方案

10.4.4　造纸过程质量控制

（1）纸机流程简介

造纸机的目的是使纸页成形和脱水，可分为湿部和干部，如图 5-10-23 所示。湿部最重要的部件就是供纸页成形的网部。中浓纸浆和白水混合后形成低浓纸浆上网，在网部由于重力作用脱去约 95%～98% 的水，形成湿纸页。湿部的宽度取决于纸机的规格，纸机的车速则由抄造的纸种决定。纸机的干部分为压榨部和干燥部，离开网部进入压榨部的湿纸页干度约为 10%～24%。湿纸幅和毛毯进入压榨部，逐渐被挤压，湿纸中的水分在压力的作用下被挤压到毛毯的孔穴中。压榨脱水的作用：

- 可将纸页干度提高到 30%～42% 左右，节省干燥部所需的蒸汽；
- 改善纸页表面性质，消除网痕，增加纸张的平滑度；
- 增加纸页的紧度和强度，但透气性和吸收性下降。

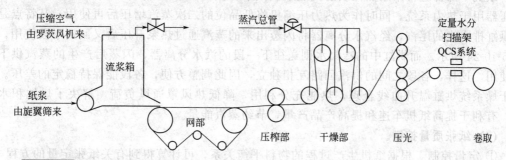

图 5-10-23　抄造过程工艺流程

湿纸页经过压榨后尚含有 60%～70% 的水分，这些水分用机械压榨的办法无法去除，必须用干燥的方法进行脱水。经过压榨部后，湿纸幅进入干燥部。湿纸幅被干毯紧压在高温的烘缸表面进行干燥。干燥部的目的是：

- 将压榨送来的纸页进一步脱水，达到成品水分标准；
- 提高纸和纸板的质量。

干燥过程中纸页产生一定的收缩，纤维结合紧密，纸和纸板的强度得到提高。同时干燥使纸页具有一定的平滑度，并使已施胶的纸张具有施胶效果。

（2）造纸过程质量控制的意义

造纸过程是一个复杂的传质传热过程，造纸控制对象是一个复杂的多变量控制对象。造纸过程有 10 多个被控变量，其中纸张的定量和水分是纸张最重要的质量指标。定量是指单位面积纸张的重量，水分是指纸张含水的百分数。

实现对纸张定量和水分的严格控制，能稳定生产，减少断纸，显著提高产品质量，增加产量，降低能源和原料消耗，获得明显的经济效益。定量控制的效益来自定量偏差的减小。假如生产 $100g/m^2$ 的纸张，允许定量偏差为 $\pm5g/m^2$。采用下偏差卡边控制，使定量稳定在 $96g/m^2$，这样生产同样长度的纸张可节约纸浆 4%；同样，如果生产 $100g/m^2$ 的卷筒纸，采用上偏差卡边控制，使定量稳定在 $104g/m^2$，在同样的时间里产量可以增加 4%。水分控制的效益也主要来自水分偏差的减小。假如生产某种纸张，允许水分波动范围为 6%～12%，采用水分上偏差卡边控制，使水分稳定在 12%，这样不仅增加了 3% 的产量，还大大地节约了蒸汽。在纸页水分较高时，每降低 1% 的水分所需要的热量远少于在纸页水分较低时每降低 1% 的水分所需要的热量。

影响纸张定量和水分的因素有 30 多个，如纸浆的打浆度、湿重、浓度和流量，白水的浓度和流量，填料的浓度和流量，蒸汽的温度、压力和流量，敞开式网前箱的浓度、液位和温度，封闭式网前箱的总压、液位和上部空间压力，铜网部的真空度，压榨部的线压力，烘干部的烘缸表面温度，胶液的浓度和流量，纸机的车速，空气的温度和湿度，铜网和毛毯的磨损与老化等，都会影响成纸的定量和水分。在如此之多的影响因素中，通常选择纸浆流量（浆料阀）和加热蒸汽流量（蒸汽阀）作为纸张定量和水分的操纵变量。

（3）供汽过程控制

湿纸页进入干燥部，与烘缸接触进行干燥。要求干燥温度（烘缸表面温度）按一定的规律变化，称为干燥曲线。由于压力和温度具有对应关系，通常采用控制压力的方法来实现对烘缸表面温度的控制。当外界环境发生变化或工艺条件发生变化时，通过修改压力（压差）设定值来改变烘缸表面的温度曲线，可使得烘缸表面温度曲线始终保持在最优状态。

纸机干燥部通常采用蒸汽喷射式热泵供汽系统。在该系统中蒸汽喷射式热泵作为引射式减压器用于热力系统，同时作为热力压缩机将低品位的二次蒸汽增压后再使用。其特点是各段烘缸排出来的尾汽，经汽水分离器将闪蒸出来的蒸汽通过热泵升压后又回到本段使用，如图 5-10-24 所示。而烘缸中的冷凝水则送往下一段的汽水分离器，闪蒸后产生的蒸汽供下一段使用。这样，各段之间的供汽回路互相独立，因此调整方便，各段能保持稳定的差压。整个干燥系统烘缸温升曲线合理，热能充分利用，降低热风罩通风负荷，解决了烘缸积水问题，有利于提高纸机车速和提高产品产量，节约蒸汽能量。

（4）纸张质量控制

① 定量控制　根据纸机生产过程的物料平衡关系，可计算得到有关纸张定量的方程

$$W = \left(\frac{1-T}{1-T+L}\right)\frac{qc}{vd} \tag{5-10-14}$$

式中，W 是纸张绝干量；q 是进入纸机的纸浆流量；c 是进入纸机的纸浆浓度；v 是纸机的网速；d 是纸机的抄宽；$1-T$ 是保留率；L 是纸浆流失率。

在纸机正常运行时，保留率、流失率、网速、抄宽的变化不大，因此影响定量的主要因素是进入纸机的纤维绝干量（纸浆流量和浓度）。如果控制纸浆浓度保持稳定，则调节进浆量就可改变纸张定量。因此通常选择进浆量作为纸张定量的调节量，如图 5-10-25 所示。

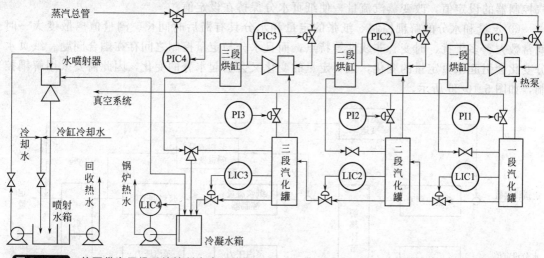

图 5-10-24　热泵供汽干燥系统控制方案

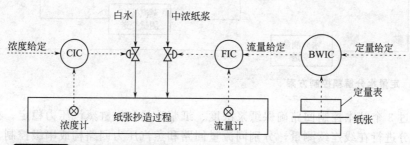

图 5-10-25　定量串级控制方案

通常定量的检测安装在卷纸机处，而纸浆流量却在纸机前调节，因此用进浆量调节定量过程的容量滞后和时间滞后非常大，常规的单回路控制方案不能满足要求，可采用图 5-10-22 所示的串级控制方案。由流量控制回路作为副环，定量控制作为主环，构成定量相对流量的串级控制系统。同时对进浆浓度进行单回路反馈控制，以确保进浆浓度稳定。

利用式（5-10-14）可以根据定量设定值反算出所需的进浆流量如下：

$$\hat{q} = k\frac{W_{sp}v_m}{c_m} \tag{5-10-15}$$

式中，W_{sp} 是纸张定量的设定值；v_m 是纸机网速的测量值；c_m 是纸浆浓度的测量值；k 是与纸机结构、保留率、流失率等因素有关的常系数，可根据实际生产得到。

在进行定量控制时，预先把 k 值、纸张定量的设定值、纸浆流量设定值、浓度设定值以及生产过程中的定量测量值、纸浆浓度测量值、纸机车速测量值输送到计算机中。如果车速或纸浆浓度出现偏差，计算机可用式（5-10-15）计算出纸浆流量的校正值，改变纸浆流量去克服这些干扰，使纸页定量稳定在设定值。这实际上是前馈控制，在车速、浓度等干扰因素尚未影响到定量时，就在流送过程中加以解决，大大地减少了滞后时间。同时，计算机不断比较定量的设定值和测量值之间的偏差，并通过修正模型中的 k 值去改变纸浆流量设定值，进而消除偏差，这是反馈控制过程。通过上述前馈-反馈控制，使得纸页定量能更好地稳定在设定值上。

② 水分控制　用红外水分仪检测出纸张的水分信号并送入计算机，每次扫描结束后计算机算出平均水分值。比较平均水分值与水分设定值之间的偏差，并根据偏差修改主烘缸蒸

汽控制器的设定值，改变蒸汽流量，使纸页水分保持在设定值。

③ 定量和水分的解耦控制　纸张的定量和水分具有滞后时间长、测量值离散度大、时间常数大、多干扰、时变、非线性等特点，而且水分与定量控制之间存在耦合问题。纸页水分变化会引起纸页定量的变化，纸页定量的变化又会引起水分的变化，因此需要采用解耦控制，如图 5-10-26 所示。

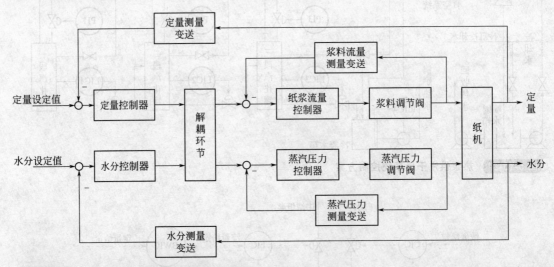

图 5-10-26　**定量水分解耦控制方案**

首先通过 3 个基本控制回路确保纸浆浓度、纸浆流量和烘缸蒸汽压力稳定。在此基础上对定量和水分进行在线连续测量，分别同流量回路和蒸汽压力回路构成串级控制。根据定量和水分的变化，经控制和解耦计算后改变纸浆流量和蒸汽压力控制回路的设定值，使定量和水分的测量值与设定值间的偏差尽量小。

参 考 文 献

[1] 孙优贤等．造纸过程建模与控制．杭州：浙江大学出版社，1993．

[2] 刘焕彬．制浆造纸过程自动测量与控制．北京：中国轻工业出版社，2009．

[3] J. R. 拉维格纳．制浆造纸厂的仪表配置与自动控制．张运展，王建辉，刘秉钺，周景辉译．北京：中国轻工业出版社，1992．

[4] 王孟效，孙瑜，汤伟，张根宝．制浆造纸过程测控系统及工程．北京：化学工业出版社，2003．

[5] 王忠根．制浆造纸工艺．第二版．北京：中国轻工业出版社，2006．

[6] 中国造纸学会．中国造纸年鉴 2012．北京：中国轻工业出版社，2012．

[7] 汤伟，罗斌，周红，王孟效．打浆过程控制的新进展．中国造纸学报．2009（1）．

[8] 陈广．纸张定量、水分和灰分系统耦合及控制策略研究 [D]．济南：山东轻工业学院，2009．

[9] Shimon Y. Nof．Springer Handbook of Automation．Springer，2009．

[10] William S. Levine．The Control Handbook．CRC Press，2000．

第 **11** 章 食品加工过程控制

11.1 食品加工常用单元控制

11.1.1 食品生产特点及加工单元

我国食品工业涉及行业广泛，产品种类繁多，生产工艺千差万别，其中涉及过程工业的门类，往往与轻化工、精细化等没有明确区分。食品加工生产通常由一系列基本生产单元制成相关半成品或成品，所采用的工艺操作单元及相应设备各有差异。食品加工工艺依赖于物理变化、化学及生物反应原理，同时要考虑技术和经济的约束和要求，现代食品加工已超出传统农副产品初级加工的范畴，而是针对可食资源进行技术处理，提高其营养、利用价值以及可食性。

食品生产的主要特点是小批量、多品种、更新快，在实现目标产品的前提下，生产过程一般工艺简单流程短，原料广泛、成本低，生产条件粗犷、操作容易；对生产设备的要求是在满足生产工艺的前提下，安全可靠、经久耐用、经济合理。为满足国民经济发展和人民生活水平提高的需求，随着科学技术特别是电子信息技术的发展，现代食品加工开始体现出连续化和大型化的趋势。

综合食品加工生产的主要特点[1]如下。

(1) 间歇式生产流程

仪器生产一般批量不大，主要采用间歇生产或批量（批次）生产流程，这既不同于以机械电子加工为代表的离散制造业，也不同于以石油化工为代表的连续流程工业。多数食品加工过程的特点是从给定的流程起点（原料加入等），经由一系列顺序单元操作（诸如前处理、加料、反应、后处理等），到达规定的终点（成品输出）。生产过程通常是以离散的批量方式加入物料，生产流程中物料流动是断续的，最终产品是成批地输出，设备运行也是断续的，而单元操作是顺序的。间歇式生产流程主要是各单元操作在时间上的分布，而不是在空间上分布。

(2) 柔性化生产装置

食品生产品种多且更新快，相应的生产流程需随之变化，这就决定了食品生产必须采用多用途单元装备和多功能综合的柔性生产流程。一般大型连续化生产强调规模化，而食品生产强调灵活性，企业要随市场变化，调整生产能力和品种，这在生产上表现为经常性地更换和更新品种，不断改进产品质量。使用多功能生产装置和柔性生产流程，可避免频繁地更换设备，减少投资，缩短新品推出时间，获得最高的经济效益。间歇式生产流程在时间上的分布，为实现柔性化生产装置提供了可能。

(3) 配方型生产技术

食品生产一般靠特殊的功能和先进的生产技术来获取利润，配方技术在很大程度上左右着产品的性能和市场。以配方技术为基础的食品产品，保密性强，生产流程的控制较严格，常采用专利进行保护。配方主要包含以下内容：生产的产品及其规格型号；生产某一类产品所需的生产操作及其顺序；产品生产需要的设备类型、尺寸以及材质等；与产品生产程序相关的数据，包括原料组分的品种规格、数量以及操作条件，例如温度、时间等工艺参数等等。

食品生产涉及的基本加工生产单元大体可以分为以下几个方面。

① 动量传递及固体流体动力过程   其中固体物料的输送、混合、粉碎等单元操作和设备，遵循固体力学规律；液体及气体涉及泵、风机、压缩机、各类阀门等设备，遵循流体力学规律；常用过程单元还包括配料、固液和固气分离，以及注塑、挤压成型等。

② 质量传递及化学生物反应过程   包括蒸馏、吸附、萃取、浓缩、干燥、结晶等传质单元操作及设备，合成、分解等化学反应过程，以及生物反应过程等。

③ 热量传递及热力过程   涉及热交换过程和单元设备，以及冷冻、杀菌、空气分离等遵循热力学规律的过程及设备。

11.1.2   称重配料过程自动化

(1) 过程特点及系统组成

称重配料是食品及精细化工等行业中经常用到的一种工艺过程，直接影响到后续工艺，采用自动化手段是实现高精度称重配料的保证。根据被操作物料的状态不同，配料可分为固体配料和流体配料；而流体配料又可以分为连续配料和间歇配料。

一般称重配料过程的主要设备有料仓和给料器、计量仓、混合仓和混合机，以及控制系统等。在配料前，根据配方和配料总量，控制系统自动计算各物料的需求量，并编排物料的进料次序，然后按顺序控制各物料仓及对应的给料器下料；对投入计量仓中的物料进行自动累计称重，达到规定量，则停止下料；再进行下一种物料的配加，直至所有物料配加完毕；此时若检测到上一配料周期中混合仓已完成出料，则计量仓中物料送入混合仓进行混合，否则等待，直到混合仓卸料完成。

这里介绍一种多物料高精度称重配料自动化系统，该系统采用自动化检测、嵌入式控制、智能处理及无线通信等技术，适用于食品、轻工等行业中物料种类多、计量精度要求高的配料场合。整个称重配料混合过程由计算机控制系统完成，图 5-11-1 所示为系统结构示意图，其中计量仓采用全自动称量车，可以简化计量仓与料仓、混合仓之间的管道设计，并增加系统柔性，配料种类可达几十种或不受限制。

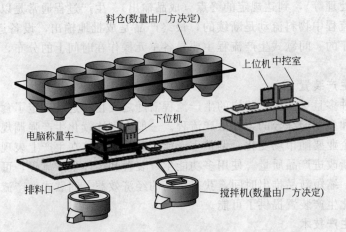

料仓(数量由厂方决定)

上位机 中控室

下位机

电脑称量车

排料口

搅拌机(数量由厂方决定)

图 5-11-1   多物料高精度称重配料系统

控制系统由上、下位控制机组成。下位机安装在称量车上，采用嵌入式系统，将计量仓中物料量经称重传感器以及 A/D 转换器转化为数字信号，送入下位机进行实时检测、判断，并通过无线通信将数据送给上位机。上位机采用工业计算机，一方面实现对料仓中给料器、混合仓和混合机，以及出料等执行机构的控制，另一方面接受下位机的数据，与配方比较，并发送相关指令[2]。

称重配料中给料器的控制方案一般采用变频电机，根据称重传感器的实时检测值，与配方中的设定值比较，采用 PID 等反馈控制算法，输出 D/A 信号至变频器，调整给料器电机转速，以此控制加料量的大小。另一种控制方案采用气动阀，给料器由一组大、小加料阀构成，分别由继电器控制。实际配料系统还需要解决加料堵料、结拱等工程问题，以及关注配料过程中产生的粉尘问题。

（2）过程控制程序

① 系统自检，称量车在下位机控制下自动回到工作原点。

② 上位机中输入配方号并呼叫，下位机应答待命。

③ 上位机访问配料数据库，将该配方要求的第一个料仓号和加料量发送给下位机。

④ 称量车运行至给定的料仓待命，并告知上位机。上位机控制大、小加料阀。

⑤ 称量车将实时加料量上传上位机，并根据控制算法，发送关闭大小加料阀门信号给上位机，上位机执行对大小加料阀的控制。

⑥ 本次料仓加料结束，上位机将下一个料仓号和加料量发送给下位机，系统重复步骤④，直到该配方配料完毕。

⑦ 上位机发送混合仓号，称量车接收并运行至指定混合仓待命；在获得允许后，开始卸料并进行混合；完毕后进行下一个配方配料。

图 5-11-2 为一种多物料高精度称重配料系统实物图（摄自食品过程先进控制教育部重点实验室）。该系统采用移动式称量小车，基于 ZigBee 无线组网技术实现信号的无线传输，避免了移动小车用有线方式传输数据带来的诸多弊端。智能化称重控制器称量精度高，温度漂移小，在工业现场能抗强电磁干扰，且在完成检测重量和控制配料车运动的同时，还具备重量和控制数据无线远传的功能。

图 5-11-2　多物料高精度称重配料系统实物图

（3）自动给料控制方法

实际配料过程中，当物料量达到设定值时，控制系统关闭给料器的电机或阀门。由于给料器和称量车（计量仓）之间有一定的距离，在料仓和计量仓有一段"额外"物料，造成配料称重偏差。

设配料称重偏差为

$$\Delta M = M - M_s + M_a \tag{5-11-1}$$

式中，M 为重量检测值；M_s 为设定值；M_a 为给料过程的"额外"值。若不考虑配料称重偏差，即理想状况 $M_a=0$。一旦 $M_a \geqslant 0$，给料器立即停止进料，此时电机转速为 0 或大小阀门关闭，但实际上偏差已经形成。

工程实践中减少偏差的方法是尽可能准确估计 M_a，给料量越少，估计准确越高，但又要兼顾配料系统的快速性，因此，对于变频电机驱动的给料方式，可以采用分段变速控制方案。首先采用高速给料，当 $M-M_s$ 达到某个设定限时，采用慢速给料。进一步也可采用多段变速方案，并根据现场经验，离线构建模糊控制表，运行过程中通过在线查表实现自动给料模糊控制方法。

大、小加料阀给料方式基本类同，首先采用大加料阀快速给料，当 $M-M_s$ 达到某个设定限时，采用小加料阀慢速给料，理论上也可采用更多加料阀的方案，但实际生产中一般不超过 3 个。为提高配料精度，在小加料阀已给定的条件下，可采用以 $M-M_s$ 为被控变量，以小加料阀的通断时间比作为调节量的闭环控制方法，此时控制器可以选用 PID 等策略。

11.1.3　食品结晶过程控制

（1）过程操作及控制要点

食品生产中，很多产品诸如柠檬酸、葡萄糖、谷氨酸钠等，都采用结晶方法获得纯净固体物质。一般而言，凡是从均相形成固体颗粒的过程，都可称为结晶，其中溶质以晶体状态从溶液中析出最常见，其本质是一种传热传质过程，即通过冷却、蒸发、调节溶液 pH 值或者投入晶种等方式，使溶液过饱和，实现溶质的结晶析出，具体分为两步：一是形成晶核，二是晶体生长。

结晶设备按操作方式可分为连续式和间歇式，生产规模不大时，多采用间歇式。若温度对溶质的溶解度影响大，一般采用冷却结晶器，操作过程中通过不断降温维持溶液过饱和状态；若温度对溶质的溶解度影响小，则采用蒸发结晶器，通过不断加温蒸发维持溶液过饱和状态，此时结晶过程伴随蒸发过程，有时即使溶质溶解度随温度变化大，为提高结晶率，也可先采用蒸发结晶蒸除部分溶剂。另外，还有不需要换热器的真空结晶，料液在闪蒸浓缩的同时降温，结构更为简单，很多情况下可以代替冷却结晶。

结晶过程主要质量指标包括晶体大小、形状和纯度三个方面，一般难以在线自动测量，通过工艺分析和实际操作经验积累，获得影响上述指标的主要工艺操作条件及干扰因素[3]。

① 温度的影响　在一定的过饱和度条件下，晶体生长速率随温度提高而增加，但温度提高又带来过饱和度的降低。此外，溶质的溶解度、黏度也随温度变化，因此温度对晶体生长的影响较为复杂。工程实际中对于冷却结晶器，典型的操作温度曲线如图 5-11-3，温度对晶体大小的影响：快速冷却时，过饱和度较高，形成的晶体较细小；反之冷却曲线平缓，则形成的晶体粗大。

② 搅拌的影响　机理研究表明，接触成核在晶核形成中起决定作用，而搅拌是实现接触成核的主要手段，包括搅拌器的速度、桨叶及材质等。一般情况下，适当的搅拌速度能促进晶核形成和晶体生长，但搅拌达到一定强度后，效果将不明显，相反可能还会使晶体破碎。一般实际工程中结晶过程采用较低的转速（50～500r/min），若形成较细小晶

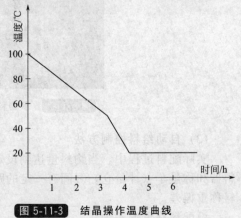

图 5-11-3　结晶操作温度曲线

体，则可提高转速（1000～3000 r/min）。另一方面，结晶过程中常发生若干颗粒晶体聚集成"晶簇"，并将溶液中杂质包裹在内，适度搅拌也可防止"晶簇"产生。

结晶过程机理复杂，除上述影响因素外，其他还包括 pH 值、溶液的过饱和度、溶液组成、溶剂性质以及杂质等。

（2）冷却结晶控制方案

冷却结晶罐带有搅拌器，罐内外分别有盘管和夹套，可通入冷水实现温度控制；采用变频电机实现搅拌速度控制；另有蒸汽管道，实现高温灭菌消毒功能；罐体为不锈钢内壁抛光，在食品、医药行业应用普遍。

对结晶过程的控制通常选用温度、搅拌速度作为间接被控变量，以冷水流量、电机转速为操纵变量。若换热器压力及工况比较稳定，可分别采用最简单的温度和搅拌单回路控制，或罐内和夹套温度的串级控制，如图 5-11-4 所示；当换热器压力波动较大时，可采用图 5-11-5 方案。

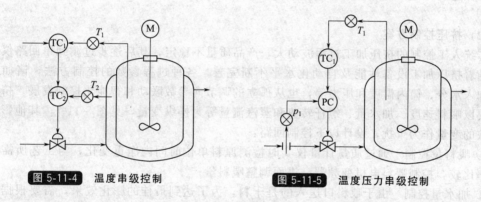

图 5-11-4　温度串级控制　　　　图 5-11-5　温度压力串级控制

随着计算机及控制技术的发展，预测控制系统也逐步应用，如图 5-11-6 所示，还可引入机器摄像，以晶体形状作为直接被控变量。

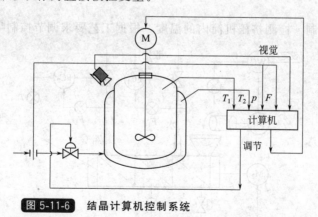

图 5-11-6　结晶计算机控制系统

11.1.4　食品挤压过程控制

（1）过程操作及控制要点

挤压是食品加工过程中常用的操作单元，并且多将挤压和加热蒸煮有机结合起来，也称蒸煮挤压，这是一种综合利用温度、压力以及剪切力的加工方法，基本操作过程是将小麦、米类、豆类等谷物原料加入挤压机，通过螺杆的推动，将原料混合、挤压，升温升压，使淀粉解体、糊化，然后从一定形状的模孔挤出，瞬间由高温高压降至常温常压，谷物结构发生变化并膨化为几倍甚至几十倍，此时生淀粉转化为熟淀粉，并形成片层状疏松状产品。

典型的挤压过程包括喂料、调质、挤压、成型及切割等操作单元。其中主机是挤压螺杆系统和加热冷却系统，螺杆按功能分为进料段、压缩段和排料段，加热系统一般采用蒸汽、油、有机溶剂等载热体，挤压筒设计成载热体夹套加热方式，实现对原料温度控制，冷却系统一般用自来水。辅机包括原料喂料器、液体进料器、调质器、切割器等，喂料器采用三相异步交流电机变频控制，液体进料器加水一般采用往复式计量泵控制泵的行程和转速，也有采用流量控制器的，调质器使原料在容器中与水或蒸汽充分混合，提高原料的水分含量和温度，可以与进料器合并设计，也可以单独安装。

挤压过程控制的被控变量是产品质量，包括形状以及密度、膨化程度、口感等理化特性，但难以现场实时测定，只能依赖间隔人工取样，在实验室化验分析测试。由于产品质量特征与可在线测量的工艺参数相关，挤压产品的最终目标参数取决于挤压机温度、压力、水分、螺杆速度等过程参数的控制，以及喂料速度、模孔形状和尺寸等辅助过程和设备参数[3]。

(2) 挤压控制方案

传统人工控制的挤压加工过程波动大，产品质量不稳定，其后逐步过渡到单回路仪表控制。随着挤压加工设备性能及自动化水平不断完善，各种过程参数的控制方法，诸如喂料量、加入水分、筒内温度和压力等，也从孤立的调节向参数联动和智能化控制发展。挤压过程主要以喂料速度、加水量、螺杆转速和蒸汽流量等为操纵变量，见图 5-11-7，其他影响过程参数的变量作为干扰，设计以下控制回路：

① 喂料量控制   通过质量计量仪实时检测原料单位时间内净重变化，与工艺所需的喂料速率比较，控制喂料电机变频器，进而调整喂料量；

② 加水量控制   由于喂料口送入的是干料，为了达到最佳的膨化效果，需要根据喂料量按比例控制水的加进量；

③ 压力控制   在物料从排料段挤出之前，通过调节螺杆主电机转速，保证机筒内一定的压力；

④ 挤压温度控制   检测挤压机筒内的温度，根据工艺要求调节控制喷入的蒸汽量。

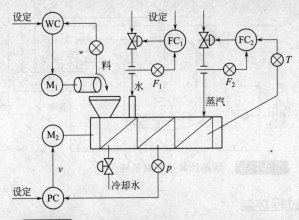

图 5-11-7   挤压过程控制方案

挤压过程控制系统设计除了上述几个控制回路，尤其要处理好开机和停机的控制程序：

① 开机时，首先开启加热系统进行设备预热；

② 然后控制物料连续稳定进入，因为若进料量突然增大，摩擦力和压力增大，功率消

耗增大，易造成设备过载停机，反之若进料量突然减少或中断，无法建立高压，使处于排料段的高温物料失去推力，停留时间过长，造成焦料炭化；

③ 停机时，先关闭加热系统并进行冷却，同时慢慢降低螺杆转速和进料量，同时增大进水量。

目前采用计算机控制系统，可以方便地实现喂料量和加水量的比例控制；还可以实现压力的多变量控制，实际上压力的变化不仅与主电机转速有关，也与喂料量的大小和进水量的多少有关。图 5-11-8 给出

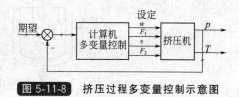

图 5-11-8　挤压过程多变量控制示意图

挤压过程多变量控制示意图。特别地，可以设计智能化开机和停机程序，自动将喂料、加水、螺杆转速进行关联，保证工作状态的稳定，并缩短开停机时间。计算机控制系统的应用也为实现挤压过程的可视化操作，为建立目标参数与挤压参数间的关系模型提供了基础。

11. 1. 5　乳化过程控制

(1) 过程操作及控制要点

乳化是指一种液体分散在与之不相溶的另一种液体中，构成乳状分散体系的过程。乳化后的分散体系称为乳液，分散开来的液珠滴称为分散相（或内相），包围液珠的液体称连续相（或外相）。通常乳液的两相分别俗称为水相和油相。乳化操作在精细化工生产和食品加工中广泛使用，例如许多食品经过乳化后，既有口感又美观等。

乳液的制备遵循特定的工艺，常用的设备有搅拌混合器、均质机、胶体磨等。搅拌混合器结构简单，适用于生产乳化强度低、均匀程度和稳定性较差乳液。胶体磨依赖上、下两个磨体的相对高速旋转，适用于乳状、膏状和较硬物料，设备要求精度较高，乳液颗粒大小均匀，对食品级化工原料无污染、产量高。均质机是在 3～30MPa 的压力下，将欲乳化的物料自小孔或狭缝挤出，从而达到乳化分散的目的，乳液均匀性较高，平均粒度也比胶体磨细，并且对产品的口味和色泽有改善作用。

国内外应用广泛的真空均质机生产设备单元主要由乳化锅、油相锅、水相锅、真空装置及控制系统组成，其主要工作原理：首先将油溶性和水溶性原料分别在油相锅和水相锅内熔化或溶解，并用水蒸气加热，由过滤器加至乳化锅内，进行均质搅拌、乳化和真空脱气；然后通过夹套冷却方式，使乳化锅冷却至要求的温度后，停止搅拌，并恢复常压出料。

(2) 乳化过程控制

乳化过程控制系统主要实现压力和温度的连续调节，搅拌电机的速度控制，以及液压电机、真空泵、升降液压电磁阀、进出料电磁阀启停控制等，如图 5-11-9 所示工艺及设备，特别需要设计硬件和软件双重安全联锁保护，保证乳化锅在抽真空的过程中不能打开锅盖，液压电机也不能启动。良好的控制系统设计及运行状况，对于提高控制精度、减少超调量和系统运行时间、降低能耗有直接影响[4]。

采用 PLC 和人机界面 HMI，均质机控制程序实现如下目标：

① 油溶性和水溶性原料分别进料，并启动油相锅和水相锅内搅拌电机；

② 依据工艺分别设定油相锅和水相锅的被控温度和搅拌电机的转速，实现自动温度控制和转速控制；

③ 油相锅和水相锅内原料预处理完成后，启动两锅的出料泵，分别将物料泵入乳化锅，然后停止出料泵；

④ 启动垂直升降液压电机，下降主搅拌器和均质搅拌器至给定位置，停止液压电机；

⑤ 启动主搅拌和均质搅拌，依据工艺，转速上升至工艺设定值；

⑥ 启动真空泵电机，使乳化锅负压力达到工艺设定值，真空泵电机自动停止；

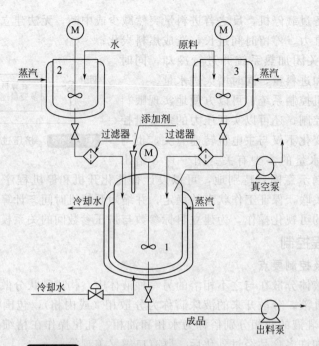

图 5-11-9　乳化工艺过程与设备

1—乳化锅；2—水相锅；3—油相锅

⑦ 启动乳化锅加热，依据工艺曲线进行自动温度控制；

⑧ 乳化完成，开启排气口，当乳化锅压力正常时，打开出料阀，排出乳液。

11.2　微生物反应过程控制

11.2.1　发酵过程及动力学模型

（1）微生物发酵过程

狭义的发酵过程是指在厌氧条件下，葡萄糖分解代谢生成乳酸或乙醇等的过程。由于微生物具有合成某种产物的能力，广义的发酵指微生物在合适的条件下，将原料及营养物质经特定代谢途径转变为所需产物的过程。发酵技术的应用在我国已有上千年历史，是许多食品、医药和化学工业的生物产品的重要来源，包括传统的啤酒、酱油、味精、氨基酸等，近年来，在新兴生化工程领域，例如工业污水的生物处理、食品蛋白及酶制剂的生产等领域，也获得广泛应用。

在发酵培养方式上，发酵过程一般可分为三种模式：分批发酵、流加发酵、连续发酵。不同培养技术各有特点。

① 分批发酵，又称间歇发酵。发酵罐接种后，通过控制一定的操作条件，维持微生物的生长繁殖。在一个生长周期内，发酵罐内物质随时间而变化，但不与外界发生物质交换，发酵结束后整批放罐。

② 流加发酵。发酵罐接种后进行发酵培养，在发酵过程中，根据营养物质的消耗情况，不断向发酵罐中补充营养物质，避免发酵过早结束。该方式易于实现对发酵过程的控制，为获得最大产率，可优化补料策略，是应用较为广泛的操作方式。

③ 连续发酵。指发酵过程中一方面不断连续补充新鲜料液，另一方面以相同速率放料，保持发酵罐中培养液基本不变，使微生物能在近似恒定状态下生长。连续培养系统也称恒化器，该

方式在生产稳定性、过程自动化等方面比分批发酵优越，是工业中大规模生产的理想方式。

发酵过程是极其复杂的生化反应过程，既涉及菌种选择、培养基配比、原料质量等，又有灭菌条件、发酵条件等诸多因素，也与过程控制密切相关。

（2）微生物生长模型及拟合

发酵过程动力学研究主要是对菌体生长、产物形成以及底物消耗的规律认识。Monod方程结构简洁并有较强的适应性，常用于描述微生物的一般生长过程，对于不同的发酵过程，以此为基础再进行修正。以酒精分批发酵为例，考虑产物乙醇及高浓度底物对菌体生长有抑制作用，其菌体生长模型为

$$\frac{\mathrm{d}X}{\mathrm{d}t} = \mu_{\max} \left(1 - \frac{P}{P_c}\right)^n \times \frac{S}{K_s + S} \times \frac{1}{1 + S/K_i} X \tag{5-11-2}$$

式中，X 为菌体浓度；P 为产物浓度；S 为底物浓度。

由于酒精属于 I 类微生物反应，乙醇的产物生成速率表示为

$$\frac{\mathrm{d}P}{\mathrm{d}t} = Y_{p/x} \frac{\mathrm{d}X}{\mathrm{d}t} \tag{5-11-3}$$

底物采用葡萄糖，既是能源，也是构成细胞成分的主要来源。考虑维持代谢，根据质量平衡得基质消耗速率

$$-\frac{\mathrm{d}S}{\mathrm{d}t} = \frac{1}{Y_x} \times \frac{\mathrm{d}X}{\mathrm{d}t} + \frac{1}{Y_p} \times \frac{\mathrm{d}P}{\mathrm{d}t} + mX \tag{5-11-4}$$

上述动力学方程中，$\mu_{\max}$、P_c、K_s、K_i、$Y_{p/x}$、Y_x、Y_p、m、n 均为模型参数，一般由实验分析测定，或进行多批发酵实验。当初始葡萄糖浓度为 150g/L，发酵温度为 37℃，根据实测 X、P、S 数据，在计算机中利用 Powell 共轭法对方程（5-11-2）、（5-11-3）和（5-11-4）进行拟合，得到模型参数如表 5-11-1。

表 5-11-1　酒精分批发酵动力学模型参数表

参数	$\mu_{\max}$ /h^{-1}	P_c /g·L^{-1}	K_s /g·L^{-1}	K_i /g·g^{-1}	$Y_{p/x}$ /g·g^{-1}	Y_x /g·g^{-1}	Y_p /g·g^{-1}	m /h^{-1}	n /g·L^{-1}
拟合值	0.46	78.93	0.91	105.14	20.41	0.59	0.507	0.07	1.45

智能优化算法也逐步用于参数估计，例如遗传算法（GA）对迭代初始值要求低，可实现全局最优，在拟合精度方面也远高于传统的非线性优化方法。一般选择状态 X、P、S 的实测值与动力学模型计算值偏差的平方和为目标函数 J，考虑三状态数量级上的不同，先要进行数据标准化处理，并采用指数函数将目标函数 J 转换为 GA 算法的适合度函数 a^J（$0 < a < 1$）。寻优搜索过程中多种遗传选择策略可供选用，满足给定的收敛判据，则搜索结束。

基于获得的动力学模型，借助 Runge-Kutta 法等微分方程数值解法，在计算机中建立发酵过程模拟仿真系统，在 50~200g/L 初始葡萄糖浓度范围内，该模拟系统计算结果与实验较吻合，对实际生产工艺的制定有一定的指导价值，可减少工艺摸索试验的时间。例如，由计算机模拟可知：初始葡萄糖浓度过低，将得到较低的菌体浓度，导致发酵强度降低；但初始葡萄糖浓度过高，将延长发酵过程延迟期及增加底物抑制作用，发酵强度也会降低，仿真分析获得最适初始葡萄糖浓度为 99.7g/L，相应的乙醇浓度为 47.7g/L。

近年来神经网络模型引起重视并用于发酵过程建模，神经网络的结构包括输入层、隐含层和输出层。理论表明三层以上的神经网络可逼近任意非线性。输出层可取菌体浓度 X、产物浓度 P 和底物浓度 S。为更好地反映动态特性，输入层引入输出和输入的历史序列数据，目前在诸如异亮氨酸等发酵过程中已开展很多尝试，一般离线建模，对学习速度要求不高，但由于微生物生长本身的复杂性，模型的适用性也不高。

11.2.2 微生物反应过程检测与控制

在微生物反应过程中，维持产品生成的操作或最优条件离不开一些参数的检测与控制[5]，基本所有的发酵罐都配备温度、pH 和溶氧的检测和控制。目前更多用于各种离子、底物和产物测量的新型传感器及技术还在不断研发中，并且在特定情况下获得应用。需要指出，发酵罐中因无菌状态的要求，对过程参数的在线检测提出了严格的限制。影响发酵过程的参数很多，大致可分为物理和生化参数，这些参数有些是通过检测仪表得到，有些则是通过计算或软测量方法间接得到。

① 物理参数检测　发酵温度一般采用热电阻；发酵罐压力采用隔膜式压力计；发酵液面和体积可采用测压元件，液体高度可采用电导或电容传感器、超声等；空气流量多采用质量流量或转子流量计，而液体流量采用磁力感应流量计；搅拌转速和轴功率分别采用变频器、瓦特计或扭矩仪；此外还有泡沫、浊度、黏度等参数。

② 生化参数检测　应用最广泛的是 pH 值、溶解氧（DO）等探针式电极，这是分析发酵过程中微生物的生长以及代谢产物的极为重要的参数；以二氧化碳（CO_2）为代表的出口气体分析仪，以及高效液相色谱仪（HPLC）、质谱仪、光谱仪等也开始获得应用。其他包括氧利用率（OUR）、二氧化碳释放率（CER）、呼吸商（RQ）、底物浓度、菌体浓度、产物浓度、生物比生长速率、底物消耗速率和产物形成速率等，可通过上述测量参数估算获得[6]，见图 5-11-10 示意。图 5-11-11 为实验室智能发酵罐实物图（摄自食品过程先进控制教育部重点实验室）。

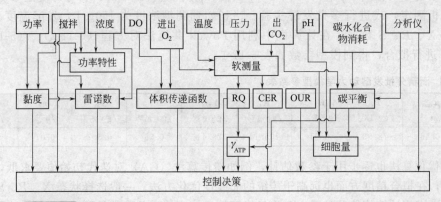

图 5-11-10　发酵过程一、二次参数示意

（1）温度的影响及控制

温度对发酵过程的影响体现在多方面：一是对生长的影响，在最适温度下，微生物快速生长，温度过高则生长受到抑制或死亡，温度过低则生长缓慢；二是对发酵方向的影响，不同发酵温度可能导致不同生物合成方向，从而产生不同产品；三是对发酵液物理性质的影响，比如基质溶解度、氧在发酵液中的溶解度等，进而间接影响微生物的生物合成。因此在发酵过程中需要及时检测温度变化，并实施控制。

导致发酵过程温度变化的热量主要是微生物分解基质产生的热量，还有机械搅拌带动发酵液与设备间摩擦产生的热量等，同时要考虑空气排放、水分蒸发以及管壁散热

图 5-11-11　实验室智能发酵罐实物图

等带走的热量。不同的发酵罐结构，分别采用夹套或盘管通入冷热水实现对温度的单回路调节控制，也可采用搅拌或冷却水进口温度与发酵温度的前馈-反馈控制。

根据微生物种类及发酵产品的不同，温度控制常常采取不同的工艺曲线，在自动化系统中可设计智能串级控制策略。

① 根据同一菌种不同生长阶段，调整温度设定值。发酵前期菌量少，调高设定值，菌的呼吸与代谢快，促进菌体快速生长；发酵中期调低温度，延长生长期，推迟衰老；发酵后期产物合成能力降低，再提高温度，激发产物合成，直至放罐。一般若菌体生长快，设定较高温度的时间段短，反之，设定较高温度的时间段长。

② 根据培养条件调整温度设定值。通气条件不足时，调低设定值，可降低菌的呼吸速率，并提高溶氧浓度，缓解通气不足对代谢的影响；培养基浓度不足时，适当调低温度设定值，避免温度高导致的营养成分过快利用，菌体产物合成过早终止。若培养条件适宜，通气充足、营养丰富，温度可适当提高。

（2）pH 的影响及控制

适宜的 pH 为微生物生长提供最优化的环境，而不适当的 pH 将影响微生物的生长，发酵液 pH 值是微生物新陈代谢的综合反映，及时检测并控制 pH 值在最佳范围，直接关系到发酵过程产物的形成。pH 对发酵过程的影响较为复杂，酶的活性依赖于 pH，从而既影响微生物对营养物质的利用和代谢物的排放，也影响菌体的代谢途径甚至细胞结构。实际应用中最佳 pH 值通过大量实验获取，需要注意一般情况下，菌体生长时对 pH 条件要求较低，而产物合成时对 pH 条件要求较高。

工业生产中最简单的 pH 控制方法是在发酵液中加入酸或碱，即所谓酸碱中和法，根据pH 的测量值，快速投放酸或碱溶液进行调节。

更先进的控制方法是考虑发酵过程中 pH 发生变化的原因，在此基础上进行调节。引起pH 变化的主要原因是微生物的糖源代谢、氮源代谢等，比如培养基中糖缺乏时，pH 值上升。另外，一些发酵产物本身的酸碱性引起 pH 变化，比如发酵产物为有机酸时，pH 值下降，而抗生素类产物呈碱性，pH 值上升。此时 pH 控制的根本手段应是改善微生物代谢状况，通过加入营养物质的补料方式调节 pH 值，较为可行的控制方案是根据糖的消耗调节补糖速率，从而调节 pH 值。

（3）氧的影响及溶氧控制

氧既是构成微生物细胞的元素，又是新陈代谢过程需要的元素，特别对于好氧微生物，供氧不足将严重抑制细胞的生长代谢，影响产量；另一方面，过多的氧有时也对生长不利并抑制产物生成，不同的微生物培养过程有不同的临界氧浓度和最适宜的氧浓度，氧的检测和控制具有重要意义。在发酵过程中，微生物只能利用溶解状态下的氧，但氧是难溶气体，取决于发酵液的物理性质和传递阻力等，工业上氧的利用率很低，提高供氧效率，能降低空气消耗量、减少动力消耗、提高设备利用率。

分析发酵过程中溶氧的变化：在菌体生长前期需氧量大，溶氧浓度明显下降；中期需氧量减少，溶氧浓度相对平衡或逐步上升，产物开始形成，溶氧浓度不断上升；生产后期，菌体衰老呼吸减弱，溶氧浓度明显上升。根据上述变化规律，可实现对发酵过程的自动监测，及时预警生产问题，比如若溶氧异常下降，则可能有好气性染菌，大量消耗溶氧；也可能搅拌功率和速度不足；也可能菌体代谢异常等。

中试和工业规模生产中的供氧，主要采用通入无菌压缩空气同时搅拌的方式，相应地溶氧控制手段，包括调节空气流量、调节搅拌速度、改变气体组分、调节压力等，具体根据微生物生长和产物合成的耗氧量进行多输入单输出控制。实际发酵过程的溶氧控制，更多地要考虑供氧和需氧两个方面，供氧主要是提高空气中氧含量和提高罐压，而需氧量受菌体浓度影响最大，发酵液摄氧率随浓度线性增加，而氧的传递速率随浓度对数减小，最佳的溶氧控制是使菌体的比生长速率比临界值略高，达到最适菌体浓度，具体通过调节基质浓度来实现，即通过自动控制补糖速率，间接控制溶氧，同时也影响到 pH。

（4）二氧化碳影响与控制

几乎所有发酵过程的细胞代谢均产生 CO_2，其浓度又将直接影响微生物的生长，例如发酵液中 CO_2 浓度超过一定范围，酵母菌的生长将受到严重抑制，而大肠杆菌的生长却需要 CO_2 不低于一定浓度；另一方面，CO_2 对产物形成也有显著影响，发酵过程需要控制合适的 CO_2 分压，以利于获得最大产量。

对 CO_2 进行实时检测，可以优化微生物生长环境，获得适宜的生物反应终点，而通过改进 CO_2 控制策略，可以及时避免浓度异常，防止生长受阻甚至变异。CO_2 浓度变化与设备规模、通气量、搅拌速度和强度、罐压、发酵液的流变学以及细胞呼吸强度等因素有关，例如若罐体高度大于 10m，则底部 CO_2 分压将是顶部的 2 倍。

对 CO_2 浓度的控制实施控制，可行的方法包括以下三方面。

① 直接 CO_2 浓度控制。通过调节通气量来控制 CO_2，一般降低通气量可增加 CO_2 浓度，加大通气量降低 CO_2 浓度；类似地，降低搅拌速度可增加 CO_2 浓度，反之则降低 CO_2 浓度。

② 间接 CO_2 浓度控制。通过补料实现对 CO_2 控制，补料对微生物的生长和产物生成有影响。例如补糖可促进某些微生物的生长代谢，从而产生 CO_2 变化。

③ 综合 CO_2 浓度控制。发酵罐的液位高低、罐压大小，可以用于 CO_2 分压或浓度的控制；此外，发酵液温度的高低将影响 CO_2 的溶解度，控制温度可以降低或提高 CO_2 浓度；类似地，pH 高低影响 CO_2 的溶解度，也可以用于 CO_2 浓度控制。

11.2.3 营养物流加控制

（1）最优化流加控制

根据发酵工程理论，在微生物生长的某些阶段，需持续加入营养物以提高转化率、产率等。例如赖氨酸属于 II 类微生物反应，产物的形成表现为生长偶联型，基质浓度过高，对菌体生长有抑制作用，菌体的比生长速率和产物形成是基质浓度的非单一函数。为提高产率，工业生产中基质或营养物都是间歇或连续地流加到发酵罐中，以有效克服营养物浓度对生长的抑制，此时发酵最优化控制问题是在一定条件和时间内，寻找营养物的最优流加速率轨线，使基质消耗量最小、赖氨酸产率最大。

赖氨酸菌体生长、产物形成以及基质消耗的动力学模型[7]：

$$\frac{dX}{dt} = \mu X - \frac{1}{V}FX \tag{5-11-5}$$

$$\frac{dP}{dt} = \pi X - \frac{1}{V}FP \tag{5-11-6}$$

$$\frac{dS}{dt} = -\frac{1}{Y_x}\mu X - \frac{1}{Y_p}\pi X - mX + \frac{1}{V}F(S_f - S) \tag{5-11-7}$$

式中，μ、π 分别为比生长速率和比生成速率；V 为发酵液体积；F 为基质流加速率；其他为模型参数或衡算常数，其中

$$\mu = \mu_{max}(1 - X/X_{max})(1 + S/K_s)^{-1}$$

$$\pi = K_2(S/(S + K_{sp}))(1 + S/K_{ip})^{-1} + K_1\mu$$

考虑到
$$\frac{\mathrm{d}V}{\mathrm{d}t} = F \tag{5-11-8}$$

则上述式（5-11-5）等 4 式构成发酵过程状态方程，设 $Z = [XPSV]$ 为状态向量，最优流加控制问题定义为：在给定终止时间 k_f 下，求 F 使赖氨酸浓度 P 最大，即 $\max_F Z(k_f)$，并满足约束条件 $F_{\min} \leqslant F \leqslant F_{\max}$。此优化问题解析求解较为困难，可利用神经网络来实施。具体步骤如下：

① 首先根据实验分析选定状态向量初始值和模型参数，用 Runge-Kutta 数值法求解上述微分方程组。

② 利用数值解作为输入输出数据，训练并获取初始神经网络模型 f，即
$$Z(k+1) = f(Z(k), F(k), w(k)) \tag{5-11-9}$$
式中，$w(k)$ 表示 k 时刻神经网络的模型参数向量。

③ 迭代求取最优控制序列 $F(k) = F(k) - \eta \dfrac{\partial L}{\partial F(k)}$，其中 η 为迭代步长，L 为拉格朗日函数（λ_1、λ_2 为拉格朗日乘子），即

$$L = Z(k) - \lambda_1 [F(k) - F_{\min}] - \lambda_2 [F_{\max} - F(k)] + \frac{1}{2} \sum_k F^2(k)$$

④ 实施 $F(k)$ 并测量新的 $Z(k+1)$，由式（5-11-9）训练神经网络。

⑤ $k = k+1$，判断到给定时间 k_f 则停止，否则转③。

(2) 智能流加装置

微生物生长过程中，除持续加入营养料之外，有时酸、碱等也采用流加方式，不同发酵过程的不同阶段，流加物的补充形式不同。在发酵过程自动补料系统中，一般采用蠕动泵，其流加方法多采用恒速或线性，也有发酵过程需要一种按指数的自动流加方法，但基于蠕动泵很难实现，工厂和实验室中往往采用分阶段手工操作的方式来近似实现指数流加，这样一则影响发酵过程的自动化程度，二则会产生较大的误差。

智能流加装置可以将恒速、线性和指数等方法集成于一体，由单片机、蠕动泵以及数码显示器组成，可分别显示当前控制周期值和实时流加速率，现场操作人员通过键盘按钮选择流加方式，并输入控制周期，也可以通过键盘按钮设定参数，选择流加速率计算公式。

当以上各参数设定完成后，智能装置根据控制周期和流加速率，计算出当前控制周期内蠕动泵的开关时间分布，控制蠕动泵，实现自动化流加。设线性流加的补料速率为 $At + B$，指数补料速率为 $A\exp(Bt)$，其中 $\exp$ 为指数函数，t 为时间，A 和 B 为设定参数，设 C 为一个控制周期单元，在 $(n-1)C$ 到 nC 补料周期内的补料速度为：

$$V_r = \begin{cases} \dfrac{1}{C} \displaystyle\int_{(n-1)C}^{nC} V \mathrm{d}t, & \dfrac{1}{C} \displaystyle\int_{(n-1)C}^{nC} V \mathrm{d}t < M \\[3mm] M, & \dfrac{1}{C} \displaystyle\int_{(n-1)C}^{nC} V \mathrm{d}t > M \end{cases} \tag{5-11-10}$$

蠕动泵在该周期内开的时间为：

$$T_r = \begin{cases} \dfrac{1}{M} \displaystyle\int_{(n-1)C}^{nC} V \mathrm{d}t, & \dfrac{1}{M} \displaystyle\int_{(n-1)C}^{nC} V \mathrm{d}t < C \\[3mm] C, & \dfrac{1}{M} \displaystyle\int_{(n-1)C}^{nC} V \mathrm{d}t > C \end{cases} \tag{5-11-11}$$

式中　V_r——当前控制周期内的流加速率；

　　　T_r——当前控制周期内的蠕动泵开的时间；

M ——补料蛇管中料液的流速，ml/s；

n ——控制周期数；

$\mathrm{d}t$ ——时间的微分。

上述控制装置实现了发酵过程流加自动化，用户可以根据实际需要，在任意时刻选择恒速、线性和指数等不同的流加方式，只需要设定几个参数，该系统便可以自动流加补料，为发酵过程真正实现自动控制提供便利条件。每个控制周期内蠕动泵的开关时间都是根据流加曲线实时计算得出，提高了流加的实时性和准确性。

11.2.4　发酵过程质量监测

(1) 统计监控及多向主元分析

工业生产的质量波动可分为偶然因素和系统因素两大类，前者表现为相关变量围绕特征值随机波动，称为受控状态；后者表现为变量偏离特征值的非正常波动，即失控状态。统计监控的理论基础是正常过程均受控，受控过程的变量必满足一定的统计分布，且变量之间存在内在的相关特性；一旦统计分布和相关关系发生变化，则过程出现了失控，将影响产品质量。

以赖氨酸分批发酵过程为例，过程控制系统主要处理偶然因素引起的生产波动，而对于诸如初始生产条件，以及搅拌、通风、温度等操作条件不正常所引起的批次过程偏离正常轨线，产品质量存在隐患的情形，由于缺乏实时监测预警和质量评估手段，往往只有等到过程结束，才能通过质量检测判定生产质量，此时损失已无可挽回。质量监测试图利用生产过程数据及时诊断和评估质量性能，进而调整和控制生产过程。

主元分析 (PCA) 是统计监控中常用的技术，发酵生产多为典型的间歇过程，各批次生产之间存在差异，因此将批次作为一维数据，在多变量 PCA 基础上形成多向主元分析 (MPCA) 方法，用于检测变量统计分布的指标为 T_2 统计量和主元得分图，用于检测变量相关关系的指标有为 SPE 值和两两主元组成的平面图等。

(2) 监控指标及步骤

假设赖氨酸发酵有 I 个批次（垂直坐标），过程变量有 J 个（水平坐标），采样数为 K 个（第三维坐标）；依水平方向切块是 $J \times K$ 数据矩阵，表示各批次发酵过程中所有变量的时间轨线，而垂直方向切块是 $I \times J$ 数据矩阵，表示同一个时间各批次过程变量的值，将三维矩阵数据 $\boldsymbol{X}(I \times J \times K)$ 展为两维 $\boldsymbol{X}(I \times JK)$ 矩阵，则考虑 $\boldsymbol{X}$ 变量及其在时间上的变化，实质是分析 $\boldsymbol{X}$ 中过程批次间的变化。

对 $\boldsymbol{X}$ 进行 PCA 建模，其主元代表了过程变量之间的关系，而负荷向量则反映变量自身及其随时间的变化。具体算法：

① 对 $\boldsymbol{X}$ 归一化，即每列减去其均值再除以方差；

② 任选 $\boldsymbol{X}$ 的一列 X_j 作为第一个主元 t_1，即 $t_1 = X_j$；

③ 计算第一个负荷向量 $\boldsymbol{p}_1$，即 $\boldsymbol{p}_1^{\mathrm{T}} = t_1^{\mathrm{T}} \boldsymbol{X} / t_1^{\mathrm{T}} t_1$；

④ 将 $\boldsymbol{p}_1$ 归一化 $\boldsymbol{p}_1^{\mathrm{T}} = \boldsymbol{p}_1^{\mathrm{T}} / \| \boldsymbol{p}_1 \|$；

⑤ 计算 $t_1 = \boldsymbol{X} \boldsymbol{p}_1 / \boldsymbol{p}_1^{\mathrm{T}} \boldsymbol{p}_1$；

⑥ 与前 t_1 比较，若收敛则令 $\boldsymbol{X} = \boldsymbol{X} - t_1 \boldsymbol{p}_1^{\mathrm{T}}$，并返回第②步，通过交叉检验法得到主元的个数；否则返回第③步。

用于统计监控的主要指标是 SPE 和 T_2 统计量。假设在 k 采样时刻的完整数据为 X_{new}，则此时第 r 个主元为 $t_{r, k} = X_{\mathrm{new}} p_r$，基于该主元模型的预测误差向量为 $E = X_{\mathrm{new}} - \sum_{r=1}^{R} t_{r, k} \boldsymbol{p}_{\mathrm{r}}^{\mathrm{T}}$，$R$ 为主元个数，预测平方误差为 $SPE_k = \sum_{j=1}^{J} E(k, j)^2$，$T_2$ 统计量为

$T^2 = t^{\mathrm{T}}{}_k S^{-1} t_k \dfrac{I(I-R)}{R(I^2-1)}$，式中，$t_k$ 为 k 时刻所有的主元向量，S 为正常过程的主元的近似协方差矩阵。SPE 满足 $g\chi^2_h$ 分布，T_2 满足 F 分布，两者的控制限可由分布曲线的临界值算出。过程监控主要是判断当前时刻的 SPE 和 T_2 是否超出了控制限，而当前单个主元值图和两两主元图则作为一个辅助手段供现场工程师或操作人员分析。

利用多向 PCA 的统计监控，由于当前生产时刻的采集数据不能反映该批次整个过程，需要预测当前时刻至过程结束时所有数据。一般假设未来数据对平均轨线的变差与当前采样时刻变差值相同，待到一个时刻则用此时的采集值替换此前的预测值，并重新预测此后的数据。统计监控步骤如下：

① 收集正常批次过程数据 X，对 X 进行 PCA 建模，得主元和负荷向量；

② 将正常数据代入主元模型，计算 SPE 和 T_2 的控制限；

③ 按当前时刻的采样值预测其后的数据，形成 X_{new} 并进行 PCA 建模；

④ 判断 SPE 和 T_2 是否超控制限，若超出则过程异常，产品质量不保证，可进一步计算变量对 SPE 和主元的贡献，判断导致异常的变量；若未超出，则过程正常，返回步骤②。

取赖氨酸正常发酵 45 个批次数据建立多向 PCA 模型，由于每个批次过程时间长短不一，一般选用最短的建立数据矩阵，通过交叉检验法确定主元个数为 5 个。图 5-11-12 和图 5-11-13 是某批次统计监控图，显示第 45 到 50 采样时刻内的 SPE 和 T_2 值均超出了控制限[8]。

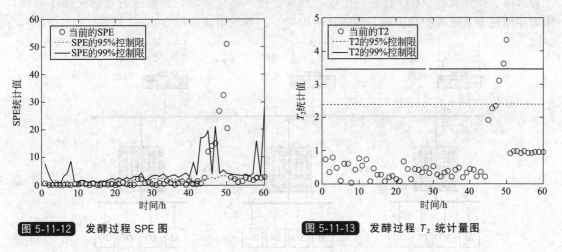

图 5-11-12　发酵过程 SPE 图　　　　　　**图 5-11-13**　发酵过程 T_2 统计量图

11.2.5　柠檬酸发酵过程控制系统

（1）基于模型的优化控制

以山芋干粉为原料的深层分批柠檬酸发酵工艺，氧的供给非常关键，短暂的缺氧也会导致柠檬酸产率急剧下降，控制适当的溶氧水平成为发酵优化的关键。常温常压下，氧的溶解度很低，可增加罐压或通风量提高溶氧，在柠檬酸发酵中主要还是采用通风量控制溶氧；通风量低固然影响溶氧，但通风量太大，虽然产酸速率加快，副作用也不小，诸如使菌体呼吸强度增加，助长杂酸的生成，发酵液起泡逃料，能源成本增加等。

由柠檬酸发酵动力学模型

$$\frac{\mathrm{d}X}{\mathrm{d}t} = b_1 \frac{\mathrm{d}S}{\mathrm{d}t} - b_2 \frac{\mathrm{d}P}{\mathrm{d}t} - b_3 D_{\mathrm{CO_2}} Q \qquad (5\text{-}11\text{-}12)$$

$$\frac{\mathrm{d}P}{\mathrm{d}t} = k_1 \frac{\mathrm{d}X}{\mathrm{d}t} + k_2 \frac{S}{S+K_{\mathrm{sp}}} X \qquad (5\text{-}11\text{-}13)$$

$$-\frac{\mathrm{d}S}{\mathrm{d}t}=\frac{1}{Y_x}\frac{\mathrm{d}X}{\mathrm{d}t}+\frac{1}{Y_p}\frac{\mathrm{d}P}{\mathrm{d}t}+mX \tag{5-11-14}$$

式中，Q 为通风量；D_{CO_2} 为排气中 CO_2 含量的变化率；其他与前两节类同。

定义产物对菌体的比生成速率 $\pi=\frac{1}{X}\times\frac{\mathrm{d}P}{\mathrm{d}t}$，基质对菌体的比消耗速率 $\sigma=\frac{1}{X}\times\frac{\mathrm{d}S}{\mathrm{d}t}$，结合式（5-11-12）得状态方程

$$\begin{bmatrix}\dot{X}\\\dot{P}\\\dot{S}\end{bmatrix}=\begin{bmatrix}-b_1\sigma-b_2\pi & 0 & 0\\\pi & 0 & 0\\-\sigma & 0 & 0\end{bmatrix}\begin{bmatrix}X\\P\\S\end{bmatrix}+\begin{bmatrix}-b_3D_{CO_2}\\0\\0\end{bmatrix}Q \tag{5-11-15}$$

基于上述状态方程进行计算机优化控制，X、P、S 每 2h 离线检测一次，输入计算机，利用动力学模型递推预估，离线检测间隔内的 X、P、S，并计算 μ、π、σ。优化控制的计算一般在控制系统的工程师站上进行，通过对状态方程积分，直到满足边界条件，求得最优通风量，并修改控制站中的通风回路设定值。

（2）计算机 DCS 系统

以柠檬酸为代表的发酵生产规模越来越大，基本采用集散控制系统（DCS），该系统由工程师站、操作员站、I/O 控制站组成，形成管控一体化系统，系统运行可靠，操作简便，组态结构便于系统维护和扩展，性能价格比高[9]。系统组成如图 5-11-14 所示。

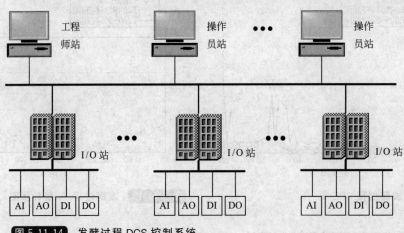

图 5-11-14 发酵过程 DCS 控制系统

① 工程师站 工程师站是技术人员生成控制系统时的人机界面，它作为系统的管理站和程序员终端，用来开发和下装各种控制算法和数据。工程师站具有工况图形组态、控制回路组态、报表组态、数据库实时下装模块等应用软件，利用通信网络把组态生成的数据下装到 I/O 控制站，以实现对发酵过程的自动控制。

a. 工况图形组态功能 工况图形组态软件用来生成各种工况图及总貌图工具。应用系统设计人员可直接使用它在屏幕上设计出各种工业流程图。流程图设计采用所见即所得方式，提供各类罐体、阀门、传感器等设备模型供调用，并可在画面任意处设定显示各模拟量（温度、压力、流量、pH 等）及各开关量（温度、压力、流量等手/自动、消泡等）的实时数据。工况图形组态软件还有文字注解定位显示及涂抹功能。

b. 控制回路组态功能 控制回路组态软件可用来生成或修改工作站数据库、控制回路数据库、模拟量输入输出数据库、开关量输入输出数据库。用户以填表与选择相结合的方式

对各数据库进行编辑，编辑完成的数据库下装到 I/O 控制站。软件在数据库编辑过程中自动执行查错功能，操作简便、可靠，界面友好。

控制回路生成软件中提供了多种控制算法并提供了用户定义接口，利用这些工具可生成各种适合于发酵过程的控制策略。常用的控制算法有 PID、quick-PID、Bang-Bang 控制、自调整控制、跟踪控制、前馈控制、多变量控制、模糊控制等，也可由用户定义。

输入、输出点数据库记录所有 I/O 控制站中输入、输出点的各种实时数据。不同的数据点以一定的格式进行存储。该系统提供的可选项目，包括报警方式、滤波方式、信号或执行器类型、电平类型、输出模式、数据点状态等。

工程师站还具有报表组态功能、数据库实时下装功能等。此外，I/O 站生成软件提供对 I/O 站的站号、站地址、通信速率及使用模板进行设置的功能。所提供的可选模板包括 A/D、D/A、开关量输入和输出以及通信等。

② 操作员站　操作员站供生产车间操作人员使用，硬件配置一般采用工业计算机。主要软件功能包括实时数据通信、系统状态显示、工况图形显示、历史趋势显示、实时控制曲线显示、控制参数修改、参数列表、报警管理、报表打印、屏幕图形拷贝、系统时钟校正等。

③ I/O 控制站　I/O 控制站是生产控制系统与发酵过程直接关联的设备，硬件配置主要采用单片机、PLC、智能仪表、工业控制机等。主要功能是实现对现场信号的采集、转换和处理，并将各种控制算法的结果输出，提供手/自动切换，信号越限报警，一般具有实时数据通信功能，将各数据点实时采集的数据发送给操作员站。

控制站对现场信号的采集和转换，涉及的参数主要是发酵罐、种子罐及试验罐的温度、罐压、空气流量、pH、溶氧、搅拌转速、泡沫等，以及空气冷凝器出口温度、空气加热器出口温度、冷冻水总管温度、自来水总管温度、蒸汽总管温度、尾气处理桶温度、总水压、总汽压等。

11. 3　分离过程自动化

11. 3. 1　溶剂蒸馏及醪塔建模

(1) 溶剂蒸馏过程

蒸馏分离在食品生产中应用广泛，一些发酵工段的发酵液直接送入蒸馏工段进行产品分离。以溶剂生产厂为例，采用蒸馏塔（也称醪塔）将发酵出来的醪液（含总溶剂丙酮、丁醇、乙醇）分离成塔顶总溶剂和塔底废醪（工艺要求塔底跑溶小于 0.5‰，塔顶馏出总溶浓度在 30%～40%），其运行操作主要通过调节塔底加热蒸汽、塔顶采出量、塔顶回流、塔顶冷凝等，实现对塔顶和塔底溶剂组分浓度的控制，其操作情况直接关系到产品的产率和整个车间的能耗，并影响到后续的生产流程和塔器。

发酵工段的醪液一般从醪塔中部进料，自然地流向塔下部的再沸器，醪液沸腾产生蒸汽，上升的蒸汽与向下的醪液接触，不平衡的气液两相间进行传热和传质，液相中的易挥发组分（总溶剂）受到气相的温度和浓度影响，逐步向气相传递，气相中的难挥发组分（水）受到液相的温度和浓度影响，逐步向液相传递。不断的物质传递和组分交换，塔的下部醪液中水分含量逐步提高，经再沸器加热，塔底废醪总溶剂含量很少。醪塔上部蒸汽不断上升，总溶剂含量也升高，经塔顶冷凝器冷凝后，一部分由塔顶采出，一部分回流，并与上升蒸汽接触，使上升蒸汽中总溶剂含量不断提高，通过控制回流比或采出量，使塔顶采出液浓度达到工艺要求。

（2）醪塔静态机理模型

描述醪塔的基本方程包括四类：相平衡、物料平衡、热平衡以及传质和传热动力学。设醪塔共有 N 块塔板（包括再沸器和冷凝器），自下而上将塔板依次编号，如图 5-11-15 所示。

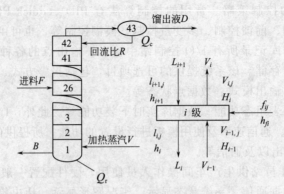

图 5-11-15   醪塔结构及塔板变量

分别对每块塔板列出上述三类静态平衡方程式[10]：

$$\varphi_j y_j p = \gamma_j x_j f_j^0$$

$$\eta_{i,j} K_{i,j} l_{i,j} \frac{V_i}{L_j} - v_{i,j} + (1 - \eta_{i,j}) v_{i-1,j} \frac{V_i}{V_{i-1}} = 0$$

$$l_{i,j} + v_{i,j} - l_{i+1,j} - v_{i-1,j} - f_{i,j} = 0$$

$$h_i + H_i - H_{i-1} - h_{i+1} - h_{f_i} = 0 \tag{5-11-16}$$

$$\sum_i l_{N,j} - L_N = 0$$

$$\sum_i l_{1,i} - L_1 = 0$$

式中　　i——塔板号，$i = 1, \cdots, N$；

　　　　j——组分号，$j = 1, 2, 3, 4$；

　　　　p——体系的压力；

　　　　y_j——汽相中组分 j 的摩尔浓度；

　　　　x_j——液相中组分 j 的摩尔浓度；

　　　　φ_j——组分 j 的汽相逸度系数；

　　　　f_j^0——组分 j 的标准态逸度；

　　　　γ_j——组分 j 的液相活度系数；

　　　$l_{i,j}$——塔板 i 上液相组分 j 的流量；

　　　$v_{i,j}$——塔板 i 上汽相组分 j 的流量；

　　　h_i——塔板 i 上的液相焓；

　　　H_i——塔板 i 上汽相焓；

　　　h_{f_i}——为进料焓；

　　　$\eta_{i,j}$——板效率。

考虑传质和传热动力学因素，设板效率为 $\eta_{i,j} = \dfrac{y_{i,j} - y_{i-1,j}}{K_{i,j} x_{i,j} - y_{i-1,j}}$，其中汽液平衡常

数 $K_{i,j} = \left(\dfrac{y_j}{x_j}\right)_i = \left(\dfrac{\gamma_j f_j^0}{\varphi_j p}\right)_i$。

选用 UNIFAC 功能团模型计算丙酮、乙醇、丁醇和水（C_3H_6O、CH_3CH_2OH、$C_4H_{10}O$ 和 H_2O）四种组分的活度系数 γ_j，其中基团的划分太粗则准确度不高，太细又失去功能团的优点，折中选择 C_3H_6O（CH_3，CH_3CO）、CH_3CH_2OH（CH_3CH_2OH）、$C_4H_{10}O$（CH_3，CH_2，CH_3CH_2OH），H_2O，可使偏差均在 20％ 以内，合乎解决工程问题的需要。因为 UNIQUAC 模型采用分子而不用基团进行计算，可大大减少计算机数值计算量，为此实际工程中可先用 UNIFAC 运算，得到结果后再进行 UNIQUAC 模型参数估算，在醪塔四组分体系中，找出最容易和最不易挥发的两个组分的标准饱和温度（$C_4H_{10}O$：390K，C_3H_6O：330K），在此条件下，计算组分 j 中无限稀释组分 i 的活度系数，从无限稀释活度系数出发，估算 UNIQUAC 模型参数。用 UNIQUAC 模型代替 UNIFAC 模型后，活度系数的计算结果可完全满足工程实际要求。

（3）数值求解与拟合验证

描述醪塔的方程组是高度非线性的，以某厂实际 $N=43$ 层的醪塔为例，考虑算法的收敛性、收敛速度以及对初始值的要求等，工程实践中可采用 Newton-Raphson 法，将前述模型改写成偏差函数形式进行迭代求解。针对初值选不好导致该法逼近失败的问题，在迭代过程中限制组分流量在 0 和设定的最大流量之间；另外每块塔板温度变化令其不超过设定的最大值，以保证收敛性。

理想状况下建立的机理模型与生产状况有较大偏差，需要对照实际醪塔进行拟合。一种简单的方法是首先对回流比和板效率做三水平正交试验，基本确定回流比和板效率后，再以板效率作为被辨识参数，对塔底总溶剂浓度进行拟合，最后再对每块塔板的温度进行拟合修正，主要是增加两个温度修正项 ΔT_{pi} 和 ΔT_{si}，前者补偿因压降引起的沸点上升，后者补偿因杂质引起的提馏段沸点上升。表 5-11-2 是经拟合和修正后的计算值与某工业醪塔实际值的比较。

表 5-11-2　模型与实际塔的参数比较

名称	实际数据	模拟数据
塔釜总浓度 $x_B/‰$	$\leqslant 0.5$	0.4987
塔顶馏出总溶剂/％	$35\sim40$	38.50
塔底温度 $T_B/℃$	105	106.64
塔顶温度 $T_D/℃$	95	96.81
塔中温度 $T/℃$	无测量点	第 24 塔板 100.32
		第 25 塔板 99.02
进料板温度 $T_f/℃$	（进料预热约 70℃）	第 27 塔板 99.58

11.3.2　醪塔操作分析与优化控制

（1）基于计算机的操作分析

利用上述模型 5-11-16 构造计算机辅助醪塔操作分析系统（DISSIMU），实现对醪塔的运行状况的工艺操作分析研究，克服现场试验的限制，节省人力、物力和时间。使用 DISSIMU 操作分析系统，只需输入各种工艺和操作条件，即可由计算机进行快速求解运算，下面分别是进料流量、进料温度、进料组分以及回流比、馏出量对塔的运行影响的分析。

① 进料流量 F 的影响　在进料组分保持一定的条件下，如保证塔两端产品满足工艺规格，则塔顶馏出液流量 D、塔底出料量 B 之间呈简单的比例关系。同样，再沸器加热量 Q_r 与进料量 F 保持一定的比例关系。通过操作分析，只要 F 与 D、B、Q_r 等保持一定的比例关系，回流比 R 不做任何调整，塔顶温度分布及组分浓度分布均不受 F 的影响。

②　进料温度的影响　进料温度对塔的影响较为显著。为了保证产品的规格，当进料温度变化时，可以调整回流比来控制。事实上当进料温度变化时，合理选择操纵变量，对降低能耗和物耗有重要作用。

③　回流比 R 的影响　在进料组分和塔压恒定的条件下，选择不同的回流比 R，对塔顶、塔底组分浓度及能耗等进行分析，结果见表 5-11-3，不难发现 R 对控制塔底废醪浓度是较为灵敏的，相对来说，对塔顶总浓度影响较小。由于塔顶产品是中间产品，对它的质量要求较宽，因此在控制方案设计时，可以考虑到这一特性，同时，再沸器能耗 Q_r 和冷凝器能耗 Q_c 基本上保持一定的比例关系，这与物理分析得到的结果是一致的，降低 R 可使两者能耗下降，这对节能尤为重要。

表 5-11-3　回流比 R 的影响

回流比	塔底浓度/‰	塔顶浓度/%	$Q_r/\text{kJ} \cdot \text{h}^{-1}$	$Q_c/\text{kJ} \cdot \text{h}^{-1}$
0.8	0.687	38.24	$1.3426e+7$	$3.3009e+6$
1.0	0.588	38.38	$1.4244e+7$	$4.1278e+6$
1.2	0.499	38.50	$1.5064e+7$	$4.9554e+6$
1.5	0.385	38.67	$1.6294e+7$	$6.1948e+6$
2.0	0.242	38.87	$1.8344e+7$	$8.2626e+6$

④　进料组分的影响　虽然进料中总溶剂的含量只有 2%，但当各组分发生变化时，若要达到规定的塔顶和塔底质量要求，D、R、Q_r、Q_c 需要随之进行一定的调节。在不同进料组分时进行模拟分析，D 的调节对产品规格影响较大，但塔的能耗随之变化。

(2) 实时优化控制

醪塔各塔板温度以及组分浓度的变化均会影响产品规格，实时控制系统一般选择 1～2 点的灵敏板温度（或温差）作为主要被控变量，其他被控变量还有塔顶温度及压力、成品冷凝温度、塔底温度和液位等；结合操作分析可选进料量 F、回流比 R、再沸器加热量 Q_r、塔顶冷凝量 Q_c、产品采出量 D 为操纵变量；进料温度、进料组分、加热蒸汽压力等作为干扰。

工程实际中进料温度的变化，主要通过预热环节加以稳定，进料组分的变化对塔稳定运行影响较大，采用离线分析并输入计算机，按计算机中的控制策略表调整控制回路参数。虽然醪塔是多输入多输出系统，但常规控制策略还是选择若干单回路，比如为克服各种干扰，组成灵敏板温度与加热蒸汽流量串级调节，其中副回路采用质量流量控制，降低蒸汽压力波动的影响；将进料量作为前馈信号；也可通过调节回流比控制灵敏板温度，或调节回流比或采出量控制塔顶温度；通过塔底出料量控制塔底液位等。

为了应对各种干扰，保证质量与稳定运行，在醪塔的实际操作中，一般都留有相当大的裕度，导致运行费用高。例如进料组成或流量变化、塔釜加热量变化等，使塔的操作运行波动很大。对于上述常规控制方法，目前普遍采用高回流量或大蒸汽量，以保证塔底跑溶和塔顶馏出总溶浓度满足工艺规格。

事实上低负荷运行时，由于有操作裕度，塔顶和塔底产品规格还可以基本满足要求，但由于高回流量或大蒸汽量，使能耗增大；当负荷较高时，操作裕度已不支撑高回流或大蒸汽量，容易造成塔底跑溶，使物耗增加，造成经济效益下降。

将塔的实际运行与计算机辅助操作分析相结合，利用正交试验方法对醪塔主要操纵变量进行优化，以塔的运行经济效益最优化为目标。考虑塔顶产品质量要求较宽，而塔底出料必须严格满足排放标准，在一般情况下，增大加热蒸汽量 V，则跑溶少，能耗大，物耗少；反之，减少 V，则跑溶多，能耗小，物耗大。这样优化控制命题可表述为：在满足废醪排放标准的前提下，以最少的能耗和物耗生产出合格的产品，其目标函数为 $J=f(x_B, V)$，其中 x_B 是塔底总溶摩尔浓度，V 是加热蒸汽量，所谓优化控制即寻求最优的 V，使指标 J 最小。

目前醪塔的计算机控制系统多是两级系统，下位机完成实时数据采集及常规控制任务，上位机主要是人机界面、数据库、报表打印等工作，同时可进行寻优计算。严格机理模型的优化控制，在实际工程中适用性不强，一种简化的方法是将严格模型拟合到由总溶剂与水组成的二元体系，将醪塔看作二元体系，可获得以下 V 与 x_B 的关系：

$$\frac{V}{F} = \beta \ln \left[\frac{y_D(1-x_B)}{x_B(1-y_D)} \right] \tag{5-11-17}$$

式中，β 是与板效率、相对挥发度等有关的常数；y_D 是塔顶气相摩尔浓度。

一些厂家选择最简单的 x_B 与 V 加权线性的目标函数 J，很方便地近似求得 J 最小时的 x_B，从而获得最优蒸汽量 V，将此作为蒸汽量调节回路的设定值。随着以预测控制为代表的先进控制技术的应用，有厂家直接采用多变量预测控制方案，以灵敏板温度、塔顶和塔釜温度、塔釜液位等为被控变量（CV），回流比、再沸器加热量、进料量、采出量等作为操纵变量（MV），进料组分和温度、加热蒸汽压力等作为干扰变量（DV）。

11.3.3　模拟移动床色谱过程及模型化

(1) SMB 色谱过程

色谱分离技术能够分离物化性能差别很小的混合物，成为从混合物中分离提纯各组分的现代高新技术。色谱技术与模拟移动床技术的集成，实现了色谱连续分离工艺技术，并由此组成了模拟移动床（SMB）色谱分离系统，满足了工业化连续运行特性。由于其高分离效率与低消耗，国际上已公认是一种绿色分离技术，在食品、生物及医药分离中获得广泛应用。

整个 SMB 过程装置由多根色谱柱通过多通阀串联构成，结构如图 5-11-16 所示，分为Ⅰ、Ⅱ、Ⅲ、Ⅳ四个区域，设待分离的两组分分别为 A 和 B，并且假定 A 组分的吸附能力较 B 组分强，D 为洗脱液，E 为提取液（A 组分），F 为进料，R 为提余液（B 组分）。

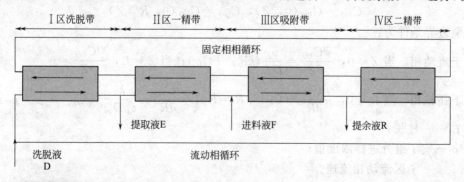

图 5-11-16　SMB 基本结构与过程

Ⅰ区为 A 组分的吸附段，洗脱液从Ⅰ区的底部进入，从固定相吸附剂中将强吸附组分 A 解析出来，从而得到提取液（A＋D）。

Ⅱ区是 A 组分的精制和 B 组分的解吸区。由于 A 的被吸附性较强，当液体从Ⅰ区进入该区时，吸附剂中的 B 被 A 不断地置换出来，并随液体和新的进料（A 和 B）一起进入Ⅲ区。

Ⅲ区是 A 组分的解吸区，向下流动的液体将组分 B 从提余液出口处排出，得到提余液（B+D）。

Ⅳ区是解吸剂 D 的部分解吸区，实现对部分解吸剂 D 的再生。由于Ⅳ区 D 的浓度比从Ⅲ区流入Ⅳ区 D 的浓度高得多，吸附平衡重新建立起来，洗脱液 D 解析出来。再生后的 D 的浓度较高，与新加入的 D 一起流入Ⅰ区[11]。

(2) 一般速率模型及数值求解

SMB 包括连续色谱与周期性的物料进出口切换，相应的机理模型分为两部分，一是各根柱内部色谱分离过程的色谱柱模型，二是各根柱串联并周期性不断切换的节点平衡模型。

色谱柱模型建立在一般速率模型基础上，包括色谱流动相的传质方程、固定相物料平衡方程、流动相线性动力方程、吸附等温线方程：

$$\frac{\partial C_{bij}}{\partial t} + \frac{1-\varepsilon_b}{\varepsilon_b} \times \frac{\partial q_{ij}}{\partial t} + v_j \frac{\partial C_{bij}}{\partial Z} = D_{bi} \frac{\partial^2 C_{bij}}{\partial Z^2}$$

$$\varepsilon_p \frac{\partial C_{pij}}{\partial t} + (1-\varepsilon_p) \frac{\partial C_{pij}^*}{\partial t} = \varepsilon_p D_{pi} \left(\frac{\partial^2 C_{pij}}{\partial R^2} + \frac{2}{R} \times \frac{\partial C_{pij}}{\partial R} \right) \quad (5\text{-}11\text{-}18)$$

$$\frac{\partial q_{ij}}{\partial t} = \frac{3k_i}{R_p} (C_{bij} - C_{pij} \mid_{R=R_p})$$

$$C_{pij}^* = f_i(C_{pij})$$

式中　i ——下标，表示组分号（例如 A、B）；

j ——下标，表示区号（例如Ⅰ、Ⅱ、Ⅲ、Ⅳ）；

C_{bij}、C_{pij}、C_{pij}^* ——分别为 j 区 i 组分流动相、孔相及固定相表面浓度；

D_{pi}、D_{bi} ——分别为 i 组分颗粒相和流动相轴向扩散系数；

ε_b、ε_p ——分别为柱孔隙率和固定相孔隙率；

Z、R ——分别为轴向和固定相径向坐标；

k_i ——线性等温线系数；

R_p ——固定相颗粒半径；

模型初始条件（即 $t=0$ 时）为：

$$C_{bij} = C_{bij}(0, Z), \quad C_{pij} = C_{pij}(0, R, Z)$$

模型边界条件为：

对于流动相，当 $Z=0$，$\dfrac{\partial C_{bij}}{\partial Z} = \dfrac{v_j}{D_{bi}}(C_{bij} - C_{fi})$；当 $Z=L$，$\dfrac{\partial C_{bij}}{\partial Z} = 0$

对于颗粒相，当 $R=0$，$\dfrac{\partial C_{pij}}{\partial R} = 0$；当 $R=R_p$，$\dfrac{\partial C_{pij}}{\partial R} = \dfrac{k_i}{\varepsilon_p D_{pi}}(C_{bij} - C_{pij} \mid_{R=R_p})$

式中　L ——柱长；

C_{fi} —— i 组分进样浓度值；

v_j —— j 区流动相流速。

对于上述偏微分方程组（5-11-18），采用有限元法和正交配置法进行数值求解，若考虑两种组分、4 个区域均匀配置 2—2—2—2，即每区两柱的情况，每个有限元固定相中的径向正交配置点数为 N_r，流动相中的变量数为 N_z，则经过离散化后的流动相与固定相的常微分方程（ODE）数为 $N_z(N_r+1) \times 2$。

节点平衡模型根据柱与柱之间的物料平衡关系来建立，如前述结构图 5-11-16 所示，各个节点流量 Q 与浓度 C 关系如下：

洗脱液节点 D 处　$Q_D + Q_Ⅳ = Q_Ⅰ$，$C_{i, D}Q_D + C_{i, Ⅳ}^{out} Q_Ⅳ = C_{i, Ⅰ}^{in} Q_Ⅰ$

提取液节点 E 处　$Q_{\rm I} - Q_{\rm E} = Q_{\rm II}$，$C_{i,{\rm I}}^{\rm out} = C_{i,{\rm II}}^{\rm in} = C_{i,{\rm E}}$

进料液节点 F 处　$Q_{i,{\rm F}} + Q_{\rm II} = Q_{\rm III}$，$C_{i,{\rm II}}^{\rm out} Q_{\rm II} + C_{i,{\rm F}} Q_{\rm F} = C_{i,{\rm III}}^{\rm in} Q_{\rm III}$

提余液节点 R 处　$Q_{\rm III} - Q_{\rm R} = Q_{\rm IV}$，$C_{i,{\rm III}}^{\rm out} = C_{i,{\rm IV}}^{\rm in} = C_{i,{\rm R}}$

采用表 5-11-4 的参数对 SMB 进行计算机数值仿真。

表 5-11-4　SMB 物理、操作及仿真参数表

柱直径 D/cm	1.4	组分个数（N_s）	2	有限元数	7
柱长 L/cm	47.5	柱配置	2—2—2—2	配置数 N_r	1
柱孔隙率 ε_b	0.2284	I 区流量 $Q_{\rm I}$/m³·s⁻¹	9.31e-8	等温线类型	线性
颗粒孔隙率 ε_p	0.2284	II 区流量 $Q_{\rm II}$/m³·s⁻¹	6.98e-8	稳定周期	≈40
进样浓度 C_{fi}/kg·m⁻³	50	III 区流量 $Q_{\rm III}$/m³·s⁻¹	8.64e-8	实际稳定时间	≈6.87
切换时间 $T_{\rm switch}$/min	10.3	IV 区流量 $Q_{\rm IV}$/m³·s⁻¹	6.65e-8	仿真稳定时间	≈5.03

图 5-11-17 给出了 SMB 轴向浓度变化的图示结果，每切换一次两组分的浓度均各自增大，并向着各自的出料口方向移动；经过一定的切换次数后，浓度值不再升高，曲线呈现平稳，在两个出料口分别得到两种高纯度的分离产品。

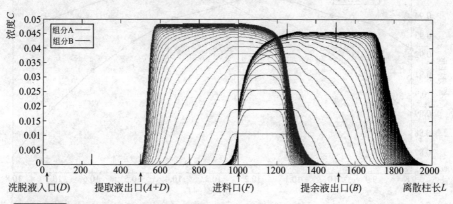

图 5-11-17　SMB 轴向浓度变化曲线图

（3）平衡扩散模型及数值求解

实际工程中常将 SMB 一般速率模型简化为平衡扩散模型。考虑到 SMB 分离效果依赖各区的流速和切换时间，在固定相中引入 Van-Deemter 方程，预测流动相中流速及其他因素对理论板高和柱效的影响。平衡扩散模型效率更高，对基于模型的控制和优化研究更加方便。

平衡扩散模型略去固定相中的扩散、颗粒表面和大孔间的吸附平衡关系，只考虑流动相中的对流传质、轴向扩散效应和流动相与固定相之间的物质传递效应。一般对于不同的分离组分采用不同的吸附等温线类型，包括线性及 Langmuir 型等温线等。平衡扩散模型中的节点模型与一般速率模型中的节点模型一样。

平衡扩散模型的数值求解，可采用化工过程动态分析中应用广泛的线上求解法（MOL），先将偏微分方程中某个变量离散化，将其简化为常微分方程，再进行数值求解。对 SMB 而言，首先对色谱柱模型的空间坐标进行离散化（轴向），而时间坐标不进行离散化。离散的点越多，数值结果精度越高，在实际应用中较为广泛的离散化方法是 5 阶偏心和 5 阶中心格式。

类似地，将隐式差分法用于平衡扩散模型求解，可将时间坐标同样进行离散化，以避免ODE求解器进一步缩减数值求解时间。Crank-Nicolson方法是时间坐标上隐式二阶方法，在空间域上采用中心差分，而在时间域上采用梯形公式。隐式差分法在求解过程中运用的矩阵计算，求解效率非常高。

在同一计算机平台（PM2.24GHz、RAM2G）上比较前述各类方法达到稳态时所需要的计算时间（切换50次），一般速率模型的有限元法约为78s，平衡扩散模型的MOL法为53s，而同一平衡扩散模型的隐式差分法为26s。

11.3.4　SMB色谱过程控制

（1）切换时间和流量控制

当SMB物理参数、柱配置等条件确定后，其分离的性能主要取决于切换时间、柱流量等操纵变量。

图5-11-18揭示了切换时间对组分纯度的影响，Tswitch直接影响分离效果，在SMB色谱过程控制中，切换时间是重要的控制变量。

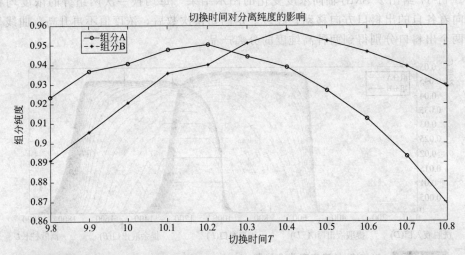

图 5-11-18　切换时间对分离纯度的影响

以表5-11-4中各区域流量的值为基准，分析各区流量与各组分纯度的变化关系，一般Ⅰ区低流量和Ⅳ区高流量区域曲线大幅变化原因，是不满足基本的分离条件，即三角形理论（用于定性判断各种组分是否可以实现分离）。需要注意Ⅲ区流量的变化满足三角形理论分离条件，当流量增大时，A组分的纯度提高，但B组分纯度随之下降，反之情况亦然。

（2）轴向浓度曲线 PID 控制

当SMB运行进入稳态时，轴向浓度曲线基本变化如图5-11-17，显示稳定后两种组分在4个区域中的浓度分布情况，由此控制好曲线形状，实际即可保证SMB的分离效果。

将曲线次划分为4个S型曲线，其中位于Ⅰ、Ⅱ区的A、B组分的S型曲线称为脱附后沿，位于Ⅲ、Ⅳ区的称为吸附前沿，对前后沿曲线离散化并取平均值所对应的位置为拐点。为实现对4个S型曲线的控制，可取其拐点位置的移动作为该曲线移动的标示，进而通过控制前后沿拐点的位置，实现对组分纯度的控制。

假设SMB运行时轴向浓度曲线的A脱附后沿和B脱附后沿拐点位置用 P_1、P_2 表示，A吸附前沿和B吸附前沿拐点位置用 P_3、P_4 表示，显然各区流量 Q_D、Q_E、Q_F、Q_R 都将影响拐点位置。利用前述SMB模型，分析各区流量 Q_D、Q_E、Q_F、Q_R 与拐点位置 P_1、

P_2、P_3、P_4 之间的关系，分别找出——配对的流量和 P 值，实现工程化解耦，从而构成 4 个单回路 PID 控制通道。以拐点 P_1、P_2、P_3、P_4 作为被控变量，Q_D、Q_E、Q_F、Q_R 作为操纵变量，构成闭环控制系统。

通过改变各个区域的流动相流量，最终使得各个组分的拐点位置在其设定值附近，组分纯度达到稳定。图 5-11-19 为组分 A 进料扰动时，拐点位置和组分纯度的控制。

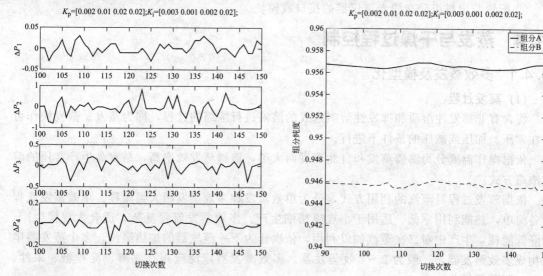

图 5-11-19　拐点位置和组分纯度的控制（组分 A 进料扰动时）

11.3.5　SMB 装置与控制系统

图 5-11-20 是由 10 根不锈钢柱首尾串联成封闭体系，并且与 6 台精密柱塞泵、5 台区域流量监督和调整的流量计组成的移动床连续色谱分离系统，可以同时进行 2~4 组分的分离。每个柱中的固定相床用特殊的收集和分配网封闭，设备特点为：内设计层面上入口/出口液体的分布/排放最优化；系统内死体积最小化，保证系统的高分离性能。

图 5-11-20　移动床连续色谱分离装置

为保证色谱分离过程良好工作，PLC 控制系统实现全自动阀门控制，其主要特点：

① 自动实现不同区域分布的柔性组合控制，可以进行不同进料（洗脱液和料液）模式

改变，不同出料（2～4 出料组分）模式改变；

② 分区域的温度控制，具有 20～90℃保温和控温系统；

③ 进料方式包括洗脱液和料液的 2 泵方式及考虑 4 组分的 2～6 泵方式等；

④ 实现对流量的自动控制；

⑤ 具有压力测量功能；

⑥ 配置与出料组分在线光谱仪器的接口或模块。

11.4 蒸发与干燥过程控制

11.4.1 多效蒸发及模型化

（1）蒸发过程

将含有非挥发性溶质和挥发性溶剂组成的溶液进行浓缩的过程，称为蒸发。蒸发操作可以在常压、加压或减压的条件下进行。

依据操作温度分为沸腾蒸发和自然蒸发两大类，沸腾蒸发效率高，是食品生产常用的溶液浓缩方式。

依据蒸发过程对蒸汽的利用方式，分为单效蒸发和多效蒸发两大类流程。单效蒸发流程设备简单，热能利用率低，适用于小规模精细生产。多效蒸发流程复杂，适合大规模生产，为降低能耗，生产中对二次蒸汽加以利用，依次作为下一蒸发器的加热蒸汽，多个蒸发器串联构成多效蒸发器，一般为 2～4 效蒸发器。多效蒸发器广泛应用在发酵、淀粉糖、果汁、饮料、制药等行业。

根据原料液的加入方法分类，原料液只进入第一级的进料过程称前向进料；原料液进入最后一级的进料流程称逆向进料；每一级都接受进料的为平行进料；此外，将不同类型流程组合起来通常称之为错流流程。

（2）4 效蒸发过程动态模型

4 效蒸发器通常由 4 组蒸发器、分离器以及各种物料泵、阀门、仪表等组成。以化工、食品工业中广泛使用的硫酸铵蒸发结晶浓缩工艺为例，首先母液分别进入前 3 效预热器，经预热后按设定流量控制进入一效蒸发器（本例最佳进料流量为 58.5m³/h），因真空的作用，料液从蒸发器经由喷管喷入一效汽化室（温度为 125～145℃），其中重组分由弯道回到蒸发室，再次受热形成循环；料液中水分蒸发后由一效汽化室顶部出来，水蒸气作为二次蒸汽进入二效蒸发器壳层，尾端接冷凝器通过真空排走。各效蒸发器的热量由生蒸汽供给，生蒸汽输送采用并行方式，通过蒸发器的壳层加热料液，一效蒸发器排出的不凝汽通过闪蒸罐提供给二效蒸发器使用。经过一次浓缩的料液从一效汽化室底部进入二效汽化室（温度为 110～125℃），再由弯道进入二效蒸发器底部加热，轻组分在真空作用下喷入二效汽化室，经 2 次浓缩的料液再由底部进入三效蒸发器，而顶部水蒸气进入三效蒸发器实现壳层供热。类似地，三效蒸发器中轻成分喷入三效汽化室（温度为 90～110℃），其底部重成分增加，料液浓度提高，达到规定要求后，由出料口控制流量出料，而三效汽化室顶部蒸汽进入四效蒸发器壳层。经 3 次浓缩的料液进入四效蒸发器后，由于浓度已经过饱和，四效温度较低，硫酸铵很快结晶，通过卧式螺旋离心机，将结晶后的硫酸铵进行分离，分离后的液体回到母液池再浓缩，最终分离出的硫酸铵由气流干燥机干燥。

上述过程涉及变量多，工程实际中将蒸发器内部的液位、温度以及蒸出液的密度等作为关键工艺参数。图 5-11-21 为平行进料蒸发过程简易流程，分别列出能量和物料守恒方程进行模型化，有如下 4 效蒸发器动态方程组[12]：

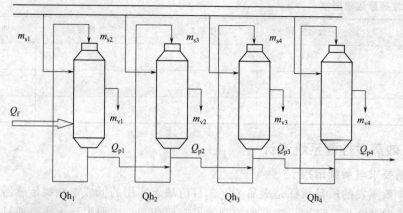

4 效蒸发流程示意图

$$\frac{\mathrm{d}h_i}{\mathrm{d}t} = \frac{Q_{\mathrm{p}(i-1)} - Q_{\mathrm{p}i} - m_{\mathrm{v}i}/\rho_{\mathrm{w}}}{A_i}$$

$$\frac{\mathrm{d}\rho_i}{\mathrm{d}t} = \frac{m_{\mathrm{v}i}(\rho_i/\rho_{\mathrm{w}} - 1) - Q_{\mathrm{p}(i-1)}\rho_{i-1}(\rho_i/\rho_{i-1} - 1)}{A_i h_i} \qquad (5\text{-}11\text{-}19)$$

$$\frac{\mathrm{d}T_i}{\mathrm{d}t} = \frac{(K_{1i} + T_i)(K_{2i}T_i - K_{3i})}{K_{4i}(V_i - A_i h_i)} \times (Q_{\mathrm{p}(i-1)} - Q_{\mathrm{p}i} - m_{\mathrm{v}i}/\rho_{\mathrm{w}})$$

其中　　　　$$m_{\mathrm{v}i} = \frac{Q_{\mathrm{p}(i-1)}\rho_{i-1}C_{i-1}T_{i-1} - Q_{\mathrm{p}i}\rho_i C_i T_i + m_{\mathrm{s}i}\lambda_{\mathrm{s}i}}{\lambda_{\mathrm{v}i}}$$

式中　　h_i，ρ_i，T_i ——分别为第 i 效蒸发器溶液的液位、密度和温度；

　　　　　　$m_{\mathrm{v}i}$ ——第 i 效生成冷凝水的量；

　　　　　　$m_{\mathrm{s}i}$ ——第 i 效生蒸汽流量；

　　　　　　$Q_{\mathrm{p}i}$ ——第 i 效物料流出量；

　　　A_i，V_i，C_i ——第 i 效蒸发器底面积、体积和比热容；

　　　　　　$\lambda_{\mathrm{s}i}$ ——蒸汽汽化潜热。

　　注意上述各式中当下标为 0 时表示是进入一效蒸发器的量（其中 $Q_{\mathrm{p}0}$ 对应于图中进料量 Q_{f}），各效常数项如表 5-11-5 所示。

表 5-11-5　4 效蒸发器动态方程常数项

效 数	K_{1i}	K_{2i}	K_{3i}	K_{4i}
$i = 1$	262.1	0.75	33.96	230.5
$i = 2$	257.1	1.58	105.77	512.0
$i = 3$	248.5	4.09	410.38	1426.8
$i = 4$	242.5	4.09	434.95	1426.8

　　基于上述动态模型，利用 MATLAB 建立仿真系统，可研究进料流量、母液密度、生蒸汽流量等参数对 4 效蒸发过程的影响，并进行离线优化。表 5-11-6 给出优化后的各效蒸发器稳态值。

表 5-11-6　蒸发器最佳稳态值

蒸发效数	一效蒸发器	二效蒸发器	三效蒸发器	四效蒸发器
液位/m	4	4	4	7
密度/g·cm⁻³	1.1	1.15	1.23	1.40
温度/℃	135	117	95	60

11.4.2　4 效蒸发控制系统设计

(1) 控制要求与系统结构

硫酸铵 4 效蒸发的质量指标是成品纯度，目前缺乏实用的低成本在线传感器。由于成品纯度与各效蒸发器液位、温度、密度的控制效果密切相关，工业生产上主要通过控制系统对上述各量进行实时准确的测量和控制，当其超出工艺设计范围时，及时自动调整，保证产品质量稳定。

生产过程需要检测与控制的变量还包括物料流量、生蒸汽流量、一效蒸发器加热室压力、4 效分离器室温度及液相温度、冷凝器冷却水的进水和出水温度、1～4 效循环泵电流值及 4 效强制循环泵的电流值等。生产现场需要控制的设备包括循环泵、回料泵、真空泵、冷凝泵及电机的启停操作等。

蒸发过程控制系统采用上位机（监控系统）和下位机（PLC 控制系统）两层结构[13]。上位机显示工艺流程，实现对生产现场的过程状况、电机等设备运行状况以及仪表的工作状态的实时监控，具有生产过程实时数据库、历史数据库，以及实时曲线和历史曲线，并且可以实现以预测控制为代表的先进控制策略。监控系统采用组态软件，图 5-11-22 为主控画面。

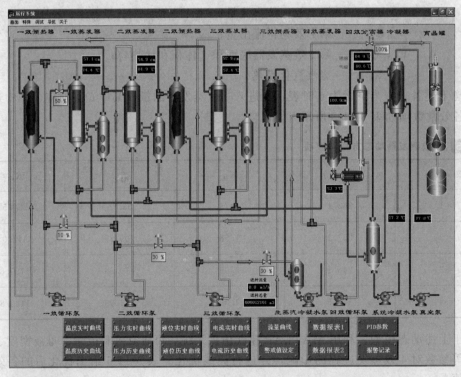

图 5-11-22　硫酸铵 4 效蒸发计算机机主控画面

整个系统数字量输入点数 48 个，数字量输出点数 30 个，模拟量输入 27 个点，模拟量输出 10 个点。下位机采用 PLC 及其开发平台，进行硬件配置和通信组态，同时具有编程、测试、维护、运行和诊断等功能。上位机中加装通信卡，通过 RS-485 接口将 PC 机与 PLC连接起来，采用 MPI 通信方式实现 PLC 与编程软件的通信。

系统设计要求能够实现在车间现场、控制柜、上位机三级联动控制，当电机故障时，自动停止运行。工业现场中温度传感器采用铂电阻 Pt100，压力和液位分别采用压力变送器和差压变送器，进料量采用电磁流量计，控制阀则使用气关式气动薄膜式。

(2) 基于模型的预测控制

① 直接滚动预测控制 由于式（5-11-19）描述的动态模型具有非线性和变量间强耦合特点，各种基于模型的先进控制方法应用困难。一种办法尝试利用 Jacobian 矩阵在给定工作点附近对模型局部线性化，经离散化得到标准的线性状态方程描述 $x(k+1) = Ax(k) + Bu(k)$，其中状态向量分别为 4 效蒸发器的液位、密度和温度，即 $x = [h_1 \ h_2 \ h_3 \ h_4 \ \rho_1 \ \rho_2 \ \rho_3 \ \rho_4 \ T_1 \ T_2 \ T_3 \ T_4]^T$，控制向量为生蒸汽进料量和物料流出量 $u = [Q_{p0} \ Q_{p1} \ Q_{p2} \ Q_{p3} \ Q_{p4} \ m_{s1} \ m_{s2} \ m_{s3} \ m_{s4}]^T$，此处线性化后的 A 和 B 计算数值略，可参阅有关参考文献。在状态空间模型下，可直接选用滚动时域预测控制。

设期望值为 x_{sv}，$k+j$ 步后预测值 $x(k+j|k)$，以两者偏差的平方和作为性能指标，通过寻优获得最优控制序列 u^*，从而实现滚动优化。实际工程中，因为约束条件、优化可解性等限制，再考虑直接采用预测控制进行调节。对运算效率及实时性的要求等，一般采用上位机预测控制与下位机 PID 控制串级调节的方式。

② 预测控制与 PID 串级调节 分析 4 效蒸发生产过程，操作惯性大，滞后时间长，控制响应慢，生蒸汽进料量和物料流出量等各操纵变量与液位、密度、温度等被控变量间的耦合关联性强，同时过程运行干扰因素较多，很容易造成蒸发器的波动；另一方面 4 效蒸发能耗较大，企业在保证质量、降低成本和节省能耗上有需求，这些特点适合采用预测控制与PID 串级调节，将预测控制的输出作为生蒸汽进料和物料流出单回路 PID 调节设定值。

预测控制实施主要步骤如下。

首先确定被控变量、操纵变量和干扰变量。变量选取直接关系到实施的效果，需要对整个工艺有较深刻的理解，并尽可能尊重现有的操作习惯。变量并非选取得越多控制效果越好，一些变量波动幅度不大，或对运行和操作影响较弱，可保持现有单回路方式，不必纳入多变量预测控制。

然后采用操作人员熟悉的非参数建模方式，诸如阶跃响应曲线，建立所选定的操纵变量和被控变量关系，其中操纵变量作为输入信号须充分激励过程的所有模态。一般是在生产负荷下，待过程稳定运行后，在操纵变量上加阶跃信号，观察整个过渡过程，辨识开环响应时间、静态增益和纯滞后时间等。

由此可获得到 4 效蒸发过程的主要动力学模型，用阶跃响应矩阵的形式表示，图 5-11-23 是反映主要操作关系和干扰影响的数学模型示意图，其中 CV 是被控变量，MV 是操纵变量，DV 是干扰变量。

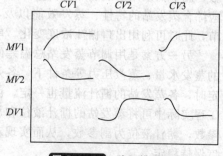

图 5-11-23 阶跃模型示意图

最后在上述模型基础上，依据预测控制设计原则选择预测时域、控制时域、校正系数、性能指标权矩阵等，特别地可运用对被控变量和操纵变量的约束功能，以及理想滞留值等概念，以获得更好的控制效果。

11.4.3 糖汁蒸发过程控制

制糖是食品生产的基本单元，糖汁蒸发工艺将浓度为 13～18Bx 的糖汁浓缩成 60Bx 以上的糖浆供给下一煮糖工序，一般工艺设计将一效蒸发罐所产生的二次蒸汽引入二效罐作为加热蒸汽，以此类推，最后一效蒸发罐的二次蒸汽进入水喷射冷凝器室。糖汁蒸发控制需要保证各效温差和压差，合适的蒸发罐液位，以及满足工艺要求糖浆的浓度[3]。

(1) 蒸发过程蒸汽压力控制

糖汁蒸发过程中，为保证出口糖浆浓度稳定达标，需要保证各效蒸发罐正常压力差及温差，还要注意减少因压力变化引起的罐中物料波动，防止所谓跑糖现象，并使各效蒸发罐的负荷稳定。而维持末效蒸发罐的一定真空度是实现上述生产要求的基本前提，从末效蒸发罐排出的二次蒸汽，经过喷射冷凝器获得真空度，可用绝对压力变送器间接反映末效蒸发罐的真空度，通过调节喷射冷凝器的进水量控制真空度。

当蒸发站的加热蒸汽不足时，需及时补充一定量的锅炉减压生蒸汽，以维持一效蒸发罐汽鼓压力，其大小与罐体加热面积等参数有关，也与进入罐的糖汁量和浓度有关，一般可通过自动调节进气阀门实现单回路定值调节，若进气阀门最大时仍不满足用汽需要，则自动切换到用生蒸汽补充送入蒸发罐，随着汽鼓的压力升高，生蒸汽的进气阀门逐步完全关闭，则又自动切换到原控制阀。

(2) 蒸发罐液位控制

糖汁在蒸发罐中蒸发，需要维持合适的液位，液面过高，则糖汁循环速度减慢，静压大且加热蒸汽与糖汁间的有效温差低，降低蒸发强度；液面过低，则罐内加热面易露空，糖汁易焦化并导致糖分分解，造成糖分损失。由于糖汁黏度大，而蒸发罐是密封容器，具有低压力或真空度，蒸发罐液位的测量一般选用差压式液位计，而各罐的糖汁液面控制通过各罐入汁阀门和出汁阀门来实现。

(3) 糖浆浓度控制

糖汁经前几效蒸发罐将水分蒸发后，从末效蒸发罐排出，一般浓度控制要求大于 60Bx。蒸发后糖浆过浓，易在输送过程中产生微细晶粒，从而产生积垢；糖浆过稀，影响煮糖过程的耗气量及时间。

对于糖汁这类高黏度液体的浓度检测，我国主要采用糖汁锤度计，包括浮球式、静压差式、单法兰低压差等仪表。对于末效蒸发罐的糖汁浓度的控制，考虑到蒸发站在浓缩糖汁过程中所需加热蒸汽量与浓缩糖汁的蒸发水量和汁汽抽出量的模型关系，可通过控制加热蒸汽量控制末效蒸发罐的出口糖汁浓度，当蒸发系统的运行工艺比较稳定时，上述模型参数为常数，调节蒸发站的加热蒸汽流量即可。当蒸发系统的工艺参数变化时，模型参数随之改变，应综合蒸发站的特性、蒸发效能以及各种扰动对出口糖汁浓度的影响，进行多参数间接调节，此时可利用出口糖汁浓度变化，串级修正蒸发站加热蒸汽的设定量。

另一方案是用调节蒸发站总温差的方法控制末效蒸发罐出口糖汁浓度，蒸发系统在一定的蒸发水量、蒸汽压力等条件下，各效蒸发罐的温差是一定的；同时当各效蒸发罐的液位一定时，各蒸发站的糖汁流量也一定，由此各效蒸发罐的蒸发水量只与各罐的糖汁浓度有关。工程实际中可将蒸发站的糖汁液位和加热蒸汽压力组成串级调节系统，以加热蒸汽压力为主参数，糖汁液位为副参数，从而实现对蒸发站总温差的控制，进而使末效蒸发罐的出口糖浓度保持稳定。

11.4.4 食品干燥过程控制

(1) 对流干燥过程

干燥一般指利用加热方式去除固体物料中溶剂的操作过程，实质是固体物料中的水分转移到干燥介质中。根据热能供给的方式，可分为传导干燥、对流干燥、辐射干燥和介电加热干燥等。目前应用最普遍的是对流干燥，其基本原理是使干燥介质直接与湿物料接触，并向物料表面供热，产生的蒸汽由干燥介质带走。

干燥也是食品工业应用最广的单元操作之一，传统上包括将液体、固体或半固体食品原料转化成含水量极低的固体操作过程。干燥过程是传热和传质并存，是涉及物理化学、流变学以及生物化学等过程的多相反应。与其他干燥操作比较，食品干燥不仅要将食品中的水分去除，还要求食品品质变化最小，甚至要求改善食品质量。

对流干燥由空气预热器和干燥室两部分组成，在常压下进行。热空气温度和湿度易于控制，分为间歇式和连续式。空气既是热源，也是湿气的载体，干燥过程中，空气先经过预热器加热，然后进入干燥室。湿物料由进料口送入干燥室，与热空气接触，使物料表面的水分汽化，干燥后的物料经出料口卸出。物料汽化的水分被热空气带走，并作为废气排出干燥室。对流干燥器又可分为气流干燥器、厢式干燥器、流化床干燥器和喷雾干燥器等。

（2）干燥速率曲线与控制

对流干燥过程中，热空气温度、相对湿度以及空气流速等参数对干燥物料的品质、干燥速率、干燥能耗等有较大影响，在保证干燥物料品质的前提下，提高干燥速率是干燥过程控制的主要目标，影响干燥速率的主要因素包括物料的组成与结构、物料表面积、热空气参数等。主要热空气参数诸如温度、相对湿度和空气流速，在干燥过程中，随时间并沿着干燥室的长度（或高度）变化而改变。

湿物料在干燥时的质量和温度随时间的变化可通过干燥特性曲线来描述[1]，如图 5-11-24 所示。干燥的过程可分为预热、恒速和降速等三个阶段，图中横坐标为物料中水的质量分数 X，纵坐标为干燥速率 Y（单位 kg/h），即单位时间内在干燥面积上汽化的水分质量。

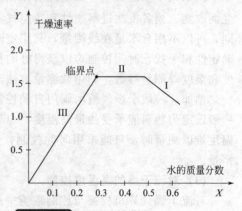

图 5-11-24　干燥特性曲线

① 预热阶段（Ⅰ段）　在稳定的操作条件下，湿物料表面有液态水，物料的温度随时间升高，含水率则随时间的增长而缓慢下降。

② 恒速阶段（Ⅱ段）　此阶段固体表面仍存在液态水，物料的温度不再随时间而升高，空气传给物料的热量与用来蒸发物料表面的水分所需热量相等，此时干燥速率不变。该阶段的干燥速率大小取决于物料表面水分的汽化速率，亦即取决于物料外部的干燥条件，故又称表面汽化阶段。

③ 降速阶段（Ⅲ段）　随着物料内部水分减少，水分由物料内部向表面传递的速率慢慢降低，热量主要消耗于蒸发水分和加热物料，干燥速率随物料含水量的减小而下降，最终达到平衡。

恒速与降速干燥阶段的交点也称临界点，对应的物料含水量为临界含水量。临界含水量决定着物料干燥时间的长短，可通过减少物料层厚度，增加物料搅动，增大干燥面积来减小临界含水量值，以控制干燥操作的时间。

升高空气的温度可加快热的传递并提高干燥速率。在降速阶段，空气温度直接影响到干燥物料的品质，干燥工艺中应根据物料的导湿和导温等特性，寻找并控制最优的干燥温度。

空气的量和流速也会影响干燥速率。干燥设备中热空气的流动通过控制风扇、鼓风机和折流板来实现；此外，由于干燥后的食品重量变轻，有时可能被空气带走，需要对空气的静压实施控制。

对干燥参数和干燥曲线的有效控制，是获得良好干燥品质的关键。干燥过程控制通过调节影响干燥过程的若干关键参数，实现对物料稳定均匀干燥的目的，同时保证食品质量、提高干燥效率、节约能耗。

11.4.5　干燥过程控制方法

(1) 连续干燥物料喂入速率控制

如图 5-11-25 所示，热空气温度由加热介质加热到给定的值，通过离线或在线检测干燥物料的含水量，不断调整出口气体温度的设定值，进而调节进料螺旋输送机的速率。由于进料的含水量无法控制，干燥物料的含水量在线测量成为干燥过程控制的关键，现可采用在线分析仪等。实际生产中，干燥器的操作参数，诸如入口温度、气流强度等，一般设定为设备所允许的最大值，再设定相应的物料喂入速率来保证物料干燥要求[3]。

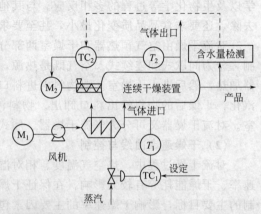

图 5-11-25　干燥过程控制方案

(2) 间歇物料干燥时间控制

间歇式干燥过程中，温度随着批次工艺的改变而改变。当各批次进料物性和热空气参数稳定时，各批次物料达到给定的含水量的时间相同，可以不用含水量在线测量，只用定时方法，实现干燥过程开环控制。考虑工艺过程的不确定性和干扰，时间控制难以获得好的控制效果，可以选择干燥容器的温度、出口气体的温度和湿度等测量参数，利用软测量方法建立其和含水量之间的关系。

例如，一般干燥气流由阀门自动控制，气流速率稳定，同时进气温度或加热水套的温度一般设定为物料能承受的最高温度，也较为稳定，此时物料的温度可反映其含水量。当物料温度难以测量时，只能采用时间控制，但应反复实验寻找最优时间，或时间设定留有一定裕量。

(3) 对流干燥的温湿度控制

对流干燥计算机检测与控制系统采用干湿球温度传感器测量干燥装置的温度 T_d、T_w 和湿度 H，质量传感器检测干燥物料的质量 W，压力传感器检测压差 p，并换算得干燥室风速。执行机构包括加热器、变频器、阀门调节器等，加热器控制热风温度，变频器调节风量，进气或抽气控制阀控制干燥室的相对湿度。

计算机循环检测温度、湿度等，形成温度和相对湿度的闭环控制回路，采用 PID 或串级调节方式。实际应用中，很多采用加热器的开关操作来实现温度控制，考虑干燥器的大容量和滞后特性，一般由经验获得操作偏差，当温度低于操作偏差范围时，加热器开，温度高于操作偏差范围时，加热器关。操作偏差和设定温度对控制效果有较大影响，可设计自适应修正策略，提高控制系统的适应性。

(4) 食品干燥品质的专家控制系统

食品加工中，不同食品的干燥特性往往有很大差异。为了获得好的干燥品质，食品干燥的工艺条件值 T_{d0} 和 T_{w0} 随时间变化，也即为时间函数，可利用计算机建立各种类食品的干燥曲线 $T_{d0}(t)$、$T_{w0}(t)$，形成专家数据库和干制品品质数据库，实现各种食品干燥品质的专家控制系统，如图 5-11-26 所示。另外，物料质量随干燥时间的变化趋势（干燥曲线）也是研究干燥的重要方法，这些数据同时存入计算机供专家系统应用。

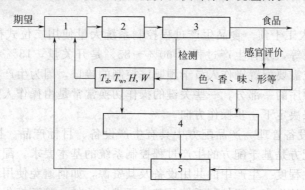

图 5-11-26　干燥品质的专家控制系统
1—计算机；2—执行器；3—间歇干燥器；4—食品品质及干燥曲线数据库；5—专家系统

11.5　配方生产过程综合自动化

11.5.1　过程控制与控制模型

（1）配方生产过程控制特点

食品过程多数是按配方进行生产的过程，无论是间歇式还是连续式，"安全、稳定、长期、满负荷、优化"是生产的基本要求。与此关联的设备需要满足规定的运行约束条件，工艺参数应控制在规定的范围内，生产的产品须符合规定的质量标准，同时原料、能源、劳动力等资源消耗应最大限度降低，并减少环境污染。配方生产过程控制的发展方向是综合自动化，并且逐步形成生产集成控制系统，上述各项要求依赖有效的控制系统。

以配方技术为基础的食品生产工艺流程多样，对控制系统的要求也与大型连续过程有区别。连续生产过程的控制，以连续调节为主，基于一组给定工艺点和物料平衡基础上的稳态操作条件，控制系统实现反馈、前馈、串级、分程等控制方法，将被控变量维持在一定的给定值。各种影响被控变量的干扰因素，一般会改变生产的物料或者热量的负荷，引起所谓负荷变化，控制系统则通过调节操纵变量，补偿负荷变化对被控变量的影响，使生产过程平稳地、快速地达到新的稳态条件。

间歇生产过程的控制，除连续调节功能外，有明显的顺序操作步骤。典型的食品生产工序，可以简单归结举例，说明生产过程的特点：先按产品配方规定，将若干种原料组分按一定时间间隔和数量，顺序加入生产设备，再按一定的工艺曲线（常见的是升温、降温、恒温曲线）进行物理变化、化学以及生物反应，在配方规定的时间内完成相关操作；然后将产品排入储罐，生产设备放空、冷却、清洗、消毒等。

与上述间歇生产相适应的控制系统具有以下特点。

① 时间驱动和事件驱动的顺序控制　按配方生产的间歇过程有确定的操作步骤，控制系统基本控制功能是按步顺序执行不同的生产操作，其中各步的转移可以是时间驱动的，例如加料间隔时间、化学反应时间等，也可以由被控对象的状态改变、设备调整或外部条件的变化决定，即事件驱动。多数实际顺序控制是时间驱动和事件驱动的的结合。

② 多工作点和非稳态的调节控制　间歇式配方生产控制系统同样需要连续调节，以保证工艺参数稳定，但往往在顺序控制的不同阶段，调节回路的控制器工作状态需要"切换"，比如发酵罐在加料操作阶段，温度控制回路不工作，在微生物反应阶段，温度控制回路投入运行；控制器参数也需要根据不同的工作点进行"重整"；还有发酵等间歇生产过程基本没

有稳态，其调节问题与连续生产过程不同，其优化值一般不是一种恒定的稳态值，而是随时间变化的优化轨线。

③ 离散控制和人工干预　食品生产过程控制系统大量使用二位式控制器件，常用的包括电磁阀、电机和泵等，现有生产过程中 $60\%\sim85\%$ 是开关量，$15\%\sim40\%$ 是模拟量。食品生产过程控制系统需要配置操作人员干预顺序控制的接口，因为生产实际中操作人员的干预事实上构成操作顺序的一部分，一些关键的操作切换常常是由操作人员启动的，还有一些需要离线测试分析来决定下一步操作方向。

④ 配方和共用设备管理　产品配方中具有生产设备、目标产品、操作条件等信息，如何建立配方、管理配方是基于配方的生产过程控制系统的基本要求，配方信息设计好坏，直接关系到生产的柔性程度。生产中的共用设备及其资源，如何避免使用冲突，同时提高使用率，也是对基于配方的生产过程控制系统的基本要求。比如，啤酒糖化过程的中间储罐，与糖化罐、糊化罐、煮沸罐相连，如果不能实现协调控制，则自动化系统实用性降低。

⑤ 配方生产调度和跟踪　配方生产过程的调度任务较一般连续生产繁杂，涉及生产流程是一条还是多条，每条生产流程是单一产品还是多种产品，生产流程中的设备是专用还是复用；不同批号、不同产品、不同操作阶段，都要求控制系统根据产品配方、生产路径等数据库，及时调度和实时跟踪。

(2) 配方生产过程控制模型

根据配方生产过程控制特点，控制系统设计相应地划分为不同层面，实现不同功能。具体由以下控制模型描述[14]。

① 过程对象层　该层并不具有控制功能，但其自身的本质安全性对控制系统是重要支撑，例如过程物料尽量选用危险性小的，过程设备必须留有安全余量，以此将控制系统故障的影响减至最低。

② 输入输出设备层　该层直接与过程对象相连，一方面以模拟输入（AI）和数字输入（DI）检测生产过程运行状态，典型的模拟输入设备包括测量温度的热电偶或电阻，测量流量的涡轮流量计或电磁流量计，数字输入设备常用的限位开关、启停开关等；另一方面用模拟输出（AO）和数字输入（DO）控制和调节生产过程，典型的模拟输出有控制阀、变频器等，数字输出设备包括电磁阀、泵等。

③ 安全联锁保护层　该层是对控制系统的基本要求，实现对人员、设备和环境的安全保护。当出现生产过程的不正常状态和生产设备的不正常操作时，系统通过联锁保护功能维持基本安全性。安全联锁层应在物理上独立，与其他层分开，其 I/O 设备及联锁功能的实现一般采用冗余和独立的安全联锁系统。

④ 连续调节与离散控制层　该层主要完成对各类输入输出设备的自动控制，对应模拟量 I/O，采用连续调节方式，对应数字量 I/O，采用离散控制方式；两种方式按上一层的顺序控制要求进行组合，执行顺序和协调控制。该层还提供由多个调节回路构成的复杂调节控制功能，比如串接、超驰等；还有由操作人员主导的手动控制功能以及设备的优化操作功能。

⑤ 顺序控制层　该层按配方自动执行一系列过程状态控制或工序的切换，包括连续调节、离散控制、设备及过程的协调与安全联锁，可以是自动顺序控制，也可以是手动顺序控制。

⑥ 批量生产管理层　该层按配方管理各批量生产所需的各种资源，综合考虑设备利用率、可行性等，将生产任务分解到各个设备；实现对批量生产过程的监控；采集和管理批量生产数据，形成适合多产品、多生产流程的全局数据库，实现批量跟踪记录。

⑦ 配方管理层 针对批量大小、原材料要求、操作条件以及设备等资源的配置情形，该层提供的配方管理功能主要是建立和编辑各种配方；供上下层在线修改和调用各种配方。

⑧ 生产调度层 该层根据生产计划，定义目标产品、产量、生产设备、完成时间以及包装要求等，应用调度算法制定出生产调度表，明确产品的批数、批量及使用的设备和生产流程线，规定生产时间及生产顺序、考虑资源的约束条件等。

考虑食品生产很多还是人工操作，上述控制模型的每一层应考虑人工监控和手动干预的功能，从而使控制系统灵活有效地工作。

11.5.2 综合自动化与生产模型

现代企业的各个生产环节是紧密联系的，从市场驱动的角度，企业经济效益最大化依赖于全厂生产活动的协调，需要控制和管理一体化。综合自动化应该包括产品设计、加工、管理、销售、市场等全部活动，范围远远超过过程控制，既涉及生产组织和管理的理论，又包含企业经营和生产活动的信息采集、传输、存储和加工等综合利用方法，更是一种将自动化"孤岛"高效柔性连接起来的集成系统。

根据配方产品企业中各经营、管理、生产部门等组织体系的层次结构特点，常采用递阶控制结构模型描述，企业决策、计划、生产、控制各层次功能。递阶模型将复杂问题进行纵向分解，各层次与其上下层之间进行双向信息交换，同层的横向关联和协同由上一层来协调。美国 ISA S88 和国际 IEC 61512 定义了如下的生产模型[14]。

(1) 过程控制层

该层的主要功能是连续调节和离散控制、安全联锁等实时控制，包括各类控制元件的接口实现等。

(2) 设备和流程层

该层定义了配方产品批量生产所涉及的设备如何构成一个设备链或者生产流程线，主要任务是设备链或生产流程的安排调度，形成产品的控制配方，包括生产路径、操作顺序、运行时间等指令发布和管理等。

(3) 区域层

该层负责区域内多条设备链或生产流程线的协调，主要是过程管理功能，包括生产动态调度，配方的选择、编辑和下装，生产报表的形成等。

(4) 工厂层

该层负责由多个区域组成的全厂的生产管理和决策任务，主要功能是制定全厂生产计划，并进行生产调度、配方管理、库存控制和成本管理等，一般向上对接企业的计算机信息管理系统。

(5) 公司层

该层协调有多个工厂的企业生产运行和管理，主要处理经营决策层面的工厂数据，涉及客户订单、财务报表等管理业务。

上述生产模型与前述控制模型有一定的关联性，例如生产模型的过程控制层任务涉及控制模型中的第 2、3、4 层，而控制模型中生产管理和配方管理层则可能分布在生产模型中的第 2、3、4、5 层上。模型的层次划分是为了减少系统功能分析的复杂性，并非是实际物理模型，即并不一定与控制设备或计算机一一对应。

需要注意，食品生产企业设计和实施控制系统时，并不一定涉及控制模型和生产模型的所有层及其全部功能，实际应用的层数和功能一般少于模型，只是其子模型和部分功能。

11.5.3 批次控制与配方管理软件

(1) 批次过程控制软件特点

配方生产过程自动化与一般连续生产过程自动化的区别，关键在于软件而不在硬件，批次生产各项控制功能都是通过软件来实现的。批次控制软件设计具有与多产品、多流程线相适应的结构体系，从单个电器的离散控制、单个回路的连续控制，到一批产品的生产流程控制，按照间歇控制系统的结构模型和标准术语，比如单元操作矩阵、生产程序矩阵等，大致分成控制步、基本过程操作、单元操作、生产流程线控制等层次，从而实现控制软件的标准化和结构化。

当生产的产品随配方改变时，或者需要重新配置设备链或生产路径时，工程师或操作人员借助控制软件的重新组态，只要修改单元操作矩阵和生产程序矩阵，就可以做出快速反应，从而降低控制项目的工程成本，缩短工程时间，使得多产品、多生产流程线的配方生产过程控制系统具有良好的操作柔性。

批次生产过程一般包括前处理、进料、反应、出料、后处理等基本的操作，不同于连续生产过程主要考虑生产流程线在空间上的分布，批次生产过程特别要考虑生产操作在时域上的分布，即操作顺序。批次控制软件设计应围绕操作顺序首先进行前期过程分析，一般首先将工厂划分成设备单元，确定系统的总规模，再将产品的生产流程分解为单元操作，进一步将单元操作分成若干基本过程操作，最后再细分成一系列控制步，这种递进分析方法使顺序及联锁逻辑控制得以简化，有利于形成模块化过程控制软件。

过程分析可以用文字描述，但采用图示描述更有助于软件编程。过程分析的关键是要明确生产顺序，而顺序可由一系列"状态"（即控制步）组成，状态在时间触发或事件触发下进行顺序转换（实质即生产设备的控制动作）。可以描述和定义顺序的图示方法有多种，常用的包括流程图、状态转移图、时间顺序图、顺序功能图、Petri 网等。

软件编程常用语言，包括梯形图（LD）、功能块（FB）、顺序功能图（SFC）等图示编程语言，语句表（IL）语言，Basic、C 等通用编程语言，以及间歇过程专用编程语言。

(2) 批次控制软件设计示例

以批次控制软件 SmartBatch 为实例，介绍一个可以处理 64 点模拟量输入、16 点模拟量输出、64 点数字量输入输出，最多可以 16 个调节回路以及 32 路顺序控制输出。该软件以 C 语言开发，运行环境为 Windows 系统，采用模拟调节和顺序控制有机结合的组态技术以及实现方法，模拟量的检测和调节既可替代常规二次仪表，也可充分利用计算机的计算判断能力实现复杂控制；顺序和逻辑控制符合一般 PLC 的习惯，提供一种可组态的顺控矩阵图供现场工程师使用，计算机以扫描方式对已定义的矩阵图进行处理。SmartBatch 可以通过 RS-485 接口或现场总线互相连接，构成分布控制系统。系统生成的手段包括：①通过计算机监控站在线下载组态；②在其他计算机上离线编辑，形成组态文件；③通过 IPC 的显示器直接对控制设备进行实时在线组态，并有简单的调试仿真功能。

① 组态形式及控制功能的实现 采样和控制 I/O 按点进行定义，采用填表方式。模拟量调节以简单回路为基本组态单位，逻辑和顺序控制以 4×4 的开关矩阵为组态单位，采用填图方式。

a. 点的定义及使用。与接口模板直接对应的输入输出为实点，实点只有定义后才能使用。已定义的实点有两种存在状态：激活状态参与采样或控制；预备状态则脱离运行的系统。对于输出实点还有一种调试仿真状态，该状态下实点不脱离运行的系统，但并不实际输出。各类实点的定义均采用填表方式，主要包括以下内容。

· 模入点：点索引号、仪表代号、文字标注、工程单位、滤波方式、量程上下限、标度变换方式、修正系数、报警上下限、工艺转换上下限、报警方式、采样周期、信号类型、通道号及模板地址、点状态等。

本系统中报警是一个广义的概念，除常用的几种报警方式外，增加了对工艺转换点的判断。各种报警的结果，还直接影响以该点仪表代号为名的内部逻辑开关，以备顺序逻辑控制使用。

·模出点：点索引号、仪表代号、文字标注、仪表类型、模板通道号及板地址、点状态等等。

·数入点：点索引号、开关点代号、文字标注、置1说明、置0说明、信号类型、位号及模板地址、点状态等。

·数出点：点索引号、输出点代号、文字标注、输出模式、位号及模板地址、点状态等。

系统中调节回路的一些中间计算结果、内部逻辑开关、中间继电器、定时/计数器等，统称为虚点，主要分两类：数据寄存器和内部开关。

虚点的使用有的需定义，如定时器等；有的不需定义，如模入点对应的内部逻辑开关。与实点一样，虚点也可以显示、查询。虚点是实现灵活组态的一个重要概念。

b. 调节回路的实现。基本调节回路（图 5-11-27）由点和调节模块构成，回路需填表定义的内容有回路索引号和代号、设定值点选择，反馈点代号、调节输出点代号、执行器阀位模入点代号、回路启动/停止开关点代号、停止时阀位选择、手动/自动开关点代号、调节算法、调节器作用方向、控制周期、控制参数等。

图 5-11-27　基本调节回路组态

上述组态形式，实现简单调节回路十分直观，也兼顾了间歇控制，并且可以方便灵活地构成串级调节。为增强实施复杂控制的能力，系统提供 10 种基本运算模块（单输入单输出和双输入单输出两种类型）及多种自定义运算模块，其输入输出可以是实点或虚点。

② 顺序逻辑控制的实现　借鉴一般 PLC 的思想，系统内部用软件提供中间继电器、定时/计数器功能，作为一种虚点，只要进行简单的定义即可使用。定义的内容如下。

a. 中间继电器：索引号、继电器线圈代号、常开触点代号、常闭触点代号。

b. 定时/计数器：索引号、线圈代号、定时计数值、常开、常闭、延时闭合瞬时打开常开、瞬时打开延时闭合常闭、瞬时闭合延时打开常开、延时打开瞬时闭合常闭等触点代号。

系统配置 24 个中间继电器、12 个定时/计数器，其各类触点数目则没有限制。逻辑和顺序控制由如图 5-11-28 基本矩阵控制模块图来实现，分为条件点和线圈点两部分。

图 5-11-28　基本矩阵控制模块图

其中，条件点为数字量输入点和各种内部逻辑开关或触点，它们可右连构成与运算，上连构成或运算；线圈点可以是实点，即数字量输出点，也可以是虚点，即已定义的中间继电器、定时/计数器的线圈或其他内部逻辑开关。

系统实现逻辑和顺序控制的最大规模可由 64 幅矩阵图构成。系统进行组态时，只要在相应的位置填入点代号，再按逻辑关系连线即可，没有使用的点自动被连线代替。

③ 调节回路和顺序控制的结合　系统中调节回路和顺序逻辑控制之间，通过各类实点或虚点可以实现有机的结合，比如在事故报警时，填入矩阵控制图的内部报警逻辑开关闭合，使有关电磁阀得电或失电，起到联锁控制的目的；逻辑控制矩阵的运算结果，通过线圈

点也可影响回路，使其阀门保持全开（关）或某一预定位置。

④ 实时多任务的管理 数据采集、回路调节、顺序控制以及通信都是控制设备的主要工作，此外还考虑有显示和人机对话功能。为使这些实时工作能有条不紊地进行，系统设计时将它们划分成多个任务，按不同要求分别触发。

采样和控制为前台任务，任务划分到单个采样点和调节回路，各任务分时执行，由时钟任务定时触发，没有优先级之分。顺序控制由计算机对矩阵图扫描执行，扫描速度取决于系统规模和 CPU 等级。

(3) 配方管理软件设计

配方管理为生产调度提供主配方和有关的设备数据，同时也向批次生产过程提供控制配方、顺序逻辑以及设备数据。配方管理软件主要完成生产配方的建立、传递和维护，形成数据库。一般操作人员依据主配方的工艺数据及生产程序，加上相关的设备信息和顺序逻辑生成控制配方，或者根据生产调度要求，从数据库中选择控制配方进行修改，然后下装到过程控制系统中。

配方管理软件既可实现对工艺参数及计算公式的修改变更，也可实现对生产程序的变更。前者较为简单，适合一般单产品生产，多数情况下需要调整的参数可能仅为每批产品数量，有时原料组分发生变化或产品质量有新要求，需要工艺参数的计算并修改。后者在前者基础上，涉及生产程序的变化，需要建立一个通用的配方结构，帮助操作人员以简单的组态方式来代替复杂编程，完成配方修改与更新工作。

典型的配方管理软件设计主要包含两个方面。

① 建立基本过程操作程序库 食品产品生产的基本要素是操作条件，将操作条件的物理、化学及热力学数据、关联设备单元及数据，形成基本过程操作程序并建立程序库，是开发配方管理软件的首要工作。有了基本过程操作程序库，工程师或操作人员就可以进行配方组态，并对原料、产品、过程参数及所用设备进行赋值。

② 生成控制配方 配方管理的主要工作是由主配方形成控制配方，即基本过程操作程序库、工艺参数及计算公式库、设备单元库进行组态，生成控制配方。操作人员可以由控制系统在线或离线进行组态，插入和修改操作程序、参数和设备单元，并分配给指定的系统。

为增加软件柔性，并考虑到动态调度的需要，生成的控制配方一般先不固定具体设备单元，只是虚拟的设备单元和 I/O，只有当产品开始生产时，再用实际配置的设备单元和 I/O 序号来代替，这样就将控制配方转化为工作配方，在一批产品开始生产前下装到实时控制系统中。

11.5.4 生产计划与调度方法

生产计划直接决定生产调度，但调度也影响计划的可能性。生产计划就是如何根据订货合同周期，利用现有生产资源（即时间、原材料、能源、设备、劳动力等），合理安排产品品种和数量；而生产调度则根据生产计划，应用具体调度算法，形成生产调度表，包括产品的生产批数和批量、使用的设备链或生产流程线、产品的生产顺序和周期、生产资源的约束等。食品生产企业的产品多样性、设备多用性，导致生产计划和调度系统的复杂性，但作为中小企业，系统的投入也需要考虑低成本。常见的一种方式是在以过程控制为主的计算机控制系统上增加管理决策的功能，构建综合自动化系统或所谓计算机集散控制系统。

(1) 计划调度分层结构

生产计划一旦形成，企业即根据优化的生产调度表进行批量生产，计划调度受多种限制条件的约束，需要综合考虑原材料和中间材料的可用性，设备或设备链的可用性。事实上在生产模型的不同层次上都涉及调度问题。

在设备和流程层上，调度软件管理各个设备单元的操作和使用时间，不断对有限的设备和其他资源进行重新分配，将计划执行情况及时反馈给生产调度系统。

区域层实现批量生产管理的动态调度，在确保复用设备在任何时间只能被一个用户使用之前，更重要的任务是需要优化决定该设备由哪个用户使用。当出现某项生产安排未能按规定时间完成时，无论是延迟或者提前，系统还需要及时调整调度表。软件执行频率一般以每班、每小时、每分计量。

工厂层根据生产计划的要求，调用产品主配方，计算所需原料量，核查库存量，同时对下属的各个区域层的生产活动进行调度。调度软件执行频率为每日一次到每周一次。

公司层的调度功能是向下层的工厂分配产品订单，将生产计划下达给工厂的生产调度系统，执行频率是以每周或每月一次计算的。

食品生产中计划调度软件的实现主要采用两种方法，一是单层法或中短期问题，将计划调度一并考虑，一起进行分析和优化，确定每个生产周期中的产品数量、所需资源、设备配置、生产顺序以及库存水平，优化目标是使生产、库存、资源消耗及加工等费用最低；二是多层法，将计划和调度问题分解为两个或多个层次，上层是中长期计划子问题，下层是短期的调度和排序子问题。上层子问题以生产的最大利润为目标，下层子问题以所需资源和时间最小为准则，通过中长期时间段内的不断地短周期寻优，将两层功能集成。

(2) 计划调度问题及求解

食品生产对用户订货要求响应快，产品转换周期短，设备和管线需要经常清洗，计划和调度具有一定特殊性；此外与其他过程一样，还受原材料、水电汽等公用资源及劳动力约束，受设备条件限制等。相应的生产计划调度问题要考虑的主要因素：产品和设备的集合；设备链及网络结构；不同产品在设备链中准备时间、顺序操作时间及输出时间矩阵；不同产品在设备链中生产所需费用矩阵；不同产品对生产顺序的优先权的要求；性能或费用优化指标等。

设备链及网络结构可分成单级和多级。单级指只有一个设备单元或多个并行的设备单元。多级指多个设备单元串联组成，级与级之间可以配置中间储槽。

中间储槽的设置及策略是实现食品生产调度问题求解的重要手段，可以是不加约束无限数量的中间储槽，给定数量的中间储槽，零等待时间的中间储槽；也可以是上述几类储槽的组合，称为混合中间储槽。

调度问题求解一般采用以下几种优化性能指标：全部产品生产所需的总时间或生产周期；产品生产的最大流经时间或平均流经时间；产品的最大进度延迟时间或平均进度延迟时间；一种产品生产转为另一种产品生产所需的转换或准备费用。

(3) 优化算法及软件

对于多级设备链及网络结构的流水操作类型，可以归结为多产品工厂优化调度问题，即在给定设备单元上使性能指标最优的产品生产如何排序问题，以及在已知产品操作顺序下，各种产品在设备链各单元上操作时间如何调度问题。多产品工厂优化调度只是分配各种产品的生产时间，不涉及选择生产设备。

对于多级设备链及网络结构的加工车间类型，可以归结为多用途工厂优化调度问题。与上述多产品工厂优化调度不同，多用途工厂的一个产品可以在多台设备或多条生产流程线上生产，所以加工车间的调度既有产品的生产时间分配，还有生产设备配置。

当食品生产企业规模不大时，一般采用人工方法进行计划调度。若只是产品生产顺序和时间的调度，不考虑生产转换或准备费用，且产量没有超过设备生产能力，上述问题可用线性规划（LP）方法求解；若考虑转换生产准备和产品费用、设备的限制等，则优化算法中需引入整数变量，此时可用混合整数线性规划（MILP）方法求解。一般排序问题的可行解数目随着问题规模增大而指数增加。常用的方法还有模拟退火法（SA）、Johnson 算法、分支和定界（BAB）算法、快速逼近和广义搜索（RAES）算法等。

　　一般优化算法是针对特定生产结构和假设条件的标准算法，实际应用中生产环境是动态变化的，调度软件的开发要在优化算法库基础上，强调面向用户的人-机接口设计，方便调度员进行人工干预，根据生产环境变化选用已开发的各种优化算法，既要易于形成调度表，又要方便经常性修改。随着计算机技术的发展，多采用人-机交互界面等方式，目前国外已有多款交互调度软件包供选用。

　　也可采用生产环境信息自动反馈的方式开发调度软件，实现对各种不同类型的生产扰动自动适应和调整。该类调度软件在基本计划程序基础上，设有整数调度和非整数调度程序，计划程序确定产品生产计划，整数调度程序处理整数控制变量，即选择产品的生产路径及批次生产顺序，非整数调度程序处理实数控制变量，即各产品生产精确时间和物料流等，实质上此时优化问题转变为一个非线性规划（NLP）问题。例如，对于较小的暂时扰动，系统由动态调度程序修改非整数操纵变量；对于较大的暂时扰动或较小的长期扰动，则修改整数操纵变量。

11.5.5　啤酒糖化车间综合自动化

（1）车间概况及自动化改造

　　啤酒生产过程分为麦芽制备、糖化、发酵、后处理及灌装等工段，其中糖化过程实际上是一部分麦芽粉在糊化锅内经升温、保温、煮沸等处理，与大米粉充分液化，大部分麦芽粉则在糖化锅内进行蛋白休止，按给定曲线升温、保温，使蛋白质分解，与糊化锅并醪后，充分糖化，将淀粉转化为麦芽糖。糖化和糊化锅分别有启动、进料、加热、休止、辅料添加，以及冲水、排污等生产操作，其中辅料除大米粉外，还有石膏、酶制剂等。糖化后的麦汁再经过滤、加酒花煮沸、沉淀、冷却等过程，送入发酵工段。糖化和发酵并称啤酒生产的两大关键，糖化工艺直接关系到啤酒的稳定性和口感等。

　　糖化生产线是由糊化锅、糖化锅、过滤槽、煮沸锅、澄清槽，以及中间储罐、打料泵、搅拌电机、各种阀门和管路等连接的工艺主路线，再加上 CIP、供水、供汽、供料等辅助工艺线和设备组成，具有典型的批量过程控制特点：

　　① 糊化、糖化、过滤、煮沸及澄清工序均为间歇操作，时常有多个糖化、糊化及煮沸锅，且各工序存在时间上的交互和顺序；

　　② 自动化系统既有温度、压力等调节回路，更有大量泵、阀、电机的顺序控制，并一同构成生产链线；

　　③ 糖化过程涉及的设备较多，难以全部采用自动控制，有些设备还需人工操作，对人-机协调要求高；

　　④ 不同配方对应不同的麦芽、辅料，以及对啤酒口感的不同要求等，需要完善的配方和工艺数据库管理系统。

　　整个车间采用基于计算机的两级控制系统进行改造[15]，控制级为工控机和少量智能仪表，管理级为计算机。自动化系统共有 70 多个模拟量输入输出，主要是温度、压力、液位、流量以及控制阀和变频器，近 500 个数字量输入输出，多数是电磁阀和接近开关，还包括泵、电机等。

　　改造第一步是实现由原来人工控制为主转变为以数字控制为主。车间生产过程重要的参数和设备状态均可在计算机和大型模拟屏上显示，诸如糖化锅温度、夹套及盘管的蒸汽压力、锅内液位等，各搅拌电机、打料泵、工艺阀门的开停状况等，可使操作人员清晰直观了解整个工艺流程及各设备的运行状态。操作人员通过模拟屏可以手动控制设备，或通过计算机远程操作设备，比如糖化锅加料量的控制、排料和冲洗控制、搅拌电机启停及调速控制等。

　　改造第二步是实现过程变量、设备的自动调节和程序控制。实现糊化锅、糖化锅等按给定温度-时间曲线自动控制，加水量和水温自动控制，蒸汽压力的自动控制等；还有按顺启动并醪、排料、送汁以及 CIP 清洗等工序。实现自动调节和程序控制，可以保证生产质量，避免人为错误。例如糖化质量指标主要是麦汁的透明度、色度、pH 及醪液的黏稠度等，糖化时间长，影响透明度和色度，糖化时间不充分，则黏稠度增加，自动控制较人工操作更有保障。

　　改造第三步是采用综合自动化技术，逐步构建局部乃至全车间控制和管理集成系统。一般而言，控制级要具备基本的输入输出点及回路的组态功能，管理级则具备工艺流程及参数修改、过程变量历史数据库、趋势图及报警画面、配方工艺曲线保存和修改等管理功能。在此基础上，考虑综合自动化技术应用如图 5-11-29 所示，重点解决糖化生产控制的两个难点：一是糖化和糊化的温度-时间工艺曲线要求严格，过程本身却涉及一系列非线性、时变和不确定的物理化学变化，再深入一步，工艺曲线本身随物料、水质、酒花等不同还要做一定调整；二是对各设备常规控制的同时，设备间同步、协调、调度，以及前后工序的衔接等工作，对自控系统的实用性构成挑战。

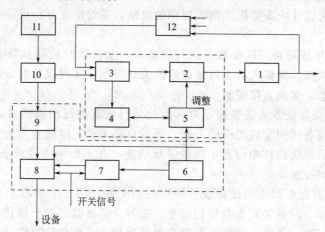

图 5-11-29　糖化控制关键实施方案

1—糖化锅和糊化锅；2—规则推理；3—信息辨识器；4—自校正器；5—知识经验库；6—人机接口；
7—设备登记；8—协调处理；9—同步处理；10—曲线发生器；11—专家系统；12—传感器

(2) 开闭环结合智能控制

　　将糖化锅和糊化锅均处理成双输入双输出控制对象，夹套蒸汽量作为主调输入，盘管蒸汽量（压力、流量）为微调输入，输出为醪料温度和温变速率，醪料温度直接测量，而温变速率由软测量估计，并不断根据实际变化率修正。这种处理方法可使控制器设计借鉴操作人员经验。

　　① 信息辨识器　根据实测醪料温度和给定的温度-时间曲线计算温差 e，同时由软测量模型预估温度变化 $T_1(k+p) = AT_1(k) + (1-A)T_2(k) + h\Delta T$，其中，$p$ 为预测长度；T_1、T_2 分别为醪料温度及夹套或盘管蒸汽温度；A 是与传热系数、传热面积、醪料密度和体积、比热容以及采样周期相关的常数；$h\Delta T$ 是下一采样周期由实测温度对预估值的修正量。根据温度变化计算温变速率 r，并结合夹套或盘管蒸汽压力和流量，进行推理判断

控制。

② 自校正器　根据知识库的物化参数和公式，及有关参数和环境条件变化范围，将信息辨识器的计算结果与经验数据进行比较分析，若在有效调整范围内，则调整操纵变量；若超出范围，由糖化温度升温单向性的实际情况，设置蒸汽关闭控制提前量，采用终点控制规则。

③ 知识经验库　主要是糖化锅、糊化锅的材料、容积、夹套或盘管容积及传热面积等；物料的比热容、活化性能、投料比等；蒸汽压力、流量和温度的物化方程；气温、气压、湿度等环境条件。

④ 规则推理控制　实质是一系列的控制规则表。规则推理机输入为温差 e 和温变速率 r，输出为夹套蒸汽量和盘管蒸汽量。升温过程中，由温变速率 r 的大小决定夹套蒸汽的流量和压力，保温时由温差 e 调整盘管蒸汽流量。滤除干扰，若温度不是瞬时高于设定值，或出现泡沫漫起等情况，规则表有加水或搅拌等补救方法。

(3) 人机协调控制

糖化车间全面实行无人参与的自动控制，既不现实也无必要，人机合理分工，取长补短，可以更好地完成控制任务。自动设备主要完成经常性、重复性、快速性精度高的事项，诸如常规控制算法、工艺曲线跟踪同步、设备间关联及联锁等，操作人员负责间隔性、灵活性，有时靠直觉或创造性的事项，如借助直觉或实验室化验，确定工艺最佳点，对设备的使用调度等。控制系统设计中需要提供两者协调的机制，并给出友好、灵活和功能强大的人机界面。

① 设备登记　形成设备关联参数及运行状态表，全自动时关联参数表由系统自动寻优填写，并操作运行状态。操作人员也可通过修改关联参数，实现设备的分配和调度，甚至通过指令改变运行状态，实现直接控制。

② 协调处理　按各设备关联参数，对其所处运行状态进行扫描搜索，实现设备的分配和调度。对于一些设备间固定或特殊的关联，通过自协调锁定以防止人为错误。为提高操作人员干预的灵活性，系统软件中设置了设备屏蔽功能，在不影响主要设备自动控制前提下，某些设备可人工现场控制。

③ 同步处理　对需要同步的设备设置顺序控制文件，用 5 个字段定义拐点，即工作状态、终止条件、时间、设备关联参数登记表号、报警设备参数。对于糖化锅，其工作状态分为初加水、升温、保温、煮沸、并醪、分醪及等待等状态，糖化锅与糊化锅的同步，只要计算机不断监测两锅的顺序控制文件，对需要等待的设备置入时间，实现同步。

(4) 工艺专家系统

为保证糖化的质量指标，提高过程的得率和产量，选择或制定合适的糖化糊化温度-时间工艺曲线是一个重要方面。广义的工艺（曲线）还包括麦芽/辅料比、加水量及水温、酶制剂或调酸剂加入量和加入时间等，这些工作依赖工艺工程师的理论知识和实际经验，也可建立计算机辅助的工艺专家系统。

① 专家知识库　麦芽库分 4 级，每级分别对应浸出率、可发酵糖、糖/非糖、总氮、α-氨基酸、pH 值、色度及过滤时间等参数；辅料库分大米、酶制剂、石膏等；标准糖化和糊化曲线库；酒花信息库；与设备相关的知识经验库等。

② 实验室分析报告　涉及麦芽的有糖化力、糖化时间、pH、色度、最终发酵度、甲醛氮、可溶性氮、哈同值、α-淀粉酶活性等；涉及水质的有水的（非）碳酸盐硬度，Ca、Mg 及其他离子浓度，辅料、酒化种类及化验报告等。

③ 专家系统　根据化验报告和设备知识，调用专家知识库进行推理，提供决策工艺曲

线的参考知识，最后由工程师确认后，形成曲线文件下发给控制系统。

参 考 文 献

［1］张嫱，周小菊．精细化工工艺原理与技术．成都：四川科学技术出版社，2005.

［2］朱建鸿，张斌，王宪，须文波．基于 USS 协议的自动配料系统的设计和实现．四川大学学报（工程科学版）.2003，35（1）：104-108.

［3］刘朝英．食品与制药生产自动化．北京：机械工业出版社，2006.

［4］张相胜，潘丰，白春丽．基于 PLC 的均质机控制系统设计．机电工程.2010，27（10）：8-10.

［5］燕平梅．微生物发酵技术．北京：中国农业科学技术出版社，2010.

［6］L. 舒乐 麦克尔，卡基．费克莱特．生物过程工程：基本概念．陈涛等译．北京：化学工业出版社，2008.

［7］宫衡，赖氨酸发酵优化与控制的研究［D］．无锡：无锡食品业学院，1994.

［8］赵忠盖，刘飞．分批发酵过程统计监控和质量评估．江南大学学报（自然科学版）.2005，4（2）：120-123.

［9］徐玲，潘丰，刘飞，须文波．发酵过程低成本集散控制系统．电子技术应用.2000，（9）：31-33.

［10］刘飞，冯品如．工业醪塔的建模、仿真及最优化．计算机与应用化学.1996，13（2）：127-135.

［11］叶忠建，刘飞．基于隐式差分法的色谱分离过程操作模型研究．计算机与应用化学.2012，v29（7）：839-842.

［12］G. P. Rangaiah，P. Saha，M. O. Tadé. Nonlinear model predictive control of an industrial four-stage evaporator system via simulation. Chemical Engineering Journal. 2002，87（3）：285-299.

［13］蒋正木，马久祥，刘飞．双模控制在硫酸铵蒸发系统中的应用．科学技术与工程.2009，9（17）：4983-4987.

［14］宋建成．间歇过程计算机集成控制系统．北京：化学工业出版社，1999.

［15］须文波，刘飞等．麦芽糖化过程计算机控制系统设计．微小型计算机开发与应用.1995，4：23-27.

第12章 生物制药过程自动控制

12.1 生物制药对自动化的需求

中国抗生素、维生素原料药及氨基酸、有机酸、酶制剂、激素类药物等生物发酵制品产量全球领先，其中抗生素原料药总产量超过 11 万吨，维生素超过 25 万吨，分别占世界年生产能力的 70％和 50％。表 5-12-1 和表 5-12-2 分别是这两类药物的总产量和生产车间数 2010年的调研统计结果。2012 年，中国生物医药产业产值规模已达到 12000 亿元，且增长速度远高于其他制造业。

表 5-12-1 中国抗生素年产量及生产车间数（估计值）

名　称	全国年产量/吨	全国车间数/个
青霉素（6-APA）	50000	50
头孢菌素（7-ACA）	8000	20
金霉素（Aureomycin）	20000	30
土霉素（Oxytetracycline）	20000	30
四环素（Tetracycline）	7000	50
林可霉素（Lincomycin）	3000	20
链霉素（Streptomycin）	1500	5
红霉素（Erythromycin）	3000	15
庆大霉素（Gentamycin）	900	20
螺旋霉素（Spiramycin）	100	5
其他抗生素（估计）	1000	55
总计	114500	300

表 5-12-2 维生素药物全国年产量及生产车间数（估计值）

名　称	全国年产量/吨	全国车间数/个
维生素 C	125000	20
维生素 B2	6000	5
维生素 B4	100000	20
维生素 B6	5000	15

名　　称	全国年产量/吨	全国车间数/个
维生素 B12	30	15
其他发酵法维生素	20000	60
总计	256030	135

　　工业发酵罐的装料量在数十至数百立方米之间，流加发酵是生物制药的典型生产工艺，发酵周期在数十至数百小时之间。几乎所有的生物制药过程都是好氧型发酵。纯种培养是工业发酵的基本要求。尽管在工艺操作上有一系列预防染菌的措施，如高温（约 120～140℃）灭菌、空气过滤、无菌接种，但实际生产的染菌罐批仍≥10%。流加发酵初期（时间一般占整个发酵周期的 25%左右）通常采用间歇发酵培养方式，但初始底物浓度往往只有典型间歇发酵的 20%～30%。在间歇培养的这段时间里，菌体比生长速率很高。至底物几乎耗尽时，菌体浓度趋于最大值，流加操作开始。需要流加的物质包括碳源、氮源、前体、无机盐等。流加操作期间，菌体的比生长速率被控制在很低的水平，底物得以高效地被微生物转化为目的产物。为了同时获得高产率和高得率，发酵温度、溶解氧、pH、底物流加速率（比生长速率）等都有最优控制的需求。

　　目前，中小型发酵企业过程控制大都采用 PLC，大型发酵企业则装备了计算机数据采集和集散控制系统[2]。罐温、罐压、pH 测量为标准配置，大部分过程有 pH 闭环控制，少量企业有溶解氧（DO）闭环控制。流加发酵的基质流加量开环、闭环控制共存，以开环控制为主。一个工业发酵罐的数据采集点数通常为 10～15（温度 1～3 点，压力 1～2 点，流量 1～3 点，pH、DO、液位、泡沫、通气量、搅拌电机电流等各 1 点），一台 DCS 通常控制一个车间（10～20 个发酵罐）。采样分析一般包括微生物浓度、产物浓度、碳源残留（残糖）浓度、前体/氨基氮/其他辅料的浓度。一般地，微生物浓度分析采用离心称重（分湿重和干重两种），产物浓度分析采用 HPLC，其他项目的分析常采用滴定法。微生物镜检（形态、染色）在大部分工厂属于日常操作，它对染菌和菌体质量定性判断很重要。

12.2　生物制药过程及控制

　　本节以若干典型生物制药过程为例，说明这类生产过程有别于其他流程工业的控制问题。

12.2.1　7-ACA（头孢菌素原料药）发酵生产

　　某年产 1000t 7-ACA 的发酵车间有 12 个 60m³ 的发酵罐。控制系统组态采用西门子 SIMATIC BATCH。控制系统硬件 PCS7 包括 1 套 CPU416、3 个 ET-200M 机架、2 台操作站和 1 台工程师站，过程 I/O 点为 400 点。为方便操作员进行现场监控，设置 3 台触摸屏面板和 1 台操作面板。检测变量包括温度、压力、pH、泡沫、搅拌电机电流、溶解氧（DO）等。pH 为闭环设定值控制，葡萄糖和豆油补料量则采用计量罐和气动隔膜阀控制。补料工作原理是根据计量罐体积和补料速率计算罐营养液脉冲流加频率，这样，通过改变计量罐注入频率就可改变补料速率。例如：选用装料量为 5L 的计量罐罐体，设定补料速率为 200 L/h，则在计算机控制下，由气动隔膜阀每 14.4s 注入一罐营养液。气动隔膜阀耐高温消毒、无染菌风险。表 5-12-3 列出了每个生产罐的测量变量和控制回路，以及存在问题分析。

表 5-12-3　某 7-ACA 生产车间每个生产罐测量变量、控制回路及存在问题

在线测量变量	离线测量变量	控制回路、执行器	存在问题和需求
◆ 温度×2 罐温和冷却水温度，国产热电阻，精度 0.1%，连续测量 ◆ 压力×1 发酵罐上方压力，电容式压力变送器，精度 0.1%，连续测量 ◆ pH×1 发酵罐中下部，Mettler Toledo pH 探头，精度 1%，连续测量 ◆ DO×1 发酵罐中下部，Mettler Toledo 溶氧探头，精度 0.5%，连续测量 ◆ 泡沫面×1 发酵罐上部，国产触点探头，连续测量 ◆ 搅拌功率测量×1 搅拌电机电流，国产电流计，连续测量	◆ 残糖浓度 手工滴定法，采样周期 4h，误差约 5% ◆ 豆油浓度 离心 10ml 发酵液测油层厚度，采样周期 4h，误差约 5% ◆ 氨基氮浓度 手工滴定法，采样周期 4h，误差约 10% ◆ 补料葡萄糖浓度、硫酸铵浓度、氨水浓度： 手工滴定法，每配一罐采样一次，误差约 5% ◆ 产物浓度 HPLC，采样周期 4h，误差约 3% ◆ 菌丝浓度 高速离心 100ml 发酵液，称取菌丝湿重 ◆ 菌丝形态及杂菌污染 染色后置于显微镜下观察	◆ 罐温 PID 闭环控制回路 根据罐温测量值调节冷却水流量。执行器为国产电磁阀，性能稳定可靠 ◆ 压力手工开环控制 通过遥控手操器手工调节尾气气动薄膜调节阀开度，维持 0.2～0.3kgf/cm² 左右的压力（表压） ◆ pH 闭环控制回路 根据 pH 测量值调节酸碱溶液流加量，含酸碱切换逻辑控制。执行器为电磁阀，需要耐强酸、强碱内衬 ◆ 葡萄糖、豆油补料时间序列控制 根据事先给定的时间序列，采用计量和气动隔膜阀，控制计量罐的注入频率，属于开环控制。注入周期数分钟 ◆ 硫酸铵、氨水补料开环控制 控制方法与葡萄糖补料相同 ◆ 泡沫控制回路 双电极测量泡沫面，一旦低位电极接触到泡沫面，即打开消泡剂电磁阀；若高低电极均被接通，则电磁阀达到最大开度	（1）残糖快速测量希望得到解决。它有助于及时修正葡萄糖补料速率 （2）葡萄糖、豆油的按需补料，即补料优化。有操作人员经验可供借鉴 （3）豆油、氨水和硫铵计量误差大，总消耗量与计算结果明显不同。总体上，计量精度有待提高 （4）与罐体相通的所有测量仪表一次元件、执行器等都需承受 6kg/cm² 蒸汽压力（带有冲击）和 120-140 度的温度。 （5）染菌发生频率较高。若能够早期发现染菌罐批，就能避免更大的损失

　　某年产 1700t 7-ACA 的发酵车间有 20 个 100m³ 发酵罐，7-ACA 发酵过程控制系统采用 Eurotherm 公司生产的 DCS。该控制系统采用标准的以太网通信，并在 Windows 环境下提供人机界面。过程在线测量变量包括罐温、罐压、pH、DO、装料量、搅拌速度和通气量。离线测量变量计有产物浓度、浮油量、残糖浓度、菌丝量和氨基氮浓度。取样分析每 4 小时进行一次，每次耗时约 1 小时。

　　DCS 系统的控制功能包括豆油、葡萄糖、氨水和硫酸铵的补料控制，发酵罐温度控制，pH 控制，消沫控制和 DO 控制等。以下对该企业的发酵罐控制系统给出进一步分析。

(1) 补料控制

　　采用计量罐和气动隔膜阀实现豆油、葡萄糖、氨水和硫酸铵的流加补料控制。DCS 系统根据预先给定的补料速率和计量罐的容积，计算出计量罐补料频率，再把该频率换算为入料阀/出料阀的开闭周期，实现补料控制。

　　补料执行机构由入料阀、计量罐、液位电极、出料阀等组成。补料执行机构控制逻辑见图 5-12-1。补料系统组成：补料控制器 ETST-1、计量罐 G、计量罐液位电极 T、气动先导电磁阀 E_1 和 E_2、波纹管隔膜阀 V_1 和 V_2，其中 E_1 和 V_1 组成入料阀，E_2 和 V_2 组成出料阀。补料时首先打开入料阀使料液进入计量罐，计量罐被注满后液位接触到液位电极，入料阀自动关闭，此后出料阀开启并将罐内料液注入发酵罐，并自动关闭出料阀。ETST-1 补料控制器通过定时或外部脉冲控制 E_1 和 E_2 动作并连动 V_1 和 V_2 进行补料。

　　补料料液从入料、加满计量罐至出料的全过程称为一个补料动作。显然，补料料液是一罐一罐地加入发酵罐的。从每罐加料的方式看是脉冲补料，但对时间常数数十小时的抗生素发酵，这种周期以分计的脉冲补料可以看作是连续流加。

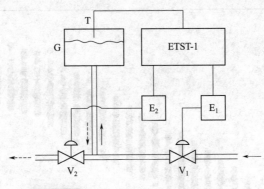

图 5-12-1　计量罐补料控制系统

（2）罐温控制

发酵温度既要满足菌体的生长，又要适合代谢产物的合成，存在最适温度。在不考虑强制冷却的情况下，发酵过程热量的产生速率 Q_{ferm}（kJ/h，其余变量量纲与之相同）：

$$Q_{ferm} = Q_{bio} + Q_{mix} - Q_{evap} - Q_{diff} - Q_{rad}$$

式中，Q_{bio} 是菌丝生长繁殖过程中产生的热能；Q_{mix} 是搅拌产生的热能；Q_{evap} 是因通气引起水蒸发所带走的热能；Q_{diff} 是因通气温差带走的热能；Q_{rad} 是发酵罐外壁向环境辐射的热能。

温度控制的目的就是移去发酵过程产生的净热量，使罐温维持在设定值。工业发酵罐的体积一般较大，达 $50\sim300\ m^3$，对象时间常数大，但采用 PID 控制算法调节冷却水流量，仍能有效实现罐温控制。

（3）pH 控制

发酵过程利用氨水来控制 pH，氨水同时也作为无机氮源被消耗。被补入的氨水进入空气管道充分雾化后进入发酵罐，这样与发酵液混合快而均匀，避免局部 pH 过高。DCS 系统采用单回路闭环 pH 设定值控制，执行器为计量罐补料装置或耐腐蚀电磁阀。

（4）消沫控制

消沫控制为逻辑开环控制，采用长短电极检测泡沫面的位置，计算机定时查询电极信号，并作逻辑判断，以决定是否开启消泡剂阀和开启时间。具体控制决策如下：a. 当长电极未接触到泡沫时，定时少量或不加消沫剂；b. 若长电极检测到泡沫面，适当加大消沫剂量；c. 若短电极检测到了泡沫，将再加大消泡剂；d. 长时间（如 60s）消沫无效的，即短电极始终检测到泡沫时，则发出报警信号，通知人工干预。

（5）DO 控制

对搅拌电机进行变频调速，实施 DO 设定值控制。其中溶解氧采用 Mettler-Toledo (Ingold)测量变送产品。

7-ACA 发酵的残油浓度、残糖浓度手工分析误差大，直接影响发酵罐补油补糖控制，因此急需这两个基质的快速测量仪器。此外，菌丝浓度无快速测量，制约了过程监控水平。这些因素使实际生产过程波动很大，图 5-12-2 是该车间 90 个批次的产物浓度离线化验结果，可见波动高达 20%。对这类过程，利用生产调度优化可望取得挖潜增效的结果。

12.2.2　金霉素发酵生产

某金霉素发酵生产厂产量为 2500t，有 30 个 $100m^3$ 的发酵罐。计算机控制系统采用 Eurotherm 的 DCS。检测变量包括温度、压力、pH、泡沫等。主要控制回路有 pH 控制、补

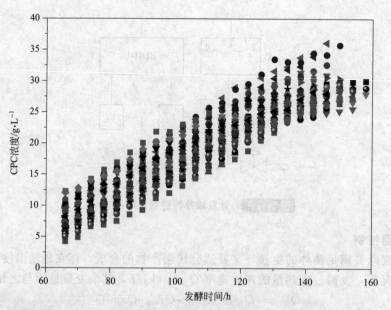

图 5-12-2 工业头孢菌素（CPC）发酵过程的产物浓度分布

料控制和自动加油消沫控制。补料流量上限 600L/h，消泡油流量上限 50L/h。

（1）pH 控制

在金霉素发酵过程中，pH 值控制是关键。正常的发酵过程都会产酸，为使 pH 值保持在要求的范围之内，必须不断添加碱性物质以中和连续不断产生的酸，实际生产中采用氨水来中和酸。实践证明，金霉素的菌丝生长最适 pH 为 5.8。pH 控制采用时钟脉冲（TP）的控制方式即开关模式调节氨水进料，见图 5-12-3。时钟脉冲的周期 T 根据系统的滞后时间长短设定。输出脉冲宽度 $\tau = gu(k)$，其中，g 为变换系数，$u(k)$ 为 PID 控制器的输出。

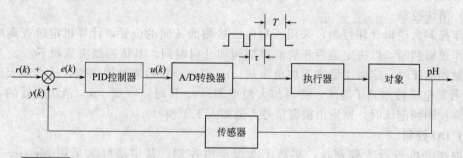

图 5-12-3 金霉素发酵过程的 pH 控制系统

（2）补料控制

补料控制器采用 MCS51 系列单片机的控制单元，可以同时控制四路补料，具有小键盘和 LED 数字显示，可以进行控制、累加、报警、复位、补料流量的设定及显示阀门开关状态。该系统的执行机构采用电磁阀控制的气动波纹管隔膜阀，计量罐体积为 5L。在金霉素发酵生产中，培养基黏度较大，计量罐补料系统很实用。计量罐的组成及补料过程同图5-12-1。

（3）自动加油消沫控制

在发酵生产中，常用加植物油或加消沫剂来防止因泡沫夹带引起的逃液和染菌。泡沫面高度采用高低两支触点式电极检测。当发酵液泡沫升高到低位电极时，低位电极接通，系统按用户输入的加油率加油，如果起沫严重（高、低位电极都接触到发酵液泡沫时），高、低位电极全部接通，则油阀处于常开状态连续加油。

12.2.3　维生素 C 原料药 2-KGA 的发酵生产

某维生素 C 原料药 2-KGA 发酵生产厂生产能力为 2 万吨/年，有两个生产车间，生产设备分别为 $6 \times 260 m^3$、$12 \times 150 m^3$ 气升式发酵罐。选用 Hollysys 的 DCS 进行控制。该 DCS 系统的检测变量包括罐温、罐压、液位、DO、pH 和通气量。部分发酵罐可检测尾气中 CO_2/O_2 的含量。温度和 pH 均为闭环设定值控制。每个发酵罐检测变量和控制回路见表 5-12-4，工艺流程图见图 5-12-4。

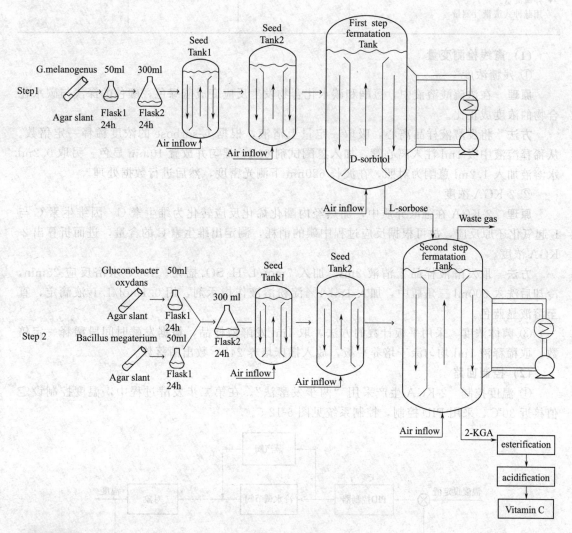

图 5-12-4　**两步法生产维生素 C 原料药 2-KGA 的工艺流程**
第一步由 G. melanogenus 将 D-山梨醇转化为 L-山梨糖；
第二步由 B. megaterium 和 K. vulgare 将 L-山梨糖转化为 2-KGA

表 5-12-4   某 2-KGA 发酵车间每个生产罐测量变量、控制回路及存在问题

在线检测变量	离线检测变量	控制回路、执行器	存在问题和需求
◆ 温度×1、压力×1 　发酵液温度及发酵罐上方压力，精度 0.1%，连续测量 ◆ pH×1、DO×1 　发酵罐底部安装 Mettler Toledo pH 电极和溶解氧电极，精度分别为 ±0.01pH 和 0.1%，连续测量 ◆ 液位×1 　采用双法兰差压变送器测量，连续测量 ◆ 尾气分析×1 　尾气从发酵罐顶部引出，经预处理装置至分析仪 ◆ 补碱流量 　用脉冲式流量计测量	◆ 残糖浓度 　手工滴定法，采样周期随发酵所处的阶段不同而有所变化，测量精度 5%～10% ◆ 产物浓度 　手工滴定法，采样周期与残糖浓度相同 ◆ 杂菌 　采用镜检或平板培养发现杂菌菌落	◆ 罐温 PID 控制回路 　温度设定值接近 30℃，根据罐温测量值调节冷水流量。执行器为电磁阀 ◆ pH 闭环控制回路 　根据 pH 测量值调节酸碱溶液补加量，含酸碱切换的逻辑控制	（1）山梨糖浓度的在线测量希望得到解决，据此可以判断发酵过程是否正常 （2）气升式发酵罐中溶氧的分布情况复杂，希望能够准确地仿真流动状态，给出流态改进建议

(1) 离线检测变量

① 残糖浓度

原理　在浓硫酸溶液中，蒽酮和碳水化合物发生反应变成蓝绿色，颜色的深浅与碳水化合物的浓度成正比。

方法　将发酵液样品离心，吸取一定量上清液，根据 L-sorbose 的浓度稀释一定倍数。从稀释溶液中吸 1ml 注入离心管，加入蒽酮试剂 6ml，摇匀并放置 10min 显色。另取 0.2ml 水溶液加入 1.2ml 蒽酮为对照，在波长 620nm 下测光密度，然后进行数据处理。

② 2-KGA 浓度

原理　2-KGA 在强酸介质中，加热经内酯化烯化反应转化为维生素 C。因维生素 C 与 I_2 起氧化还原反应，故可根据反应过程中碘的消耗，测定出维生素 C 的含量，进而折算出 2-KGA 浓度。

方法　取发酵液样品上清液 2ml，加入 7mol/L H_2SO_4 摇匀。100℃ 水浴反应 25min，冷却后洗入 500ml 三角瓶中，加入 1ml 1% 淀粉溶液作指示剂，用 0.1mol/L I_2 液滴定，直至溶液显蓝色。

③ 菌体浓度　采用平板计数的方法，取 1ml 发酵液样品，根据发酵时间段稀释一定倍数，取稀释液 1ml 均匀涂于培养平板，放入摇床培养 24h，数出菌落数。

(2) 控制回路

① 温度控制　2-KGA 生产采用"两步发酵法"。在第二步发酵过程中，温度控制设定值接近 30℃，采用 PID 控制，控制系统见图 5-12-5。

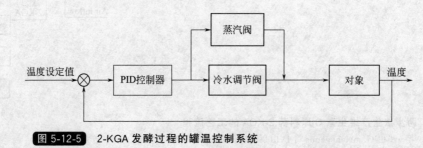

图 5-12-5   2-KGA 发酵过程的罐温控制系统

当罐温高于设定值时，冷水调节阀打开，冷水通过夹套与罐体进行热交换；反之，若罐温度低于设定值，打开蒸汽阀。不过大部分情况下无需蒸汽加热。

②　pH 控制　在维生素 C 两步法发酵过程中，pH 值对菌体的生长和产酸都有很大的影响。在生产过程中采用补加 Na_2CO_3 来控制 pH。在不同的发酵阶段，pH 的设定值有所不同。

补碱控制采用脉冲式流量计和补碱电磁阀。根据所采集的 pH 和脉冲式流量计的数据输出控制信号，控制补碱电磁阀的开度。控制系统见图 5-12-6。

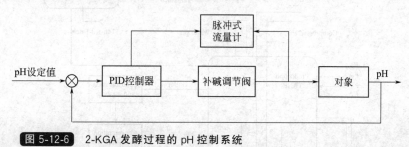

图 5-12-6　2-KGA 发酵过程的 pH 控制系统

(3) 存在问题与控制和优化需求

①　目前维生素 C 生产采用批发酵生产过程，底物抑制作用明显，而采用流加工艺则容易染菌且成本较高。有没有折中的方案？如：多次添加山梨糖，每次加多少？什么时间添加？虽然这属于工艺改进，但涉及到一系列控制问题。

②　第二步发酵的最终产物浓度与两种菌的菌体浓度直接相关，如何优化两种菌的比生长速率？

③　溶氧是发酵过程的关键参数，直接影响到发酵效率和周期。气升式发酵罐气液混合复杂，可以通过流态仿真找到更好的 DO 控制方案。

④　残糖浓度若能在线测量，将大大提高过程的监控水平。

⑤　发酵生产染菌现象不可避免，染菌罐批的早期诊断对提高产量和经济效益意义重大。

12.2.4　阿卡波糖发酵生产

阿卡波糖是一种不含胰岛素促进剂的口服降血糖药，主要用于Ⅱ型糖尿病的治疗，采用微生物发酵法生产。某年产 10t 阿卡波糖的发酵车间有 6 个一级种子罐、6 个二级种子罐和 10 个生产罐（200m³）。

每个发酵罐的检测变量包括温度、pH、DO、罐底压力、罐顶压力、空气流量和搅拌电机转速等 7 个信号采集点及 1 个冷却水阀门（开关量）控制点。发酵罐内温度的控制是将罐内的温度与冷却水的流量控制构成单回路，通过通气量控制溶氧。数据采集和控制系统是浙大中控（SUPCON）的 EPA 现场总线。

12.2.5　药用干酵母发酵生产

药用干酵母（pharmaceutical dry yeast）以糖蜜为原料，菌株为啤酒酵母。某年产 5000t 药用干酵母的生产厂有 3 台 125 m³ 的富林（Frings，德国）充气式发酵罐。控制系统硬件采用国产 PLC，检测变量包括温度、压力、pH 及充气机电流。发酵温度、pH 为单回路闭环控制。糖蜜溶液及无机盐溶液补料流量采用电磁流量计测量、手动控制。药用干酵母连续发酵的生产工艺流程见图 5-12-7。

该连续发酵过程糖蜜成分和种子质量的波动较大。由每 2 小时一次的采样分析数据（包括干酵母浓度、残糖浓度）进行日常监控，根据经验公式来手动调节酸化液（经硫酸水解的糖蜜溶液）、工艺水、营养液和氨水的流加量。存在以下问题：

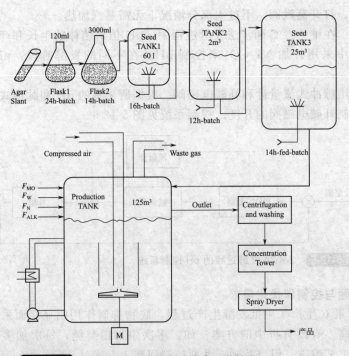

图 5-12-7 药用干酵母连续发酵生产工艺流程
进料流包括糖蜜溶液 F_{MO}、无机氮源 F_N、碱液 F_{ALK} 和工艺水 F_W

① 关键状态变量（干酵母浓度、残糖浓度）采样间隔太大，分析滞后严重，无法对连续发酵中的干扰作出及时的响应；

② 进料手工控制不能实现准确的调节，在受到较大干扰时，生产很难维持在稳定状态。

在无法在线测量发酵液中残糖、菌体浓度的前提下，以呼吸商 RQ（Respiration quotient）作为间接的被控变量，可以实现过程次优控制。其理论依据是，将 RQ 控制在 1.0，可以使中间产物（乙醇）的生成量降为零，从而提高酵母得率。RQ 定义为二氧化碳释放速率（CER）与氧消耗速率（OUR）之商：

$$RQ = CER/OUR$$

图 5-12-8 是酵母发酵 RQ 控制方案。RQ 设定值一般略高于理论值，如取 1.05，这样可同时兼顾产率极大化。RQ 反馈信号根据尾气 O_2 及 CO_2 的摩尔浓度，标记为 $x_{O_2}^{out}$ 和 $x_{CO_2}^{out}$，由下式估计得到，其中进气 O_2 及 CO_2 的摩尔浓度（$x_{O_2}^{in}$，$x_{CO_2}^{in}$）取定值：$x_{O_2}^{in} = 0.21$，$x_{CO_2}^{in} = 0.0003$。

$$RQ = \frac{(1 - x_{CO_2}^{in} - x_{O_2}^{in})x_{CO_2}^{out} - (1 - x_{CO_2}^{out} - x_{O_2}^{out})x_{CO_2}^{in}}{(1 - x_{CO_2}^{out} - x_{O_2}^{out})x_{O_2}^{in} - (1 - x_{CO_2}^{in} - x_{O_2}^{in})x_{O_2}^{out}}$$

图 5-12-8 所示的呼吸商控制为由可编程调节器组成以呼吸商为主回路，酸化液流加量为副回路的串级调节系统。其中工艺水流加量控制回路与糖蜜流加量控制回路构成比值控制，在糖浓度为 $220kg/m^3$ 时，比值系数 K 为 3。

12.2.6 青霉素原料药 6-APA 发酵生产

某年产 2600t 6-APA 的生产车间有 $100m^3$ 的发酵罐 20 个。计算机控制系统采用和利时（Hollysys）的 DCS，检测变量包括温度、压力、pH、空气流量、泡沫和液位等，葡萄糖和硫铵溶液补料控制通过计量罐和气动隔膜阀实现，有温度、pH 和消沫等控制回路。

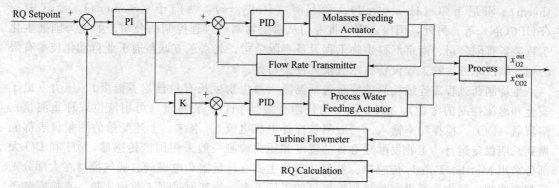

图 5-12-8　药用干酵母连续发酵生产过程的呼吸商（RQ）设定值控制

某年产 10000t 6-APA 的生产车间有 20 个 325m³ 发酵罐，控制系统也是和利时的 DCS。DCS 的主操作界面包括发酵罐工艺流程图、罐温控制调整界面、系统状态图、操作主菜单界面、系统参数总貌界面、状态变量历史曲线、补料流量历史曲线等。青霉素发酵车间在线测量变量包括罐温、罐压、pH、DO、液位和通气量，离线测量变量包括产物浓度、残糖浓度、苯乙酸浓度和氨基氮浓度。离线采样周期为 4h。采用电磁流量计和电磁阀实施补料设定值控制。

某年产 2500t 6-APA 的发酵车间有 22 个 100 m³ 发酵罐，采用 Eurotherm 的 DCS。在线测量变量为罐温、罐压、pH、DO、液位和通气量，离线测量变量为产物浓度、残糖浓度、苯乙酸浓度和氨基氮浓度，采用计量罐和气动隔膜阀进行补料自动控制。每个发酵罐检测变量、控制回路和存在问题见表 5-12-5。

表 5-12-5　某 6-APA 生产车间每个生产罐测量变量、控制回路和存在问题

在线测量变量	离线测量变量	控制回路、执行器	存在问题和需求
◆ 罐温×2 热电阻传感器，连续测量，测量精度±0.1℃ ◆ 罐压×1 电阻应变式压力传感器，测量精度 1% ◆ pH×1 测量范围 2~12pH，测量精度 0.05 pH，连续测量 ◆ 液位×1 双法兰差压变送器，连续测量 ◆ DO×1 发酵罐底部，Mettler Toledo 探头，精度 0.1%，连续测量 ◆ 通气量 孔板＋差压变送器，精度约 5%	◆ 产物浓度 HPLC，采样周期 4h，误差约 3%。 ◆ 残糖、苯乙酸、氨基氮浓度 手工滴定法，采样周期 4h，残糖和苯乙酸误差约 5%，氨基氮误差约 10% ◆ 补料料液浓度 包括葡萄糖浓度、苯乙酸浓度、硫铵浓度和氨水浓度。采用手工滴定法，每配一罐测量一次，误差约 5% ◆ 菌丝浓度 100ml 发酵液 6000r/min 离心 10min 称取湿重	◆ 温度 PID 闭环控制，根据罐温测量值调节冷水流量。执行器为电磁阀 ◆ pH 发酵初始 20h 流加 NaOH 溶液，20h 后流加氨水自动调节 pH 至 6.2 ◆ 消沫 加豆油消沫。根据泡沫液位电极的输入信号，由控制单元发出加油脉冲控制加油量 ◆ 补料 采用计量罐和气动隔膜阀进行补料自动控制	（1）产物和残糖浓度的快速测量能够大大改善过程的监控水平，以更好地实现"半饥饿"控制。 （2）葡萄糖补料策略有优化潜力。目前采用固定流加序列，不能根据具体罐批的波动情况进行调整。 （3）经常发现物料失衡。流量以及发酵罐装料量的计量精度一般明显低于额定精度。计量精度需要全面提高

经历过去十余年的原料涨价和国际竞争，我国生物制药企业在管理、工艺、市场和控制技术都方面都有了长足的进步。在控制系统方面，计算机监控不同程度地被大中型企业所接受和实施，小型企业采用 PLC 较为普遍。主要的计算机控制系统供货商有欧陆（Eurotherm)、霍尼韦尔（Honeywell）、和利时（Hollysys）、西门子（Siemens）、浙江中控（SUPCON）等。另外，国内还有一批专门从事生物制药过程控制的公司，如上海国强生化工程装备有限公司、南京汇科生物工程设备有限公司、北京东方诚益通工业自动化技术有限公司、镇江东方生物工程设备技术有限责任公司等。

生物制药过程需连续检测的变量包括温度（微生物生长有最佳培养温度）、压力（出于安全和泡沫控制的考虑）、pH（微生物代谢有最佳pH）、装料量（可用液位或称重测量）、溶解氧（DO）、搅拌功率输入（一般测量搅拌电机电流）、泡沫。上述变量的测量仪表都能做到长期稳定运行。工业发酵罐必备的温度和压力检测一般采用国产传感器，pH 和 DO 大部分采用 Mettler-Toledo 传感器。补料执行器主要有计量罐和电磁阀。通气搅拌在大部分工厂都有监测，但作为操纵变量控制溶解氧的工厂不多。与其他过程工业相比较，直接安装于发酵罐的传感器、执行器必须满足无菌要求，用于 pH 控制的流量测量和执行器需能耐酸碱腐蚀。

另一类必须连续测量的变量是流入发酵罐的各种物料的流加速率和通气量。电磁流量计是最广泛使用的测量仪表，用于测量碳源、氮源、前体等的流量。计量罐系统则能部分或全部取代流量计。用于 pH 控制的碱液流量计有很高的耐腐蚀要求。相应地，非接触式流量计（如脉冲式流量计）成为首选。至于通气量，常因流量大（约 $100m^3/min$）、节流装置压损大而不加测量，成为动力学分析和过程控制的障碍之一。

可选择的连续检测的变量：尾气 CO_2/O_2 含量。尾气信息与微生物代谢过程关联极为密切，基于该信息可以进一步计算 OUR、CER、RQ，从而更好地研究代谢行为。尾气信息涉及深层次动力学，故一般工厂操作员会忽视它。CO_2/O_2 分析仪难以做到长期可靠运行，样品气预处理装置的任何故障都会导致仪器瘫痪。同时，尾气 CO_2/O_2 信息的有效利用需要通气量的实时测量数据，而后者（如上所述）不是每台发酵罐所具备的。

需要进行离线采样分析的变量有微生物浓度、产物浓度、前体/氨基氮/浮油/残糖浓度。其中，残糖分析仪（自动或半自动）有巨大的应用市场。生物反应器中的残糖浓度变化既是代谢强度的表征，又是调节补料量的重要依据。目前，国内 90% 以上的生物发酵工厂的残糖分析使用菲林法，这是沿用了半个多世纪的手工滴定法，不仅劳动强度大（平均每个样品耗时 20min），而且分析结果因人而异。正因为分析工劳动强度过大，一般工厂的残糖浓度采样分析周期定为 2~8h。对于拥有 12 个发酵罐的车间，即使采样周期为 4h，亦需 8 个分析工三班四运转地工作。撇开手工滴定法的分析误差（一般手工分析精度为 5%~10%）和不断上涨的人员工资等制约因素，每 4 小时一次的采样分析对生产过程控制实际上已经帮助不大。国际上，残糖浓度分析一般采用 YSI（Yellow Spring Instrument，CA/USA）葡萄糖分析仪。一台单样品 YSI 葡萄糖分析仪售价约 15 万元，而多样品分析仪则达 30 万元，而且维护费用很高。此外，YSI 分析仪的日常消耗较大，酶膜、标样和缓冲液的消耗平摊到每个样品，约需 8 元人民币。德国 BST 公司在市场上推出多样品葡萄糖分析仪，不配置上位机的售价折 10 万元，但同样有日常消耗大的问题。因此，这些国际品牌迄今无一能够进入中国广大的工厂。实际上，采用固定化葡萄糖氧化酶技术，可以开发价格低廉的多通道葡萄糖分析仪（MCGA-Multi channel glucose analyzer）。该分析仪包括样品盘的角位移控制、取样控制、蠕动泵控制、酶电极和分析室、上下位机通信及数据管理软件。这样的多通道葡萄糖分析仪工厂可接受价位在 10 万元，日常消耗 1~2 元/样品。MCGA 的技术指标应该达到：分析精度 5%，平均样品分析时间约 2min，一次可分析样品量 20 份左右（与一个发酵车间的发酵罐个数相当），提供上位机数据处理软件以及数据输出接口。

图 5-12-2 所示的工业发酵过程产物浓度的大范围变化（10%~20%）是生物发酵的普

遍现象。种子（接种用的微生物）质量变化、原料成分的波动、发酵过程的动态控制策略均可能是原因，而且这些影响是不可避免的。为此，补料控制、比生长速率控制、多发酵罐并行生产车间的发酵周期调度成为过程运行优化、提高企业经济效益和竞争力的重要研究内容。

12.3　典型生物制药过程模型化

12.3.1　基因工程毕氏酵母代谢过程宏观动力学模型建模 [2]

本节以基因工程毕氏酵母在不同基质下的生长代谢和产物分泌为例，阐述生物制药过程的模型化方法。

甲醇营养型毕氏酵母（Pichia pastoris）是一种高效外源基因表达系统。它具有表达量高、生产成本低、产物能被分泌到胞外等特点。以毕氏为宿主菌的重组人血清白蛋白（rHSA）的表达系统，利用甲醇可诱导的醇氧化酶（AOX1）作为启动子。整个发酵过程分两段：第一阶段以甘油为碳源，以高密度菌体培养为目标；第二阶段以甲醇为碳源，包括目的蛋白表达基因诱导期（约 30～40h）和产物生成期（约 100h）。甲醇流加控制策略与目的蛋白产率关系很大，过低的流加量不能有效地实现高表达，而过量流加甲醇会产生毒性作用，其直接结果是抑制菌体生长和蛋白的生成，并加速已生成蛋白的降解。所以甲醇浓度存在一定的上限阈值。发酵全程流加氨水（17%）以调节 pH，氨水也是微生物的主要氮源。出于对碳源进料优化控制的需要，这里展开了对该过程模型化研究。

迄今，对酵母生长代谢的研究以面包酵母（S. cerevisiae）居多，面包酵母与毕氏酵母同属芽殖真核细胞，细胞的大小及形态十分相似，面包酵母的动力学模型研究结果对毕氏酵母的建模有一定的借鉴作用。面包酵母细胞代谢过程中有以下限制性步骤：①碳源的传递速率限制；②呼吸容限即菌体的最大呼吸能力限制；③丙酮酸脱羧生成乙酰辅酶 A 的最大速率限制。下面在对毕氏酵母进行结构模型研究时，将要用到类似的概念和结论，并在现有面包酵母动力学研究成果的基础上，建立毕氏酵母生长代谢的结构模型。

(1) 菌体高密度培养阶段动态模型

菌体高密度培养分甘油间歇发酵和流加发酵两个阶段。间歇发酵接种量为 5%～10%，发酵罐温度控制在 30℃，调节搅拌速率和空气流量以维持溶解氧 DO 在 30%，pH 控制在 5～6。间歇发酵十几小时后，培养基内的甘油耗尽，表现为溶解氧急速上升，这时甘油流加开始。流加甘油的主要目的是在较短的时间内提高菌体浓度。

在以甘油为基质的菌体生长阶段，过程以甘油的分解代谢为主。在甘油激酶（glycerol kinase）的催化下，甘油被磷酸化形成 3-磷酸甘油，再在 3-磷酸甘油脱氢酶的催化下氧化成磷酸二羟丙酮，进而进入糖酵解途径。在正常情况下，细胞内部的氢离子经呼吸链与氧结合生成水，并消耗 $NADH_2$。但若甘油消耗速率大于最大呼吸容限，胞内大量的氢离子将伴随副产物乙醇的产生而去除，这时仍由 $NADH_2$ 提供还原能量。另一方面，若丙酮酸脱羧反应速率达到最大值，多余的丙酮酸也会生成乙醇。在以上限制速率解除的条件下，乙醇亦可作为基质被利用。毕氏酵母的甘油简化代谢途径见图 5-12-9。

根据图 5-12-9 所示机理可获得物料平衡、能量平衡、电子平衡关系，见式（5-12-1）～式（5-12-3）。首先胞外甘油经磷酸化进入胞内，磷酸化速率为 q_S，用 S_{ext} 和 S_{int} 分别表示胞外和胞内的甘油浓度，S_{ext} 实际上就是发酵罐内的甘油浓度 S，可获式（5-12-1）：

$$S_{ext} \xrightarrow{q_S} S_{int} \tag{5-12-1}$$

胞内甘油一部分被同化为细胞组成物质，其余被分解为丙酮酸：

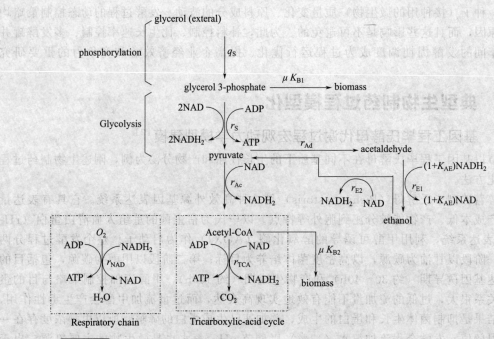

图 5-12-9 毕氏酵母的甘油简化代谢途径

$$S_{int} \xrightarrow{r_S} \text{Pyruvate} + \text{ATP} + 2\text{NADH}_2 \qquad (5\text{-}12\text{-}2)$$

$$S_{int} \xrightarrow{\mu K_{B1}} \text{Cell material} \qquad (5\text{-}12\text{-}3)$$

视丙酮酸脱羧反应速率是否达到其极大值及是否达到呼吸容限，丙酮酸可能进入两条代谢途径，在供氧不足或/和碳源过剩受到丙酮酸脱羧反应的瓶颈限制时，代谢转向乙醛；供氧充足且没有丙酮酸脱羧反应的瓶颈限制时转化为乙酰辅酶 A：

$$\text{Pyruvate} \xrightarrow{r_{Ad}} \text{Acetaldehyde} \qquad (5\text{-}12\text{-}4)$$

$$\text{Pyruvate} \xrightarrow{r_{Ac}} \text{Acetyl-CoA} + \text{NADH}_2 + \text{CO}_2 \qquad (5\text{-}12\text{-}5)$$

乙醛会从细胞内分泌到发酵液中，或消耗电子载体 NADH_2 加氢生成乙醇：

$$\text{Acetaldehyde} \xrightarrow{K_{Ad} r_{E1}} \text{Medium} \qquad (5\text{-}12\text{-}6)$$

$$\text{Acetaldehyde} + (1 + K_{AE})\text{NADH}_2 \xrightarrow{r_{E1}} \text{EtOH} \qquad (5\text{-}12\text{-}7)$$

乙醇在丙酮酸脱羧反应的瓶颈限制解除后且供氧能力有富余的情况下，脱氢生成丙酮酸：

$$\text{EtOH} \xrightarrow{r_{E2}} \text{Pyruvate} + \text{NADH}_2 \qquad (5\text{-}12\text{-}8)$$

乙酰辅酶 A 一部分直接转化为细胞组成物质，另一部分进入三羧酸循环：

$$\text{Acetyl-CoA} \xrightarrow{\mu K_{B2}} \text{Cell material} \qquad (5\text{-}12\text{-}9)$$

$$\text{Acetyl-CoA} \xrightarrow{r_{TCA}} 2\text{CO}_2 + \text{ATP} + 4\text{NADH}_2 \qquad (5\text{-}12\text{-}10)$$

呼吸链中进行的能量转换由下式表示：

$$\frac{1}{2}\text{O}_2 + \text{NADH}_2 + P/O \text{ ADP} \xrightarrow{r_{NAD}} P/O \text{ ATP} \qquad (5\text{-}12\text{-}11)$$

ATP 主要用于生长和维持：

$$\mathrm{ATP} \xrightarrow{r_{\mathrm{ATP}}} \mu/Y_{\mathrm{ATP}} + m_{\mathrm{ATP}} \tag{5-12-12}$$

进一步，假定过程是由一系列的拟稳态组成的，且在任一拟稳态下无中间代谢产物积累，式（5-12-1）～式（5-12-12）可简化为：

$$\begin{bmatrix} 1 & K_{\mathrm{B1}} & 0 & 0 & 0 & 0 \\ 2 & -4K_{\mathrm{B2}} & 5 & -2 & 1 & -1-K_{\mathrm{AE}} \\ 1 & -K_{\mathrm{B2}}-\dfrac{1}{Y_{\mathrm{ATP}}} & 1 & 2P/O & 0 & 0 \\ 1 & 0 & -1 & 0 & 1 & -1-K_{\mathrm{Ad}} \end{bmatrix} \begin{bmatrix} r_{\mathrm{S}} \\ \mu \\ r_{\mathrm{Ac}} \\ q_{\mathrm{O2}} \\ r_{\mathrm{E2}} \\ r_{\mathrm{E1}} \end{bmatrix} = \begin{bmatrix} q_{\mathrm{S}} \\ 0 \\ m_{\mathrm{ATP}} \\ 0 \end{bmatrix} \tag{5-12-13}$$

对于均相全混釜式发酵罐，可获得甘油生长期完整的动力学＋反应器模型，见图 5-12-10。

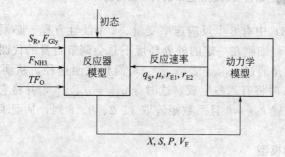

图 5-12-10　动力学模型与反应器模型的结合

模型中的比基质消耗速率 q_{S} 即比甘油消耗速率 r_{Gly}，可用 Monod 模型表述：

$$r_{\mathrm{Gly,M}} = \frac{r_{\mathrm{Glymax}} S_{\mathrm{Gly}}}{K_{\mathrm{Gly}} + S_{\mathrm{Gly}}} \tag{5-12-14}$$

然而，在甘油间歇发酵初期，虽然胞外甘油浓度为最高值（从而使 $r_{\mathrm{Gly,M}}$ 亦为最高），但这时实际的甘油磷酸化速率很低，远小于 $r_{\mathrm{Gly,M}}$。可能的原因是，甘油间歇发酵初期甘油磷酸化所需的一些酶系的活性没有达到正常值，而 Monod 模型仅仅考虑了酶系完全建立的情况。因此，这里需引入适当的模型来描述酶系建立的过渡过程，以弥补 Monod 模型的不足。从生物化学的角度，酶系的建立过程是一系列酶促反应过程，可以利用一组包含串并联酶促反应的动力学方程加以描述。但为了模型的简化和实用，这里利用调节器模型描述酶系建立的过渡过程。图 5-12-11 中虚框部分为一阶闭环调节器，虚框外是两路反馈信号，切换开关 K 指向 $\min\{r_{\mathrm{Gly,R}}, r_{\mathrm{Gly,M}}\}$。调节器的输入 r_{Glymin} 是比甘油消耗速率在酶系活性最小值（对应于接种后的状态），k_1 和 k_2 表征了相关酶系的建立过程对比甘油消耗速率过渡过程的影响。r_{Glymin}、k_1 和 k_2 由单纯形法辨识而得。模型中引入 μ 的负反馈是考虑到细胞体积增大对胞内酶浓度的稀释作用。图 5-12-11 所示调节器模型对应如下机制。

① 若酶系建立过程对基质磷酸化起限制性作用，则 K 向上接通，并有 $r_{\mathrm{Gly}} = r_{\mathrm{Gly,R}}$，这时图 5-12-11 构成正反馈，表征了酶系建立过程是逐步加速的，它符合实验观测结果。

② 若酶系的限制性作用消失，则 K 向下接通，并有 $r_{\mathrm{Gly}} = r_{\mathrm{Gly,M}}$。因为这时 $r_{\mathrm{Gly}} \gg r_{\mathrm{Glymin}}$，故调节器成为跟随器，$r_{\mathrm{Gly,R}}$ 跟随 $r_{\mathrm{Gly,M}}$ 变化。但由于调节器的动态特性，$r_{\mathrm{Gly,R}}$ 将滞后于 $r_{\mathrm{Gly,M}}$。随着基质逐步耗尽，$r_{\mathrm{Gly,R}}$ 也逐步下降。此后，如若发生大量甘油补料而使 $r_{\mathrm{Gly,R}} < r_{\mathrm{Gly,M}}$，则 K 再次向上接通，并重新启动磷酸化酶系的建立过程。

上述调节器模型可由式（5-12-15）和式（5-12-16）定量描述：

$$\frac{\mathrm{d}r_{\mathrm{Gly,R}}}{\mathrm{d}t} = k_1(r_{\mathrm{Gly}} + r_{\mathrm{Glymin}}) + (-k_2 - \mu)r_{\mathrm{Gly,R}} \tag{5-12-15}$$

$$r_{\mathrm{Gly}} = \min\{r_{\mathrm{Gly,M}},\ r_{\mathrm{Gly,R}}\} \tag{5-12-16}$$

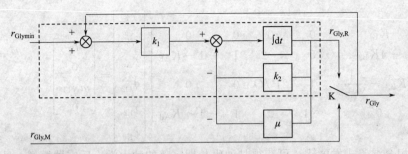

图 5-12-11　比甘油磷酸化速率的调节器模型

矩阵模型（5-12-13）中有 6 个反应速率变量、4 个线性方程，必须降维才可求解。这里是基于以下假说降维的：细胞在一定的外界环境下总会调节自身的代谢机制以最有效地利用现有能源。具体地，就是通过 r_{Acmax} 及 q_{O2max} 来简化代谢途径，从而降低矩阵的维数。例如，当 q_{O2} 大于 q_{O2max} 时将有乙醇生成，这时令 $q_{\mathrm{O2}} = q_{\mathrm{O2max}}$，并将它与系数矩阵第 4 列的乘积移到方程的右边，置 $r_{\mathrm{E2}} = 0$ 且系数矩阵取 1、2、3、6 列，从而求出氧限制下的各反应速率。

（2）甲醇流加发酵模型

甲醇流加发酵阶段分诱导期和目的蛋白大量生成期。醇氧化酶（AOX1）是甲醇利用途径中需要的第一个酶，在以甲醇为唯一限制性基质时，AOX1 酶约占细胞内总蛋白的 30% 以上，但在以葡萄糖、甘油或乙醇为基质时 AOX1 受到强烈抑制。在醇氧化酶的作用下甲醇被氧化为甲醛和过氧化氢。一部分甲醛继续被氧化为甲酸和二氧化碳，并且为细胞的生长提供一定的能量，描述见方程（5-12-17）。剩余的甲醛通过以下方式同化为细胞组成物质，即 3 个甲醛分子净生成 1 分子的三磷酸甘油醛（GAP）并消耗 ATP，描述见方程（5-12-18），然后 GAP 进入三羧酸循环。甲醇流向甲酸和 GAP 的速率比例用 ϕ 表示，关于 ϕ 的取值目前文献尚无报道，但一般认为由甲醇生成甲酸的比例较小，故这里暂定为 0.25。经简化后甲醇代谢途径由图 5-12-12 表示。

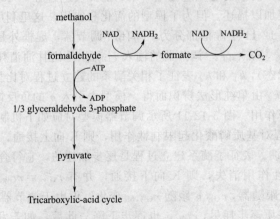

图 5-12-12　毕氏酵母的甲醇代谢途径

甲醇分解的动力学模型：

$$\text{MeOH} \longrightarrow CO_2 + 2NADH_2 \tag{5-12-17}$$

$$\text{MeOH} \longrightarrow \frac{1}{3}GAP - ATP \tag{5-12-18}$$

甲醇代谢的主体同样要经过三羧酸循环和呼吸链，故仍保留式（5-12-13）。在实际操作中，甲醇进料流量控制得较低，故可认为不会出现明显的副产物，因此代谢矩阵保留第 1、2、3、4 列，并且第 1 列由以下向量代替：

$$\left[1+\phi \quad \frac{1}{3}+2\phi \quad -\frac{1}{3} \quad \frac{1}{3} \right]^T$$

甲醇流加阶段的反应器模型与甘油阶段的类似。

菌体的比生长速率 μ 和蛋白的比生成速率 ρ 之间关系由 Piret-Luedeking 方程描述，见式（5-12-19），其中 a、b 为模型参数。

$$\rho = a\mu + b \tag{5-12-19}$$

（3）模型验证

图 5-12-13 给出了 4 个罐批的模型仿真与实测值的对比。其中 Exp1 和 Exp2 为甘油间歇＋流加发酵，Exp3 和 Exp4 是完整实验，即在甘油间歇＋流加发酵结束后，进入甲醇诱导和产物生成阶段。实测和分析数据包括细胞干重、总蛋白浓度、基质流加速率、氨水流加速率、pH 和溶解氧。以上介绍的模型中有 23 个模型参数，其中 4 个模型参数可取定值，见表 5-12-6。其余参数根据发酵实验的原始数据，用单纯形寻优方法辨识得到，见表 5-12-7 和表 5-12-8。

表 5-12-6　取为定值的模型参数

参　数	Y_{ATP}	P/O	r_{Acmax}	K_{Ad}
单位	$g \cdot mol^{-1}$	$mol \cdot mol^{-1}$	$mol \cdot (g \cdot h)^{-1}$	—
数值	10.5	1.5	0.018	0.05

表 5-12-7　甘油生长期模型参数辨识结果

参数	q_{Glymax}	K_{Gly}	m_{ATP}	K_{B1}	K_{B2}	K_{AE}	q_{lim0}	k_1	k_2
单位	$mol \cdot (g \cdot h)^{-1}$	$g \cdot L^{-1}$	$mol \cdot (g \cdot h)^{-1}$	$mol \cdot g^{-1}$	$mol \cdot g^{-1}$	—	$mol \cdot (g \cdot h)^{-1}$	h^{-1}	h^{-1}
1	0.005987	0.29921	0.00155	0.00121	0.01038	0.443	0.00624	0.383	0.237
2	0.005743	0.27721	0.00154	0.00132	0.01062	0.423	0.000622	0.382	0.236
3	0.004303	0.23880	0.00172	0.00193	0.01434	0.433	0.000599	0.392	0.237
4	0.007185	0.31129	0.00144	0.00110	0.00626	0.506	0.000608	0.393	0.269

表 5-12-8　甲醇流加期模型参数辨识结果

参数	$q_{MeOHmax}$	K_{MeOH}	m_{ATP}	K_{B1}	K_{B2}	a	b	ρ_{lim0}	k'_1	k'_2
单位	$mol \cdot (g \cdot h)^{-1}$	$g \cdot L^{-1}$	$mol \cdot (g \cdot h)^{-1}$	$mol \cdot g^{-1}$	$mol \cdot g^{-1}$	—	h^{-1}	h^{-1}	h^{-1}	h^{-1}
3	0.00166	0.276	0.0002	0.033	0.0123	0.43	0.00086	0.0002	0.1	0.12
4	0.00168	0.339	0.00013	0.037	0.0170	0.44	0.00087	0.0002	0.1	0.11

以上通过分析甲醇营养型毕氏酵母的代谢途径，建立了其生长代谢的结构模型，该模型可以比较精确地描述细胞的生长和外源蛋白的表达。模型中引入参数 K_{AE} 来表示碳源直接

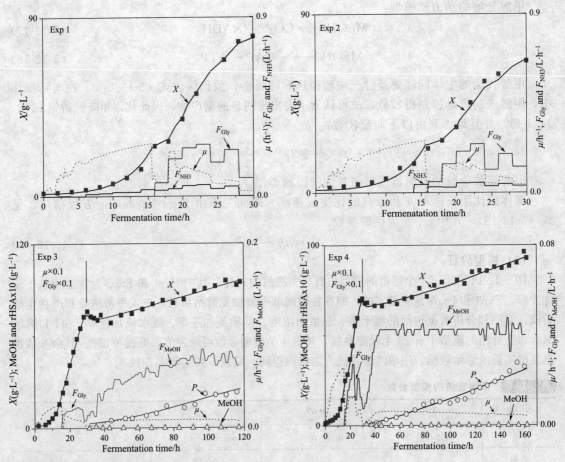

图 5-12-13　代谢模型仿真结果与实验结果的比较（Exp1～Exp4 是实验序号）

进入三羧酸循环和经由乙醇途径再进入三羧酸循环所产生的能量差异。从模型参数上看，甘油发酵期和甲醇流加期的差别比较大，这主要是应代谢途径不同所致。两个罐批菌体对甘油的得率为 0.45g 干重/g 甘油，甲醇的得率为 0.15g 干重/g 甲醇。

12.3.2　生物反应控制论（Hybrid Cybernetic Modeling，HCM）模型

本节以动物细胞培养为例，阐述生物制药过程的控制论模型建模方法。动物细胞培养是制造糖基化的重组蛋白类药物、单克隆抗体、病毒性疫苗和激素的最流行的制备方式。然而在动物细胞培养的过程，伴随着两个难以克服的问题：一是较低的细胞活力；二是较低的蛋白质的产量。究其原因，主要是两个方面：一是由于给料的限制；另一个原因是毒性代谢产物的积累。通过了解动物细胞内部的代谢调控行为，建立相应的数学模型，从而可以进行工业生产过程中的制备途径设计和优化。HCM 模型结合了对细胞代谢网络的分析以及对其内部调节机制的考虑，是一种完善的动力学模型，可以对动物细胞培养在不同补料策略操作条件下的实验都进行很好的描述。

（1）动物培养的实验描述

实验 1　初始体积为 120ml，培养 134h。

实验 2　初始体积 120ml，分批培养实验，分别在 54.5h 和 113h 进行给料。其中，在 54.5h 阶段，加入 2.5ml 的胎牛血清和 11.5ml 的 FM2。给料之后，葡萄糖的浓度上升至 11.4mmol/L；在培养时间为 113h 阶段，首先移除 19.4ml 的上清液，然后，分别加入 10ml

胎牛血清和 9.4ml 由 4.7ml FM1 和 4.7ml FM2 混合成的 FM。随后，培养继续进行 21h。

实验 3 初始体积 120ml，分批培养实验，分别在 54.5h、73h 和 113h 进行给料。其中，在反应时间为 54.5h 的时候，加入 2.5ml 的胎牛血清和 3.5ml 的 FM2。给料之后，葡萄糖的浓度上升至 5.6mmol/L；在培养时间为 73h 的时候，加入 8ml 的胎牛血清和 4ml 的 FM2；在培养时间是 113h 的时候，首先移除 11.3ml 的上清液，然后分别加入 10ml 胎牛血清和 1.3ml 的 FM。随后，培养继续进行 21h。

（2）动物细胞培养的 HCM 模型

这里采用的动物细胞代谢网络来源于 [6]。动物细胞培养涉及到两个营养底物、葡萄糖和谷氨酰胺。代谢网络主要包含的代谢路径有糖酵解途径、谷氨酰胺酵解途径、磷酸戊糖途径以及三羧酸循环途径。动物细胞培养的代谢网络包含的所有反应见表 5-12-9。

表 5-12-9 动物细胞代谢网络包含的所有反应方程

序号	反应方程
R1	$GLC + ATP \longrightarrow G6P + ADP$
R2	$G6P \longrightarrow F6P$
R3	$F6P + ATP \longrightarrow 2\,GAP + ADP$
R4	$GAP + 2\,ADP + NAD \longrightarrow PYR + NADH + 2\,ATP$
R5	$PYR + NADH \longrightarrow LAC + NAD$
R6	$G6P + 2\,NADP \longrightarrow R5P + 2\,NADPH + CO_2$
R7	$PYR + MAL + 3\,NAD \longrightarrow AKG + 3\,NADH + 2\,CO_2$
R8	$AKG + 2\,NAD + ADP \longrightarrow 2\,NADH + CO_2 + ATP + MAL$
R9	$GLN \longrightarrow GLU + NH_3$
R10	$PYR + GLU \longrightarrow ALA + AKG$
R11	$2\,NADH + 6\,ADP + O_2 \longrightarrow 2\,NAD + 6\,ATP$
R12	$MAL + NADP \longrightarrow PYR + CO_2 + NADPH$
R13	$ATP \longrightarrow ADP$
R14	$3.92\,GLU + 1.44\,NH_3 + 0.124\,G6P + 0.52\,R5P + 1.68\,GAP + 4.92\,PYR + 0.76\,MAL + 29.6\,ATP + 7.52\,NADPH + 9.2\,NAD \longrightarrow BIOM + 2.92\,AKG + 9.2\,NADH + 4.8\,CO_2 + 29.6\,ADP + 7.52\,NADP$
R15	$R5P \longleftrightarrow X5P$
R16	$R5P + X5P \longleftrightarrow S7P + GAP$
R17	$S7P + GAP \longleftrightarrow F6P + E4P$
R18	$X5P + E4P \longleftrightarrow F6P + GAP$
R19	$GLU + NAD \longleftrightarrow NADH + NH_3 + AKG$

对代谢网络用 Elementary model analysis（EMA）进行分析，可以得到 14 个基础代谢流元 Elementary mode（EM），每一个 EM 都是代谢网络的最小单元。在此基础上，HCM 模型可以通过内部操纵变量来调节和控制每一个 EM 对应的酶的合成速率及其活性，从而对底物吸收流量以及代谢产物水平进行调节。经过 EMA 技术得到的基础代谢流元见表

5-12-10。

表 5-12-10 动物细胞代谢网络的基础代谢流元

i	$Z_{i,1}$	$Z_{i,2}$	$Z_{i,3}$	$Z_{i,4}$	$Z_{i,5}$	$Z_{i,6}$	$Z_{i,7}$	$Z_{i,8}$	$Z_{i,9}$	$Z_{i,10}$	$Z_{i,11}$	$Z_{i,12}$	$Z_{i,13}$	$Z_{i,14}$
1	3.73	0.5	0.76	0.54	0.54	4.16	7.13	7.13	7.13	0.5	0.5	1.04	1.01	2.66
2	0.5	0.5	0.69	0.489	0.489	0.49	4.04	4.04	4.04	0.5	0.5	0.80	0.96	0.35
3	2.3	0.5	0.5	0.36	0.36	1.83	4.04	4.04	4.04	0.5	0.5	0.80	0.84	1.54
4	4.1	1	0	0	0	0	0	0	0	1	1	1	1	2.28
5	0	0	1.40	0	0	0	0	0	7.5	1	0	0	0	0
6	3.13	0	0	0	0	3.35	2.5	2.5	2.5	0	0	0.19	0	2.21
7	0	0	0	0	1	0	0	7.5	0	0	1	0	0	0
8	0.63	0	4.47	3.19	4.19	14.6	34.8	42.3	34.8	0	1	2.62	3	2.41
9	1.47	0	5.01	3.57	3.57	17.2	39.6	39.6	39.6	0	0	2.99	3.36	3.24
10	0	1	0	1	0	0	7.5	0	0	0	0	1.57	1.94	0
11	5.62	0	7.69	5.49	8.49	30.1	63.6	86.1	63.6	0	3	4.79	5.17	7.35
12	0	0	4.06	2.89	2.89	12.7	31.2	31.2	31.2	0	0	2.35	2.72	1.78
13	11.8	1	33.4	23.8	42.8	113	263	405	263	1	20	20.8	23.4	22.4
14	0.83	0	0.54	0.38	0.38	2.58	4.81	4.81	4.81	0	0	0.36	0.36	0.83
15	1.8	0	−0.18	−0.13	−0.13	1.34	0	0	0	0	0	0	−0.13	1.19
16	0.9	0	−0.09	−0.07	−0.07	0.67	0	0	0	0	0	0	−0.06	0.59
17	0.9	0	−0.09	−0.06	−0.07	0.67	0	0	0	0	0	0	−0.06	0.59
18	0.9	0	−0.09	−0.06	−0.06	0.67	0	0	0	0	0	0	−0.06	0.59
19	−1.8	−1	2.89	1.06	2.06	7.11	13.3	20.7	20.7	0	0	0	0	0

动物细胞的代谢网络被 EMA 技术分解得到的 14 个 EM 中，3 个只消耗葡萄糖，另外 11 个 EM 则在葡萄糖和谷氨酰胺的共同作用下发挥作用。通过对胞内中间代谢产物采用拟稳态假定，该模型可以得到进一步的简化，不需要去辨识细胞内反应的动态参数。因此，所有的动力学参数是通过不同的基础代谢流元 EM 与底物吸收速率相关联的。状态变量包括葡萄糖和谷氨酰胺两种底物的浓度、产物丙氨酸的浓度、两种副产物（包括乳酸和氨）的浓度以及细胞物质浓度，这些变量是通过生物反应器模型与基础代谢流元 EM 的底物吸收速率联系起来的。根据物料平衡，细胞外部代谢物质的动态平衡方程可以由以下方程来描述：

$$\frac{1}{c} \times \frac{\mathrm{d}\boldsymbol{x}}{\mathrm{d}t} = \boldsymbol{S}_{\mathrm{x}} \boldsymbol{r} \tag{5-12-20}$$

其中，$\boldsymbol{x}$ 是包含生物质浓度 c 的胞外物质浓度的向量；$\boldsymbol{S}_{\mathrm{x}}$ 是胞外物质的化学计量矩阵；$\boldsymbol{x}$ 除以细胞物质浓度 c 用来表示每一个细胞内的浓度。根据拟稳态假设，流量向量可以用基础代谢流元的凸组合来表示：

$$\boldsymbol{r} = \boldsymbol{Z}\boldsymbol{r}_{\mathrm{M}} \tag{5-12-21}$$

其中，$\boldsymbol{Z}$ 是基础代谢流元矩阵；$\boldsymbol{r}_{\mathrm{M}}$ 是与之相关的流量向量。通过将式（5-12-20）中的胞外物质用所关心的 6 种物质替代，并将式（5-12-21）替代式（5-12-20）中的流量向量，可以得到动物细胞培养的质量平衡方程：

$$\frac{\mathrm{d}}{\mathrm{d}t}\begin{bmatrix} x_{\mathrm{GLC}} \\ x_{\mathrm{GLN}} \\ x_{\mathrm{BIOM}} \\ x_{\mathrm{ALA}} \\ x_{\mathrm{AMM}} \\ x_{\mathrm{LAC}} \end{bmatrix} = \boldsymbol{S}_{\mathrm{x}}\boldsymbol{Z}\begin{bmatrix} r_{\mathrm{M},1} \\ r_{\mathrm{M},2} \\ \vdots \\ r_{\mathrm{M},14} \end{bmatrix}c + D\begin{bmatrix} x_{\mathrm{GLC,f}} - x_{\mathrm{GLC}} \\ x_{\mathrm{GLN,f}} - x_{\mathrm{GLN}} \\ -x_{\mathrm{BIOM}} \\ -x_{\mathrm{ALA}} \\ -x_{\mathrm{AMM}} \\ -x_{\mathrm{LAC}} \end{bmatrix} \tag{5-12-22}$$

式中，D 表示稀释速率；$x_{\mathrm{GLC,f}}$ 和 $x_{\mathrm{GLN,f}}$ 分别为补料基质中葡萄糖和谷氨酰胺的浓度。$\boldsymbol{S}_{\mathrm{x}}$ 矩阵的值见式（5-12-23）。其中，每一行对应于式（5-12-22）左边涉及到的 6 个代谢物，每一列对应的是代谢网络中的反应。每一个值表示的是相应的反应中代谢物参与的化学计量比。负号表示该物质在相应的反应中被消耗，反之，正号则表示代谢产物在相应反应中生成。

$$\boldsymbol{S}_{\mathrm{x}} = \begin{bmatrix} -1 & 0 & 0 & 0 & 0 & 0 & 0 & 0 & 0 & 0 & 0 & 0 & 0 & 0 & 0 & 0 & 0 & 0 \\ 0 & 0 & 0 & 0 & 0 & 0 & 0 & 0 & -1 & 0 & 0 & 0 & 0 & 0 & 0 & 0 & 0 & 0 \\ 0 & 0 & 0 & 0 & 0 & 0 & 0 & 0 & 0 & 0 & 0 & 0 & 1 & 0 & 0 & 0 & 0 & 0 \\ 0 & 0 & 0 & 0 & 0 & 0 & 0 & 0 & 1 & 0 & 0 & 0 & 0 & 0 & 0 & 0 & 0 & 0 \\ 0 & 0 & 0 & 0 & 0 & 0 & 1 & 0 & 0 & 0 & 0 & -1.44 & 0 & 0 & 0 & 0 & 1 \\ 0 & 0 & 0 & 0 & 1 & 0 & 0 & 0 & 0 & 0 & 0 & 0 & 0 & 0 & 0 & 0 & 0 & 0 \end{bmatrix} \tag{5-12-23}$$

包含有调节作用的底物吸收速率 $r_{\mathrm{M},j}$ 可以通过在动力学底物吸收速率的基础之上考虑底物抑制作用来表达。动力学底物吸收速率可以由 Michaelis-Menten 形式来给出：

$$r_{\mathrm{M},j}^{\mathrm{kin}} = \begin{cases} v_j e_j^{\mathrm{rel}} k_j^{\mathrm{max}} \dfrac{x_{\mathrm{GLC}}}{K_{\mathrm{GLC},j} + x_{\mathrm{GLC}}} \times \dfrac{x_{\mathrm{GLN}}}{K_{\mathrm{GLN}} + x_{\mathrm{GLN}}} & (j \neq 2,10,11) \\[2ex] v_j e_j^{\mathrm{rel}} k_j^{\mathrm{max}} \dfrac{x_{\mathrm{GLC}}}{K_{\mathrm{GLC},j} + x_{\mathrm{GLC}}} & (j = 2,10,11) \end{cases} \tag{5-12-24}$$

式中，k_j^{max} 表示第 j 个基础代谢流元相关的最大吸收速率；e_j^{rel} 表示的是相对酶的浓度；而 v_j 表示调节酶活性的内部操纵变量。类似地，酶合成速率的动力学表达式 $r_{\mathrm{ME},j}^{\mathrm{kin}}$ 可以描述为如下形式：

$$r_{\mathrm{ME},j}^{\mathrm{kin}} = \begin{cases} k_{\mathrm{E},j} \dfrac{x_{\mathrm{GLC}}}{K_{\mathrm{GLC},j} + x_{\mathrm{GLC}}} \times \dfrac{x_{\mathrm{GLN}}}{K_{\mathrm{GLN}} + x_{\mathrm{GLN}}} & (j \neq 2,10,11) \\[2ex] k_{\mathrm{E},j} \dfrac{x_{\mathrm{GLC}}}{K_{\mathrm{GLC},j} + x_{\mathrm{GLC}}} & (j = 2,10,11) \end{cases} \tag{5-12-25}$$

动物细胞培养过程中，如果乳酸和氨的产量速率过高，细胞的生长将会受到抑制。考虑到副产物的抑制作用，可以得到动力学反应速率及酶合成速率的最终表达形式：

$$r_{\mathrm{M},j} = r_{\mathrm{M},j}^{\mathrm{kin}} \frac{1}{1 + x_{\mathrm{GLC}}/K_{\mathrm{LAC,GLC}}} \times \frac{1}{1 + x_{\mathrm{GLN}}/K_{\mathrm{AMM,GLN}}} \tag{5-12-26}$$

$$r_{\mathrm{ME},j} = r_{\mathrm{ME},j}^{\mathrm{kin}} \frac{1}{1 + x_{\mathrm{GLC}}/K_{\mathrm{LAC,GLC}}} \times \frac{1}{1 + x_{\mathrm{GLN}}/K_{\mathrm{AMM,GLN}}} \tag{5-12-27}$$

相对酶的浓度可以由下式来进行表示：

$$e_j^{\mathrm{rel}} = \frac{e_j}{e_j^{\mathrm{max}}} \tag{5-12-28}$$

式中，e_j 表示第 j 个基础元的酶的浓度；e_j^{max} 表示酶的浓度的最大值，该值可以通过如下方程计算：

$$e_j^{max} = \frac{\alpha_j + k_{E,j}}{\beta_j + Y_{B,j}k_j^{max}} \qquad (5\text{-}12\text{-}29)$$

在上述公式中，$Y_{B,j}$ 表示第 j 个基础元的细胞物得率系数；k_j^{max} 是第 j 个基础元的动力学参数；α_j 和 β_j 分别是酶的基础合成率和降解率。

酶的动态变化方程可以由如下方程表示：

$$\frac{\mathrm{d}e_j}{\mathrm{d}t} = \alpha_j + u_j r_{ME,j}^{kin} - (\beta_j + \mu)e_j \qquad (5\text{-}12\text{-}30)$$

式中，u_j 表示对应于酶的合成速率诱导相对应的操纵变量，u_j 的值越高，表明相关的酶的合成速率就会被提高，反之亦然；$r_{ME,j}^{kin}$ 表示酶合成速率。

内部操纵变量 u_j 和 v_j 是根据"匹配定律"和"比例定律"来确定的[6]：

$$u_j = \frac{p_j}{\sum p_k} \qquad (5\text{-}12\text{-}31)$$

$$v_j = \frac{p_j}{\max(p_k)} \qquad (5\text{-}12\text{-}32)$$

式中，p_j 是第 j 个基础代谢流元相关的投资回报率；v_j 是碳元素的吸收速率，并且可以如下方程表示：

$$p_j = f_{C,j}e_j^{rel}r_{M,j}^{kin} \qquad (5\text{-}12\text{-}33)$$

式中，$f_{C,j}$ 表示通过第 j 个基础元消耗的底物的每单位摩尔的碳的个数。

(3) 参数辨识与模型验证

图 5-12-14～图 5-12-16 给出了具有不同补料策略的 3 个罐批的模型仿真与实测值的对比。其中，实验 1 没有补料，实验 2 有两次补料，实验 3 有三次补料。实测和分析数据包括葡萄糖浓度、谷氨酰胺浓度、细胞物质浓度、丙氨酸浓度、氨浓度以及乳酸浓度。以上介绍的模型中有 21 个模型参数，其中 14 个模型参数为动力学参数通过非线性寻优方法辨识得到，见表 5-12-11。其余参数来源于文献，取其经典值，见表 5-12-12。

表 5-12-11 动物细胞 HCM 模型动力学参数辨识结果

参 数	单 位	Exp. 1	Exp. 2	Exp. 3
k_1^{max}	mM/h	6.68	7.69	7.94
k_2^{max}	mM/h	0.09	0.13	0.09
k_3^{max}	mM/h	0.13	0.10	0.11
k_4^{max}	mM/h	0.022	0.032	0.019
k_5^{max}	mM/h	0.54	0.35	0.49
k_6^{max}	mM/h	0.14	0.08	0.15
k_7^{max}	mM/h	0.79	0.35	0.85
k_8^{max}	mM/h	0.77	0.35	0.81
k_9^{max}	mM/h	0.24	0.22	0.24
k_{10}^{max}	mM/h	4.57	4.25	3.38
k_{11}^{max}	mM/h	0.15	0.24	0.16
k_{12}^{max}	mM/h	11.08	12.78	12.83
k_{13}^{max}	mM/h	1.65	0.62	1.56
k_{14}^{max}	mM/h	0.21	0.20	0.20

表 5-12-12　动物细胞 HCM 模型中取为定值的模型参数

参　数	单　位	数　值
$k_{E,j}$	1/h	0.5
α_j	1/h	0.005
β_j	1/h	0.98
$K_{LAC,GLC}$	mM	30
$K_{AMM,GLN}$	mM	15
K_{GLC}	mM	0.5
K_{GLN}	mM	2

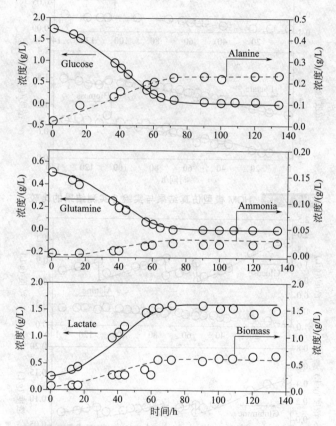

图 5-12-14　HCM 模型仿真结果与实验 1 实测结果的比较

　　为了进一步验证模型的适应能力，利用实验 2 模型参数辨识结果对实验 1 和实验 3 进行仿真，与离线分析数据吻合也很好。

　　以上通过分析动物细胞的代谢网络及代谢路径，综合了 HCM 模型最细胞内部自我调节机制的考虑，建立了动物细胞培养过程的 HCM 模型，该模型可以比较精确地描述细胞的生长以及产物生成与底物消耗过程。通过模型对三组不同补料策略的实验罐批的参数辨识结果，可以看到三组动力学参数相差不是很大。通过利用实验 2 的动力学参数对其他两组实验罐批进行预报的结果与实验数据对比，验证了模型在有扰动条件下的适应能力。

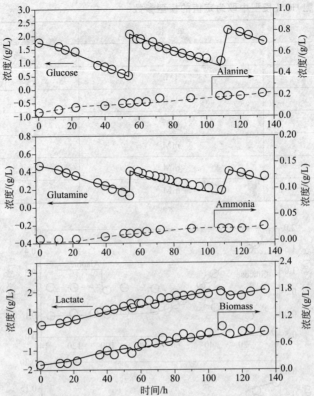

图 5-12-15 HCM 模型仿真结果与实验 2 实测结果的比较

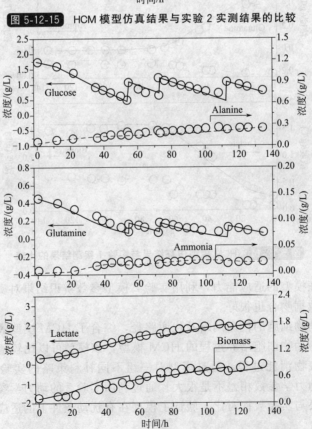

图 5-12-16 HCM 模型仿真结果与实验 3 实测结果的比较

（4）控制论模型符号说明

c	动物细胞物质浓度，$g \cdot L^{-1}$
e_j	与基础代谢流元相关的酶的浓度
e_j^{max}	与基础代谢流元相关的酶浓度的最大值
e_j^{rel}	基础代谢流元相关的相对酶浓度
$f_{C,j}$	通过基础代谢流元消耗的营养底物所包含的碳源的个数
F_{Gly}	甘油进料速率，$L \cdot h^{-1}$
F_{NH3}	氨水进料速率，$L \cdot h^{-1}$
K	Michaelis-Menten 常数，mM
$K_{AMM,GLN}$	氨的抑制常数，mM
$k_{E,j}$	第 j 个基础代谢流元相关的酶合成的常数，$L \cdot h^{-1}$
$K_{LAC,GLC}$	乳酸的抑制常数，mM
k_j^{max}	与基础代谢流元相关的最大底物吸收速率，$mol \cdot (g \cdot h)^{-1}$
$\boldsymbol{m}$	胞内物质的浓度向量
m_{ATP}	维持系数，$mol \cdot (g \cdot h)^{-1}$
$MeOH$	甲醇浓度，与 S_{MeOH} 相同，$g \cdot L^{-1}$
M_{Gly}	甘油的分子量
P	白蛋白浓度，$g \cdot L^{-1}$
p_j	与基础代谢流元相关的投资回报向量
P/O	氧化磷酸化效率系数，$mol \cdot mol^{-1}$
q_{Glymax}	最大比甘油消耗速率，$mol \cdot (g \cdot h)^{-1}$
$q_{MeOHmax}$	最大比甲醇消耗速，$mol \cdot (g \cdot h)^{-1}$
q_{O2}	比氧消耗速率，$mol \cdot (g \cdot h)^{-1}$
q_{O2max}	最大比氧消耗速率，$mol \cdot (g \cdot h)^{-1}$
q_S	比基质消耗速率，$mol \cdot (g \cdot h)^{-1}$
$\boldsymbol{r}$	调节流量向量，$mol \cdot (g \cdot h)^{-1}$
r_{Ac}	比乙酰辅酶 A 生成速率，$mol \cdot (g \cdot h)^{-1}$
r_{Acmax}	最大比乙酰辅酶 A 生成速率，$mol \cdot (g \cdot h)^{-1}$
r_{Ad}	比乙醛生成速率，$mol \cdot (g \cdot h)^{-1}$
r_{ATP}	比 ATP 消耗速率，$mol \cdot (g \cdot h)^{-1}$
r_{E1}	比乙醇生成速率，$mol \cdot (g \cdot h)^{-1}$
r_{E2}	比乙醇消耗速率，$mol \cdot (g \cdot h)^{-1}$
$\boldsymbol{r_M}$	基础代谢流元的底物吸收速率向量，$mol \cdot (g \cdot h)^{-1}$
$r_{M,j}$	第 j 个基础代谢流元的调节反应速率，$mol \cdot (g \cdot h)^{-1}$
$r_{M,j}^{kin}$	动态反应速率，$mol \cdot (g \cdot h)^{-1}$
$r_{ME,j}$	第 j 个基础代谢流元的酶的调节合成反应速率，$mol \cdot (g \cdot h)^{-1}$
$r_{ME,j}^{kin}$	酶的合成速率，$mol \cdot (g \cdot h)^{-1}$
r_{NAD}	呼吸链中 NDAH$_2$ 比消耗速率，$mol \cdot (g \cdot h)^{-1}$
r_S	糖酵解速率，$mol \cdot (g \cdot h)^{-1}$
r_{TCA}	三羧酸循环中乙酰辅酶 A 比消耗速率，$mol \cdot (g \cdot h)^{-1}$
S	基质浓度，$g \cdot L^{-1}$

S_{Gly}	甘油浓度，$g \cdot L^{-1}$
$\boldsymbol{S_m}$	细胞外部物质的化学计量学矩阵
S_{MeOH}	甲醇浓度，$g \cdot L^{-1}$
S_R	甘油进料浓度，$g \cdot L^{-1}$
$\boldsymbol{S_x}$	细胞外部物质的化学计量学矩阵
Δt	仿真步长，h
TF_O	出料速率，$L \cdot h^{-1}$
u_j	与控制酶合成对应的控制论模型的内部操纵向量
v_j	与控制酶活性对应的控制论模型的内部操纵向量
$\boldsymbol{x}$	胞外物质的浓度向量
x_{ALA}	丙氨酸浓度，mM
x_{AMM}	氨水浓度，mM
x_{BIOM}	细胞物质浓度，$g \cdot L^{-1}$
x_{GLC}	营养底物葡萄糖的浓度，mM
$x_{GLC, f}$	流加基质中葡萄糖的浓度，mM
x_{GLN}	谷氨酰胺的浓度，mM
$x_{GLN, f}$	流加基质中谷氨酰胺的浓度，mM
x_{LAC}	乳酸浓度，mM
V_F	罐内发酵液体积，L
X	菌体浓度，$g \cdot L^{-1}$
Y_{ATP}	ATP 得率系数，$g \cdot mol^{-1}$
$\boldsymbol{Z}$	基础代谢流元的矩阵
μ	比生长速率，h^{-1}
ρ	蛋白比生成速率，h^{-1}
α	因通气导致的蒸发系数，$L \cdot L^{-1} \cdot h^{-1}$

a，b，K_{B1}，K_{B2}，K_{Ad}，K_{AE}，K_{Gly}，K_{MeOH}，ϕ 为模型参数

12.4　数据驱动的生物制药过程产量预报

12.4.1　滚动学习-预报方法

基于人工神经网络的滚动学习预报（rolling learning and prediction，RLP）方法已被证实是用于生物发酵的一类重要产量预报方法。以青霉素发酵为例，RLP 以历史罐批的前体消耗量、硫铵消耗量、青霉素产量和糖耗等数据组成训练库，可以对产量进行多步超前预报。RLP 可以进一步发展为迭代算法，从而成为在线预报技术。

在任一发酵时刻 T_k，神经网络的输入输出向量定义为 $\{X(T_k)，Y(T_k)\}$，其中输入向量 $X(T_k)$ 是由输入数据窗口覆盖的过程变量离散值及 T_k 本身组成：

$$X(T_k) = [\; T_k \;\; x(T_k) \;\; x(T_k - 1\tau) \;\; x(T_k - 2\tau) \;\; x(T_k - 3\tau) \;\; x(T_k - 4\tau) \cdots]^T$$

式中，τ 为离散化步长；$x(T_k)$ 由过程变量构成：

$$x(T_k) = [P(T_k) \;\; PAA(T_k) \;\; S(T_k) \;\; NS(T_k) \cdots]^T$$

上式中 $P(T_k)$、$PAA(T_k)$、$S(T_k)$、$NS(T_k)$ 分别表示 T_k 时刻的累计青霉素产量、前体消耗量、葡萄糖消耗量和硫铵消耗量。$Y(T_k)$ 由预测窗口中的被预测变量的离散值构成，以青霉素产量 3 步超前预报为例：

$$Y(T_k) = [\ P(T_k + T_{P1})\quad P(T_k + T_{P2})\quad P(T_k + T_{P3})\ ]^T$$

式中，T_{P1}、T_{P2} 和 T_{P3} 分别为各超前预测的步长。离散化时间步长一般与离线采样周期相等。

基于产量预报值计算产物质量浓度时，需要用到未来时刻的体积。为此假定未来的进料和出料遵循标准操作规范，这样就可以估计出未来时刻的体积，从而：

$$产物质量浓度预报 = \frac{产量预报值}{体积预报值}$$

为了提高预报精度，训练数据库基于统计理论进行选取和更新。训练数据库中的罐批选取有如下原则：①为近 1~3 个月内的生产数据；②为正常罐批的数据，即极端异常罐批和故障罐批的数据不进入数据库；③罐批分布应尽可能均匀。令当前罐批号为 $(n+1)$，则神经网络训练数据库 θ 由两个部分组成：一是由 n 个历史罐批输入输出向量对构成的集合 $\theta_{1\sim n}$；二是行罐批截至当前时刻所有输入输出向量对构成的集合 θ_{n+1}。图 5-12-17 是基于 ANN 的在线产量软测量方法示意图，其中初态系指初始发酵液体积及有关过程变量的初始值；测量数据指发酵液体积、中间放料量（可能的话还包括尾气中氧气和二氧化碳含量）；分析数据指基质、前体和液相产物（包括副产物）浓度。数据预处理模块先将第 $(n+1)$ 个罐批的有关变量转化为累积量或平均值，然后加以离散化，成输入输出向量对。神经网络的训练就是基于 $\{\theta_{1\sim n}, \theta_{n+1}\}$ 确定网络中的最适权系数 w 和偏置 b。然后即可根据待预报罐批的最新输入向量 $X_{n+1}(T_k)$，作出超前 T_{Pi} 小时的产量预报，即 $P_{ANN}(T_k + T_{Pi})$。随着下一个分析数据的到来，又有新的输入输出向量对充实到 θ_{n+1} 中去，然后进行下一轮的学习-预测，如此反复。除了 θ_{n+1} 的在线滚动更新外，每当当前罐批结束，$\theta_{1\sim n}$ 还要经历一次离线更新。离线更新的目的有二：一是尽量避免一些缓慢变化因素的影响；二是尽可能提高神经网络训练数据库的代表性。

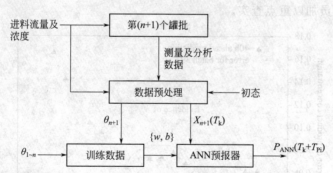

图 5-12-17 基于滚动学习-预报机制的生物发酵过程产量预报

采用上述预报技术，对青霉素工业发酵过程的拟在线滚动学习-预报已经取得很好的结果。图 5-12-18 给出了 3 个被预报罐批青霉素浓度超前 24h 的预报值（曲线）与实测值的对比。仿真条件：数据窗口宽 40h，预报窗口宽 24h，$\tau = 8h$，窗口移动速度 4h/步，θ_n 取自 20 个历史罐批。

12.4.2　基于产量预报的生物制药过程的故障诊断

生物发酵过程的典型故障是染菌，染菌罐批的早期发现能够避免后继发酵的原料能量损失。生物制药企业染菌概率 5%~15% 不等，与季节、管理规范、工人素质有密切关系。通常，冬季和干燥季节发生概率低些。镜检是发现染菌的常用方法。对于自动化工程师，还可以采用以下两种方法：①通过尾气分析数据，观察 OUR 和 CER 是否发生异常，这一方法

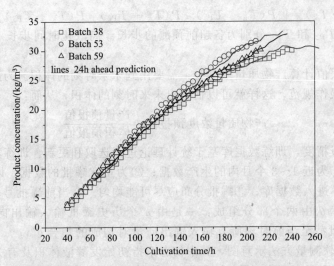

图 5-12-18 3 个工业青霉素罐批的超前 24h 产量预报结果

要求安装尾气分析系统，而且该分析系统必须足够精确和鲁棒；②通过日常操作数据进行统计分析，结合可靠的状态预报，能够早期发现故障罐批。

作为产量和产物浓度预报技术的延伸，预报误差可被用于异常罐批，尤其是低效益罐批（染菌罐批）的辅助甄别。譬如，对图 5-12-19 所示的青霉素罐批，实际操作时因发现产物浓度过低而在 170h 处停罐，较预定停罐时间（212h）提前了约 42h。对此罐批采用神经网络状态预报器进行产物浓度预报，发现早在 140h 就有连续 5 个预报误差超限（5％），而且属于单向偏差。根据统计过程控制理论，这一罐批已经明显落入异常区域，故可以发出预警信号，并由操作人员加以重点查实。

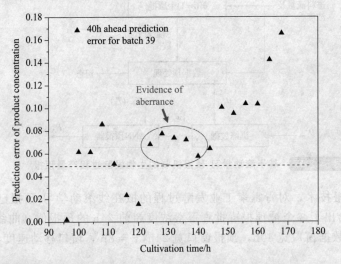

图 5-12-19 用于青霉素发酵故障批次早期诊断的产物浓度预报误差

12.5 生物制药过程的最优控制和调度

生物制药过程的优化控制变量包括发酵温度、pH、补料量设定值和罐批操作周期。发酵温度、pH、补料量优化有赖于对具体过程的代谢动力学分析，常常需要设计大量实验。

发酵温度和 pH 的次优设定值一般由工艺工程师给定，进一步优化的空间相对较小。补料优化与微生物最佳比生长速率控制是基本等价的。工业上将半饥饿状态作为产物生成期补料优化的目标，意为补料要提供菌体维持能耗之需，在维持菌体较低的自我复制的能量代谢的基础上，最大限度地提高菌体的产物合成代谢途径的（物质流、能量流）通量。本质上，"半饥饿状态"优化目标的定量实现就是将比生长速率恒定控制在一个较低的水平。一个制药厂在投产初期的补料时间序列是接近最优的。然而，随着时间的推移，菌种和设备性能在改变，原料-产物价格体系在改变，原先的补料量设定值往往需要更新。另一方面，在多罐批并行操作的发酵车间，罐批操作周期优化是对过程动态干预最少而又能带来直接经济效益的一条有效途径。

12.5.1 比生长速率最优控制[3]

大量的工业抗生素发酵所用的微生物是菌丝（mycelium）。从形态学的角度看，菌丝分为三个部分：生长尖端、菌丝主体、空泡段。图 5-12-20（a）是菌丝照片，亮点为荧光染色后的生长尖端。图 5-12-20（b）是从合成产物能力的角度区分的菌丝三个部分。有证据表明，菌丝生长尖端具有最强的产物合成能力，而老化的、带有空泡的菌丝末端已经不具备代谢活性。由此可知，菌丝必须维持生长才能使其活性最强的部分得到不断的补充。然而，过高的比生长速率反而会降低产率，因为那样基质将主要被消耗于微生物自身的生长繁殖。这样，就存在一个最适比生长速率，即一方面新生菌丝能够得到起码的补充，另一方面主要基质将被用于抗生素的合成。对一般的抗生素发酵，这一最适比生长速率为 $0.005h^{-1}$ 左右。比生长速率控制能够在一定程度上提高产率（在同样的产量下缩短发酵时间）和得率（避免比生长速率在某些时段过高导致的得率下降）。

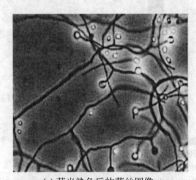
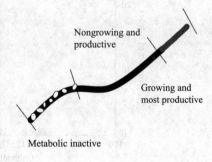

(a) 荧光染色后的菌丝图像   (b) 具有不同代谢活性的3个菌丝区域

图 5-12-20 菌丝体的显微形态

作为比生长速率控制的一个例子，基于前面的模型系统，可设计重组毕氏酵母（Pichia pastoris）在产物表达阶段的恒定比生长速率控制策略。实验结果表明，当微生物比生长速率恒定控制在 $0.005\sim0.007h^{-1}$ 范围时，平均产量可提高 20%，且保持发酵时间不变，见图 5-12-21。

12.5.2 生物发酵的最优调度

（1）多生物反应器生产车间的发酵周期

论及最优调度，生物发酵工厂管理人员会强调，发酵周期是事先指定的，是不可更改的，故不存在调度问题。然而事实如何呢？图 5-12-22 给出了国内某知名制药厂头孢菌素 C 和青霉素流加发酵的实际操作周期。从中可知，头孢菌素 C 的指定发酵周期是 140h，但实际发酵周期为 120～155h；青霉素发酵生产平均发酵周期是 212h，实际发酵周期则为 170～240h。可见，生物发酵的操作周期事实上是波动的，这一波动源自生物制药过程高达±10%～

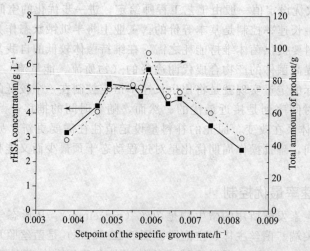

图 5-12-21 重组毕氏酵母比生长速率设定值控制与产率优化的关系

±20%的自然产率波动。操作人员是在根据罐批的优劣灵活调整具体罐批的操作周期。换言之，实施操作周期优化调度是工艺允许的。罐批操作周期的优化要求不对上下游工段负荷产生大的扰动。上游工段是指种子培养工段，下游工段指分离纯化工段。不过，罐批操作周期的优化需要以可靠的状态预报为基础。

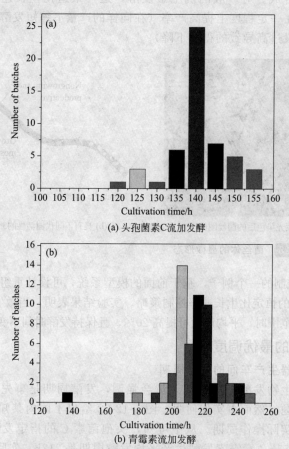

(a) 头孢菌素C流加发酵

(b) 青霉素流加发酵

图 5-12-22 两个发酵车间发酵周期的统计结果

（2）效益函数

调度优化的目标函数是什么？效益函数是一个较好的选择（Yuan et al. Journal of Biotechnology，54，175-193，1997）。效益函数 $J(T_f)$ 定义为单位时间内一个罐批所创造的毛利润（单位 RMB/h）：

$$J(T_f) = \frac{产品销售收入 - 成本支出}{发酵时间}$$

式中，产品销售收入系指截至时刻 T_f 可以获得的总产量与产品出厂价之乘积，成本支出是指为获得这些产品的总消耗，包括原材料消耗、能耗、人工、设备折旧及仓储维修推销费用等。如有必要，还可将出厂价与产品质量相关联。由此看来，效益函数可作为过程创利行为的一个客观评价指标。就单一罐批而言，使 $J(T_f)$ 极大化意味着在最短的操作时间内，以最少的消耗获取最多的产品。可见，效益函数是一普适性目标函数。图 5-12-23 是一个流加发酵罐批效益函数的典型时变曲线。在接种时刻，$J(T_f=0)$ 为负，这是因为种液及初始培养基的制备均需一定的代价，而此时尚无产品产出。在 $J(T_f)$-T_f 曲线上有三个刻画效益函数走势的临界点：①赢利性生产起始点 T_1，这时 $J(T_1)$ 穿越横轴；②平稳段起始点 T_2，$J(T_2)$ 又可近似地看作效益函数的最高点，显然，平均发酵周期（由工艺规范决定）应使大部分罐批的停罐时刻大于或等于 T_2；③效益函数快速下降点 T_3，效益函数下降可能是由染菌引起，也可能由菌丝自溶或产物降解引起，故发酵过程必须在 T_3 到来之前终止。

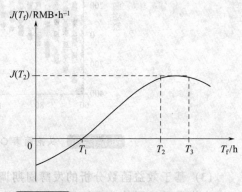

图 5-12-23　效益函数的典型时变曲线

对来自某青霉素生产厂和头孢菌素生产厂的工业发酵数据进行效益函数计算后发现，这两个制药企业均存在较大的调度创利空间。图 5-12-24 是 59 个随机抽取的青霉素发酵罐批的效益函数。除两个异常罐批外，放罐处的效益函数从 $100\sim240$ RMB·h^{-1} 不等。换言之，高效益罐批所创造的经济效益是低效益罐批的 2 倍多。同时可以看到，Batch 39 的效益函数在放罐处是负的，即运行该罐批造成了净经济损失。图 5-12-25 是随机抽取的 36 个头孢菌素发酵罐批的效益函数。同样可以看到，效益函数有很大的波动，在 $400\sim850$ RMB·h^{-1} 之间。

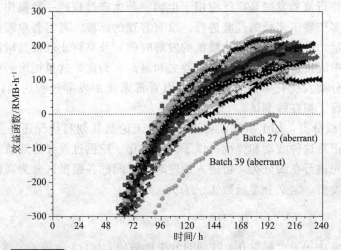

图 5-12-24　青霉素流加发酵批次的效益函数

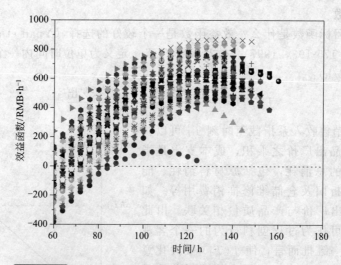

图 5-12-25 头孢菌素 C 流加发酵批次的效益函数

(3) 基于效益函数分析的发酵周期调度优化

生物发酵过程的典型特征是机理复杂，可重复性差，生产过程的波动大大高于其他化工过程。由于种子质量的差异和过程变量（进料、罐温、pH 等）动态控制的偏差，这种波动在很大程度上是无法避免的。实际生产过程中效益函数的大范围波动，决定了生物制药的调度优化潜力。调度优化基于分类结果进行。所谓分类就是根据效益函数的计算值和预报值将现行罐批分为优、中、劣若干类，以确定参与调度的具体候选罐批，故分类本身就要用到产量预报和效益函数计算。在完成罐批分类以后，即可实施按全车间经济效益最高为目标的调度策略，具体步骤包括：①分别计算所有参与调度决策罐批即候选停罐罐批的创利潜力；②优先考虑停止创利潜力最小的罐批，以保证停罐后对总体效益的增长影响最小。上述最优调度决策能够确保放罐间隔严格满足工艺规范，它对上下工段的干扰较经验调度方式还要小，同时它可为生产企业带来显著的经济效益：一方面，通过延长高效益罐批的生产可取得更多的收益；另一方面，由于及早中止了低效益罐批或故障罐批的生产，又可减少更大的损失，从而带来总体效益的提升。尤其要指出的是，调度优化产生的经济效益是在不增加原料能量消耗和不改变总的占用设备时间的前提下取得的。

目前，多罐并行流加发酵是广泛应用于生物制药生产过程的一种操作方式。这类生产过程的现场调度大多依靠工艺员的经验进行，没有客观的标准。若将各单罐批的发酵周期作为调度优化操纵变量，适当延长高效益罐批的发酵时间，及早终止低效益罐批和故障罐批的运行，则可以使各单罐批停罐时刻的经济效益之和最高。为此，这里提出一种适用于多罐并行发酵过程的在线分类及优化调度方法，并且以青霉素流加发酵过程为例，结合实际生产数据，对该方法进行了拟在线测试。

① 罐批的在线分类 如上所述，各生产罐批无论是其创利状况还是发酵周期都有很大的波动和弹性，正是这种波动和弹性提供了调度优化、挖掘过程经济效益潜力的可能。为进行调度优化，宜先进行在线分类，将进入调度时间区间的各罐批区分为高效益、平均水平和低效益罐批三种类型。定义分类函数 $J_{c,i}(t)$：

$$J_{c,i}(t) = \int_{t}^{t+T_W} J_i(t)\mathrm{d}t / T_W \tag{5-12-34}$$

式中，$J_{c,i}(t)$ 为第 i 个罐批在 t 时刻的分类函数值；$J_i(t)$ 为第 i 个罐批在 t 时刻的效益函数；T_W 是为了实现有效分类所必须考虑的未来时间窗口宽度，其取值由具体的工艺条件决定。这样，$J_{c,i}(t)$ 就表示了未来 $T_W(h)$ 内第 i 个罐批可达到的效益函数均值。然后，利用 $J_{c,i}(t)$ 对罐批进行在线分类。分类标准见表 5-12-13。

表 5-12-13　分类标准

条　件	分类结果
$J_{c,i}(t) \geqslant J_{c,\text{average}}(t) + \alpha\sigma(t)$	高效益罐批（good）
$J_{c,i}(t) \leqslant J_{c,\text{average}}(t) - \alpha\sigma(t)$	低效益罐批（bad）
$J_{c,i}(t) < J_{c,\text{average}}(t) + \alpha\sigma(t)$ 及 $J_{c,i}(t) > J_{c,\text{average}}(t) - \alpha\sigma(t)$	平均水平罐批（normal）

表 5-12-13 中，$J_{c,\text{average}}(t)$ 表示历史罐批分类函数在 t 时刻的均值；α 为置信系数，通常为 $1.04 \sim 1.65$，分别对应于 85% 和 95% 的置信限，建议取值 1.28，对应于 90% 的置信限；$\sigma(t)$ 为历史罐批分类函数在 t 时刻的标准差。

② 多罐批并行生产过程的调度决策　显然，根据在线分类的结果，通过延长高效益罐批的操作周期、及早终止低效益罐批和故障罐批，可以在不改变其他工艺条件和不额外增加工艺设备的前提下挖掘过程潜在的经济效益。据此得到的调度策略见表 5-12-14。

表 5-12-14　调度策略

分类类型	调度策略
高效益罐批	尽可能延长发酵周期提高收益
平均水平罐批	正常停罐
低效益及异常罐批	及早停罐以减少损失

在实施调度策略时，不同效益水平的罐批是否参与调度还取决于已运行时间。为此，对不同效益水平的罐批要设置不同的发酵周期下限和上限。首先，可根据历史罐批的数据计算得出三类效益水平罐批的平均发酵周期期望值。若工艺给定的放罐时间间隔为 $T_d(h)$，则应将发酵周期下限和上限表示为 T_d 的函数，由此确定调度区间 S：

$$S = [T_{g,b,n} - mT_d, T_{g,b,n} + mT_d] \tag{5-12-35}$$

式中，$T_{g,b,n}$ 表示高效益、低效益和平均水平三类罐批的平均发酵周期；m 是整数：

$$m = \text{Integer}[1 + (1.65\sigma_{g,b,n}/T_d)] \tag{5-12-36}$$

整数 m 意味着，若决定延长或提前中止一个罐批，时间增量必须是 T_d 的整数倍，以确保发酵工段的调度决策不对种子工段和分离纯化工段产生干扰。式（5-12-36）中 1.65 与 95% 的置信度对应；σ 为各类罐批发酵周期的标准差，Integer 表示向下取整，这样取得的 m 值就能使得式（5-12-35）表示的区间恰好包容各类型的 95% 置信区间。需要指出的是，对于高效益和低效益罐批，可能会由于数量较少不满足统计规律而无法计算发酵周期的 95% 置信区间，此时高效益罐批的调度区间的下限可以指定为中等罐批的平均发酵周期，上限为过程所允许的最长时间；低效益罐批的调度区间下限指定为发酵过程中期某点，上限为中等罐批的平均发酵周期。当运行罐批进入所属类别的调度区间时就可以开始考虑停罐，所有可以考虑停罐的罐批同时参与调度决策。

为使调度策略获得最高效益，调度目标函数应为：

$$J = \max \sum_{i=1}^{n} J_i(T_i)'T_i \tag{5-12-37}$$

式中，n 为参与调度的罐批个数；T_i 为第 i 罐批的实际发酵周期。落入调度区间内的罐批必有一个要终止，以保证不对上下工段的正常操作产生干扰。为确定最佳停罐序列，需要知道未来哪个罐批带来的效益增量最小，为此定义调度函数：

$$J_{s,i}(t_i) = J_i(t_i + T_s + kT_d)(t_i + T_s + kT_d) - J_i(t_i + T_s)(t_i + T_s) \qquad (5\text{-}12\text{-}38)$$

式（5-12-34）中 $J_{s,i}(t_i)$ 为第 i 个罐批在当前运行时刻 t_i 处的调度函数值；T_s 为当前时刻与下次既定停罐时刻之间的时间间隔；k 为整数：

$$k = \text{Integer}\{\min[(1.65\sigma_{g,b,n} + T_{g,b,n} - t_i - T_s)/T_d] \qquad (5\text{-}12\text{-}39)$$
$$i = 1, \cdots, n$$

式（5-12-39）表示了一个罐批在未来 kT_d 时间间隔内可以取得的毛利增量。$J_{s,i}(t_i)$ 值小，说明该罐继续进行生产所得到的效益增量小。所以，在进行调度决策时，应该优先考虑停止 $J_{s,i}(t_i)$ 值最小的罐批，以保证停罐后对总体效益的增长影响最小。需指出的是，当有罐批导致 $k=0$ 时，表示该罐批已运行到或已接近该类罐批的发酵周期上限，此时该罐批应优先中止。

③ 拟在线仿真　以某青霉素生产车间为例，若干个罐批的运行情况见图 5-12-26：301 罐批已运行至 200h，303 罐批已运行到 188h，315 罐批已运行到 176h。现要求 8h 后停一个罐批，此时应该停哪一个（已知停罐时间间隔为 12h）罐批？

对该车间的历史数据分析得知，中等罐批的平均发酵周期为 208h 左右，低效益罐在 180h 左右，高效益罐批在 224h 左右。由分类函数得出 301 罐批为中等罐批，303 为低效益罐批，315 为高效益罐批，此时由于 315 罐批还没有进入该类罐批的调度区间，故参与调度的罐批为 301 和 303 罐批。计算调度函数得知，两者的 $J_{s,i}(t_i)$ 值分别为 4363RMB 和 3014RMB，303 罐批 $J_{s,i}(t_i)$ 值较低，这就意味着 303 在未来的效益增量小，故此时应建议操作人员 8h 后中止 303 罐批。

图 5-12-26 是分类调度优化软件的调度界面，可以看出各罐批所处的位置、分类情况和调度次序。

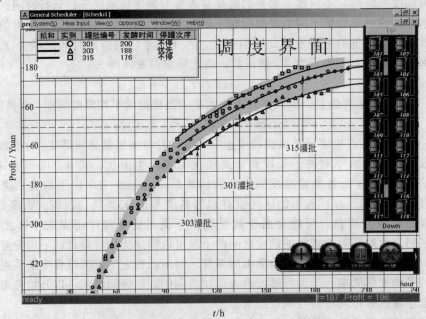

图 5-12-26　效益函数预报和调度界面

符号：效益函数真实值；曲线：基于效益函数真实值和预报值拟合后的曲线；灰带：90%置信域

　　进一步，可以定量评估优化调度对该车间经济效益提升的潜能。图 5-12-27 是对该车间一个半月 59 个罐批的最优调度拟在线仿真结果，横坐标为停罐时刻，纵坐标为停罐时的效益函数。符号□系青霉素发酵经验调度结果（即实际发酵周期），符号○为优化仿真结果。通过最优调度，高效益罐批的发酵周期在统计意义上延长了，而低效益罐批统计意义下则缩短了。优化调度下的停罐时间基本位于蓝色矩形区域内，这与经验调度时的团状分布有明显区别。两种调度决策有明显的经济效益差异，优化调度能产生 3.48％的毛利增量。

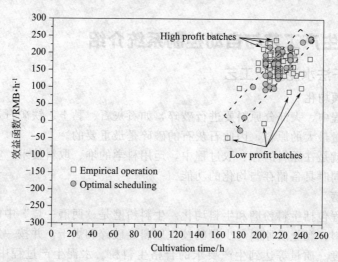

图 5-12-27　发酵周期最优调度和经验调度与效益函数的关系

参 考 文 献

［1］赵海新，孙宝刚，梁凯，刘棣．抗生素发酵过程计算机控制技术（二）．医药工程设计杂志，2002，23（3），37-42.

［2］Ren. HT，Yuan JQ and Bellgardt KH（2003）Macrokinetic model for methylotrophic Pichia pastoris based on stoichiometric balance. Journal of Biotechnology，106（1），53-68.

［3］任海涛，袁景淇，邓建慧，贾茜．毕氏酵母流加发酵过程的比生长速率控制．上海交通大学学报，（2004）38（5），794-798.

［4］Yuan JQ，Xue YF，Hu KL，Wu HT，Jia Q（2009）On-line application oriented optimal scheduling for penicillin fed-batch fermentation. Chemical Engineering and Processing，48，651-658.

［5］Zupke，C，Sinskey，AJ，Stephanopoulos，G（1995）Intracellular flux analysis applied to the effect of dissolved oxygen on hybridomas. Applied Microbiology and Biotechnology，44（1-2），27-36.

［6］Young，JD，Ramkrishna，D（2007）On the matching and proportional laws of cybernetic models. Biotechnology Progress，23（1），83-99.

第13章 水泥生产过程自动控制

13.1 水泥生产工艺与自动控制系统介绍

13.1.1 新型干法水泥生产工艺

(1) 破碎及预均化

水泥生产过程中，大部分原料要进行破碎，如石灰石、黏土、铁矿石及煤等。其中石灰石是生产水泥用量最大的原料，因此石灰石的破碎是最重要的。

预均化技术就是在原料的存、取过程中，运用科学的堆、取料技术，实现原料的初步均化，使原料堆场同时具备储存与均化的功能。

(2) 生料粉磨

生料制备过程包括生料粉磨和生料均化。生料粉磨是"两磨一烧"中的一磨，其主要任务是把石灰质原料、黏土质原料与少量的校正原料经破碎和烘干，并按一定比例配合，粉磨成化学成分、细度、质量等达到生产要求的合格生料粉。水泥生产过程中，每生产 1t 水泥至少要粉磨 3t 物料（包括各种原料、燃料、熟料、混合料、石膏等）。据统计，干法水泥生产线粉磨作业需要消耗的动力占全厂动力的 60% 以上，其中生料粉磨占 30% 以上，煤磨约占 3%，水泥粉磨约占 40%。因此，合理选择粉磨设备和工艺流程、优化工艺参数、正确操作、控制作业制度，对保证产品质量、降低能耗具有重大意义。

(3) 生料均化

生料均化是指粉磨后的生料通过合理搭配及气力搅拌，使其成分趋于均匀一致的过程。生料均化保证了为窑系统提供合格的生料。生料均化分气力均化和机械均化两种，前者均化效果好，但投资高，后者投资少，操作简便，但效果差，仅用于小型水泥厂。新型干法水泥生产生料均化一般采用连续式气力均化。

(4) 预热分解

把生料的预热和部分分解由预热器来完成，代替回转窑的部分功能，这样就缩短了回转窑长度。同时，使窑内以堆积状态进行气料换热的过程移到预热器内在悬浮状态下进行，使生料能够同窑内排出的炽热气体充分混合，这样就增大了气料接触面积，传热速度快，热交换效率高，能达到提高窑系统生成效率、降低熟料烧成热耗的目的。

① 物料分散　80% 的换热过程是在入口管道内进行的。喂入预热器管道中的生料在高速上升气流的冲击下，物料折转向上随气流运动的同时将被分散。

② 气固分离　当气流携带料粉进入旋风筒后，被迫在旋风筒筒体与内筒（排气管）之间的环状空间内做旋转流动，且一边旋转一边向下运动，由筒体到锥体，一直可以延伸到锥体的端部，然后转而向上旋转上升，由排气管排出。

③ 预分解　预分解技术的出现是水泥煅烧工艺的一次技术飞跃。它是在预热器和回转窑之间增设分解炉，利用窑尾上升烟道，设燃料喷入装置，使燃料燃烧的放热过程与生料中碳酸盐的分解吸热过程在分解炉内以悬浮态或流化态迅速进行，使入窑生料的分解率提高到 90% 以上。该方法具有如下特点：将原来在回转窑内进行的碳酸盐分解任务移到分解炉内进

行；燃料大部分从分解炉内加入，少部分由窑头加入，减轻了窑内煅烧带的热负荷，延长了衬料寿命，有利于生产规模大型化；由于燃料与生料混合均匀，燃料燃烧热及时传递给物料，使燃烧、换热及碳酸盐分解过程得到优化。因此，该方法具有优质、高效、低耗等一系列的优良性能及特点。

（5）熟料烧成

生料在旋风预热器和分解炉中完成预热和预分解后，下一道工序就是进入回转窑中进行熟料的烧成。回转窑中首先会发生一系列的固相反应，生产水泥熟料中的 C_2S、CA_3、C_4AF 等矿物。随着物料温度升高到近 $1300℃$，CA_3、C_4AF 等矿物会变成液相，溶解于液相中的 C_2S 和 CaO 进行反应，生成大量 C_3S。熟料烧成后，温度开始降低。最后水泥熟料冷却机将回转窑卸出的高温熟料冷却到下游输送、储存库和水泥磨所能承受的温度，同时回收高温熟料的显热，提高系统的热效率和熟料质量。

（6）水泥粉磨

水泥粉磨是水泥制造的最后工序，也是耗电最多的工序。其主要功能是将水泥熟料及胶凝剂、性能调节材料等粉磨至适宜的粒度，形成一定的颗粒级配，以增大其水化面积，加速水化速度，满足水泥浆体凝结、硬化的要求。

（7）水泥包装

水泥出厂有袋装和散装两种发运方式。

（8）新型干法生产工艺流程图

水泥新型干法生产工艺的典型流程如图 5-13-1 所示[1]。

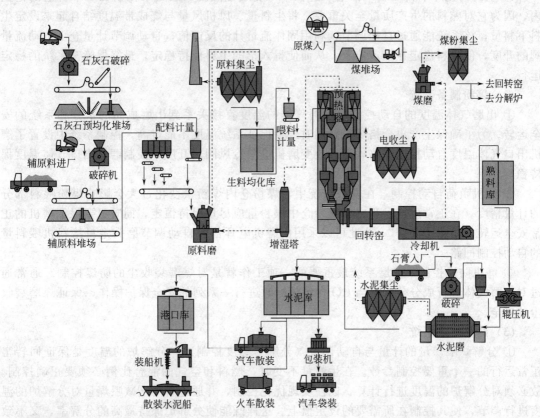

图 5-13-1　新型干法水泥生产工艺流程图

13.1.2　水泥生产过程自动控制系统

(1) 生料制备系统

① 生料质量控制　生料质量控制（QCS 系统）由智能在线钙铁荧光分析仪、计算机、调速电子皮带秤等组成。智能在线钙铁荧光分析仪可进行自动取样、制样，并进行连续测定，由 QCS 系统进行配料计算，并通过 DCS/PLC 系统对电子调速皮带秤下料量进行比例调节和成分控制，使生料三率值保持在目标值附近波动，从而大幅度提高生料的成分合格率和质量稳定性。

② 生料粉磨负荷控制　生料粉磨控制的难点在于磨机的负荷控制。当入料水分、硬度发生变化时，磨机会产生震动，同时主电机电流也会产生波动，影响磨机系统的稳定运行。生料粉磨负荷控制系统能通过调节入磨物料量及进口热风、冷风阀门，或采用喷水等措施，控制磨机差压及出口温度，保证磨机处于负荷稳定的最佳粉磨状态，防止磨机震动过大。

③ 生料均化　生料均化系统利用具有一定压力的空气对生料进行吹射，形成流态并进行下料。通常在库底划分不同区域，每个区域安装电磁充气阀，采用时间顺序控制策略，依据时序开停库底充气电磁阀，使物料流态化并翻腾搅拌，达到对生料库内不同区域内的生料进行均化的目的。

④ 计量仓料量的自动控制　计量仓料量的自动控制系统，利用计量仓的仓重信号自动调节生料库侧电动流量阀的开度，使称重仓的料量保持稳定，从而保证计量仓下料量的稳定。

⑤ 生料均化库下料控制　在生产过程中，烧成带温度一般要求控制在一个合适的范围内，因为它对熟料的生产质量至关重要。将生料量、风机风量与烧成带温度结合起来设定生料下料量，该系统能通过自动调节，利用固体流量计的反馈值，自动调节计量仓下电动流量阀的开度，使生料稳定在设定值上，从而使得入窑的生料保持稳定，最终保障窑系统的稳定运行。

(2) 煤粉制备系统

① 出磨气体温度的自动控制　出磨气体的温度直接关系到出磨成品的水分和系统的安全运转。为了确保生产出合格煤粉，同时还要保证系统温度不能过高，控制系统中设置了磨机出口气体温度自动控制回路，通过改变磨机进口冷风阀门开度，控制磨机出口气体温度保持稳定。

② 磨机负荷自动控制　在管磨系统中，煤粉仓内煤粉量变化过大会影响煤粉喂料部分的计量精度。在正常生产过程中，煤粉仓中煤粉量应尽量保持恒定，同时也要保证磨机的正常安全运转，防止"满磨"。为此可以采用由磨机电耳信号自动调节磨头定量给料机喂料量的自动控制回路。

③ 磨机防爆控制　煤磨系统最重要的一项工作就是对煤磨袋收尘的防爆控制。通常通过对入磨气体进行成分分析，当 CO 含量超标时进行一系列的安全保护操作，保证煤磨袋收尘的安全。

(3) 熟料煅烧系统

① 分解炉喂煤量的计量与自动调节（分解炉温度控制）　分解炉的温度是保证回转窑正常运行的一个重要控制参数。在生料量不变时，燃料和空气的混合比例必须要正确控制。故必须对分解炉的温度进行计算，以便实现优化控制，并通过自动增减喂煤量对分解炉的温度进行调节，使其控制在所需要的设定值上。这样既能使分解炉保持最高的分解率，又不致使其因温度过高而导致生料黏结，影响窑系统的正常运行。

② 预热器出口压力调节　预热器出口压力是反映系统风量平衡的一个主要指标，主要

通过调节高温风机阀门开度来实现预热器出口压力的控制。

③ 窑头负压控制　窑头负压表征窑内通风及冷却机入窑二次风之间的平衡。根据窑头负压自动调节电收尘器排风机进口阀门开度，以控制窑头二次风量、窑尾三次风量及窑头废气量三者之间的平衡，从而实现稳定煅烧和冷却熟料之间的平衡。

④ 回转窑转速控制　回转窑的转速控制采用的策略是在稳定生料量、燃料量的前提下，通过对回转窑转速进行适当调整，以维持整个窑系统的均衡稳定生产。

⑤ 篦冷机风量自动调节　二次空气对于窑内燃烧的好坏、工作的稳定性和煅烧过程中的燃料消耗都有很大的影响。篦冷机一、二室风量自动调节的目的就是通过稳定一、二室风量，从而稳定入窑新鲜空气量，为窑的稳定运行提供条件。它通常采取调风机阀门开度的控制策略。

⑥ 篦冷机料层厚度自动调节　控制篦冷机料层厚度，一是可以稳定二次风温，以稳定窑的运行；二是可使熟料达到最佳冷却效果。由于料层厚度难以检测，所以采用篦下压力调篦速的控制策略。对于二段式篦冷机，还涉及一、二段篦速比例调节的问题。

（4）水泥制成系统

① 喂料量控制　喂料量要求均匀、稳定，常以磨音信号和出磨提升机的功率来调节入磨喂料量。

② 出磨气体温度控制　通过对磨机通风量的调节来控制出磨气体温度。

③ 熟料的存储与输送　由于输送与存储设备之间存在工艺联锁关系，所以可以采用"逆流程启动，顺流程停车"原则对设备进行顺序控制。

考虑到煤粉制备系统在其他章节有所述及（如"电厂自动化"），而水泥制成系统和生料制备系统的主要控制对象都是磨机，本章主要讲述生料制备系统和熟料煅烧系统的自动控制。

13.2　生料制备系统

生料制备过程包括生料粉磨和生料均化。目前，新型干法水泥生产较常用的生料制备粉磨系统中，有中卸提升循环烘干球磨（中卸磨）系统和各式立式磨（辊式磨）系统[2]。

13.2.1　中卸式球磨系统

（1）中卸磨系统工艺流程

中卸磨生料粉磨系统主要设备有中卸磨、选粉机及收尘设备等。其工艺流程为：由三种或四种原料配合而成的物料，经电子喂料秤喂入中卸烘干磨，经粗磨仓粉磨后的物料送至旋风式选粉机选粉，选粉后的回料少部分返回粗磨仓粉磨，大部分进入细磨仓内进行细磨，从细磨仓排出的物料亦被送至选粉机选粉，选粉后的细粉，即控制细度合格的生料，由输送机送至均化库。

烘干废气带走的一部分物料，首先经过粗粉分离器分离出粗粉，并送入选粉机，剩余细粉则随废气进入细粉分离器。废气则由磨机排风机送至汇风箱与出增湿塔的废气混合进入电收尘器，收尘后排入大气。由细粉分离器、汇风箱和电收尘器收集的细粉，也作为生料被输送至均化库。图 5-13 2 是球磨机生料粉磨工艺流程图。

中卸磨的电耗比立磨高，但其对物料硬度的适应性较立磨强，且运行可靠、烘干效果好、设备维护较简便。采用中卸磨系统有利于节省投资，缩短调整时间，尽快产生效益，也便于生产管理。

（2）中卸磨系统的开车停车操作

① 开车操作　中卸磨系统采用中央控制室集中控制。生料磨开车组分为库顶收尘器组、

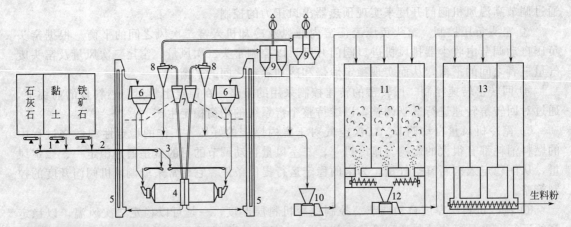

图 5-13-2　中卸式球磨机生料粉磨工艺流程图

1—称重皮带喂料器；2—皮带输送至磨机；3—原料分配；4—原料磨（中间卸料、粉磨、烘干同时进行）；
5—提升机；6—叶片选粉机；7—静态选粉机；8—旋风分离器；9—袋式收尘器；
10—生料粉；11—均化库；12—输送泵；13—生料库

气力提升泵、油泵组、排风机系统组、生料输送组、选粉机组，提升机组、磨机组及喂料组等。除油泵组单独与磨机组联锁外，其他各组均进入系统联锁。

正常的开车顺序是逆流程开车，即从进生料均化库的最后的输送设备（提升机）起顺序向前开，直至开动磨机后再开喂料机。具体流程是：启动前准备→磨润滑系统启动→生料入库组→生料输送组→排风机系统组→烘磨→选粉机组→出磨输送组→磨主电机备妥，脱开辅传离合器→调整系统各阀门开度→磨主电机→入磨输送组→设定喂料量→进入自动调节回路。

② 停车操作　正常停车顺序与开车顺序相反，且每组设备之间应间隔一段时间，以便使系统各设备排空物料，具体流程为：喂料系统→球磨机→出磨提升设备→选粉机系统→成品输送系统→收尘系统→润滑冷却系统。

(3) 中卸磨系统的主要控制参数

中卸磨系统在生产中需要控制的参数很多，参数间的因果关联也比较紧密。这些参数包括检测参数和调节参数，其中检测参数反映了其运行状态，检测参数的调整与控制是通过调节参数的调整来实现的。

表 5-13-1 为中卸磨系统主要控制参数，其中 1～13 为检测参数，14～24 为调节参数。

表 5-13-1　中卸磨系统主要控制参数[3]

序　号	变量名称	最小值	正常值	最大值	单　位
1	磨机电耳	0	55	100	％
2	提升机功率	0	80	100	kW
3	进磨头热风温度	0	220	300	℃
4	进磨头热风压力	−800	−500	0	Pa
5	进磨尾热风温度	0	220	300	℃
6	出磨尾热风压力	−800	−500	0	Pa
7	出磨气体温度	0	100	150	℃
8	出磨气体压力	−3500	−800	0	Pa

续表

序　号	变量名称	最小值	正常值	最大值	单　位
9	出选粉机气体温度 A	0	75	140	℃
10	出选粉机气体压力 A	−7500	−3000	0	Pa
11	出选粉机气体温度 B	0	75	140	℃
12	出选粉机气体压力 B	−7500	−3000	0	Pa
13	选粉机功率	0	60	100	kW
14	0.08mm 筛筛余	0	12	100	%
15	原料喂料总量	21	180	210	t/h
16	热风总阀开度	0	50	100	%
17	进磨头热风阀开度	0	50	100	%
18	进磨头冷风阀开度	0	50	100	%
19	进磨尾热风阀开度	0	50	100	%
20	进磨尾冷风阀开度	0	50	100	%
21	选粉机转速	53	170	210	r/min
22	循环风阀门开度	0	50	100	%
23	主排风机进口阀开度	0	50	100	%
24	系统排风阀开度	0	50	100	%

在中卸磨系统众多的被控变量中，最主要的是 3 个参数：负荷、温度和压力。对磨机负荷进行自动控制的目的，是为了在原料硬度及水分变动时，使磨内存料量保持一定，从而使磨机在较高的粉磨效率下运转，防止磨机堵塞，实现稳定生产。磨机系统温度控制的目的，是为了保持良好的烘干及粉磨作业，保证成品水分达到规定要求。磨机系统压力控制的目的，是为了检测各部通风情况，及时调节，满足烘干及粉磨作业要求。

(4) 中卸磨正常运行控制

① 喂料量控制（负荷控制）

a. 磨机电耳测得的磨音强弱反映了磨内存料量的多少和磨内粉磨能力的大小。正常运转时，磨音强度为 50%～60%，磨音强度大，反映磨内料多，反之则料少。

b. 提升机功率大小反映出通过磨内料量的大小。功率大，说明磨内的料量大，反之则少。

因磨内物料通过量由喂料量和粗粉回料量两部分组成，所以常以提升功率的大小作为调节磨机喂料量的第二位操纵变量。

② 风量控制

a. 系统中热风、冷风及排风机的阀门是用来调节系统各点的温度及压力的，如磨头、磨尾两端所设热风阀是用来调节入磨热风温度及使两端的负压相等的。当负压增大时，则将热风阀门开大；反之则关小。当磨机出口压差减小时，则需将排风机阀门开大，或将入选粉机的循环阀门关小。

b. 粗粉回磨头、磨尾的量，正常情况下控制为 1/3 回磨头、2/3 回磨尾，通过计量皮带机的计量显示来调节选粉机下的分料阀来实现，且一般调好后不常变动。

c. 系统的总风量直接关系到粉磨系统的产品质量。风量的调节，除了根据磨机进出口压差外,还应视选粉机的出口压力来调节。

d. 循环风阀门主要用来调节选粉机的工作风量,当出磨风温下降,负压增大时,则可将循环风阀门开大,以提高出磨上升管道中气体的速度。

e. 正常情况下,当入磨原料水分≤5%时,要求出磨物料水分≤0.5%,水分的高低主要是通过调节热风用量及温度来控制的。

③ 出磨生料细度控制 出磨生料细度主要通过调节选粉机的转速来控制:转速快,产品细;反之则粗。细度太细会降低磨机产量,使电耗增大;太粗虽产量提高较多,但会影响熟料的质量。

13.2.2 立式磨系统

(1) 立式磨系统工艺流程

立式磨是目前水泥生料粉磨的首选设备,其工艺流程为:由三种或四种原料经电子皮带秤按比例自动配料,送到配合料胶带输送机上,经锁风喂料装置进入立式磨内进行碾压粉磨。各种原料经粉磨后,由热气流携带到磨机上方的选粉机分选,粗粉返回磨盘重新粉磨,合格的细粉随出磨气流进入旋风筒,进行气料分离后收集起来,再经皮带输送机等输送设备送入生料均化库均化和储存。窑尾废气处理产生的中温气体作为该磨的烘干热源,进入磨内对含有一定水分的原料进行烘干。图5-13-3是水泥生料立磨系统粉磨工艺流程图。

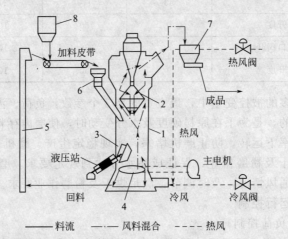

图 5-13-3 水泥生料立磨系统粉磨工艺流程图

1—立磨;2—分离器(选粉机);3—磨辊;4—磨盘;5—回料提升机;
6—三道锁风阀;7—旋风吸尘器;8—配料设备

(2) 立式磨系统的主要控制参数

表5-13-2为立式磨系统主要控制参数,其中1~8为检测参数,9~15为调节参数。

表 5-13-2 立式磨系统主要控制参数[3]

序 号	变量名称	最小值	正常值	最大值	单 位
1	入磨气体温度	0	220	350	℃
2	入磨气体压力	−6000	−2000	0	Pa
3	出磨气体温度	0	95	150	℃
4	出磨气体压力	−15000	−8300	0	Pa

续表

序 号	变量名称	最小值	正常值	最大值	单 位
5	磨机进出口压差	−10000	−3000	0	Pa
6	磨机排风机出口温度	0	95	150	℃
7	旋风收尘器出口温度	0	95	150	℃
8	旋风收尘器出口压力	−15000	−9000	0	Pa
9	原料喂料总量	21	180	210	t/h
10	入磨热风阀门开度	0	50	100	%
11	入磨冷风阀门开度	0	50	100	%
12	回磨循环风阀门开度	0	50	100	%
13	立磨选粉机转速	0	90	110	r/min
14	排风机进口阀门开度	0	50	100	%
15	出磨入旋风收尘器阀门开度度	0	50	100	%

立式磨的调节参数调整引起检测参数的变化如表 5-13-3 所示。

表 5-13-3 立式磨的调节参数调整引起检测参数的变化关系[3]

变量名称	调节参数							
	喂料量增加	气体流量增加	进口温度增加	选粉机速度增加	磨机压差增加	辊子压力增加	挡料环高度增加	喂料粒度增加
气体温度	↓	↑	↓	→	↓	→	→	→
磨机压力	↑	→	↓	↑	↑	↑	↑	↓
磨机压差	↑	↓	↓	↑	↑	↑	↑	↑
产品细度	↓	↓	→	↑	↓	↓	↓	↑
内部循环负荷	↑	↓	→	↑	↓	↓	↓	↑
排渣	↑	↓	→	→	↓	↓	↓	↑
辊子压力	↑	↓	→	↓	↑	↑	↓	↑
选粉机电流	↑	↓	↓	↑	↑	↓	↓	↑
出口温度	↓	↑	↑	→	↓	→	→	→
进口压力	↓	↑	→	→	↓	↓	↓	→
出口压力	→	↑	→	→	↓	↓	↓	→
磨机电流	↑							
磨机风机电流	↑	↑	→	→				

注：↑表示上升，↓表示下降，→表示不变。

（3）立磨的主要经济技术指标及影响因素

① 影响产品细度的主要因素就是分离器转速和该处风速，一般风速不能任意调整，因此调整分离器转速为产品细度控制的主要手段。分离器是变频无级调速，转速越高，产品细度越细。立磨的产品细度是很均齐的，但不能过细，应控制在要求范围内，理想的细度应为 9%～12%（0.08mm 筛）。产品太细，既不易操作又造成浪费。

② 影响产品水分的因素一个是入磨风温，一个是风量。风量基本恒定，不应随意变化。因此入磨风温就决定了物料出磨水分。在北方，为防均化库在冬季出现问题，一般出磨物料水分应在 0.5% 以下，不应超过 0.7%。

③ 影响磨机产量的因素除物料本身的性能外，主要是拉紧压力、料层厚度的合理配合。拉紧压力越高，研磨能力越大，料层越薄，粉磨效果越好。但必须要在平稳运行的前提下追求产量，否则事与愿违。当然磨内的通风量应满足要求。

④ 产品的电耗是和磨机产量紧密相关的。产量越高，单位电耗越低。另外与合理用风有关，产量较低，用风量很大，势必增加风机的耗电量，因此通风量要合理调节，在满足喷口环风速和出磨风量含尘浓度的前提下，不应使用过大的风量。

(4) 立式磨正常运行控制

① 立式磨系统正常运行操作要点

a. 稳定的料床　合适的料层厚度是立磨料床粉磨的基础和正常运转的关键。料层厚度可通过调节挡料圈的高度来调整，合适的厚度以及它们之间与磨机产量间的对应关系，应在调试阶段找出。料层厚度过厚，将使得立磨粉磨效率变低；料层太薄，会使磨辊与磨盘之间的冲击过于剧烈，从而引起磨机震动，甚至会损坏磨盘和磨辊。一般立式磨经磨辊压实后的料床厚度为 40～50mm。

b. 适宜的辊压　立磨是借助于磨辊对料层施加的压力而进行粉磨作业的。正常操作下，随着压力的增加，产量会相应增加，但是磨辊压力增加与所需要的功率有直接对应关系，因此此举属于整个系统的能效问题。合适的磨辊压力需要兼顾产量和电耗，该值取决于物料性质、粒度以及磨机产量。实际操作时，在正常负荷情况下，辊压可以为最大限压的 70%～90%。

c. 合理的风速　立磨系统主要靠气流带动物料循环，合理选择磨内风速，可以形成良好的磨内循环，使盘上料层稳定，从而提高粉磨效率。在生产过程中，当风环面积确定时，风速由风量决定，合理的风量应和喂料量相联系，如喂料量大，则风量大；喂料量小，则风量小。

d. 适宜的温度　立磨是烘干粉磨系统，出磨风温是磨机正常运转的关键指标。如果风温过低，则烘干能力不足，成品水分增大，影响粉磨效率、烘干效率及成品含水量。一般控制出磨气体温度为 80～90℃，不允许超过 120℃。

② 立式磨系统正常运行控制

a. 根据原料水分含量及易磨性，正确调整喂料量及热风风门，控制喂料量与系统用风量的平衡；加大喂料量的幅度，可根据磨机振动、出口温度、磨机压差及吐渣量等因素决定，在增加喂料量的同时，调节各风门开度，保证磨机出口温度。

b. 减少磨机振动，力求运行平衡。

c. 严格控制磨机出、入口的温度。出口温度一般控制在 80～90℃ 范围内，可通过调整喂料量、热风风门和冷风风门控制；升温要求平缓，冷态升温烘烤 60min，热态需要 30min。

d. 控制磨机压差。磨机的压差主要由磨机的喂料量、通风量和研磨压力决定，在压差变化时先看喂料是否稳定，再看磨机入口温度变化。调节入磨负压时，入磨物料量、各监测点压力、选粉机转速正常时，入磨负压在正常范围内变化，通常调节磨内存料量或根据磨内存料量调节系统排风机入口阀门开度，使入磨负压在 -600～-500Pa。另外，调节立式磨进出口压差，通常调节入磨喂料量来稳定出入口压差，使之稳定在 8～9.5kPa。压差的变化直接反映了磨腔内循环物料量（循环负荷）的大小。正常工况磨床压差应是稳定的，一旦这个平衡被破坏，循环负荷发生变化，压差将随之变化。如果压差的变化不能及时有效地控制，必然会给运行过程带来不良后果。

13.2.3　球磨机粉磨过程建模

球磨机制粉系统是一个具有纯时滞、强耦合的多变量非线性时变系统。钢球磨机本身是一个包含了机械能量转换、热交换和两相流动的复杂过程，任何一个操纵变量的改变，都会造成所有被控变量发生变化，因此变量之间的相互干扰十分严重[4]。另外，钢球在运行过程中不断被磨损，使得磨机表现出时变系统的特征。

典型的球磨机被控对象主要包括 3 个输入量（喂料量 F_c、排风机风量 F_τ、热风量 F_h）和 3 个输出量（压差信号 Δp、入口负压 p、出口风粉混合物温度 T）。若改进参数检测方法，使用球磨机前轴瓦垂直振动分量 W 代替差压信号 Δp 表征存料量，这样风量将不影响存料量信号，而喂料量对负压信号的影响可忽略，对温度信号的影响可看作可测扰动，于是原来的对象就分解为一个耦合的两输入两输出对象和一个单输入、单输出对象。

对两输入两输出对象按照工艺要求进行变量配对，使用热风量控制温度，排风机风量控制负压，即输出信号 $Y=\begin{bmatrix}T & p\end{bmatrix}^T$，输入信号 $Y=\begin{bmatrix}F_h & F_\tau\end{bmatrix}^T$，两个回路（温度回路与负压回路）仍有很强的关联，则被控对象可描述为 $Y=GU$，其中 G 为传递函数矩阵：

$$G(s)=\begin{bmatrix}G_{11}(s) & G_{12}(s) \\ G_{21}(s) & G_{22}(s)\end{bmatrix}$$

(1) 机理模型

机理建模就是根据对系统变化机理的了解，写出各种有关的平衡方程，如物质平衡方程、能量平衡方程、相平衡方程，以及反映物体流动、传热、传质、化学反应等基本规律的特性方程等，从中获得所需的数学模型。文献 [5] 通过机理法建立了球磨机动态数学模型，具体如下。

① 球磨机进出口质量平衡方程：

$$\frac{B_j-B_m}{3.6}=\frac{dB_{bt}}{d\tau} \tag{5-13-1}$$

式中，B_j 为给料量 t/h；B_{bt} 为筒体内存料量，kg；B_m 为球磨机出力，t/h；

② 球磨机进出口能量平衡方程：

$$C_{rk}G_{rk}t_{rk}+C_{zx}G_{zx}t_{zx}+C_{lf}G_{lf}t_{lf}+B_jC_{gm}t_c/3.6+Q_0-B_mC_mt_m/3.6-$$
$$C_{tf}(1+K_{lf})(G_{rk}+C_{zx})t_m-B_j\Delta M\times 4.1816(595+0.45t_m-t_c)/3.6$$
$$=\frac{d}{d\tau}[(C_{gq}G_{gq}+C_mB_{bt})t_m] \tag{5-13-2}$$

式中，G_{rk}、G_{zx}、G_{lf} 分别为热风、再循环风和漏风流量；C_{rk}、C_{zx}、C_{lf}、C_{tf} 分别为热风、再循环风、漏风和系统通风，kJ/(kg·K)；C_{gm}、C_m、C_{gq} 分别为给料比热容、料粉比热容、钢球比热容，kJ/(kg·K)；t_c、t_{lf}、t_{rk} 分别为磨料温度、漏风温度、热风温度，℃；t_{zx} 为乏气温度；Q_0 为球磨过程中产生的净机械热，kJ/s。

③ 球磨机压差 ΔH_m-流量方程：

$$\Delta H_m=f_m(1+0.8u_m)G_{tf}^2/K_S \tag{5-13-3}$$

式中，f_m 为球磨机环节的阻力系数，Pa/(kg/s)²；u_m 为通过球磨机的料粉浓度，$(1+0.8u_m)$ 表示通过球磨机的料粉浓度对压差的影响；K_S 为磨筒内空气流通面积对 ΔH_m 的影响。

④ 球磨机入口负压 H_m 方程　为简化模型，将粗粉分离器阻力、细粉分离器阻力和料粉提升阻力视为常数，同时将热风门入口压力、排粉机出口压力也视为常数，这样推导得到

球磨机出口压力为

$$H_{m0} = \zeta G_{tf}^2 + H_{zx} - H_p^0$$

式中，ζ 为综合阻力系数；H_{zx} 为排粉机出口压力，Pa；H_p^0 为排粉风机的零位压力，Pa。则球磨机入口负压为：

$$H_m = H_{m0} + \Delta H_m = \zeta G_{tf}^2 + H_{zx} - H_p^0 + f_m(1 + 0.8u_m)G_{tf}^2/K_S \tag{5-13-4}$$

综合上述的四式，即为制粉系统球磨机的动态数学模型。

(2) 测试模型

由输入、输出信号之间的关系计算系统模型，如输入信号为单位阶跃信号，则得出系统传递函数，如输入信号为伪随机信号，则得到系统的 Z 函数。球磨机制粉系统是三输入三输出的耦合系统，根据磨内存料量表征方法不同，存在两类传递函数[6]。

当用磨出入口压差表征磨内存料量时，传递函数如式（5-13-5）所示[7]，式中，T 为磨出口温度；p 为磨入口负压；Δp 为磨出入口压差；F_h 为热风量；F_r 为排风机风量；F_c 为喂料量。

$$\begin{bmatrix} T(s) \\ p(s) \\ \Delta p(s) \end{bmatrix} = \begin{bmatrix} \dfrac{0.77}{(80s+1)^3} & \dfrac{-0.1}{(60s+1)^3} & \dfrac{-0.13}{(110s+1)(80s+1)^2} \\ \dfrac{1.6}{8s+1} & \dfrac{0.54}{11s+1} & \dfrac{0.12}{(60s+1)^3} \\ \dfrac{0.18}{20s+1} & \dfrac{0.256}{30s+1} & \dfrac{0.3}{(110s+1)^3} \end{bmatrix} \begin{bmatrix} F_h \\ F_r \\ F_c \end{bmatrix} \tag{5-13-5}$$

当用球磨机前轴瓦的振动信号表征存料量时，文献 [8] 给出传递函数为

$$\begin{bmatrix} Y_1(s) \\ Y_2(s) \\ Y_3(s) \end{bmatrix} = \begin{bmatrix} \dfrac{-0.1e^{-90s}}{(20s+1)^2} & 0 & 0 \\ \dfrac{-1.05e^{-20s}}{8s+1} & \dfrac{3.5}{(80s+1)^3} & \dfrac{-0.14}{(60s+1)^2} \\ \dfrac{-0.37e^{-15s}}{100s+1} & \dfrac{-2.0}{(8s+1)^2} & \dfrac{-0.18}{10s+1} \end{bmatrix} \begin{bmatrix} u_1(s) \\ u_2(s) \\ u_3(s) \end{bmatrix} \tag{5-13-6}$$

式中，Y_1 为存料量；Y_2 为出口温度；Y_3 为入口负压；u_1 为喂料量；u_2 为热风量；u_3 为排风机风量。

(3) 粉磨过程的非线性模型

一级圈流粉磨过程可视为一个非线性动态模型，其表达式如下[9]：

$$\begin{cases} T_f \dot{y}_f = -y_f + (1 - \alpha(z, v, d))\varphi(z, d) \\ \dot{z} = -\varphi(z, d) + u + y_r \\ T_r \dot{y}_r = -y_r + \alpha(z, v, d)\varphi(z, d) \end{cases} \tag{5-13-7}$$

式中

$$\alpha(z, v, d) = \frac{\varphi^m v^n}{K_\alpha + \varphi^m v^n} , \quad K_\alpha = 570^m \, 170^n \left(\frac{570}{450} - 1\right); \quad m = 0.8 \quad n = 4$$

$$\varphi(z, d) = \max\{0; (-dK_{\varphi 1}z^2 + K_{\varphi 2}z)\} , \quad K_{\varphi 1} = 0.1116 \, (t \cdot h)^{-1}, \quad K_{\varphi 2} = 16.5 \, h^{-1}$$

各变量说明如下：y_f 是选粉机筛选后细料流速，t/h；z 是磨机负载，t；y_r 是选粉机筛选出的不合格粗料流速，t/h；$\varphi(z, d)$ 是磨机的输出流速，t/h；u 是喂料流速，t/h；v 是选粉速率 u，r/min；d 是磨机内物料硬度；其余参数为相应设备参数。

此模型将整个粉磨过程抽象为一个简单的 MIMO 模型，并且将磨机负荷与各个量之间

的关系抽象成数学表达式。需说明的是，此模型只能应用于一级圈流粉磨系统，当系统为多个磨机串联组成时系统模型，需要进行相应修改。

（4）粉磨过程 PBM（Population Balance Model）模型

目前在粉磨过程中应用最广泛的数学模型是著名的 PBM 模型，此模型如式（5-13-8）[10]。式中左边描述的是速度的累积，第一部分与磨机内轴方向上的颗粒流速有关，右边第二部分是代表轴向的差值，最后一部分描述了物料颗粒变化的速度。此模型的优点是可以直接表示出磨机内部多的质量平衡关系，因此可以从物料本身的角度对运行中的磨机加以描述：

$$\frac{\partial (Hm_i)}{\partial t} = -u_i \frac{\partial}{\partial x}(Hm_i) + D_i \frac{\partial^2}{\partial x^2}(Hm_i) - s_i Hm_i + \sum_{j=1}^{i-1} b_{ij} s_j Hm_j \quad 1 \leqslant i \leqslant N$$

$$(5\text{-}13\text{-}8)$$

式中，破碎速率 s 与磨机内物料存量有关，其相关性可有下式表达：

$$s = k e^{-ksH} \tag{5-13-9}$$

系统初始条件如下：

$$H(x, 0)m_i(x, 0) = H^0(x)m_i^0(x) \quad 1 \leqslant i \leqslant N \tag{5-13-10}$$

式中，$H^0(x)$ 是磨内初始物料存量；$m_i^0(x)$ 是 i 级物料的初始质量分数。

当取边界条件 $x = 0$ 时，磨机处于"空磨"状态：

$$D_i \frac{\partial}{\partial x}[H(0, t)m_i(0, t)] = u_i(0, t)H(0, t)m_i(0, t) - M_F(t)m_{F, i(t)}$$

$$1 \leqslant i \leqslant N \tag{5-13-11}$$

式中，$M_F(t)$ 是喂料流量；$m_{F, i(t)}$ 是喂料流中的 i 级物料的质量分数。

当取边界条件 $x = L$ 时，磨机处于"饱磨"状态：

$$D_i \frac{\partial}{\partial x}[H(L, t)m_i(L, t)] = u_i(L, t)H(L, t)m_i(L, t)(1 - Pr_i)$$

$$1 \leqslant i \leqslant N \tag{5-13-12}$$

其中，Pr_i 描述磨机出料口的分类效果。

13.2.4　球磨机多变量控制

球磨机是一个具有多变量、强耦合、大惯性的系统，其中最主要的被控变量有 3 个：球磨机负荷（可由磨音或提升机功率表征）、出口温度和入口压力，调节参数主要为喂料量、冷热风阀门开度、排风机进口阀开度和循环风阀门开度等。因此球磨机是一典型的 MIMO 系统。

在磨机的 3 个控制回路中，最重要的是负荷优化控制。图 5-13-4 是球磨机的工作特性曲线。图中磨机的运行区域分为 Ⅰ、Ⅱ、Ⅲ 三部分，其中曲线 1 是功率特性，曲线 2 是出力特性，曲线 3 是磨音音频特性，曲线 4 是处理后的音频特性。当其工作在 Ⅰ 区时，随着磨机内料位的增高，磨机功率也相应增加，产量提高。工作在此区域时，粉磨设备并没有达到其最高利用率，此时磨机内部不易产生"饱磨"现象，运行相对安全，但钢球所消耗的能量约有 50％左右被用于研磨体的无效碰撞，因此导致设备运行电耗高，研磨体磨损大，经济效益低。当进入 Ⅱ 区时，磨机出力增大，效率提

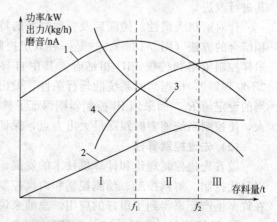

图 5-13-4　水泥球磨机工作特性曲线

高，工作在这个区域时，物料填充率相对较大，研磨体之间相互碰撞而消耗的能量减少（少于 25%），特别是处于图中 f_2 点时磨机出力最大，且磨音噪声（曲线 3）明显减弱。当进入 Ⅲ 区后，因为磨机内部容纳的物料进一步加大而导致磨机内部研磨体无法充分作用于物料，此时出现"饱磨"现象的概率加大。因此，如果能使磨机稳定在 Ⅱ 区内，尤其是处于最佳工作点 f_2 时，即实现了磨机运行的优化控制。

通过上述分析可知，磨机的优化问题可以归结为磨机内部料位（即磨机负荷）的控制问题。因此采取合理的控制方式将磨机内部物料的填充率控制在一定程度，就成为左右粉磨过程效率的关键问题。当今水泥生产过程中，使用最广泛的方法是熟练工人凭经验用手动操作来控制磨机的运转，这虽然可以使得磨机在一定的时间内稳定运行，但是很难做到使磨机运行在最佳工作区，造成大量不必要的电耗，离优化控制的目标相去甚远。

要实现球磨机负荷优化自动控制，一般采用磨音、提升机功率、粗粉（或细粉）回粉量等能反映磨机负荷状态的被控变量，其中磨音是最佳参数。20 世纪 50 年代，球磨机装载量自动调节系统（又称电耳）就已应用于国内外的水泥工业中。它是二位控制调节器，根据磨机噪声的声级和频率随磨内物料装载量增加而下降的特点，用磨声控制喂料量以稳定装载量。在现代化水泥厂的闭路粉磨系统中（把出磨物料中的细粉选出作为成品，粗粉送回磨机进料口，以提高粉磨效率的粉磨工艺），通常用粉料流量计测量返回的粗粉流量，用磨机出料口的斗式提升机负载功率代表磨机出料量的变化，用电耳测量磨内物料装载量的变化，通过计算机判断和计算，调节喂料量，以提高粉磨的效率和降低电耗。当然理想情况是把出磨粉料的细度作为被控变量，但目前尚缺乏较完善的粉末细度快速测量仪器。因此，国内对水泥磨机负荷的控制除采用设定参数方法外，从被控变量的角度一般选用以下三种方法：

- 采用电耳检测磨音信号进行控制；
- 采用提升机功率和磨音（电耳）信号进行控制；
- 采用出磨料量或选粉机细粉量等于入磨料料量进行控制。

在具体控制策略的选择上，一般可归纳为以下三种。

（1）传统控制算法

常规 PID 调节是过去较为常见的磨机控制方案，主要是 3 个 PID 回路（负荷、温度和压力）。但该方法需要知道被控对象精确的数学模型，这对磨机这一具有复杂动态特性的对象很难做到，而且多个 PID 回路间存在强耦合，因此该方案的控制效果并不理想，需要对其进行改进。

针对磨机大惯性、纯滞后及参数时变的特点，文献 [11] 提出一种自寻优-采样 PI 控制相结合的方法（图 5-13-5）。这是一种双层控制策略，上层使用自寻优算法在线寻优，下层采样控制策略和传统 PID 相结合。其中自寻优算法是采样在运行过程中"不断测量"和"不断理解"，根据当时系统的运行条件，做出正确决策。自寻优控制器的作用是给出一个适当的设定值 R，而采用 PI 控制器则保证了被控对象的输出可以跟踪该设定值。自寻优的引入，使控制系统能实时跟踪最大出力点，保证磨机始终运行在最佳工况。

（2）先进控制算法

随着先进控制理论和计算机技术的发展，对球磨机粉磨系统的控制有了新的思路，一批以最优控制、解耦控制、预测控制和内模控制为理论基础的新型实用控制策略纷纷面世，并在许多生产厂家得到了很好的应用。总的来说主要集中在以下几个方面。

① 最优控制　文献 [12] 将多变量 LQ（线性二次型）控制应用于水泥粉磨的负荷控制回路。该控制方法的框图如图 5-13-6 所示。

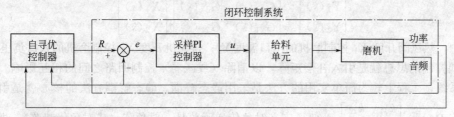

图 5-13-5 自寻优-采样 PI 控制结构框图

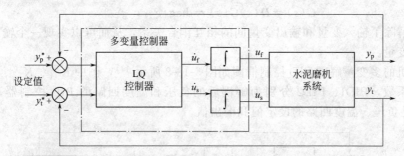

图 5-13-6 水泥粉磨多变量 LQ 控制结构框图

该算法以二次型的能耗函数为优化目标,通过改变喂料量和选粉机转速,成功地实现了粉磨系统的稳定运行和能耗最优,此技术已在多家水泥企业中得到应用。较之传统的 PID 控制方法,LQ 方法将整个磨机系统作为一个整体,因此能够很好地对磨机内部各量进行协调,而单回路的 PI 控制会顾此失彼,当调整某个被控变量的设定值时,会引发另一个被控变量输出值产生很大的跃动。由于最优性能指标的存在,此方法对磨机负荷优化控制的思路进行了试探性的研究。但 LQ 控制器会使系统的工作区变大,因而导致"饱磨"现象的产生,而这是 LQ 控制器所不能避免的,而且 LQ 控制对于被控对象的模型精度要求较高。该控制方法的框图如图 5-13-6 所示,图中被控变量 y_p、y_t 分别是细粉和粗粉的单位时间产量,调节量 u_f、u_s 是喂料量和选粉机转速。

② 多变量解耦控制　常规 PID 控制方式是将复杂的粉磨过程化为几个功能独立的单回路 PID(负荷、温度、压力)控制,由于没有考虑回路间的耦合,控制系统很难稳定在最佳工况,这其实也是球磨机控制的难点。研究表明,对于 MIMO 的球磨机粉磨系统,不解耦就无法达到很好的控制效果。因此,多变量解耦在球磨机粉磨过程控制系统的设计中显得尤为重要。

球磨机是典型的多入多出系统,其输入输出结构可大致简化为一个 3 输入 3 输出系统:3个输入量是喂料量及冷、热风阀门开度,3 个被控变量是负荷、出口温度和入口负压,如图 5-13-7 所示。

在 3 个控制回路中,解耦工作主要集中在耦合较严重的出口温度和入口负压两个控制回路,负荷控制可单独构成一个独立的 PID 控制回路。可以由阶跃响应法确定系统传递函数矩阵如下:

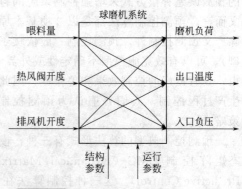

图 5-13-7 中卸球磨机输入输出结构框图

$$\begin{bmatrix} Y_1(s) \\ Y_2(s) \end{bmatrix} = \begin{bmatrix} G_{11}(s) & G_{12}(s) \\ G_{21}(s) & G_{22}(s) \end{bmatrix} \begin{bmatrix} X_1(s) \\ X_2(s) \end{bmatrix} \tag{5-13-13}$$

式中，热风阀开度 X_1 控制磨机的出口温度 Y_1；排风机开度 X_2 控制磨机的入口负压 Y_2 [13]。

解耦控制的思想就是引入补偿矩阵，以消除（或减弱）控制回路之间的相互影响。针对水泥粉磨系统，工程上较为简单实用的方法是采用静态解耦。静态解耦方法的核心就是引入一个解耦矩阵 $\boldsymbol{D}(s) = \begin{bmatrix} k_{11} & k_{12} \\ k_{21} & k_{22} \end{bmatrix}$，使得广义对象传递函数是一对角阵（或对角优势阵），即：

$$\boldsymbol{G}(s) = \boldsymbol{D}(s)\boldsymbol{G}(s) = \mathrm{diag}\{g_{11}, g_{22}\} \tag{5-13-14}$$

这样就解除了输入变量和输出变量间的相互耦合关系，从而可以实现一个输入变量只控制一个输出变量。

水泥磨机的多变量解耦 PID 控制框图如图 5-13-8 所示[14]，图中 K_{11}、K_{12}、K_{21} 和 K_{22} 是静态解耦系数，PID1、PID2 分别为解耦后的负压和温度回路的 PID 控制器，p_0、T_0、p、T 分别是负压、温度回路的设定值和输出值。

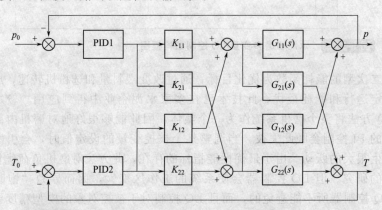

图 5-13-8　水泥磨机的多变量解耦 PID 控制结构框图

同传统 PID 控制相比，解耦 PID 控制有更好的输出动态品质、更强的鲁棒性和抗干扰能力。但静态解耦控制系统的设计同样需要建立在精确建模的基础上，因此该方法还存在一定的局限性，需要与智能解耦方法相结合（比如神经网络建模），才更具实用价值。

③ 预测控制　预测控制是一类基于模型的闭环优化控制策略，其核心思想是，计算机预测过程未来行为，然后通过滚动优化计算，得到控制器及未来的控制量输入，并通过一定的预测误差补偿方式来增强控制系统的鲁棒性。尽管预测控制算法形式多种多样，就一般意义而言，预测控制算法都是以 3 项基本原理为基础的，即模型预测、滚动优化和反馈校正。除广义预测控制外，预测控制一般依赖于系统输出的非参数模型（如脉冲响应或阶跃响应模型），可以有效克服模型不确定性或外界干扰的影响，还能直接处理大滞后对象和各类型约束，具有良好的控制效果和鲁棒性，因此被广泛应用于石油、化工、冶金、建材等流程工业生产过程控制，人们普遍认为预测控制是一类最具实用性和广泛应用前景的先进控制策略[15]。

预测控制典型的算法形式有三种：模型算法控制 MAC（Model Algorithm Control）、动态矩阵控制 DMC（Dynamical Matrix Control）和广义预测控制 GPC（Generalized Predictive Control）。这三种控制算法在水泥磨机控制方面都有成功应用，这里着重介绍 MAC、DMC 和基于 LMI 的预测控制。

a. 模型算法控制 MAC　模型算法控制由被控对象的内部模型（通常采用脉冲响应模型）、参考轨迹和控制量的计算三大部分组成。其中内部模型用来预测将来输出的变化，它仅仅是时域输入、输出的简单代数关系，便于计算机存储。参考轨迹是对象动态响应的参考曲线，其作用是引导被控对象的输出沿着该轨迹平滑地、无超调地收敛到给定值。取未来一段时间内预测输出值与参考轨迹间的偏差的平方和为性能指标函数，当前控制量就是通过优化该性能指标函数得到的最优控制值。

MAC 算法可以用来解决磨机的综合控制问题，并在实践中已有成功应用[16]。因为这种控制方式直接考虑变量间耦合，基于输入对输出的影响，预测进行下一步控制量的计算。同时由于反馈的引入，提高了预测控制量计算的精度，所以在一定模型精度范围内，这种超前调节一定是有效的。因为在计算中直接考虑了输入输出的约束，就使得调节可能充分利用输入输出余量，加速调节，改善系统的动态品质。水泥磨机运行调节的目的是在保证安全的前提下，维持磨机负荷在最佳值（图 5-13-4 中的 f_2 点），同时要能快速消除喂料量扰动，而尽量少地利用风量调节，以较少入口负压波动稳定系统风量，保证生料粉细度在允许值内变化。基于上述考虑，采用 MAC 算法设计控制系统的最基本出发点，是调节喂料量来维持磨机负荷在最佳值，而用热风量协调温度和负压的变化，即在确保负压在给定范围变化的前提下，使温度偏离给定值最小，即应用 MAC 算法设计两个控制回路，各自调节负荷和温度，预测步数最少可以取两步预测。在通常情况下，一般不调节冷风阀开度，只有当热风调节在极限位置，仍不能使负压与温度值都在各自给定范围时，才去改变冷风量。

实践表明，MAC 算法克服内、外扰动的能力较强，调节速度快，控制效果比较理想。但 MAC 在一般性能指标下会出现静差，这是由于算法以 u 为控制量，本质上导致了比例性质的控制。因此计算过程可考虑采用增量形式，即每次计算出来的喂料量、热风量和冷风量是控制系统投入时各阀位开度对应值的增量。采用增量值的考虑，主要目的是利用最大可能的输入余量去调节各运行品质，同时可以消除或减小静差。

b. 动态矩阵控制 DMC　动态矩阵控制 DMC 是基于非参数模型的一种具有代表性的预测控制算法，它是一种增量算法，并基于对象的阶跃响应模型，易于直接从工业现场获得，不要求对模型的结构有先验知识，所以避免了通常传递函数或状态空间方程模型参数的辨识。同时采用了多步预估技术，能有效地解决时延过程问题，并按预估输出与给定值偏差最小的二次性能指标实施控制。因此 DMC 算法具有简单易行、控制效果好且对模型精度要求不高及抗干扰能力较强等特点，受到工业过程控制领域的广泛关注，并有大量成功应用的案例。

同预测控制的基本思想一致，DMC 算法的控制结构也是由预测模型、滚动优化、误差校正以及闭环控制形式组成。预测模型采用阶跃响应模型：

$$Y_m(k+1) = Y_0(k+1) + A \Delta u(k) \tag{5-13-15}$$

式中，$Y_m(k+1) = [y(k+1/k)\ y(k+2/k)\ \cdots\ y(k+p/k)]^T$ 是 k 时刻的模型预测向量；$Y_0(k+1)$ 是 k 时刻的输出初始值向量；$\Delta u(k) = [\Delta u(k)\ \Delta u(k+1)\ \cdots\ \Delta u(k+M-1)]^T$ 是 k 时刻的控制增量向量；P 是预测时域长度；M 是控制时域长度；A 是由阶跃响应采样值 a_i 构成的 $P \times M$ 阵，称为动态矩阵：

$$A = \begin{bmatrix} a_1 & 0 & \cdots & 0 \\ a_2 & a_1 & \cdots & 0 \\ \vdots & \vdots & & \vdots \\ a_M & a_{M-1} & \vdots & a_1 \\ \vdots & \vdots & & \vdots \\ a_P & a_{P-1} & \cdots & a_{P-M+1} \end{bmatrix}_{P \times M} \tag{5-13-16}$$

DMC 作为一种最优控制技术，采用二次型性能指标计算控制律，可以得到所期望的优化效果。优化的目的是使输出误差和控制增量加权平方和为最小，从而间接实现对输出误差和控制增量加权的约束控制。二次型优化性能指标为：

$$J(k) = \sum_{i=1}^{P} q_i [y_r(k+i) - y_m(k+i)]^2 + \sum_{j=1}^{M} r_j \Delta u^2(k+j-1) \tag{5-13-17}$$

式中，$y_r(k+i)$ 是期望输出值；q_i、r_j 是加权系数。

图 5-13-9 是球磨机 DMC 算法结构框图。考虑到球磨机系统的 3 个控制回路（负荷、出口温度和入口负压）间存在着强耦合，因此在实际使用 DMC 算法时要考虑耦合问题[17]。因此式（5-13-15）修改如下：

$$\boldsymbol{Y}_{im}(k+1) = \boldsymbol{Y}_{i0}(k+1) + \boldsymbol{A}_{ii} \Delta \boldsymbol{u}_i(k) + \sum_{\substack{j=1 \\ j \neq i}}^{m} \boldsymbol{A}_{ij} \Delta \boldsymbol{u}_j(k) \quad i = 1, 2, 3 \tag{5-13-18}$$

式中，动态矩阵 $\boldsymbol{A}_{ij}$ 是第 i 个输出 $\boldsymbol{Y}_i$（负荷、出口温度和入口负压）对第 j 个输入控制量 $\boldsymbol{u}_j$（喂料量、热风阀开度和排风机开度）的阶跃响应矩阵，可由阶跃响应测试获得。

DMC 算法跟 PID 控制一样，也要考虑参数的整定问题。影响 DMC 控制效果的参数主要如下[18]。

- 优化时域 P 对控制系统的稳定性和动态特性有重要影响。为实现滚动优化，P 必须包括对象的主要动态特性。若 P 过小，则系统的鲁棒性会变差；而过大的 P 将降低控制的实时性。

- 控制时域 M。由于针对未来 P 个时刻的输出误差进行优化，所以控制时域 $M \leqslant P$，M 值越小越难保证输出在各采样点紧密跟踪期望值，控制性能越差；M 值越大，可以有许多步的控制增量变化，从而增加控制的灵活性，改善系统的动态影响，但系统的稳定性和抗干扰能力会变差。对于球磨机这种具有振荡特性的对象，取 $M = 4 \sim 8$。

- 误差权矩阵 Q 表示了对 k 时刻起未来不同时刻误差项在性能指标中的权值大小。对于球磨机这类具有纯滞后的系统，一般取时延部分的权重 $q_i = 0$，其余取 $q_i = 1$。

- 控制权矩阵 R_i 的主要作用在于防止控制量过于剧烈地变化，同时对系统的稳定性也有影响。一般可以从 0 开始取，若相应的控制系统稳定但控制量变化太大，则逐渐加大 R_i（实际上往往只要很小的 R 就能使控制的变化趋于平稳）。

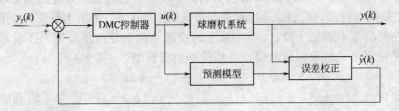

图 5-13-9 球磨机 DMC 算法结构框图

动态矩阵控制能够很好地协调喂料、热风阀开度和排风机进口阀开度，使磨机负荷、出磨温度和入磨负压这 3 个被控变量能够协调输出，满足二次型优化性能指标，且超调量不大，响应速度快，稳态误差小，具有较好的动态品质和稳态性能[19]。

c. 基于 LMI 的预测控制　文献［20］提出一种基于 LMI 的预测控制方法应用于水泥预粉磨系统的负荷控制中。在预粉磨系统中，由于循环分级转速和选粉机电流分别可以很好地反映磨机喂料量和系统负荷情况，因此将这两个参数作为检测变量和操纵变量。

预粉磨系统的负荷控制可视为一个基于线性不等式的凸优化问题，而基于 LMI 的 MPC

方法可以很好地处理输入输出的约束条件。具体来说，假设由 MPC 得到的负荷优化控制律为 $u(k+i/k)=Fx(k+i/k)$，其中 k 时刻的状态反馈矩阵 F 的求取可转化为某个线性目标最小化问题，从而得到一组线性矩阵不等式（LMI）。利用求解 LMI 的方法，可获得最终的负荷优化控制律 $u(k+i/k)$。

在传统的 MPC 方法中，计算得到的控制量不能确保满足稳定性要求，因此必须验证系统的稳定性。采用基于 LMI 的 MPC 方法是以稳定性为前提的，因此得到的控制量一定能够满足稳定性的要求。利用该方法得到的预粉磨系统的循环风机转速，可以满足操作约束条件的基础上使目标函数最小，在每一个控制周期将计算得到的风机转速值，通过 OPC 写入 DCS 系统中，可实现对系统负荷的优化控制。

④ 内模控制　内模控制作为一种新型的控制方法，对模型精度要求低，鲁棒性强，在线计算方便，设计简单，跟踪调节性能好，能够消除不可测干扰的影响，对过程和环境的不确定性有一定的适应能力，实用性强，控制效果好。

内模控制系统的结构框图如图 5-13-10 所示，图中 $G_p(s)$ 为被控对象（球磨机），$G_c(s)$ 为内模控制器，$G_m(s)$ 是对象的内部模型，$F(s)$ 是滤波器环节（用以减小被控对象和内部模型不匹配而产生的影响），$R(s)$ 和 $D(s)$ 分别为给定输入和干扰信号。

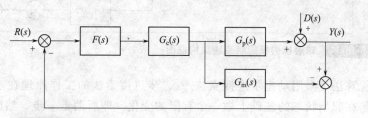

图 5-13-10　内模控制原理结构框图

球磨机制粉系统内模控制中引入了内部模型 $G_m(s)$，使系统的反馈量由常见的输出全反馈 $Y(s)$ 变为扰动估计量的反馈。当模型对象不能精确描述时，干扰估计量将包含模型失配的某些信息，因而有利于增强系统的鲁棒性。

前面已述及球磨机系统的 3 个控制回路存在着强耦合关系，尤其是温度与负压控制之间，其传递函数矩阵如式（5-13-13）所示。因此实际使用中球磨机系统的内模控制应该采用图 5-13-11 所示的结构[21]。

图中，$G_{ij}(s)$ 是被控对象模型；$G_{ijm}(s)$ 是所对应的内部模型，控制器部分包括理想控制器可以实现的部分 $C_{ija}(s)$ 和不能直接实现的、采用零极点配置实现的部分 $C_{ijb}(s)$（如纯时延环节或对象是一非最小相位系统）。

采用内模控制能够稳定、快速地调节球磨机被控对象，使其输出较好地跟踪设定值，在某种程度上解决了球磨机对象的时变、强耦合以及大惯性等特性对系统造成的不良影响。

⑤ 自寻优控制　对球磨机系统而言，负荷或料位控制是其难点和关键。研磨体的磨损、数量的变化等原因都会使最佳料位（最佳工作点）发生漂移，因此控制系统应能自动跟踪料位变化，在运行中不断修正控制参数，使被控对象始终运行在最佳工作状态，这就需要控制器具备自寻优功能。

自寻优控制的原理是利用被控对象所具有的非线性静态极值特性，通过改变操纵变量，试探它对被控变量的影响，从而确定系统以何种方式进行响应，使被控变量达到或接近最优。设计人员不必关心对象的精确动态特性，也不必了解其特性的漂移，由控制系统本身根据条件的变化修正其参数，从而达到最佳的运行效果。

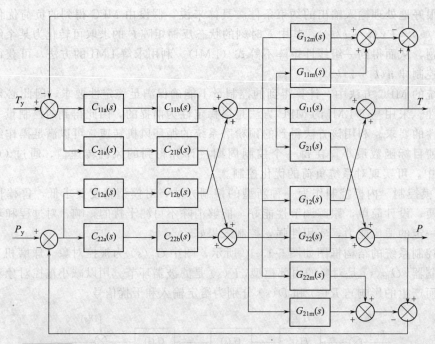

图 5-13-11　球磨机内模控制系统结构框图

　　具体的寻优算法可采用动态步进搜索法[22]。步进搜索法的工作原理在于输入信号不做连续变化，而是在起始状态的基础上做一个有限的变化，即所谓走一步，然后测量由于输入信号的改变引起输出量变化的大小和方向，等辨明方向后，再按需要的方向调节被控对象的输入。动态步进搜索自寻优控制对于球磨机的经济运行有突出的优点，但要注意搜索起始步的选取，不恰当的起始步，延长了寻优时间，使系统长期工作在不稳定的工况下，这对球磨机的稳定经济运行时是极其不利的。可以考虑在动态步进搜索自寻优控制的基础上加入树状结构的自学习知识库，使系统具备自学习功能。自学习功能能够使控制系统在运行中根据工况的变化，自动寻找最优工作点附近的点作为步进搜索的起始步，加快寻优速度，提高运行的经济性和控制的快速性。

　　自寻优控制方法技术特点如下：

- 和最优控制相比，自寻优控制只需要了解球磨机变量的时变特性，不必了解变量的具体数学模型；
- 和反馈控制方法不同的是，自寻优控制不知道操纵变量的最优值，而是通过自动地搜索最优的生产点，从而保证被控变量最大程度地接近或是达到最优生产点；
- 自寻优控制要找的最优生产点不是提前设定的值，而是通过在实际的生产中进行不断搜索得到的；
- 自寻优控制方法充分发挥了传统算法的优点，将球磨机硬件功能发挥到极致，可以消除系统运行过程中的滞后性和惯性等因素对控制系统不好的影响，同时这种系统有自我修正的能力，能及时地对生产中出现的偏差进行修正和调整，使球磨机达到最佳平衡点。

　　这些优势使得自寻优控制方法在球磨机的生产中有非常好的应用，使得球磨机的生产更加进步，更具自动化和先进性。

（3）与智能控制相结合的复合控制方法

　　智能控制技术是控制理论发展的新阶段，主要用来解决那些用传统方法难以解决的复杂系统的控制问题。常用的智能技术包括模糊逻辑控制、神经网络控制、专家系统、学习控制、分层递阶控制、遗传算法等。以智能控制为核心的智能控制系统具备一定的智能行为，如自学习、自适应、自组织等。

对许多复杂的系统，难以建立有效的数学模型和用常规的控制理论去进行定量计算和分析，而必须采用定量方法与定性方法相结合的控制方式。定量方法与定性方法相结合的目的是，要由机器用类似于人的智慧和经验来引导求解过程。传统的自动控制是建立在确定的模型基础上的，而智能控制的研究对象则存在模型严重的不确定性，即模型未知或知之甚少者模型的结构和参数在很大范围内变动，比如工业过程的病态结构问题、某些干扰的无法预测，致使无法建立其模型，这些问题对基于模型的传统自动控制来说很难解决。

水泥球磨机就是这样一类复杂对象，它所具有的强非线性、大时滞、强耦合等特性使得建立精确的数学模型几乎是不可能的，而传统的控制方法（如 PID）和一些先进控制方法（如最优控制、多变量解耦控制、广义预测控制等）都是建立在精确模型基础上的，这就使得控制效果大打折扣。因此，在球磨机粉磨过程控制中，以先进控制与智能控制相结合的复合控制方法，融合了两种控制方法的优点，以专家知识、模糊规则或神经网络智能建模等手段，避免精确建模的要求，从而大大改善了传统控制方法的控制效果。

① 模糊逻辑的应用　模糊控制是以模糊集合论、模糊语言变量和模糊逻辑推理为基础的一种计算机数字控制技术，是一种非线性智能控制方法。模糊控制的实质是将相关领域的专家知识和熟练操作人员的经验，转换成模糊化后的语言规则，通过模糊推理与模糊决策，实现对复杂系统的控制，对于被控对象的非线性和强耦合等特点具有极强的适应性[23]。根据水泥生料球磨机的工作特性以及模糊控制的特点，将模糊控制算法应用于生料磨系统的控制中，结合人工控制经验，可以取得较好的控制效果。

以球磨机最重要的负荷控制为例，选取电耳测得的磨音信号为主检测参数（被控变量），以给料机的喂料速度为调节参数（操纵变量）。考虑计算机离散控制情形，设 k 时刻测量得到的磨音信号与正常磨音信号值的强度偏差为 $e(k)$，对应的模糊语言变量用 E 表示；磨音强度变化率用 $\Delta e(k)$ 表示，对应的模糊语言变量用 E_c 表示；进料速度用 $u(k)$ 表示，对应的模糊语言变量用 U 表示。以 E 和 E_c 作为模糊控制器的输入量，U 为模糊控制器的输出量（操纵变量），则球磨机负荷模糊控制是一个单变量二维输入模糊控制，其原理框图如图 5-13-12 所示[24]。

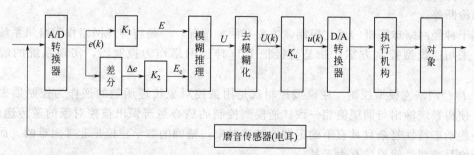

图 5-13-12　球磨机负荷模糊控制原理框图

根据专家知识和熟练操作人员的经验，建立各模糊变量的隶属度函数和模糊控制规则表（模糊关系矩阵）。模糊控制规则表的建立必须确保"完整性"，即规则表必须覆盖所有的输入状态，使得在每一种输入状态下都有相应的控制规则起作用。具体的控制过程为：通过 A/D 转换，把取得的磨音信号强度偏差及其变化率这两个清晰量，通过隶属度函数模糊化，得到一个模糊化的 $E(k)$ 和 $E_c(k)$，将它们与模糊关系矩阵 R 进行推理合成运算，求得模

糊控制量 $U(k)$；最后将 $U(k)$ 转换成精确量 $u(k)$，通过 D/A 转换去调整给料机的喂料速度，从而对球磨机的喂料量进行控制。

模糊控制不需要知道被控对象的数学模型，且具有比常规控制系统更好的稳定性和更强的鲁棒性，然而单纯的模糊控制可能产生稳态误差偏大，存在扰动等问题，单独地使用模糊控制难以满足生料磨系统实际控制的需要[25]，因此模糊控制与其他控制算法（如 PID）结合成复合控制方法就更能凸显各自的优点，模糊 PID 控制就是其中一种成功应用的方案。

球磨机模糊 PID 控制结构框图如图 5-13-13 所示[26]。以磨音信号强度偏差及其变化率作为模糊控制器的二维输入量，经模糊推理和去模糊化后得到 PID 控制器的控制参数 K_P、T_I、T_D。根据被控过程对参数 K_P、T_I、T_D 的自整定要求，实现参数整定，以满足不同磨音偏差及其变化率对控制参数自动调整的要求，这样在实际控制中就可以融合专家对 PID 控制参数的现场调整经验，具有良好的动态性能和抗扰动能力，使球磨机避免"空磨"或"饱磨"。

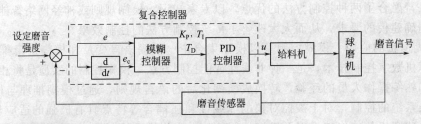

图 5-13-13　球磨机模糊 PID 控制结构框图

② 神经网络的应用　基于神经网络的智能控制是指在控制系统中采用神经网络对难以精确描述的复杂的非线性对象进行建模，或充当控制器，或优化计算，或进行推理，或做故障诊断，以及同时兼有上述某些功能的适当组合。神经网络在控制中的作用有：

- 在基于模型的各种控制器中充当对象的模型；
- 在反馈控制系统中直接充当控制器；
- 在传统的控制系统中作优化计算；
- 与其他控制方法和优化算法相结合，为其提供非参数化对象模型、优化参数、推理及故障诊断等。

基于神经网络球磨机的优化控制，主要有两种情况：一是将神经网络作为磨机系统的逆模型，采用逆模型控制方案；二是直接把 PID 神经网络作为控制器，实现系统的解耦与控制。

a. 神经网络逆模型控制　逆模型控制就是用被控对象传递函数的逆作为控制器去驱动对象，使得系统输出与期望值一致。逆模型控制的核心是辨识出被控对象的逆传递函数，对于一些动态特性复杂且具有不确定性的被控对象，精确的数学建模是非常困难的，而神经网络恰恰是非线性建模的有力工具。

采用间接学习的神经网络控制中的双网络结构，建立球磨机负荷的神经网络逆控制模型[27]（图 5-13-14），其基本思想是，球磨机的输入输出是可测的（输入是喂料量，输出是球磨机的磨音强度，用以代表磨机负荷），通过神经网络辨识模型对过去的输入输出数据进行足够次数的训练学习（实际上就是对网络连接权值的调整），可用该神经网络模型表示球磨机输入对于输出的映射关系，它实际上代表了球磨机系统的逆模型。将训练好的神经网络逆模型置于控制器位置，能对系统的输入实施有效的控制。

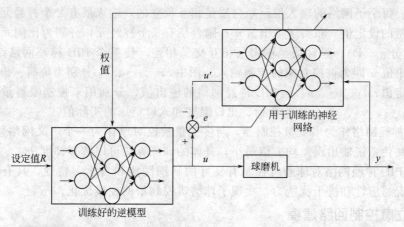

图 5-13-14 球磨机负荷的神经网络逆控制结构框图

可通过一个简单的 3 层 BP 网络表示球磨机系统的输入对于输出的映射关系，故将球磨机的实际输出（磨音信号）作为训练网络的输入，磨机的实际输入（喂料量）作为网络的教师信号，网络的输出模拟磨机的输入。运用反向传播算法，不断改变神经网络的连接权值，直到网络误差达到一个期望值，通过学习过程，神经网络逐渐逼近球磨机的逆模型，然后将训练后的神经网络逆模型作为控制器的前置校正输入系统。在实际控制过程中，将磨机输出的最佳稳态值输入已训练好的神经网络输入节点，经过逆模型的校正，网络输出层的输出（即喂料量）能够使球磨机产生最佳负荷工作点。

神经网络模型一经确定，运算速度很快，可实现磨机负荷优化的在线控制。因为磨机模型参数在工作过程中由于机械特性的变化而变化，需要神经网络具有连续地辨识被控系统逆模型的能力。此时可在磨机每次工作时的非输入时期（如研磨）内，利用本次工作的在线测量结果作为新的样本，完成系统的离线辨识，以便在下次工作中补偿参数的变化，从而实现对系统动态特性的跟踪辨识及控制。

b. PID 神经网络控制　PID 神经网络控制是一种融合了 PID 控制与神经网络优势的复合控制方法。多变量 PID 神经网络是由多个 PID 型单神经元交叉关联组成的，其隐含层神经元由比例元、积分元、微分元组成。它将 PID 控制规律融进神经网络之中，可以在线自主学习和调整网络权值，改变网络中 P、I、D 作用的强弱，使系统的每个控制参数按照给定值的要求变化，实现系统的解耦与控制[28]。

球磨机制粉系统是一个 3 输入 3 输出系统，其输入变量为喂料量、热风量和主排风机风量，输出变量为球磨机负荷、出磨温度和入磨负压，各变量之间相互耦合严重，通过多变量 PID 神经网络，也可实现解耦的目标。

图 5-13-15 是多变量 PID 神经网络控制系统结构图，这是一个 3 层前向网络，由并列的 3 个相同子网络构成，这样的网络设计确保控制器有较好

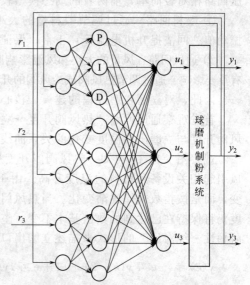

图 5-13-15 球磨机多变量 PID 神经网络控制系统结构

的解耦性能。每个子网络的输入层至隐含层是相互独立的，输入层有 2 个神经元，分别接收一个被控变量的设定值 r 和实际输出值 y；隐含层有 3 个神经元，分别为比例元（P）、积分元（I）和微分元（D）；隐含层至输出层相互交叉相连，使整个 PID 神经网络结合为一体，输出层的输出值 u 即为被控对象的控制输入。图中，r_1、r_2、r_3 分别为负荷、出口温度和入口负压的设定值；u_1、u_2、u_3 是 PID 神经网络的输出值，分别用来控制喂料量、热风量和排风机风量；y_1、y_2、y_3 分别为负荷、出口温度和入口负压的实际值。

将 PID 神经网络作为多变量控制器，与多变量被控对象作为一个广义网络整体来考虑，学习的目标是使系统输出误差均方值最小，具体的训练算法可以选择梯度法。

多变量 PID 神经网络对球磨机控制有良好的解耦性能和自学习特性，具有较强的鲁棒性、运行工况适应性和抗干扰能力，实现了球磨机控制量的在线优化。

13.2.5 立磨控制回路建模

传统的工业过程特性主要有两种：静态特性和动态特性，分别对应于系统的静态（稳态）模型和动态模型。在工业控制中，过程的静态模型是设计系统方案和控制算法的基础之一，在系统可以长期稳定控制的情况下，静态模型对于进一步实现系统的优化控制具有很大作用。对于立磨系统这种具有大滞后、强耦合特点的非线性工业过程（但非线性特点不明显，可近似为线性），精确的动态数学模型是进行控制系统分析、设计的前提和关键。

综合各种工业过程建模方法及立磨工业现场实际情况，阶跃响应实验法（或脉冲响应实验法）可以很好地体现控制变量与监测变量之间的动态响应关系。当某一控制变量的数值发生改变时，与其相关性较大的监测变量也会发生变化。

立磨粉磨过程属于连续集中参数型过程，对于此类工业过程，通常采用微分方程或连续状态方程描述其数学模型。在工业控制系统设计中，一阶时滞模型或二阶时滞模型被普遍应用。另外，考虑到当前绝大多数工业控制均采用计算机技术实现，为了方便预测控制等先进控制算法的应用，通常将工业过程模型转换成离散或差分的形式。

立磨的粉磨过程控制主要由 3 个控制回路构成：喂料回路、通风回路和液压回路。但液压回路相对较简单，前两者的动态模型较复杂。

① 喂料回路 通过调节喂料量的大小，保证磨机运行的主要参数（进出口压差、磨机振动值、回渣提升机电流等）正常，保证磨机的良好运行。

② 通风回路 风量的大小和风温影响磨机碾磨效果和生产效率，同时对产品的细度水平也有重要影响。通过调节热风阀或冷风阀的开度，来保证出口温度、进出口压差等参数正常。

因此，对立磨粉磨过程的建模，核心就是对这两个控制回路的输入输出关系建模。

首先观察通风回路"热风阀开度→立磨出口温度"间的输入输出关系，图 5-13-16 是热风阀开度与立磨出口温度变化的关系曲线[29]。

观察图 5-13-16 可知，热风阀门开度从 0% 脉冲变化并最终稳定在 20%，进入磨机的热风引起相关设备和材料的温度升高。由于热风门开度突然变化，立磨出口温度不会跟着突变，而是按指数规律逐渐变化。当热风门作用一段时间后，热风门开度变为零，立磨出口温度仍将保持在已达到的数值基本不变，整个作用过程存在一定的时延。因此采用"积分+一阶惯性+纯滞后"的形式来描述立磨出口温度与热风门开度之间的特性，离散化后得到[29]：

$$y(k) = -\mathrm{e}^{\frac{T}{T_P}}y(k-2) + (1+\mathrm{e}^{\frac{T}{T_P}})y(k-1) + K_P(1-\mathrm{e}^{\frac{T}{T_P}})u(k-\frac{\tau}{T}-1) \qquad (5\text{-}13\text{-}19)$$

式中，τ 是滞后时间；T 是现场系统采样周期。

同理，在立磨现场对喂料回路、通风回路主要控制变量和监测变量进行阶跃响应实验，根据实验数据采样最小二乘法辨识不同回路的数学模型，得到各回路数学模型如下描述。

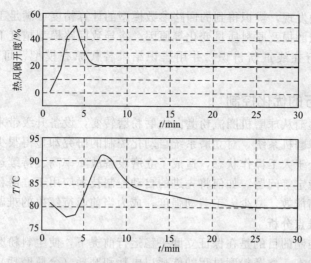

图 5-13-16　热风阀开度与立磨出口温度变化关系曲线

　　喂料量的调节由配料系统完成，配料系统的物料输出经入料皮带及三道锁风阀进入磨机，内部存在较大的滞后延时，进入磨内的物料在磨机内部形成稳定的料层厚度也存在一定延时。综合考虑，得到喂料回路料层厚度 y 与喂料量 u 之间的关系式为[29]：

$$G(s) = \frac{21\mathrm{e}^{-60s} + 3.23\mathrm{e}^{-180s}}{(487s+1)(23s+1)} \tag{5-13-20}$$

　　通风回路磨机出口温度 y 与热风阀开度 u 之间的关系式为[29]：

$$G(s) = \frac{0.04\mathrm{e}^{-60s}}{s(397s+1)} \tag{5-13-21}$$

　　以喂料量与料层厚度为例，将现场喂料量数据代入其对应关系式，计算得到的料层厚度值与料层厚度实际值对比曲线如图 5-13-17 所示。

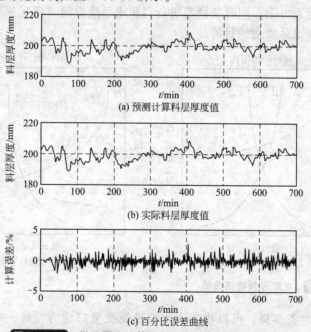

图 5-13-17　料层厚度计算值与实际值对比曲线

　　从以上对比曲线发现，辨识得到的回路参数模型的计算精度可满足工业要求。在现场实际应用时，由于机械磨损及原料质量变化等原因，将导致回路模型精度下降，因此定期对立磨控制回路模型进行在线重新辨识，并用辨识结果替代原有模型，可以保证参数模型的精度。

13.2.6　立磨运行的优化控制

　　生料粉磨工艺逐渐从球磨机圈流粉磨向立磨粉磨转变，设备升级带来了巨大的节能减排效益。但是相对于球磨机系统，对立磨系统自动化控制的研究却显得很少，国内外水泥企业的生料立磨很多都处于人工操作状态，造成了立磨设备故障率高、持续运行时间短、实际产出低、产品质量不稳定等问题。如何将先进的自动控制技术应用于立磨粉磨过程，进一步降低其生产能耗，提高能效，减少人工劳动强度，成为当前亟待解决的难题。

(1) 立磨控制难点分析

　　立磨系统优化控制的目的是在保证立磨平稳运行前提下，使生料粉磨设备工作在最大负荷或近似最大负荷状态。立磨粉磨过程的能耗以电耗和磨耗（金属磨耗）为主，因此对生料立磨粉磨过程的优化就是指如何在运行状态平稳的情况下节能降耗，提高产量。

　　根据对立磨系统粉磨机理的了解，并结合现场工人的实际操作经验，立磨的控制难点主要在于以下几个方面[30]。

　　① 立磨系统的控制主要分为两部分：磨机负荷控制和成品质量控制，两者之间有较强的耦合关系。提升磨机负荷，意味着入磨生料量的增加，立磨内循环物料量将增大，可能出现"饱磨"的趋势，从而影响磨内通风情况，成品质量和产量也会受到影响。而提高成品的质量，同样影响磨机的负荷，如减少冷风量使磨机环境温度升高，物料烘干效率提高，选粉机选粉量增加，磨内循环物料减少，导致出现"空磨"趋势。

　　② 需要调节的变量数多。实现磨机负荷和成品质量的协调控制，需要同步控制以下参数：喂料量、磨辊液压压力和冷风阀开度。图 5-13-18 是立磨控制特性曲线，（a）是负荷特性曲线，（b）是成品质量控制特性曲线。观察曲线可知，需要找到喂料量、磨辊压力和冷风阀门开度的最佳组合方案，同时兼顾磨机负荷和成品质量间的相互关系，才能达到同时兼顾最优化磨机负荷和成品质量的目的。

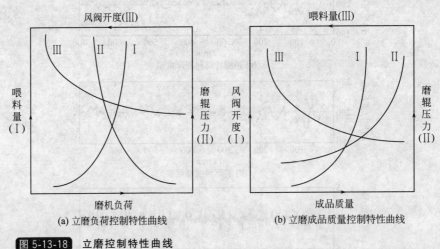

(a) 立磨负荷控制特性曲线　　　　　　　　(b) 立磨成品质量控制特性曲线

图 5-13-18　立磨控制特性曲线

　　③ 控制对象的种类多样。可以将 3 大主要控制变量归结为：料—喂料量、风—风阀开度、液压力—磨辊压力。料的改变至负荷出现相应变化，存在很大的纯时延（超过 3min），

液压力的改变也存在一定时延，而风的改变至负荷变化可以不考虑时延的影响。因此，人工控制的难度很大，而采用单一的自动控制方法无法实现立磨系统的统一控制。

由上述分析可知，可以将立磨系统的负荷和成品质量的优化控制整合。由图 5-13-19 所示，对负荷和成品质量的最优控制均为寻找某一入料成分下的喂料量、磨辊液压压力和冷风阀开度的最佳组合方案，只是 3 个控制量对负荷和成品质量的影响力有所不同，但在负荷稳定的情况下，成品质量也比较稳定且能满足要求。因此，可以将立磨系统的优化控制归结为磨机负荷的控制问题，即磨内料层厚度的控制问题。只有将料层厚度控制在合理的位置，才能有效避免磨辊与磨盘间的碰撞等造成的无谓损耗，保证磨机较高的粉磨效率，此时通风情况也会改善，成品生产效率和合格率均处于较高水平。

（2）立磨压差的广义预测 PID 控制

立磨进出口压差的变化直接反映了磨腔内循环物料量的大小。压差稳定，标志着入磨物料量和出磨物料量趋于平衡，磨机正常运作。系统稳定是相对的、暂时的，而不稳定是绝对的，若不能及时调整，磨机就会趋于"闷磨"或"空磨"。当压差上升时，说明入磨物料量大于出磨物料量，磨内循环量增加，料层变厚，导致磨机振动；当压差变小时，说明入磨物料量小于出磨物料量，料层变薄，也会引起磨机振动。因此，在磨机运行过程中，要不断地稳定磨内压差，使料床稳定，以保证磨机连续、稳定地运行。磨内压差的变化主要取决于磨机的喂料量、通风量和研磨压力。

目前，实际生产中一般是操作员通过时刻关注磨内压差的变化趋势，根据经验判断物料的增减及调节量的大小，然后手动调节喂料量。由于生料特性和粉磨工况经常发生变化，这不仅增加了操作员的劳动强度和难度，而且由于操作的主观性和随意性，当磨况不稳定时，操作员往往调节不及时，导致磨机出现堵磨或振动等异常工况，严重影响粉磨物料的质量和磨机的使用寿命。

传统的 PID 算法虽然简单直观，但对于立磨粉磨这样一个强耦合、时变、大滞后的被控对象，PID 参数的整定十分困难，控制效果不理想。而基于 CARIMA（受控自回归积分滑动平均）模型的广义预测控制（GPC）具有较好的抗负载扰动、抗随机干扰、时变能力和较强的鲁棒性，而且在 GPC 目标函数中考虑控制增量序列，使它适用于大滞后、慢时变及非最小相位等过程。但 GPC 是基于参数化模型的预测控制，在线计算量大，超调难以抑制。考虑到 PID 和 GPC 优劣互补的特点，可以将两者相结合，通过构造目标函数中控制量的加权矩阵，使广义预测控制具有 PID 控制算法的结构，借助广义预测控制算法参数的递推关系，自适应整定 PID 参数，实现对磨内压差的广义预测 PID 自适应控制[31]。

广义预测 PID 算法继承了预测控制模型在线预测、反馈校正和滚动优化的特点，同时又具有 PID 抑制稳态误差和改善动态性能的优点。该算法与常规 GPC 最大的不同是在目标函数中融入了 PID 的调节参数：

$$J = \sum_{j=1}^{N} \{K_i [e(k+j)]^2 + K_p [\Delta e(k+j)]^2 K_d [\Delta^2 e(k+j)]^2\} + \lambda \sum_{j=1}^{N_u} [\Delta u(k+j)]^2$$

$$(5\text{-}13\text{-}22)$$

式中，$e(k) = \Delta e(k) = 0$，$e(k+j) = w(k+j) - y(k+j)$；N_u 为预测前位；$\lambda > 0$ 是控制加权因子；K_p、K_i、K_d 分别为比例项系数、积分项系数和微分项系数；$y(k+j)$ 是向前 j 步的输出预测；$w(k+j)$ 是给定的设定值柔化序列。

该目标函数对 Δu 求导，令其为零，可求得每一步的控制增量，其中包含了 K_p、K_i、K_d 参数。通过调整 3 个参数，观察控制效果，可得到如下结论[32]。

a. K_i 的影响　增大积分项系数 K_i，系统鲁棒性会降低。

b. K_p 的影响　增大比例项系数 K_p，虽然可以使控制器跟踪加快，但系统鲁棒性也会降低。

c. K_d 的影响　增大微分项系数 K_d，可以使控制器跟踪加快，系统鲁棒性也增加。

实践表明，广义预测 PID 控制能较好地稳定磨内压差，并且具有响应速度快、抗干扰性强、鲁棒性好等优点，其控制效果优于常规 GPC 和 PID。原因在于基于模型的 GPC 算法能够利用递推最小二乘方法在线辨识系统模型，控制器参数能随模型变化，对模型的变化具有适应性；而 PID 控制中不包含系统模型信息，当模型变化时，PID 控制参数不会随之变化。广义预测 PID 中的积分环节具有消除静态误差的作用，而传统 GPC 不能消除静态误差，因此广义预测 PID 算法对具有大滞后、慢时变和非线性的水泥生料立磨系统具有更好的控制效果。

(3) 立磨粉磨过程的多回路协调控制

同球磨机一样，立磨的粉磨过程也是一个复杂的多回路控制对象，主要包括 3 个回路：液压回路、喂料回路和通风回路。3 个回路之间存在着一定的耦合关系，尤其是喂料回路和通风回路之间，主要表现为以下几点。

a. 喂料量的改变除了影响料层厚度外，还会造成主电机电流、进出口压差、磨机振动值、回料提升机电流的明显变化，对磨机出口温度也有一定影响。

b. 热风阀开度不仅会改变磨机出口温度，磨机入口温度也受其影响有明显变化。而热风阀开度的改变会对通风量有较大影响，因此磨机进出口压差会有显著变化。通风量的改变也会影响物料在磨内的循环流动状况，表现为料层厚度及回料提升机电流的微小变化。

c. 冷风阀开度的改变对磨机温度水平也有一定影响，但影响效果比热风阀差很多，因此在立磨现场通常保持其在 $45\%\sim50\%$ 的水平不变，只有在仅靠调节热风阀无法完全实现调整效果时，才对冷风阀开度进行适当调整。

可见这两个回路的输入输出量之间存在着较明显的交叉耦合关系，但分析表明喂料回路和通风回路的主要控制指标不存在较大的交集，且主要病态工况区分明显，因此可以建立不同回路模型之间基于规则的隶属专家库，实现多模型在线自由切换[29]。

根据立磨现场运行情况总结出的立磨主要病态工况，详见表 5-13-4。只有当表中的 3 项判断条件（主要反应、辅助现象 1、辅助现象 2）均满足时，才能确定该回路出现相应的病态工况，需要施加调节动作以避免工况恶化。当料层厚度和出口温度均出现显著变化时，可以判断系统两个回路均出现病态工况，需要根据回路切换规则进行多动作协调控制。

表 5-13-4　立磨主要病态工况表

回路	病态工况	主要反应	辅助现象 1	辅助现象 2
喂料回路	空磨	料层厚度减小	进出口压差减小	回料提升机电流减小
	饱磨	料层厚度增加	进出口压差增大	回料提升机电流增大
通风回路	磨温过高	磨机出口温度升高	磨机入口温度升高	进出口压差增大
	磨温过低	磨机出口温度降低	磨机入口温度降低	进出口压差减小

根据病态工况特征提取立磨多回路切换控制规则，如图 5-13-19 所示。

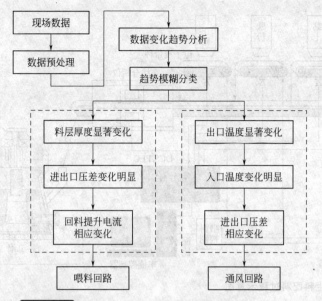

图 5-13-19 立磨多回路切换控制规则简图

13.2.7　生料配料过程控制

水泥生料配料过程控制又称为生料质量控制，简称 QCS。控制的目的是确保入窑生料三率值的均匀稳定，这是稳定水泥窑热工制度和提高熟料产质量的前提条件。

图 5-13-20 是生料配料过程示意图。来自 4 个原料库的石灰石、黏土、铁粉和其他校正原料，按照一定的比例分别通过 4 台电子振动料斗将原料输送给 4 台电子皮带秤，4 种原料由主传送带送入生料磨，经生料磨粉磨成生料。对生料配料过程的控制是这样的：首先，根据待生产的水泥品种确定期望的率值指标，并输入率值控制器，由率值控制器根据各原料成分确定各原料需要的配比，然后喂料控制器根据配比信号控制各原料库的下料量，由测速传感器和压力传感器测出皮带的速度和物料的重量，并转换成电信号，传送给率值控制器，率值控制器再将调节信号输出给喂料控制器，构成闭环控制回路，以调节皮带秤的速度，使皮带秤的流量稳定在某一固定流量上。X 荧光分析仪可快速地检测出粉磨生料中 SiO_2、Al_2O_3、Fe_2O_3 和 CaO 等氧化物的百分比含量，将结果送入率值控制器，率值控制器将实际出磨生料率值与期望率值相比较，确定偏差项，根据这些偏差项算出每种原料的变化，再反馈给喂料控制器修正配比，从而调整各原料的下料量配比，形成一个闭合回路，以实现出磨生料率值的稳定。

由于水泥生产企业产品品种的变化，生产中必须采用灵活的生料配料方案。QCS 系统不仅要适应配料方案变化的要求，还要在原料条件尤其是化学组分不断变化的情况下，保持入窑生料的工艺参数符合某种产品规格的要求，率值误差在最小误差范围内。

目前，现代化水泥生产线普遍采用生料配料过程控制策略，主要有前置式（磨前）和后置式（磨后）两类[33]。前置式控制系统如图 5-13-21 所示，其特点是：采用在线分析仪检测并计算入磨前的原料成分，将结果送入喂料控制器，该控制器根据偏差值调整喂料机构，改变各原料下料量比例，实现提前控制。

后置式控制系统如图 5-13-22 所示，其特点是：采用 X 荧光分析仪对出磨生料进行检测，将检测结果送入率值控制器，根据偏差计算配料量作为喂料控制器的目标值，进而调整喂料机构，实现配料过程控制。

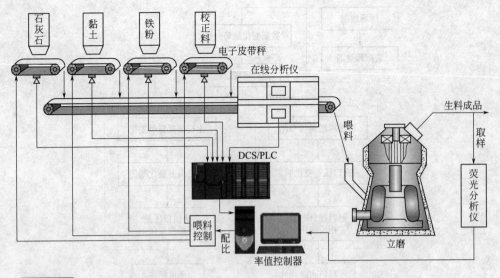

图 5-13-20   生料配料过程示意图

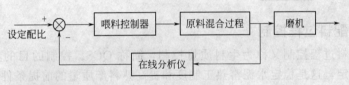

图 5-13-21   前置式 QCS 控制系统结构框图

图 5-13-22   后置式 QCS 控制结构框图

　　就生料质量控制而言，前置式 QCS 在进入磨机之前的混合料皮带秤上，用在线分析仪检测各主要原料成分并计算出原料配比，能更好地控制入磨原料质量，但是磨后部分相当于开环，未对出磨生料成分检测反馈，开环部分任一环节出现故障，都会对出磨生料质量有重要影响；后置式 QCS 由于磨机大滞后性的存在，出磨生料检测的是几个小时以前的原料，不能及时调整喂料量，也难以准确控制出磨生料的质量。

　　针对以上两种控制结构的不足，图 5-13-23 给出了水泥生料配料的串级控制结构[33]。该结构融合了前置式控制和后置式控制的优点，能够在入磨前对各原料配比进行及时调节，并对出磨生料进行检测反馈，实现出磨生料质量的控制。

　　目前国内水泥企业生料 QCS 控制方法大体分为稳定化学成分与稳定率值两类，前者主要指稳定生料中一两种主要氧化物成分。然而，在生产实践中，人们发现控制生料成分同控制生料率值存在矛盾。生料四种主要氧化物化学成分稳定必定导致三率值稳定，但三率值稳定时四种主要氧化物的化学成分并不一定需要稳定。稳定生料率值实际上只要求四种主要氧化物之间一种比例关系的稳定。仅仅稳定生料中的一两种主要氧化物来控制生料质量缺乏理论依据，容易产生误导，甚至使率值偏离目标值更远。相反，陈久丰[34]通过理论推导指出

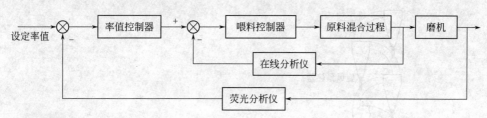

图 5-13-23　生料 QCS 串级控制结构框图

稳定生料率值更贴近熟料质量的要求,有利于烧成。国内许多水泥企业仍沿袭稳定化学成分的思路来控制生料质量,应当注意这种思路的局限性,充分认识实现生料率值控制的重要性和必要性。

在工业应用方面,国外很多企业因成功地使用了在线分析仪,特别是将在线分析仪与 X 荧光分析仪配合使用,实现超前控制和反馈控制相结合,大大提高了生料质量。我国很多水泥企业购置了荧光分析仪,将 QCS 系统和 DCS 系统结合,实现生料三率值的闭环控制,确保入窑生料的质量。国内部分技术领先企业也引入了在线分析仪表（γ-matrix 在线分析仪或 CBX 在线分析仪等）,将其安装在主皮带秤上,对入磨混合料进行检测,并计算出各原料实际配比,将结果送入喂料控制器,这相当于在整个生产过程中加入了一个前馈环节,能更好地保证出磨生料的质量。

在控制方法上,除了常规 PID 控制外,近年来也涌现出许多新的控制策略。比如,在智能控制方面,专家控制、神经网络预测模型和新型 TS 模糊控制器的应用;在先进控制方面,可以设计模型预测控制器来计算生料在扰动情形下的最优喂料比,以此作为输入,获得了具有最小阶次和最少参数的多变量过程参数化模型,该模型还考虑了输出间的耦合,并可忽略输入输出变量间的约束条件,提高了控制性能。

13.3　熟料煅烧系统

13.3.1　熟料煅烧系统主要设备

近几十年来,水泥工业窑尤其是窑外预分解技术的发展,使水泥工业进入了一个崭新的时代。新型干法水泥的生产过程,就是以悬浮预热和窑外分解技术为核心,以新型的烘干粉磨及原燃料均化工艺为辅助,采用以计算机控制为代表的自动化过程控制手段,实现高效、优质、低耗的水泥生产过程。新型干法窑烧成系统可分为预热器（旋风筒和预热管道）、分解炉（烧成窑尾）、回转窑（熟料煅烧）和冷却机（烧成窑头）四大部分,如图 5-13-24 所示。

从图 5-13-24 可知,烧成系统的主要设备包括悬浮预热器、分解炉、四转窑、篦冷机、粉煤燃烧器等。

(1) 悬浮预热器 (旋风预热器)

悬浮预热器是新型干法水泥生产技术的核心设备之一,由若干级换热单元（旋风筒和换热管道组成）串联而成,通常为 4～6 级,习惯上将预热器各级旋风筒由上到下进行排列和编号。旋风预热器的作用是把生料的预热和部分分解采用悬浮预热方式来完成,具体是利用窑内堆积翻滚的高温气流,采用多级循环悬浮预热方式,使生料粉与炽热气流进行充分的热交换,完成悬浮预热和部分生料分解,为生料入窑煅烧做准备。使用该设备,可以缩短回转窑长度,并提高整个窑系统生产效率,降低熟料烧成热耗。

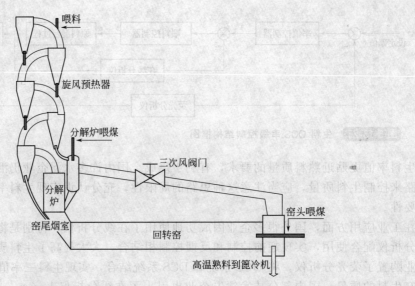

图 5-13-24 熟料煅烧系统流程图

（2）分解炉

分解炉是窑外分解系统的核心部分，它位于悬浮预热器与回转窑之间，承担着预分解系统中繁重的燃烧、换热和碳酸盐分解任务。分解炉要完成生料中 90%～95% 的碳酸盐分解反应，碳酸盐分解是吸热反应，所需的热量来源于向炉内喷入的煤粉燃烧，以及在窑头冷却机中被熟料预热的空气，作为三次风引入分解炉，起到对流换热。

分解炉分解任务能否在高效状态下顺利完成，主要取决于生料与燃料能否在炉内很好地分散、混合和分布；燃料能否在炉内迅速地完全燃烧，并把燃烧热及时地传递给物料；生料中碳酸盐组分能否迅速地吸热，分解逸出的二氧化碳能否及时排除。以上这些要求能否达到，在很大程度上又取决于炉内气、固流动方式，即炉内流场的合理组织。

（3）回转窑

回转窑由筒体、支承装置、传动装置、密封装置、喂料装置和窑头燃烧装置等组成。回转窑是个圆形筒体，它倾斜安装在数对托轮上，电动机经过减速后，通过小齿轮带动大齿轮而使筒体回转运动。

回转窑的功能如下：①燃烧升温；②热交换；③化学反应；④物料输送；⑤降解利用废弃物。

回转窑的工艺带划分如下：

① 过渡带 从窑尾起至物料温度为 1280℃（或 1300℃）的部分，主要承担物料升温、部分碳酸盐分解及固相反应的任务；

② 烧成带 物料温度由 1280℃到 1450℃再到 1300℃的部分，主要承担熟料烧成及熟料中主要矿物 C_3S 的形成任务；

③ 冷却带 窑头端部物料温度为 1300℃以下的部分，主要承担熟料的冷却任务，在该工艺带内熟料冷凝成圆形颗粒后落入篦冷机内继续冷却。

（4）篦冷机

水泥熟料冷却机是水泥回转窑中重要的设备，也是一种热交换装置，它是高温物料向低温气体传热，使从回转窑内卸出的熟料（温度一般在 1000～1400℃）经过冷却后温度降至 100～200℃，将含有大量热量的废气加以利用，提高窑的热效率。另外，熟料的冷却过程还能改善熟料质量，提高熟料易磨性，改善火焰燃烧条件，节约能源。

复合箅式冷却机由倾斜箅床和水平箅床组成，采用厚料层操作，料层厚度达 600mm，借以提高二次风温和三次风温，其进窑二次风温可达 1000～1100℃。

(5) 煤粉燃烧器

烧成系统的燃烧器有两类：一类是窑头用燃烧器（即"回转窑燃烧器"）；另一类是窑尾分解炉用燃烧器。

13.3.2　水泥烧成过程的动态机理建模

水泥烧成过程是一个典型的分布参数、非线性时变、多变量耦合的复杂工业过程，其控制方案的设计需要根据烧成过程本身的特点、变量之间的相互关系以及过程工艺机理和可操作性等几方面来综合考虑。建立水泥烧成过程的动态数学模型，可以在此基础上深入全面地分析过程动态特性，为烧成过程控制方案设计提供强有力的支持。因此，在对水泥烧成过程工艺机理进行分析的前提下，基于"三传一反"原理，即质量传递、热量传递、动量传递和化学反应，以质量平衡、热量平衡和动量平衡为基础并结合反应动力学，建立水泥烧成过程的动态机理模型。

(1) 旋风预热器模型

如图 5-13-25 所示，预热分解系统由 5 级旋风预热器和分解炉组成，生料依次经过第 1～4 级预热器后进入分解炉，在炉内吸收煤粉燃烧热发生分解反应，然后经第 5 级预热器气固分离后进入回转窑。依据工艺设计的要求，旋风预热器的主要任务是利用高温烟气预热生料，而分解炉的主要任务是利用煤粉燃烧热分解生料中的碳酸盐。

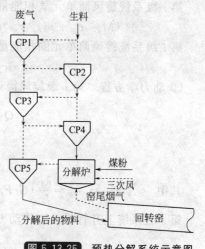

文献 [35] 通过"三传一反"基本原理，建立了旋风预热器系统的预热过程气体平衡、物料平衡、热量平衡与流体、传热动力学过程耦合的数学模型。

如图 5-13-26 所示，将第 i 级旋风筒与上升管段划分为一级系统，将该系统划分为两个单元，其中旋风筒为一个单元，各级旋风筒间的连接上升管道为一个单元。

图 5-13-25　预热分解系统示意图

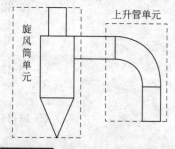

图 5-13-26　第 i 级旋风预热器系统

做如下假定：

- 物性参数为常量；
- 上升管中粉气之间混合、传热充分，在出口两相处于热平衡状态；
- 上升管单元不考虑对环境的散热，且无漏风现象；
- 旋风筒单元的散热量假定为在筒内分离下来的粉体所全部提供；
- 碳酸盐的分解假定为在恒温条件下进行。

由此可确立如下几种平衡方程。

① 质量平衡方程　第 i 级系统上升管单元气相质量平衡：

$$m_{g,\,i+1} + m_{mg,\,i} = M_{g,\,i} \qquad (5\text{-}13\text{-}23)$$

式中，$m_{g,\,i+1}$ 为上升管进口气体质量流量；$m_{mg,\,i}$ 为上升管单元气固两相间交换的质量；$M_{g, i}$ 为旋风筒上升管连接处气体质量流量。

第 i 级系统上升管单元固相质量平衡：

$$m_{m, i-1} + m_{a, i+1} - m_{mg, i} = M_{m, i} \qquad (5\text{-}13\text{-}24)$$

式中，$m_{m, i-1}$ 为上升管进口物料质量流量；$m_{a, i+1}$ 为上升管进口气体携带飞灰质量流量；$M_{m, i}$ 为旋风筒与上升管连接处固相质量流量。

第 i 级旋风筒单元气相质量平衡：

$$M_{g, i} + m_{l, i} = m_{g, i} \qquad (5\text{-}13\text{-}25)$$

式中，$m_{l, i}$ 为第 i 级旋风筒漏风质量流量。

第 i 级旋风筒单元固相质量平衡

$$M_{m, i} = m_{m, i} + m_{a, i} \qquad (5\text{-}13\text{-}26)$$

② 能量平衡方程　第 i 级系统上升管单元能量平衡方程

$$(m_{a, i+1}c_m + m_{g, i}c_g)t_{g, i+1} + m_{m, i-1}c_m t_{m, i-1} = (M_{m, i}c_m + M_{g, i}c_g)t_i \qquad (5\text{-}13\text{-}27)$$

式中，c_m 为物料比热容；c_g 为气相比热容；$t_{g, i+1}$ 为第 i 级系统上升管进口气相温度；$t_{m, i-1}$ 为第 i 级系统上升管物料进口温度；t_i 为第 i 级系统旋风筒与上升管连接处温度。

第 i 级系统旋风筒单元气相能量平衡方程：

$$(M_{g, i}c_g + m_{a, i}c_m)t_i + m_{l, i}c_g t_g = (m_{a, i}c_m + m_{g, i}c_g)t_{g, i} \qquad (5\text{-}13\text{-}28)$$

第 i 级系统旋风筒单元固相能量平衡方程：

$$m_{m, i}c_m t_i = m_{m, i}c_m t_{m, i} + Q_{l, i} \qquad (5\text{-}13\text{-}29)$$

③ 动力学方程　第 i 级旋风筒通过筒壁向环境的传热动力学方程：

$$Q_{l, i} = \frac{F(t_i - t_a)}{\dfrac{1}{\alpha_{c, i} + \alpha_{r, i}} + \dfrac{\delta_i}{\lambda_i}} \qquad (5\text{-}13\text{-}30)$$

其中　　　$\alpha_c = \dfrac{\lambda_f}{L}(GrPr)^n$，$\quad \alpha_r = \dfrac{\varepsilon\sigma\left[\left(\dfrac{T_w}{100}\right)^4 - \left(\dfrac{T_a}{100}\right)^4\right]}{T_w - T_a}$

第 i 级系统上升管单元流体动力学方程：

$$p_i - p_{i-1} = \xi_i \frac{\rho v_i^2}{2} \qquad (5\text{-}13\text{-}31)$$

第 i 级系统旋风筒单元流体动力学方程：

$$p_i - p_{i-1} = \xi_i' \frac{\rho v_{i-1}^2}{2} \qquad (5\text{-}13\text{-}32)$$

第 i 级系统旋风筒漏风过程动力学方程：

$$m_{l, i} = \mu F_{l, i}\sqrt{\frac{p_a - p_i}{\rho_a}} \qquad (5\text{-}13\text{-}33)$$

第 i 级系统旋风筒漏风分离过程动力学方程：

$$m_{m, i+1} = \eta_i M_{m, i} \qquad (5\text{-}13\text{-}34)$$

(2) 分解炉模型

分解炉是预分解窑系统的核心部分，它承担了预分解窑系统中煤粉燃烧、气固换热和碳酸盐分解任务。通过分析分解炉内部生料和煤粉的燃烧机理，并根据操作人员的经验总结，可以发现影响分解炉参数时变的主要因素有煤粉流量的波动、生料流量的波动和三次风量的波动，且分解炉出口气体的温度变化趋势与分解炉中的温度变化趋势相同[36]。图 5-13-27 是分解炉的输入输出示意图。

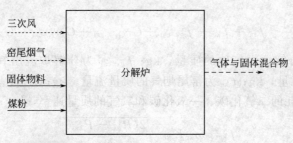

图 5-13-27　分解炉系统输入输出示意图

分解炉中发生的化学反应有煤粉燃烧反应和碳酸钙分解反应[37]，具体如表 5-13-5 所示。

表 5-13-5　分解炉内发生的化学反应

化学反应	指前因子 k_0	活化能 $E/(kJ/mol)$	反应热 $\Delta H/(kJ/mol)$
$CaCO_3 = CaO + CO_2$	$1.18 \times 10^3 \, kmol/(m^2 \cdot s)$	185	179.4
$3C + 2O_2 = CO_2 + 2CO$	$1.225 \times 10^7 \, m/s$	99.77	-392.92
$2CO + O_2 = 2CO_2$	$3.25 \times 10^7 \, m/s$	133.8	-284.24

反应速率常数遵循 Arrehenius 方程：

$$k_{CaCO_3} = k_{CaCO_3, \, 0} \exp\left(-\frac{E_{CaCO_3}}{RT_{cal}}\right)$$

$$k_C = k_{C, \, 0} \exp\left(-\frac{E_C}{RT_{cal}}\right)$$

$$k_{CO} = k_{CO, \, 0} \exp\left(-\frac{E_{CO}}{RT_{cal}}\right)$$

式中　R——理想气体常数，$8.314 J/(mol \cdot K)$；

k_{CaCO_3}——碳酸钙分解反应速率常数；

k_C——碳燃烧反应速率常数；

k_{CO}——一氧化碳燃烧反应速率常数；

$k_{CaCO_3, \, 0}$——碳酸钙分解反应速率常数指前因子；

$k_{C, \, 0}$——碳燃烧反应速率常数指前因子；

$k_{CO, \, 0}$——一氧化碳燃烧反应速率常数指前因子；

E_{CaCO_3}——碳酸钙分解反应活化能，kJ/mol；

E_C——碳燃烧反应活化能，kJ/mol；

E_{CO}——一氧化碳燃烧反应活化能，kJ/mol。

这些反应均按一级反应关系处理[38]。

① 基本假定

• 通常，分解炉内的反应条件比较稳定，因此认为比热容、反应热、辐射率等物性参数为常数。

• 依据工艺和设备特点，认为煤粉在分解炉中完全燃烧。

• 碳（C）是煤粉中产生热能的主要化学源，因此将碳作为煤粉中的唯一可燃物。

• 分解炉外面装设有隔热保温层，这里忽略其向外界环境的散热。

② 模型方程[39]

a. 气体质量衡算式

$$\frac{dm_{g,cal}}{dt} = f_{ta} + f_{ke} - f_{g,cal} + G_{CO_2,cal} + G_{CO,cal} - G_{O_2,cal} \tag{5-13-35}$$

式中，$m_{g,cal}$ 为分解炉内气体的质量，kg；$f_{g,cal}$ 为分解炉流出气体的质量流量，kg；f_{ta} 为三次风的质量流量，kg；f_{ke} 为窑尾烟气的质量流量，kg；$G_{CO_2,cal}$、$G_{CO,cal}$ 和 $G_{O_2,cal}$ 分别为反应生成或消耗的二氧化碳、一氧化碳和氧气的质量速率，kg/s；相关计算公式为：

$$f_{ke} = \rho_{ke} K_{ke} \sqrt{\frac{2(P_{ke} - P_{cal})}{\rho_{ke}}}$$

$$f_{ta} = \rho_{ta} K_{ta} \sqrt{\frac{2(P_{ta} - P_{cal})}{\rho_{ta}}}$$

$$G_{CO_2,cal} = \left(k_{CaCO_3} \times \frac{m_{CaCO_3,cal}}{M_{CaCO_3} V_{cal}} + \frac{1}{3} k_C \times \frac{m_{C,cal}}{M_C V_{cal}} \times \frac{m_{O_2,cal}}{M_{O_2} V_{cal}} + k_{CO} \times \frac{m_{CO,cal}}{M_{CO} V_{cal}} \times \frac{m_{O_2,cal}}{M_{O_2} V_{cal}} \right) M_{CO_2} V_{cal}$$

$$G_{CO,cal} = \left(\frac{2}{3} k_C \times \frac{m_{C,cal}}{M_C V_{cal}} \times \frac{m_{O_2,cal}}{M_{O_2} V_{cal}} - k_{CO} \times \frac{m_{CO,cal}}{M_{CO} V_{cal}} \times \frac{m_{O_2,cal}}{M_{O_2} V_{cal}} \right) M_{CO} V_{cal}$$

$$G_{O_2,cal} = \left(\frac{2}{3} k_C \times \frac{m_{C,cal}}{M_C V_{cal}} \times \frac{m_{O_2,cal}}{M_{O_2} V_{cal}} - \frac{1}{2} k_{CO} \times \frac{m_{CO,cal}}{M_{CO} V_{cal}} \times \frac{m_{O_2,cal}}{M_{O_2} V_{cal}} \right) M_{O_2} V_{cal}$$

式中，ρ_{ke}、ρ_{ta} 分别为窑尾烟气和三次风的密度，kg/m³；K_{ke}、K_{ta} 分别为窑尾烟气和三次风的比例系数；P_{ke}、P_{ta} 和 P_{cal} 分别为窑尾、窑头和分解炉的压强，Pa；$m_{CaCO_3,cal}$、$m_{C,cal}$、$m_{CO,cal}$ 和 $m_{O_2,cal}$ 分别为分解炉内碳酸钙、碳、一氧化碳和氧气的质量，kg；M_{CaCO_3}、M_C、M_{CO} 和 M_{O_2} 分别为碳酸钙、碳、一氧化碳和氧气的摩尔质量，kg/mol；V_{cal} 为分解炉的体积，m³。

b. 固体物料质量衡算式

$$\frac{dm_{s,cal}}{dt} = f_{s,4} - f_{s,cal} + G_{CaO,cal} - G_{CaCO_3,cal} \tag{5-13-36}$$

式中，$m_{s,cal}$ 为分解炉内固体的质量，kg；$f_{s,4}$ 为第 4 级预热器沉降下来的固体物料的质量流量，kg；$f_{s,cal}$ 为分解炉流出固体物料的质量流量，kg；$G_{CaO,cal}$ 和 $G_{CaCO_3,cal}$ 分别为分解反应生成或消耗的氧化钙和碳酸钙的质量速率，kg/s；两者的计算公式为：

$$G_{CaO,cal} = k_{CaCO_3} \times \frac{m_{CaCO_3,cal}}{M_{CaCO_3} V_{cal}} \times M_{CaO} V_{cal}$$

$$G_{CaCO_3,cal} = k_{CaCO_3} \times \frac{m_{CaCO_3,cal}}{M_{CaCO_3} V_{cal}} \times M_{CaCO_3} V_{cal}$$

式中，M_{CaO} 为氧化钙的摩尔质量，kg/mol。

c. 氧气（O_2）质量衡算式

$$\frac{dm_{O_2,cal}}{dt} = f_{ke} p_{O_2,ke} + f_{ta} p_{O_2,ta} - f_{g,cal} p_{O_2} - G_{O_2,cal} \tag{5-13-37}$$

式中，$m_{O_2,cal}$ 为分解炉内氧气的质量，kg；p_{O_2}、$p_{O_2,ke}$ 和 $p_{O_2,ta}$ 分别为分解炉内部、窑尾烟气和三次风中氧气的质量百分比。

d. 二氧化碳（CO_2）质量衡算式

$$\frac{dm_{CO_2,cal}}{dt} = f_{ke} p_{CO_2,ke} + f_{ta} p_{CO_2,ta} - f_{g,cal} p_{CO_2} + G_{CO_2,cal} \tag{5-13-38}$$

式中，$m_{CO_2,cal}$ 为分解炉内二氧化碳的质量，kg；p_{CO_2}、$p_{CO_2,ke}$ 和 $p_{CO_2,ta}$ 分别为分解炉内部、窑尾烟气和三次风中二氧化碳的质量百分比。

e. 一氧化碳（CO）质量衡算式

$$\frac{dm_{CO, cal}}{dt} = f_{g, ke} p_{CO, ke} - f_{g, cal} p_{CO} + G_{CO, cal} \tag{5-13-39}$$

式中，$m_{CO, cal}$ 为分解炉内一氧化碳的质量，kg；p_{CO} 和 $p_{CO, ke}$ 分别为分解炉内部、和窑尾烟气中一氧化碳的质量百分比。

f. 碳酸钙（$CaCO_3$）质量衡算式

$$\frac{dm_{CaCO_3, cal}}{dt} = f_{s, 4} p_{CaCO_3, rm} - f_{s, cal} p_{CaCO_3} - G_{CaCO_3, cal} \tag{5-13-40}$$

式中，p_{CaCO_3} 和 $p_{CaCO_3, rm}$ 分别为分解炉内部和生料中碳酸钙的质量百分比。

g. 二氧化硅（SiO_2）质量衡算式

$$\frac{dm_{SiO_2, cal}}{dt} = f_{s, 4} p_{SiO_2, rm} - f_{s, cal} p_{SiO_2} \tag{5-13-41}$$

式中，$m_{SiO_2, cal}$ 为分解炉内二氧化硅的质量，kg；p_{SiO_2} 和 $p_{SiO_2, rm}$ 分别为分解炉内部和生料中二氧化硅的质量百分比。

h. 氧化铁（Fe_2O_3）质量衡算式

$$\frac{dm_{Fe_2O_3, cal}}{dt} = f_{s, 4} p_{Fe_2O_3, rm} - f_{s, cal} p_{Fe_2O_3} \tag{5-13-42}$$

式中，$m_{Fe_2O_3, cal}$ 为分解炉内氧化铁的质量，kg；$p_{Fe_2O_3}$ 和 $p_{Fe_2O_3, rm}$ 分别为分解炉内部和生料中氧化铁的质量百分比。

i. 氧化铝（Al_2O_3）质量衡算式

$$\frac{dm_{Al_2O_3, cal}}{dt} = f_{s, 4} p_{Al_2O_3, rm} - f_{s, cal} p_{Al_2O_3} \tag{5-13-43}$$

式中，$m_{Al_2O_3, cal}$ 为分解炉内氧化铝的质量，kg；$p_{Al_2O_3}$ 和 $p_{Al_2O_3, rm}$ 分别为分解炉内部和生料中氧化铝的质量百分比。

j. 氧化钙（CaO）质量衡算式

$$\frac{dm_{CaO, cal}}{dt} = -f_{s, cal} p_{CaO} + G_{CaO, cal} \tag{5-13-44}$$

式中，$m_{CaO, cal}$ 为分解炉内氧化钙的质量，kg；p_{CaO} 为分解炉内部氧化钙的质量百分比。

k. 碳（C）质量衡算式

$$\frac{dm_{C, cal}}{dt} = f_{C, cal} - G_{C, cal} \tag{5-13-45}$$

式中，$f_{C, cal}$ 为进入分解炉的煤粉的质量流量，kg/s；$G_{C, cal}$ 为煤粉消耗的质量速率，kg/s；其计算公式为：

$$G_{C, cal} = k_C \times \frac{m_{C, cal}}{M_C V_{cal}} \times \frac{m_{O_2, cal}}{M_{O_2} V_{cal}} \times M_C V_{cal}$$

l. 炉内混合物热量衡算式

$$\frac{dT_{cal}}{dt} = [c_C f_{C, cal} T_C + c_g (f_{ke} T_{ke} + f_{ta} T_{ta}) + c_s f_{s, 4} T_{s, 4} - c_g f_{g, cal} T_{cal}$$
$$- c_s f_{s, cal} T_{cal} - \frac{G_{C, cal}}{M_C} \times \Delta H_C - \frac{G_{CO, cal}}{M_{CO}} \times \Delta H_{CO}$$
$$- \frac{G_{CaCO_3, cal}}{M_{CaCO_3}} \times \Delta H_{CaCO_3}]/(c_s m_{s, cal} + c_g m_{g, cal} + c_C m_{C, cal}) \tag{5-13-46}$$

式中，T_{cal} 为分解炉温度，K；T_C、T_{ke}、T_{ta} 和 $T_{s, 4}$ 分别为煤粉、窑尾烟气、三次风和

第 4 级预热器沉降下来固体物料的温度，K；ΔH_C、ΔH_{CO} 和 ΔH_{CaCO_3} 分别为碳燃烧、一氧化碳燃烧和碳酸钙分解反应的反应热，kJ/mol；c_s、c_g 和 c_C 分别为固体物料、气体和煤粉的比热容，kJ/（ kg·K）。

（3）回转窑动态模型

经过预分解的生料从窑尾进入回转窑，因窑体旋转使物料翻滚着向窑头方向运动；煤粉从窑头被一次风吹入窑内并燃烧，使窑内空气变为高温热气体；物料在运动过程中，吸收热气体中含有的热量，发生煅烧反应，形成高温熟料，最后从窑头卸出进入篦冷机。熟料煅烧工艺流程简体如图 5-13-28 所示。

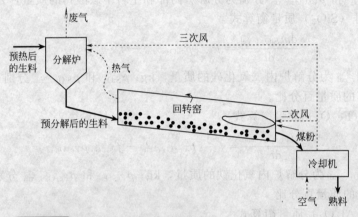

图 5-13-28 熟料煅烧工艺流程简图

具体到水泥回转窑，这是一个连续进出料的高温热工设备，涉及多种分布参数，气、液、固三相并存，其理化反应复杂，热工参数离散，是一个非线性、多变量、纯滞后、强耦合的复杂系统。回转窑的输入输出示意图如图 5-13-29 所示。

回转窑内的物质形态主要有三种：一是自由区的气体（包括煤粉），二是床区的固体，三是窑墙。由于过程的主要变量如温度和质量等沿回转窑轴向是变化的，所以模型形式为偏微分方程。回转窑横截面如图 5-13-30 所示，图中的 r_1 为回转窑内径，r_2 为回转窑外径，θ 为物料填充角，α 为窑的倾斜角度，β 为物料休止角，n 为窑转速。

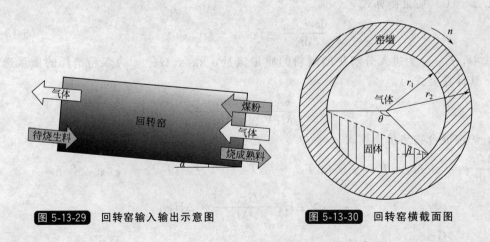

图 5-13-29 回转窑输入输出示意图　　**图 5-13-30** 回转窑横截面图

回转窑内发生的化学反应如表 5-13-6 所示[38]。

表 5-13-6　回转窑内发生的化学反应

化学反应	指前因子 k_0	活化能 E /(kJ/mol)	反应热 ΔH /(kJ/mol)
固体床区			
$CaCO_3 = CaO + CO_2$	1.18×10^3 [kmol/(m² · s)]	185	179.4
$2CaO + SiO_2 = C_2S$	1.0×10^7 [m³/(kg · s)]	240	−127.6
$3CaO + SiO_2 = C_3S$	1.0×10^9 [m³/(kg · s)]	420	16.0
$3CaO + Al_2O_3 = C_3A$	1.0×10^8 [m³/(kg · s)]	310	21.8
$4CaO + Al_2O_3 + Fe_2O_3 = C_4AF$	1.0×10^8 [m⁶/(kg² · s)]	330	−41.3
气体自由区			
$3C + 2O_2 = CO_2 + 2CO$	1.225×10^7 [m/s]	99.77	−392.92
$2CO + O_2 = 2CO_2$	3.25×10^7 [m/s]	133.8	−284.24

反应速率常数遵循 Arrehenius 方程：

$$k_{CaCO_3} = k_{CaCO_3, 0} \exp\left(-\frac{E_{CaCO_3}}{RT_s}\right)$$

$$k_{C_2S} = k_{C_2S, 0} \exp\left(-\frac{E_{C_2S}}{RT_s}\right)$$

$$k_{C_3S} = k_{C_3S, 0} \exp\left(-\frac{E_{C_3S}}{RT_s}\right)$$

$$k_{C_3A} = k_{C_3A, 0} \exp\left(-\frac{E_{C_3A}}{RT_s}\right)$$

$$k_{C_4AF} = k_{C_4AF, 0} \exp\left(-\frac{E_{C_4AF}}{RT_s}\right)$$

$$k_C = k_{C, 0} \exp\left(-\frac{E_C}{RT_g}\right)$$

$$k_{CO} = k_{CO, 0} \exp\left(-\frac{E_{CO}}{RT_g}\right)$$

式中　R ——理想气体常数，8.314J/(mol·K)；

　k_{CaCO_3} ——碳酸钙分解反应速率常数；

　k_{C_2S} ——硅酸二钙反应速率常数；

　k_{C_3S} ——硅酸三钙反应速率常数；

　k_{C_3A} ——铝酸三钙反应速率常数；

k_{C_4AF} ——铁铝酸四钙反应速率常数；

k_C ——碳燃烧反应速率常数；

k_{CO} ——一氧化碳燃烧反应速率常数；

$k_{CaCO_3, 0}$ ——碳酸钙分解反应速率常数指前因子；

$k_{C_2S, 0}$ ——硅酸二钙反应速率常数指前因子；

$k_{C_3S, 0}$ ——硅酸三钙反应速率常数指前因子；

$k_{C_3A, 0}$ ——铝酸三钙反应速率常数指前因子；

$k_{C_4AF, 0}$ ——铁铝酸四钙反应速率常数指前因子；

$k_{C, 0}$ ——碳燃烧反应速率常数指前因子；

$k_{CO, 0}$ ——一氧化碳燃烧反应速率常数指前因子；

E_{CaCO_3} ——碳酸钙分解反应活化能，kJ/mol；

E_{C_2S} ——硅酸二钙反应活化能，kJ/mol；

E_{C_3S} ——硅酸三钙反应活化能，kJ/mol；

E_{C_3A} ——铝酸三钙反应活化能，kJ/mol；

E_{C_4AF} ——铁铝酸四钙反应活化能，kJ/mol；

E_C ——碳燃烧反应活化能，kJ/mol；

E_{CO} ——一氧化碳燃烧反应活化能，kJ/mol；

T_s ——窑内固体物料温度，K；

T_g ——窑内气体温度，K；

这些反应均按一级反应关系处理[38]。

① 基本假定

• 在回转窑内，固体物料与气体没有轴向混合，因此，认为气体和固体物料的运动为活塞流方式，并且两者的轴向线速度与位置无关。

• 由于回转窑内的固体物料被气体带走的量很少，因此忽略气体带走的飞灰量。

• 在窑内的反应条件下，认为比热容、反应热、辐射率等物性参数为常数。

• 由于窑内温度很高，气体、固体以及窑墙之间的热传递方式主要为对流和辐射，因此忽略气体、固体和窑墙之间的热传导。另外，由于窑墙具有保温隔热的作用，所以忽略窑墙的轴向热传递。

• 碳（C）是煤粉中产生热能的主要化学源，因此将碳作为煤粉中的唯一可燃物。

• 由于窑内气体的运动速度比固体的运动速度要快很多，所以忽略气体的动态，按拟稳态处理。

② 模型方程[40]　取回转窑内微元长度 dx 进行质量和热量衡算，得到以下模型方程。

a. 碳（C）质量衡算式

$$\frac{\partial m_C}{\partial x} = -\frac{1}{v_g} \times k_C \left(\frac{m_C}{M_C V_g}\right)\left(\frac{m_{O_2}}{M_{O_2} V_g}\right) M_C \tag{5-13-47}$$

式中，m_C 为回转窑内煤粉中碳的质量，kg；m_{O_2} 为回转窑内氧气的质量，kg；x 为沿窑长方向的长度，m；v_g 为回转窑内气体的运动速度，m/s；V_g 为微元长度回转窑自由区的体积，m^3；M_C 和 M_{O_2} 分别为碳和氧气的摩尔质量，kg/mol。

b. 氧气（O_2）质量衡算式

$$\frac{\partial m_{O_2}}{\partial x} = -\frac{1}{v_g}\left[\frac{2}{3}k_C\left(\frac{m_C}{M_C V_g}\right)\left(\frac{m_{O_2}}{M_{O_2} V_g}\right) + \frac{1}{2}k_{CO}\left(\frac{m_{CO}}{M_{CO} V_g}\right)\left(\frac{m_{O_2}}{M_{O_2} V_g}\right)\right] M_{O_2} \tag{5-13-48}$$

式中，m_{CO} 为回转窑内一氧化碳的质量，kg；M_{CO} 为一氧化碳的摩尔质量，kg/mol。

c. 二氧化碳（CO_2）质量衡算式

$$\frac{\partial m_{CO_2}}{\partial x} = \frac{1}{v_g}\left[k_{CaCO_3}\left(\frac{m_{CaCO_3}}{M_{CaCO_3}V_s}\right) + \frac{1}{3}k_C\left(\frac{m_C}{M_CV_g}\right)\left(\frac{m_{O_2}}{M_{O_2}V_g}\right)\right.$$
$$\left. + k_{CO}\left(\frac{m_{CO}}{M_{CO}V_g}\right)\left(\frac{m_{O_2}}{M_{O_2}V_g}\right)\right]M_{CO_2} \tag{5-13-49}$$

式中，m_{CO_2} 为回转窑内二氧化碳的质量，kg；m_{CaCO_3} 为回转窑内碳酸钙的质量，kg；m_{CO} 为回转窑内一氧化碳的质量，kg；M_{CaCO_3} 为碳酸钙的摩尔质量，kg/mol；M_{CO_2} 为二氧化碳的摩尔质量，kg/mol；V_s 为微元长度回转窑固体床区的体积，m^3。

d. 一氧化碳（CO）质量衡算式

$$\frac{\partial m_{CO}}{\partial x} = \frac{1}{v_g}\left[\frac{2}{3}k_C\left(\frac{m_C}{M_CV_g}\right)\left(\frac{m_{O_2}}{M_{O_2}V_g}\right) - k_{CO}\left(\frac{m_{CO}}{M_{CO}V_g}\right)\left(\frac{m_{O_2}}{M_{O_2}V_g}\right)\right]M_{CO} \tag{5-13-50}$$

e. 氧化铁（Fe_2O_3）质量衡算式

$$\frac{\partial m_{Fe_2O_3}}{\partial t} + v_s\frac{\partial m_{Fe_2O_3}}{\partial x} = -k_{C_4AF}\left(\frac{m_{CaO}}{M_{CaO}V_s}\right)^4\left(\frac{m_{Al_2O_3}}{M_{Al_2O_3}V_s}\right)\left(\frac{m_{Fe_2O_3}}{M_{Fe_2O_3}V_s}\right)M_{Fe_2O_3}$$
$$\tag{5-13-51}$$

式中，v_s 为回转窑内固体物料的运动速度，m/s；m_{CaO}、$m_{Fe_2O_3}$ 和 $m_{Al_2O_3}$ 分别为回转窑内氧化钙、氧化铁和氧化铝的质量，kg；M_{CaO}、$M_{Fe_2O_3}$ 和 $M_{Al_2O_3}$ 分别为氧化钙、氧化铁和氧化铝的摩尔质量，kg/mol。

f. 氧化铝（Al_2O_3）质量衡算式

$$\frac{\partial m_{Al_2O_3}}{\partial t} + v_s\frac{\partial m_{Al_2O_3}}{\partial x} = -\left[k_{C_4AF}\left(\frac{m_{CaO}}{M_{CaO}V_s}\right)^4\left(\frac{m_{Al_2O_3}}{M_{Al_2O_3}V_s}\right)\left(\frac{m_{Fe_2O_3}}{M_{Fe_2O_3}V_s}\right)\right.$$
$$\left. + k_{C_3A}\left(\frac{m_{CaO}}{M_{CaO}V_s}\right)^3\left(\frac{m_{Al_2O_3}}{M_{Al_2O_3}V_s}\right)\right]M_{Al_2O_3} \tag{5-13-52}$$

g. 二氧化硅（SiO_2）质量衡算式

$$\frac{\partial m_{SiO_2}}{\partial t} + v_s\frac{\partial m_{SiO_2}}{\partial x} = -k_{C_2S}\left(\frac{m_{CaO}}{M_{CaO}V_s}\right)^2\left(\frac{m_{SiO_2}}{M_{SiO_2}V_s}\right)M_{SiO_2} \tag{5-13-53}$$

式中，m_{SiO_2} 为回转窑内二氧化硅的质量，kg；M_{SiO_2} 为二氧化硅的摩尔质量，kg/mol。

h. 碳酸钙（$CaCO_3$）质量衡算式

$$\frac{\partial m_{CaCO_3}}{\partial t} + v_s\frac{\partial m_{CaCO_3}}{\partial x} = -k_{CaCO_3}\left(\frac{m_{CaCO_3}}{M_{CaCO_3}V_s}\right)M_{CaCO_3} \tag{5-13-54}$$

i. 氧化钙（CaO）质量衡算式

$$\frac{\partial m_{CaO}}{\partial t} + v_s\frac{\partial m_{CaO}}{\partial x} = \left[k_{CaCO_3}\left(\frac{m_{CaCO_3}}{M_{CaCO_3}V_s}\right) - 2k_{C_2S}\left(\frac{m_{CaO}}{M_{CaO}V_s}\right)^2\left(\frac{m_{SiO_2}}{M_{SiO_2}V_s}\right)\right.$$
$$-3k_{C_3S}\left(\frac{m_{CaO}}{M_{CaO}V_s}\right)^3\left(\frac{m_{SiO_2}}{M_{SiO_2}V_s}\right) - 3k_{C_3A}\left(\frac{m_{CaO}}{M_{CaO}V_s}\right)^3\left(\frac{m_{Al_2O_3}}{M_{Al_2O_3}V_s}\right)$$
$$\left. -4k_{C_4AF}\left(\frac{m_{CaO}}{M_{CaO}V_s}\right)^4\left(\frac{m_{Al_2O_3}}{M_{Al_2O_3}V_s}\right)\left(\frac{m_{Fe_2O_3}}{M_{Fe_2O_3}V_s}\right)\right]M_{CaO} \tag{5-13-55}$$

j. 硅酸二钙（C_2S）质量衡算式

$$\frac{\partial m_{C_2S}}{\partial t} + v_s\frac{\partial m_{C_2S}}{\partial x} = k_{C_2S}\left(\frac{m_{CaO}}{M_{CaO}V_s}\right)^2\left(\frac{m_{SiO_2}}{M_{SiO_2}V_s}\right)M_{C_2S} \tag{5-13-56}$$

式中，m_{C_2S} 为回转窑内硅酸二钙的质量，kg；M_{C_2S} 为硅酸二钙的摩尔质量，kg/mol。

k. 硅酸三钙（C_3S）质量衡算式

$$\frac{\partial m_{C_3S}}{\partial t} + v_s \frac{\partial m_{C_3S}}{\partial x} = k_{C_3S} \left(\frac{m_{CaO}}{M_{CaO} V_s}\right)^3 \left(\frac{m_{SiO_2}}{M_{SiO_2} V_s}\right) M_{C_3S} \tag{5-13-57}$$

式中，m_{C_3S} 为回转窑内硅酸三钙的质量，kg；M_{C_3S} 为硅酸三钙的摩尔质量，kg/mol。

l. 铝酸三钙（C_3A）质量衡算式

$$\frac{\partial m_{C_3A}}{\partial t} + v_s \frac{\partial m_{C_3A}}{\partial x} = k_{C_3A} \left(\frac{m_{CaO}}{M_{CaO} V_s}\right)^3 \left(\frac{m_{Al_2O_3}}{M_{Al_2O_3} V_s}\right) M_{C_3A} \tag{5-13-58}$$

式中，m_{C_3A} 为回转窑内铝酸三钙的质量，kg；M_{C_3A} 为铝酸三钙的摩尔质量，kg/mol。

m. 铁铝酸四钙（C_4AF）质量衡算式

$$\frac{\partial m_{C_4AF}}{\partial t} + v_s \frac{\partial m_{C_4AF}}{\partial x} = k_{C_4AF} \left(\frac{m_{CaO}}{M_{CaO} V_s}\right)^4 \left(\frac{m_{Al_2O_3}}{M_{Al_2O_3} V_s}\right) \left(\frac{m_{Fe_2O_3}}{M_{Fe_2O_3} V_s}\right) M_{C_4AF}$$

$$\tag{5-13-59}$$

式中，m_{C_4AF} 为回转窑内铁铝酸四钙的质量，kg；M_{C_4AF} 为铁铝酸四钙的摩尔质量，kg/mol。

n. 气体热量衡算式

$$v_g c_g \frac{\partial(m_g T_g)}{\partial x} = \psi_{sg} A_{sg} (T_s - T_g) + \sigma \varepsilon_s \varepsilon_g A_{sg} (T_s^4 - T_g^4)$$
$$+ \psi_{wg} A_{wg} (T_w - T_g) + \sigma \varepsilon_w \varepsilon_g A_{wg} (T_w^4 - T_g^4)$$
$$+ k_C \left(\frac{m_C}{M_C V_g}\right) \left(\frac{m_{O_2}}{M_{O_2} V_g}\right) \Delta H_C + k_{CO} \left(\frac{m_{CO}}{M_{CO} V_g}\right) \left(\frac{m_{O_2}}{M_{O_2} V_g}\right) \Delta H_{CO} \tag{5-13-60}$$

式中，c_g 为气体的比热容，kJ/(kg·K)；ψ_{sg} 为固体和气体之间的对流换热系数，W/(m^2·K)；ψ_{wg} 为窑墙和气体之间的对流换热系数，W/(m^2·K)；σ 为辐射传热系数，W/(m^2·K^4)；ε_g 为气体的辐射率；ε_s 为固体的辐射率；A_{sg} 为固体与气体之间的换热面积，m^2；A_{wg} 为窑墙与气体之间的换热面积，m^2；T_w 为窑墙的温度，K；ΔH_C 为碳燃烧反应热，kJ/mol；ΔH_{CO} 为一氧化碳燃烧反应热，kJ/mol。

o. 固体物料热量衡算式

$$c_s \frac{\partial(m_s T_s)}{\partial t} + v_s c_s \frac{\partial(m_s T_s)}{\partial x} = \psi_{sg} A_{sg} (T_g - T_s) + \sigma \varepsilon_s \varepsilon_g A_{sg} (T_g^4 - T_s^4)$$
$$+ \psi_{ws} A_{ws} (T_w - T_s) + \sigma \varepsilon_w \varepsilon_s A_{ws} (T_w^4 - T_s^4)$$
$$- k_{CaCO_3} \left(\frac{m_{CaCO_3}}{M_{CaCO_3} V_s}\right) \Delta H_{CaCO_3} - k_{C_2S} \left(\frac{m_{CaO}}{M_{CaO} V_s}\right)^2 \left(\frac{m_{SiO_2}}{M_{SiO_2} V_s}\right) \Delta H_{C_2S}$$
$$- k_{C_3S} \left(\frac{m_{CaO}}{M_{CaO} V_s}\right)^3 \left(\frac{m_{SiO_2}}{M_{SiO_2} V_s}\right) \Delta H_{C_3S} - k_{C_3A} \left(\frac{m_{CaO}}{M_{CaO} V_s}\right)^3 \left(\frac{m_{Al_2O_3}}{M_{Al_2O_3} V_s}\right) \Delta H_{C_3A}$$
$$- k_{C_4AF} \left(\frac{m_{CaO}}{M_{CaO} V_s}\right)^4 \left(\frac{m_{Al_2O_3}}{M_{Al_2O_3} V_s}\right) \left(\frac{m_{Fe_2O_3}}{M_{Fe_2O_3} V_s}\right) \Delta H_{C_4AF} \tag{5-13-61}$$

式中，c_s 为固体的比热，kJ/(kg·K)；ψ_{ws} 为窑墙和固体之间的对流换热系数，W/(m^2·K)；A_{ws} 为窑墙与固体之间的换热面积，m^2；ε_w 为窑墙的辐射率；ΔH_{CaCO_3} 为碳酸钙分解反应热，kJ/mol；ΔH_{C_2S} 为硅酸二钙反应热，kJ/mol；ΔH_{C_3S} 为硅酸三钙反应热，kJ/mol；ΔH_{C_3A} 为铝酸三钙反应热，kJ/mol；ΔH_{C_4AF} 为铁铝酸四钙反应热，kJ/mol。

p. 窑墙热量衡算式

$$c_w m_w \frac{\partial T_w}{\partial t} = \psi_{wg} A_{wg} (T_g - T_w) + \sigma \varepsilon_w \varepsilon_g A_{wg} (T_g^4 - T_w^4)$$

$$+ \psi_{ws} A_{ws} (T_s - T_w) + \sigma \varepsilon_w \varepsilon_s A_{ws} (T_s^4 - T_w^4) + \psi_{wa} A_{wa} (T_a - T_w) \tag{5-13-62}$$

式中，m_w 为窑墙的质量，kg；ψ_{wa} 为窑墙和外界环境之间的对流换热系数，W/(m²·K)；A_{wa} 为窑墙与外界环境之间的换热面积，m²；T_a 为外界环境温度，K。

另外，回转窑内固体物料的运动速度与窑转速的关系式为：

$$v_s = \frac{\alpha r_1 n}{60 \times 1.77\sqrt{\beta}}$$

式中，α 为窑的倾斜角度，(°)；r_1 为回转窑内径，m；n 为窑转速，r/min；β 为物料休止角，(°)。

13.3.3 预分解窑系统检测与调节参数

预分解窑生产过程控制的关键是使系统均衡稳定运转，它是生产状态良好的重要标志。运转不能均衡稳定，调节控制频繁，甚至出现周期性的"恶性循环"，是窑系统生产效率低、工艺和操作参数混乱的明显迹象。因此，调节控制的目的，就是要使窑系统经常保持最佳的热工制度，实现连续地均衡运转。预分解窑正常、稳定操作的原则可归纳为"三固、四稳、五关系和六兼顾"。

"三固"即固定窑速，固定喂料量，固定箅床熟料厚度。

"四稳"即稳定最下一级旋风筒 C_5 出口气体温度，稳定预热器排风机排风量，稳定烧成带温度（窑喂煤），稳定窑头负压。

"五关系"即窑与炉的用风关系、新入生料与回料均匀入窑的关系、窑与预热器、分解炉、冷却机的关系、窑与煤磨的关系、主机与各辅机的关系。

"六兼顾"即兼顾窑尾 O_2 及气流温度，兼顾最上一级旋风筒 C_1 出口温度和压力，兼顾炉温度和压力，兼顾筒体表面温度和压力，兼顾箅冷机废气量，兼顾废气处理及收尘系统。

新型干法窑在煅烧过程中需要控制的参数很多，参数间的因果关联也比较紧密。这些参数包括检测参数和调节参数，一般烧成系统进行检测、控制的参数为 60～65 个。

（1）检测参数

以检测参数为例，在实际生产过程中，各厂产品的检测项目和测点设置不尽相同，表 5-13-7 列出了 2500t/d 及 3000t/d 预分解窑的主要参数控制范围及作用。

表 5-13-7 正常情况下检测参数控制范围

检测参数项目	参数控制范围		作　用
	2500t/d	3000t/d	
窑尾温度	(1000±50)℃	(1100±50)℃	控制窑内煅烧，烧成温度升降时，主传电流也随之升降
窑主传电流	350～450A	350～480A	
窑尾负压	−3000～−1000Pa	−3000～−1000Pa	
窑头负压	−50～−20Pa	−50～−20Pa	
最上一级旋风筒（C₁）出口温度	330～350℃	325～335℃	控制系统拉风量的适宜度。拉风量增减，系统温度分布、负压分布随之变化
预热器出口负压	−6500～−6000Pa	−6900～−6200Pa	
高温风机入口温度	300～350℃	300～350℃	
高温风机电流	80～84A	82～87A	
最下一级旋风筒（C₅）出口负压	−2100～−1950Pa	−2200～−2000Pa	

续表

检测参数项目	参数控制范围		作　用
	2500t/d	3000t/d	
最下一级旋风筒（C₅）下料温度	860～880℃	840～870℃	控制喂料量、三次风量和喂煤量的平衡
分解炉出口温度	870～900℃	850～870℃	
分解炉出口负压	－1200～－1000Pa	－1400～－1200Pa	
三次风温	＞850℃	＞850℃	
第三级旋风筒（C₃）锥部负压	－3800～－3600Pa	－3900～－3700Pa	控制预热器工作状态，使料、气运动顺畅
第二级旋风筒（C₂）锥部负压	－4200～－4000Pa	－4400～－4200Pa	
箅冷机一室压力	5100～5350Pa	5200～5450Pa	指示料层厚度及二次风量指标，影响窑头负压值
箅冷机二室压力	4700～5000Pa	4800～5200Pa	
箅冷机四室压力	2900～3100Pa	3000～3200Pa	
箅冷机五、六室压力	2600～2800Pa	2700～3000Pa	
箅冷机一、二室箅板温度	28～38℃	32～45℃	
增湿塔温度	320～350℃	300～350℃	收尘器安全温度指标
窑头入收尘器的温度	250～350℃	250～450℃	
窑尾入收尘器的温度	150～180℃	150～180℃	
窑筒体温度	＜350℃	＜350℃	指示窑皮厚薄和烧成带位置，煤粉仓安全温度指标
煤粉仓温度	＜60℃	＜60℃	

(2) 调节参数

预分解窑系统检测参数反映了其运行状态，上述所有温度、压力参数，O_2 含量的控制与调整是通过调节以下参数来实现的，即当操作者稳定或调整喂料量、风机转速、各风门开度、喂煤量（窑头、窑尾）、窑速、箅冷机箅板推动速度及燃烧器位置时，上述所有温度、压力参数及 O_2 含量将间接控制在目标范围内。总的说来，系统的温度以烧成带温度为最高，火焰温度可达 1700℃，甚至 1800℃，往窑尾、预分解系统、废气处理系统呈逐渐递减；系统内负压值以窑头为最小，窑头为微负压（－20～－60Pa），往窑尾、预分解系统、废气处理系统呈逐渐递增。任何调节参数的调整都将系统地、全面地影响整个煅烧系统的参数及分布，操作者既要有局部调整的能力，更要有全局平衡的观念。以 1000t/d 水泥熟料烧成系统为例，其主要的调节参数及其作用见表 5-13-8。

表 5-13-8　1000t/d 水泥熟料烧成系统主要的调节参数及其作用

序　号	项　　目	参　数	作　用
1	投料量/(t/h)	70～75	正常情况下喂料量增减时，窑速和喂料量相应增减，以维持风、煤、料平衡
2	窑速/(r/min)	3.0±0.2	
3	窑头喂煤量/(t/h)	2.2±0.3	
4	窑尾喂煤量/(t/h)	3.3±0.3	

续表

序 号	项　目	参　数	作　用
5	高温风机转速/(r/min)	950～1020	窑系统负压主要靠高温风机提供
6	高温风机入口阀门开度/%	80～90	
7	篦冷机篦速/(次/min)	4～8	控制料层厚度，同时控制二次风的温度
8	窑头一次风机转速/(r/min)	830～870	控制火焰形状、长度及火焰高温带的位置
9	喷煤管内、外风阀门开度/%	50～80	
10	喷煤管位置/cm	0～70	
11	三次风阀门开度/%	40～60	控制系统空气（O_2）总量及系统负压分布
12	窑头排风机入口阀门开度/%	50～85	
13	窑尾排风机入口阀门开度/%	70～85	
14	篦冷机冷却风机入口阀门开度/%	70～90	
15	高温风机入口Ⅰ冷风阀门开度/%	0～80	控制废气处理设备进口温度，保护风机、增湿塔、收尘器等
16	窑头收尘器入口冷风阀门开度/%	0～80	
17	窑尾收尘器入口冷风阀门开度/%	0～80	

13.3.4　预分解窑风、煤、料与窑速的合理控制

预分解窑调控的一般原则如下。

- "抓两头"：要重点抓好窑尾预热器系统和窑头熟料烧成两大环节，前后兼顾，协调运转。
- "保重点"：要重点保证系统喂煤、喂料设备的安全正常运行，为熟料烧成的"动平衡"创造条件。
- "求稳定"：在参数调节过程中，适时适量，小调渐调，以及时地调整克服大的波动，维持热工制度的基本稳定。
- "创最优"：通过一段时间的操作，认真总结，结合现场热工标定等测试工作，总结出适合全厂实际的系统操作参数，即优化参数，使窑的操作最佳化。

操作好预分解窑，风、煤、料和窑速的合理匹配是至关重要的。喂多少料，需要烧多少煤，决定了系统的排风量。

(1) 窑和分解炉风量的合理分配

窑和分解炉用风量的分配是通过窑尾缩口和三次风管阀门开度来实现的。正常生产情况下，一般控制 O_2 含量在窑尾处为 1% 左右，在炉出口处为 3% 左右。如果窑尾 O_2 含量偏高，说明窑内通风量偏大，此时在喂料量不变的情况下，应关小窑尾缩口闸板开度，同时增加分解炉用煤量，以利于提高入窑生料 $CaCO_3$ 的分解率。如果窑尾 O_2 含量偏低，窑头负压小，窑头加煤温度上不去，说明窑内用风量小，炉内用风量大，这时应适当关小三次风管阀门开度，必要时还应增加窑用煤量，减小分解炉用煤量。

(2) 窑和分解炉用煤分配比例

分解炉用煤量主要是根据入窑生料分解率、C_5 和 C_1 以及出口气体温度来进行调节的。如果风量分配合理，但分解炉温度低，入窑生料分解率低，C_5 和 C_1 以及出口气体温度低，说明分解炉用煤量少。如果分解炉用煤量过多，则预分解系统温度偏高，热耗增加，甚至

造成分解炉内煤粉燃烬率低，煤粉到 C_5 内继续燃烧，致使在预分解系统内产生结皮或堵塞。

窑用煤量的大小主要是根据生料喂料量、入窑生料 $CaCO_3$ 分解率、熟料升重和 $f\text{-}CaO$ 含量来确定的。用煤量偏少，烧成带温度会偏低，生料烧不熟，熟料升重低，$f\text{-}CaO$ 含量高；用煤量过多，窑尾废气带入分解炉的热量过高，势必减少分解炉用煤量，致使入窑生料分解率偏低。分解率不能发挥应有的作用，同时窑的热负荷高，耐火砖寿命短，窑运转率就低，从而降低回转窑的生产能力。

窑-炉用煤比例取决于窑的转速、窑长径比及燃料的特性等，一般情况下应控制在 $40\%\sim45\%：60\%\sim55\%$ 比较理想。生产规模扩大，分解炉用煤量也应按高比例控制。

(3) 窑速和窑喂料量成正比关系

回转窑的窑速随喂料量的增加而逐渐加快。当系统正常运行时，窑速一般控制在 3.0 r/min，不过近年来窑速又有提高的趋势，最高已达 4.0r/min，这也是预分解窑的重要特性之一。窑速快，则窑内料层薄，生料与热气体之间的热交换好，物料受热均匀，进入烧成带的物料预烧好。如果窑速太慢，则窑内物料层厚，物料与热气体热交换差，预烧不好，生料黑影就会逼近窑头，窑内制度稍有变化，极易跑生料。

(4) 风、煤、料与窑速的合理匹配是烧成系统操作的关键

窑和分解炉用煤量取决于生料喂料量，系统风量取决于用煤量。窑速与喂料量同步，更取决于窑内物料的煅烧状况。所以风、煤、料和窑速既相互关联，又相互制约。对于一定的喂料量，煤少了，物料预烧不好，烧成带温度提不起来，容易跑生料；煤多了，系统温度太高，物料易被过烧；风少了，煤粉燃烧不完全，系统温度低，在这种情况下再多加煤，温度还是提不起来。在风、煤、料一定的情况下，窑速太快，生料黑影就会逼近窑头，易跑生料；窑速太慢，则窑内料层厚，生料预烧不好。由此可见，风、煤、料和窑速的合理匹配是稳定烧成系统的热工制度，提高窑的快转率和系统的运转率，使窑产量高、熟料质量好及煤粉消耗少的关键所在。

13.3.5　正常操作下过程变量的控制

烧成系统正常操作的主要任务就是通过风、煤、料和窑速等操纵变量的调节，保持稳定、合理的热工制度，使重点过程变量基本稳定。

(1) 窑主传动负荷（窑主电机电流）

窑电机的电流和功率消耗不仅提供了煅烧情况，也提供了结皮状况。窑传动电流是窑转速、喂料量、窑皮状况、窑内热量和物料中液相量及其液相黏度的函数，它反映了窑的综合情况，比其他任何参数代表的意义都多、都大。正常的主电机电流曲线应粗细均匀，无尖峰、毛刺，随窑速度变化而改变。在稳定的煅烧条件下，如投料量和窑速未变而电流曲线变细、变粗，出现尖峰或下滑，均表明窑工况有变化，需调整喂煤量或系统风量。如曲线持续下滑，则需高度监视窑内来料，必要时需减料减窑速，防止跑生料。具体而言，窑电机电流曲线可能包括以下几种情况。

① 电流轨迹平稳　窑传动电流很平稳，所描绘出的轨迹很平，这表明窑系统很平稳，热工制度很稳定。

② 电流轨迹很细　窑传动电流所描绘出的轨迹很细，说明窑内窑皮平整，或虽不平整但在窑转动过程中所施加给窑的扭矩是平衡的。

③ 电流轨迹很粗　窑传动电流描绘出的轨迹很粗，说明窑皮不平整，在转动过程中，窑皮所产生的扭矩呈周期性变化。

④ 电流轨迹突然升高后逐渐下降　窑传动电流突然升高然后逐渐下降，说明窑内有窑皮或窑圈垮落。升高幅度越大，则垮落的窑皮或窑圈越多。大部分垮落发生在窑口与烧成带

之间，此时应马上降低窑速，同时适当减少喂料量及分解炉燃料，然后再根据曲线下滑的速率采取进一步的措施。冷却机也要做增加箅板速度等调整。在曲线出现转折后再逐步增加窑速、喂料量、分解炉燃料等，使窑转入正常。

⑤ 电流居高不下　有四种情况可造成这种结果。

a. 窑内过热，烧成带长，物料在窑内被带得很高。如是这样，要减少系统燃料或增加喂料量。

b. 窑长了窑口圈，窑内物料填充率高，由此引起物料结粒不好，从冷却机返回窑内的粉尘增加。在这种情况下要适当减少喂料量并采取措施烧掉前圈。

c. 物料结粒性能差。由于各种原因熟料粘散，物料由翻滚变为滑动，使窑转动困难。

d. 窑皮厚，窑皮长。这时要缩短火焰，压短烧成带。

⑥ 电流很低　有三种情况可造成这种结果。

a. 窑内欠烧严重，近于跑生料。一般操作发现传动电流低于正常值且有下降趋势时，就应采取措施防止进一步下降。

b. 窑皮薄、短。这时要伸长火焰，适当延长烧成带。

c. 窑内有后结圈，物料在圈后积聚到一定程度后，通过结圈冲入烧成带，造成烧成带短，料急烧，易结大块。熟料多黄心，游离钙也高。出现这种情况时由于烧成带细料少，仪表显示的烧成温度一般都很高。遇到这种情况要减料运行，把后结圈处理掉。

⑦ 电流逐渐增加　这一情况产生的原因有以下三种可能。

a. 窑内向温度高的方向发展。如原来熟料欠烧，则表示窑正在趋于正常；如原来窑内烧成正常，则表明窑内正在趋于过热，应采取加料或减少燃料的措施加以调整。

b. 窑开始长窑口圈，物料填充率在逐步增加，烧成带的粘散料在增加。

c. 长、厚窑皮正在形成。

⑧ 电流逐渐降低　这种情况产生原因有两种：

a. 窑内向温度变低的方向发展，加料或减少燃料都可产生这种结果；

b. 窑皮或前圈垮落之后卸料量增加，也可出现这种情况。

⑨ 电流突然下降　原因有两种。

a. 预热器、分解炉系统塌料，大量未经预热好的物料突然涌入窑内，造成各带前移、窑前逼烧，弄不好还会跑生料。这时要采取降低窑速、适当减少喂料量的措施，逐步恢复正常。

b. 大块结皮掉在窑尾斜坡上，阻塞物料，积到一定程度后突然大量入窑，产生与第一种情况同样的影响。同时大块结皮也阻碍通风，燃料燃烧不好，系统温度低，也会使窑传动电流低。

⑩ 窑主电机流出现周期性变化　出现这种情况的可能原因有两种。

a. 预热器上频繁出现塌料现象，造成系统不稳定，热工制度紊乱，通风情况变差，使预热器内气料热交换效率变低，也降低了物料的分解率，窑主电机电流会下降。中控为满足正常生产，采取减料或加少量窑煤来平衡窑内烧成状况，稳定生产一段时间，窑况变好，窑主电机电流上升。

b. 喂煤系统出现喷喂不稳，致使窑内热工制度不稳定，给物料的烧结造成了很大影响。当喷煤少时，窑内烧成带温度低，热量不够，窑内变冷，相对同样多料的状况下熟料的液相量变少，黏度变小，带起的物料相应减少，窑负荷降低，窑主机电流降低。等喷煤稳定后，窑内变热，窑况变好，相应的物料液相量和黏度均升高，带起物料增多，窑负荷增大，主电机电流也升高。

（2）入窑物料温度及最末级旋风筒的出口温度

正常操作中，入窑物料温度一般为 820～850℃，出最末级旋风筒的温度为（850±5)℃。这两个过程变量反映了入窑物料分解率的高低及分解炉内煤粉燃烧和 $CaCO_3$ 分解反应的平衡程度，通常用分解炉出口或最末一级旋风筒出口温度，自动调节窑尾喂煤量来实现预热器分解炉系统的稳定。

（3）出预热器一级旋风筒温度和高温风机出口 O_2 含量

正常操作中，出预热器一级旋风筒的系统温度应为 320～350℃（5 级预热器）或 350～380℃（4 级预热器），高温风机出口 O_2 含量一般为 4％～5％。这两个参数直接反映了系统拉风量的适宜程度，两者偏高或偏低预示系统拉风的偏大或偏小，需调整高温风机阀门开度或转速。

一级旋风筒气体超温时，表示生料喂料量减少或断料，燃料量与风量超过了喂料量的需要；当温度过低时，则表示存在系统漏风、喂料量过大而燃料量、风量太小等情况，应结合其他旋风筒温度状况酌情处理。

（4）入炉三次风温与冷却机一室篦下压力

正常条件下入分解炉三次风温一般在 700℃以上，窑规模越大，入炉三次风温越高。篦冷机一室压力一般为 4.2～4.5 kPa，一般通过调整篦床速度来稳定冷却机料层厚度，提高入窑二次风温和入炉三次风温。

篦冷机一室下压力不是指示篦冷机一室篦床阻力和料层厚度，也反映窑内烧成带的温度变化。正常生产时若篦床速度增加，则料层厚度相应减薄，篦床下压力值下降；反之则压力上升。料层的厚薄还影响到料、气热交换的效果，即二次、三次风的温度。生产中，常以一室压力与篦床速度构成自动调节回路，当一室压力增高时，篦床速度自动加快，以改善熟料冷却状况。

（5）窑头罩负压

正常条件下窑头呈微负压，一般为（-25±15）Pa，它表征冷却机鼓风量、入窑二次风、篦冷机剩余空气抽取量之间的平衡。决不允许窑头形成正压，否则会导致窑内细粒熟料飞出。正常情况下，增加预热器主排风机排风量，开大窑头剩余空气电收尘风机风门，或关小篦冷机篦下鼓风量，都可以使窑头负压值增加，反之可使之减小。而在预热器主排风机排风量及其他情况不变时，增大篦冷机冷却风机鼓风量，或者关小窑头电收尘风机风门，都会导致窑头负压值减小，甚至出现正压。

（6）烧成带物料温度

烧成带物料温度常作为监控熟料烧成情况的标志之一，通常用比色高温计进行测量。由于测量上的困难，往往只能测出烧成物的温度，而正常煅烧时火焰的温度为 1540～1800℃，该温度常用来表征窑内通风量和用煤量的情况。

（7）窑尾气体（烟室）温度

它同烧成带温度一起表征窑内各工艺带的热力分布状况，同最上一级旋风筒出口气体温度（或连同分解炉出口气体温度）一起表征预热器（或含分解炉）系统的热力分布状况。同时，适当的窑尾温度对于窑系统物料的均匀加热及防止窑尾烟室、上升烟道及旋风筒因超温而发生结皮堵塞也十分重要。一般可根据需要，控制窑尾气体温度为 900～1100℃，目前控制温度普遍偏高，尤其对于窑气入炉流程。

（8）窑尾袋（电）收尘器入口气体温度

该温度对袋（电）收尘器设备安全及防止废气中水蒸气冷凝结露非常重要，因此必须控制在规定的范围内（80～150℃）。一般在袋（电）收尘器上装有自动控制装置，当入口气温波动时，自动增减增湿塔的喷水量，以稳定温度。另外，当入口温度达到最高允许值时，电收尘器高压电源将自动跳闸。在生料磨系统利用预热器废气作为烘干介质，窑、磨联合操作的情况下，收尘器入口气温较低，上限为120℃。袋（电）收尘器入口温度有较大变化时，如果预热器系统工作正常，则需要检查生料磨系统及增湿塔出口气温状况。

（9）窑筒体温度

窑筒体温度宜小于350℃。窑筒体温度表征了窑内窑皮及窑衬的情况，据此可监测窑皮粘挂、脱落，窑衬侵蚀、掉砖及窑内结圈的状况，以便及时粘补窑皮，延长窑衬使用周期，避免红窑事故的发生，提高运转率。

（10）最上一级和最下一级旋风筒出口负压

预热器各部位负压的测量，是为了监视各部阻力，以判断生料喂料量是否正常、风机阀门是否开启、防爆风门是否关闭以及各部有无漏风或者堵塞情况。由于设计的风速不同，不同生产线的负压值相差很大，但其分布都有相通的规律。当最上一级旋风筒负压值升高时，首先要检查旋风筒是否堵塞，如正常，则结合气体分析结果确定排风量是否过大；当负压值降低时，则应检查喂料是否正常、防爆风门是否关闭、各级旋风筒漏风，如果正常，则结合气体分析结果确定排风量是否足够。

由于各级旋风筒之间负压互相联系、自然平衡，故一般只重点监测预热器最上一级和最下一级旋风筒的出口负压，即可了解预热器系统的情况。

（11）窑速及生料喂料量

在各种类型的水泥窑系统中，一般都装有与窑速同步的定量喂料装置，以保证窑内料层厚度的稳定。在预分解窑系统中，对生料喂料量与窑速的同步调节有两种不同的主张：一种主张认为同步喂料十分必要；另一种主张则认为由于现代化技术装备的采用，基本上能保证窑系统的稳定运转，生料喂料量不必随窑速的小范围变化而变动，而在窑速变化较大时，喂料量可根据需要人工调节，不必安装同步调速装置。

（12）窑尾、分解炉出口或预热器出口气体成分

通过设置在各相应部位的气体成分自动分析装置检测各部位气体成分，可以用它们表征窑内、分解炉或整个系统的燃料燃烧及通风情况。对窑系统燃料燃烧的要求是：既不能使燃料在空气不足的情况下燃烧而产生CO，又不能有过多的过剩空气而增大热耗。一般窑尾烟气中的 O_2 含量应控制在 $1.0\%\sim1.5\%$，分解炉出口烟气中的 O_2 含量应控制在 3.0% 以下。

窑系统的通风状况，是通过预热器主排风机及安装在分解炉入口的三次风管上的调节风门闸板进行平衡和调节的。当预热器主排风机转速及入口风门不变（即总排风量不变）时，关小分解炉三次风管上的风门闸板，即相应减少了三次风风量，增大了窑内的通风量；反之，则增大了分解炉三次风风量，减少了窑内通风量。如果三次风管上的风门闸板开启程度不变，而增大或减少预热器的主排风机的通风量，则窑内及分解炉内的通风量都相应地增加或减少。可见，预热器主排风机是控制全系统的通风情况，而分解炉入口的三次风管上的风门主要是调节窑与分解炉两者的通风比例，以上调节都是根据各相应部位的废气成分分析结果来进行的。

（13）氧化氮（ NO_x ）浓度

回转窑中 NO_x 的生成与 N_2、O_2 浓度和燃烧温度有关。由于 N_2 在窑内几乎不消耗，故 NO_x 浓度仅与 O_2 浓度和烧成温度有关。研究表明：当火焰温度达到1200℃以上时，空气中 N_2 与 O_2 的反应速度明显加快，燃烧温度及 O_2 浓度越高，空气消耗系数越大，NO_x 生成量越多。此外，NO_x 的生成还和 N_2 与 O_2 的混合方式、混合速度有关。

窑系统中对 NO_x 的测量，一方面是为了控制其含量，满足环保要求；另一方面，在窑系统生产及空气消耗系数大致固定的情况下，窑尾废气中 NO_x 的浓度同烧成带火焰温度有密切的关系，烧成带温度高，NO_x 浓度增加，故以 NO_x 浓度作为烧成带温度变化的一种控制标志，其时间滞后较小，很有参考价值。

实际上，在窑正常操作条件下，诸参数均已基本稳定在一定范围内，操作人员要多看参数记录曲线，看其发展趋势和波动范围，只有这样才能提前发现故障隐患。一般条件下应优先考虑调整喂煤量和用风量，每次调整量为 $1\%\sim2\%$，以确保热工制度的动平衡。

13.3.6　生料下料（喂料）控制

生料系统供料（喂料）的稳定性对于整个热工过程有很重要的作用。失重仓内的生料经螺旋绞刀至冲板流量计，然后由气力提升泵打到一级旋风筒。生料在下降的过程中被充分预热分解，在进入回转窑时，90%左右的生料已经分解。图 5-13-31 是水泥生产线生料系统示意图。衡量热工特性的一个重要参数是分解炉的出口温度，工艺要求该点的最佳工况是 $850\sim900℃$，温度过高，旋风筒易烧结堵塞，过低生料分解不充分，影响水泥质量。生料流量的变化，会使得窑尾至窑头包括 $1\sim5$ 级旋风筒各处的参数，如温度、负压、氧含量等均发生变化，因此要想实现热工过程的稳定性，必须实现生料供料的稳定性。生料下料量的大小由螺旋绞刀的速度调节，影响下料的因素主要有两方面：一是失重仓内的生料量；二是生料的状态。一般来讲生料多时下料快些，少时下料慢些。由于生料是粉状的，在失重仓内易形成块，也是造成生料下料不稳的一个因素，生料流量滞后时间一般为 10s 左右。

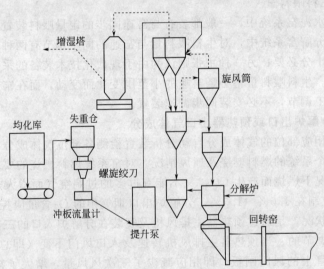

图 5-13-31　水泥生产线生料系统示意图

生料下料控制一般采用传统的 PID 控制或手动控制，控制效果不佳，尤其在大干扰出现时，控制性能不能满足生产要求。模糊预测协调控制算法[41]将模糊控制和预测控制的长处相结合，并引入双模功能，可以增强算法的跟踪与抗干扰能力。

模糊控制依据熟料操作人员的经验或相关领域的专家知识，模拟人的思维特点进行控制，它不需要控制对象的模型，实用性较强，但由于模糊控制本质上利用的是过程的当前和过去信息，无法对系统的变化趋势进行预测或预估，而预测控制可以预测系统未来的变化趋势，将其与模糊控制方法结合起来可以弥补模糊控制的不足，使其适用于具有滞后特点的对象。图 5-13-32 所示的模糊预测控制系统主要由预测模型、具有双模切换功能的模糊控制器 1 和模糊控制器 2 等组成。

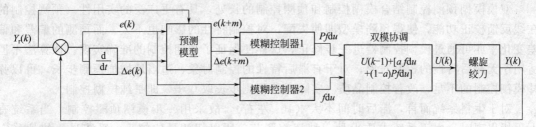

图 5-13-32　生料下料模糊预测控制系统

根据动态矩阵控制（DMC）算法，以阶跃响应系数为基础建立预测模型，并经反馈校正，得到未来 m 步的预测输出值。该预测输出值与参考轨迹的偏差就是预测偏差 $e(k)$ 及其变化率 $\Delta e(k)$，据此可以实现超前调节。对于系统有大时滞特性或有大干扰出现的情况，可以使调节品质更稳定。

以 $e(k+m)$ 和 $\Delta e(k+m)$ 为模糊控制器的输入值，经隶属度函数的模糊化和模糊控制规则的模糊推理，得到控制量 $U(k)$（要经过解模糊化处理）。模糊控制规则表如表 5-13-9 所示。

表 5-13-9　生料下料模糊控制规则表

输出 U		误差 e						
		1	2	3	4	5	6	7
误差变化率 e_c	1	1	1	1	1	2	3	4
	2	1	1	2	2	3	4	4
	3	1	2	2	3	4	4	5
	4	2	2	3	4	5	6	6
	5	3	4	4	5	6	6	7
	6	4	4	5	6	6	7	7
	7	4	5	6	7	7	7	7

这里 [1，2，3，4，5，6，7] 和常规意义上的模糊控制子集 [负大，负中，负小，零，正小，正中，正大] 一一对应。

在水泥生产中，通过对生料系统的观察，发现有周期性干扰出现。传统的 PID 控制对于此类干扰的处理效果不理想，无法同时满足快速性和稳定性的要求。增强控制作用，则超调加大，系统不稳定；减小控制作用，又会导致调节速度太慢，不能满足时间要求。根据控制对象的特点，采用双模协调控制器。设模态切换域值为 $|E_M|$，模糊控制器 1 的输出为：

$$\begin{cases} Pf\mathrm{d}u(k)=k_{\max}\mathrm{d}u_1, & |e|>|E_M| \\ Pf\mathrm{d}u(k)=k\mathrm{d}u_1, & |e|<|E_M| \end{cases} \tag{5-13-63}$$

式中，$k_{\max}$ 值取 2~3 倍 k 值大小。当大干扰出现时，预测误差绝对值大于切换域值时，控制器输出的量化因子为 $k_{\max}$，调节速度增强。当预测误差绝对值小于切换域值时，控制器输出的量化因子为 k，控制目标从追求调节速度变为追求控制稳定性。

模糊预测控制器的最终输出为：

$$u(k)=u(k-1)+[af\mathrm{d}u+(1-a)Pf\mathrm{d}u] \tag{5-13-64}$$

实际上模糊控制器 2 起一个对模糊预测输出的补偿作用上，以增强算法的稳定性，$f\mathrm{d}u$ 的计算跟模糊预测控制器 1 的算法相同，只是利用的是当前时刻的偏差和偏差变化率。a 取值的大小和预测模型的准确度有关，预测模型越准确，a 的值可取得越小。

双模模糊预测控制结合模糊控制和预测控制的长处，具有更广泛的实用性。预测控制的在线反馈校正功能，使得预测模型即使失配，对控制特性的影响也不大。而预测的偏差和偏差变化率亦可通过模糊控制器进一步修正，这样便保证了超期控制的准确实现。该算法不但适用于无滞后特性的控制对象，对于有滞后特性的控制对象，适当地增加预测步长，可以弥补模糊控制的不足，改善控制品质（实际上若预测步长取 0 步，即是纯模糊控制）。

对于生料系统而言，滞后时间不大（10s 左右），故采用一步模糊预测控制。当系统有大干扰出现时，由于系统本质上是一种超前调节，所以超调量比较小，系统易更快地稳定下来。

13.3.7　分解炉出口温度控制

分解炉作为水泥烧成过程中的关键设备，承担了生料中绝大部分碳酸盐的分解任务。其中分解炉的出口温度是一个相当重要的热工参数，一般为 850～900℃。温度过高，说明燃料加入过多或燃烧过慢，可能引起炉后系统物料过热结皮，甚至堵塞。如果温度过低，将使生料分解率锐减，达不到高产、节能的目的。特别是分解率作为衡量分解炉工作性能的关键指标，使其符合工艺要求是保证整个烧成系统热工制度稳定的前提和基础，且由于分解率无法在线检测，所以通常将分解炉出口温度作为分解率的表征。因此分解炉出口温度的控制成为水泥生产过程的关键控制环节之一。

在设计分解炉出口温度的控制方案之前，首先必须了解分解炉这个被控对象的输入、输出及其动态关系。如图 5-13-27 所示，分解炉的主要输入变量是喂煤量、预热后的生料量和三次风量（窑尾烟气是不可控的），它的输出是分解后的高温物料（气体固体混合物）。通过阶跃响应实验和模型参数辨识方法，可以得到这三个输入量分别同出口温度间近似的传递函数模型。

a. 喂煤量同出口温度间的传递函数：

$$G(s) = \frac{15}{90s+1} e^{-60s} \qquad (5\text{-}13\text{-}65)$$

这是一个一阶惯性加滞后环节，增益较大，滞后时间常数也较大（如果煤粉从窑头经较长的喷煤管输送至窑尾分解炉，则滞后时间更大）。

b. 生料量同出口温度间的传递函数：

$$G_f(s) = \frac{3}{120s+1} e^{-120s} \qquad (5\text{-}13\text{-}66)$$

这也是一个一阶惯性加滞后环节的传递函数，滞后时间常数更大（生料要经过 4 级旋风筒才进入分解炉）。

c. 三次风量同同出口温度间的传递函数：

$$G_p(s) = \frac{0.0001}{85s+1} e^{-20s} \qquad (5\text{-}13\text{-}67)$$

同样也是一阶惯性加滞后环节，该过程的增益很小，但滞后时间常数相对较小。

从以上三个传递函数可知，三者都是一阶惯性加纯滞后的模型（实际工业过程，特别是热工过程中，许多高阶过程都可以采用该模型近似），其中喂煤量的变化对该分解炉出口温度的影响最直接有效，可以作为主要控制量（调节量）。生料量的变化，虽然对出口温度的影响也很大，但由于生产任务和整个系统平衡稳定的要求，通常生料量是保持不变的。三次风量对出口温度的影响较小。另外由于预热分解系统的用风量与高温煅烧系统和熟料冷却系统的风量之间具有严重的耦合，一旦调节三次风流量，很容易造成整个烧成系统的不稳定，因此现场操作是严格限制三次风流量调节的。所以，在实际生产中一般是通过改变喂煤电机的转速百分比来调节喂煤量，从而达到控制分解炉出口温度的目的。

分解炉的温度调节可简化为"喂煤量→出口温度"的单回路控制，因此同球磨机相比，分解炉不存在复杂的解耦问题，其控制相对较简单。目前，分解炉出口温度的控制方法主要有三大类：一是传统的 PID 控制及其各种改进型；二是先进控制方法（主要是预测控制）；三是各种智能控制方案。三类方法各具优势，具体选用哪种方法，应结合企业的生产实际。

（1）改进 PID 控制方法

一般认为，当纯滞后时间与过程的时间常数之比大于 0.3 时，该过程是大滞后过程。从式（5-13-63）可知，该比值 60/90 ＝ 0.67 ＞ 0.3，所以喂煤量对出口温度的传递函数属于大滞后过程。大滞后会降低整个控制系统的稳定性，此时传统的 PID 控制难以获得好的控制效果，需要对其改进。

① 自学习 PID 控制　文献［42］利用线性神经元参数自学习 PID 控制结合前馈控制，通过 Honeywell 的 Control Build 编制成控制模块，下载到底层控制器，实现温度控制。

该控制器由三部分构成：参数自学习 PID 控制器、前馈控制器和比例控制器。其中参数自学习 PID 控制器实际上是一线性神经元，见图 5-13-33。

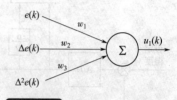

图 5-13-33　自学习 PID 神经元

图中，$e(k)$ 是设定温度与实测温度间的误差；权值 w_1、w_2、w_3 分别代表 PID 控制参数 K_i、K_p、K_d。通过对权值的自调整，实现 PID 参数的自学习。学习的目标是使 $e(k)＝0$，具体可利用 Hebb 学习规则或 Delta 学习规则修正权值。

考虑到炉中温度变化超前于出口温度变化（超前时间约 1～2min），故在炉中设置一温度测点，并取炉中温度变化量对出口温度进行前馈控制（比例环节，增益为 K_1），以此减弱式（5-13-65）中纯滞后环节的影响。

另外，当误差较大时，系统将切除自学习 PID 控制而选择比例控制器（增益为 K_2），可大幅度调整一次控制量；当误差较小时，系统将投入自学习 PID 控制。前馈控制无论误差大小，一直起作用。整个系统的控制结构框图见图 5-13-34，其中喷煤装置为成套设备，它将控制器输出转变为实际煤粉流量，其执行机构为一阶惯性环节，采用常规 PID 控制。

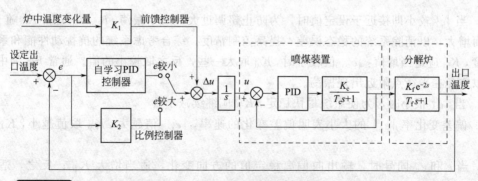

图 5-13-34　分解炉出口温度自学习 PID＋前馈控制结构框图

实际运行结果表明，该控制方案对被控对象参数的变化有较强的自适应性，控制效果明显优于常规 PID。

② 模糊 PID 控制　常规 PID 控制器只能利用一组固定参数进行在线控制，这些参数不

能兼顾动态型性能和静态性能、设定值和抑制扰动之间的协调。为此，在传统 PID 控制的基础上，将控制规则条件和操作用模糊集表示，并把这些模糊控制规则以及有关信息作为知识存入计算机知识库中，然后计算机根据被控对象的实际响应，运用模糊推理，自动实现对 PID 参数的优化调整[43]。图 5-13-35 是分解炉出口温度模糊 PID 控制结构框图，其中模糊控制器采用二输入三输出的形式，将系统偏差 e 和偏差变化率 e_c 作为输入变量，可以满足不同时刻的 e 和 e_c 对 PID 参数自整定的要求。依照 e 和 e_c 的值查找模糊控制规则表，得到模糊控制量 ΔK_p、ΔK_i 和 ΔK_d，完成对 PID 参数的优化调整。

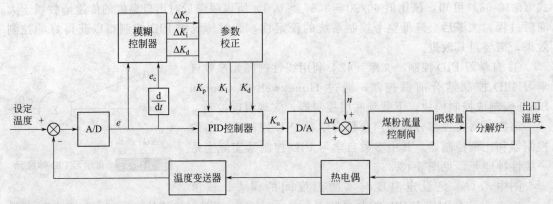

图 5-13-35 **分解炉温度模糊 PID 控制结构框图**

　　因此整个控制方案的核心是模糊规则的建立。根据现场采样的历史数据以及操作人员总结的经验，并结合理论分析，可归纳出偏差 e 和偏差变化率 e_c 与 K_p、K_i、K_d 间的关系[44]。

　　a. 当 $|e|$ 较大时，为提高响应速度，K_p 取大值；为防止响应出现较大的超调，产生积分饱和，通常 K_i 取零值，去掉积分作用；为避免误差瞬时变大而造成微分溢出，K_d 取小值。

　　b. 当 $|e|$ 和 $|e_c|$ 处于中等大小时，应取小一点的 K_p，以使系统响应的超调小；K_i 的取值要适当，此时 K_d 的取值对系统响应的影响较大，取值要大小适中，以保证系统响应速度。

　　c. 当 $|e|$ 较小即接近于设定值时，为防止超调过大，产生振荡，K_p 取小值；K_i 随 $|e|$ 的减小而增大，以消除系统的稳态误差，提高控制精度。综合考虑系统的抗扰动性能和系统响应速度，K_d 应适当取值：$|e_c|$ 值较小时，K_d 取大一些，反之取较小的值。通常 K_d 为中等大小，以避免在平衡点附近出现振荡。

　　d. 当 $|e|$ 很小时，为使系统尽快稳定，K_p 应继续减小。

　　e. 偏差变化率 $|e_c|$ 的大小表明偏差变化的速率，$|e_c|$ 值越大，K_p 取值越小，K_i 取值越大。

　　f. 当 e 和 e_c 同号时，输出向偏离稳定值的方向变化，适当增大 K_p；反之，适当减小 K_p。

　　基于以上总结出的误差及其变化率同 PID 参数间的定性关系，并结合工程技术人员的工艺知识和操作经验，可建立模糊控制规则表。

　　模糊 PID 控制具有速度快、超调量小、鲁棒性强的特点，过渡时间、最大超调量均优于常规 PID 控制，具有一定的应用价值。

(2) 先进控制方法（Smith-GPC 方法）

分解炉的输入包括生料、煤粉、三次风和窑尾烟气，其中窑尾烟气流量和温度无法控制。三次风流量可以通过送风管道上的电动阀门来调节，但是由于三次风流量和温度与入窑二次风之间具有很强的耦合，通常不调节。剩下的可调变量只有生料流量和煤粉流量。这里，在充分考虑工艺要求的前提下，可以将生料量作为前馈变量（扰动变量）、煤粉量作为操纵变量，来控制分解炉出口温度。

1957 年，史密斯（O. J. M. Smith）提出了一种预估补偿控制方案，用来克服纯滞后对系统的影响，后来被称为 Smith 预估控制。Smith 预估控制理论上把滞后环节置于反馈回路外边，可以大大改善系统响应能力。多年的研究与大量的仿真表明，Smith 预估控制对设定值的改变响应比较快，跟踪效果好，但是其克服干扰和被控对象参数变化的能力比较差。广义预测控制（GPC）"模型预测、滚动优化和反馈校正"的思想，使其在工业过程控制中展现出良好的性能，抗干扰性和鲁棒性都很显著。在此基础上，文献［45］提出了 Smith 广义预测控制（Smith-GPC）算法，即通过采用 Smith 预估器结构的预测模型，在线辨识对象时变参数和时滞来计算输出预测值，然后通过最小化性能指标函数实施滚动优化策略来计算控制量，很大程度上提高了系统的鲁棒性。

具有前馈补偿的 Smith-GPC 方法，是将分解炉的喂煤量作为控制量，生料量作为前馈变量，来控制分解炉的出口温度。系统控制结构如图 5-13-36 所示[39]，图中的 $r(t)$ 为分解炉出口温度设定值，$w(t)$ 为分解炉出口温度参考值，$y(t)$ 为分解炉出口温度测量值，$f(t)$ 为生料流量，$u(t)$ 为预测控制器输出值，$u_d(t)$ 为前馈补偿控制器输出值，$u_c(t)$ 为分解炉喂煤量给定值。

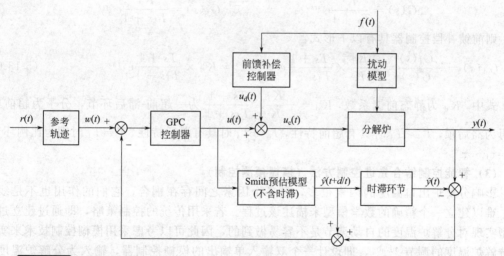

图 5-13-36 具有前馈补偿的 Smith-GPC 控制结构框图

Smith 预估算法奠定了大纯滞后补偿的理论基础，其主要控制原理是，预先估计出被控过程的动态模型 $G_p(s)e^{-\tau_d s}$，然后将预估补偿器模型 $G_p(s)(1-e^{-\tau_d s})$ 并联在被控过程的动态模型上，进行纯滞后特性补偿，消除原简单系统特征方程式 $1+G_c(s)G_p(s)e^{-\tau_d s}=0$ 中纯滞后项的不良影响。补偿后闭环传递函数为：

$$\frac{Y(s)}{R(s)}=\frac{G_c(s)G_p(s)e^{-\tau_d s}}{1+G_c(s)G_p(s)} \tag{5-13-68}$$

从上式可知，此时系统特征方程中已不包含 $e^{-\tau_d s}$ 项，即系统消除了纯滞后对系统控制品质的影响。

基于 Smith 估计器的 GPC 同常规 GPC 最大的不同，就是前者利用 Smith 估计器计算被控对象的预测输出。图 5-13-37 是 Simth-GPC 的控制器结构。

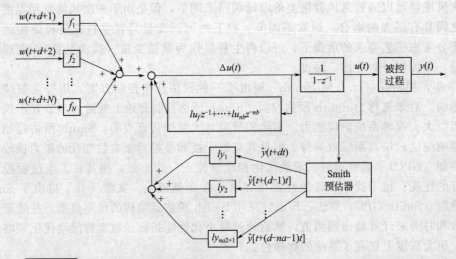

图 5-13-37 Smith-GPC 控制器结构图

将"喂煤量→出口温度"视为控制通道，采用 Smith-GPC 方法，将"生料量→出口温度"视为扰动通道，采用前馈补偿控制器，以补偿生料流量波动对分解炉出口温度的干扰。

假设控制通道和扰动通道的传递函数可以分别表示为：

$$G(s) = \frac{K}{Ts+1}e^{-\tau s} \qquad\qquad G_f(s) = \frac{K_f}{T_f s+1}e^{-\tau_f s}$$

则前馈补偿控制器具有以下形式：

$$G_d(s) = -\frac{G_f(s)}{G(s)} = -\frac{K_f}{K} \times \frac{Ts+1}{T_f s+1}e^{-(\tau_f - \tau)s} = K_d \times \frac{Ts+1}{T_f s+1}e^{-\tau_d s} \tag{5-13-69}$$

式中，K_d 为静态前馈系数，$K_d = -\dfrac{K_f}{K}$；$\dfrac{Ts+1}{T_f s+1}$ 为一超前-滞后环节，分子为超前项，分母为滞后项，$T > T_f$ 时具有超前特性，$T < T_f$ 时具有滞后特性，$T = T_f$ 时则为比例环节；$\tau_d = \tau_f - \tau$。

(3) 智能控制结合先进控制方法（模糊预测控制）

影响分解炉出口温度的因素很多，且各个因素之间存在耦合，它们的作用也不是线性的，难以建立一个精确的数学模型来描述该过程。若采用传统的控制策略，即通过建立过程模型实现对分解炉温度的自动调节是不容易做到的，因此可以考虑采用模糊控制技术来实现对分解炉温度的调节[46,50]，即设计一个双输入单输出的模糊控制器，输入为分解炉温度偏差 e 和偏差变化 e_c，输出为喂煤电机转速增量，并将回转窑转速和生料电机转速作为干扰因素处理。

进一步，为增强控制器的抗干扰性、鲁棒性和有效处理时滞问题，可以将模糊控制和预测控制相结合，即模糊预测控制。

① 模糊动态矩阵控制（模糊 DMC） 模糊动态矩阵控制的结构框图如图 5-13-38 所示，整个控制系统主要由模型预测、模糊控制和模型校正三部分组成。

模糊 DMC 算法中模型预测部分与动态矩阵控制算法类似，主要通过预测模型，利用系统的输入输出数据预测未来时刻系统输出，作为控制器的输入。与常规 DMC 相比，最大的不同是用模糊控制器取代了原先基于最优化目标函数所计算得到的控制量。模糊控制器为两

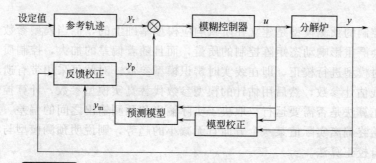

图 5-13-38 模糊预测控制结构框图

输入单输出，输入为预测误差 E 和预测误差变化量 E_c，输出为控制增量 U，E、E_c 和 U 的论域取 $[-3, 3]$，模糊子集为 {负大、负中、负小、零、正小、正中、正大}，记为 {NB、NM、NS、ZE、PS、PM、PB}，隶属度函数如图 5-13-39 所示[47]。

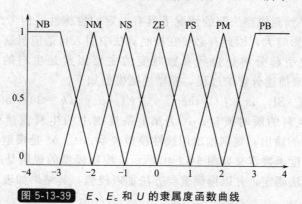

图 5-13-39 E、E_c 和 U 的隶属度函数曲线

模糊控制规则的选取是在专家知识的基础上，总结操作人员的实践经验后进行修改得到的。规则表如表 5-13-10 所示。

表 5-13-10 分解炉温度模糊控制规则表

E_c \ E	NB	NM	NS	ZE	PS	PM	PB
NB	NB	NB	NB	NB	NM	NS	ZE
NM	NB	NB	NM	NM	NS	ZE	ZE
NS	NB	NM	NS	NS	ZE	ZE	PS
ZE	NM	NM	NS	ZE	PS	PM	PB
PS	NM	ZE	ZE	PS	PM	PM	PB
PM	ZE	ZE	PS	PM	PM	PB	PB
PB	ZE	PS	PM	PB	PB	PB	PB

根据动态矩阵的预测模型和反馈校正计算得到 E 和 E_c，将两者量化到论域区间，并经隶属度函数得到模糊量，然后根据模糊控制规则表，通过 Zadeh 推理法和加权平均解模糊化法，得到控制 U 在论域 $[-3, 3]$ 中的精确值，乘以量化因子后，即得到 k 时刻的控制增

量 $\Delta u(k)$。

　　动态矩阵控制的预测模型是建立在阶跃响应模型基础上的，但当模型参数与实际对象参数有偏差时，会严重影响动态矩阵控制的质量，而且随着偏差的加大，控制质量会进一步恶化，这就需要对模型进行校正，即在线实时辨识模型参数。对此可采用带有遗忘因子的递推最小二乘法在线估计参数，然后用估计的模型参数代替真实模型参数，计算控制律 $\Delta u(k)$。

　　模型自校正算法是否需要运行，取决于实际输出和预测输出之间的偏差。如果在某一段过程中预测值始终偏离实际值某一个方向且无减小的趋势，则说明预测模型与实际模型偏差较大，可启动自校正算法。

　　② 模糊预测函数控制（模糊 PFC）　　作为一种模型预测控制算法，预测函数控制（PFC）同样具有内部模型、滚动优化、反馈校正 3 个基本特征，最大区别在于 PFC 的控制量是一组预先选定的基函数的线性组合。和其他预测控制算法相比，PFC 具有在线计算量小、鲁棒性强、可应用于快速过程等优点。对于分解炉温度控制，可以采用模糊 PFC 算法[48]。

　　虽然 PFC 算法在预测模型失配的情况下具有一定的鲁棒性，但考虑到水泥生产过程工况复杂，受环境变化影响大，因此有必要在控制算法中引入自适应机制。鉴于三次风门开度通常设为恒定值，故引起分解炉过程参数时变的主要因素是生料的波动。应用 Takagi-Sugeno 模糊模型[49]来描述分解炉过程，模糊规则模型如下：

$$R_i: \text{if} \quad SL \text{ is } \quad \mu^i, \quad \text{then} \quad y_m^i(k) = a^i y_m^i(k-1) + b^i u(k) \tag{5-13-70}$$

　　式中，SL 表示生料的瞬时流量；μ^i 为第 i 条规则中的生料流量模糊子集的隶属度；$y_m^i(k)$ 为第 i 条规则的输出，规则输出用线性模型表示；a^i、b^i 是模型参数。

　　生料流量的隶属度函数定义如图 5-13-40 所示。模糊模型的规则是通过在不同的生料流量下作飞升曲线实验法测定，并以模糊聚类方法加以校验，其结果如表 5-13-11 所示。

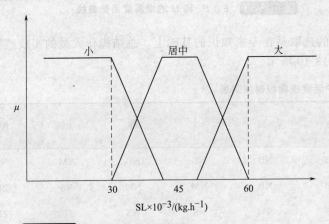

图 5-13-40　生料流量隶属度函数

　　对以上模糊模型的每条规则给出相应的 PFC 控制规则，则模糊预测控制规则为：

$$R_i: \text{if} \quad SL \text{ is } \mu^i, \quad \text{then} \quad u^i(k) = u^i(k) + f^i(\cdot) \tag{5-13-71}$$

　　式中，$f^i(\cdot)$ 表示由模糊模型第 i 条规则给出的线性模型参数确定的 PFC 控制律，模糊预测函数控制器输出为

$$u(k) = u(k-1) + \sum_{i=1}^{M} w^i f^i(\cdot) \tag{5-13-72}$$

　　式中，w^i 是控制规则强度，定义为 $w^i = \mu^i$。

规　则 i	a^i	b^i
1	0.9213	0.6296
2	0.9448	0.3590
3	0.9512	0.2439

表 5-13-11　模糊模型规则表

上述的模糊预测函数控制策略，在美国 Honeywell 公司的集散控制系统 PlantScape C100 上实现。该系统上层由一个服务器和一个工作站组成，下层由两个控制器和一些输入输出模块、通信模块组成。系统包括两个现场数据采集站：窑头采集站和窑尾采集站，其中窑头采集站主要负责采集煤粉制备、窑头部分、篦冷机和熟料传送部分的温度、压力等有关现场数据；窑尾采集站主要负责窑尾烧成、废气处理部分的数据，下层控制器基本功能综合了多个单回路控制器和可编程控制器的功能[51,52]。实际应用结果表明，模糊 PFC 算法具有控制精度高、鲁棒性强等优点。

13.3.8　回转窑烧成带与窑尾温度控制

水泥回转窑工艺是水泥生产中的重要工段，其烧结温度直接决定了水泥熟料的煅烧质量。温度太低，不足以产生烧结作用，且反应也不能完成；而温度太高，将产生大量的熔融体或玻璃体，损坏窑衬并浪费燃料。此外，回转窑温度的控制好坏直接关系到生产效率、能源消耗量及有害气体的排放量。可见，稳定回转窑的烧成带温度，对保证产品的质量以及降低能耗、减少大气污染有着重要的显示意义。

回转窑的生产过程是一个涉及传质、传热复杂的物理化学反应过程，具有大惯性、纯滞后、非线性、多扰动等特点，影响烧成带温度的主要因素有喂煤量、生料量、风速和窑转速等，这几个因素之间又相互关联、相互影响（见前面"预分解窑风、煤、料和窑速的合理控制"一节），所以要实现高效、稳定的温度控制并不容易，国内外同行多年来都在不停地探索更好的控制方法。目前，回转窑烧成带温度控制主要集中于三类方法：一是各类 PID 的改进算法；二是以预测控制为主，结合智能控制的方法；三是多变量解耦控制方法，实现对烧成带温度和窑尾温度的解耦控制。

(1) 改进 PID 方法

水泥回转窑煅烧工艺过程复杂多变，难以得到精确的数学模型，常规 PID 控制算法难以满足控制要求，无法保证水泥烧成质量，因此需要对传统 PID 算法进行改进。

① 模糊 PID 方法　为解决回转窑温度控制超调量大、调节时间长等问题，将模糊控制与传统 PID 控制相结合[53]，用模糊控制理论在线整定 PID 控制器的比例、积分、微分系数，建立参数模糊规则表。具体见前面"分解炉出口温度控制"一节。

与常规 PID 相比，该方法有较快的调节速度和较小的超调，稳态精度也有所提高，对于改善水泥生产质量有一定的应用价值。

② 神经网络 PID 控制　PID 控制器要取得较好的控制效果，就必须调整好比例、积分和微分的控制作用，形成控制量中既相互配合又相互制约的关系，这种关系不一定是简单的"线性组合"，可以从变化无穷的非线性组合中找到最佳的。BP 神经网络具有任意非线性表达能力，可通过系统学习来实现最佳的 PID 控制，从而使 PID 控制器的参数在线整定到最佳参数[54]。

BP 神经网络的 PID 结构如图 5-13-41 所示。控制器由经典的 PID 控制器和 BP 神经网络两部分组成，其中经典 PID 直接对回转窑烧成带温度进行控制（主要通过调节喂煤量和主排风机转速进行控制），且控制的三个参数为在线调整，而神经网络则根据系统的运行状态，调节 PID 控制器参数，以期达到某种性能指标的最优化。输出神经元的输出状态对应于 PID 控制器的三个可调参数 K_p、K_i、K_d，通过神经网络的自学习和连接权值的改变，使神经网络的输出实现最优控制规律下的 PID 控制器参数调整。

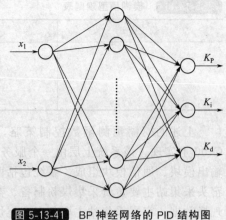

图 5-13-41　BP 神经网络的 PID 结构图

基于 BP 神经网络 PID 控制系统如图 5-13-42 所示，系统运行的主要步骤为：

a. 确定 BP 网络结构，即确定输入层节点数和隐含层节点数，并给出初始权值和学习率；

b. 根据 DCS 系统采集的数据 $y(k)$（即 k 时刻的烧成带温度值），计算 k 时刻的偏差 $e(k)$；

c. 计算 BP 网络的输入、输出，得到 PID 控制参数 K_p、K_i、K_d；

d. 计算 PID 控制器的输出 $u(k)$；

e. 根据梯度下降法在线自学习网络连接权值，实现 PID 控制参数的自适应调整；

f. 令 $k = k + 1$，返回步骤 b。

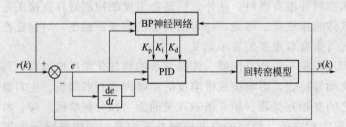

图 5-13-42　基于 BP 网络的 PID 控制系统框图

（2）预测控制与智能控制的结合

水泥回转窑是承担煅烧的主要设备，回转窑烧成带温度是影响窑产和质量的重要因素，其准确的检测是回转窑自动控制成功的可靠保证。除了目前应用最多的比色高温计外，还可采用云台式红外遥控技术测量烧成带温度。该技术包括红外光电测温仪、云台、显示仪和控制系统 4 个部分，通过间接测量窑体烧成带表面温度，再利用经验参数，进而检测出烧成带的温度。

除了烧成带温度外，窑尾温度也是表征窑内热力分布状况的重要参数，而影响这两个参数的主要调节量是喂煤量和排风机转速。增加喂煤量，可以提高烧成带温度并降低氧含量。排风机转速可改变窑内风速及窑内温度分布，控制窑尾温度。排风机转速增加，将提高窑尾烟室气体温度和氧含量。

回转窑窑体是用保温、隔热材料筑成的，由于窑体尺寸较大，质量也大，表现出一定的惯性，且状态量对控制量的变化反应缓慢，具有一阶惯性环节特征，可以用一阶惯性加纯滞后环节近似描述窑内温度与各个调节量之间的传递函数关系。通过实际记录数据和最小二乘法进行参数辨识，可以得到喂煤量与烧成带温度间的传递函数[56]：

$$G_1(s) = \frac{150e^{-9.6s}}{21s + 1} \tag{5-13-73}$$

同理可得主排风机转速同烧成带温度间的传递函数：

$$G_2(s) = \frac{1.61\mathrm{e}^{-55s}}{21s+1} \tag{5-13-74}$$

喂煤量与窑尾温度间的传递函数：

$$G_3(s) = \frac{92.3\mathrm{e}^{-8s}}{20.5s+1} \tag{5-13-75}$$

主排风机转速同窑尾温度间的传递函数：

$$G_4(s) = \frac{1.12\mathrm{e}^{-40s}}{17.5s+1} \tag{5-13-76}$$

应用动态矩阵控制（DMC）算法对回转窑的烧成带温度和窑尾温度进行调节，结果表明，喂煤量对回转窑的烧成带温度和窑尾出口温度的作用较强[56]。在实际生产中，当窑尾 CO 及 O_2 含量正常时，一般通过改变喂煤量来对回转窑的温度进行控制。当燃料达到一定量，并相对于 CO 及 O_2 含量不平衡时，应当调节主排风机转速以控制烧成带温度及窑尾出口温度。同单纯的模糊控制和 PID 控制相比，预测控制系统的调节时间缩短，快速性和稳定性有所提高。为了进一步改善动态品质和稳态精度，可以将预测控制和智能控制结合成一种新的复合控制方法。

① 基于 T-S 模糊模型的预测控制　要对回转窑温度进行控制，首先要建立控制对象的模型。Takagi 和 Sugeno 于 1985 年提出了著名的 T-S 模糊模型[57]，其典型的模糊规则形式如下：

$$\begin{aligned} R_i: &\ \mathrm{if}\ x_1\ \mathrm{is}\ A_{i1},\ x_2\ \mathrm{is}\ A_{i2},\ \cdots,\ x_{im}\ \mathrm{is}\ A_{im}\\ &\ \mathrm{then}\ y_i = p_{i0} + p_{i1}x_1 + p_{i2}x_2 + \cdots + p_{im}x_{im} \end{aligned} \tag{5-13-77}$$

式中，R_i 为第 i 条模糊规则；x_j 为第 j 个输入变量；y_i 为第 i 条模糊规则的输出；A_{ij} 为模糊子集，其隶属度函数中的参数就是规则前提部（前件）的辨识参数；p_{ij} 为第 i 条模糊规则的结论部（后件）的线性多项式函数中变量 x_j 项的系数；p_{i0} 是常数项目。

当给定 T-S 模糊系统的输入时，模型的输出可计算为式（5-13-77）中 y_i 的加权平均值：

$$y = \frac{\displaystyle\sum_{i=1}^{N} y_i \omega_i}{\displaystyle\sum_{i=1}^{N} \omega_i} \tag{5-13-78}$$

其中权重（即隶属度）ω_i 计算如下：

$$\omega_i = \prod_{j=1}^{m} A_{ij}(x_j) \tag{5-13-79}$$

式中，Π 是模糊算子，可以采用取小运算或乘积运算。

T-S 模糊模型的辨识，本质上是通过选取适当的结构参数，使得模型输出以一定的精度逼近某一未知的连续非线性动态系统。通常包括模型结构辨识和参数辨识，而参数辨识又分为前提部参数辨识和结论部参数辨识。T-S 模糊模型能很好地描述非线性系统的动态特性，而常规线性预测控制对强非线性控制效果不佳，因此可以在预测控制（如 GPC）的框架下，将 T-S 模糊模型作为预测模型，形成模糊预测控制方法[58]，其结构如图 5-13-43 所示。

由于 T-S 模糊模型每条规则的结论部分是一个线性方程式，因此整个复杂模糊系统可以看作一个线性时变系统，从而将模糊预测控制器中的非线性化问题转化为一个线性二次寻优问题。该方法很好地结合了模糊控制和预测控制各自的优点，能有效解决非线性系统的控制问题。

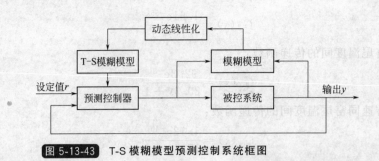

图 5-13-43 T-S 模糊模型预测控制系统框图

② 神经网络预测控制 在预测控制算法中，预测模型的功能是根据对象的历史信息和未来输入预测其未来输出。常规预测控制一般采用脉冲响应系数、阶跃响应系数或 CARIMA 模型来构建预测模型。神经网络由于具有理论上能逼近任意非线性连续函数的能力，而且结构简单，非常适合于非线性系统的辨识及建模，也可以用来作为预测模型，这就是神经网络预测控制[59]。

在实际使用时，GPC 的求解基于神经网络辨识的过程模型，当存在较大的结构性建模误差时，控制中所用的输出量为量测输出，而所用的预测量为基于含建模误差的模型的多步向前预报，两者可能会产生较大的不匹配[59]。另一方面，由于模型的在线辨识要使模型输出不断地去拟合含建模动态的实际输出，因此辨识参数经常处于较强的时变状态中，难以收敛到一个稳定的近似系统，这些都会造成控制器易于产生波动。基于以上分析，可以将系统的量测输出与辨识模型的输出综合成一个伪输出信号[60]，在辨识、预测与控制中均使用该信号代替量测输出，这就降低了辨识器与控制器对未建模动态的敏感性，增强了预测控制系统的鲁棒性。图 5-13-44 是基于神经网络模型预测控制系统框图。

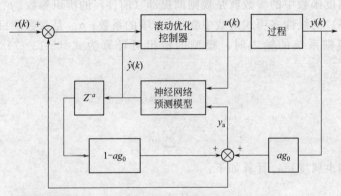

图 5-13-44 神经网络预测控制系统框图

图中，y_a 是量测输出与模型输出综合成的伪输出信号；a 为常数；g_0 为一阶低通滤波器。

该方法应用于回转窑温度控制中，具有较强的鲁棒性和自适应能力，控制效果优于传统的 PID 控制和预测控制。

(3) 多变量解耦控制

影响水泥回转窑内温度的因素主要有喂煤量、主排风机转速、生料量和窑转速。喂煤量可以影响烧成带温度和窑内含氧量，进而影响水泥熟料的烧成质量。增加喂煤量，可以提高烧成带温度并降低含氧量。主排风机转速可以改变二次风速，保证风煤配合和含氧量，改变窑内温度分布，控制窑尾温度。加快主排风机转速，将提高窑尾温度并增加含氧量。生料量是由生产任务决定的，通常为满负荷运行，控制时看作恒值。窑转速影响窑内的煅烧状况，控制时可看作扰动量。为了保证水泥熟料烧成质量，取烧成带温度和窑尾温度作为被控变量，喂煤量和主排风机转速作为操纵变量，窑转速作为扰动变量。因此，水泥回转窑温度系统动态特征可近似由以下双输入双输出系统描述：

$$\begin{bmatrix} y_1 \\ y_2 \end{bmatrix} = \begin{bmatrix} g_{11}(s) & g_{12}(s) \\ g_{21}(s) & g_{22}(s) \end{bmatrix} \begin{bmatrix} u_1 \\ u_2 \end{bmatrix} + \begin{bmatrix} g_{1d}(s) \\ g_{2d}(s) \end{bmatrix} d \qquad (5\text{-}13\text{-}80)$$

式中，y_1 是烧成带温度；y_2 是窑尾温度；u_1 是喂煤量；u_2 是主排风机转速；d 是窑转速；g_{11}、g_{12}、g_{21}、g_{22} 分别为控制通道传递函数［具体见式（5-13-73）～式(5-13-76)］；g_{1d}、g_{2d} 是扰动通道传递函数。很明显，两个输入和两个输出之间存在着较强的耦合关系。

采用 Fuzzy-Smith 预估控制器实现对两个被控变量的解耦控制[61]，图 5-13-45 是控制系统框图。

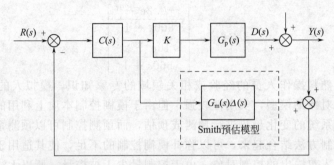

图 5-13-45　Smith 预估解耦控制系统框图

图中，$G_p(s)$ 是被控对象传递函数矩阵；$G_m(s)\Delta(s)$ 为 Smith 预估控制模型［其中 $G_m(s)$ 是对象参考模型矩阵，$\Delta(s) = \text{diag}\{1 - e^{-L_i s}\}\ (i = 1,\ 2)$］，$R(s)$ 是 2 维设定向量；$Y(s)$ 是 2 维输出向量；K 为 2×2 维解耦控制器矩阵；$C(s)$ 为 2×2 维对角主控制器矩阵。

要实现 Smith 预估控制，首先需要根据系统被控对象模型设计解耦控制器矩阵 K，将水泥回转窑温度双输入双输出系统解耦为两个 SISO 系统，再根据解耦后的对角矩阵元素构造 Smith 预估控制模型，最后对主控制器进行设计。

解耦矩阵 K 的求取就是要确保 $H = G_p(s)K$ 是一对角化矩阵，而 H 可根据稳定性要求和鲁棒控制理论 H_2 最优性能指标确定[62]。

根据解耦后的对角阵 H 构造 Smith 预估控制模型，即 $G_m(s)$ 各元素是 $H(s)$ 中相应元素除去纯滞后环节后的最小相位环节。引入 Smith 预估控制的目的，是使控制系统具有更强的处理时滞环节的能力。

另外，考虑到系统的不确定元素，为获得较好的控制性能和较强的鲁棒性，主控制器 $C(s)$ 采用两通道 Fuzzy-PI 控制器（模糊 PID 控制器的设计见前面"分解炉出口温度控制"一节）。由于常规的模糊控制器具有良好的动态品质却难以消除被控变量的稳态误差，因此考虑在系统将要达到稳态时引入积分作用，消除稳态误差，构成控制性能良好的 Fuzzy-PI 控制器。

13.3.9　篦冷机料层厚度控制

窑头下来的熟料流到篦冷机的篦床上，篦冷机拉动篦床前后运动，细的物料由篦床的细孔流下，粗的被移动至后部，由破碎机破碎后到下面的带式输送机。篦冷机的篦床下有 1～5 室风机，向篦床鼓风，使熟料逐步冷却。为保证熟料质量稳定，应使篦床上的熟料厚度均匀，从而保证熟料冷却均匀。熟料厚度的不均匀，首先反映在一室风机上方篦床的静压（篦下压力）；厚度越大，压力越大。经分析，影响料层厚度的主要因素是生料喂料量和篦床速度，但由于生料量变化反应到篦床料层厚度变化有相当长的延时，所以主要通过调节篦床速度来控制篦床料层厚度。篦床速度加快时，篦床料层变薄；篦床速度减小时，篦床料层变厚。在实际操作中，现场工人一般通过一室篦床压力的大小来判断篦床料层厚度。

由于篦冷机系统具有大惯性、大滞后、非线性等特点，传统的 PID 控制对于解决此类问题效果不佳，目前多为手动调节。

(1) 模糊预测协调控制

考虑到有时熟料细料成分较高时，篦床下料孔堵的比较严重，一室风机电机电流也会减小，所以一室风机的电流一般作为辅助控制量。因此取一室篦下静压作为主控目标，一室风机电流作为辅控目标，篦床速度为控制量，根据现场实际数据分析和参数辨识，可得该单输入双输出对象的近似传递函数：

$$G(s) = \begin{bmatrix} \dfrac{-0.2\mathrm{e}^{-120s}}{600s+1} \\ \dfrac{10\mathrm{e}^{-180s}}{660s+1} \end{bmatrix} \tag{5-13-81}$$

模糊控制依据熟料操作人员的经验或相关领域的专家知识，模拟人的思维特点进行控制，它不需要控制对象的模型，实用性较强，但由于模糊控制本质上利用的是过程的当前和过去信息，无法对系统的变化趋势进行预测或预估，而预测控制可以预测系统未来的变化趋势，将其与模糊控制方法结合起来，可以弥补模糊控制的不足，使其适用于具有大滞后特点的对象。对于单输入双输出的控制对象，由于控制量少于被控量，所以无法将被控量同时控制在理想的设定点附近，需要根据工艺要求对两个控制目标进行协调，使两个被控量都稳定在工艺允许的控制域内。同时引入多值逻辑协调决策控制器，根据控制域的要求，自动协调各个控制目标对应的输出权值，使各个控制目标均稳定在工艺要求的控制域内[63]。模糊预测协调控制的有关内容见前面"生料下料（喂料）控制"一节。图 5-13-46 是系统结构图。

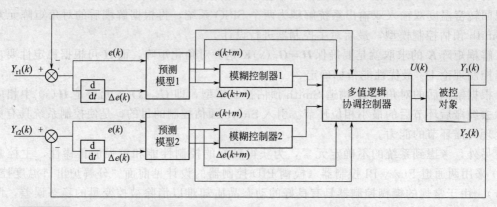

图 5-13-46 模糊预测协调控制系统框图

根据工艺要求，将重要的被控变量（篦下压力）设定为主控目标，为点控制方式，将次要的被控目标（风机电流）设为辅控目标，为域控制方式。控制的目标是在保证辅控变量在工艺允许的控制域内，使主控目标尽量靠近设定的理想控制点。在工业过程中，负荷的变化常常是一种主要的扰动形式，负荷发生变化时，被控变量往往都会发生较大的变化，主控变量和辅控变量的变化规律由控制对象的特性决定。据此，协调控制策略分为以下两种情况：

① 主控目标在工艺允许的控制域内时，由主控目标进行控制，这种情况一般是生产工

况比较稳定的时候；

② 辅控目标超出其设定的控制域时，由主控目标和辅控目标共同作用，这种情况一般是因为系统有大的扰动出现，此时主控变量与主控目标之间往往也会或早或迟出现大的偏差。

多值逻辑协调控制器的作用就是完成以上分析的协调控制策略。当主控变量和辅控变量共同作用时，辅控输出的控制作用权值，由多值逻辑控制器根据主控目标和主被控变量间的偏差来决定。多值逻辑控制器取二输入一输出的形式，输入分别是主控变量的误差绝对值和误差变化率绝对值，输出为辅控输出的控制权值。

在实际的工业应用中常常会有控制输出大于控制输入的被控对象，而且实际的对象大都有大惯性、大滞后、时变和严重的非线性特点，这要求控制算法不但能协调好各个控制目标之间的关系，还要有适应性强、鲁棒性好的特点。基于多值逻辑协调决策的模糊预测控制算法比普通的模糊控制有更快的跟踪速度且控制稳定，即使在有干扰和模型失配的情况下，算法仍有较高的控制精度。

（2）RBF 神经网络预测控制

径向基网络（RBF）是以函数逼近为基础构造的一类前向网络。在网络中间层，它以对局部响应的径向基函数代替传统的对全局响应的激发函数。由于其局部响应的特性，它对函数的逼近是最优的，而且训练过程很短。由于 RBF 网络具有简单的结构、快速的训练过程及与初始权值无关的优良特性，在很多领域都有广泛的应用。

由于基于 RBF 网络建立的是非线性预测模型，因此相应的预测控制器的滚动优化求解也是一个非线性寻优问题，具体可采用最优梯度寻优算法。

经过对篦冷机实际运行数据的分析，可以建立一个 RBF 神经网络模型：系统的输入为篦床速度、生料喂料量和一室篦床压力，系统的输出为预测的一室篦床压力[64]。在篦冷机系统中，篦速的控制具有非线性和滞后性，RBF 预测控制的结构框图见图 5-13-47。

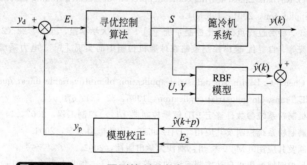

图 5-13-47　RBF 预测控制结构框图

图中，y_d 是设定的一室篦床压力值；S 是寻优算法得到的篦速值；U 表示生料喂料量的输入序列；Y 表示一室篦床压力的输入序列；$y(k)$ 是篦压的实际输出值；$\hat{y}(k)$ 是 k 时刻的RBF 模型的输出值；$\hat{y}(k+p)$ 是 $k+p$ 时刻模型输出值；y_p 为 RBF 模型的预测值；E_1 和 E_2 是误差修改系数。

由于生料喂料量对一室篦床压力的变化具有非常大的滞后，在现场使用时，可通过篦床速度的调节来控制一室篦床压力，即只对篦速进行寻优计算。

从本质上说，RBF 预测控制是一种超前控制。当现场出现较大的干扰时，系统的超调量较小，更容易较快地稳定下来，且具有更强的鲁棒性。

13.3.10　增湿塔控制

增湿塔的作用是对出预热器的含尘废气进行增湿降温，降低废气中粉尘的比电阻值，提高电除尘器的除尘效率。

对于带 5 级预热器的系统来说，生产正常操作情况下，C1 出口废气温度为 320～350℃，出增湿塔气体温度一般控制在 120～150℃，这时废气中粉尘的比电阻可降至 1010Ω·cm 以下。满足这一要求的单位熟料喷水量为 0.18～0.22t/t。实际生产操作中，增湿塔的调节和控制，不仅要控制喷水量，还要经常检查喷嘴的雾化情况，这项工作经常被忽视，所以螺旋输送机常被堵死，给操作带来困难。

一般情况下，在窑点火升温或窑停止喂料期间，增湿塔不喷水，也不必开电除尘器。因为此时系统中粉尘量不大，更重要的是在上述两种情况下，燃煤燃烧不稳定，化学不完全燃烧产生 CO 浓度比较高，不利于电除尘器的安全运行。假如这时预热器出口废气温度超高，则可以打开冷风阀以保护高温风机和电除尘器极板。但投料后，当预热器出口废气温度达 300℃ 以上时，增湿塔应该投入运行，对预热器废气进行增湿降温。

参 考 文 献

[1] 王俊伟. 新型干法水泥生产工艺读本. 第二版. 北京：化学工业出版社，2011.

[2] 李海涛，郭献军，吴武伟. 新型干法水泥生产技术与设备 [M]. 北京：化学工业出版社，2011.

[3] 杨晓杰，李强. 中央控制室操作 [M]. 武汉：武汉理工大学出版社，2010.

[4] 周正立，周君玉等. 水泥粉磨工艺与设备问答 [M]. 北京：化学工业出版社，2009.

[5] 王东风，于希宁，宋之平. 制粉系统球磨机的动态数学模型及分布式神经网络逆系统控制 [J]. 中国电机工程学报，2001，22 (1)：97-101.

[6] 王永建. 中储式球磨机自动控制系统分析 [J]. 仪器仪表用户，2005，12 (2)：1-3.

[7] 白焰. 钢球磨制粉系统的耦合分析和解耦设计 [J]. 吉林电力技术，1986，6：1-7.

[8] 苏杰，孙德立. 球磨机控制系统的一种频域方法设计 [J]. 华北电力大学学报，1998，3：81-86.

[9] H. Danci, M. Onder, O. Kaynak. Linear learing control approach for a cementmilling process [C]. IEEE International conference on control application，2001：498-504.

[10] 李沛然，申涛，王孝红. 粉磨过程负荷优化控制系统 [J]. 济南大学学报，2008，22 (2)：116-123.

[11] 张彦斌，贾立新，杨波等. 自寻优-模糊控制策略在球磨机控制中的实现 [J]. 电力系统自动化，1999，23 (17)：23-25.

[12] V. V. Breusegem, L. Chen, G. Bastin. An industrial application of multivariable linear quadratic control to a cement mill circuit [J]. IEEE Trans. On industrial application，1996，32 (3)：670-677.

[13] 王介生，王伟. 球磨机制粉系统参数自整定 PID 解耦控制器 [J]. 控制工程，2007，14 (2)：135-139.

[14] 尚雪莲. 中储式刚球磨制粉系统控制及其应用 [D]. 北京：华北电力大学，2004.

[15] 诸静等. 智能预测控制及其应用 [M]. 杭州：浙江大学出版社，2002.

[16] 蔡松波. 保定电厂 5 炉钢球磨煤机自动控制系统的实验研究 [J]. 华北电力技术，1991，5：53-59.

[17] 李俊红. 球磨机的动态矩阵解耦控制 [J]. 煤矿机械，2010，31 (1)：193-196.

[18] 林丽君，孙海蓉. 动态矩阵控制在钢球磨煤机制粉系统中的应用 [J]. 电力科学与工程，2011，27 (2)：48-52.

[19] 王荣光. 基于 DMC 的磨机负荷优化控制 [D]. 济南：济南大学，2011.

[20] 刘志鹏，颜文俊. 预粉磨系统的智能建模与复合控制 [J]. 浙江大学学报（工学版），2012，46 (8)：1507-1511.

[21] 尚雪莲，王东风，韩璞等. 基于内模的球磨机控制系统仿真研究 [J]. 电力科学与工程，2004，20 (2)：12-15.

[22] 刘奇寿，黄锦涛，贺刚等. 球磨机中储式制粉系统自寻最优控制 [J]. 西安交通大学学报，2000，34 (7)：30-34.

[23] 诸静. 模糊控制原理与应用 [M]. 北京：机械工业出版社，2005.

[24] 卓泽强. 模糊控制在球磨机中的应用 [J]. 北京石油化工学院学报，2003，11 (4)：53-57.

[25] 房新力. 模糊控制算法研究及其在水泥球磨上的应用 [D]. 济南：济南大学，2010.

[26] 谭卢敏，冯新刚. 基于模糊 PID 控制的球磨机自动控制系统设计 [J]. 煤矿机械，2012，33 (2)：170-172.

[27] 陈作炳，何妙. 闭路球磨机产量的神经网络控制 [J]. 武汉理工大学学报，2001，23 (7)：42-44.

[28] 孙杰，韩艳，段勇等. 基于改进的 PSO 算法的球磨机 PID 神经网络控制系统 [J]. 工矿自动化，2011，5：59-62.

[29] 颜文俊，秦伟．水泥立磨流程的建模和控制优化［J］．控制工程，2012，19（6）：929-934.

[30] 秦伟．水泥生料立磨系统的节能优化控制策略研究［D］．杭州：浙江大学，2012.

[31] 宁艳艳，苑明哲，王卓．水泥生料立磨压差的广义预测 PID 控制［J］．信息与控制，2012，41（6）：378-383.

[32] 王繁珍，陈增强，姚向峰等．基于频域多的 PID 广义预测控制器的鲁棒性分析［J］．中国工程科学，2006，8（10）：66-70.

[33] 范开俊，金晓明．水泥生产生料配料过程控制综述［J］．硅酸盐通报，2008，27（4）：759-765.

[34] 陈久丰．生料质量控制方法的探讨［J］．新世纪水泥导报，2005，11（6）：1-7.

[35] 余超，徐讯，谭克峰．旋风预热器预热过程数值模拟试验研究［J］．西南工学院学报，2001，16（2）：9-13.

[36] 李辉，徐德龙，冯绍航等．循环率对循环流化床分解炉性能的影响［J］．西安建筑科技大学学报，2005，37（1）：16-23.

[37] K. S. Mujumdar, A. Arora and V. V. Ranade. Modeling of rotary cement kilns：applications to reduction in energy consumption［J］. Industrial Engineering & Chemistry Research. 2006，45（7）：2315-2330.

[38] K. S. Mujumdar and V. V. Ranade. Simulation of rotary cement kilns using a one-dimensional model［J］. Chemical Engineering Reasearch and Design. 2006，84（A3）：165-177.

[39] 王卓．水泥烧成过程的建模与控制研究［D］．北京：中国科学院研究生院，2009.

[40] Wang Zhuo. Daynamic Model for Simulation and Control of Cement Rotary Kilns［J］. Journal of System Simulation，2008，20（19）：5131-5135.

[41] 李常贤，诸静．双模模糊控制在水泥回转窑生料系统中的应用［J］．自动化仪表，2004，25（2）：37-39.

[42] 徐德，诸静．湿磨干烧水泥生产线分解炉温度控制［J］．硅酸盐学报，2001，29（2）：119-122.

[43] 姜克盛，王群京，张倩．基于自适应模糊 PID 的水泥窑分解炉温控系统研究［J］．水泥工程，2011，5：52-56.

[44] 屈毅，宁铎，刘飞航等．模糊 PID 控制器的设计及其仿真［J］．计算机仿真，2009，12：130-132.

[45] J. E. Normey-Rico, E. F. Camacho. Robustness effects of a prefilter in a Smith predictor-based generalised predictive controller［J］. IEE Proceedings -Control Theory and Applications. 1999，146（2）：179-185.

[46] 姚维，孟濬，颜文俊等．水泥回转窑生产过程的模糊控制［J］．化工自动化机及仪表，2000，27（2）：15-18.

[47] 汪海峰，诸静．模糊预测控制在水泥生产过程中的应用［J］．工业仪表与自动化装置，2003，2：10-13.

[48] 邹健，诸静．模糊预测函数控制在水泥回转窑分解炉温控系统中的应用研究［J］．硅酸盐学报，2001，29（4）：318-321.

[49] D. Saez, A. Cipriano. Design of fuzzy model based predictive controllers and its application to an inverted pendulum［A］. Proceeding 6th IEEE Internat ional Conf erence of Fuzzy System［C］，1997：915 -919.

[50] 姚维，孟濬，颜文俊等．水泥回转窑分解炉温度的模糊控制［J］．自动化仪表，2001，22（2）：35-37.

[51] 孟濬，汪海峰，陈嘉陵等．基于组态软件编程的水泥回转窑先进控制［J］．电路与系统学报，2002，7（1）：61-65.

[52] 颜文俊，姚维．新型 DCS 系统在水泥回转窑生产过程控制中的应用［J］．化工自动化及仪表，1999，26（4）：5-8.

[53] 韩大平，林国海，杜钢等．模糊 PID 控制算法在回转窑温度控制中的应用［J］．材料与冶金学报，2005，4（4）：321-325.

[54] 覃新颖，佘乾仲，彭奎等．基于神经网络的回转窑建模及其优化控制设计［J］．计算机仿真，2012，29（1）：160-163.

[55] 王莉，杜树新，孟濬．基于 FCM 的模糊神经控制器在水泥回转窑上的应用［J］．化工自动化及仪表，2003，30（4）：46-48.

[56] 郝晓弘，粘坤，张帆．预测控制在水泥回转窑中的应用［J］．电子测量技术，2009，32（5）：25-28.

[57] T. Takagi, M. Sugeno. Fuzzy identification of system and its application to modeling and control［J］. IEEE Trans. On Systems，Man，and Cybernetics，1985，15（1）：116-132.

[58] M. L. Hadjili, V. Wertz. Fuzzy model-based predictive control［A］. Proceedings of the 37th IEEE Conference on Decision and Control［C］，Tampa FL USA：IEEE，1998：2927-2929.

[59] J. M. Zamarreno, P. Vega. Neural predictive control application to a highly non-linear system［J］. Engineering application of artificial intelligence，1999，12：149-158.

[60] 戴雅丽．基于神经网络的鲁棒型预测控制算法实现回转窑温度控制研究［J］．武汉工业学院学报，2007，26（3）：80-82.

[61] 李冬生，方一鸣，李建雄．水泥回转窑温度系统多变量解耦 Fuzzy-Smith 预估控制［C］．第 29 界中国控制会议，2010 年 7 月，北京．

[62] 刘涛，张卫东，欧林林．双输入双输出时滞过程解耦控制的解析设计［J］．控制理论与应用，2006，23（1）：

31-37.

[63] 李常贤，诸静．单入双出的模糊预测协调控制在篦冷机系统中的应用研究 [J]．硅酸盐学报，2002，30（6）：708-712.

[64] 蔡宁，颜文俊．RBF 预测控制在水泥篦冷机系统中的应用 [J]．水泥，2010，10：58-60.

[65] A. N. Wardana. PID-fuzzy controller for grate cooler in cement plant [A]. Control Conference, 2004, 5th Asian [C]，2004：1563-1567.

第14章 城市供水与污水处理过程自动控制

14.1 城市供水与污水处理过程工艺概述

14.1.1 城市供水系统工艺概述

水是人类生活、生产过程中不可缺少的最重要的生活资料之一，在现代城市的建设中城市供水（自来水供给）及城市的污水处理都是市政建设中不可缺少的重要项目之一。自来水水源主要取自于江河、湖泊和水库。随着我国人口的增加以及经济的不断发展，我国主要水系的水体都遭到了不同程度的污染。

由于自然因素和人为因素，源水里含有各种各样的杂质。从给水处理角度考虑，这些杂质可分为悬浮物、胶体、溶解物三大类。城市水厂净水处理的目的就是去除源水中这些会给人类健康和工业生产带来危害的悬浮物质、胶体物质、细菌及其他有害成分，使净化后的水能满足生活饮用及工业生产的需要。目前，大多数城市的给水水源受到不同程度的污染，而常规处理工艺主要处理对象为水源水中的悬浮物、胶体物质和病原微生物等。它主要是由混凝、沉淀或澄清、过滤和消毒等工序组成，很难去除溶解的有机物等有害物质。为了弥补常规处理工艺的不足，采用深度处理水工艺对水中的有毒有害物质进一步去除。现以广州某水厂深度水处理工艺进行介绍，该厂的供水系统工艺流程图如图 5-14-1 所示。

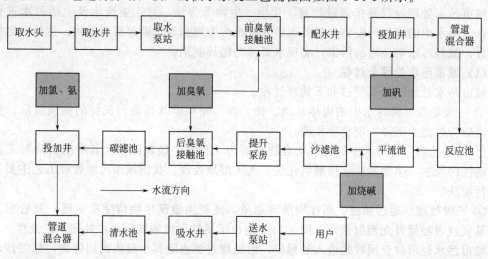

图 5-14-1 某自来水厂供水系统工艺流程图

该水厂采取的供水系统工艺流程为臭氧预处理＋常规处理＋臭氧-生物活性炭滤池工艺。

（1）臭氧预处理

源水经取水泵站提升后，首先经过前臭氧接触池进行臭氧预处理。采用臭氧预处理的目的主要是为去除水中有机污染物和控制氧化消毒副产物，从而保障饮用水的安全性。

(2) 混凝反应处理

混凝工艺处理，即原水 + 水处理剂 → 混合 → 反应 → 矾花水。混凝剂与水均匀混合起，直到大颗粒絮凝体形成为止，整个称混凝反应过程。

(3) 沉淀处理

混凝阶段形成的絮状体依靠自身重力作用，从水中分离出来的过程，称为混凝沉淀，这个过程在平流沉淀池中进行。水流入沉淀区后，沿水区整个截面进行分配，进入沉淀区，然后缓慢地流向出口区。水中的颗粒沉于池底，污泥不断堆积并浓缩，定期排出池外。

(4) 过滤处理

过滤一般是指以石英砂等有空隙的粒状滤料层，通过黏附作用截留水中悬浮颗粒，从而进一步除去水中细小悬浮杂质、有机物、细菌、病毒等，使水澄清的过程。

(5) 滤后消毒处理

水经过滤后，浊度进一步降低，同时亦使残留细菌、病毒等失去浑浊物保护或依附，为滤后消毒创造良好条件。消毒并非把微生物全部消灭，只要求消灭致病微生物。虽然水经混凝、沉淀和过滤，可以除去大多数细菌和病毒，但消毒则起了保证饮用水达到饮用水细菌学指标的标准，同时它使城市水管末梢保留一定余氯量，以控制细菌繁殖且预防污染。消毒的加氯量（液氯）在 $1.0 \sim 2.5 \mathrm{g/m^3}$ 之间。主要是通过氯与水反应生成的次氯酸在细菌内部起氧化作用，破坏细菌的酶系统，从而使细菌死亡。消毒后的水由清水池经送水泵房提升达到一定的水压，再通过输水管和配水管网送给千家万户。

臭氧预处理＋常规处理＋臭氧-生物活性炭滤池工艺这种深度处理饮用净水，不仅去除消毒副产物——有机氯化物和三致物质，而且去除病原菌、病毒和病原原生物，提高了用户饮用水的质量。

14.1.2 城市污水处理系统工艺概述

城市污水处理过程是指通过物理、化学、生物等方法，对工业废水及生活污水进行处理，以分离水中的固体污染物，降低水中的有机污染物和氮、磷等富营养物，达到一定标准后排放，减轻污水对环境的污染，实现水资源的循环利用。

(1) 城市污水处理全过程

城市污水处理一般需经过如下处理过程。

① 一级处理　将污水中的固体垃圾、油、沙、硬粒以及其他可沉淀的物质清除。整个过程可分为过滤、沉降、羽化等步骤。

② 二级处理　将污水中的有机化合物分解为无机物、脱氮除磷。其中生物降解工艺主要有活性污泥法、生物膜法、接触氧化法、人工湿地处理。我国城市污水处理工艺主要采用活性污泥法。

③ 三级处理　通过沙滤、活性炭清除杂质，或利用微藻生物清除重金属，最后加入氯气或臭氧或者经紫外光照射消毒。图5-14-2给出了活性污泥法城市污水处理工艺流程。

城市污水经市政管网收集进入处理厂，由隔栅过滤去除其中较大的固体物，如泥沙、纸张、塑料等，然后通过提升泵，进入第一级沉淀池（称为预沉池或一沉池）。污水在预沉池中停留数小时，其中固体污染物沉降后，进入二级生物化学处理反应池。以活性污泥法为例，反应池为好氧型曝气池或厌氧型生物池等，通过好氧或厌氧菌群与污水进行生化反应，分解有机物并脱氮除磷。生化反应结束后，将污水引入第二级沉淀池，将细菌和其他微生物为主的污泥沉降，然后经过消毒排放到自然界的河流湖泊中。

(2) 城市污水处理工艺简介

我国城市污水处理系统所采用的工艺主要有 AB 工艺、AO 工艺、A^2O 工艺（改进 A^2O

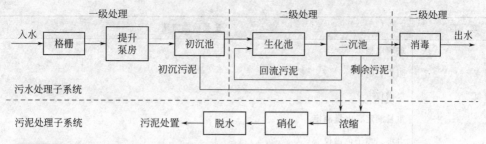

图 5-14-2 **活性污泥法城市污水处理工艺流程**

工艺)、氧化沟工艺、CASS 工艺、UNITANK 工艺、SBR 工艺。随着技术的进步与环境保护要求的提高,生物膜技术、人工湿地等处理方式逐渐开始在城市污水处理中应用。

　　城市污水处理系统所选用的工艺主要取决于以下因素:污水负荷、污水成分、脱氮除磷要求、污水处理后的排放标准、投资、占地、管理、运行成本等因素。其中大型污水处理厂,负荷稳定且有脱氮除磷要求,多采用 AO 工艺及 A^2O 工艺;中小型城市污水处理厂多采用氧化沟工艺、SBR 工艺、CASS 工艺及 UNITANK 工艺,占地面积小,抗冲击负荷能力较强,脱氮除磷效果较好。

14.2　城市供水与污水处理过程的检测

14.2.1　城市供水系统工艺的检测

　　20 世纪 50 年代自来水处理过程中主要是对流量、水位等量的检测,其后为实现取水量、过滤流量、配水流量、水池水位和加药等自动控制,逐步实现了水温、浊度等水质监测。直到 1970 年在我国才实现了给水管理系统,原水、取水、净化处理、配水管网等一体化管理。自来水检测系统包括原水水质的检测与监控,水处理实施的检测,配水水质管理的水质监测等。随着工农业的迅速发展,我国的水体受到严重的污染,其水源中含有大量悬浮性的污染成分和复杂的溶解性污染成分,水中含有三卤甲烷、农药、环境激素、二噁英等有害物。因此加强和增加水体的检测和监控,在自来水处理过程中起着重要的作用。

　　在自来水厂中存在许多控制系统,每一个控制系统都有一些相同或不同的被测变量,但这些测量仪表都包括在水质仪表、监测仪表和计量仪表三大类中。表 5-14-1 列出了物理量、水质的监测项目和主要检测方法。

表 5-14-1 **物理量、水质的监测项目和主要检测方法**

项　目	主要检测方法
温度	热电阻
压力	液压测压,弹簧变形法,电测压力,弹簧式、霍尔式、差压式压力变送器
流量	电磁式、超声波、差压式、面积式、容积式流量计
液位	浮式、超声波、静电容积式、面积式、容积式、插入式液位计
浊度	水中散射光、透过光、透过散射比较、表面散射光
低浊度仪	水中散射光、透过光、透过散射比较、表面散射光、反折计数、前方散射技术
高浊度仪	水中散射光、透过光、透过散射比较、表面散射光、反折计数、前方散射技术
色度	透过光

续表

项　目	主要检测方法
pH	玻璃电极
电导率	阻力、电导
残留氯	极谱仪
碱度	重量滴定、电量滴定
氨	电极、离子色谱仪
需氧量	自动检测
胶体表面电荷	紫外线、红外线吸光率
微絮物表面电荷	画面处理
微粒计数	紫外线吸光率
臭氧	紫外线吸光率
溶解性臭氧	紫外线吸光率、极谱仪、气相臭氧浓度方式
三卤甲烷	膜分离荧光定量
急性有毒物	鱼类、甲壳类等生物检测、微生物传感器生物检测、离子电极、离子色谱仪
挥发性有机物	色谱仪
油分	光反射率、臭氧
絮体图像	光间歇计数、光散射计数
污泥浓度	超声波、微波

（1）水质仪表

水质检测主要目的是检测出厂的自来水是否达到饮用水水质标准。对水质的检测主要是对水的浊度、余氯量、pH 值、颗粒量的检测。对水浑浊度的检测采用浊度检测仪。根据对水浑浊浓度检测的不同，分低浊度仪、高浊度仪和激光浊度三种类型。余氯量的检测采用余氯仪。根据余氯检测的方法不同，余氯检测仪有电流湿化学余氯分析仪、余氯比色仪、膜式余氯仪等。对水中颗粒物的检测采用颗粒物计数器，颗粒计数器可以测定若干颗粒大小级别的尺寸和数量，可为控制系统提供大量的数据。因颗粒检测仪可测量出浊度检测仪不能检测的颗粒，因此它既可用于测定过滤水，又可据以调整药剂投加量。对 pH 值的检测采用 pH 检测仪，测定 pH 值可用玻璃电极和参比电极进行测量，其中水质仪表还有在线电导率仪和在线溶解氧仪等。

（2）监测仪表

水处理中，监测仪表主要有超声波液位计、压力表、真空表、电流表、电压表、综合保护器、漏氯检测仪、漏氨检测仪、漏臭氧检测仪、臭氧浓度分析仪、氧气浓度分析仪、污泥浓度计、压力变送器、温度变送器、沉入式液位变送器，其中流量计、压力表、水位计、带有报警装的水位仪、漏氯检测仪是自来水厂自动监测系统最基本的配置。

（3）计量仪表

在整个水处理过程中，因为每天、每个季节城市用水都处于不断变化中，为了节约能量并降低成本，需对水的流量进行严格的控制，因此需要采用电磁流量计和质量流量计两类流量计来适应不同的工作环境和工艺要求。在计量仪表中还有电子秤和电度表等。

检测仪表是自来水厂物料的投加、流量和压力等自动控制系统和自动报表系统的眼睛，也是水质分析有力工具。它们种类繁多，接口多样化，有直接 4～20mA 输出、总线输出、多通道多类型输出等，怎样将这些仪器仪表的数据接入到自来水厂生产自动化综合监控系统，是工程考虑的一个重点。

14.2.2　城市污水处理系统的检测

（1）城市污水处理系统的检测量

城市生活污水处理厂的信息主要由以下三部分组成。

① 感官指标　有经验的管理人员通过工艺过程的现象观察，对工艺状况是否正常及异常的原因做出初步的判断。观察指标包括颜色、气味、泡沫、流态、透明度等。

② 检测指标

- 流量　包括进水流量、出水流量、剩余污泥量、回流污泥量和供气量。

- BOD$_5$（Biochemical Oxygen Demand）　5 日生化需氧量，在线监测仪检测与混合取样化学方法测定。

- COD（ChemicalOxygenDemand）　化学需氧量，在线监测仪检测与混合取样化学方法测定。

- OC 或 TOC（Organic Carbon or Total Organic Carbon）　在线监测仪检测与混合取样化学方法测定。

- DO（Dissolved Oxygen）　溶解氧，曝气池混合液的 DO，在线测量。

- OUR 或 SOUR（Oxygen Uptake Rate or Scale Oxygen Uptake Rate）　氧的利用速率或比耗氧速率。

- ORP（Oxidation-ReductionPotential）　氧化还原电位，辅助判断污泥处于好氧、缺氧或厌氧状态。

- SS（Suspended Substance）　固体悬浮物浓度，包括进水及出水总悬浮固体 TSS、混合液总悬浮固体 MLSS、挥发性悬浮固体 MLVSS、回流污泥的总悬浮固体 RSS 和挥发性悬浮固体 RVSS。

- pH　进水出水的 pH 值。

- 温度　污水进水温度。

- 营养元素　包括进水出水的氨氮（NH$_3$-N）、硝酸盐（NO$_3$-N）、总氮（Total Nitrogen，TN）、正磷酸盐（PO$_4$-P）、总磷（Total Phosphorus，TP）。

- SV 与 SVI　污泥容积指数，反映活性污泥凝聚性和沉降性。

- 生物相　活性污泥中微生物的种类、数量、优势度及其代谢活力等状况的概貌。

还有电导率（Conductivity）、浊度（Turbidity）、余氯（Residual Chlorine）、出水细菌检测（沙门氏菌 PCR 检测）、二沉池的泥位等。

③ 计算指标　污泥负荷 F/M、污泥回流比 R、泥龄 SRT、水力停留时间 HRT、二沉池的水力表面负荷和固体表面负荷等。

其中，进水量 Q、进水 BOD$_5$、进水 COD、进水氮磷含量、pH 值和水温 T 是进厂污水的工艺变量，与排放用户和收集管网有关，对于处理厂来说，是不可控的，需要调整其他运行工艺量，使处理过程适应进水水质的变化。而污泥回流比 RSR、污泥龄 SRT、DO、F/M 则是需要控制的主要工艺参数，出水 SS、出水 BOD$_5$、出水总磷 TP、出水总氮 TN 是衡量处理效果的主要指标，也是整个处理工艺系统的输出变量和需要反馈控制的变量。

（2）城市污水处理测量仪表

在污水处理过程中，需要对各个工艺阶段进行检测与控制，下面以采用 A^{2}O 工艺的大型城市污水处理厂为例，表 5-14-2 与表 5-14-3 列出了污水处理的不同阶段需要进行检测的主要工艺变量及其检测仪表。

表 5-14-2 城市污水处理厂常用仪表

工艺参数	测量介质	测量部位	常用仪器
流量	污水	进、出水管道	电磁流量计、超声波流量计
		明渠	超声波明渠流量计
	污泥	回流污泥管路	电磁流量计
		回流污泥渠道	超声波明渠流量计
		剩余污泥渠道	电磁流量计
		硝化池污泥管路	电磁流量计
	沼气	硝化池沼气管路	孔板流量计、涡街流量计、质量计等（所有仪表要求防爆）
	空气	曝气池空气管路	孔板流量计、涡街流量计、质量流量计、均速管流量计
温度	污水	进、出水	Pt100 热电阻
	污泥	硝化池	Pt100 热电阻
		污泥热交换器	Pt100 热电阻
压力	污水	泵站进出口管路	弹簧管式压力表、压力变送器
	污泥	泵站进出口管路	弹簧管式压力表、压力变送器
	空气	曝气管道通风机出口	弹簧管式压力表、压力变送器
液位	污水	进水泵站集水池	超声波液位计、浮子式液位计
		格栅前、后液位差	超声波液位差
	污泥	硝化池	超声波液位计、变压变送器、沉入式压力变送器（所有仪表要求防爆）
		浓缩池，储泥池	超声波液位计
pH 值	污水	进、出口管路或渠道	pH 仪
ORP	污水	进、出口管路或渠道	电导仪
浊度	污水	进、出口管路或渠道	浊度仪、浊度及污泥浓度在线分析仪
污泥浓度	污泥	曝气池、二沉池、回流污泥管道	污泥浓度计、浊度及污泥浓度在线分析仪
DO	污水	曝气池、二沉池	溶解氧测定仪
污泥界面	污水、污泥	二沉池	污泥界面计
COD	污水	进/出水	COD 在线测量仪
BOD	污水	进/出水	BOD 在线测量仪
营养物含量	污水	进/出水	NH_3-N、NO_3-N、TN、PO_4-P、TP 检测仪
SS	污水	进/出水	污水悬浮物在线检测仪
余氯	污水	接触池出水	余氯测量仪
污泥含水率	污泥	污泥处理系统	烘干法污泥含水率测量、红外在线污泥含水率检测仪

表 5-14-3　有机物及营养物检测仪表

类　别	名　称	测量方法
有机物检测仪表	COD 计	重铬酸钾法 COD 测定
		高锰酸钾法 COD 测定
	UV 计	紫外光吸光度检测
	TOC 计	化学氧化和紫外氧化技术
	TOD 计	污水中有机物氧化分解消耗的氧量
营养物检测仪表	NH_3-N 检测仪	将污水中的 NH_4 转换为氨气，通过比色测定
	TP 检测仪	污水中的含氮化合物转化为硝酸根，通过紫外吸光光度法测定
	NO_3-N 检测仪	紫外光吸收率测定
	TP 检测仪	污水中含磷化合物转化为磷酸根，采用钼蓝法，通过吸光度测定
	PO_4-P 检测仪	光度比色法测定

(3) 城市污水处理新型检测仪表

① 生物毒性检测仪　我国的城市污水中经常会混有工业废水。工业废水来自造纸、石化、印染、化工、冶炼、制革、制药、制糖、酿造等各种企业，其中往往含有各种急、慢毒素，如有毒有机物、有毒无机物和重金属等。如果进水没有预警监测和保护措施，一旦有一定量的毒素进入曝气池中，活性污泥中的微生物将被毒死或抑制，使得污水处理系统的活性污泥失活或活性降低。而更换一池活性污泥耗时耗资很大，而且造成停产数天，将给污水处理厂造成严重的经济损失和新的环境污染。

目前，污水生物毒性检测方法主要有：a. 鱼类毒性实验法；b. 水蚤类毒性实验法；c. 浮萍类毒性试验法；d. 蚕豆根尖微核试验法；e. 藻类毒性试验法；f. 微生物毒性试验法等，并开展了生物毒性评价技术及相关标准的研究。目前，市场上有便携式毒性测试仪，可同时支持发光细菌法和化学发光法两种毒性检测方法，测试时间 30min 以内。发光细菌法生物毒性分析试剂符合国际标准 ISO 11348 的规定。化学发光法毒性分析可用于恶劣测试环境的毒性检测，而且该方法对微量有机物污染的毒性反应明显优于发光细菌法。

② 新型检测仪表

a. 呼吸仪　可以测定活性污泥的呼吸速率，呼吸速率是单位时间单位体积的微生物所消耗的溶解氧的量，反映了活性污泥最重要的两个生化过程：微生物的生长和底物的消耗，因此也称为 BOD 监测仪。

b. 营养物在线传感器　在线检测氨氮、硝酸氮和溶解性正磷酸盐以及总氮和总磷浓度的在线仪表。由于采样和采样预处理环节的限制，营养物传感器安装维护成本较高。

c. 硝化反硝化反应在线传感器　生物脱氮涉及硝化和反硝化两个过程，两者对外界环境变化敏感，在线传感器可以获取生物脱氮过程信息，例如硝化速率、反硝化速率等。

③ 软测量技术的应用　对于 BOD_5、毒物等测量困难或者不能测量的工艺参数，可以通过生化工艺中的可测参数，如 MLVSS、DO、风量、F/M、SR、SS 以及温度 T、流量等，经过神经网络建模后以软测量的方式来得到。通过建模，可以结合进水水质预测出出水水质的各项指标，并依此适当调整工艺参数，增加对突发事件的反应速度和应对能力。

14.3　城市供水过程自动化系统

14.3.1　一次泵站与二次泵站的控制与优化

（1）一次泵站的控制

在城市供水与污水处理系统中，需要利用泵站将原水提升至后续处理单元所要求的高度，使其实现重力自流。供水的取水泵站在给水系统中也称为一级泵站，在地表水水源中，取水泵站的设计一般由吸水井、泵房及闸阀井（又称闸阀切换井）等三部分组成。取水泵站由于靠江临水的特点，所以河道的水文、水运、地质以及航道的变化等都会影响到取水泵本身的埋深、结构形式以及工程造价等。其从水源中吸进所需处理的水量，经泵站输送到水处理工艺流程进行处理。在大型自来水厂的城市供水工程中，选取合理的取水点及取水方案，对于整个系统工程的配套而言是非常重要的，而合理地设计取水泵站的控制系统，选择高质量且稳定的控制设备更是关键。合理的设计既能满足生产、生活的需要，又能体现经济节能的要求。

一般来说，取水泵站在一天的工作时间内是均匀供水的，即小时供水量为 $Q_h = Q_d/t$（Q_d 为日供水量，t 为水泵工作时间）。自来水厂可以根据自身的设计要求，选择合适的控制方案。因一泵房输水有清水库的调节作用，基本属于衡定流量，用变频调速造价昂贵，用串级调速、电磁调速和油膜调速不一定能达到预期效果，因此现在大部分自来水厂仍采用手动加自动方式控制泵站。现以广州某水厂为例，介绍取水泵站的控制设计过程。

① 取水泵站控制设计要求　根据供水需要和对水源的综合考虑，该水厂选自珠江某取水点，水质为国家二类。取水规模为 $100\times10^4\,m^3/d$，内设 3 个 $DN2200$ 蘑菇形吸水口。为保证系统运行的可靠性、稳定性、可控性和经济性，根据本级取水扬程、日取水流量及距二级泵站的距离等设计条件，本着经济节能的原则，该取水泵站为地下式泵站，全部泵组自灌启动，泵站配有 4 台 RDL900-1050A 型（电机功率 1400kW）和 2 台 RDL600-670A 型卧式中开离心泵组（电机功率 900kW）。为了电机正常高效地运转，每台电机配置一台 GD65-30 型管道式离心循环水泵组，为电机冷却。还配有一些辅助水泵，如完成输水管道清洗、进水室、吸水室清洗等相关辅助功能。

相较于水厂的其他水处理设备，取水泵站处于较远的位置，而且电机的实时监控对系统的安全性和稳定性十分重要。因此，当对取水泵站的控制进行设计时，其关键设备采用就地人工控制和远程监控两种控制模型。

② 现场控制要求与泵站控制设计

a. 现场控制要求　根据生产实际需要、现场设备特点和工作方式要求，控制方式分为远程控制和就地控制两种方式，其中远程控制又分为远程单机控制和远程程序自动控制。就地控制是指操作人员在生产现场根据生产的要求和生产经验，人工单机控制设备。远程控制是指操作人员在远程控制室内通过上位机画面对现场设备进行操作，既可以单机控制，也可以投入程序自动控制，根据 PLC 程序自动控制设备。由于泵站的电机功率较大，变频器价格昂贵，一次性投入过大，成本太高，所以现在大部分水厂采用电机直接启停控制比较多。

b. 泵站控制设计　因城市的大小和管网配置不同，每个城市的取水泵站控制各不相同，有些采用变频控制，有些通常采用降压启动控制，考虑成本等因素，现在大部分取水泵站都通常采用降压启动控制方式，如图 5-14-3 电动机的电气原理图所示。

该水厂取水泵站共有 6 台电机，每台电机配有相应的进口阀、出口阀、止回阀，确保电动机安全高效地运行。其泵站设计控制逻辑主要考虑如下。

a. 手动控制设计　容量大的电动机需采用降压启动。降压启动有星-三角形启动、自耦

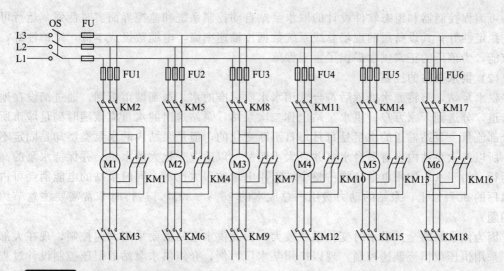

图 5-14-3　电动机的电气原理图

降压式启动、串联电抗器降压式启动、延边三角形式启动等启动方式。该泵站的电机采用星三角形（Y-△）启动方式。由于该厂的 6 台电机都是单独连接，每个电动机都是单独启动，每台电机都根据控制要求轮流启动。

b. 程序控制设计　该泵站监测的模拟量与开关量较多，数据采集后，需要进行变比处理。在程序的开始部分，首先初始化数据区，设置系统参数并填充变比系数表格。其次，判断运行模式以及开机条件，当条件满足（即上、下游水位合适，机组无故障，供电正常，阀门开闭到位）时，按照预置的开机序号和台数，自动执行开机运行。开机时，需要监视机组的启动过程，而且需特别处理启动曲线；机组正常运行后，开始采集数据，遇到紧急情况，下位机直接停机，并向上位机报告；间隔一段时间后需对水机叶片角度进行调节，从而达到节能的目的。当运行条件不满足或已到上位机规定的停机时间，则执行正常停机程序。程序控制流程图如图 5-14-4 所示。

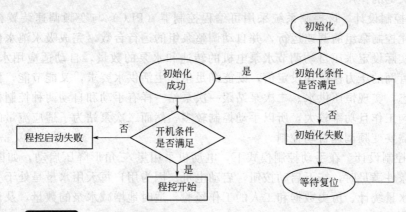

图 5-14-4　程序控制流程图

c. 组态监控设计　系统的监控界面主要由以下几个部分组成：各设备运行状况的监控，系统中管道流量等参数的实时数据，高压电动机的实时监控数据（电流、压力等），各个设备的手动操作控制、报警记录和历史趋势图等。可实现手动控制，系统正常、非正常运行监控，设备动力控制，历史趋势显示，数据显示，报警查询等功能。

可编程控制器和组态软件设计的取水泵站自动控制系统和监控界面实时性强，运行可靠高，稳定性好；其设备层的现场总线系统数据传输速率高，电缆敷设成本低，维护性好，经济节能，为该厂的正常供水提供了重要保障。

(2) 供水泵站的控制

供水泵站，是将原水处理后符合饮用水水质标准的水，送到城市管网，通过铺设在地下的管道，分送到千家万户。供水泵站也称二次泵站，泵站送出的水量应该随时满足城市所需的全部流量。泵站输送的水量是每月每日不断变化的，但是泵站内的水泵类型却是固定不变的，所以二次泵站内设有多台水泵并且大小匹配，以适应变化大的水量，并保持水泵的高效率运行。由于水厂的用电量往往占整个城市用电量的很大比例，同时泵站的电能消耗可占整个水厂的 90% 以上，泵站的动力费用占总成本的 25%～30%，运行时非常需要注意节约能量问题。

因为供水泵站全天供水时变化系数较大，因此供水泵站需要采用调速控制，现在大部分水厂采用恒压或恒流调速控制。现以广州某水厂为例，介绍供水泵站的恒压控制设计过程。

① 供水泵站控制设计要求　为了保证系统经济、有效、稳定地运行，该水厂采用变频调速自动控制，利用 PLC、传感器、变频器及水泵机组等组成闭环控制系统。该水厂供水量从 $75 \times 10^4 \mathrm{m}^3/\mathrm{d}$ 到 $100 \times 10^4 \mathrm{m}^3/\mathrm{d}$ 范围内变化，并与取水泵站取水量相匹配，泵组提升流量 $Q = 100 \times 10 \mathrm{m}^3/\mathrm{d}$，该厂泵房内设 6 台轴流泵，5 运 1 备。3 台 1200ZLCB-70 型调速泵组电压 690V，电机功率 400kW。3 台 1200ZLCB-70 型恒速泵组（B1，B2，B3）电压 6000V，电机功率 355kW。提升泵组采用立式抽芯式轴流泵。由于吸水井容积小，调节能力低，因此要求泵组有较高的调节能力。因此设计其中 3 台泵组为调速泵组，叶片固定角度，通过电机变频调速调节泵组流量。其余 3 台恒速水泵分别将叶片调至不同角度，使之适应不同的流量变化。调速泵组单台流量设为 $Q_0 = 10800 \mathrm{m}^3/\mathrm{h}$。恒速泵组单台流量分别设为：$Q_1 = 9500 \mathrm{m}^3/\mathrm{h}$；$Q_2 = 8500 \mathrm{m}^3/\mathrm{h}$；$Q_3 = 7500 \mathrm{m}^3/\mathrm{h}$。

调速泵组和恒速泵组根据吸水池水位变化（保持最低水位）和原水输水压力传感器的读数变化调速或开停泵组。为了适应供水时刻变化，对泵站各变量进行实时监控对整个系统正常运行起着关键的作用。

② 泵站控制设计　该控制系统采用可编程控制器（PLC）与变频调速装置构成控制系统，进行优化控制泵组的调速运行，并自动调整泵组的运行台数，完成吸水池水位和流量控制，即根据实际设定水压自动调节水泵电机的转速和水泵的数量，自动适应用水量的变化，以保证供水管网的压力保持在设定值，既能满足生产生活供水要求，又能节能，使系统处于可靠运行状态，实现恒压供水。二次泵站跟一次泵站一样有手动和自动两种控制模式，一次泵站一般均匀工作且功率较大，所以手动控制较多，然而二次泵站为了适应流量的变化，大部分时间都需要变频调速自动控制。

a. 手动控制设计　在手动控制模式下，电动机采用星-三角形降压启动，如图 5-14-5 所示。当开机条件满足时，按下启动按钮，启动电机。因为用户每天用水量是处于变化的，需根据用户用水量统计、历史数据和工人的工作经验，适时地增减水泵的数量，及调整 3 台恒速水泵的叶片角度。

b. 自动控制设计　当系统开始工作时，首先启动恒速泵组，再接通变频器，然后通过接触器组，把第一台调速水泵电机接入变频输出电路，电机启动旋转，使频率及转速逐渐升高。在供水管出水口安装的压力传感器和吸水池将实测的水压变化（0～ 5 V）和吸水池水位的电信号，经过 V/F 变换后，再通过光电隔离，送给 PLC 的高速输入口，PLC 根据给定值与测量值的偏差进行 PID（比例、积分、微分）运算，并以此结果作为变频器的外部给定

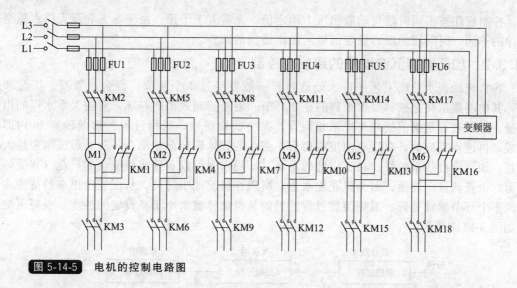

图 5-14-5　电机的控制电路图

值，经过 D/A 转换后，控制变频器的输出频率来调节水泵电机的转速，确保在不同供水量变化下，供水管出水口的压力保持恒定，吸水池的水位保持最低水位。PLC 控制程序流程如图 5-14-6 所示。

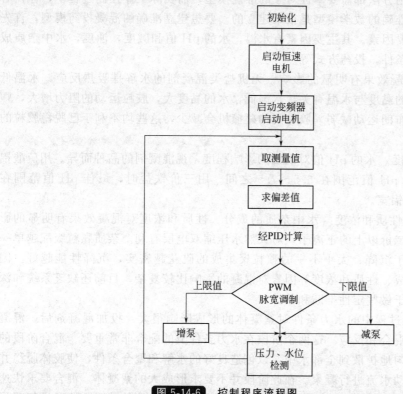

图 5-14-6　控制程序流程图

根据日用水量变化曲线，用水高峰集中在早、中、晚三个时段，而在深夜则用水量处于低谷。时间段的划分由用户完成，并存入 PLC 中，在 PLC 控制程序中设有时钟编程，按 24 小时设定 24 个时段，每个时段内的压力给定值是根据日用水量变化曲线设定的。工作时，控制程序按不同时段自动取出压力给定值，无需人工干预。由于冬天和夏天供水量变化规律的不同，时间段的压力设定值也需做出适当的调整。

14.3.2　加药混凝沉淀过程的建模与控制

在常规地表水处理工艺中，水处理过程一般要经过 4 个阶段：混合、絮凝、沉淀和过滤，其中混凝沉淀是控制要求最高的控制环节。混凝控制效果的好坏，直接关系水厂的出水质量。混凝过程是指混凝剂与原水相混合，发生脱稳现象，脱稳过程在数微秒到 1s 内即已完成，再进入反应池，在反应池里脱稳后，细小的胶体颗粒会粘结在一起，形成越来越大的颗粒。如果混凝效果较好，在反应池的出水口，用肉眼可以看到成块成块的矾花（絮凝体）。接着，矾花流经沉淀池，因为矾花比水重，所以在沉淀池中降沉，从沉淀池出来的待滤水再送入下个环节继续处理。混凝沉淀过程的目的是保证待滤水小于某设定的浊度。混凝沉淀流程如图 5-14-7 所示。

图 5-14-7　混凝沉淀流程图

在工业控制过程中，混凝沉淀投药过程存在纯滞后，许多控制方法可以克服其对控制品质的影响，但大部分控制方法都需要掌握对象的准确模型，而实际工业控制过程中，存在着很多不确定性，所以其准确的数学模型是很难建立的。要想建立准确的混凝投药模型，首先需了解影响水混凝的主要因素。其主要因素有水温，水的 pH 值和碱度，浊度，水中杂质成分、性质和浓度，水力条件，投药方式等。

① 水温　水温对混凝效果有明显的影响。无机盐类混凝剂的水解是吸热反应，水温低时，水解困难。而且水的黏度与水温有关，水温低，水的黏度大，胶粒运动的阻力增大，颗粒不易下沉；水温低，布朗运动减弱，胶粒间的碰撞机会减少，这些均不利于已脱稳胶粒的相互絮凝。

② 水的 pH 值和碱度　水的 pH 值对混凝的影响程度，视混凝剂的品种而异。用硫酸铝去除水中浊度时，最佳 pH 值范围在 6.5～7.5 之间。用三价铁盐时，最佳 pH 值范围在 6.0～8.4 之间，比硫酸铝宽。

③ 水中杂质成分、性质和浓度　水中杂质的成分、性质和浓度对混凝效果有明显的影响。例如，水中存在的二价以上的正离子，对天然水压缩双电层有利。杂质颗粒级配越单一均匀、越细小，越不利于沉降；大小不一的颗粒聚集成的矾花越密实，沉降性能越好。因此，水中杂质的化学组成、性质和浓度等因素对混凝的影响比较复杂，目前还缺乏系统和深入的研究，理论上只限于做些定性推断和估计。

④ 水力条件　混凝过程中的水力条件对絮凝体的形成影响很大。投加混凝剂后，混凝过程又分为两个阶段：混合和反应。这两个阶段在水力条件上的配合非常重要。混合阶段的要求是，使药剂迅速均匀地扩散到全部水中，以创造良好的水解和聚合条件，使胶体脱稳并借颗粒的布朗运动和紊动水流进行凝聚。在此阶段并不要求形成大的絮凝体。混合要求快速和剧烈搅拌，一般在几秒或 1min 内完成。反应阶段的要求是，使混凝剂的微粒通过絮凝形成大的具有良好沉淀性能的絮凝体。反应阶段的搅拌或水流速度应随着絮凝体的增大而逐渐降低，以免结成的絮凝体破碎而影响混凝沉淀的效果。

(1) 数学模型

数学模型法是指根据原水的浊度、水温、流量、耗氧量、pH 值、碱度等参数，建立与投药量之间的数学模型，利用在线监测仪表检测这些参数值，并将这些参数值传送到控制系统，控制系统再根据混凝剂投加量的数学模型计算出混凝剂的投加量，再将输出信号传送给计量泵的变频器，从而改变混凝剂的投加量。数学模型法能够根据水量和水质的变化，及时并准确地改变混凝剂的投加量，从而确保自来水的出水质量。该方法在国外取得了很大的成功。

采用数学模型方法的关键是必须有大量可靠的生产数据，才能运用数理统计方法建立符合实际的数学模型。同时，由于各地各水源的条件不同和所采用混凝剂品种不同，因此建立的数学模型也各不相同。常用的数学模型的形式为幂式模型、多元线性模型和浊度幂式模型等。现在国内外一些水厂建立了适合本厂特定条件的投药数学模型。例如广州某水厂建立的幂式数学模型：

$$y = (1810.541C_0^{0.0335})/(C_1^{0.0755}Q^{0.4465}) \tag{5-14-1}$$

式中　y——投药量 mg/L；
C_0，C_1——分别为原水浊度和沉淀池出水浊度，NTU；
Q——沉淀池进水量，即取水量，L/h。

苏州某水厂建立的多元线性式数学模型：

$$y = -0.1704x_1 + 0.3386x_2 + 5.1607x_3 + 14.5219 \tag{5-14-2}$$

式中　y——投药量，mg/L；
x_1——原水温度，℃；
x_2——原水浊度，NTU；
x_3——原水耗氧量，mg/L。

成都某水厂建立的浊度幂式数学模型：

$$y = 0.0145T_b^2 + 0.106T_b + 10.90 \tag{5-14-3}$$

式中　y——投药量，mg/L；
T_b——源水浊度，NTU。

上述数学模型是利用源水水质参数和源水流量共同建立数学模型，给出一个信号控制投药设备的冲程和转速，实现自动调节投药量，属于前馈模型，只能用于开环控制。开环控制对混凝控制效果不能反馈回来，即不能纠差。为了达到预期控制效果，因此对前馈数学模型的准确性要求非常高。而且它只能抑制影响混凝效果的主要因素，而不是全部因素，因此仅仅通过前馈控制很难达到预期的控制效果。为了克服以上问题，国内外的研究对此做出了改进，提出了前馈给定与反馈微调相结合的前馈-反馈复合控制，前馈控制起到一个"预报"的作用，通过原水参数的变化及时调节投药量，各种干扰大部分消灭在进入处理系统之前，而前馈模型所遗留的小偏差由反馈微调来纠正，从而使水质稳定。该数学模型实现投药自动控制方式有以下几种：

① 用原水水质参数建立数学模型，给出一个前馈控制信号，用原水流量给出另一个后馈微调信号，分别控制投药设备的冲程和转速，实现自动调节投药量；

② 用原水水质参数建立数学模型，给出一个前馈控制信号，用沉淀水的浊度给出另一个后馈微调信号，分别控制投药设备的冲程和转速，实现自动调节；

③ 用原水流量和水质参数建立数学模型，给出一个前馈控制信号，用沉淀水的浊度给出另外一个后馈微调信号，分别控制投药设备的冲程和转速，实现自动调节。

例如上海某水厂采用的是前馈-反馈复合控制数学模型：

$$K = 291.5 + 0.2217x_1 + 9.9688x_2 + 37.9375x_3 + 0.5886x_4$$
$$- 2.6489 \times 10^{-4}e^{x_2-21}1.5388 \times 10^{-3}x_1^2 - 1.2520x_2x_3$$

$$\Delta K = \begin{cases} 0.083\,(5-x)^3 - 0.75\,(5-x)^2 - 0.333(5-x) & x \leqslant 5 \\ -0.03\,(x-5)^3 - 0.432\,(x-5)^2 + 1.258(x-5) & 5 < x \leqslant 12 \\ 20 & x > 12 \end{cases} \qquad (5\text{-}14\text{-}4)$$

式中　　K——前馈药量，kg/km^3；

　　　　ΔK——反馈微调药量，kg/km^3；

　　　　x_1——原水浊度，NTU；

　　　　x_2——原水温度，℃；

　　　　x_3——原水 pH 值；

　　　　x_4——沉淀池进水量，m^3/h；

　　　　x——沉淀池出水浊度，NTU。

　　带反馈微调的数学模型，可以弥补前馈模型的不足，提高控制精度，稳定出水水质。若数学模型的形式相对复杂化，将给数学建模和控制难度增大。

　　数学模型法建立的混凝投药数学模型是一种经验模型，它只是针对特定的混凝处理系统，特定的混凝剂和特定的源水浊度建立的。因为它只是针对特定的水厂建立的经验模型，所以目前建立数学模型问题还没有理论的数学模型出现，也没有统一的模型。

(2) 神经网络模型的建立

　　在水处理工艺过程中，影响混凝效果因素很多，因此，需分析原水水质参数，在线实时控制混凝剂的投加量来适应各种水质变化，并建立起原水水质与投药量之间的关系。由于神经网络的信息处理是非程序式的，可根据外部的某个准则进行学习，具有自组织、自学习、自适应的特点。采用神经网络理论，建立控制混凝剂投加量预测控制模型。

　　混凝过程是一个复杂的物理和化学过程，影响混凝剂作用的因素很复杂且是多方面的。分析原水水质参数对被控变量的影响，依据一定的条件对这些影响因素进行筛选，其中原水中的 pH 值、温度、色度、水流量、浊度和 TOC 是影响混凝效果的主要因素。

　　a. 浊度　　反应原水水中悬浮颗粒物的浓度，决定混凝剂投加量最主要的因素。

　　b. pH 值　　影响混凝剂的水解产物。只有当原水处在一定 pH 值范围内，混凝剂才能起到最佳的作用。

　　c. TOC　　表征水中有机物的含量，直接影响混凝剂的用量。

　　d. 色度　　它由天然有机物质构成，影响着混凝剂的投加量。

　　e. 温度　　影响无机盐的水解，温度越低，水解反应越慢，同时黏度越大，布朗运动越弱，混凝不易生成。

　　f. 流量　　直接关系到混凝剂投加量的大小。

　　以上这些因素很大程度上影响着混凝效果，然而这些因素与混凝效果作用的关系不确定，因此无法找到十分准确的数学模型来进行建模，根据神经网络的自适应特点，能很好地对被控对象进行预测控制。该模型是一个多输入单输出预测模型。神经网络预测模型见图 5-14-8 所示。

　　通过找出的影响混凝效果的主要因素，建立起系统的输入参数（影响混凝投药效果的主要因素）与输出参数（混凝剂投加量）之间的神经网络。考虑到参数的在线可连续测量性，选用 3 层结构的 BP 神经网络，选取输入层节点数为 5 个，分别为原水浊度、pH 值、色度、温度、流量；输出层节点数为 1 个（混凝剂的投量）。而直接影响到神经网络性能的还有隐含层神经元个数，神经元个数太少会影响网络的容错能力，太多则会影响网络的泛化能力，但可根据神经网络计算理论中的有关公式，通过试验确定隐层节点数和层数。

　　混凝沉淀过程是一个复杂的物理化学反应过程，且存在纯滞后，在实际工业控制过程

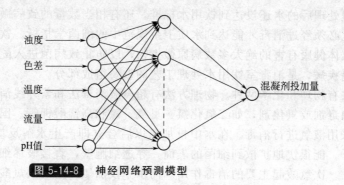

图 5-14-8　神经网络预测模型

中，存在着很多不确定性，其准确的数学模型是很难建立的。而人工神经网络模型具有很强的容错性和自学习、自适应能力的方法，能够逼近任意的非线性函数。采用人工神经网络，很大程度上克服了难建立准确数学模型这一问题。

（3）无模型控制器在出水浊度控制的应用

目前大部分自来水厂都是基于人工经验的方式进行投药。当原水的浊度、流量发生频繁大幅度变化时，人工投药方式常会投入过量的药剂，不仅造成药剂浪费、成本增加，还会对人体健康产生有害的影响；但若投加量不足时，则自来水又达不到居民用水标准。为了提高供水质量，降低成本，保持水质稳定，水处理专家研制了很多自动投药控制方法，如数学模型法、神经网络建模、模糊控制以及流动电动法等。虽然这些控制方法取得了较好的控制效果，但都存在不同程度的问题，如建模难、操作复杂、适应性差、成本高等，因而无法广泛应用。由于无模型控制器不需要进行数学建模和复杂的人工参数整定，不仅克服了建模难问题，而且降低了经济和人力成本。将控制器投入运行后，即使过程的动态特性有很大变化，也不用重新整定控制器参数。

无模型自适应（MFA）控制器是由美国 20 世纪末开发生产的控制器。MFA 控制器与传统控制器相比，无需进行控制器的设计，不用过程精确模型，不需要复杂的控制器参数整定，就可以将 MFA 控制器投入使用，对于难控的工业过程能够取得较好的控制效果。可以应用于各种复杂对象，如 pH 值、流量、压力、浊度、液位以及各种被控变量的控制系统中。MFA 控制器可以看作为一个非线性动态反馈控制模块，该模块具有若干个输入和输出，输入变量是过程的设定值和被控变量之间的偏差值。

广州某水厂针对源水流量的波动和原水浊度变化干扰絮凝效果，采用 MFA 进行前馈-反馈控制，并应用在该水厂中试装置上，得到了良好的控制效果。控制系统框图如图 5-14-9 所示。

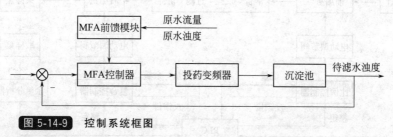

图 5-14-9　控制系统框图

14.3.3　加氯过程的控制

（1）加氯过程简介

在自来水厂中的水经过混凝、沉淀、过滤处理后，虽然水中的大部分悬浮杂质和致病微生物已被除去，但处理后的水还没达到饮用水标准，还有相当数量的致病微生物和病菌残留在饮用水中，因此必须经过消毒才能达到水质卫生规范中的细菌学指标。饮用水的消毒处理就是杀灭水中对人体健康有害的绝大多数病原微生物，以防止致病菌进入配水系统中，通过生活饮用水来传播疾病，是消毒室饮用水处理工艺的重要组成部分。

水的消毒方法有物理和化学两种。物理方法有超声波消毒法和紫外线消毒法等。化学方法是在水中投加消毒剂或氧化剂，如二氧化氯、臭氧、氯和高锰酸钾等。国内外水厂绝大多数水的消毒方法采用液氯进行消毒。在水中投加氯以后会立即产生水解反应，生成次氯酸。次氯酸是中性分子，能很快地扩散到细菌的表面，穿透细胞壁，直接破坏细菌细胞的酶，从而导致细菌的死亡。次氯酸起主要的消毒作用。向水中投加氯产生的次氯酸的多少，决定着消毒效果好坏的关键，而这与水温、接触时间、浊度、pH 值有直接关系。为了有效地控制水质疾病和限制消毒副产物量，设置合理的投加点和投加顺序非常关键。加氯是一种较为常用的消毒处理，如图 5-14-10 所示。加氯工艺一般包括两个环节：前加氯和后加氯。前加氯投加点的位置主要从工艺的角度来考虑，常设在原水总管上，其目的是杀死原水中的氧化分解有机物或微生物。后加氯通常是滤后加氯，投加点一般设在清水进水管，其目的主要起到消毒作用。

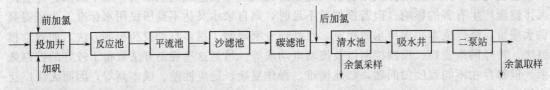

图 5-14-10　加氯工艺图

加氯消毒水处理后应达到两个目标，一是杀灭原水中的致病微生物，二是在配水管网中保持一定量的剩余氯，以防止微生物再次生长。

（2）加氯过程控制

在我国当前给水处理行业中，对原水使用氯气消毒是最常用的消毒方法。目前，我国还有部分的自来水厂的加氯工艺采用人工控制投加方式。人工对加氯量控制，不仅对操作工人不安全，而且也难以准确控制氯的投加量。采用先进的技术对加氯实现自动控制是非常必要的。

氯气投加的自动控制一般采用前加氯和后加氯的控制方法，前加氯采用流量比例控制，后加氯采用余氯反馈复合控制。其控制系统结构框图如图 5-14-11 所示。

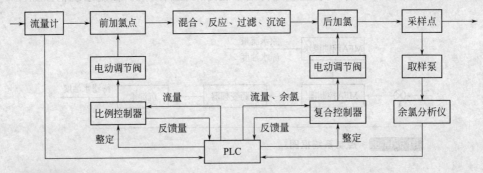

图 5-14-11　控制系统结构框图

加氯系统通过流量计、余氯检测仪等检测水的流量、水中余氯含量等重要参数，并将参

数转换成 $4 \sim 20mA$ 的直流信号传送给 PLC，通过 PLC 的输出信号调节加氯机的开度，使自来水的余氯值向给定值逼近。滤前滤后各两台加氯机，一用一备。当正在使用的加氯机出现故障，PLC 系统会自动切换。加氯间安装有泄漏报警仪，通过检测泄漏报警信号，经 PLC 系统会自动关闭所有加氯系统，等待故障处理。

加氯自动控制系统可以使氯气准确安全地投加，既能得到良好的出水水质，又能取得较好的经济效益，在自来水厂水处理过程中具有十分重要的意义，在水厂中逐步应用起来，但其还有不完善之处，如不能适应水质的较大变化，进一步研发新的控制技术，使其得到完善，在将来的给水处理中定有大的发展前景。

14.4　城市污水处理过程自动化系统

14.4.1　城市污水处理过程中的自动化系统

以城市污水处理经常采用的 A^2O 工艺为例，处理过程主要有以下 3 个阶段：

① 污水的收集、初步处理和提升，包括污水管网及泵站，污水处理厂使用粗格栅和细格栅进行初步的杂物去除，使用提升泵提升污水高度，使用沉砂池进行杂质去除；

② 污水的生化处理阶段，分为厌氧、缺氧和好氧段，三个阶段都有各自的优势菌群和主要功能，相互配合完成有机物的去除和生物脱氮除磷；

③ 污水的固液分离和污泥回流，泥水混合物进行二次沉底，完成泥水分离，上清液从水池上方溢出，消毒后排放到河道，部分污泥回流，剩余污泥排入储泥池，处理后可作为有机肥料外运。

一个典型的活性污泥 A^2O 工艺连续过程，从污水进入到清水排出，需要 $7 \sim 9h$。

由以上分析可以看出，污水处理过程是一个典型的非线性、多变量、大滞后、非平稳、时变系统，主要工艺目标有：a. 出水达到排放标准；b. 具有抗干扰的能力；c. 优化运行系统，降低运行费用。

污水处理成本、出水水质、处理系统的可靠性和稳定性，是衡量处理系统好坏的重要指标。在出水水质达标的前提下，污水处理厂的能耗（如风机耗电量）和物耗（如絮凝剂的投入）应该尽可能地少，并且污水处理厂本身应该尽可能地减少污泥的产生，减少臭气和二氧化碳的排放。在这些过程中，工艺参数的调整至关重要，通过对处理过程的准确测量与建模，调整机械设备的运行参数（如电机的工作频率、阀门的开度），能实现节能的目的，可以达到以最低的能源和物料消耗，达到达标排放的目的。

从我国比较先进的污水处理厂运行现状来看，污水处理厂设计余量较大，控制过程粗放。工厂虽然在生产过程中积累了海量在线检测数据和离线化验数据，但没有进行有效的分析、诊断、建模与优化控制。常规自动控制系统主要包括泵站控制系统、鼓风曝气控制系统与污泥回流控制系统。

（1）泵站控制系统

控制系统的控制目标是保证泵站安全的基础上实现对格栅液位差和集水池液位的控制，使其在安全液位之下。同时，在保证安全液位的基础上实现泵站的节能运行。

① 格栅液位差、时间控制　格栅机为间歇式运行的方式。可根据检测到的液位差信号来调节其间歇工作周期的长短，保证安全的液位和格栅电机的安全运行，并及时清理垃圾。最大工作周期、最小工作周期、工作周期内持续运行时间和最大容许液位差等参数，可在系统操作界面进行设定。

② 集水池液位控制　水泵为连续运行方式。集水池液位控制的目标是，保证泵站集水池的液位在安全液位以下、使水泵尽量平稳连续地输送污水和实现节能运行、保障水泵等设

备安全运行和水泵不频繁启停。为了实现优化运行，泵站在保障自身安全运行的情况下，还需要接受来自上层控制系统的调度命令，调节泵站的流量输出。水泵的自动控制策略，要求根据泵站集水池的液位调节水泵开启的台数或变频器的运行频率，从而控制污水输送流量。在某些特殊情况下，例如雨污合流系统在雨量较大情况下，可采取前馈控制策略，通过雨量监测及管网收集系统的流量变化提前进行动作。集水池液位控制系统框图如图 5-14-12 所示。

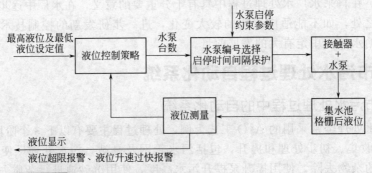

图 5-14-12　集水池液位控制系统框图

(2) 鼓风曝气控制系统

在曝气充氧过程中，鼓风机需向曝气池内不间断供气，以保证曝气池中的需氧量，使池内微生物充分发生生化反应。为减少不必要的电能损耗，曝气池内安装溶解氧测定仪，根据曝气池的需氧量以及在线检测池中溶解氧值的变化，调节进风导叶片的角度或调整鼓风机开机的台数。目前主要的控制方法有：

① 基于溶解氧的常规控制　根据溶解氧的设定值，采用常规 PID 算法调节鼓风机的运行频率或者开机台数；

② 基于溶解氧的模糊控制　根据溶解氧的浓度区间及溶解氧浓度变化，设定专家规则或模糊规则，调节鼓风机的运行频率或者开机台数，如图 5-14-13 所示；

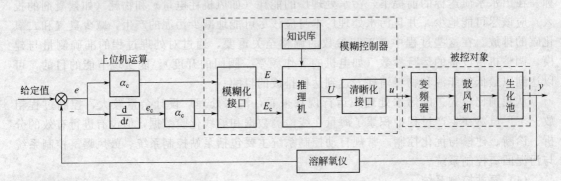

图 5-14-13　基于溶解氧控制系统框图

③ 基于综合指标的前馈控制　综合考虑污水处理系统的出水指标及节能降耗要求，在入水水质及负荷变化情况下，采用前馈控制，稳定溶解氧的浓度变化区间，如图 5-14-14 所示。

(3) 污泥回流控制系统

污泥回流是为了维持生化池中一定的混合液浓度，将沉淀池排出的污泥通过回流泵输送至生化池，由于污泥回流对于生化池的反应、余泥排放量等有重要影响，需要对污泥回流进行控制。目前主要的控制方法有：

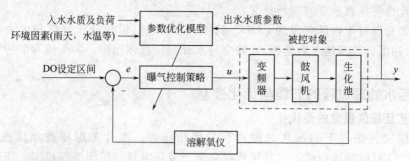

图 5-14-14　基于溶解氧控制系统框图

① 根据工艺要求的定值控制　根据工艺要求采用固定的污泥回流比，污泥回流定量控制；

② 基于生化池混合液浓度模糊控制　设定反应池混合液浓度，根据设定值与检测值的差异，综合考虑进水负荷、回流污泥浓度、出水悬浮物浓度、二沉池污泥界面高度等参数，设定专家规则或模糊规则，调节污泥回流泵参数。

14.4.2　污水处理过程建模

(1) 建立污水生化处理过程模型

污水生化处理过程是通过对污水池中污水的微生物鼓风送氧，使微生物能够消耗污水中的有机污染物，将它转变成无害的气体产物（如 CO_2，NO_2，N_2）、液体产物（如水）以及富含有机物的固体产物（生物污泥）。这是一个复杂的非线性的生化反应过程，随着时间、气候以及污水浓度的变化，反应的速度也不同，而且反应过程较慢，具有很大的时滞性和不确定性。针对这个复杂过程，需要根据国际水协标准模型的要求，建立污水生化处理过程的模型，为系统优化与控制提供模型。

(2) 建立出水水质的预测模型

为污水进水水质多维数据集合构建预处理与水质分类方法，建立不同生化处理条件下的出水水质的预测模型。污水处理的生化反应过程易受污水的浓度、天气、气温、时间变化的影响，国际水质协会 IAWQ 制定的污水生化处理过程的标准模型是在特定的环境下制定出来的，具有很大的局限性。当污水的浓度、天气、气温、时间变化时，所反映出的溶解氧和出水指标值与标准模型得出的值有很大的偏差。需要针对污水处理的生化反应特点，根据污水处理厂的实际检测数据，进行出水水质预测模型研究，借助建模的各种理论与方法，包括数据的预处理、模型的建立、模型的校正等环节，为污水处理厂建立适用的出水水质预测模型。

(3) 建立污水处理厂总体模型

目前我国的污水处理厂普遍存在以下问题：

① 曝气量过大，一方面导致高能耗，另一方面导致缺氧区或厌氧区工作失常，工艺脱氮除磷效率下降；

② 构筑物之间高程设计不合理，导致提升泵功率过大，能源浪费；

③ 缺乏对工艺全流程水力条件的模拟研究，导致曝气与搅拌设备的设计及配置不合理等。

因此，研发新型节能降耗脱氮除磷工艺，研究基于进水负荷动态变化的工艺过程控制策略与模式，建立污水处理节能降耗设计准则、运行指南及评价体系，对于解决我国现有大部分城市污水处理厂运行中所面临的成本高、能耗高等问题具有现实意义，对于新建污水处理厂的优化设计也将具有重要的指导意义。

因此需要开展对生物反应段的 COD、氨氮、总磷进行沿程分布分析和水力学模拟研究（包括泵房、初沉、二沉池水力建模），建立污水处理厂总体模型，为全流程的控制与优化提供基础。

14.4.3　污水处理过程的节能与优化控制

(1) 工艺目标值设定的最优化

研究不同工艺条件下的污水处理过程的代价函数，综合考虑排放水质成本（BOD、COD、TN、TP）以及运行成本（鼓风机耗电量、泵耗电量、污泥处理成本、药剂成本等），建立评价函数，并采用最优化理论和方法，确定使得代价函数取最优值情况下的工艺设定值（氨氮、硝酸铵、磷酸盐、溶解氧）以及操作量目标值（回流量、排泥量等），从而对污水处理过程参数进行优化设定。

(2) 曝气量智能控制

污水生化处理的好氧反应是重要的反应阶段，目前国内外的污水生化处理的加氧工作都是采用大功率的鼓风机实现的，需要消耗大量的电能，如何实现节能控制，降低成本，是目前要考虑的问题。污水中的微生物对氧的需求量是一定的，少了会降低水质，多了不仅不能保证水质，而且还浪费能源，通常以溶解氧的含量来判断某个时候氧量是否合适。但是，溶解氧不是一个定值，它是随污水的浓度、天气、气温、时间变化的函数，为此，需要研究不同工况条件下，溶解氧的优化设定值，较低的曝气量不仅可以降低能耗，对同步硝化及反硝化具有促进作用。建立污水生化处理过程的溶解氧变化的模型，并依据该模型对鼓风量进行低能耗的优化控制。

建立能适应环境变化的基于污水生化处理过程的动态多变量模型，模拟污水生化处理中送氧鼓风量与溶解氧的变化，辅助污泥龄的控制（通过回流与排泥量控制），对溶解氧进行优化和控制。

曝气量优化控制系统有：

① 以出水氨氮为控制目标的串级控制系统，内环的被控变量可以是 DO；

② 优化 DO 给定值的智能控制系统，达到节能的目的。

(3) 污泥回流与排放控制

根据代价函数的优化目标值进行污泥回流控制，进水稳定时，根据工艺要求采用定回流量 QR 控制或定回流比 R 控制；水量发生变化时，采用定回流比 R 控制、定 MLSS（污泥浓度）控制、定 F/M（污泥负荷）控制。

排放的活性污泥是污水处理厂的主要排放污染物，由于含水率很高，且有大量病毒、重金属等物质，目前多采用填埋方式，且剩余污泥的处理费用占污水处理厂运营费用的一半以上。为了减少污水处理的二次污染，在满足工艺要求的前提下，根据工艺要求的 SRT（污泥龄）和 MLSS（污泥浓度）对污泥排放量进行控制，同时通过物理工艺粉碎或者化学工艺处理后回流来减少排放量。

14.4.4　污水处理过程的发展

(1) 污水处理工艺的发展

目前城市污水处理系统脱氮除磷大多采用 A^2O 工艺、SBR 工艺和氧化沟工艺，由于投资大、占地面积大等因素，除了各种改进工艺外，目前新型脱氮除磷工艺向占地面积小、处理效果好方向发展，主要有：

① 生物倍增（Bio-Dopp）工艺，该工艺由特有的曝气系统、固定床以及快速澄清池组

成，在一个反应器内同时实现生物除磷脱氮、氧化去除有机物、污泥硝化稳定，并实现水泥分离，省去传统工艺中的二沉池，通过培养特殊菌种达到低氧高效除磷的效果；

② 改进型序批反应工艺（MSBP），在反应器中同时进行生物除磷及生物脱氮，不需设置初沉、二沉池，能连续进水排水，使池容及设备利用率达到最大；

③ 分点进水工艺，污水分点进入厌氧池、曝气池，可提高活性污泥的硝化菌、聚磷菌的比例，缩短硝化速度，实现短时高效脱氮除磷。

（2）综合自动化系统的发展

① 整体性　污水处理是整个水工业的重要组成部分，技术发展需要考虑整个供水、管网、污水处理、中水回用与污泥处理。从污水处理工艺的选择到污水处理厂的前期建设、污水处理过程的建模、控制与优化以及日常维护，都需要系统规划。为了实现污水处理系统的高效运行，需要将排水管网、泵站和污水处理系统作为整体考虑。

② 适用性　污水处理过程控制不同于其他过程控制，具有显著的非线性、大滞后、多变量、时变性的特点，且核心处理单元为生化反应过程，特别对于连续型工艺，必须保证污水处理厂的良好运行，使得收集的污水得到及时、有效处理，为此，需要研究适用于污水处理过程的控制策略、生化检测仪表与专用设备。

③ 模型化　为了更好地进行控制与优化，更好地对污水处理过程的工况进行预测与诊断，必须为污水处理工厂建立模型。模型的建立除了参考国际水协的数学模型，还应根据工厂的具体情况进行模型设计与优化，除了生化反应过程的有机物去除、脱氮除磷数学模型，还要为二沉池、曝气系统、污泥处置等环节建立有效的数学模型。

④ 智能化　污水处理过程中的有效信息有一大部分属于感官与经验描述，例如生化反应池池面的气味、颜色、气泡情况等，考虑到各种干扰的情况以及在线传感器经常发生检测偏差，对污水处理这种复杂的动态系统进行人工智能控制成为重要的发展趋势。国内外已有大量人工智能控制方法，包括神经网络、模糊控制、专家系统等用于污水处理过程的建模、控制与诊断，取得很多研究成果，但是距离实际工程应用还有很大距离。

参 考 文 献

[1] 谭人伟."预曝气＋人工湿地"组合工艺在处理城镇污水中的应用实例.科技资讯，2010，(3)：124.
[2] 庄艳芳.UNITANK工艺在城镇污水处理厂的应用.中国环保产业，2010，(6)：53.
[3] 邵嘉慧.膜生物反应器——在污水处理中的研究和应用.第二版.北京：化学工业出版社，2012.
[4] 许丽君，韩立峰.城市污水处理中污泥的除磷脱氮工艺探讨.科技创新导报，2010，(2)：121.
[5] 马胜.污水生物毒性的检测方法与评价技术.科技创新，2011，(6)：158.
[6] 许仕荣.取水泵站的工况特点及运行控制 [J].湖南大学学报（自然科学版），1996 (1)：124-128.
[7] 赵忠富，黄慎勇，张学兵.广州南沙自来水厂工艺设计及特点 [J].城镇供水，2011 (6)：29-34.
[8] 安裕强，杨中亚，王庭有.基于ABPLC的取水泵站自动控制系统设计 [J].新技术新工艺，2011 (6)：64-67.
[9] 侯学良.二级泵站供水系统可靠性分析 [J].山西科技，2000 (3)：47-48.
[10] 李南，孙达昕.变频器与PLC控制在自来水厂二级泵站中的应用 [J].南昌大学学报（理科版），1999 (3)：287-290.
[11] 孙凯.基于PLC的变频恒压供水系统的设计 [J].中国制造业信息化，2010 (19)：50-52.
[12] 黄以鹏，郁琰.基于PID的变频恒压供水系统的设计 [J].机械制造与自动化，2011 (5)：127-129.
[13] 刘泽华.运用数学模型方法建立投药自动化系统 [D].重庆：重庆大学，2002.
[14] 王艳，吴学伟，龙志宏.西洲水厂混凝剂投量数学模型的建立 [J].山西建筑，2007 (3)：167-168.
[15] 徐孝全.运用数学模型方法建立水厂投药的自动化控制 [D].重庆：重庆大学，2004.
[16] 张刚.混凝投药的神经模糊控制的研究与设计 [D].成都：电子科技大学，2004.
[17] 白桦，李圭白.混凝投药的神经网络控制方法 [J].给水排水，2001 (11)：83-86.
[18] 白桦，李圭白.应用神经网络预测净水厂最佳投药量 [J].自动化仪表，2003 (2)：26-28.

[19] 博软自动化公司. 水厂制水过程 MFA 自动加药控制 [J]. 净水技术，2010（2）：80-81.

[20] 张中炜，丁永生. 净水厂混凝投药的无模型自适应控制系统 [J]. 计算机仿真，2007（4）：176-179.

[21] 肖术骏，陶睿，刘桂香等. MFA 控制器在水厂加药絮凝控制系统中的应用 [J]. 工业仪表与自动化装置，2009（6）：28-31.

[22] 曹桂玲. 专家控制器在水厂加氯控制系统中的应用 [J]. 机电工程技术，2007（11）：87-89＋106.

[23] 何习佳. 生活用水加氯的自动控制 [J]. 科技信息，2007（22）：61-62.

[24] 苗娜，贾敏智，石晓敏. 净水厂自动加氯控制系统实现 [J]. 电子设计工程，2010（8）：52-54.

[25] 林振专. 探讨自动控制技术在水厂加氯系统中应用 [J]. 建材与装饰（中旬刊），2007（10）：213-214.

[26] 马胜. 污水生物毒性的检测方法与评价技术. 科技创新，2011，（6）：158.

[27] 金东辉. 一种污水处理厂自动化控制系统的实现. 工业控制计算机，2012，25（8）：54.

[28] 雷秋萍. 污水处理生产自动化和信息化管理系统的设计. 电气时代，2012，（5）：82.

[29] 黎柳记. 浅析 AAO 污水处理工艺及自动化控制. 机电工程技术，2012，41（8）：47.

[30] 王淑红，李福进. 基于 PLC 的污水处理厂自控系统设计及实现. 数字技术与应用，2012，（10）：7.

[31] 程军军. 模糊控制器在污水处理曝气系统中得应用. 给水排水，2012，38（增刊）：479.

[32] 杨新宇，邱勇，施汉昌，何苗. 曝气过程控制系统在污水处理厂节能中的应用与评价. 给水排水，2012，38（7）：130.

[33] 熊志金，周力尤，郑辉. 基于自适应模糊控制的污泥回流系统设计. 化工自动化及仪表，2011，38（4）：432.

[34] 李亚静，郑淑平. 城市污水处理厂曝气阶段的节能降耗研究. 科技创新导报，2012，（27）：149

[35] 刘昆，赵洋. 城市污水处理除磷脱氮的传统工艺与发展. 北方环境，2011，23（7）：130.

[36] 梁昔明，周威，李山春. 基于模糊控制的污水曝气系统研究. 控制工程，2012，19（2）：328.

第6篇
工业装备控制

第1章 数控系统

1.1 概述

数控技术及装备作为新兴高新技术产业和尖端工业的实现手段和主流装备，综合了计算机、电气传动、自动控制、测量技术、机械制造等领域的技术成果，正被广泛应用于机械、军事、国防、航空、航天、汽车、轻工、医疗等重要行业，同时极大地推动了柔性制造系统（FMS）、计算机辅助设计和制造（CAD/CAM）和计算机集成制造技术（CIMS）的发展。装备工业的现代化程度和技术水平决定着国民经济的整体水平和现代化程度，高精度、高效率、机电液气光一体化、高智能和高自动化水平的先进数控机床是当代机械制造加工业最重要的装备，正推动着工业和国民经济飞速发展。

数控机床主要由主机、各种元部件（功能部件）和数控系统三大部分组成，作为数控机床控制核心的数控系统的性能优劣与功能强弱，将直接关系到整个数控机床的加工性能和产品质量。

1.1.1 数控系统的概况

1952 年 MIT 研制出第一台试验性数控系统——电子管数控系统，标志着计算机技术成功应用于机械制造领域。随着电子技术、控制技术、工程材料、检测系统与感知技术的飞速发展，现代数控系统的功能已经十分丰富。高速、高精密、高可靠、多功能复合、智能化、开放性、网络化是数控系统发展的总趋势。

（1）高速、高精密、高可靠

工业自动化生产的首要目标是提高生产率，降低成本。对于数控加工制造而言，生产效率的提高不仅是进给速度和主轴转速的提高，更重要的是要提高数控系统的动态性能、运算速度、插补运算水平、高速检测与通信技术、高速主轴与传动系统等相关技术水平，快速准确的动态数字检测和传递、高响应速度实时处理、伺服驱动系统的实时响应、高速运动部件和平稳可靠运行是影响数控系统高速高效的主要制约因素。数控系统的性能直接影响加工零部件的精度，为达到高精度的要求，可通过减少或补偿检测系统的测量误差，提高数控系统的控制精度，提高数控机床本体结构特性和热稳定性，采取相关辅助措施等手段。现代数控系统的可靠性一般通过平均无故障运行时间 MTBF（Mean Time Between Failures）来衡量，通过采用冗余技术、故障诊断分析专家系统、系统恢复技术，数控系统的可靠性技术指标可以得到大范围提升。

（2）多功能复合、智能化

新一代数控系统在控制性能上朝着智能化、多功能化方向发展，通过采用先进的接口技术和 CAD 软件的自动编程等功能，引入神经网络、自适应控制、模糊控制系统等机理，使数控系统不但具有加工程序自生成、模糊控制、自适应、自补偿等功能，而且具有故障自诊断功能。对伺服系统而言，其智能化主要表现为主轴交流驱动和智能化进给伺服驱动装置，能自动识别负载的动态变化并自动优化调整参数等。

(3) 开放性、网络化

为了满足市场和科学技术发展的需求，数控系统应能同时保证加工的多样化和专业化，传统的结构体系相对封闭的数控系统已面临极大挑战。传统 FANUC0 数控系统、MITSUBISHI M50 数控系统、SINUMERIK 810M/T/G 数控系统，都采用专用的封闭式体系结构。为了使数控设备能网络化、柔性化、智能化和个性化，数控系统的结构体系应具备开放性。许多企业纷纷研究和开发这种系统，如美国空军与科学制造中心（NCMS）共同领导的"下一代集成加工工作站/机床控制器体系结构 NGC"，欧共体的"自动化系统中开放式体系结构 OSACA"，以及日本的 OSEC 计划等。数控系统制造商将数控软件技术和计算机丰富的软件资源相结合，开发的数控系统产品中越来越多的功能转为软件来完成，如 FANUC18i、16i、SINUMERIK 840D、Num1060、AB 9/360 等嵌入式 PC 开放式数控系统。开放式体系结构可以大量采用通用计算机技术，使编程、操作以及技术升级和更新变得更加简单快捷。目前主要商品化数控系统特征比较如表 6-1-1 所示。

表 6-1-1　主要商品化数控系统

数控系统	人机界面	CNC	编程接口		通信接口	
	系统平台	系统平台	界面	CNC	局域网	I/O
Simens 840D/840Di	微机 Win 95/NT	几乎完全封闭	完全开放	完全开放	以太网 完全开放	现场总线 完全开放
Fanuc 210i/210is	微机 Win CE/NT	几乎完全封闭	完全开放	几乎封闭	以太网 完全开放	现场总线 完全开放
ISG Open CNC	微机 Win NT+RTX		完全开放	完全开放	以太网 完全开放	现场总线 完全开放
Allen Bradley 9/PC	微机 Win NT	几乎完全封闭	完全开放	部分开放	以太网 完全开放	现场总线 完全开放

1.1.2　数控系统的组成

现代数控系统一般是以 PC 机硬件和软件作为其核心的计算机数控（CNC）装置，而传统的数控系统一般以硬件逻辑电路构成的专用硬件数控（NC）装置为核心。数控系统一般由数控程序、I/O 设备、计算机数字控制装置（CNC）、可编程控制器（PLC）、主轴驱动装置和进给伺服系统等共同组成，系统的核心是 CNC 装置。现代 CNC 装置与以前的 NC 装置有较大的差别，其采用 PC 机，由软件实现部分或全部的数控功能，软件是系统实现"柔性"功能变化的主要因素，而且无需改变硬件电路，通过改变软件就可变换或扩展系统的功能。CNC 系统一般由操作系统、CNC 管理软件和控制软件等组成。其中操作系统主要提供基本的软件开发平台和运行环境；CNC 管理软件部分主要承担零件加工程序的 I/O、系统运行状态显示和系统故障诊断、所有功能软件的协调和调度等；控制软件负责完成系统的加工控制功能，如加工程序的解释、数据处理、刀补、插补运算、位置速度控制、及系统的辅助装置的控制等。CNC 装置由软件和硬件共同组成。软件在硬件平台上运行，软件是硬件的"灵魂"，离开软件硬件平台便无法工作。现代数控系统的硬件基本组成如图 6-1-1 所示。数控系统主要指图中的 CNC 控制器，一般由 PC 机、数控系统软件、相应的输入输出接口构成的系统和 PLC 组成，其中 CNC 装置负责处理机床轨迹运动的数字控制，后者则为处理开关量的逻辑控制。

计算机数控系统（CNC 系统）是在硬件数控（NC）系统的基础上发展起来的，其采用一台 PC 机完成数控装置的所有功能。总的来说，CNC 系统主要由硬件和软件组成，其组成

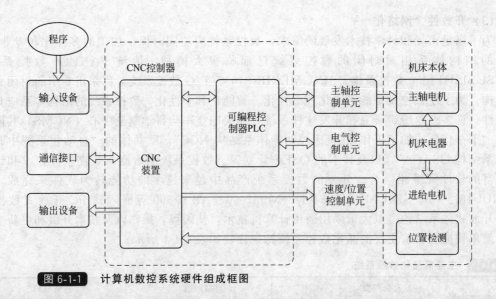

图 6-1-1 计算机数控系统硬件组成框图

框图如图 6-1-2 所示。操作者将机床动作意图编写成指令格式，并输入 CNC 系统中的 PC 机，数控系统软件配合系统硬件，合理组织、管理数控系统的各种资源，完成数据处理、插补、输出，并控制运动执行部件，最终使机床本体按操作者的意图和要求进行自动化的加工。

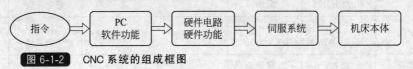

图 6-1-2 CNC 系统的组成框图

CNC 装置负责完成数字信息运算、处理和控制等功能，其主要功能是准确识别和解释数控加工程序，完成零件轮廓几何信息和命令信息的处理，并将处理的结果传送给相关的单元。CNC 装置将处理结果按两种控制量分别输出，即连续控制量和离散开关控制量，前者被送往驱动控制装置，后者被送往机床电器逻辑控制单元，以此共同控制机床各组成部分以实现各种功能。

模块化的 CNC 系统一般可分为以下三种结构方式。

(1) 单总线独用型

系统有一条被单个 CPU 控制的总线，该 CPU 占用总线资源和分时处理数控的各个功能和任务。其他 CPU 作为某个智能功能部件的控制单元，不能占用系统总线和访问主存储器。如 A-B 公司的 8400、Siemens 公司 Sinumerik 810/820 等普及型的中低档系统。这种类型的系统通常采用高性能的处理器芯片（如 Intel 80486、Motorola 68030、Pentium 等），实现集中控制、分时处理各个任务。其优点是性价比高、结构简单、易于实现。缺点是系统功能受处理器字长、寻址能力、数据宽度和运算速度等因素限制。系统组成框图如图 6-1-3 所示。

(2) 单总线共用型

系统有两个或两个以上的微处理器，包括存储器、位置控制、插补运算、I/O、PLC 等，采用模块化技术，主要模块如主轴控制、插补运算等模块包含有模块微处理器，从模块如 I/O、存储模块等不带 CPU，各个主从模块通过共享标准的系统总线连接在一起。这种类型的系统结构简单，配置比较灵活，扩展能力较强，是高档数控系统常用的一种形式。但可能产生竞争现象，使得信息的传输率降低，将影响系统全局功能。图 6-1-4 为采用单总线

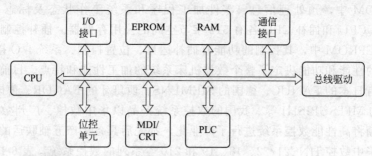

图 6-1-3 单总线独用型 CNC 系统的组成框图

共用的 FAUNC FS15 数控系统[1]。系统采用高速 32 位 FANUC BUS 总线，主 CPU 为 68020，主轴控制等主模块中含模块 CPU。根据用户要求，可选用 9、11 和 13 个相应功能模块，以构成 2～15 轴的加工系统，可实现精度为 $1\mu m$，速度为 240m/min 的高速加工。

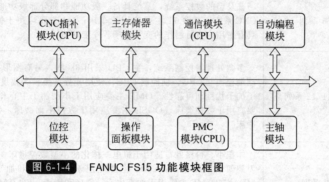

图 6-1-4 FANUC FS15 功能模块框图

(3) 多总线型

　　多总线型的结构中所有的主模块都有各自的局部总线，模块之间采用总线互连实现信息协调和相互交换。图 6-1-5 所示为 GE 公司的 MTC1 CNC 数控系统，其使用多端口存储器来构成总线转换器，其中央 CPU 完成数控程序的编辑、译码、刀具和机床参数的输入等功能，与公用存储器交换信息，同时控制显示 CPU 和插补 CPU 并与之交换信息。CNC 的控制程

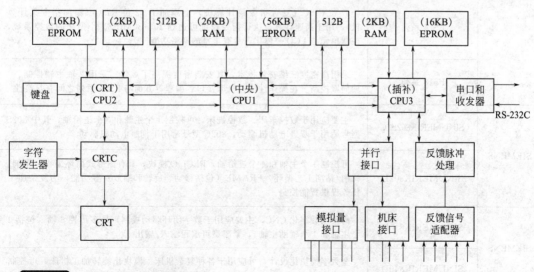

图 6-1-5 MTC1 CNC 数控系统框图

序存放在 EPROM 中，预处理信息、零件加工程序和系统工作状态及标志等信息存放在 RAM 中。显示 CPU 和插补 CPU 各有 512 字节空间的公用存储器。插补控制程序存储在与插补模块内的 EPROM 中，其控制的功能有插补运算、位置控制、系统 I/O 接口。

数控系统的性能和功能决定了整个数控机床系统的加工性能和特点。目前占主导地位的数控系统主要有日本的 FANUC、德国的 SIEMENS、西班牙的 FAGOR、德国的 HEIDEN-HAIN、日本的 MITSUBISHI 等。我国的数控系统产品以华中数控、广州数控、航天数控为代表，也逐渐将高性能数控系统进行了产业化，都先后具备生产五轴联运的高性能数控系统的水平，如华中数控 HNC21/22、18、19 和 210 等系列的数控系统。表 6-1-2 描述了最常见的几种数控系统特点。

表 6-1-2　常见数控系统的特点

类别	型号	特点及应用
FANUC	FS6 系列	普及型的数控系统，系统具备一般功能和部分级部功能，主要应用于中级的 CNC 系统。其中 6T 主要应用于车床；6M 主要应用于铣、镗床及加工中心。具有由用户自行制作的变量型子程序宏功能
	F10/11/12 系列	多微处理器控制系统，主 CPU 采用 68000，另有图形控制 CPU、对话式自动编程控制 CPU、轴控制 CPU。使用光导纤维，大幅度减少电缆线数，提高了抗干扰性和可靠性。OMD 主要应用于小型加工中心和数控铣床，OGCD 主要应用于数控磨床，OGSD 主要应用于数控平面磨床，OPD 主要应用于数控冲床
	F0 系列	体积小、价格低，适用于机电一体化的小型数控机床。OTTC 主要应用于双刀架四轴数控车床，OMC 主要应用于数控铣床和加工中心。F0-MA/MB/MEA/MC/MF 主要用于加工中心、铣床和镗床，FO-TM/TB/TEA/TC/TF 主要用于车床，FO-TTA/TTB/TTC 用于 4 轴车床，FO-GA/GB 主要应用于磨床，FO-PB 主要应用于回转头压力机
	FS15 系列	采用高速信号处理器，应用现代控制理论的各种控制算法实现在线控制。采用高速、高效、高精度的数字伺服单元及绝对位置检测脉冲编码器，能使用在 10000r/min 高速运转系统中。增加了制造自动化协议 MAP（Manufacturing Automatic Protocol）、窗口功能等
	FS16 系列	32 位 CISC（复合指令集计算机）上添加了 32 位 RISC（精简指令集计算机），用于高速计算。执行指令速度可达到 20～30MIPS。小型化的数控系统，控制单元与 LCD 一体化，带有丰富的网络功能
	FS18 系列	采用高密度三维安装技术，其安装密度提高了 3 倍。采用 2 轴主轴控制、4 轴伺服控制。在操作性能、机床接口、编程等方面与 FS16 系列之间有互换性
SIEMENS	SINUMERIK802S/C	主要应用于数控车床、数控铣床，可控制 1 个主轴和 3 个进给轴，其中 802S 型号适用于步进电动机驱动，802C 型号适用于伺服电动机驱动
	SINUMERIK802D	可控制 1 个主轴和 4 个进给轴，PLCI/O 模块，具有图形式循环编程，车削、铣削/钻削工艺循环，FRAME（包括移动、旋转和缩放）等功能，为复杂加工任务提供智能控制
SIEMENS	SINUMERIK810D	高集成数字化 CNC，主要应用于数字闭环驱动控制，最多可控 6 轴（包括 1 个主轴和 1 个辅助主轴），紧凑型可编程输入/输出
	SINUMERIK840D	全数字模块化设计，可应用于各种复杂机床、模块化旋转加工机床，可控制 31 个坐标轴

续表

类别	型号	特点及应用
A-B (Allen-Bradley)	Bandit 系列	简易型数控系统系列，有 Bandit Ⅰ、Ⅱ、Ⅲ。其中 Bandit Ⅲ可用于简易加工中心，它的主控制器仅由两块电路板组成，硬件基本固定，但软件较灵活
	8400 系列	单微处理器控制系统，采用 8086 CPU，并带有 8087 协处理器，系统采用多种菜单页面。操作简单、价格低廉的数控系统系列，有 8400LC、8400MP、8400GP 和 8400C，适用于各种中小型数控机床。由中央处理单元模块、电源模板、CRT 及接口模板、通信接口以及操作面板组成
	8200 系列	小型 CNC 系统，结构紧凑，有 8200LC 和 8200MC，适用于数控钻床、数控镗床、数控车床、数控铣床、数控磨床、加工中心、数控滚齿机、数控火焰切割机和工业机器人等。多种 I/O 接口和通信接口，可连接到厂级宽带通信系统
	8600 系列	总线式模块化，多微处理器 CNC 系统，有 8600T（数控车床）、8600TC（数控车床和车削中心）、8600MC（数控铣床和加工中心）、8605、8610、8650、8600A 和 8600IWS 等

1.1.3　数控系统的控制基础

(1) 数控加工中几何特征的参数描述

根据零件的加工图纸，按照规划好的加工路线和允许的编程误差，计算出数控系统所需要的行走轨迹上的一组坐标数据。

① 基点坐标的描述　零件的轮廓是由基点连接起来的直线、圆弧、二次曲线和特殊形状曲线组成。根据数控系统的刀具补偿功能选项，可以通过联立方程组、利用几何元素间的三角函数关系、采用计算机辅助计算编程等方法来进行求解。

② 非圆曲线节点坐标的描述　当零件的轮廓形状与数控系统的插补功能不一致时（如在没有曲线插补功能的数控系统中加工双曲线、抛物线、阿基米德螺旋线等），一般采用逼近法生成与之相逼近的直线和圆弧线段。逼近线段与实际曲线的交点为节点。

(2) 数控加工的轨迹规划

数控系统在数控加工过程中主要解决工件或者刀具运动轨迹规划和控制等问题，而加工轨迹是由于工件或者刀具在一个一个脉冲当量的驱动下移动形成的，因此是由一条一条的小直线段构成的折线系列。

插补是数控系统的核心，其本质是根据有限的坐标点去实现更多的坐标点密化，得到的坐标点直接用来控制工件或者刀具的运动，以完成加工。工件或者刀具具体的运动轨迹由数控系统采用的插补方法决定，由于数控系统的脉冲当量较小，因此由插补引起的拟合误差可控制在加工误差范围内。数控系统中完成插补功能的模块称之为插补器，根据其实现原理，可以将其分为软件插补、硬件插补和软硬件结合插补等类型。

① 逐点比较插补法　逐点比较插补法（又称代数运算法或区域判断法）被广泛应用于普通型数控系统，用以实现直线、圆弧和非圆二次曲线的插补。这种方法简单直观，误差小于脉冲当量，输出脉冲均匀，且脉冲输出速度变化不大，方便调节，在两坐标联动的数控机床中应用广泛。

假设第Ⅰ象限直线 $\overline{OE}$ 的起点为坐标原点，终点为 $E(x_e, y_e)$，加工动点为 $P_i(x_i, y_i)$，如表 6-1-3 中左图所示，其逐点比较插补运算过程如下。

表 6-1-3　直线插补公式表

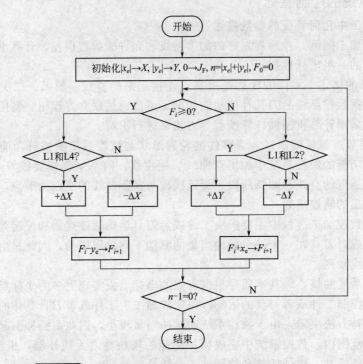

	线型	偏差	偏差计算	进给方向与坐标
	L1，L4	$F \geqslant 0$	$F_{i+1}=F_i-y_e$	$+\Delta x$
	L2，L3	$F \geqslant 0$		$-\Delta x$
	L1，L2	$F < 0$	$F_{i+1}=F_i+x_e$	$+\Delta y$
	L3，L4	$F < 0$		$-\Delta y$

a. 偏差判别。由偏差 F_i 的数值可以判别加工动点 P_i 与目标直线的相对位置。

b. 坐标进给。根据偏差及所处象限，输出相应的脉冲。

c. 新加工点偏差计算。如表 6-1-3 所示，新加工点的偏差 F_{i+1} 可根据前加工点的偏差 F_i 和上一个进给脉冲递推得出，偏差 F_{i+1} 的计算只做加减运算，计算简单。

4 个象限内直线插补的软件流程如图 6-1-6 所示。

图 6-1-6　逐点比较法四象限直线插补流程图

圆弧逐点比较插补的运算过程与直线逐点比较插补过程基本一致，但其偏差与前一点偏差和前一点坐标有关，所以圆弧插补时，动点坐标的绝对值总是一个增大，另一个减小，且偏差计算的同时要进行坐标计算。圆弧所在象限和顺逆方向不同，相应的逐点比较插补的运算公式和进给方向也不同。8 种情况总结如表 6-1-4 所示，表中的 X_i、X_{i+1}、Y_i、Y_{i+1} 都是动点坐标的绝对值。

表 6-1-4 圆弧逐点比较插补的运算过程

线型	SR1	SR3	NR2	NR4	SR2	SR4	NR1	NR3
$F_i \geqslant 0$	$-\Delta y$	$+\Delta y$	$-\Delta y$	$+\Delta y$	$+\Delta x$	$-\Delta x$	$-\Delta x$	$+\Delta x$
偏差	$F_{i+1}=F_i-2Y_{i+1}$ $Y_{i+1}=Y_i\pm1$				$F_{i+1}=F_i-2X_{i+1}$ $X_{i+1}=X_i\pm1$			
$F_i<0$	$+\Delta x$	$-\Delta x$	$-\Delta x$	$+\Delta x$	$+\Delta y$	$-\Delta y$	$+\Delta y$	$-\Delta y$
偏差	$F_{i+1}=F_i+2X_{i+1}$ $X_{i+1}=X_i\pm1$				$F_{i+1}=F_i+2Y_{i+1}$ $Y_{i+1}=Y_i\pm1$			

4 个象限内圆弧插补的软件流程如图 6-1-7 所示。

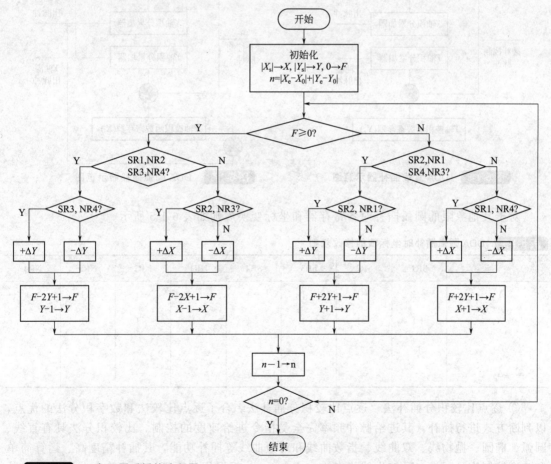

图 6-1-7 4 象限圆弧插补流程图

② 数字积分插补法 数字积分插补法（又称数字微分分析器，DDA）利用数字积分的原理来计算刀具沿坐标轴的位移，使工件或者刀具沿所要加工的轮廓轨迹运动。该方法脉冲

分配均匀，运算速度快，易于实现多坐标联动和空间曲线插补，在轮廓控制系统中得到广泛应用。

DDA 直线插补法关键部件是坐标累加器和被积函数寄存器，每个坐标进给都有相应的累加器和寄存器，$x\text{-}y$ 坐标平面的数字积分插补法如图 6-1-8 所示。插补一直线段共需完成 $2n$ 次累加运算，可以根据累加次数作为终点判别。一般设置一个位数为 n 的终点寄存器，用以记录每次累加次数，并控制停止插补运算。

DDA 圆弧插补法也可以用两个积分器来实现，其插补流程示意图如图 6-1-9 所示。与 DDA 直线插补不同，寄存器寄存的是不断变化的动点坐标。由于 DDA 圆弧插补法的两轴可能不是同时到达终点，所以其终点判别一般是每轴采用一个终点判别计数器，分别判别各轴是否已达终点。

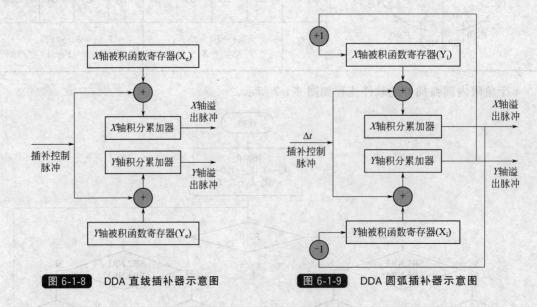

图 6-1-8　DDA 直线插补器示意图　　　　图 6-1-9　DDA 圆弧插补器示意图

对于其他象限的圆弧插补时各寄存器和坐标变换规则如表 6-1-5 所示。

表 6-1-5　DDA 圆弧插补时坐标值的修改规则

	SR1	SR2	SR3	SR4	NR1	NR2	NR3	NR4
Y_i	-1	$+1$	-1	$+1$	$+1$	-1	$+1$	-1
X_i	$+1$	-1	$+1$	-1	-1	$+1$	-1	$+1$
Δx	$+$		$+$		$+$		$+$	
Δy		$+$		$+$		$+$		$+$

③ 逐点比较积分插补法　逐点比较积分插补法综合了逐点比较法和数字积分法的优点，以判断方式进行插补，其进给脉冲频率完全受指令进给速度的控制。比较积分法具有直线、圆弧、椭圆、抛物线、双曲线、指数曲线和对数曲线等插补功能，其插补精度高、运算简单和速度控制容易。设一已知直线终点为 $(x_e,\ y_e)$，根据积分原理，X 方向每发一个进给脉冲，相当于积分值增加一个量 y_e；而 Y 方向每发出一个进给脉冲，相当于积分值增加一个量 x_e；为了得到直线，必须使两个积分相等。把时间间隔作为积分增量，X 轴上每隔一段时间 y_e 发出一个脉冲就得到一个时间间隔 y_e，Y 轴上每隔一段时间 x_e 发出一个脉冲就得到

一个时间间隔 x_e。参照逐点比较法，引入一个误差判别函数。这个判别函数定义为 X 轴脉冲总时间间隔与 Y 轴脉冲总时间间隔之差：

$$F = \sum_{i=0}^{x-1} y_e - \sum_{j=0}^{y-1} x_e \qquad \backslash * \text{MERGEFORMAT} \qquad (6\text{-}1\text{-}1)$$

若 X 轴进给一步，则有

$$F_{i+1} = F_i + y_e \qquad \backslash * \text{MERGEFORMAT} \qquad (6\text{-}1\text{-}2)$$

而 Y 轴进给一步，则有

$$F_{i+1} = F_i - x_e \qquad \backslash * \text{MERGEFORMAT} \qquad (6\text{-}1\text{-}3)$$

若 X 轴和 Y 轴同时进给一步，则有

$$F_{i+1} = F_i + y_e - x_e \qquad \backslash * \text{MERGEFORMAT} \qquad (6\text{-}1\text{-}4)$$

用一个脉冲源控制运算速度，脉冲源每发出一个脉冲，计算一次误差值 F，若 $F>0$，说明 X 轴输出脉冲时间超前，控制 Y 轴进行 x_e 的累加；若 $F<0$，说明 Y 轴输出脉冲时间超前，控制 X 轴进行 y_e 的累加。依次进行下去即可实现直线插补。

比较积分法每输出一个脉冲，需要做偏差判别、坐标进给和新偏差计算等工作。d_1 和 d_2 分别表示矩形求和公式中 X 轴和 Y 轴进给脉冲时间间隔等差数列的公差，用 U 和 V 分别表示 X 轴和 Y 轴进给脉冲的时间间隔，用 Δx 和 Δy 表示 X 轴和 Y 轴的进给脉冲。比较积分法的直线、圆和一般二次曲线加工（先以 X 轴作为基准轴）的程序流程如图 6-1-10 所示。

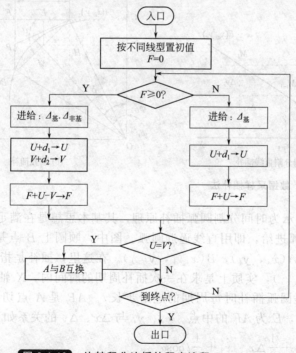

图 6-1-10　比较积分法插补程序流程

④ 数据采样插补法　数据采样插补法根据加工程序中给定的进给速度，将加工轮廓曲线分割成相互连接的进给段（即轮廓步长），每个进给段都在一个插补采样周期完成。每一插补周期调用一次插补程序，计算出下一周期各坐标轴应该行进的增长段 Δx 或 Δy 等，及相应动点位置的坐标值。这种方法适用于闭环和半闭环并使用交流或直流电动机作为系统执行机构的位置采样控制系统。如图 6-1-11 所示，数据采样插补法通过用一系

列首尾相连的微小直线段来逼近给定轨迹具体实现。在每个 T_S 内计算出下一个周期各坐标进给位移增量（ΔX，ΔY），CNC 装置按给定采样周期 T_C（位置控制周期）对各坐标实际位置进行采样，并将其与指令位置比较，并根据得出的位置跟随误差对伺服系统进行控制。

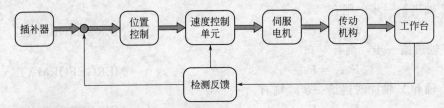

图 6-1-11　数据采样插补法基本原理图

时间分割直线插补如图 6-1-12（a）所示，设刀具在 x-y 平面中做直线运动，起点为坐标原点，终点 $E(x_e，y_e)$，OE 与 x 轴夹角为 α，l 为一次插补的进给步长。插补周期内 X 轴和 Y 轴的插补进给量分别为

$$\Delta x = l\cos\alpha ; \quad \Delta y = \frac{y_e}{x_e}\Delta x \qquad\qquad \backslash * \text{MERGEFORMAT} \quad (6\text{-}1\text{-}5)$$

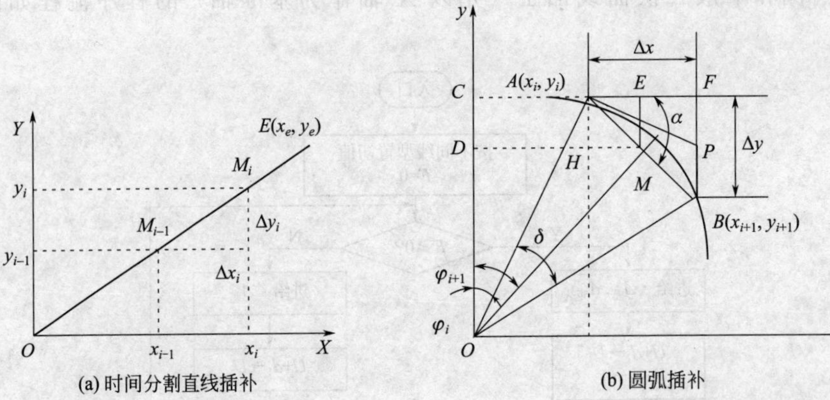

(a) 时间分割直线插补　　**(b) 圆弧插补**

图 6-1-12　数据采样插补法

图 6-1-12（b）所示为时间分割圆弧插补原理，其基本思想是在满足精度要求的前提下，用弦或割线进给代替弧进给，即用直线逼近圆弧。图中，顺圆上 B 点是继 A 点之后的插补瞬时点，坐标分别为 $A(x_i，y_i)$，$B(x_{i+1}，y_{i+1})$。在这里，插补是指由点 $A(x_i，y_i)$ 求出下一点 $B(x_{i+1}，y_{i+1})$，实质上是求在一次插补周期的时间内，X 轴和 Y 轴的进给量 Δx 和 Δy。图中弦 AB 是圆弧插补时每周期的进给步长 l。AP 是 A 点切线，M 是弦的中点，$OM \perp AB$，$ME \perp AF$，E 为 AF 的中点。x_i、y_i 与 Δx、Δy 的关系如下：

$$\frac{\Delta y}{\Delta x} = \frac{x_i + \frac{1}{2}\Delta x}{y_i - \frac{1}{2}\Delta y} = \frac{x_i + \frac{1}{2}l\cos\alpha}{y_i - \frac{1}{2}l\sin\alpha} \qquad\qquad \backslash * \text{MERGEFORMAT} \quad (6\text{-}1\text{-}6)$$

上式反映了圆弧上任意相邻两点坐标之间的关系，只要计算出 Δx 和 Δy，就可以求出新的插补点坐标

$$x_{i+1} = x_i + \Delta x ; \quad y_{i+1} = y_i - \Delta y \qquad\qquad \backslash * \text{MERGEFORMAT} \quad (6\text{-}1\text{-}7)$$

1.2　计算机数控（CNC）装置及相关的控制方法

数控装置借助于微机结合必要的硬件而构成，主要功能是正确识别和解释数控加工程序，进行各种零件轮廓几何信息和命令逻辑信息的处理，并将处理结果分发给相应的单元，具体承担用户程序的输入、预处理、插补运算及输出控制、反馈控制、参数显示等任务。CNC装置的功能多种多样，功能越来越丰富，具体来说，其主要功能如下。

① 丰富的人机对话功能。通过软件实现菜单结构的操作界面，零件加工程序的编辑环境，系统和机床的参数、状态、故障、查询或修改画面等显示。

② 正确识别和解释标准化的指令代码组成的数控加工程序，进行各种零件轮廓几何信息和命令逻辑信息的处理，提供高性能的进给控制功能。如准备功能G代码的功能有基本移动、程序暂停、平面选择、坐标设定、刀具补偿、基准点返回、公制-英制转换、子程序调用等。另外还有固定循环功能、插补功能、进给功能、辅助功能、主轴功能、刀具管理功能、补偿功能等。

③ CNC装置通信功能可以实现与外界信息和数据交换。高档的系统可与MAP（制造自动化协议）相连，可以适应FMS、CIMS、IMS等大型制造系统的要求。

④ 故障诊断、反馈控制功能。在故障出现后，CNC装置诊断程序迅速查明故障的类型及部位，以便于及时排除故障，减少故障停机时间。诊断程序可以包含在系统程序之中，在系统运行过程中进行自检，也可以作为服务程序，在系统运行前或故障停机后进行诊断、查找故障的部位。有的CNC装置可以进行远程诊断功能。

以上这些功能仅仅是CNC功能的主要部分，越来越多的新功能将不断增加及完善。此外，现代数控装置采用PLC的逻辑运算功能实现如主轴的正转、反转及停止，换刀，工件的夹紧、松开，切削液的开、关及润滑系统的运行等各种开关量的控制。

1.2.1　计算机数控（CNC）装置硬件

CNC装置硬件具有一般微型计算机的基本结构，如CPU、存储器、输入/输出接口等，同时又具有特有的功能模块和接口单元，如手动数据输入（MDI）接口、PLC接口等。

目前，技术上十分成熟的CNC结构大致有三种形式：①总线式模块化结构（高档型）；②以单板或专用芯片及模板组成结构紧凑的CNC（中档型）；③基于通用计算机（PC或IPC）基础上开发的CNC（低档型）。

（1）单CPU结构

单微处理器结构的CNC装置采用一个微处理器来完成所有的系统管理功能和数控功能（如数控加工程序的输入、数据预处理、插补计算、位置控制、人机交互处理和诊断），其他功能部件，如存储器、各种接口、位置控制器等都通过内部控制总线、地址总线和数据总线与微处理器相连。图6-1-13所示为单微处理器结构的计算机数控装置组成图，其中，CPU是整个数控装置的核心，主要完成控制（对零件加工程序的输入、输出控制，对机床加工现场状态信息的记忆控制等）和运算（完成一系列的数据处理工作：译码、刀补计算、运动轨迹计算、插补运算和位置控制的给定值与反馈值的比较运算等）任务。经济型CNC系统常采用8位微处理器芯片或8/16位的单片机。中高档的CNC通常采用16位、32位甚至64位的微处理器。一般将显示器与键盘做在同一个面板上，并且键盘只包括数控语言所用的键。现代CNC产品的键盘大多采用触摸屏键。这种系统结构简单，易于实现，但功能受微处理器字长、数据宽度、寻址能力和运算速度等因素的影响与限制。为了提高系统处理速度，解决时序安排紧张，可采取下述措施：采用高性能的微处理器；采用协处理器增强运算能力；采用大规模集成电路完成一些实时性要求较高的控制任务；采用带微处理器的CRT

或 PLC 等智能组件。

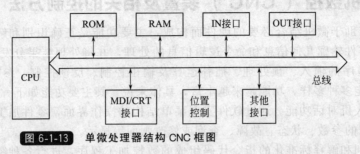

图 6-1-13 单微处理器结构 CNC 框图

(2) 多 CPU 结构

多微处理器系统中有两个或两个以上的微处理器通过数据总线或通信方式进行连接，共享系统的公用存储器与 I/O 接口，每个微处理器根据各部分的工作特征分担系统的一部分工作。目前使用的多微处理器系统有主从式结构、总线式多主 CPU 结构和分布式结构，其优点如下。

① 各 CPU 完成系统中规定的部分功能，独立执行程序，在同样的性能下降低了 CPU 的负担，提高了计算机的处理速度，可以用较低档的 CPU 完成高性能的控制。该结构有紧耦合和松耦合两种形式。紧耦合是指有集中的操作系统，两个或两个以上的 CPU 构成的处理部件之间采用紧耦合，共享资源。松耦合是指有多重操作系统实现并行处理，两个或两个以上的 CPU 构成的功能模块之间采用松耦合。

② 多 CPU 结构的 CNC 系统采用模块化设计，将软件和硬件模块形成一定的功能模块。模块间可通过符合工业标准的接口进行信息交换。每个 CPU 分管各自的任务，形成若干个模块，互不影响；模块化结构具有良好的适应性和扩展性，结构紧凑，提高了可靠性；性价比高，适合于多轴控制、高进给速度、高精度的数控机床。

③ 可满足高运算速度、高进给速度、高精度、高效率、高可靠性、多轴控制等数控技术发展的要求。

多 CPU 结构的一般形式如图 6-1-14 所示。其中，主 CPU 板是整个数控装置的核心，主要完成系统的管理及实时插补运算。从 CPU（Ⅰ）板专用作显示、键盘的管理；从 CPU（Ⅱ）板的给定是主 CPU 板的输出，误差通过给定与反馈量之差求得，用于直接控制位控单元；从 CPU（Ⅲ）板主要负责开关量的输入输出。多 CPU 结构中，CPU 之间的通信根据实际需要进行串行通信。

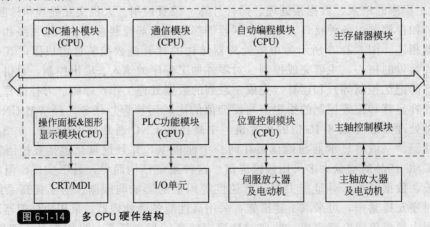

图 6-1-14 多 CPU 硬件结构

图 6-1-15 是一种共享存储器型结构的数控装置，共有三个 CPU，分别为 CRT 显示处理器、插补处理机和主处理器，其中 CRT 显示处理器主要负责根据主处理器的命令显示相应的数据和信息；插补处理器主要完成插补运算、位置控制、机床输入/输出和接口控制器；主处理器用编辑数控加工程序、译码、刀具和机床参数的输入等管理。

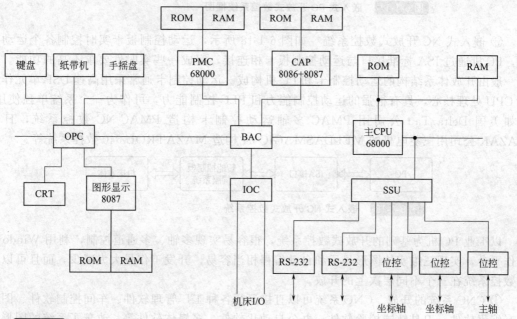

图 6-1-15 FUNUC11 的 CNC 装置结构框图

（3）开放式数控系统

专用型 CNC 装置硬件和软件是由制造厂专门设计和制造的，具有专用性强、布局合理、结构紧凑等优点，并可获得较高的性价比，但是没有通用性，硬件之间彼此不能交换，并且维修和升级困难，费用较高。开放式数控系统是一种模块化的、可重构的、可扩充的通用数控系统，它以工业 PC 机作为 CNC 装置的支撑平台，由各专业数控厂商根据需要装入自己的控制卡和数控软件构成相应的 CNC 装置。成本低、维护和升级容易。可以按 PC 机与数控系统结合的结构形式将开放式的数控系统分为三类。

① PC 型开放式数控系统　系统组成框图如图 6-1-16 所示，采用通用 PC 作为其核心单元，其硬件组成部分主要是 PC 机与伺服驱动和外部 I/O 之间的标准化接口，各功能软件全部安装在 PC 机中。系统提供最大的选择性和灵活性。用户可以根据自己所需的各种功能，在操作平台上利用开放式的 CNC 内核，构造多种类型的个性化高性能数控系统。系统性价比高，具有较高的灵活性，因而最有生命力。典型产品有美国 MDSI 公司的 Open CNC 数控系统、德国 Power Automation 公司的 PA8000 NT 数控系统等。

图 6-1-16 PC 型开放式数控系统框图

② 嵌入式 PC 开放式数控系统　如图 6-1-17 所示，PC 机作为一个嵌入式的系统融合在 NC 系统中，完成非实时控制任务，而 CNC 则运行以坐标轴运动为主的实时控制。系统具有一定程度的开放性，但使用者无法介入数控系统的核心，结构相对复杂、功能强大，价格昂贵。

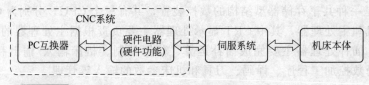

图 6-1-17   嵌入式 PC 开放式数控系统框图

③ 嵌入式 NC 开放式数控系统   如图 6-1-18 所示,运动控制板卡实时控制各个运动部件,PC 机通过 ISA 标准接口与运动控制板卡相连接,完成一些实时性要求不高的功能。系统一般由开放体系结构的运动控制卡和 PC 机构成。运动控制卡通常采用高速 DSP 单元作为其 CPU 处理核心,具有很强的运动控制能力和 PLC 控制能力,可作为一个系统单独使用。例如美国 Delta Tau 公司用 PMAC 多轴运动控制卡构造 PMAC-NC 数控系统,日本 MAZAK 公司用三菱电机的 MELDASMAGIC 64 构造 MAZATROL 640 数控系统等。

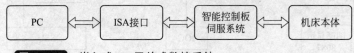

图 6-1-18   嵌入式 NC 开放式数控系统

以工业 PC 机为基础的开放式数控系统,很容易实现多轴、多通道控制,利用 Windows 工作平台,实现三维实体图形显示和自动编程相当容易。开发工作量大大减少,而且可以实现数控系统在三个不同层次上的开放。

① CNC 系统的开放。CNC 系统可以直接运行各种工厂管理软件、车间控制软件、图形交互编程软件、刀具轨迹校验软件、办公自动化软件、多媒体软件等,改善了系统的图形显示、动态仿真、编程和诊断功能。

② 用户操作界面的开放。使 CNC 系统具有更加友好的用户接口,包括远程诊断等功能。

③ CNC 内核的深层次开放。CNC 内核系统提供已定义的出口点,用户把自己的软件连接到这些出口点,通过编译循环,将其知识和经验等集成到系统中去,形成独具特色的个性化数控系统。

(4) 嵌入式数控系统嵌入式数控系统

数控装置中也采用了嵌入式微处理器,这种数控系统被称为嵌入式数控系统。由于嵌入式处理器强大的计算能力和扩展能力,系统的计算速度更快,与外界的接口更丰富。

图 6-1-19 为嵌入式数控系统的结构框图。

嵌入式处理器中集成了 LCD 控制器,它提供与液晶显示器的接口。嵌入式处理器是整个系统运算和控制中心,比较常用的有 ARM、嵌入式 X86、MCU 等。可编程计算部件是

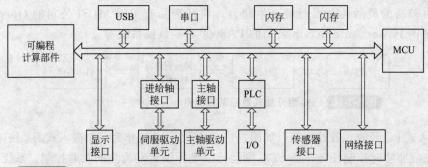

图 6-1-19   嵌入式数控系统结构框图

指现场可编程门阵列（FPGA）、数字信号处理器（DSP）等可编程计算资源。

1.2.2 计算机数控（CNC）装置软件

CNC 系统是在硬件的支持下执行软件程序的工作过程，两者缺一不可。如图 6-1-20 所示，软件系统由管理软件和控制软件组成。管理软件主要为某个系统建立一个软件环境，处理实时性不强的功能（如数控加工程序的 I/O 及其管理、系统显示等功能）。控制软件用于完成实时性要求较高的功能（如刀补计算、插补处理、位置控制等功能）[15]。部分模块工作情况说明如下。

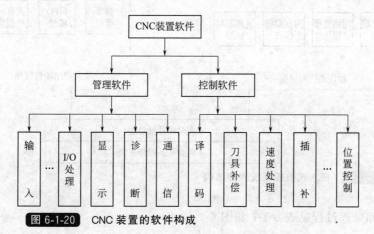

图 6-1-20 CNC 装置的软件构成

① 输入　通过键盘、存储器、RS-232C 与其他接口等将零件数控加工程序、系统控制参数和补偿数据等输入数控系统。

② 译码　将各数控加工程序段按一定规则翻译成 CNC 装置中计算机能识别的数据形式，并存放在指定的译码缓冲器中。

③ 数据处理　包括刀具长度/半径补偿、反向间隙补偿、丝杠螺距误差补偿、过象限和进给方向判断、进给速度换算、加减速控制及机床辅助功能处理等。

④ 插补计算　插补运算精度要求高，实时性要求很强，其根据给定的进给速度和曲线形状，计算下一个插补周期内每个坐标轴的进给。

⑤ 位置控制　在每个采样周期内，伺服系统将插补计算出的目标位置与实际反馈位置进行比较，其误差作为伺服调节的输入，经伺服驱动器控制伺服电机，驱动工作台（或刀具）朝着减小误差的方向运动。

⑥ 诊断　对数控加工程序、机床状态、润滑情况、硬件配置、刀具状态等进行相应的监测和诊断，并依此进行故障定位和指导修复。诊断程序包括在系统运行过程中的检查与诊断和在系统运行前或故障发生停机后进行的诊断两种。

数控系统可采用基于实时多任务操作系统的嵌入式系统，其软件结构如图 6-1-21 所示。应用软件包括一般的应用程序接口，可以和 CAD/CAM 系统或其他的应用程序相连，实时应用接口模块和数控应用程序模块。

CNC 系统有前后台型和中断型两种软件结构形式。

① 中断型结构模式　这种结构的软件系统是一个多重中断系统，除初始化程序之外的其他各种功能模块分别安排在不同级别的中断服务程序中。FANUC-BESK 7CM CNC 系统是一个典型的中断型软件结构。系统的各个功能模块被分为不同优先级，如表 6-1-6 所示。根据实时性要求，伺服系统位置控制和 CRT 显示功能被分别安排在较高和最低的级别。一级中断含 13 种不同功能，对应着口状态字中的 13 个位，每位对应于一个处理任务，相应的

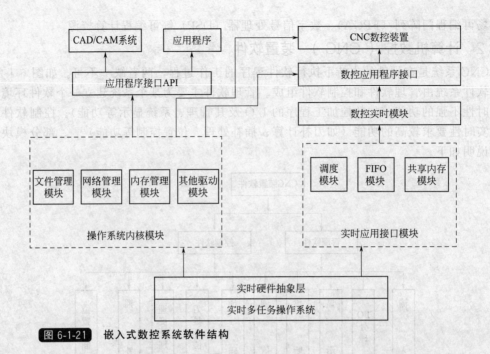

图 6-1-21 嵌入式数控系统软件结构

中断服务程序和处理过程见表 6-1-7 和图 6-1-22。

表 6-1-6 FANUC-BESK 7CM CNC 系统的中断功能表

中断级别	功能说明	中断特点
0	CRT 显示	硬件
1	译码，刀具轨迹计算，显示器控制	软件，16ms 定时
2	键盘监控，I/O 信号处理	软件，16ms 定时
3	操作面板和电传机处理	硬件
4	插补运算，终点判别和转段处理	软件，8ms 定时
5	读纸带处理	硬件
6	伺服系统位置控制	软件，4ms 实时钟
7	系统测试	硬件

表 6-1-7 FANUC-BESK 7CM CNC 系统 1 级中断功能表

状态字	功能说明
0	显示处理
1	公/英制转换
2	初始化
3	从存储区读入数控程序
4	轮廓轨迹转换成刀具中心轨迹
5	"再启动" 处理
6	"再启动" 开关无效时，刀具回到断点 "启动" 处理
7	按 "启动" 按钮时，读入程序段到 BS 区的预处理
8	连续加工时，读入程序段到 BS 区的预处理
9	存储器指针返回首地址的处理
A	启动纸带阅读机使纸带进给一步

状态字	功能说明
B	置 M、S、T 指令标志和 G96 速度换算
C	置纸带反绕标志

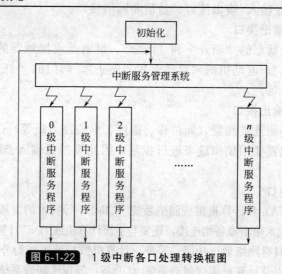

图 6-1-22　1 级中断各口处理转换框图

② 前、后台型结构模式　系统软件分为前台程序和后台程序，其中前台程序通过实时中断服务实现插补、伺服、机床监控等功能，后台程序通过循环运行完成管理功能和输入、译码、数据处理等非实时性任务。图 6-1-23 所示为美国 A-B73 60 CNC 软件前、后台软件结构中实时中断程序与后台软件结构后台程序的关系图。

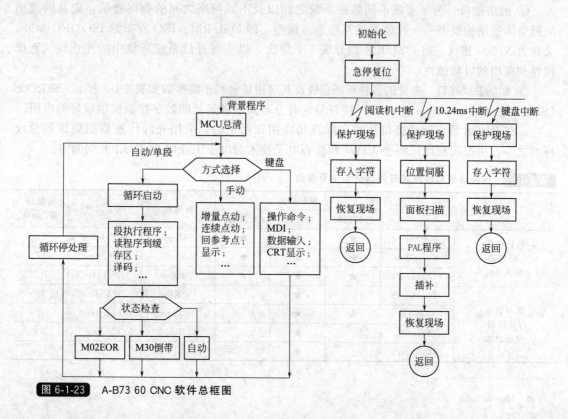

图 6-1-23　A-B73 60 CNC 软件总框图

1.2.3 计算机数控装置的接口电路

在数控系统工作时，数控装置与数控系统的功能部件（如输入输出设备、PLC 模块、进给伺服模块和主轴模块）通过相应的接口进行信息传递、交换和控制，具体可分为开关量输入/输出接口、模拟量输入/输出接口、通信和网络接口。

(1) 开关量输入/输出接口

开关量主要指开关状态的"断开"和"闭合"，继电器或接触器的"吸合"和"释放"，指示灯的"亮"和"灭"；电动机的"启动"和"停止"，阀门的"打开"或"关闭"，以及脉冲、计数和定时信号等。

(2) 模拟量输入/输出接口

数控系统中的一些物理被测量（如位移、速度、电流、力矩等）往往是连续变化的模拟信号，另外执行机构也需要用模拟量来进行控制，因此模拟量输入/输出接口是数控系统中一种重要的接口电路。

(3) 通信和网络接口

随着工厂自动化（FA）和计算机集成制造系统（CIMS）等技术的发展，在现代制造系统中的数控装置不仅要与数据输入输出设备相连接，还要与上级计算机或 DNC 计算机直接通信，或通过工厂局域网相连，因此要具有网络通讯功能。另外，计算机数控装置作为分布式数控系统（DNC）、柔性制造系统（FMS）以及计算机集成制造系统（CIMS）等现代制造系统的一个组成部分，要通过计算机网络或有关的通信设备与上位机及其他控制设备相连，交换有关的控制信号和数据。

① 串行通信接口

在数控装置的串行通信中，常采用 EIA RS-232C、20mA 电流环、EIA RS-422 以及 EIA RS-485 等标准，其中 RS-232C 是应用最广泛的标准。

② 网络接口　为了实现不同数控系统之间以及不同网络之间的数据通信，应共同遵循的网络体系结构模型——开放系统互连参考模型，即 OSI/RM。ISO 发布的 ISO/IEC 7498，又称为 X.200 建议，将 OSI/RM 划分成 7 个层次，以实现开放系统环境中的互连性、互操作性和应用的可移植性。

③ 现场总线接口　常见的各种现场总线及其应用场合和主要参数如表 6-1-8 所示。SERCOS（SERial Communication System）接口是它对分布式多轴运动的数字控制提供较好的应用。

a. SERCOS 数字驱动接口是被实际现场应用证明了的，采用光纤传输数据的现场总线标准之一，由德国机床厂协会 VDW 和核心电子技术与电子工业协会 ZVEI 共同制定。

表 6-1-8　各种现场总线及其应用场合和主要参数

系统类型		应用场合			传输率	报文尺寸	传输距离/kft❶
		过程控制	制造业	生产线			
执行装置/传感器现场总线	ArcNet	★	★	★	5Mbps	50r7 bytes	20
	CotrolNet	★	★	★	5Mbps	510 bytes	27
	Genius I/O	★	★	★	450Kbaud	128 bytes	7.5
执行装置/传感器现场总线	Interbus-S		★		500Kbps	288 bits	42
	SERCOS	★	★		10Mbps	16 bytes	
	SDS		★		125Kbps	108 bits	1.6
	DeviceNet		★		500Kbaud	8 bytes	1.6

❶　1ft＝0.304m

续表

系统类型		应用场合			传输率	报文尺寸	传输距离/kft❶
		过程控制	制造业	生产线			
系统现场总线	LonWorks	★	★	★	1~2Mbps	228 bytes	
	Profibus	★	★		12Mbaud	256 bytes	3.9
	Fieldbus	★	★	★	2.5Mbps	128 bytes	74.4

图 6-1-24 和图 6-1-25 为采用 SERCOS 数字式位置和速度接口的数控伺服系统, 这种方式的调节器可安排在伺服装置中。

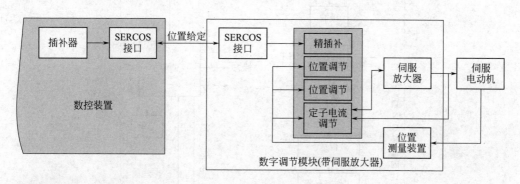

图 6-1-24 具有数字式位置接口的现代伺服系统结构

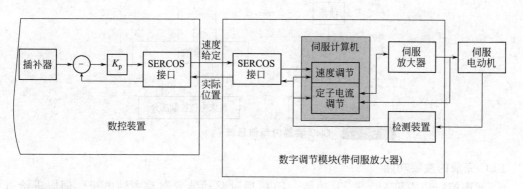

图 6-1-25 具有数字式速度接口的现代伺服系统结构

b. 系统现场总线 Profibus 是一种通用系统现场总线, 特别适用于各种智能控制器和设备之间的连接。图 6-1-26 所示为 Profibus 现场总线的结构。

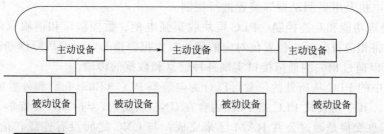

图 6-1-26 Profibus 现场总线的结构

1.2.4 PLC 控制器的类型及主要技术参数

为实现主轴的启停、换向，换刀，工件夹紧和松开，液压、冷却和润滑系统的运行和关闭等动作的控制，于数控系统与数控机床之间应用 PLC，接收数控装置发送来的 M、S、T 指令信息，手动/自动运行方式信息及各种使能信息，并向机床执行部件发送控制信息。PLC 已成为数控机床电气控制系统的主要控制装置。图 6-1-27 是数控系统内部处理的信息流示意图。

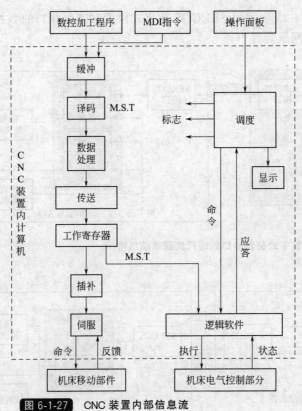

图 6-1-27 CNC 装置内部信息流

PLC 完成的主要功能

① 伺服控制功能和 M、S、T 功能　PLC 通过驱动装置驱动主轴电机、伺服进给电机和刀库电机等运转。M、S、T 功能分别指数控系统的辅助功能、刀具功能和主轴运转方式及转速功能。

② 机床外部开关量信号控制功能和输出信号控制功能　根据各行程开关、温控开关、接近开关等信号，经逻辑运算后输出给控制对象。如对刀库、机械手和回转工作台、冷却泵电机、润滑泵电机及电磁制动器等装置进行控制。

③ 报警处理功能和互连控制　PLC 模块收集强电柜、数控机床和伺服驱动装置等模块的故障信号，将相应报警标志位置位对应的模块发出报警信号，以便故障诊断。

PLC 还可以通过相关的通信接口实现各种信息和数据的传输。

数控系统中的 PLC 从所处的位置可以分为内装型 PLC（Built-in）和外置或独立型 PLC（Stand-alone）。其中内装式 PLC 指 PLC 内含在 CNC 装置内，与 CNC 装置集于一体，其与 CNC 之间的信息交换是通过公共 RAM 区来完成，与 CNC 之间没有连线，信息交换量大，安装调试方便，结构紧凑、可靠性好，因此被广泛使用。

（1）内装型 PLC

内装型 PLC 指 PLC 内含在 CNC 装置内，与 CNC 装置集于一体，与机床通过 CNC 输入/输出接口电路实现信号传送，如图 6-1-28 所示。

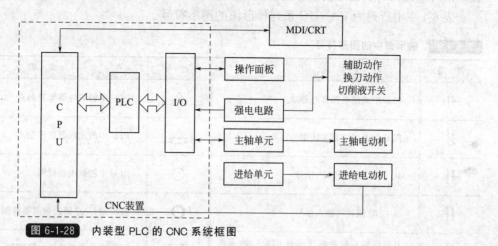

图 6-1-28　内装型 PLC 的 CNC 系统框图

（2）独立型 PLC

独立型 PLC 独立于 CNC 装置，具有完备的硬件和软件，能满足数控系统对输入输出信号接口技术规范、输入输出点数、程序存储容量以及运算和控制功能等要求，能独立完成 CNC 系统要求的控制任务。其与数控机床之间的关系如图 6-1-29 所示。

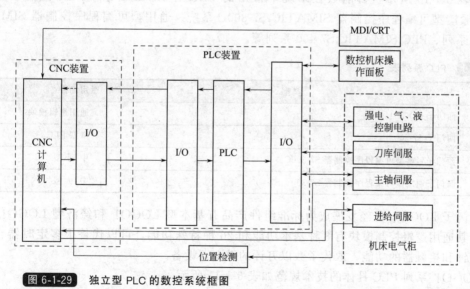

图 6-1-29　独立型 PLC 的数控系统框图

数控机床的 PLC 提供了完整的编程语言。梯形图方法是现在使用最广泛的编程方法。

数控机床中的 PLC 编程步骤如下。

① 确定控制对象。

② 制作输入和输出信号电路原理图、地址表和 PLC 数据表。

③ 在分析数控机床工作原理或动作顺序的基础上，用流程图、时序图等描述信号与机床运动之间的逻辑顺序关系，设计制作梯形图。

④ 把梯形图转换成指令表的格式，然后用编程器键盘写入顺序程序，接下来用仿真装

置或模拟台进行调试、修改。

⑤ 将经过反复调试并确认无误的顺序程序固化到 EPROM 中，并将程序存入软盘或光盘，同时整理出有关图纸及维修所需资料。

表 6-1-9 中所列为 FANUC 系列梯形图的图形符号。

表 6-1-9 梯形图中的图形符号

符 号	说 明	符 号	说 明
─┤├─	PLC 中的继电器常开触点	─◁─	PLC 中的定时器常开触点
─┤╱├─	PLC 中的继电器常闭触点	─◁╱─	PLC 中的定时器常闭触点
─┤├─	从 CNC 侧常开输入信号	─○─	PLC 中的继电器线圈
─┤╱├─	从 CNC 侧常闭输入信号	─●─	输出到 CNC 侧的继电器线圈
─┤├─	从机床侧（包括机床操作面板）输入的常开信号	─□─	输出到机床侧的继电器线圈
─┤╱├─	从机床侧（包括机床操作面板）输入的常闭信号	─◎─	PLC 中的定时器线圈

如表 6-1-10 所示，目前数控系统中常用的 PLC 有 LOGO1 系统 PLC、S7-200 系统 PLC、紧凑型可编程序控制器 SIMATIC S7-300C 系统、通用型可编程序控制器 SIMATIC S7-300 系列、PLC SIMATIC S7-400 系列等。

表 6-1-10 PLC 系列表

	类型	适用场合
1	西门子 LOGO!	通用逻辑模块
2	西门子 S7-200	微型 PLC
3	西门子紧凑型可编程序控制器 S7-300C	中/小型
4	西门子通用型可编程序控制器 S7-300、S7-400	中/大型

西门子 LOGO! 已经发展成为标准组件产品有基本型 LOGO! 和经济型 LOGO! 两个型号。其通用逻辑控制模块有 8 种基本功能和 26 种特殊功能，可以代替很多定时器、继电器、时钟和接触器的功能，取代了数以万计的继电器设备。

LOGO! 系列 PLC 具体的技术规范如表 6-1-11 所示。

表 6-1-11 LOGO! 系列 PLC 技术规范

主机模块 技术规范	LOGO! 12/24RC LOGO! 12/24RCo	LOGO! 24 LOGO! 24o	LOGO! 24RC LOGO! 24RCo	LOGO! 230RC LOGO! 230RCo
输入	8	8	8	8
模拟量输入	2（0~10V）	2（0~10V）	—	—
输入电压	12/24V DC	24V DC	24V AC/DC	115/240V AC/DC

续表

允许范围	10.8~28.8V DC	20.4~28.8V DC	20.4~26.4V AC 20.4~28.8V DC	85~265V AC 100~253V DC
输入电压 · "0" 信号 · "1" 信号	最大 5V DC 最小 8V DC	最大 5V DC 最小 8V DC	最大 5V AC/DC 最小 12V AC/DC	最大 40V AC/30V DC 最小 79V AC/79V DC
输入电流 · "0" 信号 · "1" 信号	<1.0mA (I1~I6) <0.05mA (I7~I8) >1.5mA (I1~I6) <0.1mA (I7~I8)	<1.0mA (I1~I6) <0.05mA (I7~I8) >1.5mA (I1~I6) >0.1mA (I7~I8)	<1.0mA >2.5mA	<0.03mA >0.08mA
输出	4 个，继电器	4 个，晶体管	4 个，继电器	4 个，继电器
连续电流	最大 10A 每个继电器	最大 0.3A	最大 10A 每个继电器	最大 10A 每个继电器
断路保护	需要外部保险丝	电子式（约 1A）	需要外部保险丝	需要外部保险丝
开关频率 机械 电阻负载/灯负载 感性负载	— 10Hz 2Hz 0.5Hz	— 10Hz 10Hz 0.5Hz	— 10Hz 2Hz 0.5Hz	— 10Hz 2Hz 0.5Hz
实时时钟的后备 时间（25℃）	典型为 80h	—	80h	80h
连续电缆	2×1.5mm², 1×2.5mm²			
环境温度	0℃~55℃			
存储温度	−40℃~70℃			
对无线电干扰的 抑制	ToEN550011（限制值，B 级）			
保护等级	IP20			
认证	通过 VDE0631，IEC61131，UL，FM，CSA，船检认证			
安装	安装在 35mm DIN 导轨上，或安装在墙上			
尺寸（W×H×D）	72×90×55mm³	72×90×55mm³	72×90×55mm³	72×90×55mm³

数字量扩展模块 技术规范（一）	LOGO! DM8 12/24R	LOGO! DM8 24 LOGO! DM8 24R L	LOGO! DM8 230R
输入	4	4	4
模拟量输入	-	-	-
输入电压	12/24V DC	24V DC/24V AC/DC	115/240V AC/DC
允许范围	10.8~28.8V DC	20.4~28.8V DC 20.4~26.4V AC 20.4~28.8V DC	115~240V AC/DC
输入电压 · "0" 信号 · "1" 信号	最大 5V DC 最小 8V DC	最大 5V DC 最小 8V DC	最大 40V AC/30V DC 最小 79V AC/79V DC

续表

输入电流，当	—	—	—
· "0" 信号	<1.0mA	<1.0mA	<0.03mA
· "1" 信号	>1.5mA	>1.5mA	>0.08mA
输出	4 个，继电器	4 个，晶体管/继电器	4 个，继电器
连续电流	最大 5A 每个继电器	最大 3A/最大 5A 每个继电器	最大 5A 每个继电器
断路保护	需要外部保险丝	电子式（约 1A）	需要外部保险丝
开关频率			
机械	10Hz	10Hz	10Hz
电阻负载/灯负载	2Hz	10Hz/2Hz	2Hz
感性负载	0.5Hz	0.5Hz	0.5Hz
实时时钟的后备 时间（25℃）	—	80h	—
连续电缆	$2×1.5mm^2$，$1×2.5mm^2$		
环境温度	0℃～55℃		
存储温度	−40℃～70℃		
对无线电干扰的 抑制	ToEN550011 （限制值，B 级）		
保护等级	IP20		
认证	通过 VDE0631，IEC61131，UL，FM，CSA，船检认证		
安装	安装在 35mm DIN 导轨上，或安装在墙上		
尺寸 $W×H×D$	$36×90×55mm^3$	$36×90×55mm^3$	$36×90×55mm^3$
数字量扩展模块 技术规范（二）	**LLOGO! DM16 24R**	**LOGO! DM16 24**	**OGO! DM16 230R**
输入	8	8	8
模拟量输入	—	—	—
输入电压	24V DC	24V DC	115/240V AC/DC
允许范围	**20.4～28.8V DC**	**20.4～28.8V DC**	**85～265 V AC 100～253V DC**
输入电压			
· "0" 信号	最大 5V DC	最大 5V DC	最大 40V AC/30V DC
· "1" 信号	最小 12V DC	最小 12V DC	最小 79V AC/79V DC
输入电流，当			
· "0" 信号	<1.0mA	<1.0mA	<0.05mA
· "1" 信号	>2.0mA	>2.0mA	>0.08mA
输出	8 个，继电器	8 个，晶体管	8 个，继电器
连续电流	最大 5A 每个继电器	最大 0.3A	最大 5A 每个继电器
断路保护	需要外部保险丝	电子式（约 1A）	需要外部保险丝
开关频率			
机械	10Hz	10Hz	10Hz
电阻负载/灯负载	2Hz	10Hz	2Hz
感性负载	0.5Hz	0.5Hz	0.5Hz

续表

实时时钟的后备时间，在 25℃	—	典型为 80h	—
连续电缆	$2 \times 1.5mm^2$，$1 \times 2.5mm^2$		
环境温度	0~55℃		
存储温度	—40~70℃		
对无线电干扰的抑制	ToEN550011（限制值，B 级）		
保护等级	IP20		
认证	通过 VDE0631，IEC61131，UL，FM，CSA，船检认证		
安装	安装在 35mmDIN 导轨上，或安装在墙上		
尺寸 $W \times H \times D$	$72 \times 90 \times 55mm^3$	$72 \times 90 \times 55mm^3$	$72 \times 90 \times 55mm^3$

模拟量扩展模块技术规范	LOGO! AM2 PT100	LOGO! AM2
供电电压	12/24V DC	12/24V DC
允许范围	10.8~15.6V DC 20.4~28.8V DC	10.8~15.6V DC 20.4~28.8V DC
模拟量输入	2（2 线或 3 线）	—
输入范围	0~10V 或 0~20mA	0~10V 或 0~20mA
分辨率	10bits scaied to 0 to 1000	10bits scaied to 0 to 1000
传感器电源	无	无
温度范围	—50~+200℃	—
精度	0.25℃	—
尺寸 $W \times H \times D$	$36 \times 90 \times 55mm^3$	$36 \times 90 \times 55mm^3$

　　S7-200 系列 PLC 可提供 4 个不同的基本型号的 8 种 CPU 供选择，具体的规格性能如表表 6-1-12 所示。

表 6-1-12　S7-200 规格性能

S7-200PLC	CPU221	CPU222	CPU224	CPU224XP	CPU226
集成数字量输入/输出	6 入/4 出	8 入/6 出	14 入/10 出	14 入/10 出	24 入/16 出
可连接的扩展模块数量（最大）	不可扩展	2 个	7 个	7 个	7 个
可扩展数字量输入/输出范围	不可扩展	78 点	168 点	168 点	248 点
可扩展模拟量输入/输出范围	不可扩展	10 点	35 点	38 点	35 点
在线/非在线用户程序区	4K/4K	4K/4K	8K/12K	12K/16K	16K/24K
数据存储区	2K	2K	8K	10K	10K

续表

S7-200PLC	CPU221	CPU222	CPU224	CPU224XP	CPU226
数据后备时间（电容）	50h	50h	50h	100h	100h
后备电池（选件）	200 天	200 天	200 天	200 天	200 天
编程软件	Step 7-Micro/WIN	Step 7-Micro/WIN	Step 7-Micro/WIN	Step 7-Micro/WIN	Step7-Micro/WIN
每条二进制语句执行时间	$0.22\mu s$	$0.22\mu s$	$0.22\mu s$	$0.22\mu s$	$0.22\mu s$
标志寄存器/计数器/定时器	26/256/256	256/256/256	256/256/256	256/256/256	256/256/256
高速计数器	4 个 30kHz	4 个 30kHz	6 个 30kHz	6 个 100kHz	6 个 30kHz
高速脉冲输出	2 个 20kHz	2 个 20kHz	2 个 20kHz	2 个 100kHz	2 个 20kHz
通信接口	$1\times$RS-485	$1\times$RS-485	$1\times$RS-485	$2\times$RS-485	$2\times$RS-485
外部硬件中断	4	4	4	4	4
支持的通信协议	PPI，MPI，自由口	PPI，MPI，自由口，Profibus DP	PPI，MPI，自由口，Profibus DP	PPI，MPI，自由口，Profibus DP	PPI，MPI，自由口，Profibus DP
模拟电位器	1 个 8 位分辨率	1 个 8 位分辨率	2 个 8 位分辨率	2 个 8 位分辨率	2 个 8 位分辨率
实时时钟	外置时钟卡（选件）	外置时钟卡（选件）	内置时钟卡	内置时钟卡	内置时钟卡
外形尺寸（$W\times H\times D$）/mm	$90\times80\times62$	$90\times80\times62$	$120\times80\times62$	$140\times80\times62$	$196\times80\times62$

S7-200 CN 系列 PLC 可提供 4 个不同的基本型号的 8 种 CPU 供选择，各型号的技术示范如表表 6-1-13 所示。

表 6-1-13 S7-200CN 规格性能

技术规范	CPU222 CN	CPU224 CN	CPU224XP CN	CPU226 CN
集成数字量输入/输出	8 入/6 出	14 入/10 出	14 入/10 出	24 入/16 出
可连接的扩展模块数量（最大）	2 个	7 个	7 个	7 个
最大可扩展的数字量输入/输出范围	78 点	168 点	168 点	248 点
最大的模拟量输入/输出范围	10 点	35 点	38 点	35 点
用户程序区	4KB	8KB	12KB	16KB
数据存储区	2KB	8KB	10KB	10KB
数据后备时间（电容）	50h	100h	100h	100h

续表

技术规范	CPU222 CN	CPU224 CN	CPU224XP CN	CPU226 CN
后备电池（选件）	200 天	200 天	200 天	200 天
编程软件	Step 7-Micro/WIN 4.0 SP3 及以上版本	Step 7-Micro/WIN 4.0 SP3 及以上版本	Step 7-Micro/WIN 4.0 SP3 及以上版本	Step 7-Micro/WIN 4.0 SP3 及以上版本
每条二进制语句执行时间	$0.22\mu s$	$0.22\mu s$	$0.22\mu s$	$0.22\mu s$
标志寄存器/计数器/定时器	256/256/256	256/256/256	256/256/256	256/256/256
高速计数器单相	4 个 30kHz	6 个 30kHz	4 路 30kHz 2 路 200kHz	6 个 30kHz
高速计数器双相	2 路 20kHz	4 路 20kHz	3 路 20kHz 1 路 100kHz	4 路 20kHz
高速脉冲输出	2 路 20kHz（仅限于 DC 输出）	2 路 20kHz（仅限于 DC 输出）	2 路 100kHz（仅限于 DC 输出）	2 路 20kHz（仅限于 DC 输出）
通信接口	1×RS-485	1×RS-485	2×RS-485	2×RS-485
外部硬件中断	4	4	4	4
支持的通信协议	PPI，MPI，自由口，Profibus DP	PPI，MPI，自由口，Profibus DP	PPI，MPI，自由口，Profibus DP	PPI，MPI，自由口，Profibus DP
模拟电位器	1 个 8 位分辨率	2 个 8 位分辨率	2 个 8 位分辨率	2 个 8 位分辨率
实时时钟	可选卡件	内置时钟卡	内置时钟卡	内置时钟卡
外形尺寸（$W×H×D$）/mm	90×80×62	120.5×80×62	140×80×62	196×80×62

SIMATIC S7-300 可编程序控制器是模块化中小型 PLC 系统。系统具有最高的工业环境适应性，如高电磁兼容性、强抗振动，冲击性等，标准型的温度范围为 0～60℃，环境条件扩展型系统的温度范围为 -25～+60℃，并具有更强的耐受振动和污染特性。系统由以下部分组成。

① 中央处理单元（CPU）　各种 CPU 有各种不同的性能，例如，有的 CPU 上集成有输入/输出点，有的 CPU 上集成有 PROFI-BUS-DP 通信接口等。

② 信号模块（SM）　用于数字量和模拟量输入/输出。

③ 通信处理器（CP）　用于连接网络和点对点连接。

④ 功能模块（FM）　用于高速计数，定位操作（开环或闭环控制）和闭环控制。根据客户需要，还可以配置负载电源模块（PS）、接口模块（IM）、SIMATIC M7 自动化计算机等设备。

SIMATIC S7-300 具有丰富的通信接口：

① 多种通信处理器用来连接 AS-i 接口、Profibus 和工业以太网总线系统；

② 通信处理器用来连接点到点的通信系统；

③ 多点接口（MPI）集成在 CPU 中，用于同时连接编程器、PC 机、人机界面系统及其他 SIMATIC S7/M7/C7 等自动化控制系统。

SIMATIC S7-300 的用户界面提供了通信组态功能，其支持下列通信类型。

(1) 过程通信

通过总线对 I/O 模块周期寻址，如通过通信处理器，或集成在 CPU 上的 Profibus-DP 接口连接到 Profibus-DP 网络上。带有 Profibus-DP 主站/从站接口的 CPU 能够实现高速的、用户方便的分布式自动化组态。相关可以作为主站和从站的设备如表 6-1-14 所示。

表 6-1-14 通过 Profibus 的过程通信的主站和从站设备

主站 *	从站
• SIMATIC S7-300 （通过带 Profibus-DP 接口 CPU 或通过 Profibus-DP）	• ET200B/L/M/S/X 分布式 I/O 设备 • 通过 CP342-5 的 S7-300
• SIMATIC S7-400 （通过带 Profibus-DP 接口的 CPU 或通过 Profibus-DP CP）	• CPU315-2 DP，CPU316-2 DP 和 CPU318-2 DP
• SIMATIC C7 （通过带 Profibus-DP 接口的 C7 或通过 Profibus-DP CP）	• C7-633/P CP，C7-633 DP，C7-634/P DP，C7-634 DP，C7-626 DP
• S5-115U/h，S5-135U 和带 IM308 的 S5-155U/H	
• 带 Profibus-DP 接口的 S5-95U	
• SIMATIC 505	

* 由于性能的原因，在一条线上不要连接 2 个以上的主站。

(2) 数据通信

S7-300 具有多种的数据通信方式。

① 用全局数据通信进行联网的 CPU 之间数据包周期的交换。

② 用通信功能块对网络其他站点进行由事件驱动的通信。

a. 对于联网，可以使用 MPI、Profibus 或工业以太网。

b. 全局数据，通过全局数据通信服务，联网的 CPU 可以相互之间周期性地交换数据。

c. 通信功能，对 S7/M7/C7 的通信服务可以使用系统内部块建立起来。

③ 通过 MPI 的标准通信。

④ 扩展通信通过 MPI、K 总线、Profibus 和工业以太网（S7-300 只能作为服务器）。

在紧凑型 CPU 中所采用的创新设计，现在也应用到了全新标准型 CPU312、314 和 315-2 DP，相关的 CPU 参数如表 6-1-15 所示。通过采用这些新型的 CPU，使得系统缩短机器时钟时间、减少工程成本、降低运行成本、降低安装空间需求、降低采购成本、增加灵活性。

表 6-1-15 全新标准的 CPU 参数与性能

CPU 312 新型	适用于全集成自动化（TIA）的 CPU 适用于对处理速度中等要求的小规模应用	CPU 运行时 需要微存储器卡
CPU 312C	紧凑型 CPU，带集成的数字量输入和输出 适用于具有较高要求的小型应用 带有与过程相关的功能	CPU 运行时 需要微存储器卡
CPU 313C	紧凑型 CPU，带集成的数字量和模拟量的输入和输出 适用于具有较高要求的系统中 带有与过程相关的功能	CPU 运行时 需要微存储器卡

续表

CPU 313C-2 PtP	紧凑型 CPU，带集成的数字量输入和输出，并带有第 2 个串口 适用于具有较高要求的系统中 带有与过程相关的功能	CPU 运行时 需要微存储器卡
CPU 313C-2 DP	紧凑型 CPU，带集成的数字量输入和输出，以及 Profibus DP 主站/从站接口 带有与过程相关的功能 可以完成具有特殊功能的任务 可以连接标准 I/O 设备	CPU 运行时 需要微存储器卡
CPU 314 新型	适用于对程序量中等要求的应用 对二进制和浮点数运算具有较高的处理性能	CPU 运行时 需要微存储器卡
CPU 314C-2 PtP	紧凑型 CPU，带集成的数字量和模拟量输入和输出，并带有第 2个串口 适用于具有较高要求的系统中 带有与过程相关的功能	CPU 运行时 需要微存储器卡
CPU 314C-2 DP	紧凑型 CPU，带集成的数字量和模拟量输入和输出，以及 Profibus DP 主站/从站接口 带有与过程相关的功能 可以完成具有特殊功能的任务 可以连接标准 I/O 设备	CPU 运行时 需要微存储器卡
CPU 315-2 DP 新型	具有中、大规模的程序存储容量，如果需要可以使用 SIMATIC 功能工具 对二进制和浮点数运算具有较高的处理性能 Profibus DP 主站/从站接口 可用于大规模的 I/O 配置 可用于建立分布式 I/O 结构	CPU 运行时 需要微存储器卡
CPU 315-2 DP	具有中到大容量程序存储器和 Profibus-DP 主/从站接口 可用于大规模的 I/O 配置 可用于建立分布式 I/O 系统	—

　　S7-400 采用模块化设计，其组成部分如图 6-1-30 所示。系统包括电源模板、中央处理单元（CPU）、各种信号模板（SM）、通信模板（CP）、功能模板（FM）、接口模板（IM）、SIMATIC S5 模板。

　　在通信时，SIMATIC S7-400 作为 DP 主站，可通过集成在 SIMATIC S7-400CPU 上的 Profibus-DP 接口（选件）与外界连接。通过全局数据（GD）通信，网络上的 CPU 之间可周期地交换数据包。可通过 MPI、Profibus 或工业以太网进行联网。

　　SIMATIC S7-400 大范围的可选 CPU（S7-400 有 7 种 CPU），大大增加了性能级别的可用性。各 CPU 的适用范围如表 6-1-16 所示。

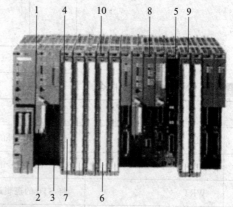

图 6-1-30　基于 CR2 机架的 SIMATIC S7-400 可编程序控制器

1—电源模板；2—后备电池；3—模式开关（钥匙操作）；
4—状态和故障 LED；5—存储器卡；6—有标签区的前连接器；
7—CPU1；8—CPU2；9—I/O 模板；10—IM 接口模板

表 6-1-16 SIMATIC S7-400 CPU 的适用范围

CPU 412-1 和 CPU 412-2	中等性能范围的小型安装
CPU 414-2 和 CPU 414-3	中等性能范围，满足对程序规模和指令处理速度以及复杂通信的更高要求
CPU 416-2 和 CPU 416-3	高性能范围中的各种高要求的场合
CPU 417-4DP	更高性能范围的最高要求的场合
CPU 417H	用于 SIMATIC S7-400H

1.2.5 PLC 的指令和程序编制

可编程控制器有两类指令：基本指令和功能指令。在设计顺序程序时使用最多的是基本指令。由于数控机床执行的顺序逻辑往往较为复杂，仅用基本指令编程常会十分困难或规模庞大，因此必须借助功能指令以简化程序。

在指令执行中，逻辑操作的中间结果暂存于"堆栈"寄存器中，该寄存器由 9 位组成（图 6-1-31），按先进后出、后进先出的堆栈原理工作。ST0 位存放正在执行的操作结果，其他 8 位（ST1～ST8）寄存逻辑操作的中间状态。操作的中间结果进栈时（执行暂存进栈指令），寄存器左移一位；出栈时，寄存器右移一位。

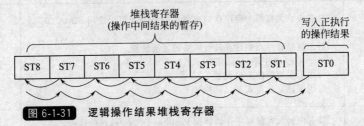

图 6-1-31 逻辑操作结果堆栈寄存器

① 基本指令 基本指令主要进行逻辑运算，执行一位操作，如"与"AND、"或"OR 运算等。表 6-1-17 所示为 FANUC PC 基本指令，共 12 条，格式为：

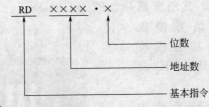

表 6-1-17 FANUC PC 基本指令

序号	指令	处理的内容
1	RD	读出给定信号的状态，并把它写入 ST0 位
2	RD·NOT	读出给定信号的状态取反，并送入 ST0 位
3	WRT	将 ST0 的逻辑运算结果写入到指定的继电器地址单元
4	WRT·NOT	将 ST0 的逻辑运算结果取反写入到指定的继电器地址单元
5	AND	逻辑乘
6	AND·NOT	将给定的信号状态取反，且逻辑乘

续表

序号	指令	处理的内容
7	OR	逻辑加
8	OR·NOT	将给定的信号状态取反，且逻辑加
9	RD·STK	堆栈寄存器的内容（包括 ST0）左移一位，并将给定信号写入 ST0 位
10	RD·NOT·STK	同 RD·STK，但将给定信号取反，写入 ST0 位
11	AND·STK	ST0 和 ST1 内容逻辑乘后，其结果置入 ST0，原堆栈寄存器的内容右移一位
12	OR·STK	ST0 和 ST1 内容逻辑加后，其结果置入 ST0，原堆栈寄存器的内容右移一位

② 功能指令　FANUC PC 共有 23 条功能指令，如表 6-1-18 所示。

表 6-1-18　FANUC PC 功能指令表

序号	指令	步数	执行时间	功能
1	END1（SUB1）	2	39	高级顺序程序结束
2	END2（SUB2）	2	0	低级顺序程序结束
3	TMR	2	19	定时器处理
4	DEC	3	22	译码处理
5	CRT（SUB5）	2	32	计数器处理
6	ROT（SUB6）	4	109	旋转控制
7	COD（SUB7）	4	65	代码转换
8	MOVE（SUB8）	4	42	逻辑与后数据传送
9	COM（SUB9）	2	7	公共线控制
10	JMP（SUB10）	2	119	转移
11	PAR1（SUB11）	2	19	奇偶校验
12	MWRT（SUB12）	2	59	写入保持型存储器
13	DCNV（SUB14）	3	63	数据转换（二进制-BCD）
14	COMP（SUB15）	3	45	比较
15	COIN（SUB16）	3	45	符合检验
16	DSCH（SUB17）	4	165	数据检索
17	XMOV（SUB18）	4	62	检索数据传输
18	ADD（SUB19）	3	69	算术加
19	SUB（SUB20）	3	69	算术减
20	MUL（SUB21）	3	129	算术乘

第 6 篇

续表

序号	指令	步数	执行时间	功能
21	DIV（SUB22）	3	129	算术除
22	NUME（SUB23）	3	49	定义常数
23	DISP（SUB49）	3	81	在 CNC 的 CRT 屏幕上进行信息显示

FANUC PC 功能指令格式如图 6-1-32 所示，相应的编码表及操作结果状态如表 6-1-19 所示。

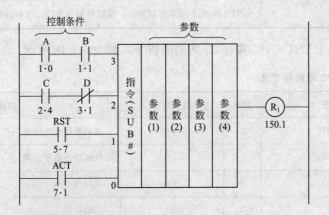

图 6-1-32　功能指令格式图

表 6-1-19　功能指令的编码及操作结果状态表

编码表			操作结果寄存器的状态			
步序	指令	地址数·位数	ST3	ST2	ST1	ST0
1	RD	1·0				A
2	AND	1·1				A·B
3	RD·STK	2·4			A·B	C·D
4	AND·NOT	3·1			A·B	C·D
5	RD·STK	5·7		A·B	C·D	RST
6	RD·STK	7·1	A·B	C·D	RST	ACT
7	SUB	○○	A·B	C·D	RST	ACT
8	PRM	○○○○（参数1）	A·B	C·D	RST	ACT
9	PRM	○○○○（参数2）	A·B	C·D	RST	ACT
10	PRM	○○○○（参数3）	A·B	C·D	RST	ACT

续表

步序	指令	地址数·位数	ST3	ST2	ST1	ST0
		编码表		操作结果寄存器的状态		
11	PRM	○○○○ （参数 4）	A·B	C·D	RST	ACT
12	WRT	150·1	A·B	C·D	RST	ACT

与基本指令不同，功能指令能用数值来处理，因此参考数据或存有数据的地址可写入参数内，用 PC 编程器的"PRM"键写入各个参数。每条功能指令的输出继电器 R 的含义是不同的，它的地址由编程人员在允许范围内任意指定。

图 6-1-33 所示为主轴运动控制的局部梯形图，该梯形图可以通过自动和手动两种方式实现主轴的旋转方向控制和主轴转速控制。HS.M 输入为控制方式信号，为 1 时表示手动，为 0 时表示自动，在 HS.M 为 1（AUTO 常闭触点为 1）时，继电器 HAND 线圈接通，通过其自身的常开触点闭合，实现自保，从而一直处于手动工作方式下。当选择自动工作方式时，AS.M 为 1，使系统继电器 AUTO 线圈接通，同样通过 AUTO 常开触点和 HAND 常闭触点自保。通过在手动和自动的梯级中分别设置自动和手动的常闭触点达到互锁的功能。

该梯形图相应的程序编码表如表 6-1-20 所示。

表 6-1-20　主轴运动控制局部梯形图的顺序程序表

步序	指 令	地址数·位数	步序	指 令	地址数·位数
1	RD	016.3	14	WRT	141.1
2	RD·STK	137.0	15	RD	141.0
3	AND·NOT	137.1	16	DEC	0115
4	OR·STK		17	PRM	0411
5	WRT	137.0	18	WRT	141.2
6	RD	016.2	19	RD	114.0
7	RD·STK	137.1	20	DEC	0115
8	AND·NOT	137.0	21	PRM	0511
9	OR·STK		22	WRT	143.3
10	WRT	137.1	23	RD	114.0
11	RD	114.0	24	DEC	0115
12	DEC	0115	25	PRM	4111
13	PRM	0311	26	WRT	143.4

续表

步序	指　令	地址数·位数	步序	指　令	地址数·位数
27	RD	114.0	56	WRT	130.2
28	DEC	0115	57	RD	137.0
29	PRM	4211	58	AND	032.3
30	WRT	143.2	59	RD·STK	137.1
31	RD	137.0	60	AND	143.4
32	AND	017.3	61	RD·STK	
33	RD·STK	137·1	62	AND·NOT	0.4
34	AND	141.1	63	WRT	0.5
35	OR·STK		64	RD	137.0
36	RD·STK	048.7	65	AND	032.2
37	AND·NOT	048.6	66	RD·STK	137.1
38	OR·STK		67	AND	143.2
39	AND·NOT	130.2	68	RD·STK	
40	WRT	048.7	69	AND·NOT	0.5
41	RD	137.0	70	WRT	0.4
42	AND	018.3	71	RD	0.4
43	RD·STK	137.1	72	AND	32.1
44	AND	141.2	73	RD·STK	0.5
45	RD·STK		74	AND	32.0
46	RD·STK	048.6	75	RD·STK	
47	AND·NOT	048.7	76	WRT	201.6
48	RD·STK		77	RD	0.4
49	AND·NOT	130.2	78	OR	0.5
50	WRT	048.6	79	TMR	01
51	RD	137.0	80	WRT	202.7
52	AND	019.3	81	RD	202.7
53	RD·STK	137.1	82	OR	0.3
54	AND	143.3	83	AND·NOT	201.6
55	RD·STK		84	WRT	0.3

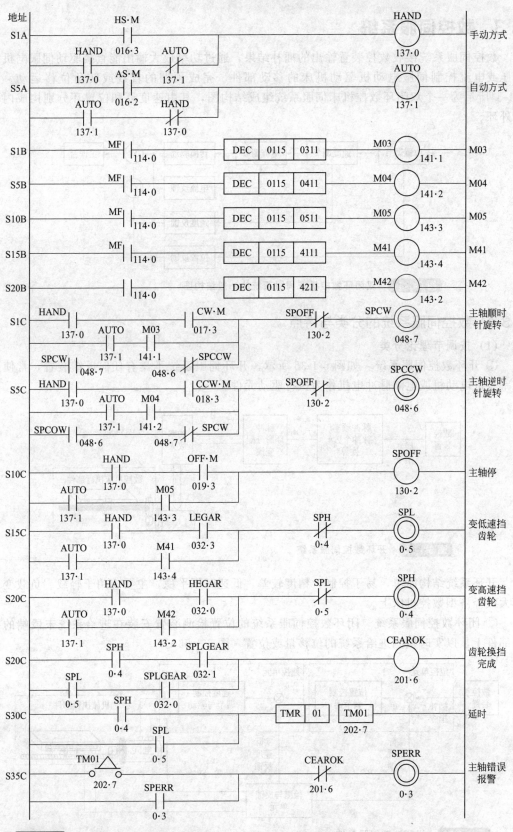

图 6-1-33　主轴运动控制的局部梯形图

1.3 数控伺服系统

数控伺服系统接收数控装置输出的插补结果，通过功率放大输出能直接驱动伺服电机的电压或电流控制伺服电动机驱动机床的移动部件，完成预期的直线或转角位移运动。图6-1-34所示为一个双闭环数控机床伺服系统组成结构图，其由速度环和位置环分别构成内环和外环。

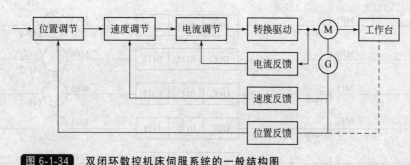

图 6-1-34 双闭环数控机床伺服系统的一般结构图

1.3.1 数控伺服系统的分类与特点

（1）按调节理论分类

① 开环数控伺服系统　如图 6-1-35 所示，开环伺服系统不具有任何反馈装置，常使用功率步进电动机或电液脉冲电机作为执行驱动元件。

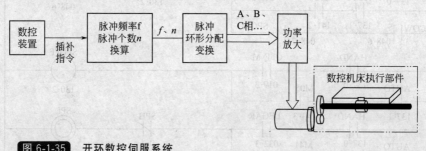

图 6-1-35 开环数控伺服系统

开环系统结构简单，易于控制，精度较差，低速时不平稳，主要应用于轻载、负载变化不大或经济型数控机床上。

② 闭环数控伺服系统　闭环数控伺服系统的位置检测装置安装在进给系统末段端的执行部件上，以实时检测进给系统的位移量或位置（图 6-1-36）。

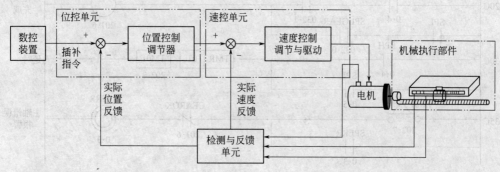

图 6-1-36 闭环数控伺服系统

闭环伺服系统系统的跟随精度和定位精度很高，其精度主要取决于检测装置的制造精度和安装精度。目前闭环系统定位精度可达（±0.01～±0.005)mm；分辨力可达 0.1μm。但系统结构复杂，调试相对困难。

③ 半闭环数控伺服系统　半闭环数控伺服系统的位置检测（图 6-1-37）通过旋转变压器（或脉冲编码器）检测电动机输出轴或丝杠的转角，经过转换间接获得移动部件的实际位置测量。

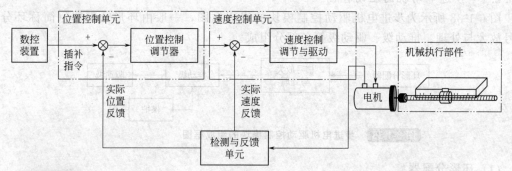

图 6-1-37　半闭环伺服系统

目前半闭环系统被广泛采用，虽然其精度低于闭环伺服系统，但系统的稳定性容易得到保证，只在某些传动部件精密度高、性能稳定、使用过程温差变化不大的高精度数控机床上才使用全闭环伺服系统。

（2）按使用的伺服电机分类

① 直流伺服系统　小惯量直流伺服电机和永磁直流伺服电机常被用于直流伺服系统中作为伺服执行元件。永磁直流伺服电机具有良好的低转速性能、较大转动惯量、调整范围大、力矩波动较小等优点，能长时间工作在较大过载转矩下工作，可不需中间机械传动装置而直接与传动丝杆相连。

② 交流伺服系统　交流伺服系统常使用交流异步伺服电机（一般用于主轴伺服电机）和永磁同步伺服电机（一般用于进给伺服电机）作为执行部件。

（3）按使用的驱动元件分类

① 电液伺服系统　电液伺服系统采用液压元件作为执行元件，驱动元件常用的有电液脉冲电机和电液伺服电机。电液伺服系统优点有刚性好、时间常数小、反应快和速度平稳，而且低速下可以得到很高的输出力矩，但其液压系统需要配套的油箱、油管等供油系统，存在噪声、漏油等问题。

② 电气伺服系统　电气伺服系统中主要的驱动元件有步进电机、直流伺服电机和交流伺服电机。采用电子器件和电机部件的电气伺服系统具有制造成本低、可靠性高、无噪声、无污染、低维修保养费、操作维护方便等优点。但反应速度和低速下力矩输出性能不如电液伺服系统。

（4）按控制轴分类

① 进给伺服系统　进给伺服系统控制数控机床工作台或刀具的移动，实现各坐标轴的进给运动，控制量一般是角度或直线位移量，其进给速度与数控加工程序中的 F 功能相对应。进给伺服系统是数控机床中要求最高的伺服控制。其主要性能参数有各轴转矩大小、调速范围的大小、调节精度的高低以及动态响应的快慢等。

② 主轴伺服系统　数控机床的主轴系统应主要考虑是否具有足够的功率、较宽的恒功率调节范围及速度调节范围等。为保证在额定转速范围内任意转速的调节，完成在转速范围

内的无级变速，交流主轴伺服系统被广泛应用于主轴伺服系统。具有准停控制功能的主轴与进给伺服系统一样，有时就用进给伺服系统来替代主轴伺服系统。此外，刀库的位置控制是为了在刀库的相应位置选择指定的刀具，其性能要求与进给坐标轴的位置控制相比要低很多，故称为简易位置伺服系统。

1.3.2 数控系统中常用的伺服系统控制

1.3.2.1 步进电动机的驱动控制

图 6-1-38 所示为步进电机驱动控制模块的组成框图，一般由环形分配器（简称环分）、信号放大与处理、推动级、驱动级等各部分组成。

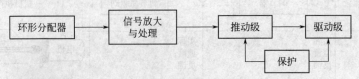

图 6-1-38 步进电机驱动控制模块的组成框图

(1) 环形分配器

环形分配器将数控装置送来的一系列指令脉冲按一定的顺序和分配方式，实现单个步进信号转换成步进电机的控制信号（如三相六拍分配信号、五相十拍分配信号等），实现各相绕组的通电、断电，实现电动机的正反转控制。环形分配器可以由硬件或软件完成，分别称为硬件环形分配器和软件环形分配器。

硬件环形分配器的种类很多，如国产的 PM03、PM04、PM05 和 PM06 专用集成电路，可分别用于 PM 系列三相、四相、五相和六相步进电机的控制。进口的步进电机专用集成芯片 PMM8713、PM8714 可分别实现四相（或三相）和五相步进电机的控制。图 6-1-39 所示为三相步进电机中硬件环形分配驱动与数控装置的连接图。

软件环形分配器由数控装置中的软件部分来完成环形分配的任务，其接口直接输出的速度和顺序控制脉冲信号，驱动步进电机各相绕组的通、断电状态。软件环形分配器的设计方法有查表法、比较法、移位寄存器法等，最常用的是查表法。

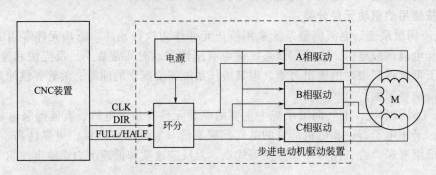

图 6-1-39 硬件环形分配驱动与数控装置的连接

图 6-1-40 所示为一个两坐标步进电机伺服进给系统电路连接原理框图。计算机的 PIO（并行输入/输出接口）的 $PA_0 \sim PA_5$ 六个引脚经各自的光电耦合、功率放大之后，分别与 X 方向（A、B、C 相）和 Z 方向（a、b、c 相）三相定子绕组连接。当采用三相六拍方式时，电动机正转的通电顺序为 A→AB→B→BC→C→CA→A（a→ab→b→bc→c→ca→a）；电动机反转的顺序为 A→AC→C→CB→B→BA→A（a→ac→c→cb→b→ba→a）。其输出状态如表 6-1-21 所示。

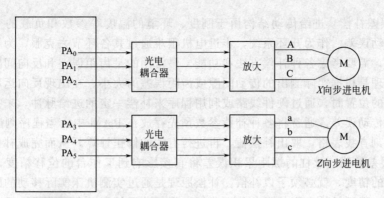

图 6-1-40　两坐标步进电机伺服进给系统原理框图

表 6-1-21　步进电机环形分配器的输出状态表

节拍	C PA$_2$	B PA$_1$	A PA$_0$	存储单元 内存地址	存储单元 内容	电机状态	方向
				*X* 方向步进电机			
1	0	0	1	2A00H	01H	A	
2	0	1	1	2A01H	03H	AB	正转↓反转↑
3	0	1	0	2A02H	02H	B	
4	1	1	0	2A03H	06H	BC	
5	1	0	1	2A04H	04H	C	
6	1	0	1	2A05H	05H	CA	

节拍	c PA$_5$	b PA$_4$	a PA$_3$	存储单元 内存地址	存储单元 内容	电机状态	方向
				*Z* 方向步进电机			
1	0	0	1	2A10H	08H	A	
2	0	1	1	2A11H	18H	AB	正转↓反转↑
3	0	1	0	2A12H	10H	B	
4	1	1	0	2A13H	30H	BC	
5	1	0	0	2A14H	20H	C	
6	1	0	1	2A15H	28H	CA	

（2）提高步进伺服系统精度的措施

改善步进伺服系统的工作精度，应从改善步进电机的性能、减小步距角、使用精密传动副、减少传动链中传动间隙等方面来考虑。

① 采用细分驱动技术　通过细分控制电路，可以将步进电机的一个步距角细分为多个等份，从而提高步进电动机的精度和分辨率。如十细分电路，可以将原 1 个脉冲对应的步距角细化为 10 个脉冲才使电机完成一步，在进给速度不变的情况下可以使脉冲当量缩小为原来的 1/10。由于步距角被细化，转子到达新稳态点所需的动能变小，使步进电机不改变电动机内部的结构就可以实现更微量进给，振动显著减小，既有快速性，也有低频运行的平滑性等优点。

② 传动误差补偿 进给传动结构由于刚度、环境的温度等参数和负载的变化，都可能引起一定的传动误差。作为开环系统，步进电机很难通过其各环节去克服，为了改善开环系统的位置精度，需要考虑各种补偿方法和功能。最常用的是齿距误差和反向间隙补偿。这种方法的基本原理是根据实际测出的传动间隙或齿距误差的大小，在出现反向运动指令或移动到有齿距误差的位置时，通过硬件线路或利用程序来补偿一定的进给脉冲，来补偿传动系统的间隙误差和传动误差。通常将各种补偿参数预先存放在 RAM 中，当程序判断应该进行某种补偿时，立刻查找表格，取出补偿值，再进行有关的修正计算，从而完成补偿任务。

③ 螺距误差补偿 丝杠的螺距累积误差将直接影响到工作台的位移精度，为提高开环伺服驱动系统的精度，就必须予以补偿。补偿原理是通过实测机床实际移动的距离与指令移动的距离之差，得到丝杠全程的误差分布曲线。根据获得的误差分布曲线，适当增减指令值的脉冲个数，使机床的实际移动距离与指令值接近，达到补偿螺距误差和提高机床的定位精度的目的。螺距误差补偿只对机床补偿段起作用。

1.3.2.2　直流伺服电动机速度控制

改变直流电机转速的方法有三种：改变电枢回路电阻；改变气隙磁通量 Φ；改变外加电压。数控系统中广泛应用第三种调速方法。直流电机速度控制单元常采用晶闸管调速系统、晶体管脉宽调制调速系统和全数字调速系统。如图 6-1-41 所示，数控系统中的直流伺服系统的结构为电枢电流闭环、速度闭环与位置闭环三闭环控制，其中电流反馈一般采用取样电阻、霍尔电路传感器等。

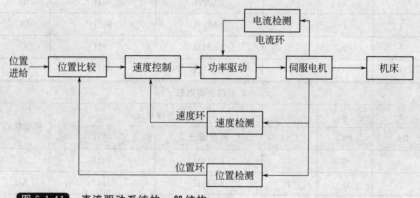

图 6-1-41　直流驱动系统的一般结构

(1) 晶闸管调速系统

图 6-1-42 为晶闸管直流调速系统的基本原理框图。在交流电源电压不变的情况下，当改变控制电压 U_n^* 时，通过控制电路和晶闸管主电路即可改变直流电机的电枢电压 U_d，从而得到控制电压 U_n^* 所要求的电机转速。电机的实际电压 U_n 作为反馈与 U_n^* 进行比较，形成速度环，达到改善电机运行时的机械特性的目的。

在数控机床中，主轴直流伺服电机或进给直流伺服电机的转速控制是典型的正反转速控制系统，既可使电机正转，又可使电机反转。晶闸管调速系统的调速范围大，适合大功率的直流伺服电机的调速，但是直流进给伺服电机在低速旋转时有脉动现象，转速不平稳。晶闸管调速系统的主电路普遍采用三相桥式反并联可逆电路，如图 6-1-43 所示。

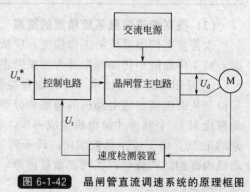

图 6-1-42　晶闸管直流调速系统的原理框图

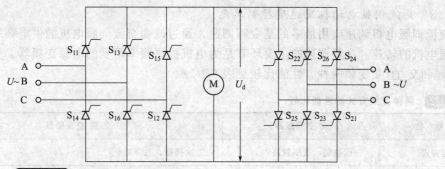

图 6-1-43　三相桥式反并联可逆电路

（2）PWM 调速控制系统

PWM 调速是使功率晶体管工作于开关状态，开关频率保持恒定，用改变开关导通时间的方法来调整晶体管的输出，使电机两端得到宽度随时间变化的电压脉冲。当开关在每一周期内的导通时间随时间发生连续变化时，电机电枢得到的电压的平均值也随时间连续地发生变化，而由于内部的续流电路和电枢电感的滤波作用，电枢上的电流则连续地改变，从而达到调节电机转速的目的。图 6-1-44 所示为 PWM 调速系统组成原理框图。

图 6-1-44　PWM 调速系统组成原理框图

（3）全数字直流调速系统

在全数字直流调速系统中在几毫秒内可以计算出电流环和速度环的输入、输出数值，产生控制方波的数据、控制电机的转速和转矩。全数字调速的特点是离散化，即在每个采样周期给出一次控制数据，采样周期的大小受闭环系统频带宽度和时间常数的影响，一般速度环的采样周期为十几毫秒，电流环的采样周期小于 5ms。图 6-1-45 是用 8031 单片机实现的数字 PWM 调速系统。

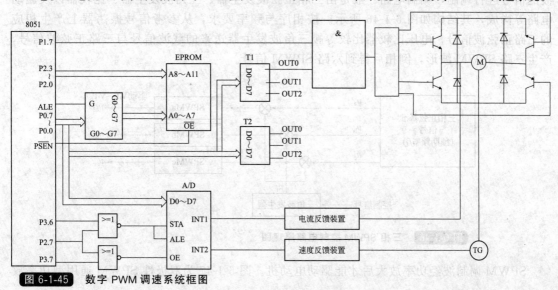

图 6-1-45　数字 PWM 调速系统框图

1.3.2.3　交流伺服电动机及速度控制单元

交流伺服电机调速应用最多的是变频调速，通过改变交流伺服电机的供电频率来改变交流伺服电机的转速。变频调速的主要环节是为电机提供频率可变的电源变频器。变频器可分为交-频和交-直-交变频两种。性能比较见表 6-1-22。

表 6-1-22　两种变频方式的性能比较

参　数	交-交变频器	交-直-交变频器
换能方式	一次换能，效率较高	二次换能，效率略低
换流方式	电网电压换流	强迫换流或负载换流
装置元件数量	较多	较少
元件利用率	较低	较高
调频范围	输出最高频率为电网频率	频率调节范围宽
电网功率因数	较低	如用可控整流桥调压，则低频低压时功率因数低，如用斩波器或 PWM 方式调压，则功率因数高
适用场合	低速大功率拖动	可用于各种拖动装置，稳频稳压电源和不停电电源

在交-直-交变频中，还可以根据相关的方法将其分为中间直流电压可调 PWM 逆变器和中间直流电压固定的 PWM 逆变器，电压型逆变器和电流型逆变器。SPWM 变频器也称为正弦波 PWM 变频器，是目前应用最广的一种交-直-交电压型变频器，具有输入功率因数高和输出波形好等优点，不公适用于永磁式交流同步电机，也适用于感应式交流异步电机，在交流调速系统中获得广泛应用。

SPWM 控制信号可用多种方法产生，如可用计算机专门的集成电路芯片产生，也可以由模拟电路通过调制的方式产生。模拟电路实现 SPWM 变频的缺点是所需硬件比较多，而且不够灵活，改变参数和调试比较麻烦。通过数字电路实现的 SPWM 逆变器采用以软件为基础的控制模式，其优点是所需硬件少，灵活性好，智能性强，但需要通过计算确定 SPWM 的脉冲宽度，但有一定的延时和响应时间。如以正弦波为调制波对等腰三角波为载波的信号进行调制，调制电路一般是由三相正弦波发生器、三角波发生器、比较器以及驱动电路等构成，其结构如图 6-1-46 所示。按相序与频率要求，从参考信号振荡器上产生相应的三路正弦波信号，电压比较器比较等腰三角波发生器送来的载波信号与三路正弦波信号，产生三路 SPWM 波形，倒相后得到六路 SPWM 信号。

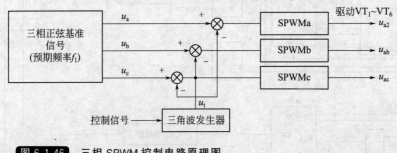

图 6-1-46　三相 SPWM 控制电路原理图

SPWM 调制波经功率放大后才能驱动电动机。图 6-1-47 为双极性 SPWM 通用型功率放大主回路。图左侧是桥式整流放大电路，将工频交流电变成直流电；右侧是逆变器，用 $VT_1 \sim VT_6$ 六个大功率开关管把直流电变成脉宽按正弦规律变化的等效正弦交流电，用来驱动交流电机。$VD_7 \sim VD_{12}$ 是续流二极管，用来导通电动机绕组产生的反电动势。控制电路中输出的 SPWM 调制波 u_{0a}、u_{0b}、u_{0c} 及它们的反向波用于控制图 6-1-47 中 $VT_1 \sim VT_6$ 的基极。功放输出端（右端）接在电动机上。由于电动机绕组电感的滤波作用，其电流则变成天上弦波。三相输出电压（电流）相位上相差 120°。

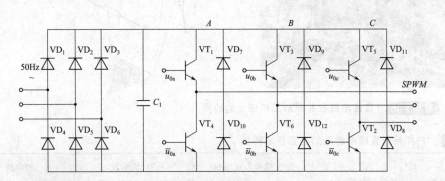

图 6-1-47 SPWM 变压变频器主电路原理图

随着高速、高精度多功能微处理器、微控制器和 SPWM 专用芯片的出现，采用微处理器或单片机来合成 SPWM 信号，生产出全数字的变频器，实现用微机控制的数字化 SPWM 技术已占主导地位。

1.3.2.4　直线电动机

线性直接驱动技术是采用沿直线导轨移动的直线电动机直接驱动固定或可直接变长度的杆件。线性直接驱动与旋转电动机（滚珠丝杆）驱动的根本区别在于：直线电动机所产生的力直接作用于移动部件，中间没有通过任何有柔度的机械传动环节，诸如滚珠丝杆和螺母、齿形带以及联轴器等，因此，可以减少传动系统的惯性矩，提高系统的运动速度、加速度和精度，避免振动的产生。例如，直线电动机可以达到 $80 \sim 150 \mathrm{m/min}$ 的直线运动速度，在部件质量不大的情况下可实现 $5g$ 以上的加速度。与线同时，由于动态性能好，可以获得较高的运动精度。如果采用拼装的次级部件，还可以实现很长的直线运动距离。此外，运动功率的传递是非接触的，没有机械磨损。

直线电动机最根本的缺点是效率低，功率损耗往往超过输出功率的 50%。因为直线电动机的移动速度（$v = 1 \sim 2 \mathrm{m/s}$）是旋转电动机转子切线速度（$v = 10 \sim 20 \mathrm{m/s}$）的 1/10，由于在大电流和低速条件下运行，必然导致大量发热和效率低下。因此，直线电动机通常必须采用循环强制冷却以及隔热措施，才不会导致机床热变形。

在并联运动机床中采用线性直接驱动技术，扩大了机床运动设计方案的可能性，虽然直线电动机部件沿直线导轨的运动仍然是传统的单自由度运动形式，但它与杆件的空间组合在一起，可以改善并联机构的特性（如扩大工作空间）等，形成新的并联运动学分支，成为线性并联机构（Linapod）。图 6-1-48 所示为直线电机在并联加工机床上的应用。

1FN1 直线电动机能够适应各种切削加工的环境，配置 SINODRIVE611 数字变频系统后，就成为独立的驱动系统，可以直接安装到机床上，用于高速铣床、加工中心、磨床以及并联运动机床。

1FN1 系列直线电动机的技术规格如表 6-1-23 所示。

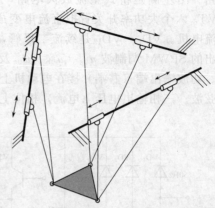

图 6-1-48 直线电机在并联加工机床上的应用

表 6-1-23 1FN1 系列直线电动机的主要技术特性

初级型号	次级宽度/mm	最大速度/(m/min)		驱动力/N		相电流/A	
		F_{max} 时	F_N 时	F_N	F_{max}	I_N	I_{max}
122-5. C71				1480	3250	8.9	22.4
124-5. C71	120	65	145	2200	4850	15	37.5
126-5. C71				2950	6500	17.7	44.8
184-5AC71	180	65	145	3600	7900	21.6	54.1
186-5AC71				4800	10600	27.2	67.9
244-5AC71	240	65	145	4950	10900	28	54.1
246-5AC71				6600	14500	37.7	67.9
072-3AF7□	070	95	200	790	1720	5.6	14
122-5□F71				1480	3250	11.1	28
124-5□F71	120	95	200	2200	4850	16.2	40.8
126-5□F71				2950	6500	22.2	56
184-5AF71	180	95	200	3600	7900	26.1	65.5
186-5AF71				4800	10600	34.8	86.9
244-5AF71	240	95	200	4950	10900	36.3	90.8
246-5AF71				6600	14500	48.3	119.9

1.3.3 数控进给伺服系统及位置控制方法

（1）脉冲比较进给伺服控制系统

脉冲比较伺服系统是闭环伺服系统中的一种控制方式，它将数控装置发出的指令信号（数字或脉冲）与检测装置测得的反馈信号（数字或脉冲）进行比较，以此产生位置误差，伺服系统控制伺服电机向减小误差的方向运动，直至误差达到允许范围，实现闭环控制。

脉冲比较伺服系统如图 6-1-49 所示。系统接受数控装置的插补器的指令脉冲 F，反馈脉冲来自安装在伺服电机输出轴（或丝杆）上的光电编码器检测元件，比较环节采用可逆计数器，可进行加法运算（当指令脉冲为正、反馈脉冲为负时）和减法（当指令脉冲为负、反馈脉冲为正时）运算。

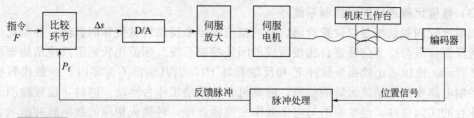

图 6-1-49 脉冲比较伺服系统

脉冲比较伺服系统具有结构简单、易于实现、整机控制稳定等优点，因此在一般数控伺服系统中得到普遍应用。

(2) 相位比较进给伺服控制系统

相位比较伺服系统采用相位比较法实现位置闭环控制，是高性能数控系统中常用的一种伺服系统。在相位比较伺服系统中，位置检测装置采取相位工作方式，指令信号与反馈信号都变成某个载波的相位，然后通过两者相位的比较，获得实际位置与指令位置的偏差，实现闭环控制。相位伺服系统核心问题是，如何把位置检测转换为相应的相位检测，并通过相位比较实现对驱动执行元件的速度控制。

相位比较伺服系统的原理框图如图 6-1-50 所示，主要由基准信号发生器、脉冲调相器、检测元件、鉴相器、伺服放大器、伺服电机等组成。相信伺服系统采用感应式检测元件，如旋转变压器，感应同步器等，可得到满意的精度。此外，由于其具有载波频率高、响应速度快、抗干扰性强等优点，很适合于连续控制的伺服系统。

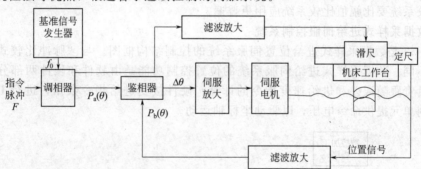

图 6-1-50 相位比较伺服系统原理框图

图 6-1-51 所示为脉冲调相器（数字移相电路）组成的原理框图，主要负责完成按指令脉冲的要求对载波信号进行相位调制。

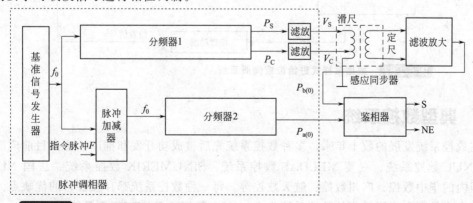

图 6-1-51 脉冲调相器组成原理框图

（3）幅值比较进给伺服控制系统

幅值比较伺服系统是以位置检测信号的幅值大小来反映机械位移的数值，并以此信号作为位置反馈信号与指令信号进行比较构成的闭环控制系统。幅值比较伺服系统结构框图如图 6-1-52 所示，比较器比较指令脉冲 F 和反馈脉冲 P_f，当其输出不为零时，经数模转换，向速度控制电路发出电动机运转的信号，电动机开始带动工作台运动。同时，位置检测元件检测工作台的实际位移，经鉴幅器与电压频率变换器处理，转换成相应的数字脉冲信号，其两路输出一路作为位置反馈脉冲 P_f，另一路作为检测元件的励磁电路。当指令脉冲与反馈脉冲相等，比较器输出为零，表示工作台实际位移等于指令信号要求的距离，使电机停转；若两者不等，说明有误差的成生，电机会继续朝误差减小的方向运转，直到比较器输出为零。

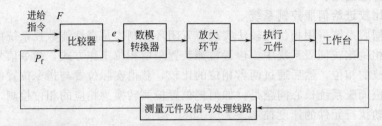

图 6-1-52 幅值比较伺服系统原理框图

从结构上和安装维护上而言，以上三种伺服系统中的幅值和相位比较伺服系统比脉冲、数字比较伺服系统复杂、要求高，所以一般情况下脉冲、数字比较伺服系统应用得最广泛，而相位比较系统要比幅值比较系统应用更普遍。

（4）数据采样式进给伺服控制系统

图 6-1-53 是数据采样式进给位置伺服系统的控制结构框图。与"脉冲比较式"和"相位比较"不同，数据采样式进给伺服系统的位置控制功能是由软件和硬件两部分共同实现的。软件负责跟随误差和进给速度指令的计算；硬件接受进给指令数据，进行 D/A 转换，为速度控制单元提供命令电压，以驱动坐标轴运动。

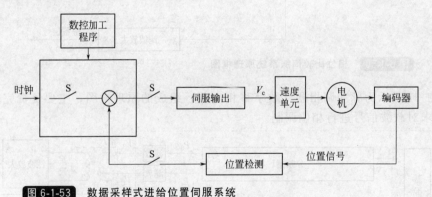

图 6-1-53 数据采样式进给位置伺服系统

1.4 典型数控系统

在数控系统发展的数十年来，多种数控系统先后被成功开发和推广，比如目前广泛使用的 FANUC 数控系统、三菱 MELDAS 数控系统、SINUMERIK 数控系统、法国 NUM 数控、国内的华中数控、广州数控、航天数控等。每一种数控系统都存在各自的优缺点。目前市场占有率最高和应用最广的数控系统为 FANUC 和 SINUMERIK 等品牌。

FANUC 数控系统从早期的 3 系列和 6 系列，到现有的 0 系列、10/11/12 系列、15、16、18、21 系列等，一直以高质量、高性价比、功能全面街道特点被应用于各种机床和生产机械中。目前主要的系列及用途如下。

① 高可靠性的 Power Mate 0 系列。用于控制 2 轴的小型车床，取代步进电机的伺服系统。

② 普及型 CNC 0-D 系列。0-TD 用于车床，0-MD 用于铣床及小型加工中心，0-GCD 用厂圆柱磨床，0-GSD 用于平面磨床，0-PD 用于冲床。

③ 全功能型的 0-C 系列。0-TC 用于通用车床、自动车床，0-MC 用于铣床、钻床、加工中心，0-GCC 用于内、外圆磨床，0-GSC 用于平面磨床，0-TTC 用于双刀架 4 轴车床。

④ 高性价比的 0i 系列。整体软件功能包；高速、高精度加工，并具有网络功能。0i-MB/MA 用于加工中心和铣床，4 轴 4 联动；0i-TBTA 用于车床，4 轴 2 联动；0i-mateMA 用于铣床，3 轴 3 联动；0i-mateTA 用上车床，2 轴 2 联动。

⑤ 具有网络功能的超小型、超薄型 CNC16i/18irzli 系列。控制单元与 LCD 集成于一体，具有网络功能和超高速串行数据通信。16i 最大可控 8 轴，6 轴联动；18i 最大可控 6 轴，4 轴联动；21i 最大可控 4 轴，4 轴联动。

除此之外，还有实现机床个性化的 CNC 16/18/160/180 系列。

FANUC0i 系列产品有以下特点：

① FANUC0i 系统的结构为模块化结构。主 CPU 板上除了主 CPU 及外围电路之外，还集成了 FROM & SRAM 模块、PMC 控制模块、存储器和主轴模块、伺服模块等。

② 用户程序区容量比 0MD 大一倍，有利于较大程序的加工。

③ 使用存储卡存储或输入机床参数、PMC 程序以及加工程序，操作简单方便，缩短了机床调试时间，明显提高数控机床的生产效率；系统具有 HRV（高速矢量响应）功能。

④ 机床运动轴的反向间隙，在快速移动或进给移动过程中由不同的间隙补偿参数自动补偿。

⑤ 0i 系统可预读 12 个程序段，比 0MD 系统多。结合预读控制及前馈控制等功能的应用，可减少轮廓加工误差。

⑥ 0i 系统的界面、操作、参数等与 18i、16i、21i 基本相同。

FANUC 16i/18i/21i 系统由液晶显示器一体型 CNC、机床操作面板、伺服放大器、强电盘用 I/O 模块、I/O Linkβ 放大器、便携式机床操作面板及适配器、仅 i 系列 AC 伺服电机、ai 系列 AC 主轴电机、应用软件包等部分组成。

FANUC 16i/18i/Zli 系列产品有以下特点。

① 纳米插补。以纳米为单位计算发送到数字伺服控制器的位置指令，极为稳定，在与高速、高精度的伺服控制部分配合下能够实现高精度加工。

② 用超高速串行通信。利用光导纤维将 CNC 控制单元和多个伺服放大器之间连接起来的高速串行总线，可以实现高速度的数据通信并减少连接电缆。

③ 伺服 HRV（high response vector，高响应向量）控制。

④ 丰富的网络功能。FANUC 16i/18i/21i 系统具有内嵌式以太网控制板，可以与多台电脑同时进行高速数据传输，适合于构建在加上生产线和工厂主机之间进行交换的生产系统。

⑤ 远程诊断。通过因特同对数控系统进行远程诊断，将维护信息发送到服务中心。

⑥ 操作与维护。可以以对话方式诊断发生报警的原因，显示出报警的详细内容和处置办法；显示出随附在机床上的易损件的剩余寿命；存储机床维护时所需的信息；通过波形方

式显示伺服的各类数据，便于进行伺服的调节；可以存储报警记录和操作人员的操作记录，便于发生故障时查找原因。

⑦ 控制个性化。通过 C 语言编程；实现画面显示和操作的个性化，构建与由梯技图控制的机器处理密切相关的应用功能；用宏语言编程，实现 CNC 功能的高度定制。

⑧ 高性能的开放式 CNC。FANUC 系列 160i/180i/210i 是与 Windows 2000 对应的高性能开放式 CNC。

⑨ 软件环境。为了与 CNC/PMC 进行数据交换，提供可以从 C 语言或 BASIC 语言调用的 FOCASI 驱动器和库函数、基本操作软件包、CNC/PMC 的显示、维护应用软件、向操作人员提供"状态显示、位置显示、程序编辑、数据设定"等操作画面、CNC 画面显示功能软件、DNC 运转管理软件包等。

FANUC 16i 系列的主要规格如表 6-1-24 所示。

表 6-1-24　16i 系列主要规格

参　数	16i-MODEL B	18i-MODEL B	21i-MODEL B
最大控制轴数	16	12	4
最大控制通道数	3	2	1
每通道最大控制数	8 轴/通道	6 轴/通道	4 轴/通道
最大联动轴数	6	5	4
最大 PMC 控制轴数	4	4	4
最大装料机控制轴数	4	4	4
程序容量/KB	2048	1024	512
最大 PMC I/O 点数	2048/2048	2048/2048	2048/2048
PMC 基本指令执行速度/μs/步	0.033	0.033	0.033

在 FANUC 16i/18i/21i 系统中，主轴控制系统通过采用高速 DSP（Dopstal Signal Processing）和改善控制软件算法，提高了电路的响应性和稳定性。同时通过缩短控制回路运算周期和提高检测回路和分辨率，使主轴控制实现高响应性和高精度。图 6-1-54 为 FANUC 16i/18i/21i 数控系统的主轴控制方框图。

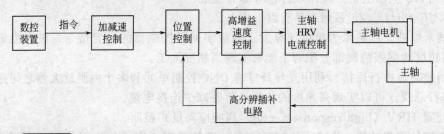

图 6-1-54　FANUC 16i/18i/21i 数控系统主轴控制方框图

数字伺服控制器进给控制方框图如图 6-1-55 所示，在采用高响应向量（HRV）控制的高增益伺服系统的基础上，增加 HRV 滤波器，可以实现无机械谐振的高速加工。

FANUC-30i 系列数控系统的主要规格如表 6-1-25 所示。系统具有先进的扩展功能，可实现对 10 个路径、32 个伺服轴和 8 个主轴的控制，适用于各种大型机床、复合机床和自动车床。

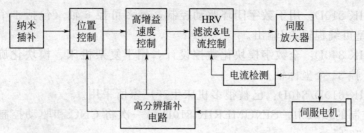

图 6-1-55　FANUC 16i/18i/21i 进给控制方框图

表 6-1-25　30i 系列主要规格

参　数	FS30i-MODEL A	FS31i-MODEL A	FS32i-MODEL A
最大控制轴数	40（8 主轴 & 32 伺服）	26（6 主轴 & 20 伺服）	11（2 主轴 & 9 伺服）
最大控制通道数	10	4	2
每通道最大控制数（轴/通道）	24	12	5
最大联动轴数	24	4/5（31i-A5）	5
最大 PMC 通道数	3	3	3
最大预读程序段数	1000	1000	80
程序容量/MB	8	8	2
最大 PMC I/O 点数	4096/4096	3072/3072	3072/3072（1024/1024）
PMC 基本指令执行速度/(ns/步)	25	25	25

1.4.1　SINUMERIK 数控系统

SINUMERIK 被广泛使用，其主要产品有 802、810、840 等几种类型，如图 6-1-56 所示。

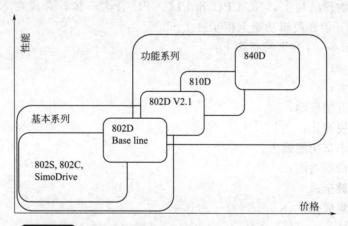

图 6-1-56　西门子数控系统各系列的性价比较

SINUMERIK 802S/C：用于车床、铣床等，可控 3 个进给轴和 1 个主轴，802S 适于步进电机驱动，802C 适于伺服电机驱动，具有数字 I/O 接口。

SINUMERIK 802D：控制 4 个数字进给轴和 1 个主轴、PLC、I/O 模块，具有图形式循环编程，车削、铣削/钻削工艺循环，FRAME（包括移动、旋转和缩放）等功能，为复杂加工任务提供智能控制。

SINUMERIK 810D：用于数字闭环驱动控制，最多可控 6 轴（包括 1 个主轴和 1 个辅助主轴），紧凑型可编程输入/输出。

SINUMERIK 840D：全数字模块化数控设计，用于复杂机床、模块化旋转加工机床和传送机，最大可控 31 个坐标轴。

SINUMERIK 810D/840D：已被很多机床生产厂家所采用。

在数字化控制的领域中，SINUMERIK 810D 第一次将 CNC 和驱动控制集成在一块板子上，如图 6-1-57 所示。

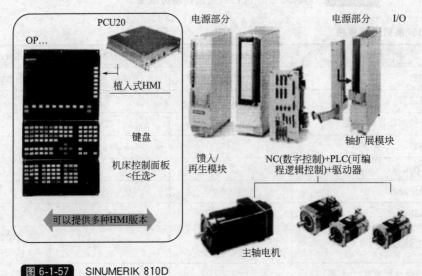

图 6-1-57　SINUMERIK 810D

SINUMERIK 840D 是西门子公司 20 世纪 90 年代推出的高性能数控系统，具有三 CPU 结构：人机通信 CPU（MMC-CPU）、数字控制 CPU（NC-CPU）和可编程逻辑控制器 CPU（PLC-CPU）。在物理结构上，NC-CPU 和 PLC-CPU 合为一体，合成在 NCU（Numerical Control Unit）中，但在逻辑功能上相互独立。

SINUMERIK 840D 主要特点如下：

① 数字化驱动；

② 轴控规模大；

③ 可以实现五轴联动；

④ 操作系统视窗化；

⑤ 软件内容丰富功能强大；

⑥ 具有远程诊断功能；

⑦ 保护功能健全；

⑧ 硬件高度集成化；

⑨ 模块化设计；

⑩ 内装大容量的 PLC 系统；

⑪ PC 化。

SINUMERIK 840D 数控系统是一个基于 PC 的数控系统，其硬件组成原理如图 6-1-58 所示。

SINUMERIK 840D 的数控单元被称为 NCU 单元：中央控制单元，负责 NC 所有的功能：机床的逻辑控制、直线插补、圆弧插补等轨迹运算和控制、PLC 系统的算术运算和

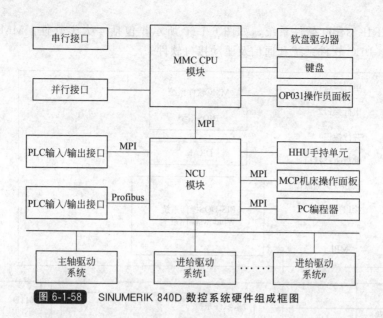

图 6-1-58 SINUMERIK 840D 数控系统硬件组成框图

逻辑运算、与 MMC 的通信，由一个 COM CPU 板、一个 PLC CPU 板和一个 DRIVE 板组成。

  SINUMERIK 810D/840D 系统的 PLC 部分使用的是西门子 SIMATIC S7-300 的软件及模块，在同一条导轨上从左到右依次为电源模块（Power Suply）、接口模块（Interface Module）和信号模块（Signal Module）的 CPU 与 NC 的 CPU 是集成在 CCU 或 NCU 中。如图 6-1-59 所示，系统与显示单元合为一体，此单元有一块 486 工控机作主控 CPU，负责数控运算、界面管理、PLC 逻辑运算等。

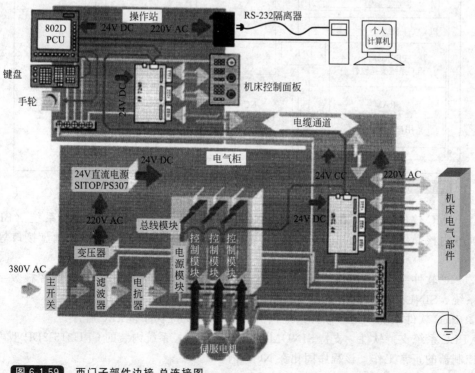

图 6-1-59 西门子部件边接-总连接图

SINUMERIK 840D 软件系统，如图 6-1-60 所示，包括 4 大类软件：MMC 软件系统、NC 软件系统、PLC 软件系统和通信及驱动接口软件。

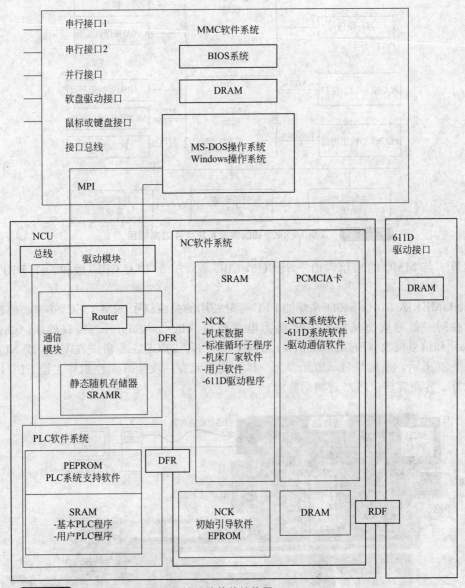

图 6-1-60　SINUMERIK 840D 数控系统软件结构图

① MMC 软件系统　在 MMC102/103D 硬盘内装有基本输入、输出系统（BIOS），DR-DOS 内核操作系统、Windows95 操作系统，以及串口、并口、鼠标和键盘接口等驱动程序。

② NC 软件系统　NC 软件系统包括 NCK 数控核初始引导软件、NCK 数控核数字控制软件系统、SINUMERIK 611D 驱动数据、PCMCIA 卡软件系统。

③ PLC 软件系统　PLC 软件系统包括 PLC 系统支持软件和 PLC 程序。

• PLC 系统支持软件　支持 SINUMERIK 840D 数控系统内装的 CPU315-2DP 型可编程逻辑控制器的正常工作，该程序固化在 NCU 内。

• PLC 程序　包含基本 PLC 程序和用户 PLC 程序两部分。

④ 通信及驱动接口软件　它主要用于协调 PLC-CPU、NC-CPU 和 MMC-CPU 三者之间的通信。

1.4.2　数控系统中常用传感器与检测装置

位置精度要求高的数控系统应采用闭环控制系统。而闭环控制系统中一个重要的环节就是检测装置，用以检测实际的位移和速度，并与数控装置发出的指令信号进行比较得到差值，发出反馈信号，经过放大后控制伺服机构，伺服机构带动工作机构向消除偏差的方向运动，直至偏差为零。精密检测装置是高精度数控机床的重要保证，数控系统的加工精度主要取决于检测系统的精度。在数控系统中，常见的检测装置有旋转变压器、感应同步器、脉冲编码器、光栅、磁栅……

一般来说，数控系统对检测装置的主要要求有：

① 受温度、湿度的影响小，准确性好，抗干扰能力强，可靠性高；

② 满足精度、速度和工作行程等要求，成本低；

③ 使用、维护和安装方便，适应系统运行环境；

④ 可实现高速的动态测量。

通常，数控机床检测装置的分辨率一般为 $0.0001\sim0.01$mm/m，测量精度为 $\pm0.001\sim0.01$mm/m，能满足机床工作台以 $1\sim10$m/min 的速度运行。不同类型数控机床对检测装置的精度和适应的速度要求不同，对大型机床以满足速度要求为主，对中、小型机床和高精度机床以满足精度要求为主。表 6-1-26 所示为目前数控机床中常用的位置检测装置。

表 6-1-26　位置检测装置分类

类　型		增量式	绝对式
位置传感器	回转型	增量式脉冲编码器、圆光栅、旋转变压器、圆感应同步器、圆磁尺、自整角机、光栅角度传感器	绝对式脉冲编码器、多极旋转变压器、三速圆感应同步器、绝对值式光栅、磁阻式多极旋转变压器
	直线型	计量光栅、激光干涉仪、直线感应同步器、磁尺、霍尔位置传感器	多通道透射光栅、三速直线感应同步器、绝对值式磁尺
速度传感器		交/直流测速发电机、数字脉冲编码式速度传感器、霍尔速度传感器	速度-角度传感器、数字电磁、磁敏式速度传感器
电流传感器		霍尔电流传感器	

(1) 脉冲编码器

脉冲编码器是一种光学式位置检测元件，用来测量轴的旋转角度位置和速度，其输出信号为电脉冲。它通常与驱动电动机同轴安装，脉冲编码器随着电动机旋转时，可以连续发出脉冲信号。例如，电动机每转一圈，脉冲编码器可发出数百至数万个方波信号，可满足高精度位置检测的需要。按照编码的方式，可分为增量式和绝对值式两种。

数控机床上最常用的脉冲编码器见表 6-1-27。表中的 20000p/r、25000p/r、30000p/r 为高分辨率脉冲编码盘，根据速度、精度和丝杠螺距来选择。

表 6-1-27 光电脉冲编码器

丝杠长度单位	脉冲编码器/(p/r)	每转脉冲移动量	丝杠长度单位	脉冲编码器/(p/r)	每转脉冲移动量
mm	2000	2, 3, 4, 6, 8	mm	2000	0.1, 0.5, 0.2, 0.3, 0.4
	20000			20000	
	2500	5, 10		2500	0.25, 0.5
	25000			25000	
	3000	3, 6, 12		3000	0.15, 0.3, 0.6
	30000			30000	

(2) 光栅

光栅是一种在基体上刻有等间距均匀分布的条纹的光学元件。用于位移测量的光栅称为计量光栅，按照光路可分为透射光栅和反射光栅。按结构形式则有长光栅和圆光栅之分。在数控系统中，光栅常用来测量长度、角度、速度、加速度、振动和爬行等，是数控闭环系统中用得较多的一种检测装置。

由于光栅蚀刻技术及电子细分技术的发展，在大量程测长方面，光栅式测量装置的精度仅低于激光式测量装置的精度。光栅式测量装置由于具有高精度、大量程、抗干扰能力强的优点，宜于实现动态测量、自动测量及数字显示，是数控机床上理想的位置检测元件，在数控机床的反馈系统中有广泛应用。其主要不足之处是光栅式测量装置的成本比感应同步器式、磁栅式测量装置高，另外制作量程大于1m的光栅尺尚有困难。表 6-1-28 列出几种常用光栅传感器的精度，若配以电子细分技术，则可达到更高的精度。

表 6-1-28 各种光栅传感器的精度

计量光栅		光栅长度/mm	线纹度/mm	精度[1]/μm
直线式	玻璃透射光栅	500	100	5
	玻璃透射光栅	1000	100	10
	玻璃透射光栅	1 100	100	10
	玻璃透射光栅	1100	100	3~5
	玻璃透射光栅	500	100	2~3
	金属反射光栅	1220	40	13
	金属反射光栅	500	25	7
	高精度反射光栅	1000	50	7.5
	玻璃衍射光栅	300	250	±1.5
回转式	玻璃圆光栅	270	10800/周	3°

① 指两点间最大均方根误差。

(3) 旋转变压器

旋转变压器可用作角度检测元件，其输出电压与转子的角位移有固定的函数关系。它的结构简单、坚固，对工作环境的要求不高，信号输出幅度大，抗干扰能力强。但普通旋转变压器的测量精度较低，为角分数量级，一般用于精度要求不高的或大型机床的粗测量或中等精度测量系统。日本多摩川公司生产的单对板无刷旋转变压器的主要参数见表 6-1-29。

表 6-1-29　本多摩川公司生产的单对板无刷旋转变压器的主要参数

电气参数	输入电压	输入电流	励磁频率	变比系数	电气误差
	3.5V	1.17mA	3kHz	0.6	10′
机械参数	最高转速	转动惯量	摩擦力矩		
	8000r/min	4×10^{-7}kgf·m	6×10^{-2}N·cm		
外形参数	外径	轴径	轴伸	长度	质量
	26.97mm	3.05mm	12.7mm±0.5mm	60mm	165g

（4）感应同步器

感应同步器类似于旋转变压器，相当于一个展开的多极旋转变压器。感应同步器的种类繁多，根据用途和结构特点可分成直线式和旋转式（圆盘式）两大类。直线式感应同步器由定尺和滑尺组成，测量直线位移，用于全闭环伺服系统；旋转式感应同步器由定子和转子组成，测量角位移，用于半闭环伺服系统。旋转式感应同步器的工作原理与直线式相同，所不同的是定子（相当于定尺）、转子（相当于滑尺）及绕组形状不同，结构上可分为圆形和扇形两种。表 6-1-30 给出了美国 Frand 公司生产的各类感应同步器的技术参数。

表 6-1-30　感应同步器技术参数

感应同步器类型		检测周期	精　度	重复精度	滑尺（定子）			定　尺		电压传递系数[①]
					阻抗/Ω	输入电压/V	最大允许功率/W	阻抗/Ω	输入电压/V	
直线型	标准直线型	2mm	±0.0025mm	0.25/μm	0.9	1.2	0.5	4.5	0.027	44
		0.1in	±0.0001in	10×10^{-6}in	1.6	0.8	2.0	3.3	0.042	43
	窄型	2mm	±0.005mm	0.5μm	0.53	0.6	0.6	2.2	0.008	73
	三速型	400mm 100mm 2mm	±7.0mm ±0.15mm ±0.005mm	0.5μm	0.95	0.8	0.6	4.2	0.004	200
	带型	2mm	±0.01mm/m	0.01μm	0.5	0.5		10/m	0.0065	77
圆形	12/270	1′	±1″	0.1″	8.0			4.5		120
	12/360	2′	±1″	0.1″	1.9			1.6		80
	7/360	2′	±3″	0.3″	2.0			1.5		145
	3/360	2′	±4″	0.4″	5.0			1.5		500
	2/360	2′	±5″	0.9″	8.4			6.3		200

① 电压传递系数的定义是动尺输入电压与定尺输出电压之比，即电压传递系数＝动尺的输入电压/定尺的输出电压，电磁耦合度则等于电压传递系数的倒数。

1.5　国内外最新数控系统技术

1.5.1　并联数控机床及其控制

并联机器人一般是由多个运动支链并联连接动平台和静平台组成，其动平台上装有具有多自由度的终端执行器，因其具备承载能力强、刚度大、无累积误差、运动精度高、动力性能好、前向运动学解容易、易于控制等优点，被广泛应用于加工制造和装配、航空航海、生物医疗和轻工业等领域。

　　并联运动机床是采用多自由度空间并联机构作为机床本体构型的一类新型数控加工设备，又称并联运动学机器人、虚拟轴机床，是空间多自由度并联机构与数控机床相结合的产物，是空间机械制造、机构学、计算机软件技术、数控技术和 CAD/CAM 技术高度结合的新产品。它能克服传统数控机床刀具或工件只能沿固定导轨进给、刀具运动自由度偏低、加工灵活性和机动性不够等固有缺陷，可实现多轴联动数控加工、装配和测量多种功能，更能满足复杂特种零件的加工。加上其刚度高、相对重量轻、响应快、结构对称易于建模和补偿、模块化程度高、可重构性强等特点，一出现就广泛受到工业界和学术界的关注。在 1994 年举办的芝加哥国际机床博览会上，美国 Giddings&Lewis 和 Geodetics 等公司都分别推展出了各自的多轴并联运动机床，引起了轰动。此后许多工业强国都相继投入了大量的资源进行并联运动机床的研究与开发。如英国的 Geodetic Techonlogy 公司，美国的 Ingersoll Milling、Giddings&Lewis 和 Hexal 等公司都分别研制出"六足虫"（HexaPod）和"变异型"（VARI. AX）的数控机床与加工中心。此后，英国 Geodetic 公司，俄罗斯 Laoik 公司，挪威 Muticraft 公司，日本丰田、日立、三菱等公司，瑞士 ETZH 和 IFW 研究所，瑞典 Neos Robotics 公司，丹麦 Bratmschweig 公司，德国亚琛工业大学、汉威大学和斯图加特大学等单位也研制出不同结构形式的数控铣床、激光加工和水射流机床、坐标测量机和加工中心等。国内的相关研究起步较晚，清华大学和天津大学合作于 1997 年成功研发了国内首台大型镗铣类虚拟轴机床原型样机 VAMT1Y，其主要技术指标如下：机床总高 3500mm，机床总重 3000kg，最大外接圆直径 4490mm，最大加工直径 500mm，最大垂向行程 700mm，最大刀具姿态角 ±25°。并联机床的出现既扩大了数控机床的加工和应用范围，也为新型数控系统的设计提供了相应的理论依据。

　　并联机床与传统机床从机床运动学的本质区别在于其动平台是在笛卡儿空间中的运动，这种运动又是关节空间伺服运动的非线性映射（又称虚实映射）。因此，在进行运动控制时，必须通过位置正解模型将给定的刀具位姿及速度信息变换为伺服系统的控制指令，并驱动并联机构实现刀具的期望运动。由于结构参数不同，导致不同并联机床虚实映射的方法也不同，因此采用开放式体系结构建造数控系统是提高系统实用性的理想途径。

　　为了实现对刀具的高速高精度轨迹控制，并联机床数控系统需要高性能的控制硬件和软件。系统软件通常包括用户界面、数据预处理、插补计算、虚实变换、PLC 控制等模块，并需要简单、可靠、可作底层访问且可完成多任务实时调度的操作系统。

　　并联机床的控制系统最主要的功能是对并联运动机床进行运动控制，使机床更精准、更快地完成零件的加工生产，主要目的是将加工零件所需要的笛卡儿三维坐标数据，转换成驱动并联运动机床中的执行机构动平台的控制参数，这也要求控制系统有优良的控制算法和实时性。同时由于转换过程都基于理论模型，忽略了杆件和铰链的制造和装配误差，加上运行参数的非线性特征，实际轨迹往往偏离了理想的目标曲线。所以空间位置标定和补偿也成为并联运动机床控制系统的特殊问题。具体而言，并联运动机床的运动和轨迹控制是由多个支链驱动来实现空间多自由度运动的，其动平台位姿的描述是通过运动轴 X、Y、Z、A、B、C 来表示的，因此这些操作空间并不真实存在的轴（称为虚轴），并不能作为数控系统直接控制的控制对象，应该通过可控的各支链的驱动关节来实现。假设某系统通过动平台上主轴部件的刀头运动来实现加工动作，其关键的问题就是解决如何通过对实轴的运动控制来实现对虚轴的联动控制，即通过实轴和虚轴之间的坐标转换来实现刀具相对工件所需要的运动轨迹，如图 6-1-61 所示。数控系统的使用者不考虑并联运动机构的坐标系统，直接按传统的笛卡儿坐标系统对加工零件进行编程，个人计算机与数控系统协作将笛卡儿坐标系下的坐标值转换成为并联运动机床相应的驱动关节的相应运动（位移或转动角度）。在进行运动控制

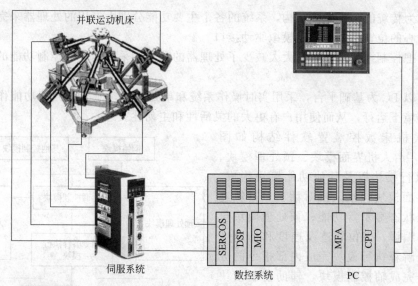

图 6-1-61　并联运动机床控制系统

时，必须通过机构位置逆解模型，将事先给定的刀具位姿及速度信息变换为伺服系统的控制指令，并驱动并联机构实现力具的期望运动。

并联运动机床的机械本体结构简单，但数控系统相对复杂，对软件的计算能力的要求远高于传统的数控系统。另外，并联运动机床由于其配置形式的多样化，很难有标准的控制系统能够适合所有的并联运动机床，一般是根据现有的某个控制平台，由开发者自行配置硬件和软件。

并联运动机床数控系统的硬件和软件有三种不同的方案，如表 6-1-31 所示。

表 6-1-31　并联运动机床数控系统的不同硬件和软件结构形式

	CPU1(用户域)	CPU2(控制域)	CPU3(控制域)	CPU4(控制域)	CPU5(驱动域)
方案 I	人机界面/编程接口	TP, —— PLC TG, LR —— PR			DR　电流放大器　功率放大器
方案 II	人机界面/编程接口				TP,TG,PLC,PR　电流放大器　功率放大器
方案 III	人机界面/编程接口 TP,TG,PLC,PR				LR DR　电流放大器　功率放大器
TP：轨迹规划；TG：轨迹生成；PR：过程控制；LR：位置控制器；DR：速度控制器					

方案 I 为传统的数控系统结构，系统的各个主要功能分别由专用的处理器来完成，作为控制系统核心的位置控制器采用模拟驱动接口。

方案 II 把控制模块综合后，大大减少了处理器的数目，采用集成化控制功能的数字驱动方案。

方案 III 以 PC 为基础平台，采用实时操作系统和单处理器，所有的控制功能作为软件任务在实时环境下运行，从而使用户有更大的灵活性和主动性。

该并联机床数控装置软件结构如图 6-1-62所示，由人机界面模块、预处理模块、指令解释执行模块以及其他功能模块构成。其中人机界面模块包括人机对话、刀具轨迹仿真和加工状态显示等功能；预处理模块包括 NC 代码编译、刀位轨迹及速度和加速度规划；指令解释执行模块完成内部指令的分析和执行，完成轴控制模块、辅助控制模块和控制面板管理模块的协调；轴控制模块包括坐标变换、生成多轴控制的 PMAC 运动指令、实现与 PMAC 卡的通信；辅助控制模块

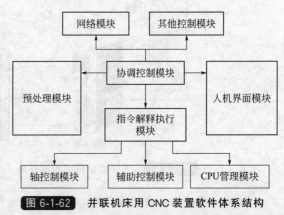

图 6-1-62　并联机床用 CNC 装置软件体系结构

包括 PLC 程序、控制数据生成、PLC 通信管理等模块；控制面板（Control Panel）管理模块包括 CP 指令解释和 CP 通信管理等子模块；其他功能模块包括状态检测、诊断等子模块。

该并联机床 CNC 系统采用粗、精结合的两级插补算法，实现了直线和圆弧轮廓的加工。首先由主计算机按给定的插补周期，完成速度规划和粗插补计算，得到下一个插补点的坐标位置，经过虚实映射的坐标更换，得出各个可控伸缩轴的位置增量和速度，送给 PMAC 卡进行连续轨迹控制，从而驱动刀具加工出合格的零件。

EMC 控制器是增强的机器控制器（Enhanced Machine Controller）的简称，是美国国家标准与技术研究所（NIST）在能源部的 TEAM 计划下的一个项目，目的在于开发和验证开放式控制器的接口技术规范。EMC 控制器采用开放式结构，具有模块化、可移植、可扩展和可协同工作等特点。

当 EMC 控制器用于数控系统时，一般采用实时 Linux 操作系统，以达到较高的计算速度和实时性。EMC 软件的结构如图 6-1-63 所示。整个 EMC 软件由四部分组成。

① GUI（图形用户界面）　EMC 软件可以通过多种几何图形用户界面以及通信接口与制造系统和工厂网络相连。通常采用 Tcl/TK 为基础的用户界面，称为 TkEmc。

② EMCTASK（任务执行器）模块采用 NML_MODULE 和 RTS 程序段为基础，但与具体系统关系不密切，使用 G 代码和 M 代码程序。

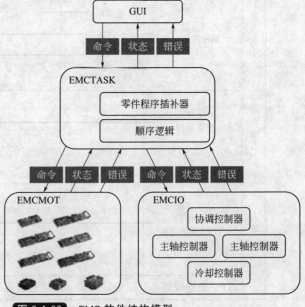

图 6-1-63　EMC 软件结构模型

③ EMCIO（I/O 控制器）　　采用 NIST 的实时控制系统（RTS）的程序段，其以 NML_MODULE 为基础，借助 NML 进行通信。与具体的系统密切相关，不能使用 INI 文件技术配置成为通用的运动控制器，但是可通过 API 与外部设备实现集成，从而无需改变核心控制代码。

④ EMCMOT（运动控制器）模块　　EMCTASK 模块是 EMC 控制系统的核心模块，其采用 C 语言编写完成，在实时操作系统下运行并完成并联运动机床的运动轨迹规划功能，输出控制伺服电动机或步进电动机的信号。EMCMOT 功能单元的结构如图 6-1-64 所示。

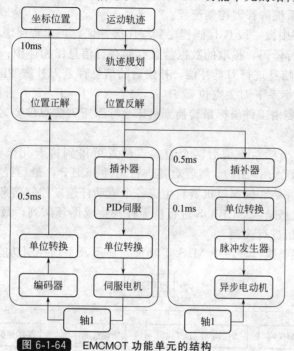

图 6-1-64　EMCMOT 功能单元的结构

从图中可以看出，EMCMOT 功能单元可适用于伺服电动机和步进电动机的控制。对伺服驱动系统来说，输出量是以 PID 补偿算法为基础的，通过位置反馈和速度反馈编码器构成闭环系统。而对于步进电动机驱动系统而言，运动轨迹控制是开环控制。当执行器坐标位置与设定值相关一个以上的脉冲时，控制系统就发出驱动脉冲。

对于并联运动机床而言，空间坐标和笛卡儿坐标的转换接口可用 C 语言编写，插入运动控制模块，代替原有的缺少笛卡儿坐标系。EMC 控制软件对并联运动机床和并联机器人的试验研究起到了推动作用。运动控制器的工作性能与系统的调节参数和驱动参数以及干扰力有关，典型预备队控制器的驱动和调节（y 坐标）模型如图 6-1-65 所示。

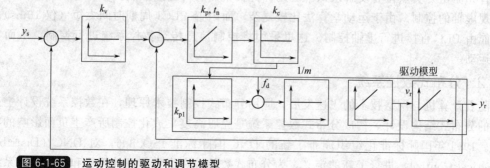

图 6-1-65　运动控制的驱动和调节模型

华中世纪星数控系统的控制软件，以 DOS 操作系统为软件支持环境，自主开发了 CNC 实时多任务管理器（RTM），构造了一个具有实时多任务控制的数控软件平台，提供一个方便的二次开发环境，以便用户在此平台上进行修改、增删，灵活配置派生出不同 CNC 控制装置，并提供了一种标准风格的软件界面。

并联机床数控系统解释器设计

并联机床数控系统运行程序都是在工件坐标系下编写的，其主要信息为刀尖点的位姿 P （X，Y，Z，I，J，K）（其中：X、Y、Z 为刀尖点位置，I、J、O 刀杆矢量即姿态）。下面介绍并联机床数控系统解释器控制流程：

① 从 G 代码程序中提一段 G 代码程序到程序缓冲区，再由程序缓冲区提取一行 G 代码并根据关键字对其进行译码，提取的数据信息存储在行信息结构体中；

② 根据所选刀具信息进行刀具补偿，补偿后的信息存入刀补缓冲区；

③ 首先由工件坐标系下刀尖点位姿 P（X，Y，Z，I，J，K）分解出第七轴的转台转角 D，再将刀尖点位姿由工件坐标系转换到机床坐标系下刀尖点位姿为 P_m（X_m，Y_m，Z_m，I_m，J_m，K_m）；

④ 通过对比机床坐标系下前后两个刀尖点位置可得到笛卡儿坐标系下六个虚轴增量（ΔX，ΔY，ΔZ，ΔI，ΔJ，ΔK），然后对其进行粗插补细分，最后经每个插补节点位姿反解，得到杆长信息，并结合伺服电机资料生成各个驱动杆速度控制信息；

⑤ 将 6 个杆长信息送入 NCBIOS 进行精插补并生成循环队列，最后生成插补、位置控制信息并送到伺服电机进行控制。

并联机床 PLC 主要执行程序中 M. S. T 功能、显示及手动控制功能，如图 6-1-66 所示。

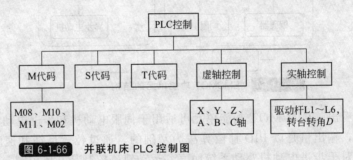

图 6-1-66　并联机床 PLC 控制图

并联机床实轴共七个轴、六个驱动杆轴和一个转台轴。实轴的控制可以像传统机床坐标轴一样，只需控制伺服电机转动就可以实现实轴运动。六个驱动杆只需分别使杆长到达指令位置长度，转台轴只需转到指令位置转角即可，实轴控制可由 PLC 可以控制。与实轴相对，并联机床虚轴共六个轴，即 X、Y、Z、A、B、C。虚轴控制是通过虚实轴转化间接控制的，首先需由刀尖点位姿反解求六个驱动杆杆长，然后再通过控制六个驱动杆到达指令位置来实现虚轴的控制。由于运动学算法比较复杂，而内置 PLC1 周期时间太短（仅 16ms），所以不能由 PLC 直接进行虚轴控制。这里采用将控制信息传至数控系统进行控制，从而实现虚轴运动。

1.5.2　分布式数控系统

随着计算机与网络技术的飞速发展，应用分布式控制技术原理，在数控系统设计上采用适当的分布式结构设计，构成分布式数控系统是克服高度集成化控制所产生负面影响的有效途径。1994 年国际标准化组织颁布了新的 DNC 国际标准 ISO2806，对 DNC（Distributed Numerical Control）进行了新的定义，为分布式数控：在生产管理计算机和多个数控系统之间分配数据的分级系统。它除了对生产计划、技术准备、加工操作等基本作业进行集中监控与分散控制外，还具有现代生产管理、设备工况信息采集等功能。图 6-1-67 所示为 DNC 系统的典型结构，它由 DNC 主机（或称 DNC 控制计算机，包括大容量的外存储器和 I/O 接口组成）、通信单元、DNC 接口、NC 或 CNC 装置和软件系统（包括实时多任务操作系统、数据库管理系统和 DNC 应用软件等）组成。

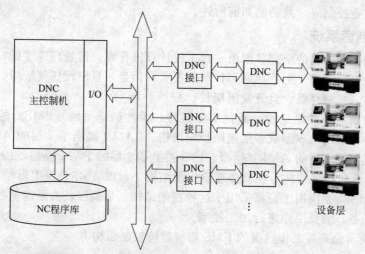

图 6-1-67   DNC 系统典型结构

随着通信、数据库管理、现代管理等技术的快速发展，DNC 系统的功能在不断增强，主要功能有如下几个方面：

① 数控加工程序的下载与上载；

② NC 程序存储与管理；

③ 数据采集、处理和报告；

④ 用户与 NC 程序流程管理；

⑤ 分配与传递刀具数据；

⑥ 刀具、量具、夹具等工装准备信息，系统内工装的实时控制；

⑦ 按照工艺计划及生产作业计划，实现由多种数控机床组成的 DNC 系统的物流信息实时控制，以及工件的输送、储存，同步加工和装配等活动的集成化生产管理。

采用两级控制结构的 DNC 系统，DNC 主机承担了全部管理与控制功能，如 NC 程序存储与管理、NC 程序与刀具参数上下载、设备状态数据采集与处理、生产计划执行与跟踪等。由于本级既承担了 DNC 系统的管理功能，又执行系统的控制功能，所以，该类系统的管理与控制功能相对较弱，不然系统的负荷偏重，将影响系统的执行效率。

设备控制级一般都是机床控制单元，其基本功能在于实现机床各坐标轴的运动及有关辅助功能的协调工作。从 DNC 系统的角度看，它执行或接收来自控制管理级的控制指令和相关信息，并负责向控制管理级反馈设备状态信息和命令执行反馈信息。

对于系统比较庞大、功能比较完善的 DNC 系统通常采用多级递阶控制结构。一般来说，底层的能力主要面向应用，具有专用的能力，用于完成规定的特殊任务。而顶层则具有通用的能力，控制与协调整个系统。根据 DNC 系统的规模大小，可以采用三、四、五级的结构，常用的是三级递阶结构。

在采用递阶控制结构的 DNC 系统中，任务和功能通过优化分配到每一级，各自承担不同的任务，充分发挥各自的最大功能。对于采用三级递阶控制的 DNC 系统来说，第一级为单元级，是系统的最高级。其主要功能为系统管理、生产计划制定与优化决策、生产计划执行与统计分析、物料需求计划制定及资源跟踪、设备管理、生产技术文件管理等。第二级为工作站级，其主要功能为接收来自单元级的控制及相关信息，并根据下一级的设备状态，进行任务分解和调度，实时地向各个设备分配加工任务及 NC 程序上下载，设备状态信息的采集与处理，任务执行状况和统计信息反馈等。部分系统还具有系统故障诊断与系统监控等功能。第三级为设备控制级，其功能如前所述。

1.5.3　柔性制造系统

传统的集中控制结构的全部数据由一台主控计算机管理，但处理速度低，难以满足大型复杂制造系统中经营管理、生产计划和控制的要求。而且一旦出现任何故障，系统将全部崩溃，其容错性差、扩展性低、且开发周期长。

为了降低控制系统的复杂性，简化实施过程，柔性制造系统（FMS）的管理和控制采用横向或纵向的分解与集成形成多层递阶控制结构。CAM-I 提出了 4 层的 AFMA 模型，美国国家标准局提出了 5 层的 AMRF 模型，ISO 提出了 6 层的 FAM 模型，Pritschow 提出一种 7 层的 CIMS 递阶控制结构。在众多递阶控制结构中，以 AMRF 模型影响最大，我国 863 计划早期的 CIMS 典型应用工厂都采用了这种控制结构。最高层负责系统监控，中间层负责完成特定的子任务，而低层则进行加工控制。

图 6-1-68 所示为具有工作站级的 FMS 四级递阶控制结构。

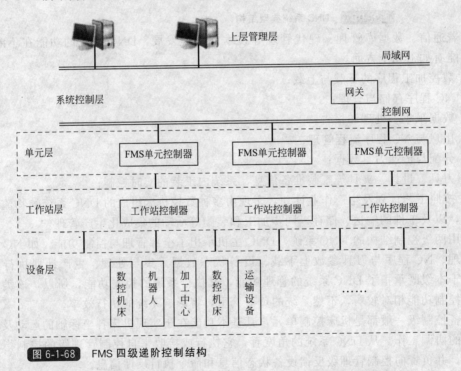

图 6-1-68　FMS 四级递阶控制结构

FMS 生产计划控制与调度通过对制造过程中物料流合理计划、调度和控制，缩短了产品的制造周期，提高了生产设备的利用率，达到了提高 FMS 生产率的目的。

附录Ⅰ　数控系统的常用术语

为便于读者理解国内外数控系统相关资料，对数控系统相关的通用和专用术语做简单的介绍，主要参考国际标准 ISO 2806 和中华人民共和国国家标准 GB 8129—1987。

（1）数控系统（Numerical Control，NC）　由数控装置、伺服系统、反馈系统连接成的装置，用数字代码形式的信息控制机床的运动速度和运动轨迹，以实现对零件给定形状的加工。

（2）微型机数控（Microcomputer Numerical Control，MNC）　采用微计算机代替计算机数控中的专用计算机，按照存储在只读存储器中的控制程序，实现部分或全部数控功能。

（3）计算机数值控制（Computerized Numerical Control，CNC）　采用专用计算机，按照存储在计算机存储器中的控制程序，实现数值控制，执行部分或全部数控功能。

（4）自适应控制（Adaptive Control，AC）　根据工作期间检测到的参数，自动改变相应的操作，以适应参数的变化，使系统处于最佳状态。

（5）直接数字控制（群控，Direct Numerical Control，DNC）　一种数控系统，它把一群数控机床与存储有零件源程序或加工程序的公共存储器相连接，并按要求把数据分配给有关机床。

（6）程序控制机床（Program-Control Machine，PCM）　利用调整一组挡块的距离来模拟所需要的行程长度，在运动过程中，根据挡块与行程开关的作用，发出行程转换指令来控制刀具与工件的相对运动；切削过程中各运动的相互顺序关系是根据工艺要求，通过程序预选装置选择和排列的。

（7）点位控制系统（Positioning Control 5ystem）　①只要求刀具到达工件上给定的目标位置的控制方式；②各种运动轴的位移彼此无关，可以联动，也可以依次运动；③运动速度不由输入数据决定。

（8）轮廓控制系统（Contouring Control System，CCS）　①两个或两个以上数控运动按照确定下一个位置和到达该位置的进给率指令进行操作；②这些进给率彼此相对发生变化，从而加工出要求的轮廓。

（9）可编程序控制器（Programmable Logic Controller，PLC）　用来控制辅助机械动作，其接受数控装置送来的、以二进制-十进制代码表示的 S（主轴转速）、T（选刀、换刀）和 M（辅助功能）等机械顺序动作信息，进行译码，转换成相应的控制信号，使执行环节相应地做开关动作。

（10）顺序控制（Sequence Control，SC）　一系列加工运动按照要求的顺序发生，一个运动完成，便开始下一个运动，运动量的大小不是由数字数据规定的。

（11）闭环数控系统（Closed loop numerical control system）　检测机床运动部件位置信号或与它等价的量，然后与数控装置输出的指令信号进行比较，若出现差值时就驱动机床有关部件运动，直至差值为零时为止。

（12）开环数控系统（Open loop numerical control system）　不把控制对象的输入与输出进行比较的数控系统，即没有位置传感器反馈信号的一种数控系统。这种数控系统较简单，加工精度取决于传动件的精度、机身刚度。

（13）反馈（Feed back）　在闭环控制系统中，将有关控制对象状态的信息，向其前一级传达称为反馈。

（14）指令脉冲（Command pulse）　为使机床有关部分按指令动作，而从数控装置送给机床的脉冲。这一脉冲与机床的单位移动量相对应。

（15）失控区（Dead hand）　输入量的变化不能引起输出量可检测到的变化的最大输入量变化范围。

（16）失控时间（Dead time）　从输入量的数值突变开始并保持恒定，由此而产生的输出量的变化到可以检测出来时止，其间所经过的时间。

（17）插补（Interpolation）　在所需的路径或轮廓线上的两个已知点间，根据某一数学函数（例如，直线、圆弧或高阶函数），确定其多个中间点的位置坐标值的运算过程。

（18）直线插补（Line Interpolation）　这是一种插补方式，在此方式中，两点间的插补沿着直线的点群来逼近，沿此直线控制刀具的运动。

（19）圆弧插补（Circular Interpolation）　这是一种插补方式，在此方式中，根据两端点间的插补数字信息，计算出逼近实际圆弧的点群，控制刀具沿这些点运动，加工出圆弧曲线。

（20）顺时针圆弧（Clockwise Arc）　刀具参考点围绕轨迹中心，按负角度方向旋转所形成的轨迹。

（21）逆时针圆弧（Counterclockwise Arc）　刀具参考点围绕轨迹中心，按正角度方向旋转所形成的轨迹。

（22）抛物线插补（Parabolic interpolation）　平面上给定的两点间，通过几个规定点，用沿着规定的抛物线运动进行插补。

（23）位置检测器（Position sensor）　将位置式移动量变换成便于传送的信号的传感器。

（24）简易数控（Simple Numerical Control System，SNS）　也称经济型数控，是相对全功能数控而言的。这类数控系统的特点是功能简化，专用性强，精度适中，价格低廉。

（25）随机存储器（Random Access Memory，RAM）　从存储器中读出数据或向存储器写入数据所需的时间与数据所在的存储单元的地址次序无关。

（26）只读存储器（Read Only Memory）　在工作过程中只能读出信息，不能由机器指令再写入信息的存储器。所存放的信息是预先安排好的。目前广泛使用的是半导体只读存储器，大致有三种类型：①固定掩膜型只读存储器；②可编程只读存储器；③可改写只读存储器。

（27）响应时间（Response time）　它是过渡过程的品质指标之一。从输入量的数值突变开始，并保持该值时，由此而产生的输出量的变化第一次达到输出稳定值的规定比值时所经过的时间，也就是过渡过程的持续时间。

（28）伺服机构（Servo mechanism）　被控变量为机械位置或它对时间的导数（速度）的一种反馈系统。

（29）伺服稳定性（Servo stability）　输出值受到干扰后，伺服系统能把它恢复到平衡值而无振荡或仅有阻尼振荡的能力。

（30）伺服系统（Servo system）　这是一种自动控制系统，其中包括功率放大和使得输出量的值完全与输入量值相对应的反馈。

（31）传递函数（Transfer function）　控制系统输入值和输出值之间的关系，用它描述控制系统的动态特性。

（32）轴（Axis）　机床的部件可以沿着其做直线移动或回转运动的基准方向。

（33）机床坐标系（Machine Coordinate System）　固定于机床上，以机床零点为基准的笛卡儿坐标系。

（34）机床坐标原点（Machine Coordinate Origin）　机床坐标系的原点。

（35）工件坐标系（Workpiece Coordinate System）　固定于工件上的笛卡儿坐标系。

（36）工件坐标原点（Workpiece Coordinate Origin）　工件坐标系原点。

（37）机床零点（Machine zero）　由机床制造商规定的机床原点。

（38）参考位置（Reference Position）　机床启动用的沿着坐标轴上的一个固定点，它可以用机床坐标原点为参考基准。

（39）绝对尺寸（Absolute Dimension）/绝对坐标值（Absolute Coordinates）　距一坐标系原点的直线距离或角度。

（40）增量尺寸（Incremental Dimension）/增量坐标值（Incremental Coordinates）　在一序列点的增量中，各点距前一点的距离或角度值。

（41）最小输入增量（Least Input Increment）　在加工程序中可以输入的最小增量单位。

（42）命令增量（Least command Increment）　从数值控制装置发出的命令坐标轴移动的最小增量单位。

（43）手工零件编程（Manual Part Programming）　手工进行零件加工程序的编制。

（44）计算机零件编程（Computer Part programming）　用计算机和适当的通用处理程序以及后置处理程序准备零件程序得到加工程序。

（45）绝对编程（Absolute Programming）　用表示绝对尺寸的控制字进行编程。

（46）增量编程（Increment programming）　用表示增量尺寸的控制字进行编程。

（47）控制字符（Control Character）　出现于特定的信息文本中，表示某一控制功能的字符。

（48）地址（Address）　一个控制字开始的字符或一组字符，用以辨认其后的数据。

（49）程序段格式（Block Format）　字、字符和数据在一个程序段中的安排。

（50）指令码（Instruction Code）/机器码（Machine Code）　计算机指令代码，机器语言，用来表示指令集中的指令的代码。

（51）程序号（Program Number）　以号码识别加工程序时，在每一程序的前端指定的编号。

（52）程序名（Program Name）　以名称识别加工程序时，为每一程序指定的名称。

（53）指令方式（Command Mode）　指令的工作方式。

（54）程序段（Block）　程序中为了实现某种操作的一组指令的集合。

（55）零件程序（Part Program）　在自动加工中，为了使自动操作有效按某种语言或某种格式书写的顺序指令集。零件程序是写在输入介质上的加工程序，也可以是为计算机准备的输入，经处理后得到加工程序。

（56）加工程序（Machine Program）　在自动加工控制系统中，按自动控制语言和格式书写的顺序指令集。这些指令记录在适当的输入介质上，完全能实现直接的操作。

（57）程序结束（End of Program）　指出工件加工结束的辅助功能。

（58）数据结束（End of Data）　程序段的所有命令执行完后，使主轴功能和其他功能（例如冷却功能）均被删除的辅助功能。

（59）程序暂停（Program Stop）　程序段的所有命令执行完后，删除主轴功能和其他功能，并终止其后的数据处理的辅助功能。

（60）准备功能（Preparatory Function）　使机床或控制系统建立加工功能方式的命令。

（61）辅助功能（Miscellaneous Function）　控制机床或系统的开关功能的一种命令。

（62）刀具功能（Tool Function）　依据相应的格式规范，识别或调入刀具。

（63）进给功能（Feed Function）　定义进给速度技术规范的命令。

（64）主轴速度功能（Spindle Speed Function）　定义主轴速度技术规范的命令。

（65）进给保持（Feed Hold）　在加工程序执行期间，暂时中断进给的功能。

（66）刀具轨迹（Tool Path）　切削刀具上规定点所走过的轨迹。

（67）零点偏置（Zero Offset）　数控系统的一种特征。它容许数控测量系统的原点在指定范围内相对于机床零点移动，但其永久零点则存在数控系统中。

（68）刀具偏置（Tool Offset）　在一个加工程序的全部或指定部分，施加于机床坐标轴上的相对位移。该轴的位移方向由偏置值的正负来确定。

（69）刀具长度偏置（Tool Length Offset）　在刀具长度方向上的偏置。

（70）刀具半径偏置（Tool Radius Offset）　刀具在两个坐标方向的刀具偏置。

（71）刀具半径补偿（Cutter Compensation）　垂直于刀具轨迹的位移，用来修正实际的刀具半径与编程的刀具半径的差异。

（72）刀具轨迹进给速度（Tool Path Federate）　刀具上的基准点沿着刀具轨迹相对于工件移动时的速度，其单位通常用每分钟或每转的移动量来表示。

（73）固定循环（Fixed Cycle，Canned Cycle）　预先设定的一些操作命令，根据这些操作命令使机床坐标轴运动，主轴工作，从而完成固定的加工动作。例如，钻孔、攻丝以及这些加工的复合动作。

（74）子程序（Subprogram）　加工程序的一部分，子程序可由适当的加工控制命令调用而生效。

（75）工序单（Planning sheet）　在编制零件的加工工序前，为其准备的零件加工过程表。

（76）执行程序（Executive Program）　在 CNC 系统中，建立运行能力的指令集合。

（77）倍率（Override）　使操作者在加工期间能够修改速度的编程值（例如进给率、主轴转速等）的手工控制功能。

（78）伺服机构（Servo-Mechanism）　这是一种伺服系统，其中被控量为机械位置或机械位置对时间的导数。

（79）误差（Error）　计算值、观察值或实际值与真值、给定值或理论值之差。

（80）分辨率（Resolution）　两个相邻的离散量之间可以分辨的最小间隔。

（81）FSSB（FANUC 串行伺服总线）　是 CNC 单元与伺服放大器间的信号与数据高速传输总线，使用一条光缆可以传递 4～8 个轴的控制信号与数据。

（82）简易同步控制（Simple synchronous control）　两个进给轴中的一个为主动轴，另一个为从动轴。主动进给轴接收 CNC 的运动指令，从动轴跟随主动轴运动，从而实现两个轴的同步移动。CNC 随时监视两个轴的移动位置与移动误差，如果两轴的移动位置超过参数的设定值，CNC 即发出报警，同时停止各轴的运动。该功能用于大型工作台某一运动方向的双轴驱动。

附录Ⅱ 数控系统的技术标准

为便于读者正确使用国内外数控系统，对数控系统相关的技术标准做简单的介绍，主要参考中华人民共和国国家标准 GB/T 25636—2010 和中华人民共和国机械行业标准 JB/T 8832—2001。

(1) 数控系统应在以下环境中正常运行：

环境温度　0～40℃；

相对湿度　30%～95%（无冷凝水）；

大气压强　86～106kPa。

(2) 机械环境

数控系统所工作的机械场合应符合表 6-1-32 所列的相关参数，且实验后外观和装配质量保持不变，仍能正常运行。

表 6-1-32　数控系统应能承受的振动和冲击

振动（正弦）试验		冲击试验	
频率范围	10～55Hz	冲击加速度	$300m/s^2$
扫频速率	1 倍频程	冲击波形	半正弦波
振幅峰值	0.15mm	持续时间	18ms
振动方向	x、y、z	冲击方向	垂直于底面
扫频循环数	10 次/轴	冲击次数	3 次

(3) 静电放电抗扰度试验

数控系统运行时，按照 GB/T 17626.2 的规定，对操作人员经常触及的所有部位与保护接地端子（PE）间进行静电放电试验，接触放电电压为 6kV，空气放电电压为 8kV，试验中数控系统能正常运行。数控系统连续进行条件见表 6-1-33。

表 6-1-33　数控系统连续运行条件

工作电压	额定值	额定值＋10%	额定值	额定值－15%
时间/h	4	8	4	8

注：24h 为一个循环，共 2 个循环。

(4) 噪声

数控系统运行时，噪声最大不超过 78dB(A)。具体数值应根据不同数控系统，由企业产品标准规定。

(5) 可靠性

数控系统的可靠性用平均无故障工作时间（MTBF）来评定，定型生产的数控系统其 MTBF 定为 3000h，5000h 和 10000h 3 个等级，根据对不同数控系统的要求，由企业产品标准规定。

参 考 文 献

[1] 叶伯生，朱志红，熊清平.计算机数控系统原理、编程与操作［M］.武汉：华中科技大学出版社，1999.

[2] 汪木兰.数控原理与系统［M］.北京：机械工业出版社，2005.

[3] 石勇，王知行等.并联机床数控系统的研究［J］.数控技术及装备，2003，5：85-87.

[4] 廖效果.数控技术［M］.武汉：湖北科学技术出版社，2000.

[5] 卓桂荣.并联机床数控系统软件研制［D］.哈尔滨：哈尔滨工业大学，2002.

[6] 刘政华，何将三，龙佑喜等.机械电子学［M］.长沙：国防科技大学出版社，1999.

[7] 胡泓，姚伯威.机电一体化原理及应用［M］.北京：国防工业出版社，1999.

[8] 刘经燕.测试技术及应用［M］.广州：华南理工大学出版社，2001.

[9] 于永芳，郑仲民．检测技术 [M]．北京：机械工业出版社，2000．

[10] 吴道悌．非电量电测技术 [M]．西安：西安交通大学出版社，2001．

[11] 王明红，王越，何法江．数控技术 [M]．北京：清华大学出版社，2009．

[12] 张建生，赵燕伟，郭建江，胡圣尧．数控系统应用及开发．北京：科学出版社，2006．

[13] 张曙，海舍尔．并联运动机床．北京：机械工业出版社，2003．

[14] 张曙．制造业信息化的内涵与发展趋势 [J]．机械制造与自动化，2004，33（3）：7-11，14．

[15] 易红．数控技术 [M]．北京：机械工业出版社，2005．

[16] 白恩远，王俊元，孙爱国．现代数控机床伺服及检测技术 [M]．第 2 版．北京：国防工业出版社，2005．

[17] 陈蔚芳，王宏涛．机床数控技术及应用 [M]．第二版．北京：科学出版社，2008．

[18] 韩建海，胡东方．数控技术及装备 [M]．第二版．武汉：华中科技大学出版社，2011．

[19] 王永章，杜君文，程国全．数控技术 [M]．北京：高等教育出版社，2001．

[20] 现代实用机床设计手册编委会．现代实用机床设计手册 [M]．北京：机械工业出版社，2006．

[21] 周宏甫．数控技术 [M]．广州：华南理工大学出版社，2005．

[22] 陈忠平，周少平．西门子 S7-300 系列 PLC 自学手册 [M]．北京：人民邮电出版社，2008．

[23] 梁桥康，王耀南，彭楚武．数控系统 [M]．北京：清华大学出版社，2013．

[24] 杨东升．面向并联机床的开放式数控系统的研究与开发 [D]．沈阳：中国科学院研究生院（沈阳计算技术研究所），2007．

[25] 游有鹏．开放式数控系统关键技术研究 [D]．南京：南京航空航天大学，2001．

[26] Lasemi A，Xue D，Gu P. Recent development in CNC machining of freeform surfaces：A state-of-the-art review [J]．Computer-Aided Design，2010，42（7）：641-654．

[27] Yu D，Hu Y，Xu X W，et al. An open CNC system based on component technology [J]．Automation Science and Engineering，IEEE Transactions on，2009，6（2）：302-310．

[28] Leitão P. Agent-based distributed manufacturing control：A state-of-the-art survey [J]．Engineering Applications of Artificial Intelligence，2009，22（7）：979-991．

[29] Ho C C，Tsai T T，Kuo T H. IEEE 1451-based Intelligent Computer Numerical Control Tool Holder [C] //Computer，Consumer and Control（IS3C），2012 International Symposium on. IEEE，2012：767-770．

[30] Rehg J A，Kraebber H W. Computer-Integrated Manufacturing，2005 [M]．Prentice Hall，2012．

第2章 工业机器人

2.1 工业机器人发展简述

"机器人"一词最早出现于 1920 年捷克作家 Karel Capek 的科幻剧本中。而国际标准化组织 ISO 制定的国际标准 ISO 8373 中，对机器人的定义为"具有两个或两个以上可编程的轴，以及一定程度的自主能力，可在其环境内运动以执行期望任务的执行机构"；对工业机器人的定义为"自动控制的、可重复编程、多用途的操作机，可对 3 个或 3 个以上轴进行编程。它可以是固定式或移动式，在工业自动化中使用"。

因此，第一台真正意义上的工业机器人，是由美国 Unimation 公司制造，并于 1961 年在通用汽车公司新泽西州特伦顿的工厂内安装使用，进行搬运作业。其后不久，克莱斯勒、福特、菲亚特等大公司就意识到大规模应用工业机器人的必要性。此后，工业机器人应用逐渐从搬运、焊接扩展到越来越多的领域，尤其是在汽车产业中，工业机器人得到了广泛的应用，如在毛坯制造（冲压、压铸、锻造等）、机械加工、焊接、热处理、表面涂覆、上下料、装配、检测及仓库堆垛等作业中。这些工业机器人代替工人从事危险、有害、枯燥的工作，极大提高了生产效率和产品质量。

工业机器人已经成为一种标准设备，工业机器人应用系统也被工业界广泛采用。工业机器人产业界逐步形成了一批有影响力的工业机器人制造商，如瑞典的 ABB，日本的 FANUC、Yaskawa，德国的 KUKA，美国的 Adept Technology。国内工业机器人产业经过二十余年的发展，也形成了一批机器人制造企业、机器人应用系统集成企业，如沈阳新松机器人自动化股份有限公司、上海沃迪自动化装备股份有限公司、广州数控设备有限公司、哈工大博实集团等。

目前，工业机器人应用多以可编程、示教再现型机器人为主，通过示教方式完成机器人动作程序的编制，由机器人重复示教动作来完成作业任务。这种工作方式简单，但机器人作业缺乏灵活性，作业条件和环境变动需对机器人重新示教。为增强机器人作业的灵活性和适应性，具有一定传感功能和适应能力的工业机器人产品逐步进入市场。这些工业机器人利用视觉、力觉等传感器的反馈，通过控制可在一定程度上适应作业要求、作业条件和环境的变动，具有一定的灵活性。

下面将从工业机器人的机械结构、传感器、驱动器和控制器、基本控制方法、相关机器人标准、开发环境和作业工具以及工业应用案例等几方面进行介绍。

2.2 工业机器人的结构类型

工业机器人的机械结构一般由一系列的连杆、关节或其他形式的运动副组成。机械结构通常包括机身、手臂、手腕和末端执行器 4 个部分。由于应用场合的不同，工业机器人的机械结构形式多种多样。

按照坐标型式划分，工业机器人机械结构分为直角坐标型、圆柱坐标型、球坐标型和关节型机器人。直角坐标型是通过沿着 3 个相互垂直的轴线移动实现的（图 6-2-1）。圆柱坐标型是通过两个移动和一个转动实现的（图 6-2-2）。球坐标型是通过两个转动和一个移动实现了球面工作空间而得名的（图 6-2-3）。关节坐标型则是模拟人的手臂，全部采用转动关节实现的（图 6-2-4）。

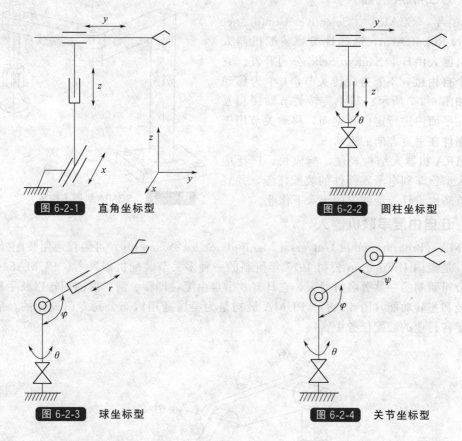

图 6-2-1　直角坐标型

图 6-2-2　圆柱坐标型

图 6-2-3　球坐标型

图 6-2-4　关节坐标型

下面给出几种常见的工业机器人结构构型。

2.2.1　直角坐标机器人

直角坐标机器人分为平面直角坐标机器人（图 6-2-5）和空间直角坐标机器人（图 6-2-6）。平面直角坐标机器人具有两个移动自由度，分别沿着平面内垂直的 X 轴和 Y 轴，末端工作空间为矩形。空间直角坐标机器人具有 3 个移动自由度，分别沿着三维空间内正交的 X 轴、Y 轴和 Z 轴，末端工作空间为立方体。

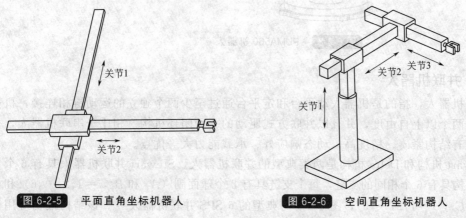

图 6-2-5　平面直角坐标机器人

图 6-2-6　空间直角坐标机器人

直角坐标机器人精度高，负载大，空间分辨率高，缺点是占用空间大。目前已广泛应用于搬运、装配等任务。

2.2.2 SCARA 机器人

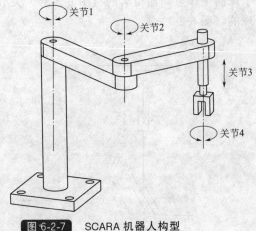

1981 年，SCARA（Selective Compliance Assembly Robot Arm，选择性柔顺装配机器人手臂）机器人由日本 Sankyo Seiki 公司开发。它具有 4 个自由度，3 个为旋转关节，1 个为移动关节，如图 6-2-7 所示。其中旋转关节轴线相互平行，在平面内进行定位和定向，移动关节用于完成末端件在垂直方向的运动[1]。

SCARA 机器人结构轻便，响应快，广泛应用于从大型汽车到电子零部件的装配任务，并且通过关节防水设计，能够应用于水下作业。

图 6-2-7　SCARA 机器人构型

2.2.3 6自由度串联机器人

PUMA（Programmable Universal Manipulator for Assembly，可编程通用装配操作手）机器人，是美国 Unimation 公司 1977 年研制的一种多关节装配机器人[2]。PUMA560 机器人是该公司研制的一款著名机器人，它具有 6 个自由度，即腰、肩、肘的回转以及手腕的弯曲、旋转和扭转功能（图 6-2-8）。PUMA 最初是为美国通用汽车公司专门设计的，后来广泛应用于各行业的装配任务中。

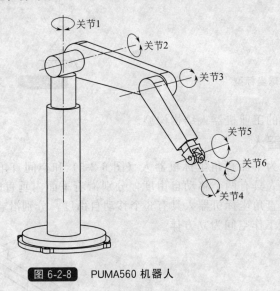

图 6-2-8　PUMA560 机器人

2.2.4 并联机器人

并联机器人，指的是机器人动平台和定平台通过至少两个独立的运动链相连接，机构具有两个或两个以上自由度，并且以并联方式驱动的一种闭环机构。相比于串联机器人，并联机器人具有结构紧凑、精度高、动态响应好、承载能力大等优点。

Stewart 机构和 Delta 机构是两类典型的并联机器人。Stewart 并联机器人具有 6 个自由度，该结构具有 6 个相同的支链，每个支链具有 2 个球面副（A_i 和 B_i，$i=1,2,\cdots,6$）和 1 个移动副（C_i，$i=1,2,\cdots,6$），图 6-2-9 为典型的 6-SPS 并联机器人[3]。该结构最初应用于飞行模拟器，目前已广泛应用于并联机床、微操作、传感等领域。

Delta 机器人具有空间内的 3 个移动自由度，结构上具有 3 个相同的支链，每个支链依次具有电机输入转动关节（A）、被动转动关节（B）、$Q_1Q_2Q_3Q_4$ 平行四边形的四杆机构和被动转动关节（C）组成[4]，如图 6-2-10 所示。由于其灵活、快速的特点，Delta 结构广泛应用于物体拾取、旋转和放置等任务。

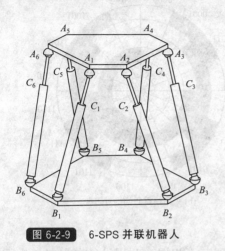

图 6-2-9　6-SPS 并联机器人

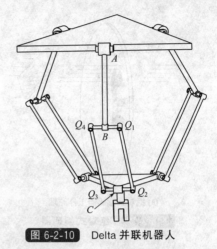

图 6-2-10　Delta 并联机器人

2.3　工业机器人的传感器、驱动器与控制器

2.3.1　工业机器人的传感器

（1）编码器

编码器是工业机器人中最常用的传感器，主要用于检测和估计机器人关节的位置和速度等信息，是工业机器人高精度运动控制的重要传感器[6]。

编码器主要有增量式编码器和绝对式编码器两种。通过在码盘或码尺上制作特殊的透光（或反光）的条纹，由光敏传感器将光源经码盘透射（或反射）的光线转换为方波信号来实现对转角或位移的检测。

(a)增量码盘结构示意图　　　　　　(b)增量码盘的信号输出

图 6-2-11　增量式编码器

增量式编码器，其透光和不透光（反光或不反光）的区域尺寸相同，且交替出现被传感器检测。由于这些区域尺寸相同、分布均匀，因此各区域所表示的旋转角度或直线位移也都是相同的。例如图 6-2-11（a）所示的增量码盘，如果将增量码盘均匀划分为 N 个区域，则其对角度的分辨率将为 $360°/N$。一般增量码盘有三相信号输出，如图 6-2-11（b）所示。Z 相是码盘的零位标记，统计 Z 相方波输出，可判断起始位置、累计旋转的圈数。A 相和 B

相输出方波存在固定相差，可在不增加划分区域情况下提高分辨率，若 A 相和 B 相具有 N 个区域，则分辨率可达 $360°/(2N)$。通过检测 A 相和 B 相方波输出的上升沿和下降沿，累加脉冲数可获取旋转位置。对于正向和反向运动，可通过转向过程中 A 相和 B 相方波输出的变化来判断。

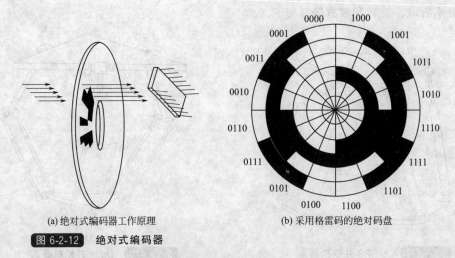

(a) 绝对式编码器工作原理　　　　　　(b) 采用格雷码的绝对码盘

图 6-2-12　绝对式编码器

　　绝对式编码器的码盘是由多圈弧段组成，每圈互不相同，利用沿径向方向各弧段的透光和不透光部分（反光或不反光）组成唯一编码来指示精确位置，无需通过脉冲累计来获得精确位置信息，如图 6-2-12 (a)。图 6-2-12 (b) 所示的采用格雷码的码盘，其上有 4 圈弧段，共 $2^4 = 16$ 个编码用于指示位置，其分辨率为 $360°/16$。若增加多圈弧段，则绝对式编码器的分辨率可以进一步提高。由于各个位置由唯一编码组成，所以转向运动很容易判断。

　　工业机器人的驱动电机配合减速机使用，在计算关节位移时需要考虑减速比的影响。由于工业机器人意外停止等影响，增量式编码器在意外停止后无法精确记录各关节所在位置，所以工业机器人一般同时采用绝对式编码器和增量式编码器。在启动前，利用绝对式编码器获取各关节的绝对位置信息，而后在运动过程中利用增量式编码器计算位置变化。绝对式编码器多采用总线形式输出位置信息。如 TAMAGAWA 公司生产的绝对式编码器，采用通信速率为 2.5Mbps 的 485 总线，应答方式进行数据查询。

（2）力/力矩传感器

　　力/力矩传感器在工业领域具有广泛的应用。工业机器人在进行精密装配、打磨、抛光等作业时，为保证末端力控制精度，在工业机器人末端和末端执行器间安装 6 轴力/力矩传感器来测量笛卡儿坐标系中各个坐标轴（X、Y 和 Z）上的力和力矩。6 轴力/力矩传感器也常被称为多轴力/力矩传感器系、多轴加载单元、F/T 传感器或 6 轴加载单元。

　　多轴力/力矩检测原理如图 6-2-13 所示，通过在 3 个轴上分别安装两个应变片检测相反方向上的形变和力的变化，通过计算可以获得各轴上的力和力矩。在 6 轴力/力矩传感器选用中，应充分考虑最大负荷、力矩、检测范围、分辨率等因素。检测范围越大时检测的分辨率相对较低，而检测范围较小时检测的分辨率相对较高。利用期望检测的最大负载，并结合末端执行器的长度，来选择 6 轴力/力矩传感器的型号。如期望检测的

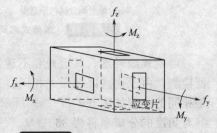

图 6-2-13　力/力矩检测原理

最大负载为 100N，而末端执行器的长度为 25cm，则依据（最大负载×末端执行器长度）可估算出力矩为 25N·m，再考虑保留一定裕度，以及封装、尺寸、重量、检测范围、分辨率、谐振频率等条件，就可以合理选择满足应用需求的 6 轴力/力矩传感器。

（3）限位开关

工业机器人应用的限位开关主要有接触式的微动开关，非接触式的感应式、电容式、超声式或光电式的接近开关等[5]。通过在机器人上的特定部位安装限位开关，可以检测机器人关节是否超出限定位置、到达期望位置、机器人是否触碰到外界物体等，为机器人系统安全、操作人员安全提供必要的保护信号，提供关键位置信号辅助机器人完成作业任务。

微动开关是在规定的行程和规定的力作用下实现开关动作的快动接点机构。微动开关结构简单、动作行程短、按动力小、通断迅速，且动触点的动作速度与传动元件动作速度无关。

微动开关是接触式开关，触头接触频繁可能会造成损伤或接触不良。因此，非接触方式的接近开关在很多工业应用中也广泛采用。

感应式的接近开关主要用于检测金属物体，在使用中应注意不同型号的感应式接近开关可检测到低碳钢、不锈钢、铝、铜等金属体的存在，但对不同类型金属物体其作用距离不尽相同，例如 PEPPREL&FUCHS 的耐焊型 Varikont 感应式接近开关 NJ15＋U1＋E2-C 动作的最大检测范围，对于低碳钢为 15mm，对于不锈钢为 12.75mm，对于铝为 6mm，对于铜则为 4.5mm。

电容式接近开关不仅可以检测金属物体，也可以检测木材、PVC、玻璃、纸板等绝缘体，不同型号的电容式接近开关检测到不同物体的作用距离也不甚相同，例如 PEPPREL&FUCHS 的电容式接近传感器 CJ8-18GM-E2 动作的最大检测范围，对于软钢为 8mm，对于接地铜/铝为 10mm，对于铜/铝为 8mm，对于纸板或木材为 4mm，对于 PVC 为 6mm。

超声式的接近开关可以检测固体、液体等，但超声式接近开关存在检测死区，例如 PEPPREL&FUCHS 的 UB400 系列超声式接近开关感测范围为 30～400mm，动作范围在 50～400mm 区间内可调，但对于在 30mm 以内和 400mm 以外的区域则无法正常工作。

光电式接近开关通过不同的光源、滤波片、偏光片等结构设计，可以检测透明或不透明的物体，但一些光电式接近开关的使用受环境光线的强度限制，超出规定强度则开关将无法正常工作。

（4）视觉传感器

视觉传感器被广泛应用在工业检测、焊缝跟踪、智能交通、印制板检测、饮料生产线检测等领域，主要用来感知环境中物体的轮廓、形状、颜色，还可以实现运动检测、深度测量、相对定位、导航、环境或特定物体的三维建模等。

视觉传感器按图像信号格式划分，可以分为模拟摄像机和数字摄像机。

① 模拟摄像机　模拟摄像机的输出为模拟视频信号，需要配备专用的图像采集卡才能转化为数字信息。模拟摄像机常用于视频监控，具有易用、成本低的优点，但分辨率较低、采集速度慢、图像质量不高，只能用于对图像质量要求不高的领域。模拟摄像机常用的标准视频输出信号格式有 PAL、NTSC、SECAM 等。

② 数字摄像机　数字摄像机在内部集成了 A/D 转换电路，可以直接将图像信号转化为数字信息。数字摄像机可以减少图像传输线路中的干扰，获得更高的图像质量。数字摄像机常见的图像输出接口有 IEEE1394、USB2.0、DCOM3、RS-644 LVDS、Channel Link LVDS、Camera Link LVDS、以太网等。

视觉传感器按照感光器件的种类划分，可以分为 CMOS 摄像机和 CCD 摄像机。

① CMOS 摄像机　CMOS 的全称为 Complementary Metal-Oxide Semiconductor（互补性氧化金属半导体）。它的优点是：可以把逻辑和控制芯片集成在同一块芯片上，可以减少摄像机体积；能耗较低，大约是 CCD 摄像机的 $1/2 \sim 1/4$；可以做成高帧摄像机。它的缺点是：感光度通常比 CCD 摄像机低 10 倍；传感器的噪声较高，影响图像品质。

② CCD 摄像机　CCD 的全称为 Charge Coupled Device（感光耦合组件）。它的优点是：传感器的噪声较低，获得的图像质量高；灵敏度较高；畸变小；寿命长。缺点是：能耗比 CMOS 摄像机高；摄像机体积偏大；做成高帧摄像机比较困难。

视觉传感器按像元排列方式划分，可以分为面阵摄像机和线阵摄像机。

① 面阵摄像机　面阵摄像机是比较常见的形式，其像元按照二维矩阵方式排列，在采集图像时整个面阵像元同时感光。每个像元对应图像上的一个像素点，一般所说的分辨率就是指像元的个数。被测目标和摄像机之间可以是静止的，也可以是相对运动的。

② 线阵摄像机　线阵摄像机是一种比较特殊的形式，其像元是一维线状排列的，即只有一行像元，每次只能采集一行的图像数据，只有当摄像机与被摄物体在纵向相对运动时才能得到平常看到的二维图像。所以在机器视觉系统中一般用于被测物连续运动的场合，尤其适合于运动速度较快、分辨率要求较高的情况。

视觉传感器按色彩划分，可以分为黑白摄像机和彩色摄像机。

① 黑白摄像机　黑白摄像机，每个像素点对应一个像元，该像元对于各种波长的光具有较一致的敏感度，采集得到的只是每个像素点的灰度值。

② 彩色摄像机　可以分为单片彩色摄像机和 3CCD 彩色摄像机两种。前者的每个像素点只对应 R、G、B 三种之一的像元，三种像元按一定的规律排列。这种摄像机容易造成色彩失真。目前常见的彩色摄像机一般是这种形式的。后者的每个像素点对应有 R、G、B 三个感光元件，这种摄像机得到的图像质量好，没有细节丢失的问题，但由于摄像机结构复杂，所以一般较昂贵。这两种摄像机的具体介绍见文献 [5]～[7]。

视觉传感器按图像处理能力划分，可以分为普通摄像机和智能摄像机。智能相机是近年来发展起来的一种新型相机，它在摄像机处理系统内集成了 FPGA 和 DSP 等处理芯片，可以同时实现图像的采集和处理功能。通过用户编写下载的图像处理算法，智能相机可以直接输出图像特征，给用户使用带来了方便。

视觉传感器在工业机器人中应用时需考虑以下一些主要参数。

① 分辨率　摄像机采集图像的像素点数。对于数字摄像机一般与光电传感器的像元数对应，对于模拟摄像机则取决于视频制式，PAL 制为 768×576，NTSC 制为 640×480。

② 像元尺寸　像元大小和像元数共同决定了相机靶面的大小。目前数字摄像机像元尺寸一般为 $3 \sim 10 \mu m$。一般像元尺寸越小，制造难度越大，图像质量也越不容易提高。

③ 像素深度　即每像素数据的位数。最常用的一般是 8Bit，高性能摄像机一般还会有 10Bit、12Bit 等。

④ 最大帧率　摄像机采集传输图像的速率。对于面阵摄像机一般为每秒采集的帧数，对于线阵摄像机为每秒采集的行数。

⑤ 曝光时间　即摄像机从快门打开到关闭的时间间隔。对于线阵摄像机采用逐行曝光的方式，面阵摄像机有帧曝光、场曝光和滚动行曝光等几种常见方式。曝光时间可以按照光照情况和对运动物体的抓取两方面考虑。

⑥ 增益　即图像对比度。它主要是定义信号的放大倍数，增益越大，细节越清晰，但噪声也越大，增益越小，细节越模糊，噪声也越小。

⑦ 白平衡 白平衡的作用主要是为了减小彩色图像的失真。处理的过程是将已知的黑白信号作为信号源，以彩色通道的其中一个作为基准，分别计算另两个通道的数据，使其等于基准通道的数据，计算后得到 3 个通道的系数，在实际使用中，将 3 个系数分别与对应通道数据相乘。

⑧ 电气接口 对于模拟摄像机，由于视频信号为模拟信号，通常需要配合视频采集卡才可将模拟信号转化为数字信号，由视频采集卡再通过其接口与控制系统相连。对于数字摄像机，其电气接口应与系统控制器电气接口采用相同标准，且根据作业实时性要求确定接口形式。

2.3.2 工业机器人伺服驱动器与控制器

通常工业机器人由机器人本体、控制柜和附属装置三部分构成。工业机器人的一个典型控制系统结构如图 6-2-14 所示，包括主控制器、运动控制卡、I/O 控制卡、伺服驱动器、存储器等部分。

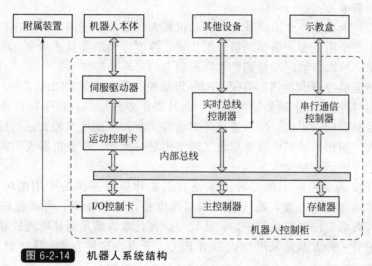

图 6-2-14 机器人系统结构

（1）伺服驱动器

伺服系统是指"依指令准确执行动作的驱动装置"，是为机器人提供动力的重要部件。伺服系统是由伺服驱动器、伺服电机和编码器构成。伺服系统原理如图 6-2-15 所示。

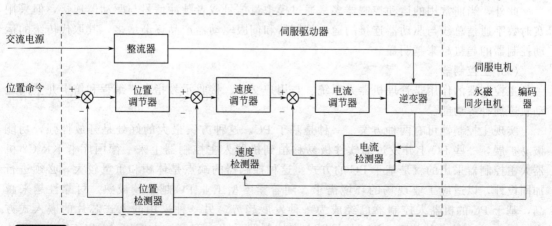

图 6-2-15 伺服系统原理示意图

伺服驱动器由整流器和逆变器构成的电源电路，以及由位置调节器、速度调节器、电流调节器和电流检测器、速度检测器、位置检测器等部分构成的控制回路构成。整流器将交流电变成直流电，逆变器再把直流电变成控制电机运动的交流电。控制回路主要有从内到外的三个控制环路：电流环、速度环和位置环。在驱动器位置伺服模式下，电流环、速度环和位置环三个环同时工作。在速度伺服模式下，只有速度环和电流环在工作。而在力矩工作模式下，仅有电流环在工作。不同的工作方式，上位机控制器输出的命令也不一样。为提高伺服系统的动态特性，可在伺服驱动器中加入速度前馈或加速度前馈功能单元。

机器人运动控制特点是多轴同步控制，往往是多个驱动器一同工作。为提高性能，压缩驱动器体积，降低系统重量，可采用共直流母线技术。

共直流母线技术最显著的特点是各个驱动单元共用一套整流电路，从而大大减少制动单元的重复配置，结构更加简单、合理、可靠，直流电压恒定，电容并联储能容量大，并且各电机在不同状态下工作时能量可回馈互补，优化了系统的动态特性。

（2）运动控制卡

多轴运动控制卡在数控加工设备及串并联机器人等装备中应用广泛。在机器人控制系统中，运动控制卡的作用是为伺服驱动器提供位置、速度、力矩或其他命令。由于机器人运动是多轴同步运动，所以多轴同步协调是运动控制卡的基本功能之一。

通用的多轴运动控制卡，例如英国 TRIO 运动控制器和美国 DELT TAU 公司的 PMAC 卡，最多可以同时控制 32 个轴做同步运动，而且提供多种接口，便于用户系统集成。但是由于通用运动控制卡的通用性，所以造成许多功能冗余，从而尺寸较大，而且价格昂贵；另一方面，机器人控制相关的某些特殊要求又难于满足，因此，工业机器人厂家多自行开发机器人控制专用的多轴运动控制卡。

用户自行开发运动控制卡的一种方案是利用芯片厂商提供的专用电机控制芯片（如 MCX314、LM628 等）来开发，系统具有响应速度快、集成度高、可靠性好的优点，但其算法固化在芯片内部，控制方式单一，灵活性差，因此难以满足高速轨迹插补控制要求，且开放性较差。另外一种方案是采用 DSP 或者 FPGA 开发，这种方式灵活，但是开发难度大，周期较长。

在开发运动控制卡中，需要注意的是由于绝对位置信息的读取在定位控制等应用中具有重要的作用，所以机器人的伺服电机多采用绝对码盘。绝对位置的获知使机构在上电后，不需要回到位置参考点，就可利用当前的位置值，系统的控制更加灵活方便。

此外，当前常用的运动控制器多是通过模拟量信号或者脉冲信号与驱动器连接，但采用实时数字通信总线与驱动器连接的运动控制器和伺服驱动器产品逐渐增多，其取代传统的运动控制器的趋势越来越明显。

（3）主控制器

主控制器的作用是管理机器人系统、与用户交互、接收示教指令、编程和笛卡儿空间运动轨迹插补等功能。

实现主控制器可有两种方案。一种是基于 PC。这种方案最大的好处是开放性强，功能极易扩展，一些 PC 上开发过的软件极易移植到机器人主控制器上来。德国库卡 KR C2 机器人主控制器采用的就是基于 PC 的方式。这种控制器的缺点是体积和重量较大，必须进行加固设计，以适应工业现场的环境需求。随着紧凑型工业 PC 越来越成熟，可靠性越来越高，基于 PC 的机器人控制器已经成为一种发展趋势。另一种采用嵌入式芯片的嵌入式方案。图 6-2-16 是一种基于 ARM 的机器人主控制器系统方案。该方案以 ARM EP9302 芯片作为其主控核心，由 EP9302、32MB SDRAM、16MB Flash 及复位、电源转换、JTAG 等辅助电路构成最小系统核心板，由 RS-232 电平转换电路、以太网接口芯片和隔离变压器、

SJA1000 和 CAN 收发器、SERCON816 和光纤收发器等构成通信接口功能板，其中核心板采用 4 层板设计，包含了具有较好通用性的 ARM 最小系统，可以方便地在其他应用中使用；通信扩展板包含了两路 RS-232、一路以太网、一路 CAN 总线、一路 SERCOS 总线，以实现 ARM 主控制器与其他部件和设备的数据通信。嵌入式方案的优点是系统紧凑，硬件成本低，但开放性较差，软件开发成本高。

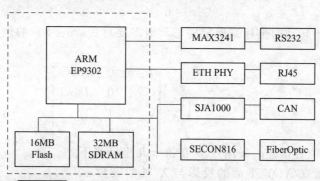

图 6-2-16　基于 ARM 的主控制器系统方案

2.4　工业机器人控制基础[8]

2.4.1　工业机器人运动学

机器人的运动学，着重研究机器人各个坐标系之间的运动关系，是机器人进行运动控制的基础。由机器人关节坐标系的坐标到机器人末端的位置和姿态之间的映射，称为机器人的正向运动学，也称为正运动学。由机器人末端的位置和姿态到机器人关节坐标系的坐标之间的映射，称为逆向运动学，也称为逆运动学。机器人关节坐标的微小运动与机器人末端位置和姿态的变化之间的变换关系，称为机器人的微分运动。

2.4.1.1　位置与姿态表示

（1）位置表示

常用的位置描述，分别为笛卡儿坐标系下的位置描述、柱面坐标系下的位置描述、球面坐标系下的位置描述等。

笛卡儿坐标系下的位置描述，可以采用三维坐标、位置矢量（position vector）、矩阵等形式进行表示。建立直角坐标系 $\{A\}$，并将空间点 p 在坐标系 $\{A\}$ 中位置矢量记为 $^A\boldsymbol{p}$。假设点 p 在坐标系 $\{A\}$ 中的 X、Y、Z 轴的位置分别 p_x、p_y 和 p_z，则利用坐标表示的点 p 的位置为（p_x，p_y，p_z）。利用位置矢量表示的点 p 的位置见式（6-2-1），利用矩阵表示的点 p 的位置见式（6-2-2）。

$$^A\boldsymbol{p} = p_x\boldsymbol{i} + p_y\boldsymbol{j} + p_z\boldsymbol{k} \qquad (6\text{-}2\text{-}1)$$

$$^A\boldsymbol{p} = \begin{bmatrix} p_x \\ p_y \\ p_z \end{bmatrix} \qquad (6\text{-}2\text{-}2)$$

柱面坐标下的位置描述，采用点 p 在笛卡儿坐标系下的 Z 轴的位置分量 p_z、矢量在 XOY 平面的投影长度 d，以及该投影与 X 轴的夹角 α 表示，如图 6-2-17 所示。柱面坐标下的位置描述，可以认为是在笛卡儿坐标系的基础上，先沿基坐标系的 X 轴平移 d，再绕基坐标系的 Z 轴旋

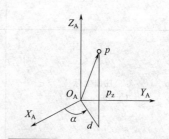

图 6-2-17　柱面坐标系下的位置

转 α，再沿基坐标系的 Z 轴平移 p_z 得到的，记为 Cyl(p_z，α，d)。柱面坐标下的位置描述与笛卡儿坐标系下的位置与姿态之间的关系，可以表示为式（6-2-3）。

$$\mathrm{Cyl}(p_z,\ \alpha,\ d)=\begin{bmatrix} \cos\alpha & -\sin\alpha & 0 & d\cos\alpha \\ \sin\alpha & \cos\alpha & 0 & d\sin\alpha \\ 0 & 0 & 1 & p_z \\ 0 & 0 & 0 & 1 \end{bmatrix} \tag{6-2-3}$$

若需要相对于不转动的坐标系规定姿态，则需要对式（6-2-3）的位置与姿态绕新的 Z 轴旋转 $-\alpha$，即：

$$\mathrm{Cyl}(p_z,\ \alpha,\ d)=\begin{bmatrix} 1 & 0 & 0 & d\cos\alpha \\ 0 & 1 & 0 & d\sin\alpha \\ 0 & 0 & 1 & p_z \\ 0 & 0 & 0 & 1 \end{bmatrix} \tag{6-2-4}$$

球面坐标下的位置描述，采用点 p 在笛卡儿坐标系下的矢量模长 r、矢量在 XOY 平面的投影与 X 轴的夹角 α、矢量与 Z 轴的夹角 β 表示，如图 6-2-18 所示。球面坐标下的位置描述，可以认为是在笛卡儿坐标系的基础上，先沿基坐标系的 Z 轴平移 r，再绕基坐标系的 Y 轴旋转 β，再绕基坐标系的 Z 轴旋转 α 得到的，记为 Sph(α，β，r)。球面坐标下的位置描述与笛卡儿坐标系下的位置与姿态之间的关系，可以表示为式（6-2-5）：

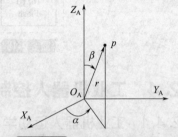

图 6-2-18　球面坐标系下的位置

$$\mathrm{Sph}(\alpha,\ \beta,\ r)=\begin{bmatrix} \cos\alpha\cos\beta & -\sin\alpha & \cos\alpha\sin\beta & r\cos\alpha\sin\beta \\ \sin\alpha\cos\beta & \cos\alpha & \sin\alpha\sin\beta & r\sin\alpha\sin\beta \\ -\sin\beta & 0 & \cos\beta & r\cos\beta \\ 0 & 0 & 0 & 1 \end{bmatrix} \tag{6-2-5}$$

若需要相对于不转动的坐标系规定姿态，则需要对式（6-2-5）的位置与姿态绕新的 Y 轴旋转 $-\beta$，再绕新的 Z 轴旋转 $-\alpha$，即：

$$\mathrm{Sph}(\alpha,\ \beta,\ r)=\begin{bmatrix} 1 & 0 & 0 & r\cos\alpha\sin\beta \\ 0 & 1 & 0 & r\sin\alpha\sin\beta \\ 0 & 0 & 1 & r\cos\beta \\ 0 & 0 & 0 & 1 \end{bmatrix} \tag{6-2-6}$$

不同位置表示之间的转换见表 6-2-1。

表 6-2-1　不同位置表示之间的转换

笛卡儿坐标	$\begin{bmatrix} p_x \\ p_y \\ p_z \end{bmatrix}$
柱面坐标 Cyl(p_z，α，d)	柱面坐标转换为笛卡儿坐标 $\begin{bmatrix} d\cos\alpha \\ d\sin\alpha \\ p_z \end{bmatrix}$ 笛卡儿坐标转换为柱面坐标 $d=\sqrt{p_x^2+p_y^2}$ $\alpha=\arctan2(p_y,\ p_x)$

续表

球面坐标 $\mathrm{Sph}(\alpha,\ \beta,\ r)$	球面坐标转换为笛卡儿坐标： $$\begin{bmatrix} r\cos\alpha\sin\beta \\ r\sin\alpha\sin\beta \\ r\cos\beta \end{bmatrix}$$ 笛卡儿坐标转换为球面坐标： $r=\sqrt{p_x^2+p_y^2+p_z^2}$ $\alpha=\arctan2(p_y,\ p_x)$ $\beta=\arctan2(p_y\sin\alpha+p_x\cos\alpha,\ p_z)$

（2）姿态表示

对于刚体，常用的姿态描述包括：笛卡儿坐标系下利用旋转矩阵的姿态描述，利用欧拉（Euler）角的姿态描述，利用横滚（R：roll)-俯仰（P：picth)-偏转（Y：yaw）角的姿态描述，利用转轴和转角描述，利用四元数描述等。

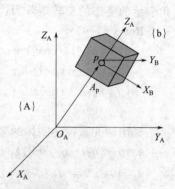

图 6-2-19 刚体的姿态

在笛卡儿坐标系下，可以利用固定于物体的坐标系描述方位（orientation）。方位又称为姿态（pose）。在刚体 B 上设置直角坐标系〔B〕，利用与〔B〕的坐标轴平行的 3 个单位矢量$^A x_B$、$^A y_B$ 和$^A z_B$ 表示刚体 B 在基坐标系中的姿态，见图6-2-19。

假设单位矢量$^A x_B$、$^A y_B$ 和$^A z_B$ 表示为式（6-2-7）。将式（6-2-7)写成矩阵形式，得到表示姿态的旋转矩阵，见式（6-2-8）。

$$\begin{cases} ^A x_B=r_{11}\boldsymbol{i}+r_{21}\boldsymbol{j}+r_{31}\boldsymbol{k} \\ ^A y_B=r_{12}\boldsymbol{i}+r_{22}\boldsymbol{j}+r_{32}\boldsymbol{k} \\ ^A z_B=r_{13}\boldsymbol{i}+r_{23}\boldsymbol{j}+r_{33}\boldsymbol{k} \end{cases} \tag{6-2-7}$$

$$^A R_B=[^A x_B \quad ^A y_B \quad ^A z_B]=\begin{bmatrix} r_{11} & r_{12} & r_{13} \\ r_{21} & r_{22} & r_{23} \\ r_{31} & r_{32} & r_{33} \end{bmatrix} \tag{6-2-8}$$

其中，$^A R_B$为表示刚体 B 相对于坐标系〔A〕的姿态的旋转矩阵。

旋转变换矩阵，通常又记为式（6-2-9）形式。其中，n、o、a 即为单位矢量$^A x_B$、$^A y_B$ 和$^A z_B$。

$$^A R_B=[n \quad o \quad a]=\begin{bmatrix} n_x & o_x & a_x \\ n_y & o_y & a_y \\ n_z & o_z & a_z \end{bmatrix} \tag{6-2-9}$$

利用欧拉角描述刚体的姿态，可以认为是在笛卡儿坐标系的基础上，先绕 z 轴旋转角度 ψ，再绕新的 y 轴（y'）旋转角度 θ，再绕新的 z 轴（z''）旋转角度 φ。旋转角度 ψ、θ 和 φ 称为欧拉角，用以表示所有的姿态。欧拉角表示的姿态又称为欧拉变换，表示为旋转矩阵如下：

$\mathbf{Euler}(\psi,\ \theta,\ \varphi)=$
$$\begin{bmatrix} \cos\psi\cos\theta\cos\varphi-\sin\psi\sin\varphi & -\cos\psi\cos\theta\sin\varphi-\sin\psi\cos\varphi & \cos\psi\sin\theta \\ \sin\psi\cos\theta\cos\varphi+\cos\psi\sin\varphi & -\sin\psi\cos\theta\sin\varphi+\cos\psi\cos\varphi & \sin\psi\sin\theta \\ -\sin\theta\cos\varphi & \sin\theta\sin\varphi & \cos\theta \end{bmatrix} \tag{6-2-10}$$

利用横滚（R：roll）、俯仰（P：pitch）和偏转（Y：yaw）角表示刚体的姿态，可以认为是在笛卡儿坐标系的基础上，先绕 z 轴旋转 ψ，再绕新的 y 轴（y'）旋转角度 θ，再绕新的 x 轴（x''）旋转 φ。旋转角度 ψ、θ 和 φ 称为 RPY 角，以此表示所有的姿态。横俯偏表示的姿态的旋转矩阵为：

$$\mathbf{RPY}(\psi,\ \theta,\ \varphi)=$$

$$\begin{bmatrix} \cos\psi\cos\theta & \cos\psi\sin\theta\sin\varphi-\sin\psi\cos\varphi & \cos\psi\sin\theta\cos\varphi+\sin\psi\sin\varphi \\ \sin\psi\cos\theta & \sin\psi\sin\theta\sin\varphi+\cos\psi\cos\varphi & \sin\psi\sin\theta\cos\varphi-\cos\psi\sin\varphi \\ -\sin\theta & \cos\varphi\sin\varphi & \cos\theta\cos\varphi \end{bmatrix} \tag{6-2-11}$$

利用转轴转角描述刚体的姿态，表示为绕转轴 $f=\begin{bmatrix} f_x & f_y & f_z \end{bmatrix}^{\mathrm{T}}$ 旋转角度 θ。转轴转角表示的姿态的旋转矩阵为：

$$\mathbf{Rot}(f,\ \theta)=$$

$$\begin{bmatrix} f_x f_x(1-\cos\theta)+\cos\theta & f_y f_x(1-\cos\theta)-f_z\sin\theta & f_z f_x(1-\cos\theta)+f_y\sin\theta \\ f_x f_y(1-\cos\theta)+f_z\sin\theta & f_y f_y(1-\cos\theta)+\cos\theta & f_z f_y(1-\cos\theta)-f_x\sin\theta \\ f_x f_z(1-\cos\theta)-f_y\sin\theta & f_y f_z(1-\cos\theta)+f_x\sin\theta & f_z f_z(1-\cos\theta)+\cos\theta \end{bmatrix}$$

$$\tag{6-2-12}$$

利用四元数描述刚体的姿态，表示为：

$$q=q_1+q_2\boldsymbol{i}+q_3\boldsymbol{j}+q_4\boldsymbol{k}=\cos(\theta/2)+f_x\sin(\theta/2)\,\boldsymbol{i}+f_y\sin(\theta/2)\boldsymbol{j}+f_z\sin(\theta/2)\boldsymbol{k}$$

或 $q=\begin{bmatrix} q_1 & q_2 & q_3 & q_4 \end{bmatrix}^{\mathrm{T}}=\begin{bmatrix} \cos(\theta/2) & f_x\sin(\theta/2) & f_y\sin(\theta/2) & f_z\sin(\theta/2) \end{bmatrix}^{\mathrm{T}}$

其中，$\boldsymbol{i}\cdot\boldsymbol{i}=-1$，$\boldsymbol{j}\cdot\boldsymbol{j}=-1$，$\boldsymbol{k}\cdot\boldsymbol{k}=-1$。

不同姿态表示之间的转换见表 6-2-2。

表 6-2-2 不同姿态表示之间的转换

姿态矩阵	$^{\mathrm{A}}R_{\mathrm{B}}=\begin{bmatrix} n & o & a \end{bmatrix}=\begin{bmatrix} n_x & o_x & a_x \\ n_y & o_y & a_y \\ n_z & o_z & a_z \end{bmatrix}$
欧拉角	欧拉角转换为姿态矩阵： $\mathbf{Euler}(\psi,\ \theta,\ \varphi)=$ $\begin{bmatrix} \cos\psi\cos\theta\cos\varphi-\sin\psi\sin\varphi & -\cos\psi\cos\theta\sin\varphi-\sin\psi\cos\varphi & \cos\psi\sin\theta \\ \sin\psi\cos\theta\cos\varphi+\cos\psi\sin\varphi & -\sin\psi\cos\theta\sin\varphi+\cos\psi\cos\varphi & \sin\psi\sin\theta \\ -\sin\theta\cos\varphi & \sin\theta\sin\varphi & \cos\theta \end{bmatrix}$
横俯偏角	横俯偏角转换为姿态矩阵： $\mathbf{RPY}(\psi,\ \theta,\ \varphi)=$ $\begin{bmatrix} \cos\psi\cos\theta & \cos\psi\sin\theta\sin\varphi-\sin\psi\cos\varphi & \cos\psi\sin\theta\cos\varphi+\sin\psi\sin\varphi \\ \sin\psi\cos\theta & \sin\psi\sin\theta\sin\varphi+\cos\psi\cos\varphi & \sin\psi\sin\theta\cos\varphi-\cos\psi\sin\varphi \\ -\sin\theta & \cos\theta\sin\varphi & \cos\theta\cos\varphi \end{bmatrix}$
转轴转角	转轴转角转换为姿态矩阵： $\mathbf{Rot}(f,\ \theta)=$ $\begin{bmatrix} f_x f_x(1-\cos\theta)+\cos\theta & f_y f_x(1-\cos\theta)-f_z\sin\theta & f_z f_x(1-\cos\theta)+f_y\sin\theta \\ f_x f_y(1-\cos\theta)+f_z\sin\theta & f_y f_y(1-\cos\theta)+\cos\theta & f_z f_y(1-\cos\theta)-f_x\sin\theta \\ f_x f_z(1-\cos\theta)-f_y\sin\theta & f_y f_z(1-\cos\theta)+f_x\sin\theta & f_z f_z(1-\cos\theta)+\cos\theta \end{bmatrix}$
四元数	四元数转换为转轴转角： $\theta=2\mathrm{atan2}(\sqrt{q_2^2+q_3^2+q_4^2},\ q_1)$ $\begin{cases} f_x=q_2/\sin(\theta/2) \\ f_y=q_3/\sin(\theta/2) \\ f_z=q_4/\sin(\theta/2) \end{cases}$ 转轴转角转换为四元数： $q=\begin{bmatrix} q_1 & q_2 & q_3 & q_4 \end{bmatrix}^{\mathrm{T}}=\begin{bmatrix} \cos(\theta/2) & f_x\sin(\theta/2) & f_y\sin(\theta/2) & f_z\sin(\theta/2) \end{bmatrix}^{\mathrm{T}}$

（3）位姿描述

刚体的位置与姿态简称为位姿。相对于参考坐标系 $\{A\}$，坐标系 $\{B\}$ 的原点位置和坐标轴的方位可以由位置矢量和旋转矩阵描述。刚体 B 在参考坐标系 $\{A\}$ 中的位姿利用坐标系 $\{B\}$ 描述，见式（6-2-13）。

$$\{B\} = \{^{A}R_{B} \quad ^{A}p_{B}\} \tag{6-2-13}$$

其中，$^{A}R_{B}$ 为表示刚体 B 相对于坐标系 $\{A\}$ 的姿态的旋转矩阵，$^{A}p_{B}$ 为坐标系 $\{B\}$ 的原点在坐标系 $\{A\}$ 中位置矢量。

当表示位置时，$^{A}R_{B}=I$。当表示方位时，$^{A}p_{B}=0$。

为便于运算，通常将式（6-2-13）写成齐次矩阵形式，见式（6-2-14）。

$$^{A}T_{B} = \begin{bmatrix} ^{A}R_{B} & ^{A}p_{B} \\ 0 & 1 \end{bmatrix} = \begin{bmatrix} n & o & a & p \\ 0 & 0 & 0 & 1 \end{bmatrix} = \begin{bmatrix} n_x & o_x & a_x & p_x \\ n_y & o_y & a_y & p_y \\ n_z & o_z & a_z & p_z \\ 0 & 0 & 0 & 1 \end{bmatrix} \tag{6-2-14}$$

位姿矢量也是较常用的位姿表示方式。例如，利用笛卡儿坐标位置与欧拉角表示的位姿矢量 $[p_x \quad p_y \quad p_z \quad \psi_u \quad \theta_u \quad \varphi_u]^T$，利用笛卡儿坐标位置与 RPY 角表示的位姿矢量 $[p_x \quad p_y \quad p_z \quad \psi_r \quad \theta_r \quad \varphi_r]^T$ 等。其中，为便于区分，这里利用 ψ_u、θ_u 和 φ_u 表示欧拉角，ψ_r、θ_r 和 φ_r 表示 RPY 角。

2.4.1.2 坐标变换

对于平移变换，其齐次变换可以表示为式（6-2-15）：

$$\mathbf{Trans}(a, b, c) = \begin{bmatrix} 1 & 0 & 0 & a \\ 0 & 1 & 0 & b \\ 0 & 0 & 1 & c \\ 0 & 0 & 0 & 1 \end{bmatrix} \tag{6-2-15}$$

式中，a、b、c 分别为平移变换沿 x、y、z 轴的平移量。

对于旋转变换，其齐次变换可以表示为式（6-2-16）。

$$\mathbf{Rot}(x, \theta) = \begin{bmatrix} 1 & 0 & 0 & 0 \\ 0 & \cos\theta & -\sin\theta & 0 \\ 0 & \sin\theta & \cos\theta & 0 \\ 0 & 0 & 0 & 1 \end{bmatrix}, \quad \mathbf{Rot}(y, \theta) = \begin{bmatrix} \cos\theta & 0 & \sin\theta & 0 \\ 0 & 1 & 0 & 0 \\ -\sin\theta & 0 & \cos\theta & 0 \\ 0 & 0 & 0 & 1 \end{bmatrix},$$

$$\mathbf{Rot}(z, \theta) = \begin{bmatrix} \cos\theta & -\sin\theta & 0 & 0 \\ \sin\theta & \cos\theta & 0 & 0 \\ 0 & 0 & 1 & 0 \\ 0 & 0 & 0 & 1 \end{bmatrix} \tag{6-2-16}$$

其中，$\mathbf{Rot}(x, \theta)$、$\mathbf{Rot}(y, \theta)$、$\mathbf{Rot}(z, \theta)$ 分别表示绕 x、y、z 轴旋转角度 θ 的纯旋转变换。

2.4.1.3 连杆变换矩阵

（1）D-H 参数

① 关节轴线　对于旋转关节，其转动轴的中心线作为关节轴线。对于平移关节，取移动方向的中心线作为关节轴线。

② 连杆参数　设第 i 个关节的轴线为 J_i，第 i 个连杆记为 C_i，见图 6-2-20。连杆参数定义如下：

a. 连杆长度　两个关节的关节轴线 J_i 与 J_{i+1} 的公垂线距离为连杆长度，记为 a_i；

　　b. 连杆扭转角　由 J_i 与公垂线组成平面 P，J_{i+1} 与平面 P 的夹角为连杆扭转角，记为 α_i；

　　c. 连杆偏移量　除第一和最后连杆外，中间连杆的两个关节轴线 J_i 与 J_{i+1} 都有一条公垂线 a_i，一个关节的相邻两条公垂线 a_i 与 a_{i-1} 的距离为连杆偏移量，记为 d_i；

　　d. 关节角　关节 J_i 的相邻两条公垂线 a_i 与 a_{i-1} 在以 J_i 为法线的平面上的投影的夹角为关节角，记为 θ_i。

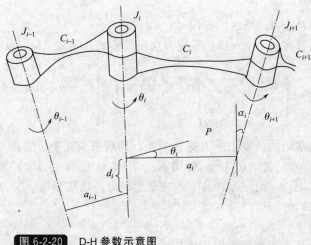

图 6-2-20　D-H 参数示意图

　　a_i、α_i、d_i、θ_i 这组参数称为 Denavit-Hartenberg（D-H）参数。在 4 个连杆参数中，需要特别注意连杆长度参数 a_i。a_i 是两个关节的关节轴线 J_i 与 J_{i+1} 的公垂线距离，不是第 i 个连杆 C_i 的长度。

　　对于平移关节，连杆参数中的连杆偏移量 d_i 是变量，其他 3 个参数是常数。对于旋转关节，连杆参数中的关节角 θ_i 是变量，其他 3 个参数是常数。在连杆的 4 个 D-H 参数中，除了关节对应的变量之外，其他参数是由连杆的机械属性所决定的，与建立的连杆坐标系有关，但不随关节的运动而变化。

（2）连杆坐标系

　　连杆坐标系的建立有多种方式。在每种方式中，具体的连杆坐标系根据连杆所处的位置而有所不同。下面介绍两种连杆坐标系的建立方式。

　　① 连杆坐标系建立于后关节轴线　对于相邻两个连杆 C_i 和 C_{i+1}，有 3 个关节，其关节轴线分别为 J_{i-1}、J_i 和 J_{i+1}，见图 6-2-21。在建立连杆坐标系时，首先选定坐标系的原点 O_i，然后选择 Z_i 轴和 X_i 轴，最后根据右手定则确定 Y_i 轴。

　　a. 中间连杆 C_i 坐标系的建立

　　原点 O_i　取关节轴线 J_i 与 J_{i+1} 的公垂线在 J_{i+1} 的交点为坐标系原点。

　　Z_i 轴　取 J_{i+1} 的方向为 Z_i 轴方向。

　　X_i 轴　取关节轴线 J_i 与 J_{i+1} 的公垂线指向 O_i 的方向为 X_i 轴方向。

　　Y_i 轴　根据右手定则，由 X_i 轴和 Z_i 轴确定 Y_i 轴的方向。

　　b. 第一连杆 C_1 坐标系的建立

　　原点 O_1　取基坐标系原点为坐标系原点。

　　Z_1 轴　取 J_1 的方向为 Z_1 轴方向。

　　X_1 轴　X_1 轴方向任意选取。

Y_1 轴　根据右手定则，由 X_1 轴和 Z_1 轴确定 Y_1 轴的方向。

c. 最后连杆 C_n 坐标系的建立　最后一个连杆一般是抓手，下面以抓手为例说明最后一个连杆的坐标系建立方法。

原点 O_n　取抓手末端中心点为坐标系原点。

Z_n 轴　取抓手的朝向，即指向被抓取物体的方向为 Z_n 轴方向。

X_n 轴　取抓手一个指尖到另一个指尖的方向为 X_n 轴方向。

Y_n 轴　根据右手定则，由 X_n 轴和 Z_n 轴确定 Y_n 轴的方向。

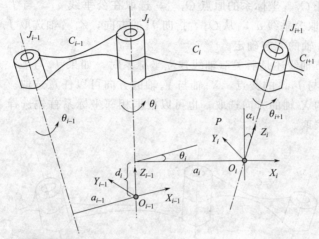

图 6-2-21　连杆坐标系建立于后关节轴线上的示意图

图 6-2-21 给出了在后关节轴线上建立连杆坐标系的示意图。连杆 C_i 坐标系的原点 O_i，选取在公垂线 a_i 与 J_{i+1} 的交点处。C_i 坐标系的 X_i 轴，选取公垂线 a_i 指向 O_i 的方向。C_i 坐标系的 Z_i 轴，选取 J_{i+1} 的方向。C_i 坐标系的 Y_i 轴，根据 X_i 轴和 Z_i 轴的方向利用右手定则确定。同理，连杆 C_{i-1} 坐标系的原点 O_{i-1}，选取在公垂线 a_{i-1} 与 J_i 的交点处。C_{i-1} 坐标系的 X_{i-1} 轴选取公垂线 a_{i-1} 指向 O_{i-1} 的方向，Z_{i-1} 轴选取 J_i 的方向，Y_{i-1} 轴根据 X_{i-1} 轴和 Z_{i-1} 轴的方向确定。

② 连杆坐标系建立于前关节轴线　对于相邻两个连杆 C_i 和 C_{i+1}，有 3 个关节，其关节轴线分别为 J_{i-1}、J_i 和 J_{i+1}。在建立连杆坐标系时，首先选定坐标系的原点 O_i，然后选择 Z_i 轴和 X_i 轴，最后根据右手定则确定 Y_i 轴。

a. 中间连杆 C_i 坐标系的建立

原点 O_i　取关节轴线 J_i 与 J_{i+1} 的公垂线在 J_i 的交点为坐标系原点。

Z_i 轴　取 J_i 的方向为 Z_i 轴方向。

X_i 轴　取关节轴线 J_i 与 J_{i+1} 的公垂线从 O_i 指向 J_{i+1} 的方向为 X_i 轴方向。

Y_i 轴　根据右手定则，由 X_i 轴和 Z_i 轴确定 Y_i 轴的方向。

b. 第一连杆 C_1 坐标系的建立

原点 O_1　取基坐标系原点为坐标系原点。

Z_1 轴　取 J_1 的方向为 Z_1 轴方向。

X_1 轴　X_1 轴方向任意选取。

Y_1 轴　根据右手定则，由 X_1 轴和 Z_1 轴确定 Y_1 轴的方向。

c. 最后连杆 C_n 坐标系的建立。最后一个连杆一般是抓手，下面以抓手为例说明最后一个连杆的坐标系建立方法。

原点 O_n　取抓手末端中心点为坐标系原点。

Z_n 轴　取抓手的朝向，即指向被抓取物体的方向为 Z_n 轴方向。

X_n 轴　取抓手一个指尖到另一个指尖的方向为 X_n 轴方向。

Y_n 轴　根据右手定则，由 X_n 轴和 Z_n 轴确定 Y_n 轴的方向。

图 6-2-22 给出了在前关节轴线上建立连杆坐标系的示意图。连杆 C_i 坐标系的原点 O_i，选取在公垂线 a_i 与 J_i 的交点处。C_i 坐标系的 X_i 轴，选取公垂线 a_i 从 O_i 指向 J_{i+1} 的方向。C_i 坐标系的 Z_i 轴，选取 J_i 的方向。C_i 坐标系的 Y_i 轴，根据 X_i 轴和 Z_i 轴的方向利用右手定则确定。同理，连杆 C_{i-1} 坐标系的原点 O_{i-1}，选取在公垂线 a_{i-1} 与 J_{i-1} 的交点处。C_{i-1} 坐标系的 X_{i-1} 轴选取公垂线 a_{i-1} 从 O_{i-1} 指向 J_i 的方向，Z_{i-1} 轴选取 J_{i-1} 的方向，Y_{i-1} 轴根据 X_{i-1} 轴和 Z_{i-1} 轴的方向确定。

无论是在前关节轴线还是后关节轴线建立坐标系时，如果 J_i 与 J_{i+1} 轴相交，那么原点 O_i 选取关节轴线 J_i 与 J_{i+1} 的交点，X_i 轴与 Y_i 轴的方向可以任意选取。一般地，X_i 轴的方向根据相邻坐标系的 X 轴的方向选取，也可以根据相邻坐标系首先选择 Y_i 轴的方向，以方便连杆变换矩阵的求取。

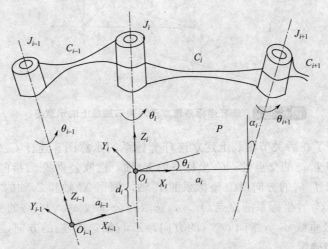

图 6-2-22　连杆坐标系建立于前关节轴线上的示意图

(3) 连杆变换矩阵

对于在后关节轴线建立的连杆坐标系，C_{i-1} 连杆的坐标系经过两次旋转和两次平移可以变换到 C_i 连杆的坐标系，参见图 6-2-21 和图 6-2-23。这 4 次变换分别如下。

① 第一次　以 Z_{i-1} 轴为转轴，旋转 θ_i 角度，使新的 X_{i-1} 轴与 X_i 轴同向。变换后的 C_{i-1} 连杆坐标系见图 6-2-23（a）。

② 第二次　沿 Z_{i-1} 轴平移 d_i，使新的 O_{i-1} 移动到关节轴线 J_i 与 J_{i+1} 的公垂线与 J_i 的交点。变换后的 C_{i-1} 连杆坐标系见图 6-2-23（b）。

③ 第三次：沿新的 X_{i-1} 轴（X_i 轴）平移 a_i，使新的 O_{i-1} 移动到 O_i。变换后的 C_{i-1} 连杆坐标系见图 6-2-23（c）。

④ 第四次：以 X_i 轴为转轴，旋转 α_i 角度，使新的 Z_{i-1} 轴与 Z_i 轴同向。变换后的 C_{i-1} 连杆坐标系见图 6-2-23（d）。

至此，坐标系 $O_{i-1}X_{i-1}Y_{i-1}Z_{i-1}$ 与坐标系 $O_iX_iY_iZ_i$ 已经完全重合。这种关系可以用连杆 C_{i-1} 到连杆 C_i 的 4 个齐次变换来描述。这 4 个齐次变换构成的总变换矩阵（D-H 矩阵）见式（6-2-17）。

$$A_i = \text{Rot}(z, \theta_i) \text{Trans}(0, 0, d_i) \text{Trans}(a_i, 0, 0) \text{Rot}(x, \alpha_i)$$

$$= \begin{bmatrix} \cos\theta_i & -\sin\theta_i\cos\alpha_i & \sin\theta_i\sin\alpha_i & a_i\cos\theta_i \\ \sin\theta_i & \cos\theta_i\cos\alpha_i & -\cos\theta_i\sin\alpha_i & a_i\sin\theta_i \\ 0 & \sin\alpha_i & \cos\alpha_i & d_i \\ 0 & 0 & 0 & 1 \end{bmatrix} \tag{6-2-17}$$

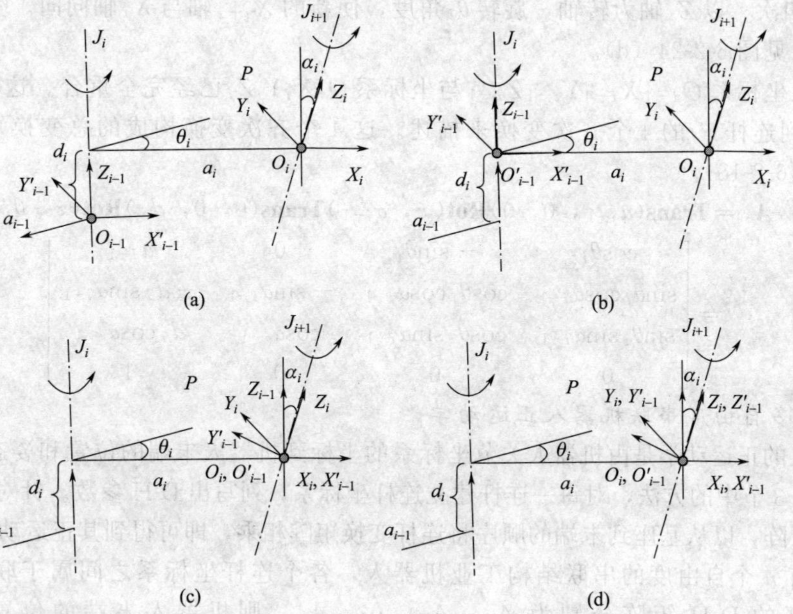

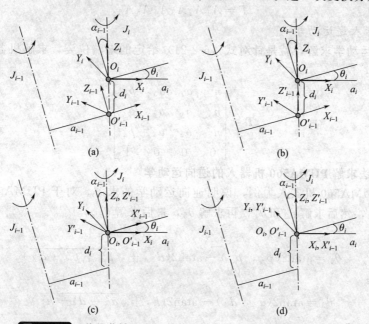

图 6-2-23 后关节轴线连杆坐标系的连杆坐标变换示意图

同理，对于在前关节轴线建立的连杆坐标系，C_{i-1} 连杆的坐标系经过两次旋转和两次平移可以变换到 C_i 连杆的坐标系，参见图 6-2-22 和图 6-2-24。这 4 次变换分别如下。

图 6-2-24 前关节轴线坐标系的连杆坐标变换示意图

① 第一次 沿 X_{i-1} 轴平移 a_{i-1}，将 O_{i-1} 移动到 O'_{i-1}。变换后的 C_{i-1} 连杆坐标系见图 6-2-24（a）。

② 第二次 以 X_{i-1} 轴为转轴，旋转 α_{i-1} 角度，使新的 Z_{i-1} 轴与 Z_i 轴同向。变换后的 C_{i-1} 连杆坐标系见图 6-2-24（b）。

③ 第三次 沿 Z_i 轴平移 d_i，使 O'_{i-1} 移动 O_i。变换后的 C_{i-1} 连杆坐标系见图 6-2-24（c）。

④ 第四次 以 Z_i 轴为转轴，旋转 θ_i 角度，使新的 X_{i-1} 轴与 X_i 轴同向。变换后的 C_{i-1} 连杆坐标系见图 6-2-24（d）。

至此，坐标系 $O_{i-1}X_{i-1}Y_{i-1}Z_{i-1}$ 与坐标系 $O_iX_iY_iZ_i$ 已经完全重合。这种关系可以用连杆 C_{i-1} 到连杆 C_i 的 4 个齐次变换来描述。这 4 个齐次变换构成的总变换矩阵（D-H 矩阵）见式（6-2-18）。

$$A_i = \mathbf{Trans}(a_{i-1}, 0, 0)\mathbf{Rot}(x, \alpha_{i-1})\mathbf{Trans}(0, 0, d_i)\mathbf{Rot}(z, \theta_i)$$

$$= \begin{bmatrix} \cos\theta_i & -\sin\theta_i & 0 & a_{i-1} \\ \sin\theta_i\cos\alpha_{i-1} & \cos\theta_i\cos\alpha_{i-1} & -\sin\alpha_{i-1} & -d_i\sin\alpha_{i-1} \\ \sin\theta_i\sin\alpha_{i-1} & \cos\theta_i\sin\alpha_{i-1} & \cos\alpha_{i-1} & d_i\cos\alpha_{i-1} \\ 0 & 0 & 0 & 1 \end{bmatrix} \tag{6-2-18}$$

2.4.1.4 多自由度串联机器人正运动学

机器人的正运动学是由机器人关节坐标系的坐标到机器人末端的位置和姿态之间的映射。按照 2.4.1.3 节中的方法，对每一连杆建立连杆坐标系，列写出 D-H 参数。针对每一连杆求出连杆变换矩阵，以从基座到末端的顺序将连杆变换矩阵相乘，即可得到其正运动学。

对于有 n 个自由度的串联结构工业机器人，各个连杆坐标系之间属于联体坐标关系。若各个连杆的 D-H 矩阵分别为 A_1，A_2，…，A_n，则机器人末端的位置和姿态可由式（6-2-19）求取：

$$T = A_1A_2A_3\cdots A_n \tag{6-2-19}$$

6 自由度机器人由 6 个连杆构成，其机器人正运动学方程见式（6-2-20）：

$$T = A_1A_2A_3A_4A_5A_6 \tag{6-2-20}$$

2.4.1.5 机器人逆运动学

所谓逆向运动学求解，就是针对式（6-2-21）给定的末端位姿，求解机器人各个关节的关节角 $\theta_1 \sim \theta_6$：

$$T = \begin{bmatrix} n_x & o_x & a_x & p_x \\ n_y & o_y & a_y & p_y \\ n_z & o_z & a_z & p_z \\ 0 & 0 & 0 & 1 \end{bmatrix} \tag{6-2-21}$$

(1) 解析法求解 PUMA560 机器人的逆向运动学[9]

下面以 PUMA560 机器人为例，说明逆向运动学的求解。对于 PUMA560 机器人，首先求解 θ_1 和 θ_3，然后求解 θ_2 和 θ_4，再求解 θ_5，最后求解 θ_6。

① 求取 θ_1

$$\theta_1 = \mathrm{atan2}(p_y, p_x) - \mathrm{atan2}(d_2, \pm\sqrt{p_x^2 + p_y^2 - d_2^2}) \tag{6-2-22}$$

② 求取 θ_3

$$\theta_3 = \mathrm{atan2}(a_3, d_4) - \mathrm{atan2}(k, \pm\sqrt{a_3^2 + d_4^2 - k^2}) \tag{6-2-23}$$

③ 求取 θ_2

$$\theta_2 = \mathrm{atan2}[(-a_3 - a_2\cos\theta_3)p_z + (\cos\theta_1 p_x + \sin\theta_1 p_y)(a_2\sin\theta_3 - d_4),$$

$$(-d_4-a_2\sin\theta_3)p_z-(\cos\theta_1 p_x+\sin\theta_1 p_y)(-a_2\cos\theta_3-a_3)]-\theta_3 \qquad (6\text{-}2\text{-}24)$$

由于 θ_1 和 θ_3 各有两组解，所以 θ_2 具有 4 组解。

④ 求取 θ_4

当 $\sin\theta_5\neq0$ 时，由式（6-2-25）可以获得 θ_4 的两组解：

$$\begin{cases}\theta_{41}=\mathrm{atan2}\,[-\sin\theta_1 a_x+\cos\theta_1 a_y,\ -\cos\theta_1\cos(\theta_2+\theta_3)a_x\\ \qquad\quad -\sin\theta_1\cos(\theta_2+\theta_3)a_y+\sin(\theta_2+\theta_3)a_z]\\ \theta_{42}=\theta_{41}+\pi\end{cases} \qquad (6\text{-}2\text{-}25)$$

当 $\theta_5=0$ 时，有无穷多组 θ_4、θ_6 构成同一位姿，即逆运动学求解会有无穷多组解。

⑤ 求取 θ_5

$$\begin{aligned}\theta_5=\mathrm{atan2}\{&-[\cos\theta_1\cos(\theta_2+\theta_3)\cos\theta_4+\sin\theta_1\sin\theta_4]a_x\\ &-[\sin\theta_1\cos(\theta_2+\theta_3)\cos\theta_4-\cos\theta_1\sin\theta_4]a_y\\ &+\sin(\theta_2+\theta_3)\cos\theta_4 a_z-\cos\theta_1\sin(\theta_2+\theta_3)a_x\\ &-\sin\theta_1\sin(\theta_2+\theta_3)a_y-\cos(\theta_2+\theta_3)a_z\}\end{aligned} \qquad (6\text{-}2\text{-}26)$$

⑥ 求取 θ_6

$$\begin{aligned}\theta_6=\mathrm{atan2}\{&-[\cos\theta_1\cos(\theta_2+\theta_3)\sin\theta_4-\sin\theta_1\cos\theta_4]n_x\\ &-[\sin\theta_1\cos(\theta_2+\theta_3)\sin\theta_4+\cos\theta_1\cos\theta_4]n_y+\sin(\theta_2+\theta_3)\sin\theta_4 n_z,\\ &[\cos\theta_1\cos(\theta_2+\theta_3)\cos\theta_4+\sin\theta_1\sin\theta_4]\cos\theta_5 n_x-\cos\theta_1\sin(\theta_2+\theta_3)\sin\theta_5 n_x\\ &+[\sin\theta_1\cos(\theta_2+\theta_3)\cos\theta_4-\cos\theta_1\sin\theta_4]\cos\theta_5 n_y-\sin\theta_1\sin(\theta_2+\theta_3)\sin\theta_5 n_y\\ &-[\sin(\theta_2+\theta_3)\cos\theta_4\cos\theta_5+\cos(\theta_2+\theta_3)\sin\theta_5]n_z\}\end{aligned} \qquad (6\text{-}2\text{-}27)$$

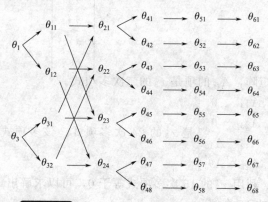

图 6-2-25　PUMA 机器人的逆向运动学解图

PUMA 机器人的逆向运动学共有 8 组解，其解图见图 6-2-25。由于机械约束，这 8 组解中部分解处于机器人的不可达空间。在实际应用中，根据机器人的实际可达空间以及机器人当前的运动情况，确定所需要的逆向运动学的解。

（2）投影法与解析法结合

几何投影法比较直观，计算量较小，但要求最后三轴交于一点，而且未考虑机器人末端工具的位姿。另外，几何投影法对奇异位姿的处理困难。解析法通用性较强，但计算量较大，用于机器人实时控制时影响控制的实时性。鉴于工业机器人的奇异位姿一般发生于 $\theta_5=0$ 时，因此，可以利用投影法求解 $\theta_1\sim\theta_3$，利用解析法求解 $\theta_4\sim\theta_6$。

利用 $T_5=T_6 A_6^{-1}$ 将机器人末端位姿 T_6 投影到 T_5 后，再将工业机器人的 $O_5 X_5 Y_5 Z_5$ 投影到基坐标系的 $X\text{-}Y$ 平面。于是，由 T_5 的（P_x，P_y）可以求出第 1 个关节的旋转角 θ_1。θ_1 有两种情况，当机器人为前臂和后臂时，θ_1 相差 π。

在基坐标系的 X-Y 平面中，坐标原点到 $(P_x，P_y)$ 点构成矢量 $\boldsymbol{r}$，其模 $r=\|\boldsymbol{r}\|=\sqrt{P_x^2+P_y^2}$。将 $O_5X_5Y_5Z_5$ 投影到 $\boldsymbol{r}$ 和基坐标系的 Z 轴构成的平面，针对前臂和后臂时的情况，分别利用 r 和 p_z 建立两组方程，可以方便的求解出 θ_2 和 θ_3。

在投影法求解得到 $\theta_1\sim\theta_3$ 以后，利用上述解析法求解 $\theta_4\sim\theta_6$。

（3）通用 6 自由度机器人的逆运动学求解[10,11]

在后关节轴线建立的连杆坐标系，获得机器人各个连杆的连杆变换矩阵，得到机器人的运动学方程。令

$$\sin\theta_i=\frac{2x_i}{1+x_i^2},\ \cos\theta_i=\frac{1-x_i^2}{1+x_i^2},\ x_i=\tan\left(\frac{\theta_i}{2}\right)$$

经过方程变换和整理可以得到 12 个方程，写为式（6-2-28）。

$$\begin{bmatrix}A_{11} & A_{12} & A_{13} & 0\\A_{21} & A_{22} & A_{23} & 0\\0 & A_{11} & A_{12} & A_{13}\\0 & A_{21} & A_{22} & A_{23}\end{bmatrix}\begin{bmatrix}x_4^3x_5^2\\x_4^3x_5\\x_4^3\\x_4^2x_5^2\\x_4^2x_5\\x_4^2\\x_4x_5^2\\x_4x_5\\x_4\\x_5^2\\x_5\\1\end{bmatrix}=0 \tag{6-2-28}$$

其中，A_{ij} 是 3×3 矩阵，A_{ij} 的项是 x_3 的二次多项式。

行列式 $\begin{vmatrix}A_{11} & A_{12} & A_{13} & 0\\A_{21} & A_{22} & A_{23} & 0\\0 & A_{11} & A_{12} & A_{13}\\0 & A_{21} & A_{22} & A_{23}\end{vmatrix}$ 是 x_3 的 24 次多项式。该多项式除以 $(1+x_3^2)^4$，其结果为 x_3 的 16 次多项式。利用 x_3 的 16 次多项式等于 0，可以求解出 x_3 的 16 个根，这 16 个根对应于逆运动学中 θ_3 的 16 个解。

将 x_3 的值代入式（6-2-28），改写后得到方程（6-2-29）：

$$\boldsymbol{C}\begin{bmatrix}x_5^2\\x_5\\1\end{bmatrix}=0 \tag{6-2-29}$$

其中，$\boldsymbol{C}$ 是 6×3 矩阵，$\boldsymbol{C}$ 的项是有 x_4 的二次多项式。

利用矩阵 $\boldsymbol{C}$ 的 3×3 子块的行列式为 0，可以求解出 x_4 的 6 个候选解。选择 x_4 的实数根，求解出 θ_4 的解。将 x_4 的实数根代入式（6-2-28），利用其第一式求解出 x_5 的解，进而得到 θ_5 的解。

计算得到 $\theta_3\sim\theta_5$ 以后，参考上述解析法求解 θ_1、θ_2、θ_6。

2.4.1.6　微分运动

机器人的微分变换，是指机器人末端坐标系或基坐标系的微小平移和旋转运动导致的末端位姿的变化。机器人关节空间的微小变化与机器人末端坐标系的微小变化之间的关系，称

为机器人的微分运动，主要用于机器人末端在笛卡儿空间的速度控制。

(1) 微分变换

① 基坐标系下的微分变换　基坐标系下的微分变换，是指相对于基坐标系微小运动导致的机器人末端的位姿变化。假设 $\boldsymbol{\Delta}$ 为微分变换，则可以表示为式 (6-2-30)：

$$\boldsymbol{\Delta} = \begin{bmatrix} 0 & -\delta_z & \delta_y & d_x \\ \delta_z & 0 & -\delta_x & d_y \\ -\delta_y & \delta_x & 0 & d_z \\ 0 & 0 & 0 & 0 \end{bmatrix} \tag{6-2-30}$$

式中，δ_x、δ_y、δ_z 为微分旋转矢量的 3 个分量，见式 (6-2-31)。微分平移矢量和微分旋转矢量见式 (6-2-32)：

$$\begin{cases} \delta_x = f_x \mathrm{d}\theta \\ \delta_y = f_y \mathrm{d}\theta \\ \delta_z = f_z \mathrm{d}\theta \end{cases} \tag{6-2-31}$$

$$\begin{cases} \boldsymbol{d} = d_x \boldsymbol{i} + d_y \boldsymbol{j} + d_z \boldsymbol{k} \\ \boldsymbol{\delta} = \delta_x \boldsymbol{i} + \delta_y \boldsymbol{j} + \delta_z \boldsymbol{k} \end{cases} \tag{6-2-32}$$

② 联体坐标系下的微分变换　联体坐标系下的微分变换，是指相对于机器人末端坐标系的微小运动导致的机器人末端的位姿变化。$^\mathrm{T}\boldsymbol{\Delta}$ 为联体坐标系下的微分变换，表示为式(6-2-33)：

$$^\mathrm{T}\boldsymbol{\Delta} = \begin{bmatrix} 0 & -^\mathrm{T}\delta_z & ^\mathrm{T}\delta_y & ^\mathrm{T}d_x \\ ^\mathrm{T}\delta_z & 0 & -^\mathrm{T}\delta_x & ^\mathrm{T}d_y \\ -^\mathrm{T}\delta_y & ^\mathrm{T}\delta_x & 0 & ^\mathrm{T}d_z \\ 0 & 0 & 0 & 0 \end{bmatrix} \tag{6-2-33}$$

式中，δ_x、δ_y、δ_z 为联体坐标系下的微分旋转矢量的 3 个分量，见式 (6-2-34)。联体坐标系下的微分平移矢量和微分旋转矢量见式 (6-2-35)：

$$\begin{cases} ^\mathrm{T}\delta_x = {}^\mathrm{T}f_x^\mathrm{T} \mathrm{d}\theta \\ ^\mathrm{T}\delta_y = {}^\mathrm{T}f_y^\mathrm{T} \mathrm{d}\theta \\ ^\mathrm{T}\delta_z = {}^\mathrm{T}f_z^\mathrm{T} \mathrm{d}\theta \end{cases} \tag{6-2-34}$$

$$\begin{cases} ^\mathrm{T}\boldsymbol{d} = {}^\mathrm{T}d_x \boldsymbol{i} + {}^\mathrm{T}d_y \boldsymbol{j} + {}^\mathrm{T}d_z \boldsymbol{k} \\ ^\mathrm{T}\boldsymbol{\delta} = {}^\mathrm{T}\delta_x \boldsymbol{i} + {}^\mathrm{T}\delta_y \boldsymbol{j} + {}^\mathrm{T}\delta_z \boldsymbol{k} \end{cases} \tag{6-2-35}$$

③ 微分变换的等价变换　微分变换的等价变换，是联体坐标系下的微分变换与基坐标系下的微分变换之间的关系。具体而言，对于机器人末端的相同位姿变化，微分变换的等价变换是从在基坐标系下的微分运动到在联体坐标下的微分运动的转换。

微分运动量之间的等价关系可以表示成矩阵形式：

$$\begin{bmatrix} ^\mathrm{T}d_x \\ ^\mathrm{T}d_y \\ ^\mathrm{T}d_z \\ ^\mathrm{T}\delta_x \\ ^\mathrm{T}\delta_y \\ ^\mathrm{T}\delta_z \end{bmatrix} = \begin{bmatrix} n_x & n_y & n_z & (p \times n)_x & (p \times n)_y & (p \times n)_z \\ o_x & o_y & o_z & (p \times o)_x & (p \times o)_y & (p \times o)_z \\ a_x & a_y & a_z & (p \times a)_x & (p \times a)_z & (p \times a)_z \\ 0 & 0 & 0 & n_x & n_y & n_z \\ 0 & 0 & 0 & o_x & o_y & o_z \\ 0 & 0 & 0 & a_x & a_y & a_z \end{bmatrix} \begin{bmatrix} d_x \\ d_y \\ d_z \\ \delta_x \\ \delta_y \\ \delta_z \end{bmatrix}$$

$$\Rightarrow \begin{bmatrix} ^\mathrm{T}d \\ ^\mathrm{T}\delta \end{bmatrix} = \begin{bmatrix} R^\mathrm{T} & -R^\mathrm{T}S(p) \\ 0 & R^\mathrm{T} \end{bmatrix} \begin{bmatrix} d \\ \delta \end{bmatrix} \tag{6-2-36}$$

其中，$\boldsymbol{R} = \begin{bmatrix} n_x & o_x & a_x \\ n_y & o_y & a_y \\ n_z & o_z & a_z \end{bmatrix}$，$\boldsymbol{S}(p) = \begin{bmatrix} 0 & -p_z & p_y \\ p_z & 0 & -p_x \\ -p_y & p_x & 0 \end{bmatrix}$。

同样，容易导出末端微分运动与在基坐标系下微分运动的等价关系：

$$
\begin{bmatrix} d_x \\ d_y \\ d_z \\ \delta_x \\ \delta_y \\ \delta_z \end{bmatrix} = \begin{bmatrix} n_x & o_x & a_x & (p \times n)_x & (p \times o)_x & (p \times a)_x \\ n_y & o_y & a_y & (p \times n)_y & (p \times o)_y & (p \times a)_y \\ n_z & o_z & a_z & (p \times n)_z & (p \times o)_z & (p \times a)_z \\ 0 & 0 & 0 & n_x & o_x & a_x \\ 0 & 0 & 0 & n_y & o_y & a_y \\ 0 & 0 & 0 & n_z & o_z & a_z \end{bmatrix} \begin{bmatrix} {}^Td_x \\ {}^Td_y \\ {}^Td_z \\ {}^T\delta_x \\ {}^T\delta_y \\ {}^T\delta_z \end{bmatrix} \tag{6-2-37}
$$

④ 微分运动的性质　在忽略高阶无穷小的前提下，微小平移和微小旋转之间与变换顺序无关。换言之，在忽略高次项的前提下，微分变换与次序无关，即微分变换具有无序性。

(2) 雅可比矩阵

机械手的笛卡儿空间运动速度与关节空间运动速度之间的变换，称之为雅可比矩阵（Jacobian matrix）。雅可比矩阵是关节空间速度向笛卡儿空间速度的传动比，因此，利用雅可比矩阵可以实现机器人在笛卡儿空间的速度控制。

对于转动关节，如图 6-2-26 中的第 i 个关节，其关节运动在连杆坐标系中是绕 z_i 轴的旋转，因此，其微分平移运动量为 0，只有微分旋转矢量的 z_i 轴分量不为 0，转动关节的微分平移和微分旋转矢量可表示为式（6-2-38）。

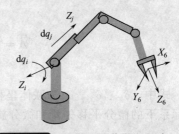

图 6-2-26　机器人关节微小运动

$$
\boldsymbol{d} = \begin{bmatrix} 0 \\ 0 \\ 0 \end{bmatrix}, \quad \boldsymbol{\delta} = \begin{bmatrix} 0 \\ 0 \\ 1 \end{bmatrix} dq_i \tag{6-2-38}
$$

对于转动关节的第 i 连杆，其 Jacobian 矩阵的列向量为：

$$
\boldsymbol{J}_i = [(p \times n)_z \quad (p \times o)_z \quad (p \times a)_z \quad n_z \quad o_z \quad a_z]^T \tag{6-2-39}
$$

对于平移关节，如图 6-2-26 中的第 j 个关节，其关节运动在连杆坐标系中是沿 z_j 轴的平移。因此，其微分旋转矢量为 0，只有微分平移运动量的 z_j 轴分量 dq_j 不为 0。对于平移关节的第 j 连杆，其 Jacobian 矩阵的列向量为：

$$
\boldsymbol{J}_j = [n_z \quad o_z \quad a_z \quad 0 \quad 0 \quad 0]^T \tag{6-2-40}
$$

利用上述方法得到的 Jacobian 矩阵的列向量，代表了关节坐标矢量的一个分量的微分运动量与机器人末端坐标系的广义位置矢量的微分运动量之间的关系，因此，分别利用式（6-2-39）和式（6-2-40）求取旋转关节和平移关节到机器人末端的 Jacobian 矩阵的列向量时，需要首先求取该关节到机器人末端的变换矩阵。

机器人的雅可比矩阵求取关系图如图 6-2-27 所示，其求解步骤如下：

① 计算各个连杆间的变换矩阵 A_1，A_2，$\cdots$，A_n；

② 计算各个连杆到末端连杆的变换矩阵 ${}^{n-1}T_n$，${}^{n-2}T_n$，$\cdots$，${}^0T_n$；

③ 计算 $J(q)$ 的各列元素。根据关节 i 是移动关节或者转动关节，由 ${}^iT_n$ 计算 J_i 列。

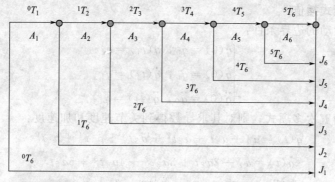

第 6 篇

图 6-2-27　6 自由度机器人雅可比矩阵的求取关系图

2.4.2　工业机器人运动规划

2.4.2.1　关节空间运动规划

关节运动规划，即关节运动位置的插值。针对给定关节空间的起始位置和目标位置，通过插值计算中间时刻的关节位置。

(1) 三次多项式插值

机器人关节运动的边界条件：

$$\begin{cases} q(0)=q_0, \ q(t_f)=q_f \\ \dot{q}(0)=0, \ \dot{q}(t_f)=0 \end{cases} \tag{6-2-41}$$

令关节位置为三次多项式，则对其求一阶导数得到关节速度：

$$q(t)=a_0+a_1t+a_2t^2+a_3t^3 \tag{6-2-42}$$

$$\dot{q}(t)=a_1+2a_2t+3a_3t^2 \tag{6-2-43}$$

方程系数 $a_0 \sim a_3$ 为：

$$\begin{cases} a_0=q_0 \\ a_1=0 \\ a_2=\dfrac{3}{t_f^2}(q_f-q_0) \\ a_3=-\dfrac{2}{t_f^3}(q_f-q_0) \end{cases} \tag{6-2-44}$$

(2) 过路径点的三次多项式插值

机器人关节运动的边界条件：

$$\begin{cases} q(0)=q_0, \ q(t_f)=q_f \\ \dot{q}(0)=\dot{q}_0, \ \dot{q}(t_f)=\dot{q}_f \end{cases} \tag{6-2-45}$$

所谓过路径点的三次多项式插值，是指起点与终点关节速度不为 0 时，利用三次多项式进行的插值。

方程系数 $a_0 \sim a_3$ 为：

$$\begin{cases} a_0=q_0 \\ a_1=\dot{q}_0 \\ a_2=\dfrac{3}{t_f^2}(q_f-q_0)-\dfrac{2}{t_f}\dot{q}_0-\dfrac{1}{t_f}\dot{q}_f \\ a_3=-\dfrac{2}{t_f^3}(q_f-q_0)+\dfrac{1}{t_f^2}(\dot{q}_f+\dot{q}_0) \end{cases} \tag{6-2-46}$$

(3) 高阶多项式插值

机器人关节运动的边界条件：

$$\begin{cases} q(0)=q_0, \ q(t_f)=q_f \\ \dot{q}(0)=\dot{q}_0, \ \dot{q}(t_f)=\dot{q}_f \\ \ddot{q}(0)=\ddot{q}_0, \ \ddot{q}(t_f)=\ddot{q}_f \end{cases} \tag{6-2-47}$$

令关节位置为五次多项式，则对其求导数得到关节速度和加速度：

$$q(t)=a_0+a_1t+a_2t^2+a_3t^3+a_4t^4+a_5t^5 \tag{6-2-48}$$

$$\dot{q}(t)=a_1+2a_2t+3a_3t^2+4a_4t^3+5a_5t^4 \tag{6-2-49}$$

$$\ddot{q}(t)=2a_2+6a_3t+12a_4t^2+20a_5t^3 \tag{6-2-50}$$

方程系数 $a_0 \sim a_5$ 为：

$$\begin{cases} a_0=q_0 \\ a_1=\dot{q}_0 \\ a_2=\dfrac{\ddot{q}_0}{2} \\ a_3=\dfrac{20q_f-20q_0-(8\dot{q}_f+12\dot{q}_0)t_f-(3\ddot{q}_0-\ddot{q}_f)t_f^2}{2t_f^3} \\ a_4=\dfrac{-30q_f+30q_0+(14\dot{q}_f+16\dot{q}_0)t_f+(3\ddot{q}_0-2\ddot{q}_f)t_f^2}{2t_f^4} \\ a_5=\dfrac{12q_f-12q_0-(6\dot{q}_f+6\dot{q}_0)t_f-(\ddot{q}_0-\ddot{q}_f)t_f^2}{2t_f^5} \end{cases} \tag{6-2-51}$$

(4) 用抛物线过渡的线性插值

如图 6-2-28 所示，利用抛物线过渡的两端是对称的，即起始段的过渡时刻为 t_b，结束段的过渡时刻为 t_f-t_b。当 $\ddot{q}=4(q_f-q_0)/t_f^2$ 时，$t_b=t_f/2$，无直线段。加速度越大，抛物线过渡段越短。另外，为了保证有直线段，加速度也不应太小，应保证 $\ddot{q} \geqslant 4(q_f-q_0)/t_f^2$。路径轨迹见式（6-2-52）。

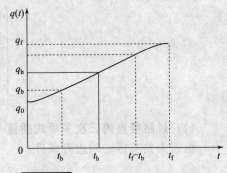

图 6-2-28 抛物线过渡的线性插值

$$q(t)=\begin{cases} q_0+\dfrac{1}{2}\ddot{q}t^2, \ 0 \leqslant t < t_b \\ q_b+\ddot{q}t_b(t-t_b), \ t_b \leqslant t \leqslant t_f-t_b \\ q_f-\dfrac{1}{2}\ddot{q}(t_f-t_b)^2, \ t_f-t_b < t \leqslant t_f \end{cases}$$

$$\tag{6-2-52}$$

$$t_b=\frac{t_f}{2}-\frac{\sqrt{\ddot{q}^2t_f^2-4\ddot{q}(q_f-q_0)}}{2\ddot{q}} \tag{6-2-53}$$

(5) 过路径点的抛物线过渡线性插值

如图 6-2-29 所示，利用抛物线过渡折线路径点的线性插值，将相邻路径点利用直线连接，而在路径点附近利用抛物线过渡。

对于给定的路径点 q_j 和 q_k，持续时间为 t_{jk}，加速度的绝对值为 $\ddot{q}$，计算过渡域的持续

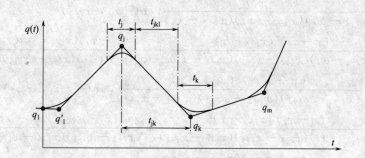

图 6-2-29 抛物线过渡折线路径点的线性插值

时间 t_j 和 t_k。下面针对过渡域时间的求取，分为第一路径段、中间路径段和最后路径段三种情况，分别进行讨论。

对于中间路径段，抛物线段的过渡时间与直线段的运动时间计算如下：

$$\begin{cases} t_k = \dfrac{\dot{q}_{km} - \dot{q}_{jk}}{\ddot{q}_k} \\ t_{jkl} = t_{jk} - \dfrac{1}{2} t_j - \dfrac{1}{2} t_k \end{cases} \tag{6-2-54}$$

式中，$\dot{q}_{km}$ 是路径点 q_k 和 q_m 之间直线段的速度；t_{jkl} 为路径点 q_j 和 q_k 之间直线段的运动时间。

对于第一路径段，抛物线段的过渡时间与直线段的运动时间计算如下：

$$\begin{cases} t_1 = t_{12} - \sqrt{\ddot{q}_1^2 t_{12}^2 - 2\ddot{q}_1 (q_2 - q_1)} / \ddot{q}_1 \\ t_{12l} = t_{12} - t_1 - t_2/2 \end{cases} \tag{6-2-55}$$

其中，t_{12l} 为路径点 q_1 和 q_2 之间直线段的运动时间。

对于最后路径段，抛物线段的过渡时间与直线段的运动时间计算如下：

$$\begin{cases} t_n = t_{(n-1)n} - \sqrt{\ddot{q}_n^2 t_{(n-1)n}^2 - 2\ddot{q}_n (q_n - q_{n-1})} / \ddot{q}_n \\ t_{(n-1)nl} = t_{(n-1)n} - t_{n-1} - t_n/2 \end{cases} \tag{6-2-56}$$

其中，$t_{(n-1)nl}$ 为路径点 q_{n-1} 和 q_n 之间直线段的运动时间。

(6) B 样条插值

一次、二次和三次 B 样条函数，见式（6-2-57）～式（6-2-59）。

$$N_{i,1}(x) = \begin{cases} \dfrac{x - x_i}{x_{i+1} - x_i}, & x \in [x_i, \ x_{i+1}) \\ \dfrac{x_{i+2} - x}{x_{i+2} - x_{i+1}}, & x \in [x_{i+1}, \ x_{i+2}) \end{cases} \tag{6-2-57}$$

$$N_{i,2}(x) = \begin{cases} \dfrac{(x - x_i)^2}{(x_{i+1} - x_i)(x_{i+2} - x_i)}, & x \in [x_i, \ x_{i+1}) \\ \dfrac{(x - x_i)(x_{i+2} - x)}{(x_{i+2} - x_i)(x_{i+2} - x_{i+1})} + \dfrac{(x - x_{i+1})(x_{i+3} - x)}{(x_{i+2} - x_{i+1})(x_{i+3} - x_{i+1})}, & x \in [x_{i+1}, \ x_{i+2}) \\ \dfrac{(x_{i+3} - x)^2}{(x_{i+3} - x_{i+1})(x_{i+3} - x_{i+2})}, & x \in [x_{i+2}, \ x_{i+3}) \end{cases}$$

$$\tag{6-2-58}$$

第 6 篇

$$N_{i,3}(x) = \begin{cases} \dfrac{(x-x_i)^3}{(x_{i+1}-x_i)(x_{i+2}-x_i)(x_{i+3}-x_i)}, & x\in[x_i,\ x_{i+1}) \\[2mm] \dfrac{(x-x_i)^2(x_{i+2}-x)}{(x_{i+2}-x_i)(x_{i+2}-x_{i+1})(x_{i+3}-x_i)} + \dfrac{(x-x_i)(x-x_{i+1})(x_{i+3}-x)}{(x_{i+2}-x_{i+1})(x_{i+3}-x_{i+1})(x_{i+3}-x_i)} \\[2mm] \quad + \dfrac{(x-x_{i+1})^2(x_{i+4}-x)}{(x_{i+2}-x_{i+1})(x_{i+3}-x_{i+1})(x_{i+4}-x_{i+1})}, & x\in[x_{i+1},\ x_{i+2}) \\[2mm] \dfrac{(x-x_i)(x_{i+3}-x)^2}{(x_{i+3}-x_i)(x_{i+3}-x_{i+1})(x_{i+3}-x_{i+2})} + \dfrac{(x-x_{i+1})(x_{i+3}-x)(x_{i+4}-x)}{(x_{i+3}-x_{i+1})(x_{i+3}-x_{i+2})(x_{i+4}-x_{i+1})} \\[2mm] \quad + \dfrac{(x-x_{i+2})(x_{i+4}-x)^2}{(x_{i+3}-x_{i+2})(x_{i+4}-x_{i+1})(x_{i+4}-x_{i+2})}, & x\in[x_{i+2},\ x_{i+3}) \\[2mm] \dfrac{(x_{i+4}-x)^3}{(x_{i+4}-x_{i+1})(x_{i+4}-x_{i+2})(x_{i+4}-x_{i+3})}, & x\in[x_{i+3},\ x_{i+4}) \end{cases}$$

$$\tag{6-2-59}$$

在区间 $[x_0,\ x_k]$ 内的任意函数，可以表达为利用第 m 次 B 样条函数作为基函数的加权和。

$$f(x) = \sum_{i=-m}^{k} a_i N_{i,m}(x) \tag{6-2-60}$$

其中，$f(x)$ 是区间 $[x_0,\ x_k]$ 的任意函数，a_i 是 m 次 B 样条函数 $N_{i,m}(x)$ 的加权系数。在式 (6-2-60) 中，包含了 $k+m+1$ 个参数，即 a_{-m}，a_{-m+1}，$\cdots$，a_k。在每一个子区间上，最多为 $m+1$ 个 B 样条基函数的加权和。在进行曲线插值或权和时，需要确定 $k+m+1$ 这个参数。

2.4.2.2 笛卡儿空间运动规划

机器人笛卡儿空间的路径规划，就是计算机器人在给定路径上各点处的位置与姿态。

(1) 位置规划

位置规划用于求取机器人在给定路径上各点处的位置。下面分别介绍直线运动和圆弧运动的位置规划。

① 直线运动　对于直线运动，假设起点位置为 P_1，目标位置为 P_2，则第 i 步的位置可以表示为：

$$P(i) = P_1 + \alpha i \tag{6-2-61}$$

其中，$P(i)$ 为机器人在第 i 步时的位置，α 为每步的运动步长。

假设从起点位置 P_1 到目标位置 P_2 的直线运动规划为 n 步，则步长为：

$$\alpha = (P_2 - P_1)/n \tag{6-2-62}$$

② 圆弧运动　对于圆弧运动，假设圆弧由 P_1、P_2 和 P_3 点构成，其位置记为 $\boldsymbol{P}_1 = [x_1\ \ y_1\ \ z_1]^{\mathrm{T}}$，$\boldsymbol{P}_2 = [x_2\ \ y_2\ \ z_2]^{\mathrm{T}}$，$\boldsymbol{P}_3 = [x_3\ \ y_3\ \ z_3]^{\mathrm{T}}$。

首先，确定圆弧运动的圆心。如图 6-2-30 所示，圆心点为三个平面 $\Pi_1 \sim \Pi_3$ 的交点。其中，Π_1 是由 P_1、P_2 和 P_3 点构成的平面，Π_2 是过直线 P_1P_2 的中点且与直线 P_1P_2 垂直的平面，Π_3 是过直线 P_2P_3 的中点且与直线 P_2P_3 垂直的平面。Π_1 平面的方程为：

$$\boldsymbol{A}_1 x + \boldsymbol{B}_1 y + \boldsymbol{C}_1 z - \boldsymbol{D}_1 = 0 \tag{6-2-63}$$

其中，$\boldsymbol{A}_1 = \begin{vmatrix} y_1 & z_1 & 1 \\ y_2 & z_2 & 1 \\ y_3 & z_3 & 1 \end{vmatrix}$，$\boldsymbol{B}_1 = -\begin{vmatrix} x_1 & z_1 & 1 \\ x_2 & z_2 & 1 \\ x_3 & z_3 & 1 \end{vmatrix}$，$\boldsymbol{C}_1 = \begin{vmatrix} x_1 & y_1 & 1 \\ x_2 & y_2 & 1 \\ x_3 & y_3 & 1 \end{vmatrix}$，

$$\boldsymbol{D}_1 = \begin{vmatrix} x_1 & y_1 & z_1 \\ x_2 & y_2 & z_2 \\ x_3 & y_3 & z_3 \end{vmatrix}.$$

Π_2 平面的方程为：

$$A_2 x + B_2 y + C_2 z - D_2 = 0$$

(6-2-64)

其中，$A_2 = x_2 - x_1$，$B_2 = y_2 - y_1$，$C_2 = z_2 - z_1$，$D_2 = \dfrac{1}{2}(x_2^2 + y_2^2 + z_2^2 - x_1^2 - y_1^2 - z_1^2)$。

Π_3 平面的方程为：

$$A_3 x + B_3 y + C_3 z - D_3 = 0$$

(6-2-65)

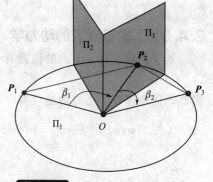

图 6-2-30　圆弧运动圆心的求取

式中，$A_3 = x_2 - x_3$，$B_3 = y_2 - y_3$，$C_3 = z_2 - z_3$，$D_3 = \dfrac{1}{2}(x_2^2 + y_2^2 + z_2^2 - x_3^2 - y_3^2 - z_3^2)$。

求解方程（6-2-63）～（6-2-65），得到圆心点坐标：

$$x_0 = \frac{\Delta x}{\Delta}, \quad y_0 = \frac{\Delta y}{\Delta}, \quad z_0 = \frac{\Delta z}{\Delta}$$

(6-2-66)

其中，$\Delta = \begin{vmatrix} A_1 & B_1 & C_1 \\ A_2 & B_2 & C_2 \\ A_3 & B_3 & C_3 \end{vmatrix}$，$\Delta x = -\begin{vmatrix} D_1 & B_1 & C_1 \\ D_2 & B_2 & C_2 \\ D_3 & B_3 & C_3 \end{vmatrix}$，$\Delta y = \begin{vmatrix} A_1 & D_1 & C_1 \\ A_2 & D_2 & C_2 \\ A_3 & D_3 & C_3 \end{vmatrix}$，

$\Delta z = \begin{vmatrix} A_1 & B_1 & D_1 \\ A_2 & B_2 & D_2 \\ A_3 & B_3 & D_3 \end{vmatrix}$。

圆的半径为：

$$R = \sqrt{(x_1 - x_0)^2 + (y_1 - y_0)^2 + (z_1 - z_0)^2}$$

(6-2-67)

(2) 姿态规划

假设机器人在起始位置的姿态为 $\boldsymbol{R}_1$，在目标位置的姿态为 $\boldsymbol{R}_2$，则机器人需要调整的姿态 $\boldsymbol{R}$ 为：

$$\boldsymbol{R} = \boldsymbol{R}_1^{\mathrm{T}} \boldsymbol{R}_2$$

(6-2-68)

利用通用旋转变换求取等效转轴与转角，进而求取机器人第 i 步相对于初始姿态的调整量：

$$\boldsymbol{R}(i) = \mathrm{Rot}(\boldsymbol{f}, \theta_i) = \begin{bmatrix} f_x f_x \mathrm{vers}\theta_i + c\theta_i & f_y f_x \mathrm{vers}\theta_i - f_z s\theta_i & f_z f_x \mathrm{vers}\theta_i + f_y s\theta_i & 0 \\ f_x f_y \mathrm{vers}\theta_i + f_z s\theta_i & f_y f_y \mathrm{vers}\theta_i + c\theta_i & f_z f_y \mathrm{vers}\theta_i - f_x s\theta_i & 0 \\ f_x f_z \mathrm{vers}\theta_i - f_y s\theta_i & f_y f_z \mathrm{vers}\theta_i + f_x s\theta_i & f_z f_z \mathrm{vers}\theta_i + c\theta_i & 0 \\ 0 & 0 & 0 & 1 \end{bmatrix}$$

(6-2-69)

式中，$\boldsymbol{f} = \begin{bmatrix} f_x & f_y & f_z \end{bmatrix}^{\mathrm{T}}$ 为通用旋转变换的等效转轴；θ_i 是第 i 步的转角，$\theta_i = (\theta/m)i$；θ 是通用旋转变换的等效转角；m 是姿态调整的总步数。

在笛卡儿空间运动规划中，将机器人第 i 步的位置与姿态相结合，得到机器人第 i 步的位置与姿态矩阵。

$$\boldsymbol{T}(i) = \begin{bmatrix} R_1 R(i) & P(i) \\ 0 & 1 \end{bmatrix} \tag{6-2-70}$$

2.4.3　工业机器人的动力学

对于任意连杆 i 上点的位置有

$$^0\boldsymbol{r}_i = {}^0\boldsymbol{T}_i{}^i\boldsymbol{r}_i \tag{6-2-71}$$

因此，任意连杆 i 上点的速度有

$$^0\boldsymbol{v}_i = {}^0\dot{\boldsymbol{T}}_1^1\boldsymbol{T}_2\cdots{}^{i-1}\boldsymbol{T}_i^i\boldsymbol{r}_i + {}^0\boldsymbol{T}_1^1\dot{\boldsymbol{T}}_2\cdots{}^{i-1}\boldsymbol{T}_i^i\boldsymbol{r}_i + \cdots + {}^0\boldsymbol{T}_1\cdots{}^{i-1}\dot{\boldsymbol{T}}_i^i\boldsymbol{r}_i + {}^0\boldsymbol{T}_i^i\dot{\boldsymbol{r}}_i$$

$$= \left(\sum_{j=1}^{i} \frac{\partial({}^0\boldsymbol{T}_i)}{\partial q_j} \dot{q}_j \right)^i \boldsymbol{r}_i \tag{6-2-72}$$

对于旋转关节，广义坐标 q_i 为关节转角 θ_i，因而 θ_i 的导数为

$$\frac{\partial({}^{i-1}T_i)}{\partial \theta_i} = \begin{bmatrix} 0 & -1 & 0 & 0 \\ 1 & 0 & 0 & 0 \\ 0 & 0 & 0 & 0 \\ 0 & 0 & 0 & 0 \end{bmatrix} \begin{bmatrix} c\theta_i & -s\theta_i c\alpha_i & s\theta_i s\alpha_i & a_i c\theta_i \\ s\theta_i & c\theta_i c\alpha_i & -c\theta_i s\alpha_i & a_i s\theta_i \\ 0 & s\alpha_i & c\alpha_i & d_i \\ 0 & 0 & 0 & 1 \end{bmatrix} = \boldsymbol{Q}_i{}^{i-1}\boldsymbol{T}_i \tag{6-2-73}$$

对于滑动关节，广义坐标 q_i 为滑动关节位移 d_i，因而 d_i 的导数为

$$\frac{\partial({}^{i-1}T_i)}{\partial d_i} = \begin{bmatrix} 0 & 0 & 0 & 0 \\ 0 & 0 & 0 & 0 \\ 0 & 0 & 0 & 1 \\ 0 & 0 & 0 & 0 \end{bmatrix} \begin{bmatrix} c\theta_i & -s\theta_i c\alpha_i & s\theta_i s\alpha_i & a_i c\theta_i \\ s\theta_i & c\theta_i c\alpha_i & -c\theta_i s\alpha_i & a_i s\theta_i \\ 0 & s\alpha_i & c\alpha_i & d_i \\ 0 & 0 & 0 & 1 \end{bmatrix} = \boldsymbol{Q}_i{}^{i-1}\boldsymbol{T}_i \tag{6-2-74}$$

在式（6-2-73）和式（6-2-74）中 $\boldsymbol{Q}_i$ 为常数矩阵，因此有

对于转动关节 $\boldsymbol{Q}_i = \begin{bmatrix} 0 & -1 & 0 & 0 \\ 1 & 0 & 0 & 0 \\ 0 & 0 & 0 & 0 \\ 0 & 0 & 0 & 0 \end{bmatrix}$，对于滑动关节 $\boldsymbol{Q}_i = \begin{bmatrix} 0 & 0 & 0 & 0 \\ 0 & 0 & 0 & 0 \\ 0 & 0 & 0 & 1 \\ 0 & 0 & 0 & 0 \end{bmatrix}$ $\tag{6-2-75}$

定义

$$U_{ij} = \frac{\partial({}^0\boldsymbol{T}_i)}{\partial q_j} = \begin{cases} {}^0\boldsymbol{T}_{j-1}\boldsymbol{Q}_j{}^{j-1}\boldsymbol{T}_i & j \leqslant i \\ 0 & j > i \end{cases} \tag{6-2-76}$$

则式（6-2-72）中的相应部分可得：

$$^0v_i = \left(\sum_{j=1}^{i} U_{ij}\dot{q}_j \right)^i \boldsymbol{r}_i \tag{6-2-77}$$

速度的平方为：

$$(^0v_i)^2 = \mathrm{Trace}\left[\left(\sum_{j=1}^{i} U_{ij}\dot{q}_j \right)^i \boldsymbol{r}_i{}^i\boldsymbol{r}_i^{\mathrm{T}} \left(\sum_{k=1}^{i} U_{ik}\dot{q}_k \right)^{\mathrm{T}} \right] \tag{6-2-78}$$

依据式（6-2-76）、式（6-2-77）和式（6-2-78），还可定义

$$U_{ijk} = \frac{\partial U_{ij}}{\partial q_k} = \begin{cases} {}^0\boldsymbol{T}_{j-1}\boldsymbol{Q}_j{}^{j-1}\boldsymbol{T}_{k-1}\boldsymbol{Q}_k{}^{k-1}\boldsymbol{T}_i & i \geqslant k \geqslant j \\ {}^0\boldsymbol{T}_{k-1}\boldsymbol{Q}_k{}^{k-1}\boldsymbol{T}_{j-1}\boldsymbol{Q}_j{}^{j-1}\boldsymbol{T} & i \geqslant j \geqslant k \\ 0 & i < j \quad i < k \end{cases} \tag{6-2-79}$$

式（6-2-79）给出了各关节之间的相互作用，即关节 j 和关节 k 运动对杆件 i 的影响。

(1) 机器人的动能

依据杆件上各点的速度，可以计算杆件的动能。假设 K_i 是杆件 $i(i=1,2,\cdots,n)$ 相对于基坐标系表示的动能，而 $\mathrm{d}K_i$ 是杆件 i 上微元质量 $\mathrm{d}m$ 的动能，连杆 i 的动能可以通过 $\mathrm{d}K_i$ 的积分获得。

具有 n 个杆件的机器人系统总动能为

$$K = \sum_{i=1}^{n} K_i = \frac{1}{2} \sum_{i=1}^{n} \sum_{j=1}^{i} \sum_{k=1}^{i} \mathrm{Trace}[U_{ij} I_i U_{ik}^T] \dot{q}_j \dot{q}_k \tag{6-2-80}$$

式（6-2-80）中忽略了各杆件传动装置的动能。若计入各杆件传动装置的动能，机器人系统总动能则为

$$K_t = \sum_{i=1}^{n} K_i + \sum_{i=1}^{n} K_{ai} = \frac{1}{2} \sum_{i=1}^{n} \sum_{j=1}^{i} \sum_{k=1}^{i} \mathrm{Trace}[U_{ij} I_i U_{ik}^T] \dot{q}_j \dot{q}_k + \frac{1}{2} \sum_{i=1}^{n} I_{ai} \dot{q}_i^2 \tag{6-2-81}$$

式中，K_{ai} 为杆件 i 传动装置的动能，I_{ai} 为传动装置的等效转动惯量或等效质量，$\dot{q}_i$ 为关节 i 的速度。

(2) 机器人的势能

如果机器人的总势能为 P，而各杆件的势能为 P_i，则机器人的总势能：

$$P = \sum_{i=1}^{n} P_i = \sum_{i=1}^{n} -m_i g({}^0T_i{}^i r_i) \tag{6-2-82}$$

传动装置因重力而产生的势能一般很小，可以忽略不计。

(3) 机器人的动力学方程

建立机器人的拉格朗日函数：

$$L = K_t - P = \frac{1}{2} \sum_{i=1}^{n} \sum_{j=1}^{i} \sum_{k=1}^{i} \mathrm{Trace}[U_{ij} I_i U_{ik}^T] \dot{q}_j \dot{q}_k + \frac{1}{2} \sum_{i=1}^{n} I_{ai} \dot{q}_i^2 + \sum_{i=1}^{n} m_i g({}^0T_i{}^i r_i) \tag{6-2-83}$$

工业机器人的动力学方程为：

$$\tau_i = \sum_{k=1}^{n} D_{ik} \ddot{q}_k + I_{ai} \ddot{q}_i + \sum_{k=1}^{n} \sum_{m=1}^{n} D_{ikm} \dot{q}_k \dot{q}_m + D_i \tag{6-2-84}$$

式中　$D_{ik} = \sum\limits_{j=\max(i,k)}^{n} \mathrm{Trace}(U_{jk} I_j U_{ji}^T)$，$D_{ikm} = \sum\limits_{j=\max(i,k,m)}^{n} \mathrm{Trace}(U_{jkm} I_j U_{ji}^T)$

$D_i = \sum\limits_{j=i}^{n} -m_j g U_{ji}{}^j r_j$。

在式（6-2-84）中，第一部分是角加速度惯量项，第二部分是驱动器惯量项，第三部分是科里奥利力和向心力项，最后是重力项。惯量项和重力项对于机器人系统的稳定性和定位精度至关重要。而向心力和科里奥利力在机器人低速运动时可以忽略，但在机器人高速运动时其作用非常重要。

2.4.4　工业机器人的关节空间位置控制

(1) 单关节位置控制

图 6-2-31 是一个带有力矩闭环的单关节位置控制系统。该控制系统是一个三闭环控制系统，由位置环、力矩环和速度环构成。

速度环为控制系统内环，其作用是通过控制电机电压，使电机表现出期望的速度特性。速度环的给定是力矩环偏差经过放大后的输出 Ω_d，速度环的反馈是关节角速度 Ω_m。Ω_d 与

Ω_m的偏差作为电机电压驱动器的输入，经过放大后成为电压U_m，其中k_a为比例系数。电机在电压U_m的作用下，以角速度Ω_m旋转。$1/(L_m s + R_m)$为电机的电磁惯性环节，其中L_m是电枢电感，R_m是电枢电阻，I_m是电枢电流。一般地，$L_m \ll R_m$，L_m可以忽略不计，电磁惯性环节可以用比例环节$1/R_m$代替。$1/(Js + F)$为电机的机电惯性环节，其中J是总转动惯量，F是总黏滞摩擦系数。k_m是电流-力矩系数，即电机力矩T_m与电枢电流I_m之间的系数。另外，k_e是反电动势系数。

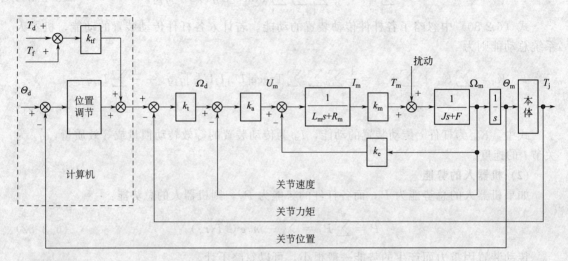

图 6-2-31 带有力矩闭环的单关节位置控制系统结构示意图

力矩环为控制系统内环，介于速度环和位置环之间，其作用是通过控制电机电压，使电机表现出期望的力矩特性。力矩环的给定由两部分构成，一部分是位置环的位置调节器的输出，另一部分由前馈力矩T_f和期望力矩T_d组成。力矩环的反馈是关节力矩T_j。k_{tf}是力矩前馈通道的比例系数，k_t是力矩环的比例系数。给定力矩与反馈力矩T_j的偏差经过比例系数k_t放大后，作为速度环的给定Ω_d。在关节到达期望位置，位置环调节器的输出为0时，关节力矩$T_j \approx k_{tf}(T_f + T_d)$。由于力矩环采用比例调节，所以稳态时关节力矩与期望力矩之间存在误差。

位置环为控制系统外环，用于控制关节到达期望的位置。位置环的给定是期望的关节位置Θ_d，反馈为关节位置Θ_m。Θ_d与Θ_m的偏差作为位置调节器的输入，经过位置调节器运算后形成的输出作为力矩环给定的一部分。位置调节器常采用 PID 或 PI 控制器，构成的位置闭环系统为无静差系统。

(2) 多关节位置控制

所谓多关节控制器，是指考虑关节之间相互影响而对每一个关节分别设计的控制器。在多关节控制器中，机器人的机械惯性影响常常被作为前馈项考虑。将其他关节对第i关节的影响作为前馈项引入位置控制器，构成第i关节的多关节控制系统，见图 6-2-32。

考虑到前向通道中具有系数$k_{tf}k_{am}/R_m$，为了使前馈力矩的量值在电机模型的力矩位置处在合理的范围，在力矩前馈通道中增加了比例环节$R_m/(k_{tf}k_{am})$。图 6-2-32 中，k_{am}是系数k_a与k_m的乘积，$k_{am} = k_a k_m$；k_{ea}是系数k_e与k_a之比，$k_{ea} = k_e/k_a$。

增加速度前馈项，有助于提高系统的动态响应性能。在图 6-2-32 中，由位置给定经过微分得到期望速度值Ω_{d1}，构成速度前馈。另外，为了消除前馈通道中系数k_{tf}的影响，在速度前馈环节的系数中除以k_{tf}。

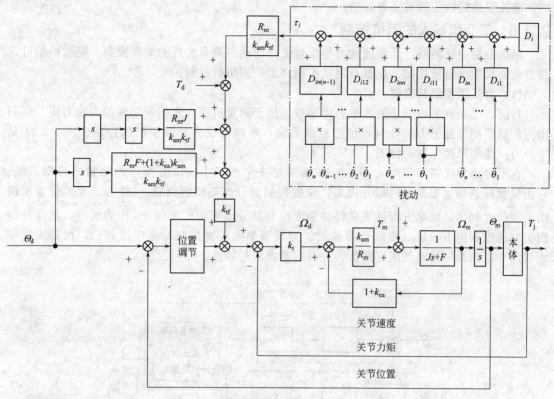

图 6-2-32 带有力矩闭环的多关节位置控制系统结构示意图

2.4.5　工业机器人的笛卡儿空间位置控制

对于 6 自由度工业机器人，其笛卡儿空间位置控制是在关节空间位置控制的基础上实现的。图 6-2-33 给出了一种工业机器人笛卡儿位置控制的框图，它由笛卡儿位姿到关节空间的位置转换环节和 6 路单关节位置控制器构成，是笛卡儿空间位置的一种开环控制系统。由于 6 自由度工业机器人的末端位姿不易获取，所以一般不构成笛卡儿空间的位置闭环控制。

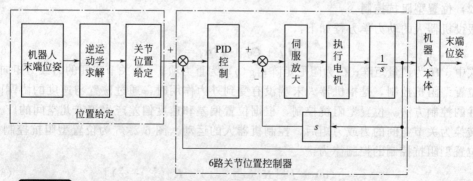

图 6-2-33 工业机器人的笛卡儿位置控制框图

对于给定的机器人末端在笛卡儿空间的位置与姿态，利用逆运动学求解获得各个关节的关节坐标位置，以其作为各个单关节位置控制器的关节位置给定值。各个关节采用位置闭环和速度闭环控制，内环为速度环，外环为位置环。机器人本体各个关节的运动，使得机器人的末端按照给定的位置和姿态运动。

2.4.6   工业机器人的阻抗控制

阻抗控制主动柔顺，是指通过力与位置之间的动态关系实现的柔顺控制。阻抗控制可以划分为力反馈型阻抗控制、位置型阻抗控制和柔顺型阻抗控制。

(1) 力反馈型阻抗控制

目前，已经有多种型号的 6 维力传感器，用于测量机器人末端所受到的力和力矩。将利用力传感器测量到的力信号引入位置控制系统，可以构成力反馈型阻抗控制。图 6-2-34 是一种力反馈型阻抗控制的框图。

在不考虑力反馈通道时，图 6-2-34 系统是一个基于 Jocabian 矩阵的增量式控制系统。它由位置控制和速度控制两部分构成。位置控制部分以期望的位置 x_d 作为给定，位置反馈由关节位置利用运动学方程计算获得。速度控制部分以期望的速度 $\dot{x}_d$ 作为给定，速度反馈由关节速度利用 Jocabian 矩阵计算获得。力反馈引入位置控制和速度控制后，机器人末端表现出一定的柔顺性，其刚度降低，并具有黏滞阻尼特性。

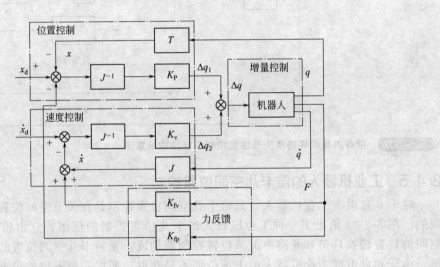

图 6-2-34   力反馈型阻抗控制

(2) 位置型阻抗控制

假设机器人的动力学方程如下：

$$\boldsymbol{H}\ddot{q} + \boldsymbol{C}\dot{q} + g(q) = \boldsymbol{\tau} \tag{6-2-85}$$

式中，$\boldsymbol{H}$ 为惯量矩阵；$\boldsymbol{C}$ 为阻尼矩阵；$g(q)$ 为重力项；$\boldsymbol{\tau}$ 为关节空间的力或力矩向量。

位置型阻抗控制，是指机器人末端没有受到外力作用时，通过位置与速度的协调而产生柔顺性的控制方法。位置型阻抗控制，根据位置偏差和速度偏差产生笛卡儿空间的广义控制力，转换为关节空间的力或力矩后，控制机器人的运动。图 6-2-35 为位置型阻抗控制框图。

位置型阻抗控制的控制律为：

$$\boldsymbol{\tau} = \hat{g}(q) + J^T [\boldsymbol{K}_p(x_d - x) + \boldsymbol{K}_d(\dot{x}_d - \dot{x})] \tag{6-2-86}$$

其中，$\hat{g}(q)$ 为重力补偿项；$\boldsymbol{K}_p$ 为刚度系数矩阵；$\boldsymbol{K}_d$ 为阻尼系数矩阵；x_d 为机器人的期望位置；$\dot{x}_d$ 为机器人的期望速度；x 为机器人的当前位置；$\dot{x}$ 为机器人的当前速度；$\boldsymbol{\tau}$ 为机器人的力矩向量。

位置型阻抗控制的动力学方程：

$$\boldsymbol{H}\ddot{q} + \boldsymbol{C}\dot{q} + g(q) = \hat{g}(q) + \boldsymbol{J}^{\mathrm{T}}[\boldsymbol{K}_{\mathrm{p}}(x_{\mathrm{d}} - x) + \boldsymbol{K}_{\mathrm{d}}(\dot{x}_{\mathrm{d}} - \dot{x})] \qquad (6\text{-}2\text{-}87)$$

如果重力补偿项 $\hat{g}(q)$ 能够完全补偿重力项 $g(q)$，则动力学方程转变成：

$$\boldsymbol{H}\ddot{q} + \boldsymbol{C}\dot{q} = \boldsymbol{J}^{\mathrm{T}}[\boldsymbol{K}_{\mathrm{p}}(x_{\mathrm{d}} - x) + \boldsymbol{K}_{\mathrm{d}}(\dot{x}_{\mathrm{d}} - \dot{x})] \qquad (6\text{-}2\text{-}88)$$

由式（6-2-88）可知，当机器人的当前位置到达期望位置，当前速度达到期望速度时，$x_{\mathrm{d}} - x = 0$，$\dot{x}_{\mathrm{d}} - \dot{x} = 0$，式（6-2-88）右侧为 0，成为式（6-2-89）。此时，机器人各个关节不再提供除重力补偿以外的力或力矩，机器人处于无激励的平衡状态。另外，当机器人处于奇异位置时，$J = 0$。此时，机器人也处于无激励的平衡状态，但位置和速度均可能存在误差：

$$\boldsymbol{H}\ddot{q} + \boldsymbol{C}\dot{q} = 0 \qquad (6\text{-}2\text{-}89)$$

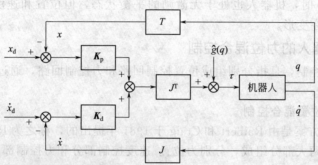

图 6-2-35　位置型阻抗控制

（3）柔顺型阻抗控制

柔顺型阻抗控制，是指机器人末端受到环境的外力作用时，通过位置与外力的协调而产生柔顺性的控制方法。柔顺型阻抗控制，根据环境外力、位置偏差和速度偏差产生笛卡儿空间的广义控制力，转换为关节空间的力或力矩后，控制机器人的运动。柔顺型阻抗控制与位置型阻抗控制相比，只是在笛卡儿空间的广义控制力中增加了环境力。图 6-2-36 为柔顺型阻抗控制框图。

当机器人的末端接触弹性目标时，目标会由于弹性变形而产生弹力，作用于机器人的末端。在弹性目标被机器人末端挤压时，机器人末端位置与弹性目标原表面位置的偏差即为变形量。显然，当机器人末端尚未到达弹性目标时，虽然机器人末端位置与弹性目标表面位置之间存在偏差，但弹性目标的变形量为零。为了便于对目标的变形量进行描述，定义一个正定函数：

$$P(x) = \begin{cases} x, & x > 0 \\ 0, & x \leqslant 0 \end{cases} \qquad (6\text{-}2\text{-}90)$$

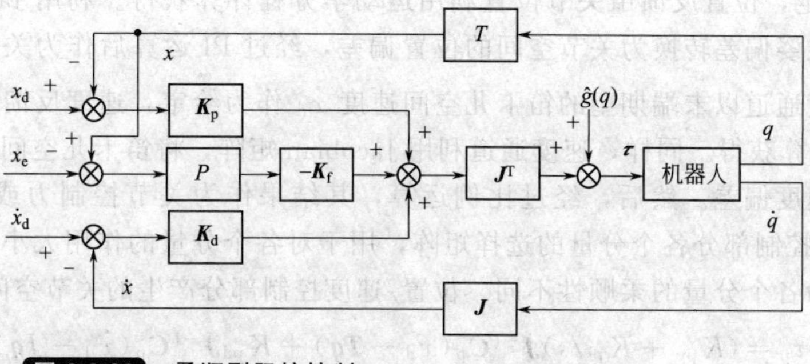

图 6-2-36　柔顺型阻抗控制

在式（6-2-90）基础上，将弹力引入机器人的阻抗控制，得到柔顺型阻抗控制的控制律：

$$\tau = \hat{g}(q) + J^T[K_p(x_d - x) + K_d(\dot{x}_d - \dot{x}) - K_f P(x - x_e)] \tag{6-2-91}$$

式中，K_f 为环境力系数矩阵，x_e 为弹性目标表面原位置。

如果重力补偿项 $\hat{g}(q)$ 能够完全补偿重力项 $g(q)$，则动力学方程转变成：

$$H\ddot{q} + C\dot{q} = J^T[K_p(x_d - x) + K_d(\dot{x}_d - \dot{x}) - K_f P(x - x_e)] \tag{6-2-92}$$

由式（6-2-92）可知，当机器人的当前位置到达期望位置，当前速度达到期望速度，弹性目标无变形时，$x_d - x = 0$，$\dot{x}_d - \dot{x} = 0$，$x - x_e = 0$。此时，机器人各个关节不再提供除重力补偿以外的力或力矩，机器人处于无激励的平衡状态。与位置型阻抗控制类似，当机器人处于奇异位置 $J = 0$ 时，机器人也处于无激励的平衡状态，但位置和速度均可能存在误差，弹性目标也可能存在变形。

2.4.7 工业机器人的力位混合控制

力位混合柔顺控制，是指分别组成位置控制回路和力控制回路，通过控制律的综合实现的柔顺控制。

（1）R-C 力和位置混合控制

图 6-2-37 控制方案是由 Raibert 和 Craig 于 1981 年提出的，称之为 R-C 力和位置混合控制。该控制方案由两大部分组成，分别为位置/速度控制部分和力控制部分。

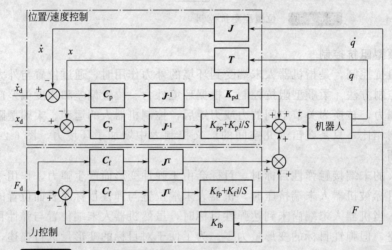

图 6-2-37 R-C 力位混合控制

位置/速度控制部分，由位置和速度两个通道构成。位置通道以末端期望的笛卡儿空间位置 x_d 作为给定，位置反馈由关节位置利用运动学方程计算获得。利用 Jacobian 矩阵，将笛卡儿空间的位姿偏差转换为关节空间的位置偏差，经过 PI 运算后作为关节控制力或力矩的一部分。速度通道以末端期望的笛卡儿空间速度 $\dot{x}_d$ 作为给定，速度反馈由关节速度利用 Jocabian 矩阵计算获得。同样，速度通道利用 Jacobian 矩阵，将笛卡儿空间的速度偏差转换为关节空间的速度偏差。然后，经过比例运算，其结果作为关节控制力或力矩的一部分。C_p 为位置/速度控制部分各个分量的选择矩阵，用于对各个分量的作用大小进行选择，表现在机器人末端为各个分量的柔顺性不同。位置/速度控制部分产生的关节空间力或力矩：

$$\tau_p = (K_{pp} + K_{pi}/s)J^{-1}C_p(x_d - Tq) + K_{pd}J^{-1}C_p(\dot{x}_d - J\dot{q}) \tag{6-2-93}$$

其中，τ_p 是位置/速度控制部分产生的关节空间力或力矩；x_d 为期望位置；T 为机器人的运动学方程，即基坐标系到末端坐标系的变换矩阵；q 是关节位置矢量；J 是 Jacobian 矩阵；K_{pp} 是位置通道的比例系数；K_{pi} 是位置通道的积分系数；$\dot{x}_d$ 为期望速度；$\dot{q}$ 是关节速度矢量；K_{pd} 是通道的比例系数；C_p 是位置和速度通道的选择矩阵。

力控制部分，由 PI 和力前馈两个通道构成。PI 通道以机器人末端期望的笛卡儿空间广义力 F_d 作为给定，力反馈由力传感器测量获得。利用 Jacobian 矩阵，将笛卡儿空间的力偏差转换为关节空间的位置偏差，经过 PI 运算后作为关节控制力或力矩的一部分。力前馈通道直接利用 Jacobian 矩阵将 F_d 转换到关节空间，作为关节控制力或力矩的一部分。力前馈通道的作用是加快系统对期望力 F_d 的响应速度。C_f 为力控制部分各个分量的选择矩阵，用于对各个分量的作用大小进行选择。力控制部分产生的关节空间力或力矩：

$$\tau_f = (K_{fp} + K_{fi}/s)J^T C_f(F_d - K_{fb}F) + J^T C_f F_d \tag{6-2-94}$$

式中，τ_f 是力控制部分产生的关节空间力或力矩；F_d 为期望的机器人末端在笛卡儿空间的广义力；F 为机器人末端当前的广义力；$K_{fb}F$ 为测量得到的广义力；K_{fp} 是力通道的比例系数；K_{fi} 是力通道的积分系数；C_f 是力控制部分的选择矩阵。

机器人关节空间的力或力矩是位置/速度控制部分和力控制部分产生的力或力矩之和：

$$\tau = \tau_p + \tau_f \tag{6-2-95}$$

(2) 改进的 R-C 力和位置混合控制

图 6-2-37 所示的力和位置混合控制方案，未考虑机械手动态耦合影响，在工作空间的某些奇异位置上会出现不稳定。图 6-2-38 为改进的 R-C 力位置混合控制方案，其改进主要体现在以下几个方面。

① 考虑机械手的动态影响，并对机械手所受的重力、哥氏力和向心力进行补偿。见图中的 $C(q, \dot{q}) + g(q)$，以及位置/速度/加速度控制部分增加的惯量矩阵 $\hat{H}$。

② 考虑力控制系统的欠阻尼特性，在力控制回路中加入阻尼反馈，以削弱振荡因素。见图中的 $K_{fd}J^T C_f$ 通道，其信号取自机器人的当前速度 $\dot{x}$。

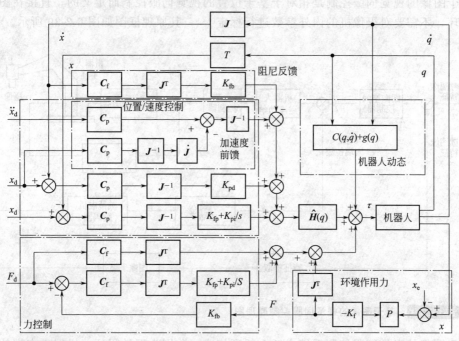

图 6-2-38　改进的 R-C 力位置混合控制

③ 引入加速度前馈，以满足作业任务对加速度的要求，也可使速度平滑过渡。加速度前馈在图中由两个通道组成，即 $\mathbf{J}^{-1}\mathbf{C}_p\ddot{x}_d$ 和 $\mathbf{J}^{-1}\dot{\mathbf{J}}\mathbf{J}^{-1}\mathbf{C}_p\dot{x}_d$ 通道。

④ 引入环境力的作用，以适应弹性目标对机器人刚度的要求。见图中 $\mathbf{J}^T\mathbf{K}_f\mathbf{P}$ 通道。

改进后的 R-C 力位置混合控制方案由三大部分组成，分别为位置/速度/加速度控制部分、力控制部分和动态补偿部分。

位置/速度/加速度控制部分由 4 个通道构成，分别为位置通道、速度通道、加速度前馈通道和阻尼通道。位置通道、速度通道和加速度前馈通道采用 $\mathbf{C}_p$ 作为各个分量的选择矩阵，阻尼通道采用 $\mathbf{C}_f$ 作为各个分量的选择矩阵。位置/速度/加速度控制部分产生的关节空间力或力矩：

$$\tau_p = \hat{\mathbf{H}}\big[(K_{pp} + K_{pi}/s)\mathbf{J}^{-1}\mathbf{C}_p(x_d - \mathbf{T}q) + K_{pd}\mathbf{J}^{-1}\mathbf{C}_p(\dot{x}_d - \mathbf{J}\dot{q})$$
$$\mathbf{J}^{-1}(\mathbf{C}_p\ddot{x}_d - \dot{\mathbf{J}}\mathbf{J}^{-1}\mathbf{C}_p\dot{x}_d) - K_{fd}\mathbf{J}^T\mathbf{C}_f\mathbf{J}\dot{q}\big] \tag{6-2-96}$$

式中，K_{fd} 为阻尼通道的比例系数；$\ddot{x}_d$ 为期望的加速度。

力控制部分由期望力前馈通道、PI 通道和环境力通道构成。期望力前馈通道和 PI 通道采用 $\mathbf{C}_f$ 作为各个分量的选择矩阵。力控制部分产生的关节空间力或力矩：

$$\tau_f = (K_{fp} + K_{fi}/s)\mathbf{J}^T\mathbf{C}_f(F_d - K_{fb}F) + \mathbf{J}^T\mathbf{C}_f F_d - \mathbf{J}^T K_f \mathbf{P}(x - x_e) \tag{6-2-97}$$

动态补偿部分产生的关节空间力或力矩：

$$\tau_h = \mathbf{C}(q, \dot{q}) + g(q) \tag{6-2-98}$$

式中，τ_h 动态补偿部分产生的关节空间力或力矩。

机器人关节空间的力或力矩是位置/速度/加速度控制部分、力控制部分和动态补偿部分产生的力或力矩之和：

$$\tau = \tau_p + \tau_f + \tau_h \tag{6-2-99}$$

2.4.8　工业机器人基于图像的视觉伺服控制

基于图像的视觉伺服控制是相对于基于位置的视觉伺服控制而定义的，直接在图像空间构成闭环，不需要对摄像机的内外参数进行标定[12]，其原理框图如图 6-2-39 所示。

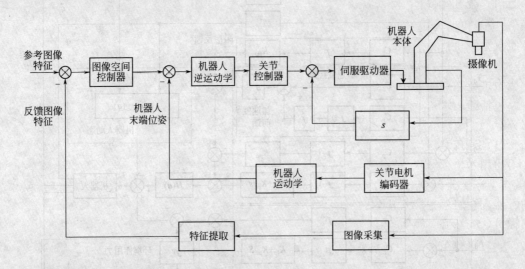

图 6-2-39　基于图像的视觉伺服控制原理图

基于图像的视觉伺服控制系统由三个闭环构成，分别为视觉闭环、机器人末端的位置闭环和伺服驱动器的速度闭环。视觉闭环直接在图像空间构成，需要定义参考图像特征和反馈图像特征。一般把机器人末端相对于物体处于目标位姿时获得的图像特征作为参考图像特征，机器人动作过程中实时采集的图像特征作为反馈图像特征。通过图像采集和特征提取获取目标物的实时图像特征，并与目标物的参考图像特征做比较，根据两者的偏差设计控制器。视觉闭环的输出作为机器人末端位置闭环的给定信号。在机器人末端位置闭环中，先通过各关节电机的编码器获得各关节的位置信息，然后通过机器人运动学计算出机器人末端的位姿，结合机器人末端的参考位姿计算出偏差信号，再通过机器人逆运动学计算出机器人各关节的位置偏差，根据各关节的位置偏差设计机器人关节控制器。在各关节电机的伺服驱动器上，有系统自带的速度闭环，可以对关节电机的速度进行闭环控制。

基于图像的视觉伺服控制直接在图像空间计算偏差并设计控制器，不需要三维重建，但需要计算图像 Jacobian 矩阵。基于图像视觉伺服的优点是对标定误差和空间模型误差不敏感，缺点是设计控制器困难，伺服过程中容易进入图像 Jacobian 矩阵的奇异点，一般需要估计目标的深度信息，而且只在目标位置附近的邻域范围内收敛且稳定性分析比较困难。求解图像 Jacobian 矩阵主要有三种方法：直接估计方法、深度估计方法、常数近似方法。直接估计的方法不考虑图像 Jacobian 的解析形式，在摄像机运动过程中直接得到数值解。深度估计的方法需要求出图像 Jacobian 矩阵的解析式，在每一个控制周期估计深度值，代入解析式求值。常数近似的方法只能保证在目标位置的一个小邻域内收敛。直接估计的方法和常数近似的方法更容易导致目标离开视场。

2.5 工业机器人相关标准

工业机器人的产业和应用发展与相关企业标准、行业标准、国家标准和国际标准的制定密不可分。为了规范和促进工业机器人产业发展，我国在工业机器人方面制定了多项国家标准，国内相关的行业和企业也制定了很多相关标准。下面对我国在工业机器人方面现行的若干标准进行简要介绍。鉴于工业机器人产业仍在不断发展，国内和国际的标准组织随技术进步也在不断地修订和更新相关工业机器人标准。

2.5.1 工业机器人-词汇

《工业机器人-词汇》标准（GB/T 12643—1997）[13] 等效采用国际标准 ISO8373：1994，对原《工业机器人术语和图形符号》标准进行修订。该标准由 ISO/TC 184 "工业自动化系统与集成" 委员会的 SC2 "制造环境用机器人" 分技术委员会制定，其目的是 "描述在制造环境中进行作业的操作型工业机器人的词汇"。该标准定义和解释了工业机器人最常用的术语，包括通用术语、机械结构术语、几何学和运动学术语、编程和控制术语、性能术语等几部分。

（1）通用术语

通用术语部分主要定义了操作机、固定顺序操作机、物理变更、可重复编程、多用途、（操作型）工业机器人、控制系统、示教再现机器人/录返机器人、离线编程机器人、顺序控制机器人、轨迹控制机器人、适应机器人、移动机器人、机器人系统、机器人学、操作员、编程员、安装和试运行。

（2）机械结构

机械结构术语部分主要定义了机器驱动器、手臂/主关节轴、手腕/副关节轴、关节结构、构形、杆件、关节、机座、机座安装面、机械接口、末端执行器、末端执行器连接装置、末端执行器自动更换装置、夹持器、机械结构类型。

"关节" 术语具体定义了棱柱关节/滑动关节、回转关节/旋转关节、分布关节/圆柱关节、球关节。

"机械结构类型"术语具体定义了直角坐标机器人/笛卡儿坐标机器人、圆柱坐标机器人、极坐标机器人/球坐标机器人、摆动机器人、拟人机器人/关节机器人、SCARA 机器人、脊柱式机器人、并联机器人。

（3）几何学和运动学

几何学和运动学术语部分主要定义了运动学正解、运动学逆解、轴、自由度、位姿、轨迹、坐标系、空间、工具中心点、手腕参考点、坐标变换。

"位姿"术语具体定义了指令位姿、实到位姿、校准位姿、路径。

"坐标系"术语具体定义了绝对坐标系、机座坐标系、机械接口坐标系、关节坐标系、工具坐标系。

"空间"术语具体定义了最大空间、限定空间、操作空间、工作空间。

（4）编程和控制

编程和控制术语部分主要定义了程序、编程、控制、伺服控制、正常操作状态、停止点、路经点、示教盒和操作杆。

"程序"术语具体定义了任务程序、控制程序。

"编程"术语具体定义了（任务）编程、人工数据输入编程、示教编程、离线编程、目标编程。

"控制"术语具体定义了点位控制、连续路径控制、传感控制、适应控制、学习控制、运动规划、柔顺性、操作方式（自动方式、手动方式）。

（5）性能

性能术语部分主要定义了正常操作条件、负载、速度、加速度、（单方向）位姿准确度、（单方向）位姿重复性、多方向变动、距离准确度、距离重复性、位姿稳定时间、位姿超调、位姿准确度漂移、位姿重复性漂移、路径准确度、路径重复性、路径速度准确度、路径速度重复性、路径速度波动、最小定位姿时间、静态柔顺性、分辨率、循环、循环时间、标准循环。

"负载"术语具体定义了额定负载、极限负载、附加负载、最大推力、最大力矩。

"速度"术语具体定义了单关节速度/单轴速度、路径速度。

"加速度"术语具体定义了单关节加速度/单轴加速度、路径加速度。

2.5.2 工业机器人坐标系和运动命名原则

工业机器人坐标系和运动命名原则（GB/T 16977—1997）[14]标准等效采用国际标准 ISO 9787：1990，是针对国家标准 GB/T 12643 中定义的各种工业机器人具体规定其坐标系的构建规则，以及描述机器人运动学的表示方法与命名原则。

如图 6-2-40 所示，工业机器人的全部坐标系均遵循正交的右手定则。绝对坐标系由符号 O_0-X_0-Y_0-Z_0 表示，其中原点 O_0 和 $+X_0$ 轴的方向可由用户确定，$+Z_0$ 轴与重力加速度矢量共线且方向相反。机座坐标系由符号 O_1-X_1-Y_1-Z_1 表示，其中原点 O_1 可由制造商确定，$+X_1$

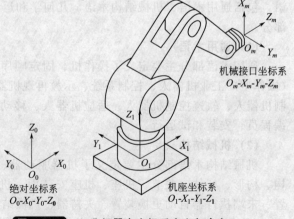

机械接口坐标系
O_m-X_m-Y_m-Z_m

绝对坐标系
O_0-X_0-Y_0-Z_0

机座坐标系
O_1-X_1-Y_1-Z_1

图 6-2-40 工业机器人坐标系定义与命名

轴为由原点指向机器人工作空间中心点在安装平面上的投影点，$+Z_1$ 轴为垂直于安装面、由原点指向机器人机构方向。机械接口坐标系由符号 $O_m\text{-}X_m\text{-}Y_m\text{-}Z_m$ 表示，其中原点 O_m 为机械接口中心，$+Z_m$ 轴为垂直于机械接口平面由原点指向末端执行器方向，X_m 轴在与 Z_1 轴平行时，$+X_m$ 轴方向与 $+Z_1$ 轴方向相同。

该标准也定义了工具坐标系由符号 $O_t\text{-}X_t\text{-}Y_t\text{-}Z_t$ 表示，原点 O_t 是工具中心点，Z_t 一般是工具的指向。

机器人的轴命名原则：若轴由数字来定义，则紧靠机座安装面的第一个运动轴称为轴 1，第 2 个运动轴称为轴 2，依次类推。

工业机器人各关节的关节坐标系由符号 $O_i\text{-}X_i\text{-}Y_i\text{-}Z_i$ 表示，$i=1,2,3,\cdots$。

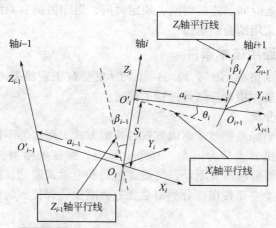

图 6-2-41 工业机器人关节坐标系定义与命名

如图 6-2-41 所示，关节坐标系 i 的原点 O_i 定义在 i 轴上，且到 $i-1$ 关节轴的距离 a_{i-1} 最短。$+Z_i$ 轴由 O_i 指向 O'_i，其中 O'_i 点在 i 轴上且到 $i+1$ 关节轴的距离 a_i 最短。$+X_i$ 轴方向为由 O'_{i-1} 指向 O_i。用于坐标变换的参数定义为，a_i 为 O'_iO_{i+1} 间距离，s_i 为 $O_iO'_i$ 间距离，θ_i 为 X_i 与 X_{i+1} 间的旋转角，β_i 为 Z_i 与 Z_{i+1} 间的旋转角。

2.5.3 工业机器人末端执行器自动更换系统词汇和特定表示

这部分标准 GB/T 17887—1999[15] 等效采用国际标准 ISO 11593：1996，对工业机器人末端执行器自动更换系统的词汇和特性表示等相关术语进行了说明，各术语的描述均包含符号、单位、定义和说明四部分。这部分的术语主要包含更换系统的外形和尺寸、连接中的定向定位、连接力和脱开力、负载特性、工具侧连接组件的工具库接口、工具更换时间等几部分。

（1）更换系统的外形和尺寸

更换系统的外形和尺寸术语部分主要给出了结构形状、两接口面之间的尺寸、连接系统重心、连接系统惯性力矩、质量、机器人侧和工具侧的接口，以及电缆布线等术语定义、图例、符号和采用的公制单位。

（2）连接过程中的定向/定位与连接/脱开力

连接过程中的定向和定位术语部分主要给出了连接方向（轴向连接和横向连接）、接近距离长度、起始位置、起始位置的位置公差、起始位置的姿态公差、角度误差极限值、扭转极限值、连接路径的公差、连接重复性等术语定义、图例、符号和采用的公制单位。

连接和脱开力给出了连接力和脱开力的定义，即为使更换系统中机器人侧的连接组件与工具侧的连接组件进行连接或脱开而由机器人所施加的力。

(3) 负载特性

负载特性术语部分主要给出了基准面、最大弯矩、最大扭矩、最大拉力、最大压力、最大侧向力等术语定义、图例、符号和采用的公制单位。

(4) 工具侧连接组件的工具库接口

工具侧连接组件的工具库接口术语部分主要给出了工具库中的接口方向（分工具站立、工具吊挂等方式和垂直、水平、倾斜等姿态）、进入前位姿公差、放置力、放置力矩、移出力、移出力矩等术语定义、图例、符号和采用的公制单位。

(5) 工具更换时间

工具更换时间术语部分主要给出了工具更换时间、进入时间、脱开时间、分离时间、离开时间、移位时间、靠近时间、连接时间、锁定时间、退出时间、系统固有的更换时间等术语定义、图例、符号和采用的公制单位。

2.5.4 工业机器人通用技术条件

工业机器人通用技术条件 GB/T 14284—93[16] 主要对工业机器人的分类、关键性能指标、技术要求、试验方法和检验规则等进行了规定。

(1) 工业机器人的分类

工业机器人可以按坐标系类型、驱动方式、控制方式、用途等不同的角度进行分类。

按坐标型式将工业机器人分为四类：直角坐标型、圆柱坐标型、球坐标型和关节坐标型。按驱动方式分类主要有液压式驱动、气动式驱动和电动式驱动。按控制方式则分为点位控制和连续轨迹控制两类。而按用途分类则主要分为喷涂、焊接、装配以及其他。

(2) 主要性能指标

尽管工业机器人的具体性能指标比较多，但工业机器人产品主要性能指标一般应包括机器人的坐标型式、额定负载、轴数、最大单轴速度、各轴运动范围、位姿特性与轨迹特性、控制特性等主要项目。

(3) 技术要求

在技术要求方面主要分为四个方面：结构和外观、电气设备、可靠性及维修性指标、安全防护。

结构和外观主要检查机器人造型布局是否合理美观，操作是否简便、便于维修，机构运动是否灵活、稳定、可靠，液压和气动驱动系统的油、气是否泄漏，润滑冷却是否良好。

电气设备主要检查电子元件是否经过老化筛选处理，控制柜通风散热是否良好，电力线与信号线的布线和信号线抗干扰措施是否合理，非接地处的电阻是否符合标准；容许的电压波动范围、频率波动范围是否符合标准；设备在停电后再通电时不得自行接通。

可靠性及可维护性指标是指工业机器人的平均无故障工作时间、平均修复时间。

安全防护由国标 GB 11291 具体规定。

(4) 检验方法

工业机器人的检验一般在常规环境条件下进行，仪器的检测精度、检测人员的安全应得到保证。机器人应通过三个状态下的检验，即初始状态检验（静止状态且无工件或工具作用）、空行程检验（自动运行且无工件或工具作用）、负载检验（自动运行且抓持工件或工具）。

初始状态检验主要检查结构尺寸和外观，电气装置和线路，驱动系统的完整性、安全性及润滑系统等。

空行程检验主要检查手动状态下的机构动作、各自由度行程范围，安全互锁和急停按钮的可靠性，示教、手动和自动状态下的工作可靠性，自动状态下编写程序与实际动作的一致性。

负载检验主要检查额定负载能力和工件抓放的可靠性，自动状态下的单轴最大速度和加速度，位姿和轨迹特性测定，抗干扰、噪声级、轴承温升、工作介质压力和温升、系统密封性，以及机器人作业工艺过程是否正确。

(5) 其他规定

在工业机器人通用技术条件中还规定了产品的检验规则，标志、包装、运输和贮藏规则。产品定型和生产过程中必须通过定型检验、出厂检验、型式检验、可靠性试验。各项检验均有具体规定。标志、包装、运输和储藏方面也有一些具体规定，如防震、防尘和防潮，运输中避免雨淋、腐蚀和机械损伤，长期存放的库房应满足环境温度、湿度、机械振动、冲击和强磁场等方面的要求。

2.5.5　工业机器人安全规范

这部分标准 GB 11291—1997[17] 等效采用国际标准 ISO 10218：1992，是针对制造环境中的机器人及其系统，明确其在设计、制造、编程、操作、使用、修理和维护阶段的安全要求和注意事项。工业机器人安全规范属于强制执行的国家标准。

为了更好地说明机器人安全相关内容，定义了一些安全相关的名词，在总则、基本设计要求、机器人设计制造、系统设计和安全防护、使用和维护、安装试运行和功能测试、文档、培训等方面明确机器人安全相关的要求和注意事项。

(1) 定义

为了说明机器人安全相关内容，明确定义了使能装置、防护装置、危险、危险状态（运动）、握持运行控制装置、安全防护联锁、本地控制、锁定、现场传感装置、慢速、风险、安全操作规程、安全防护装置、安全防护空间、安全防护和故障查找等专用词汇。

(2) 总则

工业机器人作业中要完成高能、大幅度运动，但随工况和作业环境不同，其启动和运动形式可能发生难以预料的变化，因此安全防护设计需要考虑的因素多而复杂。安全措施的设计要考虑机器人类型、应用、相关设备间的关系和安装中存在的危险等因素，且必须满足作业要求，保证示教编程、设定、维护、程序验证和故障查找等工作中的操作安全。必须在充分识别各种危险和评价其风险的基础上，才能够进行安全措施的选择和设计。对于偶然事故的预防一般基于两个原则，即保证机器人自动运行期间安全防护空间内无人，当安全防护空间内有人工作时应消除或至少降低危险。

安全分析主要从应用任务、危险源、风险评价及安全对策和措施等方面考虑。其中危险源可能来自于部件的故障或失效、运动部件的夹挤碰撞、动力源、危险气体、材料、环境条件、噪声、干扰以及人为差错等多方面。而机器人由于用途、类型、尺寸、速度等不同而存在不同种类和程度的危险，因此对各种情况下的机器人风险应进行评估。受动能等因素影响，机器人急停的停止位置难以准确给出，因此，在驱动器工作状态下，接近机器人时应特别小心，并应有必要的合理的安全防护装置。而安全措施也由设计阶段的和要求用户实施的两部分组成。具体要求可参见 GB/T15706.1—1995。

(3) 基本设计要求

基本设计要求中应考虑安全失效的状况，即在机器人设计、制造和使用过程中应考虑个别元部件失效时安全功能不受影响，即使受影响，机器人也应保持在安全状态。其中安全功能主要包括运动范围限定、安全停机或紧急停机、慢速、联锁保护等。同时，在电气设备、电源、电源隔离等方面应符合相关国家标准，如 GB/T5226.1—1996。

（4）机器人设计和制造

这部分内容主要是明确机器人制造厂商应遵循的规范。机器人的设计和制造应依据基本设计要求进行。在设计方面，考虑人体工效学的相关措施，使结构设计、人机接口等安全合理、方便操作。

在机械方面，设计时应预先对主轴运动范围采取限制措施，对构成危险因素的设备应有固定保护罩或外壳和安全操作措施，对机器人运输和安装中的固定等问题在机械结构和安全措施方面给出具体的设计和方法。

在控制方面，主要涉及面板布置、紧急停机、安全停止、电连接器、示教盒和使能装置等方面。操作控制器件和面板的布置、标示和保护应符合国家标准。每个机器人都应有急停装置、安全保护装置连接措施或与急停装置联锁；启动前，必须手动复位急停电路；故障时，必须保证逻辑、存储状态正确或顺序复位后再操作；而急停电路自动复位不应启动任何运动。安全停止电路应与机器人安全防护装置和联锁装置连接；启动前，驱动器动力源必须复位且不引起机器人任何动作。选用的电连接器应避免失配、损坏和分离引起机器人危险运动，必要时应采取保护措施。示教盒的设计应符合人体工效学原则，应有急停装置。使用示教盒时，应保证机器人速度不得大于慢速，所有运动由示教盒启动，在安全空间内作业时不能启动机器人自动操作，具有握持控制装置等要求。使能装置的设计和使用应符合与安全停止装置连接等要求。

在其他方面，人工引导机械臂进行编程的机器人在编程和补偿时应切断电源；应急预防措施分为切断动力源和接通动力源两种情况分别考虑；在动力丧失、恢复或变化时应不引起机器人危险运动；给出控制储能释放的方法；尽量减少电磁、静电、射频、光、热、振动等干扰对安全的影响；提供明确选择操作状态的装置；机器人制造厂商还应提供必要的文件等。

（5）机器人系统的设计和安全防护

这部分内容主要是明确机器人系统制造厂或供应商应遵循的规范。机器人系统的设计和制造应符合基本设计要求。

在机器人系统设计方面规定应严格按制造厂的规范，以保证操作、编程和维护系统人员的安全。为确保机器人及其系统与预期运行状态相一致，明确判断所有环境条件，如易爆性混合物、腐蚀环境、湿度、粉尘、温度、电磁干扰、射频干扰和振动等。设计中应通过风险评估确定安全防护空间。

在机器人系统的布局设计中，对控制柜的安装、机器人运动避碰、限位装置设计、末端执行器、手动操作、动力关闭、急停装置和远程控制等安全要求进行说明。

将安全防护装置划分为防护装置和现场传感器装置两部分进行说明。对防护装置中固定防护装置和联锁防护装置两类的安全设计要求进行说明。对于联锁防护装置，其未作用时，联锁可防止机器人系统自动操作；其作用时，不应重启自动操作，重新启动须在控制台上进行。危险消除前防护装置锁定在闭路状态或机器人工作时防护装置开路都应立即发出停机或急停指令。联锁装置动作后，在不产生其他危险时可由停机装置重新启动机器。联锁装置还可包含锁定防护装置或制动装置，并应确保排除一种危险且不引发其他危险。对于特殊用途的联锁装置，还应进行风险评价。安全相关的传感器装置应保证：未启动前人体不得进入危险区域；危险解除前，人体不得进入限定空间。传感器装置工作不应受预期工作环境条件影响。传感器动作后，只要不产生其他危险时，可在停机位置重启机器人系统；若恢复机器人运动需排除传感区的遮挡，则不应启动自动操作。在安全防护装置复位时应谨慎操作。

为保证安全，还可在现场增设警示隔栏、声光等警示信号。针对使用中的某些特殊阶段制定生产安全规程。

（6）使用和维护

使用和维护的安全要求主要针对示教编程、程序验证、自动操作、故障查找和维护等操作，操作时应确认示教盒和机器人控制器可靠连接。只有在安全防护装置有效、安全防护空间内无人、满足安全操作规程条件下才可启动自动（正常）操作。

编程过程中的安全主要分为三个阶段：编程前、编程期间、返回自动操作。编程过程中应尽可能在安全防护空间无人时进行，若必须在安全防护空间内作业时，可暂停安全防护装置。编程前：程序员应熟悉安全规范、编程规范，并在机器人上进行实际训练；对机器人系统和安全防护空间目检以确保安全；排除任何故障和失效；应确保安全防护装置就位和有效；开始编程时应确保机器人系统不能进行自动操作。编程期间，仅允许程序员在符合若干安全条件时进入安全防护空间，如急停装置有效、程序员单独控制、机器人不响应产生危险状态的指令等。返回自动操作：程序员应恢复安全防护装置后再启动机器人系统自动操作。

作业程序和修改记录应尽可能保留，以备查询。程序数据不用时也应适当保存。

程序验证过程中，如需目检任务程序时，所有人员须在安全防护空间之外。如必须有人员在安全防护空间内进行验证，则必须满足若干安全条件，如"慢速"下进行等。

故障查找应尽可能在安全防护空间外完成。若不行，则应在机器人系统设计过程中加以考虑，并满足如下要求：故障查找人员经培训和特别批准，制定相应的安全操作规程，进入安全防护空间人员应使用使能装置使机器人运动。

机器人系统的检查和维护应考虑生产厂家的建议制定检查和维护程序。对维修人员进行安全规程培训，并进行人身安全保护。机器臂应尽可能放置在预定位置，并在安全防护空间外进行维护。如必须在安全防护空间内进行维护，则应在选择规定的安全措施基础上进一步考虑风险评价。

（7）安装、试运行和功能测试

机器人系统安装应符合制造厂要求，并对机器人系统的安全防护措施进行风险评估，国家标准 GB/T 12644—90 可用于指导安装。生产前，应检查安全要求，保证安全防护装置可靠运行。

试运行和功能测试主要针对机器人系统安装和再置位、系统变更（软硬件调整、零件更换）、对运行有影响的维修等情况。试运行和功能测试前，应实施安全防护措施或安装限定空间的临时装置。试运行和功能测试期间，不允许人员进入无有效安全防护装置的安全防护空间内。试运行和测试应按照生产厂说明书进行，并做好准备工作、仔细检查，如安装情况、工作环境、设备连接等。

机器人系统在软硬件更改、维护或检修后，重新启动应在通电前对系统硬件的任何变化或附加物进行检查，对系统进行功能试验。

（8）文件和培训

机器人制造厂应提供包含产品合格证、机器人特性、物理环境规范、安装说明书、使用说明书等文件，说明各种条件下机器人的响应特性和安全措施，以及使用人员培训等问题。机器人系统制造厂提供的机器人系统文件应包含系统鉴定、全部组成部分的文件，系统安装说明、可预见危险及避免危险的说明、安全防护系统和相互作用功能件的说明、系统专用详细说明等。

对编程操作维护或检修人员进行培训，学习安全规程和系统设计者的安全建议，明确任务定义、熟悉控制装置及其功能、识别危险、安全措施、安全防护装置的测试方法等。

2.5.6　点焊机器人通用技术条件

点焊机器人通用技术条件 GB/T 14238—93[18]针对各种规格的点焊机器人，规定了点焊机器人的技术要求、试验方法和检验规则。

(1) 分类

点焊机器人可按坐标型式、驱动型式或现场安装方式进行划分。按坐标型式划分主要有直角坐标型、圆柱坐标型、球坐标型和关节型。按驱动方式划分主要有液压式、气动式、电动式。按现场安装方式划分主要有垂直落地式、倾斜安装式、悬挂式。

(2) 性能

点焊机器人的性能主要包括机器人和焊接设备两部分。其中点焊机器人的性能指标应包括坐标型式、轴数、额定负载、各轴运动范围、工作空间、最大单轴速度、每分钟焊点数、位姿重复性、基本动作控制方式、存储容量、输入输出接口、编程方式、外形尺寸和重量、耗电功率。

(3) 技术要求

点焊机器人的设计图样、工艺文件、材料和外购元器件、部件都应符合相关标准和批准程序。

机器人外观和结构应美观、合理、方便操作、标示清楚、易于维修；紧固件无松动，活动部分润滑冷却良好；表面、漆膜、镀层无缺陷；零件无锈蚀和机械损伤。机器人的开关、按钮、显示、报警和联锁装置应功能正常，各轴运动平稳，指令与动作一致。对于液压驱动的机器人，其液压系统应符合 GB 3766 国家标准。

机器人的安全除必须符合 GB 11291 外，还应保证操作机、控制装置、动力源和焊接电源都有接电点，接地电阻不超过 0.1Ω；绝缘电阻大于 10MΩ。机器人可承受交流 50Hz、1500V、持续 1min 的耐电强度试验，并无击穿、飞弧现象；在额定条件下，可连续正常工作 120h。工艺操作应满足要求。非作业运行时机器人产生的噪声不应大于 80dB。机器人可在供电电网电压波动 +10% 和 -15%、频率（50±1）Hz 条件下、在产品标准规定的射频干扰和强磁场干扰下，均可正常工作。

机器人的工作环境为温度 0~40℃，湿度 40%~90%，大气压 86~106kPa；储存、运输条件为 -40~+55℃，湿度不超过 93%。操作机和控制装置在 5~55Hz、振幅 0.15mm 的振动下可正常工作。一般来说，机器人的平均无故障时间不小于 2000h，平均修复时间不大于 30min。系统的成套性应符合规定。

(4) 试验方法、检验规则和检验项目

机器人的试验方法主要针对技术要求中规定的各项目检测，具体测试方法采用了 ZB J28 001、GB/T 12645、GB 4943、ZB J50 002、GB 6833.5、GB 6833.2 等标准中规定的方法。对于液压系统检查、每分钟焊点数测试、工艺操作试验三项的测试方法进行单独说明。

检验规则在 ZB J28 001 第三章中给出。

检验项目按技术要求中的规定的列出表格，共包含 21 项检测条目。

(5) 标志、包装、运输、储存

包装箱外表面图示和标志应符合 GB 191。机器人产品铭牌应包含名称、型号、额定负载、动力源参数、外形尺寸和重量、生产批号、制造单位名称、出厂日期。

包装前应将机器人的操作机活动臂部分牢靠固定。将操作机底座及其他装置与包装箱底板牢靠固定，控制装置应单独包装。包装符合相关国家标准要求，特殊包装要求应在产品标准中规定。包装箱内应包含规定的技术文件等资料。包装箱运输、装卸应保持竖立位置，不得堆放。长期储存应符合产品标准规定。

2.5.7　其他标准

机械行业在工业机器人相关方面制定了若干标准，主要有《工业机器人验收规则》、《工业机器人型号编制方法》、《弧焊机器人通用技术条件》。

(1) 工业机器人验收规则

工业机器人验收规则 JB/T 8896—1999[19] 是用于规定各种用途工业机器人的检验规则和试验方法。JB/T 8896—1999 是替代原行业标准 ZB J28 001—90。

产品检验分为出厂检验（交收检验）和型式检验（例行检验）。标准中规定了哪些情况下进行出厂检验和型式检验。检验内容包括外观和结构、功能、特性、安全、连续运行、噪声、电源适应能力、环境条件、动力源、运输、可靠性等，共计 28 个检验项目。在试验方法中规定了试验环境条件，给出了具体的检验方法。

(2) 工业机器人型号编制方法

工业机器人的型号编制方法 JB/T 8430—96[20] 规定了工业环境中使用工业机器人在型号编制时应遵循的规则和型号字符含义。

产品型号由名称代号、用途代号、特征代号、负载代号及设计代号等几部分组成。工业机器人名称代号采用大写字母 R 表示。用途代号，A 表示装配，B 表示搬运，D 表示点焊，H 表示弧焊，J 表示检测，L 表示冷（机械）加工，P 表示喷漆，S 表示水切割，Z 表示粘合/密封。特征代号包括驱动和安装方式代号。驱动方式代号中，无代号表示交流伺服，Z 表示直流伺服，B 表示步进电机，D 表示电机直接驱动，Q 表示气动，Y 表示液压。安装方式代号中，无代号表示地面固定安装，C 表示侧挂，D 表示倒挂，M 表示龙门式，W 表示地面位移小车。负载代号表示机器人额定负载。设计代号是产品设计顺序代号。

企业代号可附加在机器人型号前，由企业自定。

(3) 弧焊机器人通用技术条件

弧焊机器人通用技术条件 JB/T 5065—1991[21] 是针对一般气体保护焊的弧焊机器人，规定了弧焊机器人的技术要求、试验方法和检验规则等。《弧焊机器人通用技术条件》的技术要求与国家标准《点焊机器人通用技术条件》GB/T 14238—93 基本相同的，但针对弧焊这一特殊工艺，部分技术条件还存在一些特殊性。

弧焊机器人按焊接工艺划分可分为熔化极弧焊机器人和非熔化极弧焊机器人。在性能方面，弧焊机器人的性能也包括机器人和焊接设备两部分。弧焊机器人相比点焊机器人，在性能指标上去除了每分钟焊点数，增加了工作速度范围（为直接进行焊接作业时所允许的最高、最低速度区间）、轨迹速度波动、轨迹重复性、拐角偏差等指标。在技术要求中增加了焊具夹持器的防护机构。在测试方法中，给出了工作速度范围测量、轨迹速度波动测量和工艺操作试验的具体测试方法。

2.6　工业机器人编程环境及作业工具

2.6.1　编程语言

专用的工业机器人编程语言主要用于工业机器人系统应用开发，描述作业任务、实现自动控制。国内外机器人制造厂商都针对其工业机器人产品开发了相应的编程语言，如 Unimation公司用于 PUMA 机器人的 VAL Ⅱ语言、意大利 Olivetti 公司用于直角坐标式 SIGMA 装配型机器人的 SIGLA 语言、KUKA 工业机器人的编程语言 KRL、FANUC 工业机器人的编程语言 KAREL、ABB 工业机器人的编程语言 RAPID、Staubli 工业机器人的编程语言 VAL3、Adept 工业机器人的编程语言 V+、COMAU 工业机器人的编程语言 PDL2、安川工业机器人编程语言 INFORM II[13]等。

机器人编程语言按照代码执行方式可分为解释型语言和编译型语言。解释型语言是由解释程序将用户编制的源程序逐句翻译成机器指令，每翻译完一句即由机器人控制器执行一句，执行过程中若出现错误则需对用户源程序修改后才可继续执行。编译型语言是由编译程序将用户编制的源程序编译后生成可执行程序，由机器人控制器执行。

机器人编程语言的指令系统通常包括数据声明指令、赋值指令、运算指令、运动指令、流程控制指令。此外，为方便程序编制和存储，机器人编程语言的指令系统也可提供文件编辑、管理等相关指令。下面就机器人编程指令的主要功能和使用格式给出一般性描述，不同机器人制造厂商定义的编程指令的描述符和使用格式存在差异，具体应用可参考厂商的编程手册。

(1) 数据声明指令

数据声明指令主要用于声明变量类型。

- 声明基本数据类型的指令，包括：INT，整型数据；REAL，实型数据；BOOL，布尔型数据；CHAR，字符型数据；STRING，字符串型数据。

格式：数据类型指令　变量名或数据类型指令　变量名＝常数

示例：INT a　或 INT a＝5；

- 声明机器人位姿数据的指令。

JTPOSE，关节角表示的机器人位姿。

格式：JTPOSE　位姿变量名＝关节 1，关节 2，…，关节 n

TRPOSE，变换值表示的机器人位姿。

格式：TRPOSE　位姿变量名＝X 轴位移，Y 轴位移，Z 轴位移，X 轴旋转，Y 轴旋转，Z 轴旋转

TOOLDATA，工具相关坐标数据、工具控制点坐标和相对于工具坐标系的旋转角。

格式：TOOLDATA　工具名＝X，Y，Z，Rx，Ry，Rz

COORDATA，定义坐标系。

格式：COORDATA　坐标系名，类型，坐标原点，X 轴上的点，Y 轴上的点

(2) 赋值指令

赋值指令主要用于给变量赋值，如表 6-2-3 所示。

表 6-2-3　赋值指令

赋值指令	指令功能	赋值指令	指令功能
SET	给变量赋值	SETOUT	控制外部输出信号的开和关
SETE	给位姿变量中的元素赋值	DIN	把输入信号读入变量中
GETE	读取位姿变量中的元素		

格式：赋值指令<变量 1/输入变量/输出变量>，<变量 2/常量/输入数据/输出数据>

示例：DIN B012，IN16；

(3) 运算指令

运算指令主要分为数学运算指令和逻辑运算指令。

- 数学运算指令主要为代数运算、三角函数运算等，如表 6-2-4 所示。

表 6-2-4　数学运算指令

数学运算指令	指令功能	数学运算指令	指令功能
INCR	在指定变量值上增加 1	DIV	求取两个数据相除结果
DECR	在指定变量值上减少 1	SIN	求取数据的正弦值
ADD	求取两个数据相加结果	COS	求取数据的余弦值
SUB	求取两个数据相减结果	ATAN	求取数据的反正切值
MUL	求取两个数据相乘结果	SQRT	求取数据的平方根值

　　格式：数学运算指令　＜数据 1＞，＜数据 2＞

　　示例：ADD R001，R020；

- 逻辑运算指令主要为与、或、非等逻辑运算，如表 6-2-5。

表 6-2-5　逻辑运算指令

逻辑运算指令	指令功能	逻辑运算指令	指令功能
AND	求取两个数据的逻辑与	NOT	求取数据的逻辑非
OR	求取两个数据的逻辑或	XOR	求取两个数据的逻辑异或

　　格式：逻辑运算指令　＜数据 1＞，＜数据 2＞

　　示例：AND B001，B020；

　　运算指令中的数据 1 必须为变量，用于存储运算结果。

(4) 运动指令

运动指令主要用于实现工业机器人的运动控制，见表 6-2-6。

表 6-2-6　运动指令

运动指令	指令功能	运动指令	指令功能
MOVJ	以点到点方式移动到示教点	MOVC	以圆弧插补方式移动到示教点
MOVL	以直线插补方式移动到示教点	MOVS	以样条插补方式移动到示教点

　　格式：运动指令　目标点，速度，位置等级

　　示例：MOVL P0001，V1000，Z2

(5) 流程控制指令

流程控制指令主要用于程序中的跳转、判断等功能，见表 6-2-7。

表 6-2-7　流程控制指令

流程控制指令	指令功能	流程控制指令	指令功能
GOTO	跳转到指定标号	HALT	终止程序执行
CALL	调用子程序	BREAK	结束当前执行循环
RET	返回主程序	IF…ENDIF	判断满足条件则执行
MAIN	主程序开始	FOR…ENDFOR	满足条件则循环执行
END	主程序结束	WHILE…ENDWL	条件为真则执行，否则跳过
NOP	空运行	CASE	根据条件执行
PAUSE	暂停程序执行		

2.6.2　示教编程

在线示教方式主要有人工引导示教方式、模拟装置示教、示教盒示教三种。

① 人工引导示教方式　由操作人员移动机器人的末端执行器，计算机记录各关节的运动过程，从而采集离散的示教参数。通常直线示教采集 2 点参数，圆弧示教采集 3 点参数，然后根据这些参数进行插补计算得到再现时所需要的每一步的位置信息。该方法的优点是对控制系统要求简单，缺点是精度受操作者技能限制。

② 模拟装置示教　对于大功率的液压传动机器人或高减速比的电气传动机器人等，由于靠体力直接引导机器人本体较为困难，采用特别的人工模拟装置代替机器人本体来配合示教作业，可减轻体力劳动，降低示教难度。

③ 示教盒示教　示教盒是一个带有微处理器的、便于移动的用于机器人示教编程和再现控制的手持设备，示教盒示教是指通过示教盒操作机器人按指定路径运动、记录示教点参数并编制机器人程序的过程。示教盒上需要配备数字键、程序指令关键字输入键、插入、删除等编辑键；单步、气动、停止等命令键；急停按钮。

离线示教包括解析示教和任务示教。

① 解析示教　将计算机辅助设计的数据直接用于示教，并利用传感器技术对给定数据进行修正。该方法对传感器有较高的精度要求，需要建立准确的数学模型。

② 任务示教　只给定对象物体的位置、形状和要求达到的目的，不具体规定机器人的路径，机器人可以自行综合处理路径问题。该方法目前尚处于研究探讨阶段，尚无实用价值较大的示教系统问世。

2.6.3　离线编程与仿真

离线编程和仿真在实际应用中具有如下优点：减少机器人的非工作时间；提高编程作业的安全性；便于构建柔性制造系统（FMS）和集成制造系统（CIMS）；便于对复杂任务进行编程；便于程序管理维护。

一般来说，离线编程系统的构成如图 6-2-42 所示。

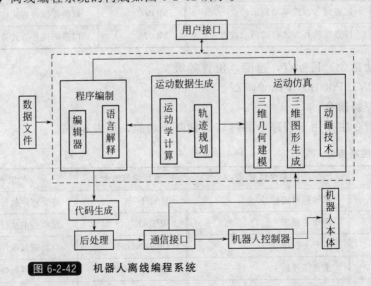

图 6-2-42　机器人离线编程系统

（1）用户接口

用户接口亦称"人机界面"，是机器人控制系统与编程人员的信息交互途径。离线编程用户接口一般包括图形仿真界面和文本编辑界面；图形仿真界面主要通过鼠标和光标对虚拟空间中的机器人模型的位姿进行编辑；文本编辑界面通过键盘操作对机器人控制流程、逻辑进行编辑。

（2）机器人三维几何建模

机器人三维几何建模有结构立体几何表示、扫描变换表示和边界表示三种。结构立体几何表示包含的形体较多；扫描变换表示便于轴对称图形的生成；边界表示便于形体的数字化表示。

（3）运动学计算

运动学计算包括运动学正解和运动学逆解。运动学正解是通过机器人几何参数和关节变量，计算出机器人末端相对于基坐标系的位置和姿态。运动学逆解是给出机器人终端的位置和姿态，解出相应的机器人形态，即机器人关节变量。

（4）轨迹规划

轨迹规划是用来生成关节空间或直角空间的轨迹，以保证机器人实现预定的作业。离线编程轨迹规划需兼顾的条件有路径约束、运动学约束、动力学约束、可达空间约束，同时需具备碰撞检测功能。

（5）动态仿真

离线编程系统在对机器人进行轨迹规划后，形成以时间先后排列的机器人位姿序列（以各关节角度表示），将这些位姿通过三维建模模块，产生各个位姿所对应的机器人图形，将这些图形按照时间顺序通过用户接口显示出来，产生动画效果，从而实现机器人运动的动态仿真。

（6）后处理

后处理是指对编程语言进行加工和翻译，是离线程序转换成机器人控制器可直接执行的指令格式。

2.6.4　末端执行器

工业机器人末端执行器是一类安装在机器人腕部用来直接实现各种操作功能的机构，也称作机器人手臂末端工具、机器人外设或者机器人配件。根据所执行任务的不同，末端执行器可分为末端传感器、抓手、物料去除工具、焊枪以及工具切换装置等几类。

（1）末端执行器上的传感器

末端执行器上的传感器一般安装在机器人手臂末端的法兰盘上并直接和工件或物料接触，用来测量工件或物料与工具之间的各种信息，如力和距离等。常见的末端传感器包括力/力矩传感器和碰撞传感器。利用力/力矩传感器的反馈信息，机器人可控制工具执行插入工件、消除工件毛刺以及工件打磨等操作。利用碰撞传感器信息，机器人可以检测工具和工件之间是否碰撞，以避免工具或者工件的损坏。

（2）抓手类末端执行器

它是工业机器人中最常用的一种末端执行器，具有夹持和松开的功能。在夹持工件时，具有一定的力约束和形状约束，以保证被夹工件在移动、停留和装入过程中不改变姿态。当需要松开工件时，应完全松开以释放工件。另外，它还应保证被夹持工件姿态的几何偏差在允许的公差范围内。根据夹持方法的不同，抓手分为开合式、吸附式以及多指灵巧手等几种类型。而根据驱动方式的不同，抓手又可分为气动、液动以及电驱动等几种类型。抓手的选择要根据具体的任务、精度及环境要求来进行，同时要考虑所选工具的大小、形状、重量以及表面接触形式。常用的抓手包括真空吸附式抓手、气动开合式抓手、液压夹持器、手指式抓手、夹板式抓手等。

(3) 物料去除类末端执行器

这类末端执行器主要用来执行切割、钻孔、消除毛刺以及打磨等操作，根据被加工物料的不同具有不同的形状和结构。

(4) 焊枪类末端执行器

焊接是一种非常广泛的机器人应用实例，焊枪也因此成为一类十分有效的机器人末端执行器，可以用来执行可靠的焊接任务。根据焊接方式的不同，可将其分为点焊焊枪和弧焊焊枪两种，其中点焊焊枪要求机器人手臂具有比较大的负载能力，而弧焊焊枪要求机器人手臂具有较大的工作空间。

(5) 末端执行器切换装置

当一台机器人需要顺序使用多种不同的末端执行器时，可使用工具切换装置来实现工具的快速切换。该装置分为主侧和工具侧，分别连接机器人端和工具端，通常两端都具有标准的接口形式，为自动更换工具并连通各种介质提供了极大的灵活性。

2.7　典型工业机器人应用工程案例

2.7.1　包装码垛

包装码垛是工业机器人应用的一个重要领域，应用市场非常广泛，无论是化工、建材、饮料、食品、饲料，还是医药、烟草、自动化物流等行业，都可应用机器人实现生产线上各类纸箱、袋装、罐装、周转箱、瓶装、桶装等包装形态的物料、货物的自动码垛、拆垛或装箱等作业。

同传统的码垛机相比，包装码垛机器人具有很多优点。如生产效率高，机器人码垛能力可达 1600 包/h。应用灵活，通过修改程序、配合使用各种类型的末端执行手爪，即可实现各类产品的包装码垛作业。使用方便，通过人机界面的输入（产品尺寸，重量，堆垛方式等）以及示教器的运用（抓取点和托盘位置的示教），即可快速生成动作数据。智能化程度高，一台机器人可以同时处理多至 4 条包装生产线上不同规格产品的码垛作业，满足多品种、小批量包装的码垛要求；集成智能识别传感元件，可以实现多种产品混合输送，自动识别分类码垛。结构简单、零部件少、故障率低、性能可靠、保养维修简单、占地面积小、能耗低。目前，国内外多家厂商可提供包装码垛机器人及应用系统，如 ABB、KUKA、FANUC、上海沃迪等。

(1) 包装码垛机器人的性能指标

包装物料的搬运过程中，物料一般必须保持水平的姿势，因此包装码垛机器人应用以 4 轴机器人为主，一般承载重量在 300kg 以下，最大工作半径在 2500mm 左右，动作重复精度±0.5mm。

工业机器人在包装码垛应用中主要考虑如下性能指标。

① 最大承载能力　即机器人手臂末端能承受的载荷重量。如 FANUC 的 M-410iB-160 机器人的手腕部可搬运重量为 160kg。

② 动作范围　即机器人手臂在作业空间中能够到达的最大距离。如上海沃迪的 TPR-200 型机器人手腕末端最大的水平伸展半径可达 2650mm，上下垂直距离可达 2300mm。动作范围越宽，成套设备的空间布局的自由度就越大。反之，结构紧凑型机器人利于节省场地空间。

③ 重复定位精度　即机器人末端执行器为重复到达同一目标位置（理想位置）而实际到达位置之间的接近程度。一般 4 轴码垛机器人的精度都在±0.5mm 左右，能满足绝大多数的包装码垛应用要求。

④ 搬运能力 即在厂家设计条件下每小时可实现的动作循环次数，如 1600 次/h。实际运用过程中，搬运能力与搬运距离、搬运重量、抓手形式、垛形高度和大小等条件均密切相关。

（2）用于包装码垛的末端执行器

包装码垛机器人的末端执行器，俗称抓手，执行可靠抓取、搬运、放置物品的任务。抓手类型根据包装产品而异。对于动作复杂的场合，由多种形式组合构成多功能抓手。常用的有以下几类。

① 手指式 主要应用于各类包装袋的码垛，一般每次抓取 1 个包装袋。高能力的场合通常与上下压紧装置配合使用，也可以同时抓取 2 个包装袋，同时释放或依次释放。

② 夹板式 主要应用于瓦楞纸箱的码垛，根据程序设计每次可抓取多个纸箱，通常在底部或侧面增设辅助防甩箱机构。

③ 吸盘式 主要应用于轻质纸箱的码垛或拆垛，需要配备真空发生器、真空泵等辅助设备。

④ 抽屉式 应用于多列抓取或整层抓取的场合，承载能力大。

⑤ 卡钩式 应用于塑料周转箱的拆垛或码垛。

抓手的动力源一般采用工厂压缩空气，通过汽缸内推杆的伸缩带动夹持机构形成夹抱和释放动作。当机器人末端到达指定抓取或释放位置时，机器人控制器向抓手汽缸电磁阀发出工作指令。

（3）包装码垛机器人应用系统设计原则

包装码垛机器人的工作过程一般为机器人在接收到物品到位信号后，机器人向抓手发出抓取指令，抓手汽缸动作抓取物品，提升到安全高度后，向目标堆放位置移动。机器人在移动过程中完成姿势（各轴坐标）的调整，到达堆放位置后，按照程序要求的姿势释放物品。机器人在抓取点与释放点之间重复抓取、移动、释放、返回待机位的动作，按照规定的堆码方式实现自动堆垛。

包装码垛机器人在应用系统设计中的基本原则如下。

① 机器人承载能力必须满足抓取物品与末端执行器的总重量要求 在机器人选型时，不仅要考虑到每次抓取物品的数量与重量，还要充分考虑到末端执行器的结构形式、尺寸大小和重量。两者重量之和必须处于机器人的最大承载能力之内，否则长期运行在过载的情况下，严重的时候会导致手臂断裂，产生机器人本体损坏与电气故障，影响机器人使用寿命；抓手在保证功能与强度的条件下，尽可能通过采用轻型高强度合金材料结构件等方法减轻抓手的重量，从而降低机器人的负载。

② 机器人动作范围必须满足垛形要求 必须考虑垛的高度（堆垛层数）是否处于机器人的上下动作有效范围；对于如饲料行业使用的大尺寸托盘 1500mm×1800mm，必须确认机器人的水平伸展半径能否有效覆盖目标点位置；机器人的动作最高点、最远端和活动部件是否已确认不会与车间厂房的天花板或柱子、支撑梁等建筑构件相干涉。

③ 机器人设计动作能力必须大于生产线最大包装能力 如果机器人动作能力低于生产线最大包装能力，将导致生产线上物品的过度堆积，影响整条生产线的正常运行。同时要考虑到机器人能力必须具备 10% 左右的余量，能处理停机后开机时短暂的超出正常产能的码垛次数要求。

④ 布局尽量紧凑，在不产生干涉的条件下合理设计抓取点与堆放点的空间距离，减少机器人循环移动的总距离。一般来说，距离越短，所需移动时间越少；同时伸展幅度越大，机器人惯量越大，越不利于机器人的快速移动。

⑤ 机器人应用系统必须全局考虑前端物品预处理、托盘输送时间、抓手开合动作时间

与机器人动作节拍相匹配。若在机器人往返过程中，下一轮的输送物品未能完成准备工作，则机器人将经常处于等待状态，未能有效发挥出机器人的效率。倘若抓手的开合动作所占用的时间过长，势必影响到机器人动作循环的时间，应该注意到机器人动作节拍 T＝手腕移动时间 T_1＋末端执行器的抓取时间 T_2＋释放时间 T_3。真空吸盘抓手的吸附时间一般相对比较长。另外倘若托盘输送不及时，同样会导致机器人等待。

⑥ 抓取重量与动作次数的合理协调　每次抓取物品越多如多列或整层，在同等的包装能力要求下，对重载机器人的动作次数要求就越低；反之，机器人动作次数能力越高，即使是在每次实现单件抓取时，也可满足包装能力要求。两者都可达到同样效果，但抓手的结构、输送环节、机器人型号都将发生变化，投资成本也将不同。

(4) 基于搬运机器人的袋类包装自动码垛

化工、面粉、饲料、化肥、水泥等行业的产品通常有颗粒、粉末等形态，包装成型后的重量一般为 10～50kg。包装袋的形式有牛皮纸袋、纸塑复合袋、编织袋等种类。抓取执行机构一般采用手指式。包装袋的抓取时间一般设置为 50ms，释放时间为 150ms。最常见垛形有 5 包/层，奇偶层交错堆放，每垛堆放 8 层，每垛 40 包，总重 1t（25kg 包装的场合）或 2t（50kg 包装的场合）。根据包装袋的尺寸，也有每层堆放 3 包、4 包、6 包、7 包等等垛型。包装封口成形的袋子，经过倒包装置、整形装置，输送到机器人抓取位。由全自动倒包输送机、整形输送机、抓取输送机、托盘自动分配输送机等环节构成自动输送系统，还可以包括自动检测、计量、喷码等环节构成带有产品回溯等功能的更为完整的现代化生产线。袋包装码垛机器人应用如图 6-2-43 所示。

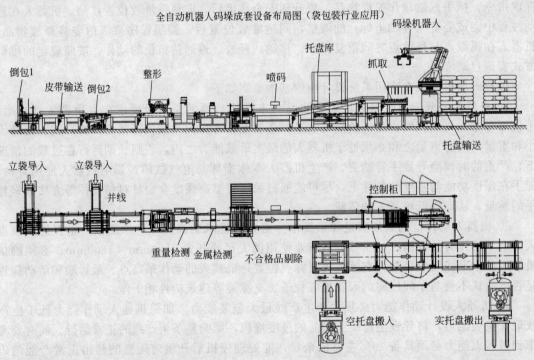

图 6-2-43　袋包装码垛机器人应用

(5) 基于搬运机器人的箱类包装自动码垛

相比于袋类包装物的码垛，箱类物品的码垛，由于包装内容（玻璃瓶、PET 瓶、罐、小包装、部件等）的差异性和用户定制瓦楞纸箱规格的千差万别，垛形更加复杂多样化，抓手结构也更加复杂多样。为了达到生产能力要求，抓取方式必须根据码垛能力的要求，设计成单列抓取、多列抓取，甚至是整层抓取。参见图 6-2-44。

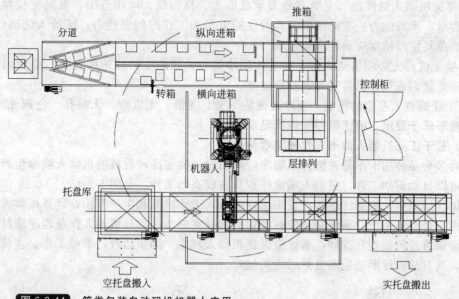

图 6-2-44 箱类包装自动码垛机器人应用

因此，在箱类码垛生产线的前后处理输送环节中，通常包含以下成套设备。

① 拉速皮带输送机　双段皮带输送机分为进箱输送带和加速输送带两部分，其作用是将输送带上堆积在一起的箱子距离拉大，以便箱子数量的检测或给下一工位的箱子方向变换腾开足够的空间。

② 进箱控制输送　根据垛型和堆放顺序的要求确定每次导入箱子的数量。必须满足箱子长边或短边输送的排列方式。

③ 理箱输送　通过推箱装置或定位装置将箱子推动到抓取平台上指定位置，等待机器人来完成对箱子的抓取。

④ 托盘自动输送　该装置通过两组气动装置协调动作，实现空托盘准确释放，通过链式输送机及时、准确、平稳地将空托盘送到码垛位置。通过电机带动滚筒（链条）对空垛盘或码好箱子的垛盘进行输送。托盘库可容 10～15 个托盘，当只剩下两个空托盘来不及补充时，就会发出要求补充托盘的报警直至自动停车。

2.7.2　汽车喷涂

国内外的大型汽车生产厂商在汽车生产线上的工业机器人应用方面投入巨资，采用多至几百台工业机器人来组建自动化生产线和 FMS（柔性制造系统），用于替代喷涂、焊接、装配、搬运等恶劣环境中的人工作业，由于整条生产线具有很高的柔性和自动化水平，极大地提高了生产效率，使企业取得了巨大的经济效益。

(1) 汽车喷涂应用中考虑的主要因素

在工业机器人汽车喷涂生产线的应用设计中，主要考虑以下因素的影响。

① 被喷涂对象的几何特征　被喷涂对象的长、宽、高，外形曲面，被喷涂的部位。

② 生产线布局　按喷涂工艺要求考虑生产线设计，如喷涂工艺 PVC 底胶→第一道面漆→晾干、流平→第二道面漆→烘干；喷涂对象传输方式，悬挂链或地拖链；为保证作业空间覆盖全部被喷涂面，工业机器人的位置应合理分布。

③ 喷涂生产线的生产节拍　生产方式，单一产品喷涂连续流水线式生产或多种产品喷涂连续流水线式混合生产；传输线上喷涂对象的间距，悬挂链或地拖链的传输速度。

④ 喷涂机器人的性能　主要有最大承载能力、自由度、动作范围、重复定位精度、程序存储容量；承载能力应考虑喷枪及其附件的重量和工作时的惯性力；机器人的动作范围、自由度、重复定位精度应满足作业需求。

⑤ 喷涂机器人必须协调工作　和生产同步运行，跟踪生产线速度变化，避免因链速而影响喷涂质量，或造成机器人与驾驶室碰撞。

⑥ 工业机器人喷涂的质量　喷涂表面应平整、光滑、无流痕、无缩孔、色调光泽一致，喷漆厚度不低于要求，喷漆覆盖面应满足要求。

（2）基于工业机器人的卡车驾驶室喷涂应用

针对多个品种的卡车驾驶室外观喷涂应用而设计的多品种混流的机器人喷涂生产线，应用系统可以自动识别工件，机器人喷涂作业具备较高的柔性。见图6-2-45。

总体设计原则，根据计划年产量来给定机器人工作时间和生产节拍，计算机器人的作业速度。由于是混流生产，系统必须能自动识别驾驶室的型号，且机器人作业程序应针对不同型号喷涂要求进行编程和存储。系统应保证机器人和生产同步运行，平稳工作，多机器人协调作业，具有故障诊断功能和良好的人机接口。

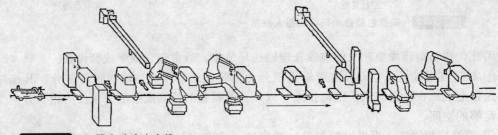

图 6-2-45　机器人喷涂生产线

整个喷涂机器人应用系统共有6个子系统：中央控制系统，机器人控制子系统，自动识别子系统，同步子系统，工件到位自动检测子系统，通信子系统。

① 中央控制系统主要完成多个喷涂机器人的协调控制和生产线的集中监控。

② 机器人控制子系统主要完成喷涂机器人喷涂作业控制等功能。

③ 自动识别子系统主要完成对不同型号驾驶室的自动识别。

④ 同步子系统主要是保证机器人与传送链的速度之间建立同步关系。

⑤ 工件到位自动检测子系统是检测作业对象是否进入工作区，如有，则机器人开始工作；如没有，则机器人等待。

⑥ 系统通信子系统是保证中央控制系统与各子系统的互联，信息传输，从而实现了多个喷涂机器人的协调控制和系统集中监控。

2.7.3　汽车焊接

焊接是汽车制造过程中的关键工艺，采用工业机器人完成车身、座椅骨架、排气系统等部件的焊接，可以很好地保证产品的焊接质量、一致性，提高生产效率、降低劳动强度。工业机器人在汽车焊接的应用中所注意的主要因素与喷涂机器人应用中类似，此外，应特别考虑焊接工艺的具体要求。

（1）轿车车身的点焊

本应用案例中，工业机器人车身焊接应用系统共包括6台点焊机器人，采用电阻焊方式，完成轿车车身组焊线中车身前、后风窗和左、右车门的点焊焊装工作，平均每台机器人完成焊点 90 点，生产节拍小于 3min，生产线为滑橇式车身移动方式，机器人与生产线间可实现通讯，完成移动传输、定位夹紧、安全互锁，并具有启动、暂停及机器人原位、运行状态监控功能，实现焊接车身记数和自动修磨焊钳指令功能，机器人与电阻焊控制器联合实现焊钳打点、双行程焊钳开闭等动作指令，同时自动监控气压、冷却水流量等焊接运行参数。

（2）轿车排气系统的焊接

本应用案例中，为轿车消声器弧焊机器人焊接线配置的机器人焊接工作站由弧焊机器人和带转台的头尾式变位机组成，采用 MIG 焊接方式。工作站中，弧焊机器人采用悬挂方式，对夹持在变位机上的被焊工件进行焊接。MIG 弧焊系统包括焊接电源、空冷焊枪、防碰撞传感器、焊枪、校枪规、焊枪同轴电缆、装配支架、送丝机构、电缆及安装基座、焊机接口控制电缆、管线支架、焊丝盘架、送丝软管、气管、气体流量表等。转台伺服变位机根据工件尺寸和焊接工艺要求应考虑重复精度、最大承载重量、最大转速等性能指标。焊接夹具应考虑包含飞溅防护装置。

机器人焊接工艺中主要考虑机器人焊接的平均焊接速度，每条焊缝的机器人焊接辅助时间，即机器人平均移动时间（包括机器人变换姿态、加减速、空程运动时间，及焊接起弧、收弧时间），与机器人焊接作业配合的翻转变位机变位时间，以及上下料所需时间，从而可以确定应用系统的生产节拍。

参 考 文 献

[1] 熊有伦. 机器人技术基础. 武汉：华中理工大学出版社，1996.

[2] C. S. G. LEE, M. ZIEGLER. Geometric Approach in Solving Inverse Kinematics of PUMA robots. IEEE Transactions on Aerospace and Electronic Systems, 1984：695-706.

[3] 黄真，孔令富，方跃法. 并联机器人机构学理论及控制，北京：机械工业出版社，1997.

[4] Staicu St. , Carp-Ciocardia D. C. . Dynamic Analysis of Clavel's Delta Parallel Robot. IEEE Conference on Robotics & Automation, 2003：4116-4121.

[5] 孙宝元，杨宝清，传感器及其应用手册. 北京：机械工业出版社，2004.

[6] 宋文绪，杨帆. 传感器与检测技术. 北京：高等教育出版社，2009.

[7] 冈萨雷斯，阮秋琦（译）. 数字图像处理. 第二版. 北京：电子工业出版社，2007.

[8] 谭民，徐德，侯增广，王硕，曹志强. 先进机器人控制. 北京：高等教育出版社，2007.

[9] 蔡自兴. 机器人学. 北京：清华大学出版社，2000 年.

[10] Madhusudan Raghavan, Bernard Roth, Kinematic Analysis of the 6R Manipulator of General Geometry, The fifth international symposium on Robotics research，263-269，1990.

[11] Dinesh Manocha, John F. Canny, Efficient Inverse Kinematics for General 6R Manipulators，IEEE Transactions on Robotics and Automation，10（5），648-657，1994

[12] S. Hutchinson, G. D. Hager, P. I. Corke. A tutorial on visual servo control. IEEE Transactions on Robotics and Automation, 12（5）：651-670，1996.

[13] Yaskawa Electric Corporation, Motoman-UP6 Intructions, 1999.

[14] GB/T 12643—1997　工业机器人—词汇

[15] GB/T 16977—1997　工业机器人—坐标系和运动命名原则

[16] GB/T 17887—1999　工业机器人—末端执行器自动更换系统词汇和特定表示

[17] GB/T 14284—93　工业机器人通用技术条件

[18] GB 11291—1997　工业机器人安全规范

[19] GB/T 14238—93　点焊机器人通用技术条件

[20] JB/T 8896—1999　工业机器人验收规则

[21] JB/T 8430—96　工业机器人型号编制方法

[22] JB/T 5065—1991　弧焊机器人通用技术条件

第**3**章 工程机械控制系统

3.1 工程机械概述

3.1.1 工程机械定义

根据国家标准《工程机械定义及类组划分》对工程机械的定义，凡土石方工程，流动起重装卸工程，人货升降输送工程，市政、环卫及各种建设工程，综合机械化施工以及同上述工程相关的生产过程机械化所应用的机械设备，称为工程机械。

3.1.2 工程机械分类

机械设备实现各种代替人类劳动的功能，在工业产生之前，工厂是以小作坊手工的模式进行生产，生产力低下，机械设备的出现，使整个人类社会的生产能力得到空前的提高。其对生产力的促进作用，使得人类一直以来都很重视机械设备种类的多样化研究，目前工程机械设备已经形成了 20 个大类，150 多个系列，3000 多种产品规格，典型产品如表 6-3-1 至表 6-3-20 所示。

表 6-3-1 挖掘机械

类	组	型
挖掘机械	间歇式挖掘机	机械式挖掘机、液压式挖掘机、挖掘装载机
	连续式挖掘机	斗轮挖掘机、滚切式挖掘机、铣切式挖掘机、多斗挖沟机、链斗挖掘机

表 6-3-2 铲土运输机械

类	组	型
铲土运输机械	装载机	履带式装载机、轮胎式装载机、滑移转向式装载机、特殊用途装载机
	铲运机	自行铲运机、拖式铲运机
	推土机	履带式推土机、轮胎式推土机、通井机、推耙机
	叉装机	叉装机
	平地机	自行式平地机、拖式平地机
	非公路自卸	刚性自卸车、铰接式自卸车、地下刚性自卸车、地下铰接式自卸车、回转式自卸车、重力翻斗车
	作业准备机械	除荆机、除根机

表 6-3-3 起重机械

类	组	型
起重机械	流动式起重机	轮胎式起重机、履带式起重机、专用流动式起重机、清障车
	建筑起重机械	塔式起重机、工升降机、建筑卷扬机

表 6-3-4 工业车辆

类	组	型
工业车辆	机动工业车辆（内燃、蓄电池、双动力）	固定平台搬运车、牵引车和推顶车、堆垛用（高起升）车辆、非堆垛用（低起升）车辆、伸缩臂式叉车、拣选车、无人驾驶车辆
	非机动工业车辆	步行式堆垛车、步行式托盘堆垛车、步行式托盘搬运车、步行剪叉式升降托盘搬运车

表 6-3-5 压实机械

类	组	型
压实机械	静作用压路机	拖式压路机、自行式压路机
	振动压路机	光轮式压路机、轮胎驱动式压路机、拖式压路机、手扶式压路机
	振荡压路机	光轮式压路机、轮胎驱动式压路机
	轮胎压路机	自行式压路机
	冲击压路机	拖式压路机、自行式压路机
	组合式压路机	振动轮胎组合式压路机、振动振荡式压路机
	振动平板夯	电动式平板夯、内燃式平板夯
	振动冲击夯	电动式冲击夯、内燃式冲击夯
	爆炸式夯实机	爆炸式夯实机
	蛙式夯实机	蛙式夯实机
	垃圾填埋压实机	静碾式压实机、振动式压实机

表 6-3-6 路面施工与养护机械

类	组	型
路面施工养与工护机械	沥青路面施工机械	沥青混合料搅拌设备、沥青混合料摊铺机、沥青混合料转运机、沥青洒布机（车）、碎石撒布机（车）、液态沥青运输车、沥青泵、沥青阀、沥青储罐、沥青加热烽化设备、沥青灌装设备、沥青脱桶装置、沥青改性设备、沥青乳化设备
	水泥路面施工机械	水泥混凝土摊铺机、多功能路缘石铺筑机、切缝机、水泥混凝土路面振动梁、水泥混凝土路面抹光机、水泥混凝土路面脱水装置、水泥混凝土边沟铺筑机、路面灌缝机
	路面基层施工机械	稳定土拌和机、稳定土拌和设备、稳定土摊铺机
	路面附属设施施工机械	护栏施工机械、标线标志施工机械、边沟、护坡施工机械
	路面养护机械	多功能养护机、沥青路面坑槽修补机、沥青路面加热修补机、喷射式坑槽修补机、再生修补机、扩缝机、坑槽切边机、小型罩面机、路面切割机、洒水车、路面铣刨机、沥青路面养护车、水泥混凝土路面养护车、水泥混凝土路面破碎机、稀浆封层机、回砂机、路面开槽机、路面灌缝机、沥青路面加热机、沥青路面热再生机、沥青路面冷再生机、乳化沥青再生设备、泡沫沥青再生设备、碎石封层机、就地再生搅拌列车、路面加热机、路面加热复拌机、割草机、树木修剪机、路面清扫机、护栏清洗机、施工安全指示牌车、边沟修理机、夜间照明设备、透水路面恢复机、除冰雪机械

表 6-3-7 混凝土机械

类	组	型
混凝土机械	混凝土搅拌运输车	自行式搅拌运输车、拖式
	混凝土泵	固定式泵、拖式泵、车载式泵
	混凝土布料杆	卷折式布料杆、"Z"形折叠式布料杆、伸缩式布料杆、组合式布料杆
	臂架式混凝土泵车	整体式泵车、半挂式泵车、全挂式泵车
	混凝土喷射机	缸罐式喷射机、螺旋式喷射机、转子式喷射机
	混凝土喷射机械手	混凝土喷射机械手
	混凝土喷射台车	混凝土喷射台车
	混凝土浇注机	轨道式浇注机、轮胎式浇注机、固定式浇注机
	混凝土振动器	内部振动式振动器、外部振动式振动器
	混凝土振动台	混凝土振动台
	气卸散装水泥运输车	气卸散装水泥运输车
	混凝土清洗回收站	混凝土清洗回收站
	混凝土配料站	混凝土配料站
	混凝土搅拌运输车	自行式搅拌运输车、拖式搅拌运输车
	搅拌机	锥形反转出料式搅拌机、锥形反转出料式搅拌机、涡桨式搅拌机、行星式搅拌机、单卧轴式搅拌机、双卧轴式搅拌机、连续式搅拌机
	混凝土搅拌楼	锥形反转出料式搅拌楼、锥形倾翻出料式搅拌楼、涡桨式搅拌楼、行星式搅拌楼、单卧轴式搅拌楼、双卧轴式搅拌楼、连续式搅拌楼
	混凝土搅拌站	锥形反转出料式搅拌站、锥形倾翻出料式搅拌站、涡桨式搅拌站、行星式搅拌站、单卧轴式搅拌站、双卧轴式搅拌站、连续式搅拌站
	混凝土搅拌运输车	自行式搅拌运输车

表 6-3-8 掘进机械掘进机械

类	组	型
掘进机械	全断面隧道掘进机	盾构机、硬岩掘进机（TBM）、组合式掘进机、水平定向钻、顶管机
	巷道掘进机	悬臂式岩巷掘进机

表 6-3-9　**桩工机械**

类	组	型
桩工机械	柴油打桩锤	筒式打桩锤、导杆式打桩锤
	液压锤	液压锤
	振动桩锤	机械式桩锤、液压马达式桩锤、液压式桩锤
	桩架	走管式桩架、轨道式桩架、履带式桩架、步履式桩架、悬挂式桩架
	压桩机	机械式压桩机、液压式压桩机
	成孔机	螺旋式成孔机、潜水式成孔机、正反回转式成孔机、冲抓式成孔机、全套管式成孔机、锚杆式成孔机、步履式成孔机、履带式成孔机、车载式成孔机、多轴式成孔机
	地下连续墙成槽机	钢丝绳式成槽机、导杆式成槽机、半导杆式成槽机、铣削式成槽机、搅拌式成槽机、潜水式成槽机
	落锤打桩机	机械式打桩机、法兰克式打桩机
	软地基加固机械	振冲式加固机械、插板式加固机械、强夯式加固机械、振动式加固机械、旋喷式加固机械、注浆深层搅拌式加固机械、粉体喷射深层搅拌式、加固机械
	取土器	厚壁式取土器、敞口薄壁式取土器、自由活塞薄壁取土器、固定活塞薄壁取土器、水压固定活塞取土器、束节式取土器、黄土取土器、三重管回转式取土器、取沙器

表 6-3-10　**市政与环卫机械**

类	组	型
市政与环卫机械	园林机械	植树挖穴机、树木移植机、运树机、绿化喷洒多用车
	停车洗车设备	垂直循环式停车设备、多层循环式停车设备、水平循环式停车设备、升降机式停车设备、升降移动式停车设备、平面往复式停车设备、两层式停车设备、多层式停车设备、汽车用回转盘停车设备、汽车用升降机停车设备、旋转平台停车设备、洗车场机械设备
	环卫机械	扫路车（机）、吸尘车、洗扫车、清洗车、洒水车、吸粪车、厕所车、垃圾车、垃圾处理设备
	市政机械	管道疏通机械、管道疏通机械、电杆埋架机械、管道铺设机械

表 6-3-11   混凝土制品机械

类	组	型
混凝土 制品机械	混凝土砌块成型机	移动式、固定式、叠层式、分层布料式
	混凝土砌块生产成套设备	全自动、半自动、简易式
	加气混凝土砌块成套设备	加气混凝土砌块设备
	泡沫混凝土砌块成套设备	泡沫混凝土砌块设备
	混凝土空心板成型机	挤压式、推压式、拉模式
	混凝土构件成型机	振动台式成型机、盘转压制式成型机、杠杆压制式成型机、长线台座式、平模联动式、机组联动式
	混凝土管成型机	离心式、挤压式
	水泥瓦成型机	水泥瓦成型机
	墙板成型设备	墙板成型机
	混凝土构件整修机	真空吸水装置、切割机、表面抹光机、磨口机

表 6-3-12   高空作业机械

类	组	型
高空作业 机械	高空作业车	普通型高空作业车、高树剪枝车、高空绝缘车、桥梁检修设备、航空地面支持车、飞机除冰防冰车、消防救援车
	高空作业平台	剪叉式高空作业平台、臂架式高空作业平台、套筒油缸式高空作业平台、桅柱式高空作业平台、导架式高空作业平台

表 6-3-13   装修机械

类	组	型
装修 机械	地面修整机械	有气喷涂机、喷塑机、石膏喷涂机
	油漆制备及喷涂机械	油漆喷涂机、油漆搅拌机
	地面修整机械	地面抹光机、地板磨光机、踢脚线磨光机、地面水磨石机、地板刨平机、打蜡机、地面清除机、地板砖切割机
	砂浆制备及喷涂机械	筛砂机、砂浆搅拌机、砂浆输送泵、砂浆联合机、淋灰机、麻刀灰拌和机
	涂料喷刷机械	喷浆泵、无气喷涂机
	建筑装修机具	混凝土切割机、混凝土切缝机、混凝土钻孔机、水磨石磨光机、电镐
	屋面装修机械	涂沥青机、铺毡机
	高处作业吊篮	手动式高处作业吊篮、气动式高处作业吊篮、电动式高处作业吊篮
	擦窗机	轮载式擦窗机
	其他装修机械	贴墙纸机、螺旋洁石机、穿孔机、孔道压浆机、弯管机、管子套丝切断机、管材弯曲套丝机、坡口机、弹涂机、滚涂机

表 6-3-14　钢筋及预应力机械

类	组	型
钢筋及预应力机械	钢筋强化机械	钢筋冷拉机、钢筋冷拔机、冷轧带肋钢筋成型机、冷轧扭钢筋成型机、冷拔螺旋钢筋成型机
	单件钢筋成型机械	钢筋切断机、钢筋切断生产线、钢筋调直切断机、钢筋弯曲机、钢筋弯曲生产线、钢筋弯弧机、钢筋弯箍机、钢筋螺纹成型机、钢筋螺纹生产线、钢筋镦头机
	组合钢筋成型机械	钢筋网成型机、钢筋笼成型机、钢筋桁架成型机
	钢筋连接机械	钢筋对焊机、钢筋电渣压力焊机、钢筋气压焊机、钢筋套筒挤压机
	预应力机械	预应力钢筋镦头器、预应力钢筋张拉机、预应力钢筋穿束机、预应力千斤顶
	预应力机具	预应力筋用锚具、预应力筋用夹具、预应力筋用连接器

表 6-3-15　凿岩机械

类	组	型
凿岩机械	凿岩机	气动手持式凿岩机
	凿岩机	气动凿岩机、内燃手持式凿岩机、液压凿岩机、电动凿岩机
	露天钻车钻机	气动/半液压履带式露天钻机、气动/半液压轨轮式露天钻车、液压履带式钻机、液压钻车
	井下钻车钻机	气动/半液压履带式钻机、气动/半液压式钻车、全液压履带式钻机、全液压钻车
	气动潜孔	低气压潜孔冲击器
	冲击器	中/高气压潜孔冲击器
	凿岩辅助设备	支腿、柱式钻架、圆盘式钻架

表 6-3-16　气动工具

类	组	型
气动工具	回转式气动工具	雕刻笔、气钻、攻丝机、砂轮机、抛光机、磨光机、铣刀、气锯、剪刀、气螺刀、气扳机、振动器
	冲击式气动工具	铆钉机、打钉机、订合机、折弯机、打印器、钳、劈裂机、扩张器、液压剪
	冲击式气动工具	捆扎机、封口机、破碎锤、镐、气铲、捣固机、锉刀、刮刀、雕刻机、凿毛机、振动器
	其他气动机械	气动马达、气动泵、气动吊、气动绞车/绞盘、气动桩机

表 6-3-17　军用工程机械

类	组	型
军用工程机械	道路机械	装甲工程车、多用工程车、推土机、装载机、平地机、压路机、除雪机
	野战筑城机械	挖壕机、挖坑机、挖掘机、野战工事作业机械、钻孔机具、冻土作业机械
	永备筑城机械	凿岩机、空压机、坑道通风机、坑道联合掘进机、坑道装岩机、坑道被覆机械、碎石机、筛分机、混凝土搅拌机、钢筋加工机械、木材加工机械
	布、探、扫雷机械	布雷机械、探雷机械、扫雷机械
	架桥机械	架桥作业机械、机械化桥、打桩机械
	野战给水机械	水源侦察车、钻井机、汲水机械、净水机械
	伪装机械	伪装勘测车、伪装作业车
	保障作业车辆	移动式电站、金木工程作业车、起重机械、液压检修车、工程机械修理车、专用牵引车、电源车、气源车

表 6-3-18　电梯及扶梯

类	组	型
电梯及扶梯	电梯	乘客电梯、载货电梯、客货电梯、病床电梯
	电梯	住宅电梯、杂物电梯、观光电梯、船用电梯、车辆用电梯、防爆电梯
	自动扶梯	普通型自动扶梯、公共交通型自动扶梯、螺旋型自动扶梯
	自动人行道	普通型自动人行道、公共交通型自动人行道

表 6-3-19　工程机械配套件

类	组	型
工程机械配套件	动力系统	内燃机、动力蓄电池、附属装置
	传动系统	离合器、变矩器、变速器、驱动电机、传动轴装置、驱动桥、减速器
	液压密封装置	油缸、液压泵、液压马达、液压阀、液压减速机、蓄能器、中央回转体、液压管件、液压系统附件、密封装置
	制动系统	储气筒、气动阀、加力泵总成、气制动管件、油水分离器、制动泵、制动器
	行走装置	轮胎总成、轮辋总成、轮胎防滑链、履带总成、履带张紧装置总成
	转向系统	转向器总成、转向桥、转向操作装置
	车架及工作装置	车架、工作装置、配重门架系统、吊装装置、振动装置
	电器装置	电控系统总成、组合仪表总成、监控器总成、仪表、报警器、车灯、空调器、暖风机、电风扇、刮水器、蓄电池
	专用属具	液压锤、液压剪、液压钳、松土器、夹木叉、叉车专用属具、其他属具

表 6-3-20　其他专用工程机械

类	组	型
其他专用工程机械	电站专用工程机械	扳起式塔式起重机、自升式塔式起重机、锅炉炉顶起重机、门座起重机、履带式起重机、龙门式起重机、缆索起重机、提升装置、施工升降机、混凝土搅拌楼、混凝土搅拌站、塔带机
	轨道交通施工与养护工程机械	架桥机、运梁车、梁场用提梁机、轨道上部结构制运铺设备
	轨道交通施工与养护工程机械	道岔设备养护用设备系列、电气化线路施工与养护用设备
	水利专用工程机械	水利专用工程机械
	矿山用工程机械	矿山用工程机械

3.1.3　常用工程机械简介

　　各大类工程机械中的典型及常用产品包括挖掘机、平地机、汽车起重机、履带起重机、压路机、沥青搅拌站、摊铺机、铣刨机、混凝土泵车、拖式混凝土泵车、混凝土搅拌站、混凝土搅拌运输车、旋挖钻机、集装箱空箱堆高机、集装箱正面吊运机等。

　　(1) 挖掘机

　　① 用途　挖掘机是一种多用途土石方施工机械,主要进行土石方挖掘、装载,还可进行土地平整、修坡、吊装、破碎、拆迁、开沟等作业,所以在公路、铁路等道路施工,桥梁建设,城市建设、机场港口及水利施工中得到了广泛应用。所以挖掘机兼有推土机、装载机、起重机等的功能,能代替这些机械工作。

　　② 分类　挖掘机按作业过程分为单斗挖掘机 (周期作业)、多斗挖掘机 (连续作业);按用途分为建筑型 (通用型)、采矿型 (专用型);按动力分为电动、内燃机、混合型;按传动方式分为机械、液压、混合型;按行走装置分为履带式、轮胎式、汽车式。

　　③ 基本构造与工作原理　单斗液压挖掘机的总体结构包括动力装置、工作装置、回转机构、操纵机构、传动系统、行走机构和辅助设备等,如图 6-3-1 所示。

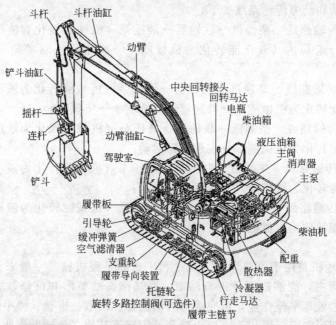

图 6-3-1　液压挖掘机主要组成结构

常用的全回转式液压挖掘机的动力装置、传动系统的主要部分、回转机构、辅助设备和驾驶室等都安装在可回转的平台上，通常称为上部转台。因此又可将单斗液压挖掘机概括成工作装置、上部转台和行走机构等三部分。

挖掘机是通过柴油机把柴油的化学能转化为机械能，由液压柱塞泵把机械能转换成液压能，通过液压系统把液压能分配到各执行元件（液压油缸、回转马达、减速机、行走马达），由各执行元件再把液压能转化为机械能，实现工作装置的运动、回转平台的回转运动、整机的行走运动，如图 6-3-2 所示。

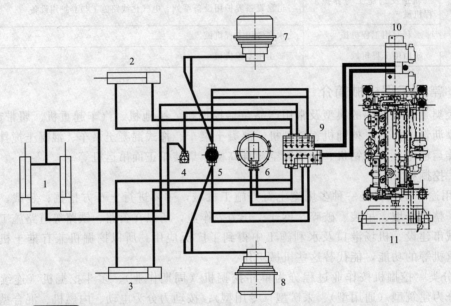

图 6-3-2   挖掘机工作原理
1—动臂油缸；2—铲斗油缸；3—斗杆油缸；4—保持阀；5—中央回转接头；
6—回转马达，7,8—行走马达；9—多路阀；10—液压泵；11—发动机

挖掘机各运动和动力传输路线如下：

a. 行走动力传输路线 柴油机→联轴器→液压泵（机械能转化为液压能）→分配阀→中央回转接头→行走马达（液压能转化为机械能）→减速箱→驱动轮→轮链履带→实现行走；

b. 回转运动传输路线 柴油机→联轴器→液压泵（机械能转化为液压能）→分配阀→回转马达（液压能转化为机械能）→减速箱→回转支承→实现回转；

c. 动臂运动传输路线 柴油机→联轴器→液压泵（机械能转化为液压能）→分配阀→动臂油缸（液压能转化为机械能）→实现动臂运动；

d. 斗杆运动传输路线 柴油机→联轴器→液压泵（机械能转化为液压能）→分配阀→斗杆油缸（液压能转化为机械能）→实现斗杆运动；

e. 铲斗运动传输路线 柴油机→联轴器→液压泵（机械能转化为液压能）→分配阀→铲斗油缸（液压能转化为机械能）→实现铲斗运动；

（2）平地机

① 用途 平地机是用于土壤切削、刮送和平整的工程机械。一般来说，平地机的作业装置以铲土刮刀为主，能够进行砂砾石路面、路基路面的整形和维修，表层土或草皮的剥离、挖沟、修刮边坡等平整作业，可完成材料的混合、回填、推移、摊平作业；配置前推土板、后松土器、变形刮刀、碾压滚、松土耙和推雪铲等其他多种辅助作业装置后，还可以进

一步提高其工作能力，扩大其使用范围。平地机的具体使用范围主要包括以下几个方面：

a. 公路、铁路、机场、农田水利建设中大面积松软土作业，在施工前进行大面积的草皮或表层土剥离，在平整作业中对土壤进行切削、摊铺、平整；

b. 在路基施工中，拌和稳定土材料，并对其进行摊铺；

c. 在路基施工中，修整横断面，刷边坡、开沟、挖槽；

d. 使用推雪铲进行路面或机场除雪；

e. 使用前推土板进行松散物料的推平、码堆和回填；

f. 使用后松土器进行干硬或密实土壤的犁松；

g. 使用自动找平系统对高速公路、机场、广场等进行高精度平整。

② 分类　平地机按行走方式分为拖式平地机和自行式平地机两种。拖式平地机是早期产品，因机动性差、操纵费力，已经被淘汰。自行式平地机全部是轮胎式平地机，由于机动灵活、生产率高而被广泛应用。因此通常意义所说的平地机都是自行式平地机。

平地机按行走传动方式分为机械式平地机、液力机械式平地机和全液压平地机三种。机械式平地机因为工况恶劣时（如冲击载荷状况）容易导致发动机熄火，已经被淘汰。液力机械式平地机是目前使用最为广泛的机型，能满足各种工况需求，技术相当成熟。全液压平地机将机电液一体化技术应用于平地机，实现了行走的智能控制，代表了未来平地机的发展方向。

平地机按操纵方式分为机械操纵式平地机和液压操纵式平地机两种。机械操纵式平地机使用复杂的机构来操纵作业装置，动作繁杂，操作费力，对操作人员的技能要求很高。液压操纵式平地机仅使用几个操纵杆，就可以控制作业装置的各种动作。目前国内外主要品牌的平地机产品基本上采用液压操纵方式。

平地机按机架型式分为整机机架平地机和铰接机架平地机。整机机架平地机刚性好，但转弯半径大，目前只在小型机上使用。铰接机架平地机优点很多，如转弯半径小、可以容易地通过狭窄地区、能快速掉头等；机架折腰，可以扩大机器使用范围（包括直角拐弯处和斜坡都可进行作业），在意外工况时安全性和稳定性更好等。

按功率大小和铲刀长度，平地机分为轻、中、重型三种，如表 6-3-21 所示。

表 6-3-21　平地机按功率大小分类表

类型	铲刀长度/m	发动机功率/kW	质量/kg	车轮数
轻型	3	44～66	5000～9000	4
中型	3～3.7	66～110	9000～14000	6
重型	3.7～4.3	110～220	14000～19000	6

另外，平地机还可以按车轮轴数量、车轮对数、驱动轮数量、转向轮方式等进行分类。

③ 基本构造与工作原理　全液压平地机整机具有结构紧凑、各部件布置合理的特点。主要部件包括动力系统、行驶系统、作业装置、液压系统、操纵系统、电气系统和基础结构件等，如图 6-3-3 所示。

前机架上装有摆架总成和作业装置，作业装置的铲刀可实现上下升降、水平回转、左右引伸、变换铲土角、左右侧摆、左右侧翻等动作。

后机架主要作用是支撑驾驶室、油箱、发动机、后桥架及其他附件。

前机架和后机架铰接式安装，前机架可实现左右铰接转向。平地机前部通过前机架支撑在前桥上，后部通过后机架和后桥架支撑在平衡箱上。

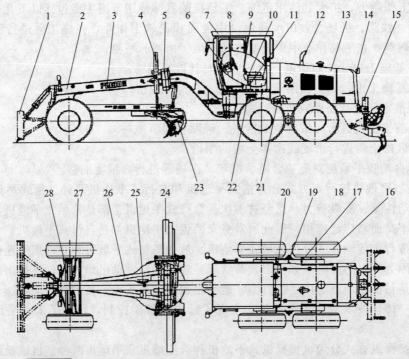

图 6-3-3　全液压平地机整机结构简图

1—推土板（选装件）；2—机架；3—标牌；4—作业装置液压系统；5—摆架；6—操纵台；7—驾驶室总成；
8—作业操纵装置；9—发动机调速装置；10—座椅；11—空调系统；12—柴油机及附件；13—机罩；
14—平地机电气系统；15—松土器（选装件）；16—车轮；17—行车制动系统；18—减速平衡箱总成；19—后桥架；
20—油箱总成；21—行驶液压系统；22—液压动力控制系统；23—液压角位器；24—铲刀；25—蜗轮箱；
26—作业装置；27—转向液压系统；28—前桥总成

　　前桥是一种非驱动转向桥，可以实现前轮转向、前轮倾斜的功能，同时，前桥还可绕左右对称中心线摆动。

　　为实现一机多能，除了以上几种标准结构配置外，平地机还有几个常见的选装部件：在前机架头部上可选装前推土板，使平地机具有少量的推土作业的功能；在平地机尾部，可选装后松土器，可对铲刀难以刮削的较坚硬的土壤进行翻松。另外，为了提高平地机作业的精度，减少驾驶员的劳动强度，平地机还可配备自动调平系统，能自动控制平地机铲刀的动作。

　　除以上介绍的平地机的机械结构系统外，液压系统和电气系统也是平地机必不可少的组成部分，这两大系统最能体现全液压平地机的技术先进性。

　　全液压平地机是一种土石方机械，主要功能是利用铲刀进行大面积地面平整作业。随着主机的前行，可将地面不平整的部分刮平，同时，由于铲刀体与平地机的行驶方向可以偏转一定的角度，所以刮削出的泥土被向前推走的同时，还向侧边移动。经过平地机往复的刮削，即可将原本起伏不平的地面刮平整，其平整精度可达每平方米小于 2mm。平地机整机装有 6 个车轮，后 4 轮为驱动轮，前两轮一般为行驶方向控制轮，但对于大功率的平地机来说，也可配置前轮驱动装置，增加整机的牵引力，实现平地机的全轮驱动。

　　为了保证铲刀刮削出的地面的平整度，平地机采用了较大的前后轴距，同时，所有 6 个车轮均安装在摆动式桥架或平衡箱上，这样，车轮就不会受地面不平度的影响，总能保证所有的车轮均与地面接触，从而在保证整机驱动力的同时，减少车轮行驶在起伏不平路面时整机乃至铲刀位置的上下变动，保证了作业的平整精度。

（3）汽车起重机

① 用途　汽车起重机是起升输送物料的机具，是国民生产各部门提高劳动生产率、生产过程机械化不可缺少的大型机械设备，对提高生产各部门的机械化，缩短生产周期和降低生产成本，起着非常重要的作用。

汽车起重机可以广泛应用于工矿企业、建筑工地、港口码头、油田、铁路、仓库及货场等工况下的起重作业和吊装工作。随着国民经济的飞速发展，汽车起重机在各行业的作用也越来越大，经济杠杆作用与日俱增。

目前，国内汽车起重机主要有 8～300t 不同吨位的 10 多类产品。随着技术水平的不断提高，产品吨位也在朝着更大吨位的方向发展。

② 分类　按结构和性能分为汽车起重机、通用轮胎起重机、越野轮胎起重机和全地面起重机。

按臂架型式分为桁架臂起重机、箱形臂起重机、铰接臂起重机。

按用途分为通用起重机、越野起重机、专用起重机。

③ 基本构造与工作原理　以 QY 汽车起重机为例，如图 6-3-4 所示。

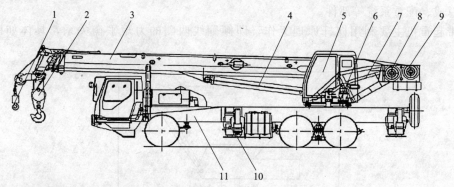

图 6-3-4　汽车起重机的基本构造

1—副钩；2—主钩；3—主臂；4—变幅缸；5—上车操纵室；6—回转支撑；
7—转台；8—副卷扬；9—主卷扬；10—支腿；11—底盘

汽车起重机由底盘和上车两部分组成。底盘是起重机的工作基础，而上车是起重机直接参与作业部分。汽车起重机在作业前必须完全打开活动支腿，建立起重机作业的稳固基础，用以支持汽车起重机的上车作业。上车作业是通过可伸缩的主臂、可 360°回转的转台、可升降的主副钩起升机构和可变幅的主臂变幅机构单独作业或是它们的联合作业来完成的。按照给定的主副臂起重性能表或起重量性能曲线，正确地选择作业工况，最终实现将液压系统的液动力转化为提升物体的势能转变，达到吊重作业的目的。

（4）履带起重机

① 用途　履带起重机是将起重作业部分装在履带底盘上、行走依靠履带装置的流动式起重机，可以进行物料起重、运输、装卸和安装等作业，具有接地比压小、转弯半径小、可适应恶劣地面、爬坡能力大、起重性能好、吊重作业不需打支腿、可带载行驶等优点，并可借助更换吊具或增加特种装置实现一机多用，进行其他作业。履带起重机的带载行驶、臂长组合多、起重性能好、作业高度和幅度大，是其独有的无与伦比的优势，具有其他起重设备无法替代的优势。

履带起重机作为工程起重机的一个重要门类，被广泛地应用于建筑、交通、港口、能源及农田水利等部门。如用于搭建桥梁、安装发电设备、安装炼油设备、架设风力发电机组、造船以及建设海上工作平台等施工项目；应用于石油化工设备的塔、器、火炬、排气筒，核电站的大型结构件及重型设备，钢厂的高炉、轧机，电厂的机组定子、锅炉汽包，大型建筑如机场候机楼、火车站主建筑、体育场馆钢结构件或混凝土预制件及城市大型标志物等众多领域。

② 分类 履带起重机主要按最大起重量进行分类。如 QUY50 最大起重量为 50t。

③ 基本构造与工作原理 履带起重机整机包括履带行走装置、回转机构、上车、作业设备及吊钩等五部分。

作业设备的种类有主作业设备、副作业设备、加长臂、变幅副臂、超起桅杆以及主臂拉绳（拉杆、拉板）、副臂拉绳（拉杆、拉板）、超起变幅拉杆等。可根据不同的工况需要，选择合适的作业设备组合和长度。

每种履带起重机都有几种不同吨位的吊钩可供选择。不同吨位的履带起重机的吊钩即使名义吨位相同，也不能相互替代。如 SCC500D 的 50t 吊钩与 SCC1500 的 50t 吊钩不可相互替代。

上车主要包括工作机构、平台、机动设备、液压系统、电气系统、驾驶室、空调系统、覆盖件总成、配重系统等部件。

履带起重机主要利用杠杆原理工作，即倾翻线两侧的力矩平衡关系，具体如图 6-3-5 所示。

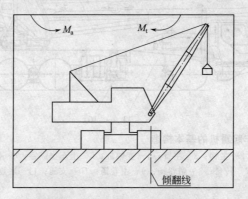

图 6-3-5 履带起重机工作原理

M_a—抗倾翻力矩综合；M_t—倾翻力矩

理论上，当 $M_a > M_t$ 时，起重机起吊相应的载荷不会倾翻，即能够起吊相应的载荷。

(5) 压路机

① 用途 单钢轮振动压路机具有静线载荷大、压实影响深、作业效率高等特点，可以有效地压实各类砂土、砂砾石等非黏性土壤，碎石、块石、堆石等不同类型的铺层，适用于道路、机场、路堤填方、海港码头、大坝等土石方基础压实施工。

双钢轮振动压路机主要适用于沥青混凝土、RCC 混凝土等路面的压实，也可用于路基、次路基和稳定层等的压实。

轮胎压路机是一种依靠机械自身重力，通过特别的充气轮胎对铺层材料以静力压实作用来增加工作介质密实度的压实机械，被广泛应用于各种材料的基础层、次基础层、填方及沥青面层的压实作业。尤其是在沥青路面压实作业时，其独特的柔性压实功能是其他压实设备无法代替的，是沥青混合料复压的主要机械，也是建设高等级公路、机场、港口、堤坝及工业建筑工地的理想压实设备。

② 分类 一般地，压实机械可以分为压路机和夯实机械。根据工作质量范围、压实原

理和具体结构等的不同，压路机的分类也不同。

根据工作质量的不同，压路机可以分为轻型、小型、中型、重型和超重型。

根据压实原理不同，压路机可以分为静作用式、振动式和冲击式。

根据压实轮结构形式，压路机可分为光轮式、凸块（羊脚碾）式和轮胎式等。

根据压实轮组合形式，压路机可分为轮胎—光轮组合式、振动—振荡组合式等。

根据压实轮作用形式，振动压路机可分为振动式、振荡式和垂直振动式等。

根据操作驾驶方式的不同，压路机可分为自行式、手扶式和拖式。

根据压实轮数量的不同，压路机可分为两轮式、三轮式、单轮振动式、双轮振动式和多轮振动式等。

根据驱动轮数量的不同，压路机可分为单轮驱动式、双轮驱动式和全轮驱动式。

根据传动机构形式的不同，压路机可分为机械传动式、液力机械传动式、液压机械传动式和全液压传动式。目前情况下，压路机的振动系统、转向系统一般都应用了全液压传动技术，因此压路机按照传动机构分类时，主要指的是行走系统的驱动形式。

根据转向方式的不同，压路机可分为前轮偏转转向式、双轮偏转转向式、单铰接转向式、单轮转与单铰接组合转向式和双铰接转向式等。其中，双轮偏转转向式、单轮转与单铰接组合转向式和双铰接转向式等结构形式的压路机可以实现蟹行功能。

③ 基本构造与工作原理 以某公司单钢轮 YZ18C 型压路机为例，其总体结构如图 6-3-6 所示。

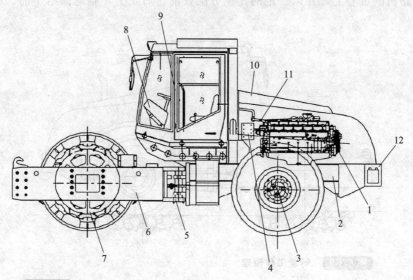

图 6-3-6 YZ18C 型压路机总体结构

1—动力系统；2—后车架总成；3—后桥总成；4—液压系统；5—中心铰接架；6—前车架总成；
7—振动轮总成；8—操纵系统总成；9—驾驶室总成；10—覆盖件总成；11—空调系统；12—电气系统

压路机主要由车架、动力、振动轮、液压传动、电气控制等部分组成。该压路机采用全液压控制、双轮驱动、单钢轮、自行式结构。

YZ18C 型压路机属于超重型压路机，适用于高等级公路及铁路路基、机场、大坝、码头等高标准工程的压实工作。

本机包括振动轮部分和驱动车部分，它们之间通过中心铰接架铰接在一起。本机采用铰接转向方式，以提高其通过性能和机动性能。

振动轮部分包括振动轮总成、前车架总成（包括刮泥板）等部件。

振动轮内的偏心轴通过弹性联轴器与振动马达轴相连，由液压泵组中的振动泵供应高压油给振动马达，带动偏心轴旋转而产生强大的激振力。振动频率和振幅可通过液压系统的控制来进行调整，以满足不同工况的要求。

此外，振动轮还具有行走的功能。由液压泵组中的行驶泵输出的高压油驱动振动轮左边的液压马达旋转，从而驱动振动轮行驶。

为减轻乃至消除振动对驱动车部分和驾驶员的不利影响，在前车架与振动轮之间以及驾驶室与后车架之间都装有起减振缓冲作用的减振块。

车架是压路机的主骨架，其上装有发动机、行驶和振动及转向系统、操纵装置、驾驶室、电气系统、安全保护装置等。

YZ18C 型压路机的工作原理从振动系统、行驶系统、转向系统三个角度介绍。

a. 振动系统　动压路机的振动系统由动力源、激振机构、振动轮、减振器、驱动板、振动车架等组成。振动系统传动路线示意如图 6-3-7 所示。

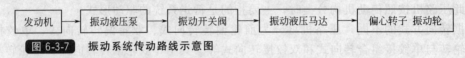

图 6-3-7 振动系统传动路线示意图

b. 行驶系统

图 6-3-8 所示为后轮驱动的压路机在水平路面上做匀速直线运动时的受力情况。总载荷 G 作用与压路机的重心上，并以一定的比例分配在前、后轮上，则地面给予前、后轮以支反力 Z_n 和 Z_k。

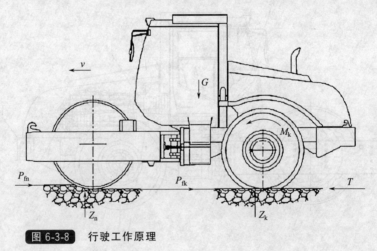

图 6-3-8 行驶工作原理

YZ18C 型压路机行驶系统是通过闭式回路液压传动实现的，其传动路线如图 6-3-9 所示。

图 6-3-9 行驶系统传动路线图

由传动系统传动到驱动轮的驱动力矩 M_k 是压路机的内力矩，它使后轮与地面接触的部分相对于地面向后运动或有向后运动的趋势。后轮这一部分受到地面的反作用力 T，这个反

作用力 T 就是推动压路机前进的力，这时的后轮称为驱动轮。T 的一部分通过机架传到前轮轴上，推动前轮向前滚动或有向前滚动的趋势，这时的前轮称为从动轮。

c. 转向系统　压路机的转向方式分为整体机架偏转轮转向和铰接转向两种。YZ18C 型压路机为铰接式转向，铰接转向机构的前、后两部分以垂直的铰接销连接，而前、后轮则与车架是固定安装的，通过前、后车架折腰而实现转向。为了实现这种偏转动作及保持前、后压轮的相对摇摆，在两个车架之间加设了一个铰接架，铰接架上有垂直和水平两个铰接轴，两铰接轴通常做成十字形排列或丁字形排列。

(6) 摊铺机

① 用途　沥青摊铺机适用于摊铺各种材料的基层和面层，是适用于摊铺沥青混合料道路、RCC 基础层材料、稳定土材料及级配碎石等筑路材料的专用机械，是修筑高速公路和高等级公路不可缺少的关键设备。

稳定土摊铺机是自沥青混合料摊铺机出现后所产生的过渡产品，其主要用于高速公路、机场、市政交通和高等级公路路基稳定层的摊铺。

轮胎摊铺机适用摊铺各种材料的基层和面层，适用于摊铺沥青混合料道路、RCC 基础层材料、稳定土材料，是修筑高速公路和等级公路、市政工程不可缺少的关键设备。由于其机动性和操纵性能好，适用于摊铺较复杂路面。

② 分类　按摊铺作业宽度分类，可将摊铺机分为 2.5 m、3.0m、4.5m、5.0m、6.0m、7.5m、8.0m、9.0m、9.5m、12m 等系列摊铺机。目前，沥青混合料摊铺机的最大摊铺宽度可达 18m。

按行走方式分类，可分为履带式摊铺机、轮胎式和轮胎-履带组合式摊铺机。

按动力传动方式分类，可分为机械传动式摊铺机、液压传动式和液压-机械传动式摊铺机。

按熨平板的延伸方式分类，可分为机械拼装方式和液压伸缩方式。

按熨平板的加热方式分类，可分为燃气加热方式、电加热方式和气-电加热方式。

按熨平板的预压密实度分类，可分为标准型摊铺机和高密实度摊铺机。

③ 基本构造与工作原理　以某公司 LTU 系列沥青摊铺机为例，其主要组成部分如图 6-3-10 所示。

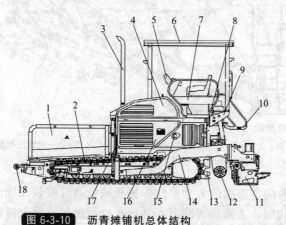

图 6-3-10　沥青摊铺机总体结构

1—料斗；2—行走系统；3—动力系统；4—柴油机罩；5—电气系统；6—顶篷；7—围栏；8—集中润滑系统；9—机身；10—扶梯；11—熨平板；12—螺旋分料系统；13—刮板输料系统；14—大臂；15—液压系统；16—侧门；17—找平油缸（找平系统）；18—推辊

摊铺工作的原理为：自卸卡车或转运车将混合料卸于摊铺机料斗内，摊铺机通过刮板输送器将料斗内的混合料向后输送，然后螺旋分料器旋转，将送来的料向两侧输送至预定的厚度，使其均布于布料槽内，再通过熨平板的振捣器将混合料预压实后熨平。由于摊铺前路面不一定平整，所以整个摊铺过程中必须通过自找平装置来不断地调节熨平板的仰角，来达到控制摊铺厚度的目的。

(7) 铣刨机

① 用途　路面铣刨机是沥青路面和水泥路面养护施工机械的主要设备，主要用于高速公路、一级公路、城市道路、机场、货场、停车场等沥青混凝土和水泥混凝土面层的开挖和翻修，可以高效地消除沥青路面的裂缝、车辙、松散、沉陷和表面功能衰减等路面病害。对水泥混凝土路面的拱起、错台、板面起皮剥落、坑洞、麻面、露骨、松散和磨光等病害也能高效地处理。铣刨机通过适当的改装，还可以用于露天矿场的矿石开采。铣刨机工作效率高，施工工艺简单，铣削深度易于控制，操作方便灵活，机动性强，铣削的旧料直接回收，因此广泛用于路面的维修翻新工程中。

② 分类　根据铣削形式不同，可分为冷铣式和热铣式两种。

根据铣削的宽度不同，可分为小型、中型、大型三种。

根据行走装置不同，可分为轮式和履带式两种。

根据铣刨转子的铣削旋向不同，可分为顺铣式和逆铣式两种。

根据铣刨转子的安装位置不同，可分为后悬式、中置式和后桥同轴式三种。

根据输料皮带的布置可分为前置式和后置式两种。

③ 基本构造与工作原理　SM2000 路面铣刨机主要由动力系统、车架、液压系统、铣刨工作装置、电气控制系统、洒水系统、行驶系统、接料送料输送机等组成。其总体结构如图6-3-11 所示。

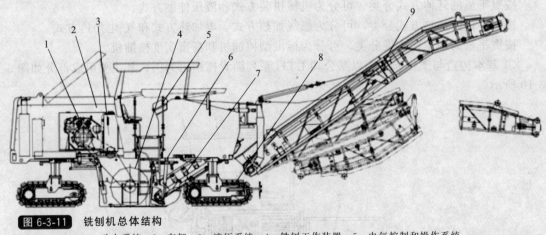

图 6-3-11　铣刨机总体结构
1—动力系统；2—车架；3—液压系统；4—铣刨工作装置；5—电气控制和操作系统；
6—洒水系统；7—接料机；8—形式系统；9—输料机；

铣刨机是用于破碎病害路面的大型路面养护机械，通过安装在铣刨机铣刨毂上的合金刀头对路面进行连续的切削，去除病害路面，然后在铣削过的路面上摊铺新的沥青料，修复面病害。

铣刨机通过发动机输出的动力带动机架下方的铣刨毂旋转对路面进行铣削，并通过行走带动机架下方的铣刨毂旋转对路面进行铣削，同时通过行走升降系统前进和对铣刨深度的控制，铣削下的废料通过输料皮带输送到自卸卡车上运走，实现对病害路面的清除和废料的回收。

（8）混凝土泵车

① 用途　混凝土泵车是将混凝土泵的泵送机构和用于布料的液压卷折式布料臂架和支撑机构集成在汽车底盘上，集行驶、泵送、布料功能于一体的高效混凝土输送设备，适应于城市建设、住宅小区、体育场馆、立交桥、机场等建筑施工时混凝土的输送。

② 分类　按臂架长度分类，分为短臂架、常规型、长臂架、超长臂架。短臂架：臂架垂直高度小于 30m；常规型：臂架垂直高度≥30m、<40m；长臂架：臂架垂直高度≥40m、<50m；超长臂架：臂架垂直高度≥50m。

按泵送方式分类，主要有活塞式、挤压式，另外还有水压隔膜式和气罐式。目前，以液压活塞式为主流，挤压式仍保留一定份额，主要用于灰浆或砂浆的输送，其他形式均已淘汰。

按分配阀形式分类，分为 S 阀、闸板阀等。目前，使用最为广泛的是 S 阀，具有简单可靠、密封性好、寿命长等特点。在混凝土料较差的地区，闸板阀也占有一定的比例。

按臂架折叠方式分类，分为 R（卷绕式）型、Z（折叠式）型、RZ 综合型。R 型结构紧凑；Z 型臂架在打开和折叠时动作迅速。

按前支腿的形式分类，分为前摆伸缩型、X 型、XH 型（前后支腿伸缩）、后摆伸缩型、SX 弧型、V 型支腿等。

③ 基本构造与工作原理　混凝土泵车的泵送机构利用底盘发动机的动力，将料斗内的混凝土加压送入管道内，管道附在臂架上，操作人员控制臂架移动，将泵送机构泵出的混凝土直接送到浇注点。

混凝土泵车的种类很多，但是基本组成部件都是相同的。混凝土泵车主要由底盘、臂架系统、转塔、泵送机构、液压系统和电气系统六大部分组成，如图 6-3-12 所示。

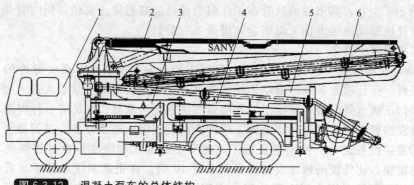

图 6-3-12　混凝土泵车的总体结构

1—底盘；2—臂架系统；3—转塔；4—液压系统；5—电气系统；6—泵送机构

其中底盘由汽车底盘、分动箱和副梁等部分组成。臂架系统由多关节臂架、连杆、油缸和连接件等部分组成。转塔由转台、回转机构、固定转塔（连接架）和支撑结构等部分组成。泵送机构由主油缸、水箱、输送缸、混凝土活塞、料斗、S 阀总成、摇摆机构、搅拌机构、出料口、配管等部分组成。液压系统主要分为泵送液压系统和臂架液压系统两大部分。泵送液压系统包括主泵送油路系统、分配阀油路系统、搅拌油路系统及水泵油路系统。臂架液压系统包括臂架油路系统、支腿油路系统和回转油路系统三部分。液压系统主要由液压泵、阀组、蓄能器、液压马达及其他液压元件等部分组成。电气系统主要由控制柜、遥控器及其他电气元件等部分组成。

混凝土泵一般装载在汽车底盘的尾部,以便混凝土搅拌运输车向泵的料斗卸料,如图6-3-13所示。

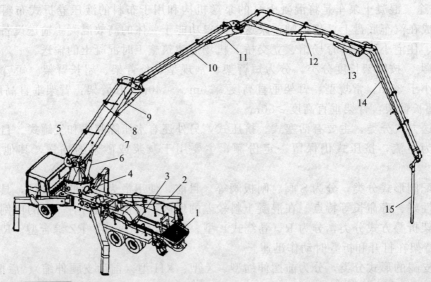

图 6-3-13 37m 泵车工作示意图

1—泵送机构;2—支腿;3—配管总成;4—固定转塔;5—转台;6—1♯臂架油缸;7—1♯臂架;8—臂架输送管;
9—2♯臂架油缸;10—2♯臂架;11—3♯臂架油缸;12—3♯臂架;13—4♯臂架油缸;14—4♯臂架;15—末端软管

混凝土搅拌车卸料到混凝土泵车料斗后,由其泵送机构压送到输送管,经末端软管排出。各节臂架的展开和收拢靠各个臂架油缸来完成。其中臂架中的1♯臂架的仰角可在 $-2°\sim90°$ 内摆动,2♯臂架和3♯臂架可摆动180°,四节臂架依次展开,其中4♯臂架的动作最为频繁,它可以摆动245°左右,其末端的软管在工作时应尽可能靠近浇注部位,同时臂架可以通过回转马达及减速机驱动回转大轴承绕固定转塔做360°旋转。

(9) 拖式混凝土泵车

① 用途 在混凝土工程施工过程中,混凝土的运输和浇筑是一项关键性的工作,它要求迅速、及时、保证质量和降低劳动消耗。尤其是对于一些混凝土量很大的大型钢筋混凝土建筑物,如何正确选择混凝土运输工具和浇筑方法就更为重要。拖泵是一种将混凝土通过水平或垂直铺设的管道连续输送到浇注施工现场的高效混凝土施工设备,是混凝土机械化施工不可缺少的重要设备之一。使用拖泵施工,混凝土的输送和浇注作业是连续的,施工效率高,工程进度快,比传统的输送设备提高工效近10倍。在正常泵送条件下,混凝土在管道中输送不会污染环境,能实现文明施工。它广泛应用于现代化城市建设、机场、道路、桥梁、电力等混凝土建筑工程。

② 分类 按分配阀的型式主要分为S管阀、闸板阀拖泵。按动力结构可分为电动机式和柴油机式。柴油机拖泵适应于缺乏电源或电压偏低的施工场合,电动机拖泵适应电源充足稳定的施工场合。电动机拖泵相对结构简单,控制方便,造价略低。按用途的不同可分为普通拖泵和特制拖泵(如三级配拖泵、超高压拖泵和轨道拖泵等)。

③ 基本构造与工作原理 拖泵是一种可以拖行的混凝土输送泵。其基本构造由机械系统、冷却系统、润滑系统、电气系统、液压系统等主要部件组成,如图6-3-14所示。

(10) 混凝土搅拌站

① 用途 水泥混凝土搅拌站是用来搅拌混凝土的成套设备,亦称混凝土工厂。因其机械化和自动化程度较高,生产率较高,故常用于混凝土工程量大、施工周期长、施工集中的

公路路面及桥梁工程、大中型水利电力工程、建筑施工，以及混凝土制品工厂和商品混凝土生产工厂。

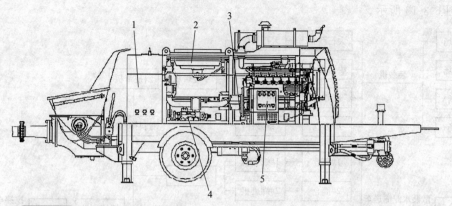

图 6-3-14　S 管阀拖泵的总体结构

1—机械系统；2—冷却系统；3—润滑系统；4—液压系统；5—电气系统

② 分类　混凝土搅拌站按用途可分为商品混凝土搅拌站（简称商混站）和工程混凝土搅拌站（简称工程站）。商混站专业生产商品混凝土，一般建于城郊近河道的位置，与混凝土搅拌运输车、拖泵或泵车成套使用，为周围 40 km 以内地区提供新鲜混凝土。商混站一般建成永久性建筑物，有钢结构和混凝土＋钢结构两种形式，环保要求高，搅拌主楼整体包装，隔音隔热效果好，外观装修考究，VI 标识醒目，通常占地面积较大，配有砂石堆场、绿化区、洗车场、停车场、实验室、办公生活楼等。

工程站一般用于混凝土施工现场，如水电、公路、桥梁、电厂、机场、港口等中大工程施工工地，又可分为固定式、快装式和移动式三种。固定式一般用于施工周期较长的大型水电工程（如三峡大坝），多为大型搅拌站（楼），生产效率高，方量大。快装式是广泛使用的工程搅拌站，一般采用模块化设计，转场运输安装方便。移动式则用于需经常性转场的工作场合，结构轻巧，集集料、称量、提升、搅拌于一体，有装车运输和拖行两种移动方式。

③ 基本构造与工作原理　搅拌站总体结构如图 6-3-15 所示，结构上主要由储料系统、计量系统、输送系统、供液系统、气动系统、搅拌系统、主楼框架、控制室、除尘系统等组成，用以完成混凝土原材料的储存、计量、输送、搅拌和出料等工作。

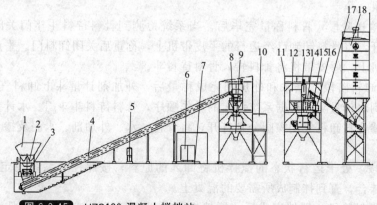

图 6-3-15　HZS120 混凝土搅拌站

1—骨料储料仓；2—骨料计量；3—水平皮带输送机；4—斜皮带输送机；5—气动系统；6—外加剂箱；7—水池；
8—搅拌系统；9—卸料斗；10—控制室；11—主楼框架；12—骨料待料斗；13—除尘系统；14—粉料计量；
15—外加剂计量；16—水计量；17—螺旋输送机；18—粉料罐

在混凝土搅拌站中混凝土的拌制分为原材料准备阶段、原材料称量阶段、原材料输送阶段、原材料卸料阶段、搅拌阶段、成品料卸料阶段共 6 个阶段进行，整个系统的运行工艺流程图如图 6-3-16 所示。

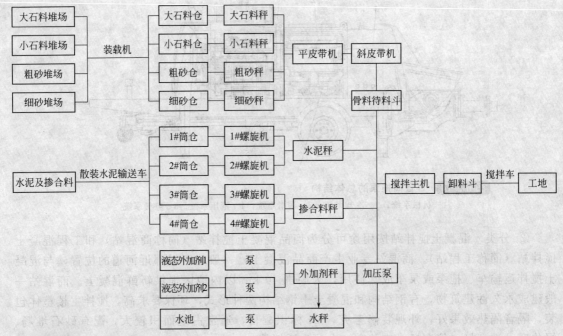

图 6-3-16   搅拌站工艺流程图

a. 原材料准备阶段   装载机将骨料从堆料场装入骨料仓；散装水泥输送车将水泥及掺合料分别打入粉料罐储存；将水及液体外加剂装入水池和外加剂罐储存。

b. 原材料计量阶段   启动搅拌站，设置所需要生产的混凝土原材料配方，运行设备；骨料仓的料门打开，开始骨料的粗精称量；根据设定的水泥及掺合料的重量值，相应料仓下的螺旋输送机启动，将水泥、掺合料分别输送到水泥计量斗、掺合料计量斗进行称量，称量完毕即关闭螺旋输送机；根据设定选用的液体外加剂，启动相应的外加剂泵，将外加剂送入外加剂计量斗称量，称量完毕即关闭外加剂泵；水泵启动将水送入水计量斗进行称量，称量完毕即关闭水泵。

c. 原材料输送阶段   骨料称量完毕后，当系统检测到骨料待料斗斗门关闭后，骨料计量斗卸料门打开，将骨料卸到已经运行的平皮带机上，称重后关闭卸料门。平皮带机将骨料转运到斜皮带机上，斜皮带机将骨料转入骨料待料斗。

d. 原材料卸料阶段   当水和外加剂完成称量后，外加剂计量斗上卸料气动蝶阀动作，将外加剂投入到水计量斗。根据系统设定的动作顺序，骨料待料斗斗门、水计量斗卸料气动蝶阀、水泥及掺合料卸料气动蝶阀分别打开，将骨料、水、外加剂、水泥及掺合料卸入搅拌机，进行搅拌。

e. 搅拌阶段   处于运行状态的搅拌机将卸入的原料，按照控制系统设定的搅拌时间，将原材料进行拌合，直到拌制成所需要的混凝土。

f. 成品料卸料阶段   搅拌完成后，搅拌机驱动机构打开卸料门，将成品混凝土经卸料斗卸至搅拌运输车中。

在搅拌机卸完料，卸料门关闭后，即进入下一个工作循环。

(11) 混凝土搅拌运输车

① 用途 搅拌车是"一站三车"的重要组成设备之一，承担着将商品混凝土从搅拌站安全、可靠、高效地运输到建设工地的任务，因而具有运输和搅动的双重功能，能在一定的运输距离内保持混凝土质量，因而得到广泛的使用。

② 分类 按底盘结构形式，分为普通载重汽车底盘搅拌车、专用汽车底盘搅拌车；按装载容量，分为 3m³ 以下搅拌车、3～8m³ 搅拌车、9m³ 以上搅拌车；按搅拌装置传动形式，分为机械传动搅拌车、液压传动搅拌车、机械-液压传动搅拌车。

③ 基本构造与工作原理 搅拌车由搅拌筒、副车架、进出料装置、操纵系统、液压系统、电气系统、供水系统、托轮及覆盖件等十几个部分组成，如图 6-3-17 所示。

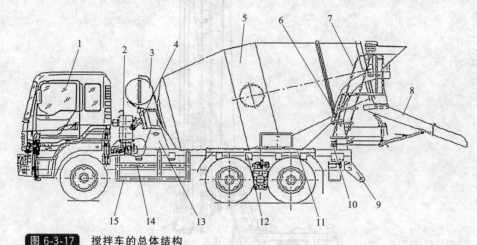

图 6-3-17 搅拌车的总体结构

1—底盘；2—传动系统；3—供水系统；4—搅拌筒驱动系统；5—搅拌筒；6—托轮；7—扶梯；8—进出料系统；
9—追尾护栏；10—操纵系统；11—轮胎罩；12—副车架底座；13—电气系统；14—副车架；15—侧护栏

通过搅拌车底盘上的取力口 PTO，将发动机动力传递给液压油泵，产生高压液压油。高压液压油驱动油马达高速旋转，经行星齿轮减速机产生很大的扭矩，驱动搅拌筒转动。利用螺旋传递原理，搅拌筒内置的叶片不断地对混凝土进行强制搅拌，使它在一定的时间内不产生凝固现象。通过操作系统来控制搅拌筒的正、反转和控制发动机的油门，完成进搅拌、搅动、出料、高速卸料和停止五种工作状况。

(12) 旋挖钻机

① 用途 旋挖钻机是一种取土成孔灌注桩施工机械，靠钻杆带动回转斗旋转切削土，然后提升至孔外卸土的周期性循环作业。

② 分类 按驱动力驱动方式，可分为电动式和内燃式。电动式旋挖钻机动力源为电驱动，内燃式旋挖钻机动力源为内燃机。

按行走方式，可分为履带式旋挖钻机、轮式旋挖钻机及步履式旋挖钻机。

③ 基本构造与工作原理 旋挖钻机的总体结构如图 6-3-18 所示。主要部件有底盘（行走机构、底架、上车回转）、工作装置（变幅机构、桅杆总成、主卷扬、辅卷扬、动力头、随动架、钻杆、钻具等）。

旋挖成孔首先是通过钻机自有的行走功能和桅杆变幅机构使得钻具能迅速到达桩位，利用桅杆导向下放钻杆将底部带有活门的桶式钻头置放到孔位，钻机动力头装置为钻杆提供扭矩、加压装置通过加压动力头的方式将压力传递给钻杆、钻头，钻头回转破碎岩土，并直接将其装入钻头内，然后再由钻机提升装置和伸缩式钻杆将钻头提出孔外卸土，这样循环往复，不断地取土、卸土，直至钻至设计深度。对黏结性好的岩土层，可采用干式或清水钻进工艺。而在松散易坍塌地层，则必须采用静态泥浆护壁钻进工艺。

旋挖钻机钻进工艺与正反循环钻进工艺的根本区别是，前者是利用钻头将破碎的岩土直接从孔内取出，而后者是依靠泥浆循环向孔外排除钻渣。

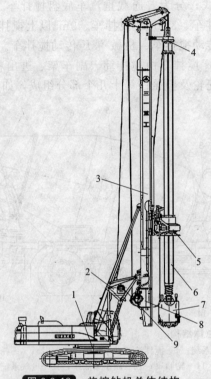

图 6-3-18 旋挖钻机总体结构

1—底盘；2—变幅机构；3—桅杆总成；4—随动架；5—动力头；6—钻杆；7—钻具；8—主卷扬；9—辅卷扬

(13) 集装箱堆高机

① 用途 集装箱堆高机主要适用于 20～40ft 标准集装箱的搬运和堆垛，用于集装箱港口码头、运输中转站、城市物流中心、堆场等场所的集装箱的搬运和堆垛。

② 分类 按起重量不同分为集装箱重箱堆高机和集装箱空箱堆高机，集装箱重箱堆高机主要对重载货物的集装箱进行作业，一般可以堆码 4～5 层集装箱。集装箱空箱堆高机仅对空集装箱进行作业，一般可以堆码 7～8 层集装箱。

按传动方式不同分为闭式静液压传动堆高机和液力传动堆高机。

③ 基本构造与工作原理 堆高机的机械系统主要由动力传动系统、转向系统、车架系统、门架系统、吊具系统、驾驶室及操纵系统、空调系统和润滑系统等组成。

堆高机是通过吊具锁销锁住集装箱，举升油缸的活塞杆的伸缩带动链条使集装箱沿着门架上下移动，摇摆油缸的伸缩，实现门架前倾后仰，通过柴油发动机输出动力，使整车行驶，从而实现集装箱堆垛作业或场内运输的工业搬运功能。堆高机工作原理图如图 6-3-19 所示。

堆高机的主要运行动作有吊具升降、门架摇摆、吊具伸缩、吊具侧移、后桥转向和整车行驶。

(14) 集装箱正面吊运机

① 用途 集装箱正面吊运机（简称正面吊）具有起吊能力大、堆码层数高、机动灵活、堆场利用率高等优点。能适用于 20～40ft 标准集装箱吊箱作业。正面吊主要应用于集装箱港

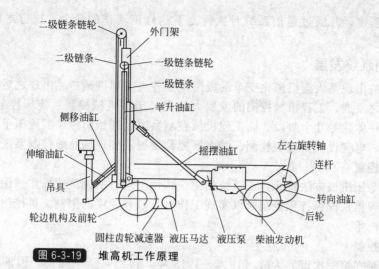

图 6-3-19　堆高机工作原理

口、码头、铁路和公路中转站、堆场等集装箱的装卸、场地转运及堆垛作业。

② 分类　正面吊按照起重量的不同可以分为重箱正面吊和空箱正面吊。重箱正面吊主要对重载货物的集装箱进行作业，一般可以堆码 3～5 层集装箱标箱。空箱正面吊仅对空集装箱进行作业，一般可以堆码 7～8 层集装箱标箱，最高可达 10 层。

③ 基本构造与工作原理　正面吊由发动机提供动力，通过液力传动、电液控制、轮胎行走实现整车的行驶，其前桥为驱动桥，后桥为转向桥。

正面吊通过臂架系统俯仰、伸缩和吊具的动作，实现正面吊对箱、起吊和堆垛的功能。

臂架系统分为基本臂和伸缩臂两大主要部分，伸缩臂的伸缩段装在基本臂内。用两个俯仰油缸控制基本臂的俯仰，用一个伸缩油缸控制伸缩臂在基本臂中的伸缩运动。

伸缩臂前端装一个集装箱专用吊具，吊具具有旋转、侧移、伸缩和开闭锁销等动作。

正面吊通过臂架的伸缩、俯仰、吊具吊箱、正反旋转、左右伸缩和侧向移动、整车的行驶，实现了集装箱的吊箱、搬运和堆垛。

3.2　工程机械控制系统

3.2.1　控制系统构成

工程机械设备是技术复杂、功能众多、自动化程度很高的大型设备，在自动控制方面需要综合应用总线控制技术、传感器技术、人工智能等先进技术。工程机械智能控制系统是将传感、控制、数据传输、驱动等融合在一起，既具有感知、逻辑判断与响应内外部环境变化的能力，又能实现自检测、自诊断、自学习、自适应、自修复等功能。其基本构成原理图如图 6-3-20 所示。

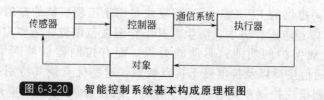

图 6-3-20　智能控制系统基本构成原理框图

传感器位于信息系统的最前端，时时检测"对象"的状态及其相应的物理参量，并及时反馈给控制器。控制器相当于人的大脑，经过运算、分析、判断，根据"对象"状态偏离设定值的方向与程度，并通过通信系统对执行器下达修正动作的命令。执行器按命令对"对象"进行操作。

3.2.2　控制系统发展

工程机械的出现是人类机械化变革的成果，在各类工程机械产品出现之后，工程机械的控制系统也随之发展，工程机械控制的发展大体上经历了机械控制、液压控制、电子控制，到当今的机电一体化等几个阶段。而工程机械控制系统也开始由传统的液压手动控制发展到机群集中控制，电气设计由仪表检测、继电器控制发展占到现场总线控制系统。

(1) 机械控制

机械控制是用机械方法对元件或系统的工作特性所进行的调节或操作。例如，用配置在工作台上的行程挡铁操纵行程控制阀以实现工作台行程和速度的限制。机械出现的同时，机械控制也随之产生。

(2) 液压控制

液压控制是在第一次世界大战（1914～1918 年）得到广泛应用的，因液压控制方式的灵活性和便捷性，目前仍是工程机械控制中最常用到的一种控制方式。液压控制系统是以电机提供动力基础，使用液压泵将机械能转化为压力，推动液压油。通过控制各种阀门改变液压油的流向，从而推动液压缸做出不同行程、不同方向的动作，完成各种机械设备不同的动作需要。

(3) 电子控制

工程机械电子控制发展的标志是各种控制器在工程机械上面的应用，始于 20 世纪 90 年代。最原始的工程机械控制器由简单的模拟电路和控制单元构成，到后来采用可编程控制器（Programmable Logic Controller，PLC）。但由于以 PLC 为核心的控制系统在很多方面难以满足工程机械复杂的作业环境和多样的功能要求，因此开始被具备高防护等级的专用控制器取而代之。同时，基于数字处理器（Digital Signal Processor，DSP）的控制器也备受青睐。电子控制的应用大大提高了工程机械的自动化水平，基于各类电子控制器形成的控制系统实现产品的油门控制、转向控制、换挡控制、制动控制、行走控制等各种部件的通用或专用控制。

20 世纪 90 年代的电子控制核心技术大部分由国外的企业所占据，包括德国力士乐、西门子，芬兰的 EPEC，日本的日立、三菱等企业的相关产品。其中力士乐开发的控制器中 MC 系列微控制器在工程机械领域中应用较多。MC 系列微控制器采用西门子 16 位微处理器 C167，以输入、输出点数及内部存储器容量大小不同为标准，硬件可分为 MC6、MC7、MC8 三大类。通过安装不同的控制软件，可应用于摊铺机、铣刨机、挖掘机、履带式推土机、清扫车等各种工程机械。

西门子 S7-200 系列 PLC 用于各种场合中的检测、监测及控制的自动化，可提供 4 个不同型号的 8 种 CPU。

芬兰 EPEC 公司提供的 EPEC2000 系列模块是用于工程机械的专用车载模块，能够适应恶劣环境，切实做到防震、防水、防尘。其工作温度范围宽，为多点 PWM 输出，各输出点具有短路和过载保护的功能；驱动能力强；配有控制器局域网络（Controller Area Network，CAN）通信接口以及抗电磁干扰点装置。这些优点使其特别适用于电液控制系统。EPEC2000 系列模块控制单元程序编写简单，通过开放式 PLC 应用程序，利用在普通 Windows 环境下运行的 CoDeSys 编程工具可进行开发和调试，然后通过 CAN 总线下载到控制单元中。

SYMC（SANY Motion Controller）是三一重工 2006 年成功推出的国内首款具有完全

自主知识产权的工程机械专用运动控制器。该产品实现的单机 IO 热备用、浮地 PWM 电流反馈、智能功率单元等多项技术均为业界首创，其输入输出点数、驱动带载能力、通信能力等控制器关键性能指标居业界第一，而功能设置方面更加适合国内控制器的应用现状。

各类电子控制器应用为工程机械机电一体化提供了基础。

（4）机电一体化

机电一体化是集机械、电子、光学、控制、计算机、信息等多种学科的交叉综合，它的发展和进步依赖并促进相关技术的发展。机电一体化的主要发展方向大致为智能化、模块化、网络化、微型化、环保化、系统化。

随着我国现代化建设事业的突飞猛进和西部大开发战略的实施，对工程机械的需求不单单只是数量增多，对工程机械的技术水平也提出了更高的要求。新一代的工程机械产品不仅需要实现集成化操作和智能控制，而且需要它们能够组成基于网络的智能化机群以协同控制系统，以获得项目施工的高效、低耗和高可靠性。这就要求传统的工程机械产品要与现代电子技术、网络信息技术、计算机技术、通信技术、人工智能技术、机器人技术和多传感器融合技术等高新技术相互渗透融合，不断提高产品的技术含量，以开发出适应发展需要的新一代工程机械产品。因此，工程机械产品的自动化、智能化、集成化、网络化成为 21 世纪工程机械的重要发展方向与趋势。

3.3　工程机械的感知部件

3.3.1　倾角传感器

倾角传感器经常用于系统的水平测量，从工作原理上可分为固体摆式、液体摆式、气体摆三种倾角传感器。倾角传感器还可以用来测量相对于水平面的倾角变化量。

随着工程机械智能化技术的发展，越来越多的工程机械设备，如泵车、平地机、挖掘机、升降机、起重机等，为实现自动控制，提高安全性能，都需要对车体本身的水平姿态和执行机构的相对姿态进行测量。倾角传感器作为一种角度传感器，具有体积小、无转动部件和性能稳定等特点，在工程机械领域得到广泛应用。

（1）固体摆式

固体摆的原理如图 6-3-21 所示。

固体摆在设计中广泛采用力平衡式伺服系统，如图所示，由摆锤、摆线、支架组成，摆锤受重力 G 和摆拉力 T 的作用，其合外力 F 为：

$$F = G\sin\theta \qquad (6-3-1)$$

式中，θ 为摆线与垂直方向的夹角。在小角度范围内测量时，可以认为 F 与 θ 成线性关系。

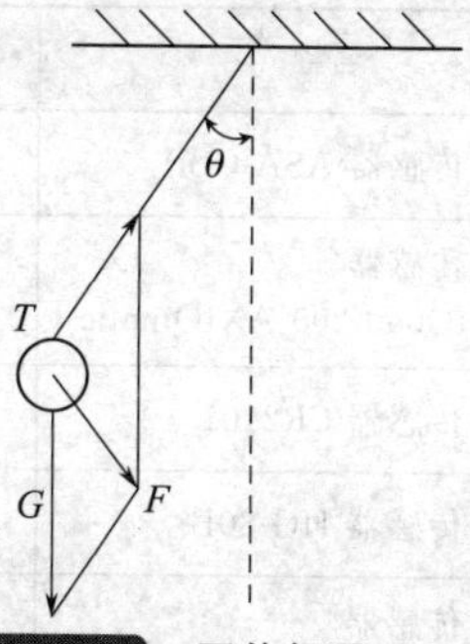

固体摆倾角传感器响应快，测量范围宽，精度及抗过载能力较高，在武器系统中应用也较为广泛，其不足主要在于易受振动影响。市场上国科舰航、铭之光、芬兰的 AXIOMATIC 倾角传感器属于此类型。

图 6-3-21　固体摆原理示意图

（2）液体摆式

液体摆的结构原理是在玻璃壳体内装有导电液，并有三根铂电极和外部相连接，三根电极相互平行且间距相等，液体摆原理如图 6-3-22 所示。

当壳体水平时，电极插入导电液的深度相同。如果在两根电极之间加上幅值相等的交流电压，电极之间会形成离子电流，两根电极之间的液体相当于两个电阻 R_I 和 R_{III}。若液体摆处于水平状态时，则 $R_I = R_{III}$。当玻璃壳体倾斜时，电极间的导电液不相等，三根电极浸入液体的深度也发生变化，但中间电极浸入深度基本保持不变。

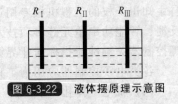

图 6-3-22 液体摆原理示意图

左边电极浸入深度变小，则导电液减少，导电的离子数减少，电阻 R_I 增大，相对极则导电液增加，导电的离子数增加，而使电阻 R_{III} 减少，即 $R_I > R_{III}$。反之，若倾斜方向相反，则 $R_I < R_{III}$。

液体摆无论是系统稳定性还是测量精度都比较理想，所以应用范围较为广泛，特别适用于小角度测量，其不足主要体现在响应较慢。市场上 IFM 倾角传感器属于此类型。

(3) 气体摆式

一个被放置在硅芯片中央的热源，在一个空腔中产生一个悬浮的热气团，同时由铝和多晶硅组成的热电偶组被等距离对称地放置在热源的 4 个方向，在未受到加速度或水平放置时温度的下降陡度是以热源为中心完全对称的，此时所有 4 个热电偶组因感应温度而产生的电压是相同的。

由于自由对流热场的传递性任何方向的加速度都会扰乱热场的轮廓，从而导致其不对称，此时 4 个热电偶组的输出电压会出现差异，而这热电偶组输出电压的差异是直接与所感应的加速度成比例的，倾斜角度与加速度成三角函数关系。

对于气体摆而言，气体是密封腔体内的唯一运动体，它的质量较小，在大冲击或高过载时产生的惯性力也很小，所以具有较强的抗振动或冲击能力。但气体运动控制较为复杂，影响其运动的因素较多，其精度无法达到军用武器系统的要求。因此，气体摆倾角传感器的优势在于测量范围宽，能屏蔽高频振动干扰，而其不足在于测量精度不高。市场上意大利 3B6 倾角传感器属于此类型。

工程机械常用倾角传感器参数见表 6-3-22。

表 6-3-22 倾角传感器参数表

名称	外形尺寸/mm	工作电压/V DC	输出信号	最大量程	精度
倾角传感器 ASA-CBP	$\phi 44 \times 86$	9～30	CAN 总线输出	0～360°	0.1°
倾角传感器 AXHG060 200 AXIOmatic	$75 \times 80 \times 57$	24	125～130 Ω	90°	—
倾角传感器 CR2101	$90 \times 60 \times 41$	10～30	CAN 总线输出	±15°	0.025°
倾角传感器 HG-80B	$64 \times 58 \times 35$	12	CAN 总线输出	±60°	—
倾角传感器 IS2A10P18 双轴	$90 \times 58 \times 31$	24	4～20 mA	±10°	0.01°
倾角传感器 MVINC-CO-2-PG11 轴控	$75 \times 80 \times 57$	24	CAN 总线输出	±90°	0.05°
倾角传感器 NV201 Rexroth	$100 \times 100 \times 61$	18～33	4～20 mA	±10°	0.01°
倾角传感器 ORS-CLM-±30-2A	$70 \times 80 \times 57$	24	0～5V	±30°	0.01°

名称	外形尺寸/mm	工作电压/V DC	输出信号	最大量程	精度
倾角传感器 PF-SANYI-HD845 双轴	90×58×31	24	4～20mA	±10°	0.01°
倾角传感器 ZCT290M-LCS	70×80×57	24	CAN 总线输出	±90°	0.01°
倾角传感器 GUD30	86×46×41	12	0～5V	±75°	—
倾角传感器 MT-70	79×55×60	12	0～5V	—	—
倾角传感器 8.IS60.2 2523	65×36×42	24	CAN 总线输出	±45°	0.01°
倾角传感器总成 SY TS-2K	110×76×34	24	CAN 总线输出	±15°	0.1°

3.3.2　称重传感器

我国称量仪器行业经过多年的发展，已基本形成了两大系列，即静态和动态两大系列。静态秤包括汽车衡、地上衡、地中衡、计价秤、称重仪、测力计等；动态秤包括皮带秤、斗式配料系统、皮带配料系列（即定量给料机）、轨道衡、动态汽车衡等。

静态系列通过引进（以常州托利多为代表）、吸收和消化已基本形成了垄断，占有了国内 80％以上的市场份额（以托利多、济南金钟、深圳杰曼、上海跃华、上海东方、太行仪表等为主）。我国以汽车衡为例，原机械式汽车衡已被全电子式所替代，且价格也降低到可以承受的水平，为国内各行业所认同。

与国外仪表相比，功能单一，缺乏总线功能是我国仪表最大的缺点，随着 DCS 系统在新建工程中的广泛使用，直接用总线方式构成的 DCS 系统、可以使交换数据和信息简单化，这也是一种必然趋势。现在国内外新一代仪表已经推出了这一功能（总线方式、以太网），但是目前大部分仍然是以 RS-232、422、485 总线方式，个别先进的工程机械企业所采用的 CAN 总线方式相对来说比较先进。

国内的 XK3101 型称重传感器是适用于搅拌站称量系统，采用最新微电子技术开发成的多功能、网络型仪表。该仪表既可通过传统的开关量与其他设备交换信息，也可通过 CAN 总线组成分布式测控系统。

元器件全部采用低功耗、工业级芯片，并充分考虑电磁兼容性，整个外壳采用电磁屏蔽性能好的铝合金制作。显示控制器内模块之间采用数字信号传输，可简化线路，实现数据共享，提高系统的抗干扰能力和可靠性，同时也降低了成本。工作温度范围宽，功能齐全，操作简便，显示直观。

XK3101 型称重传感器分为传感器数据采集模块和显示控制模块两个部分，模块之间由 CAN 总线连接，工作原理图如图 6-3-23 所示。

CAN（控制器局域网）总线是一种有效支持分布式控制或实时控制的串行通信网络，它采用差分驱动和短帧结构，可在高噪声干扰环境下使用。同时对严重错误具有自动关闭总线的功能，使总线上的其他操作不受影响。由于其性能高、可靠性高、实时性好及其独特的设计，已广泛应用于控制系统中各检测和执行机构间的数据通信。

之前搅拌站的称量方式为传感器模拟信号通过连接电缆传送到称量显示控制器，属于模拟信号传输，当传感器与称量显示控制器距离远时，模拟信号衰减比较大，抗干扰能力差，影响称重精度。XK3101 型称重显示控制器的设计思想就是设计一种基于 CAN 总线通信的

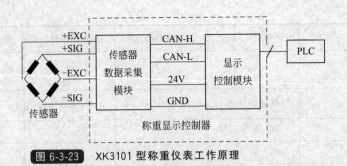

图 6-3-23 XK3101 型称重仪表工作原理

传感器数据采集模块和显示控制模块。传感器数据采集模块不断地采集传感器模拟电压信号，并通过内部放大、A/D 转换变成数字信号，之后将数字信号经过通信子模块传到 CAN 总线，并传给对应的显示控制模块进行处理。

信号采集处理部分采用 MSC1210 单片机。MSC1210 集成一个增强型的 8051 内核，具有可编程增益（1～128 倍）放大器、8 路 24 位高精度 ∑-△ 模/数转换器（A/D），可以容易地实现单片式低噪声高精度数据采集系统。同时还具有温度传感器、32KB Flash 存储器、1.2KB 的 SRAM、32 位累加器，可串行或并行编程，达 10 万次擦除/写操作，工作电压 2.7～5.25V，温度范围 -40～+85℃。

通信子模块由接口芯片 SJA1000、高速光隔离收发器 6N137 和 CAN 控制收发器 A82C250 组成。A82C250 是 CAN 控制器和物理总线之间的接口，为总线提供差动的发送和接收功能。6N137 为高速光耦，采用高速光耦可以实现收发器与控制器之间的电气隔离。

显示控制模块由信息处理子模块、通信子模块、显示子模块、键盘电路和电源电路组成。显示控制模块通过 CAN 总线接收传感器数据采集模块发送的信息，转换成重量值，经过主程序的处理，显示重量并发送相应的控制信息。

工程机械常用称重传感器参数表见表 6-3-23。

表 6-3-23 称重传感器参数表

名称	额定载荷/kg	灵敏度/V	输入电阻/Ω	输出电阻/Ω	安全过载/%	极限过载/%	建议激励电压/V (DC/AC)	允许最大激励电压/V	防护等级	电缆长度/m
称重传感器 CSB-C-1000	1000	2±0.002	381±4	352±1	150	300	9～12	6～18	IP68	3
称重传感器 CSB-C-2000	2000	2±0.002	381±4	352±1	150	300	9～12	6～18	IP68	3
称重传感器 CSB-C-500	500	2±0.002	381±4	352±1	150	300	9～12	6～18	IP68	3
称重传感器 CST-100	100	2±0.002	400±10	352±1	150	300	9～12	6～18	IP67	3
称重传感器 GDY-20	20000	2±0.002	390±20	350±1	150	300	5～15	20	IP67	0
称重传感器 HLJ-1T 不锈钢焊接密封压式	1000	2±0.002	381±4	350±1	150	300	5～15	20	IP68	5

续表

名称	额定载荷/kg	灵敏度/V	输入电阻/Ω	输出电阻/Ω	安全过载/%	极限过载/%	建议激励电压/V (DC/AC)	允许最大激励电压/V	防护等级	电缆长度/m
称重传感器 HLJ-250kg 不锈钢焊接密封压式	250	2±0.002	381±4	350±1	150	300	5~15	20	IP67	3
称重传感器 HLJ-2T 不锈钢焊接密封压式	2000	2±0.002	381±4	350±1	150	300	5~15	20	IP68	5
称重传感器 SBC-1	1000	2±0.002	381±4	350±1	150	300	5~15	20	IP67	3.1
称重传感器 SBC-0.5	500	2±0.002	381±4	350±1	150	300	5~15	20	IP67	3.1
称重传感器 SBC-2	2000	2±0.002	381±4	350±1	150	300	5~15	20	IP67	3.1
称重传感器 TSC-500 带连接件	500	2±0.002	381±4	350±1	150	300	5~15	20	IP65	5
称重传感器 TSH-1000	1000	2±0.002	385±5	350±1	150	300	5~15	20	IP68	5
称重传感器 TSH-200	200	2±0.002	385±5	350±1	150	300	5~15	20	IP68	5

3.3.3　压力传感器

　　压力变送器，是用于检测流体的压力（实际上是压强），并且可以进行远程信号传送，信号传送到二次仪表或计算机后进行压力控制或监测的一种自动控制前端元件，在很多控制领域有着非常广泛的应用。压力传感器具有体积小、重量轻、灵敏度高、稳定可靠、成本低、便于集成化的优点，可广泛用于压力、高度、加速度、液体的流量、流速、液位、压强的测量与控制。除此之外，还广泛应用于水利、地质、气象、化工、医疗卫生等方面。压力传感器的发展经历了发明阶段、技术发展阶段、商业化集成加工阶段和微机械加工阶段。至今压力传感器已成为各类传感器中技术最成熟、性能最稳定、性价比最高的一类传感器。压力传感器发展有以下几方面：光纤压力传感器、电容式真空压力传感器、耐高温压力传感器、硅微机械加工传感器、具有自测试功能的压力传感器、多维力传感器。目前压力传感器的研究领域十分广泛，但归纳起来主要有以下几个趋势：小型化、集成化、智能化、广泛化、标准化。

　　国内自主研发的压力变送器（SYPT）采用宽温补偿技术，过载范围宽；具备反向极性保护及限流限压保护功能，采用不锈钢隔离膜片及全焊结构，防护等级达IP67；有0~35MPa、0~40MPa等多种量程范围选择；具有高精度、高稳定性、高可靠性等特点。适用于液压及气动控制系统、热点机组、实验室压力校验、石油天然气控制系统、工业过程检测与控制、楼宇供水、恒压供水、石化、环保、空气压缩等多种应用场合。

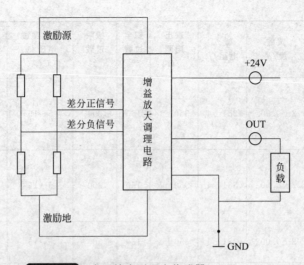

图 6-3-24 电压输出型压力传感器

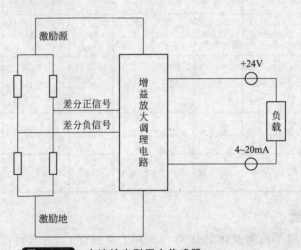

图 6-3-25 电流输出型压力传感器

　　压力传感器包括电压输出型和电流输出型两种，原理图分别如图 6-3-24 与图 6-3-25 所示。压力传感器的核心是高精度隔离型扩散硅传感器组件，该组件的敏感元件是利用单晶硅的压阻效应，在单晶硅上扩散一个惠斯登电桥，然后利用先进的膜片和充硅油隔离技术封装而成。被测介质压力通过隔离膜片及密封硅油传递到硅膜片上，参考端的压力（大气压、真空或密封压）作用于硅膜片的另一侧。两边的差压使硅膜片的一侧受压缩，一侧受拉伸，由于压阻效应，4 个桥臂电阻的阻值发生变化，电桥失衡，敏感元件输出一个对应压力变化的电信号。输出的电信号，经过差分放大、电压电流转换，变换成相应的电流信号，通过放大和非线性矫正环路的补偿，以及精密的二次温度补偿，产生与输入压力成线性关系的 4～20mADC、1～5V 等二次制标准信号。SYPT 系列产品是采用高精度隔离型扩散硅传感器组件，通过专用高可靠性的精密放大电路，保证了整个产品的精度。产品采用防爆、防水、防腐的外壳结构，能满足工程机械使用在各种现场恶劣环境的要求。

　　工程机械常用压力传感器参数表见表 6-3-24。

表 6-3-24　压力传感器参数表

名称	外形尺寸	安装尺寸	电源电压 /V DC	输出特性	测量压 力范围	开关 量阀值
压力变送器 FST800-601	$\phi 21\times60$	M 14×1.5	24	0～5 V	0～1 MPa	—
压力传感器 ZQ-BZ-V	$\phi 26\times87.7$	M 12×1.5	5	0.5～4.5 V	0～0.15 bar❶	—
压力传感器 ZQ-JS 50MPa	$\phi 22\times80$	M 12×1.5	5	开关量	0～50 MPa	300％FS
压力传感器 8251-34-I	$\phi 21\times32$	G 1/4	9～24	1～5 V	0～40 MPa	—
压力传感器 8251-34-U	$\phi 21\times32$	G 1/4	9～24	4～20 mA	0～40 MPa	—
压力传感器 FST800-601	$\phi 21\times60$	M 14×1.5	24	5 V	0～1.0 MPa	—
压力传感器 CY3108GB10RM14	$\phi 34\times116$	M 14×1.5	24	5 V	0～1.0 MPa	—
压力传感器 0122 407031027-1.1MP-NO	$\phi 28\times62$	G 1/4	12～42	4～20 mA	0～30 MPa	1.1MPa
压力传感器 3600810 30015C	$\phi 46\times70$	1/8-27 NPTF	6-24	10～184Ω	10 bar	(0.8±0.3) bar
压力传感器 360081030030	$\phi 46\times70$	M 14×1.5	6-24	10～184 Ω	10 bar	(0.7±0.15) bar
压力传感器 360081030049K	$\phi 46\times70$	1/8-27NPTF	6～24	10～184 Ω	5Bar	(0.4±0.1) bar
压力传感器 M5134-C1952X-5OOBG	$\phi 26\times80$	G 3/8	4.7～5.25	0.5～4.5 V	0～500 bar	—
压力传感器 M5141-C19942-160BG	$\phi 25.1\times62$	G 1/4	8～30	1～5 V	0～160 bar	—
压力传感器 M5141-C19942-600BG	$\phi 25.1\times62$	G 1/4	8～30	1～5 V	0～600 bar	—
压力传感器 MBS1250 量程 0.00～50.00bar	$\phi 26\times70$	G 3/8	4.5～5.5	0.5～4.5 V	0～50.00 bar	—
压力传感器 MBS1250 量程 0.00～500.00bar	$\phi 26\times70$	G 3/8	4.5～5.5	0.5～4.5 V	0～500 bar	—
压力传感器 MBS3050 060G1154	$\phi 35\times98$ （带插头）	G 1/4	DC24 V	4～20 mA	0～40 MPa	

注：1. M 表示普通螺纹。

2. G 表示非螺纹密封的管螺纹。

3. NPTF 表示干密封式堆管螺纹。

3.3.4　位移传感器

位移传感器又称为线性传感器，分为电感式位移传感器、电容式位移传感器、光电式位移传感器、超声波式位移传感器、霍尔式位移传感器。实际应用时小位移通常用应变式、电感式、差动变压器式、涡流式、霍尔式传感器来检测，大的位移常用感应同步器、光栅、容

❶　1 bar＝10^5 Pa

栅、磁栅等传感技术来测量。

磁致伸缩线性位移传感器通过采用磁致伸缩原理，既可实现运动物体的直线位移的测量，同时还可测量运动物体的位置和速度模拟信号或液位信号，目前被广泛用于精度要求高、工作环境比较恶劣的工程应用场合，如液压支架上位移测量，液压油缸位置反馈等。磁致伸缩直线位移传感器工作原理如图 6-3-26 所示。

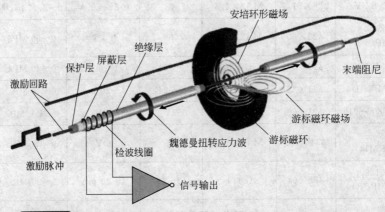

图 6-3-26 磁致伸缩直线位移传感器工作原理

如图 6-3-26 所示，磁致伸缩线性位移传感器的检测机理是基于传感器核心检测元件——磁致伸缩波导丝与游标磁环间的魏德曼（Wiedemann）效应。测量时，电子仓中的激励模块在敏感检测元件（磁致伸缩波导丝）两端施加一查询脉冲，该脉冲以光速在波导丝周围形成周向安培环形磁场，该环形磁场与游标磁环的偏置永磁磁场发生耦合作用时，会在波导丝的表面形成魏德曼效应扭转应力波，扭转波以声速由产生点向波导丝的两端传播，传向末端的扭转波被阻尼器件吸收，传向激励端的信号则被检波装置接收，电子仓中的控制模块计算出查询脉冲与接收信号间的时间差，再乘以扭转应力波在波导材料中的传播速度（约 2830m/s），即可计算出扭转波发生位置与测量基准点间的距离，也即游标磁环在该瞬时相对于测量基准点间的绝对距离，从而实现对游标磁环位置的实时精确测量。

由于磁致伸缩线性位移传感器是通过内部非接触式的测控技术精确地检测游标磁环的绝对位置，来测量被检测产品的实际位移值，与同类型的其他传感器，如导电橡胶位移传感器、磁栅位移传感器、电阻式位移传感器等产品相比有明显的优势，总体而言，主要体现在以下几个方面：

① 采用非接触性测量可有效避免机械摩擦、磨损，提高使用寿命和可靠性；

② 通过测量发射脉冲和返回脉冲的时间差来确定被测位移量，测量精度极高。

③ 采用的是非接触式测量，传感器不易受油质、溶液、尘埃或其他污染的影响，因此很适合应用于环境恶劣的系统工程或场合。

④ 因为测量的是绝对位移值，所以即使电源中断、重接也不会导致数据丢失，更不用重新标定零位。

近年来，随着磁致伸缩位移传感器采用了一系列的新技术，该类传感器成本大幅下降，性能显著提高。目前，磁致伸缩线性位移传感器主要的性能参数情况如下：

① 测量范围　150～5000mm，300 mm 以下最大误差 150μm；

② 测量精度　优于 0.002%FS；

③ 非线性　≤0.05%FS；

④ 重复性　≤0.002%FS；

⑤ 分辨率　≤0.002％FS；

⑥ 输出的接口类型　模拟型 0～5V DC，0～10V DC，4～20mA DC，数字型 CAN，485，SSI。

磁致伸缩线性位移传感器设计的关键技术如下。

① 波导丝的研制　磁致伸缩波导丝是磁致伸缩传感器的核心检测元件，其材料要求具有很高的居里温度和机械品质因数，具有良好的力学性能，易于加工。波导丝通常要求加工成小于 1.0mm 的丝材，现在主要以 Fe-Ni 基合金为波导丝的制作材料。

② 大电流周期激发电路的设计　根据磁致伸缩效应，对施加于波导丝的瞬时电流激励脉冲有严格要求。首先，为了形成较强的环形磁场，电流脉冲应具有足够的强度，考虑到波导丝的低阻值负载特性，应对控制脉冲进行功率放大，提高其驱动能力；其次，为了获得质量较好的感应信号，电流脉冲的宽度应维持在微米级；另外，电流脉冲的上升时间和下降时间应尽可能短；还应结合传感器的量程和扭转机械波的传播速度，选择合适的电流脉冲周期，使其大于扭转机械波在波导丝中的最长传播时间。考虑到传感器的刷新率，电流脉冲的周期也不宜太长。

③ 扭转应力波信号拾取技术　扭转应力波信号拾取技术是一个逆磁致伸缩的过程，返回过来的扭转应力波通过检波线圈时呈现一个逆磁致伸缩反应，将应力波转换成 mV 级的电信号，该信号有很多杂波，必须进行滤波、放大、电平比较后成处理器识别的脉冲信号，因而确定脉冲扭转波到来的时间，将波导丝上传来的扭转信号转化成便于检测的电信号，是磁致伸缩传感器的核心技术。

④ 高精度时间量测量技术　磁致伸缩传感器是通过测量脉冲发送与回波接收之间的时间间隔来确定位移的大小，因此实现高分辨率的时间检测是传感器高分辨率的重要因素。测量时间的精度越高，测量的精度就越高。

工程机械典型的位移传感器相关参数如表 6-3-25 所示。

表 6-3-25　位移传感器参数

名称	外形尺寸（长×宽×高）/mm	供电电压/V DC	输出信号	有效测量范围/mm
位移传感器 BTL7-E100-M1100-B-KA15	1280×46×53	20～28	4～20 mA	0～1100
位移传感器 BTL7-E100-M1400-B-KA15	1580×46×53	20～28	4～20 mA	0～1400
位移传感器 D8.4B1.0200.7F20.2111.S020	132×110×70	10～30	CAN Open	0～3000
位移传感器 D8-3C1-0600-A111-0000-C	155×102×234.5	12～30	4～2 0mA	0～6000
位移传感器 D8-3A1-0125-A111-0000-C 拉绳式	70×112×135.5	12～30	4～20 mA	0～1250
位移传感器 D8-3B1-0200-A111-0000-C 拉绳式	110×137.5×165.5	12～30	4～20 mA	0～2000
位移传感器 NBB4-12GM50-E0 P+F 电感式	φ12×50	10～30	NPN、常开	4
位移传感器 II SA2CPL-2B5DLCE4/ISA2-GE45	173×182.5×82	24	开/关	—

续表

名称	外形尺寸 (长×宽×高) /mm	供电电压 /V DC	输出信号	有效测量 范围/mm
位移传感器Ⅱ SA2CPL-4D5DLCE4	210.5×112.5×63	12~24	开/关	0.01~0.25
位移传感器Ⅱ SA2CPL-6D5DLCE4	285.5×112.5×63	12~24	开/关	0.01~0.25
位移传感器 ISA2-GE45 与ⅡSA2配套	92×46×63	12~24	开/关	0.01~0.25

3.3.5 速度传感器

速度传感器是线速度传感器与角速度传感器的统称。在实际应用时，旋转运动速度测量较多，而直线运动速度通常是利用旋转速度来间接测量。

旋转速度传感器按安装形式分为接触式和非接触式两类。

接触式旋转速度传感器与运动物体直接接触。当运动物体与旋转速度传感器接触时，摩擦力带动传感器的滚轮转动，装在滚轮上的转动脉冲传感器发送出一连串的脉冲，由于每转一圈发出的脉冲个数是固定的，因此每个脉冲代表着一定的距离值，因此通过对脉冲个数的测量就能实现对速度的测量。

接触式旋转速度传感器结构简单，使用方便，但鉴于接触滚轮的直径与运动物体始终接触，运动时的摩擦力对滚轮外周的磨损会影响滚轮的周长，并最终导致传感器精度下降，要提高测量精度，必须在二次仪表中增加补偿电路。此外，接触式旋转速度传感器在运动时还难免产生滑差，滑差的存在也将影响测量的正确性。对于滑差问题，一般通过施加一定的正压力或者通过对滚轮表面采用摩擦力系数大的材料办法来解决。

非接触式旋转速度传感器相对接触式测速传感器而言，由于不需要与运动物体直接接触，其使用寿命相对较长。常用的非接触式测量原理很多，如激光测速传感器，随着精密制造业的崛起和节省成本的需求，非接触测速传感器逐渐将取代接触式测速传感器。

目前精度较高、最常用的非接触激光测速传感器就是 ZLS-Px 像差测速传感器，这种传感器能同时测量两个方向的速度和长度，不但能觉察被测体是否停止，而且能觉察被测体的运动方向。

综合而言，旋转速度传感器具有结构比较简单、成本低的特点，且鉴于其输出信号为脉冲信号，还具有稳定性好、不易受外部噪声干扰的优点，因此目前速度传感器普遍用于动力系统及工作装置的转速测量，如发动机转速测量、液体流动速度测量等。

工程机械典型的速度传感器参数如表 6-3-26 所示。

表 6-3-26 速度传感器参数表

名称	电源电压/V DC	输出信号/mA	测量范围 /(m/s)	工作温度/℃	精度/mm
矿用本质安全型 速度传感器 GSH5A	24	0~20	0~5	-40~60	2.0

3.3.6 加速度传感器

加速度传感器是一种能够测量加速力的电子设备。加速力就是当物体在加速过程中作用在物体上的力，如重力。加速力可以是个常量，也可以是变量。加速度计有两种：一种是由陀螺仪改进而成的角加速度计，另一种就是线加速度计。加速度传感器的主要用途在于帮助机器了解它所处的环境，如是否在爬山？是否在下坡？是否摔倒了？加速度传感器甚至可以用来分析发动机的振动。

线加速度计的原理是惯性原理，也就是力的平衡，即加速度＝惯性力/质量，因此，只要测量出惯性力，即可达到测量加速度的目的。目前一般加速度传感器是利用其内部的由于加速度造成的晶体变形产生的电压变化而将加速度转化成电压输出，此外还包括一些利用压阻技术、电容效应、热气泡效应、光效应来制作加速度传感器的方法，总体而言，其最基本的原理都是由于加速度使某个介质产生变形，通过测量其变形量并用相关电路转化成电压输出。

目前使用较为广泛的线加速度计是微电子机械系统（MEMS）加速度传感器，它主要由质量块及悬挂在传感器周边框架结构上的弹性元件构成。当加速度传感器连同外界物体一起加速运动时，质量块受到惯性力的作用向相反的方向运动，加速度就可以通过质量块的位移检测出来。该传感器由于采用了微电子机械系统技术，具有尺寸小、重量轻、功耗低、线性度好等优势，且由于微机械结构制作精确、重复性好、易于集成化、适于大批量生产，所以具有很高的性价比。

陀螺仪是一种利用高速回转体的动量矩敏感壳体实现相对惯性空间绕正交于自转轴的 1 个或 2 个轴的角运动检测装置（或利用其他办法实现角运动的检测装置）。现代陀螺仪可以分为静电陀螺仪、微机电陀螺仪、光纤陀螺仪、激光陀螺仪等，它们各具优势。

激光陀螺仪是在激光技术出现后利用萨格奈克原理研制的，具有大动态范围和高速率性能、精度高（激光陀螺仪的漂移已达到 0.001°/h）、启动时间短（一般只需要几毫秒，而机电陀螺仪需要几分钟）、使用寿命长（可达几万小时，而机电陀螺仪只有几百小时）、可靠性高等优点，但也有价格昂贵、体积较大、存在闭锁现象（即在低角速度区域里产生频率牵引，使拍频为零而不能检测旋转角速度）等不足。

光纤陀螺仪采用 Sagnac 干涉原理，依据光纤绕成环形光路与随转动而产生的反向旋转光束两者之间的相位差计算出旋转的角速度，其突出优点包括耐冲击和抗加速运动（无运动部件，仪器牢固稳定）、较高的检测灵敏度和分辨率（可有效地克服激光陀螺仪的闭锁问题）、较长的使用寿命（无机械传动部件，不存在磨损问题）、较短的启动时间（可瞬间启动）、较宽的动态范围（约为 2000°/s），与此同时，光纤陀螺仪还具备结构简单、价格低、体积小、重量轻等优势。

静电陀螺仪是一种利用静电引力使金属球形转子悬浮起来的自由转子的陀螺仪。其优点主要体现在精度高（漂移误差约为 0.0001°/h）、功能多两个方面（功能多指可以测量 3 个方向加速度）。

微机电陀螺仪是采用最具发展潜力的纳米技术加工而成的新一代微型机电装置，其突出优点体现在可靠性高（可抗大过载冲击）、低功耗、低成本、大量程等，且体积小、重量轻、工作寿命长，主要适合用于对安装空间和重量要求苛刻的场合或高转速、大 g 值的场合，易于数字化、智能化，可数字输出、温度补偿、零位校正等。工程机械典型的几种加速度传感器参数如表 6-3-27 所示。

表 6-3-27　加速度传感器参数表

名称	量程 g	灵敏度/(mV/g)	分辨率 g	重量/g
加速度传感器 355B03	500	10	0.0005	10
加速度传感器 356B08	50	100	0.0002	20

续表

名称	量程 g	灵敏度/(mV/g)	分辨率 g	重量/g
加速度传感器 356A18	5	1000	0.00006	24
加速度传感器 356A40	10	100	0.0002	180（片状）
加速度传感器 356M41	500	10	0.001	4（方形）

3.3.7 方向传感器

实际应用中，对于物体的直线运动与旋转运动，除了有速度、位置、加速度的检测需求外，还有一个关键的运动参数就是运动的方向，如搅拌筒的正转与反转检测对于搅拌车的自动控制具有重要意义。

方向传感器就是用于实现对运动物体的运动方向进行检测的装置，从原理上而言，更趋向于把它理解为一种新型传感器的应用方式。以电磁感应的方向测量方式为例，其基本原理在于通过霍尔元件感应设计好的具有不对称结构的感应电磁铁时产生的不对称的感应电信号的特征，来实现对运动方向的判断。

以搅拌车的搅拌筒的旋转速度测量为例，它通过在搅拌筒上安装一个两端长度不相等的特制感应磁铁，在搅拌车的车架上面方便检测电磁铁感应信号的位置安装一个霍尔元件，可实现对搅拌筒转速的测量。当霍尔元件靠近且横向通过感应磁铁时，将输出两个宽度不等脉冲，实际应用时可通过判断脉冲的宽度比来实现搅拌筒旋转方向的测量，如图 6-3-27 所示。当 $T_1 > T_2$ 时为正转，反之为反转。

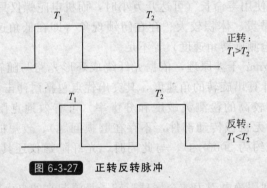

图 6-3-27 正转反转脉冲

如上所述的测量方案实际输出的并不是方向信号，而是具有方向信息的信号，实际应用时必须先进行二次分析，因此实际上是对于基本传感器的一种新型应用方式。当然，也可将上述测量方式集成到一个传感器中实现，最终直接输出方向信号，但是其实现成本会相应增加。

此外，在实际测量时值得注意的是，通过上述测量方式实现运动方向的测量时，应该充分考虑实际应用时的二次分析处理的速率是否能够达到对象的运动速度要求，否则将直接导致测量方案的失效。

工程机械采用的典型方向传感器参数如表 6-3-28 所示。

表 6-3-28 方向传感器参数表

名称	安装尺寸	测量范围/mm	电源电压/V DC	输出形式
方向传感器总成 SYDS-1A	M30×78	0~15	9~30	直流电平信号

3.3.8　振动传感器

在各种工程领域内，振动测试（包括振动测量和振动试验）有着极为广泛的用途。

① 各种工程机械、建筑结构、车辆船舶、飞机导弹、仪器仪表等系统，往往由于运转过程中自身质量不平衡所形成的惯性力作用或受外部环境激励而产生受迫振动或自激振动量级过大，将使动应力增大，从而使结构的零部件产生机械失效（如断裂、疲劳、磨损等），或使紧固件松动、控制设备功能失灵，或降低各种精密加工机床的精度。由于振动而造成的机毁人亡的重大事故也并不罕见。

② 各种利用振动能量的机械，如振动给料机、振动打夯机、振动压路机、振动时效设备等，因为其高效率、低能耗的特点而备受重视，为研究其工作机理必须进行大量的振动测试。

③ 当代工程结构经常是零部件品种繁多、形状复杂而结合关系又千变万化，有时还利用了大量复合材料或黏弹性材料。这种结构在进行理论建模时难免要做出各种与实际情况有差距的假设或简化，结构的有些重要物理参数，如阻尼参数，由于机理复杂，迄今没有完美的理论计算方法。

用振动测试技术进行实验建模可以求得系统的动态特性参数，建立力学模型。理论模型和实验模型互相修正或彼此补充，就能得到更切合实际更完美的结果。

④ 造价昂贵的大型系统，如大型汽轮发电机组、海上平台、航天飞机、超级油轮等，经常在高转速、大负荷、高温、高压或低温、高真空等严酷恶劣的环境条件下持续工作，它们的停产或破坏将带来无法估量的损失。

利用振动测试手段有时还联合其他手段，如噪声测试、声发射测试，对贵重设备进行在线的、实时的状态监控或故障诊断，以便提前发现隐患，及早准备维修，是保证它们能长期安全满负荷工作的重要措施。

⑤ 随着动力机械包括手持式动力工具和机动车辆的日益增多，振动在不少工业化国家中已成为一大社会公害。振动能对人体多种器官产生生理影响或心理影响，不但降低劳动生产效率，还能造成振动病，严重危害健康。研究振动对人体的作用，研制能减振或隔振的工具把手、车辆座椅等，也必须依赖振动测试。

⑥ 机械振动系统通常又是声波的辐射源即噪声源，噪声中有很大一部分来自振动物体。减少振动的同时也往往降低了噪声，相反地也可以利用噪声分析技术来找到振源。

振动传感测试技术从 20 世纪初一直发展到今天，经过几代科学工作者几十年的不断探索与研究，正逐步走向完善，而相对应的传感测试方法与种类也在不断发展和成熟。振动测量通常包括振动的位移、速度、加速度、频率，噪声的声压、声强和激振力的测量，这些参数通常称为动态参数。动态测量是指由传感器测得这些非电物理量并转换为电信号，然后经过放大、滤波等适调环节，对信号进行适当调节，并对测量结果进行记录、分析、显示的全过程。因此振动测量属于动态测量范围。

振动测试技术理论在不断地发展，而实际生产和生活中测试需求和测量精度的要求也越来越高，这就促使高质量的测试仪器、设备和新的更先进的测试方法不断出现，从最初的机械式测振仪发展到今天，各种应用物理学原理制成的传感器、FFT 分析仪、结构动力学分析软件已在广泛使用。20 世纪 20 年代，由于汽轮发电机组等设备的发展，机械式测振仪器已不能满足测量要求，于是磁电式传感器应运而生，测量信号由非电量信号慢慢转变为电信号的测量。之后大约 20 多年出现了压电式传感器，由于它具有体积小、重量轻、频率范围宽、动态量程大等特点，且既可测量振动，又可用于冲击测量，所以一直沿用至今。近些年随着微电子技术的发展，又出现了可在各种恶劣环境下使用的压电传感器和内装阻抗变换器、放大器、滤波器的集成电路式压电传感器，简化了测试系统，大大拓宽了这种传感器的应用范围，提高了抗干扰能力和测量的精度。而压阻传感器的出现和使用，进一步拓宽了低频率的测量范围，与此同时，还陆续发展了各种换能原理的传感器和配套仪器，如变电容传感器、电涡流传感器、光纤传感器等，以便用于不同的场合和不同的领域。

目前振动传感器主要包括三大类：机械式振动传感器、电动式振动传感器和光纤光栅振动传感器。发展最早的机械式振动测量仪表存在磨损度高、读数精度差、传感信号输送滞后等缺点，随着后两种振动仪器的发展，机械式振动测量仪已经被彻底淘汰了。现在市场占有率最高、研究最成熟的是电动式传感器，按照工作原理分类，包括电涡流式、加速度式、速度式、电感式、电容式等，各种电动式传感器对比如表6-3-29所示。电容式和电感式传感器在应用中容易受周围介质的影响，所以现在已经较少使用。前几种由于研究成熟、制作工艺简单，基本能够满足振动测量的需求，在实际中仍然很常用。

表 6-3-29 各种电动式传感器对比介绍

电涡流式振动传感器	分为高频和低频反射两类，其特点是制作结构简单、传感灵敏度高、抗干扰能力强、可以进行非接触式测量。在工业生产和科研领域应用广泛
压电式振动传感器	主要是由压电陶瓷或者压电石英晶体等作为其敏感元件。实际中广泛应用的主要是压电式加速度测量仪，特点是体积小、重量轻、有效工作频率和量程宽、适用于高频测量，缺点是低频振动情况下很难精确测量振动位移
应变式加速度传感器	它是利用半导体或者金属应变片作为敏感元件的。这种传感器可以有灵活的结构形式，体积小，重量轻，输出阻抗低，在航天器、机动车辆、桥梁建筑等应用较多
电容式传感器	具有结构简单、反应灵敏、性能稳定等特点，可进行液位高度等的测量，也可以进行非接触式测量，其缺点是抗环境污染能力差
速度传感器	其输出值正比于振动速度。该传感器的输出阻抗低，在10~1000Hz频率范围测量振动速度较为准确

工程机械典型的振动传感器参数如表6-3-30所示。

表 6-3-30 振动传感器参数表

名称	外形尺寸 (长×宽×高)	测量范围	电源电压/V DC	输出形式
振动传感器 PCH1026 CANopen	—	X，Y，Z方向	24	CANOpen
振动传感器 LE2171	65×200×30	—	无源器件	—

3.3.9 油品传感器

前面提到，对于工程机械中普遍采用的液压传动方式，它对于液压油的清洁度、温度等都有严格的要求，因此对于工程机械控制而言，实现对液压油好坏的检测，对于保证液压传动系统的正常工作有着重大意义。油品传感器正是用于满足这种需求而研制的，它可实现对液压油品质好坏的评价，其具体的检测参数包括液压油的温度、黏度、密度和介电常数。从功能上看，它属于一款高性能的复合型传感器，相对单一功能的传感器具有技术含量高、研发成本大等特点。

油品传感器的测量原理在于通过集成音叉及温度传感器来实现对油液黏度、密度、介电常数及温度等参数的测量。

音叉对液压油的密度与黏度是依据液压油液特性与音叉测量值之间对应关系获得的，音叉测量值与液压油压特性的关系如下：

$$Z(\omega) = Ai\omega\rho + B\sqrt{\omega\rho\eta}(1+i)$$

$$(6\text{-}3\text{-}2)$$

$$C_p(\varepsilon) = C_p(1) + (\varepsilon - 1)\frac{\mathrm{d}C_p}{\mathrm{d}\varepsilon}$$

式中，ω 为工作频率；η 为流体动力黏度；ρ 为流体密度；ε 为流体介电常数。可得：

$$Z(\omega) = i\omega\Delta L + \Delta Z\sqrt{\omega}(1+i)$$

$$(6\text{-}3\text{-}3)$$

$$\Delta L = A\rho, \ \Delta Z = B\sqrt{\rho\eta}$$

ΔL 和 ΔZ 是与频率无关的参数，可通过对所采集数据的分析处理获得。

以 32.768kHz 频率音叉的响应数据为例，ΔL 和 ΔZ 可由被测对象数学模型的频率响应数据算出，测量误差完全由电子元件噪声产生。图 6-3-28 是对一系列有机溶剂密度与 ΔL 的函数关系曲线，图 6-3-29 是有机溶剂的 ΔZ 与动力黏度之间的关系曲线。

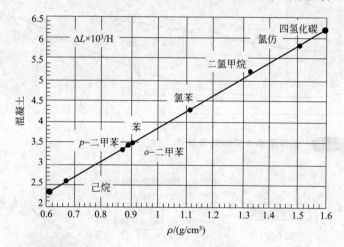

图 6-3-28　密度与 ΔL 的函数关系曲线

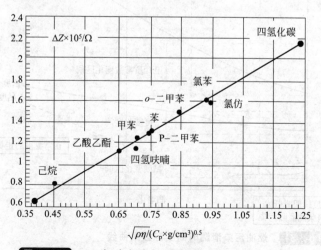

图 6-3-29　ΔZ 与动力黏度之间的关系曲线

由图 6-3-28 及图 6-3-29 对应关系可知，油液密度与 ΔL 及油液动力黏度与 ΔZ 之间均具有良好的线性关系，因此利用音叉可实现对液压油特性如黏度、密度、介电常数的测量，结合温度传感器元件即可实现对液压油的油液黏度、密度、介电常数和温度参数的实时精确测量。图 6-3-30 与图 6-3-31 所示给出了实际应用的效果曲线。

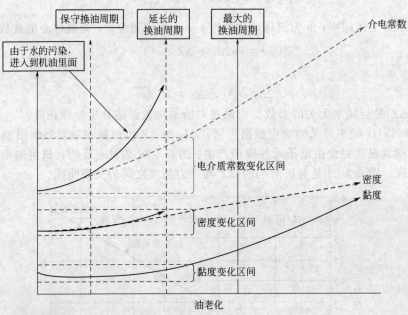

图 6-3-30 水污染事件实际效果曲线

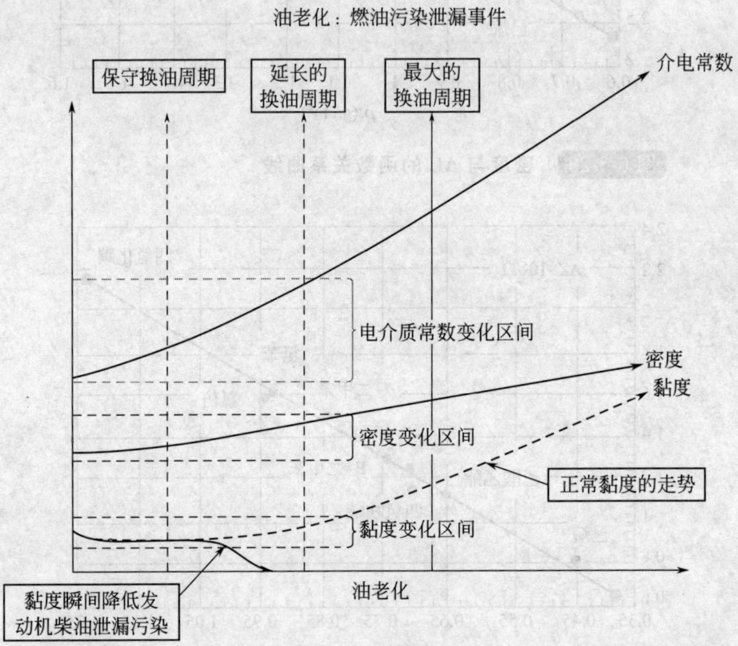

图 6-3-31 燃油污染泄漏时间实际效果曲线

油品传感器安装位置如图 6-3-32 所示。

图 6-3-32　SYOS-H油品传感器用于汽车机油滤油器

工程机械典型的油品传感器参数如表 6-3-31 所示。

表 6-3-31　油品传感器参数表

名称	黏度范围/CP	安装尺寸	电源电压/V DC	输出接口	工作温度范围/℃
油品传感器 SYOS-H	0～50	M14×1.5	9～36	CAN2.0	−40～+120

3.3.10　温度传感器

温度传感器被广泛用于工程机械传动部分液压油的油温监测。按测量方式分类，温度传感器可分为接触式和非接触式两大类。按照传感器材料及电子元件特性分类，可分为热电阻和热电偶两类。

接触式温度传感器的检测部分与被测对象有良好的接触，又称温度计。它通过传导或对流达到热平衡，从而使温度计的示值能直接表示被测对象的温度，一般测量精度较高。在一定的测温范围内，温度计也可测量物体内部的温度分布。但对于运动体、小目标或热容量很小的对象，则会产生较大的测量误差。

非接触式温度传感器，它的敏感元件与被测对象互不接触，又称非接触式测温仪表。这种仪表可用来测量运动物体、小目标和热容量小或温度变化迅速对象的表面温度，也可用于测量温度场的温度分布。

最常用的非接触式测温仪表基于黑体（可吸收全部辐射并不反射光的物体）辐射的基本定律，通常称为辐射测温仪表。各类辐射测温方法，如亮度法、辐射法、比色法，只能测出对应的光度温度、辐射温度或比色温度，其对应的温度只有对黑体而言才是真实温度，对于实际应用，欲测定物体的真实温度，则必须进行材料表面发射率的修正。鉴于材料表面发射率不仅取决于温度和波长，而且还与表面状态、涂膜和微观组织等有关，因此很难精确测量。但是相对接触式测温法而言，非接触式测温法也具有显著的优势，如测量上限不受感温元件耐温程度的限制，因而对最高可测温度原则上没有限制。对于1800℃以上的高温，主要采用非接触测温方法。此外，随着红外技术的发展，辐射测温逐渐由可见光向红外线扩展，且分辨率很高，目前在 700℃ 以下直至常温下的温度测量都有采用该测温方法的用例。

工程机械典型的温度传感器相关参数如表 6-3-32 所示。

表 6-3-32   **温度传感器参数表**

名称	外形尺寸	安装尺寸	测量范围/℃	输出特性	电源电压/V DC
温度传感器 CW120-05M14	φ25×116	M14×1.5	0～120	DC5V	24
温度传感器 ZQ-WA/LJ	φ24.8×107	M14×1.5	0～120	DC5V	24
温度传感器 3101H0010G0K8000	—	M4×1.5	−40～125	—	1～5
温度传感器 323.805/001/004K/N	φ22×83	NPTF1/2	120	—	6～24
温度传感器 323803001001D	φ11×100	M14×1.5	40～120	—	6～24
温度传感器 323803001025D	φ11×100	1/2-14NPTF	40～120	模拟量输出	6～24
温度传感器 38250030190	54.8×38×38	M12×1.5	−40～+150	0.06～48 kΩ	10～30
温度传感器 4199363	φ11×100	M14×1.5	−25～+125	模拟量输出	6～24
温度传感器 GW50（A）	290×120×50	—	0～+50	4～20mA	9～24
温度传感器 HTT 824L-G-0125-002	φ26×80	G1/4	−25～+125	0～5V	8～30
温度传感器 STT-SA1D6M5C6E3F1 G1H1L2PBT2W1S	M5×6	M5×6	−50～100	80.31～138.51 Ω	—
温度传感器 STT-SA1D6M8× 1.25C10E3F1G1H1L2	M8×10	M8×10	−50～100	80.31～138.51 Ω	—
温度传感器 TA3131	φ117.7×30	G1/4	−5～+150	4～20mA	10～30
温度传感器 TE2001-100	φ28×89.2	G1/4	−4～+150	开关量输出，PNP	18～36
温度传感器 TP-306A-CF-H1141-L 2000	φ6×50	M12×1	−50～105	80～142Ω	0～1
温度传感器 TSF	φ18×110	M14×1.5	−30～13	1～1.7kΩ	24
温度传感器 WG101	φ22×51	1/2-14NPT	40～110	23～287Ω	6～24
温度传感器 WG2704BZ3/8	—	NPT3/8	40～120	—	6～24
温度传感器 4199363	φ11×100	M14×1.5	−25～+125	模拟量输出	6～24
温度传感器 GW50（A）	290×120×50	—	0～+50	4～20mA	9～24
温度传感器 HTT 824L-G-0125-002	φ26×80	G1/4 A DIN 3852	−25～+125	0～5V	8～30
温度传感器 STT-SA1D6M5C6E3F1 G1H1L2PBT2W1S	M5×6	M5×6	−50～100	80.31～138.51Ω	—

3.3.11　液位传感器

液位传感器实际是对液体相对位置进行测量的传感器，在工程机械应用中，液位传感器主要是用于对液压油体积的测量。

液位传感器的测量方式一般是连续式或触点液位式，其中连续式可实现对液体位置的连续测量，而触点液位式则只会显示是在设定位置以上还是以下，而其测量的原理又分为浮子式、超声波式、电容式、磁致伸缩式等多种类型，然而，总体而言，用于工程机械液压油体积测量的液位传感器应具有如下技术特征：

① 根据油箱体积测量要求，对应液位传感器的测量量程应大于等于 500mm；

② 鉴于工程机械的应用特征，输出信号类型应具有抗干扰能力强且适合远距离传输的特点，如电流信号或数码信号；

③ 具有相对较高的测量精度，如 1%FS；

④ 工作电压为车载电源范围，即 10～32V 直流时更加适应工程机械应用；

⑤ 可适应油温温度变化，即可在较宽的温度范围工作，如 -30～90℃；

⑥ 具有耐冲击、抗油污的能力；

⑦ 可方便安装，具体而言包括尺寸大小与固定方式是否适合油箱的密封性等相关的要求。

工程机械典型的液位传感器相关参数如表 6-3-33 所示。

表 6-3-33　液位传感器参数表

名称	外形尺寸/mm	安装尺寸/mm	工作电压/V DC	上限电阻（输出特性）	下限电阻/Ω	可测液面高度范围/mm
液位传感器 CY3018GA10KR	—	M14×1.5	13～40	1～5 V	—	1000
液位传感器 104401003	L650	$\phi55\sim\phi60$	17～30	180 Ω	10	640
液位传感器 224 082 005 134R	$\phi70\times824.5$	5×$\phi5.5$	6～24	0.4+0.4 Ω	70.6+1.6	810.5
液位传感器 224-011-000-290	$\phi71\times335.5$	5-$\phi5.5$ ($\phi54$)	12	$1\leqslant R_u\leqslant2.5$ Ω	$75.5\leqslant R_d\leqslant78$	290
液位传感器 224-082-005-098R	$\phi70\times447.5$	5×$\phi5.5$	6～24	0.8+0.4 Ω	77.3+1.6	433.5
液位传感器 224082005130R	$\phi70\times664.6$	5×$\phi5.5$	6～24	1+0.4 Ω	82.2+1.8	650.5
液位传感器 224082007005R	$\phi70\times555.5$	5×$\phi5.5$	6～24	0.5+0.4 Ω	67+1.4	541.5
液位传感器 224082007061R	$\phi70\times783.5$	5×$\phi5.5$	6～24	0.7+0.4 Ω	66.8+1.4	769.5
液位传感器 224-082-021-006R Vdo	$\phi80\times846$	5×$\phi5.5$	6～24	0.4+0.4 Ω	70.6+1.6	846
液位传感器 226-801-015-001G	$\phi75\times300$	5×$\phi5.5$	6～24	180+12 Ω	3+1.5	150～605

名称	外形尺寸 /mm	安装尺寸 /mm	工作电压 /V DC	上限电阻 (输出特性)	下限 电阻/Ω	可测液 面高度 范围/mm
液位传感器 395462001004G	$\phi20\times175$	$5\times\phi5.5$	6~24	—	—	开关量
液位传感器 CYW-FH-640CSSY	$660\times\phi70$	内径$\phi50.5$, 外径$\phi55$	17~30	100~2500 Ω	—	640
液位传感器 ELS-950-224508	—	M12×1	5	最大吸入电流 40 mA;最大 输出 DC30 V	—	光电 感应式
液位传感器 HM21R(0~10m) -C1-1-A1			12~36	4~20 mA	—	0~1000
液位传感器 J-S60622	$540\times\phi72$	$5-\phi5.5$	17-30	输出电流值与 油面高度的 对应关系 4/4 20±0.5mA; 1/2 10±0.5mA; 0 10±0.5mA	—	45~501
液位传感器 LFL2-CK-U-PVC3	$25\times25\times180$	—	—	—		$\geqslant50$
液位传感器 LK8122E4300	$52\times52\times321$	$2\times\phi4.5$	18~24	开关量输出	—	195
液位传感器 RG1163MGB7666		$5-\phi5(\phi56)$	6~24	3 Ω	116.3	300
液位传感器 RG126-1	$\phi67\times540$	$\phi5.5$	自带电源 5V	600 Ω~20kΩ	—	—
液位传感器 RG126-2	$\phi67\times680$	$\phi5.5$	自带电源 5V	输出: 600Ω~20kΩ	—	
液位传感器 RG126-3	$\phi67\times860$	安装通孔$\phi5.5$	自带电源 5V	输出: 600Ω~20kΩ		
液位传感器 RG126-4	$\phi67\times950$	安装通孔$\phi5.5$	自带电源 5V	输出: 600Ω~20kΩ		
液位传感器 RGL401k-1000	$\phi35\times1000$	$5\times\phi5.5(\phi56)$	6~24	$8\leqslant R_u\leqslant12$ Ω	$177\leqslant R_d$ $\leqslant183$	1000
液位传感器 RG-L401K-480-CTS	$\phi35\times480$	$5\times\phi5.5(\phi56)$	6~24	$8\leqslant R_u\leqslant12$ Ω	$177\leqslant R_d$ $\leqslant183$	480
液位传感器 RG-L401K-630-CTS	$\phi35\times630$	$5\times\phi5.5(\phi56)$	6~24	$8\leqslant R_u\leqslant12Ω$	$177\leqslant R_d$ $\leqslant183$	603
液位传感器 SYFS-09-JP	—	$5-\phi5.5(\phi58)$	5	$2\leqslant R_u\leqslant4Ω$	$86\leqslant R_d$ $\leqslant90$	500
液位传感器 SNK176V-C-O-12 HV/2-0107	$254\times50\times56$	M12×50	50	—	—	500

名称	外形尺寸 /mm	安装尺寸 /mm	工作电压 /V DC	上限电阻 (输出特性)	下限 电阻/Ω	可测液 面高度 范围/mm
液位传感器 RGL401K-930	$\phi35\times930$	$5\times\phi5.5(\phi56)$	$6\sim24$	$8{\leqslant}R_u{\leqslant}12\Omega$	$177{\leqslant}R_d$ ${\leqslant}183$	930
液位传感器 Rg-L620	$\phi72\times620$	$5\times M5(\phi52)$	24	33Ω	240	600
液位传感器 Rg-L857	$\phi72\times857$	$5\times M5(\phi52)$	24	33Ω	240	820

3.3.12　料位传感器

要实现对物位高度的自动控制，能否精确可靠地检测当前料位高度是技术关键之一。近年来，出现了许多新型的物位检测方法，各种物位测量仪表也发展很快。目前物位测量主要有三个发展方向：物位测量的智能化、集成化和小型化。同时随着科学技术的发展，以及其他相关的最新成果向物位测量方面的移植，使得物位测量在一些特殊场合（如高温、高压、高真空等）获得了更广泛的应用，测量精度也需进一步提高。

对于物位测量这一领域的研究，外国起步早，投入的资金雄厚，发展非常迅速，在 20 世纪 70 年代就取得了瞩目的成就。到目前为止，国外的许多家公司都研制出具有代表性的一系列功能齐全、自动化程度高、精度高的测量系列与相应产品。例如，美国 DREXEL-BROOK 公司研制的连续物位变送器（其精度可达 0.1％，4～20mA 电流输出，上下限位报警，叠加智能通信协议 HART、Honeywell R100/200 或 DE 数字协议）；ROSEMOUNT 公司生产的 SmartTANKHTG 系统（其精度为 0.1％～0.2％，可用 RS-232 或 RS-485 与上位机接口并可组成网络系统）；加拿大 SCL-TEC 仪表公司生产的 PEIROTAG 静压式液位测量系统（其精度高达 0.02％，可室外安装显示器或室内用 PC 微机带 CRT 显示器显示控制，利用通信接口可组成局域网）；以及日本松岛机械研究所研制开发的电容式物位计等。这些产品广泛应用于工业、石油化工、食品、医疗卫生等领域。

工程机械典型的料位传感器相关参数如表 6-3-34 所示。

表 6-3-34　料位传感器参数表

名称	安装尺寸 /mm	测量范围/mm	输出电流 /mA	电源电压 /V
料位传感器 CL62. XXAGDHKMXX L=200	$\phi11\times200$	$4\times\phi16$	$4\sim20$	DC24
料位传感器 CL67. XX1GD HKMXX L1=300 L=450	$\phi11\times450$	$4\times\phi16$	$4\sim20$	DC24
料位传感器 FMI51-A1EREJA2A1A	1in	$0\sim320$	$4\sim20$	DC24
料位传感器 LC-L-75t	螺旋 $\phi45$	无（左旋＼轴长不可调）	开关量输出	AC220
料位传感器 RP20BGMD0250	$\phi155$	无（左旋＼轴长不可调）	开关量输出	AC220
料位传感器 RP30BGMF400/600	$\phi155$	无（左旋＼轴长可调）	开关量输出	AC220
料位传感器 T30UINB	—	2000	$4\sim20$	DC24

名称	安装尺寸/mm	测量范围/mm	输出电流/mA	电源电压/V
料位传感器 TYP101	ϕ44.8	200～1350	75	DC10.5～30
料位传感器 FX61.XXAG B1HKMXX L＝13500 DN50	ϕ100×150	10m 以内（可选）	4～20	DC9～36
物料传感器 TYP62H1 （配 SAUER H1 泵专用）	—	200～1380	比例 PWM	DC10～32

3.4　工程机械控制部件

3.4.1　可编程控制器

（1）概述

可编程逻辑控制器 PLC 是一种数字式的自动控制装置，是微型计算机技术与继电器常规控制技术相结合的产物，是在顺序控制器的基础上发展起来的新型控制器，是一种以微处理器为核心用作数字控制的专用计算机。

PLC 采用了专门设计的硬件，而它的控制功能则是通过存放在存储器中的控制程序来确定的。因此，若要对控制功能做一些修改，只需改变一些软件即可。用户根据各自的要求编写程序，通过数字量或模拟量的输入及输出接口，去控制生产设备或生产工艺流程。

（2）用途及特点

PLC 具有可靠性高，适应工业现场的高温、冲击和振动等恶劣环境的特点，因而在工业生产控制与管理过程中，几乎 80％以上的工作可以由 PLC 来完成。同时，PLC 可取代继电器控制装置完成顺序控制和程序控制，进行 PID 回路调节，也可以构成高速数据采集与分析系统，实行开环的位置控制和速度控制。它能与计算机联网通信，构成由计算机集中管理，用 PLC 进行分散控制的分布式控制管理系统。

随着科学技术的不断发展，可编程控制技术日趋完善，其功能也越来越强大。常见的主要功能如下。

① 逻辑控制　可编程控制器具有逻辑运算功能，设置有"与"、"或"、"非"等逻辑运算指令，能够描述继电器触点的串联、并联、串并联、并串联等各种连接。因此它可以代替继电器进行组合逻辑和顺序逻辑控制。

② 定时控制　可编程控制器具有定时控制功能，它为用户提供若干个定时器并设置了定时指令。定时器时间可由用户在编程时设定，并能在运行中被读出与修改，定时时间的最小单位也可在一定范围内进行选择，因此，使用灵活，操作方便。

③ 计数控制　可编程控制器具有计数控制功能，可为用户提供若干个计数器并设置了技术指令。计数值可由用户在编程时设置，并在运行中被读出与修改，有些可编程控制器还设置了加计数、减计数两种不同的计数方式。

④ A/D、D/A 转换　大多数可编程控制器还具有模/数（A/D）和数/模（D/A）转换功能，能完成对模拟量的检测与控制。

⑤ 定位控制　有些可编程控制器具有步进电动机和伺服电动机控制功能，能组成开环系统或闭环系统，实现位置控制。

⑥ 通信与联网　有些可编程控制器具有联网和通信功能，可以进行远程 I/O 控制，多

台可编程控制器之间可以进行同位链接，还可以与计算机进行上位链接。由一台计算机和多台可编程控制器可以组成"集中管理、分散控制"的分布式控制网络，以完成较大规模的复杂控制。

⑦ 监控 可编程控制器配置了较强的监控功能，能记忆某些异常情况，或在发生异常时自动终止运行。在控制系统中，操作人员通过监控命令可以监视有关部分的运行状态，可以调整计时、计数等设定值。

⑧ 数据处理功能 大多数可编程控制器都具有数据处理功能，能进行数据并行传送、比较运算；BCD码的加、减、乘、除等运算，还能进行字的按位"与"、"或"、"异或"、求反、逻辑移位、算数移位、数据检索、比较、数制转换等操作。

随着科学技术的不断发展，可编程控制器的功能还在不断拓展和增强。

3.4.2 运动控制器

运动控制（Motion Control）起源于早期的伺服控制（Servocontrol）。简单地说，运动控制就是对机械传动装置的计算机控制，即对机械运动部件的位置、速度等进行实时的控制管理，使其按照预期的轨迹和规定的运动参数完成相应的动作。

运动控制器在工程机械中处于控制的核心，是实现机械智能化的基石。长期以来，国内的运动控制器市场一直由国外品牌占领，其软件核心技术由国外封锁，这使得我国工程机械行业的发展受到牵制。湖南三一智能控制设备有限公司近年来推出针对工程机械的专用运动控制器，产品不仅在性能上不弱于国外的相关产品，而且在功能设置上更加适合国内的应用现况。该公司运动控制器（SYMC）产品系列的外形如图6-3-33所示。

图6-3-33 SYMC产品系列外形

SYMC采用高速CPU和独创的多核并行技术，具备IP67等级的防水、耐高低温、抗振动和电磁干扰的防护能力。在负载驱动、端口保护与故障自诊断、实时数据处理等能力方面居业内第一。SYMC包含以下技术特点。

① 端口带负载能力及保护处理技术居行业领先水平 SYMC有很强的大容量实时任务处理能力，IO端口数量多达92个，是目前世界上端口密度最高的工程机械专用控制器，且每路输出端口驱动电流达3A；所有对外端口均具备防误接、反接等自我保护功能，体现了允许用户犯错的设计理念，避免控制器在用户调试过程中的失误或应用过程中的意外造成永久性的硬件损坏。

② 高精度PWM恒流输出技术 实现了PWM端口高精度恒流输出方法，具备1%的静态精度和10ms的动态响应速度，可完全满足各类工程机械微动控制、精细调节的应用需求。

③ 全端口的故障自诊断技术 实现了端口复用及故障诊断，可适用于配置变化与多种功能要求的应用场合，对于外围线路和元件的短路、断路、过流等故障，可做到实时监测并报警，对于永久性的外部短路故障，可以及时切断故障回路，避免故障扩散和设备损坏，提高主机系统的运行可靠性，并有效提升售后服务人员的排故效率。提出电气故障诊断方法，

利用接在控制电路电源与传感器检测得到的电磁阀或继电器的实际电流信号，判断所述电磁阀或继电器是否发生故障，可快速、简便且精确地实现对电气控制电路的故障诊断。

SYMC 运动控制器具有适应恶劣环境的高防护等级、丰富的通信接口和简便的应用程序开发方式等特点，在工程机械中充分发挥其强大功能，已成为业内标杆产品。适用范围可覆盖从代替继电器的简单控制到更复杂的智能控制。应用范围可以覆盖几乎所有的工程机械，如挖掘机械、路面机械、泵送机械、起重机械等。

SYMC 的工作原理如下。

① I/O 特性 SYMC 控制器提供了 92 路独立 I/O 接口，输入输出部分各占 46 路，另有 18 路内部 I/O，同时还有内部虚拟开关量。独立 I/O 分布如表 6-3-35 所示。

表 6-3-35 SYMC 端口分布表

数量	低有效 DI	高有效 DI	AI	PI	低有效 DO	高有效 DO	AO	PWM
12	√	—	√	—	—	—	—	—
20	—	√	√	—	—	—	—	—
8	—	√	—	—	—	—	—	—
6	—	—	—	√	—	—	—	—
4	—	—	—	—	√	—	—	—
24	—	—	—	—	—	√	—	—
16	—	—	—	—	—	—	—	√
2	—	—	—	—	—	—	√	—
I/O 总数	92							

控制器共有 4 个端子，两个 34 针，两个 26 针，端子标记的区分方法如图 6-3-34 所示。

将控制器正面向上，横放于面前，两个小三角标志在左。左侧大端子（34 针）标记为 A1，小端子（26 针）标记为 A2，右侧大端子（34 针）标记为 B1，小端子（26 针）标记为 B2。

A1   A2   B1   B2

图 6-3-34 SYMC 端子区分方法

② 开发环境

a. ISaGraf 开发平台 SYMC 控制器使用工控行业第一个全面支持 IEC61131-3 标准的 ISaGraf 开发系统作为控制器用户的开发平台。

ISaGraf 支持 IEC61131-3 五种标准的编程语言：顺序功能图、梯形图、结构文本、指令表、功能块图，并支持程序的联机下装、在线调试，可实时修改、设置普通变量的值。另外，ISaGraf 还支持流程图编程。开发者可以使用自己熟悉的编程方式编制程控支持 ISaGraf 的所有控制器。在没有控制器硬件的时候还可以支持纯软件仿真，提供软件虚拟 IO 面板供用户测试程序。ISaGraf 强大的功能，使得开放式自动控制成为可能，并已超越了传统工业控制设备、标准开放式硬件、操作系统和网络技术之间的界限。它提供的技术基础加快了应用/产品的开发和推向市场的进度。

b. MultiProg 开发平台 对于中高端需求的控制应用来说，MultiProg 是主要的 IEC61131 编程系统，便于操作且功能完备，因此 SYMC 控制器也采用其为控制器用户的开发平台。

MultiProg 除了它的可靠性和适应性之外，优势之处在于其众多的强大功能和直观的用户界面。

MultiProg 支持所有 IEC 编程语言（根据 IEC61131-3 中的定义），能够在 5 个标准化编程语言 FBD、LD、IL、ST 和 SFC 之间进行选择，或者混合使用图形化语言。

工具包可用来调整用户特有的运行控制系统。

能够根据用户程序的大小进行联机改变。

MultiProg 可以使用多种语言。用户界面可以使用德语、英语、法语、西班牙语、日语和汉语。

MultiProg 可以在一个工程中支持具有多个控制器的分布式系统。

通过像向导、交叉参考等强大的资源，可以进行舒适并有效的编程。

KW-Software 通过兼容的版本，可以进行统一的 MultiProg 版本管理。

MultiProg 适用于工程的各个"生命阶段"：工程处理（符合国际标准 IEC 61131-3）；控制应用程序的创建；控制器的参数化和配置；代码生成（编译）和下装到控制器；测试、试运行和服务；文档；归档。

3.4.3 分布式 IO 控制器

由于 CAN 总线简单易用、稳定可靠的特点，其应用范围不断拓展，也推动了相关 I/O 模块用量的激增。目前，国外有较多企业正在进行 CAN 总线 I/O 模块的研究和开发，并向市场推出了一系列产品，如德国的 Microcontrol、IFM，芬兰的 EPEC 等公司就已经开发了型谱较为齐全的 I/O 模块。这些 CAN 总线 I/O 模块大都不具备节点自动识别、配置功能，需要通过拨码开关手动配置节点号等相关信息；另外，国外的 I/O 模块端口类型都趋于单一化，应用不够灵活，当应用场合变化时，需要更改或者增加 I/O 模块，提高了开发成本。近年来由于国家鼓励自主研发，国内一些企业和科研机构也开始针对特定环境从事该方面的研究，如日前抚顺海文自动化技术有限公司发布的产品信息表明，该公司已结合我国当前煤矿安全监控要求，开发出系列 CAN 总线远程 I/O 测控模块。

从产品型谱来讲，各公司的产品都能覆盖各种信号类型（模拟量输入、数字量输入、脉冲输入、模拟量输出、数字量输出、PWM 输出等），实现产品的系列化，且各模块的端口类型都相对单一，如 EPEC 有 AIM10-1（10 路 AI）、DIM10-128（12 路 DI，8 路 DO）、ADIM12（10 路 AI，1 路 PI，1 路 DI）等系列产品。

国际方面主要的分布式 IO 控制器生产厂商有德国的 IFM、SIMENS、Microcontrol，芬兰的 EPEC，奥地利的贝加莱（B&R）等。这些公司都已经开发出系列化的分布式 IO 产品。2010 年分布式 IO 主要生产商如表 6-3-36 所示。

表 6-3-36 2010 年全球分布式 IO 主要生产商

序号	生产商	国家
1	SIMENS	德国
2	EPEC	芬兰

续表

序号	生产商	国家
3	IFM	德国
4	贝加莱（B&R）	奥地利
5	Microcontrol	德国

SYIO-16X 是湖南三一智能控制设备有限公司为满足工程机械分布式数据采集及控制需求，基于高震动、大温度变化和潮湿条件等长期恶劣环境仍能正常可靠工作而自主研制开发的一款工业控制产品，是一款输入输出充分复用的 I/O 模块，端口类型可自由组合配置，能有效满足各种差异化的应用需求，具有极高的灵活性和通用性。目前该模块支持的输入输出信号类型有模拟量输入、数字量输入输出、脉冲采集、脉宽调制输出，可广泛应用于工程机械、工业设备、自动化应用等领域。

SYIO-16X 主要特点有：

① 防冲击，防护等级 IP67，可适应于高震动、大温度变化和潮湿等恶劣环境；

② 输入输出端口充分复用，可由用户根据应用场合自由组合配置端口类型，其灵活性可以减少使用模块的数量，并满足用户的差异性需求；

③ 提供硬件、软件两种实现节点地址分配的方式，能有效提升系统维护效率；

④ 具备丰富的应用开发支持功能库，应用便捷；

⑤ 自带状态指示灯，可直观监测模块的运行和健康状况。

SYIO-16X 工作原理如下。

① 结构　图 6-3-35 为 SYIO-16X 的结构图，接插头处于上壳面的中心，这种正面出线的结构可以方便用户插拔。状态指示灯共 3 个，并排排列。60 针的 SYIO 如图 6-3-36 所示。

图 6-3-35 SYIO-16X 产品结构

图 6-3-36 SYIO-60 产品结构

② 总体框架 SYIO 的总体设计框架如图 6-3-37 所示。产品采用模块化设计思想，分为 AI 处理模块、DI 处理模块、PI 处理模块、DO 处理模块、PWM 处理模块、通信模块、节点管理模块等，开辟两块共享内存作为数据缓冲区，分别放置输入和输出数据，各功能子模块通过该共享内存交换数据和信息。尽量减少子模块之间的直接通信，增加各子模块的独立性，降低系统复杂程度。

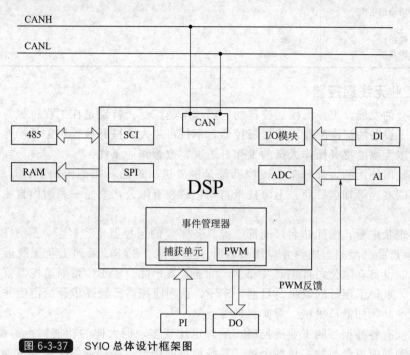

图 6-3-37 SYIO 总体设计框架图

③ 产品特性参数 SYIO 系列产品的产品特性参数如表 6-3-37 所示。

表 6-3-37 产品特性参数

性能描述	具体参数
尺寸（长×宽×高）	170×110×44（mm）
连接方式	26PIN 安普头
工作电压	12～32V DC
储存温度	−40～85℃
工作温度	−30～70℃
通信接口	CAN2.0B，RS-232
模拟量输入： 　类型 　分辨率	0～20mA 电流（SYIO-16A）　0～5V 电压（SYIO-16B） 12 位
开关量输入： 　最高电压	32V
脉冲输入： 　工作模式	可配置低频频率计、高频频率计、低频脉冲计数、高频脉冲计数、正交脉冲计数

性能描述	具体参数
开关量输出： 　　最大稳态电流	3.0A
PWM 输出： 　　最大平均输出电流 　　控制精度 　　电流反馈精度 　　电流反馈范围	3.0A 1/65536 1/4096 0～1.25A

3.4.4　工业无线遥控器

随着社会的发展，工业无线遥控器的应用越来越广泛。特别是在工程机械等行业，遥控器已经成为了设备的标准配置。通过遥控器，不仅可以大大提升被控对象的操作便利性和可控性，也可以大幅度提升操作人员的工作舒适度，改善作业条件。

目前在我国使用的大部分工业遥控器都是国外进口产品，如德国的 HBC、NBB、法国捷亿、瑞典的泰瑞等知名厂商。上海技景自动化科技有限公司则是一家国内自主生产工业遥控器的厂商。

从发展现状来看，国际知名厂商都已经具备多年的遥控器生产经验，像 HBC 已生产遥控器 60 年，产品已经相当成熟并应用至各种工业领域。SYRC 系列工业无线遥控器产品是三一智能控制设备有限公司自主研发和生产的遥控器产品。SYRC 系列遥控器首先针对混凝土泵车开发，取得了很好的效果。目前，SYRC 系列遥控器已经逐步开始衍生并应用于其他类型的主机产品，如港口机械、煤矿机械等。

虽然目前有各种型号的工业遥控器，品牌也比较多，但大体的功能特点等都大同小异，均从能够控制的模拟量与数字量的个数、系统地址的个数、遥控通信距离等方面对遥控器进行描述，详细说明如表 6-3-38 所示。

表 6-3-38　工业无线遥控器功能特点

项目	说明
紧急停止	为保证意外情况下的安全，几乎所有遥控器都设有紧急停止按钮，用来控制被控主机进入紧急停止状态 　　急停分为主动急停和被动急停两种情况。主动急停是指遥控发射器拍下急停按钮控制主机急停。被动急停是指遥控接收系统检测不到无线信号时，为了防止被控对象在失控状态下动作，也会控制主机进入急停状态
系统地址	为了保证安全操作，防止接收系统收到非匹配发射系统的指令，现有遥控器都设有系统地址，地址的编码长度一般为 2 个字节，即 65000 多个地址，对一般工业应用已经足够
控制通道个数	现有遥控器普遍都只有 4～6 个模拟比例控制量，10～20 个开关控制量。现有 SYRC 系列遥控器最多支持 8 路模拟量控制多个开关量控制
工作频段	现有遥控器普遍采用 400 多兆的工作频段，HBC 产品工作在 416.8000～419.9750MHz。泰瑞遥控器工作在 400～470MHz。现有 SYRC 系列遥控器工作在 431～434MHz 频段
有效工作距离	现有遥控器的有效工作距离普遍都在 100～150m 左右
电源指示	发射系统可以通过 LED 指示灯告知操作人员系统电压是否充足

续表

项目	说明
讯响控制	讯响控制可让主机根据操作者意图鸣笛，作为示警、示意以及测试遥控链路是否通畅等功能使用
接收状态指示	从遥控器的接收端，可以通过几个指示灯来对当前系统的通信状况进行判断。以 HBC 接收系统为例，上面设有 4 个指示灯，其中第一个用于指示电源连接；第二个用于指示与之相应的发射系统是否处于开机状态；第三个用于指示系统收到了合法地址的信号；第四个用于指示收到了执行机构的动作信号，如发射端摇杆动则亮，摇杆归位则灭 目前 SYRC 系列遥控器同样设置有 4 个状态指示灯，分别指示电源、无线链路通畅、紧急停止以及CAN 总线通信等
频点切换	为了能在有持续同频干扰的环境下正常工作，现有遥控器一般都设有频点切换功能。在以前的 HBC系统中，频点切换工作由操作人员在发射端手动调节，在固有的 3～4 个频点之间进行切换，接收端则跟踪搜索，搜索过程在几秒内完成。现在的 HBC 系统采用了半自动的切换方式，即通信不能继续时，操作人员将发射器关闭再开启，其间完成频率的切换。SYRC 系列遥控器同样具备开机自动调整工作频点的功能，在遥控器开机后会自动寻找在干扰最小的频点工作，尽量使工作过程免受干扰
接收处理器自检	为了防止接收端系统发生错误，导致往主机控制系统发送错误的控制指令，系统一般设有处理器自检处理。HBC 遥控器设计有双 CPU 解码功能，避免接收错误数据。SYRC 系列遥控器对数据进行了四重编解码，确保接收无误
自动关机功能	考虑到节能与安全性，大多遥控发射器都设有自动关机功能，最后一个指令输入一段时间内，如果没有其他动作，系统将自动关机。SYRC 系列遥控器通过征求客户使用意见，暂未做自动关机处理
关于同频干扰	由于频率资源的宝贵，当多个遥控系统在同一工作地点工作时，频率干扰在所难免。业内普遍采用出厂产品频率错开的方式来尽量减少同频干扰，即各组系统的工作频率尽可能有微小的差别。但由于可以工作的频率有限，频率冲突在所难免，当一个工地有多台泵车工作时，经常出现通信中断
关于双向通信	现有遥控系统普遍采用单向通信的方式操控主机。随着技术和应用的发展，越来越多的遥控系统支持双向通信，用来对被控对象的相关数据进行反馈 实现双向的方式有两种，一种是采用一对收发模块用半双工的方式实现双向通信。而另一种则采用两对收发模块进行全双工的通信。SYRC 系列遥控器采用半双工通信方式
关于发射功率	由于相关法规所限，现有遥控器的发射功率的标称值普遍≤10mW
关于显示	一般遥控器产品的发射系统并没有显示功能，即使有，也一般都是单色液晶屏，显示功能比较简单。SYRC 系列遥控器采用了 4.3in 的真彩显示屏，提供了很好的人机交互界面
关于天线	接收端天线普遍采用外置的吸盘式天线，而发送端根据被控品牌和型号的不同，外置与内置方式都有。为了得到更好的信号辐射性能，SYRC 系列遥控器采用了外置式的发射天线

SYRC 的工作原理如图 6-3-38 所示。

SYRC 系列遥控器的整个系统包括发射系统和接收系统两部分，这两部分通过无线通信子系统连接，形成一个整体。

发射系统包括主控模块、控制面板、显示以及无线通信模块等 4 个模块。控制面板布置有各种控制开关，提供操作接口。根据操控开关的动作产生最初的控制信号。

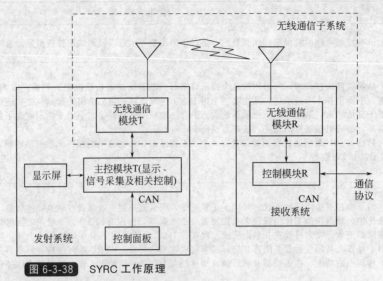

图 6-3-38　SYRC 工作原理

主控模块是遥控发射器的中央处理模块。它主要完成以下工作：

① 采集控制面板开关产生的控制信号，包括模拟量和开关量；

② 将采集到的信号组织成数据包传递至无线通信子系统；

③ 从无线通信子系统接收系统反馈数据在显示屏上显示；

④ 与显示屏进行交互并控制显示界面。

主控模块与无线通信子系统以一定的通信方式进行交互，可以是串口通信、总线通信等。SYRC 遥控器以 CAN 总线的方式实现双向通信，总线数据通过无线通信子系统透明转换至接收器，所以无线通信子系统的主要任务包括：

① 实现 CAN 总线经过无线通信的透明转换，并要求双向通信；

② 确保无线数据的可靠传输。

为了保障遥控操控的安全性，每套遥控系统的无线子系统要设有不同的地址码，使得一套发射器只能和与之相匹配的一套接收器通信，否则可能会出现交叉控制，形成作业安全隐患。

为了实现无线数据的可靠传输，使无线系统具备较强的抗干扰能力，需要应用一些通信专业知识，对数据进行信道编码，以实现数据传输的差错控制。系统要尽量地将数据完全正确地传递，不能出现只传递部分正确的数据，否则可能会导致遥控误动作。

接收控制模块是无线通信子系统和被控主机总线之间的接口桥梁，完成的工作包括：

① 接收无线通信子系统传递的指令数据；

② 将指令数据按照主机通信协议打包后发送至主机控制系统；

③ 将主机控制系统的运行数据转发给无线通信子系统。

原理框图中所描述的通信协议是指遥控器系统和主机控制系统之间的通信协议。遥控系统将控制指令发送至主机控制器后，控制器将按照该协议对指令数据进行解析，进而执行相应的控制动作。

3.4.5　工业显示屏

(1) 湖南三一智能控制设备有限公司工业显示屏

SYLD 可编程工业显示屏是湖南三一智能控制设备有限公司自主研发的一款高性能、高亮度、强对比度的可编程图形显示屏。它能够显示用户图形界面，能够采集外部传感器的数据量，接收键盘、鼠标送来的控制命令、具有多媒体功能，通过 CAN 或 RS-485/RS-422 通信发送主令信号，或接受其他符合通信协议的信号来控制各种设备以满足自动化控制需求。提供友好的 HMI 图形组态开发环境，便于用户二次开发，易于快速编写满足需要的人机界面。

SYLD 是彩色图形一体按键式高性能显示屏，具有性能稳定可靠、应用软件开发方便等特点，可满足恶劣环境下的应用需求，可以广泛应用于混凝土泵车、拖泵、车载泵、汽车起重机、挖掘机、集装箱正面吊运机、摊铺机、旋挖钻机等各类工程机械上。其具备以下主要功能：

① 显示功能　显示屏可显示主机参数、工况信息、故障信息、控制器输入输出（I/O）端口工作状况、时间及工作计时等；

② 通信功能　显示屏可以通过 CAN 总线接口和其他具有 CAN 通信接口的器件进行通信，从而获取各种重要的数据，如控制器、GPS 移动终端、遥控器、倾角传感器的数据，并能将获取的数据信元通过无线移动终端发送到远程监控中心；

③ 设置功能　可通过按键进行各种参数设置，如密码输入、页面切换、参数修改等，设置的参数能通过 CAN 总线及时传送到相关的总线设备上；

④ 存储功能　SYLD 可存储故障信息、初始参数信息、程序等。

SYLD 的工作原理如下。

① 关键部件　SYLD 的所有芯片都采用工业级产品，能在 $-40 \sim 80℃$ 的宽温度范围内正常工作。它采用铝合金外壳及表面处理，工业化外形设计，坚固、防水抗震，特别能适应高低温环境，适应工程机械在厂矿野外等恶劣的作业环境。

SYLD 主要由主板、LCD 液晶屏、按键板、逆变板几部分组成。

a. 主板　SYLD 的主 CPU 采用 Atmel 公司的 ARM9 工业级芯片，电路板采用 6 层 PCB 板制作，所以在性能与稳定性方面更加有保证。在接口方面带有 CAN 总线接口、按键接口、LCD 液晶显示器接口。

b. LCD 显示屏　SYLD 均采用了日本原装进口工业显示屏，5.7 in 屏为 16 位真彩，分辨率为 320×240 及 640×480 两种，亮度为 $400cd/m^2$，对比度为 400：1；7 in 屏的分辨率为 800×480；8.4 in 屏为 16 位真彩，分辨率为 640×480，亮度为 $450cd/m^2$，对比度为 600：1。所有屏在阳光的直射下都可以很清楚地看清楚画面。

c. 存储介质　SYLD 的数据存储分为 4 大部分，包括 Nand Flash、Nor Flash、铁电存储器、EEPROM 存储器，分别用来存储不同类型的数据，可以满足用户对不同应用场合数据存储的各种需求。重要的参数存储在 32KB 容量的 FRAM（铁电存储器）上；操作系统及应用软件存储在 16MB 容量的 NorFlash 上；启动速度更快，用户数据（历史数据、故障数据）存储在 64MB（标配）～512MB（选配）的 NandFlash 上。独立的存储设计，特有的掉电保护电路，即使在掉电的时候有读写操作，也不会破坏系统，保证数据存储更加可靠，不丢失。

d. 通信口物理层　SYLD 全面支持 CAN-BUS 2.0 工业现场总线。CAN-BUS 在工程机械车辆上被广泛使用，因此 SYLD 对 CAN-BUS 的完全支持更能适应工程机械对现场总线的要求。

e. 输入电源　电源模块采用超宽电压输入技术，输入电压在 DC 9～36V 的大范围变化时电源模块也能保证 SYLD 的可靠工作。

② 接口介绍　SYLD 的端子接口分布如图 6-3-40 所示，端子功能如表 6-3-39 所示。

表 6-3-39   SYLD 端口说明

SYLD 端口号	功能
7～GND	电源输入 GND
13～+24V	电源输入+24V
14	CAN 高
20	CAN 低

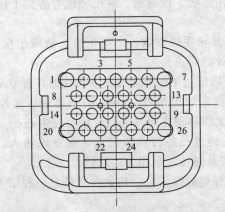

图 6-3-39   SYLD 端子接口分布

（2）德国沃申道夫（WACHENDORFF）公司的工业显示屏

WACHENDORFF 公司成立于 1979 年，专业从事电子设备的生产，包括各种彩色/黑白显示器以及编码器的设计及制造，广泛应用于室外恶劣环境下工作的工程车辆、移动机械、特种车及军工机械等。该公司显示屏产品种类多，在各种行走机械上都有使用，如泵车、压路机、拖拉机、清雪车、垃圾处理车等。该公司几种典型显示屏产品的技术参数如表 6-3-40 所示。

表 6-3-40   显示屏产品的技术参数

型号	Alrvc	Al+	OPUS A3s	OPUS A4
产品图片				
液晶屏尺寸	12.1^{in}1024×768	10.4^{in}，640×480	4.3^{in}480×272	6.5^{in}，400×234
处理器	32bit，1.6GHz，Intel® Atom™	32bit，400MHz，Xscale PXA255	32bit，400MHz/533MHz，LMX 25 \ LMX35	16bit，30MHz、C167CS
内存	1GB DDR2	128M SDRAM	64/128MB DDR2	1M SDRAM
操作系统	Embedded Linux	Embedded Linux	Embedded Linux	Wachendorff BIOS

续表

型号	Alrvc	Al+	OPUS A3s	OPUS A4
存储空间	4/8G Flash、256KB EEPROM、SD 卡	1G Flash、32KB EEPROM、SD 卡	512M/1G Flash、32KB EEPROM	1M Flash、32KB EEPROM、SD 卡
接口	4×CAN、1×RS-232、4 路模拟量输入、4 路数字量输入和输出、1×USB、1×Ethernet	2×CAN、1×RS-232、1×Ethernet	2×CAN、1×RS-232、4 路模拟量和数字量输入（软件可选）、3 路数字量输出、1×Ethernet	2×CAN
视频输入	有	有	有	有
音频输入输出	有	无	无	无
编程方式	Wachendorff Projektor-Tool、CoDeSys v3、C/C++	Wachendorff Projektor-Tool、C/C++	Wachendorff Projektor-Tool、CoDeSys v3、C/C++	Wachendorff Projektor-Tool、CoDeSys v3、C/C++
支持通信协议	CANOPen、CANfreestyle、J1939、Generic dirver	CANOPen、CANfreestyle、J1939、Generic dirver	CANOPen、CANfreestyle、J1939、Generic dirver	CANOPen、Generic dirver
用户接口	8 SoftWare、1 Hardkey、1 个编码键盘	8 SoftWare、1 Hardkey、1 个编码键盘	8 SoftWare、3 Hardkey、1 个编码键盘	6 SoftWare、1 Hardkey、1 个编码键盘
连接方式	26Pin AMP	34Pin	26Pin AMP	12Pin

WACHENDORFF 显示屏类产品特点如下。

① 系列化好，产品分为不同的层次以满足用户不同场合的应用需求。产品的处理器平台层次化，如有低端 16 位 C167CS、高端 1.6GHz 的 Intel 处理，能满足不同层次的用户需求。

② 显示屏除通信显示外，还增加了几类简单的控制接口，实现简单的显示屏控制一体化。

③ 编程环境可选，除有通用的 CodeSys 组态软件编程环境外，还有自身的 Wachendorff Projektor-Tool 开发环境，方便用户编程应用的不同需求。

④ CAN 通信支持多同通信协议，以使显示屏能更好地与其他设备兼容使用。

(3) 德国赫思曼（Hirschmann）自动化和控制有限公司的工业显示屏

德国 Hirschmann 是欧洲著名的企业集团，拥有 Hirschmann、PAT、Kruger 三大世界知名品牌。新一代显示屏产品拥有多种显示尺寸和分辨率，支持 Flash 动画制作及 3D 动画显示，动画效果流畅逼真，同时还具有人性化的触摸屏、功能键和选择按钮，满足不同移动机械的各种显示和操作需求。Hirschmann 工业显示屏的技术参数如表 6-3-41 所示。

第 6 篇

表 6-3-41　Hirschmann 工业显示屏的技术参数

型号	Iscout expert	IC6601
产品图片		
液晶屏尺寸	10.4in 640×480	5.7in 640×480
处理器	32bit，CPU	32bit，freescale MPC5121e
内存	—	512M RAM
操作系统	Embedded Linux	Embedded Linux
存储空间	16M Flash	32M Flash、2KB EEPROM
接口	1×CAN、1×RS-232、1×Ethernet	2×CAN、4×RS-232、1×USB、1×Ethernet
视频输入	无	有
音频输入输出	无	有
编程方式	CoDeSys、C/C++	C/C++
支持通信协议	J1939、Generic diver	CANOPen、J1939、Generic diver
用户接口	8 个按键	5 个按键、1 个旋转按钮、触摸屏
连接方式	35 Pin AMP	26 Pin AMP

(4) 贵阳永青仪电科技公司的工业显示屏

该公司主要是为主机厂家，如山河智能、徐工、沃德、龙工等，供应显示屏及仪表，与各主机产品配套使用，为各主机的电子监控仪表，用户不需要进行二次开发。工业显示屏外观如图 6-3-40 所示。

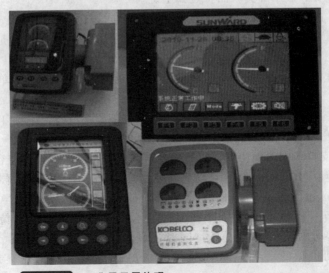

图 6-3-40　工业显示屏外观

（5）上海派芬自动控制技术有限公司工业显示屏

该公司主要生产控制、显示及系统产品，为移动机械企业提供自动控制系统和软硬件产品，其相继成功研制履带吊控制系统、高空作业车控制系统、挖掘机控制系统等数十个机型控制系统。其显示屏外观见图 6-3-41。

新推出的显示产品 7in 显示器 eVision27 的特点为：

① 内置高端显示控制器；

② 具有低反射以及高色彩饱和特性，且在任何光照条件下均可提供最佳的可调性能；

③ 10 个可编程控制按键；

④ 可外接两个相机用于视频输入。

图 6-3-41　上海派芬自动控制技术有限公司的工业显示屏外观

该公司产品不仅只为移动机械企业提供部件产品，如控制器、显示屏等，还针对各移动机械主机特性进行研究，提供控制系统解决方案。其新推出的摊铺机一体化控制系统采用一体化的主操作台设计，将摊铺机所有功能按钮罗列其中，使得其外观更加整洁，操作更加方便。整合 10.4in 真彩显示器，图形化的显示整车状态信息，使得人机交流更加丰富。

3.4.6　变速箱控制器

变速箱控制器主要应用于变速箱的控制，其主要作用有：采集挡位位置传感器、温度传感器、输入转速传感器、输出转速传感器、压力传感器、离合器位移传感器等物理量；对变速箱换挡进行控制；对离合器进行控制；与车身其他电子单元进行通信；

国内自主研发的自动变速箱控制器 STCU 拥有 10 路电磁阀对变速箱换挡进行控制、4 路气阀对离合器进行控制，并通过 CAN 总线与车身其他电子单元进行通信。

变速箱及变速箱控制器安装位置如图 6-3-42 所示。

图 6-3-42　变速箱示意图

变速箱控制器及执行机构如图 6-3-43 所示。

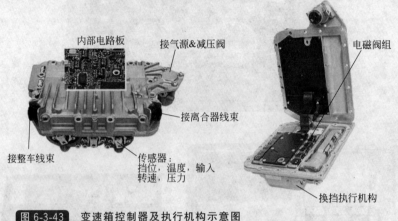

图 6-3-43　变速箱控制器及执行机构示意图

数据采集对象及控制对象简介如下。

（1）传感器采集部分

传感器采集部分所采用的各类型传感器如表 6-3-42 所示。

表 6-3-42　传感器列表

序号	传感器名称	传感器类型	数量	供电电压	输出特性	输出信号波形	输出信号频率	精度
1	输入转速传感器	磁电式传感器	1	无	$-100\sim$ 100V		$0\sim$ 2kHz	10Hz
2	温度传感器	负温度系数可变电阻式	1	无	$0\sim17k\Omega$			1℃
3	压力传感器	比例电压型	1	$4.5\sim$ 5.5V DC	$0.8\sim$ 3.3V DC	$(V)U_{sl}=V_{sl}$ $V_{cc}=5.0V\ DC$ 线性输出曲线 输出电压/V 绝对压力p/kPa		量程：20 $\sim1000kPa$ 精度：0.5kg
4	输出转速传感器	霍尔传感器	1	$6.5\sim$ 30V DC （5V）	VL< 1.9VVH ≈VCC		$0\sim$ 1kHz	5Hz

续表

序号	传感器名称	传感器类型	数量	供电电压	输出特性	输出信号波形	输出信号频率	精度
5	挡位传感器	磁阻传感式感器	4	4.5~5.5V DC	0.8~3.3V DC			范围：0~37mm 精度：0.5mm
6	离合器位移传感器	磁阻式传感器，内有调制电路	1	4.5~5.5V DC	0~5V DC			1%

（2）输出部分

输出的输出类型如表 6-3-43 所示。

表 6-3-43 输出类型

类型	数量	负载阻抗/Ω
执行机构电磁阀	10	约 60
离合器电磁阀	4	约 16

（3）性能指标

① 防护等级 IP65/67。

② 电源输入范围 9~33V。

③ 模拟量输入 范围：0~5V；分辨率：10 位。

④ 开关量输出 最大稳态电流：3A（执行机构部分，10 路 & 备用 4 路）；5A（离合器部分，4 路）。

⑤ 正旋信号输入 幅值范围：0~±100V；频率范围：0~3kHz。

⑥ 脉冲输入 幅值范围：1.9~5V；频率范围：0~2kHz。

3.5 工程机械执行器件

执行器是工程机械控制单元动作命令的执行者，主要是各类继电器、直流电动机、步进电动机、液压阀等执行器件。

3.5.1 继电器

继电器（Relay）的定义为一种当输入量（电、磁、声、光、热，又称激励量）达到一定值时，输出量将发生跳跃式变化的自动控制器件。

（1）继电器分类

继电器可分为普通继电器和专用继电器。

① 普通继电器（Common Relay） 当输入量为普通常用量（如时间、温度、热过载、信号放大等）达到规定值时，使被控制的输出电路导通或断开的电器。

② 专用继电器（Special Relay） 当输入量为特殊用量（如相序、雨刮间歇、液位、欠压、安全、启动等）达到规定值时，使被控制的输出电路导通或断开的电器。

普通继电器和专用继电器按性能特性分类又可分为多种类型，常见类别及名称如表 6-3-44 所示。

表 6-3-44 继电器常见类别及名称

继电器分类	继电器按性能分类
普通继电器	中间继电器
	时间继电器
	雨刮间歇继电器
	相序继电器
	闪光继电器
	热继电器
	启动继电器
	接口继电器
	电磁继电器
	大电流继电器
	插件继电器
专用继电器	安全继电器
	预热继电器
	液位控制继电器
	温度继电器
	欠压继电器
	漏电闭锁继电器
	继电器模块
	片式继电器
	棘轮继电器
	电压监视器

根据继电器性能分类，工程机械常用的继电器包括以下几种。

① 中间继电器（Intermediate Relay） 用于增加控制电路中的信号数量或信号强度的一种继电器。

② 热继电器（Thermal Relay） 利用输入电流所产生的热效应能够做出相应动作的一种继电器。

③ 电磁继电器（Electromagnetism Relay） 在输入电路内电流的作用下，由机械部件的相对运动产生预定响应的一种继电器。

④ 固态继电器（Solid Relay） 输入、输出功能由电子元件完成而无机械运动部件的一种继电器。

⑤ 时间继电器（Time Relay） 当加上或除去输入信号时，输出部分需延时或限时到规定的时间才闭合或断开其被控线路的继电器。

⑥ 温度继电器（Temperature Relay） 当外界温度达到规定值时而动作的继电器。

⑦ 相序继电器（Phase Sequence Relay） 用于相序保护的继电器。

⑧ 雨刮间歇继电器（Wiping Interval Relay） 控制汽车雨刮器总成处于间歇工作状态的继电器。

（2）继电器技术参数

　　① 额定工作电压　是指继电器正常工作时线圈所需要的电压，也就是控制电路的控制电压。根据继电器的型号不同，可以是交流电压，也可以是直流电压。

　　② 直流电阻　是指继电器中线圈的直流电阻，可以通过万能表测量。

　　③ 吸合电流　是指继电器能够产生吸合动作的最小电流。在正常使用时，给定的电流必须略大于吸合电流，这样继电器才能稳定地工作。

　　④ 释放电流　是指继电器产生释放动作的最大电流。当继电器吸合状态的电流减小到一定程度时，继电器就会恢复到未通电的释放状态。这时的电流远远小于吸合电流。

　　⑤ 触点切换电压和电流　是指继电器允许加载的电压和电流。它决定了继电器能控制电压和电流的大小，使用时不能超过此值，否则很容易损坏继电器的触点。

　　⑥ 继电器外形图　常用的继电器外形图与类型如下。

　　a. 中间继电器常见外形如图 6-3-44 所示，工程机械典型的中间继电器相关参数如表 6-3-45 所示。

图 6-3-44　中间继电器常见外形图

表 6-3-45　中间继电器参数表

名称	额定电压/V DC	触头额定电流/A (50Hz)	消耗功率/V·A	吸合功率/V·A	触头数	绝缘电阻/MΩ	耐电压	额定负载	触头材料	固定方式	重量/g	外形尺寸/mm	安装尺寸/mm
中间继电器 PLC-RSP-24DC/1IC/ACT	24	极限持续电流6；最大启动电流80	—	—	单触点	—	—	—	AgSnO	无间距排列	63	14×94×80	—
中间继电器 MY4NJ-D2	12 \ 24 \ 48	3	约0.9	额定电压×80%×3	4	≥100（在500 V DC）	触点之间 AC 1000V，触点与线圈之间 AC 2000V（1min 内）	3A,24V DC	银+镀金	插座 PYF14 A-E 及继电器保持夹子 PYC-A1 组合安装	35	28×21.5×36	29.5×72×31

续表

名称	额定电压 /V DC	触头额定电流 /A (50Hz)	消耗功率 /V·A	吸合功率 /V·A	触头数	绝缘电阻 /MΩ	耐电压	额定负载	触头材料	固定方式	重量 /g	外形尺寸 /mm	安装尺寸 /mm
中间继电器 MY4 NJ DC24V 3A	24	3	约0.9	—	4	≥100	—	—	银+镀金	焊接端子与继电器座 PTF08 A组合安装	35	28× 21.5× 36	29.5× 72× 67
中间继电器 PLC-R SP-24DC/ 1IC/ACT	24	极限持续电流6；最大启动电流80	—	—	单触点	—	—	—	AgSnO	无间距排列	63	14× 94× 80	—
中间继电器 MY4NJ DC24V 10A	24	10	约0.9	—	2				镀金	与小型继电器插座 PYF 14A-E 组合安装	—	—	—
中间继电器 MK3P-I DC12V	12	10	1.5	—	3	≥100	1000 V AC同极接点	阻性 AC250 V 10A, DC28V 10A	Ag	与继电器座 PF113 A-E 组合安装	85	53.3 H× 34.5 W× 34.5D	—
中间继电器 LY4NJ DC24	24	10	1.5	—	4	—	—	—	—	与继电器座 PTF 14A-E 组合安装	—	—	—
中间继电器 LY4 24V DC	24	10	1.5	—	4	100	1000 V AC	阻性 24 V DC, 10A感性24 V DC, 5A	—	焊接端子与继电器座 PTF14 A-E组合安装	70	42.4 H×28 W× 41.5D	—

续表

名称	额定电压 /V DC	触头额定电流 /A (50Hz)	消耗功率 /V·A	吸合功率 /V·A	触头数	绝缘电阻 /MΩ	耐电压	额定负载	触头材料	固定方式	重量 /g	外形尺寸 /mm	安装尺寸 /mm
中间继电器 LY2Z N-D2 24V DC 10A	24	7	约0.9	440	2	≥100	2000 V AC (1min 内)	1800 次/h	AgCdO	焊接端子与继电器座 PTF08A 组合安装	40	28× 21.5× 36	45.5× 78.5× 30
中间继电器 LY2Z N-D2 230V AC	AC 230V	7	约0.9	440	2	≥100	2000 V AC (1min 内)	1800 次/h	AgCdO	焊接端子与继电器座 PTF 08A 组合安装	40	28× 21.5 ×36	45.5 ×78.5 ×30

b. 热继电器常见外形如图 6-3-45 所示，工程机械典型的热继电器相关参数如表 6-3-46 所示。

图 6-3-45 热继电器常见外形图

表 6-3-46 热继电器优选件规格含义及技术特性

名称	额定工作电压 /V AC	额定电流 /A (50Hz)	频率 /Hz	整定电流范围 /A	主触头数	工作温度 /℃		湿度条件	安装方式
热继电器 ZB150C-50 AC400V	400	6～75	—	50	3	敞开 −25～+55	封闭 −25～+40	—	独立安装
热继电器 ZB150C-125 AC400V	400	25～150	—	125	3	敞开 −25～+55	封闭 −25～+40	—	独立安装
热继电器 TH-N60KP (35A)	380	60	交流 50～399	35	3	−25～+55		25℃时不超过 90%	独立安装

续表

名称	额定工作电压 /V AC	额定电流 /A (50Hz)	频率 /Hz	整定电流范围 /A	主触头数	工作温度 /℃	湿度条件	安装方式
热继电器 TH-N120TAK P125A AC380V	380	120	交流 50~400	125	3	-25~+55	25℃时不超过90%	独立安装
热继电器 TH-N120KP (82A)	380	120	交流 50~400	82	3	-25~+55	25℃时不超过90%	独立安装
热继电器 TH-N120KP (67A)	380	120	交流 50~400	67	3	-25~+55	25℃时不超过90%	独立安装

c. 大电流继电器常见外形如图 6-3-46 所示，技术特性如表 6-3-47。

图 6-3-46 大电流继电器常见外形图

表 6-3-47 大电流继电器技术特性

名称	电压 /V DC	消耗功率 /W	耐电压/V	工作温度 /℃	湿度条件 /%RH	机械耐久性	电气耐久性	防护等级	动作时间 /ms	复位时间 /ms	触头材料	固定方式
电流继电器 V23132-B20 02-A200 24V /130A I	24	3.3	1000	-40~125	20~50	>10⁻⁷次操作（空载）	>10⁻⁴次操作（阻性负载）	IP54	25	8	$AgSnO_2$	螺钉紧固

d. 闪光继电器常见外形如图 6-3-47 所示，工程机械典型的闪光继电器相关参数如表 6-3-48 所示。

图 6-3-47 闪光继电器常见外形图

表 6-3-48　闪光继电器技术特性

名称	额定电压/V DC	触头额定电流/A(50Hz)	消耗功率/V·A	闪光频率/(Hz)	触头数	绝缘电阻/MΩ	耐电压/V	工作温度/℃	启动时间/s	外形尺寸/mm
闪光继电器 SG 2501B DC24V	24	—	—	85±15	—	—	—	—	≤1.0	—
闪光继电器 4AZ001879-05	—	—	10~110	—	—	—	—	−30~+80	—	—
闪光继电器 37N-35095	24	35/15	—	—	3	11	1000	−30~+80	—	26.5×26.5×25
闪光继电器 37N-35090	24	30	—	—	2	10	1000	−30~+80	—	26.5×26.5×25

　　e. 时间继电器常见外形如图 6-3-48 所示，工程机械典型的时间继电器相关参数如表 6-3-49 所示。

图 6-3-48　时间继电器常见外形图

表 8-2-49　时间继电器优选件规格含义及技术特性

名称	额定电压/V	动作时间	消耗功率/V·A	触头额定电流/A(50Hz)	触头数	绝缘电阻/MΩ	耐电压	工作温度/℃	振动条件	重量/g	外形尺寸/mm
计时器 H3DE-S2-A C/DC24-230	AC/DC 24~230	0.1s~120h可调	1.5以下	5	2	≥100	AC 2000	−10~+55	10到55Hz，单振幅0.75mm	120	100×79×22.5
时间继电器 ST3P/JSZ3C-B AC220V	AC24~230，50/60Hz，DC48	0.1s~10h	1.5以下	5	2	≥100	—	−25~+70	—	—	—

名称	额定电压/V	动作时间	消耗功率/V·A	触头额定电流/A (50Hz)	触头数	绝缘电阻/MΩ	耐电压	工作温度/℃	振动条件	重量/g	外形尺寸/mm
时间继电器 H3DE-M2 DC12V	DC12	信号输入时间：50ms以上	1.0以下	5	2	100	AC 1000	−10～55	10～55Hz，0.75mm 单振幅	120	79×22.5×100
时间继电器	AC/DC 24～230	0.1s～120h可调	1.0以下	5	1	≥100	AC 2000	−10～+55	10到55Hz，单振幅0.75mm	120	100×79×22.5

f. 插件继电器常见外形如图 6-3-49 所示，工程机械典型的插件继电器相关参数如表 6-3-50 所示。

图 6-3-49 插件继电器常见外形图

表 6-3-50 插件继电器优选件规格含义及技术特性

名称	额定工作电压/V DC	额定电流/A (50Hz)	主触头数	绝缘电阻/MΩ	工作温度/℃	湿度条件/% RH	触头材料	固定方式	重量/g	外形尺寸/mm	安装尺寸/mm
插件继电器 PCJ-124D3 MH-3A	24	3	—	—	−40～+90	—	—	—	4	—	—
插件继电器 G6H-2-12V	12	1	2	≥1000	−40～70	5～85	—	焊接端子或继电器座	—	14.3×9.3×5.4	—
插件继电器 G5V-2-24V	24	2	2	≥1000	−25～+65	5～85	Ag+Au	直接焊在PCB板上	5	20.5×10×11.5	20.5×10×11.5

续表

名称	额定工作电压/V DC	额定电流/A(50Hz)	主触头数	绝缘电阻/MΩ	工作温度/℃	湿度条件/%RH	触头材料	固定方式	重量/g	外形尺寸/mm	安装尺寸/mm
插件继电器 G5V-1-DC 12V	12	1	1	≥1000	−40～+70	5～85	Au 金合金 +Ag	直接焊在 PCB 板上	2	12.5×7.5×10	12.5×7.5×10
插件继电器 F3AA024E	24	3	1	≥1000	−40～+70	5～85	Silver Alloy	直接焊在 PCB 板上	4	20.3×7×15	20.3×7×15
插件继电器 AHN22324	24	5	2	≥1000	−40～+70	5～85	Au-flashed	与继电器座组合安装或直接焊在 PCB 板上	17	29×13×28	29×13×28

　　g. 雨刮间歇继电器常见外形如图 6-3-50 所示，工程机械典型的雨刮间歇继电器相关参数如表 6-3-51 所示。

图 6-3-50　雨刮间歇继电器常见外形图

表 6-3-51　雨刮间歇继电器优选件规格含义及技术特性

名称	额定电压/V	触头额定电流/A(50Hz)	消耗功率/V·A	吸合功率/V·A	触头数	耐电压/V	工作温度/℃	湿度条件/%RH	冲击条件/℃	额定负载/A	动作时间/ms	复位时间/ms	重量/g	外形尺寸/mm
雨刮间歇继电器 JJD2505 DC24V	24	5	0.24	1.92	2	3	−30～+60	96	−40～+85	5	10	5	50	30.5×30.5×53

　　h. 相序继电器常见外形如图 6-3-51 所示，工程机械典型的相序继电器相关参数如表 6-3-52 所示。

图 6-3-51 相序继电器常见外形图

表 6-3-52 相序间歇继电器技术特性

名称	额定工作电压/V	额定电流/A (50Hz)	频率/Hz	整定电流范围/A	辅助触头	工作温度/℃	湿度条件	安装方式	重量/g	外形尺寸/mm
相序继电器 XJ3-G	AC380	5	交流 50～400	—	—	−10 ～ +40	不大于 85%	装置式	—	—
相序继电器 K8AB-PH1	AC200 ～500	6(电阻负载)	—	0～15	1cX1	−20 ～ +60	25% ～ 85%	DIN 导轨安装	110	22.5× 90× 100

3.5.2 电动机

电动机类型的选择要从负载的要求出发，考虑工作条件、负载性质、生产工艺、供电情况等，尽量满足下述各方面的要求。

① 机械特性 由电动机类型决定的电动机的机械特性与工作机械的机械特性配合要适当，机组工作稳定；电动机的启动转矩、最大转矩、牵入转矩等性能均能满足工程机械的要求。

② 转速 电动机的转速满足工作机械要求，其最高转速、转速变化率、稳速、调速、变速等性能均能适应工作机械运行要求。

③ 运行经济性 从降低整个电动机驱动系统的能耗及电动机的综合成本来考虑选择电动机类型，针对使用情况选择不同效率水平的电动机类型。对一些使用时间很短、年使用时数也不高的机械，电动机效率低些也不会使总能耗产生较大的变化，所以并不注重电动机的效率。但另一类年利用小时较高的机械，如空调设备、循环泵、冰箱压缩机等，就需要选用效率高的电动机以降低总能耗。

④ 价格低廉 在满足工程机械运行要求的前提下，尽可能选用结构简单、运行可靠、造低廉的电动机。

(1) 交流电动机的选择

交流电动机结构简单、价格低廉、维护工作量小，在交流电动机能满足生产需要的场合应采用交流电动机，仅在启、制动和调速等方面不能满足需要时才考虑直流电动机。近年来，随着电力电子及控制技术的发展，交流调速装置的性能与成本已能和直流调速装置竞争，越来越多的直流调速应用领域被交流调速所占领。

① 普通励磁同步电动机

优点

a. 同步电动机的功率因数可以超前，通过调节励磁电流，在超前的功率因数下运行，有利于改善电网的功率因数。

b. 同步电动机的运行稳定性好，当电网电压突然下降到额定值的 80% 或 85% 时，同步电动机的励磁系统一般都能自动调节，实行强行励磁，保证电动机的运行稳定性。

c. 在功率因数超前运行下的同步电动机，其过载能力比相应的异步电动机要大。

d. 同步电动机运行效率高，尤其是低速同步电动机这一优点更加突出。

e. 同步电动机的转速不随负载的大小而改变。

f. 同步电动机的气隙比异步电动机大，大容量电动机制造容易。

缺点

a. 同步电动机需附加励磁装置。有刷励磁的同步电动机，转子直流励磁电流可由励磁装置通过集电环和电刷送到绕组中。由于电刷和集电环的存在，增加了维护检修的工作量，并限制了电动机在恶劣环境下的使用。

b. 变频调速控制系统比异步电动机复杂。

应用场合

a. 同步电动机主要用于传动恒速运行的大型机械，如鼓风机、水泵、球磨机、压缩机及轧钢机等，其功率在 250kW 以上，转速为 100~1500r/min，额定电压为 6kV 或 10kV，额定功率因数 0.9~0.8（超前）。

b. 600r/min 以下大功率交-交变频同步电动机传动装置用于轧机主传动、水泥球磨机、矿井提升机、船舶驱动等。

c. 无刷励磁同步电动机，由于没有集电环和电刷，故维护简单，可用于防爆等特殊场合。我国引进的化工设备中，同步电动机均采用无刷励磁。

② 永磁同步电动机　永磁同步电动机与电励磁同步电动机相比，省去了励磁功率，提高了效率，简化了结构，实现了无刷化。我国已制成 110kW 和 250kW 的永磁同步电动机。以 110kW 8 极电动机为例，效率高达 95%。

永磁同步电动机在 25%~120% 额定负载范围内均保持较高的效率和功率因数，使轻载运行时节能效果更为显著。

永磁同步电动机主要应用于化纤工业、陶瓷玻璃工业和年运行时间长的风机、水泵等。

变频器供电的永磁同步电动机加上转子位置闭环控制系统，构成自同步永磁电动机，既具有电励磁直流电动机的优异调速性能，又实现了无刷化，这在要求高控制精度和高可靠性的场合，如航空、航天、数控机床、加工中心、机器人、电动汽车、计算机外围设备和家用电器等方面，都获得了广泛应用。德国制成 6 相变频电源供电的 1095kW、230r/min 稀土永磁同步电动机，用于船舶的推进。与过去使用的直流电动机相比，体积减小 60% 左右，总损耗降低 20% 左右。

③ 开关磁阻电动机　这是一种与小功率笼型异步电动机竞争的新型调速电动机，它是由反应式步进电动机发展起来的，突破了传统电动机的结构模式和原理。定转子采用双凸结构，转子上没有绕组，定子为集中绕组，虽然转子上多了一个位置检测器，但总体上比笼型异步电动机简单、坚固和便宜，更重要的是它的绕组电流不是交流，而是直流脉冲，因此变流器不但造价低，而且可靠性也高很多。其不足之处是低速时转矩脉动较大。目前国内外已

有开关磁阻电动机调速系统的系列产品，单机容量可达 200kW（3000r/min）。

④ 异步电动机　异步电动机广泛应用于工农业和国民经济各部门，作为机床、风机、水泵、压缩机、起重运输机械、建筑机械、食品机械、农业机械、冶金机械、化工机械等的动力。在各类电动机中，异步电动机应用最广。

异步电动机可分为笼型异步电动机和绕线转子异步电动机。按用途可分为一般用途异步电动机和专用异步电动机，其中基本系列为一般用途的电动机；派生系列电动机系基本系列电动机的派生产品，为适应拖动系统和环境条件的某些要求，在基本系列上做部分改动而导出的系列。专用电动机与一般用途的基本型电动机不同，具有特殊使用和防护条件的要求，不能用派生的办法解决，须按使用和技术要求进行专门设计。

异步电动机的特点是：

a. 笼型电动机结构简单，容易制造，价格低廉；

b. 绕线转子电动机可以通过在转子回路中串电阻、频敏变阻器或通过双馈改变电动机特性，改善启动性能或实现调速；

c. 功率因数及效率比同步电动机低；

d. 调速控制系统比同步电动机简单。

（2）直流电动机的选择

直流电动机的最大优点是运行转速可在宽广的范围内任意控制，无级变速，由直流电动机组成的调速系统和交流调速系统相比，直流调速系统控制方便，调速性能好，变流装置结构简单，长期以来在调速传动中占统治地位。目前虽然交流调速技术迅速发展，但直流调速在近期内不可能被淘汰，尤其在我国，高性能的交流调速定型产品较少，直流调速理论根深蒂固，并在发展中不断充实，交流调速技术替代直流调速需要经历一个较长的历程，因此在比较复杂的拖动系统中，仍有很多场合要用直流电动机。目前，直流电动机仍然广泛应用于冶金、矿山、交通、运输、纺织印染、造纸印刷、制糖、化工和机床等工业中需要调速的设备上。

直流电动机根据励磁方式不同，可分为他励电动机、并励电动机、串励电动机和复励电动机。在一般情况下，多数采用他励直流电动机，注意要按生产机械的调速范围，合理地选择电动机的基速及弱磁倍数。需要较大启动转矩的机械，如电车、牵引机车等，采用直流串励电动机。

（3）控制电动机（electric machine for automatic control system）

控制电动机定义为在自动控制系统中作状态监测、信号处理或伺服驱动等用途的各种电动机、电动机组件及其系统。

① 电动机分类　工程机械常用的控制用电机包括伺服电动机、步进电动机和直线步进电动机等。

a. 伺服电动机（servo motor）　应用于运动控制系统中的电动机，它的输出参数，如位置、速度、加速度或转矩是可控的。

b. 步进电动机（stepping motor）　定子绕组按一定程序供电时，转子以离散的角度增量旋转的电动机。

c. 直线步进电动机（linear stepping motor）　做直线运动的步进电动机。

d. 发电机组（generating set）　以柴油内燃机作动力，驱动同步交流发电机而发电的装置。

e. 启动器（starter）　启动和停止电动机所需的所有开关电气与适当的过载保护电器相结合的组合电器。

f. 电磁启动器（electromagnetic starter） 闭合主触头的力由电磁铁产生的启动器。

g. 软启动器（soft starter） 一种集电机软启动、软停车、轻载节能和多种保护功能于一体的电机控制装置。

② 电动机技术参数

a. 额定功率 额定功率是电机的额定电流与额定电压的乘积。

b. 额定电压 电动机的额定电压是在额定工作方式时的线电压。

c. 额定电流 电动机的额定电流是该台电动机正常连续运行的最大工作电流。

d. 额定转速 电动机在额定电压、额定频率、额定负载下电动机每分钟的转速（r/min）。

e. 相数 是指电机内部的线圈组数。目前常用的有二相、三相、四相、五相步进电机。

f. 绝缘等级 电动机的绝缘等级是指其所用绝缘材料的耐热等级，分 A、E、B、F、H 级。

g. 效率 电动机内部功率损耗的大小是用效率来衡量的，输出功率与输入功率的比值称为电动机的效率

h. 冷却方式 电动机在进行能量转换时，总是有一小部分损耗转变成热量，它必须通过电机外壳和周围介质不断将热量散发出去，这个散发热量的过程，就称为冷却。

工程机械典型的各类电动机技术参数如表 6-3-53 至表 6-3-59 所示。

表 6-3-53 常用伺服电动机技术参数表

名称	特征描述	额定功率/kW	额定电流/A	工作电压/V	额定转矩/N·m	最大转矩/N·m	转子惯量	转速/(r/min)	工作温度/℃	冷却方式
伺服电机 1FK7040-5AK71-1DA0 0.69kW	同步、永磁、进给用、紧凑、功率密度极高	0.69	1.7	380	1.1	1.6	1.69	6000	<40	自然风冷
伺服电机 1FK7042-5AF71-1DG5	同步、永磁、进给用、紧凑、功率密度极高	0.82	1.95	400	2.6	3	0.0003	3000	0~40	自然风冷
伺服电机 1FK7042-5AF71-1DH5	同步、永磁、进给用、紧凑、功率密度极高	0.82	1.95	400	2.6	3	0.0003	3000	0~40	自然风冷
同步电机 1FK7063-5AF71-1 DH5 2.29	同步、永磁、进给用、紧凑、功率密度极高	2.29	5.6	400	7.3	11	0.00151	3000	0~40	自然风冷
伺服电机 1FK7063-5AF71-1FH0 2.29kW	同步、永磁、进给用、紧凑、功率密度极高	2.29	5.6	400	7.3	11	0.00151	3000	0~40	自然风冷
伺服电机 1FK7063-5AF71-1KB2	同步、永磁、进给用、紧凑、功率密度极高	2.29	5.6	400	7.3	11	0.00151	3000	0~40	自然风冷

名称	特征描述	额定功率/kW	额定电流/A	工作电压/V	额定转矩/N·m	最大转矩/N·m	转子惯量	转速/(r/min)	工作温度/℃	冷却方式
伺服电机 1FK7063-5AH71-1 FH0 2.09kW	同步、永磁、进给用、紧凑、功率密度极高	2.09	6.1	400	5	11	0.00151	4500	0~40	自然风冷
伺服电机 1FK7080-5AF71-1DH2 2.14kW	同步、永磁、进给用、紧凑、功率密度极高	2.14	4.4	400	6.8	8	0.0015	3000	0~40	自然风冷
同步伺服电机 1FK7083-5AF71-1 DH5 3.3kW	同步、永磁、进给用、紧凑、功率密度极高	3.3	7.4	400	10.5	16	0.00273	3000	0~40	自然风冷
主轴伺服电机 1PH7224-2QD05-0CD2 71.00kW	异步、三相笼式、主轴用	71	164	400	678	/	1.48	1000	0~40	强制风冷
主轴电机 1PH7224-2QD03-0CC 2 71kW 164A	异步、三相笼式、主轴用	71	164	400	678	/	1.48	1000	0~40	强制风冷
主轴伺服电机 1PH8133-1DF02-0CC1 15kW	异步、三相笼式、主轴用	12	34	400	115	128	0.076	1000	0~40	强制风冷
伺服电机 1FK7083-5AF71-1FG0 3.3kW	同步、永磁、进给用、紧凑、功率密度极高	3.3	7.4	400	10.5	16	0.00273	3000	0~40	自然风冷
伺服电机 1FK7100-5AF71-1DG0 3.77kW	同步、永磁、进给用、紧凑、功率密度极高	3.77	8	400	12	18	0.00553	3000	0~40	自然风冷
伺服电机 1FK7101-5AC71-1DH0 4.29kW	同步、永磁、进给用、紧凑、功率密度极高	4.29	9.6	400	20.5	27	0.00799	2000	0~40	自然风冷
伺服电机 1FT6086-8AF71-1DG0 5.8kW	同步、永磁、进给用、高性能	5.8	13	400	18.5	27	0.00665	3000	0~40	自然风冷

续表

名称	特征描述	额定功率 /kW	额定电流 /A	工作电压 /V	额定转矩 /N·m	最大转矩 /N·m	转子惯量	转速/ (r/min)	工作温度 /℃	冷却方式
同步伺服电机 1FT6086-8SF71-1DH0 功率 9.75kW	同步、永磁、进给用、高性能	9.7	24.5	400	31	35	0.00665	3000	0～40	强制风冷
同步伺服电机 1FT6102-1AC71-1DG1 4.8kW	同步、永磁、进给用、高性能	4.8	11	400	23	27	0.0099	2000	0～40	自然风冷
同步伺服电机 1FT6102-1AC71-1DH1 4.8kW	同步、永磁、进给用、高性能	4.8	11	400	23	27	0.0099	2000	0～40	自然风冷
同步伺服电机 1FT6102-1AC71-2DG1 4.8kW	同步、永磁、进给用、高性能	4.8	11	400	23	27	0.0099	2000	0～40	自然风冷
伺服电机 1FT6102-8AF71-1DH0	同步、永磁、进给用、高性能	6.1	13.2	400	19.5	27	0.0099	3000	0～40	自然风冷
伺服电机 1FT6105-1AC71-1DG0	同步、永磁、进给用、高性能	8	17.6	400	38	50	0.0168	2000	0～40	自然风冷
同步伺服电机 1FT6105-1AC71-1DG1	同步、永磁、进给用、高性能	8	17.6	400	38	50	0.0168	2000	0～40	自然风冷
伺服电机 1FT6105-1AC71-1DH1 8.0kW	同步、永磁、进给用、高性能	8	17.6	400	38	50	0.0168	2000	0～40	自然风冷
同步伺服电机 1FT6105-8AB71-1DG0 6.4kW	同步、永磁、进给用、高性能	6.4	14.5	400	41	50	0.0168	1500	0～40	自然风冷
同步伺服电机 1FT6105-8AB71-1DH0 6.44kW	同步、永磁、进给用、高性能	6.4	14.5	400	41	50	0.0168	1500	0～40	自然风冷
伺服电机 1FT6105-8AC71-1DH0 8.0kW	同步、永磁、进给用、高性能	8	17.6	400	38	50	0.0168	2000	0～40	自然风冷

名称	特征描述	额定功率/kW	额定电流/A	工作电压/V	额定转矩/N·m	最大转矩/N·m	转子惯量	转速/(r/min)	工作温度/℃	冷却方式
同步伺服电机 1FT6105-8AB71-1DG0 6.4kW	同步、永磁、进给用、高性能	6.4	14.5	400	41	50	0.0168	1500	0～40	自然风冷
同步伺服电机 1FT6105-8AB71-1DH0 6.44kW	同步、永磁、进给用、高性能	6.4	14.5	400	41	50	0.0168	1500	0～40	自然风冷
伺服电机 1FT6105-8AC71-1DH0 8.0kW	同步、永磁、进给用、高性能	8	17.6	400	38	50	0.0168	2000	0～40	自然风冷
同步伺服电机 1FT6105-8AF71-1DG0 功率9.74kW	同步、永磁、进给用、高性能	9.7	22.5	400	31	50	0.0168	3000	0～40	自然风冷
伺服电机 1FT6105-8AF71-1DH0	同步、永磁、进给用、高性能	9.7	22.5	400	31	50	0.0168	3000	0～40	自然风冷
伺服电机 1FT6105-8AF71-27AG0	同步、永磁、进给用、高性能	9.7	22.5	400	—	50	—	3000	0～40	自然风冷
伺服电机 1FT6105-8AF71-2DG1 9.7kW	同步、永磁、进给用、高性能	9.7	22.5	400	31	50	0.0168	3000	0～40	自然风冷
同步伺服电机 1FT6105-8AF71-3DG1 9.74kW	同步、永磁、进给用、高性能	9.7	22.5	400	31	50	0.0168	3000	0～40	自然风冷
伺服电机 1FT6105-8SC71-1DG0 11.73kW	同步、永磁、进给用、高性能	11.7	28	400	56	65	0.0168	2000	0～40	强制风冷
同步伺服电机 1FT6105-8SF71-1DG0 15.71kW	同步、永磁、进给用、高性能	15.7	35	400	50	65	0.0168	3000	0～40	强制风冷
伺服电机 1FT6105-8SF71-1DG1-Z-J25 15.7kW	同步、永磁、进给用、高性能	15.7	35	400	50	65	0.0168	3000	0～40	强制风冷

续表

名称	特征描述	额定功率/kW	额定电流/A	工作电压/V	额定转矩/N·m	最大转矩/N·m	转子惯量	转速/(r/min)	工作温度/℃	冷却方式
同步伺服电机 1FT6108-8AB71-1DG01 FT/1FK9	同步、永磁、进给用、高性能	9.6	20.5	400	61	70	0.026	1500	0～40	自然风冷
进给电机 1FT6108-8AB71-1DH1 70Nm /1500RPM	同步、永磁、进给用、高性能	9.6	20.5	400	61	70	0.026	1500	0～40	自然风冷
伺服电机 1FT6108-8AB71-4DG0 9.6kW	同步、永磁、进给用、高性能	9.6	20.5	400	61	70	0.026	1500	0～40	自然风冷
伺服电机 1FT6108-8AC71-1DG0 11.52kW	同步、永磁、进给用、高性能	11.5	24.5	400	55	70	0.026	2000	0～40	自然风冷
伺服电机 1FT6108-8AC71-1DH0 11.52	同步、永磁、进给用、高性能	11.5	24.5	400	55	70	0.026	2000	0～40	自然风冷
同步伺服电机 1FT6108-8AF71-1DG0	同步、永磁、进给用、高性能	11.6	25	400	37	70	0.026	3000	0～40	自然风冷
伺服电机 1FT6108-8AF71-4DB1	同步、永磁、进给用、高性能	11.6	25	400	37	70	0.026	3000	0～40	自然风冷
伺服电机 1FT6108-8AF71-4DG1	同步、永磁、进给用、高性能	11.6	25	400	37	70	0.026	3000	0～40	自然风冷
伺服电机 1FT6108-8SF71-1DG0 22kW 53A	同步、永磁、进给用、高性能	22	53	400	70	90	0.026	3000	0～40	强制风冷
同步伺服电机 1FT6108-8SF71-1DH0	同步、永磁、进给用、高性能	22	53	400	70	90	0.026	3000	0--40	强制风冷
进给电机 1FT6132-6AB71-1DG1 75N·m /1500RPM	同步、永磁、进给用、高性能	9.7	19	400	62	75	0.043	1500	0～40	自然风冷

续表

名称	特征描述	额定功率/kW	额定电流/A	工作电压/V	额定转矩/N·m	最大转矩/N·m	转子惯量	转速/(r/min)	工作温度/℃	冷却方式
伺服电机 1FT6132-6AF71-1DG1 11.31kW	同步、永磁、进给用、高性能	11.3	23	400	36	75	0.043	3000	0～40	自然风冷
同步伺服电机 1FT6132-6SF71-1DG0	同步、永磁、进给用、高性能	28.3	62	400	90	110	0.043	3000	0～40	强制风冷
伺服电机 1FT6132-6SF71-1DH0 28.30kW	同步、永磁、进给用、高性能	28.3	62	400	90	110	0.043	3000	0～40	强制风冷
同步伺服电机 1FT6134-6AB71-1DH01FT/1FK11	同步、永磁、进给用、高性能	11.8	24	400	75	95	0.0547	1500	0～40	自然风冷
同步伺服电机 1FT6134-6SF71-1DG0	同步、永磁、进给用、高性能	34.6	72	400	110	140	0.0547	3000	0～40	强制风冷
伺服电机 1FT7102-5AF71-1DG1 6.28kW	同步、永磁、进给用、高性能	6.28	12	400	20	30	0.00914	3000	0～40	自然风冷
伺服电机 1FT7105-5AF71-1DG1 8.8kW	同步、永磁、进给用、紧凑、低转矩脉动	8.8	15	400	28	50	0.0178	3000	0～40	自然风冷
伺服电机 1FT7105-5AF71-1DH1 8.8kW	同步、永磁、进给用、紧凑、低转矩脉动	8.8	15	400	28	50	0.0178	3000	0～40	自然风冷
力矩电机 1FW6290-0WB15-7AD2	同步、永磁转子、多极、内置力矩电机、直接驱动	—	61	400	4590	8570	4.4	53	0～40	水冷
伺服电机 1PH4167-4QF26	异步、三相笼式、主轴用	46	120	400	293	—	0.206	1500	0～40	水冷
主轴电机 1PH7101-2NF02-0CJ0 3.7kW	异步、三相笼式、主轴用	3.7	10	400	23.6	—	0.017	1500	0～40	强制风冷

续表

名称	特征描述	额定功率/kW	额定电流/A	工作电压/V	额定转矩/N·m	最大转矩/N·m	转子惯量	转速/(r/min)	工作温度/℃	冷却方式
伺服电机 1PH7135-2QF02-0CC0 18.5kW	异步、三相笼式、主轴用	18.5	42	400	117.8	—	0.109	1500	0～40	强制风冷
主轴伺服电机 1PH7137-2QG02-0CA0	异步、三相笼式、主轴用	28	60	400	133.7	—	0.109	2000	0～40	强制风冷
主轴伺服电机 1PH7137-2QG02-0CC0	异步、三相笼式、主轴用	28	60	400	133.7	—	0.109	2000	0～40	强制风冷
主轴伺服电机 1PH7137-2QG02-0CJ0 功率 28.00	异步、三相笼式、主轴用	28	60	400	133.7	—	0.109	2000	0～40	强制风冷
主轴电机 1PH7163-2QD33-0CJ0 22kW	异步、三相笼式、主轴用	22	55	400	210.1	—	0.19	1000	0～40	强制风冷
主轴电机 1PH7163-2QF03-0CA0 30.00kW	异步、三相笼式、主轴用	30	72	400	191	—	0.19	1500	0～40	强制风冷
异步伺服电机 1PH7163-2QF03-0CJ0 30.00kW	异步、三相笼式、主轴用	30	72	400	191	—	0.19	1500	0～40	强制风冷
主轴电机 1PH7167-2QF03-0CA0 37kW	异步、三相笼式、主轴用	37	82	400	235.5	—	0.23	1500	0～40	强制风冷
主轴电机 1PH7167-2QF03-0CC2	异步、三相笼式、主轴用	37	82	400	235.5	—	0.23	1500	0～40	强制风冷
主轴电机 1PH7167-2QF03-0CJ0	异步、三相笼式、主轴用	37	82	400	235.5	—	0.23	1500	0～40	强制风冷
主轴电机 1PH7167-2QF33-0CC2	异步、三相笼式、主轴用	37	82	400	235.5	—	0.23	1500	0～40	强制风冷

续表

名称	特征描述	额定功率/kW	额定电流/A	工作电压/V	额定转矩/N·m	最大转矩/N·m	转子惯量	转速/(r/min)	工作温度/℃	冷却方式
主轴电机 1PH7186-2QD05-0ED2 51kW /1000RPM	异步、三相笼式、主轴用	51	118	400	487	—	0.67	1000	0~40	强制风冷
主轴电机 1PH7186-2QE03-0AJ2 60kW	异步、三相笼式、主轴用	60	120	400	458	—	0.67	1250	0~40	强制风冷
主轴电机 1PH7186-2QE03-0DC2 60kW	异步、三相笼式、主轴用	60	120	400	458	—	0.67	1250	0~40	强制风冷
主轴电机 1PH7186-2QE23-0CC0 60.00kW	异步、三相笼式、主轴用	60	120	400	458	—	0.67	1250	0~40	强制风冷
主轴电机 1PH7224-2QC30-0CJ0 55kW	异步、三相笼式、主轴用	55	117	400	750	—	1.48	700	0~40	强制风冷
主轴电机 1PH7224-2QD03-0CC2 71kW164A	中惯量、进给用、高压型	3	9	380	—	35	—	3000	<75	自然风冷
主轴伺服电机 1PH7224-2QD05-0CD2 71.00kW	中惯量、进给用、高压型	4	9.1	380	—	64	—	3000	<75	自然风冷
主轴伺服电机 1PH8133-1DF02-0CC1 15kW	中惯量、进给用、高压型	4	80	400	—	64	—	3000	0~40	自然风冷

表 6-3-54　常用步进电动机技术参数表

名称	特征描述	额定功率/W	静态相电流/A	电压/V	转速/(r/min)	步进角/step	转动惯量/N·cm	保持转矩/kgf·cm	相数	绝缘等级	工作温度/℃	冷却方式
步进电机 57BYGH301AA	驱动器控制	15	3	3.75	0~300	1.8	360	12	2	B	<80	自然风冷
步进电机 HY200-2220-0210-AX08	柴油机调速	15	3	1.65	600	1.8±5%	65	5.5	2	B	<65	自然风冷

表 6-3-55 常用直线（步进）电机技术参数表

名称	工作电压/V	峰值功率/W	最高速度/(cm/s)	直线行程/mm	额定推力/N	最大推力/N	动态堵停力/N	静态保持力/N	工作电压/V
直线步进电机 57J1854-LM40-31	24DC	75	5	31	200	300	300	200	24DC

表 6-3-56 常用发电机组技术参数表

名称	发电方式	输出相数	备用功率/kW	持续功率/kW	额定电压/V	额定电流/A	输出频率/Hz	励磁方式	启动方式	绝缘等级	工作温度/℃	冷却方式	噪声平均值/dB
单相柴油发电机组 EDL-11000	柴油发电	单相	11	10	220	54.3	50	无刷	电起动	H	40	风冷	≤70
发电机组 RC-140GF-SY	柴油发电	3	155	140	400/230	252	50	无刷自励	24V直流电压电启动	H	/	闭式水冷	<85
发电机组 RC-80GFZD	柴油发电	3	100	80	400/230	144.4	50	无刷自励	24V直流电压电启动	H	/	闭式水冷	<85
发电机组 RC-140GFSYX	柴油发电	3	155	140	400/230	252	50	无刷自励	24V直流电压电启动	H	/	闭式水冷	<85

表 6-3-57 常用启动器技术参数表

名称	特征描述	额定电压/V	额定频率/Hz	适配电机	额定功率/kW	工作电流/A	工作温度/℃
启动器 MSC-D0.63-M7 0.18kW	断路器和接触器连体的电动机启动机构	400	50	笼式三相异步电机	0.18	0.4~0.63	−25~40
启动器 MSC-D1.6-M7 0.55kW	断路器和接触器连体的电动机启动机构	400	50	笼式三相异步电机	0.55	1~1.6	−25~40
启动器 MSC-D10-M9 4kW	断路器和接触器连体的电动机启动机构	400	50	笼式三相异步电机	4	6.3~10	−25~40

续表

名称	特征描述	额定电压/V	额定频率/Hz	适配电机	额定功率/kW	工作电流/A	工作温度/℃
启动器 MSC-D12-M12 5.5kW	断路器和接触器连体的电动机启动机构	400	50	笼式三相异步电机	5.5	8~12	-25~40
启动器 MSC-D16-M17 7.5kW	断路器和接触器连体的电动机启动机构	400	50	笼式三相异步电机	7.5	10~16	-25~40
启动器 MSC-D1-M7 0.25kW	断路器和接触器连体的电动机启动机构	400	50	笼式三相异步电机	0.25	0.63~1	-25~40
启动器 MSC-D2.5-M7 0.75kW	断路器和接触器连体的电动机启动机构	400	50	笼式三相异步电机	0.75	1.6~2.5	-25~40
启动器 MSC-D25-M25 11kW	断路器和接触器连体的电动机启动机构	400	50	笼式三相异步电机	11	20~25	-25~40
启动器 MSC-D32-M32 15kW	断路器和接触器连体的电动机启动机构	400	50	笼式三相异步电机	15	25~32	-25~40
启动器 MSC-D4-M7 1.5kW	断路器和接触器连体的电动机启动机构	400	50	笼式三相异步电机	1.5	2.5~4	-25~40
启动器 MSC-D6.3-M7 2.2kW	断路器和接触器连体的电动机启动机构	400	50	笼式三相异步电机	2.2	4~6.3	-25~40
步进电机驱动器 HST-884A	插接	DC24-40	350	步进电机	0.15	0.5~3	<80
步进电机驱动器 H435/H420	用于驱动步进电机	<40	<10000	步进电机	0.12	<3.3	<90
隔爆型启动机 ZBQ-4.5/24	矿用防爆柴油机启动用	24	0	柴油机	4.5	187.5	<80

表 6-3-58   常用电磁启动器技术参数表

名称	额定电压/V	额定频率/Hz	适配电机	额定功率/kW	工作电流/A	防护等级
矿用隔爆真空电磁启动器 QJZ-200/1140（660）	1140/660	50	防爆电机	300/180	200	IP54

表 6-3-59 常用软启动器技术参数表

名称	特征描述	额定电压/V	额定频率/Hz	适配电机	启动频率	额定功率/kW	工作电流/A	防护等级	工作温度/℃	冷却方式
软启动器 PSS175/300-500L	电子控制的平滑电机启动机构	208~690	50	笼式三相异步电机	30 次/h	75	142	IP00	−25~+60	—
软启动器 PSTB470-600-70	内接智能型	380	50	三相交流电动机	10 次/h	250	470	—	<80	自然风冷

3.5.3 液压阀

液压阀是一种用压力油操作的自动化元件，它受配压阀压力油的控制，通常与电磁配压阀组合使用，可用于远距离控制水电站油、气、水管路系统的通断。常用于夹紧、控制、润滑等油路。

(1) 液压阀分类

根据液压阀在液压回路中所起的作用，通常分为压力控制阀、流量控制阀、方向控制阀、多路换向阀、截止阀、逻辑元件及其他七大类，其中工程机械最常用的包括压力控制阀、流量控制阀、方向控制阀与多路换向阀等。

① 压力控制阀　在液压系统中，用来控制流体压力的阀，统称为压力控制阀。

② 流量控制阀　在液压系统中，用来控制流体流量的阀，统称为流量控制阀。

③ 方向控制阀　在液压系统中，用来控制流体流动方向的阀，统称为方向控制阀。

④ 多路换向阀　由两个以上换向阀为主体的组合阀，在不同液压系统中常将安全阀、单向阀、过载阀、补油阀、分流阀、制动阀等阀类组合在一起。

根据功能的不同，液压阀的具体分类如表 6-3-60 所示。

表 6-3-60 液压阀分类表

序号	类型	名称	序号	类型	名称
1	压力控制阀	减压阀	3	方向控制阀	液控换向阀
		平衡阀			电液换向阀
		顺序阀			液压锁
		压力继电器	4	多路换向阀	多路阀
		溢流阀			先导阀
2	流量控制阀	调速阀	5	截止阀	蝶阀
		分流阀			球阀
		节流阀	6	逻辑元件	逻辑阀
		温控阀			优先阀
		单向阀			充液阀
3	方向控制阀	梭阀	7	其他	制动阀
		电磁换向阀			阀组
		手动换向阀			其他阀

（2）液压阀技术参数

① 流量（单位：L/min）　单位时间内通过流道横截面的流体数量（可规定为体积或质量）。

② 额定压力（单位：MPa）　额定工况下的压力。

常用的减压阀、平衡阀、顺序阀、溢流阀、调速阀、分流阀、节流阀、温控阀、单向阀、梭阀、电磁换向阀、手动换向阀、液控换向阀、电液换向阀、多路阀、先导阀、蝶阀、球阀、逻辑阀、优先阀、充液阀、制动阀等的典型产品参数如表 6-3-61～6-3-84 所示。

表 6-3-61　减压阀典型产品参数表

名称	额定流量 /(L/min)	额定压力 /MPa	设定压力 /MPa	重量 /kg	外形尺寸 (长×宽× 高)/mm	连接尺寸
叠加式减压阀 DGMX2-3-PP-BW-B-40	20	5	2.5	1.6	170×47.6×40	通孔 4×φ5.3（M5）
减压阀 DGMX2-3-PA-CW-B-40	30	21	1.5	1.6	170×47.6×40	4-M5.3×41
比例减压阀 ZDRE6VP1- 1X/100MG24K4M	3	10	1～10	1.9	220×44.5×40	40.5×31（32.5）
比例减压阀 ZDRE6VP1- 1X/210MG24K4M	3.8	21	2～20	1.9	220×44.5×40	40.5×31（32.5）
减压阀 PRDM2PP06SVG	6	1.9	0.15～6.4	1.3	46×50×169	40.5×31（31.75）
减压阀 PRDM2PP16SVG	6	4	0.3～16	1.3	46×50×169	40.5×31（31.75）
减压阀 ZDR6DP2-4X/150YM	50	15	1～15	1.2	221.5×45×40	40.5×31（32.5）
减压阀 ZDR6DA2-30/75	50	7.5	0.5～7	1.2	198×44.5×40	40.5×31（32.5）
叠加式减压阀 DGMX2-3-PP-CW-B-40	60	1～14	7	1.6	170×47.6×40	通孔 4×φ5.3（M5）
叠加式减压阀 DGMX2-3-PP-FW-B-40	60	2～25	12	1.6	170×47.6×40	通孔 4× φ5.3（M5）
叠加式减压阀 ZDR10DP2-5X/150YM	80	15	7	2.8	233.5×69×50	40.5×31（32.5）
叠加式减压阀 ZDR10DP2-5X/75YM	80	7.5	7.5	2.8	212.6×69×50	54×46
叠加式减压阀 DGMX2-5-PP-FW-B-40	40	2～25	2～25	3.5	179×71.6×60	4-M6×60
减压阀 DGMX2-5-PP-BW-B-40	40	7	4	3.5	179×60×71.6	通孔 4×φ6.9（M6）
减压阀 PRV12-10-S-0-30	60	35		0.24	φ25.4×80	腔孔 C-10-3

名称	额定流量 /(L/min)	额定压力 /MPa	设定压力 /MPa	重量 /kg	外形尺寸（长×宽× 高)/mm	连接尺寸
减压阀 PRV12-12-S-0-30	114	35	1.7～21	0.4	ϕ31.7×143.5	腔孔 C-12-3
减压阀 PBDB-LNN	60	31.5	3.5	0.18	ϕ25×80	腔孔 T-13A
电比例减压阀 MDPPM16-40-G24	6	4	4	0.4	94×30×68	M16×1.5
电比例减压阀 MDPPM16-20-G24	6	1.9	1.9	0.4	94×30×68	M16×1.5
减压阀 DR6DP2-5XB/150Y	60	31.5	15	1.2	45×52.5×201.5	40.5×31（31.75）
减压阀 DR6DP1-5X/75Y	60	31.5	7.5	1.2	45×52.5×201.5	40.5×31（31.75）
减压阀 6815-3/4-700	40	30.9	3	0.57	253×50×80	G3/4
减压阀 ZDR10DP2-10/210YM	40	21	2～21	2.8	213.5×69×50	54×46

表 6-3-62 平衡阀典型产品参数表

名称	额定流量 /(L/min)	额定压力 /MPa	设定压力 /MPa	重量 /kg	外形尺寸（长×宽× 高)/mm	连接尺寸
平衡阀 CINDY-16-B-PVO-S100-A-D8-1	15	28	40	7	50×63.5×120	50×63.5
平衡阀 CINDY-12-B-PNS-S100-A-G21-SVA400	20	40	40	—		M8×13/17
卷扬平衡阀 ST0562-S00C	20	16～40	35	20.2	188.5×187.5 ×160.5	50.8×23.8（两组）
卷扬平衡阀 ST0564-S00C	23	21	35	30.5	207×200 ×184.5	66.7×31.8（两组）
伸缩平衡阀 ST1543-S000	320	35	35	6.8	184.5×95×80	27.8×57.2
伸缩平衡阀 STO545	320	35	35	6.8	100×60× 202.5	100×76（3×M10）
变幅平衡阀 537.364.001.9	40	35		14.2	230.5×90×89	SAE 1^{in}
变幅平衡阀 537.364.001.9	40	35		14.2	230.5×90×89	SAE 1^{in}
平衡阀 Cindy-25-B-PND-S500-L-D21-1-SVT350	60	3.5	35	13.68	92×115.5 ×287.7	—

名称	额定流量 /(L/min)	额定压力 /MPa	设定压力 /MPa	重量 /kg	外形尺寸 (长×宽×高)/mm	连接尺寸
平衡阀 Cindy-25-B-SND-S500-L-K21-1-SVT350	60	35	35	13.661	99.5×119 ×228	—
平衡阀 A06048102 压力设定为 420bar	60	50	42	1.6	151×35×65	36×30,4 ×ϕ8.5
平衡阀 A06048102	60	50	35	1.6	151×35×65	36×30,4×ϕ8.5
平衡阀 CBV1-10-S-O-30/22	60	35	15	0.6	ϕ25.4×103.4	腔孔 C-10-3S
平衡阀 CBIG-LJV	500	35		0.81	ϕ25.4×126	腔孔 T-19A
平衡阀 CBEG-LJN	120	42	20	0.2	99×ϕ30	腔孔 T-2A
平衡阀 CBGG-LJN	240	50		0.6	28.6×33×150	腔孔 T-17A
双向平衡阀 084411030335/ST0211	90	35	35	2.3	241×65×34.5	48×40
双向平衡阀 ST0024A	320	35	35	10.7	195×185×60	57.2×27.8(两组)
平衡阀 CBBA-LHN	90	40	20	0.2	91×ϕ25	腔孔 T-11A

表 6-3-63 顺序阀典型产品参数表

名称	额定流量 /(L/min)	额定压力 /MPa	设定压力 /MPa	重量 /kg	外形尺寸 (长×宽×高)/mm	连接尺寸
顺序阀 DZ10-1-30B/210YM	60	35	—	0.3	212×87×74	4×ϕ16.5
顺序阀 A04035102.00	40	50	3	0.33	ϕ91.5×30	G3/8
顺序阀 BRE02	6	0.4		2.3	ϕ32×115	45(2孔)
顺序阀 PSV8-10-S-O-4/1.6-00	20	35	0.16	4.8	ϕ38×147	ϕ25×70
顺序阀 DZ6DP2-50B/150	20	35	—	1.2	233×52.5×45	40.5×31(32.5)
顺序阀 A04045112.00BCW46 D.2.4C.2A-6	23	12.5	5	0.45	ϕ30×124	—
顺序阀 RSDC-LAN	57	21	—	0.2	ϕ22×99	M20×1.5
顺序阀 A04025102.00	60	15	1.5	0.35	ϕ34×91.5	
比例顺序阀 ST1893-AC00	60	21	20	—		75×20(M8)
顺序阀 DZ6DP2-5X/210M	60	21	21	1.2	189×52.5×48	40.5×31(32.5)

续表

名称	额定流量 /(L/min)	额定压力 /MPa	设定压力 /MPa	重量 /kg	外形尺寸 (长×宽× 高)/mm	连接尺寸
顺序阀 DZ20-1-30B/210Y	80	21	21	5.5	172×117×85	79.4×60.3
顺序阀 DGMR1-3-PP-FW-B-40	120	35	35	1.2	184×51×51	ISO4401CETOP03
顺序阀 RSFC-LBN	220	31.5	35	0.7	φ30×70	腔孔 T-2A
顺序阀 PSV7-10-S-0-18	450	21	5	0.24	φ30×126	腔孔 C-10-3
顺序阀 DZ10DP2-4X/75	1~40	50	4	2.8	212×87×76	66.7×43

表 6-3-64 溢流阀典型产品参数表

名称	额定流量 /(L/min)	额定压力 /MPa	设定压力 /MPa	重量 /kg	外形尺寸 (长×宽× 高)/mm	连接尺寸
溢流阀 RV8-8-S-O-15/0	30	11.7	0.3~10	0.3	φ23×105	腔孔 C-8-2
叠加式溢流阀 VPP2-04/MA06-2	40	2.5	1.5	1.12	137×35×34.6	4×M5 (24× 24/22.5)
叠加式溢流阀 VPP2-04/MB06-2	40	2.5	1.5	1.12	137×35×34.6	4×M5 (24× 24/22.5)
叠加式溢流阀 VPP2-04/MD06-10/25-S	40	6	21	1.42	208×45×40	40.5×31 (32.5)
溢流阀 ZDB6VB2-4X/200V	60	20	1~20	1	188.5×44.5 ×40	40.5×31 (32.5)
叠加式溢流阀 ZDB6VP2-4X/100V	60	10	0.3~10	1	153.5×44.5 ×40	40.5×31 (32.5)
叠加式溢流阀 DGMC-3-BT-GW-B-41	60	31.5	5~31.5	1.6	156×47.6×40	40.5×31 (32.5)
叠加式溢流阀 DGMC-3-PT-CW-B-41	60	20	1~20	1.6	156×47.6×40	40.5×31 (32.5)
叠加式溢流阀 DGMC-3-AT-BW-41	60	10	0.3~10	1.3	154×47.6×40	通孔 4× φ5.3 (M5)
溢流阀 Z2DB6VC2-4X/100V	60	10	0.3~10	1.95	155×44.5×40	40.5×31 (32.5)
溢流阀 ZDB6VP2-4X/50V	60	5	0.3~5	1.5	155×44.5×40	40.5×31 (32.5)
叠加式溢流阀 ZDB6VP2-40/31.5	60	31.5		1.2	154×84.5×49	40.5×31 (32.5)
溢流阀 DGMC-3-PT-GW-B-41	60	10	0.3~10	1.6	156×47.6×40	40.5×31 (32.5)

表 6-3-65 调速阀典型产品参数表

名称	额定流量/(L/min)	额定压力/MPa	设定压力/MPa	重量/kg	外形尺寸(长×宽×高)/mm	连接尺寸
二通限速阀 SB450C160/180	15	31.5	—	0.3	$\phi33\times80$	DN 25
液压行程调速阀 ZCG-03	30	21		4.65	141×102×70	通孔 4×$\phi6.9$（M6）
节流调速阀 MG6G1X/V	100	21	—	0.3	$\phi34\times65$	通孔 $\phi6$（G1/4）
调速阀 2FRM10-21B/50L	250	31.5	29.5	3.2	125×101.5×95	82.5×76
三通流量控制阀 CP310-1-B-0-1.0	38	21	18	0.13	$\phi25.4\times65.3$	腔孔 SDC10-3
三通流量控制阀 CP310-1-B-0-2.0	38	21	18	0.13	$\phi25.4\times65.3$	腔孔 SDC10-3
流量控制阀 FAR1-12-S-O	10	35	—	0.4	125.5×$\phi38.1$	腔孔 C-12-2
流量控制阀 2FRM10-21/35L	12	25	—	2.6	145×101.5×95	82.5×76；4$\phi9$
流量控制阀 FKEB-LCN	50	31.5	—	0.26	$\phi40\times120$	腔孔 T-22A
流量控制阀 QV-06/1	1.5	25		2	58.5×45×109	$\phi5.5$
流量控制阀 2FRM6B76-2X/25QM	55	31.5		2.4	170×60×45	4×$\phi5.5$；40.5×31
三通流量控制阀 VPR/3/EP34	150	35		4.95	191.5×90×50	74×135
三通流量控制阀 VPR/3/ET12	50	35	—	2.48	117.5×90×40	78×48
流量放大器 OSQB8	50	17.5	18	7	$\phi91\times171$	180×95
三通流量阀 FP101F200	7.5	24.5	18	0.23	$\phi25.4\times131$	腔孔 C-10-3
三通流量阀 FP101F100	3.8	24.5	18	0.23	$\phi25.4\times131$	腔孔 C-10-3
三通流量阀 SD3-3S/50-WN1F-200-G24	50	31.5	21	0.78	87×111×137	螺纹 M5 螺纹孔距离 20×32
流量指示阀 7780900215ZF	100	20	—	0.32	$\phi36\times104$	M30×2
流量放大器 OSQA 5	240	21	—	36	280×240×170	150（两孔）×120（单孔），M10
比例 2 通流量阀 QNP PM33-80-G24/MD-D1 HB4.5	80	35	—	—	—	

表 6-3-66 分流阀典型产品参数表

规范后标记	额定流量 /(L/min)	额定压力 /MPa	设定压力 /MPa	重量 /kg	外形尺寸 (长×宽× 高)/mm	连接尺寸
分集流阀 A14030024.00	30	35	—	1.8	110×35×65	40×45；3×ϕ7
分流阀 RTM25S2A-1X/440 F2H420F15V11-620	75	50	42	30	233.3×190 ×211.8	4×M12
同步分流阀 FSES-XAN	80	35	35	0.5	ϕ40×105	—
分集流阀 RTM25S2A-1X 440P2H400W91K40V11	440	50	—	36	215×193×215	125×155 (4×M12)
分流阀 MH4FANF25DA 5X/1HV11	220	42	—	25	254×235×180	150×125 (M12)
分流阀 FDC1-16-6B-64	320	42	—	0.35	117.8×ϕ38	腔孔 C-16-4
分流阀 0800101200F	300	25	34.8	418	535×610×370	205×270 (242)， 4×M20×2.5
分集流阀 TQ3P-A1.1	440	50	18	0.7	30×50×80	48×40
分流阀 TBFL400	440	50	40	26.4	342×156×125	2×M12
分流阀 FSBD-XAN-0HH8	1500	1	10	0.15	ϕ35×80	M20×1.5 (腔孔 T-31A)
分流阀 RTM16S4A-1X/080F2H 420F12V11-602	2.5~12	35	—	20.5	125×135×150	4×M10
分流阀 MT08DVV101010075- XH-1XXX/02	20~32	40	42	20.5	190×133×130	管式连接
双通分流阀 MH2FAER22D A4X/1G24C4	40~60	21	—	17.5	209×160 ×171.5	120×135；2×M12

表 6-3-67 节流阀典型产品参数表

名称	额定流量 /(L/min)	额定压力 /MPa	设定压力 /MPa	重量 /kg	外形尺寸 (长×宽× 高)/mm	连接尺寸
单向阻尼阀 VU- TE-ST-2015-L63-1.75	90	35	35	0.2	36×36×79	M20×1.5
单向阻尼阀 VU- TE-ST-2015-L63-2.5	90	35	35	0.2	36×36×79	M20×1.5

第6篇

名称	额定流量 /(L/min)	额定压力 /MPa	设定压力 /MPa	重量 /kg	外形尺寸 (长×宽× 高)/mm	连接尺寸
单向节流阀 DGMFN-3X-A2W-B2W-41	—	35	—	1.1	167×47.6×40	40.5×31（32.5）
单向节流阀 DGMFN-5X-A2W-B2W-30	—	31.5	—	3.1	228×71.6×50	40.5×31（32.5）
单向节流阀 WYF77	80	21	14	2	172×122×100	82×60
单向节流阀 WYF78	300	35	34.3	200	553×505 ×460.5	322×280
单向阻尼阀 044609000006000	90	35	—	0.18	44×44×55	M20×1.5
单向阻尼阀 044609000007000	90	35	—	0.18	44×44×55	M20×1.5
单向节流阀 SY00001	16～20	3.5	3.5	4	150×72×268	150×72×268
单向节流阀 SY00002	80	25	7	11.8	330×65×54	2×φ11
单向阻尼阀 044609000002000	80	31.5	—	0.18	44×44×55	M20×1.5
单向阻尼阀 044609000003000	80	35	35	0.2	φ21×58	M20×1.5
单向节流阀 MK10G12	50	31.5	31.5	0.7	80×φ48	G1/2
节流阀 04.02.01.00.56-20	10	35	—	0.1	φ15×25	腔孔 CA-08A-2N
单向节流阀 Z2FS6-2-4X/2QV	19	31.5	0.3	0.8	171×45×38.6	40.5×31（32.5）

表 6-3-68　温控阀典型产品参数表

名称	额定流量 /(L/min)	额定压力 /MPa	设定压力 /MPa	重量 /kg	外形尺寸 (长×宽× 高)/mm	连接尺寸
温控阀 MHDBDT06G0-2X/210T082M06	3	28	21	0.8	126×40×40	M26×1.5
温控阀 TX1.224.38.000	66.7	0.3	0.3	0.3	φ58×73.5	φ58×M6
温控旁通阀 SOV4B0201A	80	40	—	0.71	126×114×62	连接螺钉 M6×16，螺纹孔距离 30
温控阀 T×1.253.40.000	80	2	—	0.56	85×145×147	连接螺钉 M8×30，螺纹孔距 40
温控阀 T×1.252.40.000	100	—	—	0.3	96×78×63	管式连接

表 6-3-69　**单向阀典型产品参数表**

名称	额定流量 /(L/min)	额定压力 /MPa	设定压力 /MPa	重量 /kg	外形尺寸 (长×宽× 高)/mm	连接尺寸
单向阀 Z1S6T05-4X/V	1	0.6	0.05	0.8	64×44×40	40.5×31（32.5）
单向阀 Z1S6P1-30	8	35	0.05	0.8	64×44×40	40.5×31（32.5）
叠加式单向阀 Z1S6D05-4X/V	10	35	0.05	0.8	64×44×40	40.5×31（32.5）
单向阀 S10A0./2	40	31.5	0.01	0.3	30×34.5×72	M22×1.5
单向阀 S10A3.0/2	40	31.5	0.3	0.3	30×34.5×72	M22×1.5
单向阀 RHV15LREDOMDA3C	16	1	—	0.25	φ37×74.5	G1/2
单向阀 RSZ15LM-WD	16	1	—	0.24	φ37×69.5	M18×1.5
单向阀 S10A1.0	40	31.5	0.1	0.3	φ34.5×72	G1/2
叠加式单向阀 DGMDC-3-Y-PN-40	20	25	0.5	1.6	88×47.6×40	40.5×31（32.5）
叠加式单向阀 Z2S6-40	20	35	—	0.8	102×44×40	40.5×31（32.5）
单向阀 DGMDC-3-X-TK-40	20	35	0.1	1	102×44×40	40.5×31（32.5）
单向阀 DGMDC-3-Y-AN-BN-41	20	31.5	0.5	1.3	101×46×40	40.5×31（32.5）
补油单向阀 SV26-22D	23	16	0.5	0.78	φ48×81	—
补油单向阀 SV26-27D	25	16	0.5	1.08	φ54×86	—
泄油单向阀 SV22D-26	25	16	0.5	0.78	φ48×81	—
泄油单向阀 SV22D-30	30	16	0.5	0.79	φ48×83	—
补油单向阀 SV30-26D	30	16	0.5	1.11	φ54×88	—
补油单向阀 SV36-27D	35	16	0.5	1.11	φ54×88	—
液控单向阀 DGMPC-5-ABM-BAM-30	40	1	2.5	2.9	147.8×71.6 ×50	54×46
叠加式单向阀 DGMDC-5-Y-PK-30	40	1	0.1	1.5	128×69.5×50	46×53.9

表 6-3-70　**梭阀典型产品参数表**

规范化标记	额定流量 /(L/min)	额定压力 /MPa	设定压力 /MPa	重量 /kg	外形尺寸 (长×宽× 高)/mm	连接尺寸
三通梭阀 WV08LOMDCF	24	15	15	0.53	42×28×14	M14×1.5
梭阀 RS417	12	42	—	0.7	65×50×32	$L=34$；$2×φ7$
三通梭阀 WV10LOMDCF	50	25	—	0.13	60×30×18	通孔 $φ8$ （M16×1.5）

规范化标记	额定流量 /(L/min)	额定压力 /MPa	设定压力 /MPa	重量 /kg	外形尺寸 (长×宽× 高)/mm	连接尺寸
梭阀 DSV1-10V-B-0	30	21	18	1.2	102×64×32	2×φ7
梭阀 9/16×18-UNF-2A	10	3.9	3.9	0.2	62×40×23	2×φ9
梭阀 DSV1-10-B-O	20	3.9	—	0.08	φ25.4×54	腔孔 C-10-3
梭阀 DSV2-8-B-0	20	25	—	0.06	φ22.2×49.2	腔孔 C-8-3
梭阀 CSAB-XXN	24	15	5	5	66×φ27	腔孔 T-13A
梭阀 DSV4-10-O-0-80	26	35	35	0.19	φ25.4×77.3	腔孔 C-10-4
三通梭阀 WV12LOMDCF	35	35	—	1.5	48×40×22	M18×1.5
梭阀 DSV3-12V-B-A8T	95	21	21	2	93×93×221	M8×2
梭阀 DSV2-4-B-0-00	45	21	35	—	—	腔孔 C-4-3
三通梭阀 9/16×18-UNF-2B-9/16×18-UNF-2A-9/16×18-UNF-2A	10	3.9	3.9	0.2	—	2×φ9
梭阀 WV-12LVoss	25	15	1.4	0.096	48×34×10	φ7.5
梭阀 VV6G	通径 φ10	16	—	3.5	117×42×30	—

表 6-3-71 电磁换向阀典型产品参数表

名称	额定流量 /(L/min)	额定压力 /MPa	设定压力 /MPa	重量 /kg	外形尺寸 (长×宽× 高)/mm	连接尺寸
防爆电磁换向阀 GDFW-02-3C4 DC24	19	3.3	—	1.68	201×103×70	6 通径标准安装底板
防爆电磁换向阀 GDFW-02-3C12-D24	19	3.9	—	1.69	201×103×70	40.5×31 (32.5)
电磁换向阀 DG4V-3S-6C-M-U-H5-60	40	35	—	2.1	220×48×87	40.5×31 (32.5)
电磁换向阀 DG4V-3-7C-M-U-H7-60	40	35	—	1.2	48×87×156	ISO4401CETOP03 40.5×31 (31.75)
电磁换向阀 DS3-S10/10V-D24K7	100	35	—	1.8	216×56×47	31×40.5
电磁换向阀 RPE3-062R11/ 020400E1/001	20	3.9	21	1.6	149.5×45.5 ×93	40.5×31 (32.5)
电磁换向阀 RPE3-062R31/ 02400E1/001	20	35	18	1.6	149.5×45.5 ×93	40.5×31 (32.5)

名称	额定流量 /(L/min)	额定压力 /MPa	设定压力 /MPa	重量 /kg	外形尺寸 (长×宽× 高)/mm	连接尺寸
电磁换向阀 RPE3-062C11/ 02400E1/001	23	21	21	1.6	149.5×45.5 ×93	40.5×31 (32.5)
电磁换向阀 4WE6D61B/ CW220-50N9Z4	23	21	—	1.6	80×44×216	—
电磁换向阀 4WE6G61B/ CW220-50N9Z4	23	21	—	1.2	80×44×216	—
电磁换向阀 4WE6GA6X/ EG24N9K4	23	35	—	1.45	124×45×92	40.5×31 (32.5)
电磁换向阀 4WE6C6X/ OFEG24N9K4	25	35	—	1.95	206×45×92	4-M5 31×40.5
电磁换向阀 4WE6G6X/ EG24N9K4	30	24	—	1.95	205.6×44 ×85.2	40.5×31 (32.5)
电磁换向阀 4WE6C6X/ EG24N9K4	30	25	—	1.95	233.6×45 ×97.5	40.5×31 (32.5)
电磁换向阀 4WE6M6X/ EG24N9K4	30	31.5	21	1.95	206×45×92	40.5×31 (32.5)
电磁换向阀 4WE6E61B/ CG24N9Z5LB08	30	35	—	1.6	205×85.5×44	40.5×31 (32.5)
电磁换向阀 4WE6J61B/ CG24N9Z5LB08	32	35	—	1.6	205×85.5×44	40.5×31 (32.5)
电磁换向阀 DG4V-3-8C-M-U-H-60	80	35	—	1.2	220×48×87	40.5×31 (32.5)
电磁换向阀 DG4V-3-OB-MUH7-60	35	31.5	—	1.5	156.5×50×90	ISO4401 03 规格
电磁换向阀 DS3-SA2/10V-D24K7	40	35	—	—	—	—
电磁换向阀 4WE6D6X/EG24N9K4	35	31.5	—	1.95	233.6×45 ×97.5	—
电磁换向阀 4WE6J61/ EG24N9K4 24VAC	35	31.5	—	1.95	206×45×92	40.5×31 (32.5)
电磁换向阀 DG4V-3- 2C-M-U-H7-60	83	35	—	3.5	195×48×87	40.5×31 (31.75)

续表

名称	额定流量 /(L/min)	额定压力 /MPa	设定压力 /MPa	重量 /kg	外形尺寸 (长×宽× 高)/mm	连接尺寸
电磁换向阀 DG4V-3-2A-M-U-H7-60-T10	83	35	—	1.6	48×87×156	40.5×31 (31.75)
电磁换向阀 DS3-SB1/10V-D24K7	80	35	—	1.5	243×81×71	31×40.5
电磁换向阀 DS3-S3/10V-D24K7	40	34.5	—	1.8	216×56×47	31×40.5
电磁换向阀 DG4V-3-6C-M-U-H7	83	35	—	2.2	48×87×220	40.5×31 (31.75)
电磁换向阀 4WE6A61B/CW220-50N9Z4	40	35	—	0.39	54.6×38.9 ×75	—
电磁换向阀 4WE6D61B/OFCW220-50N9Z4	45	21	—	0.39	54.6×38.9 ×108.7	—
电磁换向阀 4WE6E61B/CW220-50N9Z4	45	21	—	0.39	54.6×38.9 ×108.7	—
电磁换向阀 4WE6J62/EG24N9K4	50	25	—	1.95	205.6×92×45	40.5×31 (32.5)
三位四通电磁换向阀 4WE6H6X/EG24N9K4	50	25	—	1.95	206×92×45	40.5×31 (32.5)
电磁换向阀 4WE6E60/EG24N9K4	50	25	—	1.95	206×92×45	40.5×31 (32.5)
电磁换向阀 RPE3-063H11/02400E1/001	60	32	18	2.2	215×45.5×93	40.5×31 (32.5)
电磁换向阀 4WE6L6X/EG24N9K4	25	31	—	1.95	206×45×92	4-M5 31×40.5

表 6-3-72　手动换向阀典型产品参数表

名称	额定流量 /(L/min)	额定压力 /MPa	设定压力 /MPa	重量 /kg	外形尺寸 (长×宽× 高)/mm	连接尺寸
手动换向阀 MRV4-10-D2-O	11	21	—	12	ϕ42×100	腔孔 C-10-4
手动换向阀 MRV4-10-D-O	10	10	—	0.8	ϕ40×121.6	腔孔 C-10-4
手动换向阀 SD5/2/-(KG3-250) 18L/ 18L/AEK	11	21	31.5	2.5	150×120×80	G3/8

续表

名称	额定流量/(L/min)	额定压力/MPa	设定压力/MPa	重量/kg	外形尺寸(长×宽×高)/mm	连接尺寸
手动换向阀 SD5/4/AET	11	21	—	2.5	150×120×80	184×81；M8×3
手动换向阀 4WMM6J50GB/T2436	60	35	35	1.9	70×113×312	ISO4401CETOP03
手动换向阀 4WMM6J50B/F	60	35	—	1.9	70×113×312	ISO4401CETOP03
手动换向阀 4WMM6J50/F	60	31.5	—	2	147×138×52.5	40.5×31；4×M5
手动换向阀 4WMM6D50/F	60	35	—	2	147×138×52.5	40.5×31；4×M5
手动换向阀 MBRV-02-P-1-B	11	35	—	1.3	179×46×40	40.5×31（32.5）
手动换向阀 MRV6-10-D-O	35	7	—	0.4	119.9×φ19	腔孔 C-10-4
手动换向阀 4WMM10Y-10F	35	31.5	31.5	1.6	70×113×312	40.5×31（32.5）
手动换向阀 MP10-20L-0-N	35	31.5	4	0.11	φ40×45	腔孔 C-10-2
手动换向阀 OD.55.05.18.37-01	35	35	10	0.4	φ34×102	腔孔 CA-08A-2N
手动换向阀 DHV080	200	35	24.5	61.4	376×166×100	313.5×65
手动换向阀 4WMM6Y50/F	40	25	—	1.4	147×138×52.5	40.5×31；4×M5
手动换向阀 H-4WMM6D50	60	25	—	1.4	138×52.5×147	
手动换向阀 4WMM10H50/F	60	31.5	—	3.5	163×200×75	54×46；4×M6
手动换向阀 4WMM6E50	60	35	—	1.4	138×44×147	40.5×31（32.5）
手动换向阀 DG17V4-018N-10	60	40	—	1.8	151.4×151.3×46	ISO4401CETOP05
二位三通手动换向阀 BH22041a	65	35	—	1.2	48×87×156	FC103
手动换向阀 4WMM6G50/	60	31.5	—	1.4	147×138×52.5	2×φ11
电磁换向阀 MD10-40-D-0-N	—	35	20.7		φ40×144	腔孔 VC10-4

表 6-3-73　液控换向阀典型产品参数表

名 称	额定流量/(L/min)	额定压力/MPa	设定压力/MPa	重量/kg	外形尺寸(长×宽×高)/mm	连接尺寸
液控换向阀 PTS1-10-O-160-00	2	—	—	—	—	—
液控换向阀 PTS1-10-0-80	20	5.4	0.55	0.08	$\phi25.4\times80.9$	腔孔 C-10-4
液控换向阀 DG3V-8-2C-10	700	35	35	4.2	270×115×127	ISO4401CETOP08
液动阀 DLC3-RK/10N	110	30	—	1.2	—	—
液控换向阀 DG3V-3-2N-7-B-60	160	31.5	35	1.2	48×51×124	ISO4401CETOP03
自由滑转液控换向阀 ST0055	50	35	—	1.65	78×69×50	$L=35；2\times\phi9$ 通孔
液控换向阀 WSM0602V+276842	40	35	—	0.52	$\phi36.3\times99$	2×G3/8
液控换向阀 MH6WH 32AG1X/003M11	450	35	—	5.2	374×122×116	242×100，2×ϕ14
液控换向阀 PTS3-16-O-160	30	21	—	0.72	130×ϕ38	腔孔 C-16-4
液控换向阀 PSV 6G -3	30	21	—	24.1	85×63×100	2×M8
液控换向阀 WYZ-28SY	30	21	5.2~15.9	11.6	125×140×417	4×ϕ8.6
液控换向阀 DG3V-7-2C-20	40	35	—	7.3	92.8×194 ×120	101.6×69.9
电磁换向阀 DG3V-8-6C-1-10	40	35	—	15	118×140×415	—
液控换向阀 WYZ-1SY1	210	21	—	1.56	185×130×110	2×ϕ11
液控换向阀 DG3V-5-33C-10	65	45	—	4.2	152×168×72.7	50.8×46 4×M8
液控换向阀 VDF-H15-1-000-000-44-000000	80	20	38	13	189×94×94	M12×1.5
液控换向阀 236.332.505.9	80	35	35	—		62×115（125）
液控换向阀 4WH6D50B	132	21	—	1.2	48×87×156	40.5×31（32.5）
液控换向阀 ZHF-2 液控弹簧复位	110	30	—	11.5	358×110×70	3×ϕ11.5
马达液控换向阀 085A0500DWG/08	20	31.5	2.3	9	172×110×116	90×80；4×M8

续表

名称	额定流量 /(L/min)	额定压力 /MPa	设定压力 /MPa	重量 /kg	外形尺寸 (长×宽× 高)/mm	连接尺寸
液控换向阀 DG3V-8-8C-10-EN521	200	27.5	27.5	4.2	270×115×127	ISO4401CETOP08
防爆液控换向阀 SGX0311 250LP	400	36	34.3	337	556×528 ×481.5	322×280

表 6-3-74　**电液换向阀典型产品参数表**

名称	额定流量 /(L/min)	额定压力 /MPa	设定压力 /MPa	重量 /kg	外形尺寸 (长×宽× 高)/mm	连接尺寸
电液换向阀 DG5V-8- S-2C-E-M-U-H-10	700	35	—	4.5	265.3×118.5 ×135.6	130.2×92.1 (中间两孔距左端 分别 53.2 和 77.0)
电液换向阀 DG5V-8- S-33C-E-M-U-H-10	700	35	—	12	265.3×118.5 ×135.6	130.2×92.1 (中间两孔距左端 分别 53.2 和 77.0)
电液换向阀 DG5V-10- S-33C-M-U-H-10	1100	35	—	25	254×419×197	158.8×190.5
电液换向阀 DG5V-8- S-2A-E-M-U-H-10	700	35	—	4.5	265×118×136	ISO4401CETOP08
电液换向阀 DG5V-7- 2C-M-U-H7-30	700	35	—	1.2	200×95×182	ISO4401CETOP07
电液换向阀 DG5V-10- S-2C-E-M-U-H-10	1100	35	—	1.2	48×57×150	ISO4401CETOP10
电液换向阀 DG3V- 10/DG3V-3	1100	35	35	6.2	378×197×163	ISO4401CETOP10
电液换向阀 H-4WEH 16Q70/61G24NK4F6L/S	300	35	—	8.9	$\phi 32×110$	通孔 $\phi 32$

表 6-3-75　**液压阀典型产品参数表**

名称	额定流量 /(L/min)	额定压力 /MPa	设定压力 /MPa	重量 /kg	外形尺寸 (长×宽× 高)/mm	连接尺寸
液压锁 A050452.03.00	0.96	18	22	—	—	4×M10
双向液压锁 055302 000201 ST1962-S000	0.96	18	—	0.75	113×59×34	70（35＋35）×40

名称	额定流量 /(L/min)	额定压力 /MPa	设定压力 /MPa	重量 /kg	外形尺寸 (长×宽×高)/mm	连接尺寸
双向液压锁 055302000301	30	21	—	0.95	145×69×34	80 (40+40) ×40
液压锁 VBD38SP6BAR	30	35	35	1.15	70×30×70	3/8-16UNC
液压锁 A050452.04.00	30	35	22	—	—	4×M10
双向液压锁 YSS-8BS	35	35	—	2.2	102×42×70	55×46
双向液压锁 ST0389	50	35	0.45	0.23	φ13×25	55×46
支腿液压锁 BC10C/401BT-3039	50	35	35	2.5	50×76×98	62×18，M6×6
双向液压锁 421.082.401.9FK	60	35	—	3	122×75×55	60×55
双向液压锁 DGMPC-3-ABM-BAM-41	60	42	0.25	0.8	101×47.6×40	40.5×31 (31.75)
液压锁 494A0100DWG/11	70	35	—	0.76	60×64×66	4×M5
双向液压锁 421.082.401.9FK	70	50	50	3	122.5×75×55	孔 4×φ13，孔中心距：60×55

表 6-3-76　多路阀典型产品参数表

名称	额定流量 /(L/min)	额定压力 /MPa	设定压力 /MPa	重量 /kg	外形尺寸 (长×宽×高)/mm	连接尺寸
多路阀 DL94-15L-WX1	25	19	—	3.6	266×98×105	2×M10
多路阀 DL94-15L-WX2	25	24	—	3.6	266×98×105	2×M10
支腿多路阀 SD5/5-P	25	42	25	5	150×180×80	4×M8
支腿多路阀 SD5/4-P-AE	35	21	25	5	150×180×80	4×M8
多路阀 MWP228SC709	350	34.3	—	110	694×392×229	346×242
多路阀 VW300-L	60	21	—	8.7	280×120×70	4×M12
多路阀 VW300-S	60	25	—	8.7	280×120×70	4×M12
多路阀 M7-1631-10/5M7-25	570	36	—	320	844×547×190	4×M16 深 20，249×331×192
多路阀 M7-1720-10/6M7-25	560	35	—	392	762×547×190	4×M16 深 20，249×331×192
多路阀 M7-1567-30/6M7-22	360	35	—	223	930×430×145	6×M16×24，303×122×150

续表

名称	额定流量/(L/min)	额定压力/MPa	设定压力/MPa	重量/kg	外形尺寸(长×宽×高)/mm	连接尺寸
多路阀 M7-1575-30/6M7-22	400	35	—	230	794×244×145	6×M16×24
多路阀 CZF-1	240	34.3	—	6	431×205×190	$\phi14$，173×200
多路阀 CZF-2	240	34.3	—	12	454×331×190	$\phi14$，299×200
多路阀 CZF-3	240	34.3	—	18	454×331×190	$\phi14$，425×200
多路阀 SX125ELCMDZ1-1	251	21	21	25	288×197×105	4×$\phi11$
多路阀 SX125ELCMDZ1-2	190	21	21	25	295×210×105	4×$\phi11$
多路阀 MWP325S2C542	240	34.3	32	77	459×451×190	423.5×200
多路阀 MWP3252SC545	240	34.3	—	65	395.3×430×190	360.8×200
多路阀 MWP425S2CT576	240	34.3	—	90	520.5×430×190	486.2×200
多路阀 MWP4253SC582	240	34.3	—	78	458×430×202	423.5×200
多路阀 MWP5252S2CT506	240	34.3	31.4	103	583.4×430×190	549×200
多路阀 MWP5252S2CT507A	240	34.3	—	103	583.4×451×188	549×200
回转阀 MW125P5198	240	34.3	20.5	38	172.7×200	200×172.7；4×$\phi14$
多路阀 MWP2282C710	350	34.3	—	110	717×462.4×229	414×242
多路阀 MWP228CS711	350	34.3	—	110	694×392×229	346×242

表 6-3-77　先导阀典型产品参数表

名称	额定流量/(L/min)	额定压力/MPa	设定压力/MPa	重量/kg	外形尺寸(长×宽×高)/mm	连接尺寸
先导阀 4TH6E70-14/YU236M01	16	5	—	0.2	108×108×347	$\phi108$ 圆周上，4×$\phi7$ 固定槽均布
先导阀 4TH6E70-14/YU436M01	16	5	—	2.5	108×108×347	$\phi108$ 圆周上，4×$\phi7$ 固定槽均布
先导阀 4TH6NRZ238-20/M0108352928	16	5	3.9	2.6	100×100×158	4×$\phi11$

续表

名称	额定流量/(L/min)	额定压力/MPa	设定压力/MPa	重量/kg	外形尺寸(长×宽×高)/mm	连接尺寸
先导阀 4TH6NZ79-10/M01S044	16	5	3.9	7.8	158×86×108	4×φ7
先导阀 RCM/1：01-A09-MA-B-WR95-RAG02	16	5	3.5~4	1.5	120×38.5×272	—
先导阀 RCM/1：25-A09-MA-M-WR95-RAG02	16	5	3.5~4	1.5	120×38.5×272	—
先导阀 RCM/1：27-A09-MA-M-WR95-RAG02	16	5	3.5~4	1.5	120×38.5×272	—
先导阀 TH40K1329A	20	9.8	—	5	216×216×355	φ113 圆周上均布
先导阀 TH40K1330	20	9.8	—	5	108×108×355	φ113 圆周上，4×φ7 固定槽均布
手动先导阀 LPV48KC1332	20	6.9	6.9	1.9	174×130×130	4×φ7
手动先导阀 PV48K1330	300	34.3	30	70	405×103×120	144×405
手动先导阀 PV48K1333	400	32.4	31.4	325	1095×598.5×308	1057×495×200
手动先导阀 PV48K1334A	250	60	60	8	259×79×79.5	4×M10
手动换向阀 WYX-46	10	21	—	3.2	308×125×173	3×φ8.5 通孔
先导阀 1TH7QL06-1X/M01	20	5	—	3.2	223×95×155	固定孔 3×φ6.5
先导阀 KSC19L-A1.0/315/157	200	30.9	—	42	496×404×218.5	400×151；4×M12×25
脚踏阀 4TH6NRC70-20/M01	16	5	—	3.5	291×168×207	4×φ11（62×126）
先导阀 RCV8CC2004	10	9.8	—	12.4	287×178×323	4×φ11 通孔
先导阀 4-2TH6T97 T97L97L97-1X/M01	16	3.9	—	4.8	128×301×100	8×M8
先导阀 4TH6E97-1X/TT23M01	16	3.9	—	2.5	350×136×110	4×M6
四方向液控先导阀 HPCJ0G21SSS0100000	16	3.9	—	2.5	350×136×110	4×M6
八联液控先导阀 HPCS8 G21GS×5A×3S0100000	16	5	—	9.6	95×253×385	95×340；4×M8×16

续表

名称	额定流量 /(L/min)	额定压力 /MPa	设定压力 /MPa	重量 /kg	外形尺寸 (长×宽× 高)/mm	连接尺寸
液控先导阀 HPCS7G 21GS×5A×2S0100000	16	5	—	8.4	245×95×253	4×M8
先导阀 2&-PDR08	30	21	18	9	125×95×120	2×ϕ11
举升先导阀 WYX-64	120	21	18	6.39	145×60×195	2×ϕ11
举升先导阀 AX30848-3	30	21	3.3	9.3	125×95×375	4×ϕ8.6

表 6-3-78　蝶阀典型产品参数表

名称	额定流量 /(L/min)	额定压力 /MPa	设定压力 /MPa	重量 /kg	外形尺寸 (长×宽× 高)/mm	连接尺寸
蝶阀 G1-150 带 O 形圈	1000	0.1	—	6.67	ϕ220×167	8×ϕ12；ϕ195
蝶阀 GTD7-40 连接 法兰标准 GB9119 通径 40 带发讯装置	100	25		1.1	ϕ150×45	通孔 ϕ40
蝶阀 GTD7-65 通径 65 带发讯装置	300	18		1.3	ϕ180×48	通孔 ϕ65
蝶阀 BKMF-DN125 带接近开关	1000	2	2	16	365×371×93	ϕ210
蝶阀 GTD7-80	DN 80	1	1	2.5	ϕ160×350	4×ϕ18，ϕ160
蝶阀 GI-100 连接法兰 标准 JB919-75DN100	600	0.5		3	ϕ170×132	4×ϕ12，ϕ145
手动蝶阀 D7A1X6-10ZB3 DN125	DN150	0.1		1	ϕ180×63	ϕ180

表 6-3-79　球阀典型产品参数表

名称	额定流量 /(L/min)	额定压力 /MPa	设定压力 /MPa	重量 /kg	外形尺寸 (长×宽× 高)/mm	连接尺寸
电磁球阀 ZS22061ABG24	10	1.6	/	1.8	248×84.5×49	40.5×31（31.75）
电磁球阀 ZS22061BG24	19	25	/	1.2	154×84.5×49	40.5×31（31.75）
球阀 BKH-DN13-18L /18L-1125 红色手柄	20	35	35	0.65	156×54×35	M22×1.5
高压球阀 KHB-15LR-PN400	DN 12	31.5	/	0.5	82×38×62	M22×1.5
球阀 Q11F-31.5-DN25P	25	31.5	31.5	1.23	235×60×85	G1

名称	额定流量 /(L/min)	额定压力 /MPa	设定压力 /MPa	重量 /kg	外形尺寸 (长×宽× 高)/mm	连接尺寸
高压球阀 YJZQ-H10N 32MPa		32	0～32	5.93	174.5×32 ×82.5	100×50
高压球阀 YJZQ-H32N	DN 32	32	0～32	1.6	289×68×101	160×80
球阀 BKH-G3/8	35	5	—	0.54	φ32×108	管式
截止阀 KH32B1V65SM	40	1.6	—	2.4	146×118×60	67×32
球阀 K-301L-1/2BSPT	40	21	—	0.45	130×70×50	G1/2
球阀 KHP-06-1114-14X 板式	40	25	—	0.5	65×40×52	40.5×31 (31.75)
球阀 KHP20L11402X	40	35	—	2.4	204×70×132	6×φ10.5
截止阀 QJ32-DN32	400	35	1.6	3.2	227×59×105	φ50×42
三通球阀 KH3/2-1X	40	35	—	2.6	118×65×56.5	M22×1.5
球阀 CMV10-16-1 DN25 P350bar	50	21	—	2.7	140×50×80	φ30×50
电磁球阀 M-3SEW6C 30B/420MG205N9K4	60	40	10	0.65	123×200×63	板式, 通径 φ6, 4×M6
截止阀 YJZQ-H15N	60	31.5	—	0.75	86×35×52.5	M22×1.5
三通球阀 KH3/2-15L	70	40	40	0.678	83×45×96.5	M22×1.5
电动球阀 2000248	80	5	1	—	—	3^{in}NPT
球阀 YJZQ-J10N	80	5	21	0.8	φ40×120	
球阀 YJZQ-J15N	80	31.5	—	0.5	163×87×35	M22×1.5
截止阀 JZF100F-0	100	2.5	—	3.5	φ165×55	2×φ9
铜截止阀 DN25 J11F-16T	100	40	40	2.5	120×80×80	Rc1
截止阀 JZF-80F	120	31.5	—	3.5	135×50×150	φ120 (4×φ9)
球阀 FJQ125/31.5 DN12	125	31.5	1.6	9.7	112×74×32	φ30×36
球阀 KH10LX	200	31.5	31.5	0.42	75×68×30	M16×1.5
球阀 KHP-16-1214-02X	200	50	50	2.1	110×60×46	6×M8
两通球阀 KH11/4X	300	40	—	2.62	110×180×73	1.25
球阀 KH1/4X	400	31.5	3.5	0.22	20×20×68	—
球阀 BKH-35L	400	31.5	31.5	203	112×58×83	M45×2
球阀 KHB-10-1114- 14X-G-SO1132	400	40	—	0.37	175×155×90	两 M6 螺纹 距离 20
4 通球阀 KH4-G1/2-X-1112-06X	60	40	—	2	80×80×80	φ9, 80×80

续表

名称	额定流量 /(L/min)	额定压力 /MPa	设定压力 /MPa	重量 /kg	外形尺寸 (长×宽× 高)/mm	连接尺寸
球阀 KHP-06-1114-14X 板式	40	25	//	0.5	65×40×52	40.5×31(31.75)
球阀 FJQ400/31.5 DN25	400	31.5	31.5	0.8	140×90×48	DN25
球阀 FJQ400/31.5 DN20	400	31.5	31.5	0.5	125×90×42	DN20
球阀 FJQ80/31.5 DN12	200	31.5	31.5	0.5	100×60	DN12
球阀 FJQ125/31.5 DN10	125	31.5	31.5	0.5	80×45	DN10
球阀 86-205401-01	80	31.5	—	1.3	133×96×69.3	DN25

表 6-3-80　逻辑阀典型产品参数表

名称	额定流量 /(L/min)	额定压力 /MPa	设定压力 /MPa	重量 /kg	外形尺寸 (长×宽× 高)/mm	连接尺寸
比例控制阀 MHFP 04G2-1X/1BX30G24	6	10	—	2.5	137×80×95.5	2×ϕ6.5
插装阀 CV1-50-D11-L-4	30	21	—	3.8	117×ϕ90	ϕ50
插装阀 PTS3-10-O-80	30	21	21	0.14	80.9×ϕ18.97	腔孔 C-10-4
比例阀 PMZ1-19-G24MSHA	2	1.9	4	1.2	65×52.5×68	45×49
方向阀 DRBC-LAN	50	35	—	0.2	112×25×22	腔孔 T-11A
逻辑阀 LPFC-LHN	57	29	—	0.15	ϕ28.6×70	腔孔 T-2A
插装阀 CVI-32-D10-H-40	120	35	35	0.55	60×60×85	通孔 ϕ40
螺纹插装阀 DPS2-10-P-F-0-80	200	35	35	0.2	30×30×48	腔孔 C-10-3S
比例阀 4WRA6E 15/2X/G24N9K4/V	16	35	—	1.8	44×85.5×201	40.5×31(31.75)
比例阀 EPV10-A- 3G-24D-M-U 10	30	35	—	0.78	ϕ43.5×80	腔孔 C-10-2
逻辑阀 DPS2-20-T-F-O- 10DPS2-20-T-F-O-10	240	35	—	0.81	ϕ47.6×138.3	腔孔 C-20-3S
压力补偿阀 DPS2-10-F-F-O-160	60	29	—	0.14	ϕ25.4×95.3	腔孔 C-10-3S

续表

名称	额定流量 /(L/min)	额定压力 /MPa	设定压力 /MPa	重量 /kg	外形尺寸 (长×宽× 高)/mm	连接尺寸
插装阀 CV1-63-D11-L-4	300	0.31	—	7	150×φ120	φ63
压差传感阀 DPS2-16-P-S-O-160	189	29	21	0.14	φ38.1×111.9	腔孔 C-16-3S
插装阀 RV1-10-S-O-36	303	3.4～25	—	0.22	111.8×φ15.82	腔孔 C-10-2
插装阀 CVI-16-D20-M-D20	1300	35	—	—	—	—
逻辑阀 LPHC-XHN	2600	0.5	—	—	—	腔孔 T-17A
比例阀 WDPFA06- ACB-S-16-G24	42	35	18	2.5	216×85×45.5	40.5×31 (31.75)
电比例防打滑阀 507832	120	48	12	1.2	150×60×50	M10×1
比例阀 PHY601202-1	30-60	18	18	12.1	158×320×173	94×104 (M8 深 11)
压差传感阀 DPS2-16-R-F-O-80	189	35	0.5	0.35	φ28.5×111.9	腔孔 C-16-3S

表 6-3-81　优先阀典型产品参数表

名称	额定流量 /(L/min)	额定压力 /MPa	设定压力 /MPa	重量 /kg	外形尺寸 (长×宽× 高)/mm	连接尺寸
优先阀 VLE-150/882-2703-072	6	—	—	2.5	209×119×65	3×φ8
优先阀 ST0774-S000	17	12	21	5.8	145×123×60	4×φ11
优先阀 VLE150 606- 1356-003-00	32	32	25	5.4	209×120×65	φ9
优先阀 OLS80-317G1169	40	25	25	0.8	139×55×41	φ9
优先流量阀 FRDA-XAN-6.00LPM	80	25	21	0.2	φ40×60	1-14UNS-2B (腔孔 T-2A)
优先阀 ST1546-S000	80	30	14.5～16	—	—	G1
优先阀 VLH-240 (833-2702-076-9)	80	25	17.6	2.6	278×115×65	3×M12
优先阀 OLSA 152B8002	150	25	10	0.8	85×85×40	4-M10X1.5 16mm 深
优先阀 PRTAD80/7P	240	18	7	2	144×80×41	φ8.5
优先阀 YXL-160/870-3226	50	21	—	0.55	139×81×41	2×M8，孔距 110

表 6-3-82　充液阀典型产品参数表

名称	额定流量 /(L/min)	额定压力 /MPa	设定压力 /MPa	重量 /kg	外形尺寸 (长×宽× 高)/mm	连接尺寸
双路充液阀06-463-202	10.2	20.7	15.9	35	120.6×129× 102.4	2×3/8-16NUC-2B
充液阀 06-463-112 159bar/117bar	10.2	20.7	11.7~15.9	3.78	122×99×77	2×3/8-16NUC-2B
充液阀 PDF05-00A	6	10	—	3.4	152×105×64	2×φ7
双路充液阀 06-463-156	12	20.7	12.7~15.9	0.8	122.2×99.3 ×78	3/8-16UNC
双路充液阀 06-463-200	15	—	19	3.5	120.6×129 ×102.4	2×3/8-16NUC-2B
双路充液阀 06-463-144	17	15	16~20	—	—	—
充液阀 T06-A06-30/ 150B40/02M	17	15	—	2.3	150×110×60	—
充液阀 T06-A06-3X/ 100B18/02M	20	16	—	2	154×61×104	2×M10
单路充液阀 06-463-020	40	21	—	2.7	120×70×95	3/8-16UNC

表 6-3-83　制动阀典型产品参数表

名称	额定流量 /(L/min)	额定压力 /MPa	设定压力 /MPa	重量 /kg	外形尺寸 (长×宽× 高)/mm	连接尺寸
制动器控制阀组 QT-SY-061122-01	10	35	—	2.6	140×80×139	66×48.2；3×φ8.5
制动控制阀组 Q320	30	7	—	5.1	194×142×117	180×78；
行走制动控制阀组 LLFZ-900-05	20	5	—	18	224×150.5×70	1，170×64；4×M8
双路制动阀 06-466-284	12	12	13.8	3.2	311×114×288	4×φ10
制动阀组 390A0200DWG/08	30	21	18	9.8	481×252×70	2×φ13
双路制动阀 06-466-200	16	3.9	6.9	1.2	74.1×73.6 ×389.6	φ10
制动控制阀组 DPH-1211C-09	30	5.5	4	2.6	182×85×222	φ9
双路制动阀 06-466-282	20	6.9	10.3	3.2	283×114×311	143×95.3
制动控制阀组 AIRW ATERDPH-1211C-09	40	25	4	2	182×85×222	φ9
制动阀 VB-220-5A0- 63-C0-004-5000-S260G	20	6.9	17	6	241×110×284	4×φ9

续表

名称	额定流量 /(L/min)	额定压力 /MPa	设定压力 /MPa	重量 /kg	外形尺寸 (长×宽× 高)/mm	连接尺寸
转制动踏板阀 03-460-430	20	21	2.2	—	—	—
双路制动阀 06-466-202	25	10	15	—	—	—
制动器控制阀 ST1820-A000	25	13	3	3.34	95×50×90	通孔 ϕ15
制动阀 ZDF-1G	30	31.5	—	18	220×174×102	125×60
制动阀 PDF06-00	36	10	—	1.2	62×58×190	2×ϕ9
行走制动阀 ST0561-S00C	36	15	—	19	203.8×184.5 ×131.1	66.7×31.8（两组）
制动阀 LT07MKA-2X/100-02M	40	21	—	5.5	254×95×62	2×M8
单路制动阀 06-466-162	50	13.8	—	0.6	ϕ40×140	2×3/8-16NUC-2B
后制动阀组 318A0100DWG07	40	18	18	29.5	ϕ148×246	2×ϕ13
前制动阀组 318A0400DWG07	100	46	18	23.5	150×130×233	2×ϕ7
制动阀组 318A0300DWG07	80	21	18	164	493×371×287	2×ϕ11
制动阀 B35R-A1.1N-901 630t	605	45	—	21	400×170×171	83×111; 6×ϕ18（通孔）
制动阀组 401A0200DWG/09	132	21	18	41	320×140×115	290×110
制动阀 PDF06-00A	0~605	45	8	2.4	195.5×60×60	M16×1.5
单路制动阀 LT05MKA-2X/080/02M	50~120	21	8	2.7	170×65×396	150×65
制动控制阀组 DPH-1211C-09	30	5.5	4	2.6	182×85×222	ϕ9
双路制动阀 06-466-282	20	6.9	10.3	3.2	283×114×311	143×95.3
制动控制阀组 AIRWAT ERDPH-1211C-09	40	25	4	2	182×85×222	ϕ9
制动阀 VB-220-5A0-63-C0-004-5000-S260G	20	6.9	17	6	241×110×284	4×ϕ9
转制动踏板阀 03-460-430	20	21	2.2	—	—	—
双路制动阀 06-466-202	25	10	15	—	—	—
制动器控制阀 ST1820-A000	25	13	3	3.34	95×50×90	通孔 ϕ15

表 6-3-84 阀组典型产品参数表

规范后标记	额定流量 /(L/min)	额定压力 /MPa	设定压力 /MPa	重量 /kg	外形尺寸 (长×宽× 高)/mm	连接尺寸
风扇马达控制阀组 TB301.500.00	60	25	—	14.2	279×100×220	110×80，4×M8
阀组 LLFZ-400-08	104	18	—	2.5	211×110×254	90×64；4× M8 深 15 孔深 19
阀组 Ⅱ 060515-100	120	31.5		5	208.3×174 ×183	105×75； 4×M6×60
梭阀阀组 TB301050000 0000TB303.100.00	40	35	—	15	170×120×96	150×76，4×M8
安全控制阀组Ⅰ（CE） TB301.100.00	40	3.9	—	11	180×150×320	300×64，4×M8
安全控制阀组Ⅱ （CE）TB301.300.00	40	3.9	—	11	180×150×320	300×64，4×M8
防后倾泵控制阀组 LLFZ-900-02	90	29	—	9.9	220×155×203	135×70；4×M10 深 18 底孔深 24
销轴油缸控制阀组 LLFZ-900-07	20	25	—	8.8	215×190×163	220×64；4×M8 深 12 孔深 17
平衡阀组 208A0100DWG/08	20	5	18	8.5	175×170×100	3×φ11.5
转向阀组 208A0200DWG/08	20	21	5.2~15.9	5.4	200×150×145	4×φ8.6
平衡阀组 208A0300DWG/08	20	25	3.3	2.1	100×80×50	4×φ8.6
快放阀组 318A0500DWG/08	30	15	18	29.45	205.5×165.9 ×140	3/8-16UNC
单向节流阀组 HN-BJSY-02G	20	25	—	6.3	185×220 ×309.3	196×161
缓行阀组 159A0100DWG/09	30	21	18	12.3	φ134.2×245.9	2×φ11
转向阀组 390A0100DWG/08	16	5	3	6.75	125×110×312	3×M8 深 14
蟹行控制阀组 200011111072	30	4	25	2	143×151×120	φ9
振动控制阀组 DPH-1211A-09	30	4	34	9.8	153×216×157	φ9
单向阀组 HN-BJSY-03	30	21	—	0.42	100×80×30	两个螺纹中心距80
先导阀组 BC366500	30	21	18	20	202×108×388	2×φ13
阀组 4KWE5A-30/ G24WR-441	30	21	3.9	—	—	2×M10
阀组 3253524	60	21	21	8.5	274.4×100×90	3×M10 深 16

续表

规范后标记	额定流量/(L/min)	额定压力/MPa	设定压力/MPa	重量/kg	外形尺寸(长×宽×高)/mm	连接尺寸
电磁换向阀组 8kW E5A-30/G24WR-832	120	1	0.25	0.8	φ50×125	G1
阀组 2KWE5G-30	10	3.9	3.9	5.8	212×100×156	2×M8
阀组 MSC-16	30	21	35	—	—	—
阀组 KADV22Y/136-ASSY-A	190	37	28	11	372×133×65	4×φ13
溢流阀组 1010439	20	5	3.9	5	150×124×157	150×124
阀组 1020071	35	14	14	1.3	150×62×50	G1/2
电液换向阀组 E-H-4F	38	7	2.2	8	260×180×110	4×M8
阀组 4KWE5A-30/G24R-442	10	3.9	3.9	2.9	181×146.5×55	2×M10
电磁换向阀组 1010438	10	20.7	3.9	6.2	86×287×307	2×φ11
阀组 8KWE5A-30/G24R-842	40	7	3.9	—		310×45
蟹行控制阀组 AIRWA TERDPH-1211B-09	40	20	—	3	143×214×171	φ9
平衡阀组 SSY007A/S	45	21	35	13.5	241×96×114	57.2×27.8 (M12)
平衡阀组 SSY008A/S	428	32	35	13.5	235×96×114	66.7×31.8 (M14)
电缆卷扬控制阀组 HN-BJSY-06	50	25	25	9	180×140×120	—
胶管卷扬控制阀组 HN-BJSY-05	50	25	25	9	180×140×120	—
节流阀组 HN-BJSY-04	50	35	35	80	360×235×200	66.7×31.8
阀组 900100000	10	3.9	3.9	1.2	50×50×110	2×φ9
溢流阀组 1010537	60	4.8	0.8	1.8	140×80×100	90
安全阀组 DI20EYS 3330CH 24VDC	60	13	13	6.9	277×230×137	通孔 φ20 (G2、G1)
平衡阀组 633A0200DWG11	16	5	18	3.5	37×110×280	2×φ11
副臂固定桅杆油缸阀组 Q900-02-00	50	25	—	5.7	144×155×137	94×94；4×φ9 通孔
阀组 4KWE5A-30/G24WR-441	30	21	3.9	—		2×M10

规范后标记	额定流量 /(L/min)	额定压力 /MPa	设定压力 /MPa	重量 /kg	外形尺寸 (长×宽×高)/mm	连接尺寸
单向阀组 DFZ2-L20	60	32	0.06	3.5	112×120×52	M27×2
俯仰阀组 320t-01	30	21	—	2	185×90×80	$L=70$；2×ϕ9 通孔沉 ϕ15×10
分流阀组 085A0100DWG/08	80	35	33	10	163×170×90	90×70；4×M8 攻深 12 钻深 14
控制阀组 085A0300DWG/08	70	33	—	33	288×195×195	175×175；4×M10 深 14 孔深 16
手动换向阀组 Q900-04	20	25		4.5	141.7×58×187	48×39；4×M8-15/19
溢流阀组 085A0600	23	35	35	9	172×125×108	105×80；4×M8 深 12 孔深 14
冷却阀组 JS05-0602-65T-002	300	24	34.3	200	553×505×460.5	322×280
阀组 BKWE5G-30/ G24WR-829	120	31.5		0.2	44×41×65	G1
辅助卷扬阀组 ST0383	70	35		2	147.75×100×60	$L=84$；2×ϕ9
先导油源阀组 HPSU-2P	80	21	18	5.4	100×85×133	2×ϕ11
转向阀组 318A0200DWG07	16	5	18	500	113×193.2×88.9	3×ϕ11
立柱液控单向阀组 201003190201	500	50		4	180×104×50	4×ϕ11
电磁换向阀组 OS1531213A04S1	150	35	—	2.4	170×100×160	$L=65$；2×ϕ8.5
比例电磁换向阀组 2kWE5G-20/G24R-277	10	8.8	0-1.9	3	108×144×55	70（2×M8）
六联电磁换向阀组 6kW E5A-30/G24WRS-626A	2×260	34.3	34.3	450	503×575×503	201×510
平衡阀组 CXP25303-01	120	31.4	35	8	145×130×50	112×62
防卡钎控制阀组 86682671	120	31.5	8	35	300×350×245	4×M10（255×92）
棘爪油缸控制阀组 I (CE) TB302.100.00	30	4		26.6	370×142×167	64×350（4×M8）
单向阀组 DFZ2-L20	60	32	0.06	3.5	112×120×52	M27×2
俯仰阀组 320t-01	30	21	—	2	185×90×80	$L=70$；2×ϕ9 通孔沉 ϕ15×10

第 6 篇

续表

规范后标记	额定流量 /(L/min)	额定压力 /MPa	设定压力 /MPa	重量 /kg	外形尺寸 (长×宽× 高)/mm	连接尺寸
分流阀组 085A0100DWG/08	80	35	33	10	163×170×90	90×70；4×M8 攻 深 12 钻深 14
缓冲阀组 208A0400DWG/08	30	24	18	29	235×125×125	180×95
单片液控阀组 KADV22Y/129	150	42	35	6	245.5×74 ×87	40.5×18.2
减压阀组 JY80	234	37	—	—	163×113×240	2×M10 深 15
阀组 11084331	400	35	19	4.2	181×136.7 ×100	2×M10×1.5 深 23
电磁换向阀组 BC366600	60	21	18	4.85	427.5×130 ×127.5	111.25×60.45 (φ8.64)
单向阀组 HYE605040-2	400	—	18	3.6	165×126×90	120 (φ11)
控制阀组 3600662	500	50	30	10	104×165×311	70×95 (M12 深 15)
分流集流阀组 3032902	550	35	—	1.8	110×35×65	—
后悬挂蓄能器阀组 3590035	720	35	28	27	85×115×526	75×95 (φ11)
前悬挂蓄能器阀组 3603635	810	16	28	27	85×115×526	75×95 (φ11)
油冷控制阀组 5252970	60～120	30	16.6	—	112×185×217	75×43 (φ11)
支腿控制阀组 3602287	200～400	31.5	30	10.2	199×274×100	38×101 (φ10)
振动阀组 400672470	20～40	18	40	10.2	251×118×140	106×94-φ9
电磁换向阀组 BC394900	30～80	30	—	5.8	170×57×57	2×M10
举升限位阀组 633A0100DWG11	30	21	18	5.4	100×85×133	2×φ11
阀组 8KWE5A- 30/G24WR-845	16	3.9	3.9	5.4	330×65×197	2×φ11
开关阀组 AWHT12AJS0302.01	40	35	—	2.3	150×65×40	2×φ7
缓冲阀组 208A0400DWG/08	30	24	18	29	235×125×125	180×95
单片液控阀组 KADV22Y/129	150	42	35	6	245.5×74×87	40.5×18.2
减压阀组 JY80	234	37	—	—	163×113×240	2×M10 深 15
阀组 11084331	400	35	19	4.2	181×136.7 ×100	2×M10×1.5 深 23

3.6 工程机械常用控制方法及应用

3.6.1 起重机行走控制

随着现代科学技术的迅速发展，工业生产规模的扩大和自动化程度的提高，工业生产方式和用户需求的多样性，对起重机的要求也越来越高。为提高生产和运输的效率和自动化水平，降低操作强度，针对企业生产实际要求，起重机的行走机构应具有一个操作简便、性能可靠的位置伺服系统。

本案例中的起重机行走伺服控制系统结构框图如图 6-3-52 所示。本系统采用变频器作为功率转换模块，以笼式异步电动机作为驱动装置，与机构相连的磁敏脉冲传感器将速度信号通过速度反馈装置送给速度调节器，构成速度环控制回路。同样，与机构相连的磁敏脉冲传感器将速度信号通过位置反馈转换为位置信号反馈给位置调节器，构成位置环控制回路。速度调节器和位置调节器由 32 位嵌入式单片机实现，其控制规律可通过相应控制程序来实现，可对不同的控制对象，修改相应的程序来灵活适应对象的差异或变化，以达到理想的控制效果。

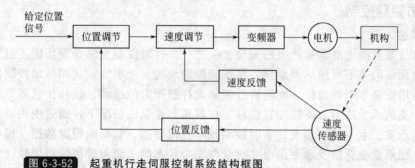

图 6-3-52 起重机行走伺服控制系统结构框图

对一个控制系统，评价其性能的指标分为动态性能指标和稳态性能指标两类。在实际应用中，常用的动态性能指标多为上升时间、调节时间和超调量。稳定是控制系统的重要性能，也是系统能够正常运行的首要条件。稳态误差是描述系统稳态性能的一种性能指标，它是系统控制精度或抗扰动能力的一种度量。

为方便快速地实现控制规律，本伺服控制系统的速度调节器和位置调节器采用了工业中最普遍使用的 PID 控制算法。PID 控制器框图如图 6-3-53 所示。

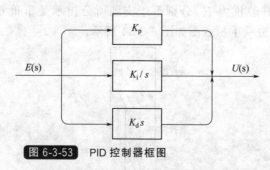

图 6-3-53 PID 控制器框图

从系统的稳定性、响应速度、超调量和稳态精度等方面来考虑，K_p、K_i、K_d 的作用如下。

① 比例系数 K_p 的作用是加快系统的响应速度，提高系统的调节精度。K_p 越大，系统

的响应速度越快，系统的调节精度越高，但易产生超调，甚至会导致系统不稳定。K_p 取值越小，则会降低调节精度，使响应速度缓慢，从而延长调节时间，使系统静态、动态特性变差。

② 积分作用系数 K_i 的作用是消除系统的稳态误差。K_i 越大，系统的静态误差消除越快，但 K_i 过大，在响应过程的初期会产生积分饱和现象，从而引起响应过程的较大超调。若 K_i 过小，将使系统静态误差难以消除，影响系统的调节精度。

③ 微分作用系数 K_d 的作用是改善系统的动态特性，其作用主要是在响应过程中抑制偏差向任何方向的变化，对偏差变化进行提前预报。但 K_d 过大，会使响应过程提前制动，从而延长调节时间，而且会降低系统的抗干扰性能。

起重机行走控制系统主要由三部分组成：控制器、变频器和电机。控制器的硬件主要以 PHILIP 公司的 32 位嵌入式单片机 LPC222O 为核心，软件部分是由 VxWorks 为平台的位置控制程序和速度控制程序组成。利用以位置控制程序和速度控制程序为核心的位置控制器和速度控制器，与外在的变频器和电机构成了速度环和位置环，这样就构成了以速度环为内环，以位置环为外环的双闭环系统。

3.6.2　防倾翻控制

（1）概述

倾翻事故是混凝土泵车最严重的安全事故之一。针对混凝土泵车现场施工过程中由于人为操作或地面塌陷等不可预见因素导致泵车倾翻造成的安全事故，运用运动控制器平台，通过在泵车转塔安装水平倾角仪、支腿有杆腔和无杆腔压力传感器、位移传感器等，采集泵车水平角度、支腿承受压力、支腿油缸位移，在泵送和非泵送情况下，通过中央处理器实时计算泵车支腿承重、水平倾斜角度，实时检测泵车几何姿态、载荷的瞬时数据、操作数据，通过对泵车支腿承重变化量及水平角度变化量与安全状态的多级报警值进行比较，实施多级监控、多级报警、限制动作、禁止动作，保证泵车工作稳定，防止泵车发生倾翻。

（2）技术原理

根据四足机器人稳定判据原理可知，支撑面压力中心必须始终保持在支撑多边形内部，且不包括边缘部分，其支撑多边形的四周的最短距离作为衡量泵车当前稳定状态的稳定裕度，当距离越大时，说明泵车抗倾翻能力越强。

控制实施原理，通过检测支腿有杆腔的压力 p_y 和无杆腔的压力 p_w，计算有杆腔的推力 F_y 和无杆腔的推力 F_w。在忽略活塞、活塞杆与缸筒之间摩擦力，以及油缸在重力方向的偏角情况下，各支腿无杆腔推力 F_w 分别等于支腿所分担承受车重 G_z 和有杆腔推力之和，即 $F_w = F_y + G_z$。支腿承重示意图如图 6-3-54 所示。

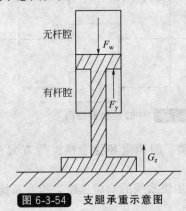

图 6-3-54　支腿承重示意图

　　通过对泵车水平倾斜角度、各个支腿承重 G_z 的变化情况进行判断，预判泵车倾翻的可能性，把计算结果和当前状态下的泵车倾翻预警、报警位置比较，并结合路面塌陷机理，有效控制倾翻发生的概率。各传感器安装位置如图 6-3-55 所示。

图 6-3-55　传感器安装位置示意

系统硬件设计

　　系统是在 SYMC 控制器平台上进行设计，采用 LPC2292 处理器为主控芯片。根据现有车型条件，在泵车转塔处安装水平倾角传感器，在 4 条支腿的支腿油缸处安装位移传感器，在支腿油缸的有杆腔及无杆腔安装压力传感器，其具体的系统硬件结构框图如图 6-3-56 所示。

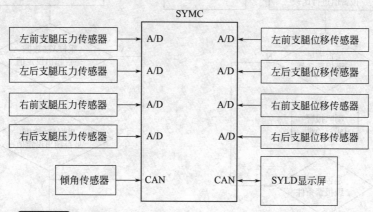

图 6-3-56　系统硬件结构框图

控制器程序设计

　　SYMC 控制程序主要分为 4 个模块：采集传感器数据模块、实时同步采集每节支腿的有杆腔压力的数据、无杆腔压力的数据以及支腿伸出长度的数据，然后将数据堆放在对应的数组之内，供后续计算模块使用。分析计算支腿压力模块：根据采集传感器数据模块得到的数据，计算得出每节支腿压力的数据，判断是否超过稳定范围模块。首先判断支腿是否伸出到位，如果伸出到位，则在显示屏上提示收回支腿。然后根据 $F_w = F_y + G_z$，计算得出支腿承受压力。最后根据压力值判断是正常，还是受力不够、预警、离地。再根据报警状态，相应地限制臂架远离平衡方向的动作。SYLD 通信模块：将传感器数据以及稳定性判断上传给 SYLD 显示，同时接受 SYLD 传下来的相关设置参数。其控制器程序的流程框图如图 6-3-57所示。

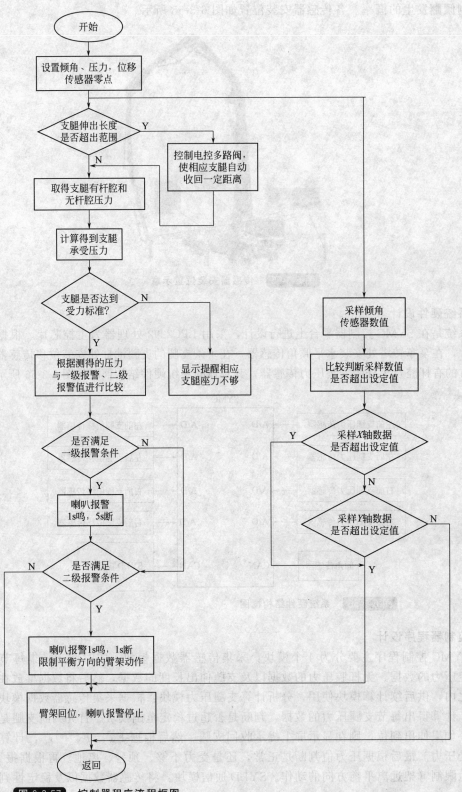

图 6-3-57 控制器程序流程框图

试验验证

以一台 37m 泵车为平台，通过调整支腿位置、臂架吊重、正面吊压重等控制泵车倾翻过程，试验现场如图 6-3-58 所示。

为了验证有杆腔压力对检测结果准确性的影响，对拆除有杆腔液控单向阀和未拆除两种状态分别进行实验。对泵车支腿任意摆放位置，支腿油缸任意伸出行程，臂架展开 360°旋转任意角度，各种状态进行检测。对泵车支腿单侧支撑，臂架展开吊重，旋转臂架，各种状态进行检测。

通过试验数据，了解到在支腿油缸未伸出到最大行程状态，当其中任意两支腿承重

图 6-3-58　试验现场

减小至接近 1.5t 的情况下，泵车处于倾翻的临界状态（两支腿离地）。有杆腔有无压力对实验结果无影响（即有杆腔液控单向阀是否拆除）。当任一支腿油缸伸出到最大行程状态时，该支腿承重无法准确检测（有杆腔和无杆腔压力无变化），处于此种状态时无法对泵车倾翻的可能性进行判断。

3.6.3　节能控制

国内外工程机械领域所开展的节能技术，主要集中在对液压系统内部的节能控制、液压泵和发动机之间的功率匹配节能控制等，主要目的是通过一系列液压元器件和节能控制技术，提高能量的有效利用率。

20 世纪 60 年代，既能充分利用柴油机功率，又不会使柴油机过载的恒功率变量泵，开始应用于各类工程机械。恒功率控制原理应用在双泵系统上出现了全功率和分功率控制。其中，全功率系统的双泵不论在何种情况下流量都相同，因而存在不可避免的功率损失，目前，这种方法基本不被采用。相对于全功率系统，分功率系统对负载的适应性相对较优，但是如果两条相对独立的回路中的一条回路的压力很低，超出调节范围时，该回路的功率就不能被充分利用，造成能源浪费。交叉功率传感双泵系统综合了全功率系统和分功率系统的优点，既能充分利用发动机的功率，又能根据每一个泵的负载调整输出流量，但也具有全功率系统的缺点，存在不可避免的功率损失，因为液压泵被局限在几条工作曲线上工作，不能与负载工作点很好地匹配。因此，为了防止工程机械设备在重载工况下发动机熄火，目前，国内外工程机械的液压系统比较倾向于结合使用恒功率控制和其他控制技术来限制双泵功率之和。

能够消除液压系统溢流损失的压力切断（Cut-Off）技术和恒功率控制技术同时期出现，当液压泵输出压力高于设定的压力切断设定值时，液压泵进入压力切断控制，此时，液压泵排量接近为零，输出压力保持在系统压力附近，因此几乎没有功率损耗，避免了溢流损失。

20 世纪 70～80 年代出现了正流量控制系统，该系统用容积调速代替了定量系统中的节流调速，提高了系统效率。20 世纪 90 年代后，负荷传感控制技术开始应用，特别是在挖掘机的节能控制上。为了解决传统负荷传感阀的每一个阀口压力都保持定值的问题，在多路阀上采用了流量分配型的压力补偿措施，控制所有多路阀阀口的压差在统一各值，即使液压泵输出流量不足时，各执行机构仍保持工作速度的比例关系不变，从而保证机械动作的协调性和准确性。

除了在液压系统内部采用节能技术外，通过在发动机和液压泵之间采用功率匹配控制也是节能控制的一种方式。20 世纪 80 年代，液压泵和发动机的联合调节开始采用机电一体化技术，根据具体的工作情况，使发动机输出工作所需功率，不再一味追求用足发动机的功

率，从而减轻了发动机的工作强度，减少了功率损耗。该种节能控制技术通过调节柴油机转速实现不同功率的输出。

综上所述，目前国内外工程机械的液压系统节能技术，可以归纳为采用变量泵控制、电液比例控制及混合动力等几种方式。在实际应用中，几种节能途径之间各自采用的技术并不是孤立的，它们往往是紧密地结合在一起，互相渗透，形成综合的节能技术。

(1) 采用变量泵的控制方式

变量泵可以通过调节排量来适应工程机械在作业时的复杂工况要求，采用压力感应控制，有效地利用发动机功率，将节流调速改为容积调速，减少能量损失，由于其具有明显的优点而被广泛使用。变量泵只有排量一个被控对象，在采用不同的控制方式时，可以使变量泵具有不同的输出特性。根据具体的应用场合，选用相适应的变量控制形式，以便获得合适的输出特性。变量泵的控制方式多种多样，归类起来主要有排量控制、LS 负载敏感控制和LUDV 控制三种基本控制方式。

① 排量控制　排量控制是指对变量泵的排量进行直接控制的控制方式，只有排量一个被控对象。在采用不同的控制方式时，可以使变量泵具有不同的输出特性，其中排量控制是变量泵的一种最常用的控制方式。排量控制只要施加一个控制压力就可以得到一个相应的排量值。排量控制分为正流量控制和负流量控制。正流量控制的目的是为了用容积调速代替定量系统中的节流调速，以提高系统效率，并在 20 世纪 70～80 年代开始用于液压挖掘机。在正流量控制挖掘机上，通常采用先导式三位六通多路阀，比较典型的一种产品是日立建机生产的 EX400 型液压挖掘机，其泵排量与先导操纵压力成正比，但是在其控制系统中由于梭阀组的存在，一直是正流量控制系统中的不足，不但增加了系统的复杂性，而且影响了系统的响应速度。

负流量控制系统有助于消除六通多路阀中产生的空流损失和节流损失，是一种负荷传感系统，由日本小松公司在 20 世纪 80 年代初期首先推出，并应用于其生产的 PC 系列挖掘机上。除小松公司外，世界上其他主要挖掘机生产商，如日立建机、卡特彼勒等，都推出了类似的液压系统。其中包括日立建机在 1986 年推出的 EX 系列挖掘机，如 EX200、卡特彼勒CAT300 系列挖掘机等，都是应用的负流量控制技术。

图 6-3-59 为川崎 K3V 系列负流量控制（指流量变化与先导控制压力成反比）的输出特性和控制方式。当先导控制压力 p_i 增大时，变量控制阀阀芯右移，使泵的排量减小，从而使泵的流量 Q 随着 p_i 的增大成比例地减小。

② LS 负载敏感控制系统　负载敏感控制能使泵的输出压力和流量自动适应负载需求，大幅度提高液压系统效率。将负载敏感控制用于类似挖掘机这样的行走式工程机械，早在20 世纪 60～70 年代就被提出，但直到 1988 年才在欧洲真正用于液压挖掘机。进入 20 世纪90 年代后，日本也开始在这方面加以研究，并推出了一系列相应的挖掘机产品，如小松公司的 PC200-6、日立建机的 EX200-2 等。

图 6-3-60 所示是 LS 控制变量泵的典型实现形式，它通过压力差对泵的排量进行控制，当 Δp 与弹簧压力不平衡时，变量控制阀阀芯偏移，使泵的排量发生相应变化。

图 6-3-61 所示是采用 LS 控制变量泵实现 LS 调速系统的基本原理。Δp 为节流口前后压力差，$\Delta p = p_A - p_L$，其中 p_A 为泵口压力，p_L 为负载压力。其最大的特点就是可以根据负载大小和调速要求对泵进行控制，从而实现按需供流的同时，使调速节流损失 Δp 控制在很小的固定值，提高系统的效率。但是 LS 控制的缺点在于，当阀开度太大，系统要求的流量超过泵的供油能力时，高负载上的执行元件的速度就会降低直至停止，使整机的操作失去协调性。

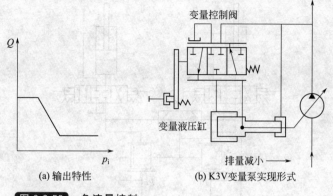

(a) 输出特性   (b) K3V变量泵实现形式

图 6-3-59 负流量控制

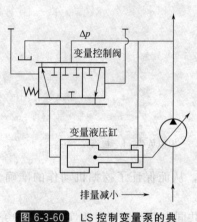

图 6-3-60 LS 控制变量泵的典型实现形式

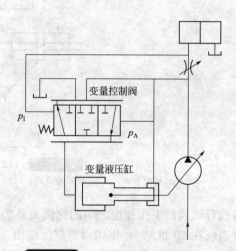

图 6-3-61 LS 调速系统控制原理

③ LUDV 控制系统　为了解决 LS 负载敏感系统中出现的问题，博世力士乐公司研发出一套系统，其系统原理图如图 6-3-62 所示。此系统与普通负载传感系统不同的是：

a. 压力补偿阀设在节流阀后面；

b. 负载压力信号取决于梭阀的最高压力，而不是取决于本身。

由图 6-3-62 并根据压力补偿阀的受力情况可知：

$$p_i \times A_K = p_m \times A_k + F_k$$
$$p_i - p_m = F_k/A_k$$
$$p_i = p_m + F_k/A_k \tag{6-3-4}$$

式（图 6-3-62）中，p_i 为操纵阀阀后压力；p_m 为最大负载压力；A_k 为补偿阀作用面积；F_k 为补偿阀弹簧压力；p_p 为泵的出口压力；Δp_i 为操纵阀压力损失，$i = 1, 2$。因为弹簧刚度很小，所以 F_k 很小，因而 p_i（$i = 1, 2$）基本相等：

$$\Delta p_1 \approx \Delta p_2 \approx \cdots \approx p_p - p_i \tag{6-3-5}$$

由式（6-3-5）可知，所有节流环节的压差基本都相等，这样，所有的多路阀阀口上的压差就可以控制在同一个值。即使泵的输出流量不足，无法维持多路阀阀口上正常的负荷传感压差，但在溢流型压力补偿阀的作用下，仍然可以使所有多路阀阀口上的压差继续保持一致。在这种情况下，虽然各执行机械的工作速度会降低，但由于所有阀口上的压差一致，因

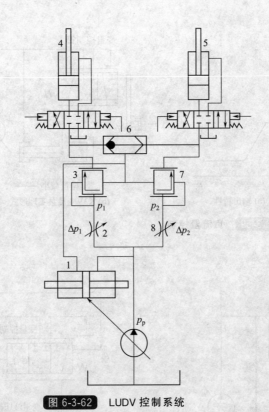

图 6-3-62　LUDV 控制系统

1—流量调节阀；2,8—模拟操纵阀；3,7—压力补偿阀；4,5—模拟负载；6—梭阀

此各执行机构的工作速度之间的比例关系仍然保持不变，从而保证了挖掘机动作的准确性，这种系统在 20 世纪 90 年代得到广泛应用。

通过对上述三种液压系统的了解，可以得出它们的共同点和不同点，为实际生产中究竟选用哪一套系统提供参考。控制系统的比较如表 6-3-85 所示。

表 6-3-85　控制系统比较

类型	共同点	不同点	应用场合
排量控制	都可以在流量充足的条件下，根据需要调节泵的排量，使负载按要求运行	存在节流和溢流损失，控制范围受负载影响，需要合流技术等	不宜用于安全性较高的设备
LS 控制系统		减少了节流损失，无溢流损失，控制范围与负载无关，但在流量饱和时多负载会相互影响，只在最高负载上起作用	不宜用于系统流量常饱和的设备
LUDV 控制系统		单泵单回路系统，流量饱和时，负载由开口面积决定，按比例分配流量	宜用于负载相差不大的设备，如小型挖掘机等

（2）电液比例控制智能化

电液比例技术用于工程机械，可以省去复杂、庞大的液压信号传递管路，用电信号传递液压参数，不但能加快系统响应，而且使整个挖掘机动力系统控制更方便、灵活。

随着计算机技术的发展，电液比例控制将进一步"智能化"，这种智能化主要体现在计算机能够自动监测液压系统和柴油机的运行参数，如压力、柴油机转速等，并能根据这些参数自动控制整个挖掘机的动力系统，使其运行在高效节能状态，这将是节能技术发展的一个趋势。

(3) 柴油机电喷控制

现代柴油机一般采用电控喷射、共轨、涡轮增压中冷等技术，电喷柴油机在汽车行业已开始应用，而在工程机械领域刚起步。柴油机的电控喷射系统是通过控制喷油时间来调节负荷的大小。柴油机电控喷射系统由传感器、控制单元（ECU）和执行机构三部分组成，其任务是对喷油系统进行电子控制，实现对喷油量以及喷油定时随运行工况的实时控制。采用转速、温度、压力等传感器，将实时检测的参数同步输入计算机，与控制单元（ECU）中储存的参数值进行比较，经过处理计算，按照最佳值对执行机构进行控制，驱动喷油系统，使柴油机运行状态达到最佳。

工程机械中柴油机采用电喷控制技术，可以使喷油泵的循环供油量和喷油提前角不再受转速的影响，使机械一直工作在最佳状态，并且动力响应速度快，油耗小，功率利用率高。工程机械中柴油机采用电喷控制技术是节能的一个重要环节和发展趋势。

(4) 多路阀多方式组合控制

工程机械广泛采用四通道、六通道多路阀。在多路阀的系统中，有直通供油路可组成优先回路；中位时直通回油和并联供油路可组成并联回路，并将压力、流量和功率变化的信号组合进行反馈，实现控制功能较全面的负荷传感阀。如 Nordhydraulic 公司在通用阀上组合一片进油联，就可实现流量负荷传感控制（LS）系统。日本小松、神钢挖掘机用川崎 KMX15 多路阀，佳友挖掘机用东芝 U28 多路阀，韩国大宇挖掘机用 DX28 多路阀，均组合了压力反馈液压泵排量控制、直线行驶、回转优先、动臂和斗杆自合流等功能。多路阀的组合方式越来越智能化，将更有利于液压系统的节能。

(5) 混合动力系统

目前在工程机械和汽车上已经开始使用混合动力系统，如一些液压挖掘机和城市公交车等。混合动力分为以电能为存储方式的混合动力系统和以压力作为储能方式的混合动力系统。

① 以电能为存储方式的混合动力系统

a. 串联式混合动力系统发动机不直接与动力传动系统相连，可保持在高效率区稳定工作。电动机随负荷的变化调节转矩和转速输出，电动机所需电能直接来源于发电机或蓄电池。由于发动机的工作区域稳定，所以排放性能好，能量效率较高。不足之处是系统的负载能力完全取决于电动机额定功率的大小，而且电动机的转速不能太低或太高，否则效率很低。

b. 并联式混合动力系统其动力来源有两个：一个是发动机，另一个是蓄电池和电动机，两者通过转矩合成器与动力传动系统相连。机械行驶时可以由发动机单独提供转矩，也可以由两者协同驱动（一般电驱动起辅助作用）或者当低速低负荷时只利用电驱动行驶。该系统的主要特点是发动机与电动机联合驱动，动力强劲，对控制系统的要求较高，与串联系统相比不需要发电机，当制动时电动机发挥发电机的作用可回收制动能量。

c. 混联式混合动力系统综合了串联式和并联式混合动力的结构特点。混合式混合动力系统按照电机相对发动机的功率比大小可以分为助力型（轻度混合）、双模式型（中度混合）和续驶里程延长型。按行驶过程中电池电量的控制方式，则可分为电量维持型混合动力系统和电量消耗型混合动力系统。

② 以压力作为储能方式的混合动力系统

a. Cumulo 驱动系统 由瑞典 VOLVO 公司首先提出，对城市公交车传统的机械传动系汽车进行制动能量回收的研究，并取得了成功。这种公共汽车的传动轴同时与发动机和液压泵/马达相连。当公共汽车制动时，传动轴就驱动液压泵，将备罐中的油液泵入一个压缩器，压缩器随即将氮气压入两个高压容器中。当汽车重新发动时，压缩气体被释放回原系统驱动汽车。试验结果表明，在城市使用的车辆，燃料消耗量大约可降低 30%，或者在相同的燃料消耗条件下，车辆可以多行驶 45% 的里程数。同时，汽车易损件制动器及同步器的使用寿命提高了 3 倍以上。与传统汽车相比，汽车的废气排放可减少约 30%，改善了汽车对环境的污染。

b. 二次调节静液驱动系统 波兰罗茨工业大学的帕沃斯基博士研究了一种采用二次调节静液驱动的新型方案。利用该方案可以使老式市内公共汽车仅用很小的花费就可以实现现代化。这是一个带有二次调节闭环控制的驱动装置，公共汽车在加速过程中，所需功率通过一次元件从柴油机和直接从液压蓄能器中吸取。当达到行驶的正常速度后，所需的功率将减小，这时仅由一次元件的输出功率即可满足。在制动时，二次元件工作在泵工况，并且为液压蓄能器重新充压。这样，液压蓄能器一方面满足功率峰值（在加速时）的要求，另一方面可回收汽车的制动能量。其优点是柴油机只用来提供汽车恒转速行驶的能量和补充系统中的液压损失，这样驱动装置构成了一个无级变速传动，使得柴油机能够工作在一个合理的工作区内，使其消耗最为合理。

③ CPS 系统 20 世纪 90 年代，日本著名学者 Hiroshi NAKAZAWA、Yasuo KITA 等开始研究定压源液压驱动系统，并取得了较大进展。由于车辆全部采用了液压传动系统，因而使汽车底盘的布置更为方便。试验证明，汽车的部分性能（如动力性、燃油经济性、舒适性及制动安全性等）也得到了明显的改善。使用定压源（Constant Pressure Source，简称 CPS）的飞轮系统由于结构简单、效率高等优点，成为目前汽车能量回收系统的主要形式之一。通过发动机和飞轮的混合驱动，为系统提供动力，采用定压源液压驱动系统代替传统的能量传递，从而实现能量的传递及汽车牵引力（加速/减速）的控制。

(6) 现场总线和嵌入式系统

对于挖掘机而言，随着液压挖掘机"智能化"程度的提高，各种传感器和控制器将遍布挖掘机的各处，这将导致挖掘机内部充斥各种导线和线头，使控制系统变得复杂，可靠性降低。解决这一问题的方法是采用现场总线和嵌入式系统，使控制系统在具有强大功能的同时，还具有体积小、结构简单和可靠性高的优点。目前，在行走机械领域，已经有了这样一种现场总线，称为 CAN 总线。电子技术的发展，也使控制芯片的体积更小，功能更强，能很容易地嵌入到行走机械各种部件的内部。

(7) 其他节能措施

研发新的实用化的节能液压元件及系统，如自由活塞发动机及相关的液压变压器等，改变液压油的物理性质，如采用黏性指数高的多级液压油，也将是节能技术发展的另一个新趋势。

近年来，人们一直把提高发动机效率、增加整机的环境适应性和人机协调性作为发展目标。工程机械设备的节能技术有以下发展趋势。

① 液压传动和微电子技术相结合，开发机电一体化新型元件。将传感器、放大器、执行器集合于一体，构成集成化单元，实现液压元件单体集成多种功能，从而提高效率。

② 液压控制系统规模化、智能化和网络化。电子控制元件将广泛应用，例如智能化电液比例控制器，负流量控制、负荷传感控制等节能技术进一步发展。

③ 能量回收系统及相关液压变压器将受到人们的关注和开发。液压元件和管路能耗

是不容忽略的，其约占发动机功率消耗的 40%，这部分能量的回收利用可大大减少油耗量。

④ 运用先进的模糊控制、神经网络、人工智能和模拟控制技术等研究成果，开发工程机械的自我约束进行行走和作业的软件，实现机械设备的智能控制和最佳轨迹规划，完成一些半自动、自动操作，提高工作质量，增大作业速度，降低对驾驶员熟练程度的要求。

⑤ 发动机和液压系统的自适应控制。未来社会将进一步发展液压系统和发动机的功率匹配控制，能够实现柴油机燃油电喷控制，柴油机电喷控制器也将被研究开发，从而提高燃烧效率，提高发动机的有效功率。

⑥ 现场总线技术。能够实现高水平信息传递的现场总线技术可以对流体传动实现目标最优控制，包括效率最优、功能最优和预选目标最优。使用现场总线和嵌入式系统的控制系统，不仅功能强大、可靠性高，还缩小了体积，简化了结构。

⑦ 自动监测、故障自诊断技术。计算机根据自动监测的液压系统与柴油机的运行参数（压力、柴油机转速等），自动调节液压系统的运行参数，如液压泵输出流量、扭矩等，使机械的动力系统运行在高效、节能状态。同时，对液压系统的流量、温度、压力和油液污染程度等参数进行自动检测和诊断，实现系统的自动维护。

3.6.4　发动机控制

发动机的工作过程是一个非常复杂的燃烧过程，也是热能与机械能的能量转换过程。进入汽缸的汽油燃烧的程度直接影响热量产生的多少和排出废气的成分，而燃烧时间或燃烧时间相当的曲轴转角的位置又关系到热量利用和气缸压力的变化，所以燃烧过程是影响内燃机经济性、动力性和排放的主要过程。

决定和影响燃烧过程的因素很多，包括发动机的机构、速度、负荷、热状态等不可控因素和空燃比 AF（Air-Fuel Ratio，空气和燃料的质量混合比）、点火提前角等可控参数。而发动机一旦设计成功，其燃耗过程进行的如何就完全决定于可控参数了。其中对其性能影响最大的可控制因素主要有两个方面：一方面是控制进入气缸的混合气浓度，即空燃比 AF，因为混合气浓度直接影响混合气在燃烧室内燃烧的速度、压力和温度，从而对内燃机经济性、动力性和排出废气的成分有着极其重要的影响；另一方面是气缸内混合气点火提前角，不同的点火时刻同样会对气缸内可燃混合气的燃烧过程产生不同的影响，从而影响发动机的性能。因此发动机控制的主要内容就是对空燃比和点火提前角的控制，这两项分别由发动机电子控制系统中的电控喷射和电子点火提前控制（ESA）单元在 ECU 协调下完成。

整机控制策略从逻辑上可以划分为图 6-3-63 所示的 4 个模块。每一个模块都是一些特定功能的集合，或者说各模块的功能相对独立，但模块之间又有非常紧密的逻辑关系。

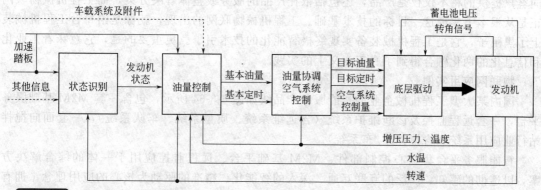

图 6-3-63　发动机整机控制策略

状态识别模块是整机控制策略与驾驶员的接口。其主要功能在于正确理解驾驶员的操纵意图并兼顾发动机当前参数，将其解释为发动机状态的形式提供给后面的控制模块。模块的输入主要是驾驶员的各种操作信息和发动机参数（如转速等）。

油量控制模块对不同发动机状态和状态转换时的喷油量和喷油定时进行控制，以满足驾驶员的操作要求。为了能取得较好的控制效果，需要获取发动机当前的参数，如转速、水温、增压压力和增压温度，以及加速踏板和车载附件状态等信息。从油量控制模块得到的是每缸每循环基本喷油量和基本喷油定时，代表了驾驶员的操作需求。

实际发动机运行还受排放、经济性、舒适性等多个指标的限制。油量协调和空气系统控制模块根据这些限制指标对基本喷油量和定时进行折中，并根据基本喷油量要求对空气系统进行控制，最终得出能满足各种要求的目标喷油量和目标喷油定时，以及相应的空气系统控制量。

底层驱动模块根据目标喷油量、定时控制以及空气系统控制的要求，驱动燃油喷射系统和空气系统执行器。其中喷射驱动必须与转角信号同步，并根据蓄电池电压进行相应的补偿。

3.6.5 工程机械物联网应用

工程机械物联网是指借助全球定位系统（GPS）、手机通讯网、互联网，实现工程机械智能化识别、定位、跟踪、监控和管理，使工程机械、操作手、技术服务工程师、代理店、制造厂之间实现异地、远程、动态、全天候的"物物相连、人人相连、物人相连"。

机械产品，如果只考虑实现基本性能，甚至可以仅采取机械式，然而随着不断提高的作业需求和能耗控制标准，在两化融合的大背景下，工程机械的智能化水平已成为该行业产品的核心竞争力。

服务是工程机械的关键环节，服务的品质直接关系到产品的终端市场。而工程机械物联网技术将全面提高企业的服务水平，通过工程机械物联网，用户可以得到所想要的某台设备的监测数据，包括操作类、检测类、控制类车辆的相关信息。依靠安装在工程机械上的智能终端传回设备的实时工作参数，如油温、转速、油压、起重臂幅、伸缩控制阀状态、油缸伸缩状态、回转泵状态等，制造商客服中心提供主动式服务，远程对客户设备进行诊断，指导客户排除设备故障，纠正客户的不规范操作，提醒必要的养护操作，预防故障的发生。

这种"物物相连"所带来的便捷服务，就是工程机械物联网的一个典型应用。机械工业联合会特别顾问、国家信息咨询委员会委员朱森第指出，随着产品的生产变成大批量定制方式，产品的利润空间越来越受到挤压，而服务的增值，在制造过程中所占的比重越来越大，将逐渐形成制造与服务相融合的新的产业形态—服务型制造。因此，服务型制造企业在未来向客户提供的将不仅仅是产品，还包括依托产品的服务或整体解决方案，而工程机械物联网正是从根本上实现这一目标的技术基础。工程机械物联网的出现，就像是给每台工程机械装上了黑匣子，它是工程机械装备实现终极智能化的技术引擎。更重要的是，它意味着工业化和信息化的两化融合得到了真正意义上的实践。

物联网应用实例

国内某大型工程机械企业的智能服务产品线如图6-3-64所示，包含一套M2M基础服务平台，一套远程监控及诊断维护系统（含远维系统、质量系统、车队系统），一套面向搅拌站行业应用系统（含搅拌站/车系统）。

智能服务平台集核心控制部件、M2M基础平台、远程监控应用于一体的综合解决方案，以透彻的感知、广泛的互联互通、深入的智能化、精准的驱动为核心的应用理念，拥有远程通信控制、高效在线计算、服务器集群、海量数据存储等核心技术。

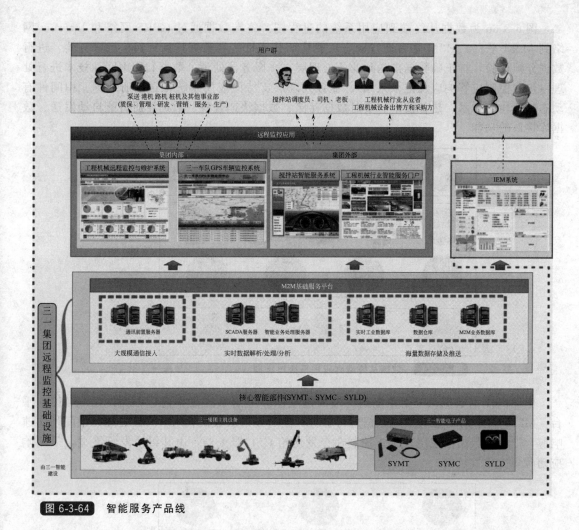

图 6-3-64　智能服务产品线

① M2M 智能服务平台　M2M 智能服务平台采用多进程＋多线程设计、多种集群技术、中间件技术、分布式实时数据库、协议解析插件技术，配置 I/O，提升处理数据能力，数据库采用集群、仓库、分区分隔等技术、服务器程序监控进程等关键技术，其架构如图 6-3-65 所示。

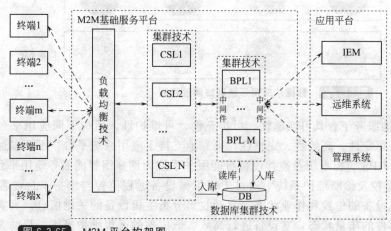

图 6-3-65　M2M 平台构架图

图 6-3-66 为数据从终端到应用系统的过程图。终端数据通过 GPRS 网络和 Internet 网络到 M2M 平台。M2M 平台通过动态负载均衡技术把终端数据均衡到通信层服务器，进行数据分帧校验，将正确数据推送到业务处理层——服务器处理。数据利用中间件技术进行处理（包含控制应答响应及记录入库）。业务处理层支持向应用系统推送注册数据。中间件有动态负载均衡技术、热备技术、实时数据存储、数据快速查找、数据注册智能自动发送、数据库接口的功能。

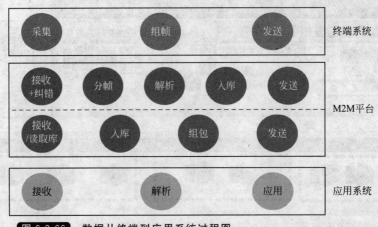

图 6-3-66 数据从终端到应用系统过程图

图 6-3-67 为数据从应用系统到终端的过程图。应用系统数据通过各类网络到 M2M 平台。M2M 平台 BPL 服务器对数据进行解析，注册和请求数据利用中间件处理，中间件快速响应，把相关数据给应用系统；控制命令发送给 CSL 服务器，由其组帧发给终端，采用响应超时多次重发机制。

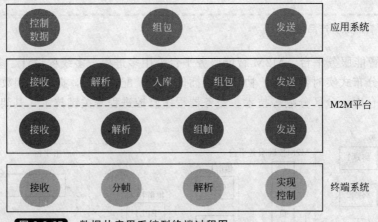

图 6-3-67 数据从应用系统到终端过程图

M2M 智能服务平台具可实施性、可扩充性、可维护性，适应不同应用平台需要，满足海量数据处理稳定性、高效性、完整性，可靠地支持了应用系统平台。下面以远程监控及诊断维护系统、GPS 监控系统及搅拌设备智能服务系统为例介绍智能服务应用平台。

② 远程监控及诊断维护系统　通过工程机械设备远程监控与维护平台，客户可全面实时地监控主机设备的位置和作业状态，自动收集分析主机设备的关键信息，真实客观地评估主机设备或部件的质量状态，对设备进行高效、低成本的远程维护操作，帮助客户提升主机

产品信息化程度，节约维护成本，提高客户满意度，实现主机产品全生命周期管理，为客户主机产品的质量改进、设计优化、故障分析提供准确、可靠的依据。

远程监控及诊断维护系统面向泵车、路面机械、港口机械、桩工机械等产品，提供十大核心功能。

主机档案：基本信息、变更信息、故障记录、历史工况、维护日志 。

位置服务：主机定位、历史轨迹回放。

状态监控：实时工况、现场事件、仪表盘展示 。

远程维护：远程程序升级（单车、批量）、远程主机配置。

故障诊断：告警提示、故障查询、辅助诊断、录波分析。

统计分析：工作量分析、装机数量分析、产品故障率分析、质保段分布统计。

知识库管理：案例录入、案例检索、知识生成 。

安装调试：车辆点检、出厂锁机调试 。

锁机管理：锁机（操作、状态）统计、安全审计、远程（单车、批量）锁机 。

系统管理：账号管理、权限管理、日志审计 。

③ GPS 监控系统　GPS 车辆监控系统利用 GPS/GPRS/WebGIS 等先进技术手段，实现远程实时监控、智能调度管理。系统功能丰富，为客户提供车辆监控（车辆定位、轨迹回放、定点搜车、短信提醒、休眠省电控制）、报警管理（GPS 故障报警/区域报警、报警设置/查询）、统计分析、系统管理（账号管理、车辆管理、司机管理、日志管理）等功能。

GPS 监控系统的系统结构与主界面分别如图 6-3-68 与图 6-3-69 所示。为了提升车辆监控和调度管理水平，采用 GPS/GPRS/WebGIS 先进技术手段，实现远程监管车辆的"GPS 车辆监控系统"。系统提供以下核心功能：

- 车辆监控　车辆定位、轨迹回放、定点搜车、短信功能、休眠模式（省电控制）；
- 报警管理　GPS 故障报警、区域报警；
- 统计报表　报警统计报表分析；
- 系统管理　账号管理、车辆管理、司机管理、日志管理。

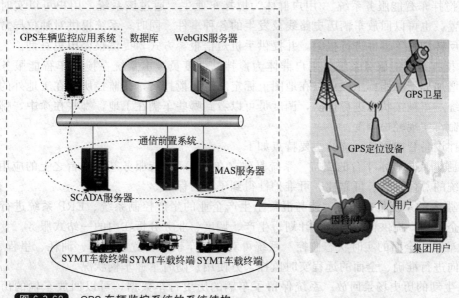

图 6-3-68　GPS 车辆监控系统的系统结构

④ 搅拌设备智能服务系统　系统是针对预拌混凝土生产企业在采购、计划、生产、调度、配送等过程中存在的迫切需要解决的问题量身定制的。系统的目标用户为混凝土搅拌站调度人员及搅拌车业主。系统通过对搅拌车进行监控和管理，提升用户工作效率，降低用户运营成本，改善用户经营状况，提高企业的市场竞争力。

图 6-3-69　GPS 车辆监控系统主界面图

针对不同的客户群体，分为搅拌车智能服务系统和搅拌站智能服务系统。

a. 搅拌车智能服务系统　用户群体为搅拌车业主。通过该系统，用户可以实时监控车辆的位置，也可以回放车辆历史路线及发生的各种事件。同时，系统提供对油位异常、超速行驶、反转卸料等事件进行报警，并提供手机短信报警方式，提供报警历史查询。

b. 搅拌站智能服务系统　用户群体为搅拌站调度员。本系统在搅拌车智能服务系统的基础上增加如下功能：用户可以在地图上标定工地和搅拌站，并监控所有在工地外的卸料行为；系统对车辆按状态进行排队，调度员可以看到哪些车辆在工地，哪些在途中，哪些在搅拌站待命，实现轻松调度。

搅拌设备智能服务系统的主要特点如下。

a. 强调底层技术平台的支持　系统是建立在 M2M 智能服务基础平台之上的应用系统之一，系统的总体性能、可靠性、可维护性得到了有力保证。

b. 强大的系统集成能力　能与混凝土生产企业的生产控制系统、ERP 系统进行紧密集成，为企业用户提供包括经营、计划、生产、调度、业务分析在内的一站式服务。

c. 准确、全面的实时状态监控　系统可对搅拌车辆的位置、油位、油耗、里程、速度、搅拌方向进行准确、全面的远程实时监控，方便用户随时掌握车辆状况。

d. 生动的历史场景回放　系统保留了车辆的历史行车数据，可以回放车辆的历史行驶路线及沿途发生的各种事件。

e. 轻松放心的监管能力　通过对各种异常事件的报警监控，系统可以有效防止车辆违规、偷油偷料的情况发生。

f. 强大的综合分析 系统对用户关心的各种数据提供统计分析功能。

g. 个性化的量身定制 用户可以根据自己的实际情况，对车辆各种异常事件的判断进行设置。

智能服务系统可以为行业客户带来如下好处：

a. 提高车辆利用效率，减少 10％以上的车辆投资，降低投资风险；

b. 解决调度中常出现的工地"压车"问题；

c. 解决调度中常出现的工地"断料"问题；

d. 预防送错料的问题；

e. 减少油耗等费用；

f. 约束司机的不良行为；

g. 完善混凝土生产企业 ERP 系统，向精细化管理发展；

h. 树立良好的企业形象，增强企业竞争力。

搅拌站智能服务系统是为混凝土预拌行业量身定做的管理系统，为用户提供高效的车辆资产、位置、工况数据、及各种异常事件的管理。图 6-3-70 为搅拌站智能服务系统产品组网图。

随着信息化在各个领域的普遍应用，工程机械领域对信息化的需求也不断提升。越来越多的搅拌车用户认识到，通过信息技术对搅拌车进行监控和管理对提升工作效率和促进经营有着巨大的帮助。

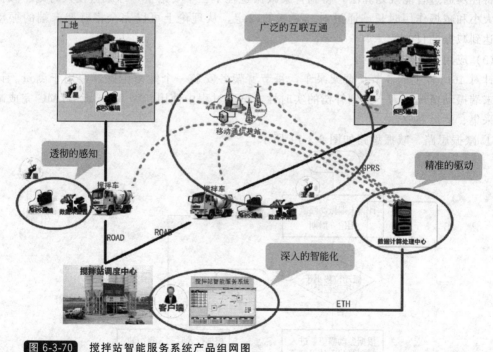

图 6-3-70 搅拌站智能服务系统产品组网图

3.6.6 混凝土泵车臂架减振技术

(1) 概述

水泥混凝土输送泵车是一种用于输送和浇筑混凝土的专用机械，它配有特殊的管道，可以将混凝土沿管道连续输送到浇筑现场，尤其在高层建筑、地下建筑和大混凝土建筑物的施工过程中，以其高质量、高效率、低能耗、低成本、施工周期短、劳动强度低等优点，逐步成为建筑施工中不可缺少的关键设备。

混凝土泵车在泵送过程中，泵送油缸与摆缸的配合不协调，使得混凝土在输送管道中流动不连续，导致布料臂架末端振动和摆动，施工时定位性能差；另外由于臂架振动导致臂架局部位置早期疲劳损坏出现裂纹，直接影响泵车的使用寿命，带来安全隐患。臂架在混凝土泵送载荷下，产生了周期性的类悬臂梁谐波振动，若通过赋予油缸反相的谐波运动，选择合适的相位角和幅值，臂架末端的振动完全可以抵消，同时极大地降低臂架系统承受的泵送载荷力脉动幅值，延长臂架系统耐疲劳寿命。

(2) 技术原理

臂架振动的根源来自泵送过程中泵送料对臂架的不连续冲击，要达到减振目的，可以从提高输料连续性及主动反向减振两个方向入手实施。

提高输送连续性要求改进液压系统及控制系统，使得泵送主油缸与摆缸合理配合，减小泵送的间断时间，以此达到减振目的。

主动反向减振是以振动反向施加量来达到减振的目的。这种方法不用改动臂架的机械结构和泵送、臂架液压系统，仅仅需要知道臂架的振动情况，通过减振算法，驱动臂架油缸实现减振。

由于臂架运动及姿态的复杂性，减振要实现实用化，必须在变排量、变姿态、变换泵送料的情况下均可行，这就决定了减振系统必须具有高度的智能性或是自适应性。

在采集及分析了臂架末端振动的幅值、相位及周期的基础上，考虑阀控缸特性、传感器延时特性及通过智能规划算法，得到臂架减振过程中三个要素量，即减振投入时刻、减振施加量大小和减振作用时长。通过对三要素的确定，从理论上可以完全将臂架末端的振动抵消，达到减振的目的。

(3) 应用实例

针对 46m 以上的 5 节长臂架泵车，每节臂架各安装一个倾角传感器，用于测量、计算臂架末端振动情况，为了达到补偿的实时性，试验过程中使用新型 9200 版 SYMC 完成减振数据采集、运算和驱动。

① 减振思路　减振思路如图 6-3-71 所示。

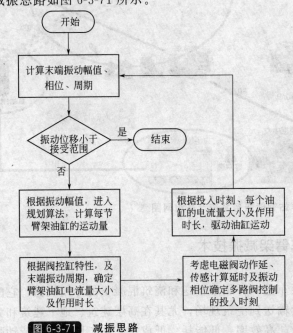

图 6-3-71　减振思路

　　a. 通过倾角传感器计算臂架末端振动情况，包括振动周期、振幅、相位。

　　b. 根据振动周期确定电磁阀作用时长（振动周期的 1/4），根据振幅情况确定电磁阀作用量大小（臂架规划算法），根据相位决定臂架减振投入时刻（考虑延时特性，确保投入补偿在臂架振动的反相位）。

　　c. 考虑到位移计算和电磁阀动作的延时特性，确保减振投入的有效性和准确性。

　　d. 臂架规划算法的引入，使得臂架在任何可达范围内都可以进行振动补偿，即减振不受臂架姿态的影响，通用性好。

　　② 实施方案　图 6-3-72 所示为打水实验减振波形（一），臂架末端振幅由 3.83m 减至 1m，降幅为 74%。

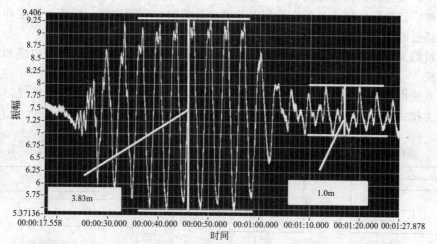

图 6-3-72　打水实验减振波形（一）

　　图 6-3-73 所示为打水实验减振波形（二），臂架末端振幅由 4.6m 减至 0.9m，降幅为 80%。通过在施工现场对泵送混凝土过程进行减振验证，在工作工况下，可以将振动幅值控制在 60cm 以内。

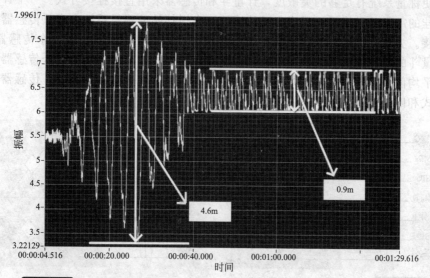

图 6-3-73　打水实验减振波形（二）

3.6.7　混凝土搅拌站计量系统

计量系统包括骨料计量和粉料（水泥和掺合料）、水及液体外加剂计量。计量系统是搅拌设备中最关键的部分之一。其计量方式一般采用质量计量，也有采用容积计量的（但应折算成质量给定或指示），目前除水和外加剂可以采用容积计量外，其他物料都不采用容积计量。

按秤的具体传力方式可以分为杠杆秤、杠杆电子秤和电子秤。杠杆秤一般由多级杠杆及圆盘表头组成，电信号是由表头内部的高精度电位器发出。杠杆电子秤一般由一级杠杆及一个传感器组成。电子秤是由一个或多个传感器直接与计量斗相连。随着传感器技术的发展，它具有结构简单、占用空间小、精度高的特点。目前，电子秤的技术性能已趋于成熟，因其具有体积小、反应快、灵敏度高，易于与微处理器配套，实现粗称、精称和多扣少补等各种功能，而被广泛推广使用。只是在采用电子称量装置时，应就防震、防潮、防尘和抗干扰等方面采取必要的保护措施。

搅拌站都采用电子秤，称量系统由称量斗、称重传感器、接线盒、屏蔽电缆和工业称重终端等组成。

计量系统由传感器、称重终端、数据采集盒（5孔接线盒）、连接电缆组成。称重传感器主要分为拉式传感器和压式传感器，传感器的受力方式如图6-3-74所示。

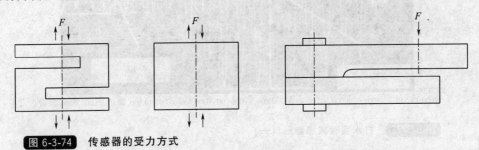

图 6-3-74　传感器的受力方式

不管以何种安装方式，称重传感器都应尽量避免受到非重力方向的作用力。搅拌站中，骨料秤和粉料秤采用的是压式的连接方法，水和外加剂采用的是拉式的连接方法。

为了使称量系统有足够的灵敏度，计量斗和传感器采用直接挂接方式。一个计量斗根据量程和吊挂的需要可以使用一只或多只传感器，在搅拌站的称量系统中多只传感器采用并联的形式连接。为了连接的方便，通常在传感器和称重终端仪表之间安装一个传感器接线盒，同一个计量斗的几个传感器的信号输出端并联在一起，所输出的电压是几个传感器所输出信号电压的平均值。需要注意的是并联的几个传感器的型号和参数必须相同。传感器的接线一般有六线式和四线式，如图6-3-75所示。

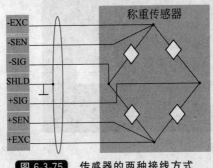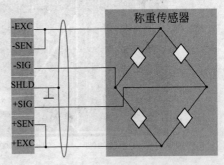

图 6-3-75　传感器的两种接线方式

3.6.8　智能臂架

（1）概述

我国是继德国之后第二个攻克并实现泵车大型臂架智能控制技术的国家。

（2）技术原理

混凝土泵车臂架系统的结构如图 6-3-76 所示。混凝土泵车智能臂架系统采用闭环控制，首先需对臂架的位姿态进行运动学分析。按照如下的臂架运动规划原则：路径最优—臂架关节运动小、变量连续、不奇异；能量最省—臂架运动时所需系统液压系统做功最少；液压供油最省—臂架运动时需要液压系统提供的油量最少，选取一组优化解，并通过仿真平台验证其可行性。

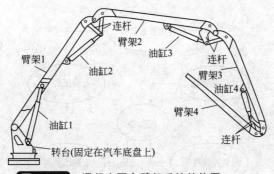

图 6-3-76　混凝土泵车臂架系统结构图

以臂架运动学模型为基础，建立了臂架图形仿真模型并设计实现了一个交互式图形仿真软件，确立了如下的运动规划方法：以臂架末端运动优先为原则，同时考虑轨迹连续原则，将优化规划问题变为从臂架当前构形出发的双向合理解搜索问题，保证了规划轨迹的连续性和可实现性；确立了以嵌入式和 CAN 总线技术为主导的分层分布式控制系统结构，解决了臂架运动轨迹在线规划与实时性要求的矛盾；设计开发了主控制器、传感器信息采集处理控制器以及手动智能模式切换控制器，实现了臂架智能控制的硬件系统，并在此基础上完成了控制软件的设计，实现了泵车臂架的智能控制。

原有混凝土泵车各臂架之间采用的是独立控制方式，由操作者直接控制每一节臂架的动作，使臂架运动到理想位置。这种方式自动化水平低，施工作业准备时间长，影响泵车的作业效率。考虑臂架末端运动优先及轨迹连续问题，以机构运动学为理论基础，运用最速下降法获取了臂架的运动轨迹。

混凝土泵车臂架系统中，自动和手动两套系统控制的对象完全相同，即通过各组比例电磁阀和电磁换向阀控制旋转油马达、液压缸的运动。智能臂架控制系统中，角度传感器实时测量臂架关节角度，感知臂架位姿；控制器中的规划控制程序实时处理角度传感器数据，从而使臂架实现智能控制。

普通混凝土泵车的臂架只能由操作者直接控制每一节臂的展收，使臂架运动到目标位置，这种方式很难控制末端平稳移动。泵车智能臂架把每一节臂架和回转中心都通过控制系统实现闭环控制和运动协调控制，利用多功能集成操纵手柄遥控给出布料浇注点运动轨迹所对应的臂架伸缩、升降和左右旋转运动，再由计算机按最优策略自动规划臂架机构的形状并实施控制，智能臂架的工作模式、控制系统组成、控制系统流程分别如图 6-3-77～图 6-3-79 所示。

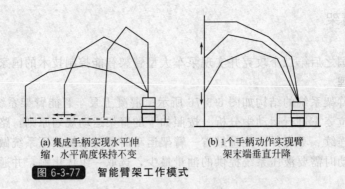

(a) 集成手柄实现水平伸
缩，水平高度保持不变

(b) 1个手柄动作实现臂
架末端垂直升降

图 6-3-77 智能臂架工作模式

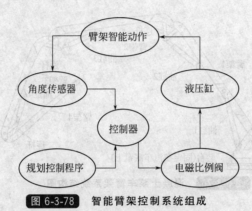

图 6-3-78 智能臂架控制系统组成

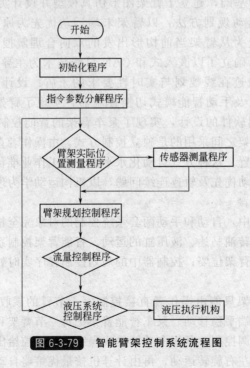

图 6-3-79 智能臂架控制系统流程图

具体实现的智能控制功能如下。

① 施工时，在支腿按规范要求支撑好以后，只需遥控一个开关命令，控制计算机就能按规定程序，控制臂架实现初始时的自动展开和施工完毕后的自动收拢。

② 施工过程中，给出遥控器手柄的运动方向，智能臂架就能实现多节臂的协调动作，出料口末端按手柄指定方向和速度运动，实现臂架末端出料口位置"所想即所达"。

③ 施工过程中，智能臂架具有柱面、直角两种模式，在浇注墩、柱、墙、梁、平板及水泥路面等工况时，提高了施工效率。

④ 无线遥控采用双向通信，操作者在控制臂架运动的同时，还可通过手持部分的液晶显示屏知道泵车的实时工况、状态和报警等信息。

3.6.9 摊铺机找平控制

（1）摊铺机找平原理

摊铺后路面的平整度是衡量沥青混凝土摊铺机作业质量的重要指标之一，找平系统在摊铺机施工过程中起非常重要的作用，稳定和精确的找平性能是确保摊铺后路面平整度的关键。

目前沥青摊铺机浮动式熨平装置由两侧牵引臂、熨平板和厚度调节器组成，具体结构如图6-3-80所示。

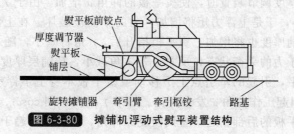

图 6-3-80 摊铺机浮动式熨平装置结构

摊铺机的两根牵引臂铰接于机架两侧，并通过它们带动搁置在路面上的熨平板前进，实际上熨平板处于浮动状态并可绕牵引点上下运动。熨平板前端又可以通过铰点与牵引臂后连接，通过厚度调节器可以使熨平板绕铰点上下摆动，从而形成工作仰角。

如图6-3-81所示，熨平装置所受到的作用力有摊铺机前进时的牵引力 P、熨平板与混合料的摩擦阻力 F、熨平装置的重力 W、混合料铺层对熨平板作用力 N、熨平板前混合料对熨平装置的水平推力 T。对于带有振动或振捣的熨斗平板，还应该有振动和冲击力，但因为它们的作用主要是密实混合料，对于浮动找平不起作用，所以这时就以非振动、振捣熨平板为研究对象。α 为熨平板与水平方向的夹角，称为工作仰角，γ 为牵引点与熨平板后沿连接与水平方向的夹角，称为牵引角，而且 $\beta=\gamma-\alpha$。

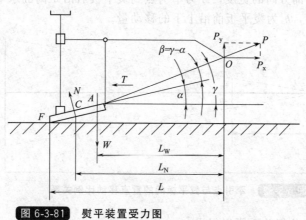

图 6-3-81 熨平装置受力图

在摊铺机工作之前，首先将熨平板搁置在规定厚度的基准面上。然后调整机器，当机器向前行驶而进行摊铺作业时，就在路基上铺一层与基准面高度相同的混合料。如果机器恒速前进，混合料的供料速度恒定，牵引臂牵引铰点的高度不变，则上述诸力处于平衡状态，受系统稳定，铺层的厚度则保持不变。从这个条件出发，受力对 O 点取力矩，可得到如式（6-3-6）与式（6-3-7）所示的数值。

熨平板下沉力矩：

$$M_x = WL_w \tag{6-3-6}$$

熨平板上浮力矩：

$$M_s = NL_N/\cos\alpha + FL\sin\beta/\cos\gamma \tag{6-3-7}$$

$$F = N\tan\rho$$

式中，ρ 为熨平板与沥青混合料之间的摩擦角。

当强制转动手动厚度调节装置时，使熨平板的仰角 α 增加。由于 γ 角不变，则 β 角将减小，$\sin\beta$、$\cos\alpha$ 将减小，于是上浮力矩将增加，力的平衡被破坏。在上浮力矩的作用下，熨平板将抬高，摊铺层的厚度也将增加。熨平板抬升后，γ 角将减小，随之使仰角 α 减小，使熨平板在新的位置处于力的平衡状态；反之，若 α 角减小，摊铺层厚度将随之减小。

由于路机凹凸不平，引起的牵引点上下移动或熨平板本身上下浮动等会使 γ 角发生变化，β 角不变，从而引起工作仰角 α 发生变化。如果 γ 增大，则 $\cos\alpha$、$\cos\rho$ 都将减小，上浮力矩将增大，迫使熨平板的后部抬起，直到恢复原仰角，诸力矩又趋于平衡，熨平板将在上升的高度位置并行于牵引点方向前进，但此时的铺层厚度已经增加了。同理，如果 γ 角减小，上浮力矩将减小，在下沉力矩的作用下，熨平板向下浮移，直到恢复原仰角，铺层变薄。

同时，熨平板的高低位置变化是缓慢进行的，不像固定式熨平板那样突上突下。根据运动学分析，一般情况下，摊铺机驶过 3 倍于牵引臂长的距离，才能基本完成一次调整。这一特性对于过滤路基不平、提高摊铺质量具有十分重要的作用，它避免了铺层形成阶梯状的凹凸不平。为了使铺层更加平整，在调整熨平板的仰角时，一般都是一点一点地增、减，而不是一次突然大增、大减。

牵引点与熨平板间的垂直移动比例关系如图 6-3-82 所示，O 点为牵引点，S 为熨平板后沿，B 为熨平板沿摊铺方向的宽度，L 为牵引点到熨平板后沿距离的水平投影长度，H 为牵引点上下的移动位移，h 为熨平板前沿上下的移动量。

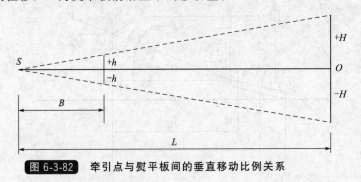

图 6-3-82 牵引点与熨平板间的垂直移动比例关系

从图 6-3-82 中的几何关系可以得出：

$$\frac{h}{H} = \frac{B}{L} \tag{6-3-8}$$

即

$$h = \frac{B}{L}H \tag{6-3-9}$$

由于比值 $\dfrac{B}{L}$ 很小（一般为 1：5.5 左右），所以 h 值也比 H 小得多，也就是说，牵引点随路基起伏的垂直位移量反映到熨平板前沿的垂直位移上时已大大减小，所以熨平板所铺设的铺层比原路基要平整得多，而且大臂越长，铺层越平整。

（2）自动找平控制系统的控制原理与分析

摊铺机自动找平控制系统就是以补偿路面系统误差为目的的控制系统。工业上用的控制系统，根据有无反馈作用可分为两类：开环控制和闭环控制。

① 开环控制系统　如果系统的输出端和输入端之间不存在反馈回路，输出量对系统的控制作用没有影响，这样的系统称为开环控制系统。在开环系统中，动作信号是预先确定、不变化的。开环控制系统比较容易建造，结构也比较简单。

② 闭环控制系统　为了提高控制质量，系统常采用闭环负反馈结构，这种反馈控制系统的组成框图如图 6-3-83 所示。

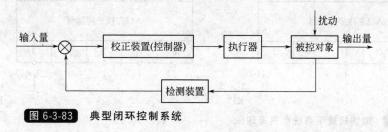

图 6-3-83　典型闭环控制系统

摊铺机自动找平控制系统本身就是一个典型的闭环系统。沥青摊铺机自动找平控制系统如图 6-3-84 所示。

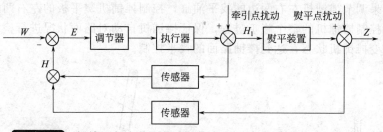

图 6-3-84　摊铺机自动找平控制系统

W—检测点设定高度；E—误差信号；H—检测点实际高程；H_1—牵引臂铰点实际高程；Z—铺层表面高程

如果摊铺路基不平，就会引起牵引点上下移动，这样熨平板仰角就会发生变化，力的平衡被破坏，会引起找平大臂的上下移动，而固定在大臂上的用于检测距离的传感器测量到这种变化，就是误差信号 E，然后通过调节器对误差信号做出相应的处理，再给执行机构发出控制信号，调节熨平装置，从而达到施工高程和设计高程的一致，保证路面的平整度。现在一般已经使用比较成熟的控制系统，都是基于这个思想而设计的。

(3) 摊铺机找平系统电气控制

摊铺机找平系统电气原理如图 6-3-85 所示。

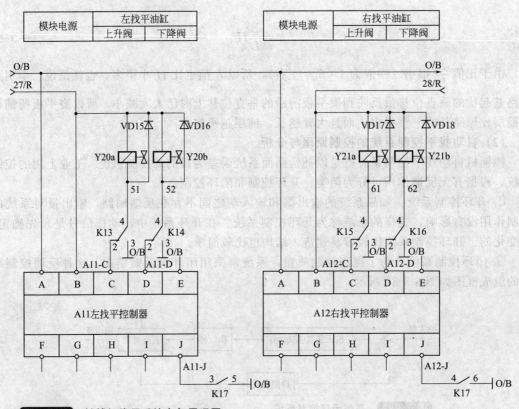

模块电源	左找平油缸	
	上升阀	下降阀

模块电源	右找平油缸	
	上升阀	下降阀

图 6-3-85 摊铺机找平系统电气原理图

摊铺机分为左右对称的一对大臂，大臂结构如图 6-3-86 所示。摊铺机找平系统也分为左右两个相对独立的部分，找平系统首先通过传感器检测路面左右两边的路面状况，找平系统根据检测结果调节摊铺机左右两边的找平油缸，控制摊铺机熨平板的左右两边的上升和下降，从而达到控制摊铺机的整个施工过程，保证摊铺机自动对路面状况进行检测，根据路面状况的变化改变摊铺机状态，达到摊铺路面的找平控制。

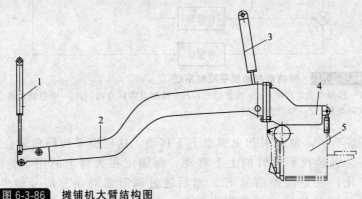

图 6-3-86 摊铺机大臂结构图

1—找平油缸；2—左前臂；3—提升油缸；4—左后臂；5—熨平板

（4）传感器类型和选择

在不同的工况和不同的应用场合下，会选择不同的传感器对路面状况进行检测。在找平系统中对路面的检测通常用到有三种传感器。

① 纵坡传感器 纵坡传感器的外形如图 6-3-87 所示，应用方式如图 6-3-88 所示。其在找平系统中通常用来直接对路面状况进行检测，是利用机械部件感应参考面进行距离检测。纵坡传感器分为路面感应和基准绳感应两种。

a. 基准绳感应（感应滑竿） 调整平衡砝码，尽量使感应滑竿向下轻轻压在基准绳上。如果基准绳的张力不是很大，则感应滑竿应位于基准绳下，这样，平衡砝码的调整应尽量使感应滑竿向上轻轻顶在基准绳上。

b. 路面感应（感应滑靴） 调整平衡砝码，尽量使感应滑靴向下轻轻压在基准路面上。

图 6-3-87　纵坡传感器

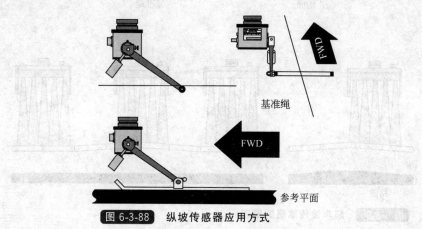

基准绳

参考平面

图 6-3-88　纵坡传感器应用方式

找平控制系统在选择纵坡传感器时，通常有两种方式。

两个纵坡传感器 这种方式采用两个纵坡传感器分别固定于摊铺机熨平板左右两侧，用来分别检测左右两边路面的状况，采用左右两边分别进行控制的方式。

纵坡传感器＋横坡传感器 这种方式采用在摊铺机熨平板一侧固定一个纵坡传感器，同时在熨平板中间位置放置一个横坡传感器。纵坡传感器用于检测固定端的路面状况，横坡传感器就是倾角传感器，用于检测相对于纵坡传感器一侧的熨平板的倾斜角度，从而也就实现了对熨平板另一侧路面的检测。

该类型传感器应用范围较广，通常用于基础路面的摊铺，同时其成本较低。

② 横坡传感器 横坡传感器的外形如图 6-3-89 所示，用于检测执行部件的坡度值。应安装在体现执行部件实际坡度值变化的位置。安装于摊铺机上，建议的安装位置是两个调节大臂的中间位

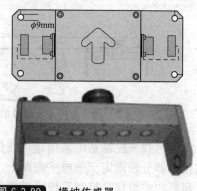

图 6-3-89　横坡传感器

置。注意传感器的安装方向（FWD），即箭头的指示方向（就是机器行进方向）。

一个完整的找平控制系统采用横坡传感器时必须与之搭配一个纵坡传感器。

③ 超声波传感器　随着科技的迅速发展，找平系统也开始应用超声波传感器进行路面状况检测。超声波传感器以其优越的性能，越来越得到用户的青睐。

超声波传感器对路面的检测也分为直接路面感应和基准绳感应两种模式，但是传感器具有最佳工作范围，因此在使用超声波传感器进行检测时，需要将高度调节至最佳检测范围之内。超声波传感器的原理与安装分别如图 6-3-90 与图 6-3-91 所示。

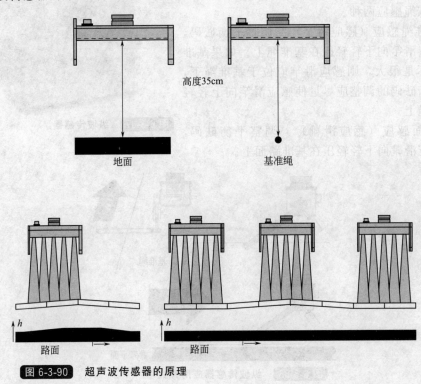

图 6-3-90　超声波传感器的原理

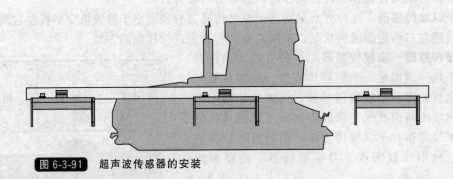

图 6-3-91　超声波传感器的安装

摊铺机找平控制系统采用超声波传感器时，通常选用左右各 3 个传感器的方式，左右超声波传感器分别固定于一根平衡梁上。

超声波类型找平控制系统可以更加精确地检测路面状况，同时可以对路面的突变起到很好的过滤作用，检测灵敏度更高，控制精度也更好。唯一的缺点是成本很高，一般的摊铺机用户不会选用该类型传感器。

超声波传感器以其高检测精度和灵敏度，通常用于高等级路面面层的摊铺，用于提高摊铺机摊铺路面的平整度。该类型传感器用在高等级、路面平整度要求较高的场合应用。

找平控制系统通常分为手动和自动两种工作模式。手动工作模式下，操作人员可以直接干预使用过程，调节熨平板的上升和下降。自动工作模式为默认使用的模式，摊铺机在自动模式下自动进行找平控制。

3.6.10　基于 SYMC 的典型控制方案

(1) 履带式机械直线行走

① 需求描述　履带式机械履带行走时不能向左或是向右跑偏，需要保持直线的向前行走，在 50m 的直线行走距离，必须保证 1mm 以内的偏差，需要控制器对左右两侧的履带行走一致性进行精确控制。

② 系统简介　左履带和右履带的行走分别由不同的两个独立电机驱动，左电机负责驱动左侧履带的行走，右电机负责驱动右侧履带的行走，且左右两侧履带的行走速度由左右两侧电机的速度（转动次数/转动周期）决定。

③ 关键技术问题　保证左右侧履带的行走距离的一致性是实现直线行走的关键。

④ 解决方案　左右电机每旋转一圈发出固定个数的脉冲，采用 SYMC 的两个高频计数端口分别采集左右电机的转动次数，再除以采样间隔，计算得到左右电机的转速，然后通过闭环控制左右转速的一致性来保证机器的直线行走。系统的硬件资源分配情况如图 6-3-92所示，直线行走控制软件流程图如图 6-3-93 所示。

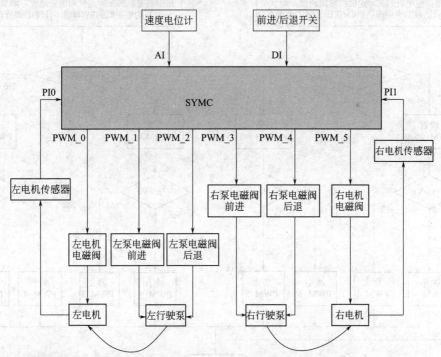

图 6-3-92　双履带式机械直线行走控制硬件资源分配示意图

(2) 电机的星-三角形启动控制

① 需求描述　电机启动时，其启动电流可以达到正常运行时电流的 4~7 倍，当电机功率大于 15kW 时，建议采用降压启动，以有效降低电机启动对电网造成的干扰。常见的降压启动方式为星-三角形启动方式，其动作要求如下所述：

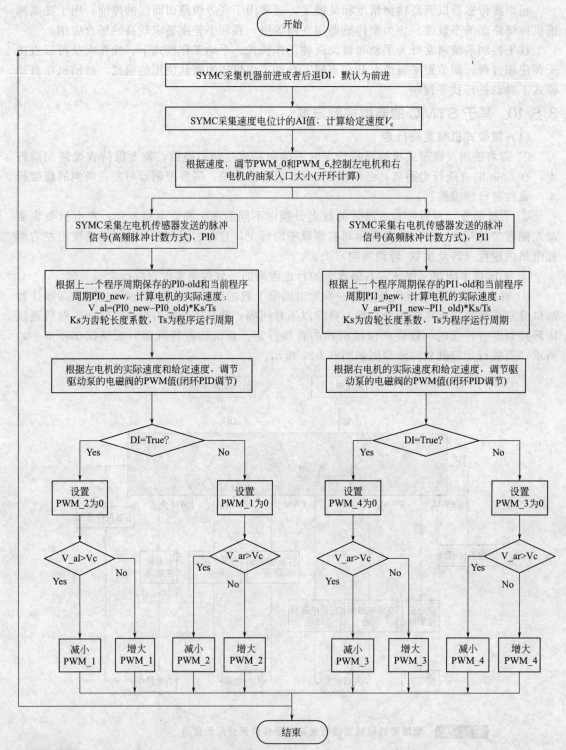

图 6-3-93 双履带式机械直线行走控制软件流程图

a. 电机启动时先以星形连接方式启动；

b. 星形连接方式运行一段时间后（8s）后转入三角形运行。

② 关键技术

　　a. 需要最大程度地降低启动电流，需要在电机达到一定的运行速度后转入三角形运行，以降低启动电流对电网的冲击，因此需要在关断星形启动后尽快投入三角形运行以保证电机的转速跌落有限。

　　b. 需要保证星形回路完全断开后再投入三角形运行，以避免星形回路与三角形回路一起接通，形成电源短路，因此需要考虑星形回路完全关断所需的时间，以保证主回路的安全切换。

　　③ 解决方案　星-三角形启动电路图如图 6-3-94 所示，利用控制器的两个高电平输出端口［A1-02(DO08)，A1-04(DO09)］分别接一个继电器（KA11，KA12），由继电器控制交流回路交流接触器线圈的得电与失电，并通过交流接触器触点完成星形回路与三角形回路的通断操作，以最终达到通过控制器的程序设计实现对星形启动、延时、关断及三角形运行的控制。为防止星形启动的触点与三角形启动的触点因为星形触点的关断延时而引起主回路短路，在星形启动输出完成 100ms 后再将电机投入三角形运行。参考程序如图 6-3-95 所示。

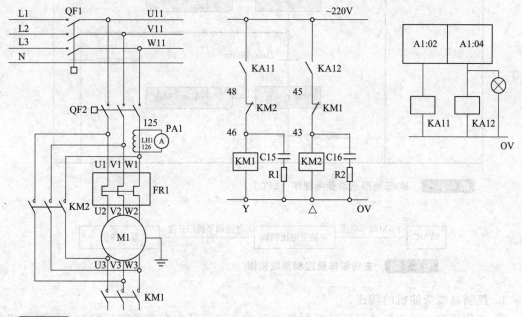

图 6-3-94　SYMC 控制的星-三角形启动电路图

(3) 主油泵排量控制

　　① 需求描述　根据不同的工况，实现油泵泵送排量的控制。

　　② 工作原理　主油泵排量采用电比例阀控制，电比例阀采用电磁铁控制阀芯运动的方式，电磁铁流过电流越大，对应阀口开度越大，输出流量也就越大。

　　③ 关键技术　根据不同工况实现对电比例阀电流的调节。

　　④ 解决方案　主油泵排量控制系统框图如图 6-3-96 所示。采用 PWM 端口控制电比例阀端口电压，通过调节电压的方式达到对电比例阀电流的调节，并最终达到对主油泵排量控制的目的。

(4) 总线柴油机转速控制

　　① 需求描述

　　a. 控制总线柴油机的启动、停止。

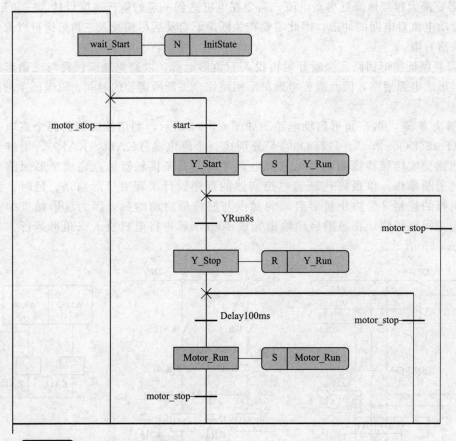

图 6-3-95 星-三角形启动参考程序（SFC）

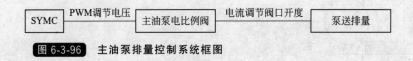

图 6-3-96 主油泵排量控制系统框图

b. 控制总线柴油机的转速。

② 工作原理　总线柴油机可以根据接收到的总线信号内容自主闭环控制总线柴油机的油门开度为设定值，并可通过总线信号反馈当前的柴油机转速信号（实际转速值＝ K ×速度反馈值），调节总线柴油机油门开度的大小，可以达到控制柴油机转速大小的目的。

③ 解决方案　总线柴油机转速控制系统框图如图 6-3-97 所示，控制器与总线柴油机通过 CAN 总线连接。

图 6-3-97 总线柴油机转速控制系统框图

a. 根据不同工况设定总线柴油机的转速值。

b. 由控制器通过 CAN 总线发送油门大小的目标数值至总线柴油机。

c. 总线柴油机根据油门目标数值调节油门开度值。

d. 控制器读取来自 CAN 总线的速度反馈值，并计算总线柴油机的当前转速值。

e. 根据实际转速值与当前设定值的关系进一步调节给定的总线柴油机油门以达到开度目标值。

（5）步进柴油机转速控制

① 需求描述　实现柴油机的自动升降速控制。

实现对柴油机转速的精准控制。

② 工作原理　步进电机驱动器工作原理如图 6-3-98 所示。步进电机驱动器可接收来自控制器的方向与脉冲信号，并可通过驱动器的内部转换输出驱动步进电机各相的脉冲，以实现给定方向的转动，步进电机每收到一个脉冲就会转动一步，并导致一确定的位移值，当驱动步进电机运动的脉冲频率越高，步进电机的转速会越快，反之则慢。

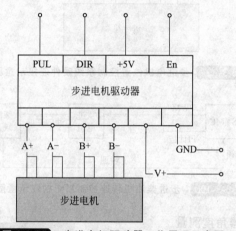

图 6-3-98　**步进电机驱动器工作原理示意图**

步进柴油机的升速与降速是通过步进电机控制油泵的油门开度来实现的，步进电机与油泵油门之间通过一钢丝绳硬性连接，通过机械传动机构，可将步进电机的圆周运动转换为直线运动，从而可以通过控制步进电机的转向与位移大小（对应于油门开度大小），达到控制柴油机转速的目的。

③ 关键技术问题　步进电机相对初始状态的位移的计算问题和步进柴油机的保护问题。

④ 解决方案　由前所述，给定功率下，步进柴油机的转速与步进柴油机油门开度成正比，而油门开度与步进电机的位移（相对初始状态）成正比。因给定功率下步进柴油机转速与步进电机的位移（相对初始状态）成正比，因此，可将步进柴油机的转速控制问题转换为步进电机位移（相对初始状态）的控制问题。步进电机位置控制系统硬件连接示意图如图 6-3-99 所示。步进柴油机转速控制系统构成示意图如图 6-3-100 所示。

a. 步进电机采用的是闭环控制方案，通过 PI 计数检测步进电机接收到的脉冲个数来间接地获取步进电机的当前位移反馈量。

b. 为防止如下异常，增加步进电机的脉冲限幅，即正转时达到最大转速所需的最大脉冲个数的限制值。

异常描述　在供油不足的情况下，柴油机升速异常，导致油门开度超过正常值时，转速仍未达到最大值。此时若继续增大油门开度，则若油门突然供油正常，则将出现柴油机飞速的现象，从而损坏油泵。

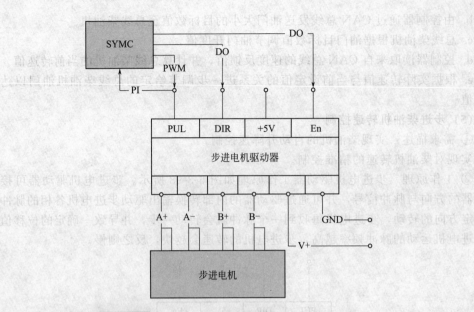

图 6-3-99 步进电机位置控制系统硬件连接示意图

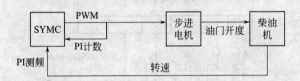

图 6-3-100 步进柴油机转速控制系统构成示意图

（6）机械式旋转编码器角度测量

① 需求描述 测量旋转角度值。

② 工作原理 机械式旋转编码器安装示意图如图 6-3-101 所示。旋转编码器的转盘机械结构采用了内圈与外圈在机械结构上有 1/4 个周期的相位差的设计，在机械编码器上安装有两个接近开关（左侧接近开关安装在旋转编码器的内圈，右侧接近开关安装在旋转编码器的外圈），当接近开关所在区域与旋转编码器的转盘机械结构的铁片区域重合时，接近开关将输出一个低电平，否则输出为高电平。

图 6-3-101 机械式旋转编码器安装示意图

③ 关键技术 旋转方向的检测及旋转角度的计算。

④ 解决方案 将内圈接近开关与外圈接近开关的电信号分别接至 SYMC 的两个输入端口如 B119 和 B111，由图可得 SYMC 的 B119 及 B111 输入信号的变化规律如图 6-3-102 所示。

a. 旋转方向的测量 当旋转编码器正转时，旋转区域的变化规律为 4—3—2—1—4—3—2—1，当旋转编码器反转时，旋转区域的变化规律为 1—2—3—4—1—2—3—4。所以，可以通过检测 B119 及 B111 信号的变化规律，获取旋转编码器的旋转方向信号。

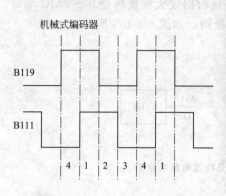

图 6-3-102 机械式旋转编码器接近开关信号变化规律示意图

b. 旋转角度的测量　当机械旋转编码器旋转一周时，对应 B119 或 B111 信号变化 10 个周期，每一个区域对应的角度值是机械式旋转编码器旋转一周对应的角度值的 1/40（1 个周期对应 4 个区域）。所以，两个相邻区域在机械角度上的偏差即为一个区域对应的角度值。

综上所述，可通过 B119 及 B111 信号在不同的区间（区域划分见图 6-3-102）及相位变化，加上或减去一个固定的角度实现旋转角度的测量。

c. 常见问题分析　当 +24V 断电后，接近开关也同时断电，但 SYMC 可能还有断电延时（实验检测到 SYMC 断电后 CPU 还可运行 17ms，波形图如图 6-3-103 所示）。

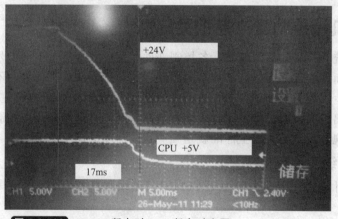

图 6-3-103 SYMC 断电时 CPU 断电时序图

因此程序仍在运行，且检测到接近开关变化到区间 3，若实际接近开关不处于区间 3，则此信号为误信号，应该加以滤除，以防 SYMC 断电时出现角度跳变问题（接近开关信号参考处理办法：增加对 SYMC 检测到接近开关信号的时长检测，即当检测到信号变化时，先进行延时，若信号持续时间大于设定时间才认为是正常变化）。

（7）感性负载状态测量

① 需求描述　测量油压表油压过低信号。

② 工作原理　油压表指针实时指示油压变化情况，当油压表测量到油压过低时发出一个低电平信号，控制器检测到该低电平信号，则发出油压过低报警提示。

③ 解决方案　如图 6-3-104 所示，利用 SYMC 的 DI（如低有效输入端口 A111）检测油压表的油压过低信号，并在油压表上反接一个续流二极管，用于感性负载通断电时的感应电

动势的续流作用，以防出现油压表输出信号变化时出现大的负压烧坏 SYMC 端口。同样的应用还有电磁阀之类的感性负载的得电状态的检测，如图 6-3-105 所示。

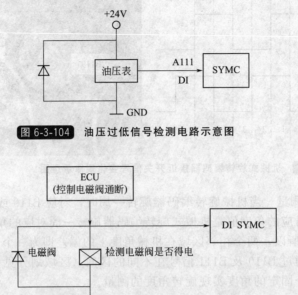

图 6-3-104　油压过低信号检测电路示意图

图 6-3-105　电磁阀得电状态检测电路示意图

3.7　工程机械控制类产品相关标准

随着控制系统和控制部件的发展，各控制部件相关厂家推出了不同型号的控制部件和相应的编程语言，而这些部件和语言不具有通用性，这给用户造成了极大的不方便，因此相关国际标准应运而生。如 IEC 61131-3 可编程序控制器编程语言标准的诞生，为推动 PLC 走向开放式系统做出了极大的贡献。同时，随着控制系统的日趋复杂化，控制系统的安全受到了各国的高度重视，控制相关安全标准就是顺应这一需求的诞生的。

3.7.1　控制系统设计标准

控制系统设计的国际标准主要为 IEC61131《可编程序控制器》，与其相对应的国标为 GB/T 15969。

《可编程序控制器》共分为 8 个部分。

第 1 部分：通用信息。建立定义，并确定与可编程序控制器及其外围设备的选择和应用相关的主要特点。

第 2 部分：设备特性。规定可编程序控制器（PLC）及其外围设备的装置要求和相关试验。

第 3 部分：编程语言。为每种最常用的编程语言定义主要的应用场合、语法和语义规则、简单而完整的编程元素的基本集、可采用的试验和手段，通过制造商可扩展或采纳这些基本集，用于他们自己的可编程序控制器实现。

第 4 部分：用户导则。为 PLC 最终用户提供 GB/T 15969 的通用综合信息和应用导则。

第 5 部分：通信。定义了可编程序控制器与其他电子系统间的通信。

第 6 部分：基于现场总线的可编程控制器通信。

第 7 部分：模糊控制编程（GB/T 17165.3）。定义了用于模糊控制的编程语言。

第 8 部分：编程语言的应用和实现导则。

提供在第 3 部分中所定义的编程语言的应用和实现的导则。

3.7.2　控制系统功能安全标准

控制系统的安全相关标准主要有：

① IEC 61508《电气、电子、可编程电子安全相关系统的功能安全》；

② IEC 62061《机械安全—安全相关电气、电子和可编程电子控制系统的功能安全》；

③ ISO 13849《机械安全—控制系统有关安全部件》。

(1) IEC 61508 简介

① 概述　IEC 61508《电气/电子/可编程电子安全相关系统的功能安全》（其对应的国标为 GB/T 20438）是一项用于工业领域的国际标准，其意图作为一个基本的功能安全标准应用于各种工业行业。它将功能安全定义为：与 EUC（受控设备）或 EUC 控制系统有关的整体安全的组成部分；取决于电气/电子/可编程电子（E/E/PE）安全相关系统、其他安全相关系统技术和外部风险降低措施的正确行使。亦即无论零部件或者整体系统发生的失效是随机失效、系统失效还是共因失效，都不会导致安全系统的故障，进而不会对人员或者环境产生危害，那么这个系统在功能上就是安全的。

IEC 61508 标准的核心是风险概念和安全功能。风险是指危害事件频率（或可能性）以及事件后果严重性。通过应用包括 E/E/PES 和/或其他技术构成的安全功能，使风险降低到可以容忍的水平。另外，其他技术也可能被用于降低风险，但 IEC 61508 标准的详细需求只覆盖了采用 E/E/PES 技术的安全功能。

② 各部分简介　该标准分为 7 个部分，其范围涵盖了所有电子技术相关的安全（电子机械系统；固态电子系统；以计算机为基础的系统）。

第 1 部分：一般要求。

第 2 部分：对于电气/电子/可编程电子的要求。

第 3 部分：软件要求。

第 4 部分：定义和缩略语。

第 5 部分：整体安全水平确定方法举例。

第 6 部分：IEC61508-2 和 IEC61508-3 的应用指南。

第 7 部分：技术及测试概述。

IEC61508 标准的前 4 部分是安全相关系统的理论概括和技术总结，采用一般的分析方法，并没有指定具体的应用领域。这个基本标准并不适用于低复杂性的电气/电子/可编程电子安全相关系统。它定义的低复杂性的 E/E/PE 安全相关系统是指已很好确定了每个单独部件的失效模式和能完全确定在故障状况下系统的行为。机械的安全相关系统（例如包装机械，印刷机械等）是典型的低复杂性的系统，IEC 61508 标准适用于对安全系统有更复杂要求的系统，根据发生故障的可能性分为 4 个 SIL 等级。

(2) IEC 62061 简介

① 概述　IEC 62061《机械安全—安全相关电气、电子和可编程电子控制系统的功能安全》是由国际电工委员会（IEC）编写并颁发的一本关于非便携式机器设备的安全相关电气、电子、可编程电子控制系统的设计、整合和验证的建议和具体要求的标准、思路、方法以及一些源自 IEC 61508 的具体要求，它只关注减小对直接使用机器的人的健康造成的伤害或伤亡，而不对非电气控制元件（液压，气动）的性能进行要求，对电气安全的要求也是参照 IEC 60204-1（机械安全性·机械用电气设备·一般要求）。

② 各部分简介

标准全文分为 10 个章节和 6 个附录，同其他的标准一样，从第 4 章节开始，是标准的正文。

第 1 部分：范围和目标。

第 2 部分：规范性引用文件。

第 3 部分：术语和定义。

第 4 部分：功能安全管理。给出了达到 SRECS 功能安全要求的具体技术活动和管理内容。

第 5 部分：安全相关控制功能规范的要求。给出了安全相关控制功能的具体要求和制定流程。

第 6 部分：安全相关控制系统的设计和整合。给出了符合功能安全要求的 SRECS 的选择原则、设计和实现方法。包括系统架构的选择，安全相关软、硬件的选择，软硬件的设计，设计的软硬件符合功能安全要求的验证。

第 7 部分：机器的使用信息。给出了 SRECS 对随设备提供的使用信息的具体要求，包括用户手册和流程，维护手册和流程。

第 8 部分：安全相关控制系统的验证。给出了应用于 SRECS 的验证流程的具体要求。包括对 SRECS 的检查和测试，以确保满足安全需求规范的要求。

第 9 部分：安全相关控制系统的更改。给出了 SRECS 需要更改时更改的流程和要求，包括对任何 SRECS 更改的正确计划以及进行更改前的确认，更改后 SRECS 满足安全需求规范等。

第 10 部分：文档。给出了功能安全相关的所有文档列表。

(3) ISO 13849 简介

① 概述　ISO 13849《机械安全—控制系统有关安全部件》（对应的国标为 GB/T 16855）是由国际标准化组织（ISO）颁发的一套关于"机械安全控制系统有关安全部件"的 B1 类标准，主要是在控制系统的设计和评价中给出一些相关指导，从而全面减小机器风险。

该机械指令标准已于 2011 年底在欧盟正式全面实行，它的正式实施对国内机械设备制造商的影响最大，新的标准提高了机械设备进入欧盟市场的门槛。

该标准共分 3 部分，第 1 部分设计通则，第 2 部分确认，第 3 部分 GB/T 16855.1 的应用指南。

② 各部分简介

第 1 部分：设计通则。

本部分提供了包括软件设计在内的控制系统有关安全部件（SRP/CS）设计和集成的安全要求和指导原则。对于这些 SRP/CS 的部件，规定了包括执行安全功能所需的性能等级在内的特征。本部分适用于所有种类机械的 SRP/CS，不管其采用何种技术和能量（电、液压、气动、机械等）。

该部分还阐述了以下几个方面：SRP/CS 的设计；所需的性能等级 PL 的估计及其与 SIL 的关系；软件的安全要求；安全功能；类别以及与 DCavg、CCF 和每个通道 MTTFd 的关系。

第 2 部分：确认。

第 2 部分规定了进行相关的设计确认应该遵循的程序和条件。亦即规定了利用设计者的设计原理，对符合 ISO 13849-1 的控制系统的有关安全部件所提供的安全功能和所能达到的类别进行分析和试验要遵循的程序和条件。但要注意，在第 2 部分中，没有涉及对可编程电子系统完整的确认要求，所以，如果需要可编程电子系统的确认，还需要引用其他标准，如 IEC 62061 等。

第 2 部分主要从以下几个方面提供了确认方法和程序：确认程序；分析确认；试验确认；安全功能的确认；类别的确认；环境要求的确认；维护要求的确认。

第 3 部分：GB/T 16855.1 的应用指南

ISO 13849.1 最早发布于 1997 年，从已有经验可以明显地看出，在理解如何使用 ISO 13849.1 标准方面存在一些困难。本标准对恰当地理解和使用 ISO 13849.1 提供指南，并在以下方面也给出更多的信息：控制系统如何有利于减少机器风险；控制系统中有关安全部件与安全功能的关系；类别的合理选用；ISO 13849.1 附录 B 的作用。

各功能安全标准适用的范围如下。

IEC 61508 是"电气、电子、可编程电子安全相关系统的功能安全"标准。实际上 IEC 61508 只是一个比较大的指导性标准，给出了功能安全的各种相关术语的定义，SIL 等级的划分，软件、硬件的设计方法和要求，功能安全管理的通用方法等。但对于不同的行业，由于其行业的特殊性，在具体操作上又有不同的方式方法，所以就又衍生或者引用了其他的标准来把要求和操作实用化、具体化，对于机械行业来讲，进行功能安全评估的标准则是 IEC 62061 或者 ISO 13849。

IEC 62061 是 IEC（国际电工委员会）颁布的标准，主要是对安全相关的电气、电子、可编程电子控制系统的功能安全要求。从标准的传承来看，IEC 62061 主要参考了 IEC 61508 的第 2、第 3 部分，也就是软、硬件开发的部分，所以，IEC 62061 更适合用来评估比较复杂的电子系统，其根据相关计算得出每个控制通道的 PFH（每小时的危险失效概率）将元件或者系统分为了三个 SIL 等级，即 SIL1 级、SIL2 级、SIL3 级，但其只是针对电子电气系统。IEC 62061 当然也参照了 IEC 60204、ISO 12100 和 ISO 13849 等，但主要是参照了其中对机械安全和电气安全的要求。

ISO 13849 是 ISO（国际标准化组织）颁布的标准，主要是对控制系统安全相关部分的要求。它基本上还是传承了 ISQ 14121（机械风险评估）及 EN 954（英国标准"机械安全控制系统的安全相关部件的基本原则"），侧重于分析控制电路的结构。按照电路结构，将电路分成 B、1、2、3、4 共五个类别，再辅以适当 MTTF 值和 DC 值，来达到预期的 PL（performance level）等级 a、b、c、d、e 这五个等级，而且其中还涵盖了液压和气动元件的分析。

所以，一般来讲，当对低复杂度的机械设备进行功能安全评估时，一般采用 ISO 13849；而对于高复杂度的机械设备进行功能安全评估时，一般采用 IEC 62061。

3.7.3 电工电子产品环境试验标准

IEC 60068 为电工电子产品环境试验系列标准，其对应的国标为 GB/T 2421。

该系列标准涵盖了高温、低温、振动、冲击、碰撞、锤击、盐雾、沙尘、长霉、低气压、水、自由跌落、恒定湿热、交变湿热、温度变化、稳态加速度、温度湿度循环、可焊性和耐焊接热、模拟地面上的太阳辐射、接触点和连接件的硫化氢/二氧化硫试验以及一系列的组合（综合）试验。具体标准如表 6-3-86 所示。

表 6-3-86 电工电子产品环境试验系列标准

标准编号	标准名称
IEC 60068-2-2	电工电子产品环境试验：高温

标准编号	标准名称
IEC 60068-2-29	电工电子产品环境试验：碰撞
IEC 60068-2-31	电工电子产品环境试验：粗暴操持冲击
IEC 60068-2-32	电工电子产品环境试验：自由跌落
IEC 60068-2-6	电工电子产品环境试验：振动，正弦
IEC 60068-2-20	电工电子产品环境试验：可焊性和耐焊接热
IEC 60068-2-14	电工电子产品环境试验：温度变化
IEC 60068-2-78	电工电子产品环境试验：恒定湿热
IEC 60068-2-30	电工电子产品环境试验：交变湿热
IEC 60068-2-27	电工电子产品环境试验：冲击
IEC 60068-2-18	电工电子产品环境试验：水
IEC 60068-2-11	电工电子产品环境试验：盐雾
IEC 60068-2-52	电工电子产品环境试验：盐雾，交变
IEC 60068-2-43	电工电子产品环境试验：接触点和连接件的硫化氢试验
IEC 60068-2-5	电工电子产品环境试验：模拟地面上的太阳辐射
IEC 60068-2-10	电工电子产品环境试验：长霉
IEC 60068-2-7	电工电子产品环境试验：稳态加速度
IEC 60068-2-38	电工电子产品环境试验：温度湿度循环试验
IEC 60068-2-82	电工电子产品环境试验：锡须试验方法
IEC 60068-2-47	电工电子产品环境试验：振动、冲击及类似动态试验中样品的固定
IEC 60068-2-69	电工电子产品环境试验：表面贴装元件的润湿称量法可焊性试验
IEC 60068-2-81	电工电子产品环境试验：冲击，冲击响应谱合成
IEC 60068-2-13	电工电子产品环境试验：低气压
IEC 60068-2-41	电工电子产品环境试验：高温/低气压综合试验
IEC 60068-2-59	电工电子产品环境试验：振动-正弦拍频法
IEC 60068-2-58	电工电子产品环境试验：可焊接性的试验方法，金属熔化抗性和表面固定装置（smd）的焊接热量
IEC 60068-2-54	电工电子产品环境试验：润湿称量法可焊性
IEC 60068-2-57	电工电子产品环境试验：振动-时间历程法
IEC 60068-2-68	电工电子产品环境试验：沙尘

3.7.4 电工电子产品电磁兼容标准

电磁兼容标准分为基础标准、通用标准、产品类标准和专用产品标准。

① 基础标准 描述了电磁兼容（EMC）现象，规定了 EMC 测试方法、设备，定义了等级和性能判据。基础标准不涉及具体产品。

产品类标准是针对某种产品系列的 EMC 测试标准，往往引用基础标准，但根据产品的特殊性提出更详细的规定。

② 通用标准 按照设备使用环境划分。当产品没有特定的产品类标准可以遵循时，使用通用标准来进行 EMC 测试。即使设备的功能完全正常，也要满足这些标准的要求。

③ 产品类标准 这是根据特定产品类别而制定的电磁兼容性能的测试标准。它包含产品的电磁骚扰发射和产品的抗扰度要求两方面内容。产品族标准中所规定的试验内容及限值应与通用标准相一致，但与通用标准相比较，产品族标准根据产品的特殊性，在试验内容的选择、限值及性能的判据等方面有一定特殊性（如增加试验的项目和提高试验的限值）。产品族标准是电磁兼容性标准中占据份额最多的一类标准，如 EN55014、EN55015、EN55022、EN55011 和 EN55013 分别是关于家用电器和电动工具、照明灯具、信息技术设备、工科医射频设备、声音和广播电视接收设备的无线电骚扰特性测量及限值的标准，这些标准分别代表了一个大类产品对电磁骚扰发射限度的要求。

④ 专用产品标准 专用产品标准通常不单独形成电磁兼容标准，而以专门条款包含在产品的通用技术条件中。专用产品标准对电磁兼容的要求与相应的产品族标准相一致，在考虑了产品的特殊性之后，也可增加试验项目和对电磁兼容性能要求做某些改变。与产品族标准相比，专用产品标准对电磁兼容性的要求更加明确，而且还增加了对产品性能试验的判据。对试验方法，应由试验人员参照相应基础标准进行。

我国现行的国家电磁兼容相关标准如表 6-3-87 所示。

表 6-3-87　国家电磁兼容标准

标准编号	标准名称	类别	对应国际标准
GB/T 3907	工业无线电干扰基本测量方法	基础	—
GB 4343.1	电磁兼容 家用电器、电动工具和类似器具的要求 第1部分：发射	产品类	CISPR14-1
GB 4343.1	电磁兼容 家用电器、电动工具和类似器具的要求 第2部分：抗扰度	产品类	CISOPR14-2
GB/T 4365	电磁兼容术语	基础	IEC 60050-161
GB 4824	工业、科学和医疗（ISM）射频设备电磁干扰特性的测量方法和限值	产品类	CISPR11
GB/T 4859	电气设备的抗干扰特性基本测量方法	产品类	—
GB/T 6113.1 GB/T 6113.101 GB/T 6113.102 GB/T 6113.103 GB/T 6113.104 GB/T 6113.105	无线电干扰和抗扰度测量设备规范	基础	CISPR16-1
GB/T 6113.2	无线电干扰和抗扰度测量方法	基础	CISPR16-2

标准编号	标准名称	类别	对应国际标准
GB/T 6833.1	电子测量仪器电磁兼容性试验规范—总则	产品类	HP765.001 ～ .009-77
GB/T 6833.2	电子测量仪器电磁兼容性试验规范—磁场敏感度试验	产品类	—
GB/T 6833.3	电子测量仪器电磁兼容性试验规范-静电放电敏感度试验	产品类	—
GB/T 6833.4	电子测量仪器电磁兼容性试验规范-电源瞬态敏感度试验	产品类	—
GB/T 6833.5	电子测量仪器电磁兼容性试验规范-辐射敏感度试验	产品类	—
GB/T 6833.6	电子测量仪器电磁兼容性试验规范-传导敏感度试验	产品类	—
GB/T 6833.7	电子测量仪器电磁兼容性试验规范-非工作状态磁场干扰试验	产品类	—
GB/T 6833.8	电子测量仪器电磁兼容性试验规范-工作状态磁场干扰试验	产品类	—
GB/T 6833.9	电子测量仪器电磁兼容性试验规范-传导干扰试验	产品类	—
GB/T 6833.10	电子测量仪器电磁兼容性试验规范-辐射干扰试验	产品类	—
GB 7343	无源无线电干扰滤波器和抑制元件抑制特性的测量方法	产品类	CISPR17
GB 8702	电磁辐射防护规定	通用	—
GB 9175	环境电磁波卫生标准	基础	—
GB 9254	信息技术设备的无线电干扰限值和测量方法	产品类	CISPR22
GB 12190	高性能屏蔽室屏蔽效能的测量方法	产品类	IEEE 299 (1996)
GB/T 13926.1	工业过程测量和控制装置的电磁兼容性 总论	通用	IEC 801 1
GB/T 13926.2	静电放电要求	通用	IEC 801 2
GB/T 13926.3	辐射电磁场要求	通用	IEC 801 3
GB/T 13926.4	电快速瞬变脉冲群要求	通用	IEC 801 4
GB 14023	车辆、机动船和由火花点火发动机驱动装置的无线电干扰特性的测量方法和允许值	产品类	CISPR12
GB/T 14431	无线电业务要求的信号/干扰保护比和最小可用场强	通用	
GB/T 17618	信息技术设备抗扰度限值和测量方法	产品类	CISPR24
GB/T 17619	机动车电子电器组件电磁辐射抗扰性限值和测量方法	产品类	采用欧共体指令 95/94/EEC
GB/T 17624.1	电磁兼容 综述 电磁兼容基本术语和定义的应用与解释	基础	Idt：IEC 61000-1-1

续表

标准编号	标准名称	类别	对应国际标准
GB/T 17625.1	电磁兼容 限值 谐波电流发射限值（设备每相输入电流≤16A）	基础	IEC 61000-3-2
GB/T 17625.2	电磁兼容 限值 对额定电流不大于 16A 的设备在低压供电系统中产生的电压波动和闪烁限值	基础	IEC 61000-3-3
GB/T 17625.3	电磁兼容 限值 对额定电流大于 16A 的设备在低压供电系统中产生的电压波动和闪烁限制	基础	IEC-61000-3-5（技术报告）
GB/T 17625.4	电磁兼容 限值 中、高压电力系统中畸变负荷发射限值的评估	基础	IEC-61000-3-6（技术报告）
GB/T 17625.5	电磁兼容 限值 中、高压电力系统中波动负荷发射限值的评估	基础	IEC-61000-3-7（技术报告）
GB/T 17625.6	电磁兼容 限值 对额定电流大于 16A 的设备在低压供电系统中产生的谐波电流的限制	基础	
GB/T 17626.1	电磁兼容 试验和测量技术 抗扰度试验总论	基础	IEC 61000-4-1
GB/T 17626.2	电磁兼容 试验和测量技术 静电放电抗扰度试验	基础	IEC 61000-4-2
GB/T 17626.3	电磁兼容 试验和测量技术 射频电磁场辐射抗扰度试验	基础	IEC 61000-4-3
GB/T 17626.4	电磁兼容 试验和测量技术 电磁瞬变脉冲群抗扰度试验	基础	IEC 61000-4-4
GB/T 17626.5	电磁兼容 试验和测量技术浪涌（冲击）抗扰度试验	基础	IEC 61000-4-5
GB/T 17626.6	电磁兼容 射频场感应的传导骚扰抗扰度试验	基础	IEC 61000-4- 6
GB/T 17626.7	电磁兼容 供电系统及所连设备的谐波和中间谐波的测量仪器通用导则	基础	IEC 61000-4-7
GB/T 17626.8	电磁兼容 试验和测量技术 工频磁场抗扰度试验	基础	IEC 61000-4-8
GB/T 17626.9	电磁兼容 试验和测量技术 脉冲磁场抗扰度试验	基础	IEC 61000-4-9
GB/T 17626.10	电磁兼容 试验和测量技术 阻尼振荡磁场抗扰度试验	基础	IEC 61000-4-10
GB/T 17626.11	电磁兼容 试验和测量技术 电压暂降、短时中断和电压变化抗扰度试验	基础	IEC 61000-4-11
GB/T 17626.12	电磁兼容 试验和测量技术 振荡波抗扰度试验	基础	IEC 61000-4-12
GB/T 17799.1	电磁兼容 通用标准 居住、商业和轻工业环境中的抗扰度试验	通用	IEC 61000-6-1
GB/T 17799.2	电磁兼容 工业环境中的抗扰度试验	基础	
GB/T 17799.3	电磁兼容 通用标准 居住、商业和轻工业环境中的发射标准	通用	IEC-61000-6-3
GB/T 17799.4	电磁兼容 工业环境中的发射标准	基础	IEC-61000-6-4

标准编号	标准名称	类别	对应国际标准
GB/Z 18039.1	电磁兼容 环境 电磁环境的分类	基础	IEC 61000-2-5（技术报告）
GB/Z 18039.2	电磁兼容 环境 工业设备电源低频传导骚扰发射水平的评估	基础	IEC 61000-2-6（技术报告）
GB/T 18039.3	电磁兼容 环境 公共低压供电系统低频传导骚扰及信号传输的兼容水平	基础	
GB/T 18039.4	电磁兼容 环境 工厂低频传导骚扰兼容水平	基础	
GB/T 18268	测量控制和试验使用的电设备电磁兼容性要求	产品类	
GB/Z 18509	电磁兼容 电磁兼容标准起草导则	基础	
GB 18655	用于保护车载接收机的无线电骚扰特性的限值和测量方法	产品类	
GB/T 18732	工业、科学和医疗设备限值的确定方法	通用	
GB/T 19271.1	雷电电磁脉冲的防护 第1部分：通则	基础	
GB 19287	电信设备的抗扰度通用要求	产品类	
GB/Z 19397	工业机器人-电磁兼容性试验方法和性能评估准则-指南	产品类	

3.7.5 电工电子产品防护等级标准

IEC 60529 为电工电子产品防护等级标准，其对应的国标为 GB 4208。

① IEC 60529 IP 等级（防尘防水）定义　外壳防护等级（IP 代码）是将产品依其防尘、防止外物侵入、防水、防湿气之特性加以分级。这里所指的外物包含工具、人的手指等均不可接触到器具内之带电部分，以免触电。它一般是由两个特征数字、一个附加字母和一个补充字母组成，第一个数字表示产品防尘、防止外物侵入的等级；第二个数字表示产品防湿气、防水侵入的密闭程度。数字越大，表示其防护等级越高。附加字母所表示的防护等级是防止接近危险部件的等级，补充字母表示专门补充的信息。IP 等级系统提供了一个以电气设备和包装的防尘、防水和防碰撞程度来对产品进行分类的方法，这套系统得到了多数欧洲国家的认可，并在 IEC 60529（BSEN 60529）外包装防护等级（IP code）中宣布。

② IP 代码中各数字及字母所代表的分级及含义

a. 第一位数字—防尘

0—没有防护。

1—可抵御超过 50mm 的固体物质。如手部意外触摸。

2—可抵御直径超过 12mm 直径、长度不超过 80mm 的固体物质。如手指。

3—可抵御直径超过 2.5mm 的固体物质。如工具或金属丝。

4—可抵御直径超过 1.0mm 的固体物质。如细小金属丝。

5—防尘，有限进入（无有害堆积物）。

6—灰尘难以进入，完全防尘。

b. 第二个数字—防水

0—没有防护。

1—可经受垂直落下的水点。

2—可经受呈 15°垂直角的水花的直接喷射。

3—可经受呈 60°垂直角的水花的直接喷射。

4—可经受任何方向射来的水花——允许有限的进入。

5—可经受来自任何方向的低压水柱喷射——允许有限的进入。

6—可经受来自任何方向的强力水柱喷射——允许有限的进入。

7—允许短暂放入 0.15～1m 深的水中，时间可长达 30 min。

8—可经受压力下长期浸泡。

c. 附加字母 A 代表防止手背接近，B 代表防止手指接近，C 代表防止工具接近，D 代表防止金属线接近。

d. 补充字母 H 表示高压设备，M 表示做防水试验时试样运行，S 表示做防水试验时试样静止，W 表示气候条件。

3.8 大型掘进装备自动控制技术

3.8.1 概述

土压平衡式盾构（简称盾构）是一种在大直径钢圆筒内实现挖掘、排渣、衬砌等隧道建设过程自动化和工厂化的大型复杂掘进装备，它具有开挖速度快、质量高、人员劳动强度小、安全性高、对地表沉降和环境影响小等优点。当前我国基础设施和国防建设领域需求十分紧迫。盾构掘进主要有控制与测量、刀盘刀具、电液控制等三大关键技术。盾构控制系统承担着盾构向前推进和刀盘切削土体的任务，其控制性能直接影响掘进安全、工效及装备能耗。

土压平衡式盾构主要由盾壳、刀盘、刀盘支承、刀盘驱动机构、螺旋输送机、推进液压缸、管片拼装机以及盾尾密封装置等部件构成。盾壳、刀盘支承、螺旋输送机及紧贴在混凝土管片上的盾尾密封装置组成了一个密封系统，使不稳定而随时可能塌落的泥土只能通过螺旋输送机的出口输出到中转出土皮带机，再经运土车运到洞外。盾构向前推进一个大于管片长度的行程后，收缩推进缸，再由管片拼装机将混凝土预制管片安装到盾尾密封前，用密封条或螺栓将其与前一圈管片紧密相连。土压平衡式盾构基本结构如图 6-3-106 所示。

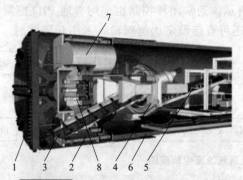

图 6-3-106 土压平衡盾构机结构图

1—刀盘；2—推进油缸；3—螺旋输送机；4—管片拼装机；5—皮带输送机；6—待装管片；7—压缩仓；8—主驱动系统

地面沉降控制是衡量现代盾构技术水平的关键技术之一。现代盾构控制地面沉降和减少地表变形最基本和有效的方法之一是密封舱压力与刀盘前方的水土压力平衡技术。在实际施工中，因土仓压力控制不当导致土压失衡或突发泄漏，造成房屋倒塌、人员伤亡和隧道被掩埋等重大事故在各国均时有发生。与此同时，土舱压力的控制受到推进系统、刀盘系统、螺旋排土系统等多个子系统共同作用制约，以及舱内介质所处的多个物理场耦合的复杂工作环境的影响，因此，对土压平衡盾构而言，密封土舱压力平衡控制的精确性和实时性成为装备工作过程中最为重要的一项技术。土压平衡盾构自动化控制技术，包括推进系统控制、刀盘系统控制、螺旋排土器控制以及密封舱压力平衡控制等多个子控制系统，且子控制系统间需要协调运行。

3.8.2 推进系统控制

推进系统是盾构掘进机的重要组成部分。由于盾构推进具有传递功率大、负载多变、运动复杂、可靠性要求高等特点，推进任务由满足此类要求的电液控制系统承担。推进系统控制不仅能够完成隧道设计路线跟踪掘进任务，而且在克服推进过程中遇到阻力的前提下，应能根据掘进过程中所处的不同施工地层土质及其水土压力的变化，对推进压力和推进速度进行无级协调调节，使盾构在掘进过程中引起的地表沉降量控制在要求范围内。

（1）推进系统推力控制

推进系统的推力控制是通过比例压力阀（溢流阀或减压阀）来实现的。推进系统每个分区液压缸的工作压力经压力传感器检测并将信号传回到控制单元实现闭环控制，如图 6-3-107 所示。通常闭环控制采用普通 PID 控制器实现，而在压力控制精度要求不高的情况下，还可直接设定比例阀输出压力值采用开环控制，压力传感器的检测值仅用于状态监控。

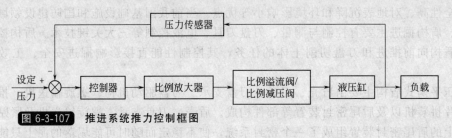

图 6-3-107 推进系统推力控制框图

（2）推进系统速度控制

同推力控制类似，推进系统速度控制通过比例调速阀或比例减压阀来实现。推进系统每个分区液压缸的位移经传感器检测并将位移信号反馈到控制单元，同时差分转换为速度进行闭环控制，如图 6-3-108 所示。通常闭环控制也采用普通 PID 控制器实现，而且在速度控制精度要求不高的情况下，还可直接设定比例阀输入采用开环控制。

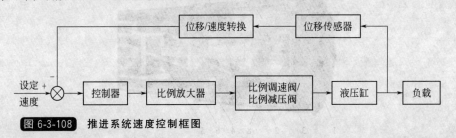

图 6-3-108 推进系统速度控制框图

（3）盾构推进系统多缸同步控制

盾构推进系统由数十个环形分布的液压缸组成，在不均匀负载作用下，各推进缸运动特性会出现差异，可能会导致掘进轴线偏离隧道设计线路，影响施工质量。因此，推进多缸协调控制显得尤为重要。通常实现同步的方法有很多种，如机械同步、同步元件同步及闭环同步等，本节主要以电液比例反馈为基础研究不均载工况下多缸的闭环同步控制问题。

闭环同步控制方式通常有两种：一种是跟踪同步，各个液压缸给定相同的信号，各自采取位置反馈构成闭环跟踪相同的位移值，这种控制策略在大载荷下易造成偏差；另一种为主从同步，设定一个液压缸为主缸，其余为从缸，控制过程中各从缸位移实时与主缸比较，产生的偏差用于校正从缸的输入信号，即所有从缸时刻以主缸位移为标准进行校正，可有效克服大载荷造成的偏差。如图 6-3-109 所示，盾构推进液压系统采用主从同步方式来控制不同分区液压缸之间的同步性，而区内液压缸直接并联连接，调速阀系统的同步控制通过比例调速阀实现，而减压阀系统通过比例减压阀实现。每区均有一个液压缸上装有位移传感器，可以实现位移实时测量，不同区之间的位移同步误差校正补偿器参数在软件程序中设定。

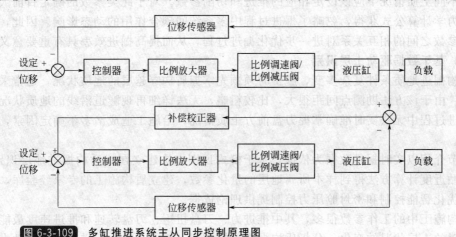

图 6-3-109 多缸推进系统主从同步控制原理图

3.8.3　刀盘系统控制

盾构刀盘是完成挖掘功能的重要组成部分，大惯性、大功率和变负载是刀盘驱动的主要特点。现有盾构刀盘驱动方式包括电机驱动和液压马达驱动两种。刀盘驱动方式还与盾构内部结构及空间布置有关。两者相比，电机驱动所占空间较大，而液压驱动具有的大功率密度正好弥补了这一缺陷。因此，液压驱动仍是目前应用最广泛的驱动方式。

刀盘驱动控制在盾构掘进过程控制中占有十分重要的地位。根据盾构的施工需求，刀盘转速控制主要围绕着刀盘转速监测、转速控制、正反转控制、功率控制等方面展开。目前，刀盘调速有高低挡有级调速、开环无级调速和闭环恒功率调速三种控制方式。高低挡有级调速通常借助调节液压马达排量来实现，采用电磁换向阀在高低挡位之间切换。通过控制面板上电位器旋钮可调节变量泵排量，从而实现无级调速。当驱动系统负载反馈压力高于功率限定压力时，变量泵流量减小，刀盘转速降低，维持泵的输出功率恒定，即闭环控制恒功率调速。无级调速是在高低挡有级调速前提下实现的，即分别在高挡范围内或低挡范围内实现无级调速。闭环恒功率调速是在高低挡有级调速与开环控制无级调速的前提下实现的，当负载压力反馈值超过功率限定压力时，由前两种调速方式所决定的刀盘转速会减小，泵的出口压力与流量之间的变化遵循双曲线规律。

3.8.4　螺旋排土器控制

土压平衡盾构上的排土系统必须是能够保持渣土和土压力、地下水压力的平衡，并具有按盾构推进量调节排土量的控制功能。排土机构方式有很多种，主体结构是螺旋输送机，辅以辅助设备，如闸门、加压装置、旋转料斗、压力泵和泥浆泵等。渣土通过螺旋杆输送压缩形成密封土塞效应，具备一定的阻力，可把开挖舱内土压力稳定在预定范围内。由于盾构施工过程中负荷是时刻变化的，因而液压系统要具有一定的负载适应性。在保证盾构施工安全和负载要求条件下，设计电比例反馈控制的螺旋排土器液压系统，可实时控制螺旋输送机的转速和排渣门的开度。为降低成本，控制方便，一般采用单缸控制模式。

3.8.5 密封舱压力平衡控制

盾构掘进是一个复杂的过程，涉及到多套驱动及控制系统和多个参数调节，这些关键性的掘进参数之间存在着紧密的联系和相互作用制约，共同影响着盾构掘进效率。其中，土仓压力属于间接控制参数，主要通过调节推进速度和螺旋输送机排土速度协调控制进排土量来实现，而其他参数都可以通过驱动系统直接加以控制。此外，推进和切削参数还与地质情况相关，不同土质情况下应该设定相应的推进和切削参数。对于此类参数的确定目前大都采用静态土力学计算公式获得，忽略了掘进过程中多系统间耦合作用的动态影响。因此，研究盾构掘进参数之间的相互关系对进一步优化掘进过程，从而提高掘进效率具有重要意义。

(1) 基于数据驱动土层识别

盾构掘进地质条件复杂多变，施工时须预先掌握盾构穿越层的地质状况，通常采用地质初勘法。由于该方法勘测点间距很大，比较粗略，无法详细再现隧道沿线的地质状况，使盾构在掘进过程中无法实时准确掌握刀盘前方土质情况，给施工造成诸多不确定因素，容易引发事故。

本节介绍以实时掘进数据为依据，基于模式识别方法建立在线盾构掘进地层识别方法，并使用贴近度计算方法得到样本所属地层的量化参数，建立盾构施工的专家经验库，为刀盘转速最优化智能控制和密封舱压力控制提供理论依据。

盾构施工中的工作参数很多，其中推进力、刀盘扭矩、刀盘转速和推进速度最能反映刀盘所面对的土层状况的变化。分析盾构掘进数据发现，不同土层中掘进的刀盘驱动力矩、推进力、推进速度、刀盘转速等参数存在明显的特征。刀盘扭矩和推进力与土层地质有直接的关系，可作为分类的原始特征。净切深即刀盘每转的前进距离，直接反映了推进速度与刀盘转速，是掘进机推进力与掘进速度之间关系的主要参数。盾构切深的大小可以用来表征其在该土层掘进的难易，切深大表明刀盘前方的土质较软，易于切削；反之则表明土质较硬，难于切削（如图 6-3-110）。

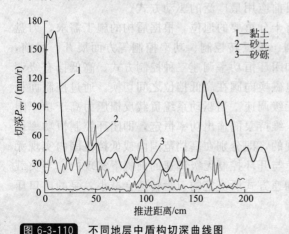

图 6-3-110 不同地层中盾构切深曲线图

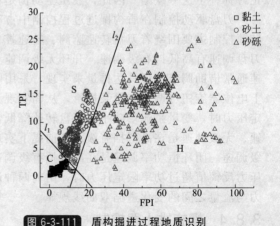

图 6-3-111 盾构掘进过程地质识别

定义单位切深所需的刀盘法向推力为场切深指数（FPI），单位切深所需的刀盘驱动力矩为扭矩切深指数（TPI）。这些特征参数的全体就构成了掘进特性空间 Ω。令 $x=$ FPI，$y=$ TPI，将试验中取得的掘进参数数据描绘到平面坐标系中，即可得空间 Ω（图 6-3-111），分析结果表明，在完整性较好的土层中掘进，FPI 和 TPI 之间具有较好的相关性，因此可以据此判断掘进地质变化情况，可作为掘进系统智能控制的基础。

（2）开挖面支护力的计算

在隧道施工过程中，由于施工的扰动，改变了原状天然土体的静止弹性平衡状态，从而使刀盘前方土体产生主动或被动土压力。盾构推进时，如果土压力设置偏低，工作面前方土体向盾构刀盘方向产生微小移动，土体出现向下滑动趋势。为阻止土体的下滑趋势，土体抗剪力增大，当土体的侧向应力减小到一定程度，土体的抗剪强度达到一定值，土体处于主动极限平衡状态，与此相应的土压力称为主动土压力。盾构推进时，如果土仓压力设置偏高，刀盘对土体的侧向应力逐渐增大，刀盘前方土体出现向上滑动趋势，为抵抗土体向上滑动，土体抗剪力逐渐增大，处于被动平衡状态，与此相应的土压力称为被动土压力。综上所述，当土仓内的土压力大于地层压力和水压力时，地表将隆起；当土仓内的土压力小于地层压力和水压力时，地表将下降，所以土仓内的土压力应与地层压力和水压力平衡，压力波动应严格限制在主动土压力和被动土压力之间。

盾构推进施工中，如何对推进土压力进行设定，必须经过周密的计算。而土压力的计算，采用何种条件，需要根据地质情况而定。计算土压力的方法有两种，一种是将土压与水压分开的计算方法，另一种是将水压作为土压的一部分进行计算的方法。采用土压水压分算或合算不能一概而论，一般而言，在砂性土地层中，认为土压和水压是分别作用的；在黏性土地层中，土压和水压可认为是相互间成为一体作用的。由于正确地掌握土中水的变化、地下水位等非常困难，有时即使进一步根据地质条件、盾构设备状况慎重地进行分析也难以做出有效判断，也可以使用两种方法同时进行计算，然后根据施工情况选用较安全的一种方法。

（3）密封舱压力控制

开挖土仓由刀盘、密封舱、隔板及螺旋输送机组成。盾构将刀盘开挖下来的泥土填满土仓，借助推进油缸通过隔板进行加压，产生土压力，这一压力作用于整个开挖面，使开挖面稳定，刀盘切削下来的渣土与螺旋输送机向外输送量相平衡，维持土仓内压力稳定在预定的范围内。

盾构在粉质黏土、粉质砂土和砂质粉土等黏性土层中掘进时，由刀盘切削下来的泥土进入土仓后，对开挖面地层形成被动土压力，与开挖面上的主动土压力相抗衡。在土仓和螺旋输送机内有足够多的切削土体时，产生的被动土压力即可与开挖面上的主动土压力大致相等，使开挖面的土层处于稳定。在土仓的土压与开挖面的土压保持平衡的状态下，盾构向前推进的同时，启动螺旋输送机排土，使排土量等于开挖量，即可使开挖面的地层始终保持稳定。排土量一般通过调节螺旋输送机的转速和闸门的开度予以控制。

根据盾构机密封舱渣土的本构模型和质量守恒定律，考虑到盾构机密封舱渣土的可松性，建立了密封舱压力控制机理模型。该模型从物理本质上建立了盾构机密封舱压力与可控变量（螺旋输送机转速和推进速度）之间的映射关系，它是盾构机密封舱压力控制研究的基础。该模型形式如下：

$$\dot{p} = \frac{E_t(p)}{V_c}\left[Av - \frac{A_s\omega\eta(p)h}{2\pi}\right]$$

式中，p 为密封舱压力；v 是盾构机的推进速度；A 是盾构机的横截面积；h 是螺旋输送机的螺距；$\eta(p)$ 是螺旋输送机的排土效率；ω 为螺旋输送机的转速；A_s 为螺旋输送机的有效排土面积；V_c 是盾构机密封舱体积；$E_t(p)$ 是渣土的等效切线变形模量。忽略土体本构模型中的非线性特性后，η 和 E_t 均为常数。由模型可见，推进速度和螺旋排土器转速与密封舱压力都呈现积分关系特性。

① 掘进面稳定控制　该控制方法可根据掘进速度估计进土量，通过控制螺旋排土器进行自动排土，以使掘进面的地表层保持静止状态。为了使得掘进土量和排土量（螺旋输送机转速）保持均衡，该控制算法可根据密封舱内测得的土压增减情况，自动控制排土速度，以将土压保持在设定值。该控制器为以密封舱压力为控制目标、推进速度为前馈变量、螺旋输送机转速为控制变量的前馈-反馈 PID 控制器。参见图 6-3-112。

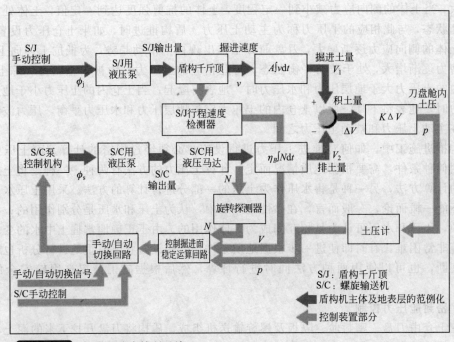

图 6-3-112　掘进面稳定控制系统

② 多系统协调控制　土压平衡盾构包含刀盘系统、密封舱、螺旋输送机系统、推进系统、导向纠偏系统等多个相互耦合的子系统。人工操作方式一般为开环单控方式，如通过螺旋排土器调节密封舱压力、通过推进速度调节推力、通过刀盘转速调节刀盘扭矩。由于系统间存在严重的耦合和约束，而地质普遍存在动态突变载荷，需要多次调节各操作变量来实现各子系统之间的协调运行，人工单控方式由于系统约束和耦合的存在导致响应滞后、波动大，效率低下等问题，使得其无法在复杂多变地质环境中及时协调多个系统的运行，造成各种施工问题和故障。通过多系统的协调控制来顺应地质动态突变载荷，是实现盾构机安全高效运行的关键。盾构机基于多系统协调策略的顺应性控制方法是将大型、复杂多变量、有约束的盾构机系统作为整体，整合多种信息和知识，实现多个子系统之间的协调运行。该算法基于模型的多变量预测控制，集成前馈、解耦和选择性控制等多种控制思想，综合考虑机构、液压系统工作特性和能力约束，利用控制量冗余手段调整自身工作特性，顺应掘进过程突变动态载荷，使得系统在保证安全的前提下高效运行。其控制效果如图 6-3-113 所示，在第 30s 时，密封舱压力设定值发生变化后，通过推进速度和螺旋排土器转速同时调控，实现密封舱压力的平稳过渡，避免了仅通过螺旋排土器控制导致的密封舱压力超调，而第 45s 时，推进速度设定值发生变化，螺旋排土器转速随动，从而使得密封舱压力保持稳定。

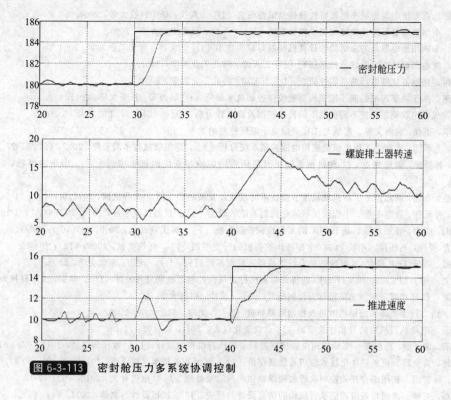

图 6-3-113　密封舱压力多系统协调控制

参 考 文 献

[1] 安维胜，孙丽丽，赖志良 等．现代机电设备 [M]．北京：电子工业出版社，2008.

[2] 周希章，周全．如何正确选用电动机 [M]．北京：机械工业出版社，2004.

[3] 马文晖，白育宁．料位传感器及其在火电厂中的应用 [J]．中国新技术新产品，2011，(19)：126

[4] 马英．料位传感器智能信号源的研究 [D]．太原：太原理工大学，2007.

[5] 谢利理，李玉忍．一种新型的电容式料位传感器设计 [J]．传感器技术，2002，21 (12)：21-22.

[6] 李美雄．振动式料位传感器与腐蚀防护技术研究 [D]．上海：华东理工大学，2010.

[7] 范登华．分布式光纤振动传感器的研究 [D]．成都：电子科技大学，2009.

[8] 王刚．光纤低频振动传感器的研究 [D]．吉林：吉林大学，2011.

[9] 王宏军．基于光纤激光器的光纤振动传感器 [D]．大连：大连理工大学，2008.

[10] 张毅．基于相位生成载波调制技术的光纤振动传感器研究 [D]．上海：复旦大学，2011.

[11] 关北海．发动机转速传感器工艺优化研究 [D]．武汉：武汉理工大学，2006.

[12] 张晓燕．汽车转向盘转速传感器设计与实验研究 [D]．北京：中国地质大学，2009.

[13] 裴满．汽油机转速传感器电磁干扰机理与实验研究 [D]．南京：南京航空航天大学，2007.

[14] 胡滢滨．转镜相机同步与转速传感器有源组件研究 [D]．成都：电子科技大学，2004.

[15] 张光荣．发动机激励引起的车内结构噪声控制研究 [D]．长沙：湖南大学，2009.

[16] 张霏霏．基于 CAN 总线的发动机控制平台的研究 [D]．沈阳：东北大学，2008.

[17] 黄建．基于 MATLAB 的汽油发动机空燃比控制方法研究 [D]．沈阳：东北大学，2008.

[18] 陈海霞．基于 MCU 燃料电池汽车发动机系统控制研究 [D]．沈阳：东北大学，2008.

[19] 刘娜．脉冲多次缸内直喷天然气发动机控制策略及试验研究 [D]．天津：天津大学，2010.

[20] 王帅．汽油发动机怠速控制方法研究 [D]．哈尔滨：哈尔滨工业大学，2010.

[21] 高峰．燃油闭环计量及微型涡喷发动机控制技术研究 [D]．南京：南京航空航天大学，2009.

[22] 张雷．乙醇/柴油双燃料发动机的改进与控制方法的研究 [D]．沈阳：东北大学，2008.

[23] 刘炜．AN 系列继电器的研制 [D]．沈阳：沈阳工业大学，2003.

[24] 张又衡．车辆继电器寿命综合实验台 [D]．吉林：吉林大学，2007.

[25] 安文．继电器智能检测台设计 [D]．西安：西安交通大学，2003.

[26] 宋晓亮. 汽车继电器电触头燃弧特性分析及试验研究 [D]. 武汉：华中科技大学，2006.

[27] 杨彬. 小型继电器可靠性检测与集中控制系统 [D]. 天津：河北工业大学，2005.

[28] 刘鑫. 车辆用继电器电寿命试验的计算机控制与检测技术 [D]. 天津：河北工业大学，2004.

[29] 赵军. 继电器设计方案的评价技术研究 [D]. 天津：河北工业大学，2007.

[30] 孙顺利. 接触器式继电器的可靠性研究 [D]. 天津：河北工业大学，2007.

[31] 牟春燕. 基于功率匹配的液压挖掘机节能模糊控制技术研究 [D]. 西安：长安大学，2011.

[32] 刘颖. 现代串级调速系统不同负载下的转速控制及稳定性分析 [D]. 北京：华北电力大学，2009.

[33] 李运华，张磊，袁海文等. 车辆与工程机械电子液压控制的发展 [J]. 2003，25（3）：215-218.

[34] 池智，王军伟，徐奉. 工程机械变速箱电液控制系统分析 [J]. 建筑机械技术与管理，2007，(9)：95-97.

[35] 孟建，郭新民，傅旭光等. 工程机械发动机及液压系统的冷却系统的智能控制 [J]. 山东内燃机，2005，(1)：17-20.

[36] 汪世益，方勇，满忠伟. 工程机械液压节能技术的现状及发展趋势 [J]. 工程机械，2011，41（9）：51-56.

[37] 石刚，井元伟，徐皑冬等. 工程机械智能化控制系统的研究 [J]. 仪器仪表学报，2006，27（6）：1931-1935.

[38] 梁科山，唐力，曹玉君等. 基于PLC的工程机械控制系统 [J]. 兵工自动化，2009，28（10）：76-77.

[39] 张长青 周玮，马怀祥. 小松PC200-8型液压挖掘机的行走控制 [J]. 建筑机械，2009，(12)：104-105.

[40] 孟小霞. 基于DSP和CAN总线的助力行走机器人控制系统研究 [D]. 沈阳：东北大学，2008.

[41] 李传宝. 基于LPC2220和VxWorks的桥式起重机行走机构控制系统研究与设计 [D]. 泰安：山东科技大学，2008.

[42] 邹砚湖. 铰接式履带车预定路径行走控制研究 [D]. 长沙：中南大学，2011.

[43] 赵明. 助力行走机器人的结构改进及控制策略研究 [D]. 沈阳：东北大学，2008.

[44] 高天云. 电动执行机构的可靠性及维护 [J]. 自动化仪表，2004，25（5）：71-73.

[45] 田福润，宋子巍，程晓新. 多轮转向电液比例控制系统执行机构的设计 [J]. 液压与气动，2011，(2)：91-93.

[46] 王青林，黄曼霞. 机电一体化技术应用与发展探析 [J]. 漯河职业技术学院学报，2011，10（2）：60-62.

[47] 孙羽，马新国. 矿用组合开关控制执行机构误动作的预防及处理 [J]. 电气开关，2010，(6)：77-78.

[48] 张玉新，王帅. 水面垃圾清理船执行机构的仿真设计与研究 [J]. 机械设计与制造，2011，(4)：62-64.

[49] 董永贵. 传感技术与系统 [M]. 北京：清华大学出版社，2006.

[50] 王俊峰，张玉生. 机电一体化检测与控制技术 [M]. 北京：人民邮电大学出版社，2006.

[51] 黄强，高峻峣. 控制技术 [M]. 北京：机械工业出版社，2006.

[52] 尚涛，唐新星，艾学忠. 机电控制系统设计 [M]. 北京：化学工业出版社，2006.

[53] 谢少荣，蒋蓁，罗均等. 现代控制与驱动技术 [M]. 北京：化学工业出版社，2005.

第4章 轨道交通列车运行控制系统

4.1 绪论

随着石化能源危机、环境污染及道路交通拥堵等问题日益严重，发展高效环保的公共交通工具成为世界各国的共同目标。轨道交通自19世纪初诞生以来，凭借"高安全"、"大运量"、"低成本"等运输特点，在综合交通体系中占有举足轻重的地位，对人类文明发展与社会进步发挥着重要的作用。

轨道交通形式可大概分为普速铁路、高速铁路（客运）、重载铁路（货运）及城市轨道交通等几种形式，各种形式的轨道交通系统组成基本相同，如图6-4-1所示，可以分为固定设施、移动设施和列车运行控制系统三大部分。固定设施部分包括线路、桥梁、隧道（通常简称线、桥、隧）和牵引供电等地面设施。移动设施部分即指机车车辆或动车组等移动载体。列车运行控制系统通常包括调度指挥子系统、地面运行控制子系统、车载运行控制子系统和通信网络子系统等。

作为整体轨道交通系统的"中枢和神经"，列车运行控制系统将固定设施和移动设施进行有机的联系，在保证列车运行安全的前提下，不断提高轨道交通的运输效率和服务质量。随着运输要求的提高和计算机技术的进步，列车运行控制系统先后发展出了机械人工控制、继电自动控制、计算机自动控制几代产品，实现了从时间固定分割、空间固定闭塞、准移动闭塞到移动闭塞的不断提升，在保证运行安全的前提下，使运输效率不断得到提高。

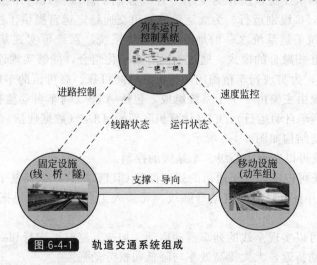

图 6-4-1　轨道交通系统组成

本章主要介绍当前应用中较先进的高速铁路和城市轨道交通列车运行控制技术。首先从城市轨道交通和高速铁路两方面整体介绍列车运行控制系统的原理和结构，之后以城市轨道交通为例介绍了列车运行控制系统的关键技术及各子系统的原理和结构。

4.2 城市轨道交通列车运行控制系统

4.2.1 城市轨道交通列车运行控制系统的原理

CBTC 系统（Communication Based Train Control System：基于通信的列车自动控制系统）可以实现最先进的、最小间隔的列车运行安全控制技术——移动闭塞。该系统是按照国际 IEEE1474 需求标准设计、按照国际安全苛求系统安全设计与评估标准进行全过程风险控制而研发的列车控制系统。

系统按照移动闭塞原理控制列车，后续列车以前行列车尾部为追踪目标点，根据列车动态状态实时控制列车间隔，实现高密度、高安全的追踪控制，提高轨道交通系统的运行效率。CBTC 系统集先进的控制技术、计算机技术、网络技术和通信技术为一体，具有系统化、网络化、信息化、智能化的特点，系统的功能更加强大、结构组成越来越复杂，与线路、运输组织、车辆等专业的关系越来越密切，它可以解决随着客流不断增长以及运输要求不断提高的发展要求，是目前国内外一致认可的可持续发展的城市轨道交通信号系统首选制式。

国内首个具有自主知识产权的 CBTC 系统是完全针对大运量的轨道交通要求而设计的系统。大运量轨道交通系统特点包括列车追踪间隔短、行车密度高、RAMS 要求高等：

① CBTC 系统采用移动闭塞理论实现 90s 的设计间隔；

② CBTC 系统在系统核心技术研究及基于 COTS（商品化组件）的安全控制系统设计及认证方法研究基础上，解决了移动闭塞系统设计、全生命周期的安全苛求系统设计、通用安全计算机平台研发等关键技术难题，完全达到安全苛求系统安全功能 SIL4 等级要求；

③ CBTC 系统在地车通信传输、车载设备、地面区域控制设备等方面完全采取冗余的安全结构，采用系统化的设计与评估方法，实现了"一体化设计、二级调度模式、三种控制等级"无扰转换与协同控制，保证系统在运行时不会因为单层次故障而影响正常运营，特别是基于计轴的点式列车控制系统作为 CBTC 连续控制下降级模式，并能够在具备升级条件时，自动升级为 CBTC 级别运行，为大运量的轨道交通稳定运营提供了技术保障。

作为 CBTC 系统关键系统之一的地车通信传输系统，系统可实现基于自由波、波导管和漏泄电缆等方式互相融合的模式，通过不同方式优化组合，能够实现连续、实时的双向传输大容量车-地信息，为实现列车精确闭环控制提供高可靠、高可信的车地信息传输通道。

CBTC 信号系统由主要由 6 个子系统组成，包括 ATS（列车自动监控）、ATP（列车自动防护）、ATO（列车自动运行）、CI（计算机联锁）、DCS（数据通信）和维修支持子系统。

CBTC 信号系统结构如图 6-4-2 所示。

- ATS 子系统可以实现中心级、车站级的控制。
- ATP 子系统可以实现基于通信的列车控制 CBTC 模式，以及基于应答器的点式列车控制 BLOC 模式，并且可以实现自动升降级，无需人工参与，并且根据用户需求提供需要的间隔设计。
- ATO 系统可以实现全线的列车自动启动、加速、巡航、惰行和减速停车等过程，并可以实现无人的自动折返，大大提高效率与降低司机劳动强度。
- CI 子系统可以对应系统三级控制模式实现相应的控制功能。在 CBTC 模式下，可以结合移动闭塞要求提供相关的进路信息，由区域控制器发送移动授权。在点式降级模式下，可以结合固定闭塞要求提供相应的点式进路信息，由有源应答器发送移动授权。在站间模式下，实现传统的联锁功能。
- DCS（数据通信系统）可以实现地面设备和地车设备间的数据传输，包括地面的双

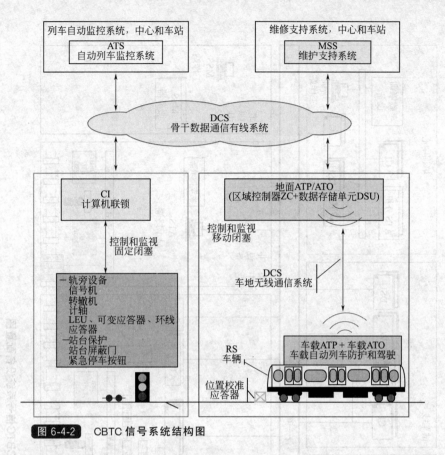

图 6-4-2　CBTC 信号系统结构图

环冗余有线网络 DCS，实现中心、车站、轨旁的信息传输。地车的信息传输网络 DCS 可以实现地车双向、大容量数据信息传输。

● 维修支持子系统作为信号系统的辅助系统，在后期的运营维护中将为运营管理与维护人员提供强大的维护与管理信息。

CBTC 系统根据城市轨道交通的规模和特点进行相关的一体化设计，实现以下控制原则。

第一级：联锁层。如果是连续式或点式 ATP 级故障，作为降级运行模式，可由地面信号机系统为列车提供全面的联锁防护。

第二级：基于点式应答器的列车控制。作为连续式通信级的降级模式，为降低连续式故障后对运营影响而配置使用的模式。

第三级：连续式双向通信级列车控制。在连续式通信级，CBTC 系统采用移动闭塞进行列车安全运行。

三种控制级别下实现了中心、车站、轨旁、车载设备的共用，大大提高了运营的保障，同时大大节省了系统的设备投入和工程周期。

4.2.2　城市轨道交通列车运行控制系统的结构

城市轨道交通列车运行控制系统设备配置连接如图 6-4-3 所示。

各子系统通过 DCS（数据通信子系统）构成闭环系统，实现地面控制与车上控制结合、本地控制与中央控制结合，构成一个以安全设备为基础，集行车指挥、运行控制以及列车驾驶自动化等功能为一体的城市轨道交通信号系统。

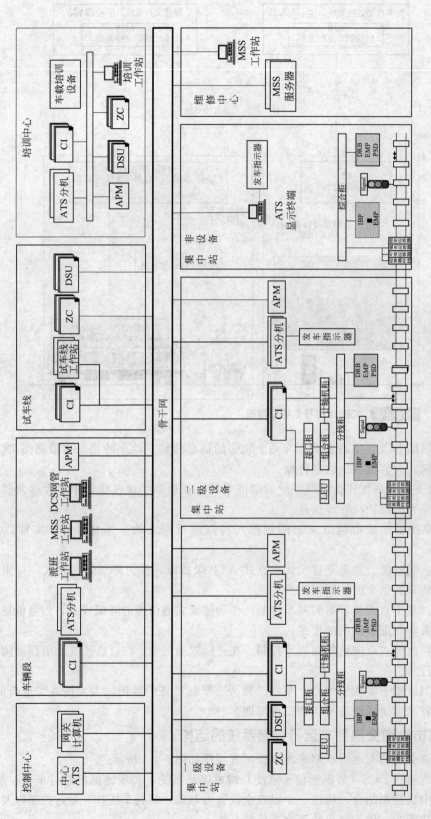

图6-4-3 CBTC信号系统设备配置图

ATS 子系统由设置于指挥控制中心的中央级设备和沿线各站（包括车辆段）的车站级设备以及培训教育等辅助设备组成，系统关键设备通过专设的 ATS 主干网络连接，构成一个高度智能的自动化网络控制系统，主要部件均采用冗余配置方案，从而大大提高了整个系统的可靠性。系统主要完成列车自动识别、列车运行自动跟踪和显示，运行时刻表或运行图的编制及管理，自动或人工排列进路，列车运行自动调整，列车运行和信号设备状态自动监视，列车运行数据统计，列车运行实绩记录，操作与数据记录、输出及统计处理，列车运行、监控模拟及培训等功能。

ATP/ATO 子系统是整个 CBTC 信号系统的核心，它确保与安全相关的所有功能，包括列车运行、乘客和员工的安全。ATP/ATO 子系统分成地面区域控制中心、轨旁设备和车载设备。轨旁设备将收集到的相关信息传输给区域控制中心。区域控制中心根据前方列车的运行情况和线路条件，计算后行列车的移动授权（MA），通过地车信息传输系统将 MA 传输给 ATP/ATO 车载设备。车载设备根据接收到的 MA 采用连续速度-距离曲线，实时对列车进行控制，从而保证行车安全。

CI 子系统是保证列车行车安全的基础设备，主要任务是按一定程序和条件控制道岔、信号，建立列车或调车进路，实现与列车运行和行车指挥等系统的结合，实现进路的人工或自动控制，显示区段占用和进路状态、信号开放和道岔状态、遥控和站控等各种表示和声光报警。

在以上系统中，ATP 子系统、CI 子系统属于安全控制设备，其安全完整性等级（SIL）为 4 级，其他系统属于非安全、高可靠的设备。

一般来说，将设备集中站分成如下两种类型：

① 一级设备集中站　设置有 ATP/ATO 主机和联锁主机设备的车站定义为一级设备集中站；

② 二级设备集中站　设置有联锁主机或联锁远程控制单元等设备的车站定义为二级设备集中站。

4.3 高速铁路列车运行控制系统

4.3.1 高速铁路列车运行控制系统的原理

高速列车运行控制系统的主要功能是完成对线路上运行列车的速度控制和进路安全，其进路安全由联锁系统保障。所谓速度控制，简而言之，就是加速、减速和制动等，确保列车不会超速运行，以免脱轨或颠覆；确保列车间有安全的追踪距离，不会发生尾追；保证列车在规定的停车点能够停下来，不会冒进和尾追。根据高速列车运行控制系统的功能需求，高速列车运行控制系统的原理用图 6-4-4 进行阐述。

图中虚线部分是高速列车运行控制系统的主体部分，对列车的牵引制动控制系统发出指令 $C_i(v, s)$，即牵引命令（加速）、惰性命令（卸载）、常用制动命令、最大常用制动和紧急制动命令。α_s 和 α_d 分别表示系统的静态输入参数和动态输入参数。所谓静态参数是不随列车运行而改变的参数，如线路的坡度和曲线半径等影响列车运行的数据。所谓动态参数是随着列车运行而改变的参数，如列车距目标速度点的距离和列车位置，包括防灾系统（地震监测或大风检测系统）传给列控系统信息等参数。(V_r, S_r) 表示系统通过列车速度传感器获得的列车实时速度。该系统的输入包含静态参数 α_s、动态参数 α_d 和列车速度传感器对列车的实时速度反馈 (V_r, S_r)。根据输入的静态参数和动态参数，以及列车的牵引性能 β_1 和制动性能 β_2，列控系统利用速度距离模型 $f(\alpha_1, \alpha_2, \beta_1, \beta_2)$，计算出列车在特定位置下的目标速度 (V_0, S_0)。系统通过对目标速度和延时后反馈的实时速度进行比较，根据设定

的规则 ϕ 得到控制命令 $C_i(v, s)$。

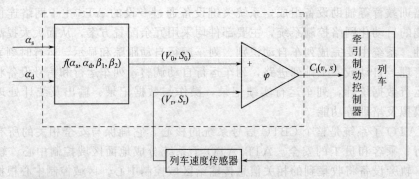

图 6-4-4 高速列车运行控制系统的控制原理示意图

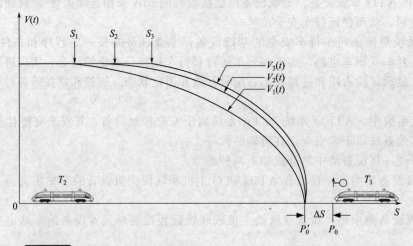

图 6-4-5 列车的速度距离曲线

　　高速列车运行控制系统对列车最直接的控制结果是生成控车曲线。所谓控车曲线，实质是列车的速度控制模式，是为了保证列车运行安全，以安全信息为基础对列车的速度进行安全监控的方式，通常可以分为台阶式速度距离曲线控制方式和速度距离模式曲线控制方式。图 6-4-5 为列车的速度距离曲线，根据各种动静态参数和控制模型，实时计算出列车的速度距离控制曲线对列车运行进行控制。在图 6-4-5 中，仅给出速度距离曲线的部分巡航速度和制动部分，特别强调了制动部分，而牵引加速部分被省略，完整地反映牵引、巡航和制动过程的速度距离曲线如图 6-4-7 所示。其中，$V_1(t)$ 称为常用制动曲线，$V_2(t)$ 为最大常用制动曲线，$V_3(t)$ 为紧急制动曲线。S_1、S_2 和 S_3 分别为该类制动开始实施的位置点。根据不同的制动要求，常用制动曲线可能有不同等级的常用制动曲线，这里为了说明原理，对常用制动曲线简化为一条，便于说明与其他制动曲线之间的关系。显然，最大常用制动实施位置晚于常用制动，紧急制动的实施位置晚于最大常用制动。在制动曲线的计算中，实施制动后还需要考虑列车的空走时间和制动延时等问题。

　　图 6-4-5 中的列车速度距离控制曲线亦称为连续式速度距离控制曲线，在解决车地通信中车地信息充分交换基础上实现，是目前应用较为广泛的高速列车速度距离控制曲线。早期限于车地信息传输能力有限，采用台阶式速度距离控制曲线，如图 6-4-6 所示，在此不做详细介绍。

　　图 6-4-7 给出了列车 T_2 完整的牵引和制动速度距离曲线 $V_{T2}(t)$。$V_{T1}(t)$ 是前行列车的

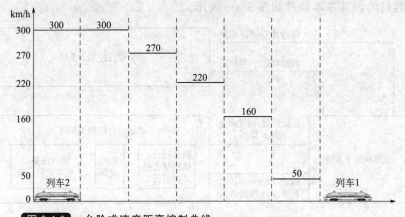

图 6-4-6 台阶式速度距离控制曲线

速度距离曲线。图中的虚线对应的距离处 S_i，表明从该处起列车的速度发生变化。列车速

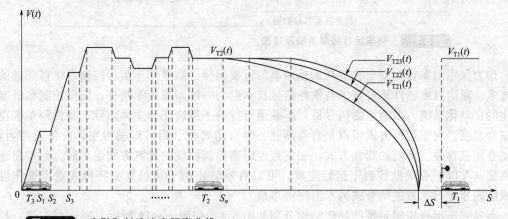

图 6-4-7 牵引和制动速度距离曲线

度距离曲线可以分为牵引加速、巡航运行、减速运行和制动三部分。建立速度距离曲线模型是高速列车运行控制系统设计的难点之一，不仅与列车牵引制动性能有关，还与列车运行的线路参数、信号系统的制式有关。如采用单质点模型，高速列车的速度距离曲线模型如下式：

$$m \frac{\mathrm{d}v}{\mathrm{d}t} = u_{\mathrm{f}} f(v) - u_{\mathrm{b}} b(v) - w(v) - g(x)$$

$$\frac{\mathrm{d}x}{\mathrm{d}t} = v$$

式中，m 为列车质量；v 为运行速度；x 为运行位置；$f(v)$ 为最大牵引力；$b(v)$ 为最大制动力；$w(v)$ 为基本阻力；$g(x)$ 为附加（如坡度和曲度等）阻力。

上式仅仅给出这类模型的一般形式，在高速列车运行控制系统中实际应用的模型要复杂得多。这里不做专门的深入分析，仅介绍其一般原理。

4.3.2 高速铁路列车运行控制系统的结构

根据高速列车运行控制系统的功能需求和原理，高速列车运行控制系统由中央运行控制子系统、地面运行控制子系统、车载运行控制子系统和通信网络子系统四部分构成。通过通信网络子系统可靠的数据传输链路进行数据交换，协同完成系统功能，以达到控制列车安全和高效运行的目的,其基本原理如图 6-4-8 所示。

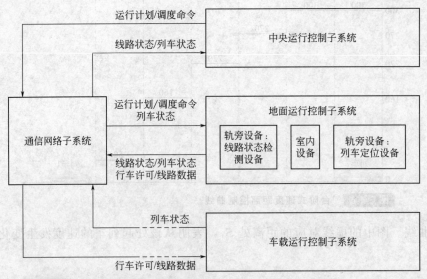

图 6-4-8 列车运行控制系统原理图

作为保障列车行车安全和提高运输效率的重要部分,高速列车运行控制系统将先进的控制技术、通信技术、计算机技术与铁路信号技术融为一体,是行车指挥、安全控制和机电一体化的自动化系统。取消地面信号机,车载运行控制子系统作为主体信号,提供列车应遵循的安全速度。列车运行方式可以是自动驾驶、半自动驾驶(司机驾驶为主,设备监控为辅)和完全司机驾驶。不同的驾驶方式,相应速度距离控制曲线的计算方式也不同。列车超速防护系统(ATP)自动监控列车运行速度,可以有效防止由于司机失去警惕或错误操作可能酿成的超速运行、冒进信号或列车追尾等事故。

高速列车运行控制系统的物理结构分别如图 6-4-9 和图 6-4-10 所示。高速列车运行控制系统不仅包括中央控制子系统、每个车站控制子系统和每列列车车载控制子系统,还包括覆盖控制区域内的所有线路。无论从系统覆盖的区域,还是从控制的规模和精度来讲,高速列车运行控制系统这样一个复杂巨系统,任何一部分出现故障,都会极大地影响行车效率和行车安全。

(1)中央运行控制子系统

高速列车运行控制系统的控制中心,具有控制和监督列车运行的功能。根据列车运行图,系统编制运行命令并传向地面运行控制子系统和车载运行控制子系统,在中央控制中心显示管辖区域内的列车实际运行状况。中央运行控制子系统具备列车运行计划人工调整、自动调整和实际运行图自动描绘功能,行车日志可以自动生成、储存、打印,调度命令传送,车次号校核等功能。同时,向车站、乘务室等部门发布调度命令以及经调度命令无线传送系统向司机下达调度命令(含许可证、调车作业通知单等)。

(2)地面运行控制子系统

包括位于车站信号楼的室内控制系统和位于车站控制区域内轨旁系统,其中室内控制系统包含车站联锁系统、无线闭塞控制系统(Radio Block Center,RBC)等;轨旁系统包含道岔等执行机构和查询应答器等点式设备。根据从中央运行控制子系统接收的调度命令和车站列车的状态信息,办理列车进路,并生成列车控制所需要的基础数据,通过车-地通信网络(即车-地传输通道)将有关信息传送给列车,经车载运行控制子系统进行处理后,生成

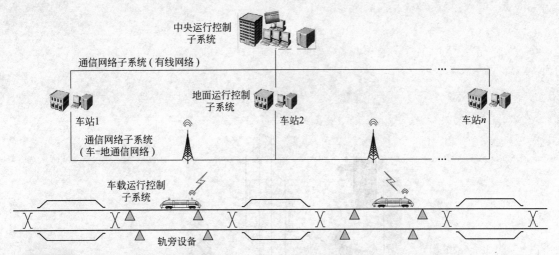

图 6-4-9 列车运行控制系统物理结构图

列车速度距离控制曲线，监督控制列车安全和高速运行。

行车许可是指列车被允许运行的凭证和运行距离。线路数据则包括静态速度曲线、坡度曲线、轴重速度曲线、线路条件、进路适合性数据、临时限速和分相区信息等。

（3）车载运行控制子系统

位于高速列车上，根据地面运行控制子系统提供的行车许可和线路数据，生成连续速度距离模式控制曲线，连续地、实时地监控高速列车的运行速度，自动控制列车的制动系统，实现列车的超速防护。向司机提供驾驶列车的相关信息。车载运行控制子系统还包括车载记录装置，即列车的"黑匣子"，用于记录列车的运行工况、位置和速度信息，以及车载列控系统的运行状况、司机的操作状况等。另外，车载的测速和定位装置也属于车载运行控制子系统。列车智能控制的程度越高，车载运行控制子系统功能要求越高，系统的复杂度也高。

（4）通信网络子系统

包括有线网络（固定传输网络）和车-地通信无线网络（也称车-地传输通道）。有线网络用于连接中央运行控制子系统和地面运行控制子系统，实现子系统间安全和可靠的数据传输。车-地通信无线网络用于地面运行控制子系统和车载运行控制子系统的信息交换，实现地面运行控制子系统和车载运行控制子系统之间的安全和可靠的数据传输。

在高速列车运行控制系统中，中央运行控制子系统根据列车基本运行图所制定的日、班计划和列车运行正、晚点情况，编制各阶段计划，下达给其管辖范围内的各地面运行控制子系统，进行统筹规划。地面运行控制子系统接收到中央运行控制子系统的命令后，根据计划实时为列车建立进、出站及站内行车的安全进路，同时，地面运行控制子系统根据车站进路、前行列车的位置、安全追踪间隔等，通过车-地通信网络向列车提供行车许可和线路数据等信息，由车载运行控制子系统对列车运行速度实施监督和控制。控车原理如图 6-4-11 所示。具体过程可以简述如下：

① 中央控制子系统发布列车运行控制命令（运行计划或者调度命令）；

② 地面控制子系统根据接收的列车运行命令，办理列车进路，产生列控车载系统所需要的全部地面信息，包括行车许可和线路数据，并通过车-地通信网络将信息发送给列车上的车载运行控制子系统；

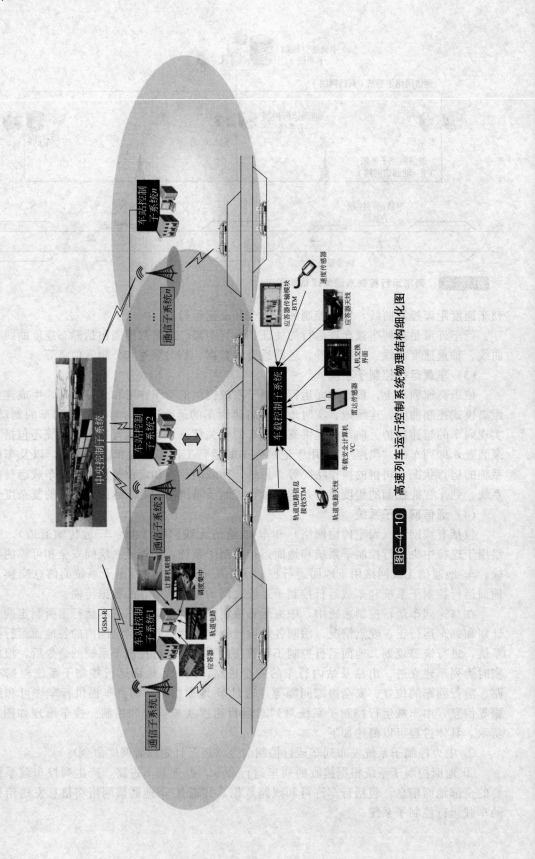

图6-4-10 高速列车运行控制系统物理结构细化图

③ 车载运行控制子系统接收信息，实时计算并生成速度距离控制曲线，并在司机室显示器显示，同时检测列车当前运行速度，显示在司机室驾驶室显示器上；

④ 当列车的实际速度超过允许速度，车载运行控制子系统自动控制制动装置进行减速制动；

⑤ 司机根据驾驶室显示器上的目标速度和距离、允许速度和实际速度控制列车运行。

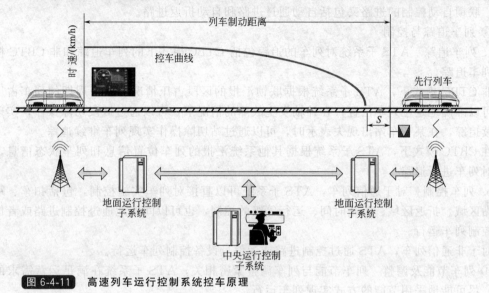

图 6-4-11　高速列车运行控制系统控车原理

4.4　列车运行控制各子系统原理和结构

各种轨道交通列车运行控制系统的形式、原理和结构基本类似，这里以城市轨道交通列车运行控制系统为例，介绍相关的各子系统。

4.4.1　列车自动监控子系统

列车自动监控子系统（ATS）是列车自动控制系统的重要组成子系统之一。它为轨道交通运营调度人员提供了一个对全线列车和现场信号设备的监控平台。通过其他信号系统，ATS 获得现场信号设备和列车运行的实时状态信息，并把这些信息显示给调度人员。调度人员根据现场情况发出控制指令。大多数情况下，ATS 系统自身会对所获取的实时状态数据进行处理，产生相应的自动控制命令。通过采用这种自动化手段，可以减轻运营调度人员的作业负担，提升地铁运营的效率和服务水平。

（1）原理

① 列车运行信息描述　列车运行信息包括列车位置信息、运营信息及状态信息。列车位置信息通过轨道的占压状态和车次窗位置进行描述，列车运营信息通过列车识别号进行描述，列车状态信息通过列车车次窗进行描述。

a. 列车识别号定义　列车识别号由五位字符组成，前两位为表号或头码号，后三位为车次号或车组号。表号由两位阿拉伯数字组成。头码号由两位大写英文字母组成。车次号和车组号由三位阿拉伯数字组成。

b. 列车位置信息描述　列车位置信息通过轨道的占压状态和车次窗的位置进行描述。在 CBTC 模式下，列车位置的精度为一个逻辑区段，列车车次窗显示在逻辑区段的外侧，中心与逻辑区段中心对齐。在非 CBTC 模式下，列车位置的精度为一个物理区段，列车车次窗显示在物理区段的外侧，中心与物理区段的中心对齐。

列车级别和列车占压信息通过不同的区段颜色进行区分。

② 进路控制　进路控制方式包括 ATS 中心自动控制、ATS 车站自动控制、ATS 中心人工控制、ATS 车站人工控制和联锁自动控制。其中，由 ATS 中心自动控制和 ATS 车站自动控制的进路为自动触发进路，由 ATS 中心人工控制和 ATS 车站人工控制的进路为人工进路，联锁自动控制的进路又包括自动通过进路和自动折返进路。

③ 列车追踪与控制

a. 列车追踪　ATS 子系统对列车的追踪包括 CTBC 模式下的列车追踪和非 CBTC 模式下的列车追踪。

非 CTBC 模式下，ATS 子系统根据联锁汇报的区段占压情况和上一周期的列车占压情况，可以准确地定位列车位置；在计轴发生故障的情况下，可以通过区段切除操作，实现列车继续追踪，在某一车站出现失表示时，可以通过站切除操作实现列车继续追踪。

在 CBTC 模式下，ATS 子系统根据其他系统汇报的列车位置信息和列车状态信息，实时地对列车进行追踪。

b. 列车控制　对于通信列车，ATS 子系统可以直接对列车实施控制，包括扣车、跳停及停站区域、折返区域、停站时间、运行等级的控制，也可以间接地通过控制进路或者信号设备控制列车运行。

对于非通信列车，ATS 通过控制进路或者信号设备控制列车运行。

④ 列车节能及调整　列车节能与列车调整紧密相关，ATS 子系统在满足运营需求的条件下，尽可能地采用节能的方式实现列车运行。

列车调整分为自动调整和人工调整。

自动调整又分为按图自动调整和等间隔调整。

a. 按图调整　按图自动调整是 ATS 子系统根据列车运行计划和实际列车运行情况的比对，采用不同的策略来调整列车运行。调整的手段主要包括改变列车停站时间和列车站间运行等级。在偏差较小的情况下，可以通过改变站间运行等级来完成调整；如果偏差较大，可以两种方式并行实施来达到调整的目标。ATS 子系统定义了不同的偏差参数，并且提供了人工修改偏差参数的方法，以便应对不同的运营需求。

按图自动调整只对计划车有效。

b. 等间隔调整　等间隔调整为系统以起始站、终到站或某一在线运营列车为基点对后续列车计划调整为等间隔，使在线运营列车在整个运营线路中均匀分布。

系统监测到在线列车出现了大规模的晚点或者早点情况，列车运行与当日的计划运行图/时刻表偏离时间超过按图自动调整规定范围时，系统自动生成等间隔调整策略，并提示调度员，待人工确定后，系统启动等间隔调整功能。

⑤ 控制模式　ATS 子系统提供了四种控制模式以满足不同的需求：遥控，站控，ATS 子系统根据实际系统划分，以设备集中站为单位进行控制模式的设置。

车辆段作为一个特殊的控制区域，在正常情况下，ATS 子系统对车辆段只监不控。

a. 遥控　由中心 ATS 自动根据当日计划和列车运行信息，自动为列车办理前方进路。同时也允许中心调度员在中心调度工作站上对列车进行控制操作，车站人员只监不控。中心调度员以菜单方式进行操作，可以进行如下操作：

- 变更计划运行图/时刻表；
- 实时发出进路指令；
- 将部分和全部信号机置于自动追踪进路模式状态；

- 设置扣车、提前发车、跳停指令；
- 设置临时限速指令（通过输入设置区段临时限速的起止里程进行设置）等。

遥控为正线各个区域正常工作的控制模式状态。

b. 站控　此时 ATS 只对列车进行监视，不再为列车自动办理进路，允许车站操作员在各个车站现地控制工作站上对列车进行控制操作，中心调度除了扣车和设置跳停外，不能进行其他操作。车站操作员可以进行的操作如下：

- 实时发出进路指令；
- 将部分和全部信号机置于自动追踪进路模式状态；
- 设置扣车、提前发车、跳停指令；
- 单操、单锁道岔；
- 封锁道岔、封锁信号机等。

⑥ 列车运行图/时刻表的管理　列车运行图/时刻表包括基本运行图/时刻表、计划运行图/时刻表和实际运行图/时刻表。

a. 基本运行图/时刻表　基本运行图/时刻表分为平日、节假日、不同季节、每天不同运营时段、临时事件等各种列车基本运行图/时刻表。基本运行图/时刻表包括如下数据：

- 列车车次；
- 区间运行时分；
- 车站到发时分；
- 站停时分；
- 列车运行进路；
- 列车折返信息；
- 区间和车站数据；

ATS 子系统提供了基本运行图/时刻表的管理功能，包括基本运行图/时刻表的编制、检测和维护功能。

b. 计划运行图/时刻表　计划运行图/时刻表管理指根据运营计划，将某一基本运行图/时刻表作为当天的运营计划实施的过程，主要包括计划运行图/时刻表的加载、计划运行图/时刻表的修改和计划运行图/时刻表的实施。

计划运行图/时刻表的加载是指为某一天指定一张计划运行图/时刻表，作为当日的运营计划。计划运行图/时刻表的加载分为手动加载和自动加载：手动加载为调度员人工选择一张基本运行图/时刻表进行加载；自动加载为系统根据默认的日期和自动加载时间参数，自动从基本运行图/时刻表中选择已经设定好的运行图进行加载。手动加载优先于自动加载，即在自动加载后还可以通过手动加载方式重新加载计划运行图/时刻表。

已经加载的计划运行图/时刻表可以在人工修改或确认后，自动转为在线计划。人工可以修改计划运行图/时刻表，修改的手段同基本运行图/时刻表。

在一天运营结束后，系统自动保存当日计划运行图/时刻表。

c. 实际运行图/时刻表　实际运行图/时刻表为 ATS 子系统根据列车运行的实际情况自动生成。实际运行图/时刻表包括实际运行图/时刻表的数据采集、实际运行图/时刻表数据的生成和实际运行图/时刻表的管理。

ATS 子系统根据对列车的追踪，实时记录列车运行的轨迹和时间，从而对实际运行图/时刻表的数据进行采集。

ATS 子系统将采集回来的实时数据，按照运行图的数据结构有效地组织起来，生成运行图数据。

当日运营结束后，系统自动将实际运行图/时刻表上传至数据库中进行保存。

系统具备实际运行图/时刻表的管理功能，其操作方式同基本运行图/时刻表。

⑦ 维护和报警　ATS 子系统提供设备运行状态监视及故障报警的功能和完善的自诊断功能，便于维修人员进行系统设备维护。

报警包括系统内部报警信息和外部报警信息。系统内部报警信息主要指 ATS 子系统的设备故障报警。系统外部报警指其他系统的设备故障报警，主要包括 VOBC、CI 的报警信息，即信号机故障报警、道岔故障报警、车载板级故障报警等信息。对于外部报警信息，系统仅提供显示和查看功能。对于内部报警信息，系统会根据具体的报警信息提示给出维修建议，供维修人员参考。

对故障报警的打印内容可以人工选择和排版，并且可以根据需要，选择全部或者部分报警信息进行打印，但不可改变事件及报警的内容。对于全部故障事件及报警，能够通过安全存储设备及时进行实时保存。

⑧ 统计和报表　ATS 子系统能够对中央调度员和车站值班员的所有操作、列车运行状况和设备工作状态进行记录与保存，并可进行统计与分析，统计包括运营统计和操作统计。

操作统计主要指中央调度员和车站值班员在 ATS 终端上的所有操作记录。

各种统计、指标计算均可以图形和报表的形式打印输出，统计报表中包括车次、车组、晚点时间等内容。存储的数据均支持 Excel 格式输出。

⑨ 回放

a. 回放数据采集　ATS 维护工作站可对回放数据进行采集。

b. 回放数据存储　ATS 维护工作站将接收的站场状态信息实时存储到本地文件中，在一天运营结束后，自动将该数据上传至数据库中。其他 ATS 工作站通过下载功能可以获取回放数据。

c. 回放控制　回放功能通过回放软件实现。回放控制包括回放时间和回放速度。其中回放时间主要包括起始年月日时分和终止年月日时分；回放速度包括普通、步进、加倍、倒退、暂停。

(2) 结构

ATS 子系统是分布式的监控系统，分别在控制中心、备用控制中心、设备集中站、非设备集中站、车辆段、维修中心、培训中心设置了相应的 ATS 设备。设备类型包括应用服务器、数据库服务器、通信前置机、网关计算机、时刻表/运行图编辑工作站、ATS 维护工作站、大屏接口计算机、调度员工作站、派班工作站、ATS 车站分机、ATS 监视工作站等。对关键设备，除了提高设备的硬件配置外，均采用双机热备的方法来保证系统的可靠性。

各个位置的 ATS 设备通过网络设备分别组成控制中心 ATS 局域网、备用控制中心 ATS 局域网、设备集中站 ATS 局域网、非设备集中站 ATS 局域网、车辆段 ATS 局域网。各个局域网最终通过网络设备连接到 ATS 广域网中。ATS 的所有网络连接均采用双网冗余连接方式，以提高系统的可靠性和可用性。

一般设备配置方式如下。

① 控制中心（图 6-4-12）

② 正线设备集中站（图 6-4-13）

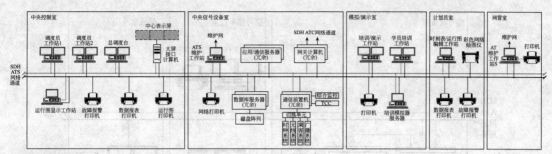

图 6-4-12 控制中心 ATS 子系统结构示意图

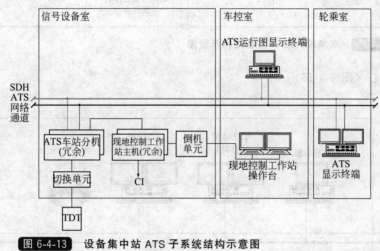

图 6-4-13 设备集中站 ATS 子系统结构示意图

③ 正线非设备集中站（图 6-4-14）

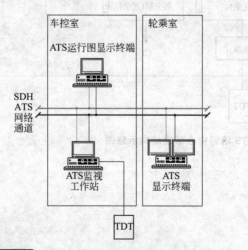

图 6-4-14 非设备集中站 ATS 子系统结构示意图

④ 车辆段（图 6-4-15）

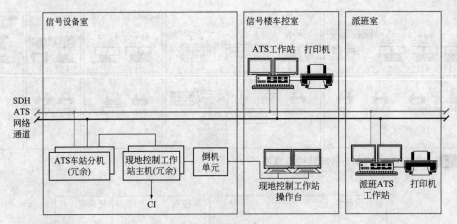

图 6-4-15 车辆段 ATS 子系统结构示意图

⑤ 培训中心（图 6-4-16）

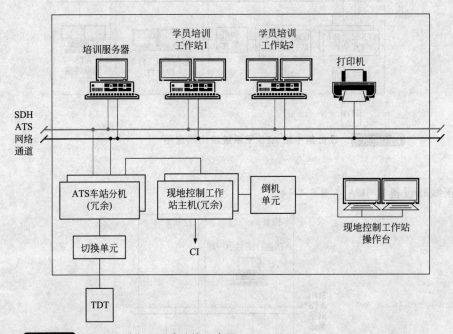

图 6-4-16 ATS 培训中心系统结构示意图

⑥ 维修中心（图 6-4-17）

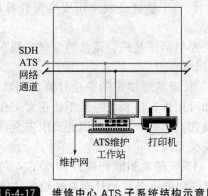

图 6-4-17　维修中心 ATS 子系统结构示意图

⑦ 备用控制中心（图 6-4-18）

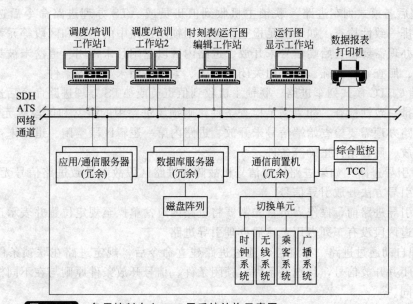

图 6-4-18　备用控制中心 ATS 子系统结构示意图

4.4.2　计算机联锁子系统

20 世纪 80 年代以来，随着计算机技术、现代通信技术、网络技术的发展，车站联锁开始进入了计算机联锁时代。计算机联锁以其信息量大、可靠性高、体积小、便于集中联网增强调度指挥能力、维修工作量小、带有诊断与记录功能等特点，显示了其在信号领域发展的广阔前景。

计算机联锁系统（CI）是一种"故障-安全"的、以微处理器为基础的计算机联锁信号控制系统，是结合中国铁路运营技术条件开发而成的一种安全型计算机联锁产品。

(1) 原理

① 综述　计算机联锁是以计算机为主要技术手段实现联锁关系的信号系统。计算机联锁应能满足各种车站（场）规模和运输作业的需要，应保证行车安全，提高运输效率，改善劳动条件，并具备大信息量和联网能力。

CI 系统作为涉及行车安全的设备，其能否安全可靠运行将直接影响整个信号系统的安全运营和线路通行效率，因此必须符合故障-安全原则，应按照国际安全标准安全完整度等级 4 级（SIL 4 级）的要求设计。CI 系统必须采用安全型计算机以提高系统的安全性和可靠性。

与联锁相关的室外设备主要包括信号机、道岔转辙机、列车位置检测设备（计轴或轨道电路）、紧急关闭按钮、安全门等。

② 系统安全性设计依据　联锁系统使用的安全计算机与轨道交通控制相关，采用容错技术可显著地提高其可靠性和可用性。但系统一旦不能正常工作，有可能向被控设备输出危险的控制信号，从而造成人员伤亡和财产损失。因此要求安全计算机不仅是高可靠和高可用的容错系统，同时也是故障安全系统。

国际电工委员会（IEC）61508 标准和欧洲铁路标准 EN 50129 都涉及到了安全计算机的设计，TB/T 3027（计算机联锁技术条件）针对联锁设备的硬件和软件安全设计方面给出了具体的要求。

③ 进路办理

a. 办理后备模式列车进路　联锁主机收到值班员或 ATS 办理进路命令后选出待办进路，进行选排一致性检查。如果满足检查条件，则锁闭进路中的道岔和区段等元素。后备模式列车进路办理需要检查始端信号未开放、进路内区段空闲且未锁闭、道岔未被封锁、敌对信号未开放、照查条件正确、安全门关闭且锁闭、紧急关闭未激活等条件。

b. 办理 CBTC 模式列车进路　联锁主机收到值班员或 ATS 办理进路命令后选出待办进路，进行选排一致性检查。如果满足检查条件，则锁闭进路中的道岔和区段等元素。CBTC 模式列车进路办理需要检查始端信号未开放、进路内第一逻辑区段空闲、道岔未被封锁、敌对信号未开放、照查条件正确等条件。

c. 办理引导进路　如果进路始端信号机故障或进路区段故障导致进路信号无法开放时，应采用正常引导方法开放引导信号。

在办理引导进路前，操作人员首先需要将进路内道岔单操至规定位置并表示正确，并确认进路内轨道区段没有车列占用，然后办理引导进路。

d. 办理自动通过进路　办理自动通过进路建立命令后，规定进路在联锁条件满足时自动建立，锁闭并开放信号，且选路条件、锁闭条件、信号开放条件原则与在不同模式下办理列车进路相同。

自动通过进路在列车顺序占用、出清该进路后不解锁，其防护信号机的显示随着列车的运行自动开放或关闭。

e. 办理自动折返进路　自动折返的命令设置以后，联锁系统应根据折返进路命令，在联锁条件满足后，按照自动折返进路表顺序控制办理折返进路。

自动折返进路的选路条件、锁闭条件、信号开放条件原则与在不同模式下办理折返进路原则相同。

f. 办理调车进路　调车进路办理方式与列车进路相同。

组合调车进路由两条及两条以上单元调车进路组成。组合调车进路一般采用整段办理方式。如果进路中某区段已被其他作业征用，则采用分段办理方式。

非尽头无岔区段有车占用时，不允许通过此区段排列组合调车进路。

④ 进路锁闭

a. 列车/调车进路锁闭按时机分为进路锁闭和接近锁闭。进路锁闭应在进路选通即进路选排一致性检查通过时构成。接近锁闭应在进路锁闭后接近区段有车占用时构成。对于未设置接近区段的情况，接近锁闭应于信号开放后立即构成。

b. 引导进路锁闭应在进路选通即进路选排一致性检查通过时构成。

⑤ 信号开放

a. 后备模式的列车进路信号开放及开放过程，需要检查红灯灯丝完好、进路内信号机未被封锁、进路已锁闭、道岔锁闭在规定位置、未办理进路取消或解锁作业、照查条件正确、轨道区段及侵限区段空闲、保护区段空闲及各进路的特殊约束条件（如紧急关闭、安全门、扣车等）。

b. CBTC 模式的进路信号开放及开放过程，需要检查进路内信号机未被封锁、进路已锁闭、道岔锁闭在规定位置、未办理进路取消或解锁作业、照查条件正确、第一逻辑区段及侵限区段空闲（折返进路需检查进路内所有轨道区段空闲）及各进路的特殊约束条件（如紧急关闭、安全门、扣车等）。

c. 进路始端信号机关闭后，未经再次办理不能自动开放。但由于扣车关闭的信号，取消扣车后检查条件满足可自动开放。

d. 对于正线经常有连续通过列车的进路设置自动进路，其始端信号机能随列车运行自动变换相应显示，进路保持锁闭状态。

e. 后备模式自动信号的开放及开放过程，需要检查至下一同向信号机范围内所有区段空闲、保护区段空闲、信号机红灯灯丝完好及各自动信号的特殊约束条件（紧急关闭、安全门、扣车等）。

f. CBTC 模式自动信号的开放及开放过程，需要检查信号机后方第一逻辑区段空闲及各自动信号的特殊约束条件（紧急关闭、安全门、扣车等）。

g. 引导信号开放及开放过程，需要检查进路内道岔锁闭在规定位置、敌对进路未建立等条件。当道岔失去表示，办理引导总锁闭后开放信号。引导进路及引导总锁闭需要人工保证安全。

h. 各类信号机均具有灯丝监督功能。

⑥ 信号关闭　已开放的信号机在下列情况应关闭：

a. 信号开放的任一条件不满足；

b. 后备模式的列车进路，当列车第一轮对进入该信号机内方第一区段；

c. CBTC 模式的列车进路，收到地面 ATP 的通信车跨压信号机命令；

d. CBTC 模式的列车进路，若跨压命令因故未收到，当进路的接近区段已出清，且进路内方第一逻辑区段占用时；

e. 当调车进路的接近区段出清，车列全部越过始端调车信号机；

f. 当调车进路的接近区段占用，车列已出清调车信号机内方第一区段；

g. 办理进路取消、人工解锁或区段故障解锁；

h. 引导进路非第一区段故障，在列车第一轮对进入引导信号机内方第一区段；

i. 引导进路第一区段故障，规定时间内没有进行维持引导信号开放的操作。

⑦ 进路解锁

a. 自动解锁　锁闭的进路在列车驶入后，进路内物理区段应能随着列车行驶分段自动解锁。自动解锁应满足三点检查原则。

• 自动信号及自动通过进路内的物理区段，在列车驶过后不解锁。

• 当主进路解锁时，保护区段锁（黄光带）应随之自动解锁。

• 车辆段内进行转线调车作业时，先建立牵出作业的牵出进路，当牵出的车列行进到可以反向转线地点后，为了提高调车作业效率，提前建立反向回牵作业的返回进路，牵出进路没有解锁的进路区段随返回进路解锁。

b. 取消进路　进路在预先锁闭状态时，在检查信号机关闭和进路空闲后可办理进路取消，进路立即解锁。对接近锁闭的进路办理进路取消，只关闭信号机，进路不解锁。

c. 人工解锁进路　人工解列车进路，信号立即关闭，进路经延时后解锁。解锁操作需人工保证安全。

d. 区段故障解锁　列车驶过后，因故障不能按照三点检查原则自动解锁的区段，可办理区段故障解锁。

e. 引导进路解锁　人工确认安全后，可办理人工解锁来立即解锁引导进路。

⑧ 信号机控制

a. 信号重开　当信号开放后由于某些原因（例如，进路中某区段瞬时闪红）而关闭，故障恢复后，开放信号的条件又满足，此时操作人员可办理重开信号，联锁检查进路信号开放条件满足时信号重新开放。

b. 信号封锁/解封　办理信号封锁，信号机立即关闭。

办理信号封锁后，经过信号机的进路均不能办理。

⑨ 道岔控制

a. 道岔单操　操作人员通过办理单操，将道岔操纵到指定位置。

b. 道岔单锁/单解　操作人员通过办理道岔单锁，将道岔单独地锁闭在指定位置。单锁后可办理顺道岔锁闭方向的进路。

当道岔区段有车时，可正常办理道岔单锁。

道岔单锁后不能由进路选动，也不能进行单操作业。

道岔封锁后不能办理道岔单锁。

道岔单解命令只对被单锁的道岔有效。

c. 道岔封锁/解封　执行道岔封锁命令时，若道岔区段已锁闭或者道岔已单锁，则封锁命令无效并提示操作人员。

道岔被封锁后，不能办理经过此道岔的进路。

道岔被封锁后可办理道岔单操。

道岔解封命令只对被封锁的道岔有效。

⑩ 引导总锁　如果列车进路内的道岔失去表示，无法正常办理引导进路时，需要人工将道岔摇到规定位置，并人工确认道岔位置正确，利用引导总锁将集中区内各道岔单独锁闭，再办理引导接车作业。

利用引导总锁开放引导信号时，联锁无需检查任何联锁条件，其安全由值班员保证。

引导总锁办理后，除办理引导信号外，其余操作均不能办理。

办理引导总锁时，需要锁闭该联锁管辖范围内的所有道岔。

引导总锁的办理不检查任何联锁条件。

通过引导总锁办理的引导信号，只有取消引导总锁时才会关闭信号，其他条件下均不关闭。

取消引导总锁时，需要关闭对应已开放的引导信号，但不关闭其他已开放的进路信号、自动信号。

⑪ 全站解封　联锁上电或重启后，处于全站封锁状态。此时站场所有区段均被封锁。操作人员应对站场执行全站解封操作，以解除对信号元素的封锁。

解封后，全站所有区段均被锁闭（显示白光带）。等待执行上电解锁。

全站解封在每次开机或重启后只能使用一次，使用后联锁不再提供该功能。

全站解封只解除封锁状态，占用/空闲、锁闭状态保持不变。

⑫ 上电解锁　联锁上电或重启，全站解封后，区段均被锁闭。操作人员办理"上电解锁"对所有区段一次全部解锁，以取得控制权。

上电解锁在每次开机或重启后只能使用一次，使用后联锁不再提供上电解锁功能。

上电解锁只解除锁闭状态，占用/空闲状态保持不变。

（2）结构

计算机联锁系统在全线设置一个或者多个联锁设备集中区，每个联锁设备集中区包括一个或者多个设备集中站，仅在某个设备集中站设置一套冗余联锁系统，该设备集中站称为联锁设备集中站。联锁设备集中区内所有联锁维护机与维护网相连接，联锁设备集中站联锁维护机向一个设备集中区内其他联锁维护机发送站场状态。计算机联锁系统结构如图 6-4-19 所示。

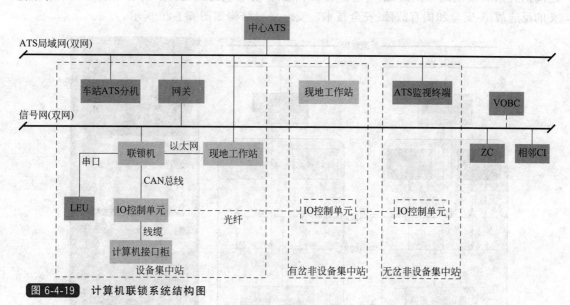

图 6-4-19　计算机联锁系统结构图

① 设备集中站　包括联锁机、驱采机、现地控制工作站。

a. 现地控制工作站、联锁机作用于所辖区域，分别为所辖区域内的人－机接口设备（现地控制工作站）、联锁运算计算机（联锁机）。

b. 驱采机作用于所辖区域内车站的道岔、信号机、轨道占用/空闲检测设备、紧急停车按钮等信号设备的控制、监测以及状态采集。

② 非设备集中站　非设备集中站将信号机、站台紧急停车按钮、轨道占用/空闲检测设备、IBP 盘等设备通过电缆引入设备集中站，然后经设置在设备集中站的驱采机送入联锁机，经过联锁运算对其进行驱动控制，仅设置 ATS 监视工作站，显示站场情况，不再设置联锁计算机及相关设备。

4.4.3　区域控制子系统

区域控制器子系统（ZC）是 CBTC 系统中 ATP 子系统的轨旁部分之一，是 CBTC 系统中的地面核心控制设备，是车-地信息处理的枢纽。ZC 主要负责根据 CBTC 列车所汇报的位置信息以及联锁所排列的进路和轨道占用/空闲信息，为其控制范围内的 CBTC 列车计算生成移动授权（MA），保证其控制区域内 CBTC 列车的安全运行。

在系统运行过程中，ZC 实时地与 DSU、车载 ATP、CI、ATS 设备进行信息交互，周期性地通过 DCS 子系统向其管辖区域内运行的 CBTC 列车发送 MA，同时 ZC 还会把线路上的设备信息和道岔等障碍物状态信息发送给车载 ATP，控制列车在 CBTC 级别下安全的运行。

（1）原理

ZC 子系统是基于"2 乘 2 取 2"安全冗余设计，带独立"故障-安全"检验的安全冗余系统，其硬件平台从硬件设计上采用了 2 乘 2 取 2 结构、双系并行工作的 2 乘 2 取 2 安全计算机系统，内部通信和外部通信都采用冗余通道设计。双系之间采用隔离技术，对其中一系进行维修与替换不会对另外一系以及其他子系统正常工作有任何影响，任何一个计算机或网络设备不能正常工作，整个系统仍可继续正常运行，不会导致其他子系统的无故切换。

ZC 子系统使用的安全计算机结构符合 EN 50129 标准定义的组合故障-安全技术。双机之间的冗余管理电路采用故障-安全比较器和故障-安全电路或元件，符合 EN 50129 标准定义的反应故障-安全和固有故障-安全技术。安全平台结构如图 6-4-20 所示。

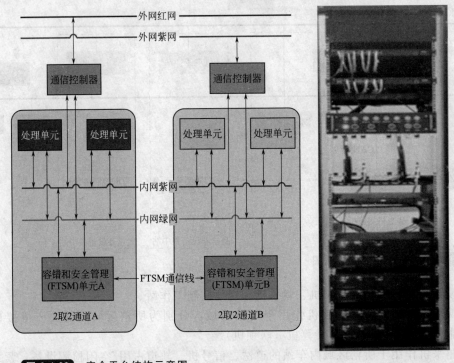

图 6-4-20   安全平台结构示意图

① 网络冗余设计   2 取 2 通道的两台计算机通过同时工作的双冗余 100Mbit/s 内部和外部以太网进行数据通信，单路通信应能够保证通信安全，同时工作的双冗余方式保证数据通信的可用性。出于冗余设计的考虑，设置了两个相互独立而功能相同的通信控制器。通信控制器分别向 2 系转发 CBTC 系统中的其他设备发送给地面 ATP 子系统的信息，从而完成外网和内网信息的相互传递。这样，通信控制器的存在，使地面 ATP 子系统对于 CBTC 系统中的其他设备而言，表现为单一的 IP 地址，同时通信控制器起到安全计算机平台内部网络与外部网络隔离的作用。

鉴于内部网络位于一个机柜之内，连接的单元较少，所以其协议层没有必要采用外部网络较复杂的通信协议。可采用如下的结构。

a. 应用安全层。功能包括序列号、源地址、目的地址、时间戳、安全校验码等 EN50159-1 规定的安全处理措施。

　　b. 冗余管理层。内部通信网络也是冗余的，因此需要一个冗余管理层来合并两个网上的数据。

　　c. 鉴于内部网络采用 TCP/IP 协议，其逻辑链接功能已经很完善，故不设置单独的安全链接层。

　　② 容错和安全管理单元 FTSM 的冗余设计　FTSM 层由两个 FTSM 单元组成，每个 FTSM 单元负责控制 1 系内双机的运行和与另一个 FTSM 单元共同控制两个通信控制器。两个 FTSM 单元相互作用，来维持整个 2×2 取 2 结构的正常运行。两个 FTSM 单元之间的互锁/自锁逻辑完成"主"、"备"转换，所以只要有一个 2 取 2 通道处于"正常"模式，两个 FTSM 单元之间的互锁/自锁逻辑就可以"判决"出"主"通道。两个 FTSM 单元之间的互锁/自锁逻辑原理框图如图 6-4-21 所示。

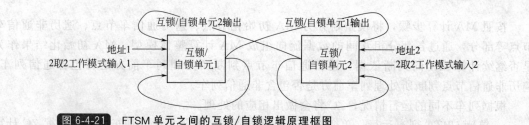

图 6-4-21　FTSM 单元之间的互锁/自锁逻辑原理框图

　　③ 安全位置计算原理　ZC 子系统为列车生成移动授权的过程中，需要使用到列车位置汇报中的列车位置信息。CBTC 系统中的车-地通信系统为安全通信系统，各个节点间的通信经过通信协议保证其安全性及实时性。由于通信中不可避免地存在延时、丢数等情况，通信协议在处理数据时，应对数据的生存时间进行判断，如果某一数据的生存时间超过了系统允许的值，则通信协议将此数据丢弃，从而保证系统间通信的安全性及实时性。但即便数据的生存时间没有超过预设定的门限值，ZC 子系统得到列车数据的时间与列车发送该数据的时间仍然存在着延时，因此 ZC 子系统必须对此信息进行安全处理，必须考虑最大值为预先定义的门限值的通信延迟。

　　ZC 子系统在进行列车安全防护时，根据上述分析，需要根据列车的相关参数及预估的两系统间通信延时对列车位置增加相应的包络，从而保证列车的安全。因此无论在何种情况下，自列车所发送的列车位置数据都应该经过安全包络处理后，才应被 ZC 子系统所使用。经过安全包络处理后的列车位置称为列车的安全位置，列车汇报给 ZC 子系统的列车位置称为列车的非安全位置。

　　列车的安全位置计算如图 6-4-22 所示。

　　ZC 子系统根据列车汇报的非安全位置计算列车安全位置时，需要考虑如下计算参数：

　　a. 测距误差；

　　b. 位置汇报的生存周期；

　　c. 列车的最大加速度；

　　d. 列车的速度；

　　e. 退行距离。

　　④ 移动授权计算原理　ZC 连续地通过地-车通信向车载设备发送移动授权，实现列车的自动追踪运行，并保证前行列车和追踪列车间的安全间隔，满足设计行车间隔和折返间隔要求。在生成移动授权的过程中，ZC 子系统从需要处理的障碍物中，选取此周期作为列车运行终点的终点障碍物。终点障碍物既有可能是静态障碍物，例如道岔、进路终点等，又有可能是动态障碍物，例如前方列车等。列车的移动授权会有规律地、周期性地重建。

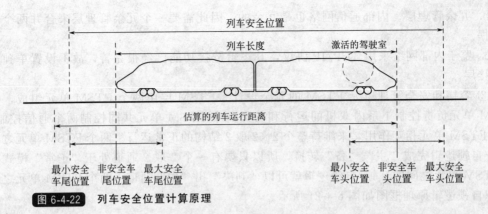

图 6-4-22 列车安全位置计算原理

按照 MA 计算步骤，将模型划分为 MA 初始化节点、遍历通信车节点、遍历非通信车节点等部分，通过各部分相互间的数据流向组成 MA 计算整体模型。MA 初始化结果作为是否继续计算 MA 的判断依据，遍历通信车节点判断所处理列车前方是否包含通信列车，遍历非通信节点判断所处理列车前方是否包含非通信列车。

根据列车不同的运行情况，ZC 将会做出相应的处理。

a. 单辆 CBTC 列车运行　单辆 CBTC 列车接受 ZC 控制，此时列车将完全根据 ZC 计算的 MA 运行。ZC 根据列车汇报的位置信息及测距误差等信息，计算生成列车安全位置信息，并结合联锁当前已排进路信息，为列车计算生成移动授权（若存在临时限速，将临时限速包含在移动授权中提供给列车）（图 6-4-23）。

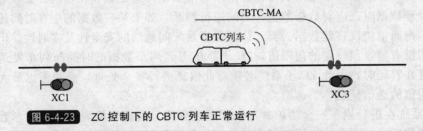

图 6-4-23 ZC 控制下的 CBTC 列车正常运行

b. 列车追踪　在 CBTC 系统中，多列 CBTC 列车同时接受 ZC 控制，当列车运行距离满足追踪条件后，ZC 允许将后车的移动授权设置为前车的安全车尾位置并考虑一定的安全余量，参见图 6-4-24。

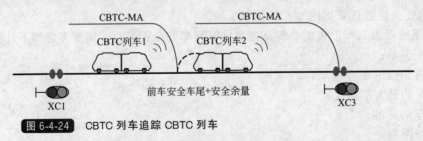

图 6-4-24 CBTC 列车追踪 CBTC 列车

c. 列车折返　当 CBTC 列车运行到达线路设置进行折返作业的区域后，ZC 将根据联锁排列的折返进路等信息明确即将进行的折返行为。当 CBTC 列车从到达站台驾驶进入折返线，在折返线完成注销、换端等过程后，折返后运行端重新与 ZC 建立通信，ZC 为换端后的 CBTC 列车计算移动授权，列车根据移动授权折出折返线，进入发车股道，参见

图6-4-25。

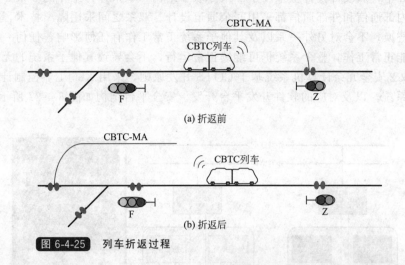

(a) 折返前

(b) 折返后

图 6-4-25　列车折返过程

（2）结构

ZC 是地面基于通信的 CBTC 系统的 ATP 子系统核心控制设备，是车-地信息处理的枢纽。ZC 子系统采用"2 乘 2 取 2"冗余结构的安全计算机平台，主要负责根据 CBTC 列车所汇报的位置信息以及联锁所排列的进路和轨道占用/空闲信息，为其控制范围内的 CBTC 列车计算生成移动授权（MA），确保在其控制区域内 CBTC 列车的安全运行。

ZC 子系统主要由 ZC 主机处理单元、通信控制器、FTSM、ZC 维护机等部分组成，如图 6-4-26 所示。

4.4.4　数据存储子系统

数据存储子系统（DSU）是 CBTC 系统中的地面重要控制设备，主要负责全线临时限速存储和下载功能，以及数据存储和数据库版本管理等功能。

DSU 子系统从结构上能够划分为 DSU 应用子系统、安全计算机平台和维护系统（DSU 维护系统）三部分。

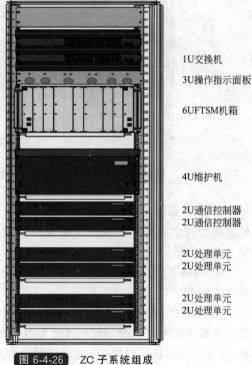

1U交换机
3U操作指示面板
6UFTSM机箱

4U维护机

2U通信控制器
2U通信控制器

2U处理单元
2U处理单元

2U处理单元
2U处理单元

图 6-4-26　ZC 子系统组成

DSU 维护系统作为 DSU 子系统与维护系统的交互接口，主要负责 DSU 子系统运行的相关维护数据传输以及 DSU 子系统的故障报警等功能，能够将 DSU 设备运行状态信息发送给维护中心。

DSU 子系统使用与 ZC 子系统相同的基于"2 乘 2 取 2"结构设计的硬件平台，主要由 DSU 主机处理单元、通信控制器、FTSM、DSU 维护系统等部分组成。

（1）原理

DSU 子系统是基于"2 乘 2 取 2"安全冗余设计，带独立"故障-安全"检验的安全冗余系统，其硬件平台从硬件设计上采用了 2 乘 2 取 2 结构、双系并行工作的 2 乘 2 取 2 安全计算机系统，内部通信和外部通信都采用冗余通道设计。双系之间采用隔离技术，对其中一系进行维修与替换，不会对另外一系以及其他子系统正常工作有任何影响，任何一个计算机或网络设备不能正常工作，整个系统仍可继续正常运行，不会导致其他子系统的无故切换。

2 乘 2 取 2 安全冗余计算机系统基于 COTS 开发原则，采用 X86 工业控制计算机和 Vx-Works 操作系统，以及对应的软件开发平台开发。安全平台结构如图 6-4-27 所示。

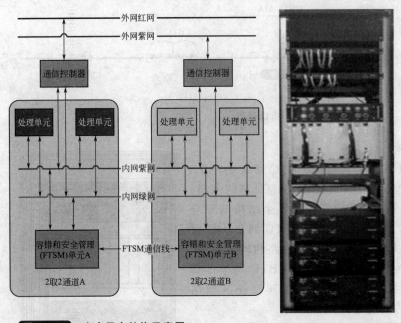

图 6-4-27　安全平台结构示意图

DSU 子系统使用的安全计算机结构符合 EN 50129 标准定义的组合故障-安全技术，双机之间的冗余管理电路采用故障-安全比较器和故障-安全电路或元件，符合 EN 50129 标准定义的反应故障-安全和固有故障-安全技术。

① 网络冗余设计　DSU 子系统的网络冗余设计原理与区域控制 ZC 子系统相同，可参见 4.4.3 节（1）①描述。

② 数据库版本号下载　在 CBTC 控制级别下，DSU 和 ZC 都正常工作，DSU 并将此信息（数据库版本号：静态数据库版本号、配置数据库版本号、应答器数据库版本号）作为与 ZC 交互信息发送，以便 ZC 完成数据版本号的比较。

DSU 只提供数据库版本号（静态数据库版本号、配置数据库版本号、应答器数据库版本号）的下载，不提供数据库（静态数据库、配置数据库、应答器数据库）数据的下载功能。

③ 动态数据库的管理　在 CBTC 控制级别下，动态数据库由 DSU 进行管理。若本 DSU 管辖范围内的临时限速发生变化，即 ATS 设置或取消临时限速，DSU 将对 ATS 设置或取消的临时限速进行合法性校验。此合法性校验包括：

a. 整个线路临时限速个数；

b. 单个临时限速包含的逻辑区段最大个数；

c. 临时限速逻辑区段是否连续；

d. 设置临时限速的逻辑区段是否已经被设置过临时限速；

e. 当 ATS 在设置临时限速时，将一个道岔对应的定位逻辑区段及反位逻辑区段在一个临时限速的设置请求中发送给 DSU 后，DSU 需对此情况进行防护，并保证此情况无法设置成功。

校验完成后，根据临时限速重新生成新的动态数据库版本号及动态数据库，并下载给ZC 进行使用。在实际运行过程中，存在以下几种情况：

a. 正常运行过程中，ATS 设置临时限速；

b. ZC 正常运行，DSU 故障重启后；

c. ZC 与 DSU 同时故障后，由 ATS 人工确认后。

在 CBTC 控制级别下，ZC 与 DSU 均正常运行，此时 ATS 设置了临时限速，DSU 接收到临时限速设置命令后，将生成新的动态数据库，并下载给 ZC 进行使用。在下载的过程中将会计时 24s，如没下载成功，则重新开始计时 24s 向所涉及到的 ZC 下发已存的临时限速信息。在下发临时限速的过程中，DSU 对 ATS 发送的任何命令不进行处理。

在 CBTC 控制级别下，ZC 与 DSU 因为某种原因同时发生故障，重新启动后，ZC 和DSU 都设置初始上电标志，此时 ZC 只跟 DSU 通信，向 DSU 发送上电标志信息和临时限速信息（此时临时限速信息为无），DSU 将全线的临时限速信息上传给 ATS，汇报后，等待ATS 回复的人工确认命令。

④ 动态数据库下载　ZC 初始上电，DSU 正常工作，ZC 向 DSU 发送初始上电标志和管辖范围内的临时限速（临时限速为无），DSU 收到 ZC 发送过来的初始上电标志，向 ZC下发数据库版本号和该 ZC 管辖范围内的动态数据库。

ZC 正常工作，DSU 初始上电，DSU 只向 ZC 发送数据库版本号。

ZC 初始上电，DSU 初始上电，DSU 只向 ZC 发送数据库版本号。

⑤ 临时限速上传　DSU 每 30s 向 ATS 汇报一次线路的临时信息。

⑥ 车线 DSU 功能　当 DSU 配置为试车线 DSU 时，DSU 上电后，自动取消上电标志（不需要通过 ATS 取消）。DSU 只向 ZC 下发数据库版本号（静态数据库版本号、配置数据库版本号、应答器数据库版本号）。DSU 不接收、响应 ATS 的临时限速命令。

⑦ 提供维护数据　系统运行过程中，DSU 子系统应将本身运行状态，包括主要输入输出信息等，通过维护网络发送至维护诊断终端，以便实现数据存储、场景复现、历史信息查看及故障分析等功能。

⑧ 系统故障报警　DSU 子系统通过 DSU 维护系统，具有较完善的自检和自诊断功能，应能对 DSU 子系统应用软件及安全计算机平台进行实时监督和故障报警，并能准确报警到板级。系统能够经通信传输通道在车辆段维修中心、控制中心实施远程故障集中报警和维护管理，在现场应能够使用便携计算机实施故障诊断，对设备故障诊断应定位到板级。

(2) 结构

DSU 子系统主要由 ZC 主机处理单元、通信控制器、FTSM、DSU 维护机等部分组成，如图 6-4-28 所示。

4.4.5 车载控制子系统

车载控制子系统（VOBC）由车载 ATP、车载 ATO 子系统组成。

ATP 子系统主要负责提供列车间隔控制和速度防护功能，保证 ATP 子系统投入运用时任何时间列车都安全运行，是轨道交通 ATC 系统的核心系统之一。

ATP 子系统是保证列车运行安全、提高运输效率的控制设备，提供列车运行间隔控制及超速防护，对线路上的列车进行安全控制。ATP 子系统确保与安全相关的所有功能，包括列车运行、乘客和员工的安全。ATP 子系统包括车载 ATP 子系统和地面 ATP 子系统,ATP 子系统的硬件和软件均按标准化功能模块进行设计。

ATO 子系统是自动控制列车运行的设备。在 ATP 和 CI 子系统的安全保护下,根据 ATS 子系统的指令,实现列车的自动驾驶和列车在区间运行时分的自动调整功能,确保达到要求的设计间隔及旅行速度,并实现列车的节能运行控制等。

ATO 子系统可实现列车在区间的自动运行(包括自动折返),控制列车按运行图规定的区间走行时分行车,自动完成对列车的启动、加速、巡航、惰行、减速和停车的合理控制。区间实际走行时间与系统设定时间之间的误差不大于±2%,ATO 的区间运行时分调整可通过采用节能运行等级曲线或无级调速方式,曲线等级应细化,调整精度为秒级。

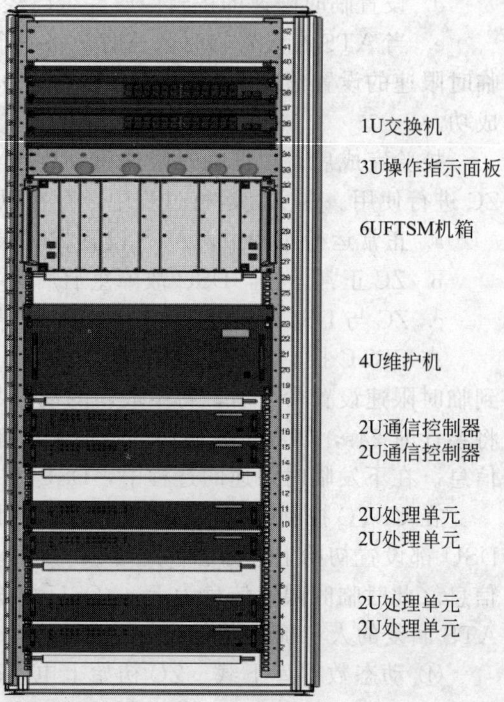

(1) 原理

① 列车驾驶模式和运行级别管理原理　列

图 6-4-28　DSU 子系统组成

车运行状态由运行级别和驾驶模式共同决定。不同的控制级别和驾驶模式,表示轨旁设备和车载 ATP 设备之间可能的操作关系。控制级别的含义主要与所使用的轨旁设备,以及轨旁设备和车载子系统之间的通信原理有关。不同的驾驶模式主要与司机控制列车的方式和责任有关。因此,可达到的最大控制级别依赖于列车运行区域所确定的轨旁设备,以及车载设备的配置。

系统能管理列车的控制级别和驾驶模式,并能进行最高驾驶模式的预设。

a. 列车的驾驶模式　列车驾驶模式由高到低分为:

- 列车自动驾驶模式——AM 模式;
- 列车自动防护下的人工驾驶模式——CM 模式;
- 限制人工驾驶模式——RM 模式;
- 非限制人工驾驶模式——EUM 模式。

AM 模式为 ATP 监控下的列车自动运行模式。在该模式下,ATP 子系统保证列车的运行安全,ATO 子系统可实现列车在区间的自动运行、合理运行,站台定位停车及车门、安全门的控制。AM 模式的运行需要得到司机的人工确认,列车驾驶员通过按压 ATO 启动按钮来启动列车的自动运行。

CM 模式为 ATP 监控下的人工驾驶运行模式。在该模式下,ATP 子系统确定列车运行的最大允许速度,司机驾驶列车在 ATP 保护的速度曲线下运行,ATP 子系统实现列车自动防护的全部功能。站台停车以及车门及安全门的开关均由司机人工控制。系统应能实现车门及安全门的联动。

RM 模式为限制人工驾驶模式。在 RM 驾驶模式下,车载 ATP 限制列车在某一固定的低速(如 25km/h)之下运行,司机根据调度命令和地面信号显示驾驶列车,列车运行超过该固定的速度时,车载 ATP 设备对列车实施紧急制动,强迫列车停车。列车运行的安全由联锁设备、ATP 车载设备、调度人员、司机共同保证。

对于装备 CBTC 系统设备的列车，AM 自动驾驶模式、CM 自动防护驾驶模式为列车正常运行模式，RM 模式为降级运行模式。

b. 列车的运行级别　列车运行级别由高到低分为：

- 无线连续式通信控制下 ATP/ATO 的运行（简称 CBTC 级别）；
- 点式控制下 ATP/ATO 的运行（简称 BLOC 级别）；
- 联锁级下的运行（简称 IL 级别）。

无线连续式通信控制级别下，系统通过无线通信获得移动授权，控制列车在 CM/AM 模式下运行；BLOC 级别下，系统通过可变数据应答器或环线获得移动授权，控制列车在 CM/AM 下运行；IL 级别下，系统不监督移动授权，只能运行在 RM 下。

无线连续式通信下列车控制方式为移动闭塞下的正常控制方式，点式控制下的运行方式为基于固定闭塞方式下的降级控制方式，联锁级的运行方式为信号系统的后备控制方式。

c. 运行级别与驾驶模式的对应关系　列车的运行级别与驾驶模式相互制约，共同决定列车的运行状态。列车运行级别与驾驶模式之间的组合如表 6-4-1 所示。

表 6-4-1　运行级别与驾驶模式组合表

驾驶模式 ＼ 运行级别	IL 级别	BLOC 级别	CBTC 级别
RM 模式	√	×	×
CM 模式	×	√	√
AM 模式	×	√	√

注："√"表示该模式可以工作在该运行级别下；"×"表示该运行级别下不可能出现该驾驶模式。

② 车载设备 3 取 2 冗余　工业控制计算机系统中，由于通用电子元器件本身不具备故障状态的不对称性，造成基于计算机的系统不具有故障状态的不对称性。为了提高计算机系统的可靠性，普遍采用冗余技术，例如 3 取 2 冗余方案。

在计算中，三模冗余（TMR triple modular redundancy）是一个容错形式的 N-模冗余，其中 3 个系统执行 1 个过程，这个结果是由表决系统进行处理以产生一个单一的输出。如果任一个系统出现故障，另外两个系统仍然正确，掩盖错误。如果表决失败，则整个系统就会失败。一个良好的三模冗余系统的表决系统比其他组成部分可靠。

3 取 2 系统结构如图 6-4-29 所示。

3 取 2 冗余系统采用 3 路独立电源为主机 A、B、C 独立供电，3 个主机独立运行，对输入进行处理，输出信息通过 3 取 2 表决器表决后输出。3 取 2 系统采用故障屏蔽技术来保证系统的安全，提高系统的可靠性，即 3 套同时独立运行的 CPU 控制单元两两进行比较，有任何 2 个或 2 个以上的 CPU 控制单元工作正常且输出一致，则认为系统工作正常。

③ 测速设备冗余原理　列车每端均安装一个雷达和两个速度传感器，且每个速度传感器有两路速度信号输出给 ATP。速度传感器分别安装在列车两侧的两个无动力的滚动轮轴上，且在不同的转向架上，最大程度地减少车轮空滑对速度传感器造成的影响。

两路速度传感器测速原理如图 6-4-30 所示。

主机测速选用两路速度传感器，每一个速度传感器都有两路速度输出。每一路速度又用电阻分为相同的两个支路，一共 8 路速度脉冲供主机采集。将这 8 路速度脉冲分为两部分，采用两种测速算法分别测量 4 路速度（如图 6-4-30 所示，2、3、6、7 采用算法 A，1、4、5、8 采用算法 B），对这 4 路速度值进行冗余处理，并根据 4 路速度间的差值判断速度传感

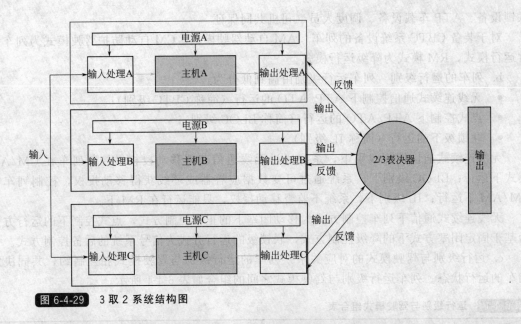

图 6-4-29　**3 取 2 系统结构图**

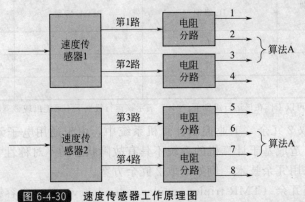

图 6-4-30　**速度传感器工作原理图**

器的工作状态。

　　雷达传感器是一种非接触式速度传感器，安装于列车底部。它通过天线发送和接收电磁波，然后通过处理两者的频率得出列车的运行速度，并能够判断方向和计算里程，可有效防止列车空转打滑对列车测速测距造成的精度影响。

　　④ 列车运行控制原理　由 ATO 子系统执行的自动驾驶过程是一个闭环反馈控制过程，其基本关系如图 6-4-31。测速单元通过 ATP 向 ATO 发送列车的实际位置信息。反馈环路的基准输入是通过列车参数及运营要求计算得出的。ATO 子系统通过和 ATP 和 ATS 通信，以及线路和车辆性能实时计算列车行驶至下一站的目标速度曲线。ATO 向车辆输出计算出的控制指令值，车辆做出相应控制动作，使列车以贴近目标速度曲线的实际速度行驶。

　　ATO 模式在以下条件下被激活：

- 当前在 CM 模式中；
- 车站停站时间已到；
- 车门关闭；
- 牵引制动手柄处于零位且方向手柄向前。

　　于是，司机可通过按压启动按钮进入 ATO 模式，列车加速达到计算的速度曲线。假如

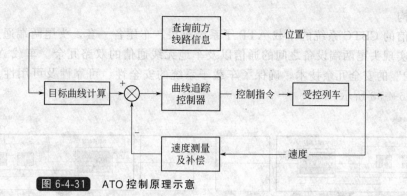

图 6-4-31　ATO 控制原理示意

其中一项条件不能满足，启动无效，ATP 关闭 ATO 至牵引的控制信号。

ATO 利用通过地面 ATP 设备传来的 MA 信息，得知前方目标距离或前行列车的位置，根据当前本次列车的位置，列车就可以在到达停车点或 MA 终点之前，综合考虑运行要求及列车特性等因素，高效舒适行驶。

ATO 控制列车加速以达到目标速度曲线，当接近或超过目标速度时，ATO 设备将自动通过减小牵引、施加惰行或制动等措施，使列车平稳地接近目标速度曲线。

⑤　车站停车精度控制原理　ATO 确保车站精确停车功能。列车在站台的高精确度停车，归功于车辆和 ATO 子系统的紧密协调。ATO 子系统的相关设计具体应用车辆参数在设计联络阶段确定。在站台的正确停车，通过高精度的测速定位功能实现。为了保证停车阶段的位置精度，需要在进站过程中布置精确定位应答器来对停车过程中的车辆位置进行校正。通过在车站区域布置的应答器、两个连续应答器之间的距离与车载电子地图位置数据不断地进行比较而进行的。应答器信息被用来确定列车当前位置并逐步提高列车定位精度。进入停车过程后，ATO 根据列车速度、预先确定的制动率和到停车点的距离计算制动曲线，ATO 通过改变牵引和制动指令来使列车按照制动曲线运行。

ATO 采用连续的一次性制动、恒定的制动率，一次性制动至目标停车点。

⑥　速度调整控制原理　ATO 子系统自动调整控制功能是在综合考虑了列车牵引、制动系统实际构成，停车精度、准点、舒适度和节能等多方面要求，建立了准确描述列车驾驶动态过程的控制模型，运用多目标优化方法生成理想运行曲线，再通过设计双自由度鲁棒控制器，由 ATO 控制器控制车辆跟踪该速度曲线行驶，实现对理想曲线的高精度跟踪，从而达到 ATO 自动驾驶要求。

⑦　节能运行　ATO 子系统采用的节能控制模型见图 6-4-32。

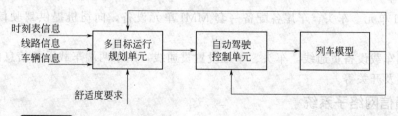

图 6-4-32　ATO 节能控制模型

ATO 子系统主要由多目标运行规划单元和自动驾驶控制单元构成。多目标运行规划单元根据时刻表信息、线路信息、车辆信息及列车的运行数据，通过执行多目标优化算法，规划出满足舒适、准点约束的节能运行目标速度曲线。自动驾驶控制单元实现对规划曲线的准确跟踪。通过实时规划和精确控制，达到节能驾驶。

（2）结构

基于通信的 CBTC 系统的车载 ATP 子系统车头、车尾各一套，头尾两端通过通信线缆相连，用以实现头尾两端设备之间的通信以及车地无线通信的双路冗余。车载 ATP 子系统采用"3 取 2"的安全冗余技术，确保了车载子系统的安全性、可靠性及可用性。车载子系统组成如图 6-4-33 所示。

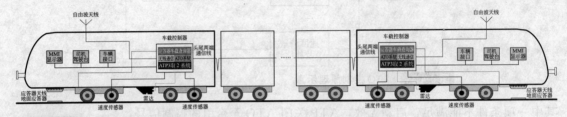

图 6-4-33　CBTC 系统的车载设备配置图

车载子系统的组成如下。

① ATP 安全冗余单元（3 取 2）　车头、车尾各安装一套 ATP 车载设备，车载 ATP 采用"3 取 2"的冗余安全计算机结构，设备转换时间不影响列车正常运行或司机正常驾驶，且不会导致车辆控制端的改变。

② ATO 主机设备　车头车尾各安装一套 ATO 主机设备，由 ATO 输入、控制、输出、电源四个模块组成。

③ 雷达传感器　车头、车尾分别安装一个雷达传感器，与速度传感器完成冗余的列车速度和走行测算与验证，可对在线运营列车进行连续、安全可靠的定位检测，其定位精度满足列车控制和追踪间隔要求，测速设备满足工程现有的环境和工程现场条件，并符合故障安全原则。

④ 速度传感器　车头、车尾在不同车轴安装独立的速度传感器，与雷达传感器完成冗余的速度和走行距离测量与验证。

⑤ BTM 应答器主机单元　车头、车尾各设置一个 BTM 应答器主机单元，与应答器接收天线一起，实现对应答器报文解析和列车位置矫正等。

⑥ 应答器接收天线　车头、车尾各设置一个应答器接收天线，接收地面应答器发送的报文。

⑦ 车载无线单元　车头、车尾各安装一套车载无线自由波单元，双端互为冗余。

⑧ 车载自由波天线　车头、车尾各设置两个车载自由波天线，接收/发送来自沿线无线自由波的信号。

⑨ MMI 单元　车头、车尾各配备一套 MMI 单元设备，向司机提供驾驶信息的显示与操作控制。

⑩ 两端车载设备贯通线　车头、车尾设置贯通线，用于两端车载设备信息的交互。

⑪ 按钮及开关等。

4.4.6　通信网络子系统

数据传输子系统（DCS）是实现 CBTC 列车控制与运行的关键子系统之一，为控制中心、车辆段、车站、正线轨旁和车载信号子系统设备之间提供双向、可靠、安全的数据信息传输和交换，其性能指标满足列车自动控制系统的要求。

（1）原理

① 网络协议　DCS 网络采用先进、开放的标准传输协议。其中有线网络采用 SDH 传输

和 IEEE802.3 标准的以太网。其物理层协议为标准的基于 10M/100M/1000M 光纤的物理层标准，数据链路层协议为标准的介质访问控制（MAC）协议，更高层支持 TCP/IP 和 UDP/IP 协议。

信号系统车-地无线通信协议采用基于 IEEE802.11g 的 OFDM（Orthogonal Frequency Division Multiplexing，正交频分复用）物理层的窄带通信协议，工作在 2.4GHz 的 ISM 频段。

② 系统组网原理　数据通信 DCS 系统由有线网络系统、车-地无线网络系统和 DCS 管理系统组成，有线网络系统由 SDH 和以太网交换机组成，车-地无线网络系统包括轨旁无线单元、车载无线单元等设备，DCS 管理系统包括 NMS 和 APM 子系统。

轨旁设备之间的数据通信通过有线网络提供的透明传输通道，车载设备与轨旁设备之间的数据通信通过车-地无线网络提供的透明传输通道。

DCS NMS 子系统通过 SNMP 协议对信号系统的所有网络设备进行轮询，用以管理全线所有的网络交换机和无线 AP，为系统运营和维护提供全方位的网络管理。

DCS APM 子系统通过对交换机的镜像配置，实时地记录信号系统地面子系统之间和车-地之间的数据交互，可以为运营维护提供第一线的维护数据。

a. 轨旁数据通信网络　信号系统骨干网采用 SDH 传输网络构成双向自愈的环形拓扑结构，当单个设备故障时，不会导致与任何网络设备的通信丢失。

接入网使用成熟的基于 IP 以太网技术。为防止通信中断，接入交换机都是冗余配置的，每个交换机分别连接到骨干环网的冗余网络上。设备冗余以及交换机的冗余连接，很大程度上提高了系统的可靠性和可用性。骨干网的冗余结构如图 6-4-34 所示。

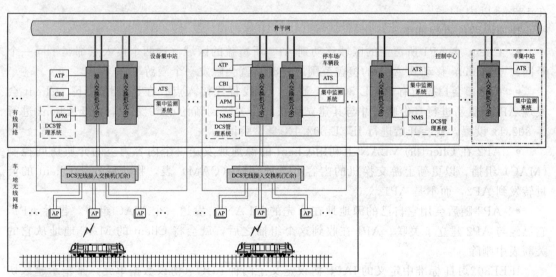

图 6-4-34　骨干网冗余结构示意图

b. 车载数据通信网络　信号系统车载网络设备采用 5MHz 窄带无线通信设备，实现无线数据的收发。在车头、车尾分别安装一套信号系统车载无线单元子系统，分别与两个信号系统骨干网上的 AP 相关联，同时利用两个信号系统骨干网发送/接收数据。DCS 车载无线单元设备通过车顶的车载定向天线发送/接收无线自由波信号。DCS 车载无线单元设备主要负责发送/接收数据，并通过其内部的其他模块对信号进行放大和滤波。Client 将接收的已经进行过放大和滤波的数据，传递给车载设备；车载设备发送数据，传递给 Client 模块，经放大、滤波后同时送至车载天线。

c. 车-地双向通信网络

（a）无线设备配置。数据通信 DCS 系统车载无线单元 Client 和轨旁无线 AP 采用自主创新的无线系列设备，这些设备构成的无线通信系统具有较小的传输延时和高可靠性。

（b）漫游切换。在包含许多 AP 的多单元的无线网络中，站点一旦与无线网络相联系并对无线网络鉴权了自身，就能够自由漫游，这意味着无线站点将在无线网络的范围内移动，并且在它们跨越多单元网络移动时搜寻最强的 RF（无线电频率）并与其关联。

无线网络漫游由以下 4 个不同的步骤组成：

- 分离；
- 搜寻；
- 重关联；
- 鉴权。

轨道区间的无线漫游概念涉及列车无线单元与轨旁无线单元的一系列关联、断开和重关联过程。在漫游过程中，列车无线单元负责启动与下一个 AP 的联系。

断开发生在当一个现有的关联以下两种方式之一终止时：漫游分离或失去无线信号；断开可以由列车无线单元或 AP 启动。当列车单元与一个新的 AP 或之前联系过的 AP 建立连接时，就发生了重关联。

列车上每个 Client 一次只能与一个 AP 相关联，以确保它与网络只保持有一个连接。相对而言，多个 Client 可以同时与同一个 AP 相关联。

快速安全漫游允许已通过验证的客户机设备在接入点之间漫游，重新关联期间中断时间在 100ms 以内。

快速漫游的过程如下。

- Client 从 AP1 所覆盖的区域移动到 AP2 所覆盖的区域（这两个接入点都属于同一个子网）。当 Client 移动到 AP1 的覆盖范围之外时，就会触发一个漫游事件。

- Client 会扫描所有 IEEE 802.11 通道，寻找替代接入点。在这种情况下，Client 会发现 AP2，重新进行身份验证并与其建立关联。在关联到新的 AP2 之后，由于 Client 进行了 802.1x 设置，就会开始进行 IEEE 802.1X 身份验证。

- AP2 在 Client 的 VLAN 上利用 Client 的源地址发送一个内容为空的介质访问控制（MAC）组播，以更新上游交换机的内容可寻址存储（CAM）表，将此后发往 Client 的流量转发到 AP2，而不是 AP1。

- AP2 随后会用它自己的源地址在原先的 VLAN 上发送一个 MAC 组播，告诉 AP1，它已经与 AP2 建立了关联。AP1 在收到这个组播之后，就会将 Client 的 MAC 地址从它的关联表中删除。

IEEE802.11f 标准中定义的 IAPP 协议定义了两种 PDU（协议数据单元）来指示越区切换的发生。这些 PDU 采用 UDP-IP 协议，在有线网络上从当前新的 AP 传到过去关联的 AP。快速漫游切换机制示意如图 6-4-35 所示。

两个车载无线单元彼此通信，可相互优化漫游所用的时隙。当车头的车载无线单元将进入下一个 AP 覆盖范围，从而开始漫游过程时，尾部的车载无线单元保持调谐在当前的 AP 处，直至头部车载无线单元成功地建立了通信。车载无线单元相互交换所收到的数据，可以在不依赖于单个车载无线单元漫游的情况下为应用提供无缝通信，这是将漫游切换时间降低至实际为零的一种方法。

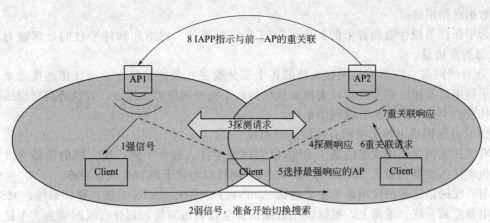

图 6-4-35　快速漫游切换机制

（2）结构

数据通信 DCS 系统，在各设备之间通过有线网络和无线网络两种不同的网络实现双向通信，用以提供各设备子系统之间的有线信息传输以及地面设备与车载设备之间的无线信息传输。数据通信 DCS 系统由有线网络系统、车-地无线系统和 DCS 管理系统组成，其结构组成如图 6-4-36 所示。

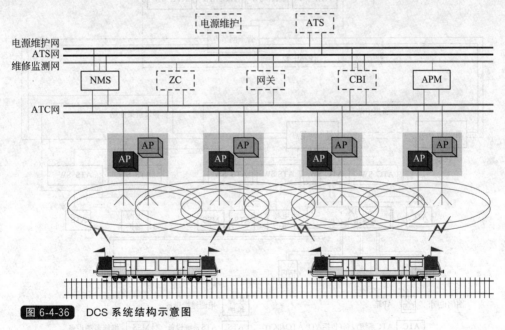

图 6-4-36　DCS 系统结构示意图

信号系统有线网络由骨干网和接入交换机组成。

车-地无线网络采用自由无线电波方式进行车地双向通信，基于 ISM 的 2.4GHz 开放频段，利用专有的工业级无线设备组件和标准化、模块化、通用化和商用化的有线硬件设备，构成一个高可用性的车-地无线网络。车-地无线网络覆盖线路所有区域，包括正线、折返线、停车线、联络线、车辆段内试车线、车辆段出/入段线、车辆段内停车库线等。

在数据通信 DCS 系统中配置 DCS 管理系统，其中 APM（Access point Master）子系统为 DCS 系统的运营维护和故障分析提供依据，NMS（Network Management System）子系统用于系统的网络管理。DCS 管理系统的配置，保证为 CBTC 信号系统提供一个高可维护性的数据通信网络。

为了保证系统性能和将来的扩充，DCS系统服务器、网络和软件平台的处理能力都预留50%的富裕量。

① 有线网络 DCS有线网络系统的各个部分通过冗余的光纤骨干网互相连接起来。一段骨干网络以及相应的节点和以太网交换机构成了轨旁网络的一部分，该轨旁网络沿线路延伸，构成整个信号系统的有线网络系统。

DCS有线网络由骨干网和有线接入网组成。

有线接入网络采用成熟的基于IP的以太网技术接入到骨干网；接入网的设备为以太网交换机，接入交换机通过1000Mbps RJ45以太网接口与骨干网节点设备相连。

与有线网络连接的应用系统主要包括ATP/ATO系统、ATS系统、联锁系统、MSS系统及电源监测系统。逻辑上，根据应用数据的安全性和可靠性，划分有线网络为5个独立网络：2个冗余的ATC网、2个冗余的ATS网和1个维护和电源监测网络。有线网络系统结构如图6-4-37所示。

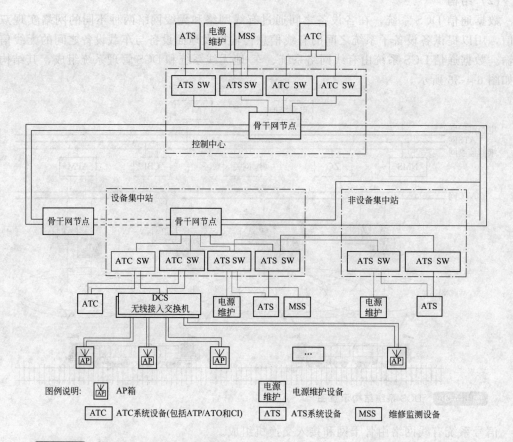

图 6-4-37 有线网络系统结构示意图

有线网络在地面配置网络接入交换机，将各种地面设备和无线网络接入骨干网。

地面系统中CI、ZC、DSU、APM、NMS和DCS无线网络与ATC网相连接，CI、ATS与ATS网相连接，CI、ZC、MSS、APM、NMS、电源检测与维护网相连接。

② 车-地无线网络系统 信号系统车-地无线网络系统基于类似IEEE802.11g的专用通信协议，是IEEE802.11g标准草案中5MHz带宽的窄带通信技术。虽然在最后的正式标准

中删除了这部分内容，但是无线局域网芯片支持 5MHz 带宽，因此硬件设备不需要改变，只是软件修改就可以实现。车-地无线网络一般工作在 2.4GHz（2.4～2.4835GHz）开放频段，采用冗余双网设计。双网分别对应有线网络的冗余 ATC 网，轨旁无线单元与车载无线单元配置都是冗余的。参阅图 6-4-38。

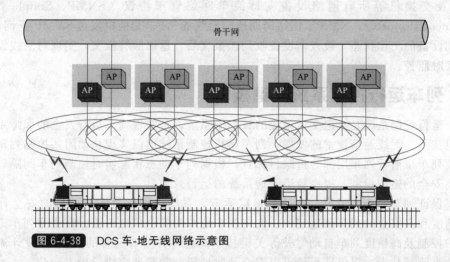

图 6-4-38 DCS 车-地无线网络示意图

信号系统车-地无线网络全部使用冗余的工业级的无线设备构建，是一个高可靠和高可维护性的全线车-地无线通信网络。

车-地无线网络在轨旁配置轨旁无线接入点（AP）、轨旁定向天线。一个 AP 箱内配置两个 AP 模块（简称 AP），分别为两个不同的 ATC 网 AP 模块，轨旁天线在一个点配置两组连接不同 ATC 网的定向天线。

车-地无线网络在列车上配置信号系统车载无线单元（Client）、车载天线。在车头、车尾分别安装一套信号车载无线单元及车载天线，通过车顶的天线，分别与两个 ATC 骨干网上的 AP 相关联，同时利用两个 ATC 骨干网发送/接收数据。

为减少无线干扰且便于实施，车-地无线网络采用无线方式传输，但是采用窄带通信技术，另外还采取多种抗干扰措施，如定向天线、双频冗余覆盖、电磁兼容设计等。

③ 无线管理（APM）系统 APM 系统由多个 APM 服务器组成，如在 3 个设备集中站、车辆段和培训中心分别配置 APM 服务器，共配置 5 个 APM 服务器。APM 记录地面之间和车地之间双向的数据交互信息，为 DCS 系统的运营维护和故障分析提供依据。

APM 硬件由一台服务器组成，配置三个网卡，其中两个网卡直接与 ATC 网络相连，一个网卡与维护网络连接。通过对接入交换机进行端口配置，把连接 ZC 的端口、连接 CI 的端口和 DCS 无线接入交换机的端口的收发数据复制到连接 APM 的端口上，使得 APM 能够记录 ZC、CI 和车载 ATP/ATO 的发送与接收数据。

APM 软件提供数据查询、协议筛选功能。该软件采用面向对象技术开发，设计时减少了模块和外部的耦合性，接口明确、清晰；利用配置文件来增加软件的灵活性；数据、代码分离，编写时严格遵循《Csharp 编码规范》。

④ 网络管理（NMS）系统 网络管理（NMS）系统由 NMS 服务器和 NMS 工作站组成，DCS 系统分别设置 NMS 工作站（DCS 网管工作站），与 ATC 网相连接，管理和监控正线（包括出入段线）、车辆段所有的网络设备的工作状态，同时接收 NMS 服务器发送的所有网络设备的状态信息。在车辆段设置 NMS 工作站（DCS 网管工作站），与 ATS 网相连

接，管理和监控 ATS 网中的网络设备，同时接收 NMS 服务器发送的所有网络设备的状态信息。在控制中心网管室设置冗余的 NMS 服务器（DCS 网管工作站），采集、处理并存储来自所有 NMS 工作站的网络设备状态信息，并向信号集中监测子系统提供被监控设备的状态信息。

AP 及交换机等所有网络设备支持简单网络管理协议（SNMP，Simple Network Management Protocol）。NMS 工作站周期地向沿线的 AP、交换机发送 SNMP 查询 UDP 报文，查询设备的工作状态。被查询设备收到该报文后，返回应答报文，实现对沿线设备工作状态的实时监控。

4.5　列车运行控制系统关键技术

列车运行控制系统是轨道交通系统的核心子系统，是实现列车运行安全的保障系统。随着计算机技术、无线通信技术的发展，列车运行控制系统可以实现移动闭塞控制列车追踪控制，后续列车以前行列车尾部为追踪目标点，根据列车动态状态实时控制列车间隔，实现高密度、高安全的追踪控制，提高轨道交通系统的运行效率。

为了保证列车安全、可靠、高效地追踪运营，系统必须解决安全可靠的安全计算机平台、高精度和高安全的列车测速定位、大容量车地双向安全信息传输、高密度列车追踪运行安全防护控制及高精度列车自动驾驶等关键技术难题，并要有完善的 RAMS 设计流程和高可靠的仿真测试技术，以保证系统可以安全及时地研制和验证完成后投入运营。

下面以城市轨道交通列车运行控制系统为例，介绍相关的关键技术。

4.5.1　安全计算机

"故障-安全"是设备或系统故障出现时不会使系统处于可能导致伤害或损伤的工作模式，而能使系统处于或导向安全的状态。安全的状态称为安全侧。"故障-安全"原则是铁路信号设备和系统设计必须遵守的原则。

计算机的故障-安全问题是计算机在铁路信号系统应用中的重要问题。为了解决这一问题，在城市轨道交通列车运行控制系统中，通常要求使用冗余结构，通过多机表决的方式来避免单机故障造成的系统危害。能够保证安全的计算机平台有"3 取 2 安全计算机"和"2 乘 2 取 2 安全计算机"两种方式。

安全计算机的容错及安全管理（FTSM）机制基于空间分集（松散耦合任务同步的"3 取 2"或"2 乘 2 取 2"结构）与时间分集（时间触发软件调度机制）设计原则，实现确定性故障安全特性，即安全计算机必须在正确的时间执行正确的动作，否则判错而导向安全，该特性能够防止已知或未知的故障。

安全计算机软件主要完成软件流程调度、数据输入、应用计算、数据输出、多机数据比较等功能，其调度机制基于时间触发（Time-Trigger）方式，控制周期可变以适应不同应用。基于"3 取 2"或"2 乘 2 取 2"结构的松散耦合任务同步能够降低共模干扰，缩短安全反应时间。

FTSM 硬件基于已经证明的安全硬件设计方法，使用可重配置 FPGA 实现，其固有安全特性保证其自身出现错误时能够使它控制的通道安全关闭。FTSM 硬件为 FTSM 机制的最终仲裁者，各处理单元和安全计算机软件完全受控于 FTSM 硬件。

（1）3 取 2 安全计算机

3 取 2 系统指的是组成系统的三个单元中有两个或两个以上的单元完好时系统才能正常工作的系统，记为 2/3[G]。3 取 2 的冗余结构如图 6-4-39 所示。

"3 取 2"冗余结构的目的有两个。

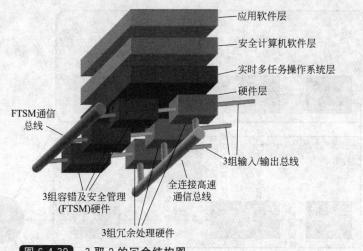

图 6-4-39 3 取 2 的冗余结构图

① 提高系统的可用性。当单一故障发生时，由于三重的冗余，可以避免系统进入不可用的状态，由此来提高系统的可用性。在切除掉故障单元后，可以构成"2 取 2"的冗余结构，"2 取 2"的冗余结构不会使系统的可用性提高。

② 提高系统的安全性。当单一故障发生时，输出具有不确定性，故障单元会产生可能"导致不安全"的输出。由于三重的冗余，可以检测到发生故障的单元，同时根据"少数服从多数"的表决规则，还可以将故障单元产生的可能"导致不安全"的输出屏蔽掉，保证系统的安全性。在切除掉故障单元，构成的"2 取 2"冗余结构将根据"两者相同"的比较规则，判断是否有进一步的故障发生，如果有故障发生，将使系统产生"导致安全"的输出，确保系统的安全性。

可以看到，"3 取 2"冗余结构可同时提高系统的安全性可靠性。

设备个系统单元的可靠度为 $e^{-\lambda_i t}$。由于 3 取 2 系统是表决系统，为了运算简便，设 3 取 2 系统的表决器完全可靠。故 $2/3[G]$ 的可靠度为

$$R_s(t)=R_1(t)R_2(t)R_3(t)+R_1(t)R_2(t)F_3(t)+R_1(t)F_2(t)R_3(t)+F_1(t)R_2(t)R_3(t)$$

$$=e^{-(\lambda_1+\lambda_2+\lambda_3)t}+e^{-(\lambda_1+\lambda_2)t}\left[1-e^{-\lambda_3 t}\right]+e^{-(\lambda_1+\lambda_3)t}\left[1-e^{-\lambda_2 t}\right]+e^{-(\lambda_2+\lambda_3)t}\left[1-e^{-\lambda_1 t}\right]$$

$$=e^{-(\lambda_1+\lambda_2)t}+e^{-(\lambda_1+\lambda_3)t}+e^{-(\lambda_2+\lambda_3)t}-2e^{-(\lambda_1+\lambda_2+\lambda_3)t}$$

$$
\begin{aligned}
MTBF &=\int_0^\infty R_s(t)\mathrm{d}t\\
&=\int_0^\infty \left[e^{-(\lambda_1+\lambda_2)t}+e^{-(\lambda_1+\lambda_3)t}+e^{-(\lambda_2+\lambda_3)t}+2e^{-(\lambda_1+\lambda_2+\lambda_3)t}\right]\mathrm{d}t\\
&=\frac{1}{\lambda_1+\lambda_2}+\frac{1}{\lambda_1+\lambda_3}+\frac{1}{\lambda_2+\lambda_3}-\frac{2}{\lambda_1+\lambda_2+\lambda_3}
\end{aligned}
$$

若系统的各个单元为同一种单元，则 $\lambda_1=\lambda_2=v=\lambda$，由此可计算出 3 取 2 系统的可靠度和平均寿命：

$$R_s(t)=3e^{-2\lambda t}-2e^{-3\lambda t}$$

$$MTBF=\frac{3}{2\lambda}-\frac{2}{3\lambda}$$

车载 ATP 采用 3 取 2 结构的车载安全计算机，除满足故障安全特征外，还满足车载 ATP 设备工作-停机循环的运行特点而要求的低失效率特征。3 取 2 系统的工作流程如图 6-4-40 所示。

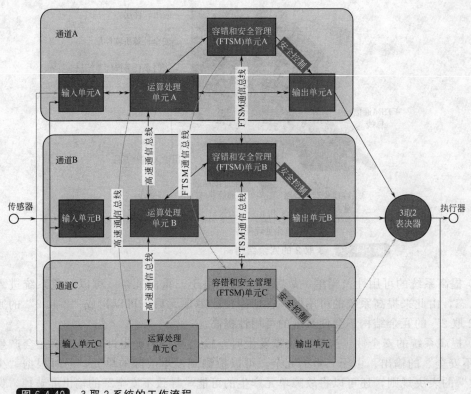

图 6-4-40 3 取 2 系统的工作流程

(2) 2 乘 2 取 2 安全计算机

地面 ATP 子系统通常基于"2 乘 2 取 2"安全冗余设计，带独立"故障-安全"检验的安全冗余系统，其硬件平台从硬件设计上采用了 2 乘 2 取 2 结构、双系并行工作的 2 乘 2 取 2 安全计算机系统，内部通信和外部通信都采用冗余通道设计。双系之间采用隔离技术，对其中一系进行维修与替换不会对另外一系以及其他子系统正常工作有任何影响，任何一个计算机或网络设备不能正常工作，整个系统仍可继续正常运行，不会导致其他子系统的无故切换。2 乘 2 取 2 安全平台结构示意图见图 6-4-41。

LCF-300 型 CBTC 系统使用的安全计算机结构符合 EN 50129 标准定义的组合故障-安全技术，双机之间的冗余管理电路采用故障-安全比较器和故障-安全电路或元件，符合 EN 50129 标准定义的反应故障-安全和固有故障-安全技术。

安全计算机机柜结构图如图 6-4-42。其中 PU1～PU4 是核心逻辑处理单元，负责完成应用逻辑运算。CC1 和 CC2 是通信控制器，通过信号网与其他子系统进行通信。PU 与 CC 设备采用 X86 工业控制计算机和 VXWORKS 操作系统以及对应的软件开发平台。

FTSM（Fault Tolerance and Safety Management 容错和安全管理单元）负责指挥与监控 PU 与 CC 的正常运行，是整个 2 乘 2 取 2 安全计算机平台可靠、安全运行的指挥官和大脑，完成同步触发、周期控制、状态监控以及导向安全等故障-安全策略。FTSM 也采用 2 乘 2 取 2 结构，其组成如图 6-4-43 所示。

2 乘 2 取 2 安全计算机平台采用这样的设计有以下优点。

a. 采用了分层设计理念，将安全保证功能与逻辑运算功能分离，容错和安全管理（FTSM）层负责指挥、监视 2 个 2 取 2 通道的运行，它是 2×2 取 2 结构的容错与安全特性的支撑。逻辑运算处理器负责具体的应用处理，两者功能相对独立，减少耦合性。

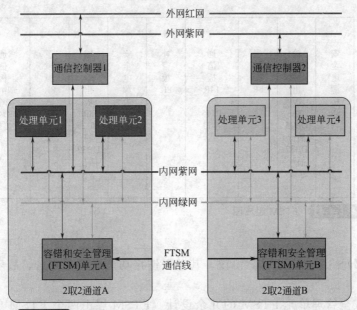

图 6-4-41　2 乘 2 取 2 安全平台结构示意图

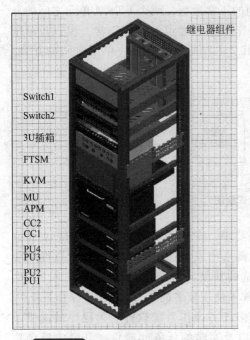

图 6-4-42　安全计算机机柜结构图

b. 逻辑运算处理器采用 COTS 产品，两个处理器运行不绝对同步，构成松散耦合冗余结构。由于存在同步容差，对共模错误抑制能力高。同时摆脱了时钟级同步对于 CPU 速度的限制，最大程度地提高了逻辑运算处理器的处理能力。

c. 安全计算机平台独立于应用软件的设计，保证安全计算机平台针对不同应用的修改、移植工作量最小。

d. 逻辑运算处理器采用 COTS 产品大大增加了整个平台的可维护性，便于设备的更换和维修。

① 网络冗余设计　2 取 2 通道的两台计算机通过同时工作的双冗余 100Mbit/s 内部和外部以太网进行数据通信，单路通信应能够保证通信安全，同时工作的双冗余方式保证数据通信的可用性。出于冗余设计的考虑，设置了两个相互独立而功能相同的通信控制器。通信控制器分别向两系转发 CBTC 系统中的其他设备发送给地面 ATP 子系统的信息，从而完成外网和内网信息的相互传递。这样通信控制器的存在，使地面 ATP 子系统对于 CBTC 系统中的其他设备而言，表现为单一的 IP 地址，同时通信控制器起到安全计算机平台内部网络与外部网络隔离的作用。

鉴于内部网络位于一个机柜之内，连接的单元较少，所以其协议层没有必要采用外部网络较复杂的通信协议，可采用如下的结构。

a. 应用安全层。功能包括序列号、源地址、目的地址、时间戳、安全校验码等 EN50159-1 规定的安全处理措施。

b. 冗余管理层。内部通信网络也是冗余的，因此需要一个冗余管理层来合并两个网上

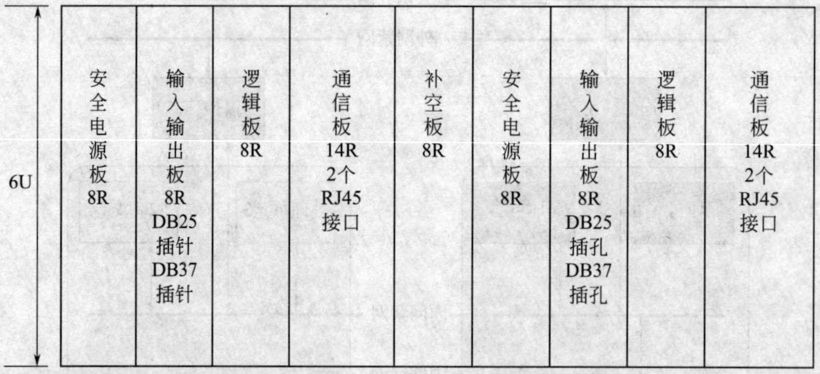

6U
安全电源板 8R
输入输出板 8R DB25插针 DB37插针
逻辑板 8R
通信板 14R 2个RJ45接口
补空板 8R
安全电源板 8R
输入输出板 8R DB25插孔 DB37插孔
逻辑板 8R
通信板 14R 2个RJ45接口

图 6-4-43 FTSM组成图

的数据。

c. 鉴于内部网络采用TCP/IP协议，其逻辑链接功能已经很完善，故不设置单独的安全链接层。

② 容错和安全管理单元FTSM的冗余设计 FTSM层由两个FTSM单元组成，每个FTSM单元负责控制一系内双机的运行和与另一个FTSM单元共同控制两个通信控制器。两个FTSM单元相互作用来维持整个2×2取2结构的正常运行。两个FTSM单元之间的互锁/自锁逻辑完成“主”、“备”转换，所以只要有一个2取2通道处于“正常”模式，两个FTSM单元之间的互锁/自锁逻辑就可以“判决”出“主”通道。FTSM单元之间的互锁/自锁逻辑原理如图6-4-44所示。

互锁/自锁单元2输出
互锁/自锁单元1输出
地址1
2取2工作模式输入1
互锁/自锁单元1
互锁/自锁单元2
地址2
2取2工作模式输入2

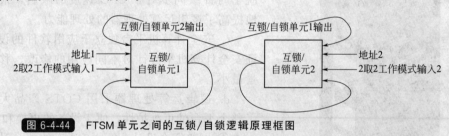

图 6-4-44 FTSM单元之间的互锁/自锁逻辑原理框图

③ 软件结构 鉴于CBTC系统对实时性的苛刻要求，在软件实现的过程中基于实时嵌入式操作系统。从CBTC系统的特点和软件的功能需求出发，这里从实时性、可靠性与故障容错、标准兼容性三方面来考虑OS的选择，备选的典型实时操作系统有WinCE. NET、RTLinux、VxWorks和RTEMS。当前在轨道交通领域使用较多的是VxWorks操作系统。

VxWorks是专门为实时嵌入式系统设计开发的多任务操作系统软件，为程序员提供了高效的实时任务调度、中断管理、实时的系统资源以及实时的任务间通信。其微内核结构Wind是一个具有较高性能的、标准的嵌入式实时操作系统内核。Tornado Ⅱ开发环境是实现嵌入式应用程序的完整的软件开发平台，集成了编辑器、编译器和调试器，交叉开发环境运行在主机上。

由于地面ATP软件运行在安全计算机平台上，地面ATP应用软件、平台软件以及通信协议软件同时运行，并通过各部分软件之间的接口实现对实时性、安全性的要求。

具体使用到的技术包括：

a. 利用VxWorks作为实时嵌入式系统的特点，利用其提供的ms级时钟同步，实现严格的系统运行周期；

b. 通过 VxWorks 提供的对硬件的支持，通过串口通信实现安全计算机系统中的各台主机之间的周期同步。

结合操作系统，地面 ATP 子系统的运行环境如图 6-4-45 所示。安全计算机开发流程见图6-4-46。

4.5.2 RAMS 工作体系

轨道交通列车运行控制领域前景广阔，形成批量供货后，企业将驶入快速发展的高速路。同时，信号与控制是高风险行业/专业，包括技术状态成熟度需要极大提高（缺少大量的产品使用可靠性、安全性经验和数据），影响产品 RAMS 的因素多（如产品 RAMS 要求识别不足，设计有缺陷，技术状态变更频繁，验证不充分等产品缺陷对 RAMS 的影响；环境

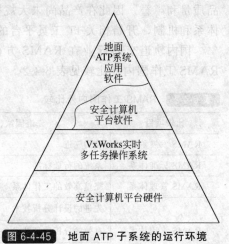

图 6-4-45　地面 ATP 子系统的运行环境

温度、湿度、海拔、盐雾、雷击、电磁、静电等各类随机因素对 RAMS 的影响；运营商和供应商的产品维修维护活动策划和能力等使用条件对 RAMS 的影响）。

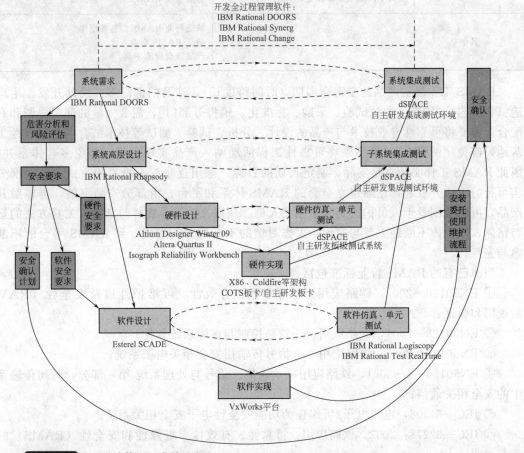

图 6-4-46　安全计算机开发的流程

轨道交通行业产品的特点是批量小，但生命周期长，产品更新换代困难，一旦产品开始投入运营，如果由于产品 RAMS 水平较低而产生行车事故或造成频繁延误，将极大损害产

品质量和声誉。因此在产品尚未大规模投入使用前，必须制定不断提升产品 RAMS 目标的体系和机制，开始相关 IT 工具平台的建设，确保产品的安全和质量。

国内轨道交通行业在 RAMS 方面的工作处于起步阶段，缺乏成熟的先例可供参考。RAMS 工作国内外比较见表 6-4-2。

表 6-4-2　RAMS 工作国内外比较

比较项目	先进国家、地区	国内
RAMS 发展阶段	较为先进	起步阶段
RAMS 标准体系	系统的行业标准	缺乏行业细化标准、指导性文件
RAMS 管理体系	完整高效的工作体系	工作体系建立阶段
RAMS 工程技术	先进的设计分析技术	设计开发多数从功能、性能考虑
	有效的分析验证技术	欠缺 RAMS 分析、验证方法、手段
	稳定的持续改进能力	缺乏事前预防，事后改进不彻底
RAMS 应用情况	应用至产品研制、生产、运用过程	部分企业建立了 RAMS 管理体系
	提高了产品质量保证能力	多数企业 RAMS 工作"两张皮"
其他		缺乏行业 RAMS 信息数据库 缺乏 RAMS 专业人才 产品运营故障率高

RAMS 工作涵盖产品的全寿命周期（时间跨度长），涉及的部门多［设计开发、生产制造（含工艺）、质量、测试试验、采购、标准化、销售等部门］，需要大量的部门协调和有效配合，需要将可靠性专业技术与产品的设计、分析、试验、测试等技术结合，将可靠性工作落地，避免"两张皮"，最终须将可靠性工程活动纳入产品实现过程，避免多套体系并存。因此 RAMS 工作必须立足实际，制定长期的目标，采用逐步深入推进的方式，从一部分切实可行的工作开展起，逐渐建立全套的 RAMS 体系和平台，由部分产品突破，再辐射其他产品，由小范围骨干人员扩展到其他相关人员。从概念熟悉、理解与掌握，工具方法的运用与精熟，知识库不断地更新与完善，工作习惯的不断培养与形成，到 RAMS 平台的不断成熟与完善。

当前已有的 RAMS 行业标准包括：

① EN50126—2003，铁路应用——可靠性、有效性、可维护性以及安全性（RAMS）的说明和验证；

② EN50128—2001，铁路应用——铁路控制与保障系统软件；

③ EN50129—2003，铁路应用——信号传输用安全相关电子系统；

④ EN50129—1—2001，铁路应用——通信、信号与处理系统 第一部分：封闭传输系统中的安全相关通信；

⑤ IEC—61508，电气电子/可编程的功能安全性电子安全相关系统；

⑥ IEC—62278：2002，铁路应用：可靠性、有效性、维修性和安全性（RAMS）的规范和说明；

⑦ IRIS　2009，国际铁路行业标准；

⑧ GB/T　21562—2008，轨道交通可靠性、可用性、可维修性和安全性规范及示例；

⑨ TB/T　3133—2006，铁道机车车辆电子产品的可靠性、可用性、可维修性和安全性

（RAMS）。

国外先进 RAMS 工作可从三个角度来认识。

① 过程域　覆盖产品全寿命周期，并在各阶段有侧重开展。

② 内容域　涵盖 RAMS 工程管理（包括安全与可靠性管理体系，项目管理过程中的对系统保证）；RAMS 设计、分析技术；可靠性与安全性验证活动；RAMS 数据库和信息化建设活动；各类专项技术及其实施（如 EMC、热设计等）。

③ 层次域　企业决策层（高管）、管理层（部门管理、项目管理）、执行层（研发/工艺/质量/测试 等执行层面工程师）的全面参与不断推进。

RAMS 贯穿产品整个生命周期。从对产品的可行性分析研究到产品报废的整个生命周期过程中，需要建立可靠性、可用性、可维修性和安全性的 RAMS 论证过程。通过 RAMS 论证，建立 RAMS 要求，并将 RAMS 参数综合到要求形成过程中。

（1）RAMS 过程域

在标准 EN50126 中，将轨道交通项目全寿命周期划分为 14 个阶段，并明确定义每一个阶段的 RAMS 活动。RAMS 各阶段划分见图 6-4-47。

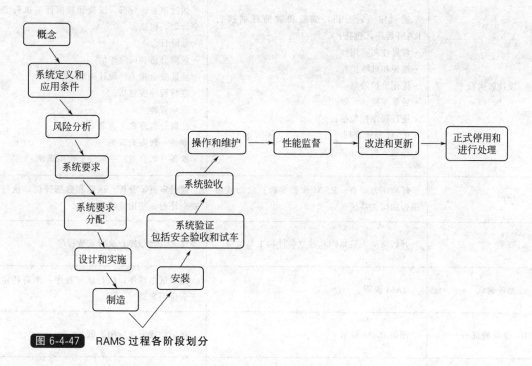

图 6-4-47　RAMS 过程各阶段划分

每个阶段 RAMS 工作内容见表 6-4-3。

表 6-4-3　RAMS 各阶段工作

寿命周期阶段	阶段 RAM 工作	阶段安全工作
1. 定义	审查以前的 RAM；考虑项目 RAM 含义	审查以前达到的安全性能；考虑项目安全含义；考察安全策略和安全目标

续表

寿命周期阶段	阶段 RAM 工作	阶段安全工作
2. 系统定义和应用条件	评估过去的 RAM 数据；进行初步 RAM 分析；设定 RAM 策略；确定长期运行 & 维护条件；确定现有设施制约对 RAM 的影响	评估过去的安全数据；进行初步安全分析；设定安全策略（全部）；定义可容许的风险标准；确定现有设施制约对安全的影响
3. 风险分析		进行与项目有关的危险和安全风险分析；建立危险日志；进行风险评估
4. 系统要求	确定系统 RAM 要求（整体）；定义 RAM 验收标准（整体）；顶替系统功能性结构；建立 RAM 程序；建立 RAM 管理	确定系统安全要求（整体）；定义安全验收标准（整体）；定义安全相关的功能性要求；建立安全管理
5. 系统要求分配	分配系统 RAM 要求；确定子系统 & 部件 RAM 要求；定义子系统和部件 RAM 验收标准	分配安全目标和要求；确定子系统 & 部件安全要求；定义子系统和部件安全验收标准；更新系统安全计划
6. 设计和执行	通过审查，分析，试验和数据评估执行 RAM 程序，包括： • 可靠性和可用性 • 维护和可维护性 • 优化维护策略 • 后勤支持 • 进行程序控包括： • RAM 程序管理 • 控制分包商和供货商	通过审查，分析，试验和数据评估执行安全计划，包括： • 危险日志 • 危险分析和风险评估 • 验证安全相关的设计决定 • 进行程序控包括： • 安全管理 • 控制分包商和供货商 • 准备一般安全案例 • 准备（如合适）一般安全应用案例
7. 生产	环境压力审查；RAM 改善实验；启动故障报告和纠正系统	通过审查，分析，试验和数据评估；执行安全计划；使用危险日志
8. 安装	开始维护人员培训；建立备件和工具供应	建立安装程序；执行安装程序
9. 系统确认	RAM 说明	建立试车程序；执行试车程序；准备特定安全应用案例
10. 系统验证	评估 RAM 说明	评估特定安全应用案例
11. 运营行和维护	即时获得备件和工具；进行可靠性维护和后勤支持	着手即时安全性维护；进行即时安全性维护；监控和危险日志维护
12. 性能监控	采集，分析，评估和使用性能 & RAM 统计数值	采集，分析，评估和使用性能 & 安全统计数值
13. 修改与更新	考虑改进和更新的 RAM 含义	考虑改进和更新的安全性含义
14. 停用和处置	无 RAM 活动	建立安全计划；进行危险分析和分线评估；执行安全计划

RAMS工作需要公司从上至下，各部门和全部成员共同参与，合适的组织和分工方式如下所示。

① 高层 RAMS工作是一个"一把手"工程，需要公司上下、各部门的紧密配合。

② 项目方面 项目经理是对整个项目的RAMS工作负责，如制定计划、监督监控和阶段性交付成果等，负责项目系统保证文件的编写。

③ 技术方面 主要负责RAMS的设计和分析工作、产品验证的工作，研发人员需要具备RAMS工程的相关能力。

④ 安质方面 是RAMS工作的专业支持，负责公司级的标准制定和规划，监督监控RAMS的相关活动，可靠性增长，数据库、技术状态的归口，对供方RAMS活动进行管理。

(2) RAMS 设计分析

RAMS设计分析的目标是提高产品的预期可靠性指标，降低返修率，降低产品维修维护时间，设定合理的备品备件策略和维修方式建议，提高客户满意度。RAMS体系应注意建立正向（FMECA）和逆向（FRACAS）两个系统，并实现两个系统之间的信息交互。

RAM设计分析的工作主要包括 RAM 需求确定、RAM 预计和分配、RAM 设计、RAM 验证等，参见图 6-4-48。

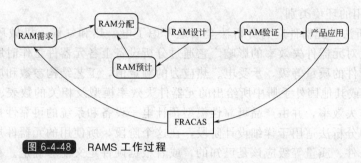

图 6-4-48 RAMS 工作过程

典型的 RAMS 工作过程示例如图 6-4-49 所示。

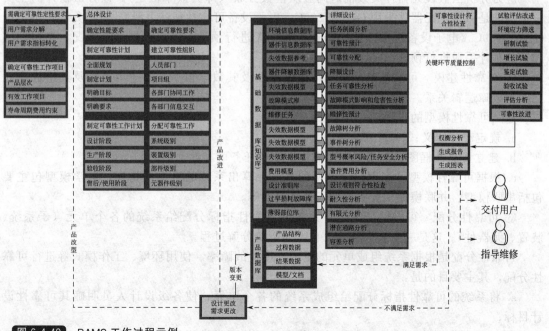

图 6-4-49 RAMS 工作过程示例

① 可靠性预计

可靠性预计是根据组成系统单元（分系统、零部件、元件）的可靠性来推测系统的可靠性。这是一个从小到大、自下而上的综合过程。其目的如下：

a. 通过预计可靠性指标，来检验设计是否能够满足可靠性指标；

b. 可以对两种不同的设计方案进行对比；

c. 发现设计中的薄弱环节，为以后的生产和设计改进提供依据；

d. 为分配和使用维修、FMEA 提供数据信息；

e. 可以指导元器件选型，发现元器件选型过程中的问题。

常见的可靠性预计方法有两种，一种是元件计数法，一种是应力分析法。

a. 元件计数法　元器件计数法是在初步设计阶段使用的预计方法。在这个阶段中，每种元器件的数量已经基本上确定，在以后的研制和生产阶段，整个设计的复杂度预期不会有明显的变化。元器件计数法假设元器件失效前的时间是指数分布（即元器件失效率恒定）。

元器件计数法可靠性预计需要以下三种信息：

- 设备上所用元器件的种类及每类元器件的数量；

- 各种类元器件的质量等级及其质量系数；

- 设备应用的环境类别。

b. 应力分析法　元器件应力分析法全面地考虑了电、热和气候、机械环境应力以及元器件质量等因素对元器件失效率的影响。它通过分析设备上各元器件工作时所承受的电、热应力及了解元器件的质量等级，承受电、热应力的额定值，工艺结构参数和应用环境等，利用 GJB/Z 299C 或其他国外手册中所给出的元器件失效率模型及相关的数表、图表，来计算各元器件的工作失效率，并由产品可靠性模型预计电子设备和系统的可靠性指标。

元器件应力分析法适用于详细设计阶段，在这个阶段，所使用的元器件规格、数量，工作应力和环境条件、质量等级应该是已知的，或者根据硬件定义能够确定。在实际或模拟使用条件下进行可靠性评价之前，应力分析法是最能反映实际可靠性的一种可靠性预计方法。

应力分析法假设元器件失效前时间服从指数分布（即失效率恒定）。该方法预计的主要依据标准是：国产元器件采用 GJB/Z 299C《电子设备可靠性预计手册》；进口元器件可依据 GJB/Z 299C《电子设备可靠性预计手册》附录 A 进行预计；也可根据进货情况，参照别的国家的预计手册进行预计。

② 可靠性建模　可靠性模型是指可靠性框图及其数学模型，描述了系统及其组成单元之间的故障逻辑关系。

建立可靠性模型的步骤：

a. 规定产品定义；

b. 建立可靠性框图，包括基本可靠性框图和任务可靠性框图；

c. 根据可靠性模型，利用数学模型的方法计算出系统的可靠性指标，数学模型包主要包括串联模型、并联模型、表决模型、旁联模型等。

③ 可靠性分配　可靠性分配是将系统的可靠性指标分配给系统的各个单元（子系统、装置、元器件）。这是一个从大到小、自上而下的分解过程。

可靠性分配是根据系统组成单元的重要程度、故障率、使用环境、工作模式等进行可靠性分配，其主要目的是：

a. 将系统的可靠性指标分配给组成系统的各个单元，使各级设计人员明确其可靠性设计目标；

b. 通过可靠性分配，对组成各系统各个单元的可靠性指标进行权衡，明确相互之间及其与整个系统的关系；

c. 通过可靠性分配，对系统及其组成单元的可靠性与其性能、费用和有效性等进行权衡，以期获得更为合理的设计；

d. 为可靠性试验及其评估提供依据。

可靠性分配要注意三个不同故障率的含义［顾客要求的故障率、设计要求的故障率、产品实际故障率（由运行数据反推而来）］，在分配时需留有一定的余量。

在进行可靠性分配时应注意：对于复杂的分系统和单元，对于技术上不成熟的产品，对于在恶劣环境下工作的设备和需要长期工作的产品，应该分配比较低的可靠性指标；对于重要度高的产品以及具有其他一些重要因素，诸如可达性差的产品，应该分配较高的可靠性指标。

可靠性分配应遵循常见的可靠性分配原则，如表 6-4-4 所示（尤其是前 3 项）。

表 6-4-4　RAMS 各阶段工作

序号	分配方法	简要说明
1	比例分配法	根据产品中各单元预计的故障率占产品预计故障率的比例进行分配
2	评分分配法	专家根据经验，按照各种因素对各单元进行评分，根据相对分值情况进行分配
3	重要度复杂度分配法	根据产品中各单元的复杂度（如元器件、零部件数量）及重要度（故障对产品影响）进行分配
4	拉格朗日乘数法	利用拉格朗日乘数法，在单一约束条件下，求组成各单元的最佳余度数
5	动态规则法	利用动态规则的最优化原理及状态的无后效性，进行可靠性分配
6	直接寻查法	在约束条件允许范围内，通过一系列试探，将分配给各单元的可靠性，经综合和使产品可靠性最高

④ 故障树分析 FTA　故障树分析法是把所研究系统的最不希望发生的故障状态作为故障分析的目标，然后找出直接导致这一故障发生的全部因素，再找出造成下一级事件发生的全部直接因素，直到那些故障机理已知的基本因素为止。通常把最不希望发生的事件称为顶事件，不再深究的事件为基本事件，而介于顶事件与基本事件之间的一切事件称为中间事件，用相应的符号代表这些事件，再用适当的逻辑门把顶事件、中间事件和基本事件连接成树形图，即得故障树。它表示了系统设备的特定事件（不希望发生事件）与各子系统部件的故障事件之间的逻辑结构关系。以故障树为工具，分析系统发生故障的各种原因、途径，提出有效的防止措施。可靠性研究方法即为故障树分析法。

⑤ 故障模式影响及危害性分析 FMECA　FMECA 又分为 FMEA 和 CA 两部分，可分两个阶段分别完成。FMEA 有两种方法，分别是功能 FMEA、硬件 FMEA。功能 FMEA 和硬件 FMEA 统称 D-FMEA。

a. 功能 FMEA　功能 FMEA 是指产品设计工程师从产品功能需求出发，详细列出每项功能的要求，以及对应各项功能详细要求下的故障模式的原因及其影响进行分析，此工作应在产品需求分析过程开始时启动，延续产品整个生命周期。

- 输入　产品功能需求分析说明书。
- 输出　产品功能故障模式表、产品功能 FMEA 分析报告。

注意事项：产品功能要求较多，功能 FMEA 分析量巨大的情况下，可优先分析核心功能。

b. 硬件 FMEA　　硬件 FMECA 是基于硬件故障模式的一种 FMEA 分析方法，主要是根据产品的每个硬件故障模式，对各种可能导致该硬件故障模式的原因及其影响进行分析。该方法适用于板级的分析，应根据电路板的 BOM 清单来进行分析，基于每一个元器件的故障模式和频数比，来分析其对系统造成的危害和影响。硬件设计工程师应该在硬件图纸及 BOM 全部产生后，对其进行硬件 FMEA 分析。

- 分析输入　可靠性预计文档、常见元器件失效模式和机理、产品图纸和 BOM 清单。
- 分析输出　FMEA 工作表和 FMEA 分析报告。

注意事项：

- 硬件 FMECA 需要对组成板级的每一个元器件的每一种故障模式进行分析，工作量极大，如果考虑时间的紧迫性，可以优先对关键元器件进行 FMECA 分析，待条件和时间允许的情况下，再对每一个元器件进行分析；
- 在分析中产生的大量元器件失效模式和故障率数据，要进行收集和统计，以便在其他相似产品中进行复用，这样可以节省分析的时间和工作量。

降额设计

电子产品的降额设计就是使元器件或设备在使用中所承受的应力（电、热、和机械应力等）低于其额定值的方法。

降额设计的目的是：

- 通过限制元器件所承受的应力，使元器件在低于额定值情况下工作，降低元器件失效率，提高使用可靠性；
- 若元器件一直工作在额定应力值下，其性能退化速率较快，因此降额使用有利于延缓和减小性能退化；
- 使得设计具有一定的安全余量，提高系统的可靠性。

可靠性设计准则

可靠性设计准则是对公司可靠性设计提出的概括性要求，相关的可靠性设计种类有：

- 简化设计；
- 冗余设计（安全相关）；
- 热设计；
- 环境防护设计；
- 降额设计；
- 元器件的选择和控制；
- 可靠的电路设计。

可靠性设计准则中要包括对此类设计方法通用的要求，以便设计人员按照此准则对系统和产品进行有效的可靠性设计。

(3) 可靠性试验验证

可靠性试验是对产品进行可靠性调查、分析和评价的一种手段。试验结果为故障分析、研究采取的纠正措施、判断产品是否达到指标要求提供依据。具体目的有：

① 发现产品的设计、器件、零部件、原材料和工艺方面的各种缺陷；

② 为改善产品的完好性、提高任务成功性、减少维修人力费用和保障费用提供信息；

③ 确认是否符合可靠性定量要求。

由于轨道交通产品通常批量较小，产品设计和生产周期较短，因此很难开展大规模的可靠性试验验证活动，但应做型式实验等必要的可靠性试验验证工作，并在此基础上逐步增加可以进行的试验工作。

(4) FRACAS

FRACAS 体系工作有助于发现和分析产品在运行过程中的问题，形成产品更新、设计改进、新产品设计的输入。

FRACAS 工作需要以流程化驱动，建立一个产品的故障报告闭环系统，确定故障报告、分析和纠正程序，记录和保存全部活动过程中形成的文件。其目的是及时报告产品故障，分析故障原因，制定和实施有效的纠正措施，以防止故障再现，改善产品的可靠性和维修性。

成熟企业运行的 FRACAS 过程如图 6-4-50 所示。

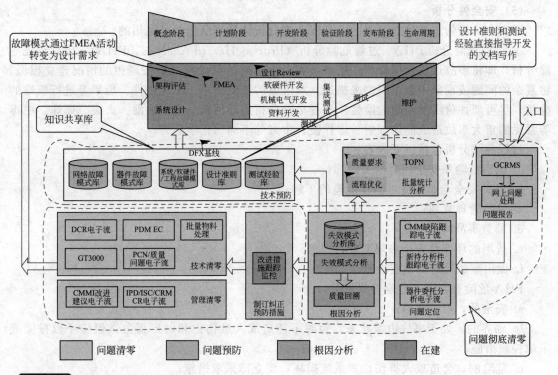

图 6-4-50 典型的 FRACAS 过程

FRACAS 故障报告中应包含故障发生时机和故障收集报告人员，发生时机可以为试验、测试、联调或运用（质保期内/外）等，人员可以为试验人员、测试人员、质量人员、售后人员等。故障报告要求真实准确，及时、尽快、尽早地提出，而且收集信息要全面且有针对性，对于故障现象、使用环境、工作条件都要有明确说明，同时产品的故障定义要尽量标准化。

故障的分析要区分故障的类别，大事还是小事，轻微还是严重，是否影响安全，单个还是批次，单次还是惯性，需要分别对待；进而，要确定故障分析的程度，是否有必要分析原因等；再次，要分析故障涉及的部门，质量、研发、生产、运输还是仓储，需要明确。故障分析的方法在公司内要统一。

纠正预防措施既要解决当前故障，又要预防故障的复现，因此，要求有纠正措施和预防措施两类。同时这些措施要确保可落实，并不会引起新的问题。

FRACAS 工作需要收集大量的运行数据，并对数据加以统计、分析和管理，归纳出产品运行的规律，发现产品的不足，一个良好的 IT 平台工具可以帮助极大地提高工作效率。

只有将FRACAS流程电子化，才可以更好地统计和处理故障。人工统计的工作量非常庞大，且不利于统计，一般通过专用软件来完成FRACAS流程电子化。对于FRACAS来说，一定不能仅仅是一个表单，而需要一个结构性的，以功能、需求为基础的。故障汇报时，可以以打钩选择的方式进行，如果随意填写，会造成结果非常发散，最后不可控，起不到应有的效果。

要做好FRACAS工作，每个产品均需给出该产品的结构图，故障发生点做到统一、明确，故障定义也应逐渐完善。另外，目前有些公司的FRACAS仅统计了硬件的故障，而产品功能的故障仍然靠产品经理负责在URTRACKER的通用任务管理流程中统计，这是下一步需要补充完善的，需要将产品的功能分级列出，形成一个结构性的表格，作为FRACAS的输入。

(5) 安全性分析

以安全认证为主线建立起来的一套安全性分析体系当前仍然是适用的。

① 过程危险分析PHA　过程危险分析（Process Hazard Analysis，PHA），也称预先危险分析，即将事故过程模拟分析，也就是在一个系列的假设前提下按理想的情况建立模型，将复杂的问题或现象用数学模型来描述，对事故的危险类别、出现条件、后果等进行概略的分析，尽可能评价出潜在的危险性。过程危险分析主要用来分析在泄漏、火灾、爆炸、中毒等常见的重大事故造成的热辐射、爆炸波、中毒等不同的化学危害。

过程危险分析包括以下内容：

a. 识别危险和安全问题的关键部位；

b. 提高安全专业人员对潜在危险的了解；

c. 风险管理规划；

d. 紧急事故响应规划；

e. 适用的环保及安全法规监管；

f. 做出事故反应的相应决策。

PHA危险有害因素危险等级划分：

a. 安全的，可以忽略；

b. 临界的，处于事故边缘状态，暂时不能造成人员伤亡和财产损失，但应予以排除或采取控制措施；

c. 危险的，会造成人员伤亡和系统损坏，要立即采取措施；

d. 破坏性的，会造成灾难性事故，必须立即排除。

过程危险分析主要包括定性分析和定量分析。定性分析包括审查相关历史资料，对危害中相关的能源和化学品类型、来源和反应条件做出分析。定量分析是将定性分析的内容进一步模拟数字化，以达到精准地反映危险大小的目的。

② 事件树分析ETA　事件树分析（Event Tree Analysis），起源于决策树分析（DTA），它是一种按事故发展的时间顺序由初始事件开始推论可能的后果，从而进行危险源辨识的方法。一起事故的发生，是许多原因事件相继发生的结果，其中，一些事件的发生是以另一些事件首先发生为条件的，而一事件的出现，又会引起另一些事件的出现。在事件发生的顺序上，存在着因果的逻辑关系。事件树分析法是一种时序逻辑的事故分析方法，它以一初始事件为起点，按照事故的发展顺序，分成阶段，一步一步地进行分析，每一事件可能的后续事件只能取完全对立的两种状态（成功或失败、正常或故障、安全或危险等）之一的原则，逐步向结果方面发展，直到达到系统故障或事故为止。所分析的情况用树枝状图表示，故叫事件树。它既可以定性地了解整个事件的动态变化过程，又可以定量计算各阶段的概率，最终了解事故发展过程中各种状态的发生概率。

③ 风险评估和管理　风险计算公式为：

$$Risk = Severity \times Occurrence$$

风险分析矩阵如图 6-4-51 所示。

				后果			
				C1	C2	C3	C4
				轻微的	一般的	严重的	灾难性的
				造成1万元以下损失；项目关键节点延后1周；没有安全质量影响；不影响公司声誉	造成1~10万元以下损失；项目关键节点延后1个月；造成轻微安全质量影响；略微影响公司声誉	造成10~50万元以下损失；项目关键节点延后3个月；造成严重安全质量事故；损害公司声誉	造成50万元以上损失；项目关键节点延后3个月以上；造成重大安全质量事故；严重损害公司声誉
发生概率	F6	几乎肯定发生	≥90%	A	A	A	A
	F5	很可能发生	65%~90%	B	A	A	A
	F4	可能发生	35%~65%	C	B	A	A
	F3	不大可能发生	10%~35%	D	C	B	A
	F2	几乎不可能发生	1%~10%	D	D	C	B
	F1	不可能发生	<1%	D	D	D	C

图 6-4-51　风险分析矩阵

4.5.3　车—地通信

目前 CBTC 系统中应用的连续式车-地双向通信的无线传输介质，包括自由无线电波传输、波导管传输以及漏泄电缆传输。数据通信 DCS 系统在结构设计层面上具备完全冗余的特性。冗余概念应用在 DCS 系统设计的所有层次上，包括交换机、光纤链路、AP、空中的无线链路和车载无线设备。由于两个或者更多信号以同样方式失真的可能性较低，所以空中链路的冗余对传输的整体健壮性具有重大的影响。

DCS 系统结构组成如图 6-4-52 所示。

有线网络由骨干网和接入交换机组成，其中骨干网可以使用通信专业传输网络组网，也可以由信号专业独立组网。骨干网由信号专业单独组网，骨干网配上信号系统提供的以太网交换机，构成整个有线网络。DCS 有线网络为信号系统提供专有有线信息传输，为控制中心、车站、车辆段/停车场之间提供信息的透明传输通道，为控制中心、车站、车辆段/停车场和试车线的信号设备提供局域网连接。

车-地无线网络采用无线自由波天线（地下或隧道区段）和漏泄波导管（地上或高架区段）进行车地双向通信，基于 ISM 的 2.4GHz 开放频段，利用专有的工业级无线设备组件和标准化、模块化、通用化和商用化的有线硬件设备，构成一个高可用性的车-地无线网络。

车-地无线网络使用的传输介质为空间自由波和漏泄波导管，通过车载天线接收/发送无线信息，可以适应隧道、地面、高架等各种城市轨道交通的工程条件。

车-地无线网络设备采用的波导管是漏泄波导管，波导管沿线路敷设，波导管表面以一定的形状和间距开孔，孔的形状、尺寸和孔的间距都将对传输损耗和耦合损耗产生影响。

车-地无线网络在隧道区段的轨旁配置轨旁无线接入点（AP 箱）和轨旁自由波天线，在高架区段和地面线路的轨旁配置轨旁无线接入点（AP 箱）和漏泄波导管，在列车头尾分别安装两个车载天线用于接收无线自由波信号。

轨旁 AP 箱分为自由波 AP 箱与波导管 AP 箱，两种 AP 箱的功能结构框图如图 6-4-53、

图 6-4-54 所示。

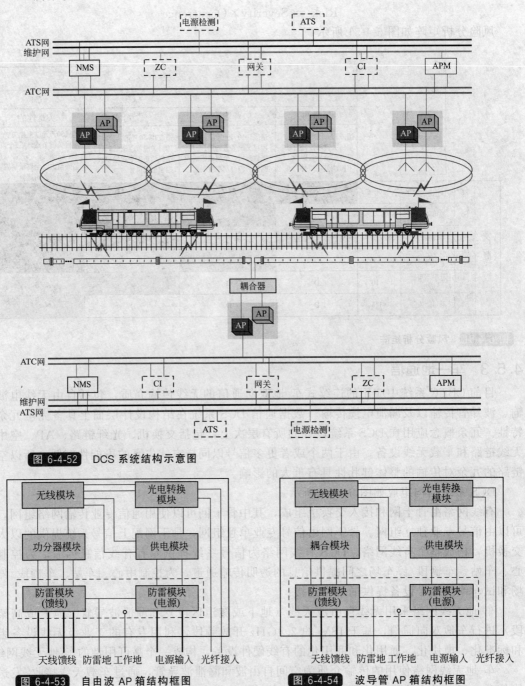

图 6-4-52   DCS 系统结构示意图

图 6-4-53   自由波 AP 箱结构框图   图 6-4-54   波导管 AP 箱结构框图

DCS 车载子系统的结构框图如图 6-4-55 所示。

数据通信 DCS 系统的主要作用是在各个信号子系统之间传输列车控制信息、ATS 信息和维护信息，允许轨旁设备（ZC，CI，ATS）和车载设备（车载 ATP/ATO）之间在正线、车辆段/停车场和试车线进行连续双向数据通信。其系统功能有：

① 提供高可靠性的专用安全通信网络；

② 隧道线路采用无线方式，地面线路采用波导管方式，两者结合实现高安全性的专用

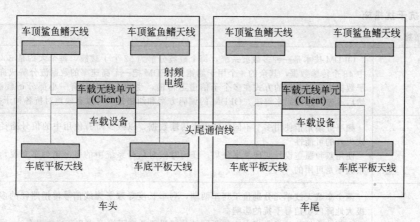

图 6-4-55 CBTC 系统车载子系统结构框图

车-地无线通信；

③ 全面的抗干扰功能；

④ 实时的网络数据记录功能；

⑤ 全方位的网络管理功能。

车-地无线网络系统分为 DCS 地面子系统和 DCS 车载子系统，为列车和地面设备之间提供安全可靠的无线通信，实现 CBTC 的列车控制和运营管理。

(1) 地面无线系统功能

DCS 地面 AP 及天线的功能为：

① 通过自由波 AP 箱中的天线馈线连接的轨旁天线发送/接收自由波信号，与车载 Client 关联，发送/接收数据；

② 通过波导管 AP 箱中的天线馈线连接的轨旁波导管发送/接收波导管信号，与车载 Client 关联，发送/接收数据；

③ 实现有线信号（电信号）和无线信号（射频信号）的相互转换；

④ 接收并发送地面设备信息至列车，接收并转发车载设备信息至地面；

⑤ 对无线信息和用户进行加密和认证。

(2) 车载无线系统功能

DCS 车载子系统的车载无线单元和车载天线负责发送和接收数据。无线单元通过车载天线接收数据，并通过以太网连接把数据传递给车载 ATP/ATO 设备；车载 ATP/ATO 设备通过以太网口将发送数据传递给无线单元，无线单元将数据通过车载天线发送给地面目标设备。其功能如下：

① 通过车顶的鲨鱼鳍天线发送/接收自由波信号，与地面 AP 关联，发送/接收数据；

② 通过车底的平板天线发送/接收波导管信号，与地面 AP 关联，发送/接收数据；

③ 接收车载设备的数据，通过无线发送给地面的目标地址；

④ 接收地面源地址的数据，将数据转发给车载设备。

无线通信具有空间特性，可能受到环境以及其他设备的各种干扰。从干扰的角度来说，向空间辐射信号的发信机是干扰源，获取并处理空间信号的接收机是被干扰对象。数据通信 DCS 系统具备完备的抗干扰方案，通过对城市轨道交通环境条件下各种干扰源的分析，并采取行之有效的多种抗干扰措施，使得车-地无线网络能够抵抗各种干扰影响，详见表6-4-5。

表 6-4-5 抗干扰措施

抗干扰措施	抗干扰分析
OFDM	OFDM 技术是一种多载波系统，每个载波分解为 52 个子载波，每个大约是 300kHz 宽，其中 48 个传输数据，其余的 4 个用于纠错。OFDM 把一个高速率的数据流分解成许多低速率的子数据流，以并行的方式在多个子信道上传输，受到干扰时只有一小部分子载波会被影响，然后通过纠错编码来解决。OFDM 的编码方案和纠错技术可以有效地对抗各种干扰
频率分集	频率分集是指使用多个不同的频率来传输数据，以减少所有使用中的信号路径以同样的方式失真的可能性 使用双频覆盖设计实现频率分集，任何时候对信号系统中的每一辆列车来说，至少两个冗余频率是可用的
空间分集	两个车载无线单元分别位于列车两端，列车长度导致了无线信号传播路径的多样性，从而极大地降低了信号干扰的影响 空间分集接收技术是指在空间不同的位置设置几副天线（或几套接收设备），同时接收一个发射天线的无线信号，然后合成或选择其中一个较强信号来达到抗干扰的目的 DCS 车载子系统轨旁接入点在每个方向具有两个天线，两个天线之间有一定的距离。每一个车载无线单元均配置双天线，通过设置使这两只天线工作在分集模式下，且两只天线相距一定距离，实现空间分集来有效抵抗多径干扰
定向高增益天线	采用小角度定向天线，一方面提高传输性能，避免信号的无效泄漏；另一方面由于天线的发射角度小，为特定区域即所谓的覆盖区域提供无线服务，其他区域不能收到信息，而且在隧道等封闭环境中产生反射的情况大大减少，在一定程度上克服了多径干扰
轨旁 AP 合理布置	通过在轨旁合理布置 AP 位置和调整 AP 发射功率，防止 AP 之间覆盖区域的过度重叠，从而大大降低同频干扰的影响
输出功率可调节	根据线路背景噪声的大小来调整 AP 的发射功率，以补偿损耗和因为干扰造成的噪声增加
自动重传协议	数据发送端在发送数据包后要等待来自接收端的确认数据包（ACK），如果因为干扰或其他原因发生丢包，指定时间内未收到 ACK，则发送端将重新发送相同的数据包
低传输占空因数	使用高速率和短数据包发送数据，降低数据受到干扰影响的概率
电磁兼容措施	无线设备的集成设计采用屏蔽箱、金属屏蔽罩等电磁兼容措施，达到和满足城市轨道交通相关 EMC 标准要求，有效抵抗电磁干扰
无线加密技术	无线数据采用 AES 等最优的加密技术进行加密，有效对抗各种干扰对无线数据的影响和破坏
使用波导管	在高架区段采用漏泄波导方式传输无线信号，抗干扰能力较强

(3) 自由空间传输损耗

电波在自由空间传播时不产生反射、折射、吸收和散射现象，也就是说，总能量并没有被损耗掉。

但是，电波在自由空间传播时，其能量会因向空间扩散而衰耗。因为电波由天线辐射后，便向周围空间传播，到达接收地点的能量仅是一小部分。距离越远，这一部分能量越小，如同一只灯泡所发出的光一样，均匀地向四面八方扩散出去。显而易见，距离光源越远的地方，单位面积上接收到的能量也越少。这种电波扩散衰耗就称为自由空间传播损耗。

自由空间传播损耗为：

$$L_s = \frac{P_t}{P_r} = \left(\frac{4\pi d f}{c}\right)^2$$

或

$$L_s(\text{dB}) = 20\lg\frac{4\pi df}{c}$$

式中，P_r 为接收机输入电平；P_t 为接收机，当距离 d 以 km 为单位，频率 f 以 GHz 为单位时

$$L_s(\text{dB}) = 92.4 + 20\lg d + 20\lg f$$

对于工作在 2.4GHz 的 WLAN，该公式可以简化为：

$$L_s(\text{dB}) = 100 + 20\lg d$$

（4）自由空间传播条件下收信电平的计算

在工程应用中的天线为有方向性天线，设收、发天线的增益分别为 $G_r(\text{dB})$、$G_t(\text{dB})$，收、发两端馈线系统和避雷器等的损耗分别为 $L_r(\text{dB})$、$L_t(\text{dB})$，在自由空间传播条件下，接收机的输入电平为：

$$P_r(\text{dBm}) = P_t(\text{dBm}) + (G_t + G_r) - (L_t + L_r) - L_s$$

（5）轨旁无线覆盖

线路上的无线覆盖率，通过在轨道沿线安装无线接入点得以实现。为获得良好的信号应用效果，接入点间的典型距离应为 400m。

所有站点都必须被位于站台首尾处的两个接入点所覆盖。

机箱（包括 AP）和所连接的天线间同轴电缆的最大长度为 4m，也可以采用更长的同轴电缆，此时损耗会有所增加。

假设 AP 的发射功率为 30mW，轨旁天线增益为 14dB，AP 到天线的馈线损耗为 2dB，功分器的损耗为 3dB，避雷器的损耗为 0.5dB，此时自由空间传播损耗为：

$$L_s(\text{dB}) = 100 + 20\lg d = 100 + 20\lg 0.4 = 92\text{dB}$$

假设车上的天线增益为 8dB，AP 到天线的馈线损耗为 2dB，避雷器的损耗为 0.5dB，可以计算出接收电平为：

$$P_r(\text{dBm}) = P_t(\text{dBm}) + (G_t + G_r) - (L_t + L_r) - L_s$$
$$= 14.8 + (14 + 8) - (5.5 + 2.5) - 92 = -63.2\text{dBm}$$

结合采用的无线 AP 设备的技术指标，已知设备在 6Mbps 速率时的灵敏度为 −94dBm，由此意义计算出所留的余量为：

$$-63.2\text{dBm} - (94\text{dBm}) = 30.8\text{dB}$$

在现场条件具备时，还需要对线路进行专项无线定测，根据定测的数据进行链路计算，从而确定 AP 的最佳安装位置。

（6）冗余设计

系统设计为在结构层面上具备完全冗余。冗余概念应用在系统设计的所有层次上，包括交换机、光纤链路、AP、空中的无线链路。由于两个或者更多信号以同样方式失真的可能性较低，所以空中链路的冗余对传输的整体健壮性具有重大的影响。

以车头车尾无线设备为例：列车首尾处各一对天线，分别连接一个 AP，每个 AP 的一对天线间距离在 0.5m 以上，以确保差异性，同时使应用效果最大化、无线区域的非同质性影响最小。

（7）编址方案

WLAN 属于 OSI7 层协议中的物理层和数据链路层，而在更高层采用了与以太网或令牌环网络相同的 TCP/IP 协议，它允许 WLAN 无缝集成到有线 LAN 中，这使得传统的 IP 网络中使用的安全策略在 WLAN 也同样有效。

要根据实际的使用来判断哪一个分配 IP 地址的方法最适合自己的机构：静态地址还是动态指定地址（DHCP）。在某些情况下，鉴于网络的本性，DHCP 的应用非常重要，例如在公共环境中，这样客户端的配置简单，因为都使用缺省的 DNS 和网关信息。使用 DHCP 的好处是最小的配置和最大的灵活性。

但是在使用 DHCP 的时候，如果一个黑客破解了 WEP 密钥，而且基本上有能力连接到 AP 上，那他将会在连接的时候接收到一个 IP 地址，这样就危及到 WLAN 地址空间的安全。这时静态 IP 地址就可以克服这个问题，使用静态 IP 地址时黑客不得不猜测 WLAN 的子网。

静态分配 IP 地址限制在网络上传递对设备的第三层的访问；主要缺点是跟踪正在使用的全部 IP 地址所需的管理负担，这个问题会随着 WLAN 使用的增加而递增。

根据上面的描述，采用静态分配 IP 地址的编址方案，所有通信方具有单一 IP 地址，包括轨旁和车上的设备。

（8）通信健壮性

为保证车-地通信系统的整体健壮性，选择了基于空间分集的方式来对抗干扰。

空间分集分为空间分集发信和空间分集接收两种。空间分集接收是指在空间不同的位置设置几副天线（或几套接收设备），同时接收一个发射天线的无线电波信号，然后合成或选择其中一个强信号。

在衰落的多径信道里，接收机的天线处收到的信号实际上是很多来自不同空间角度的不同路径的信号合并而成。每一条路径的信号通常经过很多反射、传输、衍射和散射模式，而且这种模式对于该条路径是独一无二的，因此每一条路径信号的信号强度、电波的极化方式、延迟和到达角度都和其他路径的信号有所不同。此外，当天线的位置变化与传输信号的波长可比拟时，所有路径的构成以及相应参数都会随之变化，因此信号的空间行为也具有很大的分集特性，按照和时间分集、频率分集同样的方式产生一系列空间分集技术。智能接收机也可以利用到达信号在空间的分集特性改善系统特性。

（9）无线漫游

在包含许多接入点（AP）的多单元 WLAN 网络中，WLAN 组成部分一旦与无线网络相联系并对无线网络鉴定了自身，就能够自由漫游。这意味着组成部分将在各种 WLAN 单元的范围内外移动，并且在它们跨越多单元网络移动时搜寻最强的 RF（无线电频率），并与其关联。从一个 802.11 标准的观点出发，WLAN 漫游由以下 4 个不同的补助组成：

a. 分离；

b. 搜寻；

c. 重关联；

d. 认证、鉴定。

在轨道区的无线漫游的概念涉及列车对轨旁的一系列关联、断开和重新关联。在漫游过程中，只有列车单元负责启动与一个 AP 的联系。

一个断开发生在当一个现有的关联以以下两种方式之一终止时：一个漫游分离或由于无线电信号（信号）的失去而断开。断开可能由列车单元或 AP 启动。当列车单元与一个新的 AP 或之前联系过的 AP 建立连接时，就发生了重关联。

一个列车上的 WGB 一次只能与一个 AP 相联系，以确保它与网络只保持有一个连接。相比较而言，许多 WGBs 可以同时与同一个 AP 相联系。

虽然 IEEE 802.11 系列标准定义了移动工作站如何与无线接入点进行连接，但却没有定义接入点对漫游用户的跟踪规范，包括用户在第二层同一子网间两个接入点之间的漫游或者在不同子网间跨路由器的漫游。

二层的漫游通常是由供应商自己开发的接入点内部协议来完成的，各种实现方式的效率各不相同。如果漫游协议不足有效，数据包在用户从一个接入点漫游到另外一个接入点时，可能会造成丢失现象。

① 快速漫游　快速安全漫游允许已通过验证的客户机设备在接入点之间漫游，在重新关联期间中断时间在 50ms 以内。快速漫游的过程如下：

客户端从接入点 A 所覆盖的区域移动到接入点 B 所覆盖的区域（这两个接入点都属于同一个子网）。当客户端移动到接入点 A 的覆盖范围之外时，就会触发一个漫游事件（例如最大重试次数）。

客户端会扫描所有 IEEE 802.11 通道，寻找替代接入点。在这种情况下，客户端会发现接入点 B，重新进行身份验证并与其建立关联。在关联到新的接入点 B 之后，如果客户端进行了 802.1X 设置，就会开始进行 IEEE 802.1X 身份验证。

接入点 B 在客户端的虚拟局域网（VLAN）上利用客户端的源地址发送一个内容为空的介质访问控制（MAC）组播，这可以更新上游交换机的内容可寻址存储（CAM）表，将此后发往客户端的流量转发到接入点 B，而不是接入点 A。

接入点 B 随后会用它自己的源地址在原先的 VLAN 上发送一个 MAC 组播，告诉接入点 A，它已经与接入点 B 建立了关联。接入点 A 在收到这个组播之后，就会将客户端的 MAC 地址从它的关联表中删除。

在 IEEE802.11f 标准中定义的 IAPP 协议定义了两种 PDU（协议数据单元）来指示越区切换的发生。这些 PDU 采用 UDP-IP 协议，在有线网络上从当前新的 AP 传到过去关联的 AP。如果 AP 没有 IP 地址，则用 SNAP（子网访问协议）传输 PDU。

② 协同漫游　两个列车单元彼此通信，以相互优化漫游所用的时隙。当车头的列车单元将进入下一个无线电单元，从而开始漫游过程时，尾部的列车单元保持调谐在当前的 AP 处，直至头部列车单元成功地建立了通信。在所有时候，这些单元相互交换所收到的数据，以便在不依赖于各个列车单元的漫游过程的情况下为应用提供无缝通信。

无线漫游的过程如图 6-4-56 所示。

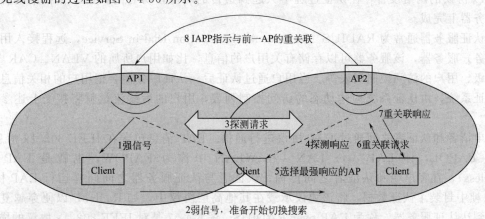

图 6-4-56　无线漫游的过程说明

（10）数据安全策略

系统能够提供高的安全功能，以此保证接收到的数据的真实性、完整性和刷新相关的措施，这些措施保证基于通信的 ATP 功能。因此，保证了数据传输的任何故障不会对系统的安全有任何影响。

系统的认证采用面向基于端口的网络接入的 IEEE 802.1x 标准之上，利用面向基于用户验证的可扩展验证协议（EAP）架构，使用强有力的相互验证机制，只允许合法用户通过合法接入点接入合法的网络 RADIUS 服务器。

系统提供动态的每用户、每话路加密密钥。加密密钥可随配置自动变化，以保护所传输数据的私密性。

通过暂时密钥完整性协议（TKIP）的增强特性提供了更严格的加密，如信息完整性检查（MIC）、通过初始化矢量散列实现的每分组密钥以及广播密钥旋转等。

还支持 AES 加密。AES 采用 Rijndael 密码，其密匙有 128 位，使得攻击实际上成为不可能。

IEEE802.1x 协议

IEEE 802.1x 称为基于端口的访问控制协议（Port based network access control protocol），是由 IEEE 在 2001 年 6 月提出的，符合 IEEE802 协议集的局域网接入控制协议，主要目的是为了解决无线局域网用户的接入认证问题，能够在利用 IEEE802 局域网优势的基础上提供一种连接到局域网用户的认证与授权手段，达到接受合法用户接入，保护网络安全的目的。IEEE 802.1x 标准的基本框架是：

① 产生用于对每个数据封包进行认证、完整性检查和加密的密钥；

② 通常与著名的密钥生成工具一起工作，如 TLS、SRP 等；

③ 它可以只作认证，也可以既认证又加密；

④ 它不主张网络只仅具备加密功能（就像 WEP 那样）。

IEEE 802.1x 协议的体系结构包括三个重要的部分：客户端（Supplicant System）、认证系统（Authenticator System）和认证服务器（Authentication Server System）。

客户端系统一般为一个用户终端系统，该终端系统通常要安装一个客户端软件，用户通过启动这个客户端软件发起 IEEE 802.1x 协议的认证过程。为支持基于端口的接入控制，客户端系统需支持 EAP（Extensible Authentication Protocol，扩展认证协议）协议。

认证系统也称为认证者，在 WLAN 中就是无线接入点。认证系统通常为支持 IEEE 802.1x 协议的网络设备，在认证过程中只起到透传的功能，所有的认证工作在申请者和认证服务器上完成。

认证服务器通常为 RADIUS（Remote Authentication Dial-in Service，远程接入用户认证服务）服务器，该服务器可以存储有关用户的信息，比如用户所属的 VLAN、CAR 参数、优先级、用户的访问控制列表等。当用户通过认证后，认证服务器会把用户的相关信息传递给认证系统，由认证系统构建动态的访问控制列表，用户的后续流量就将接受上述参数的监管。

申请者和认证者之间通过 EAP 协议进行通信。EAP 消息包含在 IEEE 802.1x 消息中，称为 EAPOL，即 EAP over LAN（在 WLAN 中称为 EAPOW，也就是 EAP over Wireless），在客户端和认证者之间传输；认证者与认证服务器之间同样运行 EAP 协议，EAP 帧中封装了认证数据，将该协议承载在其他高层协议中，如 Radius，以便穿越复杂的网络到达认证服务器，称为 EAP over RADIUS。图 6-4-57 是对 IEEE 802.1x 协议的描述。

认证系统和认证服务器之间的通信可以通过网络实体进行，也可以使用其他的通信通道，例如认证系统和认证服务器集成在一起，两个实体之间的通信就可以不采用 EAP 协议。

在 WEP 和 TKIP 中核心算法都是 RC4。RC4 是一种流加密算法，属于对称加密算法的一类。另一类对称加密算法是块加密算法，它将明文串按一定大小划分为一个个块（或称为分组），在密钥的控制下对这一个个块进行加密。两种加密算法的区别是：块加密是对一个

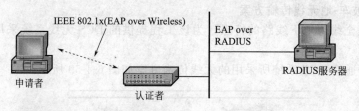

图 6-4-57　IEEE802.1x 认证体系

大的明文数据块进行固定变换的操作；流加密是对单个明文比特进行随时间变换的操作。

在 TKIP 中使用 RC4 的目的是为了兼容老产品。如果抛开兼容性不谈，希望能将高强度的块加密算法引入到 IEEE 802.11 产品中，从而将 WLAN 的安全性彻底提升。经研究，以引入 ASE 分组算法最为合适，IEEE802.11i 标准规定今后的 IEEE 802.11RSN 产品必须支持基于 AES 的密码协议，且 RSN 之间通信必须以 AES 为基础进行加密。

1997 年 1 月，美国国家技术标准局（NIST）开始启动 AES（Advanced Encryption Standard）计划，经过三轮候选算法筛选，从众多的分组密码中选中 Rijndael 算法作为高级加密标准 AES。Rijndael 密码是一个迭代型分组密码，其分组长度和密码长度都是可变的，分组长度和密码长度可以独立地指定为 128 位、192 位或者 256 位。AES 加密算法的数据处理单位是字节，128 位的比特信息被分成 16 个字节，按顺序复制到一个 4×4 的矩阵中，称为状态（state），AES 的所有变换都是基于状态矩阵的变换。用 Nr 表示对一个数据分组加密的轮数。在轮函数的每一轮迭代中，包括四步变换，分别是字节代换运算〔ByteSub（）〕、行变换〔ShiftRows（）〕、列混合〔MixColumns（）〕以及轮密钥的添加变换 AddRoundKey（），其作用就是通过重复简单的非线性变换、混合函数变换，将字节代换运算产生的非线性扩散，达到充分的混合，在每轮迭代中引入不同的密钥，从而实现加密的有效性。

AES 加密流程如图 6-4-58 所示。

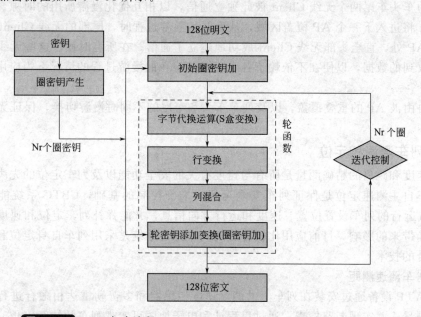

图 6-4-58　AES 加密流程

(11) 自由波车-地无线传输方案

针对该工程全线为地下线路的特点，为该工程提供的 DCS 无线系统采用自由波无线传输方案。

该工程数据通信 DCS 系统所采用的无线传输方案如图 6-4-59 所示。

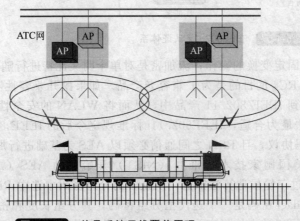

图 6-4-59　信号系统无线覆盖原理

在全线无线自由波覆盖区域，车载自由波天线接收自由波信号；CBTC 系统的地面设备与车载设备通过无线自由波为传输媒介的无线系统进行通信。

一般设置两个无线自由波 AP 箱的距离约为 200m 左右。列车由一个 AP 覆盖范围向另一个 AP 覆盖范围运行时，当车头离开前一个 AP 覆盖的区域时，根据无线信号的越区切换机制，车头端的车载无线 Client 会由与信号强度弱的无线 AP 关联切换到与无线信号强的 AP 关联，车尾端的车载无线 Client 仍然会与之前的无线 AP 关联，这时就会存在一列车的头尾分别与两个不同的自由波无线 AP 关联的情况。

列车的车头车尾两个无线 Client 彼此独立通信，以相互优化漫游所用的时隙。当车头的无线 Client 将进入下一个 AP 覆盖区域，从而开始漫游过程时，尾部的无线 Client 保持调谐在当前的 AP 处，直至头部无线 Client 成功地建立了通信。在所有时候，这些无线 Client 相互交换所收到的数据，以便在不依赖于各个无线 Client 的漫游过程的情况下为应用提供无缝通信。

通过自由波 AP 的重叠覆盖，以及列车车头和车尾的不同时漫游切换，保证无线链路的不间断传输。

4.5.4　列车测速和定位

列车速度和距离的精确测量是所有与速度有关的安全功能以及列车定位的先决条件。高精度的列车自主测速定位是保证列车安全运行、准确控制的基础，CBTC 系统能为每个在 CBTC 区域运行的列车设置位置、速度和运行方向信息，并能弥补列车定位和速度测定时的测量不准确带来的影响，目前应用比较普遍的列车定位系统是采用列车自身定位和地面信标校正相融合的技术。

(1) 列车测速测距

车载 ATP 设备通过安装在列车上的两套速度传感器和多普勒雷达相融合进行列车速度和距离的测量，并实现断路检查，通过里程计和电子地图可实现列车的持续定位。通过地面固定位置设置的应答器对列车位置进行绝对校正，从而实现列车的准确定位。

测速传感器是一个经过广泛验证使用的单元。速度传感器安装在车轮上，通过计算经车轮旋转在测速传感器里产生的脉冲来测量列车的速度和距离。

速度传感器向车载 ATP 设备发送脉冲，车载 ATP 设备对脉冲进行计数以确定列车速度。该速度传感器可以非常精确地检测"零速度"。如果 T 是车载 ATP 设备获得 N 个脉冲的时间，D 是车轮直径，可以得到列车速度：

$$\text{TrainSpeed} = \frac{1}{T} \times \frac{N}{100} \times \pi D$$

在基于轮轨的轨道交通系统中，轮轨间的空转和滑行是无法避免的。速度传感器由于受机车轮对可能发生空转和滑行的影响，其测量精度会随着空转和滑行恶化。在车轮滑行情况下，一次滑行误差将达到 10m，因此，对于滑行误差需要有防范措施[9]。如何克服空转和滑行等因素造成的精度降低，是基于速度传感器的列车定位方法要解决的关键问题。因此对于基于速度传感器的列车定位方法中包括两个问题：一个是空转和滑行的检测；另一个是空转和滑行误差的补偿。

对于空转和滑行检测，黎巴嫩学者 Samer S. Saab, George E. Nasr 和 Elie A. Badr 采用了固定门限检测法。事实上在许多广泛应用的列车定位子系统中采用的都是类似的方法。Samer S. Saab 采用 Kalman 滤波器处理速度传感器的测量值，获得速度和加速度的观测值。以列车在牵引和制动时可能的最大的加速度和减速度的变化量为依据，设定判断空转和滑行是否发生的加速度标准差的门限值。在实验中，当测速轮对未发生空转和滑行时，以加速度的标准差大于 0.1m/s^2 作为判断空转和打滑开始的门限值；当测速轮对处于空转或滑行状态中，以加速度的标准差小于 0.03m/s^2 作为空转和打滑结束的门限值。可以看出这个方法可以检测到显著的空转和滑行，但是对于不显著的轮轨间相对运动无能为力。通常铁路运营部门为了尽量避免空转和滑行的发生，在列车运行过程中采用了粘着控制，所以严重的空转和滑行是较少发生的，大部分的空转和滑行都是比较微弱的。正是这些微弱的、较高频率发生的空转和滑行所带来的定位误差，构成了基于速度传感器的列车定位方法中定位误差的大部分。但固定门限检测法无法检测到微弱的空转和滑行。

意大利学者 Monica Malvezzi, Paolo Toni, Benedetto Allotta 和 Valentina Colla 为了研制意大利的 ATP 设备 SCMT，也对空转和滑行检测的问题进行了研究。他们提出的算法使用了两路安装于不同轮对的速度传感器的输入信息。算法中设定了关于两个测量速度偏差、最大加速度和最小加速度（如果考虑绝对值，也称为最大减速度）的门限。根据判断两路速度及计算加速度的信息与门限之间的大小关系来，对轮轨间的粘着状况进行估计，估计的结果分为 7 类，分别为空转阶段、滑行阶段、牵引情况下粘着不确定阶段、制动情况下粘着不确定阶段、牵引情况下粘着良好阶段、制动情况下粘着良好阶段和开始滑行阶段。在两种粘着不确定阶段，根据在预设的时间窗内判断计算加速度的变化量与门限的大小关系，决定测速轮对是否稳定运行。经过大量的粘着试验，该方法针对严重的空转和滑行有效，对于比较微弱的空转和滑行无法有效地检测。Monica Malvezzi 又采用遗传算法，以速度测量值的归一化均方根为适应函数，对门限值参数进行优化，与固定门限算法的结果比较，性能得到了一定的提高，但是优化过程需要离线计算，由于实际线路与粘着试验中的粘着变化不同，因此难以进行有效的优化。

Monica Malvezzi 等学者又尝试对空转和滑行进行模糊化，分别对一路和两路速度传感器的输入进行模糊推理，来推断空转和滑行的发生。并采用前馈神经网络来估计速度。与固定门限算法比较，认为性能有所提高，但计算量过大，实时性差，最终 SCMT 系统依旧采用固定门限算法。

针对空转和滑行带来的误差的补偿，黎巴嫩学者 Samer S. Saab, George E. Nasr 和

Elie A. Badr 提出的是速度插值积分法，首先记录车轮的空转或滑行的开始和结束时刻的速度值，然后根据空转或滑行持续的时间和开始与结束时刻的速度值进行线性插值，将这些数值作为相对应时刻的补偿速度，最后对补偿速度进行积分来计算列车运行的距离。

意大利学者 Monica Malvezzi，Paolo Toni，Benedetto Allotta 和 Valentina Colla 提出的是固定加速度二重积分法，针对轮轨间粘着的估计结果，当测速轮对发生空转或滑行时，对预设的固定加速度进行积分来计算速度值，再对速度值进行积分来计算列车运行的里程。

对于空转和滑行误差的补偿问题，由于测速轮对在空转和滑行阶段中运动的复杂和非线性，很难提高补偿算法的性能，但可以通过引入新的传感器，如利用多普勒测速雷达输出的速度测量值进行积分来补偿。采用不同的传感器，补偿方法的误差是不同的。

多普勒雷达利用多普勒效应进行定位，当雷达发射一固定频率的脉冲波对空扫描时，多普勒雷达如遇到活动目标，回波的频率与发射波的频率出现频率差，称为多普勒频率。根据多普勒频率的大小，可测出目标对雷达的径向相对运动速度。根据发射脉冲和接收的时间差，可以测出目标的距离。

由于多普勒雷达直接测量列车的位移（与车轮的旋转无关），加入雷达之后的多传感器融合测速方案可有效避免列车空转、打滑的影响，并且在一个速度传感器故障时，列车测速功能也能正常进行，极大地提高了系统的可靠性和可用性。

因速度传感器测速的精度与车轮轮径的准确性密切相关，系统提供轮径自动校正功能和人工校正功能。通过在出入段处精确布置的一组应答器，系统可完成对轮径的自动校正。

（2）列车自主定位

作为 ATP/ATO 为核心的 CBTC 信号系统的安全控制基础，线路的网络参数和特点是其控制和管理的基础，CBTC 系统的各子系统必须知道列车的位置信息才能对列车实现准确和安全控制，而 CBTC 系统的列车位置信息由列车定位完成，列车报告的位置信息必须能在线路网络中准确对应，这就需要对线路网络数据和特点进行科学、准确的描述，便于查询并保证数据的唯一性。

系统可以测定计算走行距离，并通过里程计进行累积，在列车初始位置的基础上通过速度传感器和电子地图实现列车的持续定位，并利用线路上的应答器对列车位置进行校准以实现列车的精确定位。

列车定位包括初始定位和持续定位两种过程。在持续定位过程中，通过不断地进行位置校正以消除里计的累计误差。

（3）列车初始定位

列车位置信息包括列车头和车尾的位置和方向，系统在表示列车的位置时包含列车的实际长度信息。在车载 ATP 设备完成初始化后，ATP 子系统启动列车的初始定位。列车的初始位置获得有两种途径：一是列车在 RM 模式下经过两个连续的应答器；二是列车自动折返换端时尾端获得换端后的初始位置。

当列车经过一个应答器，它会接收到一个用于应答器识别的应答器报文。根据应答器的识别号，车载 ATP 设备可以利用车载数据库里的静态线路信息对应答器进行定位。列车出列检库时，通过连续布置的两个应答器即可完成列车的初始定位。初始定位的过程如图 6-4-60 所示。

（4）列车持续位置更新和位置校正

系统每周期测定计算列车走行距离，在列车初始位置的基础上通过对距离的累加，结合电子地图实现列车的持续定位，并利用线路上的应答器对列车位置进行校准，以实现列车的精确定位，参见图 6-4-61。

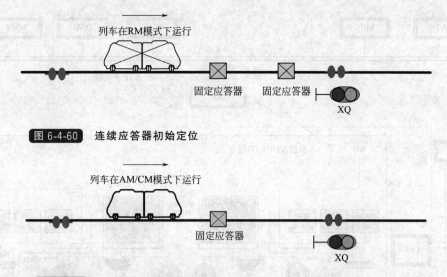

图 6-4-60 连续应答器初始定位

图 6-4-61 列车持续定位和位置校正

系统接收到应答器信号时将进行测量位置与真实位置的比较，当位置偏差在规定的误差范围内时，系统将根据应答器的真实位置对列车测量位置进行校正；当误差不在规定的范围内时，列车将失去定位。

(5) 列车轮径校正

ATP 子系统依靠安装在车轮上的速度传感器和雷达进行列车的自主测速测距，列车轮径的正确性极大地影响着系统测速测距的精度。

轮径校正功能通过精确布置在转换轨附近的两个连续应答器实现，轮径补偿范围为770～840mm。列车在进入正线之前，或者退出运营回库时，可完成对列车轮径的自动校正。

4.5.5 高安全的自动防护技术

ATP 子系统是保证列车运行安全、提高运输效率的控制设备，提供列车运行间隔控制及超速防护，对线路上的列车进行安全控制。ATP 子系统确保与安全相关的所有功能，包括列车运行、乘客和员工的安全。ATP 子系统包括车载 ATP 子系统和地面 ATP 子系统。系统结构图如图 6-4-62 所示。

CBTC 系统中，ATP 子系统是基于列车高精度的自主测速定位和车-地双向大容量无线通信的系统，能根据线路状态、道岔位置、前行列车位置等条件，确保追踪列车之间的安全行车间隔距离，实现移动闭塞的列车追踪，防止列车超速和撞车，实现列车运行的安全防护。

(1) 安全位置计算

在 CBTC 系统中，车载 ATP 设备连续地向 ZC 汇报列车位置。列车汇报的位置是列车最可能的实际位置，地面 ATP 根据列车汇报的位置信息，结合列车的当前速度、测距误差及通信延时等因素，为 CBTC 列车添加一定的安全包络，以确定列车的安全位置。如图6-4-63所示。

ZC 根据 CBTC 列车汇报的位置计算列车的安全位置，需要考虑如下系统参数：

① 测距误差；

② 位置汇报的生存周期；

③ 列车的最大速度；

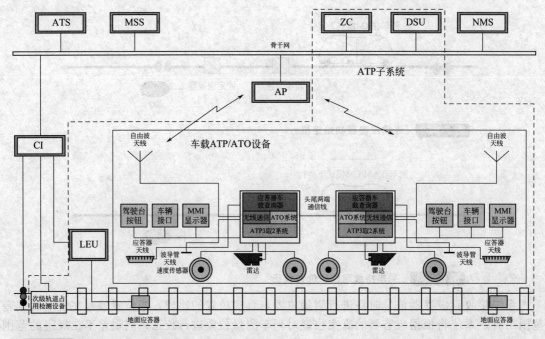

图 6-4-62 ATP 子系统系统结构图

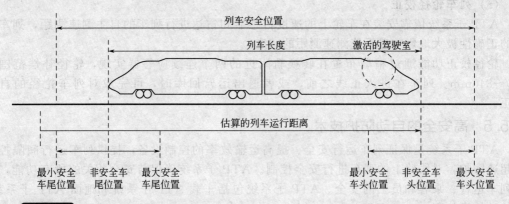

图 6-4-63 安全位置计算

④ 列车的加速度；

⑤ 退行距离。

列车的安全位置包括最大安全前端位置及最小安全后端位置，最小安全后端位置及最大安全前端位置包含了整个列车的长度，列车的前进方向决定了列车长度将向哪个方向延伸及列车的首、尾端位置。

(2) 列车追踪间隔控制

列车追踪间隔控制就是后续列车与前行列车保证一定的安全距离，保证后车能够每时每刻接收到一个移动授权。移动授权是指从列车的车尾起到前方障碍物的这部分线路。移动授权终点可能是另一列车的移动授权起点、信号机、关闭的线路区域或道岔、站台等。MA 将考虑特殊障碍物的相关特性，例如列车倒溜容限。移动授权的含义见图 6-4-64。

移动授权是从列车当前位置开始并且从列车行驶方向延伸至最近的道岔区或其他障碍物。移动授权既可以避免干扰列车的正常运行，也可保证列车运行的安全。

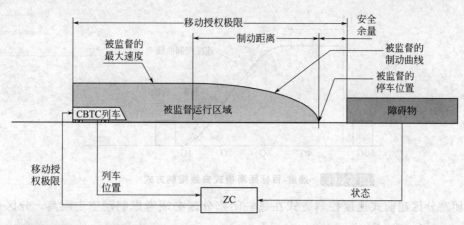

图 6-4-64 移动授权说明

当移动授权探测到系统状态（如列车运动、占用、线路关闭区域、道岔动作）的改变后，ZC 设备会生成更新后的移动授权，并发送给列车，列车基于新接收到的有效移动授权计算曲线，控制列车运行，保证列车运行的安全。

移动闭塞系统不再依靠地面轨道电路设备识别轨道占用，而是通过车地通信系统获取实时列车位置信息，实现列车安全定位，从而检测轨道占用，ZC 根据前方线路状况及轨道占用情况，实时生成移动授权（MA）并发送给相应列车。而车载 ATP 设备则依据列车安全控制模型，根据列车动态特性参数、线路参数及实时速度和位置等实时动态信息，实时获得列车当前的最大允许速度，实时监控列车运行，从而保证列车安全、高效运行。移动闭塞原理如图 6-4-65 所示。

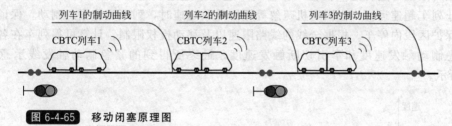

图 6-4-65 移动闭塞原理图

在传统的信号系统中，对列车的控制通过轨道电路发码至机车信号实现。LCF-300 型 ATP/ATO 为核心的 CBTC 信号系统中，通过地面 ATP 设备向车载 ATP 设备发送移动授权控制列车运行，点式级别下，LEU 完成移动授权的计算，通过有源应答器和应答器环线发送至车载 ATP；CBTC 级别下，ZC 计算 MA，通过无线发送至车载 ATP。

(3)"目标-距离"控制原理

目标-距离模式曲线控制采取的制动模式为连续式一次制动速度控制方式，根据目标距离、目标速度及列车本身的性能确定列车制动曲线，不设定每个闭塞分区速度等级。连续式一次速度控制模式，如果以前行列车占用的闭塞分区入口为追踪目标点，则为准移动闭塞；若以前方列车的尾部为追踪目标点，则为移动闭塞。

如图 6-4-66 所示，0G 为前行列车所占用的闭塞分区，为保证后续列车在 1G 和 0G 的分界点前停车，后续列车应在速度控制曲线容许速度下行驶、停车。该速度控制曲线是根据列车的目标速度、距目标点的距离及列车自身重量、长度、制动性能等参数计算出来的。

当列车实际速度超过速度控制曲线容许速度时，自动实施制动，列车减速。列车速度低于容许速度后，制动缓解。与分级速度控制相比，闭塞分区滞后式控制方式需增加保护区

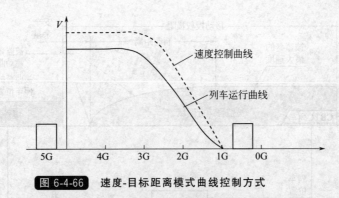

图 6-4-66 速度-目标距离模式曲线控制方式

段；而闭塞分区超前式速度控制方式在每一闭塞分区必须考虑制动空走距离，分区长度要增加。

采用速度-目标距离模式曲线控制方式，可以提高区间通过能力，但需要从地面向列车传递更多的信息，除了目标点速度信息外，还要有分区长度、坡度等信息。线路参数可以通过地对车信息实时传输，也可以事先在车载信号设备中存储，通过核对取得。因为给出的制动速度控制曲线是一次连续的，需要一个制动距离内所有的线路参数。地对车信息传输的信息量相当大，可以通过无线通信、数字轨道电路、轨道电缆、应答器等地对车信息传输设备（系统）传输。

CBTC 系统中的车载 ATP 子系统，通过大容量的无线通信，将列车信息实时传递给地面 ATP 子系统，而地面 ATP 结合列车信息、线路元件信息，将移动授权终点（也就是目标点）计算出来并发送给车载 ATP 子系统，车载 ATP 对线路限速、车辆限速、驾驶模式限速、临时限速等进行连续监控，保证列车速度不超过线路、道岔、车辆等规定的允许速度，防止列车超速运行。当因司机疏忽等原因导致超速时，列车实施紧急制动，保证列车在相应的保护区段内停车。根据全线的线路限速以及移动授权限制，计算可得列车在各个位置时的紧急制动触发速度和牵引切断触发速度。最终所得到的紧急制动触发线示意图如图6-4-67所示。

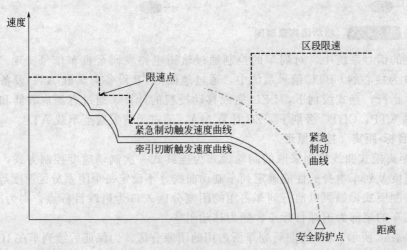

图 6-4-67 ATP 子系统速度-距离曲线控制效果示意图

① 列车安全制动模型计算　车载 ATP 子系统通过速度距离曲线方式计算列车的限制速度和防护列车间隔，保证列车的安全高效运行。

　　安全制动模型描述了车载 ATP 如何计算紧急制动曲线、紧急制动触发曲线和牵引切断曲线。紧急制动曲线考虑了列车保证的紧急制动减速度、轨旁 ZC 计算的当前防护点、最具限制的速度曲线和线路的坡度断面。

　　根据紧急制动曲线可以计算紧急制动触发曲线，该曲线考虑了紧急制动触发后的切断牵引、紧急制动有效以及车载 ATP 设备的反应时间的延迟。在车载 ATP 计算机单元里，连续地监控紧急制动触发曲线。该安全制动模型保证列车不会超过最具限制的速度，且列车将在防护点的前方停车。

　　在不影响列车正常运营的基础上，当列车速度即将达到紧急制动触发速度前，系统将提前切断列车牵引，避免列车持续加速，减少列车超速紧急制动的次数。

　　使用的安全制动模型如图 6-4-68 所示。

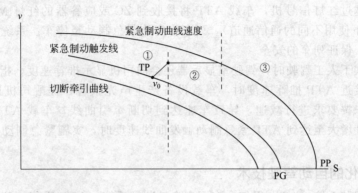

图 6-4-68　安全制动模型

　　模型中，列车紧急制动的过程被分为三个阶段：

　　第一阶段（图中①），列车继续加速，紧急制动前系统有车载反应和车辆牵引切断的时间延迟；

　　第二阶段（图中②），牵引已切断，但紧急制动力尚未达到标称值，列车在紧急制动建立等效时间内惰行；

　　第三阶段（图中③），列车实施紧急制动，平坦轨道上遵循速度-距离抛物线。

　　依据安全制动模型计算列车限制速度，至少应考虑以下几个方面：

　　a. 列车定位的不准确性；

　　b. 列车长度；

　　c. 系统运行的许可速度限制；

　　d. 测量速度误差；

　　e. 系统检测到超速的情况下，列车可能的最大加速度；

　　f. 系统紧急制动最小减速度，系统保证在最坏情况下实施最小减速度的紧急制动；

　　g. 最坏情况的列车反应时间；

　　h. 线路坡度加速度；

　　i. 列车旋转质量系数。

　　车载 ATP 子系统对线路限速、车辆限速、驾驶模式限速、临时限速等进行连续监控，保证列车速度不超过线路、道岔、车辆等规定的允许速度，防止列车超速运行。当因司机疏忽等原因导致超速时列车实施紧急制动，保证列车在相应的保护区段内停车。

　　② 列车超速防护

　　列车超速防护的任务是安全检测司机或 ATO 子系统的当前允许速度符合列车前方的安

全限制，否则触发列车的常用制动或紧急制动。在任何情况和时间下，列车服从以下两种安全限制：

  a. 零速度限制的防护点；

  b. 最具限制的速度曲线。

  限制点代表了绝对不允许越过的位置。如果前行通信列车定义了一个防护点，则前行列车的位置不确定性因素和后退界限必须考虑在内。

  车载 ATP 限制列车在指定的 MA 范围内安全运行，保证列车速度不超过最具限制的速度曲线范围，也不越过 MA 终点的限制，否则将实施紧急制动，阻止列车继续运行。

  车载 ATP 防护列车的运行方向，当列车的运行方向与 MA 防护的方向不一致时，将输出紧急制动，禁止列车运行。

  如果列车越过红灯信号机，车载 ATP 将接收到 ZC 或应答器的红灯 MA 报文（CBTC 或 BLOC 级别下使用不同的通信通道），列车将实施紧急制动至停车。系统设计时将考虑足够的保护区域，保证列车的安全。

  在 CM 模式下人工驾驶时，驾驶室显示器还会向司机显示推荐速度，指导司机行车。当列车运行速度接近 ATP 推荐速度时，车载设备产生声光报警，提醒司机进行列车制动减速；如果列车未按要求进行减速，导致车速达到切断牵引曲线，车载 ATP 将切断列车牵引；若速度继续增大至达到 ATP 紧急制动触发曲线速度时，实施紧急制动，在列车停稳前不能缓解。

4.5.6 最优化的自动驾驶技术

  列车自动驾驶系统（ATO 系统）在列车自动防护系统（ATP 系统）防护下工作，是实现列车自动行驶、精确停车、站台自动化作业、无人折返等功能的列车控制系统。ATO 系统基于最佳化列车自动驾驶技术，应用多目标优化理论实现列车在复杂环境下运行时刻表的自动调整，实现复杂线路情况下的节能优化控制，可大大降低司机的劳动强度，是目前高速度、高密度的城市轨道交通系统高效、舒适、准点、精确停车、节能运行的主要保证。

  ATO 系统是一个复杂非线性动力学系统。该系统存在多个输入变量，列车牵引制动性能、线路坡度、曲率等信息均能够对列车的控制结果造成影响，而对于 ATO 系统的控制目标来说，应该实现的是一个多目标的系统，列车的安全性、目标速度跟踪、定点停车、准点行车、舒适度和节能性都是 ATO 系统应该考虑到的目标。

  最佳化列车自动驾驶系统控制框图如图 6-4-69 所示。

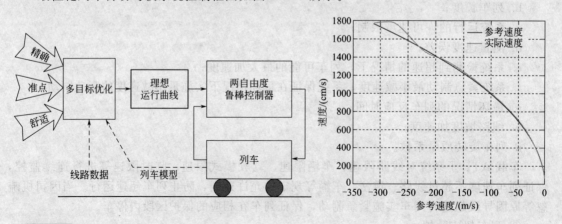

图 6-4-69 最佳化列车自动驾驶控制框图

ATO 系统通过实时的牵引计算，控制列车的自动启动、惰行和制动，实现到站自动对位停车。下面将列车运行模型分为牵引计算模型、停车精度模型、行车时间模型、舒适度模型和能耗模型，分别进行描述[7]。

(1) 牵引计算模型

列车牵引计算的模型可以简化为：以初速度 $v_s=0$ 从起点站（$S=S_s$）出发，按照线路中速度控制条件调整速度，到达终点站，运行距离 $S=S_e$，末速度 $v_e=0$。

目标函数为：

$$m(dv/dt)=f_{cl}-f_{wl}$$

其中，m 代表列车质量；v 代表列车速度；f_{cl} 代表车辆自身动力；f_{wl} 代表列车所受的外力。

下面对其中的变量进一步进行说明。

列车质量：

$$m=m_{cl}+m_{ck}$$

式中，m_{cl} 代表车辆质量；m_{ck} 代表乘客质量。

列车速度 $v=dS/dt$，其中对 v 的限制条件为 $0 \leqslant v_i \leqslant v_{i\max}$。$v_{i\max}$ 代表在线路上不同区间的限速。如果线路区间存在 n 段限速，则：

$$v_{i\max}=\begin{cases} v_1 & (S_s \leqslant S < S_1) \\ \cdots \\ v_i & (S_{i-1} \leqslant S < S_i) \\ \cdots \\ v_n & (S_{n-1} \leqslant S < S_e) \end{cases}$$

车辆自身动力 f_{cl} 包括两方面动力：牵引力 f_{qy} 和制动力 f_{zd}。

目前的列车动力系统主要分为两种：有级动力列车和无级动力列车。

对于有级动力列车来说，若列车牵引分为 m 级，制动分为 n 级，则牵引和制动力都是列车速度和级位的函数：

$$f_{qy}=f(l_i{}^{qy},v)$$

其中，$l_i{}^{qy} \in [l_1{}^{qy},\cdots,l_m{}^{qy}]$，$0 \leqslant v \leqslant v_{\max}$，$l^{qy}$ 表示牵引级位。

$$f_{zd}=f(l_i{}^{zd},v)$$

其中，$l_i{}^{zd} \in [l_1{}^{zd},\cdots,l_n{}^{zd}]$，$0 \leqslant v \leqslant v_{\max}$，$l^{zd}$ 表示制动级位。

对于无级动力列车来说，制动力是速度的函数：

$$f_{qy}=\alpha f(v)$$

其中，$0 < \alpha \leqslant 1$ 表示当前牵引力在 0 和最大牵引力之间取值。

$$f_{zd}=\beta f(v)$$

其中，$0 < \beta \leqslant 1$ 表示当前制动力在 0 和最大制动力之间取值。

对于列车动力来说，为了保证列车加速度在不同的载重等级下基本恒定，列车在不同载重等级下的动力大小是不同的。图 6-6-70 以列车空电配合制动曲线说明。

可以看出列车载重等级越高，采用的制动力越大。根据 $a=F/m$ 可知，F 和 m 成比例增加的情况下，a 保持恒定。同时也可以看出在列车速度超过一定值后，制动力变小。这是由列车最大功率决定的。由 $p=Fv$ 可知，当列车达到最大功率后，v 继续增加会导致 F 减小，所以对列车控制需要考虑达到最大功率后的速度继续提高列车制动力变小的情况。

列车所受外力分为基本阻力和附加阻力两部分。

基本阻力 f_{jb}：在列车启动之前，所受主要阻力为静态摩擦力，在此假设为 f_{jt}；

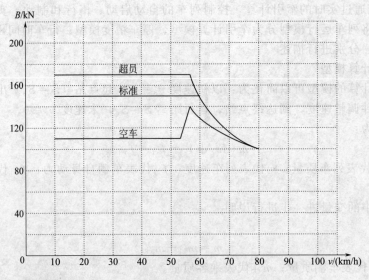

图 6-4-70 列车空电配合制动曲线

列车启动后，所受阻力为速度 v 的二次函数 av^2+bv+c。

合成为一个函数如下：

$$\begin{cases} f_{jb}=f_{jt} & (v \leqslant v_{qd}) \\ f_{jb}=av^2+bv+c & (v > v_{qd}) \end{cases}$$

附加阻力 f_{fj}：是由于线路坡度、曲线、隧道等线路条件造成的阻力。可对其简化为轨道水平夹角和曲率半径的函数：

$$f_{fj}=f(\theta, R)$$

式中，θ 为坡度值；R 为曲率半径。

在实际应用中，对于线路坡度引起的附加阻力近似采用其坡度值代替：

$$f_{\theta}=i$$

式中，i 为坡度值。

（2）定点停车模型

随着城市轨道交通的发展，屏蔽门、安全门开始在新的轨道交通线路上进行设置，而屏蔽门对列车自动驾驶的停车要求很高。

定点停车模型如下：

$$D=|S-S_{mb}|$$

式中，D 表示停车精度误差；S 表示当前列车位置；S_{mb} 表示停车目标点。

当列车停在停车允许范围内时，$D \leqslant D_{max}$ 符合要求（进入停车窗），列车允许开门。当列车停在停车允许范围外时，$D > D_{max}$ 不符合要求（在停车窗外），列车不允许开门，需要进行调整才能保证乘客正常上下车。

（3）行车时间模型

列车在站间按照最大速度行驶所用的时间为最短运行时间 T_{min}，正常运行时间 T 都比最短运行时间长。

定义 T_{target} 为 ATS 下达的要求运行时间。对 T_{target} 的要求是 $T_{target} > T_{min}$，这样规定的目标时间才具有可实现性。

T_e 定义为运行时间 T 和要求运行时间 T_{target} 之差：

$$T_e = T - T_{target}$$

当 $T_e > 0$ 时，列车处于晚点状态，列车应该采取最大运行速度进行行车，避免晚点时间进一步延长。

当 $T_e = 0$ 时，列车应该维持当前采用的运行速度行车，才能够保证列车准点到达。

当 $T_e < 0$ 时，说明列车还有运营时间的富裕，可以对多余时间进行调整分配。

(4) 舒适度模型

对乘客而言，舒适度表示为列车在行驶过程中冲击率最小。冲击率指加速度相对于时间的变化率，而对整个行车过程而言，不舒适程度可以用冲击率对整个运行时间的积分来表示。

下面用方程表示旅行非舒适度：

$$Jerk = \int \left| \frac{da}{dt} \right| dt$$

式中，a 表示行车过程中的加速度（牵引率或制动率）；t 表示运行时间。

Jerk 值越小，旅客的舒适度越高。但是当 Jerk 小于一定值的时候，对旅客的舒适度影响很小，可以认为是一个可以忍受的恒定值，表示如下：

$$\begin{cases} Comfort = J_0 & (Jerk < J_H) \\ Comfort = f\ (Jerk) & (Jerk \geqslant J_H) \end{cases}$$

$f(Jerk)$ 是随 Jerk 增加而减少的函数。

(5) 能耗模型

列车的能耗模型为列车从起点到终点的过程中，加速过程、巡航过程、制动过程以及车厢内设备（例如电灯、空调）消耗的能量。

这里主要研究列车自动驾驶系统，所以能耗模型为列车行车过程中做功所消耗的能量。也就是用列车每个时刻做功消耗能量对时间的积分表示列车能耗如下：

$$Power = \int_0^T u(t) dt$$

式中，Power 表示列车能耗；T 表示运行时间；$u(t)$ 表示列车的能耗函数。

以上是从整个运行过程宏观总结的能耗函数。

经过进一步分析，列车运行过程中的能耗函数[7]为：

$$E = \frac{\int Fv dt}{\xi_M} + At + \xi_B \int Bv dt$$

式中，F 为牵引力；B 为制动力；v 是速度；A 是列车辅助功率；t 为站间运行时间；ξ_M 为列车牵引时电能转换成机械能的乘积因子；ξ_B 为列车制动时机械能转换成电能的乘积因子。

4.5.7　高可靠的仿真测试技术

高效、可靠、全覆盖的测试是验证 CBTC 系统功能和性能的重要手段，基于半实物的 CBTC 综合仿真测试平台技术，提供了可视化的线路和列车运行环境，制定了与轨旁设备、车载设备以及地-车通信之间的透明接口，实现了对目前城市轨道交通领域中点式、连续式以及点-连式列车运行控制系统相关技术与装备的仿真、测试与工程验证，大大缩短了现场的测试与验证时间与工作量，降低了在现场进行大量基础测试的风险。

仿真测试平台是现场测试的前提和基础，通过全生命周期的测试过程可达到更高的需求覆盖率，如图 6-4-71 所示。

使用信号系统中的核心设备和典型设备作为最小系统的雏形，选取功能和接口全覆盖的最小子集作为最小系统的首选模型，采用功能接口全部预留和增量式的整体架构搭建实验室最小系统。在实验室搭建的最小系统包括两套车载控制器、一套真实 CI、一套真实区域控制器、一套真实数据存储单元、一套真实车站 ATS 和一套真实中心 ATS。实验室搭建最小系统可以达到硬件最小化、功能最大化的目的。

信号系统关键设备包括车载控制器（VOBC）、区域控制器（ZC）、计算机联锁（CI）和列车自动监督（ATS）。

在所有仿真器与实际设备处理逻辑保持一致的前提下，使用实际 VOBC 替代原有 VOBC 仿真器，即可使用仿真测试平台对实际 VOBC 进行功能和性能测试；使用实际 ZC 替代原有 ZC 仿真器，即可使用仿真测试平台对实际 ZC 进行功能和性能测试。通过使用两套半实物仿真驾驶台、一扇实际车门、一扇实际屏蔽门和部分车辆模型，可以在实验室内搭建一套非常贴近真实环境的车辆环境，保证实际车载设备在实验室内与现场的功能和接口一致，最大程度地提高测试的效果和可信度。

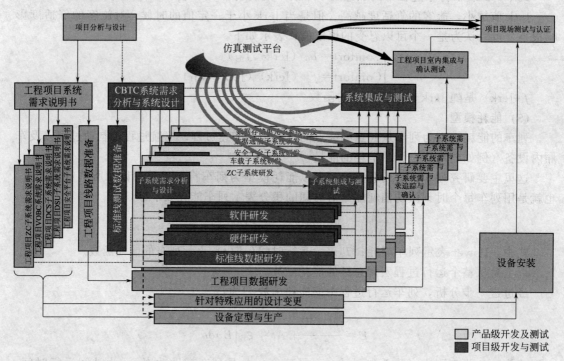

图 6-4-71 仿真测试平台技术

仿真测试平台如图 6-4-72 和图 6-4-73 所示。

仿真测试平台的搭建采用虚拟现实技术，使用计算机图形图像技术，构造仿真对象的三维模型或再现真实的环境，达到非常逼真的视景仿真效果。采用虚拟现实技术进行可视化测试，可以增大使用人员的沉浸感。三维视景系统可以对轨旁设备（例如信号机、道岔、屏蔽门）和线路上运行的车辆进行模拟，并可以通过与轨旁设备仿真器进行联动，变演示为测试，很大程度地提高可视化测试的程度，从而实现司机培训的功能。

由于室内具备与现场完全一致的硬件设备，并且通过仿真软件完全联动起来。信号维护人员也可以依赖此平台进行设备检修的培训，调度人员也可以通过此平台完成调度相关具体操作的培训。

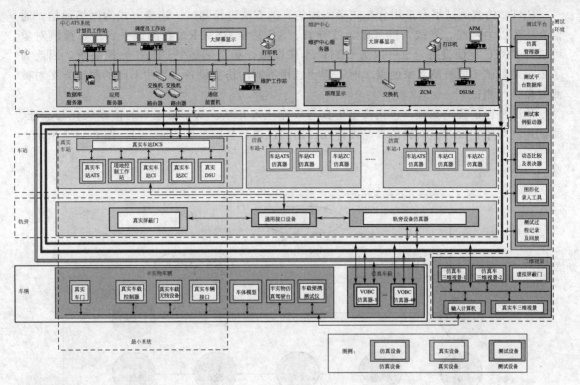

图 6-4-72　仿真平台组成图

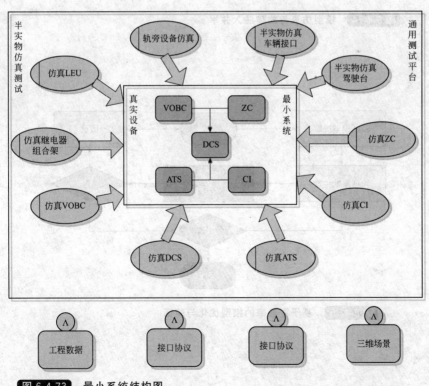

图 6-4-73　最小系统结构图

CBTC 仿真测试平台选用分布式半实物仿真的方法进行测试。连接方式为网络通信，通信介质可以为网线、光线，也可以为波导管、AP 甚至 GSM-R。在测试平台中，被测对象可以为 CBTC 地面设备，也可以为 CBTC 车载设备，甚至是整个 CBTC 列控系统，因此为了要满足测试不同被测对象的需求时，需要选用不同的仿真设备、采用不同的测试方案对被测对象进行测试。

测试平台的理论基础，包括模型仿真与故障注入并举、基于覆盖率的模型优化与验证、测试用例与序列设计、实物仿真与硬件在回路测试等，分别参见图 6-4-74～图 6-4-77 所示。

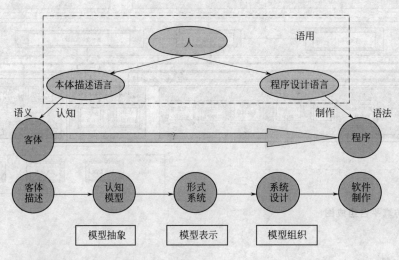

图 6-4-74　模型仿真与故障注入并举

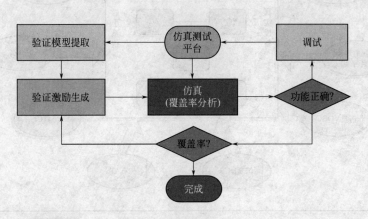

图 6-4-75　基于覆盖率的模型优化与验证

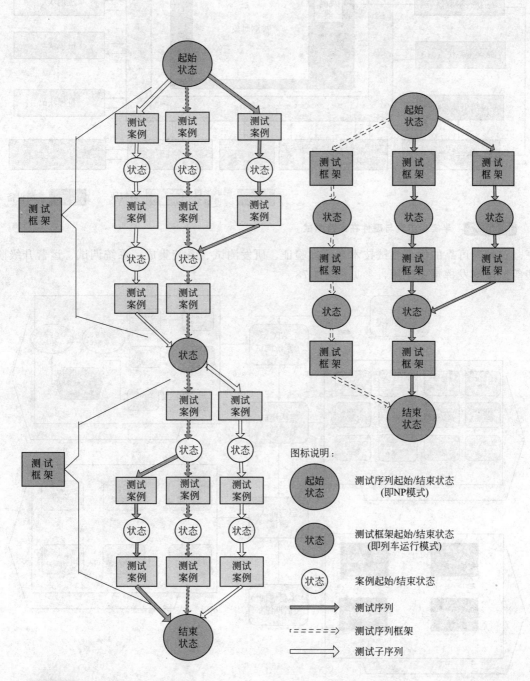

图 6-4-76 测试用例与序列设计

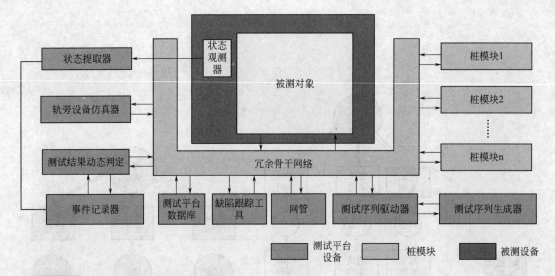

图 6-4-77 半实物仿真与硬件在回路测试

这种高可靠的仿真测试技术在原理验证、研发测试、系统集成、系统调试、运营升级阶段等阶段均发挥重要作用，参见图 6-4-78。

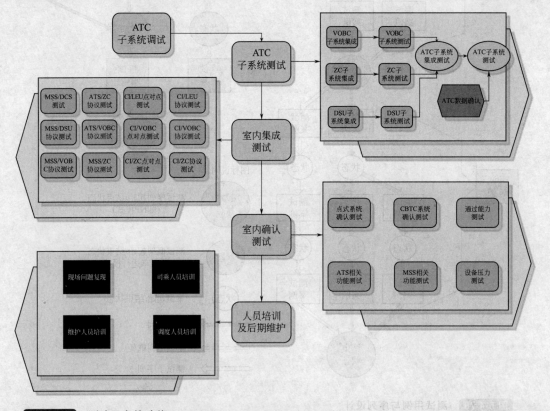

图 6-4-78 测试平台的功能

测试平台在测试不同应用时会选用不同的仿真设备，下面按被测对象分析测试平台的运作流程，也就是不同形态下的测试平台。

（1）VOBC 子系统测试环境

由于 VOBC 的运行需要 ATS、ZC、CI、MMI 等设备的配合，因此测试平台的组成框架如图 6-4-79 所示。

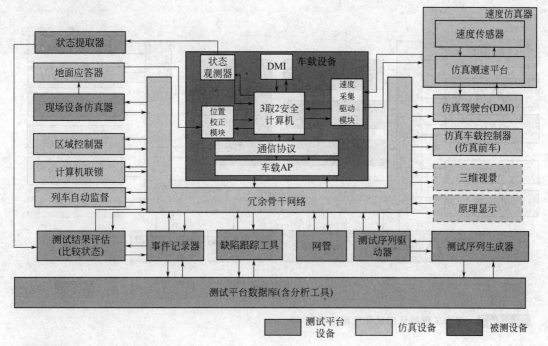

图 6-4-79 被测对象为 VOBC 时的测试平台

（2）ZC 子系统测试环境

由于 ZC 的运行需要 VOBC、CI、ATS、相邻 ZC 等设备的配合，因此测试平台的组成框架如图 6-4-80 所示。

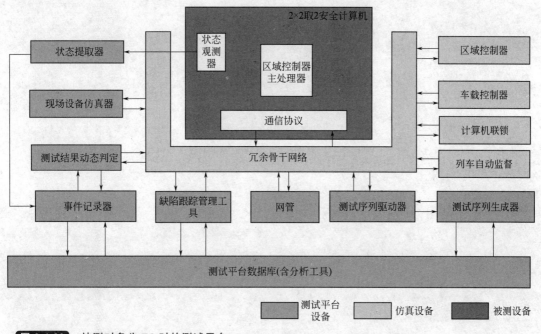

图 6-4-80 被测对象为 ZC 时的测试平台

(3) 室内工程确认测试环境

室内工程确认测试环境如图 6-4-81 所示，VOBC、ZC、ATS、CI、DSU 每个设备在室内均至少有一套。

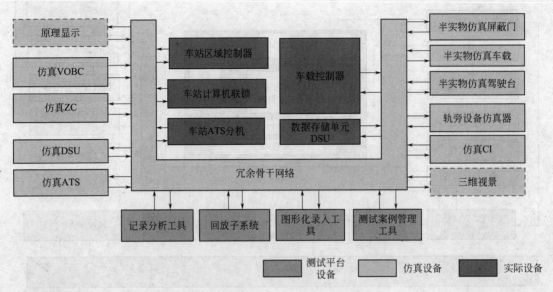

图 6-4-81 室内工程确认测试环境组成框架

第 7 篇
企业能源管理

目　录

第1章 企业能源管理模式与能源管理系统

工业企业的能源消耗在国民经济总能耗中占很大比重。随着企业生产规模的扩大、能源价格的上涨和市场竞争的激烈，企业提高能源利用效率，节约资源，已成为重要任务之一，这不仅有利于降低生产成本，提高企业市场竞争力，增加企业经济效益，也有利于环境保护和可持续发展。

企业节能技术手段包括设备节能、工艺节能和系统节能等。近年来，在系统节能技术方面已经取得重要进展，冶金、石化、建材等行业根据各自企业特点，建立了企业级的能源管理系统，实现了能源计划、能源调度和能源监控等功能，为能源管控模式转变提供了技术支撑，节能降耗取得了初步实效。

企业能源管理系统是一个集过程监控、能源管理、能源调度为一体的厂级管控一体化计算机系统。企业能源管理系统对能源系统统一调度、优化煤气平衡、减少放散、提高环保质量、降低产品能耗、提高劳动生产率和能源管理水平，将起到十分显著的促进作用。

1.1 企业能源管理模式

企业目前的能源管理模式可分为集中式管理、两级分散式管理以及集中-分散结合三种方式。

（1）集中式管理

集中式管理（扁平化管理）顾名思义就是将所有的能源监视、控制、调度、管理的职能和功能全部集中，由统一的部门完成，通常是能源中心。其关键特征是能源中心对所有的关键能源设备、能源介质的生产及消耗单元实行一级调度，直接监视、控制无人值守站点，并对能源考核负责，如图 7-1-1 所示。

这种模式要求企业能源系统拥有较高的自动化水平和计量检测水平，一般建设投资水平较高。同时这种模式也对企业能源管理的水平要求较高，需要一套科学而简明的管理业务流程，需要素质更高的调度管理人员。这种模式是企业能源管理的主要发展方向。

（2）两级分散式管理

两级分散式管理是目前国内大多数企业实行的能源管理模式，由总厂生产计划部门（或类似机构）安排未来一段时间各种能源介质的生产计划，并下发到各能源分厂执行，各能源分厂设有独立的调度，分别对各种能源介质进行监视、控制和调度。其特点是能源的调度管理分两级进行，整个能源系统的平衡调度及计划由总厂计划部门负责制定协调，但不具体执行调度，各能源分厂分别对各自的能源介质进行调度管理，如图 7-1-2 所示。

这种管理模式对企业的自动化水平要求相对不高，但是管理效率较低，事故反应、调度反应时间较长，主要适合一些能源设备和自动化水平不高的老企业。

（3）集中-分散相结合

这种管理模式是以上两种模式的结合，其特点是由能源中心制定调度方案或调度指令，调度操作执行由各能源分厂或部门负责，能源中心并不直接对能源介质和能源设备执行调度操作，如图 7-1-3 所示。

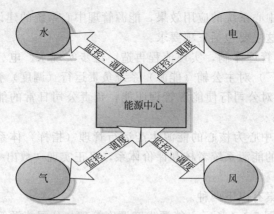

图 7-1-1　集中式能源管理模式

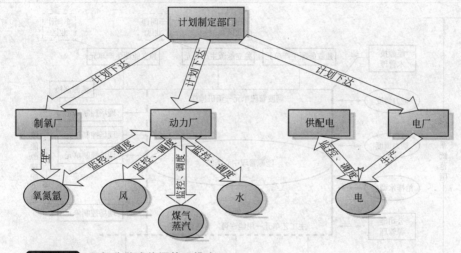

图 7-1-2　两级分散式能源管理模式

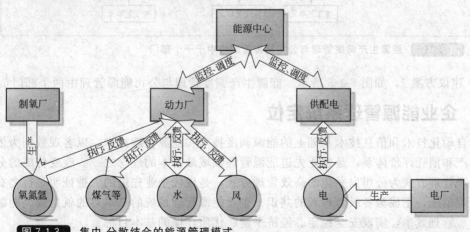

图 7-1-3　集中-分散结合的能源管理模式

　　这种模式主要是为了适应老厂改造而派生出的一种模式，目的是为了在提高能源管理、调度的水平同时兼顾一些自动化水平较低或无法实施统一管理的能源子系统或工序。这种模式一般而言是作为一种过渡状态存在，通常是由于一次性改造投入太高而实施分步、分阶段改造而形成的。

　　为了确保能源管理中心系统的应用效果，能源管理中心系统的建设应按照集中管理、扁平化调度的理念实施，这主要包括三项要求：

　　① 通过完善和优化管理体制，实现流程再造，逐步实现水、电、风、气（汽）的集中管控，即由一个部门（厂）对主公辅（能源）系统负责运行（调度）管理；

　　② 由一个主管部门对公司行使能源管理职能，负责公司日常的能源管理工作，包括数据分析、考核和评价等；

　　③ 建立以能源管理中心为核心的能源生产运行管理（指挥）体系，以能源管理中心系统的数据为依据的客观的能源系统考核和评价体系，真正实现"数出一处，量出一门"的高效管理模式。

　　管理体制的建议方案有以下两种。

　　① 建议方案 1，如图 7-1-4 所示，能源生产调度管理与公司能源管理集中于一个部门。

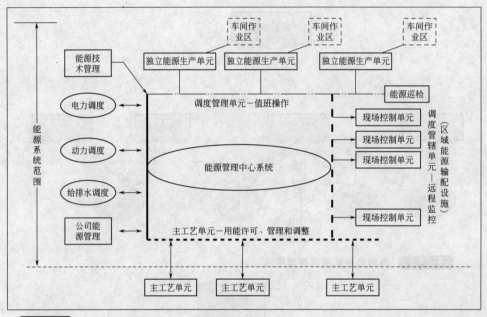

图 7-1-4 　能源生产调度管理与公司能源管理集中于一个部门

　　② 建议方案 2，如图 7-1-5 所示。能源生产调度管理与公司能源管理由两个部门负责。

1.2　企业能源管理系统定位

　　在自动化技术和信息技术基础上的能源调度技术和能源管理技术，以客观数据为依据的能源生产和消耗评价体系，是企业先进能源管理领域最基本的理念之一。改变传统的分散的能源生产管理方式为公司扁平化的高效管理方式，是现代企业先进的、被证明是行之有效的重大管理措施，正成为各级管理者的共识。企业能源管理系统的基本目的就是提高能源系统的运行、管理效率，实现安全稳定、经济平衡、优质环保的基本目标。

　　企业能源管理系统是企业自动化和信息化的重要组成部分，为企业能源系统管理提供自动化和信息化手段和方法。能源管理系统在企业信息化系统中具有重要的地位，ERP 或 MES 完成对包括能源管理中心系统在内的信息集成和一贯制管理。能源管理中心系统与 ERP、MES 和 PCS 的关系如图 7-1-6 所示。

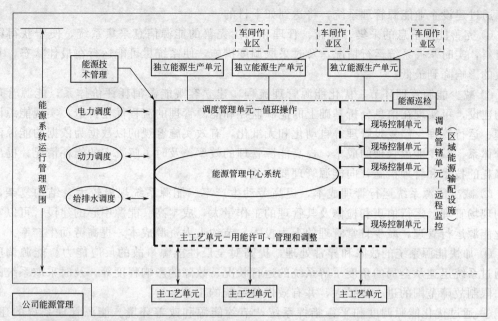

图 7-1-5　能源生产调度管理与公司能源管理由两个部门（厂、部、处）负责

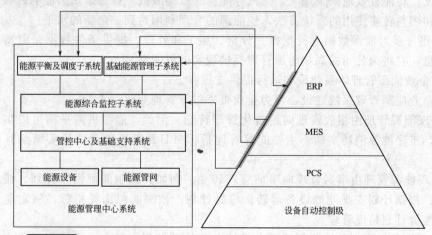

图 7-1-6　能源管理中心系统与 ERP、MES、PCS 的关系图

（1）能源管理中心系统与公司信息化系统（ERP、MES）的关系

根据企业信息化系统的不同架构和功能划分，能源管理中心系统向信息化系统相关模块请求能源统计信息、能源计质量信息、主工艺单元生产计划、重要产线检修计划等，这些信息用于生成完整的能源管理报表，进行能源消耗分析，并为能源系统预测提供可靠的信息。同时，能源管理中心系统向信息化系统提供详细的、按工序或成本中心的能耗分析数据，由信息化系统制作成本分析报告及管理报表等。

（2）能源管理中心系统与主工艺监控系统的关系

能源管理中心系统应按照应用功能的要求，获取主工艺单元的在线生产信息，尤其是与能源调度和平衡相关的生产单元的信息，如生产节奏、生产运行状态、用能状态或趋势、系统异常及故障状态等。通过实时掌握这些信息，使能源系统的运行管理、平衡调度、异常分析建立在科学、准确和及时的条件下，确保过程的稳定和经济。

通过建设企业能源管理系统，将达到如下目的。

① 完善能源信息的采集、存储、管理和利用完善的能源信息采集系统，便于获得第一手资料，实时掌握系统运行情况，及时采取调度措施，使系统尽可能运行在最佳状态，并将事故的影响降到最低。

② 减少能源管理环节，优化能源管理流程，建立客观能源消耗评价体系，能源管理系统的建设，可实现在信息分析基础上的能源监控和能源管理的流程优化再造，实现能源设备管理、运行管理、停复役管理等自动化和无纸化，有效实施客观的以数据为依据的能源消耗评价体系，减少能源管理的成本，提高能源管理的效率，及时了解真实的能耗情况，提出节能降耗的技术和管理措施，向能源管理要效益。

③ 减少能源系统运行管理成本，提高劳动生产率。能源系统规模较大，结构复杂，传统的现场管理、运行值班和检修及其管理的工作量大，成本高。能源中心的建设，可以实现简化能源运行管理，减少日常管理的人力投入，节约人力资源成本，提高劳动生产率。

④ 加快能源系统的故障和异常处理，提高对全厂性能源事故的反应能力。能源调度可以通过系统迅速从全局的角度了解系统的运行状况、故障的影响程度等，及时采取系统的措施，限制故障范围的进一步扩大，并有效恢复系统的正常运行。

⑤ 通过优化能源调度和平衡指挥系统，节约能源和改善环境。能源管理系统的建成，将通过优化能源管理的方式和方法，改进能源平衡的技术手段，实时了解钢厂的能源需求和消耗的状况，将能有效地减少煤气、蒸汽等能源介质的放散，提高余热余能的回收率，采用综合平衡和燃料转换使用的系统方法，使能源的合理利用达到一个新的水平。

⑥ 为进一步对能源数据进行挖掘、分析、加工和处理，提供条件数据是财富，数据可以成为信息，它将为公司的高端能源管理提供现实的可能性。

⑦ 为企业能源管理体系建设和运行提供支撑。

通过企业能源管理系统建设，可为企业带来以下管理变化。

① 实现能源管理由粗放管理向精益化管理转变。例如，能源供需平衡可以实现在线监控、调整，工序能源消耗实绩、主要能源管理指标每日跟踪，能源消耗实绩结算报表自动生成。

② 实现能源管理由事后管理向事前管理转变。例如，编制能源供需计划，按计划组织能源生产；根据计划安排能源设备运转、检修计划；预测能源消耗指标，制定能源管理措施；实现能源计划精度管理。

③ 实现能源管理由单体节能管理向系统节能管理转变。例如，通过能源中心，优化能源供需平衡，减少系统放散；通过煤气、蒸汽、电力相互转换，实现能源最优化使用。

④ 实现能源管理由经验化管理向科学定量化管理转变。例如，将能源供需计划作为公司能源生产计划的一部分；对企业产品结构对能源消耗的影响进行分析；对企业生产物流对能源消耗的影响进行分析。

企业能源管理系统遵循以下设计原则。

① 先进性、成熟性和实用性　根据能源系统的工艺特点，采用当今成熟并具有良好发展前景的新技术、新设备，使得各个子系统具有较长的生命周期。但不盲目追求高档次，既能满足当前的需求，又能适应未来的发展。

② 可靠性　高效稳定的系统，能提供全年365天、全天24小时的连续运作。对于安装的服务器、终端设备、网络设备、控制设备与布线系统，必须能适应严格的工作环境，以确保系统稳定。对关键设备（如电源、CPU、网络等）采用必要的冗余技术，以确保系统的安全可靠。确保主要设备及线路在出现故障时能自动切换，使系统始终保持不间断的运行。

③ 可操作性　先进且易于使用的图形人机界面功能，提供信息共享与交流、信息资源查询与检索等有效工具。提供易于使用的数据库功能，让使用者能随时查询信息及制作所需的报表。

④ 高效率性　注重各子系统的信息共享，提高整个系统高效率的传输与运行能力。

⑤ 实时性　设备和终端必须反应快速，充分配合实时性的需求。

⑥ 完整性　提供与各种外界系统的通信功能，并在整体系统的运作上确保信息的完整性。满足能源供需平衡、调度管理和能源计量管理的需求。

⑦ 安全性　通过在网络边界部署防火墙、入侵检测等系统，可以有效地将内部网络与外部网络进行隔绝。配备相应的系统资源管理工具，屏蔽内部非法用户，实现权限操作功能。此外，还配置整合存取区域网（SAN）备份系统，确保数据的安全。

⑧ 可扩展性　考虑到能源系统随主工艺系统不断扩展的特点，能源中心从系统的设计、网络的结构等方面具备相应的可扩展能力。

⑨ 可维护性　从应用系统的设计、硬件设备的选型等方面考虑通用性、开放性，在系统局部发生故障时，运行维护人员能尽快发现并能及时处理，避免故障扩大并快速恢复正常运行。

能源管理系统建设的基本技术路线如下。

(1) 规划先进的能源 SCADA 系统

能源工艺系统分散，面广量大。数据采集对象的选择应按照工艺监控的实际要求、能源系统输配和平衡的要求、能源管理的精度和粒度要求谨慎选择。数据采集系统宜采用分散方式，以减少系统风险和提高系统的安全性和可维护性。根据能源系统的特点和具体情况，综合采用与之适应的基本技术：

① 行业标准监控和管理技术；

② 现代安全网络技术和数据通信技术；

③ 数据库及实时数据处理技术；

④ 预测和平衡优化技术；

⑤ 集成式 GIS（地理信息系统）技术；

⑥ 数字化运行和调度技术；

⑦ 异构系统无缝集成技术。在上述基础技术支撑下，使综合监控系统达到如下目标要求；满足传统监控的基本要求，节能调整的要求，故障分析要求，无人值守要求；无缝的通信集成、功能集成和管控一体化；与信息管理系统紧密集成，满足信息管理需要。

(2) 集中统一的"数字化"能源输配及平衡控制应用系统

"数字化"的能源输配及平衡控制应用系统是指在上述基本技术基础上，利用信息技术手段，实时地再现工艺系统的过程映像，使运行管理和调整决策建立在可靠的过程信息之上。调度人员能够在能源控制中心对系统的动态平衡进行直接控制和调整，从而减少管理控制环节，提高工作效率，尤其在工艺系统故障时的处理指挥和即时系统调整方面，体现出了极大的优越性。

(3) 建立系统化的能源成本中心管理平台

EMS 从成本控制的角度，优化能源管理体制，合理定义能源系统的成本中心。EMS 在系统规划、架构设计、功能配置和应用集成等方面全面反映能源系统本质的管理特征，根据效益最大化的原则配置能源管理要素，通过能源管理系统的计划编制、实绩分析、质量管理、平衡预测、能耗评价等技术手段，对能源生产过程和消耗过程进行管理评价。

（4）与 ERP 或 MES 系统的无缝集成

能源管理系统实现与 ERP 系统的无缝集成，是确保能源管理功能完整实现和 ERP 系统信息完整的重要技术保证。能源管理系统的基础管理任务之一是实现按成本中心模式，向 ERP 系统提供完整的能源系统分析数据和分析结果，ERP 也将按能源管理和预测分析的需要，向能源管理系统提供公司的生产计划、检修计划和相关的生产实绩信息。信息的交互作用能较好地解决能源系统评价中的不科学因素，在公司层面及时掌握能源消耗情况，并对环境状况做出估计。

1.3　企业能源管理系统技术的发展展望

一批集成有现代数据分析技术、预测评价技术、地理信息技术、调度决策最优化技术等的能源管理系统将应运而生。

① 数据分析技术　数据分析、统计、数据挖掘等技术在不同条件下的应用，向业务人员提供高端的综合应用和整合信息，协助能源管理人员提高他们的数据应用能力，为能源系统的规划、设计、系统优化服务。

② 预测评价技术　SCADA 系统能够完成的数据采集是基本的测量数据，其完整性受许多条件的限制。利用预测评价技术可以在有限的测量集下，了解系统（如消耗）的变化趋势。如在电力系统中广泛使用的中短期负荷预测，对大型钢铁企业也是十分必要的。

③ 地理信息技术　能源系统的数据采集设备和传输网络遍布全厂的每一个角落，利用地理信息技术，能实现管网（线路）地理信息与能源管理系统的无缝结合，对运行管理人员及时准确地掌握系统信息、指挥操作人员加快系统故障的分析和处理、提高能源工艺系统的运行可靠性和稳定性有良好的指导作用。

④ 调度决策最优化技术　大、中型冶金企业的能源工艺系统的复杂性，使在线能源平衡调度工作无法达到理想的状态。优化能源介质的传输、合理安排能源介质的转换、综合生产需要和经济要求的能源分配、动态评估能源系统的运行状态，是解决能源系统的安全运行和经济运行的必然要求。建立企业能源系统调度决策最优化模型是达到上述要求的有效手段。

第2章　企业能源管理主要功能

企业能源管理具有能源监控、能源计划调度和能源分析管理三方面功能。

（1）能源监控

① 能源供应实绩收集　收集各能源生产、外购、外销的实际数量及质量数据，建立相应的数据库以保存这些数据。

② 能源消耗实绩收集　收集各生产厂或车间、各工序、各机组、各产品对各种能源的消耗量，建立相应的数据库以保存这些数据。

③ 能源设备安全监控　对能源主体设备安全运行状况进行实时监测。紧急情况下，要启动能源中断应急措施。

④ 监测能源生产的环境指标。

（2）能源计划调度

① 能源生产、外购和外销计划　根据能源平衡报出供需计划，编制能源的生产计划、外销计划和外购计划，由此安排能源生产计划以及能源设备检修、运转计划。能源供需计划为其生产计划的重要组成部分之一。

② 能源在线调度　建立能源线性规划模型以达到能源分配优化，实施能源在线调度，完成能源转换。制定防止能源短缺的预案，制定能源中断时的应急方案。

（3）能源分析管理

① 能源供需平衡分析　建立能源网络模型或能源控制模型，求解能源供需平衡，编制能源供需计划。收集整理并建立能源消耗数据库，动态收集各种能源消耗量、能源构成量、各产品能源消耗量及工序能耗，制作实际能源平衡表。

② 能源分析与预测　收集整理能源历史资料，建立数据库，建立能源预测模型，以达到企业能源政策、能源供需最佳化。能源预测系统以现在的实际能源平衡为基础，以能源介质的库存状况和能源生产设备的工艺参数为输入，预测未来几小时内能源自产、外购、消耗量。帮助调度人员充分利用煤气等二次能源，发现可能出现的不平衡趋势和事故倾向，确保生产合理、稳定运行。

③ 能源考核和管理　收集能源消耗指标，制定能源考核指标，分析产品能耗、工序能耗及产品的单位综合能耗。

2.1　能源监控子系统

能源监控系统是流程工业节能的基础。很多流程企业至今仍采用手工抄表、人工统计、手工键入、计算机打印报表的落后模式。没有实时准确的能量消耗数据检测和能量产生设备的控制，流程企业节能工作的效果就会大打折扣。

能源监控系统通常由一些站所管理，如电力调度站、动力调度站、水处理监控站等，它们受能源管理部门业务管理。一般应具有以下功能：数据采集系统从现场能源设备控制系统和生产过程采集计量数据、过程数据、设备状态数据等，传递给能源管理的能源监控与调度系统，由专职能源调度人员负责日常生产过程能源生产数据的监视，并根据情况，调控能源生产与消耗，保持能源平衡。

与能源设备最贴近的是检测仪表和驱动阀门开关，它们完成每个与能源有关的物理量的检测和控制。这些物理量包括：气体和液体的在线温度、压力、流量、重量、阀位、位置，以及热值、成分、物性、含量的离线分析和检测，电力的电压、电流、功率开关状态的检测和控制，水流量、压力、水位、水循环等。

在此基础上，采用 PLC 和 DCS 技术进行具体生产过程能源的数据采集、流向控制和安全监控，涉及到该项能源的各种物理量的采集，能源站、所单体设备运行的控制，能源设备运行的安全联锁、临界报警或事故报警，能源生产相关环境保护数据的检测和分析。

能源监控系统涉及流程工业企业各个角落，需要采用必要的遥测、遥控技术；多相流体介质能源的质量、消耗量的检测精度，会影响能源监控效果，需要采用一定的数据校准、核算技术；此外，需要考虑监控设备在流程工业企业恶劣的使用环境，保证设备的可靠运行。

能源监控数据采用实时数据库产品和数据采集 I/O Server。数据来源和实现方式主要分为：

① 对于已进入能源网的数据，采用数据库读取的方式采集现有能源网数据；

② 对于数据未进能源网但已进入生产过程 PLC 或 L2 的，采用增加数据采集工作站 IO Server，与 PLC 或 L2 通信；

③ 对于数据在就地仪表但有对外接口的，建议增加数据采集站，开发专用采集通信软件，并将数据送入采集数据库中。

④ 对于无仪表或仪表无对外接口的，建议增加或更换检测仪表。

2.2　能源计划调度子系统

能源计划调度管理是能源平衡的中心环节，可以实现能源稳定供给、合理转换、优化分配和有效利用，保证能源系统安全生产、正常作业和经济运行。

2.2.1　能源供需计划管理

能源供需计划管理的主要目的是通过编制能源供需计划，可以实现按计划组织能源生产与使用。同时通过计划编制，实现能源管理由事后管理向事前管理转变。可以利用编制的能源供需计划进行指标预测，以及进行计划实绩对比，提高编制计划的精度。能源供需计划管理的主要数据流向如图 7-2-1 所示。

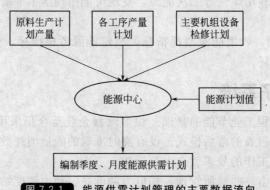

图 7-2-1　能源供需计划管理的主要数据流向

主要功能层次如图 7-2-2 所示。

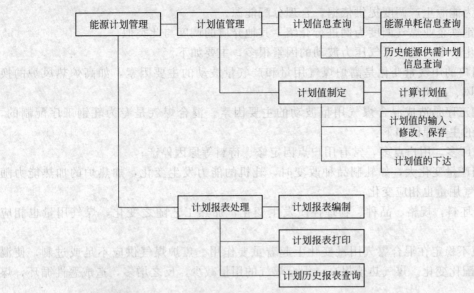

图 7-2-2　能源供需计划管理的功能层次

（1）计划值管理

根据约定，每月定期从公司 ERP 系统导入生产及检修计划信息，将其存入相关数据库中，通过用户界面可以查看导入的近期及历史数据。

根据能源供需实绩和历史数据，计算各种能源介质（电、煤气、氧氩氮、水等）在一定时期的单耗，并存入数据库中。

以能介单耗为依据，计划员制定主要能源介质的计划值，包括计划单耗和计划单产量，并存入数据库，通过用户界面可以查看能源单耗信息，根据选择的时间，可以查看相应的能源计划值。

对编制的当期计划值数据进行查询，根据权限，可进行重新输入、修改，最终保存和下达编制供需计划所需的计划值。

（2）计划报表处理

根据计划产量、确定的计划值，产生月度、旬能源介质的供需计划报表，包括发电计划、购电计划，煤气供需计划等。

可以对计划报表予以查询、打印，以及转换为 Excel 格式。

根据公司的生产计划和检修计划，制定出月度能源供需计划。首先，以日为单位制定出各能源用户的用量计划，并根据各单位的计划和实际检修情况对月度计划进行修订，计算出公司 1 个月内每日的各能源需求总量；同时根据能源生产单位的生产和检修情况，计算出公司 1 个月内每日的能源供给总量。根据需求总量和供给总量的差值情况，进行适当的调整，包括能源的外购和用户的调整，保证总体的能源供需总量平衡，合理利用。旬计划的制定与月计划类似。

2.2.2　能源调度管理

根据历史数据统计获得的各种能源介质在主要生产厂的单耗和单产，按短期作业计划（产量、作业时间等）和设备运行状况（正常生产、故障、维修等），预测各生产厂对能源介质的短期负荷需求，和预测能源产出量，给出供需预测曲线。预测的时间范围可根据用户需求设定，一般以小时为单位。并以一定的时间间隔进行滚动，从而实时给出预测曲线。根据预测结果，为能源生产调度提供依据，合理分配能源。

下面以钢铁企业煤气调度为例进行介绍，其他介质的调度与此类似。

在日常生产中，造成煤气压力波动的因素很多，主要如下。

① 大用户的用气量变化是高炉煤气用量和产气量波动的主要因素，如高炉热风炉的换炉，高炉休风、减风等。

② 轧钢工序是造成混合煤气用量波动的主要因素。混合煤气是专为轧钢工序配制的，其用量波动的主要原因如下：

a. 轧钢厂多，用户点多，常有用户点因定修、待料等原因停产；

b. 轧钢产量变化大，如轧制品种改变时，轧机的能力发生变化，加热炉的加热能力随之变化，煤气用量也相应变化；

c. 加热坯料，规格、品种、物理性质发生变化，加热工艺随之变化，煤气用量也相应变化。

③ 热值不稳定在混合煤气用量变化上起着重要作用。焦炉煤气供应不足或过剩，使混合煤气热值配比变化。煤气热值提高，混合煤气的用量减少，反之增多，造成恶性循环，煤气波动加剧。

④ 输配管网缺陷是煤气用量波动的重要因素。

⑤ 用户的工作制度不连续是煤气用量波动的重要因素。

因此，必须通过煤气调度，使正常生产时煤气的发生和使用保持一个动态的平衡，当煤气过程量超过预定的上、下限时，发出报警信息和显示，并根据煤气主管网的压力进行压力放散，调节煤气主管网的压力，使煤气主管网压力维持在一个相对稳定的区间内，确保煤气系统安全运行。主要功能包括：

① 监视煤气潮流，协助调度员煤气放散调度；

② 监视供发电厂混合煤气量；

③ 监视供混合煤气站的高炉煤气量；

④ 监视各车间的混合煤气用量。

主要调度措施如下。

① 煤气调度与生产调度相协调，实行均衡生产，各轧钢厂的轧制规格大小错开，生产均衡，达到加压站输送混合煤气稳定、确保各轧钢厂能同时生产的目的。如果轧制规格不错开，产量同时偏大或偏小，不均衡生产，不仅造成加压站输送量的变化，增加加压站调节次数，而且使煤气热值发生变化（混合比改变），导致炉温变化影响正常生产。

② 加强煤气调度与焦炉气柜的联系，密切监控气柜高度的变化，充分挖掘气柜的调峰能力。规定当气柜降到某一高度时，要求加压站开始掺混高炉煤气，气柜达到一定高度时，退出高炉煤气，送纯焦炉煤气，减少煤气的放散。

③ 加强煤气调度与各轧制厂的信息沟通与反馈，要求各轧制厂每班及时通报当班及下一班轧制规格、坯料冷热情况、煤气调度根据情况及时调配煤气，将混合比通报给各轧制厂，各轧制厂根据配比调节加热炉的风量，保证正常生产。

④ 改进调度办法。依据均衡生产原则，加强高炉休风、复风、引气的调控。当高炉提出马上要休风时．煤气调度员首先要求炼铁厂调度员说明休风原因．并确定具体休风开始及可能结束时间，改变高炉一提出马上休风就立即通知调节用户单位马上切断煤气的做法，避免用户过早切断煤气，造成高炉煤气压力升高而放散，缩短缓冲用户停烧煤气时间。

⑤ 加强高炉、煤调、用户之间的联系。高炉休风、减风之前要通知煤调，煤调迅速通知其他高炉热风炉注意压力变化，并要求有关调节用户做好停气工作。煤气调度员通过监控

系统密切监控煤气运行情况，随时根据数据变化情况，先调节有关用户的用气量，确保管网压力，并要求休风、减风高炉热风炉，减少高炉煤气用量或停止用气。高炉复风引气后及时通知其他用户进行引气操作，并要求热风炉控制煤气压力，防止压力急剧上升，威胁管网安全。这样，大大减少了焦炉、竖炉等重点用户停止加热和中断煤气的次数和时间，有效地增加煤气用量。

2.3 能源分析管理子系统

在整合能源实时数据、历史数据的基础上，采用专业关系数据库软件，开发能源管理数据库系统，结合能源管理的具体业务需求，实现能源管理与数据分析。

2.3.1 能源平衡分析

利用计算机数据分析技术，对历史数据进行分析，并根据公司生产与设备运行安排，进行能源供需、能耗实绩与计划的比较，以报表、图表、曲线等方式显示，预测下期消耗（可分月、季、年）。数据流向如图7-2-3所示。

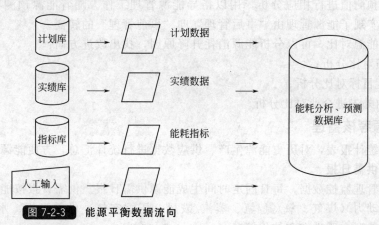

图 7-2-3 能源平衡数据流向

2.3.2 能源预测管理

能源预测系统以现在的实际能源平衡为基础，以能源介质的库存状况和能源生产设备的工艺参数为输入，预测未来几小时内能源自产、外购、消耗量，帮助调度人员充分利用煤气等二次能源，发现可能出现的不平衡趋势和事故倾向，确保生产合理、稳定运行。

(1) 短期能源预测

根据历史数据统计分析，计算各种能源介质的单耗和单产。以单耗、单产为基础，根据未来短期的作业计划，预测各种能源介质在几小时内的生产、消耗量，作为能源调度的参考。或根据目前能源介质的潮流情况，对未来短期的煤气柜位置情况进行预测，协助调度员及时调度。

(2) 工序能耗预测

工序能耗的预测方法是取相应供需计划中的计划消耗量和回收量，从生产计划中提取工序计划产量，并按照以下计算公式进行预测，为公司的近期能源供需平衡提供基础数据。

$$工序能耗 = \sum (该工序每种能介计划消耗量 \times 折算系数$$
$$- 能介计划回收量 \times 折算系数) / 该工序计划产量$$

(3) 单位产量综合能耗预测

通过对单位产量综合能耗的预测，了解和掌握单位产量综合能耗的变化趋势，使管理者可以对总体用能水平有全面的了解。其中，单位产量综合能耗的计算公式如下：

单位产量综合能耗＝企业综合能源消耗折标煤量/合格单位产量

＝（购入能源量－外销能源量±库存变动）/合格单位产量

对单位产量综合能耗进行预测时，由于企业的综合能源消耗量很难统计预测，所以具体预测时，应从能耗量比较大的几个主要工序入手，先预测出各个主要工序的能耗量，然后比上各主要工序占所有工序的能耗比例系数，预测出总能耗，进而预测出单位产量综合能耗。

(4) 预测值与历史实绩对比

按期将预测工序能耗值与能源平衡表中的实绩工序能耗值进行比较，显示绝对值增减量及增长百分比，判断工序能耗预测的准确性，并以此为依据，为后期改进和调整预测方法、提高预测精度提供帮助。

差值＝±(当月实绩工序能耗值－当月预测工序能耗值)

增长(下降)率＝±(当月实绩工序能耗值－当月预测工序能耗值)/当月预测工序能耗值
×100%

(5) 能源预测值分析

根据能源预测值进行相应分析，用以指导能源管理工作。随着能源预测精度的不断提高，能源预测实现了能源管理由"事后管理"向"事前管理"的转变。

通过以下能源对比，可以分析能源消耗升降原因，找出改进方向：

① 同实绩对比分析；

② 同年度目标对比分析；

③ 同国内外先进企业对比分析。

2.3.3　能源考核管理

编制各种统计报表，对历史能源生产、供应数据进行统计汇总，方便能源考核管理。

(1) 能源供需日报

根据能源管理监控数据，每日固定时间生成能源供需日报。供需日报按能源介质分为电力供需日表、动力（煤气、氧/氮/氩、蒸汽/鼓风、压缩空气）供需日报、水供需日报等，主要展示每天能源介质生产和使用情况。

(2) 能源供需月报

对每月能源介质的发生和消耗量进行统计，能源供需月报作为公司的能源结算报表，其数据具有相当的权威性。成本计算、业绩考评、对外报表均以此数据为基准。

(3) 能源管理异常情况报表

针对能源管理出现的异常情况进行记录，以便采取补偿措施，同时，便于日后分析原因，避免异常情况重复出现。

(4) 主要能源管理指标跟踪

对主要能源管理指标进行每日跟踪，生成统计报表、工序能耗及综合能耗指标跟踪。从ERP系统采集每日产量数据以及原燃料消耗数据，统计出每日主要工序能耗，监视每日综合能耗走势。每天以曲线形式展示指标走势。

2.4　钢铁企业能源管理功能举例

钢铁企业能源管理系统按电力、动力、水道、环保四个系统采集的能源介质过程信号（包括介质趋势、能源设备运行状态、故障报警等），进行数据的基本处理和存储，再将这些信息传送到数据库服务器、应用服务器、操作员站等，进行能源介质系统运行趋势及主要能源设备运行状态的显示、报警、归档和其他处理，并通过计算机管理系统对能源系统主要设备进行运行参数设定、远程操作和实时调整。主要的能源管理功能结构如图7-2-4所示。

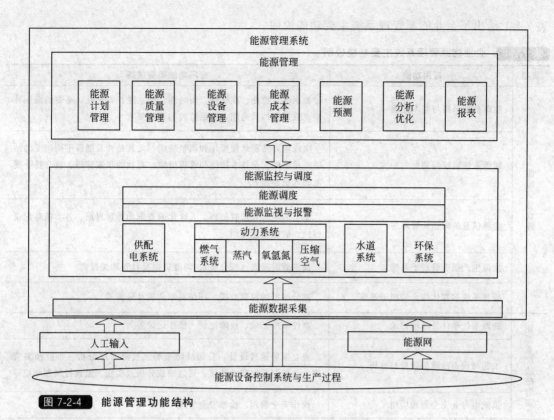

图 7-2-4　能源管理功能结构

能源管理的功能主要包括内容如图 7-2-5 所示。

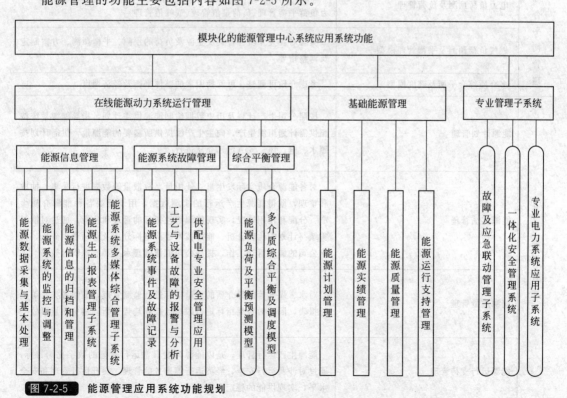

图 7-2-5　能源管理应用系统功能规划

表 7-2-1 给出了企业能源管理系统主要功能说明。

表 7-2-1 企业能源管理系统主要功能说明

类型	应用功能	应用功能简要描述
能源信息管理	能源数据采集与基本处理	数据的完整性、准确性、实时性、独立性、安全性，必要的温压补偿、数据归档及追溯，满足监控和管理要求
	能源系统监控与调整	实现重要站所远程操作和调整功能，尤其是涉及能源平衡调度的站所、足够的安全技术措施和管理措施、有效的预案管理、符合行业规范的人机界面
	能源信息的归档和管理	安全的短时和长时归档、人性化的查询和管理界面、各类信息记录归档、故障信息归档
	能源生产报表管理子系统	提供瞬时报表（按介质）、调度日报及日管理类报表
	能源系统多媒体综合管理子系统	部分站所的视频监视、环保视频监视及分析等
能源系统故障管理	能源系统事件及故障记录	事件顺序记录、故障记录、操作记录等
	工艺与设备故障的报警与分析	独立报警通道设计、分级故障报警、故障时序分析、事故预案管理、与控制系统联动处理、紧急减载分析及实施、监督控制和顺控等
	供配电专业安全管理应用	操作安全管理、检修安全管理
综合平衡管理	电力负荷预测及负荷管理	按照钢铁负荷特点实现超短期、日负荷预测及用电量预测，实现电力负荷平衡管理、负荷量值管理(或峰值管理)
	燃气负荷预测及平衡管理模型	实现对各类介质、各类发生源及负荷的预测、平衡预测、方案制定及调整指导
	多介质综合平衡及调度模型	考虑介质可调整、可互换因素的整体平衡及经济调度
基础能源管理	能源计划管理	按照公司生产计划及历史数据编制能源供需计划，指导能源系统按照供需计划组织生产，向主生产线提供所需的能源量，供需计划按照水、电、风、气（汽）介质进行
	能源实绩管理	对各能源介质实际发生量、使用量、放散量等数据进行采集、抽取和整理，取得能源生产运行的实绩数据，用于反映各种能源介质生产、分配和使用情况，实现能源消耗指标的管理和分析，通过对能耗实绩与计划的比较分析、能源技术经济指标分析及对标管理分析，指导公司的能源管理工作，提高公司能源管理水平和能源管理效率
	能源质量管理	对水、煤气等能源介质的质量指标进行监测管理，编制各类能源质量报表，同时对各类指标进行跟踪监控和趋势分析，避免质量事故
	能源运行支持管理	能源生产运行管理，是以能源调度日常运行管理的数字化为目标，通过对涉及运行安全、经济运行等事务的管理，提升运行管理和安全水平，实现供能的稳定和安全

类型	应用功能	应用功能简要描述
专业管理子系统	故障及应急联动管理子系统	由异常、故障或其他条件触发的预案处理、应急联动及基于组态技术的预案生成和管理
	一体化安全管理系统	在监控及管理系统中设计有满足集中安全管理的专业安全管理模块，包括授权、接入管理等
	专业电力系统应用子系统	根据不同企业需求，专门为供配电系统设计的有关电力专业应用子系统，包括潮流计算、短路计算等功能

3.1　企业能源监控技术

第**3**章 企业能源管理关键技术

企业能源管理关键技术，包括企业能源监控技术、企业能效评估与分析技术、能源动态平衡和优化调度技术以及全流程能量系统全局优化技术，其相互关联关系如图 7-3-1 所示。

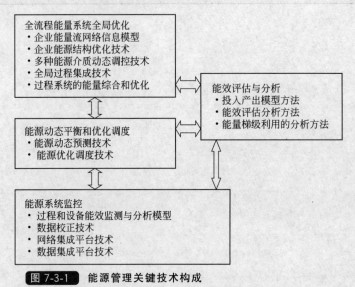

图 7-3-1 能源管理关键技术构成

其中，能源系统监控是节能降耗减排的基础，为能源系统评估分析和优化控制提供必要的信息支持和执行手段；能源动态平衡和优化调度是节能降耗减排的核心环节，通过能源平衡和调度，达到能源系统的平衡与能源分配利用的优化，在确保安全生产和能源稳定供给的前提下，减少一次能源消耗，充分利用二次能源，降低能源放散，提高能源综合利用效率；能源评估与分析通过能源系统现状评估和潜力分析，为节能降耗减排提供方向指导和路径选择；全流程能量系统全局优化是能量管理的高级阶段，将管控对象生产设备（或过程）扩展到全流程，使系统能耗与物质流、信息流相关联，研究以节能为主要目标、以可松弛的生产要求为约束的运行优化和控制方法，保证生产工艺条件，分层实时地实现节能控制与优化。

3.1 企业能源监控技术

能源监控是能源系统评估分析、优化控制的基础。因此，应采用在线检测技术、先进的软测量技术和多源信息融合技术，建立和分析反映复杂生产全流程中能源产生、传递、转换和消耗全过程的动态"能源流"系统，建立分布式网络化能源状态分布的"能源场"，从而可实时动态获得能源产生、转化、使用和回收数据，为能耗综合分析和评估、优化能源调度和控制、能源循环利用提供信息化保障。

涉及到的关键共性技术如下。

(1) 工艺过程和大型耗能设备能源利用效率在线监测与分析模型

通过分析其典型系统结构与工作原理，综合考虑能源产生、传递、转化及消耗过程，确定影响过程和设备能效的主要因素，建立典型设备的能耗统计模型、能效分析模型、能源需求预测模型，为企业级能源系统综合平衡分析、在线优化调度提供重要的基础。

（2）能源介质数据协调技术

工业企业能源系统能源介质之间存在着各种关联关系，能量流与主工艺生产流程物质流互相影响和作用，其生产流程是物质流和能量流相伴相随、彼此制约的过程，因此，能量流信息要反映出与物质流信息的融合关系。根据能源介质间定量平衡关系和主要耗能设备的能量平衡关系，进行能源介质数据协调，并对检测仪表或数据传输中的故障进行分析、判断，保障能源数据的完整性和一致性。

（3）能源系统网络集成平台技术

包括多网络环境下，能源管控网与其他异构网络 ERP 网、MES 网、生产控制网的集成技术；针对能源采集设备多样的特点，建立能源管控网络与多种标准、非标准网络协议的接口互联技术；基于无线技术的远程测控技术，满足企业能源系统大分散的特性；大型异构网络的安全运行保障技术，满足能源管控网络安全、稳定、快速性的要求。

（4）能源管控系统数据集成平台技术

包括基于动态标签技术的实时数据集成技术，应对能源管控系统必须实时监视和控制的变量规模十分巨大（通常超过万点）的特点；异构数据源中多尺度数据的动态集成技术，满足能源管控系统中管理数据、事件、实时数据并存的需求；关键能源数据的备份及安全加密技术。

3.2　企业能效评估和分析

企业的能效评估与分析，不仅要研究单体设备，还要研究由若干台单体设备组成的生产车间或厂（生产工序），以及由若干个生产车间或厂组成的企业（全流程）。因此建立这种大型联合企业系统能效的综合评价系统，首先要建立各工序能效分析模型，分析单体设备、生产工序及其能耗水平对企业综合能耗指标的影响；之后，研究建立起企业的多级投入产出模型，分析影响企业能效的各类主要因素及其相互关系，并且从企业整体出发，进行全流程综合考虑和进行能源分析和评估。此外，还要注意能源系统关联分析模型的建立，详细研究分析企业生产流程各种物质流和能量流的耦合、衔接和相互影响的动态规律，建立起可以开发覆盖大型联合企业能源相关环节的能量流模型、能源转换模型和全流程能源供需平衡模型库，实现对整体能源系统的多尺度、多角度的深层次分析，从而建立起全面、客观、高效的能效评价体系以及能效指标分析评价数据库。

企业能效评估和分析可以采用的方法很多，主要分为模型化方法和分析方法。模型化方法就是用数学模型的方法来描述所要研究的问题，国内外采用模型化方法对企业系统进行节能研究的模型主要有能源投入产出模型、能源平衡模型等。研究系统节能的分析方法是用来对节能（或能耗）进行比较、分析和评价的方法，具有代表性的方法有比较分析法、因素分析法、层次分析法、e-p 分析法以及支持能量梯级利用的㶲分析法等。

3.2.1　企业能源投入产出模型

投入产出法[1]，是运用现代数学方法和电子计算机手段，研究一个经济系统内、部门之间或产品之间的投入与产出数量依存关系的经济数学模型的方法。对于企业能源投入产出模型，能源投入产出模型是实物型投入产出模型的一种，能源投入产出法是把投入产出技术的一般原理，用在对能源结构的分析、能量的转换和需求预测等方面。在能源投入产出法中，无论是表式设计还是计算分析，都把能源产品放在中心的位置上考虑。模型中对能源产品的分类更细致，而对非能源产品的分类更集中、更简化。

(1) 企业能源投入产出表的基本模式

把企业的全部产品分为三大类：自产产品、回收产品和外购产品。企业自产产品指企业自己生产的产品；回收产品指各工序回收的产品；外购产品指从企业范围外所购买的产品。这三大类产品中又分为能源产品和非能源产品两类。具体模式如表 7-3-1 所示。

表的纵向分为若干行，各代表投向各道工序消耗物的种类、数量和去向。其中，填入前 n 行的是本企业生产的产品；填入后 m 行的是企业外购的或企业回收的各种能源和非能源产品。

表的横向分为若干列，代表企业自产的且作为原料消耗掉的那部分产品（统称中间产品），剩下的 3 列分别为产品能值、最终产品产量、产品总量或外购资源需求总量（统称总产品）。

表 7-3-1　企业能源投入产出表

投入 ＼ 产出		中间产品 1　2　…　n	产品能值	最终产品	总产品
自产产品	能源 1 2 ⋮	$\boldsymbol{A}$	f_1 f_2 ⋮	y_1 y_2 ⋮	x_1 x_2 ⋮
	非能源 n		f_n	y_n	x_n
回收产品	能源 1 2 ⋮	$\boldsymbol{D}$	q_1 q_2 ⋮	0	u_1 u_2 ⋮
	非能源 l		q_l		u_l
外购产品	能源 l+1 l+2 ⋮		q_{l+1} q_{l+2} ⋮		u_{l+1} u_{l+2} ⋮
	非能源 m		q_m		u_m

表中，$\boldsymbol{A}$、$\boldsymbol{D}$ 为投入产出系数矩阵；$\boldsymbol{F}=(f_1,f_2,\cdots,f_n)^{\mathrm{T}}$ 为产品能值向量，$\boldsymbol{Q}=(q_1,q_2,\cdots,q_n)^{\mathrm{T}}$ 为标准煤折算系数向量，$\boldsymbol{Y}=(y_1,y_2,\cdots,y_n)^{\mathrm{T}}$ 为最终产品产量向量，$\boldsymbol{X}=(x_1,x_2,\cdots,x_n)^{\mathrm{T}}$ 为总产品产量向量，$\boldsymbol{U}=(u_1,u_2,\cdots,u_n)^{\mathrm{T}}$ 为企业回收、外购能源和非能源总量向量。

投入产出表中的每一行都可以根据

$$中间产品＋最终产品＝总产品 \tag{7-3-1}$$

这个平衡关系，列出产品分配平衡方程，用矩阵形式表示：

$$\boldsymbol{AX}＋\boldsymbol{Y}=\boldsymbol{X} \tag{7-3-2}$$

对式（7-3-1）进行变换和整理，可以得到：

$$\boldsymbol{X}=(\boldsymbol{I}-\boldsymbol{A})^{-1}\boldsymbol{Y} \tag{7-3-3}$$

式（7-3-3）是已知直接消耗系数矩阵 $\boldsymbol{A}$ 和最终产品产量向量 $\boldsymbol{Y}$，求总产品向量 $\boldsymbol{X}$ 的矩阵方程。

(2) 直接消耗系数

产品的直接消耗反映了各种产品在生产过程中的直接联系，直接消耗系数就是单位产品对其他产品的消耗数量，它可以从数值上确定产品之间的生产联系的强度。某工序生产的单

位产品 j 对物质 i 的直接消耗，称作产品 j 对物质 i 的直接消耗系数。记为 a_{ij} 或 d_{ij}。将企业内部所有产品的直接消耗系数组合起来，则构成直接消耗系数矩阵，用 A 表示：

$$A = \begin{bmatrix} a_{11} & a_{12} & \cdots & a_{1n} \\ a_{21} & a_{22} & \cdots & a_{2n} \\ \vdots & \vdots & \vdots & \vdots \\ a_{n1} & a_{n2} & \cdots & a_{nn} \end{bmatrix}$$

企业自产产品对其回收产品和外购产品的直接消耗系数矩阵用 D 表示：

$$D = \begin{bmatrix} d_{11} & d_{12} & \cdots & d_{1n} \\ d_{21} & d_{22} & \cdots & d_{2n} \\ \vdots & \vdots & \vdots & \vdots \\ d_{l1} & d_{l2} & \cdots & d_{ln} \\ d_{l+1,1} & d_{l+1,2} & \cdots & d_{l+1,n} \\ \vdots & \vdots & \vdots & \vdots \\ d_{m1} & d_{m2} & \cdots & d_{mn} \end{bmatrix}$$

实际上，直接消耗系数 a_{ij}、d_{ij} 就是统计期内企业各工序以实物量表示的单位产品的能耗和物质消耗。一般情况下，把某工序生产的能源或非能源产品的回收量用"负消耗"表示。各工序对回收副产品的消耗量，仍用正值表示。

(3) 完全消耗系数

在任何一种产品的生产过程中，对某种资源（例如第 i 种），除了直接消耗以外，还要通过消耗其他能源和非能源而对这种资源发生一次间接消耗、二次间接消耗……，直至无穷。产品的直接消耗与各次间接消耗的总和，等于完全消耗。

图 7-3-2 给出生产单位自产产品 j 对自产产品 i 的完全消耗概念图。图中，a_{ij} 为自产产品 j 对自产产品 i 的直接消耗系数；b_{ij} 为产品 j 对产品 i 的完全消耗。

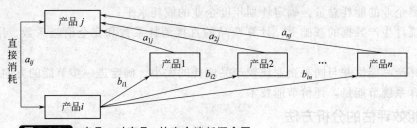

图 7-3-2　产品 j 对产品 i 的完全消耗概念图

依据产品完全消耗系数的定义，建立自产产品 j 对自产产品 i 的完全消耗方程，共有 $n \times n$ 个方程，用矩阵表示如下：

$$\begin{bmatrix} b_{11} & b_{12} & \cdots & b_{1n} \\ b_{21} & b_{22} & \cdots & b_{2n} \\ \vdots & \vdots & \vdots & \vdots \\ b_{n1} & b_{n2} & \cdots & b_{nn} \end{bmatrix} = \begin{bmatrix} a_{11} & a_{12} & \cdots & a_{1n} \\ a_{21} & a_{22} & \cdots & a_{2n} \\ \vdots & \vdots & \vdots & \vdots \\ a_{n1} & a_{n2} & \cdots & a_{nn} \end{bmatrix} + \begin{bmatrix} b_{11} & b_{12} & \cdots & b_{1n} \\ b_{21} & b_{22} & \cdots & b_{2n} \\ \vdots & \vdots & \vdots & \vdots \\ b_{n1} & b_{n2} & \cdots & b_{nn} \end{bmatrix} \begin{bmatrix} a_{11} & a_{12} & \cdots & a_{1n} \\ a_{21} & a_{22} & \cdots & a_{2n} \\ \vdots & \vdots & \vdots & \vdots \\ a_{n1} & a_{n2} & \cdots & a_{nn} \end{bmatrix}$$

或写成：$B = A + BA$。令 $B = B_A$，经整理后得：

$$B_A = (I-A)^{-1} - I \tag{7-3-4}$$

式（7-3-4）是已知直接消耗系数矩阵 A，求自产产品 j 对自产产品 i 的完全消耗系数矩阵的计算公式。式（7-3-4）中的 $(I-A)^{-1}$ 被称为 Leontief 逆矩阵。为便于区分，将自产产品对自产产品的完全消耗系数矩阵用 B_A 表示。

用同样的办法，还可以建立自产产品对外购产品或回收产品的完全消耗方程。令 B_D 为自产产品对外购产品的完全消耗系数矩阵，则自产产品对外购产品的完全消耗系数公式为：

$$B_D = D(I-A)^{-1} \tag{7-3-5}$$

（4）产品能值

产品能值就是单位产品在生产过程中全社会所花费的能源总量。但考虑到按这种定义计算企业的产品能值是不可能实现的，所以，这里提出的关于企业产品能值的概念限定在企业这个范畴。企业产品能值，是这种产品在生产过程中该企业所花费的能源总量。这里假定：

① 业外购的非能源物资的能值为零；

② 业外购的一次能源的能值等于其发热值；

③ 业生产的二次能源的能值等于它们在制备过程中所花费的能量，加上它们本身具有的发热值（或能源当量值）；

④ 工序生产或回收的副产能源产品作为该工序主产品的负消耗处理；

⑤ 业回收的各种金属料的能值只计入它们在加工过程中的能值消耗。

结合上述假定分析，得到能源投入产出表中产品能值，用矩阵形式表示：

$$F = A^T F + D^T Q \tag{7-3-6}$$

整理后得：

$$F = [D(I-A)^{-1}]^T Q = B_D{}^T Q \tag{7-3-7}$$

投入产出模型主要应用包括：

① 预测自产产品的数量以及能源和非能源的购入量，用于编制企业的生产经营计划；

② 预测企业的能耗总量，确定计划年度企业的能耗水平；

③ 在统计生产数据的基础上，计算产品的直接消耗系数和完全消耗系数，用来评价企业的技术水平；

④ 计算产品能值并与同类企业比较产品能耗的大小，确定进一步节能的方向和途径；

⑤ 计算系统节能量，评价节能技术。

3.2.2 能效评估的分析方法

具有代表性的能效评估分析方法有比较分析法、统计分析法、因素分析法、层次分析法，e-p 分析法和 e_0-p_0 分析法。

（1）比较分析方法

具有代表性的是模型工厂对比法。国际铁协会（IISI）在 1974～1976 年间对三个理想工厂的生产规模和工艺流程进行了综合评价，对比了各种流程的产品能值。文献［2］在分析中国和美国钢铁工业能耗差距时也采用了比较分析法，从中、美钢铁工业结构的差别出发分析了能耗的影响因素，指出了中国钢铁工业结构优化、新技术开发和成熟技术推广是系统节能的重要环节。这种方法简单易学，能有效地说明问题。

（2）统计分析法是基于统计学的分析方法

文献［3］收集了 31 个不同工业化国家和发展中国家 1950～1988 年间的能耗数据，用统计分析方法概括分析不同经济结构的国家人均能耗及能耗结构，找出了大多数发展中国家经济增长率滞后于能耗增长率的关系。这种方法真实可靠，但统计工作量较大。

(3) 因素分析法是能耗研究的重要方法

Park 等人在分析各国工业生产的能耗时将影响能耗变化的因素分为三类，即产品变化、单位产品能耗变化和结构变化，高度概括了影响工业生产能耗因素的本质和特征。这种方法系统性较强，分析过程清晰明确。

(4) 层次分析法

层次分析法是一种将人的主观判断用数量形式表达和处理的方法，它体现了人类决策的基本特征——分解、判断和综合，大大提高了决策的有效性、可靠性和科学性。它由 Saaty 提出，并被应用于能源系统的决策中，取得了较好的效果。文献［4］应用层次分析法研究了制氧系统，建立了定性与定量相结合的停机决策模型，解决了制氧机停机决策问题。

(5) e-p 分析法

是由陆钟武教授提出的，其后又在能耗分析中得到了应用[5]。谢安国等应用 e-p 分析法对我国钢铁工业吨钢综合能耗进行了剖析，指出我国钢铁工业应将降低铁钢比放在首位，辅以提高连铸连轧装备技术水平及进一步降低各工序能耗，并用该方法预测了"2000 年和 2010 年我国吨钢综合能耗指标"。e-p 分析法的特点是研究对象范围明确、分析方法简单明了、计算过程简单通用、分析过程有序化和系统化。

(6) e_0-p_0 分析法

e_0-p_0 分析法是陆钟武教授最新提出的物流能耗分析方法[6,7]，利用它可以深入研究钢铁企业各种生产流程和物流对能耗影响的规律。e_0-p_0 分析法利用"基准物流图"构造企业实际物流图，通过它们的能耗对比分析，发现企业在流程和物流等方面的节能潜力。宝钢和唐钢应用 e_0-p_0 分析法进行了系统节能研究，分别讨论了企业内部各物流之间的影响规律和物流对能耗的影响规律，指出了企业的节能潜力。

除以上主要方法外，企业节能分析方法还有综合分析、平衡分析等其他方法。

在企业能效评估和分析方面，国内外主要围绕能量流、物流对能耗的影响、物质流和能量流之间相互关系三个层次进行了研究。

(1) 针对能量流的节能研究

文献［8］根据宝钢生产系统和能源转换系统的特点，分工序按不同物流和不同种类能源分别建立了物流方程和能源方程，同时考虑了能源转换系统调节和缓冲的作用，并建立了相应的方程。文献［9］针对钢铁企业能量流动过程，构造了从一次能源到二次能源产品的生产、转换和使用过程直至废气排放的能量流图；基于能量流图，建立了钢铁企业能量流模型，分析了钢铁生产过程中各种能量流的变化对企业能耗的影响。

(2) 物流对能耗的影响研究

文献［10］构思了钢铁生产流程的基准物流图，在此基础上讨论了钢铁生产流程偏离基准物流图对吨材能耗和吨钢能耗的影响，并得出结论物流问题是钢铁生产流程中的一个关键问题，对钢铁企业乃至钢铁工业的能源消耗影响极大。文献［11］则以唐钢年均生产数据为例，同时分析了钢铁生产流程的物流对能耗和铁耗的影响。分析结果表明，向中间工序输入废钢，可同时使吨材能耗和吨材铁耗降低；流程中途向外界输出含铁物料，可同时使吨材能耗和吨材铁耗上升；含铁物料在某一工序内部循环，或在工序之间循环，不影响吨材铁耗，但会使吨材能耗上升。

(3) 关于物质流和能量流之间相互关系及其对能耗的影响的研究

文献［12］把大型钢铁企业的生产系统分解为相互关联的物质流动和能量流动过程两部分。考虑物质流和能量流的相互关联和制约，建立两者的耦合模型，进而讨论了钢铁生产过程中物质流变化、能量流变化及其相互作用对企业能耗及资源效率、能源效率的影响。文

[13，14] 则建立了钢铁企业物质流、能量流和污染物流的分析方法，提出了钢铁企业生产过程和能源转换过程的数学模型，给出了工序能耗、产品能值和吨钢能耗的表达式，同时考虑钢铁生产过程中资源消耗、产品生产和污染物排放等问题。文献 [15] 依据能量中的㶲平衡关系，即热力学第一和第二定律，阐述了钢铁工业特别是炼铁系统开展㶲分析的意义，并建立了工序的㶲分析模型。应用该模型，分析了铁前各工序（烧结、球团、炼铁工序）的㶲效率、㶲损失，指出了铁前工序的节能方向和途径。

3.2.3 能量梯级利用的分析方法

(1) 总能系统利用与能量梯级利用

总能系统（Total energy system）是一种根据工程热力学原理，提高能源利用水平的概念或方法，及其相应的能量系统。目前还没有世界公认的定义，比较普遍的一种说法是："按照能量品位高低对能量进行梯级利用，从总体上安排好功、热（冷）与物料热力学能等各种能量之间的匹配关系与转换使用，在系统高度上总体地综合利用好各种能源，以取得更好的总效果，而不仅是着眼于单一生产设备或工艺的能源利用率或其他性能指标的提高"[16]。

对应总能系统理论的发展，能源动力系统的发展可以分为三个阶段。

第一代能源系统。基本上建立在简单循环的热机层面，即多采用由若干热力过程组成的正向循环来实现把热能转化为机械功（或含有效热输出）的简单循环系统形式。包括常规燃煤蒸汽循环与简单燃气轮机循环都属于第一代能源系统的范畴。1988 年，吴仲华教授在他主编的《能的梯级利用与燃气轮机总能系统》专著中，从能量转化的基本定律出发，阐述热能的梯级利用与品位概念和基于能的梯级利用的总能系统，提出了著名的"温度对口、梯级利用"原则，包括：通过热机把能源最有效地转化成机械能时，基于热源品位概念的"温度对口、梯级利用"原则；把热机发电和余热利用或供热联合时，大幅度提高能源利用率的"功热并供的梯级利用"原则；把高温下使用的热机与中低温下工作的热机有机联合时，基于"联合循环的梯级利用"原则等。

第二代能源系统。就是基于"温度对口，梯级利用"原理集成的能量转换利用系统，在实现一种或多种热工功能目标时，达到更高的能源利用率。它是基于第二定律，注意到能量的品位差别与梯级利用，开始提出热力循环组合的总能系统。包括燃气-蒸汽联合循环在内的多种复合循环均属于这一范畴。不过那时的概念还局限于热工领域，仅考虑燃料化学能通过燃烧转化为热能后，物理能（热）怎么梯级利用，没有考虑能量损失最大、燃料化学能转化与释放过程产生的污染，通常被称为狭义总能系统。

第三代能源系统。为了满足新世纪可持续发展的需求，人们在传统能源利用系统基础上不断开拓发展新型能源动力系统，而多领域渗透、多能源互补和多功能综合，已成为当代能源动力系统发展的一个基本趋势和特征。广义总能系统（资源-能源-环境一体化的多功能能源系统）是在狭义总能系统基础上、面对更多领域以实现更多功能需求目标而扩展形成的能量转换利用系统，它基于物理能与化学能综合梯级利用原理，同时考虑能源与环境的协调。广义总能系统可包容多种能源、资源输入，并具有多功能或联产输出的能源利用系统，它在接受多种不同的物料、能源等输入而完成发电供热等热工功能的同时，还生产出化工产品与清洁燃料，并对污染物进行有效地分离、回收与利用，使能源利用综合合理和低污染，把热工过程和污染控制一体化，协调兼顾了能源动力、化工、石化、环境等诸领域问题。第三代能源系统是在可持续发展的大背景下全面发展了的广义总能系统，为与环境保护相容协调的总能系统，即多领域学科交叉渗透、多能源与多输出一体化的广义总能系统，是新世纪能源动力系统发展的主流方向和前沿。

(2) 能量梯级利用的㶲分析方法

从系统层面看，总能系统集成理论（包括系统概念、系统集成思路与设计原则等）是总能系统集成开拓的前提与基础，而能的综合梯级利用，包括化学能梯级利用，则是系统集成理论的核心和主线。相应的，能的品位概念以及能的品位方程是能的梯级利用原理的基础。

根据热力学第二定律，能量转换利用时不仅有数量的问题，还有能的品位的问题。能的品位是指单位能量所具有可用能的比例，即能量在某状态下经过可逆过程变化到环境基态时的变化量与能量变化量的比值，是标识能的质量的重要指标。能的品位 A 的定义为某微元过程能量释放侧或接收侧释放或接收的㶲（dE）与释放或接收的能量（dH）之比：$A = dE/dH$。能在传递与转化过程中的品位差是产生不可逆损失的根本原因。因此，对品位概念的深入认识是实现梯级利用的前提与基础。

物质能的品位 A 等于化学反应吉布斯自由能的品位 B 和反映物理能品位的卡诺循环效率 η_c 与过程中以热形式出现的能量占总焓能量份额 Z 的乘积之和：$A = B + \eta_c Z$。该表达式将物质能的转化利用以无量纲的形式表达出来，建立了物质能、化学反应吉布斯自由能和物理能的三者之间品位普遍关联方程，清晰地将物质能的总品位 A 分解为化学反应品位 B 和热的转化利用的卡诺循环效率 η_c，可以清楚地探讨如何分别通过化学反应过程和物理过程以实现物质 dE 的有效转化与利用，从而揭示出实现物质能的总品位 A 的梯级利用的机制。

㶲是从"质"与"量"相结合上科学地评价能量"价值"的一种物理量。㶲分析在化学或热力系统的集成和优化方面的应用日益受到国际重视。其中，具有代表性的黑箱分析、㶲流图、能的品位方法应用最为广泛[16]。"黑箱"㶲分析方法为先发展起来的系统分析方法，它是在系统能量各个转化过程的平衡计算基础上进行分析。㶲流图是在"黑箱"分析方法之上，以㶲流输入、输出和㶲损失以流程图形式表现出来，能够较为形象地看出系统输入㶲伴随能量转化的分布情况。图像㶲分析方法（Exergy utilization diagram methodology，EUD）是基于能的品位概念，将系统能量变化、能的品位变化、能量传递过程㶲损失三者的关系共同用图像方式描述。相对前两种方法，EUD 图像分析方法将热力学第一定律与第二定律有机结合，不再用孤立的方式去单纯表达损失，而是以更直观、更形象的方式揭示能量传递过程发生可用能损失的根本原因。

为了适应未来复杂能源系统深入分析与集成创新的要求，㶲分析方法的发展即将进入一个以"品位"、"规律"、"特征方程"为主要特点的新阶段。

关注品位变化规律㶲分析方法是在 EUD 图像㶲分析基础上发展起来的。它在考察多个能量转化过程的能量释放侧与能量接受侧之间的品位关系基础上，通过简明解析数学表达式，将相互作用的能量转化过程的品位变化联立，以建立和揭示多个能量转化单元之间能的品位变化规律和内在关联性[17,18]。这一分析方法的特征在于：①继承了 EUD 图像㶲分析法关注能的品位的特点，强调以梯级利用为原则的品位匹配；②关注过程与过程之间的关联关系，而非孤立地考察单一过程，寻找复杂能源系统中品位变化的特性规律；③利用具有明确物理意义的品位关系推导的方式，而非数值解的方式，定量描述能量转化与利用规律。

3.3 能源动态平衡和优化调度技术

企业能源平衡可分为静态平衡和动态平衡。静态平衡，是指根据生产计划和检修计划，预测一段时间内的能源供应需求量，并制定相应的能源生产供应计划，从而达到预测性平衡。动态平衡，是指在短期时间内，随着生产过程的进行和各种因素的影响，各能源相关参数将动态变化，因此需采取及时平衡策略将这种变化限制在允许范围内，从而达到能源供应和需求量之间的动态平衡状态。

企业的能源动态平衡与优化调度是现在能源管理系统重要功能模块之一。能源动态调度的目标是达到能源系统的平衡与能源分配利用的优化，即在确保安全生产和能源稳定供给的前提下，充分利用二次能源，提高能源综合利用效率。

将调度技术应用到工业企业能源调度，以达到动态平衡与优化，需针对工业能源系统特点，考虑能源预测和调度算法两方面的技术问题。

3.3.1　能源动态预测技术

及时准确地预测能源产、耗和平衡度的变化，是动态调控的前提。目前常用的能源动态预测技术有基于数据和基于机理的两种方法。基于数据的能源动态预测主要通过统计分析技术，对能源历史数据进行分析，然后建立预测模型，这种方法大多只是对能源量的历史数据进行分析，进而建立预测模型，没有充分考虑企业的生产工艺条件、生产组织的动态变化、产品种类的不同等因素对能源量需求的影响，有时在上述因素发生较大变化时难以给出精确的预测结果，针对这种情况，基于数据和基于机理的两种方法相结合会得到更好的结果。

能源预测是在充分考虑一些重要的系统运行特性、增容决策、自然条件与社会影响的条件下，研究或利用一套系统处理过去与未来负荷的数学方法，在满足一定精度要求的前提下，确定未来某特定时刻的负荷数值。现代负荷预测的核心问题是技术方法或是数学模型。随着现代科学技术的快速发展，负荷预测技术的研究也在不断深化，各种负荷预测技术不断涌现，从经典的外推预测技术、回归模型预测技术，到目前的灰色预测技术等。现代智能化的预测技术有专家系统法、神经网络法、模糊逻辑技术等。

(1) 趋势外推预测法[20]

所谓外推法，就是根据已知的历史数据和资料，确定负荷的变化趋势，按照该变化趋势对未来负荷情况做出判断。对趋势明显的负荷数据，做递推计算外推或曲线拟合外推，使得曲线能够反映负荷本身的增长趋势，然后按照这条增长趋势曲线，对于要求的未来某一点，从曲线上估计出该时刻的负荷预测值。这种方法本身是一种确定趋势的外推，因而不对其中的随机成分做统计处理。利用直线、抛物线、三阶曲线、四阶曲线、指数曲线、S曲线等函数拟合数据时，通过线性曲线或最小二乘法确定某些系数与参数，使得估计值与观测值之间的偏差为最小。

(2) 回归法

负荷回归模型预测技术是根据历史负荷资料，建立可以进行数据分析的数学模型，对未来的负荷进行预测[21]，从数学角度认为是用数理统计的回归分析方法，即通过对变量的观测数据进行统计分析，确定变量之间的互相关系，从而实现预测的目的。回归分析包括线性回归和非线性回归。回归模型的特点是将预测目标作为因变量，而影响预测的因素作为自变量，通常因变量是随机变量，自变量是可控变量，而在实际预测中往往碰到的是因变量和自变量都是随机变量。

(3) 时间序列法

能源负荷时间序列预测技术，就是根据负荷的历史资料，设法先建立一个数学模型，用这个数学模型一方面来描述负荷这个随机变量变化过程的统计规律性，另一方面在该数学模型的基础上再确立负荷预测的数学表达式，对未来的负荷进行预报[22]。就一般的时间序列预测方法而言，人们总是先去识别与实际预测目标序列相符合的随机模型，并估计出随机模型的位置参数，再对随机模型进行考核，当确认该随机模型具有价值后，再在此基础上建立预测表达式进行比较。如Box-Jenkins方法[23]。

（4）灰色系统理论

在灰色系统理论研究中[24,25]，将各类系统分为白色、黑色和灰色系统。"白"指信息完全已知；"黑"指信息完全未知；"灰"则指信息部分已知，或者说信息不全，这是"灰"的基本含义[26]。文献［27］一种基于离散傅立叶变换（DFT）的灰色预测方法，首先将负荷序列采用离散傅立叶变换，分解出表征负荷规律性的各种频率分量，再对其进行组合重构，组合成低频分量和高频分量两部分，对低频分量采用灰色 GM（1，1）模型预测[28]，对高频分量单独进行处理，最后将两个处理结果结合起来，即得到最终结果。

（5）神经网络预测技术

运用神经网络技术[29]进行能源负荷预测，其优点是可以模仿人脑的智能化处理，对大量非结构性、非精确性规律具有自适应功能，具有信息记忆、自主学习、知识推理和优化计算的特点。文献［30］采用一种改进的多神经网络[31]集成自适应 Boosting 回归算法。算法中采用相对误差模型代替绝对误差模型，可以更接近于回归预测问题的要求，并在 Boosting迭代过程中，在对训练集采样得到新的训练子集的同时，也对校验集采样得到新的校验子集，保证了两者的一致性。

（6）小波分析预测法

小波分析[32,33]是一种时域—频域分析方法，它在时域和频域上同时具有良好的局部化性质，并且能根据信号频率的高低自动调节采用频率，它最容易捕捉和分析微弱信号以及信号、图像的任意细小部分。其优于传统傅立叶分析的主要之处在于：能对不同的频率成分采用逐渐精细的采样步长，从而可以聚焦到信号的任意细节，尤其是对奇异信号很敏感，能很好地处理微弱或突变的信号，其目标是将一个信号的信息转化成小波系数，从而能够方便地加以处理、存储、传递、分析或被用于重建原始信号。文献［34］介绍了小波分析的基本理论，并且通过利用滤波器组的思想实现对负荷序列的分解，得到各尺度上的小波系数，然后进行单支重构，把各子带上的小波系数分别重构至与原负荷序列相同的尺度。

（7）基于工艺机理的能源动态预测技术

能源介质产、耗与工艺生产过程耦合紧密。生产计划的变化、特殊工况的出现，以及能源系统自身的故障等，往往会给优化模型带来不同的限制要求，动态调控必须识别、适应这些变化，并做出有预见性的、及时的响应。为此，需要对影响波动的因素及波动状况进行系统分析；能源介质的产生，消耗量波动状况（幅度、频度）如何，和哪些因素有关，影响程度大小。分清静态因素和动态因素，静态因素对能源介质的基准值起基础决定作用，动态因素对能源介质的波动趋势产生影响，进而建立预测模型。以钢铁企业副产煤气动态预测为例[35]，采用数据挖掘技术，通过建立工艺数据、过程数据和能源数据的数据仓库，对工艺信息（如钢种、产品类型、工艺路径、热装比等）、过程信息（如热装温度、轧制温度等）及能源消耗信息进行关联分析，找出工艺和过程参量对能耗的关键影响因素，针对不同因素，建立能源动态预测模型库，根据生产工况进行匹配调用。

（8）负荷模拟分析方法

文献［36］针对宝钢负荷的特点，提出了两种负荷模拟分析构建的方法，一种是总负荷模型直接构建方法[37]，这种方法的依据是宝钢负荷具有一定的规律性，例如电炉炼钢时，它每天的负荷曲线基本相同。炼钢、冷热轧、钢管等生产厂的冶炼、换辊、切换时间间隔也具有一定的规律性。因此可以根据历史数据片段拼接出负荷曲线。另外一种是负荷分解建模分析[38]，这种方式在逐步拆分总负荷后，以一天为单位，建立各个环节负荷的 288 点负荷模拟值，与剩余负荷相叠加，从而构造一日的模拟负荷曲线。在负荷预测过程中采用线性回归、滑动平均、线性回归和滑动平均组合分析等方法模拟出负荷曲线，然后将各种方法的预测结果进行对比分析，比较选优，使得误差最小。

3.3.2　能源优化调度技术

按照调度算法所依据的机理，调度方法可分为两类：基于模型的调度和基于规则的调度[39]。基于模型的调度方法，通常将具体的问题表示成带有约束条件的数学模型，对模型运用一定的调度算法，根据特定的目标，寻求有效的求解策略。如数学规划方法、分支定界法、消去法等。该类方法通常能够得到问题的最优解，其缺点在于，该问题被描述为 NP 一完全问题，随着调度问题规模的扩大，调度问题的求解复杂度成指数增长，难度急剧增加。基于规则的调度，根据一定的调度规则或策略来确定调度方案，从而避免了大量的复杂计算，效率高，实时性好。如启发式算法，调度规则根据具体问题产生，可将其归为三类：优先级规则、启发式调度规则和其他规则。基于规则的调度的一个显然的问题是，这种方法不能保证解的最优性，通常只能提供一定程度的次优可行解，缺乏对整体性能的有效把握。实际应用中，通常会将两类方法相结合，以符合特定要求。

能源调度的本质是一个最优化问题。根据需求的不同，能源调度的目标函数分为以下几种情况。

① 若优化需求是能源动态平衡，主要决策变量包括能源介质的供应（产生）量和需求量。优化目标函数为两者之差最小化。

② 若优化需求是节约能源系统运行成本，主要决策变量包括各用能单元自产或回收的能源介质用量，以及外购能源介质用量。对自产煤气等能源介质，还应加上能源放散成本。优化目标函数为各种成本之和最小化。

③ 若优化需求为提高能源系统总经济效率，则主要决策变量除能源介质因素外，还应考虑系统运行成本，如频繁启停设备造成的额外费用，以及系统收益，如自备电厂电能收益、外销能源介质收益。优化目标函数为成本减去收益后最小化。

针对不同的能源介质，能源动态平衡与优化调度的目标函数和策略会略有不同。其中，煤气、蒸汽和电力是其主要能源介质之一，也是能源动态平衡与优化调度的重点。

(1) 煤气

煤气是优质的气体燃料，具有效率高、燃烧易控制等优点。在钢铁企业生产系统中，主要煤气介质种类有高炉煤气、焦炉煤气、转炉煤气等，它们在生产系统多道工艺中得到广泛应用。高炉煤气热值低、杂质含量高、气量大，通常被用作锅炉燃料；焦炉煤气和转炉煤气的热值较高，一般都被回收利用。各种煤气介质经过处理先进入煤气柜，通过调压器控制，或通过煤气混合站直接供应到生产过程系统，或供应到动力车间的电厂、锅炉、燃气轮机等设备，以转化成蒸汽、电力等其他能源介质。

(2) 蒸汽

蒸汽是企业生产中利用余热的良好途径，如干熄焦技术通过惰性气体吸收热量传给锅炉产生蒸汽，烧结矿冷气机排除热风进入余热锅炉产生蒸汽，而轧钢过程中的板坯冷却锅炉以板坯显热为热源来产生蒸汽。通过这些生产技术和工艺，取得了显著的节能效果。过程蒸汽可供应给联合发电系统、热电联合系统，用来发电或进入蒸汽管网，用于预热。蒸汽调度的目的是保证蒸汽管网压力的稳定，从而保证生产所需蒸汽的安全稳定供给。

(3) 电力

电力是企业的又一重要能源，其消耗约占消耗能源总量的 20%。设备驱动、过程加热及其他众多工艺过程，都需要用到电力能源。电力能源的来源由两部分组成：外购电力和自备电厂发电。为了既满足电力需求，又尽量减少电量消耗，钢铁企业购买电力一般采用电力需求侧管理，即企业自身负责用电管理，严格遵照用电合同，确保总用电量和动态负荷均在约定负荷范围内。超出合同负荷将以惩罚价来计算，同时会影响企业用电信誉。自备电厂发电是外购电力的有力补充。电力调度要求有效错开高负荷设备的运行，削峰填谷，尽可能避峰生产，同时优先充分利用自备电厂发电，尽量减少外购电力的使用，考虑计划内、计划外用电和峰值用电的电价不同。

能源调度系统运行必须满足一定的约束条件。约束条件可分为物理约束和工艺约束[40]。物理约束指能源系统正常运行必须遵循的物理规律，如能源平衡约束、物料平衡约束、产品产量约束和最小热值约束。物理约束往往体现为同一层面各种模型的共性。工艺约束指具体到各个企业，不同企业有不同的特殊运行工况，往往会给优化模型带入不同的限制要求。如许多钢铁企业的工艺装备对高炉煤气和焦炉煤气的混合比例有工艺要求，以满足热值在要求的范围内，则模型应加入高炉煤气和焦炉煤气之比在一定范围内这项约束条件。同一层面各种模型的个性很大程度上由工艺约束体现。以煤气调度为例，模型必须满足的物理约束有：煤气动态平衡；生产所需煤气量得到满足；煤气缓冲量在缓冲用户能力范围内，以及煤气消耗量大于等于零的非负约束。模型必须满足的工艺约束有：某些用户所需混合煤气热值必须大于等于其工艺下限；高焦煤气混合加压配比必须在一定比例范围内；某些用户在前后调度时段间换用不同煤气燃料时变动不能太大，必须在一定数值范围内等。

选择合适的优化调度算法是能源调控的关键。流程工业生产是一连续生产过程，不同时段有不同的约束条件，一个时段的优化调配可能造成下一时段的劣化，动态调配需综合考虑多个时间周期内的整体优化。此外，动态调配约束条件繁杂，决策变量很多，要求优化求解算法的效率必须很高。因此，需要选择多阶段变约束动态优化算法，并根据目标函数和约束条件不同，对线性规划、非线性规划、混合整数线性规划、混合整数非线性规划算法做出选择，并建立专家规则和启发式搜索等智能调控预案，对异常情况做出及时响应。

能源调度需要考虑的特殊问题能源介质的管网。管网压力平衡是动态调控的基本要求。工业企业的燃气、蒸汽等管网，由于能源产生始端节点和能源使用终端节点之间距离较远，通过管线输送后到达用户时的压力和温度变化很大，甚至不能满足用户要求，使得工艺过程用能质量下降、能耗增加，用能不合理；能源产、耗动态变化会导致管网中管线的介质流量、压力频繁变化，甚至引起管网安全问题。因此，不考虑管网约束的动态调控，会偏离企业实际运行情况，在工程中实施有一定难度。为消除以上影响，动态调控应充分考虑管网约束。通过建立管网数学模型，形成基于管网模拟的动态优化。能源管网拓扑结构的描述可利用图论的有向图原理，通过关联矩阵（树枝矩阵，连枝矩阵）和基本回路矩阵，将管网图形（枝状网与环状网混合）信息数据化，并与能源节点相关联；根据流体网络的基本定律，如质量守恒定律、能量守恒定律、阻力定律，确定连续性方程、能量方程和压降方程，并对管段摩阻系数进行辨识；采用迭代法（整体联立）或启发式（推拉模式）方法对管网方程求解。

3.4　全流程能量系统全局优化

系统节能的发展趋势是将管控对象生产设备（或过程）扩展到全流程，其被控对象特性、控制目标、约束、涉及范围及系统的实现结构呈现复杂大系统的特点。基于物流、能源流和信息流的生产制造全流程过程中，节能减排指标同生产过程的其他经济和工艺指标构成了控制的多目标优化问题。由于生产全过程的物流、信息流和能量流相互交织，使问题更为复杂。对于这样一个复杂条件的多目标优化控制问题，使系统能耗与物质流、信息流相关联，在能耗模型及相关分析的基础上，研究以节能为主要目标、以可松弛的生产要求为约束的运行优化和控制方法，保证生产工艺条件，分层实时地实现节能控制与优化。

全流程节能运行优化与控制的关键共性技术包括工业企业能量流网络的信息模型、全流程能源结构优化，以及多种能源介质综合优化。

3.4.1　工业企业能量流网络的信息模型

流程工业生产过程可抽象为优化集成的物质流和能量流，在协同、耦合的交互作用下做动态-有序运行，其运行要素是"流"、"程序"和"流程网络"，其追求目标是物质流和能量流都从相对"无序"过渡到相对"有序"以及相互之间的耦合匹配，向目标体系的资源/能源耗散"最小化"和近"零"排放逼近，其实现的必要手段是以物质流动态运行优化为基础，发展到能量流转换机制的优化和网络化，并通过相关信息流对动态运行体系的总体优化实现智能调控[41]。上述"三个流"之间任何可能的权重失衡或缺失，都可能引发现实工艺流程的结构缺陷和功能缺陷，导致流程本身对资源和能源的无序消耗、生产成本的增加和市场竞争力的下降。

工业企业能量流贯穿于能源使用、能源回收和能源转换输配三个环节，在不同环节有不同的能源介质表现形式。完整描述企业能量流网络的信息模型结构，包括主生产工序的能量流模型、分介质能量流网络模型和企业能量流网络集成模型[42]。其中，主生产工序的能量流模型描述各生产工序能源使用和回收情况，分介质能量流网络模型描述各种能源介质产生、转换、输配情况；企业能量流网络集成模型将能源使用、回收、转换输配三个环节能源信息关联起来，并形成多种能源介质间的调控。通过企业能源系统模拟仿真计算，可以分析各能源介质在能源使用、能源回收和转换输配三个环节动态变化情况，分析评估各环节的效率和流程综合效率，分析对比各种制造流程、生产作业计划、中间缓冲能力和二次能源转换输配方案对能耗和效率的影响，为企业能源系统的设计方案和运行策略的对比和优化提供定量分析手段。

图 7-3-3 为企业能量流网络信息模型的框架结构。

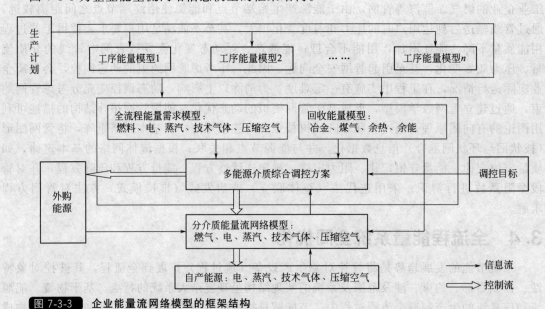

图 7-3-3　企业能量流网络模型的框架结构

（1）主生产工序的能量流模型

国内外对企业主生产工序的能量流模型做了很多研究[44~49]，建立了生产流程物质流、能量流模型，分析了各种工艺制度对企业能源结构的影响，以及企业能源循环利用的潜力。

但这些方法和模型直接用来建立能量流网络信息模型还存在问题，全流程能耗按物质流稳态匹配计算，不能反映能量流在某些情况下的动态变化，如钢铁企业炼钢、轧钢等间歇生产，使用、回收和能源转化环节故障/检修，储存能力、缓冲用户能力引起的放散等。此外，这些模型没有考虑与分介质能量流网络模型的信息交互，无法直接用于能源动态调控。

针对上述问题，建立主生产工序的工序能量模型时需要考虑以下因素。

① 在工序能量模型中加入启动/停止驱动状态，影响能量消耗的设备和工艺因素的异动标志，以及影响能量回收的设备和工艺因素的异动标志。在模拟仿真计算时加入流程调控机制：根据产品规格，确定工艺路径和参加计算的单元种类和每单元产出（生产计划）；根据作业计划、维修计划决定单元的启/停时间；通过修改影响能量消耗/回收的设备和工艺因素的异动标志，分析评估不同条件下对能源状况的影响。

② 仿真计算全流程能量消耗量/回收量时，不是按物质流稳态匹配条件把各工序一次算完，而是按一定时间周期循环计算，直到生产计划完成。各生产单元按物流顺序依次计算，并考虑物流（前一工序输出和库存）的影响。

③ 单元模型的输入/输出与各能源介质网络模型对应，便于能源调控方案的研究。

（2）分介质能量流网络模型

如图 7-3-4 所示，"能量流网络"应包括各类能量流、能量流节点、能量流连接器和能量流中间缓冲系统[41]。根据能源介质的属性不同，需要分别建立包括燃气、蒸汽、电、技术气体（氧氩氮）、压缩空气和水等分介质能量流网络模型。图 7-3-5 为分介质能量流网络模型的一般形式，副产能源、自产能源、外购能源为能量流始端节点，基本用户、缓冲用户、外销用户为能量流终端节点，储存单元、管网、转换分配构成能量流中间缓冲系统，管网为能量流连接器。

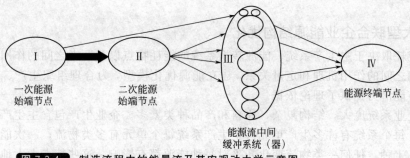

图 7-3-4 制造流程中的能量流及其宏观动力学示意图

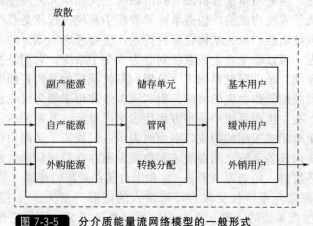

图 7-3-5 分介质能量流网络模型的一般形式

建立分介质能量流网络信息模型，首先，需要根据企业自身情况，确定能量流网络物理模型，然后确定各个能源流节点和中间缓冲系统的数学模型，最后建立管网数学模型。其中，能量流网络物理模型主要依据企业设计资料，并经适当简化得到；能源流节点和中间缓冲系统的数学模型中，副产能源节点和直接用户节点可直接引用上述主工序模型的结果；自产能源节点、缓冲用户节点和存储、转换分配等中间缓冲系统的数学模型，可借鉴相关设备设计资料和数学模型结构，但模型参数需要根据企业运行数据进行修正；管网数学模型，特别是燃气管网和蒸汽管网，由于涉及到不同热值/压力燃气间、不同压力/温度蒸汽间的转换和耦合，比较复杂，可采取以下方法建立：

① 能源管网拓扑结构的描述　利用图论的有向图原理，通过关联矩阵 A（树枝矩阵，连枝矩阵）和基本回路矩阵 B_f，将管网图形（枝状网与环状网混合）信息数据化，并与能源节点相关联；

② 能源管网基本方程　根据流体网络的一些基本定律，如质量守恒定律、能量守恒定律、阻力定律，确定连续性方程、能量方程和压降方程，并对管段摩阻系数进行辨识；

③ 非线性方程组求解　采用迭代法（整体联立）或启发式（推拉模式）方法。

(3) 企业能量流网络集成模型

建立了主生产工序的能量流模型和分介质能量流网络模型后，还需要建立企业能量流网络集成模型，将主生产工序的能量流模型的计算结果与分介质能量流网络模型计算结果衔接起来，进行能源系统动态模拟仿真计算。通过企业能源系统模拟仿真计算，可以分析各能源介质在能源使用、能源回收和转换输配三个环节的动态变化情况，分析评估各环节的效率和流程综合效率，分析对比各种制造流程、生产作业计划、中间缓冲能力和二次能源转换输配方案对能耗和效率的影响，为企业能源系统的设计方案和运行策略的对比和优化提供定量分析手段。

3.4.2　大型联合企业能源结构优化

企业能耗取决于主生产系统、能源转换系统的能耗特点以及两者之间的作用关系。研究和确定它们之间的作用机理和定量关系，建立能源优化模型，为合理组织生产、优化能源使用、分析节能潜力提供了理论依据。

工业企业系统庞大，结构复杂，原料和产品种类繁多。企业生产包含主生产系统和能源转换系统，每个系统有许多生产单元。主生产系统每个单元有多类物流，一次能源、二次能源介质有几十种，任何一类物流变化几乎对每种能源都有影响，这些特点大大地增加了研究能耗问题难度。因此，应采用系统分析法，找出系统之间和单元之间在物流和能源方面的关系。系统是由元素或子系统构成的，构造系统元素或子系统过程就是系统划分过程。在系统划分时，既要考虑系统功能相似、结构良好的特点，还要考虑所划分的系统应具有相应的统计数据。按上述考虑，可以将工业企业系统划分为 5 个子系统，它们是主生产系统、能源转换系统、能源储存系统、辅助原材料加工（处理）系统及其他系统，如图 7-3-6 所示[43]。

图中标明了各系统能流和物流的流向。粗实箭头线和粗虚箭头线表示物流流向，空心箭头线表示能流流向。在主生产系统中，小方块代表生产单元，并列的单元构成一个工序，粗虚线表示流经若干个单元或工序的物流，细虚线表示返回物流。从图中可以看到，企业系统与环境以及企业系统内部各系统之间在能流和物流方面存在着密切的关系。在能流方面，能源转换系统消耗了环境供入的能源（箭头 2）和来自储存系统的能源（箭头 4），产生了二次能源（箭头 5）。能源储存系统接受来自环境供入的能源（箭头 3）、能源转换系统的能源（箭头 5）和来自主生产系统的能源（箭头 6），而这些能源又分别供应给主生产系统、辅助原材料加工系统和其他系统以及环境，见箭头 7、8、9、10 和 1。每个箭头可能包含多种能源，但不同箭头所包含的能源种类差别较大，如箭头 1 可能包括电、焦炉煤气和氧气等，箭头 2 可能包括洗精煤和动力煤等。在物流方面，各生产工序接受来自环境的原料和经过辅助原材料处理系统的辅助原材料，经过冶炼或加工等处理过程，产出产品、中间产品、副产品、废品和排放物等。企业各系统之间在能流和物流方面的供需关系，可以利用能源平衡和物流平衡方程来描述。

值得说明的是，主生产系统不仅消耗外购能源和能源转换系统发生的二次能源，还消耗自身发生的能源（例如高炉煤气等）。能源转换系统也是如此，不仅消耗外购能源和主生产系统发生的二次能源，还消耗自身发生的能源（例如电等）。

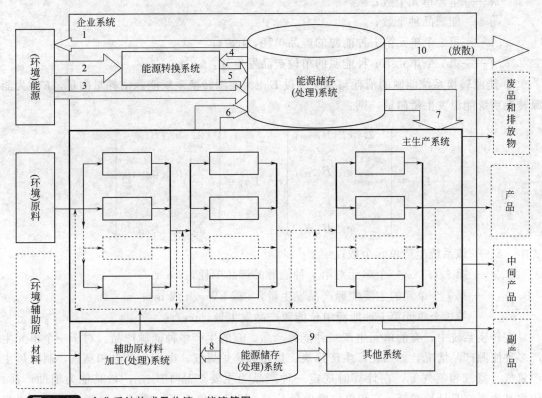

图 7-3-6　企业系统构成及物流、能流简图

（1）企业能源平衡模型的建立

在企业生产中，主生产系统与能源转换系统的能耗是企业能耗的主要组成部分，其他系统能耗所占比例较小且较稳定。因此，在建模中，重点研究主生产系统和能源转换系统。对于主生产系统，主要考虑物流和能耗的变化规律。对于能源转换系统，除了考虑能源转换功能以外，还考虑它的缓冲、调节功能和对二次能源的混合功能。对于能源储存系统、辅助原材料处理系统和其他系统，设其能耗量为常数。按能源品种把各系统能源的消耗量和发生量用矩阵表示出来，从而建立企业能源平衡模型。

① 主生产系统能源消耗与发生　设 E_{PC} 为主生产系统各种能源的消耗量向量，E_{PP} 为主生产系统各种能源的发生量向量，则：

$$\mathbf{E}_{PC} = \begin{bmatrix} \sum\limits_{i=1}^{m} e_{i,1}P_i \\ \sum\limits_{i=1}^{m} e_{i,2}P_i \\ \cdots \\ \sum\limits_{i=1}^{m} e_{i,n}P_i \end{bmatrix}, \quad \mathbf{E}_{PP} = \begin{bmatrix} \sum\limits_{i=1}^{m} b_{i,1}P_i \\ \sum\limits_{i=1}^{m} b_{i,2}P_i \\ \cdots \\ \sum\limits_{i=1}^{m} b_{i,n}P_i \end{bmatrix}$$

式中　P_i——第 i 个单元产品产量，t；

　　　m——生产单元个数；

　　　n——能源品种个数；

　　　$e_{i,j}$——第 i 个单元第 j 种能源的产品单耗，tce/t；

　　　$b_{i,j}$——第 i 个单元第 j 种能源的单位产品发生量，tce/t。

　　② 能源转换系统能源的消耗与发生　设 $\mathbf{E}_{TC}$ 为能源转换系统能源消耗量向量，$\mathbf{E}_{TP}$ 为能源转换系统能源发生量向量，则：

$$\mathbf{E}_{TC} = \begin{bmatrix} \sum\limits_{i=m+1}^{m+k} e_{i,1}B_{i,1(i)} \\ \sum\limits_{i=m+1}^{m+k} e_{i,2}B_{i,2(i)} \\ \cdots \\ \sum\limits_{i=m+1}^{m+k} e_{i,n}B_{i,k(i)} \end{bmatrix}, \quad \mathbf{E}_{TP} = \begin{bmatrix} \sum\limits_{i=m+1}^{m+k} b_{i,1}B_{i,1(i)} \\ \sum\limits_{i=m+1}^{m+k} b_{i,2}B_{i,2(i)} \\ \cdots \\ \sum\limits_{i=m+1}^{m+k} b_{i,n}B_{i,k(i)} \end{bmatrix}$$

式中　k——该系统生产单元个数；

　　　$e_{i,j}$——第 i（$i > m$）个单元对第 j 种能源的产品单耗，tce/t；

　　　$B_{i,j(i)}$——第 i 个单元的主要能源产品发生量，t 或 kW·h 或 m³；

　　　$b_{i,j}$——第 i 个单元第 j 种能源单位能源产品发生量，tce/t。

　　在转换系统中，有的单元生产一种能源产品，有的生产多种能源产品。对于一个单元生产多种能源产品情况，如焦化厂生产焦炭、焦粉和焦炉煤气，电厂生产电和蒸汽，制氧厂生产氧气、氮气和氩气等，在计算时规定一种产品为主要产品 $[B_{i,j(i)}]$，其他为辅助产品。依据其主要产品计算单耗 $e_{i,j}$ 和单位发生量 $b_{i,j}$，如对于焦化厂、电厂和制氧厂，分别以焦炭、电和氧气为依据计算。

　　③ 能源储存、辅助原材料加工和其他系统能源消耗　能源储存系统主要考虑它的储存量和放散量，分别用 $\mathbf{E}_D$ 和 $\mathbf{E}_W$ 表示。辅助原材料加工系统和其他系统作为一个单独的用户考虑，把它们的能源消耗量处理成为一个常数向量，用 $\mathbf{E}_O$ 表示。

$$\mathbf{E}_D = \begin{bmatrix} E_{d,1} \\ E_{d,2} \\ \cdots \\ E_{d,n} \end{bmatrix} \qquad \mathbf{E}_W = \begin{bmatrix} E_{w,1} \\ E_{w,2} \\ \cdots \\ E_{w,n} \end{bmatrix} \qquad \mathbf{E}_O = \begin{bmatrix} E_{o,1} \\ E_{o,2} \\ \cdots \\ E_{o,n} \end{bmatrix}$$

　　在研究能源动态平衡时，储存量的大小有实际意义。在研究静态能源平衡时，储存量的大小没有实际意义，此时 $\mathbf{E}_D$ 的各分量均取为 0。

　　④ 企业总能源平衡模型　综合上述模型，可得企业总能源平衡模型：

$$\mathbf{E}_E = \mathbf{E}_{PC} - \mathbf{E}_{PP} + \mathbf{E}_{TC} - \mathbf{E}_{TP} - \mathbf{E}_D + \mathbf{E}_W + \mathbf{E}_O$$

设 $\mathbf{E}_E = [E_{E,1}\ E_{E,2} \cdots E_{E,n}]^T$，其中 $E_{E,1}$、$E_{E,2}$、$E_{E,2}$…表示各种能源介质，进而有：

$$
\boldsymbol{E}_{\mathrm{E}}=\begin{bmatrix} E_{\mathrm{E},1} \\ E_{\mathrm{E},2} \\ \cdots \\ E_{\mathrm{E},n} \end{bmatrix}=\begin{bmatrix} \sum\limits_{i=1}^{m} e_{i,1}P_i \\ \sum\limits_{i=1}^{m} e_{i,2}P_i \\ \cdots \\ \sum\limits_{i=1}^{m} e_{i,n}P_i \end{bmatrix}-\begin{bmatrix} \sum\limits_{i=1}^{m} b_{i,1}P_i \\ \sum\limits_{i=1}^{m} b_{i,2}P_i \\ \cdots \\ \sum\limits_{i=1}^{m} b_{i,n}P_i \end{bmatrix}+\begin{bmatrix} \sum\limits_{i=m+1}^{m+k} e_{i,1}B_{i,1(i)} \\ \sum\limits_{i=m+1}^{m+k} e_{i,2}B_{i,2(i)} \\ \cdots \\ \sum\limits_{i=m+1}^{m+k} e_{i,n}B_{i,k(i)} \end{bmatrix}-\begin{bmatrix} \sum\limits_{i=m+1}^{m+k} b_{i,1}B_{i,1(i)} \\ \sum\limits_{i=m+1}^{m+k} b_{i,2}B_{i,2(i)} \\ \cdots \\ \sum\limits_{i=m+1}^{m+k} b_{i,n}B_{i,k(i)} \end{bmatrix}-
$$

$$
\begin{bmatrix} E_{d,1} \\ E_{d,2} \\ \cdots \\ E_{d,n} \end{bmatrix}+\begin{bmatrix} E_{w,1} \\ E_{w,2} \\ \cdots \\ E_{w,n} \end{bmatrix}+\begin{bmatrix} E_{o,1} \\ E_{o,2} \\ \cdots \\ E_{o,n} \end{bmatrix}
$$

整理得：

$$
\begin{bmatrix} E_{\mathrm{E},1} \\ E_{\mathrm{E},2} \\ \cdots \\ E_{\mathrm{E},n} \end{bmatrix}=\begin{bmatrix} \sum\limits_{i=1}^{m}(e_{i,1}-b_{i,1})\,P_i \\ \sum\limits_{i=1}^{m}(e_{i,2}-b_{i,2})\,P_i \\ \cdots \\ \sum\limits_{i=1}^{m}(e_{i,n}-b_{i,n})\,P_i \end{bmatrix}+\begin{bmatrix} \sum\limits_{i=m+1}^{m+k}(e_{i,1}-b_{i,1})\,B_{i,1(i)} \\ \sum\limits_{i=m+1}^{m+k}(e_{i,2}-b_{i,2})\,B_{i,2(i)} \\ \cdots \\ \sum\limits_{i=m+1}^{m+k}(e_{i,n}-b_{i,n})\,B_{i,n(i)} \end{bmatrix}+\begin{bmatrix} E_{w,1} \\ E_{w,2} \\ \cdots \\ E_{w,n} \end{bmatrix}+\begin{bmatrix} E_{o,1}-E_{d,1} \\ E_{o,2}-E_{d,2} \\ \cdots \\ E_{o,n}-E_{d,n} \end{bmatrix}
$$

$$(7\text{-}3\text{-}8)$$

式（7-3-8）中，左端项表示企业净能耗，右端项表示各系统能源消耗和发生量之和。在右端项中，第一项是主生产系统的能源消耗和发生量，受物流流量和单耗、单位发生量的影响；第二项是能源转换系统的能源消耗和发生量，受主要能源产品产量和单耗、单位能源产品发生量的影响；第三项是放散损失量，受企业能源供需平衡的影响；第四项是储存量和其他用量，为常数。

式（7-3-8）是企业能源平衡计算方程。实际上，物流对能耗的影响是通过对主生产系统的 $e_{i,j}$、$b_{i,j}$ 和 P_i 的影响而进行的。能源的缓冲和调整作用对能耗的影响是通过调整转换系统相应的 $e_{i,j}$ 或 $b_{i,j}$，或 $B_{i,j(i)}$ 来进行的，可以全面反映物流对能源平衡的影响、转换系统缓冲作用和个别生产单元对能源调节作用，这个模型考虑了物流、能源缓冲、能源调整对企业能耗的影响。

根据企业能源平衡模型可知，企业能耗不仅与主生产系统的产品能源单耗和物流有关，而且与能源转换系统的能源单耗、发生量和调节、缓冲量有关。因此，利用该模型可以讨论物流（流量和结构）、生产单元基准能耗对各系统、各种能源使用和发生的影响和对企业能耗和放散量的影响，从而可以对企业能耗进行评价和分析。

在计算物流对各种能源发生量和企业能耗影响时，根据不同的实际情况和已知条件，可以采用方程组求解法和优化方法两种求解方法。

在产品能源单耗和物流流量一定的条件下，如果转换系统生产单元个数等于主要能源产品品种个数，且单元主要能源产品和辅助能源产品的比例固定，缓冲量固定，转换系统主要能源产品的放散率为零或已知，就可以计算转换系统发生量和辅助能源产品的放散率和企业能耗。

如果一些物流不确定，或转换系统生产单元数大于主要能源产品品种数（两个单元生产同一种能源，例如燃气轮机电厂和锅炉电厂都发电，属于平行作业问题），或考虑转换系统的缓冲和调整量随供需平衡条件的变化而变化，主要能源产品和辅助能源产品的比例可以调节，那么，为了确定合理的物流结构、合理的平行作业单元能源产量比、合理的能源缓冲和调节量，必然要引入一些相应的决策变量。此时变量数大于方程数，只有通过优化的方法，才能达到目的，进而求得合理的产品产量和转换系统能源发生量。

(2) 企业能源优化模型的建立

企业产品产量或结构确定后，合理组织其物流结构，充分发挥能源转换系统效率，合理确定转化系统各种能源的发生量，减少能源放散，使企业的能耗最小，是决策者必须考虑的问题，这也就是从节能角度，对企业生产进行优化的问题。

实际上，决策者常常遇到两类优化问题。一是能源转换系统优化问题，此时主生产系统物流结构、产品产量和其他物流一定，主生产系统的能源需求量和发生量已经确定，这种情况下主要是对转换系统各种能源发生量的优化，实际上是对企业进行的局部优化；二是企业能源优化问题，此时主生产系统的产品产量虽然确定，但它的一些物流参数等还没确定，其能源需求量、发生量和转换系统的消耗量和发生量都是待定参数，这些待定参数是通过对包括主生产系统和转换系统在内的整个企业的优化来确定的，这种优化是对企业整体的优化。两类优化问题的目标函数和约束方程不同，前者的目标函数是二次能源放散量，约束方程较少；后者的目标函数是企业净能耗，约束方程较多，优化计算较为复杂。

① 能源转换系统能源优化模型　在主生产系统能源需求量一定时，能源放散损失量最小，企业能耗也就是最小。这一结论可以从方程（7-3-8）中分析得到。所以，在建立模型时，以放散量最小为目标函数，以转换系统主要能源产量及其相应的参数为决策变量，以能源平衡模型为约束方程。

目标函数：
$$\min\left[f(E_{w,j})\right]=\min\left(\sum_{j=1}^{n}\phi_j E_{w,j}\right) \tag{7-3-9}$$

约束方程为上述能源平衡模型。

式中，ψ_j 为能源折算系数或产品能值。不同能源的能源折算系数差别很大，其数值可以通过逆矩阵方法求得。

结合上述相应变量，则有：

$$E=\begin{bmatrix}\psi_1\\\psi_2\\\cdots\\\psi_k\end{bmatrix},\quad A^{\mathrm{T}}=\begin{bmatrix}e_{m+1,1}-b_{m+1,1} & e_{m+1,2}-b_{m+1,2} & \cdots & e_{m+1,k}-b_{m+1,k}\\e_{m+2,1}-b_{m+2,1} & e_{m+2,2}-b_{m+2,2} & \cdots & e_{m+2,k}-b_{m+2,k}\\\cdots & \cdots & \cdots & \cdots\\e_{m+k,1}-b_{m+k,1} & e_{m+k,2}-b_{m+k,2} & \cdots & e_{m+k,k}-b_{m+k,k}\end{bmatrix}$$

$$D^{\mathrm{T}}=\begin{bmatrix}e_{m+1,k+1} & e_{m+1,k+2} & \cdots & e_{m+1,k+p}\\e_{m+2,k+1} & e_{m+2,k+2} & \cdots & e_{m+2,k+p}\\\cdots & \cdots & \cdots & \cdots\\e_{m+k,k+1} & e_{m+p,k+2} & \cdots & e_{m+k,k+p}\end{bmatrix},\quad Q=\begin{bmatrix}\psi_{k+1}\\\psi_{k+2}\\\cdots\\\psi_{k+p}\end{bmatrix}$$

式中，k 为能源转换系统单元个数；p 为购入能源种类个数；Q 为已知的发热量。

此外，根据具体情况确定各决策变量的上下界约束。值得说明的是，在约束方程中，方程（7-3-10）本身就是一组方程，有 n 个方程，这里仅须选取其中含有二次能源的方程，其他方程对于优化可以不考虑。决策变量主要包括 $B_{i,j(i)}$ 和 $\theta_{i,j}$ 等能源发生量参数。如果仅存在平行作业问题，不存在同一单元生产的两种能源调整问题（即不包含参数 θ）和能源缓冲问题，那么该模型是线性的，否则是非线性的。对于非线性情况，模型的非线性程度很弱，仅含几个二次项，该优化模型容易得到满意的解，可以讨论不同物流结构条件下最优的能源发生量。

② 企业能源整体优化模型　企业能源整体优化模型就是以企业净能耗最小为目标函数，以物流流量和各种能源发生量等参数为决策变量，以能源平衡模型为约束方程。净能耗是指

企业实际使用的能耗，不包括向外供应的能源和库存变化量。

目标函数：

$$\min[f(E_{E,j})]=\min(\sum_{j=1}^{n}\psi_j E_{E,j}) \qquad (7\text{-}3\text{-}10)$$

约束方程为上述能源平衡方程。

其中，n 为购入能源种类数，以一次能源为主。由于 $E_{E,j}$ 为企业的净能耗，所以很多表示二次能源的 $E_{E,j}$ 为零。根据具体情况确定各决策变量的上下界约束条件。决策变量主要包括 $G_{h,k}$、$r_{h,k}$、$K_{h,k}^{\beta}$、$K_{h,k}^{\gamma}$ 等物流参数和 θ、$B_{i,j(i)}$ 等能源发生量参数。这是一个典型的非线性优化模型。可以假设分配系数为常数或随产量分摊成比例变化，对优化模型进行优化虽然也是非线性优化问题，但只要控制为二次方程，还是能够得到满意解的。这样，就可以讨论各种产品不同产量的条件下最优的物流结构和最优的能源发生量。

(3) 企业能源整体优化的层次

① 企业能源结构优化　以整个企业为研究对象，研究企业能源结构对生产运行的影响和作用，分析生产过程中能量流与物质流的耦合方式及协同规律，通过能量流和物质流耦合分析模型，开发适合联合企业多联产能源结构的整体用能模式，建立企业用能模式优化算法库；提出工业企业物流和能量流的合理结构和运行方式，实现生产流程的最小能耗。

② 企业能源优化配置　在各工序关键节能与生产技术系统集成基础上，研究和设计各工序合理用能模式及对应的能耗指标；改变传统的单一目标生产模式，根据能源的品质高低及其特性，按照"能量对口、梯级利用"的原则优化配置和调度能源；以耗散最小或成本最优为系统优化目标，研究大型联合企业能源优化配置方案，为优化调度和能源考核提供决策依据。

3.4.3　多种能源介质动态调控技术

流程行业涉及能源介质有几十种，各种能源介质的产生、转化和使用，特别是余热余能回收、转化，与生产过程耦合紧密，如何保证各种介质在安全、可靠、高质量供应的前提下，减少放散，经济运行，且保证各种能源介质间合理转化，整体优化是系统节能的关键。需要根据能级对口、梯级转化利用的系统节能原则，研究多种能源介质（燃料、电、热力和技术气体等）分解-协调优化策略，提升能源管控系统整体调控水平，实现企业能源系统高效有序运行，参见图 7-3-7。

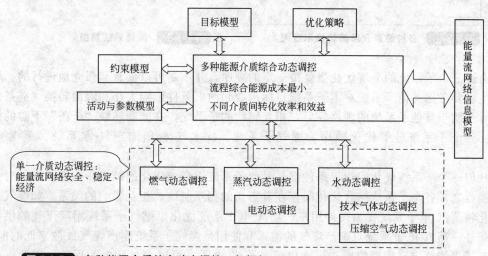

　图 7-3-7　**多种能源介质综合动态调控一般框架**

多种能源介质综合动态调控为典型多目标决策问题，运用多目标规划或决策技术，求得满意解或非劣解。可选择的求解方法有优选法（使主要目标优化兼顾其他目标）、加权法（通过对多目标加权形成单一新目标）和 Pareto（图形比较）法等。为了提高计算效率，避免维数灾问题，采用分解协调加数学规划法的综合求解方法[42]，即将多种能源介质综合动态调控分解为变量数较少的子系统，分别单独求解，并对各子系统的优化进行协调，最终使多种能源介质综合动态调控获得全局最优。基于能源供需平衡模型和负荷预测分析，在保证能源的稳定供给和安全生产的前提下，综合考虑能源平衡、按质利用、耗散最小、效益最优等目标，采用分级协调-优化技术，充分考虑工业企业生产能力、设备状态、工艺水平等制约条件，针对煤气、蒸汽、电力、氧气等关键能源子系统进行多目标优化。

以钢铁企业为例。钢铁企业能源介质种类繁多，大致可分为燃气、蒸汽、电、技术气体、压缩空气和水 6 大类，如图 7-3-8 所示，多种能源介质间存在一定的转换关系，且耦合紧密。为突出主要矛盾，分清层次，避免综合动态调控的"维数灾"，可根据能源介质间关联程度和转换"链条"所处位置，对钢铁企业能源介质综合动态调控问题进行重组，形成如图 7-3-9 所示燃气、蒸汽-电、技术气体-压缩空气-水三个子系统。其中燃气系统处于转换"链条"上游，电、蒸汽系统处于转换"链条"中游且耦合紧密，技术气体-压缩空气-水同处于转换"链条"下游。三个子系统通过约束条件弱关联，便于通过分级递阶协调方法求解。

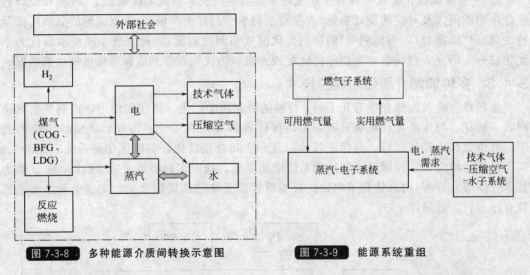

图 7-3-8　多种能源介质间转换示意图　　　　图 7-3-9　能源系统重组

上述三个子系统的分解优化需要按一定的顺序，并不是可以任意和孤立地进行的。顺序的产生主要考虑其他子系统对本子系统目标函数和约束条件影响大小和能源转换"链条"的次序，受制于其他子系统的顺序靠后，相互制约的子系统，在能源转换"链条"下游的循序靠后。三个子系统分解优化顺序为燃气子系统、技术气体-压缩空气-水系统、蒸汽-电子系统。

任何一个子系统优化的边界条件都是其他子系统综合或优化的结果，因而只有相对独立性。换言之，各个子系统综合优化间存在着密切的相互制约、相互影响的关系。如燃气子系统优化将蒸汽-电子系统视为缓冲用户，蒸汽-电子系统优化以燃气子系统副产煤气的供给为约束条件，蒸汽-电子系统对副产煤气的需求和使用是燃气子系统副产煤气放散率低的前提，而燃气子系统稳定高质量的副产煤气供给是蒸汽-电子系统减少外购电的保障。因此，由各子系统综合优化形成全局方案的过程，不可能是一次性序贯优化求解过程，而必须在分解优化的基础上进行反复的协调。

子系统的协调优化即根据子系统分解优化的结果，重新确定各子系统的约束条件等边界条件，并判断是否进行下一轮优化，需要解决两个技术问题，即协调变量的选取和收敛准则的确定。这里，选取技术气体-压缩空气-水系统对电、蒸汽的需求以及蒸汽-电子系统可使用副产煤气量为下一轮优化的协调变量，而将多种能源介质综合动态调控目标函数的收敛作为停止优化的判据。

3.4.4　全局过程集成技术

对于能量密集的过程工业节能降耗而言，20 世纪 80 年代由 Bodo Linnhoff 和梅田富雄分别独立创造的夹点技术是一项推广应用效果显著的技术。这项技术从提出到 90 年代推广应用的 10 年间，已经成为炼油化工企业节能减排的新厂建设和老厂技术改造所采用的常规方法[51,52]。这种已为众人所知的技术，到 20 世纪 90 年代末至 21 世纪初又进入一个新的发展阶段，称为"全局过程集成（total site integration，TSI）"[50]。

TSI 是在传统夹点分析的基础上的引申和创新。传统夹点分析专注于一个过程/设备的内部，而 TSI 则要研究一个企业的全局，包括多个过程/装置（工厂）和其供能的公用工程系统。这种公用工程系统可能是传统中央集中式的，也可能是部分中央集中供热，部分过程用自己的分散公用工程供应能量。总体来说，TSI 具有如下几个共同特征：

① 涉及供能的公用工程系统（供方）和用能的工艺过程系统（需方）的联合优化；

② 涉及多个过程/装置（工厂）之间的能量集成；

③ 涉及全局多种目标（能耗、热电联产、CO_2 排放、污水排放等）的优化。

TSI 的研究公认是从 1993 年 Dhole 和 Linnhoff 的经典文献 [53] 开始的，经过了 15 年的研究和应用，逐步形成了学派[54~56]。

文献 [50] 介绍了全局过程集成技术实现方法有全局温熔曲线[57~61]、顶层分析法（top-level analysis）、热电联产优化的 R-曲线、跨装置热集成原理等。这里仅介绍全局温熔曲线法。

Dohle & Linnhoff 在 1993 年提出从单个过程的总组合曲线（grand composition curve，GCC）出发，其热阱部分的加热负荷可以采用不同压力等级的蒸汽加热；其热源部分的冷却负荷可采用冷公用工程冷却或产生一部分低压蒸汽。对于多个工艺过程，由于各工艺过程的夹点位置一般不同，一个工艺过程的热源可以加热另一个工艺过程的热阱，因而为不同工艺过程之间的能量集成提供了可能。

对于多个工艺过程，为了进行各工艺过程之间及其与公用工程系统的能量集成，可以进一步将各工艺过程总组合曲线上表示的热阱和热源分别组合到一起，得到全局过程系统和公用工程系统相关的全局温熔曲线（total site profile，TSP），如图 7-3-10 所示。然后把这些曲线与公用工程联系起来，可以转化为全局组合曲线。全局热源曲线表明剩余热量可以输出，而全局热阱曲线则表明有哪些需求的热量应由不同压力等级的蒸汽总管来提供。将两个曲线与公用工程系统联系起来，就形成全局组合曲线，如图 7-3-11 所示。

考虑到跨装置换热往往需要用热源剩余的热量来产生高、中、低压的蒸汽（HP、MP、LP），而热阱部分则采用相应的蒸汽来加热，则图 7-3-11 中的折线就是蒸汽管网系统的分布线，热源与热阱曲线之间相互覆盖的部分是可以回收的热量 Q_{rec}。

将曲线横向平移可以使 Q_{rec} 扩大，但是当出现夹点时，Q_{rec} 就达到最大值。由此可见，过程夹点与全局夹点是类似的，过程夹点适用的"加减原则"，可以同样适用于全局系统[50]。

应用 TSP 有两个方向：①使热量回收最大化，这导致 VHP 高压蒸汽消耗量最小化，

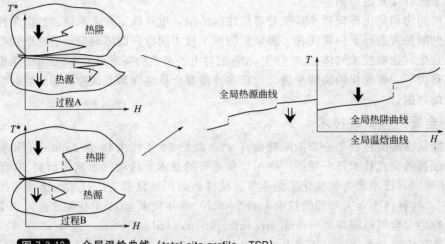

图 7-3-10 **全局温焓曲线**（total site profile，TSP）

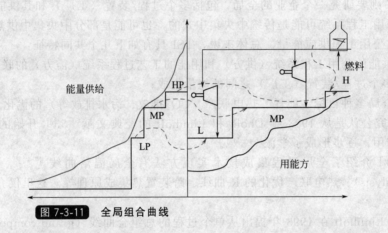

图 7-3-11 **全局组合曲线**

将使热电联产也相应减少（电力生产最小）；②公用工程成本最小化，这就要求在蒸汽回收和电力生产之间取得最佳的平衡。

如果想查看热电联产的机会，就需要在 TSP 的基础上进一步构造全局公用工程总组合曲线（siteutility grand composite curve，SUGCC）。从图 7-3-12 上可以看到，把全局组合曲线中每个蒸汽等级产生与使用的蒸汽负荷信息提取出来，从最高的超高压蒸汽等级开始，产汽负荷向右，用汽负荷向左，垂直线指向较低的压力等级。重复这个过程，直到最终低压蒸汽/冷却水等级。于是可以看到图 7-3-12 右侧的 SUGCC 两个不同的选择：其一是用两个背压蒸汽透平（其背压压力不同）；另一个是用一个抽汽背压透平。而从中压总管向低压膨胀，则只有一种选择。

欧洲以 UMIST 为核心的研究项目组在几个国家都开展了工业应用案例的研究，例如在英国 Lindsey 炼油厂针对全厂 25 套装置实施全面热集成，使公用工程节能 20%，排放下降 27%；在希腊 Hellenic Aspropyrgos 炼油厂（600 万吨/年）做 TSI 项目，虽然其操作水平已经比较高，但仍然能找到节能 28% 的潜力；在 Leuna 加氢裂化厂实施，可以节能 6MW，并多产电能 2.2MW；在斯洛伐克的 Zilina 造纸厂及一个电站集成，节能达 24.5%（7.15MW），使排放下降 30%[61]。

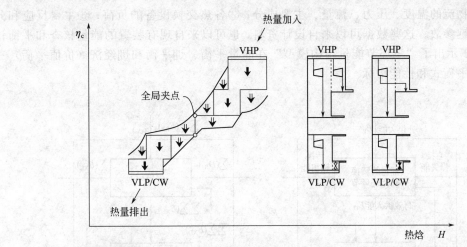

图 7-3-12 **全局公用工程总组合曲线**（siteutility grand composite curve，SUGCC）

3.4.5 过程系统的能量综合和优化

（1）过程系统的能量结构

过程系统是众多单元操作为了一定的生产目的而构成的集合，当然应当有一定的结构。当人们只着眼于从原料到产品的变化时，多从物流角度来研究过程系统的结构。过程系统综合中的结构参数法便是如此。分流、合流、序贯、回路等，都是对系统物流结构的描述。显然，当以过程系统的稳态设计优化和动态控制优化为目标时，仅研究物流结构是不够的，还必须深入研究过程系统按能流和信息流形成的结构。

系统的拓扑学规律不仅在系统的物流结构中起作用，同时也在能量结构和信息结构中起作用。为了过程系统全局优化的目标，必须揭示整个过程系统宏观的能量结构。许多研究者在系统能量综合研究中，曾从不同角度提出过若干不同的结构模型，例如 Linnhoff 的三个子系统界面结构和洋葱模型等，如图 7-3-13 所示，它们都在不同程度上反映了系统不同部分的能量特征及其间的相互关系。遗憾的是它们都未给出严格、定量的数学模型，子系统划分的提法也未能确切反映能量结构的本质。

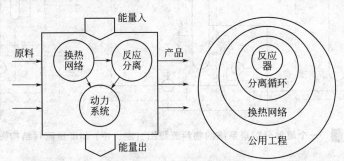

图 7-3-13 **能源子系统界面结构和洋葱模型**

华贲等[62]以热力学第二定律分析为基础，从能量在过程系统中的变化规律入手，提出和逐渐完善了包括三个不同功能的子系统的三环节能量结构模型，不仅概括了各种类型和复杂程度的过程系统能量结构的共性规律，而且建立了较严格的普遍模型。图 7-3-14 给出了过程系统三环节能量结构和㶲经济模型。图 7-3-15 给出了一个简单分馏塔系统简化的物料流程图和能量流程结构图。在这种简化的物料流程图上可以用极少的数字给出很大的信息量，包括：①各物流的温度、压力、流量、主要成分；②各热交换设备的负荷；③主要反应和分离设备的关键参数。这些数据可以来自设计资料，也可以来自现有装置的能量核查和平衡计算。表 7-3-2 示出了"三环节能量结构模型"在能量平衡、㶲平衡和㶲经济（价值平衡）三个层次上的平衡式和性能指标。

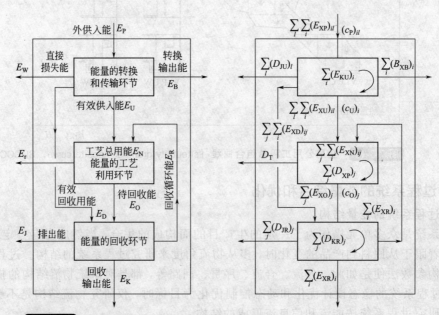

图 7-3-14 过程系统三环节能量结构和㶲经济模型

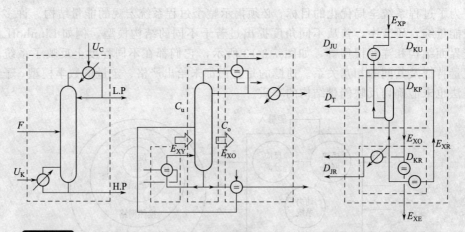

图 7-3-15 一个简单分馏塔系统的物料流程图（左、中）和能量流程结构图（右）

表 7-3-2 三环节能量结构模型要点

环节	能量的工艺利用	能量回收	能量转换与传输
功能	原料-产品工艺变化	回收利用和排出	形式转换和传递
单元设备	反应各种分离	换热、冷却、升级	炉、机泵、热机等
能量形式	热、流动、蒸汽	热、流动	化学、电、热、汽

续表

环　节		能量的工艺利用	能量回收	能量转换与传输
能量	平衡关系效能指标	$E_U+E_R=E_N=E_T+E_O$ $\eta_T=E_T/E_N$	$E_O+E_D=E_R+E_E+E_J$ $\eta_R=(E_R+E_E)/(E_O+E_D)$	$E_P=E_U+E_D+E_B+E_W$ $\eta_U=(E_U+E_D+E_B)/E_P$
㶲	平衡式效能指标	$E_{XU}+E_{XR}=E_{XN}$ $E_{XN}=D_T+D_{KP}+E_{XO}$ $\eta_{XT}=D_T/E_{XN}$ $D_{XP}=\sum D_{KPj}$	$E_{XO}+E_{XD}=E_{XR}+E_{XE}$ $+D_{KP}+D_{JR}$ $\eta_{XR}=1-(D_{KR}+D_{JR}/$ $(E_{XO}+E_{XD})$	$E_{XP}=E_{XU}+E_{XD}+E_{XB}+$ $+D_{KU}+D_{JU}$ $\eta_{XU}=1-(D_{KU}+D_{JU})/$ E_{XP}
㶲经济	边界㶲价价值平衡	C_{Ui},C_{Ri},C_{Oj} $O_e+O_i=\sum \vec{C}_{Ui}\vec{E}_{XNij}$ $-\sum C_{Oj}E_{XOj},+\sum \beta P_{Pj}$	C_{Oj},C_{Ri},C_{Ei} $\sum C_{Oj}E_{XOj}=\sum \vec{C}_{Ui}(\vec{E}_{XR}+\vec{E}_{XE})_i-$ $-C_D E_{XD}-\sum \beta P_{Pj}$	$C_{Pi},C_{Ui},C_{Di},C_{Bi}$ $\sum \vec{C}_{Ui}\vec{E}_{XUi}+\sum \vec{C}_{Di}\vec{E}_{XDi}$ $=\sum \vec{C}_{Pi}\vec{E}_{XPi}-\sum \beta P_{Ui}$

　　能量平衡各式的涵义是一目了然的，㶲平衡式的不同在于有㶲损耗项。㶲经济-价值平衡分析的基本思想，是以基于过程系统能量结构特点而提出的两点㶲经济学基本假设为经济学边界条件，采用 R. A. R. Gaggioli 的价值平衡关系式来计算结点㶲价。

　　上述能量结构模型的关键是按功能区分了子系统并分别给出了㶲经济模型、相应的目标函数和边界条件，从而使按子系统分解协调优化和全局调优成为可能。

（2）局部子系统的能量综合优化

　　过程系统三环节能量结构的揭示，给工程设计中常常遇到的四类能量综合问题从靠经验走向㶲经济优化设计奠定了科学的基础。这四类问题如下。

　　① 核心工艺过程子系统（能量利用环节）的综合优化　工艺过程种类繁多，这方面的开发工作前景非常广阔。共性的问题是优化的目标变量是最小费用下的工艺总用㶲 EXN 和工艺过程㶲损耗 DKP。

　　② 能量（主要是热）回收网络的综合优化　主要在能量回收环节，也包括转换环节的一部分。优化的目标变量是最小费用下的最大能量回收率或最小待回收㶲价。

　　③ 能量升级子系统的综合优化　主要是低温余热采用热泵、吸收制冷、低温动力循环等技术措施的系统优化，是能量回收环节的一部分。目标变量是最小总费用下的最大能量回收率。

　　④ 能量转换联产子系统的优化　包括燃气轮机、背压蒸汽透平或抽汽透平、加热炉热联供等一次能源转换中通过联产提高转换效率的措施。目标变量是最小费用下的最低有效㶲价。

　　上述四个局部子系统的结合都包含两个层次的优化问题，即单元过程和设备的优化和局部子系统的优化。研究开发的目标是在任何局部子系统中实现单元和子系统两级优化的协调统一。从理论上说，目标函数的㶲经济化，把子系统的目标函数（总费用）表示为各单元的目标函数之和，为两级同时协调优化奠定了科学的基础。由于单元过程及由其构成系统的复杂性，并非都能用数学规划法求解，但只要命题明确建立，仍可采用从试探方法到专家系统的各种方法求得较优解。

（3）过程系统全局综合优化问题

　　任何一个子系统优化的边界条件都是其他子系统综合或优化的结果，因而只有相对的独立性。换言之，各子系统综合优化相互间存在着密切的相互制约、相互影响的关系。由各子系统综合优化形成全局方案的过程，不可能是一个序贯优化求解过程，而必须在分解优化的基础上进行反复的协调。对任一个子系统优化的结果都不存在绝对的评价尺度，这是基于其他子系统在优化过程中的变动性。因此重要的是在特定条件下的相对优化结果。

　　一般意义上数学家认为对任何系统，只要已知模型、目标函数和约束条件，最优解就只有一个。但在实际的过程系统综合优化中，由于模型的不完善，由于子系统-单元两级优化事实上存在很多可能的选择，更由于各子系统之间的协调只通过㶲和㶲经济变量进行，在不同子系统中大量的工艺和设备参数既互有影响，又不存在任何规律性的关联，因此，至少在现阶段，可以说全局优化事实上不存在唯一解。实际上能做的，是通过各种不同的思路、途径改进全局方案，使之尽量趋近于优化。

　　基于上述观点，华贲等提出了过程系统全局综合优化的三环节分解协调优化策略，实际上是二等级的分解协调优化方法，可以用可行路径来求解[62]。如图7-3-16所示。

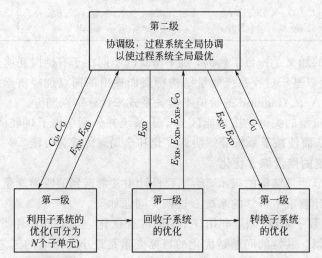

图 7-3-16　过程系统全局综合优化的三环节分解协调优化策略

　　第二级的实质是每个子系统在边界条件初值下的相对独立的优化，结果都会给出与之相关的协调变量和另一个子系统优化的边界条件的新值，作为下一个子系统优化的新边界条件。这种由三个子系统相互关系本质所决定的边界值迭代的序贯优化，便成了通向全局优化的必由之路。

　　对于各子系统的优化方法，应根据其特点优化。一般来说，按利用、回收到转换子系统的优化顺序所进行的分解协调优化能快速收敛，因为利用子系统第一次优化时，初始㶲经济边界条件(即协调变量)(C_U 和 C_O)对应的是转换子系统和回收子系统的实际运行工况，此时，能量的转换、利用和回收效率可能很低，甚至没有能量回收。在这种情况下，工艺总用㶲 E_{XN} 大，C_U 的值较高，C_O 的值较低，但利用子系统的第一次优化总会导致工艺总用㶲 E_{XN} 和待回收㶲 E_{XD} 有一个较明显的变化。回收子系统的第一次优化是在优化的边界条件(E_{XO})下进行的，它的优化将确定其改进方案，并从根本上改变能量回收的状况(从无回收到有回收或从少回收到多回收)，使协调变量(C_O)发生较大的变化。转换子系统的第一次优化也是在优化的边界条件(E_{XU}, E_{XD})下进行的，它的优化也会从根本上改变能量转换的状况，使协调变量(C_U)发生较大的变化。第二次的迭代优化，从利用子单元开始，虽然边界条件(C_U和 C_O)可能有较大变化，使迭代后的优化结果(E_{XN} 和 E_{XO})有一定的波动，但不可能使第一次优化的方案产生颠覆性的改变，E_{XO} 的一定波动或数值变化，不会使回收子系统优化结果指标产生发散式的影响，E_{XU} 的波动也不会对转换子系统的优化造成太大影响。总之，每次迭代优化的序贯影响都是收敛式的，而不是发散式的。从第二次优化开始，各子系统的优化都是对前一次优化后所确定的改进方案的调整与进一步优化，它不会改变前一次优化的方向，同时每次优化后协调变量的变化都很小。所以，一般只需几次迭代就能收敛。

参 考 文 献

[1] 陆钟武，蔡九菊．系统节能基础［M］．沈阳：东北大学出版社，2010.

[2] Mark R.，Liu F. The energy efficiency of the steel industry of China. Energy，1991. 16（5）：23-28.

[3] Nilsson L. J. Energy intensity trends in 31 industrial and developing countries 1950～1988. Energy，1993，18（4）：15-21.

[4] 刘姿．宝钢氧气合理利用决策支持系统的研究［D］．北京：北京科技大学，1999.

[5] 谢安国，陆钟武．连铸节能量的 e-p 分析．冶金能源，1995，14（6）：3-6.

[6] 陆钟武，蔡九菊，余庆波等．钢铁生产流程的物流对能耗的影响．金属学报，2000，36（4）：370-378.

[7] 余庆波，陆钟武，蔡九菊．钢铁生产流程中物流对能耗影响的计算方法．金属学报，2000，36（4）：379-382.

[8] 陈光，陆钟武，蔡九菊．宝钢能源优化模型的研究．冶金能源，2003，22（1）：5-9，37.

[9] 王建军，蔡九菊，张琦．钢铁企业能量流模型化研究．中国冶金，2006，16（5）：48-52.

[10] 余庆波，陆钟武，蔡九菊．钢铁生产流程中的物流对能耗影响的表格分析法．东北大学学报（自然科学版），2001，22（1）：71 -74.

[11] 陆钟武，戴铁军．钢铁生产流程中物流对能耗、铁耗的影响．钢铁，2005，40（4）：1-7.

[12] 蔡九菊，王建军，陆钟武，殷瑞钰．钢铁企业物质流与能量流及其相互关系．东北大学学报（自然科学版），2006，27（9）：979 -982.

[13] 杜涛，蔡九菊．钢铁企业物质流、能量流和污染物流研究．钢铁，2006，41（4）：82-87.

[14] 蔡九菊，王建军，张琦等．钢铁企业物质流、能量流及其对 CO_2 排放的影响．环境科学研究，2008，21（1）：196-200.

[15] 吴复忠，蔡九菊，张琦等．炼铁系统的物质流和能量流的分析．工业加热，2007，36（1）：15-18.

[16] 金红光，张国强，高林，林汝谋．总能系统理论研究进展与展望．机械工程学报，2009，45（3）：39-48.

[17] HAN W, JIN H, LIN R. A new approach of cascade utilization of the chemical energy of fuel［J］. Progress in Natural Science，2006，16（5）：518-523.

[18] HAN W, JIN H, ZHANG N, et al. Cascade utilization of chemical energy of natural gas in an improved CRGT cycle［J］. Energy-The Int. Journal，2007，32（4）：306-313.

[19] 王小辉．宝钢分公司电力负荷模拟与预测研究．上海：上海交通大学，2008.

[20] 李栓，刘莉，刘阳．趋势外推法在电力负荷预测中的应用．沈阳工程学院学报（自然科学版），2005，16（3）：30-34.

[21] KB Song，YS Baek，DH Hong. Short-term load forecasting for the holidays using fuzzy linear regression method. IEEE Transactions on Power Systems，2005. 20（3）：352-358.

[22] 常学降，陈敏．王明生时间序列分析．北京：高等教育出版社，1993.

[23] Eorge E. P. Box，G. M. Jenkins. Time Series Analysis：Forecasting and Control. Prentice Hall/Pearson. 2005：421-426.

[24] 牛东晓．城市电力需求的灰色预测模型及其运用．水电能源科学．1991，9（3）：207-213.

[25] 陈毛昌，穆钢，孙羽等．基于 DFT 灰色预测理论在日电量负荷预测中的应用．电力自动化设备，2005（9）：6-10.

[26] Julong Deng．Control Problems of Grey Systems．Systems and control letter. 1982：56-62.

[27] 陈霞．灰色预测模型及其在电力负荷预测中的应用研究［D］．南昌：南昌大学，2008.

[28] 李伟等．组合灰色预测模型在电网负荷预测中的应用．重庆大学学报，2004，15（3）：40-44.

[29] 姜勇等．电力系统短期负荷预测的模糊神经网络方法．湖南电力，2002（1）：5-8.

[30] 高琳，高峰，管晓宏等．电力系统短期负荷预测的多神经网络 Boosting 集成模型．西安交通大学学报，2006，38（10）：1026-1030.

[31] Kwang-Ho Kim, Hyoung-Sun Youn, Yong-Cheol Kang. Short-term load forecasting for special days in anomalous load conditions using neural networks and fuzzy inference method. IEEE Transactions on Power Systems. 2000，15（3）：451-455.

[32] 任震等．小波分析及其在电力系统中的应用．北京：中国电力出版社，2003.

[33] 杨桦．小波分析及其在电力系统中的运用［D］．重庆：重庆大学，1999.

[34] 向小东．小波神经网络预测方法及其应用．统计与决策，2003.

[35] 梁青艳．钢铁企业煤气供需动态预测问题的研究［D］．北京：冶金自动化研究设计院，2008.

[36] 祝滨，刘耀年，陈得治．负荷分析与短期负荷预测的研究．东北电力技术，1999，(11)：43-46.

[37] 蔡佳宏，刘俊勇．超短期负荷预测中相似日的选择方法．华北电力大学学报，2006，(1)：8-12.

[38] 冯丽等．基于电力负荷模式分类的短期电网负荷预测．电网技术，2002 (2)：33.

[39] 江文德．钢铁企业能源动态平衡和优化调度问题研究和系统设计 [D]．杭州：浙江大学，2006.

[40] 余志刚．自适应可选约束的钢铁企业煤气优化调度模型 [D]．北京：冶金自动化研究设计院，2008.

[41] 殷瑞钰．钢铁制造流程中能源转换机制和能量流网络构建．钢铁制造流程中能源转换机制和能量流网络构建——香山科学会议第 356 次学术讨论会论文集，2009.

[42] 孙彦广．钢铁企业能量流网络化信息模型及多种能源介质动态调控．钢铁制造流程中能源转换机制和能量流网络构建——香山科学会议第 356 次学术讨论会论文集，2009.

[43] 蔡九菊．实现钢铁制造流程能量流网络化的理论研究．钢铁制造流程中能源转换机制和能量流网络构建——香山科学会议第 356 次学术讨论会论文集，2009.

[44] Tetsuya YAMAMOTO and Tadashi NAKAGAWA，A Vision of Energy Structure for Integrated Steel Works of Future，Transactions of the Iron and Steel Institute of Japan，1983，23 (10)：862-892.

[45] Ryukichi Ohkuma，Katsuhide Ikegami，Shunichi Yasunaga，Energy Problems and Energy Control System in the Japanese Steel Industry，IIE Transactions，1981，164 -174.

[46] Harry Gou，Susan Olynyk，A Corporate mass and energy simulation model for an integrated Steel Plant，Iron and Steel Technology，2007；141-150.

[47] 刘浏，干勇，张江玲等．钢铁联合企业能源循环利用的分析研究．钢铁，2006，41 (6)：1-4.

[48] 王建军，蔡九菊，张琦等．钢铁企业能量流模型化研究．中国冶金，2006，16 (5)：48-52.

[49] 仇晓磊，孟庆玉，洪新．钢铁生产长流程工序能耗数学模型研究．冶金能源，2007，26 (3)：3-6，53.

[50] 杨友麒．节能减排的全局过程集成技术的研究与应用进展．化工进展，2009，28 (4)：541-548，578.

[51] Linnhoff B，et al. User Guide on Process Integration for the Efficient Use of Energy [C] //The Inst. of Chem. Engineers，England，1982.

[52] Linnhoff B．Use pinch analysis to knock down capital costs and emissions [J]．Chem. Eng. Prog.，1994，90 (8)：32-57.

[53] Dhole V R，Linnhoff B．Total site targets for fuel，co-generation，emissions and cooling [J]．Computers and Chem. Eng.，1992，17：101-109.

[54] Smith R．State-of-the-art in process integration [J]．Applied Them. Eng.，2000，20：1337-1345.

[55] Klemes J，Stehlik P．Recent adavances on heat，chemical and process intgratioon [J]．Applied Them. Eng.，2006，26：1339-1344.

[56] Rossiter A P．Succeed at process integration [J]．Chem. Eng. Prog.，2004，100 (1)：58-62.

[57] Zhu X X，Vaideeswaran L．Recent research development of process integration in analysis and optimization of energy systems [J]．Applied Thermol Engineering，2000，20：1381-1392.

[58] 修乃云，尹洪超，姚平径．能量集成改造的全局夹点分析法 [J]．大连理工大学学报，2000，40 (4)：409-412.

[59] 尹洪超，李振民，袁一．过程全局夹点分析与超结构 MINLP 相结合的能量集成最优化综合法 [J]．化工学报，2002 (2)：172-176.

[60] Marechal F，Kalitventzeff B．Energy integration of industrial sites：tools，methodology and application [J]．Appl. Thermal Eng.，1998，18：921-933.

[61] Klemes J，Dhole V R，Raissi K，Perry S J，Puigjaner L．Targeting and design methodology for reduction of fuel，power and CO2 on total sites [J]．Applied Thermal Engineering，1997，17 (8/10)：993-1003.

[62] 华贲．炼油厂能量系统优化技术研究和应用 [M]．北京：中国石化出版社，2008.

[63] 张冰剑，陈清林，刘家海等．石化企业整厂用能优化策略及应用 [J]．计算机与应用化学，2009，(4)：390-402.

第4章 钢铁企业能源管理系统

钢铁工业是国民经济的重要支柱产业，是基础材料工业，为军工、民用产品生产、制造业、建筑业提供基础材料。但同时能源消耗量约占全国工业总能耗的15%，是节能减排的重点行业。以生铁为原料的近代钢铁生产方法经过了两个多世纪的发展，生产技术不断改进，大大降低了钢铁生产能耗，但这依然改变不了钢铁生产资源密集、能耗高的本质。如何在保证钢铁生产安全、稳定进行的同时，通过生产流程中有效的能源管理来降低能源损失、提高能源利用率是钢铁工业节能减排的可行途径。

能源管理系统面向整个企业的全部能源介质，要实现管理，首先需要把基本的数据采集起来，然后汇总分析，进行平衡、协调，达到系统优化运行，并作为提供给企业管理规划、预测、决策的依据。下面将从分析钢铁企业工艺和能耗系统入手，分步介绍钢铁企业能源管理系统的组成结构、系统功能、工业应用和效果。

4.1 钢铁生产工艺流程及其能源系统

钢铁生产工艺流程是指钢铁生产工艺的具体操作步骤，涉及操作的顺序、方法、设备及工作等因素。现代钢铁联合企业生产工艺流程主要分为长流程和短流程。

长流程目前应用最广，其工艺特点是：铁矿石原料经过烧结、球团处理后，采用高炉生产铁水，经铁水预处理后，由转炉炼钢、炉外精炼至合格成分钢水，由连铸、浇铸成不同形状和尺寸的铸坯，再轧制成各类成品。全球大约70%的钢铁企业采取这种流程进行生产。钢铁生产长流程的一般生产流程如图7-4-1所示[1]。

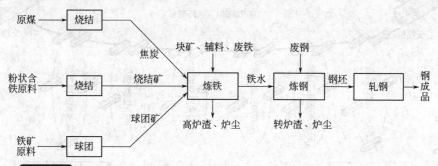

图 7-4-1 某钢铁企业的生产工艺流程图

短流程根据原料分为两类，一类是铁矿石经直接熔融还原后，采用电炉或转炉炼钢，其主要特点在于铁矿石原料不经过烧结、球团处理，没有高炉炼铁生产环节，这种流程目前应用较少，大约占10%以下；另一类是以废钢作为原料，由电炉融化冶炼后进入后工序，也没有高炉炼铁生产环节，这种工艺流程约占20%[1]。

钢铁联合企业的正常运转，除了上述主体工序外，还需要其他辅助行业为它服务，这些辅助行业包括耐火材料和石灰生产，机修、动力、制氧、供水供电、质量检测、通信、交通运输和环保等。

钢铁生产过程中，输入的物料多达几十种，包括铁矿石、合金料、石灰石、煤炭、重油、氧气、水等，输出的废品和污染物也多达几十种，如废坯、尾矿、水渣、钢渣、污水、CO_2、SO_2 等。钢材产品主要有板材、棒材、线材、中型材、矿用钢、轻轨、窄带钢和钢板等，产品规格近百种[2]。

钢铁能耗结构中煤炭和电能占主导地位，另外生产中会消耗水和氧、氮、氩、压缩空气等耗能工质。煤炭主要用于生产焦炭，还原铁矿石，伴随产生大量的煤气供其他环节使用。钢铁厂生产过程伴随产生大量蒸汽用于产生电能，富余的煤气发电也是电能的来源之一，但这些电量远不足以满足生产运行需求，因此需要公用电网供电。大型钢铁企业一般建有自主发电厂。钢铁企业能源系统由电力系统、煤气系统、蒸汽系统、水系统、空气分离与压缩系统等组成，这几大系统的稳定运行、有效管理和高效利用，是钢铁企业能源管理的主要内容。

4.2　能源管理系统的组成结构

能源管理系统需要涉及的主要组成部分有信号测量系统、数据采集系统、监控系统、管理系统以及把这些系统连接起来的各层次网络。

下面主要从能源管理系统的功能需求出发介绍其硬件系统的架构。首先给出架构形式，然后介绍硬件的组成。

4.2.1　架构形式

从目前能源管理中心的架构现状来看，架构形式主要有三种。

第一种是针对大型企业，企业流水线很多而且比较分散，需要采集数据的节点很多，其网络结构采用多环网加星形网络，其结构原理如图 7-4-2 所示。

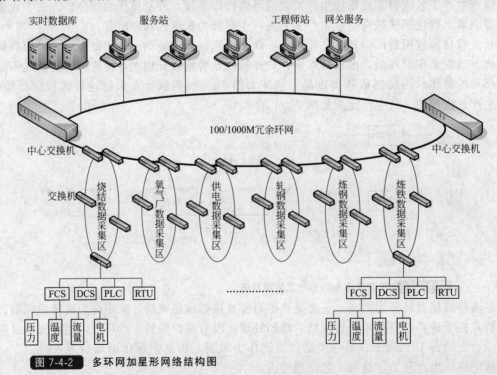

图 7-4-2　多环网加星形网络结构图

网络结构采用工业流行的环形结构，主干网采用光纤连接，以保证通信的容量和速度。厂区中需要接入网络的站点分布较散，因此构建两个光纤冗余的单环网，通过中心交换机进行连接。采用单环网作为主体架构，其自身具备介质冗余的特点，若环中的某个节点因模块故障或线路中断，都可以通过另外一条路径将数据传送出去，从而提高了整个系统的可靠性。

相关能源数据将分区采集，如分为烧结、炼钢和炼铁等数据采集区。这些数据采集区域分别形成各自的环网，通过工业交换机挂在局域网上。采用工业级以太网交换机，建立分区域的冗余环网，环与环之间采用耦合拓扑结构进行连接，从而建立高可靠专有的能源数据采集通讯网络。

每个小环网负责采集某一区域的所有数据（例如炼钢区域，供电区域，烧结区域，焦化区域，高炉区域，一中央区域，二中央区域等），区域环网相互之间通过 LAN 连接。这种架构主要是通过远程采集单元（如 RTU 之类）采集数据（如流量、设备状态、压力、温度、火警、液位状态、通信等），再通过相互关联的环网传输给数据服务器。

第二种是针对中型企业，主要是数据采集点比较集中，其间的距离较短，其网络结构采用单环网架构，其结构原理如图 7-4-3 所示。

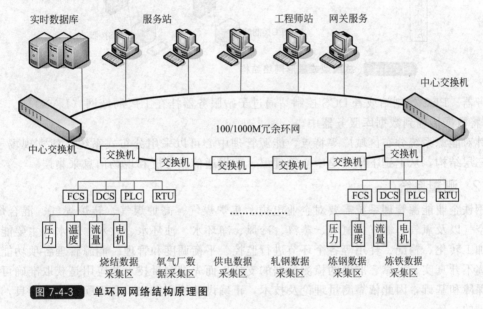

图 7-4-3　单环网网络结构原理图

能源管理中心的系统架构采用客户机/服务器（C/S）模式与浏览器/服务器（B/S）模式结合的形式，分为工业控制系统网络（内网）和管理系统网络（外网），由采集节点交换机、调度中心核心交换机、能源控制环网（利用现有网络）、数据采集/实时数据库服务器、历史数据库服务器、Web 服务器和人机界面（HMI）终端等组成。能源管理调度系统采用三层网络架构，即现场数据采集网络、中间传输与数据交换层网络和能源调度管理中心。配置核心交换机实现能源调度中心各服务器的网络连接，并与中间级网络连接，完成实时数据服务器与现场各节点上所有采集站点的通信，处理所采集的数据，并将处理后的数据送到各服务器和 HMI 终端。

现场的数据采集系统负责现场温度、流量、压力和电参数等数据的采集，采集的数据通过通信网关服务器，将诸多的协议转换成统一标准传送到数据中心实时历史数据库服务器中。

第三种是针对小型企业，数据采集数量比较少，其网络结构采用总线型或星形网络结构，其结构原理如图 7-4-4 所示。

数据采集层通过接口与各个 DCS 系统和 PLC 系统进行连接，将采集到的数据传送到缓

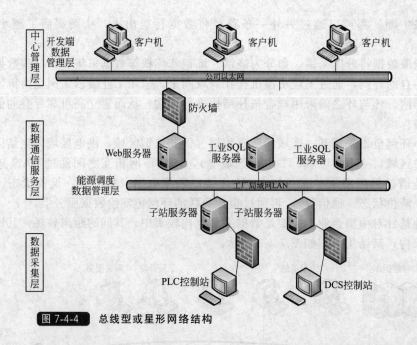

图 7-4-4 总线型或星形网络结构

存服务器。PLC 控制站或者 DCS 控制站通过子站服务器挂在工厂局域网（LAN）上，通过 LAN 将数据传输到数据库服务器中。

针对能源系统分布区域广等特点，能源管理中心可以采用分布式系统，建立现场子站，形成三层结构，从上到下依次是中心管理层、数据通信服务层和现场信息采集层。

4.2.2 测量系统

钢铁企业能源管理系统需要对企业电力、焦炉煤气、高炉煤气、转炉煤气、混合煤气、压缩空气以及氧气、氮气、氩气、蒸汽、冷风、净环水、浊环水、软水、源水等主要能源介质的加工转化、输配、耗用等各个环节进行监控、平衡调度和管理。能源管理各项功能的实现，离不开真实、可靠、准确的检测数据的支持，而先进测量技术的应用是获取准确可靠数据的保障和基础，因此依靠测量理论及技术，正确设计检测方法，合理配备检测器具，是非常关键的一环。

(1) 能源采集数据的分类

钢铁企业能源种类主要有电、煤气、水、蒸汽、氧气、氮气、氩气、压缩空气、油等。采集的数据包括温度、压力、物位、流量、重量、组分、电流、电压、功率等，能源计量管理应根据能源的种类及选用的计量仪表区别对待。

钢铁企业所要采集的数据主要有供配电系统、煤气系统、给排水系统、蒸汽系统、空分和空压系统五类数据。

① 电力系统的数据采集 钢铁厂电力系统可以分为发电、变电、供电、配电四个环节，采集的数据主要包括中央变电站所、二级单位变电站所、三级配电室以及配电柜出入口电能及设备状态：电压、电流、有功无功功率、频率、功率因数和开关状态等。用电设备包括钢铁生产各主要工序的用电设备，工序包括焦化、球团、烧结、炼铁、炼钢和轧钢。另外，电力系统检测点还包括整个配电系统的变压器、有载开关及相关设备的状态。利用电力监视器和电表中采集的电力信息，来对电力质量信息如电压波动、瞬时功率降低、功率因数和谐波等进行显示、记录、预测趋势并报警，确定是否需要进行无功补偿及谐波滤波。

② 煤气系统的数据采集 煤气系统数据主要包括煤气柜、放散塔、加压站、混合站、

管网、高炉、转炉、焦炉以及回收用户自备发电机组锅炉的出口和入口的煤气温度、压力、流量、热值、组分以及阀门状态与开度等。煤气系统检测点除副产煤气和消耗煤气的环节外，由于煤气管网连接复杂、传输距离长，还需检测不同点的煤气管网压力，并根据煤气主管网的压力自动进行压力放散，自动调节煤气主管网的压力，使煤气主管网压力维持在一个相对稳定的区间内，确保煤气系统安全运行。最后把各生产环节、储存设备、输送管网、用户消耗的数据汇总到管理系统服务器，以便能进行及时、准确的调度，充分、合理使用各种副产煤气，保证生产稳定运行。煤气系统检测数据通过网络汇总到系统数据库中，由数据分析模块通过统计、对标、平衡、审计等方法分析用能情况，为能源调度规划和在线优化提供决策支持数据。

③ 水系统的数据采集　钢铁厂大型生产线供水系统可分为净环水系统、浊环水系统以及公共设施部分和安全供水，其中净环水部分可分为加热炉净环水系统和轧钢净环水系统，公共设施部分可分为生产新水-消防给水系统、生活给水系统和排水系统。

给排水数据主要包括生活水、深井水、工业水、软水、除盐水、化学水、水处理、管网和排污水、压力、流量、水泵、出口阀状态、送水质量指标等。

④ 蒸汽系统的数据采集　蒸汽数据主要包括低压蒸汽锅炉房、蒸汽管网及用户中压蒸汽。低压余热蒸汽的利用既受工艺的限制，又受用户的限制，是比较难以利用的能源。

⑤ 空气分离和压缩系统的数据采集　氧、氮、氩是钢铁企业不可缺少的工业气体或能源介质。空分数据主要包括制氧厂、氧站、氧氮氩管网及用户的气体温度、压力、流量，空气压缩站设备状态。

(2) 检测设备分类

① 温度检测仪表　温度测量的方法分可归为两大类，即接触测量法和非接触测量法。接触测量法是将测量敏感元件直接与被测介质接触，使被接触介质与敏感元件充分地进行热交换，两者具有同一温度，达到测量的目的。接触式仪表按照原理分为膨胀式、电阻式、热电式等，这种测量方法的优点是直观可靠，应用广泛。非接触测量法是利用物质的热辐射原理，测量敏感元件不与被测介质接触而达到测量的目的。非接触式温度计可分为辐射温度计、亮度温度计、比色温度计、红外检温器和红外热像仪等。

为便于将测量的温度纳入到能源管理系统中，热电偶及热电阻是应用最广泛的检测元件。

② 压力检测仪表　目前工业上常用的压力检测方法和压力检测仪表很多，根据敏感元件和转换原理的不同，一般分为四类[3]。

a. 液柱式压力检测　一般采用充有水银等液体的玻璃 U 形管进行测量。

b. 弹性式压力检测　根据弹性元件受力形变的原理，将被测压力转换成位移进行测量。常用的弹性元件有弹簧管、膜片赫尔波纹管等。

c. 电气式压力检测　利用敏感元件将被测压力直接转换为各种电量进行测量的仪表，如电阻、电荷量等。

d. 活塞式压力检测　根据液压机液体传送压力的原理，将被测压力转换成活塞面积上所加平衡砝码的质量来进行测量。活塞式压力监测的精度较高，误差在 $0.05\% \sim 0.02\%$。它普遍被用来作为标准仪器，对压力检测仪表进行检定。

其中电气式压力计具有远传功能，被广泛应用。电气式压力传感器类型有霍尔片式压力传感器、应变式压力传感器、压阻式压力传感器、力矩平衡式压力传感器、电容式压力传感器。

③ 物位检测仪表　物位一般可归结为液位、料位和界位。液位是指设备和容器中液体

介质表面的高低。料位是指设备和容器中所储存的块状、颗粒或粉末状固体物料的堆积高度。界位是指相界面位置。按物位的检测方法，常用的物位检测仪表可分为七大类：直读式、压力式、浮力式、电气式、声波式、光学式和核辐射式物位检测仪表。

④ 流量检测仪表　按照检测原理分可分为差压式流量计、容积式流量计、浮子式流量计、涡街流量计、电磁流量计、超声波流量计、涡轮流量计等。

⑤ 电力测量仪表　采集信号包括用电设备的相电压、相电流、有功功率、无功功率、功率因数、电能量、频率和总谐波畸变率 THD、THI 等。检测设备有电流表、电压表、功率表、互感器。随着计算机技术的不断发展，出现了测控一体化微机保护单元，完成电力参数数据采集。

⑥ 湿度检测仪表　湿度表示方法主要分为绝对湿度、相对湿度和露点三种方法。常用的湿度检测仪表包括干湿球湿度计、电解质系湿敏传感器、陶瓷湿敏传感器、高分子聚合物湿敏传感器等。

⑦ 成分分析仪表　进行成分分析和测量时需根据被测物质的物理和化学性质来选取适当的手段和仪表。常用的成分分析仪表包括热导式气体分析仪、红外线气体分析器、氧化锆氧气分析仪、气相色谱仪、半导体气敏传感器、工业酸度计等。

(3) 选型原则

针对能源管理系统的数据采集，要求检测仪表的选型：

a. 便于实现连续测量；

b. 便于远距离传输；

c. 具有高的灵敏度和准确度；

d. 信号传输速度快；

e. 测量范围广，能够测量较小或较大的数值。

4.3　能源管理系统功能

能源管理系统的功能设置和规范是能源管理顺利和有效运行的保障。钢铁企业能源管理中心的系统功能自下而上，可分为数据采集层、数据服务层和管理监控层，其中以管理监控层最为关键。如果需要，也可以根据企业的实际情况进行调整。

4.3.1　系统功能结构

能源管理中心通过不同的能源分系统实行能源管理功能。钢铁企业能源管理分系统主要包括电力管理子系统、煤气管理子系统、水管理子系统、蒸汽子系统和空气分离压缩子系统。钢铁企业能源管理中心系统功能总体结构图如图 7-4-5 所示。

图 7-4-5 中，钢铁企业能源管理系统功能的总体结构分从下往上分为三层：数据采集层、数据服务层和能源管理层，其中，能源管理层通常分为几个子系统对能源过程进行调度与优化控制。各个子系统主要功能包括能源运行数据管理、能源数据分析、能源计划与调度、能源监控优化和能源体系文件管理。钢铁企业能源管理中心能源管理层系统功能结构图如图 7-4-6 所示。

图 7-4-6 中，能源管理层从数据服务器获得能源数据，并通过分析处理来支持能源计划与调度和能源监控与优化。除了能源数据的分析结果和日常运行数据的处理结果，能源管理系统和各个子系统的体系文件也作为能源计划与调度的支持数据。

运行数据管理主要用于管理企业日常运行过程中的能源数据管理，包括能源计划管理、能源实绩管理、能源质量管理、能源成本管理、能源数据计量和系统管理等。能源数据分析通过统计、对标、平衡、审计等方法分析用能情况，为能源计划与调度和在线优化提供数据

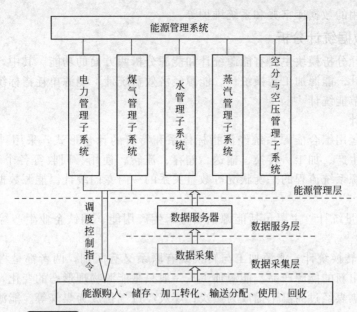

图 7-4-5　能源管理系统功能总体结构图

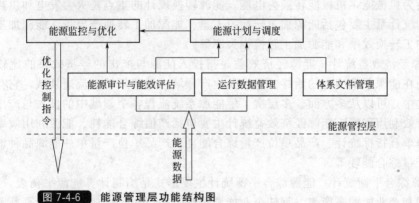

图 7-4-6　能源管理层功能结构图

支持，为能源设备和环节的自动控制和监视报警提供预测数据，以及发掘节能潜力指导节能技改。能源数据分析主要包括统计分析、能源审计和能效评估三方面的内容。体系文件管理即管理能源管理体系的标准、法规、预案和机构职责文件的管理。能源计划与调度功能，通过能源需求预测进行能源计划、调度和能源决策分析。能源监控与优化功能，通过能源监控、诊断和故障处理进行能量系统优化。

4.3.2　运行数据管理

运行数据管理主要用于管理企业日常运行过程中的能源数据，包括能源实绩管理、能源质量管理、能源计量管理和系统管理。运行数据管理功能的结构图，如图 7-4-7 所示。

图 7-4-7　数据管理结构图

能源实绩管理实现能源实际数据的采集、分析与管理；能源质量管理实现各种能源的质量数据采集、分析、跟踪、趋势评估和越限警告；能源计量管理实现企业生产各环节的数量、质量、性能参数、相关的特征参数等的检测、度量和计算；系统管理为系统正常运作而需要设置一些常用的数据库字典和系统维护等。

4.3.3 能源数据统计分析

能源数据统计分析模块主要有能源统计和能源分析两方面的功能。其中，能源统计可分为能源消费量统计、能源加工转换统计、能源经济效益统计、能源单耗指标统计、能源综合平衡统计和企业节能统计[4]。

(1) 能源统计

能源统计是运用综合能源系统经济指标体系和特有的计量形式，采用科学统计分析方法，研究能源的生产、加工、转换、输送、储存、流转、使用、回收等各个环节运动过程、内部规律性和能源系统流程的平衡状况等数量关系的一门专门统计。能源数据统计包括以下几个方面。

① 能源消费量统计　主要包括能源消费量、生产用能、钢铁企业生产综合能耗和非生产用能等。

② 能源加工转换统计　能源加工与转换既有联系又有区别，两者都是将能源经过一定的工艺流程生产出新的能源产品。能源加工，一般只是能源物理形态的变化，如原煤经过洗选成为洗煤；炼焦煤经过高温干馏成为焦炭；煤炭经过气化成为煤气等。能源转换是能源流程中的能量形式的转换。如热电厂将煤炭、重油等投入到耗能设备中，经过复杂的工艺过程把热能转换为机械能，机械能转换为电能。能源转换统计的重点是火力发电和供热。能源加工与转换的统计量主要包括能源加工转换投入量、能源加工转换产出量、能源加工转换损失量、能源加工转换效率和能源加工转换损失率等。

③ 能源经济效益统计　能源经济效益是指投入能源与产出的经济效果的比较。能源经济效益体现在能源系统流程的始终。它涉及生产领域、消费领域和流通领域，它存在于任何经济形态之中，可以从多方面、多层次了解能源系统流程各个领域中的投入与产出情况以及能源合理有效利用程度。能源经济效益统计主要包括产值综合能耗、能源利用效率、能源损失率、能源单耗指标统计、产品单位产量综合能耗、产品单位产量单一能源品种消耗和产品可比单位产量综合能耗等。

④ 能源综合平衡统计　能源综合平衡统计主要形式是编制计算能源平衡表，可分全国、地区、部门和企业能源平衡表。钢铁企业能源平衡表是以一个企业或公司为平衡范围，根据企业对能源管理的需要和本企业的实际情况，在产品生产、销售与库存，能源收、支与库存，能源消耗，能源加工转换，能源计量器具运行等一系列报表的基础上编制的综合平衡表。它反映了企业各种能源的来踪去迹以及各种能源的消费构成、加工转换的投入和产出，体现出企业能量的平衡关系。

⑤ 企业节能量统计　企业节能量是指在一定时期内，通过加强生产经营管理、提高生产技术水平、调整生产结构、进行节能技术改造等措施所节约的能源数量，它综合反映企业直接节能和间接节能的总成果。企业节能量可分别按各节能因素计算，主要包括综合节能量和某种能源品种节约量。

(2) 能源分析

能源分析模块用于分析能源产品的购入、储存、转换、输配、使用、外销和回收这7个环节的情况，反映钢铁企业生产与销售是否衔接。能源是制约钢铁企业效益和发展的重要因素之一，用能管理情况的好与坏直接影响到钢铁企业的发展。因此，必须经常对能源产品的7个环节进行分析，及时反映企业的用能情况是否存在浪费或节能潜力。能源分析主要包括以下5个方面。

① 分析钢铁厂能源的供需情况，反映能源供应对生产的保证程度。必须经常对能源供

应量与需要量之间的平衡情况进行分析，检查能源订货合同情况是否按质、按量、按时到货，以及到货对生产的保证程度。

② 分析能源消费构成的变化情况，反映能源消费是否合理。根据消费的能源品种构成资料，可以反映初级能源与优质能源的消费比例。根据能源消费的构成资料，可以反映全厂各工序环节的能源消费比例、重点耗能工序环节与非重点耗能工序环节的能源消费比例、原料和能源生产部门与主要产品生产部门的能源消费比例等。根据能源使用方向资料，可以反映能源用于加工转换二次能源的比重；能源用作原料、材料与用作燃料的比例；能源用于生产与生活的比例等。通过以上分析，可以反映能源消费的品种构成、工序环节构成是否合理，为制定正确的能源政策、生产计划和生产力的合理布局，提供系统的分析资料。

③ 分析能源消耗升高与降低的原因　影响能耗升高与降低的原因很多，主要有：a. 钢铁厂工序环节结构变化的影响，一般炼铁和钢后工序能源消耗高，铁前和炼钢工序能源消耗低；b. 产品结构变化的影响，在钢铁企业中，高耗能产品生产的多了，能耗就要升高，反之，则要降低；c. 生产设备、生产工艺的技术装备水平的高低的影响，一般情况下，生产设备愈陈旧，生产工艺技术水平愈落后，能源消耗就愈高；d. 能源管理水平的影响，如是否建立健全综合能源的考核制度，完善能量测试和计量手段等。通过分析找出能耗升高与降低的原因，以及节能降耗的途径。

④ 分析能源使用的经济（技术）效益，反映能源消费增长同经济增长的关系。能源统计应经常研究能源消费与生产的产品之间的关系，全面反映能源利用的经济效益。

⑤ 分析和反映钢铁厂用能过程中出现的新情况和新问题。能源统计要把这些新情况和新问题作为自己研究的课题，为钢铁企业能源管理和生产规划决策服务。

4.3.4　能源监控优化

能源监控优化功能主要包括能源监控、诊断和故障处理，以及能量系统优化。

(1) 能源监控

对各能源介质进行监视和控制。当能源过程量超过预定的上、下限时，发出报警信息和显示，对异常情况进行诊断并给出报警，并对能量流进行控制。

(2) 能源系统诊断与故障处理

一方面，对能源系统进行健康诊断，以保证系统的适时处理，尽量避免故障的发生；另一方面，对能源系统的突发事件实施能源应急调度策略，确保能源供应的安全稳定。

(3) 能量系统优化

实现能量梯级利用，减少能源介质放散是能量系统优化的主要任务。

4.3.5　能源计划与调度管理

能源计划与调度功能属于能源管理系统的高级功能，通过能源需求预测，来进行能源计划、调度和能源决策分析。

① 能源需求预测和计划调度　根据生产计划和能源供应情况，对各分厂的能源需求进行预测分析，并确定一定时间段内的能源分配计划；在有突发事件的情况下，依据预定的生产计划和能源分配计划，合理调整生产计划和能源分配计划，达到稳定生产和以最小代价最大限度地完成生产目标的目的。

② 能源决策支持分析　依据能源统计分析、能源进存管理、对标管理、能源需求预测、能源审计等，为领导在制定能源计划和能源战略时提供决策支持。

(1) 分析预测管理

能源消耗量的预测是制定钢铁企业能源计划和调度的重要组成部分。通过能源消耗预测，可以把握能源消耗的趋势，控制能源的存储量，减少能源的浪费，降低钢铁生产成本，对于提高冶金企业产品的市场竞争力、经济效益和信息化管理水平具有极为重要的意义。

钢铁企业是由众多工序有机结合的一个整体。冶金企业能耗预测模型的特点是变量多、关系复杂，且往往是非线性的。针对钢铁企业各种各样的工序和大量实际应用的结果，国内外对钢铁企业能耗预测模型的研究多采用数学模型的方法来描述能源系统的内部关系，比较典型的模型有优化模型、投入产出模型、平衡模型、灰色模型和神经网络模型等。

能源分析预测利用计算机数据分析技术，对能源生产相关的历史数据进行数据分析、统计，用以指导能源管理工作，提高能源管理水平和效率。其功能框图见图7-4-8。首先要进行数据收集与转换，如收集能源供需计划、能源消耗实绩、能源平衡表、计划产量等数据。对已有的数据，确定其数据源、ID号，缺少的数据考虑手工输入。然后对数据进行挖掘分析，实现以下功能：能源供需计划分析、能源供需实绩分析、吨钢综合能耗分析、经济技术指标查询分析、能耗预测分析。

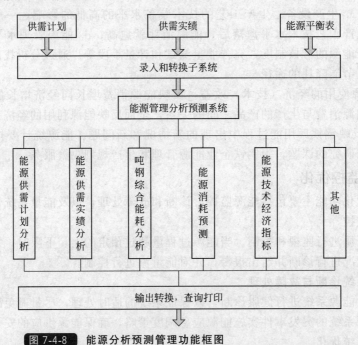

图 7-4-8　能源分析预测管理功能框图

国内外能源消耗量的预测方法主要有时间序列预测法、因果关系预测法、能源消费弹性系数预测法和神经网络预测法。预测方法很多，据不完全统计有几百种，可用于用能预测的方法也有数十种。常用的可行的定量预测方法可以分成四大类：

a. 时间序列预测方法；

b. 能耗计量模型预测法；

c. 投入产出分析预测法；

d. 其他预测方法。

① 时间序列预测方法　时间序列预测方法的显著特点是，利用预测对象的历史资料和数据在时间序列的变化趋势或规律，采用相关的数学模型给予描述，以此来进行用能预测。但这类方法有两个重要的假定：

- 被预测事物的将来发展情况与该事物的历史发展情况一样随时间延伸而变化；
- 各种因素对事物的综合影响在预测时间段内不会发生突变。

由于未来的情况总存在未知，因此时间序列预测方法一般只适合于短期预测（几个月到一年左右），而且效果较理想。当然，某些预测对象不受或很少受外界的影响，内部的影响又很有规律，时间序列预测还是可以用于中、长期预测的。常用的时间序列预测方法有以下5种。

a. 几何平均法　运用几何平均数求出预测目标的发展速度，然后进行预测[5]。它适用于预测目标发展过程一贯上升或下降，且逐期环比率速度大体接近的情况，是 n 个价格变量连乘积的 n 次方根，在统计研究中常用以计算平均发展速度。在计算不同时期年度平均价格上涨幅度时，也用这种方法。现象发展的平均速度，一般用几何平均法计算。按几何平均法求平均发展速度，需要借助于对数来计算。但在实际工作中，统计工作者常用两种工具来计算，一种是用多功能电子计算器计算，另一种是查《水平法查对表》。这种查对数在已知"总速度"和"间隔期"的情况下，可以直接查到平均增长速度。

几何平均数是 n 个变数值连乘积的 n 次方根。几何平均数多用于计算平均比率和平均速度，如平均利率、平均发展速度、平均合格率等。几何平均数的计算方法有简单几何平均法和加权几何平均法。

几何平均数有以下特点：

（a）几何平均数受极端值的影响较算术平均数小；

（b）如果变量值有负值，计算出的几何平均数就会成为负数或虚数；

（c）它仅适用于具有等比或近似等比关系的数据；

（d）几何平均数的对数是各变量值对数的算术平均数。

计算几何平均数应注意的问题：

（a）变数数列中任何一个变数值不能为 0，一个为 0，则几何平均数为 0；

（b）用环比指数计算的几何平均易受最初水平和最末水平的影响；

（c）几何平均法主要用于动态平均数的计算。

b. 指标预测法　为了了解用能活动情况，必须设计若干能耗指标来反映这种活动的变化。各种指标放在同一时间坐标轴内就会表现出某种规律性，人们利用规律来进行预测的方法就称为指标预测法[6]。

能耗指标数值在时间顺序上常常表现出一定规律性，利用这种规律性来进行预测的方法称为指标预测法。该方法的使用条件是两个比较的经济指标之间存在直接或间接的联系，其比值随时间推移，基本为一常数或相近。

c. 指数平滑法　指数平滑法是布朗（Robert G. Brown）所提出[7]。布朗认为时间序列的态势具有稳定性或规则性，所以时间序列可被合理地顺势推延。他认为最近的过去态势，在某种程度上会持续到未来，所以将较大的权数放在最近的资料。

指数平滑法是生产预测中常用的一种方法，也用于中短期经济发展趋势预测。所有预测方法中，指数平滑是用得最多的一种。简单的全期平均法是对时间数列的过去数据一个不漏地全部加以同等利用；移动平均法则不考虑较远期的数据，并在加权移动平均法中给予近期资料更大的权重；而指数平滑法则兼容了全期平均和移动平均所长，不舍弃过去的数据，但是仅给予逐渐减弱的影响程度，即随着数据的远离，赋予逐渐收敛为零的权数。也就是说指数平滑法是在移动平均法基础上发展起来的一种时间序列分析预测法，它是通过计算指数平滑值，配合一定的时间序列预测模型对现象的未来进行预测。其原理是任一期的指数平滑值都是本期实际观察值与前一期指数平滑值的加权平均。

d. 季节指数法　季节指数法是以时间序列含有季节性周期变动的特征，计算描述该变动的季节变动指数的方法。统计中的季节指数预测法就是根据时间序列中的数据资料所呈现

第7篇

的季节变动规律性，对预测目标未来状况做出预测的方法[8]。在市场销售中，一些商品如电风扇、冷饮、四季服装等往往受季节影响而出现销售的淡季和旺季之分的季节性变动规律。掌握了季节变动规律，就可以利用它来对季节性的商品进行市场需求量的预测。利用季节指数预测法进行预测时，时间序列的时间单位或是季，或是月，变动循环周期为4季或是12个月。运用季节指数进行预测，首先要利用统计方法计算出预测目标的季节指数，以测定季节变动的规律性；然后，在已知季度的平均值的条件下，预测未来某个月（季）的预测值。

直接平均季节指数法是根据呈现季节变动的时间序列资料，用求算术平均值方法直接计算各月或各季的季节指数，据此达到预测目的的一种方法。直接平均季节指数法的一般步骤如下：（a）收集历年（通常至少有3年）各月或各季的统计资料（观察值）；（b）求出各年同月或同季观察值的平均数；（c）求历年间所有月份或季度的平均值；（d）计算各月或各季度的季节指数；（e）根据未来年度的全年趋势预测值，求出各月或各季度的平均趋势预测值，然后乘以相应季节指数，就得未来年度内各月和各季度包括季节变动的预测值。

e. 线性趋势预测法　线性趋势预测法又称直线趋势预测法，是对观察期的时间序列资料表现为近似直线的上升和下降时采用的一种预测方法[9]。关键是求得趋势直线，以利用趋势直线的延伸求得预测值。求趋势直线的方程式是：

$$Y_t = a + bx$$

式中　x——自变量，是选定的任何值；

　　　Y_t——因变量，对于选定的 x 值，相应变数 Y 的平均估计值即第 t 预测周期的预测值；

　　　a，b——未知参数。

线性趋势预测法的步骤为：

（a）利用已知数据绘图，确定直线趋势；

（b）求变动趋势直线，可以用直观法，也可以用最小二乘法；

（c）利用变动趋势直线的延伸，确定预测值。

② 能耗计量预测法　这类方法应用很广，内容丰富。其显著特点是：分析影响预测对象的各种因素的相互关系以及这些因素对预测对象的影响程度，然后依据系统工程理论建立描述预测对象与各因素之间互相关系的能耗计量模型，以此进行用能预测。这类方法对于中、长期宏观用能预测有较好的效果，但在建模、计算等方面要求较高，而且要求预测人员要有很好的梳理知识和较高的系统工程理论，以及较丰富的实际经验。这类方法所采用的模型可以是单个的，也可以是联立的，而且在利用这类方法预测时，一般都要在模型之外推算出某些变量在未来的变化值。在模型内计算的变量，称为模型的"内生变量"；在模型外设定的变量，称为"外生变量"。这类外生变量通常又要用另外的方法计算出来。由于这类方法所建模型通常变量较多，一般均采用计算机求解，这也对预测人员提出了新的要求。

a. 单变量计量预测模型　影响预测目标的主要因素是单一的并存在一定的关系（可以是线性的或非线性的），利用单一的变化来预测目标变化的方法和模型[10]。

该方法有两个使用条件：

● 所确定的单一影响因素确实对预测目标有最直接的影响；

● 这种单一因素有可收集到的历史统计资料。

b. 多变量计量预测模型　能源使用过程中多因素（即多变量）相互影响是普遍存在的现象，因此有必要研究多变量计量预测模型及应用。该方法预测目标的主要因素是两个以上的并且存在相关关系，利用这种关系来预测目标的变化模型及方法[11]。

该方法有两个使用条件：

- 所确定的多个影响因素确实对预测目标有主要影响；
- 这些因素均有可收集到的历史统计资料。

③ 投入产出模型预测法　这类方法实际上是将已经成熟了的投入产出分析技术用于能耗预测工作[12]。因为投入产出分析技术可以根据研究问题的要求，列出国民经济各部门（宏观或中观）或者企业各生产环节（微观）的统计数据，这些数据反映了各部门、各环节间的相互关系和影响程度，由这些数据可以构成若干联立方程组（即构成多元一次方程式组）。投入产出分析技术的这个特点，可以预测某个部门（或环节）或所有部门（或所有环节）的变化情况和相互影响程度，从而为决策提供科学依据。由于投入产出分析技术在应用中需要进行大量的数据计算工作，所以只能借助于计算机给予解决。该方法一般用于中、短期预测。

④ 其他预测方法　不属于上述三类的预测方法可以归类为其他预测方法。这些预测方法不计其数，各有各的用途，比如马尔科夫预测、线性规划预测、灰色预测、人工神经网络预测等。其中，人工神经网络具有学习能力，能够掌握数据之间复杂的依从关系，具有较好的样本非线性拟合功能，很强的自适应、自组织和自学习的能力，以及大规模并行运算的能力，因此利用人工神经网络建模进行能耗预测，是近些年来广泛使用的能耗预测方法。目前主流的基于人工神经网络模型的用能预测方法，有 BP 人工神经网络模型的用能预测、基于遗传算法的人工神经网络模型用能预测、基于小波分析的人工神经网络模型用能预测和基于遗传算法的小波人工神经网络预测。

（2）能源计划管理

能源计划管理用于编制各种能源的使用计划，进行归档管理，监督执行能源计划的实施，并给出实施的变化分析。能源计划过程管理主要包括供需回收过程数据、能源供需计划管理、能源平衡管理、能源生产管制日报、主要能源管理指标跟踪、能源单耗管理等功能[12]。其功能框架见图 7-4-9。

计划实绩过程管理功能实现的基础是采集数据的准确，但如此庞大的采集系统难免会因干扰、硬件故障等原因导致数据失真和丢失，为了保证数据的可靠性，应增加对异常数据的处理，对可能出现的各种异常情况进行了详细的讨论和分析，合理反映能源应用的实际情况。

① 能源供需、回收过程管理　能源供需、回收过程管理是实时监控系统与能源管理系统关联最紧密的部分，系统根据 SCADA 系统上传标签点的信息值，按各工序的计算公式统计各工序的整点累计量，以统计全厂能源发生、使用、损耗及煤气的放散量。

② 能源供需计划管理　用户可选择计划值种类（年、月）、介质种类和时间，从计划值信息表中查询历史计划值数据。可利用该功能制定能源计划，以便编制下个月的能源计划报表。用户选择计划值种类（年、月）、介质种类，由系统列出相应计划值数据供用户设定或修改，计划值的默认值为系统推荐值。按照用户要求，系统可根据计划值设定日志表的相应记录，取出相应信息。

③ 能源生产管制日报　系统可生成能源生产管制日报表，用户可对能源管制日报表进行编制、查询、打印、归档等操作。

④ 主要能源管理指标跟踪　用户可对能源管理指标进行编制、查询、归档等操作。

（3）能源调度

能源在线调度的目标是通过能源动态平衡和优化，来实现企业能量系统的优化，即实现能量梯级利用，减少能源介质放散。

能源动态平衡和优化主要通过能源需求预测和调度来实现。能源需求预测和调度，根据

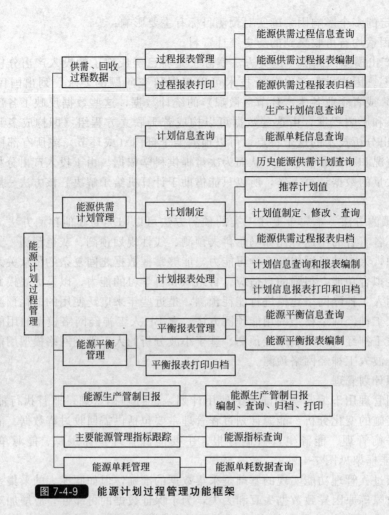

图 7-4-9　能源计划过程管理功能框架

生产计划和能源供应情况，对各分厂的能源需求进行预测分析，并确定一定时间段内的能源分配计划；在有突发事件的情况下，依据预定的生产计划和能源分配计划，合理调整生产计划和能源分配计划，达到稳定生产和以最小代价最大限度地完成生产目标的目的[13]。

　　能源规划模块主要通过能源决策支持分析来制定企业的能源计划和能源战略，以及策划实施节能技改项目。

　　能源决策支持分析，主要依据能源统计分析、能源进存管理、对标管理、能源需求预测、能源审计等，为领导在制定能源计划和能源战略时提供决策支持。节能技改管理，主要根据对标管理找出的不足和相应的国际、国内最佳实践，在经济上允许、技术上可行以及社会和环境可接受的前提下，寻找合适的节能技改措施，并给出合理的节能分析，最后确定可行的节能技改方案。该部分主要由能源管理师完成，不是软件自动完成，节能管理的目的是记录这些过程和最后的结果，为以后的节能技改提供参考。

4.4　济钢能源管理系统实例

　　济南钢铁集团是国内较早建设能源管控中心的钢铁企业，其能源管理系统是国内企业能源管理的一个典型代表。济钢能源管理系统的建设分两期进行：一期工程主要以中心控制室的建设、网络与平台系统搭建，以及煤气系统、电力系统（一期）、基础能源管理、环境监控系统的设计开发为主要内容。二期工程以总公司区域内的水气系统的监视、电力系统（二期）监视、基础能源管理完善（水气）、环境监控系统（二期）为主要内容。系统基于稳定的 UNIX 操作系统，建设了 300km 的光纤冗余环网，采用了 4 台小型机作为采集服务器，集成了济钢特色的能源管理理念。

能源管理系统集中统一管理能源介质的发生量、消耗量和设备状态。主要功能有：管理能源介质的过程量输入和变换；数据采集与分析；对能源潮流进行统一实时监控；对能源的产、供、用进行一元化集中管理。

① 计量数据管理　能源介质过程量的计算，包括平均值、累积值、最大值、最小值等，管理所采集的计量数据，并生成各种报表。

② 潮流监视报警　对各能源介质进行潮流监视。当能源过程量超过预定的上、下限时，发出报警信息和显示，对异常情况进行诊断并给出报警。

③ 在线决策控制、调度　在线调度管理，达到动态平衡，合理分配，高效利用；实现能源系统的平衡调度、遥控指挥功能。

④ 生产管理调度　实时能源平衡图和报表，平衡预测，年/季/月/日能源供求计划，生产调度建议表。

⑤ 预测计算　预测计算煤气柜柜位；预测单位时间的电力使用量，做出操作指导，合理进行电力调度；预测循环水的导电率，计算达到目标导电率的排水量和补充清水量，做出操作指导。

4.4.1　济钢能源管理系统

能源中心向 ERP 系统提供了客观、完整、快捷的能源系统分析数据和核算结果，能源管理的运行调控和生产实绩信息纳入了企业整体资源计划，为生产运营、成本分析提供周详的过程信息和可靠的决策依据，使领导通过 OA 系统即可及时了解能源的整体运行情况，使决策的前瞻性、快速性和科学性得到有效保障。

济钢能源中心的管理系统功能框架图如图 7-4-10 所示。

整个 EMS 系统分成煤气调度监控系统、电力监控调度系统、水调度监控系统、气系统（氧气、氮气、压缩空气）及蒸汽调度监控系统。

4.4.2　系统结构

针对能源系统分布区域广等特点，济钢能源控制中心采用分布式系统，建立现场子站，形成三层结构，如图 7-4-11 所示。

现场级根据对象分布设置的控制基站组成，完成控制指令执行、数据采集和基本安全保护。中心级是整个能源系统集中监控的控制中心，包括主服务器、用户终端（操作员站、工程师站）及其他设备，支撑软件、在线决策控制软件和调度管理决策软件及数据等都运行或存储在这里。中心级和现场级之间通过主要由光纤通信系统组成的通信网络连接起来。

（1）系统网络结构

济钢能源管理中心采用现场光纤环网、中央核心千兆网络和标准客户以太网的三层结构。按照济钢厂区地理位置的分布，形成两个主干光纤环网，每个主干环网分布若干个子站。每个子站配置 12 个多模光口和 12 个 RJ—45 电口，均为 100M 网络接口。现场各数据采集站和连接现场控制系统的数据通信网关分别接入到主干光纤环网的各个子站，形成星形网络结构，如图 7-4-12 所示。

中央核心千兆网络为能源管理信息系统的核心服务器网络，采用冗余配置，系统的实时数据库服务器、Oracle 历史数据服务器、能源管理应用服务器、Web 服务器通过冗余千兆网卡接入中央核心千兆网。同时中央核心千兆网络的两台核心交换机还用于管理整个网络系

图 7-4-10　能源管理系统功能框架图

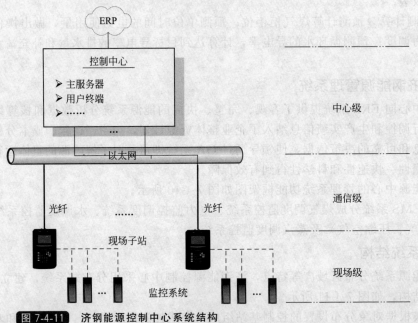

图 7-4-11　济钢能源控制中心系统结构

统中的 VLAN 及路由等。标准客户以太网用于连接各子系统操作站、能源管理工作站、调度管理工作站以及大屏幕工作站等。标准客户以太网采用 100M 交换网络，它通过两个1000M 端口分别连接到两台核心交换机上。

① 全过程集中统一管理　集成仿真、计量、信息自动化控制技术，建设能源管控中心，实现了水、电、煤气等能源介质在线监控、实时数据生成、动态优化、全过程集中统一管理，促进了资源能源的高效利用。

② 能源控制中心控制室　能源控制中心设在燃气-蒸汽发电二期主控楼二层，主控楼为三层结构，二层建筑面积 $1020m^2$，中心控制室 $30m \times 16.8m$，面积 $504m^2$，放置 SUN/ALPHA小型机、磁盘阵列、工作站、调度大屏幕、工业电视监视器，控制室进行采暖、空调。

③ 实时监视，提供决策依据　为使所有能源职能部门实时了解全厂的能源生产及使用情况，在总经理办公室、生产部、计量处、能源动力厂长室等处设置 CRT 监视器，可以随

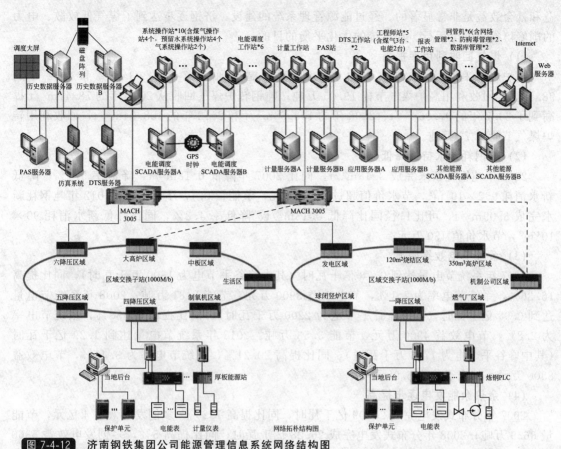

图 7-4-12　济南钢铁集团公司能源管理信息系统网络结构图

时调看相关能源参数及设备运行状况。

（2）系统配置

根据济钢的生产规模，整个系统配置 4 台基于 Sun Solaris 操作系统的实时数据库服务器，提供 4 重化的系统冗余配置，实时数据服务器主要负责处理 EMS 系统的核心进程，这些核心进程包括数据通信、数据处理、报警、事件、历史数据、权限管理等。

正常情况下，4 台实时数据库服务器，其中的 Server1 和 Server2 负责电力子系统的核心任务和数据处理，Server3 负责煤气子系统的核心任务和数据处理，Server4 负责水子系统的核心任务和数据处理，从而实现系统的负载平衡。当其中一台服务器出现故障时，其他的服务器会自动接管它的任务，实现系统的冗余。

系统配置一台基于 Sun Solaris 操作系统的 Oracle 历史服务器，用于存储能源系统管理信息历史数据，实时数据库通过 ODBC 接口，将生产能源数据按指定的格式定时送入 Oracle 历史服务器进行归档和分析。同时历史服务器还将负责存储和处理来自 ERP 系统的管理数据，以及基础能源管理数据。

系统还配置了数据通信网关，这些网关主要用于与现场的控制系统进行通信和数据交换。

4.4.3　节能效果

济钢能源管理系统的建立，可以实现优化管理，对于能源系统的安全生产、避免和减少事故发生能起到积极作用，对环境保护、提高全公司能源利用水平具有深远意义，其经济效益和社会效益是非常显著的。经过能源管理系统的建设，济钢逐步达到了煤气低放散、电力的削峰填谷、安全运行、水系统的优化平衡的目的。

（1）煤气回收利用率提高

高炉煤气利用率由 2006 年的 84.55％ 逐步提高到 2007 年的 93.25％ 和 2012 年的 98.53％，回收利用高炉煤气节能 19.05 万吨；吨钢转炉煤气回收从 2006 年的 78.41m³/t 提高到了 2007 年的 97.06m³/t、2008 年的 103.68m³/t 和 2012 年的 108.34m³/t，回收利用转炉煤气节能 4.73 万吨。

（2）吨钢耗新水持续降低

2008 年吨钢耗新水完成 3.18m³/t，同比 2007 年降低 0.18m³/t，降低率 5.4％，降低新水消耗 952×10⁴m³，节水价值超过 3200 万元，节能量 0.17 万吨标煤；2012 年吨钢耗新水完成 3.09m³/t，可比口径同比降低 0.13m³/t，降低率 4.2％，同比降低新水消耗 90×10⁴m³，节水价值 450 万元。

（3）系统节电效果明显

2007 年系统节电量达到 0.78 亿千瓦时（其中峰谷平节电为 1800 万千瓦时），同比提高 16.36％，系统节电率为 2.1％，节电效益 3900 万元，节能 2.81 万吨；2008 年系统节电量达到 0.98 亿千瓦时（其中峰谷平节电为 2200 万千瓦时），同比提高 26.58％，系统节电率为 2.8％，节电效益 4900 万元，节能 3.53 万吨。2012 年系统节电量达到 1.29 亿千瓦时（其中峰谷平节电为 7746 万千瓦时），同比提高 20.21％，系统节电率为 3.46％，节电效益 8300 万元，相当于节能 5.98 万吨。

（4）余热余能发电逐步提高

2007 年分布式发电完成 25.09 亿千瓦时，同比提高 132％，多创发电效益 4 亿元，节能量 36.9 万吨；2008 年分布式发电完成 26.28 亿千瓦时，同比提高 5％，多创发电效益 5360 万元，节能量 4.9 万吨；2012 年分布式发电完成 27.94 亿千瓦时，同比提高 3.5％，多创发电效益 4760 万元，节能量 4.3 万吨。

4.5　首钢京唐钢铁公司能源优化管理系统

钢铁企业动力能源系统结构复杂，所涉及的能源种类繁多，相关一次二次能源动态转化关联复杂。首钢京唐钢铁公司能源优化管理系统旨在将粗放型的能源管理打造成为集约型精细化、科学化、专家式管理，实现能源的分散型控制与集中式管理相结合。在首钢京唐钢铁公司现有的集中控制和数据监视的基础上，在确保安全生产和能源稳定供给的前提下，开发相关能源优化调度模型来充分利用二次能源，提高能源综合利用效率，进而达到节能及优化调度的目的。

系统主要功能如图 7-4-13 所示。

该系统具备能源需求预测、动态平衡计算、数据管理、监视报警、操作指导等功能。新型能源管理体系建成后，优化了人力资源使用率，实现了新型的能源管理及设计模式。

该系统综合运用煤气实时数据、经验公式、专家知识和生产过程信息分段动态预测等建模方法，基于当前及未来可预知情况变化对未来一段时间之内能源供需状况做出预测，预测结果可以为调度人员进行短期调度提供决策支持，同时为各种智能优化调度方案的实施提供基础数据，有效支持了煤气在线调度。在进行能源平衡的基础上，调节能源产出与用户用能的动态平衡，实现各种能源介质的综合利用。

系统中开发应用了电力系统智能软五防模型，更好、更安全地保证了电力系统的远程控制，为实现电力系统现场无人值守提供了必要支持条件，有效避免恶性事故的发生，保证了

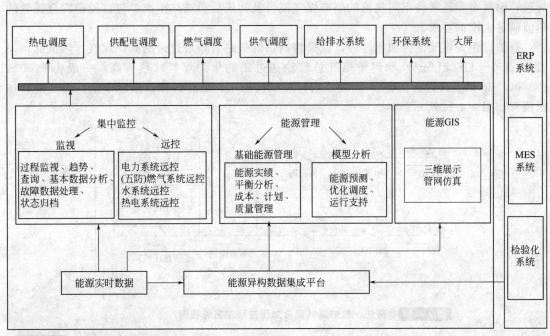

图 7-4-13　首钢京唐能源优化管理系统主要功能

正常生产。

　　在海水淡化工艺区，实现了节约大量生产净水，充分利用余热蒸汽，提高了循环利用的价值，保证了水资源的合理使用。

　　该系统应用效果十分显著，实现了能源的循环应用与综合平衡，满足了首钢生产建设的需要，各项能耗指标达到国际先进水平。项目通过提升高炉煤气、焦炉煤气、转炉煤气以及余热蒸汽等二次能源的回收利用率，实现各种能源的高效综合利用，取得直接经济效益3671.8 万元/年。

4.6　煤气热值和压力的智能调控

　　煤气混合加压过程是钢铁生产的重要环节，混合煤气的质量直接影响钢铁生产的质量和产量。煤气混合加压过程复杂，影响因素多。人工手动控制很难达到生产要求，这就迫切需要一种有效的控制方法。

　　在深入分析煤气混合加压过程机理的基础上，利用模糊控制、解耦控制、专家控制、集成优化建模等技术，建立了煤气混合解耦控制模型，并利用了二自由度专家控制方法稳定混合煤气热值和压力[15~17]。

4.6.1　煤气混合加压过程工艺及控制对象

　　深入了解控制对象及生产工艺是提出新控制方法的基石，下面首先介绍煤气加压站生产工艺过程，然后从控制的角度分析煤气混合加压过程，并提出煤气混合加压过程的控制要求。

　　(1) 加压站生产工艺过程

　　钢铁工业生产中的高炉煤气、焦炉煤气等副产煤气都是宝贵的能源，充分回收和利用这些副产煤气，不仅在企业能源消耗与平衡工作中具有重要作用，更是节能与环保工作的重要问题，是实施可持续发展战略的重要环节。为了更充分合理地使用能源，防止热值低的煤气放散，钢铁企业通常将不同热值的副产煤气混合及加压后再送往生产单位，使得混合煤气的热值满足生产的要求。

高炉、焦炉煤气混合加压过程，就是将高炉煤气总管输送过来的高炉煤气（热值低，一般为 3150～4180kJ/m³）和焦炉煤气总管输送过来的焦炉煤气（热值高，一般为 5900～18300kJ/m³）直接进行混合[18]，然后通过加压机加压，最后送往各用户单位。煤气混合加压流程如图 7-4-14 所示。

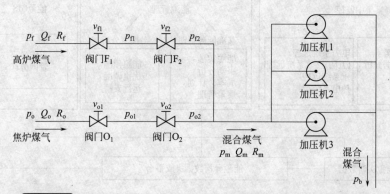

图 7-4-14   高炉、焦炉煤气混合加压过程工艺流程图

在图 7-4-14 中，p_f（p_o）为高炉煤气管道（焦炉煤气管道）的压力值，Q_f（Q_o，Q_m）为高炉煤气（焦炉煤气，混合煤气）的流量，v_{f1}（v_{f2}，v_{o1}，v_{o2}）为阀门 F_1（F_2，O_1，O_2）的开度值，p_{f1}（p_{f2}）为在蝶阀 F_1（F_2）后高炉煤气管道的压力值，p_{o1}（p_{o2}）为在蝶阀 O_1（O_2）后焦炉煤气管道的压力值，p_m（p_b）表示加压机前（加压机后）混合煤气管道的压力值，R_f（R_o，R_m）表示高炉煤气（焦炉煤气，混合煤气）的热值[19]。

(2) 控制对象分析

高炉、焦炉煤气混合加压过程是一个连续的过程，高炉煤气和焦炉煤气经蝶阀管道汇总混合，再经加压机加压后送往后续的煤气用户。在煤气混合过程中，混合煤气热值和压力波动与下列因素有关。

① 与高炉煤气和焦炉煤气的气源压力有关   若加压机前压力不变，任一煤气的气源压力波动，必然会导致压力差的改变，致使煤气流量发生变化，混合比发生变化，从而引起混合煤气热值和压力的波动。

② 与煤气用户的生产有关   当用户开始生产时，混合煤气需求量陡增，致使加压机前压力减低，压力差增大，高炉煤气和焦炉煤气的流量增大，但增量是不同的，致使流量配比发生改变，热值发生波动。当生产单位停止生产时，混合煤气需求量陡减，致使加压机前压力升高，压力差减小，高炉煤气和焦炉煤气的流量降低，但减量是不同的，致使流量配比发生改变，热值同样发生波动。

③ 与整个钢铁集团生产调度有关   钢铁集团生产调度也影响混合煤气的热值和压力，如焦化厂生产的焦炉煤气太多，不能直接排放到大气中（焦炉煤气毒性大），只能把焦炉阀门全开，致使混合煤气热值很高；若某生产单位检修，加热炉保温停轧，要求混合煤气热值降低，则只能关小焦炉煤气阀门，开大高炉煤气阀门。

(3) 煤气混合加压过程控制要求

煤气混合加压过程的控制要求主要有以下三个。

① 混合煤气热值的智能解耦自动控制   在煤气混合过程中存在着严重的耦合现象，煤气热值主要由 4 个蝶阀来进行调节。但调节单一管道上的蝶阀，使高炉煤气流量或者焦炉煤

气流量发生改变，既影响混合煤气的压力，又影响混合煤气的热值，从而无法保证热值与压力的同时稳定。因此，迫切需要寻求一种更先进的智能解耦控制方法，来解决煤气混合加压过程中存在的耦合问题。

② 混合煤气压力的自动控制　由于混合煤气加压过程复杂，气源压力的波动、加压机转速的改变、蝶阀开度的调节、后续单位生产调整等因素会影响混合煤气的压力（简称混压）的稳定。而为了控制混合煤气的机后压力，国内采用较多的是 PID 控制和模糊控制，但一般都没有考虑加压机前压力的变化，从而控制效果较差。因此，设计一种更完善的压力控制方案是实际生产需求之一。

③ 煤气混合加压过程智能解耦控制系统的建立　煤气加压站底层设备繁杂，需要采集的数据点众多，一般采用集散控制系统来统一处理底层设备数据的采集和控制。如何在底层的集散控制系统基础上实现先进的智能控制算法，保证通信的实时性和准确性是要解决的问题之一。同样，设计一种先进的控制系统，使之具有良好的可移植性和通用型，适合大多数的煤气加压站借鉴和采用，也是亟待解决的问题。

4.6.2　智能解耦控制系统总体设计

煤气加压站的控制有两个控制目标：混合煤气的热值和加压机后压力。由于热值调节和压力调节之间的耦合作用，要保证热值和压力的双稳，就必须解决控制过程中的耦合作用。

煤气加压站的控制系统分为两个控制子回路：热值-压力解耦控制回路和加压机压力控制回路。在热值-压力解耦控制回路中以加压机前混压波动范围、混合煤气的热值稳定跟踪设定值为控制目标，采用智能控制方法来实现解耦；同时充分考虑专家经验，在一些特殊的情况下极限控制以保证系统的稳定。在加压机的压力控制回路中以加压机后压力稳定跟踪设定值为控制目标，采用二自由度的专家控制策略。经过对被控对象的仔细分析，确定了解耦控制系统的结构，将其划分为热值压力解耦控制回路和加压机的压力控制回路。智能解耦控制系统逻辑结构图如图 7-4-15 所示。

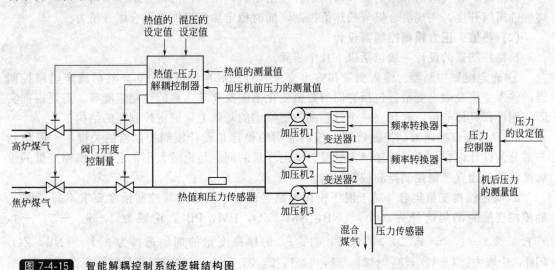

图 7-4-15　智能解耦控制系统逻辑结构图

4.6.3　热值-压力解耦控制回路

在热值-压力解耦控制回路中，热值与压力之间严重耦合，同时外界的扰动也非常显著，这给控制器的设计带来很大的困难。通过将模糊控制、专家控制、模糊解耦、变周期控制等控制策略融为一体，较好地适应了复杂的被控对象，能够得到较好的解耦效果。

(1) 热值-压力解耦控制回路总体设计

由生产工艺可知，煤气混合过程的输入量为高炉煤气和焦炉煤气，输出量为混合煤气的压力和热值，煤气蝶阀开度（即管道流通截面积）与煤气压力和流量成抛物线关系，输入煤气的改变既影响混合煤气压力，又影响混合煤气热值，因此，该被控对象是一个非线性强耦合的双输入、双输出多变量系统，必须采用相应的解耦控制策略对其进行解耦控制。

整个解耦控制策略的设计思想如图 7-4-16 所示。r_p 为压力的设定值，r_c 为热值的设定值，e_p 为压力的偏差，$\dot{e}_p$ 为压力的偏差变化率，e_c 为热值的偏差，$\dot{e}_c$ 为热值的偏差变化率，u_p、u_c 分别为混压模糊控制器和热值模糊控制器计算出的控制量，$\tilde{u}_f$、$\tilde{u}_o$ 分别为模糊解耦控制器输出的高炉阀门（简称高阀）和焦炉阀门（简称焦阀）的开度值，u_f 为经过专家控制器调整后的高阀的开度给定值，u_o 为经过专家控制器调整后的焦阀的开度给定值。

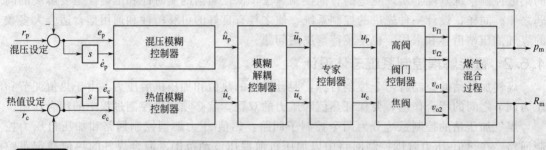

图 7-4-16 热值、压力解耦控制方框图

根据图 7-4-16 的控制思想，首先由混压模糊控制器和热值模糊控制器获得对应于混压和热值的控制量，然后通过模糊解耦控制器对这两个量进行解耦，得到高炉煤气阀门和焦炉煤气阀门的阀位增量，再通过专家控制器调整这个控制量，最后通过高阀控制器和焦阀控制器，得出高炉煤气阀门和焦炉煤气阀门的开度给定值，由执行机构分别控制高炉煤气和焦炉煤气的阀门开度，实现混合煤气的热值控制，同时稳定加压机前的混合煤气压力。

(2) 热值、压力模糊控制器设计

模糊控制器的设计一般包括以下几个步骤。

① 确定模糊控制器的输入变量和输出变量 首先对系统进行分析，然后确定模糊控制器的输入变量及输出变量，包括它们的数值变化范围及要求达到的控制精度等，需要根据实际问题进行具体分析，在建立一个过程的物理模型的基础上，确定控制器的结构。

② 设计模糊控制器的控制规则 控制规则的设计是设计模糊控制器的关键，一般包括三部分的设计内容：选择描述输入变量、输出变量的词集与论域大小，定义各模糊变量的隶属度函数及建立模糊控制器的控制规则。

a. 确定模糊变量集合 对于混压模糊控制器而言，由于对其控制精度要求不高，故 e_p 的模糊变量的词集选择为 5 个：{NB，NM，ZO，PM，PB}，论域为 {-6，-5，-4，-3，-2，-1，0，1，2，3，4，5，6}；$\dot{e}_p$ 的模糊变量的词集选择为 3 个：{NB，ZO，PB}，论域为：{-4，-3，-2，-1，0，1，2，3，4}；u_p 的模糊变量的词集选择为 5 个：{NB，NM，ZO，PM，PB}，论域为：{-6，-5，-4，-3，-2，-1，0，1，2，3，4，5，6}。对于热值模糊控制器而言，其控制目标为热值，而对热值的控制精度相当高，故 e_c 的模糊变量的词集选择为 7 个：{NB，NM，NS，ZO，PS，PM，PB}，论域为：{-8，-7，-6，-5，-4，-3，-2，-1，0，1，2，3，4，5，6，7，8}；$\dot{e}_c$ 的模糊变量的词集选择为 5 个：{NB，NM，ZO，PM，PB}，论域为：{-6，-5，-4，-3，-2，-1，

0，1，2，3，4，5，6}；u_c 的模糊变量的词集选择为 7 个：{NB，NM，NS，ZO，PS，PM，PB}，论域为：{-8，-7，-6，-5，-4，-3，-2，-1，0，1，2，3，4，5，6，7，8}。

b. 定义隶属函数　在混压模糊控制器的隶属度函数设计上，考虑到控制的精度不能太高，故 e_p 和 $\dot{e}_p$ 的隶属度函数都采用并不常用的梯形隶属函数。在热值模糊控制器的隶属度函数设计上，控制的精度要求比较高，故采用通常的三角隶属函数。

c. 建立模糊控制规则　模糊控制规则选取的基本原则是：当热值或混压误差大或较大时，选择控制量以尽快消除误差为主；当误差较小时，选择控制量要注意防止超调，以满足控制精度为主要出发点。根据这一原则制定一系列的控制规则，再将这些控制的规则汇总为表，就得到了模糊控制规则表。

③ 确定模糊控制器参数　根据经验和现场的调试结果，混压模糊控制器的各项参数如下所示。

压力偏差范围为 [-1.5，1.5]，压力偏差 e_p 到其论域 E_p [-6，+6] 的映射式为：

$$E_p = 6 \times \frac{e_p - (e_{p\_L} + e_{p\_H})/2}{(e_{p\_H} - e_{p\_L})/2} \tag{7-4-1}$$

压力偏差变化率范围为 [-1，1]，压力偏差变化率 $\dot{e}_p$ 到论域 $\dot{E}_p$ [-4，+4] 的映射式为：

$$\dot{E}_p = 4 \times \frac{\dot{e}_p - (\dot{e}_{p\_L} + \dot{e}_{p\_H})/2}{(\dot{e}_{p\_H} - \dot{e}_{p\_L})/2} \tag{7-4-2}$$

热值模糊控制器的各项参数如表 7-4-1 所示。

表 7-4-1　混合压力模糊控制查询表（输入：e_p 和 $\dot{e}_p$，输出：u_p）

e_p	$\dot{e}_p$								
	-4	-3	-2	-1	0	1	2	3	4
-6	5	5	5	5	5	5	4	3	3
-5	5	4	4	4	4	4	2	2	2
-4	5	4	3	3	3	3	2	1	1
-3	4	3	3	3	3	3	0	0	0
-2	3	3	2	2	2	2	0	-1	-1
-1	3	2	1	0	0	0	-1	-2	-3
0	3	2	1	0	0	0	-1	-2	-3
1	3	2	1	0	0	0	0	-1	-2	-3
2	1	1	0	-2	-2	-2	-2	-3	-3
3	0	0	-1	-3	-3	-3	-3	-3	-4
4	-1	-1	-2	-3	-3	-3	-4	-4	-5
5	-2	-2	-4	-4	-4	-4	-4	-4	-5
6	-3	-3	-4	-5	-5	-5	-5	-5	-5

热值偏差范围为 [-1000，1000]，热值偏差 e_c 到其论域 E_c[-8，+8] 的映射式为：

$$E_c = 8 \times \frac{e_c - (e_{c\_L} + e_{c\_H})/2}{(e_{c\_H} - e_{c\_L})/2} \tag{7-4-3}$$

热值偏差变化率范围为 [-1000，1000]，热值偏差变化率 $\dot{e}_c$ 到其论域 $\dot{E}_c$[-6，+6] 的映

射式为：

$$\dot{E}_c = 6 \times \frac{\dot{e}_c - (\dot{e}_{c\_L} + \dot{e}_{c\_H})/2}{(\dot{e}_{c\_H} - \dot{e}_{c\_L})/2} \tag{7-4-4}$$

④ 模糊推理、解模糊并计算模糊控制查询表 在模糊控制中，对建立的模糊规则要经过模糊推理才能决策出控制变量，系统采用了 Mamdani 推理法。以混合压力模糊控制查询表为例，如表 7-4-1 所示。

(3) 模糊解耦器设计

如图 7-4-16 所示，该模糊解耦控制器为一个双输入、双输出的控制器，输入为 u_p、u_c，输出为 $\tilde{u}_f$ 和 $\tilde{u}_o$。其中 u_p、u_c 为已经计算出的压力控制量和热值控制量，它们经过模糊解耦后，可以得出高炉阀门开度的增量 $\tilde{u}_f$ 和焦炉阀门开度的增量 $\tilde{u}_o$，由当前实际的阀门开度和阀门的开度增量就可以得到输出阀门的开度。

举例来说（其中，$\tilde{u}_f$ 为高炉阀门开度增量，$\tilde{u}_o$ 为焦炉阀门开度增量）：

IF $u_p =$ PB **THEN** $\tilde{u}_f =$ PM **AND** $\tilde{u}_o =$ PM（同比例改变阀门开度调压力）；

IF $u_c =$ PM **THEN** $\tilde{u}_f =$ NS **AND** $\tilde{u}_o =$ PS（反比例改变阀门开度调热值）。

经过合成，最终的结果为：$\tilde{u}_f =$ PS，$\tilde{u}_o =$ PB，故模糊规则为：

IF $u_p =$ PB **AND** $u_c =$ PM **THEN** $\tilde{u}_f =$ PS，$\tilde{u}_o =$ PB

即该模糊解耦控制器实际上是一个双输入（u_p，u_c）、双输出（$\tilde{u}_f$，$\tilde{u}_o$）的模糊控制器。

阀门开度增量从 $\tilde{u}$ 到 $\tilde{U}$ 的映射式为：

$$\tilde{U} = \frac{\tilde{u}(\tilde{u}_{-H} - \tilde{u}_{-L})/2}{6} + (\tilde{u}_{-L} + \tilde{u}_{-H})/2 \tag{7-4-5}$$

式中，$\tilde{u}_{-H}$ 为 6，$\tilde{u}_{-L}$ 为 -6，也就是说阀门每次最多变化 6 个开度。

(4) 专家控制器设计

由于煤气混合加压过程的复杂性，导致单独利用模糊推理难以保证在异常工况下煤气混压和热值的稳定，因此需要引入专家控制来保证系统性能的稳定。对于专家控制器而言，它主要用于控制以下一些特殊工况：

① 混压高于焦炉煤气压力；

② 混压高于高炉煤气压力；

③ 混压低于下限值；

④ 混合煤气的热值突然大幅度降低。

设 $\delta \tilde{u}_f$ 和 $\delta \tilde{u}_f$ 分别为 $\tilde{u}_f$ 和 $\tilde{u}_o$ 的变化量，p_{min} 为 p_m 的最小值，$\delta \tilde{u}_{pm}$ 和 $\delta \tilde{u}_{cm}$ 分别为 $\delta \tilde{u}_p$ 和 $\delta \tilde{u}_c$ 的最大值。在正常工况下，专家控制器的输出为：

$$\delta u_f = \delta \tilde{u}_f, \quad \delta u_o = \delta \tilde{u}_o \tag{7-4-6}$$

(5) 阀门控制策略

由于现场高炉煤气管道与焦炉煤气管道分别有两道蝶阀，因此需要设计蝶阀控制器分配这两道阀门上高阀增量与焦阀增量。设计蝶阀控制器需先分析蝶阀组系统的相对增益矩阵，然后利用蝶阀的流量特性曲线设计单蝶阀开度专家控制器，使单个蝶阀更好地响应控制量，提高控制品质。

根据资料表明，蝶阀开度自零开始，在小开度和大开度时调节作用比较弱，而在开度的中段，调节的效果较好。同时，阀门调节中的最小开度不宜过小，以免阀芯、阀座受流体冲蚀严重而缩短寿命。因此，根据蝶阀的流量特性合理设计蝶阀专家控制器，对于保证系统的控制精度具有很重要的意义。

在开度为 5%～30%时，流量特性曲线为直线型，用微分方程描述为：

$$\frac{dR}{d\mu} = K \tag{7-4-7}$$

式中，R 为流量；μ 为蝶阀开度；K 是相应蝶阀起调节功能时的放大系数。

在开度为 30%～70%时，蝶阀的流量特性曲线为快开型，用微分方程描述为：

$$\frac{dR}{d\mu} = K \times R^{-1} \tag{7-4-8}$$

式中，K 值越大，曲线越陡，也就是蝶阀起调节功能的范围越小；反之，则蝶阀起调节功能的范围越大。

在开度为 70%～100%时，蝶阀已无任何调节作用。

由此可见，在不同的阀位区域，相同的阀位调节效果是不同的，因此需要利用专家算法来修正蝶阀的控制量。在系统中专门设计了单蝶阀专家修正器，拟合了蝶阀的流量特性曲线，在不同的蝶阀开度区间用不同的参数修正控制量。设 μ 为蝶阀的开度检测值，χ 是蝶阀的控制输入量，$\delta\chi$ 为计算得到的阀门增量，则专家修正规则如下：

$$R_1: \text{IF } \mu \in [5, 30], \qquad \text{THEN } \chi = \chi + \delta\chi;$$
$$R_2: \text{IF } \mu \in (30, 85], \qquad \text{THEN } \chi = \chi + \delta\chi / K_p;$$
$$R_3: \text{IF } \mu > 85, \text{ AND } \delta\chi \geqslant 0, \quad \text{THEN } \chi = \chi + 0;$$
$$R_4: \text{IF } \mu < 5, \text{ AND } \delta\chi \leqslant 0, \quad \text{THEN } \chi = \chi + 0.$$

（6）变周期控制策略

系统的控制周期设计为 20s，但在 10s 以后，系统会在线检测热值的剧烈波动，当热值比设定值低 $350kJ/m^3$ 或者高 $600kJ/m^3$ 时，系统马上进入控制周期，计算控制量并下发，然后系统会将计数值清零，重新开始计数。

有两个问题必须说明。

① 系统要在 10s 以后才在线检测，这主要是因为控制量的下发采用的是增量叠加式的形式，即在当前阀门实际值的基础上叠加一个计算出的控制量后再下发，由于被控对象的滞后性，如果在整个 20s 内都检测，那么在进入了第一个控制周期并下发控制量以后，效果不会马上显现出来，在下一秒中，系统很可能又进入了控制周期，在当前阀门实际开度的基础上重新叠加一个控制量，这就相当于 2s 内做了连续两次控制，接着很有可能再进入控制周期，如此循环，等到热值偏差已经不大时，系统的控制量已经严重超出了，很可能会出现严重的超调，形成振荡，影响系统的稳定。正是基于同样的原因，系统在进入控制周期以后会将计数值清零，重新开始计数。

② 在线检测的热值死区并不对称，下限值为 $350kJ/m^3$，而上限值为 $600kJ/m^3$，这主要是因为生产用户对于热值低的情况比较敏感，热值低时比热值高时对生产的影响更大。

4.6.4　压力控制回路

加压机压力控制回路主要通过调节变频器来控制加压机的转速，从而达到稳定加压机后压力的目的。采用一个二自由度的专家控制策略，既可以保证对控制目标的跟踪精度，又具有较好的干扰抑制特性，因而具有优良的控制性能。

（1）压力控制回路总体设计

加压机压力控制回路是解耦控制回路的后续回路，其控制目标为保证加压机后压力的稳定，控制手段为控制变频器的频率。在设计加压机压力控制回路时必须考虑混压信号，以便更好地抑制混压波动给加压机后压力带来的影响。

该回路采用二自由度的专家控制策略。其控制回路框图如图 7-4-17 所示。反馈专家控制器和前馈专家控制器形成一个二自由度的专家控制器，这样既考虑了控制回路的误差，又考虑了系统当前的工况，具有很好的适应性。

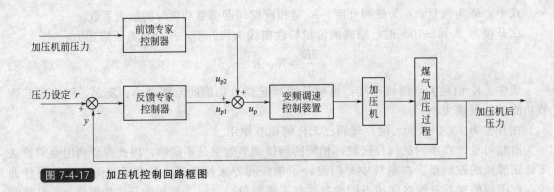

图 7-4-17 加压机控制回路框图

压力设定一般为 13kPa，随生产要求进行波动，但是考虑到变频器不应调节太频繁，控制器死区范围设置为 0.5kPa，即加压机后压力在 12.5～13.5kPa 范围内波动时，控制器不动作。

(2) 反馈专家控制器设计

工业控制系统一般采用的是 PI 或者 PID 控制器，但在进行控制状态的手动/自动切换时，要实现真正的无扰切换，就应使给定值跟踪被控量，同时将控制器内部历史数据清零，但这样做一方面增加了系统负担，另一方面当控制方式由手动切换到自动时，由于控制器的内部状态被清零，使得积分作用被消除，又有可能发生欠调，使过渡过程延长。因此，系统采用 P 控制器的增量式算法，设计了反馈专家控制器，用来对 P 控制器的参数进行在线调整。

反馈专家控制器采用产生式的规则描述方法，根据现场调试得到的经验，得到了如下的三条规则：

R_1：IF 压力偏差大于 2kPa   THEN $K_{p1}=10$

R_2：IF 压力偏差大于 1kPa   AND   压力偏差小于 2kPa THEN $K_{p1}=8$

R_3：IF 压力偏差大于 0.5kPa AND   压力偏差小于 1kPa THEN $K_{p1}=6$

上述控制规则制定的原则是根据偏差的大小，大偏差时增强控制作用，加快系统的响应速度；小偏差时减弱控制作用，提高稳态精度。

用专家控制器检测系统当前状态，在线调整 P 控制器参数，可以更好地适应系统的波动，获得更好的控制效果。

(3) 前馈专家控制器设计

混压对机后压力的影响是很明显的，在加压机转速一定的情况下，混压高则机后压力高，混压低则机后压力低。在某种程度上，可以将混压看作一种扰动信号，因此，机后压力的调节必须要将混压考虑进来，系统将混压信号通过一个 P 控制器也引入到机后压力的调节中，更好地补偿了系统扰动的作用，使系统能够实现更加灵敏和准确的调节。通过大量的现场数据统计，混压值在 3.5kPa 时属于比较正常的工况，故将 3.5kPa 作为基准值，将当前实际混压与该基准值的偏差作为前馈信号来计算前馈控制量 K_{p2}。

在该控制器的设计中，采用前馈专家控制器在线修改 P 值。根据现场调试得出以下两条规则：

R_1：IF　压力偏差小于 1.5kPa　THEN　$K_{p2}=2$

R_2：IF　压力偏差大于 1.5kPa　THEN　$K_{p2}=4$

将由反馈专家控制器得出的控制量 u_{p1} 和由前馈专家控制器得出的控制量 u_{p2} 合成，最终得出控制量：$u_p=u_{p1}+u_{p2}$，由 u_p 控制变频器的频率来改变加压机的转速，从而达到机后压力稳定调节的目的。

4.6.5　系统实现与工业应用

国内某钢铁企业一加压站采用四蝶阀调节焦炉煤气和高炉煤气比例，实现混合煤气热值的稳定。采用鼓风机进行加压，以符合生产单位对压力的要求。四蝶阀系统采用手操器控制，为节省电能，鼓风机系统采用变频器控制。一般生产工艺要求是：混合煤气热值和压力稳定在工艺设定值，上下波动不超过设定值的±5%。

(1) 控制系统构成

针对煤气加压站的实际运行情况和特点，控制系统采用了两层结构，即采用 DDC（直接数字控制）、SCC（过程监控）两级分布式控制方案，上位机完成 SCC 功能，集散控制系统完成 DDC 功能。其中，上位机不但运行组态软件，完成整个生产过程的调度与监控，并对实时数据和历史曲线进行统计和分析，形成相应的报表，还运行智能解耦控制软件，对实时数据进行处理，完成解耦控制。集散控制系统在线采集生产过程参数及设备运行状态，根据各执行机构的信号，控制生产现场的各个相关设备和系统运行。

(2) 控制软件结构

智能解耦控制系统实际上是在原有集散控制系统的基础上添加一种新的智能集成解耦控制算法，其主要的作用是如何在复杂的工况下，对整个煤气混合加压过程进行实时监控，而其他功能，如数据的采集、处理等操作，均由集散控制系统完成。由 Visual C++编写的智能集成解耦控制系统软件只需通过 OPC 接口读入数据，进行计算以后下发控制量即可。该系统与集散控制系统的关系如图 7-4-18 所示。

控制算法程序是该系统的核心，系统的控制回路有两个：热值压力解耦控制回路和加压机后压力控制回路。

(3) 控制效果及分析

根据国内某钢铁企业一加压站热值压力解耦自动控制系统运行数据，对各种控制方式的运行效果进行如下比较：

① 在工况比较稳定的情况下，全手动控制具有较高的响应速度，但在频繁调节的过程中超调量大，存在较大的稳态误差；

② 自动控制算法对工况的波动具有较强的适应能力，具有较高的稳态控制精度和较小的超调量；

③ 对于热值调节而言，无论自动控制还是手动控制都有很多"锯齿"，这说明热值的波动频繁而快速，调节的难度很大，但自动控制时的波动明显不如手动控制时剧烈，这也充分说明了解耦控制算法对热值波动的抑制能力；

④ 对加压机后压力调节而言，无论自动控制或是手动控制，变化相对比较"平滑"，在这种情况下，自动控制时调节效果仍然远远好于手动控制时的效果。

图 7-4-19 给出了在手动控制与自动控制时热值调节的效果示意图，其中实线为自动控制时的数据线，虚线为手动控制时的数据线，热值设定为 12000 kJ/m³。

图 7-4-20 给出了在手动控制与自动控制时机后压力的控制效果图，其中实线为自动控

制时的数据线，虚线为手动控制时的数据线，压力的设定为13kPa。

对热值数据进行计算，其热值的实际值与设定值间的平均误差为 $26.0394kJ/m^3$，标准差为 $282.1972kJ/m^3$，达到了煤气热值下限的调节精度为 5% 的要求。对压力数据进行计算，其加压机后压力的实际值与设定值间的平均误差为 0.0399kPa，标准差为 0.2578kPa，其调节精度也达到了 5% 的控制要求。

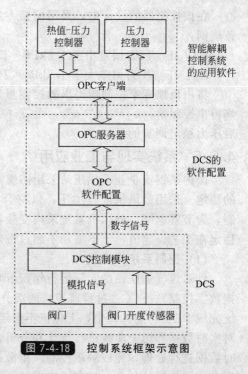

图 7-4-18　控制系统框架示意图

4.7　煤气计量的平衡认证系统

煤气是流程工业（冶金、采矿、造纸、电力、石化等）生产的主要燃料之一，煤气计量系统是工业大生产不可缺少的子系统，是企业能源管理和经济核算的重要依据。

4.7.1　煤气平衡认证的需求

煤气从气源、储配、输送到计量是一项较为复杂的系统工程。煤气计量则是节能工作的基础，煤气计量系统通常存在煤气放散率高、煤气计量系统误差大、煤气发生量与消耗量不平衡等问题。如何减小煤气计量系统的误差，合理平衡煤气的发生量与消耗量，降低煤气放散，提高煤气利用率，对于企业优化能源调度、降低成本、提高产能具有重要指导意义。煤气平衡认证解决的问题是当煤气的生产计量与消耗计量失去平衡时，如何科学合理地平衡各种煤气的发生量与消耗量，客观准确地认证煤气用户的煤气消耗量。"煤气平衡认证系统"能够在一定程度上解决煤气计量系统存在的煤气发生量与消耗量不平衡、煤气平衡自动化程度低、计量精度低、误差较大等问题。

目前煤气平衡认证中存在数据集成的自动化程度低、管理员任务繁琐、平衡过程涉及的主观因素较多、平衡过程透明度不高等主要问题。

煤气平衡认证分析技术是基于煤气平衡认证的工艺流程建立煤气自动平衡认证模型，自动获取数据，自动进行特殊情况处理，基于消耗预测模型的预测结果、历史流量和产量数据自动运行平衡认证算法，自动生成平衡日志，实现了煤气的自动平衡认证。设计的煤气自动

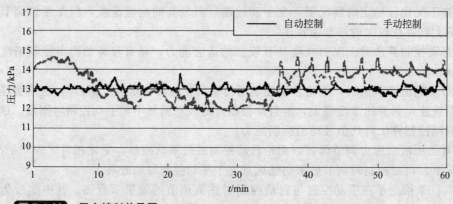

图 7-4-20　压力控制效果图

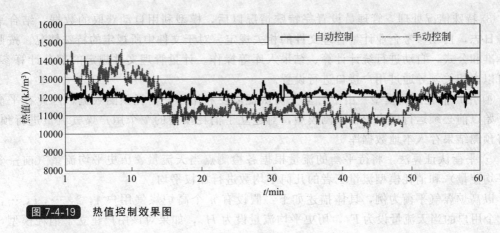

图 7-4-19　热值控制效果图

平衡认证模型如图 7-4-21 所示。

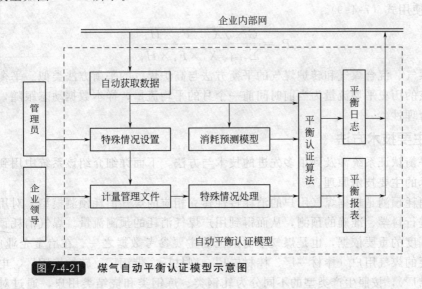

图 7-4-21　煤气自动平衡认证模型示意图

模型提供了两个用户接口，即管理员接口与企业领导接口。管理员接口供平衡管理员进行特殊情况设置和平衡认证运行参数设置，企业领导接口供相关领导修改计量管理文件的相关参数。模型以企业内部网为基础，从网上自动采集相关数据，模型运行完成以后，再将结果数据发布到网上。

模型内部主要包括以下几个部分。

① 自动获取数据　对于平衡认证模型所需要的各种数据，例如原始流量、历史流量、产量、企业日经营情况数据等，采用分布式数据库通信技术自动从企业的网络数据库中获取，并进行相关的统计汇总操作，不需要管理员频繁地登录各种数据库进行查询、统计等，有效地减少了管理员的工作量。

② 特殊情况设置　特殊情况包括停机、停电、停产、仪表检修等导致该检测点的煤气流量计停止计量或计量不准。由各个煤气用户提交故障情况表，然后管理员对各检测点进行相关的特殊情况设置，所设置的特殊情况将存入平衡故障日志中，便于各个煤气用户自行查询。平衡日志通过企业内部网进行发布，煤气用户只需利用浏览器就可以查询，因此对于平衡故障日志与煤气用户上报的故障情况表不相符的地方可以及时反映，有效地避免了平衡过程中人为因素对于平衡结果的影响，增加了平衡认证的透明度。

③ 特殊情况处理　管理员设置完特殊情况以后，模型利用自动获取的数据，结合平衡故障日志，自动参考企业计量管理文件的相关规定。对于文件中所规定的特殊情况，按照相关标准和公式，自动进行统计计算、结果入库等操作。计量管理文件规定的部分计算参数，则可以由相关领导通过用户接口进行设置。

④ 用户消耗预测模型　由于自动平衡认证需要利用用户消耗预测数据，因此在平衡认证开始以前必须运行用户消耗预测模型，对建立了消耗模型的 7 个用户煤气流量进行预测，并将预测结果存入本地数据库。

⑤ 平衡认证算法　将待平衡的流量根据各检测点当天流量、历史平均流量（前一个月的平均流量）和消耗模型流量三者的几何平均数进行加权平均。

以高炉煤气平衡为例，具体描述如下：假设有 n 个高炉煤气用户 1，2，$\cdots$，i，$\cdots$，n，第 i 个用户的当天流量设为 F_i，历史平均流量设为 H_i，如果对该用户建立了消耗模型，则设消耗模型流量为 X_i，待平衡的高炉煤气流量设为 G，第 i 个用户的平衡流量设为 P_i，则 P_i 的计算使用式（7-4-9）。

$$P_i = \frac{G \times \sqrt[3]{X_i \times F_i \times H_i}}{\sum_{i=1}^{n} \sqrt[3]{X_i \times F_i \times H_i}} \tag{7-4-9}$$

焦炉煤气、混合煤气和转炉煤气的平衡方法与高炉煤气的平衡方法类似。平衡认证所选取的检测点的历史平均流量为当前时间前一个月的平均流量，样本数据动态跟随，提高了平衡模块的合理性。

4.7.2　主要技术方法

煤气平衡认证系统涉及到很多先进的技术与方法，下面详细介绍该系统中用到的煤气消耗预测技术的主要技术原理。

煤气消耗预测是根据煤气用户的消耗特性建立相应的煤气消耗预测模型，对用户即将消耗的煤气进行科学、准确的预测，从而得到用户煤气消耗的预测流量。煤气消耗预测是实现煤气合理调度的重要依据，也是煤气平衡认证的主要参考数据之一。在冶金企业中应用时，将 7 个主要的煤气用户（棒材一厂、棒材二厂、型材厂、带钢厂、转炉炼钢厂、电炉炼钢厂和 130 烧结厂），按照生产类型的不同分为轧钢类、炼钢类和烧结类用户，通过对三类用户的煤气消耗特点进行分析，分别建立适当的消耗预测模型。煤气消耗预测技术主要包括多层递阶回归分析技术、BP 神经网络预测技术、基于平均值方法的消耗预测技术[19]～[21]。

(1) 多层递阶回归分析技术

对于线性关系较为明显的问题，通常采用回归分析方法。这种方法对于复杂的函数关系，存在如何选择基函数和求解系数的困难，且模型参数是固定的。而煤气消耗系统是决策变量与因变量之间并不存在固定参数关系的动态系统，因此采用传统的固定参数回归分析模型拟合效果较差，而且预测误差也不稳定。

多层递阶分析方法将预报对象看成是随机动态的时变系统，把时变系统的状态预报分离成对时变参数的预报和在此基础上对系统状态的预报两部分。通过对时变参数的预报，减小系统状态预报的误差，从而克服了常规统计方法的弱点。

多层递阶回归分析方法则将多层递阶分析方法与回归分析方法结合使用，既考虑了动态系统的时变性，又能体现高相关因子在预报模型中的重要作用，其数学描述为：

$$Y(k) = \sum_{i=0}^{m} a_i \beta_i(k) u_i(k) + e(k) \tag{7-4-10}$$

式中，a_i（$i = 0$，1，2，$\cdots$，m）为非时变的回归系数；$\beta_i(k)$ 为系统时变参数；$Y(k)$

为预测对象；$u_i(k)$ 为影响因子；$e(k)$ 为零均值白噪声；m 为预测因子个数；k 为流动时间。

设煤气消耗量 Y 与 m 个因子 u_i 相关，共有 n 个样本数据，则煤气消耗的预测量 $Y(k)$ 的计算步骤如下。

步骤1 用线性回归分析方法求得各因子相应的回归系数 $a_i(i=0,1,2,\cdots,m)$。

步骤2 令

$$\begin{cases} Y'(k)=Y(k)-a_0 \\ u'_i(k)=a_i u_i(k) \end{cases} \tag{7-4-11}$$

步骤3 将式(7-4-11)代入式(7-4-10)，则有：

$$Y'(k)=\sum_{i=1}^{m}\beta_i(k)u'_i(k)+e(k) \tag{7-4-12}$$

此时应用多层递阶方法中的时变参数跟踪递推算法公式：

$$\beta_i(k)=\beta_i(k-1)+u'_i(k)\frac{Y'(k)-\sum_{i=1}^{m}u'_i(k)\beta_i(k-1)}{\sum_{i=1}^{m}\left[u'_i(k)\right]^2} \tag{7-4-13}$$

对系统(7-4-13)的时变参数进行跟踪，求得一系列的时变参数跟踪序列 $\{\beta_i(k)\}$。

步骤4 用均值近似法得出 $\beta_i(k)$ 的预报值

$$\beta_i(n+h)=\frac{1}{n}\sum_{i=1}^{n}\beta_i(t) \tag{7-4-14}$$

式(7-4-13)中，h 为预测步长；n 为样本长度。

步骤5 系统的状态预测方程

$$Y(k)=a_0+\sum_{i=1}^{m}a_i\beta_i(k)u_i(k) \tag{7-4-15}$$

轧钢制品是钢铁企业的主要产品，因此轧钢类用户煤气消耗量较大。由于轧钢制品型号的多样性和不同型号的轧钢制品对于加热炉的温度要求不相同等诸多原因，导致了轧钢类用户的煤气消耗情况很不稳定。棒材是主要的轧钢制品之一，下面以棒材厂为例分析轧钢类用户的煤气消耗特性。

针对轧钢类用户煤气消耗的动态特性，采用基于多层递阶回归分析方法的消耗模型，模型的预测对象即输出量，为下一天的煤气流量，主要输入量为钢产量（重量）和热装温度（摄氏度），模型的训练数据为前两年的流量数据、产量数据和热装温度数据。

仍以棒材厂为例说明多层递阶回归分析的预测方法：选择下一天的高、焦炉混合煤气流量作为预测对象 $Y(k)$，也就是模型的输出量；选取钢产量、热装温度两个因素作为主要输入量，即取 $u_1(k)$ 为钢产量，$u_2(k)$ 为钢坯的热装温度，$m=2$；模型的样本数据选取的是2001年1月至2002年12月这两年的历史数据，即 $k=730$。所选取的数据如表7-4-2所示。

表 7-4-2　历史数据

k	日期	煤气流量 $Y(k)$	钢产量 $u_1(k)$	热装温度 $u_2(k)$
1	第一年 01-01	308563	1662658	391.9
2	第一年 01-02	312502	1674000	226.2
3	第一年 01-03	324855	1683224	228.5

k	日期	煤气流量 $Y(k)$	钢产量 $u_1(k)$	热装温度 $u_2(k)$
4	第一年 01-04	305679	1654876	278.4
…	…	…	…	…
730	第二年 12-31	326222	1735788	285.5

针对表 7-4-2 数据,按照步骤 1 至步骤 5,首先利用线性估计最小二乘法求得 $Y(k)$、$u_1(k)$、$u_2(k)$ 三个因子的回归系数,依次为 $a_0 = 12014.3$,$a_1 = 0.1877$,$a_2 = -154.1676$,然后根据式(7-4-11),令 $u_1'(k) = \alpha_1 u_1(k)$,$u_2'(k) = \alpha_2 u_2(k)$,$Y'(k) = Y(k) - \alpha_0$,利用式(7-4-13)和式(7-4-14)求得 $\beta_i(k)$ 的估值序列如表 7-4-3 所示。

表 7-4-3　$\{\beta_i(k)\}$ 时变参数估值序列的值 ($k = 1, 2, \cdots, 730$)

k	β_1	β_2
1	0.8206	−0.2681
2	0.7197	−0.2744
3	0.7264	−0.2758
…	…	…
730	0.7223	−0.2801

针对表 7-4-3 数据,采用均值近似法对 $\beta_i(k)$ 进行预测,得出 $\beta_i(k)$ 下一步的预测值($k = 731$):$\beta_1(k) = 0.7688$,$\beta_2(k) = -0.2685$,将 $\beta_1(k)$、$\beta_2(k)$、a_0 和 a_1 代入式(7-4-15)即可得到 $k = 731$ 时的 $Y(k)$ 的值。

利用多层递阶回归分析模型对棒材厂煤气用量进行预测的结果如图 7-4-22 所示。从图 7-4-22 可以看出,轧钢类用户煤气消耗由于受到钢产品型号、加热炉状况、通风状况等诸多因素影响,实测值的流量曲线上下波动,几乎没有较为平滑的部分,而预测值的流量曲线则对于波动的跟随性较好,对于平滑部分的跟随性则稍显不足,但是由于实测值曲线极少有平滑的部分,因此,总的说来采用多层递阶回归方法预测的跟随性比较强。

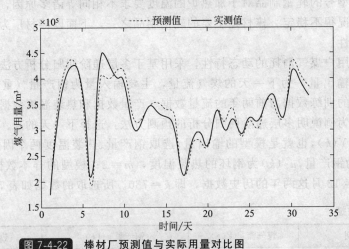

图 7-4-22　棒材厂预测值与实际用量对比图

在 30 天的预测中,预测相对误差最低可达到 0.01%,最高是 9%,平均相对误差在 4% 左右,相对误差基本稳定在 5% 左右,因此预测精度比较高,达到了设计要求。

综上所述，采用多层递阶回归分析的方法对轧钢类用户进行煤气用量预测，精度较高，对系统状况变化的跟随性和长期预测性效果都不错，较好地反映了煤气消耗量与相关因子之间的关系，体现了消耗系统的动态特性，避免了常用的回归分析确定调度函数时基函数选择及求解系数的困难，对个别极端样本资料有好的适应性，整个模型思路清晰，便于编制通用的计算程序。

（2）BP 神经网络预测技术

在非线性系统的预报方法中，神经网络具有自学习、自组织、自适应和非线性动态处理等特性，并具有极强的容错和联想能力，为解决非线性系统以及模型未知系统的预报和控制问题提供了一条新途径，神经网络的预报方法在工业控制、动态矩阵预测、太空技术、生物技术等众多领域都得到了广泛应用，是一种技术成熟、预报精确的非线性系统预报模型。

炼钢类用户神经网络消耗模型的建立主要分为三步。

步骤 1　确定 BP 神经网络模型的输入向量，x_1 为前一日的煤气用量，x_2 为前一日的钢产量，x_3 为当天的产量。

步骤 2　进行网络训练，取网络输入变量数 $n=3$，输出变量数 $m=1$，采用包含 1 个隐含层的神经网络 BP(3，q，1)，利用 2001 年 1 月至 2002 年 12 月两年的数据，对 BP 网络进行训练，在隐含层单元数 $q=5$ 时，经过一定次数的训练，平均绝对误差达到精度要求，因此最终采用的网络结构为 BP(3，5，1)。

步骤 3　控制网络的收敛，在训练中网络的收敛采用输出值 W_n 与实测值 W 的平均绝对误差 E_a 进行控制：

$$E_a = \frac{1}{P} \sum_{p=1}^{P} |W_{np} - W_p| \leqslant E_n \tag{7-4-16}$$

利用训练后的网络对转炉炼钢厂煤气用量进行预测，预测值与实际煤气用量的对比曲线图如图 7-4-23 所示。

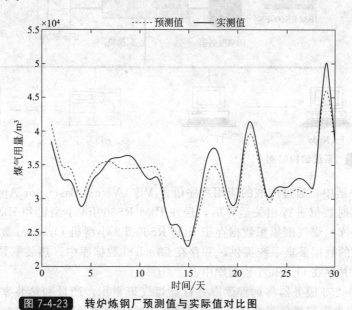

图 7-4-23　转炉炼钢厂预测值与实际值对比图

从图 7-4-23 可以看出，由于炼钢工艺的煤气消耗受到炼钢炉状况、通风状况、入料状况等诸多因素影响，实测值的流量曲线在一段时期内比较平滑，但是经常有突发性的波峰或者波谷，而预测值的流量曲线不仅对于平滑部分具有较好的跟随性，而且对于突发性的流量波峰和波谷跟随效果也不错。

在30天的预测中，预测相对误差最低可达到0.1%，最高是9%左右，平均相对误差为4.5%左右，相对误差基本稳定在5%以内，预测精度比较高。

（3）基于平均值方法的消耗预测技术

平均值模型是一种取用户前一段时间煤气消耗的加权平均值作为当天消耗的方法。由于在工业现场只能获取烧结类用户的煤气消耗数据，因此针对烧结类用户所建立的加权平均值模型是一种在有限数据情况下行之有效的方法。

平均值模型对于较为平稳的煤气消耗过程具有较好的预测精度，而对于用户状况突然变化引起的流量消耗大幅度波动则缺乏准确的预测，正好适应了烧结类用户煤气消耗比较平稳的特点。

4.7.3 系统实现与应用

下面主要从系统硬件结构、开发环境、系统数据流程、系统功能划分四个方面介绍煤气平衡认证系统，并简要说明其应用。

（1）系统硬件结构

系统的结构简图如图7-4-24所示。各个煤气用户的煤气流量数据由 PLC 和 iFix SCADA 采集到 iFix 系统的过程数据库，网络上的 Fix Node 可以直接访问 iFix 的过程数据库，实现在线监控。

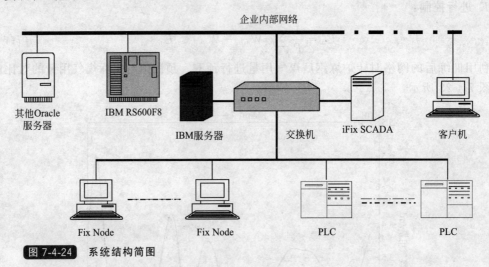

图 7-4-24 系统结构简图

在 iFix 服务器中，通过内嵌的应用程序语言 VB（Visual Basic For Application，VBA）程序，将煤气实时数据进行相关运算后，送往 IBM RS600F8 小型机和 IBM x Series255 的 Oracle8.17 数据库。煤气班累积数据存于 IBM RS600F8 小型机 Oracle8i 数据库中。产品的产量数据由专有的数据采集系统提供，并存在 Oracle8i 数据库中。热装率数据由专有的数据采集系统提供，并存在 Oracle7i 数据库中。

IBM x Series255 服务器将远程读取并存储煤气班累积、产量和热装率数据，在 IBM x Series255 服务器上运行煤气平衡认证分析系统，对煤气的原始流量数据分析处理后得到煤气消耗模型数据和煤气平衡数据，并存入 Oracle8.17 数据库。在 IBM x Series255 上建立 Web 服务器，在内部网上发布煤气平衡数据[22]。

（2）系统开发环境

系统的软件开发方法为面向对象的方法，开发平台为 Windows 2000 server 中文版，开发工具为 Microsoft Visual C++ 6.0 中文企业版和 Microsoft Visual Basic 6.0 中文企业版，使用的数据库为 Oracle8.17 中文企业版和 Microsoft Access 2000。

（3）系统应用与运行结果

将"煤气平衡认证系统"应用到某钢铁厂的实际生产线上。图 7-4-25 是带钢厂使用转炉煤气的平衡结果，从图中可以看出平衡流量曲线与原始流量曲线不仅跟随性强，而且相差均匀，约为 5% 左右，煤气的利用率相当高。

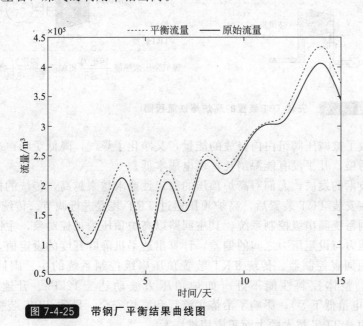

图 7-4-25　带钢厂平衡结果曲线图

"煤气平衡认证分析系统"投入运行后，降低了高炉煤气放散，增加了混合煤气产量，增加了加热炉产能，提高了钢产量。同时，系统的投入运行，减少了管理员的劳动强度，方便了生产管理和煤气资源的调度，减少了煤气的放散，有效地提高了煤气的利用率，既提高了企业自动化和信息化程度，又促进了煤气资源的合理利用，对于节能降耗、降低环境污染具有重要意义。

4.8　余热余能回收利用智能控制

4.8.1　TRT 优化控制技术简介

高炉煤气余压透平发电装置，是通过将高炉炉顶煤气导入一台透平膨胀机（煤气透平）做功，使高炉煤气的压力能及热能转化为机械能，再驱动发电机的一种二次能量回收装置，如图 7-4-26 中虚线内所示。传统的高炉工艺流程中，高炉炉顶煤气（压力 150～300kPa）在通过除尘后再经过减压阀组（或比肖夫除尘器）减压到 10kPa 左右，排入储气罐供工厂热风炉作为燃料用。原高炉煤气所具有的压力能和热能被白白地浪费在减压阀组（或比肖夫除尘器）上，造成大量的能源浪费和噪声污染，噪声达 105dB（A）以上。

采用 TRT 装置后，高炉炉顶煤气不再经过减压阀组，而是流经 TRT 装置进行发电，此时减压阀组仅作备用。采用 TRT 装置不改变原高炉煤气的品质，也不影响煤气用户的正

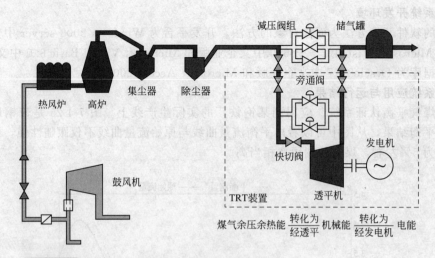

图 7-4-26 安装 TRT 装置的高炉炼铁流程图

常使用，却回收了被减压阀组白白释放的能量，又净化了煤气，降低了噪声。该装置在运行过程中不产生污染，几乎没有能源消耗，发电成本低。

随着冶金技术的发展，人们对高炉顶压的稳定性要求越来越高，传统的控制方法已经不能满足需要。在安装 TRT 装置后，高炉顶压通过 TRT 装置进行调节。传统的 TRT 装置高炉顶压自动控制系统属串级控制系统，其主回路以高炉顶压为被控对象，主回路控制器比较高炉炉顶实际压力与设定压力之间的偏差，计算出透平机静叶开度的设定值，并把该设定值传递给副回路的伺服控制器。传统 TRT 装置顶压串级控制系统的主、副回路均采用常规 PID 控制方法，整体控制性能不好（如炉顶压力波动达 ±12kPa、升速时转速波动达 ±20r/min、发电量低下等），影响了冶炼主流程和高炉安全，导致 TRT 装置无法正常高效运行，严重制约着 TRT 技术的大面积应用推广。

所以需要根据现代控制理论和流体力学原理，深入研究 TRT 优化控制技术，开发确保高炉顶压稳定性和 TRT 安全高效运行的控制系统，实现以下主要技术指标：TRT 正常运行时炉顶压力波动≤±1.5kPa；紧急停机时炉顶压力波动≤±2.0kPa；TRT 升速和升功率过程平稳，转速控制精度在 ±3r/min 以内；能源回收率达 95% 以上；对透平主机、发电机、油站、氮气密封系统等具有良好的运行监控与联锁保护功能。

4.8.2 关键技术

TRT 装置优化控制研究的总体思路是：TRT 工艺分析与建模→TRT 正常发电时的顶压控制算法开发→TRT 紧急停机时的安全切换控制方法设计→基于 FPGA 的数字式高速高精度控制器研制→TRT 装置商品化优化控制系统开发与应用。

(1) TRT 工艺分析与建模

在对 TRT 装置工艺机理进行分析的基础上，根据高炉煤气管网流体动力学原理，将整个高炉 TRT 系统分解为炉内煤气反应容器、炉顶压力容器、煤气管路阻尼和线性调节阀各个单元，并采用料柱等效可变阻尼新方法，首次建立了由鼓风机、高炉、减压阀组、透平机和管网系统组成的、反映高炉料柱影响的高炉煤气余压能源回收装置（TRT）高炉顶压多变量动态数学模型。

(2) TRT 正常发电时的顶压控制算法开发

针对高炉煤气管网复杂、时滞大以及高炉上料操作对顶压存在巨大扰动等特点，采用带前馈结构 DMC 的先进控制方法，以高炉料柱的料线高度为扰动变量，以透平机静叶开度为控制变量，开发了带前馈结构 DMC 的 TRT 顶压控制新算法，在 TRT 装置正常发电工况时，顶压高精度稳定控制方法上取得重大突破。

(3) TRT 紧急停机时的安全切换控制方法设计

为解决 TRT 系统紧急停机过程对高炉冶炼主工艺流程冲击大的问题，采用高炉煤气阻力系数等效方法、多执行器协同控制技术以及在线校正等现代控制理论与流体力学中的新思想、新技术和新方法，创造性地提出了基于管网阻力系数等效的专家智能控制方法，开发了一种基于阻力系数等效的顶压智能控制算法。该算法在由透平机静叶控制顶压向旁通阀控制顶压切换过程中，在保证管道阻力系数等效的前提下，通过静叶与旁通阀的协同控制，实现了顶压稳定性控制，解决了 TRT 装置紧急切换时顶压波动过大、危及高炉与 TRT 装置安全的国际性难题。

(4) 基于 FPGA 的数字式高速高精度控制器研制

针对传统模拟式电液伺服控制器 PID 参数难以调节、存在零漂和温漂，且在动力油油压和透平机静叶负载波动情况下控制性能不理想的问题，采用现场可编程门阵列（FPGA）技术，利用其集成度高、可重复编程、运算速度快和并行计算等优势，设计开发了基于 FPGA 的具有并行处理结构的透平机静叶数字式高速电液伺服控制器。

(5) TRT 装置商品化优化控制系统开发与应用

基于 TRT 装置高炉顶压多变量动态模型、TRT 装置不同工况下的先进控制算法，以及数字式高速电液伺服控制器等核心技术，研制具有自主知识产权的 TRT 装置商品化优化控制系统。在广西柳州钢铁股份公司和上海宝钢股份公司等钢铁企业完成工业现场示范应用，并根据具体应用情况对 TRT 装置商品化优化控制系统加以完善、推广。

与当前国内外最先进的同类技术相比 TRT 装置优化技术呈现出三大特点。

① 控制原理与方法先进可行 针对高炉煤气管网复杂、时滞大以及高炉上料操作对顶压存在巨大扰动等问题，建立了 TRT 装置高炉顶压多变量动态数学模型，开发了带前馈结构 DMC 的顶压控制新算法，为解决紧急停机对高炉冶炼冲击大的问题，采用阻力系数等效、多执行器协同控制及在线校正等理论方法，提出了基于管网阻力系数等效的专家智能控制方法。

② 总体技术水平高、技术经济指标国际先进 在 TRT 装置升速过程平稳性、顶压控制精度、切换峰值时间、紧急切换平稳性等技术经济指标上，与国内外同类技术相比具有很大优势。

③ 能量回收效率高、市场竞争力强 控制性能好，整个发电装置实现高效最大负荷运行，能量回收效率高，经济效益显著，市场竞争力强。

4.8.3 应用情况

高炉煤气余压透平发电装置是投资最省、见效最快、低投入、高产出的节能环保设备，深得钢铁企业的欢迎。2007 年率先出口到巴西 GA 钢铁公司，实现了我国 TRT 装置出口到国际市场的"零"的突破。目前已与韩国现代重工集团和印度 TATA 集团等国际知名公司签订出口合同，应用范围逐步拓展到整个国际市场。

第 7 篇

4.9 钢铁企业智能电力系统

4.9.1 钢铁企业电力系统特点与需求

钢铁企业电力系统包括发电、配电和用电三个环节。其中，发电环节与外部电网一起，为钢铁企业提供电能。钢铁企业内部发电设备包括热电联产机组、利用冶金煤气的燃气蒸汽联合循环机组、高炉压差发电机组、焦化厂干熄焦发电机组和烧结余热发电机组等，近年来一些钢铁公司还因地制宜，引入了风能等清洁能源用于发电。配电环节通过线路经各车间（或分厂）变电所为相应用电设备供配电，包括 220kV 变电站、110kV 区域变电站、110kV 车间负荷终端变电所、车间主电室，以及各种继电保护和功率因数补偿装置。用电环节包括各种用电设备和启停控制系统，按电能转换性质不同，用电设备可分为电气传动设备、电加热设备、电化学设备和电气照明设备等。

目前，智能电网技术越来越受到重视[23]，各国纷纷开展智能电网的研究和实践。因为钢铁企业电力系统包括发电、配电和用电三个环节，一定程度上构成了自成体系的微网（Micro Grid），因此对于大电网来说，钢铁企业是终端用户，但又与一般终端用户不同。基于此，钢铁企业智能电力系统的定位为：针对钢铁企业电力系统特点，采用先进的检测、通信、控制、电力电子和优化技术，对钢铁企业电力系统发电、配电和用电环节进行整体监控、调配和管理，从而实现钢铁企业电力系统安全可靠、高质和经济运行。

钢铁企业智能电力系统有以下技术需求。

① 实现电力系统的安全稳定运行　钢铁企业电力系统所带负荷大都是一、二类负荷，冶炼过程处于高温状态，工艺生产上、下游工序衔接紧密，如果出现停电事故，容易造成重大经济损失和人身事故，因此对供电安全可靠性有很高的要求。钢铁企业内部包含了集中发电和分布式发电单元，且都直接接入配电系统，此时，电网自上而下形成了支路上潮流可能双向流动的电力交换系统；利用余能余热发电的分布式发电单元，其发电量与工艺生产以及其他能源系统之间形成的强耦合关系大多是不确定或间歇性的，对电力系统的安全稳定造成一定扰动。因此，需要提高系统的全局可视化程度和预警能力，以提高电力系统安全稳定运行能力，同时，通过电力系统各环节信息交互和分析，快速确定和排除故障源，及时恢复供电。

② 提高电能质量　在钢铁企业，数千瓦到数兆瓦的大容量非线性单机负荷较多，如轧机、电弧炉等冲击负荷，在运行过程中会造成功率因数低、波形畸变，引起电压闪变或跌落，产生大量谐波。这种负荷特性影响电力系统供电电能质量，不仅降低企业综合效益，而且会引发严重安全事故。因此，需要采用各种电能质量控制技术，包括柔性配电技术和定制电力技术，以提高冶金企业电力系统电能质量。

③ 综合节能　钢铁行业耗电约占全国总用电量的 10% 左右[25]，推进钢铁行业节电工作，对促进钢铁企业节能降耗，实现国家节能减排目标有重要促进作用。因此，需要研究发电成本优化、配电网络重构、变压器经济运行和负荷管理等技术，减少用电量，降低发电、配电和用电成本。

4.9.2 钢铁企业智能电力系统主要功能

针对钢铁企业智能电力系统的技术需求，智能电力系统的主要功能应包括保障安全稳定运行、提高电能质量和电力系统经济运行控制三个方面。

(1) 保障安全稳定运行

钢铁企业智能电力系统的首要任务是保障电网安全、稳定、正常运行，并连续地为电力用户供电。

通常电力系统被看作在两组约束下运行：负荷约束和运行约束。负荷约束要求所有负荷都必须被满足，运行约束则给出了电力网络运行参数的上限和下限。按照负荷约束和运行约束满足情况，电力系统的运行状态可以分为正常安全状态、正常不安全状态（警戒状态）、紧急状态、故障状态和恢复状态[3]。正常状态指负荷约束和运行约束均被满足的状态，正常不安全状态（警戒状态）指对运行约束有重大破坏的状态，故障状态和恢复状态指负荷约束被破坏和恢复的状态。

如果一个系统处于正常状态，且没有任何一个预想事故会使它转移到紧急状态，则称这个系统是正常安全的，此时没有任何元件的运行约束越界。但是在发生一个元件开断时，系统会出现元件的运行约束越界，电力系统处于不安全状态，或称警戒状态，这时，如有条件，需要通过预防控制将电力系统调整到正常安全状态，或者做好事故预案，以便在开断发生时，解除系统出现的元件越界。随着负荷继续增长或者发生了元件开断，系统中会出现元件运行约束越界的现象，这时系统处于紧急状态，需要通过紧急控制来解除元件运行约束的越界，使其回到警戒状态或正常安全状态。紧急状态包括静态紧急和动态紧急。静态紧急涉及元件静态过负荷或静态电压越界，需要通过校正控制来解除。动态紧急时系统失去稳定，需要立即采取切机或者切负荷等稳定控制措施。如果没有及时采取措施，即使系统出现的是静态紧急，元件约束的持续越界也可能导致后续连续性故障开断，使系统进入故障状态，因此必须采取相应措施。有时为了保住更多的负荷，还需要进行自主解列，这时系统已经失去部分或者全部负荷，进入恢复阶段后，全部停电的需要黑启动（大面积停电后的系统自恢复），部分停电的需要恢复电源、恢复负荷，并逐步并网，扩大负荷供电区域，最后使得系统恢复到正常工作状态。

在上述状态转移过程中，钢铁企业智能电力系统可通过以下措施，提升系统承受事故冲击的能力，从而提高系统安全稳定运行水平。

① 离线计算和预案产生　预先通过大量的离线计算和分析，做好事故预想和处理预案，一旦电网发生故障，按照电网实际情况并参考处理预案，迅速、准确地控制故障范围，保证电网正常运行，并避免对电力用户供电造成影响；合理配置厂站中的继电保护设备和安全自动装置，在故障时及时切除故障设备，保护电力系统。

② 实时监控和分析决策系统建立　目前，钢铁企业能源管理系统（EMS）在电网安全稳定运行方面，主要是采取人工分析型应用模式。钢铁企业智能电力系统需要具有自动跟踪电网运行状态、自动诊断电网问题、自动给出控制或调整建议的功能，能够进行综合稳态安全评估、动态安全评估和电压稳定安全评估，分析继电保护和安全自动装置等对电网安全性的影响，是具有在线跟踪、自动智能、综合协调特点的电网在线安全预警和决策支持（Early Warning and Security Countermeasure，EWSC）系统[25]。

通过建立实时监控和分析决策系统，重建网络实时信息，跟踪电网运行状态变化，实时监测和评估电网运行状态，并根据不同状态和预案给出不同的应对策略。系统处于正常安全状态时，预测一定周期（如 15min）内的负荷变化，根据实时负荷水平预测正常安全状态下的安全裕度并增强控制对策；系统处于警戒状态时，进行正常不安全状态评估、预警和预防控制决策计算；系统处于紧急状态时，进行紧急状态报警、紧急状态决策计算，给出不同的校正控制和紧急控制方案，遇到严重事故时，为保证主网安全和大多数用户的正常供电，根据具体情况采取紧急措施，改变发电、配电系统运行方式，必要时临时中断对部分用户的供电；系统处于故障状态时，通过综合信息分析，判定故障发生的地点和故障种类，指导快速故障恢复；系统处于恢复状态时，将给出最佳恢复策略，并以流程图的形式给出恢复操作程序，尽量减少用户停电时间。

（2）提高电能质量

从钢铁企业电能质量控制工程实用角度出发，电能质量问题包括供电连续性差、电压频率偏差、电压幅值偏差、电压暂降（暂升）、三相不平衡、电压波动与闪变、谐波、无功补偿等。其中，供电连续性与前面讨论的安全稳定运行密切相关，电压频率作为一个全局变量主要由外部电力系统给予保证。

对于电能质量，钢铁企业智能电力系统主要任务是实现电能质量的监测和控制。电能质量监测是收集和分析原始数据并将其解释为有用信息的过程；而电能质量控制可为供电、配电和用电所面临的电能质量问题提供一个综合的解决方法。对电能质量的监控，从负荷侧看，可以有效减少供电系统停电和电压波动对负荷的影响，提高设备运行可靠性和用户资产利用率；从电网侧看，可以抑制用户非线性设备对供电系统和邻近用户产生的影响，从而减少对敏感用户供电的质量和附加值。这里重点讨论基于定制电力系统的电能质量控制。

定制电力系统（Demand Power System），也称用户电力系统（Custom Power）或柔性交流配电系统（DFACTS），由 N. G. Hingorani 博士提出[27]，其核心是在不改变网络结构的情况下，将电力电子技术与现代控制技术相结合，对系统的电压、线路阻抗、相位角、功率潮流等参数进行快速和连续的调节和控制，最终实现配电网的灵活实时控制，以满足用户的电能质量要求。

目前国内外已研制成功的用户电力控制器主要分为网络重构型和静态补偿型两类[26]。网络重构型控制器采用基于有源技术的静态开关设备，主要包括固态断路器（SSCB）、固态限流器（SSCL）和固态转换开关（SSTS），用于根据需要对线路和负荷进行投切。静态补偿型控制器按其与电网连接形式和功能的不同，主要分为串联型、并联型和混合型。串联型补偿器主要用于电压补偿，适用于电网电压有波动的线性负荷场合，用于消除电网电压波动对负荷的不利影响，其代表产品为动态电压恢复器（Dynamic Voltage Restorer，DVR）。并联型补偿器主要用于电流补偿，适用于电网电压波动较小而负荷电流波动较大的场合，用于消除畸变负荷对电网侧的不利影响，其代表产品为配电用无功补偿器（SVC）、配电用静止同步补偿器（DSTATCOM）和并联型有源滤波器（APF）等。串并联混合型补偿器综合了以上两种补偿器功能，具有双向补偿能力，是一种能解决绝大多数暂态电能质量问题的综合补偿装置，其代表产品为统一电能质量控制器（Unified Power Quality Controller，UPQC）。

（3）电力系统经济运行控制

电力系统的经济性就是要高效率地生产、传输和分配以及消费电能。钢铁企业智能电力系统可以通过发电成本优化、配电网络重构和用电负荷管理、减少用电量，降低用电成本。

① 发电成本优化　一般电力系统的发电成本优化主要是要考虑电力系统的有功功率优化调度问题，目的是在保证电力系统正常运行的基础上，节约系统发电所消耗的能源或生产费用。为此，首先要了解发电设备的能源特性或称耗量特性；其次，从优化角度对有功负荷进行分配，安排有功电源的最优投入[28]。其控制回路有三个：机组控制、区域调节控制和区域跟踪控制[3]。机组控制提供对发电机输出功率的闭环控制，使发电机输出功率等于机组给定输出功率。区域调节控制即自动发电控制（AGC），用来实时调整发电机有功出力（几到十几秒），使全系统的发电机出力与负荷保持平衡、系统频率和联络线交换功率保持在规定的范围内，即保持区域控制误差 ACE（Area Control Error）为零。区域跟踪控制即进行实时经济调度（Economic Dispatch Control，EDC），主要采用等微增率原则，通过给 AGC 机组下达控制指令（几到十几分钟），使全系统发电机运行费用最小。

钢铁企业电力系统发电成本优化与一般电力系统的发电成本优化有所不同。首先，钢铁企业电能来自外部电网和自发电（包括工艺过程余热余能发电）两部分，钢铁企业和外部电网之间的交换功率受各自利益主体的约束，要按一定准则进行，所以交换计划的制定不是简单的技术问题，更多的是受管理体制制约，与电力市场的运行规则有关。其次，钢铁企业电力系统的典型特点是分散的多用户、多燃料来源（包括副产煤气）、多产出（电力和蒸汽）、多工况变化（季节、加工量、生产方案），且同生产工艺过程联系紧密，部分电力来源于工序生产过程中余热余能的回收与转换，而副产煤气、蒸汽与电力系统之间也相互影响，使得电力系统运行操作愈加复杂，仅凭经验来调节运行很难保证其经济性。

钢铁企业电力系统发电成本优化以全周期（多个操作周期）内总费用为目标函数，即各个操作周期的燃料、给水、设备折旧维护、外购电和蒸汽、锅炉、汽轮机的启停等费用之和，减去按照交换计划可能的外卖电和蒸汽收益。这样，发电成本优化问题转化为一定约束条件下目标函数最小问题，优化的约束条件包括物料平衡、能量平衡、燃料条件、电和蒸汽需求、设备能力和启停条件等。

② 配电网络重构　配电系统中普遍存在联络开关和分段开关这两类开关。联络开关在两个变电站、两条主馈线或者环路型分支线之间起联络作用，通常是断开的。分段开关则把一条长线路分成多个线路段，通常是闭合的。配电网络重构，又称配电网络再组合，是配电网络分析与优化的一个有效手段，它通过切换联络开关和分段开关的开/合状态来改变网络拓扑结构，从而提高可靠性，降低线损，均衡负荷，改善供电电压质量。

配电网络重构的优化目标可以是最小化系统有功功率损耗、最小化系统能量损耗、平衡系统负荷、提高系统可靠性、提高系统电压稳定性等一个或多个目标的组合[3]，在满足配电网呈辐射状、节点电压偏差要求和变压器容量要求的前提下，确定使配电网线损、负荷均衡度、供电质量等指标最佳的配电网运行方式。配电网重构包括正常运行时的网络重构和故障状态下的网络重构。由于配电网中存在大量的分段开关和联络开关，因此配电网重构是一个多目标非线性混合优化问题，可以通过降维处理，把问题简化为单一目标的非线性混合优化问题，或将其他目标转化为优化时要求满足的约束条件。

钢铁企业电力系统的配电网具有电压等级多（220，110，35，10，6，0.4kV），配电节点多，配电网络拓扑复杂，配电变压器多，负载功率密度大，负荷的冲击性、不对称性和非线性严重，配电网内包括自备电厂，电力设备功率大，连续生产等特点。上述特点使配电网重构变得十分复杂，因此，在传统解析类优化方法基础上，可以采取启发式方法、随机化优化方法、智能化方法以及其他独立的或综合的优化方法[25]重构配电网。

③ 用电负荷管理　钢铁企业内各类用电负荷用电的时间和数量不一样，各具不同的用电规律，形成高峰负荷和低谷负荷，因此有必要进行用电负荷管理，消峰填谷。其主要经济效益有：压低高峰负荷，可以减少为满足短时间高峰负荷而增加的发电、供电设备的备用容量投资；调整用电负荷，可以直接降低网络变压器和线路损耗；消除过高频率或过低频率运行带来的危害，则有利于电网安全运行；减少基本电费（按最高负荷计收），可以充分享受实行峰谷电价时低谷时段用电电价优惠，减少企业电费开支。

用电负荷管理常用的方法有最小成本计划（LCP）与需求侧管理（Demand Side Management，DSM）。最小成本计划是把电力供应侧和需求侧作为一个完整的系统工程考虑，以求得综合成本最低，需求侧管理则是为了实施 LCP 的电力负荷管理办法。支持 DSM 的技术手段包括电力负荷预测[30]、电力负荷成本规划[30]和负荷控制系统（Load Control，LC）[31]。

负荷控制系统可以预测将要出现负荷高峰危险的时刻，并自动及时断开相关用电设备或者将其转换到较低的功率等级，这是实现消峰的有效技术手段。它通过对负荷进行均衡调节，避免每个测量周期中的功率使用超过预先给定的额定值，降低最大负荷功率，并降低基本电费。在预测到可能超限前，一般可通过以下手段实现负荷均衡调节：降低用电设备的功率、断开用电设备、不再接入用电设备（延时启动）、提高自发电量和限制公共供电功率超限。因为负荷控制监测 0.25h 周期中形成的负荷平均值，所以在预测到可能超限时不需要限制即时功率。

4.9.3　钢铁企业智能电力系统运行架构

钢铁企业智能电力系统的运行架构可借鉴电力系统混成控制理论思想来构建[32]。电力系统混成控制理论的几何表达如图 7-4-27 所示。

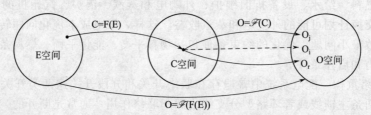

图 7-4-27　操作指令集合与事件集合的映射关系示意图

E—事件集合；C—控制指令集；O—操作指令集；O_j，O_i，O_r—分别为不同的操作指令。

F 为由 E 转化为 C 的法则，用来判断事件类型并将其转换为相应的控制指令，F 实际上是事件集合 E 到控制指令集 C 的 1—1 逻辑转换；$\mathscr{F}$ 为由 C 转化为 O 的逻辑规则，即控制命令集 C 到操作指令集 O 的点到集的逻辑转换。E 到 O 是一个复合逻辑转换。整个电力系统的状态可以通过时间离散的操作指令集 O 加以改变，若操作指令集 O 作用的结果使事件集合 E 成为空集，则此时的电力系统必然运行在满意的调度状态（多重目标趋优状态）之下。

满足上述功能要求的钢铁企业智能电力系统的运行架构可由图 7-4-28 所示的多层结构来描述。

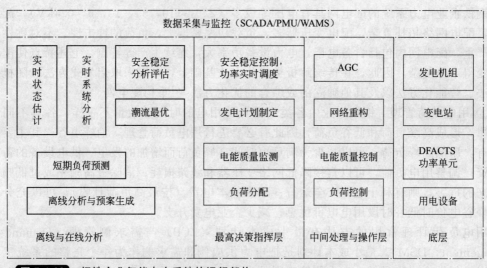

图 7-4-28　钢铁企业智能电力系统的运行架构

① 最高决策指挥层　接收底层动态电力系统监测到的各关键节点状态，进行数据处理，然后事件分析功能模块根据关于事件的定义和类型来判断是否形成"事件"及事件类型，并针对事件下达相应的控制命令以驱动中间层。

② 中间处理与操作层　接收上层下达控制指令后，综合考虑受控电力系统内部各种控制设备的运行情况，生成相应的优化控制方案，并将该方案转换成操作指令下达给底层的受控装置。

③ 底层　包括发电机组、变电站、各种 DFACTS 的功率单元和用电设备。负荷控制系统具有其自身数字型的闭环控制器，接收和执行中间层下发的操作命令。

④ 离线与在线分析　包括电力系统离线和在线分析，静态和动态分析，为最高决策指挥层和中间处理与操作层提供决策支持。

⑤ 数据采集与监控　通过 SCADA、PMU 和 WAMS，汇集指挥层和操作层所需的模型参数和过程数据，满足以上 4 个层次的需要。

第 7 篇

参 考 文 献

[1] 周建男. 钢铁制造流程技术进步与钢铁企业可持续发展 [J]. 山东冶金，2008，30（6）：7-11.

[2] 陆钟武，戴铁军. 钢铁企业生态效率分析 [J]. 东北大学学报（自然科学版），2005，26（12）：1168-1173.

[3] 李文萍. 压力仪表分类检定方法研究 [J]. 现代测量与实验室管理，2003，(3)：11-12.

[4] 李会太，李喜梅. 能源管理与企业能源审计 [J]. 技术经济，2000，(12)：37-39.

[5] 王丰效. 基于算数平均贴近度的加权几何平均组合预测 [J]. 西南师范大学学报（自然科学版），2013，38（3）：1-5.

[6] 蒋华. 油田检测指标预测开发指标系统设计及应用 [J]. 中国西部科技，2009，8（26）：11-13.

[7] 虞枫. 基于指数平滑法的需求预测 [J]. 物流工程与管理，2011，33（5）：77-78.

[8] 郭秀英，尹兴国，张艳云. 季节波动时间序列预测的分解季节指数法 [J]. 数理统计与管理，2000，19（6）：60-64.

[9] 蔡颖. 直线趋势模型在企业经济发展趋势预测中的应用 [J]. 工程管理，2011，25（6）：879-853.

[10] 王亮，刘豹. 单变量时间序列预测：综述与评价 [J]. 天津大学学报，1991（2）：70-78.

[11] 刘稳殿，王丰效，刘佑润. 基于多变量灰色预测模型的多元线性回归模型 [J]. 科学技术与工程，2007，7（24）：6403-6406.

[12] 吕玉红. 钢铁企业能源管理系统的开发与应用 [J]. 山东冶金，2010，32（3）：64-66.

[13] 李歧强，董敏亚. 钢铁企业副产煤气多周期优化调度 [J]. 同济大学学报（自然科学版）. 2 2012，40（增刊 1）：1-6.

[14] 龚瑞昆，王玉兵，张冰等. 集气管压力控制系统建模与解耦. 化工自动化及仪表，2008，35（4）：19-22.

[15] 吴敏，周国雄，雷琪等. 多座不对称焦炉集气管压力模糊解耦控制. 控制理论与应用，2010，27（1）：94-98.

[16] C. T. Truettt，D. G. Fohner，Electrohydraulic control system for coke oven back-pressure regulation. Iron and SteelEngineer，1997，74（11）：32-33.

[17] 黄江平. 煤气混合加压站自动控制系统，江西冶金，2004，24（2）：42-45.

[18] 王峰，何建平，王顺晃等. 高炉和焦炉混合煤气压力及热值智能复合控制. 自动化学报，2000，26（6）：820-824.

[19] 李玲玲，吴敏，曹卫华. 基于多层递阶回归分析的轧钢煤气用量预测. 控制工程，2004，11（增刊）：33-35.

[20] 韩志刚. 多层递阶方法及应用. 北京：科学出版社，1989.

[21] 李帮宪. 多层递阶预报模型的一种改进方案. 大气科学，1991，15（1）：69-73.

[22] 熊永华，吴敏，曹卫华. 煤气平衡认证分析系统的设计与实现. 计算机应用研究，2004，21（增刊）：423-426.

[23] 余怡鑫，栾文鹏. 智能电网述评 [J]. 中国电机工程学报，2009，29（34）：1-8.

[24] 田敬龙. 十大钢电力消耗与节电对策 [J]. 冶金能源，2008，27（3）：3-9.

[25] 周孝信，卢强，杨奇逊等. 中国电气工程大典：第 8 卷，电力系统工程 [M]. 北京：中国电力出版社，2010.

[26] 陈建业. 工业企业电能质量控制 [M]. 北京：机械工业出版社，2008.

[27] N. G. Hingorani. Introducing custom power [J]. IEEE Spectrum，1995，32（6）：41-48.

[28] 陈怡，蒋平，万秋兰，高山. 电力系统分析 [M]. 北京：中国电力出版社，2005.

[29] 郑静，杜秀华，史新祁. 大型钢铁企业电力负荷的短期预测研究 [J]. 电力需求侧管理，2004，6（1）：18-21

[30] S. Ashok. Peak load management in steel plants [J]. Applied Energy，2006，83（5）：413-424.

[31] 马丁，沈仁，严大铭等. 电力负荷控制（DSM）节能装置在大型钢厂的研究与实践 [J]. 金属世界，2006（6）：17-25

[32] 何光宇，孙英云，阮前途等. 现代电力调度控制中心的革新——由 EMS 走向 AEMS [J]. 中国科学 E 辑：技术科学，2009，39（4）：729-734.

5.1 石化企业能源管理系统概述

随着我国国民经济的高速持续增长，能源短缺和利用效率偏低等问题已对经济发展构成了严重制约。作为能源消耗大户的石油化工行业，其能源需求量随生产规模的扩大日益增加，能源成本在企业操作成本中的比例较大。因此，如何采取更加有效的措施和手段，降低企业能耗和经营成本、提高企业综合竞争力，已成为国内外石化企业关注的主要问题之一。

5.1.1 石化企业能源管理现状及用能特点分析

石化企业对能源的依赖度很高，其生产过程中对燃料、电力、蒸汽和水等能源介质的需求很大，而每种能源介质的平衡变化均将影响甚至制约其他能源介质的生产与使用[1]。节能降耗一直是企业发展面临的重大问题，除了依靠节能技术降低能耗外，向能源管理要效益同样是企业努力的方向。

近年来，石化企业在能源管理方面持续地开展了大量卓有成效的工作[2]，但由于装置结构、技术水平，尤其在当前企业管理模式下，能源计划、能源调度等采取多头分散管控的方式，缺乏集中统一的管理；物流、能源流、信息流不能有效结合。相比国外先进企业的管理方式，国内石化企业在能源管理方面存在着较多不足之处。

石化企业的生产过程有其自身特点，生产连续性强，工序关联性大，整个系统的稳定性要求较高，因此，石化企业用能过程有以下几个方面[3]的特点。

① 生产能耗较高，占加工成本比例大 石化企业作为能量密集型高耗能产业，是我国国民经济的重要组成部分，其能耗占我国工业总能耗的一半以上。以炼油过程为例，综合能源消耗量占原油加工量的 8%～10%，折合炼油综合能耗约 65kg标油/t。

② 生产换热过程多，能量系统复杂 炼油化工能量系统是炼化生产过程中与能量的转换、利用、回收等环节有关的设备所组成的系统，包括热回收换热网络子系统及蒸汽、动力、冷却、冷冻等公用工程子系统。石化工业加工过程中，冷、热物流（过程物流、公用工程物流等）之间的换热过程经常发生。如炼油过程主要是通过物理的办法，按照各油品沸点的差别进行分离，完成加工过程。物料之间换热频繁，相互之间构成了庞大的换热网络。

③ 能源管理涉及部门多，业务流程繁杂 从能源的进厂、分配、消耗到能源的计量、监控、考核，能源管理涉及到的企业部门众多，管理业务流程复杂，大量的能源数据需要在各业务部门之间传输，数据分散程度大，集中化管理存在较多困难。

5.1.2 基础能源管理系统方案架构设计

（1）业务流程梳理

针对石化企业能源数据量多、管理难度大的问题，在借鉴国外企业先进能源信息化管理方式的基础上，对能源管理业务流程进行了重新梳理。石化企业基础能源管理系统；应该实现从计划、调度、操作运行到统计、考核整个业务流的全方位闭环管理，做到"事前有预测、事中有监督、事后有考核"。基础能源管理系统的业务流程[4]，包括：能源计划岗，发起能源预测需求,通过对企业已发生的能源产耗数据进行分析,结合实际生产条件,对能源生产和消耗情况进行预测,能源计划人员根据能源预测结果和其他信息制定能源供需计划;能源调度岗,对能源供需计划进行执行,形成能源调度计划数据,数据通过审核后由能源统计岗接收,进行数据的加工分析,形成能源结算、供需、平衡、成本消耗等各种能源报表;能源考核岗,对通过审批的能源统计分析数据进行收集,计算各种 KPI 考核指标分数,对已发生的用能行为进行考评,并将考核结果反馈至能源计划岗,为能源预测和能源计划的制定提供参考依据。

基础能源管理系统下属各主要业务流程介绍如表 7-5-1 所示。

表 7-5-1 基础能源管理主要业务模块工作流程表

业务名称	业务流程简介
能源预测流程	能源计划部门通过搜集历史能源产耗、生产计划、检维修计划等数据,建立能源预测模型,对能源产量和消耗情况进行预测。通过上级审批之后,将预测结果反馈给相关业务部门进行支持
能源计划管理流程	能源计划部门根据生产计划数据、检修计划数据、能源预测数据等制定能源供需计划。通过上级审核之后,进行能源供需计划下发,能源调度岗对能源供需计划进行执行
能源调度管理流程	能源调度部门根据能源调度基础数据,完成各周期的能源调度计划编制工作;通过上级审核之后;调度人员根据调度计划,进行能源调度,并生成相应的调度统计报表
能源统计分析	能源统计部门通过整理能源供需实绩数据,编制能源计量报表,结合财务处提供相关成本数据,完成能源平衡报表的编制;经过审批,生成最后的统计结果,为财务结算和计划编制提供支持
考核管理流程	考核管理部门根据 KPI 考核制度的考核指标,收集装置单耗、工序能耗指标、吨油综合能耗等考核指标的数据;计算各 KPI 考核指标的分数,生成能源 KPI 考核结果,并将考核结果提交上级进行审核;审核后的考核结果进行发布,供各被考核部门查询

(2) 系统方案架构

结合石化企业生产耗能特点,从满足业务需求角度出发,基础能源管理系统可以划分为以下几个功能模块:能源预测、能源计划管理、能源调度管理、用能过程监视、能源实绩管理、能源设备管理、能源统计分析、质量环保管理、能源考核管理等,以满足企业对能源的系统管理与充分利用。

基础能源管理各子模块基本功能包括:

① 能源预测(在线预测决策、能耗预测分析、用能负荷预测等);

② 能源计划管理(能源计划编制、跟踪等);

③ 能源调度管理(能源计划调度、实时调度、调度报表管理等);

④ 用能过程监视(能源数据监视、异常数据报警等);

⑤ 能源实绩管理(实绩分析、归档、查询、对标分析等);

⑥ 能源设备管理(能源设备监视、管理等);

⑦ 能源统计分析(统计报表管理、统计分析等);

⑧ 质量环保管理(质量监测计划制定、质量数据管理、污染物排放监测等);

⑨ 能源考核管理(KPI 考核、信息发布)。

以上各功能模块共同组成了基础能源管理系统。现代炼化企业通过对 MES 系统、ERP

系统、PCS 系统等信息化系统的建设，形成了企业信息化总体架构。其中，基础能源管理系统与能源优化等其他子系统协同运作，共同构成了能源管理中心，成为企业信息化整体解决方案的有机组成部分。

5.1.3 基础能源管理系统在石化企业的作用

基础能源管理系统通过对用能设备实现在线集中监控，在实时能源信息的基础上，做到对能源的科学管理与调配，合理使用企业能源。在全厂能源介质平衡基础上，搞好各种能源介质的综合利用，进而优化企业的能源结构。

基础能源管理系统作为企业能源管理的重要工具，对能源设施和能源系统实行集中化管理，为石化企业生产管理带来了显著作用[5,6]。

(1) 减少能源系统运行成本，提高劳动生产率

基础能源管理系统的建设，对能源系统管理模式的完善发挥了重要作用。其基本目标之一是可以简化能源运行管理，减少日常管理的人力投入，节约人力资源成本，提高劳动生产率。

(2) 加快系统的故障处理，保障企业安全用能

能源管理系统能迅速从全局的角度了解系统的运行状况、故障的影响程度，及时采取系统的措施，限制故障范围的进一步扩大，并有效恢复系统的正常运行。其中能源调度、用能过程监控等系统功能保证了企业生产用能更安全、更可靠和更经济。

(3) 节约能源和保护环境

能耗需求的科学预测和能源计划的合理制定，为企业能源供需平衡提供保障，实现炼厂对各种能源介质的充分利用，减少能源的不合理散放，提高企业用能水平。同时，能源管理系统能对企业"三废"的产生和排放过程进行有效监控和严格管理，为生产节能和环境保护发挥重要作用。

5.2 石化企业整厂用能优化策略及应用[7]

石化企业作为能量密集型高耗能产业，是我国国民经济的重要组成部分，我国石化企业综合能耗远高于发达国家，随着能源价格的不断上涨和环境要求的日益提高，对能量密集型过程工业的设计或改造，已不能仅仅局限于某些单元设备或过程，而必须着眼于全过程系统的能量集成，以从本质上实现提高整个过程系统经济性和能量利用水平目标。

石化企业能量系统是一个复杂的大系统，在现有的建模和计算方法以及硬件条件下，较难实现整体优化。三环节能量结构模型按照过程用能的本质，将能量系统分为利用环节、回收环节和转换环节，在明确能量的作用及关系基础上建立了定量的模型，为简化能量系统优化过程创造了条件。石化企业能量系统可以三环节能量结构模型为基础，按照单元、子系统和全局的分段递进式协同优化策略，依次对能量利用子系统、能量回收子系统和能量转换子系统进行优化。

全厂能量系统分段递进式协同优化策略首先进行工艺装置的用能优化，包括反应、分离等核心过程的工艺改进和参数优化，在此基础上建立装置间热联合和优化换热网络等；接着展开罐区和辅助系统的用能优化，按照温位匹配、梯级利用的原则，通过优质热阱的挖掘与应用，降低不必要的蒸汽或其他高品位能量的消耗；然后对全厂的低温热综合回收利用，按照长期、稳定、就近利用的原则，结合全厂平面布置，设计合理的低温热系统；最后，优化蒸汽动力系统，包括蒸汽管网和凝结水系统等，结合全厂蒸汽需求和炼厂气平衡状况，对蒸汽动力系统提出优化的改造和运行策略在全局范围内实现能量的综合优化利用。

应用整厂用能优化策略，对国内某炼油企业能量系统进行优化改造，在全厂综合用能分析基础上，通过单元过程与设备、局部子系统及系统全局的分解协调优化，依次对装置的工艺利用环节、能量回收环节及能量转换环节分别进行优化，重点考虑工艺装置用能改进、热联合以及低温位热量的回收利用，实现该炼油企业全局的各种能量优化利用。主要改进措施包括焦化分馏塔操作优化，减少分馏㶲损，同时高热高用，提高原料油换热后温度 $18^\circ C$；结合全厂蒸汽平衡，改进常减压装置换热网络，减少蒸发蒸汽，同时通过催化油浆和常减压初底油热联合，提高原油换热终温达 $25^\circ C$；催化顶循和气分热联合，减少气分蒸汽消耗 $25t/h$；通过循环热媒水回收延迟焦化低温热作，作 LiBr 吸收制冷机组热源，所得冷媒水作为吸收稳定系统相关物流的冷却介质，降低物料损失；在油品储存最小化的基础上改进维温方式，采用回收的低温热替换原来部分蒸汽，节省蒸汽 $8t/h$；结合平面布置和热源热阱分布，在全厂范围内设置了 5 个低温热水站，实现全厂低温热回收综合利用；在全厂新的蒸汽平衡格局下，结合炼厂气平衡，进行蒸汽动力系统设计与操作优化，为避免冬天蒸汽减温减压，夏天蒸汽放空，提出新增一台凝汽式发电机组等措施。

通过对该炼油企业的整厂能量系统优化改造和新扩建装置节能效果达到 $12.73kgEo/t$，具体包括：通过装置能量利用系统和换热网络改造，节约燃料气 $1.03t/h$，多回收凝结水 $23.17t/h$；通过装置间热联合和蒸汽动力系统优化改造，节省中压蒸汽 $71t/h$，增加电耗 $7708kW$；通过工艺装置低温热与辅助系统的热联合，多回收低温热 $2145\times10^4\,kcal/h$；通过热联合和低温热回收利用，节约冷却水 $5704t/h$；新建 500 万吨/年原油蒸馏装置，比现有蒸馏装置能耗低 $1.4kgEo/t$。节能效果及经济效益显著。

5.3　石化企业能源管理中心典型案例

新疆天业集团是我国产业规模最大、产业链配套最完整的氯碱化工龙头企业，建成我国第一个"煤-电-电石-聚氯乙烯-电石渣水泥"循环经济产业园区，下辖热电、电石、化工和水泥四大产业共 12 家高耗能生产企业，一、二次能源的消耗量巨大，能源优化管理势在必行。

新疆天业能源管理中心建设项目是"两化融合促进节能减排"重点推进项目和示范项目。

新疆天业能源管理中心项目主要包含如下内容：

① 建立"适合实用"的能源数据采集网络；

② 建立"高度集成"的能源综合监控中心；

③ 建立"事前管理、事中监督、事后考核"为主线的能源管理平台；

④ 建立"准确可靠"的能源预测、平衡与优化调度模型。

基于上述内容，新疆天业能源管理中心系统的整体功能架构如图 7-5-1 所示。

新疆天业能源管理中心项目创新点如下。

① 首次针对跨产业、大范围的化工园区，提出了一整套涵盖数据采集、网络设计、能源管理中心系统架构、跨行业能源全方位管理理念和跨行业能源整体优化调度策略的工业园区级能源管理中心建设方法。通过示范应用，验证了该方法的有效性和可推广性。

② 首次针对跨产业的化工园区，提出了一整套能源管理中心工程化实施方法、细则和标准，通过一把手负责制、领导小组和实施小组制度化、能源计量和管理体系流程化、工程实施细则标准化等措施，确保能源管理中心建设按时高质量完成预期目标，为化工行业和工业园区级能源管理中心的实施树立了标杆。

③ 首次提出基于预测数据的多能源介质、多周期动态优化调度方法，建立了基于电力和蒸汽负荷预测模型、蒸汽管网模拟模型、锅炉和发电机组数学模型的多机组电力和蒸汽负荷联合多周期动态优化调度模型，实现了多机组发电产汽负荷与下游耗电耗汽装置的优化匹配，直接产生节煤节水效果。

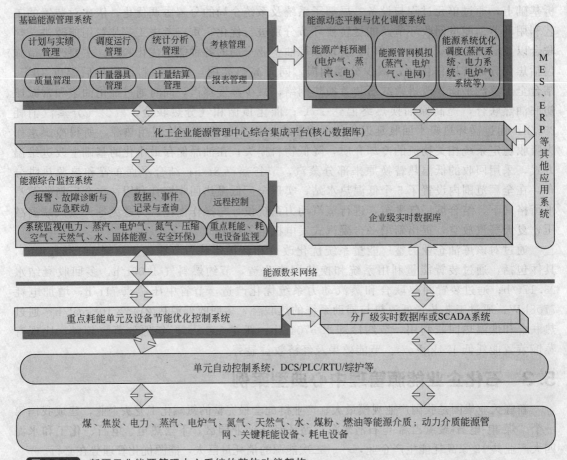

图 7-5-1 新疆天业能源管理中心系统的整体功能架构

新疆天业能源管理中心（图 7-5-2～图 7-5-5）成功投用后，取得了如下效果：

① 实现了天业集团 4 大产业（热电、化工、电石、水泥）12 家生产企业的能源数据采集、计量、监控、统计、分析、考核、预测、模拟、优化等能源管控一体化功能，构建了国内领先的能源管理中心平台；

图 7-5-2 新疆天业能源管理中心画面 1

② 建立了高度集成的生产、能源综合监控中心，实现了四大产业 12 家企业计量数据、

各动力介质信息、固体燃料信息、重点耗能设备和耗电设备信息、生产运行关键信息等的集中监控，基于统一平台构建了集团、分厂、车间、设备 4 级能源监控体系；

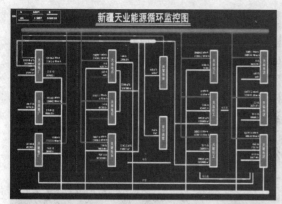
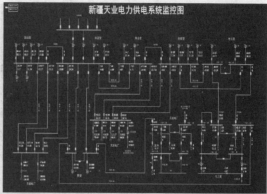
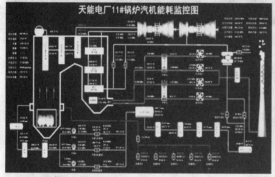
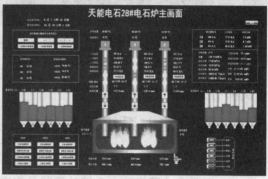

图 7-5-3　新疆天业能源管理中心画面 2

③ 建立了"事前管理、事中监督、事后考核"为主线的能源管理平台，实现了整个化工园区、各分厂、各生产线、各产品的能耗指标和定额指标的细化管理，实现了从计划、调度、操作运行到统计、考核整个事务流的闭环管理；

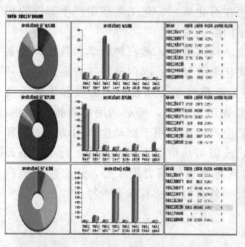
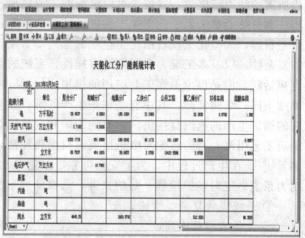

图 7-5-4　新疆天业能源管理中心画面 3

④ 建立了蒸汽管网和电石炉气管网模拟模型，可以精细化掌控和调度长距离能源输送管道，建立了热电联产 12 台机组电力、蒸汽负荷动态优化调度模型，实现了多机组发电产

汽负荷与下游耗电耗汽装置的优化匹配，经现场测试，发电标煤耗降低 1.45%，年节煤量达 4.29 万吨标煤，直接产生节煤节水效果；

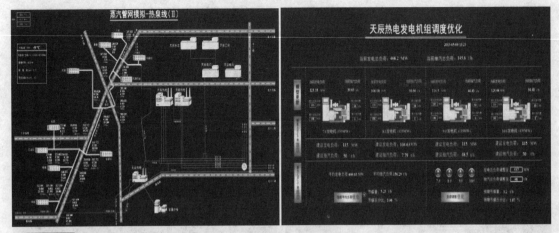

图 7-5-5　新疆天业能源管理中心画面 4

⑤ 经核算项目整体每年节煤量 7.04 万吨标煤，减少二氧化碳排放 18 万吨，带来约每年 5300 万元的直接经济效益。

5.4　蒸汽动力系统运营优化

5.4.1　蒸汽动力系统运营优化技术背景

（1）石化企业蒸汽动力系统的现状及存在问题

以水蒸气作为工质的动力系统称为蒸汽动力系统。蒸汽动力系统一般由锅炉、蒸汽汽轮机和蒸汽管网等构成，即系统可分为产能、供能和用能三个环节。蒸汽动力系统是将一次能源（燃料等）转换成二次能源（如电、蒸汽等），为用户提供所需要的工艺蒸汽、热能和动力。它一般有高、中、低压等多个压力等级的蒸汽管网，各级管网之间通过蒸汽透平产生过程所需的动力或电力，亏盈量可由电网购入或输出。在石化炼厂、化工生产中产生蒸汽的相当一部分热能都来源于化工生产装置错综复杂的能量回收系统。

目前，大型化工及石油化工企业的蒸汽动力系统结构多样性，蒸汽热力学参数计算关系的复杂性，以及多工况、多周期的多样性，系统的优化十分复杂。国内外在这方面的研究一直很活跃，但是很少见到工业应用的报道[11]。某些企业蒸汽动力系统的热源点和供热设备类型不同，结构复杂。其中有些锅炉生产的蒸汽主要先用于发电，然后利用机组排汽供热；有的锅炉生产的蒸汽直接供汽；有的锅炉和余热锅炉生产的蒸汽用于驱动生产用动力透平和供应工艺用汽；有的汽轮发电机组或因机组热耗高，或因与热负荷不匹配导致运行不经济而闲置[12]。在生产过程中，为了安全可靠以及避免出现意外事故或者停工等，还必须对蒸汽动力系统做定时维护检修。归纳来讲，蒸汽动力系统一般有以下所有或某些特点：

① 系统庞大复杂、交错；

② 设备启停费用高；

③ 蒸汽管网设计复杂，管径、保温材料厚度等应该有一个最优解，但影响过程设计计算因素多，计算复杂，不易求解；

④ 用户多，产汽点多，燃料来源多，蒸汽压力等级多；

⑤ 工况多变，因市场销售、季节、加工量、产品方案等因素变化引起蒸汽和电力的需

求变化大。

根据目前企业蒸汽动力系统的特点，可以简单概括出蒸汽动力系统存在的问题和优化潜力主要有[11]：

① 锅炉、汽轮机容量小且陈旧；

② 配合全厂扩产而陆续增建，缺乏全面规划；

③ 按照固定工况设计，不能适应变化工况下保持电热联产效率要求；

④ 对能量传统的认识只从数量上考虑，缺乏质量的概念；

⑤ 工况、季节变化时部分蒸汽放空，进入减温减压器的蒸汽量增多。

（2）运营优化的必要性

能源主要消耗在工业、居民、交通、农业、商业、建筑等部门，而工业消耗量占大部分，约占 70%，并以 2.06% 的年平均速度增长[10]。在大型化工或石油化工装置中，蒸汽动力系统是整个企业的重要组成部分，所有的工艺过程都需要蒸汽和电力等公用工程的连续供应，为提供这些公用工程消耗了大量的投资和运行费用，因此如能对这方面做很小的改动，将会获得可观的经济效益。蒸汽动力系统与工艺过程的集成优化，节能潜力占整个企业的 20% 左右，而蒸汽动力系统的运行优化尤为重要[12]。

蒸汽动力系统的运营优化，是推进企业生产计划和能量系统集成，提高企业整体经济效益的重要手段。现有生产计划优化方法，在制定生产计划时很少考虑到物流和能量流之间的关系。在石化企业的实际生产中，由于工艺过程不能平衡蒸汽及炼厂气的产用，经常会有蒸汽减温减压、放空和炼厂气送火炬烧掉的现象发生，造成了资源的浪费。通过生产计划与能量系统集成优化，尤其是与蒸汽动力系统的集成，可以实现全厂范围内物流和能量流的平衡和优化，从而达到企业整体经济效益的最大化，避免生产的不稳定、生产计划的执行效率差和能源的浪费[13]。

蒸汽动力系统的运营优化，可以提高企业生产过程系统运行的柔性、安全可靠性。系统的运行柔性是指系统在从一种操作状态过渡到另一种操作状态时，能够调节到满足工艺要求的能力。一个柔性好的系统，不仅可以快速适应企业在不同原料、产品生产方案和加工量的条件下对蒸汽、电的大幅度变化，同时还能保持较高的联产效率。在工程设计方面，由于各方面原因，企业常把蒸汽动力系统设计成给定工况下系统的柔性比较小，而市场剧烈变化时常常要求企业能够改变生产方案，及时调整产品生产比例等。由于生产方案的调整，势必引起对蒸汽、电力的需求变化，给蒸汽动力系统的运营带来极大挑战。缺乏柔性或者柔性较小的蒸汽动力系统，只能牺牲一部分能量品质，常用方法就是高品质蒸汽减温减压使用，虽然这样能满足工艺过程的需求，但是能量品质大为降低生产方案的改变，造成全厂蒸汽失衡，通常就是将低压蒸汽放空，损失了大量本来可利用的能源。而柔性设计的系统则可以通过设置抽汽凝汽式汽轮机、机组备用等多种应变手段，避免这样的事情发生[13]。

提高蒸汽动力系统的利用效率，降低装置总体能耗，就是要降低产能、供能、用能三个环节的不可逆损失。对于蒸汽管网，若能使其在任何时候做到供需平衡，无放空、无需蒸汽减温减压使用等现象发生，管网的利用率无疑是最高的。对于有多根并列管道的蒸汽管网，有的还要做到管道间相互均衡供汽来减少管网损耗。但是目前一些石化企业的实际情况是供入管网的蒸汽量大于需求量，两者相差 10%～20%，这主要是由于蒸汽供需平衡的调度是凭经验和仅考虑安全供汽，蒸汽动力系统运行余量过大，造成供大于求、高参数蒸汽降级使用和输送不合理等现象。

蒸汽动力系统安全、稳定运行，是企业安全、稳定、长期生产的基础。对于大型化工、石化企业，蒸汽动力系统消耗大量的能源，它能否在最优条件下运行，决定着这些企业的经济效益的好坏。同时，蒸汽动力系统运行过程中燃烧大量的燃料，产生大量的污染物排放到大气中，造成环境的破坏。因此，蒸汽动力系统的设计、运行和操作优化对企业的能量利用率、经济效益和环境保护具有重要意义。

5.4.2　优化运营的机理和方法

现代蒸汽动力系统的研究方法主要有四种类型：启发式方法、热力学目标法、数学规划法和智能优化算法。数学规划法是目前应用最广泛的研究方法。

(1) 启发式方法

启发式方法在研究蒸汽动力系统时，主要是在对系统的热力学分析的基础上，推导出能量使用优化的总原则和指导准则。启发式方法简单、原始，是最基本的一种优化方法，但它却能很好地将工程经验和专家知识融为一体，因此需要研究使用者具有较深的理论知识。启发式方法在优化蒸汽动力系统时，可以设计出符合经验的流程，不过这些只能针对比较简单的系统才有效，对于规模较大的系统，用它来优化过程则比较困难，效率也比较低，还不能保证解的最优性。因此，实际应用中启发式方法需与其他方法结合使用，以解决复杂问题的优化。

(2) 热力学目标法

热力学指出能量有品质高低之分，用能过程存在质的损失，过程的可逆性越大损失就越严重。热力学目标法就是根据过程用能的本质，找出问题的瓶颈，并提供消除瓶颈的方法。热力学目标法研究的是能量集成的系统，研究过程需对系统进行分解简化，方便热力学分析。此法的缺点是不能给出具体的操作方案，需结合启发式方法和数学规划法使用。

(3) 数学规划法

数学规划法是在物料平衡方程、能量守恒及约束条件等方程基础上建立起来的一种数学模型。根据工程实际情况，选择合适的算法或者将数学模型编写成计算机程序，就可以求解模型的最优解，即蒸汽动力系统的最优化参数。数学规划法的第一步是构造蒸汽动力系统的超结构图，其中包括锅炉、汽轮机、减温减压器等单元设备，以及不同等级的蒸汽管网和辅助设备（机泵、除氧器、冷凝器等）。由超结构可以做出多种可行的设计或运行方案。第二步是建立蒸汽动力系统的数学模型（MILP模型或MINLP模型），所有单元设备的处理能力和各流股流量用连续变量表示，用二元变量（取值为0或1）表示在给定工况下单元设备是否存在或者是否运行，此时，目标函数取系统在该工况下的总设备费用和操作费用之和最小。二元变量在多周期工况下则表示在某个周期单元设备是否运行以及运行中单元设备的操作方式，此时，目标函数是在全周期所有运行时间内系统的总设备投资费和操作费之和最小。蒸汽动力系统设计、运行优化一般可归结为线性规划和非线性规划两类模型。

数学规划法能够解决大型蒸汽动力系统的优化问题，已经成功应用于实际工程中，而且应用也越来越广，对于指导蒸汽动力系统设计亦有重要作用，在模拟运营优化方面，一般都可以得到最优结构和最优操作参数。然而其也有不足之处，比如系统规模太大、操作过于复杂、单元设备较多、变量过多，致使建立的模型太庞大，MILP和MINLP容易产生组合爆炸的现象，无法求解或者是计算运行时间太长；而有的模型可能找不到合适的模型来表达，就必须做出相应的简化，简化后的模型与实际有可能产生较大的误差，导致计算结果不是最优解；如果目标函数不是凸函数，则MINLP无法保证得到全局最优解。

(4) 智能优化算法

智能优化算法可分为遗传算法和模拟退火法。

① 遗传算法　遗传算法的优点是实现简单，通用性强，效果良好，既能处理复杂的水蒸气参数计算问题，又能对非线性做功过程的透平进行求解，对目标函数没有任何特殊要

求，能找到全局最优解。缺点是，对局部的寻优存在不足，算法进行到后期时搜索速度缓慢，而且如果参数设置不当，会出现"早熟收敛"现象[11]。

② 模拟退火法　模拟退火法是根据金属退火的机理而建立起来的一种全局优化算法。模拟退火法在搜索策略上引进了适当的随机因素和物理系统退火过程的自然机理。模拟退火法在迭代计算过程中，可以以一定的概率接受使目标函数值变"差"的试探点，它并不强求后一个值一定要优于前一个值，有一定的容忍退化状态的出现，它是以一种概率的搜索方式进行的，从而增加了其搜索过程的灵活性。模拟退火法可以有效、方便地解决无法或很难求导的函数及组合优化问题等。但是模拟退火法计算时间长，需要设置适当的参数，而参数难精确设置，因而计算效率较低。

5.4.3　蒸汽动力系统运营活动特点分析

蒸汽动力系统的运营除了技术方面，还包括管理方面，因此其优化运营应该是技术和管理的集成优化。蒸汽动力系统在提供热能和动能的同时消耗大量的能源，其优化运营对节能效果有重要影响。制定蒸汽动力系统最优运营方案的前提是分析和掌握其运营活动的特点和各项影响因素。

(1) 系统需求变化大

蒸汽动力系统运营活动主要是为了满足自身和工艺过程系统的能量需求，这两种需求的变化分为确定性的变化和不确定性的变化，运营优化时对两者处理的方法不同。

① 系统需求的确定性变化　由于工艺操作条件、市场需求、季节及加工方案等因素的变化，引起工艺过程系统对能量的需求变化，为了维持工艺工程系统的安全稳定运行，蒸汽动力系统的运行就必须得改变，即制定合理的运行计划和调度方案，同时还要使蒸汽动力系统运营的经济，这种情况就是常见的多周期运营优化问题。

② 系统需求的不确定性变化　蒸汽动力系统的用户多，各个用户用能情况不尽相同，任何一个用户的汽、电需求参数发生改变，都会对整个蒸汽管网产生一定的影响。实际工程当中，蒸汽管网可能时刻都处于动态变化过程，很多变化是不确定的，不可预测的，这就需要蒸汽动力系统能随时响应用户的变化。当用户需求变化很大时，通过调节正在运行的设备也无法满足需求，而短期内又不可能再增开其他设备，因此要保证工艺过程和蒸汽动力系统的安全稳定运行，就不能使蒸汽动力系统的所有设备都在满负荷状态下运行，而是要根据实践经验和历史数据等给设备留有一定的运行备用量。

(2) 系统的运行安全稳定性要求高

蒸汽动力系统的安全稳定运行是工艺过程系统安全稳定运行的基础，所以必须首先保证蒸汽动力系统自身的安全稳定运行。

① 蒸汽动力系统设备的维护　任何机械设备的运行过程，都要定期对设备进行维护。蒸汽动力系统的维护不仅要消耗大量的财力和人力，而且如果设备的维护周期安排不合理，就会引起全厂范围内的能量流和物料流失衡，导致生产的减产甚至停工，造成较大的损失。因此，制定蒸汽动力系统运营优化的同时，还必须制定设备维护方案。

② 蒸汽传输过程安全稳定性　蒸汽在管道、管网中传输的过程存在不同程度的热损和压损，导致蒸汽的品质下降。热损可以通过增加保温层厚度来减缓，压损可以通过增大管径、减少管道阀门及弯头等来减缓，但是这必须在投资和能量损失之间权衡，避免投资费用过高。因此，蒸汽动力系统的设计过程和运营优化过程都需同管网的模拟集成优化，设计和运营的优化与管网优化分开优化，可以使模型简单一些，但得到的结果却不是最优的。

(3) 影响经济性目标的因素多

依靠实践经验指导蒸汽动力系统的运营，基本上可以满足工艺过程的变化的需求，并能保持整个系统一定的安全稳定性。但是影响蒸汽动力系统的因素极多，以经验做指导，很难分析出这些因素对经济效益的影响程度，所以这种运营方法会损失一定的经济效益，运行不够经济。通过深入分析这些影响因素，在数学模型中对它们做适当合理的限制或建立相关方程式等，在保证满足需求和安全稳定的基础上，就可以制定出更为合理的运营方案，令系统经济效益最大化或者操作费用最小化。

① 产汽系统总运行效率　产汽系统的费用占蒸汽动力系统运行费用的比例最大，这些费用包括锅炉的燃料、设备运行和维护等费用。因为影响产汽费用的因素多，所以产汽效率对产汽系统费用影响很大。文献 [13] 通过分析某具体锅炉平均产汽效率与产汽费用的变化规律（只考虑产汽系统），得出产汽系统平均运行效率每增加 1%，产汽系统总运行费用降低约 2%。实际中的蒸汽动力系统，为了生产的安全稳定，并非是在最大效率下运行的，如果靠经验安排其运行效率，不仅工作量大，而且还不实际。

② 炼厂气平衡　在炼油企业，一般的工艺过程都会产生一定量的炼厂气，这些气体既可以作为燃料，也可以作为化工生产原料。炼厂气的量一般由生产工艺条件决定，当产生的炼厂气的量大于系统所能消耗的量时，一般情况下，多余的部分送到火炬烧掉，这既损失了能源，也污染了环境。如果系统的锅炉和汽轮机未达到满负荷，可以考虑用多余的炼厂气来产蒸汽，多发电，这时需要对整个系统进行统筹规划，对比产汽成本和发电收益，还要考虑充分利用多产的蒸汽，避免蒸汽过剩，低压蒸汽放空。如果炼厂气长期过剩，放空烧掉，则应考虑对系统进行改造或者利用其生产其他化工产品等。

③ 燃料价格变化　对于炼油企业，如果蒸汽动力系统的燃料主要为燃料油和工艺过剩的炼厂气，则应考虑充分利用过剩的炼厂气，尽量减少燃料油的使用，或者通过可行性分析，对原系统加以改造，燃用其他更经济的燃料。如果企业附近有更低廉、经济的热电厂，可以考虑外购汽电。

④ 电价变化　随着电力工业改革与发展，制定电价的各种理论与方法不断涌现。分时电价方法由于具有鼓励用户改变用电方式、实现削峰填谷、避免发电机组闲置、优化资源配置、提高电力企业经济效益等优点而成为电价改革的必然趋势[13]。根据这种电价定价方式，制定合理的设备运行方案，可以减少总过程的电费。

⑤ 水价变化　由于供水价格的改革，出现了阶梯水价[10]。所谓阶梯式水价，就是将水价分为不同的阶梯，在不同的定额范围内，执行不同的价格。用水量在基本定额之内，采用基准水价，如果用水量超过基本定额，则超出的部分采取另一阶梯的水价标准收费。阶梯式水价可以分为增阶梯和降阶梯式两种水价。增阶梯水价指随着用水量的增多，水价越高；降阶梯式水价则相反，用水量越大，水价越低。增阶梯水价限制用水，而降阶梯式水价则鼓励更多地使用水资源。在我国，通常所说的阶梯式水价是指增阶梯式水价。阶梯水价制度可以使企业更加合理地优化水资源配置，提高企业经济效益等，而成为企业水价改革的必然趋势。

⑥ 低压蒸汽放空　有些企业设计之初可能不存在低压蒸汽放空，但是随工艺过程的变化等而产生了多余的低压蒸汽，只能放空；有些企业由于缺乏前瞻性或者低压蒸汽多余量很少等因素，本来设计上就存在低压蒸汽放空。低压蒸汽放空对生产成本影响很大，造成了很大的能量损失，应该从全厂范围内统筹考虑，蒸汽动力系统与工艺过程集成优化，尽量避免低压蒸汽放空。

⑦ 中压蒸汽减温减压　某些企业在不同生产周期对各等级的蒸汽需求量不同，有的变化很大，如中压蒸汽减温减压使用，导致全厂能耗增加。应将蒸汽动力系统和工艺过程集成优化，增加蒸汽动力系统的运行柔性，使中压蒸汽与各等级蒸汽间能有效调节。

⑧ 蒸汽和电力外购 当企业自产的蒸汽和电力不能满足工艺过程需求时，需要从外部购买汽电，这时应该有一个最优购买量，购买量过多必然增加能耗，但购买量的多少才是最优的，需要根据全厂能耗分析，对全厂各子系统集成优化才能得出。

从以上分析可知，对蒸汽动力系统的运营费用的影响因素很多，每项因素的影响程度不一，并且这些因素还是变化的，大部分都还含有子变量，所以仅凭经验很难实现蒸汽动力系统的优化，应当建立科学合理的运营模型，加以适当的约束条件，方可能得到系统最优或接近最优的操作方案。

5.4.4 蒸汽动力系统运营的优化机理

蒸汽动力系统的运营优化可以表述为，在满足工艺过程在各种工况下引起的对蒸汽和动力的需求变化的前提下，以及必须保证蒸汽动力系统安全、稳定、长周期运行的基础上，在最优的经济目标的指导下，制定蒸汽动力系统的最佳运营操作方案。这里的变工况主要包括工艺过程加工量的变化、产品方案的变化、气候的变化、季节的变化以及不确定性的变化等。经济性目标是指最小年总操作费用或者最大年经济效益。蒸汽动力系统的运营优化的研究，不仅是过程工业能量系统集成优化技术在过程工业的应用和创新，更重要的是，它是过程工业技术与管理集成和综合的重要组成部分。

蒸汽动力系统作为过程工业的重要组成部分，在为企业提供保质保量的蒸汽和动力的同时，本身也是耗能大户，它的安全、稳定、高效运行是企业长周期、经济运行的基础。大型石化企业蒸汽动力系统除了具有多工艺产汽点、多工艺用汽点、多压力等级外，还具有多动力产汽点。工艺产汽点、工艺用汽点、动力产汽点之间形成了错综复杂的产供汽网络。大型石化企业一般由炼油分厂及几个大的化工分厂组成，各分厂之间距离较远，各分厂动力产汽设备的型号、燃料、水系统循环类型不同，产供汽成本有较大差异，各厂的蒸汽互供和互备存在很大的优化潜力。然而各厂之间的长距离和管道的输送能力限制了各厂之间的蒸汽和动力的互供和互备潜力的发挥。罗向龙等[49]根据大型石化企业蒸汽动力系统的特点，提出从全局出发优化蒸汽动力系统，即在安全稳定的前提下，以蒸汽动力系统的能量转换环节的转换经济性和能量传输环节的传输损失的综合最优目标实施运营优化，建立了大型石化企业蒸汽动力系统能量转换环节和能量传输环节集成运营优化的混合整数线性规划（MILP）模型，并进行实例应用，提高了整个蒸汽动力系统的经济性。

数学模型是模拟优化的科学基础，常用的数学建模方法有量纲分析法、差分法、变分法、图论法、层次分析法、数据拟合法、回归分析法、机理分析法、数学规划法等。目前，数学规划方法仍然是解决大型问题的最有效方法，是决策模型、计划调度模型及过程综合的主要方法。此外，模型的算法也是技术难题之一。为解决计算量过大问题和加快收敛速度，人们正在寻求一些新的算法，如在常规的规划算法基础上引入分解协调策略、启发式规则和神经网络的随机寻优算法，形成混合算法等[13]。

蒸汽动力系统参数确定性运行优化，是指可以考虑由于季节、加工方案等变化引起的参数确定性变化，不考虑各项参数（如蒸汽压力、温度等）的不可预见性的变化，分析和制定系统的最优运行方案，这些确定性变化的参数值一般来源于生产计划或调度，以多周期或者多工况的形式表示。

蒸汽动力系统运行优化的数学模型一般为 MILP 或 MINLP 模型，如果目标函数或者约束条件中至少有一个是未知量的非线性函数，则为 MINLP 模型，否则为 MILP 模型。

确定性参数条件下的模型一般表示形式为[11]：

$$\min \boldsymbol{A}^{\mathrm{T}}\boldsymbol{x}+\boldsymbol{B}^{\mathrm{T}}\boldsymbol{y}$$
$$\text{s. t. } \boldsymbol{Cx}+\boldsymbol{Dy}=\boldsymbol{G}$$
$$\boldsymbol{Ex}+\boldsymbol{Fy}\leqslant \boldsymbol{H} \qquad\qquad (7\text{-}5\text{-}1)$$
$$\boldsymbol{x}^{\mathrm{L}}\leqslant \boldsymbol{x}\leqslant \boldsymbol{x}^{\mathrm{U}}$$
$$\boldsymbol{y}=0,\ 1$$

其中，$\boldsymbol{A}^{\mathrm{T}}\boldsymbol{x}+\boldsymbol{B}^{\mathrm{T}}\boldsymbol{y}$ 是目标函数；$\boldsymbol{A}$、$\boldsymbol{B}$、$\boldsymbol{C}$、$\boldsymbol{D}$、$\boldsymbol{E}$、$\boldsymbol{F}$、$\boldsymbol{G}$、$\boldsymbol{H}$ 为模型系数矩阵；$\boldsymbol{x}$ 表示连续变量向量，如温度、压力、流量等；$\boldsymbol{y}$ 是设备运行状态等的二元变量向量；$\boldsymbol{x}^{\mathrm{L}}$ 和 $\boldsymbol{x}^{\mathrm{U}}$ 分别为 $\boldsymbol{x}$ 的下限和上限向量；$\boldsymbol{G}$ 和 $\boldsymbol{H}$ 是确定性参数向量；$\boldsymbol{Cx}+\boldsymbol{Dy}=\boldsymbol{G}$ 是等式约束，一般包含设备的质量平衡方程和能量平衡方程；$\boldsymbol{Ex}+\boldsymbol{Fy}\leqslant \boldsymbol{H}$ 是不等式约束，一般包含需求约束、变量的逻辑约束等。

由于加工量、产品方案、气候、季节等因素变化引起的蒸汽和电力需求变化，蒸汽动力系统运行工况也不断地变化，因而蒸汽动力系统运行计划和调度一般体现为多周期或多工况问题，一般形式为：

$$\min \boldsymbol{A}^{\mathrm{T}}\boldsymbol{x}_{\mathrm{t}}+\boldsymbol{B}^{\mathrm{T}}\boldsymbol{y}_{\mathrm{t}}$$
$$\text{s. t. } \boldsymbol{Cx}_{\mathrm{t}}+\boldsymbol{Dy}_{\mathrm{t}}=\boldsymbol{G}$$
$$\boldsymbol{Ex}_{\mathrm{t}}+\boldsymbol{Fy}_{\mathrm{t}}\leqslant \boldsymbol{H} \qquad\qquad (7\text{-}5\text{-}2)$$
$$\boldsymbol{x}^{\mathrm{L}}\leqslant \boldsymbol{x}_{\mathrm{t}}\leqslant \boldsymbol{x}^{\mathrm{U}}$$
$$\boldsymbol{y}=0,\ 1$$

5.4.5　蒸汽动力系统模型

（1）设备数学模型

设备模型是系统建模的基础，系统建模首先是设备数学模型的建立。设备模型的精确度直接影响着系统研究问题的准确程度，而研究问题层次的不同，问题背景不同，可获取的数据不同，因此设备的模型也不尽相同。设备的运行性能除了与设备运行负荷有关外，还与系统外界环境有关，同时这些外界因素随时变化，随着运行时间的增加，设备的性能也会变化而偏离设计工况，因此较精确设备模型应该通过历史运行数据回归得到，并且及时更新。下面对蒸汽动力系统的主要组成设备建立精确的性能模型。

① 锅炉性能模型　蒸汽动力系统锅炉必须安全可靠、长周期地运行，并且还希望锅炉能在较优的条件下产生参数合格的蒸汽，以提高能源利用效率，减少能源的使用。但是锅炉的实际运行情况非常复杂，实际生产中锅炉往往不能在原始设计负荷的条件下运行，因此有必要了解锅炉的变工况特性，即负荷变化时锅炉效率与蒸发量的关系。设计单位和制造厂一般仅给出设计工况下额定蒸发量时的效率。同一台锅炉的实际效率往往和设计值相差较大，而实际运行状况的变化会对锅炉的效率产生较大影响，因此锅炉效率与蒸发量关系的变工况特性需要通过实测得出。

有些研究者将锅炉的效率与蒸发量的关系拟合成非线性的多项式，再代入锅炉的热平衡方程而得到锅炉的非线性模型，如 $\eta=a+bM^2+cM$，在仅对锅炉进行优化或者模型建立的相对简单，仅仅考虑几个因素的运行优化时，锅炉非线性模型可以真实地反映实际情况，求解过程也不太复杂，因而是有效的。但是，对于复杂、大型的模型，因考虑的因素很多，本身的求解过程就很复杂，所以给非线性模型给优化计算带来很大不便，因此，目前更多的研究者是将锅炉效率和蒸发量稍做处理，即使用锅炉效率的倒数对锅炉蒸发量的倒数作图，得到锅炉效率倒数与蒸发量倒数的线性关系，即：

$$\frac{1}{\eta}=a\,\frac{1}{M}+b \qquad\qquad (7\text{-}5\text{-}3)$$

　　将式（7-5-3）整理后代入锅炉的热平衡方程式（7-5-4），得到锅炉的线性模型方程式（7-5-5）：

$$M(h_s - h_w) + RM(h_{sat} - h_w) = \sum (F_i q_i) \eta \qquad (7\text{-}5\text{-}4)$$

$$(a + bM)[(h_s - h_w) + R(h_{sat} - h_w)] = \sum F_i q_i \qquad (7\text{-}5\text{-}5)$$

式中　a，b——模型系数；

　　　　M——锅炉蒸发量，t/h；

　　　　η——锅炉效率，%；

　　　h_{sat}——锅炉操作压力下饱和水焓，kJ/kg；

　　　　h_s——锅炉出口蒸汽焓，kJ/kg；

　　　　h_w——锅炉给水焓，kJ/kg；

　　　　R——锅炉排污率，%；

　　　　F_i——锅炉燃用第 i 种燃料的量；

　　　　q_i——第 i 种燃料的低位发热量。

　　此线性模型既保证了较高的精确度，又为运行优化问题的求解提供了便利。

　　② 汽轮机性能模型　石化企业中的汽轮机主要有背压式、凝汽式、抽汽凝汽式和抽汽背压式。不同型号的汽轮机其运行性能不同，而运行优化的各汽轮机的性能模型处理方式也不相同。汽轮机的功率与汽耗量之间的关系称为汽轮机的汽耗特性，表示这种关系的特性曲线称为汽轮机的工况图。

　　在复杂的石油化工企业蒸汽动力系统中，不同功率的汽轮机有多种类型，在建立汽轮机特性的数学模型时，热电联产汽轮机特性的建模最复杂。因为汽轮机是蒸汽动力系统中最主要部分之一，所以汽轮机模型的精确度会直接影响到系统的最优运行参数。较常用的建模方法有根据理论变工况特性和根据实际测量的运行数据进行多元回归两种。前者较难真实反映汽轮机的特性，主要是因为汽轮机的建模相当复杂，进汽参数和背压及各级的回热抽汽量的各项参数在变工况下都会相应发生变化，而且经过较长时间的运行后，汽轮机组的特性常常也会随着时间的推移发生较大变化，致使建立的数学模型与实际运行中的机组的特性有较大的出入，不能真实地反映汽轮机的运行情况。而后者是采用对机组实际运行的数据进行回归、剔除运行中不合理数据的方法建立起来的数学模型，它比采用理论变工况建立的模型可得到更准确的汽轮机真实特性。因为汽轮机数学模型过于复杂，其特性曲线一般为复杂的非线性曲线，为了减少过程计算的工作量和求解难度，可以对汽轮机非线性做功过程进行分段、分区线性化或分区非线性化处理，按功率和抽汽量将特性曲线分成若干段或若干区域后再进行处理，使之成为某段或某区域的线性过程。

　　由上述方法回归得到的汽轮机的运行性能模型一般形式为[13]：

$$ET = a + \sum_i bM_i \qquad (7\text{-}5\text{-}6)$$

　　式中，ET 为汽轮机发电量；a 和 b 为模型系数；M_i 为汽轮机第 i 个出口的蒸汽流量。文献［29］和［32］中给出了各种汽轮机的回归模型。下面将给出三种形式的汽轮机的回归模型实例。需提醒的是，模型并不是一成不变的，而是需要根据实际情况及时更新的，同时还要求在不同的运行参数（如进出口蒸汽压力、温度）下建立不同的模型。

　　a. 背压式汽轮机　背压式汽轮机的主要任务是在一定的排汽参数下供给用户蒸汽，并能同时产生电能。一般情况下，背压式汽轮机的排汽状态和供热量是根据用户的需要确定的，即背压式汽轮机发电机组发出的电功率由热负荷决定，它不能同时满足热、电负荷的需求，机组的发电量只取决于进汽参数。因此，虽然背压式汽轮机具有功热联产和调速好等优点，但是在没有其他电厂供电的情况下，背压式汽轮机不能单独使用，而必须与凝汽式汽轮机联合使用。

图7-5-6是单级背压式汽轮机的工况图[10]。由图中可以看到，对于单级背压式汽轮机，蒸汽进汽流量和汽轮机的功率呈现出线性关系。图中 B 点纵坐标对应的 $F_{max,tur,in}$ 表示汽轮机的最大进汽量，横坐标对应的 P_{max} 为汽轮机的最大输出功率。由此回归得到的汽轮机的运行性能模型一般形式为：

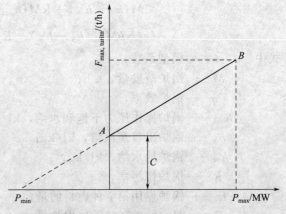

$$P = e + fF_{s,tur,in} \qquad (7\text{-}5\text{-}7)$$

式中，e 和 f 表示汽轮机模型系数；$F_{s,tur,in}$ 为汽轮机进汽量，t/h。

图 7-5-6 单级背压式汽轮机的工况图

b. 凝汽式汽轮机　初参数相同的凝汽式汽轮机和背压式汽轮机的工况图差不多，只是由于背压式汽轮机的排汽压力高，蒸汽的焓降较小，与排汽压力很低的凝汽式汽轮机相比，发出同样的功率所需蒸汽量较大，因而背压式汽轮机每单位功率所需的蒸汽量大于凝汽式汽轮机，表现在工况图上，凝汽式汽轮机的汽耗线在背压式汽轮机的下方，且斜率较后者小。图7-5-7为型号为 N15-3.43 的凝汽式汽轮机工况图[10]，该汽轮机额定进汽压力为 3.43MPa，额定进汽温度为 435℃，额定排气压力 0.0067MPa，额定进汽量为 68.6t/h。由该图可以看出，进汽量与功率的曲线宜分为成两段来线性化，经线性回归可得分段线性函数：

$$F^1_{s,tur,in} = e_1 + f_1 P_1 \qquad (1.1MW \leqslant P_1 \leqslant 9.8MW) \qquad (7\text{-}5\text{-}8)$$

$$F^2_{s,tur,in} = e_2 + f_2 P_2 \qquad (9.8MW \leqslant P_2 \leqslant 14MW) \qquad (7\text{-}5\text{-}9)$$

式中　e_1，e_2，f_1，f_2——汽轮机模型系数；

$F^1_{s,tur,in}$，$F^2_{s,tur,in}$——汽轮机进汽流量，t/h；

P_1，P_2——汽轮机功率，MW。

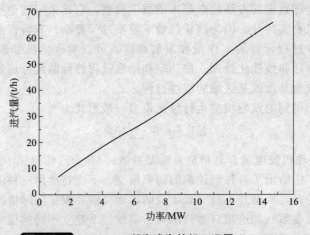

图 7-5-7 N15-3.43凝汽式汽轮机工况图

c. 抽汽凝汽式汽轮机　抽汽凝汽式汽轮机与背压式汽轮机相比具有更大的调节性，可以同时满足外部的电能和热能的需要。图7-5-8是型号为 C12-3.43/0.981 的单抽凝汽式汽轮机的工况图[10]。该汽轮机额定进汽压力为 3.43MPa，额定进汽温度 435℃，额定抽汽压力和抽汽温度分别为 0.981MPa 和 305℃，额定排汽压力为 0.049MPa，额定进汽量为 102t/h。

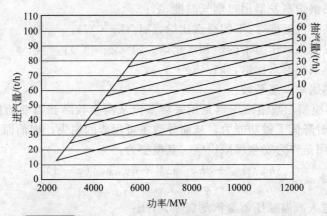

图 7-5-8　C12-3.43/0.981 单抽凝汽式汽轮机工况图

由该图可以看出，可以用线性函数来表达进汽量、抽汽量与功率的关系。可以从该工况图回归出线性函数形式如下：

$$P = e + f F_{s,tur,in} + g F_{s,tur,eli} \tag{7-5-10}$$

式中　　　　P——汽轮机功率，kW；

e、f、g——汽轮机模型系数；

$F_{s,tur,in}$——汽轮机进汽量，t/h；

$F_{s,tur,eli}$——汽轮机抽汽量，t/h。

③ 余热锅炉性能模型　余热锅炉与常规锅炉最主要的区别在于加热的热源不同，高温烟气余热、化学反应余热、可燃气余热都可以作为余热锅炉的热源。在蒸汽动力系统中余热锅炉用来回收以上这些余热，产生一定的蒸汽进入汽轮机发电或直接供给热用户。图 7-5-9 是典型的单压余热锅炉传热温度曲线[11]。该图所示的单压余热锅炉由过热器、蒸发器和省煤器三部分组成。余热锅炉的数学模型：

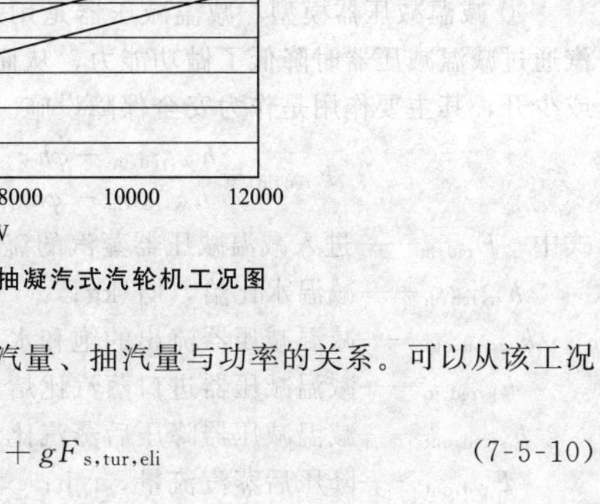

过热蒸汽的流量：

$$F_s = \frac{c_{p,g} F_g (T_1 - T_2) \varphi_{HRSG}}{h_{s,suphea} - h_{w,sat}} \tag{7-5-11}$$

图 7-5-9　单压余热锅炉传热温度曲线

余热锅炉排烟温度：

$$T_3 = T_1 - \frac{F_s (h_{s,suphea} - h_{w,in})}{c_{p,g} F_g \varphi_{HRGS}} \tag{7-5-12}$$

节点温差：

$$10 \leqslant T_2 - T_b \leqslant 20 \tag{7-5-13}$$

接近点温差：

$$5 \leqslant T_b - T_c \leqslant 20 \tag{7-5-14}$$

式中　$c_{p,g}$——烟气定压平均容积比热容，kJ/（m³·℃）；

　　　F_g——烟气流率，m³/s；

　　　T_1——余热锅炉入口烟气温度，℃；

　　　T_3——余热锅炉蒸发器出口烟气温度，℃；

　$h_{s,sup\ hea}$——过热蒸汽温度 T_a 下的蒸汽比焓，kJ/（kg·℃）；

　　$h_{w,sat}$——蒸发器入口压力下的饱和水比焓，kJ/（kg·℃）；

　　$h_{w,in}$——余热锅炉给水比焓，kJ/（kg·℃）；

　φ_{HRGS}——余热锅炉保温系数。

④ 减温减压器模型　减温减压器是用来将蒸汽从高参数降到需要的低参数的设备，蒸汽通过减温减压器时降低了做功能力，从而导致了可用能的损失，因而原则上应该尽量不开或少开，其主要作用是作为安全保障设施。其模型为：

$$F_{red,in} = \frac{h_{w,red,in} - \varphi h_{w,red,out} + h_{s,red,out}(\varphi-1)}{h_{w,red,in} - \varphi h_{w,red,out} + h_{s,red,in}(\varphi-1)} F_{red,out} \tag{7-5-15}$$

式中　$F_{red,in}$——进入减温减压器蒸汽的流量，t/h；

　　$h_{w,red,in}$——减温水比焓，kJ/kg；

　　$h_{w,red,out}$——减温减压器流出的饱和水比焓，kJ/kg；

　　$h_{s,red,in}$——减温减压器进口蒸汽比焓，kJ/kg；

　　$h_{s,red,out}$——减温减压器降压后蒸汽比焓，kJ/kg；

　　$F_{red,out}$——降压后蒸汽流量，t/h；

　　　φ——未蒸发的水量占总喷水量的比例，%。

⑤ 除氧器模型

$$D_{fw}h_{fw} = \eta_d \sum D_i h_i - D_p h_p \tag{7-5-16}$$

式中　D_{fw}——锅炉给水量，t/h；

　　h_{fw}——锅炉给水焓，kJ/kg；

　　η_d——除氧器热交换效率，%；

　　D_i——进入除氧器的各工质量，t/h；

　　h_i——各工质比焓，kJ/kg；

　　D_p——除氧器排汽量，t/h；

　　h_p——除氧器排汽比焓，kJ/kg。

（2）目标函数

目标函数为全周期内总运行费用最小。总费用一般包括操作费用、设备折旧费用和转运费用。

$$\min Z_p = Z_m + Z_o + Z_t \tag{7-5-17}$$

其中　Z_p——全周期（月或年）运行总费用，¥；

　　Z_m——全周期（月或年）设备折旧维护费用，¥；

　　Z_o——全周期（月或年）操作费用，包括锅炉燃料费用、给水费用、外购各个等级的蒸汽费用、外购电费用等，¥；

　　Z_t——全周期（月或年）转运费用，包括设备的启动、停运费用，¥。

设备折旧维护费用计算公式：

$$Z_m = \sum_t \sum_n CEF_n \cdot Z_{n,t} \tag{7-5-18}$$

式中　$n=1,2,\cdots,N$，$n \in Z^+$；

$$t=1,2,\cdots,T，t\in Z^{+}；$$

CEF_n——设备 n 的维护折旧费用，¥；

$Z_{n,t}$——周期 t 设备 n 的运行状态的 0、1 变量。

燃料费用是指锅炉和燃气轮机燃用的燃料油（原油、重油、渣油等）、燃料气（瓦斯、天然气等）、煤等费用，计算公式如下：

$$CF=\sum_{n\in n}\sum_{i\in l}\sum_{t\in T}F_{n,i,t}\cdot pri_{i}\cdot\tau \tag{7-5-19}$$

式中　$F_{n,i,t}$——周期 t 设备 n 燃料 i 的使用量，t/h；

$$n=1,2,\cdots,N，n\in Z^{+}；$$
$$i=1,2,\cdots,I，i\in Z^{+}；$$
$$t=1,2,\cdots,T，t\in Z^{+}；$$

pri_i——燃料 i 的单价，¥/t

τ——每个周期的工作时间（下同），h。

给水费用计算公式：

$$\sum_{t}\sum_{n}CWF_{n,t}c_{\text{cw}}\tau \tag{7-5-20}$$

式中　$CWF_{n,t}$——周期 t 单元设备 n 的给水或冷却水流量，t/h；

c_{cw}——水单价，¥/t。

Z_t 为设备转运费用，计算方法：

$$Z_{t}=\sum_{n\in N}\sum_{t\in T}(CSU\cdot Z_{n,t}+CSD\cdot ZS_{n,t}) \tag{7-5-21}$$

式中　CSD——设备单次停运费用，¥；

CSU——设备单次启动费用，¥；

$Z_{n,t}$——设备启动状态的 0~1 变量；

$ZS_{n,t}$——设备停运状态的 0~1 变量。

当蒸汽动力系统的产汽量不能满足工艺过程系统需求时，或者由于产汽系统的效率低，产汽成本较高时，应该从外部企业购买一定量的蒸汽。这样便存在外购蒸汽费用 CS：

$$CS=\sum_{r\in R}\sum_{t\in T}pur_{r,t}\cdot pri_{r}\cdot\tau \tag{7-5-22}$$

式中　$pur_{r,t}$——周期 t 外购 r 等级蒸汽的量，t/h；

pri_r——r 等级蒸汽的单价，¥/t；

$$r=1,2,\cdots,R，r\in Z^{+}。$$

同样还存在外购电费用 CP：

$$CP=\sum_{t\in T}pur_{\text{p},t}\cdot pri_{\text{p}}\cdot\tau \tag{7-5-23}$$

式中　$pur_{\text{p},t}$——周期 t 外购电的量，kW·h/h；

pri_{p}——电的单价，¥/(kW·h)。

（3）约束条件

① 周期 t 单元设备 n 的质量平衡方程　设备的进口物料流量应该等于所有出口的物料流量之和：

$$\sum_{\text{in}}F_{n,\text{in},t}-\sum_{\text{out}}F_{n,\text{out},t}=0 \tag{7-5-24}$$

式中　$F_{n,\text{in},t}$——周期 t 设备 n 入口的物料流量，t/h；

$F_{n,\text{out},t}$——周期 t 设备 n 出口的物料流量，t/h。

② 单元设备 n 的能量平衡方程

$$\sum_{\text{in}} F_{n,\text{in},t} h_{n,\text{in},t} - \sum_{\text{out}} F_{n,\text{out},t} h_{n,\text{out},t} - W_{n,t} - Q_{n,t} = 0 \qquad (7\text{-}5\text{-}25)$$

式中 $F_{n,\text{in},t}$ ——周期 t 输入到单元设备 n 的物流单位流量，t/h；

     $F_{n,\text{out},t}$ ——周期 t 从单元设备 n 输出的物流单位流量，t/h；

     $h_{n,\text{in},t}$ ——周期 t 进入单元设备 n 的物料比焓，kJ/kg；

     $h_{n,\text{out},t}$ ——周期 t 流出单元设备 n 的物料比焓，kJ/kg；

     $W_{n,t}$ ——周期 t 单元设备 n 单位时间内对外输出功，kW；

     $Q_{n,t}$ ——周期 t 单元设备 n 单位时间内对外放出的热量，kJ/s。

③ 锅炉运行负荷约束

为了保证锅炉安全稳定地运行，需要限制锅炉的运行负荷范围：

$$Y_{n,\text{boi},t} M_{n,\text{boi}}^{\text{L}} \leqslant M_{n,\text{boi},t} \leqslant Y_{n,\text{boi},t} M_{n,\text{boi}}^{\text{U}} \qquad (7\text{-}5\text{-}26)$$

式中 $M_{n,\text{boi},t}$ ——周期 t 锅炉 n 的蒸发量，t/h；

     $M_{n,\text{boi}}^{\text{L}}$ ——锅炉 n 的蒸发量下限，t/h；

     $M_{n,\text{boi}}^{\text{U}}$ ——锅炉 n 的蒸发量上限，t/h；

     $Y_{n,\text{boi},t}$ ——周期 t 锅炉 n 运行状态的 0～1 变量。

④ 汽轮机运行负荷约束   汽轮机的进汽流量、抽汽流量和凝汽流量均应处于其安全运行范围之内：

$$Y_{n,\text{tur},t} F_{n,\text{tur,in}}^{\text{L}} \leqslant F_{n,\text{tur,in},t} \leqslant Y_{n,\text{tur},t} F_{n,\text{tur,in}}^{\text{U}} \qquad (7\text{-}5\text{-}27)$$

$$Y_{n,\text{tur},t} F_{n,\text{tur,out}}^{\text{L}} \leqslant F_{n,\text{tur,out},t} \leqslant Y_{n,\text{tur},t} F_{n,\text{tur,out}}^{\text{U}} \qquad (7\text{-}5\text{-}28)$$

式中：$F_{n,\text{tur,in},t}$ ——周期 t 汽轮机 n 入口的蒸汽流量，t/h；

     $F_{n,\text{tur,out},t}$ ——周期 t 汽轮机 n 出口的蒸汽流量，t/h；

     $F_{n,\text{tur,in}}^{\text{L}}$ ——汽轮机 n 的入口蒸汽量的下限，t/h；

     $F_{n,\text{tur,in}}^{\text{U}}$ ——汽轮机 n 的入口蒸汽量的上限，t/h；

     $F_{n,\text{tur,out}}^{\text{L}}$ ——汽轮机 n 的出口蒸汽量下限，t/h；

     $F_{n,\text{tur,out}}^{\text{U}}$ ——汽轮机 n 的出口蒸汽量上限，t/h；

     $Y_{n,\text{tur},t}$ ——周期 t 汽轮机 n 运行状态的 0～1 变量。

⑤ 蒸汽需求平衡约束   对于最高等级的蒸汽，锅炉产汽量与外购蒸汽量之和减去输出该等级蒸汽量，应该大于或者等于该等级的需求量：

$$pur_{r,t} + \sum_{n \in N} M_{n,\text{boi},t} - \sum_{n \in N} F_{n,\text{tur,in},t} - \sum_{n \in N} F_{n,\text{red,in},t} \geqslant D_{r,t} \qquad (7\text{-}5\text{-}29)$$

式中 $pur_{r,t}$ ——周期 t 外购 r 等级蒸汽的量，t/h；

     $M_{n,\text{boi},t}$ ——周期 t 锅炉 n 的蒸发量，t/h；

     $D_{r,t}$ ——周期 t 蒸汽等级 r 的需求量，t/h；

     $F_{n,\text{tur,in},t}$ ——周期 t 汽轮机 n 入口的蒸汽流量，t/h；

     $F_{n,\text{red,in},t}$ ——周期 t 进入减温减压器 n 的蒸汽量，t/h。

对于其他等级的蒸汽，系统输入该等级的蒸汽量（包括外购的蒸汽量）减去输出该等级的蒸汽量应该大于或者等于该等级的需求量：

$$pur_{r,t} + \sum_{n \in N} M_{n,\text{boi},t} + \sum_{n \in N} (F_{n,\text{tur,out},t} - F_{n,\text{tur,in},t})$$
$$+ \sum_{n \in N} (F_{n,\text{red,out},t} - F_{n,\text{red,in},t}) \geqslant D_{r,t} \qquad (7\text{-}5\text{-}30)$$

式中 $pur_{r,t}$ ——周期 t 外购 r 等级蒸汽的量，t/h；

$M_{n,\text{boi},t}$——周期 t 锅炉 n 的蒸发量，t/h；

$F_{n,\text{tur,in},t}$——周期 t 汽轮机 n 入口的蒸汽流量，t/h；

$F_{n,\text{tur,out},t}$——周期 t 汽轮机 n 出口的蒸汽流量，t/h；

$F_{n,\text{red,in},t}$——周期 t 进入减温减压器 n 的蒸汽量，t/h；

$F_{n,\text{red,out},t}$——周期 t 流出减温减压器 n 的蒸汽量，t/h；

$D_{r,t}$——周期 t 蒸汽等级 r 的需求量，t/h。

⑥ 电需求平衡约束　汽轮机产生的电量和外购电量之和应大于或者等于工艺系统电力需求量：

$$pur_{\text{p},t} + \sum_{n \in N} P_{n,\text{tur},t} \geqslant D_{\text{p},t} \tag{7-5-31}$$

式中　$pur_{\text{p},t}$——周期 t 外购的电量，kW·h/h；

$P_{n,\text{tur},t}$——周期 t 汽轮机 n 的产生的电量，kW·h/h；

$D_{\text{p},t}$——周期 t 电力的需求量，kW·h/h。

⑦ 设备启停逻辑约束[10]　设备在相邻两个周期出现启动、停止现象时，产生转运费。一般情况下启停变量采用二元变量来表示，但是这样表示会造成模型中二元离散变量过多，导致求解困难，因此用正的连续变量 $Z_{n,t}$、$ZS_{n,t}$ 来代替二元变量，通过逻辑约束方程式（7-5-27）和式（7-5-28）来保证 $Z_{n,t}$、$ZS_{n,t}$ 只能取 0、1 值，可以大大降低问题的求解难度。

对于设备 n，如果它在周期 $t-1$ 不运行，在周期 t 运行，那么 $Z_{n,t}=1$。在这里 $Z_{n,0}=0$。

$$Z_{n,t} \geqslant Y_{n,t} - Y_{n,t-1} \qquad n \in N, t \in T \tag{7-5-32}$$

式中，$Y_{n,t}$ 为周期 t 设备 n 运行状态的 0~1 变量。

对于设备 n，如果它在周期 t 运行，在周期 $t+1$ 不运行，那么 $ZS_{n,t}=1$。在这里 $ZS_{n,t+1}=0$。

$$ZS_{n,t} \geqslant Y_{n,t} - Y_{n,t+1} \qquad n \in N, t \in T \tag{7-5-33}$$

⑧ 供应约束　一台锅炉可以使用一种或者多种燃料，而有些燃料有其供应的限制，如炼油企业工艺过剩的炼厂气不是无限制地使用，而是其供应量等于工艺的过剩量，因此在优化模型中应该包含该燃料量的约束。同样，外界供给蒸汽动力系统的电力、蒸汽也在一定的范围内，即：

$$\sum_{n \in N} F_{n,i,t} \leqslant F_{t,i,max} \tag{7-5-34}$$

$$P_t \leqslant P_{t,\max} \tag{7-5-35}$$

$$F_{t,\text{s},k} \leqslant F_{t,\text{s},k,\max} \tag{7-5-36}$$

式中　$F_{t,i,\max}$——周期 t 燃料 i 的最大供应量，t/h；

$P_{t,\max}$——周期 t 电力的最大供应量；kW·h/h；

$F_{t,\text{s},k,\max}$——周期 t 第 k 级蒸汽的最大供应量，t/h。

5.4.6　应用案例

图 7-5-10 为中国东北某炼油企业超结构流程图，图中 B1～B6 为燃油燃气双燃料锅炉，燃料油的价格为 1200 元/吨，工艺过程过剩的瓦斯的价格为 560 元/吨（企业内部价格），瓦斯的量由工艺过程决定。锅炉产汽参数均为 3.43MPa 和 435℃，最大产汽量分别为 65t/h、35t/h、35t/h、135t/h、135t/h、135t/h，折旧维护费用分别为 150 元/h、120 元/h、120 元/h、200 元/h、200 元/h、200 元/h，一次启停费用分别为 8000 元、5000 元、5000 元、12000 元、12000 元、12000 元，排污率均为 10%。BT1、BT2 均为 B6-3.43/0.981 型发电

汽轮机，CT1 为 C6-0.981/0.2/0.007 型抽凝发电汽轮机。汽轮机折旧维护费用分别为
80 元/h、80 元/h、100 元/h，一次启停费用分别为 5000 元、5000 元、8000 元。新鲜水单价
为 3.45 元/t，该企业电力主要靠外购，单价为 0.445 元/（kW·h），发电汽轮机产生的电
力可以抵消一部分外购电费用，因此在目标函数中应该减去这部分费用。V1、V2 为减温减
压器，最大容量均为 60t/h，φ 均为 0.4。D1 为除氧器，热交换效率为 95%。MP 表示中压
蒸汽，LP 表示低压蒸汽。

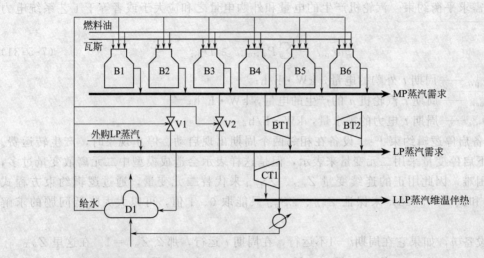

图 7-5-10   某炼油企业超结构流程图

各台锅炉的效率模型为

$$\eta_{65} = \frac{D_{65}}{26.305 + 0.7584D_{65}} \tag{7-5-37}$$

$$\eta_{35} = \frac{D_{35}}{16.916 + 0.6647D_{35}} \tag{7-5-38}$$

$$\eta_{135} = \frac{D_{135}}{22.215 + 0.9038D_{135}} \tag{7-5-39}$$

式中，D 为锅炉蒸发量，t/h。

各汽轮机模型为

$$P_{BT1} = 86.2G_{in} - 1459 \tag{7-5-40}$$

$$P_{BT2} = 88.6G_{in} - 1650 \tag{7-5-41}$$

$$P_{CT1} = 73.37G_{in} + 93.3G_{cond} - 116.74 \tag{7-5-42}$$

式中，G_{in} 为汽轮机进汽量，t/h；G_{cond} 为汽轮机抽汽量，t/h。

考虑 1200h、12 个周期，每个周期 100h 的运行优化问题，各周期蒸汽需求以及工
艺过程瓦斯剩余量如表 7-5-2 所示。由前面建立的数学模型式（7-5-5）、式（7-5-11）～式
（7-5-42）利用建模工具 GAMS 建立混合整数线性规划（MILP）模型并求解，得到优化
运行结果如表 7-5-3 所示，全周期总的费用为 20730434.8 元，同不考虑锅炉和汽轮机
效率变化以及设备启停费用单独考虑的 MILP 模型相比，全周期总费用减少了约 3%。
从优化的结构还可以看出，锅炉、汽轮机等设备均工作在最优负荷附近，只有少量蒸
汽经过减温减压器，避免了以往经常出现的低压蒸汽放空的现象，节省了大量的运行
成本。

表 7-5-2　各周期蒸汽需求量和工艺过程瓦斯剩余量

周期	1	2	3	4	5	6	7	8	9	10	11	12
MP/(t/h)	235	197.2	218.2	223.2	148	265	238	165	172.5	257.7	268.4	236
LP/(t/h)	150	81.8	171.5	112	129	125	182	95.5	78	75	156.5	162
瓦斯/(t/h)	10	7	8	3	2	13	14	15	15	6	0	15

表 7-5-3　蒸汽动力系统优化运行结果

周期	B_1蒸发量 /(t/h)	B_1燃料/(t/h) 瓦斯	油	B_2蒸发量 /(t/h)	B_2燃料/(t/h) 瓦斯	油	B_3蒸发量 /(t/h)	B_3燃料/(t/h) 瓦斯	油
1	0	0	0	0	0	0	0	0	0
2	0	0	0	35	0	2.29	0	0	0
3	0	0	0	0	0	0	0	0	0
4	0	0	0	0	0	0	0	0	0
5	0	0	0	35	0	2.29	0	0	0
6	0	0	0	35	0	2.29	0	0	0
7	0	0	0	35	0	2.29	0	0	0
8	0	0	0	35	0	2.29	0	0	0
9	0	0	0	0	0	0	0	0	0
10	0	0	0	0	0	0	0	0	0
11	0	0	0	35	0	2.29	0	0	0
12	0	0	0	0	0	0	0	0	0

周期	B_4蒸发量 /(t/h)	B_4燃料/(t/h) 瓦斯	油	B_5蒸发量 /(t/h)	B_5燃料/(t/h) 瓦斯	油	B_6蒸发量 /(t/h)	B_6燃料/(t/h) 瓦斯	油
1	135	0	8.31	135	1.84	6.43	135	8.16	0
2	0	0	0	135	0	8.81	135	7	1.18
3	135	0	8.31	0	0	8.81	135	8	0.16
4	115	0	7.28	135	0	8.81	135	3	5.75
5	0	0	0	135	0	8.81	135	2	6.27
6	130	0	8.05	135	4.84	3.38	135	8.16	0
7	135	0	8.31	135	5.84	2.36	135	8.16	0
8	0	0	0	135	6.84	1.34	135	8.16	0
9	0	0	0	135	6.84	1.34	135	8.16	0
10	135	0	8.31	135	0	8.81	135	6	1.04
11	135	0	8.31	135	0	8.81	135	0	8.31
12	128	0	7.94	125	6.84	1.34	135	8.16	0

周期	BT$_1$进汽/(t/h)	BT$_2$进汽/(t/h)	CT$_1$进汽/(t/h)	BT$_1$功率/kW	BT$_2$功率/kW	CT$_1$功率/kW	V$_1$进汽/(t/h)	V$_2$进汽/(t/h)	除氧器给水/(t/h)	外购LP蒸汽/(t/h)
1	85	85	30	5868	5905	3167	0	0	446	0
2	40	67.7	26	1989	4381	4167	0	0	336	0
3	87	85	15.3	5868	5905	2383	16.8	0	456	0
4	77	85	50	5178	5905	6114	0	0	424	0
5	72	85	28	4747	5905	4500	0	0	336	0
6	85	85	45	5868	5905	5747	0	0	479	0
7	85	85	20	5868	5905	3167	32	0	498	0
8	55	85	44.5	3282	5905	5711	0	0	336	0
9	0	85	19.5	0	5905	3083	12.5	0	305	0
10	40	85	50	1989	5905	6114	0	0	421	0
11	85	85	15.1	5868	5905	2350	1.6	0	484	0
12	77	85	0	5178	5905	0	0	0	438	0

5.4.7　节能减排和节支效果分析

　　针对目前国内现有蒸汽动力系统并能很好地实现功热联产的企业很大一部分是石化企业，因此这部分内容主要是对石化行业的蒸汽动力系统运营优化后的节能减排和节支效果的分析。

(1) 节能量和减排量分析

　　蒸汽动力系统运营优化大约占我国炼油厂节能潜力的 1/3 以上。据有关专家分析，炼油厂蒸汽动力系统与工艺过程联合优化，其节能潜力可达到现有能耗的 10% 以上，如果增加能量集成优化技术在全厂范围内应用，总的节能潜力大部分炼油厂可节能 20% 左右。一般的石化企业蒸汽动力系统的运营优化结果，可以降低 2%～7% 的总运营费用，不同的蒸汽动力系统结构及优化改造规模的大小，经济效益差别较大，少则几十万元，多则几百万元甚至千万元。对于一个产汽 200～500t/h 的炼油厂自备热电厂，一般都有 2～5 台自备锅炉，采用蒸汽动力系统运营优化技术每年可节省费用至少 500 万元，锅炉数量、燃料种类越多，产汽量越大，节省费用越多。对于单台锅炉的热电厂，其产汽必须满足工艺需求，对热电厂内部调优的手段有限，因此其效益也有限。

　　蒸汽动力系统运营优化就是希望尽量多产高参数蒸汽，以多发电，蒸汽再逐级梯级利用，使能源利用率最高。如某 100t/h、10MPa 高压蒸汽经背压透平做功后降到 1MPa，其中 20% 经背压再做功降到 0.3MPa，在中等机组效率下约可以产功 12MW。这些功相当于近乎 100% 效率下由一次能源产生，以油价 500 元/吨计，其产功的燃料费还不到 0.05 元/kW·h。通过这种热电联产实现热动自给，一个平均动力负荷为 20MW 的石化企业，能节约标油约 34kt/a，以电价 0.3 元/（kW·h）计，约有 3000 万元/年的经济效益。

　　众所周知，石化企业近期使用的燃料主要是燃料油及瓦斯。考虑环境成本的蒸汽动力系统运营优化结果表明，等量的燃料油和瓦斯燃烧产生的环境成本，瓦斯约是燃料油的 3 倍。因此调整燃料种类和数量，或者发展相关燃烧控制技术和烟气处理技术，将可以大为减少环境污染。

蒸汽动力系统运行过程产生的主要污染来源于锅炉燃料的燃烧产生的有害气体，而系统的运营优化结果的最优方案，一般都能使锅炉燃料的使用量较其他方案少很多，因此仅对蒸汽动力系统运营优化，也可以减少污染排放，当然如果在考虑环境成本的基础上优化蒸汽动力系统的运营，会进一步降低污染的排放，而总运营成本会相应增加，但从目前的研究来看，总的运营成本还是比未优化前的低，因此考虑环境成本的运营优化从全局来讲应该是利大于弊，对可持续发展意义重大。目前蒸汽动力系统运营优化的结果一般能节省费用折算标煤量约为 5500t，减少 CO_2 排放量约 13000t。

（2）投入产出比分析

该技术的投入包括两个方面，一方面是前期投入，一方面是监控软件和优化软件的投入。前期投入主要是标定各设备的性能数据时的投入，包括标定锅炉、汽机效率、多工况下的运行数据，燃料分析数据等，而这些数据很大一部分可以从蒸汽动力系统以往的运行记录数据中得到。监控软件主要是收集各设备的实际运行数据，便于进行实时的操作调优。优化软件主要是用于建立模型和求解模型，对于小型的模型，也可以自己编写相应的程序来运行；对于大型的、复杂的模型，可以委托相关技术公司负责优化，避免购买昂贵的商业优化软件。综上所述，一般情况下总投资约 100 万元。当然对于改造很大的，投资肯定不止这个数，而不需改造或者改造很小的，投资也远小于 100 万元。如下面的例子。

某厂催化裂化装置自产 3.5MPa 蒸汽 75t/h，过热后的温度为 338℃，不能满足蒸汽轮机操作要求，只得从管网补入 35t/h，420℃的中压蒸汽与 30t/h 自产汽（合计 65t/h）混合，致使 45t/h 自产汽减温减压，造成蒸汽做功能力极大损失。通过优化模拟计算，如果在自产汽进过热器前分出 20t/h 直接减温减压，余下的 55t/h 就可升温到 379℃，只需从系统补入 10t/h 汽就可将蒸汽轮机蒸汽提到 387℃，满足工艺要求。效果是减温减压蒸汽量减少 25t/h，系统补汽量减少 25t/h，蒸汽轮机抽汽升温 17℃，不但利于做功，还利于排汽（1.0MPa）在管网的输送，年综合效益达 400 万元，而投资仅仅是一段几十米长的蒸汽管线和管件。

（3）投资回收期

以前甚至包括现在，很多炼油厂利用装置的余热产生大量的蒸汽，例如某装置的工艺物流的温度从 280℃降到 250℃。限于厂内蒸汽管网的配置，这样的物流只能产生 1.1MPa 级的饱和蒸汽，并入蒸汽管网，相当于一台低压锅炉的作用，从表面看来这似乎很合理。但是如果某邻近再沸器需要 220～250℃的热源，那么适当调整操作参数后，上述工艺预热就可以作为再沸器的热源，节省下来的原来用于再沸炉的燃料虽然不会低于用于低压锅炉的，但是如果通过热电联产系统先发电再产高压蒸汽，并逐级背压做功后再得到低压蒸汽，等量的气体燃料在低压锅炉发生 1.0MPa 蒸汽时火用只有 30%左右，而用在热电联产系统中火用效率就可以达 60%以上。这种优化方案，一般只需多增设若干根管线及调整操作参数即可满足要求，投资费用很少，回收期也很短，因此效益很大。

另外，蒸汽动力系统的运营优化，有时候并不需要任何的改造，只需对产汽量、发电量及电汽的购买量等的调整改变，即可达到最优目标。例如某石化企业蒸汽动力系统优化结果是只调整锅炉、汽轮机的负荷及电量的购买量，就可以使操作费比实际操作费大约减少 5%。而投资费用主要是收集以往蒸汽动力系统的运行数据、模型建立和求解过程产生的费用，相对效益而言是很小的，因此回收期很短，见效快。再如某大型石化企业对其蒸汽动力系统的产汽环节和蒸汽传输环节集成优化，结果只需调整冬夏两季锅炉负荷、汽轮机负荷、管线蒸汽流量等操作参数，就可以全年节约近 14000 万元的运营费用。

从上述可以看出，蒸汽动力系统的优化运营其实是一种管理上的优化，是将由人为凭经验来操作调优的模式升级为一组复杂的数学模型，由电脑实时分析后再调优的模式，避免人为地以经验和表观现象判断用能的合理与否。这种模式数据反应及时，效益大，投资回收期基本在1年内。当然对于结构很不合理或者设备过于落后等情况，蒸汽动力系统运营优化的结果可能会要求做较大的改造，这时投资费用相对较高，但投资期一般2～3年也可以回收。

蒸汽动力系统运营优化是一项多层次、多因数、多目标、多备选方案、需求多变等的复杂系统工程，虽然国内外对这方面的研究已取得了较大的进展，然而随着能源、环境形势的日益严峻，对蒸汽动力系统的运营优化要求也越来越高，因此对理论和实际应用的要求也越来越严格。在保证系统安全、稳定运行的基础上，希望效益最大化、节能最大化、操作软性最大化、污染最小化等目标，但是这些目标有的是相互制约的，必须根据一定策略、方法等对这些因素综合考虑，才能得到最优的系统运营方案。

运用数学规划法，可以对工艺需求基本固定的蒸汽动力系统做到比较完美的运营优化，而对于工艺需求变化的蒸汽动力系统，则可以将确定性变化需求转化成多周期运行优化问题；将不确定性变化需求转化成虚拟的多工况操作优化问题；对连续不确定性和离散不确定性变化需求，则分别处理。然后分别以经济性最优为目标，建立蒸汽动力系统运营优化混合整数线性规划模型（MILP）或者混合整数非线性规划模型（MINLP），最后根据数学模型的类型选择合适的优化算法，如模拟退火算法、遗传算法、两层分解法、Benders分解法等来求解，或者使用Aspen Utilities、OptiSteam、SPSOpti等相关模拟软件来求解。

设备是蒸汽动力系统的基本结构单元，设备的效率、负荷安排以及设备之间的联系等直接影响着系统运行的优劣，因此，深入分析研究各类设备的性能特性、历史运行数据等，建立合理的设备数学模型对蒸汽动力系统的运营优化至关重要。运用数学规划法可以建立各类设备较完整的数学模型，只是由于模型可能相对复杂，求解有些困难。对于蒸汽动力系统的优化目标，如果目标单一，问题当然会相对简单，但是不符合当今能源可持续发展的战略，所以建立多目标的优化运营模型显得很重要。而用数学规划法建立多目标的蒸汽动力系统运营优化并不难，难的是多目标函数的变量数很多，它们之间可能还交错影响，使得模型求解过程中，可选方案过多，计算收敛慢或者无法收敛。

5.5 瓦斯平衡与优化调度

5.5.1 瓦斯平衡与优化调度背景

瓦斯，俗称炼厂气、燃料气、不凝气、干气等，是石化企业最重要的二次能源之一，来自于石化企业的各类一次和二次加工装置，同时也是各加工装置加热炉和锅炉的最主要燃料来源。由产瓦斯装置、输送瓦斯单元（包括低压瓦斯管网、高压瓦斯管网、瓦斯压缩机）、气柜和火炬系统、耗瓦斯装置等组成的系统，称之为瓦斯系统。

瓦斯系统是石化企业能源浪费和环境污染较为严重的环节。目前，国内大部分石化企业的瓦斯系统普遍存在如下几个问题。

① 瓦斯产耗检测手段不够完善，也没有统一的公用工程（包括瓦斯系统）实时监控平台，无法从源头上控制乱排乱放现象的发生。

② 调度人员凭经验对瓦斯系统进行调度，无法准确预估全厂瓦斯产需平衡的变化规律和趋势，当瓦斯产大于耗、气柜超限时，需要通过燃放火炬来平衡。当瓦斯产小于耗、高压瓦斯管网压力不足时，需要补充重整碳五、液化气等轻烃资源，不可避免地造成了环境污染和大量资源的浪费；

③ 调度人员凭经验对瓦斯系统进行调度，经常需要通过生产装置改变操作工况来稳定瓦斯系统，造成操作成本增加和安全隐患。

　　针对国内石化企业瓦斯系统的具体特点，研究瓦斯产需预测、瓦斯管网模拟、瓦斯系统优化调度等关键技术，建设瓦斯系统实时监控和优化调度平台，将基于经验的调度提升到基于模型的"事前调度"和"定量调度"，可以明显提高瓦斯系统的操作安全性和经济性，减少瓦斯放火炬时间，减少瓦斯系统补烃量，为企业带来明显的经济效益和社会效益[67～70]。

5.5.2　瓦斯平衡与优化调度技术方案

　　为从根本上解决对瓦斯系统产需变化无法准确把握、完全凭经验进行调度的现状，必须对瓦斯产需情况进行准确预测。瓦斯产需预测的主要内容是，对炼化企业各生产装置未来一段时间内的瓦斯产需变化进行建模与预测，提供未来各装置瓦斯产需的准确预测信息，从而实现基于模型的调度。

　　在瓦斯系统产需预测模型中，借鉴了软测量的思想，即用与瓦斯生成量或需求量紧密相关的辅助变量来预测瓦斯生成量或需求量。所不同的是，在瓦斯系统产需预测模型中，是用当前时刻和过去一段时间的辅助变量数据来预测各生产装置在未来一段时间内的瓦斯生成量或需求量。同时，在瓦斯系统产需预测模型中，也借鉴了时间序列建模的思想，即用当前时刻和过去一段时间内的瓦斯生成量或消耗量数据，来预测未来一段时间内的瓦斯生成量或需求量。因此，在综合软测量和时间序列建模思想的基础上，提出了独特的瓦斯产耗预测模型。该模型既考虑了瓦斯产耗量本身的变化规律，也考虑了与瓦斯产耗相关的其他辅助变量的变化规律，既考虑了过去和当前数据，又考虑了未来信息，从而能够更加准确地预测石化企业各主要装置在未来时段内的瓦斯产耗变化趋势（图 7-5-11），为实现瓦斯系统的"事前调度"和"定量调度"提供了重要预测数据支撑。

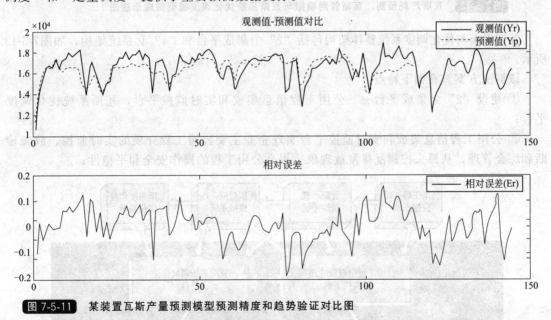

图 7-5-11　某装置瓦斯产量预测模型预测精度和趋势验证对比图

　　在实现瓦斯产耗预测的基础上，可以建立瓦斯系统优化调度模型，其核心思想是以未来一段时间内的瓦斯系统总的操作成本最小为目标，通过优化压缩机操作负荷、优化液化气、轻烃等贵重资源的气化策略、优化燃料油的补充策略，减少瓦斯放火炬时间，减少补烃量，实现节能减排目标。

　　瓦斯系统优化调度模型由目标函数、约束条件和操作变量构成。瓦斯系统优化调度模型的约束条件包括物料平衡约束、能量平衡约束、能量需求约束、操作约束和装置约束等。瓦斯产量、需求量是瓦斯系统产需预测模型的输出结果。因此，所建立的瓦斯系统优化调度模型是基于预测数据的。由目标函数式和约束条件式构成瓦斯系统优化调度模型，该模型由于存在 0～1 变量，需要采用混合整数线性规划方法进行求解。

采用基于瓦斯产耗预测数据的瓦斯系统优化调度方法，将瓦斯产耗预测、瓦斯管网模拟和瓦斯系统优化调度集成在一起，开发了瓦斯系统多周期优化调度模型（图 7-5-12），并且提出了一种基于仿真的迭代求解策略来处理环状瓦斯管线约束带来的非线性问题，从而在保证调度决策可靠性的基础上，避免了对混合整数非线性规划问题的求解，降低了建模难度，降低了模型求解规模和难度，提高了求解速度，为瓦斯系统优化调度的实际应用创造了条件。

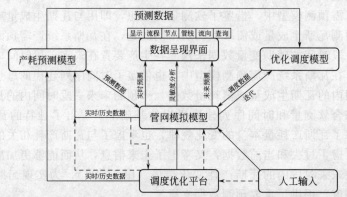

图 7-5-12 瓦斯产耗预测、瓦斯管网模拟与瓦斯系统优化调度模型集成示意图

瓦斯平衡与优化调度系统整体架构包括"2"个集成平台和"4"套系统架构，如图 7-5-13 所示。

该解决方案具有如下特点：

① 建设"2"个集成平台——公用工程信息集成和实时监控平台，瓦斯系统优化调度平台；

② 公用工程信息集成和实时监控平台实现企业主要公用工程介质的实时监控、故障诊断和综合管理，从源头控制乱排乱放现象，提高公用工程的操作安全和平稳性；

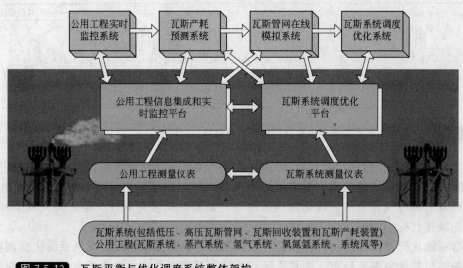

图 7-5-13 瓦斯平衡与优化调度系统整体架构

③ 瓦斯系统优化调度平台，基于瓦斯产耗预测和瓦斯管网模拟模型，以调度周期内燃料消耗成本最低和操作最平稳为目标，建立优化调度模型，给出未来调度周期内的优化调度建议，实现基于模型的"定量调度"和"事前调度"，通过减少瓦斯排放，优化燃料配置，节约轻烃资源，取得节能减排效果。

④ 该解决方案具有在炼油、石化、化工、钢铁企业广泛的适用性、开放性和可移植性，可以为企业带来明显的经济效益和社会效益。

5.5.3　镇海炼化应用案例

① 炼油区域　镇海炼化炼油区域瓦斯系统分为低压瓦斯系统和高压瓦斯系统，主要由瓦斯生产装置、瓦斯消耗装置、输送瓦斯单元（包括低压瓦斯管网、高压瓦斯管网、瓦斯压缩机）、气柜和火炬系统组成。镇海炼化瓦斯系统示意图见图 7-5-14。低瓦生产装置生产的低压瓦斯直接排入低瓦管网，通过 B451 和 B452 两台罗茨机回收，部分低瓦被输送至轻烃回收装置回收 C3、C4 等组分，其余低瓦都输送至气柜。

气柜高度过高时，需要通过火炬燃放来保证系统安全，但这却造成了资源浪费和环境污染；气柜高度过低时，高瓦管网就失去了一个重要的高瓦源，可能会导致炼油厂燃料缺口过大的现象，影响企业的正常生产作业，而且会对压缩机造成损坏。

利用两台气柜压缩机和两台焦化压缩机，气柜中的低瓦可以被输送至产品精制和焦化的脱硫装置进行脱硫，经脱硫处理后并入高瓦管网，与其他高瓦生产装置生产的高瓦一起作为高瓦消耗装置的燃料。当高瓦产量不能满足生产需求时，需要通过外购天然气、补烃、补 C5 或燃料油等手段来弥补缺口，保证生产平稳运行。当高瓦管网压力过高时，则需要通过高瓦窜低瓦的方法降低高瓦管网的压力，保证系统安全运行。

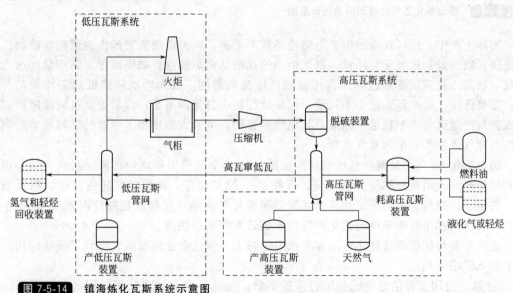

图 7-5-14　镇海炼化瓦斯系统示意图

② 乙烯区域

镇海炼化乙烯区域瓦斯系统也分为低压瓦斯系统和高压瓦斯系统，主要由瓦斯生产装置、瓦斯消耗装置、输送瓦斯单元（包括低压瓦斯管网、高压瓦斯管网、瓦斯压缩机）、火炬系统组成。图 7-5-15 所示的是镇海炼化乙烯区域瓦斯系统示意图，乙烯区域低瓦生产装置生产的低压瓦斯直接排入低瓦管网，低压瓦斯管网按压力等级又区分为 $DN1800$ 和 $DN500$ 两个独立的管网。$DN500$ 的管网通过设置在乙烯裂解装置内的火炬气回收压缩机

GB-951A/B 回收低压瓦斯后送炼油区域高压瓦斯管网，$DN1800$ 的管网目前正在增加回收压缩机，回收后多余的低压瓦斯进入两台地面火炬燃烧，如遇装置事故状态下异常排放量较大时，压缩机联锁停运，低压瓦斯突破水封进入高架火炬燃烧，确保装置安全。高压瓦斯主要来自乙烯裂解产生的高压甲烷，不足部分由天然气补充或乙烯装置内液化气气化补充。当高瓦管网压力过高时，则需要通过高瓦窜低瓦的方法降低高瓦管网的压力，保证系统安全运行。

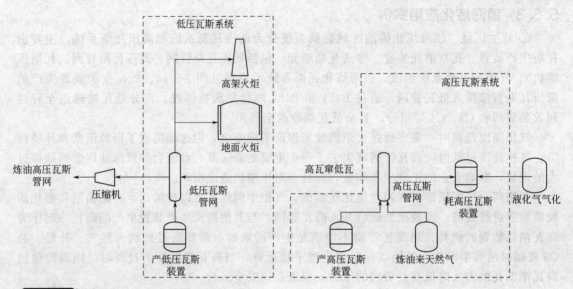

图 7-5-15 镇海炼化乙烯区域瓦斯系统示意图

实际生产中，炼厂瓦斯的生产与消耗经常不平衡，压力也随装置操作的调整而波动。如果低压瓦斯产量远远大于其耗量，则气柜中的瓦斯从火炬放散；如果高压瓦斯产量远远大于耗量，则高压瓦斯就要通过降压阀排放到低压瓦斯管网，大大增加压缩机的工作负荷。反之，如果低压瓦斯产量远远小于耗量，则导致气柜中的瓦斯不足，容易造成机械故障；如果高压瓦斯产量远远小于耗量，则需要其他燃料替代，也极大地增加了企业的燃料成本。因此保持瓦斯气体的产耗平衡非常重要。

镇海炼化 30 多套装置产低压和高压瓦斯，40 多个加热炉和锅炉都消耗瓦斯，部分加热炉和锅炉还同时消耗天然气、液化气、重整 C_5、燃料油等，产与耗之间还存在低压瓦斯管网、气柜、压缩机、火炬系统和高压瓦斯管网等复杂网络，仅高压瓦斯管网就有 10 多个环网，所有这些都给瓦斯平衡与优化调度技术的开发带来了挑战。

瓦斯平衡与优化调度整体解决方案在中国特大型炼化企业镇海炼化得到了成功应用，取得了如下应用效果：

① 基于公用工程信息集成和实时监控平台，实现了企业整个公用工程（包括瓦斯、蒸汽、氢气、氮气等子系统）的实时监控和综合管理，成为调度人员的日常必备工具，有效避免了乱排乱放现象的发生；

② 基于瓦斯产耗预测系统，可以准确预测未来一段时间内（如 24h 内）瓦斯产耗平衡的变化量和变化趋势，主要装置瓦斯预测模型的平均预测误差绝大多数在 3%～10% 之间，提高了调度的预判性，为调度人员实现"事前调度"提供了有力支撑；

③ 基于瓦斯管网在线模拟系统，准确获得了低压和高压瓦斯管网内部每个节点和每个管段的详细信息（包括温度、压力、流量、组成、热值、压降和流向等），主要节点热值预

测误差为 4%～7%，为调度人员实现精确调度和"定量调度"提供了有力支撑，提高了瓦斯系统的安全性和操作平稳性；

④ 基于瓦斯产耗预测和瓦斯管网在线模拟模型，建立了优化调度模型和专家系统，优化调度模型给出的调度方案与现场的匹配度大于 90%，实现了有效的瓦斯系统优化调度，降低了瓦斯系统补烃量，减少了瓦斯排放，瓦斯基本不放火炬，取得显著的节能减排效果。

通过对比瓦斯平衡与优化调度系统在镇海炼化投运前后一年的统计数据，其经济效益核算如下：低压瓦斯排放时间从投运前的 207h 减少到投运后的 15h，同比减少 192h（即减少 92.8%），累计减少低压瓦斯排放 230t；瓦斯系统补烃量从投运前的 14045t 减少到 7996t，同比减少 6049t（即减少 43.1%）。

5.6　基于夹点技术的换热网络优化设计

石油和化学行业是耗能大户，炼油、石油化工、合成氨、烧碱、电石等产品能耗均很高，其节能降耗的任务也很艰巨，同时潜力也很大，因此能量交换网络主要是换热网络的研究。换热网络是化工、炼油等过程工业能量回收的重要组成部分，其设计水平的高低对过程工业实现节约能源、降低能耗具有重要意义。

在对换热网络设计和改造过程中，往往局限于单个装置，甚至是某一特定流程之中，这就不能充分利用能量。因此有必要打破装置界限，在多个装置之间进行冷、热流的优化匹配，可以避免"高热低用"造成的能量无谓损失和装置物流重复冷却加热带来的热量损失，同时从源头避免大量低温热的产生，达到上游冷却负荷和下游加热负荷同时节能的效果。装置间物流换热是指将一个装置的热量输送到另外一个装置作为加热工艺介质的热源，包括直接换热和间接换热两种方式。通过物流换热可以充分利用高温位热量，达到降低燃料和加热费用的目的。通过循环热媒水流程回收的低温热量可作为部分原料、新鲜水、除盐水、管线伴热、罐区维温、冬季采暖和生活热水等的热源。可以根据热源、热阱的温位及热量进行热媒水流程的串并联设计，实现热量回收及利用的最大化。装置的换热网络进行优化，提高过程的换热回收效率，以便尽可能减少公用工程的加热和冷却负荷，可以提高原料换热终温，节省加热炉燃料。

在换热网络进行优化技术中，目前夹点技术已成为过程工业节能的一种先进技术。夹点技术是以热力学为基础，从宏观的角度分析过程系统中能量沿温度的分布情况，并从中发现系统用能的"瓶颈"所在，从而得以"解瓶颈"的一种方法。夹点技术把整个系统集成起来作为一个有机的整体来看待，可以实现整体设计最优化，也就是说达到能耗最低、费用最小和环境污染最少。夹点技术具有简单、直观、实用和灵活的特点，因而被广泛应用于新过程的设计和旧系统的改造。

图 7-5-16 为多股热流曲线合成一股热流的原理图，以热焓为横轴，温度为纵轴。物流的热量用横坐标两点之间的距离（即焓差）表示，因此平移物流线并不影响其物流的温位和热量。

图 7-5-17 显示通过平移冷热流复合温焓曲线来合成换热网络复合温焓曲线。冷热流复合曲线横坐标重合的部分为可回收利用的能量，随着两曲线的靠近，形成不同传热温度差，从而也使换热网络的回收热量和公用工程消耗量产生变化。原能流没有进行匹配时，全部热流由冷却公用工程冷却，全部冷流均由加热公用工程加热，回收的能量为零，显然此时由外界提供的公用工程量为最大。随着在温-焓图中冷热流复合曲线的相互靠近，可回收利用的能量逐步增加，相应冷却公用工程和加热公用工程均减少，较第一种情形

能源利用率得到了提高。当冷热流复合曲线继续移动到两曲线几乎在某点重合时，此时回收的热量最多，相应公用工程量最小，这又是另一个极限情况，冷热流温度差最小的点即为夹点。

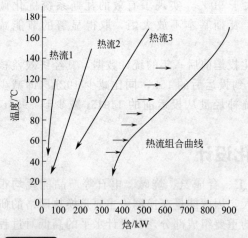

图 7-5-16 多股热流合成一股热流的原理图

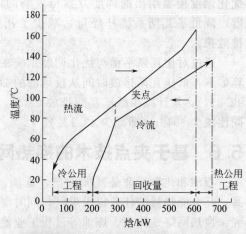

图 7-5-17 夹点复合温焓曲线形成原理图

由于夹点技术是过程集成方法中最实用的技术，能取得明显的节能和降低成本的效果，在世界各国都受到了很大重视，已成功应用于众多项目中，取得了显著的节能效果。

目前，人们对全局各工艺过程间的相互关系已有了较深入的研究，但在应用夹点技术进行全局用能的优化、剖析全局燃料消耗与辅助动力的关系，以及对多过程复杂系统的改造、扩容和更新设计等方面，还需做出进一步的总结和研究，逐步形成一套完善的可供实际工程使用的设计理论。

夹点技术还可以用来对现有过程系统进行改造。一般说来，过程系统的综合改造比新过程系统的设计更为复杂，受到的约束更多，要考虑的因素也更多。其遵循的原则是：尽量利用原工艺流程，少增加新设备；尽量利用现有设备，并减少设备投资；尽量不利用外供蒸汽。现有换热网络改造的目标与新网络设计相比，除能量目标确定相同外，其他目标均有所不同：面积目标为新增面积目标；经济目标方面为能量费用节省目标、新增换热面积投资目标和投资回收年限目标。在确定夹点温度时，是取所要求的投资回收年限所对应的夹点温度。

夹点技术在很多化工领域已成功应用，在常减压装置[71]，炼油厂制氢装置[72]、汽油吸附脱硫装置[73]、煤气化制甲醇工艺[74]、氯乙烯生产[75]、VCM 装置裂解单元[76]、苯乙烯装置[77]、芳烃异构化[78]及抽提装置[79]、芳烃歧化装置[80]、氮肥厂变换工段[81]、三甘醇脱水装置[82]、环氧丙烷装置[83]、碳酸二甲酯装置[84]、聚氯乙烯装置[85]等热集成改造中，夹点技术也应用很成功。优化后的换热网络经实际生产运行取得了良好的效果和可观的经济效益。

5.7 空分装置流程协调与节能优化控制

长春工业大学和中国石油天然气股份有限公司吉林石化分公司合作，开展空分装置综合节能技术研究及其 DCS 系统实现等方面研究，项目面向大型化工企业，以空分装置一类流程工业生产过程为具体研究对象，开展以节能降耗和安全高效运行为目标的全流程集成协调控制与优化关键技术的研究，解决复杂生产流程中多环节互相耦合、难以协调运行的问题，形成了具有自主知识产权的化工行业典型过程综合集成节能技术和节能产品，提高了企业生产效率，降低能源消耗。

空分装置流程协调与节能优化控制提出了基于多尺度技术的广义预测空压机负荷优化控制理论及实现方法，给出了一种基于 PCA 技术结合 D-S 证据理论方法的离心式空气压缩机故障诊断与定位技术，研究了空压机防喘振广义预测控制方法及系统实现，建立了空分装置物流、能流过程关键部件性能预测模型，构建了功能完善、指标先进的空分装置流程优化控制系统，总体技术水平和技术经济指标达到了国内领先水平，主要性能指标达到了国际先进水平。

空分装置全流程集成协调控制与优化技术，很好地解决了空气分离生产过程互相耦合、难以协调运行的难题，实现了空压机防喘振自动调节及联锁控制以及预冷系统、纯化系统、分馏塔系统、膨胀机系统的优化控制，提高了生产过程运行效率和产品质量，降低了能源消耗。

5.7.1　关键技术

(1) 基于多传感器信息融合的空气压缩机故障快速诊断与定位方法

目前国内应用的空气压缩机在线监测及故障诊断系统着重体现对力学性能的监测，根据监测结果评估机组的运行情况并诊断事故发生的原因和种类。为提高故障诊断的快速性、准确性，还需要对压力、流量、温度、转速等运行过程中的多个不同参数进行监测。

离心式空气压缩机故障诊断与定位方法，以 D-S 证据理论信息融合为框架，以 PCA 分析技术作为故障信息提取方法，通过建立每种运行状态的 PCA 模型，为 D-S 证据理论提供不同的证据类型，以 D-S 组合规则将各证据下的分析结果进行多信息融合处理，得到最后的判决结果。基于 PCA 技术结合 D-S 证据理论的离心式空气压缩机故障诊断原理如图7-5-18所示。

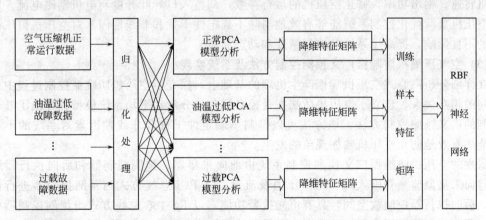

图 7-5-18　空气压缩机故障快速诊断与定位原理图

基于主元模型提取针对每种故障发生时空气压缩机所表现出来的主要故障信息并同时处理，避免在确定故障表现形式上存在主观片面性。通过 PCA 分析法提取主元信息可对检测数据降维，简化数据计算量，提高诊断效率；通过 D-S 组合规则的信息融合，可以综合全面信息，实现高精确度的故障分离和判别。所提出的空气压缩机的故障快速诊断与定位方法，既能够综合考虑空压机各种故障状态的信息，又能够快速而准确地实现空气压缩机的故障判断和定位，具有处理速度快、抗干扰能力强的特点。

(2) 一种空气压缩机负荷多尺度广义预测优化控制原理及系统

针对采样数据本身的自相关性和彼此统计独立性，以及管网流量扰动和压力、流量、同步电机、导叶阀执行器的非线性，采用多尺度广义预测方法进行滚动优化，实现空压机负荷的优化控制。该系统采用多尺度域方法，将时域模型转换到时间/频率域中，在每一个尺度及尺度之间上建立描述空压机负荷的数学模型。将多变量预测控制方法转换到多尺度域中，提高了建模过程和优化协调过程的灵活性。多尺度滚动优化算法可以方便地实现并行运算，既提高了算法的运行速度，同时能够保证滚动优化算法较强的鲁棒性。其迭代过程如图7-5-19所示，图中，$x(\cdot)$ 为多尺度域下的空压机状态，$u(\cdot)$ 为各节点输入。由于多尺度变换具有解相关性，因此每一节点可以通过各层的第一个节点来表示。

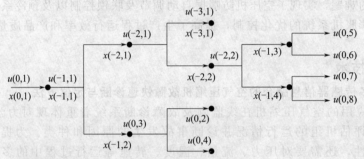

图 7-5-19 多尺度滚动优化并行算法原理图

空压机负荷优化控制系统由信号采集子系统、导叶控制子系统、电机控制子系统以及监控主机组成。信号采集子系统实时检测空压机运行时的电机励磁电流、管网出入口的流量与压力；导叶控制子系统根据空压机当前的运行状态，由监控主机输出优化控制命令，调整入口导叶开度，实现空压机的导叶优化控制；基于空压机预置的特性曲线，结合现场数据，计算电机转速、输出功率，修正空压机的运行参数，调整入口导叶开度与电机励磁电流。所研制的空压机负荷优化控制系统能够有效地消除不确定性干扰和非线性因素对空压机恒压调速系统的不良影响，提高了系统的控制精度和动态品质。

(3) 空气压缩机防喘振广义预测控制方法及系统实现

在详细分析离心式空压机喘振产生机理的基础上，探究了空压机防喘振控制过程中多参数之间的相互关系，建立了空压机防喘振受控自回归积分滑动平均系统模型，提出了基于串级控制的广义预测控制方法。该方法可以抑制不确定性干扰和非线性因素对系统的不良影响，能够有效地防止空压机喘振现象的发生。

研发的空压机防喘振广义预测控制系统由前向采集器、预测控制器和后向执行器所组成。前向采集器监测管网入口、出口压力及流量，以 PCI 总线方式与预测控制器进行信息交互；后向执行器控制放空阀，具有声光报警功能，以 RS-485 总线方式与预测控制器相互连接；预测控制器采用空压机防喘振广义预测控制算法，综合人机接口输入的生产负荷设定信息和前向采集器获得的现场运行数据，由预测控制器实时计算、显示和存储空压机运行参数，以 RS-485 总线方式输出预测控制信息，实现空压机防喘振的预测控制。实际投运结果表明，该系统调节过程平稳，控制精度和动态品质高，运行稳定可靠，可有效防止空压机喘振现象的发生。

(4) 空分装置物流、能流过程关键部件性能预测模型

空分装置生产流程复杂，各单元部件联系密切，生产过程中物料流和能量流相互影响，精馏系统的冷凝器处于上塔和下塔之间，导致上下塔间的物料和能量相互制约；同时，因空分设备对各部分的纯度又有一定的要求，因此整个系统的数学模型较为复杂。

采用机理分析、数值计算和神经网络等方法对空分装置进行关键部件和系统建模。应用 RBF 神经网络技术在有限离散数据下实现了大范围的空压机运行性能的连续预测，避免了传统性能曲线获取方法所带来的实验费用昂贵和预测准确性差的缺点，解决了离心压缩机的在线监测和自适应控制等问题；针对目前国内大部分分子筛为固定时间切换的状况，课题组提出了改进的 OSC 方法结合 PLS 回归原理建立分子筛纯化系统切换控制时间预测软测量模型。根据现场工艺，共选择 8 个过程变量作为模型的输入变量，分子筛纯化系统切换控制时间作为输出变量，建立软测量模型；提出基于最少二乘回归法（PLS）预测分子筛纯化系统切换控制时间，通过 DCS 系统控制调节，最大程度地减少加热量，降低能耗。

（5）空分装置流程优化 DCS 控制系统

基于高级工艺流程控制系统（APCS）实现技术，采用先进控制上位机方式（APC）和现场总线技术，构建功能完善、指标先进的空分装置 DCS 控制系统。上位机通过 HUB 或交换机与安装有标准 OPC 接口软件的服务器连接在以太网上，建立 APC 与 DCS 控制站数据传送的物理链接。OPC 服务器和双机冗余的可靠数据库体系架构，建立了企业级硬件防火墙和企业级病毒防护体系的安全网络环境，可以直接与企业内部网络进行连接。空分装置流程优化控制系统的网络拓扑结构如图 7-5-20所示。

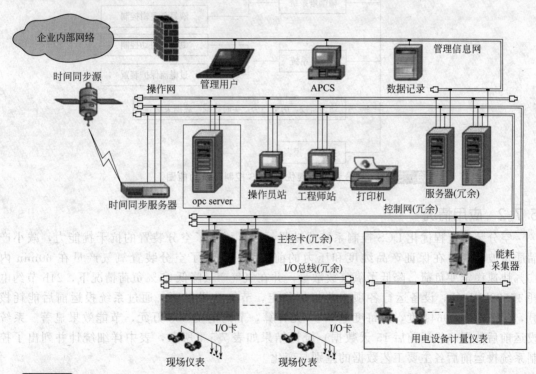

图 7-5-20 空分装置流程优化控制系统拓扑结构图

空分装置流程优化控制系统硬件包括工程师站、操作站、控制站和通信网络单元，软件系统主要包括 DCS 系统和 APC 系统，完成的功能主要有空分装置的空气压缩机系统、增压机系统、纯化系统、透平膨胀机系统、分馏塔系统等工艺过程的优化控制，同时还能够实现动态监测、历史数据存储、报表打印等功能。空分装置流程优化 DCS 控制系统功能图如图 7-5-21所示。

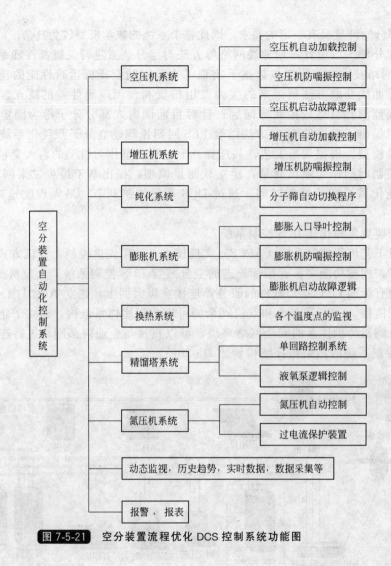

图 7-5-21　空分装置流程优化 DCS 控制系统功能图

5.7.2　应用情况

空分装置流程优化 DCS 控制系统成功投运后，增强了空分装置的抗干扰能力，减小产品质量波动，并在保证产品纯度和压力的前提下，实现了空分装置氧气产量在 60min 内 15％快速稳定变负荷，降低了氧气放散量。并在氧气产量降低 15％负荷情况下，24h 节约电耗 15582kW·h，设备运行各项工艺指标稳定，节能效果显著。通过系统投运前后能耗核算，年节电 5609641 度，以每度电 0.55 元计算，节约电费 308 万元，节能效果显著。系统投运前后数据（投运前后 15 天数据）统计结果如表 7-5-4 所示，表中详细统计并列出了控制系统投运前后各主要工艺数据的差别与变化。

表 7-5-4　系统投运前后数据对比表

对比项目	流程优化投运后 小时平均值 2009-3-31～2009-4-15	流程优化投运前 小时平均值 2008-10-15～2008-10-31	差值
空压机电流/A	141.7	111.6	30
增压机电流/A	88.4	80.6	7.8

续表

对比项目	流程优化投运后 小时平均值 2009-3-31～2009-4-15	流程优化投运前 小时平均值 2008-10-15～2008-10-31	差值
气氧产量/m³	4847	4330	517
液氧产量/m³	2.48	1.9	1.9
液氧产量/m³（折算为气态产量）	1984	1520	1568
氨冰机/kW·h	680	640	40
污氮折合电耗/kW·h	2769	2620	149
功率因数	0.99	0.85	0.14
折算电耗/kW·h	11413	10472	941

参 考 文 献

[1] 赵辰，殷基明，王华，丰莲．基础能源管理系统在石化企业生产中的作用．电子世界，2013（20）．

[2] 刘占强，张浩．石化企业能源管理系统的研究与设计［J］．电脑与电信，2011（6）：61-62．

[3] 郭文豪．石化工业用能特点及石化节能新技术［J］．通用机械，2004（9）：8-10．

[4] 丁毅，陈光等．钢铁企业能源流管理模型与系统架构探讨［J］．钢铁，2012，47（10）：87-91．

[5] 邹宽．钢铁企业能源中心及其组织体系［A］．2010年全国能源环保生产技术会议论文集［C］．北京：中国金属学会，2010：65-71．

[6] 冯为民，黄自强．能源管理中心系统的应用实践［A］．第二届全国石油与化工行业节能减排技术交流会暨炼油化工企业公用工程系统节能节水研讨会论文集［C］．北京：中国化工信息中心，2010：8-16．

[7] 张冰剑，陈清林，刘家海，罗爱国，李敏，肖翔，石化企业整厂用能优化策略及应用．计算机与应用化学，2009：4．

[8] 毛加祥．中国炼油工业发展展望［J］．石油化工动态，2000，8（6）：8-10．

[9] 王小鹏，卢丽华．全厂蒸汽动力系统运行优化［J］．江西能源，2002（2）：27-29．

[10] 戴文智．石化企业蒸汽动力系统运行优化研究［D］．大连：大连理工大学，2010．

[11] 罗向龙，华贲．炼油厂蒸汽动力系统优化调度策略研究［J］．计算机与应用化学，2006，23（11）：1057-1060．

[12] 李定凯，沈幼庭等．石化企业蒸汽动力与供热系统新建及改造方案的优化［J］．石油化工，1997，26：238-244．

[13] 罗向龙．炼油企业蒸汽动力系统运营与设计优化研究［D］．广州：华南理工大学，2007．

[14] M. Nishio, J. Itoh, K. Shiroko, et al. A thermodynamic approach to steam-power system design ［J］. Ind. Eng. Chem. Process Des. Dev. , 1980, 19 (2): 306-312.

[15] Masatoshi Nishio, Katsuo Shiroko, Tomio Umeda. Optimal use of steam and power in chemical plants ［J］. Ind. Eng. Chem. Process Des. Dev. , 1982, 21: 640-655.

[16] C. C. Chou, Y. S. Shih. A thermodynamic approach to the design and synthesis of plant utility system ［J］. Ind. Engng. Chem. Res. , 1987, 26: 1100-1116.

[17] Alexandros M. Strouvalis, Istvan Heckl, Ferenc Friedler, Antonis C. Kokossis. Customized solvers for the operational planning and scheduling of utility system ［J］. Computers and Chemical Engineering, 2000, 24: 487-493.

[18] Linnhoff B, Marsland. User Guide on Process Integration for the Efficient Use of Energy ［J］. Conput. Chem. Engng. 1982, 18: 456-462.

[19] Papoulias S A, Grossmann I E. Structural optimization approach in process synthesis-I ［J］. Computers&Chemical Engineering. 1993, 7 (6): 695-706.

[20] Petroulas T, Reklaitis G V. Computer-aided synthesis and design of plant utility systems ［J］. AIChE Journal. 1984, 30 (1): 69-78.

[21] Colmenares T R, Seider W D. Synthesis of utility systems integrated with chemical processes ［J］.

Industrial&Engineering Chemistry Research. 1989，28（1）：84-93.

［22］ N. Patracci，A. M. Eliceche，E. Brignole. Utility system optimal operation［J］. Computer-Oriented Process Engineering，1991，18：387-392.

［23］ Maia L O A，Vidal de Carvalho L A，Oassim R Y. Synthesis of utility systems by simulated annealing［J］. Computers&Chemical Engineering. 1995，19（14）：481-488.

［24］ 许红胜，杨莹莹等. 蒸汽供热管网的优化方法研究和软件开发［J］. 建筑热能通风空调，2007，26（5）：55-59.

［25］ 徐鹏，葛斌，殷戈. 蒸汽管网设计建模和优化［J］. 华东电力，2007，35（3）：16-20.

［26］ Petracci N C，Brignole E A，Eliceche A M. Utility system optimal operation［C］. Amsterdam，Neth，1991.

［27］ N. Petracci，A. M. Eliceche，A. Bandoni，E. A. Brignole. Optimal operation of an ethylene plant utility system［J］. Computers and Chemical Engineering，1993，17（Supplement 1）：147-152.

［28］ 汝方济，赵士杭，华贲. 石化企业热能动力系统的优化调度［J］. 石油炼制，1993，24：18-46.

［29］ Yokoyama，Matsumoto. Optimal sizing of a gas turbine cogeneration plant in consideration of its operational strategy ［M］. TransASME of Engineering for Gas Turbines and power，1994.

［30］ Wellons M C，Sapre A V，Chang A I，et al. On-line power plant optimization improves Texas refiners's bottom line ［J］. Oil and Gas Journal. 1994，92（20）：53-58.

［31］ 尹洪超，崔峨，张爱友. 热功联供蒸汽动力系统的优化设计［J］. 节能，1994，（4）：3-6.

［32］ Papalexandri K P，Pistikopoulos E N，Kalitventzeff B，et al. Operation of a steam production network with variable demands modeling and optimization under uncertainty［J］. Computers&Chemical Engineering. 1996，20（Suppl pt A）：763-768.

［33］ 何银仁，陈先芽等. 炼油和石油化工生产计划模型中公用工程的优化［J］. 石油炼制与化工 1996，27（12）：45-47

［34］ Papalexandri K P，Pistikopoulos E N，Kalitventzeff B. Modelling and optimizationasplects in energy management and plant operation with variable energy demands-application to industrial problems［J］. Computers&Chemical Engineering. 1998，22（9）：1319-1333.

［35］ Strouvalis A M，Heckl I，Friedler F，et al. Customized solvers for the operational planning and scheduling of utility systems［J］. Computers and Chemical Engineering. 2000，24（2）：487-493.

［36］ Yi H S，han C，Yeo Y K. Optimal multiperiod planning of utility systems considering discrete/continuous variance in internal energy demand based on decomposition method［J］. Journal of Chemical Engineering of Japan 2000，33（33）：456-467.

［37］ 张国喜，华贲，刘金平. 石化企业蒸汽动力系统的多工况操作优化［J］. 石油炼制与化工 2001，32（5）：42-46.

［38］ Strouvalis A M，Heckl I，Friedler F，er al. An accelerated Branch-and-Bound algorithm for assignment problems of utility systems［J］. Computers and Chemical Engineering. 2002，26（4-5）：617-630.

［39］ 刘金平. 过程工业蒸汽动力系统集成建模理论及其应用研究［D］. 广州：华南理工大学，2002.

［40］ Ueo Y K，Roh H D，Kim I W，et al. Optimal operation of utility system in petrochemical plants［J］. Korean J. chem. 2003，20（2）：200-2006.

［41］ Cheung K Y，Hui C W. Total-site scheduling for better energy utilization［J］. Journal of Cleaner Production. 2004，12（2）：171-184.

［42］ 张冰剑，华贲等. 石化企业蒸汽动力系统的多周期优化运行［J］. 华北电力大学学报 2005，32（2）：90-92.

［43］ 罗向龙，华贲，张冰剑. 石化企业蒸汽动力系统的多周期运行优化［J］. 计算机与应用化学，2006，23（1）：41-45.

［44］ 罗向龙，华贲. 炼油厂蒸汽动力系统优化调度策略研究［J］. 计算机与应用化学，2006，23（11）：1057-1060.

［45］ 罗向龙，华贲，张冰剑. 基于管网模拟的蒸汽动力系统多周期运行优化［J］. 石油学报，2006，22（5）：56-62.

［46］ 李国俊，郁鸿凌等. 大型蒸汽管网系统的运行优化调度［J］. 化工进展，2007，26（1）：77-81.

［47］ 王文仲，张艳春. 石化企业自备电厂热动系统节能优化研究［J］. 石油炼制与化工，2007，38（3）：52-56.

［48］ 尹洪超，池晓，赵亮. 蒸汽动力系统多周期优化运行研究［J］. 节能，2008，（7）：38-40.

［49］ 罗向龙，张高博等. 大型石化企业蒸汽动力系统运营优化［J］. 石油炼制与化工，2009，40（5）：48-52.

［50］ 戴文智，尹洪超，池晓. 改进PSO算法在蒸汽动力系统多周期运行优化中的应用［J］. 化工学报，2009，60（1）：112-117.

［51］ Iyer R R，Grossmann I E. Optimal multiperiod operational planning for utility systems［J］. Computers&Chemical Engineering. 1997，21（8）：787-800.

［52］ Iyer R R，Grossmann I E. Synthesis and operational planning of untility systems for multiperiod operation［J］.

Computers&Chemical Engineering. 1998，22（7-8）：979-993.

[53] Hirata K，Sakamoto H，O'Young L，et al. Multi-site utility integration – An industrial case study [J]．Computers and Chemical Engineering. 2004，28（1-2）：139-148.

[54] Oliveira Francisco A P，Matos H A. Multiperiod synthesis and operational planning of utility systems with environmental concerns [J]．Computers and Chemical Engineering. 2004，28（5）：745-753.

[55] 孙晓岩，项曙光．通用蒸汽动力系统的综合与模拟 [J]．计算机仿真，2006，23（1）：202-206.

[56] Aguilar O，Kim J K，Perry S，et al. Availability and reliability considerations in the design and optimization of flexible untility systems [J]．Chemical Engineering Science. 2008，63（14）：3569-3584.

[57] 罗向龙，华贲．石化企业蒸汽动力系统优化设计建模及应用 [J]．化学工程，2009，37（9）：67-71.

[58] 戴文智，尹洪超．引入环境成本的石油化工企业蒸汽动力系统多周期运行优化 [J]．石油学报，2010，26（3）：448-455.

[59] Holland J H. Adalptation in Natural and Artificial system [M]．Ann Arbor：University of Michigan press，1975.

[60] Rudolph G. Convergence analysis of canonical genetic algorithms [J]．IEEE Transactions on Neural Networks. 1994，5（1）：96-101.

[61] 吉根林．遗传算法研究综述 [J]．计算机应用与软件．2004，21（02）：69-73.

[62] 尹洪超．过程系统能量综合方法的研究 [D]．大连：大连理工大学，1996.

[63] 袁一，尹洪超．复杂非线性公用工程系统的遗传算法最优设计 [J]．大连理工大学学报．1997，37（6）：674-678.

[64] 王克峰，修乃云等．非线性蒸汽动力系统参数优化新方法——改进遗传算法 [J]．化学工程．1998，26（04）：42-45，55.

[65] 尹洪超，陈光宇等．热电联产热力系统参数与结构方案同步综合 [J]．大连理工大学学报．1998，38（06）：687-690.

[66] Maia L O A，Qassim R Y. Synthesis of utility systems with variable demands using simulated annealing [J]．Computers&Chemical Engineering. 1997，21（9）：947-950.

[67] 苏宏业，侯卫锋．瓦斯平衡与优化调度技术及其在炼化企业节能减排上的应用，自动化博览，2010：S1.

[68] 陈楫国，李秀芝，代细珍等．炼厂瓦斯气的回收利用及自动控制 [J]．节能，2001，10（6）：9-10.

[69] 赵凤翔，李宗林．炼厂瓦斯气的回收和利用 [J]．石油化工安全技术，2005，21（3）：20-21，36.

[70] 王少杰．瓦斯系统平衡与优化调度系统管理信息化浅析．石油石化节能与减排，2012，2（1）.

[71] 佟伯峰，杜冰，王家升．二常压换热网络优化的总结及技术分析，化工科技，2002，10（3）：27-30.

[72] 张海燕，宁英男，高传礼．窄点技术在制氢装置上的应用探讨．大庆石油学院学报，2002，26（1）：37-40.

[73] 李海明，夏力，马晓明，项曙光．汽油吸附脱硫装置换热网络节能研究．计算机与应用化学，28（8）：972-974.

[74] 叶鑫，丁干红．夹点技术在煤气化制甲醇工艺中的应用．煤化工．2010，38（3）：1-6.

[75] 金玉华．氯乙烯生产中能量的优化集成．上海节能，2008（2）：53-57.

[76] 许刚．夹点技术在 VCM 装置裂解单元节能改造中的应用．化工设计 2006，16（6）：42-46.

[77] 顾建宁，张进治，刘永忠．苯乙烯装置换热网络的集成与分析．化工进展 2006，25：485-489.

[78] 赵艳微，冯霄．芳烃厂异构化装置换热网络的节能改造．节能，2005，1：43-46.

[79] 孙艳泽，冯霄．芳烃抽提装置换热网络节能改造．计算机与应用化学，2006，23（2）：161-164.

[80] 矫明，徐宏夏，翔鸣．芳烃歧化装置换热网络的用能诊断与优化．炼油技术与工程，2007，37（9）：49-53.

[81] 刘宏，董其伍，刘敏珊，魏新利．氮肥厂变换工段能量分析．郑州大学学报（工学版），2004，25（1）：53-56.

[82] 李奇，姬忠礼，张德元，詹钊．三甘醇脱水装置换热网络夹点技术分析．天然气工业，2009，29（10）：104-106.

[83] 张国钊，戚学贵，徐宏，吴旺生．环氧丙烷装置换热网络的分析与优化．化学工程．2008，36（2）：50-53.

[84] 刘德申，刘丽明．利用夹点技术分析优化碳酸二甲酯装置换热网络．上海化工，2011，36（8）：15-17.

[85] 冯霄，赵驰峰，孙亮．聚氯乙烯装置热集成．节能技术 2006，24（1）：3-5.

第6章 水泥企业能源管理系统

6.1 水泥工艺及控制对象

6.1.1 水泥生产工艺简介

一个大中型水泥厂通常以"一窑三磨"为主体，组成不同的工艺区域，同时还有相应的原料、中间物料储存库及输送设备。整个生产过程中需要消耗大量的煤作为燃料完成熟料煅烧，消耗大量的电能以驱动大型粉磨设备完成生料、煤和水泥成品的粉磨，熟料能耗约占水泥生产总能耗的 70%～80%。在当前先进的水泥生产工艺中，熟料煅烧过程广泛采用窑外预热预分解技术，使水泥熟料单产能耗水平比传统工艺有很大降低，同时利用熟料烧成废气余热发电技术已经成熟起来，使水泥单产能耗得到进一步降低，是水泥生产工艺发展的主流方向，如图 7-6-1 所示。

水泥生产过程主要分为以下阶段。

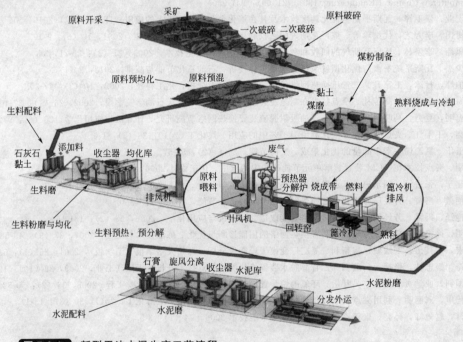

图 7-6-1　新型干法水泥生产工艺流程

(1) 生料制备

石灰质原料、黏土质原料与少量铁质在破碎、烘干、按照一定的比例调配后，进入生料磨进行粉磨，得到生料粉。

(2) 熟料烧成

从预热器顶投料，生料粉依次通过多级预热器，与热气流进行热交换后进入分解炉。在分解炉内生料经过预煅烧，进入回转窑。还有一部分生料直接进入回转窑，在回转窑内充分煅烧至部分熔融，得到水泥熟料。

（3）水泥粉磨

熟料添加适量石膏，有时还有一部分混合材料或外加剂，经过配料进入水泥磨进行粉磨，共同磨细制成水泥。

（4）余热发电

新型干法水泥低温余热发电系统分别在窑头和窑尾加设余热锅炉，从窑头冷却机和窑尾预热器排出的废气中回收余热，用余热锅炉产生的过热蒸汽提供给汽轮机发电。

由于水泥生产是连续性很强的工艺过程，而且生产过程要求快速性和协调性，特别是物料流、气流以及燃料间的协调关系，必须通过计算机控制系统及时地监控，并实时调整工艺参数抑制扰动，以保证生产的稳定、协调，进而实现生产过程优化，确保整个生产过程的高效运转，以提高产品的质量和产量，并达到节能降耗的目的。

6.1.2　水泥生产过程能源管理对象

根据水泥生产过程能源管理的现状，水泥生产过程能源管理主要内容包括基于水泥生产工艺的能源采集、管理与优化和面向节能降耗的水泥生产过程优化控制两大部分。

（1）基于水泥生产工艺的能源采集、管理与优化

通过建立能源供需预警系统，完善工业能源基础数据采集体系，并建立一套科学完善的工业能源利用监督评价体系，来创新工业能源监督管理模式，进一步支持工业能源与节能宏观综合决策，实现企业信息化建设相关资源的共享，提高能源管理水平。其主要内容包括：

① 实现煤、电、水能耗数据采集与管理　分班考核、趋势显示和历史数据查询、统计及对比分析；

② 能源消耗报表管理　根据水、电、煤等主要能耗数据，按企业要求自动定时生成各类生产、财务报表；

③ 能效分析与管理　可与 DCS 系统数据互连，自动计算各类能效数据（吨电耗、吨煤耗、吨水耗），并进行对标管理；

④ 生产过程能源优化调度　实现生料磨和煤磨系统的能源动态优化调度；

⑤ 实现能耗数据网络发布　公司内部网络内任何一点可查询能耗统计报表及实时数据。

（2）面向节能降耗的水泥生产过程优化控制

其是利用信息技术改造提升水泥工业，并在水泥行业推广优化控制技术，实现"面向节能降耗的水泥生产过程集成控制"，从而促进水泥全行业的技术进步。其主要内容包括：

① 水泥熟料烧成过程优化控制子系统　主要包括系统综合运用 PID、模糊及预测控制算法，主要对分解炉温度、烧成带温度实现基于工况的智能控制；

② 粉磨过程优化控制子系统　生料磨粉优化控制系统实质上是一个在专家系统监督指导下的多变量控制系统，专家系统主要是根据实时参数和操作经验识别磨况，并协调粗、细粉仓的负荷，实现负荷优化控制，以及自动配料控制；

③ 水泥生产全流程优化　基于能源消耗模型和专家规则，对生产过程进行优化调度，在满足生产工艺指标要求的前提下实现能耗最小。

6.2　水泥企业能源管理系统设计

水泥企业能源管理的系统设计，根据水泥企业能源管理内容分为两部分：水泥企业能源管控中心的设计、水泥生产过程优化控制设计。

6.2.1　水泥企业能源管控中心的设计

水泥企业能源管控中心实现水泥企业能耗数据及时、快速和准确的监测，并采用一定的数据采集手段，将数据信息从企业现场实时地存储到后台数据库系统，再进行统计、分析，并根据需要绘制各种趋势曲线和报表，进而做出科学的分析、调度和预测，同时提供预警功能。通过 Web 浏览器，企业领导可以对生产现场的数据和能耗状况进行多方位、可视化的了解。

整个系统的网络架构图如图 7-6-2 所示。

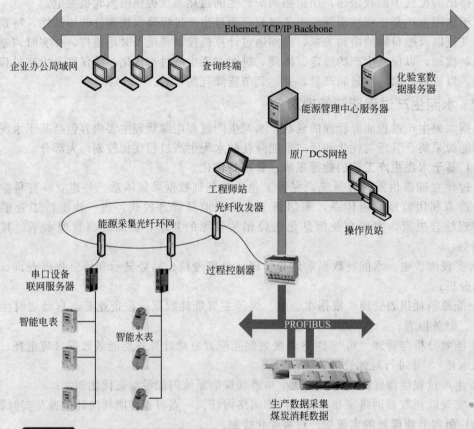

图 7-6-2　水泥企业能源管控中心网络架构图

数据管理系统架构示意图如图 7-6-3 所示。

系统的组成模块分以下几部分。

（1）能源数据实时采集系统

通过 OPC 接口和串口设备实时采集相关数据，发送到中心实时数据服务器。能源消耗实时数据采集系统的基本结构示意图如图 7-6-4 所示。

（2）数据库模块

分为实时数据库和历史数据库两部分。实时数据库主要对采集到的实时数据进行管理和维护，并进行相关统计处理分析和历史数据的保存归档。历史数据库实现对历史数据的管理维护、数据分析统计。

（3）实时数据监控

通过实时数据库平台的集成，将获取的各企业的能耗数据按照要求进行分类显示和监控。其基本框架如图 7-6-5 所示。

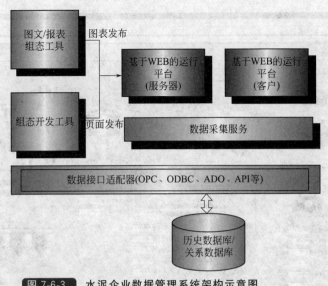

图 7-6-3 水泥企业数据管理系统架构示意图

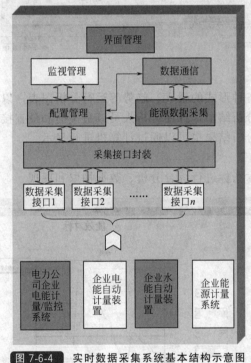

图 7-6-4 实时数据采集系统基本结构示意图

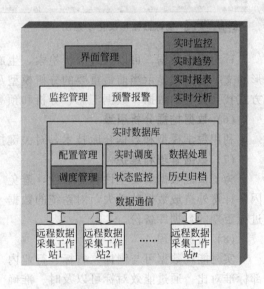

图 7-6-5 实时数据监控基本框架示意图

（4）预警和报警模块

利用预测和预警技术，根据相关企业的能源消耗总量限值进行分析，实现自动预警和报警功能。

（5）数据的可视化显示模块

实时数据和趋势可以通过计算机进行显示。数据采集、汇总分析和预测分析结果都可以通过计算机显示，为相关领导了解实时运行数据、进行快速指挥调度提供快捷的渠道。能源数据可视化示意图如图 7-6-6 所示。

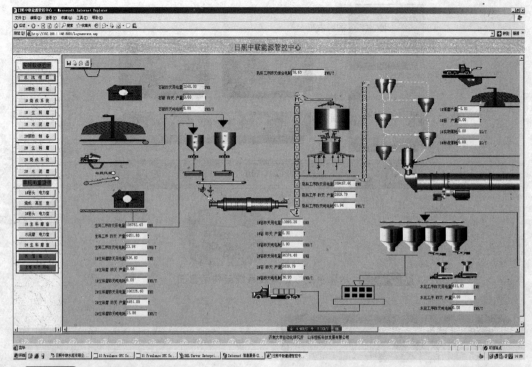

图 7-6-6　能源数据可视化示意图

　　针对历史数据，可以通过分析检索，生成各种形式的报表、趋势等运行分析图表，以图形和文字的方式显示当前最重要的分析模型及分析结果，方便分析人员以最快捷和最直接的方式找到关心的数据。数据汇总、分析和预测分析结果也可以通过计算机进行显示。

（6）数据挖掘分析引擎

利用数学模型和数据仓库技术，对关键技术指标进行综合分析、数据抽取和展现。

（7）数据管理和维护

为了保证数据的安全性和可靠性，避免因各种意外造成数据的丢失，对系统的数据进行定期的数据库备份。

（8）对标管理

实时能耗数据可与国标、省标、行业内部标准对比。通过能效对标可以及时、准确地掌握企业能源利用现状。能效对标示意图如图 7-6-7 所示。

（9）生产过程能源优化调度模块

根据水泥生产过程中生料粉磨和煤粉制备的工艺特点，以生产过程能耗最小为优化

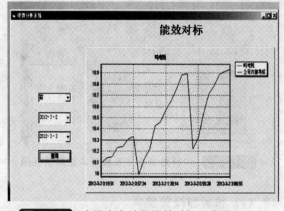

图 7-6-7　水泥生产过程能效对标示意图

目标，根据生产过程中的各约束条件，对生料和煤粉的生产进行动态优化。

（10）数据发布模块

通过 Web 机制，将实时数据、历史数据以及分析挖掘数据等以图文并茂的方式，生成动态页面，实时刷新。授权用户还可以通过操作定制希望的数据。Web 页面组态发布示意图如图 7-6-8 所示。

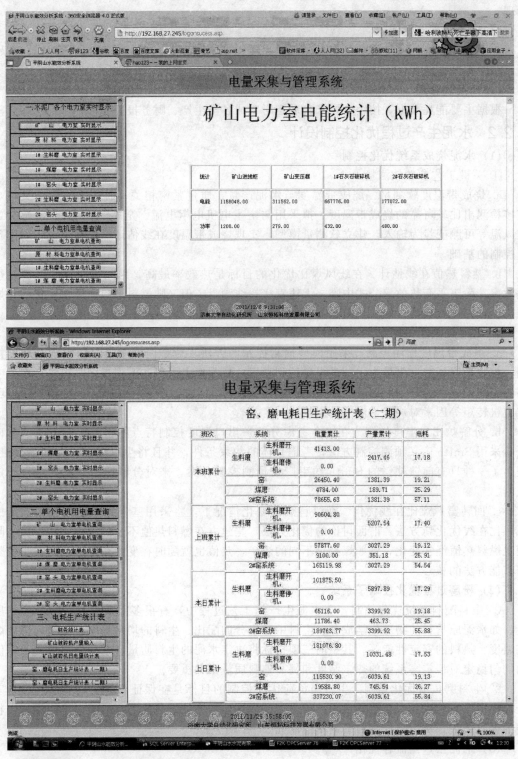

图 7-6-8 Web 页面组态发布示意图

(11) 系统管理模块（系统安全和操作权限管理）

负责系统中涉及到的用户和操作人员的权限管理、数据库的维护以及系统的安全性管理。

(12) 操作日志管理

为了进一步确保系统安全可靠地运行，系统对所有登录、访问操作等都进行日志记录，便于跟踪管理。

(13) 报表管理

根据主要能耗数据，按企业要求自动定时生成各类生产、财务报表。

6.2.2 水泥生产过程优化控制设计

(1) 水泥烧成系统优化控制

① 关键工艺参数软测量

a. 烧成带温度软测量　烧成带温度与水泥产量、质量紧密相关，而实际生产中又很难直接检测出比较可靠的烧成带温度。拟采用与窑主电机电枢电流、窑尾 NO_x 含量、窑头二次风温等可测变量为输入，建立软测量模型，实现烧成带温度在线估计，作为烧成带温度预测控制的基础。

b. 燃料热值在线估计　在线风煤比优化的目标是热效率最高，因此需要在线计算燃烧热效率。而正平衡热效率公式中唯一无法直接在线测量，但又随燃料不同而经常变化的是燃料热值，因此在线估计燃料热值是在线风煤比优化节能方法的核心。

② 水泥烧成优化控制

a. 烧成带温度预测控制　采用模型预测控制的方法，对窑内烧成带温度实现高精度控制，控制量以加减进煤量为主，进煤量达到喂煤电机限幅上限仍达不到指标时，再考虑改变窑的转速。温度控制回路通过前馈，来消除窑头吹入的二次风温度、射线测量的物料厚度、窑电机转矩等因素对烧成带温度的影响。

b. 分解炉出口温度控制　在综合考虑分解炉出口温度控制特点和相关控制方法的基础上，采用 Smith 广义预测控制方法，考虑具体的约束条件，并且将生料流量作为前馈变量，提出了一种具有前馈补偿的 Smith 约束广义预测控制方案，来对分解炉出口温度进行稳定控制。

c. 回转窑风煤比在线优化　在燃料热值变化情况下，将采用基于在线估计燃料热值的风燃比在线优化新方法。前面讨论的优化方法，是建立在燃料热值不变的基础上的。但实际情况燃料热值经常变化，例如煤来自不同的煤矿，热值也就随时在变。在线估计燃料热值是新节能方法的核心。

(2) 粉磨过程优化控制子系统

① 生料配料系统优化控制　在水泥生产的工艺过程中，有很多因素直接影响产品的质量，如水泥原材料的物理化学成分、生料中各组分的配比、生料的均化程度、生料入窑后煅烧温度、熟料的安定性能等。其中前三项指标将决定水泥的生料质量，入窑生料成分及率值的均匀稳定对稳定窑系统的热工制度和提高熟料质量至关重要。

② 生料磨负荷优化控制　生料磨负荷优化控制的目标是在保证出磨生料质量和设备安全前提下，实现生料磨负荷的优化控制，充分发挥生料磨的设备能力，尽最大可能提高生料磨的台时产量，从而降低生料磨的单产能耗。

(3) 水泥生产全流程优化

① 水泥生产计划的优化分解　水泥生产调度主要任务是根据制定的生产计划，考虑原材料情况、设备情况，给出各生产过程的产量和质量要求。不同的产量、质量要求将导致系统能耗不同。

② 基于工厂信息反馈的动态调度　由于水泥生产中可能出现设备故障、原燃料成分波

动、工况变化等，会导致优化分解的产量质量设定无法实现或不再满足能耗最小目标。因此，需要采集工厂实际运行情况，通过实时优化技术对各生产过程产量、质量设定进行动态调整，实现全流程优化调度，保证综合能耗最小。

6.3　水泥企业能源管理的关键技术

根据水泥企业能源管理系统的设计内容，主要的关键技术包括电量和煤耗的采集与管理、生料磨和煤磨系统的能源动态优化调度、回转窑烧成带温度软测量、燃料热值在线估计、烧成带温度预测控制、回转窑风煤比在线优化、生料配料系统优化控制、生料磨负荷优化控制、水泥生产计划的优化分解。

6.3.1　电量和煤耗的采集与管理

电量采集、煤耗采集均沿用原 DCS 架构，可减少绝大部分采集系统硬件的投资成本，并可进一步减少施工（网络架设与硬件安放）与维护的成本与工作量。

煤量采集具体方案为利用 DCS 原有窑头、窑尾喷煤计量装置，须重新校验标定。电量采集具体方案为：根据所使用智能仪表的通信协议（MODEBUS、PROFIBUS、FF、CAN 中的一种，其中 MODEBUS 较为常见），在原 DCS 控制器中添加相应总线通信插板，智能型电表通过现场总线与 DCS 控制器通信，并在控制器内进行初步数据处理与存储。主站硬件采用高级商用 PC 或服务器，软件则采用自开发的能效管理信息系统软件。现场 DCS 控制器所采集实时数据通过 DCS 原有通信网络及 OPC 接口与主站软件相连接。系统时间可通过 DCS 的"时间统一"功能进行统一，方便数据分析。

水泥企业电量、煤耗采集与管理系统架构图如图 7-6-9 所示。

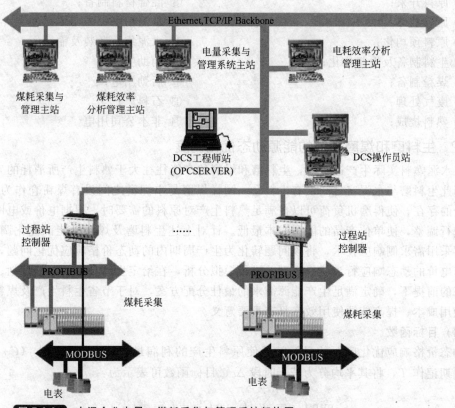

图 7-6-9　水泥企业电量、煤耗采集与管理系统架构图

电量管理网络架构图如图 7-6-10 所示。

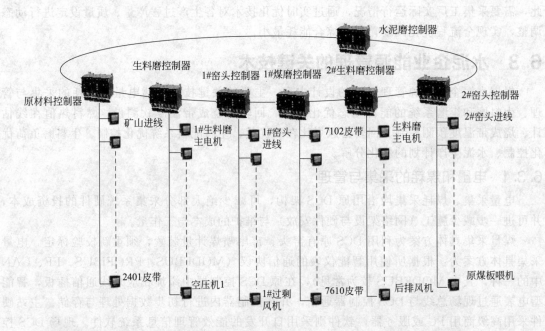

图 7-6-10 水泥企业电量管理网络架构图

水泥厂电量环节，根据大部分水泥企业电力分布需求，可以进行如下划分：

① 原料开采；
② 原料破碎；
③ 原料预均化；
④ 生料制备及生料均化；
⑤ 煤粉制备；
⑥ 废气处理；
⑦ 熟料烧成；

⑧ 混合材料制备；
⑨ 水泥粉磨；
⑩ 水泥袋、散装及输送；
⑪ 辅助生产；
⑫ 后勤用电；
⑬ 石料厂；
⑭ 非本公司用电。

6.3.2 生料磨和煤磨系统的能源动态优化调度

在水泥熟料实际生产过程中，生料磨和煤磨的产能往往大于熟料生产所消耗的生料及煤粉，因此生料磨与水泥窑之间设有生料仓，同样煤磨与水泥窑之间设有煤粉仓作为缓冲仓。缓冲仓的存在，使得磨机负荷可以在满足熟料生产对原料的需要时，根据电价或电网负荷的变化进行调整，使单位产品的能源成本最低。针对上述生料磨及煤磨的能源优化调度问题，本方案采用需求侧响应技术，将该问题转化为生产周期内的动态价格响应优化问题，对磨机在当前电价的动态响应行为建立模型并进行模拟分析，在给定生产计划、检修计划、系统当前状态的前提下，确定满足生产能源需求的最佳分配方案，对于节省生料生产及煤粉制备的电能使用成本、提高能源使用效率具有重要意义。

(1) 目标函数

动态价格响应优化问题的目标就是使原料生产的利润最大，即生产成本（C_T）最小。将计划期记作 T，将其平均分为若干时段 Δt，目标函数可表示为：

$$\min C_T = \sum_{t=1}^{T}(C_E^t + C_M^t + C_{Rs}^t + C_{In}^t)$$

式中　C_E^t——用电成本；

　　C_M^t——生产过程中的成本，称为加工成本；

　　C_{Rs}^t——启动生产的成本；

　　C_{In}^t——零件的存储成本。

其他成本视为固定成本，对目标函数不产生影响，因此不予考虑。

用电成本 C_E^t 可根据以下公式计算得出：

$$C_E^t = \pi^t D_N^t$$

式中　π^t——第 t 个时间段内的电价；

　　D_N^t——时间段 t 内磨机消耗的电量。

磨机在时间段 t 内电能消耗 D_N^t 主要与粉磨负荷相关的几个参数相关，即时间段 t 内磨机的产量、物料粒度、磨内压差。磨机电耗 D_N^t 可表示成时间段 t 内磨机的产量 N^t、物料粒度 g、磨内压差 $\mathrm{d}p$ 的函数：

$$D_N^t = F_1(n, g, \mathrm{d}p)$$

加工成本 C_M^t 是指生料加工过程中所耗费的成本，包括原料成本、设备耗损等。由于加工过程中的电能成本已经计入 C_E^t，因此不再计入这部分成本。根据边际收益递减规律，加工成本 C_E^t 可以表示为凸二次曲线方程，其数学表达式为：

$$C_M^t = a + b + c(n^t)^2$$

式中　a, b, c——加工成本函数的系数；

　　n^t——时间段 t 内磨机的产量。

每当磨机重新投入生产时，都会有额外的成本消耗，将这部分成本的消耗记为启动成本 C_{Rs}^t，其计算公式为：

$$C_{Rs}^t = \beta_s(u^t - u^{t-1})$$

式中　β_s——启动过程中所消耗的固定成本，比如维护成本或空转成本；

　　u^t——t 时段生料磨的起停状态，当 $u^t = 1$ 时，表示处于生产过程中，$u^t = 0$ 时，表示处于停止状态。

(2) 决策变量

决策变量为时间段 t 内磨机的产量。

(3) 约束条件

① 产量约束

$$\underline{N} \leqslant n^t \leqslant \overline{N}$$

其中，$\overline{N}$ 和 $\underline{N}$ 分别为 t 时段内磨机产量的上限和下限。

② 存储约束　缓冲仓的存储数量不能超过其存储能力的最大限度，其约束条件为

$$\underline{S} \leqslant s^t \leqslant \overline{S}$$

其中，$\overline{S}$ 和 $\underline{S}$ 分别为 t 时段内缓冲仓存储能力的上限和下限。

③ 存货平衡约束　缓冲仓的存量要满足未来每小时的熟料生产对原料的需求量 N_D^t，其表达式为：

$$N_D^t = s^{t-1} + n^t - s^t$$

④ 始末库存约束　为了保证能够满足超出预测的需求，缓冲仓应保证一定的存货剩余，其约束条件为

$$| S^0 - S^T | \leqslant \varepsilon$$

其中，S^0 和 S^T 分别为计划期始末的库存量。该式表明，计划期内对原料需求量都是由同时期生产的产品满足的，综合考虑每个时段的存货平衡约束，得到计划期 T 内的平衡约束为：

$$\left| \sum_{t-1}^{T} N^t - \sum_{t-1}^{T} N_D^t \right| \leqslant \varepsilon$$

如果需求量与预期情况有较大偏差，需要重新设立最优模型，将重新考虑的那段时间启动的存货量设为 S^0。

6.4 水泥企业能源管理的应用及效果

广西某水泥企业 5 条 4500t/d 水泥熟料新型干法水泥生产线，配套了 5 台 7.5MW 纯低温余热发电机组，2009 年底投入使用该能源管控系统，取得了非常好的使用效果。单位产品能耗情况：2010 年 1～8 月平均标煤耗 107.06kg/t，与 2009 年同期相比，减少 2.62kg/t，相当于减少标煤耗 15420t，可创经济效益 956 万元。熟料平均综合电耗 62.64kW·h/t，与 2009 年同期相比，降低了 4.3kW·h/t，总节约用电 2531 万千瓦时，相当于节约标煤 9263t，减少二氧化碳排放 2.07 万吨，可创经济效益 574 万元。

山东某水泥企业 2010 年 4 月试运行该能源管理系统以来，通过边完善、边应用、边改进，在能耗管理控制方面取得了初步效果。

① 强化了对标管理大力开展了班与班之间、第一条熟料线与第二条熟料线之间对标活动，且能实现当日对标。通过查找能源使用漏洞，减少重要耗能设备故障，提高了设备运转率，降低系统停机率，降低了能耗。

② 降低了用电消耗通过能源系统报警提示，当供电系统总负荷超出申请需量时，系统可自动提示 DCS 操作员调整负荷，关停有关设备。当原料磨主电机、煤磨主电机等大型用电设备停机后，系统将会自动提示操作人员，将其关联的原料磨风机、煤磨排风机进行及时关停，节约了电力消耗。试运行期间，先后避免了 3 次风机停机不及时现象，降低电力消耗超过 5000kW·h。2 次调整了设备峰谷平用电不合理情况。

③ 加强了用水管理一旦发现总管路水流量大于其各支路流量之和，或支管路流量突然增大，超出正常范围时，系统将自动报警，监控人员即可断定管路有漏水点，组织人员查找处理，堵塞漏洞。试运行期间，避免了 2 次漏水事故。通过开展对标活动和加强考核，取得了显著效果。

经过系统的调试和投运，最终实验结果如图 7-6-11 所示：喂料平稳，磨况异常的情况下能够及时减料，保证磨机安全；出磨提升机电流平稳，稳定的出磨提升机电流决定入选粉机的料流比较稳定，最终使生料成品质量合格率提高；同时磨音、细粉仓压差稳定，表明磨机整体运行平稳，主电机电流波动也逐渐趋稳，将达到节能减耗的目的。同时入库提升机电流始终运行在高位（62A 以上），使产量也得到了很大提升。

据系统统计，软件投用当天台时为 206t/h，比上月平均 196t/h 增加了 10t，产量提高了 5.1%；电耗为 18.4kW·h/t，比本月平均电耗 19kW·h/t 降低了 0.6kW·h/t，降低 3.1%，比上月平均单产能耗 19.3kW·h/t 降低 0.9kW·h/t，降低 4.7%。上班 12h 的总产量为 2450t，比上月平均 2284t，提高了 7.2%。综合考虑增产和提高磨机运转率，可降低粉磨单产能耗 5% 以上。

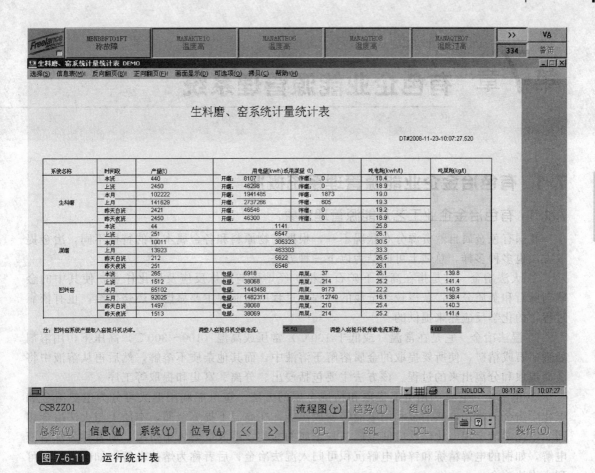

图 7-6-11　运行统计表

参　考　文　献

[1] 陈光. 水泥企业建立能源管理体系的作用和方法 [J]. 中国水泥, 2011, 28 (5): 78-81.
[2] 曾学敏. 水泥工业能源消耗现状与节能潜力 [J]. 中国水泥, 2006, 23 (3): 16-21.
[3] 赵家荣. 重点耗能行业能效对标指南 [M]. 北京: 中国环境科学出版社, 2009.
[4] 陈普, 张锦宝, 王孝红. 水泥生产线回转窑系统的电效管理 [C]. 第十四届中国科协年会. 石家庄, 2012.
[5] 赵辉, 杨杰. 水泥行业专用能源管理系统的研发与应用 [J]. 水泥工程, 2012, 34 (1): 55-57.
[6] 王文华, 王志新. 水泥企业能量计量系统应用开发 [J]. 微计算机信息, 2007, 23 (4): 32-35.

第**7**章 有色企业能源管理系统

7.1 有色冶金企业能源管理系统概况

7.1.1 有色冶金企业工艺及能源管理对象

我国有色金属自然资源分布状况不一，根据矿物原料和各金属本身的特性不同，冶金提取方法也多种多样，总体上可归结为以下三种方法。

① 火法冶金 它是指在高温下矿石或精矿经熔炼与精炼反应及熔化作业，使其中的金属与脉石和杂质分开，获得较纯金属的过程。过程所需能源主要靠燃料燃烧供给，也有依靠过程中的化学反应热来提供的。

② 湿法冶金 它是在常温（或低于 $100℃$）常压或高温（$100\sim300℃$）高压下，用溶剂处理矿石或精矿，使所要提取的金属溶解于溶液中，而其他杂质不溶解，然后再从溶液中将金属提取和分离出来的过程。该方法主要包括浸出、分离、富集和提取等工序。

③ 电冶金 它是利用电能提取和精炼金属的方法。按电能利用形式可分为电热冶金和电化学冶金两类。电热冶金利用电能转变成热能，在高温下提炼金属，本质上与火法冶金相同。电化学冶金用电化学反应使金属从含金属的盐类水溶液或熔体中析出。前者称为水溶液电解，如铜的电解精炼和锌的电解沉积可归入湿法冶金；后者称为熔盐电解，如电解铝，可列入火法冶金。

有色冶金工艺过程包括许多单元操作和单元过程。

典型单元过程如下[1]。

① 焙烧 指将矿石或精矿置于适当的气氛下，加热至低于它们的熔点温度，发生氧化、还原或其他化学变化的过程。其目的是改变原料中提取对象的化学组成，满足熔炼或浸出的要求。

② 煅烧 指将碳酸盐或氢氧化物的矿物原料在空气中加热分解，除去二氧化碳或水分变成氧化物的过程，如氢氧化铝煅烧成氧化铝，作为电解铝原料。

③ 烧结和球团 将粉矿或精矿经加热焙烧，固结成多孔状或球状的物料，以适应下一工序熔炼的要求。例如，铅锌烧结过程处理铅锌硫化精矿使其脱硫并结块，为鼓风炉熔炼准备原料。

④ 熔炼 指将处理好的矿石、精矿或其他原料，在高温下通过氧化还原反应，使矿物原料中金属组分与脉石和杂质分离为金属（或金属锍）液和熔渣的过程。

⑤ 火法精炼 在高温下进一步处理熔炼、吹炼所得含有少量杂质的粗金属，以提高其纯度。如火法炼锌得到粗锌，再经蒸馏精炼成纯锌。火法精炼的种类很多，分氧化精炼、硫化精炼、氯化精炼、熔析精炼、碱性精炼、区域精炼、真空冶金、蒸馏等。

⑥ 浸出：用适当的浸出剂（如酸、碱、盐等水溶液）选择性地与矿石、精矿、焙砂等矿物原料中金属组分发生化学作用，并使之溶解而与其他不溶组分初步分离的过程。目前，世界上大约 15% 的铜、80% 以上的锌、几乎全部的铝、钨、钼都是通过浸出，而与矿物原料中的其他组分得到初步分离的。

⑦ 液固分离　该过程是将矿物原料经过酸、碱等溶液处理后的残渣与浸出液组成的悬浮液分离成液相与固相的湿法冶金单元过程。在该过程的固液之间一般很少再有化学反应发生，主要是用物理方法和机械方法进行分离，如重力沉降、离心分离、过滤等。

⑧ 溶液净化　将矿物原料中与欲提取的金属一道溶解进入浸出液的杂质金属除去的湿法冶金单元过程。净化的目的是使杂质不至于危害下一工序对主金属的提取。其方法主要有结晶、蒸馏、沉淀、置换、溶剂萃取、离子交换、电渗析和膜分离等。

⑨ 水溶液电解　利用电能转化的化学能使溶液中的金属离子还原为金属而析出，或使粗金属阳极经由溶液精炼沉积于阴极。前者从浸出净化液中提取金属，故又称电解提取或电解沉积（简称电积），也称不溶阳极电解，如铜电积、锌电积；后者以粗金属为原料进行精炼，常称电解精炼或可溶阳极电解，如粗铜、粗铅的电解精炼。

⑩ 熔盐电解　利用电热维持熔盐所要求的高温，又利用直流电转换的化学能自熔盐还原金属，如铝、镁、钠、钽、铌的熔盐电解生产。

有色冶金过程需要消耗大量的风、水、电、气、汽等能源，如焙烧，煅烧、烧结与熔炼过程等需要消耗大量的风、煤等能源，水溶液电解、盐溶液电解等需消耗大量的水与电，蒸发、溶出过程等需要消耗大量的蒸汽。为了能达到节能降耗减排的目的，需要能对这些能源进行监测、管理、控制与优化。有色冶金行业的工艺相对复杂，要达到这一目的还存在不少困难，具体表现在：

① 由于有色冶金过程的生产条件和生产环境十分恶劣和复杂，如高温、高压甚至易燃、易爆，或存在有毒物质，致使能源管理系统的数据检测困难，或检测数据中存在有大量的噪声、干扰和误差。

② 有色冶金生产工艺流程长，工艺机理复杂，往往是利用电能、热能、化学能等多种不同形式进行能量的相互传递与转换，能源转换过程的分析不易，能耗建模以及能源的控制与优化困难。

有色企业能源管理系统[2]的目的是实现对多种能源的数据采集、监视与报警，同时对能源的消耗进行预测与管理，充分循环利用能源，对能源进行最优化利用与配置，实现集能源过程监控、能源调度、能源管理为一体的能源管控一体化计算机系统，从而对各种能源介质如风、水、电、气、汽等，以及各类供能用能系统如供配电、供水系统、煤气系统等进行集中监控、统一调度，进而为调度提供可靠的数据支撑，确保能源调度的科学性、及时性和合理性，从而提高能源利用水平，实现提高整体能源利用效率。

7.1.2　有色企业能源管理系统架构设计

有色企业能源管理系统是一个能源管理、控制和优化的系统，该系统通过企业内部的网络，将分布在现场的能源数据采集站、检测站、现场控制站、操作管理控制中心的操作站以及管理控制站等联系起来，共同完成能源的分散控制和集中管理。通过能源管理系统的实施，有色行业的能源管理将达到以下主要目标[2]：

① 为有色企业全厂能源运行提供操控平台，以便对能源设施进行操作调度；

② 为生产调度提供分析支持，同时也为能源管理人员进行能源管理提供决策依据；

③ 实现能源工艺优化，达到能源的合理利用，挖掘节能潜力；

④ 建立合理的能源管理体系，实现企业能耗指标管理；

⑤ 利用系统提供的耗能和废物排放信息，方便对各生产单位的考核。

为实现以上目标，有色冶金能源管理系统分能源数据采集、能源监控和能源管理与节能优化三个子系统进行设计。

能源数据采集子系统通过信号采集和数据网络传输完成所有能源数据的采集工作。

能源监控子系统的功能如下。

① 能源及重点能耗设备档案管理 基于采集和录入的能源、原料、重点能耗设备、监测仪表、设备维修的基本信息，建立能源档案库、原料档案库、重点能耗设备档案库、设备维修记录状况、仪表档案库，为企业提供一个简便实用的管理平台。

② 能源状态显示 通过采集的能源（煤，电，水等）消耗信息，记录、显示能耗状态，提供从概貌到具体的动态图形实时显示，且可以连接调度中心进行大屏幕显示演示。

③ 能源质量监控 通过对电力及其他能源质量参数进行记录、显示、分析，提示质量变化趋势，发出超限报警，监控能源的质量和异常状况，以便企业做出相应的应对措施，提前消除事故隐患，从而减少能源质量变化引起的设备运行故障，影响生产，降低企业生产及能源成本。

④ 重点能耗设备监控 主要对工艺环节中的重点能耗设备的运行状态和能源消耗情况进行实时监测，对采集的数据进行分析，从而掌握设备的实时运行情况，预估设备的过载或超限运行情况，提前做出故障预警报告以及报警事件记录，事故发生前及时消除故障隐患，对设备故障进行记录，分析故障原因，生成故障原因分析报告，使设备得以尽快修复。同时分析重点能耗设备的能耗情况及用能效率，从而掌握设备的能耗及运转效率，及时进行维护或者运行调整。

能源管理与节能优化子系统的功能如下。

① 电力需量管理 通过限制电力需量、降低需量费用和管理实时电力的购买来节约用电。

② 能量平衡管理 基于采集的企业各种能源收入与支出实时数据以及能源和重点能耗设备档案管理中提供的企业能源档案数据，记录并分析企业各种能源收入和支出是否平衡（包括企业热平衡、电平衡、水平衡等），企业能源的消耗与有效利用及损失之间是否平衡。通过能源的平衡，有效防止企业用能过程中的"跑、冒、漏、滴"情况，减少能源的浪费，降低能源成本。

③ 能源成本分析 通过能源成本分析，全面掌握企业以及各部门的能耗情况以及产品产量、总产值、工业增加值、产品单耗与能源费用支出情况，确定能源方面的费用具体花费于何处、何时花费、有无浪费、正常和非正常的消耗。

④ 能源管理信息发布 主要负责能源管理系统自动生成的各种图块、趋势线图、统计报表、分析报表等信息，以及能源管理规章和事务的公告，从而提高企业能源管理水平和企业能源管理信息化。

⑤ 能源审计辅助（能源审计工具） 根据采集到的各种参数和数据，针对能源审计流程，对各种与能源审计有关的参数和数据进行分析，自动完成能源审计相关的数据分析，并生成相关的图表、报表（如能量平衡表、能流图、能源消耗结构图、产品节能量表等），并为能源审计工程师对企业进行能源审计服务提供实时可靠的相关数据，提高能源审计服务的质量。

⑥ 能源指标管理 根据运行监控和分析得到的各种重点能耗设备、工艺工段、车间、分厂、企业对应产品的精细能耗指标的现状值，与国际国内同行业先进企业能效指标进行对比分析，确定本企业的标杆，通过管理和技术措施，达到标杆或更高能效水平。

⑦ 能量系统优化分析 以能量系统为对象，以科学用能理论为指导，通过一定的策略和方法，从整体上处理能量系统的设计、控制及运行，有效提高整个用能系统的能源利用效率。能量系统优化主要侧重于综合性的系统节能，追求用能系统整体的最佳节能效果。

⑧ 能效评估分析（节能机会评估工具）　对企业全过程用能效率进行评估分析，从而找出企业节能的机会。

根据有色冶金企业能源管理系统三个子系统的功能分析，按图 7-7-1 所示的四个层次进行系统硬件架构设计[3]。其中，能源数据采集层包括所有的网络现场监控产品系列（如用于实时负荷分析、用能数据分析、用能管理、用能控制、异常监控等）；能源数据通信层的主要设备是通信数据集中器，实现各类快速通信网络系统（工业网络、GPRS/CDMA、3G 网络、电力载波等）功能；能源数据存储层为节能管控数据中心，包括服务器、前置网关、

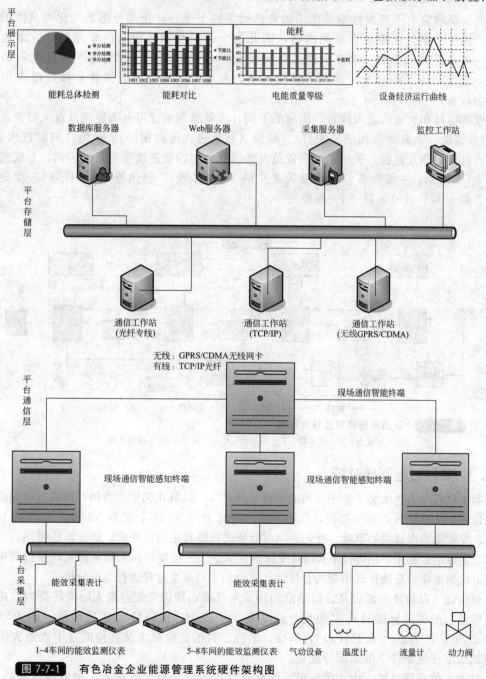

图 7-7-1　有色冶金企业能源管理系统硬件架构图

交换机等；能源数据展示层利用应用系统展示企业用户的用能情况，实现对企业用户用能的管理与控制。另外，能源管理系统还在工业现场部署节能调控设备和系统以实现过程中的节能调控，包括无功补偿、有源滤波、变频调速装置、节能型照明、工业过程节能优化及相关信息采集设备等。

7.2 基于㶲评价指标的蒸发过程节能优化

7.2.1 蒸发过程工艺流程介绍

蒸发是将含有不挥发性溶质的溶液在沸腾条件下受热，使部分溶剂气化为蒸汽的单元操作。由于溶剂气化需要大量的潜热，因此蒸发是一个能耗很高的单元操作。多效蒸发将前一效蒸发器汽化的二次蒸汽通入后一效蒸发器的加热室，作为后一效蒸发器的加热蒸汽，充分利用了各效二次蒸汽的汽化潜热，是相对节能的蒸发操作，被广泛应用于有色冶金行业。

根据物料和生蒸汽进入位置、流向的不同，多效蒸发系统可分为逆流（首末效进，流向相反）、错流（兼有并流和逆流加料）、顺流（首效进，流向相同）、平流（同时进出各效）四种。氧化铝蒸发过程多采用逆流多效蒸发。以氧化铝四效逆流蒸发系统为例，系统流程图如图 7-7-2 所示，主要设备包括降膜式蒸发器（I～IV效）、预热器（I～III效）、冷凝水罐（I～IV级）和物料闪蒸器（I～III级）。

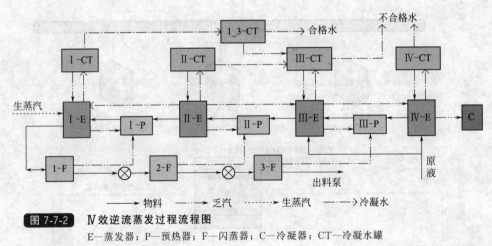

图 7-7-2 IV效逆流蒸发过程流程图

E—蒸发器；P—预热器；F—闪蒸器；C—冷凝器；CT—冷凝水罐

7.2.2 蒸发过程能耗分析

蒸发过程是有色冶金工业中主要的能耗工序之一。以氧化铝生产为例，蒸发过程的能耗约占氧化铝生产能耗的 $20\%\sim25\%$，汽耗占总汽耗的 $48\%\sim52\%$，成本占总生产成本的 $10\%\sim12\%$。要实现蒸发过程的节能，首先必须对能耗的状态有正确的评价。㶲分析法将热力学第一和第二定律结合起来，用㶲损率和㶲效率反映能量变质的程度，深刻揭示能量转换过程中能量变质退化的本质，更能体现用能的合理性，适合用于对蒸发过程进行能耗分析。

根据㶲（有效能）的定义：以给定的环境为基准，理论上能够最大限度转换为"可无限转换能量"的那部分能量称之为㶲。蒸发系统中的㶲，指以给定基准环境（热力学温度 $T_0=273K$，压力 $p_0=0.1MPa$）为基准，蒸汽、料液、冷凝水及其他能量中能最大限度地转换到给定环境条件下的那部分能量。

对于多效蒸发系统，由于前一单元的有效输出为后一单元的输入，根据能量流动方向，基于㶲的能耗分析模型按蒸发器和冷凝水罐、预热器、闪蒸器可分为 10 个部分，每个部分中都有来自不同能源的多个输入和输出，所以整个系统可视为并串组合模型。为简化计算，假定：忽略所有压力损失引起的㶲损失；散热损失在模块化计算中忽略不计；忽略过料泵、给水泵和其他辅助设备的功耗；蒸发器中的传热在恒温下进行；忽略空气带入的㶲，不计不凝性气体及漏气等损失。由于冷凝水罐的汽水混合现象严重，因此将蒸发器及对应的冷凝水罐作为整体计算。以物流最复杂的Ⅲ效蒸发器、Ⅲ效预热器和1♯闪蒸器为例，其他各设备的㶲分析模型可类似推出。

Ⅲ效蒸发器㶲损失为：

$$I_3 = E_{v2} + E_{w1\_3} + E_{w2} + E_{mi3} + E_{m3} - E_{v3} - E_{mo3} - E_{p3} - E_{w3} \tag{7-7-1}$$

损失占Ⅲ效蒸发器支出㶲的百分数为：

$$\delta I_3 = I_3 / (E_{v2} + E_{w1\_3} + E_{w2}) \tag{7-7-2}$$

Ⅲ效蒸发器㶲效率为：

$$\eta_3 = (E_{v3} + E_{mo3} + E_{p3} - E_{mi3} - E_{m3}) / (E_{v2} + E_{w1-3} + E_{w2}) \tag{7-7-3}$$

1 级闪蒸器㶲损失计算式为：

$$I_{f1} = E_{mo1} - E_{f1} - E_{fm1} \tag{7-7-4}$$

损失占 1 级闪蒸器支出㶲的百分数为：

$$\delta I_{f1} = I_{f1} / E_{mo1} \tag{7-7-5}$$

1 级闪蒸器㶲效率为：

$$\eta_{f1} = E_{f1} / E_{mo1} \tag{7-7-6}$$

Ⅲ效预热器㶲损失计算式为：

$$I_{p3} = E_{mo4} + E_{f3} + E_{p3} - E_{mi3} \tag{7-7-7}$$

损失占Ⅲ效预热器支出㶲的百分比为：

$$\delta I_{p3} = I_{p3} / (E_{mo4} + E_{p3} + E_{f3}) \tag{7-7-8}$$

蒸发过程总㶲损失为：

$$I_z = E_{v0} + E_{m3} + E_{mi4} - (E_{v4} + E_{w1} + E_{w3} + E_{w4} + E_{fm3}) \tag{7-7-9}$$

总损失占蒸发过程支出㶲的百分比为：

$$\delta I_z = I_z / E_{v0} \tag{7-7-10}$$

蒸发过程㶲效率：

$$\eta_e = (E_{fm3} + E_{v4} + E_{w3} + E_{w4} - E_{m3} - E_{mi4}) / E_{v0} \tag{7-7-11}$$

蒸发过程第 i 个单元设备的㶲损率为：

$$\Omega_i = I_i / I_{总} \tag{7-7-12}$$

式中，E_{v2} 为第Ⅱ效出口二次蒸汽的㶲流量；E_{w2} 为 1-3 号冷凝水罐进第Ⅲ效冷凝水罐的乏汽流量；E_{mi3} 为第Ⅲ效预热器出口物料的㶲流量；E_{m3} 为进第Ⅲ效蒸发器的原液的㶲流量；E_{v3}、E_{v4} 分别为第Ⅲ效、第Ⅳ效蒸发器出口二次蒸汽的㶲流量；E_{mo1}、E_{mo3}、E_{mo4} 分别为第Ⅰ效、第Ⅲ效、第Ⅳ效蒸发器出口物料的㶲流量；E_{p3} 为第Ⅲ效蒸发器进第Ⅲ效预热器的二次汽的㶲流量；E_{w3}、E_{w4} 分别为 3 号、4 号冷凝水罐出口冷凝水的㶲流量；E_{f1}、E_{f3} 分别为 1 号、3 号闪蒸器出口乏汽的㶲流量；E_{fm1}、E_{fm3} 分别为 1 号、3 号闪蒸器出口物料的㶲流量；E_{v0} 为生蒸汽的㶲流量；E_{mi4} 为第Ⅳ效蒸发器入口物料的㶲流量；E_{w1-3} 为 1-3 号冷凝水罐出口冷凝水的㶲流量。

基于㶲分析模型，可以很好地分析蒸发过程的用能情况，往往㶲损大的单元设备，其可节能空间也大。

7.2.3   蒸发过程节能优化

多效蒸发过程随着设备老化及结疤等引起蒸发器工作点偏移，设备操作调节完全以保证出料浓度合格或维持较低的生蒸汽消耗量为目标，盲目调节造成出口浓度指标不合格，吨水汽耗高出设计值很多、能耗高。随着能源的日益紧张，如何在保证出口物料浓度合格条件下，降低蒸汽消耗，提高能源利用率，达到提高经济效益的目的，是企业迫切需要解决的问题。

基于出料浓度在线修正的蒸发系统模拟模型的基础上，以㶲效率及吨水汽耗两个指标为优化目标可达到兼顾系统汽耗及提高用能效率的目的。为此，以生蒸汽压力、末效真空度、原液温度和流量、进Ⅲ效蒸发器原液、生蒸汽流量为蒸发过程节能优化模型的决策变量，结合生产过程各种约束条件及㶲效率与吨水汽耗的优化目标，建立的蒸发过程节能优化模型为：

$$
\min_{T_0,TL_0,F_{03},P_k,F_0,P_0} F = \min[GOR，\eta_z]^T
$$

$$
= \min f \begin{cases} f_1(T_0,P_k,TL_0,F_0,F_{03},\Delta T_i,X_0,w_i,T_{wi}) \\ f_2(T_0,P_k,TL_0,F_0,F_{03},\Delta T_i,X_0,w_i,T_{wi}) \end{cases}
$$

$$
\text{s. t.} \begin{cases} X_{out}=G(T_0,P_m,TL_0,F_0,F_{04},D_0) \\ P_{k,mim} \leqslant P_k < P_{k,max} \\ TL_{mim} \leqslant TL_0 \leqslant TL_{max} \\ P_{0,min} \leqslant P_0 \leqslant P_{0,max} \\ 0 \leqslant F_{03}，F_0 \leqslant F_{max} \\ X_{min} \leqslant X_{out} \leqslant X_{max} \\ 5 \leqslant \Delta T_i，i=1,2,3,4 \end{cases} \tag{7-7-13}
$$

式中，GOR 为蒸发系统吨水汽耗；η_z 为系统总㶲损，与㶲效率 η_e 的关系为

$$
\eta_z=1-\eta_e \tag{7-7-14}
$$

X_{out} 为蒸发过程出口浓度，可由蒸发过程的能量平衡与物料平衡推出；T_0 为生蒸汽温度；P_m 为系统的末效真空度；F_0 表示原液总体积流量；D_0 为生蒸汽消耗量。

蒸发过程的节能优化模型为多目标，包含不等式约束、等式约束的复杂优化问题，多目标群智能优化方法可用于求解这类问题。

7.3   铜冶炼企业能源管理系统

7.3.1   铜熔炼生产工艺简介

某年产高纯阴极铜 20 万吨铜熔炼企业，主要包括熔炼工序、吹炼工序、火法精炼工序及配套工艺制酸、制氧、渣选和烟灰回收等。主要生产工艺流程如图 7-7-3 所示。

复杂多金属矿与溶剂等物料经混合，由熔炼炉加料口加入到炉内，自制的氧气和空气通过氧枪高速射入熔体中，在充分混合接触过程中发生瞬间的剧烈氧化反应，熔炼生成铜锍和熔炼渣。铜锍经过包子吊运到转炉内进行吹炼，生成粗铜和吹炼渣。熔炼渣和吹炼渣经缓冷后送往渣选分厂，选出的渣精矿返回配料重新熔炼，渣尾矿可外卖到水泥厂做原料。熔炼、吹炼产生的含有 SO_2 的高温烟气经余热锅炉和电收尘降温、除尘后送往脱硫分厂制成硫酸。余热锅炉和电收尘收集的烟灰送往烟灰处理厂进行综合回收。余热锅炉产生的饱和蒸汽部分进行余热发电，部分与锅炉蒸汽并网供电解、油库和酸库的升温和保温。粗铜经过包子吊运到精炼炉内进行精炼，产生的阳极铜浇铸成板后送往电解精炼，精炼渣返回吹炼炉，烟气经布袋收尘净化后经环保烟囱排出。

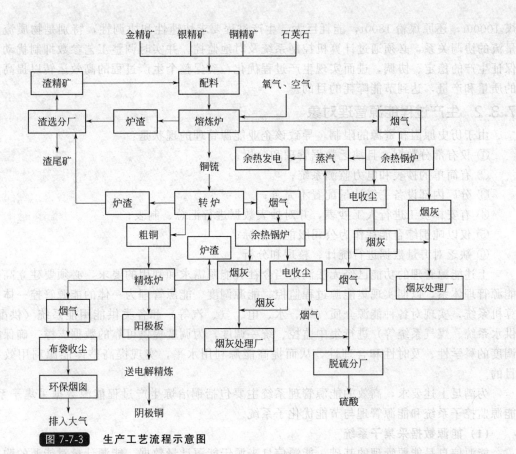

图 7-7-3　生产工艺流程示意图

整个生产工艺过程中，消耗的能源可分为电、天然气、水、煤和油 5 种能源介质。其中，电力主要供气生产氧气和全公司动力设备及照明；天然气作为生产燃料辅助熔炼吹炼生产；水供全厂设备降温和生产；煤主要供动力分厂锅炉房生产蒸汽；煤焦油供捕金分厂做生产燃料；柴油主要用于生产运输载体使用。该企业能流系统示意图如图 7-7-4 所示。以 2011 为例，共消耗各种能源折标煤约为 30000t。其中，电 14000 万千瓦时，各种燃料油 3500t，

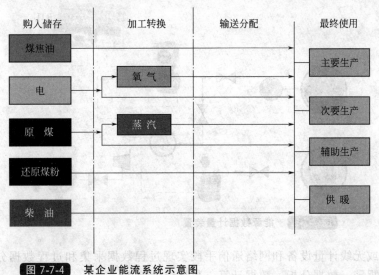

图 7-7-4　某企业能流系统示意图

煤 10000t，还原煤粉 1800t，能耗巨大。生产过程要求快速性和协调性，特别是物质流和能量流的协调关系，必须通过计算机控制系统及时地监控，并实时调整工艺参数抑制扰动，以保证生产的稳定、协调，进而实现生产过程优化，确保整个生产过程的高效运转以提高产品的质量和产量，达到节能降耗的目的。

7.3.2　生产过程能源管理对象

由于历史原因和资源的限制，导致该企业能源管理的现状是：

① 仅有部分数据，且缺乏数据管理和分析；

② 有简单的抄表和电力监测系统；

③ 分厂内部设备三级计量配置不完善；

④ 有安排员工进行人工抄表，并对抄表数据进行汇总、制表；

⑤ 仅以吨铜综合能耗作为公司级能效指标；

⑥ 缺乏对海量数据进行统计、整理和分析。

上述能源管理的功能已经无法满足当今社会能源需求和利用的要求，必须要建立高效的能源管理体系，以期实现集能源过程监控、能源调度、能源管理为一体的能源管控一体化计算机系统，实现对各种能源介质（风、水、电、气、汽等）和各类供能用能系统（供配电、供水系统、煤气系统等）进行集中监控、统一调度，为调度提供可靠的数据支撑，确保能源调度的科学性、及时性和合理性，从而提高能源利用水平，实现提高整体能源利用效率的目的。

为满足上述要求，高效的能源管理系统主要包括铜冶炼生产过程能源数据采集子系统、能源监控子系统和能源管理与节能优化子系统。

（1）能源数据采集子系统

能源信息是能源管理的基础，能源信息来源于能源计量数据。能源计量对能源的购入储存、加工转换、输送分配、生产（主要生产、辅助生产）过程、采暖（空调）、照明、生活、排放、自用与外销进行分别计量。能源数据计量装置如图 7-7-5 所示。

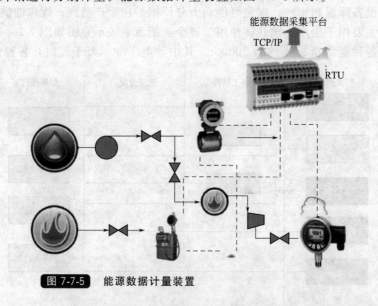

图 7-7-5　能源数据计量装置

通过有线或无线计量设备和网络通信手段实现过程数据采集和过程数据分类归档存储，供数据监视、报警、数据分析、数据计算、数据统计等用。

（2）能源监控子系统

通过界面显示和监控生产过程中的流量、压力、温度、电能等数据，实现：①能源物质流和能量流的监视；②系统故障报警和分析；③负责日常的能源生产调度；④突发事件期间实施能源应急调度策略；⑤对企业电、气、水等各种能源介质在购入存储、加工转换、输送分配和终端使用过程中进行集中的监视、测量、控制和管理，并根据报警信息处理给出合理的调度操作建议和应急预案，确保能源介质在各个环节的安全性和可用性，确保能源供应的安全稳定，达到节能增效。

（3）能源管理子系统

通过对采集的数据进行归纳、分析和整理，并分类数据归档（实时数据、短时数据、统计数据、历史数据、记录）实现以下功能。

① 能耗综合统计分析　能耗分析是根据能源计量的实时信息对现场各单位的能源使用和消耗情况进行分析，计算各种能耗指标、单位产值综合能耗、产品单位产量综合能耗和产品单位产量可比综合能耗等；提供能源消耗统计台账与各种丰富的管理报告，包括各类日报、旬报、周报、月报和季报，进行能源成本分析和账单管理，结合费率生成关联业务的财务账单，使成本可考核与监管，可实时跟踪分析节能行动的效果和完成情况等。

② 能量平衡与能源效率的分析计算　能量平衡分析是对进入企业的能量与离开企业的能量在数量上的平衡关系进行分析，是能源收入与支出的平衡、消耗与有效利用及损失之间的平衡；了解企业的用能状况，发现不合理的能源使用和浪费；获得能源使用流程各个环节的利用效率，优化能源的生产和使用效率。通过平衡分析，可编制能源平衡表，进行能源效率的分析计算和绘制能流图。

能源平衡表是由各种能源品种的单项平衡表组成的，是以矩阵形式表现的表格形式，将各种能源的资源供应、加工转换和终端消费等各种数据汇总记入若干张表格内，直观地描述报告期内企业各种能源的供应与需求和它们之间的加工转换关系，以及资源供应结构和消费需求结构。

能流图能形象地、完整地且定量地展示出能源供应、转换和使用的全貌，以及各个环节之间的能量平衡关系，其主要数据来源是能源平衡表。

③ 能源模型和预测分析　能源模型是基于影响能源消耗的关联数据，如天气、时间、原材料、产量、设备利用率、生产班次等对能源的消耗量产生影响的外在因素，用能源消耗量和影响能源消耗的关联数据建立数学回归模型并得出函数关系，建立关联能源模型。基于能源模型的函数关系预测能源需求，输入影响能源消耗的关联数据即可给出预测的能源消耗量，能进行在线预测决策、能耗预测分析、电力负荷预测、趋势评估、越限警告等。

④ 能源计划与实绩管理　能源未来使用计划的设立是基于生产状况、能源预测和确立能源消耗指标。能源实绩是通过对企业内部以前各种指标对比，或和企业外部先进企业能耗指标对比，找出差距，衡量企业能源的生产运行和技术管理水平。实绩与能源消耗指标跟踪对比（对标分析管理）包括单位产值综合能耗对标、产品单位产量综合能耗对标和工序能耗对标。

7.3.3　铜冶炼企业能源管理系统设计

铜冶炼企业能源管理系统在结构层次上可以分为数据采集层、数据管理层、用户服务层三大层次，如图 7-7-6 所示。

数据采集层在能源管理系统中属于数据基础的部分，能源管理系统的所有分析、评价和优化功能都建立在正确、准确、及时地获取现场数据的基础上。

数据管理层通过相应的集成化、分布式能源管理使能工具集，提供面向离散制造业的能源计划管理工具、能源控制与监控工具、能源管理分析与预测工具等。其中，监控数据由能源数据采集和计量装置获得。

用户服务层通过 Web 数据发布功能，为用户使用系统提供界面和接口，保证用户能够随时随地登录系统，管理企业生产，查看和调度企业能源。

能源管理系统实现铜冶炼企业能耗数据及时、快速和准确的计量，并采用一定的数据采集手段，将数据信息从企业现场实时地存储到后台数据库系统，再进行统计、分析，并根据需要绘制各种趋势曲线和报表，进而做出科学的分析、调度和预测，同时提供预警功能。通过 Web 浏览器，企业领导可以对生产现场的数据和能耗状况进行多方位、可视化的了解。

能源管理系统的硬件组成包括：①具有远传功能的各个采集点的计量仪表；②连通以太网或者局域网的网络通信设备；③工控机和服务器。能源管

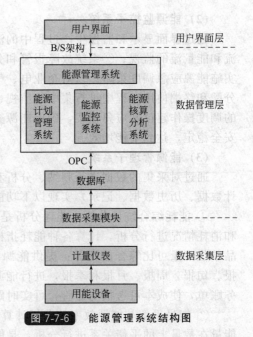

图 7-7-6 能源管理系统结构图

理系统硬件结构如图 7-7-7 所示图，其中全能量信息（WAGES）包括 Water（水）、Air（空气，包括氢气、氧气、氮气及惰性气体）、Gas（燃料气，包含煤气和天然气等）、Electricity（电）、Steam（蒸汽）和煤、油等。

能源管理系统的软件组成包括：①计量仪表的通信协议；②能源数据采集的接口程序；③适用的数据库；④实现能源管理功能的软件，如西门子 300/400PLC 的 OPC Server、WinCC 或 Simatic Net、PC Access、OPC Server、实时数据采集软件和 SQL Server 数据库软件和能源管理软件等。

通过实时数据采集软件，将过程数据采集到 SQL Server 数据库中。实时数据采集软件的 IOClient 接口模块可以读写现场控制系统的 OPC Server，而软件的 IOServer 模块可以将连接的这些不同服务器的 OPC Item 集成到一起，构成一个统一的 OPC Server，同时会将采集的数据记录到数据库中。这样上位机组态软件可以通过 OPC 连接这个 OPC Server，以便完成组态和变量的连接。如图 7-7-8 所示。

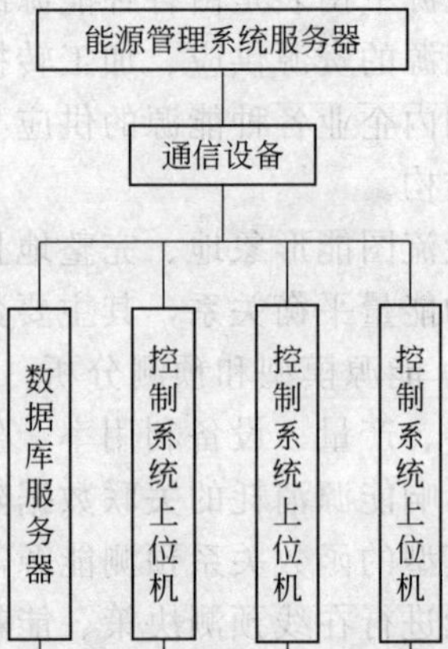

图 7-7-7 能源管理系统硬件结构

全厂数据集成的网络部署只有两种办法：一是在底层控制系统层面进行，即通过工业以太网、Profibus-DP 或者其他通用的总线协议在底层将数据连通，这种实现方式的好处是数据实时性高，缺点是配置和联网复杂，硬件投入多，不适用于目前已经投入生产的全厂系统；二是在应用层进行网络互连，办法就是通过 OPC 协议进行数据传输，并通过 DCOM 配置实现分布式数据采集，这种实现的好处是配置相对简单高效，基本不影响底层控制系统的运行，安全性高，缺点是数据实时性不高。

考虑到现场各控制系统处于生产运行状态，采用在应用层 OPC 联网通信的方法无论从理论上还是可行性上都是目前唯一的也是最好的选择。至于实时性问题，由于一般工业现场

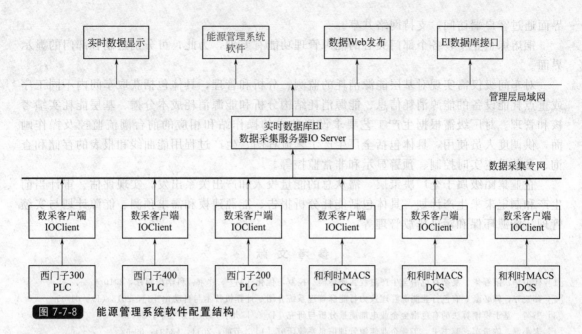

图 7-7-8　能源管理系统软件配置结构

数据采集都是秒级，并且采集的数据并不用于控制，所以对实时性要求不高。全厂网络部署如图 7-7-9 所示。

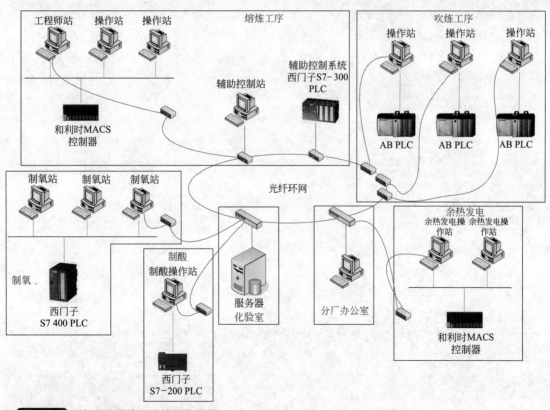

图 7-7-9　全厂能源管理系统网络结构

全厂界面显示包括：①各个点的数据累计值和即时问询值；②通过运算得到的能耗值；③具备导入导出、筛选和存储功能；④最终按客户所需求的采控点，生成能源图表；⑤操作界面通过客户端访问，支持网络共享。

铜熔炼企业中，各个部门关心的能源管理功能有差别，为此，可分别定制各部门的显示界面。

对车间级仅需实现对基层能源消耗的监测、分析和管理，具体包括获取车间内不同工序或重点耗能设备的能源消耗信息、能源消耗结构分析和能源消耗成本分摊、基层能耗实绩考核和管理。对厂级需根据生产工艺要求设置独立的操作站和相应的前台潮流监控及操作画面，供调度人员使用，具体包括全厂生产工艺流程图、生产过程用能曲线和报表的存储和查询、参数设定实时控制、预警显示和非常监控等。

企业集团级属于全厂决策层，需从总的能量投入和产出关系出发，实现评估、审计当前生产和制定未来生产计划，具体包括能耗分析报告、能源建模和需求预测、能源计划与实绩管理、能源环保和污染排放管理等。

参 考 文 献

[1] 桂卫华，阳春华. 复杂有色冶金生产过程智能建模、控制与优化 [M]. 北京：科学出版社，2010.
[2] 孙要夺，韩必豪. 有色行业能源管理及力行能源管理系统介绍. 计算机技术与自动化 [J]，2013 (1)：01-05.
[3] 韦荷. 基于模糊算法的有色冶金企业电能质量分析与研究 [D]. 广州：广东工业大学，2013.
[4] 宋小磊，陈贵军，赵书平. 工业企业能源管理信息系统研究 [J]. 节能，2011，(349)：59-62.
[5] 薛霄，马永强，马增良. 节能降耗系统平台及关键技术研究 [J]. 计算机应用研究，2008，(25)：3191-3194.

第8章　电力企业能源管理系统

8.1　电厂能源管理体系的建立

能源是经济社会可持续发展的动力，在一定程度上是国家经济的生命线。然而，随着经济社会的发展，能源问题逐渐突出。如何有效地节约能源，实现能源地优化利用，是每个工业社会国家必须重视的问题，也是实现经济社会可持续发展的必然选择。电厂作为主要耗能企业之一，建立完善的能源管理体系势在必行。

8.1.1　电厂能源管理体系的特点

按照电厂要求所建立的能源管理体系是一个系统化、文件化、程序化的管理体系，它强调全过程控制、有针对性和有效地提高能源管理水平，持续提高能源利用效率，达到既节能又减少温室气体排放的双重目的。

(1) 电厂能源管理体系应与其他管理体系相结合

电厂作为能源消耗和供应的重要企业，有自己的能源管理体系，并建立了质量管理体系、环境管理体系、信息安全管理体系等，即电力企业已有一套管理机构、管理制度、生产过程和资源。满足能源管理体系标准要求的管理体系，必须在组织运行过程的全过程、全方位渗入能源管理的理念，并且将能源管理体系当作组织全面管理体系的一个重要组成部分，是对原有体系的改进和补充。能源消耗直接与电厂的生产成本密切相关，将电厂的能源管理体系工作作为组织日常管理的一部分，特别是与每个人的工作和生活结合起来，即能达到节约能源、提高能源利用效率的目的。

(2) 电厂能源管理体系是一个不断发展、不断改进和完善的过程

电厂能源管理体系的运行是依据国家能源管理标准的要素所规定的管理承诺、能源方针、规划、实施与运行、检查与纠正措施及管理评审等环节实施，随着科学技术的进步、法律法规的完善、客观情况的变化及总体节能意识的提高，体系按照 PDCA 运行模式，自身不断改进、补充、完善并呈螺旋式上升，每经过一个循环过程，就需要制定新的能源目标、指标和管理方案，调整相关要素，使原有体系不断完善，达到一个新的运行状态。

电厂能源管理体系通过运行，有效地识别出影响设备能效高低的各种因素，进而采取加强能源管理和技术改造等综合性措施，促进电力企业的节能降耗工作，取得了较好的绩效。电厂的能源管理体系运行模式如图 7-8-1 所示。

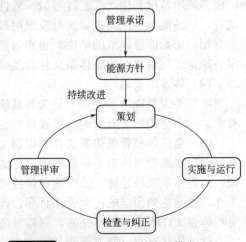

图 7-8-1　能源管理体系的运行模式

（3）一体化的管理体系

电厂管理体系种类繁多，如环境管理体系、质量管理体系、职业健康安全管理体系、信息安全管理体系，不同的管理体系管理对象不同，有各自独特的管理要素，但有许多要素是相似或相同的，如文件管理、记录管理、培训意识与能力、机构职责与权限、不符合要求的纠正与预防措施、内部审核、管理评审等，在程序化、文件化管理和运行控制方面，在相关文件中增加能源管理的内容就可满足要求。特别是环境管理体系，与能源管理体系的相融性更好，所以在建立体系时就要将能源管理体系与环境管理体系、质量管理体系尽可能地融合起来，建立一体化的管理体系，这样的体系才能具有生命力。

8.1.2　电厂能源管理体系建立的步骤

一般情况下电厂能源管理体系建立的步骤为：领导决策和准备—范围界定—初始能源评价—体系的策划—能源管理体系文件的编制—体系运行—内部审核与管理评审。

（1）领导者的承诺

国家对能源管理工作越来越重视，一些省市已将节能减排的任务分配到了重要用能单位，而电厂则是重要用能单位之一。面对繁重的节能任务，很多电厂的最高管理者开始亲自负责节能减排工作，这对建立电厂能源管理体系是非常有利的。但节约能源这一责任具有很强的社会性，仅仅靠方针是不够的，承诺对于建立和实施能源管理体系至关重要，电厂能源管理体系的建立应该是始于管理承诺。最高管理者应对建立、实施、保持和持续改进能源管理体系做出承诺，包括贯彻执行使用的法律法规；将能源方针目标作为组织发展方向和战略目标的组成部分；传达节约能源的重要性，增强全员节能意识；进行管理评审和配备适宜资源，并由他明确能源管理的意图和应用范围。

（2）范围界定

对于电厂的能源管理体系而言，其管理的对象是电厂的生产过程、产出电能过程中的能源消耗以及能源最终利用效率等问题，因此电厂能源管理体系的范围宜是一个覆盖所有过程、产品和服务，并涉及电厂各级各部门的职责和权限、现场区域、地理边界等要素的集合。

（3）初始能源评审

初始能源评审是组织建立能源管理体系的基础，通过现场观察和现有历史数据，对电厂的能源使用情况和生产工艺过程做一般性的调查。初步能源评审包括两部分：一是能源管理调查，二是能源技术调查，这对发现明显的能源浪费和在短期内提高能源效率的简单措施非常有用。初始能源评审的结论，将作为建立和评价电厂的能源方针、制定目标指标和管理方案、确定优先事项、编制体系文件的基础。

（4）体系的策划

电厂能源管理体系是一个复杂的系统工程，在着手建立体系前，进行充分有效的策划，对建立一个适用的、有效的、可操作的、符合标准要求的管理体系是非常重要的。

（5）电厂能源管理体系文件的编制

电厂能源管理体系是一套根据电厂的特点和满足标准要求的文件化的能源管理制度和方法。制定体系文件是建立、实施和保持能源管理体系并保证其有效运行和持续适用的基础性工作，也是达到预定的能源管理目标、评价与改进体系、实现持续改进的必不可少的依据。电厂体系文件不是一成不变的，它需要随着体系的运行，不断地进行修订和完善，以保证体系文件的持续有效。能源管理体系文件是组织内部的管理制度，在使用前需进行评审和修订，最后经批准才可正式发布。

（6）体系试运行

体系试运行是一个长期持续的过程，体系文件正式发布后，即进入试运行阶段，即电力企业要按所建立的体系手册、程序文件和作业指导书的规定，整体协调运作，并记录有关信息。试运行的目的是要在实践中检验体系的充分性、适用性和有效性，组织应加强运作力度，努力进行修订、调整，以尽快渡过磨合期。

（7）内部审核和管理评审

体系运行一段时间后，组织应做好准备，检验体系是否符合标准的要求。试运行期间进行的第一次内审的策划是很重要的，最好是管理者代表亲自策划，并要接受内审员的审核。各级管理者特别是最高管理者均应接受审核，检验是否充分履行了文件中规定的职责。内审是由内审员承担的。内审员是否称职关系到内审的质量和有效性，所以内审员应经过培训，具有相应的知识、技能和能力。一般来说，第一次内审最好请外部专家进行现场指导，使内审员在实践中掌握内审的方法、技巧。为了提高内审的水平，有时需要多次内审。

8.1.3　能源管理的过程控制

火电厂的主要生产环节可大致分为燃料的进厂、碎煤、入炉、燃烧、出渣以及蒸汽的生产和消耗、汽轮机组发电和电力输送等。发电过程中任何一个生产环节中均存在能源损耗的问题，如果能够有意识地通过有效的技术管理手段，使各环节的能源消耗水平得到合理控制，并努力减少生产过程中可以避免的能量浪费，就能真正达到节能的目的。

（1）改善燃煤质量

一般来讲，燃料成本约占发电成本的 70% 左右。如果燃煤质好价优，则锅炉燃烧稳定，效率高，机组带得起负荷，不仅能够减少燃料的消耗量，更有利于节约发电成本。而如果燃煤质次价高，则锅炉燃烧稳定性差，燃烧效率低，锅炉本体及其辅助设备损耗加大，显然对发电厂是极其不利的，因此，燃料的进厂和燃料质量的控制是发电厂节能工作的源头，这一步工作是否得到有效控制，将在很大程度上影响到其后续生产环节的能源消耗。

（2）降低碎煤输煤系统耗电

碎煤输煤系统的耗电占厂用电的 4%~8%，显然，在保证制煤系统出力，控制合理煤块大小的前提下，提高制煤效率，减少制煤时间，降低制煤系统耗电是重要的节能途径。

（3）提高锅炉燃烧效率

锅炉是最大的燃料消耗设备。燃料在锅炉内燃烧过程中的能量损失主要包括排烟损失、不完全燃烧损失、散热损失、灰渣热损失等。因此，只有通过减少各项损失，如用好省煤器，提高燃煤烧蚀指标，保证保温效果，利用除渣机回收热能，提高锅炉燃烧效率，才能实现锅炉燃烧的节能控制。

（4）提高汽轮机效率

汽轮机运行时，其能量损失主要指机内损失。另外，汽轮机排汽也会造成一定的能源损失。反映汽轮机效率水平的主要指标为汽耗率及机组热耗率。汽轮机的节能改造措施主要有通流部分改造、汽封及汽封系统改造、改进油挡结构防止透平油污染、防油烧瓦技术、改善机组振动状况、改进调节系统及用好高低压加热器等。此外，还应加强对汽轮机的检修，以提高运行的稳定性。

（5）改善蒸汽质量

蒸汽压力和温度是蒸汽质量的重要指标。如果汽压低，外界负荷不变，汽耗量增大，煤耗增大；汽压过低，迫使汽轮机减负荷。过、再热汽温偏低，压力不变时热焓减少，做功能力下降。也就是当负荷一定时，汽耗量增加，经济性下降。如何合理控制好这两大指标，提高经济性，也具有重大意义。

（6）用好出渣机

循环流化床锅炉的出渣温度一般在 900℃ 左右，含热量高，输送很不方便，给工人工作带来安全隐患，浪费能源，污染环境。高温炉渣通过出渣主机与循环水换热，可以使炉渣温度降低到 100℃ 以下，因此，可为用户带来可观的经济效益和社会效益。炉渣余热得到了充分回收，既提高了锅炉热效率，又节约能源。按每台锅炉每小时出渣量为 1t 炉渣计算，回收余热相当于 53.1kg 发热值为 5000kcal 原煤的发热量，每年可节约原煤 465t，直接经济效益 18.6 万元，节能效益显著。

（7）降低电能输送损耗

只有当火电厂在电力系统中的接线方案合理时，才能降低网损率，避免功率过多地损失在输电环节，提高火电厂输出功率的利用率。这就要根据能源分配原则，即损耗最小和线路距离最短的原则，先将供电区域分成若干分区，在各个分区内选择接线方案，最后再整体分析。小型火电厂应优先选用单母线分段接线方式。

8.1.4 能源管理的软件结构

目前我国电厂的能源系统基本靠人员根据本单位的实际情况逐项进行，由于能源系统涉及面广，各部门对其能源消耗情况单独进行管理，部门之间的能源管理时间、期限不同，也就影响能源管理结果的准确性。所以，电厂能源管理应进行标准化、规范化的统一管理。针对这种情况，开发综合性的电厂能源管理软件，既可减少管理工作中造成的不必要的人力浪费，又可以提高能源管理的可靠性、及时性和方便性，还可进行标准化、规范化管理。

电厂能源管理软件采用模块化结构，共由 5 个模块组成，即数据录入和管理、计算及报表生成、报告生成、输出、系统管理，具体见图 7-8-2 所示。

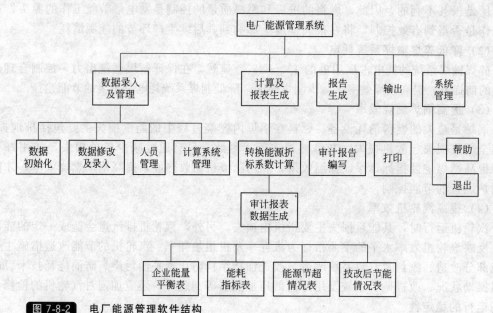

图 7-8-2 电厂能源管理软件结构

8.2 火电厂能源审计研究

8.2.1 能源审计定义

能源审计是审计单位依据国家有关的节能法规和指标，对企业和其他用能单位能源利用的物理过程和财务过程进行的检验、核查和分析评价，是一种加强企业能源科学管理和节约能源的有效手段和方法，具有很强的监督与管理作用。

企业能源审计工作可概括为：由有资质的能源审计单位根据国家有关法律法规，对企业或其他用能单位在能源使用的物理过程与财务过程进行审查，并根据审查结果进行分析评价。能源审计的主要内容可细化为 8 个方面：能源管理状况，包括组织、人员与管理标准；企业用能概况；生产工艺与用能流程；主要用能设备的运行效率；能源计量、监测系统与统计台账；单位产品能耗；节能技术改造项目；企业能源使用的经济分析与环境影响。

企业能源审计科学规范地对用能单位能源利用状况进行定量分析，对企业能源利用效率、能源消耗水平、能源经济与环境影响进行审核、诊断与评价，从而挖掘节能的潜力，制定节能整改方案。所以，企业能源审计的主要作用为审核作用、诊断作用与评价作用。

8.2.2 火电厂能源审计定义

火力发电厂能源审计是一门新兴的交叉学科，需要建立系统完整的评价指标与研究方法体系。根据《热力发电厂》与《审计学》原理，火力发电厂能源审计可描述为：火力发电厂能源审计是依据国家有关节能法规与标准，应用热力发电厂原理与审计学方法，对火力发电厂的能源转换与利用的物理过程、财务过程与管理过程的合理性、合规性、经济性与潜力进行调查、分析与评价，属于技术性专项审计。

研究火力发电厂能源审计的方法论体系必须注重能源审计的实务和操作性。在火电厂能源审计的实务工作中，从火力发电厂的能源转换和利用的物理过程、财务过程和管理过程三个方面切入，可以把火电厂能源审计方法具体分为：考察物理过程，依托热量法、做功能力法等以技术为基础的热力学方法；考察财务过程，依托以账户为基础的会计系统的审阅法、核对法等会计学方法；考察管理过程，依托以制度为基础的内部控制检查法、对比法等管理学方法。

从传统审计学角度，审计方法是实施审计工作的模式、程序、手续、措施与手段的概括，涵盖了审计管理方法、审计取证方法与取证的技术手段。火力发电厂能源审计在审计分类上属于企业内部审计，在审计性质上属于技术审计的范畴，是传统审计科学的工程化，见图 7-8-3。

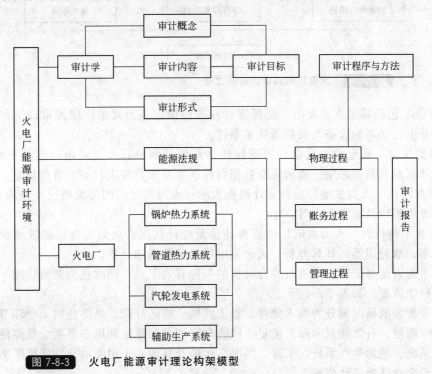

图 7-8-3 火电厂能源审计理论构架模型

8.2.3 火电厂能源审计内容

火电厂能源审计关注的是火力发电厂能源转换以及利用的物理过程、财务过程和管理过程的合理性、合规性、经济性和潜力等目标，应用热力发电厂、审计学等原理分析其合理性；根据与节能减排相关的法律规定、政府监管机构制定的监管规则、行业标准化中心制定的行业导则以及各大发电集团制定的内部规章制度等考察其合规性；评价其用较少的投入获得较大的成果带来的经济性；分析存在于企业内部不容易发现或发觉的能力，挖掘其潜力，构成火电厂能源审计实务的核心内容。火电厂能源审计实务具体包括内容如图 7-8-4 所示。

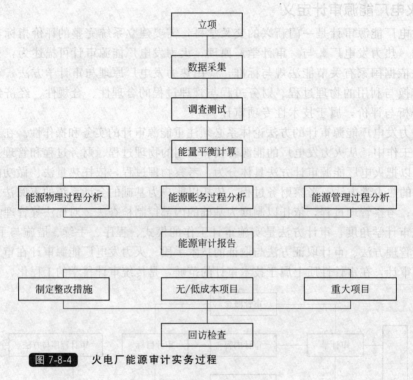

图 7-8-4 火电厂能源审计实务过程

① 立项 包括确定火力发电厂能源审计任务；拟定火力发电厂能源审计工作计划；成员组成和分工；必需的设备与仪器等技术条件。

② 数据采集 确定火力发电厂原则性热力系统及测点；火力发电厂能量平衡方框图、能流图的计算及其数据采集；查阅能源数据台账、主要参数报表和有关数据信息。

③ 调查测试 火力发电厂能源审计调查大纲；火力发电厂的用能概况、能源管理现状；必要的能源检测以及确定重点等。

④ 能量平衡计算 火力发电厂的能源计量及统计状况；火力发电厂能源消费指标（如供电煤耗率、水耗率等）计算分析；火力发电厂能量平衡和分析。

能量平衡表是对能源系统进行综合分析的一种有效工具，同时也为能源管理、编制用能计划提供科学依据。如表 7-8-1 所示。

能量平衡表的横向划分为购入储存、加工转换、输送分配、最终使用 4 个环节。纵向是能源的供入能量、有效能量和损失能量、回收利用能量和能量利用率等项。最终使用划分为主要生产系统、辅助生产系统、采暖、照明、运输及其他 6 个用能单元。能量平衡表的基础数据来源于企业能源统计资料。

表 7-8-1　企业能量平衡表样表

项目 能源名称	购入储存			加工转换				输送分配	最终使用						
	实物量	等价值	当量值	发电站	制冷站	其他	小计		主要生产系统	辅助生产系统	采暖	照明	运输	其他	合计
	1	2	3	4	5	6	7	8	9	10	11	12	13	14	15
供入能量　蒸汽															
电力															
柴油															
汽油															
煤炭															
冷媒水															
热水															
合计															
有效能量　蒸汽															
电力															
柴油															
汽油															
煤炭															
冷媒水															
热水															
小计															
回收利用能量															
损失热量															
合计															
能量利用率															
火电厂能量利用率															

⑤ 能源物理过程分析　锅炉热力系统、管道热力系统、汽轮发电机组热力系统和辅助生产系统的能量平衡分析；主要设备或系统的运行经济性分析。

⑥ 能源财务过程分析　火力发电厂能源成本指标计算分析；火力发电厂电、热产品财务成本指标分析；火力发电厂能源消耗、价格、成本数据核定，以及小机组发电量指标交易补偿的节能量等。

⑦ 能源管理过程分析　按国家或行业标准检查能源管理、计量、统计等的合规性。通过火力发电厂节能潜力的计算分析，与国内外同类型电厂的先进水平做对比，改进能源管理，完善内部控制，提高技术维护水平，健全管理制度。

⑧ 能源审计报告 提出火力发电厂能源审计报告是本项工作的标志性成果，要按照规定格式编写火力发电厂能源审计报告，主要内容有能源审计概况、依据、结论、决定、从管理和技术途径提出建议以及必要的附件说明。

⑨ 制定整改措施 根据火力发电厂能源审计报告提出的意见和建议，制定整改措施。

⑩ 无/低成本项目 通过能源审计，可以确定的无成本/低成本节能技术项目优先实施，有的应该即知即改。

⑪ 重大项目 火力发电厂重大节能技术改造项目是节能的根本措施，要进行可行性分析、环评分析以及提出进度表等。

⑫ 能源审计回访 为保证能源审计效果，检查和回访火力发电厂能源审计报告的落实情况是必要的，可以参照后续审计的准则进行。

火电厂为了保证国家相关电力行业能源政策法规的贯彻执行，达到节能降耗、提高企业经济效益的目标，在对火力发电厂进行能源审计时，应主要针对以下内容进行审计。

① 火力发电厂能源管理情况 主要包括电厂能源管理机构设置及岗位职责、能源管理相关制度、运行管理、重点耗能（包括消耗厂用电、厂用汽等）设备节能监测管理、能源（煤、油、蒸汽、热、水、电）的三级计量管理、能源统计管理、能源定额管理、节能技改管理等。通过对上述能源管理情况进行调查了解，明确电厂运行管理机构及人员配置情况，掌握火电厂主机锅炉、汽轮机、发电机及其主要附属设备的节能监测管理情况。

② 火力发电厂的用能概况 主要包括燃煤电厂能源消费状况、重点用能工艺与单位产品能耗状况、重要用能设备的运行效率，以及所开展的节能技术改进项目的效果及推广情况等。通过现场考察及设备台账的查阅，确定电厂能源消耗结构以及电厂煤、油、汽、热、水、电消耗的流向，明确电厂是否使用国家已明令禁止使用的淘汰设备；通过对电、热成本财务情况进行分析，明确电厂能源成本以及其占电厂总成本的份额等。

③ 火力发电厂能源计量与统计情况 主要包括电厂是否配备合理的能源计量器具及仪表，能源统计的原始记录及台账是否健全，电厂日报表、月报表、年报表是否按要求报送，主要指标的定额考核情况，进而评价企业能源统计制度与管理水平。

④ 相关能耗指标的计算 依据国家、行业的相关标准、规程以及实践经验等确定相关能耗指标，如供电标准煤耗率、综合厂用电率、单位发电量取水量、燃油消耗量、水耗率等，对主要影响因素分解并计算，并与同行业国内外先进水平对比，从而进一步反映火力发电厂的能耗状况及水平。

⑤ 节能潜力分析 通过对电厂能源消耗情况的审计及能耗情况的计算，对比国内外先进能耗水平及本企业历史先进水平，全面分析电厂的节能潜力，排查节能障碍和生产及使用过程中的浪费环节，对电厂节能管理、节能技术改造方案、设备先进性提出建议。通过分析全厂发（供）电标准煤耗率与应达值之间的偏差，并结合锅炉热效率、汽轮机热耗率与其应达值之间的偏差分析，明确引起电厂煤耗率高于应达值的原因及部位，为挖掘节能潜力提供依据。在明确电厂节能潜力的基础上，提出电厂节能管理和节能技术改造建议方案，并对节能管理和技术改造的经济效益和环境效益进行定量计算。

8.2.4 火电厂能源审计报告体系

一般审计方法是在审计过程中，审计人员根据所确定的审计目标和可支配的审计资源，针对具体的审计事项取得具有充分证明力的审计证据，依据审计证据去证实审计事项与审计依据的相符程度，就审计事项的性质做出审计结论，并将审计结果传达给企业。

火电厂能源审计是针对火力发电厂生产过程的经济运行水平、能源管理现状以及节能潜力分析所开展的专门检查和评价。根据火电厂能源审计任务，运用国家或行业相关标准，获取在火电厂能源审计规定期限内相关的技术数据、文本文件，或进行必要的检测，可以通过"三图三表一报告"技术分析体系，实现火电厂能源审计目标。

"三图三表一报告"是开展火电厂能源审计的简捷评价方法和实现途径。具体为：绘制火力发电厂热力系统图、火力发电厂能量平衡方框图、火力发电厂能流图；编制火力发电厂能源统计表、火力发电厂能量平衡表、火力发电厂能源财务分析表以及火力发电厂能源审计报告。

① 火力发电厂热力系统图是热力发电厂实现热功转换热力部分的工艺过程图，有原则性和全面性之分。火电厂能源审计以全厂原则性热力系统图为基础，相应的火力发电厂能量平衡方框图为依据，完成火力发电厂能源统计表、火力发电厂能量平衡表以及火力发电厂能源财务分析表的编制，计算并绘制火力发电厂能流图，最终完成火力发电厂能源审计报告。

② 火力发电厂能量平衡方框图。清晰、简明地表示火力发电厂生产过程，绘制热平衡、电平衡、水平衡方框图，或能源审计期限内的能源平衡网络图。

③ 火力发电厂能流图。根据热力发电厂原理，通过计算，绘制出与动力循环能量转换、传递和利用物理过程一致的火力发电厂热流图和质流图。

④ 火力发电厂能源统计表。能源统计是开展火力发电厂能源审计的基础性工作，按照统计学原理，围绕火力发电厂能源审计任务，设计统计指标体系，按能耗分类采集数据，确定能量单位及其换算方法，编制火力发电厂能源统计表。

⑤ 火力发电厂能量平衡表。火力发电厂能量平衡是以火力发电厂为对象，研究各类设备的能源收入与支出平衡、消耗与利用以及损失的数量平衡，并进行定性与定量分析。依据 DL/T606《火力发电厂能量平衡导则》的规定设计表格，进行热平衡、电平衡、水平衡计算与分析，计算技术经济指标，编制能量平衡表。

⑥ 火力发电厂能源财务分析表。根据会计学原理，火力发电厂能源财务分析是关于火力发电厂能源管理、电量和热量交易及其资金流的收支平衡和计算的事务。设计的能源财务分析表要包含购入能源消耗（实物）费用、产值能耗及能源成本分析、企业自用能源费用、能源单价以企业平均结算价计算等内容。

⑦ 火力发电厂能源审计报告。火力发电厂能源审计报告的主要内容有：火电企业能源管理、能源统计的体系和制度；火电企业节能管理与技术措施；能源利用效果评价，存在的主要问题及节能潜力分析，节能技术改造的财务分析和合理化建议等。火力发电厂能源审计，要尽可能利用电力企业已有的相关数字化技术平台实现计算机能源审计。

8.3　火力发电厂生产工艺流程分析

鉴于热电厂现有的能源管理体系要求，本书对电厂的生产流程、设备进行了分解。

热电厂生产工艺流程可大致可分为五个部分：机、炉、电、化、热（热网）。其中有煤、水、汽及化学药品等原料或工质参与生产流程，并通过工质的流动以做功或热传递的方式完成由燃料向热（采暖）蒸汽（井口用）电（电动）转化的生产任务，各系统相辅相成，缺一不可。按照能源消耗的走向，逐一对热电厂工艺进行分解。

8.3.1　燃运车间

在燃运车间，原煤由皮带机通过运煤栈桥送入原煤除铁器，除去杂铁后进入碎煤机，再由皮带机组送入原煤斗，煤在斗内靠重力作用进入给煤机，供应至磨煤机磨粉处理，从而输送到下一车间——锅炉车间。燃运车间主要分为两个环节：卸煤和上煤，通过自动卸煤机把车皮上的煤直接卸到料仓，经过粗破和细破，再由称重给煤机送进锅炉。需要注意的是，破碎的标准是粒径达到 10mm 以下为合格。参阅图 7-8-5。

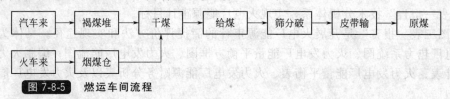

图 7-8-5 燃运车间流程

（1）给煤机

该设备的作用是调节送入磨煤机的煤量。它能在很大的负荷变动范围内改善锅炉性能，使过热温度、再热温度和压力温度的控制更为稳定，使燃料与所需空气量更为匹配，所需的空气过剩量减少，连续给煤，称量准确，工作稳定，节能高效，是燃煤锅炉制粉系统中与磨煤机相配的先进的计量给煤设备。

（2）磨煤机

设备的作用是将原煤仓输送的煤炭研磨成煤粉。它是煤粉炉的重要辅助设备，有立式磨粉机、高压悬辊磨、中速微粉磨、超压梯形磨、雷蒙磨等型号。

（3）粗细粉分离器

设备的主要功能是把煤粉进行粗细分离，不合格的送回重新磨煤。保定热电厂所采用的为多通道轴向粗粉分离器和高效节能细粉分离器。

8.3.2 锅炉车间

燃料经燃运车间制粉送入炉膛中燃烧，使燃料的化学能变为热能。高温烟气由炉膛经水平烟道进入尾部烟道，最后从锅炉中排出。锅炉排烟再经过烟气净化系统处理，由引风机送入烟囱排入大气。烟气在锅炉内流动的过程中，热量传递方式为：①在炉膛中以辐射方式将热量传给水冷壁；②在炉膛烟气出口处，以半辐射、半对流方式将热量传给屏式过热器；③在水平烟道和尾部烟道以对流方式传给过热器、再热器、省煤器和空气预热器。锅炉给水经过省煤器、水冷壁、过热器变成过热蒸汽，并把汽轮机高压汽缸做功后抽回的蒸汽变成再热蒸汽。锅炉车间的流程图如图 7-8-6 所示。

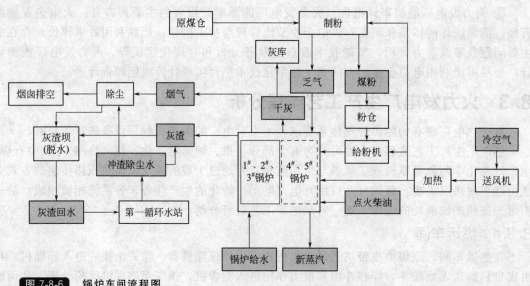

图 7-8-6 锅炉车间流程图

（1）锅炉

锅炉是火力发电厂中主要设备之一。它的作用是使燃料在炉膛中燃烧放热，并将热量传给工质，以产生一定压力和温度的蒸汽，供汽轮发电机组发电。

（2）汽包

能够承受汽包产生的空气压力和水位压力的一种工业设备。接收省煤器来水，进行汽水分离，向循环水路供水，向过热器输送饱和蒸汽，参阅图 7-8-7。其作用有以下几点：

① 是工质加热、蒸发、过热三过程的连接枢纽，保证锅炉正常的水循环；

② 内有汽水分离装置和连续排污装置，保证锅炉蒸汽品质；

③ 有一定水量，具有一定蓄热能力，缓和汽压的变化速度；

④ 汽包上有压力表、水位计、事故放水、安全阀等设备，保证锅炉安全运行。

（3）水冷壁

水冷壁是锅炉的主要受热部分，它由数排钢管组成，分布于锅炉炉膛的四周。它的内部为流动的水或蒸汽，外界接受锅炉炉膛的火焰的热量。其作用是（敷设在锅炉炉膛四周内壁）吸收热量，产生蒸汽，保护炉墙。

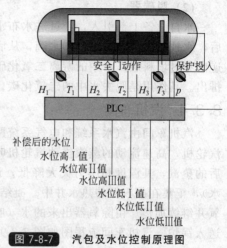

图 7-8-7　汽包及水位控制原理图

（4）过热器和再热器

过热器将从汽包出来的饱和蒸汽加热成具有额定温度的过热蒸汽（利用高温烟气的热量加热饱和蒸汽）。

再热器将从汽轮机高压缸中膨胀做功后的蒸汽再次引入布置在锅炉中的再热器中受热升温，再送回汽轮机中压缸中去做功。若采用二次再热，则再将中压缸排汽再热后送回低压缸去做功。

（5）省煤器

省煤器是锅炉尾部烟道中将锅炉给水加热成汽包压力下的饱和水的受热面，它能够吸收的低温烟气的热量，降低烟气的排烟温度，节省能源，提高效率。

8.3.3　水化车间

水化车间就是使用不同功效的吸附物质去掉一次水中需过滤掉的物质，将原水通过物理作用转化成供给锅炉及化工生产品质合格的除盐水，减轻机、炉热力设备的腐蚀结垢，确保长周期安全经济运行。热电水化车间利用阴阳床，采用部分碳化冷却水和部分地下水作为原水，经过高效纤维过滤器、阴阳床、混床，除去水中的悬浮物，钙、镁、钠等阳离子，氯根、硫酸根、碳酸根、硅酸根等阴离子，出水即为一级除盐水。水化车间流程图如图 7-8-8 所示。

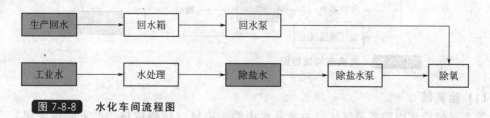

图 7-8-8　水化车间流程图

(1) 阳床（阳离子交换器）

阳床也称为压力式过滤器，是纯水制备前期预处理、水净化系统的重要组成部分。材质有钢制衬胶或不锈钢，根据过滤介质的不同分为天然石英砂过滤器、多介质过滤器、活性炭过滤器、锰砂过滤器等，根据进水方式可分为单流式过滤器、双流式过滤器，根据实际情况可联合使用，也可以单独使用。该设备的作用是除去水中的金属离子，并与阴离子结合成无机酸。

(2) 脱碳器

水自设备上部引入，经过进水布水装置喷淋后，流过由比表面积大的填料构成的填料层后，水被分散成许多小股和水滴，从底部排出，进入中间水箱，同时空气自下部风口进入，逆向穿过填料层，水中的游离二氧化碳迅速地析出，进入空气中，被空气很快地由顶部带走排出。其作用是脱去水中的二氧化碳。

8.3.4 汽机车间

汽机车间由汽水系统和电气系统两部分组成。由锅炉产生的过热蒸汽沿主蒸汽管道进入汽轮机，高速流动的蒸汽推动汽轮机叶片转动，带动发电机旋转产生电能。在汽轮机内做功后的蒸汽，其温度和压力大大降低，最后排入凝汽器并被冷却水冷却凝结成水（称为凝结水），汇集在凝汽器的热水井中。凝结水由凝结水泵打至低压加热器中加热，再经除氧器除氧并继续加热。由除氧器出来的水（叫锅炉给水），经给水泵升压和高压加热器加热，最后送入锅炉。汽机车间流程图如图 7-8-9 所示。

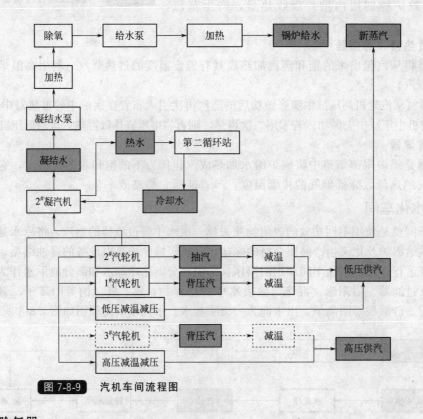

图 7-8-9 汽机车间流程图

(1) 除氧器

除去锅炉给水中的各种气体，主要是水中的游离氧（妨碍传热，严重腐蚀金属）。保定热电厂采用的为旋模式除氧器。

(2) 回热加热器

利用汽轮机抽汽加热进入锅炉的给水，从而提高热力循环效率。

保定热电厂采用的为表面式加热器（汽水不接触，通过金属面加热）。

(3) 凝汽器

凝汽设备是汽轮机的重要组成部分，它的作用是将凝汽式汽轮机的排汽凝结成水，形成并保持所需要的真空。

(4) 冷凝塔

冷凝塔是利用水和空气的接触，通过蒸发作用散去设备上产生的废热的一种设备。其作用：①用于降低冷却水温度；②用循环使用的冷却水作为中间介质，将汽机排汽冷凝所释放的热量，经由流动的空气传到大气中。

(5) 汽轮机

汽轮机是火力发电厂三大主要设备之一。它是以蒸汽为工质，将热能转变为机械能的高速旋转式原动机。它为发电机的能量转换提供机械能。保定热电厂主要采用的是超高压一次中间再热单轴双缸双排气双抽调整抽气供热凝汽式两用机组。

8.3.5　发电机组

发电机是电厂的主要设备之一，它同锅炉和汽轮机合称为火力发电厂的三大主机。目前，在电力系统中，几乎所有的发电机：汽轮发电机、水轮发电机、核发电机、燃汽轮发电机及太阳能发电机等，都属同步发电机，尽管其容量大小、原动机类型、构造形式、冷却方式等各有差异。保定热电厂采用定子绕组水内冷，转子绕组氢内冷，通风系统采用氢气冷却的"水-氢-氢"冷却方式。

8.4　节能降耗管理措施

当前，我国电力供应紧张形势趋于缓解，在发电机组利用小时数普遍下降、煤价居高不下等因素的影响下，发电企业为增强核心竞争力，把节能降耗、减少企业成本性支出作为当前生产经营工作的重点。节能降耗作为企业生产经营的重要部分，需要建立一整套有效的管理体系，才能使企业的节能管理工作具有持续性、长久性、有效性。在新的形势下，发电企业的节能降耗管理工作应该赋予新的内容。下面主要从节能运行管理、节能指标与计量管理、节能燃料管理和节能技术改造几方面进行介绍。

8.4.1　节能运行管理

(1) 优化运行管理体制

在发电企业竞争日趋激烈的今天，火力发电厂要想使自己立于不败之地，在多发电、多供热、向社会多提供产品的同时，需要眼睛向内，挖潜节能，降低煤耗，不断降低管理为本。所以，建立适应现代市场经济条件下的运行管理组织体系就显得尤为重要。

由于发电企业竞争机制的引入，电厂发电量竞价上网与按照调度负荷曲线发电早已为现实。这就需要电厂生产管理人员对生产有较高的指挥权，对现场生产运行人员有较高的管理权。如今，在电力市场经济体制下，完成发电量不仅仅是单一的生产任务，而保证机组能够严格按调度负荷曲线发电，已成为各大发电厂的生命线。

为满足现代火电企业管理职能的高效运作，并考虑到与所属集团公司总部各部门（科室）的对口匹配，必须对火电厂的管理体制进行优化。

随着科技的进步，发电设备的技术水平与控制水平显著提高，火力发电企业的运行管理体制都采用值建制。值建制是以值为单位的运行组织体制，强调当值人员按照岗位分工，在值长的统一指挥下，完成安全经济运行的任务，值长为本值安全第一责任人。这种组织结构一般由发电部主任、副主任、专业工程师（汽机、锅炉、电气、化学、燃料、除灰脱硫、安全、培训）、值长、机组长、主值、副值、巡检组成。值建制的主要技术标准包括：所有设备、系统的运行规程、系统图；标准操作票；事故预案；日常点检、设备定期试验及切换、交接班技术标准；绩效考核的技术标准等。

（2）节能运行管理具体措施

下面针对一般电厂运行过程中出现的能耗浪费情况提出的具体的改进措施。

① 在各台机组 DCS 系统汽机、锅炉画面中增加经济参数运行画面，其中包含参数名、设计额定值、实际运行值、偏差值等选项，为运行人员提供运行、调整、分析依据。

② 制定主要辅机经济运行方案，优化磨煤机运行方式。在检修维护好绞龙的基础上，将绞龙电流表引至 DCS 画面，明确磨煤机启停粉位的具体要求，合理利用邻炉送粉。

缩短磨煤机甩钢球周期（原计划大修才甩钢球，时间间隔太长），严格控制钢球质量，通过最佳装载试验，确定每日合理加钢球数量。

在经过充分调研及措施合理的基础上，建议深度调峰时（降负荷至 50％以下）吸风机采用单风机运行。

③ 机组脱硫岛运行方式优化。在增压风机已改变频的情况下，脱硫电耗依然保持在 2.3％～2.5％的高位，建议加强脱硫岛经济运行管理、优化运行方式。例如在保证出口 SO_2 浓度不超标的前提下，充分试验循环泵 2 用 1 备（＃10FGD）、3 用 1 备甚至 2 用 2 备（＃11FGD）的运行方式，以节约电耗。同时，为提高脱硫效率，应重点加强 pH 值、配浆浓度、二级脱水系统的运行管理，在满足环保要求的前提下，最大限度地提高脱硫岛运行的经济性；分析 GGH/除雾器堵塞、系统阻力增加的原因，考虑更换除雾器或者拆除 GGH 等改造方案。

④ 机组小油枪一般节油效果差。可以分析微油点火无法投运的原因，同时考虑增加邻炉热风互送系统，为机组启动节油、助燃节油创造条件。

⑤ 一般情况下机组化学水处理，冬季采暖供热补水采用除盐水，制水成本较高，应根据采暖补水量核算软化水、除盐水制水成本以及增加超滤、反渗透系统的改造成本，综合比较经济效益后考虑是否增加软化水系统。

8.4.2　节能指标与计量管理

（1）节能指标管理

我国的节能任务艰巨，火电厂的节能潜力很大，从指标管理入手，深入开展节能降耗和技术改进活动。下面主要介绍几个节能指标管理具体任务。

① 加强对小指标对标管理工作，挖掘节能空间，二厂进行滑压运行试验，并制定滑压运行调整曲线；一厂运行参数压红线运行，以小指标来带动煤耗的降低，以小指标最优实现大指标的可控在控。

② 正确合理进行煤耗正、反平衡对比分析，保证煤耗在控制范围内，最终保证年目标值完成。

③ 强化抢发电量意识。建议建立以值长为核心的抢发电量工作小组，加强和调度的联系与沟通，充分发挥热电联产机组发电序位优势，争取支持和理解，合理转移电量，合理利用负荷曲线调度规则，分秒必争抢发电量，提高机组负荷率，确保完成全年发电量、供热量、供电标准煤耗、发电厂用电率等指标，并有效降低锅炉油耗、水耗等指标。

④ 做好各项经济指标日、周、月分析，及时解决存在问题，对大的问题及时向领导汇报和提出解决问题的方案。

⑤ 加强非生产用能指标的计量、统计及分析管理，加强对计量工器具的检验与管理。

（2）节能计量管理

通过节能计量管理制度的执行可以明确电厂能源消耗和节能状况，进一步落实、提高节能减排的目标。下面，介绍节能计量管理的具体措施。

① 提高关口表计、主要参数计量的准确性对工业供热流量、采暖供回水流量等关口表计以及主汽流量、给水流量、凝结水流量、补充水流量等经济型工艺参数加强定期比对分析、校验调整工作，鉴定流量计算温压补偿公式、系数的准确性，并通过数据闭环比对结果在允许误差范围内合理整定测量误差。

② 完善电厂企业非生产用能（电、热、水）计量表计，为降低综合厂用电率、降低机组热耗提供分析监管依据，细化生产经营成本的管理。

③ 热控三级实验室配置微压、负压校验仪器仪表，具备对炉压、真空、风压等测量设备的校核条件，保障数据测量的准确性。另外，条件允许时，热控三级实验室应配备具备资质的专人管理。

④ 机组阀门内漏温度监测引入 DCS 系统显示（测点直接引入不便时可考虑以通信方式实现），机组增加主要疏水阀门内漏在线监测，以便运行人员及时发现、监管，督促检修消除，加强阀门内漏治理工作。

⑤ 加强烟气含氧量的定期维护、校验工作。实施飞灰含碳量在线测量装置改造工作，保障飞灰含碳量在线连续测量。

⑥ 条件允许时增加燃料皮带分炉计量装置，提高入炉煤量计量的准确性。

8.4.3　节能燃料管理

（1）燃料管理措施

火力发电是将燃料的化学能转换为蒸汽的动能、推动汽轮发电机产生电能的过程，所以保证发电燃料供应的不间断，是完成电力生产的第一道工序。没有燃料就没有电，发多少电，就需要多少相应的燃料，要想持续发电，就必须不间断地供应燃料。由于燃料是大宗散装物料，受地区资源、交通运输条件等制约的可能性较大，即使在过去燃料耗用量较小并能基本保证供应情况下，燃料供应工作也还存在着多与少、连续与间断的矛盾。随着当前生产规模的逐年扩大，发电燃料数量急剧增加，燃料市场也处于多变与不稳定状态之中，出现了多环节、多渠道、多层次的供应，致使供、运与需间的矛盾日益突出，因而大力加强燃料管理工作，对保障电力生产的安全与稳定具有重要的现实意义。

一般来讲，燃料成本占发电成本为75％左右，占上网电价成本30％左右。如果燃煤质好价优，则锅炉燃烧稳定、效率高，机组带得起负荷，不仅能够减少燃料的消耗量，更有利于节约发电成本。反之，如果燃煤质次价高，则锅炉燃烧稳定性差，燃烧效率低，锅炉本体及其辅助设备损耗加大，显然对发电厂是极其不利的，所以入厂与入炉燃料的控制是发电厂节煤的源头。这一步工作是否得到有效控制，将在很大程度上影响到其后续生产环节的能源消耗。火电厂的燃煤要经过诸如计划、采购、运输、验收、配煤、储备及厂内输送，煤粉制备等多个环节，最后才能送入锅炉燃烧。对燃煤质量的控制应在上述各环节都落到实处。

（2）节能燃料管理措施

针对火电厂燃料管理的一般问题，下面提出了几个方面的具体措施。

① 最大限度地适应目前煤种变化的实际情况，将配煤掺烧和机组带负荷有机结合，避免因配煤掺烧带不上负荷或环保指标超标使机组降负荷。

② 加强入厂、入炉煤管理，煤耗及热值差的控制，对偏差原因进行查找分析。

③ 组织相关部门定期对电子皮带秤每月进行实煤校验，以确保入炉煤量的准确性。做

好燃料采、制、化全过程监督管理，从煤质采样、制样、化验、皮带秤定期校验等全方位监督入手，及时、准确地提供入厂、入炉煤质分析报告，消除正平衡煤耗误差，保证正反平衡煤耗差值在 $3g/kW \cdot h$ 以内，同时保证入厂煤与入炉煤热值差小于 $300J/g$ 的规定。

④ 按规定对入厂煤进行热值化验，使检斤率、检质率达到 100%。严格执行入厂煤煤场管理制度，按要求做好煤场新旧煤置换和合理堆存工作。

⑤ 制度建设及执行情况　根据国家相关标准、集团公司和分公司有关制度，结合公司实际情况，修订完善入厂煤和入炉煤的验收管理、采样设备管理、制样设备及工器具管理、化验设备管理、入厂入炉煤热值差管理、煤场管理、计量设备校验及管理、煤场盘点管理、统计分析管理、扣矸扣水扣杂管理、掺杂使假处理、入炉煤满足锅炉适耗值管理等方面的制度或标准，并对制度和标准落实情况进行严格的考核，细化制度和标准条款，增强可操作性。

⑥ 计量管理　对电子皮带秤的校验装置（实物校验装置、链码及循环链码）进行定期检定，必要时增加电子皮带秤的校验次数。制定电子皮带秤校验合格的标准，完善校验记录。

⑦ 采样管理　配备性能合格的入厂煤采样机，实现采样随机布点，减少入厂煤验收中人为因素和外界因素的影响；加强从业人员业务培训和廉洁教育，稳定从业人员队伍；按照 GB/T 19494.1～3 加强入炉煤采样机的改造和维护，提高入炉煤采样机的可靠性和准确性，并进行相应的精密度检验和系统偏差的鉴定，加强煤样管理。

⑧ 制样管理　整合制样间，并按国家有关规定对下列工作予以规范：每一个煤样在制样前后必须检查和清扫制样设备、制样钢板和所使用的工器具；严格按照标准要求的粒度和留样量使用相应的标准筛和二分器；增加必要的监控，消除实时监控死角；制定防止煤样污染或损失的措施并严格落实；完善制样记录，通过培训不断提高燃煤制样专业水平。

⑨ 化验管理　按照国家相关要求整合化验室，加强化验原始数据的管理和审核，促进燃煤化验专业水平的不断提高。

⑩ 煤场管理　认真进行煤场盘点工作，充分发挥相关部门的监督作用，加强煤场防雨和防汛工作，防止煤仓断堵煤和煤场雨损。

⑪ 混配掺烧管理　发电厂内部建立入炉煤适耗值的考核机制，对入炉煤超出适耗值范围进行分析，落实班组责任。

⑫ 明确入厂、入炉煤热值差管理的责任主体，实时掌握入厂煤质、入炉煤质、煤场轮空及倒烧情况，及其对入厂、入炉煤热值差的影响。

⑬ 建立合理的绩效考核机制，充分发挥燃料从业人员的积极性和主动性，提高员工发现问题、解决问题的意识和能力。

8.4.4　技术改进措施

(1) 降低制粉系统单耗

制粉系统的耗电占厂用电的 25% 左右，显然，在保证制粉系统出力，控制合理煤粉细度的前提下，降低制粉系统单耗是重要的节能途径。从稳定燃烧及运行经济性出发，在控制磨煤机出口温度不超限的前提下，应根据煤质情况，尽量维持磨煤机出口较高的热风温度，保证足够的干燥风量；对于负压制粉系统，应减少系统漏风，保持最佳通风量，适当开启再循环风门，减少三次风量；对于双进双出磨直吹式制粉系统，应保持适当的密封风压头，防止漏粉、跑粉；控制给煤的低杂物率与低颗粒均匀度，保证分离器、分离器回粉的管道畅通；维持正常的磨煤机料位，保持适当的风煤比。另外，球磨机的运行过程中还应适时补充钢球，并及时根据煤种变化调整分离器挡板，控制煤粉细度。当排粉机出力富裕量过大时，进行适当的叶轮改造，减少不必要的节流损失，以及改造粗、细粉分离器，提高分离效率等，都是有效的控制制粉电耗的节能手段。在对制粉电耗进行节能考核时，应将煤粉细度及飞灰可燃物作为并列考核内容，有利于杜绝利用交接班时段频繁启停制粉系统的非正当竞争方式。

（2）提高锅炉燃烧效率

锅炉是最大的燃料消耗设备，燃料在锅炉内燃烧过程中的能量损失主要包括排烟损失、机械不完全燃烧损失、化学不完全燃烧损失、散热损失、灰尘物理热损失等。所以，只有通过减少各项损失，提高锅炉燃烧效率，才能实现锅炉燃烧的节能控制。

在锅炉运行过程中，提高一次风温、降低一次风速、减少一次风量、提高煤粉浓度、调整旋流燃烧器中煤粉的旋流强度、降低煤粉细度、氧量调整、配风调整、改变制粉系统运行方式，以及减少炉膛尤其是空预器的漏风、消除烟道、空预器积灰等，都是有利于减少各项损失的节能调整措施，其中，省煤器出口氧量、排烟温度、飞灰含碳量是重点节能控制参数。

（3）提高汽轮机效率

汽轮机运行时，其能量损失主要指机内损失。另外，汽轮机排汽也会造成一定的能源损失。反映汽轮机效率水平的主要指标为汽耗率及机组热耗率。汽轮机的节能改造措施主要有：通流部分改造，汽封及汽封系统改造，低压转子的接长轴，改进油挡结构，防止透平油污染，改善机组振动状况与改进调节系统等。此外，应加强对汽轮机的检修，以提高运行的稳定性。

8.5 某热电厂耗能设备存在的主要问题及节能改造分析

8.5.1 热力系统

工业用蒸汽用户所需的供汽温度只要达到供汽压力下的饱和温度或稍微有点过热度即可，一般有30℃的过热度即可；10#、11#机组的工业抽汽在设计上为保证蒸汽压力，抽汽温度高达405℃，通过减温后造成了高品质热能的浪费，未能实现按质用能。

10#、11#机组工业供汽抽汽温度过热度高达200℃，由于减温器问题较多，通过减温后供出蒸汽温度仍在300℃以上；从供汽角度分析，较高的供汽温度会增加供热管路的散热损失，同时由于温度高，蒸汽比容大、流速高，会造成较大的压力损失。

8.5.2 冷端系统

10#、11#机冬季供热抽汽量单机高达270t/h，凝汽器热负荷很小，所需循环水量很低，但由于冷却塔没有采取防冻措施，为减少冷却塔结冰，常采用增加循环水量的方法，运行方式不够合理。

8#、9#机组射水抽汽器为单通道射水抽气器，耗能较高，目前中小机组射水抽汽器已普遍采用多通道射水抽汽器，可降低射水泵耗电20%以上，同时还可以减少射水池换水量。

部分清污机故障长期未投入使用，冬季没有挡风板，结冰严重，填料损坏严重。

8.5.3 汽轮机本体性能及热耗率

（1）通流部分存在问题

从SIS系统中提出对10#机大修前纯凝工况性能试验的参数记录，将其各监视段压力/温度、级段压比/内效率、缸效率数据列于表7-8-2。

表 7-8-2 10[#]机近期运行性能数据

序号	参 数 名 称	单位	THA 工况	200MW 工况
1	发电机功率	MW	200.000	198.734
2	锅炉给水流量	t/h	600.585	678.493
3	进 ADG 凝结水流量	t/h	494.810	539.069
4	主蒸汽流量	t/h	600.585	—
5	凝汽器压力	kPa(a)	5.4	9.54
6	主蒸汽压力	MPa	12.749	13.120
7	主蒸汽温度	℃	535.00	536.58
8	GV1 开度	%		90.93
9	GV2 开度	%		87.90
10	GV3 开度	%		50.00
11	GV4 开度	%		22.46
12	GV1 阀后蒸汽压力	MPa		12.821
13	GV2 阀后蒸汽压力	MPa		12.523
14	GV3 阀后蒸汽压力	MPa		11.634
15	GV4 阀后蒸汽压力	MPa		9.987
16	GV1 阀门节流压损	%		2.28
17	GV2 阀门节流压损	%		4.55
18	GV3 阀门节流压损	%		11.32
19	GV4 阀门节流压损	%		23.88
20	调节级压力	MPa	9.4588	9.892
21	调节级温度	℃	497.5	503.76
22	一抽压力	MPa	3.984	4.265
23	一抽温度	℃	376.2	389.37
24	高排压力	MPa	2.408	2.624
25	高排温度	℃	313.89	321.71
26	二抽压力	MPa	2.408	2.559
27	二抽温度	℃	313.89	320.37
28	中联门前压力	MPa	2.167	2.393
29	中联门前温度	℃	534.97	535.70
30	中联门后压力	MPa		2.222
31	中联门后温度	℃		537.00
32	三抽压力	MPa	0.8884	1.170
33	三抽温度	℃	406.70	428.29
34	四抽压力	MPa	0.4649	0.5478

序号	参 数 名 称	单位	THA 工况	200MW 工况
35	四抽温度	℃	324.63	346.11
36	中排压力	MPa	0.2374	0.2920
37	中排温度	℃	247.19	269.30
38	背压	kPa(a)	5.4	9.54
39	背压对应的饱和温度	℃	34.27	44.92
40	低排温度	℃	34.27	48.46
41	JG2 进汽压力	MPa	3.865	4.031
42	JG1 进汽压力	MPa	2.336	2.480
43	除氧器压力	MPa	0.844	0.7746
44	JD4 进汽压力	MPa	0.4416	0.5179
45	调节级内效率	%	59.02	51.04
46	HPTFS1 压比		0.4212	0.4312
47	HPTFS1 内效率	%	83.47	78.77
48	HPTFS2 压比		0.6044	0.6151
49	HPTFS2 内效率	%	84.57	95.74
50	高压缸内效率	%	81.44	81.05
51	HPT 压力级内效率	%	84.85	85.85
52	IPTFS1 压比		0.4100	0.4889
53	IPTFS1 内效率	%	87.28	90.37
54	IPTFS2 压比		0.5233	0.4682
55	IPTFS2 内效率	%	87.69	73.13
56	IPTFS3 压比		0.5106	0.5331
57	IPTFS3 内效率	%	89.40	91.52
58	中压缸名义内效率	%	90.06	86.58

通过对 THA 设计工况与纯凝运行工况的参数比较，并结合汽轮机缸内部结构特点，分析汽轮机本体通流部分存在的主要问题如下。

第一，低压缸排汽温度较背压对应的饱和温度高出 3.5℃。综合考虑低压缸排汽温度测点在低压缸排汽口的位置和低压缸内部结构，低压缸末级动叶端部漏汽扰流排汽温度套管，使得排汽测量温度偏高。排汽温度超出背压对应的饱和温度越高，则末级动叶端部漏汽越严重。

第二，一段抽汽温度较正常值高出 5℃。造成一段抽汽温度偏高最为可能的原因有两个：一是高压进汽插管密封不严，主蒸汽直接漏往汽缸夹层，顺着夹层环隙进入一段抽汽管道；二是高中压平衡盘汽封前 5 圈间隙偏大，调节级动叶出口蒸汽部分经前 5 圈汽封间隙漏入夹层，与高压缸第 5 级后抽汽汇合后流向一抽。

第三，第 12、13 级组成的中压第二级段（简称 IPTFS2）内效率较设计值偏低 14.5 个百分点，应为中压缸第 12 级隔板前旋转隔板卡死在部分开度下节流所致。经初步计算，旋转隔板节流影响机组热耗约 51.6kJ/（kW·h）。

第四，由第 8~11 级构成的中压第一级段（简称：IPTFS1）内效率比设计值高 3 个百分点。应是高中压平衡盘漏汽所致，且漏汽量越大，三抽温度越低，中压第一级段内效率越高。三抽温度趋势变化可作为监视高中压平衡盘漏汽程度的监视手段。

（2）汽轮机进汽方式

保定热电厂目前各机均采用定压方式运行，没有进行滑压运行，200MW 机组阀门重叠度较大，负荷 150MW、工业供汽 20t/h 工况下，1 阀和 2 阀开启 60%，三阀开启 30%，重叠度过大，不仅调阀节能损失大，同时给水泵耗电率也较高。

8.5.4 辅机电耗

（1）凝结水泵

10#、11# 机组凝结水泵耗电率偏高，年平均值超过 0.2%，同类型机组一般在 0.15% 左右。现场查看发现 135MW 负荷时，凝结水至除氧器主调阀开度仅 30%，存在节流，凝结水泵未实现全程变频调节。一期改造后又恢复为工频，节能改造后未能很好地应用，节能效果没有得到充分发挥。

（2）电动给水泵

4 台机组给水泵耗电率在 2.8% 左右，较同类型机组先进值偏高约 0.6 个百分点。由于机组采用定压运行方式，给水母管压力保持相对较高，电动给水泵采用液力耦合调节，因而电泵耗电率较高。

8.5.5 锅炉

（1）制粉系统存在的问题

① 粗粉分离器出口管至细粉分离器本体管道水平段过长，容易造成该处积粉。

② 磨煤机出口温度偏低（不超过 70℃），影响磨煤机的干燥出力。

③ 制粉系统回粉量偏大，粉仓及回粉管锁气器重锤偏小，造成系统漏风，且循环倍率加大，影响系统出力。

④ 输粉机长期不能投入，不能协调两炉制粉系统运行，制粉系统启停次数增加，影响制粉系统电耗。

⑤ 10 号炉 2# 磨煤机电流波动幅值大且波动频繁，电流表计应该不存在问题，原因有待进一步分析。

⑥ 在辅机运行规程中缺少制粉系统启动、停运及正常运行调整的内容，对如何保证制粉系统经济运行，不能给予运行值班人员相应的指导。

⑦ 两台锅炉飞灰和灰渣含碳量较大，掺烧无烟煤时飞灰和灰渣含碳量更大，掺烧比例越大，飞灰和灰渣含碳量越高，飞灰含碳量最高超出 8%，灰渣含碳量最高 23%，对锅炉效率影响很大。

（2）烟风系统存在的问题

① 周界风风门挡板开度过小，风量低于设计值，燃烧器运行中不能很好地冷却，不利于燃烧器安全运行，同时不能保证一次风的刚度，降低燃烧稳定性。

② 二次风挡板开度没有随负荷及时调整。

③ 机组负荷降低，给粉机转速相应降低，未能及时停止部分给粉机，造成一次风粉混合物中煤粉浓度降低，不利于燃烧稳定性和煤粉的完全燃烧。

④ 煤粉取样没有按照设计位置取样，不具有代表性，造成检测的煤粉细度偏小。

⑤ 最下层二次风量过小，二次风刚度不足，造成较大的煤粉颗粒未完全燃烧就靠重力

作用落入捞渣机,造成灰渣未燃烧碳损失加大。

(3) 吹灰系统存在的问题

① 实际运行中,未见炉膛结渣积灰现象,因此炉膛吹灰器基本不投。炉膛吹灰器不运行,造成水冷壁换热条件差,锅炉蒸发量变小,汽水循环倍率增大,锅炉效率降低。

② 尾部吹灰器每天只吹一次,吹灰效果不很明显。

③ 有部分吹灰器损坏现象。

(4) 除尘系统主要问题

① 电除尘器的电磁振打装置振打效果较差,极板极线可能存在粘灰现象,电除尘器的除尘效率下降。

② 电除尘器3、4电场灰量较少,干除灰系统的输灰时间、装料时间根据机组负荷、灰斗料位情况进行调整不及时,输灰效率降低,消耗大量压缩空气。

③ 电除尘器的灰斗料位不准,缺陷处理不及时,对输灰系统的运行调整造成影响。

④ 压缩空气系统压缩空气后处理设备处理效果差,压缩空气含水量大,储气罐需要较长时间的排水,造成压缩空气浪费,空压机加载时间长。同时对气动门和干除灰系统带来影响。

(5) 脱硫系统主要问题

① 购进的部分脱硫剂(石灰石粉)不能满足设计要求,石灰石粉的颗粒度大,碳酸钙含量达不到90%的要求,造成钙硫比增大,脱硫效率降低。

② 脱硫系统的热工测点不完善,不利于脱硫系统的运行调整和设备监视。1$^\#$、2$^\#$真空皮带机无真空度监视测点,石灰石浆液箱、事故浆液箱、地坑等搅拌器无电机监视电流,无法监视设备运行状况。

③ 脱硫系统改造后,未对废弃不用的烟道进行拆除,不利于现场的设备管理,也不利于脱硫系统的环保检查。

④ 脱硫系统烟道泄漏点较多,烟道腐蚀严重,净烟气有凝结水漏出。10$^\#$脱硫吸收塔喷淋层位置有泄漏点。

⑤ 脱硫在线监测设备品牌不统一,虽然实施在线设备的第三方运营,但实际是由电厂自行维护。在线监测设备按厂内分工有多个班组进行维护,管理不够严格和规范。

8.5.6 能源优化管理研究

某热电厂由热电厂和热电有限公司两部分组成,都是热电联产企业,总装机容量为650MW。

(1) 能源消耗及碳排放情况

① 电厂CO_2排放情况

a. 热电有限公司燃煤过程CO_2排放量计算 两台机组燃烧的煤都为无烟煤。2008~2012年8$^\#$和9$^\#$机组的总年发电用煤量和供热用煤量如表7-8-3所示。

表7-8-3 热电有限公司机组用煤量统计

年份	总用煤量/t	发电用煤量/t	供热用煤量/t
2008	717053	465627	251426
2009	759300	489012	270287
2010	776051	524248	251803
2011	762308	500602	261706
2012	705455	455420	250035

2008～2012 年热电有限责任公司两台机组的发电量和供热量以及其用煤的参数如表 7-8-4 所示。

表 7-8-4　热电有限责任公司机组用煤参数

年份	发电量/×10⁴kW·h	供热量/GJ	用煤含碳量	用煤灰分	飞灰含碳量
2008	113141	4637688	67.07%	26.56%	6.52%
2009	120629.4	5077561	65.99%	23.85%	5.73%
2010	126375	4503693	65.04%	25.59%	5.31%
2011	122098	4862903	65.13%	24.89%	5.48%
2012	111078	4464938	65.01%	25.12%	5.37%

热电有限责任公司 2012 年 8#、9# 机组燃煤产生的 CO_2 排放计算

由表 7-8-3 和表 7-8-4 可知，8#、9# 机组年发电量为 $P=111078$（$\times 10^4 kW\cdot h$），年发电用煤量为 $B=455420$（t）。

含碳量 $C_{ar}=65.01\%$，灰分 $m_{Aar}=25.12\%$，则煤中的灰分为：

$$m_A = B \times m_{Aar} = 455420 \times 25.12\% = 114401.504(t)$$

其中飞灰为：

$$B \times A_f = m_A \times 90\% = 102961.354(t)$$

灰渣为：

$$m_A \times 10\% = 11440.1504(t)$$

$$飞灰含碳量 = 飞灰可燃物 = m_{fc} = 5.37\%$$

由于灰渣中的含碳量很低，电厂对灰渣量以及灰渣含碳量的数据没有统计，因此对其忽略不计，即 $m_{Zc}=0$。炉灰中未燃尽的碳总量为：

$$m_{C_1} = \frac{BA_f m_{Fc}}{1-m_{Fc}} + \frac{BA_z m_{Zc}}{1-m_{Zc}} = \frac{BA_f m_{Fc}}{1-m_{Fc}} = \frac{102961.354 \times 5.37\%}{1-5.37\%} = 5842.7821(t)$$

2012 年入炉煤量实际燃烧的碳量为：

$$m_{C_2} = BC_{ar} - m_{C_1} = B\left(C_{ar} - \frac{A_f m_{Fc}}{1-m_{Fc}}\right) = 290225.76 \times 10^3(kg)$$

单位电量下 CO_2 的排放量为：

$$\overline{V}_{CO_2} = V_{CO_2}/P_{年电量} = \frac{22.4}{12} m_{C_2}/P_{年电量} = 4877.2[m^3/(MW\cdot h)]$$

则由发电燃煤产生的 CO_2 排放量为 $V'_{CO_2B} = 5.417 \times 10^8 m^3$。

8#、9# 机组供热用煤产生的 CO_2 计算

2012 年供热用煤量为 $G=250035t$，供热量为 $H=4464938GJ$，与计算发电用煤量产生的 CO_2 同理可得：

单位热量下 CO_2 的排放量为：

$$\overline{V_{CO_2}} = 2.804 \times 108/4464938 = 62.808 m^3/GJ$$

供热燃煤产生的 CO_2 排放量为 $V'_{CO_2G} = 1.956 \times 10^8 m^3$。

综上所述，热电有限责任公司 2010 年 8#，9# 机组燃煤产生的 CO_2 排放量为 $V'_{CO_2B} + V'_{CO_2G} = 9.235 \times 10^8 m^3$。

同理，可计算出 2008～2012 年热电有限责任公司年 CO_2 排放量统计表，如表 7-8-5 所示。

表 7-8-5　2008～2012 年热电有限责任公司年 CO_2 排放量统计表

年份	发电产生 CO_2 /m^3	单位电量 CO_2 /(m^3/MW·h)	供热产生 CO_2 /m^3	单位热量产生 CO_2 /(m^3/GJ)	总 CO_2 排放量 /m^3
2008	5.685×10^8	5024	3.07×10^8	66.2	8.754×10^8
2009	5.905×10^8	4895	3.264×10^8	64.3	9.168×10^8
2010	6.238×10^8	4936	2.996×10^8	66.5	9.235×10^8
2011	5.942×10^8	4866	3.143×10^8	64.6	9.085×10^8
2012	5.417×10^8	4877	2.804×10^8	62.8	8.221×10^8

　　b. 热电厂燃煤过程 CO_2 排放量计算　热电厂目前运行机组为 10$^\#$、11$^\#$ 机组，总装机容量为 2×200MW。2008～2012 年大唐保定热电厂的总年发电用煤量和供热用煤量如表 7-8-6 所示。

表 7-8-6　热电厂机组用煤量统计

年份	总用煤量/t	发电用煤量/t	供热用煤量/t
2008	1348327	1087758	260569
2009	1250680	1034771	215909
2010	1356606	1071773	284833
2011	1326663	1032293	294370
2012	1298656	1016255	282401

　　2008～2012 年热电厂的发电量和供热量以及其用煤的参数如表 7-8-7 所示。

表 7-8-7　热电厂机组用煤参数

年份	发电量/×10^4kW·h	供热量/GJ	用煤含碳量	用煤灰分	飞灰含碳量
2008	205244	4037380	49.32%	35.97%	5.46%
2009	219456	3447486	53.57%	21.07%	7.67%
2010	217570	4282400	48.13%	32.66%	5.93%
2011	209686	4425793	51.45%	31.45%	6.03%
2012	226600	4396184	49.54%	34.85%	5.41%

　　同热电有限责任公司的计算方法，可计算出 2008～2012 年热电厂的年 CO_2 排放量统计表，如表 7-8-8 所示。

表 7-8-8　2008～2012 年热电厂年 CO_2 排放量统计表

年份	发电产生 CO_2 /m^3	单位电量 CO_2 /(m^3/MW·h)	供热产生 CO_2 /m^3	单位热量 CO_2 /(m^3/GJ)	总 CO_2 排放量 /m^3
2008	9.635×10^8	4694	2.308×10^8	57.2	11.943×10^8
2009	10.043×10^8	4576	2.096×10^8	60.8	12.139×10^8
2010	9.258×10^8	4255	2.460×10^8	57.5	11.719×10^8
2011	8.764×10^8	4179	2.469×10^8	55.8	11.233×10^8
2012	9.284×10^8	4097	2.400×10^8	54.6	11.684×10^8

c. 热电有限公司脱硫过程 CO_2 排放量计算　从生产工艺流程分析，与水、脱硫剂和还具有反应活性的循环干燥副产物相混合，石灰以较大的表面积散布，并且在烟气的作用下贯穿整个反应器，然后进入上部筒体，烟气中的飞灰和脱硫剂不断进行翻滚、掺混，一部分生石灰则在烟气的夹带下进入旋风分离器，分离捕捉下来的颗粒则通过返料器又被送回循环流化床内，生石灰通过输送装置进入反应塔中。由于接触面积非常大，石灰和烟气中的 SO_2 能够充分接触，在反应器的干燥过程中，SO_2 被吸收中和如下：

$$Ca(OH)_2 + SO_2 \longrightarrow CaSO_3 \cdot \frac{1}{2}H_2O$$

$$Ca(OH)_2 + SO_3 + H_2O \longrightarrow CaSO_4 \cdot 2H_2O$$

$$Ca(OH)_2 + 2HCl \longrightarrow CaCl_2 + 2H_2O$$

$$Ca(OH)_2 + 2HF \longrightarrow CaF_2 + 2H_2O$$

$$Ca(OH)_2 + SO_2 + \frac{1}{2}O_2 \longrightarrow CaSO_4 + H_2O$$

$$Ca(OH)_2 + CO_2 \longrightarrow CaCO_3 + H_2O$$

某热电有限公司 2010 年煤炭燃烧总量为 776051t，硫分为 1.596%，脱硫率为 82.8%，通过计算可得 2008~2012 年热电有限公司脱硫产生 CO_2 排放如表 7-8-9 所示。

表 7-8-9　2008~2012 年某热电有限公司脱硫产生 CO_2 排放清单

年份	2008 年	2009 年	2010 年	2011 年	2012 年
煤炭燃烧总量/t	717053	759300	776051	762308	705455
硫分/%	1.529	1.461	1.596	1.543	1.569
脱硫率/%	72.8	73.1	82.8	83.7	84.1
脱硫产生 CO_2 排放量/t	10973.4565	11153.31	14104.8358	14403.7123	14781.069

d. 热电厂脱硫过程 CO_2 排放量计算　热电厂采用的锅炉烟气脱硫方法是石灰石-石膏湿法脱硫工艺。石灰石-石膏湿法脱硫工艺采用价廉物美的石灰石作为脱硫吸收剂，石灰石经破碎磨细成粉状，与水混合搅拌制成吸收浆剂，也可以将石灰石直接湿磨成石灰石浆液制成吸收浆剂。在吸收塔内，吸收浆剂与烟气接触混合，烟气中的 SO_2 与浆剂中的碳酸钙以及鼓入的氧化空气进行化学反应，最终反应的主要副产物为石膏：

$$SO_2 + CaCO_3 \longrightarrow CaSO_3 + CO_2 \uparrow$$

$$CaCO_3 + 1/2O_2 \longrightarrow CaSO_4$$

$$CaSO_4 + 2H_2O \longrightarrow CaSO_4 \cdot 2H_2O \downarrow$$

热电厂 2010 年煤炭燃烧总量为 1356606t，硫分为 1.344%，脱硫率为 93.0%，通过计算可得 2008~2012 年热电厂脱硫产生 CO_2 排放如表 7-8-10 所示。

表 7-8-10　2008~2012 年热电厂脱硫产生 CO_2 排放清单

年份	2008 年	2009 年	2010 年	2011 年	2012 年
煤炭燃烧总量/t	1348327	1250680	1356606	132663	1298656
硫分/%	1.321	1.308	1.344	1.314	1.346
脱硫率/%	92.1	92.45	93.0	93.4	93.7
脱硫产生 CO_2 排放量/t	22555.91126	20794.6267	23315.17334	23428.3412	24185.1429

e. 两座热电厂 2008～2012 年 CO_2 排放量总计　通过分别计算发电和供热过程的燃煤碳排放和脱硫碳排放，得到了热电厂 2008～2012 年每年燃煤过程的碳排放总量和脱硫过程的碳排放总量，如表 7-8-11～表 7-8-13 所示。

表 7-8-11　2008～2012 年热电有限责任公司年 CO_2 排放量统计表

年份	燃烧产生 CO_2/t	脱硫产生 CO_2/t	总 CO_2 排放量/t
2008	1719565.5233	10973.45659	1730538.9799
2009	1800900.953	11153.313	1812054.266
2010	1813975.6839	14104.83581	1828080.5197
2011	1784872.3124	14403.7123	1799276.01
2012	1615127.7100	14781.069	1629908.77

表 7-8-12　2008～2012 年热电厂年 CO_2 排放量统计表

年份	燃烧产生 CO_2/t	脱硫产生 CO_2/t	总 CO_2 排放量/t
2008	2345881.6307	22555.91126	2368437.542
2009	2384387.4332	20794.62676	2405182.06
2010	2301923.5113	23315.1733	2325238.6846
2011	2206876.2310	23428.3412	2230304.57
2012	2295481.3400	24185.1429	2319666.48

表 7-8-13　2008～2012 年发电厂年 CO_2 排放量统计表

年份	燃烧产生 CO_2/t	脱硫产生 CO_2/t	总 CO_2 排放量/t
2008	4065447.154	33529.36785	4098976.5219
2009	4185288.3862	31947.93976	4217236.326
2010	4115899.1952	37420.00915	4153319.2043
2011	4020851.9150	37533.1770	4029580.58
2012	3910609.0500	38966.2119	3949575.25

② 电厂生产所涉及的碳排放量　电厂在生产过程中大量耗费一次能源，由此产生的碳排放量是相当大的，但这部分碳排放并不是全部归于电厂自身排放，因为随着电厂生产的电能上网，与此相关的碳排放也就相应地转移到用电企业和居民处了。因此，要了解电厂生产的碳排放量，就必须计算生产性的能源消耗及碳排放核算，以便分析电厂节能减排措施及效果。热电厂自身年 CO_2 排放量如表 7-8-14 和表 7-8-15 所示。

表 7-8-14　热电有限责任公司自身年 CO_2 排放量

年份	总发电量	厂用电量	电厂自身 CO_2 排放量
2008	113141	16103	243061.29
2009	120629	16317	245102.98
2010	126375	16719	241849.09
2011	122098	16809	247702.91
2012	111078	15512	227616.13

表 7-8-15　热电厂自身年 CO_2 排放量

年份	总发电量	厂用电量	电厂自身 CO_2 排放量
2008	205244	20541	277654.55
2009	219456	23527	257835.52
2010	217570	25884	276703.40
2011	209686	26825	285255.95
2012	226600	28418	290886.18

(2) 热电厂节能改造项目及效果分析

① 磨煤机设备节能改造　磨煤机是电厂制粉系统的重要组成部分，是电厂重要的辅助动力设备，其主要任务是将煤块破碎并磨成煤粉，提供给锅炉设备，其配置的优劣将直接影响机组的安全性和经济性。

正常运行时，磨煤机筒体中钢球与煤粉混合在一起，钢球在波浪形衬板的作用下抛落到衬板、固定楔及压紧楔上时中间有煤粉的阻隔，冲击力得到一定缓冲。而当断煤或少煤时，钢球与衬板直接碰撞，冲击力要比正常运行时大很多，这种冲击力通过固定楔、压紧楔传递到紧固螺栓上，极易使之受到损伤。同时，空转时钢球的直接碰撞碾磨也使得压紧楔和螺栓发热而疲劳，所以应严格控制空转时间。磨煤机频繁停机检修时，由于要将煤粉尽可能排完，因此，停机前及开机后试运行的一段时间内，最容易出现断煤空转或低煤量运转。

为此，热电厂对 $10^\#$ 炉磨煤机进行节能技术改造，采用特种耐磨衬板及特殊级配的磨球。

改造前磨煤机的能源单耗为 $19.75kW \cdot h/t$，改造后降低为 $15.8kW \cdot h/t$。

根据热电厂实际情况，年度两台机组年磨煤量为 130 万吨，则得到以下节能数据：

年可节约用电量：$(19.75-15.80) \times 1300000 = 5135000kW \cdot h$

年可节约标煤量：$5135000 \times 334.99/1000000 = 5135t$

年减少 CO_2 排放：$5135 \times 2.7725 = 14236.79t$

（碳排放因子依据 IPCC 标准）

改造后的磨煤机非常干净，环境面貌较改造前有了较大改善，运行噪声有所降低，彻底解决了因运行中断螺栓而造成漏粉，漏粉进入齿轮而引起机组振动的难题，大大减轻了操作人员的劳动强度。磨煤机衬板采用无受力螺栓技术改造后，衬板的使用寿命可以增加 $1\sim2$ 倍，维修工作量可以降低 90%，估算每年每台可以节约检修费用约人民币 10 万元。组合自固型无受力螺栓衬板技术成熟，安全可靠，改造时现有磨煤机基本无需改动，改造技术相对简单。改造后每年可节约能耗 1797.25，具有很好的节能环保作用。

② 锅炉照明节能改造　热电厂对 $10^\#$、$11^\#$ 锅炉区域照明灯具进行重新选型和布置。

改造前锅炉各区域照明共计灯具约 650 盏，总耗电功率 66500W。改造后锅炉各区域照明共计灯具 310 盏，总耗电功率 48000W。在优化锅炉区域照明质量的前提下，改造后两台炉照明总功率下降 18500W。平均每天按 16h 计算，年节约 35.65 吨标煤。同时达到改善安全生产环境，降低照明维护量的改造目的。年减少 CO_2 排放 $35.65 \times 2.7725 = 98.84t$（碳排放因子依据 IPCC 标准）。

③ 增压风机变频节能改造　热电厂脱硫系统改造后，厂用电率居高不下，考虑增压风机加变频器节省电量，问题在于动叶调轴流风机加变频经济效益差，同时，现运行的增压风机本身缺陷太多，已无法保障设备的安全稳定运行。对风机改型为结构简单、更适应烟气含

尘量高的静叶可调轴流风机，再加变频调整节省电量，形成一套优良组合。热电厂对 10#、11# 脱硫增压风机电机加装高压变频装置。

改造前实际功率（功率因数 10#/11# 增压风机 0.79/0.82）：

10# 机：$1.732 \times 6 \times 178 \times 0.79 = 1461kW$

11# 机：$1.732 \times 6 \times 142 \times 0.82 = 1210kW$

变频改造后实际功率（功率因数实测 0.96）：

10# 机：$1.732 \times 6 \times 89 \times 0.96 = 888kW$

11# 机：$1.732 \times 6 \times 88 \times 0.96 = 878kW$

10# 增压风机节电率 $(1461 - 888)/1461 = 39\%$

11# 增压风机节电率 $(1210 - 878)/1210 = 27.4\%$

10# 增压风机年节电 $1461 \times 39\% \times 7344 = 4184537kW \cdot h$

11# 增压风机年节电 $1210 \times 27.4\% \times 7344 = 2434829kW \cdot h$

两台增压风机年节标煤（2011 年供电煤耗 334.99）

$(4184537 + 2434829) \times 334.99/1000000 = 2217t$

年减少 CO_2 排放：$2217 \times 2.7725 = 6146.63t$

④ 循环水泵双速改造　热电厂分别对 10#、11# 机组和 8#、9# 机组进行了循环水泵双速改造。循环水泵是电厂耗电量较大的辅机之一。8#、9# 机组和 10#、11# 机组，每台机组配 3 台循环水泵，每台泵按机组负荷 50% 需求配置，在运行中按机组负荷 1 台泵单独运行或 2 台泵并联运行。由于机组经常处于变负荷运行状态，且受季节的影响，当循环水泵单台运行时，循环水流量可能不足，造成凝汽器真空低；当循环水泵双泵并联运行时，又嫌水量过大，造成厂用电浪费，因而对循环水泵实施双速改造并选择合理的运行方式有很大的节能潜力。

对于 10#、11# 机组，改造前实际消耗功率：
$$1.732 \times 6 \times 89 \times 0.80 = 740kW$$

改造后消耗功率（电机效率按 0.95 计算）：
$$900 \times 0.58/0.95 = 549kW$$

低速电机年投运时间按 3500h 计算，改造后单台电机年节电量：
$$(740 - 549) \times 3500 = 668500kW \cdot h$$

年节约标煤：　　　　$668500 \times 2 \times 334.99/1000000 = 447.88t$

对于 8#、9# 机组，改造前实际消耗功率：
$$1.732 \times 6 \times 59 \times 0.8 = 490.5kW$$

改造后消耗功率（电机效率按 0.95 计算）：
$$490.5 \times 0.58/0.95 = 342kW$$

低速电机年投运时间按 3500h 计算，改造后单台电机年节电量：
$$(490.5 - 342) \times 3500 = 519750 kW \cdot h$$

改造后 2 台电机年节约标煤：$519750 \times 334.99/1000000 = 348.22t$

年节约标煤：　　　　　$447.88 + 348.22 = 796.1$ 吨

年减少 CO_2 排放：　　　$796.1 \times 2.7725 = 2207.19t$

电气专业的节能重点，是对有调整空间的泵和风机电机进行调速，调速方式有多种，根据交流电动机的转速公式 $n = 60f/p$，最直接有效的方式就是变频和变极调速。随着大功率整流逆变元件的成熟应用，变频改造尤其是高压电机的变频改造工作已经广泛开展。变频和变极调速节能改造各有优缺点，可根据实际情况选用。

将每台机组的 3 台循环水泵中的 1 台电机进行双速改造，改造后的 3 台循环水泵可根据季节变化和机组负荷需求，灵活选择不同的组合方式运行。比如 1 台慢速泵、1 台全速泵、1 台半、2 台全速。一年中有超过 50％ 的时间可将慢速泵投运，便能节省可观的电能。

关于电动机的改动，通过调整电动机的定子线圈及定子线圈接线方式，优化电动机结构本体设计，使电机在不同转速下取得最佳效率。定子绕组经过优化设计、谐波分析后，力求电机在两种转速下效率、功率因数等性能指标最佳。

⑤ 送风机、凝结泵变频改造　发电机的负荷调节要求锅炉和风机相应做出调节，调节过程中又有大量能量被节流阀门浪费了。但是如果在风机上加装高压变频器，由变频器对电动机进行调压调频，从而实现对风量的调节以满足负荷的变动，就能将风机挡板在节流过程中造成的能量损失和因风机型号和管网系统参数不匹配形成的能量损失节约下来。热电厂对 10$^\#$、11$^\#$ 机组各 2 台送风机、3 台凝结泵加装变频调速装。

a. 送风机　未使用变频时送风机电机电流为 80A，实际输入功率

$$P_{11}=\sqrt{3}UI\cos\varphi=1.732\times6\times80\times0.9=1121\text{kW}$$

采用变频改造后，风机电机实际所需功率分变频器效率 η 取 0.97，由公式 $P=Q_2/\eta$ 得出：

$$P_{12}=Q_2/\eta=1250\times(80\%)2/0.97=825\text{kW}$$

采用变频改造后，节电率为：

$$(1121-825)/1121\times100\%=26\%$$

采用变频改造后，一年按 330 个有效工作日计算，则风机电机每年节约电量为：

$$(1121-825)\times24\times330=2344320\text{kW}\cdot\text{h}$$

电费平均按 0.25 元/（kW·h）计算，风机电机每年节约电费为：

$$2344320\times0.25=586080 \text{元}$$

b. 凝结泵　未使用变频时凝结泵电机平均电流为 280A，实际输入功率

$$P=\sqrt{3}UI\cos\varphi=1.732\times0.38\times280\times0.9=166\text{kW}$$

采用变频改造后，变频器效率 η 取 0.97，由公式 $P=Q_2/\eta$ 得出：

$$P_{21}=Q_2/\eta=200\times(81\%)2/0.97=127\text{kW}$$

采用变频改造后，节电率为：

$$(166-127)/166\times100\%=23.5\%$$

采用变频改造后，一年按 330 个有效工作日计算，则电机每年节约电量为：

$$(166-127)\times24\times330=308880\text{kW}\cdot\text{h}$$

年节约标煤：　　　　$308880\times334.99/1000000=103.47\text{t}$

年较少 CO_2 排放：　　　$103.47\times2.7725=286.87\text{t}$

参 考 文 献

[1] 石奇光. 火电厂能源管理过程及其分析 [J]. 能源技术经济，2012，24（4）.
[2] 邵长宏. 火力发电厂能源审计程序与方法 [J]. 新疆电力技术，2011，（2）.
[3] 秦晓敏. 火电厂能源审计研究 [D]. 北京：华北电力大学，2012.
[4] 刘圣春，宁静红，张朝晖. 能源管理基础 [M]. 北京：机械工业出版社，2013.
[5] 方战强，任官平. 能源审计原理与实施方法 [M]. 北京：化学工业出版社，2008.

第 8 篇
智能工程控制

第1章 智能电网

1.1 智能电网内涵

智能电网（Smart Grid）是由美国首先提出的。美国电科院（Electric Power Research Institute，EPRI）在 2000 年提出了 Intelli-Grid 的概念，认为这是电网发展的趋势和解决 21 世纪电网所面临各种问题的途径。美国能源部（United States Department of Energy，DOE）于 2004 年前后启动了 Grid-Wise（网络智能化）项目。尽管所用名词不同，但含义和目的基本一致[1]。

目前，智能电网尚没有普遍接受的定义，较多研究人员认可下述描述：智能电网是将先进的传感测量技术、信息技术、通信技术、计算机技术、自动控制技术与原有的输、配电基础设施高度集成而形成的新型电网，它具有提高能源效率、减小对环境的影响、提高供电的安全性和可靠性、减少电网的电能损耗、实现与用户间的互动和为用户提供增值服务等多个优点[2]。

1.1.1 智能电网驱动力与各国发展智能电网的目标

尽管各国都将智能电网作为其未来电网的发展目标，由于国情以及电力工业发展水平的不同，各国发展智能电网的驱动因素略有不同[2,3]。

我国发展智能电网的驱动力主要在以下几方面：①充分满足电力负荷高速增长的需要；②确保电力供应的安全性和可靠性；③提高电力供应的经济性及节能效果；④发展可再生能源，改变电源结构，防止能源危机，并满足环境保护的要求；⑤保证电能质量，实现对用户的优质和增值服务。

美国发展智能电网的驱动力大致为以下三方面：①关注现有电网基础设施的升级和更新，提高供电可靠性；②最大限度地利用快速发展的信息技术、通信技术以及计算机技术，将其与传统电网紧密结合；③利用先进的高级计量技术（advanced metering infrastructure，AMI）和需求响应（demand response，DR）等技术，实现与用户间的双向互动。

欧洲发展智能电网的驱动力大致为以下三方面：①供电的安全性问题，包括一次能源的缺乏、提高供电能力、供电可靠性和电能质量；②环境问题，包括实现京都协议，关心气候变化，保护自然环境；③国际市场问题，包括提供低廉的电价和提高能效，进行创新和提高竞争能力，规范有关垄断的管制规程等。

由于驱动因素不同，各国发展智能电网的目标及实现途径也有差异。

目前，我国智能电网进入全面建设阶段，我国未来智能电网将在发电、输变电、配用电及电网运行控制等各个环节实现全面技术跨越。其主要目标是：①在不断提升电网输配电能力的基础上，大规模开发和利用新能源和可再生能源，提高电网接纳新能源发电技术及并网能力，包括提高对太阳能、风能等波动性能源的接纳能力；②全面提高大电网运行控制的智能化水平，提升骨干输电网架的坚强性和调度智能化，加强电网故障感知和自愈能力，提高电网输电及供电能力，抵御重大故障及自然灾害；③提升供电服务能力和水平，优化用电信息的采集渠道和手段，保证信息安全性，加快相关国际与国内标准的制定，实现我国电网的跨越式发展。

美国未来智能电网主要目标：①用户主动参与，与电网互动；②适应所有种类的电源（包括常规电源、可再生能源电源和储能设备）接入电网；③电力市场化；④提供优质的电能；⑤优化资产利用率，提高电网运行效率；⑥具有自愈性；⑦能提高对人为攻击或自然灾害的承受能力。

未来欧洲智能电网目标有：①具有较强灵活性；②具有很强的接纳能力，确保所有电网用户都能接入，特别是零或低碳排放的可再生电源和高能效分布式电源；③进一步提高供电可靠性和供电质量标准，对危险和不确定因素有较强适应力；④通过创新、能效管理、平等竞争及监管，提高电网经济性。

总体来说，允许用户参与互动，提高电网接纳波动性新能源电源的能力，提高安全性和可靠性，提高经济性，是各国智能电网研发与建设的共同目标。

1.1.2　智能电网的特征

虽然各国智能电网的驱动因素和目标有所不同，一般来说，智能电网具有的功能特点[4,5]是相近的。

① 自愈　自愈是实现电网安全可靠运行的主要功能，指无需或仅需少量人为干预，实现电力网络中存在问题元器件的隔离或使其恢复正常运行，最小化或避免用户的供电中断。

② 安全　无论是一次还是二次系统遭到外部攻击，智能电网均能有效抵御由此造成的对电力系统本身的攻击伤害以及对其他领域形成的伤害，一旦发生中断，也能很快恢复运行。

③ 兼容　传统电力网络主要是面向远端集中式发电的，通过在电源互联领域引入类似于计算机中的"即插即用"技术（尤其是分布式发电资源），电网可以容纳包含集中式发电在内的多种不同类型电源和储能装置。

④ 互动　电网在运行中与用户设备和行为进行互动，将其视为电力系统的完整组成部分之一，可以促使电力用户发挥积极作用，实现电力运行和环境保护等多方面的收益。

⑤ 协调　与批发电力市场甚至是零售电力市场实现无缝衔接，有效的市场设计可以提高电力系统的规划、运行和可靠性管理水平，电力系统管理能力的提升促进电力市场竞争效率的提高。

⑥ 高效　引入最先进的信息和监控技术优化设备和资源的使用效益，可以提高单个资产的利用效率，从整体上实现网络运行和扩容的优化，降低它的运行维护成本和投资。

⑦ 优质　在数字化、高科技占主导的经济模式下，电力用户的电能质量能够得到有效保障，并可实现根据电能质量的差别定价。

⑧ 集成　实现包括监视、控制、维护、能量管理（EMS）、配电管理（DMS）、市场运营（MOS）、企业资源规划（ERP）等和其他各类信息系统之间的综合集成，并实现在此基础上的业务集成。

1.1.3　智能电网与传统电网的区别

总的来说，智能电网相对传统电网有如下三大关键区别。

(1) 大幅度提高电网接纳波动性电源的能力，使之适应各种不同的能源结构

电力系统需要维持瞬时平衡，这是电力系统最大的物理特征，也是电力系统生产管理的核心。绝大部分新能源具有波动性的特征，即一次能源供应不稳定（如风能和太阳能），或者发电系统本身不稳定（如生物质能发电），使得这些新能源电源具有波动性强的特征。而这些波动性是电力系统平衡的隐患。

由于化石能源消耗时产生较大的环境污染与温室气体排放，且化石能源本身是不可再生的，从能源、环境、气候可持续发展的要求出发，接入电网的新能源电源将越来越多。传统电网中的规划、调度、控制技术等，均不能适应接纳波动性新能源电源的要求。

（2）在没有外力大规模物理性破坏的前提下，基本排除大面积、长时间停电的风险

电力系统是全社会最重要的基础设施之一，非计划大面积停电将造成严重的损失，甚至造成重大人身伤害。

电力系统同时也被认为是最复杂的人造系统，且其运行需要维持瞬时平衡，使得其运行控制极其复杂、困难。同时，电磁波以光速传播，在一个局部发生的失衡、故障，很容易扩大到全网。21 世纪以来，世界上已经发生多起简单的单一设备故障引起连锁反应，导致大面积停电的连锁故障。可以说，电力系统大面积停电是不可避免的，即使排除外力大规模物理性破坏。但大面积、长时间停电是可以避免的。

智能电网的研发与建设，一方面降低大面积停电的风险，另一方面，也将加大快速复电技术的研发与应用。

需要特别指出的是，在波动性电源大量接入的情况下，防控大面积、长时间停电是极其困难和极具挑战的技术难题。

（3）显著提高经济性，降低电力系统的成本、能耗与排放

智能电网相对于传统电网，应该是廉价的。智能电网可通过如下主要途径显著提升经济性：

① 提高电网接纳波动性电源的能力，容纳更多的零（或低）化石能源消耗、零（低）排放、零（低）污染的电源；

② 通过优化调度与控制，提高现有发电资源的利用效率；

③ 通过智能需求侧响应、物联网、设备状态检修等途径，显著提高电力设备的有效利用率。

电力设备的有效利用率，是指设备在其寿命期内的实际发（输、变）电量占其设计寿命乘以额定容量的比例。我国电力设备的有效利用率在 10% 左右。造成电力设备有效利用率低的原因是多方面的，包括：负荷率仅为 50% 左右；电力负荷的不确定性，导致较大的备用系数；电力设备的实际寿命明显低于设计寿命等。

智能电网将逐一解决这些问题，显著提高电力系统的经济性。

1.2　厂网协调控制

1.2.1　AGC 控制

自动发电控制（Automatic Generation Control）简称 AGC，是现代电网控制的一种重要技术手段。它通过控制发电机的有功出力来跟踪电力系统的负荷变化，从而使电网的频率和互联电力系统的联络线净交换功率维持在计划值[8,9]。AGC 的结构如图 8-1-1 所示。

AGC 的总体结构框图如图 8-1-1 所示。这里主要有三个控制环：机组控制环、区域调节控制环和计划跟踪控制环。机组控制是由基本控制回路去调节机组控制误差到零，在许多情况下（特别是水电厂）一台电厂控制器能同时控制多台机组，AGC 的信号送到电厂控制器后，再分到各台机组。区域调节控制的目的是使区域控制误差调到零，这是 AGC 的核心。功能是在可调机组之间分配区域控制误差，这一可调分量即达到机组跟踪计划的发电基点功率之上，得到设置发电功率值发往电厂控制器。区域计划跟踪控制的目的是按计划提供发电基点功率，它与负荷预测、机组经济组合、水电计划及交换功率计划有关，担负主要调峰

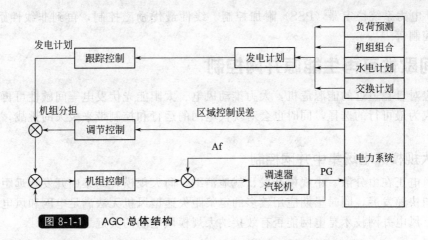

图 8-1-1　AGC 总体结构

任务[10]。

在电力系统正常运行状态下，AGC 控制的目标可具体分为以下几种：

① 使发电自动跟踪电力系统负荷变化；

② 响应负荷和发电的随机变化，维持电力系统频率为规定值（50Hz）；

③ 在各区域间分配系统发电功率，维持区域间净交换功率为计划值；

④ 对周期性的负荷变化按发电计划调整发电功率，对偏离预计的负荷，实现在线经济负荷分配；

⑤ 监视和调整备用容量，满足电力系统安全要求。

区域电力系统的 AGC 控制一般分为三种模式：恒定频率控制、联络线和频率偏差控制、恒定净交换功率控制。其中，对于孤立电力系统而言 AGC 采用的是恒定频率控制，即自动频率调整；与大系统联合运行的小系统，可以采用恒定净交换功率控制；大系统的 AGC 只能采用联络线和频率偏差控制[11]。

AGC 中主要有三种控制策略：确定总调节功率的控制策略、总调节功率的指令分配策略和 AGC 动态优化策略。国内外相关研究主要集中于 AGC 的常规控制策略研究，特别是确定总调节功率的控制策略（可分为经典控制方法、自适应控制、模型预测控制、变结构控制和智能控制）。总调节功率的指令分配策略的研究相对较少，而 AGC 动态优化策略的研究则刚刚起步[12]。

大量波动性电源接入背景下的 AGC 控制策略，提升波动性电源稳定性，甚至使波动性电源在某些运行条件下具有 AGC 能力，是智能电网技术的研究热点，受到广泛关注。

1.2.2　发电机励磁控制

发电机励磁控制指通过控制发电机的励磁来控制发电机的输出。它可以全方位地提高电力系统稳定性，包括静态稳定、暂态稳定和电压稳定，同时它还能全过程地提高电力系统稳定性，包括第一摆动及后续摆动。根据励磁电源的不同，可将励磁系统分为三类：直流励磁机系统、交流励磁机系统、静态励磁系统。在这三类励磁系统中，由于结构的不同，又可以分为一些不同类型的子系统[13]：

① 直流励磁机系统　自并励式，自复励式；

② 交流励磁机系统　他励可控整流式，不可控整流式［自励式交流励磁机系统（二机系统），具有副励磁机式（三机系统），无刷励磁系统］；

③ 静态励磁系统　自并励式，自复励式。

在众多的励磁系统中，控制方法经历了一系列的发展，从早期的比例反馈调节发展到

PID控制、电力系统稳定器（PSS）附加控制、线性最优励磁控制，再到非线性励磁控制、智能励磁控制等[14]。

1.3 间歇性可再生能源并网控制

为了应对日益迫近的能源危机，大力推动风电、太阳能光伏发电等间歇性可再生能源发电的发展成为最可行的选择，同时也会对现代电网的运行和控制带来极大的挑战，尤其是其并网控制[15]。

1.3.1 大规模风电场集中并网控制

我国风电正在由分散、小规模开发、就地消纳，向大规模、高集中开发和远距离、高电压输送方向快速发展，同时早期应用较多的定桨距失速型风机无法满足电网和风电场稳定运行的需求。风电并网技术是电网能否有效接纳大规模风电场的关键之一[15~17]。

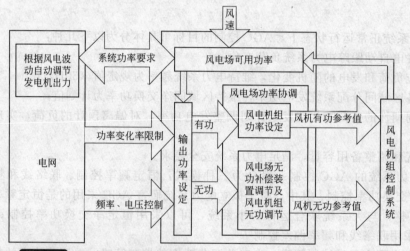

图 8-1-2 风电场并网综合控制系统

风电场并网综合控制系统结构如图 8-1-2 所示。风电场综合控制系统的输入信号包括调度指令、风速、并网点的有功功率、无功功率、电压等，控制目标为保持风电场的有功、无功、电压等在合理范围内变化。

在正常情况下，电网根据风电场的输出功率，对某些调频电厂的自动发电控制装置进行调整，保持系统的功率平衡；紧急情况下，调度中心根据电网的运行状况向风电场下达指令，对风电场的有功功率和无功功率提出要求。风电场根据风速、电压等信息，确定风电场的功率输出，并向各风电机组下达指令。根据风电机组的性质，采用对应的控制策略调节有功功率，如对于变速风电机组，可以通过桨距角调节风电机组输出的有功功率；对于定速风电机组，只能通过起停的方式调节风电场输出功率。如果风电机组具有无功调节能力，风电机组也可以参与系统电压调整，否则只能通过调节风电场的无功补偿装置及升压变压器分接头调节风电场无功功率。在风电场并网控制技术中，主要包括变速恒频技术、功率调节技术、传动技术以及低电压穿越技术。

1.3.2 分布式风力发电机并网控制

分布式风电系统对于偏远地区和远离电力线路的独立用户的电能供应非常重要，而分布式电源并网运行，可提高分布式供电系统供能质量，有助于可再生能源的高效利用，对分布式发电技术的大规模应用具有重要意义。分布式发电与大容量集中式发电相结合，可以有效地减少大规模互连电网存在的安全隐患，提高配电网供电可靠性，而且用电高峰期时可以减轻电网的负担，缓解用电矛盾[15]。分布式风力发电并网控制根据发电机类别，主要有异步发电机并网控制、同步发电机并网控制两大类[18~21]。

（1）异步发电并网控制

异步发电机并网控制是一种简单、运行稳定的控制方法。其原理是当异步发电机并入电网时，依靠异步电机滑差率调节负荷，其输出功率与转速近似成线性关系，当转速接近同步转速时就可以并网。当前所采用的异步电动机并网方法有直接并网方法、降压并网控制方法、软并网控制方法、准同期并网四种，其中传统方法为前两种。

① 直接并网方法　直接并网就是发电机输出的交流电直接并入电网。此种方法在并网前必须满足发电机相序与电网的相序一致，当异步发电机的转速接近同步转速时，即可并入电网。并网信号是由测速系统给出，然后通过自动空气开关完成并网过程。该方法主要适用于异步发电机容量在百千瓦以下且电网容量很大的场合。

② 降压并网控制方法　降压并网是在异步发电机与电网之间串接一定阻值的电阻、电感或者自耦型变压器，从而达到降低合闸并网瞬间冲击电流的幅值和电压下降的幅度。主要适用于百千瓦级以上的电机和电网容量比较大的机组。

③ 软并网控制方法　软并网控制方法是在异步发电机定子与电网之间串接电力电子元件，利用其软投入法，使发电机并网。当风力发电机启动时，先检查相序是否与电网相序一致；当风力发电机的转速接近于同步转速时（约为 99%同步转速），通过电力电子元件平稳地并入电网，此时自动开关的动合触头未闭合。当发电机的转速继续增大到转差率趋于零时，并网自动开关的动合触头闭合，电力电子元件被短接，这时发电机输出的电流直接通过自动开关触头并入电网。该方法主要适用于大、中型风力发电机组。

④ 准同期并网　准同期并网方式是指在电机转速接近同步转速时，先用电容励磁，建立额定电压，然后对已建立励磁的发电机的电压和频率进行调节和校正，使其与系统同步；当发电机的电压、频率、相位与系统一致时，将发电机投入电网运行。该并网方式对系统电压影响极小，适合于电网容量与风力发电机组容量相差不太大的场合。但是尽管合闸瞬间冲击电流很小，但必须控制电机运行于最大允许的转矩范围内，以免造成"网上飞车"。

（2）同步发电并网控制方法

同步发电机采用永磁体励磁，消除了励磁损耗，提高了效率，实现了发电机无刷化；并且运行时不需要从电网吸收无功功率来建立磁场，可以改善电网的功率因数；采用风力机对发电机直接驱动的方式，取消了齿轮箱，提高了风力发电机组的效率和可靠性，降低了设备的维护量，减少了噪声污染。同步发电并网控制方式主要有准同步和自同步两种。

① 准同步并网控制方法　准同步并网控制方法遵循所谓的恒定导前时间准同步思想，是一种冲击很小的并网方式。它是在待并网的发电机与电网的频率差和电压差小于一定值时，在零相差到来前相当于待并发电机断路器合闸时间的时刻给出合闸信号，使发电机平滑地并入电网。该方法对电网的冲击小，但转换、控制电路比较复杂。

② 自同步并网控制方法　自同步并网是采用在同步发电机末端加励磁，在电阻短路的情况下，原动机将同步发电机转子转速升高到接近同步转速（80%～90%同步转速）时，发电机输出电流投入电网，然后再投入励磁，使发电机处于同步状态。该方法省去了复杂的并网装置，操作简单，并网迅速；而且由于自同步并网末端加励磁，所以不存在并网时对发电机电压和相角进行调节和校准的整步过程，而且可以避免发生非同步合闸；但是合闸后有冲击电流，且电网电压会出现短时间下降。

1.3.3　风光储一体化电站协调控制

(1) 风光储一体化协调控制的动因[15]

为提高风力发电系统及光电系统经济性,在太阳能和风能互补的地区,把风力发电系统和太阳能发电系统及储能组合成"风光储互补发电系统"是十分可行的技术之一。主要体现在以下如下几个方面。

① 太阳能和风能两者在时间变化分布上有很强的互补性　太阳能和风能在时间上的互补性使得风光互补发电系统在资源分布上具有很好的匹配性,因此建立风光互补发电系统能够有效地克服风能及太阳能提供能量的随机性、间歇性的缺点,提高供电的稳定性。

② 太阳能和风能两者在空间分布上有很强的互补性　在风机间隔处安装光伏电池板,可以充分利用风电场的地面面积,从而达到节约占地空间的目的。此外,光电和风电可以共用一台主变,节省了设备的投资,提高了设备的利用率。

③ 光伏发电为风电场提供动态无功补偿和电压调节能力　并网光伏系统如果采用先进的控制策略,可以在发电的同时进行动态无功功率的调节,其调节性能相当于 STATCOM。如果令光伏电站参与系统动态无功的调节,可以在不影响发电的情况下对电网提供无功调节和电压控制的辅助服务,提高风电并网的系统安全稳定性,甚至降低动态无功补偿装置的安装容量。

(2) 风光储一体化协调控制系统[22,24]

风光储混合系统如图 8-1-3 所示,主要包括风力发电、光伏阵列、蓄电池和超级电容器。光伏太阳能经过最大功率点跟踪(MPPT)控制后输出的直流电,经过并网逆变器接入到三相交流电网中;永磁直驱风力发电系统将风能转化为频率、幅值变化的三相交流电,再

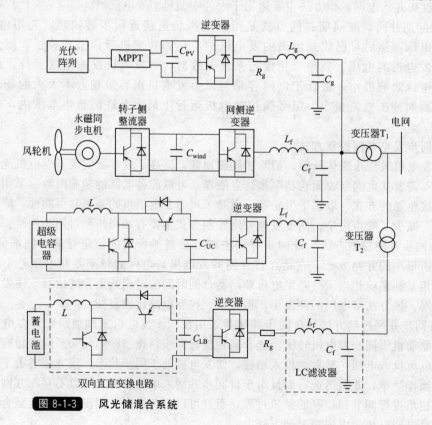

图 8-1-3　风光储混合系统

经过转子侧整流器、网侧逆变器两级背靠背交直交变流器，变换成与电网同步的三相交流电后接入电网。储能元件并网系统均采用直直（DC/DC）双向变换电路和直交逆变电路两级控制结构，前级 DC/DC 双向变换电路控制储能充放电功率的大小和方向，后级并网逆变器将直流母线上的直流电逆变成与电网同步的交流电，同时实现直流母线电压的稳压功能。

蓄电池模型用经典的 CIEMAT 模型，主要由电压源和一个可变内阻两个参数来描述电池特征。超级电容器的模型采用一阶线性 RC 模型，等效电路包括理想电容器、等效串联内阻（ESR）、等效并联内阻（EPR）。对于分布式储能单元，所有元件都通过双向 DC/DC 变换电路与直流母线相连，主要功能是控制储能单元功率的双向流动。分布式发电单元直接输出的或经过整流后的直流电，以及储能单元经过 DC/DC 级控制后的直流电，都要经过并网逆变器接入电网。并网逆变器的控制采用基于 d 轴电网电压定向的矢量控制，以控制直流母线电压的恒定以及输入到电网的无功功率，能实现逆变器输出的有功、无功功率解耦控制。

1.4　基于物联网的输变电设备监测与控制

输变电设备物联网是一个在物理空间和信息空间具有强关联性和高度混杂性的网络，是智能电网由系统智能化向设备智能化的延伸。利用物联网的"智能信息感知末梢"相关技术与物联网技术的标准化建设，可以满足智能电网对设备状态信息的准确获取、网络化交互的需要，更好地为设备的全寿命周期管理服务。

体系架构是输变电设备物联网实现的首要问题，建立一个具有通用性、起支撑规范作用的体系架构具有十分重要的意义。面向对象的分层分布式输变电设备物联网体系架构，由智能感知层、数据通信层、信息整合层、智能应用层构成[25~27]，最终实现对输变电设备的生命周期状态的全面感知及其智能监控。

1.4.1　输变电设备在线监测

输变电设备在线监测是输变电设备物联网的感知体系的重要组成部分。它主要利用各种监测传感技术、通信技术以及数据采集、分析技术，实现对输变电设备状态信息的采集、传输、后台处理及存储转发。其中输电设备状态监测包括导线温度监测、绝缘端子污秽监测、杆塔倾斜监测、覆冰监测、线路舞动监测、微气象监测等。变电设备状态监测包括高压电力变压器状态监测、气体绝缘组合电器状态监测、高压电容型设备状态监测、电力电缆监测等。输变电设备的状态通常可以分为三种情况：正常状态、异常状态、故障状态[28]。

(1) 输电设备的状态监测

基于物联网技术的输电设备状态监测感知层主要在杆塔、输电线路或重要设备上部署各种传感器，利用监测数据采集装置，实时采集输电线路的各种状态信息，然后经过网络传送到数据中心。

(2) 变电设备的状态监测

物联网技术是变电站智能化的重要支撑技术，物联网技术在变电设备状态监测中的应用应符合变电站的智能化改造的基本要求和原则。在智能化变电站中，智能感知层主要体现在过程层，智能应用层对应于站控层。

基于物联网技术的变电设备状态监测感知层主要利用各种传感器实现变电器、GIS 设备、容性设备以及环境动力等关键状态数据的采集。其中变压器的状态监测方法主要有油中溶解气体、局部放电、绕组变形、油中微水、绕组热点温度、侵入波、振动波谱等监测方法，实际中应用较多的是油中溶解气体和局部放电的在线监测。

GIS 设备的状态监测主要有局部放电、泄漏气体、触头机械特性、气体压力和分解气体组分等在线监测方法，其中 SF_6 气体组分监测的研究尚处于起步阶段。近年来局部放电的研究是重点，研究方法主要有脉冲电流、超声波检测法、特高频监测法等，虽然目前 GIS 设备局部放电在线监测技术已得到试运行，但是提升监测的灵敏度、实现定量检测与放电严重程度等难题，仍是需要研究的应用基础和关键问题。

电容型设备主要有电流互感器、电容式电压互感器、耦合电容器、高压套管等，主要监测电容量 C 及介质损耗角正切值 $\tan\delta$。避雷器阻性电流分量及功率损失的在线监测也采用了类似的原理来实现。

智能感知层传感器以小型化、无线化、微功耗为发展方向。

数据通信层以站内通信网络为主，通信协议应遵循 IEC 61850 相关规范。此外，随着各种传感系统的应用，无线通信网络应用越来越多，有必要对无线通信空中通信接口、通信协议进行规范，实现无线通信资源的共享。

智能应用层主要体现在输变电设备状态监测系统平台。平台除了实现数据的采集、分析及可视化展示外，要加强与 SCADA 系统等其他应用系统的信息综合能力，实现数据的多方位综合分析，提高物联网技术在变电环节所起的作用。

1.4.2　输变电设备状态评估

输变电设备状态评估与故障诊断，主要利用输变电状态量中蕴涵的大量特征信息，实现关键部件的状态评价、故障检测、缺陷诊断以及可靠性和使用寿命分析，实现分层分级的智能报警，使电网能够及时主动应对各类设备故障[29]。

(1) 输电线路状态评估

输电线路状态评估包括三个方面：①进行线路和杆塔动态载荷分析和预测；②绝缘子覆冰或积污评估；③通过对雷电过电压在线监测系统获取的信息的识别和气象 GPS、电力 GPS 信息的实时综合分析，为雷害事故进行定量分析和专家诊断。

(2) 变电站状态评估

以多种参数对变压器等大型设备进行安全评估和故障预测，是目前普遍认可的方法。已开展的变电站电气设备状态评估研究工作有：变电设备内绝缘早期及突发性故障的发生、发展过程及规律；变电设备故障新特征量提取方法与故障评估理论与方法；内绝缘早期和突发性故障的多因子预测和评估理论模型；变电设备剩余寿命及运行状态综合评估系统的原理及关键技术[30]。

(3) 诊断技术与系统

对传感器采集到的信号进行处理的目的是抑制干扰和提取信号特征，其方法可分为时域分析、频域分析和时频分析等。诊断技术的发展趋势是传感器的精密化与多维化，诊断理论与诊断模型的多元化，诊断技术的智能化。其中数学诊断方法有模糊诊断、灰色系统诊断、故障树诊断、小波分析、混沌分析与分形特征提取等；智能诊断方法有模糊逻辑、神经网络、进化计算和专家系统等；特征量性质的诊断方法有阈值诊断、时域波形诊断、频域特征诊断和指纹诊断等。

目前的专家系统是知识基或规划基产生式系统。尽管专家系统可采纳设备研制、应用、运行、维护等方面专家的知识，应用计算机的推理功能，但诊断技术复杂，对经验知识依赖性强，单独采用专家系统诊断的结果往往也存在明显的不足。应将专家系统与数学或智能化诊断方法有机地融合为一体，建立一个专家系统与数学及智能化诊断结合的集成式专家系统，才能真正实现专家系统在输变电设备状态在线诊断领域内的工程应用价值[31]。

1.4.3　输变电设备状态检修

(1) 状态维修决策的依据

状态维修（CBM）也称预知维修（PM），是以设备在线监测的特征量数据为基础，结合预防性试验（离线）的数据，设备的历史运行状况、检修情况及现在的运行状态，应用系统工程的方法进行综合诊断，从而查明故障（隐患或缺陷）的性质、位置和严重程度，预测故障的发展趋势和设备运行的剩余寿命，并提出防范措施和维修决策。在线监测是输变电设备实现状态维修的重要信息来源。显然，定期维修是以预防性试验为基础，状态维修则以在线监测为基础，但在目前在线监测的特征量不充足、产品的稳定性不高、诊断标准未形成等情况下，综合诊断分析就十分重要。实际上，预防性维修虽然是以预防性试验为基础，但在做出维修决策时仍要考虑设备的历史运行状况和检修情况、现在的运行状态及同厂家产品质量性能和同类设备故障率等诸多因素。因此，如果在线监测技术目前存在的上述问题一旦解决后，预防性试验实质就没有必要了，只要智能化诊断系统将数据库中已存储的预防性维修决策考虑的诸多因素与在线监测特征量一起进行综合诊断，即可给出状态维修决策[32]。

(2) 基于物联网技术的检修资产管理

面向智能电网的设备检修资产管理，应以确保设备检修和维护工作的安全性、高效性为目标，实现检修资产实时、动态、规范化管理及信息共享。目前，当输变电设备出现缺陷或故障需要检修时，一般流程是供电公司的检修班组到仓库领取所需工具、检测设备，用完后归还，而对所用的检修资产因人为因素造成的损坏、更换、丢失等信息变动缺乏有效监管模式，甚至无法及时进行资产优化调配。

通过物联网技术，将仓库的设备资产、材料、工具等的型号、电压等级、编码等基本信息录入电子标签，并贴附于相应检修资产上，实现标签、物的一一对应；仓库内部属固定式的阅读器，数据读取范围覆盖所有资产，通过与电子标签建立的射频通信链路，实现对库内检修资产的实时轮询信息采集及监控；阅读器采集到的标签信息可经无线通信网络（如GPRS/CDMA/GSM 等）传输到数据平台，供远端监控管理中心进行资产监控、查询以及及时优化调配给需要的检修班组人员[33]。

1.4.4　输变电设备寿命评估

输变电设备在整个服役期内的故障通常分为四个阶段：设备投运初期，在制造、安装、调试过程中遗漏的缺陷会暴露出来，运行人员对新设备的操作或维护不当也可导致意外故障，因此在线监测装置最好进行连续实时监测，以便及时发现并排除故障；在稳定期，为延长在线监测装置的使用寿命，可实行定时循检；在劣化阶段，要根据稳定期的监测情况，缩短定时循检时间，并根据监测特征量的变化规律，定期对运行状态和剩余寿命不断做出评估及预测；在危险阶段，要调整为连续实时监测，在报警的同时给出健康状况在线评估及剩余寿命在线预测的结果和状态维修策略。

不同的设备绝缘健康状态可选择两个最具代表性的特征量 x_1 和 x_2（如变压器可选择油中气体和局部放电量），根据大量在线监测结果，总结出注意水平 $C(x_1, x_2)$ 和危险水平 $D(x_1, x_2)$，信息管理系统及运行人员要随时掌握特征量 (x_1, x_2) 的过去和现在值变化，进入注意和危险水平的时间 (t_c, t_d)，用相关的在线评估及剩余寿命预测方法估算出实施状态维修的时间[34]。

1.4.5　输变电设备全寿命周期管理

智能电网的快速发展，带动输变电设备资产规模的迅速扩大，而随着国际上资产管理进入以资产全寿命周期管理为核心的综合管理阶段，输变电设备迫切需要采取以"集约化管理、精益化管理"为目标的资产全寿命周期管理，来改变以往重设备轻资产、重投入轻产出的资产管理方式。

输变电设备全寿命周期管理需要从信息服务体系、管理决策体系、技术支撑体系、资源管控体系和规范标准体系五个方面，综合现有数据和基于物联网技术的监测数据，分析全寿命周期管理展现所涉及的实时状态评价、事故风险预警、智能诊断等业务种类，按合适的粒度进行服务抽象，从而建立起全寿命周期管理机制来规范输变电全寿命周期管理模式。建立全面、可行的资产管理绩效评估考核体系，来衡量全寿命周期管理工作的效率和效果，促进资产全生命周期管理策略和相关业务流程的持续改进，最终达到从设备的规划、设计、制造、选型、采购、安装、运行、维修、改造、报废、更新乃至环境保护等整个价值链的输变电全寿命周期管理目标[25]。

输变电设备全寿命周期研究框架[34]如下。

(1) 信息服务体系

面向资产经营管理决策体系、技术支撑体系和资源管控体系，全面梳理数据信息需求、信息来源、提供方式、接口规范、频度和录入要求等；完善资产全寿命各个阶段信息的收集、筛选、处理和上报机制，加强公司信息系统与国网公司、省市电力公司的业务协同，确保数据收集的及时性、完整性和准确性；打破部门信息壁垒，实现信息与业务的协同，后期数据为前期决策服务；基于 SOA 架构实现接口标准化，公共服务适应公司其他部门多种应用需要。

(2) 管理决策体系

在资产管理的前期环节，包括电网规划、项目可研、招标采购等关键环节中，探索建立电网、项目和设备三级 LCC 模型，各模型间紧密衔接，环环相扣，并根据后期数据反馈修正，为资产全寿命周期科学决策提供支撑；以可研环节为重点，强化各部门的信息交流与业务协同。在资产管理的后期，包括生产运维、退役处置阶段中，建立基于设备风险评估和状态诊断的检修策略；引入资产全寿命周期成本理念，完善技改项目，优选排序模型，建立典型案例的技改方案 LCC，计算评估模型；建立基于设备状态概率统计分析的二次设备管理策略。

(3) 技术支撑体系

在一次设备方面，深入开展输变电设备的基础技术研究，包括风险评估、状态诊断和寿命评估及延长等，实现重点突破，为实施科学合理的资产运行维护管理提供支持。在二次设备方面，开展二次设备状态统计分析平台建设，加快二次设备监视系统建设，加强二次设备入网检测试验能力建设，为二次设备采购运维管理提供支持。

(4) 资源管控体系

加强委托运维模式下对受托公司管理方法的研究，完善公司委托运维绩效考核体系，完善并细化对受托公司设备运维信息报送的要求，明确对环保的考核要求，加强公司技术监督力量，提高对公司委托运维资产运行维护和检修的管理控制能力。加强与设计院在规划信息和后期数据等方面的信息沟通和业务协调力度。建立全面、科学、公正的供应商评价体系，建立细化、量化的供应商评估指标体系，探索建立供应商分级机制。

(5) 规范标准体系

应用全寿命周期管理理念，全面梳理公司资产管理相关的技术标准体系、管理标准体系和工作标准体系，将输变电设备与相关的技术标准、管理标准和工作标准建立关联；应用公司资产全寿命周期研究成果，细化相关管理规定、技术标准和作业指导书，提高公司标准化管理水平，在关键流程和关键节点依靠标准化管理和流程化管理，提高公司资产管理的精益化水平。

1.4.6　调控一体化

（1）一体化智能监测装置

目前，设备状态监测技术的应用，对实时掌握设备运行情况、及时发现设备潜伏性故障收到了良好的效果，但仍存在许多问题，如数据交互性不够、缺乏就地综合判断处理机制、信息庞大却可支撑信息难以提取等问题。因此，需建立统一规范的监测体系，制定监测参数及监测性能指标的标准，提高监测装置的通用性。

一体化智能监测装置是输变电设备物联网智能感知层的重要组成，它由监测主 IED、电源及管理模块和不同设备监测智能传感器 IS 及 EPC 电子标签等构成，部署在设备附近，实现输变电设备运行状态、资产管理及其周边环境的多特征信息在线监测。

一体化智能监测装置具有设备状态感知、信息处理和数据通信三大功能。智能传感器IS 对设备的运行状态数据（模拟量、数字量、脉冲量、状态量）进行感知采集，并对数据进行标准化、规范化上传；EPC 电子标签，则实现设备台账数据、巡检数据、故障信息、停电信息、人工录入数据等的索引感知。数据通信需包括智能传感器通信、EPC 电子标签通信和监测主 IED 通信三部分。

信息处理中智能传感器负责对采集的模型信号进行数字转换，并进行合理性检查及预处理（修正、容错校准等）；监测主 IED，负责加工处理不同设备上传的数据，并能对设备进行故障综合智能诊断，实现故障预警、定性、定位、危害性评估、维修决策及设备联动功能[25]。

（2）输变电设备状态监测与检修资产管理一体化

输变电设备状态监测与检修工作关联性较强，将设备监测与检修资产监测有效整合，统一监控管理，可极大程度上实现跨部门的资源信息共享，提高供电企业运行效率和经济效益[25]。

变电站内设备监测可采用有线通信模式的监测装置、光纤等传输介质、CAN 总线或RS485，将采集的数据信息上传至一体化数据平台；亦可采用无线传感网，将传感器监测的数据信息由网关节点通过 GPRS/CDMA/TD-SCDMA 等无线传输方式上送到一体化数据平台。远距离高压输电线路监测装置，则通过无线传输方式上送监测数据。检修资产采用射频感应识别技术，将感应信息上送。

一体化数据平台的设计则应考虑数据格式的通用性，将上送的监测信息按约定格式转化存储，并将远端监控管理中心需要的信息及时上送。同时，一体化数据平台还应能定制消息模式，如一般通知、告警等，便于监控管理中心方便调用并填写发布。

远端监控管理中心主要完成功能：①对设备的监控、状态评价、故障诊断以及线路动态扩容分析；②对发现异常或故障情况及时制定检修计划并通知发布；③实现检修资产的实时监控与优化调配管理[34]。

调控一体化的优势在于电网信息的完全统一使用和维护，有利于调度与变电运行的集约化，更加适应复杂化程度越来越高的电网结构。

1.5　大电网稳定控制

大电网的稳定控制是一个非常复杂的过程，电网运行人员需要通过综合性分析、控制决策工具来跟踪分析、预警及控制电网的安全稳定运行[35]。下面从功角稳定、电压稳定以及连锁故障方面进行介绍。

1.5.1 功角稳定及其控制

功角稳定是指系统中所有的发电机都保持"同步"，即系统所有机组转子之间都能保持住一定的相对角。当某机组失去同步或将与系统的其他部分失步时，定子旋转磁场与转子磁场之间的"滑差"使发电机的功率输出、电流和电压都会产生很大的波动[36]。

IEEE/CIGRE 根据扰动的大小，将功角稳定分为小干扰功角稳定和大干扰功角稳定。由于小干扰可以足够小，因此小干扰稳定分析时可在平衡点处将电力系统非线性微分方程线性化，在此基础上对稳定问题进行研究；而大干扰稳定必须通过非线性微分方程进行研究[37]。

在功角稳定控制中，非线性控制方法主要有映射线性化方法、Lyapunov 直接法、鲁棒控制、自适应控制、变结构控制、智能控制等。

非线性控制理论在功角稳定控制中的应用明显提高了电力系统的功角稳定性。但是，由于非线性系统的复杂性，没有一种普适的非线性控制方法，每种方法都只适合解决一类特殊的非线性系统控制问题。另外，由于电力系统本身的复杂性，其具有复杂的系统结构、复杂的任务和复杂环境，单靠某一种非线性控制理论不可能解决上述所有问题，一般认为需要几种非线性控制的组合应用来解决电力系统的功角稳定控制及其相关问题。因此，非线性功角稳定控制器的工业应用还处在比较初级的阶段。协调优化控制、分散解耦控制以及各种非线性控制理论本身的完善都是值得研究的问题。

1.5.2 电压稳定及其控制

电力系统的电压稳定是指在给定的初始运行条件下，遭受扰动后系统中所有母线都持续地保持可接受电压的能力[38]。目前，对电压稳定的研究已有了多种分析方法和手段，包括各种静态稳定分析方法和动态稳定分析方法，并在此基础上形成了静态电压稳定控制和动态电压稳定控制方法。

(1) 静态电压稳定控制

静态电压稳定一般都是建立在系统潮流方程或改进的潮流方程基础上来进行研究的。主要是因为建立在潮流方程基础上的分析相对比较容易，并且静态电压稳定分析的理论也比较成熟。

静态电压稳定控制的基础就是控制潮流有高值解，原因在于静态电压稳定分析方法是建立在潮流基础上的。通常无功功率 Q 的传输与电压幅值 U 紧密相关，并且无功功率的传输总是从高压节点流向低压节点，因此从传输系统来看，引起系统电压不稳定的主要原因有线路上传输的功率大、电源离负荷中心远、系统无功功率电源不足等。为此相应的静态电压稳定控制方法是在电力系统安装各种无功补偿器来提供系统的电压水平[39]。

(2) 动态电压稳定控制

动态电压稳定可用一组微分方程、差分方程和代数方程组来描述，即考虑了系统的动态特性，如发电机、励磁系统、有载调压变压器、各种负荷等元件的动态特性。动态电压稳定，根据扰动的大小分为小扰动稳定和大扰动稳定；根据响应时间的长短，包括暂态稳定、中期稳定和长期稳定。

系统电压崩溃的根本原因是由于电网中某些地区的无功功率不足造成的局部电压下降，进而导致全网电压下降，最后发生电压崩溃的。地区无功功率不足可能来自两个方面：其一为系统无功电源不足；其二为系统初始无功电源分布不合理。针对这两种情况，分别采用增加系统无功电源储备和合理分布系统无功电源来解决。对电力系统进行分级电压控制，是将整个控制系统分为三级：一级电压控制、二级电压控制和三级电压控制。二级电压控制的主要目标是以某种协调方式重新设置区域内各自动电压调节器的参考值，使系统各节点电压满足要求[40]。

1.5.3　连锁故障特性分析与预防控制

连锁故障（cascading failure），又称连锁停运（cascading outage）。根据北美电力系统可靠性委员会（NERC）的定义，连锁故障是指系统中两个或多个元件相继停运的故障情况[41]。目前，国内外对连锁故障预防的理论与模型研究大体上可分为三类：传统分析方法、基于复杂系统理论的方法和基于复杂网络理论的方法，下面分别进行介绍。

（1）传统分析方法

传统分析方法主要是通过建立符合电网实际物理过程的模型和算法对电网的连锁故障进行模拟，列举出导致电网连锁故障的模式[42~46]。其特点是物理意义清楚，容易理解，但传统分析方法计算时间长，大都不能满足实时在线的分析要求。各类传统分析方法，都是从某一个角度考虑连锁故障的预防，例如保护的隐藏故障、线路跳开造成的潮流转移等，而且某些方法对连锁故障中相邻故障之间的关联考虑不够，忽略了连锁故障与多重故障的区别。总的来看，大多数方法对连锁故障预防的暂态分析不够，且未给出预防的具体策略。

（2）基于复杂系统理论的方法

传统分析方法所面临的难题，促使国内外学者对新方法的探索，基于复杂系统理论的方法就是在这种背景下产生的。为更好地理解电网连锁故障的机理，从事电力系统研究的学者尝试从复杂系统理论中寻找新的方法、模型和分析工具，将网络看作包含大量个体及个体之间相互作用的系统，在实际理解电网模型上讨论网络稳定性与脆弱性、扰动传播与控制等多方面问题，提出了多重连锁故障的数学模型[47~49]。

（3）基于复杂网络理论的方法

近年来在物理学上关于复杂网络的研究出现了一些新的进展，其中包括网络模型以及对复杂物理网络静态或动态特性的研究。电网作为一个复杂物理网络，也是被广泛研究的范例之一。该类方法主要从网络结构的角度来研究网络对于各种攻击的承受能力以及是否具有发生连锁故障的可能等问题[50~53]。其特点在抽象的网络模型基础上研究网络对于各种攻击的承受能力及故障的传播行为，其主要贡献在于提供了通过网络的宏观结构参数来研究网络的结果脆弱性的视角，这对电网的规划建设或对实际电网的当前结构进行评估都有一定的指导意义。

1.6　智能微网与配电网控制

1.6.1　智能微网与智能配电网

微电网（以下简称微网）[54~58]是指由分布式电源、负荷、储能装置及控制装置汇集而成的小型发配电系统，是一个能够实现自我控制、保护和管理的自治系统，既可以与外部电网并网运行，也可以孤立运行。

智能微网即微网的智能化，通过采用先进的电力技术、通信技术、计算机技术和控制技术，在实现微网现有功能的基础上，满足微网对未来电力、能源、环境和经济的更高发展需求[59,60]。智能微网应当具备以下特点：①真正实现自治，提供高可靠性电能；②满足用户多样化的需求；③更有效利用分布式能源，尤其是可再生能源；④实现经济效益最大化；⑤实现环境效益最大化。

与智能微网一样，智能配电网也通过应用各种先进的信息技术，实现电网的数字化、信息化、自动化和智能化，并最终实现配电网与用户间的互动，以满足未来各种关键的技术需求，包括：实现资产优化提高运行效率；兼容各种分布式电源和储能设备；创造新的产品、服务和市场；实现用户的积极参与；提高配电网的安全性，电网发生故障时具有自愈功能；提高配电网的稳定性，以灵活的运行方式抵御各种物理破坏、网络攻击和自然灾害；根据需求提供不同质量的电能[61]。

智能微网与智能配电网密不可分：①从结构上，智能微网与智能配电网都包含系统的配电和用电环节；②从技术上，智能微网与智能配电网都融合了各种先进的技术和设备；③从需求上，智能微网与智能配电网都能为用户提供更好的服务，满足用户多样化的需求；④从效益上，智能微网与智能配电网都是以经济效益、能源效益和环境效益作为发展智能化的驱动力，实现效益的最大化。智能化的微网能够充分利用自身特色，帮助推动配电网智能化的实现，因此智能微网将是未来智能配电网新的组织形式[60]。

1.6.2 微网电能质量控制

微网中许多类型的分布式发电电源——微电源受制于自然条件，其电能质量特征与传统电力系统有很大差异。因此，微网在实际运行中需要解决的关键问题之一，就是电能质量问题[62]。

微网的电能质量受到自身和大电网的双重影响，并且因电力电子装置的大量使用，使得微网的电压和电流波形出现畸变。其中，最突出的问题在于谐波电流的污染和电压的波动闪变。微电源之所以会给大电网带来许多谐波，一方面由于某些微电源自身构成谐波源，另一方面是微电源需要通过电力电子装置接入大电网[63]。若微电源直接发出基频交流电，则其直接与系统相连；若微电源发出直流电或高频交流电，则通过逆变器与系统相连[64]。对谐波的治理，从谐波源处考虑有两种方法，在产生谐波的地方将谐波电流进行就地吸收处理和在源头处抑制谐波电流的产生[65]。

微网中出现的谐波问题一定程度上要求通过电力滤波装置来处理。抑制谐波的手段一般分为 LC 无源滤波器和有源滤波器（Active Power Filter，APF）以及两者的组合混合滤波器（Hybrid Power Filter，HPF）。LC 无源滤波器由电容器、电抗器和电阻器串并联组成，利用谐振原理来消除一定频次的谐波。除此而外，还可在交流系统中满足无功补偿的需求。有源电力滤波器（APF）由静态功率变流器构成，作为一种动态补偿装置，具有高可控性和快速响应性的特点，同时可以快速补偿变化的谐波电流与无功功率，因而逐渐成为谐波抑制和无功功率补偿的重点研究对象。

电力系统的无功平衡需要电压来维持，因而要改善微网中的电压波动和闪变问题，主要依靠各种无功补偿措施。在配电网中无功补偿的基本原则是就地补偿，避免远距离传输，降低损耗。常用的无功补偿装置主要有同步调相机、静电电容器、静止无功补偿器（SVC）和静止无功发生器（SVG）。

常用的电能质量控制手段有无源滤波、有源滤波、电容补偿、有载调压、静止无功补偿、动态电压补偿等，它们并不是单纯针对某类电能质量问题进行改善，往往是某种手段能实现多重改善的目的。

1.6.3 智能配电网自愈控制

自愈是智能配电网的重要特征，也是智能电网建成的重要标志[66]。配电网自愈是指配电网自我预防、自我恢复的能力。自我预防是指系统正常运行时对电网进行实时运行评价和持续优化；自我恢复是指电网经受扰动或故障时，自动进行故障检测隔离和恢复供电。自愈功能有三大目标：①实时评价电力系统行为，将系统的运行特性和健康状态动态显示；②对系统的扰动做出快速反应；③在扰动之后快速地将电网恢复到稳定运行区域。

配电网自愈控制（Self-Healing Control，SHC）通过共享和调用一切可用电网资源，实时预测电网存在的各种安全隐患和即将发生的扰动事件，采取配电网在正常运行下的优化控制策略和非正常情况下的预防校正、紧急恢复、检修维护等控制策略，使得电网尽快从非正常运行状态转化为正常运行状态。

配电网自愈的控制原则是不间断供电[67]，目标是：首先，通过配电网运行优化和预防校正控制，来避免故障发生；其次，如果故障发生，通过紧急恢复控制和检修维护控制，使得故障后不失去负荷或失去尽可能少的负荷。如果发生了电网连锁停电或瘫痪事故，意味着电网自愈控制失败。在控制逻辑和结构设计上，配电网自愈控制应该坚持分布自治、广域协调、工况适应、重视预防的基本原则。

配电网自愈控制的重要意义如下。

（1）应对以下需求的有效解决方案

①负荷的持续增长；②市场驱动下的电网运行环境；③智能装置和设备的大量应用；④高供电可靠性；⑤电网快速响应；⑥分布式电源大量接入配电网；⑦需求侧管理及其响应。

（2）预防和避免大停电事故发生的有效控制手段

以往的一些大停电事故具有以下共同特征：①对电力系统运行状态和条件的识别不够；②缺乏决策支持手段；③稳态运行超出系统极限；④缺乏及时的控制；⑤保护设置不正确；⑥对电压和暂态稳定问题进行控制来避免连锁故障。而配电网自愈控制也正是预防大停电事故发生有效控制方式。

1.7 电能质量控制

1.7.1 电能质量的含义

电能质量（Power Quality），即通过公用电网供给用户端的交流电能的品质。理想状态的公用电网应以恒定的频率、正弦波形和标准电压对用户供电。但由于系统中的发电机、变压器、输电线路和各种用电设备的非线性或不对称性，即电压、电流的各种指标偏离规定范围的程度差异，以及运行操作、外来干扰和各种故障等原因，这种理想状态并不存在，从而产生了电能质量的概念。

到目前为止，国内外对电能质量的定义尚没有形成统一的共识。国际电工委员会（IEC）标准（IEC 1000-2-2/4）将电能质量定义为：供电装置正常工作情况下不中断和干扰用户使用电力的物理特性。国际电气电子工程师协会（IEEE）协调委员会对电能质量的技术定义为：合格的电能质量是指给敏感设备提供的电力和设置的接地系统均是适合该设备正常工作的。目前大多数专家认为，电能质量的定义应理解为：导致用户电力设备不能正常工作的电压、电流或频率偏差，造成用电设备故障或误动作的任何电力问题，都是电能质量问题。

电能质量包括[68]以下内容。

① 电压质量（voltage quality）　即实际电压与理想电压间的偏差（应理解为广义偏差，即包含幅值、波形、相位等），反映供电企业向用户供给的电力是否合格。此定义虽然能包括大多数电能质量问题，但不能（或不宜）将频率造成的质量问题包含在内，同时不含用电（电流）对电能质量的影响。

② 电流质量（current quality）　即对用户取用电流提出恒定频率、正弦波形要求，并使电流波形与供电电压同相位，以保证系统以高功率因数运行。这个定义有助于电网电能质量的改善，并降低线损，但不能概括大多数因电压原因造成的质量问题，而后者往往并不总是由用电造成的。

③ 供电质量（quality of supply）　包含技术含义和非技术含义两部分。技术含义有电压质量和供电可靠性。非技术含义是指服务质量（quality of service），包括供电企业对用户投诉与抱怨的反应速度和电力价格（合理性、透明度）等。

④ 用电质量（quality of consumption）　应包括电流质量和非技术含义，如用户是否按时、如数缴纳电费等，它反映供用双方相互作用与影响中用电方的责任和义务。

电能质量[69]的描述如下：

① 电压偏差。供电系统在正常运行条件下，某一节点的运行电压与系统额定电压之差对系统额定电压的百分数，称为该节点的电压偏差。

② 频率偏差。电力系统在正常运行条件下，系统频率的实际值与额定值之差，称为系统的频率偏差。

③ 三相不平衡。三相平衡是指三相电量（电压或电流）幅值相同，频率相同，相位互差120°的情况。不同时满足这三个条件称为三相不平衡。

④ 电压波动与闪变。电压波动（Voltage Fluctuation）定义为电压均方根值一系列相对快速变动或连续改变的现象，其变化周期大于工频周期，在1min内测量各工频周期的电压有效值，与标称电压比较，可得电压波动值。照明电源的电压波动造成灯光照度不稳定的人眼视感反应，称之为闪变，其变化较快。

⑤ 谐波。谐波是对周期性交流信号进行傅里叶分解得到的。频率为基波频率（一般指工频）的整数倍的分量。谐波测量一般包括谐波幅值和相位、各次谐波含有量、总谐波畸变率、谐波功率及谐波阻抗等。

⑥ 电压暂降。电压暂降与短时间中断通常是相关联的电能质量问题。电压暂降是指供电电压均方根值在短时间突然下降的事件，其典型持续时间为0.5～30个周波。

电能质量指标是电能质量各个方面的具体描述，不同的指标有不同的定义。参考国际电工委员会标准，从电磁现象及相互作用和影响角度考虑给出的引起干扰的基本现象分类[70,71]如下：低频传导现象——谐波、间谐波、信号电压、电压波动、电压暂降与短时断电、电压不平衡、电网频率变化、低频感应电压、交流网络中的直流；低频辐射现象——磁场、电场；高频传导现象——感应连续波（CW）电压与电流、单向瞬态、振荡瞬态；高频辐射现象——磁场、电场、电磁场（连续波、瞬态）；静电放电（ESD）现象。

1.7.2　电能质量监测

电能质量监测作为电能质量监控的关键环节，在系统运行管理和技术监督中有着重要地位，同时也是保证系统良好供电质量的必要条件。随着电能质量问题的日益突出，电能质量监测将越来越重要[72]。

进行电能质量监测的主要目的如下。

① 分析电力系统的性能是电能质量监测最基本的功能之一。通过对电能质量的监测，可为电力部门提供电力系统运行的基本状态和性能情况，据此了解公用电网电能质量的水平和存在的问题，从而对公用电网的性能做出正确和全面的评估。

② 确定具体问题的特征，这是有针对性的系统性能监测。主要是对特定的系统质量问题进行监测，以便找出问题的根源，给出解决问题的办法以及采取相应对策。

③ 评估电能质量水平，增强和提高整个电力系统的电能质量。通过电能质量的实时监测，可进一步研究各种增强和提高系统运行质量的方法和技术，在此基础上，通过实施网络的改进，提高各种电能指标，使电能质量得以优化。

④ 确认诊断与设备维护，包括对各种电能指标数值和状态进行对比分析，从而得出相应的诊断结果，根据诊断结果可以对整个电力系统的故障设备进行实时维护。

监测的主要内容包括：电力系统在各种运行条件下，当受到干扰时从高频率的冲击电流到长时间的过电压等相关量值，详见表 8-1-1。

表 8-1-1 电能质量监测的主要物理量

电能质量现象	监测量	原因
冲击暂态（暂态干扰）	峰值量	闪电
	上升时间	电子静态充电
	持续时间	负荷投切操作 电容器投切操作
	电压波形	线路投切操作
	峰值量	负荷投切操作
	频率成分	电容器投切操作
电压骤降/电压骤升（RMS 干扰）	均方根值	远方系统故障
	幅值	
	持续时间	
停电（RMS 干扰）	持续时间	系统保护动作/维护
低电压/过电压（静态电压波动）	均方根值	电机启动
	统计值	负荷波动
		负荷切除
谐波干扰（静态电压波动）	谐波频率	非线性负荷
	总谐波干扰	系统谐波
	统计值	
电压闪变（静态电压波动）	波动幅值	间歇负荷
	持续频率	电机启动
	调制频率	电弧炉
三相不平衡	三相幅值（电压，电流）	馈线点负荷不平衡
	三相电压/电流的平均值持续时间	其他干扰（如噪声等）
	幅值	

通常的电能质量检测方式有在线监测、定期或不定期监测和专门测量。常见的电能质量监测设备从简单到复杂，大致可以分为传统监测仪器、数字型监测仪器和智能型综合监测仪器三大类[73]。

随着电力的发展和用电要求的提高，对电能监测技术也提出了更高的要求[73]：

① 能捕捉瞬时干扰的波形；

② 对电压、电流能同时测量，以便获得潮流信息；

③ 需测量各次谐波的幅值与相位；

④ 需有足够高的采样速率，以便能测得高次谐波的信息；

⑤ 建立有效的分析系统，使之能反映各种电能质量问题的特征及其随时间的变化规律。

1.7.3 污染源追踪

电能从生产到消耗是一个整体，发供用电始终处于动态平衡中，因此发、输、供、用各个环节都会对电能质量产生影响。相对而言，电压偏差和频率偏差主要决定于电网的结构、系统无功补偿设备和调压、调频手段以及电网调度的合理性。而电力污染（包括电力谐波、电压波动和闪变、三相电压不平衡）主要由各种非线性负荷、冲击性负荷和不对称负荷引起。类似于环境治理，要想获得良好的电力环境，必须从污染源入手，才能取得更好的效果。以下是一些常见的污染源[74]。

（1）非线性负载[75,76]

在工业和生活用电负载中，非线性负载占很大比例，这是电力系统谐波问题的主要来源。电弧炉是主要的非线性负载，炼钢电弧炉既能造成电压波动、闪变，也是谐波源，同时是不对称负荷。它的谐波主要是由起弧的时延和电弧的严重非线性引起的，电弧长度的不稳定性和随机性，使得其电流谐波频谱非常复杂，而且随时间会有明显的变化。荧光灯的伏安特性是严重非线性的，因此也会引起严重的谐波电流，其中 3 次谐波的含量最高。3 次谐波还有可能引起谐振，使谐波放大，使电压波形也发生严重畸变。大功率整流或变频装置在现代工业中的应用极为广泛，这种基于电力电子的设备会产生严重的谐波电流，是典型的谐波源。不仅对电网造成严重污染，同时也使功率因数降低。电力机车采用单相整流供电，所以它既是谐波源，又产生不平衡电流。由于电气化铁道的容量很大，目前大约占总负荷的 10％以上，而且分布很广，因此，电力机车是影响面较大的污染源。现代化的家用电器（包括电子计算机）电源多采用二极管整流，会产生很大的谐波。有些家用电器如洗衣机、电视机、电冰箱等工作时的电流变化很大，也影响电压的稳定。家用电器大都是单相负荷，同样产生不平衡电流。

（2）电力系统设备的非线性特性

在电力电子装置大量使用以前，电力系统中主要的谐波源是发电机和电力变压器。发电机是公用电网的电源。在实际运行中，由于多种原因，发电机的感应电动势不是理想的正弦波，因此其输出电压中也就包含一定的谐波。变压器谐波电流是由其励磁回路的非线性引起的，产生谐波电流的大小与变压器的铁芯结构、铁芯饱和程度以及变压器的连接方式都有关系。

（3）电力系统故障

电力系统运行的内、外故障也会造成电能质量问题，如短路故障、雷击、误操作、电网故障时发电机及励磁系统工作状态的改变，故障保护装置中的电力电子设备的启动等，都将造成各种电能质量问题。

1.7.4 电能质量治理[75]

随着对电能质量问题的日益重视，电能质量问题的治理方法近年来也得到了很快的发展。电力电子、计算机和控制技术的飞速发展对电能质量问题的解决起到了重要的推动作用，使得电能质量的补偿控制从传统的技术发展到现在一系列基于电力电子装置的用户电力技术（Custom Power technique）。

传统方法有：①调节有载调压变压器的分接头，可保持电压稳定，保证电压质量，但不能改变系统无功需求平衡状态，同时也可能影响变压器运行的可靠性；②局部并联电容器组，可补偿系统无功功率，解决电压偏低的情况，但对轻载电压偏高的电能质量问题却无能为力；③无源滤波器是传统的抑制谐波电流的主要手段，它通过 LC 谐振吸收电网中的谐波电流，但只能抑制固定频率的谐波，同时也可能造成系统谐振；④通过备用发电机组和机械式双电源切换装置（＞2s）等方法对重要用户连续供电。

以上传统方法都能在一定程度上解决电能质量问题，但也都存在着本身无法克服的缺陷，因此必须提出新的解决电能质量问题的方法。

电力电子技术的应用给解决电能质量问题开拓了广阔的前景，用户电力技术将电力电子、计算机和控制等高新技术运用于中低压配用电系统，形成了一系列电能质量补偿控制设备，可以快速、动态地补偿配电网中各种电能质量问题，对电力系统运行的影响小。它们的协调配置可将配电系统改造成无电压波动、无不对称以及无谐波的柔性化网络，满足电力负荷对电能质量日益提高的需求。

用于改善电网电能质量的用户电力技术主要用到以下装置：

① 静止调相机（STATCOM），用以调节电压和系统功率因数，用于动态非线性负载，如电弧炉等；

② 固态电子转换开关（SSTS），用于双回线路的切换，克服传统的机械开关反应慢的弊端，保证对重要用户可靠供电；

③ 动态电压恢复器（DVR），补偿电源电压波动和闪变等，用于敏感负荷，如半导体生产厂家；

④ 不间断稳压电源（UPS），用于重要负荷，如银行、医院等；

⑤ 有源滤波器（APF），抑制非线性负载产生的电流谐波，消除其对电网造成的谐波污染。

1.8 储能装置和电动汽车充电装置控制

1.8.1 储能装置的分类及特性

电力生产过程是连续进行的，发-输-配-用电必须时刻基本保持平衡，而电网中用户对电力的需求在白天和黑夜、不同的季节之间存在较大的差别，这使得电力系统必须留有很大的备用容量，系统设备运行效率低[78]。故随着现代电网技术的发展，储能技术逐渐被引入到电力系统中，储能可以有效地实现需求侧管理，消除昼夜间峰谷差，平滑负荷，提高电力设备利用率，降低供电成本，还可以促进可再生能源的利用。同时可作为提高系统运行稳定性、调整频率、补偿负荷波动的一种手段。储能技术成为智能电网发展中的重要一环[77]。

储能技术是指电能通过某种装置转化成其他形式的能量并且高效存储起来，需要时，可以将其所存储的能量方便地转化成需要的能量形式的一种技术[78]。电能可以转换为化学能、势能、动能、电磁能等形态存储，按照其具体方式可分为物理（又称为机械）、电磁、电化学和相变储能四大类型[79]。

① 机械储能是指将电能转换为机械能存储，在需要使用时再重新转换为电能，主要包括抽水储能、压缩空气储能和飞轮储能。其中抽水蓄能和压缩空气储能比较适用于电网调峰。

② 电磁储能包括超导、超级电容和高能密度电容储能。

③ 电化学储能包括铅酸、镍氢、镍镉、锂离子、钠硫和钒液流等电池储能，这些电池储能比较适用于中小规模储能和新能源发电。

④ 相变储能是利用某些物质在其物相变化过程中，可以与外界进行能量交换，达到能量交换与能量控制的目的。根据相变的形式、相变储能材料的不同基本上分为四大类：固—固相变、固-液相变、液-气相变和固-气相变，从材料的化学组成来看，又可分为无机相变材料、有机相变材料和混合相变材料。相变储能在航空航天、太阳能利用、采暖和空调、电力调峰、废热利用、跨季节储热和储冷、食物保鲜、建筑节能、纺织服装和农业等多个领域均有价值。

目前常用的电能储能技术[80,81]主要有蓄电池储能（Battery energy storage，BES）、超级电容器储能（Super capacitor energy storage，SCES）、飞轮储能（Fly wheel energy storage，FES）、超导磁储能（Superconducting magnetic energy storage，SMES）等。

（1）蓄电池储能

蓄电池原理是通过蓄电池的正负极氧化还原反应来实现正、负极活性物质的化学能和电能的相互转化。蓄电池种类主要有铅酸蓄电池（Lead-Acid）、镍镉蓄电池（Ni-Cd）、镍锌电池（Ni-Zn）、镍氢电池（Ni-MH）、钠硫蓄电池（Na-S）、锂离子蓄电池（Li-Ion）、钒液流蓄电池等[82]。表 8-1-2 为不同类型蓄电池的特性和应用现状[83,84]。

表 8-1-2　不同类型蓄电池的特性和应用现状

类型	铅酸	镍镉	镍氢	镍锌	锂离子
能量密度 /（W·h/kg）	20～100	40～60	50～80	55～75	90～200
功率密度 /（W/kg）	50～400	80～350	80～300	150～300	200～450
循环次数	500～2000	600～1200	600～2000	600～1200	800～1200
优点	成本低、技术成熟、比功率高	比能量高、耐过充、过放性好	比能量高、高低温性能好、安全性好、寿命长	比能量高、峰值功率高	比能量高、电压高、放/充电时间短
缺点	比能量低、循环寿命短、放/充电时间长	价格高、高温充/放电性能差	价格高、自放电率高	价格高	价格高、弱低温性能安全问题
应用现状	广泛应用	部分应用	已有应用	研发阶段	研发阶段

（2）超级电容储能

超级电容应用了电学双电层理论，在充电时形成理想极化状态的电极表面，电荷将吸引周围电解质溶液中的异性离子，使其附于电极表面，形成双电荷层，构成双电层电容。其特点是：循环寿命长，功率密度大，充放电效率高，高低温特性好，可正常工作在－40～70℃的场合[85~88]。

（3）飞轮储能

飞轮储能是将电能以动能的形式储存于高速旋转的飞轮中，整个储能系统由飞轮、磁悬浮轴承支撑系统、功率变换器、电动机/发电机、控制系统组成。其原理图如图 8-1-4 所示，电能转换系统从外部输入电能，驱动电动机旋转，电动机带动飞轮旋转，飞轮储存机械能，当外部负载需要能量时，飞轮带动发电机旋转发电，将动能转换为电能，通过电能转换系统变成负载所需的各种电能并输出。

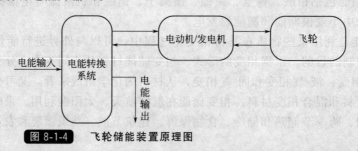

图 8-1-4　飞轮储能装置原理图

飞轮储能实现机械能到电能的转换，能量密度高、充电快、寿命长，对环境无污染，具有 4 个关键技术[89~91]：飞轮技术、大功率电力电子器件及控制技术、同步电动机技术、轴承技术。

（4）超导储能

超导储能装置是超导技术、电力电子技术、控制理论和能量管理技术相结合的一种新型储能装置，功率大、响应迅速、控制方便、无污染，主要用于电力系统以提高电力系统稳定性和改善电能质量[92~95]。

1.8.2　储能装置对智能电网控制的作用

（1）优化系统的能量管理

将可进行 24h 经济运行控制的大容量储能系统用于智能电网，通过提供大容量有功功率和无功功率支持，储能系统在能量管理系统中的应用可以实现电力系统的负荷水平控制、峰值负荷整形和负荷转移等。

（2）提高电网的供电可靠性

作为不停电电源（UPS），储能系统可以提高智能电网的运行可靠性。

（3）抑制电力系统的频率漂移

使用可提供 30min 以上有功功率支撑的储能系统，智能电网在运行过程中供电频率漂移的问题可以得到有效的解决。

（4）改善系统的功能稳定性

使用能向电网提供 1~2s 有功功率补偿的储能系统，电网中各机组在受扰动后的暂态过程中可以保持同步运行，系统崩溃事故的发生可以得到避免。

（5）改善系统的电压稳定性

通过向电网提供无功功率补偿加上 2s 之内的有功功率补偿，储能系统可以使全系统中各机组和负荷节点的电压保持在正常运行水平。

（6）储能装置可以改善系统的供电质量

与先进的电力电子技术相结合，在电源瞬时和长时间退出运行的情况下，储能系统可以向系统提供备用功率支持，减小系统的谐波畸变，消除电压凹陷和肿胀，使供电质量得到提高。

（7）储能装置可有效提高可再生能源资源的利用率

将储能系统与可再生能源系统相结合，可以最大限度地发挥光伏发电和风力发电的经济效益，满足系统中电力的供需平衡。

（8）储能装置可以提高用户的能量管理水平

将储能系统用于用户侧的能量管理系统，可以在系统的谷负荷期实现电能的储存，在系统的峰负荷期实现电能的生产，从而在用户侧调节电力的需求。

1.8.3　充电负荷对电价的智能响应

经济学中，需求是在一定的时期，在既定的价格水平下，消费者愿意并且能够购买的商品数量。需求显示了随着价格升降而其他因素不变的情况下，某个体在每段时间内所愿意买的某货物的数量。在某一价格下，消费者愿意购买的某一货物的总数量即为需求量[96]。

若电价变化，充电负荷充电电量的变化量，取决于电价的变化量以及充电负荷的电力需求弹性。用户对价格的需求变化即为需求弹性。经济学中，弹性是一个变化率与另一个变量变化率的比例，是分析敏感度的有效工具。需求价格弹性是指需求量变化的百分率与价格变化的百分率之比，常用来测度商品需求量变动对于商品自身价格变动反应的敏感性程度，即：

$$\varepsilon = \frac{\text{需求量变化百分比}}{\text{价格变化百分比}} = \frac{\Delta Q/Q}{\Delta P/P} = \frac{P}{Q} \times \frac{\Delta Q}{\Delta P}$$

其中，ε 为价格弹性常用符号；Q 为产品需求量；P 为原产品价格。一般 ε 是负值，因需求量与价格成反比例关系，若用数学方法分析，需求函数 $Q = \phi (P)$ 是单调下降函数，所以它的一阶导数必然小于零，即 $dQ/dP < 0$，故 ε 是负值。值得注意的是，在说到弹性为多少时，均是指当前价格水平下的弹性。同一条需求曲线上不同点的弹性是不同的，需要注意弹性与斜率的区别。需求价格弹性越大，表示需求量对价格越敏感。一般而言，价格越高，ε 越大；反之，价格越低，ε 越小。电能是日常生活中不可或缺的，用电量随价格的波动影响较小。分析现有对用电需求建模的研究结论[97]可知，用电需求曲线的变化较平缓，也即价格弹性系数 ε 较小。在影响电动汽车用户电力需求弹性的众多因素中，如经济发展、居民生活水平、替代能源价格、消费物价指数、城镇化水平、人口及家庭数量等都不同程度地左右着用户用电量大小。

1.8.4 充电负荷对电网频率的智能响应

电网频率平衡是电网安全、稳定运行的基本要求之一，它反映电力系统输出有功功率和负荷之间的平衡关系。充电负荷既可以作为电力负荷，又可作为发电单元参与到电网频率调节，能有效维持电网的稳定和提高接纳新能源的能力。充电负荷中电动汽车参与调频控制，对电网的影响受诸多因素的影响，如环境、用户出行时间、充电控制策略、时间等。总结起来，电动汽车负荷对电网频率的调节主要受如下几个方面的影响。

① 周边负荷影响 无论是家庭小规模的充电负荷，还是大规模的充电站的负荷，其目的是尽可能减小负载的方差。加入充电负荷目的是使总的负载曲线尽可能地趋向平衡，则周边负荷不同电动汽车参与调频的结果也会相应地受到影响。

② 充电负荷联网时间 电动汽车为电网服务的时间，会对电网调节产生一定的影响。

③ 电动汽车固有的能耗 电动汽车充电网中吸收电能的多少取决于电动汽车的固定能耗，固定能耗的不同必将影响对电网的调节效果。

④ 电动汽车电池容量的大小 电池的最初状态限制会对调节效果产生影响。在一定范围内，电池容量越大，SOC 变化的速率就越慢，这样在 $SOC_{min} \leqslant SOC \leqslant SOC_{max}$ 限制下，电动汽车充放电被限制的机会就越小，因此调节的效果就越好。

除上面几个因素外，充电汽车负荷还会受到用户出行习惯、调频应用的场合、充电负荷现有的剩余 SOC 等各方面影响。

作为分布式储能资源的充电负荷，可以参与系统的频率调节。相比于传统的系统调频电源，充电负荷参与调频具有响应速度快的优势。其中以充电负荷的代表电动汽车为例，文献[98]提出了在满足充电需求约束条件下电动汽车参与系统频率调节的控制方法，文中建立了电动汽车充放电控制中间商的角色，中间商负责对一定数量电动汽车的放电功率、放电时间进行控制，以产生规模效应。

1.8.5 充电负荷对节点电压的智能响应

一个良好运行的电网，除了稳定的电网频率之外，还需要维持一个恒定的电压幅值。而与电压幅值密切相关的即为电力系统中的无功功率。整个电力系统在运行时，除了负荷需要消耗大量的无功功率以外，电力网络也会引起无功功率的损耗。电力系统中的电源必须发出足够的无功功率以满足用户与网络的需要，这就是所谓无功功率平衡。而当系统中的无功功率不足时，将会导致节点电压下降，从而引起电网系统的运行不稳。当负载增量为纯无功负荷时，充放储一体化电站同样能够根据负载增量的性质，通过相应的无功功率输出以达到就近功平衡无功功率的效果，维持电网系统中各个电压节点的幅值稳定。

充电负荷的接入，导致配电网的电压下降。文献[99]研究了不同接入水平及不同聚集程度下电动汽车充电对英国典型低压配电网电压的影响。

充电负荷有序充电,根据电网的运行状态,一般以经济性最优或对电网的影响最小为目标,综合考虑电池性能约束与用户充电需求,协调充电过程,控制的手段为充电时间和充电功率的大小。文献[100]的研究结果表明,有序充电可改善电网的节点电压水平,并降低网络损耗。文献[101]以网损和充电成本最小为目标,基于网损灵敏度选择优先充电的电动汽车,提出了电动汽车实时有序充电控制策略,该策略可有效降低配电网的网损,并改善配电网的节点电压波形。

1.8.6 储能装置与电动汽车充电装置的应急控制

利用储能所具有的能量密度高、转换效率高、充放电快速的优势,储能装置与电动汽车充电装置为电网的紧急控制提供新的思路。在系统不正常运行时,作为系统的紧急事故备用、黑启动电源及大型应急备用[102,103]。

紧急状态下,电力系统出力与负荷失去平衡,节点电压和系统频率超出允许范围。储能系统能够平抑电力系统出现的发电机功角振荡、电压失稳、系统频率偏移等诸多稳定性问题。储能系统安装在发电机机端及系统重要节点,通过运行过程中控制其充放电时间及功率能够平抑系统的振荡。

极端状态下,电力系统出力与负荷完全失衡,成片地区性负荷失去电源供应,大电网被动分裂成为 N 片小电网。维持小电网内的电力供应平衡,减少经济损失是电力系统运行的首要目标。极端状态下,储能系统能够作为解列后单片电网的备用电源,提供小时级别的电源供应,使得单片电网能够形成独立电网运行,达到片区内的出力负荷平衡,减少突然性停电事故对工业生产造成巨大的冲击。在电力系统解列的情况下,储能系统能够提供单片电网小时级别的事故备用,其额定功率通常在 10~100MW 级别,并能够提供小时级别的供电,从而使得工业用户或者重要负荷能够有充裕的时间应对停电事故,减少电力中断对用户的负面影响。

在恢复状态下,储能系统能够帮助重新启动大电网或者并列孤岛。大面积停电,系统全黑的情况下,在不依赖外围系统的帮助下,通过系统中具有自启动能力的发电机组或者储能系统启动,带动无自启动的发电机组,逐步扩大系统的恢复范围,最终实现整个系统的恢复。

1.9 智能变电站

1.9.1 智能变电站的含义

(1) 智能变电站的定义[104]

智能变电站是满足信息数字化和共享标准转换、通信平台网络化基本要求,通过集成先进、可靠、低碳、环保的设备,实现信息自动采集、自动测量、自动控制、自动保护、自动计量和自动监测等基本功能,并可根据运行需要支持电网实时自动控制、智能决策分析、协同互动等高级应用功能的变电站。

(2) 智能变电站的功能[105]

智能变电站的主要功能包括:①接收和执行监控中心、调度中心和当地后台系统发出的操作指令,自动完成相关运行方式变化要求的设备操作;②通过对时系统实现区域和站内时钟的同步,向智能电网提供统一断面的全景数据,实现实时信息共享、支撑电网实时控制和智能调节,支撑各级电网的安全稳定运行和各类高级应用;③全站信息的分类告警,包含各类信号的过滤及告警显示、告警信号的逻辑分析和推理、事故和异常事件处理;④向大用户实时传送电价、电量、电能质量，支撑电力市场交易的有序高效开展和市场主体主动参与电网安全运行，优化电网资源配置和协调智能电网各个环节运行。

1.9.2 智能变电站的关键技术

(1) 电子式互感器[106]

电子式互感器不含铁芯，消除了铁芯饱和问题，其暂态性能优良，保护故障测量的准确性有很大提高，电网的安全性得到保证；电子式互感器不会产生电磁谐振，数据传输抗干扰能力强；高压侧与低压侧完全隔离，具有优良的绝缘性能；信号传输采用重量轻、体积小的玻璃纤维；可直接提供数字信号给计量、保护装置，有利于二次设备的系统集成，加快变电站的数字化和信息化进程；能同时满足测量与保护的需要，动态范围大，测量精度高，频率响应范围宽，最具发展潜力。

(2) 信息共享技术

在智能变电站中，采用具有自恢复能力的高速局域网构建全站统一的数字化信息平台[107]，高度集成的信息系统不仅使智能变电站具有良好的扩展性与经济性，也为共享、动态扩展、分配信息资源提供了平台。

智能电网内信息的种类和数量很多，采集渠道复杂。由于智能电网对于信息采集的设计理念、算法、模型的不同，造成网络内的信息差别巨大，难以充分交互利用。如果要实现与智能电网的无缝通信连接，就必须对智能变电站内各种信息模型之间进行转换与映射，这就需要进行标准融合。IEC 61850 实现了在一个变电站内，对不同的厂商的 IED，实现统一信息描述和数据访问的方法[108]。

(3) 在线监测技术[109]

一次设备智能化是智能变电站最重要的特征。一次设备智能化需要实现站内设备的在线监测，全面、实时掌握智能设备的运行状况，达到站内设备的自诊断，实现设备检修策略从"定期检修"向"状态检修"的转变。

(4) 硬件的集成设计技术[110]

在传统的变电站中，一般情况下数据分析和高级应用通过中央处理器（CPU）完成，而信息采集和传输通过 CPU 与外围芯片或设备的交互协作完成，由于智能变电站信息处理日益增加，因此传统的传统变电站中央处理器本身集成资源不能满足智能变电站的信息处理需要，这也导致很多其他的硬件资源得不到充分利用而被闲置。

随着硬件描述语言的发展，硬件系统的模块化、集成化设计发展迅速，硬件可以针对功能进行设计，可以在某些逻辑处理功能的智能设备内部实现，可以用硬件来实现某些过去只能靠软件实现的功能。该种设计不但确保逻辑处理的实时性、可靠性和准确性，降低信息传输时间，而且可以节省硬件资源的消耗，提高硬件设备的集成度。此外，硬件设备的维修、更换和改造升级也将变得方便。

(5) 保护控制技术

分布式电源的接入，使得传统的配电网单向潮流变成了双向潮流，打破了传统变电站内保护设备之间的配合关系，影响了继电保护的动作行为和动作性能[110]。分层配置继电保护设计方案，能够发挥智能变电站的技术优势，在继电保护系统中考虑全局信息，不但能保证系统运行方式不影响主保护和后备保护，及时切除故障元件，而且解决了后备保护配合关系复杂，动作时间长等问题。随着智能电网的建设不断发展，分层继电保护设计方案将在智能电网建设中发挥更加重要的作用[111]。

1.9.3 智能变电站在智能电网中的作用

智能电网是将信息技术、通信技术、自动化技术、输配电一次设备高度集成，具有提高清洁能源利用效率、提高供电可靠性、降低损耗等突出的优点，而智能变电站是建设智能电网的重要基础和支撑[112~114]。首先，智能变电站的理论和关键技术可以为建设智能电网提供可靠的基础理论和技术支撑，实现智能电网的经济、节能、环保的理念，有效减少环境污染和减缓全球变暖，获得良好的经济效益和社会效益。其次，智能变电站的新技术对于国内变电站的智能化实施具有一定的现实意义。利用实际工程对智能变电站新技术、新设备的研究，发现问题，提出问题，再反馈到相关产品的设计，可以节约变电站改造或建设的费用，提高变电站改造或建设的实用性。

在智能电网的建设中，智能变电站从信息采集、信息共享、在线监测和系统功能集成等方面，推动了智能电网的发展[115~117]。

① 信息的收集　在数字化变电站工程实践中，站内实现通信网络安全。而在智能化变电站中，能够实现站内、站间的通信网络安全。加强一次设备的智能化，可以监测更多的自身状态信息，也可通过网络获知系统及其他设备的运行状态等信息，同时实现信息建模的统一化和数据采集的全景化。

② 信息的处理　采集反映设备状态的信息，构建具备较为可靠实用的状态监测预警算法和机制，支撑状态检修实践的专家系统。处理事故的智能化，可以分为 4 个步骤：智能告警及分析决策、智能告警策略、故障分析与辅助决策和电能质量评估与决策。

③ 智能化操作　在变电站智能化后，可以满足无人值班及区域监控中心站管理模式的要求。实现真正的无人值班，最大限度地减少操作失误，缩短操作时间，提高变电站的智能程度。

④ 安全经济性　可以与相关变电站之间实时传送继电保护、备用电源自动投入装置等信息，实现智能电网的协调运行；可以防灾减灾安全化，为各种自然灾害和突发事件的监测、预测、预警提供有效信息和判据，为指挥相关部门的应急联动提供决策依据；可以实现经济运行与优化控制，并可监测设备全寿命周期。

智能变电站的应用对各专业的划分和管理将产生深刻的变革，对人员的专业技能提出了更高的要求，为高效率的变电站管理开辟了全新的空间[118]。

参 考 文 献

[1] 胡学浩. 智能电网——未来电网的发展态势 [J]. 电网技术，2009，33 (14)：1-5.

[2] 余贻鑫，栾文鹏. 智能电网 [J]. 电网与清洁能源，2009，25 (1)：7-11.

[3] 毕天姝，刘素梅，HuangZhenyu 等. 智能电网含义及共性技术探讨 [J]. 华北电力大学学报，2011，38 (2)：1-9.

[4] 张文亮，刘壮志，王明俊 等. 智能电网的研究进展及发展趋势 [J]. 电网技术，2009，33 (13)：1-11.

[5] 陈树勇，宋书芳，李兰欣 等. 智能电网技术综述 [J]. 电网技术，2009，33 (8)：1-7.

[6] 肖世杰. 构建中国智能电网技术思考 [J]. 电力系统自动化，2009，33 (9)：1-4.

[7] 孟凡超，高志强，王春璞. 智能电网关键技术及其与传统电网的比较 [J]. 河北电力技术，2009，28：4-5.

[8] 刘永奇，韩福坤. 华北电网自动发电控制综述 [J]. 电网技术，2005，29 (18)：1-5.

[9] 杨小煜，沈松林，吴杏平 等. 华北、东北联网后华北电网自动发电控制（AGC）及其考核的实现 [J]. 电网技术，2001，2 (7)：60-62.

[10] 于尔铿. 能量管理系统-EMS [M]. 北京：科学出版社，1998.

[11] 刘维烈. 电力系统调频与自动发电控制 [M]. 北京：中国电力出版社，2006.

[12] 颜伟，赵瑞锋，赵霞 等. 自动发电控制中控制策略的研究发展综述 [J]. 电力系统保护与控制，2013，31 (8)：149-155.

[13] 刘取. 电力系统稳定性及发电机励磁控制 [M]. 北京：中国电力出版社，2007.

[14] 陈发智. 同步发电机励磁控制系统研究与开发 [D]. 武汉：华中科技大学，2009.

[15] 程时杰，周孝信，韩祯祥 等. 构建符合我国国情的智能电网 [J]. 中国科学院院刊，2011，26 (5)：556-560.

[16] 张丽英，叶廷路，辛耀中 等. 大规模风电接入电网的相关问题及措施 [J]. 中国电机工程学报，2010 (25)：1-9.

[17] 高宗和，滕贤亮，张小白. 适应大规模风电接入的互联电网有功调度与控制方案 [J]. 电力系统自动化，2010，34 (17)：37-41.

[18] 李建林，赵栋利，李亚西等. 几种适合变速恒频风力发电机并网方式对比分析 [J]. 电力建设，2006，27 (5)：8-10.

[19] 刘其辉，贺益康，卞松江. 变速恒频风力发电机空载并网控制 [J]. 中国电机工程学报，2004，24 (3)：6-11.

[20] 吴国祥，马炜，陈国呈等. 双馈变速恒频风力发电空载并网控制策略 [J]. 电工技术学报，2007，22 (7)：169-175.

[21] 何东升，刘永强. 直驱式永磁风力发电机软并网与功率调节的控制集成 [J]. 控制理论与应用，2008，25 (2)：357-360.

[22] 王飞，余世杰，苏建徽等. 太阳能光伏并网发电系统的研究 [J]. 电工技术学报，2005，20 (5)：72-74.

[23] 刘霞，江全元. 风光储混合系统的协调优化控制 [J]. 电力系统自动化，2012，36 (14)：95-100.

[24] 于大洋. 可再生能源发电并网协调策略的研究 [D]. 济南：山东大学，2010.

[25] 曹一家，何杰，黄小庆等. 物联网技术在输变电设备状态监测中的应用 [J]. 电力科学与技术学报，2012，27 (3)：16-27.

[26] 张军永，黄小庆，曹一家等. 输变电设备物联网的设备编码标识 [J]. 电力系统自动化，2013，9：92-96.

[27] 黄小庆，张军永，朱玉生等. 基于物联网的输变电设备监控体系研究 [J]. 电力系统保护与控制，2013，9：137-141.

[28] 王德文，朱永利，王艳基于 IEC 61850 的输变电设备状态监测集成平台 [J]. 电力系统自动化，2010，13：43-47.

[29] 王春新，杨洪，王焕娟等. 物联网技术在输变电设备管理中的应用 [J]. 电力系统通信，2011，32 (223)：116-122.

[30] 盛戈皞，刘亚东，江秀臣等. 输变电设备智能化关键技术及发展趋势 [J]. 华东电力，2011，39 (9)：1379-1385.

[31] 刘通，陈波，杜朝波等. 输变电设备物联网关键技术研究思路探讨 [J]. 南方电网技术，2011，5 (5)：47-50.

[32] 孙才新. 输变电设备状态在线监测与诊断技术现状和前景 [J]. 中国电力，2005，38 (2)：1-6.

[33] 郭创新，高振兴，张金江等. 基于物联网技术的输变电设备状态监测与检修资产管理 [J]. 电力科学与技术学报，2010，25 (4)：36-41.

[34] 郑淮，陈海波，杨凌辉等. 输变电资产全寿命周期管理的探索研究 [J]. 华东电力，2009，37 (5)：738-740.

[35] 汤涌，王英涛，田芳等. 大电网安全分析、预警及控制系统的研发 [J]. 电网技术，2012，36 (7)：1-11.

[36] C. P. Steinmetz，Power Control and Stability of Electric Generating Stations [J]. AIEE Trans.，Vol. XXXIX，PP：1215-1287，1920.

[37] 孙华东，汤涌，马世英. 电力系统稳定的定义与分类述评 [J]. 电网技术，2006，30 (17)：31-35.

[38] IEEE/CIGRE Joint Task Foree. Definition and Classification of Power System Stability. IEEE Transactions on Power Systems，2004，19 (3)：1378-140.

[39] Begovic MM. Control of Voltage Stability Using Sensitivity Analysis [J]. IEEE Trans on Power Systems，1992，7 (l)：54-63.

[40] Ilic M D.，Liu X J.，Lenung G.. Improved Secondary and Tertiary VoltageControl [J]. IEEE Trans on Power System. 1995，10 (4)：1851-1862.

[41] Taher Niknam，A New Approach Based on Ant Colony Optimization for Daily Volt/Var Control in Distribution Networks Considering Distributed Generators，Energy Conversion and Management，2008，49，3417-3424.

[42] 李生虎，丁明，王敏等. 考虑故障不确定性和保护性能的电网连锁故障模式搜索 [J]. 电网技术，2004，28 (13)：27-31，44.

[43] 周宗发，艾欣，邓慧琼等. 基于故障树和模糊推理的电网连锁故障分析方法 [J]. 电网技术，2006，30 (8)：87—91.

[44] 宋福龙，罗毅，涂光瑜等. 基于事故树分析法的电力系统事故链监控研究 [J]. 继电器，2006，34 (2)：29-34.

[45] RJJ 吴，艾欣，邓慧琼. 基于循环完善法和树状结构事故链的电网连锁故障研究 [J]. 现代电力，2006，23 (2)：24-29.

[46] 邓慧琼，艾欣，张东英等. 基于不确定多属性决策理论的电网连锁故障模式搜索方法 [J]. 电网技术，2005，29 (13)：50-55.

[47] Rodney C. Hardiman，Murali Kumbale，Yuri V. Makarov. An advanced tool for analyzing multiple cascading failures [C]. IEEE 8th International Conference on Probabilistic Methods Applied to Power System，Iowa State University，Ames，Jowa，2004，629-635.

［48］Rodney C. Hardiman，Murali Kumbale，Yuri V. Makarov. Multi-Scenario Cascading Failure Analysis Using TRELSS ［J］. CIGRE/IEEE PES International Symposium on Quality and Security of Electric Power Delivery Systems，Montreal，Canada，2003：176-180.

［49］Y. V. Makarov，R. C. Hardiman. Risk Reliability Cascading and Restructuring ［J］. IEEE Power Engineering Society General Meeting，Toronto，Canada，2003，3：1417-1429.

［50］WaRs D J，Strogatz S H. Collective dynamics of small-world networks ［J］. Nature，1998，393（6）：440-442.

［51］Holme P，Kim B J. Vertex ovedoad breakdown in evolving networks ［J］. Physical Review E，2002，65（1）：66-109.

［52］Motter A E，Lai Y C. Cascade—based attacks on complex networks ［J］. Physical Review E，2002，66（2）：65-102.

［53］Latora V，Marchiori M. Efficient behavior of small-world networks ［J］. Physical Review Letter，2001，87：1987-201.

［54］Lasseter R H. Microgrids ［C］. Proceedings of 2001 IEEE Power Engineering Society Winter Meeting：Vol 1，Jan 28-Feb 1，2001，Columbus，OH，USA，2001：146-149.

［55］Lasseter R H，Paigi P. Microgrid：a Conceptual Solution ［C］. IEEE 35th Annual Power Electronics Specialists Conference PESC. 2002：4285-4290.

［56］B. Kroposki，C. Pink，T. Basso. R. Microgrid standards and technology development ［C］. IEEE Power Engineering Society General Meeting. 2007：1-4.

［57］鲁宗相，王彩霞，闵勇等. 微电网研究综述 ［J］. 电力系统自动化，2007，31（19）：1-8.

［58］C. Marnay，F. J. Robio，A. S. Siddiqui. Shape of the microgrid ［C］. Power Enginerring Society Winter Meeting. 2001，1：150-153.

［59］Valence Energy. Smart microgrid ［EB/OL］. ［2009-07-16］. http：//www. valenceenergy. com/Solutions/SmartMicrogrid

［60］李振杰，袁越. 智能微网——未来智能配电网新的组织形式 ［J］. 电力系统自动化，2009，33（17）：42-48.

［61］Galvin Electricity Initiative. Smart microgrids ［EB/OL］. ［2009-07-10］. http：//www. galvinpower. org/files/SmartMicroGrids. pdf.

［62］韩培洁. 微网电能质量改进方案的研究 ［D］. 天津：河北工业大学，2012.

［63］江南. 分布式电源对电网谐波分布的影响及滤波方法研究 ［D］. 杭州：浙江大学，2007.

［64］陈文砚. 采用 APF 与 SVC 改善微网电能质量的策略 ［D］. 天津：天津大学，2011.

［65］付俊波. 微网及含微网配电系统优质电力保障方法的研究 ［D］. 北京：华北电力大学，2011.

［66］秦立军，马其燕. 智能配电网及其关键技术 ［M］. 北京：中国电力出版社，2010.

［67］郭志忠. 电网自愈控制方案 ［J］. 电力系统自动化，2005，29（10）：85-91.

［68］程浩忠等. 电能质量概论 ［M］. 北京：中国电力出版社，2008.

［69］钟晨. 电能质量监测综述 ［J］. 科技信息，2008，28：206-208.

［70］林海雪. 现代电能质量的基本问题 ［J］. 电网技术，2001，25（10）：5-12.

［71］IEEE Recommended Practice for Monitoring Electric Power Quality，IEEE Std. 1159-2009，2009.

［72］刘洁，余熙. 电能质量综合监测的系统实施方法 ［J］. 继电器，2000，28（11）：26-29.

［73］朱永强，尹忠东，肖湘宁等. 电能质量监测技术综述 ［J］. 电气时代，2007，5：66-69.

［74］马晓春. 公用电网电能质量及其改善 ［J］. 华北电力技术，1998，12：49-52.

［75］蒋平，赵剑锋，唐国庆. 电能质量问题及其治理方法 ［J］. 江苏电机工程，2003，22（1）：16-18.

［76］程时杰，李刚，孙海顺等. 储能技术在电气工程领域中的应用与展望 ［J］，电网与清洁能源，2009，（02）：1-8.

［77］王承民，孙伟卿，衣涛等. 智能电网中储能技术应用规划及其效益评估方法综述 ［J］. 中国电机工程学报，2013，（07）：33-41.

［78］甄晓亚，尹忠东，孙舟. 先进储能技术在智能电网中的应用和展望 ［J］. 电气时代，2011，（01）：44-47.

［79］张文亮，丘明，来小康. 储能技术在电力系统中的应用 ［J］. 电网技术，2008，（07）：1-9.

［80］W. Rahul，J. Apt. Market Analysis of Emerging Electric Energy Storage Systems ［R］. National Energy Technology Laboratory，2008.

［81］F. R. Paulo，K. J. Brian，L. C. Mariesa. Energy Storage Syetems for Advanced Power Applications ［J］. Proceedings of the IEEE，2001，89（12）：1744-1756.

［82］A. Joseph，M. Shahidehpour. Battery Storage Systems in Electric Power Systems ［J］. Proceedings of IEEE Power Engineering Society General Meeting，2006：1-8.

［83］ K. C. Divya，J. Qstergaard. Battery energy storage technology for power systems-Anoverview［J］. Electric Power Sys tem Research，2009，79（4）：511-520.

［84］ 曾杰. 可再生能源与微网中储能系统的构建与控制研究［D］. 武汉：华中科技大学，2009.

［85］ S. Breban，M. Nasser，A. Vergno. Hybrid wind/microhydro power system associated with a supercapacitor energy storage device-experimental results［C］. Proceedings of International Conference on Electrical Machines，2008：1-6.

［86］ C. Abbey，G. Joos. Supercapacitor energy storage for wind energy applications［J］. Proceedings of IEEE International Conference on Industry Applications，2007，43（3）769-776.

［87］ M. Becherif，M. Y. Ayad，A. Djerdir. Electrical train feeding by association of supercapacitors，photovoltaic and wind generators［C］. Proceedings of IEEE International Conference on Clean Electrical Power，2007：55-60.

［88］ 卢继平，白树华. 风电氢联合式独立发电系统的建模及仿真［J］. 电网技术，2007，31（22）：75-79.

［89］ 蒋书运，卫海岗，沈祖培. 飞轮储能技术研究的发展现状［J］. 太阳能学报，2000，21（3）：427-433.

［90］ 戴兴建，于涵，李奕良. 飞轮储能系统充放电效率实验研究［J］. 电工技术学报，2009，24（3）：20-24.

［91］ 荀尚峰，李铁才，周兆勇. 飞轮储能系统放电单元无源化控制方法研究［J］. 电机与控制学报，2010，25（1）：37-42.

［92］ 蒋晓华，褚旭. 20kJ/15kW 可控超导储能实验装置［J］. 电力系统自动化，2004，28（4）：88-91.

［93］ 樊冬梅，雷金勇，甘德强. 超导储能装置在提高电力系统暂态稳定性中的应用［J］. 电网技术，2008，32（18）：82-86.

［94］ 王少荣，彭晓涛，唐跃进. 电力系统稳定控制用高温超导储能装置及实验研究［J］. 中国电机工程学报，2007，27（22）：44-50.

［95］ 程时杰，余文辉，文劲宇. 储能技术及其在电力系统暂态稳定控制中的应用［J］. 电网技术，2007，31（20）：97-108.

［96］ 帕金. 微观经济学. 第5版.［M］，梁小民译. 北京：人民邮电出版社.2003.

［97］ 黄永皓，康重庆，李晖等. 用电需求曲线建模及其应用［J］. 电工电能新技术，2004，23（1）：29-33.

［98］ Han Sekyung，Han Soohee，Sezaki K. Development of an optimal vehicle-to-grid aggregator for frequency regulation［J］. IEEE Trans. on Smart Grid，2010，1（1）：65-72.

［99］ Papadopoulos P，Cipcigan L M，Jenkins N，et al. Distribution networks with electric vehicles［C］//Universities Power Engineering Conference. Glasgow：IEEE，2009：1-5.

［100］ Singh M，Kar I，Kumar P. Influence of EV on grid power quality and optimizing the charging schedule to mitigate voltage imbalance and reduce powerloss［C］//Power Electronics and Motion Control Conference. Ohrid：IEEE，2010：196-203.

［101］ Deilami S，Masoum A S，Moses P S. Real-time coordination of plug-in electric vehicle charging in smart girds to minimize power losses and improve voltage profile［J］. IEEE Trans. on Smart Grid，2011，2（3）：456-467.

［102］ Rodrigo Garcia-Valle and Joao A. Pecas Lopes. Electric Vehicle Integration into Modern Power Networks Power Electronics and Power Systems［M］. 2013，155-202.

［103］ 马冬娜，张海棠. 储能技术在现代电力系统各种状态下的应用［J］. 科技资讯，2011，34：113-115.

［104］ Q/GDW 383—2009 智能变电站技术导则［S］，国家电网.

［105］ 李瑞生，李燕斌，周逢权. 智能变电站功能架构及设计原则［J］. 电力系统保护与控制，2010，38（21）：24-27.

［106］ 罗承沐，张贵新，王鹏. 电子式互感器及其技术发展现状［J］. 电力设备，2007，8（1）：20-24.

［107］ 吴国旸，王庆平，李刚. 基于数字化变电站的集中式保护研究［J］. 电力系统保护与控制，2009，37（11）：15-18.

［108］ 申涛，赵玉成等. 数字化变电站的关键技术与工程实现［J］. 电测与仪表，2010（47）：40-43.

［109］ 司为国. 智能变电站若干关键技术研究与工程应用［D］. 上海：上海大学，2009.

［110］ 曹楠，李刚，王冬青. 智能变电站关键技术及其构建方式的探讨［J］. 电力系统保护与控制，39（5）.2011.

［111］ 高东学，智全中，朱丽均等. 智能变电站保护配置方案研究［J］. 电力系统保护与控制，40（1）.2012.

［112］ 胡学浩. 智能电网—未来电网的发展态势［J］. 电网技术，33（14）.2009.

［113］ 常康，薛峰，杨卫东. 中国智能电网基本特征及其技术进展评述［J］. 电力系统自动化，33（17）.2009.

［114］ 刘振亚等. 智能电网技术［M］. 北京：中国电力出版社，2010.

［115］ 张沛超，高翔. 智能变电站［J］. 电气技术.（8）.2010.

［116］ 李瑞生，李燕斌，周逢权. 智能变电站功能架构及设计原则［J］. 电力系统保护与控制，38（1）.2010.

［117］ 陈文升，钱唯克，楼晓东. 智能变电站实现方式研究及展望［J］. 华东电力，38（10）.2010.

［118］ 薛晨，黎灿兵，黄小庆等. 智能变电站信息一体化应用［J］. 电力自动化设备，31（7）.2011.

第2章 智能交通

2.1 智能交通系统综述

2.1.1 智能交通系统的基本概念

智能交通系统（Intelligent Transport Systems，ITS）技术已在国际上飞速发展，成为现代交通的重要标志。但是迄今为止，还没有对其有明确的定义，可以看到的对于智能交通的描述如下。

美国ITS手册2000对智能交通系统给出了如下定义：智能交通系统由一系列用于运输网络管理的先进技术以及为出行者提供的多种服务所组成。智能交通系统技术（也称为"运输通信"）的基础是以下三大核心要素：信息、通信和集成。信息的采集、处理、融合和服务是智能交通系统的核心。无论是提供交通网络的实时交通状态的信息，还是为制定出行计划提供在线信息，智能交通系统技术能使管理者、运营者以及个体出行者变得更为消息灵通，相互间能够更为协调，做出更为智能化的决策。

ITS美国的网站上对智能交通系统是这样说明的：智能交通系统，或称ITS，是由一系列以有线和无线为基础的信息、控制和电子技术构成。当将这些技术集成到交通系统基础设施和车内时，这些技术帮助监视和管理交通流，减少拥挤，为出行者提供可选路线，保障安全，节约时间和费用。

智能交通系统向职业交通工程师提供收集、分析和归档管理交通高峰时间系统性能相关数据的工具。有了这些数据，就能够提高交通管理运营者对交通事件、恶劣气候或其他容量限制事件的应对能力[1]。

中国对智能交通系统给出了如下定义：在较完善的基础设施（包括道路、港口、机场和通信等）之上，将先进的信息技术、通信技术、控制技术、传感技术和系统综合技术有效地集成，并应用于地面运输系统，从而建立起大范围内发挥作用的、实时、准确、高效的运输系统[2]。

智能交通系统的前身是智能车辆道路系统（Intelligent Vehicle highway system，IVHS）。智能交通系统将先进的信息技术、数据通信传输技术、电子传感技术、电子控制技术以及计算机处理技术等进行有效的集成，运用于整个交通运输管理体系，从而建立起一种在大范围内、全方位发挥作用的实时、准确、高效的综合运输和管理系统。

智能交通系统通过传播实时的交通信息，使出行者对即将面对的交通环境有足够的了解，并据此做出正确选择。通过消除道路堵塞等交通隐患，建设良好的交通管制系统，减轻对环境的污染。智能交通系统是一种先进的一体化交通综合管理系统。在这个系统中最理想的状况是，车辆靠自己的智能在道路上自由行驶，公路靠自身的智能将交通流量调整至最佳状态，借助于这个系统，管理人员对道路、车辆的行踪将掌握得一清二楚[2]。

无论静态或实时的交通数据或是地图数据，信息是智能交通系统的技术核心。智能交通系统工具是以信息的收集、处理、集成和提供为基础的。智能交通系统产生的数据可以通过网络提供当前状态的实时信息或为履行规划服务的在线信息，使得公路管理部门和机构、道路运营商、公共交通和商业运输以及个体出行者获得更好的信息支撑，以制订出更安全、更协调和更聪明的决策或更灵活的网络运营管理应用。智能交通系统结构图如图 8-2-1 所示。

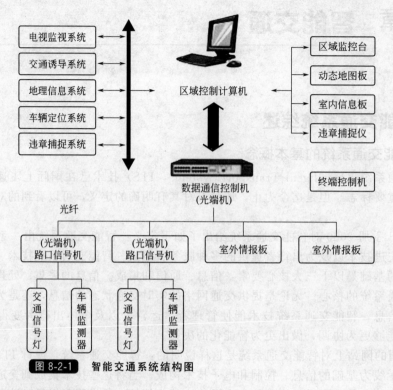

图 8-2-1　智能交通系统结构图

2.1.2　智能交通系统的发展历程

(1) 美国 ITS 发展历程

美国在推进智能交通系统（ITS）时，是从 1992～1997 年综合陆地运输效率法（Inter-modal Surface Transportation Effici-ency Act，ISTEA）开始实施的。之后又顺延到 1998～2003 年的 21 世纪交通运输公平法（Transportation Equity Act for the 21st century，TEA21）中实施，目前其研究开发工作已从研究开发为中心，转入到业务配备的开展和综合化方向进展。

20 世纪 80 年代后半期，美国从道路的建设时代逐步向维护管理、改造转换，同时也进入了必须认真对待交通堵塞、交通安全、环境问题对策的时代。作为交通建设规划，ISTEA 和 TEA21 就是其具体措施。在前者的规划中，用于 ITS 的研究开发费用是 66 亿美元。具体的工作有国家 ITS 计划的制定，系统结构的筹划制定；自动化道路系统（Automated Highway System，AHS）的研究开发；大城市圈示范工程的实施。最大的一项关键工作是 1996 年完成了国家系统结构（National System Architecture），后来则根据此结构实施人力、财务的配备和标准化工作，并在评价 STEA 成果的基础上确立 TEA21（1998～2003 年）的 6 项工作：

① 实施人力、物力配备并综合化；

② 确保和交通有关者的知识；

③ 做好地区间的协调与合作；

④ 积极利用民间投资；

⑤ 培养 ITS 领域的优秀人才；

⑥ 到 2003 年，多数州引入 CVISN（商用车辆信息系统网）。

和 ISTEA 计划实施的不同点在于，实施 TEA21 时采用的是边开发、边配备事业费的办法，6 年间研究开发费用约 6 亿美元。为实施 ITS，特别框架配备的事业费约 6.8 亿美元，合计约 13 亿美元。ITS 的配备实施重点是高速道路。

（2）日本 ITS 的发展历程

智能交通系统 ITS 是由井口雅一于 1990 年提出的，旨在将日本在该领域的有关人士组织起来。后来 ITS［美国当时称为 IVHS（智能车辆道路系统），Intelligent Vehicle-Highway Systems，欧洲当时则称为 RTI（道路交通信息，Road Transport Information）］被作为统一术语，在世界上得以广泛应用[3]。以这种构想为基础，为实现道路交通的信息化、智能化，日本持续进行了大量 ITS 项目实验研究，并将其投入应用。

在道路交通的智能化方面，日本最初正式投入的系统是汽车控制系统 CACS（Coprehensive Automobile Control Systems），该系统除了进行双向单点定位通信的路线引导外，还可通过单向单点定位通信提供行驶信息，通过单向声音通信提供紧急信息，通过可变信息板提供道路信息。从 1973 年起通产省投入 80 亿日元国家资金开始执行大型项目。其中在 1977～1978 年的 6 个月内，以京都中心西南部约 90 个交叉路口、高速公路出入口在内的公路网为对象，用装路路线引导装置的 1330 辆车进行了路线引导实验。该项目的规模和持续时间在世界 ITS 项目中都是前所未有的。

通过 CACS 实验，日本积累了汽车在城市公路网的动态路线引导方法及相关技术方面的经验，但由于完成的时期过早，没有投入实际使用。

警察厅从 20 世纪 70 年代开始在全国设置和修建交通管制中心。80 年代后半期，推动了以建设省为主导的路车间通信系统 RACS（Road/Automobile Communication System：1984～1989）和以警察厅为主导的新汽车交通信息通信系统（Advanced Mobile Traffic Information and Communication System：1987～1988）两个项目。

1991 年日本政府组织警察厅、运输省、邮政省和建设省，分别负责交通安全、电子、产业政策、汽车、通信和系统监督以及道路，集中 RACS 和 AMTICS 的成果，开发并投入运行了"车辆信息与通信系统"（VICS：Vehicle Information & Communication System）。同时，警察厅也于 1991 年，在 AMTICS 的基础上，独自开发了"新交通管理系统"（UTMS：Universal Traffic Management System），然后又升级为"21 世纪交通管理系统"（UTMA21：Next Generation Universal Traffic Management System）。1996 年 4 月，"车辆信息与通信系统 VICS"在东京都地区正式投入运营。1999 年 11 月，日本组织了"自动公路系统"（AHS：Automated Highway System）公开试验。

进入 90 年代，日本为推进本国 ITS 的发展，分别设立了相应的推进机构。中央有由警察厅、运输省、邮政省、建设省（现为国土交通省）5 省厅负责人参加的联络会议（5 省厅联络会议），地方有各地的 ITS 促进会，1994 年 1 月，日本设立了专门负责在 5 个省厅、大学和科研机构以及民间企业之间联络和 ITS 的促进机构——车辆、道路、交通智能化推进协会 VERTIS（Vehicle，Road Traffic Intelligence Society），后来于 2001 年改名为 ITS Japan。

进入 21 世纪，日本开始大举推进各项 ITS 项目的开发和应用，诸如 ETC、VICS、Smartway 等项目都取得了很大的进展。2004 年日本开始推行 Smartway 计划，并誉为 ITS 发展进入了第二个阶段。

（3）欧洲 ITS 发展历程

欧洲 ITS 的发展大致经历 4 个阶段：ALI、DRIVE Ⅰ（Dedicated Road Infrastructure for Vehicle Safety in Europe，欧洲汽车安全专用道路设施）、DRIVE Ⅱ、TELEMATICS，另外

还有由民间组织提出的 PROMETHEUS（Program for a European Traffic with Highest Efficiency and Unprecedented Safety，欧洲高效安全道路交通计划）和 PRONOTE 计划。

总的来说，欧洲 ITS 的发展主要是技术的驱动作用。第一阶段出于开发高性能汽车的考虑，1985 年德国进行了利用红外线引导的情报提供系统 ALL-SCOUT 研究计划；1986 年以奔驰汽车公司为主的欧洲 14 家汽车公司进行了民间主导的 PROMETHCUS（Programme for European Trafic with Highest Effieieney and Unprecedented safety）研究计划。

在第一阶段的研究成果基础上，欧洲各国逐步认识到，如果不同步进行道路交通基础设施的高度智能化，那么即使在汽车方面投入最先进的技术，也很难实现高性能汽车的商品化。因此，1994 年结束 PROMETHEUS 计划后，1995 年接着进行了 PROMOTE（Programme for Mobity in Transportation in Europe）研究计划，该研究计划重点研究的是车辆的交通管理系统和安全系统，具体是路、车间通信、防止碰撞、自动收费系统等。

欧洲各国意识到如果没有政府行为的道路交通设施建设和改造，要实现汽车和道路的智能化是根本不可能的，所以在 PROMETHEUS 研究计划进行的同时，1989 年起还实施了由欧洲共同体各国政府主导的以开发智能交通基础设施为目的的 DRIVE（Dedicated Road Infrastrueture for Vehiele Safety in Europe）研究计划，其目标为通过对道路交通环境的充实，提高道路交通的安全性和运输效率。

在 20 世纪 90 年代中后期，由于无线通信技术在欧洲的快速发展，加上欧洲各国对统一标准化协议的需求，TELEMATICS 计划被提出，使欧洲 ITS 发展进入新的阶段。该计划使 ITS 的交通管理、车辆行驶和电子收费等都围绕 TELEMATICS 和全欧洲无线数据通信网展开，旨在全欧洲范围内建立专门的交通无线数据通信网。

（4）中国 ITS 发展历程

中国 ITS 发展起始于 20 世纪 70 年代，在近几十年有着飞速的发展，其发展历程如表 8-2-1 所示。

表 8-2-1　中国 ITS 发展阶段

时间阶段	ITS 实施内容	ITS 相关机构
20 世纪 70 年代	应用电子信息及自动控制技术（北京、上海、广州）	
20 世纪 80 年代	（1）引进国外先进的交通信号控制系统 （2）开展 ITS 基础性的研发工作：优化道路交通管理、交通信息采集、驾驶员考试系统、车辆动态识别等	
20 世纪 90 年代	建设城市交通指挥控制中心、进行智能运输系统发展战略、GPS 定位与导航系统、基于 GPS 的车辆管理系统等项目的研究	1999 年 11 月成立国家智能交通系统工程技术研究中心 1999 年成立全国智能交通运输系统部际联络小组
21 世纪第一个十年	2001 年制定"中国智能交通系统体系框架"和"国家 ITS 标准体系"第一版；2005 年修订完成第二版，并首次开发了 ITS 体系框架辅助支持专业软件（ITSA-CASS：Computer Aided Support System for ITS Architecture development）	2008 年 5 月 14 中国智能交通协会（简称 ITS China）成立

2.1.3　智能交通系统的体系

智能交通系统大体包括以下子系统：动态路径诱导系统、自动收费系统、安全驾驶辅助系统、信息服务系统、公交管理系统、紧急车辆辅助运行系统、紧急车辆优先系统、行人辅助系统、综合职能图像系统等。详见图 8-2-2。

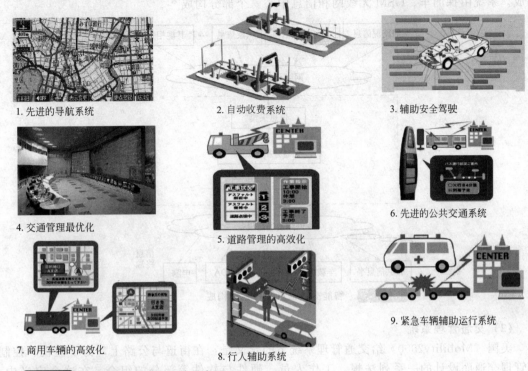

1. 先进的导航系统　　　2. 自动收费系统　　　3. 辅助安全驾驶

4. 交通管理最优化

5. 道路管理的高效化

6. 先进的公共交通系统

7. 商用车辆的高效化

8. 行人辅助系统

9. 紧急车辆辅助运行系统

图 8-2-2　智能交通系统子系统示意图

2.1.4　智能交通系统的构成

（1）信息服务系统

交通信息服务系统（Atuomated Transportation Information System，ATIS）是城市 ITS 的基础组成部分。交通信息服务系统是由信息终端、交通信息中心、广域通信网络等组成的以个体出行者为主要服务对象，按照其需求提供出行信息，通过提供优化行进线路的方式，以缩短出行时间或减少费用为目的的信息服务系统[4]。

交通信息服务系统的主要功能是从路网中采集实时路况数据，并进行分析处理，预估未来交通状况趋势，产生分析报告和估计结果。结果数据可以用作实时交通路况广播信息或作为智能交通控制系统的输入以产生最佳的、实时的交通控制策略；用于检测交通事故，提供准确定位。由于大量车辆同时抢占同一道路资源造成局部的交通拥挤，交通信息服务系统通过动态诱导、实时路况广播等措施，指导路网上所有车辆最佳使用道路资源，促使交通畅通。

交通信息服务系统主要具有以下特点：①提供的信息及时、准确、可靠，出行决策的相关性要好；②能为整个区域提供相关的交通信息；③容易与 ITS 其他系统相结合；④易于被交通参与者和公众接通和使用；⑤易于维护，不需要过高的运行成本和较长的操作时间。

交通信息服务系统一直是智能交通系统研究的重点，至今已经开发出多种数据采集方法、数据处理算法和信息发布手段。当前主流的数据采集方式是使用电子设备（如环形传感器、雷达或者微波监测器）监测路网上特定路段的某横截面处的交通数据：平均车速、车流量、占用率。这些采集方式无法直接测量车辆密度和路段行程时间，获得这些数据需要采用复杂的算法估算得到。

汽车自主导行仪提出了一种交通信息服务系统系统设计方案，图 8-2-3 是该方案的系统构成。系统由探测车、GSM 无线网和信息中心三个部分构成[5]。

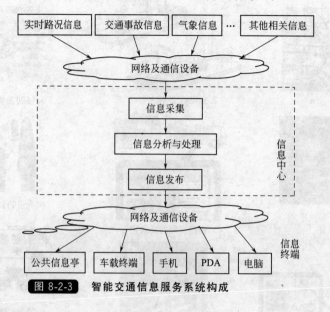

图 8-2-3 智能交通信息服务系统构成

(2) 交通管理系统

美国《Mobility2000》给交通管理系统下的定义是：在街道与公路上，为了监视、控制和管理交通而设计的一系列法规、工作人员、硬件与软件等部分的组合。在这个定义中，"监视"是交通信息中心所要完成的功能，就是要建立交通运输信息数据库，将交通运行状况可视化；"控制"就是在控制中心生成交通调度方案；"管理"就是通过控制中心使交通控制方案得到具体实施。

智能交通管理系统就是利用先进的信号检测手段获得交通状况信息，通过有效的交通控制模型形成有效的交通控制方案，以多种信息传递方式使交通控制设备或管理人员和道路的使用者获得道路信息和交通管理方案，最终能最大限度地发挥整个交通系统的运输和管理效率。城市集成交通控制系统、高速公路管理系统、应急管理系统、公共交通优先系统、不停车自动收费系统、交通公害减轻系统和需求管理系统等。

随着现代城市的发展和交通工具的与日俱增，交通事故、交通堵塞和废气污染已成为城市越来越严重的公害。为统一标准。共同利用现代化的通信技术和管理设施，在日本横滨举行了一次 ITS 世界会议。ITS 又称智能型交通管理系统，其目标是使道路交通实现"铁路"化管理，从而大大提高行车的安全性和道路的利用率。它主要包括三个方面：①改进汽车的安全性，使车速、车距和避害性能进入自动化控制，并减少汽车能源的使用和大气的污染；②对交通实施智能化控制，如实行自动付费，通过道路管理系统调节信号交换时间以减少道口堵塞；③通过卫星定位系统，直接为行车提供地面交通状况和选择最佳行车路线。研究和开发现代化的城市交通管理系统，已成为各国政府迫切解决的城市发展课题。

智能交通管理系统以信息技术为主导，以计算机通信网络和智能化指挥控制管理平台为基础，建成集高新技术应用为一体的智能化道路交通管理体系，实现交通指挥现代化、管理数字化、信息网络化、办公自动化，最终达到改善现有路网的运行状况，充分、高效地利用现有交通基础设施，缓解交通拥堵，减少环境污染，节约能源，提高驾驶员行驶的安全性和舒适性等目的。

智能交通管理系统使得交通管理者可以依据各信息资源在网络上权限共享的原则，对城市交通运行状况进行实时监视、指挥控制，并根据具体情况事先对交通系统自动控制、紧急控制或预案控制。交通出行者也可以根据 ATMS 发布的信息，合理地制定出行方案，避免交通拥挤和时间延误，从而提高整个交通系统的运行效率。

目前，国际上最常见的 ATMS 形式是以交通指挥中心为依托的交通管理系统。与传统的交通指挥中心管理系统的封闭性不同，ATMS 使得交通信号控制、电视监控、信息发布、违章管理、事故管理、车辆驾驶员管理业务、通信指挥调度等各个孤立的子系统在计算机网络平台上有机地连接在一起。参见图 8-2-4。

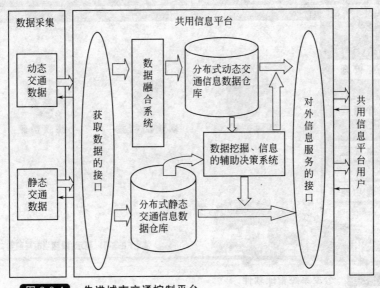

图 8-2-4　先进城市交通控制平台

(3) 公交管理系统

公交管理系统共分 6 个模块：公交新闻、公交投诉、登录模块、用户管理、新闻管理、投诉管理。其中，公交新闻、公交投诉为前台页面，主要功能分别是供访问游客及乘客浏览公交新闻和乘客投诉。登录模块、用户管理、新闻管理、投诉管理为后台管理页面，仅供管理人员使用。登录模块实现管理员登录。用户管理模块实现管理员对自己及其他用户的信息处理，包括添加管理员，修改用户信息，删除用户。新闻管理模块实现用户对新闻的处理，包括发布新闻、修改新闻以及删除新闻。投诉管理模块实现对乘客的投诉进行管理，包括查询未回复的投诉、处理未回复的投诉、删除已回复的投诉。

城市公交是专门服务于市民出行的客运企业。它是城市社会和经济活动的重要组成部分。伴随着国民经济和城市建设的快速发展，城市经济的繁荣，人口的增加，城市交通问题日益突出。降低出行时间将使所有的公交利用者产生效益，快速的交通、更好的信息及更好的市场可以提高公交的形象，能够增加公交乘坐者。城市公交直接关系着城市的经济发展和居民生活，对城市经济具有全局性、先导性的影响，城市公交以其方便、快捷、容量大而成为城市交通的主题。但是随着公交系统的庞大，人们很难得到准确的公交信息，这样给一些人的出行就带来了不便。

公交管理系统可以优化城市公交运营服务质量，实时发布公交车辆的车况和运行状况，极大地方便市民在出行时合理地安排自己的行程，提高乘客的出行效率，增加公交车辆运行的透明度等。

公交车辆管理系统软件包括档案管理（车辆档案、驾驶员档案、供商信息）、维修管理（车辆维修、车辆维修费用）、配件管理（配件信息、配件入库、配件出库、配件退库、配件库存、本期库存）、事故管理（交通事故登记、期间事故数统计、期间赔偿金额统计）、提醒（强险提醒、车损或三者险提醒、乘员险提醒、年检提醒、一级保养提醒、二级保养提醒、驾驶员证件有效提醒、从业资格证有效提醒、驾驶员年审提醒、从业资格证年审提醒）等功能。公交系统管理软件可以极大地优化城市公交运营服务质量。参见图 8-2-5。

图 8-2-5　公交系统管理软件

（4）电子收费系统

电子收费系统（Electronic Toll Collection System，简称 ETC 系统）又称不停车收费系统，利用车辆自动识别（Automatic Vehicle Identification 简称 AVI）技术，完成车辆与收费站之间的无线数据通信，进行车辆自动识别和有关收费数据的交换，通过计算机网路进行收费数据的处理，实现不停车自动收费的全电子收费系统。使用该系统，车主只要在车窗上安装感应卡并预存费用，通过收费站时便不用人工缴费，也无需停车，高速费将从卡中自动扣除。这种收费系统每车收费耗时不到 2s，其收费通道的通行能力是人工收费通道的 5~10 倍。

电子不停车收费系统（ETC）是目前世界上最先进的收费系统，是智能交通系统的服务功能之一，过往车辆通过道口时无需停车即能够实现自动收费。它特别适于在高速公路或交通繁忙的桥隧环境下使用。近几年我国的电子不停车收费系统的研究和实施取得了一定进展[6]。

和传统的人工收费系统不同，ETC 技术是以 IC 卡作为数据载体，通过无线数据交换方式，实现收费计算机与 IC 卡的远程数据存取功能。计算机可以读取 IC 卡中存放的有关车辆的固有信息（如车辆类别、车主、车牌号等）、道路运行信息、征费状态信息，按照既定的收费标准，通过计算，从 IC 卡中扣除本次道路使用的通行费。当然，ETC 也需要对车辆进行自动检测和自动车辆分类。

电子收费系统的优点非常明显。

① 极大地提高了收费工作的效率，同时杜绝了工作中的贪污、作弊、乱收费等现象。

② 提高车辆通行能力。车辆装了车载器后，当行驶至 ETC 车道时，安装在车道上方的

检测器接收到车载器发射的信号后，栏杆自动抬起，让车辆通过。因为受检测器读写速度限制，车辆进入 ETC 车道后需减速，以 15km 左右的时速通过最佳。这样算来，每辆车通过收费站进口和出口只要约 3s。而人工收费口，每辆车子进入车道经减速、停车、付钱、找零、起步等程序，约需 30s。ETC 车道大大提高了通行能力。

③ 降低燃油消耗。在节油方面，由于减少了车辆刹车、起步的频率，使用 ETC 通行进口、出口可分别节油 0.0083L 和 0.0211L。

④ 减少环境污染：每条 ETC 车道与人工收费车道相比，减少排放二氧化碳近 50%、一氧化碳约 70%、碳氢化合物约 70%[7]。

电子收费系统（图 8-2-6）运行的过程如下。

图 8-2-6　**电子收费系统示意图**
1—车载电子标签；2—通信设备；3—电磁感应区；4—通信区；5—监视摄像机；6—车牌摄像机；
7—微波天线；8—栏杆

① 用户首先前往放行安装部门，申请安装车上单元，预缴通行费或设立事后付费账户，相应的信息被存入车上单元中，然后该车辆便可以上路行驶。

② 在进入收费站时，车辆按规定限速通过电子收费车道，识别子系统识别出该车所属型号，报告控制单元。通信子系统通过天线与车上单元进行双向通信，收费操作在通信的过程中同时完成。

③ 收费操作，包括根据车型按照收费规则确定收费额，核对金额、账号信息，有关结果通知对方等。如果一切无误（剩余金额充足或账号有效），则正常结束收费操作（改写金额、记账等），否则的话（剩余金额不足或账号无效等），控制单元将采取措施，启动强制子系统，将车辆拦下或记录其车牌号码等，以保证通行费最终能被征收，不致流失。

④ 控制单元将收费的相关信息递交给收费站计算机，收费站计算机对这些信息按不同类别分别进行处理。正常收费信息可以积累汇总，产生相应的收入报告递交给管理机关（中央处理系统）。

⑤ 事后付款方式的收费数据将定时（或立即）传送给中央处理系统，以便生成转账清单向金融机构请求支付。不正常收费的信息将立即传递给中央处理系统，以确保统一及时处理。中央处理系统除了接受下级传递的信息外，还向下级发送相关信息，如收费规则、账号"黑名单"等。

(5) 车辆控制系统

先进的车辆控制系统（Advanced Vehicle Control Systems，AVCS）是借助车载设备及路侧、路表的检测设备来检测周围行驶环境的变化情况，应用传感技术、计算机技术、车载控制技术及定位技术等，使车辆安全、高效、自动行驶的自动控制系统，可以大大提高驾驶员的安全系数和行车效率。自动控制驾驶系统以达到行车安全和增加道路通行能力为目的。该系统的本质就是在车辆-道路系统中将现代化的通信技术、控制技术和交通流理论加以集中，提供一个良好的辅助驾驶环境，在特定的条件下，车辆将在自动控制下安全行驶。其目的是开发帮助驾驶员实行车辆控制的各种技术，从而使汽车安全高效行驶。

AVCS 的核心内容是智能汽车的研究与应用，这种汽车具有道路障碍自动识别、自动报警、自动转向、自动制动、自动保持安全距离、车速和巡航控制功能。目前，许多汽车制造公司已在他们的产品中使用巡航控制系统，系统允许驾驶员在不用踩脚踏加速器的情况下，保持一个预定的均匀速度。这对在交通量较小的道路上长途驾驶特别有用。当需要刹车和改变方向时，需要脱离巡航控制，还原为人工驾驶。巡航控制是 AVCS 的一种有限的功能，更高度的自动化驾驶将使车辆自动操作，这种车辆上装有各种传感器及通信等设备，能够自动定位及探测道路上的障碍物，能够自动保持车辆间的安全距离，并能控制速度和方向，从而实现汽车安全行驶。AVCS 另外一个显著的优点是车辆可以以很小的间距和均匀的速度在装有特定设备的专用车道上行驶，这样在不发生拥挤效应的情况下，在相同的车道空间内，可以具有更高的车流密度，从而大大提高通行能力。

AVCS 应用的相关技术有：①决策和控制技术，此项技术利用车载微型计算机作为决策和控制中心，对收集来的车况、路况、环境等各类信息加以综合利用分析处理，以便做出最佳控制实施方案，并自动控制车上各个系统；②行驶状态监控技术，此项技术的应用，可以监测汽车的行驶状态及工作状态，如轮胎压力、轴速、轴温等，还可检测出驾驶员的状况等，为决策提供必要的参数；③信息显示技术和通信技术，利用 LED、LCD 或 CRT 等显示设备，作为文字、图形显示和状态指示，提供完善的信息给驾驶员。通信技术主要是利用无线电频道的规划与分配，配给调频技术，准确无误地传输语音、数据和图像等信息；④环境监测技术，环境因素对汽车行驶产生的影响很大，近 10% 的交通事故与环境因素有关，因此，利用有关的环境监测技术，可以随时检测出温度、风力、湿度等天气状况，废气排放等环境污染情况；⑤路况检测技术，路况检测主要应用于 AVCS 专用车道上，包括同轴电缆、磁性标记等。

AVCS 的基本功能系统主要包括：①安全预警系统；②防撞系统，包括纵向防撞系统、侧向防撞系统、交叉口防撞系统；③视觉强化系统；④救难信号系统（Mayday Systems）；⑤车辆行驶自动导航系统；⑥环保系统。

一个完整的 AVCS 是由智能车、智能车和辅助专用道路之间的通信系统以及智能车与智能车之间的通信系统所组成。其智能控制主要是通过利用智能车的智能来处理所提供的道路交通等信息而实现的，从本质上讲 AVCS 就是由专用车道及智能汽车有机结合而形成的一个完整的运行系统。

（6）紧急支援系统

紧急支援系统主要是将 GPS 巡逻车定位系统与 122 接处警系统，通过计算机网络系统将各级指挥中心和执勤民警紧密地联系在一起，做到突发事件的快速处置。

美国早在 1979 年就成立了联邦应急管理署（Federal Emergency Management Agency，FEMA），它是一个直接向总统报告的专门负责灾害应急的独立机构，融合了许多分散的与灾害相关的职责，吸收合并了联邦保险办公室、国家防火办公室、国家气象服务计划、联邦救灾办公室等机构，并且民防工作也从国防部的民防署转到了 FEMA。

基于 1998 年形成的美国国家 ITS 体系结构，美国的紧急事件管理系统采用了先进的电视监控系统、紧急事件呼叫系统、车辆卫星定位系统、通信调度系统、交通控制系统和 Internet 信息系统等。紧急事件管理，由最初的交通电视监控和报警等人工管理方式，最终实现自动化管理，它以实时交通数据处理系统为基础，集成了商业关系数据管理系统和一个专家系统。专家系统使用动态交通信息数据库做专家决策，决定如何管理交通事件和其他紧急事件。

另外，美国交通管理紧急救援系统还实现了与社会灾害紧急救援管理系统的集成，这使得美国交通管理紧急救援系统不仅为交通事故提供检测、分析和处理手段，而且为社会灾害，如天灾、恐怖活动等，提供有序的交通组织管理。美国交通管理紧急救援系统的发展得利于灾害紧急救援系统的发展。美国于 1992 年由国会批准，出台了《美国联邦灾害紧急救援法案》，这是一部极具美国灾害救援管理系统特色的权威性法律。它以大发的行驶定义了美国灾害紧急救援管理的基本原则、救助的范围和形式，政府各部门、军队、组织、美国公民等在灾害紧急救援中应承担的责任和义务，明确了美国政府与州、郡政府的紧急救援权限，同时对灾害救援资金和物资的保证也做出了明确规定。美国在灾害紧急救援系统中，拥有统一高效的指挥协调机构，拥有先进的技术装备，地球气象卫星、资源卫星等遥感技术早已运用于灾害监测、预警和跟踪，建立了一支庞大的职业化和半职业化的紧急救援队伍。

基于日本的 ITS 框架体系，日本的交通管理紧急救援系统实现紧急事件检测、分析与处理等功能。当灾害、事故等发生时，采用各种方式将紧急事件信息通知紧急救援部门，缩短确定灾害、事故发生地点所需要的时间，实施迅速、有效的救助。同时可以迅速地收集状况的情报，对于一般车辆的行驶进行限制，对救援车辆进行引导，优先通行控制，以确保即使灾害的情报通信设施完全遭到破坏的情况下，紧急车辆支援系统仍可以发挥备用功能的作用。事件通报流程为：当事故发生后，向 HELP 中心报告车辆的位置、车辆登录号等数据，说明伤亡人数及负伤情况；HELP 中心确认事故救援方案；HELP 中心向交通管制中心、警察部门和消防部门通报[8]。

日本的交通紧急事件报告提供了各种信息收集途径。当事故发生时，按车载机上的紧急通报按钮或者通过车上的冲击传感器自动地通过车载装置通报车辆的位置，用手机或者车载电话向 HELP 中心通报事故状况。日本的交通紧急事件 HELP 中心，采用了先进的可视化处理与通信技术。当紧急事件发生时，车辆的位置可以在显示屏上自动显示，可以接听事件的通报，可以迅速与有关救援部门取得联系，可以指挥救援工作，并听取救援工作汇报等。日本的交通管理紧急救援系统采用先进的道路交通信息通信系统（Vehicle Information and Communication System，VICS），它是目前世界上规模较大、实际实用价值较高的道路交通系统之一。

在欧洲好多国家，城市交通故障预警和紧急事件处理系统根据车流的排队情况预测事件，提醒闭路电视监控系统进行跟踪。在计算机中建立专家库，可以提供 4500 个应急方案，根据事件发生的情况选择应急方案，通知并指导有关部门和人员进行事件处理，快速排除事件，恢复交通。计算机系统记录了事件处理，快速排除事件恢复交通。计算机系统记录事件情况，并且以事件发生地为圆心在周边相关可变情报板上显示信息，调度交通。在事件解决后自动调整可变情报板，恢复正常的交通。

在英国，还提出了建立多层次的紧急应变体制，以地方政府、紧急救助机构和医院等部门为"核心层"，其任务是负责拟定应变计划，向公众发布警告，提供信息以及确保经济运行等；第二层则是基础设施部门，负责在发生突发事件时与"核心层"合作等。

最近几年，我国有关城市，如北京、上海等，都逐步开始建立适应国际化大城市交通管理发展趋势的应急交通系统。该系统主要是将 GPS 巡逻车定位系统与 122 接处警系统，通过计算机网络系统将各级指挥中心和执勤民警紧密地联系在一起，做到突发事件的快速处置。

依照国家安全减灾及应急系统"条块结合，以块为主"的原则，各地方，特别是大城市，将应急处理作为一线工作。在长期实践基础上，以中心城市为基础的各省市实行省长、市长负责制，综合应对上述各类安全减灾和应急事件。基本类型有北京型、联动型、办公厅型和公安型。目前各省市正在努力探索组建适合本地区特点的安全减灾应急系统，并运用先进科学技术使之快速、高效、科学地应对各类事件，确保人民安全。

2.2 智能交通系统的基本理论

2.2.1 交通理论

交通工程学是研究道路规划、几何设计及交通管理，研究道路网、陈展及与其相邻接的土地与交通工具的关系，以便使人和物移动，达到安全、有效和便利的目的。其主要内容包括道路交通中人、车、路的特性和交通流理论等。

(1) 人、车、路的特性

现代道路交通以汽车为交通工具，现代交通的发展首先表现在汽车保有量的迅速增加。汽车数量的增加必然要求扩建道路，从而引发道路建设高潮。汽车保有量和道路建设的迅速发展，能很快改变道路交通的整体面貌，人们在短期内就能明显地感到周围交通环境的变化。由于道路交通已经成为当代人生活的重要组成部分，所以现代交通还必须包括社会公众和社会管理层的适应在内，也就是必须从社会整体上做到人、车、路三者的协调[9]。

然而，与车、路方面的迅速变化相比，公众交通观念和行为习惯的更新及管理层职能的调整却要滞后许多，这样，整个社会对迅速变化了的道路交通环境就显得不适应、不协调，存在很大差距。这种差距的外在表现就是交通事故频繁发生，交通事故死亡人数不断增加。对交通事故死亡人数的估计，英国学者斯密德于 1949 年提出了如下著名公式：

$$D = 0.0003(NP) \times 1/3$$

式中 D——某一国家 1 年间交通事故死亡人数；

       N——该国当年汽车保有量；

       P——该国当年人口总数。

这一公式于其后 1960～1967 年间经 68 个国家有关数据验证仍然适用。因而可以将斯密德公式看成是对现代化交通发展前期中发生的交通事故死亡人数的国际平均水平的一种度量。

在付出惨重代价的同时，社会公众也在接受教训，逐渐适应变化了的交通环境。社会管理层迫于压力也在调整职能，从硬件（继续扩充道路，完善交通安全设施，提高汽车安全技术水平等）和软件（完善交通法律法规和管理体制，加强交通管理和交通安全教育，组建事故救援体系等）两个方面采取措施，努力协调人、车、路三者的关系，这种努力取得效果，使交通事故死亡人数开始明显减少，直到实际的事故死亡人数远低于用斯密德公式预测的数值，并且不再明显下降，人、车、路三者协调关系才会得到保证[9]。

(2) 交通流理论

传统交通流理论是指以数理统计和微积分等传统数学和物理方法为基础的交通流理论，其明显特点是交通流模型的限制条件比较苛刻，模型推导过程比较严谨，模型的物理意义明确，如交通流分布的统计特性模型、车辆跟驰模型、交通波模型、车辆排队模型等。传统交通流理论在目前的交通流理论体系中仍居主导地位，并且在应用中相对成熟。

现代交通流理论是指以现代科学技术和方法（如模拟技术、神经网络、模糊控制等）为主要研究手段而形成的交通流理论，其特点是所采用的模型和方法不追求严格意义上的数学推导和明确的物理意义，而更重视模型或方法对真实交通流的拟合效果。这类模型主要用于对复杂交通流现象的模拟、解释和预测，而使用传统交通流理论要达到这些目的就显得很困难。

现在交通流理论模型主要分为宏观连续模型、微观跟驰模型和元胞自动机模型[10]。

宏观模型方法是将交通流看作由大量车辆组成的可压缩连续流体介质，利用流体力学的方法研究车辆集体的综合平均行为，而不关心单个车辆的个体特性。因此，采用宏观方法建立的模型也称为连续模型，连续模型一般只关注车流的平均密度 $\rho(x, t)$ 和车辆的平均速度 $v(x, t)$ 这两个平均后的宏观参量。模型的方程组往往只是包含时间 t 和空间 x 的二元偏微分方程组，具有十分简单的形式。因此，连续模型主要适用于以下方面：短期交通预测，发展和调控以优化交通流为目的的在线速度控制系统，测算平均行程时间、平均耗油量、平均排放量，模拟和评估道路几何改造的效果等。

微观模型方法是把交通流看作由大量车辆组成的复杂多粒子系统，从单个车辆的动力学行为入手，通过单个车辆间的相互作用，进而推导出整个系统的统计性质。微观模型主要包括车辆跟驰模型和元胞自动机模型两大类。

车辆跟驰模型是将交通流中的车辆看作分散的、存在相互作用的粒子，将整个交通流系统作为质点系动力学系统，用牛顿动力学方程来加以处理。考虑到交通流的各向异性特点，跟驰模型假设队列中的每辆车都须与前车保持一定的安全距离，防止碰撞，后车的驾驶行为受到前车的影响。

元胞自动机（Cellula Automata，CA）是一种数学模型，其实质是在一个由具有离散、有限状态的元胞组成的元胞空间上，并按照一定的局部规则，在离散的时间维度上演化的动力学系统。在元胞自动机中，空间被一定形式的规则网络分割成许多单元。这些规则网络中的每一个单元都称为元胞，并只能在有限的离散状态下集中取值。所有元胞遵循同样的作用规则，依据确定的局部更新规则进行更新，大量元胞通过简单的相互作用而构成动态系统的演化。不同于一般的动力学模型，元胞自动机 L 不是由严格定义的物理方程或函数确定，而是由一系列的演化规则构成。

2.2.2　控制与优化技术

控制优化理论主要包括控制理论和优化算法两部分。控制理论主要包括数据预处理、模糊控制、自适应控制、平行控制等。优化算法主要包括进化算法和数据训练算法。本节中对进化算法中的遗传算法和蚁群算法进行介绍，并简要介绍数据训练算法中的 BP 神经网络和支持向量机原理。

（1）数据预处理

在数据挖掘中，数据预处理就是在对数据进行数据挖掘前，先对原始数据进行必要的清洗、集成、转换、离散和归约等一系列的处理工作，使之达到挖掘算法进行知识获取研究所要求的最低规范和标准。

通过数据预处理工作，可以使残缺的数据完整，将错误的数据纠正，将多余的数据去除，将所需的数据挑选出来并且进行数据集成，将不适应的数据格式转换为所要求的格式，还可以消除多余的数据属性，从而达到数据类型相同化、数据格式一致化、数据信息精练化和数据存储集中化。总而言之，经过预处理之后，不仅可以得到挖掘系统所要求的数据集，使数据挖掘成为可能，而且可以尽量地减少挖掘系统所付出的代价，提高挖掘出的知识的有效性与可理解性。

数据预处理主要包括数据清理、数据变换和数据归约三部分。这三部分在数据预处理过程中不一定都用到，它们的使用没有先后顺序，且某一种预处理可能先后要多次进行。数据清理主要是试图填充空缺的值、识别孤立点、消除噪声和纠正数据中的不确定性；数据变换是将数据转换成适合于挖掘的形式，主要包括平滑、聚集和数据概化（用高层次新的属性归并属性集，以帮助挖掘过程）；数据归约将辨别出需要挖掘的数据集合，缩小处理范围，即得到数据集的压缩表示，它虽小但能够产生同样的（或几乎同样的）分析结果[11]。

空缺值的处理方法包括以下内容。

① 忽略元组　也就是将存在遗漏信息属性值的记录删除，从而得到一个完备的信息表。

② 用最可能的值填充空缺值，比如平均值；用一个全局常量替换空缺值；使用属性的平均值填充空缺值，或将所有元组按某些属性分类，然后用同一类中属性的平均值填充空缺值。用回归、贝叶斯形式化方法工具或判定树归纳等确定空缺值。这类方法依靠现有的数据信息来推测空缺值，使空缺值有更大的机会保持与其他属性之间的联系等。

③ 根据 Rough 集中数据的不可分辨关系来对不完备的数据进行补齐处理。基本思想是，遗失数据值的填充应使整化的信息系统产生的分类规则具有尽可能高的支持率，产生的规则应尽量集中。

④ 将遗漏的属性值作为一种特殊的属性值来处理，它不同于其他任何的属性值，这样，不完备的信息表就变成完备的信息表。

重复记录识别算法中研究的最多的是基于距离的识别算法，如声音距离、编辑距离、输入距离等。它基于用户输入错误不可能太多的事实，即在误差一定的情况下研究两个字符串是否等值。还有动态规划算法、缩写发现算法、基于优先队列的增量式识别算法等。

噪声是指被测变量的随机错误或偏差，包括错误的值或偏离期望的孤立点。通常，可采用如下一些数据平滑技术来平滑噪声数据，识别和删除孤立点。

① 分箱方法   分箱方法通过考察"邻居"或周围的值来平滑存储数据的值。存储的数据被分布到一些"桶"或箱中。每个箱值的区间范围是个常量。

② 丛聚   将类似的值组织成群或"聚类"，落在聚类集合之外的值被视为异常数据。对于异常数据，如果是垃圾数据，则予以清除，否则保留，作为重要数据进行孤立点分析。

③ 计算机和人工检查相结合   可以通过计算机和人工检查结合的办法来识别局外者。

④ 回归   利用拟合函数来平滑数据，帮助除去噪声。例如线性回归、多元回归等。

不一致数据处理方法为通过数据与外部的关联手工处理，比如与原稿校对，或者采用软件工具来发现违反约束条件的数据。例如，知道属性间的函数依赖，可以查找违反函数依赖的值。

数据变换主要是数据规格化。规格化是属性值量纲的归一化处理，目的是消除数值型属性因大小不一而造成挖掘结果的偏差。对于神经网络、基于距离的挖掘算法，只有进行数据规格化处理，才能确保挖掘的正确性，并且有助于提高学习速度。常用的规格化方法有最大最小规格化法、零均值规格化法以及十基数变换规格化法等。另外，数据仓库中的切换、旋转和投影等操作也可用于数据转换，生成不同抽象级别上的知识基。

数据规约是指通过聚类或删除冗余特征来消除多余数据，包括连续属性离散化，从原有大数据集中获得一个精简且完整的数据子集，节省挖掘时间和空间，是目前研究比较活跃的一个领域。此过程可以看作是构建数据仓库的延续。数据规约技术可以用来得到数据集的规约表示，它接近于保持原数据的完整性，但数据量比原数据小得多。与非规约数据相比，在规约的数据上进行挖掘，所需的时间和内存资源更少，挖掘将更有效，并产生相同或几乎相同的分析结果。大多数数据仓库里的数据都要进行某种聚集和概括，将某一实体的记录数目压缩到易于驾驭的水平。聚集和概括还可以去除数据仓库中的过时细节，将过时数据以一种概括的形式存放，提高数据仓库的效率。此项工作有时也称为联机分析处理。数据规约有两种：一种是数值规约，即通过选择替代的、较小的数据表示形式来减少数据量；另外一种是维规约，通过删除不相关的属性或维，减少数据量，不仅压缩了数据集，还减少了出现在发现模式上的属性数目。还有一种是属性约简，就是在保持知识库分类或决策能力不变的条件下，删除其中不相关或不重要的属性。可以使用约简后的属性集合代替原来的整个属性集合而不降低分类效果，从而使信息更加精练。

常用的数据归约的策略包括数据聚集（例如建立数据立方体）、维归约（例如通过相关分析，去掉不相关的属性）、数据压缩（例如使用诸如最短编码或小波等编码方案）、数字归约（例如使用聚类或参数模型等较短的表示"替换"数据），基于粗糙集的属性约简也可以"归约"数据。

（2）模糊控制

模糊控制实质上是一种非线性控制，从属于智能控制的范畴。模糊控制的一大特点是既具有系统化的理论，又有着大量实际应用背景。其典型应用的例子涉及生产和生活的许多方面，例如在家用电器中有模糊洗衣机、空调、微波炉、吸尘器、照相机和摄录机等；在工业控制领域中有水净化处理、发酵过程、化学反应釜、水泥窑炉等的模糊控制；在专用系统和其他方面有地铁靠站停车、汽车驾驶、电梯、自动扶梯、蒸汽引擎以及机器人的模糊控制等。

模糊系统对于任意一种非线性连续函数，就是找出一类隶属度函数，一种推理规则，一个解模糊方法，使得设计出的模糊系统能够任意逼近这个非线性函数。

在各种模糊控制器的设计中，最具代表性的两种类型是 Mamdani 和 T-S 型模糊控制器[12]。

模糊控制理论的主要是特点是：

① 模糊控制器的设计不依赖于被控对象的精确数学模型；

② 模糊控制易于被操作人员接受；

③ 便于用计算机软件实现；

④ 鲁棒性和适应性好。

为了实现模糊控制，需要将操作者或专家的控制经验和知识表示成语言变量描述的控制规则，然后用这些规则去控制系统，这就是模糊控制器。模糊控制器是模糊控制系统的核心，一个模糊控制系统的性能优劣，主要取决于模糊控制器的结构、所采用的模糊规则、合理的推理算法以及模糊决策的方法等因素。通常模糊控制器主要由 5 部分组成，如图 8-2-7 所示，分别为模糊化接口、数据库、规则库、模糊推理机、解模糊接口。模糊控制器的工作过程如下：把语言变量的语言值转化为某个适当论域上的模糊子集，按照手动控制策略获得的语言控制规则进行模糊推理，给出模糊输出判决，再将其转化为精确量，送到被控对象。

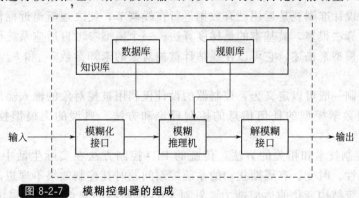

图 8-2-7 模糊控制器的组成

（3）自适应控制

如果一个系统在对象结构参数和初始条件发生变化或目标函数的极值点发生漂移时，能够自动地维持在最优工作状态，就称其为自适应控制系统[13]。自适应控制系统必须完成 3 个主要功能：

① 在线测量性能指标或辨识对象的动态特性；

② 决定控制应按何种法则进行修改；

③ 在线调整控制器的可变参数。

反馈控制用来较精确地控制绝大部分运行状况，某些情况下加上前馈控制，还可达到减少输入扰动影响的目的。但有些对象具有很大的不确定性、时变性和内外扰动，简单的反馈加前馈控制效果很不理想。长期以来，这是自动控制领域所面临的一个非常具有挑战性的问题，自适应控制正是在这样的背景下提出的。其基本思想是通过不断地监测被控对象，根据其变化来调整控制参数，从而使系统运行于最优或次优状态。

具体的自适应控制系统可以各有不同，但是自适应控制器的功能却是相同的。根据所参考的对象的情况，自适应控制可分为模型参考自适应控制（MRAC）和无模型自适应控制（MFAC）两类。

当被控对象的结构已知，但参数未知的时候，可以考虑采用模型参考自适应控制。模型参考自适应控制的基本思想是，考虑下述由微分方程表示的受控对象：

$$y_p = a_p y_p + k_p u$$

这是一阶线性系统，u 是输入控制，y_p 是测得的输出。假设希望得到一个闭环系统，其输入输出特性由参考模型

$$y_m = a_m y_m + k_m r$$

描述，r 是参考输入，且选择的模型用 $y_m(t)$ 表示闭环系统希望得到的输出，这一目的可由反馈控制

$$u(t) = \theta_1^* r(t) + \theta_2^* y_p(t)$$

达到。假设被控对象参数 a_p 和 k_p 已知，$k_p \neq 0$，且选择控制器参数 θ_1^* 和 θ_2^* 为：

$$\theta_1^* = \frac{k_m}{k_p}$$

$$\theta_2^* = \frac{a_m - a_p}{k_p}$$

当 a_p 和 k_p 已知时，可以考虑输入控制器：

$$u(t) = \theta_1 r(t) + \theta_2 y_p(t)$$

自适应律的设计准则就是运用已有数据进行在线调节，使之逐渐逼近标称值 θ_1^* 和 θ_2^*。自适应律的设计算法很多，最基本的是梯度算法。一个模型参考自适应系统可以等价地由一个非线性非自治模型来描述，它可以在线估计被控对象的未知参数 a_p 和 k_p，并用估计值计算控制器参数。

无模型的控制一般可以定义为：控制器的设计仅利用被控对象的输入输出数据，控制器不包含被控过程数学模型的任何信息的控制理论和方法。典型的无模型控制方法有如下几种。

① PID 类控制技术和相关的方法。传统的 PID 控制方法在实际生活中有广泛的应用，然而在处理非线性、时变、有周期扰动的系统控制问题时其控制效果不理想，不具有学习能力，不具备对系统结构变化的适应能力。针对 PID 控制器的缺点，人们提出了许多解决方法，如基于神经网络的 PID、自适应 PID 和非线性 PID 等。

② 迭代学习控制自 1984 年由 Arimoto 等提出以来，已经发展成为一门独立的理论和方法，并在许多领域得到应用，尤其是机器人领域。迭代学习控制在设计时不需要事先已知被控系统的数学模型，但系统的收敛性分析，以及对控制器增益的选取，则需要知道被控对象输出关于控制变量偏导数的上下界，并要求系统严格满足全局 Lipschitz 条件、系统可重复性这两个条件，所得的结论是关于迭代轴的收敛性和时间轴上有限区间的完全跟踪。理论和

实践应用均表明，迭代学习控制能够处理具有强非线性、时变性的控制问题，尤其是处理具有周期性扰动系统的控制问题。

③ 将自适应控制理论和其他一些理论结合，就产生了其他的自适应控制手段。由于模糊系统和神经网络系统均能以任意精度逼近非线性系统，因此它们在非线性自适应控制中的应用具有美好前景。许多学者在这方面展开积极的研究，常见的有模糊自适应控制、神经网络自适应控制以及模糊神经网络自适应控制等。

(4) 平行控制

平行系统是由某一个自然的实际系统和对应的一个或多个虚拟或理想的人工系统所组成的共同系统。实际上，经典的传递函数方法、状态空间方法、最优控制理论、参数识别和变结构自适应控制，特别是基于参考模型的自适应控制 (Model Reference Adaptive Control, MRAC)，都可以看作是平行控制理论的早期发展形式。然而它只是控制实际系统，人工或虚拟部分不起主动作用，是不能变化的角色。现代控制理论是成功应用平行系统理念的典范，它先建立实际系统足够精确的模型，然后分析其特性、预测其行为、控制其发展，但是，由各种数学模型形成的人工系统往往以离线、静态、辅助的形式用于实际系统的控制。在 Feldbaum 提出对偶控制概念、参数或结构的自适应变化等控制思想后，人工系统的地位和作用有所突破，但在理念和规模上都未能改变人工系统的非主导地位[14]。

针对现代控制理论无法控制复杂系统的问题，中国科学院自动化所提出了平行控制理论框架，为复杂系统的控制研究提供了一个全新的思路和视角。它在传统的小闭环控制基础上，增加考虑社会要素的大闭环控制，构成了平行控制系统的实际部分（实际系统）。在此基础上，建立与实际系统等价的人工系统，从而构成双闭环控制系统，即平行控制系统。平行控制的最大特点就是要改变人工系统的非主导地位，使其角色从被动到主动、静态到动态、离线到在线，以致最后由从属地位提高到相等的地位，使人工系统在实际复杂系统的控制中充分地发挥作用。在工业生产中，平行控制系统原理可描述如图 8-2-8 所示。平行控制理论框架下的 ACP 方法体系包括人工系统 (Artificial System)、计算实验 (Computing Experiment) 和平行控制 (Parallel Control)，其基本原理和方法可以描述为综合考虑多方面因素，采用代理建模方法建立与实际系统等价的人工系统，解决实际系统难以建立精确数学模型的难题。在人工系统上通过计算实验或试验来认识实际系统各要素间正常和非正常状态下的演化规律和相互作用关系。通过两者的相互连接，对两者之间的行为进行对比和分析，

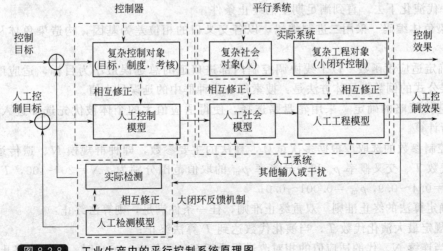

图 8-2-8　**工业生产中的平行控制系统原理图**

研究对各自未来状况的借鉴和预估，相应调节各自的控制与管理方式，最后利用所认识的规律，通过平行控制实现正常情况下优化实际系统的控制和减少意外的发生，非正常情况下找到让系统迅速恢复正常的方法，提高应急控制水平。

平行控制理论的 ACP 方法中 A 的本质是要建立同实际系统等价的人工系统，通过在人工系统上的计算实验找到实际系统的等价结果，保证从人工系统上得到的认识等价于实际系统，对人工系统的控制结果等价于对实际系统的控制。最后，通过平行控制来达到建立人工系统的目的：在非正常状态下由人工系统产生的等价输出来指挥实际系统；在正常时由实际系统的数据修正人工系统的模型和算法，之后由人工系统来不断优化实际系统的控制，从而达到彼此促进、共同进步的目的。这样，不断变化的实际系统尽管不能精确建模，在人工系统的帮助下也能实现不断适应下的滚动优化。研究内容主要包括人工系统的一般建造、验证方法和步骤，人工系统模型的完备度、可信度，以及人工系统与实际系统的等价性验证方法。工程性要素主要基于现有的局面方法。人的行为等社会性要素基于智能体的建模、分析、设计和综合方法，及其并行算法，具体包括：模型的定性、定量分析设计方法；模型粒度选取的一般方法；模型的验证问题；多智能体间的结构关系及其交互方式；智能体的参数、能力和行为特征与人工系统特性和稳定性的关系；如何把已有的工程性对象、社会性对象和环境对象有机地集成到一起；人工系统中信息过载或信息不足时如何处理等。

(5) 优化方法

① 遗传算法　遗传算法（简称 GA），是仿真生物遗传学和自然选择机理，通过人工方式所构造的一类搜索算法，从某种程度上说遗传算法是对生物进化过程进行的数学方式仿真。

遗传算法自从 1965 年提出以来，在国际上已经形成了一个比较活跃的研究领域，对函数的优化问题始终是其重要的应用领域之一。由于 GA 对函数的数学性质几乎不做任何要求，因此具有很广泛的适应面。同时，由于 GA 采取群体搜索技术，具有很高的鲁棒性和并行性，在交通信号优化控制问题上也取得了很好的应用效果。

下面给出一种常用的解决智能交通问题的遗传算法。

a. 算法设计　通常，遗传算法包括三大算子：选择（Selection）、交叉（Crossover）和变异（Mutation）。通过对求解问题进行染色体编码形成初始种群，采用基于适应比例的选择策略，依据个体的适应值在当前种群中选择个体，使用上述 3 个算子产生下一代种群。如此一代一代演化下去，直到满足期望的终止条件。

b. 染色体编码　采用二进制编码，以各交叉口的相位差为基因，构造染色体从而形成种群。

c. 确定适应度函数　以干线协调控制内部进口道的总延误最小为目标，适应度函数为计算延误公式的倒数。具体方法是：搜索每一代种群中的延误最小值。

d. 选择策略的确定　采用轮盘赌选择，使得适应值大的个体被优先选择进入下一代，继续进行计算。

e. 控制参数的选取　根据多次试算，算法的主要参数，即种群规模 N、遗传运算的终止进化代数 T、交叉概率 p_c 和变异概率 p_m 的取值范围分别为：$N = 20 \sim 100$，$T = 100 \sim 500$，$p_c = 0.4 \sim 0.9$，$p_m = 0.001 \sim 0.01$。

f. 确定算法的终止准则　双重终止准则，任一条件满足，则算法终止：

- 规定最大演化代数 T，当演化代数达到 T 算法终止；
- 当连续 N_m 代的适应值的相对改进量小于某一数值（0.01）时，则算法终止。

② 蚁群算法　蚁群算法是最近几年由意大利学者 M. Dorigo 等首先提出的一种新型的模

拟进化算法，称为蚁群系统（ant colony system），20 世纪 90 年代初期通过模拟自然界中蚂蚁集体寻径的行为而提出的一种基于种群的启发式仿生进化系统。仿生学家经过大量细致的观察研究发现，蚂蚁个体之间是通过一种称之为外激素（pheromone）的物质进行信息传递的。蚂蚁在外面觅食的过程中，能够在它所经过的路径上留下该种物质，而且蚂蚁在运动过程中能够感知这种物质，并以此指导自己的运动方向，因此，由大量蚂蚁组成的蚁群的集体行为便表现出一种信息正反馈现象：某一路径上走过的蚂蚁越多，留下来的信息素越强，则后面蚂蚁选择该路径的概率就越大。蚂蚁个体之间就是通过这种信息的交流，来快速搜索食物。人们通过模拟蚂蚁搜索食物的过程来求解一些组合优化问题。蚁群算法包含两个基本阶段：适应阶段和协作阶段。在适应阶段，各候选解根据积累的信息不断调整自身结构。在协作阶段，通过信息交流，在候选解之间产出性能更好的解，是一种自我学习的机制。尽管人们对蚁群算法的研究时间不长，但是对它的研究热情只增不减，说明了蚁群算法有其独特的优势。

　　下面给出一种常用的解决智能交通问题的蚁群算法。

　　由蚁群算法的基本原理可以看出，协调控制模型是一个连续优化的问题，所以，必须对蚁群算法加以改进才能适用。传统的蚁群算法信息素是每个蚂蚁通过路径上遗留下来的，本书通过蚂蚁自身拥有信息素的大小，蚂蚁根据自身拥有的信息素的大小来进行移动。基本移动规则是：拥有信息素小的蚂蚁以一定的概率向拥有信息素大的蚂蚁的位置移动；拥有信息素大的蚂蚁则向自己位置附近区域进行搜寻，如果附近区域位置更优，则拥有最大信息素的蚂蚁就向这个位置移动，反之则不变。而蚂蚁拥有的信息素大小是通过所在的位置和上一位置留下来的信息素来确定的。

　　根据控制模型，设优化函数为 $y = \min[DE(\varphi)]$，假设只有 3 个交叉口，所以变量相位差设为 $\varphi = (\varphi', \varphi'')$，根据上述求得 3 个交叉口的周期分别为 61，67，61，根据公共周期选取的方法，选取 67 作为公共周期，所以相位差的取值范围设为 $[0\ \ 67;0\ \ 67]$。设蚁群规模为 m，本算法中取值为 20。

　　步骤 1　初始相位差的产生和计算初始信息素　蚁群的规模为 20 时，那么把这 20 只蚂蚁随机放到优化空间，作为蚂蚁搜索的起点，那么每一只蚂蚁所在位置为随机给定的相位差，则第 i 只蚂蚁的位置即初始随机给定的相位差为：

$$\varphi_i(1) = (0 + 67\mathrm{rand}(1), 0 + 67\mathrm{rand}(1))$$

　　根据蚂蚁的随机位置，确定蚂蚁 i 的初始信息素的大小。由于假定的优化控制目标函数为 $y = \min[DE(\varphi)]$，即延误最小。确定蚂蚁 i 初始信息数：

$$t(i, 1) = Q\exp[-kDE < \varphi_i(1) >]$$

　　式中，Q 为信息素增加强度系数，本算法中取值为 0.85；k 取值为 0.002。

　　可以看出，当延误越大的时候，蚂蚁 i 信息素越弱，相反，当延误越小的时候，蚂蚁 i 信息素越强。

　　步骤 2　更新本次循环中的信息素　由于蚂蚁 i 信息素的大小由蚂蚁所在位置确定，所以当蚂蚁移动到一个新的地方时，它的信息素的大小可以由如下公式来确定：

$$t(i, j) = \begin{cases} t(j) & j = 1 \\ \rho t(i, j-1) + Q^* \exp[-kDE(\varphi_i(j)] & j \neq 1 \end{cases}$$

　　式中，ρ 为信息素蒸发系数，在求解过程中取值为 0.15。

　　步骤 3　根据上面制定的移动规则，确定蚂蚁新的搜索　蚂蚁根据拥有信息素的大小，采取相应的移动规则。首先找出上次循环中获得最优解的蚂蚁，即信息素最强的蚂蚁，它所在的位置即选取的相位差在上一次循环中使得交通延误最小。

获得最优解蚂蚁的移动规则如下：

获得最优解的蚂蚁在该解的领域范围内进行搜索，若新的位置比原来的位置更优，则更新位置，否则保留原来的位置。移动规则公式：

$$\varphi_{\text{best}}(j) = \begin{cases} \varphi_i(j) & t(i, j) > t(best, j-1) \\ \varphi_{\text{best}}(j-1) & \text{其他} \end{cases}$$

$$\varphi_i(j) = \varphi_i(j-1) \pm \frac{67}{mj} \text{ones}(1, 2)$$

其他蚂蚁则按照另外一种规则移动。

其他蚂蚁根据信息素的大小，当概率大于 p_0 时，向上次循环获得最优解蚂蚁的位置转移，转移概率公式如下：

$$p_i(i, best) = \exp[t(best, j-1) - t(i, j-1)] / \exp[t(best, j-1)]$$

则蚂蚁 i 转移的步长为：

$$\varphi_i(j) = \begin{cases} \varphi_i(j-1) + \lambda[\varphi_{\text{best}}(j-1) - \varphi_i(j-1)] & p(i, best) > p_0 \\ 2\text{rand}(1, 2) \times 67/m - 1 + \varphi_i(j-1) & \text{other} \end{cases}$$

步骤 4　更新蚂蚁的位置　根据上述规则，更新蚂蚁位置，如果 $\frac{1}{m}\sum\limits_{i=1}^{m}|DE[\varphi_i(j+1)] - DE[\varphi_i(j)]| < \varepsilon$，$\varepsilon$ 为控制精度参数，则停止迭代。如果迭代次数达到最大迭代次数，则停止迭代，否则，重复步骤 2，直至满足停止条件位置。

在求解过程中，设置了最大迭代次数 20 次，ε 设置为 0。

(6) BP 神经网络

BP 神经网络是一种多层前馈神经网络。该网络的主要特点是信号向前传递，误差反向传播。在向前传递中，输入信号从输入层经隐含层逐层处理，直至输出层。每一层的神经元状态只影响下一层的神经元状态，如果输出层得不到期望输出，则转入反向传播，根据预测误差调整网络权值和阈值，从而使网络预测输出不断地逼近期望输出。BP 神经网络的拓扑结构如图 8-2-9 所示。

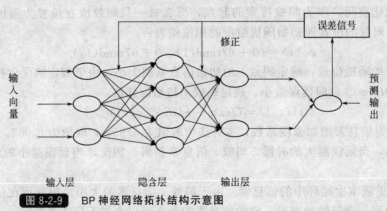

图 8-2-9　BP 神经网络拓扑结构示意图

BP 神经网络预测首先要训练网络，通过训练使网络具有联想训练和预测能力。BP 神经网络的训练过程包括以下几个步骤。

步骤 1　网络初始化。根据系统的输入输出顺序 (X, Y) 确定网络的输入层节点数 m、隐含层节点数 l、输出层节点数 n、初始化输入层与隐含层之间的连接权值 w_{ij}，以及隐含层与输出层之间的连接权值 w_{jk}、初始化隐含层与输出层的阈值，给定学习效率和神经元激励函数。

步骤 2　计算隐含层输出。根据输入向量 X、输入层和隐含层之间的连接权值 w_{ij}，以及隐含层阈值 a_i，计算隐含层输出 H。

步骤 3　输出层输出计算。根据隐含层输出 H、连接权值 w_{jk} 和阈值 b，计算 BP 神经网络的预测输出 O。

步骤 4　误差计算。根据网络预测输出与期望输出，计算网络的误差 e。

步骤 5　权值更新。根据网络误差 e，更新网络的连接权值 w_{ij} 和 w_{jk}。

步骤 6　阈值更新。根据网络预测的误差 e，更新网络节点阈值 θ_i 和 a_k。

(7) 支持向量机

支持向量机（support vector machines，SVM）是建立在统计学理论 VC 理论和结构风险最小化原理基础上的机器学习方法。它在解决小样本、非线性和高维模式识别问题中表现出许多特有的优势，并在很大程度上克服了"维数灾难"和"过学习"等问题。此外，它具有坚实的理论基础，简单明了的数学模型，因此，在模式识别、回归分析、函数估计、时间序列预测等领域都得到了长足的发展，并被广泛应用于文本识别、手写字体识别、人脸图像识别、基因分类及时间序列预测等。

标准的支持向量机学习算法问题可以归结为求解一个受约束的二次型规划（quadratic-programming，QP）问题。对于小规模的二次优化问题，利用牛顿法、内点法等成熟的经典最优化算法，便能够很好地求解。但是当训练集规模很大时，就会出现训练速度慢、算法复杂、效率低下等问题。

目前一些主流的训练算法都是将原有大规模的 QP 问题分解成一系列小的 QP 问题，按照某种迭代策略，反复求解小的 QP 问题，构造出原有大规模的 QP 问题的近似解，并使该近似解逐渐收敛到最优解。但是如何对大规模的 QP 问题进行分解以及如何选择合适的工作集，是当前训练算法所面临的主要问题，并且也是各个算法优劣的表现所在。另外，现有的大规模问题训练算法并不能彻底解决所面临的问题，因此，在原有算法上进行合理的改进或研究新的训练算法势在必行。

支持向量机（SVM）用于数据分类可以得到很好的效果，类似于分类的原理，可以将支持向量机用于回归问题。这里的数据集，通过线性支持向量回归的训练，可以寻找一个线性回归函数：

$$f(x) = \boldsymbol{w}^{\mathrm{T}}\boldsymbol{x} + b$$

通过求取下列二次凸规划的最优解，可以得到函数两个未知参数 w、b：

$$\min \frac{1}{2}\boldsymbol{w}^{\mathrm{T}}\boldsymbol{w} + C(\boldsymbol{e}^{\mathrm{T}}\boldsymbol{\xi} + \boldsymbol{e}^{\mathrm{T}}\boldsymbol{\xi}^*)$$

$$\text{s. t. } \boldsymbol{Y} - (\boldsymbol{A}\boldsymbol{w} + b\boldsymbol{e}) \leqslant \varepsilon\boldsymbol{e} + \boldsymbol{\xi}, \ \boldsymbol{\xi} \geqslant 0$$

$$(\boldsymbol{A}\boldsymbol{w} + b\boldsymbol{e}) - \boldsymbol{Y} \leqslant \varepsilon\boldsymbol{e} + \boldsymbol{\xi}^*, \ \boldsymbol{\xi} \geqslant 0$$

$$C > 0$$

这里 $\boldsymbol{A} = \{x_1, x_2, \cdots, x_n\}$，$\boldsymbol{Y} = \{y_1, y_2, \cdots, y_n\}$，这样数据集中的 n 个数据组合而成 $\boldsymbol{A}$ 和 $\boldsymbol{Y}$ 矩阵。e 为参数都为 1 的 n 维列向量，$\boldsymbol{\xi}$、$\boldsymbol{\xi}^*$ 为松弛向量。C 为惩罚因子，ε 为不敏感损失参数，这两个参数需要预先给定，它们会影响 w、b 的结果，因此需要利用算法做参数寻优，以求得到最好的结果。

对于非线性支持向量回归，需要引入非线性映射函数 $\phi(x): R^k \rightarrow R^n$。这样对于每个 x_i，都可以将其映射 n 维空间。为了方便非线性支持向量回归的运算，引入了核函数 $k(x_i, x_j) = [\phi(x_i), \phi(x_j)]$。在这里最常用的核函数为高斯 RBF 核函数 $k(x_i, x_j) = \exp(-\dfrac{\|x_i - x_j\|^2}{2\sigma^2})$，函数中参数 σ 也会对结果有影响[2]。假设矩阵 K_{nn} 且 $K_{ij} = $

$k(x_i, x_j)$，则非线性回归函数可表示为：

$$f(x) = K(x^{\mathrm{T}}, A^{\mathrm{T}})w + b$$

并且非线性支持向量机二次凸规划变为：

$$\min \frac{1}{2}w^{\mathrm{T}}w + C(e^{\mathrm{T}}\xi + e^{\mathrm{T}}\xi^*)$$

$$\mathrm{s.t.} \ Y - [\phi(A)w + be] \leqslant \varepsilon e + \xi, \ \xi \geqslant 0$$

$$[\phi(A)w + be] - Y \leqslant \varepsilon e + \xi^*, \ \xi \geqslant 0$$

$$C > 0$$

设参数均为 n 维向量，这样可以得到其对偶问题：

$$\min \frac{1}{2}(\alpha - \alpha^*)^{\mathrm{T}} \begin{vmatrix} K & -K \\ -K & K \end{vmatrix} (\alpha - \alpha^*) + \begin{vmatrix} \varepsilon e - Y \\ \varepsilon e + Y \end{vmatrix} (\alpha - \alpha^*)$$

$$\mathrm{s.t.} \ e^{\mathrm{T}}(\alpha - \alpha^*) = 0, 0 \leqslant \alpha, \alpha^* \leqslant Ce$$

2.3 智能交通系统的关键技术

2.3.1 计算机网络技术

计算机网络技术是通信技术与计算机技术相结合的产物。计算机网络是按照网络协议，将地球上分散的、独立的计算机相互连接的集合。连接介质可以是电缆、双绞线、光纤、微波、载波或通信卫星。计算机网络具有共享硬件、软件和数据资源的功能，具有对共享数据资源集中处理及管理和维护的能力[15]。

计算机网络的分类标准多种多样。计算机网络按网络的分布范围，可以分为广域网WAN、局域网 LAN、城域网 MAN；按网络的交换方式，可以分为电路交换、报文交换、分组交换；按网络的拓扑结构，可以分为星形、总线、环形、树形、网形；按网络的传输媒体，可以分为双绞线、同轴电缆、光纤、无线；按网络的信道，可以分为窄带、宽带；按网络的用途，可以分为教育、科研、商业、企业。随着计算机网络技术的发展，计算机网络技术可以用来进行硬件资源共享、软件资源共享以及用户间各种信息的交换。目前，计算机网络技术已经广泛应用于办公自动化 OA、电子数据交换 EDI、远程交换、远程教育、电子银行、电子公告系统 BBS、证券及期货交易、广播分组交换、校园网、信息高速公路、企业网以及智能大厦和结构化综合布线系统等领域[15]。

2.3.2 通信技术

随着科学技术的不断发展进步，通信技术与日常生活息息相关，日常生活中的打电话、上网、网上银行、网络游戏以及网络授课等都是通信技术的典型应用。现代通信意义上所指的信息已不再局限于电话、电报、传真等单一媒体信息，而是将声音、文字、图像、数据等合为一体的多媒体信息，这些信息是通过通信来进行传递的。

在信息化社会中，语言、数据、图像等各类信息，从信息源开始，经过搜索、筛选、分类、编辑、整理等一系列信息处理过程，加工成信息产品，最终传输给信息消费者，而信息流动是围绕高速信息通信网进行的，这个高速信息通信网是以光纤通信、微波通信、卫星通信等骨干通信网为传输基础，由公众电话网、公众数据网、移动通信网、有线电视网等业务网组成，并通过各类信息应用系统延伸到全社会每个地方和每个人，从而真正实现信息资源的共享和信息流动的快速与畅通。

典型的现代通信手段有电报、电话、寻呼、移动电话、有线广播、无线广播、有线电视、无线电视以及因特网等。按照通信业务，可以将通信系统分为单（多）媒体通信系统、实时（非实时）通信系统、单向（交互）传输系统、窄带（宽带）通信系统等；按照传输媒质，可以将通信系统分为有线通信系统和无线通信系统；按照调制方式，可以将通信系统分为基带传输和调制传输；按照信道中传输的信号，可以将通信系统分为模拟通信系统和数字通信系统。进入 21 世纪后，通信与信息正在融入生活，改变生活，并成为人们日常生活中必不可少的技术，今后，通信技术将向着综合化、宽带化自动化和智能化的方向发展，以便实现全球通信网络化和通信服务个人化。

2.3.3 交通检测技术

随着智能交通系统 ITS 的日益普及和迅速发展，及时、有效地采集道路交通信息（车流量、车速、车型、道路占有率等），是实现智能交通系统的重要环节。目前，普遍使用的 8 种交通检测技术如下。

(1) 地感线圈检测技术

地感线圈是一种基于电磁感应原理的车辆检测器，地感线圈与车辆检测器构成一个电子系统，当车辆通过或停在线圈上时会引起线圈回路电感量的变化，就可以检测出车辆的通过或停留。

(2) 数字微波检测技术

由发射天线和发射接收器组成，安装在门架上或者路边立柱上的发射天线对检测区域发出微波波束，当车辆通过时，发射波束以不同频率返回天线，发射接收器测出这种频率变化，从而测定车辆的通过或停留。

(3) 视频检测技术

视频检测技术是一种基于视频图像处理计算机图形识别技术对路面车辆运行情况进行检测分析的视频处理技术，该技术可以实时分析输入的交通图像，跟踪图像中的车辆，获得各种需要的交通数据。

(4) 激光检测技术

由激光发射器和接收器组合而成的新型车辆检测器。根据不同的工作原理和应用场合，发射机和接收机可以安装在公路旁的立柱上或公路正上方的信号灯柱、高架横梁以及过街天桥上。当接收机接受到阻断信息或反射信息时，可以实现对通过车辆的车流量、车速、高度、长度等相关信息的检测。

(5) 红外检测技术

红外车辆检测器的工作原理基本与激光车辆检测器相同，也是通过检测红外光是否被阻断来判断通过车辆的各种信息，如车流量、车速、高度、车型等。

(6) 声学检测技术

利用"多普勒效应"的反射原理，发射器从顶部发出超声波，当接收器收到回波的时间不一样时，可以实现对通过车辆的信息进行判断。

(7) 磁映像检测技术

采用功耗低、灵敏度高的强导磁材料，将地磁磁通线集中约束在较小的空间，当车辆停驻、慢速接近或通过时，被约束的磁力线发生变形，产生原始信号，经转换、处理后形成一个电压随时间变化的曲线，根据一些铁磁物体或不同车辆对地磁的扰动，来测定车辆的通过或停驻。

(8) 橡胶气压管传感器检测技术

采用两个气压管传感器来提供信号，精确记录每个车轴的时间标，然后利用相关交通管理软件对车轴数据进行处理，可获得车流量、车速、高度、车型、车流密度等交通流参数。

2.3.4　人工智能技术

人工智能（Artificial Intelligence，AI），是研究、开发用于模拟、延伸和扩展人的智能的理论、方法、技术及应用系统的一门新的技术科学。人工智能是计算机科学的一个分支，它企图了解智能的实质，并生产出一种新的能以人类智能相似的方式做出反应的智能机器，该领域的研究包括机器人、语言识别、图像识别、自然语言处理和专家系统等。人工智能目前是一门边缘学科，属于自然科学、社会科学、技术科学三向交叉学科。

2.3.5　数据库技术

数据库技术是现代信息科学与技术的重要组成部分，是计算机数据处理与信息管理系统的核心。数据库技术研究和解决了计算机信息处理过程中大量数据有效的组织和存储问题，在数据库系统中减少数据存储冗余，实现数据共享，保障数据安全以及高效地检索数据和处理数据[16]。

数据库技术研究和管理的对象是数据，所以数据库技术所涉及的具体内容主要包括：通过对数据的统一组织和管理，按照指定的结构建立相应的数据库和数据仓库；利用数据库管理系统和数据挖掘系统，设计出能够实现对数据库中的数据进行添加、修改、删除、处理、分析、理解、报表和打印等多种功能的数据管理和数据挖掘应用系统；并利用应用管理系统最终实现对数据的处理、分析和理解[17]。

2.3.6　地理信息技术

地理信息系统（Geographic Information System 或 Geo-Information system，GIS），有时又称为"地学信息系统"或"资源与环境信息系统"，它是一种特定的十分重要的空间信息系统。它是在计算机硬、软件系统支持下，对整个或部分地球表层（包括大气层）空间中的有关地理分布数据进行采集、储存、管理、运算、分析、显示和描述。地理信息系统处理、管理的对象是多种地理空间实体数据及其关系，包括空间定位数据、图形数据、遥感图像数据、属性数据等，用于分析和处理在一定地理区域内分布的各种现象和过程，解决复杂的规划、决策和管理问题。

地理信息技术包括地理信息系统（GIS）、遥感（RS）、全球定位系统（GPS）和数字地球技术。

地理信息系统（GIS）是专门处理地理空间数据的计算机系统。目前，GIS 应用的领域相当广泛，凡是用到地图或需要处理地理空间数据的领域都可用到。GIS 与地图相比，具有很多优点，如 GIS 的信息具有多维的特征，地理信息的时序性十分明显，时效性好，更新快等。

遥感（RS）的概念是人们在航空器（如飞机、高空气球）或航天器（如人造卫星）上利用一定的技术装备，对地表物体进行远距离感知。遥感由遥感平台、传感器-地面接收站以及信息处理系统等组成，遥感的关键装置是传感器，传感器在航空或航天器上接受地面物体反射或辐射的电磁波信息，并以图像胶片或数据磁带记录下来，传送到地面接收站。遥感可以提高研究工作的精度和质量，节省人力、财力，提高效率。

全球定位系统（GPS）是利用卫星在全球范围内实时进行导航、定位的系统。GPS 由GPS 卫星星座（空间部分）、地面监控系统（地面控制部分）和 GPS 信号接收机（用户设备部分）组成，具有全能性（陆地、海洋、航空和航天）、全球性、全天候、连续性和实时性的特点。目前，GPS 可以为各类用户提供精密的三维坐标、速度和时间参数，在区域地理环境研究中取得了较好的应用效果。GPS 导航也已经在日常生活中得到了广泛的应用，如GPS 汽车导航，利用 GPS 为导航服务也成为一种新型的行业。

数字地球技术指的是数字化的地球，即把整个地球信息进行数字化后，由计算机网络来进行管理的技术。数字地球是将不同空间、时间的自然、人文的大量信息，按地理坐标，从区域到全球进行整合，并进行立体的、动态的显示，能为复杂的生产、研究活动提供实验条件。

2.3.7　图像识别技术

图像识别技术的涵义很广，主要指通过计算机，采用数学技术方法，对一个系统前端获取的图像按照特定目的进行相应的处理。图像识别包括条码识别、生物特征识别（人脸识别、指纹识别等）技术、智能交通中的动态对象识别、手写识别等。可以说，图像识别技术就是人类视觉认知的延伸，是人工智能的一个重要领域。随着计算机技术及人工智能技术的发展，图像识别技术越来越成为人工智能的基础技术，它涉及的技术领域也越来越广泛，应用越来越深入。其基本分析方法也随着数学工具的不断进步而不断发展。现在，图像识别技术的应用范围已经远远突破视觉的范围，而更多地体现为机器智能、数字技术的特点。

2.3.8　无线定位技术

随着通信技术的发展，手机位置服务因其在个人定位与交通信息采集方面的巨大应用潜力而受到国内外相关研究机构的广泛关注。在个人定位方面，当前普遍使用的无线定位技术主要有以下几种方式。

① 基于小区识别号（CELL＿ID）的定位。该技术利用基站位置代表用户的位置，在小区足够小的情况下，可以达到较高的定位精度。其优点是对手机和网络无需任何修改，并且反应速度较快，费用低廉；缺点是定位精度取决于小区的大小，定位精度不高。

② 基于信号到达时间 TOA 的定位。该技术通过观测信号从手机到达多个基站的时间来确定用户位置。优点是相对于 CELL＿ID 技术，其定位精度较高；缺点是需要对网络进行一定的修改。

③ A-GPS 定位。通过装有 GPS 接收模块的手机，结合基站信息对用户进行定位的技术。优点是定位精度较高；缺点是耗电量大，需要专门的手机，并且要对网络进行修改。

综合来看，在不改变手机与网络的前提下，CELL＿ID 定位技术无疑是最好的选择。虽然它的定位精度取决于基站小区的大小，但是通过结合其他方法同样可以获取较高的定位精度[18]。

在交通信息采集方面，基于手机切换的交通信息采集技术由于其投资小、覆盖面广、数据量丰富等优点，成为了当前基于手机进行交通信息采集方法中的前沿技术。它利用手机在移动过程中信号会沿着基站进行切换的行为来估算出用户的速度，继而获取当前路段的速度、OD 等信息。这种技术需要确定切换点的位置（专门的测试软件进行实地的量取），然后将切换点连接成切换线，并与交通路线进行匹配。基于手机切换的交通信息采集技术，可以简单、快速且价格低廉地获取交通信息，为相关领域的应用提供丰富的数据[18]。

2.4　智能交通路口信号控制系统

2.4.1　交通流参数

(1) 流量

交通流量是指单位时间内通过道路（或道路的某一条车道）指定地点或断面的交通实体数，用 g 表示。其中交通实体一般包括机动车、非机动车、行人。到达交叉口的交通流量是指单位时间内到达停车线的车辆数，其主要取决于交叉口上游的驶入交通流量，以及车流在路段上行驶的离散性。

交通流率是指交通流量时刻变化，通常取某一时刻的平均值作为该时刻的代表交通量。当时间不足 1h 时，所计算出的平均交通量称为流率。

（2）速度

速度是描述交通流状态的第二个基本参数。设行驶距离为 l，所需时间为 t，则速度可用 l/t 表示。按 l 和 t 的定义、取值，可以定义各种不同的车速。下面介绍地点速度和平均速度。

① 地点速度　地点速度也称即时速度、瞬时速度，为车辆通过道路某点时的速度，一般用 u 表示：

$$u = \frac{\mathrm{d}x}{\mathrm{d}t} = \lim_{t_2 - t_1 \to 0} \frac{x_2 - x_1}{t_2 - t_1}$$

式中，x_2 和 x_1 分别是 t_2 时刻和 t_1 时刻的车辆位置。

② 平均速度　平均速度为一定车辆地点速度的某种平均值，可分为时间平均速度和区间平均速度两种。

a. 时间平均速度，就是观测时间内通过道路某断面所有车辆的地点速度的算术平均值，一般用 $\overline{u}_{\mathrm{t}}$ 表示：

$$\overline{u}_{\mathrm{t}} = \frac{1}{N} \sum_{i=1}^{N} u_i$$

式中　u_i——第 i 辆车的地点速度；

　　　N——观测的车辆数。

在本书中如没有特别指出，则速度指的就是时间平均速度。

b. 区间平均速度，就是车辆行驶一定距离 D 与该距离对应的平均行驶时间的商，通过变换可以转变为观测路段内所有车辆行驶速度的调和平均值，一般用 $\overline{u}_{\mathrm{s}}$ 表示：

$$\overline{u}_{\mathrm{s}} = \frac{D}{\frac{1}{N} \sum_i t_i} = \frac{D}{\frac{1}{N} \sum_i \frac{D}{u_i}} = \frac{1}{\frac{1}{N} \sum_i \frac{1}{u_i}}$$

式中　t_i——车辆 i 行驶距离 D 所用的行驶时间；

　　　u_i——车辆 i 行驶距离 D 所用的行驶速度；

　　　N——观测的车辆数。

c. 时间平均速度和区间平均速度的关系　对于非连续交通流，例如含有信号控制交叉口的路段或严重拥挤的高速公路上，区分这两种平均速度尤为重要，而对于自由流，区分这两种平均速度意义不大。当道路上车辆的速度变化很大时，这两种平均速度的差别非常大。时间平均速度和区间平均速度的关系如下：

$$\overline{u}_{\mathrm{t}} - \overline{u}_{\mathrm{s}} = \frac{\sigma_{\mathrm{s}}^2}{\overline{u}_{\mathrm{s}}}$$

$$\sigma_{\mathrm{s}}^2 = \sum k_i (u_i - \overline{u}_{\mathrm{s}})^2 / K$$

式中　k_i——第 i 股交通流的密度；

　　　K——交通流整体密度。

有关研究人员曾用实际数据对上式进行回归分析，并得到两种平均速度的如下关系：

$$\overline{u}_{\mathrm{s}} = 1.026 \overline{u}_{\mathrm{t}} - 1.890$$

（3）占有率

占有率包括空间占有率和时间占有率。

空间占有率是指在某个时间段内，观测路段上车辆长度的总和与路段总长度的比值。空间占有率直接反映了交通密度的高低，更能表明道路被实际占用的情况。但是由于这个交通参数数据的直接获取存在较大的难度，因此实际上一般不被采用。

时间占有率是指在一定的观测时间 T 内，交通检测器被车辆占用的时间总和与交通流特性观测时间长度的比值，计算公式为：

$$\text{occupancy} = \sum \Delta t_i / T$$

式中　occupancy——时间占有率，%；

　　　Δt_i——第 i 辆车占用检测器的时间，s；

　　　T——观测时间段的长度，s。

时间占有率的大小能够体现交通运行的状态。在交通流量较小的情况下，单位时间内通过检测器的车辆数较少，而且由于车速较高，导致时间占有率比较低。随着交通流量的增加，单位时间内通过检测器的车辆数增加，而且车速有所降低，因此检测器被车辆占用的时间增加，时间占有率显著增加。当出现交通拥挤时，通过检测器的交通流量虽然可能会有所降低，但由于车速明显下降而使得时间占有率仍然处于较高的水平。

流量、速度和占有率之间的关系就是交通流模型，可以近似的用下面的公式表示：

$$Q = \bar{k} \bar{u}_s$$

式中　Q——平均流量，辆/h；

　　　$\bar{u}_s$——区间平均速度，km/h；

　　　k——平均车流密度，辆/km，一般由时间占有率来近似转换得到。

（4）交通流密度

交通流密度是指在某一瞬间，单位道路长度上存在的车辆数，即

$$K = N / L$$

式中　K——交通流密度，辆/（km·车道）；

　　　N——车辆数，辆；

　　　L——观测路段长度，km。

在通常情况下，交通流量大，交通流密度也大。但当道路交通十分拥挤、车流处于停滞状态时，交通流量近似等于零，而此时的交通流密度接近于最大值。因此，单纯使用交通流量指标难以表示交通流的实际状态，而采用交通流密度指标，能够做出较好的评价。尽管交通流密度能够直观地表明交通状态的性质，但由于数据的采集难度大，这个参数的实际应用是很有限的。一般用前面介绍的时间占有率来近似表示交通流密度。

（5）车头时距和车头间距

在同向行驶的车流中，将前后相邻两辆车之间的空间距离称为车头间距。由于在交通流运行过程中测量车头间距是非常困难的，因此，一般不使用这个指标。在同向行驶的车流中，将前后相邻两辆车驶过道路某一断面的时间间隔称为车头时距。在特定时段内，观测路段上所有车辆的车头时距之平均值称为平均车头时距。

车头时距是一个非常重要的微观交通特性参数，其取值与驾驶员的行为特征、车辆的性能、道路的具体情况密切相关，同时又受到交通量、交通控制方式、交叉口几何特征等因素的影响。与交通流量相似，相同的车头时距也对应着两种截然不同的交通状态，因此不能单独用于交通状态度判别。

（6）排队长度

排队长度是指在交通间断点（交叉口、事故发生点等）处排队的车辆数。排队长度可以用来衡量交通拥挤程度，一般情况下，拥挤越严重，产生的排队长度越长，因此可将排队长

度作为衡量交通拥挤程度最直观的指标。需要注意的是，对于城市交叉口来说，由于存在交通控制信号，在红灯期间到达交叉口的车辆必定会在停车线前排队，一般认为在 1～2 个信号周期能够通过的排队不属于交通拥挤的范畴。

交通流特征的时空变化可由交通流参数数据的变化体现出来。如果在道路上设置有一定数量、一定种类的交通检测器，并按照一定的时间间隔对交通参数数据进行采样，则通过分析这些交通数据的变化规律可以实现对交通流状态的监视。究竟采用哪个或哪几个交通参数数据作为拥挤判别的依据，应从交通状态判别的效率、效果以及经济性和可靠性等多方面去考虑。

2.4.2 交通信号控制参数

智能交通控制中常用的交通信号控制参数主要有交叉口信号灯的周期、相位、绿信比和相位差。

(1) 周期

用于指挥交通的信号总是一步一步循环变化的，一个循环内交叉路口各相位的绿灯时间总和称为信号周期，简称为周期。周期是决定单交叉路口信号控制的关键参数。周期长度的大小对于减少路口车辆排队长度、等待时间和疏散交通流都具有重要意义。

显然，当通过路口的车辆数越多时，周期相应地越长，否则到达路口的车辆不能在各相位的绿灯时间内通过交叉口，导致车辆发生堵塞。相反的，通过路口的车辆数越少时，应该减少周期长度。合理的周期时间长度，应该是使进入路口的车辆在各相位的绿灯时间内正好驶离路口，从而消除车辆排队长度。

(2) 相位

在交通信号控制中，交叉路口各个方向交通流如果随意行驶，难免会产生一些冲突，为了避免这种情况的发生，在一个周期的某一段时间，通常使行驶到路口的车辆采用分时间段通行的方法，即先让某一支交通流以及和这一支交通流不冲突的交通流具有通行权，而与这一支交通流冲突的车辆不能通行，等到这支交通流驶离路口时切换到另一支交通流，这样一支或几支不互相冲突的交通流称为信号相位，简称相。一个周期内信号相位有几个，就称该交通信号控制系统为几相位系统。考虑到行车安全，希望相位越多越好，但是相位越多，周期时间就越长，相应地，车辆延误的时间也就越长，造成通行能力的效率降低。目前，交通信号控制普遍采用的是四相位系统。参见图 8-2-10～图 8-2-12。

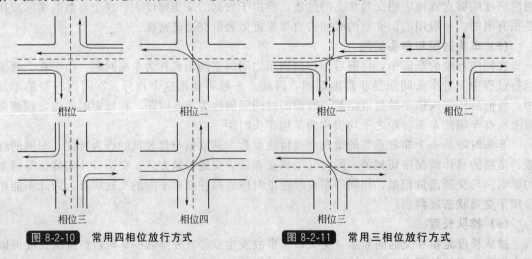

图 8-2-10 常用四相位放行方式   **图 8-2-11** 常用三相位放行方式

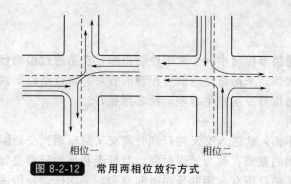

相位一　　　　　　　　相位二

图 8-2-12　常用两相位放行方式

（3）绿信比

绿信比的定义是：一个信号周期中，交叉口各相位的有效绿灯时间与周期时间长度的比值大小。T_G^i 用来表示第 i 相位信号的有效绿灯时间，周期长度记做 C，则该相位信号的绿信比 λ 为：

$$\lambda = \frac{T_G^i}{C}$$

一个周期中某一信号相位需要绿灯时间的大小是由绿信比来反映的，显然，$0 < \lambda < 1$。绿信比的大小直接反映了各相位的绿灯时间的多少，对于疏导交通堵塞，减少车辆等待时间，有着非常重要的作用。如果能够合理地分配周期内各相位的绿信比，就能使通过路口的车辆排队长度、延误时间等性能指标最小。

（4）相位差

当交通信号对一条交通干线或一个区域网络内的交通流进行控制时，相位差是一个相当重要的控制参数，它分为绝对相位差和相对相位差。通过对路口之间相位差的调整，可以使干线或者区域内的路口信号灯形成一条绿波带，车辆在到达这些路口时信号灯都显示绿灯，从而保证车辆通过这些路口时畅通无阻。为了保证干线或者区域内所有路口的信号周期相同，各路口让某一相位来参加协调控制，称为协调相位。在所有路口中，把某一路口作为基准路口，其他各路口的协调相位起始时刻滞后于基准路口的协调相位起始时刻的最小时间差，称为绝对相位差；顺着车辆行驶方向任意相邻路口的协调相位起始时刻的最小时间差，称为相对相位差。对于交通干线和区域网络内的车辆，合理调整相位差，能够有效减少车辆的延误和停车次数等指标。

2.4.3　交通信号控制主要性能指标

智能交通控制中常用的交通信号控制性能指标主要有通行能力、停车次数、平均延误时间和排队长度。

（1）通行能力

在单位时间内不间断通过车辆的能力称为通行能力，通行能力包括路段通行能力和路口通行能力。路段通行能力是指在单位时间内通过路段某截面的最大车辆数，路口通行能力是指在单位时间内进入路口的最大车辆数，其单位都是 PCU/h。路口的通行能力可以用下式计算：

$$q_c = q_s \lambda$$

式中，q_c 表示路口某一入口车道的通行能力；q_s 表示该入口车道的饱和流量；λ 为该入口车道相位的绿信比。这里 PCU 称为标准小客车当量。在国内，小客车和微型卡车统称为小型车，一辆小型车就视为一辆标准小客车，一辆大型卡车等于 1.48 个标准小客车。

路口通行能力不仅与信号控制策略有关，而且与实际交通条件和道路条件密切相关。在道路条件一定的条件下，交通控制信号的周期影响着路口的通行能力。周期时间长度越长，通行能力越大。

（2）停车次数

停车次数也是交通信号控制中一个常用性能指标，它是通过检测行驶在道路上的车辆通过交叉路口时停车的次数，来衡量交通信号控制的效果。通过路口车辆的停车次数越多，说明路口比较拥挤，交通信号控制效果越差；反之则越好。

（3）平均延误时间

行驶在道路上的车辆，从进入交叉路口到驶离交叉路口遇到交通阻碍所需要的时间与没有遇到阻碍所需要时间的差值，称为延误时间。总延误和平均延误是延误时间的两个评价尺度。总延误是进入交叉路口所有车辆的延误时间总和。平均延误是指进入交叉路口每辆车的延误时间的平均值。

（4）排队长度

排队长度是指在一个周期内每条车道上等待车辆的数量，路口各条车道上等待车辆数量的平均值叫做平均排队长度。平均排队长度可用下式计算：

$$\bar{l} = \sum_{i=1}^{n} l$$

式中，$\bar{l}$ 表示平均排队长度，n 是车道数。

2.4.4　交通控制方式

（1）信号灯的定时控制

在实际交通系统中，最基本、最广泛的一种控制方式就是定时控制。定时控制中，交通信号灯按事先设定的配时方案运行所有控制参数（周期、绿信比），其配时的依据是各交叉路口一定时间内的交通量历史数据。一天只用一个配时方案的称为单时段定时控制；一天按多个时段采用不同配时方案的称为多时段定时控制。从控制理论的角度来看，定时控制属于开环控制方法，这种方法不能适应交通流的随机变化，因此造成一些不必要的时间浪费，增加车辆在交叉路口的排队等待长度，使车辆不能及时地通过交叉路口，从而导致交叉路口通行能力降低、交通堵塞。

对路口进行定时控制时，需要知道前一段时间内该交叉口的相关交通流量数据，并按照该交叉口各相位的车流量比来分配绿灯时间。交叉口的配时方案一旦确定，在今后的一段时间内，无论实时交通情况（如车流量情况）发生多大的变化，交叉口的配时方案都不发生改变。图 8-2-13 所示为典型的定时控制配时示意图。从图中可以看出，该交叉口采用四相位放行方式，每个相位的绿灯时间分别为 30s、20s、20s 和 20s，且配时方式始终保持不变。

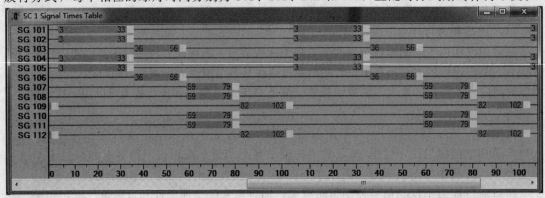

图 8-2-13　定时控制配时示意图

（2）信号灯的感应控制

感应控制是某一相位绿灯时间根据交叉路口车流量的变化而改变的一种信号控制方式，其中车流量可以通过安装在平面交叉路口停车线前的车辆检测器检测得到。它的工作原理是首先对初始相位开启绿灯信号，给该相位一个最小绿灯时间，在最小绿灯时间结束时刻，检测该相位是否有车辆到达，如果该相位有车辆到达，就给该相位追加一定的绿灯时间，直到达到最大绿灯时间；如果检测没有车辆到达，立即转换到下一个相位；当绿灯时间达到最大时，无论检测到是否有车辆到达，都应该转换信号相位。感应控制分为半感应控制和全感应控制。半感应控制是指在交叉路口的部分进道口上安装车辆检测器，全感应控制则是在交叉路口全部进道口上都安装车辆检测器。感应控制作为一种最基本的反馈控制方法，一定程度上克服了定时控制的不足，已经被证明优越于定时控制。然而，感应控制方法仍然存在着一些缺陷：感应控制只能检测绿灯相位是否有车辆到达而不关心有多少车辆到达，不关心其他相位的车辆排队长度，因此，这种控制方法也无法对交叉路口各相位的交通需求真正响应，不能使通过交叉路口的车辆总的延误时间最小。

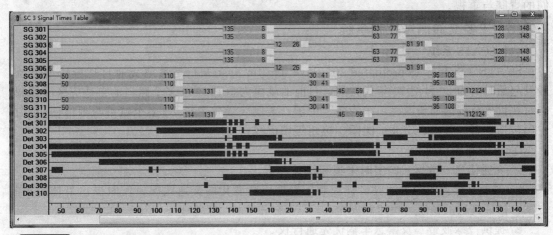

图 8-2-14 感应控制配时示意图

图 8-2-14 为一简单的感应控制配时示意图。从图中可以看出，在该控制方案中，信号灯将按顺序放行四个相位，每个相位都可以根据当前的交通状态在一定范围内调整绿灯时间。

（3）信号灯的自适应控制

自适应控制是比感应控制更为高级的一种控制方式。实时自适应交通控制通常要对作为不确定性系统的一个交通网络进行控制，连续测量其状态，如延误时间、排队长度等，并把它们与希望得到的动态特性进行比较，逐步使目标函数达到最优或者次最优。这种控制方法针对产生最佳配时方案的某种性能指标，依据车辆检测器检测到的交通数据信息，自动调整各个控制参数，实现对路网交通信号的实时控制。这种控制方式采用一些智能控制的方法，如神经网络、模糊控制、神经网络模糊控制等，这些方法都无需建立被控系统的精确数学模型，都可以对采集的数据直接进行优化决策，因此，在任何时段保证整个道路交通网都在最佳配时方案控制下运行。总体来看，自适应控制方式对交通流数据的实时检测依赖程度很大，这就要求系统对交通检测设备和交通数据传输设备有很高的精度和可靠性。在进行区域网络控制时，一般采取分层递阶的控制方式，使交通信号实现点、线、面之间的协调控制。

（4）多路口的信号灯协同控制

多路口的信号灯协同控制是综合考虑路网中关联较紧密的所有交叉口，并将这些路口的信号灯进行协同控制。多路口的信号灯协同控制的典型应用之一就是干道的绿波控制。绿波是指车流通过各个相邻交叉口获得连续绿灯的信号状态。干道绿波协调控制是将干道上的多个交叉口以一定方式连接起来作为研究对象，同时对各个交叉口进行相互协调的配时方案设计，使得尽可能多的干道直行车辆可以获得不停顿的通行权，通常仅限适用于未饱和交通状态下的干道信号协调控制。干道绿波带设计方法通过追求绿波通行时间与公共信号周期比值的最大化，来确定干道协调控制系统的信号配时参数，即以车辆连续绿波带宽度作为评价指标来研究干道配时方案的协调控制效果。

干道绿波协调控制是城市交通信号控制系统中优先选用的一种重要控制方式，其特点显著，优势明显：能够保证干道直行车队行驶速度快、停车次数少、服务水平高；可以提高车流行驶的平滑性与道路实际通行能力；能够调节路段车辆行驶车速，增强车辆行驶速度的一致性；可以促使驾驶员与行人更加遵守交通信号，减少交叉口交通事故发生；能进一步提升城市干道的吸引力与优先地位，更有利于取得良好信号协调控制效果。因此，干道绿波协调控制一直以来都受到交通参与者、管理者、工程设计师以及专家学者们的青睐与重视。

2.4.5 主要交通信号控制系统

(1) SCATS系统

SCATS（Sydney Coordinated Adaptive Traffic System）是悉尼交通自适应协调系统，开发起始时间为20世纪70年代初期，目前的规模为悉尼2500多个路口的自适应区域控制。同时在世界范围内如新西兰、东南亚、中国、美国、爱尔兰等70多个城市与地区使用。在中国包括上海、天津、宁波、沈阳、杭州等城市都在使用。

① 系统基本功能

a. 交通信息（数据）的实时采集和统计分析。

b. 实现对交通流的自适应最佳控制。根据不断变化的交通状况，实时提出最佳的控制方案，保证交通的畅通、快速和安全。

c. 提供"绿波带"及紧急车辆优先通行权。

d. 提供公交车辆优先通行权。

e. 提供交通信号灯人工操作功能。

f. 提供野外工作终端。可以将便携式个人计算机连接到任何一个路口交通信号机，从而进入整个SCATS系统。

g. 进行系统技术监察、故障诊断和记录。

h. 远程维护。可以电话拨号方式将计算机连入SCATS系统，进行操作维护。

② 系统控制结构 SCATS系统的控制结构是三级协调分布式控制结构，即指挥中心为中央控制级、确定协调控制级（多个区域）和路口控制机级。SCATS可以根据受控路口多寡及系统需求，采用二级或三级控制方式。一个完整的三级控制系统包括路口控制、地区控制和中央控制。采用二级控制时，只包括路口控制和地区控制。

路口控制是由信号控制机对某个具体路口进行的控制。它的输入信息来自车辆检测器和行人按钮，输出灯色信号，指挥交通。

地区控制是系统的关键。路口信号控制机采集的实时信息源源不断地送往位于地区控制室的地区主控计算机，由主控计算机综合计算得出优化最佳控制方案，及时送回信号控制机执行。

中央监控计算机主要完成与各地区计算机的联系，以及与中央管理计算机的连接。中央控制级的建立，可以很方便地在各级计算机终端上或者临时插接到信号控制机的现场终端上，对任一路口的运行实况进行监视、数据修改或者发布命令，使数百成千路口的集中监控得以实现。

二级系统组成见图 8-2-15，典型的计算机配置见图 8-2-16。SCATS 系统路口图见图8-2-17。

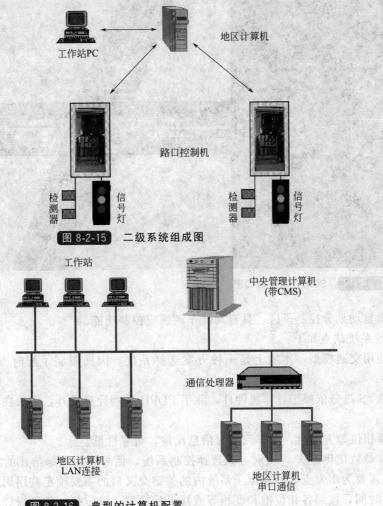

图 8-2-15　二级系统组成图

图 8-2-16　典型的计算机配置

③ SCATS 系统的特点　控制容量大、很灵活。一台区域控制计算机可以控制 128 个路口，而一个 SCATS 系统中央控制室能够连接 64 台区域交通控制计算机，这使 SCATS 系统能够适应从几个路口到 8000 多个路口的不同城市规模的需要。事先为每一交叉口都准备了 4 个绿信比方案供实时选择使用。这 4 个方案分别针对交叉口在可能出现的 4 种负荷情况下，各相位绿灯时间占信号周期长度的比例值、相位差的选择。事先内、外部都准备好 5 种不同的方案供选择。

SCATS 系统优点如下：

① 检测器安装在停车线上，不需要建立交通模型，因此其控制方案不是基于交通模型的；

② 周期、绿信比和相位差的优化是预先确定多个方案，根据实测的饱和度值进行选择；

③ 系统可根据交通需求改变相序或跳过下一个相位，因而能及时响应每一个周期的交通需求；

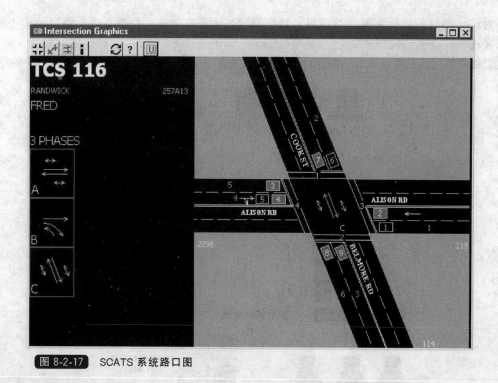

图 8-2-17 SCATS 系统路口图

④ 可以自动划分控制子区，具有局部车辆感应控制功能。

SCATS 系统缺点如下：

① 未使用交通模型，本质上是一种方案选择系统，因而限制了配时方案的优化过程，灵活度不够；

② SCATS 过分依赖于计算机硬件，除了 PDPII 系列计算机外，无法在其他计算机系统上方便实施；

③ 选择相位差方案时，无车流实时信息反馈，可靠性低。

④ 配时参数优化方法　实时方案选择控制系统，信号周期和绿信比的实时选择是以子系统的整体需要为出发点，即根据子系统内的关键交叉口的需要确定共用周期时长。交叉口的相应绿灯时间，按照各相位饱和度相等或接近的原则，确定每一相位绿灯占信号周期的百分比。随着信号周期的调整，各相位绿灯时间也随之变化。

周期时间是以秒为单位动态地变化的，当交通增长较快时，能以较大的步长变化（如 6s、9s、21s），以保持系统有最合适的饱和度（比如 0.9）。

绿信比要求对每个进口的绿灯时间能反映相应的交通要求。SCATS 通过对不同相位或有代表性的进口用等饱和度的方法来决定绿信比。当然在交通要求接近饱和时控制，可以偏向于设计者所需要的主要交通流向。

相位差须能随交通要求变化而使系统中的车辆，尤其是占优的交通流的停车次数和延误减至最少。

⑤ 对于城市交通管理的作用

a. 实现对交通流的实时最佳配置和控制，避免发生拥挤堵塞。

b. 提高车辆行驶速度。

c. 提高交通安全水平。

d. 最大程度地发挥交通的经济效益和社会效益。

据澳大利亚最新研究结果表明，使用 SCATS 系统能够减少交通停顿 40％，节省旅行时间 20％，降低汽油消耗 12％[14]。

(2) SCOOT 系统

SCOOT (Split-Cycle-Offset Optimization Technique) 即 "绿信比-信号周期-相位差优化技术"，是一种对道路网交通信号实行协调控制的自适应控制系统。

① SCOOT 系统结构 SCOOT 系统是一种实时自适应控制系统，其硬件组成包括 3 个主要部分：中心计算机及外围设备、数据传输网络和外设装置（包括交通信号控制机、车辆检测器或摄像装置及信号灯）。软件大体由 5 个部分组成：a. 车辆检测数据的采集和分析；b. 交通模型（用于计算延误时间和排队长度等）；c. 配时方案参数优化调整；d. 信号控制方案的执行；e. 系统检测。以上 5 个子系统相互配合、协调工作，共同完成交通控制任务。

② SCOOT 系统特点 SCOOT 系统是方案形成式控制方式的典型代表，是一种实时自适应交通信号控制系统。SCOOT 系统通过连续检测道路网络中交叉口所有进口道交通需求来优化每个交叉口的配时方案，使交叉口的延误和停车次数最小的动态、实时、在线信号控制系统。概括来讲，SCOOT 系统具有 5 个特点。

a. 实用性强，几乎不受城市交通出行方式、出行起讫点分布、土地使用情况、季节性和临时性交通变化以及气候变化的影响。

b. 对配时参数的优化是采用连续微量调整的方式，稳定性强。

c. 个别交通车辆检测器错误的反馈信息几乎不影响 SCOOT 系统对配时方案参数的优化，而且该系统对这类错误的信息有自动鉴别和淘汰功能。

d. 对路网上各交叉口信号配时方案的检验和调整每秒都在进行，所以能对路网上交通状况的任何一种变化趋势做出迅速的反应。

e. SCOOT 系统能提供各种反映路网交通状况的信息，为制定综合管理决策创造了有利的条件。但是，SCOOT 系统几乎所有相关控制策略模型都是通过数学模型的仿真获得，这就要求抽象的数学模型必须准确地反映系统的运行状态，误差范围小，否则，必然会影响控制效果；另一方面，数学模型的精确度越高，结构就越复杂，因而仿真时间就越长，这将会在实时性与可靠性之间产生矛盾，特别要求进一步提高效果时，这一矛盾就会越突出。

2.5 智能交通的交通流状态预测

2.5.1 交通流数据修复

智能交通系统是利用电子通信技术，形成车辆、道路与环境三位一体的新公路交通系统的总称（包括驾驶人员和管理者），其核心是通过各种交通分析模型完成对交通信息的处理，各种交通分析模型是建立在大量交通流数据的基础上的[19]。

针对从城市快速路路面检测系统提取的原始信息数据精度不足的问题，在对交通流数据发生缺损的客观条件分析和交通流特性分析的基础上，建立起交通流三参数（交通流量、速度、占有率）之间的关系模型，并对异常数据进行筛选，最后提出两种快速路数据修复算法：基于统计相关的交通流数据修复方法和基于 BP 神经网络的交通流数据修复方法。

基于统计相关的交通流数据修复方法，是在目前常用的基于时间和空间相关性的数据修复基础上进行改进而建立的，通过精确的数值计算，确定相关性最大的参考数据组对缺损数据进行修复[20]。

基于 BP 神经网络的交通流数据修复方法是在交通流三参数的三维曲面模型的基础上，利用 BP 神经网络进行曲面修复，从而实现交通流数据的修复。

通过对快速路交通流数据的修复，提高交通流的数据质量，确保交通分析模型的准确性和智能交通管理系统的有效性。

(1) 基于统计相关分析的综合交通量修复算法

在复杂交通大系统（图 8-2-18）中，随机因素和时变因素过强，无法确定在某一时间内采用何种相关特性来进行分析。在很多性质特征都不很明确的情况下，这里讨论一种综合修复方法，其主要思想依据就是相关分析中的相关系数从统计的角度反映了研究对象的某些"属性"的相关程度。基于这种思想，可以借助相关系数来分析数据结构类型、数据分布规律等特征，根据由此所获得的信息对缺损数据进行数据修补。其方式是去掉缺损数据 x 所在数据块的行或列，对剩下的数组分别进行行、列相关分析，找到缺损值所在列或行与其他列或行最大的相关系数 r，构造含缺损数据 x 的相关系数与已知 r 相等的方程，解关于 x 的方程，并对所要求的解进行学习、验算，最终找到缺损数据最合适的修补值。

将需要修正的数据以及与其在时间以及空间上相关的对应数据均看成 s 维向量（对于 5min 为检测周期的数据而言，24h 一共有 288 个检测值，即 288 维）。假设对 NX03 断面车道 1 的数据进行修补，用 5 组时间、空间相关数据，共 18 个 s 维向量，也可以增加其他可能对需要修正的检测数据产生影响的数据组[20]。

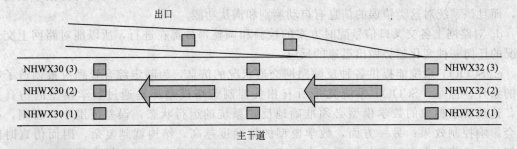

出口

NHWX30 (3)　　　　　　　　　　　　　　　　NHWX32 (3)

NHWX30 (2)　←　　　　　←　　　　　　NHWX32 (2)

NHWX30 (1)　　　　　　　　　　　　　　　　NHWX32 (1)

主干道

图 8-2-18　城市快速路网中的某个路段示意图

为了使得不同定义的数据有可比性，对数据按列进行标准化，以消除量纲的影响，然后将标准化后的数据按顺序记作标准化的数据块 X，由 18 个向量 X_1，X_2，…，X_{18} 组成，为了方便，将需要进行修正的向量组放在最前 3 列，标准化后为 X_1，X_2，X_3。其中 $X_{i_0 j_0}$ 为需要修补的缺失数据。为了描述方便，设定行向量记作 b_i（$i=1$，2，…，s）列向量记作 a_i（$i=1$，2，…，n）。

则有：

$$X = \begin{matrix} a_1 & \cdots & a_{j_0} & \cdots & a_3 & \cdots & a_{1n} \\ \begin{bmatrix} x_{11} & \cdots & x_{1j_0} & \cdots & x_{13} & \cdots & x_{1n} \\ \vdots & \vdots & \vdots & \vdots & \vdots & \vdots & \vdots \\ x_{i_0 1} & \cdots & x_{i_0 j_0} & \cdots & x_{i_0 3} & \cdots & x_{i_0 n} \\ \vdots & \vdots & \vdots & \vdots & \vdots & \vdots & \vdots \\ x_{s1} & \cdots & x_{sj_0} & \cdots & x_{s3} & \cdots & x_{sn} \end{bmatrix} & \begin{matrix} b_1 \\ \vdots \\ b_{i_0} \\ \vdots \\ b_s \end{matrix} \end{matrix}$$

① 去掉 X 中 $x_{i_0 j_0}$ 所在的第 i_0 行，得到数据块 A：

$$A = \begin{array}{cccccccc} a_1^* & \cdots & a_{j_0}^* & \cdots & a_3^* & \cdots & a_n^* \\ \left[\begin{array}{cccccccc} x_{11} & \cdots & x_{1j_0} & \cdots & x_{13} & \cdots & x_{1n} \\ \vdots & \vdots & \vdots & \vdots & \vdots & \vdots & \vdots \\ x_{(i_0-1)1} & \cdots & x_{(i_0-1)j_0} & \cdots & x_{(i_0-1)3} & \cdots & x_{(i_0-1)n} \\ x_{(i_0+1)1} & \cdots & x_{(i_0+1)j_0} & \cdots & x_{(i_0+1)3} & \cdots & x_{(i_0+1)n} \\ \vdots & \vdots & \vdots & \vdots & \vdots & \vdots & \vdots \\ x_{s1} & \cdots & x_{sj_0} & \cdots & x_{s3} & \cdots & x_{sn} \end{array}\right] & \begin{array}{c} b_1 \\ \vdots \\ b_{(i_0-1)} \\ b_{(i_0+1)} \\ \vdots \\ b_s \end{array} \end{array}$$

此时列向量不同于原来的列向量，因此用 a_j^*（$j=1, 2, \cdots, n$）来表示。

a. 确定第 j_0 列与其余各列的相关系数

$$r_{j_0 l} = r(a_{j_0}^*, a_l^*), \ l=1, 2, \cdots, n; \ l \neq j_0$$

$$r_{j_0 l} = \frac{\sum\limits_{t=1, \, t \neq i_0}^{s} (x_{tj_0} - \overline{x_{i_0}})(x_{tl} - \overline{x_l})}{\sqrt{\sum\limits_{t=1, \, t \neq i_0}^{s} (x_{tj_0} - \overline{x_{i_0}})^2 \sum\limits_{t=1, \, t \neq i_0}^{s} (x_{tl} - \overline{x_l})^2}}, \ l=1, 2, \cdots, n; \ l \neq j_0$$

其中 $\overline{x_{j_0}} = \dfrac{1}{s}\sum\limits_{t=1, \, t \neq j_0}^{s} x_{tj_0}$，$\overline{x_l} = \dfrac{1}{s}\sum\limits_{t=1, \, t \neq i_0}^{s} x_{tl}$，$l=1, 2, \cdots, n; \ l \neq j_0$

b. 令 $r_{l_0} = \max\limits_{1 \leqslant l \leqslant n, t \neq j_0} r_{j_0 l}$。

② 去掉 X 中 $x_{i_0 j_0}$ 所在的第 j_0 列（之前将需要修正的数据放在了最前列，因此 $1 \leqslant j_0 \leqslant 3$），得到数据块 B：

$$B = \begin{array}{ccccccccccc} a_1 & \cdots & a_{(j_0-1)} & & a_{(j_0+1)} & \cdots & a_3 & \cdots & a_n \\ \left[\begin{array}{ccccccccc} x_{11} & \cdots & x_{1(j_0-1)} & \cdots & x_{1(j_0+1)} & \cdots & x_{13} & \cdots & x_{1n} \\ \vdots & \vdots & \vdots & \vdots & \vdots & \vdots & \vdots & \vdots & \vdots \\ x_{i_0 1} & \cdots & x_{i_0(j_0-1)} & \cdots & x_{i_0(j_0+1)} & \cdots & x_{i_0 3} & \cdots & x_{i_0 n} \\ \vdots & \vdots & \vdots & \vdots & \vdots & \vdots & \vdots & \vdots & \vdots \\ x_{s1} & \cdots & x_{s(j_0-1)} & \cdots & x_{s(j_0+1)} & \cdots & x_{s3} & \cdots & x_{sn} \end{array}\right] & \begin{array}{c} b_1^* \\ \vdots \\ b_{i_0}^* \\ \vdots \\ b_s^* \end{array} \end{array}$$

此时的行向量不同于去掉 j_0 列前的行向量，因此用 b_i^*（$j=1, 2, \cdots, s$）来表示。

a. 确定第 i_0 行与其余各行的相关系数

$$r_{i_0 k} = r(a_{i_0}^*, a_k^*), \ k=1, 2\cdots, s; \ k \neq i_0$$

$$r_{i_0 k} = \frac{\sum\limits_{t=1, \, t \neq j_0}^{n} (x_{i_0 t} - \overline{x_{i_0}})(x_{kl} - \overline{x_k})}{\sqrt{\sum\limits_{t=1, \, t \neq j_0}^{n} (x_{i_0 t} - \overline{x_{i_0}})^2 \sum\limits_{t=1, \, t \neq j_0}^{n} (x_{Rt} - \overline{x_k})^2}}, \ k=1, 2, \cdots, s; \ k \neq i_0$$

其中 $\overline{x_{i_0}} = \dfrac{1}{n}\sum\limits_{t=1, \, t \neq i_0}^{n} x_{i_0 t}$，$\overline{x_k} = \dfrac{1}{n}\sum\limits_{t=1, \, t \neq i_0}^{n} x_{kt}$，$k=1, 2, \cdots, s; \ k \neq i_0$

b. 令 $r_{k_0} = \max\limits_{1 \leqslant k \leqslant s, k \neq i_0} r_{i_0 k}$。

③ 得到关于缺损数据 $x_{i_0 j_0}$ 的方程

a. 当 $r_{l_0} \geqslant r_{k_0}$ 时，采用数据块 A，可以得到以下方程

$$r_{l_0} = \frac{\sum\limits_{t=1}^{s}(x_{tj_0} - \overline{x}_{j_0})(x_{tl_0} - \overline{x}_{l_0})}{\sqrt{\sum\limits_{t=1}^{s}(x_{tj_0} - \overline{x}_{j_0})^2 \sum\limits_{t=1}^{s}(x_{tl_0} - \overline{x}_{l_0})^2}}$$

其中
$$\overline{x}_{j_0} = \frac{1}{s}\sum_{t=1}^{s} x_{tj_0}, \quad \overline{x}_{l_0} = \frac{1}{s}\sum_{t=1}^{s} x_{tl_0}$$

b. 当 $r_{l_0} \leqslant r_{k_0}$ 时,采用数据块 B,可以得到以下方程:

$$r_{k_0} = \frac{\sum\limits_{t=1}^{n}(x_{i_0t} - \overline{x}_{i_0})(x_{k_0t} - \overline{x}_{k_0})}{\sqrt{\sum\limits_{t=1}^{n}(x_{i_0t} - \overline{x}_{t_0})^2 \sum\limits_{t=1}^{n}(x_{k_0t} - \overline{x}_{k_0})^2}}$$

其中
$$\overline{x}_{i_0} = \frac{1}{n}\sum_{t=1}^{n} x_{i_0t}, \quad \overline{x}_{k_0} = \frac{1}{n}\sum_{t=1}^{n} x_{k_0t}$$

④ 求解得到修补数据 $x_{i_0j_0}$ 并输出。

⑤ 按照算法开始的标准化逆过程,将标准化数据还原到原始数据,即还原原始数据的量纲。

为了便于验证数据修复的结果的准确性,在 24h 288 组检测数据随机抽取 30 个数据,作为人为制造错误或缺损数据,用上述方法对这些数据进行修正,然后将修正计算结果与原实测数据进行比对,结果如表 8-2-2 所示。

表 8-2-2　随机抽取数据修正结果

流量			速度			占有率		
实测	修正	误差	实测	修正	误差	实测	修正	误差
44	45.4592	3.32%	83	81.2381	−2.12%	4	3.8029	−4.93%
43	41.1450	−4.31%	86	87.7472	2.03%	4	4.2797	6.99%
16	15.9341	−0.41%	88	88.7234	0.82%	2	1.9154	−4.23%
20	20.3941	1.97%	92	91.3346	−0.72%	2	1.9968	−0.16%
128	122.4186	−4.36%	67	68.2343	1.84%	18	17.0061	−5.52%
161	156.1632	−3.00%	53	50.6645	−4.41%	25	25.2117	0.85%
147	145.4651	−1.04%	63	63.3706	0.59%	20	19.7060	−1.47%
162	158.9336	−1.89%	56	55.9967	−0.01%	25	26.1519	4.61%
160	160.4317	0.27%	61	60.4950	−0.83%	23	23.1583	0.69%
92	91.8137	−0.20%	76	74.8459	−1.52%	11	11.2504	2.28%

相对误差见图 8-2-19。

一般的,交通数据的准确率达到 95%,必能满足常见交通模型的建模与数据分析需要。从表 8-2-2 和图 8-2-19 的修正结果看,随机抽取的 30 个数据的修正结果相对误差在 ±5% 以内的占了 93.33%,因此该方法具有精确度高、相对误差小的特点,对于数据整体质量的提升能力较强,而个别数据的恢复还有一定局限。总体而言,采用该数学模型是对时间、空间相关性修正的最优路径选择,相比常见时空相关性方法更具有灵活性和准确性。

(2) 基于 BP 神经网络的交通流数据修复方法

神经网络的学习算法,即常说的网络训练算法,就是人们在研究大脑生理机制、功能的

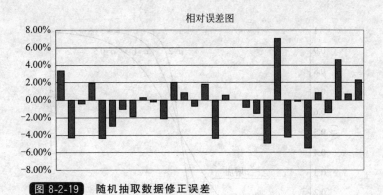

图 8-2-19 随机抽取数据修正误差

基础上提出的网络模型在学习训练中应该遵守的规则。学习过程中,只有遵守这些学习算法,才能够提炼训练样本中的规律,并通过改变网络各层之间的连接权值来记忆这种规律,训练后的网络才能够具有应用所需的特定功能。网络训练算法设计就是要通过合理的参数选择改进训练算法,加快网络训练的速度,减小网络训练陷入局部极小的可能性[20]。

训练 BP 神经网络采用的 BP 学习算法,其实质是采用负梯度下降法来修正网络连接权值和阈值,即权矢量和阈矢量沿着误差信号梯度的相反方向改变,包括前向输出计算和反向权值调整两个过程[20]。

然而,如果直接采用这种 BP 算法训练网络,训练速度十分缓慢,而且网络训练很容易陷入局部极小而不收敛,从而不能有效地训练网络,因而必须进行算法改进,对学习算法中的各项参数进行合理的选择。虽然很多人在很多方面提出了改进的措施,但是对于每一项参数而言,至今还没有现成公式可循,只有通过大量的实验,找出规律,才能有效地训练网络,提高网络训练速度,减小网络训练陷入局部极小的可能性,最终实现曲面缺损数据的修复[20]。

改进的 BP 学习算法表示为

$$w(n+1) = w(n) + \eta(n)\Delta w(n) + \alpha(n)\Delta w(n-1)$$

式中,$\eta(n)$ 为学习步长,随着误差曲面的变化趋势其大小也有所变化;$\alpha(n)$ 为动量因子,$0 < \alpha(n) < 1$。

某系统经过实验对比,在 BP 神经网络的隐层选取 10 个节点时,在权值和阈值的调整过程中自适应地调整动量因子和学习步长,如下所示:

$$当 E_总(n) \geqslant 1.04 E_总(n-1) 时,\begin{cases} \alpha(n) = 0 \\ \eta(n) = 0.7\eta(n-1) \end{cases}$$

$$当 E_总(n) < E_总(n-1) 时,\begin{cases} \alpha(n) = 0.95 \\ \eta(n) = 1.05\eta(n-1) \end{cases}$$

式中,$n = 2, 3, \cdots$,当 $n = 1$ 时,$\alpha(1)$ 和 $\eta(1)$ 的值在网络初始化时设定。

激励函数选取 Sigmoid 函数 (Sigmoid Function),也称为 S 型函数,到目前为止,它是人工神经网络中最常用的激励函数。S 函数的定义如下:

$$f(v) = \frac{1}{1 + \exp(-av)}$$

式中,a 为 Sigmoid 函数的斜率参数,通过改变参数 a,可以获取不同斜率的 Sigmoid 函数,如图 8-2-20 所示[20]。

这里使用 Matlab 编制数据修复程序,进行交通流数据模型曲面的 BP 修复网络训练。以速度、占有率为输入信号,对交通流量数据进行修复[20],参阅图 8-2-21~图 8-2-23。

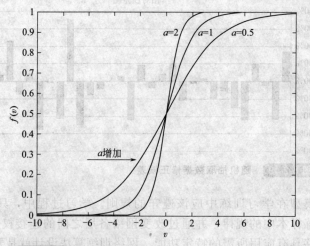

图 8-2-20 Sigmoid 函数

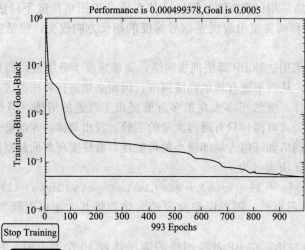

图 8-2-21 网络训练误差曲线

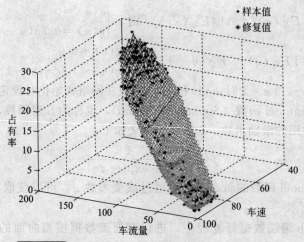

图 8-2-22 交通流模型曲面修复结果

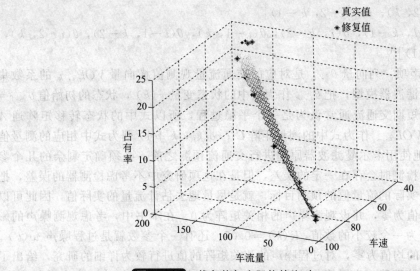

图 8-2-23　修复值与实际值的比对

2.5.2　交通状态预测

（1）基于卡尔曼滤波的短时交通流量预测

首先讨论卡尔曼滤波器模型在短时交通流量预测上的应用。设 $vol(i, k)$ 为路段第 i 观测点的第 k 周期的交通流量。首先需要决定的是状态变量个数。根据交通流量的时间和空间相关性，来选择状态变量的个数。时间上，认为短期的交通流是连续的，也就是说第 k 时刻的到来车辆数与 $k-1$、$k-2$ 等时间段都有一定的关系，又因为此处考虑的是 5min 的统计间隔周期，如果考虑的时间段过长则交通流状态有可能发生大的改变，所以考虑 3 个统计间隔，即用 k、$k-1$、$k-2$ 三个时间段的交通流量来预测第 $k+1$ 时刻的交通流量；空间上的相关性也是比较的直观的，交通流由上游依次经过到下游，即第 i 处的交通流量与它的上游的交通流量是有关的，但是如果两者之间超过了一定的距离，则它们之间的关系就不那个直观了，此处考虑第 $i-1$、$i-2$ 处的交通流量，选择 7 个流量值来预测下一个时刻的流量值，即用 $vol(i, k)$，$vol(i, k-1)$，$vol(i, k-2)$，$vol(i-1, k)$，$vol(i-1, k-1)$，$vol(i-2, k)$，$vol(i-2, k-1)$ 等 7 个交通流量数据来预测 $vol(i, k+1)$，它们之间的示意图如图 8-2-24 所示[21]。

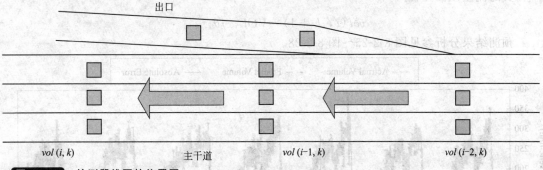

图 8-2-24　检测器线圈的位置图

假设存在以下线性关系：

$$vol(i, k+1) = VOL_{i, k}\theta_{i, k} + \varepsilon$$

式中

$VOL_{i, k} = [vol(i, k), vol(i, k-1), vol(i, k-2), vol(i-1, k), vol(i-1, k-1),$

$$vol(i-2, k), \ vol(i-2, k-1)]$$

$$\theta_{i, k}=[\theta(i, k), \ \theta(i, k-1), \ \theta(i, k-2), \ \theta(i-1, k), \ \theta(i-1, k-2), \ \theta(i-2, k),$$
$$\theta(i-2, k-1)]^{\mathrm{H}}$$

ε 为零均值白噪声项。列向量 $\theta_{i, k}$ 是对应的交通流量观测值横向量 $VOL_{i, k}$ 的系数集合。为了实现卡尔曼滤波器模型，把 $\theta_{i, k}$ 作为式中的状态变量 $x(k)$，状态的初始值 $\theta_{i, 0}=$ $[1/7, \cdots, 1/7]^{\mathrm{H}}$。短期交通流通常认为是一个平稳过程，所以式中的状态转移矩阵通 A 通常设为单位矩阵；$VOL_{i, k}$ 作为式中的测量矩阵 C；$vol(i, k+1)$ 则为式中相应的测量值 $y(k)$。在开始递归地使用卡尔曼滤波器原理进行交通流预测之前，必须确定剩余的几个参数，虽然线圈检测器检测时会存在一定的误差，但是在这项研究中不考虑检测器的误差，把它得到的数据看成是实际的流量值的预测目标，就是尽量地去估计流量的实际值，因此可以假设测量噪声 ε 的均值为零，并设观测噪声的相关矩阵为 0。在本书中，考虑观测噪声的影响，取观测噪声矩阵为一个较小的数值，$R(k)=0.05$。还有一个参数就是过程噪声 $w(k)$。假设过程噪声 $w(k)$ 的均值为零，对过程噪声的相关矩阵的值进行较为详细的研究，给出了一套计算公式，但是较繁琐。为了简化计算，在本书中取过程噪声的相关矩阵为对角矩阵，对角线上元素值比较小，通过试凑取过程噪声的相关矩阵 $Q(k)=0.025 \times I_{7 \times 7}$。现在可以得到第 i 观测点第 $k+1$ 周期的流量预测值为：

$$\hat{vol}(i, k+1)=VOL_{i, k}\hat{\theta}_{i, k+1}$$

式中，$\hat{vol}(i, k+1)$ 和 $\hat{\theta}_{i, k+1}$ 分别为 k 时刻预测的 $k+1$ 时刻的流量值和流量系数值。

通过上述假设，则可以得到下面的一组方程：

状态向量预测方程

$$\hat{\theta}_{i, k+1}=\hat{\theta}_{i, k}+G(k)[vol(i, k)-VOL_{i, k}\hat{\theta}_{i, k}]$$

状态预测增益方程

$$G(k)=P(k|vol(i, k-1))VOL_{i, k}^{\mathrm{H}}[VOL_{i, k}P(k|vol(i, k))VOL_{i, k}^{\mathrm{H}}+R(k)]^{-1}$$

状态预测协方差方程

$$P(k+1|vol(i, k))=[I-G(k)C]P(k|vol(i, k))+Q(k)$$

初始值　　　　　$P(1|vol(i, 0))=0.01 \times I_{7 \times 7}$

交通流量预测方程

$$\hat{vol}(i, k+1)=VOL_{i, k}\hat{\theta}_{i, k+1}$$

预测结果分析参见图 8-2-25～图 8-2-28。

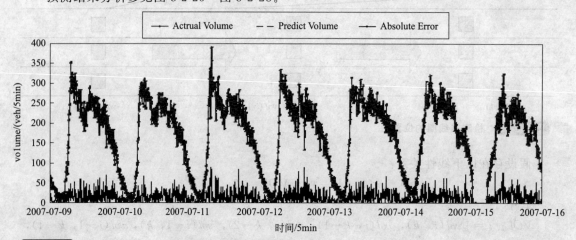

图 8-2-25　基于卡尔曼滤波预测模型的交通流量预测（1 周）

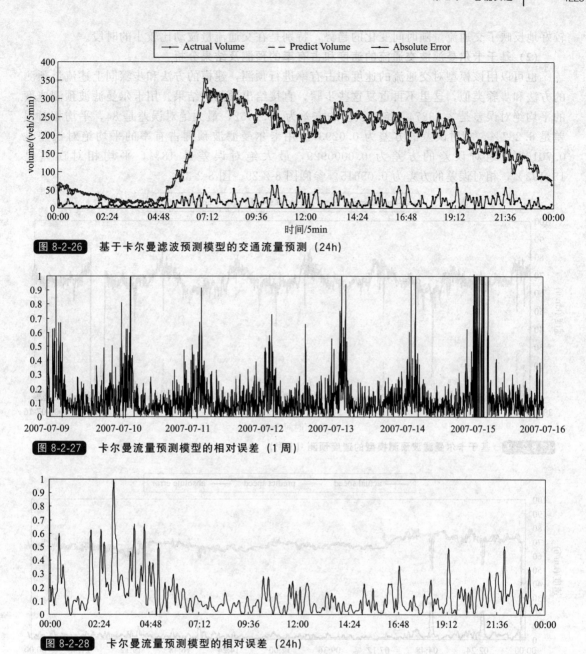

图 8-2-26 基于卡尔曼滤波预测模型的交通流量预测 (24h)

图 8-2-27 卡尔曼流量预测模型的相对误差 (1周)

图 8-2-28 卡尔曼流量预测模型的相对误差 (24h)

通过计算，用卡尔曼滤波来预测交通流量，平均绝对误差是 16.37785，绝对误差的方差为 227.6693，最大绝对误差是 137，平均相对误差是 14.221%，相对误差的方差为 0.47926。从整个预测的效果看，卡尔曼滤波预测的时候，预测点当前时刻的流量值在下一个时刻的预测值占的比重最大，从图中可以明显地看出。这也可以从卡尔曼滤波理论上来解释，在没有得到 $k+1$ 时刻的新测量值 $y(k+1)$ 之前，只能从 $k-1$ 时刻对状态 $x(k)$ 所做出的最优预测 $\hat{x}(k|y_{k-1})$ 出发，再加上基于 k 时刻观测值 y_k 对 $\hat{x}(k|y_{k-1})$ 的修正值，从而得到 $x(k+1|y_k)$，及对状态 $x(k+1)$ 进行预测。晚上 10 点之后到第二天凌晨 6 点这段时间的相对误差较大，这主要是由于这个时段的交通流量波动比较大，而卡尔曼滤波预测时对上一个时刻的流量值依赖比较重，故而这个时段的相对误差会比较大。相比白天时段，流量过渡比较平稳，波动范围比较小，故预测效果要比晚上要好。从图可以看出，卡尔曼滤波模型

较好地反映了交通流量随时间变化的趋势，特别是在交通流量波动比较小的时段。

（2）基于卡尔曼滤波交通流的速度和占有率的预测及结果分析

也可以用该模型对交通流的速度和占有率进行预测，建模的方法和步骤同上述流量预测的方法和步骤类似，这里不再重复这些步骤，直接给出预测的结果。用卡尔曼滤波预测速度的平均绝对误差是 2.53274，绝对误差的方差为 15.6452，最大绝对误差是 84，平均相对误差是 6.282%，相对误差的方差为 0.02937。用卡尔曼滤波预测占有率的平均绝对误差是 0.7019%，绝对误差的方差为 0.0000929，最大绝对误差是 18%，平均相对误差是 15.193%，相对误差的方差为 0.05615。参阅图 8-2-29～图 8-2-36。

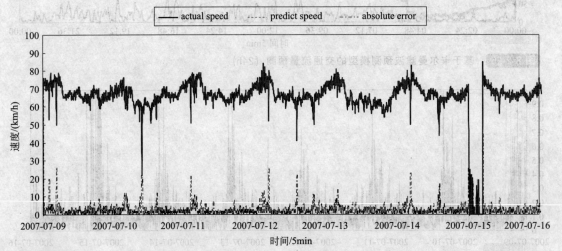

图 8-2-29　基于卡尔曼滤波预测模型的速度预测（1周）

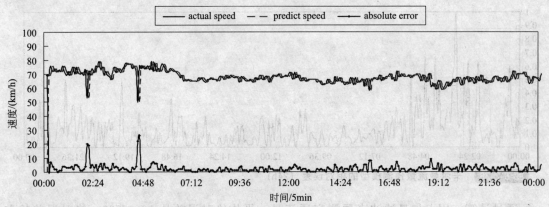

图 8-2-30　基于卡尔曼滤波预测模型的速度预测（24h）

（3）基于 BP 神经网络的交通参数预测

利用 BP 神经网络建立交通参数短期预测模型首要的问题就是模型的建立，也就是 BP 网络结构的确定。神经网络结构本身主要包括输入节点、输出节点、隐层数、隐层内神经元节点数，以及各层内神经元所采用的传递函数类型。对于确定的研究对象，其输入层神经元个数、输出层神经元个数以及实际输入样本的个数均是已知的，如果隐层层数和每个隐层神经元个数也被求出，则神经网络的结构就被完全确定下来了。因此，所谓确定神经网络的结构，就是根据给定的输入层、输出层神经元个数及实际输入样本合理确定隐层神经元数。以下分别对输入、输出层和隐层节点数的选定等进行讨论[21]。

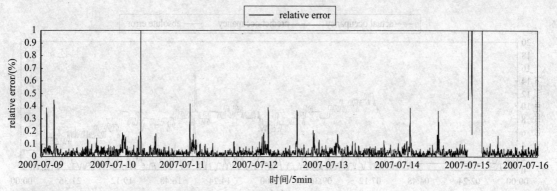

图 8-2-31 卡尔曼速度预测模型的相对误差（1 周）

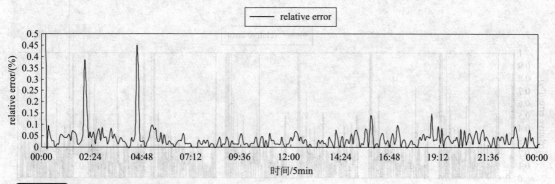

图 8-2-32 卡尔曼速度预测模型的相对误差（24h）

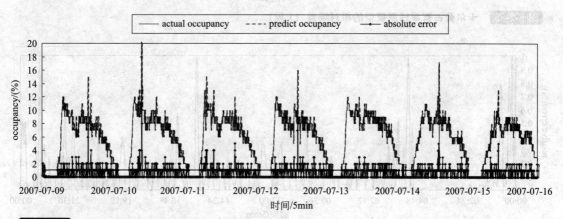

图 8-2-33 基于卡尔曼滤波预测模型的占有率预测（1 周）

现在来考虑神经网络模型的输入。假设条件同前面（1）所述，依然设 $vol(i, k)$ 为路段的第 i 观测点的第 k 周期的交通流量。选择 7 个输入变量，即用以下数据 $vol(i, k)$，$vol(i, k-1)$，$vol(i, k-2)$，$vol(i-1, k)$，$vol(i-1, k-1)$，$vol(i-2, k)$ 和 $vol(i-2, k-1)$ 等 7 个交通流量数据来预测 $vol(i, k+1)$ 时刻的流量，因而输入层相应采用 7 个输入节点，输出向量为预测下个时间间隔内的交通流量，因此采用 1 个节点，隐含层的神经元个数由输入神经元个数和输出神经元个数决定[22]。

交通流是一个高度非线性化的复杂系统，要建立交通流比较精确的数学模型是非常困难的[15]。然而随着对神经网络研究的越来越深入，已经有研究表明，三层神经网络在其隐层

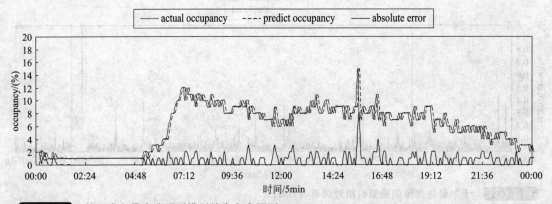

图 8-2-34　基于卡尔曼滤波预测模型的占有率预测（24h）

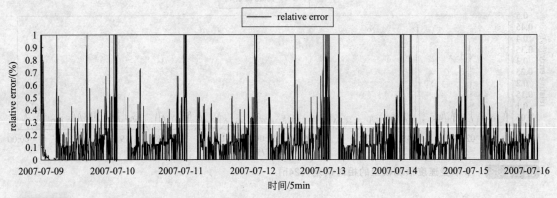

图 8-2-35　卡尔曼占有率预测模型的相对误差（1 周）

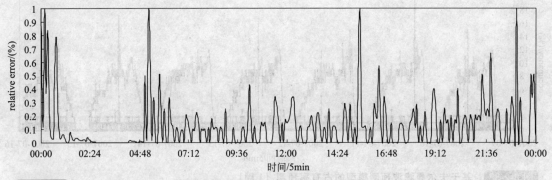

图 8-2-36　卡尔曼滤波占有率预测模型的相对误差（24h）

中使用 S 形传输函数，在输出层中使用线性传输函数，就几乎可以以任意精度逼近任何感兴趣的函数，只要隐层中有足够的单元可以使用。所以选择三层的网络结构，具体的结构可以参考图 39。隐层中选择 S 形传输函数，偏差值 $b = 0$；输出层使用线性传输函数，同样偏差值 $b = 0$。关于隐层节点数的选择是一个十分复杂的问题，因为没有很好的解析式来表示，可以说它与求解问题的要求，输入、输出节点数的多少都有直接的关系。如果隐层神经元太少，则网络不能充分表达知识；如果隐层神经元太多，则不仅增加训练开销，而且容易产生过拟合现象。目前尚没有一种被普遍认可的方法来客观确定隐层神经元数目。已有的建议值是：① $L = Nm/(n + m)$；② $L = nm$。式中，L 为隐层的神经元个数，n、m 分别为输入神经元数和输出神经元数，N 为样本容量。当样本数较大时，按①式计算的隐层的神经元数过多，而②式计算的隐层的神经元数往往偏少。在本书中，将综合考虑两种方法，在得到一个隐层神经元个数的值之后再进行多次试探，确定预测效果最好的隐层的个数[21]。

确定了神经网络的结构之后，在 Matlab 软件平台上通过编程对 BP 网络进行训练，训练的学习步长设为 0.05，训练的次数为 500。训练的时候需要注意，在前面推导 BP 算法的时候采用的是最速下降法，实际上还有很多性能更优的算法，比如牛顿法、共轭梯度法、拟牛顿法和 Levenberg-Marquardt 算法，综合考虑算法收敛的时间和精度。通过对比最终选择 Levenberg-Marquardt 算法来进行训练。通过多次试探，最后确定隐层神经元的个数为 50 个[21]。

预测结果分析见图 8-2-37 至图 8-2-40，给出了神经网络交通流量预测模型的结果[21]。

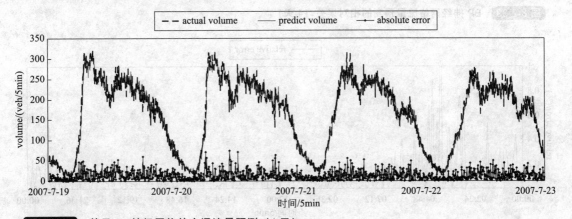

图 8-2-37 基于 BP 神经网络的交通流量预测（4 天）

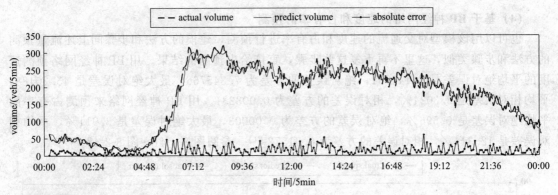

图 8-2-38 基于 BP 神经网络的交通流量预测（24h）

根据评价指标，用神经网络来预测交通流量的平均绝对误差是 13.33296，绝对误差的方差为 139.2042，最大绝对误差是 74，平均相对误差是 10.7429%，相对误差的方差为 0.015409。从整个预测的效果看，晚上 10 点之后到第二天凌晨 6 点这段时间的相对误差较大；相比白天时段流量过渡比较平稳，波动范围比较小，预测效果比较好。从图 8-2-37 和图 8-2-38 可以看出，神经网络模型能较好地反映交通流量随时间变化的趋势，预测值曲线比实际值曲线的变化趋势更加平滑。对比卡尔曼滤波模型，神经网络预测模型在平均绝对误差、绝对误差的方差、最大绝对误差、平均相对误差和相对误差的方差等 5 个指标上的表现优于卡尔曼滤波预测模型，但是在反映交通流量变化趋势的能力上，卡尔曼滤波预测模型优于神经网络预测模型[21]。

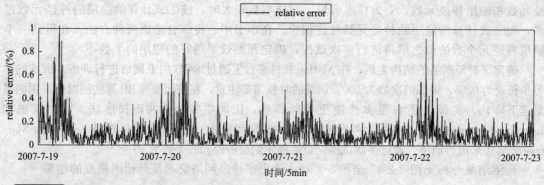

图 8-2-39   BP 神经网络流量预测的相对误差（4 天）

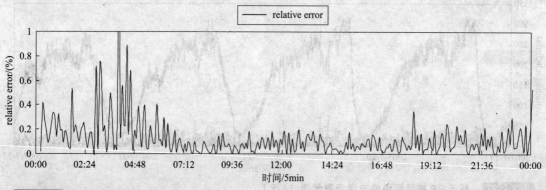

图 8-2-40   BP 神经网络预测的相对误差（24h）

（4）基于 BP 神经网络的速度和占有率的预测

也可以用该模型对交通流的速度和占有率进行预测，建模的方法和步骤同上述流量预测的方法和步骤类似，这里不再重复这些步骤，直接给出预测的结果。用 BP 神经网络预测速度的平均绝对误差是 2.147561，绝对误差的方差为 7.345766，最大绝对误差是 45.20488，平均相对误差是 3.3024%，相对误差的方差为 0.003231。用 BP 神经网络来预测占有率的平均绝对误差是 0.596%，绝对误差的方差为 0.00003，最大绝对误差是 3.911%，平均相对误差是 12.311%，相对误差的方差为 0.01572[21]。参阅图 8-2-41～图 8-2-48。

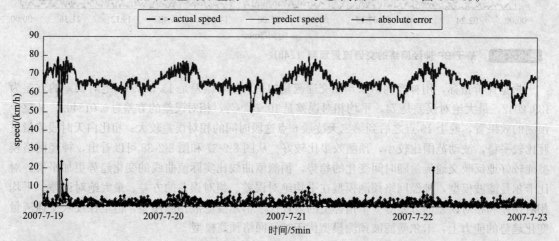

图 8-2-41   基于 BP 神经网络的速度预测（4 天）

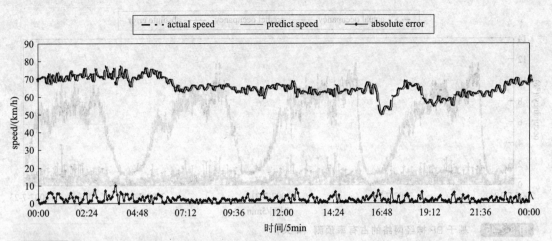

图 8-2-42　基于 BP 神经网络的速度预测（24h）

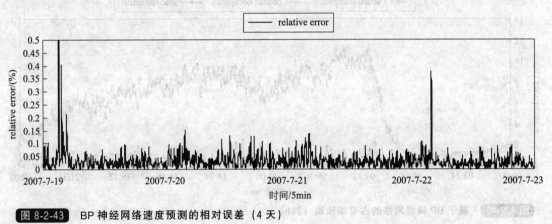

图 8-2-43　BP 神经网络速度预测的相对误差（4 天）

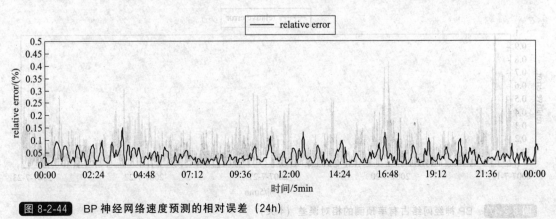

图 8-2-44　BP 神经网络速度预测的相对误差（24h）

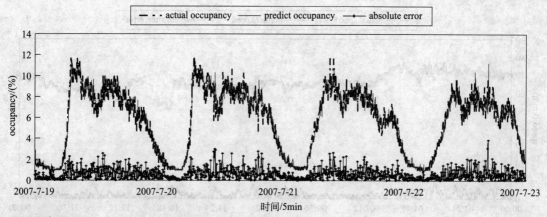

图 8-2-45　基于 BP 神经网络的占有率预测（4 天）

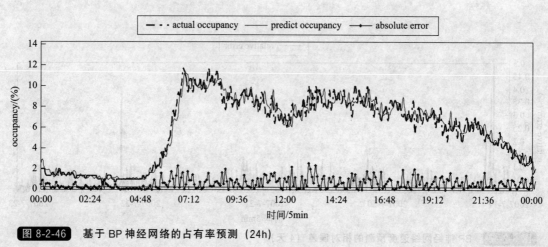

图 8-2-46　基于 BP 神经网络的占有率预测（24h）

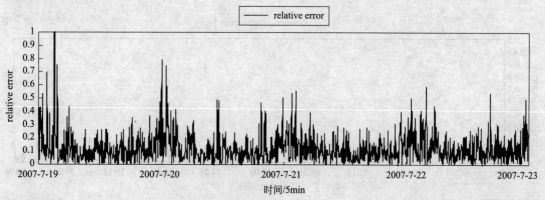

图 8-2-47　BP 神经网络占有率预测的相对误差（4 天）

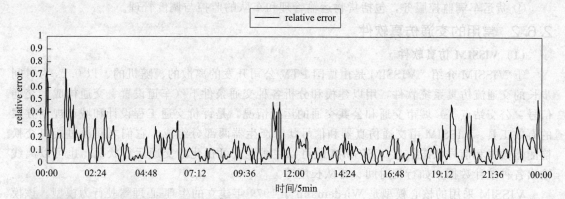

图 8-2-48　BP 神经网络占有率预测的相对误差（24h）

2.6　智能交通应用与交通仿真

2.6.1　智能交通应用

（1）交通运输管理

交通运输管理的服务对象为对城市交通运输进行管理的各职能部门，所提供的服务目的是支持管理职责的有效实施，与 ATMS 内涵一致。所支持的具体职责包括：

① 道路交通秩序管理，包括市内道路及公路的交通秩序监控与管理；

② 道路设施管理，包括市内道路、公路及的设施和收费管理；

③ 泊车设施管理，公共泊车设施管理与收费管理；

④ 交通行业管理，包括公共汽车、轨道交通、出租车、长途客货运和汽修等行业管理与行政执法；

⑤ 交通紧急事件管理，公路及市内道路紧急事件应急响应管理。

（2）政府决策支持

该功能域的服务对象为城市发展的决策者，通过在交通管理和服务功能实施过程中的信息收集，在经过统计加工后，可为各类决策的制定提供客观依据，所支持的方面主要有：

① 城市土地发展规划更新；

② 城市交通发展预测与规划更新；

③ 城市交通基础设施发展规划更新；

④ 交通需求管理政策与措施；

⑤ 交通行业规划更新；

⑥ 城市建设预警制度建立与实施；

⑦ 交通政策与决策建议。

（3）社会信息服务

该功能域的服务对象为社会大众，用以协助各职能部门完成其对公众提供信息服务的功能，或为相关企业服务产品的推出提供必要的信息支持，与 ATIS 内涵一致。所支持的服务功能主要有：

① 线路导航，主要是高架和地面道路交通状况的多方式发布以及车载线路导航；

② 公共客运信息服务，包括换乘衔接与规划、公共汽车智能化报站与调度、轨道交通信息服务、出租车调度信息服务和公路客运信息服务等；

③ 泊车信息服务，包括泊车设施位置与实时车位存量信息发布；

④ 货运车辆监控服务，包括货物运输管理和车队的监控与调度管理。

2.6.2　常用的交通仿真软件

(1) VISSIM 仿真软件

① VISSIM 介绍　VISSIM 是由德国 PTV 公司开发的离散的、随机的、以 0.1s 为时间步长的交通流仿真系统软件，用以建模和分析各种交通条件下（车道设置、交通构成、交通信号、公交站点等）城市交通和公共交通的运行情况，是评价交通工程设计和城市规划方案的有效工具。VISSIM 由交通仿真器和信号状态产生器两部分组成，它们之间通过接口交换检测器数据和信号状态信息。VISSIM 既可以在线生成可视化的交通运行状况，也可以离线输出各种统计数据，如行程时间、排队长度等。

VISSIM 采用的核心模型是 Wiedemann 于 1974 年建立的生理-心理驾驶行为模型。该模型的基本思路是：一旦后车驾驶员认为他与前车之间的距离小于其心理（安全）距离时，后车驾驶员开始减速。由于后车驾驶员无法准确判断前车车速，后车车速会在一段时间内低于前车车速，直到前后车间的距离达到另一个心理（安全）距离时，后车驾驶员开始缓慢地加速，由此周而复始，形成一个加速、减速的迭代过程。

图 8-2-49 为 VISSIM 图形界面。

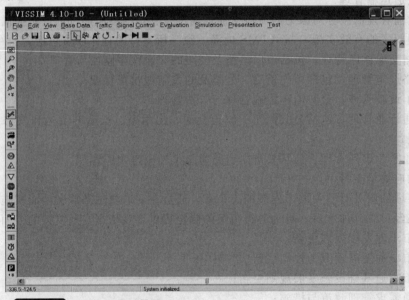

图 8-2-49　VISSIM 图形界面

② VISSIM 的主要特点

a. 路网编辑简便　具有简便直观的网络编辑器和用户自定义的界面。根据背景图创建和编辑路网。背景文件可以是 JPG、BMP、航拍图、CAD 制图等。能够导入局部路网，建立大型路网。

b. 详尽的动画功能　VISSIM 自带的详尽的动画功能，可以为非技术人员提供清晰、直观的仿真效果展示，在二维和三维中显示车辆的运动。可以借助 V3DM 模块将 3DS 的车辆或者建筑物等文件导入 VISSIM。

c. 丰富的结果分析方法选择　VISSIM 提供了一系列用户自定义的结果评估类型，包括平均车速、行驶时间、延误以及排队长度，提供整个网络的车辆数和总的延误，信号控制参数，每个信号组的最小/最大/平均绿灯时间，车辆检测上有车辆驶过以后的等候时间，动态的信号时间表以及用户定义参数的显示。

　　d. COM 接口　通过 COM 接口，用户可以进行二次开发。例如，仿真过程中改变车辆驾驶特征，外部定义行驶路径，仿真过程中改变车流量。

　　③ VISSIM 系统的模块构成　VISSIM 仿真系统由许多模块组成，这些模块承担着不同的功能。由于 VISSIM 仿真系统包含的模块数量比较庞大，这里只简要介绍所用到的相关模块。

　　a. 车辆定义模块　该模块用于设定整个仿真过程中的输入车辆。该模块可以对车辆的组成（小汽车、大货车、公共汽车等），以及车辆长度、宽度等参数进行详细的设置。

　　b. 车速设置模块　该模块用于设定整个仿真过程中各种类型车辆的运行速度，速度以区间的形式来表示，用户可根据自身的需要，对仿真过程中车辆的车速进行详细的设定。见图 8-2-50。

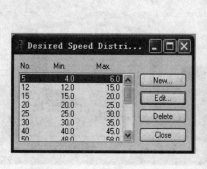
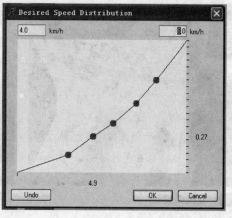

图 8-2-50　车速定义模块

　　c. 交通流量定义模块　该模块用于设定整个仿真过程中所输入的车流量，可以通过该模块详细地设定每种车型的输入车流量。参见图 8-2-51。

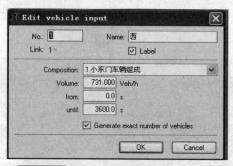

图 8-2-51　交通流量定义模块

　　d. 减速区域模块　该模块用于设定车辆在一些特定的需要减速的地方（如转弯处）的车速。减速区域的车速以区间的形式来表示，用户可根据自身的需要，对减速区域内各种类型车辆的车速进行详细的设定。

　　e. 冲突区域模块　冲突区域为车辆在通过交叉口时有可能与其他车道的车辆发生冲突的区域。冲突区域模块通过设置车辆在可能发生冲突时的优先行进顺序来避免不同车道的车辆发生冲突，从而模拟整个交叉口的正常运行。

f. 路径选择模块 该模块用于设定车流在通过交叉口时左转、右转以及直行的比例。

g. 车辆感应式相位控制模块（VAP 模块） VAP 模块是 VISSIM 仿真系统中一个附带的软件。VAP 模块向用户提供了进行任意模拟控制逻辑的工具。通过此模块可以实现对交叉口的感应控制。

h. 评价模块 VISSIM 提供了一系列用户自定义的结果评估类型，包括平均车速、行驶时间、延误以及排队长度，提供整个网络的车辆数和总的延误。用户可以轻松地将数据文件导入电子数据表（如 Excel），以进行更深入的计算和动画呈现。

④ VISSIM 的典型应用

a. 对交叉口设计方案（环岛，有/无信号控制，跨线桥方式）进行比较，参见图 8-2-52。

b. 公交集散地的客流仿真与可视化。建立具有三维效果的地下铁路车站和客流模型，参见图 8-2-53。

图 8-2-52 交叉口设计　　　　　　　　　图 8-2-53 车站设计

c. 对于交通流控制、收费道路、路段控制系统、道路进口控制和特殊车道等交通管理系统进行分析，参见图 8-2-54。

图 8-2-54 路段分析

d. 运用动态交通分配对大型道路网络进行可行性分析，参见图 8-2-55。

e. 对停车场设计方案进行比较，参见图 8-2-56。

(2) GLD Simulator

GLD 是一款交通流仿真软件，由 Marco Wiering、Jilles Vreeken 等人开发，基于 java 平台。运行该软件时，需要安装 java 开发环境和 myeclipse 平台。GLD simulator 可以在界

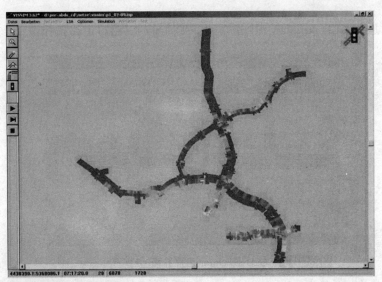

图 8-2-55　大型路网可行性分析

图 8-2-56　停车场设计

面上用鼠标搭建和编辑道路交通网络，可以设置车辆的不同产生频率（亦即车流量），可以改变路面车辆类型，可以在线观察车道或者交叉路口的参数（如平均等待时间、等待车辆数）。该软件中集成了三种不同类型的车辆（公交车、私用车辆、自行车），能够满足一般道路交通的仿真需求。该仿真软件主要由三个部分组成。

① 基本结构　基本结构包括道路和节点，道路连接各个节点，并由若干个车道构成。每条道路的长度可以自行设定。节点可以是普通交叉路口，也可以是边缘节点。

② 控制单元　控制单元有车辆和信号灯。所有的控制单元以一定的规则自动运行，并且每一单位时刻更新自己的信息。每一个边缘节点以一定的概率产生车辆并进入道路网络中，每一个产生的车辆被随机分配一个目标边缘节点，这样所有的车辆都从某一个边缘节点产生，并随机进入另一个边缘节点而离开路网，中间经过一个或若干个交叉路口，从而影响道路的交通状况。

③ 控制器　每一个交叉路口配置一个信号灯控制器，分配最佳的红绿灯时长配比。该软件中集成了若干种不同的控制算法，例如 TC-1 algorithm，TC-1 Destinationless，TC-1

Bucket 等。

图 8-2-57 是在 GLD simulator 中建立的一张简单的三路口道路拓扑图。

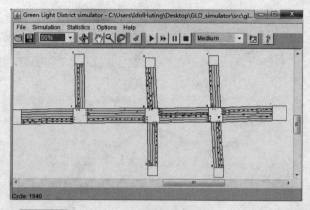

图 8-2-57　GLD simulator 用户界面

该软件还可以在线观测交叉路口的车辆平均等待时间、某车道上平均等待车辆长度和车道上平均车辆等待时间等，分别如图 8-2-58、图 8-2-59 所示。

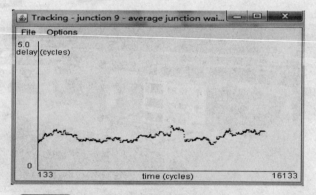

图 8-2-58　交叉路口平均车辆等待时间

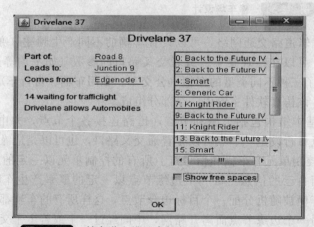

图 8-2-59　某车道上排队车辆长度

(3) TransCAD 仿真软件

TransCAD 是世界上第一个将地理信息系统（GIS）设计运用在交通领域，储存、显示、管理、分析交通数据的软件。TransCAD 结合地理信息系统 GIS 和交通建模能力于一体，提供了一个独立的集成平台，超过了以往任何一个程序包。

TransCAD 的主要模块如下。

① 网络分析　网络分析模型用于解决多种类型的运输网络问题：

a. 最短路径选择可以在任何数量的起点和终点之间（含有任何数量的中间点），生成最短、最快或成本最低的路线；

b. 网络分割可以基于易用性的特点新建服务小区，可以分析行驶时间，或评估可能的设施位置，在网络划分时，用户还可以计算一组特定地点的网络距离或行程时间；

c. 旅行推销员模型构建一个高效的出行计划，可以构建网络上的任何节点之间的最有效的访问路线。

② 交通规划和出行需求模型　交通规划和出行需求模型，用来预测出行方式的变化，以及随着区域发展、人口和交通供给的变化下交通运输系统的利用系数。TransCAD 是唯一基于并充分整合 GIS 的规划性工具，包括交通生成、交通分布、交通方式划分和交通分配。TransCAD 包括所有传统的 UTPS 模型，具有简化要求的快速响应模型。

a. 出行产生/发生模型（Trip Generation/Production models）　估算出研究范围内的每个分区产生的基于出行目的的出行量。

b. 出行吸引模型（Trip Attraction models）　预测每一个小区或特定的土地使用点所产生的出行吸引量。

c. 出行均衡方法（Trip Balancing methods）　可以使得吸引量与产生量保持均衡。

d. 出行分布模型（Trip Distribution models）　可以预测起终点间出行或流量的空间分布。

e. 方式划分模型（Mode Split models）　分析并预测个体或群体在针对不同出行类型的交通方式选择情况。

f. P-A 到 O-D 转换和日时间工具（P-A to O-D and Time of Day tools）　可以将产生量和吸引量矩阵转换成起讫点的交通需求值，将 24h 出行矩阵表分解成每小时出行矩阵表，将个人出行转换成车辆出行，并应用高峰小时因子。

g. 交通分配模型（Traffic Assignment models）估计出网络上的交通流量，并允许用户建立交通流方式并分析拥堵点。TransCAD 提供一套完整的交通分配程序用于城市交通仿真，这些程序还有多种演化形式，可以用于公交模型，还可以用于城际间客运和货运模型。

h. 高级高速公路程序（Advanced Highway Assignment procedures）可以作广义成本的交通分配、HOV 分配、多方式车流分配、多类用户交通分配、与交通分布组合的分配，以及基于流量的转向延误和信号配时优化的交通分配。

(4) TransModeler 仿真软件

TransModeler 是美国 Caliper 公司为城市交通规划和仿真开发的多功能交通仿真软件包。该软件可以模拟从高速公路到市中心区路网道口在内的各类道路交通网络，可以详细逼真地分析大范围多种出行方式的交通流。TransModeler 可以用动画的形式把交通流的状况、信号灯的运作以及网络的综合性能直观地表现出来，一目了然地显示复杂交通系统的行为和因果关系。其主要功能为：

① 交通基础路网模型的建立　该软件可以便捷地把 GIS 数据、交通规划网络和航拍照

片等导入作为背景数据，经过简单的加工后即可生成基础路网模型，所有基础数据分不同图层，以 GIS 地图和仿真数据库的形式进行管理；

② 车辆出行状态仿真 可以仿真车辆的加速、减速、停车、让行、换道、超车、并道等多种行驶状态下的特性，这些特性由内在的模型根据基础路网模型和给定参数计算得出；

③ 出行需求模型分析 可以方便地将 TransCAD 或其他交通规划软件得出的交通需求数据进行分配，以更加直观和细致地检验出行需求模型的分配效果；

④ 交通控制方案的仿真 真实和动态地展示停车/让行、定时控制和感性控制等几种信号控制策略对交通流所产生的影响；

⑤ 交通管理设施的仿真 仿真包括车道使用信息板、路段封锁标志、车道使用标志、人行横道信号灯、隧道入口信号灯、匝道控制信号灯、减速阀、限速标志、停车标志、让行标志等各类交通管理设施对交通运行状况的影响；

⑥ 公交系统仿真 根据车站的长度、上下车乘客人数和比例，以及线路发车频率、车辆类型等，分析公交车辆行驶受到的影响，设定公交专用车道，动态公交信号，分析公交优先策略对路网的影响及效果；

⑦ 收费站仿真 可以再现不同车辆类型、不同收费方式（包括手工、电子和混合三种）和不同的收费服务时间分布对车辆出行时间的影响；

⑧ 事故和施工区仿真 包括路段封闭，施工、事故等对车流量和出行时间的影响；

⑨ 行人仿真 模拟行人横穿马路对交通流的影响情况；

⑩ 车辆行驶路线的追踪 该软件可以很方便地实现车辆行驶路线的追踪分析；

⑪ 三维动态仿真功能 支持三维仿真，将其他三维分析软件所开发的三维模型以 VRML 和 3DS 等格式导入进来，提供根据建筑物基地形状和高程自动建立棱柱型三维模型，根据二维图片和有关参数建立路标、交通标志、地物、树木等三维 VRML 模型，设定漫游路线，自动显示三维仿真动画；

⑫ 综合仿真 可以针对同一个目标路网，对其不同组成部分或地段同时实现不同细节度的仿真，包括宏观、中观和微观仿真；

⑬ 停车仿真 该软件可以对停车进行仿真，包括并排停车和路边停车等；也可以模拟一些路段在车行道随机临时停车的现象。

(5) CORSIM 仿真软件

CORSIM 是由美国联邦公路署开发的交通微观仿真软件，是最早的基于窗口的微观仿真系统，主要由两部分组成：一是仿真高速公路的 FRESIM；二是仿真城市道路的 NETSIM. CORSIM。仿真模型综合了应用于城市道路的 NETSIM 和应用于高速公路的 FRESIM 的特点，以 1s 为间隔模拟车辆的运动，能模拟定时、动态和协同绿波控制信号、车辆排队、高速公路交织区域以及停车让行控制交叉口等交通问题[23]。

CORSIM 被研究人员和交通工作者广泛接受和应用的原因是由于其拥有如下特点。

① 能模拟复杂几何条件。CORSIM 对路网的各组成部分编码灵活，能够仿真真实世界中各种复杂的路网几何形状，包括不同类型的城市道路平交、（互通式）立交、渠化道设置、高速公路多车道路段、不同类型出入口匝道等。

② 能模拟不同交通现象。CORSIM 通过校准，能够在很大程度上模拟真实世界的各种交通现象，如变化的交通需求、拥挤或阻塞的交通现象、交通事故的产生、车队在交叉口处的排队、起动和消散。在模拟过饱和交通流现象时，CORSIM 比传统的经验分析方法有着独特的优势。在交通需求接近道路通行能力时，CORSIM 能够预测出拥挤现象的发展和消

散过程。

③ 能模拟不同的交通控制、管理和操作。CORSIM 能够模拟不同的交通控制设施，如城市平叉路口的红绿灯控制、信号灯定时和实时的相位变化。另外，还能模拟高速公路匝道检测器和 HOV（高占用率车辆）的运行，以及公交车辆的运行方式等。

④ 能说明路网不同组成部分之间的相互作用。CORSIM 能够模拟由城市道路、高速公路主干道、匝道组成的完整的路网系统，这使得 CORSIM 能模拟溢出等情况。如由于交通阻塞使得匝道与城市道路相互之间的排队溢出，就能够进行有效的模拟。

⑤ 备有与外部控制逻辑和程序的接口。通过特殊设计的 TSIS 界面，CORSIM 能够与外部控制逻辑和程序进行数据和信息的交流互换。这种互换功能的一个典型程序如下：CORSIM 在动画模拟器中使车辆在路网移动，经过特殊的接口，车辆运动的信息（如速度、位置等）能够送出至外接控制程序。基于送来的信息，外接程序能够做出控制决策。

(6) 其他仿真软件

除了上述仿真软件外，还有一些仿真软件也得到了一定程度的应用，如 EMME、Paramics 以及 AIMSUN 等仿真软件。

2.6.3　仿真中使用的几种交通模型

(1) 城市交通干线交叉口间关联度模型

关联性是指对相邻信号控制交叉口间是否需要进行协调控制特性的描述，用于判断城市道路是否需要协调控制。关联性研究对于提高交通效率，预防和缓解城市交通阻塞具有非常重要的意义。如在不考虑其他因素对关联性的影响，路段上的流量越大，关联性越大，这是因为随着路段上流量水平的不断增大，车辆在交叉口处的停车次数和延误也迅速增大，此时进行协调控制的协调效益也增大。在其他因素不变的情况下，路段长度越小，关联性越大，因为在受到信号交叉口挤压作用形成的车队在路段上行驶的过程中会发生离散作用，且离散作用随着车队行驶距离的增大而变大。Edmond Chin-Ping Chang 考虑了这两方面的因素影响，提出了以下关联度模型：

$$I = \frac{1}{1+t} \times \frac{x q_{max}}{q_1 + q_2 + q_3} - N + 2$$

式中，t 为路段行程时间；x 为上游交叉口的出口车道数；q_{max} 一般指直行车道车流量；q_i 为上游交叉口进入研究的路段的各向流量，包括左转、右转和直行；N 是下游交叉口的进口车道数。在该模型中，当 I 值等于 1 时表示此刻是最需要进行协调控制的情况，当 I 值等于 0 时则表示是最不需要协调的情况。通过计算 I 值的大小，可以判断交叉口间需要协调的程度。通过试验验证认为，当相邻交叉口的关联度在 0.25 以下时不需要进行协调控制，在 0.5 以上时需要进行协调控制。相邻交叉口间的关联度在 0.25 与 0.5 之间需要进一步研究，以确定到底是否需要协调控制。

另一种使用的是 Whitson 模型：

$$I = \frac{0.5}{1+t} \left[\frac{Q_{max}}{\overline{Q}} - 1 \right]$$

式中，Q_{max} 是上游交叉口最大流入流量；$\overline{Q}$ 是上游交叉口流入流量的平均值。

当一条干线上的交叉路口较多时，对所有的交叉口实行绿波协调控制未必能够取得较好的效果，相邻交叉口之间可能由于距离过远，或者受周围道路等条件的影响导致车流量相差较大等，此时需要计算交叉口之间的关联度，对主干线进行区域划分，从而更有效地实施绿波协调控制。

（2）延误模型

由于考虑的是一条交通干线的绿波控制，因此必然存在要控制线路的起点和末点。不同于中间的交叉路口，干线的起点只考虑路口一侧的交通流状况，进入起点的车辆延误时间不考虑，只考虑驶出干线车流所产生的延误，对末点来说情况类似。对于中间的交叉路口来说，需要同时考虑上下行车辆所产生的延误，因此需要主要分析中间交叉路口的上下行延误，以此作为绿波协调控制的一个优化指标。

① 上行车辆通过交叉口延误分析　对于干线中间交叉口 R_2 来说，由 R_1 交叉口上行到达的车辆行驶时间为 $\dfrac{s_1}{v_1}$，此时通过交叉口 R_1 上行至 R_2 的车辆延误分为两类：

a. 当车辆头部到达路口 R_2 时恰好遇到红灯受阻；

b. 当车辆到达路口 R_2 时由于已经是红灯受阻导致延误。

对于第一种情形，从车辆头部到达 R_2 起至交叉路口红灯结束时间为 τ_{2u}，由于车辆在此交叉口红灯启亮时刻到达，因此有 $\tau_{2u} = t_r$，则有

$$\left(\frac{s_1}{v_1}\right) \bmod(T) + t_r = \varphi_{12}$$

假定在绿灯时间内交叉口的车流量最大通行能力为 u。图 8-2-60 所示是在车辆到达交叉口恰好遇到红灯启亮时的示意图。其中，T 为交通信号的周期，t_r 为一个周期内红灯时间，t_g 为一个周期内的绿灯时间，t_u 为绿灯开启后排队车辆的上行消散时间，t_q 为车辆排队时间。在绿灯开启 t_u 时间后，此交叉口的排队累积车辆全部得到疏散，之后到达的车辆在绿灯时间内直接通过交叉口：

$$q_u(t_u + t_r) = t_u u$$

则疏散时间 t_u 为

$$t_u = \frac{t_r q_u}{u - q_u}$$

在交叉口 R_2 的总延误时间可以用上图中阴影三角形的面积 S_{ABC} 来表示，为表达方便，这里记为 d_{2u}：

$$d_{2u} = S_{ABC} = \frac{1}{2} t_r q_u (t_r + t_u)$$

$$d_{2u} = \frac{1}{2} t_r q_u \left(t_r + \frac{t_r q_u}{u - q_u}\right) = \frac{1}{2} \times \frac{t_r^2 q_u u}{u - q_u}$$

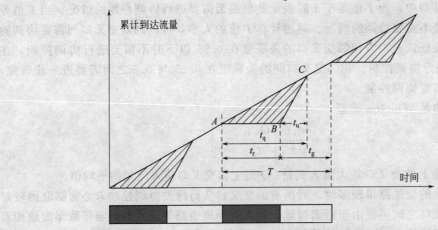

图 8-2-60　车队头部到达交叉口时恰好遇到红灯启亮延误分析

$$d_{2u} = \frac{1}{2} \times \frac{q_u u \left[\varphi_{12} - \left(\dfrac{s_1}{v_1} \right) \mathrm{mod}(T) \right]^2}{u - q_u}$$

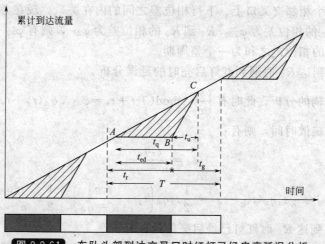

图 8-2-61　车队头部到达交叉口时红灯已经启亮延误分析

对于第二种情形，车辆到达交叉口时红灯已经启亮，由交叉口 R_1 上行到达 R_2 所需的时间为 $\dfrac{s_1}{v_1}$，从车队头部到达 R_2 起至红灯结束的时间设为 t_{eu}。两交叉路口的相位差为 φ_{12}，则

$$\left(\frac{s_1}{v_1} \right) \mathrm{mod}(T) + t_{eu} = \varphi_{12}$$

$$t_{eu} = \varphi_{12} - \left(\frac{s_1}{v_1} \right) \mathrm{mod}(T)$$

设在绿灯期间交叉口的最大通行能力为 u，图 8-2-61 所示为车辆到达交叉路口时红灯已经启亮的车辆延误分析示意图。由图可得，当绿灯开启 t_u 时间后，排队累积的车辆全部疏散，t_u 时间后绿灯结束前到达的车辆无延误地通过交叉口，则有

$$q_u(t_{eu} + t_u) = ut_d$$

$$t_u = \frac{q_u t_{eu}}{u - q_u}$$

同第一种情况类似，图 8-2-61 中阴影三角形的面积为此种情形下的车队延误值。记此三角形的面积 S_{ABC} 为 d'_{2u}，由分析可得

$$d'_{2u} = \frac{1}{2} t_{eu} q_u (t_e + t_u)$$

$$= \frac{1}{2} t_{eu} q_u \left(t_{eu} + \frac{q_u t_{eu}}{u - q_u} \right)$$

$$= \frac{1}{2} \times \frac{t_{eu}^2 q_u u}{u - q_u} = \frac{1}{2} \times \frac{\left(\varphi_{12} - \left(\dfrac{s_1}{v_1} \right) \mathrm{mod}(T) \right)^2 q_u u}{u - q_u}$$

由以上两种情况分析可得，上行车辆在干线所有交叉路口产生的总延误为

$$D_u = \sum_{i=2}^{N} \{ \alpha_i d_{2u} + (1 - \alpha) d'_{2u} \}$$

式中，当车辆恰好在红灯启亮到达时 $\alpha_i = 1$，当车辆到达交叉口时红灯已经启亮时 $\alpha_i = 0$。

② 下行车辆通过交叉口延误分析 下行车辆通过交叉口延误时间分析与上行车辆情况类似，但应考虑两个相邻交叉口上、下行相位差之间的内在关系。现在考虑两个相邻交叉口 R_3 和 R_2，R_3 到 R_2 的相位差为 φ_{32}，R_2 到 R_3 的相位差为 φ_{23}，则有 $\varphi_{32} + \varphi_{23} = T$，即相邻两交叉口相互之间的相位差之和为一个整周期。

a. 车辆由 R_3 到达 R_2 时遇到红灯启亮时的延误分析

类似于上行车辆的分析，此时有 $\left(\dfrac{s_2}{v_2}\right)\mathrm{mod}(T) + t_r = \varphi_{32}$，$q_d(t_r + t_d) = t_d u$，$t_d$ 为下行车辆绿灯开启后的疏散时间，则有

$$t_d = \frac{t_r q_d}{u - q_d}$$

$$d_{2d} = \frac{1}{2} t_r q_d (t_r + t_d) = \frac{1}{2} t_r q_d \left(t_r + \frac{t_r q_d}{u - q_d}\right) = \frac{1}{2} \times \frac{t_r^2 q_d u}{u - q_d}$$

b. 车辆由 R_3 到达 R_2 时红灯已经启亮的延误分析

类似于上行车辆的延误分析，当车队头部到达交叉口 R_2 时，红灯已经启亮若干时间，从车队头部到达交叉口至红灯结束的时间为 t_{ed}，则有

$$\left(\frac{s_2}{v_2}\right)\mathrm{mod}(T) + t_{ed} = \varphi_{32}$$

$$t_{ed} = \varphi_{32} - \left(\frac{s_2}{v_2}\right)\mathrm{mod}(T)$$

设下行车队在交叉口红灯启亮后到达的延误值为 d'_{2d}，则有

$$d'_{2d} = \frac{1}{2} t_{ed} q_d (t_{ed} + t_d) = \frac{1}{2} \times \frac{t_{ed}^2 q_d u}{u - q_d} = \frac{1}{2} \times \frac{\left(\varphi_{32} - \left(\dfrac{s_2}{v_2}\right)\mathrm{mod}(T)\right)^2 q_d u}{u - q_d}$$

综上，对下行车辆来讲，交通干线总的延误值为

$$D_d = \sum_{i=1}^{N} [\beta_i d_{id} + (1 - \beta_i) d'_{id}]$$

其中，当车辆恰好在红灯启亮到达时 $\beta_i = 1$，当车辆到达交叉口时红灯已经启亮时 $\beta_i = 0$。

通过以上推导，干线在各个交叉口的总延误 D 为

$$D = D_u + D_d = \sum_{i=1}^{N} [\alpha_i d_{id} + (1 - \alpha_i) d'_{id}] + \sum_{i=1}^{N} [\beta_i d_{id} + (1 - \beta_i) d'_{id}]$$

基本的约束条件为 $0 \leqslant \varphi_{ij} \leqslant T$。

交叉口左转相位延误模型分析参阅图 8-2-62：

$$q_{Lu}(t_r + t_{gu} + t_{Lu}) = u_L t_{Lu}$$

$$t_{Lu} = \frac{q_{Lu}(t_r + t_{gu})}{u_L - q_{Lu}}$$

类似于无左转相位的交叉口延误模型分析，图中三角形的面积可以用来表示左转车流的延误时间，这里记为 d_{L2u}：

$$d_{L2u} = S_{ABC} = \frac{1}{2}(t_r + t_{gu}) q_{Lu}(t_r + t_{gu} + t_{Lu})$$

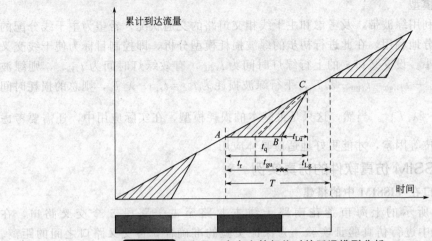

图 8-2-62　交叉口含有左转相位时的延误模型分析

$$d_{L2u} = \frac{1}{2}(t_r + t_{gu})q_{Lu}\left[t_r + t_{gu} + \frac{(t_r + t_{gu})q_{Lu}}{u_L - q_{Lu}}\right] = \frac{1}{2} \times \frac{(t_r + t_{gu})^2 q_{Lu} u_L}{u_L - q_{Lu}}$$

$$d_{L2u} = \frac{1}{2} \times \frac{1}{2} \times \frac{\left[\varphi_{12} - \left(\frac{s_1}{v_1}\right)\bmod(T) + t_{gu}\right]^2 q_{Lu} u_L}{u_L - q_{Lu}}$$

其他情况下左转相位的延误模型分析与此类似。

(3) 排队长度模型

排队长度是指在相位周期内各个进口车道车辆排队的最大值，是衡量信号协调控制效率的重要评价指标。设饱和度为 x，则排队长度可用下式计算：

$$L = L_o + L_r$$

式中，L 为交叉口绿灯开启之前的排队长度；L_o 为路口未切换红灯时的长度；L_r 为红灯时间内到达该路口的车辆数：

$$L_o = \frac{\exp\left[\left(-\frac{4}{3}\right)\sqrt{utq_s} \times \frac{1-x}{x}\right]}{2(1-x)}$$

$$L_r = q_v t_r = q_v(T - t_{EG}) = q_v T(1-u)$$

式中，q_s 为各进口车道单位路宽的饱和流量值；t_{EG} 为有效绿灯时间；q_v 为此时间段内各个路口到达的车流量值；u 为绿信比。

交叉口 R_2 的上行排队长度为 $L_{2u} = L_{2uo} + L_{2ur}$，根据车辆上行延误分析可得

$$L_{2ur} = q_u t_{eu} = q_u\left[\varphi_{12} - \left(\frac{s_1}{v_1}\right)\bmod(T)\right]$$

所以，交叉口 R_2 的排队长度

$$L_{2u} = \frac{\exp\left[\left(-\frac{4}{3}\right)\sqrt{\lambda_2 tq_s} \times \frac{1-x_{2u}}{x_{2u}}\right]}{2(1-x_{2u})} + q_{u2}\left[\varphi_{12} - \left(\frac{s_1}{v_1}\right)\bmod(T)\right]$$

同理，可以分析下行车队的排队长度。排队长度对绿波带的形成有很大影响，要使一个交叉路口的上下行排队长度取得最优值，并不能简单地将两者相加然后进行优化，需要根据实际交叉口的流量确定上下行排队长度之间的关系。

（4）绿波损耗模型

为了更有效地利用绿波带，及考虑和主干线相交道路的交通状况，希望为主干线分配的绿灯时间能够被充分地利用，在此进行初步的绿波损耗模型分析，即控制目标为使干线交叉口的绿波损耗值最小。设交叉口 i 的上行绿灯时间为 t_{igu}，有效绿灯时间为 t_{iEgu}，则绿波损耗时间为 $t_{su} = t_{igu} - t_{iEgu} = t_{igu} - \lambda_i T$，下行绿波损耗为 $t_{sd} = t_{igd} - \lambda_i T$，则总的损耗时间为 $\sum_{i=2}^{N} \{ t_{igu} + t_{igd} - 2\lambda_i T \}$。当然，这只是最基本的损耗模型，在实际应用中，还需要考虑具体交叉路口的相位等因素，才能更好地适应具体应用。

2.6.4 基于 VISSIM 仿真软件的仿真实例

（1）相邻交叉口在 VISSIM 中的搭建

选取图 8-2-63 所示的上海市莲花南路干线古龙路至古美路段 5 个交叉路口，在 VISSSIM 仿真系统中进行仿真验证实验。为保证实验的准确性，各交叉路口之间的距离、每个交叉路口中的相位顺序以及各条车道的车辆构成、车辆速度等相关参数，均采用相关的 scats 数据。但仿真过程中并未考虑实际道路交通状况中行人以及交通事故等意外因素所带来的影响。

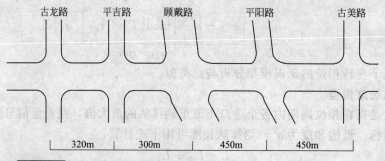

图 8-2-63 莲花路交叉路口示意图

在 VISSIM 仿真系统中搭建相应的上海市莲花南路干线古龙路至古美路段 5 个交叉路口，如图 8-2-64 所示，单个交叉路口如图 8-2-65 所示。

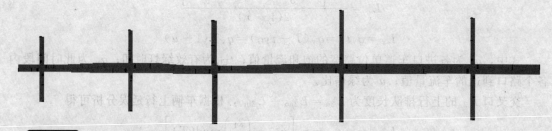

图 8-2-64 VISSIM 中莲花路交叉路口仿真示意图

在图 8-2-64 所示的仿真示意图中，各个 VISSIM 模块均已添加完毕，调节各个模块的参数后即可进行仿真实验。

VISSIM 中相关数据的分析

分析 scats 数据可知，5 个交叉路口中，顾戴路、平阳路为如图 8-2-10 所示的四相位放行方式，古美路为图 8-2-11 所示的三相位放行方式，古龙路、平吉路为图 8-2-12 所示的两相位放行方式。

图 8-2-65 VISSIM 中单个交叉路口仿真示意图

在获得全部交叉口的放行方式后，需要确定每个交叉口的具体控制方式才可继续进行仿真实验。应用 matlab 软件对全部交叉口的每个相位的绿灯时间进行分析。对莲花南路干线古龙路至古美路段 5 个交叉路口都进行分析后可知，古龙路采取定时控制方式，平吉路、顾戴路、平阳路、古美路均采取感应控制方式。

仿真过程中车流量的输入值以及各相位的流量比例，需要应用 matlab 软件分析 scats 流量数据才可得到，对所有路口的每个相位都进行流量数据分析后，即可确定在仿真过程中车流量的输入数据。由于数据信息过于庞大，在此不一一列出。

（2）各交叉路口感应控制的实现

在完成 VISSIM 仿真系统中各交叉路口相关参数的选取后，即可通过 vap 模块对各交叉路口进行感应控制。

对各交叉路口进行感应控制，需要编写 pua 格式以及 vap 格式的文件。其中 pua 文件负责实现单个交叉口之间的相位转换，通过编写 pua 文件可以实现对相位顺序以及各相位之间时间间隔的设置。vap 文件则是对感应控制的逻辑编程，仿真系统对检测装置收集到的交通状况信息进行判断，从而动态地按照 vap 文件中编写的逻辑关系调整各相位的绿灯时长，达到对交叉口进行感应控制的目的。

针对四相位放行方式（顾戴路）所编写的 pua 逻辑编程文件如下（其他交叉路口与之类似）：

```
$ SIGNALGRUPPEN
VAP                        VISSIM
$
K1                         301
K2                         302
K3                         303
K4                         304
K5                         305
```

```
K6                          306
K7                          307
K8                          308
K9                          309
K10                         310
K11                         311
K12                         312


$ PHASEN
$
Phase_ 1                    K1 K2 K4 K5
red                         K3 K6 K7 K8 K9 K10 K11 K12
Phase_ 2                    K3 K6
red                         K1 K2 K4 K5 K7 K8 K9 K10 K11 K12
Phase_ 3                    K7 K8 K10 K11
red                         K1 K2 K3 K4 K5 K6 K9 K12
Phase_ 4                    K9 K12
red                         K1 K2 K3 K4 K5 K6 K7 K8 K10 K11


$ STARTPHASE
$
Phase_ 1


$ INTERSTAGE1
Length [s]              : 14
Von Phase              : 1
Nach Phase             : 2
$
K1                     - 127                   0
K2                     - 127                   0
K4                     - 127                   0
K5                     - 127                   0
K3                        4                  127
K6                        4                  127


$ INTERSTAGE2
Length [s]              : 14
Von Phase              : 2
Nach Phase             : 3
$
K3                     - 127                   0
K6                     - 127                   0
K7                        4                  127
K8                        4                  127
K10                       4                  127
K11                       4                  127


$ INTERSTAGE3
Length [s]              : 14
Von Phase              : 3
Nach Phase             : 4
$
K3                        4                  127
```

K6	4	127
K9	- 127	0
K12	- 127	0

```
$ INTERSTAGE4
Length [s]          : 14
Von Phase           : 4
Nach Phase          : 1
$
```

K3	- 127	0
K6	- 127	0
K1	4	127
K2	4	127
K4	4	127
K5	4	127

```
$ ENDE
```

文件中 $ SIGNALGRUPPEN 部分的目的是建立 VISSIM 仿真系统中信号灯的标号与 pua 文件以及 vap 文件中信号灯标号之间的联系，以便能准确地对 VISSIM 中信号灯进行控制。

文件中 $ PHASEN 部分描述了该交叉路口中的相位顺序以及每个相位所包含的绿灯标号。当一个相位中的绿灯开启时，其他相位的信号灯都应为红灯。

文件中 $ STARTPHASE 部分确定了该交叉路口的起始相位，确定起始相位后，该交叉口的信号灯组按照之前设定的相位顺序交替执行各相位。

文件中 $ INTERSTAGE1、$ INTERSTAGE2、$ INTERSTAGE3、$ INTERSTAGE4 的作用为确定相邻相位之间的间隔时间。在此部分需要设定之前相位的最小绿灯时间，矩阵中的数字 4 代表两个相位之间开启的时间间隔为 4s。而 - 127 和 127 则是用来表示之前相位红灯开启的时间以及之后相位绿灯结束的时间。由于在感应控制中这两个具体时间并不确定，因此用 - 127 和 127 这两个数来表示。

针对四相位放行方式所编写的 vap 逻辑编程文件如图 8-2-66 和图 8-2-67 所示（其他放行方式与之类似）。

(3) 基于模糊控制的绿波控制

1977 年，Pappis 等第一个提出交通模糊控制算法，设计了一种单交叉口两相位模糊逻辑控制器，结果证实了该方法的有效性。这是最早将模糊逻辑用于交通控制的例子。与传统的控制方法比，平均总延时的改进可达 7%。但该方法只考虑了直行流，而实际的路口一般都有转向车流，特别要考虑左转车流。1999 年 Mohamed 等人提出了一类两级模糊控制方法：第一级用观测数据来估计现在的绿灯方向和红灯方向的交通强度；第二级用该交通强度来确定是否延长或终止现行的信号相位。文献中提出的车流方向可变的思想，即由交通控制信号指出当前通行车流的方向，同时控制延时的长短，这更有利于提高整个城市交通效率。此方法将交叉口控制状态分为 8 个相位，由控制器决定相位的轮转次序和每个相位的延长时间。我国很多学者也进行这方面的研究。彭小红等人提出一种基于车辆等待长度的城市单交叉口多相位模糊控制方法，并开发了计算机仿真系统，真实地反映了交叉口的实时信号控制过程。用此系统对上述控制器进行四相位交叉口的仿真试验，以通过交叉口的平均等待车辆长度作为性能评价指标，控制效果比较满意，优于定时控制方法。臧利林提出了一种基于模糊逻辑的交叉口信号控制算法，并通过对相位顺序进行优化，获得了更好的控制效果。

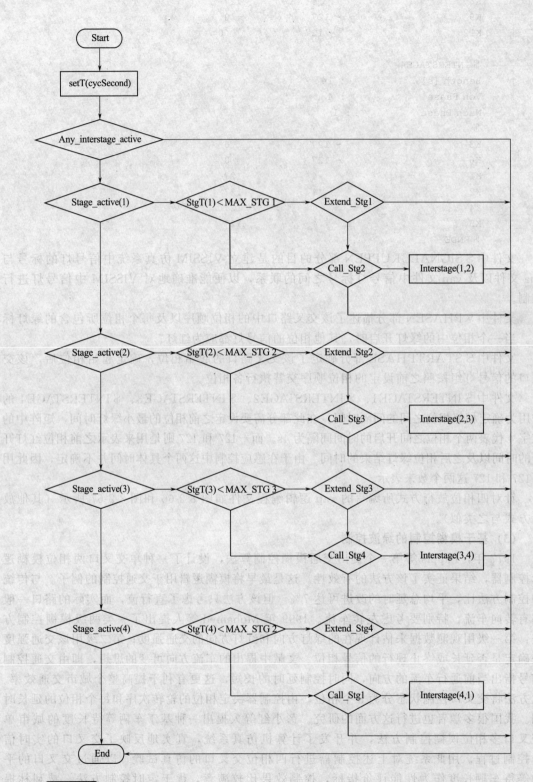

图 8-2-66 感应控制流程图

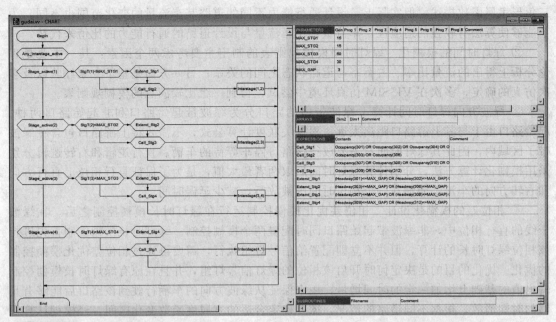

图 8-2-67　vap 逻辑编程文件

　　将绿波干线上的 5 个路口两两划分为一个子系统，即划分为 4 个双路口模型。各个路口的相位绿灯时间分别单独求解，为每个不同的相位设置独立的绿灯时长模糊控制模块。相邻两个路口之间的相位差优化模糊控制模块是两两关联的。由于只有绿波干线上需要配置相位差优化模糊控制块，因此在 5 路口绿波带中相位差优化模糊控制块需要 4 个。参阅图 8-2-68。

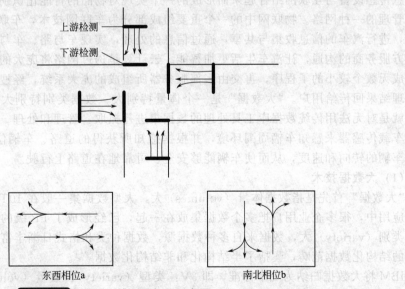

图 8-2-68　交叉口模型及相位示意图

　　① 输入变量的模糊化　模糊控制器输入的两个变量分别是车流量和占有率，首先必须要根据模糊隶属度函数将变量模糊化。在表征交通状态时，随着交通状态的变化，车流量和占有率的变化关系并不是线性或单调的，因此单独采用任何一个变量都很难准确描述交通状态。车流量变量的模糊化过程中，分别对流量和占有率采用 5 个模糊语言、7 个模糊语言的

三角形隶属函数描述，但实际上，设计通行能力不同的道路其车流量的变化范围也不同，为了能够使算法有较强的适应性，车流量都用车流量与设计道路的通行能力的比值来代替。

② 绿灯时间的模糊化　绿灯时间模糊规则表的制定主要考虑两个因素：其一主要是理论分析上得出的流量比率、占有率与道路状态之间的关系；另一方面是基于专家经验以及多次仿真的确定，多次在 VISSIM 仿真环境中尝试，得到一组比较满意的模糊规则表。

③ 绿波方向绿灯时间计算　绿波带内的路口分为绿波带起始路口和非起始路口两种。起始路口由于与其上游路口距离太远，根据关联度计算公式，不需要将上游路口包含在绿波带子区域内，因此其绿灯时间只需要放行该路口停车等待的车辆。直行逻辑和右转逻辑分别采用模糊化计算方法，分别计算绿灯时间后取两者最大值，是为了保证直行相位上直行方向和右转方向的车流都能够在一个相位时间内被放行，减少延误时间。

④ 相位差的模糊化设计　相位差优化模糊控制运行在绿灯时长模糊控制之后。在绿波干线的直行相位中，非绿波带起始路口同时配置两个模糊控制。绿灯时长模糊控制首先进行该相位绿灯时长的计算，但并不立即配置给信号灯组执行，需要再通过相位差优化模糊控制的优化。优化的目的是决定何时开启该相位的绿灯信号灯组，并且在原有绿灯时长模糊控制输出值的基础上增加一定的时间增量，用来保证从绿波方向的车辆行驶到该路口后能够有足够的时间消散。根据不同道路的情况，需要确定合适的隶属度函数变化区间，经模糊计算得到具体的相位差修正值后，确定最终输出的相位差。

2.7　智能交通新技术与智能交通系统发展

2.7.1　新技术

智能交通新技术主要包括物联网、云技术、大数据技术和无人驾驶技术。物联网是将各种信息传感设备与互联网结合起来而形成的一个实现对物品的智能化识别、定位、跟踪、监控和管理的一种网络。物联网中的一个重要组成部分为车联网技术，车联网通过 3G 移动互联网，进行汽车的信息收集与共享，通过信息的处理，实现车与路、车与人、人与人、人与第三方服务商的沟通，让汽车生活更加智能。云计算是透过网络将庞大的计算处理程序自动分拆成无数个较小的子程序，再交由多部服务器所组成的庞大系统，经搜寻、计算分析之后将处理结果回传给用户。"大数据"是一个体量特别大、数据类别特别大的数据集。大数据技术就是对无法用传统数据库工具处理的数据集进行抓取、管理和处理。无人驾驶技术主要利用车载传感器来感知车辆周围环境，并根据感知所获得的道路、车辆位置和障碍物信息，控制车辆的转向和速度，从而使车辆能够安全、可靠地在道路上行驶。

(1) 大数据技术

"大数据"首先是指数据体量（volumes）大，大型数据集一般在 10TB 规模左右，但在实际应用中，很多企业用户把多个数据集放在一起，已经形成了 PB 级的数据量；其次是指数据类别（variety）大，数据来自多种数据源，数据种类和格式日渐丰富，已冲破了以前所限定的结构化数据范畴，囊括了半结构化和非结构化数据[24]。

IBM 将大数据归纳为三个标准，即 3V：类型（variety）、数量（volume）和速度（velocity）。其中，类型（variety）指数据中有结构化、半结构化和非结构化等多种数据形式；数量（volume）指收集和分析的数据量非常大；速度（velocity）指数据处理速度要足够快。

大数据时代的超大数据体量和占相当比例的半结构化和非结构化数据的存在，已经超越了传统数据库的管理能力，大数据技术将是 IT 领域新一代的技术与架构，它将帮助人们存储管理好大数据并从大量复杂的数据中提取价值。

大数据本质也是数据，其关键的技术依然逃不脱：①大数据存储和管理；②大数据检索使用（包括数据挖掘和智能分析）。围绕大数据，一批新兴的数据挖掘、数据存储、数据处理与分析技术不断涌现，让处理海量数据更加容易、更加便宜和迅速，成为企业业务经营的好助手，甚至可以改变许多行业的经营方式。

① 大数据的商业模式与架构——云计算及其分布式结构是重要途径　大数据处理技术正在改变目前计算机的运行模式，正在改变着这个世界。它能处理几乎各种类型的海量数据，无论是微博、文章、电子邮件、文档、音频、视频，还是其他形态的数据。它工作的速度非常快速，实际上几乎实时。它具有普及性，它所用的都是最普通低成本的硬件，而云计算将计算任务分布在大量计算机构成的资源池上，使用户能够按需获取计算力、存储空间和信息服务。云计算及其技术给了人们廉价获取巨量计算和存储的能力，云计算分布式架构能够很好地支持大数据存储和处理需求。这样的低成本硬件＋低成本软件＋低成本运维，更加经济和实用，使得大数据处理和利用成为可能。

② 大数据的存储和管理——云数据库的必然　很多人把 NoSQL 叫做云数据库，因为其处理数据的模式完全是分布于各种低成本服务器和存储磁盘，因此它可以帮助网页和各种交互性应用快速处理过程中的海量数据。它采用分布式技术结合了一系列技术，可以对海量数据进行实时分析，满足了大数据环境下一部分业务需求。

基于关系型数据库服务的云数据库产品将是云数据库的主要发展方向。云数据库（CloudDB），提供了海量数据的并行处理能力和良好的可伸缩性等特性，同时支持在线分析处理（OLAP）和在线事务处理（OLTP），提供了超强性能的数据库云服务，并成为集群环境和云计算环境的理想平台。它是一个高度可扩展、安全和可容错的软件，客户能通过整合降低 IT 成本，管理位于多个数据、提高所有应用程序的性能和实时性做出更好的业务决策服务。

这样的云数据库要能够满足：

a. 海量数据处理　对类似搜索引擎和电信运营商级的经营分析系统这样大型的应用而言，需要能够处理 PB 级的数据，同时应对百万级的流量；

b. 大规模集群管理　分布式应用可以更加简单地部署、应用和管理；

c. 低延迟读写速度　快速的响应速度能够极大地提高用户的满意度；

d. 建设及运营成本　云计算应用的基本要求是希望在硬件成本、软件成本以及人力成本方面都有大幅度的降低。

云数据库必须采用一些支撑云环境的相关技术，比如数据节点动态伸缩与热插拔、对所有数据提供多个副本的故障检测与转移机制和容错机制、SN（Share Nothing）体系结构、中心管理、节点对等处理，实现连通任一工作节点就是连入了整个云系统，实现任务追踪、数据压缩技术以节省磁盘空间同时减少磁盘 IO 时间等。

云数据库路线是基于传统数据库不断升级并向云数据库应用靠拢，更好地适应云计算模式，如自动化资源配置管理、虚拟化支持以及高可扩展性等，才能在未来发挥不可估量的作用。

③ 大数据的处理和使用——新型商业智能的产生　传统针对海量数据的存储处理，通过建立数据中心，建设包括大型数据仓库及其支撑运行的软硬件系统，设备（包括服务器、存储、网络设备等）越来越高档，数据仓库、OLAP 及 ETL、BI 等平台越来越庞大，但这些需要的投资越来越大，而面对数据的增长速度，越来越力不从心，所以基于传统技术的数据中心建设、运营和推广难度越来越大。

另外，一般能够使用传统的数据库、数据仓库和 BI 工具完成的处理和分析挖掘的数据，还不能称为大数据，这些技术也不能叫大数据处理技术。面对大数据环境，包括数据挖掘在内的商业智能技术正在发生巨大的变化。传统的商业智能技术，包括数据挖掘，主要任务是建立比较复杂的数据仓库模型、数据挖掘模型，来进行分析和处理不太多的数据。而云计算模式、分布式技术和云数据库技术的应用，不需要这么复杂的模型，不用考虑复杂的计算算法，就能够处理大数据，对于不断增长的业务数据，用户也可以通过添加低成本服务器甚至是 PC 机，来处理海量数据记录的扫描、统计、分析、预测。如果商业模式变化了，需要一分为二，那么新商业智能系统也可以很快地、相应地一分为二，继续强力支撑商业智能的需求。

(2) 云技术

云计算（cloud computing），分布式计算技术的一种，其最基本的概念是透过网络，将庞大的计算处理程序自动分拆成无数个较小的子程序，再交由多部服务器所组成的庞大系统，经搜寻、计算分析之后将处理结果回传给用户。透过这项技术，网络服务提供者可以在数秒之内达成处理数以千万计甚至亿计的信息，达到和"超级计算机"同样强大效能的网络服务。

云计算是基于云计算商业模式应用的网络技术、信息技术、整合技术、管理平台技术、应用技术等的总称，可以组成资源池，按需所用，灵活便利。

云技术发展的关键技术主要包括如下几方面。

① 成本　通俗地说，未来的数据云就是要取代如今计算机中的内存和硬盘间相互传输数据的功能，通过网络实现计算机与数据云之间的交换，完成数据存储和计算，并将结果返回给计算机用户。正如目前呼声越来越高的网格技术一样，在单个或几个企业内部使用网格计算，会达到优化系统、简化管理、降低成本的目标，但是一旦其应用区域超过了企业范围，甚至变为服务于全球性的技术，则对服务器的空间大小和响应速度就提出了完全不同的要求，同时需要高速网络传输和数据安全保证，因此大范围应用该技术的边际收益很可能成为负数，整体成本也直冲而上。这种规模效应的递减，在经济学中是一个非常简单易懂的道理，同时也应该引起数据云技术研究者的高度重视。否则，数据云将来也会面临有技术支持无市场需求的窘境。

② 异构性　目前，业内对于同类硬件商品并无统一生产标准，众多厂家生产的计算机硬件必然具有异构性。未来的数据云作为一个全球性的统一服务器和网络硬盘，很难有效分辨所有硬件的异构部分并加以区别处理，这是数据云在技术方面遇到的最大难题。例如，如果每一台计算机的声卡不同，所需驱动程序就会不一样，因而面对通过数据云传输而来的相同声音数据，必定会出现一部分"哑机"的情况。

③ 安全问题　数据云的安全威胁主要来自两个方面：第一，互联网故障或中断造成的用户数据损坏或丢失；第二，由于计算机病毒、黑客软件等造成用户的秘密文件被窃取。互联网发生故障的概率会随着互联网服务器的不断升级以及互联网传输技术的不断改进而降低，但是故障和中断不仅仅来源于技术方面，更多的还来自于自然灾害和人为破坏。虽然各种防火墙、密码认证等安全保障技术层出不穷，但是计算机病毒和黑客软件对个人数据的威胁有增无减，如果数据云的管理者不能向用户保证数据的完整性和安全性，用户肯定不能产生对它的完全信赖。

④ 时间考验　目前全球平均互联网普及率仅为 19.1%，全球未连接互联网的 PC 机数量众多，要让互联网的光芒洒到地球的每个角落，尚需假以时日。因此，数据云技术目前只能在小范围内发展，而在全球范围内其发展所需要的网络环境暂时还不具备。数据云的研究者们必须耐得住寂寞，经得起时间的考验，等待网络环境成熟之时，再将数据云推向市场。

另一方面，数据云完全代替硬盘和 U 盘的道路也很艰难，硬盘、U 盘存储上的文件资料取用方便且更让用户放心，在这点上，目前技术上定义的数据云还远远无法和其竞争。

（3）物联网

中国物联网校企联盟将物联网定义为当下几乎所有技术与计算机、互联网技术的结合，实现物体与物体之间环境以及状态信息实时的共享以及智能化的收集、传递、处理、执行。广义上说，当下涉及到信息技术的应用，都可以纳入物联网的范畴。

国际电信联盟（ITU）对物联网做了如下定义：通过二维码识别设备、射频识别（RFID）装置、红外感应器、全球定位系统和激光扫描器等信息传感设备，按约定的协议，把任何物品与互联网相连接，进行信息交换和通信，以实现智能化识别、定位、跟踪、监控和管理的一种网络。

物联网（Internet of Things）指的是将各种信息传感设备，如射频识别（RFID）装置、红外感应器、全球定位系统、激光扫描器等种种装置与互联网结合起来而形成的一个实现对物品的智能化识别、定位、跟踪、监控和管理的一种网络。

物联网就是物物相连的互联网。这有两层意思：第一，物联网的核心和基础仍然是互联网，是在互联网基础上的延伸和扩展；第二，其用户端延伸和扩展到了任何物品与物品之间，进行信息交换和通信。参见图 8-2-69。

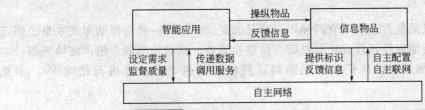

图 8-2-69　物联网框架图

从技术架构上来看，物联网可分为三层：感知层、网络层和应用层。感知层由各种传感器以及传感器网关构成，包括二氧化碳浓度传感器、温度传感器、湿度传感器、二维码标签、RFID 标签和读写器、摄像头、GPS 等感知终端。感知层的作用相当于人的眼耳鼻喉和皮肤等神经末梢，它是物联网识别物体、采集信息的来源，其主要功能是识别物体，采集信息。网络层由各种私有网络、互联网、有线和无线通信网、网络管理系统和云计算平台等组成，相当于人的神经中枢和大脑，负责传递和处理感知层获取的信息。应用层是物联网和用户（包括人、组织和其他系统）的接口，它与行业需求结合，实现物联网的智能应用。

在物联网应用中有三项关键技术。

① 传感器技术，这也是计算机应用中的关键技术。绝大部分计算机处理的都是数字信号，自从有计算机以来，就需要传感器把模拟信号转换成数字信号，计算机才能处理。

② RFID 标签也是一种传感器技术。RFID 技术是融合了无线射频技术和嵌入式技术为一体的综合技术，RFID 在自动识别、物品物流管理方面有着广阔的应用前景。

③ 嵌入式系统技术是综合了计算机软硬件、传感器技术、集成电路技术、电子应用技术为一体的复杂技术。如果把物联网用人体做一个简单比喻，传感器相当于人的眼睛、鼻子、皮肤等感官，网络就是神经系统用来传递信息，嵌入式系统则是人的大脑，在接收到信息后要进行分类处理。

智能交通物联网系统子系统

智能交通物联网系统，由交通信息采集系统、交通信号控制系统、快速路交通管理系统、智能卡口系统、交通诱导系统、视频监控系统、电子警察系统、警务通系统、电子收费系统 ETC、大屏幕显示系统等子系统组成交通指挥中心信息平台。这个平台与 GIS 数据信息平台无缝对接，通过智能分析系统对各种交通数据流进行情报化分析处理后，对外提供公共交通信息服务和交通诱导信息服务。智能交通物联网架构图见图 8-2-70。

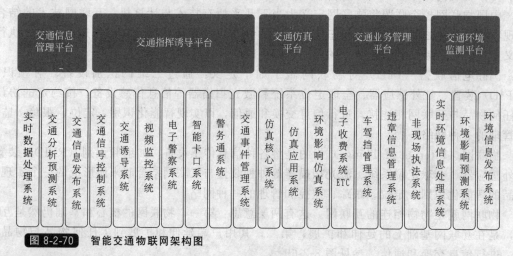

图 8-2-70 智能交通物联网架构图

信息采集系统

目前，车辆信息采集方式主要有两种，一种是固定式采集，一种是浮动车式采集。固定式采集方式通过安装地磁检测器、环形线圈、微波检测器、视频检测器、超声波检测器、电子标签阅读器等检测设备，从正面或侧面对道路断面的机动车信息进行检测[26]，参见图8-2-71。

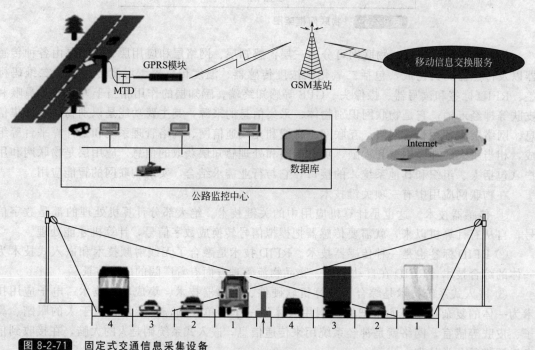

图 8-2-71 固定式交通信息采集设备

这两种方式也存在一定的不足：视频检测在天气状态不好的情况下效果不能满足要求；线圈检测只能感知车辆通过情况，对具体车辆信息等无法感知。因而，为了实现交通信息的全天候实时采集，必须集成使用多种信息采集技术，进行多传感器信息采集，在后台对多源数据进行数据融合、结构化描述等数据预处理，为进一步的情报分析提供标准数据格式[26]。

浮动车通常是指具有定位和无线通信装置的车辆。浮动车系统一般由三个部分组成：车载设备、无线通信网络和数据处理中心。浮动车将采集所得的位置和时间数据上传给数据数据处理中心，由数据处理中心对数据进行存储、预处理，然后利用相关模型算法将数据匹配到电子地图上，计算或预测车辆行驶速度、旅行时间等参数，对路网和车辆实现"可视化"管控[26]。

浮动车采集技术是固定点采集技术的重要和有益的补充，它实现了路网全流程的信息采集（纵剖面信息采集），结合固定点式采集（断面信息采集），可以为路网数学模型的建立提供更全面丰富的数据，为路网状态仿真提供更精准的依据[26]。

浮动车系统有别于传统固定检测方法的突出特点：①覆盖面广，采集范围不再仅仅是点、线，而是面；②投资省，浮动车系统通常结合调度和诱导系统建设，大大节省了投资；③采集数据多样、准确[26]。参见图 8-2-72。

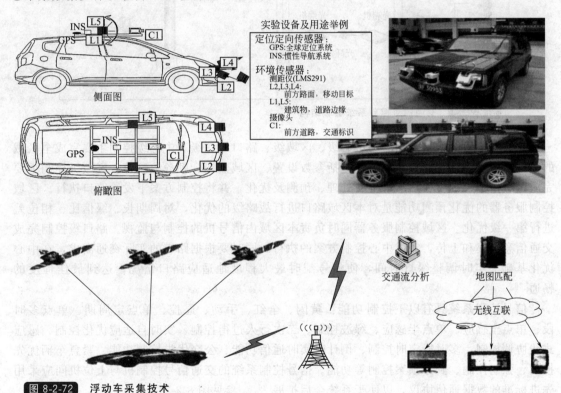

图 8-2-72　浮动车采集技术

交通信号控制系统

智能交通控制系统是一个基于现代电子信息技术面向交通运输、车辆控制的服务系统。它的突出特点是以信息的收集、处理、发布、交换、分析、利用为主线，为交通参与者提供多样性的服务。其实就是利用高科技使传统的交通模式变得更加智能化，更加安全、节能、高效率[26]。

交通信号控制系统采用三层分布式结构：信号控制中心、通信部分和路口部分。信号机通过 RS-232/RJ45 与中心连接，采用 RJ45 网口形式组网。信号控制中心设备主要包括中心控制服务器、区域控制服务器、通信服务器、数据库服务器、客户端等。通信部分主要包括光端机和通信网络。信号控制点采用光端机与中心设备相连，通信接口采用 RJ45 口。路口部分设备主要包括信号机、检测器等，参见图 8-2-73。

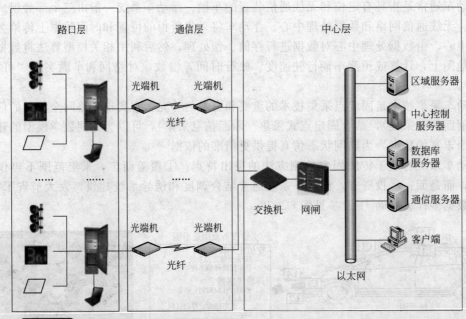

图 8-2-73 **交通信号控制系统层级结构**

系统在逻辑结构从上而下为中心级、区域级、路口级三级。中心级控制主要完成全区域的管理和全市级的交通控制功能，包括参数设置、区域监视、勤务控制等。区域级控制主要完成区域信号机的交通信息采集、处理、预测及优化，并将控制方案下发给路口执行。区域控制服务器的优化预测功能是对本区域路口进行战略级的优化，对周期长、绿信比、相位差进行第一级优化。区域控制服务器同时负责本区域内信号机的控制与监视。路口级控制完成交通信息采集和上传，完成中心控制方案的执行。同时要根据路口的实际交通需求，在中心优化基础上实时调整绿灯时间，使信号配时最大程度地适应路口情况，达到最佳程度的畅通[26]。

信号控制系统具有以下控制功能：黄闪、全红、手动、遥控、单点定周期、单点多时段、单点全感应、单点半感应、绿波控制、二次行人过街控制、实时自适应优化控制、感应式线协调控制、多时段定时控制、倒计时实时通信功能、公交优先控制功能、紧急车辆优先控制、强制控制、勤务预案控制等功能。信号控制系统的交通信号控制机与上位机间应采用先进标准的数据通信协议，以便于系统今后扩展[26]。参见图 8-2-74。

智能卡口系统

现有卡口系统存在的问题：①图像视野较窄，标清图像约 40 像素，车辆细节与全貌无法兼顾，造成识别、取证困难；②检测手段单一，无论采用线圈、雷达或视频检测技术，一旦其发生故障，易造成过车漏拍；③图片、图像无关联，抓拍图片与监控图像资源无关联，取证操作繁琐；④数据挖掘、分析能力薄弱，无法有效挖掘利用所采集的图片、视频、数据等信息，对警务工作的技术支撑能力有限[27]。

智能卡口系统采用国际领先的计算机视觉分析算法，具有准确率高、速度快的优点，并且尽最大可能抑制光照强度变化，行人、自行车、树木阴影等各种因素引起的误报。所抓拍的图片不仅可以清晰地看清前排司乘人员的面部特征，也可以高质量地分辨车辆的牌照，具

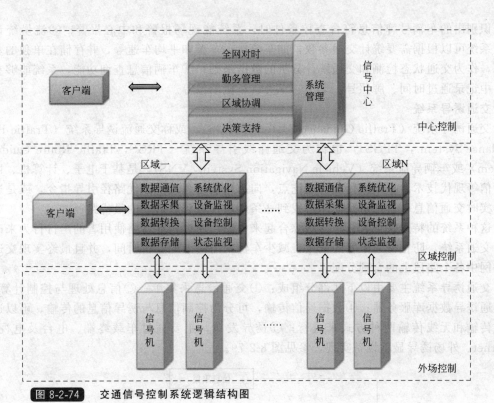

图 8-2-74　交通信号控制系统逻辑结构图

有很高的车牌自动识别率[27]。参见图 8-2-75。

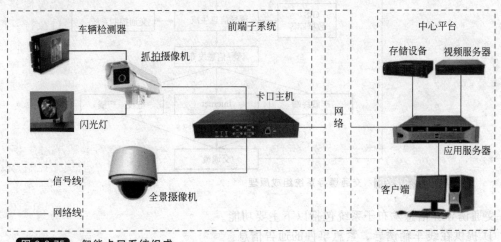

图 8-2-75　智能卡口系统组成

智能卡口系统具有如下功能：①车辆捕获功能，系统能够捕获经过监测路段的车辆，捕获的图像质量清晰可辨；②车辆图像抓拍功能，在抓拍图像中，系统能够将检测到的车辆基本信息，如时间、地点、方向、牌照号、车速等叠加在图像上，便于人工判别及事后取证；③车辆逆行检测功能，系统能够判断有逆行车辆和抓拍车辆图像，或向中心报警；④车辆牌照识别功能，系统能够自动处理牌照特写图片，并识别出车辆牌照信息；⑤车型和颜色识别功能，系统能够分辨出大型和小型车辆；⑥车辆测速功能，系统能够测量车辆的行驶速度，测速误差应在±5％以内；⑦联网布控功能，联网布控是治安卡口系统的重要功能，当卡口系统识别出的车辆号牌信息符合查控条件时，系统能现场报警和中心报警；⑧流量统计功能，系统可以根据需要统计交通参数，如车流量、车型和平均车速等，并存储在单独的数据库中，作为交通状态检测和交通统计分析的数据基础；⑨车辆信息查询功能，系统能够在数据库中记录通过时间、牌照号、车型、车类、车辆图像等。

交通诱导系统

交通诱导系统（Traffic Guidance System，TGS），或称交通流诱导系统（Traffic Flow Guidance System，TFGS），也称为交通路线引导系统（TRGS，Traffic Route Guidance System）或车辆导航系统（Vehicle Navigation System，VNS），是基于电子、计算机、网络和通信等现代技术，根据出行者的起讫点，向道路使用者提供最优路径引导指令，或是通过获得实时交通信息，帮助道路使用者找到一条从出发点到目的地的最优路径。

这种系统的特点是把人、车、路综合起来考虑，通过诱导道路使用者的出行行为来改善路面交通系统，防止交通阻塞的发生，减少车辆在道路上的逗留时间，并且最终实现交通流在路网中各个路段上的合理分配。

交通诱导系统主要由以下几部分组成：①交通信息采集单；②信息处理与控制计算机；③交通诱导数据库服务器；④数据通信传输，可分为控制信息与诱导信息的传输，可以通过有线传输和无线传输两种方式来进行；⑤诱导发布，主要通过车载终端、电台及电视台、Internet、外场诱导显示设备实现，参见图8-2-79。

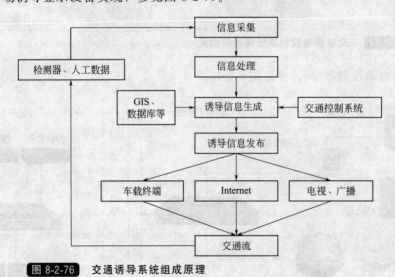

图 8-2-76 交通诱导系统组成原理

交通诱导屏信息发布子系统包括以下主要功能。

① 提供在线车辆诱导、紧急事件的通告信息。

② 系统内部建有一个控制策略，分为自动和手动两种控制模式。在自动情况下，系统自动向交通诱导屏发出显示道路交通状况的信息，红色表示堵塞，黄色表示拥堵，绿色表示畅通。在手动的情况下，系统向交通诱导屏发出显示道路交通状况的信息需经操作员手工确认方可发布，同时操作员可手工向交通诱导屏发送文字信息。

③ 可变动态文字警示信息显示作为功能的进一步完善，发布重要的路况信息、警示信息，在设计的标志板下方增加全点阵显示部分，单行汉字显示，增强交通诱导屏的可读性。

随着经济的进一步发展，道路网通行和泊车压力将会越来越大，土地有限性和汽车行业快速发展之间的矛盾会越来越激化。发展智能交通诱导系统，对于缓解和解决交通拥堵问题是可行和有效的。未来的发展更加注重整体规划、地区之间信息联动随着地面移动数字集群技术、通信技术的发展，可以通过语音、图像、图表等形式，更形象直观地传输交通信息，实现城市交通信息管理的智能化、科学化，塑造良好的交通环境。

视频监控系统

视频监控系统是多媒体技术、计算机网络、工业控制和人工智能等技术的综合运用，它正向着视频/音频的数字化、系统的网络化和管理的智能化方向不断发展[28]。

视频监控系统的功能日益完善，不仅具备原来模拟系统的控制、管理等方面的功能，还提供更加丰富直观的多媒体服务。归纳起来监控系统主要功能有：①视频处理，包括视频数据的实时解压播放，视频数据的录像存储、传输，历史视频录像的回放，视频警报感兴趣区设置、警报实时分析与管理；②设备控制，摄像头光圈焦距控制，图像亮度、对比度、色度、饱和度调节，压缩质量、帧速率控制，云台转动控制，外接设备控制例如继电器等警报联动设置；③系统查询和管理，监控区域的视频显示管理，录像查询、历史报警查询、软件系统基本信息设置、系统日志、操作用户管理、系统校时管理等。视频监控系统组成如图8-2-77所示。

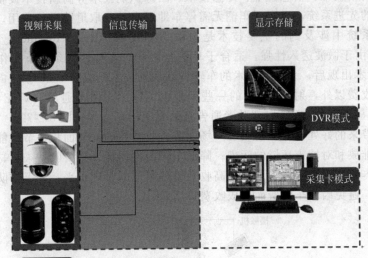

图 8-2-77　视频监控系统组成

电子警察系统

电子警察系统是指采用电子手段取代警察对机动车/驾驶人实施监测并记录其违法行为的设备，其核心是自动监测和记录机动车/驾驶人的违法行为过程。

对于闯红灯电子警察系统，交通信号灯的红灯亮启时，车检器开始收集地感线圈信号，当路口的车辆在红灯时没有停车并且连续通过两个地感线圈时，车检器发出抓拍信号给摄像机和补光灯，补光灯会按照视频信号的同步要求触发闪光补光灯完成补光任务。参见图8-2-78。

电子警察系统是伴随道路交通事业的发展而产生的，是多门学科的集中体现，不仅可以缓解警力不足的矛盾，而且产生的经济和社会效益显著。电子警察系统的推广应用，能够规范城市交通秩序，降低交通事故的发生，实现文明执勤，降低交警的劳动强度，提高交通管理方法的水平，对实施交通畅通工程具有重大意义。

电子收费系统 ETC

电子收费系统（ETC，Electronic Toll Collection）是利用微波技术、电子技术、计算机

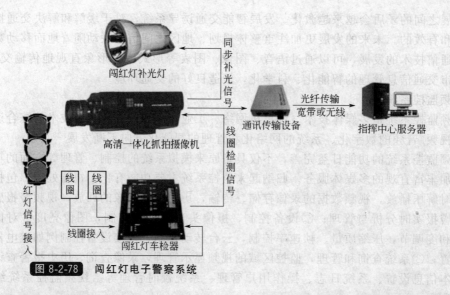

同步补光信号

线圈检测信号

闯红灯补光灯

高清一体化抓拍摄像机

通讯传输设备

光纤传输
宽带或无线

指挥中心服务器

红灯信号接入

线圈

线圈

线圈接入

闯红灯车检器

图 8-2-78 闯红灯电子警察系统

技术、通信和网络技术、信息技术、传感技术、图像识别技术等高新技术设备和软件（包括管理）所组成的先进系统，以实现车辆无需停车即可自动收取道路通行费用。

电子收费系统中涉及到的主要技术是射频识别技术（Radio Frequency Identification。简称 RFID）。由于微波透入性强，适合于车辆全天候、恶劣环境条件下工作，因此自从微波/射频识别技术出现后，采用该技术的车辆自动识别技术已成为 ETC 系统的研究热点和主流。除了用于收费以外，射频 OBU 的一些型号也可以用于路车通信（VRC）。这一技术允许装备读出器/显示器的 OBU 向驾驶者通告有关交通信息。参见图 8-2-79。

电子收费带来的好处有：无需收费广场，节省收费站的占地面积；节省能源消耗，减少停车时的废气排放和对城市环境的污染；降低车辆部件损耗；减少收费人员，降低收费管理单位的管理成本；实现计算机管理，提高收费管理单位的管理水平；无需排队停车，可节省出行人的时间；避免因停车收费而造成收费口堵塞等。

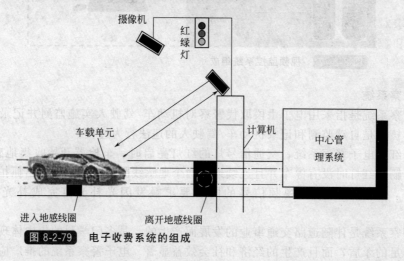

摄像机

红绿灯

车载单元

计算机

中心管理系统

进入地感线圈

离开地感线圈

图 8-2-79 电子收费系统的组成

电子收费系统包括三大主要技术：车辆自动识别技术、自动车型分类技术、违章车辆抓拍技术。自动车辆识别技术主要由车载设备 OBU 和路边设备 RSE 组成，两者通过短程通信 DSRC 完成路边设备对车载设备信息的一次读写，即完成收付费交易所必需的信息交换。目前用于 ETC 的短程通信主要是红外线和微波两种方式。微波方式的 ETC 已成为各国 DSRC

的主流。自动车型分类技术：在 ETC 车道安装车型传感器测定和判断车辆的车型，以便按照车型实施收费。也有简单的方式，即通过读取车载器中车型的信息来实现车型分类。违章车辆抓拍技术主要由数码照相机、图像传输设备、车辆牌照自动识别系统等组成。对不安装车载设备 OBU 的车辆用数码相机实施抓拍，并传输到收费中心，通过车牌自动识别系统识别违章车辆的车主，实施通行费的补收手续。

大屏幕显示系统

大屏幕显示系统一般由大屏幕拼接墙、大屏幕显示系统、图像处理系统及控制系统组成。大屏幕拼接墙有投影箱体、投影机、专业背投玻璃屏等；图像处理系统包括多屏拼接处理器、媒体矩阵、分配器及线缆；控制系统包括大屏幕控制系统软件及整个系统的控制。大屏幕拼接墙有 DLP 背投大屏幕电视墙、LCD 背投大屏幕电视墙、CRT 背投大屏幕电视墙和等离子 PDP 大屏幕电视墙。参见图 8-2-80。

LCD拼接　　　　　　　　　　等离子拼接　　　　　　　　　　DLP背投拼接

图 8-2-80　大屏幕显示系统

车联网

车联网，是指装载在车辆上的电子标签通过无线射频等识别技术，实现在信息网络平台上对所有车辆的属性信息和静、动态信息进行提取和有效利用，并根据不同的功能需求对所有车辆的运行状态进行有效的监管和提供综合服务。车联网需要汽车与网络连接，还要求全国一张网，覆盖所有汽车能到的地方，24h 在线，通畅快捷的信息上传下行通道，实现语音、图像、数据等多种信息传输。车联网框架图见图 8-2-81。

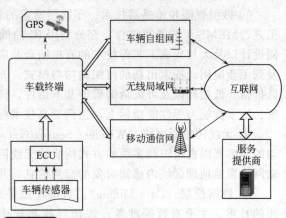

图 8-2-81　车联网框架图

车联网是指车与车、车与路、车与人、车与传感设备等交互，实现车辆与公众网络通信的动态移动通信系统。它可以通过车与车、车与人、车与路互联互通，实现信息共享，收集车辆、道路和环境的信息，并在信息网络平台上对多源采集的信息进行加工、计算、共享和安全发布，根据不同的功能需求，对车辆进行有效的引导与监管，以及提供专业的多媒体与移动互联网应用服务。

其主要技术如下。

① 智能交通（Intelligent Transport System，简称 ITS）。ITS 系统将先进的信息技术、数据通信传输技术、电子传感技术、电子控制技术以及计算机处理技术等有效地集成运用于

整个交通运输管理体系，而建立起的一种在大范围内、全方位发挥作用的，实时、准确、高效的综合运输和管理系统。

② 射频识别技术（Radio Frequency Identification，简称 RFID）。RFID 是通过射频信号自动识别目标对象并获取相关数据，识别工作无需人工干预，可工作于各种恶劣环境。RFID 技术可识别高速运动物体并可同时识别多个标签，操作快捷方便。基本的 RFID 系统由标签（Tag）、阅读器（Reader）、天线（Antenna）组成。

③ 第三代移动通信技术（3rd-generation，简称 3G）。是指支持高速数据传输的蜂窝移动通信技术。3G 服务能够同时传送声音及数据信息，速率一般在几百 Kbps 以上。目前 3G 存在四种标准：CDMA2000、WCDMA、TD-SCDMA、WiMAX，目前国内支持国际电联确定三个无线接口标准，分别是中国电信的 CDMA2000、中国联通的 WCDMA、中国移动的 TD-SCDMA。GSM 设备采用的是时分多址，而 CDMA 使用码分扩频技术，先进功率和话音激活至少可提供大于 3 倍 GSM 网络容量，业界将 CDMA 技术作为 3G 的主流技术。

④ 全球定位系统技术（Global Positioning System，简称 GPS）。GPS 起始于 1958 年美国军方的一个项目，1964 年投入使用。20 世纪 70 年代，美国陆海空三军联合研制了新一代卫星定位系统 GPS，主要目的是为陆海空三大领域提供实时、全天候和全球性的导航服务，并用于情报收集、核爆监测和应急通信等一些军事目的。到 1994 年，全球覆盖率高达 98％的 24 颗 GPS 卫星星座已布设完成。

⑤ Telematics 是远距离通信的电信（Telecommunications）与信息科学（Informatics）的合成词，按字面可定义为通过内置在汽车、航空、船舶、火车等运输工具上的计算机系统、无线通信技术、卫星导航装置、交换文字、语音等信息的互联网技术而提供信息的服务系统。也就是说通过无线网络，随时给行车中的人们提供驾驶、生活所必需的各种信息。

⑥ 微型智能和传感器技术。车联网所需的智能化、微型化、网络化传感器，需要与 IC 工艺、MEMS 工艺紧密结合，充分利用 IC 的低功耗芯片设计、各种形式的封装、软硬件协同设计以及大片集成工艺等技术的有机结合及应用。需要从芯片设计到制备工艺，从产品开发到工业应用，探索出新的组织结构与模式。车联网传感器不仅需要满足微型化、低成本、低价格、低功耗以及可灵活编程等基本条件，同时，还要在稳定性、可靠性、高精度、灵敏度、抗干扰能力等性能指标上，达到更高技术标准和要求。

⑦ 无线传感器网络（Wireless Sensor Network，简称 WSN）。WSN 是大量的静止或移动的传感器以自组织和多跳的方式构成的无线网络，其目的是协作地感知、采集、处理和传输网络覆盖地理区域内感知对象的监测信息，并报告给用户。

⑧ 数据挖掘（Data Mining）。数据挖掘是通过分析每个数据，从大量数据中寻找其规律的技术，主要有数据准备、规律寻找和规律表示三个步骤。数据准备是从相关的数据源中选取所需的数据并整合成用于数据挖掘的数据集。规律寻找是用某种方法将数据集所含的规律找出来。规律表示是尽可能以用户可理解的方式（如可视化）将找出的规律表示出来。

⑨ 智能图像视频分析系统。智能图像视频分析系统是一种涉及图像处理、模式识别、人工智能等多个领域的智能视频分析产品。它能够对视频区域内出现的警戒区警戒线闯入、物品遗留或丢失、逆行、人群密度异常等异常情况进行分析，及时发出告警信息。该系统能够对视频区域内出现的运动目标自动识别出目标类型并跟踪，对目标进行标记并画出目标运动轨迹，能够同时监测同一场景里多个目标，可以根据防范目标的特点进行灵活设置。它能够适应不同的环境变化，包括光照、四季、昼夜、晴雨等，并能够很

好地抗摄像头抖动。

⑩ 车联网安全体系：该体系包括在车联网物体信息化之后的安全度、传输器安全度、传输技术安全以及服务端安全。安全是保障车辆网系统能够快速推广的前提。

(4) 无人驾驶技术

无人驾驶汽车是一种典型的智能车，也称为室外轮式移动机器人，它主要利用车载传感器来感知车辆周围环境，并根据感知所获得的道路、车辆位置和障碍物信息，控制车辆的转向和速度，从而使车辆能够安全、可靠地在道路上行驶。无人驾驶汽车集自动控制、体系结构、人工智能、视觉计算等众多技术于一体，是模式识别和智能控制技术高度发展的产物。

无人驾驶技术涵盖范围非常广，通常包括以下三类基础技术。

① 车辆定位技术　车辆定位技术是无人驾驶车辆行驶的基础。目前常用的技术包括线导航、磁导航、无线导航、视觉导航、GPS 导航、激光导航、惯性导航等。其中，磁导航是目前最成熟可靠的方案，现有大多数应用均采用这种导航技术。但是，磁导航方法往往需要在道路上埋设一定的导航设备（如磁钉或电线），系统实施过程比较繁琐，且不易维护，变更运营线路需重新埋设导航设备，因此在使用上仍具有较大的局限性。视觉导航则没有这类问题，对基础设施的要求很低，被公认为最有前景的导航方法。早期高速公路研究中，由于环境结构化程度较高，几乎所有的系统都采用了视觉导航方式。在城市环境中，视觉方法仍然受到了较大的关注。近年来，随着激光雷达传感器的发展和普及，基于 2D/3D 激光雷达的定位技术有了长足的进步，在室内环境获得了较好的定位效果，但在室外场合仍面临较大的困难。

② 环境感知技术　安全是无人驾驶车辆成败的关键，通过环境感知，可以获得周边障碍物、交通标志、交通灯等安全信息。目前常用的环境感知传感器包括激光雷达、微波雷达、视觉、超声传感器等。在高速公路环境下，由于速度较快，通常选用检测距离较大的微波雷达来检测障碍物。在城市环境，由于环境复杂，通常选用检测角度较大的激光雷达。超声传感器由于检测距离较短，通常用在车身两侧。视觉方法价格相对低廉，信息也最为丰富。驾驶员 90% 以上的信息是通过眼睛获得的，因此视觉仍是最有前景的环境感知方法。

③ 控制与规划技术　控制与规划是无人驾驶车辆的另一个核心问题，主要包括油门控制（速度控制）、方向控制和刹车控制等几个部分。通过分析驾驶员的驾驶行为不难发现，车体控制是一个典型的预瞄控制行为，驾驶员找到当前道路环境下的预瞄点，根据预瞄点控制车辆的行为。目前最常用的方法仍然是经典的智能 PID 算法，例如模糊 PID、专家 PID、神经网络 PID 等。近年来，鲁棒控制、滑模控制、模型预测控制等方法也得到了广泛的应用，并取得了不错的效果。

除了以上三种基础技术外，无人驾驶的关键技术还包括绿色能源技术、嵌入式控制技术、人机交互技术、无线通信技术、车辆调度技术等。

2.7.2　智能交通系统发展展望

ITS 是以信息通信技术将人、车、路三者紧密协调、和谐统一而建立起的大范围内，全方位发挥作用的实时、准确、高效的运输管理系统。ITS 将有效地利用现有交通设施，减少交通负荷和环境污染，保证交通安全，提高运输效率[29]。

物联网是继计算机技术，网络技术之后出现的又一新兴产业，与交通运输行业发展相结合是必然趋势。伴随着 IP6、3G、传感技术的不断发展进步，智能交通正伴随着物联网在向"新一代智能交通"发展，而日益成熟地融合了短程无线通信技术、微电子传感器、嵌入式系统的无线传感器网络，逐渐被用于新一代智能交通系统的数据采集与检测、识别与通信等相关领域，给智能交通带来一次全新的升级。交通运输领域，因其与车、路、人、物（物流、基础设施等）极强的关联性，而成为了物联网产业化与实际应用结合最紧密的领域。智能交通物联网将智能交通的基本理念与物联网的技术产业相结合，不仅实现了数量巨大、流动性强的基础"物"之间连接与通信，同时也推动了交通智能化、信息化进程[30]。

从智能交通、物联网的概念实质，以及其技术框架与体系可以看出，似乎物联网在交通运输领域的应用就是智能交通，而智能交通的发展恰巧也是以物联网基本理念与技术核心为基础的。通过分析，可以形成如图 8-2-82 的智能交通物联网总体框架图。

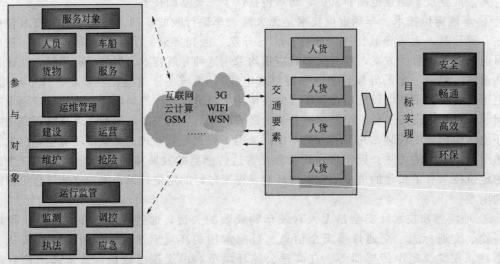

图 8-2-82   智能交通物联网系统总体框架

智能交通物联网有广阔的应用前景，主要有以下几个方面。

（1）城市公共交通

城市公共交通是智能交通的重要领域，也是发展较快的一个领域。城市公交 IC 卡（公交一卡通）属于非接触式 RFID 射频标签，在我国各大城市得到了普遍应用。其未来应用前景，在于建立统一的城市交通 IC 卡信息系统，实现公交车、出租车等多种城市交通消费"一卡通"，建立智能公交调度系统，利用 GPS、RFID、人像识别、车内视频监控等技术实时掌握车辆运行位置、运行状态、乘客拥挤情况、车内安保情况等，进一步提高公交运行效率。通过对现有的公交站台进行电子报站站牌改造和乘车信息查询平台建设，使乘客可通过短信或者语音的方式，查询所需乘坐车辆的信息，便于乘客制定出行计划。应用了物联网和无线通信技术的智能公交系统，将完全从便利性、快捷性、人性化等多个角度，从根本上大大提高城市交通行业的服务质量。

（2）物流信息化

物流领域是物联网相关技术最有现实意义的应用领域之一，也是现代交通运输业发展的主要方面。未来的物流信息化将充分体现智能交通物联网的优势：通过道路运输 GIS 系统定位跟踪与运输导航，DSRC 实现远程预订及合法车辆监测，3G 网络提供广域移动车载通信手段，RFID 实现货物状态位置实时管理；通过电子标签及识别自动收集货物信息，从而缩短作业时间，并时时掌握货物位置，提高运营效率，最终减少货物装卸、仓储等物流成本。

(3) 电子收费

ETC（Electronic Toll Collection）即电子不停车收费系统，是目前世界上最先进的路桥收费方式，它可以加快路桥收费站车辆通车速度，提高效率，减轻或避免车辆在收费用站口拥堵压力。基于 RFID 技术的多路径识别，随着高速公路路网密度的不断加大而得到了更广泛的应用。未来的 ETC，应该能够实现全国大范围联网，实现"一卡畅行全国"不停车收费。

(4) 电子证照

我国 IC 卡电子证件使用了最先进的无线射频识别（RFID）技术，在电子证件内嵌入了 RFID 逻辑加密芯片，具有高可靠性、高安全性、高性价比等特点，正是运用这一技术，使得 IC 卡电子证件成为一张智能卡。另外，基于射频识别技术的汽车电子牌照和全国性数字化交通运输管理体系研究已提上议事日程，数字化电子证照对防止假牌假证，防止套牌换证，准确掌握交通运输车辆和从业人员基本信息，提高车辆、人员管控以及综合违章处罚能力，有非常积极的作用。

(5) 设施监测

交通运输行业基础设施众多，物理分布散乱，实体移动性强，对其进行实时监测，掌握运行状态信息一直是交通运输管理迫切需求而又难于实现的一项内容。在智能交通物联网中，路、桥、隧、车、站、场等一系列基础设施都将被赋予电子标签，并有特定的信息传输通道和平台，能够实时掌握对象实体的状态信息，并将有强大的后台数据挖掘分析功能及丰富的展示平台，用于提高交通运输综合管理和服务能力。

参 考 文 献

[1] 黄卫，陈李得．智能运输系统概论．北京：人民交通出版社．1999．

[2] 张国伍．智能交通系统工程导论．北京：电子工业出版社．2003．

[3] 王彦卿．IVHS—当代交通工程的前沿技术．公路交通科技，1993．

[4] 商蕾，王继峰，栗红强．智能交通综合信息服务系统建设研究．交通信息与安全，2005．

[5] 叶常春，罗金平，周兴铭．一种交通信息服务系统的设计．电子技术应用．2002．

[6] 刘小军，周国华．停车场车位引导管理系统解决方案．智能建筑与城市信息，2009．

[7] 李月雯．关于电子道路收费系统的研究与其在我国交通管理中的应用．中国人民公安大学，2012．

[8] 夏劲，郭红卫．国内外城市智能交通系统的发展概况与趋势及其启示．科技进步与对策，2003．

[9] 刘光鹏．浅谈道路交通中人、车、路三者的协调．哈尔滨：黑龙江省广通公路工程公司．2007．

[10] 冯蔚东，贺国光，刘豹．交通流理论评述．系统工程学报，1998．

[11] 李晓菲．数据预处理算法的研究与应用．成都：西南交通大学，2006．

[12] 刘向杰，周孝信，柴天佑．模糊控制研究的现状与新发展．信息与控制，1999．

[13] 刘楚辉．自适应控制的应用研究综述．组合机床与自动化加式技术，2007．

[14] 王飞跃，刘德荣，熊刚，程长建，赵冬斌．复杂系统的平行控制理论及应用．复杂系统与复杂性科学，2012．

[15] 李春林，骆有隆；李腊元．计算机网络技术．北京：国防工业出版社，2010．

[16] 陈建新．数据库技术．北京：石油工业出版社，1995．

[17] 杨兆升．基础交通信息融合技术及其应用．北京：中国铁道出版社，2005．

[18] 冯冲，左小清，蔡超，黄亮．基于时空关系的手机定位数据处理方法．贵州大学学报（自然科学版），2011．

[19] 丹尼尔．交通流理论．北京：人民交通出版社，1983．

[20] 金逸文．城市快速路交通流数据修复方法研究．上海：上海交通大学，2008．

[21] 彭信林．城市快速路交通状态预测研究．上海：上海交通大学，2008．

[22] 高隽，人工神经网络原理及仿真实例，北京：机械工业出版社，2003．

[23] 乔晋，隽志才，高林．CORSIM 微观仿真软件建模参数标定研究．佳木斯大学学报（自然科学版），2007．

[24] 孟小峰，慈祥．大数据管理：概念、技术与挑战．计算机研究与发展，2013．

[25] 匡松，周启海，刘小麟，徐畅畅，刘莹，赵华生．数据云技术发展的若干关键问题．计算机科学，2009．

[26] 颜志国，唐前进. 物联网技术在智能交通中的应用. 警察技术，2002.

[27] 张生，高清. 智能卡口自动监测系统. 深圳：深圳市海川致能科技有限公司. 2004.

[28] 宋磊，黄祥林，沈兰荪. 视频监控系统概述. 测控技术，2003.

[29] 张迎春，黄志红. 智能交通系统（ITS）的发展. 科技信息，2009.

[30] 董昕. 基于3G通信的智能交通指挥系统研究. 数学技术与应用，2010.

第**3**章 智能建筑

3.1 智能建筑相关设计标准

3.1.1 智能建筑基本概念

(1) 智能建筑定义

1981 年美国 UTBS 公司（美国技术建筑系统公司）开始提出智能建筑的概念。1983 年 7 月美国康乃狄格州哈特福特市都市大厦的建成，标志着智能建筑应运而生。

智能建筑在全球范围内经历了近 30 年的蓬勃发展，但迄今为止，全球范围内尚未给出智能建筑的统一定义。我国 GB/T 50314—2006《智能建筑设计标准》对智能建筑作出如下定义：智能建筑是以建筑物为平台，兼备信息设施系统、信息化应用系统、建筑设备管理系统、公共安全系统等，集结构、系统、服务、管理及其优化组合为一体，向人们提供安全、高效、便捷、节能、环保、健康的建筑环境。

(2) 智能建筑分类

① 以公共建筑为主的智能建筑，如办公建筑、商业建筑、文化建筑、媒体建筑、体育建筑、医院建筑、学校建筑、交通建筑等，习惯上被称为智能大厦。

② 以住宅及住宅小区为主的智能化住宅和小区。

③ 智能化通用工业建筑。

(3) 智能建筑设计要素

①智能化集成系统；②信息设施系统；③信息化应用系统；④建筑设备管理系统；⑤公共安全系统；⑥机房工程；⑦建筑环境。

3.1.2 智能建筑设计常用规范、标准与图集

(1) 智能建筑常用设计规范与标准

《智能建筑设计标准》GB/T 50314—2006

《综合布线系统工程设计规范》GB 50311—2007

《安全防范工程设计规范》GB 50348—2004

《入侵报警系统工程设计规范》GB 50394—2007

《视频安防监控系统工程设计规范》GB 50395—2007

《出入口控制系统工程设计规范》GB 50396—2007

《建筑物电子信息系统防雷技术规范》GB 50343—2004

《民用闭路监视电视系统工程技术规范》GB 50198—2011

《有线电视系统工程技术规范》GB 50200—94

《民用建筑电气设计规范》JGJ 16—2008

《公共建筑节能设计标准》GB 50189—2005

《公共广播系统工程技术规范》GB 50526—2010

(2) 智能建筑常用设计与施工图集

《智能建筑弱电工程设计与施工》09X700

《综合布线系统工程设计与施工》08X101-3

《智能家居控制系统设计施工图集》03X602

《安全防范系统设计与安装》06SX503

《移动通信室内信号覆盖系统》03X102

《建筑设备监控系统设计安装》03X201-2

《广播与扩声》03X301-2

《有线电视系统》03X401-2

《建筑设备节能控制与管理》09CDX008-3

3.2 智能建筑控制技术

3.2.1 建筑设备自动化控制技术

(1) 建筑设备管理系统概念

建筑设备管理系统（Building Management System，BMS），也称建筑物自动化系统（Building Automation System，BAS）或楼宇自动化系统，是将建筑物（或建筑群）内的电力、照明、空调、运输、防灾、保安、广播等设备以集中监视、控制和管理为目的而构成的一个综合系统。

(2) 建筑设备管理系统功能

① 应具有对建筑机电设备测量、监视和控制的功能，确保各类设备系统运行稳定、安全和可靠，并达到节能和环保的管理要求。

② 应具有对建筑物环境参数的监测功能。

③ 应满足对建筑物的物业管理需要，实现数据共享以生成节能及优化管理所需的各种相关信息分析和统计报表。

④ 应具有良好的人机交互界面及采用中文界面。

⑤ 应共享所需的公共安全等相关系统的数据信息等资源。

(3) 建筑设备管理系统控制主要内容

建筑设备管理系统控制主要内容详见表 8-3-1。

(4) 建筑设备管理系统典型控制形式

① 集散控制系统（Distributed Control System，DCS）；

② 现场总线。

对于 BMS，共享的总线结构是应用最为普遍的网络拓扑结构，带有子环的环状网络也适用于 BMS，可以认为总线结构与环状结构是 BMS 的基本网络结构。

表 8-3-1 建筑设备管理系统控制主要内容

建筑设备管理系统	建筑设备监控系统	建筑供暖系统
		建筑通风系统
		空气调节系统
		建筑供配电系统
		建筑照明系统
	公共安全系统	火灾自动报警及消防联动控制
		安全防范系统

注：对于公共安全系统，建筑设备管理系统一般实行"只监不控"原则。

基于集散型系统（DCS）的建筑设备管理系统，典型的结构是由中央站和分站两类节点组成的分级分布式系统，具有管理层和自动化层两层结构。

现场总线控制技术把现场信息模拟量信号转变为全数字双向多站的数字通信传输，使建筑物自动化系统的现场装置得以形成数字通信网络，这样 BMS 的网络结构便为三层结构，即管理层、自动化层和现场层。

因此，建筑物自动化系统应该适应现场总线控制技术的发展，DDC 分站级以下可建立现场网络。在实际工程中一般可采用 LonWorks 总线或 CAN 总线、FF 总线等。

（5）建筑设备管理系统通信协议

根据所选产品不同，建筑设备管理系统采用的典型通信协议有：

① BACnet 数据通信协议；

② LonTalk 协议。

两个协议各有优缺点，在实际使用时，可根据所选产品不同，采用其中一种或两种的组合。

（6）建筑设备管理系统结构

建筑设备管理系统一般采用三层结构：中央站—分站—现场设备。

① 中央站　中央站的中央管理计算机（或称上位机、中央监控计算机）设置在中心机房内，将来自现场设备的所有信息数据集中提供给监控人员，并接至室内的各种控制、显示设备。

中央计算机监控系统必须具有下列功能：监测功能、显示功能、控制功能、数据管理辅助功能、安全保障管理功能、记录功能、自诊断功能、内部互通电话及与其他系统之间通信功能等 9 个方面。

② 分站　分站是现场控制设备。作为系统与现场设备的接口，它通常分散设置在被控设备的附近，收集来自现场设备的信息，并能独立监控有关现场设备。

分站一般采用全数字控制方式，所用控制器称为直接数字控制器（Direct Digital Controller，DDC）。DDC 的主要控制功能有：

a. 现场数据的周期性采集；

b. 采集数据的处理（滤波、放大和转换）；

c. 控制算法与运算；

d. 执行控制输出；

e. 监控层及其他站点进行数字交换，向中央操作站传送各种采集、控制和状态信息，接受并执行中央站的控制命令。

DDC 所连接被监控点，按物理属性可以区分为 DI、DO、AI、AO 四种。在实际工程中，一般也按这种办法来区分和统计监控点。

另一种监控点分类方法是按功能属性，把监控点分为显示器、控制型、记录型和复合型。按这种方法分类可以满足以下的一些需要：使具体的服务功能落实到"点"，并明确地反映在监控总表上；为系统中配置软硬件提供依据；同时也是验收系统是否已经达到要求、是否功能完整的明确依据。

③ 现场设备　现场设备主要包括现场传感器与现场执行器。传感器感测出需要监测控制的各种物理量，并将这些物理量变为电信号送到上一级控制器。执行器指可由上一级控制器直接控制的各种开关和阀。通过开关和调整这些执行器来实现控制功能。

（7）建筑设备管理系统监控功能

建筑设备管理和控制系统有很多，控制对象多样，在正式设计前，必须明确各种设备的监控要求。常见建筑设备的监控功能如表 8-3-2 所示。

表 8-3-2 建筑设备监控功能

设备名称	监 控 功 能
压缩式 制冷系统	1. 启停控制和运行状态显示
	2. 冷冻水进出口温度、压力测量
	3. 冷却水进出口温度、压力测量
	4. 过载报警
	5. 水流量测量及冷量记录
	6. 运行时间和启动次数记录
	7. 制冷系统启停控制程序的设定
	8. 冷冻水旁通阀压差控制
	9. 冷冻水温度再设定
	10. 台数控制
	11. 制冷系统的控制系统应留有通信接口
吸收式 制冷系统	1. 启停控制和运行状态显示
	2. 运行模式、设定值的显示
	3. 蒸发器、冷凝器进出口水温测量
	4. 制冷剂、溶液蒸发器和冷凝器温度、压力测量
	5. 溶液温度、压力、浓度值及结晶温度测量
	6. 启动次数、运行时间显示
	7. 水流、水温、结晶保护
	8. 故障报警
	9. 台数控制
	10. 制冷系统的控制系统应留有通信接口
蓄冰 制冷系统	1. 运行模式（主机供冷、溶冰供冷与优化控制）参数设置及运行模式的自动转换
	2. 蓄冰设备溶冰速度控制，主机供冷量调节，主机与蓄冰设备供冷能力的协调控制
	3. 蓄冰设备蓄冰量显示，各设备启停控制与顺序启停控制
热力系统	1. 蒸汽、热水出口压力、温度、流量显示
	2. 锅炉汽包水位显示及报警
	3. 运行状态显示
	4. 顺序启停控制
	5. 油压、气压显示
	6. 安全保护信号显示
	7. 设备故障信号显示
	8. 燃料耗量统计记录
	9. 锅炉（运行）台数控制
	10. 锅炉房可燃物、有害物质浓度监测报警
	11. 烟气含氧量监测及燃烧系统自动调节
	12. 热交换器能按设定出水温度自动控制进汽或水量
	13. 热交换器进汽或水阀与热水循环泵联锁控制
	14. 热力系统的控制系统应留有通信接口

设备名称	监 控 功 能
冷冻水系统	1. 水流状态显示
	2. 水泵过载报警
	3. 水泵启停控制及运行状态显示
冷却系统	1. 水流状态显示
	2. 冷却水泵过载报警
	3. 冷却水泵启停控制及运行状态显示
	4. 冷却塔风机运行状态显示
	5. 进出口水温测量及控制
	6. 水温再设定
	7. 冷却塔风机启停控制
空气处理系统	1. 风机状态显示
	2. 送回风温度测量
	3. 室内温、湿度测量
	4. 过滤器状态显示及报警
	5. 风道风压测量
	6. 启停控制
	7. 过载报警
	8. 冷热水流量调节
	9. 加湿控制
	10. 风门控制
	11. 风机转速控制
	12. 风机、风门、调节阀之间的联锁控制
	13. 室内 CO_2 浓度监测
	14. 寒冷地区换热器防冻控制
	15. 送回风机与消防系统的联动控制
变风量（VAV）系统	1. 系统总风量调节
	2. 最小风量控制
	3. 最小新风量控制
	4. 再加热控制
	5. 变风量（VAV）系统的控制装置应有通信接口
排风系统	1. 风机状态显示
	2. 启停控制
	3. 过载报警
风机盘管	1. 室内温度测量
	2. 冷热水阀开关控制
	3. 风机变速与启停控制
整体式空调机	1. 室内温、湿度测量
	2. 启停控制

设备名称	监 控 功 能
给水系统	1. 水泵运行状态显示
	2. 水流状态显示
	3. 水泵启停控制
	4. 水泵过载报警
	5. 水箱高低液位显示及报警
排水及污水处理系统	1. 水泵运行状态显示
	2. 水泵启停控制
	3. 污水处理池高低液位显示及报警
	4. 水泵过载报警
	5. 污水处理系统留有通信接口
供配电设备监视系统	1. 变配电设备各高低压主开关运行状态监视及故障报警
	2. 电源及主供电回路电流值显示
	3. 电源电压值显示
	4. 功率因数测量
	5. 电能计量
	6. 变压器超温报警
	7. 应急电源供电电流、电压及频率监视
	8. 电力系统计算机辅助监控系统应留有通信接口
照明系统	1. 庭院灯控制
	2. 泛光照明控制
	3. 门厅、楼梯及走道照明控制
	4. 停车场照明控制
	5. 航空障碍灯状态显示、故障报警
	6. 重要场所可设智能照明控制系统
电梯	对电梯、自动扶梯的运行状态进行监测、监视
公共安全	留有火灾自动报警系统、公共安全防范系统、车库管理系统通信接口

(8) 常用建筑设备管理系统控制算法

① 建筑设备管理系统需要控制的系统较多，如空调、供配电、照明、给排水等，其中控制功能最多、控制要求最高的是空调系统。智能建筑中各种不同种类的空调对控制的要求也不同。在各种种类的空调中，变风量（Variable Air Volume，VAV）空调系统是一项新兴的技术，与定风量（Constant Air Volume，CAV）空调系统相比，VAV 空调系统有着强大的优势，成为将来主流技术，也是各种空调控制算法研究的重点。

② 空调系统控制的复杂性 空调系统是一个时滞、时变、多参量且参量直接耦合很强的复杂系统，其复杂性表现在：

a. 结构高度复杂；

b. 环境和负荷特性的高度不确定性；

c. 大时滞且多个惯性环节；

d. 高度非线性；

e. 大惰性；

f. 信息结构复杂。

③ 空调系统控制器设计目标 空调系统控制器设计目标是：通过调节风机转速、冷热水流量等，使房间温度、湿度接近期望值，同时避免调节机构频繁动作，防止环境温度在设定值附件频繁振荡，节约能源。

④ 空调系统常用算法 由于空调系统的控制比较复杂，采用传统的算法难以达到令人满意的控制效果，因此实用的空调控制算法大都是几种算法的有机融合。常用算法如下。

a. PID 控制 作为一种传统的控制算法，PID 控制在绝大部分空调系统控制中仍然有着重要的应用，PID 控制可以在线性、非时变控制系统中获得理想的控制效果。随着对空调控制精度和节能要求的日益提高，常规的 PID 控制器对于非线性、强耦合及控制参数时变的变风量空调系统模型控制来说，已经不能满足其控制要求了。为此，一般采用 PID 控制与其他算法相结合的方法来实现。

b. 模糊控制 模糊控制是应用模糊集合论、模糊语言变量和模糊逻辑推理的知识，模拟人脑的思维方式，对被控对象进行控制。典型空调的模糊控制器主要由输入模糊化、规则库、模糊决策和输出解模糊四部分组成。

输入模糊化：空调的状态参数作为系统输入，如风门压力、室内温度、相对湿度和供风温度等，把以上参数进行模糊化。

规则库：目前没有一个系统的设计方法，一般依靠专家经验与设计者的反复试验确定。

模糊决策：采用广义前向推理进行决策分析。

输出解模糊：把控制量解模糊，由空调机构执行，如供风风机速度、供风风门角度、制冷水流量、再加热器功率和加湿器温度比等。

c. 神经网络控制 神经网络控制，是根据生物神经网络机理，按照控制工程的思路和数学描述方法，针对性地建立相应的数学模型，并采用适当的算法，以便获得某个特定问题的解。实际工程中，由于训练次数过多，往往会出现"过学习"的情况，造成网络对样本集的依赖性增加，泛化能力减弱。此时可采用与其他算法结合的方法增强网络的泛化能力。

神经网络控制器主要设计内容如下。

训练样本：一般将空调的执行动作（辅助加热器功率输出、加湿器输出、供风风机速度、供风风门角度等）和状态参数（风门压力、室内温度、相对湿度、供风温度、供风风速、回风风速等）作为数据训练样本。

输出参数：状态参数（风门压力、室内温度、相对湿度、供风温度、供风风速、回风风速等）。

控制结构：应用于空调的神经网络控制器结构包含输入层、隐含层、输出层等，其中隐含层大多使用多层结构。

训练算法：一般采用 BP 算法。

d. 自适应控制 自适应控制是一种能修正自己的特性，以适应对象和扰动的动态特性变化的控制方法，即同时进行系统辨识与系统控制。传统的自适应控制需要识别被控对象的数学模型，或用其他手段解决系统状态重构问题，在工程实践对复杂、非线性系统中很难实现。在空调系统控制中，自适应控制一般与其他控制算法结合，实现复杂状态下的控制要求。

e. 空调系统常用组合算法 模糊自适应 PID 控制算法：将模糊控制和空调系统中常用的 PID 控制有效结合起来，以达到空调系统自适应控制的目的。通常是通过模糊控制的作用，对空调系统控制回路中 PID 控制器的参数进行实时的调整。

神经网络自适应 PID 控制算法：利用神经网络良好的自学习和自适应能力，通过神经元权值系数的自学习功能,实现 PID 控制器参数的实时整定。

f. 其他算法　近年来,一些学者与研究人员开始使用其他的先进控制算法,对空调系统与建筑节能工作进行研究,如蚁群算法、混沌算法等。

(9) 电梯安全监控系统

近年来,工程上针对电梯运行过程中发生的设备故障和人员伤亡事故的原因和特点,采取了多种积极的措施来保证电梯的安全运行。例如,建立健全各种规章制度,加强电梯的安全操作、维修保养及安装使用资格认证等,取得了一定成效。随着信息化和物联网技术的发展,开始建立电梯远程安全运行监测报警与管理系统,达到如下目标:

① 能够通过点名等方法,对任何一部电梯的运行状态进行动态检测,根据检测情况,实施对危险或故障电梯进行检修或关闭;

② 当运行中的电梯发生故障时,通过安装在电梯上的报警装置,通过有线或无线方式向电梯值班室和电梯远程监控中心报警,实现电梯故障的紧急修复和应急救援。

完整的电梯安全监控与报警系统一般由以下部分组成。

① 电梯报警子系统　对所有电梯设施及电梯控制室安装报警系统。在每一部电梯轿厢内装有报警按钮和对讲机。当电梯发生突发性故障时,电梯轿厢内的乘客或其他人员及时按下报警按钮,电梯控制室和电梯远程监控中心随即收到该部电梯的报警信息(每一电梯的身份编码是唯一的)。对讲机用于和监控中心通话,报告故障发生的相关信息。

现代电梯通常都具有运行状态信息采集和故障自诊断功能,可实时显示和发送电梯的实时状态信息。

② 电梯远程监控中心

a. 完整的接警系统　当管理区域内电梯向监控中心发送报警信息时,监控中心应具有完整的接警功能,能够自动接受报警信息,自动识别电梯身份,自动查询和显示报警相关数据。监控中心通过对讲系统可以与故障电梯内的报警人员进行通话,确认报警信息,安抚受困人员。经确认后,依据电梯报警信息及时通知调度系统,实现电梯故障的及时抢修和伤员的紧急救护。

b. 电梯监控巡检系统　可以对管理区域内任何一部电梯的运行状态进行日常点名巡检。监控中心可根据输入的电梯代码或者通过鼠标在电子地图上定位方式对该电梯进行状态检测,记录巡检日志,将电梯检测数据及故障的修复情况,通过网络传回监控中心进行集中管理,为电梯保养、事故分析等提供科学依据。

c. 地理信息系统(GIS)　借助于地理信息系统,能够动态显示管理区域内主要道路、建筑以及建筑内电梯分布情况,并可通过电子地图导向的方法对管理区域内任何一部电梯进行浏览、查询等。

d. 电梯故障紧急调度系统　该子系统与接警系统通过网络服务器实现数据通信,具有调度管理和智能决策分析能力。当系统需要实施应急调度处理时,可以根据实时事故电梯的类型、型号、故障类型,启动相应的电梯故障紧急救助方案,通过地理信息系统确定出电梯故障发生的地理位置,及时通知电梯紧急救助的责任单位或责任人实施现场紧急抢修、救护作业。

3.2.2　公共安全系统控制

(1) 公共安全系统组成

公共安全系统组成部分如表 8-3-3 所示。

表 8-3-3　公共安全系统组成

公共安全系统	火灾自动报警与消防联动控制系统	火灾自动报警
		消防联动控制
	安全防范系统	入侵报警系统
		视频安防监控系统
		出入口控制系统
		电子巡查系统
		停车库管理系统
		防爆安全检查系统

（2）公共安全系统主要探测与控制内容

公共安全系统主要探测与控制内容如表 8-3-4 所示。

表 8-3-4　共安全系统主要探测与控制内容

系统	探测内容	控制内容
火灾自动报警与消防联动控制系统	火灾信息探测	火灾信息处理与自动报警
		消防设备联动控制
		消防系统计算机管理与数据通信
安全防范系统	入侵探测与识别	镜头与视频云台控制
		视频矩阵切换控制
		音频矩阵切换控制
		报警信号与摄像机联动控制
		门锁启闭控制

（3）火灾信息探测方法

火灾信息探测是以物质燃烧过程中产生的各种火灾现象为依据，以实现早期发现火灾为前提。常用的火灾探测方法如下。

① 空气离化探测法　空气离化探测法的核心部分是电离室。就其结构而言，电离室就是内充气体的容器，并放有一片约 3.7×10^4 Bq 的同位素 241Am（镅 241）。另有两个电极：一个是收集极，用于收集信号；一个是极化极，与电源（＋）相连接。电离室结构示意图如图 8-3-1 所示。在 241Am 的作用下，不断地向电离室内空间放射出 α 射线，产生大量的正、负离子。在外电场的作用下，正、负离子向两极做定向运动而形成电离电流。将一个可进烟的气流式采样电离室和一个封闭式参考电离室相串联，并与模拟放大电路和双稳态触发器等电路组合形成探测器。离子感烟探测器工作原理图如图 8-3-2 所示。当火灾发生时，烟雾进入采样电离室后，正、负离子会附着在烟雾颗粒上，

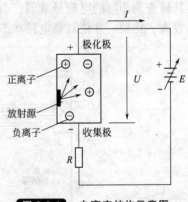

图 8-3-1　电离室结构示意图

由于烟粒子的质量远大于正、负离子的质量，所以正、负离子的定向运动速度减慢，电离电流减小，其等效电阻增加；而参考电离室内无烟雾进入，其等效电阻保持不变。这样就引起了两个串联电离室的分压比改变，即采样电离室端电压从 U_1 增加到 U_2，即采样电离室的电压增量为：

$$\Delta U = U_2 - U_1$$

当采样电离室电压增量 ΔU 达到预定报警值时，通过模拟信号放大及阻抗变换器电路使双稳态触发器翻转，产生报警电流推动驱动电路，并向其报警控制器发出报警信号。在探测器发出报警信号时，报警电流一般不超过 100mA。另外，探测器采用了瞬时工作电压的方式，使火灾后仍然处于报警状态的双稳态触发器恢复到截止状态，达到探测器复位的目的。通过调节灵敏度调节电路可改变探测器的灵敏度。

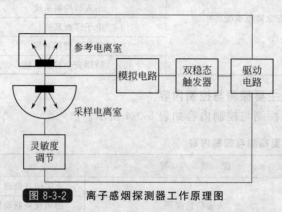

图 8-3-2　离子感烟探测器工作原理图

② 光电探测法　光电探测法是利用烟雾粒子对光线散射和遮挡原理及材料的光电效应工作，按其工作原理分有散射式和遮光式两种。

a. 散射式光电感烟探测器　散射式光电感烟探测器主要由光源、光接收器 A 与 B 以及电子线路（包括直流放大器和比较器、双稳态触发器等）等组成。散射式光电感烟探测器原理图如图 8-3-3 所示。将光源（或称发光器）和光接收器放在同一个可进烟但能阻止外部光线射入的暗箱之中。当被探测现场无烟雾（即正常）时，光源发出的光线全部被光接收器 A 所接收，光接收器 B 接收的光信号为零，这时探测器无火灾信号输出。当被探测现场有烟雾（即火灾）时，烟雾便进入暗箱。烟雾颗粒使得一些光线发生散射而改变方向，其中有一部分光线入射到光接收器 B，并转变为相应的电信号；同时入射到光接收器 A 的光线减少，其转变为相应的电信号减弱。当 A、B 转变的电信号增量达到某一阈值时，经电子电路进行放大、比较，并使双稳电路状态翻转，即发出火警信号。

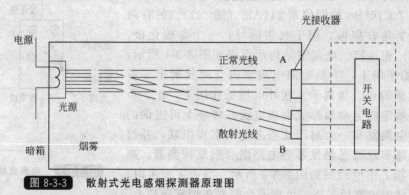

图 8-3-3　散射式光电感烟探测器原理图

b. 遮光式光电感烟探测器　遮光式光电感烟探测器的结构与图 8-3-3 基本相同，主要由光源、光接收器 A 和电子线路等组成，并组合成一体。在正常监视状态下，光源发出的光线全部直接入射到光线接收器 A 上，产生光敏电流；当火灾发生时，烟雾粒子进入暗箱内，光线被烟粒子遮挡，使到达光接收器 A 的光通量减小，若减小到电子开关电路动作阈值时，即输出报警信号。

③ 温度探测法　温度探测法根据工作原理的不同分为定温式、差温式和差定温复合式。定温式感温探测器是在环境温度上升达到其规定动作温度时，发出报警信号，动作温度通常为 50～100℃，保护面积在 40m² 以内。差温式感温探测器是局部环境温度上升很快（如温升速度为 10～15℃/min），当达到或超过探测器规定动作温升速率时即产生报警动作，保护面积约为 50m²。差定温复合式感温探测器是综合了定温探测器与差温探测器两者的性能，在室内温度达到或超过某一规定值，或温升速率超过或达到某一规定值时均可动作，发出报警信号。

随着科学技术的不断进步，温度探测开始大量使用新型探测技术。热敏电子元件差定温探测法，利用两个阻值和温度特性都相同的热敏电阻器 R_1、R_2 构成比较电路，其中 R_1 封闭在小球内，不能直接感受环境温度的变化，而 R_2 可直接感受环境温度的变化。无火灾时，外界环境温度变化缓慢，两个电阻的阻值随温度变化基本相接近。火灾发生时，环境温度迅速上升。因为 R_2 直接受热，阻值迅速下降，而 R_1 间接受热，阻值下降较慢，所以电路上的分压比发生了较大变化，通过触发外接电路，送出差温报警信号。

缆式线型温度探测法有两种形式。一种是普通缆式线型感温探测器，它由两根相互扭绞的外包热敏绝缘材料的钢丝、塑料包带和塑料外护套等组成，其外形与一般导线相似。正常状态下，两根钢丝之间的热敏绝缘材料相互绝缘，当被保护现场的缆线或设备发生短路或过载时，此处线路温度会升高，温升达到缆式线型感温探测器的动作温度后，两根导线间热敏绝缘材料的阻抗值就会降低，两根钢丝间阻值发生变化，经输入模块转变成相应的数字信号，发出报警信号。另一种是模拟缆式线型感温探测器，它有 4 根导线，电缆外包特殊的高温度系数的绝缘材料，并接成两个探测回路。当温度升高并达到规定动作温度时，其探测回路的等效电阻减小，发出火警信号。

④ 火焰探测法　火焰探测法是在警戒区域内发生火灾时，对火光参数做出响应的火灾探测方法。可燃物燃烧火焰的辐射光谱可分为两类：一类是由炽热碳粒子产生的具有连续性光谱的热辐射（俗称可见光）；另一类是由化学反应生成的气体和离子所产生的具有间断性光的光辐射，其波长一般在红外光谱及紫外光谱内（俗称不可见光）。据此研制生产出红外感光探测器和紫外感光探测器。

a. 红外感光探测器　红外感光探测器的电路主要由红外光敏元件组成的红外接收电路、两级阻容耦合信号放大电路、阻容滤波电路、后置低频放大电路、限幅保护电路、抗干扰电路及驱动电路等组成。将红外光敏元件——硫化铅（PbS）固定在红色玻璃片后的塑料支架中心处，并在前窗口（镜头）处设置一个可见光的滤片（锗片）。火灾时，所产生的红外辐射光由 PbS 红外光敏管接收后转换成高频电信号，经放大级阻容耦合放大器加以放大，并由 π 型滤波器进行高频滤波，再由后置放大器进行低频放大，经整流滤波产生驱动级的驱动信号，发出火警信号。

b. 紫外感光探测器　紫外感光探测器由紫外线接收电路、整流滤波电路和施密特触发器等组成。采用紫外光敏管作为光接收元件。紫外光敏管是由两根弯曲成一定形状且相互靠近的钼（Mo）或铂（Pt）丝作为电极，放入充满氦、氢等气体的密封玻璃管中制成的。平常状态下，电路输入端虽通以交流电压，但紫外光敏管并不导通。当火灾发生时，燃烧时产生的不可见紫外线辐射到钼或铂丝电极上，电极发射出电子，并在两电极间的电场中加速，被加速的电子在与玻璃管内的氦、氢气体分子碰撞时，使氦、氢电离，从而使两个钼丝或铂丝间导电，经过整流滤波，使施密特触发器翻转，触发外接电路，送出报警信号。

⑤ 可燃气体探测法　可燃气体探测法是对空气中可燃气体浓度大小进行探测的方法，通常有半导体型和载体催化型两种。

a. 半导体型可燃气探测器 半导体可燃气体探测器的核心元件是对氢气、一氧化碳、甲烷、乙醚、乙醇、天然气等可燃性气体灵敏度较高的半导体气敏元件。QN、QM 系列气敏元件采用 P 型或 N 型半导体，其工作原理简化电路如图 8-3-4 所示。

图中虚线框内的气敏电阻 R_m 和加热电阻 R_r 组成气敏元件。由于气敏电阻工作时需要在一定的温度条件下（一般为 200~300℃）才能产生复杂的物理化学变化，所以采用加热电阻 R_r 通电产生热量来加热 R_m。当周围环境中无可燃性气体泄漏时，R_m 阻值一定，R_0 上输出电压恒定。当有可燃气体泄漏时，R_m 吸附周围的被测可燃性气体，使其内部多数载流子的浓度发生变化，从而导致 R_m 阻值减小，R_0 上的输出电压增大。R_m 阻值的下降幅度随着可燃性气体浓度的变化而变化，即将可燃性气体浓度的大小转换成相应的 mV 级信号电压，经适当的电子线路对电信号进行放大变换处理后，而实现对可燃性气体浓度的监测和报警。

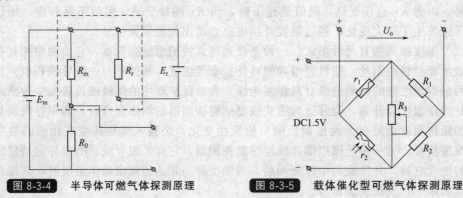

图 8-3-4　半导体可燃气体探测原理　　　图 8-3-5　载体催化型可燃气体探测原理

b. 载体催化型可燃气体探测器 载体催化型可燃气体探测器，是利用铂丝加热后的电阻值变化，来检测可燃性气体浓度的。载体催化型可燃气体探测原理如图 8-3-5 所示，其中检测元件 r_1 由铂丝绕制，并在其表面涂以三氧化二铝（Al_2O_3）载体和催化剂钯（Pd），故又称为反应元件或催化元件。r_2 是用来补偿供电电流、风速、周围温度变化等因素对电桥的影响，保持器件的检测精确性。固定电阻 R_1、R_2 为电桥的平衡臂，采用线绕式精密电阻。可调电阻 R_3 的作用是当周围空气中的可燃性气体浓度为零时，调整 R_3 使电桥处于平衡状态。通常选 $r_1=r_2$，$R_1=R_2$，即 $r_1R_1=r_2R_2$，此时输出端 U_o 无输出，表示初始（正常）监测状态。将检测元件 r_1 和补偿元件 r_2 都装设在气室内，两者相隔一定距离，其中 r_1 可与周围空气接触，r_2 则与周围空气隔离。当电源电压施加在电桥上后，r_1、r_2 都有电流通过，使它们发热，阻值增加，因两者阻值变化基本相同，所以电桥仍处于原来平衡状态，输出端无信号输出。当发生可燃气体泄漏事故时，可燃气体与空气混合后进入探测器的气室内，由于 r_1 表面上的催化剂作用而产生无焰燃烧，生成二氧化碳和水，并释放出热量使 r_1 温度升高，随之使具有正温度系数的检测元件 r_1 的铂丝电阻值增大；而补偿元件 r_2 因未涂以催化剂，并与空气相隔离，故不产生催化反应，其温度和阻值不变。于是，电桥平衡被破坏，即 $R_1r_1 \neq R_2r_2$，输出端有电压输出。周围空气中的可燃气体浓度愈高，r_1 上的热催化反应愈剧烈，r_1 的阻值增加得愈多，输出的电压也就愈大，即输出电压信号的大小与可燃气体浓度成正比关系。通常取周围空气中的可燃气体的爆炸下限为 100%，且报警点设定在爆炸浓度下限的 25% 处。

⑥ 视频识别探测法 视频识别探测法是根据火灾时火焰图像及其识别算法原理工作的火焰探测报警方法。该系统一般利用安防系统的监视摄像机对"火灾空域"进行监视，获取

彩色图像信息，提取图像的颜色信息及其闪烁频率特性，并利用火灾火焰的亮度时变特性和运动以及外形变化等，来判断图像中是否含有火灾火焰，同时将其状态信息通过通信接口传给火灾报警控制器。该系统利用普通监视摄像机捕获火灾现场信息，并通过一定的数字图像处理算法，识别出火灾火焰，从而达到探知火灾的目的。如果发生火灾，视频识别系统中心处理器送给安防监控网络一个启动信号，同时把经过数模转换的火灾现场电视画面送往电视墙显示，监控网络接收到中心处理器的启动信号后，自动切换到相应的火灾现场，并启动录像机，记录下此时的火灾场景。

⑦ 复合式探测法　复合式探测法是采用两种或两种以上火灾参数响应的探测方法，以弥补各种单一探测方法的缺陷。常见的有感烟感温式、感烟感光式、感温感光式等几种型式。

(4) 火灾监测数据处理

火灾监测数据处理涉及探测器结构、电信号处理电路、探测器与控制器信号传输、探测器与联动设备联动控制等多个方面。其中，寻找适当的火灾信号处理方法，在保证报警准确率的同时尽量降低误报率，一直是火灾自动报警系统的首要任务。

目前火灾探测信号处理的方法主要有以下几种。

① 阈值比较法　阈值比较法是目前火灾探测中最常用的方法之一，具体算法包括固定阈值检测法、变化率检测法、阈值补偿法等。传统的火灾探测器多采用此类方法。

② 类比判断法　类比判断法是提高火灾探测输出可靠性的有效数据处理方法，也是实现分级报警式火灾探测、响应阈值自动浮动式火灾探测等初级智能化火灾判断的基本方法，广泛应用于模拟量火灾报警系统及响应阈值自动浮动式模拟量火灾报警系统。具体算法包括斜率算法、趋势算法等各种方法。

③ 分布智能方法　分布智能方法是在每个探测器上设置一个小型处理器，对探测信号进行初步数据处理与判断，提高探测器有效数据输出，实现智能化判别。具体算法包括统计监测算法、模糊逻辑算法和神经网络算法等各种方法或它们的组合。

(5) 消防联动控制系统控制要求

一旦发生火灾，经系统确认后，需要启动大量的联动设备。主要联动控制系统与相关控制要求如表 8-3-5 所示。

表 8-3-5　主要联动控制系统与相关控制要求

联动控制系统构成	控 制 要 求
火灾报警控制器	1. 控制消防设备的启、停，并应显示其工作状态
	2. 消防水泵、防烟和排烟风机的启、停，除自动控制外，还应能手动直接控制
	3. 显示火灾报警、故障报警部位
	4. 显示保护对象的重点部位、疏散通道及消防设备所在位置的平面图或模拟图等
	5. 显示系统供电电源的工作状态
自动灭火系统的控制装置	1. 消防控制设备对自动喷水和水喷雾灭火系统应有下列控制、显示功能：
	(1) 控制系统的启、停
	(2) 显示消防水泵的工作、故障状态
	(3) 显示水流指示器、报警阀、安全信号阀的工作状态

续表

联动控制系统构成	控 制 要 求
自动灭火系统的控制装置	2. 消防控制设备对管网气体灭火系统应有下列控制、显示功能： (1) 显示系统的手动、自动工作状态 (2) 在报警、喷射各阶段，控制室应有相应的声、光警报信号，并能手动切除声响信号 (3) 在延时阶段，应自动关闭防火门、窗，停止通风、空调系统，关闭有关部位防火阀 (4) 显示气体灭火系统防护区的报警、喷放及防火门（帘）、通风空调等设备的状态。 3. 消防控制设备对泡沫灭火系统应有下列控制、显示功能： (1) 控制泡沫泵及消防水泵的启、停 (2) 显示系统的工作状态 4. 消防控制设备对干粉灭火系统应有下列控制、显示功能： (1) 控制系统的启、停 (2) 显示系统的工作状态
室内消火栓系统的控制装置	1. 控制消防水泵的启、停 2. 显示消防水泵的工作、故障状态 3. 显示启泵按钮的位置
防烟、排烟系统及空调通风系统的控制装置	1. 停止有关部位的空调送风，关闭电动防火阀，并接收其反馈信号 2. 启动有关部位的防烟和排烟风机、排烟阀等，并接收其反馈信号 3. 控制挡烟垂壁等防烟设施
常开防火门、防火卷帘的控制装置	1. 消防控制设备对常开防火门的控制，应符合下列要求： (1) 门任一侧的火灾探测器报警后，防火门应自动关闭 (2) 防火门关闭信号应送到消防控制室 2. 消防控制设备对防火卷帘的控制，应符合下列要求： (1) 疏散通道上的防火卷帘两侧，应设置火灾探测器组及其警报装置，且两侧应设置手动控制按钮 (2) 疏散通道上的防火卷帘，应按下列程序自动控制下降 ① 感烟探测器动作后，卷帘下降至距地（楼）面1.8m ② 感温探测器动作后，卷帘下降到底 (3) 用作防火分隔的防火卷帘，火灾探测器动作后，卷帘应下降到底 (4) 感烟、感温火灾探测器的报警信号及卷帘的关闭信号应送至消防控制室
电梯回降控制装置	消防控制室在确认火灾后，应能控制电梯全部停于首层，并接收其反馈信号
火灾应急广播的控制装置	1. 二层及以上的楼房发生火灾，应先接通着火层及其相邻的上、下层 2. 首层发生火灾，应先接通本层、二层及地下各层 3. 地下室发生火灾，应先接通地下各层及首层 4. 含多个防火分区的单层建筑，应先接通着火的防火分区及其相邻的防火分区
火灾应急照明与疏散指示标志的控制装置	消防控制室在确认火灾后，应能切断有关部位的非消防电源，并接通警报装置及火灾应急照明灯和疏散标志灯

注：火灾应急广播与公共广播合用时，在发生火灾时应能在消防控制室将火灾疏散层的扬声器和公共广播扩音机强制转入火灾应急广播状态。

(6) 视频安防监控系统组成与控制

① 视频安防监控系统组成　一个完整的视频安防监控系统一般包括前端、传输、信息处理/控制/管理、显示/记录四大部分。按照系统集成度的高低，安全防范系统分为集成式、组合式、分散式三种类型。

② 视频安防监控系统控制内容　视频安防监控系统控制主要包括视频图像与音频信号的切换、处理、存储、检索和回放，云台、镜头等的预置和遥控，对防护目标的设防与撤防，执行机构及其他设备的控制等。以上功能一般都可选择相应的设备实现。

③ 视频安防监控系统控制要求

a. 应根据各类建筑物安全防范管理的需要，对建筑物内（外）的主要公共活动场所、通道、电梯及重要部位和场所等进行视频探测、图像实时监视和有效记录、回放。对高风险的防护对象，显示、记录、回放的图像质量及信息保存时间应满足管理要求。

b. 系统的画面显示应能任意编程，能自动或手动切换，画面上应有摄像机的编号、部位、地址和时间、日期显示。

c. 系统应能独立运行。应能与入侵报警系统、出入口控制系统等联动。当与报警系统联动时，能自动对报警现场进行图像复核，能将现场图像自动切换到指定的监视器上显示并自动录像。

(7) 入侵报警系统的组成与控制

① 入侵报警探测方法　入侵报警系统是传感技术、电子技术、通信技术、计算机技术以及现代光学技术相结合的综合性应用系统，用于探测设防区域的非法入侵行为并发出报警信号。常见探测器种类如表 8-3-6 所示。

表 8-3-6　常见探测器种类

探测器分类方法	常见探测器
按传感器种类划分	磁开关探测器
	震动探测器
	声控探测器
	红外探测器
	微波探测器
	电场探测器
	激光探测器
	视频探测器
按探测器工作方式划分	主动探测器
	被动探测器
按警戒范围划分	点控制探测器
	线控制探测器
	面控制探测器
	空间控制探测器
按应用场合划分	室内探测器
	室外探测器
按信道划分	有线探测器
	无线探测器

② 入侵报警系统设计控制要求

a. 应根据各类建筑物（群）、构筑物（群）安全防范的管理要求和环境条件，根据总体纵深防护和局部纵深防护的原则，分别或综合设置建筑物（群）和构筑物（群）周界防护、建筑物和构筑物内（外）区域或空间防护、重点实物目标防护系统。

b. 系统应能独立运行。有输出接口，可用手动、自动操作，以有线或无线方式报警。系统除应能本地报警外，还应能异地报警。系统应能与视频安防监控系统、出入口控制系统等联动。

c. 系统的前端应按需要选择、安装各类入侵探测设备，构成点、线、面、空间或其组合的综合防护系统。

d. 应能按时间、区域、部位任意编程设防和撤防。

e. 应能对设备运行状态和信号传输线路进行检验，对故障能及时报警。

f. 应具有防破坏报警功能。

g. 应能显示和记录报警部位和有关警情数据，并能提供与其他子系统联动的控制接口信号。

h. 在重要区域和重要部位发出报警的同时，应能对报警现场进行声音复核。

(8) 门禁控制系统控制要求

① 应根据安全防范管理的需要，在楼内（外）通行门、出入口、通道、重要办公室门等处设置出入口控制装置。系统应对受控区域的位置、通行对象及通行时间等进行实时控制，并设定多级程序控制。系统应有报警功能。

② 系统的识别装置和执行机构应保证操作的有效性和可靠性。宜有防尾随措施。

③ 系统的信息处理装置应能对系统中的有关信息自动记录、打印、存储，并有防篡改和防销毁等措施。应有防止同类设备非法复制的密码系统，密码系统应能在授权的情况下修改。

④ 系统应能独立运行。应能与电子巡查系统、入侵报警系统、视频安防监控系统等联动。

⑤系统必须满足紧急逃生时人员疏散的相关要求。疏散出口的门均应设为向疏散方向开启。

(9) 公共安全各子系统间联动控制要求

① 根据安全管理的要求，出入口控制系统必须考虑与消防报警系统的联动，保证火灾情况下的紧急逃生。

② 根据实际需要，电子巡查系统可与出入口控制系统或入侵报警系统进行联动或组合，出入口控制系统可与入侵报警系统或/和视频安防监控系统联动或组合，入侵报警系统可与视频安防监控系统或/和出入口控制系统联动或组合等。

③ 安全防范系统的设计可有多种模式，可以采用某一子系统为主（如视频安防监控系统）进行系统总集成设计，也可采用其他模式进行系统总集成设计。

3.2.3 智能照明控制技术

(1) 智能照明控制系统常用控制方法

智能照明控制系统是采用手动控制、智能控制等手段对照明装置进行控制的系统。常用的控制方法如表 8-3-7 所示。

(2) 智能照明控制方式

智能照明系统常用的控制方式主要有两种。

① 静态控制 静态控制，即开关控制，是灯具最简单、最基本的控制方式。通过选择

不同的开关，可实现多样的控制功能。

② 动态控制 动态控制，即调光控制，是连续改变光源的光通量输出。在需要营造不同光环境的场合，调光控制可通过调光实现建筑的不同功能。

表 8-3-7 智能照明系统常用的控制方法

控制方法	控制功能
时钟控制	在控制器中设置时钟，通过时钟管理器等电气元件，实现对各区域内用于正常工作状态的照明灯具时间上的不同控制
照度自动调节控制	通过调光模块和照度动态检测器等电气元件，实现在正常状态下对各区域内用于正常工作状态的照明灯具的自动调光控制，使该区域内的照度始终维持在照度预设值左右，不会随日照等外界因素的变化而改变
区域场景控制	通过调光模块和控制面板等电气元件，实现在正常状态下对各区域内用于正常工作状态的照明灯具的场景切换控制
动静探测控制	通过调光模块和动静探测器等电气元件，实现在正常状态下对各区域内用于正常工作状态的照明灯具的自动开关控制
应急状态减量控制	通过对正常照明控制的调光模块等电气元件，实现在应急状态下对各区内用于正常工作状态的照明灯具减免数量和放弃调光等控制
手动遥控器控制	通过无线遥控器，实现在正常状态下对各区域内用于正常工作状态的照明灯具的手动控制和区域场景控制

(3) 智能照明网络控制技术

现代智能照明系统一般都通过网络实现各种控制功能。常见的智能照明控制系统按网络的拓扑结构，可分为总线型和以星形结构为主的混合式。这两种方式各有特色，总线型灵活性强，便于扩充，控制相对独立，成本较低；混合式可靠性高，故障诊断和排除简单，传输速率高。

目前较为成熟的智能照明控制系统可分为两种：

① 依托于建筑设备管理系统，功能相对完善，可实现较为复杂的照明系统控制；

② 独立于建筑设备管理系统，在网络控制、数据通信等功能上多采用 BACnet、DALI、X10 等通信协议或标准，功能较简单，规模也较小。

3.2.4 节能控制技术

(1) 智能建筑节能系统构成

智能建筑能耗一般较大，为体现节能、节水、节地、节材的要求，在智能建筑规划、设计、建造与运行的整个过程中，都应满足节能的要求。智能建筑节能系统组成如表 8-3-8 所示。

(2) 节能控制策略

智能建筑节能除了采取常规的能源管理措施外，还可采取优化控制的主动节能方式实现。

① 在不变条件下，优化控制算法。如室温的设定值不变，着眼于工艺过程分析，通过优化控制方案和优化控制算法，降低能耗，即在参数不变的情况下，实现节能。

② 优化控制条件。如室内参数的标准在以舒适卫生为目的的空调系统中，其标准值的确定便是优化控制条件的问题。

表 8-3-8   智能建筑节能系统组成

节能系统构成	主要涉及内容
建筑及建筑 热工设计	建筑总平面的布置和单体平面设计
	建筑物的体形
	建筑外窗（包括透明幕墙、外门）
	建筑围护结构的热工性能
	细部构造
采暖、空调与通风 的节能设计	采暖空调方式控制
	建筑主要空间的设计新风量选择
	通风与空气调节控制
	冷、热源控制
电气节能设计	供配电系统
	照明
	动力设备控制
给水节能设计	生活给水方式及水压
	生活热水的生产
用能计量	采暖系统计量
	电能计量

（3）采暖、空调与通风的节能相关控制措施

采暖、空调与通风的节能控制可参见建筑设备管理系统的中央空调控制相关内容。另还需注意以下事项。

① 设计变风量全空气调节系统时，宜采用变频自动调节风机转速的方式，并应在设计文件中标明每个变风量末端装置的最小送风量。

设计定风量全空气调节系统时，宜采取实现全新风运行或可调新风比的措施，同时设计相应的排风系统。新风量的控制与工况的转换，宜采用新风和回风的焓值控制方法。

② 空气调节冷、热水系统，系统较小或各环路负荷特性或压力损失相差不大时，宜采用一次泵系统。在经过包括设备的适应性、控制系统方案等技术论证后，在确保系统运行安全可靠，且具有较大的节能潜力和经济性的前提下，一次泵可采用变速调节方式。

系统较大、阻力较高、各环路负荷特性或压力损失相差悬殊时，应采用二次泵系统。二次泵宜根据流量需求的变化采用变速变流量调节方式。

③ 空气调节系统送风温差应根据焓湿图（H-d 图）表示的空气处理过程计算确定。采用上送风气流组织形式时，宜加大夏季设计送风温差。

④ 有条件时，空气调节系统宜采用通风效率高、空气龄短的置换通风型送风模型。

⑤ 冷水（热泵）机组的单台容量及台数的选择，应能适应空气调节负荷全年变化规律，并采用适当的控制策略。

（4）电气节能控制

① 建筑物的电动机应选用节能型和高效率电动机，并应根据负载的不同种类、性能，采用相应的启动、调速等节电措施。

a. 根据负荷变化情况选择交流电动机调速方式。常用的调速方式主要有变级调速、电磁耦合器调速、交流变频调速。

b. 提高控制技术，尽量减小交流电动机的启动、制动次数。

c. 采用控制技术监视各类生活、消防水箱的水容量，并科学地控制水泵启动的台数、相隔的时间，能减少电动机启动、制动次数；

　　d. 选择电梯群控功能，或将多台电梯分区运行。

　　② 照明节能控制　照明节能控制相关措施可参见智能照明控制相关内容。

3.3　智能建筑控制系统案例

3.3.1　建筑设备管理系统设计

建筑设备管理系统设计的整个过程包括产品选择与系统设计两部分。

(1) 系统功能规划

产品选择过程也称为系统功能规划，主要包括以下方面。

① 系统服务功能的规划

a. 按管理层次化原则进行系统功能分层。

b. 确定纳入 BMS 的对象系统。

② 系统网络结构的规划　根据需要，可选择总线型、环形等基本结构，并进行适当优化。控制层次一般划分为三层。

③ 系统（包括中央站和分站）硬件及其组态的规划

a. 中央站硬件及其组态　由中央处理单元、存储器、输入输出装置和净化电源组成的计算机系统；通信接口单元（或称接口信息处理机、通信适配器、适配卡）；以可分离式键盘和监视器为基础构成的主操作台；至少一台打印机。

b. 分站监控区域的划分与设备选择　集中布置的大型设备应规划在一个分站内监控；集中布置的设备群应划为一个分站；一个分站实际所用的监控点数不超过最大容量的 80%；分站对控制对象系统实施 DDC 控制时，必须满足实时性的要求。

每个分站至监控点的最大距离应根据所用传输介质、选定的波特率以及线芯截面等数值，按产品规定的最大距离的性能参数确定，并不得超过。

分站监控范围可不受楼层限制，依据平均距离最短原则设置于监控点附近(一般不超过 50m)。

DDC 机型应根据系统"测量点"和"控制点"的控制要求而确定的。

④ 软件（包括中央站软件和分站软件）的种类及驻留点的规划

a. 中央站软件系统应具备系统软件、应用软件、语言处理软件、数据库生成和管理软件；通信管理软件；故障自诊断、系统调试与维护软件。

应优先选用汉化版工具软件配置。

应用软件中应具备必要的数字算法、数字模型和控制算法，如 PID（比例、积分、微分）、自适应、模糊控制等较高级的应用软件。

b. 分站的软件设置应当是自成体系的。其软件至少应包括系统软件（含监控程序和实时操作系统）及一系列应用软件。

⑤ 关于通信的规划　系统通信网络和通信设备的设置，应满足系统响应时间要求、通信子网的数量限制要求、系统总点数限制要求。

每个通信子网设置，应使监控主机数量、现场控制器台数、监控点数、通信网络的线路长度、线路规格等符合各生产厂商的网络通信要求。

(2) 系统设计的内容

① 确定系统的网络结构，画出网络系统图。

② 画出各子系统的控制原理图。

③ 编制 DDC 测控点数表（分表）。

④ 编制 BAS 系统设备监控点数表（总表）。

⑤ 设计 DDC 控制箱内部结构图和端子排接线图。

⑥ 确定中央站硬件组态、设计监控中心。涉及内容有供电电源、监控中心用房面积、环境条件、监控中心设备布置。

⑦ 画出各层 BAS 系统施工平面图　涉及内容有线路敷设、分站位置、中央站位置、监控点位置及类型。

(3) 建筑设备管理系统设计案例分析

① 建筑工程概况　某大楼是一幢功能齐全、技术先进、造型新颖，集生产调度和自用办公为一体的综合性智能化办公大楼。该大楼建筑面积 73800m²，其中地下 3 层，地上主楼 35 层，屋顶设备层 4 层，总高度约为 200m。

作为高标准的智能建筑，该大楼对其建筑设备监控系统有很高的要求，它不仅需要对大楼内的所有机电设备，如 HVAC 设备、供配电及照明设备、给排水设备、电梯等进行统一管理，而且这些设备还需与其他智能化子系统进行通信和必要的联动控制。

② 内部设备的配置情况　大楼内部设备的配置情况如表 8-3-9 所示。

③ 网络系统的设计　该工程针对一幢规模比较大、功能齐全，集生产调度和自用办公为一体的综合性智能化办公大楼进行 BAS 系统设计。用户提出较高的管理要求，所以设计的网络硬件拓扑结构形式选用三层网络结构，即管理层网络（以太网）、自动化层网络和现场层网络，如图 8-3-6 所示。

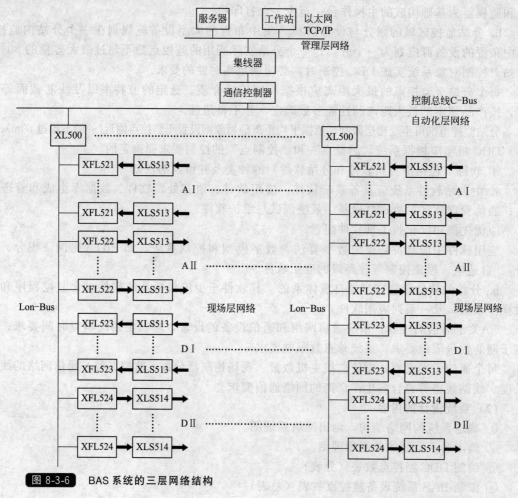

图 8-3-6　BAS 系统的三层网络结构

④ 网络软件层次结构设计 网络软件主要是由 EBI 服务器系统平台软件和客户端应用软件组成。

EBI 服务器是对大楼 BAS 系统进行管理的主要窗口，运行 EBI Server 服务器平台，现场控制网络 C-Bus 节点的运行状况和系统数据，均储存在服务器的实时数据库和 SQL 数据库中。服务器是运行 EBI 客户端界面，通过全动态彩色图形，对整个大厦的设备运行状况进行显示、报警、控制和管理。工作站是协助服务器对 BAS 系统进行管理的设备，以提高系统运行的安全性和灵活性。它运行 EBI 客户端界面。

表 8-3-9 大楼内部设备的配置情况

设备	数量	设备	数量	设备	数量
冷冻机组	3 台	板式热交换器	4 台	污水处理排水泵	4 台
冷却塔	6 台	热水泵	6 台	污水处理排风机	2 台
板式热交换器	3 台	高区热水泵	3 台	10kV 高压柜	14 台
高低区变频泵	4 台	定风量空调机组	10 台	低压柜	47 台
高区热交换器	2 台	定风量新风机	26 台	应急电源柜	8 台
高区冷水泵	3 台	变风量空调机组	10 台	直流电源柜	4 台
冷却水泵	6 台	变风量新风机	10 台	配电控制中心	4 台
用户冷却水循环泵	2 台	冷冻水循环泵	5 台	变压器	6 台
锅炉	4 台	VRV 室外机组	10 台	室内公共照明	
柜式离心机组	63 台	给水泵	15 台	电梯	11 台
生活/冲洗水箱	6 个	污水泵	24 台	柴油发电机组	1 台

⑤ 网络设备的设计 网络设备包括服务器、工作站和 DDC 控制器，它的设计包括了对这些设备机型、数量和安装位置的确定。

a. 服务器、工作站机型的确定 选用 Honeywell 的 Excel 5000 控制系统的工控机，以期提高系统的控制效果。

b. 服务器、工作站数量的确定 考虑到这幢建筑物属一个单位使用，所以设置一个服务器。同时考虑到只有变配电房常年有值班人员，所以只设置一个工作站。

c. 服务器、工作站安装位置的确定 考虑到安全可靠、便于管理的因素，将服务器安装在底层楼，与消防安保系统共用一室。这是一个专用的监控人员值班室，将工作站安装在变配电房内。

d. DDC 控制器机型的确定 综合考虑产品的成熟性、先进性和未来长期维护的需要，选用 LonWorks 技术的最新型的 XCL5010 现场控制器和 XFL 系列 Lon 分布式输入输出模块。

e. DDC 控制器数量的确定 BAS 系统目前监控点数约 2100 点左右，其中硬件点约 1600 点，通信接口点约 500 点，加上实现各项软件功能所需的软件点，所以为用户配置 33 个 XCL5010 现场控制器。

f. 考虑可靠安全、便于管理、尽量缩短 DDC 控制器与"测控点"之间的管线长度和安装简便等原则，来确定 DDC 的安装位置。

⑥ BMS 系统与"一般设备"的硬件接口的设计 BMS 系统硬件接口主要是 DDC 控制器与一些设备的连接，这些设备是风机设备、水泵设备、冷却塔设备、照明设备。

连接方式为点对点——对应模式。将 DDC 内部的对应接线端子，通过二芯双绞线，与机电设备强电控制柜内部的对应接线端子连接。机电专业提供外接端子，弱电专业在指导下进行端接。

机电专业提供设备状态、故障、手自动转化接点给 DDC，DDC 提供设备启停信号给设备控制柜。并规定：

    a. 设备状态、故障、手自动转化接点为无源干接点，不可共用；

    b. 设备启停信号为继电器输出信号，容量不大于 220V/2A；

    c. 控制柜内必须安装 BAS 系统专用的接线端子，作为双方工作的交界面。

设备的控制箱部分用常规的硬触点结构的控制箱，部分用 PLC 控制箱，使系统更加简洁、可靠，增容方便。

对于 PLC 控制箱来说，BAS 系统直接将设备启停信号接入 PLC 的输入端子，提供 PLC 开关输入信号。BAS 所需的设备状态、故障、手自动转化接点直接从 PLC 的数字输出端子引出，且不与其他电路共用，以免电压互扰。对于常规的硬触点结构的控制箱来说，BAS 系统将设备启停信号通过中间继电器控制电源触点。BAS 所需的设备状态、故障、手自动转化接点，是从控制柜的二次回路接触器、热继电器、手自动转换开关的无源辅助触点直接获得。

⑦ BAS 系统与"智能设备"软件接口的设计

    a. 蓄冰制冷系统软件接口的设计　蓄冰制冷系统的自动控制由厂商随机提供的可编程控制器完成，包括 3 台机组之间的群控、3 台板式热交换器、冷冻水泵、管路蝶阀、调节阀的联动控制。接收 BMS 提供的温度设定命令，通过内部程序，采用最有效的组合，使系统的出水温度稳定在设定要求的范围内。

蓄冰制冷系统接口监测点如表 8-3-10 所示。

表 8-3-10　蓄冰制冷系统接口监测点一览表

开关量接点信号（BIT）	浮点信号（HEX 或 DEX）
冷凝器水流开关	机组的出口温度设定
蒸发器水流开关	蒸发器进出口温度
压缩机启停状态	冷凝器进出口温度
冷冻水泵状态/故障	压缩机进气和排气温度
冷凝器隔离阀状态	压缩机进气和排气压力
蒸发器隔离阀状态	油泵出口压力
制冰/溶冰切换阀状态	
机组报警硬件点	
机组报警软件点	
机组负载电流	
热交换器一次侧进出口温度	
热交换器二次侧进出口温度	
热交换器调节阀开度	

    b. 基载制冷系统软件接口的设计　基载制冷系统的自动控制由厂商随机提供的可编程控制器完成，包括两台机组之间的群控和冷冻水泵、管路蝶阀的联动控制。接收 BMS 系统提供的温度设定命令，通过内部程序，采用最有效的组合，使系统的出水温度稳定在设定要求的范围内。

基载制冷系统接口监测点如表 8-3-11 所示。

表 8-3-11　基载制冷系统接口监测点一览表

开关量接点信号（BIT）	浮点信号（HEX 或 DEX）
冷凝器水流开关	制冷机组的出水温度设定
蒸发器水流开关	蒸发器进出口温度
压缩机启停状态	冷凝器进出口温度
冷冻水泵状态/故障	压缩机进气和排气温度
冷凝器隔离阀状态	压缩机进气和排气压力
蒸发器隔离阀状态	油泵出口压力
机组报警硬件点	机组运行负载百分比
机组报警软件点	机组负载电流

　　c. 锅炉系统软件接口的设计　　锅炉的自动控制由厂商随机提供的可编程控制器完成，BAS 系统通过 RS-485/Modbus 等通用协议与锅炉控制器的上传通信口连接。BAS 系统对锅炉内部参数进行监视。

　　锅炉系统接口监测点如表 8-3-12 所示。

表 8-3-12　锅炉系统接口监测点一览表

开关量接点信号（BIT）	浮点信号（HEX 或 DEX）
热水锅炉水流开关	热水锅炉的出水温度设定
电热装置工作状态	热水锅炉进出口温度
锅炉进水阀状态	热水锅炉进出口压力
通风风机状态	锅炉内部旁通阀开度
锅炉报警硬件点	锅炉负载百分比
锅炉报警软件点	

　　d. 变配电系统软件接口的设计　　大楼的变配电系统将供电所提供的两路 10kV 市电，通过高压柜、变压器、低压柜等配电系统，完成大楼用电的输送、变换、平衡、计量和应急保障。整个变配电系统的电力监视由厂家成套提供。BAS 可以与厂家提供的 RJ45 共享型网络接口（TCP/IP 协议）连接，接口标准为 ODBC 开放数据库连接。网络路由采用大厦网络及综合布线系统。

　　变配电系统接口监测点如表 8-3-13 所示。

　　e. 电梯系统软件接口的设计　　大楼有 11 部电梯，电梯厂商对于 11 部电梯应自成系统进行群控和操作。电梯主机或网关可通过 RS-485 接口接入 BAS 系统，使 BAS 系统可以进行电梯运行信息访问。

　　电梯系统接口监测点如表 8-3-14 所示。

表 8-3-13　变配电系统接口监测点一览表

开关量接点信号（BIT）	浮点信号（HEX 或 DEX）
高压进线柜状态/故障	
高压出线柜状态/故障	高压计量柜三相电压、三相电流、频率、功、功率因数和电量
高压联络柜状态/故障	
低压进线柜状态/故障	低压计量柜三相电压、三相电流、频率、功、功率因数和电量
低压出线柜状态/故障	低压主回路三相电压、三相电流、频率、功、功率因数和电量
低压联络柜状态/故障	

续表

开关量接点信号（BIT）	浮点信号（HEX 或 DEX）
变压器故障	变压器温度
应急电源系统状态/故障	应急电源三相电压、三相电流和电量
直流电源故障报警	
冷冻机房配电进线开关状态/故障	冷冻机房配电进线开关电压、电流
生活水泵配电进线开关状态/故障	生活水泵配电进线开关电压、电流
消防水泵配电进线开关状态/故障	消防水泵配电进线开关电压、电流
冷却水泵配电进线开关状态/故障	冷却水泵配电进线开关电压、电流

表 8-3-14　电梯系统接口监测点一览表

开关量接点信号（BIT）	浮点信号（HEX 或 DEX）
运行中	楼层显示
上行/下行指示	门区、电梯平层
电源故障	轿门关闭
运行时间监控	层门关闭
关门监控/开门延时过长	应急电源状态
紧急停止	火警警报
不能启动	主电源状态

⑧ BAS 系统中各子系统的监控原理设计

a. 空调冷源系统　空调冷源系统由蓄冰制冷系统和基载制冷系统、冷冻水供水系统、冷却水系统、用户冷却水循环系统、膨胀水箱等系统设备组成。其中蓄冰制冷系统和基载制冷系统的内部控制器自成控制系统，称"下位机"，由厂商实施。BAS 系统作为"上位机"，除了监测其运行数据外，必须负担两个系统之间的配合、调度和统筹工作，使两个子系统有机地融合，实现节能的目的。

冷冻水供水系统控制原理见图 8-3-7。冷却水供水系统控制原理图见图 8-3-8。

b. 空调热源系统　热源系统由锅炉、热水供水系统（板式热交换器和热水泵）及膨胀水箱等设备所组成。热水供水系统控制原理见图 8-3-9。

c. 风道系统　风道系统由空调机组和新风机组等设备所组成。

空调机组有定风量空调机组、变风量空调机组、定风量新风机、变风量新风机等。BAS 系统通过 DDC 及预先编制的程序对空调新风设备进行监视和控制，设备的工作状况以图形方式在管理机上显示，并打印记录所有故障。

空调机组系统控制原理图见图 8-3-10。

d. 送排风系统　送排风系统包括排烟兼排风机、送风机、排风机、正压风机、排烟风机。送排风系统控制原理图见图 8-3-11。

e. 给排水系统　包括对生活水系统，排水系统、污水处理系统进行监视和控制。给水系统控制原理图详见图 8-3-12。

f. 变配电系统　变配电系统对 10kV 高压柜、低压柜、应急电源柜、直流电源柜、配电控制中心和变压器等设备参数进行监视。变配电系统控制原理图见图 8-3-13。

3.3.2　公共安全系统案例设计

(1) 火灾自动报警与消防联动控制系统设计思路

① 确定系统保护对象分级。

② 选择系统形式。

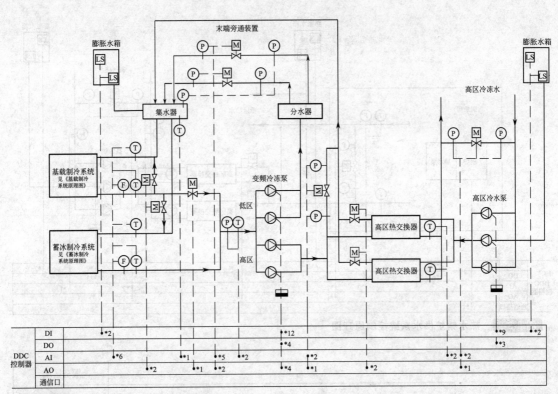

图 8-3-7　冷冻水供水系统控制原理图

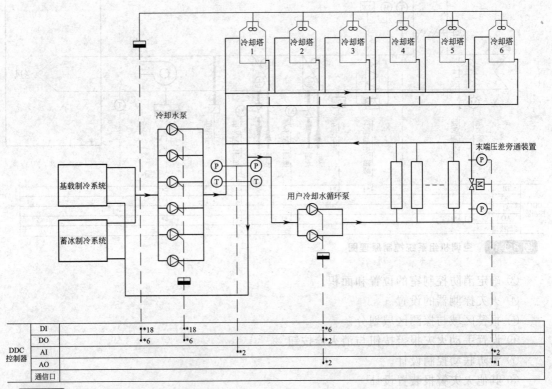

图 8-3-8　冷却水供水系统控制原理图

第8篇

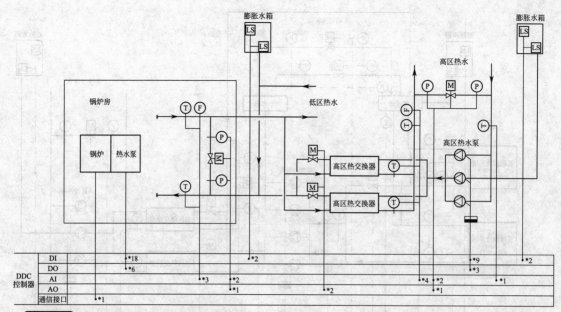

图 8-3-9 热水锅炉供水系统控制原理图

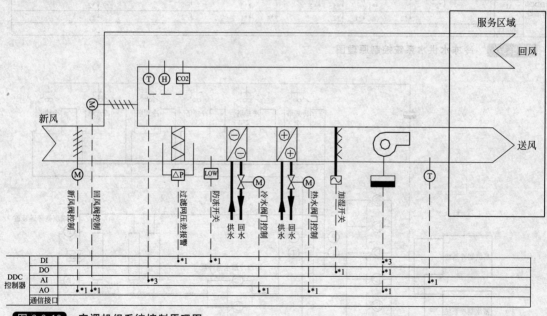

图 8-3-10 空调机组系统控制原理图

③ 确定消防控制室的位置和面积。

④ 火灾探测器的设置。

⑤ 报警区域与探测区域划分。

⑥ 设置手动火灾报警按钮与消火栓按钮。

⑦ 消防联动控制设计。

⑧ 其他火灾警报装置设计。

⑨ 系统布线，完成各层平面图。

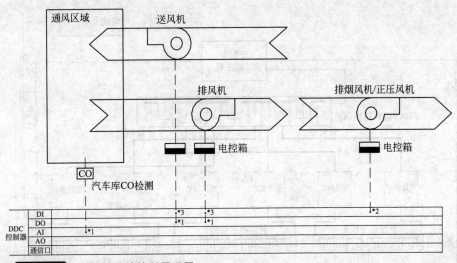

图 8-3-11　送排风系统控制原理图

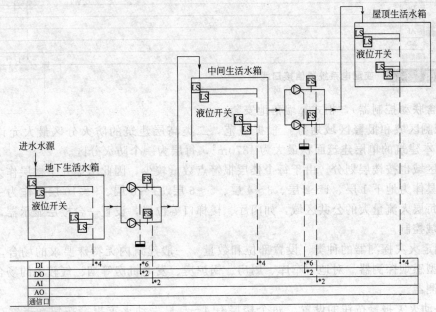

图 8-3-12　给水系统控制原理图

⑩　绘制系统图。

(2) 火灾自动报警与消防联动控制系统设计案例分析

某办公楼，地下 1 层，地上 10 层，建筑面积约 $10660m^2$，设计该楼的火灾自动报警及联动系统。

①　建筑防火分类和系统保护对象等级的确定　建筑高度为 $39.2m$，根据相关规范规定，该建筑为二类高层建筑，确定该建筑的火灾自动报警系统保护对象分级为二级。

②　选择系统形式　由于该建筑物保护对象分级为二级，并且有消防联动设备，所以选择集中报警系统，在消防控制室设置一台集中报警控制器，各层设置楼层显示器，可作为区域控制器。

③　确定消防控制室的位置和面积　在一层设消防控制室，面积约 $25m^2$，放置一台报警

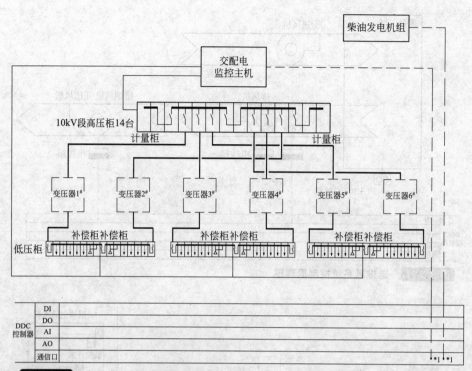

图 8-3-13　变配电系统通信接口线图

控制器（含联动控制器），柜式靠墙落地安装。

④ 探测区域和报警区域划分　根据规范，二类高层建筑的防火分区最大允许面积为 1500m²。本建筑的单层建筑面积最大为 1370m²，每层为一个防火分区。

报警区域也按楼层划分。由于每个楼层报警点数量较少，因此考虑几个楼层作为一个报警区域，具体为地下 1 层、1～2 层、3～4 层、5～6 层、7～8 层、9～10 层各作为一个报警区域。在每层人流量大的公共区域，如门厅、楼梯口等位置，设置一台楼层显示器，作为该楼层的区域控制。

⑤ 确定火灾探测器的种类、设置部位和数量　一般建筑内无特殊要求的场合，均可考虑采用点型感烟探测器。对地下车库、厨房、锅炉房、发电机房等烟、气较大的场合，宜选用感温探测器。

⑥ 手动火灾报警按钮的设置　每个楼层有 4～5 只手动火灾报警按钮，布置在走廊两端、走廊中部、电梯厅等公共区域。防火分区内的任何位置到最邻近的一个手动火灾报警按钮的步行距离不应大于 30m。

⑦ 消防联动控制设计　消防联动控制包括地下室消防水泵控制、喷淋水泵控制、防火卷帘的控制、屋顶层排烟控制、正压送风控制、电梯控制和及其他消防设备的控制。

⑧ 火灾应急广播或火灾警报装置设置　火灾警报装置主机含消防紧急广播系统，由扩音机、控制设备和扬声器等组成。其中扩音器、控制设备位于消防报警控制器内，扬声器位于门厅、走廊等公共区域，各独立办公室内没有布置。

火灾警报装置主要是声光报警器，布置在地下层的仓库、设备间、一层出租区、2～10 层的楼梯前室。

⑨ 消防专用电话系统设置　根据大楼实际情况，在消防控制室设立消防电话主机一部；在配电房、电梯机房、水泵房等处设置消防电话分机；在各手动报警按钮上设置电话插孔。

火灾自动报警与消防联动控制相关系统图、平面图详见图 8-3-14～图 8-3-18.

图　例

符号	名称	符号	名称	符号	名称	符号	名称
⑤	智能光电感烟探测器	⨎	编码火灾声光警报器	8300	单输入模块	PYJ	排烟机控制箱
丄	智能差定温感温探测器	⌂	壁挂式紧急广播音箱	8301	单输入/单输出模块	SFJ	加压送风机控制箱
Y	手动报警按钮(含电话插孔)	▭	火灾报警显示盘	8302	转换模块	PLB	喷淋泵控制箱
☎	报警电话	SI	短路隔离器	8303	双输入/双输出模块	XFB	消防泵控制箱
Y	消火栓启泵按钮	／	水流指示器	8304	电话模块	RS	电动卷帘门控制箱
8302C	转换接口控制模块			8305	广播模块	NFPS	照明控制箱
				8302A	双动作切换模块		

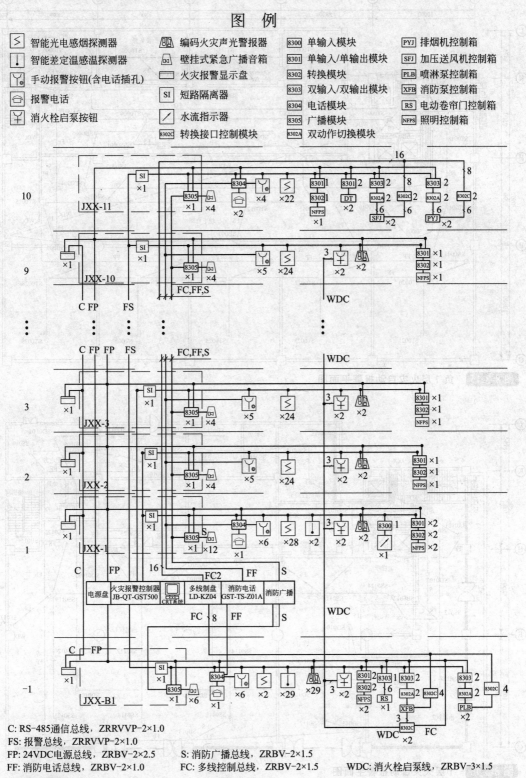

C: RS-485通信总线，ZRRVVP-2×1.0
FS: 报警总线，ZRRVVP-2×1.0
FP: 24VDC电源总线，ZRBV-2×2.5　　　　S: 消防广播总线，ZRBV-2×1.5
FF: 消防电话总线，ZRBV-2×1.0　　FC: 多线控制总线，ZRBV-2×1.5　　WDC: 消火栓启泵线，ZRBV-3×1.5

图 8-3-14　**火灾自动报警与消防联动控制系统图**

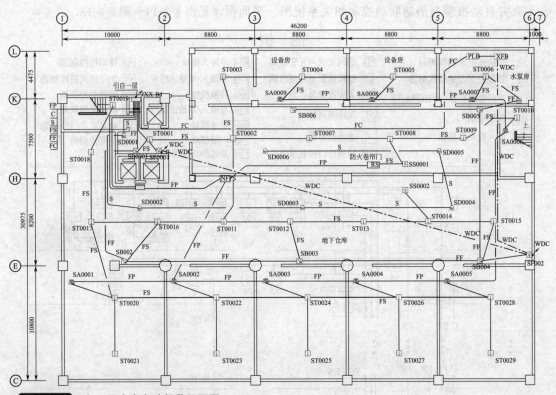

图 8-3-15 负 1 层火灾自动报警平面图

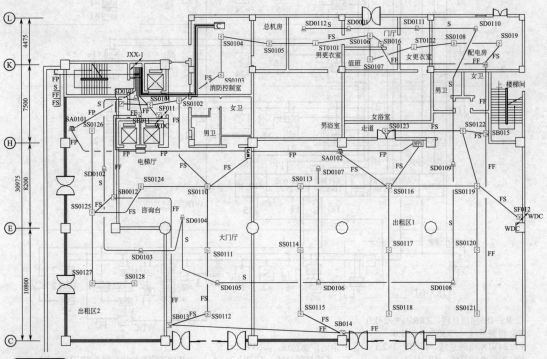

图 8-3-16 1 层火灾自动报警平面图

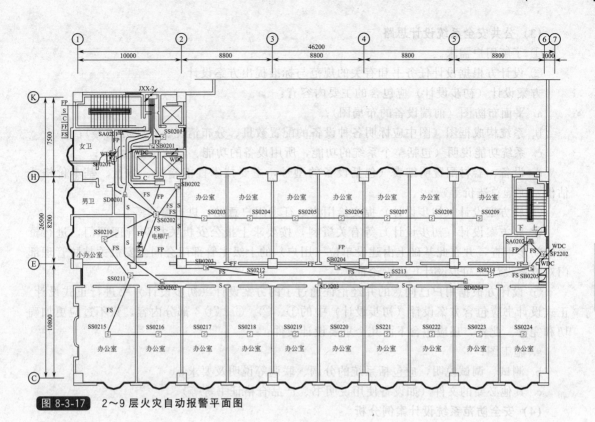

图 8-3-17 2~9 层火灾自动报警平面图

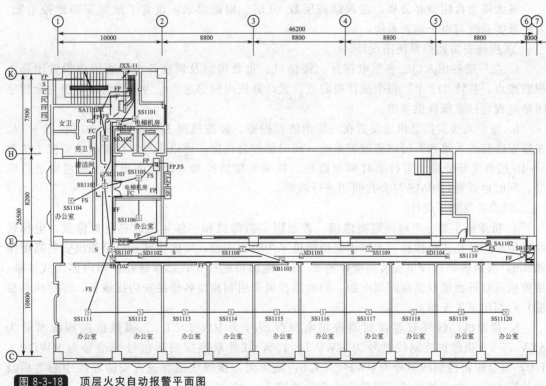

图 8-3-18 顶层火灾自动报警平面图

第 8 篇

(3) 公共安全系统设计思路

① 了解用户需求。

② 设计方根据设计任务书和有关的规范与标准提出方案设计。

方案设计（初步设计）应包含的主要内容有：

a. 平面布防图（前端设备的布局图）；

b. 系统构成框图（图中应标明各种设备的配置数量、分布情况、传输方式等）；

c. 系统功能说明（包括整个系统的功能，所用设备的功能、监视覆盖面等）；

d. 设备、器材配置明细表（包括设备的型号，主要技术性能指标、数量、基本价格或估价、工程总造价等）。

③ 将方案设计（初步设计）提交给用户，征求用户意见，进行修改等。

④ 将方案设计（初步设计）等有关资料，按要求上报公安机关技防管理部门，进行资料的初步审查，并在此基础上由建设单位（用户）的上级主管部门会同公安机关技防管理部门对方案设计（初步设计）进行论证。

⑤ 设计方根据用户已同意的并经论证通过了的方案设计（初步设计）书进行正式设计。正式设计书应包含方案设计（初步设计）中的①、②、③、④ 4 部分内容，只不过应更加确切和完善。此外，还应包含下面几个重要设计文件：

a. 施工图；

b. 测试、调试说明，应包括系统的分调、联调等说明及要求；

c. 其他必要的文件（如设备使用说明书、产品合格证书等等）。

(4) 安全防范系统设计案例分析。

某大楼为自用型办公楼，建筑最高层数 10 层。根据要求，设置了视频安防监控系统、入侵报警系统与电子巡查系统。

① 视频安防监控系统图设计

a. 在一层各出入口、各层电梯厅、楼梯口、重要房间及调度各主要通道内设置闭路电视监控点，共计 213 个。每个摄像机附近设置计算机内网信息点，为大楼全面升级为全数字闭路电视监控系统提供基础。

b. 整个大楼监控总机房设置在一层消防监控室。监控机房主要管理 5～10 层、1～7 层视频安防监控系统和入侵防盗报警系统，同时监控总机房，可以通过监控键盘及监控主机对 5～10 层调度部分摄像实行实时画面监视。视频安防监控和入侵防盗报警系统可以进行联动，同时也可通过 BMS 与公共照明进行联动。

② 设备及施工设计

a. 摄像机主要分半球固定摄像机、普通固定摄像机和一体化快球彩色摄像机，电梯轿厢采用彩色针孔式摄像机。半球固定摄像机采用吸顶安装，室内快球彩色摄像机安装高度距地 3m，普通固定摄像机安装高度距地 2.5m。电梯桥厢针孔式摄像机在桥厢内嵌入式安装。摄像机及红外微波双鉴探测器电源，均由监控机房引到相应各楼层安防接线箱，经变压（整流）后引出至各安防点。

b. 摄像机、红外双鉴探测器现场电源线型号为 RW-2×1.0，摄像机视频线型号为 SYV-75-5，摄像机控制线型号为 RWP-3×1.0，红外双鉴探测器信号线型号为 RWP-2×1.0，紧急按钮控制线型号为 PWP-2×1.0，施工时，视频线缆在进入安防监控中心之后盘留长度 10m，电源线缆进入安防接线箱后预留 1m。各线缆到达摄像机探测器安装后盘留长度预留 1m。

系统图及平面图间图 8-3-19 和图 8-3-20。

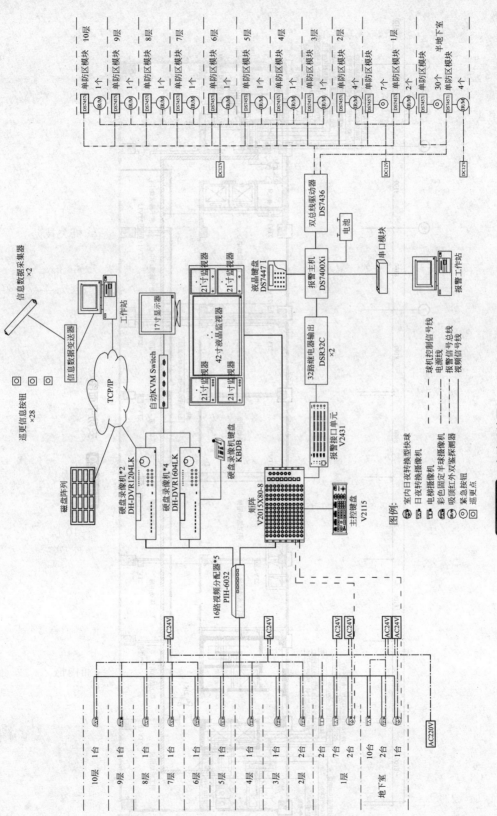

图8-3-19 安防系统图

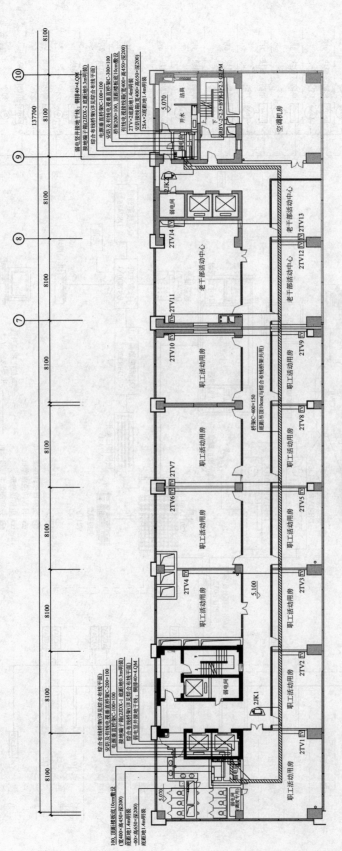

图8-3-20 安防平面图

3.3.3　综合布线系统设计

(1) 综合布线系统设计思路

综合布线系统的设计思路如图 8-3-21 所示。一般来说，一个完整的综合布线工程设计有 6 个步骤：

① 用户需求分析；

② 明确设计等级与配置要求；

③ 各子系统设计；

④ 平面图绘制；

⑤ 系统图绘制；

⑥ 编制综合布线用料清单。

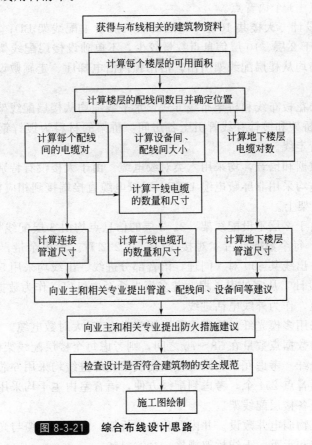

图 8-3-21　综合布线设计思路

(2) 综合布线工程设计案例分析

某 10 层办公楼，建筑面积约 10660m²。

① 需求分析与设计等级确定

a. 工程设计区域　该工程主要完成建筑物内部的综合布线系统。大楼一层为浴室、更衣室、配电房等房间；另有一个大型出租区。二层为厨房、食堂、健身区域；三层有一个多功能厅，其余为办公室；四层以上布局相似，均为办公室。

b. 信息业务种类　以办公为主，兼有娱乐、健身、餐饮等功能。考虑到实际用途，信息业务种类主要是语音和数据服务。

c. 设计等级　按照综合配置标准设计。办公区域每 10m² 左右配两个数据点，且数据点和语音点大致保持 2∶1。

② 各子系统设计

a. 工作区设计　确定信息插座的数量和类型。按照前述确定的增强型设计标准，所有信息插座均采用 6 类插座，嵌墙暗装。在一层的出租区，由于开间较大，中间部分离墙超过 10m，因此采用地插座，埋地安装。

数据点和语音点配置：设计两者可互换，普通办公室按 5m² 配 1 个数据点，8m² 配 1 个语音点，领导办公室按每个房间 2 对信息点，会议室、多功能厅按每个房间 2 个语音点和 4 个数据点配置，信息中心预留 6 芯多模光纤接口，其他场所和特殊办公室数据和语音点的规划由用户方指定。

两个集中布置的信息点合用一个墙盒与面板，即采用双孔插座。根据需要，配置为两个数据点或 1 个数据点 +1 个语音点。

b. 配线子系统设计　大楼共 10 层，1 层的主机房设主配线架 BD；3～9 层每层设一个楼层配线架 FD，由于 2 层、10 层信息点数量较少，不单独设楼层配线架，而从相邻楼层配线架引线；水平线路均从楼层配线架引出，沿吊顶内沿电梯厅、走廊敷设，每层只设一个楼层配线间。

水平走线选用天花板布线和桥架布线方式。水平线缆均从楼层配线架引出，通过过道上方的 200×100 金属桥架和镀锌穿线管引至各房间。桥架的材料为镀锌钢板。电缆在房间内通过墙内的线管进行走线。

水平线缆不分数据和语音，均采用六类对绞电缆。由于大楼没有特别的保密要求与屏蔽要求，因此对绞电缆均采用非屏蔽电缆 UTP。对绞电缆直接端接到相应楼层弱电井的 48 口 /24 口（RJ45）配线架上。

以 3 层为例。由于 2 层不设配线架，2、3 层的信息点均由 3 层配线架引出，共 38 个语音点，58 个数据点。每个数据点占 4 对接线口，共 232 对。考虑余量，选择 300 对的标准接线模块，则进线、出线共 600 对。同理，语音部分进线、出线均采用 50 对模块。

c. 干线子系统设计　从室外引 1 根 8 芯多模光纤至主机房，作为数据进线。从室外引 1 根 150 对大对数申缆，作为外线电话进线。

室内数据干线采用多模光纤，语音干线采用三类 25 对大对数电缆。

各楼层配线架的数据点数量在 58～75 之间，则考虑每个楼层配线架设置 2 台 48 口光电交换机，需用 4 芯光纤。考虑冗余，则每楼层配线架光纤进线均采用 6 芯。

整栋大楼共有语音点 254 个。考虑到配线方便，语音室内主干均采用 25 对大对数电缆，从建筑物配线架引至各楼层配线架。

干线系统沿建筑物弱电井敷设。井内安装电缆桥架。大对数电缆与光缆均用捆扎带绑在桥架上面，用于固定和承重。干线桥架规格：400×150。

d. 设备间、配线间设计　设备间设在一层主机房。里面设有建筑物配线架 BD、网络服务设备、程控电话交换机等设备。楼层配线间、总配线间或机房吊顶净高应大于 2.4m，门高大于 2m，门宽大于 0.9m。

设备间采用两路交流 380V 交流电源供电，并设置 UPS 作为备用电源，电源容量 20kV·A。大楼接地系统采用联合接地形式，要求接地电阻小于 1Ω。布线系统的管道、构件、地板、机柜等都要可靠接地。连接方式：用 16mm² 的多股铜绞线将管道、构件、地板、机柜等与 25×4 的主干接地铜带连接。

由于各楼层的长度、宽度均比较小，因此考虑每层只设一个楼层配线间，位于弱电井旁。

综合布线相关平面图与系统图见图 8-3-22～图 8-3-25

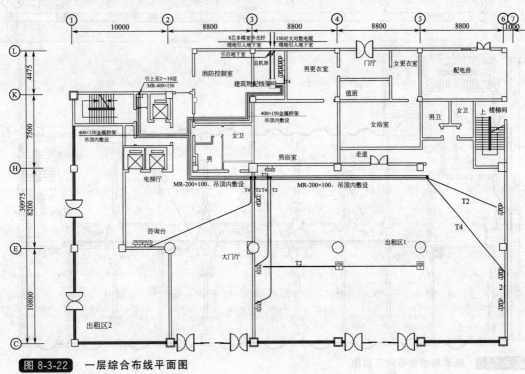

图 8-3-22 一层综合布线平面图

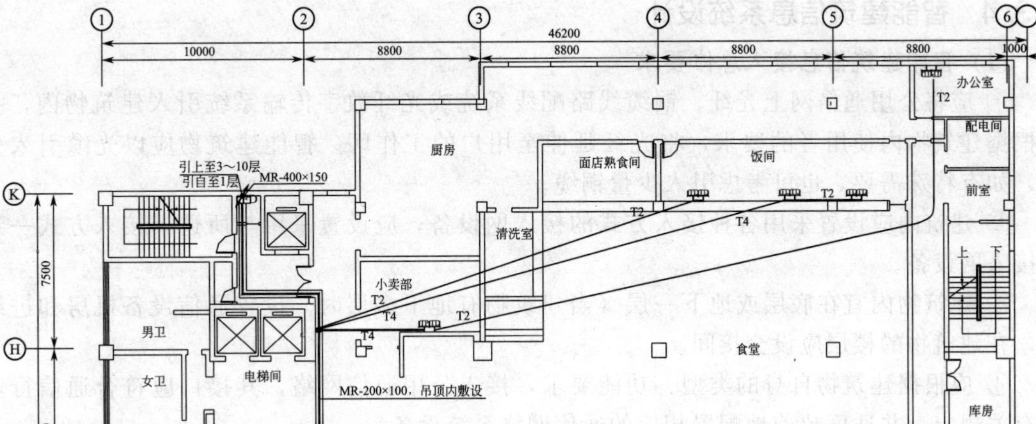

图 8-3-23 2 层综合布线平面图

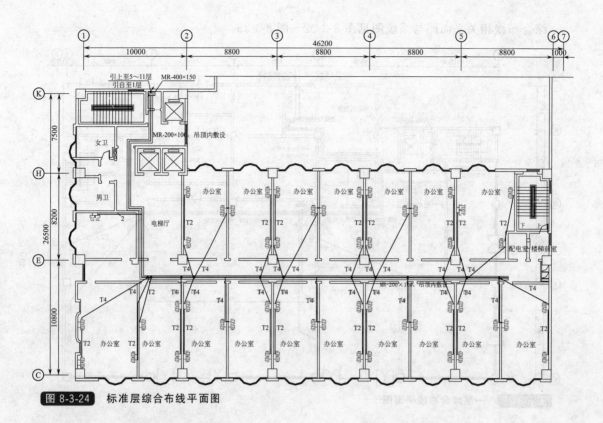

图 8-3-24　标准层综合布线平面图

3.3.4　智能建筑信息系统设计

（1）智能建筑信息接入总体要求

① 应将公用通信网上光纤、铜缆线路配线系统或光纤数字传输系统引入建筑物内，并可根据建筑物内使用者的要求，将光纤延伸至用户的工作区。智能建筑物应以光缆引入为主，如有特殊需要，也可考虑引入少量铜缆。

② 建筑内应设置采用各种接入方式的接入网设备，应设置采用与所选择接入方式一致的接入网设备。

③ 建筑物内宜在底层或地下一层（当建筑物有地下多层时）设置通信设备机房和进线室，在建筑物的楼层应设交接间。

④ 应根据建筑物自身的类型、功能要求，接入公用通信网络，其接口应符合通信行业的有关规定，并适度超前地配置相应的通信网络系统设备。

⑤ 建筑物内或建筑群区域可设置微小蜂窝数字区域无绳电话系统。在系统覆盖的范围内提供双向通信。

⑥ 建筑物地下层及上部其他区域由于屏蔽效应出现移动通信盲区时，应设置移动通信覆盖系统。

⑦ 建筑物相关对应部位应设置或预留 VSAT 卫星通信系统天线与室外单元设备安装的空间及通信设备机房的位置，并预设接收天线安装部件。

⑧ 建筑物内应设置有线电视系统（含闭路电视系统）及广播电视卫星系统。电视系统的设计应按电视图像双向传输的方式，并可采用光纤和同轴电缆混合网（HFC）组网。

⑨ 建筑物内应根据实际需求设置或预留会议电视室，可配置双向传输的会议电视系统，并提供与公用或专用会议电视网连接的通信路由。

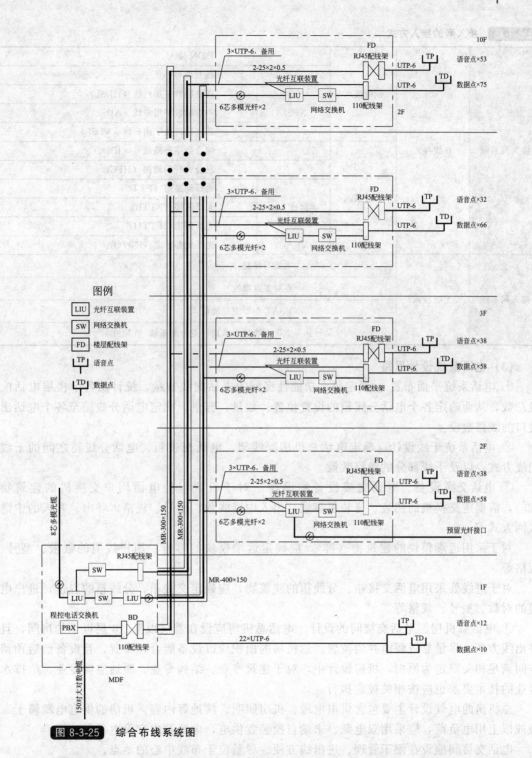

图 8-3-25　综合布线系统图

⑩ 根据实际需求，建筑物内可设置多功能会议室。可选择配置多语种同声传译扩音系统或桌面会议型扩声系统，并配置带有与计算机互联接口的大屏幕投影电视系统。

（2）智能建筑信息接入网

接入网为本地交换机与用户之间的传递实体，接入网包括交换机接口与各类用户端设备之间的传输设备、交叉连接设备、接入设备及传输媒介。接入网的接入方式见表 8-3-15。

表 8-3-15　接入网的接入方式

接入网系统	有线接入	铜缆接入		ISDN 接入
				线对增容
			XPSL	高比特数字用户线（HDSL）
				不对称数字用户线（ADSL）
				甚高比特数字用户线（VDSL）
		光纤接入		综合数字环路载波（IDLC）
				混合光纤同轴网（HFC）
			光纤接入网（OAN）	光纤到路边（FTTC）
				光纤到楼（FTTB）
				光纤到家（FTTH）
				光纤到办公室（FTTO）
接入网系统	无线接入	无线与蜂窝		
		点对多点微波		
		VSAT 小型卫星通信		
		宽带天线接入本地对点分配系统（LMSD）		

(3) 电话系统设计思路

① 电话系统平面布置　确定每个功能性房间的电话配线数量，统计出各个楼层电话配线总数，从而确定各个电话分线箱的设置位置、数量、容量，确定电话分线箱至各个电话出线口的线路敷设。

② 电话系统干线设计　确定电话总机房配线架、电话交接箱、电话分线箱之间的干线配线方式，以及干线部分的线路敷设。

③ 电话交换设备、电话交接设备的设计　对于设置程控电话用户交换机的建筑物（群），需确定交换机的初装、终装机容量，出入中继线数、型号、规格，呼出、呼入的中继入网方式等。

对于采用远端模块的建筑物（群），应确定远端模块的容量、用户线缆的数量、型号、规格等。

对于进线处采用电话交接箱、分线箱的建筑物，应确定交接箱、分线箱的容量，进户电缆的对数、型号、规格等。

④ 电话总机房、电话交接间的设计　电话总机房应设在首层以上、4 层以下的房间，且进出线方便，尽量靠近弱电井的位置。总机房的面积应以设备能合理布置，且设备前后预留空间满足相关规定为原则，机房设计中，对于建筑专业、结构专业、暖通空调专业、给排水专业的技术要求也应按相关规定执行。

总机房的电气设计主要包含供电电源、机房照明、接地等内容。机房的供电电源属于二级或以上用电负荷，应采用双电源、末端自投装置供电，电源箱内宜设电涌保护器。

电话交接间应设在便于管理、进出线方便、尽量位于布线中心的地点。

当电话用户数量在 600～1000 户时，应单独设置电话电缆交接间，面积不应小于 $10m^2$；当用户数量小于 600 户时，可单独设置电话交接间，也可与其他弱电设备间合用，其面积以能合理布置交接设备、进出线缆、且留有一定的维护操作空间为原则。

(4) 建筑物有线电视系统设计

① 确定系统输出口设计电平　国家规范中系统输出口电平范围为 60～80dB，工程设计

时考虑到用户的实际需求，应留有足够余量。

住宅类建筑，系统输出口设计电平：(72±4)dB 左右。

公用类型建筑，系统输出口设计电平：(66±4)dB 左右。

② 确定各楼层平面有线电视终端的位置及数量　公用类建筑，按照各个房间的功能及建设方的要求确定系统输出口的数量；住宅类建筑，每户从室外引入一路有线电视信号（即按照一个系统输出口设计），户内电视终端插座的数量依据室内房屋的功能确定。

③ 楼幢放大器的选型、数量、输出电平　每幢楼至少需要设置一台放大器（别墅型住宅除外）。如楼内住户数量多，则每 30～70 户需要设置一台放大器。

楼幢放大器的实际输出电平应控制在 ≤103dB，一般情况下在 100dB 左右，且在满足系统输出口设计电平的条件下，放大器的输出电平宜低一些好，这样系统的非线性失真指标可相对提高。

④ 确定无源分配网络的电路结构形式、设备选型　无源分配网络的电路主要有分配-分支方式、分支-分支方式、分配-分配方式等选择方案。对于住宅类建筑，很多城市的有线电视台都制定了标准的设计模式，此时应按照该城市的标准设计模式确定无源分配网络的电路结构形式，且分支器、分配器、同轴电缆的型号、规格、穿管管径、敷设方式等均应该按标准设计模式执行。

无源设备选择的一般性原则是，进户电缆应采用无缝铝管屏蔽的物理发泡同轴电缆，型号规格可为 SYWLY-75-9 或 SYWLY-75-12 等（注：目前国内生产的该系列电缆型号不统一）；楼道内支干线电缆应采用四屏蔽层物理发泡电缆，型号规格一般为 SYWV-75-9 或 SYWV-75-7；用户线应选用四屏蔽层物理发泡电缆，型号规格为 SYWV-75-5。建筑物内部分配器、分支器均应选用不馈电流型、频带宽度为 5～1000MHz 的双向器件。在选择分支器时，需注意分支器的插入损耗与分支损耗之间的关系。

⑤ 建筑物内部有线电视施工图设计　放大器应设置在靠近外墙处。放大器箱位置应预留接地端子。放大器箱中应预留单相电源插座。

分配器箱一般应设置在分配点的较居中位置。分配器箱在弱电竖井、吊顶内设置时宜采用明装，其余部位应嵌墙暗装，箱体底边离地 0.3～0.5m 为宜。

电视终端的定位一般应根据建筑室内布置确定。暗装高度为底边离地 0.3m。

(5) 有线广播系统的设计思路

① 确定扬声器的位置及数量　业务性广播、背景音乐广播应在电梯前室、大厅、走道、会议厅、休息厅、咖啡厅等公共区域设置扬声器，客房音乐广播应在每间客房的床头电控柜中设置扬声器。

设置在公共区域的扬声器，有吊顶时宜采用嵌入式安装；无吊顶时宜采用吸顶式或壁挂式安装。

扬声器的间距应满足声压级、声场均匀度等声学指标。

② 选择扬声器　扬声器的选择同样是以满足声压级、频带宽度、声场均匀度等声学指标为基本要求。背景音乐广播、业务性广播扬声器的功率为 3～5W，客房广播扬声器功率为 1～2W。扬声器的频带宽度宜大于 100～10000 Hz。背景音乐广播系统用的扬声器频带宽度宜大于业务性广播系统用扬声器的频带宽度。

扬声器的水平辐射角度、垂直辐射角度宜大于 90°。扬声器箱内均应配置线路变压器，其初级线圈的额定电压应与定压式功放输出的额定电压或线路中间变压器的额定电压相等。

③ 确定广播系统的分区（分路）设置　若建筑物楼层数量不多，各楼层平面布置的扬声器数量也较少时，有线广播系统可以共用一条回路，仅在各楼层分支路设置。

若建筑物楼层较多，或各楼层需布置的扬声器数量也较多时，应根据用户类别、播音控制、广播线路路由等因素，按层、或几层、或按功能区域划分广播分路。

业务性广播、服务性广播，宜在各楼层的适当位置及公共场所（如餐厅、大堂、咖啡厅等处）设置音量调节器。

④ 音控室设备的配置，完成广播系统图　业务性广播、背景音乐广播系统，一般只配置一路音源（宜可配置备用音源），客房音乐广播系统应配置 3～5 套音源。

功率放大器的配置数量应该根据广播系统的分区（分路）情况设置，每个分区（分路）宜单独配置功率放大器。也可配置备用功率放大器，其备用数量应根据广播的重要程度确定。

⑤ 线路敷设　有线广播系统的传输线路宜采用绞型铜芯导线（如 RVS）穿管或线槽敷设，导线截面积应根据分区（分路）扬声器的额定总容量、功放输出端至线路上最远的扬声器间的线路衰耗值确定。通常，干线线缆的截面积较大，楼层支线截面积可适当减小。

⑥ 业务性广播，服务性广播与火灾应急广播合用时的技术措施　应以满足《火灾自动报警系统设计规范》（GB50116—98）为原则。

业务性广播、服务性广播系统的扬声器位置、数量、功率配置等，多数情况下已经满足或大于《火灾自动报警系统设计规范》的技术要求，合用时主要是在分层控制、强制切换、线路敷设等几方面加以调整。也有一些工程，在扬声器的设置方面，由于各个系统考虑问题的出发点不同，当与火灾应急广播系统合用时，部分功能性房间需要增设扬声器。

(6) 扩声系统的设计思路

① 确定厅堂扩声系统设计等级及声学特性指标　根据厅堂的性质、用途、规模大小、建设方的要求等，确定厅堂扩声系统的设计等级，从而确定该厅堂的主要声学特性指标。

② 确定音箱轴向灵敏度　音箱轴向灵敏度不宜选得过高，也不宜选得过低。若灵敏度过高，会导致音箱的动态范围下降，若灵敏度过低，则会造成功放的推动功率过大。音箱轴向灵敏度一般应在 95～110dB 之间选择，若厅堂的设计声压级高，则应选得高些，反之，则应选得低些。多功能厅音箱轴向灵敏度宜在 95～100dB 之间选择。

③ 计算声场驱动电功率　室内声场中某点的声压级是由直达声压级和混响声压级叠加而成，但由于室内混响声压级的计算很复杂，工程中都是忽略了室内混响声压级的影响，按照自由声场进行计算的，而混响声压级作为功率余量考虑。

④ 扩声系统设备配置，完成扩声系统图　功率配接关系：一般厅堂，可取功放功率与音箱功率相等；语言扩声为主的厅堂，功放的功率可取音箱功率的 1/3 左右（但应该大于计算值，且留有余量）；电影院、舞厅、多功能厅堂，功放的功率可大于音箱功率的 1/3。

阻抗配接关系：对于定阻式功放，功放的额定负载阻抗应等于音箱的标称阻抗。

频率配接关系：功放的频带宽度远大于音箱的频带宽度。

⑤ 确定传声器、扬声器声场的布置　总体布置原则是，足够的声压级、较小的声场不均匀度、良好的语言清晰度、尽可能避免多重回声的出现、视听一致性好、注意室内有益混响声的综合利用、声反馈的抑制等。

音箱的布置方式有集中式布置、半集中式布置、分散式布置等。各种布置方式有其主要特点及主要应用场合。

(7) 信息系统工程设计案例分析

某办公楼，地下 1 层，地上 10 层，建筑面积约 $10660m^2$，建筑总高度 35m。其中：地下 1 层为设备用房及仓库，地面上 1～10 层主要为办公用房及部分服务性用房，设计该楼的电话系统、背景音乐广播系统、3 楼多功能厅的扩声系统。

① 电话系统

a. 平面布置　电话线数量的配置：办公室每 10m² 配置 2 对电话线，其余功能的房间按实际需要配置相应对数的电话线。

电话分线箱的设置　2～10 层在楼层的弱电小间内分别设置一个电话分线箱；底层平面中，由于出租厅电话用户数量的随机性较大，分别在弱电小间和出租厅 2 设置电话分线箱，地下层的 2 对电话线从 1 层弱电小间的电话分线箱引出。

楼层线路的选择与敷设：电话用户线选用 RVS-2×0.5mm² 铜芯导线，走廊等公共部位在吊顶内沿线槽敷设。

b. 电话系统干线设计　该建筑电话总机房设置在底层，根据各楼层电话分线箱的设置数量及位置等，该建筑的电话干线系统采用单独式配线方案。

c. 电话交接设备的设计　该建筑总的电话用户数量为 695 个，程控数字用户交换机初装容量拟定为 800 门，终装机容量可按 1000 门设计，电话中继线数量按 80 对考虑，其中底层出租厅 2 的电话用户可设置部分直拨外线。

d. 电话总机房的设计　总机房内设置辅助等电位端子箱（LEB），采用 BVR-1×25 导线引至配电房总等电位端子箱（MEB），接地电阻应小于 1Ω。总机房的电源按二级负荷设计，在机房内单独设双电源切换配电箱，并配置电涌保护器。

② 背景音乐广播系统设计

a. 扬声器的布置　根据该建筑物各楼层的功能特点，在 1、2、3 层的电梯前厅、走廊、出租厅、食堂、多功能厅、健身房等处设置背景音乐广播，4～10 层仅在电梯前厅、走廊设置背景音乐广播。由于地下层为设备用房及仓库，可不考虑设置背景音乐广播，但由于该工程需要设计火灾应急广播系统，因此地下层设置了 6 个火灾应急广播扬声器，平时也可作为背景音乐广播使用。

b. 扬声器的选择　扬声器功率为 3W，自带线路变压器。

c. 背景音乐广播系统的分路设置　根据各楼层背景音乐广播扬声器的布置情况，1、2、3 层扬声器布置数量较多，4～10 层扬声器布置数量相对较少，从管理、使用、功率配置等多方面综合考虑，整个背景音乐广播系统划分为 5 个分区（分路），通过机房广播音控柜中的分区控制器完成分区的功能，并可分别进行控制。

d. 音控室设备的配置　选用 3 套音源设备，通过前置放大器对 3 路音源信号进行选择及预放大，考虑设置 1 台功率放大器对预放大后的信号进行功率放大，功率可经过下式计算后确定，功放输出信号通过 1 台多路分区控制器（大于 5 路）输出 5 条支路分别送至各相应楼层，从而驱动扬声器工作。

e. 与火灾应急广播系统合用时的设计　同时设计了火灾自动报警系统（不在本实例中反映），从各自功能的角度出发，分别设置了背景音乐广播、火灾应急广播的扩音设备，均设置在一层消防中心。两套系统共用馈电线路及扬声器（注：此处背景音乐广播系统设置的扬声器数量、位置及功率等，可满足火灾应急广播的技术要求），考虑到发生火灾时应分层控制的特点，在各个楼层通过火灾自动报警系统中设置的广播控制模块，平时接通背景音乐广播，发生火灾时，由消防中心输出信号将各楼层的背景音乐广播信号切除，并接通应急广播线路。

③ 多功能厅扩声系统设计　3 层的多功能厅，长 17.6m，宽 22.7m，高 3.6m，建筑面积约 400m²。该厅堂以会场扩声为主，兼顾举行小型文娱活动及演出的功能。

a. 确定厅堂的设计等级及主要声学指标　根据该厅堂的功能要求，考虑按照一级语言和音乐兼用的扩声系统进行设计。该厅堂的主要设计声学指标为：设计声压级为 95dB；声场不均匀度为 8dB（1000Hz 和 4000Hz 处）。

b. 确定音箱特性灵敏度 选取特性灵敏度为 97dB 的某型号音箱。

c. 最远供声距离 依据该厅堂的几何尺寸及厅堂的建筑平面布局，考虑采用集中式布置方案，分别将音箱设置在舞台口两侧地面的支架上，最远供声距离约为 13m。

d. 确定声场总电功率 选取 2 只全频域主音箱，功率为 150W，阻抗为 8Ω。考虑到文娱演出的低音效果，再选取 2 只低音音箱，功率也为 150W，阻抗为 4Ω。选用 2 台定阻式功放，分别驱动主音箱及低音音箱，1 台为 2×200W，8Ω；1 台为 2×200W，4Ω。

④ 有线电视系统设计 某 8 层公寓楼，建筑面积约 4000m²，设计该楼的有线电视系统。已知城市有线电视信号采用电缆室外埋地引入。

a. 系统输出口（有线电视终端）设计电平 设计值：（72±4）dB。

b. 系统输出口数量的确定 该工程为公寓楼，每间公寓按照 1 个系统输出口设计。其中：底层设置 23 个系统输出口，2～8 层每层设置 22 个系统输出口，总计 177 个系统输出口。

c. 楼幢放大器的设置及选用 按照每 30～70 户设置 1 台放大器的总体原则，拟考虑每两层设置 1 台楼幢放大器，即每台楼放后接 40 多个有线电视系统输出口。放大器分别设置在 1、3、5、7 层的弱电小间内，挂墙明装。

d. 无源分配网络的设计 采用二级分配器，按照星形电路结构组成无源分配网络。楼放输出端接一只 8 分配器（集中分配器），其中 4 路引至本层的后续 5 分配器或 6 分配器（相当于住宅楼的单元分配器），4 路引至上一层的后续 5 分配器或 6 分配器。分配器输出端连接至各个房间内的系统输出口。

信息系统各部分系统图及平面图详见图 8-3-26～图 8-3-33。

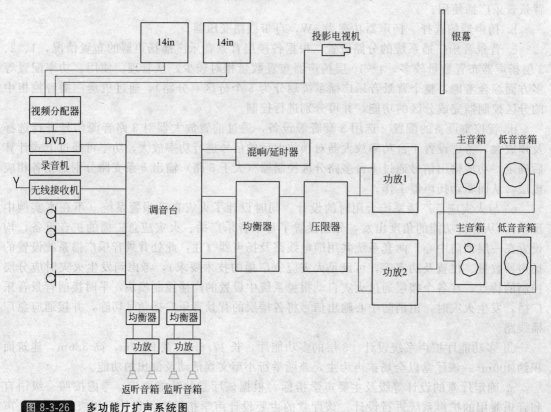

图 8-3-26 多功能厅扩声系统图

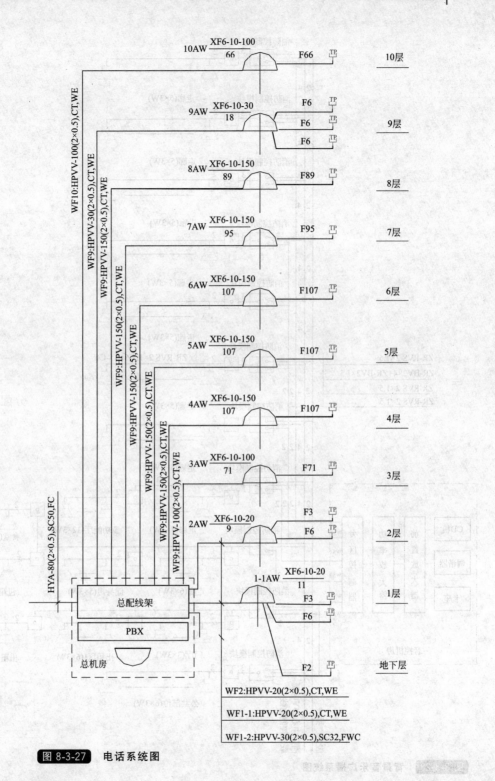

图 8-3-27　电话系统图

8.3.5　机房设计

机房是指办公楼、综合楼、住宅小区等民用建筑内各智能化系统的主机设备、通信设备、综合布线系统设备、布线管槽、接地干线等占用的建筑空间。

各智能化系统机房视工程规模及运行管理的具体情况，可以分系统单建，也可以合建。

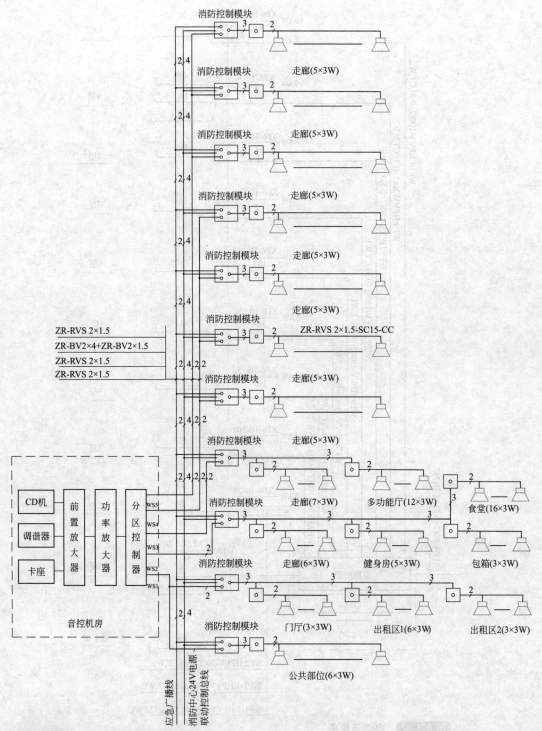

消防控制模块

走廊(5×3W)

消防控制模块

走廊(5×3W)

消防控制模块

走廊(5×3W)

消防控制模块

走廊(5×3W)

消防控制模块

走廊(5×3W)

消防控制模块

走廊(5×3W)

ZR-RVS 2×1.5-SC15-CC

ZR-RVS 2×1.5
ZR-BV2×4+ZR-BV2×1.5
ZR-RVS 2×1.5
ZR-RVS 2×1.5

消防控制模块

走廊(5×3W)

消防控制模块

走廊(5×3W)

消防控制模块

走廊(7×3W)　多功能厅(12×3W)

食堂(16×3W)

消防控制模块

走廊(6×3W)　健身房(5×3W)

包箱(3×3W)

消防控制模块

门厅(3×3W)　出租区1(6×3W)

出租区2(3×3W)

CD机 | 前置放大器 | 功率放大器 | 分区控制器

调谐器

卡座

WS5
WS4
WS3
WS2
WS1

音控机房

消防控制模块

公共部位(6×3W)

应急广播线
消防中心24V电源、
联动控制总线

图 8-3-28 背景音乐广播系统图

(1) 机房的位置选择

① 机房不应设于变压器室、汽车库、厕所、锅炉房、洗衣房、浴室等产生蒸汽、烟尘、有害气体、电磁辐射干扰的相邻和上、下层相对应的位置。

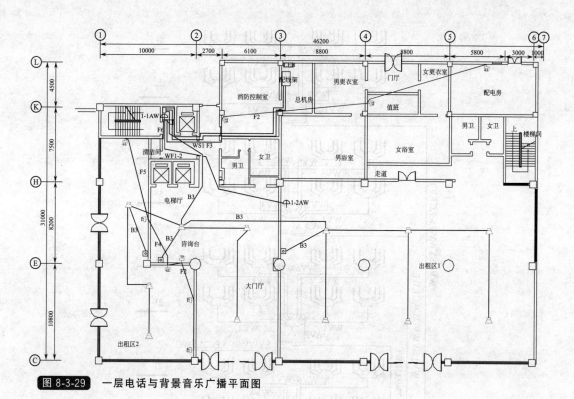

图 8-3-29　一层电话与背景音乐广播平面图

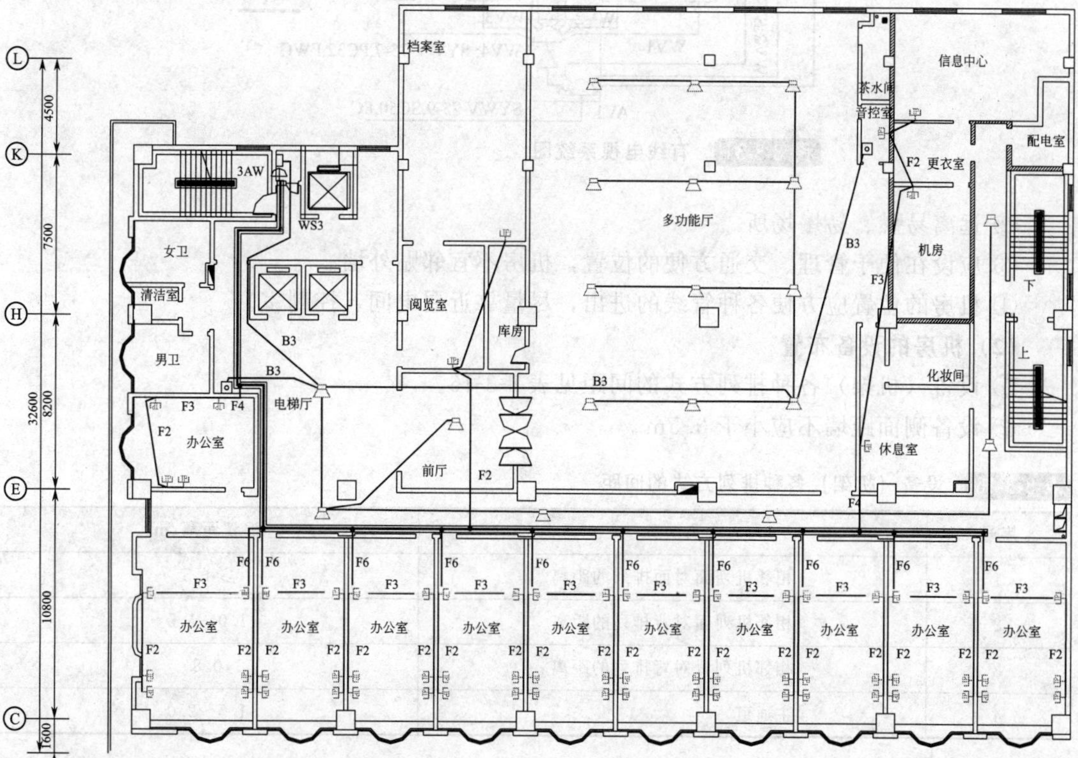

图 8-3-30　标准层电话与背景音乐广播平面图

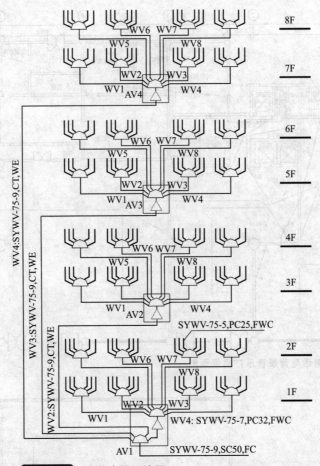

图 8-3-31 有线电视系统图

② 远离易燃、易爆场所。

③ 应设在便于管理、交通方便的位置，机房不宜邻贴外墙。

④ 机房的位置应方便各种管线的进出，尽量靠近弱电间、控制室。

(2) 机房的设备布置

① 设备（机架）各种排列方式的间距见表 8-3-16。

② 设备侧面距墙不应小于 0.5m。

表 8-3-16 设备（机架）各种排列方式的间距

序号	名 称	建议距离/m
1	相邻机列面对面排列的距离	≥1.5
2	相邻机列面对背排列的距离	1.0~1.5
3	相邻机列背对背排列的距离	0.8
4	主通道	1.5~2.0

(3) 机房对建筑专业的要求

① 机房面积足够。

② 机房的室内装修标准不宜低于国家、行业标准、规范现行有关的规定。

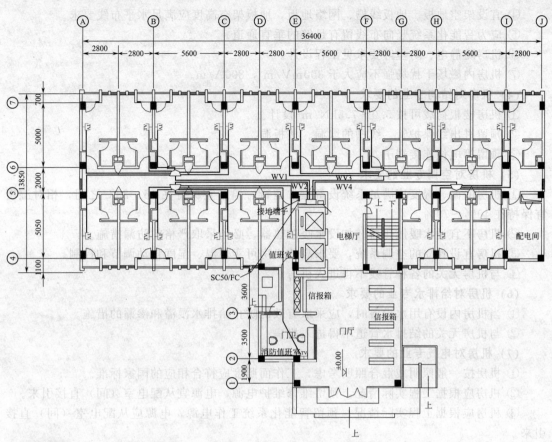

图 8-3-32 一层有线电视平面图

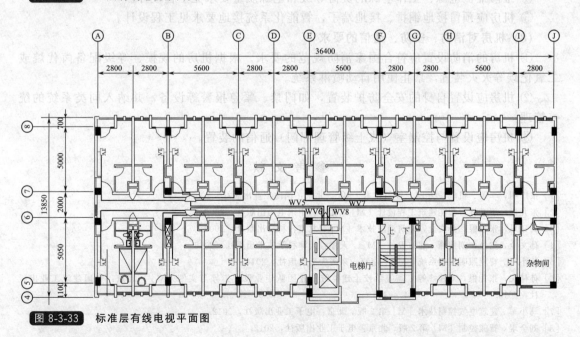

图 8-3-33 标准层有线电视平面图

③ 机房的层高应满足设备安装、缆线保护管、线槽、通风管道敷设等高度，宜为 2.5～3.0m。

④ 宜设架空地板、地板线槽、网络地板，地板架空高度应满足水平布线要求。

⑤ 应为智能化系统竖向布线留有足够的垂直通道。

⑥ 机房防静电、防尘等要求见工程设计。

⑦ 机房内磁场干扰场强不应大于 $300\mathrm{mV/m}$, $800\mathrm{A/m}$。

(4) 机房对结构专业的要求

① 机房楼板荷载可按 $5.0\sim7.5\mathrm{kN/m^2}$ 设计。

② 预留进出线保护管、线槽的墙洞、楼板洞。

③ 预留等电位连接端子。

(5) 机房对空调专业的要求

① 机房的温、湿度应满足系统设备正常运行，温度宜保持在 $16\sim28℃$ 之间，相对湿度宜保持在 $40\%\sim70\%$。

② 机房不宜设水暖散热器。如设水暖散热器，必须采取严格的防漏措施。

③ 机房宜设独立的空调系统，要求高的机房可实现温、湿度自动调节和控制。

④ 与机房无关的各种管线不得进入机房。

(6) 机房对给排水专业的要求

① 当机房内设有用水设备时，应采取有效的防止给排水漫溢和渗漏的措施。

② 与机房无关的结排水管道不得进入机房。

(7) 机房对电气专业的要求

① 机房按一般照明或混合照明考虑，工作面照度应符合相应的国家标准。

② 机房应根据工程实际情况，预留维修维护电源，电源宜从配电室（间）直接引来。

③ 机房应根据工程实际情况，预留智能化系统工作电源，电源应从配电室（间）直接引来。

④ 维修维护电源、工作电源的负荷等级和电源质量要求见工程设计。

⑤ 机房应预留接地铜排、接地端子，智能化系统接地要求见工程设计。

(8) 机房对消防、安防、通信的要求

① 机房的消防设置应符合国家消防规范的要求。根据机房的规模、等级配备卤代烷或二氧化碳等灭火装置，禁止使用自动喷淋系统。

② 机房应设置自身的安全防护装置，如门禁、紧急报警等设备，并纳入同类系统的统一管理。

③ 机房应设置与控制室（或上级管理部门）通信的装置。

参 考 文 献

[1] 张广明，李果. 机电系统 PLC 控制技术 [M]. 北京：国防工业出版社，2007.

[2] 张九根，丁玉林，智能建筑工程设计 [M]. 北京：中国电力出版社，2006.

[3] 龚延风，张九根，孙文全，建筑消防技术 [M]. 北京：科学出版社，2009.

[4] 孙文全，童艳，刘建峰. 建筑设备 [M]. 天津：天津科学技术出版社，2005.

[5] 马小军. 智能照明控制系统 [M]. 南京：东南大学出版社，2010.

[6] 孙伟民，张九根，刘建峰等. 高等学校土建类跨专业团队毕业设计指导与实例 [M]. 北京：中国建筑工业出版社，2013.

[7] 马小军. 建筑电气控制技术 [M] 第2版. 北京：电子工业出版社，2012.

[8] 刘金琨. 智能控制 [M] 第2版. 北京：电子工业出版社，2012.

[9] JGJ16—2008民用建筑电气设计规范 [S]

[10] GB/T50314—2006智能建筑设计标准 [S]

[11] GB50339—2013智能建筑工程质量验收规范 [S]

第4章 智慧矿山

4.1 概述

4.1.1 什么是智慧矿山

(1) 智慧矿山理念的提出

第三次工业革命的实质是通过两化融合推动各行各业的深刻变革，重塑产业格局。目前，一场基于云计算和移动物联网平台的产业变革正在风起云涌：笨重的挖掘机内装有一颗智能"芯"，能让机器的一举一动尽在掌握之中；通过 GPS 定位，遍布全矿的所有车辆情况，都能通过手机或电脑尽收眼底，物流路线也可随时监控；看似平常的矿井通风，能"听懂"矿长手机里的命令，实现远程控制……，这些场景的实现，得益于我国大力推进信息化、工业化走向深度融合的积极作为，大力推进物联网技术在矿山的应用研究。

矿山信息化在经历综合自动化、数字化发展阶段后，正快步迎来智能化时代。随着物联网、云计算、3G 移动互联网、WiFi 等新一代信息化技术的出现，中国传统采矿业也将面临新一代信息技术的挑战。"数字矿山"的概念在 1999 年的首届"国际数字地球"大会上被正式提出[1]。2008 年 IBM 将"物联网"概念进一步扩展，提出了"智慧地球"概念。"智慧地球"已经得到了包括我国在内的各国的普遍认可。之后，中国矿山业大力提出了"感知矿山物联网"解决方案，"智慧矿山"成为了矿山企业未来发展的新战略。

智慧矿山就是对生产、安全、技术、后勤保障、矿山管理、决策等进行主动感知、自动分析、快速处理的无人矿山和智能化矿山管理体系。智慧矿山是为矿山生产实现现代化管理的重要里程碑[3]。智慧矿山本质是安全矿山、高效矿山、清洁矿山。

矿山的数字化、信息化是智慧矿山建设的前提和基础，智慧矿山的建设是逐步实现的，具有明显的阶段性。智慧矿山发展的不同阶段如图 8-4-1 所示。

① 原始开采阶段　人们主要通过手工和简单的工具镐刨、锹挖进行矿山的采掘活动，生产主要靠人力，效率极低。

② 自动化阶段　矿山在采掘、运输、提升以及生产辅助方面采用大量机械设备和爆破施工，对皮带机、通风机、提升机等矿山设备实现自动化控制，生产效率得到显著提高，矿井用人数量显著减少，矿山进入机械化自动化阶段。

③ 数字化阶段　计算机技术的飞速发展，给传统产业的发展带来了巨大机遇，"用信息技术改造传统产业，提升传统产业实现跨越式发展"也成为国家战略，矿山开展的"两化融合"、"三网合一"等工作就是这一阶段的典型代表。从字面意义上来讲，数字化就是将"书面"信息转变成电子和数字信息；信息化主要是解决数据传输和数据呈现问题。

④ 智能化阶段　智慧地球概念的提出，为智慧矿山建设提供了技术依据。云计算、物联网、虚拟化、移动互联网、3G、人工智能等一批新一代信息技术的出现，为智慧矿山理念的提出和实现提供了技术基础。

数字矿山是将整个矿山进行数字化描述和刻画，实现了矿山的数字化。智慧矿山关键在于运用了一系列新一代信息技术，将物联网、云计算、3G 等运用到矿山中，形成"感知矿

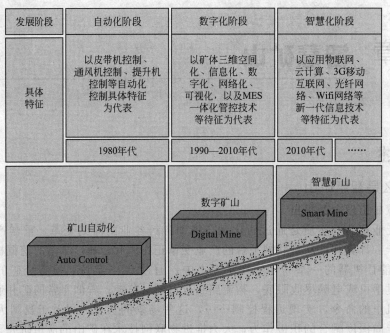

图 8-4-1　智慧矿山建设的发展阶段

山物联网"，并能够对矿山隐患和危险源提前预知预防，能够对矿山生产系统进行评估，能够对管理系统数据进行挖掘，使整个矿山具有自我分析能力、自我学习能力、自我控制能力和洞察力。

（2）智慧矿山的发展现状

全球有多个国家正在规划并建设"智慧矿山"。加拿大、芬兰、瑞典、澳大利亚、美国等矿业发达国家，十分重视遥控采矿、无人采矿、矿山自动化等智能采矿技术的研发和应用[4]。

20 世纪 90 年代初，加拿大国际镍公司（Inco）开始研究遥控采矿技术，目标是实现整个采矿过程的遥控操作。加拿大已制定出一项拟在 2050 年实现的远景规划，即在加拿大北部边远地区建设一座无人化矿山，从萨得伯里通过卫星操纵矿山的所有设备实现自动采矿和自动破碎[5]。美国已成功开发出一个大范围的采矿调度系统，采用计算机、无线数据通信、调度优化以及全球卫星定位系统（GPS）技术，进行露天矿生产的计算机实时控制与管理，并成功应用于工业中，已使露天矿近乎实现了无人采矿。芬兰采矿工业也宣布了自己的智能采矿技术方案，涉及采矿实时过程控制、资源实时管理、矿山信息网建设、新机械应用和自动控制等 28 个专题[6]。瑞典 LKAB 公司已经在基律纳铁矿实验成功第一套铲运自动生产系统。在我国，截止 2012 年初，已有超过 100 个矿山在进行不同层次的数字矿山建设，其中包括煤矿、铁矿、铜矿、金矿和油田，既有地下矿也有露天矿[9]。

国内多所高等院校、科研院所、企事业单位相继设立了与数字矿山有关的研究所、研究中心、实验室或工程中心。数字化建设取得喜人的成果，如神华集团神东公司的综合自动化采煤系统、开滦集团的企业信息化与电子矿图系统、枣庄柴里矿的生产与安全集中监测监控系统、伊敏露天矿的卡车调度系统等。潞安集团漳村煤矿综合自动化与信息管理数字化，在国内甚至在国际上都处于领先地位。非煤矿山方面，近几年一些大型企业集团已经具备了相当高的信息化水平，并取得了很好的应用成果，如首钢矿业公司的 GIS-MES-ERP-OA 集成系统和山东招金集团的三维地测生产辅助决策系统等。此外，中国矿业大学等单位相继开展了采矿机器人、矿山地理信息系统、三维地学模拟、矿山虚拟现实、矿山定位等方面的技术开发与应用。国内的高等院校和研究设计单位也都在不同程度上开展了矿业软件的开发研究工作，但多数仍处于起步阶段[10]。

2012 年 3 月，丹东东方测控公司联合浙江大学工业自动化国家工程研究中心等单位，承担了国家科技部"感知矿山物联网关键技术及测控装备研制"的 863 课题，经过一年多的努力，形成了具有国内领先水平的、完整的"智慧矿山"成套解决方案。通过智慧矿山平台，管理人员在地面就可以知道井下人员、矿车、温度、湿度、一氧化碳含量、甲烷含量、矿井气压、风速、设备运转等相关信息。井下的水泵何时开启、变电所如何工作，工作人员都能在地面以无线远程遥控操作，做到无人值守。实现对人员、设备、环境的三大感知、监控和管理。

(3) 数字矿山和智慧矿山的定义

关于数字矿山的定义，专家们比较认可的定义是：在统一时空下，通过数字化的手段对矿山人、机、环境进行实时数字化测控，完成矿山所有信息的自动化采集、高速网络化传输、规范化集成、可视化展现、自动化运行和智能化决策，使得整个矿山全面数字化，实现生产过程的可视化、自动化，达到高产、高效和安全的目的[11]。

关于智慧矿山的定义，行业内给出的定义是：利用物联网、云计算、3G 移动互联网、人工智能等现代化的新技术，把各类传感设备嵌入到矿山中，包括设备、人员和环境，形成"感知矿山物联网"，构建矿山数字化智慧体，完成矿山企业所有信息的精准采集、网络化传输、规范化集成、可视化展现、自动化运行和智能化服务。智慧矿山建设相当于将原本各自运行的系统体系通过信息化的神经网络连为一体，并通过云计算技术集中处理大量数据，从而为矿山装上一个数字化的大脑[12]。

"智慧矿山"意味着矿山的几乎任何东西都可以实现数字化互联互通，人类将最大化地利用信息资源，获得对矿山前所未有的管控力和洞察力。

4.1.2 智慧矿山与数字矿山的关系

我国较早提出数字矿山概念的学者是吴立新教授，后经不断的论述补充，逐步形成了较为完整的数字矿山的概念。数字矿山的本质是对真实矿山整体及相关现象的统一认识与数字化再现，即将矿山生产、安全、矿山地理、地测采、矿山建设等综合信息全面数字化，其目的是为了利用信息技术、现代控制理论、自动化技术，去动态详尽地描述与控制矿山安全、生产、运营的全过程，以高效、安全、绿色开采为目标，保证矿山经济的可持续增长[13]。可见，数字矿山是将整个矿山进行数字化描述和刻画，和智慧矿山是一脉相承的。

智慧矿山的关键在于运用了一系列新一代信息技术，将物联网、云计算、3G 等运用到矿山中形成"感知矿山物联网"，并能够对矿山隐患和危险源提前预知预防，能够对矿山生产系统进行评估，能够对管理系统数据进行深度挖掘，使整个矿山具有自我分析能力、自我学习能力、自我控制能力和洞察力。智慧矿山是物联网发展的结果，是数字矿山发展的高级阶段。

4.1.3 智慧矿山建设的意义

智慧矿山的核心是以一种更智能的方法，通过利用新一代信息技术来改变矿山生产过程中设备与设备、设备与人、人与人间的相互交互的方式，以便提高交互的明确性、效率、灵活性和响应速度。如今信息基础架构与高度整合的自动化设备的完美结合，使得矿业企业可以做出更明智的决策，使得矿业企业生产过程具有更透彻的感知、更全面的互联互通和更深人的智能化。

通过智慧矿山的建设应用，使传统的采矿业在采矿工艺、生产管理、安全管理、组织结构、经营决策等方面取得较大的突破。矿业企业从生产到管理的各个环节在智慧矿山的统一规划下，实现数据流、信息流、工作流的互联互通和集中处理，对生产数据进行全面的提取和分析，最终为生产决策提供智能协助。智慧矿山为矿业企业突破发展瓶颈、增加自身竞争力提供了一条全新的道路。

然而，我国矿山企业信息化的建设，依然存在不尽如人意的地方。主要表现在如下几个方面。

(1) 矿山企业信息化项目整体水平偏低

信息化基础依然薄弱，行业信息化平台建设处于起步阶段。企业信息化项目建设缺乏统一规划，低水平重复建设问题突出。重硬件投入、轻软件开发，重先进技术、轻实际应用等问题依然普遍。在一些项目建设中，管理层思路无法落地，执行层需求没有满足，先进的信息系统不能在实践中充分发挥作用。信息系统建设多、小、杂、孤的现象严重，信息孤岛问题没有根本解决。多板块、多专业、多层次的"一体化"建设和应用模式推进缓慢，集成共享，统一协同程度较差，决策支持能力明显不足。

(2) 矿山企业信息安全保障及风险管理能力弱

随着信息技术应用的普及，信息系统故障、计算机病毒、网络犯罪、黑客攻击、不良信息传播等安全问题日益突出。面对日益严峻的信息安全、网络安全问题威胁，煤炭行业整体信息安全认识不足，信息安全基础十分薄弱，信息安全保障和风险管理体系很不完善，缺乏信息系统安全应急预案。

(3) 适用于矿井下的信息技术发展滞后

矿井下地质条件复杂、恶劣，大量在地面已获广泛应用的成熟信息技术在井下无法使用，适用于矿井下的信息技术、信息产品和信息系统的研发及产业化水平严重滞后。由于井下信息技术应用范围较窄，目前开展矿井下信息技术研究的机构和厂商数量少、规模小，研究和技术水平层级低，缺乏资金和政策扶持。矿井下安全生产的技术支撑保障仍较为脆弱。

(4) "数字矿山"理论研究和实践推进缓慢

"数字矿山"是一个复杂的系统工程，从信息采集、传输、处理、集成、显示到应用，涉及领域广泛，需要理论创新、多学科交叉和现场实际相结合。但以目前的管理体制，企业特别是矿山管理者对"数字矿山"认识不足，加之"数字矿山"建设资金投入较大，多数企业没有把"数字矿山"作为战略任务来对待，影响了发展进程。

(5) 矿山专业人才培养和团队建设不足

多数大型矿山企业中，IT专业技术人员占全部员工比重小于1%。行业内既懂矿山又懂信息技术的高级人才十分缺乏，企业在岗人员IT应用能力偏低，信息化专业培训范围和培训深度不足。

"智慧矿山"运用先进的物联网技术，综合考虑生产、经营、管理、环境、资源、安全和效益等各种因素，是实现矿山安全生产、保障企业可持续发展、提高市场竞争力的重要手段。一是通过建设"智慧矿山"，才能使各种危害因素始终处于可知、可见、可控的状态下，为建设"本质安全型矿山"提供可靠的信息化保障；二是加快"智慧矿山"建设，实现信息技术在采矿领域的突破和发展，可以有效提高资源的综合利用率，降低生产成本，促进采矿业实现可持续发展；三是"智慧矿山"是物联网技术研发应用的重点领域，通过不断深化信息技术的集成应用，加快数字化、智能化、网络化改造，对于全面提升矿山产业层次、形成矿山产业竞争新优势将起到积极推动作用。

4.1.4　智慧矿山建设的目标

智慧矿山包含了矿山数十个方面的智能化，是一个非常庞大、意义深远的浩大工程。

智慧矿山建设的目标，就是通过技术手段和管理体系的再造，建设本质安全、智能高效、节能减排、绿色环保的智能型矿山，为矿山企业提供可持续发展的恒久支持。通过泛在感知和互联互通的一系列信息化技术的运用，建立矿山新型应用系统、监测系统和管理体系，打造安全、高效、和谐的智慧矿山，促进矿山可持续发展。

因此，智慧矿山建设是一项长期性的系统工程，必须明确目标，制定建设原则和建设步骤，在统一规划、分步实施的总体要求下，要针对矿山的自身实际，采取针对性措施，选择重点突破，重视实效，并着眼长远。

智慧矿山的高级表现形式是"无人或少人"，其最高境界是"无人"，就是开采面无人作业、掘进面无人作业、危险场所无人作业、大型设备无人作业，直到整座矿山都在无人或少人的情况下作业。整座矿山各个方面的工作都在智能机器人和智能设备的操作下完成。

智慧矿山建成后，生产系统在高效运转，安全系统在可靠监测，预警系统在安全联动分析，管理系统在动态评估，决策系统在智能化分析，这就是智慧矿山的最终奋斗目标。

4.2　智慧矿山的构架设计

智慧矿山的建设实施是一个复杂的系统工程，包含了系统集成、信息融合、智能化应用等多个方面，必须要有科学的体系构架、高效规范的数据中心和互联互通的通信、互联、物联网络作为基础，并以统一的建设规范、统一的实施标准和统一的运行与管理模式作为约束，才能保障智慧矿山的成功建设与实施。

4.2.1　智慧矿山的体系构架

"智慧矿山"总体应用架构分为感知层、通信层、平台层和应用层，如图 8-4-2 所示。

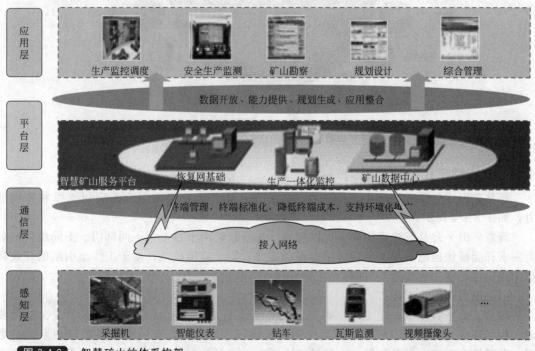

图 8-4-2　智慧矿山的体系构架

① 感知层 负责识别物体和采集信息。感知层包括 RFID 标签和读写器、二维码标签和识读器、GPS、传感器、M2M 终端、传感器网关、摄像头等，主要功能是识别物体、采集信息。

② 通信层 负责将来自感知层的各类信息通过基础承载网络传输到应用服务层，包括三网融合下的通信网、互联网、物联网等，而且网络传输层可以通过升级以满足未来不同的传输要求。网络层主要关注感知层初步处理的数据经由各类网络的传输问题，网络层涉及到不同网络传输协议的互通、自组织通信等多种网络技术。

③ 平台层 负责对智慧矿山数据资源进行划分，构建基于云计算的矿山数据中心，并构建生产一体化监控平台，实现各系统的联动，为应用层的各种应用提供统一的承载平台。

④ 应用层 智慧矿山提供了丰富的各种应用，这些应用正是智慧矿山"智能"的体现。实现矿山生产指挥调度、安全生产检测、生产经营智能决策、矿山资源储量存量监控与预测等业务的智能处理。这些应用依托智慧矿山基础平台，全面地保障了矿山生产的安全、高效和持续增长。如图 8-4-3 所示。

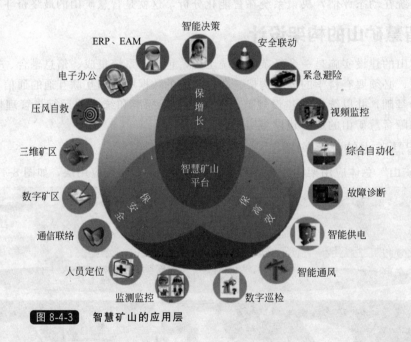

图 8-4-3 智慧矿山的应用层

4.2.2 智慧矿山的核心能力

智慧矿山应包含 6 种能力，构建统一的智慧矿山平台，提供综合的应用支撑和管理能力，如图 8-4-4 所示。

智慧矿山平台具有快速的应用提供能力，在智慧矿山平台上，不同部门、不同用户的各类需求都能够快速地实现，通过应用模板、能力引擎、应用接口，基于工作流引擎的开发环境，提供各类应用的快速交付能力。

(1) 应用系统集成能力

智慧矿山平台规范并定义了多种数据接口，支持多层次集成，包括数据集成、能力集成、应用集成。智慧矿山平台对各类应用系统进行深度集成，充分挖掘各类应用系统的数据，尤其是大型机电设备数据。在智慧矿山平台上进行数据层面的深度集成，例如对通风系统进行集成，除了通风系统的人机应用界面外，挖掘风机的实时电流、额定电流、实时功

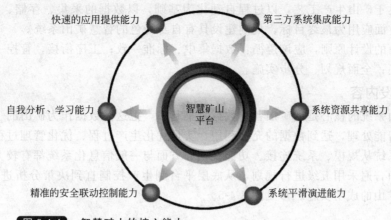

图 8-4-4 智慧矿山的核心能力

率、额定功率和启停开关量,这些一般都能做到,但是风机什么时间开启、什么时间停止、连续运行了多长时间等数据,目前基本都没有进行深度挖掘,智慧矿山对这些设备和数据进行了深度的集成和挖掘,可为设备维护部门提供完整详细的设备运行日志并做出合理的保养计划等。

(2) 自我学习分析能力

智慧矿山平台数据分析系统,时刻监控来自安全监测系统的数据、生产系统的数据、能源监测系统数据、综合自动化系统数据和经营管理系统数据等,为决策者提供统一的矿山数据分析视图,并对矿山的每一次决策和执行进行学习和记忆,当矿山再次出现类似的现状时,系统会自我学习并给出最佳决策结果。

(3) 系统资源共享能力

通过使用云计算技术和构建云计算资源池,借助虚拟化技术智慧矿山,可实现按需分配服务器和存储资源。智慧矿山平台为各类应用提供统一的服务器计算能力及海量存储资源,数据中心按需分配资源给各个矿山应用系统,实现了系统资源的集中管理与动态分配,避免了以往有的系统资源紧张而有的系统又资源利用不足的情况,从而充分利用了系统资源和减少企业的重复投入。

(4) 安全联动控制能力

智慧矿山平台具有安全联动控制能力,通过融合和挖掘数据中心的精准信息,建立专家联动模型。智慧矿山平台根据联动机制,向各个应用系统发出联动控制指令,各个应用系统接到指令后执行,完成整个联动控制。智慧矿山的安全联动关键在于联动模型,该模型采用专家系统进行建立,具有可扩展、可修改的特点。

(5) 系统平滑演进能力

智慧矿山平台从设计架构上就具备平滑演进能力,具体体现在三个方面:

① 建立了云计算资源池,服务器和存储可扩展,另外通信网络冗余可扩展;

② 智慧矿山平台的能力可扩展,包括消息、语音、视频、IT、Web 等能力;

③ 应用可扩展,智慧矿山平台支持分期建设,根据规划分期建设各类应用系统,因此整个平台可持续发展。

4.3 智慧矿山的建设

4.3.1 建设原则

智慧矿山的建设原则,总体而言,应该根据国内外智慧矿山的发展趋势和矿业企业自身的特点，立足于矿山生产工艺，以过程自动化为基础，以数据的采集、存储、加工为主线，以数据的各方面应用为最终目标，规划建设具有自身特色的智慧矿山系统。

智慧矿山的设计原则，应该遵循：数据集中、标准一致；工序衔接，管控一体；管理有序，职能明确；全面规划、分步实施。

4.3.2　建设内容

智慧矿山系统的核心是把矿山各种数据收集起来，把这些数据作为矿山的"资源"进行深度挖掘和智能处理，达到数据的充分利用，实现优化生产过程、优化管理过程的目的，因此智慧矿山系统从规模、系统连接、功能规划等方面与一般信息化系统都有较大的差别。

智慧矿山普遍采用五级进行规划，从底层平台到生产控制直到决策分析进行分级规划，有利于智慧矿山的成功实施。参见图 8-4-5。

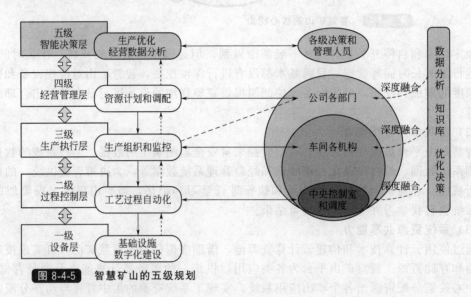

图 8-4-5　智慧矿山的五级规划

4.3.2.1　智慧矿山基础化平台建设

(1) 通信网络建设

主干网网络是连接各个子网的核心网络，是智慧矿山各个系统及业务进行集成的网络基础。

根据实际情况，主干网络建设以办公楼机房为中心点，采场、选厂、生活区为汇聚点，选厂、化验室、各矿井地衡、总调度室等为接入点的三级星形网络。

底层综合自动化系统部分采用光纤双环网，提供高可靠性的网络连接，提高自动化系统和安全监控系统的稳定性。

企业内部管理系统采用光纤千兆以太网，实现企业各种管理系统和生产指挥系统的网络集成，适应系统之间大数据量的访问。

智慧矿山软件平台采用 Web 服务的方式实现，网络中的 MES、数据库、数据中心、ERP 等各种服务器是网络应用的中心环节，因此保证服务器网络带宽对于提高整个系统的应用性能非常重要。为此中心服务器系统直接接入骨干交换机，提供最高的网络性能。

基础网络部分，不采用视频和管理、控制一体化网络，对于视频信号、数据信号、控制信号分别建立专业网。专用网络通过综合布线，降低施工费用，通过网闸、网关、防火墙等措施连接各个网络，提高了各个网络的安全性，可以保证不同用途网络的使用性能。

为了降低视频存储对主干网络带宽的占用，提高网络性能，需要将流媒体服务器位置移动到主干交换机以外，这样只有访问视频资源时才占用主干网带宽，视频存储不需要占用主干网带宽。

① 地面综合布线网络　计算机网络是数字化系统的载体，同时由于数字化矿山系统中涉及到各种信息化应用和多媒体应用，因此网络规划不仅仅是数据连通方面，还包括数据安全、系统性能方面的内容。

地面网络规划由地面通信系统和井下通信系统两大部分组成。地面部分包括综合办公楼、化验室、各矿井、地衡、选矿主控室、采矿监控调度室、选矿生产车间等地域，网络规划类型包括自动化控制网络、生产管理网络、视频监控网络三部分，具体的网络结构如图8-4-6所示。

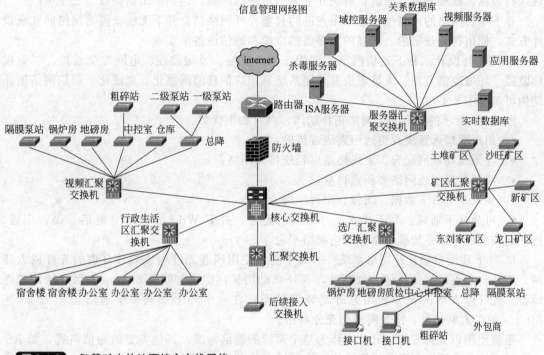

图 8-4-6　**智慧矿山的地面综合布线网络**

其中，自动化控制网络采用独立的光纤环网，提供高可靠的网络传输，与管理网络连接采用网关计算机的方式实现，避免管理网络对控制网络的入侵。这里利用网关计算机的优点是可以在其中安装数据采集系统，相对于网闸的方式节省了设备投资，而且控制网络和管理网络之间只有数据传递，没有网络应用传递，提高了安全性。

管理网络采用星形结构，主干网为 1000M 光纤网，通过主干交换机连接各汇聚交换机，提高了各汇聚交换机之间的并行性，网络传输性能可以得到保障。

由于数字化矿山系统选择 Web 服务的方式实现（具有很多优点），网络中的 MES、数据库、数据中心、ERP 等各种服务器是网络应用的中心环节，因此保证服务器网络带宽对于提高整个系统的应用性能非常重要。为此中心服务器系统直接接入骨干交换机，提供最高的网络性能。

视频监控网络采用光纤连接，通过各级光纤交换机将视频信号汇集到媒体服务器中，并实现视频媒体信息与管理信息系统的无缝连接，提供视频监控和数据管理的一体化。

② 网络通信系统　井下网络应该进行统一规划，避免重复建设。建设井下高速公路，

应该以光纤环网为骨干网，以局部无线网络覆盖为感知网。

井下通信平台要求能同时传输数据、语音和视频。如果各种安全监控系统都单独铺设一套通信系统，重复投资将十分严重，而且由于没有规范的统一通信接口和通信协议，将给智慧矿山建设的信息集成带来许多困难。

针对矿井下通信系统功能单一、重复建设、接口协议不统一、通信质量差、可靠性差、扩展性差等落后局面，可以利用井下自愈合光纤环网有线通信，结合自组织无线传感通信系统，接入井上企业局域网，实现井上、井下可靠的共享通信网络，为建设数字矿井建立高速数据通道。

系统要能提供丰富的通信标准接口，能够方便地将井下已有设备数据接入，系统同时能够进行数据、视频和语音通信，解决井下通信不便的问题，达到矿山的高效、安全生产。

井下综合网络的可靠性，过采用先进的自愈光纤网络结合井下无线全覆盖网络的冗余设计方式，使用符合规定的、正规的防爆通信电缆和通信设备来实现。

a. 络拓扑设计   井下通信网络主要用于 CO 监控、泵房监控、电网安全监控、工业视频监控、环境监测监控、人员定位及救援系统等相应信息的网络化、集成化。通信网络拓扑结构可参考图 8-4-7。

图 8-4-7 所示的井下井上网络拓扑结构，具有如下优势：

- 用户端口远置实现更远距离语音传输；
- 与无线局域网配合，无线终端可轻松接入网络；
- 双网容易实现网络多断点自愈；
- 实现井上井下数据、图像、声音三网合一；
- 可为井下通风、井下排水、井下人员定位、井下 WiFi 语音、IP 电话、语音广播、视频通信等所有子系统提供基础通信网络平台。

b. 井下环网自愈光纤网络系统——骨干网   使用四芯光纤构成双环自愈的光纤以太环网。双环自愈可以保证任何一处断开，双环自动切换，切换时间为 300 ms，保证通信的连续性。光纤以太环网充分利用光纤宽频带特点，在一个环上加载多个通信速率为 1 000 Mbit/s 的以太网信号，使光缆得到充分利用。

系统使用以太网 TCP/IP 技术作为整个系统的通信标准，其他类型的通信格式，如 RS-232、RS-485 或其他专用通信接口等，均可通过协议网关转换为以太网信息包，在 IP 网络上进行传送。

c. 井下无线传感网络覆盖系统——传感网   作为骨干网络的光纤环网的网络快速扩展性能较差。设计无线网络作为骨干网络前段的无线传感网，作为骨干网的网络补充，实现井下网络的快速扩展和延伸。无线传感网和骨干光纤环网构成整个井下信息传输网络。

井下无线通信系统重点选择 MESH 网，具有以下特点：快速部署和易于安装，自动建立通信链路；比 WIFI 单跳网络更加健壮，能通过冗余布置实现高可靠性；结构灵活，数据传输可以同时有多条通道，提高网络整体性能；高带宽，不仅能够传输数据，而且能够传输语音和视频。

d. 井下网络承载的业务内容   井下网络应该具有 RJ45、RS-232、RS-485、CAN 总线等接口，为微地震监测、人员定位、通风、排水、提升、视频监控等系统的数据及控制信号的传输提供服务，井下通信网络接口如图 8-4-8 所示。

(2) 数据中心建设

数据中心是利用数据仓库技术建立的冗余备份、异地容灾的数据存储与交换中心。进入数据中心的数据必须是精准的、高可靠的数据，只有这样客观的数据，经过加工后，才能用

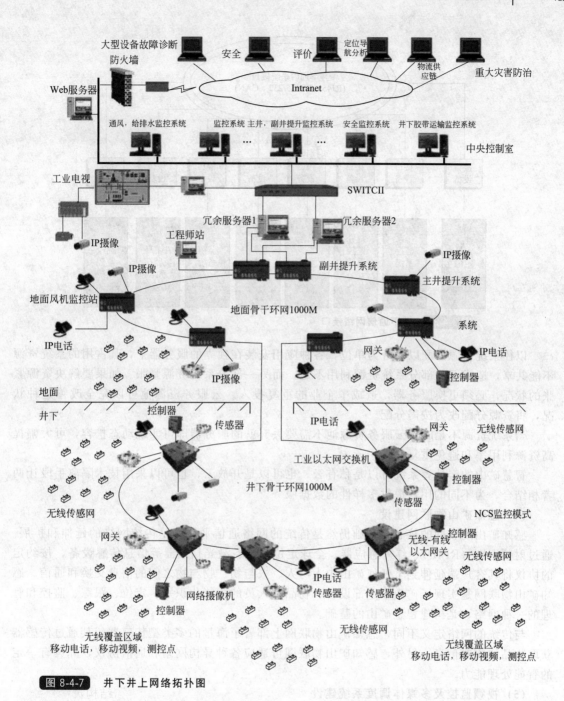

图 8-4-7 井下井上网络拓扑图

于指导生产、过程控制、分析决策等各个管理环节，这就要求所有数据采集仪表和数据采集系统的精准。这样的数据中心才是可用的数据中心。

数据中心可实现数据的共享，能够为不同的应用提供数据存取和交互服务。数据中心通过冗余备份和异地容灾技术，保障数据安全，并具备自我恢复能力，在发生自然灾害和系统故障时可及时恢复服务保障，数据内容不丢失，数据存取不间断。

(3) 云服务资源池建设

云服务资源池是利用虚拟化、统一存储和分布式计算等技术对企业的系统资源进行集中管理和动态分配。

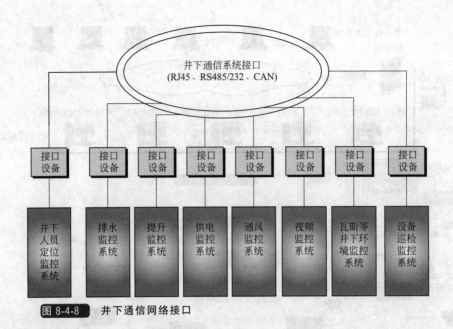

图 8-4-8   井下通信网络接口

以往系统资源分配以设备为单位，各种应用安装在独立的服务器上，其占用的系统资源不能共享，造成了一部分系统资源利用不足，而另一部分系统资源紧张。如果要解决资源紧张的状况，必须更换服务器，造成了企业的重复投入。云服务资源池可以完全改善这种状况，将资源分配改为按需分配。

当系统资源不足时，云服务资源池不需要丢弃就的服务器即可实现动态扩容，可大幅提高资源利用率和避免重复投入。

智慧矿山的云计算系统可以是私有云，也可以是开放云，也可以采用技术隔离手段让两者相结合，为不同的用户提供多样性的数据服务。

（4）感知矿山物联网建设

感知矿山物联网的核心和基础仍然是传统的网络通信平台，是传统网络的延伸和扩展。通过射频识别（RFID）、红外感应器、全球定位系统、激光扫描器等信息传感设备，按约定的协议将其客户端延伸到了任何矿山中人与人、人与物、物与物之间的信息交换和通信。感知矿山物联网是实现了矿山中全部设备、物品和人员的智能化识别、定位、跟踪、监控和管理的一种网络，是构建智慧矿山的基础。

与传统的网络定义不同，感知矿山物联网上部署了海量的多类型传感器，其通过传感器获取物品的实时信息。另外，感知矿山物联网可适应各种异构网络和通信协议，并具有一定的智能处理能力。

（5）视频监控及多媒体调度系统建设

系统整合了多元化通信手段，融合了多种通信网络和应用系统，基于视频监控系统应用于矿山日常监控和应急状态下的调度指挥工作。系统具备动态图形化多媒体界面，能够实时显示出各个视频监控终端的状态，并且具备三维地图模式直观指挥，协同调度。参见图8-4-9。

系统包含视频多点监控，集群对讲，视频接入，指令下达，调度录播，分布式分级协同。中心的调度指挥人员可以通过搭建的多媒体调度系统，调度指挥任何人员，可以完成相关语音、视频、邮件、短信、传真等方式的通知和调度指令的发布。

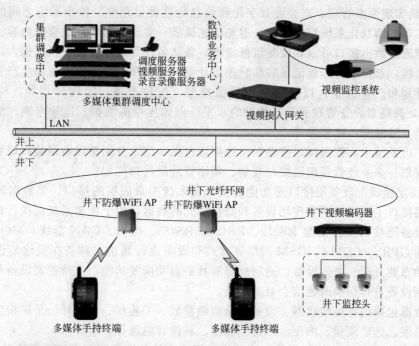

图 8-4-9　视频监控及多媒体调度系统

（6）信息统一编码系统建设

在智慧矿山系统中，综合数据存储和综合数据应用是一大特色，但前提是数据的标准化。编码系统就是一个数据标准化的工具和体系，统一编码系统统一了数字信息的交换标准和唯一标识。

通过开发一个集编码、查询、管理为一体的信息统一编码软件系统，有利于智慧矿山基础数据的维护和管理。在智慧矿山系统中编制一组固定、唯一的代码，依靠唯一的编码，信息化系统才不会被大量"同名不同规格"、"同名不同所属"、"不同物品被同名"等情况干扰。

编码类别包括区域编码、通用件分类编码、设备技术对象类型编码、生产工具分类编码、材料编码、人员编码。信息统一编码如图 8-4-10 所示。

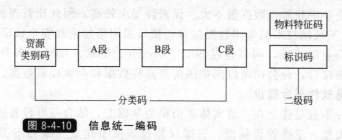

图 8-4-10　信息统一编码

（7）数据接口系统建设

数据接口是系统集成的必要条件，按照系统整体规划，数据接口需要按照纵向划分，这样一方面能打通数据从底层到上层的传递通道，另一方面也提供了横向集成的数据连接接口。

企业内部生产监控通过自动化系统和调度指挥系统实现两级监控，生产管理通过 MES

和 ERP 系统实现两级管理。在企业数字化和信息化建设过程中，各个系统之间的接口设计和规划是实现各信息化系统集中整合、避免信息孤岛、实现全面优化的重点内容。例如，资产管理系统通过数据接口可以和设备维修维检、备品备件等系统直接交换数据，可以和监控调度系统连接，获得设备巡检记录和临时停机计划，可以和生产计划系统和生产管理系统连接，获得计划和产量数据，以统筹安排设备维修、配件准备、工程计划等，构成完整的 EAM 系统，提高对设备管理和设备维护的水平。例如皮带机维护、运输车辆、磨机、破碎机、浮选机、过滤筛、矿浆泵等。

智慧矿山系统中，数据接口按照纵向数据流包括 4 层，分别是设备层接口规划、生产执行层接口规划、企业经营管理层接口规划、集团管理层接口规划。

① 设备层接口　设备层接口是功能链集成各系统中最底层的接口，是数据流的发源地之一。该层接口主要用于采集现场设备和监控单元的数据，用于控制系统向执行机构发送控制数据。设备层接口支持通过 RS232、RS422、RS485、电台、CAN 总线、MODBUS、以太网、移动 GPRS、CDMA、GSM 网络等方式和设备进行通信；具备在线诊断设备通信功能，可以动态地打开、关闭设备，通信故障后具备自动恢复功能；支持控制设备和控制网络冗余，控制设备进行切换时通信会自动切换。

主要数据包括设备运转状态、设备安全监测参数、工艺秤、计量秤、采矿粉尘浓度、通风压力、温度、选矿流量、浓度、压力、粒度、料位、电流等。

② 生产执行层接口　执行层接口主要用于调度监控和综合管理系统，系统采用 WCF 技术建立基于 Windows 服务和 COM＋形式的数据接口，实现对实时数据的采集和调用。

系统建立企业实时数据中心，提供数据中心存取接口，实现对历史数据的存取，为数据分析提供各种基于时间排序的关联数据。

主要数据包括化验和检验数据、调度记录、调度指令、原矿消耗、精矿产量、尾矿品位、材料消耗、能源消耗、工程进展、库存、人员考核等。

③ 企业经营管理层接口　经营层接口主要为 ERP 服务，智慧矿山企业经营管理层接口只要提供与财务系统的接口，通过该接口财务系统可以直接获取生产成本数据，实现成本核算。例如，水电消耗、材料消耗、人力成本、项目施工、回收率、药剂消耗、原矿处理量、设备损耗等。

④ 集团管理层接口　集团管理的内容涉及到各个企业的生产情况，包括安全、人员、政策、资源、项目、财务发布、战略投资等方方面面。集团管理层数据要经过互联网，从分布在全国各地的企业中获得，数据量不大、保密性要求较高，因此比较理想的解决方案是采用基于 VPN 虚拟局域网技术的集团数据接口，接口采用带加密和安全认证的 WebService 技术，其可以穿越企业防火墙，可以连接 SAP、Oracle、微软、IBM 等各种基于网络的软件应用系统。通过该接口，分公司可以向集团传送监控数据和企业经营数据。

(8) 四维信息软件平台建设

四维信息软件平台是建立在三维实体矿山模型基础上，结合三维设备模型、三维人员模型、三维建筑物模型、三维管道模型、三维仪器仪表模型建立三维 GIS 系统。并将随时间变化的各类动态信息，例如安全监测信息、生产监控信息、技术管理信息、设备运转信息、仪器仪表信息等嵌入其中，组成一个信息更加全面、意义更加广泛的智慧矿山模型。

四维信息软件平台涵盖井上井下所有数据，包括工业自动化、监测监控、设备运转、人员定位，实现三维动态展现，并可模拟井下环境。

四维信息软件平台也是智慧矿山的搜索引擎，能够实现四维导航功能。无论是生产信息、安全信息、调度信息，还是管理信息，只要输入关键词，四维信息平台便自动快速导航到关键词位置处，位置处的所有信息便会在三维坐标下进行动态展现。

4.3.2.2　过程控制系统规划

(1) 井下综合自动化系统

　　智慧矿山的综合自动化系统是集设备、网络、子系统、集成平台一体的大型开放的分布式系统。智慧矿山的综合自动化系统能够保障安全生产，提高生产效率，改善工作环境。智慧矿山的综合自动化系统利用各种现代自动化技术，将井上、井下的众多子系统互通互联，形成统一管理、集中控制、统一调度。矿山信息自动化系统如图 8-4-11 所示。

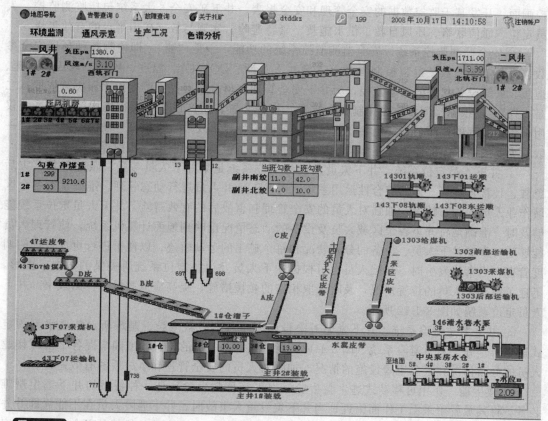

图 8-4-11　矿山信息自动化系统

　　智慧矿山包含众多自动化系统，实现对矿山生产过程的自动监测和控制，包括运输、提升、通风、给排水、供电、压风等。

　　智慧矿山中的自动化系统应符合一定的要求，首先必须精准、可靠，其次是具备通信接口、开放通信协议，能够执行智慧矿山的控制指令。

　　为提高矿井的生产效率，设置矿井生产调度监控中心，对矿井综采工作面、顺槽胶带、主运输系统、通风机房、井下主变电所、井底变电所、井下主排水泵房、井底排水泵房等环节实施统一操作、集中监控、统一调度，并对井下作业环境实时检测监控，实现束管控制、工矿人员检测管理，形成井上井下通信联网，实现整个矿井综合信息化，必须采用多种现代化信息与自动化技术，建立全矿井监测、控制、管理一体化的、基于网络的大型开放式分布控制系统，形成全矿井生产各环节的过程控制自动化、生产综合调度指挥和业务运转网络化、行政办公无纸高效化，以保证对全矿井安全状况和生产过程进行实时监测、监视、控制和调度管理，使矿井高效集中生产，达到减员增效、降低成本，提高矿井整体生产水平的建设目标。

(2) 井下矿安全 6 大系统

井下矿安全 6 大系统是国家对井下采矿企业保障人员安全方面的硬性要求,在井下关键设备监控以外,包括井下安全方面的监控和井下人员安全保障设施。

数字矿山系统要能将 6 大系统监控集成到井下综合监控平台中,实现对 6 大系统的上位机集中监控,保障 6 大系统始终处于正常工作状态状态,以做到防患于未然,关键时刻保障系统能真正发挥作用。由于 6 大系统已经开始实施,该系统只提供软件接口,并开发综合监控画面,开发基于监控数据的安全管理和安全报表。井下矿安全 6 大系统包括监测监控、人员定位、通信联络、压风自救、供水施救、紧急避险,实现与数字矿山平台的有效集成。

① 安全监测监控系统 安全监测监控系统的功能,一是"测",即检测各种环境安全参数、设备工况参数、过程控制参数等,像井下瓦斯、CO、O_2、温度、风门、风压、风速、地压、关键设备状态的动态监控,为井下安全管理和事故救援提供调度指挥和决策依据;二是"控",即根据检测参数去控制安全装置、报警装置、生产设备、执行机构等。若系统仅用于生产过程的监测,当安全参数达到极限值时产生显示及声、光报警等输出,此类系统一般称为监测系统,除监测外还参与一些简单的开关量控制,如断电、闭锁等。

② 井下人员定位系统 井下人员及设备定位系统是集井下人员考勤、跟踪定位、灾后急救、日常管理等一体的综合性运用系统,对井下入井人员进行动态管理,准确掌握各个区域作业人员的分布情况,加强对人员的安全管理和事故后的有效避险。井下人员定位系统能够及时、准确地将井下各个区域人员及设备的动态情况反映到地面计算机系统,使管理人员能够随时掌握井下人员、设备的分布状况和每个矿工的运动轨迹,以便于进行更加合理的调度管理。当事故发生时,救援人员也可根据井下人员及设备定位系统所提供的数据、图形,迅速了解有关人员的位置情况,及时采取相应的救援措施,提高应急救援工作的效率。井下人员定位系统如图 8-4-12 所示。

③ 井下紧急避险系统 井下紧急避险设施有自救器、救生舱、避难所、防透水型固定式避难所。井下紧急避险系统(图 8-4-13)能监控入井人员的位置,准确掌握各个区域作业人员的分布情况和紧急避险设施的情况,加强对人员的安全管理和事故后的有效避险。

a. 救生舱 矿用可移动式逃生救生舱(以下简称救生舱)是一种新型的井下逃生避难装备。将其放置于采掘工作面附近,当井下突发重大事故时,井下遇险人员在不能立即升井逃生脱险的紧急情况下,可快速进入救生舱内等待救援,对改变单纯依赖外部救援的矿难应急救援模式,由被动待援到主动自救与外部救援相结合,使救援工作科学、有序、有效,将起到至关重要的作用。

b. 避难所 避难所是建立在矿井下各危险工作区域的密闭空间,依托矿井巷道构筑而成,具备很好的防护性能,能够抵御一定的外力冲击硐室内提供生存必需的氧气、水、食物、急救药品、废气处理等设施。当灾变发生时,遇险人员可迅速躲进避难所等待外部救援,是降低遇险人员伤亡率的最有效途径,对于挽救井下幸存人员的生命具有积极而重大的意义。

c. 自救器 其主要用途是在井下发生火灾、瓦斯、煤尘爆炸,煤与瓦斯突出或二氧化碳突出事故时,供井下人员佩戴脱险,免于中毒或窒息死亡。自救器按其作用原理可分为过滤式和隔离式两种。隔离式自救器又分为化学氧和压缩氧自救器两种。

④ 矿井压风自救系统 压缩空气自救装置是一种固定在生产场所附近的固定自救装置,当发生煤和瓦斯突出或突出前有预兆出现时,工作人员就近进入自救装置,打开压气阀避灾。它的气源来自于生产动力系统——压缩空气管路系统。由于管路内的压缩空气具有较高

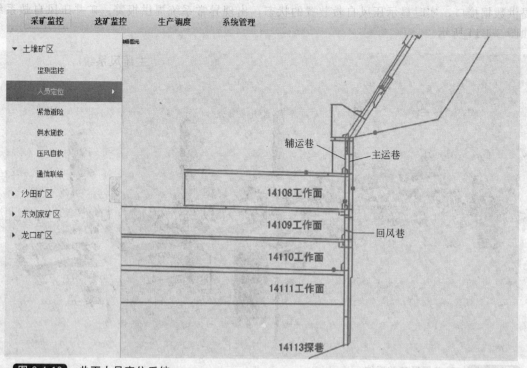

图 8-4-12　井下人员定位系统

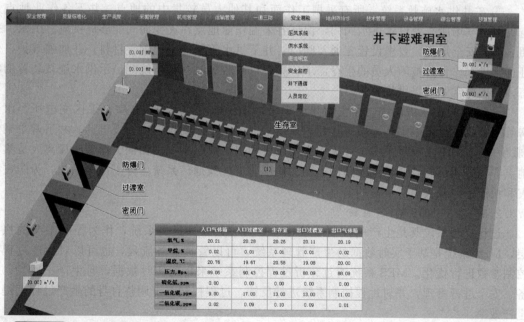

图 8-4-13　井下紧急避险系统

的压力和流量，不能直接用于呼吸，必须经过减压、节流，使其达到适宜人体呼吸的压力和流量值，并要同时解决消声（由于减压引起）和空气净化问题。通过可调式气流阀调节节流面积，以适应不同供风压力下的流量要求，按健康人在静止状态吸气 20L/min，在剧烈运动和紧张状态下吸气 60~80L/min 的标准，确定压风自救装置的供风量应≥100L/min。系统提供数据接口，实时显示压风自救装置的状态，出现异常系统提供报警。矿井压风自救系统如图 8-4-14 所示。

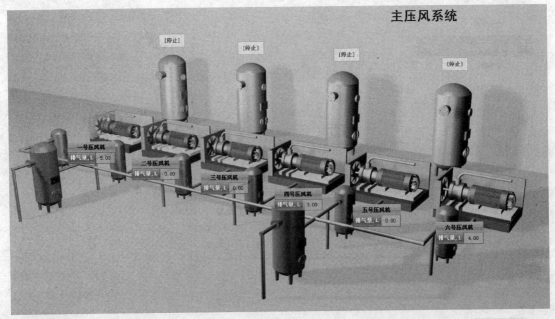

图 8-4-14　矿井压风自救系统

　　⑤ 矿井供水施救系统　所有采掘工作面和其他人员较集中的地点、井下各作业地点及避灾硐室（场所）处设置供水阀门，保证各采掘作业地点在灾变期间能够提供应急供水。按照《煤矿安全规程》要求设置三通及阀门。井下供水管路应采用钢管材料，并加强维护，保证正常供水。保障被困人员的生存需求，赢得抢险救援时间。系统能显示供水施救装置的状态，出现异常系统提供报警。

　　⑥ 矿井通信联络系统　在主副井绞车房、井底车场、运输调度室、采区变电所、水泵房等主要机电设备硐室和采掘工作面，以及采区、水平最高点，应安设电话。井下避难硐室（救生舱）、井下主要水泵房、井下中央变电所和突出煤层采掘工作面、爆破时撤离人员集中地点等，必须设有直通矿调度室的电话。使用井下无线通信系统、井下广播系统，为防灾抗灾和快速抢险救灾提供准确的信息。

4.3.2.3　生产执行 MES 系统

　　过程控制系统既是生产的控制系统，也是实时数据的提供系统，作为控制生产的执行层，MES 系统是基于实时数据的生产管理系统，可以管理业务流程，也可以对生产过程的控制参数进行优化。MES 系统通过分析过程控制系统采集的实时数据，对生产、质量、设备、安全进行管理，并对过程控制系统进行反馈，过程控制系统调整自身的生产过程，提高生产效率。

　　以成熟完整的自动化系统为基础，可以建立优化过程控制系统，也可以建立管控一体化的调度监控系统。采矿 MES 系统是基于实时数据的生产管理系统，它包括两个层次的开发：

　　① 业务流程的使用，如生产、质量、设备、安全等管理，理顺管理；

　　② 操作参数的使用，优化调整生产过程控制参数，优化操作，提高效益。

　　目前大多数 MES 应用都集中在业务流程的使用上，要想提高业务流程的快速运转，该系统需要结合工作流技术，利用工作流推动厂矿管理流程的高速有序运转。操作参数的使用，需要用到数据挖掘和专家系统技术。

(1) 开采设计

① 三维地质矿床模型 利用 SURPAC 软件，对矿山进行建模。通过该软件可以建立矿床模型，包括品位模型、杂质含量模型及价值模型，用于矿岩圈定、矿量品位计算、设计和计划。

在 CAD 方面需要转变技术人员使用习惯，普及应用 SURPAC 软件，充分应用 SURPAC 软件中蕴含的大量功能。例如，三维图形系统、地质数据库、测量数据库、块模型、露天采矿规划、地下采矿设计、地测验收、爆区设计、开采和掘进计划、生产勘探、爆量和各级矿量计算等各项工作，以及工作中涉及的矿量、品位计算和出图。

在生产过程中需要及时维护三维地质矿床模型，只有依靠准确的三维地质矿床模型，才能实现基于配矿和经济效益的采剥（掘）计划的优化、最佳工业品位的动态优化、矿量品位最优估算、调度优化、排岩优化、采矿方法参数优化、设备更新寿命优化等。

② 数字模拟开采系统 数字开采基于数字矿山平台，进行数字模拟开采，完成矿山长、中、短期开采计划编制、放矿工艺仿真、爆破三维模拟、崩落矿岩流动仿真，实现露天矿穿爆设计、地下矿巷道标准断面设计、峒室设计、开拓设计、采矿方法设计、穿爆设计、通风设计、管道设计、灾变应变预案等工作。

数字开采可充分显示各种采矿方法的特点和优势，研究人员可在该系统下进行各种采矿方法的采准、回采虚拟工作，从而完成采矿计划、采矿方法的优化工作，得到经济技术最优采矿方法。

数字模拟开采系统，一般而言包含以下几个功能模块。

a. 矿山开发资源评价 应用矿山设计 CAD 软件，用钻孔数据获得矿体三维图形，获得矿体每一点的矿石化学成分数据及工艺矿物学数据，通过外推可获得矿体每一点的工艺矿物学数据，形成矿山矿产资源储量及可利用性数字化评价体系。

b. 矿石可利用性评价 根据矿石原矿的工艺矿物学数据对矿石分类，根据矿石有价元素化学物相组成，计算矿石有价元素不可回收损失率，根据矿石有价矿物嵌布粒度数据，通过数学模型推测一定条件下磨矿产品解离度（比如有 Gaudin、及 King 的解离度预测模型），通过对目前同类型在生产矿山的类比，建立数学模型，推测选矿回收率和尾矿有价元素损失率，从而实现对矿产资源可利用性的评价。

c. 开采优化 该系统在地矿工程三维可视化模型的基础上，构造矿山开采模拟模型，应用优化算法和计算机模拟，对开采的重要参数和方案进行优化和评价，如最终境界的优化、生产能力的优化、基于配矿和经济效益的采剥（掘）计划的优化、最佳工业品位的动态优化、矿量品位最优估算、调度优化、排岩优化、采矿方法参数优化、选矿工艺参量优化、设备更新寿命优化等。

d. 爆破参数优化 在采矿工程中，往往要进行大量的爆破试验来确定爆破参数，而且有时还得不出可靠的结论。这主要是因为影响爆破的因素十分复杂，如矿岩石的波阻抗、炸药性能、最小抵抗线、孔距、排距、炮孔直径、堵塞长度等十分复杂，在进行爆破优化设计时，很难全面反映这些因素的影响，以至于优化的结果与实际情况仍有一定的差距，这就需要引入人工智能，即借鉴人脑思维中的某些优点，尽可能地对各种定性、定量的因素加以充分表达与描述，并作为变量加以输入，使概念、经验、计算、实测结果与推理结合起来，以形成正确的判断。

e. 辅助设计 构建采矿工程组件库，采用交互方式，进行井下矿山的开拓工程设计、采准设计、回采设计及一些单体工程的设计。完成地测验收、爆区设计、开采和推进计划、生产勘探、爆量和各级矿量计算等各项工作，以及工作中涉及的矿量、品位计算和出图等，使原来手工需几天完成的方案能在几分钟内完成。

根据上述各功能模块及其计算结果，形成数据仓库，研究矿山数据仓库的数据挖掘技术，应用知识库、推理机的技术，制订开采计划方案，研制相关的设计软件，形成数字模拟开采系统。

（2）采矿调度指挥

生产调度指挥系统的主要作用是按照生产计划及设备的运行状态指挥生产，监控各工序的生产控制过程和设备运行情况，组织协调各工序之间的生产配合，及时发现生产过程中出现的问题或可能出现的问题，并协调维修与安全单位来解决问题，确保生产的安全、有序、顺利进行。参见图 8-4-15。

数字矿山中的指挥调度系统不只是生产计划执行情况的简单管理，而是要协调生产工序中相关的各自动控制系统和数字矿山中其他子系统，确保安全、有序地按计划完成生产任务。

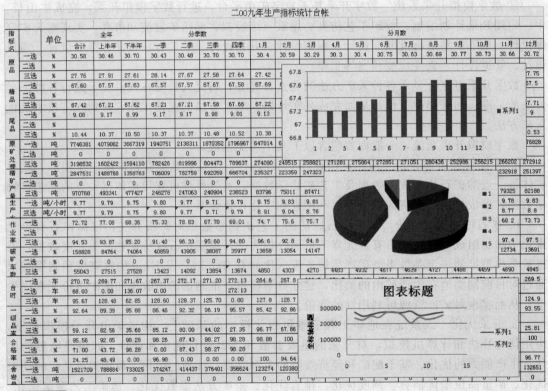

图 8-4-15 采矿调度指挥系统

① 生产任务管理　生产任务管理模块提供生产任务管理、生产任务变更、生产任务改制、生产投料、生产领料、生产物料报废、生产任务汇报等生产业务流程管理。

当生产任务制定后，可根据任务需求，对生产任务的物料需求进行齐料、缺料情况查询，并分解任务到月、周、日、班。生产任务执行过程中，对每日各班次任务量完成情况进行记录，汇总统计日、月、年任务完成情况报表。生产任务管理系统能帮助企业生产计划部门、生产作业部门、物流部门对生产过程的物流、信息流进行有效的管理和控制。

② 调度记录管理　生产过程中出现的较重大事项、或者影响面较大的事项，以及处理方法和处理结果反馈，都需要保存完整的记录，用手写记录的方式对于数据汇总、查询和事件通报、事件处理协调都不利，电子化的调度记录管理是提高调度管理工作的重要措施。

③ 交接班信息管理　交接班管理主要是对班组间交接工作时相关信息的记录管理。通

过该系统，调度人员可以在调度记录中选择需要进入交接班记录中的事件，可以添加个人注释，系统自动生成交接班记录，并可以根据交班人员的设定，对重要程度不同的事件显示重要程度标签，对于调度工作的连续性具有很重要的意义。

④ 设备维修调度管理 系统可以采集到设备故障和意外停机事件，调度人员根据这些信息，经过落实验证，对于需要维修维检的设备，可以通过系统生成检修工单并下发到维修班组，维修人员响应工单后系统自动将信息反馈给调度，维修管理人员制定作业计划，调度人员进行跟踪，保障及时恢复生产。

⑤ 绩效考核管理 绩效考核管理系统统计生产过程中岗位、班组的工作完成情况，通过系统的方法、原理来评定和测量员工在职务上的工作行为和工作效果。绩效考核的结果可以作为薪酬调整、奖金发放及职务升降等参考依据，在实现企业经营目标的同时，改善员工的工作表现，提高员工的满意程度和未来的成就感，最终达到企业和个人发展的"双赢"。

⑥ 调度报表系统 生产调度是日常生产过程中重要的协调管理机构，因此各种信息第一手反映在调度部门。调度系统的功能就是将这些信息分门别类处理，将处理意见分别通过工作流系统发给各相关责任部门和个人，提高管理效率。其中调度台账和生产报表是调度工作结果的集中体现，也是调度系统与其他非数字化管理过程衔接的主要形式，因此该部分非常必要。调度报表系统的数据查询功能和统计分析功能分别如图 8-4-16 和图 8-4-17 所示。

图 8-4-16 调度报表系统的数据查询功能

调度报表包括台账、日报、班报，报表内容包括原料消耗、能源消耗、产量、原料成分指标、产品质量指标、设备运行状态数据、生产过程异常等内容。大部分数据可以从自动化系统和化验、计量系统自动获得和汇总。

(3) 采矿生产计划

在三维协同设计平台上，根据空间约束、时间约束，自动生成时空约束模型，对资源、计划、进度进行优化，并输出设计图、甘特图。系统可以完成对使用资源进行自动统计，什么时间使用设备多少、人员多少、材料多少等信息，形成完整的采掘计划，并将计划进行存储，作为生产进度考核的依据。

生产计划系统提供灵活的计划定制和跟踪功能，帮助用户更好地进行计划的分解和实施落实。通过与三维地质矿床模型系统结合，可以对用户拟定的计划参数进行预演，输出计划结果，检验计划的可行性。

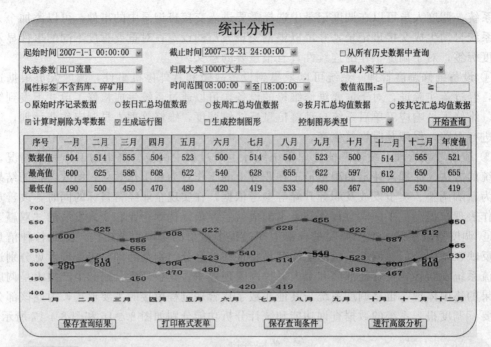

图 8-4-17 调度报表系统的统计分析功能

MES 系统采矿生产计划是承接 ERP 生产经营计划而制定的中短期生产计划，包括季度计划以及月、周、日计划。生产计划内容包括各类原材料计划、质量指标计划、技术指标计划、重要生产设备的运行台时计划、重要设备检修计划、能源计划等。工作面掘进接续计划界面如图 8-4-18 所示。

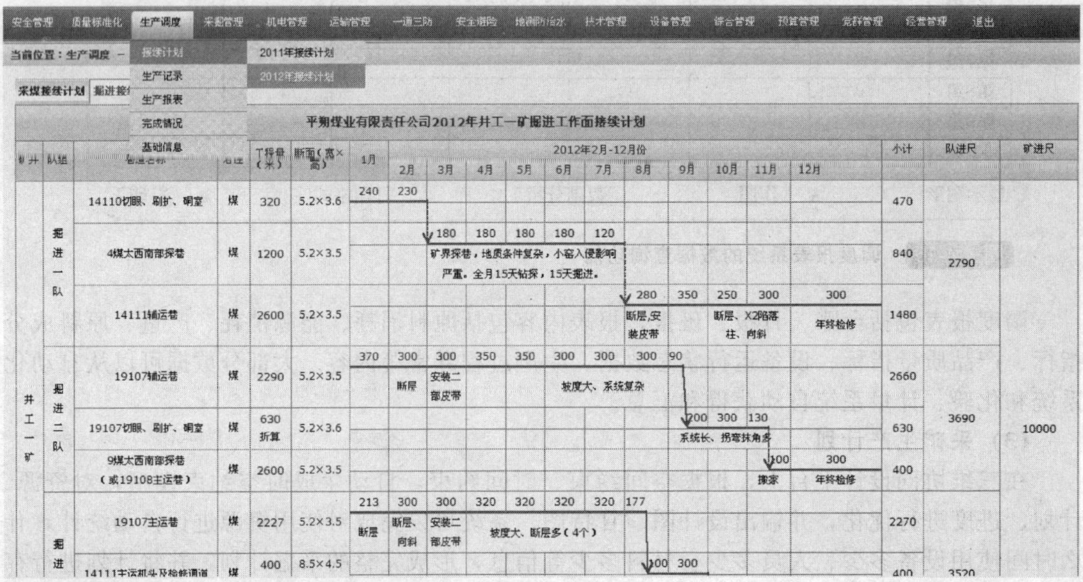

图 8-4-18 工作面掘进接续计划界面

计划维护：提供生产计划的新建及修改功能。

计划审核：提供生产计划的审核功能。

计划调整：提供规定权限的生产计划调整功能。

计划查询：提供条件化的生产计划查询显示功能。

计划跟踪：提供计划与执行情况的对比、分析功能。

(4) 测量验收与损失贫化管理

要想有效利用资源，合理规划生产，维持矿山可持续发展，对采矿过程的监控十分必要。监控包括测量验收管理、与计划和设计对比管理、对于损失贫化的控制管理等指标管理，还包括采矿生产过程中的运输监控。

系统建立准确的三维表面模型（可以是地形、采场现状、排土场等）。三维表面模型可以应用于工程量的计算，通过任意两个面或面与实体的布尔运算，精确计算其封闭体的体积和表面积，如计算排土场的体积，计算填方，挖方工程量等。根据每月的月末测量验收，可以迅速计算每月的采矿量、矿石平均品位、剥岩量及剥采比等信息，并计算损失贫化量。

采矿运输监控通过与卡车 GPS 优化调度系统联网，建立车辆调度监控平台实现。调度平台监控运输的矿石种类、装卸过程，控制采矿生产按照设计和生产计划进行，并避免矿石流失。监控配矿过程，避免矿石品质和产量的波动。

(5) 储量变动管理

储量变动管理目的是为矿山计划、地质与生产部门及时掌握矿山储量的增减情况，进行储量的审批和报销，又为了掌握开采的准备程度，使开拓、采准工作能同回采与勘探之间保持平衡和协调，保证矿山正常生产及未来发展对矿产资源的需要提供依据。

储量变动分季度、按单位分别统计。月统计采场（块段），季度或半年统计矿体、中段（台阶），年度统计全矿区（井田或露天采场）的储量变动情况。按不同的地质储量与生产矿量级别，不同的自然类型与工业品级，并按矿种分保有、已采、副产、矿房、矿柱、损失、存窿和储备的各种矿量分别进行统计，建立相应的储量统计台账。

(6) 安全环保系统

一般安全环保管理是开发一套在线监控系统和一套人工输入的报表系统，供各级管理者共同使用，因此对于各级管理者来说，很难达到使用目的，因此多数系统成为管理人员的累赘。如何开发和建设安全环保管理系统，来保证信息化系统的持续有效利用，以信息化的技术措施和流程制约来提高安全环保管理质量、避免事故，是矿山要解决的大问题。

安全环保管理系统将功能分成三级管理，分别是监控级、监管级、监察级，针对各级管理人员，分别设置监控内容和管理界面，对于保障系统顺利投入使用具有非常重要的作用。

第一级（监控级）　通过采集下层综合自动化系统基础数据，开发图形化的监控画面，与 GIS 结合实现区域全方位监测，实现对采选安全生产进行在线监控和问题反馈、处理、公示等一整套管理体系，并与同层生产调度、生产协同管理、能耗管理、设备资产管理等模块通信，为一线管理人员提供实时的监控和管理工作平台。

第二级（监管级）　系统以图表形式展现不同单位的安全和环保统计数据、异常报警信息、异常处理记录等，并对安全和环保数据按照预先设定的级别、种类进行自动统计，提供统计报告，自动实现安全环保指标的网络公示，提高公司级安全环保部门对生产厂的监督和管理力度，减少安全和环保事故的发生。

第三级（监察级）　系统提供面向集团用户的数据接口，可以向集团公司的安全管理系统传递数据，接受集团公司对生产一线安全和环保问题的监督和监察，集团公司可以通过网络异地实现对下属各企业安全环保形式进行在线评估。

监控级和监管级主要功能介绍如下。

① 安全监控　该系统功能在生产管控一体化系统中的远程监控中实现，系统通过设置

功能页面链接直接使用，主要监控井下环境状况和危险作业场所设备状态，例如 CO、CO_2、通风、温度、粉尘、提升机、皮带机、碎矿机等。

②　质量标准化　通过实现以下几方面的管理来实现质量标准化管理功能。

a. 考核标准管理　根据考核规划，制定矿考核标准。对各个考核部门按专业分别建立考核标准，建立考核标准库。

b. 标准化考核管理　按各专业的考核标准考核单，位将考核结果录入系统，系统自动汇总得分，记录考核时间、考核与被考核单位信息、考核结果等。对不合格的考核项自动生成待整改问题，按整改部门分类汇总，然后用户可以通过工作流把整改问题下发到责任人，并跟踪落实。

每周各部门通过系统上报质量标准化周报，系统按照采煤、掘进、机电、运转、通风、地测系统，分别汇总生成全矿质量标准化周报。

c. 质量标准化分析　选择任意考核单位，可生成一段时间内的质量标准化得分趋势图，比较直观地掌握任意单位的质量标准化得分趋势，发现哪些问题是矿内经常发生的问题，各类问题之间是否有关联性。

③　本质安全管理　包括安全问题通报、安全落实跟踪。

a. 安全问题通报　对发现的隐患问题通过电子文件的形式向相关部门进行通报，在办公平台上公布。

b. 安全落实跟踪　对安全落实情况利用问题记录与跟踪管理进行动态的跟踪管理。

④　巡检问题跟踪　各类岗位巡检人员巡检发现的问题，通过本模块跟踪问题处理过程进行，系统能汇总发现的问题及处理结果，保证巡检出来的问题能得到及时处理，对未处理问题进行提醒监督，对处理不理想的问题，可以提出整改意见。对未处理、处理中、处理完的问题进行分类查询，也可以按照责任人、落实人等信息进行查询。

记录问题：记录通报时间、通报人员、来源类型、事件类型、通知对象、内容描述等信息。

记录落实情况：可通过来源类型、事件类型、是否调度室督办等信息的选择，实现对落实情况的查询。

记录完成情况：查询、显示跟踪事件的完成情况。

查询汇总：通过落实时间、办理人、预计完成时间对落实情况查询跟踪。落实情况分未落实、未解决、有遗留、完成、超期、全部等分类显示。

超期预警：对未处理的灾害预警信息，向相应的部门及处理人发提示信息。

⑤　安全隐患管理　实现隐患周报、报表汇总、隐患分析三部分功能。

a. 隐患周报　各部门通过系统上报本周发现的隐患数量、整改情况、处罚情况。系统统计汇总每周各考核部门发现的隐患问题数量和隐患类型。系统根据各部门上报的隐患信息，生成隐患排查周报总结表，对一周的隐患情况进行统计汇总。

b. 报表汇总　包括上、下半月安全质量标准化考核情况和整月标准化考核情况汇总报表等。

c. 隐患分析　按部门、隐患类型、是否整改等条件对隐患情况进行统计后，以图表显示，帮助用户直观查看隐患分布和发展情况。

⑥　火工品管理　建立收、发、登记制度，做到账目清楚、账物相符，实现对火工品的管理功能。包括库存管理、用量管理查询两部分。

a. 库存管理　记录、查询管理火工品领用、发放以及库存等情况，做到账目清楚、账物相符，并可将详细信息导入 Excel 保存。

b. 用量管理 查询量可以按日期、领用人、领用种类等信息对使用情况进行查询、分类汇总显示。

(7) 能源管理系统

实现采矿生产过程中的能源消耗及时记录、统计、分析、计划、汇总的管理，合理计划和利用能源，降低能耗。通过在线能源数据采集，在线显示能源消耗进程，在线判断能源消耗异常，对能源消耗异常以及能源、电力、节能设备异常即时报警。具体功能如下。

① 能源消耗的实时记录

a. 通过远程电表、水表数据终端，可以实时获取当前电表、水表读数。

b. 通过车载油量传感器，实时获取各个车辆设备的用油情况。

② 能源消耗的统计与分析

a. 通过远程电表获取的实时数据，生成主要生产设备的电流、电压、功耗曲线。当个别生产设备或生产流程的功耗产生异常时，及时报警，矿方对生产过程和设备进行修理，保证生产，避免能源浪费。可以统计各生产流程的日、月、季、年功耗情况，为能源计划的制定提供依据。

b. 可以对生产设备的历史功耗进行分析，结合生产情况，对生产过程中存在能源浪费的流程进行调整，提高设备的运行效率，避免能源浪费。

c. 通过水表终端实时获取的数据，生成主要管路的水压、水速、流量的动态曲线，实时了解生产过程中各部门的水耗情况。当由于管道故障或者其他原因造成水量异常时，可以及时报警反馈给现场监控人员，可以对供水设备进行维修，排查异常隐患。

d. 通过历史各部门各流程用水曲线及水的回收利用等情况，可以分析得出一个比较合理的供水方案，提高水资源的利用率，减少生产环节中存在的水资源的浪费情况。

e. 通过车载油量传感器获取的油量实时数据，以及通过卡车调度系统获取的实时车辆路线线路，以及车辆的运输量等数据，可以统计分析得到车辆用油情况，通过各车型、路线、载重条件下的耗油情况曲线，可以分析得出在保证生产的情况下最佳的车型、路线、载重方案，节省能源，提高生产效益。

③ 能源消耗的计划和汇总

a. 根据每日各部门的耗电情况，生成月、季、年各部门的耗电表。

b. 根据每日各部门的用水情况，生成月、季、年各部门的用水情况表。

c. 根据每日各个部门的车辆、机器耗油情况，生成月、季、年的油耗情况。

d. 根据往年的水、电、油耗情况，结合历年和当前的生产计划，制定下年全矿及各部门的能源消耗计划表。

(8) 灾害应急指挥系统

如果发生灾害，应急指挥系统立即启动应急预案，以手机为接收终端，实现多地点、多部门、多专业、多资源、多角色、多系统的联动和协同，在第一时间实现所有资源的快速协同反应。

矿山安全应急联动指挥流程：报警，接警，处警，执行与反馈、监控与记录报表与统计等。如需要启动应急联动调度预案，其流程如下。

① 110，112，120，122 联动部门 矿山安全应急联动中心根据突发事件的具体情况，合理调度 110，112，120 和 122 指挥中心。

② 应急救援装备及物资 应急部门在接到援救电话后，要迅速召集本部门有关人员，按矿山联动中心总指挥部要求，将所需物资、设备等按指定时间送到指定地点。

③ 综合资源库，矿山安全应急指挥系统拥有预案管理、指挥决策、警情受理、指挥调

度、综合信息、GIS、有（无）线通信、Web、监控、信息反馈综合处理、市政投诉、统计分析等服务，一旦发生事故，可以根据系统信息，进行指挥调度。

4.3.2.4 智能决策系统

智能决策系统位于最高层，对各种内部信息（包括以上各层提供的数据及其加工成果）和外部信息（主要是市场和政策信息）进行相关分析、推理和预测，为决策者制定各种生产经营策略提供决策支持，提高决策的时效性和科学性。

智能决策分析针对企业报表以及各类统计分析遇到的诸多问题，经过多年的发展，形成新一代满足企业应用的 BI 系统，是集企业多系统数据整合、报表中心、分析中心、控制中心于一体的全方位 BI 解决方案。智能决策系统的整体应用架构如图 8-4-19 所示。

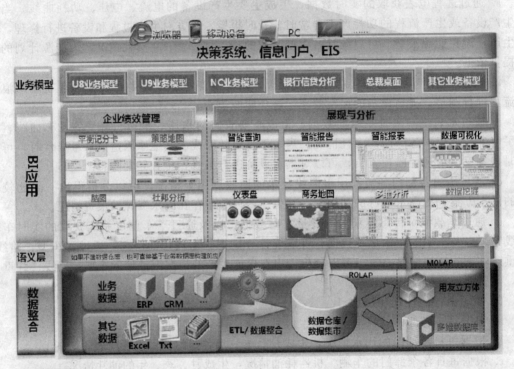

图 8-4-19 智能决策系统的整体应用架构图

根据用户不同的需求，将信息进行展示，灵活快速地响应企业管理变化，为企业搭建一套完善的辅助决策分析系统，包括以下内容。

① 强大的展示分析功能　它是集智能查询、智能报表、智能报告、多维分析（OLAP）、仪表盘经理、智能图示化分析、数据整合及数据挖掘为一体。

② 易用的整合接口　有别于一般的 BI 产品，多年本土整合经验，重点提供 1800 多个 API 接口，便于快速整合不同的系统或平台。

③ 严密的安全机制　安全控制很严密，包括用户的登录限制，密码长度和有效期限制，对象授权（读/写/删除），功能授权，表约束。

④ 个性化定制平台　可以按照用户的喜好，定制系统语言、屏幕背景、窗口布厅、菜单、工具栏等，建造用户最舒服的工作平台，达到最佳的视觉效果。通过更好的胡同操作方式，满足用户的多种个性化需求，其应用可以实现门户、报表、文字报告，图示化分析，KPI 分析，趋势分析等。

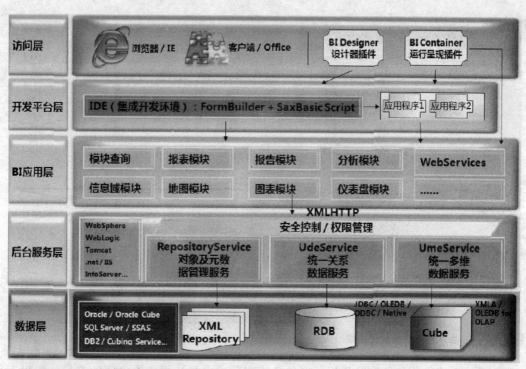

第8篇

图 8-4-20　智能决策系统的整体技术架构图

利用对大量数据的挖掘分析,实现品质控制优化、自动化系统参数优化、调度指挥优化、设备运行分析、生产成本分析等,都是在信息化和数字化取得一定成果以后,需要进一步实现的。智能决策系统的整体技术架构如图 8-4-20 所示。

(1) 生产及工艺数据优化

① 生产过程品质控制参数优化　选矿生产与矿石性质关系非常密切,不同性质的矿石能够得到的精矿品位不同,相同的精矿品质应该根据不同的矿石制定不同的工艺参数,即根据矿石性质确定最佳工艺参数。对于破碎粒度和选矿生产的关系,更加复杂,不仅和矿石性质有关,还和破碎设备、磨矿设备、设备生产能力配置等各方面因素有关,这些都需要根据长期积累的大量数据进行数据优化挖掘来获得。

② 自动化控制参数优化　自动化控制参数优化是根据生产过程数据的累积,从其中发现针对特定状态的自动化控制系统中成套的优化控制参数。

③ 生产调度数据优化　生产调度数据优化通过基于时间序列的生产调度参数累积,按照工艺流程的关系,获得最佳的调度数据时间序列组织,达到优化调度、优化生产组织的目的。生产调度数据优化模块如图 8-4-21 所示。

(2) 设备运行评估分析

能耗与设备工作寿命是设备管理中两个重要指标。这两个指标与设备的运行时间有着密切的关系,设备运行时间的长短与能耗成正比,设备的累计运行时间与设备的工作寿命成反比。

(3) 生产成本分析

① 通过对不同矿石品位采矿、选矿成本的分析,结合产成品市场价格波动,系统分析和计算不同品位矿石的开采加工经济性指标,根据采矿生产状态,帮助企业管理人员决策当前矿石可采品位,适当调整采矿边界,下达配矿指标。

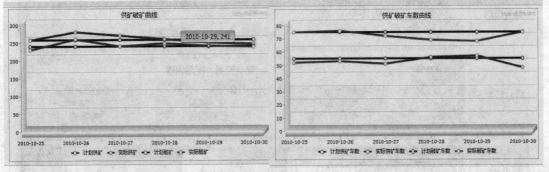

日生产指标历史						
日期		供矿量	破矿量	供矿车数	破矿车数	破碎粒度
2010-10-25	计划	258	240	50	78	0.89
	实际	250	247	58	75	0.88
2010-10-26	计划	258	240	50	78	0.89
	实际	278	278	54	75	0.85
2010-10-27	计划	258	248	50	78	0.89
	实际	269	302	51	75	0.92
2010-10-28	计划	258	240	50	78	0.89
	实际	236	285	48	75	0.90
2010-10-29	计划	258	240	50	78	0.89
	实际	225	259	44	75	0.85
2010-10-30	计划	258	240	50	78	0.89
	实际	258	259	56	75	0.85
合计	计划	2000	1988	300	78	0.89
	实际	2400	2054	330	75	0.90

图 8-4-21　生产调度数据优化模块

② 通过对成本的各种数据分析，例如分析实际成本与计划成本之间的差异，指出有待加强控制和改进的领域，达到评价有关部门的业绩，增产节约，从而促进企业发展的目的。

③ 投入产出分析通过数据列表、二维图形形式给出了当前企业的投入、产出情况对比分析，帮助企业找出投入与产出的最佳平衡点。

智能决策系统还包括安全评价系统、安全联动专家系统、三维灾害预警系统，系统通过大量的数据挖掘给出预测、建议。

（4）安全评价系统

矿山生产系统是一个极其复杂的灾害系统。瓦斯、煤尘、水、火、顶板以及机电事故等是存在的主要灾害。虽然这些事故的发生机理各异，但引发事故的因素却相互关联，相互影响。因此，根据矿山灾害系统的结构特点，对系统的危险状态进行评价，寻求并建立科学、合理的矿山安全评价模型，是矿山安全评价系统的核心价值。

该系统通过结合矿山本质安全管理，对来自各个感知系统的数据进行综合分析和评价，深度的挖掘，从而建立符合矿山实际情况的安全评价模型。

（5）安全联动专家系统

实现主动性安全管控，将安全监测系统、安全评价系统、安全保障系统、视频系统和综合自动化系统进行有效集成，建立专家联动机制，如图 8-4-22 所示。

对于不同的危险源和危险等别，对应不同的联动规则，例如井下某中段 CO 橙色预警，安全联动专家系统会按照联动规则，得出联动结果，并自动向相关联动系统发出信号，通风自控系统会控制风门风扇，加大通风力度，人员定位系统会自动分析涉及到的井下人员，通信联络系统会自动广播通知局部撤退，供电系统会自动控制供电电网。

（6）三维灾害预警系统

矿山三维预警系统实现井下工作人员、井下移动设备的三维定位。基于井下巷道工作环境的各种参数（如温度、湿度、井巷通风风速、有害气体含量等）的实时监控，分析监控数据，预警井下数据异常区域。针对包括 CO、矿震（金属矿）、冲击地压（煤矿）、火灾、水

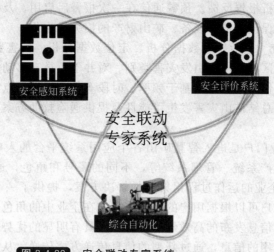

图 8-4-22 安全联动专家系统

灾、冒顶、井巷工程、采场等实现全方位三维定位，对不同的危险源建立三维坐标下的模拟仿真模型，分析其危害程度、影响范围。通过对灾害发生的位置、原因及发生时井下人员，移动设备等信息，为灾后救援工作提供有价值的决策参考。其中包括实时三维定位子系统，监测数据采集与分析子系统、灾害预警子系统以及灾害分析子系统四部分。三维灾害预警平台的架构如图 8-4-23 所示。

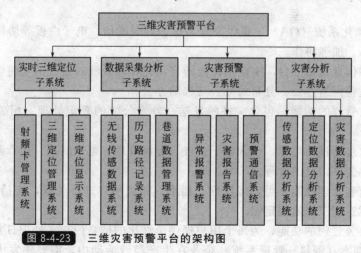

图 8-4-23 三维灾害预警平台的架构图

① 实时三维定位子系统　含射频卡管理、三维定位查询、三维定位显示。可以根据工作区域查询，统计区域井下人员、设备信息。实时显示井下人员与设备的位置，提供三维浏览、漫游等操作，做到三维定位跟踪；根据三维定位查询的结果，定位显示；根据巷道环境监测参数，预标识存在危险的工作区域。

② 监测数据采集与分析子系统　包括无线传感数据管理、历史路径记录、巷道监测数据管理。通过无线传感器记录路过人员及设备信息，对井下设备的运行情况、井下人员的工作时间等进行统计，模拟人员跟踪定位、历史路径，对灾害事故原因分析。通过 24h 实时监控巷道，对巷道参数发生异常区域进行安全预警。

③ 灾害预警子系统　包括异常报警、灾害报告、预警通信。对于巷道参数出现异常，系统对异常区域、异常类别进行报警。对于井下灾害发生原因、发生区域、发生时周边人

员、设备情况等进行分析报告反馈。预警通信在一次报警后启用，及时联络井下人员，通知安全撤离或灾害规避，保证人员、设备、矿山财产的损失最小化。

④ 灾害分析子系统　包括传感数据分析、定位数据分析、灾害数据分析。分析巷道监控数据，分析巷道异常区域及可能引发灾害类别。对井下人员、移动设备的历史数据进行分析，分析人员、设备工作密集区域，基于频率、时段等信息标识重点安全监控区域；根据相似灾害历史数据，分析总结矿山灾害发生可能性及提供遇险救助方案。

(7) 其他系统建设

① 企业门户　企业门户是进入智慧矿山各个应用系统平台的入口。所有应用都在门户上，包括安全系统、生产系统、管理系统等，不同的账号和角色，通过门户进入不同的应用。运用 Web 技术与企业的运作过程相集成的解决方案，提供了一个单独的系统模块来访问信息和应用。企业门户可以根据用户的商业需求和在企业中的角色，来过滤确定用户的访问对象和面容，在企业信息发布的高效和简易性上面具有明显的优势。它能将存储在企业内的各种数据源转换为可用的信息，通过新型的信息传递方式传递，从而提高效率。在商务方面，它控制事务的处理和内容，使得公司内部和相互之间的通信与交易变得更加有效率。它可减少生产循环的时间，提高客户服务质量，增加收益、扩大市场份额。

可以根据企业需要，为每一个角色提供一个个性化的信息门户：

面向企业内部，包括企业知识门户，员工门户。

面向企业外部，包括代理商门户，客户门户，合作伙伴门户。

可以集成的模块有人事管理、知识管理、销售管理、客户资源管理、资产产品管理、工作流程管理。

② 办公自动化系统（OA）　提供文件共享、即时通信、电子白板等协同功能，实现公司办公流程统一、加强协作。

提供通信和信息发布平台，实现工作流转自动化，以及流转过程的实时监控与跟踪，同时还应当支持远程网络办公、分布式办公与移动办公。

提供收发文管理的功能，包含文件的发送、外来公文的登记处理、相关文件的组卷归档等。

提供公共信息管理的功能，包含电子公告、会议管理、电子简报、规章制度、公共通讯录、工作事项等公共信息的管理。

提供工作流程管理功能，可以将流程、档案、相关用户进行关联，支持以文件、角色、事件等多种线索进行工作流程定制。

提供个人办公管理的功能，为每个用户提供个性化的信息门户来处理日常办公事务。

③ 文件和档案（资料）管理系统　企业在生产经营活动中，需要颁发大量的内部管理文件（红头文件），也将产生大量的生产技术、工程设计、产品工艺、设备管理、施工管理、质量检验、财务管理等生产经营档案，农民工、协议工、劳务工、管理人员等人事档案。这些档案的收集、整理关系着一个企业运作的系统性、完整性和稳定性。档案资料的积累和利用，直接关系着企业的经营管理水平和经济效益。

文档管理系统是一个可以对项目阶段性文档和公共文档以及大量的公文、档案、资料、通知、来往函件等文件，进行统一的有效管理的综合应用系统。其主要功能是在帮助矿业公司实现文档集中存储、规范管理的同时，还可以有权限地共享文件、分类文档，使得文件服务器不必冗余，同时文档的版本、操作都有迹可循。文档管理系统结构如图 8-4-24 所示。

文档管理系统可以与 OA 系统和 MES 系统相结合，从分布的 MES 各个子系统处和办公自动化网络中获取文档来源，经过文档管理平台将数据档案进行处理，然后将档案信息发

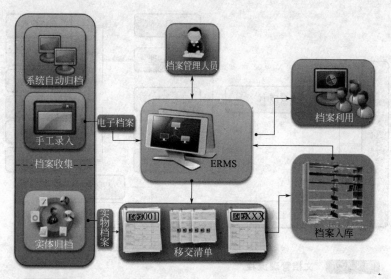

图 8-4-24　文档管理系统结构

布到企业门户网站上，需要的相关人员根据不同的权限进行档案科学利用。文档管理系统的数据来源如图 8-4-25 所示。

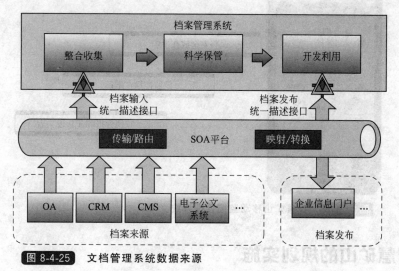

图 8-4-25　文档管理系统数据来源

系统支持各种格式的文件，用户可以自己定义文件保存的目录、文档注释。对于重要文件，系统还提供了定期备份的功能。用户对文档的每一次操作（上传、下载、更新、删除、备份），系统日志中都有记录，系统管理人员可以在需要时查询历史日志，了解文档的变更历史。文档管理流程如图 8-4-26 所示。

④ 移动监控管理系统　"智慧矿山"移动监控管理系统（图 8-4-27）是建立在监测与自控系统基础之上，将管理者最为关心的各类安全、生产信息进行横向整合，利用 3G 网络将整合后的信息自动发送至 3G 手机端，使得企业管理人员不再局限于办公室，通过 3G 手机就可以随时随地查看生产过程中的危险源监测监控、超限预警、人员定位、设备运转、井下视频、安全隐患管理、产量、销量、生产日报等方方面面的动态信息。矿山的安全、生产、流程、管理、考核等通过手机便尽在掌握之中。

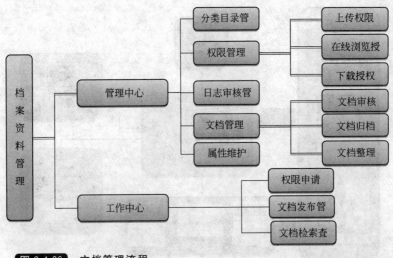

图 8-4-26 文档管理流程

图 8-4-27 智慧矿山移动监控管理系统

4.4 智慧矿山的规划实施

4.4.1 智慧矿山规划实施的总体原则

智慧矿山系统以 IT 服务建设为基础，包括数字化建设统筹规划、信息基础建设、人才队伍培养和建立稳定的技术合作平台。实施过程中以在线仪表和控制设备、控制自动化和数据集成、数据分析为重点内容。

智慧矿山系统是一个统一的数字化、信息化平台，因此在统一规划的基础上，必须统一实施，这样才能有一个统一的数据标准和接口标准，才能有一个统一的技术框架。

智慧矿山项目需要在统一领导下，由各协作单位分别承担相关子项，统一目标、统一方案、统一标准、统一进度、统一指标、统一质量、明确责任。

4.4.2 智慧矿山规划实施的具体步骤

智慧矿山是一个整体技术体系，是矿山企业综合性的测、管、控一体化系统，系统规划实施分为两个阶段来实现。

（1）一期规划

智慧矿山的一期实施重点是基础系统的建设，为后续建设打下基础。建设周期为 1～3 年。马钢矿业智慧矿山建设一期规划的具体建设内容，列于表 8-4-1。

表 8-4-1　**马钢矿业智慧矿山建设的一期规划**

系统名称	建设内容
一级、智慧矿山基础平台	基础网络建设：主干网络、无线网络覆盖、通信网络、矿山感知物联网建设
	数据及计算中心建设：数据中心、云服务资源池
	编码及接口规范规划：信息统一编码系统、数据接口系统
	数字视频监控及多媒体调度系统
二级、自动化过程控制系统（采矿）	生产指挥调度
	露天矿卡车防碰撞系统
	井下矿安全六大系统
	计量质量系统
二级、自动化过程控制系统（选矿）	选矿 DCS 控制系统
	电气设施综合保护系统
	在线闭环优化控制
二级、自动化过程控制系统	尾矿库安全监测系统
三级、管控一体化系统	生产计划管理
	二级自动化过程控制系统接口
	采选生产远程监控
	采选生产远调度指挥

一期要达到的目标

按照统一规划，建立统一的智慧矿山硬件基础系统和软件平台，为一期部分系统建设提供支撑，为二期建设预留接口。

采矿关键生产设备实现远程自动化控制，通过综合安全调度系统实现生产状态监控。

选矿生产实现过程优化控制和管控一体化的综合调度监控。

通过设备系统、计划系统、调度系统等接口，与财务资产管理系统相结合，建立设备资产管理系统，实现设备资产建账、维检、使用、监控、核算、报废等一条龙的管理，提高设备利用率，降低设备损耗，保障设备运转率。

在这一阶段结束时，实现企业生产过程透明化，生产组织网络化，采矿选矿监控一体化。

（2）二期规划

智慧矿山的二期实施重点是在基础系统建设的基础上，全面建设智慧矿山层。预计建设周期为 3～5 年。马钢矿业智慧矿山建设二期规划的具体建设内容，列于表 8-4-2。

表 8-4-2 马钢矿业智慧矿山建设的二期规划

系统名称	建设内容
二级、自动化过程控制系统	优化控制和选矿专家系统
三级、综合管理系统	协同生产管理
	设备资产管理
	能源管控一体化
	安全环保分级管理
	物资管理
四级、企业资源规划系统	生产计划与生产控制管理系统
	质量管理系统
	成本控制管理系统
	资产综合管理系统
	财务综合管理系统
	市场营销综合管理系统
	人力资源管理系统
	项目信息管理系统
五级、智能决策系统	生产及工艺数据优化
	设备运行评估分析
	生产成本分析
	安全评价系统
	安全联动专家系统
	三维灾害预警系统
其他系统	企业门户
	办公自动化系统
	移动监控管理系统

二期要达到的目标

在一期建设所取得的成果基础上,进一步开发深层次管理系统,建立集先进性、实用性为一体的生产管理系统,覆盖全公司主要管理流程,提高生产管理效率。

① 协同生产管理 将生产各相关部门、人员、资源全部建立在一个共同的协作平台上,通过工作流的形式组织在一起,实现生产各相关部分互通数据、协同工作,环环相扣。

② 能源管控一体化 通过在线数据采集,在线显示能源消耗进程,在线判断能源消耗异常,对能源消耗异常以及能源、电力、节能设备异常即时报警。

③ 安全环保分级管理 分别按照监控级、监管级、监察级三级监控和管理功能划分,连接不同的生产监控系统,并分别设置监控内容和管理界面,保障各级安全和环保监管人员都能通过该平台实现分工协作,提高监管力度。

④ 企业资源规划系统 建设企业的 ERP 系统,与二级的生产执行系统集成,将企业的三大流:物流、资金流、信息流进行全面一体化管理,实现企业的信息共享和合理资源调配。

⑤ 智能决策系统 通过构建各种智能应用和专家系统,对生产数据进行深度挖掘和智能分析,为企业管理决策提供描述性和过程性知识,帮助解决复杂的决策问题,如生产工艺的优化和安全评价与预警。

系统建成后,将连接企业各种信息化管理系统和自动化系统、测控系统、计量检验系统等,实现企业的管理、控制、计量、质量、安全等的一体化管理和智能应用。

参 考 文 献

[1] 仝培杰．"数字地球"的综述 [J]．地球信息，1998（03&04）：67-70.

[2] 梅方权．智慧地球与感知中国—物联网的发展分析 [J]．农业网络信息，2009（12）：5-7.

[3] Song Dongdong, Ren Zhenhui, Gu Yanxia. Design and implement of an intelligent coal mine monitoring system [C]．The Eighth International Conference on Electronic Measurement and Instruments，Xi'an，China，2007：4-849 ~ 4-852.

[4] 吴立新．论数字矿山及其基本特征与关键技术 [C]．第六届全国矿山测量学术讨论会论文集，2002：68-72.

[5] 吴立新，殷作如，邓智毅，齐安文，杨可明．论 21 世纪的矿山—数字矿山 [J]．煤炭学报，2000，25（4）：337-342.

[6] 吴立新，朱旺喜，张瑞新．数字矿山与我国矿山未来发展．科技导报，2004（07）：29-31.

[7] M. Kelly. Developing coal mining technology for the 21st century [C]．Proceedings of Mining Science and Technology，Balkema，Netherlands，1999：3-7.

[8] S. A. Shuey. Mining technology for the 21st century [J]．Engineering and Mining Journal，1999，200（4）.

[9] 王建峰，智慧矿山还有多远 [J]．装备制造，2013（05）：91.

[10] 朱超，吴仲雄，张诗启．数字矿山的研究现状和发展趋势 [J]．现代矿业，2010（2）：25-27.

[11] 卢新明，尹红．数字矿山的定义、内涵与进展 [J]．煤炭科学技术，2010，38（1）：48-52.

[12] 解海东，李松林，王春雷，周亮，基于物联网的智能矿山体系研究 [J]．工矿自动化，2011（3）：63-66.

[13] 张申，丁恩杰，赵小虎，胡延军，胡青松，数字矿山及其两大基础平台建设 [J]．煤炭学报，2007. 32（9）：997-1001.

第8篇

索 引

（按汉语拼音排序）